Erwin J. Hentschel und Günther H. Wagner

Wörterbuch der Zoologie

Tiernamen, allgemeinbiologische, anatomische, physiologische, ökologische Termini und Kurzbiographien

mit einer
„Einführung in die Terminologie und Nomenklatur",
einem „Verzeichnis der Autorennamen"
und einem
„Überblick über das System des Tierreichs"

7. stark überarbeitete und erweiterte Auflage

ELSEVIER
SPEKTRUM
AKADEMISCHER
VERLAG

Spektrum
AKADEMISCHER VERLAG

Zuschriften und Kritik an
Elsevier GmbH, Spektrum Akademischer Verlag, Verlagsbereich Biologie, Chemie und Geowissenschaften, Dr. Christoph Iven, Slevogtstr. 3–5, 69126 Heidelberg

Adressen der Autoren
Professor Dr. rer. nat. habil. Erwin J. Hentschel
Diplombiologe, Universitätsprofessor
Freiligrathstraße 8
07743 Jena

Dr. Günther H. Wagner
Diplomlandwirt, Fachlehrer für Biologie und Landwirtschaft, Medizindidaktiker
Breite Straße 38
12167 Berlin

1. bis 6. Auflage erschienen beim Gustav Fischer Verlag Jena
1. Auflage 1976 unter dem Titel „Tiernamen und zoologische Fachwörter unter Berücksichtigung allgemeinbiologischer, anatomischer und physiologischer Termini"
2. bis 6. Auflage 1984, 1986, 1990, 1993, 1996 unter dem Titel „Zoologisches Wörterbuch"

Bibliografische Information Der Deutschen Bibliothek
Die Deutsche Bibliothek verzeichnet diese Publikation in der Deutschen Nationalbibliografie; detaillierte bibliografische Daten sind im Internet über http://dnb.ddb.de abrufbar.

7. Auflage 2004

Spektrum Akademischer Verlag ist ein Imprint der Elsevier GmbH.

04 05 06 07 08 5 4 3 2 1 0

Planung und Lektorat: Ulrich G. Moltmann, Christoph Iven
Herstellung: Detlef Mädje
Umschlaggestaltung: SpieszDesign, Neu-Ulm
Titelbild: *Desmonema annasethae*, aus Ernst Haeckel (1899): Kunstformen der Natur, Tafel 8 (Ausschnitt), Lithographie von A. Giltsch
Satz: SatzReproService GmbH, Jena
Druck und Bindung: LegoPrint S.p.A., Lavis

Printed in Italy

ISBN 3-8274-1479-2

Aktuelle Informationen finden Sie im Internet unter www.elsevier-deutschland.de

Vorwort zur 7. Auflage

Die vorliegende Auflage unseres Wörterbuchs der Zoologie weist die bisher größte Überarbeitung und Erweiterung auf. Dazu haben uns der wiederum zügige Absatz der letzten Auflagen und die zahlreichen Kontakte zu Studierenden, Praktikern und Wissenschaftlern ermuntert, die das kleine Nachschlagewerk als lohnend und unverzichtbar für die etymologische und fachliche Erklärung zoologischer Sachverhalte schätzen.
Zwingende Anstöße für die inhaltliche Überarbeitung und Erweiterung gaben neue Sichtweisen und Erkenntnisse aus Forschung und Anwendung/Praxis (was sich widerspiegelt in Werken z.B. von K. Hausmann/N. Hülsmann; W. Westheide/R. Rieger; R. Wehner/W. Gehring).
Wir haben uns bemüht, das Spektrum der mit den Fortschritten verbundenen Termini zu verbessern, zu erweitern und zu modernisieren, um damit auch mehr Konsens zu aktuellen Publikationen der Zoologie, z.B. zu den Internationalen Regeln der Zoologischen Nomenklatur, herzustellen. Dabei dient unser Lexikon in erster Linie der Schnell- bzw. Erstinformation und somit als Brücke zu Lehr- und Fachbüchern, Beiträgen in Fachzeitschriften und anderen Medien (Internet).
Die bewährte Disposition haben wir beibehalten. Es sei betont, dass trotz Erweiterung – um mehr als 1000 definierte Fachwörter – Auswahl und Anzahl der Termini keineswegs auch nur annähernd der Vollständigkeit nahe kommen (schier unmöglich allein schon im taxonomischen Bereich bei ca. 1,2 Millionen beschriebenen Tierarten!).
Wir halten prinzipiell weiterhin an knappen, auf Wesentliches begrenzten Definitionen fest, sodass bei Bedarf und Interesse vertiefende, ergänzende Informationen in spezieller (monografischer) Literatur zu erschließen sind. Dazu soll das ausführliche Literaturverzeichnis am Ende dieses Wörterbuchs hilfreich sein.

Worauf bezieht sich vorwiegend die Neubearbeitung der vorliegenden 7. Auflage?

Wir haben uns bei den Neuaufnahmen, Präzisierungen und Ergänzungen vor allem konzentriert auf Termini der Cytologie, Physiologie incl. zootoxikologischer (pharmakologischer) Sachverhalte, Genetik/Molekulargenetik, Phylogenetik, Ökologie und als einen Schwerpunkt auf Parasitologie. Bei den Tiernamen haben wir auch in neuerer Systematik-Literatur vorkommende höhere Taxa berücksichtigt und weiterhin die Namen von Genera (Typus- oder Leit-Gattungen) mit Art-Beispielen auch z.T. unter medizinischem und ökonomischem Aspekt forciert. So wurde das Spektrum in Bezug auf Parasiten, Krankheitserreger, Vorratsschädlinge erweitert.
Zusätzlich zu den bereits integrierten Termini der Tierzucht haben wir mehr Informationen über Haus- und Nutztierarten sowie ihre Wildformen aufgenommen, um der Bedeutung dieses Anwendungsaspektes ausgewogener gerecht zu werden. Schließlich spielen nicht wenige Haustiere auch als Wirte und Zwischenwirte im Lebenszyklus von Parasiten eine (pathogene) Rolle.
Als besonderes Novum können wir jetzt auf eine aktuelle, durch moderne Forschungsmethoden gestützte Darstellung des Systems des Tierreichs verweisen, an deren Zustandekommen mehrere Spezialisten in Kooperation gewirkt haben. Damit folgen wir den gegenwärtigen Tendenzen und Pionieren der Neugestaltung der Systematik (Westheide et al., 1996, 2003; Hausmann et al., 1995, 2003; siehe auch Abschnitt 1.2 im Wörterbuch).
Insgesamt wurde in dieser Auflage ein zwischen den zoologischen Disziplinen (inter- und intradisziplinär) ausgewogenes Verhältnis der Fachwörter erreicht. Das gilt auch für das Verhältnis zwischen dem Kernwissen der gesamten Zoologie und wesentlichen angrenzenden Anwendungsgebieten, z.B. zu Human-, Veterinär-, Phytomedizin, Tierzucht/-produktion.
Es entspricht dem Interesse vieler Benutzer, dass wir die Aufnahme von Kurzbiografien erweitert haben und gleichzeitig das separate Autorenverzeichnis als historische „Ehrentafel" von Nomenklatoren überprüft haben, wobei wir insbesondere mit Hilfe von Dr. H. Pieper (Kiel) Errata (falsche Lebensdaten) eliminieren konnten.
Beim Beurteilen, Erfassen und Ergänzen waren uns Hinweise und Mitteilungen folgender Damen und Herren wertvoll: Prof. D. Angermann, Prof. D. Bückmann/Ulm, Prof. D. Burckhardt/Regens-

burg, Prof. E. J. Fittkau/Icking, Dr. Grell-Büchtmann/Bremen, Prof. M. K. Grieshaber/Düsseldorf, Prof. P. Hausen/Tübingen, Prof. Ch. Hintze-Podufal/Göttingen, Prof. F. Huber/Starnberg, Prof. J. Kloft/Veitshöchheim, Prof. J. Koolmann/Marburg, Dr. K. B. Moritz/München, Prof. H. Rahmann/ Stuttgart, Prof. Dr. H. Rembold/München, Prof. H. Remmert/Marburg †, Prof. F. Romer/Mainz, Prof. G. Rüppel/Braunschweig, Prof. H. W. Sauer/Texas, Prof. K. Sander/Freiburg i. Br., Prof. F. Schaller/Wien, Prof. R. Schuster/Graz. Ihnen allen sei aufrichtig gedankt.
Mit Bezug auf spezielle Themen danken wir für Verbesserungshinweise und konstruktive Kritik zu dieser Auflage:
Prof. Dr. R. Bährmann/Jena, Prof. Chr. F. Bardele/Tübingen, R. Bellstedt/Gotha, Prof. A. Buschinger/Darmstadt, Prof. K. Dettner/Bayreuth, Prof. A. Egelhaaf/Frechen, PD Dr. M. Eichhorn/Weimar, Prof. A. Fischer/Mainz, Prof. G. Fleissner/Frankfurt am Main, Prof. K.-J. Götting/Gießen, Dr. Ch. Groeben/Neapel, Prof. K. H. O. Gutzeit/Dresden, Prof. J. Hammerstaedt/Jena, Dr. K. Heckmann/ Münster, Dr. I. Jung-Hoffmann/Berlin, Prof. H.-G. Klös/Berlin, Hrn. D. Knapik/Beckum, Dr. F. Koch/ Berlin, Prof. Dr. B. Märtin/Jena, Prof. H. Mehlhorn/Düsseldorf, Dr. E. Mey/Rudolstadt, Prof. H.-D. Pfannenstiel/Berlin, Dr. S. Pfitzner-Seidel/Marburg, Prof. R. Rieger/Innsbruck, Hrn. P. Rutsch/Berlin, Prof. H. A. Sambraus/Freising-Weihenstephan, Hrn. R. Sauermost/Waldkirch, Hrn. R. Schlenker/Radolfzell, Prof. J. Schmidt/Jena, Dr. M. Schmitt/Bonn, Dr. G. Schulz-Beniek/Lübeck, Dr. H. Schumm/Berlin, Prof. R. Schuster/Graz, Prof. W. Steiner/Weimar, Prof. V. Storch/Heidelberg, Dr. M. Uhlig/Berlin, Prof. J.-H. Weniger/Berlin, Prof. W. Westheide/Osnabrück, Prof. K. Wiese/Hamburg, PD Dr. R. Wolf/Würzburg. Für die instruktive Zuarbeit auf zootoxikologischem (pharmakologischem) Gebiet gebührt Prof. Dr. Chr. Fleck/Jena unser herzlicher Dank.

Im Rückblick ist es uns ein echtes Bedürfnis, ebenfalls denen zu danken, die uns auf längeren Wegstrecken (über mehrere Auflagen) mit Hinweisen aus ihren Spezialgebieten produktiv begleitet haben:
PD Dr. D. Storch/Erfurt, Dr. H. Pieper/Kiel, Dr. D. von Knorre/Jena, Apothekerin A. Wiesemann/ Greußen, Dr. T. Wagner/Weimar, Frau PD Dr. Dr. h.c. I. Jahn/Berlin, Hrn. T. Karisch/Dessau und „last not least" Frau H. Hentschel/Jena für die kontinuierliche Mitwirkung sowie für bleibende Verdienste Frau M. Wagner/Weimar.
In aktueller Hinsicht gilt Herrn Dr. Ulrich G. Moltmann (Verlagsbereichsleiter) und Herrn Dr. Ch. Iven als Lektor/Heidelberg unser ganz besonderer Dank für die förderliche Einflussnahme. Bei der Manuskriptherstellung und dem Korrekturlesen dieser Auflage wirkten in engagierter Weise mit: Frau H. Hentschel/Jena, Herr T. Karisch/Dessau, Herr P. Rutsch/Berlin, Herr A. Wessel/Berlin, Frau Dr. I. Wilke/Dessau.
Trotz der erreichten Fortschritte in dieser Auflage werden wir auch künftig um Präzisierungen bei Auswahl, Diktion und Umfang der Stichwörter bemüht sein. Wir bitten die Benutzer, uns Vorschläge zur Vervollkommnung mitzuteilen, die wir bei einer späteren Auflage gern berücksichtigen.
Möge diese Neufassung unseres Wörterbuchs allen Interessenten bei der Studiumvorbereitung, beim Studium in Aus- und Weiterbildung sowie bei beruflicher und nebenberuflicher Tätigkeit ein verlässlicher Rat- und Auskunftgeber sein.

Jena, Berlin, im Dezember 2003

Erwin J. Hentschel
Günther H. Wagner

Inhalt

Hinweise für die Benutzung

1. Das Studium von Kapitel 1. „Einführung in die Terminologie und Nomenklatur“ wird dem Benutzer sehr empfohlen, um sich mit den philologischen Grundlagen, den international gültigen Prinzipien und Regeln näher vertraut zu machen und so in das Wesen der zoologischen Fachsprache vorzudringen.

2. Der Benutzer sollte beim **Nachschlagen im lexikalischen Hauptteil, „Erklärungen von Tiernamen und zoologischen Fachwörtern“**, folgendes beachten:
   - Die Stichwörter sind alphabetisch geordnet und durch Fettdruck kenntlich, auch wenn das Stichwort aus mehreren Wörtern besteht.
   - In der Regel sind **beim gebräuchlichen Stichwort** die Erklärungen zu finden, während bei Synonymen und bei den oftmals aufgenommenen deutschen Wörtern für wissenschaftliche Fachausdrücke und Namen Verweise – wie: s. (siehe), s. d. (siehe dort), vgl. (vergleiche) – orientierend weiterhelfen.
   - Die **Umlaute** ä, ö, ü sind wie ae, oe, ue in das Alphabet eingeordnet. Im Allgemeinen wurde die in der Literatur gebräuchliche Schreibweise gewählt. Das schließt aber nicht aus, beim Nachschlagen auch die oftmals möglichen Schreibweisen z. B. für c, k und z und umgekehrt in Betracht zu ziehen.
   - Getrennt zu sprechende **Doppellaute** wurden durch ein Trema (¨) gekennzeichnet.
   - Die lediglich als Hilfsmittel angegebenen Betonungszeichen in Form von Akzenten gehören nicht zur offiziellen Schreibweise – ausgenommen z. B. bei einigen französischen Wörtern. Im allgemeinen wurde die **zu betonende Silbe** durch einen rechtsliegenden Akzent kenntlich gemacht, der zuweilen weggelassen wurde:
     a) bei mit Großbuchstaben beginnenden Wörtern, deren **Anfangssilbe** zu betonen ist, z. B. Felis = Fe-lis;
     b) bei Wörtern mit ai, au, äu, ei, eu, ae, oe bzw. ä, ö und ü enthaltenden Silben, deren **Quantität von Natur** aus die Betonung verlangt.
   - Die lateinische **Schreibweise** wurde auch **bei griechischen Herkunftswörtern** angewandt, wobei die **Transkription** (phonetische Wiedergabe) griechischer Buchstaben zu beachten ist (s. 1.3.1); diese erhielten jedoch nach der griechischen Sprache einen Betonungsakzent (häufig in Abweichung von der lateinischen Betonung).
   - **Wörter oder Wortbestandteile** wurden **sprachlich nicht erklärt**, wenn deren sprachliche Ableitung bei Wörtern des gleichen bzw. des teilweise gleichen Wortstammes **in Nachbarstellung oder unter dem anderen Wortbestandteil** zu finden ist. Auch aus diesem Grunde wurden den Stichwörtern zugrunde liegende Vokabeln oder Bestandteile (Prä- und Suffixe) als selbständige Stichwörter aufgenommen.
   - Bei wissenschaftlichen **Namen von höheren Taxa** (oberhalb der Familiengruppe) wird oftmals die Bezeichnung Gruppe (od. systematische Gruppe) angegeben, da in der Taxonomie-Literatur unterschiedliche Rangstufen in der Bewertung auftreten, aber eigentlich entsprechend dem phylogenetischen Erkenntnisstand in der Ebene supraspezifischer Rangstufen entfallen (s. 1.4.3). Nicht selten wird aber die früher übliche Rangstufe als Kompromiss der Übergangszeit in Klammern hinzugefügt, z. B.: Gruppe (Cl.), Gruppe (Stamm). **Die Stellung der höheren Taxa** kann weitgehend im drucktechnisch unterstützten Überblick über das „System des Tierreichs“ (4. Abschnitt) ersehen werden, das gleichzeitig die Verbindung zur Taxonomie-Literatur (siehe Literaturverzeichnis) herstellen soll.
   - Die **Namen der Familien** sind stets an dem Suffix *-idae* erkennbar. Bei den **Namen der Genera** (Gattungsnamen) wurde das Geschlecht zur Erleichterung für Sprachunkundige stets angegeben (s. auch 1.4.4.). Bei der Erklärung eines Gattungsnamens wird im Allgemeinen eine Art (Species) als Beispiel angeführt (bei einigen Gattungen auch mehrere Art-Beispiele).

- Die **Artnamen** (zweiter Teil der Binomina) und **Unterartnamen** (dritter Teil der Trinomina) wurden vokabelartig entsprechend alphabetisch eingereiht und müssen bei etymologischer Fragestellung dort nachgeschlagen werden; sie sind in großer Mehrzahl Adjektiva (s. 1.4.5) und als solche meistens in allen drei Geschlechtern angegeben. Für manche adjektivischen Artnamen gibt es keine wörtliche Übersetzung. In vielen Fällen können sie aber im Deutschen durch zusammengesetzte Substantiva wiedergegeben werden (vgl. Abschnitt 1.4.8).
- **Bei paläontologischen Angaben** im Rahmen von Erklärungen verschiedener Taxa bedeuten
- „fossil seit...", dass die Art oder Gruppe (Gattung, Ordo etc.) auch heute noch existiert bzw. „modern" ist und
- „fossil im Tertiär" oder „fossil vom Karbon bis zur Kreide", dass das jeweilige Taxon nicht mehr existent (nicht rezent oder „modern") ist.
- **Deutsche Tiernamen** für Taxa verschiedener Rangstufen sind im lexikalischen Hauptteil nicht durchgängig aufgenommen. Es ist aber in vielen Fällen möglich, über das bekannte deutsche Stichwort den wissenschaftlichen Namen (von Art oder Gattung z. B.) aufzufinden. **Unter dem wissenschaftlichen Namen** sind ausführlichere Informationen, wie die Angabe z. B. der Familien- und Ordnungszugehörigkeit bei Gattungsnamen, angeführt. **Die Namen höherer Tiergruppen** ermöglichen die Verbindung bzw. die Einordnung in das „System des Tierreichs" (Abschnitt 4). – Da **deutsche Namen nicht zur Wissenschaftssprache** gehören, oft regional sogar verschieden sind, wurden sie lediglich als Zugang zur wissenschaftlichen Nomenklatur für den Anfänger aufgenommen. Der Abschnitt 1.4.8 gibt Auskunft, wie deutsche Namen zu werten sind.

3. Das **Autorenregister** enthält eine Auswahl von Autorennamen und informiert neben dem vollständigen Namen über biographische Angaben des jeweiligen Autors. Es kann als Ergänzung zum historischen Abriss (1.2) angesehen werden und hat seine theoretische Grundlage im Kapitel 1.4.6.
4. Das **System des Tierreichs** soll einen Überblick vermitteln und das Einordnen der im lexikalischen Hauptteil angegebenen Namen oberhalb der Familie ermöglichen. Bei den Namen höherer Taxa und ihrer Rangstufenbezeichnung besteht bekanntlich keine Einheitlichkeit in Taxonomie-Quellen der Vergangenheit und Gegenwart, so dass wir vielfach im lexikalischen Hauptteil Namen höherer Taxa mit der „kategorieoffenen" Bezeichnung „Gruppe" oder mit der oft üblichen Kategoriestufe in Klammern versahen und bei mehreren Namen hintereinander in aufsteigender Reihenfolge keine Kategoriestufe angaben. Auch die nicht den internationalen Regeln unterliegenden **Namen höherer Taxa** divergieren z. T. in den Quellen als Synonyme. Für das Verständnis des Systems, seiner Entwicklung und Problematik wird dem Benutzer das Studium „Einführung in die Terminologie und Nomenklatur" (1. Abschnitt) empfohlen.
5. Die im Lexikon verwendeten **Abkürzungen und Zeichen** sind hinter dem Literaturverzeichnis angeführt. Einige fachwissenschaftliche Symbole und Abkürzungen sind als Ergänzung im Abschnitt 1.5 aufgenommen.

1 Einführung in die Terminologie und Nomenklatur

1.1 Einteilung der Zoologie

Wenn im Rahmen dieser Einführung die Problematik der Einteilung der Zoologie kurz erörtert werden soll, so geschieht dies vor allem unter dem pragmatischen Aspekt, die für die Stichwortauswahl herangezogenen Disziplinen zu erwähnen und dem Leser in Anbetracht der Fülle von Einzelfakten im Lexikonteil eine Synthese in Form der Ordnungs- und Systemerkenntnis als Synopsis zu geben.
Die Schwierigkeit, die zoologischen Wissenschaften zu systematisieren, ergibt sich aus dem Wirken der Entwicklungstendenzen der Differenzierung (Spezialisierung) und Integration (Verflechtung zoologischer Disziplinen, Eindringen anderer Wissenschaften in die Zoologie) und ihrer Wechselwirkungen. Die zunehmend dynamische Wissenschaftsentwicklung hat bereits viele neue Disziplinen oder Spezialgebiete hervorgebracht und auch durch die Integration der sog. kausalen Wissenschaften traditionellen Disziplinen neue Inhaltsaspekte gegeben (vgl. Abschnitt 1.2). Hinzu kommt, dass zahlreiche Sachverhalte allgemeinen, gnoseologischen Charakter haben und deswegen grundlegende Inhalte zweckmäßigerweise in der Allgemeinen Biologie zusammengefasst werden.

Zu dem Inhaltskreis der **Allgemeinen Biologie** gehören vor allem:

- Die Entstehung des Lebens (der Pflanzen und Tiere);
- Molekulare Grundlagen des Wachstums, der Differenzierung, der Fortpflanzung, des Alterns und des Todes, einschließlich des Verhaltens;
- Evolutions- und Abstammungslehre einschließlich der Erkenntnistheorie;
- Theoretische Biologie, Mathematik und Biologie;
- Geschichte der Biologie.

Diese von den **Gesetzmäßigkeiten der Evolution** bestimmten allgemeinbiologischen Disziplinen lassen sich aus dem Erkenntnisstand der

- Grundlagen der Biowissenschaften auf der Stufe der Makromoleküle, Zellen, Gewebe, Organe, Organismen und Sozietäten

abstrahieren und den zoologischen Disziplinen (und den botanischen) im engeren Sinne voranstellen.
Die Hauptsäulen im engeren und vereinfachenden Sinne sind schließlich die drei korrelativen Problemkreise: Taxonomie und Ökologie, Morphologie und Anatomie, Physiologie einschließlich Biochemie und Biophysik. Von diesen Disziplinen aus lassen sich unter den verschiedensten Aspekten differenzierte Gebiete ableiten.
Aus diesem keineswegs vollständigen Strukturschema sind vor allem gegenüber früheren Systematisierungen Integrations-Disziplinen ersichtlich, die sich durch das Kooperieren z. B. mit der Chemie, Physik und der Technik (Optik, Kybernetik, Biotechnologie) entwickelt haben.
Im Zeitalter der modernen Wissenschaft und Technik werden durch die Integration und mit Hilfe anderer Wissenschaften gesellschaftlich (ökonomisch), anthropologisch, allgemein naturwissenschaftlich relevante Fragestellungen und Forderungen an die Biologie herangetragen, die einerseits die Grundlagenforschung der Zoologie nachhaltig entwickeln helfen und andererseits eine kooperierende Mitwirkung der Zoologie in den angewandten Richtungen erfordern.
Derartige Kooperationsbezüge bestehen vor allem zu den biologisch-zoologischen Anwendungsbereichen:

- Human- und Veterinärmedizin einschließlich dem toxiko- und pharmakologischen Gebiet (Tiergifte) und Pathophysiologie;
- Tierzucht, Tierproduktion, Fischerei, Forstwirtschaft, Pflanzenbau einschließlich Phytomedizin und Phytopathologie; Imkerei- und Jagdwesen;

- Limnologie und Ozeanografie;
- Bionik.

Die Fortschritte an Erkenntnissen auf diesen Anwendungsgebieten bereicherten ihrerseits die Wissenschaftsentwicklung der Zoologie in vielen (Teil-)Disziplinen (z. B. Physiologie, Systematik). Wie dynamisch die Wissenschaftsentwicklung verläuft, wird in neuerer Literatur z. B. deutlich an Erkenntnissen auf dem Gebiete der Systematik, die um die Wende vom 20. zum 21. Jahrhundert durch die Ultrastrukturforschung und molekulare Analysen im Rahmen des Aufschwungs der Elektronenmikroskopie gewonnen wurden. Dabei ergaben signifikante Ergebnisse, dass die ehemaligen Protozoen ihren Nomenklaturstatus zu Gunsten einer neuen Systematik der einzelligen Eukaryota (System of Protists) verloren haben (s. Abschnitt 1.2 und 4).
Hierbei verdient auch die aktive Rolle der biologischen Forschung hinsichtlich der Erweiterung und Nutzung der Noosphäre nachdrücklich Erwähnung.
Abschließend sei auf die Bedingtheit dieser Einteilung aufmerksam gemacht, da trotz der Vorzüge eines solchen Strukturschemas manche Zusammenhänge nicht zum Ausdruck kommen. Das gilt z.B. für die Ergebnisse der Evolutions- und Deszendenztheorie, die in Verbindung mit der Phylogenetik maßgeblich als Prinzip und Methode der Taxonomie zur Anwendung gelangen. Deutlich aber wird im obigen Schema, dass der Leser in Anbetracht des sich abzeichnenden Trends der (Sub-)Spezialisierung den Blick für das Allgemeine, die Einordnung des Speziellen in das Ganze, den Überblick über die Details vermittelt bekommt. Mit diesem Überblick ist auch beabsichtigt, den Rahmen kenntlich zu machen, in dem die Auswahl der Fachausdrücke und Tiernamen in diesem Lexikon vorgenommen wurde.

Übersicht 1: Die Einteilung der Zoologie (Schema)

Zoologische (zoobiologische) Disziplinen

Hauptdisziplinen

Ökologie	**Taxonomie**	**Morphologie**	**Physiologie**
		Cytologie Histologie makroskopische Anatomie	Biochemie Biophysik

Differenzierte (spezielle) Disziplinen

Synökologie Autökologie	Spezielle Zoologie: – Taxonomie mit Spezialisierung wie Chemo-, Cytotaxonomie, Numerische Taxonomie u. a. – Zoogeographisches einschließlich: Faunistik, Chorologie – Paläozoologie	– Mikroskopische Morphologie – Histochemie – Systematische, Topographische, Vergleichende Anatomie incl. Embryologie	– Dynamische Biochemie – Energetik lebender Systeme – Zellphysiologie – Entwicklungsphysiologie – Genetik/Molekulargenetik – Stoffwechselphysiologie[1]) – Physiologie erregbarer Strukturen[2]) – Biokybernetik – Verhaltensphysiologie

[1]) z. B.: Stoffaufnahme und -verteilung.
[2]) z. B.: Regelung und Kommunikation, Informationsaufnahme und -speicherung.

Dabei interessiert, wie sich die Zoologie historisch entwickelt hat. Es gilt:

Die Einsicht in die Vergangenheit erklärt den gegenwärtigen Erkenntnisstand mit ihren aktuellen Fortschritten, Tendenzen, Problemen und gibt Erfahrungen, Motivationen und Impulse, die sich richtungweisend und produktiv für die Zukunft erweisen können.

1.2 Herkunft und Entwicklung der zoologischen Fachsprache

Definitionsgemäß ist unter der **zoologischen Terminologie** die Lehre von den wissenschaftlichen Fachbezeichnungen aller zoologischen Wissenschaftsdisziplinen zu verstehen, innerhalb derer die Bezeichnungen für die Taxa als Nomina eine spezifische Kategorie gemäß ihrer zusätzlichen Funktion der Einordnung in das System darstellen. So kann man zur Kennzeichnung des Verhältnisses von Terminologie und Nomenklatur die **zoologische Nomenklatur** (= System der wissenschaftlichen Namen für die Taxa der rezenten und fossilen Tiere) als Terminologie der Taxonomie bezeichnen und analog die Nomina als Termini der Taxa auffassen.

Etymologisch sind die wissenschaftlichen zoologischen Fachbezeichnungen und Namen mit relativ geringen Ausnahmen aus fremdsprachlichen Wörtern (Wortstämmen) gebildet oder zusammengesetzt. Dabei entstammt die überwiegende Mehrzahl der Termini und Nomina der griechischen und lateinischen Sprache. Insgesamt gesehen dominieren zwar die aus der griechischen Sprache verwendeten und gebildeten Wörter, doch sind für den Sprachgebrauch bzw. die Lautlehre (Schrift, Aussprache, Betonung usw.) **allein die lateinischen Sprachregeln** maßgebend, denen auch weitestgehend die zahlreichen griechischen Herkunftswörter durch Latinisierung (Transkription ins Lateinische, lateinische Suffixe) unterworfen sind. Das gilt allgemein für die Terminologie aller Naturwissenschaften, für ihre neueren Integrationsdisziplinen (z. B. Biochemie, Bionik, Biophysik, Biometrie) einschließlich der Anwendungsgebiete (vgl. 1.1) und demgemäß auch für die Zoologie und ist historisch bedingt und erklärbar.

Dass sich der Mensch bereits seit Anbeginn seines Erkenntnisvermögens mit der Fauna als einem nicht unbedeutenden Faktor der Umwelt auseinandersetzen musste und dabei sehr früh Nutzen und Schaden bestimmter Tiere erkannte, davon zeugen als Nachweis die ältesten derzeit bekannten Quellen der altchinesischen, altägyptischen und biblischen Kulturen (z. B. über Seidenraupe, Biene, Heuschrecke).

Die Grundlage für die wissenschaftlichen Forschungen in der Zoologie wie auch in der Medizin lieferten jedoch die Werke der großen Ärzte, Naturforscher und Philosophen des klassischen Altertums, vor allem von:

- **Hippokrates** von Kos (460–377 v. u. Z.), Begründer der medizinischen Wissenschaft, der die Pathologie, Therapie und Chirurgie förderte (Schriften im neuionischen Dialekt); wird als Vater der Heilkunde bezeichnet („Eid des Hippokrates“);
- **Aristoteles** (384–322 v. u. Z.), Begründer der Naturgeschichte, der in seinen zoologischen Schriften mehr als fünfhundert Tiere beschrieb und nach morphologischen Merkmalen gruppierte sowie noch heute gültige Namen prägte (z. B. Coleoptera, Diptera);
- **Theophrastos** (372–282 v. u. Z.), berühmtester Pharmakologe des Altertums, (Militär-)Arzt unter Claudius u. Nero; Hauptwerk „Peri hyles iatrikes“;
- **Aulus Cornelius Celsus** schrieb unter Tiberius (etwa 30 u. Z.) eine lateinische Enzyklopädie, von der die 8 auf griechischen Quellen basierenden und für die Medizingeschichte des 2. und 1. Jh. v. u. Z. wichtigen Bücher „Über die Medizin“ erhalten blieben;
- **Gaius Plinius Secundus** (23–79 u. Z.), Verfasser der bedeutsamen 37-bändigen Enzyklopädie „Historica naturalis“ und
- **Claudius Galenus** (129–201 u. Z.), der berühmteste (griechische) Arzt der römischen Kaiserzeit (z. Z. Marc Aurels).

Dass der **Einfluss des Lateins** auf die zoologische Terminologie (und die aller Naturwissenschaften sowie der Medizin) sich derart dominierend gestaltete und noch heute darstellt, lässt sich durch die historische Entwicklung und die besondere Eignung der lateinischen Sprache als internationales Verständigungsmittel erklären:

1. Alle im westlichen Teil des Imperium Romanum gepflegten, übernommenen, weiterentwickelten Wissenschaften gingen im Zeitraum seines Unterganges (im 4. und 5. Jahrhundert) in la-

teinischer Fassung an die Nachfolgevölker und von diesen an das gesamte Abendland bzw. an alle modernen Kulturträger über. Sie wurden von den neuen Völkern in lateinischer Sprache bewahrt und vielfach weiterentwickelt, so dass in der heute sich präsentierenden Fachsprache der Naturwissenschaften die Wörter und Ausdrücke den verschiedensten Zeiten der Sprachgeschichte ihre Herkunft verdanken.

2. Die Beibehaltung des Lateins für die Terminologie in Gegenwart und Zukunft basiert auf dessen traditionellen Vorzügen als internationale Wissenschaftssprache. Diese sind z. B.: die Einfachheit des Schreibens, Lesens und Sprechens; die relative Unveränderlichkeit dieser sog. toten Sprache; ausreichende globale Verbreitung; besondere innere Spracheignung zur Darstellung wissenschaftlicher Begriffe.

Sowohl bei der Abfassung der Arzneibücher als auch international im Handel mit Pharmaka findet die lateinische Sprache praktische Anwendung.
Ein anschauliches Bild geben die amtlichen Arzneibücher. Noch das 1. Arzneibuch des Deutschen Reiches, 1872 erschienen, ist völlig lateinisch abgefasst, ebenso wie seine Vorgänger, die Arzneibücher der einzelnen deutschen Länder. Die 2. Ausgabe (1882) des Deutschen Arzneibuches wurde ebenfalls in lateinischer Sprache herausgegeben. Immerhin erschien hierzu eine amtliche Ausgabe in deutscher Fassung. Erst der Text des 3. Deutschen Arzneibuches (1890) war völlig in deutscher Sprache gehalten, während die Überschriften bei den einzelnen Arzneimitteln weiterhin lateinisch erschienen. Auch die heute gültigen Arzneibücher sind in der gleichen Art mit lateinischen Überschriften versehen, wie es auch in den meisten Arzneibüchern anderer Länder Sitte ist.
Medizinisch-physiologische Bezeichnungen wurden zwar seit alters her der griechischen Sprache entnommen, jedoch werden neuere Namensgebungen physiologisch-chemischer Prozesse überwiegend lateinisch vorgenommen (z. B. donator, acceptor, in statu nascendi u. a.). Auch die Festlegungen der „Nomina anatomica“ (Basel 1895, Jena 1935, Paris 1955) erfolgen in lateinischer Sprache, ebenso wie die Bestandteile eines Medikaments auf ärztlichen Rezepten lateinisch ordiniert werden.
In der zoologischen Systematik sind die wissenschaftlichen Namen der Tiere und Tiergruppen lateinische oder/und latinisierte Wörter, und auch heute noch werden die Diagnosen neu beschriebener Arten oft lateinisch abgefasst. Im Gegensatz zur Botanik können Veröffentlichungen eines zoologischen Neufundes außer in Latein auch in neuzeitlichen Sprachen (deutsch, englisch, französisch, italienisch, russisch) erfolgen.
Es ist jedoch festzustellen, dass die **heutige Wissenschaftssprache** auf Tagungen und in der Literatur, bzw. in anderen Medien **global die englische Sprache** ist – und zwar nicht nur bei der Kommunikation hinsichtlich Sprache, Sprechweise (Orthoepie, Phonetik) sondern auch durch viele Neubildungen von Termini aus dem englischen Vokabular, die international in der Wissenschaft fester Bestandteil geworden sind (z. B. in der Molekulargenetik: Slippage, Blotting; s. lexikalischer Hauptteil).
Nach diesem historischen Rückblick wird klar, dass keineswegs alle gegenwärtig in der Zoologie angewandten, gültigen Termini in den Schriften der Autoren des klassischen Altertums anzutreffen sind. Gleichzeitig muss man wissen, dass manche der alten Bezeichnungen ihren ursprünglichen Sinn verloren haben und einen Bedeutungswandel erfuhren (z. B. Sympathie). Nicht selten wurden Wortbildungen philologisch falsch oder unschön vorgenommen, wovon Bastardwörter (hybride Komposita aus griechischen und lateinischen Wortbestandteilen, wie z. B. Antiferment), Phantasienamen und Anagramme (z. B. *Delichon* statt griech. *Chelidon*, Schwalbe) zeugen.
Keinesfalls darf angenommen werden, dass **zwischen Terminus (oder Nomen) und Gegenstand bzw. konkretem Objekt** immer eine begriffliche, wörtliche, übersetzbare Kongruenz besteht. Die Beziehungsinhalte in ihrer jeweiligen philologischen oder etymologischen Bedeutung liegen nicht immer den jeweiligen Namen und Fachwörtern als wissenschaftliche Erklärung zugrunde. Der Erkenntnisfortschritt führte zu neuen oder präzisierten Begriffsbestimmungen (Definitionen). Nicht selten weisen z. B. Namen infolge Übertragung gar keine oder nicht mehr die ursprüngliche Beziehung zum Objekt auf. So vermag die Kenntnis der ursprünglichen Bedeutung oder Herkunft der Wörter bzw. Wortelemente neben der oft geschichtlichen Bedeutung wohl das Gedächtnis zu stützen und bestenfalls einen Anhalt zu bieten, kann aber keineswegs das Studium

der Begriffsinhalte und der Zusammenhänge des Begriffsgefüges selbst (gekoppelt mit Anschauung und Anschaulichkeit) ersetzen.
Nicht vergessen sei bei diesem Rückblick, dass die Zunahme der Anzahl der Termini und Nomina in direktem Zusammenhang mit der **Entwicklung der technischen Hilfsmittel**, der verfeinerten Untersuchungsmethodik und mit der global fortschreitenden Erschließung der Fauna zu sehen ist.
So wurde bereits mit der **Entwicklung der mikroskopischen Technik** (Jan Swammerdam, 1637–1685; Anton van Leeuwenhoek, 1632–1723; Robert Hooke, 1635–1730) eine Epoche zunehmender spezieller Entdeckungen mit einer zahlreiche Disziplinen fördernden Differenzierung eingeleitet. Mit Hilfe von Schilderung und Vergleich, Ordnung und geschichtlicher Betrachtung wurden Erkenntnisse gewonnen, die zur Vervollkommnung der Disziplinen wie der Vergleichenden Anatomie, Ökologie, Systematik und Phylogenetik bei Hinzukommen kausaler Wissenschaften führten. Dabei entstanden Anregungen zu komplexen, synthetischen Schlussfolgerungen, wovon die Deszendenztheorie als „... bedeutsamer Faktor der Weltanschauung der Menschheit“ Zeugnis ablegt (nach Kaestner 1965).
Die Wissenschaftsentwicklung der Zoologie erfuhr durch **Differenzierung (Spezialisierung) und Integration (Durchdringung, Verflechtung)** besonders im 19. Jahrhundert stärkere Schübe im Erkenntnisfortschritt, so dass traditionelle Disziplinen eine neue Qualität erhielten. Spezialgebiete und neue Disziplinen entstanden. Die an den Medizinischen Fakultäten verankerte Zoologie wurde bis dahin von einem Gelehrten (Ordinarius) vertreten, der gleichzeitig auch Physiologie, Anatomie und Vergleichende Anatomie lehrte (vgl. G. Uschmann 1958). Unter dem Druck der Wissenszunahme erfolgte nun die Wahrnehmung eines einzigen Faches durch jeweils einen Hochschullehrer, um dieses gründlich betreiben und durch eigene Forschung voranbringen zu können. So kam es z. B. an der Medizinischen Fakultät Jena 1858 zum **Selbständigwerden der Physiologie** und 1861 der **Zoologie**, deren erster Hochschullehrer an deutschen Universitäten als „Nur-Zoologe“ Ernst Haeckel (1834–1919) wurde. Es ist mithin verständlich, dass vor der Institutionalisierung der Zoologie vorwiegend Mediziner zoologische Entdeckungen vollbrachten (s. Wagner, G., et al.: Medizinprofessoren und ärztliche Ausbildung, 1992). Kurzbiografien im lexikalischen Hauptteil tragen dem Rechnung. So erfuhr die Zoologie dank der Spezialisierung in und ab der 2. Hälfte des 19. Jahrhunderts eine zunehmende Profilierung als Wissenschaftsdisziplin und Grundlagenfach für angewandte Fachrichtungen (Wagner, G. 2001, 2003).
Im 20. Jh. und insbesondere in den letzten Dezennien wurden mit Hilfe kausaler Wissenschaftsmethoden, z.B. einer hoch entwickelten Mikrochirurgie und mit hoch spezialisierten physikalisch-chemischen Methoden, vor allem auf den Gebieten der Physiologie, Entwicklungsbiologie (auf molekularbiologischer Grundlage) und Genetik hervorragende Entdeckungen gemacht und einst unerforschlich scheinende Zusammenhänge erkannt. Diese bestimmen gegenwärtig in hohem Maße die Entwicklungstendenzen der weiter voranschreitenden Differenzierung und Integration der klassischen Forschungsrichtungen, ohne deren gegenstandsspezifische Forschungsmethoden zu ersetzen.
Die **Fortschritte in der Verwandtschaftsforschung** (**Phylogenetik** u. a.) ergeben um die **Wende vom 20. zum 21. Jh.** zwingende Anstöße zu neuen Gruppierungen und zu partiellen Systemveränderungen. So haben z. B. die Protozoen dank der Daten der Ultrastrukturforschung und der Ergebnisse molekularer Analysen ihren traditionellen, nicht mehr akzeptablen Nomenklaturstatus im System eingebüßt (Hausmann, Hülsmann 1995). Auch für die Gliederung der Metazoa bringt die im Aufschwung befindliche Elektronenmikroskopie neue Erkenntnisse und Ergebnisse, die traditionelle (eingebürgerte) Systemdarstellungen partiell und immer mehr verändern und die frühere Rangstufenhierarchie im supraspezifischen Bereich ad absurdum führen.
Mit Recht treten führende Zoologen der Gegenwart für ein ausgewogenes Verhältnis und die Integration der klassischen und kausalen Forschungsrichtungen ein, da z. B. auch die Problemstellung für die Physiologie nicht losgelöst von der speziellen Zoologie, insbesondere der Systematik, zu sehen ist und enge Korrelationen und Verflechtungen bestehen. Wie sich die Systematik auch in Abhängigkeit vom Erkenntnisstand anderer Disziplinen entwickelte, sei an Hand der Großeinteilung des Regnum animale an Beispielen in historischer Sicht demonstriert (s. Übersicht 2).

Übersicht 2: Großeinteilung des Tierreichs in historischer Sicht
unter dem Aspekt der Herausbildung homogener höherer Systemeinheiten (nach A. Kaestner 1963 zusammengestellt und weitergeführt in das 21. Jahrhundert).

Vertreter (Autor)	Bemerkenswertes zur Systematik (Großeinteilung)
Aristoteles (384–322 v. u. Z.)	unterschied zwei Tiergruppen: Bluttiere und Blutlose; er gliederte bei der Gruppierung in Wirbeltiere und Wirbellose die Evertebrata in eine Anzahl von Abteilungen auf.
Verschiedene Autoren der vorlinnésischen Epoche	verfassten bedeutende Werke über die Fauna; bereits im 17. Jahrhundert sind viele Tierarten bekannt. Die Grobeinteilung von Aristoteles dominierte.
Linné, Carl von (1707–1778)	beschrieb in knapp kennzeichnenden Diagnosen im zoologischen Teil seines 1734 erstmals erschienenen Werkes „Systema naturae sive regna tria naturae systematice proposita“ die damals bekannten Tierarten und wandte die binominale Nomenklatur an; teilte die Fauna ein in Gruppen: Mammalia, Aves, Amphibia, Pisces, Insecta, Vermes. – Die moderne Systematik hat als Ausgangspunkt für die Benennung der Gattungen und Arten die 10. Auflage von „Systema naturae“ (1758 erschienen), in der 4236 Tierarten beschrieben sind.
Lamarck, Jean Baptiste (1744–1829)	erkannte als erster wieder die Vielfalt der Baupläne der Evertebrata, die er in 10 Klassen einteilte und als Wirbellose den Wirbeltieren gegenüberstellte. Er differenzierte: Infusorien, Polypen, Radiaten, Würmer, Anneliden, Arachniden, Crustaceen, Insekten, Cirripedien, Mollusken.
Cuvier, Georges (1769–1832)	übernahm im wesentlichen Lamarcks Klassen, gruppierte sie jedoch zu 4 Kreisen: Vertebrata, Articulata, Mollusca, Radiata; die ersten drei sind fast unverändert geblieben.
Siebold, C. Th. Ernst von (1804–1885)	begründete den Kreis Protozoa, indem er aus der Klasse Infusoria alle mehrzelligen Lebewesen ausschied, und schuf die Klasse Arthropoda.
Leuckart, K. G. F. Rudolf (1822–1898)	löste die Radiata auf in: Coelenterata und Echinodermata. Somit erfuhren die beiden französischen Systeme wesentliche Korrekturen durch v. Siebold und Leuckart.
Milne-Edwards, Henry (1800–1886)	schuf den Kreis Tentaculata.
Claus, Carl Friedrich (1835–1899)	unterschied in seinem anerkannten Lehrbuch 9 Tierkreise: Protozoa, Coelenterata, Echinodermata, Vermes, Arthropoda, Mollusca, Molluscoidea, Tunicata, Vertebrata.
Kowalewsky, Alexander O. (1840–1901)	vereinigte die Tunicata und Vertebrata zu einem Stamm: Chordata. – Der Stamm Vermes wurde differenziert in die Stämme: Plathelminthes, Nemertini, Nemathelminthes, Annelida.
Kaestner, Alfred (1901–1971)	das von ihm aufgestellte System umfasst etwa 28 Stämme (Anzahl der Stämme bei einzelnen Autoren unterschiedlich, weil die Baueigentümlichkeiten embryologisch nicht ausreichend erforschter, artenarmer Systemeinheiten verschieden gewertet werden).
Hennig, Willi (1913–1976)	hat die Prinzipien und die Theorie der Phylogenetischen Systematik (Kladistik) entwickelt und seine Erkenntnisse auf die Systematisierung der Metazoa, insbesondere auf die Insecta und Chordata angewandt (siehe Biografie im lexikalischen Hauptteil).

Übersicht 2: (Fortsetzung)

Zoologen um die Wende vom 20. zum 21. Jh. sind dabei, mittels neuer Methoden das System auf der Grundlage der Phylogenetischen Systematik entsprechend den Schritten signifikanter Erkenntnisse konsequent zu konzipieren:

Vertreter/Autoren	Neue Aspekte der Klassifizierung
Hausmann, K. (*1947) Hülsmann, M. (*1945) Radek, R. (*1960)	erarbeiteten eine völlig neue Einteilung der ehemaligen „Protozoa" und deren Einbeziehung in ein aktuelles System aller einzelligen Eukaryota, vor allem nach Daten der Ultrastrukturforschung und molekularen Analysen (System of Protists 2003).
Westheide, W. (*1937) Rieger, R. (*1943)	haben für die Großgliederung der Einzeller und Evertebrata erkennbare organisatorische und funktionelle Stufen der Evolution zugrunde gelegt: (1) Einzellige Organisation: „Einzellige Eukaryota" (sensu Hausmann); (2) Vielzellige Organisation: Metazoa – innerhalb der Metazoa: Parazoa – Dipoblastische Organisation („Coelenterata"), Tripoblastische Organisation (Bilateria) – letztere wurden unterteilt in Spiralia, Nemathelminthes, Tentaculata, Deuterostomia: Innerhalb dieser Großgruppen werden Subtaxa mit relativ eigenständigen Bauplänen (z. B. Stämme vieler traditioneller Systeme) abgehandelt. Bei deren Aufgliederung wird numerisch verfahren. Siehe: „4. System des Tierreichs" in diesem Lexikon, das ebenfalls neue Aspekte der Systematik der Craniota enthält. Auch hier bewirkten neue Untersuchungsmethoden Veränderungen bzw. einen partiell verbesserten Nachvollzug der phylogenetischen Wirklichkeit.

Wie kam es zur wissenschaftlichen Benennung der Tierarten?

Im Rahmen dieses historischen Exkurses sind entsprechend dem Anliegen der Nomenklatur die Verdienste des Schweden Carl von Linné zu würdigen. Er brachte die **binäre (binominale) Nomenklatur** zur allgemeinen Anerkennung, womit der Species von vornherein ein bestimmter Platz im System zugewiesen wird. Jede der 4236 von Linné 1758 aufgeführten Tierarten hat heute noch denselben Artnamen. Dank der Wissenschaftsentwicklung und
Forschung auf der Grundlage der internationalen Kooperation sind seitdem über 1,2 Million Species beschrieben und nach Linnés Prinzip benannt worden.

Dabei bedeutet die Tatsache des späteren Hinzutretens weiterer Nomenklaturteile, wie Autorname, Veröffentlichungsjahr, keine Abwendung von Linnés Prinzip, sondern ist als logische, notwendig gewordene Weiterentwicklung anzusehen. Unter diesem Aspekt sind auch die durch Aufteilung der Species in Subspecies entwickelten Trinomina (trinominale oder ternäre Nomenklatur) zu werten, bei denen an den Artnamen ein 3. Name angehängt wird, z. B. *Parnassius apollo sibirica* Nordmann, 1851 (Apollofalter).

Symptomatisch war, dass nach Linné und zunehmend im 19. Jahrhundert eine enorme Ausweitung der Formenkenntnis erfolgte. Dazu trugen in großem Maße bei:

- berühmt gewordene Expeditionen und Sammlerreisen, z. B. Alexander von Humboldt (1789–1858), Charles Darwin (1809–1882);
- gezielte Studienreisen, z. B. zur Erforschung der Meeresfauna von Johannes Müller (1801–1858), Carl Gegenbaur (1826–1903), Ernst Haeckel (1834–1919), Oscar Hertwig (1849–1922)/ Richard Hertwig (1850–1937).

So wurde auch dank des Hinzukommens der Faunaerforschung in heimatlichen bzw. europäischen Arealen das „Regnum animale" immer mehr erschlossen und vervollkommnet. Und das sowohl im makroskopischen wie auch mikroskopischen Bereich (Wagner, G. 2003; Wagner G./K.-H. Reiche 2003).

Diese Entwicklung führte in Anbetracht des Fehlens international akzeptierter Konventionen zu einer Situation, die von einem Chaos wissenschaftlicher Namen kaum entfernt war. Das damalige Durcheinander trug maßgeblich zur immer lauter werdenden Forderung auf internationale Verständigung in Fragen der zoologischen Nomenklatur bei.
Um den notwendigen Anforderungen an die Namensgebung (s. .1.4.1) bei der Fülle der oft mehrmals (und daher Verwirrung hervorrufend) beschriebenen Arten nachzukommen, wurden ab 1889 durch Zoologen-Kongresse verbindliche Internationale Nomenklaturregeln entwickelt und eingeführt.
Derartige Kongresse fanden z. B. statt in: Paris (1889), Moskau (1892), Leiden (1895), Cambridge (1898), Berlin (1901), Boston (1907), Graz (1910), Monaco (1913), Budapest (1927), Padua (1930), Paris (1948), Kopenhagen (1953), London (1958), Washington (1963), Monaco (1972).
Im Ergebnis des Kongresses in Berlin (1901) wurden durch ein benanntes Gremium im Jahre 1905 die Internationalen Regeln für die Zoologische Nomenklatur in dreisprachigen Fassungen (engl., franz., deutsch) veröffentlicht, die ein halbes Jahrhundert als drei gleichwertige offizielle Paralleltexte bestanden, während 1961 durch den International Trust for Zoological Nomenclature in London neue, wesentlich erweiterte und verbesserte Nomenklaturregeln (in engl. u. franz. Sprache) als verbindlich veröffentlicht wurden. Diese letzte englisch-französische Fassung erfuhr eine Übersetzung ins Deutsche, die von der Senckenbergischen Naturforschenden Gesellschaft (1962, 1970) publiziert wurde (nach Kraus 1962, 1970, 1973). Diese wurde in der Fassung von 1973 vom XVII. Internationalen Kongress für Zoologie als „authorized translation" offiziell anerkannt. Dabei sind die der weiteren Optimierung dienenden Änderungen einer Reihe von Regeln beachtenswert, die vom XVII. Internationalen Kongress für Zoologie (Monaco, September 1972) beschlossen und ratifiziert wurden und seit 1. 1. 1973 verbindliche Gültigkeit haben (Kraus 1973). Es sei aber darauf verwiesen, dass die 1985 erschienene Neuauflage der Internationalen Nomenklaturregeln eine Überarbeitung mit einzelnen Änderungen erfuhr (London/Berkeley/Los Angeles, February 1985). Hierbei unterblieb allerdings eine längere Zeit ein zum englisch-französischen Text paralleler deutscher Text, weil man meinte, dass die letzte Fassung in Deutsch als ausreichende Grundlage geeignet und gültig sein könnte. So erschien die schon zu Anfang der neunziger Jahre anvisierte nächste deutsche Fassung in revidierter Form erst 1999 und konnte mit dem 1. Januar 2000 in Kraft treten. Sie ist durch Beschluss der Internationalen Kommission für Zoologische Nomenklatur als offizieller deutscher Text anerkannt worden und verfügt somit über denselben verbindlichen Status wie die Versionen in anderen Sprachen. Exemplarisch sei hier eine wichtige Verbesserung der gegenwärtigen Regeln genannt. Diese besteht in einer Präzisierung der Bestimmungen, welche eine Reanimation längst „vergessener Namen" *(„nomina oblita")* verhindern sollen – einhergehend mit der Einführung des Terminus *„nomen protectum"* (O. Kraus 2000, S. 13).
Es erscheint mitteilenswert, dass an der Optimierung der deutschsprachigen Edition verdienstvoll mitgewirkt haben: Dr. V. Mahnert/Genève, Prof. Dr. R. Schuster/Graz, Prof. Dr. A. Minelli/Padova als gegenwärtiger Präsident der Zoologischen Nomenklatur-Kommission, ferner die Philologen Prof. Dr. F. Debus/Kiel, W. Ludwig/Hamburg sowie Dr. H. Ulrich/Bonn als Entomologe und Dr. P. K. Tubbs/London.
Für das bessere Verstehen der Wissenschaftssprache der Zoologie ist es wichtig und unerlässlich, sich die (alt-) philologischen Grundlagen und Spezifika bewusst zu machen. Schließlich dienen die historisch und etymologisch entstandenen (gebildeten) „Termini et Nomina" (Fachwörter und Tiernamen) der Verständigung und sollten keineswegs Barriere sein.

1.3 Philologische Grundlagen der Terminologie (Lautlehre)

1.3.1 Schrift, Transkription, Schreibweise

Da die Buchstabenschrift der Terminologie aus dem „lateinischen" Alphabet in Form der großen und kleinen Buchstaben (von A, a bis Z, z) besteht, werden alle Herkunftswörter aus Sprachen mit anderem Alphabet transkribiert (= „umschrieben"), d. h. lautgemäß durch das entsprechende lateinische Buchstabenäquivalent ersetzt. Die Transkription vom griechischen Alphabet in die terminologisch-lateinische Schrift ist insofern von Interesse und Bedeutung, als die Mehrzahl der Termini und Nomina aus dem Griechischen stammt. Im weiteren Sinne kann die Transkription bereits als Bestandteil der Latinisierung angesehen werden, bei der den Wörtern aus einer anderen Sprache

Übersicht 3: Das griechische Alphabet, die aspirierten Laute und Diphthonge
mit Angabe des Lautwertes und Beispielen der Latinisierung

Griechischer Buchstabe		Bezeichnung	Lautwert	Beispiel[1])	Latinisiert in
Ἀ	ἀ	alpha	a	ἄναξ	*Anax*
Ἁ	ἁ		ha	ἁβρός	in *Ha*brobracon
Β	β	beta	b	βάλανος	*B*alanus
Γ	γ	gamma	g	γλῶσσα	in *Glos*sina
	γγ		ng	ἄγγος	in *Ang*ioneurilla
	γκ		nk	ἄγκιστρον	in *Anc*istrocerus
	γξ		nx	σάλπιγξ	in Salpi*nx*
	γχ		nch	ἄγχι	in A*nch*isaurus
Δ	δ	delta	d	δυνάστησ	*D*ynastes
Ἐ	ε	epsilon	ē	ἐλατήρ	*E*later
Ἑ	ἑ		hĕ	ἕλξ	*He*lix
Ζ	ζ	zeta	ds (latinisiert z)	ζῶον	in Protozoa
Ἠ	η	eta	ē	ἠώς αἴγλη	in *E*ohippus Aegla (am Wortende zu a latin.)
Ἡ	ἡ		hē	ἧλος	in *He*loderma
Θ		theta	th	θρίψ	*Th*rips
Ἰ	ι	iota	ī	ἰχνεύμων ἰωάννης	*I*chneumon in *J*oannisia
Ἱ	ἱ		hi	ἵππος	in *H*ippocampus
Κ	κ	kappa	k (latinisiert c)	κύπρις	Cypris
Λ	λ	lambda	l	λεπίς	in *L*epidoptera
Μ	μ	my	m	μύρμηξ	*M*yrmex
Ν	ν	ny	n	ναυτίλος	*N*autilus
Ξ	ξ	xi	x	ξένος	in *X*enotoma
Ὀ	ο	omikron	o	ὀρθὸς	in *O*rthoptera
Ὁ	ὁ		ho	ὁμός	in *Ho*moptera
Π	π	pi	p	παρά	in *P*arahoplites
Ῥ	ῥ	rho	rh	ῥυχίον ῥέα	Rhynchium *Rh*ea
	ρ		r	πτερόν	in Hemipte*ra*
	ρρ		rrh	πυρρός	in Py*rrh*omutilla
Σ	σ, ς	sigma	s	σφίγξ	*S*phinx
Τ	τ	tau	t	τέττιξ	*T*ettix
Ὑ	υ	ypsilon	y	βόμβυξ	Bombyx
Ὑ	ὑ		hy	ὕδρα	*Hy*dra
Φ	φ	phi	ph	φύλλον	in *Ph*ylloxera
Χ	χ	chi	ch	χιτών	*Ch*iton
Ψ	ψ	psi	ps	ψυχή	*Ps*yche
Ὠ	ω	omega	ō	ὠκύπους	*O*cypus
Ὡ	ὡ		hō	ὥρα	in *Ho*raeocerus
			Diphthonge		
Αἰ	αι		ai (latinisiert ae)	ταινία	T*ae*nia
Αἱ	αἱ		hai (latinisiert hae)	αἷμα	in *Hae*matopota

Übersicht 3: (Fortsetzung)

Griechischer Buchstabe		Bezeichnung	Lautwert	Beispiel[1])	Latinisiert in
Αὐ	*αυ*		au̅	*αὐλαξ*	in *Au*lacus
Εἰ	*ει*		ei (latinisiert ī)	*χείρ*	in Chiroptera
Εὐ	*ευ*		eŭ (latinisiert eu oder ev)	*εὖ* *εὐαγής*	in *Eu*menes in *Ev*agetes
Εὑ	*εὑ*		heu	*εὑρίσκω*	in *Heu*retes
Οἰ	*οι*		oi (latinisiert oe)	*οἰστρος*	*Oe*strus
Οὐ	*ου*		ŭ	*πούς*	in Platyp*us*
Ὠι	*ῳ*		ō	*ᾠόν*	in *O*otypus

[1]) Anm.: Die Auswahl der Beispiele erfolgte in Anlehnung an Grensted und Bradley (1961), zitiert in: Internationale Regeln für die zoologische Nomenklatur (1962).

lateinische Form und Endung (nach klassisch-lateinischem oder bei Formabweichung nach wissenschaftlich-lateinischem Gebrauch) gegeben werden. Es ist sprachgeschichtlich und etymologisch — gerade auch für Benutzer ohne altphilologische Grundkenntnisse — wichtig, das richtige Vorgehen bei der Transkription und Latinisierung griechischer Wörter zu demonstrieren, wobei es die in Übersicht 3 angeführten (Regel-) Beispiele umzusetzen bzw. anzuwenden gilt.
Hier sei bemerkt (nach Triepel und Herrlinger 1965), dass die heute im Deutschen meist angewandte Aussprache der griechischen Vokale und Diphthonge auf den Humanisten **Erasmus von Rotterdam (1466–1536)** zurückgeht und z. T. sehr stark von derjenigen des heutigen und wahrscheinlich auch des alten Griechenlands abweicht.
Bei der **Transkription des Griechischen ins Lateinische** treten im Einzelnen noch die unmittelbare Herkunft widerspiegelnde Spuren des Griechischen auf. So kennzeichnen bei Fachwörtern die Buchstaben Y, Z, ph und th den direkten griechischen Einfluss. Das gilt in der Regel auch für den Buchstaben K, den die Römer nur vereinzelt in Abkürzungen verwendeten; ansonsten aber gebrauchten sie das aus dem griechischen Gamma differenzierte C, das im klassischen Latein wie K gesprochen wurde. —
Unterschiedliche **Transkription vom Griechischen** ins Lateinische liegt z.B. vor bei „coma", f. von gr. *he kóme* f., das Haupthaar, während sich der medizinische Terminus „Koma", n. von gr. *to kóma* n., der Tiefschlaf (bei Beibehaltung des K = Kappa) herleitet. — Als ein Beispiel für etymologische Konsequenzen hinsichtlich Geschlecht und Schreibweise. Derartige Exempla sind selten. Das beibehaltene K (also nicht in C umgewandelt) bedeutet stets griechische Herkunft.
Das griechische η wird im Allgemeinen wie das ε mit e (wenn auch mit differenzierter Quantität: e aus η = lang, e aus ε = kurz) wiedergegeben. Handelt es sich aber um das endständige -η als feminine Geschlechtsendung (Nominativ Singular), so erfolgt die Wiedergabe mit -a, womit der analogen a-Deklination im Lateinischen (bzw. der femininen Kasus-Endung im Nominativ Singular) entsprochen wird. Analog werden die maskuline griechische Endung -os mit -us, die griechische Neutrum-Endung -on mit -um wiedergegeben (Prinzip der Latinisierung). Allerdings gibt es auch griechische Wörter, die unverändert (also ohne veränderte Endung) ins Lateinische übernommen wurden, z. B. Cyrene, Pelion, Ennomos, Theridion.
Anmerkung:
Im lexikalischen Hauptteil werden den etymologischen Erklärungen bei Angabe der Verben in der Regel die Infinitive zugrunde gelegt. Hierbei wird neben der kontrahierten Form (z. B. *biún, hormán*) zum besseren Verständnis des Wortstammes oftmals die nicht kontrahierte Form (z. B. *bióein, hormáein*) angeführt. –
Für die **Groß- oder Kleinschreibung** ist von dem Grundsatz auszugehen, dass im Lateinischen die Wörter klein geschrieben werden. In der Terminologie und Nomenklatur sind jedoch die in Übersicht 4 zusammengestellten Forderungen verbindlich.

Übersicht 4: Die Groß- und Kleinschreibung für wissenschaftliche Tiernamen und zoologische Fachwörter

Objekt oder Gegenstand	Anfangsbuchstabe	Beispiel oder Bemerkung
1. Anatomische Namen (der Zoologie und Medizin)	groß	Tibia, Ulna, Abdomen
2. Als termini technici verwendete Substantiva (z. B. auch im medizinisch-pharmazeutischen Latein)	groß	Unguentum Zinci "Lexer"; Oleum Jecoris Aselli; Unguentum Sulfuris
3. Autorennamen (auch bei abgekürzter Schreibweise)	groß	Linnaeus, Haeckel, Brehm
4. Gattungsnamen	groß	*Paramecium, Lumbricus, Turdus*, vgl. 17. Übersicht
5. Alle Artnamen und Unterartnamen (auch von Personennamen abgeleitet!)	klein	*terrestris,* vgl. 21. Übersicht
6. Von Ländern und Städten abgeleitete Adjektive	klein	Spiritus russicus; Species laxantes hamburgienses
7. Substantiva und Adjektiva als Beifügungen bzw. mit Hinweis- od. Erläuterungscharakter	klein	pro analysi; pro usu veterinario; Species ad longam vitam; Ulcus duodeni

1.3.2 Aussprache

Entgegen dem Gebrauch im klassischen Latein ist es in der Neuzeit vielfach üblich geworden, die Buchstaben gemäß den phonetischen Regeln der jeweiligen Landessprache (z. B. englisch, russisch, französisch) auszusprechen. So wird z. B. im Englischen der Buchstabe y meist als ai gesprochen. Im Prinzip ist die Aussprache der Buchstaben in den Termini und Nomina richtig, wenn die Buchstaben wie im Deutschen ausgesprochen werden, da mit Ausnahme etymologischer oder sprachgeschichtlicher Besonderheiten im wesentlichen eine phonetische Kongruenz zwischen lateinischer und deutscher (Aus-)Sprache besteht. Hinsichtlich der Aussprache von Vokalen und Diphthongen ist prinzipiell zu beachten:

1. Jeder Vokal kann in unterschiedlicher Qualität, d. h. lang oder kurz auftreten, was von Nachbarlauten, sprachgeschichtlicher Herkunft und grammatischer Funktion abhängt.
2. Alle Diphthonge oder von Diphthongen herstammenden Vokale haben lange Quantität.

Im Einzelnen seien die wesentlichen Besonderheiten und Prinzipien der Phonetik in der Übersicht 5 über die Laute kurz dargestellt.

Ergänzend sei zur Aussprache einiger Mutae bemerkt:

1. Der Buchstabe C (c) wurde im klassischen Latein stets wie K (k) gesprochen. Seit dem frühen Mittelalter ist es üblich geworden, c vor hellen Vokalen (e, i, y) und Diphthongen (ae, oe) wie z, sonst wie k auszusprechen. Analog würde cc vor hellen Vokalen und Diphthongen wie kz, vor dumpfen Vokalen (a, o, u) wie kk gesprochen.
2. Doppelkonsonanten werden als zwei Laute ausgesprochen, z. B. ocellus. Auch sch ist lautlich getrennt (s-ch) zu sprechen, nicht wie im Deutschen als einheitlicher Laut.
3. Vor Vokalen gilt für gu, qu, su die Aussprache: gw, qw (kw), sw, z. B. anguinus, unguentum (ungwentum gesprochen).
4. Wie im Deutschen werden gesprochen: ch, th (= t), ph (= f).

Übersicht 5: Einteilung der Laute und wesentliche Aussprache-Regeln
(in Anlehnung an F. Ahrens 1983)

Lautgruppe	Buchstaben bzw. Laute	Bemerkungen zur Aussprache
I. Vokale (Selbstlaute)	a, e, i, o, u, y	1. Prinzipiell werden Vokale getrennt gesprochen, z. B. Suffix -oideus: o-i-d-e-us. 2. Das i sollte auch vor Vokalen buchstabengemäß (und nicht zu j abgewandelt) gesprochen werden, z. B. pomatius. 3. Aussprache des y im Anlaut wie j, im Inlaut wie ü, jedoch zwischen zwei Vokalen auch wie j;
II. Diphthonge (Doppellaute)	ae oe au eu ei	1. Die griechischen Diphthonge ai, oi wurden im Lateinischen entsprechend zu ae, oe; 2. ei wurde vor Konsonanten zu i, vor Vokalen zu i oder e; 3. ferner wurde ey zu eu; gr. oy wird als u wiedergegeben, z. B. poys = pus.
III. Konsonanten		
1. Halbvokale	i	wie j gesprochen, z. B. Pompeius; maior = major;
	u	wie w gesprochen, z. B. in: unguentum;
	v	wie w gesprochen, z. B.: vinum;
2. Hauchlaut	h	klang schwach, wurde nicht als Konsonant empfunden;
3. Liquidae	l	r wurde an der Zungenspitze gesprochen. Stimmhaf-
(Fließlaute)	r	tes s zwischen Vokalen kann zu r werden.
4. Spirantes	s	Stimmloses s klang scharf, z. B. in causa, silvaticus.
(Reibelaute)	f	f wie im Deutschen gehaucht gesprochen.
5. Mutae1) (Verschlusslaute)		
a) Labiales	b	stimmhaft
(Lippenlaute)	p	stimmlos
	ph	stimmlos, gehaucht wie f
b) Dentales	d	stimmhaft
(Zahnlaute)	t	stimmlos (hart)
	th	stimmlos, wie t
c) Gutturales	g	stimmhaft
(Gaumenlaute)	k, c, q	stimmlos, c wie k im klassischen Latein
	ch	stimmlos, gehaucht (wie im Deutschen)

1) Anm.: stimmhafte mutae = mediae; stimmlose mutae = tenues; stimmlose, gehauchte mutae = tenues aspiratae

1.3.3 Betonung

Vergegenwärtigt man sich, dass die Betonung in einer Sprache überwiegend durch die Tonhöhe (musikalisch) oder vorwiegend durch die Tonstärke (exspiratorisch) zum Ausdruck kommen kann, so ist die Betonung im Lateinischen als vorwiegend exspiratorisch zu bezeichnen. Für die Betonung gelten folgende Hauptregeln:

1. Niemals wird die letzte Silbe betont. Mithin liegt die Betonung bei zweisilbigen Wörtern auf der vorletzten (ersten) Silbe, z. B. *Cánis*.
2. Bei einem mehrsilbigen Wort geht die Betonung nicht über die drittletzte Silbe zurück.

3. Bei drei- oder mehrsilbigen Wörtern werden betont:
   a) die vorletzte Silbe, wenn diese quantitativ lang ist, z. B. abdómen:
   b) die drittletzte Silbe, wenn die vorletzte Silbe kurz ist, z. B. glándula, species.

Folgende Regeln oder Lautgesetze gelten für die Quantität (Länge oder Kürze) eines Vokals oder einer Silbe:

Eine **Silbe ist lang**, wenn:
1. sie einen Diphthong (ae, oe, au, eu) oder einen langen Vokal (a, e, i, o, u, y) enthält, z. B. abdómen, oncospháera (Naturlänge).[1])
2. im Wortinnern auf einen an sich kurzen Vokal wenigstens ein Doppelkonsonant oder zwei Konsonanten (z. B. x, z, ns, nf, nt) folgen, z. B. capíllus, sagítta, exémplum, océllus (Positionslänge).

Hier gilt folgende Einschränkung:
„Muta (b, p, d, t, g, k, e, ph, ch, th) cum liquida (l, r) non facit positionem", so dass die drittletzte Silbe zu betonen ist, z. B. multiplex; denn muta cum liquida kann zur nächsten Silbe gerechnet werden.

So werden die Familiennamen stets auf der drittletzten Silbe, d. h. auf dem letzten Vokal vor -idae, betont (z. B. Ápidae).[2])

1.3.4 Silbentrennung

Grundregel ist, dass die Silbentrennung wie im Deutschen gemäß der Aussprache erfolgt, was auch für st gilt (magi-ster).
Zu beachten sind jedoch zwei Sonderregeln:
Die Verbindung von muta (b, p, d, t, c, g) cum liquida (r, l) aut (oder) nasalibus (m, n) gehört zur folgenden Silbe (ma-gnus, am-plus). Komposita werden nach ihren Wortstämmen oder Bestandteilen getrennt (ex-itus, ad-itus, Endo-branchiata).

1.3.5 Bindevokale, Prä- und Suffixe in Komposita

Bindevokale in Komposita

Prinzipiell sind drei Arten von Komposita (= Wortzusammensetzungen) zu unterscheiden:
1. Lateinisch-homogene Komposita, d. h. aus zwei lateinischen Wortstämmen gebildete Wörter, die in der Regel den Bindevokal kurz i haben; Beispiele: Fissipedia, Tectibranchiata.
2. Griechisch-homogene Komposita, d. h. aus zwei griechischen Wortstämmen gebildete Wörter, für die der Bindevokal kurz o die Regel ist; Beispiele: dolichocephalus, hippopotamus, Palaeotropis.
3. Hybride (oder heterogene) Wortbildungen, auch Bastardwörter genannt, die griechisch-lateinisch oder lateinisch-griechisch zusammengesetzt sind und in der Regel den Kompositionsvokal kurz o aufweisen – mit der Begründung, dass bei ihrer Bildung der griechische Einfluss dominierte; Beispiel: pharyngopalatinus.

Anmerkungen:
1. Die zeitweilige Dominanz des Griechischen bei Wortbildungen führte auch dazu, dass Komposita, insbesondere im Bereich der Anatomie, aus zwei lateinischen Wörtern mit dem Bindevokal kurz o gebildet wurden, z. B. lumbocostalis, musculo-cutaneus.

---

[1]) Anm.: Auf das Längezeichen z. B. ā wird im lexikalischen Hauptteil dieses Buches in der Regel verzichtet.

[2]) Anm.: Bei einsilbigen griechischen Wörtern (z. B. *pus*) wird im lexikalischen Teil kein Betonungszeichen (entsprechend der Transkriptionsweise) angegeben, obwohl in der griechischen Schreibweise ein Akzent bzw. Betonungszeichen funktionell verwendet wird.

2. Das vereinzelte Auftreten von Komposita ohne Bindevokal o oder i bedarf keiner Erläuterung.
3. Wenn sich auch die philologisch an sich nicht vertretbaren Bastardwörter wegen ihrer festen Einbürgerung nicht mehr tilgen oder durch philologisch einwandfreie Wortbildungen ersetzen lassen, so muss das Bemühen, hybride Wortbildungen bei neuen Bezeichnungen zu vermeiden, verstärkt werden. So muss es z. B. sprachlich richtig heißen Parodontose (anstatt Paradentose).

Präfixe und Suffixe in Komposita

Als Grunddefinition für Präfix (= Vorsilbe) gilt:
Das **Präfix** stellt eine Gruppe von Buchstaben dar, die vor ein Grund- oder Stammwort tritt und gewöhnlich zur Bildung abgeleiteter Wörter dient, jedoch kein eigenes (selbständiges) Wort ist (bedeutet).
Das **Suffix** (= die Endung) ist (definitorisch) ein Buchstabe oder eine Gruppe von Buchstaben (Suffix), die (1) dem Stamm eines Wortes angefügt werden, wie -IDAE bei Familiennamen, -INAE bei Unterfamiliennamen; oder (2) Buchstaben, die bei einigen Gattungsnamen eine lateinische Endung nach dem Gattungsgeschlecht, wie *-ulus*, *-ella* oder *-istes* u. a. bilden.
Eine große Zahl der Namen und Fachwörter sind Komposita mit Prä- und/oder Suffixen. Dabei haben sie meist bei den Termini auch direkten Bezug zum Begriffsinhalt oder zur Bedeutung des Wortes. Zum anderen werden Sinn und Inhalt des Stammwortes oft verändert. So geben die Präfixe meist räumliche oder zeitliche Beziehungen oder eine Intensivierung (Verstärkung) an (s. 9. Übersicht).
Als **Präfixe** (Vorsilben) sind Präpositionen anzutreffen, von denen die folgenden Übersichten einige wesentliche Beispiele aus dem Griechischen und Lateinischen bringen; Anwendungsbeispiele sind im lexikalischen Hauptteil zu finden.

Übersicht 6: Griechische Präpositionen als Präfixe in ihrer Grundbedeutung

Präfix	Bedeutung	Präfix	Bedeutung
ana-	hinauf, über-hin, wieder	hypo-	unter, von (unten)her
anti-	anstatt, gegen	kata-	hinab, durch-hin
apo-	von her, von weg	meta-	-nach, inmitten
amphi-	rings(herum), zu beiden Seiten	para-	entlang, bei, neben
dia-	hindurch, durch	peri-	rings(herum), um
en-	in; während	pro-	vor, für
epi-	auf, oben	pros-	nach ... hin, bei, an
ex-, ek-	aus, heraus	syn-	mit, zusammen mit, mit (Hilfe)
hyper-	über		

Übersicht 7: Lateinische Präpositionen als Präfixe in ihrer Grundbedeutung

Präfix	Bedeutung	Präfix	Bedeutung
a-, ab-	von, weg	intra-	innerhalb
ad-	an, bei, zu	ob-	gegen
ante-	vor	per-	durch
de-	ringsherum	post-	hinter, nach
de-	von ... herab, weg	prae-	vor
e-, ex-	aus (heraus)	pro-,	für, vor
extra-	außerhalb	sub-	unter
in-	in, an, auf; in ... hinein	supra-, super-	oberhalb, über
infra-	unterhalb, unter	trans-	hin(über), jenseits
inter-	zwischen, unter		

Bei der Bildung von Komposita erfuhren die integrierten Präfixe entsprechend den wirkenden Lautgesetzen der Assimilation (Angleichung), des Rhotazismus (Wandlung des intervokalischen s zu r), des Lautwegfalls oftmals Veränderungen, die von dem Anfangsbuchstaben des folgenden Wortstamms abhängig sind. Das Lautgesetz der Angleichung bewirkt u. a. folgende Lautveränderungen:

Übersicht 8: Die Assimilation von Lauten in Komposita

Zusammentreffende Laute	Angleichung	Zusammentreffende Laute	Angleichung
df →	ff	np →	mp
dg →	gg	bc →	cc
dl →	ll	bp →	pp
nl →	ll	sf →	ff
nm →	mm	(i)nr →	rr

Haben ohnehin einzelne Präpositionen in der Syntax verschiedene Bedeutungen und bedingen dabei oft unterschiedliche Fälle für das folgende Substantiv, so ist auch manchen als Vorsilben in Komposita eine spezifische Bedeutung beizumessen.

Übersicht 9: Spezielle Bedeutung von einigen Präfixen in Komposita (Wortverbindungen)

Präfix	Bedeutung	Beispiel
con- per- prae-	Intensivierung der Inhaltsbedeutung des Stammwortes im Sinne von „sehr" oder „ganz"	condensus permixtus praealtus
in-	drückt Fehlen oder Verneinung aus wie α privativum; un-, -los	insanabilis
de-	bedeutet Trennung oder Umkehrung des Wortinhaltes ohne de-	Dehydrierung, Deplasmolyse
dis-	negiert oder besagt Verschiedenheit bzw. Gegenteiligkeit	Dissimilation Distrophie
ne-	hat negierende Bedeutung	Neutrum
meta-	gibt Veränderungen an	Metabolie, Metamorphose

Einige häufig auftretende **Suffixe** (Endungen) vermittelt die nachstehende Übersicht.

Übersicht 10: Suffixe und ihre Anwendung

Suffixe mit Quantität[1]) und Herkunft	Wissenswertes über Bedeutung und Anwendung
-acus (a = kurz, latin. von -akos)	kennzeichnet allgemeine Beziehungen, gehört primär zu gr. Wortstämmen; z. B.: aurantiacus, orangerot;
-aeus (aus gr. -aios)	drückt allgem. Beziehung und Herkunft aus, z. B.: caribaéùs, von den Karibischen Inseln stammend;
-alis und -aris (langes = betontes a, lat.)	bezeichnen allgemeine Zugehörigkeit u. Ähnlichkeit; vorzugsweise Anwendung von: -aris, wenn das Stammwort ein l enthält; z. B. rostrális, zum Schnabel gehörend; condyláris, höckerig; ulnaris, zur Elle gehörig; plantaris, zur Fußsohle gehörig;
-anus (a = lang, lat.)	Herkunft, Beziehung, Vorkommen ausdrückend; z. B. americánus;

Übersicht 10: (Fortsetzung)

Suffixe mit Quantität[1]) und Herkunft	Wissenswertes über Bedeutung und Anwendung
-arius (langes a, lat.)	Zugehörigkeit bzw. Ähnlichkeit bezeichnend, ist verwandt mit -aris; z. B.: carnárius, in der Fleischkammer sich aufhaltend;
-atus (langes a, lat.)	drückt in der Regel ein Versehensein, zuweilen Ähnlichkeit aus; z. B.: aculeátus, stachlig; cristátus, Kamm tragend;
-ellus, -a, -um; -olus,-ola, -olum; -ulus,-ula, -ulum (o und u = kurz)	sind lateinische Diminutiva, d. h. Suffixe, die Verkleinerung, Verniedlichung bedeuten wie im Deutschen -lein, -chen; ol- nach Vokal; z. B.: nódulus, Knötchen; malléolus, Hämmerchen;
-eus (kurzes = unbetontes e, lat.)	bezeichnet den Stoff, die Zusammensetzung, die Konsistenz, selten auch Zugehörigkeit; z. B.: ósseus, knochig, knöchern; sabáceus, aus Talg bestehend; vítreus, gläsern; flámmeus, glänzend, feurig; interosseus, zwischen den Knochen;
-eus (kurzes e, gr.)	latinisiert aus gr. -eos, kennzeichnet ebenfalls den Stoff, z. B. chrýseos = chrýseus (lat.), golden, goldig;
-eus (e = lang, aus gr. ei)	bezeichnet Art und Weise u. Beziehung bzw. Herkunft; z. B.: giganteus, riesengroß, gigantisch;
-fer(us), -fera, -ferum	(mit sich) führend, bringend; z. B.: lactifer(us), sudorifer(us);
-formis, -forme	-förmig, ähnlich; z. B.: pisiformis, filiformis, falciformis;
-icus (i = kurz, lat., aus dem gr. Suffix -ikos)	charakterisiert allgemeine Beziehungen, insbesondere Herkunft; z. B.: asiáticus, gállicus; doméstícus, zum Hause gehörend;
-ides u. -ideus (kurzes e, gr. Herkunft, latinisiert)	Ähnlichkeit bezeichnend. Beispiele: lumbricoides, regenwurmähnlich; mastoideus, warzenförmig; dem Suffix liegt das gr. Substantiv to eidos = Aus sehen, Gestalt zugrunde;
-inus (i = lang, lat.; erweitert aus: nus)	bedeutet Herkunft, allgemeine Beziehung, z. B. bei: intestínus, innerlich; supínus, rückwärts liegend; feminínus, weiblich; marínus, im Meer lebend; anguínus, schlangenartig; cervínus, zum Hirsch gehörig;
-inus (i = kurz, gr.)	bezeichnet meist den Stoff u. kommt in primär griechischen Adjektiva vor (aus -inos latinisiert); z. B.: crystállinus, kristallklar;
-inus (i = kurz, lat.)	häufig verwendet für Angaben über Zeit und Anzahl; z. B.: serótinus, spät auftretend; trigéminus, dreifach, dreimal vorhanden;
-ivus (i = lang, lat.)	kennzeichnet die Dienlichkeit, Zweckmäßigkeit; z. B.: incisívus, zum Schneiden geeignet (Schneidezahn);
-nus (lat.)	für Zustand, Lage, Größe; z. B.: extérnus, äußerlich, äußerster, außen liegend; magnus = groß;
-orius (i = kurz, lat.)	drückt Eignung od. Befähigung aus (etwa -ivus entsprechend), z. B.: sensórius, der Empfindung dienend;
-osus (o = lang, lat.)	bedeutet Reichtum, Fülle, gelegentlich auch Vergleich, Modalität (Art u. Weise), Konsistenz; entspricht oft dem Deutschen: -reich; z. B.: spongiósus, schwammig; mucósus, schleimig; maculósus, fleckenreich

[1]) Anm.: Die Quantität kennzeichnet die Länge (Betonung) od. Kürze (Nichtbetonung) eines Vokales bzw. einer Silbe, gehört aber nicht zur offiziellen Schreibweise.

Philologisch besteht die Forderung, Prä- und Suffixe so zu verwenden, dass hybride Komposita nicht mehr gebildet werden. Das bedeutet, nicht zu koppeln: lateinisches Präfix und griechisches Grundwort (und umgekehrt) oder lateinisches Grundwort und griechisches Suffix.

Es sei hier gegenüber der botanischen Taxonomie bemerkt, dass nur für relativ wenige zoologische Taxa spezifische Suffixe obligatorisch verwandt werden (s. 1.4.3).

1.4 Grundlagen und Prinzipien der Taxonomischen Nomenklatur

1.4.1 Begriff und Funktionen der Zoologischen Nomenklatur

Die Zoologische Nomenklatur kann funktionell als Terminologie der Taxonomie (Systematik) bezeichnet werden und ist das System wissenschaftlicher Namen, die für die Kategoriestufen oder Taxa der rezenten und fossilen Tiere als gültig angewandt werden.
Im weiteren Sinne gehören zur Zoologischen Nomenklatur die Namen der untersten bis höchsten Taxa, während in den Internationalen Regeln für die Zoologische Nomenklatur im wesentlichen ein autorisiertes System von Vorschriften und Empfehlungen für die Namen der folgenden Gruppen der Taxa entwickelt wurde.

Übersicht 11: Taxa-Gruppen, für die die Internationalen Nomenklaturregeln gelten

Gruppe	einbezogene Taxa
Familiengruppe	Überfamilie, Familie, Unterfamilie, Tribus
Gattungsgruppe	Gattung, Untergattung
Artgruppe	Art, Unterart

So ist die **Familiengruppe** ranghöchste Gruppe von Taxa in der hierarchischen Klassifikation, deren Namen in vollem Umfang den Regeln unterliegen. Die Familiengruppe enthält Taxa der Rangstufen Überfamilie, Familie, Unterfamilie, Tribus sowie jeden anderen Ranges unterhalb der Überfamilie und oberhalb der Gattungsgruppe, soweit das erforderlich ist, etwa eine Subtribus.
In den Internationalen Regeln finden demnach keine Berücksichtigung: die Namen unterhalb der Artgruppe (der infrasubspezifischen Formen) sowie oberhalb der Familiengruppe; die sog. Lebensspuren fossiler Tiere; Namen für hypothetische Begriffe, missgebildete Stücke oder für Hybriden. Hinsichtlich der vereinheitlichten Sprachanwendung wird in den neugefassten Internationalen Regeln für die Zoologische Nomenklatur (London/Berkeley/Los Angeles 1985) gefordert, dass der Name lateinisch, latinisiert oder entsprechend behandelt sein muss.
Auch im Falle willkürlicher Buchstabenkombination muss der Name so gebildet sein, dass er wie ein lateinisches Wort behandelt werden kann (Kraus 1973). Dabei wird die Verwendung der Buchstaben „j", „k", „w", „y" in zoologischen Namen sanktioniert. Als latinisiert wird für die Belange der zoologischen Nomenklatur ein Wort griechischer oder nicht klassischer Herkunft (einschließlich willkürlicher Bildung wie bei Anagrammen und Phantasienamen) angesehen, sofern es in lateinischen Buchstaben geschrieben ist. Danach ist die latinisierte Endung keine explizite Bedingung. Beispiele hierfür sind: Toxostoma und brachyrhynchos (aus dem Griechischen); Pfrille (aus dem Deutschen); Abudefduf (aus dem Arabischen); boobook und quoll (aus der australischen Eingeborenensprache); Gythemon (willkürliche Buchstabenkombination).

Vier Postulate stellt die Taxonomie an die wissenschaftlichen Tiernamen, deren Verwirklichung die Grundfunktion der Internationalen Nomenklaturregeln ist:

1. **Internationale Verständlichkeit**, deren Gewährleistung weitestgehend durch die Verwendung der lateinischen Sprache und durch die Latinisierung aller nichtlateinischen Namen (Transkription, Anhängen von Suffixen, Anwendung der Sprachregeln des Lateins) erreicht wird.

2. **Einmaligkeit bzw. Unterschiedlichkeit oder Eindeutigkeit,** wonach derselbe Name nicht für zwei oder mehr verschiedene Gattungen verwandt werden darf. Diese Forderung gebietet vor allem auch die Beachtung des Homonymie-Gesetzes, das besagt: In der Nomenklatur ist nur das älteste, zuerst gegebene Homonym gültig. So mussten in manchen Fällen Namen geändert werden, z. B. Triton in Triturus, weil unter Triton zuerst eine Schnecke beschrieben worden war. In solchen Fällen gilt dann der nächstälteste Name.

3. **Einheitlichkeit oder Uniformität**
   Hierunter ist zu verstehen, dass ein und dieselbe Art (species) nicht zwei oder mehr Namen (Synonyme) haben darf, dass obligatorische taxonspezifische Suffixe (in der Zoologie jedoch nur wenige) durchgängig zur Anwendung gelangen, dass die taxonspezifische Anzahl der Namen (uninominal, bi-, trinominal) und ergänzender Nomenklaturteile wie Autorname, Publikationsjahr verwandt werden. Grundsatz zur Gewährleistung der Einheitlichkeit ist ferner, dass vor 1758 aufgestellte Namen nicht verwendet werden dürfen.

4. **Stabilität**
   Dieser bedeutsamen Grundforderung dient bereits im Prinzip das Prioritätsgesetz, wonach der älteste verfügbare Name gültig ist. Dabei wird aber seit 1953 durch das Präskriptionsgesetz ungerechtfertigten, die Stabilität bedrohenden Umbenennungen von fest im Gebrauch befindlichen Namen durch neu „ausgegrabene", ältere Namen Einhalt geboten, auch wenn diesen die Priorität zukommt. So kann gegen die Änderung sehr eingebürgerter Namen bei der Nomenklatur-Kommission Einspruch erhoben werden, die die betreffenden Namen als Nomina conservanda erklären kann: Der Name des Genus „Echinus" ist z. B. ein Nomen conservandum. Ferner dient das „Typus-Verfahren" letztlich der Stabilisierung der Nomenklatur (s. 1.4.2).

In den seit 1973 gültigen Änderungen der Internationalen Regeln wird der sinnvollen Anwendung des Prioritätsgesetzes im Dienste der Stabilitätsförderung besonders Rechnung getragen. In Artikel 23 heißt es: „...es ist nicht dazu bestimmt, angewandt zu werden, um einen seit längerer Zeit gebräuchlichen Namen in seiner herkömmlichen Bedeutung durch die Einsetzung eines unbenutzten Namens, der dessen älteres Synonym ist, umzustoßen. Ist ein Zoologe der Auffassung, dass die Anwendung des Prioritätsgesetzes nach seinem Ermessen die Stabilität oder Universalität beeinträchtigen oder Verwirrung bewirken würde, so hat er den bestehenden Gebrauch beizubehalten und muss den Fall der Kommission vorlegen, die in Ausübung ihrer Vollmacht entscheidet."

1.4.2 Typusverfahren als Grundlage der Nomenklatur

Um die wissenschaftlichen Tiernamen exakt festlegen zu können, Irrtümer und Verwirrungen zu vermeiden und um stets die Möglichkeit eines orientierenden und kontrollierenden Rückgriffs zu haben, bedient man sich des so genannten Typusverfahrens. Der Typus gilt als Richtmaß, das die Anwendung eines wissenschaftlichen Namens im Geltungsbereich der internationalen Regeln für die zoologische Nomenklatur fixiert. Die Typisierung (neuerdings bevorzugt gegenüber dem Ausdruck Typifizierung) beruht gemäß der Sanktionierung der internationalen Regeln (Artikel 61) auf dem „Grundsatz, dass jedes nominelle Taxon der Familiengruppe, der Gattungs- und der Artgruppe tatsächlich oder potentiell über einen namenstragenden Typus verfügt, der festgelegt ist, um eine objektive Bezugsgrundlage zu bewirken, welche den Gebrauch des Namens [für ein bestimmtes Taxon] bestimmt" (O. Kraus 2000, S. 169).
Der Typus ist Kernpunkt und Namensträger eines Taxon, objektiv und unveränderlich, während die Umgrenzung des Taxon subjektiv ist und verändert werden kann. Der Typus einer Art oder Unterart ist ein Einzelexemplar. Bei der Typisierung (oder Typifizierung) ist folgendes zu beachten:
Das Exemplar, auf dem Beschreibung und Benennung einer neuen Art (od. Unterart) basieren, wird als **Holotypus** bezeichnet. Weitere zur Erstbeschreibung vorliegende Exemplare werden **Paratypen** genannt.
Ist bei einer Beschreibung kein Holotypus festgelegt (wie bei zahlreichen älteren Beschreibungen), so sind alle zur Beschreibung vorliegenden Exemplare als **Syntypen** anzusehen. Eines dieser Exemplare kann oder sollte von einem späteren Autor als **Lectotypus** ausgewählt werden, wobei alle anderen Syntypen zu **Paralectotypen** werden.
Wenn Holotypus oder Lectotypus und alle Paratypen und alle Syntypen vernichtet oder verschollen sind, so kann unter bestimmten Voraussetzungen ein **Neotypus** festgelegt werden.
Eine Subspecies (Unterart) oder Species (Art) ist nur durch einen Holo-, Lecto- oder Neotypus objektiv definiert. Der Typus eines Subgenus (Untergattung) oder eines Genus (Gattung) ist eine Species, die als nominelle Art oder Typusart bezeichnet wird. Durch die Typusart ist die Untergattung bzw. Gattung objektiv definiert.

Der Typus der Taxa einer Familiengruppe (s. 1.4.1) ist die Gattung, auf die der Name der jeweiligen Familiengruppe gegründet ist; sie wird als Typusgattung bezeichnet; die Taxa der Familiengruppe sind durch die Typusgattung objektiv definiert.
Neuerlich gibt es bei der Einführung neuer Namen folgende verbindliche Änderungen (zitiert nach O. Kraus 2000, S. 32–33):

1. „Ein nach 1999 veröffentlichter neuer Name erlangt keine Verfügbarkeit, sofern er nicht ausdrücklich als neu bezeichnet worden ist (vorzugsweise durch Verwendung eines Ausdrucks wie „sp. nov.“, „gen. nov.“, „fam. nov.“, „nom. nov.“, oder aber durch einen unmittelbar äquivalenten Ausdruck derjenigen Sprache, in welcher die Arbeit verfasst ist).
2. Nach 1999 muss die Einführung eines neuen nominellen Taxon der Artgruppe einhergehen mit der Festlegung des zugehörigen namenstragenden Typus (eines Holotypus oder ausdrücklich bezeichneter Syntypen), wobei derart vorzugehen ist, dass die spätere Wiedererkennung dieses Typus ermöglicht ist.
3. Handelt es sich bei dem namenstragenden Typus eines nach 1999 eingeführten Taxon der Artgruppe um ein konserviertes Exemplar oder Exemplare, wird von dem betreffenden Autor die Hinzufügung einer Aussage über die Sammlung verlangt, in welcher der namenstragende Typus deponiert worden ist oder deponiert werden wird.
4. Nach 1999 muss die Einführung eines neuen nominellen Taxon der Gattungsgruppe für Spurenfossilien (Ichnotaxa) von der Festlegung einer Typusart begleitet sein.
5. Führt ein Autor nach 1999 einen neuen Namen der Familiengruppe ein, kann er einen Stamm des Namens der Typusgattung zugrunde legen, der nicht korrekt dem Genitiv des Gattungsnamens gemäß lateinischer Grammatik zu entsprechen braucht. Die sich so ergebende Schreibweise des Namens der Familiengruppe muss von späteren Autoren beibehalten werden; um homonyme Namen der Familiengruppe im Bedarfsfalle zu vermeiden, wird Autoren empfohlen, diese Bestimmung gegebenenfalls anzuwenden und den Gattungsnamen insgesamt als Stamm zugrunde zu legen.“

Für die Benennung neuer Taxa im Regelbereich gelten ab 1. Januar 2000 mit derselbenVerbindlichkeit (nach O. Kraus 2000, S. 32):

6. „Verfahren bei Lectotypus-Festlegungen, wobei es nach 1999 erforderlich ist, aus „den Ausdruck „Lectotypus“ oder eine direkte Übersetzung hiervon zu verwenden; eine Aussage ist hinzuzufügen, dass die Festlegung zu dem Zwecke erfolgt, den Bezug des Namens auf ein Taxon zu klären.“

Die Veränderungen im Falle von Neotypen lauten:

7. „Wird ein zuvor verschollen gewesener Holotypus, Syntypus oder Lectotypus einer Art wieder aufgefunden, welche nachträglich durch ein Neotypus typisiert worden war, ersetzt der ursprüngliche Typus / die Typen automatisch den Neotypus als namenstragenden Typus. Sofern hierdurch Verwirrung oder Instabilität bedingt wird, kann der betreffende Autor bei der Kommission die Wiedereinsetzung des Neotypus beantragen.
8. Erweist sich der namenstragende Typus eines Taxon der Artgruppe als nichts sagend, so dass der konkrete Bezug des Namens auf eingestimmtes Taxon zweifelhaft ist d. h., es handelt sich um ein nomen dubium), kann der betreffende Autor bei der Kommission beantragen, den Typus zu eliminieren und einen Neotypus festzulegen.“

So stabilisiert die präzisierte Anwendung des Prinzips der Typisierung die kontrollierbare, verifizierbare Diagnose gegebenenfalls strittiger Taxa. Auf die Taxonomie (Systematik) und ihre Problematik bei der Ordnung und Hierarchie der Taxa soll nunmehr eingegangen werden.

1.4.3. Aufgabe der Systematik

Stets muss man sich vergegenwärtigen, dass in Wirklichkeit Individuen als konkret-anschauliche Einzellebewesen angetroffen werden und dass die überindividuellen Einheiten Abstraktionen sind. In der heutigen Systematik orientiert sich die Zusammenstellung von Individuen zu Arten (Species) und von Arten zu supraspezifischen Einheiten (Taxa; Sing.: Taxon) ausschließlich an den genealogischen Beziehungen.

Bei Tieren mit getrennt geschlechtlicher Fortpflanzung bilden Individuen, die durch Kreuzung und Rekombination miteinander in Verbindung stehen, einen gemeinsamen Genpool und damit die **natürliche Einheit Art**. Bei **Aufspaltung einer Art** in zwei Populationen kann es zu reproduktiver Isolation kommen und damit zu **zwei getrennten Arten**.
Diese beiden Schwesterarten bilden das kleinste **monophyletische Taxon**. Von hier ausgehend kann man fortschreitend weiter monophyletische Taxa durch die Suche nach der jeweiligen Schwestergruppe (Adelphotaxon) zusammenstellen.
Die genealogischen Beziehungen zwischen den Arten werden als **phylogenetische Beziehungen** bezeichnet.
Aufgabe der phylogenetischen Systematik ist es, die phylogenetischen Beziehungen der Arten so weit wie möglich zu rekonstruieren und in einem Stammbaum auszudrücken. Anders formuliert: *„Phylogenetische Systematik stellt sich die Aufgabe, die Verwandtschaftsbeziehungen zwischen allen Organismen der Erde aufzudecken und die stammesgeschichtliche Ordnung in der lebenden Natur in ein ihr adäquates System umzusetzen.“* (Ax 1995).
Die **Art als taxonomische Grundeinheit** mit ihrer potentiellen Differenzierung in niedere Kategorienstufen, wie Unterarten, Varietäten bzw. Rassen, Formen, ist der Ausgangspunkt für die höheren Taxa, bei denen die Zahl der gemeinsamen Merkmale abnimmt bzw. der Grad an Abstraktheit zunimmt (s. 12. Übersicht).
Die früher viel diskutierten systematischen Kategorien (s. tabellarische Übersicht) werden von vielen Phylogenetikern und generell in zunehmendem Maße abgelehnt. Sie werden jedoch hier aus historischen Gründen vorgestellt, um damit auch das Verständnis zu früherer Systematikliteratur zu ermöglichen. Die Taxa im Gültigkeitsbereich der Internationalen Regeln werden nach wie vor angewandt (s. Abschnitt 1.4.1: Übersicht 11).

Übersicht 12: Überblick über gebräuchliche Zwischen-Kategorienstufen
abgeleitet von den Haupt-Kategorienstufen

Haupt-Kategorienstufe	Zwischen-Kategorienstufe bei	
	Koordinierung von Kat.-stufen	Differenzierung einer Kat.-stufe
1. Reich (Regnum)	–	Unterreich (Subregnum)
2. Abteilung (Divisio)	–	Unterabteilung (Subdivisio)
3. Stamm (Phylum)	–	Unterstamm (Subphylum)
4. Klasse (Classis)	Überklasse (Superclassis)	Unterklasse (Subclassis)
5. Ordnung (Ordo)	Überordnung (Superordo)	Unterordnung (Subordo)
6. Familie (Familie)	Überfamilie (Superfamilia)	Unterfamilie (Subfamilia)
7. Gattung (Genus)	Tribus	Untergattung (Subgenus)
8. Art (Species)	–	Unterart (Subspecies)

Je nach Gliederung des betreffenden Taxon werden (wurden) Zwischen-Kategorienstufen gebildet und angewandt, wobei dem Unterreich aus pragmatischen Gründen mitunter ein Doppelcharakter beigemessen wurde.
Während der Aufbau dieser Kategorien dem der Botanik ähnelt, besitzen im Gegensatz dazu die einzelnen Kategorien oder Taxa der Zoologie wenig übereinstimmende Suffixe, so dass im Bereich der höheren Kategorien nicht am Namen gleich die Kategorienstufe erkannt werden kann (und folglich oftmals beim Namen angegeben werden muss).
Bei den oberen Kategorien wird z. B. das Suffix -zoa für das Taxon Unterreich verwendet, das aber auch bei einigen Divisiones (z. B. Parazoa, Eumetazoa) neben anderen Suffixen und folglich ohne Regel auftritt.
Verallgemeinert werden kann, dass bei den oberen Kategorien die Neutrum-Form im Plural vorherrschend ist (wie bei -zoa) und dass bei zahlreichen Namen das Wort zoa oder animalia „im Geiste“ ergänzt werden kann; denn neben Substantiva werden für die höheren Kategorien als Namen oftmals (substantivierte) Adjektiva gebraucht. Einige Suffixe treten in ± häufiger Wiederholung auf, wie folgende Übersicht 13 demonstriert.

Übersicht 13: Nomenklatorisch bei verschiedenen Taxa bzw. Rangstufen oft angewandte Suffixe

Suffix (Endung)	Übersetzung (wörtlich)	Suffix (Endung)	Übersetzung (wörtlich)
-branchia	-kiemer	-phaga	-fresser
-ciliata	-bewimperte	-phila	-liebende
-donta	-zähner	-poda, -pedia	-füßer
-glossa	-züngler	-ptera	-flügler, -flosser
-morpha	-gestaltige	-spongia	-schwammartige
-oida, -oidea	-artige, -ähnliche	-sporidia	Sporen
-(o)phora, -(i)fera	-träger	-tricha	-behaarte, -bewimperte

Weitere Neutralformen im Plural nach der o-Deklination auf -a sind die Suffixe:
-ta, -ata, -ina, -acea, -orea, -da, -ia, -ea, -a

und nach der dritten (lateinischen) Deklination auf -ia die Endungen:
-antia, -entia, -alia, -aria.

Die Regellosigkeit wird auch dadurch deutlich, dass sich verstreut maskuline und feminine Suffixe sowohl nach der a- und o-Deklination wie -i, -ii, -ini, -ei, -ae, -eae als auch nach der 3. Deklination wie -es, -ones, -ines, -(i)formes, -cipites, -antes, -entes, -ides finden.
Offensichtlich ist, dass bei den „Pisces" maskuline Formen verstärkt vorkommen und bei den Aves keine neutralen Formen auftreten. Hier sind zahlreiche Substantiva und ferner Adjektiva mit dem Suffix "-formes" als Kategoriebezeichnung anzutreffen.
Taxonspezifische Suffixe sind jedoch allein für die Namen der Familien und Unterfamilien die Regel und obligatorisch.

Übersicht 14: Kategorien mit obligatorisch taxonspezifischem Suffix

Kategorie	Suffix	Namensbildung mit Beispielen
1. Familie	-idae	Anfügung der Endung -idae an den Stamm des Namens von derjenigen Gattung, die als Typus dient; Beispiel: Apidae
2. Unterfamilie	-inae	Anhängen der Endung -inae an den Wortstamm des typischen Gattungsnamens; z. B. Apinae

Wesentlich ist im Hinblick auf die fehlerlose Form des Familiennamens das Auffinden des richtigen Wortstammes. Normalerweise wird der richtige Wortstamm gefunden, indem der Genitiv Singular gebildet und von diesem die Fallendung gestrichen wird. Schwieriger ist jedoch die richtige Wortstammbildung bei Gattungsnamen aus dem Griechischen, wofür einige Beispiele in Übersicht 15 angeführt seien.

Übersicht 15: Bildung von Familiennamen nach Gattungsnamen griechischer Herkunft

Gattungsname	Wortstamm	Familienname (= Wortstamm + Suffix **-idae**)
Acidaspis	Acidaspid-	Acidaspid**idae**
Cimex	Cimic-	Cimic**idae**
Cypris	Cyprid-	Cyprid**idae**
Harpes	Harpid-	Harpid**idae**
Olenopsis	Olenopsid-	Olenopsid**idae**
Pemphix	Pemphig-	Pemphig**idae**
Salpinx	Salping-	Salping**idae**

Gleichsam als Zusammenfassung seien die Kategorien in ihrer Anwendung durchgängig am Beispiel der Honigbiene demonstriert (obwohl die Verwendung der supraspezifischen Kategorien eigentlich zur Geschichte gehört).

Übersicht 16: Die wichtigsten Kategorien, dargestellt am Beispiel von *Apis mellifica*

Kategorie	Name	Kategorie	Name
Regnum	Tiere (Zoa, Animalia)	Subordo	Aculeata
Divisio	Eumetazoa	Familia	Apidae
Phylum	Arthropoda	Subfamilia	Apinae
Subphylum	Tracheata	Genus	*Apis*
Classis	Hexapoda	Species	*Apis mellifica*
Ordo	Hymenoptera	Subspecies	*Apis ligustica* Spinola

Die obige Aufstellung bzw. die Einordnung der Honigbiene in das System zeigt, dass der Gattungsname stets zum kompletten Art- und Unterartnamen gehört und dass hingegen der Name der Kategorie von der Unterordnung aufwärts nicht mehr an den Gattungsnamen gebunden ist und sich dementsprechend meist auf eine kennzeichnende Eigenschaft der Tiergruppe bezieht. Auch unterliegen die Namen der höheren Kategorien nicht dem Prioritätsgesetz und sind nicht Gegenstand der internationalen Regeln für die zoologische Nomenklatur.

1.4.4 Namen der Gattungsgruppe

Nach ihrer Grundfunktion sind die wissenschaftlichen Tiernamen internationale Bezeichnungs- und Verständigungs- bzw. Kommunikationsmittel. Dabei kommt den Gattungsnamen insofern eine besondere nomenklatorische Bedeutung zu, als sie nächstverwandte Arten zusammenfassen und ihr Name als 1. Bestandteil eines Binomens oder Trinomens direkt zur konkreten Kennzeichnung einer Art oder Unterart verwandt wird. Objektiv definiert ist die Gattung (Genus) durch ihre Typusart.
Zur besseren Abstufung der verwandtschaftlichen Beziehungen der Arten wird häufig noch die Kategorie Untergattung (Subgenus) zwischen Art und Gattung eingeschoben, und die Kategorien Gattung und Untergattung werden zur Gattungsgruppe koordiniert (vgl. Übersicht 12).
Nomenklatorisch gilt für die Untergattung, die die Typusart einer unterteilten Gattung enthält, dass sie den gleichen Namen wie die Gattung trägt und als „Nominat"-Untergattung bezeichnet wird.
Ein uninominaler Name, der für eine unmittelbare Unterabteilung einer Gattung vorgeschlagen wurde, hat (auch bei Verwendung von Bezeichnungen wie „Sektion" oder „Gruppe" für diese Unterabteilung) den nomenklatorischen Status eines Untergattungsnamens, falls dieser ordnungsgemäß gegeben wurde. Beide Kategorien der Gattungsgruppe haben koordinierten nomenklatorischen Status, was besagt, dass das für Gattungsnamen Geltende im Prinzip auch für Untergattungsnamen zutrifft.
Die Gattungsnamen sind uninominal, bestehen also aus einem einzigen Wort, das einfach oder zusammengesetzt sein kann. Sie werden stets mit großem Anfangsbuchstaben geschrieben, sind immer als Substantiva (im Nominativ Singular) aufzufassen und zu behandeln, auch wenn sie ursprünglich Adjektiva waren, und bestimmen das Geschlecht des Artnamens, falls dieser (wie meist) adjektivisch ist. Auch „regiert" der Gattungsname das Geschlecht des Unterartnamens. Die in großer Zahl vorkommenden Gattungsnamen (Linné verwandte „lediglich" 312) können herkunftsmäßig u. a. sein:

- griechische oder lateinische Substantiva, auch zusammengesetzte griechische oder lateinische Wörter;
- Ableitungen von griechischen oder lateinischen Vokabeln, die eine Verkleinerung, Ähnlichkeit, einen Vergleich oder Besitz ausdrücken;
- mythologische Namen;
- im Altertum gebrauchte und auch neuzeitliche Namen;
- Phantasienamen und Anagramme.

Neue Namen sollen möglichst mit lateinischen Suffixen (Endungen) versehen sein. Bemerkt werden muss ferner, dass aus dem Altertum überlieferte Namen vielfach einen Bedeutungswandel erfahren haben.
Herkunft und Motiv der Gattungsnamen lassen sich unter Angabe von Beispielen gruppieren, wie in Übersicht 17 ersichtlich ist.

Bei der Bildung von neuen Namen der Gattungsgruppe ist u. a. ferner zu beachten, dass
- geographische Namen und Eigennamen von Völkern mit Verwendung der lateinischen Schrift nach der Rechtschreibung des Landes geschrieben werden, aus dem sie herrühren, oder, falls kein lateinisches Alphabet benutzt wird und ein echtes Alphabet nicht gegeben ist, gemäß der lokalen Aussprache bzw. aller hörbaren Laute so genau wie möglich wiedergegeben werden;
- Namen mit geringfügigen Unterschieden zwecks Vermeidung von Verwechslungen tunlichst nicht herangezogen werden sollen. Das gilt z. B. für sich nur in der Endung unterscheidende oder sonst nur minimal in der Schreibweise abweichende Namen, wie z, B.: *Hygrobia, Hygromia; Leucochile, Leucochilus; Merope, Merops; Oldhnerius, Oldhneria, Oldhnerium; Peroniceras, Peronoceras; Sciurus, Seiurus;*
- die Verwendung von Eigennamen bei Bildung von Komposita unerwünscht ist, z. B. *Eugrimmia, Euagassiceras;*
- einem mythologischen Namen nichtklassischer Herkunft eine lateinische Endung gegeben werden soll. Dasselbe gilt auch für andere aus nichtklassischer Sprache entnommene Namen, z. B. *Fennecus* (Fennek), *Kobus* (Kob), *Okapia* (Okapi);
- ein neuer Name möglichst kurz und im Lateinischen wohlklingend sein soll;
- ein Wort, das als Taxon oberhalb der Familiengruppe benutzt worden ist, nicht als neuer Name (in der Gattungs- oder Artgruppe) benutzt werden soll;
- ein Zoologe keinen Namen vorschlagen soll, der, wenn er ausgesprochen wird, einen merkwürdigen, komischen (lächerlichen) oder sonstwie bedenklichen Sinn nahe legt und
- in zoologischen Namen kein diakritisches Zeichen, Apostroph oder Trema benutzt werden darf.

Übersicht 17: Herkunft und Motiv von Gattungsnamen
(unter Angabe von Beispielen) bzw. für Namen der Gattungsgruppe geeignete Wortarten

Herkunft/Motiv/Wortart	Sprachliche Beispiele
1. Einfache gr. Substantiva	*Ancylus* (gr. ankýlos, lat. ancylus), *Physa* (gr. phýsa); *Hoplites* (gr. hoplítes); *Lepas* (gr. lepás, ein landessprachlicher gr. Tiername)
2. Abgeleitete gr. Substantiva	Bildung möglichst durch Anhängen einer Endung an den Wortstamm; z. B.: *Gastródes* (aus gastér = Magen u. -odes); *Herpéstes* (aus hérpein = kriechen u. -tes = bezeichnet den Ausübenden)
3. Zusammengesetzte gr. Substantiva	Stellung des Beiwortes: a) bei der Bedeutung einer Eigenschaft, dann vor (!) dem Substantiv, z. B. *Schistosóma* = „Spalt"-Körper; b) beim Ausdrücken einer Handlung, Tätigkeit, dann vor oder (!) nach dem Grundwort wie in *Philopótamus* und *Potamophilus* (= "der den Fluss liebende"). Man kann gruppieren (siehe a bis c!):
a) Erster Bestandteil im Kompositum: nicht abtrennbare Partikel wie beim Alpha privativum	gr. a- (= Alpha) vor Konsonant, an- vor Vokal. Beispiele: *Ápteryx* (gr. a- ptéryx = flügellos) *Hemimerus* (gr. hemi = halb u. méros = Teil)
b) Erster Bestandteil: eine Präposition oder ein Adverb	Beispiele: *Perisphinctes* (aus peri = herum u. sphinct- = gebunden); *Epinephelus* (epí = auf u. nephéle = Wolke), *Metacrinus* (metá = nach u. krínon = Lilie), *Eumastax* (eu = gut u. mastax = Mund)

Übersicht 17: (Fortsetzung)

Herkunft/Motiv/Wortart	Sprachliche Beispiele
c) Erster Bestandteil: Stamm eines Substantivs oder Adjektivs	*Polyomma* (poly- = viel u. ómma = Auge); *Archaeocidaris* (archaois ? alt u. Kídaris = Turban); *Onychomorpha* (onych- = Nagel u. morphé = Gestalt), *Stenopelmatus* (stenós = schmal u. pélma = Sohle)
4. Einfache lat. Substantiva	z. B. *Discus* (lat. = Scheibe), *Túba* (lat. = Trompete); *Cánis* (landessprachlich-lateinischer Tiername: Hund)
5. Abgeleitete lat. Substantiva	Bildung: Stamm und sinnveränderndes Suffix, z. B.: *Sturnélla* (sturnus u. -ella = Verkleinerungsendung), *Buccínulum* ("kleine Trompete"); *Clamátor* (von clamare = rufen u. -tor = auf den Ausübenden hinweisende Endung)
6. Lat. Substantiva mit unteilbaren Partikeln	zur Komposition verwendete Partikel: ambi-, di-, dis-, in-, por-, re-, se-, ve-, semi-; z. B. *Diloba, Redúvius*
7. Lat. Komposition mit Präfixen (Vorsilben)	Bildung durch Voranstellen einer Präposition oder eines Adverbs, z. B. *Bípes, Subúrsus*
8. lat. Substantive mittels vereinigter Stämme gebildet und erforderlichenfalls mit Nachsilbenanhängen	Beispiele: *Capricórnis,* *Stiliger,* *Carinifex*
9. Mythologische Namen	*Danaus* (Sohn des Belus, Bruder des Ägyptus), *Dardanus* (Sohn des Jupiter, Ahnherr des trojanischen Hauses), *Venus* (Göttin der Liebe), *Maja* (Mutter des Merkur, Atlantide)
10. Eigennamen des Altertums	z. B. *Diógenes* (Philosoph), *Cinara,* *Ligur*
11. Eigennamen der Neuzeit	Die Endung soll lauten: a) -ius, -ia, -ium bei Namen mit Konsonant als Auslaut, z. B. *Selýsius, Barboúria, Mattéwsium* b) -ia bei -a als Auslaut des Namens; z. B. *Danaia* c) -us, -a, -um, wenn der Name auf einen anderen Vokal als -a endet, z. B. *Mílneum*
12. Namen von Schiffen	bei Beachtung geeigneter Endung, z. B. *Challengária, Bláckea*
13. Wörter aus nichtklassischen und nichtjetztzeitlichen indogermanischen Sprachen	z. B. *Vanikoro,* *Zúa*
14. Phantasienamen	durch willkürliche Buchstabenkombination gebildet, z. B. *Zirfáea, Vellétia*
15. Anagramme	durch Buchstaben- oder Silbenumstellung gebildete Namen (aus vorhandenen Wörtern), z. B. *Milax* (nach *Limax*), *Dacelo* und auch *Lacedo* (nach Alcédo), *Delichon* (nach gr. *chelidon*, Schwalbe)

Die unterschiedliche Herkunft und sprachliche Ableitung der Gattungsnamen erschweren mitunter und insbesondere für Sprachunkundige die Feststellung des richtigen Geschlechts, das männlich, weiblich oder sächlich sein kann. Deswegen wurde im Lexikonteil bei allen aufgenommenen Gattungsnamen das Geschlecht angegeben, wobei die folgende kleine Übersicht einige besonders oft auftretende Geschlechtsendungen herausstellt, die jedoch nicht generell gelten (z. B.: *to meros* der Teil ist neutrum). Deswegen werden bei griechischen Herkunftswörtern im lexikalischen Hauptteil die Artikel in der Regel angeführt: *ho* (männlich), *he* (weiblich), *to* (sächlich). Bekannt sollte ferner sein, dass der Name des Autors sprachlich kein Teil des Namens eines Taxons ist. Deswegen ist die Angabe des Autornamens fakultativ, jedoch in speziellen taxonomischen Darstellungen erwünscht oder auch notwendig (s. 1.4.6).

Übersicht 18: Häufige lateinische und griechische Geschlechtsendungen in Gattungsnamen

Geschlechtsendung	maskulin	feminin	neutrum
1. Lateinisch	-us -er	-a	-um
2. Griechisch	-os	-e	-os -on -ma

1.4.5 Namen der Artgruppe

Bekanntlich umfasst die Artgruppe im Sinne der Internationalen Regeln die Kategorien Species (Art) und Subspecies (Unterart), wobei jedes Taxon der Artgruppe durch Bezugnahme auf sein Typusexemplar objektiv definiert ist und des ferneren alle infrasubspezifischen Formen (s. 1.4.7) nicht direkt zur Artgruppe gehören. Die Kategorien der Artgruppe haben – analog denen der Gattungsgruppe – koordinierten nomenklatorischen Status; das bedeutet, dass Art und Unterart den gleichen Regeln und Empfehlungen unterliegen. Deshalb ist ein für ein Taxon in einer der Kategorien der Gruppe aufgestellter und auf ein gegebenes Typusexemplar gegründeter Name mit ursprünglichem Datum und Autor für ein auf das gleiche Typusexemplar gegründetes Taxon in der anderen Kategorie verfügbar (Artikel 46 der Intern. Reg. f. d. Zool. Nomenklatur). Die Namen der Artgruppe kommen vor:

- die Artnamen als zweiter Bestandteil des Binomens bzw. Trinomens;
- die Unterartnamen als dritter Bestandteil im Trinomen.

Die Bildung von Artnamen (bzw. der Namen der Taxa der Artgruppe) kann folgendermaßen geschehen:

1. Adjektiva, die im Geschlecht mit dem Namen der Gattung grammatisch übereinstimmen und klein geschrieben werden *(Canis familiaris)*;
2. Substantiva im Nominativ, die den Charakter als Apposition (Zusatz) zum jeweiligen Gattungsnamen haben und für die ebenfalls die Kleinschreibung gilt (z. B. *Canis lupus*);
3. Substantiva im Genitiv, die dann auch klein geschrieben werden;
4. Von Personen abgeleitete Namen, die in adjektivischen und substantivischen Formen auftreten. Die adjektivischen Ableitungen von Personennamen müssen wie alle Art- und Unterartnamen ebenfalls stets klein geschrieben werden.

Da die Mehrzahl der Artnamen Adjektiva sind, seien die häufigsten Adjektiv-Endungen angegeben, die sich nach dem Geschlecht des jeweiligen Gattungsnamens richten.

Übersicht 19: Häufige lateinische Geschlechtsendungen bei Artnamen mit Anwendungsbeispiel

männlich	weiblich	sächlich	Beispiel von Binomina	
			Gattungsname	Artname
-us	-a	-um	*Apis*	*mellifica*
-er	-a	-um	*Spinax*	*niger*
-er	-is	-e	*Riparia*	*rupestris*
-is	-is	-e	*Trichinella*	*spinalis*
-or	-or	-us	*Parus*	*major*

Neben diesen Endungen treten solche auf, die für alle drei Geschlechter gleich sind, wozu auch ursprünglich andere Wortarten gerechnet werden können. Genannt seien hier die auf -x, -ens und -ans endenden Artnamen, die als Adjektiva der 3. Deklination unter dem Einfluss der i-Deklination sprachlich charakterisiert werden können. Einige Beispiele:

- auf -x *simplex, duplex, triplex, multiplex, capax, helix;*
- auf -ens *sapiens, splendens, rufescens, pubescens, valens, viruescens, scandens;*
- auf -ans *laxans, reptans, expectorans.*

Ferner ist sprachlich bemerkenswert, dass von Personennamen abgeleitete Artnamen entweder in adjektivischer Form oder substantivisch im Genitiv Anwendung finden, wobei jedoch die letztere Form laut Rekommandation der Internationalen Regeln für die Zoologische Nomenklatur bei der Namens-Neubildung den Vorzug erhalten soll. Auch sind Artnamen im Genitiv anzutreffen, die z. B. das Vorkommen von Parasiten in Wirtstieren bezeichnen: *Acanthocephalus anguillae* und *A. lucii* (= beim Aal oder am Hecht). Das ist der so genannte Genitivus locativus.
Welche speziellen Empfehlungen und Festlegungen bei der Bildung von Namen verschiedener Herkunft und Modalität bestehen, vergegenwärtigt die aus dem Code für die Zoologische Nomenklatur entwickelte tabellarische Übersicht 20.

Übersicht 20: Artnamen bzw. Namen der Artgruppe nach Eigen- oder Personennamen

Kennzeichnung der Modalität	Beispiel (Artname) oder Bemerkung
1. Bildung adjektivischer Artnamen: erfolgt durch Anfügen der Endungen -ianus, -iana, -ianum an den vollständigen Namen.	Der Gebrauch des Genitivs Singular ist jedoch vorzuziehen
2. Anfügen der Genit.-Sing.-Endung -i an den vollständigen Namen; der Gebrauch von -ii wird weniger empfohlen. Verwendung: bei männlichen Namen.	smithi (nach Smith), fabricii (nach Fabricius)
3. Bildung eines Artnamens nach dem Namen einer Frau durch Anhängen von -ae; Weglassen von -a oder -e am Namensende erlaubt, damit der Name besser klingt.	josephineae oder josephinae (nach Josephine)
4. Bei zusammengesetzten, mehrteiligen Namen: Verwendung von nur einer Komponente, und zwar der, die besser bekannt ist.	beckeri (nach Bethune Becker), guerini (nach Guerin Meneville)
5. Bei neuzeitlichen Namen klassischer Herkunft werden wie bei 2. und 3. die Genitiv-Endungen verwandt: -i (maskulin); -ae (feminin).	caroli (nach Karl), annae (nach Ann, Anna, Anne)
6. Eigennamen mit Präfixen:	
a) „Mac“, „Mc“ oder „M“ = im Namen als „mac“ geschrieben und direkt angeschlossen.	macooki (McCook), maccoyi (M'Coy)
b) „O“: Einbeziehung ohne Apostroph und direkt angeschlossen.	obrieni (O'Brien) leclerci (Le Clerc),
c) Präfixe: 1. aus einem Artikel wie le, la, l', les, el, il, lo; 2. in einem Artikel wie du, de la, des, del, della werden in beiden Fällen direkt angeschlossen	dubuyssoni (Du Buysson), lafarinai (La Farina), logatoi (Lo Gato)
d) Adelsartikel oder Angaben christlicher Heiligkeit sollen künftig fortgelassen werden.	chellisi (De Chellis), remyi (St. Remy), clairi (St. Clair)
e) Deutsches oder holländisches Präfix kann einbezogen werden, wenn es dem Eigennamen direkt angeschlossen ist.	vonhauseni (Von-Hausen), vanderhoecki (Vanderhoeck), strasseni (zur Strassen), vechti (van der Vecht)
f) Alle weiteren Präfixe sollen fortgelassen werden, um im überschaubaren Rahmen zu bleiben.	–

Für Namen der Artgruppe, die auf Hybriden beruhen, ist als Regel zu beachten: „Stellt sich heraus, dass ein Name der Artgruppe auf einen Hybrid begründet wurde, so darf er für keine der Ausgangsarten benutzt werden" (Kraus 1973).
Hinsichtlich der sprachlichen Herkunft der Namen der Artgruppe gelten im Wesentlichen die bereits bei den Namen der Gattungsgruppe getroffenen Feststellungen (s. Übersicht 17). Nach der Modalität ihrer Bildung, der Herkunft und allgemeinen Bedeutung kann man die Mehrzahl der Artgruppen-Namen wie folgt im Überblick kennzeichnen bzw. gruppieren, wobei die Einordnung mancher Namen nicht immer scharf abgrenzbar ist (s. Übersicht 21). Für zahlreiche als Artnamen (bzw. Namen der Artgruppe) verwendete Adjektiva gibt es keine wörtliche Übersetzung. Sie können aber im Deutschen substantivisch als Komposita wiedergegeben werden, z.B.: *Ips typographicus*, Buchdrucker; *Stegopodium paniceum*, Brotkäfer; *Carabus auratus*, Gold-Laufkäfer.

Übersicht 21: Herkunft, Motiv, Bedeutung von Namen der Artgruppe

Herkunft/Motiv/Bedeutung	Beispiele
1. Farbe kennzeichnend	maculosus, auratus, albus, atricapillus
2. Auf Nahrung u./od. Habitat hinweisend	viscovorus, cannabinus, carnarius, paniceus, mori, apivorus, baccarum, arboreus
3. Bezug auf auffallende Form von Körperteilen bzw. des Habitus	cristatus, gracilis
4. Beziehung und Größe bzw. relative Größe und Länge	giganteus, magnus, minor, maior, logissimus
5. Bezug auf die Anzahl äußerer Zeichen und Teile	decemlineatus
6. Bezug zum geschädigten Organ bei parasitärer Lebensweise	hepaticus
7. Die Domestikation bezeichnend	domesticus, familiaris
8. Bezug zum ökonomisch wertvollen Produkt	mellificus
9. Direkter Bezug zum Biotop bzw. zu den Medien oder zur Kennzeichnung derselben	amphibius rusticus marinus urbicus lectularius fluviatilis
10. Bezug zur Behaarung	jubatus, galeritus, piliferus, barbatus
11. Bezug zur Stimme	ridibundus, canorus, garrulus
12. Hinweis auf Vorhandensein von Geruch	putorius, olfactorius
13. Hinweis auf Ähnlichkeit in der Gesamtform bzw. des Habitus	vitulinus, similis
14. Beziehung zu auffallenden physiologischen Besonderheiten wie Sammeln von Früchten, Speien, Tragen von Perlen, Gebären	glandarius, vomitorius, margaritificus, viviparus
15. Bezug auf geographisches Vorkommen	cubensis (Cuba), ohioensis (Ohio), siciliensis (Sizilien); neapolis, romae, vindobonae, burdigalae, orientalis, occidentalis, septentrionalis, niloticus, germanicus
16. Ableitungen von Personen- oder Eigennamen	s. Übersicht 17
17. Bezug zum Verhalten	sapiens
18. Bezug zum Versehensein z. B. mit Organen	caudatus
19. Verwendung von Gattungsnamen (bei manchen Typusarten)	riparia
20. Verwendung von Tiernamen aus verschiedenen Sprachen	taurus (gr., latinisiert) caballus (span., latinisiert)

Mitteilenswert erscheinen ferner die Differenzierungen, die zwischen verschiedenen Unterarten nach ihrer Entstehung bzw. kausalen Bildung getroffen werden. Dabei gilt die Erklärung, dass sich die Unterarten durch Isolierung von Populationen einer Art im Laufe der Erdgeschichte herausgebildet haben und so ± als werdende Arten aufzufassen sind. Man unterscheidet geographische, biologische und physiologische Unterarten (Subspecies), deren wesentliche Kriterien aus der nachstehenden Übersicht 22 zu ersehen sind.

Übersicht 22: Unterarten nach ihrer Entstehung

Unterarten	Kennzeichnung
1. Geographische Unterarten	durch räumliche Isolierung entstanden, so dass in einem Teilgebiet des Areals einer Art nur eine bestimmte Unterart vorkommt; meist habituelle, morphologische Specifica vorhanden; Entstehung von Mischformen an Verbreitungsgrenzen möglich.
2. Biologische Unterarten	sind im Habitus von anderen Unterarten derselben Art oft nicht abweichend, unterscheiden sich durch die verschiedene Lebensweise oder Erscheinungszeit.
3. Physiologische Unterarten	unterscheiden sich von anderen Unterarten nur durch verschiedene Lebensäußerungen oder/und im Chromosomenbestand.

Anmerkung: Sowohl die biologischen als auch die physiologischen Unterarten können mit anderen Unterarten dasselbe Gebiet bewohnen.

Die Benennung der Unterarten (Subspecies) geschieht nach dem Prinzip der trinominalen oder ternären Nomenklatur (= Dreinamengebung), wobei man den Subspecies-Namen auf den Namen von Genus und Species folgen lässt. Die trinominale Nomenklatur der Subspecies bringt somit die Anfangs- oder Keimstadien der Artbildung (bzw. den entwicklungsgeschichtlichen potentiellen Prognose-Aspekt der Entstehung neuer Arten über den isolations- oder mutationsbedingten Weg der Differenzierung von Populationen oder Fortpflanzungsgemeinschaften) zum Ausdruck. Dabei verfährt man prinzipiell so, dass bereits einigermaßen deutlich gekennzeichnete Subspecies eigenständig, d. h. durch Trinomina, benannt werden, was jedoch der Sanktionierung (Nomenklatur-Kommission) bedarf.

Übersicht 23: Beispiele von Unterart-Benennungen

Kategorie	Beispiel(e)
A. Subspecies (aus dem Bereich der Wirbellosen)	*Helicigona faustina charpentieri* Scholtz
B. Subspecies der Species: *Pyrrhula pyrrhula* (L.) = Gimpel	1. *Pyrrhula pyrrhula pyrrhula* (L.) = Großer Gimpel 2. *Pyrrhula pyrrhula minor* Brehm = Kleiner Gimpel

Bei den Beispielen in der Übersicht 23 fällt auf, dass die Bestandteile der Trinomina gleichlautend oder verschieden bzw. teilweise verschieden sein können. Ist der Unterartname gleichlautend mit dem Artnamen, so handelt es sich um die „typische" Unterart (die sog. Nominal-Form), was analog auch bei der Namen-Kongruenz von Art- und Gattungsnamen z. B. bei *Pyrrhula pyrrhula* (L.) gilt.

Stresemann (1961) stellt fest:

„Die Anwendung des Dreinamensystems setzt voraus, dass Variabilität, geographische Verbreitung und Ökologie des behandelten Tieres und seiner nächsten Verwandten gut erforscht sind. Außer bei den Wirbeltieren wird es von vielen Systematikern verwendet bei den Schnecken und Muscheln, bei den Oligochaeten sowie bei den Insekten (hier vor allem bei Schmetterlingen, Käfern und Hymenopteren). In den übrigen Tiergruppen fährt man in der Regel noch fort, Formen, die einander ähnlich sind, als verschiedene Arten (species) zu bezeichnen, auch wenn sie sich geographisch vertreten."

1.4.6 Namen der Autoren

Der Autorname, der hinter den Namen eines Taxons gesetzt wird, ist der Name dessen, der dem Tier oder dem zoologischen Taxon seinen Namen gegeben hat. Mitunter können auch zwei (und mehr) Autoren an der Erstbenennung beteiligt sein.

Die Internationalen Regeln für die Zoologische Nomenklatur besagen:

„Als Autor (Autoren) eines wissenschaftlichen Namens gilt (gelten) die Person (Personen), die ihn unter gleichzeitiger Erfüllung der Bedingungen für die Verfügbarkeit zuerst veröffentlicht (veröffentlichen), sofern nicht aus dem Inhalt der Veröffentlichung klar hervorgeht, dass nur einer (einige) von gemeinsamen Autoren oder eine andere Person (oder andere Personen) allein sowohl für den Namen wie auch für die näheren Umstände, die ihn verfügbar machen, verantwortlich ist (sind)." (Art. 50)

Ferner gilt nach den Internationalen Regeln, dass

- die Rangänderung eines Taxons (innerhalb der Familien-, Gattungs- oder Artgruppe) ohne Einfluss auf den Autor eines nominellen Taxons ist;
- eine gerechtfertigte Emendation (s. Lexikonteil) dem ursprünglichen Autor des Namens zugeschrieben wird, während eine ungerechtfertigte Emendation dem Autor zugeschrieben wird, der sie veröffentlichte;
- der Gebrauch des Autornamens fakultativ ist, was bedeutet, dass der Name des Autors keinen Teil des eigentlichen Namens des Taxons darstellt.

Hinsichtlich der Schreibweise der Autornamen ist folgendes zu beachten:

1. Kurze Autornamen werden in der Regel voll ausgeschrieben.
2. Lange und sehr häufig auftretende (auch kurze) Autornamen werden im Allgemeinen abgekürzt.

So wird der zwar kurze, aber häufig vorkommende Autorname Linné oft in der Abkürzung L. geschrieben, tritt aber in der taxonomischen Literatur auch als Linnaeus auf.

Das Auffinden der Diagnosen von Taxa wird durch die Angabe des Autornamens erleichtert; neuerdings wird auch das Jahr der Veröffentlichung angegeben. Beispiele für das Zitieren des Autors: *Nemastoma bidentatum* Roewer, 1914; *Pulex irritans* L., 1758; Unterartbeispiel: *Certhia familiaris macrodactyla* Brehm.
Die Beispiele zeigen, dass der Name des ursprünglichen Autors dem wissenschaftlichen Namen ohne ein trennendes Interpunktionszeichen folgt.
Diese Regel gilt nicht bei sog. anonymen Autoren, die erst später bekannt wurden. In solchen Fällen wird der Autorname in eckigen Klammern zitiert, um die ursprüngliche Anonymität deutlich zu machen. Zum anderen sind runde Klammern bei neuen Kombinationen gebräuchlich, das heißt: Wurde ein Taxon der Artgruppe zunächst in einer bestimmten Gattung beschrieben und später in eine andere versetzt, so muss der Autorname des Namens der Artgruppe, falls er zitiert wird, in runde Klammern eingeschlossen werden.
Wird z. B. *Taenia diminuta* Rudolphi in die Gattung *Hymenolepis* versetzt, so ist sie zu zitieren als: *Hymenolepis diminuta* (Rudolphi). Oft ist es wünschenswert, sowohl den ursprünglichen Autor als auch den revidierenden Autor anzuführen, der den Namen des ersteren in eine andere Gattung versetzte. In diesem Fall soll der Name des revidierenden Autors dem in runde Klammern eingeschlossenen Namen des primären Autoren folgen. Beispiel: *Limnatis nilotica* (Savigny) Moquin-Tandon. Wird ein Autorname genannt, der das Taxon später und unabhängig vom eigentlichen Erstbenenner benannte oder denselben Namen auch gebrauchte, so muss er deutlich, doch nicht durch ein Komma (s. o.) von ihm getrennt werden. So kann z. B. der Hinweis auf den Gebrauch von *Cancer pagurus* Linnaeus durch Latreille wie folgt zitiert werden: *Cancer pagurus* Linnaeus sensu Latreille (sensu = im Sinne von) oder *Cancer pagurus*: Latreille, während Zitierungen wie „*Cancer pagurus* Latreille" oder „*Cancer pagurus*, Latreille" als nicht eindeutig abzulehnen sind.

Des Weiteren sei die meist in Verbindung mit einem Art- oder Autornamen vorkommende Abkürzung „auct.“ (s. Lexikonteil) erklärt. Das Beispiel *Formica rufa* auct. besagt, dass keine Festlegung auf den nomenklatorisch gültigen Autor erfolgt, das heißt: es handelt sich um eine Rote Waldameise, die möglicherweise nicht identisch ist mit *Formica rufa* L: (= Sammelbegriff aus der Zeit vor Klärung der komplizierten Art- und Rassenfrage dieser Gruppe). Ein anderes Beispiel: *Formica fusa* F. nee. L. et auct. bedeutet, dass es die Art im Sinne von F. = Fabricus und nicht (lat. = nec) die von L. = Linné und (lat. = et) späterer Autoren (= auctorum lat.: Genit. Pl.) ist.
Bei Namensidentität von zwei und mehr Autoren gibt es folgende Konsequenzen:

1. Unterscheidung durch Vornamensangabe, in der Regel des Anfangsbuchstabens vom Vornamen, z. B. O. Schmidt;
2. Unterscheidung des Vaters vom Sohn durch den Zusatz von „pat.“ (lat. pater = Vater) beim Vater(namen) und durch den Zusatz des kleinen „f.“ (lat. filius = Sohn).

Sind zwei Autoren an der Namensgebung beteiligt, können sie durch „&“ oder „et“ (lat. und) verbunden werden, z. B. Den. & Schiff. (= Denis und Schiffermüller). Diese Verbindungsform soll prinzipiell das entsprechende Wort anderer Sprachen, wie „und“ oder „and“, „y“, „og“, ersetzen.

1.4.7 Namen der infrasubspezifischen Formen

Ausgehend von der Art als wichtigster Kategorie stellen die Unterarten relativ konstante geographisch, biologisch, physiologisch bedingte Hauptdifferenzierungen von subspezifischem Rang dar. Doch treten innerhalb der Unterart keineswegs absolut einheitliche Individuen auf, vielmehr sind Differenzierungen oder Abweichungen anzutreffen, die je nach dem Grad in den sog. infrasubspezifischen Formen der „Varietät“ und „Form“ zusammengefasst werden bzw. diese ergeben. Eine Kategorie von infrasubspezifischem Rang liegt dann vor, wenn der Autor bei der ursprünglichen Einführung des Namens entweder dem Taxon ausdrücklich infrasubspezifischen Rang zuwies oder nach 1960 nicht klar zu erkennen gab, dass es sich um eine Unterart handelte.
Die beiden, besonders durch Aberration entstandenen Infrasubspecifica „Varietät“ und „Form“ sind untereinander nicht ohne weiteres unterscheidbar und unterliegen nicht den Internationalen Regeln der Zoologischen Nomenklatur. Im Allgemeinen wird die Varietät der Form übergeordnet, jedoch gibt es Unterarten, innerhalb derer direkt (ohne das Zwischentaxon der Varietät) die Formen differenziert werden, so dass sich verschiedene Gliederungsvarianten als möglich ergeben. Die Übersicht 24 zeigt, dass die Art je nach dem Abweichungsgrad oder der Entfernung von ihrer typischen Ausbildung im subspezifischen Sinne in mehrere Unterarten und dass die Unterart oder Art in infrasubspezifischer Modalität in Form direkt oder indirekt, d. h. über die Varietät gegliedert werden können.

Übersicht 24: Varianten der Gliederung der Species

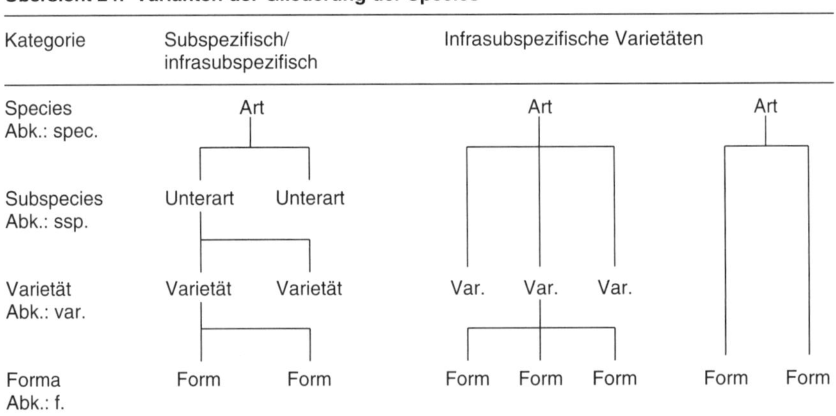

Im Prinzip versteht man unter Form jede taxonomisch erfassbare (oft farbliche) Abweichung vom Typus der Art, die nicht als Art oder Unterart klassifiziert werden kann.
Die infrasubspezifischen Formen unterliegen nicht der Rekommandation der Internationalen Regeln für die Zoologische Nomenklatur, da z. B. ihre Variabilität, geographische Verbreitung und Ökologie wenig exakt erforschbar sind.

1.4.8 Wiedergabe von Namen im Deutschen

Prinzipiell gilt, dass die Wiedergabe der Namen im Deutschen problemhaft ist und dass deutsche Namen als unwissenschaftlich angesehen werden müssen. Hierzu ist jedoch als Ausnahme anzumerken, dass für die Aves (Vögel) die deutsche Benennung festgelegt ist. (F. Robiller, 2003)
Wie irreführend und unwissenschaftlich triviale (landessprachliche) Tiernamen sein können, verdeutlicht z. B. der deutsche Name „Seehase", der sich sowohl für eine Art der Hinterkiemer *(Aplysia depilans)* als auch für eine Art der Barschfische *(Cyclopterus lumpus)* eingebürgert hat.
Dennoch erscheinen einige Betrachtungen zum Problemkreis der Wiedergabe von Namen im Deutschen angebracht – auch unter dem Aspekt, Bedeutung und Notwendigkeit wissenschaftlicher Tiernamen bewusst zu machen. Im Bereich der höheren Kategorien lassen sich keine Regelmäßigkeiten feststellen, die als Anhaltspunkte dienen könnten, um sprachlich, z. B. durch einheitliche Endungen, durchgängig Taxa derselben Organisationshöhe oder Kategorienstufe im Deutschen ersichtlich zu machen. Kaestner (1965) nimmt daher wie auch andere Autoren berechtigterweise davon Abstand, für die Namen höherer Taxa deutsche Namensbezeichnungen mit anzugeben, während manche Autoren diesem populärwissenschaftlichen Anliegen nachkommen.
In der zoologisch-wissenschaftlichen Nomenklatur bestehen alle Namen höherer Kategorien aus einem Wort, das einfach oder in der überwiegenden Mehrzahl zusammengesetzt sein kann. Im Deutschen erfolgt aber die Wiedergabe nicht immer durch ein Wort, sondern in Form von Adjektiv und Substantiv, z. B.: Eumetazoa = Echte Metazoen.
Die folgende Zusammenstellung informiert über Möglichkeiten der Wiedergabe wissenschaftlicher Namen im Deutschen.

Übersicht 25: Einige Möglichkeiten der Wiedergabe wissenschaftlicher Namen höherer Taxa im Deutschen

Modalität der Wiedergabe im Deutschen	Beispiele
1. als Adjektiv und Substantiv (ein Wort – zwei Wörter)	Eumetazoa = Echte Metazoen
2. als Kompositum mit Zusatz	
a) -tiere (von den ergänzenden zoa oder animalia)	Coelenterata = Hohltiere
b) -tierchen = auf die Kleinheit hinweisend	Flagellata = Geißeltierchen
3. Einbeziehung des Namens vom übergeordneten Taxon	
a) bei getrennter Wiedergabe	Pterygota = Geflügelte Insekten
b) im Kompositum	Galliformes = Hühnervögel
4. Substantivierte Wiedergabe (von Adjekt.) ohne Zusatz	Agnatha = Kieferlose Brachiopoda = Armfüßler
5. Direkte vokabelartige Wiedergabe von Substantiven (bzw. „alten Namen")	Aves = Vögel Pisces = Fische
6. Teilweise Wiedergabe ohne Übersetzung, mitunter mit eindeutschender Endung, bei dem morphologischen Terminus im Namen	Chordata = Chordatiere Tracheata = Tracheentiere Tentaculata = Tentakelträger
7. Direkte eindeutschende Endung (ohne Zusatz z. B. von -tiere) und Schreibweise (statt c = k)	Insecta = Insekten Vertebrata = Vertebraten Acrania = Akranier

Der Regelhaftigkeit in der Botanik, dass das durchgängige Ordnungssuffix *-ales* auch im Deutschen taxonspezifisch mit -artige wiedergegeben werden kann, begegnet man in der zoologischen Systematik nicht. Bei bestimmten Tiergruppen ist jedoch eine Häufung von bestimmten einheitlichen Endungen anzutreffen. So weisen die meisten Ordnungen der Aves die Endung -formes auf (z. B. Cuculiformes = Kuckucksvögel, Strigiformes = Eulen), die aber im Deutschen zu keiner einheitlichen, taxonersichtlichen Wiedergabe geführt hat.

Übersicht 26: Häufige Modalitäten der Wiedergabe von Familien-, Unterfamilien-, Gattungs-, Art- und Unterartnamen im Deutschen

Modalität	Beispiel
I. **bei Familiennamen**	
1. Übersetzte Wiedergabe von -idae mit -ähnliche	Bovidae = Rinderähnliche
2. Kopplung von Typusgattungsnamen und übergeordnetem deutschen Namen eines Taxons	Ipidae = Borkenkäfer
3. Einfache Pluralbildung des deutschen Namens der Typusgattung	Suidae = Schweine
4. Ver- oder eindeutschende Endung: -idae = -iden	Apidae = Apiden Suidae = Suiden
II. **bei Unterfamilien**	
1. Übersetzte Wiedergabe von -inae mit „-ähnliche“	Rupicaprinae = Gemsenähnliche
2. einfache Pluralbildung des deutschen Namens der Typusgattung	Ovinae = Schafe
3. Mit hervorhebendem Zusatz für die lineare Typusgattung durch „Echte ...“	Bovinae = Echte Rinder Suinae = Echte Schweine
4. Ver- oder eindeutschende Endung	Bovinae = Bovinen Suinae = Suinen
III. **bei Binomina (Art-Benennung)**	
1. Bildung eines Kompositums im Deutschen (mit Gattungsnamen als 2. Bestandteil im Deutschen)	*Columba aenas* = Hohltaube
2. Wiedergabe des Artnamens als Adjektiv und des Gattungsnamens als eigenständiges Substantiv	*Muscicapa grisola* = Grauer Fliegenschnäpper
3. Wiedergabe durch einen einteiligen Namen, der gelegentlich aus anderen Sprachen stammt (Vernakularname)	*Equus caballus* = Pferd *Acipenser ruthenus* = Sterlet
IV. **bei Trinomina (Unterart-Benennung)**	
1. Verbindung von Unterartnamen und Gattungsnamen zum Kompositum	*Sus scrofa domesticus* = Hausschwein *Sus scrofa palustris* = Torfschwein
2. Adjektivische Wiedergabe des Unterartnamens	*Equus asinus africanus* = Nubischer Wildesel
3. Einteiliger Name, z. B. als landessprachlicher Name (Vernakularname)	*Equus caballus ferus* = Tarpan

Relativ oft tritt z. B. in der Ordnung Acanthopterygii (Stachelflosser), die Endung (-o)idei für Unterordnungen auf, ohne dass aber die mögliche Übersetzung „-ähnliche“ (oder „-artige“) regelhaft in deutschen Namen erscheint (nur vereinzelt, z. B. bei Scromboidei = Makrelenartige). Als Regel kann jedoch im Deutschen gelten, dass die Tiergruppenbezeichnung mit -tiere umfassender ist als ohne diese Endung. So wäre „Spinnentiere“ umfassender als „Spinnen“, was auch für „Krebstiere“ und „Krebse“ analog gilt.

Oft wird von Sprachunkundigen der Fehler begangen, das Lateinische Substantiv *ordo* (Gen. *ordinis*) nicht als maskulin zu behandeln, sondern das deutsche Femininum für „die Ordnung" zu verwenden. Es ist auch falsch, den Terminus *tribus* als Maskulinum zu behandeln. Richtig ist *die tribus*, weil dieses lateinische Wort nicht zur o-, sondern zur u-Deklination gehört. Genus, generis als wissenschaftlicher Name der Gattung ist jedoch deklinationsbedingt neutrum (Plural: Genera).
Die häufigsten Modalitäten der Wiedergabe der wissenschaftlichen Namen von Familie bis Unterart sind in der vorstehenden tabellarischen Übersicht zusammengestellt.
Schließlich erscheinen einige generelle Bemerkungen zu der oftmals vorgenommenen Eindeutschung von Namen und Termini angebracht (nach Steiner 1988), die z. T. nicht vertreten werden kann:

1. Die Schreibweise wird oft phonetisch dem Sprachgebrauch angeglichen: Kephalópoda (gr.); - Zephalopoden (deutsch bzw. eingedeutscht); zu fordern: Cephalópoda (latin.).
2. Die Betonung sollte wie im Lateinischen bleiben, wird aber ebenfalls, einem jüngeren Sprachgebrauch entsprechend, verändert: Lepidóptera, Lepidópteren oder Lepidoptéren (eingedeutscht); die letztgenannte Ausspracheweise geht auf franz. (Lépidoptéres) zurück. Exakt und zu fordern: Lepidóptera!
   Auch die Dehnung oder Länge des betonten „o" in Zephalopoden ist analog entstanden (allerdings hier erst im Deutschen). Stets ist jedoch die lateinische Betonungsmodalität zu rechtfertigen (Cephalópoda).
3. Bei der Pluralbildung sind die lateinischen Endungen richtigerweise auch im deutschen Text beibehalten, z. B. die Vena revehens, Pl.: die Venae revehentes; der Bulbus, die Bulbi; das Corpus, die Corpora.
   Andererseits: das Mitochondrium, Pl.: die Mitochondria oder die Mitochondrien; das Granulum, die Granula, aber nicht vertretbar: Granulen; das Chromonema, die Chromonemata, aber nicht exakt: die Chromonemen. Für Acrania Akranier oder für Vertebrata Vertebraten zu verwenden, ist leider nicht exakt, jedoch in vielen populärwissenschaftlichen Texten anzutreffen.
4. In deutschen Sätzen sollte man es bei der Angabe von Namen und Fachausdrücken mit lateinischer Endung tunlichst vermeiden, andere Formen (Fälle) als die Nominative anzuwenden.

1.5 Symbole und Abkürzungen

Symbole (Zeichen) und Abkürzungen haben als gemeinsames Charakteristikum den Vorzug der Redundanzeinsparung (Raumersparnis, Komprimierung sonst umfangreicherer verbaler Darstellung), sodass sie effektiv neben der Umfangsreduzierung die Übersichtlichkeit in zoologischen Schriften (z. B. Bestimmungsbücher) sehr zu fördern vermögen. Bei den graphisch gestalteten Symbolen kommt hinzu, dass sie sich gleichsam als Blickfang aus textlicher Darstellung herausheben und so insbesondere für den optischen Lerntyp eine willkommene, wirksame Gedächtnisstütze darstellen.
Diese Vorzüge sind dann wirksam, wenn die Symbole und Abkürzungen Allgemeingut sind und keinerlei Missverständnisse hervorgerufen werden.
Sprachlich erfolgt die Abkürzung richtig, wenn das Wort bis zum Anfang der zweiten oder dritten Silbe geschrieben wird, wobei die Abkürzung nicht auf einen Vokal enden soll. Beispiele: cortex = cort., Species = spec., varietas = var.

Man kann bei den **Abkürzungen** unterscheiden:

- Abkürzungen, die der obigen und breit anwendbaren Grundregel folgen;
- Abkürzungen, die durch Vereinbarung in starker Wortreduzierung bei Abweichung von der obigen Grundregel existent sind und somit einen anerkannten Status haben, z. B. ssp. für Subspecies;
- Abkürzungen, die ± willkürlich durch Autoren in speziellen Schriften verwandt werden. In solchen kaum akzeptierbaren Fällen ist jedoch der Arbeit stets eine erklärende Zusammenstellung der Abkürzungen voranzustellen oder die Verfahrensweise nach der betreffenden Quelle anzugeben;
- Abkürzungen, die in Skizzen oder bildhaften Darstellungen auftreten und stets in einer Legende Erklärung finden müssen.

Beispiele für rationelle, oft gebräuchliche **Abkürzungen** genereller, allgemeinbiologischer Art sind nach dem Literaturverzeichnis bzw. in den folgenden Übersichten unter dem Anwendungsaspekt für dieses Wörterbuch erfasst. Es lässt sich bei Sichtung von Fachliteratur feststellen, dass das Prinzip rationeller Darstellung durch Abkürzungen für häufig vorkommende und umfängliche Fachwörter in wohl allen Disziplinen der Zoologie, wenn auch mit inhaltsabhängigen Unterschieden nach Disziplin und Publikationsart, zur Anwendung gelangt. So wird oftmals z. B. in Fachtexten beim Erstvorkommen die Abkürzung in Klammern hinter dem Fachwort in voller Ausschreibung eingeführt, sodass die so bekannt gemachte Abkürzung bei Wiederkehr im Folgetext an Stelle des komplett geschriebenen Fachwortes stehen kann. Hierbei sind Begrenzung und richtige, übliche Abkürzungsform geboten. Zum anderen hat sich z. B. die in Lehr- und Fachbüchern eingebürgerte Verfahrensweise bewährt, auch weitgehend übliche Abkürzungen durch ein Verzeichnis mit Legende (ggf. in vollem Originalwortlaut und in der Übersetzung) unmissverständlich zu definieren. Die folgende Übersicht aus der Literatur verschiedener Disziplinen der Zoologie, z. B. der Anatomie und Physiologie enthält übliche Abkürzungen, die wegen des sprachlichen bzw. altphilologischen Gehaltes und ihrer Relevanz auch für Human- und Veterinärmedizin auszugsweise in drei Sachgruppen angegeben werden.

Übersicht 27: Gebräuchliche Abkürzungen und ihre Erklärung
aus verschiedenen theoretisch-experimentellen und praxisrelevanten Disziplinen der Biologie

Gruppe 1

Abkürzung	voller Originalwortlaut	Übersetzung
aa	ana partes aequales ad	zu gleichen Teilen bis zu
ad lib.	ad libitum	nach Belieben
aeq.; aequal.	aequalis, -is, -e	gleich; gleichartig
aut simil.	aut simile	oder entsprechend
c.	cum	mit
c. pipett.	cum pipetta	mit Pipette
comp.; cps.	compositus, -a, -um	zusammengesetzt
conc.; concentr.	concentratus	konzentriert
Cort.	cortex, -icis	Rinde
crud.	crudus	roh
dep.	depuratus, -a, -um	gereinigt
dil.	dilutus, -a, -um	verdünnt
div.	divide	Teile!
Emuls.	emulsio, -onis	Emulsion
Extr.	extractum, -i	Extrakt
fluid.	fluidus, -a, -um	flüssig
Inj.	injectio, -onis	Einspritzung
l.a.	lege artis	nach den Regeln der Kunst
Liq.	liquor, liquidus	Flüssigkeit, flüssig
Nr. bzw. No.	numero (Ablativ)	(Stück-)Zahl
p. aeq., partaeq.	partes aequales	gleiche Teile
Rad.	radix, -cis	Wurzel
sicc.	siccatus, -a, -um	getrocknet
simpl., spl.	simplex	einfach
Sol.	solutio, -onis	Lösung
solv.	solve	Löse!

Übersicht 27: (Fortsetzung)

Gruppe 2

Abkürzung	voller Wortlaut (bzw. Erklärung)
A.	Arteria
Aa.	Arteriae
Art.	Articulatio
dext.	dexter/dextra/-um
Gl.	Glandula
Lig.	Ligamentum
M.	Musculus
Mm.	Musculi
N.	Nervus
Nl.	Nodus lymphaticus
Nll.	Nodi lymphatici
Nn.	Nervi
Proc.	Processus
R.	Ramus
Rec.	Recessus
sin	sinister/sinistra/-um
Tr.	Tractus
V.	Vena
Vv.	Venae

Gruppe 3

Abkürzung	voller Wortlaut (bzw. Erklärung)
Ach	Acetylcholin
AP	Aktionspotential
C	Clearance
EPSP	exzitatorisches postsynaptisches Potential
FSH	Follikelstimulierendes Hormon
GABA	γ-Aminobuttersäure (Gamma-A...)
GFR	glomeruläre Filtratrestmenge
Ggl	Ganglion
HVL	Hypophysenvorderlappen
IEP	Isoelektrischer Punkt
LTH	luteotropes Hormon (= PRL)
PRL	Prolactin (= LTH)
S	Entropie
TSH	thyreotropes Hormon
V	Volumen
v	Geschwindigkeit
Ala	Alanin
Arg	Arginin
Asp	Asparaginsäure
Asp.NH2	Asparagin
Cys-SH	Cystein
Cys-S-S-Cys	Cystin
Glu	Glutaminsäure

Übersicht 27: (Fortsetzung)

Gruppe 3

Abkürzung	voller Wortlaut (bzw. Erklärung)
Glu.NH2	Glykokoll, Glycin
His	Histidin
Ileu	Isoleucin
Leu	Leucin
Lys	Lysin
Meth	Methionin
Phe	Phenylalanin
Pro	Prolin
Ser	Serin
Thre	Threonin
Try	Tryptophan
Tyr	Tyrosin
Val	Valin

In der zoologischen Literatur wird dem Bedürfnis nach Redundanzeinsparung und Übersicht auch durch die Verwendung von Ziffern Rechnung getragen. So werden z. B. in den Bestimmungsbüchern die Monatsangaben in römischen **Ziffern** vorgenommen, beispielsweise **VI** (Juni) zur Angabe der Erscheinungszeit eines Entwicklungsstadiums.

Schließlich sei vermerkt, dass die **Symbole** nach dem Grad an Abstraktheit differenziert werden können in:
- anschauliche oder bildhafte mit ± Widerspiegelung des Objektes (oder seiner Konturen);
- abstrakte, die auf (internationaler) Vereinbarung beruhen.

Übersicht 28: Generelle Symbole (Zeichen) (nach v. Kéler 1963)

Symbol	Bedeutung
♂	Männchen; Symbol des Mars und des Eisens (Ferrum)
♀	Weibchen; Symbol der Venus und des Kupfers (Cuprum)
♂ ♀	Pärchen, als Pärchen gefunden
☿	Arbeiterin bei sozialen Hymenopteren; in älteren Werken (z. B. bei Leunis) auch für Zwitter gebraucht; Symbol des Merkur und des Quecksilbers
☿	Arbeiter bei den Termiten
⚥	Hermaphrodit oder Zwitter
♃	Soldat bei Termiten und Formiciden (Ameisen)
⚲	Virgo im Generationswechsel der Aphidinae
†	fossil, ausgestorben, wenn das Kreuz vor oder nach einem Tiernamen steht;
×	zwischen zwei zoologischen Namen: Bastard (Hybride)

Übersicht 29: Spezielle Symbole und Abkürzungen
in Vitaformeln bzw. Insektenzeit- oder Kalenderschlüsseln (nach v. Kéler 1963)[1])

Symbol	Abk.	Bedeutung
·	Ⓔ	ovum (Ei)
–	Ⓛ	Larve
⊂⊃		ruhende, eingesponnene Larve
▬	Ⓟ	Puppe
+	Ⓘ	Imago
<u>+</u>		fett unterstrichen bedeutet: schädlich, d. h. fressend, zur Kennzeichnung des jeweils in Frage kommenden Stadiums
)		Periode der unverpuppten Kokonlarve
[ ]		eine weitere Generation im Jahre
	a	Anfang des Monats
	m	Mitte des Monats
	p	Ende des Monats

[1]) Anm.: Näheres über Vitaformeln usw. ist im lexikalischen Hauptteil nachzuschlagen.

Übersicht 30: Die lateinischen Grundzahlen von 1–1000

1	I	unus (una, unum)	29	XXVIIII (XXIX)	undetriginta
2	II	duo (duae, duo)			
3	III	tres (tria)	30	XXX	triginta
4	IIII (IV)	quattuor	33	XXXIII	tres et triginta triginta tres
5	V	quinque			
6	VI	sex	40	XXXX (XL)	quadraginta
7	VII	septem			
8	VIII	octo	50	L	quinquaginta
9	VIIII(IX)	novem	60	LX	sexaginta
10	X	decem	70	LXX	septuaginta
11	XI	undecim	80	LXXX	octoginta
12	XII	duodecim	90	LXXXX (XC)	nonaginta
13	XIII	tredecim			
14	XIIII (XIV)	quattuordecim	100	C	centum
15	XV	quindecim	101	CI	centum unus
16	XVI	sedecim	200	CC	ducenti, ae, a
17	XVII	septendecim	300	CCC	trecenti, ae, a
18	XVIII	duodeviginti	400	CD	quadringenti, ae, a
19	XVIIII (XIX)	undeviginti			
			500	D	quingenti, ae, a
20	XX	viginti	600	DC	sescenti, ae, a
21	XXI	unus et viginti, viginti unus	700	DCC	septingenti, ae, a
			800	DCCC	octingenti, ae, a
22	XXII	duo et viginti, viginti duo			
			900	CM	nongenti, ae, a
28	XXVIII	duodetriginta	1000	M	mille

2 Lexikalischer Hauptteil

A

a-, an-, gr. Präfixe in Wortzusammensetzungen: 1. als privativum (α priv.) eine Verneinung od. ein Fehlen, Nichtvorhandensein bezeichnend wie lat. *in-* od. deutsch un.; vor Konsonanten stets *a-*, vor Vokalen *an-*, vor r dagegen als *ar-* angeglichen; wiedergegeben mit un-, -los od. ohne; 2. als α intensivum eine Verstärkung ausdrückend (kommt seltener vor); 3. als α protheticum mit euphonetischer, rein lautlicher od. wohlklingender Funktion ohne Bedeutungseinfluss, z. B. in *astér* Stern; 4. a: Analader im Insektenflügel (a_1, a_2 usw.).
Aa, Abk. in der Anatomie für Arteriae, Arterien, Schlagadern.
aa, ana, gr. *aná* je, zu gleichen Teilen, gleich viel; bei den Gewichtsmengen auf Rezepten.
Aale, Aalfische, s. Anguiliformes.
Aalmolch, s. *Amphiúma.*
Aalmutter, s. *Zoárces vivíparus*; der deutsche Name hat seinen irrtümlichen Ursprung in der Annahme, dass dieser lebendgebärende Raubfisch „junge Aale zur Welt bringe".
Aalraupe, s. *Lota.*
Aalwanderung, die; → katadrome Wanderung der Flussaale. *Anguilla anguilla,* der europäische Aal, legt dabei die enorme Entfernung von über 6000 km zurück. Laichplatz: Sargassosee (engl. Sargasso sea); Laichtiefe: ca. 400 m. Die Larven (Leptocephali) wandern weniger aktiv schwimmend als vielmehr im Sog des Golfstromes treibend hin zu den europäischen Küsten. Nach drei Jahren (bei einer Masse von etwa 0,5 g) steigen sie zu Milliarden in den westeuropäischen Flüssen auf, in beträchtlich geringerer Anzahl in den Flüssen der Nebenmeere des Atlantiks. Die Rückwanderung erfolgt nach 9 (♂♂) bis 15 (♀♀) Jahren und dauert etwa 1,5 Jahre. Die Aalwanderung wurde von J. Schmidt 1904 bis 1922 als weitgehend gesichert aufgeklärt.
AAM, s. Angeborener Auslösemechanismus.
AAR, Abk. f. Antigen-Antikörper-Reaktion.
Aaskäfer, s. *Xylodrepa.*
ab-, lat. Präfix: entfernt von, weg von.
Abäsen; Abweiden von Grünflächen, Abfressen von Feld- u. Gartenfrüchten, Befressen von Laub- u. Nadelhölzern durch Wild (Schälen = Verbiss an Rinden).
Abartung, multiple, die, lat. *múltiplex,* gen. *-plicis* reich gegliederte, vielfältig, zahlreich; Vorkommen mehrerer Fehl- oder Missbildungen, die zusammen auftreten und häufig verschiedenen Organsystemen angehören.
Abasie, die, gr. *a* = α privat. u. *baínein* gehen; Gehunfähigkeit (vor allem in anthropol. Anwendung bei psychogenen Gangstörungen sowie Kleinhirn-, Stirnhirnerkrankungen, aber auch in veterinärmedizin. Anwendung).
Abátus, *m.*, gr. *ábatos* unbetreten, unzugänglich, unpassierbar; bei A. werden die Eier direkt von den Geschlechtsöffnungen in die hinteren, vertieften Ambulacralfurchen befördert; in diesen Brutrinnen entwickeln sie sich – von Randstacheln festgehalten, geschützt – zu jungen Seeigeln. Gen. der Spatangoidea (Herzseeigel). Spec.: *A. (= Aemiaster) cavernosus.*
Abax, *m.,* gr. *ho ábax* der Tisch, das Brett; Breitkäfer; Gen. der Carabidae, Laufkäfer. Spec.: *A. ater,* Schwarzer Breitkäfer.
abaxialis, lat., von der Achse entfernt; gehört zu den Termini ad membra spectantes; wird bei Zehen von Spezies benutzt, bei denen die funktionelle Achse der Gliedmaße zwischen der 3. u. 4. Zehe hindurchläuft (Artiodactyla, Carnivora).
Abbalgen, das; das Abziehen des Balges bei Fuchs, Marder, Iltis, Hermelin, Marderhund, Waschbär, Katze, Hase, Kaninchen u. Federwild.
Abbe, Ernst, geb. 23. 1. 1840 in Eisenach, gest. 14. 1. 1905 in Jena; Physiker u. Astronom; analysierte u. begründete u. a. die numerische Apertur (Ap. = n · sin α).
Abbreviation, die, lat. *abbreviatio, -onis, f.,* die Abkürzung; Syn: Tachygenesis; eine durch Fortfall einzelner Stadien zustandegekommene (meist, aber nicht immer terminale) Abkürzung der Ontogenese gegenüber der rekapitulierten Phylogenese, z. B. im Falle der Neotenie. Vgl. auch: Biogenetische Grundregel; Heterochronie, Epistase.
Abbruchblutung; die, ursächlich eine Hormonentzugsblutung, z. B. beim Menschen (Primates) eine uterine Blutung aus dem Endometrium, ausgelöst durch Abfall von Ovarialhormonen.
Abderhalden, Emil, geb. 9. 3. 1877 Ober-Uzwil (Schweiz), gest. 5. 8. 1950 Zürich; Chem. Physiologie (Berlin, Halle/S.); arbeitete bes. über Eiweißkörper u. Eiweißstoffwechsel.
abdómen, -inis, *n.,* lat. der Bauch, Wanst; der Unterleib; A.: Hinterleib der Arthropoden z. B.
Abdominal-Extremitäten, die; „Bauchfüße"; s. Pleopoda; vgl. Thoracopoda.

Abdominal-Füße, die; die Extremitäten (Fußpaare) an den Abdominalsegmenten; s. Pleopoda.

Abdominalgravidität; die, s. *abdomen,* s. Gravidität. Die Bauchhöhlenschwangerschaft, Entwicklung des befruchteten Eies in der Bauchhöhle.

abdominális, -is, -e, lat. zum Bauch gehörig.

abdúcens, -éntis, lat. *abdúcere* wegführen; abziehend, wegführend; z. B. N. abducens = VI. Hirnnerv, vermittelt die Bewegung des Augapfels nach außen.

abdúctor, -óris, *m.,* lat., der Abzieher, der Abführer; Abduktor, z. B. ein von der Mittellinie des Körpers wegführender Muskel.

Abduktion, die, s. *abductor;* Abziehen, Wegführen von der Mittellinie des Körpers.

abduzieren, s. *abducens*; abspreizen, von der Körpermitte wegführen.

Abel, John Jacob (1857–1938), amerikanischer physiologischer Chemiker in Strassburg, Würzburg, Heidelberg, Baltimore. Er war beteiligt an der Gewinnung des Adrenalins aus Nebennierenextrakten, das er „Epinephrin" nannte (1899) u. an der kristallinen Darstellung des 1922 durch F. G. Banting und Ch. H. Best isolierten Insulins (1926).

Abel, Othenio, geb. 1875 in Wien, gest. 1946 in Pichl am Mondsee. Prof. für Paläontologie an der Universität Wien (1917–1934) u. an der Univ. Göttingen (1935–1940); schrieb zahlreiche Bücher u. Lehrbücher der Paläozoologie.

Abendsegler, s. *Nyctalus noctula.*

abérrans, -ántis, lat. *aberráre* abweichen; abweichend, abirrend, aberrant.

Aberration, die, lat. *aberrátio, -ónis, f.,* die Abweichung, Ab- oder Verirrung; 1. kausal durch Unregelmäßigkeiten bei der Reifeteilung hervorgerufene strukturelle Änderung eines Chromosoms in stärkerem Ausmaß; 2. für eine von der Nominalform (Stammform) innerhalb ihres Verbreitungsgebietes durch Erbfehler od. Mutation entstandene pathogene Abänderung, die außerhalb der normalen Variationsbreite liegt, z. B. Zwerg- od. Riesenwuchs, Farbabweichung. Die lateinischen Namen der Aberrationen unterliegen, wenn nach 1960 veröffentlicht, nicht den Intern. Regeln der Zool. Nomenklatur; 3. am Deckglas: alle Trockenobjektive mit einer numerischen Apertur, die höher als 0,60 liegt, sind für eine bestimmte Deckglasdicke korrigiert; diese Zahl ist der Frontlinse am nächsten eingraviert.

Aberrationsrate, die; prozentuale Häufigkeit spontaner od. induzierter Chromosomenmutationen.

abessínicus, -a, -um, im heutigen Äthiopien (früher Abessinien) beheimatet; = habessinicus.

Abgottschlange, s. *Boa constrictor.*

abíetis, Gen. zu lat. *ábies* die Tanne, der Nadelholzbaum; auf Nadelholz (Fichten, Kiefern usw.) vorkommend; s. *Ernobius,* s. *Hylobius.*

Abíosis, die; gr. *a* = α privat. u. *ho bíos* das Leben; vorzeitiges Erlöschen der Lebenskraft von Geweben u. Organen.

abiotisch, gr. s. *a-, ho bios* das Leben; leblos, ohne Leben.

Abiotrophie, die, gr. *he trophé* die Ernährung; verfrühtes Absterben einzelner Gewebe.

Abiozön, das. gr. *to zoón* lebendes Wesen, Tier; Gesamtheit der unbelebten Faktoren eines Ökosystems.

ablaktieren, lat. *ab-* weg, s. *lac*; abstillen, von der Muttermilch entwöhnen; Ablaktation: Entwöhnung von der Muttermilch.

Ablátio, die, lat. *ablatio, -onis, f.,* die Entwendung, der Raub; A. placentae: vorzeitige Ablösung der normal liegenden Placenta.

Ableger, der; in der Apidologie (Bienenkunde) ein von dem Beutenvolk abgelegter (abgezweigter) Teil eines Bienenvolkes zum Zwecke der Vermehrung bzw. Verstärkung oder Schwarmverhinderung. Es werden unterschieden: Brutableger (mehrere Brutwaben eines Volkes mit Bienen), Sammelbrutableger (mehrere Brutwaben mehrerer Völker), Weisel- od. Königinnenableger (Brutableger mit der alten Weisel des Muttervolkes), Zwischenableger (ein vorübergehender Weiselableger, der mit dem Muttervolk nach dem Abklingen der Schwarmstimmung u. dem Entfernen der Weiselzellen wieder vereinigt wird) u. Reserveableger (zum Vermehren des Volksbestandes bzw. zur Verstärkung schwacher Völker).

Ableitelektroden, (neulat. *eléctricus* elektrisch); Elektroden zum Ableiten elektrischer Potentiale von lebenden Zellen, Geweben bzw. Organen.

Ableitung, die; Registrieren von bioelektrischen Erscheinungen. Die A. kann extra- od. intrazellulär erfolgen.

Ablepharie, die, gr. *a-* α privat. u. *to blépharon* das Augenlid; angeborenes ein- od. zweiseitiges Fehlen der Augenlider.

Ablépharus, *m.,* gr.; Gen. der Scincidae, Wühl- od. Glattechsen. Spec.: *A. pannonicus (= A. kitaibelii),* Johannisechse.

Ablepsie, die, gr. *a-* α privat. u. *blépēin* sehen; Blindheit, klinischer Sammelbegriff für angeborenen od. erworbenen Zustand fehlenden Sehvermögens auf der Grundlage pathologischer Veränderungen.

Abnutzungsquote, die; z. B. beim Eiweißstoffwechsel ein Mengenmaß für das Eiweiß, das durch Zellzerfall bzw. -verbrauch verlorengeht.
ABO-Erythroblastose, die, gr. *erythrós* rot, *ho blástos* der Keim; s. Morbus haemolyticus neonatorum, eine Hämolysekrankheit.
ABO-Inkompatibilität, die, lat. *incompatíbilis* unverträglich, unvereintbar; Unverträglichkeit zwischen Mutter u. Kind in den klassischen Blutgruppen, s. Morbus haemolyticus neonatorum.
abomásus, -i, *m.,* lat. s. *ab-,* s. *omásus*; A.: Der Labmagen der Wiederkäuer; der auf den Blättermagen (Omasus) folgende letzte Abschnitt des Magens.
aborál, lat., s. *ab-,* s. *orális*; vom Mund abgewendet.
Abort od. **Abortus,** der, lat. *abortus, -us* die Fehlgeburt; der Abgang der Frucht.
abortiv, s. Abort; fehlgeschlagen, auf einer früheren Entwicklungsstufe stehengeblieben, unfertig, abgekürzt verlaufend; auch bei Krankheiten, z. B. Typhus, der abnorm rasch, abgekürzt abklingt.
abortive Impulse, *m.*, lat. *impúlsus* der Anstoss, Antrieb; Nervenimpulse, die an einer bestimmten Stelle (Querschnittsveränderungen, blockierte Bereiche) der Nervenfaser nicht mehr fortgeleitet werden.
Abortivei, das; ein fehlentwickeltes Ei (d. h. frühes Blastogenesestadium), das bereits in den ersten Wochen der Schwangerschaft zugrunde geht; kommt zustande durch exogene Faktoren (z. B. Strahlenschäden, Sauerstoffmangel) od. entsteht endogen (genetisch bedingte Schäden).
ab ova, lat., vom Ei (Nominativ: *ovum*) an; übertragen: von Anfang an.
ABPV = Acute Bee Paralysis Virus, s. Viruparalyse der Honigbienen.
Abráchius, *m.,* von gr. *a* = α priv. (= Verneinung ...) u. *ho brachíon* Arm; Missgeburt ohne Vorder-Extremität(en).
Ábramis, *f.*, gr. *he abramís*, nicht näher bekannter See- od. Nilfisch der Alten; Gen. der Cyprinidae, Weiß-, Karpfenfische, Spec.: *A. brama,* der Brachsen, Bräsen, Blei; *A. ballerus,* Zope.
abrásio, -ónis, *f.,* lat., die Zahnabnutzung.
Abráxas, *f.,* vermutlich v. gr. *he apraxia* die Untätigkeit; Gen. der Geometridae, Spanner. Spec.: *A. grossulariata,* Stachelbeerspanner.
absorbieren, lat., *absorbére* aufschlürfen, aufsaugen, einverleiben.
Absorption, die, s. absorbieren; 1. allgemein: Aufnahme von Gasen durch flüssige od. feste Körper, von Flüssigkeit durch feste Körper od. Zurückhalten von Strahlen in einem beliebigen Medium; 2. im tierernährungsphysiologischen Sinne: Die Aufnahme organischer u. anorganischer Substanzen über die Epithelien der Körper; 3. serologisch: die Absättigung eines Antikörpers mit dem homologen gelösten Antigen.
Absorptionsspektrum, das; die Kurve, die sich ergibt, wenn man die Absorption (oder Extinktion) eines Pigments für jede Wellenlänge des Lichts ermittelt und die erhaltenen Werte gegen die Wellenlänge aufträgt.
Abstammungslehre, die; Deszendenzlehre (s. d.) od. Deszendenztheorie (engl. theory of descent); Lehre von der Veränderlichkeit der Organismen, ihrer Entfaltung, ihrer Evolution.
Abstinenz, die, lat. *abstinére* sich enthalten; Enthaltsamkeit von der Aufnahme von Stoffen (u. a. Nahrungsmitteln) od. der Ausführung von Handlungen, i. e. S. beim Menschen Enthaltsamkeit gegenüber Genussmitteln (Alkohol, Rauschgift u. a.) od. dem Geschlechtsverkehr.
Abstrich, der; Entnahme von abgeschilferten Zellen od. Infektionserregern für die zytologische Diagnostik.
Abundanz, die, lat. *abundantia* der Reichtum, der Überfluss; Häufigkeit von Organismen in bezug auf eine Flächen- oder Raumeinheit. Man unterscheidet: 1. absolute Individuen-A.; 2. absolute Arten-A.; 3. relative Arten-A.-Abundanz wird meistens nur im Sinne von Individuendichte gebraucht.
Abúsus, der, lat. *abusio, -onis, f.,* der Missbrauch, der Gebrauch des Wortes in uneigentl. Bedeutung; die Anwendung von Pharmaka in übermäßiger Dosierung bzw. die Anwendung von Pharmaka ohne medizinische Indikation; die missbräuchliche Anwendung von Arzneimitteln.
Abwandler-Gene, die, gr. *gígnesthai* entstehen; sogen. modifizierende Gene, die das Ausmaß der Ausprägung des von einem Hauptgen determinierten Merkmals bestimmen.
Abwehr, die; Reaktion eines Organismus gegenüber Feinden od. schädlichen Umweltreizen durch lokomotorische (Flucht, Verstecken), optische (Tarntracht, Warn- u. Schrecktrachten), akustische (Schreckgeräusche), elektrische (elektr. Schläge), mechanische (Waffen) u. chemische (Gifte, Düfte) Verhaltensmaßnahmen. In einen Wirt eingedrungene Parasiten od. deren Produkte (z. B. Toxine) werden durch normergische od. hyperergische Antikörperbildung abgewehrt.
Abwehrfermente, die, lat. *fermentáre* gären lassen; körpereigene Enzyme (Proteasen), die zur Abwehr körperfremder Eiweiße gebildet werden.

Abwehrgift, das, *n.*, s. Abwehrstoffe.
Abwehrreflex, der, s. Reflex; Schutzreflex, plötzliche Schutzreaktionen, die von schädigenden Reizen ausgelöst werden.
Abwehrstoffe, , die, Pl., *m.*; Substanzen, die von Tieren (z. B. Fischen, Kröten) und Pflanzen in Stresssituationen abgegeben werden, als Fluchtsignal für Artgenossen (Schreckstoffe), auch Stoffe, die z. T. aus speziellen Drüsen (z. B. Stinkdrüsen) ausgeschieden werden, um Feinde abzuwehren (Wehrsekrete, z. B. Bufadienolide).
Abwölfen, das; Geburtsvorgang bei Caniden (Wolf, Hund, Fuchs).
Ábyla, *f.*, gr. *he Abýlē* NW-Spitze des kl. Atlas an der Straße von Gibraltar; Gen. der Abýlidae (= Diphýidae), Calycophorida, Siphonophora. Spec.: *A. pentagṓna* (vordere Schwimmglocke 5-seitig prismatisch – Name!).
Abyssal, das, gr. *ábyssos* grundlos, abgrundtief, bodenlos, zur Tiefe gehörig, engl. abyssal zone; im weiteren Sinne der gesamte Lebensbereich der Tiefsee, im engeren Sinne der Meeresbodenbereich von etwa unterhalb 1000 m Tiefe. Zum A. gehört auch das Hadal, der Lebensbezirk der Böden der Tiefseegräben von mehr als 6000 m Tiefe.
abyssal, zur Tiefe gehörig; auf die Tiefseeregion des Meeres bezogen; abyssales Plankton = Tiefsee-Plankton.
acántha, *f.*, gr. *he ákantha* der Stachel, Dorn, die Borste.
Abyssopelagial, das, gr. *to pélagos* das Meer, engl. abyssopelagic zone; das tiefere Bathypelagial, das bedeutet: der marine Lebensraum des freien Wassers unterhalb 1000 m. Nach einer anderen Einteilungsvariante wird das Abyssopelagial als Bereich zwischen dem in dieser Festlegung mit 3000 m Tiefe begrenzten Bathypelagial und dem mit 6000 m Tiefe beginnenden Ultraabyssal definiert.
Acanthamoēba, *f.*, gr. *he amoibé* der Wechsel; zu den „Limax-Amöben" gehörig, eine frei lebende, fakultativ parasitische Amöbengattung, kann (selten) als Erreger der primären Amöben-Meningoencephalitis auftreten.
Acanthária, *n.*, Pl.; Radiolarien mit kugeliger Zentralkapsel, die allseitig von zahlreichen, regelmäßig verteilten Poren durchbrochen ist; das Skelett der meisten A. wird von Stacheln aus Strontiumsulfat gebildet, die vom Zentrum des Tieres ausstrahlen, s. auch Acanthometren (-a).
Acantháster, *m.*, gr. *ho astér* der Stern, „Stachelstern"; Gen. der Asteroidea (Seesterne). Spec. *A. planci* (hat eine Massenentfaltung erlebt, ernährt sich von Korallen, was zur Zerstörung von Riffgebieten in der indowestpazifischen Region führte).
Acanthélla, *f.*, gr., latin., *-ella* Verkleinerungs-Suffix; zweite, im Zwischenwirt lebende Larve der Acanthocephala, die im für den Endwirt infektiösen Stadium auch Cystacantha (s. d.) genannt wird; sie weist im enzystierten Stadium bereits bis auf die Geschlechtsorgane u. die geringere Größe alle Merkmale des adulten Wurmes auf.
acánthias, *m.*, ein mit Stacheln versehener Haifisch der Alten; Artname, früher Gattungsname für *Squalus*.
Acanthobdella, *f.*, gr. *he bdélla* der Blutegel; Borstenegel, mit lateral gekrümmten Haken an den je 4 Paar Borsten der ersten 5 Segmente, die bei der Lokomotion den fehlenden Vordersaugnapf ersetzen; Gen. der Acanthobdellidae, Hirudinea. Spec.: *A. peledina*; die in Gewässern im nördlichen Eurasien (Finnland bis Sibirien) vorkommende Art stellt eine Zwischenform zw. den Oligochaeta u. Hirudinea dar.
Acanthocéphala, *n.*, Pl., gr. *he kephalé* der Kopf; Hakenwürmer, auch Kratzer genannt; im Darm von Fischen, Vögeln u. Säugern parasitierende, darmlose Aschelminthes (= Nemathelminthes), deren Vorderkörper einen hakentragenden, einstülpbaren Rüssel (Introvert) darstellt, der zum Einbohren in die Darmschleimhaut des Wirtstieres und zum Festhalten dient. Spec.: *Acanthocephalus anguillae; A. lucii.*
Acanthocínus, *m.*, gr.; Gen. der Cerambycidae, Bockkäfer. Spec.: *A. (= Lamia) aedilis*, Zimmererbock, Zimmermann, Zimmerer.
Acanthódes, der, gr. *acanthódēs* dornig, stachelig; Gen. der Acanthodii, Stachelhaie; fossil im Devon bis Perm. Spec.: *A. bronni* (Unterperm).
Acanthódii (= Acanthodi), *m.*, Pl., Stachelhaie, Gruppe (Cl. od. Subcl.) primitiver Fische; älteste kiefertragende Wirbeltiere; besaßen im Endoskelett echte Knochen; überwiegend kleine Süßwasserbewohner, einige Sippen lebten marin u. wurden bis etwa 30 cm lang; fossil im Silur bis Perm, Blütezeit im Unterdevon.
Acanthométren, die, gr. *he métra* die Gebärmutter, der Mutterleib, die Hülle; Acantharien (Radiolarien), deren Skelett nur aus Radialstacheln besteht, die keine geschlossene Gitterkugel bilden.
Acanthophrýnus, *m.*, gr. *ho phrýnos* die Kröte; Gen. der Phrynidae (=Tarantulidae). Spec: *A. coronatus;* größte Art der Geißelspinnen (Amblypygi); Mexiko, California.
acánthopus, gr. *ho pus* der Fuß; der Name bezieht sich auf einen zahnartigen Fortsatz bei *Hoplopleura,* s. d.

Acánthor, *m.*, gr. *ho thorós* der männliche Same; „Hakenlarve“; erste Larve der Acanthocephala, die – bereits im „Ei“ ausgebildet – mit dem Kot des Wirbeltierwirts ins Freie gelangt u. im enzystierten Zustand zu verharren vermag. Nach Verzehr von einem Wirbellosen (Isopod, Amphipod, Insektenlarve) schlüpft A. im Darm dieses Zwischenwirtes aus, durchbohrt mit seinen Haken u. Schlängelbewegungen die Darmwand, verbleibt in der Leibeshöhle des Zwischenwirtes, wo sich die Entwicklung zur *Acanthélla* (s. d.) vollzieht.

Acanthoscelídes, *m.*, gr. *to skélos* der Schenkel, *-eides* -ähnlich, -artig; der Hinterschenkel ist mit einem Dorn versehen; Gen. der Bruchidae, Samenkäfer. Spec.: *A. obtectus,* Speisebohnenkäfer.

Acanthúrus, *m.*, von gr. *he ákantha* der Stachel u. *he urá* der Schwanz; jederseits befindet sich an der Schwanzwurzel ein kleiner, kopfwärts gerichteter Dorn (Name!); Gen. der Acanthuridae, Doktorfische, Ordo Perciformes, Barschfische. Spec.: *A. chirúrgus,* Chirurg.

Acárapis, *f.*, lat. *apis* die Biene; Gen. der Tarsonemidae (Tracheen-, Innenmilben), Acari; Gen: *A. woodi*, Bienenmilbe; Erreger der Milbenseuche der Bienen, sticht deren Tracheenwände an, um Hämolymphe zu saugen; Verstopfung der Tracheen durch sog. Tracheenschorf. – Differentialdiagnostisch sind von *A. woodi* die apathogenen Außenmilben (z. B. *A. vagans, A. dorsalis*) abzugrenzen.

Acardie, die, gro. *a-* α priv., *he kardía* das Herz; Fehlbildung ohne Herz.

Acari, *m.*, Pl., Syn.: Acarina, lat. *ácarus*, gr. *to ákari* die Milbe; Acarinen, Milben, Ordo der Arachnida. Die A. sind kleine, vielfach parasitär lebende Tiere. Fossile Formen seit dem Devon nachgewiesen.

Acariose, die, franz. *acariose*; Milbenseuche der Bienen, Erreger: *Acarapis woodi.*

Acaraloge, der; Wissenschaftler, der auf dem bzw. auf einem der Gebiete der Acari (bzw. Acarida) arbeitet; Milben-(Zecken-)Spezialist.

Acarologie; die „Milbenkunde“, hat sich wegen der großen Mannigfaltigkeit und Bedeutung der Milben als eigenständiges Forschungsgebiet entwickelt. Die Acari = Acarina (Milben, Zecken) umfassen 20 000–30 000 Arten. Die Acari (Ordo der Arachnida) haben bei manchen Acarologen neuerlich den Rang einer Subclassis (= Acarida) erhalten.

Acaúlis, *m.*, lat., Gen. der Pennariidae (s. d.). Spec.: *A. primarius*; Einzelpolyp, bis 2 cm lang, rot od. gelb, kittet eine Sandröhre um seinen Rumpf.

Acceleration, s. Akzeleration.

accéssor, -óris, *m.*, lat., der Hinzutretende.

accessórius, -a, -um, lat. *accédere* hinzutreten; hinzutretend; N. accessorius = XI. Hirnnervenpaar der Vertebraten.

Accípiter, *m.*, lat. *accípiter, accípitris* der Habicht, Sperber, lat. Verb *accípere* zugreifen; Gen. der Accipitridae; Habichtartige. Spec.: *A. gentilis*, („Hühner-“)Habicht; *A. nisus,* Sperber.

Acéphalus, der, gr. *a-* α priv., *he kephalé* der Kopf; Missgeburt ohne Kopf, Fehlen des Kopfes.

acer, aceris, *n.*, lat. der Ahornbaum. Spec.: *Acronycta aceris*, Ahorneule (Lepidopteren).

Aceréina, *f.*, gr. *ákeros* ungehörnt, ohne Erhebungen; Gen. der Percidae, Barsche. Spec.: *A. cernua,* Kaulbarsch.

acervórum, Genit. Pl. von lat. *acervus* der Haufen (auch Ameisenhaufen); s. *Myrmecóphila.*

acérvulus, -i, *m.*, lat., das Häufchen; Hirnsand der Epiphyse, des Plexus chorioideus u. der Leptomeninx; Kalkkonkremente (phosphor- u. kohlensaurer Kalk) = Acervuli.

acervus, -i, *m.*, lat. der Getreidehaufen, Haufe; Spec.: *Myrmecophila acervorum*, Grille (die bei Ameisen lebt).

Acestrúra, *f.*, von gr. *he akis* die Spitze (lat. *acer* spitz, scharf) und *he urá* der Schwanz; Gen. der Trochilidae, Kolibris. Spec.: *A. mulsanti,* Spitzschwanzelfe; *A. bombus,* Hummelelfe.

Acetábulum, -i, *n.;* lat. *acetábulum* (Essig-) Schälchen, Näpfchen; die Gelenkgrube; (1) Gelenkpfanne für den Oberschenkel-(Femur-) Kopf am Becken der Tetrapoden (Beckengürtel, Hüftgelenk); (2) Gelenkgrube am Grunde der Stacheln von Seeigeln zum Umgreifen des Gelenkkopfes der Warze; Mamelon (Syn.); (3) Saugnäpfchen an den Fangarmen mancher Dibranchiata (Cephalopoda).

acéti, lat., des Essigs, Nominativ: *acetum*; s. *Turbatrix,* Essigälchen.

Acetylcholin, das; Acetylester des Cholins, Abk.: ACh; Überträgersubstanz (Transmitter); ermöglicht nach einer fundierten Hypothese die Übertragung der Nervenimpulse an Kontaktstellen (Synapsen) von einem Nerven auf den anderen od. auf ein Erfolgsorgan. ACh wird durch Acetylcholinesterase gespalten.

Acetylcholinesterase, die; spezielles Enzym, das den schnellen Abbau des hochwirksamen Acetylcholins zu dem viel weniger wirksamen Cholin und der Essigsäure bewirkt.

ACh, s. Acetylcholin.

Achatína, *f.*, gr. *ho achátēs* der Achatstein, Achat; namentl. Bezug auf die achatähnliche Färbung der Schalen; Gen. der Achatínidae

(Afrikanische Riesenschnecken; sehr großes Gehäuse), Stylommatophora (s. d.). Spec.: *A. fulica* (engl.: Giant African Snail); aus O-Afrika nach S-Asien u. südl. USA verschleppt, sehr polyphag u. schädlich; in Asien teilweise zahlreich auftretend.

Acheilie, = Acheilia, *f.,* gr. *a-* α privat. (= Verneinung, Fehlen) u. *cheílos* Lippe; angeborenes Fehlen einer od. beider Lippen.

Acheirie, die, gr. *a-* α privat. u. *he chēīr, cheirós* die Hand, die Faust; das Fehlen der Hand bzw. des Fußes.

Acherόntia, *f.*, gr. *Achéron* der Trauerstrom in der Untwerwelt; Gen. der Sphingidae, Schwärmer. Spec.: *A. atropos,* Totenkopf.

Achéta, *f.,* gr. *achétas*, singend, zirpend, tönend; die Männchen erzeugen durch rasches Aneinanderreiben der Flügeldecken ein schrilles Geräusch. Gen. der Gryllidae, Saltatória. Spec.: *A. domestica* L., Heimchen (bis 20 mm; gelblich, Vorzugstemperatur 30–32 °C; synanthroper Kulturfolger in „Verstecken" von Häusern, Müllplätzen.

Achillessehne, die, benannt nach dem sagenhaften gr. Helden; Tendo calcáneus, die zum Fersenbein ziehende Endsehne des dreiköpfigen Wadenmuskels.

Achillessehnenreflex, der; reflektorische Verkürzung der Wadenmuskeln (Plantarflexion des Fußes).

Achíria, die, gr. *a-* α privat.; das angeborene Fehlen der Hände. (s. Acheirie)

Achlorhydrie, die, gr. *a-* α priv., *chlorós* grünend, hellgrün, *to hydor*, das Wasser; mangelhafte Salzsäurebildung bzw. Fehlen der Salzsäureproduktion im Magen.

Acholie, die, gr. *he cholé* die Galle; ungenügende Gallenbildung, unterbrochene Gallensekretion.

Achromasie, die, gr. *a-* α privat. u. *to chróma, -atos* die Farbe; „Fehlen der Farbe", syn. für Albinismus, s. d.

Achromat, das, der, gr. *to chróma, -atos* die Farbe; Linsensystem, das weißes Licht nicht in Farben zerlegt.

Achromatin, das, gr.; der nicht färbbare Teil der Zellkernsubstanz.

achromatisch, s. Achromat; keine farbigen Säume bildend, das Licht nicht in Farben zerlegend.

Achromatopsie, die, gr. *he ópsis, -eos* das Sehen, Auge; die totale Farbblindheit.

Acílius, *m.,* lat., nach dem gleichlautenden Namen einer plebej. Gens; Gen. der Dytiscidae, Schwimmkäfer. Spec.: *A. sulcatus,* Furchenschwimmer (wegen der tief längsgefurchten Flügeldecken der weiblichen Imago).

Acinónyx, *m.*, v. *acinus* die Weinbeere (Bezug zur Fellzeichnung?) u. gr. *he nyx* die Nacht (Bezug zur nächtlichen Agilität); Gen. der Felidae, Katzen. Spec.: *A. jubatus,* Gepard (Jagdleopard), Tschita(h) (Chitah) (= ind.)

ácinus, -i., *m.,* lat., die (Wein-)Beere, Traube; Drüsenläppchen, beerenförmiges Endstück seröser Drüsen; in der Lunge z. B. Alveolargang mit Alveolen od. Bronchulus respiratorius mit 2–3 Alveolargängen.

Acipénser, *m.,* lat. *acipenser* der Stör, von *acus* die Spitze, *pensa* = *penna* die Flosse, Feder; einziges Gen. der Acipenseridae, Störe. Spec.: *A. sturio*, Gemeiner Stör; *A. ruthenus,* Sterlet; *A. huso*, Hausen.

Ackerhummel, s. *Bombus.*

Acme, *f.,* gr. *he akmé* die Spitze, Schärfe; 1. Gen. der Acmidae, Ordo Mesogastropoda, Prosobranchia. Spec.: *A. lineata*; 2. „Blütezeit" von Taxa im phylogenetischen Sinne, „Stadium der Phylogenesis" zwischen „Aufblühzeit" (Epacme) und „Verblühzeit" (Paracme), von Haeckel (1866) geprägte Termini.

Acnidária, *n.,* Pl., *a-* α priv., *he kníde* die Nessel; Stamm der Coelenterata; disymmetrische Tiere ohne Nesselkapseln; gekennzeichnet durch einen apikalen Sinnespol. 8 Reihen von Wimpernplättchen sowie meist zwei Tentakeln, die mit zahlreichen Klebzellen an Stelle von (also *a-* = „ohne") Cniden (Nesseln) ausgerüstet sind; ihr Körper weist 2 senkrecht aufeinanderstehende Symmetrieebenen auf; jede von ihnen teilt ihn in andersartige symmetrische Hälften. Die A. sind nur durch eine Klasse, die Ctenophora (Kamm-Rippenquallen), vertreten.

Acṓela, *n.,* Pl.; gr. *koílos* hohl; Ordo der Cl. Turbellaria, Strudelwürmer; der Name bezieht sich auf den syncytialen, ohne Lumen entwickelten Darm.

Acoelomata, *n.*, Pl.; Tiere, denen eine sekundäre Leibeshöhle (Coelom) fehlt.

Ácomys, *m.,* gr. *he akḗ (= akā́)*, die Spitze, der Stachel und *ho akís* die Spitze, der Pfeil, *ho mŷs* die Maus; namentl. Bezug auf die platten, gefurchten Stacheln auf dem Rücken. Gen. der Múridae, Myomorpha. Spec.: *A. dimidiatus*, Sinai-Stachelmaus; *A. minous,* Kreta-Stachelmaus.

Acóntien, die, gr. *to akóntion* der Wurfspieß; mit Nesselkapseln besetzte Fäden mancher Blumenpolypen, die an der Basis der Mesenterien sitzen. Sie können durch bes. Poren der Körperwand od. durch die Mundöffnung ausgeschleudert werden u. stehen somit im Dienste der Verteidigung.

Acquired Immune Deficiency Syndrom, AIDS, Definition: Syndrom des erworbenen Im-

mundefektes. Chronische Infektionskrankheit des Menschen, die zu einer Minderung der Immunabwehrleistung des Körpers führt.
Ursache: Humanes Immundefizient-Virus HIV-Typ I und HIV-Erreger Typ II; ein RNS-Retrovirus. Epidemiologische Situation: Nach ersten Diagnosen in Los Angeles 1981 nahm die Erkrankungshäufigkeit rapid zu und betraf vorrangig männliche Homosexuelle, Süchtige, die Rauschgift injizieren, Bluter (Hämophile) und Blutkonservenempfänger. 1983 entdeckte Prof. Montagnier/Institut Pasteur Paris den Erreger (LAV-Lymphadenopathie Assoziiertes Virus), bald danach auch von Prof. Gallo/CDC Atlanta USA (HTLV III – humanes T lymphocytotropes Virus Typ III) genannt; heute gilt weltweit die Bezeichnung HIV.
Pathogenese: HIV-Erreger befallen menschliche Lymphozyten, dringen mit ihren RNS-Strukturen in Zellkern-DNS ein, die sie mittels reverser Transcriptase in Provirus-RNS umwandeln und sich vermehren. Dabei werden immunkompetente Zellen vor allem T-Helfer-Lymphozyten (OKT 4) zerstört, die die Immunabwehr via B-Lymphozyten, Antikörperbildung, Phagozytoseaktivierung stimulieren.
Opportunistische Infektionen können entstehen: Kandidose des Mundes, Befall mit Viren (Zytomegalie, Hepatitis B, EBV, Herpes, Zoster). *Pneumocystis carinii*-Lungenentzündung ist in gemäßigten Breiten die häufigste Todesursache, in den Tropen überwiegen tödliche *Kryptococcus-neoformans*-Infekte der Lunge und des Gehirnes. An opportunistischen Infektionen sterben schließlich 60 bis 70% der AIDS-Kranken.
Der Immundefekt begünstigt das Entstehen bösartiger Geschwülste (Lymphome, Kaposi-Sarkom), die trotz zwischenzeitlicher Therapie bei 25–50% der AIDS-Kranken nach 4 bis 6 Jahren zum Tode führen.
Infektion: HIV-Erreger sind in Blut, Samenflüssigkeit und Scheidensekret reichlich enthalten. Die Übertragung erfolgt vorrangig über diese Flüssigmedien insb. bei Zugang zur Blutbahn (Hautabschürfung, Wunde, Einriss, Blutübertragung). HIV wurde auch in Speichel, Tränenflüssigkeit, Nasensekret und Muttermilch nachgewiesen, was wegen der niedrigen Erregerkonzentration ohne klinische Bedeutung ist. Intimverkehr ist das wichtigste Übertragungsrisiko, wenn man von Blutspuren an den Injektionsnadeln der Drogensüchtigen absieht. Alle Blutkonserven werden vor der Übertragung auf HIV-Antikörper untersucht. Bluter erhalten nur noch virusfreie Präparationen von Gerinnungsfaktor VIII und IX.
Klinischer Verlauf: Stadium I als grippeartiger Infekt 2 Wochen bis 4 Monate nach der Ansteckung. Stadium II mit symptomfreiem Verlauf über 3–5 Jahre, aber zunehmender Infektiosität. Stadium III mit Lymphknotenschwellungen. Stadium IV = AIDS-Erkrankung i. e. S., die dann erst als AIDS von der WHO registriert wird. Der Krankheitsverdacht wird durch Antikörpernachweis gesichert (Elisatest, Blottingtest).
Tierpathogenität: Schimpansen sind die einzige Tierart, bei der HIV-Infektionen möglich sind, auch wenn kein Immundefekt entsteht (1). In tropischen blutsaugenden Insekten wurden frische HIV nachgewiesen, vermehren sich aber nicht im Insekt (2). – Die Übertragung auf den Menschen ist theoretisch möglich, aber bisher nicht bestätigt worden (im Gegensatz zu Hepatitisviren und vielen Anthropozootien). Andere Retroviren verursachen Immundefekte bei Tieren: Katzenleukämievirus, Infektanämievirus bei Pferden, bovines Leukämie-Virus (BLV), Affen-AIDS durch SIV-III. Afrikanische grüne Meerkatzen können mit STLV-3 (agm) infiziert sein, ohne daran zu erkranken (3). Die bereits 1984 bei Makaken entdeckten Retroviren sind nicht mit HIV identisch (4).
Prophylaxe: HIV sterben außerhalb des Körpers innerhalb kurzer Zeit ab. Übertragungen sind durch Händedruck, Türklinken, Geldscheine und Umarmungen nicht möglich. Der direkte Blutkontakt ist jedoch unbedingt zu meiden. Die Desinfektion erfolgt mit 40%igem Ethanol und formaldehydhaltigen Mitteln. Persönliche Prophylaxe: durch stabile Partnerschaft und Gummischutz bei Intimkontakten mit riskantem Partner.

Acrǣa, *f.,* Gen. der Acraeidae, Ordo Lepidoptera, afrikanische Tagfaltergattung, Tiere mit hyalinen, z. T. rot getönten Flügeln und schwarzen Flecken.

Acránia, *n.,* Pl., gr., *a-* α priv., *to kraníon* der Schädel; Acranier, „Schädellose", oberhalb der Tunicata u. unterhalb der Vertebrata od. Craniota im System eingeordnete Gruppe der Chordata; etwa 30 Arten.

Acranie, die, gr. *a-* α priv., *to kraníon* der Schädel; Fehlbildung ohne Kopf; angeborenes Fehlen des Schädels od. des Schädeldaches, meist bei Anencephalus = Fetus od. Neugeborener mit Anencephalie (Missbildung mit Fehlen des Gehirns).

Acróbates, *m.,* gr. *akrobatēin* auf den Zehen gehen, sich gewagt bewegen; Gen. der Phalangeridae (Kletterbeutler). Spec.: *A. pygmaeus,* Zwerg-Flugbeutler.

Acrocephalosyndaktylie, die, gr. *syn-* zusammen, mit, *ho dáktylos* der Finger; Missbildung mit Störungen der Schädel- u. Extremitätenentwicklung, wahrscheinlich dominant vererbbar. Akrozephalie entsteht durch frühzeitigen Schluss der Schädelnähte. Die Stirnpartien sind meist vorgewölbt u. die Syndaktilien können stark ausgebildet sein.

Acrocéphalus, *m.*, gr. *akrós* spitz, hoch u. *he kephalé* der Kopf; Gen. der Muscicapidae, Fliegenfängerähnliche. Spec.: *A. arundináceus,* Drosselrohrsänger; *A. palustris,* Sumpfrohrsänger; *A. scirpaceus,* Teichrohrsänger.

acromiális, -is, -e, latin., gr. *akromiakós*; zum Acromion gehörend.

Acrómion, das, gr. *akrós* äußerster, oberster, u. *ho ṓmos* die Schulter; das Acromion, die Schulterhöhe, äußerstes Ende der Spina scapulae (vertikale Knochenplatte auf dem Schulterblatt; gr. *he akrōmiá* Schulterblatt, Widerrist).

Acron, das, *n.*, *akros* spitz, hoch; bei Insekten ein Homologon des Kopflappens (Prostomium) der Anneliden; es hat nicht den Wert eines Segmentes u. ist mit den sechs eigentlichen Segmenten an der Zusammensetzung des ganzen Kopfes beteiligt.

Acronícta, *f.*, gr. *akrónyktos* zu Anfang der Nacht, d. h. abends fliegend; Gen. der Acronyctinae (U.-Fam.) der Noctuidae, Eulen. Spec.: *A. (Chamaepora) rumicis,* Ampfereule; *A. aceris*, Ahorneule.

Acropódium, das, gr. *ho pus, podós* der Fuß, also der oberste Fußteil; Bezeichnung für die 3. Zehenglieder.

Acrosom, das, gr. *to ákron* die Spitze, *to sóma, -atos* der Körper; die Kopfkappe des Spermiums, eine kappenartige Struktur des vorderen Teiles des Spermienkopfes, lipoglykoproteinhaltig, mit verschiedenen hydrolytischen Enzymen; das A. spielt beim Eindringen des Spermiums in die Oocyte eine aktive Rolle.

ACTH, Abk. für: adrenokortikotropes Hormon, s. d.

Actin, das, gr. *he aktis, -ínos* der Strahl, das Licht; Bestandteil des Muskeleiweißes, Protein der Muskelfibrille, das an der Muskelkontraktion aktiv beteiligt ist, es tritt in zwei Formen auf: „G-Actin", globuläres A. mit einem Molekulargewicht von 70 000 (als Monomeres) bzw. 140 000 (als Dimeres) u. „F-Actin", ein fibrilläres A. F-Actin bildet mit Myosin die reversible Komplexverbindung Actomyosin.

Actinfilamente, die, gr. *aktis* Strahl; lat. *filum* Faden: Mikrofilamente (F-Actin-Ketten) des Cytoskeletts; ubiquitär bei Eukaryoten. Durchmesser: 6 nm. Monometer: globuläres Protein G-Actin (42 kD).

Actínia, *f.*, gr. *he aktís, aktínos* der Strahl; Gen. der Actiniaria, Seerosen. Spec.: *A. equina,* Pferdeaktinie.

Actiníaria, *n.*, Pl., s. *Actinia*; system. Gruppe der Hexacorallia, Anthozoa. Solitär, auch in Nord- u. Ostsee verbreitet.

Actinophrys, *f.*, gr. *he ophrys* die Augenbraue; Gen. des Ordo Aphrothoraca, Cl. Heliozoa. Spec.: *A. sol.*

Actinópteri, *m.*, Pl.; Syn.: Actinopterygii.

Actinopterýgii, *m.*, Pl. gr. *to pterygion* die Flosse, der Flügel; Strahlenflosser, Hauptgruppe der Osteichthyes, zu der über 99% der heutigen Fische gehören, etwa 24000 Arten. Den Namen erhielt die Gruppe, weil (außer bei Stören u. Polypterini) das knorplige od. knöcherne Stützskelett der paarigen Flossen so stark reduziert ist, dass die äußeren Teile der Flossen nur noch von Flossenstrahlen getragen werden. Fossile Formen seit dem oberen Silur bekannt. Gruppen: Chondrostei, Holostei, Teleostei.

Actinosphaérium, *n.*, gr. *he sphaíra* die Kugel, also „Strahlenkugel"; Gen. des Ordo Aphrothoraca, Cl. Heliozoa. Spec.: *A. eichhorni.*

Actínula, die; Larvenstadium einiger Hohltiere, z. B. Tubularia; sie ist tentakeltragend, bewimpert u. freischwimmend.

Actítis, *m.*, lat. *actitáre* viel betreiben, recht agil sein; Gen. der Scolopacidae, Schnepfenvögel. Spec.: *A. hypoleucos,* Flussuferläufer.

Actomyosin, das; Muskelprotein, s. Actin, s. Myosin.

Aculeata, *n.*, Pl., s. *aculeátus*; Stechimmen, Hymenoptera. Der Name bezieht sich auf die Legeröhre der Weibchen, die zum Aculeus umgeformt ist.

aculeátus, -a, -um, lat., mit Stacheln versehen, stachlig; z. B. *Gasterosteus.*

Acúleus, *m.*, lat., der Stachel; Giftstachel, als solcher umgeformte Legeröhre der Weibchen bei den Aculeata, dient als Verteidigungsmittel od. zum Lähmen von Nahrungstieren für die Larven. Oft ist der Aculeus reduziert, u. es sind, z. B. bei vielen Ameisen u. manchen Bienen nur noch die Giftdrüsen vorhanden.

acuminatus, -a, -um, lat., spitz; *acúmen, -inis, n,* die Spitze.

acus, -us, *f.*, lat., die Nadel; s. *Fierásfer, Carapus.*

acústicus, gr. *akustikós* das Hören betreffend, im Nervus stato-acusticus (VIII. Hirnnerv), s. d.

acútidens, lat., von *acutus* spitz u. *dens* Zahn; spitzzähnig; s. *Holophagus.*

acutorostratus, -a, -um, lat., mit einem zugespitzten „Schnabel" (rostrum) versehen; s. *Balaenóptera.*

acútus, -a, -um, lat., zugespitzt; s. *Crocodilus.*
ad, lat., Präposition mit Akkusativ, zu, an, heran; *ad-* als Präfix in Komposita.
ad usum veterinarium, (ad us. vet.); in der Rezeptur: zum Gebrauch in der Veterinärmedizin.
Adactylus, *m.*, gr. *ho dáktylos* Finger, Zehe; Missbildung, bei der Zehen od. Finger fehlen.
adaptive Radiation, die; lat. *radiátio, -onis* die Ausstrahlung; auf Anpassung an die ökologischen Bedingungen beruhende Entfaltung einer Sippe. Zur a. R. kann es kommen, wenn z. B. beim Eindringen in ein Gebiet (1) ökologische Nischen unbesetzt sind oder (2) ein neues Niveau in der Evolution und damit eine Erweiterung der morphologisch-physiologischen Potenzen erreicht wurde (z. B. denkbar beim Übergang vom Wasser- zum Landleben). – Die a. R. kann mit beträchtlicher Zunahme der Entwicklungsgeschwindigkeit verbunden sein. Als klassische Beispiele für die a. R. gelten: die Darwinfinken (s. d.) der Galapagosinseln und die Kleidervögel der Hawaii-Inseln. Die Nachkommen der primär immigrierten Aves hielten fortgesetzt die ökologischen Nischen besetzt, so dass die a. R. möglicherweise späteren Immigranten verwehrt wurde. Auch die Marsupialia der australischen Region werden als Beispiel der a. R. angesehen. Vgl.: Radiation, ökologische Nische. (nach Sedlag/Weinert).
adäquate od. äquale Furchung, die, lat. *aequus, -a, -um* gleich, eben; (Auf-) Teilung der Eizelle in etwa gleichgroße Tochterzellen.
adäquater Reiz, (J. Müller 1826), der, lat. *adaequáre* angleichen; Reizform, d. h. jeder Rezeptor bzw. jedes Sinnesorgan spricht nur auf einen ihm entsprechenden Reiz an.
Adaktylie, die, von gr. *a-* α priv. (= Fehlen, Verneinen) u. *ho dáktylos* der Finger; erbliches Fehlen der Finger, meist gemeinsam mit anderen Missbildungen.
Adália, *f.*, gr. *ho dalós* der Feuerbrand; Gen. der Coccinellidae (Marienkäfer, Sonnenkälbchen), Coleoptera. Spec.: *A. bipunctata,* Zweipunkt-Käfer (Flügeldecken gelbrot).
adamánteus, -a, -um, latin., stahlhart; s. *Crotalus.*
Adamantin, das, s. adamántinus; der Zahnschmelz.
adamántinus, -a, -um, gr. *ho adámas* der Stahl, Adj. *adamántinos*; stählern, stahlhart.
Adamantoblasten, die, gr. *he bláste* der Keim, Spross; Schmelzbildner der Zähne (im Bereich der Zahnkrone).
Adámsia, *f.*, benannt nach Charles Adams (1814–1853); Gen. der Familienreihe Mesomyaria, Ordo Actinaria, Spec.: *A. palliata.*
Adaptation, die, lat. *adaptáre* anpassen, *adáptio, -ónis* die Anpassung; 1. im phylogenetischen Sinne die Entstehung einer zu den Umgebungsverhältnissen passenden Organisationsform; 2. physiologisch das Anpassungsvermögen von Zellen, Geweben und Organen (z. B. Sinnesorganen) im Rahmen der gegebenen Reaktionsnorm an veränderte Umweltfaktoren; 3. ethologisch die Ermüdung einer Reaktion aufgrund eines wiederholten gleichartigen Reizangebotes.
adaptieren, s. Adaptation; anpassen, angleichen.
adaptiv, adaptativ, lat. *adaptáre* anpassen; auf Anpassung beruhend.
adaptiver Gipfel, *m.*; ein Gleichgewichtszustand in einer Population, bei dem die Allelhäufigkeiten im Genpol die durchschnittliche Fitness der Populationsmitglieder maximieren.
Addax, *m.*, ein afrikanischer Name für eine Antilope (bei Plinius vorkommend); Gen. der Bovidae, Rinder, Ruminantia, Artiodactyla, Paarhuftiere. Spec.: *A. nasomaculatus,* Afrikanische Mendesantilope.
adde, lat. (Imperativ!), Hinweis auf Arzneimittelrezepturen: Füge hinzu! (= gib dazu!).
Addison, Thomas, geb. 1793 in Long Benton bei Newcastle-on-Tyne, gest. 1860 Brighton (Sussex); Arzt in London, A. beschrieb als erster die durch mangelndes oder fehlendes Nebennierenrindenhormon hervorgerufene A.sche oder Bronzekrankheit [n. P.].
Addisonsche Krankheit, die, s. Addison; Bronzehautkrankheit, entstanden durch Nebennierenrinden-Insuffizienz: Reduktion der NNR-Hormonbildung durch Zerstörung mindestens 9/10 der Rinde (Ursache: Atrophien, Tuberkulose, Tumormetastasen, Traumen od. degenerative Vorgänge).
addúctor, -óris, *m.*, lat. *addúcere* heranführen; der Heranführer, Zuführer (**Adduktoren:** heranführende Muskeln).
adductórius, -a, -um, lat., heranführend, -ziehend; zum Adductor gehörend.
Adduktion, die, s. *addúctor*, das Heranführen von Gliedmaßen nach der Mittellinie des Körpers zu.
Adduktoren, die; s. *addúctor*, heranführende Muskeln.
Adebar, der; s. *Cicónia cicónia,* der Weißstorch.
Adeciduata, *n.*, Pl., lat. *a-* ohne, s. Decidua; Adeciduaten oder decidualose Säugetiere, bei denen sich die Decidua nach dem Gebärakt nicht ablöst u. die Chorionzotten sich aus der Gebärmutter ohne Läsion herausziehen.
Adēla, *f.*, gr. *ádēlos* versteckt, verborgen; Gen. der Adélidae (Langhornmotten), Lepidoptera,

Spec.: *A. viridella,* Fühlermotte (an Eichen, Buchen; Flug im Sonnenschein).

Adelína, *f.,* von gr. *ádēlos* versteckt, verschwindend, verborgen; Gen. der Adelínidae, (Schizo-) Coccidia, Sporozoa.

Adelphogamie, die, *gr., adelphós* brüderlich, geschwisterlich, ähnlich; Geschwisterehe, eine Inzuchtform, bei manchen Ameisen- u. Termitenarten vorkommend.

Adelphophagie, die, gr. s. o., *phagéīn* fressen; Syn. von Kainismus, s. d., „Geschwisterfresserei", als krankhaftes Verhalten bei Eulen und Greifvögeln vorkommend.

Adelphotaxa, die, gr. *he adelphé* die Schwester, *adelphós,* brüderlich, geschwisterlich; *ta taxa, n.* Pl.; Schwesternarten bzw. Schwestergruppen im Sinne der Phylogenetischen Systematik.

Adenin, das, 6-Amino-purin; Purinbase, die mit Ribose das Nucleosid Adenosin bildet.

Adenitis, die, gr. *ho adén* die Drüse; die Drüsenentzündung.

adenös; die Drüse betreffend, drüsenartig, -förmig.

Adenohypophyse, die; Hypophysenvorderlappen, Drüsenanteil der Hypophyse, geht aus dem Dach der primären Mundhöhle (Urdarmdach) der Vertebraten hervor.

adenoid, gr. *-oid* ähnlich; drüsig, drüsenähnlich, auch lymphknotenähnlich.

Adenokarzinom, das, gr. *ho karkínos* der Krebs; Drüsenkrebs.

Adenolymphom, das, lat. *lympha, -ae, f,* die Lymphe; Mischtumor der Glandula parotis (Speicheldrüse), besteht aus lymphatischem, von Zylinderepithel umgebenem Gewebe, gutartig (syn. Cystadenoma lymphomatosum).

Adenom, das; meist gutartige Drüsengeschwulst.

adenomatös; adenomartig, adenomähnlich.

Adenosarkom, das, gr. *he sárx, sarkós* das Fleisch; Mischgeschwulst aus Drüsengewebe, bösartig.

Adenosin, das; Nukleosid aus der Purinbase Adenin u. Ribose. Adenosin ist Baustein der Ribonukleinsäure.

Adenosindiphosphorsäure, die; Abk.: ADP, entsteht durch Abspaltung eines Moleküls Phosphorsäure aus Adenosintriphosphorsäure.

Adenosintriphosphatasen, die; Fermente, die die hydrolytische Abspaltung von Phosphorsäure aus Adenosintriphosphorsäure katalysieren.

Adenosintriphosphorsäure, Abk.: ATP, die; Nukleotid, besteht aus Adenin, Ribose u. drei Molekülen Phosphorsäure. ATP wirkt als Energiespender u. -transformator u. ist Bestandteil verschiedener Coenzyme, kann unter Abspaltung von einem Molekül Phosphorsäure in Adenosindiphosphorsäure (ADP) u. bei weiterem Verlust einer Phosphorsäuregruppe in Adenosinmonophosphorsäure (AMP) übergehen. In der Atmungskette entsteht aus ATP u. anorganischem Phosphat ATP. Allein der menschliche Körper produziert im Laufe eines Tages (24 Stdn.) etwa 70 kg ATP.

Adenosin-3′,5′-monophosphat, das, auch als zyklisches AMP, Cyclo-AMP od. cAMP (Abk.) geführt; Adenosin bildet mit Phosphorsäure verschiedene Phosphorsäureester. Physiologisch von Bedeutung sind jedoch nur diejenigen, die durch Veresterung der 5′-OH-Gruppe der Ribose mit Phosphorsäure entstehen.

adenotrop, gr. *ho aden* die Drüse, *ho trópos* die Richtung; adenotrope Hormone: Wirkstoffe, die auf („periphere") Drüsen wirken.

Adenylcyclase, die; ein im ganzen Tierreich vorkommendes u. fast in allen Zellen insbesondere im Gehirn, nachgewiesenes Enzym, das bei Anwesenheit von Mg^{2+} das α-ständige Phosphat im ATP unter Abspaltung von Pyrophosphat zyklisiert; dabei entsteht Adenosin-3′,5′-monophosphat (cAMP = zyklisches Adenosinmonophosphat), der zweite Signalträger („second messenger") der Hormonwirkung.

Adéphaga, *n.,* Pl., gr. *adephágos* nagend, gefräßig; Gruppe (U.-Ordo) der Coleopteren; vgl. Polyphaga.

adeps, adipis, *m., f.,* lat., das Fett, Schmalz; z. B. Corpus adiposum, der Fettkörper (bei Insekten).

Aderhaut, die, s. *chorioidea.*

Adermin, das, s. Vitamin B_6.

adhǣsio, -ónis, *f.,* lat. *adhaerére* an etwas hängen oder kleben, anhaften; die Adhäsion, das Anhaften, das Anhängen; durch Molekularkräfte bewirktes Aneinanderhaften zweier Körper.

Adhäsion, die, s. *adhǣsio.*

adiabatisch, lat. *a-* ohne, gr. *diabaino* gehe hindurch; Zustand, bei dem Wärme weder zu- noch abgeführt wird.

Adipinsäure, die, lat. *ádeps* das Fett, auch fettartig, $HOOC-(CH_2)_4-COOH$, Dikarbonsäure; A. wurde ursprünglich durch Oxidation verschiedener Fette gewonnen.

Adipokinin, das, lat. *ádeps* das Fett, Schmalz, gr. *kinēīn* bewegen, vertreiben; fettmobilisierendes Hormon der Hypophyse, analoger Wirkstoff auch bei Insekten bekannt.

Adipósitas, die, lat. *ádeps, -ipis, m., f.,* das Fett; Fettleibigkeit, Fettsucht, krankhafte Kör-

perfettansammlung, z. B. A. cordis = Fettherz od. A. hepatis = Fettleber.
adipósus, -a, -um, lat., fettreich, verfettet, adipös.
Adipozyten, die, *m*, Pl., gr. *kytos* die Zelle, das Gefäß; Fettgewebszellen, die fettbeladene Bindegewebszellen darstellen u. wohl als spezialisierte Zellen das Organ „Fettgewebe" bilden.
Adipsie, die, gr. *a-* α priv. ohne, *he dipsa* der Durst; Durstlosigkeit.
áditus, -us, *m.,* lat. *adire* hinzugehen; der Zugang, Eingang, Anfang.
Adiuretin, das, Syn. von Vasopressin; ein antidiuretisches Hormon der Neurohypophyse, ein im Hypothalamus gebildetes u. im Hypophysenhinterlappen gespeichertes Oktapeptid, fördert die Wasserrückresorption in den distalen Nierentubuli; ein Mangel dieses Hormons führt zum Diabetes insipidus.
Adler, s. *Aquila.*
Adlerrochen, s. *Mylióbatis aquila.*
ad libitum, lat. *libitus, -us, m.,* wunschgemäß, „nach Belieben".
admirábilis, -is, -e, lat., bewunderungswürdig, seltsam (Artbeiname).
Admiral, der; s. *Vanéssa atalánta.*
Adoleszenz, die, lat.*adoléscere* heranwachsen; das Jugendalter; bes. die Zeit nach beendeter Pubertät.
adolfactórius, -a, -um; lat. *olfácere* wittern; zum Riechlappen gehörig.
Adontie, die, gr. *a-* α privat. *ho odús, odóntos* der Zahn; angeborenes Fehlen der Zähne (Zahnanlagen).
adorális, -is, -e, s. *ṓs*; mundständig, in der Nähe des Mundes gelegen, oral.
ADP, s. Adenosindiphosphorsäure.
Adrenalektomie, die, lat. *ad* an, bei, *renes* die Nieren, gr. *ektémnein* herausschneiden; operative Entfernung einer od. beider Nebennieren.
Adrenalin, das; Syn.: Epinephrin; ein Brenzkatechinamin, das im Nebennierenmark und den Paraganglien des Sympatikus gebildet wird. U. a. bewirkt A. als Hormon die Steigerung der Pulsfrequenz u. des systolischen Blutdruckes, die Verminderung der Darmperistaltik u. die Erhöhung des Blutzuckerspiegels durch Mobilisierung von Glykogen. Es wird auch als Überträgersubstanz an bestimmten sympathischen Nervenendigungen freigesetzt.
adrenalotrop, lat. *adrenalis, is, -e,* die Nebennieren betreffend, *ho trópos* die Richtung; auf das Nebennierenmark einwirkend.
Adrenarche, die, gr. *he arché* der Beginn, Ursprung; Wachstumsanregung der Achsel- und Schambehaarung während der Pubertät, zurückzuführen auf eine vermehrte Androgenproduktion in der Nebennierenrinde (Anstieg der 17-Ketosteroidausscheidung), im weiblichen Geschlecht fast ausschließlich von den (relativ schwachen) NNR-Androgenen verursacht.
adrenerge Faser, die, *to érgon* die Arbeit, das Werk; Faser, die an ihrer Endigung Adrenalin bzw. Noradrenalin abgibt.
Adrenochrom, das, gr. *to chróma* die Farbe; Oxidationsprodukt des Adrenalins.
adrenocortical, lat. *córtex, -icis, m.,* die Rinde; zur Nebennierenrinde gehörig.
adrenogen, gr. *gígnesthai* entstehen; aus der Nebenniere stammend.
adrenogenital, gr. *gennán* erzeugen; die Nebennieren u. Gonaden betreffend.
Adrenogenitales Syndrom, das, Abk.: AGS; kommt durch vermehrte Bildung von Androgenen in der Nebennierenrinde (NNR) zustande; 1. kongenitales AGS: angeborene Enzymopathie mit verminderter Kortisolbildung, die eine vermehrte ACTH-Ausschüttung verursacht. Die nachfolgende NNR-Hyperplasie führt zur Vermehrung v. Kortisolvorläufern u. einer gesteigerten Androgenproduktion. Bei Mädchen treten Merkmale des Pseudohermaphroditismus femininus u. bei Knaben der Pseudopubertus praecox auf. 2. Erworbenes AGS: meistens durch androgenbildenden NNR-Tumor ausgelöst.
adrenokortikotropes Hormon, das; Abk. ACTH, Syn.: Kortikotropin; Proteohormon, das in dem Hypophysenvorderlappen gebildet wird. Es stimuliert die Bildung verschiedener Nebennierenrinden-Hormone (z. B. von Cortisol), aber auch die von Nebennierenrinden-Androgenen.
Adrenomimeticum, n. gr. *miméomai* ahme nach; syn. Sympathomimeticum, s. d.
Adrenosteron, das; Steroidhormon, das in der Nebennierenrinde gebildet wird und schwach androgene Wirkung zeigt.
Adsorption, die, lat. *sorbére* verschlucken, verschlingen; erster Kontakt eines Virus mit der Wirtszelle bzw. dessen Anheftung.
Adultparasitismus, der; Art des Parasitismus, bei der nur die geschlechtsreifen (adulten) Stadien parasitisch leben, z. B. bei den Flöhen, Ggs.: Larvalparasitismus.
adúltus, -a, -um, lat. *adoléscere* heranwachsen; erwachsen, geschlechtsreif.
Adventítia, *f.,* lat. *advenire* hinzukommen; Bindegewebsscheide der Blutgefäße, äußere Gefäßwand.
adventítius, hinzukommend.

Adventiv-Organismen, die; Pflanzen (Adventivflora) u. Tiere (Adventivfauna), die aus anderen Klimazonen in Gebiete eingeschleppt worden sind, wo sie sich oft nur an bestimmten Stellen (Müllhalden, Gewächshäuser, Wohnungen usw.) halten können.

Adventivtiere, die, lat. *advenı́re* hinzukommen; Tiere, die aus ihren eigentlichen Heimatgebieten in andere Gebiete (bzw. Zonen) unter indirekter und direkter Mitwirkung des Menschen gelangten und sich hier oft nur unter bestimmten ökologischen Bedingungen halten können.

adynamisch, gr. *a-* α priv. ohne, *he dýnamis* die Kraft, Stärke; kraftlos, schwach.

Aedéagus, *m.,* von lat. *aedes* u. *aedis* das Haus und *ágere* führen, treiben; chitinisiertes Rohr im Geschlechtsapparat der Insektenmännchen, in dessen Innerem sich der Penis befindet.

Aëdes, *f.,* lat. *aedes* u. *aedis* das Haus, das Zimmer, der Bienenstock; Gen. der Culicidae, Stechmücken (Diptera). Arten der kühlen u. gemäßigten Zonen; sind Freilandtiere ohne direkte Beziehungen zu menschlichen Siedlungen. Die im warmen Gürtel der Erde vorkommende *A. aegyptii* L. war ursprünglich ein Baumhöhlenbrüter, wurde aber zu einer Hausmücke, die in weggeworfenen Behältern mit wenig Wasser zu brüten vermag. Sie kann für den Menschen gefährliche Viren (Gelbfieber, Denguefieber) übertragen. Spec.: *A. scutellaris.*

aedílis, -is, -e, lat., zum Gebäude gehörig; z. B. *Acanthocinus aedilis,* Zimmererbock.

Aegéria, *f.,* wahrscheinlich von lat. *aeger* krank (wohl Bezug zur Wirkung als Schädling); Gen. der Aegeriidae (s. d.). Spec.: *A. apiformis; A. crabroniformis.*

Aegeríidae, *f.,* Pl., s. *Aegéria*; Glasflügler. Syn.: Sesíidae; Fam. der Lepidoptera. Schmetterlinge mit meist wespen-, bienenartigem Aussehen u. nur partiell beschuppten Flügeln. Schädlich: Raupen in Holzgewächsen, Krautpflanzen (meist i. d. Wurzel) bohrend.

Aegíthalos, *m.,* gr. *ho aigíthalos* u. *aigithalós* die Meise; Gen. der U.-Fam. Aegithalinae, Fam. Paridae, Meisen. Spec.: *A. caudatus,* Schwanzmeise.

aeglefinus, als Artname latin. vom franz. *églefin* der Schellfisch; s. *Gadus.*

Aególius, *m.,* gr. *ho aigoliós* der Waldkauz, Kauz; Gen. der Strigidae, Eulen. Spec.: *A. funéreus,* Rauhfußkauz.

Aegýpius, *m.,* gr. *ho aigypiós* der Geier; Gen. der Aegypiidae, Geier. Spec.: *A. monachus,* Kutten- od. Mönchsgeier.

Aegyptopíthecus, *m.,* von lat. *Aegyptus, -i, f.,* Ägypten u. gr. *ho píthekos* der Affe; fossiles (im Tertiär nachgewiesenes) Gen. der Pongidae (s. d.).

Ährenträgerpfau, der; s. *Pavo múticus*, der in den Wäldern Hinterindiens u. Javas vorkommt. Gegenüber *Pavo cristatus* (mit Federbusch auf dem Scheitel) trägt der Hahn eine ährenförmige, kleine Scheitelbefiederung (Name!); sein Federkleid glänzt mehr grün als blau.

Älchen, die; fadenförmige Nematoden (Fadenwürmer) der Fam. Anguillidae; z. B. die Arten: 1. Weizenälchen, *Anguillulina triceti (= Anguina scandens)*; 2. Rübenälchen, *Heterodera schachtii*; 3. Essigälchen, *Turbatrix aceti (= Anguillula aceti).*

Aëluroídea, n. Pl., gr. *ho he aíluros* die Katze, *-oídea* (s. d.); Katzenähnliche, Syn.: Feloídea.

aeneus, -a, -um, erzfarbig metallisch; s. *Cordúlia,* s. *Corymbites*, s. *Morychus.*

Aeolos, *f.,* gr., nach *Aiolís, -ídos*, Tochter des Windgottes Aeolos; Gen. der Aeolidiidae, Ordo Saccoglossa, Opisthobranchia (Hinterkiemer).

Aeolosóma, *f.,* gr. *aiólos* schnell beweglich, schillernd, d. h. Farbe schnell wechselnd, *to sóma* der Körper; Gen. der Aeolosomatidae, Ordo Oligochaeta. Spec.: *A. hemprichi.*

Aepyórnis, *m.,* von gr. *aipýs, -eia, -(y)-on* abschüssig mühevoll, schwer u. *ho órnis ornithos* der Vogel. Spec.: *Aep. maximus* Elefantenvogel; noch bis Mitte des 17. Jh. auf Madagaskar lebende Art der fossilen Ordnung Aepyornithes (Madagaskarstrauße/Elefantenvögel); flugunfähige (im Flügelskelett stark reduzierte) Riesenformen bis 3 m Höhe u. 500 kg Gewicht; Eier bis 10 kg schwer u. 30–35 cm lang (ca. 50 erhalten/gefunden, z. B. ein Exemplar im Naturkundemuseum von Fribourg/Schweiz).

äqual, lat. *aequális* gleichartig, gleich beschaffen; äquale Furchung: (Auf-)Teilung der Eizelle in etwa gleichgroße Tochterzellen.

Äquationsteilung (Weismann 1887), die, lat. *aequáre* gleichmachen; eine Zellteilung, bei der aus einer Mutterzelle zwei gleichwertige Tochterzellen entstehen.

äquatorialis, -is, -e, lat., am „Äquator" gelegen.

Äquatorialplatte, die; während der Metaphase der Mitose und Meiose sammeln sich die Chromosomen in der Meridianebene der Teilungsspindel (Äquatorialebene, Äquatorialplatte) an.

äquilibrieren, lat., *aequilibritas, f.,* das Gleichgewichtsgesetz; im Gleichgewicht halten, ausbalancieren, ins Gleichgewicht bringen.

äquimolar, Syn.: äquimolekular, von gleicher Molarität bzw. gleicher Molekülzahl.

äquipotentiell, lat. *potens, potentis* mächtig, kräftig, vermögend; Bezeichnung für Furchungszellen od. embryonale Teile, die die gleiche prospektive Potenz haben.
äquivalent, lat., *aequus, -a, -um* gleich, *valére* kräftig sein; gleichwertig, entsprechend.
Aequórea, *f.*, s. *aequoreus*; Gen. der Campanulinidae, Cl. der Hydrozoa. Spec.: *Ae. aequorea.*
aequóreus, -a, -um, lat. *ǣquor, -oris, n.*, das Meer; zum Meere gehörig.
äquus, -a, -um, lat. *aequus*, s. o., gleich, eben; in Äquationsteilung.
aërob, gr. *ho aér* die Luft, *ho bíos* das Leben; mit Luftzutritt, vom Sauerstoff lebend.
Aerobios, der; die Lebensgemeinschaft des freien Luftraumes; das Leben im freien Luftraum.
Aerobiose, die; die Abhängigkeit der Lebensvorgänge vom freien Sauerstoff der Luft.
Aeroplankton, das, gr. *to planktón* das Umhergetriebene; das Plankton der Luft, alle im Luftraum der Erde schwebenden Kleinlebewesen.
Aerotaxis, die, gr. *he táxis* die Ordnung, Anordnung, Reihe, Stellung; die Bewegung niederer Organismen zu Orten mit höherem Sauerstoffgehalt.
aeruginósus, -a, -um, lat., rostfarbig; s. *Circus.*
Äsche, s. *Thymallus.*
Äschenregion, die; Bezeichnung für schnellfließende, aber wasserreiche größere Bäche u. Flüsse, für die der Leitfisch *Thymallus vulgaris* (= Äsche) typisch ist.
Aeschna, *f.*, wahrscheinlich v. gr. *he aischne* Schamhaftigkeit, weil selten in Paarung gesehen; Gen. der Aeschnidae, Edellibellen. Spec. *A. grandis,* Schmaljungfer.
Äskulapnatter, -schlange, nach dem gr. Gott der Heilkunde *ho Asklēpiós* = Äskulap benannt, dem *Elaphe longissima* heilig war. Zur Historie: Asklepios wird bei Homer u. Sophokles angeführt als thessalischer Fürst u. trefflicher Arzt, von dessen Söhnen sich eine berühmte „Schule“ von Ärzten in Kos, Rhodos u. Knidos ableitete; später galt Asklepios als Sohn des Apollo u. der Korōnis u. als Gott der Heilkunst; die Ä. dient vermutlich im Symbol des Äskulapstabes als Zeichen der Heilkunst (Medizin) bzw. des Arztberufes. Verbreitung: BRD, NW-Spanien, Frankreich, Tschechien, Slowakei, Süden von Polen, Österreich bis zum Balkan, Italien einschl. Sizilien, Kleinasien.
Ästhesie, die, gr. *aisthánomai* ich empfinde; Aesthesie, das Empfindungsvermögen.
Aestivation, die, lat. *aetas* der Sommer; Sommerruhe od. „Sommerschlaf“ von Organismen. Dieser kommt sowohl bei Evertebraten als auch bei Vertebraten vor. Es handelt sich um eine Verhaltensweise zum Überdauern von Wasserknappheit u. höheren Umgebungstemperaturen. So „schlafen“ landlebende Schnecken wie *Helix pomatia* während langer Phasen geringer Luftfeuchtigkeit, indem sie das Gehäuse mit einer sezernierten diaphragma-ähnlichen „Haut“ abschließen, um den Wasserverlust durch Verdunstung zu verringern. Weitere Beispiele: Der Molchfisch *Protopterus* verbringt die Trockenruhe in einer Schleimkapsel. Die kolumbianischen Erdhörnchen verbringen den heißen Sommer in ihrem Bau.
aestívus, -a, -um, lat., sommerlich.
aethéreus, -a, -um, in der Luft lebend; s. *Phaëthon.*
Aethina tumida, gr. *aitho* brennen, leuchtendes Brennen, emporlodern, lat. *tumidus, -a, -um* geschwollen, *nitidula* glänzend, blank; Kleiner Beutenkäfer, Nitidulidae-Glanzkäfer, Coleoptera. Ursprünglich in Afrika beheimatet, trat der exportierte Käfer als Schädling in Honigbienenvölkern der USA (1996) und in Australien (2002) auf. Die Schadwirkung kann bis zur völligen Zerstörung des Bienenvolkes führen. Die afrikanischen Bienen sind dagegen weitgehend resistent gegenüber diesem Glanzkäfer. Eier: weißlich, ca. 1,2–1,4 mm lg u. 0,26 mm br. Die Eigeleggröße schwankt zwischen 1–210 Eiern. Die Eiablage erfolgt in Ritzen, Lücken u. in Wabenzellen. Larven: Die Käferlarven haben 3 sichtbare thorakale Beinpaare in Kopfnähe, eine Stachelreihe auf dem Rücken u. 2 Stacheln am Hinterende. Die eigentlich schädigenden Larvenstadien unterscheiden sich von den Wachsmottenlarven. Die Käferlarven fressen Pollen, Honig u. Bienenbrut. Der auslaufende Honig gärt zusammen mit dem Kot der Larven u. vergrämt die Bienen. In der Wanderphase verlassen die Käferlarven den Stock u. verpuppen sich in Stocknähe. Käfer: unmittelbar nach dem Schlüpfen rötlich ausgefärbt, später bräunlich bis schwarz gefärbt. Die geschlüpften Käfer sind aktive Flieger, die im kilometerweiten Umkreis einen neuen Bienenstock aufsuchen.
aethiópicus, -a, -um, lat., in Äthiopien lebend; s. *Threskiornis*, s. *Phacochoerus.*
ǣthiops, äthiopisch; s. *Ceropíthecus.*
Ätiologie, die, gr. *he aitía* die Ursache, *ho lógos* das Wort, die Lehre; die Lehre von den Ursachen der Krankheiten.
Aëtóbatis, *m.*, gr., *ho aetiós* der Adler, *he batís* der Rochen; Gen. der Aëtobátidae (= Myliobatidae), Adlerrochen. Spec.: *A. (= Mylióbatis) aquila,* Adlerrochen.
áfer, áfra, áfrum, lat., afrikanisch.

aff., s. *affinis,* aus der Verwandtschaft von, Zeichen der offenen Namengebung.
Affektambivalenz, die, lat. *ambi* zweifach, *valens* wirksam; gleichzeitiges Auftreten unverträglicher Affekte (wie Liebe u. Hass).
Affektivität, die, lat. *afféctio, -ónis* der Zustand, die Stimmung; die Gefühlserregbarkeit.
Affen, die, s. Simiae.
Affenfurche, die; auch Vierfingerfurche genannt, häufiges Symptom bei Mongolismus: Zusammenfallen der distalen (Linea mensalis) u. mittleren (Linea cephalica) zur Querfalte der Palma manus in eine durchgehende Linie.
áfferens, -éntis, lat. *afférre* herbeiführen; herbeiführend, heranbringend, afferent.
afferente Drosselung, die; verhaltensphysiologisch das Ausfallen bestimmter Reaktionen bei wiederholter Reizung, wenn d. Ausfall auf einer Adaptation im Bereich afferenter Bahnen od. Zentren beruht (keine Adaptation d. Rezeptoren, keine Ermüdung d. Effektoren).
afferenter Einstrom, *m.;* Einströmen (-laufen) aller Erregungen von Rezeptoren (bzw. Sinnesorganen) in das zentrale Nervensystem.
Afferenz, die; Bezeichnung für Erregungen, Impulse bzw. Informationen, die von einem od. mehreren Rezeptoren zum Zentralnervensystem laufen.
affínis, -is, -e, lat., ähnlich, verwandt, angrenzend; s. *Gambusia,* s. *Leporinus.*
Affinität, die, lat. *affínitas* die Verwandtschaft; 1. die Neigung zur chemischen Bindung; 2. das gemeinsame Auftreten bestimmter Arten in einer Biozönose infolge ähnlicher Umweltansprüche; 3. Immunologisch die Stärke der Bindungsreaktion zwischen einem Epitop (antigene Determinante) u. dem Paratop (Antigenbindungsstelle) eines Antikörpers.
affíxus, -a, -um, lat. *affígere* anheften; angeheftet.
AFLP, Abk. für **a**mplified **f**ragment **l**ength **p**olymorphism, engl., amplizierter Fragment-Längenpolymorphismus; Polymorphismen in der DNA, die durch Amplifikation von DNA mit speziellen Primern sichtbar gemacht werden. Die DNA wird mit Restriktionsenzymen geschnitten u. an die entstehenden Fragmente werden Adapter (kurze, synthetische Oligonukleotide) angelagert. Mit adapterspezifischen Primern werden die Fragmente amplifiziert (s. PCR) u. in einer Gelmatrix sichtbar gemacht. Fragmentgrößenänderungen resultieren aus der Neuentstehung oder dem Verlust von Restriktionsschnittorten. Es sind keine Informationen zur DNA-Sequenz erforderlich.
africánus, -a, -um, afrikanisch, in Afrika lebend; s. *Loxodonta, Atherurus.*
Afrikanische Mendesantilope, s. *Addax nasomaculatus.*
Afrikanische Region, gelegentlich auch Äthiopische Region genannt. Typisch für diese Mesogäa: Gorilla, Schimpanse, Meerkatzen, Guerezas, Paviane, Giraffen, Okapis, viele spezifische Antilopenarten, Zebras, Erdferkel, Schuppentiere, Springhasen, Klippschliefer, Afrikanischer Elefant, Nilpferde, Warzenschweine, Kaffernbüffel, Perlhühner, Afrik. Strauß. – Die A. R. wird unterteilt in: Lemurische Subregion (mit der Seychellischen u. Madagassischen Provinz), Äthiopische (= Afrikanische) Subregion (mit Ost-, West-, Südafrikanischer u. Südatlantischer Provinz). Die Madagassische Subregion erhält bei manchen Autoren den Status einer Region.
Afrikanischer Lamatin, s. *Trichechus senegalénsis.*
Afrikanischer Lungenfisch, s. *Protópterus.*
afrikanische Bienen, die; ein Kreuzungsbastard zwischen der nach Brasilien (1956, São Paulo) eingeführten afrikanischen Honigbienenrasse *(Apis mellifera scutellata)* und den europäischen Bienenrassen *(A. m. mellifera* u. *A. m. ligustica).* Sie besitzen eine hohe Vitalität und Aggressivität.
Afropávo, *m.,* lat. *pavo, m.* der Pfau; Gen. der Phasianidae (Fasanvögel). Spec.: *A. congénsis,* Kongopfau (in den Wäldern am oberen Kongo, erst 1936 von dem Amerikaner James Chapin entdeckt; ist der einzige afrikan. Vertreter der südasiatischen Fasanen- u. Pfauensippe).
Afterdrohnen, die; Drohnen, die aus nichtbefruchteten Eiern von eierlegenden Arbeitsbienen hervorgehen.
„Aftermade", die, s. *Enterobius vermicularis.*
Afterfrühlingsfliege, s. *Perla.*
Afterraupen, die; raupenähnliche Larven der Blattwespen.
Afterweisel, die, auch Drohnenmütterchen genannt; eierlegende Arbeitsbienen, die vorwiegend bei Weisellosigkeit entstehen. Die Entwicklung der Eierstöcke bei Arbeitsbienen geht auf die Verminderung bzw. das Ausbleiben der Weiselpheromone zurück.
Agáma, *f.,* vaterl. Name; Gen. der Agamidae, Lacertilia, Eidechsen. Spec.: *A. agama (= colonórum),* Siedleragame; *A. stellio,* Schleuderschwanz; *A. caucasica,* Kaukasusagame.
Agameten, die, gr. *ágamos* ungeschlechtlich, ehelos; totipotente, nicht sexuell differenzierte Zellen, die sich durch mitotische Teilung vervielfachen.
Agamogonie, die, gr. *he goné* die Erzeugung; Fortpflanzung ohne Befruchtung, insbes. durch Agameten.

Agassiz, Louis, geb. 28. 5. 1807 Motier im schweiz. Kanton Freiburg, gest. 14. 12. 1873 Cambridge, Mass.; Naturforscher, Prof. in Neufchâtel, dann in Cambridge, Direktor des von ihm begründeten „Museum of Comparative Zoology"; bes. bekannt durch seine Werke über Fische, fossile Tiere u. die epochemachende Gletscher- u. Eiszeittheorie.

Agelástica, *f., agelázesthai* herdenweise lebend; Gen. der Chrysomelidae, Blattkäfer. Spec.: *A. alni*, Blauer Erlenblattkäfer.

Agenesie, die, gr. *a-* α priv., *he génesis* die Entstehung; Entwicklungsstörung, angeborenes Fehlen einer Organanlage.

Ageusie, die gr. *a* = α priv. ohne, *he geusis* der Geschmack; der Wegfall des Geschmacksvermögens.

agger, -eris, *m.,* lat., *ad* hinzu, *gérere* tragen; der Damm, der Schutzwall.

agglútinans, lat., anklebend; s. *Textularia.*

Agglutination, die, lat. *agglutináre* anleimen; Zusammenballung, Verklumpung, Verklebung, in vitro sichtbare Antigen-Antikörper-Reaktion.

Agglutinine, die; Antikörper mit haptophorer u. agglutinophorer Gruppe, reagieren mit korpuskulären u. zelligen Antigenen unter Zusammenballung (Agglutination).

Agglutinogene, die, gr. *gen-* von *gígnesthai* erzeugen, entstehen lassen; Antigene (z. B. Eiweiße, Bakterien, Viren), die zur Bildung von Antikörpern (Agglutininen) führen können.

agglutinophil, gr. *ho philos* der Freund; zur Agglutination neigend.

Aggregation, die, lat. *aggregáre* anhäufen, zur Herde scharen, zugesellen; 1. die Anhäufung, Vereinigung von Molekülen zu Molekülverbänden; 2. Ansammlung von Organismen an eng begrenzten Stellen. Kann eine Folge der Art der Sporen- u. Samenverbreitung bzw. der Eiablage sein od. durch aktive Bewegung aus kollektiver Reaktion auf Umweltreize bzw. aus angeborener Verhaltensweise entstehen. Man unterscheidet z. B. bei Tieren A. der Jungen, der Überwinterung, des Schlafs, der Nahrungsquelle, des begrenzten Substrats, des Brütens usw.

aggregátus, -a, -um, angehäuft.

Aggressine, die, Pl.; lat. *aggredi, agressus* angreifen; Stoffe von pathogenen Bakterien, die durch eine Hemmung der Abwehrmechanismen des Wirts eine schnelle Vermehrung des Erregers fördern.

Aggression, die, lat. *aggredi, -ior, aggressus, -sum* angreifen; A. unter biol. Aspekt: „Ein physischer Akt oder eine Drohhandlung durch ein Individuum, welches die Freiheit und die genetische Lebensfähigkeit eines anderen reduziert oder einschränkt" (Heymer 1977).

Aggressivität, die, lat. *aggréssio, -ónis, f.,* der Anlauf; Tendenz zu Angriff u. Kampf.

ágilis, -is, -e, lat., beweglich, flink; s. *Lacerta.*

Agkístrodon, *n.,* auch: *Ancístrodon,* gr. *to ánkistron* der Haken, Angelhaken, *ho odús, odóntos* der Zahn; Gen. d. Crotálidae (Grubenottern), Serpentes, Squamata. Spec.: *A. contórtix,* Kupferkopf; *A. hálys,* Halysschlange; *A. piscívorus*, Wassermokassinschlange (Wasserotter).

Aglaiocércus, *m.,* gr. *he aglaîa* der Prunk, Glanz, Schmuck, *he kerkos* der Schwanz; Gen. der Trochílidae (Kolibris), Apodiformes (Seglerartige Vögel). Spec. *A. kingi*, Himmelssylphe, Schwalbenkolibri (hat langen Schwanz mit stahlviolettem, prachtvollem Glanz).

Aglía, *f.,* gr. *he aglaîa* der Prunk, Glanz, die Herrlichkeit; Gen. der Saturniidae, Nachtpfauenaugen. Spec.: *A. tau,* Nagelfleck.

Aglossa, *n.,* Pl., gr. *a-* ohne, *he glóssa* die Zunge; 1. Sippe des U.-Ordo Taenioglossa des Ordo Monotocardia; 2. Taxon der Froschlurche mit rückgebildeter Zunge.

Agnátha, *n.,* Pl., gr. *a-*, s. o., *he gnáthos* der Kiefer; „Kieferlose", Gruppe (Unterstamm od. Überklasse) der Wirbeltiere, Kiefer, die aus Kiemenbögen entstanden sind, fehlen (Name!). Die A. umfassen die Klassen Osteostraci, Anaspida, Heterostraci, Cyclostomata. Die A. waren in Silur u. Devon reich entwickelt. Die drei ersten Klassen sind fossil u. werden als Ostracodermi zusammengefasst (Ordovizium bis Karbon). Die A. werden abgegrenzt von den Gnathostomata (s. d.). – Rezenter Vertreter: Neunauge.

Agnosie, die, gr. *he gnósis* die Erkenntnis, die Kenntnis; krankhafte Störung des Erkennens bei normaler Funktion des entsprechenden Sinnesorganes.

agnostisch, die Erkennbarkeit der Wirklichkeit ganz od. teilweise leugnend.

Agonadismus, der, gr. *a-* α privat u. *he goné* das Geschlecht, die Abkunft, *ho adén* die Drüse: Geschlechtsdrüsen; angeborenes, völliges Fehlen der Gonaden.

Agonie, die, gr. *ho agón* der Kampf; der Todeskampf, Vorstadium des Exitus letalis.

Agonist, der gr. *agnoízesthai* kämpfen, handeln; Muskel, der eine bestimmte, dem Antagonisten entgegengesetzte Bewegung ausführt.

agonistisches Verhalten, das; Verhaltensweisen im Kampf, auch Kampfverhalten genannt.

Agonus, *m.,* gr. *ágonos* unfruchtbar, nicht gebärend; Gen. der Agonidae, Panzergroppen. Spec.: *A. cataphractus,* Steinpicker.

agrárius, -a, -um, lat., die Äcker od. Ländereien betreffend bzw. auf diesen vorkommend; s. *Apodemus.*
Agrarökologie, die, *f., ho oikos* das Haus, die Wohnung, *ho lógos* die Lehre; Teilgebiet der Ökologie, das sich auf den Agrarbereich bezieht.
agréstis, -is, -e, lat., zum Feld gehörig, in der Erde, in od. auf Äckern vorkommend (lebend); s. *Microtus.*
agricola, -ae, *m.,*lat., der Landmann, Bauer.
Agrilus, *m.,* wahrscheinlich von gr. *ágrios* wild, bösartig; Gen. der Bupréstidae. Spec.: *A. angustulus,* Eichenheistern-Prachtkäfer; *A. biguttatus,* Gefleckter Eichenprachtkäfer; *A. sinuatus,* Gebuchteter Birnbaum-Prachtkäfer; *A. viridis,* Grüner Laubholz-Prachtkäfer.
agrio-, wild, v. lat. *agréstis,* gr. *ágrios* wild vorkommend; auf od. in Äckern, im Boden.
Ágrion, *n.,* gr. *ágrios* wild, wegen des wie wild erfolgenden Fluges; Gen. der Agrionidae, Zygoptera, Odonata. Spec.: *A. virgo,* Blauflüglige Prachtlibelle.
Agriópe, *f.*, gr., wild ausehend; Gen. der Araneidae, Radnetzspinnen, Ordo Arachnida. Größere, oft farblich auffallende Spinnen mit geringelten Beinen u. großen Radnetzen, in den sich Seidenbänder befinden. Spec.: *A. bruennichi,* Zebraspinne.
Agríotes, *m.,* gr. *he agriótes* die Wildheit; Gen. der Elateridae, Schnellkäfer. Spec.: *A. lineatus, A. obscurus.*
Agriozoa, die, Pl., gr. *agros* Acker, Feld, *to zoon* das Tier; eingeschleppte Tiere (Neozoen), die sich bereits in der neuen Heimat etabliert haben (z. B. Kartoffelkäfer).
agro-, von lat. *áger, agri* bzw. gr. *agrós* Acker, Feld; Acker-, Feld-.
agrorum, lat., Gen. Pl. von *áger, -grí,* Acker; auf den Äckern vorkommend, Acker-; z. B. *Bombus agrorum,* Ackerhummel.
Ágrotis, *f.,* gr., *he agrótis* die Ländliche; Gen. der Noctuidae, Eulen, Lepidoptera. Spec.: *A. (= Scotia, Rhyacia) vestigialis,* Kiefernsaateule.
Agúti, vaterländischer Name, Gen. der Dasyproctidae, Rodentia; s. *Dasyprocta.*
Agyrie, die gr. *a-* α priv., *gyrós* krumm; Reduktion bzw. Fehlen der Hirnrindenwindungen.
Ahaetúlla, *f.,* vaterländischer Name aus S-Amerika; Gen. der Colubridae, Nattern. Spec. *A. (= Drýophis) mycterizans,* Grüne Peitschenbaumschlange.
ahemerob, s. Hemerobie.
Ahnentafel, die = Aszendenztafel (engl. *pedigree*); die generationsweise geordnete Darstellung der Vorfahren (Aszendenten) eines Individuums zur Kennzeichnung bzw. zum Nachweis seiner Abstammung. Vgl.: Stammtafel, s. auch: Dendrogramm, Stammbaum.
Ai, s. *Bradypus.*
AIDS, s. **A**cquired **I**mmune **D**eficiency **S**yndrom.
Ailuropoda, *f.,* gr. *ho, he aíluros* der Kater, die Katze, *ho pus podós* der Fuß; Gen. der Ailuropodidae. Spec.: *A. melanoleuca,* Großer Panda, Bambusbär.
Ailurus, *m.,* gr.; Gen. der Ailuridae, Katzenbären, Pandas. Spec.: *A. fulgens,* Kleiner Panda od. Katzenbär.
Aix, *f., he aix, aigós* die Ziege; Gen. d. Anatidae, Entenvögel. Spec.: *A. galericulata,* Mandarinente; *A. sponsa,* Brautente.
Ajaia, *f.,* Gen. der Threskiornithidae, Ibisse, Ciconiiformes, Schreitvögel, Spec.: *A. ajaja,* Rosalöffler.
AK, Abk. für: Antikörper.
Akarizid, das, gr. *to ákari* die Milbe, lat. *cidere* töten; Substanz („Mittel“, das), die zur Bekämpfung von Milben benutzt wird.
Akaryóta, *n.,* Pl., gr. *a-* Verneinungs-Präfix, *karyotós* nussartig (= Adj.), also Lebewesen bzw. Zellen von Organismen „ohne Kern“; „Kernlose“, Sammelgruppe gegenüber den Eukaryota (s. d.); Synonyme: Protokaryota u. Prokaryota (s. d.), die nach dem neueren Erkenntnisstand (der Evolution, Zytologie ...) den Vorzug verdienen.
Akinese, die, gr. *a-* α priv., *he kínesis* die Bewegung; Bewegungslosigkeit, Starre; Bewegungshemmung, z. B. an Rumpf- und Gliedmaßen. Akinetische Zustände können auch Schutzreaktionen sein, wie das Sichtotstellen, das Sichdrücken und das Erstarren. Bei der Akinese (= Katalepsie) erfolgt eine Einstellung der Bewegungen auf äußere Reize hin, die mit übernormaler Dauerkontraktion von Muskeln (Tonus) verbunden ist u. meist zu einer außergewöhnlichen Körperhaltung führt. Vorkommen u. a. bei Käfern, Wanzen, Phasmiden, Blattarien, Raupen von Schmetterlingen u. Blattwespen, manchen Spinnen, aber auch bei Vögeln (*Botaurus,* Rohrdommel). Akineseformen sind: 1. Thanatose, eine Totstellreaktion, die durch erneute Reize vertieft wird. 2. Mechanohypnose, eine durch Berührungsreize experimentell verursachte Bewegungslosigkeit, die durch erneute Reize wieder aufgehoben wird.
Akklimatisation, die, lat. *ad* an, gr. *to klíma* die Gegend, Umgebungsbeschaffenheit; Anpassung der Lebewesen an ein verändertes Klima, aber auch an einen neuen Standort mit anderen Lebensbedingungen.

Akkommodation, die, lat. *accomodáre* anpassen; Anpassung, Angleichung, z. B. die Fähigkeit des Auges, nahe gelegene Objekte auf der Netzhaut scharf abzubilden.
akon, gr., *a*- α priv., *ho kónos* der Kegel; bezeichnet das Fehlen der Kristallkegel in den Facettenaugen der Arthropoden, d. h. die Kristallzellen zeigen keine besonderen Differenzierungen, ihre Kerne liegen zentral.
Aknemie, die, gr. *kneme* Unterschenkel; angeborenes Fehlen der Beine.
Akontien, die, gr. *to akóntion* der Wurfspieß; mit Nesselkapseln dicht besetzte Fäden einiger Korallentiere (Anthozoen), die bei äußerer Reizung zur Verteidigung ausgeschleudert und wieder zurückgezogen werden können.
akrodendrisch, gr. *to déndron* der Baum; Bezeichnung für Organismen, welche (vorwiegend) Baumkronen bewohnen (z. B. *Meconema thalassinum*, die Laubheuschrecke).
akrodont, gr. *ákros* hoch, spitz, oben, *ho odús, odóntus* der Zahn; Zähne, die mitten auf der Kante der Kiefer befestigt sind (z. B. bei Lurchen, Schlangen und einigen Eidechsen).
Akromegalie, die, gr. *to ákron* die Spitze, *mégas* groß; ungewöhnliche Vergrößerung der Gliedmaßenenden (Finger, Zehen), aber auch der Ohren, Nase, Lippen u. des Kinns, verursacht durch Erkrankung des Hypophysen-Vorderlappens.
Akromikrie, die; von gr. *ákros* spitz, äußerst u. *mikrós* klein; Kleinwuchs des Gesamtskeletts.
Akrosom, das, gr. *to ákron* die Höhe, der Gipfel, die Spitze, *to sóma* der Körper; Bezeichnung für das Spitzenstück der Samenfäden.
akrozentrisch, gr. *to kéntron* der Mittelpunkt; akrozentrische Chromosomen (White 1945), Chr., deren Zentromer fast an einem ihrer Enden lokalisiert ist, so dass ein kleiner u. viel größerer Chromosomenschenkel entsteht.
Akrozephalie, die, gr. *he kephalé* der Schädel; Kopf; Spitz-, Hochkopf.
Aktinie, s. *Actinia.*
Aktionspotentiale, die, lat. *actívus* tätig, *poténtia, -ae* die Macht, Kraft, das Vermögen; sind Membranpotentiale an der erregten Membran. Sie entstehen durch Depolarisation. Die Depolarisation führt u. a. zum Na^+-Einstrom, und die Membran wird vorübergehend umgeladen (das Ruhepotential einer nicht erregten Nervenzelle beträgt etwa –60 bis –80 mV).
Aktionsraum, der; Aktivitätsbereich eines Tieres, einer Tierart: s. Heimbereich.
Aktionsstrom, der; A. ist der über die erregte Membranstelle fließende Strom.
Aktivationshormon, das, gr. *hormán* antreiben; Insektenhormon, gebildet in peptidneurosekretorischen Zellen des Vorderhirns (der Pars intercerebralis), es wird über Axone zum Corpus cardiacum geleitet u. bis zur Abgabe an die Hämolymphe gespeichert.
Aktivator, der, lat. *agere, actum* handeln; Substanz, die durch Bindung an ein Protein dessen Aktivität erhöht, also eine katalytische Reaktion beschleunigt.
aktiver Transport, der; energieverbrauchender Stofftransport durch eine Membran mit Hilfe eines Carriers.
aktivierte Essigsäure, die; Verbindung der Essigsäure mit dem Coenzym A = Acetyl-Coenzym A.
Aktualgenese, die, lat. *ágere* handeln, gr. *he génesis* die Erzeugung; die kurzzeitige Entwicklung eines raum-zeitlichen Verhaltensmusters eines Individuums bzw. einer Gruppe.
Aktualismus, der, neulat. *actualis* wirklich; die Meinung, dass die Kräfte u. Erscheinungen in der geologischen Vergangenheit dieselben sind wie in der Gegenwart, sodass Beobachtung u. Analyse heutiger Vorgänge Rückschlüsse auf die früheren erlauben. Zu beachten sind die langen Zeiträume der Erdgeschichte, es ist mit zeitweiligen Besonderheiten zu rechnen.
Aktuopaläontologie, die, s. Paläontologie; Paläontologie des Rezenten, des Aktuellen: „Wissenschaft von der Bildungsweise fossil möglicher paläontologischer Urkunden in der Gegenwart“ (R. Richter 1928): Untersuchung lebender Tiere auf fossilisationsfähige Teile, Beobachtungen und Untersuchungen aller Spuren hinterlassenden Lebens- und Sterbeprozesse sowie des Begräbnisses u. der Leichenveränderungen.
akut, lat. *acútus* zugespitzt, dringlich; schnell u. heftig verlaufend.
Akzeleration, die, lat. *acceleráre* beschleunigen; die Beschleunigung des Wachstums bzw. der Entwicklungsgeschwindigkeit, beim Menschen verbunden mit der Zunahme der Endgröße bei beiden Geschlechtern.
Akzeptor, der, lat. *accéptor, -óris, m.,* der Empfänger; Annehmer, z. B. Elektronenakzeptor, Elektronen aufnehmende Verbindungen.
akzessorische Kerne, die, lat. *accédere* hinzutreten; z. B. in wachsenden Eizellen außer dem Hauptkern auftretende Nebenkerne.
ála, -ae, *f.,* lat., der Flügel.
Alanin, das, α-Aminopropionsäure $CH_3CH(NH_2)COOH$; wichtige, in fast allen Eiweißen vorkommende Aminosäure (Monoaminomonokarbonsäure).

aláris, -is, -e, lat., zum Flügel gehörig, flügelförmig.

alátus, -a, -um, lat., geflügelt, mit Flügeln versehen.

Alauda, *f.,* lat. (kelt.) *alaúda* Schopflerche; Gen. der Fringillidae, Finkenvögel. Spec.: *A. arvensis,* Feldlerche.

Albatros, s. *Diomedea.*

albéllus, -a, -um, lat., weißlich; s. *Mergus.*

álbicans, -ántis, lat. *albicáre* weißlich schimmern; weißlich.

albicíllus, -a, -um, lat., etwas weiß, Dim. v. *albus*; s. *Haliaeëtus.*

albicínctus, -a, -um, lat. *albus* weiß, *cinctus* umgürtet, rings umgeben; weißgerändert; s. *Ectóbius.*

álbidus, -a, -um, lat., weiß, weißlich, mattweiß; s. *Nausithoë, s.* Macrocyclops.

albifrons, *f.,* lat., die weiße Stirn, Weißstirn-...; s. *Amazona.*

Albinismus, der; autosomal rezessiv erbliche Stoffwechselstörung; *Albinismus totalis I*: erblicher Enzymdefekt auf der Grundlage einer Genmutation, der sich in einem Mangel an Tyrosinase in den Melanozyten manifestiert, *Albinismus totalis II* (Albinoidismus): erblicher Defekt des Tyrosin-Stoffwechsels auf der Grundlage einer Genmutation, dessen genaue Natur z. Z. noch unklar ist.

Albinos, die, s. *álbus*; Individuen mit fehlender Farbstoffbildung (weißblonde Kopf- und Körperhaare, hellrosafarbige Haut, rote Pupillen, blassblaue od. rötliche Iris; gleichzeitiges Auftreten von Lichtscheue u. Schwachsichtigkeit). Der Albinismus wird rezessiv vererbt. Sing.: Albino.

albínus, -i, *m.,* der Tüncher, der Weißmacher; adjektivisch auch: weißlich; s. *Anthribus.*

albiróstris, -is, -e, lat., mit einem weißen *(albus)* Schnabel od. Rüssel *(rostrus)*; s. *Tayassu.*

albonubes, *f.,* lat. *albus* weiß, *nubes* die Wolke; weiß bewölkt; s. *Tanichthys.*

albugíneus, -a, -um, lat., *albúgo, -inis, f.,* der weiße Fleck; weißlich, weiß gefleckt.

álbula, Dim. v. *albus*; s. *Coregónus.*

Albumine, die, lat. *albúmen* das Weiße im (gekochten) Ei; zu den Sphäroproteinen gehörende Eiweiße, die in reinem Wasser löslich sind und erst bei hoher Konzentration von Ammoniumsulfat ausgefällt werden können. Wichtige tierische Albumine sind Eier-, Serum- und Milchalbumin.

Albúrnus, *m.,* lat., Weißfisch, v. *albus* weiß, wegen seines weißen Fleisches; Gen. der Cyprinidae, Weiß- od. Karpfenfische. Spec.: *A. alburnus (A. lucidus),* Ukelei.

albus, -a, -um, lat., weiß, hell; s. *Crocethia.*

Alca, *f.,* latin. aus dem nord. Namen *Alk*; Gen. der Alcidae, Echte Alken.

Alcédo, *f.,* gr. *he alkyón* der Eisvogel (genannt auch Alcyone, Tochter des Aeolus, die nach ihrem Tode in einen Eisvogel verwandelt wurde); Gen. der Alcedinidae, Eisvögel. Spec.: *A. athis,* Eisvogel, der wegen seiner tropisch bunten Färbung oft auch trivial als „Fliegender Edelstein" bezeichnet wird.

Alcélaphus, *m.,* (Syn. *Alcephālus)*, gr. *he alké* u. *ho élpahos* der Hirsch, die Hirschkuh, *éphalos* zum Meere hin vorkommend; „kräftige" Tiere mit z. T. rinderähnlichem Aussehen; Gen. der Bovidae, Rinder, Artiodactyla, Paarhuftiere. Spec. (bzw. Subspec.): *A. buséphalus lichtensteini,* Kuhantilope.

Alces, *m.,* gr. *he alké* die Stärke, verwandt mit dem ahd. Wort Elent od. Elen (= stark), also: ein starkes Tier; Gen. der Cervidae; Hirschähnliche. Spec.: *A. alces,* Elch.

alcicórnis, lat., *alces* das Elentier, s. *cornu*; mit Zweigen, die dem Geweih des Elentieres ähneln; s. *Millepora.*

Alcyonária, *n.,* Pl., s. *Alcyonium*; Lederkorallen, Ordo der Octocorallia, Anthozoa.

Alcyonium, *n.,* gr. *to alkyónion,* eine Art „Tierpflanze", Seeschwamm, Seekork, soll den Namen erhalten haben wegen der Ähnlichkeit mit dem Nest des Eisvogels (s. *Alcédo*); Gen. der Alcyonidae, Leder- od. Weichkorallen. Spec.: *A. digitatum,* Korkpolyp od. „Tote Mannshand".

Aldosteron, das; Hormon der Nebennierenrinde mit besonderer Wirkung auf den Mineralstoffwechsel; ein Nebennierenhormon, das auf die distalen Tubuli der Niere wirkt und dort die Resorption von Natriumionen und den passiven Rückstrom von Wasser aus dem Filtrat fördert.

Aldrovandi, Ulysse, geb. 11. 9. 1522 in Bologna, gest. am 10. 5. 1605; italienischer Naturforscher, Prof. der Medizin; schrieb „Ornithologia" (3 Bde. 1599–1603), „Dendrologia naturalis" (1668) u. „De Animalibus Insectis" (1602) mit ersten Bestimmungsschlüsseln.

Alectoris, *f.,* gr. *ho aléktor* der Hahn, Kampfhahn; Gen. der Phasianidae, Fasanenartige. Spec.: *A. graeca,* Steinhuhn.

alemánnicus, -a, -um, in Alemannia (Germania) lebend; s. *Craspedosóma.*

Aleurochíton, *n.,* gr. *to áleuron* das Mehl, *ho chitón* das Unterkleid, die Hülle; Gen. der Aleuródidae, Mottenschildläuse.

Aleuródes, gr. *aleuródes* mehlartig; Gen. der Aleuródidae. Spec.: *A. chelidonii,* Schwalbenkrautschabe.

alexandrínus, in Alexandrien lebend; z. B. *Rattus rattus alexandrinus,* Ägyptische Hausratte.
Aleyrodina, die, Pl., gr. *to áleuron* Mehl; Mottenschildläuse, deren Flügel mit mehlartigem Wachsstaub bedeckt sind, ausgeschieden von Drüsen, die ventral an der Abdomenbasis liegen. Spec.: *Aleyrodes proletella,* u. a. an verschiedenen Kohlsorten.
alezithal, gr. *a-* α priv., *he lékithos* der Dotter; dotterlos; alezithale Eier: Eier mit spärlichem, gleichmäßig im Zytoplasma verteiltem Dottermaterial; völlig dotterlose Eier scheint es nicht zu geben.
Algesie, die, gr. *to álgos* der Schmerz; die Schmerzempfindlichkeit.
Algonkium, *n.,* nach einem indianischen Namen; jüngerer Abschnitt des Präkambriums, etwa gleichzusetzen mit Archäozoikum, s. d.
algor, -oris, *m.,* lat., der Frost, die Kälte; algor mortis (lat. *mors, mortis, f.,* der Tod): die Todeskälte.
aliénus, -a, -um, lat., fremd; alieno loco: andernorts, an fremdem Ort (Nominativ: *locus alienus*).
alimentär, lat. *aliméntum* die Nahrung; alimentäre Eibildung; bei dieser stehen bestimmte Einzelzellen oder Gewebe unmittelbar im Dienste des Eiwachstums.
alimentárius, -a, -um, lat., zur Verdauung bzw. Ernährung gehörig.
alimentum, -i, *n.,* lat., das Nahrungsmittel, die Nahrung; in: Canalis alimentarius, der Verdauungskanal.
alkalisch, s. Alkaloide; Syn.: basisch; Reaktion wässriger Lösungen von Alkalien, wobei die Konzentration der Hydroxylionen größer ist als die Wasserstoffionen-Konzentration.
Alkaloide, von Alkali wegen des basischen Charakters; *-id* v. gr. *-eides* ähnlich; Pflanzenbasen, in denen der Stickstoff meist in heterozyklischer (ringförmiger) Bindung enthalten ist und die alkalische Reaktion bedingt (Name). Im weitesten Sinne kommen Alkaloide sowohl im Tierreich (Kröten- und Salamandergifte) als auch im Pflanzenreich vor. In der Pflanze liegen sie meist als leichtlösliche Salze verschiedener Säuren vor. Beispiel: Nikotin, Morphin, Chinin, Atropin, Coffein u. a.
Alkaptonurie, die, gr. *háptein* erfassen, *to úron* der Harn; d. h.: Abscheidung eines Alkali „erfassenden" Harns; Stoffwechselanomalie, die auf einen Enzymdefekt zurückzuführen ist, also eine angeborene rezessive erbliche Anomalie des Eiweißstoffwechsels (der Abbau der Homogentisinsäure ist verhindert).
Allantoin, das; Endprodukt des Purinstoffwechsels bei verschiedenen Säugetieren, Fischen u. Amphibien (ein Glyoxylsäurediureid).
Allántois, die, gr. *ho allás, allántos* die Wurst, der wurstförmige Sack; embryonaler Harnsack, eine Ausstülpung des embryonalen Enddarmes, aus dessen Anfang Harnblase und Urachus (Allantoisstiel) entstehen; vorkommend bei Sauropsiden u. Säugern.
Allecúlidae, *f.,* Pl., von lat. *allícere* anlocken; Fam. der Coleoptera, Käfer; Lang- od. Kegelhähnchen, Fadenkäfer, kleine bis mittelgroße Käfer an verpilztem Holz, an Baumschwämmen, auf Blüten.
Allele, die, gr. *allélon* einander, zueinander gehörig, gegenseitig; Gegengene, Merkmalsanlagen, die in homologen Chromosomen einander gegenüber am gleichen Ort liegen.
Allele, multiple, die, lat. *multum* viel; Gruppe von mehr als zwei Allelen eines Locus, entstehen durch Mutation eines Gens. Sie beeinflussen im allgemeinen dieselben Eigenschaften. Beispiel: zahlreiche Augenfarbenmutanten von *Drosophila.*
Allelochemikalien, Pl., *f.,* gr. *allelon* gegenseitig, wechselseitig; von Pflanzen abgegebene Substanzen zur Insekten-, Viren-, Bakterien- u. Nematodenabwehr, auch Phototoxine; z. B. *Furocumarine* (z. B. 8-Methoxypsoralen in *Pastinaca sativa*), toxisch gegen *Spodoptera eridania*; s. Abwehrstoffe.
Allen, Edgar, geb. 1892 Canyon City, Colorado, gest. 1943; Anatom in Washington und Missouri. Bedeutende Forschungen auf dem Gebiet der Anatomie, Physiologie, Endokrinologie, vor allem der Genitalorgane. Nach ihm ist der A.-Doisy-Test zum Nachweis von weiblichen Sexualhormonen benannt (Doisy, Edward A., geb. 1893 USA, Biochemiker) [n. P.].
Allen, Grant, geb. 24. 2. 1848 Kingston (Kanada), gest. 28. 10. 1899 Surrey; engl. Naturforscher, Darwinist; Allensche Regel: charakteristische Ausbildung einzelner Merkmale bei verwandten Tieren, die Gebiete mit sehr unterschiedlichen klimatischen Bedingungen bewohnen. In kühleren Klimazonen sind beispielsweise die Körperanhänge von Säugetieren (Ohren, Schwanz) kürzer als bei verwandten Formen wärmerer Gebiete. Die Wärmeabgabe ist wegen des gedrungenen Körperbaus geringer. Dies ist als eine stammesgeschichtlich entstandene Anpassung zu deuten.
Allen, Joel A., geb. 1838 in Springfield (USA), gest. 1921 in New York; Ornithologe u. Systematiker, Curator der Vogelsammlung im Harvard Museum of Comparative Zoology (1867–1885) u. der Abteilung Vögel u. Säuger im American Museum of Natural History in New York (ab 1885). A. war maßgeblicher Mit-

begründer der Zoologischen Nomenklaturregeln u. erwarb sich große Verdienste bei der Erforschung des Einflusses des Klimas auf Schnabellänge u. Flügellänge der Vögel.

Allen-Doisy-Test, der, s. E. Allen; Schwangerschaftstest, Methode zum Nachweis von Östrogenen im Vaginalabstrich kastrierter Ratten od. Mäuse.

Allergene, die, gr. *állos* anders, *to érgon* das Werk; Eiweißkörper od. auch Nichteiweiße, die durch Bildung spezifischer Antikörper eine Sensibilisierung eines Organismus bewirken. Bei nochmaligem Kontakt mit dem Allergen treten allergische Krankheitsbilder auf.

Allergie, die, gr. *eírgēin, ergēin* hemmen, einschließen; veränderte Reaktionsfähigkeit eines Organismus gegenüber körperfremden Stoffen. Eine solche Überempfindlichkeit kommt erst nach zwei- od. mehrmaliger Einwirkung desselben Reizes zustande.

allergisch, überempfindlich, durch Überempfindlichkeit od. Allergie (s. d.) hervorgerufen.

Allergisches Asthma bronchiale, das, gr. *asthma* schweres, kurzes Atmen, *bronchoi* Hauptäste der Luftröhre: Bronchial- (besser Bronchiolen-)Asthma. Durch Inhalation von Allergenen (z. B. Pollen, Hausstaub) kommt es zur Induktion der TYP-I-Reaktion. Die Antigen–Antikörperreaktion löst in den Bronchiolen Spasmen der glatten Muskulatur sowie eine Sekretion der Schleimhaut aus.

Alles-oder-Nichts-Erregung, die; eine Erregung, die dem Alles-oder-Nichts-Gesetz gehorcht, sie steht im Gegensatz zur graduierten Erregung.

Alles-oder-Nichts-Gesetz, das; bzw. Alles-od.-Nichts-Regel, die; Phänomen erregbarer Strukturen inkl. Organe, das bei schwelliger Reizung in reinen Parametern unabhängig von der Größe des Reizes ist; entdeckt von Bowditch (1871) am experimentell induzierten Herzschlag bei Wirbeltieren.

Allianz, die; (allgemein:) Verbundenheit, Verband, Beziehungen von Organismen untereinander; lockere Partnerschaft, zwischen verschiedenen Arten, die den Beteiligten zum Vorteil gereicht, z. B. Strauße mit gutem Sehvermögen in Herden der Huftiere mit guter Witterungsfähigkeit od. Kuhreiher *(Bubulcus)* auf dem Rücken der Dickhäuter, die diese von Ungeziefer befreien u. selbst Nahrung u. Schutz genießen. Die Gesellschaftsformen des gegenseitigen Nutzens steigern sich von der A. über Mutualismus bis zur Symbiose.

Alligátor, *m.,* von dem span. *el lagarto* die Eidechse (lat. *lacerta*), das entstellt zur Namengebung verwandt wurde; Gen. des Subordo Eusuchia, Echte Krokodile. Spec.: *A. mississippiensis,* Hechtalligator; *A. sinensis,* China-Alligator.

Alligatorschildkröte, s. *Chelydra.*

allium, -i, *n.,* der Knoblauch; Spec.: *Parapleurus alliacaeus,* Lauchschrecke.

allo-, gr. *allos* ein anderer; als Vorsilbe mit Bedeutung „anders“, „fremd“.

allochthon, gr. *állos* ein anderer, anders, verschieden, gr. *állos* ein anderer, anders, verschieden, *he chthon* der Boden, die Erde; 1. nicht bodenständig, nicht einheimischen Ursprungs, außerhalb des natürlichen od. primären Areals vorkommend; biotopfremd; 2. ethologisch ist die allochthone Handlung eine Ursprungsbewegung, die durch triebfremde Erregung ausgelöst u. unterhalten wird. Ggs.: autochthon.

allogen; identisch mit der älteren Bezeichnung homolog u. wird verwendet zwischen Transplantationsspender u. -empfängern innerhalb einer Art (Mensch u. Mensch z. B.), s. Allotransplantat.

Allogene, die, gr. *gígnesthai* entstehen, werden; rezessive Allele.

Allogenese, die, gr. *to génos* die Abstammung, Nachkommenschaft; ein evolutionärer Differenzierungsprozess (ein Verschiedenwerden) der Individuen einer Gruppe innerhalb einer adaptiven Zone; vgl. Arogenese.

Allognathie, die, gr. *he gnáthos* der Kiefer; von der Norm abweichende Bissart (Kieferform), Veränderung od. Abweichung der Kiefer-Morphologie.

Allokationsprinzip, das, *n.*; es besagt, dass jeder Organismus für alle Prozesse zur Aufrechterhaltung der Körperfunktionen und zur Fortpflanzung über ein Energiebudget oder eine begrenzte Menge an nutzbarer Energie verfügt.

Allolobóphora, *f.,* gr. *ho lobós* der Lappen, bes. Ohrläppchen, *-phora* -träger; Gen. der Lumbricidae, Ordo Oligochaeta. Spec.: *A. terrestris.*

Allometabolie, die, gr. *he metabolé* die Veränderung; bei den Mottenläusen (Aleurodidae) vorkommende Form der Neometabolie, bei der die Larven sekundäre Larvenmerkmale besitzen.

allometrisch, gr. *to métron* das Maß; Proportionsänderung eines Organs od. einer Eigenschaft im Verhältnis zur Körpergröße od. zu anderen Organen.

allometrisches Wachstum, *n.*; unterschiedliche Wachstumsgeschwindigkeiten können eine Proportionsänderung eines Organs gegenüber anderen Organen od. im Verhältnis zur

Körpergröße verursachen (z. B. Stoßzähne der Elefanten).

Allomimese, die, gr. *he mímesis* die Nachahmung, das Abbild; ähnliches Aussehen von Organismen mit unbelebten Objekten (Schutzfarbe); z. B. das Aussehen von manchen Schmetterlingen wie Baumrinde und von manchen Kleinschmetterlingen wie Vogelkot.

allomimetisches Verhalten, *n.,* gr. *he mímesis* die Nachahmung, Abbild; Nachahmungsverhalten, „ansteckendes" Verhalten bei Individuen einer Tiergruppe, ein typisch soziales Verhalten.

Allomone, die, Pl., gr. *állos* anders, verschieden, *(h)ormáo* antreiben, anregen; intraspezifische Botenstoffe, Signalstoffe (vom Organismus produziert od. angeeignete chemische Substanzen), die das Verhalten od. physiologische Reaktionen anderer Arten so verändern, dass dem Allomonsender Vorteile erwachsen. Allomonwirkungen: 1. Antagonistische Allomone sind Wehr- u. Abwehrsekrete sowie verteidigungs- u. angriffswirksame Gifte; 2. Mutualistische Allomone bewirken dagegen für die Sender u. Empfänger Vorteile, wie beispielsweise die Blütendüfte.

allopatrisch, s. gr. *állos, he patriá*, die Abstammung; Bezeichnung für zwei od. mehrere verwandte Formen (verwandte Arten od. Unterarten), die eine getrennte geographische Verbreitung haben (vgl. sympatrisch).

Allopolyploidie, die, *f.,* gr.; eine Form der Polyploidie, die durch Kreuzung verschiedener Arten u. Gattungen Kombinationen ihrer Chromosomen zustande kommen lassen.

állos, *állē, állon,* gr., verschieden, anders.

Allosaurus, s. *Antrodémus.*

Allosom, das, gr. *to sóma* der Körper; ein von dem übrigen Chromosomensatz in Form, Größe u. Verhalten abweichendes Eukaryotenchromosom.

Allosterie, die, gr. *stereós* starr, hart, massiv; reversible Veränderung der Konformation von Polypeptidketten in Proteinkomplexen durch allosterische Effektoren, d. h. die Eigenschaft eines Proteins, unter dem Einfluss einer meist niedermolekularen Verbindung seine räumliche Anordnung zu verändern.

Alloteuthis, *m.,* gr. *he teuthís* der Tintenfisch; Gen. der Teuthoidea (Kalmare), Decabrachia (s. d.).

Allothérien, Allotheria, die, gr. *to theríon* das Tier; Multituberculata, älteste fossile Gruppe der Mammalia, schon im Jura (Oberjura) auftretend u. bis zum Eozän reichend; kleine Formen mit vielhöckerigen (multituberkularen) Backenzähnen u. oft nagerähnlichem Gebiss; von manchen Autoren an die Monotremata, von anderen an die Marsupialia angeschlossen od. auch als Zwischengruppe betrachtet. Genera: *Tritylodon, Polymastodon* (letztere ohne Eckzähne).

Allotransplantat (früher Homotransplantat), das, lat. *transplantare* verpflanzen, gr. *homós* gleich; Transplantat, das zwischen zwei Individuen der gleichen Species ausgetauscht wird; es stammt von einem genetisch differenten Individuum (z. B. von Mensch zu Mensch), d. h. Spender und Empfänger sind genetisch nicht identisch. Als Transplantate (engl. grafts, transplants) können Zellen (bzw. Zellorganelle), Gewebe und Organe dienen.

Alluten – Krankheit der Nerze, die; wird von sogen. „slow"-Viren ausgelöst. Es handelt sich um eine Hypergammaglobulinämie u. um Entzündungen der Leber, Niere u. Gefäße. Diese Immunkomplexkrankheit ist durch antinukleäre Faktoren charakterisiert.

alluvial, angeschwemmt; zum Alluvium gehörend.

Alluvium, das, lat. *allúvio, -ónis, f.,* die Anschwemmung; alter Name für die geologische Abteilung der Gegenwart, die alle in der Jetztzeit entstehenden Gesteinsformen u. postpleistozänen Ablagerungen umfasst; heute gültige Bezeichnung: das Holozän.

Almiqui, s. *Solénodon,* s. Solenodontidae.

alnus, -i, *f.,* lat., die Erle; als Artname im Genitiv. Spec.: *Agelastica alni*, Blauer Erlenblattkäfer; *Psylla alni* Erlenblattfloh.

Alopex, gr. *he alópex* der Fuchs, *ho lagós* der Hase, *ho pus* der Fuß; Gen. der Canidae (Hunde), Carnivora. Spec.: *Alopex lagopus,* Polarfuchs, Eisfuchs (im Vgl. zum Rotfuchs kleinere Ohren, kürzere Beine, behaarte Zehenballen, geringere Körpergröße; der Polarfuchs ist das nördlichste Landsäugetier).

Alósa, *f., alosa = alausa,* Name eines Fisches bei Ausonius, verdeutscht: Alse; Gen. der Clupeidae. Spec.: *A. vulgaris (A. alosa),* Maifisch; *A. fallax,* Finte.

Alouatta, *f.,* gebildet (latin.) von *Aluat = Alouat,* vaterländ. Name (westl. S.-Amerika); Gen. der Alouattidae (Brüllaffen), Platyrhina. Spec.: *A. (= Mycétes) nigra,* Schwarzer Brüllaffe.

Alpaka, das; s. Pako, s. *Lama pakos.*

Alpenfalter, s. *Parnassius.*

Alpenfledermaus, s. *Pipistréllus.*

Altersstruktur, die; das Zahlenverhältnis der Individuen unterschiedlichen Alters in einer Population.

Altmenschen, die; s. Palaeanthropini (Neandertaler).

Altruismus, der, *m.,* lat. *alter* der andere; in der Soziobiologie bezeichnet A. (scheinbar) uneigennütziges Verhalten einem Artgenossen gegenüber. Evolutionstheoretisch lässt es sich in der Regel als „genegoistisch“ interpretieren, indem es vor allem verwandten Artgenossen zugute kommt und damit die Gesamtfitness des altruistischen Individuums erhöht.

alveárius, -a, -um, lat., im Bienenkorb *(alveárium)* lebend; s. *Trichodes.*

alveoláris, -is, -e, lat. s. *alvéolus*; zum Alveolus, zur „Alveole“ gehörig.

Alveolata, *n.* Pl., lat. mit Hohlräumen (Bläschen versehen); Gruppe der einzelligen Eukariota: Verschiedene rRNA-Sequenzierungen weisen aus, dass drei unterschiedliche Großgruppen der traditionellen Systeme (Dinoflagellata, Apicomplexa u. Ciliophora) ein monophyletisches Taxon bilden. Im Licht dieser molekularbiologischen Erkenntnisse präsentieren sich bislang eher als unabhängig voneinander entstanden gedachte Strukturkomplexe als offensichtlich homolog: die Amphiesmata der begeißelten Dinoflagellaten, die inneren Membrankomplexe der geißellosen Apicomplexa sowie die Alveolen der bewimperten Ciliophora. Die Stammart dieser drei Taxa war vermutlich ein zweigeißeliger Einzeller, der vor etwa 900 Mio. Jahren gelebt hat u. ein pelliculäres Vakuolensystem besaß. Die Geißeln dieser Stammart waren wahrscheinlich heterokont u. teilweise beflimmert. Dieser Zustand blieb nur bei den Dinoflagellata erhalten. Einteilung: Dinoflagellata, Apicomplexa, Ciliophora (aus Westheide/Rieger 1996).

alvéolus, -i, *m.,* lat. *-olus* Dim.; die kleine Aushöhlung, Mulde; verwendet für Lungenbläschen od. Zahnfach.

Alverdes, Friedrich, geb. 10. 4. 1889 Osnabrück, gest. 1. 9. 1952 Marburg; 1912 Promotion, Assistent bei V. Haecker in Halle/S., a. o. Prof. d. Zool. an der Univ. Halle/S., Nachfolger von Eug. Korschelt in Marburg; Themen der wissenschaftl. Arbeiten: Speicheldrüsenkerne von *Chironomus,* Tierpsychologie, Tiersoziologie, „Die Ganzheitsbetrachtung in der Biologie“ (1932), „Studien an Infusorien“ (1922), „Grundzüge der Vererbungslehre“ (1935), „Die Stellung der Biologie innerhalb der Wissenschaften“ (1940); grundlegende Untersuchungen an Perlen.

álveus, -i, *m.,* lat.; die Mulde, Höhlung, der Bauch, die Wanne, der Bienenkorb.

Álytes, *m.,* gr. *álytos* ungelöst, gefesselt; Gen. der Discoglossidae. Spec.: *A. obstetricans,* Geburtshelferkröte.

Amandibuláta, *n.,* Pl., lat. *a-* ohne, nicht, s. *mandíbula*; also: Nicht-Mandibulata od. Kieferlose; Abtlg. der Arthropoda, stellen einen Grundtyp der Gliederfüßer dar, bei denen die 1. Extremität eine Antenne bildet, alle übrigen jedoch gleichförmig u. ohne Spezialisationen für die Bearbeitung der Nahrung sind. Die A. umfassen die Trilobitomorpha – mit zahlreichen fossilen Formen – u. die Chelicerata.

amastigot, *a-* α priv. ohne, *he mástix, -igos* die Geißel, Peitsche; das am Zellapex inserierende Flagellum der *Leishmania*-Form tritt nicht aus dem Geißelsäckchen der abgerundeten Zelle hervor, sondern bleibt lichtmikroskopisch unsichtbar. Syn.: kryptomastigot.

Amazóna, *f.,* nach *Amazonas,* dem größten Strom Südamerikas bzw. dem größten Staat Brasiliens; Gen. der Psittacidae. Spec.: *A. aestiva,* Blaustirnamazone; *A. leucocephala,* Weißstirn- od. Kuba-Amazone (auf den Bahamas u. Kuba); *A. albifrons,* Weißstirnamazone; *A. finschi*, Blaukappenamazone.

ambíguus, -a, -um, lat., sich nach beiden (zwei) Seiten neigend, beiderseitig. Spec.: *Spirostomum ambiguum* (ein heterotriches Ciliat).

ambivalent, lat. *ambi-* zweifach, *valens* wirksam; doppelwertig.

Amblónyx, *f.,* von gr. *amblýs* stumpf, schwach, *he nýx* die Dunkelheit, Nacht (= „schwach dunkel“ = grau). Gen. der Mustelidae. Spec.: *A. cinérea,* Zwergotter.

ambly-, amblyo-, gr.: in Zsg.: stumpf-.

Amblýcera, *n.,* Pl., gr.; Gruppe der Mallophaga. Mandibeln ventral in der Nähe des Vorderrandes des Caput, 2 Augenpaare vorhanden; Fühler 4- od. 5-gliedrig, bei beiden Geschlechtern gleich, in Fühlergruben liegend; Maxillarpalpen 2- od. 4-gliedrig. Zu den A. gehören z. B. die Familien Somaphantidae (mit der Gattung *Bonomiella*), Menoponidae *(Menopon, Eomenacanthus)*, Trinotonidae *(Trinoton)*, Colpocephalidae *(Neocolpocephalum)*, Gyropidae *(Gyropus)*, Gliricolidae *(Trimenopon, Gliricola).* Die A. sind Ektoparasiten von Säugetieren (Haarlinge) u. Vögeln (Federlinge); vgl. Ischnocera.

Amblyómma, *n.*; gr. *amblýs* schwach, stumpf, *to ómma* das Auge; Gen. d. Ixodidae (s. d.). Dreiwirtige, interkontinental verbreitete Species. Überträger von Bakterien (Zeckenparalyse), Rickettsien (Queensland-Fieber, s. d.).

Amblyopsie, die, gr. *amblys* schwach, stumpf, *he ópsis* das Sehen; die Schwachsichtigkeit ohne organischen Fehler des Auges.

Amblýopsis, *m.*; Gen. der *Amblyopsidae.* Spec.: *A. spelaeus,* Höhlenblindfisch.

Amblypygi, *m.*, Pl., gr. *he pygé* der Steiß; Geißelspinnen, Gruppe der Pedipalpi mit breitem, ovalem Opisthosoma ohne Telsonanhang (= „Breit-Steiß“) u. ohne Giftdrüsen sowie mit sehr langen Tastbeinen.

Amblyrhynchus, *m.,* gr. *to rhýnchos* der Rüssel, die Schnauze; Gen. der Iguanidae, Leguane. Spec.: *A. cristatus,* Meerechse.

Amblystóma, *n.*, gr. *to stóma* der Mund; Gen. der Amblystomidae, Querzahnmolche. Spec.: *A. tigrinum,* Axolotl. A. wurde zunächst in der neotenischen mexikanischen Form unter dem Namen *Siredon pisciformis* (gr. *Seiredón* = *Seirén*, mythologischer Name, Sirene, lat. *piscis* der Fisch, *forma* die Gestalt) bekannt, bis Marie v. Chauvin (1883–1885) die Metamorphose der Larven an Land nachwies. Später wurde die Metamorphose durch Applikation mit Schilddrüsenhormon erreicht. Die Axolotl sind beliebte Testobjekte für Schilddrüsenpräparate.

Amboss, der; s. Incus, ein Gehörknöchelchen.

ambrósius, -a, -um, lat., unsterblich, göttlich.

Ambrósius, geb. um 339 in Trier a. d. Mosel, gest. 4. 4. 397, Namensbildung in Anlehnung an die Götterspeise = Ambrosia: lat. *ambra* Wohlgeruch, gr. *syós* Speise der Engel; Schutzheiliger der Imker (07.12.), Bischof von Mailand (mit dem bürgerlichen Namen Valerius Aurelius), bedeutender Kirchenlehrer, Schriftsteller, Komponist. Die Darstellung mit dem Bienenkorb gilt als Sinnbild der Gelehrsamkeit und der Kraft der „fließenden“ Rede.

ambulácrum, *n.,* lat. *ambuláre* gehen, lustwandeln; Ort zum Spazierengehen; Ambulacrum: bei Stachelhäutern ein der Fortbewegung dienendes Organsystem (Ambulakralfüßchen).

ámbulans, lat., Partizip Praesens von *ambuláre* gehen, herum-, einhergehen; z. B. *Monobryózoon ambulans.*

Ambystoma, s. *Amblystóma.*

Ameise, s. *Formica*, s. *Lásius.*

Ameisenbär, s. *Myrmecophága.*

Ameisenbeutler, s. *Myrmecóbius,*

Ameisengrille, s. *Myrmecóphila.*

Ameisenigel, s. *Tachyglóssus*, s. *Zaglossus.*

Ameisenjungfer, die; Imago des Ameisenlöwen, s. *Myrméleon.*

Ameisenlöwe, s. *Myrmeleon.*

Ameisenwespe, s. *Mutilla.*

Amelie, die, gr. *a-* ohne, *to mélos* das Glied; das Fehlen einer ganzen Extremität, eine besondere Form der Dysmelie.

Amelus, *m.* Missgeburt ohne Extremitäten.

Amenorrhoe, die, gr., *a-* nicht, *ho men, menós* der Monat, Mond, *rhēīn* fließen, strömen; das Ausbleiben der monatlichen Regelblutung.

americánus, -a, -um, amerikanisch, in Amerika lebend; s. *Crocodilus.*

Amerikanische Faulbrut, die; s. Faulbrut.

Amerikanischer Dachs, s. *Taxidea taxus.*

Amerika-Uhu, s. *Bubo.*

Ametabolen, die, gr. *a-* ohne, *he metabolé* die Veränderung; Insekten mit direkter Entwicklung ohne Verwandlung (Metamorphose), d. h., die aus dem Ei schlüpfenden Jungtiere gleichen im wesentlichen den geschlechtsreifen Elterntieren; ametabole Insekten sind die Urinsekten (Apterygota; fossile Formen seit dem Mitteldevon bekannt).

Amia, *f.*, gr. *he amía* Thunfisch; Gen. der Amiidae, Kahlhechte, Holostei, s. d.; fossil seit dem Paläozän, rezent nur noch eine Spec. in Nordamerika: *Amia calva,* Schlammfisch.

Amide, die; genauer: Säureamide, organische Verbindungen, in denen die Hydroxylgruppe einer –COOH-Gruppierung der Karbonsäure durch die Gruppen $-NH_2$, –NH–R od. $-N-R_2$ ersetzt ist.

amiktisch, gr. *a-* ohne, *he mēīxis* die Mischung, Vermischung, Begattung; 1. Weibchen, die parthenogenetisch Eier erzeugen, aus denen wiederum lediglich parthenogenetisch sich fortpflanzende Weibchen hervorgehen; 2. im tiergeographischen Sinne; s. Amixie.

Amine, die; Abkömmlinge des Ammoniaks, in dem ein od. mehrere Wasserstoffatome durch Alkyl- und Arylreste ersetzt sind. Man spricht demzufolge von primären, sekundären und tertiären Aminen. Biogene Amine: Gruppe von Stoffen, die durch Dekarboxylierung von Aminosäuren entstehen.

γ-Aminobuttersäure, die; Dekarboxylierungsprodukt der Glutaminsäure, Abk. GABA od. GAB, sie entsteht vor allem im Gehirn u. in anderen Nervengeweben u. scheint eine blockierende Wirkung auf die Synapse zu haben; ein inhibitorischer (hemmender) Neurotransmitter bei Crustaceen (Dekapoden) u. zentralen Neuronen der Wirbeltiere.

Aminogruppe, die; einwertige Restgruppe ($-NH_2$); charakteristisch für Amine u. Amide.

Aminosäuren, die; Karbonsäuren, einfachste Bausteine der Eiweißkörper. Ein oder mehrere Wasserstoffatom(e) sind durch die Aminogruppe $-NH_2$ ersetzt. Es gibt etwa zwanzig verschiedene „natürliche Aminosäuren“, die als L-Stereoisomere („Linksschrauben“) vorliegen.

Amiskwia, *f.,* wohl nach einem Indianer-Namen latin.; wahrscheinlich Gen. der Chaetognatha, s. d.; fossil im Mittleren Kambrium Kanadas. Spec.: *A. sagittiformis.*

Amitose, die, gr. *a-* α priv., *ho mítos* der Faden; Zellteilung mit direkter Kernteilung mittels einfacher Durchschnürung; vgl. Mitose.

Amiurus, *m.,* gr. *he urá* der Schwanz; Gen. der Siluridae. Spec.: *A. nebulosus,* ein Syn. von *Ictalurus nebulosus,* Zwerg- od. Katzenwels.

Amixie, die, *gr.* a- α priv., *he meîxis, míxis* die Mischung; „Nichtvermischung“, nach Weismann die geographische Isolierung der Tiere einer Gegend, so dass die Paarung mit Individuen der gleichen Art eines anderen Wohnraumes unmöglich ist. S. auch: amiktisch.

Amme, die; (Tier-)Mutter, die andere (Tier-) Säuglinge nährt.

Ammenbienen, die; Arbeiterinnen des Bienenvolkes vom 4.–10. Lebenstag mit funktionstüchtigen Futtersaftdrüsen (= Hypopharynxdrüsen). Die A. ernähren die junge Brut mit Futtersaft.

ammo-, v. gr. *he ámmos* der Sand, häufiger Bestandteil in Komposita; Sand-.

Ammocoëtes, gr. *he koíte* Lager, Bett, also: einer, der sich im Sande aufhält; die Larven der Petromyzontes, Querder genannt; die Larve war früher unter dem Namen *Ammocoetes branchialis* Cuv. als eine eigene Art beschrieben worden, bis Aug. Müller (1856) deren Metamorphose in das Bachneunauge nachwies; die Larven sind wurmförmig, haben halbmondförmigen Mund u. unter der Haut versteckte Augen.

Ammodórcas, *f., gr. he dorkás, -ádos* Reh, Gazelle (hirschartiges Tier mit schönen hellen Augen); Gen. der Bovidae, Rinder, Artiodactyla. Spec.: *A. clarkei*, Lamagazelle (NO-Afrika, in Buschsteppen).

Ammódytes, *m.,* gr. *dyeîn* verstecken, tauchen, *ho dýtes* der Taucher, also: „Fisch, der sich im Sand versteckt“; Gen. der Ammodytidae, Sandaale, Ordo Perciformes, Barschfische. Spec.: *A. tobiánus,* Kleiner Tobiasfisch (Spierling, Sandaal).

ammódytes, v. gr. s. o., also: Sandkriecher; Sand-, s. *Vipera.*

Ammon (ägyptisch Ammun); Gott der alten Ägypter, mit Widderhörnern dargestellt, von den Griechen u. Römern mit Zeus od. Jupiter verglichen; Ammoniten (benannt nach den mit Widderhörnern vergleichbaren fossilen Cephalopoden-Schalen), s. Ammonshorn.

Ammoniakvergiftung, die; Vergiftung durch Resorption zu großer Ammoniakmengen, z. B. beim Rind vor allem durch die Pansenwand.

ammoniotelische Tiere, die, gr. *to télos* das Ende, das Ziel; Ammoniak (in Form von Ammonium in Verbindung mit verschiedenen Anionen) ausscheidende Tiere, die fast alle im Wasser leben; dazu gehören u. a. die Protozoen, Poriferen, Cölenteraten, meisten Mollusken, Anneliden, Crustaceen, einige im Süßwasser lebende Insektenlarven, die Echinodermaten, Teleostier, Urodelen u. Anurenlarven.

Ammonoídea, Ammonoideen, die, gr., Ammoniten-„Artige“; fossile Gruppe der Cephalopoden mit spiralig gewundener Kalkschale („Ammonshörner“) u. zahlreichen Querkammern (wie bei *Nautilus*), Sipho stets ventral; von Unterdevon bis Kreide, wichtige Leitfossilien liefernd, mit über 1000 Gattungen, z. B. *Anarcestes, Pericyclus, Clymenia, Ceratites, Phylloceras, Arietites, Turrilites, Crioceras.*

Ammonshorn, das, gr. *ho Ammon* ägypt. *Amun*, lat. *Ammon, -onis, m.,* libysch-ägypt. Orakelgott, oft mit Widderkopf abgebildet, daher Symbol für schraubig gewundenes Horn, Widderhorn; 1. der Wulst im Seitenventrikel des Gehirns, von der gleichnamigen Meeresschnecke wegen der Schneckenform übernommener Name; 2. Cornu ammonis, s. d.; 3. mitunter auch verwendet als Bezeichnung für ausgestorbene Cephalopoda.

Ammóphila, *f.,* gr. *he ámmos* der Sand, *philos* liebend, also: sandliebend; Gen. der Sphecidae, Grabwespen. Spec.: *A. sabulosa,* Sandwespe.

Amnion, das, gr. *ho, he amnós* das Lamm, *to ámnion* die Schafhaut; Amnion, eine Embryonalhülle der Sauropsiden und Mammalier (Amnioten).

Amniota (Haeckel 1866), die; zusammenfassende Bezeichnung für die drei obersten Vertebraten-Klassen (Reptilia, Aves, Mammalia) wegen des Besitzens eines Amnions in der Embryonalentwicklung; Ggs.: Anamnia.

Amniozentese, die, gr. *kenteîn* stechen; Punktion des Fruchtsacks.

Amoeba, *f.,* gr. *amoibós* wechselnd, *he amoibé* der Wechsel; Gen. der Amobidae (Wechseltierchen od. Nacktamöben); Ordo Amoebina. Gruppe der Amoebina, die sich durch ständige Formveränderung u. Ausbildung von Pseudopodien fortbewegen. Körpergröße bis zu mehreren Millimetern, Kern in Ein- od. Vielzahl, mit od. (bei parasitischen Formen) ohne pulsierende Vakuole. Fortpflanzung gewöhnlich durch Zweiteilung od. multiple Teilung. Bei parasitischen Formen Zystenbildung verbreitet. Gattungen der Amoebidae: *Amoeba, Entamoeba, Endolimax, Pseudolimax, Dientamoeba, Iodamoeba, Acanthamoeba, Hartmanella, Naegleria.* Die meisten Arten leben in Süßwasser, nur wenige sind fakultativ pathogen. Spec.: *A. proteus; A. verrucosa.*

Amöbenkrankheit (Amöbenseuche, Malpighamöbiose); ansteckende Erkrankung der erwachsenen Bienen, hervorgerufen durch die im Wandepithel der Malpighi'-Gefäße parasitierende Amöbenart *Malpighamoeba mellificae.* Vorkommen als frei bewegl. Amöben-Stadien (Kriechform) u. Dauerform als Zyste (Dauerzyste). Parasitenvermehrung führt zur

Funktionsuntüchtigkeit der Malpighi'-Gefäße; das klin. Bild ähnelt dem der Nosematose. Reife Amöbenzysten werden mit dem Kot ausgeschieden u. per os von gesunden Bienen aufgenommen; bei Mischinfektion mit Nosematose schwere Verluste an Bienenvölkern. Bekämpfung: Brutableger u. biolog. Pflegemaßnahmen, Wabendesinfektion, Reinigung u. Desinfektion der Bienenwohnungen u. Geräte (Kausaltherapie nicht bekannt).

Amöben-Meningoencephalitis, primäre, die, gr. *he méninx, -ningos* das Häutchen, die Hirnhaut, *to enképhalon* das Gehirn; durch Amoeben *(Acanthamoeba, Hartmanella, Naegleria)* hervorgerufene, akute, nekrotisierende Meningoencephalitis; selten, aber mit meist tödlichem Verlauf, Infektion über den Nasen-Rachen-Raum (meist beim Baden in freien Gewässern). Auch aerogene Übertragung v. Zysten wird angenommen.

Amöbenruhr, die, *f.* durch *Entamoeba histolytica* hervorgerufene Darmerkrankung von Mensch, Affe u. Hund in den Tropen, nach experimenteller Übertragung auch bei Katzen auslösbar. Es kommt zu chron.-rezidivierender geschwürig-blutiger Kolitis mit Leberabszessen, Kachexie, Anämie od. zur Unterleibs-Amoebiasis infolge von infizierten Kratzwunden, Letalität gering. Der Erreger wird durch kontaminierte Lebensmittel u. Wasser sowie durch direkten od. indirekten Kontakt mit ausscheidenden Tieren od. Menschen übertragen; Inkubationszeit 1 bis 4 Wochen. Vektorfunktion haben Fliegen. Die Krankheit kommt in S-Asien, S-/M-Amerika, Afrika, Australien, S-Europa endemisch vor.

Amöbenseuche, die, auch als Amöbiose od. Malpighamöbiose bezeichnet; (Amöbendysenterie, Amoebiasis) eine ansteckende Erkrankung der erwachsenen Bienen, ausgelöst durch die *Malpighamoeba mellifica,* die wohl zu den Rhizopoda (Wurzelfüßler) gehört, sich in den Harnkanälen (Malpighischen Gefäßen) festsetzen u. Epithelschädigungen hervorrufen. Die seuchenhafte Erkrankung tritt häufig gemischt mit der Nosematose (*Nosema apis)* auf.

Amoebína, *n.*, Pl., gr.; Amoeba-Artige, Gruppe (Ordo) der Rhizopoda; sie besitzen keine feste Gestalt; Cytoplasma besteht oft aus granulärem (körnigem) Endoplasma u. hyalinem Ectoplasma. Zahlreiche Süßwasserarten können sich enzystieren u. so ungünstige Umweltbedingungen überdauern; Fortbewegung durch Pseudopodien. Es gibt unter den A. viele freilebende Formen *(Amoeba, Pelomyxa)*, jedoch auch eine große Anzahl von Formen, die im Darmkanal höherer Tiere (Säuger) vorkommen (z. B. *Entamoeba*).

Amöbiose, die, s. Amöbenseuche.

amöboid, gr. *amoibaĩos* (ab)wechselnd; von wechselnder Gestalt, wechseltierähnlich, -artig.

amöboide Bewegung, gr. *-eides* -gestaltet, ähnlich; durch Cytoplasmaströmung verursachte, mit ständiger Gestaltsveränderung verbundene Kriech- und Fließbewegung einzelner Zelltypen (z. B. Amöbocyten, Fibroblasten, Leukocyten).

Amöbozyten, die, gr. *to kýtos* das Gefäß, die Zelle; s. auch Hämozyten: allgemeiner Begriff für Blutzellen bzw. die geformten Bestandteile des Blutes und der Hämolymphe.

amorph, gr. *a-* α priv., *he morphé* die Gestalt; ohne Gestalt, formlos.

Ampfereule, s. *Acronycta (= Acronicta).*

amphi-, gr.; Vorsilbe: herum, ringsum, eigentlich: zu beiden Seiten.

Amphiarthróse, die, gr. *he amphiárthrosis, -eos* das straffe Gelenk; (straffes) Gelenk mit geringer Beweglichkeit.

Amphiaster, *m.,* gr. *ho astér, -éros* der Stern; Bild eines Doppelsternes, das durch eine normale Kernteilungsspindel mit zwei Polstrahlungen entsteht.

Amphíbia, *n.,* Pl., gr. *amphíbios* doppellebig (im Wasser und auf dem Lande); Lurche, Cl. der Tetrapoda, Anamnia, Chordata, etwa 2900 Arten: Wirbeltiere mit 2 Paar Gangbeinen (selten rudimentiert), mit 2 Gelenkköpfen (Condyli occipitales) am Hinterhaupt; Rippen ohne Verbindung zum Sternum; dreikammeriges Herz (1 Kammer, 2 Vorhöfe); Nasengänge durch Choanen mit der Mundhöhle verbunden; eine Aussackung der vorderen Kloakenwand wird zur Harnblase; Entwicklung mittels Metamorphose, ohne Amnion u. Allantois. Die Larven leben meist im Wasser u. atmen durch Kiemen; die Metamorphose, ausgelöst durch das Schilddrüsenhormon, erfolgt regressiv hinsichtlich der larvalen Merkmale (Kiemen, Kiemendeckel, Flossensäume) und progressiv hinsichtlich der Ausbildung der Merkmale der Erwachsenen (azinöse Gift- u. Schleimdrüsen der Haut, Knochen, Extremitäten bei den Kaulquappen der Anuren); fossile Formen seit dem Oberdevon bekannt. Einteilung der rezenten Formen (Lissamphibia) in: Urodela, Gymnophiona und Anura. Fossil: Labyrinthodonta, Leptospondyli.

amphibisch, im Wasser u. auf dem Lande lebend.

amphíbius, -a, -um, auf dem Lande u. im Wasser lebend; s. *Hippopotamus.*

amphicerk, gr. *he kérkos* der Schwanz; s. homocerk.

amphicoel, gr. *he koilía* die Höhle; amphicoele Wirbel haben einen Wirbelkörper, der am vorderen u. hinteren Ende (zu beiden Seiten) konkav ist (z. B. Wirbelkörper der Fische, einiger Amphibien u. Reptilien).

Amphidiploidie, die; liegt vor, wenn in einem Artbastard die Konjugation der Chromosomen infolge ungenügender Homologie unterbleibt, so dass gelegentlich Gonen mit der Summe beider Haplome (tetraploid, amphidiploid) entstehen.

Amphidiscóphora, *n.,* Pl., gr. *amphí* zu beiden Seiten herum, *ho dískos* die Scheibe, *he phorá* das Tragen; Gruppe (im Range Ordnung oder Subcl.) der Hexactinellida, Silicea. Typisch ist, dass ihre Mikroskleren am Ende der Achsen mit pilzhutförmigen Scheiben (= Amphidisken) versehen sind. Außerdem ist die Körperwand bedeutend dicker als bei den Hexasterophora. Kanalsystem gewunden, daran sitzende Geißelkammern von unregelmäßiger Form.

Amphidísken, die, s. *discus*; besondere Nadelformen der Brutknospen (s. Gemmulae) aller Süßwasserschwämme (aber nur weniger mariner Schwämme). Sie bestehen aus zwei kleinen Scheiben, die durch ein stabförmiges Mittelstück verbunden werden.

Amphigonia retardata, *f.,* lat. *amphigonia, -ae* Zweigeschlechtlichkeit, *retardāre* verzögern; die Tatsache, dass manche Schildkröten u. Schlangen im Eileiter Sperma bis zu 3 Jahren od. noch länger am Leben zu erhalten u. demnach „ohne Männchen" befruchtete Eier zu legen vermögen.

Amphigonie, die, gr. *he goné* das Geschlecht, die Abkunft; digene (zweigeschlechtliche) Fortpflanzung.

Amphihélia, *f.,* gr. *ho hélios* die Sonne; bei dieser Steinkoralle stehen sonnengelbe, gelbliche bis orangefarbene Polypen auf meist weißem Skelett; Gen. der Madreporaria, Hexacorallia, Anthozoa. Spec.: *A. oculata,* Augenkoralle.

Amphimállus, *m.,* gr. *ho mallós* die Zotte, Wollflocke; Gen. der Scarabaeidae, Blatthornkäfer. Spec.: *A. solstitialis,* Brach-, Juni-, Sonnenwendkäfer.

Amphimixis, die, gr. *he míxis,* mēíxis die Vermischung, Begattung; die Verschmelzung zweier Zellkerne u. damit die Vermischung der mütterlichen u. väterlichen Erbanlagen bei der Befruchtung. Wort u. Sinngebung gehen auf August Weissmann zurück. In seinen Vorträgen über die Deszendenz-Theorie definiert er die Amphimixis als „die Vermischung zweier Keimplasmen und die Vereinigung der Vererbungstendenzen miteinander".

Amphineura, *n.,* Pl., gr. *to neúron* der Nerv; Subphyl. der Mollusca; Mollusken: Rücken u. Rumpfseiten ganz mit stacheliger Kutikula bedeckt (median oft von 8 kalkigen Schalenplatten unterbrochen), weichhäutig ist nur die Ventralseite (ganz o. z. T.); Kopf nur durch Mundöffnung markiert (nicht durch Augen od. Fühler); Statozysten fehlen; die 2 Paar parallelen Rumpf-Längsnerven gehen bis zum Anus, wo die lateralen durch suprarektale Kommissur verbunden sind. Cl.: Aplacophora (= Solenogastres) u. Polyplacophora (= Placophora); fossile Formen seit dem Kambrium bekannt.

Amphióxus, *m.,* gr. *oxýs* (an beiden Enden) zugespitzt; Syn. für das Gen. *Branchiostoma,* Lanzettfischchen (Acrania, Leptocardii).

Amphioxus-Sand, der; kiesiger Meeressand, in den sich die 5–6 cm langen Lanzettfischchen – meist mit der Ventralseite nach oben – einwühlen; aus dem Sand ragt das Vorderende mit dem Mund (von Cirren umstellt) heraus; die zeitweilig schlängelnd schwimmenden Tiere nehmen ihre Stellung im Sand wieder ein.

Amphípoda, *n.,* Pl., gr. *ho pus, podós* der Fuß; Ordo der Cl. der Crustacea bzw. der Subcl. der Malacostraca; Amphipoden od. Flohkrebse, am Boden od. pelagisch lebende, seltener parasitische Ringelkrebse. Am Abdomen sind die vorderen 3 Paar Extremitäten als Schwimmfüße mit vielgliedrigem Innen- und Außenast differenziert, die hinteren 3 Paar als Uropoden mit griffelförmigen Ästen (daher die Bezeichnung Amphipoda!); fossile Formen seit dem Eozän nachgewiesen.

Amphiprίon, *f.,* gr. *ho príon* die Säge; Gen. d. Pomacentridae (Korallenbarsche); Perciformes, Teleostei. Spec.: *A. percula,* Clownfisch, Orange-Ringelfisch, -Anemonenfisch.

Amphisbǣna, *f.,* gr. *baínein* gehen, *he amphís-baina* eine angeblich vor- u. rückwärts kriechende Schlangenart; Gen. der Amphisbaenidae, Lacertilia, Squamata. Spec.: *A. fuliginosa,* Gefleckte Doppelschleiche.

Amphitokie, die, gr. *ho tókos* die Geburt; s. Parthenogenese.

amphitroch, gr. *ho tróchos* der Reifen; amphitroch sind die Larven einiger mariner Borstenwürmer (Polychaeten), die außer mehreren Wimperreihen an den beiden Körperenden noch Wimperbögen an der Bauch- und Rückenseite tragen.

amphitroph, gr. *amphí-* beiderseits, *trophé* Ernährung; amphitroph ist die Lebensweise von Organismen (bei Protozoen z. B.), die je nach den Umweltbedingungen entweder autotroph od. heterotroph leben.

Amphiúma, *n.,* wahrscheinlich von einem vaterländ. Namen gebildet; Gen. der Amphiumidae, Ordo Urodela. Spec.: *A. means,* Aalmolch (hat infolge stark reduzierter Extremitäten aalartigen Habitus).
amphizerk, s. homocerk.
amphoter, gr. *amphóteros* beiderseits; teils wie Säure, teils wie Base sich verhaltend bzw. wirkend.
ampúlla, -ae, *f.,* lat., kleines kolbenförmiges Gefäß bzw. kleine Flasche; Gen.: *Ampullaria* (Prosobranchia).
ampulláris, -is, -e, zur Ampulle gehörig.
Amputation, die, lat. *amputáre* abschneiden; das Abschneiden, die Absetzung eines Körperteils.
Amsel, s. *Turdus.*
Amurkarpfen, der in Flüssen des chinesischen Flachlandes, im Mittel- u. Unterlauf des Amur vorkommt; s. *Ctenopharyngodon idella.*
amýgdala, -ae, *f.,* gr. *he amygdále*; die Mandel.
amygdálinus, -a, -um, zur Mandel gehörig.
amygdaloídeus, -a, -um, mandelähnlich.
Amylasen, die, gr. *to ámylon* das Stärkemehl; Enzyme, die Stärke (Amylum u. Glykogen) hydrolytisch zu Maltose abbauen. Kommen u. a. vor in Speichel, Pankreassekret, Leber, Muskel, Malz u. Hefe. Syn.: Diastasen.
an-, gr., Verneinungspräfix (in zahlreichen Komposita) vor Vokalen; s. auch: *a-.*
ana-, gr. *aná-* hinauf, Präfix; auf, aufwärts, darüberhin, darauf; auseinander.
Anabas, *f.,* gr. *anabaínein* hinaufklettern; Gen. der Anabantidae, Kletterfische, Anabantoidei, Labyrinthfische. Spec.: *A. scandens,* Gemeiner Kletterfisch.
Anabiose, die gr. *he anabíosis* das Wiederaufleben; die Fähigkeit vieler wirbelloser Tiere, ungünstige Zeiten, wie Einfrieren od. Eintrocknen, in einem scheintoten Zustand zu überdauern.
Ánableps, *m.,* gr. *anablépein* hinauf od. in die Höhe blicken; Gen. der Poecilidae, Lebendgebärende Zahnkarpfen. Spec.: *A. tetrophthálmus,* Vierauge, Augen beim Stehen unter der Wasseroberfläche aus dem Wasser z. T. herausragend (dadurch „Vieraugen"-Bild), untere u. obere Augenhälften vermögen mediumspezifisch zu sehen.
anabole Wirkung, die; Stoffwechselleistung im Sinne eines Aufbaues (Assimilation, positive Stickstoff-(N-)Bilanz, die auf die verbesserte Verwertung der Eiweißstoffe, die Erhöhung des Eiweißansatzes u. somit auf die Steigerung des Wachstums gerichtet ist. Sie ist der katabolen (d. h. der abbauenden) Stoffwechselsituation (Dissimilation) entgegenzusetzen.
Anabolika, *n.,* Pl., gr. *he anabolé* das Aufquellen, Anwachsen; Pharmaka zur Erzielung einer anabolen Stoffwechsellage, -wirkung (posit. N-Bilanz). Der Terminus wird meist für synthetische Steroide benutzt. A. sind Derivate des 17α-Methyltestosterons od. des 19-Nortestosterons, bei denen durch Modifikationen des Steroidgerüstes das Verhältnis der endergonen zur anabolen (myotropen) Wirkungsrichtung zugunsten der letzteren verschoben wurde. In neuerer Zeit werden A. auch mit Erfolg als Maststimulatoren in der Tierproduktion eingesetzt. Hierbei ist auf Grund der Testosteronwirkung nach Eintritt der Geschlechtsreife bei männlichen Tieren eine größere Zunahme an Körpermasse als bei weiblichen Tieren zu erwarten. Die A. gehören zu den Ergotropica.
Anabolismus, der, gr. *he anabolé* der (Erd-) Aufwurf; der Aufbaustoffwechsel; anabol: zum Aufbaustoffwechsel gehörig.
anadrom, gr. *he anadromé* das Emporkommen, -laufen, Aufwärtsziehen; aufwärtsziehend; als anadrome Wanderfische werden zum Laichen vom Salzwasser (Meer) ins Süßwasser (Flüsse) ziehende Fische bezeichnet, z. B. Meerneunauge, Stör; vgl. katadrom.
Anämia, die, gr. *an-* ohne, *to haíma* das Blut; Anämie: Blutarmut, verminderter Hämoglobin- u. auch Erythrozytengehalt.
anämisch, s. Anämia; blutarm, blutleer.
anaërob, s. Anaerobier; ohne Luftsauerstoff, unter Luftabschluss lebend.
Anaërobier, die, gr. *ho aër* die Luft, *ho bíos* das Leben; Mikroorganismen, die nur ohne (obligate A.) od. die sowohl in Gegenwart als auch in Abwesenheit von Sauerstoff (fakultative A.) gedeihen können.
Anästhesie, die, gr. *he aísthesis* das Gefühl; Gefühllosigkeit, Schmerzunempfindlichkeit; Schmerzbetäubung, wobei zw. allgemeiner Betäubung (Narkose) u. örtl. Betäubung (Lokalanästhesie) zu unterscheiden ist.
Anagenese, die. gr. *aná-* hinauf, hinan, *he génesis* die Entstehung, Bildung; die Höherentwicklung; Transformation von Merkmalseigenschaften in Evolutionslinien. Im Gegensatz zur Cladogenese, die den Prozess der Entstehung neuer Merkmalseigenschaften od. Merkmale in der Folge von Artspaltung bezeichnet; vgl. Cladogenese.
Anakonda, einheimischer (brasilianischer) Name für *Eunectes murinus.*
anális, -is, -e, lat.; zum After *(anus)* gehörig od. gelegen, anal.

analog, gr. *aná* gemäß, *ho lógos* das Denken; gleichsinnig, übereinstimmend, gleichartig, ähnlich.
analoge Organe, die, gr. *to órganon* der Teil, das Organ; Organe gleicher Funktion, aber unterschiedlicher Struktur und Herkunft, z. B. die Kiemen der Fische und die der Muscheln, die Flügel der Insekten u. die der Vögel; vgl. homologe Organe.
Analpapillen, die, lat. *ánus* der After, Ring, *papilla* die Warze; osmoregulatorisch tätige Organe bei im Süßwasser lebenden Mückenlarven (z. B. *Culex, Aëdes* u. *Chironomus*).
Anamerie, die, lat. *anus, -i, m.,* eig. der Ring od *ana-* aufwärts, gr. *to méros* der Teil, Anteil, *he morphé* die Gestalt; teilweises Vorhandensein von Körpersegmenten bei Jugendstadien vieler Arthropoden (unter den Insekten bei den Proturen) u. deren Vervollständigung (Anamorphose) während der postembryonalen Entwicklung bis zur Erlangung der kompletten Gliederung bei der Imago.
Anámnia, die (Haeckel 1866), gr. *an-* ohne, *to ámnion* die Schafhaut; Zusammenfassung der Wirbeltiergruppen, bei deren Embryonalentwicklung kein Amnion auftritt, also der Pisces u. Amphibia; Ggs.: Amniota, s. d.
Anapháse, die, gr. *anaphaínesthai* zum Vorschein kommen; die 3. Phase der Karyokinese (s. Mitose, s. Meiose), das Auseinanderweichen der Kernschleifen.
Anaphylaxie, die, gr. *an-* nicht, *aphýlaktos* unbewacht; Überempfindlichkeit gegen bereits einmal injiziertes körperfremdes Eiweiß.
Anarcestes, *m.*; Gen. der Anarcéstidae, Subordo Anarcestina, Ordo Ammonoidea, s. d.; Leitfossilien für Unteres Mitteldevon (Eifelium). Spec.: *A. plebeius.*
Anarhýnchus, *m.*, gr.; Gen. der Charadríidae, Regenpfeifer. Spec.: *A. frontalis,* Schiefschnabel (hat nach rechts gebogenen Schnabel u. kann damit Insekten unter Steinen hervorholen, ohne den Kopf drehen zu müssen).
Anárrhichas, gr. *anarríchasthai* emporsteigen, also: Kletterer, weil er (nach Gesner) mit Hilfe der Flossen an Felsen hinaufklettern soll. Spec.: *A. lupus*, Gem. Seewolf, Katfisch.
Anas, *f.,* lat. *anas, ánatis* die Ente; Gen. der Anatidae, Enten. Spec.: *A. platyrhynchos,* Stockente; *A. acuta,* Spießente; *A. strepera,* Schnatterente; *A. penelope,* Pfeifente; *A. querquedula,* Knäkente; *A. crecca,* Krickente; *A. falcata*, Sichelente; *A. punctata,* Hottentottenente; *A. clypeata,* Löffelente (mit „löffelartigem Schild" am Schnabelende).
Anaspida, *n.,* Pl., gr. *an-* ohne, *he aspís* der Schild; fossile Gruppe der Ostracodermi, Agnatha (s. d.); die A. waren kleine, primitive Fische mit knöchernen Schuppen- od- Schienenpanzer; ohne *(an-)* die Kopf u. Vorderrumpf umgebende (schildförmige) Knochenkapsel (Name!), wie sie für die Osteostraci (s. d.) typisch ist.
Anaspídea, *n.,* Pl.; Gruppe der Opisthobranchia, Euthyneura, Gastropoda, Conchifera. Typisch: Schale klein, von Mantel z. T. od. ganz bedeckt, kalkig od. häutig, seltener ganz zurückgebildet (Name!); Kopf mit 4 freien Fühlern, Fuß mit breiten Parapodien.
Anaspides, *f.,* gr., hier: ohne Carapax; Gen. des Ordo Anaspidacea, Syncarida. Spec. *A. tasmaniae.*
anastomósis, -is, *f.,* latin., gr. *aná-* auf, *to stóma* der Mund, die Mündung; Einmündung, Verbindung zweier Gefäße oder Nerven, das Ineinandermünden.
anastomóticus, -a, -um, zur Anastomose gehörig.
Anástomus, *m.,* gr./latin., s. o.; Gen. der Ciconiidae, Störche. Spec.: *A. lamelligerus,* Klaffschnabel (Vorkommen: Madagaskar, tropisches Afrika).
Anaticola, *f.*, lat., s. *Anas*, wörtl.: „Entenbewohner"; Gatt. der Esthiopteridae (Federlinge), Ischnocera. Schlanke, lange Mallophagen. Ektoparasiten von Haus- u. Wildgänsen u. -enten. Spec. bzw. Subspecies: *A. anseris anseris*; Männchen bis 3,5 mm, Weibchen bis 4,0 mm lang. Kopfseiten stark pigmentiert. Wirt: Hausgans. Starker Befall kann zu krustösen Ekzemen (Rumpf, Hals) führen. Die Federn weisen stark zerfressene Fahnen auf; *A. crassicornis cairinensis*: Wirt: Moschusente. Subspecies; *A. crassicornis crassicornis*: Männchen bis 2,9 mm, Weibchen bis 3,4 mm lang. Kopfseiten gering pigmentiert. Wirt: Hausente.
Anatidae, *f.,* Pl., lat.; Entenvögel, Familie der (Ordnung) Anseriformes (Gänsevögel), zu der sowohl Schwäne, Gänse, Enten gehören.
anatíferus, -a, -um, lat. *ánas* die Ente, *ferre* bringen; „Enten hervorbringend"; s. *Lepas.*
anatínus, -a, -um, lat., der Ente ähnlich.
Anatoecus, *m.*, gr. *ho oikos* die Wohnung, das Haus; „Anatiden-Bewohner"; Gatt. der Federlinge = Esthiopteridae, Ischnocera; Zwei Untergattungen: *Anatoecus* u. *Benatoecus*, die sich im Bau des Endophallus unterscheiden. Ektoparasiten bei Gans u. Ente. A.-arten sind wahrscheinl. Keratinfresser: Spec.: *A. (Anatoecus) adustus* (häufiger Parasit der Hausgans); *A. (Anatoecus) icterodes; Anatoecus (Bennatoecus) dentatus.* Wirt: Hausente, Prädilektionsstellen Kopf- u. Halsgefieder; Nahrung: Federteile.

anatómia, -ae, *f.*, latin., gr. *aná-* auf, *témnein* schneiden; die **Anatomie** oder die Kunst des Zerlegens, des Aufschneidens, der Leichenzergliederung; die Lehre vom inneren Bau der Pflanzen, Tiere u. des Menschen.
anatómicus, -a, -um, latin., gr. *anatomikós*; anatomisch, zur Anatomie gehörig, die Anatomie betreffend.
anatomische Nomenklatur s. medizinisch-anatomische Nomenklatur.
Anatrichoma, *n.*, gr. *to tríchoma* die Behaarung; Gatt. der Anatrichosomatidae, Trichuridea, Nematoda. Parasiten in der Nasenscheidewand u. in der Haut von Affen. Spec.: *A. cutaneum* (Wirt: Rhesusaffen); *A. cynamolgi* (Wirt: Javaaffe; S-Asien).
Anatrichosomatidae; Familie der Trichuridea (s. d.). Kleine, dünne Würmer, die im Bindegewebe von Säugetieren leben; einzige Gattung *Anatrichosoma* (s. d.).
Anazidität (Inazidität), grl./latin.; defizitäre Bildung freier Salzsäure im Magen bzw. Labmagen. Nachweis kann im Magensaft, der durch eine Schlauchsonde abgesaugt wird, mittels Titration, Kongorotpapier, Grünzburg-Reagenz od. bei Tieren mit einhöhligem Magen auch mittels Endoradiosondentechnik geführt werden.
ancestral, von lat. *ante-céssor, m.,* der Vorfahr, Vorläufer; den Vorfahren zukommende stammesgeschichtl. Merkmale.
Anchithérium, *n.*, gr. *ánchi* nahe kommend, ganz ähnlich (dem Palaeotherium), *to theríon* das Tier; ein tertiärer (mio- u. pliozäner) Vorläufer der Pferde mit drei Zehen am Vorder- und Hinterfuß.
Anchóvis, Anjovis, vom span. Namen *anjoa,* franz. *anchois*; Triviale Bezeichnis für *Engraulis encrasícholus* (s. d.). Im Handel werden die eingesalzenen als Sardellen, die marinierten als Anchovis bezeichnet. Die sogen. Christiania-Anchovis sind fein marinierte Sprotten.
Ancístrodon, *n.,* s. *Agkístrodon.*
Ancistrum, *n.*, gr. *to ánkostron* der Haken; Gen. der Thigmotricha, Ciliata.
anconāeus, -a, -um, auch **anconéus,** gr. *ho ankón* die Krümmung, der Ellenbogen; zum Ellenbogen gehörig.
Ancylostoma, *n.,* gr. *to stóma* der Mund; namentlicher Bezug auf den gekrümmten Vorderteil; typisch auch die gruben- od. becherförmige Mundhöhle mit einigen gebogenen Zähnen od. schneidenden Platten; Gen. der Ancylostomátidae, Strongylidea, Nematoda. Spec.: *A. duodenale,* Haken- od. Grubenwurm (verursacht in wärmeren Gebieten verbreitete Wurmkrankheit des Menschen; Blutsauger im Dünndarm, Infektion durch Jugendstadien, die die Haut durchbohren).
Áncylus, *m.,* gr. *ankýlos* krumm, gekrümmt; Gen. des Ordo Basomatophora, Phal. Lymnaecea, Süßwasser-Lungenschnecken; fossile Formen seit dem Tertiär bekannt. Spec: *A. fluviátilis,* Flussnapf- od. Mützen-(Kappen-) Schnecke.
ancylus, -a, -um, latin., gr. *ankýlos,* krumm, verbogen.
Andenbär, s. *Tremárctos ornátus.*
Andenfelsenhahn, s. *Rupicola.*
Andréna, *f.,* gr. *he anthréne* = *Anthrena* od. *Andrena*, eine Art wilder Bienen, Waldbienen; Gen. der Andrénidae. Spec.: *A. cineraria,* Erd- od. Grabbiene.
andro-, gr. *ho anér, andrós* der Mann, der Ehemann; Wortstamm bzw. Bestandteil in Wortzusammensetzungen (Komposita).
Androgamet, der, gr. *gamēin* gatten; männlich differenzierter Gamet, auch Mikrogamet genannt.
Androgamone, die; Befruchtungsstoffe, die von männlichen Keimzellen abgesondert werden.
Androgene, die, gr. *gígnesthai* entstehen; männliche Sexualhormone von Steroidcharakter, die männliche Geschlechtsmerkmale fördern, wie z. B. die Entwicklung der sekundären Geschlechtsmerkmale, das Wachstum u. die Funktion der Prostata u. der Samenblasen. Sie werden in den Hoden bzw. in den Nebennieren gebildet. Wichtige Vertreter sind Testosteron u. das sehr viel schwächer wirksame Androsteron.
androgene Drüse, die; eine Geschlechtsdrüse der Malakostraken, mesodermalen Ursprungs u. in beiden Geschlechtern angelegt, jedoch nur bei den Männchen zur Funktionstüchtigkeit ausgebildet, sie liegt meist am Vas deferens, aber auch am Hoden; das Hormon der Drüse bewirkt die Entwicklung der undifferenzierten Gonadenanlage zum Hoden u. die Ausbildung der sekundären Geschlechtsmerkmale.
Androgenese, die, gr. *he génesis* die Erzeugung, Entstehung; entwicklungsphysiologisch: die Entwicklung des ganzen Eies ohne Eikern u. mit Samenkern.
Androgynie, die, gr. *he gyné* die Frau, das Weib; Scheinzwittrigkeit bei (männlichen) Tieren u. dem Menschen (= Pseudohermaphroditismus masculinus), d. h., äußere Genitale u. sekundäre Geschlechtsmerkmale sind mehr oder weniger weiblich, obwohl Keimdrüsen u. chromosomales Geschlecht männlich sind.

Andrologie, die; Lehre vom männlichen Geschlecht; bes. die Genitalorgane betreffend (im Ggs. zur Gynäkologie).

Andromanie, die, gr. *he maná* die Raserei od. der Wahnsinn; Syn. Nymphomanie.

Andromerogon, das, gr. *to méros* der Teil, *he goné* die Geburt, Erzeugung; Keim aus Eibruchstück allein mit Samenkernanteil.

Androphor, das, gr. *phérein* tragen; männl. Geschlechtsindividuen an den Stöcken der Röhrenquallen (Siphonophoren).

Androsteron, das, gr. *to stéar* das Fett; männliches Sexualhormon. 1931 erstmals von Butenandt aus Männerharn isoliert, Metabolit des Testosteron mit geringer androgener Wirkung.

androtrop, gr.; das männliche Geschlecht bevorzugend, betreffend.

Anelektrotonus, der, s. *an-,* gr. *ho tónos* die Spannung; Abnahme der Erregbarkeit im Bereich der anodischen Reizelektrode od. Polarisationselektrode; Zustandsänderung insbesondere am Neuron im Bereich der Anode, herabgesetzte Erregbarkeit, kommt durch Hyperpolarisation zustande.

Anemónia, *f.,* gr. *he anomóne* die See-Anemone, das Windröschen, *ho ánemos* der Wind; Gen. des Subordo Exocoelaria, Ordo Actiniaria, Seerosen. Spec.: *A. sulcuta,* Wachsrose.

Anenzephalie, die, gr. *a-* α priv., *ho enképhalos* das Gehirn; Hirnmissbildung, bei der die Schädeldecke u. umfassende Gehirnteile fehlen.

anergisch, gr. *a-* α priv., *to érgon* das Werk; energielos.

Aneuploide, die; „Zellen oder Organismen, die ein oder mehrere Chromosomen mehr oder weniger enthalten, als die Grundzahl der betreffenden Art beträgt (Monosomie, Nullisomie, Trisomie)" (R. Rieger 1972).

Aneurin, das; s. Vitamin B_1.

Aneurysma, das, *n.,* gr. *to aneyrisma* Erweiterung, Aussackung, Ausbeulung, engl. aneurysm; umschriebene Ausweitung eines art. Blutgefäßes inf. angeborener od. erworbener Wandveränderungen; morphol. ± ausgeprägt als sackförmiges (A. sacciforme), spindelförmiges (A. fusiforme sive cylindricum), kahnförmiges (A. naviculare sive cuneiforme) od. geschlängeltes A. (A. serpentinum) bzw. Trauben- od. Rankenaneurysma (A. cirsoideum sive racemosum); pathol.-anat. auslösende Ursache, dabei Schädigung (Riss) der Wand an der ausgebuchteten Stelle; häufig an Arterien, an diesen, besonders an der Aorta, Gefahr der Zerreißung, der Ruptur; Exitusrate bei spontaner OP des Menschen 99%; auch bei Säugetieren vorkommend.

Angeborene Immunität, die, lat. *immunitas, -atis, f.* das Geschütztsein, die Unempfindlichkeit; natürliche Immunität, Resistenz, Schutz gegenüber von Krankheitserregern. Sie beruht auf zellulären u. humoralen Mechanismen.

Angeborener Auslösemechanismus, der, Abk.: AAM; genetisch programmierter Mechanismus, der bei einer spezifischen Reizsituation eine adäquate Instinkthandlung auslöst.

Angiologie, die, gr. *to angéīon* das Gefäß, *ho lógos* Lehre; Gefäßlehre, vgl. Hodologie.

Angioma, das; Geschwulst des Gefäßgewebes, Blutschwamm.

Angiotensin, das, gr. *to angéīon* das Gefäß, lat. *extensus, -a, -um* ausgedehnt, weitläufig; ein Polypeptid, entsteht aus dem α_2-Globulin Angiotensinogen (= Hypertensinogen des Serums); größere A.-Konzentrationen steigern den Blutdruck, kleinere stimulieren die Aldosteronproduktion.

Anglerfisch, s. *Lophius.*

angolénsis, -is, -e, in Angola (S-Afrika) vorkommend, beheimatet; s. *Gypohierax,* s. *Pitta.*

angorénsis, -is, -e, bei Angora, dem „alten" Ankyra in Kleinasien, lebend, z. B. die Angoraziege *(Capra hircus angorensis).*

Ångström, J. (1814–1874), schwedischer Astronom/Uppsala; nach Å. wurde eine Maßeinheit benannt, die zur Beschreibung atomarer Dimensionen verwandt wurde. Die Umrechnung erfolgt heute in SI-Einheiten: 1 Å = 10^{-10} m.

Anguilla, *f.,* lat. *anguílla* der Aal, von *anguis* die Schlange (wegen seiner schlangenförmigen Gestalt); Gen. der Anguillidae (Flussaale), Ordo Apodes od. Anguilliformes (Aale). Spec.: *A. anguilla (= A. vulgaris),* Europ. Flussaal.

Anguilliformes, *f.,* Pl., s. *Anguilla* u. s. *-formes*; Aalfische, Aale; Ordo der Osteichthyes. Früher auch Apodes genannt (wegen des Fehlens von Bauchflossen). Fam.: Congridae (Meeraale), Muraenidae (Muränen), Anguillidae (Flussaale), Eurypharyngidae (Pelikanaale).

Anguíllula, *f.,* lat. *anguíllula* kleiner Aal (wegen des Habitus); Gen. der Rhabditoidea, Cl. Nematodes, Fadenwürmer. Spec.: *A. (= Turbatrix) aceti,* Essigälchen.

Anguína, *f.,* s. *anguínus,* lat. *anguis* die Schlange; Syn.: *Anguillulina,* lat. *anguillulinus, -a, -um,* einer kleinen Schlange ähnlich; Gen. der Tylenchidae, Nematoda. Spec.: *Anguillulina tritici (= Anguina scandens),* das Weizenälchen (phytopathologisch, verursacht die „Gicht" der Weizenähren).

anguínus, -a, -um, lat. *anguis* die Schlange; schlangenartig, -förmig, -ähnlich.

Anguis, *f.*, lat. *anguis* die Schlange (von *ángere* würgen); Gen. der Anguidae, Schleichen, Lacertilia, Squamata. Spec.: *A. fragilis*, Blindschleiche.
Anguláre, das, s. *ángulus*; Belegknochen am Unterkiefer der Fische, Kriechtiere u. Vögel.
anguláris, -is, -e, lat., zum Winkel gehörend, winkelig.
angúlifer, -a, -um, lat. „eckentragend", eckig, kantig; s. *Epicrátes angulifer.*
ángulus, -i, *m.*, lat., der Winkel, die Ecke, die Kante.
angústiceps, lat., schmal- od. engköpfig; s. *Dendroaspis,* s. *Thrips.*
angústulus, -a, -um, lat., sehr schmal; s. *Agriculus.*
angustus, -a, -um, lat., schmal, eng, knapp.
Anhíma, *f.*, brasilianischer (Vernakular-) Name; Gen. der Anhímidae (Wehrvögel), Anseriformes (Gänsevögel). Spec.: *A. cornuta*, Hornwehrvogel.
Anhínga, *f.*, vaterländischer Name; Gen. der Anhingidae, Pelecaniformes. Spec.: *A. rufa,* Schlangenhalsvogel (Tropen, Nord- und Südamerika); *A. melanogaster,* Indischer Schlangenhalsvogel.
anima, -ae, *f.*, lat., das Leben, der Atem, der Lufthauch.
ánimal, -ális, *n.*, lat., das Lebewesen, das Tier (= gr. *to zóon* u. *to theríon*); Regnum animale, das Tierreich.
animaler Pol, der; Eipol, an dem sich die Hauptmenge des Bildungsplasmas befindet.
animales Nervensystem, das; Anteil des Nervensystems, das im Gegensatz zum vegetativen Nervensystem im wesentlichen die animalen Funktionen des Organismus wie vor allem Sinneswahrnehmungen und Bewegung kontrolliert.
Animália, *n.*, Pl., die tierischen Lebewesen; die Tiere im Unterschied zu anderen Lebewesen.
animális, -is, -e, lat., tierisch, lebendig.
animalisch; tierisch, allen Tieren gemeinsam, aus dem Tierreich stammend, z. B. animalische Nahrung.
Animalismus, der; die Verehrung der als heilig angesehenen Tiere.
Animalkulisten, die; „Sperma-Gläubige", Anhänger der Präformationstheorie, nach denen in den Spermien alle kommenden Generationen eingeschachtelt sein sollten. Der Embryo sollte sich aus dem Spermium entwickeln u. die Eizelle nur die günstigen Entwicklungsbedingungen schaffen. Vgl.: Ovulisten, Ovisten.
animus, -i, *m.*, lat., die Seele, der Geist, das Bewusstsein; Animismus, Glaube an die Beseelung der Natur.
anisodont, gr. *ánisos* ungleich, *ho odús, odóntos* der Zahn; Zähne unterschiedlicher Länge.
Anisogamie, die, gr. *a-* α priv., *ísos* gleich, *gamē͡in* gatten; die Befruchtung durch Gameten, die in Größe, Form u. Verhalten mehr od. weniger verschieden sind, Ggs.: Isogamie.
Anisomyaria, *f.*, gr. *ánisos* ungleich, *ho mys, myós* die Maus, der Muskel, *-aria* lat. Suffix, das Ähnlichkeit bezeichnet; der Name nimmt Bezug auf den verkleinerten od. ganz rudimentierten vorderen Schalenschließmuskel; Gruppe der Bivalvia.
Anisópoda, *f.*, gr. *ho pus, podós* der Fuß, „Ungleichfüßer", Terminus nicht mehr gebräuchlich, stattdessen Tanaidacea, Scherenasseln verwendet; im System der Eumalacostracen zu den Peracariden (Ranzenkrebse) gehörig, der Carapax ist sehr kurz, die 2. Thoracopoden sind zu einem auffällig großen Scherenbein umgebildet.
anisotrop, gr. *he tropé* die Wendung, Wandlung, Änderung; nicht nach allen Richtungen hin gleiche Eigenschaften aufweisend.
Ankel, Wulf Emmo, geb. 7. 10. 1897 in Frankfurt a. M., gest. 25. 3. 1983; 1919 Beginn mit dem Studium der Biologie u. Geologie, 1923 Promotion zum Dr. phil., 1923–1926 Volontär-Assistent, 1926–1931 planm. Assistent am Zoologischen Institut der Univ. Gießen, Habilitation 7 Jahre nach der Promotion, 1939 PD auf dem Lehrstuhl für Zoologie an der TH Darmstadt, 1939–1952 o. Prof. der Zoologie u. Vergleichenden Anatomie an der TH Darmstadt u. von 1952–1965 o. Prof. an der Univ. Gießen, 1953 Mitglied des Kuratoriums der Hydrobiologischen Anstalt der Max-Planck-Gesellschaft Plön (vgl. bes. E. Florey, Verhdlg. Dtsch. Zool. Ges., 77. Jahresversammlung, 1984).
Ankístrodon, s. *Agkistrodon.*
Anlage, die; erste Struktur od. Zellgruppe, die die Entwicklung eines Organs od. Körperteils anzeigt; vgl. Disposition.
annéctens, lat., Part. Praes. von *annéctere* anknüpfen, verbinden; anknüpfend, verbindend; *Protopterus annectens,* weil diesem Lungenfisch „verbindende" Merkmale zwischen Fischen u. Amphibien bei der Namensgebung zugeschrieben wurden.
Annelida, *n.*, Pl., lat. *ánnulus* (auch *ánulus*) der kleine Ring, abgeleitet v. *anus* der After, Ring; Ringel- od. Gliederwürmer, Gruppe (Phylum) der Articulata, etwa 17 000 Arten; wurmförmige Articulata, deren Körper aus dem präoralen Prostomium, dem Pygidium u. einer dazwischenliegenden Kette von Segmenten besteht, von denen die meisten teloblastisch

von einer präanalen Bildungszone erzeugt worden sind; Spiralfurchung ferner typisches Merkmal; fossile Formen seit dem Kambrium (Präkambium?) bekannt. Gruppen (Cl.): Oligochaeta, Clitellata.

annulátus, -a, -um, lat., geringelt, beringt, mit kleinem Ring *(ánnulus,* auch: *ánulus)* versehen; s. *Piroplásma,* s. *Theiléria,* s. *Leptodeira.*

annus, -i, *m.,* lat., das Jahr, Lebensjahr, die Jahreszeit; Annalen, Bezeichnung für wissenschaftl. Zeitschriften.

Anóa, die; Zwergbüffel, *Bubalus depressicornis*; ziegengroßes Waldrind auf Celebes.

Anóbium, *n.,* gr. *anabiún* wiederaufleben; Gen. der Anobiidae, Nage-, Bohr- od. Klopfkäfer; kleine walzenförmige Käfer, z. T. Trockenholzbewohner (Xylophagen), verursachen die „Wurmstichigkeit" alter Möbel. Spec.: *A. pertinax,* Trotzkopf; *A. striatum,* Klopfkäfer od. Totenuhr; erzeugen im toten Holz ein tickendes Geräusch zum Anlocken des Partners durch Anschlagen mit den Oberkiefern.

Anode, die; Elektrode, die mit dem positiven Pol einer Spannungsquelle verbunden ist.

anodische Depression, die; Herabsetzen der Erregbarkeit unter einer Anode.

anodischer Block, *m.*; Verringerung der Erregbarkeit des Nerven durch elektrische Reizung bei ausreichend hoher Stromstärke, so dass eine fortgeleitete Erregung diesen Bereich nicht mehr überschreiten kann.

Anodónta, *f.,* gr. *an-* ohne, *ho odús, odóntos* Zahn; Gen. des Subordo Schizodonta, Ordo Eulamellibranchiata. Spec.: *A. cygnea,* Teichmuschel.

Anodontie, die; Missbildung, angeborenes Fehlen der Zähne.

Anöstrus, der, gr. *ho oistrós* die Brunst; die Brunstlosigkeit, Ruhepause des Zyklus.

Anólis, *m.; Anóli* = einheimischer Name; Gen. der Iguánidae (Leguane), Lacertilia, Squamata. Spec. *A. carolinensis,* Rotkehlanolis (Grünanolis); *A. equestris,* Ritteranolis.

Anómala, *f.,* gr.; Gen. der Scarabaeidae (Blatthornkäfer). Spec.: *A. horticola* (Gartenlaub-, Juni-Käfer). Adulte polyphag an Blättern, Knospen, Blüten von Holzgewächsen; Engerlinge schaden durch Wurzelfraß, z. B. an Poaceae, univoltin.

Anomalúridae, *f.,* Pl., gr. *anómalos, he urá* der Schwanz; Fam. der Rodentia; Dornschwanzhörnchen. Sie stützen die Flughaut durch einen akzessorischen Skelettstab, der vom Ellenbogen ausgeht. Heimat: Afrika.

Anomalodesmata, *n.,* Pl., gr. *an-* -ohne, *homalós* -gleich (*anómalos* ungleich), *to désma, -atos* das Band, namentlicher Bezug auf die ungleichkappigen Schalen; Gruppe der Eulamellibranchiata. Einteilung in die Phalangen (nach Kaestner): (1) Clavagellacea mit den Genera Gastrochaena, Clavagella, Brechites; (2) Poromyacea mit Cuspidaria, Poromya.

anómalus, -a, -um, gr. *anómalos*; abnorm, unregelmäßig.

anómia, *f.,* gr. *ánomos* ohne Gesetz, unregelmäßig; namentlicher Bezug auf sehr variable Schalenform (der Unterlage angepasst); Gen. der Anomíidae, Anisomyaria, Bivalvia. Spec.: *A. ephíppium,* Sattelmuschel (linke Schale innen mit Eindrücken u. gewölbt; sattelartige Form).

anonymer Verband, *m.*; eine Tiergruppe ohne individuelles (persönliches) Sichkennen der einzelnen Gruppenmitglieder; es gibt offene und geschlossene anonyme Verbände. Ggs.: individualisierter Verband.

anónymus, -a, -um, gr. *to ónyma* der Name; unbenannt, namenlos; z. B. Arteria anonyma = unbenannte Schlagader od. Truncus brachiocephalicus.

Anópheles, *m.,* gr. *anophelós* nutzlos, beschwerlich, schädlich; Gabel-, Fieber-(Malaria-) Mücke, Gen. der Culicidae, Stechmücken, Moskitos. Spec.: *A. bifurcatus; A. maculipennis.*

Anophthalmie, die, gr. *an-* α priv., *ho ophthalmós,* das Auge, Gesicht; Fehlbildung ohne Auge.

Anopie, die; s. Anopsie.

Anopla, *n.,* Pl., gr. *ánoplos* waffenlos (ohne Giftstachel); Subcl. des Stamms der Nemertini, Schnurwürmer; typisch: Rüssel ohne Giftstachel, Seitennerven im od. distal vom Hautmuskelschlauch liegend, Mund hinter dem Gehirn.

Anoplocephala, *f.,* gr. *ánaplos* unbewehrt, *he kephalé* der Kopf; Gen. der Anoplocephalidae, Cyclophyllidea; bis 80 cm lange u. bis 25 mm breite Bandwürmer mit aneinander gedrückten, breiten Proglottiden. Entwicklung über Milben (Zystizerkoid) als Zwischenwirte. Parasiten im Darm von Equiden, Elefanten, Nashörnern u. Affen; Species (z. B.): *A. diminuta,* Wirt: Nashörner; Indien; *A. gigantea,* Wirt: Nashörner; Afrika; *A. gorillae,* Wirt: Berggorilla; Afrika; *A. manubriata,* Wirt: Elefant; Indien; *A. perfoliata,* Wirt: Equiden; Kosmopolit; *A. rhodesiensis,* Wirt: Zebra-Arten; Afrika.

Anoplocephalidae, *f.,* Pl., Familie der Cyclophyllidea mit mehr als 50 Gattungen. Mittelgroße bis große Bandwürmer.

Anoplodínium,, *n.,* gr.; Gattung der Ophryoscolecidae, Entodiniomorphida; im Darm insbesondere im Pansen von Wiederkäuern, sowie Blinddarm von Pferden. Als A. fasste Dogiel alle Formen zusammen, die keine Skelettbildung aufwiesen. Diese Infusorien besitzen außer der adoralen Zone noch eine zweite Cirrenreihe. Zwei od. mehr pulsierende Vakuolen; der Makronukleus liegt rechtsseitig.

Anoplophrýa, *f.*, von gr. *ánoplos* wehrlos, waffenlos (ohne Schild), u. gr. *he ophrýs* die Augenbraue, Erhöhung; Gen. der Astomata, Astomatida, Holotricha, Ciliata. Spec.: *A. marylandensis; A. nodulata;* leben entoparasitisch in Anneliden; Knospung unter Bildung von Individuenketten.

Anoplotaenia, *f.*; Gatt. der Taeniidae, Cyclophyllidea; relativ kleine Bandwürmer, *A.* parasitieren im Darm von Beuteltieren. Spec.: *A. dasyuri,* Wirte: Beuteltiere; Australien.

Anoplozephalidose, die; durch Befall mit Bandwürmern der Anoplocephalidae verursachte Helminthose bei Reptilien, Aves, Mammalia. Durch die in der Darmschleimhaut angesaugten Zestoden werden Reize u. Entzündungen der tieferen Gewebeschichten ausgelöst, die entsprechend der Befallsintensität zu Verdauungsstörungen, kolikartigen Erscheinungen u. Durchfall führen können. Gesteigerter Durst, Abmagerung, Mattigkeit, gestörte Entwicklung, glanzloses Haarkleid, Blässe der Schleimhäute, Ödembildungen sind Folgeerscheinungen; Jungtier- u. Weidekrankheit. Die Helminthose wird häufig nach den Gattungsnamen der Erreger benannt, z. B. Monieziose nach *Moniezia*, Avitellinose nach *Avitellina*, Paranoplozephalose nach *Paranoplocephala.*

Anoplura, *n.*, Pl., gr. *ánoplos* unbewehrt, *he urá* der Schwanz; Echte Läuse, Gruppe der Insecta. An Säugetieren blutsaugende Parasiten, 1–6 mm lang, flügellos.

Anopsie, die, gr. *a-* α priv., *he ópsis* das Sehen, das Auge; das Nichtsehenkönnen, die Sehstörung durch Untätigkeit der gesunden Netzhaut.

Anoptíchthys, *m.*, gr. *ánoptos* ohne Augen, *ho ichthys* der Fisch; „Fisch ohne Augen" bzw. ohne Sehvermögen; Gen. der Characidae (Salmler); Cypriniformes. Spec.: *A. jordani,* Blinder Höhlensalmler, Jordan-Salmler.

Anorchie, die, gr. *a-* α priv., u. *ho órchis* der Hoden; angeborenes Fehlen od. vollständige Degeneration der Hoden.

anorganisch, gr., *to órganon* das Werkzeug; unbelebt; Substanzen, die mit wenigen Ausnahmen keinen Kohlenstoff enthalten: Ggs.: organisch.

anosmátisch, gr. *he osmé* der Geruch, Duft, Gestank; anosmatische Säugetiere: Tiere mit verkümmertem bzw. schlecht ausgebildetem Geruchsvermögen.

Anosmie, die; der Verlust des Geruchsvermögens.

Anostómus, *m.*, von gr. *anastomún, anastomó-ein* mit einer Mündung versehen, *he anastómosis* Mündung, Einmündung; Gen. der Anostómidae, Kopfsteher. Spec.: *A. anostómus,* Prachtkopfsteher.

Anostose, die, gr. *to ostéon* der Knochen; der Knochenschwund.

Anostraca, *n.*, Pl., gr. *to óstrakon* die Schale; Schalenlose, Ord. der Crustacea, Krebse.

Anoxibiose, die, gr. *oxýs* sauer, *ho bíos* das Leben; zeitweilige Energiegewinnung aus der anaeroben Spaltung von Glykogen bei Sauerstoffmangel oder -schwund, z. B. mancher *Chironomus*-Larven.

Anoxie, die; Sauerstoffmangel in den Körpergeweben.

anoxisch; sauerstofflos, unzureichend mit O_2 versorgt.

ánsa, -ae, *f.*, lat., die Schlinge, Öse, der Griff.

Ansatz, der; die Zunahme an Körpersubstanz; im allgemeinen bezogen auf einen bestimmten Stoff (z. B. Fett, Aminosäuren, Stickstoff, Mineralstoffe usw.) bzw. auf Energie. Seine Bestimmung erfolgt durch Körperanalyse bzw. Bestimmung des Stoffwechsels.

Ánser, *m.*, lat. *anser, -eris* die Gans; Gen. der Anatidae, Entenvögel. Spec.: *A. anser,* Graugans; *A. fabalis,* Saatgans; *A. caerulescens,* Blaue Schneegans; *A. rossii,* Zwergschneegans; *Anser cygnoides*, die Schwanengans; *Anser domesticus*, die Hausgans.

Anseránas, *f.*, lat. *anser,* s. o., u. *anas* die Ente; Gen. der Anatidae, Entenvögel. Spec.: *A. semipalmata,* Spaltfußgans.

Anseriformes, *f.*, Pl., s. *Anser*; Gänsevögel, Ordo der Aves; mit den Anátidae (Entenvög.), Anhímidae (Wehrvögel).

Anserin, *n.*; Dipeptid aus Alanin u. Methylhistidin, in der Muskulatur des Geflügels u. einiger Säugetierarten vorkommend.

anserínus, -a, -um, zur Gans gehörig, der Gans ähnlich.

Antagonismus, der, gr. *ho antagonistés* der Widersacher; die entgegengesetzte physiologische Wirkung von stoffwechselaktiven Substanzen bzw. der entgegengesetzte Wirkungsmechanismus od. die Wirkungsweise von Antagonisten, s. d.

Antagonisten, die; Gegenspieler, Gegner, Gegenwirker, z. B. antagonistisch wirkende Muskeln (Adduktoren u. Abduktoren); Ggs.: Synergisten.

antárcticus, -a, -um, im Südpolmeer lebend.

Antarktis, die, gr. *anti-* gegenüber (nämlich der Arktis), *he árktos* der Norden; das Südpolargebiet (Meer u. Festland) im zoogeographischen Sinne: Antarktische Region, gelegentlich auch Subregion; ist wegen ihrer ewigen Vereisung durch das Vorkommen nur von Pinguinen u. das Fehlen aller Landsäugetiere u. der übrigen Aves gekennzeichnet.

antarktisch; das Südpolargebiet betreffend, zum Südpolargebiet gehörig.

ante mortem, lat. *mors, mortis, f.*, der Tod, die Leiche; Zeitabschnitt (kurz) vor dem Tode.

ante partum, lat. *pártus, -us, m.*, die Geburt; Zeitabschnitt (kurz) vor der Geburt.

antebráchium, -ii, *n.*, lat. *ante* vorn, vorder-, latin. (gr.) *bráchium, -ii, n.*, der Arm; der Unter-(Vorder-)Arm.

antecessor, -oris, *m.*, lat., der Vorfahr; benutzt für die Benennung altertümlicher, den Vorfahren zukommende stammesgeschichtliche Merkmale.

Antedon, *f.*, gr. Name, *Anthédon* für eine Stadt u. *he anthedón* für die Mispel; Gen. der Antedonidae; Ordo Comatulida, Crinoidea (Haarsterne). Spec.: *A. adriatica, A. mediterranea, A. bifida,* wurden aus der früheren Spec. *A. rosacea* differenziert.

anténna, -ae, *f.*, lat., die Segelstange, Rahe, der Mast; Fühler der Gliederfüßer.

Antennarriidae, die, Pl.; Fühlerfische, Fam. d. Sophiiformes (Armflosser, Anglerfische); prächtig gefärbte Bewohner tropischer Küstengewässer u. Korallenriffe. Spec.: *Antennarius marmoratus* Saragossafisch.

Antennáta, *n.*, Pl., Syn.: Tracheata, s. *antenna, -atus, -a, -um* versehen mit; Gliederfüßer, im engeren Sinne Mandibulata, etwa 865 000 Arten, s. d. Bei den A. ist das 1. Extremitätenpaar zu einer Antenne differenziert, das 2. völlig zurückgebildet u. die Atmung erfolgt durch Tracheen; vgl. auch Branchiata od. Diantennata. Gruppen: Chilopoda, Progoneata, Insecta.

Antennendrüse, die; exkretorische Drüse bei Euphausiaceen, Mysidaceen, Dekapoden u. Amphipoden; die A. ist wahrscheinlich von den Metanephridien der Anneliden abzuleiten.

antérior, -oris, *m.*, lat., *ante* vor; der Vordere.

antérius, Neutrum zu *antérior,* s. o.

antero-, vorn ..., in Zusammensetzungen gebraucht.

anterolateralis, lat. *látus* die Seite; vorne u. seitlich *(lateralis)* liegend.

Antháxia, *f.*, gr. *to ánthos* die Blume, Blüte, *áxios* wert, würdig, prächtig; Gen. der Bupréstidae, Käfer mit „blütenartig" schöner Färbung. Spec.: *A. nitidula,* Mattglänzender Blütenprachtkäfer.

Anthelmínthika, die, gr. *anti-* gegen, *he helmís, -inthos* der Wurm; Wurm-Mittel (gegen die Eingeweidewürmer).

Antheraea, *f.*, gr. *antherós* bunt (verwandt mit *to ánthos* die Blume, Blüte); Gen. der Saturníidae, Nachtpfauenaugen, Tussahspinner. Wirtschaftlich bedeutungsvoll für die Seidengewinnung (neben *Bombyx mori*, Seidenspinner, s. d.) sind u. a. folgende Arten:

Antherǣa assamémsis, Mugaspinner (Seidenspinner), der die sog. Muga-Seide produziert; wird bei sehr guter Qualität als Mesankoorient bezeichnet;

Antherǣ́a mylítta, Indischer Tussahspinner (Seidenspinner), der in Indien die sog. Tussah-Seide produziert. Zuchten in Plantagen betrieben; Wächter mussten die Raupen während der 6 Wochen andauernden Fraßzeit vor Feinden schützen;

Antherǣ́a pérnyi, Chinesischer Seidenspinner (in Nordchina und der Mandschurei; mit einer Flügelspannweite bis ca. 15 cm). Die gelblich-grünen Raupen leben auf einer Eichenart; *A. pernyi* wird seit langem gezüchtet, da diese Tussah-Seide billiger und haltbarer als die vom Maulbeerseidenspinner gewonnene Seide ist.

Antherǣ́a yamámay, Japanischer Tussahspinner; Seidenspinner mit einer Spannweite von ca. 14 cm. Die Nahrung besteht aus Eichen- u Kastanienblättern. *A. yamamay* produziert ebf. die sog. Tussah-Seide.

antherínus, lat., gr. *antherós* blumig; auf Blumen vorkommend; s. *Anthicus.*

Ánthicus, *m.*, gr. *anthikós* die Blumen betreffend; Gen. der Anthicidae, Spindel- od. Blumenkäfer, Ordo Coleoptera. Spec.: *A. antherínus*, Blütensauger; *A. floralis,* Läuseartiger Blumenlecker od. Blasenzieher.

Anthócharis, *f.*, gr. *to ánthos* die Blume, *chēírein* sich freuen; Gen. der Pieridae, Weißlinge. Spec.: *A. cardamínes*, Aurorafalter.

Anthócoris, *f.*, gr. *ho kóris* die Wanze; Gen. der Anthocóridae (Blüten- od. Blumenwanzen), Heteropteren, Wanzen. Spec.: *A. nemorum,* Waldblumenwanze; *A. gallarum-ulmi,* Ulmengallenwanze (auch insectivor an Ulmen).

Anthomedusae, *f.*, Pl., gr. *he Médusa* geflügelte Jungfrau der Unterwelt mit Schlangenhaar, Meduse, lat. *medúsa* die Qualle; frei schwimmende, hochglockige, Augenflecke als Sinnesorgane tragende Medusen („Blumen"-Medusen). Diese Medusenform ist ein typisches Merkmal des Ordo Athecata (s. d.), während die thecaten Polypen mit flachen Medusen im Generationswechsel stehen. Taxonomisch werden Athecata und Anthomedusae oft synonym verwendet. Außerdem existiert(e) als Synonym: Athecatae-Anthomedusae.

Anthomyinae, *f.*, Pl., gr. *he mȳ́ia* die Fliege; Blumenfliegen; Subfam. der Muscidae, Fliegen.

Anthónomus, *m., gr. anthonómos* Blumen abweidend; Gen. der Curculionidae, Rüsselkäfer. Spec.: *A. pomorum,* Apfelblütenstecher.
Anthóphora, *f.,* gr. *anthophóros* Blumen od. Blüten tragend; Pelzbiene; Gen. der Apidae, Bienen.
Anthóres, *m.*; Gen. der Cerambýcidae (Bockkäfer). Spec.: *A. leuconótus,* Weißer (ostafrikan.) Bockkäfer (gefährlicher Feind der Kaffeekulturen).
Anthozóa, *n.,* Pl., gr. *to zóon* das Tier; Blumenpolypen, Cl. der Cnidaria, etwa 4850 Arten; sie sind solitäre od. stockbildende polypenförmige Coelenterata mit eingestülptem, ektodermalem Schlundrohr, zellendurchsetzter Mesogloea u. mehr als 4 entodermalen Septen (= Mesenterien); fossile Formen seit dem Ordovizium. Man unterscheidet Hexa- und Octocorallia.
Anthrénus, *m.,* gr. *he anthréne* eigentlich Biene; Gen. der Dermestidae, Speckkäfer, Polyphagen, Coleoptera. Spec.: *A. scrophulariae,* Gemeiner Blütenkäfer; *A. museorum,* Kabinettkäfer; *A. pimpinellae,* (2,5–4 mm; Körper beschuppt; Imagines auf Blüten, gemeinsam mit den Larven von trockenen, tierischen Produkten – Felle, Tiersammlungen – lebend, können Keratin abbauen. Larve mit sog. Pfeilhaaren); vgl. auch: Forensische Entomologie
Ánthribus, *m.,* gr. *to ánthos* die Blüte, *tríbein* reiben, beschädigen; Gen. der Anthríbidae, Bürsten-, Breitrüsselkäfer, Coleoptera. Spec.: *A. albinus,* Weißstirniger Rüsselkäfer, Weißköpfiger Bürstenkäfer.
Anthropobiologie, die; Biologie des Menschen, Hauptgegenstand der Anthropologie (s. d.).
anthropogen, gr. *ho, he ánthropos* der Mensch, *he génesis* die Erzeugung, Entstehung; vom Menschen geschaffen, unter seinem Einfluss entstanden od. verändert.
Anthropogenese, die; die Menschwerdung, die Lehre von der stammesgeschichtl. Entstehung u. Entwicklung des Menschen.
Anthropogenetik, die; bzw. Humangenetik (s. d.).
Anthropogenie, die; s. Anthropogenese.
Anthropogeographie, die; Zweig der Biogeographie, der sich mit der geographischen Verbreitung des Menschen bzw. der Menschenrassen befasst.
anthropoid, gr., Kompositum aus: *ánthropos* u. *-oídeus,* menschenähnlich.
Anthropoídea, *n.,* Pl., gr. *ho ánthropos,* s. o.; „Menschenähnliche"; Gruppenbezeichnung innerhalb der Primates; (oft) synonym mit Simiae (s. d.) verwendet, während die Anthropomorpha oder Hominoídea (s. d.) enger definiert werden.
Anthropoídes, *m.,* gr.; Gen. der Gruidae, Kraniche. Spec.: *A. virgo,* Jungfernkranich.
Anthropologie, die, gr. *ho lógos* die Lehre; Wissenschaft, deren Aufgabe es ist, die physischen und psychischen Eigenschaften des Menschen in Raum und Zeit zu untersuchen. Arbeitsgebiete sind: Anthropomorphologie (s. d.), Anthropometrie (s. d.), Anthropogenie (s. d.), Paläanthropologie (s. d.), Regionale Anthropologie, Humangenetik (s. d.), Anthropophysiologie, Anthropopsychologie, Sozialanthropologie, Bevölkerungskunde, Industrieanthropologie und Forensische (gerichtliche) Anthropologie.
Anthropometrie, die, gr., *to métron* das Maß, der Maßstab; die Wissenschaft von den Maßverhältnissen des menschlichen Körpers und seiner Bestandteile. Teilgebiete sind: Zephalometrie, Somatometrie, Kraniometrie (s. d.), Osteometrie (s. d.).
anthropomorph, gr. *he morphé* die Gestalt, Form; menschlich gestaltet, vermenschlicht,
Anthropomórpha, *n.,* Pl., Syn.: Hominoídea, s. d.
Anthropomorphismus, der, gr. *he morphé* die Gestalt, Form; die Vermenschlichung, das Zuschreiben einer menschlichen Gestalt od. Rolle (z. B. Tiere als Menschen im Märchen).
Anthropomorphologie, die; Morphologie (Bau, Gestalt) des Menschen.
Anthroponosen, die, gr. *ho, he ánthropos* der Mensch, *he nósos* die Krankheit; parasitische Infektionskrankheiten, die nur von Mensch zu Mensch übertragen werden (z. B. Enterobiasis, verursacht durch *Enterobius vermicularis* – den Kinder- od. Madenwurm).
anthropophob, gr. *ho phóbos* die Furcht; menschenscheu; Subst.: Anthropophobie.
Anthropophobie, die; Menschenfurcht, Menschenscheu.
anthropozentrisch, gr. *to kéntron* die Zirkelspitze, der Mittelpunkt; den Menschen in den Mittelpunkt stellend.
Anthropozoonosen, die; s. Zooanthroponose.
Anthus, *m.,* gr. *to ánthos* die Blüte, etwa: „Blütensänger"; Pieper, Gen. der Motacillidae, Stelzen. Spec.: *A. pratensis,* Wiesenpieper; *A. campestris,* Brachpieper; *A. trivialis,* Baumpieper.
anti-, gr. Vorsilbe; gegen.
Antiberiberi-Vitamin, das; s. Vitamin B_1.
Antibióse, die; die Fähigkeit lebender Zellen bzw. ihrer Produkte, auf Mikroben wachstumshemmend od. vernichtend zu wirken.
Antibiotika, die, Pl., *n.,* von gr. *antí* gegen und *bíos* Leben; häufig aus Pilzen und Streptomy-

ceten gewonnene oder (halb)synthetisch hergestellte Arzneimittel zur Behandlung von Infektionskrankheiten. In letzter Zeit zunehmende Anwendung als Zusatz zu Futtermitteln, um in Viehbeständen Infektionen vorzubeugen. Durch Verzehr von A.-haltigem Fleisch kann es beim Menschen zum Auftreten von Allergien gegenüber dem A. kommen. Außerdem leistet die unkritische Anwendung von A. in der Tierzucht der Ausbreitung resistenter Krankheitskeime Vorschub.

antibiotisch, gr. *anti-* gegen, *ho bíos* das Leben; lebenshemmend, wachstumshemmend.

Anticodon, der, frz. *code, m.,* das Gesetzbuch, der Telegrammschlüssel; spezifisches Nucleotidtriplett der t-RNA, das zum Nucleotidtriplett der m-RNA (Codon, Kódon) komplementär ist.

antidiuretisches Hormon, *n.,* s. Adiuretin (Syn.).

Antidórcas, *f.,* gr. *he dorkás* ein hirschähnliches Tier (mit schönen, hellen Augen), Gazelle; Gen. der Subfam. Antilopinae, Fam. Bovidae. Spec.: *A. marsupialis,* Springbock.

Antidot, das, *n.,* von gr. *anti* und lat. *dare* geben; Gegengift, z. B. gegen tierische Gifte, Zusammenstellung wichtiger Antidota im Antidotarium der „Roten Liste", dem Arzneimittelverzeichnis für Deutschland.

antidrom, gr. *ho drómos* der Lauf, die Laufbahn, entgegen verlaufend; antidrome Impulse bzw. Aktionspotentiale der Nerven, die sich entgegen der natürlichen (orthodromen) Richtung ausbreiten, z. B. bei sensiblen Nerven zentrifugal u. bei motorischen zentripetal.

Antigen, Abk. für Anti-somato-gen, das, gr. *to sóma* der Körper, *gignesthai* entstehen; Stoffe, die nach parenteraler Applikation bzw. Aufnahme spezifische Antikörper erzeugen; höher- bis hochmolekulare Verbindungen, die bei Vertebraten die Bildung von Antikörpern stimulieren u. spezifisch mit diesen Proteinen reagieren.

Antigen-Antikörper-Reaktion, die, Abk.: A. A. R., die; Wechselwirkung zwischen Antigen u. Antikörper im Organismus bzw. im Reagenzglas, d. h. ein Vorgang der reversiblen Bindung zwischen Antigen u. Antikörper im Antigen-Antikörper-Komplex.

antigone, Eigenname bzw. nach *Antigóne,* Tochter des Ödipus u. der Jokaste, benannt; in masculin. Form *(-os)* Name mehrerer Fürsten in der makedon. Zeit; s. *Grus.*

antihämorrhagisches Vitamin, *n.*; s. Vitamin K.

Antihormone, die, gr. *hormán* antreiben (aus *hormáein*); Antikörper, die gegen artfremde Hormone (Proteohormone) gerichtet sind, bzw. Steroide, die die Steroidhormonwirkung an den Erfolgsorganen verhindern.

Antikörper, der; Reaktionsprodukt des Organismus nach parenteraler Zufuhr des Antigens. Die Antikörper sind Globuline u. spezifisch gegen die Antigene gerichtet.

Antilocapra, *f.,* leitet sich ab von gr. *anthílops* das Blumenauge (*ánthos* Blume u. *óps* Aussehen) wegen der schönen Augen dieser Tiere, bes. der Gazellen, lat. *capra* die Ziege; Gen. der Antilocapridae, Gabelhornträger (Gabelantilopen). Spec.: *A. americana,* Gabelbock.

Antilope, *f.*; Gen. der Bovidae, Artiodactyla, Paarhuftiere. Spec.: *A. cervicapra,* Hirschziegenantilope.

Antimetaboliten, die, gr. *anti-* gegen, *he metabolia* die Veränderung; Stoffwechselprozesse blockierende od. verändernde Verbindungen.

Antimutagene, die; Agenzien mit der Fähigkeit, die spontane od. induzierte Mutationsrate herabzusetzen.

antineuritisches Vitamin, das; s. Vitamin B_1.

antíopa, *f.,* gr. *he Antiópē* Name der Tochter des Asopos, der Gattin des Theseus; s. *Nymphális,* s. *Vanessa.*

antiparallele Strukturen, *f.,* gr. *parállelos* nebeneinander; die in einer doppelsträngigen Nukleinsäure (RNA od. DNA) nebeneinander über Wasserstoffbrücken fixierten Polynukleidstränge haben auf Grund der Diester-Bindungen antiparallele Strukturen.

Antipathária, *n.,* Pl., gr. *antipathés* gegenwirkend, *anti-* entgegen, *to páthos* das Schicksal, Leid; Dörnchenkorallen, Hornkorallen, Ord. der Anthozoa; stockbildende Hexacorallia mit dunkler, biegsamer, dörnchenbesetzter Achse; Polypen mit 6, 10 od. 12 Mesenterien, von denen das längste Paar quer zur Breitseite des Schlundrohres verläuft u. meist allein Geschlechtszellen trägt; fossil seit dem Miozän bekannt.

Antípathes, *f.,* gr. *antipathés* gegenwirkend, weil die „Schwarzen Korallen" (ihre Skelette) in S-Asien als Schutzmittel gegen Bezauberung getragen wurden; auch für Schmuckwaren verwendet; Gen. der Antipathidae, Antipatharia, s. d.

Antipellagra-Vitamin, das, Syn.: Nicotinsäureamid; s. Vitamin-B-Komplex.

Antiperistaltik, die, gr. *periste̍llein* umschließen; Bezeichnung für rückläufige Kontraktionswellen, vorwiegend an Darmabschnitten zu beobachten.

Anti-Perniziosa-Faktor, der; s. Vitamin B_{12}.

antipyretisch, gr., *to pyr, pyrós* das Feuer, Licht; fieberbekämpfend.

antíquus, -a, -um, lat., alt, früher; Spec.: *Hippocámpus antiquórum*, Seepferdchen.
antirachitisches Vitamin, *n.*; s. Vitamin D.
antiseborrhoisches Vitamin, *n.,* lat. *sebum* der Talg; s. Vitamin H.
antiseptisch, gr. *he sépsis* die Fäulnis, Verwesung; Infektion verhindernd, keimwidrig.
Antiskorbut-Vitamin, das; s. Vitamin C.
antispastisch, gr. *ho spasmós* der Krampf; krampflösend.
Antisterilitätsvitamin, das; s. Vitamin E.
Antisympathotonikum, das, s. Sympathikus, gr. *ho tónos* die Spannung; eine Substanz (Reserpin z. B.), die den Tonus des Sympathikus herabsetzt.
Antithrombin, das, gr. *ho thrómbos* der Klumpen, Pfropfen; Hemmstoff der Thrombinaktivität.
antitragicus, s. *antítragus*; zum Antitragus gehörend, verwendet in Musc. antitragicus.
antítragus, -i, *m.,* latin., gr. *ho trágos* der Bock; ventrokaudaler Teil des Tragus, klappenart. Vorsprung am vord. Rande der Ohrmuschel.
antixerophthalmisches Vitamin, *n.*; s. Vitamin A.
Antrodémus, *m.,* gr. *to ántron* die Höhle, Grotte, u. *ho demos* der Wohnsitz, das Volk; Gen. des Subordo Theropoda des Ordo Saurischia, s. d.; fossil Oberjura (Malm) und in der Unterkreide. Syn.: *Allosaurus.* Spec.: *A. fragilis* (Oberjura).
ántrum, -i, *n.,* latin., gr. *to ántron* die Höhle, Grotte; z. B.: Antrum Highmori (Sinus maxillaris) = Kieferhöhle; A. mastoideum = größte Warzenfortsatzzelle an bestimmten Wirbeltierschädeln; A. genitale = bei vielen zwittrigen Plattwürmern eine kleine Höhle, in die die männlichen und weiblichen Geschlechtsgänge münden.
Anúbis, -idis, lat., hundsköpfig dargestellte ägyptische Gottheit; die **Anubis-Paviane** (NO-Afrika) heißen auch wegen ihres grünlich schimmernden Fells: Grüne Paviane; Sektion (Gruppe) innerhalb der Groß-Art *Papio cynocephalus*; s. *Papio.*
anuláris, -is, -e, zum kleinen Ring *(anulus)* gehörig, ringförmig; s. *Taréntola.*
ánulus, -i, *m.,* lat., der kleine Ring; Anulus tympanicus, knöcherner Paukenring des Schädels der Säugetiere.
Anúra, *n.,* Pl., gr. *an-* ohne, *he urá* der Schwanz, weil erwachsen ohne Schwanz; Froschlurche, Ordo der Amphibien; fossile Formen seit dem Jura bekannt. Gruppen: Amphicoela, Aglossa, Opisthocoela, Anomocoela, Procoela, Diplasiocoela.
ánus, -i, *m.,* lat., der Ring, After.
anzestral; s. ancestral.
áorta, -ae, lat. von gr. *he aortḗ*; die Aorta, Körperschlagader.
Aortenklappe, die; Valva aortae, halbmondförmige u. dreiteilige Taschenklappe.
aorticopulmonalis, -e, lat., *pulmo, m.,* die Lunge; zur Aorta u. Lungenschlagader gehörig.
aórticus, -a, -um, zur Aorta gehörig.
Aótus, *m.,* gr. *aotḗin* tief schlafen (in diesem Falle am Tag, weil nachtaktiv); Gen. der Aotinae, Aotidae (Cebidae), sind primitive Formen der Platyrrhini.
Apanteles, *m.,* gr. *apánte* überallhin, nach allen Seiten; Gen. der Braconidae, Superfam. Terebrantia, Schlupf- und Gallwespen.
Apatosaurus, *m.,* gr. *he apáte* die List, Täuschung u. *ho saũros* die Echse, Eidechse; erreichte etwa 23 m Länge; Gen. des Subordo Sauropoda, Ordo Saurischia, s. d.; fossil im Oberjura (Malm). Syn.: *Brontosaurus.* Spec.: *A. excelsus.*
Apatúra, *f.,* gr. *apatáein,* täuschen, trügen, schillern; Gen. der Nymphalidae, Schillerfalter. Spec.: *A. iris,* Großer Schillerfalter.
Apepsie, die, gr. *a-* α priv., *he pépsis* das Kochen; mangelhaftes Verdauungsvermögen.
apérea, Vernakularname; s. *Cavia.*
apéris, falsch gebildeter Genit. von: lat. *aper, apri* das Wildschwein; s. *Haematopinus.*
apertúra, -ae, *f.,* lat., die Öffnung, das Loch; numerische Apertur = Auflösungsvermögen einer Linse bzw. eines zusammengesetzten optischen Systems.
apertus, -a, -um, lat., offen, bloß, unbedeckt.
ápex, -icis, *m.,* lat., die Spitze, Kuppe, der Scheitel.
Apfelbaum-Gespinstmotte, s. *Hyponomeuta.*
Apfelblütenstecher, s. *Anthonomus.*
Apfelsäure, die; $HOOC \cdot CH_2 \cdot CH(OH) \cdot COOH$, Hydroxylbernsteinsäure, Zwischenprodukt bei Glykolyse u. β-Oxidation der Fettsäuren.
Apfelwickler, *Cýdia pomonélla*; Obstbaumschädling, hauptsächlich an Apfel, Birne, ferner an Pflaume, Quitte und Walnuss. Der A. belegt von Mai bis Juni junge Früchte, Triebe, Blätter mit Eiern. Die jungen Raupen (Obstmaden) schlüpfen etwa 14 Tage danach, bohren sich in die jungen Früchte ein, rufen die „Obstmadigkeit" hervor. Die Farbe der Raupen ist weißlich, später rot. Zur Verpuppung verlassen die Raupen die Früchte, suchen Verstecke zwischen den Borkenschuppen der älteren Baumteile auf. In einem Jahr können zwei Generationen auftreten. Die Überwinterung der letzten Generation erfolgt in einem Kokon unter Borkenschuppen am Stamm. Nach kurzer Puppenruhe im April des folgenden Jahres er-

scheint der Schmetterling wieder in den Obstanlagen; siehe: *Cydia.* – Maßnahmen zur Bekämpfung: Beseitigung der Winterverstecke, Auflesen des Fallobstes, Anfang Juli Anlegen von Fanggürteln gegen die Raupen, Spritzungen.

Aphakie, die, gr. *phakos* die Linse; Fehlen der Linse im Auge, angeboren oder durch Krankheit bekommen.

Aphaníptera, *n.,* Pl., gr. *aphanés* verborgen, unscheinbar, *to pterón* der Flügel, also: „Verborgenflügler"; Flöhe, Gruppe (Ordo) der Insecta. An Säugetieren (einschl. Menschen) u. Vögeln blutsaugende Parasiten. Syn. Siphonaptera, *n.,* Pl., gr. *ho siphon* die Saugröhre, *ápteros* flügellos; fossil seit der Unterkreide bekannt.

aphánius, *m.,* gr. *aphanés* verborgen, unsichtbar; Gen. der Cyprinodontidae, Eierlegende Zahnkarpfen; Cyprinodontoidea. Spec.: *A. iberus,* Spanischer Kärpfling.

Aphasie, die, gr. *a-* α priv., *phánai* sprechen; Aphemie, Sprachstörungen, die durch Erkrankung des zentralen Sprachapparates zustande kommen.

Aphasmidia, *n.,* Pl., gr. *a-* α priv., *to phásma* die Erscheinung, das Gespenst; eine Hauptgruppe (vgl. Phasmidia) der Nematoda (Fadenwürmer), denen die „Phasmiden" (einpaarige kutikuläre Einstülpungen am Hinterende, die mit Drüsen in Verbindung stehen) fehlen; sie umfassen die Gruppen (Ord.): 1. Chromadoroidea u. Enoploidea, 2. Dorylaimoidea, 3. Mermitoidea u. 4. Trichuroidea.

Aphelenchoides, *f.,* gr. *aphelés* schlicht, einfach, *to énchos* der Speer, das Schwert, *-oides* (s. d.); fast 200 Arten umfassendes Genus der Aphelenchoídidae, Aphelenchida, Nematoda. Spec.: *A. ritzemabosi* (Chrysanthemenälchen; Schadwirkung vorzugsweise bei Asteraceae); *A. fragariae* (Erdbeerälchen; besonders an Erdbeere, *Fragaria*).

Aphelinus, *m.,* gr. *aphelés* einfach, schlicht; Gen. der Aphelinidae, Chalcidoidea, Erzwespen. Spec.: *A. mali,* Blutlauszehrwespe.

Aphetohyoídea, *n.,* Pl., gr. *áphetos* losgelassen, locker; Kieferkiemer, Urfische; sehr heterogene Gruppe paläozoischer Pisces; als gemeinsames Merkmal besitzen sie die Ausbildung einer echten Kiemenspalte vor dem Zungenbeinbogen u. damit einen primitiveren Typ der Kieferbefestigung als alle anderen Gnathostomen, indem der Hyoidbogen noch nicht den Aufhängeapparat für den Kieferbogen liefert. Vorkommen: Obersilur bis Unterperm.

Aphídidae, *f.,* Pl., gr. *he aphís, -idos* die Blattlaus; Röhren-, Blattläuse, Fam. der Homoptera, Gleichflügler, Pflanzensauger. Genera: *Aphis, Hyalopterus, Aphidula, Brachycaudus* u. a.

Aphis, *f.*; Gen. der Aphídidae (s. d.). Spec.: *A. (= Doralis) fabae,* Schwarze Bohnen- od. Rübenblattlaus.

Aphódius, *m.,* gr. *he áphodos* das Weggehen, der Abtritt, auch der dort befindliche Unrat; Gen. der Subfam. Coprophaginae, Mistkäfer, Fam. Scarabaeidae, Blatthornkäfer. Spec.: *A. fimetárius,* ein Mist-, Dungkäfer.

Aphonie, die, gr. *phone* die Stimme; Stimmlosigkeit, bedingt durch Entwicklungsdefekte od. durch Erkrankung erworben.

aphotisch, gr., *a-* ohne, *ho phos, photós* das Licht; lichtlos.

Aphrodisiaka, die, gr. *aphrodisios* zum Liebesgenuss gehörig; Mittel, die den Geschlechtstrieb u. die Potenz steigern, z. B. Yohimbin, Androgene.

aphrodisisch, nach Aphrodite; den Geschlechtstrieb steigernd.

Aphrodite, *f.,* gr. *aphrodíte,* Göttin der Schönheit u. Liebe; Gen. der Fam. Aphoridítidae, Ordo Errantia. Spec.: *A. aculeata,* Seemaus.

Áphya, *f.,* gr. *he aphýe* die Sardelle; einige äußere Gemeinsamkeiten (Schwarmbildung, geringe Körperlänge) mit *Engraulis* (Anchovis) lassen Erklärung für die von Linné getroffene Namensübertragung zu; Gen. d. Gobíidae, Grundeln, Ordo Perciformes, Barschfische. Spec.: *A. pellucida,* Glasküling (ist durchsichtig, Name!).

Aphyocharax, *m.,* gr. *aphyés* unentwickelt (klein), *ho chárax* der Spitzpfahl, „kleiner Charax"; Gen. der Characidae, Salmler; Cypriniformes. Spec.: *A. rubropínnes,* Rotflossensalmler.

Aphyosémion, *n.,* gr. *to seméion* das Merkmal, Kennzeichen, Abzeichen; Gen. der Cyprinodontidae, Eierlegende Zahnkarpfen, Ordo Atheriniformes, Ährenfischartige. Spec. *A. australe,* Roter Prachtkärpfling (prachtvoll gefärbter Aquarienfisch); *A. calabáricum,* Calaber-Prachtkärpfling; *A. caliurum,* Rotsaum-Prachtkärpfling; *A. gulare,* Gelber Prachtkärpfling.

apiárius, -a, -um, lat., in Stöcken der Bienen *(apis)* lebend; s. *Trichodes.*

apiáster, lat. *apis,* gr. *aster,* s. *Merops.*

apicális, -is, -e, s. *ápex,* zur Spitze gehörig.

apicipennis, lat., mit „gipfligem" (*apex, -icis,* Wipfel, Gipfel) Flügel; die ♂ haben bei *Rhipídius* (s. d.) verkürzte, aber auseinandergehende Flügeldecken.

Apicomplexa, die, Pl., lat. *compléxus* Umarmung; obligatorische endoparasitische Protozoen, die, wie alle ehemaligen Vertreter der Sporozoa ein Sporenstadium durchlaufen. Der

Apikalkomplex der Sporozoiten u. Merozoiten besteht in der Regel aus einem konusförmigen Conoid (schraubig verlaufende Mikrotubuli mit zwei vorgelagerten conoidalen Ringen), dem Mikrotubuli organisierenden Zentrum u. den zwei flaschenförmigen Sekretionsorganellen (Rhoptrien). Zu den Apikomplexa gehören wohl die Gregarinea, die Coccidea u. die Haematozoea.

Apidae, *f.,* Pl., lat. *apis* die Biene; Bienen, Fam. der Hymenoptera; meist zottig behaarte, mittelgroße aculeate Hymenopteren mit verbreitertem u. unten bürstenartig behaartem Metatarsus der Hi.-Beine u. stark verlängerter U.-Lippe, deren 4 „Laden“ zusammen ein Saugrohr zum Schlürfen des Nektars bilden. Außer der Bürste ein Sammelapparat (Körbchen) auf den Schienen, Schenkeln (= Beinsammler) od. auf den Sterniten des Abdomens (= Bauchsammler). Die Arten der Subfam. Apinae u. Bombinae leben sozial, haben außer Männchen u. Weibchen eine Arbeiterkaste aus „geschlechtslosen“ Weibchen für Brutpflege u. Nestbau. Die übrigen Apiden leben solitär od. kommensalisch bzw. parasitisch bei anderen Apiden. Etwa 12 000 Arten beschrieben.

Apidologie, die, lat. *apis, -is, f.,* die Biene, gr. *ho lógos* die Lehre, Rede, wiss. Untersuchung; Bienenkunde.

Apidiologische Institutionen in Deutschland (Stand 1999), die; entsprechend ihrer Aufgaben u. Ansiedlungen können Bienenforschung, -Lehre u. -Praxis im unterschiedlichen Ausmaß spezifisch wahrgenommen u. entwickelt werden. Es lassen sich folgende Schwerpunkte erkennen:

1. *Universitäre Bieneninstitute:* 1.1. Institut für Bienenkunde (Apidologie) der Univ. Jena, begründet als Lehrbienenstand (1916) von Prof. A. Ludwig, zerstört in der kolonialen Diktatur (1968) u. als denkmalgeschütztes modernes Forschungsinstitut im Rahmen von Aufbau Ost unter Einbeziehung der Angewandten Zoologie (10. 12. 1989–28. 3. 1993) von Prof. Hentschel wieder aufgebaut. 1.2. Institut für Bienenkunde (Polytechnische Gesellschaft) der Universität Frankfurt a. M.; begründet 1937 von H. Gontarski.

2. *Universitätsinstitute mit Bienenforschung u. -lehre:* 2.1. Institut für Neurobiologie der Freien Universität Berlin. 2.2. Zoologisches Institut der Universität Tübingen, Lehrstuhl Entwickungsphysiologie. 2.3. Institut für Zoologie der Univ. Halle-Wittenberg, AG Molekulare Ökologie. 2.4. Institut für Allgem. Zoologie u. Experim. Morphologie der FU Berlin, AG Bienenforschung. 2.5. Institut für Landwirtschaftliche Zoologie u. Bienenkunde, Bonn. 2.6. Universität Bremen, Forschungsstelle für Bienenkunde. 2.7. Universität Hohenheim – Landesanstalt für Bienenkunde.

3. *Landesinstitute:* 3.1. Niedersächsisches Landesinstitut für Bienenkunde, Celle. 3.2. Hessische Landesanstalt für Tierzucht, Abt. Bienenzucht, Kirchhain. 3.3. Bayrische Landesanstalt für Bienenzucht, Erlangen. 3.4. Länderinstitut für Bienenkunde Hohen Neuendorf e.V. 3.5. Landwirtschaftskammer Westfalen-Lippe/Münster, Fachbereich Bienenkunde.

4. *Bienenzuchtzentren:* 4.1. Bienenzuchtzentrum Bantin. 4.2. SLVA, Fachbereich Bienenzucht, Mayen.

5. *Institute u. Untersuchungsstellen:* 5.1. Tierhygienisches Institut Freiburg, Abteilung Bienenkunde, 5.2. Institut für Honiganalytik, Bremen. 5.3. Staatl. Veterinär- u. Lebensmitteluntersuchungsamt, Fachgebiet Honiguntersuchung u. Bienenkrankheiten, Potsdam. 5.4. Untersuchungsstelle für Bienenvergiftungen an der Biologischen Bundesanstalt, Braunschweig. 5.5. Handels- u. Umweltschutzlaboratorium, Hamburg.

6. *Imkerschulen:* 6.1. Schleswig-Holsteinische Imkerschule, Bad Segeberg.

7. *Lehrbienenstände* der Bienenzüchter (Imker).

APIMÓNDIA, die, Namensbildung durch Abkürzung von „Federation d'Apiculture mondiale“, ein internationaler Verband der Bienenzüchtervereinigungen, gegründet 1949 während des XIII. Internationalen Bienenzüchterkongresses in Amsterdam. Der Sitz des Generalsekretariats befindet sich in Rom. Die Generalversammlung tagt alle 2 Jahre anlässlich der Kongresse. Die APIMÓNDIA erhält 7 Ständige Kommissionen (Bienenwirtschaft, -biologie, -pathologie, -technologie u. Imkereigeräte, Nektarflora u. Bestäubung, Bienenzucht in Entwicklungsländern, Apitherapie).

Ápion, *n.,* gr. *to ápion* die Birne (wegen der Körperform); Gen. der Subf. Apioninae, Fam. Curculionidae, Rüsselkäfer. Spec.: *A. pomonae,* Obstbaumspitzmäuschen.

Apis, *f.,* lat. *apis* die Biene; Gen. der Apidae. Spec.: *A. mellifera,* Honigbiene (Imme). Das Bienenvolk besteht aus 1 Weisel od. „Königin“ (dem geschlechtsreifen u. eierlegenden Weibchen), je nach Alter u. Rasse des Volks aus 10 000–40 000 (bis zu 70 000) Arbeiterinnen (Weibchen mit unvollkommen entwickelten Geschlechtsorganen) und etwa 200–300 Männchen (Drohnen) sowie den Eiern, Larven, Puppen in den Brutwaben.

Apis cerana, *f.,* lat. *céra, -ae* das Wachs, Wachssiegel; Syn. *A. indica,* die Indische Honigbiene.

Apis-Club, der; 1919 gegründet zur Förderung der internationalen Beziehungen auf dem Gebiet der Bienenzucht, ist der Vorläufer der International Bee Research Association (IBRA).

Apis dorsata, *n.,* lat. *dorsum, -i* der Rücken; Riesenbiene, größte *Apis*-Art; *A. d.* baut nur 1 Wabe (Wabengröße: 0,1 bis 1 m^2).

Apis florea, *m.,* lat. *flos, floris* die Blume, die Blüte; Zwergbiene, kleinste *Apis*-Art; *A. f.* baut nur 1 Wabe.

Apitherapie, s. *Apis* und gr. *therapeúein* behandeln; die Anwendung von Bienenprodukten (Honig, Pollen, Propolis, Bienengift, Weiselfuttersaft, Bienenwachs, Drohnenmaden) zur Heilung (bzw. Verhütung) von Krankheiten bei Mensch und Tier.

apivórus, -a, -um, lat., s. *Apis, voráre* fressen; bienenfressend.

aplacentália, *n.,* Pl., gr. *a-* α priv., s. placenta; die Aplazentalier, die Kloaken- und Beuteltiere (Monotremen u. Marsupialier), deren Entwicklung in der Regel ohne Bildung von Chorion u. Plazenta verläuft (vgl. die Plazentalier, d. h. die übrigen Säugetiere); frühere, nicht mehr gerechtfertigte Bezeichnung, da bereits bei manchen Metatheria (Beuteltiere, Marsupialia) Merkmale der Eutheria auftreten; s. Metatheria.

Aplacóphora, *n.,* l., gr. *a-* ohne, *he plax, plakós* die Platte, Tafel, *phoreín* tragen; Wurmschnecken, Amphineuren mit wurmförmigem Körper, der völlig od. mit Ausnahme einer engen Bauchfurche mit einer Stachelkutikula ohne Schalenplatten umhüllt ist; am Körperende liegt eine weichhäutige Höhle, in die Darm u. Gonaden münden. Syn.: Solenogastres.

Aplásia, die, gr. *a-* ohne, *plássein* bilden, formen; angeborenes Fehlen eines Organs od. Gliedes.

aplastische Gonaden, die, gr. *a-* α priv., *ho plástes* der Bildner, Former, *plastós* geformt, gebildet; rudimentäre Gonaden aus Bindegewebe.

Aplocheilichthys, *m.,* gr. *haplús (haplóos)* einfach, *to cheilos* die Lippe, *ho ichthys* der Fisch; Spec.: *A. flavipinnis,* Gelbflossiger Leuchtaugenfisch. *A. macrophthalmus,* Roter Leuchtaugenfisch, mit einfacher Lippe; Gen. der Cyprinodontidae, Cyprinodontoidea.

Aplocheilus, *m.,* gr., „mit einfacher Lippe"; Gen. der Cyprinodontidae; Cyprinodontoidea. Spec.: *A. panchax,* Gemeiner Hechtling.

Aplýsia, *f.,* gr. *he aplýsia* der Schmutz, Schlamm; Gen. der Anaspidea (= Aphysiacea); Tectibranchiata, Bedecktkiemer. Spec.: *A. depilans,* Gemeiner Seehase.

Apnoë, die, gr. *he ápnoia* die Windstille; der Atemstillstand, das Sistieren jeglicher Atembewegungen.

apo-, gr. Präfix, das Entfernen, Abgehen bzw. einen Verlust bezeichnet; Präpos.: *apó* von ... weg, von etwas fort.

Apochromáte, die, gr. *to chróma* die Farbe; Linsensysteme (-kombinationen) in Mikroskopen, die auch das sekundäre Spektrum der chromatischen Aberration zum größten Teil eliminieren.

apochromatisch, gr.; keine Farbenzerlegung zeigend.

apocrinus, -a, -um, absondernd, in apokriner Drüse (Glandula apocrina), s. apokrin.

Apocríta, *n.,* Pl., gr. v. *apokrínein* absondern, trennen; sehr reich differenzierte Gruppe der Hymenoptera; wurde früher in Terebrantes u. Aculeata eingeteilt, während neuere Systematiker die Einteilung in mehrere Untergruppen (z. B. Ichneumonoidea, Chalcidoidea, Cynipoidea, Apoidea, Sphecoidea, Vespoidea, Formicoidea, Bethyloidea) bevorzugen. Typisch für die Apokriten: Propodeum, Wespentaille, Larven apod, maskenförmig od. sekundär modifiziert, farblos, parasitisch in od. auf anderen Insekten, seltener endophytophag od. in Brutpflege (soziale Hymenopteren).

Ápoda, *n.,* Pl., gr. *á-pus, ápodos* fußlos, ohne Fuß; „Fußlose", Bezeichnung od. Name für die fußlosen Vertreter einer sonst mit Extremitäten od. analogen Bewegungsorganen versehenen Tiergruppe.

Apodémus, *m.,* gr. *apódemos* verreist, in der Fremde (sein); Gen. der Muridae, Echte Mäuse, Langschwanzmäuse. Spec.: *A. agrarius,* Brandmaus. Der Name bezieht sich auf den Wandertrieb.

Apóderus, *m.,* gr. *apó-* von, *he dérē* Hals; namentl. Bezug auf den vom Halse „abgeschnürten" Kopf; Gen. der Curculionidae (Rüsselkäfer), Coleoptera. Spec.: *A. coryli,* Haselblattroller (*Corylus, -i, f.,* Name der Haselnuss).

Apodie, die, gr. *pons, podos* der Fuß; das Fehlen der Füße, beispielsweise als Missbildung.

Apodifórmes, *f.,* Pl., *s. Apus* u. *-formes*; Seglerartige, Ordo der Aves; umfassen die Apodidae, Hemiprocnidae (Baumsegler), Trochilidae (Kolibris).

Apoënzym, das, gr. *apó-* fern von etwas, fort, s. Enzym; Apoenzyme sind thermolabile Proteine, die sich mit dem Coenzym zum Holoenzym vereinigen u. die Substratspezifität bestimmen. Syn.: Apoferment.

Apoferment, lat. *fermentáre* gären, abbauen, spalten, *fermentum* die Gärung; = Apoenzym, hochmolekulares Eiweiß, das mit dem Coferment (= Coenzym) das Holoferment (= Holoenzym) bildet. Wird nicht speziell differenziert, so ist unter Ferment das Holoferment zu verstehen.

Apogon, *m.,* gr. *ho apógonos* der Abkömmling; Gen. der Apogónidae, Kardinalfische, Ordo Perciformes, Barschfische. Spec.: *A. imbérbis,* Kardinalfisch.

apokrin, gr. *apokrínein* absondern; absondernd, verwendet für Drüsenzellen od. Drüsen, die Zellteile u. geformte Elemente absondern, beispielsweise die Milch- und Schweißdrüsen.

Apóllo, -inis, *m.,* der Sohn Jupiters u. der Latona, der schöne Bruder der Diana (Jagdgöttin); Gott des Pfeilschießens, der Heilkunde u. Weissagung, später: Sonnengott; s. *Parnássius.*

apomiktisch, gr. *apó-* von weg, fort, *he míxis, mēīxis* die Vermischung, Begattung; ohne Befruchtung sich entwickelnd.

Apomorphie, die, gr. *he morphé* die Gestalt; abgeleitetes Merkmal (od. Merkmalsausprägung), d. h. evolutiv neue Eigenschaft od. Struktur. Auch ein sekundär fehlendes Merkmal kann eine Apomorphie sein.

aponeurósis, -is, *f.,* latin., gr. *to neũron* die Sehne; die flächenhafte Sehne, Sehnenhaut.

aponeuróticus, -a, -um, aponeurosenähnlich, -artig, -förmig.

apóphysis, -is, *f.,* latin., gr. *he apóphysis* das Herauswachsen, Auswachsen; der Auswuchs. Fortsätze von Knochen, Knochenvorsprünge, z. B. Dornfortsatz, Gelenkfortsatz der Wirbelkörper.

aposematisches Verhalten, *n.,* gr. *apó-* von, weg, fort, *to sema, -matos* Kennzeichen, Signal; Warnverhalten, gebraucht im doppelten Sinne: das den Feind anzeigende Warnen (als aktive Schutzanpassung) od. vor dem Feind warnen (als Alarmverhalten).

Apothekerskink, der; s. *Scincus.*

apparátus, -us, *m.,* lat. *apparáre* zubereiten; die Vorrichtung, der Apparat.

Appéndices epiplóicae, die, s. *appéndix, epiplóicus, -a, -um,* zum Netz gehörig; mit Fett gefüllte kleine Ausstülpungen der Serosa des Dickdarms.

Appéndices pylóricae, die, s. *appéndix,* s. *pýlorus*; Pförtneranhänge, blindgeschlossene, schlauchförmige Darmanhänge vieler Fische am Übergang des Magens in den Dünndarm.

Appendiculária, *n.,* Pl., lat. *appendicula* der kleine Anhang, Dim. von appendix; Gruppe (Cl.) der Chordata; Syn.: Copelata, s. d. Gen.: *Fritillaria, Oikopleura, Kowaleskaia.*

appendicularis, -is, -e, lat.; zur Appendix gehörig.

appendix, -icis, *f.,* lat. *appéndere* anhängen; der Anhang, das Anhängsel, der Fortsatz.

Appéndix vermifórmis, die, lat. *vermifórmis* wurmförmig; Anhängsel des Blinddarms, seiner Gestalt wegen auch als Wurmfortsatz (Procéssus vermifórmis) bezeichnet.

Appetenz, die, *f.*; die soziale Appetenz, Kontaktsuche durch Auslösen von Reizen taktiler (u. a. Berühren, Streicheln, Betrommeln des Partners), olfaktorischer od. gustatorischer (Ababe od./u. Aufnahme von Hausausscheidungen u. a.).

Appetenzverhalten, das, lat. *appetítio, -ónis* das Greifen, Verlangen nach, die Neigung, Sehnsucht; zweckgerichtetes Verhalten, Aufsuchen einer adäquaten u. auslösenden Situation zum Vollzug einer Endhandlung, z. B. Nahrungssuche, Suchen des Fortpflanzungspartners. Ein Suchen nach dem Auslösereiz für eine bestimmte Instinkthandlung.

Applanatio, -onis, *f.,* lat. die Abflachung; z. B. = A. corneae, Abflachung der Hornhaut, angeboren mit partieller od. totaler Abflachung, erworben in der Folge entzündl. Zustände.

Applikation, die, lat. *applicare* verwenden, anlegen; Verabreichen einer Verbindung, beispielsweise eines Arzneimittels.

Appositionsauge, das, lat. *ad-* an, zu, heran, *positio, -ónis* die Stelle, Lage, Aneinanderlegung der Bilder isolierter Teilaugen; Facettenauge, Komplexauge, vorzugsweise bei Arthropoden vorkommend, setzt sich aus mehreren Einzelaugen (Sehkeilen, Ommatidien) zusammen (bei der Fliege *Musca* etwa 3000), ist für tagsüber aktive Insekten charakteristisch.

Appositionswachstum, das, lat. *appónere* hinzufügen; Wachstum durch Anlagern neuer Schichten u. Teilchen.

Aprilhaarmücke, s. *Bibio.*

Aptenódytes, *f.,* gr. *a-ptén* flügellos, *ho dýtes* der Taucher; Gen. der Ordo Sphenisci, Pinguine. Spec.: *A. patagonica,* Königspinguin.

aptéria, -ae, *f.,* gr. *a-* α priv., to *pterón* der Flügel; sog. Raine, Hautteile der Vögel, die keine Konturfedern tragen, sie liegen zwischen den Federfluren (Pterylae).

ápterus, -am -um, (gr. *ápteros),* lat., unbeflügelt, ohne Flossen, unbefiedert; s. *Pyrrhócoris.*

apterygot, gr. *a-* α priv., *he ptéryx, -ygos* der Flügel; flügellos.

„Apterygota“, *n.,* Pl.; „Ungeflügelte“, „Ur-Insekten“. Diese uneinheitliche Sammelgruppe umfasst 5 Ordnungen: 1. Diplura – Doppelschwänze, 2. Protura – Beintastler, 3. Collembola – Springschwänze (1.–3.: Entotropha/

Entognatha), 4. Archaeognatha – Felsenspringer (4.: Ectotropha/Ectognatha), 5. Zygentoma – Fischchen; primär flügellose Insekten, d. h., es findet keine Metamorphose statt, daher auch die synonyme Bezeichnung: Ametabola; fossile Formen seit dem Mitteldevon bekannt.

Ápteryx, *m.*; Gen. der Apterygidae, Ordo Apterygiformes, Kiwis, Schnepfenstrauße. Der Kiwi kommt in 3 Species auf Neuseeland vor, z. B. *A. mantelli*, Mantells Kiwi.

aptus, -a, -um, lat., passend, geeignet; Adaption (= Adaptation), die Anpassung.

Apus, *m., gr. á-pus* fußlos; Gen. der Apodidae, Ordo Apodiformes, Seglervögel. Spec.: *A. apus,* Mauersegler, A. ist auch Synonym für *Triops*, Genus der Notostraca (Rückenschaler), Krebstiere.

apyrén, gr. *a-* ohne, *ho pyrén* der Kern; ohne Kernsubstanz; apyrene Spermien; Spermien ohne Chromosomen; vgl. auch eu- u. oligopyren.

aqua, -ae, *f.,* lat., das Wasser, Gewässer.

aquaedúctus, -us, lat. *dúcere* leiten, führen; die Wasserleitung.

Aquaeductus Sylvii, der; die Sylvische Wasserleitung; ein nach Franciscus Sylvius aus Hanau benannter enger Verbindungskanal zw. dem 3. u. 4. Hirnventrikel, liegt im Mesencephalon u. wird auch als A. cerebri bezeichnet.

Aquaristik, die, lat. *aquárius* das Wasser betreffend; angewandte Aquarienkunde; Aquarienliebhaberei.

Aquarium, das; Glasbehälter zum Halten u. zur Zucht von Wassertieren.

aquaticus, -a, -um, lat., am od. im Wasser *(aqua)* lebend; s. *Rallus*, s. *Hyemoschus,* s. *Argyroneta*, s. *Asíllus.*

aquatilis, -is, -e, im Wasser lebend, aquatil, an das Wasserleben angepasst.

aquatisch, im Wasser lebend.

aquēus, -a, -um, lat., wässrig, aus Wasser.

áquila, -ae, *f.,* lat., der Adler; s. *Aëtóbatus.*

Aquila, *f.*; Gen. der Accipitridae, Habichtartige. Spec.: *A. chrysaëtos,* Stein- od. Goldadler; *A. pomarina,* Schreiadler; *A. verreauxi,* Kaffernadler; *A. clanga,* Schelladler; *A. rapax*, Steppenadler.

aquilus, -a, -um, lat., schwärzlich, dunkelfarbig; Spec.: *Myliobatis aquila,* der Adlerrochen.

Ara, *f.,* lat. *ara* der Altar, Schirm, Schutz; Gen. der Psittacidae, eigentl. Papageien. Spec.: *A. militaris,* Soldatenara; *A. chloroptera,* Grünflügelara; *A. macao*, Arakanga; *A. ararauna,* Ararauna.

Araber, der; Arabisches Vollblutpferd, in N- und M-Arabien; aus vorderasiat. Landschlägen entstandenes Pferd, seit 7. Jh. in Reinzucht auf Lebenstüchtigkeit und Gebrauchsleistung selektiert. Schön, edel (nervig), harmonisch gebaut, widerstandsfähig, ausdauernd, genügsam, fruchtbar, gutartig. In vielen Ländern mit Warmblut- und z. T. auch Kaltblut- und Kleinpferden gekreuzt (Veredlungskreuzung).

Arachnáta, *n.,* Pl., gr. *he aráchnē* die Spinne, latin.; zusammenfassende Bezeichnung für die Trilobitomorpha u. Chelicerata, die auf Grund ihrer gemeinsamen phylogenetischen Basis den Mandibulata (mit den Crustacea u. Antennata) gegenübergestellt werden.

Arachnida, *n.,* Pl., gr. *to ēídos* die Gestalt, das Aussehen, wörtlich: „Spinnenähnliche“; Spinnentiere, luftatmende Chelicerata, deren teils gegliedertes, teils ungegliedertes Opisthosoma keine ausgebildeten Extremitäten, sondern höchstens abgewandelte Rudimente davon trägt; fossil seit dem Silur nachgewiesen. Gruppen (Ord.): Scorpiones, Pedipalpi, Palpigradi, Araneae, Pseudoscorpiones, Opiliones, Solifugae, Ricinulei, Acari.

aráchnium, *n.,* gr. *to aráchnion* das Spinnengewebe.

arachnoidális, -is, -e, lat. *-alis* bezeichnet die Zugehörigkeit; zu Arachnoidea gehörig.

Arachnoídea, - ae, *f.,* latin., die spinnengewebsähnliche Haut; die Spinnwebenhaut, sie ist die äußere Schicht der weichen Hirn- bzw. Rückenmarkshaut (Leptomeninx). Leptomeninx u. Pachymeninx (Dura mater od. harte Haut) umgeben als Meningen das zentrale Nervensystem der Säuger.

arachnoideus, -a, -um, ähnlich dem Spinngewebe bzw. ihm zugehörig.

Arachnologie, die, gr. *he aráchne* die Spinne, *ho lógos* die Lehre, Kunde; Lehre von den Spinnentieren, Spinnenkunde: Syn.: Araneologie.

Áradus, *m., ho árados* das Knurren im Leibe; Gen. der Arádidae (Rindenwanzen). Heteroptera. Spec.: *A. cinnamómeus,* Kieferrindenwanze.

Araeócercus, *m.,* gr. *araiós* dünn, *to kéras* das Horn, der Fühler, also: mit dünnen Fühlern; Gen. der Anthríbidae. Spec.: *A. fasciculatus,* Kaffeebohnenkäfer.

Arakanga, s. *Ara macao*, stattlicher Ara-Vertreter; ist feuerrot mit ultramarinblauen Federn an Flügeln, Bürzel u. Schwanzwurzel sowie mit einem gelben Band über die Schultern.

aránea, -ae, *f.,* lat., die Spinne; Spec.: *Hyas aranea,* „Seespinne“ (eine Krabben-Art).

Aráneae, *f.,* Pl., lat., Webspinnen; die mit über 20 000 Species artenreichste Gruppe der Arachnida; die A. stehen den amblypygen Pedipalpi nahe.

Aráneus, *m.*, lat. *aránea* die Spinne; Gen. der Araneidae, Kreuzspinnen. Syn. von *Araneus: Arana, Epeira.* Spec.: *A. diademátus,* Kreuzspinne.

aráneus, -a, -um, lat., spinnenartig; s. *Sorex aráneus,* dem eine den Spinnen ähnliche lähmende Speichelwirkung beim Biss kleiner Beutetiere eigen ist.

Arantius, Giulo Cesare, Bologna, 1530–1589; nach ihm wurde der Ductus venosus Arantii benannt, der bei den Embryonen der Säuger vor der Geburt die Nabelvene mit der unteren Hohlvene verbindet und einige Zeit nach der Geburt zu einem dünnen Bindegewebsstrang (Ligamentum Arantii) obliteriert.

Arapāima, *m.,* Vernakularname; Gen. der Osteoglossidae; Spec.: *A. gigas,* Arapaima, ein wichtiger, bis 4 m lang u. bis 20 kg schwer werdender Speisefisch in den Flüssen des tropischen S-Amerika.

Ararauna, s. *Ara ararauna,* stattlicher Vertreter der Aras (der bunteste u. bes. bekannte Papagei), ist oben blau, unten goldgelb, mit schwarzer Kehle, grünem Scheitel, dessen mit schwarzen Strichen geziertes nacktes Gesicht bei Erregung erröten kann.

árbor, -oris, *f.,* lat., der Baum.

Arbor vitae, der, lat. *vita, -ae* das Leben; „Baum des Lebens", baumförmige Verästelung der Markblätter des Kleinhirns, wie sie auf Medianschnitten in Erscheinung tritt.

arboréscens, lat. *arboréscere* baumartig wachsend; ein Baum werdend.

arbóreus, -a, -um, lat., baumartig, zum Baum gehörig, auf Bäumen lebend; Spec.: *Hyla arborea,* Laubfrosch.

arboricól, lat. *árbor,* s. d., *cólere* bewohnen, bebauen; baumbewohnend; für arboricole Säugetiere ist z. B. der Kletterfuß typisch.

arborum, lat., s. *árbor,* davon Genitiv Pl.: „der Bäume", Baum-; s. *Limax.*

Arboviren (Viren), *n.*, Pl. engl. ARBO viruses, Abk. f. arthropode-borne viruses; hauptsächl. in blutsaugenden Arthropoden sich vermehrende u. durch Biss o. Stich auf Wirbeltiere übertragene Viren; z. Z. sind etwa 400, darunter über 80 humanpathogene A. bekannt. Sie werden klassifiziert in Togaviridae u. Bunyaviridae sowie als Genus *Orbivirus* der Reoviridae. I. w. S. werden auch (nicht durch Athropoden übertragene) Viren der Arenaviridae, Filoviridae u. Rhabdoviridae als A. bezeichnet. Verbreitung: v. a. Subtropen u. Tropen, auch Steppen u. Savannengebiete; Vögel sind häufig natürl. Wirte u. tragen zur weltweiten Verbreitung bei. Übertragung: i. d. R. über Mücken *(Culicinae, Anopheles, Culicoides, Phlebotomus)* od. Zecken (Ixodoidea, *Dermacentor, Haemaphysalis*) als Vektoren; s. Arbovirose.

Arbovirose, -osis, *f.*; engl. arhtropode-borne virus disease; endemisch-epidem., sporad., manchmal saisonal gehäuft auftretende Inf., verursacht durch Arboviren (s.o.), meist im Verbreitungsgebiet entspr. Vektoren. Proph.: Bekämpfung der Vektoren; eine Reihe von A. hinterlässt lebenslang Immunität, so dass Impfungen möglich sind (z. B. Gelbfieber).

arbustórum, lat., Gen. Pl. von *arbústum* der Baumgarten, also „der Baumgärten", in Baumgärten; s. *Arianta.*

Arca, *f.,* lat. *arca, -ae, f.,* der Kasten; Gen. des Ordo Taxodonta (der Phalanx Arcacea); fossile Formen seit dem Mitteljura (Dogger) bekannt. Spec.: *A. tetragona,* Archenmuschel.

Arcélla, *f.,* lat. *arcella* der kleine Kasten; Gen. der Testacea, Amoebina, Rhizopoda. Spec.: *A. vulgaris.*

Archäikum (Archaikum), das; geolog. Uraltzeit; unterer Abschnitt des Präkambriums.

Archaeocyatha, *n.,* Pl. gr. *archāíos* alt, latin. *cyáthus* der Becher; Stamm fossiler, mariner Riffbildner aus dem Unteren u. Mittleren Kambrium, wohl zwischen Porifera und Coelenterata stehende Parazoa. Syn.: Cyathospongia, Pleospongia. Gen.: *Archaeocyathus, Monocyathus.*

Archaeognatha, die, Pl., gr. *gnáthos* Kinnbacke, Wange, Gebiss; Felsenspringer; Sammelgruppe der ehemaligen „Apterygota" mit auffälligem Sprungvermögen. Spec.: *Petrobius brevistylis,* Küstenspringer.

Archaeopsýlla, *f.,* gr. *he psýlla* der Floh; Gen. der Pulicidae. Spec.: *A. erinácei,* Igelfloh.

Archaeópteryx, die, gr. *archāíos* alt, *he ptéryx, -ygos* der Flügel; Gen. der fossilen Urvögel (Archaeornithes), Urvogel, ausgestorbener Vogel mit Reptilienmerkmalen aus dem Oberen Jura.

Archaeórnis, *m., ho, he órnis* der Vogel; fossiler Urvogel, der von *Archaeopteryx* differenziert wurde.

Archäozoikum, das, gr. *to zóon* das Tier; Eozoikum, Proterozoikum, Erdfrühzeit, mit ersten Spuren heterotropher Organismen; etwa gleichzusetzen mit dem Algonkium.

Archaeozyten, die, gr. *to kýtos* das Gefäß; bei Schwämmen vorkommende omniopotente Zellen, aus denen Geschlechts- oder Wanderzellen hervorgehen, vgl. Gemmulae.

archaisch, altertümlich, frühzeitlich, ursprünglich.

Archamoebaea, *n.,* Pl., gr.; Gruppe der einzelligen Eukaryota (Einzeller). Die A. repräsentieren den ursprünglichen Typus geißeltragender Einzeller, der durch ungepaarte Kinetosomen charakterisiert ist. Dass die Axonemata der Geißeln möglicherweise in Reduktion begriffen sind, könnte mit einer amöboiden Bewegungsweise erklärt werden. Die Synapomorphie der Vertreter dieser Gruppe ist der Besitz eines flagellar-cytoskelettalen Komplexes (karyomastigot), der jeweils (1) das Kinetosom der Geißel, (2) die von einem Mikrotubuli organisierenden Zentrum (MTOC) ausgehenden Mikrotubuli sowie (3) einen Zellkern umfasst. Im typischen Fall wird der Zellkern durch dieses System becherförmig oder konisch umhüllt. Der Geißelapparat (mastigot), der in Ein- od. Mehrzahl vorhanden sein kann, besteht jeweils nur aus einem einzigen Flagellum u. einem einzigen Basalkörper. Genera: *Pelomyxa* (s. d.) (aus Westheide/Rieger 1996).

Archanthropini, *m.,* Pl.; Früh- oder Urmenschen, Pithecanthropus-Gruppe bzw. -Formenkreis; Fossilfunde aus dem unteren und mittleren Pleistozän, Vertreter werden in der Art *Homo erectus* zusammengefasst (z. B. *Homo erectus bilzingslebennensis*).

Archencéphalon, das, gr. *he arché* der Anfang, *ho enképhalos* das Hirn; das Urhirn, nach Ansicht einiger Morphologen die vorderste primäre Hirnblase, die als blasenartige Erweiterung an der ursprünglich rohrartigen Anlage des Gehirns bei den Embryonen der Wirbeltiere auftritt.

Archenmuschel, die; s. *Arca.*

Archénteron, das, gr. *to énteron* Inneres; Urdarm, der vom Entoderm ausgekleidete innere Hohlraum der Gastrula.

Archiannelida, *n.,* Pl., gr. *archi-* ur-, also: Ur-Anneliden; Ordo bzw. (künstliche) Kollektivgruppe der Polychaeten, deren Organisation stark vereinfacht erscheint od. die auf einem larvalen Zustand stehengeblieben sind; bewohnen Spaltenräume (insbes. das Mesopsammon). Die A. sind offensichtlich als die phylogenetisch ältesten Formen der lebenden Polychaeten anzusehen. Genera: *Polygordius, Protodrilus, Saccocirrus, Nerilla, Dinophilus.*

Archicoelomáta, *n.,* Pl., gr. *kṓilos* hohl, also: primäre Coelomaten; von Ulrich vorgeschlagene vereinigte Gruppe für alle trimeren Stämme, die als Basis der Bilateria gedacht ist. Es kommt so zu einer Dreiteilung der Bilateria in Gastroneuralia, Notoneuralia u. A. Die A. umfassen nach einer Auffassung die Tentaculata, Branchiotremata, Echinodermata.

Archicortex, der, lat. *cortex* die Rinde, Schale; graue Substanz des Archipalliums.

Archigénesis, die, gr. *he génesis* die Erzeugung, Entstehung; die Urzeugung; Ggs.: Tokogenie.

Archimerie, die, gr. *to méros* der Teil; primäre Körpergliederung in seiner Längsachse: Prosoma, Mesosoma, Metasoma. Dieser geht eine Dreigliederung des Mesoblastems (Mesoderms) bzw. der Cölome (Axocöl, Hydrocöl, Somatocöl) voraus.

Archimetamerie, die; s. Archimerie.

Archineuron, das, gr. *arche* Anfang, *neuron* Nerv; das zentrale efferente Neuron, Pyramidenzellen u. Fortsätze der Großhirnrinde.

Archipállium, das, lat. *pállium, -i, n.,* der Mantel, die Hülle; der Urgroßhirnmantel, ein Korrelationszentrum, das bei den Säugern zur Hippocampusformation wurde.

Archipterýgium, das, gr. *he ptéryx, -ygos* der Flügel; nach C. Gegenbaur die Urflosse; der aus dem Kiemenskelett abzuleitende Urtypus des Skeletts der paarigen Gliedmaßen aller Wirbeltiere, heute z. B. noch vorhanden beim Lungenfisch *Neoceratodus.*

Archipterygota, *n.,* Pl., gr.; die geflügelten Urinsekten, die allen anderen Pterygota, den Metapterygota, gegenübergestellt werden. Typisch ist für die A. eine Häutung im geflügelten Stadium, die nur noch die Eintagsfliegen *(Ephemera)* besitzen.

Architeuthis, *f.,* gr. *he teuthís* der Tintenfisch, also: Ur-Tintenfisch; Gen. der Teuthoidea, Kalmare; Riesentintenfisch mit Körperlänge bis 6 m u. mit Fangarmen bis 14 m Länge.

Architomie, die, gr. *témnein* schneiden; Längs- bzw. Querteilung des Körpers als einfache Durchschnürung, eine Form ungeschlechtlicher Fortpflanzung besonders bei Hohltieren u. bestimmten „Würmern".

Archosauria, gr. *archā́ios* uralt, *ho sā́uros* Echse, Eidechse; eine Subcl. der Reptilia, zu ihr gehören die Chelonia, Thecodontia, Crocodilia, Pterosauria, Saurischia und Ornithischia, s. d.; fossil seit dem Perm, herrschend im Mesozoikum.

Arctia, *f.,* gr. *ho árktos* der Bär; Gen. der Arctiidae (Bären); Ordo Lepidoptera, Schmetterlinge. Spec.: *A. caja,* Brauner Bär, Gemeiner Bärenspinner.

Arctícis, *m.,* gr. *hó árktos*; früher fälschlich zu den Procyónidae (s. d.) gerechnet u. „Bärenmarder" od. „Marderbär" genannt; Gen. der Viverridae (Schleichkatzen), Feloídea, Carnivora. Spec.: *A. binturong,* Binturong („Bärenkatze").

Arctocébus, *m.,* gr. *ho kebos* eine Affenart, „Bärenaffe"; Gen. d. Lorisidae, Galagoidea, Primates. Spec.: *A. calabarensis,* Bärenmaki.

Arctocéphalus, *m.,* gr. *he kephalé* der Kopf; Gen. der Subf. Arctocephalinae, Pelzrobben od. Seebären, Otariidae (Ohrenrobben), Pinnipedia. Spec.: *A. ursinus,* Seebär.

Arctoídea, *n.,* Pl., gr. *-oidea,* „Bärenähnliche"; als Syn. von Canoídea (s. d.).
Arctomys, *m.,* gr. *ho mys* die Maus; Gen. der Sciuridae. Spec.: *Arctomys (= Marmota) marmota,* Alpenmurmeltier.
Arctósa, *f.*; Gen. der Lycosidae, Wolfsspinnen. Manche Spec. legen Erdröhren an, die sie vor der Eiablage zuspinnen. Spec.: *A. cinerea; A. perita.*
arcuális, -is, -e, lat., zum Bogen gehörig.
arcuátus, -a, -um, 1. bogenförmig gekrümmt, mit Bogen versehen; 2. abwehrbereit, gepanzert; s. *Corydoras.*
árcus, -us, *m.,* lat., der Bogen, die Krümmung.
árcus aórtae, der; Aortenbogen.
Árdea, *f.,* lat. *árdea* der Reiher; Gen. der Fam. Ardeidae, Reiher. Spec.: *A. cinerea,* Graureiher; *A. purpurea,* Purpurreiher.
Ardéola, *f.,* lat. *ardéola* der kleine Reiher; Gen. der Ardeidae, Reiher. Spec.: *A. ralloides,* Rallenreiher.
área, -ae, *f.,* lat., das Feld, die Fläche; 1. Fruchthof in der Umgebung eines Wirbeltierkeimes, z. B. die A. pellucida, A. opaca, A. vasculosa; 2. bei Brachipoda ein Feld zw. Wirbel u. Schlossrand; 3. bei Bivalvia eine abweichend gestaltete Fläche hinter dem Wirbel.
Area centrális, die; s. *centralis;* die Stelle des schärfsten Sehens in der Retina des Vertebratenauges, eine häufig vorhandene Einsenkung der A. c. bildet die Fovea centralis.
Areál, das; Siedlungsgebiet einer systematischen Kategorie (Sippe) der Tiere od. Pflanzen, z. B. einer Gattung, Art, Unterart.
aréna, -ae, *f.,* lat., der Sand, sandiger Ort, Küste.
Arenaria, *f.,* lat. *aréna* der Sand (Bezug zum ausschließlichen Vorkommen an Meeresküsten); Gen. der Charadriidae, Regenpfeifer, Ordo Charadriiformes, Möwenartige. Spec.: *A. interpres,* Steinwälzer.
arenárius, -a, -um, lat., zum Sand (arena) gehörig; s. *Mya.*
Arenícola, *f.,* lat. *cólere* bewohnen, also: Sandbewohner; Gen. der Arenicolidae, Cl. Polychaeta. Spec.: *A. marina,* Sand- od. Köderwurm.
Arenikole, die; Arenicola, *n.,* Pl.; Sandbewohner, Aufenthaltstypen (s. d.).
arenósus, -a, -um, lat., sandig.
aréola, -ae, *f.,* lat., Dim. von *área*; 1. Areola mammae, der pigmentierte Warzenhof um die Brustwarze des Menschen; 2. Areola: Warzenhof um meist größere „Warzen" der Seeigelstacheln.
areoláris, -is, -ie, zum Warzenhof gehörend.
Argas, *m.,* gr. *arges* weiß, funkelnd, glänzend, *ho argas,* auch *argḗs,* die (eine) Schlange(nart); Gen. der Argásidae (Lederzecken), Anactinotrichida, Acari. Spec.: *A. reflexus,* Taubenzecke (ventral und Beine weißlichgelb; bis 4 mm; ohne Scutum, saugt nachts an Vögeln, selten am Menschen); *A. persicus,* Mianawanze, Persische Wanze (Vorkommen im Irak bei der Stadt Miana, auch in Ägypten; in Wohnungen, nachts auf Beute, „Landplage" für den Menschen durch schmerzhafte Stiche).
Argásidae, *f.,* Pl.; s. *Argas,* Lederzecken; Familie der Anactinotrichida. Körperoberfläche nicht schilderbedeckt, das Integument schwach chitinisiert, lederartig. Das Capitulum nur bei Larven terminal, bei Nymphenstadien und Adulten ventral. Die Stigmenöffnungen liegen lateral zwischen III. und IV. Beinpaar, die Geschlechtsöffnung befindet sich bei den Weibchen median in Höhe des 1. Beinpaares. A. sind Parasiten von Groß- und Kleinsäugern, Vögeln, Reptilien. Die Entwicklung verläuft über Ei, Larve, mehrere Nymphenstadien, Adulte; kann mehrere Jahre dauern. A. nehmen nur Blutnahrung auf, längere Hungerperioden können überstanden werden. Schadwirkung hauptsächl. durch Blutentzug bei den Wirtstieren sowie durch die Übertragung protozoär, virus- und bakteriell bedingter Krankheiten. Wichtige Gattungen: *Argas* (s. d.); *Ornithodorus.*
Arge, *f.,* gr. *argós* glänzend, schimmernd; Gen. der Árgidae (Blattwespen); Hymenoptera. Spec.: *A. rosae,* Rosenbuschhornblattwespe.
argentátus, -a, -um, lat., silberbedeckt, silbrig, silberweiß; Spec. *Larus argentatus,* Silbermöve.
argéntum, -i, *n.,* lat., das Silber.
Arginase, die; Enzym, das Arginin in Ornithin u. Harnstoff spaltet, z. B. in der Leber u. Niere.
Arginin, das; α-Amino-δ-guanidinovaleriansäure, eine basische Aminosäure, $H_2N{-}C({=}NH){-}NH{-}CH_2CH_2CH_2CH({-}NH_2){-}COOH$, die in verschiedenen Pflanzenorganen gespeichert werden kann.
Argonauta, *f.,* gr. *Argó* das Schiff, auf dem die Griechen nach Colchis fuhren, um das Goldene Vlies zu holen, *ho naútes = ho nautílos* der Schiffer, auch der alte Name dieses Tintenfisches; Gen. des Ordo Octobrachia, Achtarmige Tintenfische. Spec.: *A. argo,* Papiernautilus.
Árgulus, *m.,* lat., Dim. v. *Argus,* Name eines 100-äugigen Riesen; Gen. der Branchiura (Kiemenschwänze), Crustacea. Karpfenlaus, auf der Haut von Fischen, namentlich an Karpfen schmarotzend, oft in Karpfenteichen schädlich; Körper schildförmig abgeplattet. Sie

heften sich mit zwei Saugscheiben und klammerförmig gestalteten Extremitäten an der Haut fest. Die Haut wird mit einem Stachel durchstoßen, das den Stachel umgebende Mundrohr saugt Blut, Gewebesäfte auf. Wichtige Arten: *A. foliaceus* (Länge bis 7 mm); *A. japonicus* (Länge bis 8 mm).

Argusfisch, der; s. *Scatophagus argus*; geselliger, harter Aquarienfisch, der mit runden Flecken („wie Augen") betupft ist.

Argusianus, *m.*, der 100äugige Wächter der von Jupiter in eine Kuh verwandelten Jo hieß Argus, dessen 100 Augen Juno in den Schweif des ihr geweihten Pfauen setzte; Gen. der Phasianidae. Spec.: *A. argus,* Arguspfau (das Männchen hat viele „Pfauenaugen" auf den großen Armschwingen u. den mittleren Schwanzfedern).

Arguspfau, der; s. *Argusianus.*

Argýnnis, *f.*, gr. *he Argynnis* die Silberne, Beiname der Venus; Gen. der Nymphalidae. Spec.: *A. paphia,* Kaisermantel.

Argyronéta, *f.*, gr. *ho árgyros* das Silber, *netós* von nēin *(né-ein)* spinnen; Gen. der Agenelidae, Trichterspinnen. Spec.: *A. aquatica,* Wasser- od. Silberspinne.

Argyropélecus, *m.*, gr. *ho pelekys* das Beil, die Axt; Gen. der Sternoptychidae, Beilfische. Spec.: *A. hemigymmus,* Cocco, Silberbeil; *A. affinis,* Tiefseefische mit Leuchtorganen.

argyrophil, gr. *philēin* lieben; für Gewebe verwendet, die leicht Silberfärbungen annehmen.

Arhinenzephalie, die, gr. *rhis, rhinos* die Nase, *enkephalos* das Gehirn; das Fehlen des Riechhirns, eine Missbildung.

Arhythmie, die; gr. *a-* α priv. u. *ho rhythmós* der Takt, das Zeitmaß; Störung einer rhythmischen Tätigkeit, insbes. Unregelmäßigkeit der Herztätigkeit.

arhythmisch, sich unregelmäßig bewegend, Mangel an Rhythmus aufweisend.

Ariánta, *f.*, gr.; Gen. der Phalanx Helicacea, Ordo Stylommatophora, Landlungenschnecken. Spec.: *A. (= Ariónta) arbustorum.*

arides Klima, das, lat. *aridus* trocken, dürr; trockenes Klima, Wüstenklima.

aries, ariétis, *m.*, lat., der Widder, Schafbock; Spec.: *Ovis aries,* Schaf.

arietans, Partizip Praesens von lat. *arietáre* anrennen, stoßen, angreifen; „angreifend", womit die Gefährlichkeit der Giftschlange *Bitis arietans,* der Puffotter, bezeichnet wurde; sie verursacht zahlreiche Todesfälle bei Mensch u. Haustieren in Afrika.

arietínus, -a, -um, zum Widder gehörig.

Arietites, *m.*, lat. *áriēs, -etis, m.,* der Widder (auch als Sternbild), Schafbock, *-ites* (s. d.); Gen. der Arietitidae, Subordo Ammonitina, Ordo Ammonoidea, s. d.; Leitfossil im Unteren Jura (Lias). Spec.: *A. bucklandi.*

árion, gr. *Aríon*, der bekannte, von einem Delphin gerettete gr. Zitherspieler aus Methymna auf Lesbos; s. *Lycaena.*

Árion, *m.*; Gen. der Ariónidae, Ordo Stylommatophora. Spec.: *A. empiricorum,* Große Wegschnecke; *A. hortensis,* Gartenwegschnecke.

arísta, -ae, *f.*, lat., Granne, übertr. Ähre; Arista, Fühlerborste fliegenartiger Insekten.

Aristoteles, geb. 384 v. u. Z. Stagira (Mazedonien), gest. 322 Chalkis auf Euböa; gr. Philosoph, fasste den Menschen in seiner „Politik" als gesellschaftliches Wesen (Zoon politikon) auf; bedeutendster Denker der Antike und Begründer der peripatetischen Schule. In der Biologie sind vor allem seine zoologischen Forschungen von starkem Einfluss auf die weitere Entwicklung der Zoologie bis zur Renaissance geworden. Bücher (Werke) von A. sind: „De partibus animalium" (Über die Teile der Tiere), „Historia animalium" (Naturgeschichte der Tiere), „De generatione animalium" (Über die Entstehung der Tiere), „De animalium motione" (Über die Bewegung der Tiere), „De animalium incessu" (Über die Fortbewegung der Tiere), „De anima" (Über die Seele). – A. gilt insgesamt von der Anlage seiner Werke her als erster großer Enzyklopädist.

-arius, -a, -um, lat. (Suffix); gebraucht gegen, aussehend wie, -ähnlich.

Arktis, die, gr. *ariktikós* nördlich; Subregion der Holarktis od. Känogäa, üblich: Arktische od. Hyperboräische Subregion.

arktisch, das Nordpolargebiet betreffend, zu ihm gehörig.

arma, -órum, *n.,* lat., die Waffen, Geräte; Spec.: *Echimys armatus,* eine Lanzenratte.

Armadillídium, *n.*, Dim. von *armadillo*, einem spanischen Namen für Gürteltier, wegen der Ähnlichkeit mit einem Armadill; Gen. der Oniscoides, Landasseln. Spec.: *A. vulgare,* Gemeine Roll- od. Kugelassel.

Armadillo, *m.,* wegen der Ähnlichkeit mit einem Armadill, s. o.; Gen. d. Armadillidae, Oniscoidea. Spec.: *A. officinális* (früher *offizinell*).

armatus, -a, -um, lat., mit Waffen *(arma)* versehen, bewaffnet, bewehrt, geschützt; s. *Priacánthus, Echimys.*

Armbruster, Ludwig, geb. 7. 9. 1886 Markdorf i. Baden, gest. 4. 6. 1973 Lindau; Apidologe. 1904 Studium der Theologie, 1909 Ordination, Vikar, 1911 Studium der Naturwissenschaften, 1913 Promotion u. Examen für das höhere Lehramt, 1918 Mitarbeiter der Forschungsstelle für Bienenbiologie und Bienenzüchtung am Kaiser-Wilhelm-Institut, 1923 ao. Prof. für Bienenkunde u. Gründung des Instituts für Bienenkunde an der Landwirtschaftl. Hochschule in Berlin. 1929 Ordinarius mit Lehrstuhl für Bienenkunde, 1934 in den Ruhestand versetzt.

Armindex, der, lat. *indicáre* anzeigen; morphologisches Einteilungskriterium der Chromosomen, wird bestimmt von der Lage des Centromers, drückt das Verhältnis der langen zu den kurzen Armen eines Chromosoms aus.

Arndt, Walter, geb. 1891, gest. 1944, Dr. med. (1919), Dr. phil. (1920), 1920 Assistent am Zool. Inst. u. Museum in Breslau (Wroclaw), ab 1921 Assistent u. ab 1925 Kustos am Zool. Museum der Univ. Berlin, 1931 Titularprofessor, 1943 als Defätist denunziert u. 1944 im Zuchthaus Brandenburg hingerichtet. Wissenschaftlich bekannt als Zoologe, Spongiologe, Hydrobiologe, Museologe u. Herausgeber. Publikationen: Die Spongillidenfauna Europas (Arch. f. Hydrobiol. 17, (1926), 337–365); Porifera (Schwämme), Spongien, in: Die Tierwelt Deutschlands (Hrsg. F. Dahl), T. 4, Jena 1928; „Fauna Arctica" in der Drucklegung wieder aufgenommen, 5 (Jena 1928), 1–8; Die biologischen Beziehungen zwischen Schwämmen u. Krebsen (Mitt. Zool. Mus. Berlin 19 (1933), 221–305; Die Rohstoffe des Tierreichs (Hrsg. F. Pax u. W. Arndt, Berlin 1928–1940); vgl. Ulrich, W.: Walter Arndt (1891–1944) und die Zählung der Tierarten. Sitzungsber. Ges. Naturforsch. Freunde zu Berlin (N.F.) 1, Heft 1–3, 20–37.

Arni, s. *Bubalus.*

Arnoldíchthys, *m.,* gr. *ho ichthýs* der Fisch, nach *Arnold* als Eigenname, wahrscheinl. zu Ehren des Astronomen Chr. Arnold (1650 bis 1695) benannt; Gen. der Characidae, Cypriniformes. Spec.: *A. spilópterus,* Afrikan. Großschuppensalmler.

Arogenese, die, gr. *arústhai* entsprossen (sein), *to génos* die Abstammung, Nachkommenschaft; das Herauslösen einer Gruppe aus einem mikroevolutionären Bereich u. Entstehung eines anderen adaptiven Bereiches; vgl. Allogenese.

Arolium, das, gr. *arústhai* entsprossen (sein); bei Insekten der unpaarige, lappenförmige Anhang des letzten Tarsengliedes, der zwischen od. unter den Klauen liegt; dient als Haftlappen z. B. bei Hautflüglern.

Arómia, *f.,* gr. *to ároma* das Gewürz (Kraut); Gen. der Cerambycidae, Bockkäfer. Spec.: *A. moschata,* Moschusbock (metallisch grün glänzend, verbreitet starken Moschusgeruch; Larve lebt in Weiden, Salicaceae).

arousal, engl. *to arouse* wecken, aufwecken; aus dem Engl. übernommen als Ausdruck des Reaktivitätszustandes, der elektro- od./u. verhaltensphysiologisch ermittelt werden kann. Neurophysiologisch ein Vorgang, in welchem z. B. durch Reizung eines unspezifischen Systems große Neuronenverbände in einen Zustand gesteigerter Reaktivität gebracht werden.

Arousal-Effekt, der; die Alpharhythmus-Hemmung im EEG bis zum Verschwinden der Wellen.

arquátus, -a, -um, =*arcuatus* lat., gebogen, gekrümmt; Spec.: *Numenius arquata,* Großer Brachvogel (sprachl. Bezug auf den gekrümmten Schnabel).

arrector, -oris, *m.,* lat. *arrígere* aufrichten; der Aufrichter.

arrectóres pilórum, lat, *arrígere, pílus, -i, m.,* das Haar; glatte Muskelfasern, die am Haarbalg angreifen u. die Haare aufrichten („Aufrichter der Haare").

Arrhenius, Svante August, geb. 1859 Wijk bei Upsala, gest. 1927 Stockholm; Prof. an der Stockholmer Univ., seit 1905 auch Direktor des physikal.-chem. Nobelinstitutes. 1903 Nobelpreis für Chemie; schuf 1884 die Theorie der elektrolyt. Dissoziation u. arbeitete auf Grund dieser über Leitvermögen, Reaktions- u. Diffusionsgeschwindigkeiten.

Arrhenoidie, die, gr. *árrhen* männlich, *-ḗides* ähnlich; die Hahnenfedrigkeit der Hennen.

Arrhenotokie, die, gr. *ho tókos* die Geburt, das Gebären; die Entwicklung männl. Tiere aus unbefruchteten Eiern (z. B. der Drohnen).

Arrosion, die, lat. *arródere* annagen, benagen; 1. allgemein: das Annagen; 2. medizin.: die partielle Zerstörung von Gefäßwänden, Knochen usw. durch entzündliche Vorgänge od. Tumoren im Umfeld, häufige Folge: Arrosionsblutung.

arrósor, -óris, *m.,* lat., der Nager; einer, der etwas benagt; s. *Pagúrus.*

Art, die; species, reale, überindividuelle Einheit in der belebten Natur. Eine Art umfasst alle Individuen, die zusammen einen Genpol bilden u. die von anderen Arten reproduktiv isoliert sind. Beliebig lange Folge von Generationen zwischen einem Artspaltungsvorgang u. dem nächstfolgenden Artspaltungsvorgang o. Aussterben, deren Individuen von allen anderen gleichzeitig existierenden Evolutionslinien (= Generationsfolgen), reproduktiv, genetisch u. ökologisch isoliert sind. Arten entstehen in der Regel durch Artspaltungsprozesse;

sie erlöschen entweder durch weitere Artspaltungsprozesse od. durch Aussterben; s. Species.

Artbastarde, die; = Arthybriden, Nachkommen aus der Kreuzung zweier nahe verwandter Arten; bei Tieren unter natürlichen Bedingungen selten, z. B. bei Cyprinidae (Weißfischen), Entenvögeln (Anatidae), Sphingidae (Schwärmern) als seltene Individuen. Der Goldhamster (*Mesocricetus aureatus,* n = 22) ging aus der Kreuzung Gemeiner Hamster (*Cricetus cricetus,* n = 11) u. Gestreifter Hamster (*Cricetus griseus,* n = 11) hervor. Hybridisation u. Bastardfertilität werden durch den Ähnlichkeitsgrad der Elterngenome determiniert. „Positive Ergebnisse werden bei Polyploidisierung u. dann erhalten, wenn jedes Chromosom des haploiden Satzes ein Gegenstück findet (Haushund × Wolf) od. die Genome nur in einer einzigen Translokation (Hausschwein × Europ. Wildschwein) od. Inversion *(Bos taurus* × *Bos indicus)* differieren. Bei höherer Zahl von Abweichungen tritt Fertilitätsabfall bzw. Sterilität bei beiden Geschlechtern od. nur beim heterogametischen Geschlecht auf (Pferd × Esel, Haushuhn × Fasan)." (Nach Willer, Hrsg.: Wiesner/Ribbeck 1991).

Artefakt, das, lat. artefactum, -i, -n, *ars, artis* Geschicklichkeit, *fácere* tun, machen, verfertigen, herstellen; von vorgeschichtlichen Hominiden hergestelltes Werkzeug aus Stein, z. B. zum Gebrauch als Waffe bzw. zur Anfertigung von Waffen u. Geräten aus Holz, Knochen und anderem Material.

Artémia, *f.,* gr. *he artemía* die Unverletztheit, Gesundheit; Gen. des Ordo Anostraca, Schalenlose, Crustacea, Krebse. Spec.: *A. salina.*

Artendichte, die; Anzahl der Arten eines Biotops auf seine Flächeneinheit berechnet. Die höchsten Werte erreicht die A. in den feuchtwarmen Biotopen der Tropen (bei gleichzeitiger sehr hoher A. der Pflanzendecke). Sehr gering ist die A. in monospezifischen Biotopen der Kulturfelder.

arteficialis, s. artificialis.

Artenkreis, der; koordinierende Bezeichnung für relativ eng verwandte Arten bzw. für Arten mit bestimmten gemeinsamen Merkmalen.

Artenschutz, der; Gesamtheit der Maßnahmen zum Schutz, zur Pflege u. Förderung der vom Aussterben bedrohten Tier- u. Pflanzenarten in ihren natürlichen u. historisch gewachsenen Umweltbedingungen.

Artenvielfalt, die; Bezeichnung für die quantitative u. qualitative Artenzusammensetzung einer Biozönose.

Arterenol, das; s. Noradrenalin (Syn).

artéria, -ae, *f.,* gr. *ho aér* die Luft, *teréin* enthalten; die Arterie, Schlagader, Luftröhre, früher als lufthaltig betrachtet; Blutgefäß, das das Blut vom Herzen wegführt.

arteriell, auf Schlagadern bezogen.

arteríola, -ae, lat., die kleine Arterie; Arteriolae, Arteriolen: kleine präkapillare Arterien.

arteriósus, -a, -um, lat., reich an Arterien, zur Arterie gehörig.

artgemäß; den natürlichen Ansprüchen, Eigenschaften u. Reaktionen einer Art entsprechend. Syn: artgerecht.

Artgruppe, die; umfasst lt. Internat. Regeln die Kategorien Art (Species) und Unterart (Subspecies); sie hat koordinierten nomenklatorischen Status; infrasubspezifische Formen unterliegen nicht den Internat. Regeln und gehören nicht zur Artgruppe; s. auch Gruppe.

Arthrobranchien, die, Pl., gr. *ta bráchia* Kiemen; 1–2 Kiemen auf der Gelenkhaut zwischen Coxa u. Sternum.

arthródia, -ae, *f.,* latin., gr. *to árthron* das Gelenk; das freie Gelenk.

arthrogen, gr. *gignomai* entstehen; vom Gelenk ausgehend.

Arthrópoda, *n.,* Pl., gr. *to árthron* das Glied, Gelenk, *ho pus podós* der Fuß; Gliederfüßer, Articulaten, deren Körper mit einer Chitinkutikula überzogen ist u. deren Segmente mindestens im vorderen Drittel des Körpers paarige Extremitäten tragen, welche aus gelenkig miteinander verbundenen, starren Chitingliedern, bestehen; wenigstens eines dieser Gliedmaßenpaare ist zu einem Fühler od. einem Mundwerkzeug differenziert; die Wände der embryonal auftretenden Cölomsäcke gehen völlig in der Bildung von Organen auf, so dass das ausgebildete Arthropodon keine Cölomhöhlen mehr besitzt und die sekundäre Leibeshöhle sich mit der primären zum Mixocöl vereinigt; fossile Formen seit dem Kambrium bekannt. Neuere Unterteilung in Euarthropoda und Protarthropoda (s. d.).

Arthybrid, der; s. Hybrid; Syn.: Artbastard; die Kreuzung zweier Spezies ist bei Tieren in der freien Wildbahn selten; z. B. ist *Mesocricetus aureatus* (n = 22) Goldhamster aus der Kreuzung von *Cricetus cricetus* (n = 11) Gemeiner Hamster und *Cricetus griseus* (n = 11) Gestreifter Hamster hervorgegangen. Hybridisation und Bastardfruchtbarkeit sind abhängig vom Ähnlichkeitsgrad der Elterngenome. Positive Resultate bei der Polyploidisierung sind dann gegeben, wenn jedes Chromosom des haploiden Satzes ein Pendant (Gegenstück) findet (z. B. bei Haushund × Wolf) oder wenn die Genome lediglich in einer Translokation (Europäisches Wildschwein × Hausschwein) oder Inversion *(Bos taurus × Bos indicus)* differieren). Es kommt bei einer größeren Zahl von Differenzen zum Fertilitätsabfall und -verlust (Sterilität) bei beiden Geschlechtern oder nur beim heterogametischen Geschlecht, wie das bei Pferd × Esel oder Haushuhn × Fasan der Fall ist.

Articuláre, das, s. *articulus*; ein primärer Knochen des Visceralskeletts der Wirbeltiere, wird bei den Säugern durch Funktionswechsel zu einem Gehörknöchelchen; s. *málleus.*

articuláris, -is, -e, lat., zum Gelenk *(articulus)* gehörig.

Articuláta, *n.,* Pl., lat. *articulatus* mit Gliedern versehen; also: Gliedertiere. Historisch sehr unterschiedl. gebrauchter Name: 1. Gruppe, die mehr als Dreiviertel sämtlicher Tierarten umfasst; Protostomier, deren Körper mit Ausnahme des präoralen Abschnittes aus einer Reihe von Segmenten besteht, die zumindest beim Embryo je ein Ganglien- u. ein Cölomsackpaar enthalten; die meisten dieser Metameren entstehen teloblastisch. Zu den A. gehören die Annelida, Onychophora, Tardigrada, Pentastomida u. Arthropoda. 2. Eine Untergruppe der Crinoidea für rezente Seelilien, fossile Formen seit Untertrias bekannt. 3. Eine Gruppe der Brachiopoda (Syn. Testicardines), fossil seit dem Unterkambrium.

articulátio, -ónis, *f.,* lat., das Gelenk, die gelenkartige Verbindung; eigentlich Gliederung.

artículus, -i, *m.,* lat., das Gelenk, Glied, Fingerglied.

artificialis, -is, -e, lat., artifiziell, künstlich entstanden (*ars, artis* Kunst).

Artikulation, die, s. *articulátio*; Gliederung, Gelenkverbindung.

Artiodáctyla, *n.,* Pl., gr. *ártios* paarig, *ho dáktylos* der Finger, die Zehe; Paarhufer; fossil seit dem Eozän bekannt.

arúlius, -a, -um, lat., prächtig, Pracht-... (von *arula* das (Pracht-)Altärchen gebildet); s. *Barbus.*

arundináceus, -a, -um, lat., schilf-, rohrartig, Rohr-; s. *Acrocephalus.*

arundo, -inis, *f.,* lat., das Rohr, Schilfrohr; Spec.: *Redunca arundinum,* Großer Riedbock.

arvális, -is, -e, lat., auf dem Felde lebend, ackerbewohnend; s. *Rana.*

Arvícola, *f.,* lat. *arvum, -i* der Acker, das Saatfeld, *cólere* bewohnen; Gen. der Microtidae = Arvicolidae, Wühlmäuse; fossil seit dem Pleistozän bekannt. Spec.: *A. terrestris,* Wühlmaus od. Schermaus, ist sehr schädlich durch Abfressen der Wurzeln junger Bäume sowie von Wurzeln, Knollen des Gemüses, hat sich entlang der Flussläufe stark verbreitet.

arvum, -i, *n.,* der Acker, das Feld, die Flur; Spec.: *Alauda arvensis,* Feldlerche.

Aryknorpel, der, gr. *he arytaina,* s. u. Gießkannenknorpel des Kehlkopfes; Stellknorpel.

arytaenoídes, -a, -um, auch *arytenoídeus,* gr. *he arýtaina* die Gießkanne; gießkannenähnlich.

AS, Abk. für Aminosäuren, s. d.

Ascálaphus, *m.,* gr., bei Aristoteles: *ho askálaphos* = ein Nachtvogel; Gen. der Ascalaphidae, Ordo Planipennia (Hafte). Spec.: *A. macarónius* (ernährt sich vor allem von Blattläusen; ist schwarz mit gelben Flecken).

Ascaridia, *f.*; Gatt. der Gascarididae, Ascarididea; Saugnapf, zahlreiche Papillen am Körperhinterende; ovipar, Eier dickschalig mit glatter Oberfläche. Parasiten im Dünndarm von Vögeln. Spec.: *A. columbae* (Wirte: Taubenarten; Kosmopolit); *A. dissimilis* (Wirt: Truthahn; Kuba, Großbritannien); *A. galli* (Wirte: Haus- u. Wildhühner; Kosmopolit); *A. lineata* (Wirte: Haus- u. Wildgeflügel).

Ascarididae, *f.*, Pl., lat.; Syn. Ascaridae, Fam. der Ascarididea, „Würmer“ mit gut entwickelten Lippen. Parasiten im Darm von Lurchen, Kriechtieren, Landsäugetieren; zahlreiche Arten in ca. 16 Gattungen geordnet, die medizin. bzw. veterinärmed. Bedeutung haben: *Ascaris, Toxocara, Toxascaris, Ascaridia, Parascaris, Neoascaris.*

Ascarididea, die, *n.*, Pl.; Syn. Ascaroidea, Askariden, Spulwürmer. Taxon der Nematoda. „Würmer“ mit spindelförmigem Körper, bis 50 cm lang; Mundöffnung von drei papillentragenden Lippen umgeben, Ösophagus zylinder- od. keulenförmig, mit od. ohne Anhang; Darm mit od. ohne Blindsäcke im Anfangsbereich, ausgeprägte Kaudalflügel fehlen. Parasiten im Darm von Wirbeltieren mit den Familien Ascarididae, Heterocheilidae, Oxyascarididae, Quimperidae.

Áscaris, *f.*, gr. *he askarís* der Spulwurm; Gen. der Ascarididae, Ascaridea; Würmer bis 40 cm lang, Parasiten im Dünndarm von Säugetieren. Im Endwirt Körperpassage: Blut-Leber-Herz-Lungenweg. Spec.: *A. lumbricoides*, Wirte: Mensch, Affen, Bär; Kosmopolit.

Ascarops, *f.*, gr., „im Aussehen *Askaris* ähnlich“; Gen. der Spiruridae, Spiruridea; bis 20 mm lange „Würmer“, Vestibulum lang u. zylindrisch mit ringförmigen spiraligen, nach innen vorspringenden Wandverdickungen; Kaudalflügel verschieden breit; Ösophagus zweiteilig, Spikula ungleich, Kloake kutikulär ringförmig umgrenzt. Parasiten im Magen u. Dünndarm von Schweinen. – Spec.: *A. strongylina,* Wirte: Schweine; Kosmopolit.

ascéndens, -éntis, lat. *ascéndere* ansteigen; an-, aufsteigend.
ascénsus medúllae, s. *medulla*; scheinbarer Anstieg des Markkegels, da er mit dem Wirbelsäulenwachstum nicht Schritt hält.
Aschelminthes = Nemathelminthes, s. d.
Aschheim, Selmar Samuel, Gynäkologe; geb. 4. 10. 1878 Berlin, gest. 15. 2. 1965 Paris. Bedeutende Arbeiten auf dem Gebiet der gynäkologischen Histologie und der Hormonforschung. A. entdeckte im Harn schwangerer Frauen östrogene und gonadotrope Substanzen und entwickelte darauf aufbauend 1927 gemeinsam mit B. Zondek die nach ihnen benannte A.-Zondeksche Schwangerschaftsreaktion (AZR) [n. P.].
Aschheim-Zondeksche Reaktion, die, Abk.: AZR, s. Aschheim, s. Zondek; Methode zur frühzeitigen Erkennung der Schwangerschaft. Die Reaktion basiert auf dem Nachweis des gonadotropen Chorionhormons im Harn der Schwangeren. Testobjekt sind infantile weibliche Mäuse. Am 5. Tag nach Injektion des zu untersuchenden Harns sind bei positiver Reaktion bestimmte Veränderungen an den Eierstöcken der Tiere festzustellen: 1. das Reifwerden einer größeren Anzahl von Follikeln, 2. Blutaustritte im Ovar, 3. das Vorhandensein von Corpora lutea. Das zweite und dritte Ergebnis sind ein fast sicherer Beweis für das Vorliegen einer Schwangerschaft.
Aschoff, Ludwig, Pathologe, geb. 10. 1. 1866 Berlin, gest. 24. 6. 1942 Freiburg i. Br.; 1903 Prof. f. pathol. Anatomie Marburg, 1906 Freiburg i. Br.; A. gab der Lehre von der normalen und krankhaft veränderten Herzfunktion neue Richtung. 1904 entdeckte er die nach ihm benannten Knötchen im Herzmuskel bei Gelenkrheumatismus, beschrieb mit Sunao Tawara den A.-Tawara-Knoten u. das Reizleitungssystem im Herzen (1906); außerdem Untersuchungen über den Lipoidstoffwechsel.
Aschoff-Tawara-Knoten, der, s. Aschoff, s. Tawara; Pathol. Anatom, Japan, 1873–1952; s. Atrioventrikularknoten.
Ascídia, *f.,* gr. *to askídion* der kleine Schlauch, die Seescheide; Gen. der Ascidiidae, Ordo Phlebobranchiata, Cl. Ascidiacea, Seescheiden.
Ascidiácea, *n.,* Pl., s. *Ascídia*; Seescheidenartige; Cl. der Tunicata (Manteltiere), früher eingeteilt in: 1. Ordo Ascidiae simplices = Monascidiae, einzeln lebende Seescheiden, 2. Ordo Ascidiae compositae = Synascidiae, freischwimmende pelagische, stockbildende Aszidien; neuere Einteilungen auf Grund des Baus der Kiemen.
Ascídiae, *f.,* Pl., lat., Seescheiden; Gruppe der Tunicata; bodenlebende, meist sessile Manteltiere (0,1 cm bis über 30 cm lang), treten einzellebend (= Monascidiae) od. koloniebildend (= Synascidia) auf, wobei Kolonien mehrere Meter Länge erreichen können.
Ascites, Aszites, die, gr. *ho askós* der Schlauch; die Bauchwassersucht. Ansammeln seröser Flüssigkeit in der freien Bauchhöhle.
Ascónen, die, s. *ascus*; niederste Gruppe der Calcárea; einfache od. stockbildende, schlauchförmige Formen der Kalkschwämme vom sog. Ascon-Typus; alle Kanäle sind kontinuierlich vom Choanocyten-Epithel überzogen; besitzen eine dünne, von Poren durchsetzte, von einfacher Kalknadel-Lage gestützte Wand.
Ascontyp, der (= Ascontypus), s. *ascus*; Schwammtypus, der aus einem schlauchförmigen Körper mit zentralem Hohlraum und distaler Ausströmöffnung besteht; das Gastrallager kleidet den Zentralraum aus, kommt bei wenigen Kalkschwämmen vor. Das auf Ernst Haeckel zurückgehende Einteilungsschema der Ascon-, Sycon- u. Leucon-Organisation als Stufen der Evolution vom „Urschwamm“ bis zum Badeschwamm ist heute nicht mehr gültig.
Ascorbinsäure, die; s. Vitamin C.
Ascothorácida, *n.,* Pl., gr. *ho askós* der Schlauch u. *ho thórax, -akos* die Brust; namentlicher Bezug auf die in den Mantel bei Weibchen eindringenden Blindschläuche des Darmes u. der Ovarien, wobei unter Mantel der den Kopf u. Brustabschnitt (Thorax) umhüllende zweiklappige Carapax (hier ohne Kalkplatten) zu verstehen ist; Gruppe (Ordo) der Crustacea. Alle Vertreter marin, fast alle sind Parasiten bei Wirbellosen (Stachelhäuter, Korallentiere).
Ascothórax, *m.*; Gen. der Synagógidae, Ascothorácida (s. d.). Spec.: *A. ophioctenis* (Parasit in Schlangensternen).
ascus, -us, *m.,* gr. *ho askós* abgezogene Haut, lederner Sack; Schlauch.
Asellus, *m.,* lat. *aséllus, -i* der kleine Esel, von *ásinus* Esel, *-ellus* (Dim.). Gen. des Ordo Isopoda, Asseln. Spec.: *A. aquaticus*, Wasserassel.
Asepsis, die, nach I. Ph. Semmelweis (1818–1865), Gynäkologe; Keimfreiheit aller Gegenstände.
aséptisch, gr. *a-* α priv., *he sépsis* die Fäulnis; keimfrei.
asexual, gr. *a-* ohne, lat. *sexuális* zum Geschlecht gehörig; ungeschlechtlich, geschlechtslos, asexuell.
Asiatische Geflügelpest, die; Newcastle disease.

Asils, die, arab.; in Indien beheimatete Kampfhühnerrasse mit hohen Kampfeigenschaften. Von den Malaien durch ihre gedrungene Körperform u. -haltung sowie den Erbsenkamm zu unterscheiden, in mehrern Farbenschlägen (z. B. wildfarben, rotbunt, silberbunt, weiß) vorkommend.

Asílus, *m.,* lat. *asílus* Viehbremse; Gen. der Asílidae, Raubfliegen, Ord. Diptera.

ásini, Genit. von lat. *asinus* der Esel; s. *Haematopinus.*

asinus, -i, *m.,* lat., der Esel; Dim. *asellus, m.,* das Eselchen.

Ásio, *m., gr. he asis,* Sumpf, Schlamm; Gen. der Strígidae, Eulen. Spec.: *A. otus,* Waldohreule; *A. flámmeus,* Sumpfohreule.

Askaríasis, die, *f.,* s. *ascaris*; Spulwurmbefall des Menschen; Nachweise: (a) Stuhl: makroskop. Würmernachweis, mikroskop. Wurmeiernachweis; (b) Blutausstrich: Eosinophilie; (c) Sputum: eosinophile Leukozyten.

Askarididose, die, (Ascariasis, Askariasis, Askaridose) *f.*; Sammelbez. für die durch Askariden verursachten Helminthosen. Erkrankung wird ausgelöst sowohl durch die im Wirtsorganismus wandernden Larvenstadien (Organschäden) als auch durch die adulten „Würmer" (Darmschäden).

Askaridiose, *f.*; Helminthose beim Geflügel, verursacht durch *Ascaridia*-Befall. Krankheitsmerkmale: Appetitlosigkeit, Trägheit, Abmagerung, blutiger Durchfall, Anämie; Federkleid gesträubt u. glanzlos, paralyt. Erscheinungen, verminderte Legetätigkeit.

asozial, lat. *sociális, -is, -e* gemeinschaftlich, kameradschaftlich; die Gesellschaft schädigend, ohne Gemeinsinn, „negativ" für das Zusammenleben.

aspáragus, -i, *m.,* lat., der Spargel; s. *Crióceris.*

ásper, -a, -um, lat., rauh, uneben, scharf; s. *Leucónia.*

aspergíllum, *n.,* lat., die Gießkanne, von *aspérgere* bespritzen; s. *Euplectélla.*

aspéritas, -átis, *f.,* lat., die Rauhheit.

Aspermie, die, gr. *a-* α priv., s. Sperma; Fehlen von Spermien u. allen Zellen der Samenreifungsreihe in der Samenflüssigkeit.

aspis, aspidis, *f.,* lat., die Natter, gr. *he aspis, -idos* der Schild, die Schildviper, Natter; Spec.: *Vipera aspis,* Aspisviper.

Asplánchna, *f.,* gr. *a-* ohne, *to splánchnon* das Eingeweide; Gen. der Asplanchnidae, Subcl. Eurotatória.

Asplenie, die, gr. *splen* Milz; Fehlen der Milz.

Assimilation, die, lat. *assimiláre* angleichen; die Angleichung körperfremder Stoffe an die körpereigenen.

Assortative Paarung, die, sprachl. s. u. Assortiment; Bezeichnung in der Tierzucht für ein Paarungssystem, bei dem die Auswahl der Paarungspartner nach der Ähnlichkeit bzw. Unähnlichkeit ihrer Merkmalsausprägung erfolgt.

Assortiment, *n.,* frz./latin., die Auswahl, Ausprägung; *assortieren* = ausprägen, ordnen/auswählen, vervollständigen, verbessern.

Assoziation, die, lat. *associáre* vereinigen, zugesellen; 1. die Vereinigung, Vergesellschaftung von Lebewesen; 2. die Zusammenlagerung gleichartiger Moleküle zu Molekülkomplexen.

Assoziationsbahnen, die; Nervenfasern, die Hirnrindenbezirke innerhalb einer Hirnhemisphäre miteinander verbinden.

Ástacus, *m.,* gr. *ho astakós* eine Krebsart, auch eine Gattung der Krebstiere; Gen. der Astacura, Subordo Macrura reptantia, kriechende Langschwanzkrebse. Spec.: *A. fluviatilis (= astacus),* Flusskrebs.

Astásia, *f.,* gr. *he astasía* die Unbeständigkeit, Unstetigkeit; Gen. der Euglenoiden, Flagellata. Spec.: *A. tenax*, von *Euglena* durch Farblosigkeit unterschieden, auch im Darm von Wassertieren, fakultativ parasitisch, heterotroph.

Astbury, William Thomas, geb. 1898, gest. 1961; engl. Kristallograph, schuf im Institut für Textilfaserforschung in Leeds ein Strukturmodell der Kreatin-Moleküle; er verwendete erstmals den Begriff „Molekularbiologie".

Astérias, *m.,* gr. *asterías*, v. *ho astér* der Stern; Gen. der Asteriidae, Ordo Cryptozonia, Cl. Asteroidea, Seesterne. Ihr Name bezieht sich auf die langen, stacheltragenden, sternförmig angeordneten Arme. Spec.: *A. rubens.*

Asteroídea, *n.,* Pl., gr. *ho aster* der Stern, wörtlich: „Sternartige"; Seesterne, Gruppe (Cl.) der Eleutherozoa (s. d.); fossile Formen seit Ordovizium u. besonders reiche Entfaltung im Devon sowie seit dem Jura (als ihrer jetzigen 2. Blütezeit).

Asthenie, die, gr. *a-* α priv., *to sthénos* die Stärke, Kraft, Macht; die allgemeine Körperschwäche, Kraftlosigkeit, Erschöpfung.

Astheniker, der, gr. *asthenés* kraftlos, krank, gering; Leptosomatiker (nach Kretschmer), schlanker, schmächtiger Menschentyp mit grazilem Muskel- u. Knochenbau.

asthénisch, schwach, kraftlos, schmächtig, hager, schlank.

Astigmatísmus, der, gr. *a-* α priv., *to stigma* der Punkt; Brennpunktmangel; die auf das Auge fallenden Strahlen werden infolge abnormer Wölbung der Hornhaut nicht in einem Punkt vereinigt; dadurch ist ein deutliches Sehen in keiner Entfernung möglich.

Astómata, *n.,* Pl., gr. *to stóma, -atos* der Mund; „Tiere ohne Mund“, die parasitisch leben; s. Holotricha.

Astrágalus, der, gr. *ho astrágalos* das Würfel- od. Sprungbein; s. *tálus.*

Astrocýten, die, gr. *to ástron* der Stern, *to kýtos* die Höhlung; sternförmige Zellen der Neuroglia, s. d.

Astropécten, *m.,* lat. *pécten, -inis* der Kamm; Gen. der Astropectínidae, Kammseesterne. Spec.: *A. aurantiacus,* Kammseestern, auf der Unterseite mit Schüppchen besetzt, die sich zum Rand hin zu Stacheln verlängern.

Astróphyton, *n.,* gr. *to phytón* das Gewächs, die Pflanze; Gen. der Euryalidae, Ophiuroidea, Schlangensterne. Spec.: *A. arborescens* (mit baumartig verzweigten Armen).

Astrosphäre, die, gr. *sphaira* Kugel; Zytoplasmadifferenzierung in der Zentralkörperchenumgebung während der Prophase der Mitose mit strahlenförmigem Aussehen.

astrum, -i, *n.,* lat., gr. *ho astér, astéros* der Stern; Gen.: *Asterias,* Seestern.

Asymmetrie, die, gr. *a-* α priv., latin. *he symmetria* das Ebenmaß; Mangel an Ebenmaß, Ungleichmäßigkeit.

asymmetrisch, gr. *symmetros* zusammen passend; nicht ebenmäßig, ungleichmäßig.

Asymptote, die, gr.; eine Gerade, die „Nichtzusammenfallende“, der sich eine Kurve nähert, ohne sie im Endlichen zu erreichen.

Aszendent, lat. *ascendens* aufsteigend; Vorfahr, Verwandter in vertikal aufsteigender Linie, z. B. Eltern, Groß-, Ur-, Ururgroßeltern; s. auch: Ahnentafel.

atalánta, *f.,* gr. *Atalánte* Tochter des Jasos, die den kalydonischen Eber mit erlegte; s. *Vanessa.*

Atavísmus, der, lat. *átavus, -u, m.,* der Vorfahre; das Wiederauftreten entwicklungsgeschichtlich überholter Merkmale; Entwicklungsrückschlag, d. h. plötzliches Auftreten bestimmter Merkmale der Vorfahren, z. B. Polydaktylie bei Einhufern, Polymastie, Uterus duplex, Uterus bicornis.

atavístisch, auf den Atavismus bezüglich, rückschlagend; auch im Sinne von „urwüchsig“ verwendet.

atavus, -i, *m.,* lat., der Ahnherr, Vorfahre; Spec.: *Protocetus atavus* (eine ausgestorbene Urform der Wale).

Ataxíe, die, gr. *a-* α priv., *he táxis* Ordnung, Anordnung, Stellung; Störung im geordneten Zusammenwirken von Muskeln u. Muskelgruppen; Störung der Bewegungskoordination.

Ateles, *m.,* gr. *atelés* unvollkommen, weil diese Affen stummelförmige „Daumen“ an der Hand haben; Gen. der Atelidae, Spinnen- od. Greifschwanzaffen, Platyrhina, Simiae. Die A. haben einen Greifschwanz. Spec. *A. paniscus,* Schwarzer Klammeraffe.

Atelie, die, gr. *ateles* unvollständig; Fortbestehen infantiler Merkmale bei erwachsenen Tieren bzw. Menschen, mangelhafte Ausreifung.

Atemfrequenz, die; Anzahl der Atemzüge in der Minute, beim erwachsenen Menschen 16–20/min.

Atemminutenvolumen, das, Abk. AMV; Produkt von Atemvolumen u. Atemfrequenz, ventiliertes Gasvolumen pro Minute.

Atemzentrum, das; „respiratorische“ Neuronen, die die Automatie u. den Rhythmus der Atmung steuern. Sie liegen beispielsweise in der Formatio reticularis, einem Teil der Medulla oblongata.

Atemzugvolumen, das; Luftvolumen, das pro Atemzug bei ungestörter Atmung eingeatmet wird (Syn.: Atemvolumen).

ater, atra, atrum, lat, schwarz (ohne Glanz, *niger* glänzend schwarz); s. *Priónychus,* s. *Parus.*

aterrimus, -a, -um, ganz dunkel, sehr schwarz, Superl. v. *ater* schwarz; s. *Cercocebus.*

Athália, *f.,* Name der Gemahlin des jüdischen Königs Joram; Gen. der Tenthredinidae, Blattwespen. Spec.: *A. rosae,* Rübenblattwespe.

Athecata, *n.,* Pl., gr. *a-* ohne, *he théke* der Behälter, die Kapsel, die Schachtel; Cl. (Gruppe) der Hydrozoa; Hauptmerkmale: Periderm bildet nie Schutzhüllen um die Hydranthen; die freischwimmenden, meist hochglockigen Medusen entwickeln ihre Gonaden am Mundrohr u. haben keine Statozysten; mit wenigen Ausnahmen marin.

Athecatae – Anthomedusae, *f.,* Pl., gr./latin., s. Athecata, s. Anthomedusae; der „Doppel“-Name bringt beide Ordnungsmerkmale zum Ausdruck: das Freibleiben des Polypenköpfchens vom umhüllenden Skelett u. die hochglockige („blumenartige“) Medusenform. Da Medusen nicht durchgängig auftreten, haben in neuerer Literatur die (rationelleren, einfachen) Synonyme Athecata (s. d.) od. Athecatae den Vorzug. So haben die Hybridae keine Medusen mehr, während bei anderen Athecata die Medusen rückgebildet werden u. als Gonophoren am Polypen (z. B. bei *Tubularia*) verbleiben.

Athene, *f.,* gr. *he Athená* die Göttin der Weisheit, der die Eule(n) heilig waren; Gen.

der Strígidae, Eulen. Spec.: *A. noctua,* Steinkauz.

Atherúrus, *m.,* gr. *ho athḗr,* die Spitze, Schneide, Spreu (Ähre), *he urá* der Schwanz; Gen. der Hystrichidae, Rodentia. Spec.: *A. africanus,* Afrikanischer Quastenstachler.

athletisch, stark, muskulös; kraftvoll, Typus athléticus = Muskel- od. Sportstyp.

Athrozytose, die, gr. *athróos* dicht gedrängt, *to kýtos* die Zelle; Aufnahme und Speicherung kristalliner od. kolloider Substanzen (Glykogen, Lipide, Sekretgranula, Dotter) durch vitale (lebende) Zellen des retikulohistiozytären Systems; früher wurde A. für Resorptionsvorgänge in die Epithelzellen der Nierentubuli gebraucht.

athymische Maus, die, gr. *a-, an-* α priv., *ho thymós* die Gemütsbewegung, Lebenskraft; thymuslose Maus, entstanden aufgrund eines Gendefektes od. durch Thymektomie künstlich geschaffen.

atlánticus, -a, -um, atlantisch, im Atlantischen Ozean (Atlanticum Mare) vorkommend; s. *Megalops,* s. *Pyrosoma.*

Atlantik-Tarpun, s. *Megalops atlanticus.*

átlas, -ántis, *m.,* gr. *ho Átlas, -antos* der Träger, der das Himmelsgewölbe tragende Titan (Gott) der griechischen Sage; der erste Halswirbel bei den höheren Wirbeltieren, der das Kopfskelett trägt.

Atmosphäre, die, gr. *ho atmós* der Dampf, *he sphaíra* die Kugel; die Lufthülle der Erde bzw. die Gashülle eines Planeten.

Atmung, die; alle Vorgänge der Sauerstoffaufnahme u. der Kohlendioxidabgabe; sie umfasst die äußere Atmung (Gasaustausch zwischen dem umgebenden Medium u. d. Körperflüssigkeit) u. die innere Atmung (Gasaustausch zwischen der Körperflüssigkeit u. den einzelnen Zellen); die Zellatmung beinhaltet alle Vorgänge der biologischen Oxidation in der Zelle.

Atmungsfermente, die, Pl., *n.*; alte Bezeichnung für Multienzymkomplexe der mitochondrialen Atmungskette. Hintereinandergeschaltete Redoxsysteme (Cytochrome) katalysieren die Sauerstoff- u. Elektronenübertragung, wobei unter Energiegewinnung (ATP) Wasserstoff zu Wasser oxidiert wird. Die sog. oxidative Phosphorylierung wird durch versch. Cytochrome, Ubichinon sowie eine Reihe von Coenzymen (Komplex I–V) ermöglicht. Einige Substrate (Dinitrophenol, Cyanide, Schwefelwasserstoff) führen zur Entkopplung der Phosphorylierung und somit zur inneren Erstickung.

Atmungsgifte, die, Pl., *n.*; Gifte, die die äußere (Stickstoffoxide, z. B. NO, NO_2, Schwefeldioxid, Phosgen, Formaldehyd, Fluor, Fluorwasserstoff, selbst reiner Sauerstoff über lange Einwirkungszeit) bzw. innere Atmung (s. Atmungsfermente) bzw. den Sauerstofftransport im Körper (Kohlenmonoxid) schädigen und zum Tod führen können.

atók, gr. *átokos* unfruchtbar; noch nicht geschlechtsreif; manche Nereiden-Arten haben zweierlei Aussehen. Die noch nicht geschlechtsreife Form nennt man atok, die geschlechtsreife epitok.

Atólla, *f.,* Atoll, malayischer Name für die ringförmigen Korallenriffe od. -inseln; Gen. der Coronata, Tiefseequallen.

Atolle, die, s. *Atolla*; Ergebnisse der gesteinsbildenden Tätigkeit der Riff- od. Steinkorallen od. Lagunenriffe bzw. ringförmige, eine Lagune umschließende Korallenriffe (Korallenbauten). Nach Darwins Theorie erfolgt die Bildung der Barriere-Riffe und Atolle durch Absinken des Landes u. entsprechendes Höherwachsen der Korallen.

atomárius, -a, -um, latin., gr. *ho átomos* der kleine Punkt, das unteilbare, kleine Körperchen, lat. *-arius* -artig; punktartig, auch: mit kleinen, feinen Punkten versehen; s. *Bruchus.*

Atoníe, die, gr. *a-* α priv., *ho tónos* der Druck, die Spannung; die Erschlaffung von Zellen u. Gewebe (bes. der Muskulatur).

atonisch, s. Atonie; erschlafft, entspannt, ohne Spannung.

ATP, s. Adenosintriphosphorsäure.

Atractidae, *f.*, Pl.; Familie der Oxyuridea. Kleine „Würmer", Mundöffnung verschieden gestaltet, Ösophagus deutlich zweiteilig; Darm ohne Blindsäcke. Vivipare Parasiten von Fischen.

Atractis; Gen. der Atractidae, Oxyuridea; Körper zylindrisch; Parasiten im Darm von Eidechsen, Schildkröten, selten Fröschen. Spec. z. B.: *A. dactyluris*; Wirte: Lurche u. Kriechtiere.

atrátus, -a, -um, lat., schwarz gekleidet, mit Trauergewand versehen; s. *Coragyps.*

Atrésia, *f.*, gr., Atresie; angeborenes Fehlen einer natürlichen Körperöffnung bzw. von Teilen der zu den Körperöffnungen führenden Verbindungen; z. B. Atresia intestina, A. ani (= Analatresie): Angeborener Verschluss (Atresia ani simplex) od. Fehlen des Afters (Atresia ani et recti) als wahrscheinlich bifaktoriell determinierter Letalfaktor (beim Schwein häufig anzutreffen), autosomal rezessiver Letalfaktor beim Rind u. beim Pferd.

atretischer Follikel, *m.*, gr. *he trḗsis* Öffnung; ein nichtaufplatzender Follikel des Eierstocks.

atriális, -is, -e, zur Vorkammer, zum Vorhof gehörig.

atricapíllus, -a, -um, lat., schwarzköpfig; s. *Parus.*

Atríchia, *f.*, Atrichie, Atrichosis, gr.; Haarlosigkeit: 1. Primäre A.: Angeborenes völliges (A. totalis) od. partielles (A. areata) Fehlen der Behaarung bzw. Federlosigkeit; 2. Sekundäre A.: Ergebnis eines Haarausfalls (= Alopezie).

Atrioventrikularknoten, der, s. *átrium,* s. *ventrículus*; das sekundäre Schrittmacherzentrum des Säugerherzens, auch Nodus atrioventricularis od. Aschoff-Tawara-Knoten genannt, liegt z. B. im menschlichen Herzen am Boden des rechten Vorhofs, unmittelbar oberhalb des Trigonum fibrosum dextrum neben der Tricuspidalklappe. Von dem Knoten geht das atrio-ventrikuläre Reizleitungssystem aus.

átrium, -i, *n.,* lat., der Vorsaal, die Vorhalle, der Vorhof; die Vorkammer des Herzens. A. cordis dextrum et sinistrum: rechte und linke Herzvorkammer.

atrophe (panoistische) Eiröhren, *f.,* gr. *a-* α priv., *he trophé* die Ernährung; Eiröhren bei bestimmten Insekten, die keine Nährzellen besitzen. Die Eier werden nur von Follikelepithel umgeben.

Atrophia, Atrophie, die; Organschwund durch Degeneration, Abmagerung als Folge von Ernährungsstörungen od. Nährstoffmangel.

Atropida, *n.,* Pl., gr., aus atropos (s. d.) u. Suffix -ida; Staublausähnliche, Subordo der Psocoptera.

Atropin, das; Alkaloid, kommt in Nachtschattengewächsen (Solanaceae) vor, z. B. in der Tollkirsche *(Atropa belladonna)*, im Stechapfel *(Datura stramonium)* u. im Bilsenkraut *(Hyoscyamus niger)*; wird als pupillenerweiterndes Medikament u. als Spasmolytikum verwendet.

átropos, gr., unwandelbar, Artname nach *Atropos,* einer der drei Parzen od. Moiren gleichen Namens, „die Unabwendbare"; s. *Acheróntia.*

Átropos, *f.,* gr., s. atropos; als Gattungsname früher verwendet, Synonym zu Trogium, s. d.; heute noch enthalten in: Atropida, s. d.

átrox, lat., grimmig, schrecklich, grässlich, wild, unbändig; s. *Bóthrops.*

Atta, *f., Atta* röm. Beiname für Leute, „die auf den Sohlenspitzen" gehen, v. gr. *áttein* hüpfen; Gen. der Formicidae, Ameisen. Spec.: *A. cephalotes,* Blattschneiderameise.

Attagénus, *m.,* lat. *attagén, áttagenis, m.,* das Haselhuhn; Gen. der Dermestidae, Speckkäfer. Spec.: *A. pellio,* Pelzkäfer.

attenuátus, -a, -um, lat., schmucklos, schlicht; z. B. *Hydra attenuáta.*

Attrappe, die; eine möglichst naturgetreue Nachbildung eines Gegenstandes zwecks Studium und Überprüfung von Verhaltensweisen.

Auchénia, gr. *ho auchén, -énos* der Nacken, Hals; Syn. für das Genus *Lama.*

Auchenorrhyncha, *n.,* von gr. *ho auchén, -énos,* s. o., u. *to rhynchos* der Rüssel (die Schnauze); namentlicher Bezug auf das Merkmal, dass der Rüssel auf der Unterseite des Kopfes, vor den Vorderhüften (nicht weit nach hinten verlagert) entspringt; Gruppe der Homoptera (Pflanzensauger bzw. Gleichflügler). Die A. umfassen alle unter den Cicadina (Zikaden) vereinigten Arten, die die einzige rezente Gruppe der A. sind; nach Hennig u. Pesson werden die Fulguriformes von den Cicadiformes unterschieden.

auctorum, lat., Gen. Plur.; s. autorum.

audax, lat., waghalsig, verwegen, tollkühn, keck, furchtlos.

Audiograph, der, lat. *audire* hören, gr. *gráphein* einritzen, zeichnen, schreiben; Gerät, das Hörkurven aufschreibt.

Audiologie, die, gr. *ho lógos* die Lehre; die Gehörkunde, die Wissenschaft vom Hören.

Audiometrie, die, lat. *audíre* hören, gr. *metreín* messen; Methode zur Prüfung des Gehörs mit Hilfe von elektro-akustischen Hörmessgeräten.

auditívus, -a, -um, hörend, zum Gehörorgan gehörig; auditiv: zum Hören dienend, durch Hören erfolgend.

audítus, -us, *m.,* lat. *audíre* hören; das Gehör.

Auerbach, Leopold, Nervenarzt u. Anatom, geb. 28. 4. 1828 Breslau, gest. 30. 9. 1897 ebd.; Nervenarzt u. Prof. in Breslau. Bedeutende Arbeiten auf dem Gebiet der Anatomie, Histologie, Physiologie, Embryologie u. Allgem. Biologie. A. entdeckte 1862 den nach ihm benannten A.schen Plexus (= Plexus myentericus) u. beobachtete die Kernteilungsvorgänge am befruchteten Nematodenei (1874) [n. P.].

Auerbachscher Plexus, *m.,* s. Auerbach, s. *plexus*; ein Nervengeflecht zwischen den Muskelschichten des Magendarmkanals (Plexus myentericus), besteht aus Längs- u. Querfaserzügen, in deren Knotenpunkten zahlreiche Ganglienzellen liegen, innerviert die Längs- u. Ringmuskelschicht.

Auerochse, der; s. *Bos.*

Aufenthaltstypen, die; Charakterisieren der von der Substratbeschaffenheit abhängenden Lebensformen der Organismen. Klassifizierbar in:

1. **Arenikole** (Sandbewohner): Epipsammon (auf Sand), Endopsammon (im Sandboden), Mesopsammon (im Lückensystem des Sandes);

2. **Herbikole** (Bewohner der grünen Pflanzen): Epiphytobios (auf Großpflanzen), Endophytobios (in Pflanzengewebe), Mesophytobios (im Lückensystem der Moospolster);

3. **Zezidikole** (in Gallen);
4. **Lignikole** (Holzbewohner): Epidendrobios (auf trockenen Stämmen), Endodendrobios (im Holz), Mesodendrobios (im Lückensystem zwischen Rinde u. Holz);
5. **Limnikole** (Schlammbewohner): Epipelon (auf Schlamm), Endopelon (im Schlamm);
6. **Stein- u. Hartbodenbewohner:** *Petrikola* o. *Epilithion* (auf Felsen, Mauern u. Hartböden); *Sklerikola* o. *Endolithion* (in Gestein, Hartböden);
7. **Lapidikole** o. *Hypolithion* (unter Steinen); *Saxikole* o. *Mesolithion* (im Steingeröll);
8. **Terrikole** (Erdbewohner): *Epigaion* (auf dem Erdboden), *Endogaion* (im Erdboden), *Mesogaion* (im natürlichen Lückensystem des Erdbodens).

Augenfalter, s. Satyridae.

Augenkoralle, die, s. *Amphihelia.*

Augenwurm, s. *Loa loa.*

augmenting response, engl. *to augment* vermehren, zunehmen, *response* = Antwort, Ausdruck aus dem Engl. übernommen; gebräuchlich für *„evoced potentials"* des sensorischen Cortex der Vertebraten-Gehirnphysiologie nach wiederholter Reizung u. Amplitudenvergrößerung.

Aulacántha, *f.,* gr. *ho aulós* die Röhre, *he ákantha* die Nadel, der Stachel; Gen. der Ordo Phaeodaria, Cl. Heliozoa. Spec.: *A. scolymantha.*

Aulechinus, *m.,* gr. *ho aulós* die Röhre u. *ho echínos* der Igel; Gen. der Ordo Echinocystitoida, Subcl. Perischoechinoidea; fossil im Oberen Ordovizium.

aura, gebildet aus o-uroua, so heißt bei den Indianern jeder Raubvogel; s. *Cathártes.*

auranttíacus, v. neulat. *aurántia* die Pomeranze, Orange, lat. *aurum* das Gold; orangenartig.

aurátus, -a, -um, lat., vergoldet, goldig, mit Gold versehen, Gold-; s. *Mesocricetus*; s. *Cetonia,* s. *Carabus.*

Aurélia, *f., Aurelia* römischer Eigenname, gebildet von *aurum* Gold; Gen. der Aurelidae, Ordo Semaeostomae, Fahnenquallen. Spec.: *A. aurita,* Ohrenqualle.

aurélia, lat.: Artname, s. *Param(a)ecium.*

aúreus, -a, -um, lat., golden, goldgelb; s. *Volvax.*

auricula, -ae, *f.,* lat., das kleine Ohr, Dim. v. *auris,* das Ohrläppchen, auch das Ohr, die Ohrmuschel.

Auriculária, (Joh. Müller, 1849), *n.,* Pl.; s. *auriculárius*; die durch den Besitz kurzer ohrenförmiger Fortsätze gekennzeichneten bilateralen Larven der Holothurien (Seewalzen).

auriculáris, -is, -e, zum Ohr od. Ohrläppchen gehörig, das Ohr betreffend, aurikular.

auriculárius, -a, -um, lat., auf das Ohr od. Ohrläppchen bezüglich, einem kleinen Ohr ähnlich, ohrförmig; s. *Radix.*

aurifrons, lat., Kompositum aus *aurum* Gold u. *frons* Stirn; goldstirnig, Goldstirn-; s. *Chlorópsis.*

aurikular, s. *auricularis*; das Ohr betreffend.

auris, -is, *f.,* lat., das Ohr, das Gehörorgan.

aurítus, -a, -um, lat., mit Ohren *(aures)* versehen, langohrig; s. *Cállithrix,* s. *Plecotus.*

Aurorafalter, der; s. *Anthocharis.*

aurum, -i, *n.,* lat., das Gold.

Aus-Effekt, der, lat. *effectus* die Wirkung; im allgem. Erregungszunahme bei Reiz-Ende, d. h. vorübergehend gesteigerte Erregung mancher Sinnesorgane bzw. Rezeptoren od. ihrer sensiblen Nerven.

Auskultation, *f.*; physik. Arbeitsmethode der klin. Diagnostik: Behorchen, Abhorchen des Körpers unmittelbar (ohne Hilfsmittel, unmittelbar mit dem Ohr) od. mittelbar mit einem Stethoskop. Auskultiert werden die physiologisch im Körper entstehenden Geräusche (Herz, Lunge, Darm, Magen, Vormagen, Trachea u. a.), um krankhafte Veränderungen od. Ausfall dieser Geräusche zu ermitteln; weiterhin wird auskultiert, um abnorme Geräusche, die zusätzlich zu den natürlichen auftreten, festzustellen (z. B. Reibegeräusche durch Pleuritis).

Auslese, die; s. Selektion.

Auslöser, der; Reiz od. Reizkombination, der/die eine Verhaltensweise auslöst.

Außengruppe, die; Bezeichnung für alle rezenten u. fossilen Taxa außerhalb der betrachteten Gruppe. Bei der phylogenetischen Analyse wird zur Erkennung von Plesiomorphen meist die jeweilige Schwestergruppe als Außengruppe herangezogen.

Auster, s. *Ostrea.*

Austernfischer, der; s. *Haematopus.*

australásiae, Genit. von neulat. *Australasia*; Australien u. Asien (analog: Eurasia); s. *Periplanéta.*

Austrális, *f.,* lat. *australis* südlich, *auster, austri, m.,* der Süden, Südwind; Südliche od. Australische Region, s. d., Notogäa, s. d.

Australische Region, die; die Südliche Region od. Notogäa ist die zoogeographische Region des „Südens" mit der Hawaiischen, Neuseeländischen u. Austroozeanischen Subregion. Außer Fledermäusen, einer Rattenfamilie, dem Dingo u. dem Menschen kommen in der A. R. keine Plazentalier vor. Alle Monotremata sind auf diese Region beschränkt, ebenso die Beuteltiere außer den amerikanischen Didelphidae u. Caenolestidae. Es besteht ein (gewisser) Zusammenhang zur Tierwelt der Neotropischen Region (Süd- u. Mittelamerika).

Australopíthecus, *m.*, gr. *ho píthekos* der Affe, also: „Südaffe"; zuerst in Südafrika zwischen Vaal u. Limpopo, auch in O-Afrika u. Vorderindien gefundene, aus dem Ende des Pliozäns u. aus dem Unteren Pleistozän stammende, aufrechtgehende Steppenbewohner der fossilen Australopithecinae, die zur Fam. der Anthropomorphidae gehören; werden vor allem auch wegen der Form des Schädels u. anderer Merkmale als in die menschliche Entwicklungsreihe gehörig bzw. als Vorstufe der Menschheit angesehen; es handelt sich um schimpansenähnliche Menschenaffen.

austríacus, -a, -um, österreichisch, in Österreich (Austria) lebend; s. *Coronella,* s. *Plecótus.*

Austroozeanische Subregion, die; zoogeographische Einheit der Australischen Region od. Notogäa, sie wird unterteilt in die Polynesische, Papuanische u. Australische Provinz.

Autapomorphie, die, gr.; abgeleitetes Merkmal (o. Merkmalsausprägung), das auf ein Taxon beschränkt ist. Monophyla werden durch mindestens eine Autapomorphie begründet. Z. B. ist eine der Autapomorphien des Taxon Araneae der Besitz von Spinnwarzen, die aus umgewandelten Extremitäten der 4. u. 5. Opisthosomasegmente hervorgegangen sind u. in keinen anderen Arachniden-Taxa vorkommen.

auto-, von gr. *autós*; Präfix in vielen Komposita: Selbst ...

autochthón, gr. *he chthon, chthonós* der Boden; an Ort und Stelle entstanden, bodenständig, einheimisch, eingeboren, urwüchsig; im selben Gebiet od. Biotop entstanden; ethologisch: benutzt für eine durch triebeigene Erregung gespeicherte Handlung (Kortlandt 1940). Ggs.: allochthon.

Autodigestion, *f.*, lat. *digéstio -omis* die Verdauung; Selbstverdauung, Verdauung von Organen u. Geweben nach dem Tode durch eigene Enzyme.

Autökologie, die, gr. *ho oĩkos* die Wohnung, *ho lógos* die Lehre, s. Ökologie; Teilgebiet der Ökologie, das die Beziehungen zu biotischen, von anderen Organismen ausgehenden Faktoren beschreibt.

Autogamie, die, gr. *gamẽin* begatten, heiraten; Selbstbefruchtung; Verschmelzung von zwei Keimzellen bzw. Kernen, die durch Teilung aus einem Individuum bzw. dessen Kern hervorgingen.

autogen, von innen heraus, selbst verursacht.

Autogénesis, die, gr. *he génesis* die Erzeugung, Entstehung; die Umbildung der Individuen, Arten, Gattungen usw. durch innere Faktoren.

Autogonie, die, gr. *ho gónos* die Erzeugung, Geburt, Nachkommenschaft; Urzeugung, die hypothetische Entstehung von Lebewesen ohne Eltern aus anorganischen Stoffen.

Autográpha, *f.*, gr. *autógraphos, -a, -on,* eigenhändig (selbst) geschrieben; Bezug auf die Buchstabenform; Gen. der Noctuidae, Lepidoptera. Spec.: *A. gamma* (= Gamma-Falter), Wanderfalter (Mai Einflug aus Mittelmeerraum nach M-Europa, Fortpflanzung, Rückflug im Herbst).

Autoimmunität, die, lat. *immunitas, -atis, f.*, das Geschütztsein; Verlust der Autoimmuntoleranz u. Autosensibilisierung einer humoralen u./od. zellvermittelten immunologischen Reaktivität gegen körpereigene Bestandteile. Es kann zu umfangreichen Gewebszerstörungen kommen.

Autoimmunzellen, die; T-Lymphozyten, die sich gegen Strukturen richten.

Autokatalyse, die, gr. *katalýein* auflösen; Selbstbeschleunigung einer chem. bzw. biochem. Reaktion durch Bildung eines Stoffes, der die Reaktion beschleunigt.

Autokoagulation, die, lat. *coaguláre* gerinnen lassen; die Selbstausflockung, -gerinnung.

autokrin, gr. *krínein* scheiden; selbstabsondernd.

Autolýse, die gr. *he lýsis* Auflösung; Selbstauflösung, Auflösung ohne bakterielles Mitwirken, fermentativer Abbau.

autolytisch, selbstauflösend, eine Autolyse bewirkend.

Autolytus, *m.*, gr.; Gen. der Polychaeta errantia (räuberische Borstenwürmer). Spec.: *A. prolifer.*

Automatiezentrum, das, gr. *autómatos* von selbst, aus eigenem Antrieb; s. Sinusknoten u. Atrioventrikularknoten.

automátisch, selbständig, selbststeuernd, unwillkürlich.

Automatísmus, der; spontanes, oft rhythmisches od. rhythmisch-periodisches Funktionieren erregbarer Strukturen.

Automixis, die, gr. *he míxis* die Vermischung; die Vereinigung identischen Erbgutes durch Befruchtung von Keimzellen gleicher Herkunft.

Automutagene, die, lat. *mutátio, -onis* die Änderung, gr. *gígnesthai* entstehen; mutationsauslösende Faktoren (z. B. mutagene Substanzen), die im Individuum selbst entstehen.

Automutilation, die, *f.*, gr./latin.; Selbstverstümmelung, Abfressen u. Befressen von Schwanz- (Schwanzbeißen) u. Gliedmaßenspitzen; zumeist Verhaltensstörung, seltener bei Wildtieren zur Befreiung aus Fangeisen o. ä.

autonóm, gr. *ho nómos* das Gesetz; eigengesetzlich, nach eigenen Gesetzen lebend, unabhängig, im Wesen bzw. im Erbgefüge verankert (und nicht von äußeren Faktoren abhängig).

autonomes Nervensystem, *n.*; s. vegetatives Nervensystem.

Autonomie, *f.*, gr.; Selbständigkeit bestimmter Funktionsabläufe vom Gesichtspunkt der ganzheitl., durch das ZNS integrierten Reaktion des Körpers.

Autophagolysosom, das, gr. *phagein* fressen, *to sóma* der Körper; Lysosom (Zellorganell), das zelleigenes Material verdaut.

Autoplastik, *f.*, gr.; Verschiebung od. Verlagerung insbesondere von Haut, Sehnen, Knochen, Faszien, Gefäßen, Nerven zur Deckung bzw. Rekonstruktion von entsprechenden Gewebedefekten am selben Körper, ohne dass das verschobene od. verlagerte Gewebe vollständig aus seinem originären Bett od. Zusammenhang gelöst worden ist. Häufig durchgeführt als A. der Haut bei größeren Hautdefekten an den Gliedmaßen der Haustiere.

autoplástisch, gr. *plastós* geformt, verpflanzt; Verpflanzen von Gewebe des eigenen Körpers (Spender u. Empfänger sind dasselbe Individuum).

Autoploide, *f.*, gr.; Bez. für Zellen od. Organismen mit mehreren homologen Chromosomensätzen. Je nach Anzahl der Chromosomensätze kann Autoploidie, Autotriploidie, Autotetraploidie usw. unterschieden werden. Autoploide Zellen od. Organismen können sich bei diploiden Arten spontan bilden (Entstehung somatischer Restitutionskerne, Ausbleiben der Reduktion bei Gameten). Sie können auch durch Einwirken von Spindelgiften (u. a. Kolchizin) entstehen. Gegenüber der Elterngeneration weisen autoploide Nachkommen (fast) ausschließlich quantitative Unterscheidungsmerkmale auf, kaum qualitative.

Autoploidie, die, *f.*, gr.; bei A. liegen in der Diplophase homologe, strukturell u. genetisch (bis auf Alleldifferenzen der Loci) übereinstimmende u. in der Meiose voll paarungsfähige Chromosomensätze vor.

Autopódium, das, gr. *to pódion* der Tritt, die Unterlage, Stütze; 3. Hauptabschnitt (Hand, Fuß) der freien Gliedmaßen der vierfüßigen Wirbeltiere.

Autopolyploidie, die, *f.*, gr.; Vervielfachung (Polyploidie) homologer, strukturell u. genetisch (bis auf Alleldifferenzen der Loci) übereinstimmender Chromosomensätze.

Autopsíe, die, gr. *he ópsis, ópseos* das Sehen, „Selbstsehen“; der Augenschein, die Leichenschau, die Leichenöffnung.

Autoradiographie, die; Methode zur Bestimmung radioaktiver Substanzen in Objekten (Materialien) mit Hilfe photographischer Schichten, die durch Strahlung geschwärzt werden.

Autoreduplikation, die; Reduplikation, die originalgetreue Vermehrung von Nukleinsäure-Molekülen mittels bestimmter polymerisierender Enzyme (Polymerasen). Zur A. sind nur DNS u. Virus-RNS befähigt; Nicht-Virus-RNS wird in einem A.s-ähnlichen Prozess (Transkription) an einer DNS-Matrize synthetisiert.

autorum = auctorum, Genit. Pl. zu lat. *auctor* Urheber, Veranlasser; nach Namen; im herkömmlichen Sinne (der Autoren), oft im Ggs. des Erstbeschreibers.

Autositus, der, gr. *ho sitos* die Nahrung, das Korn; Fehlbildung, d. h.: 1. ausgebildetes Individuum einer Doppelmissbildung u. 2. eine lebensfähige Missbildung.

Autosomen, die, gr. *to sóma* der Körper; Bezeichnung für die Chromosomen von üblichem Aussehen u. Verhalten im Gegensatz zu den Geschlechtschromosomen.

autosuggestiv, lat. *sug-gérere* „von unten her“, d. h. unbemerkt zuführen; sich selbst beeinflussend.

autotelisch, gr. *telos* Ende; auf sich selbst gerichtet.

Autotomie, die, gr. *témnein* schneiden; die Fähigkeit vieler Tiere (z. B. Anneliden, Mollusken, Echinodermaten, Arthropoden u. Eidechsen), bestimmte fixierte Körperteile bei Gefahr abzuwerfen, um dadurch wieder die Freiheit bzw. die Lokomotion zu erlangen. Die abgeworfenen Körperteile regenerieren, die A. ist ein Schutzverhalten (Schutzanpassungsverhalten).

Autotransplantat, das, lat. *transplantare* verpflanzen; Transplantat, das von einer Körperregion eines Individuums auf eine andere Körperregion des gleichen Individuums übertragen wird.

autotróph, gr. *he trophé* die Ernährung; sich selbst ernährend, aus anorganischen organische Stoffe aufbauend; Ggs.: heterotroph.

autumnalis, -is, -e, lat., herbstlich; Spec.: *Leptus autumnalis,* Grasmilbe.

auxotonische Muskelkontraktion, die, gr. *he aúxe* das Wachstum, die Zunahme, *ho tónos* die Spannung; Muskelverkürzung bei gleichzeitiger Spannungszunahme.

avellanárius, -a, -um, lat., haselnussartig; v. *avellana,* die Haselnuss; s. *Muscardínus.*

avenae, lat., Genitiv von *avena, f.,* der Hafer; s. *Heteródera.*

Aves, *f.,* Pl.; Sing.: lat. *avis, f.,* der Vogel; Vögel, Cl. der Amniota, Chordata; können als flugfähig gewordene Reptilien mit Federkleid u. Homoiothermie definiert werden, etwa 8600 Arten; vordere Extremitäten = Flügel, hintere = Gehbeine; Lungen- u. Körperkreislauf sind getrennt; Lungen mit Luftsäcken; mannigfache Spezifika des Skeletts, der Sinnesorgane, des ZNS u. des Stoffwechsels stehen zum Fliegen in Beziehung; Haut mit Federn, manche Teile auch mit Hornschildern (Lauf u. Zehen); eng mit Reptilien verwandt, beide Klassen als Sauropsiden zusammengefasst; Schädel durch einen Gelenkhöcker mit dem Atlas verbunden; Fußwurzel u. Mittelfuß miteinander verschmolzen zum Tarsometatarsus (Lauf); Fortpflanzung durch Eier mit Kalkschalen. Vielzahl komplizierter angeborener Verhaltensweisen (Wanderungen, Nestbau, Aufzucht der Jungen, Balz usw.); fossil seit dem Oberjura (Malm) bekannt. Gruppen (Ord.) s. 4. Das System des Tierreichs.

avícula, -ae, *f.,* das Vöglein, der kleine Vogel.

Aviculária, lat., Adj.: *avicularia* einem kleinen Vogel ähnlich; 1. *f.,* Sing., Gen. der Aviculariidae, eigentliche Vogelspinnen, Ord. Araneae (Spinnen). Spec.: *A. avicularia,* Gemeine Vogelspinne; 2. *n.,* Pl., vogelkopfähnliche, greifzangenartig umgebildete Individuen bestimmter Moostierchen-Kolonien (Polymorphismus).

Avidin, das; Glykoprotein; Vitamin H- (Biotin) bindender Eiweißfaktor.

Avifauna, *f.,* lat., Vogelwelt, z. B. eines Erdteils od. eines Gebietes bzw. einer Gegend.

Avikularien, die; bei Bryozoen u. zwar bei den Cheilostomata auftretende, einseitig spezialisierte Heterozoide mit besonderem Zangenapparat.

ávis, -is, *f.,* lat., der Vogel; s. Aves.

Avitaminósen, die, gr. *a-* α priv., lat. *vita* das Leben, s. Amine; durch Mangel od. Fehlen von Vitaminen verursachte Krankheiten. Formen geringeren Grades werden als Hypovitaminosen bezeichnet. A-Avitaminosen: z. B. Xerophthalmie, Keratomalazie, als Folgeerscheinungen Hornhaut- u. Linsentrübungen, Sehstörungen. B-Avitaminosen: z. B. Beriberi, Pellagra. C-Avitaminosen: z. B. Skorbut, Möller-Barlowsche Krankheit. D-Avitaminosen: z. B. Rachitis, Osteomalazie. E-Avitaminosen: z. B. Störungen der Geschlechtsfunktion, der Fruchtbarkeit. K-Avitaminosen: z. B. Haut- u. Schleimhautblutungen, Anämie.

avitaminotisch, durch eine Avitaminose bedingt, die Avitaminose betreffend.

avosétta, franz. *l'avocette,* ital. *avosetta*; Artname für *Recurvirostra,* s. d.

Axerophthol, das, gr. *a-* α priv., *xerós* trocken, *ho ophthalmós* das Auge; s. Vitamin A.

axiális, -is, -e, lat., zur Achse gehörig.

Axinella, *f.,* lat. von *axis* u. *-ella* Dim; namentlicher Bezug auf die „kurze Achse". Gen. der Axinellidae, Axinellida (Ordo), Demospongiae (Cl.). Spec.: *A. verrucósa* (mit zahlreichen zylindrischen Ästen).

axílla, -ae, *f.,* lat., die Achselhöhle, die Achsel.

axilláris, -is, -e, zur Achselhöhle gehörig.

áxis, -is, *m.,* lat., die Achse.

Axis, *m., axis* ist bei Plinius der Name eines unbekannten Tieres aus Indien; Gen. der Fam. Cervidae, Hirsche. Spec.: *A. axis,* Axishirsch.

Axocoel, das, gr. *he koilía* die Höhle, Höhlung; der vorderste, unpaare Cölomabschnitt, er entspricht dem Protosomcölom.

Axolémm, das, s. *áxis,* gr. *to lémma* die Hülle, Scheide; die Grenzschicht des Achsenzylinders der Nerven.

Axolotl, mexikanischer Name für *Amblystoma* (s. d.); die (bedingt neotene) Larve *(Amblystoma mexicanum)* vermag sich im Jugendstadium bei Eintrocknen des Wassers zum Lungenatmer zu entwickeln.

Axon, der, gr. *ho áxōn* die Achse; axonaler Fortsatz (Achsenzylinder) einer Nervenzelle (Neuron).

Axoplasma, das, s. Plasma; Zytoplasma eines achsenzylindrischen Zellteiles wie z. B. des Neuriten einer Nervenzelle.

Axopódien, die, s. *áxon,* gr. *to pódion* die Stütze; achsenförmige Pseudopodien (Scheinfüßchen) bei Protozoen, insbesondere bei den Rhizopoden (z. B. bei Heliozoen u. Acantharien).

Axostyl, das, gr. *ho áxon, áxonos,* lat. *axis* Achse, Wagenachse, *ho stylus* Säule, Pfeiler, Stütze; zentrales Stützelement aus reihenförmig angeordneten Mikrotubuli, z. B. bei *Trichomonas,* bei *Spirotrichonympha.*

Aythýa, *f.*; Gen. der Anatidae, Entenvögel. Spec.: *A. ferína,* Tafelente; *A. maríla,* Bergente; *A. fulígula,* Reiherente (mit rußfarbenem Gefieder); *A. affinis,* Veilchenente. Syn: *Nyroca,* s. d.

A-Zellen, die, od. Alpha-Zellen; Glucagon produzierende Zellen in den Langerhans-Inseln des Pankreas.

azidophíl, lat.*ácidus, -a, -um* sauer, gr. *philein* lieben; Saures bzw. saure Farbstoffe liebend, säureliebend; Zellstrukturen, die sich mit sauren Farbstoffen anfärben; s. eosinophil; in der Ökologie benutzt für die Charakterisierung von Organismen, die saures Substrat bzw. saure Standorte lieben od. bevorzugen.

Azidóse, die, lat. *ácidus* sauer, gr. *didónai* geben; Absinken od. Senkung des *p*H-Wertes unter 7,38 bzw. Steigerung der Wasserstoffionenkonzentration des Blutes; krankhafte Steigerung des Säuregehaltes im Blut.
azinös, lat., *acinósus* beerenförmig, traubenförmig; s. *ácinus.*
Azóikum, das, gr. *a-* α priv., *to zóon* das Tier, lebendes Wesen; Erdurzeit, das älteste Erdzeitalter, in dem noch kein Lebewesen auf der Erde existierte (= Archaikum).
azoisch, ohne Lebewesen.
Azoospermie, die, gr. *a-* α priv., *to zóon* das Lebewesen, s. *spérma*; völliges Fehlen der Spermien in der Samenflüssigkeit. Die Zellen der Samenreifungsreihe sind aber darin enthalten.
Azygía, *f.,* gr. das Ungebundensein (s. u.); Gen. d. Azygiidae, Digenea (= Malacobothrii).
Azygíe, die, gr. *to zygón* das Joch, die Verbindung; Ungepaartheit, Ehelosigkeit.
Azygobranchier, s. *Ctenobranchia.*
ázygos, unpaar, nicht gepaart, ehelos.
azyklisch, gr. *a-* nicht, *ho kýklos* der Kreis; 1. syn. Bezeichnung für: aliphatisch (= offene Kettenform). Aliphatische Verbindungen (gr. *to áleiphar* das Salböl) sind C-Verbindungen mit offener Kette; sie leiten sich von CH_4 (Methan) ab. 2. organographisch bzw. topologisch: nicht kreisförmig angeordnet.

B

Babésia, *f.,* nach dem rumänischen Pathologen Victor Babes (1854–1926) in Bukarest; Gen. der Babesiidae, Ordo Piroplasmida, Haemosporidia, Cl. Sporozoa. Spec.: *B. bovis,* Blutparasit, der vornehmlich beim Rind (auch bei Zebu, Reh- u. Rotwild) Hämoglobinurie (mit Fieber u. Blutharn) erregt u. übertragen wird durch Zecken (*Ixodes ricinus,* Holzbock); *B. bigemina,* Erreger des Texasfiebers (Wirt: Rind, Zebu, Wasserbüffel, Rotwild, Übertragung durch *Boophilus-* u. *Rhipicephalus*-Arten).
Babuín(e), nach dem einheimischen Namen (O-Afrika) benannte Sektion (Gruppe) der Paviane; *cynocephalus*-Sektion (s. *Papio*); auch Hundspaviane bezeichnet; gelehrig, intelligent, bekannt in zoologischen Gärten („Hauptkünstler der Affentheater", wie Leunis 1884 formuliert).
Babyrússa, *f.,* latin. Vernakularname; Gen. der Suidae, Schweine, Artiodactyla. Spec.: *B. (= Porcus) babyrussa,* Hirscheber, dessen Canini des Oberkiefers durch die Haut nach oben wachsen, sich dann rückwärts krümmen u. so entfernt an ein „Hirschgeweih" erinnern; führt eine ähnliche Lebensweise wie unser Wildschwein.
bacca, -ae, *f.,* lat., die Beere, Perle; Spec.: *Dolycoris baccarum,* Beerenwanze.
baccárum, lat., Gen. Plur. von *bacca* Beere; der Beeren, Beeren-; s. *Carpócoris.*
Bachläufer, der; s. *Velia.*
Bachneunauge, das; s. *Lampetra planeri.*
Bachstelze, die, mhd. *wazzerstelze*; s. *Motacilla.*
baccilarius, -a, -um, lat., stabförmig.
bacillum, -i, *n.,* lat., der Stab, Stock; Spec.: *Bacillus rossii,* eine Gespenstheuschrecke.
Bacíllus álvei, *m.,* lat. *alvéolus* kleine Mulde; hauptsächlichster Erreger der Gutartigen Faulbrut (Syn.: „Europäische Faulbrut", Sauerbrut) des Honigbienenvolkes.
Bacíllus lárvae, *m.,* lat. *larva, -ae, f.,* das Gespenst, die Larve; Erreger der Bösartigen (Amerikanischen) Faulbrut des Honigbienenvolkes.
Backenhörnchen, s. *Tamias.*
Bactéria, *f.,* gr. *he baktería* der Stock; Gen. der Phasmidae, Gespenstheuschrecken, Ordo Orthoptera, Geradflügler. Spec.: *B. cálamus; B. tuberculata argentina,* Riesenschrecke (lat. *cálamus* Rohr, Stengel; lat. *tuberculátus* mit Höcker = *tuber* versehen).
bactriánus, in Baktrien lebend od. vorkommend; sprachlich von manchen Autoren auch als Genitiv des Ortes Bactra gedeutet; Spec.: *Camelus bactrianus,* Trampeltier
Baculites, *m.,* lat. *báculum* der Stab; Gen. der Superfam. Turrilitaceae, Ordo Ammonoidea; fossil in der Unter- und Oberkreide. Spec.: *B. pseudoanceps* (Oberkreide); vgl. *Nipponites.*
báculus, -a, -um, lat. v. *báculum* der Stab; stabförmig; s. *Lipeūrus.*
Badeschwamm, der; s. *Euspóngia.*
Badiofelis, *f.,* von gr. *ho bádos* der Gang, das Schreiten u. lat. *felis*; Gen. der Félidae, Echte Katzen, Carnivora. Spec.: *B. badia,* Borneokatze.
Badíster, *m.,* gr. *ho badistés* Läufer; Gen., der Carábidae, Laufkäfer, Coleóptera. Spec.: *B. bipustulátus; B. humerális.*
Bänder-Messerfisch, der; s. *Notopterus chitala.*
Bär, mhd. *ber, birin* Bär, Bärin; s. *ursus.*
Baer, Edler v. Huthorn, Karl Ernst Ritter von, Naturforscher, geb. 28. 2. 1792 auf Gut Piep (Estland), gest. 28. 11. 1876 (Dorpat). Direktor der Anatomischen Anstalt u. Prof. der Zoologie u. Naturgeschichte in Königsberg, Mitglied der Russ. Akad. d. Wiss. in St. Petersburg. B. gilt als Begründer der modernen Embryologie (Untersuchungen am bebrüteten Hühnerei); er

entdeckte das „Säugetierei" am Hund (1827) u. die Chorda dorsalis. – Mehrere Expeditionen vor allem in den Norden Rußlands u. an das Kaspische Meer mit Ergebnissen insbesondere auf dem Gebiet der Anthropologie, Geographie, Tier- u. Pflanzengeographie [n. P.].

Bärenmakak, der; s. *Macaca.*

Bärenmaki, s. *Arctocebus.*

Bärenspinner, der; s. *Arctica.*

Bärentierchen, das; s. Tardigrada.

Baëtis, *f.*, benannt nach dem Namen eines Flusses in Spanien; Gen. der Baëtidae, Ephemeroidea, Eintagsfliegen.

Bätze, die; der weibliche Hund.

Bagg-Little-Mäuse, die; Mäusestamm mit Röntgenmutation, ausgezeichnet durch eine erhöhte Liquorbildung, vergleichbar eines ähnlichen Symptoms wie beim menschlichen Turner-Syndrom.

bájulus, baiulus, *m.,* lat., der Lastträger; s. *Hylotrupes.*

Bakterien, *n.,* Pl., gr. *he bactería* der Stock; procaryote, einzeln oder in einfachen Verbänden lebende Organismen mit meist heterotropher Ernährung, aber auch autotroph, photo- oder chemosynthetisch; fossil seit mehr als 3 Milliarden Jahren bekannt.

Bakteriophage, der, gr. *phagéin* fressen; Virus, das Bakterien angreift.

Balaena, *f.*, gr. *he phálaina* = lat. *baláena* Wal; Gen. der Balaenidae, Glattwale (Kehle und Brust glatt, ohne Furchen), Mystacoceti, Bartenwale, Cetacea, Wale. Spec.: *B. mysticétus,* Grönlandwal; *B. glaciális,* Nordkaper.

balaenáris, -is, -e, auf od. an dem Walfisch (lat. *balaena*) lebend; s. *Corónula.*

Balaeniceps, *m.*, lat. *balaena* Wal u. *caput* Kopf, also: „Wal(fisch)kopf"; Gen. der Balaenicipítidae, Schuhschnäbel; Ordo Ciconiiformes, Schreitvögel. Spec.: *B. rex,* Schuhschnabel, besitzt einen holzschuhähnlichen Schnabel (tropisches Afrika).

Balaenóptera, *f.*, gr. *to pterón* Flosse, auch Flügel; Gen. der Balanopteridae, Furchen- od. Finnwale (mit tiefen Längsfurchen an Kehle u. Brust), Mystacoceti, Cetacea. Spec. *B. physalus,* Finnwal; *B. acutorostrata (rostrata),* Zwergwal; *B. musculus,* Blauwal; (*musculus* eine große Bartenwal-Art bei Plutarch).

Balance, genetische, die, frz. *balance, f.,* die Waage, das Gleichgewicht; ausgewogenes u. gegenseitig angepasstes Zusammenwirken der Gene eines Genotyps.

Balanínus, *m.*, gr. *he bálanos* die Eichel; Gen. der Curculionidae, Rüsselkäfer, Coleoptera, Käfer. Spec.: *B. (= Curculio) nucum,* Haselnussbohrer; *B. glandium,* Eichelbohrer.

Balanoglóssus, gr. *he glossa* die Zunge; der Name nimmt Bezug auf den eichelähnlichen Rüssel; Gen. der Enteropneusta, Eichelwürmer.

Balantídium coli, gr. *to balántion* der Geldbeutel, *to balantídion* der kleine Beutel, s. *colon*; Spec. der Heterotricha, Ordo Spirotricha, Cl. Euciliata; Parasit, normaler Wirt ist das Schwein, in dessen Dickdarm die Balantidien parasitieren; infiziert durch Balantidien-Cysten aus dem Kot, ruft der Parasit die chronische Balantidienruhr beim Menschen hervor, die zuweilen jahrelang dauern kann.

Bálanus, *m.*, gr. *he bálanos* die Eichel, die Nuss; Gen. der Balanidae, Seepocken, Thorocica, Cirripedia, Rankenfüßer; fossile Formen seit dem Oligozän. Spec.: *B. crenatus.*

balcáni, Genit. zu neulat. *Balcanus* der Balkan; auf dem Balkan, Balkan-; s. *Ectóbius.*

Baleárica, *f.,* latin. *balearica* auf den Balearen lebend; Gen. der Gruidae, Kraniche. Spec.: *B. pavonina,* Pfauen- od. Kronenkranich, der in Tierparks nicht zuletzt wegen seiner Farbenpracht gehalten wird.

Bali-Star, s. *Leucopsar rothschildi.*

Balístes, *m.*, nach dem italien. *pesce balestra* von Artedi balistes genannt; Gen. der Balistidae (Drückerfische), Ordo Plectognathi (Haftkiefer). Spec.: *B. capriscus,* Schweinsfisch.

Balkenschröter, der; s. *Dorcus.*

bálticus, -a, -um, baltisch, in der östlichen Ostsee lebend.

Baltimore, David (geb. 1938); amerikanischer Virologe. Er entdeckte 1970 die RNA-abhängige DNA-Polymerase („Revertase"); 1975 zusammen mit R. Dulbecco und H. M. Temin den Nobelpreis für Medizin/Physiologie für grundlegende Untersuchungen über den Wirkungsmechanismus von Viren erhalten.

Baltzer, Fritz, geb. 12. 3. 1894 Zürich, gest. 18. 3. 1974 Bern; Dr. phil., Dr. h. c., Dozentur an Univ. Würzburg, 1915 ao. Prof., 1919 Freiburg i. Br., 1921 Prof. in Bern, 1954 em.; Themen d. wissenschaftl. Arbeiten: Entwicklungsphysiologie, Vererbung.

Balz, die; das Balzverhalten vieler Tiere, bei denen spezifische Bewegungen (Balzbewegungen) ausgeführt werden, die die Fortpflanzungsbereitschaft anzeigen. Das Balzverhalten besteht aus den der Begattung vorausgehenden heterosexuellen Verhaltensweisen (Einzelbalz, Gruppenbalz).

Bambusbär, der; s. *Ailurópoda.*

Bananenschabe, die; s. *Panchlora.*

Bananenschlange, die; s. *Leptodeira annulata.*

Bananenstärling, der; s. *Icterus dominicensis.*

Bandfisch, der; s. *Cepola rubescens.*

Bang, Bernhard Laurits, geb. 1848, gest. 1932; dänischer Arzt und Tierarzt, Professor für Spezielle Pathologie an der Veterinärhochschule in Kopenhagen; entdeckte gemeinsam mit Stribolt 1896 den „Bacillus abortus infectiosi" (s. *Brucella abortus*) als Erreger des seuchenhaften Verkalbens beim Rind (s. Brucellose, Bang'Krankheit); zu seinen Verdiensten gehört ebenfalls ein erfolgreich angewandtes Verfahren zur Bekämpfung der Rindertuberkulose.

Bankiva-Huhn, das, javanischer Name; Stammform des Haushuhnes; s. *Gallus.*

Banting, Frederick Grant, geb. 1891 in Alliston/Ontario, Canada, gest. 1941; Biochemiker, isolierte erstmals zusammen mit Ch. H. Best, J. Macleod u. a. 1922 in Toronto das Insulin (Hormon der Bauchspeicheldrüse); (Nobelpreis 1923).

bárba, -ae, *f.,* lat., der Bart.

bárbarus, -a, -um, aus der Berberei (NW-Afrika); ausländisch, fremd; s. *Messor.*

barbátulus, -a, -um, lat., mit kleinem Barte versehen, aus *barbatus* und *-ulus* (Diminutivum) gebildet; Artname z. B. bei *Nemachílus,* s. d.

barbátus, lat., mit Bart *(barba)* versehen, bärtig; s. *Mullus* (mit 2 Bartfäden am Kinn).

Barbenregion, die, s. *Barbus.*

Barbus, *m., barbus* die Flussbarbe (bei Ausonius), von lat. *barba,* s. o.; wegen der charakteristischen (4) Barteln am Mund; Gen. der Cyprinidae, Weiß- od. Karpfenfische. Spec.: *B. fluviatilis,* die Flussbarbe, ist der Leitfisch der schnellfließenden Barbenregion der Flüsse; weitere Spec.: *B. arulius,* Prachtglanzbarbe; *B. conchonius,* Prachtbarbe; *B. fasciolatus,* Bandbarbe; *B. filamentosus,* Schwarzfleckbarbe; *B. hexazona,* Sechsgürtelbarbe; *B. holotaenia,* Vollstreifenbarbe.

Barcroft, Joseph, geb. 26. 7. 1872 Newry (Irland), gest. 21. 3. 1947 Cambridge; Prof. der Physiologie in London (1923) u. Cambridge (1926); bedeutende Forschungen zur Physiologie des Blutes, besonders zur Atmungsfunktion des Blutes und zur O_2-Dissoziationskurve des Hämoglobins [n. P.].

Bargmann, Wolfgang, geb. 27. 1. 1906 Nürnberg, gest. 20. 6. 1978 Kiel; Dr. med., U.-Prof., Dir. des Anat. Inst. der Univ. Kiel, 1935 Doz. an Univ. Zürich, 1938 Prosektor an Univ. Leipzig, 1941 apl. Prof., 1942 ao. Prof. i. Königsberg (Kaliningrad), 1945 in Göttingen, 1946 Prof. in Kiel; Arbeitsgebiete: Histologie, einschließl. Elektronenmikroskopie, Innere Sekretion, Nervensystem.

Barílius, *m.,* latin., nach einheimischem Namen im Kongogebiet; Gen. der Cyprinidae, Cypriniformes. Spec.: *B. christyi,* Goldmäulchen.

Bárrakuda = Barracuda, s. *Sphyrǣ́-na sphyrǣna.*

Barrierriff, das, franz. *barrière* die Sperre; dammartiges Korallenriff.

Barr-Körperchen, das; s. Sex-Chromatin.

Barsch, der; s. *Perca.*

Barschfische, die; s. Perciformes.

Bartenwale, die; s. Mystacoceti (= Mysticeti).

Bartgeier, der; s. *Gypaëtus.*

Bartgrundel, die; s. *Nemachilus barbatulus.*

Bartholin, Caspar, jun., geb. 10. 8. 1655 Kopenhagen, gest. 11. 6. 1738 ebd.; Prof. d. Physik u. Anatomie in Kopenhagen. Nach ihm wurden die Bartholinschen Drüsen (= Glandulae vestibulares majores) benannt.

Bartholinsche Drüsen, *f.,* s. Bartholin, die Glandulae vestibulares majores; tubulöse, muköse Drüsen, die in den großen Schamlippen liegen. Sie entsprechen den Cowperschen Drüsen.

Bartmücke, die; s. *Ceratopogon.*

Bartonella, nach Valberto Barton, Arzt in Lima/Peru, *f.*, benannte Gattung gramnegativer, kugel-, stäbchen- od. diskusförmiger Bakt. der Fam. Bartonellaceae (Rickettsiales). Vermehrung im Innern von Erythrozyten u. Endothelzellen; Vork. beim Menschen u. Arthropoden (*Phlebotomus*-Species) – Spec.: *B. bacilliformis* ist Err. des Oroyafiebers u. der Verruga peruana (in der Andenregion).

Bartonellose, die; durch Bartonellen verursachte Krankheit, fieberhafte Allgemeinerkrankung mit intravasalem Erythrozytenbefall.

Bartrobbe, die; s. *Erignathus barbatus.*

basális, -is, -e, lat., basal, zur Basis gehörig.

Basálkorn, das, gr. *he básis* die Grundlage; kleines Korn an der Basis einer Wimper od. Geißel, wahrscheinlich vom Zentriol abzuleiten.

Basalmembran od. Gesellamina, die; extrazelluläre, fibrilläre Grundschicht aller Epithelgewebe.

Basedow, Karl Adolph von, geb. 28. 3. 1799 Dessau, gest. 11. 4. 1854 Merseburg; Arzt in Merseburg; 1840 beschrieb B. den Symptomkomplex Glotzaugen, Kropf u. beschleunigte Herztätigkeit („Merseburger Trias"), der nach ihm benannten Krankheit [n. P.].

Basedowsche Krankheit, die; Überfunktion der Schilddrüse = Hyperthyreose. Klinische Zeichen: Struma, Exopthalmus, Tachykardie, motorische Unruhe, Affektlabilität.

Basenanaloge, die; Purine u. Pyrimidine, die sich in ihrer Struktur von der normaler N-Basen geringfügig unterscheiden. Einige Analoge, z. B. 5-Brom-Urazil, können an Stelle der normalen Bestandteile in die Nukleinsäuren eingebaut werden.

Basenpaarung, die; Desoxyribonukleinsäure (DNS) besteht chemisch aus Desoxyribose, Phosphorsäure, den Purinbasen Guanin und Adenin sowie den Pyrimidinbasen Cytosin und Thymin. Diese Verbindungen bilden kettenförmige Moleküle, die Polynukleotidstränge. Zwei solcher Nukleotidstränge werden durch Wasserstoffbrückenbildung zwischen Adenin und Thymin sowie Guanin und Cytosin („Basenpaarung") zu einem Doppelstrang zusammengehalten. Die Sequenz der Basen des einen Nukleotidstranges bestimmt die Reihenfolge der Basen im anderen Nukleotidstrang. Diese Anordnung bezeichnet man auch als das Watson-Crick-Modell.

basiláris, -is, -ie, latin., gr. *he básis* der Grund, Sockel; zur Basis gehörig.

Basilarmembran, die; Lamina basilaris, eine Bindegewebsplatte zwischen der Scala tympani u. dem Ductus cochlearis; sie trägt das Corti-Organ (Organon spirale).

Basilíscus, *m.,* gr. *ho basilískos* ein kleiner König, ein fabelhaftes Tier der Alten, eine Eidechsenart, Basilisk; Gen. der Iguanidae (Leguane), Lacertilia (Eidechsen). Spec.: *B. americanus,* Helmbasilisk, mit einem dreieckigen Hautkamm auf dem Hinterkopf.

Basipodit, der, gr. *ho pus, podós* der Fuß, Huf; ein Basalglied des Grundtypus des Crustaceen-Spaltbeines. Das Spaltbein besteht wahrscheinlich aus einem primär dreigliedrigen Stamm, dem Protopodit, der den Exopoditen u. Endopoditen trägt. Der Basipodit (= Trochanter) entspricht dem 3. Stammglied.

basis, -is, *f.,* lat., gr. *he básis, -eos* der Schritt, Fuß, Grundlage, der Sockel; Untergrund.

Basommatóphora, gr. *he básis,* s. o., *to óma, -atos* das Auge, *phorēin* tragen; Ordo der Pulmonata (Lungenschnecken), Gastropoda; die Augen sitzen innerhalb der Kopfhaut (niemals auf Stielen bzw. Tentakeln), Schale stets wohlentwickelt, meist Süßwasser- od. Strandbewohner des Meeres; die Familienreihen des Ordo stehen (systematisch) an der Basis des Pulmonatenzweiges; fossil seit der Ob. Jura bekannt.

basophíl, gr. *philēin* lieben; die Neigung zu basischen Farbstoffen, basische Farbstoffe annehmend.

basophiler Leukozyt, der; polymorph-nukleärer Leukozyt mit basophilen Granula, die Heparin, Histamin u. andere vasoaktive Amine enthalten; ist bedeutsam bei entzündlichen Reaktionen.

Bastard, der, lat. *bastum, n.,* der Packsattel, also „das auf dem Packsattel Erzeugte"; Kreuzungsprodukt, z. B. zwei Individuen verschiedener Arten (Pferd u. Esel), od. Rassen; s. auch Hybrid, s. Artbastard.

Bastardierungszone, die; ein Gebiet, in dem zwei verwandte Populationen, die divergiert sind, nachdem sie geografisch voneinander isoliert wurden, sekundär miteinander in Kontakt kommen und sich kreuzen.

Bastardmakrele, s. *Caranx.*

Bastard-Merogon, s. Bastard, gr. *to méros* der Teil, *he goné* die Erzeugung; Individuum aus einem Eibruchstück mit einem erbmäßig unterschiedenen, meist art- od. gattungsfremden väterlichen Kern.

bathmotrop, gr. *ho bathmós* die Reizschwelle, *trépein* drehen, wenden; reizschwellenverändernde Wirkung am Herzen; positiv bzw. negativ bathmotroper Effekt bedeutet herauf- bzw. herabsetzend.

Bathynélla, *f.,* gr. *bathýs* tief, verborgen, *-ella* lat. Verkleinerungsform; Gen. des Ordo Anaspidacea (Anomostraca), Eumalacostraca; blinder Höhlenbewohner.

Bathypelagial, das, gr. *to pélagos* das Meer; der Lebensbereich des lichtarmen Tiefenwassers im Meer, unterhalb der Kompensationsebene, s. d.; vgl. tropholytische Zone, Pelagial, Epipelagial, Profundal.

bátis, *f.,* gr., eine stachlige Rochenart; s. *Raja.*

Batoídei, *m.,* Pl., = **Batoídea,** *n.,* Pl., *he batís, -ídos* Roche[n], *ho bátos* Stachelroche(n); Rochen (Hypotremata), Gruppe der Selachiformes, Elasmobranchii (s. d.); fossile Formen seit dem Oberjura (Malm) bekannt. Fam.: Pristidae (Säge-Rochen); Torpedinidae (Zitter-R.); Rájidae (Rochen); Dasyatidae (Stachel-R.); Myliobatidae (Adler-R.); Mobulidae (Teufels-R.).

Batrachomorpha, *n.,*Pl., gr. *ho bátrachos* der Frosch; Froschähnliche, Gruppe (Subcl.) der Amphibien; fossile Formen seit dem Oberdevon bekannt; Ordines; Stegocephalia (fossil), Anura, Ichthyosauria (fossil).

Batrachotoxin, das, Tox-, Toxi gr. *toxikon pharmakon* Gift; Gift des amerikanischen Pfeilgiftfrosches, das die Membran der Nervenfaser besonders für Natriumionen durchlässig macht. Tetrodotoxin ist der zugehörige Antagonist.

batráchus, *m.,* gr. *ho bátrachos* der Frosch; s. *Clarias.*

Bauchfell, das; s. Peritoneum

Bauchmark, das; bei Anneliden u. Arthropoden das ventral gelegene zentrale Nervensystem.

Bauchspeicheldrüse, die; s. Pankreas.

Bauer, Karl Heinrich, geb. 26. 9. 1890 Schwärzdorf, gest. 7. 7. 1978 Heidelberg; Dr. med., o. Prof., Direktor d. Chirurg. Universitätsklinik u. Schwesternschule in Heidelberg, 1922 Doz. in Göttingen, 1926 ao. Professor, 1933 o. Prof. in Breslau (Wrocław); Arbeitsgebiete: Chirurgie, Krebsforschung, Vererbungs- und Konstitutionslehre des Menschen.

Bauhin, Caspar (Gaspard), Anatom u. Botaniker; geb. 17. 1. 1560 Basel, gest. 5. 12. 1624 ebd.; Prof. in Basel; B. begründete eine neuere anatomische Nomenklatur und bemühte sich um ein natürliches System der Pflanzen, indem er familienartige Gruppen zusammenstellte.

Bauhinsche Klappe, die, s. Bauhin; eine Schleimhautfalte an der Mündung des Dünndarms in den Dickdarm, die sog. Valvula ileocoecális.

Baumfalke, der; s. *Falco.*

Baumfaserschwämme, die; s. *Dendrocerátida.*

Baumkänguruh, das; s. *Dendrolagus.*

Baumläufer, der; s. *Certhia.*

Baummarder, der; s. *Martes martes.*

Baumschläfer, der; s. *Dryomys nitédula.*

Baumwanze, die; s. *Pentatoma.*

Bauplan, der; das ursprüngliche Organisations- u. Konstruktionsschema eines höheren Taxons, das sich grundsätzlich von denen anderer Taxa unterscheidet. Z. B. spricht man vom Bauplan der Mollusca od. der Insecta.

Baustoffwechsel, der; Aufbaustoffwechsel i. S. eines Neuerwerbs.

Bdéllidae, *f.*, Pl., gr. *he bdélla* der Blutegel v. *bdállein* saugen; Schnabelmilben; Fam. des Ordo Acari, Subordo Trombidiformes; mit auffallend langem, schmalem Gnathosoma; Cheliceren mit kleiner Schere; Spec.: *Bdella longicornis,* häufig im Moos der Waldungen.

Bdelloídea, *n.*, Pl., gr. *-idea,* s. d.; Gruppe (Ordo) der Rotatoria.

Bdellomorpha, *n.*, Pl.; Ordo der Enopla, Phylum Nemertini, Schnurwürmer; Hinterende des Körpers mit einem drüsigen Saugnapf (gr. *bdella*) ausgestattet. Spec. *Malacobdella grossa,* als Kommensale in Muscheln *(Cyprina, Mya, Cardium)* lebend.

Bdellostómidae, gr. *to stóma* die Öffnung, der Mund; Fam. der Myxinoidea, Schleimaale; Cl. Cyclostomata, Rundmäuler; mit mindest. sechs äußeren Kiemenöffnungen u. kreisförmigem Saugmund; leben als Schmarotzer, dringen in die Leibeshöhle von Fischen ein u. fressen innere Organe an; z. B. *Bdellostoma polytrema.*

Becquerel, Henri-Antoine, geb. 1852, gest. 1908; französischer Physiker: 1 Bq = 1 Zerfall pro Sekunde; 1 Bq = 1 s^{-1}; 1 Ci = 3,7 · 10^{10} Bq.

Belloúra, *f.*, gr. *he bdella, he (o)urá* der Schwanz; Gen. der Tricladida (s. d.); mit Species, die auf *Limulus* als Ectokommensalen leben; marin.

Befallshäufigkeit, die; phytomedizinischer Terminus, der den Anteil der (durch Schad- bzw. Krankheitserreger) befallenen Pflanzen oder Pflanzenorgane bezeichnet. Ausdruck der Erreger-Wirt-Proportion/-Kombination, u. a. als Basis für das Abschätzen von Ernteverlusten.

Behaviorismus, der, engl. *behaviour* Benehmen, Betragen, Verhalten; Denkrichtung, Verhaltensbetrachtung, die infolge der ihr zugrundeliegenden mechanistischen Denkungsart alle Verhaltensweisen von Tieren im weitesten Sinne auf Reflexe zurückführt. Sie wurde von dem amerikanischen Psychologen J. B. Watson begründet. Diese vorerst vor allem in Amerika, dann aber auch in anderen Ländern verbreitete Verhaltensbetrachtung, benutzt die behavioristische Schule, die operante Konditionierung in Labyrinthen u. Skinner-Käfigen als die hauptsächlichste Untersuchungsmethode. Es wurden hauptsächlich Labortiere (Laborratten u. Tauben) als Versuchstiere verwendet. Diese Schule beruht auf einer extremen „Umweltgläubigkeit". Infolge des methodischen Vorgehens, der Beschränkung auf wenige Tierarten u. der einseitig umweltorientierten Einstellung, hat der B. zu keinem allgemeinen Verständnis tierlichen Verhaltens beigetragen.

Behring, Emil von, geb. 15. 3. 1854 (Hausdorf/damals Westpr.), gest. 31. 3. 1917 (Marburg); ab 1874 Medizinstudium an der Pépinière Berlin, 1878 Dr. med., dann Militärarzt, ab 1889 am Hygiene-Inst. Berlin bei Robert Koch, 1890 Entdeckung des Tetanus- u. Diphtherie-Antiserums, 1891 Anwendung des Diphtherieserums beim Menschen (1901 Nobelpreis f. Medizin/Physiologie), ab 1893 ao. Prof. für Hygiene an Univ. Halle, ab 1895 o. Prof. für Hygiene an Univ. Marburg, 1903 Direktor d. Inst. f. Sensory Sciences in Honolulu.

Bekesy, Georg von, geb. 1899, gest. 1972, ungarischer Physiker; zusammen mit Karl Ernst Ranke (geb. 18709, gest. 1926, Internist) Begründer der nach ihnen benannten Bekesy-Ranke-Hörtheorie od. Dispersionstheorie od. Einortstheorie. Auf der Basilarmembran entstehen Wanderwellen bei einer Stapesauslenkung. Diese Wanderwellen enden bei hohen Tönen steigbügelnah u. bei tiefen Tönen an der Schneckenspitze.

Beklemišev, Vladimir Nikolaevič, geb. 22. 9. (4. 10.) 1890, gest. 4. 9. 1962 Moskau, Prof. d. Zoologie;. Themen wiss. Arbeiten: Morphol. u. Tiergeographie der Turbellarien, Ökologie u.

Variabilität der Culiciden, alluviale Zoozönosen.

Bělař, Karl, geb. 14. 10. 1895 Wien, am 24. 5. 1931 tödlich verunglückt (Autounfall in Amerika); Studium der Zoologie besonders bei Hatschek u. Joseph, 1919 Promotion, 1920 Assistent v. M. Hartmann am Kaiser-Wilhelm-Institut f. Biologie in Berlin-Dahlem, 1928 Wissenschaftl. Mitarbeiter, 1924 Habilitation, 1930 zum a.o. Professor berufen, seit 1929 Gastprofessor an dem von Morgan neu gegründeten biologischen Forschungsinstitut in Pasadena, Kalifornien; Themen der wissenschaftl. Arbeiten: Formwechsel der Protisten, Zytologie von Erdnematoden, Mechanik der Kern- und Zellteilung, Untersuchungen zur Fortpflanzung.

Belegknochen, die; auch Deckknochen genannt; entstehen aus Bindegewebe durch desmale Ossifikation, Beispiel: Os frontale, Stirnbein.

Belemnít, der, gr. *to bélemnon* das Geschoss; Donnerkeil, kegelförmiger versteinerter Schalenteil (Rostrum) von Tintenfischen, vorwiegend des Erdmittelalters.

Belemnítes, *m.*; Gen. der fossilen Belemnítidae. Spec.: *B. semisulcatus.*

Belemnítidae, *f.*, Pl.; verbreitete Fam. der Cephalopoda, s. d.; fossil im Unterkarbon (?), Jura bis Eozän.

Bell, Sir Charles, geb. Nov. 1774 Doun in Monteath (Schottland), gest. 28. 4. 1842 Hallow Park bei Worcester. Prof. d. Physiologie in London u. d. Chirurgie in Edinburgh; B. stellte 1811 das dann von Magendie 1822 weiter ausgebaute Gesetz auf, nach dem die vorderen Wurzeln der Rückenmarksnerven die Bewegung, die hinteren die Empfindung leiten (B.-Magendiesche Regel); B.sche Lähmung, B.sches Phänomen.

Bell-Magendiesche Regel, s. Bell u. Magendie; nach dieser Regel treten die afferenten Nervenfasern durch die dorsalen Wurzeln in das Rückenmark ein u. die efferenten verlaufen in den zentralen Wurzeln.

belliánus, -a, -um, lat., schön, farbenprächtig; s. *Leiolépis.*

Bélone, gr. *he belóne* Name des Hornhechtes im Mittelmeer; Gen. der Belonidae, Hornhechte, Ordo Beloniformes = Synentognathi, Hornhechtartige. Spec.: *B. acus,* Hornhecht.

Bembídion, *n.*, gr. *he bémbix* summendes Insekt, *to bembídion* kleines Insekt; weltweit in hoher Artenzahl verbreitete Käfer; Gen. der Carabidae. Spec.: *B. biguttátum,* Zweitropfiger Laufkäfer; *B. lampros* (Larve und Imago räuberisch; Eiräuber von Kleiner Kohlfliege und Fritfliege).

Bembix, *f.*, gr., der Kreisel, Wirbel; Gen. der Sphecidae, Ordo Hymenoptera; Spec.: *B. rostrata,* Kreiselwespe.

Bendixen, Hans Christian, 1897–1976; 1935–1967 Prof. u. Direktor der Medizin. Klinik u. des Laboratoriums für Spezielle Pathologie und Therapie an der Königlichen Tierärztlichen Landwirtschaftl. Hochschule in Kopenhagen; erlangte durch den nach ihm benannten Leukose- bzw. Leukozytenschlüssel zur Beurteilung der Blutbefunde bei der Leukosediagnostik des Rindes internationale Bedeutung.

Beneden, Eduard van, geb. 1846 in Löwen/Belgien, gest. 1910 in Lüttich (Liege); Prof. der Zoologie an der Universität Leiden/Holl.; untersuchte frühe Entwicklungsstadien von Kaninchen u. Fledermäusen, Seeigeln u. anderen Vertebraten. Dabei interessierte ihn besonders das Verhalten der Chromosomen u. die Reduktionsteilung.

Bengalenpitta, s. *Pitta brachyura.*

bengalensis, -is, -e, lat., in Bengalen (östlich. Vorderindien) beheimatat; s. *Prionailurus.*

Bengalkatze, die; s. *Prionailurus bengalénsis.*

beni, nach dem Rió Beni (S-Amerika); s. *Creagrutus.*

benígne, lat., Adverb von *benignus,* s. u.; gutartig (bezogen auf Geschwülste).

benígnus, -a, -um, lat., gutartig; Ggs.: malígnus.

Benick, Ludwig, geb. 15. 11. 1874 Grieben/Mecklenburg, gest. 29. 3. 1951 Lübeck; Lehrer, Coleopterologe/Staphylinidologe (z. B. Steninae, Megalopsidiinae), 1920 Kustos im Naturhistorischen Museum; 1946 Verleihung des Doctor honoris causa durch die Univ. Kiel. Publikationen u. a.: „Pilzkäfer und Käferpilze“, Acta Zoologica Fennica 70, 1–250, 1952.

Benthal, das, s. Benthos; die Bodenzone eines Gewässers.

benthisch, das Benthos betreffend, zum Benthos gehörend (sprachlich besser als benthonisch = Syn.).

benthonisch, am Boden der Gewässer lebend, das Benthos betreffend, zum Benthos gehörend, benthisch (s. o.).

Bénthos, *n.*, gr. *to bénthos* die Meerestiefe, das Dickicht; Sammelbegriff für alle am Boden der Meere u. Seen lebenden Pflanzen u. Tiere (im Ggs. zum Plankton). Das Benthos schließt sowohl die festsitzenden, wie sie sich in vielen Tierstämmen entwickelt haben, als auch die kriechenden, laufenden u. vorübergehend schwimmenden, also vagilen Bodentiere ein; vgl. Nekton.

Bergeidechse, s. *Lacerta.*

Berger, Hans, geb. 21. 5. 1873 Neuses an der Eichen bei Coburg, gest. 1. 6. 1941 Jena. Nach zunächst mathem.-naturwissenschaftl., dann medizin. Studien zu Würzburg, Berlin, München, Kiel u. Jena wurde B. Assistent bei O. Binswanger (1852–1929), Jena. 1901 habilitierte B. über „Zur Lehre von der Blutzirkulation in der Schädelhöhle des Menschen. Experimentelle Untersuchungen" für das „Doppelfach" Neurologie u. Psychiatrie. 1906 Ernennung zum ao. Prof.; 1919 erhielt B. als Nachfolger seines Chefs u. Lehrers Binswanger Ordinariat u. Leitung der Klinik. 1924 entdeckte H. B. das „Elektroenkephalogramm" (EEG), worüber er erst 1929 publizierte. H. Berger entwickelte die Elektroenzephalographie als Methode zur Diagnose verschiedener Gehirnkrankheiten.

Berglandunke, die; s. *Bombina.*

Berglemming, der; s. *Lemmus.*

Bergmann, Arno, geb. 16. 12. 1882 in Cursdorf/Thür., gest. 5. 11. 1960 in Arnstadt/Thür. Studium der Mathematik, Chemie u. Mineralogie an den Universitäten Leipzig, Göttingen u. Jena; 1907 Promotion, 1908–1952 Lehrer u. Oberlehrer am Gymnasium in Arnstadt. Autor des fünfbändigen Werkes „Die Großschmetterlinge Mitteldeutschlands unter besonderer Berücksichtigung der Formenbildung, der Vegetation und der Lebensgemeinschaft in Thüringen sowie der Verflechtung mit der Fauna Europas." Seine Schmetterlingssammlung befindet sich im Naturkundemuseum Berlin.

Bergmann, Carl Georg Lucas Christian, Anatom und Physiologe; geb. 18. 5. 1814 Göttingen, gest. 30. 4. 1865 Genf; Prof. in Rostock. Bedeutende Forschungen auf vergleichend-anatomischem und anatomisch-physiol. Gebiet, u. a. über die Dotterfurchung, über den gelben Fleck der Netzhaut, über den Blutkreislauf, das Skelettsystem der Säugetiere und die Wärmeökonomie der Tiere; Oberflächenmassengesetz.

Bergmann, Ernst (Gustav Benjamin) von, Chirurg; geb. 16. 12. 1836 Riga, gest. 25. 3. 1907 Wiesbaden; Prof. in Dorpat (1871), Würzburg (1878) u. Berlin (1882). B. schuf durch die Asepsis die Voraussetzung für eine moderne Chirurgie, begründete die Hirnchirurgie u. lieferte wichtige Beiträge zur Weiterbildung der Operationstechnik. Er erwähnte als erster die nach ihm benannten Gliafasern [n. P.].

Bergmannsche Regel, die, s. C. Bergmann; eine Klima-Größenregel, die besagt, dass innerhalb einer Art die Individuen der kälteren Klimaregionen durchschnittlich größer sind als die Vertreter wärmerer Bereiche (z. B. Rotwild, Kolkraben). Tiere mit den größeren Volumina besitzen eine relativ kleinere Oberfläche. Sie haben somit eine geringere Wärmeabgabe.

Bergsteinbock, der; s. *Capra.*

Bergzebra, das; s. *Equus zebra.*

Bergzikade, die; s. *Cicadetta.*

Beriberi, die, hindostanisch *bharibari* die Anschwellung, sudanesisch *beriberi* der steife Gang; typische B_1-Avitaminose, vorkommend vorwiegend in ostasiatischen Ländern, bei ausschließlicher Ernährung mit poliertem Reis, s. Avitaminosen, s. Vitamine.

Beringung, die; engl. *bird-ringing*; Verfahren zur Kennzeichnung von Tieren, insbes. Aves, zwecks Erforschung von Vagilität u. Wanderungen; wurde 1899 von dem dänischen Forscher Mortensen in die Vogelzugforschung eingeführt.

Berkshire; eine nach der Grafschaft *Berkshire* in Mittelengland benannte, dort zuerst gezüchtete, frühreife Schweinerasse.

Berlepsch, Hans Frhr. v., geb. 18. 10. 1857 Schloss Seebach (Thür.), gest. 2. 9. 1933 ebd.; Besitzer der Versuchs- u. Musterstation für Vogelschutz in Seebach; Arbeitsthemen: angewandte Ornithologie, biolog. Schädlingsbekämpfung, Vogelschutz.

Bernard, Claude, Physiologe; geb. 12. 7. 1813 St. Julien (Rhône), gest. 10. 2. 1878 Paris; Prof. f. Physiologie in Paris; B. ist bekannt durch bedeutende Entdeckungen auf dem Gesamtgebiet der Physiologie; u. a. Entdeckung des Glykogens (unabhängig von V. Hensen), Nachweis der Zuckerbildung in der Leber, Beschreibung des nach ihm benannten „Zuckerstiches", Analysen von Verdauungsvorgängen, Begründung der exp. Toxikologie u. wichtige Erkenntnisse über Reaktionen des zentralen Nervensystems.

Bernhardskrebs, der; s. *Eupagurus.*

Bernhauer, Max, geb. 24. 9. 1866 Müglitz (Mohelnice), gest. 13. 3. 1946 Horn/Österreich; studierte Jura an der Univ. Wien, 1889 Promotion; Notar, Coleopterologe, Staphylinidologe. B. beschrieb 5.251 Arten u. 342 Genera der Staphylinidae (s. V. Puthz: Bibliographie der Publikationen Max Bernhauers, 1866–1946).

Bernickelgans, die; s. *Branta.*

bernícla, latin. v. *bernacle,* dem schottischen Namen der Ringelgans; s. *Branta.*

Bernsteinsäure, die, lat. *súccinum* der Bernstein; $HOOC{-}CH_2{-}CH_2{-}COOH$, Dikarbonsäure, die erstmalig von Agricola 1550 als Destillationsprodukt des Bernsteins beobachtet und danach benannt wurde.

Bernsteinschnecke, die; s. *Succínea.*

Beroë, *f., gr. he Beróë* Tochter des Adonis u. der Aphrodite; Melonenqualle; Gen. der Beroidea, einziger Ordo der Subcl. Atentaculata, Cl. Ctenophora, Kamm- od. Rippenquallen. Spec.: *B. cucumis* (in der westl. Ostsee).

Bertalanffy, Ludwig von, geb. 19. 9. 1901 in Atzgersdorf b. Wien, gest. 12. 6. 1972 Amherst; Dr. phil., Visit. Prof. of Southern Calif. Los Angeles/USA; 1934 Doz. an Uni Wien, 1940–1948 apl. Prof., 1949 Ottawa/Canada, 1955 Dir. Biol. Res. Dept. Mt. Sinai Hosp. Los Angeles/USA, 1958 Sloan Prof. Menninger Foundation Topeke/USA; Arbeitsgebiete: Allgemeine u. theoretische Biologie, Physiologie, Krebsforschung, Biophysik, Zoologie, Philosophie d. Wissenschaften, Allometrie.

berus, bei Schriftstellern des Mittelalters verwendeter, also spätlat. Name für eine Wasserschlange; s. *Vipera.*

Besamung, die; Eintritt des Spermiums in das Ei, das sich in verschiedenen Entwicklungszuständen befinden kann; vgl. Insemination.

Besatzdichte, die; Anzahl (od. auch Gewicht) von Weidetieren od. wildlebenden Tieren wie Wild u. Fisch, die auf einer bestimmten Futterfläche gleichzeitig weiden bzw. von einem Futterreservoir partizipieren.

Beschneidung, die; s. Zirkumzisio, im Interesse der Hygiene u. Krebsprophylaxe.

Beschwichtigungsverhalten, das; bezeichnet Verhaltensformen, die aggressive Tendenzen neutralisieren, z. B. bei Füchsen das „Halsdarbieten".

Best, Charles Herbert, geb. 1899; Mitarbeiter Bantings bei der Isolierung des Insulins (1922). Mit seinem Namen ist auch verbunden die Best-Karminfärbung, eine Färbemethode zur Darstellung von Glykogen (intensive Rotfärbung).

bestialisch, s. Bestie; viehisch, tierisch; unmenschlich.

Bestie, die, lat. *béstia, -ae,* das Tier; reißendes Tier, Unmensch.

Bestiften, das; Ablegen des Bieneneies in die Wabenzelle; Stift: imkersprachlicher Ausdruck für Ei.

Betazelle, die; β-Zellen, insulinbildende Zellen des Pankreas (Zellen der Langerhans-Inseln).

Betriebsstoffwechsel, der; Erhaltungsstoffwechsel, Energie entsteht durch Fett-, Kohlenhydrat- u. Eiweißabbau.

Betta, *f.*; Gen. der Osphroménidae, Subordo Anabantoidea (Labyrinthfische), Acanthopterygii. Spec.: *B. splendens (= pugnax),* Kampffisch; wird in mehreren prächtig gefärbten Rassen mit verlängerten Flossen gezüchtet, schon von den Siamesen domestiziert u. zu Kampfspielen benutzt.

Bettwanzen, die, Pl., *f.*; flügellose, temporär parasitisch lebende Wanzen (Cimicidae, Rhynchota), von denen 2 Arten häufig in enger „Wohngemeinschaft" mit dem Menschen vorkommen; in der gemäßigten u. subtropischen Zone *Cimex lectularius*, in den Tropen *C. rotundatus*; ihre Stiche bewirken ödemartige Quaddelbildungen. Andere Arten leben als Blutsauger an Tauben, Schwalben, Fledermäusen usw.; s. *Cimex.*

betula, -ae, *f.,* lat. die Birke, Spec.: *Amphidasis betularia,* Birkenspanner.

Betz, Philipp, geb. 1819, gest. 1903; Anatom; nach ihm sind die Riesenpyramidenzellen im motorischen Großhirnrindenteil benannt.

Beulenkrankheit der Flussbarbe, verursacht von *Myxobolus pfeifferi,* s. d.

Beute, die; Bezeichnung für Bienenwohnung, einst aus Stein od. Ton, heute aus Holz, Stroh od. Kunststoff. Im Querbau (auch Warmbau) genannt stehen die Waben mit der Breitseite parallel zur Fluglochseite, im Längsbau (auch Kaltbau od. Blätterstock genannt) zeigt die Wabenschmalseite zur Fluglochseite. Man unterscheidet u. a.: Klotzbeute, Figurenbeute, Korbbeute, Trogbeute, Oberbehandlungsbeute, Hinterbehandlungsbeute u. Magazine.

Beutelbär, der; s. *Phascolarctus.*

Beutelfrosch, der; s. *Nototrema.*

Beutelmaulwurf, der; s. *Notorycetes.*

Beuteschmarotzer, die; s. Kleptobiose.

Beutelspitzmaus, die; s. *Peramys.*

Beutelwolf, der; s. *Thylacinus.*

Beutenkäfer, der, Kleiner Beutenkäfer, s. *Aethina tumida.*

Bevölkerungsdichte (einer Art), die; Individuenzahl auf die Raum-, Boden- oder Wassereinheit bezogen; wird von den insgesamt notwendigen Umweltbedingungen durch diejenige in erster Linie begrenzt, die am meisten vom Optimum abweicht. Gesamtbevölkerungsdichte: Individuenzahl aller in einem Siedlungsgebiet vorkommenden Arten.

Beyríchia, *f.,* n. d. Geologen u. Paläontologen Heinrich Ernst Beyrich, Professor in Berlin, 1815–1896; Gen. der Beyrichiidae, Cl. Ostracoda; fossil vom Untersilur bis Mitteldevon. Spec.: *B. dactyloscopia* (Silur).

Bezoarziege, die; s. *Capra.*

bi-, bis-, lat., zweimal (in Zusammensetzungen).

biarmicus, lat., einen doppelten (*bi-* zwei) Kampf *(arma)* führend, womit bei *Falco biármicus* die gemeinsame Jagdweise des Falkenpaares gemeint sein muss.

Biber, der (= *Castor fiber*); zum Ordo der Nagetiere gehörend; heimisch sind 2 Arten in Eurasien und Nordamerika. In Europa weitgehend ausgerottet; ein geschützter Bestand im Gebiet der mittleren Elbe. Infolge der spezif. Wohnbauten aus selbstgefällten Baumstämmen mit Eingängen unter der Wasseroberfläche ist der B. auf weitgehend konstanten Wasserstand angewiesen. Nötigenfalls wird dieser durch Dammbauten aus Holzmaterial reguliert. B. sind Pflanzenfresser. Tiere mit breitem, abgeplatteten Schwanz, der Kelle; mit 20–30 kg KM; dichtes Fell, das als Pelz geschätzt wird. Sie stehen unter Naturschutz; Bestände wegen der Pelz- und Bibergeilgewinnung (Inhalt von Anal- und Präputialdrüsen) stark dezimiert.

Bibio, *m.*, antike Bezeichnung für ein kleines, im Weine „entstehendes" Insekt, von lat. *bíbere* trinken; Gen. der Bibiónidae, Haarmücken; Subordo Nematocera (Mücken), Ordo Diptera. Spec.: *B. hortulanus,* Gartenhaarmücke; *B. marci*, Aprilhaarmücke (weil die Mücke um den St.-Marcus-Tag im April oft massenhaft erscheint).

„Bibiotypus", der; Typus der Bibionidae, Haarmücken; zutreffend für Dipteren (z. B. *Bibio, Chironomus, Simulium*), bei denen in den Riesenchromosomen das Heterochromatin in einzelnen dicken Scheiben eingelagert od. an ihren freien Enden lokalisiert ist.

bicalcarátus, -a, -um, zweispornig, mit zwei Spornen (lat. *calcar* = Sporn) versehen; s. *Polyplectron.*

bicaudátus, -am -um, lat., zweischwänzig, mit zwei Schwänzen (*cauda* Schwanz); s. *perla.*

bíceps, -cípitis, lat. *bi(s)-* zweimal, *cáput, -itis, n.,* der Kopf; zweiköpfig; Beispiel: Biceps, Musculus biceps.

Bichromasie, die, gr. *chroma* die Farbe; Farbenfehlsichtigkeit, eine Störung des normalen Farbensehens (erworben od. angeboren).

bicipitális, -is, -e, zum Biceps gehörig.

bicirrhósus = *bicirrósus, -a, -um,* mit zwei Bartfäden (Zirren) versehen; s. *Osteoglóssum.*

bicórnis, -is, -e, lat., zweihörnig; s. *Diceros.*

bicuspidális, -is, -e, lat. *cúspis, -idis, f.,* die Spitze, der Zipfel; zweizipflig.

Bidder, H. F., geb. 1810, gest. 1894; deutscher Mediziner und Naturforscher; Prof. d. Anatomie u. Physiologie in Dorpat.

Biddersches Organ, *n.,* nach Bidder benanntes kleines rudimentäres Ovar (Keimstreifen) am cranialen Ende der Gonaden erwachsener Kröten *(Bufo)*. Es wird als Ovar funktionsfähig, wenn die normalen Gonaden entfernt werden.

Bien, der; Bezeichnung für das Bienenvolk als Organismus, als Staatssystem, auch Superorganismus genannt, von Mehring, J. (1815–1787) als Einwesensystem benannt: „Das neue Einwesensystem als Grundlage zur Bienenzucht" (1869). F. Gerstung (1860–1925) vertrat die „organische Auffassung des Biens", die organismische Einheit: „Der Bien und seine Zucht" (1902); in den Jahren 1911–1928 verwendete W. M. Wheeler das Konzept des Bienenvolkes als Superorganismus bei den Ameisenvölkern.

Biene, *mhd., bîe bînenwurm,* auch: *imbe, impe, imme*; s. *Apis.*

Bienenfresser, der; s. *Merops.*

Bienengift, das; gebildet in der Giftdrüse u. verwendet zur Verteidigung des Bienenvolkes. Bei vorhandener Allergisierung besteht beim Menschen die Gefahr eines anaphylaktischen Schocks. Bereits ein Stich kann tödlich wirken bei intraarterieller od. -venöser Applikation.

Bienenjahr, das; beginnt mit der Wintereinfütterung, endet mit dem letzten Honigschleudern. Die zeitliche Begrenzung ist vom Trachtschluss abhängig und somit standortbedingt.

Bienen(korb)käfer, der; s. *Trichodes.*

Bienenkundl. Institutionen, die; s. Apidologische Institutionen.

Bienenlaus, die; s. *Braula coeca.*

Bienenruhr, die; 1. meist in den Wintermonaten auftretende, nicht ansteckende Krankheit; Darmstörungen, die auf Fütterungsfehler zurückgehen, sind die Ursache; 2. von *Nosema apis* verursachte Krankheit.

Bienenschädlinge, die; Feinde u. Schädlinge, die den Wabenbau, die Vorräte u. die Bienen selbst schädigen. B. sind u. a. die Rankmaden der Großen u. Kleinen Wachsmotte, der Gemeine Speckkäfer (*Dermestes lardarius* L.), der Kräuterdieb (*Ptinus fur* L.), Pollenmilben, Pollenschimmel *(Ascosphaera alvei)*, die Bienenlaus u. eine Buckelfliegenart (*Phora incrassata* Mg.). Vom Honig werden Ameisen, Totenkopfschwärmer (*Acherontia atropos* L.) u. verschiedene Spitzmausarten angelockt. Wenn die Bienen Blüten besuchen, klammern sich Triungulinen, die ersten Larven des Maiwurmes *(Meloe variegatus)*, fest, saugen Hämolymphe u. lassen sich in die Bienenwohnung tragen. Von Hornissen, Wespen u. besonders vom Bienenwolf werden Bienen getötet. Vielen Bienen sterben in Spinnennetzen. Eine verheerend wirkende Ektoparasitose der Bienenbrut u. adulten Bienen wird von der Milbe *Varroa jacobsoni* verursacht. Eine neue Gefahr erwächst den Bienenvölkern durch den kleinen Beutenkäfer *Aethina tumida*, der ursprünglich in Südafrika beheimatet war u. sich in Ausbreitung befindet.

Bienentänze, die; der Information dienende rhythmische Bewegungen der Sammelbienen auf der Wabe, um die Entfernung u. Richtung der Trachtquelle anderen Sammlerinnen mitzuteilen. Es werden unterschieden: Rund-, Schwänzel-, Sichel- u. Vibrationstanz.

Bienentraube, die; Gruppendifferenzierung von Einzelbienen zum Sozialverband im Interesse der Regulierung physikalischer Faktoren (wie z. B. Temperatur, Feuchtigkeit, Durchlüftung) u. verhaltensbiologischer Abläufe. Man unterscheidet: Wintertraube, Schwarmtraube u. Bautraube.

Bienenweide, die; Gesamtheit aller Pflanzen, die Nektar u. Pollen bzw. Honigtau als Nahrung für die Entwicklung und den Erhalt des Bienenvolkes liefern.

Bienenwolf, der; s. *Philánthus.*

Bier, Karlheinz, geb. 22. 2. 1925 Coswig bei Dresden, gest. 26. 7. 1969 Finnland; 1952 Promotion bei K. Gösswald, 1957 Habilitation, 1962 Berufung als ao. Professor an das Zoolog. Institut d. Univ. Münster, 1965 o. Professor u. Direktor am Zoolog. Institut; Themen wissenschaftl. Arbeiten: Kastendetermination u. Fertilität bei Ameisen, Aufbau u. Entstehungsweise von polytänen Chromosomen bei Dipteren, Studium der Oocytenentwicklung, Bildungsbedingungen der verschiedenen Eitypen.

Biestmilch, die; Erstlings- od. Kolostralmilch, s. Kolostrum.

bifasciatus, -a, -um, lat., zweigestreift, mit zwei Streifen (Binden, Bändern) versehen; s. *Rhagium.*

Bifidobacterium, *m.*; Gen. der Actinomycetaceae, Actinomycetales: Grampositive, unbewegl., sporenlose Stäbchen, Wachstum in Kulturen mit charakterist. Verzweigungen (Astformen). Spec.: *B. pseudolongum* (Vorkommen in Fäzes von Schwein, Huhn, Nagetieren sowie im Pansen von Rind u . Schaf); *B. thermophilum,* Vorkommen im Pansen beim Rind u. in Fäzes von Schwein u. Huhn.

bífidus, -a, -um, lat. *findere* spalten, gespalten, zweigeteilt; Bifidusfaktor: hypothetische Substanz der Frauenmilch. Sie bedingt im Säuglingsdarm die Bifidusflora.

bifurcátio, -ónis, *f.,* lat. *furca, -ae, f.,* die Gabel; die Gabelung.

bifurcátus, -a, -um, lat., zweigegabelt, gegabelt; s. *Anopheles.*

Bigamíe, die, gr. *gamḗin* begatten, freien, sich gatten; die Doppelehe.

bigéminus, -a, -um, lat. *géminus, -i, m.,* der Zwilling; (zweimal) doppelt.

biguttátus, -a, -um, lat., mit zwei Tüpfeln, zweigesprenkelt; s. *Agrilus,* s. *Bembidion.*

bikonkav, lat. *concávus* ausgehöhlt; doppelseitig hohl.

bikonvex, lat. *convéxus* gewölbt; doppelseitig gewölbt, beidseitig eingedellt.

Bilanz, energetische = Energiebilanz, die; Differenz zwischen Bruttoenergie der Einnahmen und Bruttoenergie sämtlicher Ausgaben (Kot, Harn, gasförmige Ausscheidungen, Milch, Eier, Wolle, Haar- bzw. Federausfall, thermische Energie).

Bilanz, stoffliche, die; Differenz zwischen stofflichen Einnahmen und Ausgaben; im allgemeinen bezogen auf einen bestimmten Stoff (z. B. C-, N-, Ca-Bilanz).

bilateral, lat. *bi-* zweifach, doppelt, *latus* die Seite, Körperseite; beidseitig, zweiseitig; Symmetrieeigenschaft von Organismen od. Organen, die durch einen Schnitt in 2 spiegelbildliche Hälften zerlegt werden können.

Bilatéria, *n.,* Pl., s. bilateral; bilateralsymmetrisch gebaute Eumatozoen. Sie werden in die beiden Stammgruppen der Protostomier u. Deuterostomier eingeteilt. Ihr Körper kann durch eine Mediosagittalebene in 2 spiegelbildlich gleiche Hälften zerlegt werden u. besitzt demnach eine Bauch- u. eine Rückenseite, aber auch einen Vorder- u. einen Hinterpol (was bei den Echinodermata nur für die Larve gilt). Der verdauende Hohlraum mündet im allgemeinen durch einen Anus (After) aus, neben dem weitere Körperhöhlen- sowie Kanalsysteme vorhanden sind. Zum inneren u. äußeren Keimblatt tritt das Mesoblastem; die Subdivision der Bilateria, auch **Bilateralia** genannt, umfasst rd. 1 035 000 Species und dabei alle Stämme von den Plathelminthes einschl. aufwärts.

Bilhárzia, älterer Gattungsname für *Schistosoma* nach dem Entdecker Theodor Bilharz, deutscher Arzt in Kairo, 1825–1862, benannt. Spec.: *Schistosoma (= Bilharzia) haematobium (= haematobia).*

Bilharziosis, Bilharziose, Wurmerkrankung, hervorgerufen durch *Schistosoma*-Arten; Syn.: Schistosomíasis.

biliär, die Galle *(bilis)* betreffend, von dieser ausgehend.

bílifer, -era, -erum, lat. *férre* tragen; gallefürend.

biliósus, -a, -um, gallenreich, reich an Galle.

Bilirubin, das, lat. *ruber* rot; gelbbraun-rötlicher Gallenfarbstoff, Abbauprodukt des Hämoglobins.

bilis, -is, *f.,* lat., die Galle.

Biliverdin, das; blaugrünes Oxidationsprodukt des Bilirubins.

bilocularis, -is, -e, lat., zweifächerig.
Bilzingsleben, Ort im Kreis Artern, Nordrand des Thüringer Beckens; Fundort von Menschenresten *(Homo erectus bilzingslebenensis)* aus dem Mittelpleistozän.
bimaculátus, -a, -um, lat., mit zwei Flecken versehen.
bimanuell, lat. *manus, f.,* die Hand; zweihändig.
binär, lat. *binárius* zwei enthaltend; zweigliedrig, aus zwei Teilen bestehend; binäre Nomenklatur = zweiteilige Namengebung.
Bindegewebe, das, *n.*; Gewebe der Tiere u. des Menschen, dessen Funktion hauptsächlich darin besteht, andere Gewebe miteinander zu verbinden u. zu stützen. Die Bindegewebszellen sind in eine reichlich ausgebildete Interzellularsubstanz eingebettet.
Bindenliest, der; s. *Lacédo pulchélla.*
Bindenwaran, der; s. *Varanus salvator.*
binokular, lat. *binárius,* s. o., s. *óculus*; für das Sehen mit zwei Augen eingerichtet.
Binokular, das; für das Sehen u. Beobachten mit beiden Augen konstruierte Lupe bzw. eingerichtetes Mikroskop.
Binom = Binomen, *n.,* lat. *binóminis* zweinamig, zweigliedriger Name eines Lebewesens; lat. *bi(s)-* zweifach, *nomen* der Name; „Name mit zwei Bestandteilen"; die Kombination von Gattungs- u. Artname bildet ein Binomen, da eine Art einer bestimmten Gattung zugeordnet wird (s. auch binominale Nomenklatur). Als nomenklatorische Einheit bilden beide zusammen den wissenschaftlichen Namen einer Species. So ist ein Artname nomenklatorisch bedeutungslos, wenn er für sich allein zitiert wird, er entspricht dem Epitheton specificum in der botanischen Nomenklatur.
binominale Nomenklatur, die; s. Binomen, s. Nomenklatur; die Namengebung, nach der jede Species (Art) einen aus zwei Wörtern bestehenden Namen erhält. Dabei ist der erste der Gattungs- und der zweite der Artname, s. Binomen; mittels der b. N. wird der Species von vornherein ein bestimmter Platz im System zugewiesen.
Binturóng; Name der vom östlichen Himalaja bis zu den Philippinen verbreiteten Schleichkatzen-Art: *Arctictis bintúrong.*
bio-, gr. *ho bios* das Leben; als Vorsilbe mit Bedeutung „lebend", „Lebens-".
Bioaktivierung, die, *f.*; engl. activated efficacy; Umwandlung eines Fremdstoffes (z. B. über Enzyme) in einen toxischen od. kanzerogenen Metaboliten.
Bioakkumulation, die, lat. *accumulare* anreichern; Anreicherung von organischen u. anorganischen Substanzen in Tieren u. Pflanzen.
Bioaktivität, die, lat. *actívus* tätig; Stoffumsatzintensität im Gewässer, bedingt durch die Aktivität lebender Organismen.
Bioakustik, die, gr. *ho bíos* das Leben, *akúein* hören; Teilgebiet der Physiologie bzw. Verhaltensphysiologie, das sich mit der menschl. Stimme u. den Tierstimmen u. allen damit zusammenhängenden Problemen beschäftigt.
Biochemie, die, gr. *he chyméia* Metallguss; Wissenschaft von den chem. Eigenschaften der lebenden Materie.
biochemischer Sauerstoffbedarf, *m.*; die zum völligen oxidativen biologischen Abbau organischer Stoffe im Wasser benötigte Menge an gelöstem Sauerstoff, s. BSB, BSB_5.
Biochor, das, gr. *he chóra* der Raum, Platz; Lebensraum mit weitgehend übereinstimmendem Grundcharakter nach Klima u. Organismenbestand (z. B. Baumstümpfe, Pilze, Aas, Exkremente).
biogen, gr. *gígnesthai* werden, entstehen; aus lebender Substanz entstanden, von Lebewesen stammend.
Biogenese, die, s. biogen; die Entstehung des Lebens, die Entstehungsgeschichte der Lebewesen.
biogenetische Grundregel, die; von E. Haeckel (1866) formuliert; danach ist die Keimentwicklung (Ontogenese) eine abgekürzte u. teilweise abgeänderte Rekapitulation der Stammesgeschichte (Phylogenese). Die Grunderkenntnisse für die b. G.n schuf jedoch bereits F. Müller, s. d.
Biogenie, die, s. biogen; die Entwicklungsgeschichte der Lebewesen.
Biogeographie, die, gr. *he ge* die Erde, *gráphein* zeichnen, schreiben; die Wissenschaft von der Verbreitung der Lebewesen auf der Erde.
biogeographisch; das Leben in einem bestimmten Raum der Erde betreffend.
Biogeozönose, die, gr. *koinós* gemeinsam; Einheit von Lebensgemeinschaft (Biozönose) u. den klimatischen, geologischen (Boden, Wasser) Bedingungen ihres Lebensraumes (Biotop).
Bioindikatoren, die, lat. *indicare* anzeigen; Tiere u. Pflanzen als Anzeiger, ihr Vorkommen, ihre Häufigkeit bzw. ihr Fehlen, die Rückschlüsse besonders auf die Umweltverhältnisse ermöglichen. Besondere Bedeutung besitzen die B. für die Bewertung von Umweltbelastungen. Unterschieden werden: sensible B. mit Hinweisen u. a. auf Wachstumsanomalien u. Vitalitätseinbußen etc. u. akkumulierende B. (Bioakkumulatoren), die Schadstoffe anreichern u. für die Rückstandsanalytik von besonderer Bedeutung sind.

Biokatalysatoren, die, gr. *katá* hinab, herab, entgegen, gänzlich, *he lýsis* die Lösung, Auflösung; Wirkstoffe, die die zur Erhaltung des Lebens notwendigen chemischen Reaktionen zum Ablauf bringen. Zu den B. zählt man in erster Linie die Enzyme.
Bioklimatologie, die, gr. *to klíma* Gegend, Landstrich; die Lehre von den Zusammenhängen zw. den Lebensvorgängen u. den Vorgängen in der Lufthülle der Erde.
Biokommunikation, die; beruht auf Signalsystemen, die Eigenschaften (tierischer) Lebewesen sind u. sich aus (konstitutionellen) Signalstrukturen u. Signalverhalten (s. a. Verhalten) zusammensetzen. Für die Bedeutung eines konkreten Kommunikationsvorganges (Nachrichtenübertragung) ist der Statusunterschied zwischen Sender u. Empfänger entscheidend, wobei in einem Kommunikationssystem prinzipiell beide austauschbar sind.
Biologie, die, gr. *ho lógos* die Lehre; die Lehre von den Lebewesen; die Naturwissenschaft, die mit wissenschaftlichen Methoden Organismen bzw. Phänomene der belebten Umwelt untersucht.
biologisch, die Biologie, die lebende Materie betreffend.
biologische Subspecies, die; s. Subspecies, Unterart, die im Habitus von anderen Unterarten derselben Art oft nicht od. kaum abweicht, sich aber durch unterschiedliche Lebensweise u. Erscheinungszeit differenziert hat.
Biologismus, der; die Überbewertung der biologischen Seite des Menschen in seinen Lebensäußerungen bei Vernachlässigung der sozialen Seite.
Biolumineszenz, die, lat. *lúmen, -minimis* das Licht; Erscheinung, dass Lebewesen sichtbares Licht erzeugen, infolge der sehr geringen Wärmeentwicklung auch als „kaltes Licht" bezeichnet, kommt insbesondere bei marinen Vertretern vor.
Biomasse, die (engl. *biomass*); die Menge lebender Organismen in Masse- od. Volumeneinheiten, meist bezogen auf eine Volumen- od. Flächeneinheit. Die B. ist die Grundlage der Produktion. Die aus Tieren bestehende B. ist die Zoomasse, die aus Pflanzen bestehende die Phytomasse.
Bióme, die; Bewuchs- od. Vegetationsformen, z. B. der Arktis, der Taiga, Silväa, Skleräa, Prärie, Savanne, des tropischen Buschwaldes, der Hyläa, des Flusswaldes. Die ökologisch (klimatisch u. bodenmäßig) bedingten Biome od. Bewuchszonen sind durch das Vorkommen bestimmter Pflanzenarten u. Biozönosen charakterisiert u. sind maßgebliche Grundlage für die Zoogeographie bzw. die Verbreitung der Tiere.
biometabolische Modi, *m.,* Pl., gr. *he metabolḗ* die Umwandlung, lat. *modus, -i, m.,* die Art u. Weise; Formen (Modalitäten) der Abweichung von der ontogenetischen Rekapitulation der Phylogenese; vgl. Abbreviation, Neotenie, Caenogenese.
Biometríe, die, gr. *to métron* das Maß; die Anwendung mathematisch-statistischer Methoden zur Erfassung u. Auswertung biologischer Daten.
Biométrik, die, gr. *he metriké* die Messkunst; die Biostatistik, d. h. die Maß- u. Zahlenverhältnisse der Lebewesen.
Biomonitoring, das, engl. *monitoring*; die fortlaufende Beobachtung, Registrierung u. Analyse von Indikatororganismen (z. B. Tieren u. Pflanzen). Diese Vorgehensweise wird passives Monitoring genannt. Das aktive B. benutzt dagegen die Exponierung von Bioindikatororganismen in einem definitiven Raum zu einer bestimmten Zeit.
Biomorphose, die, gr. *ho morphe* die Gestalt, Form; der von Bürger verwendete Begriff beinhaltet die Wandlungen des menschlichen Organismus (Struktur u. Funktion) im Laufe seines Lebens.
Bionik, die; Teilgebiet der Kybernetik, das Funktionen (Abläufe) lebender Systeme in technische Systeme umsetzt.
Bionomie, die, gr. *ho nómos* das Gesetz; Lehre von der Lebensweise bzw. dem gesetzmäßigen Ablauf des Lebenszyklus einer Art.
Biophysik, die, gr. *ta physiká* die Naturlehre, Physik; Wissenschaft von den physikal. Gesetzmäßigkeiten belebter Strukturen (z. B. der Membranen).
biophysikalisch, auf die Biophysik bezüglich, die physikal. Erscheinungen der lebenden Materie betreffend.
Biopsíe, die, gr. *he ópsis* das Sehen, Schauen; Untersuchung von Material, das dem lebenden Organismus entnommen wurde.
Biorheologie, die, gr. Wissenschaft von den „Fließvorgängen" im lebenden Organismus. Hervorgegangen aus den Teildisziplinen Rheologie der Physik und Biophysik der Biologie.
Biosphäre, die, gr. *he sphaīra* die Kugel, Erdkugel; der gesamte Lebensraum der Erde; siehe: Hydrobios, Geobios.
Biosphärenreservat, das, gr. *ho bíos* das Leben, lat. *reservo* erhalten, aufbewahren; geschütztes, großflächiges Gebiet, das in ein globales Netz gleichartiger nationaler u. internationaler Schutzgebiete eingebunden ist. Es dient zur Erhaltung von zu schützenden Öko-

systemen. Die Zonierung eines Biosphärenreservates kennt eine streng geschützte Kernzone (core area), eine zur Abschirmung der Kernzone bestimmte Pufferzone (buffer zone) u. ein Übergangsgebiet (transition area) mit traditionellen Nutzflächen u. Testflächen für experimentelle Forschungs- u. Sanierungsprobleme.

Biostasis, die, gr. *statós* stehend, eingestellt; Fähigkeit des lebenden Organismus, Umweltveränderungen zu widerstehen u. seine Konstanz zu erhalten.

Biostatistik, die; s. Biometrie.

Biotechnologie, die; Nutzung von Organismen für technische Zwecke, für industrielle Produktionen.

Biotelemetrie, die, gr. *bios* Leben, *tele* in die Ferne, *metron* Maß; drahtlose Übertragung von biologischen Messwerten (z. B. Temperatur, Blutdruck, EKG etc.)

Biotin, das; s. Vitamin H.

biotisch, auf Lebewesen, auf das Leben bezüglich, lebenden Ursprungs.

Biotóp, der (Dahl 1921), gr. *ho tópos* der Ort; ein durch charakteristische Tier- und Pflanzenarten gekennzeichneter Lebensraum einer Biozönose (z. B. Meeresstrand, Teich, Buchenwald).

Biotopverbund, der; räumliche Verbindung von Biotopen, die den Austausch u. die Ausbreitung von Biotoporganismen ermöglicht.

Biotransformation, die, *f.;* durch verschiedene Enzyme vermittelter Metabolismus von Fremdstoffen, v. a. in der Leber, aber auch in Niere, Lunge, Darm u.a . Organen (Scheide u. Scheidenflora des Menschen u. aller Scheidentiere). Aktivität der B. lässt sich durch Gabe von Induktoren steigern bzw. durch Anwendung von Hemmstoffen vermindern.

Biotýp, der (Johannsen 1905), gr. *ho týpos* der Schlag, die Prägung, Gestalt; die Gesamtheit des Phänotypischen, das zu einem bestimmten Genotyp gehört.

Biozid, das, lat. *cidere* töten, abtöten; Bezeichnung für eine Substanz, die Lebewesen abtötet (Insektizide, Akarizide, Molluskizide).

Biozönologie, die, gr. *koinós* gemeinsam, *ho lógos* die Lehre; die Wissenschaft von den Lebensgemeinschaften aller Organismen; die Lehre von den Biozönosen.

Biozönose, die, wörtlich: Lebensgemeinschaft; Bezeichnung für eine Vergesellschaftung von Lebewesen, die einen einheitlichen Abschnitt des Lebensraumes bewohnen u. deren Glieder ± in einem Zustand gegenseitiger, korrelativer Bedingtheit leben; von K. Möbius (1877) geprägt, der die auf einer Austernbank gemeinschaftlich lebenden Organismen als eine „Lebensgemeinschaft" od. Biocönose bezeichnete.

biozönotisch, die Biozönose (Biocönose) betreffend.

Biozyklus, der, gr. *ho kýklos* der Kreis; biologischer Kreislauf, ein zyklisch sich wiederholender Kreislauf, z. B. beim Winterschlaf, Menstruationszyklus, Populationszyklus.

bipartítus, -a, -um, lat. *bi-* zweimal, *pars, -tis, f.,* der Teil; zweigeteilt.

biped, s. *pes*; zweifüßig; zweibeinig.

Bipedie, die; Fähigkeit, auf den Hinterbeinen zu laufen; normale Bewegungsweise bei den Menschen.

bipennátus, -a, -um, auch *bipénnis, -is, -e,* lat. *bi(s)-* zweimal, *penna, -ae, f.,* der Flügel, das Gefieder; doppelt gefiedert.

Bipinnária, die, lat. *pinna* die Feder; freischwimmende Larven vieler Seesterne, mit doppelter Wimperschnur, da das Feld über dem Mund von einer gesonderten Wimperschnur umsäumt ist.

bipolar, s. *polus*; zweipolig.

bipunctátus, -a, -um, lat., zweipunktig, mit zwei Punkten versehen; s. *Adália.*

bipustulátus, -a, -um, lat., mit zwei Punkten (versehen); s. *Badíster.*

Birgus latro, *Birgus* Eigenname, lat. *latro* Räuber; Palmendieb, Kokosnussräuber, Spec. der Fam. Paguridae, Einsiedlerkrebse; *B. l.* lebt in Erdlöchern, ernährt sich von abgefallenen u. von ihm heruntergeworfenen Kokosnüssen, atmet mit einem als Lunge fungierenden Teil der Kiemenhöhle.

Birkenblattwespe, die; s. *Cimbex femorata.*

Birkenmaus, die; s. *Sicista betulína.*

Birkenspanner, der; s. *Biston.*

Birkenstecher, der; s. *Deporaus.*

Birkenzeisig, der; s. *Carduelis.*

Birkhuhn, das; s. *Lyrurus.*

biróstris, lat., mit zwei *(bi-)* Schnäbeln (*rostrum,* Schnabel, Vorsprung); s. *Manta birostris* mit zwei am Kopf stehenden Kopflappen, mit denen *Manta* die Planktonnahrung zum endständigen Mund leitet. Die Kopflappen haben auch zum Trivialnamen Hornrochen für die Mobulidae geführt.

Birukow, Georg, geb. 25. 9. 1910 in Petersburg, gest. 17. 1. 1985 in Stuttgart; Zoologe, Sinnes- u. Verhaltensphysiologe; 1931 Abitur in Königsberg, 1937 Promotion b. Otto Koehler ebenda, 1949 Habilitation, 1955 aplm. Prof., 1958 berufen ans Zool. Institut u. Museum der Univ. Göttingen. Arbeitsthemen u. a.: „Die optomotorischen Reaktionen und über die Sehschärfe des Grasfrosches *Rana temporaria* L." (Prom.); Raumorientierung, Menotaxis bei Käfern; Sonnenkompassorientierung bei *Velia* u. die „innere Uhr", biologische Rhythmen, Tages-, Mond- u. Jahresrhythmen (physiologische u. morphologische Korrelate).

Bisam, der, *bisam* vom hebr. *besem* Wohlgeruch; die Männchen der Moschustiere besitzen am Bauch zw. Nabel u. Genitalien einen Drüsenbeutel (Moschusbeutel mit Drüsen), der ein stark riechendes Sekret, Moschus od. Bisam, absondert.

Bisamratte, die; s. *Fiber,* s. *Ondatra.*

Bisamschwein, das; s. *Tayassu albirostris.*

biselliélla, lat., ein kleiner zweisitziger Ehrenstuhl *(bisellium)*; s. *Tineola.*

Bisexualität, die, s. *bi-,* lat. *sexus* das Geschlecht; die Zweigeschlechtigkeit.

bisexuell, zweigeschlechtig, auf die Bisexualität bezogen.

bisoctodentátus, -a, -um, lat. *bis-* zweimal, *octo* acht, *dentátus* gezähnt; sechzehnzähnig; s. *Ctenophthálmus.*

Bíson, *m., gr. ho bíson* ein nach den Bisoniern, einer thrakischen Völkerschaft, benannter wilder Ochse; Gen. der Subfam. Bovinae, Fam. Bovidae, Artiodactyla. Spec.: *B. bonasus,* Wisent mit den Subspec.: *B. b. bonasus,* Wisent (Flachland-W.), rezent z. B. im Walde von Białowieza (Polen); *B. b. caucasicus,* Kaukasischer Wisent; *Bison bison (= americanus),* Amerik. Bison mit den Subsp.: *B. b. bison,* Präriebison; *B. b. athabascae,* Waldbison.

Biston, *m.,* gr. *hoi Bístones* eine thrakische Völkerschaft; Gen. der Geometridae, Spanner. Spec.: *B. betularius,* Birkenspanner.

bit, engl. *binary digit* zweiwertiges Zeichen; in der Informationstheorie eine Maßeinheit des Nachrichteninhalts eines Signals, Menge od. Quantität des Informationsgehalts.

Bithýnia, s. *Bulimus.*

Bítis, *f.*; Gen. der Viperidae (Ottern, Vipera), Ophidia, Squamata. Spec.: *B. arietans,* Puffotter; *B. gabonica,* Gabunotter; *B. nasicornis,* Nashornviper (mit aufrichtbaren Schuppendornen in Doppelreihe auf der Schnauzenspitze).

Bitterling, der; s. *Rhodeus.*

Biuret-Reaktion, die; dient dem Nachweis von Eiweißen. Die Eiweißlösungen werden mit Kalilauge u. einigen Tropfen Kupfersulfatlösung versetzt. An der Berührungsstelle der Flüssigkeiten tritt bei Anwesenheit von Albuminen ein blauvioletter, bei Peptonen ein rosaroter Ring auf.

Bivalente, die, lat. *bi-* zweimal, *valére* stark sein, *valens, -entis* kräftig, gesund, wirksam; gepaarte homologe Chromosomen während der ersten meiotischen Teilung.

Biválvia, *n.,* Pl., lat. *biválvae* Klapptüren; Muscheln; Syn.: Lamellibranchia; Cl. der Conchifera, Mollusca; die Schale der B. ist längs der Dorsomediane in eine linke u. rechte Klappe geknickt, die durch eine schmale, unverkalkte Zone (das Ligament) miteinander verbunden bleiben; Körper gewöhnlich bilateralsymmetrisch, langgestreckt, Mund u. After an den Polen der Längsachse gelegen; Kopf nur durch den Mund u. die Mundklappen markiert, weitestgehend zurückgebildet u. stets in der Schale verborgen; meist sehr großes Kiemenpaar. Fossile Formen sind seit dem Unterkambrium bekannt.

bivénter, -era, -erum, lat. *bi(s)-* zweimal, *venter, -tris, m.,* der Bauch, der Unterleib; zweibäuchig.

bivittatus, -a, -um, lat., mit zwei *(bi-)* Bändern (Streifen, Binden) versehen (*vitta, -ae, f.,* die Binde); zweibändrig, -streifig.

bivoltin, lat. *evolutio, -onis, f.,* das Aufrollen, die Entwicklung; Bezeichnung für Organismen (Insekten), die zwei Generationen im Jahr hervorbringen.

Blábera, *f.,* gr. *blaberós* schädlich, verderblich; Gen. der Blabéridae, Ordo der Blattodea (= Blatteriae), Schaben. Spec.: *B. fusca,* Dunkelbraune Riesenschabe.

Blätteraffe, der; s. *Trachypíthecus obscurus.*

Blättermagen, der, lat. *omásum, -i, n.,* die Rinderkaldaunen; Omasus (Psalter, Psalterium), der Blättermagen der Wiederkäuer, ausgestattet mit hohen, blattartigen Längsfalten, stellt den dritten Abschnitt des Magens dar.

Blankaal, der; Bezeichnung für die zum Meer wandernden laichreifen Aale, die wegen ihrer silbrigweißen Unterseite so benannt werden; siehe auch: *Anguilla.*

Blaps, *f.,* gr. *bláptein* schaden; Gen. der Tenebrionidae od. Melanosomata, Schwarzkäfer, Coleoptera. Spec.: *B. mortisaga,* Totenkäfer, lat. *mortisága* den Tod *(mors)* wahrsagend *(sagus)*; der T. galt früher als Vorbote des Todes, wenn er sich in Häusern einfand; unter faulenden Dielen usw.

Blasenfuß (Getreide-), der; s. *Limnothrips.*

Blasenkäfer, der; s. *Lytta.*

Blasenlaus, die; s. *Pemphigus.*

Blasenrobbe, die; s. *Cystophora.*

Blasenschnecke, die; s. *Physa.*

Blasenzieher, der; s. *Anthiscus.*

Blassspötter, der; s. *Hippoláis* („Blass"-, weil hell erdbräunlich).

Blastem, das, gr. *blastanē̃in* keimen, sprossen; indifferentes Bildungsgewebe.

Blastóceros, *m.,* von gr. *ho blastós* der Spross und *ho Ker(a)ós* das Geweih; Gen. der Cervidae. Spec.: *B. dichotomus,* Sumpfhirsch.

Blastocoẽl, das, gr. *ho blastós* der Keim, die Knospe, *kõilos* hohl; die Keim- bzw. Furchungshöhle, die Höhle der Blastula.

Blastoderm, das, gr. *to dérma* die Haut; Zellschicht, die am Ende der Furchung den Dotter z. B. des Insekteneies umgibt u. der Oberflächenschicht einer Blastula entspricht.
blastogén (Weismann 1892), gr. *gen-* von *gígnesthai* erzeugen; Bezeichnung für Eigenschaften des Organismus, die auf den „Veranlagungen" der Geschlechtszellen beruhen; Ggs.: somatogen.
Blastogenese,die, gr. *he génesis* die Erzeugung, Entstehung; Keimesentwicklung, die Entwicklung des Keimes von der Befruchtung bis zur Bildung der Primitivorgane u. der Eihäute. Die B. beginnt nach der Amphimixis mit der 1. Furchungsteilung u. erstreckt sich bis zur Anlage der Primitivorgane. Die weitere Differenzierung erfolgt in der anschließenden Organogenese.
Blastoídea, *n.,* Pl., gr. *to ēídos* Gestalt, Aussehen; Seeknospen od. Knospensterne, Cl., fossile (Mittleres Ordovizium bis Oberperm) Echinodermata; mit kurzem Stiel aufrecht festgewachsen, regelmäßig Theka mit 5 Ambulakren mit Brachiolen, ohne Arme; typisches, als „Hydrospiren" bezeichnetes Kanalsystem, das in Mundnähe durch Spiracula geöffnet ist; Genus-Beisp.: *Pentremites* (Karbon).
Blastokinese, die, *f., gr.* kinéo bewegen, anstoßen; Keimesbewegung, z. B. bei Libellen das Eintauchen des Keimstreifens in den Dotter. Dabei wird neben der Verlagerung sehr stark verkürzt. Kurz vor dem Schlüpfen verläuft die Verkrümmung wieder rückläufig.
Blastom, das; eine echte Geschwulst.
Blastoméren, die, gr. *to méros* der Teil; Furchungszellen; die bei der Furchung aus der Eizelle (Mutterzelle) hervorgehenden Zellen (Tochterzellen).
Blastophaga, *f.,* gr. *phagēín* verzehren; Gen. der Agaóniae, Fam. Chalcidoidea (Erz- od. Zehrwespen), Sup.-Fam. Terebrantia (Schlupf- od. Gallwespen), Hymenoptera. Spec.: *B. psenes (= grossorum),* Feigengallwespe.
Blastoporus, der, gr. *ho póros* der Durchgang, Weg; Urmund, die Öffnung der Urdarmhöhle bei der Gastrula.
Blastozöl, das; s. Blastocoēl.
Blastozyste, die, gr. *he kystis* die Blase; die Keimblase.
Blastula, die, latin., Dim. von gr. *ho blastos,* der Spross; ein stets auf die Morula folgendes Entwicklungsstadium, als Keimblase od. kompaktes Stadium ausgebildet.
Blátta, *f.,* lat. *blatta* ein stinkendes Insekt, eine Schabe (bei Plinius); Gen. der Bláttidae, Schaben, Kakerlaken. Spec.: *B. orientális,* Brot- od. Küchenschabe.
blattarius, -a, -um, lat., zur Schabe gehörig; Spec.: *Gregarina blattarum* (im Darm von Küchenschaben vorkommend).
Blattélla, *f.,* Dim. von *Blatta,* s. d.; Gen. der Pseudomópidae, Ordo Blattoidea, Schaben. Spec.: *B. germanica,* Deutsche Schabe.
Blattflosser, der; s. *Pterophyllum scalare.*
Blatthornkäfer; im weiteren Sinne Lamellicornia (als Superfam.), im engeren Sinne Scarabaeidae (Fam.).
Blattkäfer (Getreide-), der; s. *Chrysomela.*
Blattnager, der; s. *Phytonomus.*
Blattoídea, *n.,* Pl., s. *Blatta*; Blatta-Artige, Gruppe der Insecta; mit Ähnlichkeiten zu den Orthopteroidea, von denen sie jedoch seit dem Karbon getrennt sind. Zu ihnen gehören: Mantodea (Fangheuschrecken); Blattaria (Schaben); Isoptera (Termiten).
Blattrüssler, die; s. *Phyllobius.*
Blattschneiderameise, die; s. *Atta.*
Blattvögel; Chlorópsidae, Familie der Passeriformes (Sperlingsvögel); Leitgattung: *Chloropsis,* s. d.
Blauducker, der; s. *Cephalophus.*
Blauer Pfau, *Pavo cristátus,* stammt aus dem offenen Busch-, Baumgelände Indiens u. Sri Lankas; fand wegen der imponierenden farbenprächtigen Erscheinung des ♂ besondere Beachtung in alten Kulturen vom Mittelmeer bis nach China (als Sinnbild der Eitelkeit, als vermeintlicher Schutz geg. Blitzschlag u. bösen Blick, als Phänomen religiöser Verehrung) und damit auch vielfältige Darstellung in kultgebundener Kunst der Vergangenheit. Gegenüber *P. muticus* hat der Hahn einen betont blauen Federkleidglanz u. einen höheren, gefiederten „Helmbusch" (Federbusch, Kamm, lat. *crista*) auf dem Scheitel.
Blaufelchen, s. *Coregonus.*
Blauflüglige Prachtlibelle, die; s. *Agrion vírgo.*
Blauhai, der; s. *Prionace,* s. *Carcharhinus.*
Blaukappenamazone, die; s. *Amazona finschi.*
Blaukehlchen, das; s. *Luscinia.*
Blaumeise, die; s. *Parus.*
Blauracke, die; s. *Coracias.*
Blaustirnamazone, die; s. *Amazona.*
Blauwal, der; s. *Balaenoptera.*
Blei, mhd., *bleie, blîvisch*; s. *Abramis.*
Bleiregion, die (Syn.: Brachsenregion); die; ruhige u. tiefe Region der Flüsse u. Seen; die Benennung hat Bezug zum Leitfisch dieser Region: *Abramis brama,* Blei.
Blenníidae, gr. *he blénna* der Schleim; Schleimfische, Fam. des Ordo Acanthopteri, Stachelflosser, Teleostei; mit rudimentären Schuppen versehene, schleimige Haut. Genera: *Blennius, Zoarces.*

Blénnius, *m.,* von gr. *he blénna* u. *to blénnos* der Schleim, Rotz; wegen des schleimigen Körpers; Gen. der Blenníidae, Schleimfische; Ordo Perciformes, Barschfische, Spec.: *B. phólis,* „Schleimlerche"; *B. vulgaris,* Garda-Schleimfisch.
Blepharoplast, der, gr. *to blépharon* das Augenlid, *ho blastós* der Keim; Bezeichnung für das thymonukleinsäurehaltige Zellorganell bestimmter Flagellaten (Trypanosomen). Es steht mit dem Basalkorn der Geißel in Verbindung.
Blessbock, der; s. *Damaliscus dorcas.*
Blesshuhn, das; s. *Fulica.*
Blessralle, die; s. *Fulica.*
Blindschleiche, mhd, *blintslîche*; s. *Anguis.*
Blindwühle, die; s. *Ichthyophis.*
Blombergkröte, die; s. *Bufo blomergi.*
Blotting, engl.; Verfahren, bei dem das Untersuchungsmaterial nach elektrophoretischer Auftrennung auf eine Festmatrix (Nylon- oder Nitrozellulosefilter) übertragen wird. Je nach Material werden verschiedene B.-Verfahren unterschieden (z. B. DNA = southern blot, RNA = northern blot, Protein = western blot). Die transferierte Substanz steht für weitere Bearbeitungsschritte, z. B. der Hybridisierung mit DNA- od. RNA-Sonden zur Verfügung.
Blütenprachtkäfer, der; s. *Anthaxia.*
Blumenbock, der; s. *Leptura.*
Blumenpolypen, die, s. Anthozoa.
Blumenwanzen, s. *Anthócoris.*
„Blutauffrischung", die *f.*; die gewöhnlich einmalige Paarung von weiblichen Tieren eines Bestandes mit einem Vatertier derselben Rasse od. desselben Schlages mit gleicher Leistungsrichtung, aber anderer Abstammung (also mit dem aufzufrischenden Bestand weniger verwandt als dieser unter sich). Die B. kann erforderlich sein, wenn durch zu eng betriebene Familienzucht Degenerationserscheinungen u. Nachlassen der Vitalität befürchtet werden od. bereits erste Anzeichen dafür vorliegen; Syn.: Veredlungskreuzung.
Blutegel, mdh., *ëgele, ëgel;* s. *Hirudo.*
Blutgefäße, die; Arterien, Venen, Blutkapillaren, Arteriolen.
Blutgerinnung, die; Eigenschaft bestimmter Faktoren des Blutes, wundverschließend zu wirken. Vereinfachte schematische Darstellung der Blutgerinnung:

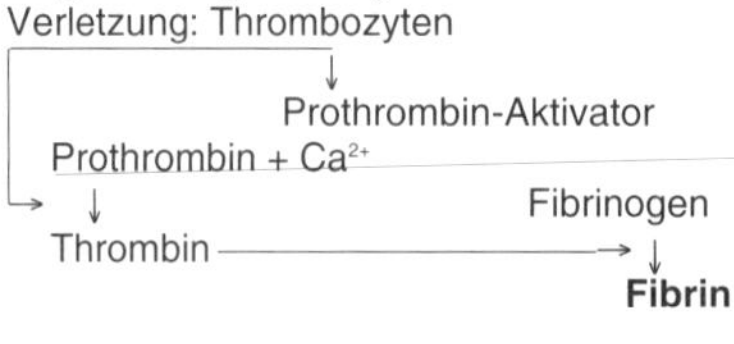

Blutgerinnungszeit, die; Zeit der Fibrin- bzw. Blutkoagulumbildung außerhalb des Gefäßsystems bzw. des Körpers.
Blutgruppen, Blutfaktoren, die; Bluteigenschaften bei Tier u. Mensch, die auf Antigen-Antikörper-Reaktionen beruhen.
Bluthänfling, der; s. *Carduelis.*
Blut-Hirn-Schranke, die; selektiv durchlässige Schranke zwischen Blut u. Hirn. Als morphologische Strukturen werden Kapillarendothelien u. perivaskuläre Gliastrukturen betrachtet.
Blutkapillaren, die, lat. *capillus* das Haupthaar; Haargefäße, zwischen Arteriolen u. kleinen Venen eingeschaltete Abschnitte des Blutgefäßsystems, die dem Stoffaustausch zwischen Blutgefäßen u. Geweben dienen.
Blutkörperchen, das; z. B.: Erythrozyten, Leukozyten, Monozyten, Thrombozyten.
Blutlaus, die; s. *Erisóma lanígerum.*
Blutlauszehrwespe, die; s. *Aphelinus.*
Blutpättchen, das; s. Thrombozyten.
Blutplasma, das; fibrinogenhaltige, flüssige Anteil des Blutes ohne Blutkörperchen.
Blutserum, das; ungerinnbares Blutplasma, aus dem das Fibrin(ogen) beseitigt wurde.
Blutzikade, die; s. *Cercopis,* s. *Triecphora.*
Blutzucker, der; z. B. bei Säugern der Glukose- (Traubenzucker-)Gehalt im Blutserum.
BNA, Abk. für **B**aseler **N**omina **A**natomina (1895); s. medizinisch-anatomische Nomenklatur.
Bóa, *f., boa* Name einer Wasserschlange in der Antike, die sich nach Plinius an Kühe ansaugt; Gen. der Bóidae (Riesenschlangen, Stummelfüßer). Ordo Squamata (Schuppenechsen). Spec.: *B. (= Constrictor) constrictor,* Königs- od. Abgottschlange, wird häufig in Menagerien gezeigt, Vorkommen im N. u. O. von Südamerika, umschlingt ihre Beute vor dem Verzehren.
Boa-Drachenfisch, der; s. *Stomias boa.*
boarius, -a, -um, lat., gr. *ho, he bus, boós* das Rind, der Stier, die Kuh; zum Rind gehörig; vgl.: *Boophilus,* Rinderzecke.
Bobak, Vernakularname, *baibac* russischer Name des Tieres; s. *Marmota.*
Bockkäfer, die; artenreiche Käferfamilie mit zahlreichen Vertretern von phytomedizinischer Bedeutung; s. Cerambycidae.
Bodenseefelchen, *n.;* s. Maräne, s. *Coregónus.*
Bodo putrinus, sprachl. Ableitung für Bodo unbekannt, lat. *putrinus* morsch, faul; Spec. der Fam. Bodónidae, Ordo Protomonadina, Flagellata (Geißeltierchen, Mastigophora); Leitform für Fäkalabwässer.
Bohnenblattlaus, die; s. *Aphis.*

Bohnenkäfer, der; s. *Zabrotes.*
Bohrassel, die; s. *Limnoria.*
Bohr-Effekt, der; benannt nach Chr. Bohr (1855–1911), Vater des bekannten Physikers u. Nobelpreisträgers Niels Bohr, dänischer Physiologe. Ausdruck der Beeinflussung der Sauerstoffbindungskurve durch die Wasserstoffionenkonzentration, d. h. der B.-E. od. die Bohr-Verschiebung beschreibt die Wechselwirkung zwischen dem pH u. der Hämoglobin-Sauerstoff-Affinität. Die Sauerstoffdissoziationskurve (Sauerstoffbindungskurve) stellt z. B. die Beziehung zwischen dem O-Partialdruck u. der Sättigung des Hämoglobins mit O dar, abhängig von Temperatur u. pH-Wert.
Bohrkäfer, der; s. *Hedobia.*
Bohrmuschel, die; s. *Pholas.*
Boiga, *f.,* nach *boa,* s. o., gebildet; Gen. d. Colubridae (Nattern), Ophidia. Spec.: *B. dendrophila,* Goldbrand-, Mangroven-Nachtbaumnatter (Ularburong).
Bojannussches Organ, *n.*; n. Bojanus; paarige Nieren der Muscheln (Lamellibranchia).
bolétus, -i, lat., der Pilz, gr. *ho bolítes;.* Spec.: *Boletophagus reticulatus* (Tenebrionidae, Coleoptera).
Bologneser Hund, der; nach der italien. Stadt Bologna; Zwergform des Malteserhundes.
Bolus, -i, *m.,* lat. der Wurf, der Bissen; Abk.: Bol.; Arzneiform zur Verabreichung ausschl. an Tiere; walzenförmige Arzneizubereitung, in der Konsistenz meistens weicher als die in gleicher Weise hergestellten Pillen.
Bolustod, der; „Bissentod“, Bradykardie bzw. reflektorischer Herz- u. Atemstillstand durch Verschlucken eines größeren „Bissens“, der den Atemweg verlegt und zum letalen Exitus direkt (Schocktod) oder in der Nachwirkung (Erstickungstod) führt.
Bombína, *f.,* gr. *ho bómbos* = lat. *bombus* dumpfer, tiefer Ton u. Suffix *-ina,* das allgemeine Beziehung ausdrückt; lat. *bombinátor* Erzeuger von dumpfen Tönen; Unken, Gen. der Discoglóssidae, Scheibenzüngler, Anura. Spec.: *B. bombina,* Rotbauch- od. Tieflandunke; *B. variegata,* Gelbbauch- od. Berglandunke.
Bombinátor, Synonym v. *Bombina,* s. d.
Bómbus, *m.,* lat. *bombus* der dumpfe Ton; Hummel, Gen. der Subfam. Bombinae, Hummeln, Apidae sociales, Hymenoptera; erzeugen beim Fliegen durch Vibrieren besonderer Stimmbänder in den Stigmen des Abdomens einen brummenden Ton, ihre Staaten sind in Europa einjährige „Mutterfamilien“, d. h., ihr Staat geht im Herbst zugrunde, nur die befruchteten Weibchen überwintern u. gründen im Frühjahr ein Nest in Mauselöchern, alten Vogelnestern u. dgl.; sie sind von großer Bedeutung für die Bestäubung vieler Pflanzen wie *Trifolium* (Klee), Lamiaceae, Scrophulariaceae, aber auch für Obstbäume u. Beerensträucher. Spec.: *B. terréstris,* Erdhummel; Erdnest mit bis zu 150 Arbeiterinnen u. 100 Weibchen, wichtig als Rotkleebestäuber; Arten wurden deshalb in Australien eingeführt.
Bombýcidae; Echte Spinner od. Seidenspinner, Fam. der Lepidoptera (Schmetterlinge) mit etwa 300 vorwiegend orientalischen Spec.; Genera z. B. *Bombyx,* s. d., *Theophila.*
Bombycílla, *f.,* gr. *bómbyx* wegen des seidig glänzenden Gefieders, lat. *-illa* als Dim.-Suffix; Gen. der Bombycillidae, Seidenschwänze, Subordo Oscines (Echte Singvögel), Ordo Passeriformes. Spec.: *B. garrulus,* Seidenschwanz (prächtiger Vogel, Wintergast in Mitteleuropa).
Bombylíidae, *f.,* Pl., gr. *ho bombýlios* das summende Insekt, die Hummel; Hummelfliegen, Wollschweber, Fam. der Subordo Brachycera, Ordo Diptera; mit etwa 2000 Species sehr verbreitet; gewandte, schnelle Flieger, vor Blüten schwirrend u. mit ihrem sehr langen Rüssel Nektar saugend; Larven leben parasitisch in anderen Insekten od. in Nestern solitärer Bienen. Gattungen z. B.: *Hemipénthes, Bombylius.*
Bombýlius, *m.;* Gen. der Bombylíidae, Spec.: *B. major,* Hummelfliege, Großer Wollschweber; Larve in den Erdbauten von *Andrena flavipes.*
Bómbyx, *m.,* Aristoteles nennt die rauschende Seide *bómbos,* daher der Name *bómbyx* für den Seidenspinner; Gen. der Bombycidae. Spec.: *B. mori,* Seidenspinner; Züchtung in einer Reihe von Rassen bzw. Hochzuchtrassen; es gibt uni- und polyvoltine (s. d.) Rassen der Haustierart; die Raupen, deren Kokons die Seide liefern, fressen die Blätter von *Morus* (latin. gr. Name des Maulbeerbaumes); seit etwa 2000 v. u. Z. in China als domestiziert bekannt, seit dem 15. Jh. auch in Europa.
bombyx, bombýcis, *m., f.* latein.; der Seidenwurm, die Seide.
bonásia od. **bonasa,** Name des Haselhuhnes (s. *Tetrastes*) bei Albertus Magnus u. anderen Schriftstellern des Mittelalters.
Bonéllia, *f.,* nach dem Zoologen Bonelli (1784–1830, Turin); Gen. des Ordo Echiurinea, Phylum Echiurida (Igelwürmer). Spec.: *B. viridis*; ist ausgezeichnet durch starken Sexualdimorphismus (Zwergmännchen).
Bongo, s. *Tragelaphus*, s. *Taurotragus.*
Bonobo, *m.,* trivialer (Vernakular-)Name für: *Pan paniscus* Zwergschimpanse (4. Pongidenart); s. *Pan.*

Bonsels, Waldemar, geb. 21. 2. 1881 Ahrensburg bei Hamburg, gest. 31. 7. 1952 Ambach am Starnberger See. U. a. verfasste er 1912 den Roman bzw. das Märchen für Kinder: „Die Biene Maja und ihre Abenteuer"; nur literarisch ein Meisterwerk.

Boophilus, *m.,* gr., „rinderliebend"; Genus der Ixodidae, Zecken (s. d.); Anactinotrichida. Verbreitung in Steppengebieten; einwirtige Arten. Wirtstiere sind hauptsächl. Ungulata. *Boóphilus*-Arten sind Überträger des Texasfiebers. Spec.: *B. decoloratus*, Blaue Zecke, Vorkommen in Afrika; *B. microplus,* Blaue Zecke, Vorkommen in Australien, Asien, S-Afrika, S-Amerika.

Boóphthora, *f.,* gr. *ho/he boýs (bus)*, Genitiv *boós* das Rind, die Kuh und *he phthora* das Verderben, das Vernichten, die Verschlechterung (= „Rindverderber/-vernichter", Rinderparasit); Gen. der Simulíidae, Kriebelmücken (s. d.), Diptera. Spec.: *B. erythrocephala,* Leinemücke (Leine = Nebenfluss der Weser); Vorkommen (u. a.): M-/N-Deutschland. Schädling (Ektoparasit) des Weideviehs.

Bopýridae, *f.,* Pl., s. *Bopyrus*; Fam. des Subordo Epicaridea, Ordo Isopoda (Asseln); durch ihre parasitische Lebensweise (auf anderen Krebsen) morphologisch stark abgewandelt.

Bopýrus squillárum, Bopyrus, ein von Latreille eingeführter Name dunkler Bedeutung, heißt eigentlich „Ochsenweizen", von gr. *ho bús* Ochse u. *ho pyrós* Weizen; squillarum, weil sich diese Art an *Palaemon squilla* u. *P. serratus* findet; Garnelenassel, Spec. der Bopyridae.

boreális, -is, -e, lat., in nördlichen Gegenden lebend, nördlich (*bóreas* Norden, Nordwind); s. *Wagnerélla.*

boreas, -ae, *m.,* latin., gr. *ho boréas*, der Norden, Nordwind; Spec.: *Laemargus borealis,* Eishai.

Boréus, *m.,* gr. *bóreios* nördlich; Gen. der Boréidae, Ordo Mecóptera, Schnabelfliegen. Spec.: *B. hiemalis,* Schneefloh (flügellos, im Winter auf schmelzendem Schnee u. im Moos).

Borkenkäfer, der; s. *Ips,* s. Buchdrucker.

Borkentier, s. *Hydrodamalis* (Syn.: *Rytina*).

borneénsis, -is, -e, latin., auf Borneo (Insel Südostasiens) beheimatet, vorkommend; s. *Lanthanotos.*

Borneokatze, die; s. *Badiofelis badia.*

Borrélia, *f.;* Gen. der Spirochaetaceae. Tier- u. humanmedizinisch bedeutungsvoll: *B. duttoni* (ein Erreger des Rückfallfiebers, s. d.; durch Zecken übertragen); *B. recurrentis*, Erreger des Rückfallfiebers des Menschen. Überträger sind Läuse der Gattung *Pediculus* (Europa) bzw. Zecken (Tropen). Empfänglich für *B. recurrentis* sind Affen, Mäuse. *B. theileri*, Erreger von fieberhaften Erkrankungen bei Pferden und Rindern in Afrika und Australien. Vektoren sind *Rhipicephalus* sp. (Afrika).

Borreliose, die, Syn. Rückfallfieber, Rekurrensfieber, Febris recurrens; es handelt sich dabei um akute fieberhafte Infektionskrankheiten, die durch die Spirochäten *Borrelia* (s. d.) verursacht werden.

Borstenegel, der; s. *Acanthobdélla.*

Borstenigel, der; s. *Centetes.*

Borstenkiefer, der; s. *Sagitta.,*

Bos, *m.* und (!) *f.,* lat. *bos, bovis* das Rind; Echte Rinder, Gen. der Subfam. Bovínae, Fam. Bovidae, Ruminantia, Ordo Artiodactyla (Paarhufer); alle Arten sind domestiziert worden, nur in Eurasien u. Nordafrika wild vorkommend. Spec.: *B. taurus,* Hausrind; *B. primigenius* Ur od. Auerochse (Stammform des Hausrindes); *B. (Poëphagus) grunniens*, Yak (Grunzochse); *B. indicus,* Zebu od. Buckelrind; *B. bibos javanicus (= sondaicus)*, Banteng od. Rotrind, asiatische Stammform domestizierter Rinder; *B. frontalis*, Gayal od. Stirnrind; *B. bibos gaurus*, Gaur od. Dschungelrind. Man unterscheidet verschiedene Formenkreise (od. Stammgruppen): Primigenius-, Frontosus- („Breitstirnrinder"), Brachyceros- (kurze Hornzapfen, schmale Schädelform) Gruppe.

Boselaphus, *m.,* lat. *bos*, s. o., gr. *he élaphos* Hirsch; Gen. der Subfam. Tragelaphinae, Fam. Bovidae, Ruminantia, Artiodactyla. Spec.: *B. tragocamlus,* Nilgau od. Blaubock (mit überhöhtem Widerrist u. kurzen Hörnern; Vorderindien).

Bosmína, *f.,* Name einer Tochter des Fingal; Gen. der Bosmínidae, Cladocera, Wasserflöhe. Spec.: *B. longiróstris.*

Bóstrychus, *m.,* gr. *ho bóstrychos* die Haarlocke; Gen. der Bostrychidae, Bohr-, Kapuzenkäfer, Ordo Coleoptera. Spec.: *B. capucínus,* Kapuziner.

Botallisches Band, das, s. Botallo; Ligaméntum arteriósum Botalli.

Botallo, Leonardo, Militärarzt; geb. 1530 Asti (Piemont), gest. um 1571; verbesserte die chirurgische Technik (Amputation); Ductus Botalli (= Ductus arteriósus).

Botaurus, *m.,* aus *Bos taurus,* dem Namen der Wildrindform gebildet; Gen. der Ardeidae (Reiher), Ordo Gressores (Schreitvögel). Spec.: *B. stellaris*, Große Rohrdommel; lässt abends oft einen „brüllenden" Ton hören, der als dem von „Bos taurus" ähnlich gedeutet wurde.

Bothriocephalus latus, der Fischbandwurm, gr. *to bóthrion* das Grübchen, *he kephalé* der Kopf; s. *Diphyllobothrium latum* (Syn.).

Bothriocidaris, *m.*, von gr. *to bóthrion* die kleine Grube u. *he kídaris* hoher, spitzer Turban, Kopfbedeckung persischer Könige; einziges Gen. des Ordo Bothriocidaroida, Subcl. Perischoechinoidea, Cl. Echinoidea; fossil im Mittleren Ordovizium. Spec.: *B. pahleni, B. globulus.*

Bóthrops, *m.*, gr. *ho bóthros* die Grube, *ho ōps, ōpós* das Auge, Antlitz, Angesicht; Gen. d. Crotalidae (Grubenottern), Ophidia, Squamata. Spec.: *B. jararaca,* Jararáca; *B. atrox,* Lanzenotter (sehr gefürchtet wegen ihres lebensgefährlichen Bisses).

Botrýllus schlosseri, gr. *ho bótrys* Traube, weil die Einzeltiere dieser Seescheidenart in kreisförmigen od. länglich-ovalen Systemen (traubenförmig) angeordnet sind; Species des Ordo Ascidiae compositae (Synascidiae).

botryoides, gr., traubenförmig; s. *Leucosolenia.*

Botschafter-RNA, die; s. Messenger-RNA.

bottleneck, engl., Flaschenhals; extreme Verminderung der Populationsgröße. Bottlenecks können zum Verlust genetischer Polymorphismen führen od. zur Fixation nachteiliger Allele.

Boveri, Theodor, geb. 12. 10. 1862 Bamberg, gest. 15. 10. 1915 Würzburg; Zoologe, Cytologe, Mitbegründer der Chromosomentheorie der Vererbung; Stud. d. Medizin u. Zoologie an der Universität München; Promotion zum Dr. med., Studienaufenthalt an der Zool. Station Neapel, Habilitation für Zoologie und vergleichende Anatomie an der Univ. München, 1891–1893 Assistent bei R. Hertwig; ab 1893 o. Prof. für Zoologie und vergleichende Anatomie an der Universität Würzburg. Themen seiner wissenschafl. Arbeiten: Kern- u. Zellteilung, Befruchtung, Geschlechtsbestimmung.

Bóvidae, *f.*, Pl., s. *Bos*; Hornträger, Familie der Ruminantia s. str. (als Subordo), Ordo Artiodactyla. – Subfamiliae: Tragocerinae (Genus: *Boselaphus*); Bovinae *(Bos, Bison)*; Strepsicerotinae *(Strepsiceros)*; Cephalophinae *(Cephalophus)*; Hippotraginae *(Hippotragus, Oryx)*; Antilopinae *(Antilope)*, syn. Gazellinae *(Gazella)*; Caprinae (mit den Genera: *Saiga, Rupicapra, Ovis, Capra*).

Bovínae, *f.*, Pl.; Unterfam. der Bóvidae; s. *Bos,* s. Wildrind.

Bovine Spongiforme Enzephalopathie (Abk. BSE), *f.*, engl. ***b****ovine* ***s****pongiform* ***e****ncephalopathia*; gehört zu den transmissiblen (übertragbaren) spongiformen (schwammartigen) Enzephalopathien (Erkrankungen des Gehirns), abgekürzt TSE, eine um 1985 in Großbritannien ausgebrochene, subakute Rinderseuche. Als Erreger gelten Prionen (infektiöse Eiweißpartikel). Die krankhafte Veränderung besteht darin, dass die Eiweißkörper abnorme räumliche Strukturen bilden. Die Tiere werden aggressiv u. verlieren die Orientierung (Rinderwahnsinn). Die Bezeichnung der Krankheit bezieht sich auf die morphologische Diagnose: das Gehirn wird sukzessiv wie ein Schwamm durchlöchert. BSE ist übertragbar auf Mensch u. Tiere (Antilopen, Pumas, Hauskatze). Die Verfütterung von Tiermehl, das Bestandteile BSE-infizierter Rinder enthielt, gilt als wichtigste Infektionsquelle. BSE wird nach derzeitigem Wissensstand nicht durch Kontakte von kranken zu gesunden Tieren übertragen. Es gibt Ähnlichkeiten im Krankheitsverlauf mit der Creutzfeldt-Jakob-Krankheit des Menschen. Im Interesse eines optimalen Verbraucherschutzes sind massive Vorkehrungen zur Ausrottung der Erkrankung getroffen worden (Verfütterungsverbot von Tiermehl, Schlachten von BSE-befallenen Rinderherden). In reinem Muskelfleisch wurden BSE-Erreger bisher nicht nachgewiesen. Bei Schweinen, Geflügel u. Fisch wurden noch keine Hinweise auf BSE-Infektionen gefunden. Bei Schafen tritt eine BSE-ähnliche Krankheit (Scrapie) auf. Eine Übertragung von Scrapie auf den Menschen ist nicht bekannt; s. BSE, s. Rinderwahnsinn, s. Scrapie.

bovínus, lat., v. *bos, bovis* Rind; rindähnlich, zum Rind gehörend; s. *Tabanus.*

Bowman, Sir William, geb. 1816 Nantwich (Cheshire), gest. 1892; Prof. d. Physiologie u. der Allg. u. Pathol. Anatomie in London. Bedeutende Arbeiten auf dem Gebiet der Ophthalmologie u. der mikroskopischen Anatomie. B. beschrieb den Bau des quergestreiften Muskels, die Funktion der nach ihm benannten Bowmanschen Kapsel und führte in der Augenheilkunde neue Operationsmethoden ein [n. P.].

Bowmansche Drüsen, *f.*, s. Bowman; tubulöse Drüsen in der Riechgegend der Nase.

Bowmansche Kapsel, die, s. Bowman; der die Glomeruli umgebende becherförmige Anfang der Harnkanälchen.

brachiális, -is, -e, lat., s. *bráchium*; zum Arm (Oberarm) gehörig.

Brachiáta, *n.*, Pl., gr./latin.; s. *brachium,* lat. *-ata* versehen; wegen der vom Protosoma ausgehenden langen Tentakel; Tiergruppe mit bislang ca. 100 bekannten Arten, deren erste Arten im 2. Decennium des 20. Jh. gefunden u. zunächst den Annelida auf Grund von Ähnlichkeiten (mit den Polychaeta) zugeordnet wurden; in Weichböden aller Meere (meist in größerer Tiefe) vorkommende, Röhren bewohnende, darmlose, aus dem Meerwasser über das (den Polychaeta ähnliche) Integument Nahrung aufnehmende Tiere von fadenförmigem Körper, der in Pro-, Meso-, Metasoma gegliedert ist. Syn.: Pogonophora, s. d.

Brachiation, die; s. brachium; Hangeln (d. h. Fortbewegung mit den Armen/Vorderextremitäten auf Bäumen).

Brachínus, *m.,* v. gr. *brachýs* kurz, wegen der abgestutzten Flügeldecken; Gen. der Carabidae, Laufkäfer, Coleoptera. Spec.: *B. crépitans,* Bombardierkäfer; die Käfer „bombardieren“: zwei Drüsensekrete verpuffen bei Mischung in der abdominalen Knallkammer u. werden als 100 °C heiße, bläulich-weiße Aerosolwolke lautstark ausgetrieben; schreckt auch größere Feinde ab; s. Chinone.

brachiocephálicus, -a, -um, latin. *bráchium, -i, n.,* der Arm, gr. *he kephalé* der Kopf; zum Arm und Kopf gehörend.

Brachiolaria, *n.,* Pl., lat. *brachiolum* kleiner Arm; freischwimmende Larven vieler Seesterne, deren Scheitelfortsatz drei Arme mit Saugwarzen zur Anheftung trägt.

Brachíonus, *m.,* s. *brachium*; Gen. der Brachionidae, Subordo Ploima, Ordo Monogononta, Subcl. Eurotatoria; Rädertierchen, die als Plankter mit einem oft depressen Panzer umkleidet sind, welcher stark variiert; Strudler. Spec.: *B. urceolaris,* Wappentierchen, dessen Konturen von vorn an die Form eines Wappenschildes erinnern.

Brachiópoda, *n.,* Pl., s. *brachium* u. gr. *ho pús, podós* der Fuß; Armfüßer, Cl. der Tentaculata od. Molluscoidea; sessile Meeresbewohner mit zweiklappiger Kalkschale, die äußerlich an diejenige der Muscheln erinnert, in Wirklichkeit aber mit den bilateral angeordneten Muschelschalen nicht homolog ist; mit langen, spiralig eingerollten Mundarmen (Tentakeln) u. relativ kompliziertem Blutgefäßsystem; ihre Hauptentwicklung lag in früheren Erdperioden; fossile Formen seit dem Unterkambrium bekannt, deshalb Bedeutung als Leitfossilien; rezent: 70 Genera mit etwa 280 Species. Beispiel: *Lingula,* seit dem Ordovizium bekannt.

Brachiosaúrus, *m.,* gr. *ho saúros* die Echse, Eidechse; Gen. des Subordo Sauropoda, Ordo Saurischia, s. d.; fossil im Oberjura (Malm). Spec.: *B. brancai,* wahrscheinlich größtes Landtier aller Zeiten, geschätztes Lebendgewicht 40–50 t.

bráchium, -i, *n.,* latin., der Arm; Oberarm, vgl. antebráchium.

Brachsen, s. *Abramis.*

Brachsenregion, die; s. Bleiregion.

Brachvogel, der; s. *Numenius.*

Brachycaudus, *m.,* von gr. *brachýs* kurz, lat. *cauda* s. d.; Gen. der Aphididae, Blattläuse: Spec. *B. schwartzi,* Schwarzgefleckte Pfirsichblattlaus. An Pfirsich starke Blattkräuselungen u. Triebverkrümmungen verursachende, olivgrüne, 1,8 bis 2,2 mm große Blattlaus. *B. cardui,* Große Pflaumenblattlaus. Meist hellgrüne, Blatt- u. Triebkräuselungen bei Pflaumen hervorrufende Blattlaus, mit Wirtswechsel u. a. zu *Cárduus* (= Distel) u. anderen Asteraceae sowie Boraginaceae.

Brachycephalie, die, gr. *brachys* kurz, *he kephalé* der Kopf; Kurzschädel, Schädel mit verkürztem Längsdurchmesser.

Brachýcera, die, gr. *brachýs* kurz, *to kéras* das Horn, also: „Kurzhörner“, bezieht sich auf die kurzen, meist nur dreigliedrigen Fühler; Fliegen, Subordo der Diptera im Unterschied zum Subordo Nematocera (Mücken).

Brachyceros-Gruppe, Gruppe der Rinder, die durch kurze Hornzapfen u. schmale Schädelform gekennzeichnet ist.

brachydáctyla, gr. *ho dáktylos* der Finger; kurzfingrig, mit kurzen Fingern od. Zehen; s. *Certhia.*

brachydaktýl; kurzfingrig.

Brachydaktylie, die; die Kurzfingrigkeit; erbliche Verkürzung eines od. mehrerer Finger bzw. von Zehen, meist symmetrisch zu beobachten; beim Menschen Beispiel einer dominanten Erbkrankheit.

Brachydánio, *f.,* Gen. der Cyprinidae, Ordo Ostariophysi (= Cypriniformes). Spec.: *B. rerio,* Zebrafisch (ein wegen seiner Zeichnung beliebter Aquarienfisch). B. gewinnt zunehmend als Forschungsobjekt der Wirbeltierentwicklung an Bedeutung. Man kann jederzeit die großen durchsichtigen Eier bekommen, die sich ohne Hüllen innerhalb der kürzesten Zeit entwickeln.

Brachydesmus superus, gr. *ho desmós* das Band; Art der Polydesmidae (Bandfüßler), Subcl. Diplopoda (Doppelfüßer), Myriapoda; bes. in Gärtnereien, Maulwurfshaufen, dunklen Kellern, auf Friedhöfen verbreitet.

brachykephal, gr. *he kephalé* der Kopf; kurzköpfig.

brachykran, gr. *to kraníon* der Schädel; kurz-, kleinschädlig.

Brachynus, s. *Brachinus.*

brachyodont, gr. *ho odús, odóntos* der Zahn; brachydonte Zähne haben eine niedrige (kurze) Krone u. eine gutentwickelte Wurzel (die Mehrzahl der Säugetierzähne); Ggs.: hypsodont.

Brachypélta, *f.,* gr. *he pélte* der kleine Schild, bezieht sich auf d. kurzen, gleichseitigen dreieckigen Schild; Gen. der Cydnidae, Erdwanzen; Heteroptera, Wanzen: Spec.: *B. atérrima* (= *Cydnus aterrimus*).

brachypus, *m.*, gr. *brachýs* kurz u. *ho pus* der Fuß, das Bein; „kurzfüßig", kurzbeinig; s. *Hippárion.*

Brachytársus, *m.*, gr. *ho tarsós* der Fuß, also: „Kurzfuß"; Gen. der Anthribidae, Ordo Coleoptera, Käfer. Spec.: *B. nebulosus,* Grauer Schildlaus-Breitfüßer (hat Halsschild mit nebelartig angedeuteten 4 Dorsalflecken).

Brachyura, die, gr. *he urá* der Schwanz; Krabben, „kurzschwänzige" Dekapoden; Subordo der Eumalacostraca (Höhere Krebse); mit kurzem Abdomen, das nach vorn unter dem gepanzerten Cephalothorax eingeschlagen getragen wird u. von oben nicht sichtbar ist; seit Lias mit Sicherheit bekannt, meist tropisch bis subtropisch, auf dem Meeresboden, auch im Süßwasser u. am Land. Die größeren Arten werden gegessen.

brachyúrus, -a, -um, latin. (gr.), kurzschwänzig; s. *Lýnceus, Chrysocyon.*

Brackwespe, die; s. *Braconidae.*

Bracónidae, Bracon, vielleicht vom deutschen Brack, niederländisch *wrack* Ausschluss (*wracken,* aussondern); Brackwespen, Fam. der Hymenoptera, Ichneumonoidea mit ca. 5000 Species; schmarotzen in Larven u. Raupen anderer, meist landwirtschaftlich schädlicher Insekten, verhindern deren allzu große Ausbreitung, indem sie den Tod ihrer Wirte verursachen. Genera: *Bracon, Microgaster* u. a.

Brady-, brady-, in Komposita, v. gr. *bradýs* langsam, träge.

Bradykardie, die; s. *cardia*; verlangsamte Herztätigkeit.

Bradykinin, das, gr. *bradys* langsam, *he kínesis* die Bewegung; hormonartiges Peptid, das Gefäße erweitert u. glatte Muskulatur zur Kontraktion bringt.

Bradypnoë, die, gr. *pnē̃in* atmen, hauchen; die verlangsamte Atmung.

Bradypódidae, *f.*, Pl., „Langsambeweger"; Faultiere, Fam. der Gruppe (Superf.) Pilosa (= Anicanodonta), Ordo Xenarthra; hochspezialisierte, blattfressende Baumbewohner, die mit dem Rücken nach unten mit Hilfe ihrer 2–3 durch eine gemeinsame Haut verbundenen Phalangen sich an Ästen hängend fortbewegen; anatomisch bemerkenswert: die variierende Anzahl (6–10) der Halswirbel (statt der Normalzahl von 7 für die Mammalia). Gattungen z. B.: *Bradypus, Choloepus.*

Brádypus, *m.*, gr. *ho pús, podós* der Fuß; Gen. der Bradypodidae, Faultiere, Ordo Xenarthra. Spec.: *B. tridactylus,* Ai od. Dreizehiges Faultier, auf Südamerika (Brasilien) beschränkt.

Bradysaurus, *m.*, gr. *ho sā́uros* die Echse, Eidechse; Gen. der Pareiasauridae, Ordo Cotylosauria, s. d.; fossil im Mittelperm. Spec.: B. baini.

Brahminenweihe, die; s. *Haliastur indus.*

brama, *f.*, latin. Artname vom franz. Namen des Fisches *brème,* mittellat. *bresmía*; mhd.: *brasem* Brasse, Brachsen; s. *Abramis.*

Branchiáta, *n.*, Pl.; gr. *to bránchion.* Plur. *ta bránchia,* Kiemen; 1. Diantennata od. Krebse, Typ od. Entwicklungslinie der Gliederfüßer, im engeren Sinne der Mandibulata, bei denen die ersten beiden Gliedmaßenpaare als Antennen ausgestaltet sind u. die Atmung durch Kiemen erfolgt; 2. „Kiemenwirbeltiere"; Ichthyonen, Ichthyopsida (*ho ichthýs, -ýos* der Fisch u. *ho ópsis* das Ausehen), ältere Bezeichnung für die Zusammenfassung der dauernd od. während eines Teils ihres Lebens durch Kiemen atmenden Wirbeltiere, wie Acrania, Cyclostomata, Pisces, Amphibia.

Branchiobdéllidae, *f.*, gr. *he bdélla* Saugnapf, von *bdállein* saugen; Fam. des Subordo Prosopora, Ordo Oligochaeta; egelartig kriechende, winzige Schmarotzer der Süßwasserkrebse, mit kurzem, plumpem Körper (meist aus nur 15 Segmenten), Saugnapf am Hinterende., After davor auf dem Rücken, Borsten fehlen, Mundhöhle mit 2 flachen „Kiefern". Genus: *Branchiobdella.* Spec.: *B. astaci (= parasita)*, an den Kiemen u. der äußeren Oberfläche von Flusskrebsen *(Astacus fluviatilis)* schmarotzend.

Branchiom, das; gr. *to bránchion* (s. o.); Geschwulst, die von einem persistierenden Kiemengang ausgeht.

Branchiópoda, *n.*, Pl., gr. *ho pús, podós* der Fuß; Gruppe (Subcl.) der Cl. Crustacea (Krebstiere); „Kiemenfüßer" od. Blattfüßer (= Phyllopoda als Synonym) genannt; mit blattartigen weichhäutigen Extremitäten am Thorax (zum Abfiltern der Nahrung mittels basaler Filterkämme ausgerüstet), seltener mit Greiffüßen; die Thorakopoden sind Turgorextremitäten („Blattfüße"), die osmotisch prall gehalten werden. Ordin.: Anostraca, Phyllopoda; fossile Formen seit dem Unterdevon bekannt.

Branchióstoma, *n.*, gr. *to stóma* der Mund; Gen. der Branchiostómidae, Acrania (Leptocardii). Spec.: *B. lanceolatum,* Lanzettfischchen. Historisches: (1) 1774 von Pallas als Nacktschnecke, *Limax lanceolatus,* beschrieben; (2) 1834 von Costa als Fischchen, *Branchiostoma lubricum,* gedeutet; (3) von Yarell die Chorda dorsalis nachgewiesen u. *Amphioxus* benannt; (4) 1839 von J. Müller morphologische Merkmale exakt erkannt; (5) 1867 von A. O. Kowalewsky die phylogenetischen Beziehungen entdeckt.

Branchiotrémata, *n.,* Pl., gr. *to tréma* das Loch, die Spaltung; Kragentiere; bilaterale, bodenlebende Meeresbewohner; lassen sich wegen des Besitzes eines Rückenporus des Eichelcöloms mit den Echinodermata zur Gruppe der Coelomopora vereinigen, während sie von anderen Autoren auf Grund eines Kiemendarms u. der chordaähnlichen Darmausstülpung zu den Chordata geordnet werden. Syn.: Hemi-, Pro-, Stomochordata. Classes: Enteropneusta (Eichelwürmer), Pterobranchia (Flügelkiemer), Graptolithida, Pogonophora.

Branchipus, *m.,* gr. „Kiemenfüßer", gr. *ho pus* der Fuß; Gen. der Branchipodidae, Ordo Anostraca (Schalenlose), Phyllopoda, Crustacea; im Süßwasser in temporären Tümpeln, z. B.: *B. stagnalis (= schaefferi).*

Branchiura, die, gr. *he urá* der Schwanz; Kiemenschwänze, Gruppe der Crustacea; flache, lausähnliche, temporäre Parasiten an Fischen u. Kaulquappen, mit kurzer 1. und 2. Antenne, mit lappigen Anhängen am Abdomen (Furkalplatten), die als Kiemen fungieren. Einzige Fam.: Argulidae, s. *Argulus.*

brandáris, latin., holländischer Name für Brandhorn; von Linné auf die Art *Murex brandáris,* s. d., übertragen.

Brandhorn, das; s. *Murex.*

Brandmaus, die; s. *Apodemus.*

Branta, *f.;* Gen. der Anatidae. Spec.: *B. bernicla,* Ringel- od. Bernickel-Gans, im hohen Norden der Alten u. Neuen Welt, Wintergast an unseren Küsten; *B. ruficollis,* Rothalsgans; *B. canadensis,* Kanadagans.

brasiliénsis, -is, -e, latin., brasilianisch, in Brasilien vorkommend; s. z. B. *Leishmania,* s. *Pteromura.*

bréssica, -ae, *f.,* lat., das Kraut, der Kohl; Spec.: *Pieris brassicae,* Kohlweißling.

Braula, *f.,* gr. *he braúla* die Laus; Gen. der Braulidae (Bienenläuse); Diptera. Spec.: *B. coeca,* Bienenlaus. Etwa 1 mm große, braune, flügellose Fliegen, die auf dem Thorax der Arbeitsbienen, des Drohns und besonders der Weisel sitzen und Nahrung vom Rüssel ihres Wirtes saugen. Legen ihre Eier in Brut- und Honigzellen, geschlüpfte Larven minieren in den Honigzellen Fraßgänge.

Braunfisch, der; s. *Phocaena.*

Braunsichler, der; s. *Plegádis falcinéllus.*

Braunwassersee, der; dystropher (s. d.) See, nährstoffarm, aber reich an eingeschwemmten Humusstoffen, als Sediment wird Dy (= Torfmudde) gebildet.

Brautente, die; s. *Aix sponsa.*

Brechítes, *n.,* von gr. *bréchein* begießen; Gen. der Gastrochaenidae, Anomalodesmata. Spec.: *B. vaginiferum,* Gießkannenmuschel, Siebmuschel (Vorkommen im Roten Meer).

Brehm, Alfred Edmud, geb. 2. 2. 1829 Renthendorf, gest. 11. 11. 1884 ebd.; Sohn von Ch. L. Brehm, Zoologe, Dr. phil., Forschungsreisender, bereiste Afrika, Spanien, Skandinavien; Vortragsreise in N-Amerika (1883/84). – Direktor des Zoologischen Gartens in Hamburg (1863–1867), seit 1867 in Berlin lebend, Begründer des Berliner Aquariums. Publizierte u. a.: „Reiseskizzen aus Nordamerika" (1855), „Das Leben der Vögel" (1867, 2. Aufl.), Brehms „Tierleben" (1863–1869, 6bändig), „Die Tiere des Waldes" (zusammen mit Roßmäßler, 2bändig, 1863–1867).

Brehm, Christian Ludwig, geb. 24. 1. 1787 Schönau bei Gotha, gest. 23. 6. 1864 Renthendorf; Ornithologe. Publizierte u. a.: „Beiträge zur Vogelkunde" (dreibändig, 1820–1822), „Lehrbuch der Naturgeschichte aller europäischen Vögel" (zweibändig, 1823 bis 1824), „Monographie der Papageien" (1842–1855).

Breitkäfer, der; s. *Abax.*

Breitmaulnashorn, das; s. *Ceratotherium.*

Breitrüsselkäfer, der; s. *Platyrhinus.*

Breitrüssler (Schildlaus-), der; s. *Brachytarsus.*

Brenzkatechin, das, Brenzcatechin; *o*-Dihydroxybenzol, wurde erstmals bei der trockenen Destillation der Catechine (Catechugerbstoffe) erhalten, diese „Brenzreaktion" bestimmte den Namen; ein Derivat des Brenzkatechins ist z. B. Adrenalin.

Bresslau, Ernst, geb. 1877 Berlin, gest. 9. 5. 1935 São Paulo (Brasilien); 1902 Dissertation, 1903 Habilitation, 1909 Extraordinarius für Zoologie in Straßburg, 1913 Gastprofessor in London, 1919 nach Freiburg versetzt, 1925 Ordinarius am Zoolog. Institut der Universität Köln, 1934 Ordinarius für Zoologie an der Universität Sao Paulo. Themen wissenschaftl. Arbeiten: Embryonalentwicklung rhabdocoeler Turbellarien, Entwicklung des Mammaapparates der Säuger, Bekämpfung krankheitsübertragender Insekten, kolorimetrische pH-Bestimmung, Samenblasengang und die sog. Spermapumpe bei *Apis,* koloniebildende Vorticellen, „Zoologisches Wörterbuch" von Ziegler-Bresslau, Darstellung der Strudelwürmer (mit Steinmann) u. Plathelminthes (mit Reisinger).

brevicaudátus, -a, -um, lat., kurzschwänzig, mit kurzem *(brevis)* Schwanz *(cauda)* versehen; s. *Chinchilla.*

breviceps, lat., kurzköpfig; s. *Petaurus.*

brevicórnis, -is, -e, lat., mit kurzem Horn (cornu), Taster (Fühler).

Brevicoryne, *f.,* lat. *brevis* kurz, gr. *he korýne* die Keule; Gen. Aphididae, Ordo Aphidina, Blattläuse. Spec.: *B. brassicae*, Mehlige Kohlblattlaus. Grünliche Blattlaus mit zwei Reihen schwarzer Querstriche u. durch Wachsmehl grau erscheinend, die u.a. an Raps u. Kohl sehr oft schädlich auftritt.

brevipénnis, -is, -e, lat. *penna* der Flügel; mit kurzen Flügeln, kurzflügelig; s. *Hololampra.*

breviróstris, -is, -e, lat., kurzschnäbelig, mit kurzem *(brevis)* Schnabel *(rostrum)*; s. *Hippocampus.*

brévis, -is, -e, lat., kurz, klein, niedrig.

Bridges, Calvin Blackman (1889–1938); amerikanischer Genetiker aus der Arbeitsgruppe Th. H. Morgan (mit A. H. Sturtevant u. H. J. Muller), war mitbeteiligt an der Genkartierung bei *Drosophila,* der Chromosomentheorie der Genetik u. an der Entdeckung der geschlechtsgebundenen Vererbung.

Brieftaube, die; auf hohes Flugleistungs-, Orientierungs- bzw. Heimfindevermögen gezüchtete Tümmlertauben(rassen), deren Leistungsvermögen trainierbar ist und für sportliche Zwecke im (organisierten) Wettfliegen genutzt wird; früher wurden Brief- od. Sporttauben auch zur Nachrichtenübermittlung verwendet.

Brillenbär, der; *s. Tremárctos ornátus.*

Brillenkaiman, der; s. *Caiman.*

Brillenlangur, der; s, *Trachypithecus obscurus.*

Brillenschlange, die; s. *Naja naja*; in Färbung und Zeichnung unterschiedlich, jedoch bei manchen Subspecies eine ± deutliche „Brille" (am schönsten bei der Nominatform).

Broca, Paul, geb. 28. 6. 1824 Sainte-Foyla-Grande (in der Gironde), gest. 9. 7. 1880 Paris; bedeutende Forschungen auf dem Gebiet der pathologischen Histologie u. Physiologie, der Anthropologie u. Ethnographie. B. entdeckte 1863 das nach ihm benannte motorische Sprachzentrum und entwickelte in diesem Zusammenhang eine mit seinem Namen verbundene Aphasielehre (B.sche Aphasie) [n. P.].

Brohmer, Paul, geb. 8. 11. 1885 Sangerhausen, gest. 30. 1. 1965 Kiel; Dissertation unter Ziegler, Privatassistent bei E. Haeckel, Schuldienst, 1926 als Professor an die Pädagogische Akademie in Kiel berufen, 1945 pensioniert; Themen wissenschaftl. Arbeiten: Segmentierung des Selachierkopfes, „Fauna von Deutschland" („Kleiner Brohmer"), „Tierwelt Mitteleuopas" („Großer Brohmer"), Leipzig, Heidelberg, Hrsg. u. Bearb.; „Deutschlands Pflanzen- und Tierwelt, Führer durch die heimischen Lebensräume".

Brombeereule, die; s. *Thyatira.*

bronchiális, -ie, -e, zum Bronchus gehörig.

Bronchiolen, die; diese werden auch als Bronchuli (Bronchioli) bezeichnet, s. Bronchulus.

Bronchíolus, der; s. Bronchulus.

Bronchítis, die, s. Bronchus; Bronchialkatarrh, Entzündung der Bronchialschleimhaut.

bróncho-, in Zusammensetzungen gebraucht; zum Bronchus gehörig, den Bronchus betreffend.

Brónchulus, der; s. Bronchus, *-ulus* u. *-olus* = Dim.; syn. Bronchiolus; kleiner, englumiger „Bronchus", die Bronchuli sind Verzweigungen, die aus den letzten Bronchi (Bronchi 3. Ordnung) hervorgehen. Ihre Wände sind knorpelfrei.

Bronchus, der, gr. *ho brónchos* die Luftröhre; bei den höheren Vertebraten die zwei Hauptäste (Stammbronchen) der Trachea: B. dexter u. B. sinister. Beim Menschen gibt der B. dexter drei Lappenbronchien (Bronchi lobares) ab, der linke zwei. Diese zweigen sich wiederum in die Bronchi segmentales auf. Die Bronchi lobales u. B. segmentales bilden die Bronchi 2. Ordnung. Aus diesen gehen noch bis zu 12 Teilungen, die Bronchi 3. Ordnung hervor.

Brondgeest, Paulus Quirinus; geb. 2. 4. 1835 ‘s Gravenhage (Holland), gest. 15. 12. 1904 Utrecht; Arzt u. Physiologe in Utrecht; B. beschrieb den durch das ZNS hervorgerufenen Ruhetonus der quergestreiften Muskulatur (= B.sches Phänomen) u. konstruierte den Pansphygmographen zur Aufzeichnung der Pulsbewegung.

bronni, latin. Genitiv nach dem Zoologen u. Paläontologen Heinrich Georg Bronn (1800–1862), Artname bei *Acanthodes,* s. d.

Bróscus, *m.,* gr. *bróskein* essen, fressen; Gen. der Carabidae (Laufkäfer), Ordo Coleoptera. Spec.: *B. cephalótes,* Kopfkäfer.

Brotkrumenschwamm, der; s. *Halichondria panicea.*

Brown, Robert; geb. 21. 12. 1773 Montrose (Schottland), gest. 10. 6. 1858 London; Botaniker, B. entdeckte 1833 bei der Untersuchung von Orchideen den Zellkern u. bemerkte im Inhalt der Pflanzenzelle kleinste Teilchen in ständiger Bewegung (= Brownsche Molekularbewegung).

Bruce, David, geb. 1855, gest. 1931; engl. Arzt, London; identifizierte u. beschrieb 1887 den „Micrococcus melitensis" *(Brucella melitensis)* als Erreger des endemischen Maltafiebers u. klärte die Ätiologie der Schlafkrankheit auf. Ihm zu Ehren wurde der Genusname *Brucella* eingeführt.

Brucella, *f.*; Bakteriengattung (ohne Familien-Zuordnung); gramnegative, kleine, oft kokkoide, unbewegl. sporenlose Stäbchenbakterien. Die Species *B. melitensis* (Schaf, Ziege), *B. abortus* (Rind), *B. suis* (Schwein, Rentier, Hase) sind menschenpathogen (= Brucellose), hingegen *B. ovis* (Schaf) apathogen, *B. canis* (Hund) fraglich hinsichtl. Menschenpathogenität, *B. neotomae* (Wüstenratte) Pathogenität für den Menschen unbekannt.

Brucellose, die; Infektionskrankheit durch *Brucella*-Species; (1) B. des Menschen, Arten der Bruc.: Febris undulans abortus (Bang-Krankheit, Erreger: *Brucella abortus*), Febris undulans melitensis (Malta-Fieber, Erreger: *Brucella melitensis*), Febris undulans suis (Erreger: *Brucella suis*). Infektionskrankheiten durch Kontakt od. Milchgenuss. Inkubation 1–3 Wochen. Verlauf mit „Wellenfieber“ (Febris undulans), Leber- und Milzschwellung. Diagnose bakteriolog.-serolog., Erregerisolierung; (2) B. der Haustiere, am verbreitesten die Rinderbrucellose, vor allem der weibl. Tiere (9 Biotypen von *Brucella abortus*) mit Aborten im 5.–7. Trächtigkeitsmonat („Seuchenhaftes Verkalben“).

Brúchus, *m.*, lat. *bruchus = brucus,* entlehnt von gr. *ho brúkos* die Heuschrecke, die noch ungeflügelte Jugendform der Heuschrecke, das nagende Insekt; Gen. der Brúchidae, Samen- oder Hülsenfruchtkäfer, Ordo Coleoptera. Spec.: *B. pisorum,* Erbsenkäfer; *B. lentis,* Linsenkäfer; *B. loti,* Lotus- od. Wickenkäfer; *B. rufimanus,* Rothändiger Samenkäfer (mit rötlichen Vorderbeinen); *B. atomarius,* Saubohnenkäfer.

Brüllaffe, der; s. *Alouatta.*

Brüten, das; eine Brutpflegehandlung der Vögel, durch Erwärmen der Eier die Entwicklung bis zum Schlüpfen zu ermöglichen.

bruma, -ae, *f.,* lat., der Winter. Spec.: *Cheimatobia brumata,* der Frostspanner.

Brunner, Johann Conrad von; geb. 1653 Dießenhofen (Schweiz), gest. 1727 Mannheim; Professor d. Anatomie u. Physiologie in Heidelberg. B. beschrieb die nach ihm benannten B.schen Drüsen u. die Symptome des Pankreasdiabetes und arbeitete über Missbildungen des zentralen Nervensystems.

Brunnersche Drüsen, die, s. Brunner; Duodenaldrüsen (Glandulae duodenales), Drüsen des Zwölffingerdarmes.

Brunst, die, auch Brunft od. Oestrus genannt; ein bei vielen Säugetieren periodisch (Brunstzeit) auftretender Zustand geschlechtlicher Erregung, während dem die Paarung der beiden Geschlechter erfolgt. Die Brunst tritt einmal jährlich (monöstrisch) oder mehrmals jährlich (polyöstrisch) auf. Man nennt sie beim Fuchs und Dachs Ranz, beim Hasen und Kaninchen Rammelzeit, beim Schwarzwild Rauschzeit, bei der Katze Rolligkeit und beim Pferd Rossigkeit.

Brunstzyklus, der, *m.*, (östrischer Zyklus, Östralzyklus); der bei allen weiblichen Säugern mit Ausnahme der höheren Primaten anzutreffende Form des Fortpflanzungszyklus, bei der das Endometrium bei Ausbleiben der Trächtigkeit nicht abgestoßen, sondern resorbiert wird u. die Tiere nur in der Mitte des Zyklus in Brunst geraten.

Brut, die; Gesamtheit aller Entwicklungsstadien, von der Eizelle, den Larvenstadien bis zur Puppe.

Brutpflege, die; Gesamtheit vorwiegend elterlicher Bewegungsformen, die dem Schutz und der Förderung der Entwicklung der Nachkommen dienen.

Bruttoenergie, die; der bei direkter Verbrennung im Kalorimeter ermittelte Brennwert von organischen Stoffen, ausgedrückt in Joule pro g.

Bryconaléstes, *m.*, gr. *brýkēin* zerbeißen, *ho alestés* der Müller; Schwarmfisch, frisst Lebend- u. Trockenfutter (Insekten); Gen. der Characidae, Ordo Cypriniformes. Spec.: *B. longipinnes,* Afrikanischer Großschuppensalmler.

Bryozóa, *n.,* Pl., gr. *to brýon* das Moos, *ta zóa* die Tiere; Moostierchen, artenreiche Gruppe (Cl.) der Tentaculata (fossil, seit Ordovizium); früher auch Polyzoa (Thompson 1830) genannt, etwa 4000 Arten; kleine, vielgestaltige Kolonien bildende Tiere (einzellebende Ausnahme: *Monobryozoon,* s. d.); die frühere Einbeziehung der Kamptozoa (s. d.) als Bryozoa entoprocta ist widerlegt. Gegenüber den Kamptozoa differente Merkmale: Adultus erwirbt im Ggs. zur Larve ein Cölom, Tentakelkranz umsäumt das Vorderende, Darmkonkavität (U-Form) ist der Dorsalfläche zugekehrt, bei der Metamorphose werden sämtliche inneren Organe durch Knospung neugebildet. Moosartig überziehen die Kolonien im Wasser befindliche Gegenstände. Einteilung (Ordines): Lophopoda (Phylactolaemata); Stenolaemata; Gymnolaemata.

Bryozoa ectoprocta, *n.,* Pl., gr. *ektós* außen, *ho proktós* der After; wegen des außerhalb des Tentakelkranzes mündenden Afters; die attributive Bezeichnung „ectoprocta“ entfällt, nachdem die Kamptozoa – früher „Bryozoa entoprocta“ (s. d.) benannt – als selbständige Gruppe nicht mehr in die Bryozoa eingeordnet werden; siehe: Kamptozoa.

Bryozoa entoprocta, *n.,* Pl., gr. *éntos* innen, *ho proktós,* s. o.; mit innerhalb des Tentakelkranzes mündendem After; veraltete Bezeichnung der Kamptozoa (s. d.), die heute als selbständige Gruppe der Bilateria gelten. Unterschiede der Kamptozoa zu den Bryozoa: Adultus beharrt auf der mesenchymatischen Organisation der Larve, die gesamte Ventralseite umsäumender Tentakelkranz, Darmkonkavität der Ventralseite zugekehrt, Darm u. Protonephridien bleiben bei der Metamorphose erhalten.

BSB, Abk. für **b**iochemischer **S**auerstoff**be**darf; Maßeinheit für den Gehalt an abbaubarer organischer Substanz u. die biochemische Aktivität der abbauenden Mikroorganismen.

BSB_5, der, s. biochemischer Sauerstoffbedarf, BSB; der Abbau in den ersten 5 Tagen, bei einer Temperatur von 20 °C; entspricht der üblicherweise durchgeführten Bestimmung, es werden aber auch kürzere u. längere Zeiten benutzt, z. B. 2 u. 20 Tage, BSB_2, BSB_{20}.

BSE, s. Bovine Spongiforme Enzephalopathie.

Búbalus, *m.,* gr. *ho búbalos* Büffel; Gen. der Bovidae; Artiodactyla, Ruminantia, Spec./Subspec.: *S. bubalis arnee,* Arni, Asiatischer od. Indischer Wildbüffel; *B. b. bubalis,* Hausbüffel od. Kerabau, stammt vom Arni ab; *B. depressicornis, Anoa* (s. d.). (*Arni* vaterländischer Name; *Kerabau* Name des Tieres auf dem Indischen Archipel).

Bubo, *m.,* lat. *bubo* der Uhu; Gen. der Strigidae, Ordo Striges, Eulen. Spec.: *B. bubo,* Uhu, größte Eulenart; *B. virginianus,* Amerika-Uhu.

bucca, -ae, *f.,* lat., die Wange; Musculus buccinator, der Wangenmuskel.

buccális, -is, -e, zur Wange gehörig.

buccina (= bucina), -ae, *f.,* lat., das Hirtenhorn.

buccinátor, -óris, *m.,* lat. *bucina, f.,* das Signalhorn der Hirten; der Wangenmuskel.

buccinatórius, -a, -um, zum Wangenmuskel gehörig.

Buccinum, *n.,* lat. *búccina* schneckenförmig gewundenes Horn; Gen. der Fam. Buccinidae bzw. der Phalanx Buccinacea, Stenoglossa, Monotocardia, Cl. Gastropoda; fossile Formen seit dem Oligozän bekannt. Spec.: *B. undatum,* Wellhornschnecke (an den europäischen Küsten, bis 11 cm lang, Räuber u. Aasfresser).

Bucéphala, *f.,* gr. *ho bús* der Ochse, *he kephalé* der Kopf, der Name bezieht sich auf die schwarze Färbung des Kopfes mit weißem Fleck (♂) bzw. die braune mit weißem Halsband (♀). Gen. der Anatidae, Entenvögel. Spec.: *B. clangula,* Schellente; *B. islandica,* Spatelente.

bucephalus, -a, -um, latin., v. gr. *buképhalos,* wörtlich: ochsenköpfig; auch Name des Leibpferdes von Alexander dem Großen; s. *Phalera.*

Bucéros, *m.,* gr. *bukéros* Ochsenhörner tragend, von *ho bús* der Ochse u. *kéros* gehörnt; Gen. der Bucerotidae, Nashornvögel, Ordo Coraciiformes, Racken. Spec.: *B. rhinoceros,* Kalao od. Gemeiner Nashornvogel; typisch der hornartige Auswuchs auf dem Schnabel; *B. bicornis,* Doppelhornvogel.

Buchdrucker, der; *Ips typográphus* (s. d.); ist die häufigste Art der Borkenkäfer (Ipidae), relevanter Forstschädling; 4–4,5 mm; bohrt sich in das Holz von Fichten ein, unterstützt durch die Symbiose mit einem Pilz, der Zellulose aufschließt; zwischen Baum und Borke frisst das ♂ eine Kammer frei, begattet dort mehrere Weibchen, die Gänge ins Holz für die Eiablage treiben; aus den über 100 Zygoten pro Weibchen werden gefräßige Larven. Zyklus bis zu dreimal je Saison.

Buchfink, der; s. *Fringilla.*

buchholzi, Genit. des latin. Namen von R. W. Buchholz, Prof. d. Zoologie zu Greifswald, 1837 bis 1876; s. *Pantodon.*

Buchner, Paul (Ernst Christof); geb. 12. 4. 1886 Nürnberg, gest. 19. 10. 1978 auf der Insel Ischia; Prof., Dr. Dr. h. c. mult.; Zoologe, Cytologe, Symbioseforscher. Studium der Botanik u. Zoologie in Würzburg u. München, 1909 Promotion bei R. Hertwig; Zoolog. Station Neapel, Univ. München, 1912 Habilitation, 1923 nach Greifswald berufen, 1927 Leitung des Zoologischen Instituts Breslau, 1938 als Nachfolger von Meisenheimer an die Univ. Leipzig berufen. Themen der Arbeitsgebiete/Publikationen: „Die Schicksale des Keimplasmas der Sagitten in Reifung, Befruchtung, Keimbahn, Ovogenese und Spermatogenese“ (1910), „Praktikum der Zellenlehre“ (1915), „Tier und Pflanze in intrazellulärer Symbiose“ (1921), „Tier und Pflanze in der Symbiose“ (1930), „Endosymbiose der Tiere mit pflanzlichen Mikroorganismen“ (1953), „Endosymbiosis of Animals with Microorganism“ (1966), „Allgemeine Zoologie“ (1938), „Gast auf Ischia“ (1968); Symbiose der Schildläuse, „Experimentelle Untersuchungen über den Generationswechsel der Rädertiere“ (1941).

Buckellachs, der; s. *Oncorhynchus.*

Buckelwal, der; s. *Megaptera.*

Bucorax, *m.,* gr. *ho bús* der Ochse (Bezug auf Hörner), *ho kórax* der Rabe; Gen. der Bucerotidae. Spec.: *B. abyssinicus,* Abyss. Hornrabe; *B. caffer,* Kaffernhornrabe.

Buddenbrock, Wolfgang Frhr v., geb. 25. 3. 1884 Bischdorf/Schles., gest. 11. 4. 1964 Mainz; Zoologe, Vergleichender Physiologe; Professor, Amtsperioden an Zoologischen Instituten: Kiel (1922–1935), Halle (1936–1941),

Wien (1942–1945), Mainz (1946–1954), Wissenschaftl. Arbeiten: Statoblasten der Bryozoen, Statocysten der Pecten, „Otocysten", statische u. optische Komponenten der Raumorientierung bei Würmern, Muscheln, Schnecken, Krebsen u. Insekten, Einzelfazette als Seheinheit, Stimulationshypothese, Schattenreflex. „Vergleichende Physiologie" (1950–1965, 6-bändig), „Die biologischen Grundprobleme und ihre Meister" (2. Aufl.), Vergleichende Physiologie der dekapoden Krebse im „Bronn".

Bücherlaus, die; s. *Atropus.*

Bücherskorpion, der; s. *Chelier.*

Büffel, der; s. *Bubalus.*

Bünning, Erwin, geb. 23. 1. 1906 in Hamburg, gest. 4. 10. 1990 in Tübingen; Prof. Dr. Dr. h. c. mult., Prof. der Botanik mit den Arbeitsgebieten der pflanzlichen Entwicklungs- u. Bewegungsphysiologie. Bücher: „Die physiologische Uhr", „Entwicklungs- und Bewegungsphysiologie", „Theoretische Grundfragen der Physiologie", „Reisebuch eines Biologen".

Bürker, Karl, Physiologe; geb. 10. 8. 1872 Zweibrücken (in der Pfalz), gest. 15. 6. 1957 Tübingen; Prof. d. Physiologie in Gießen; gilt als Pionier der exakten Hämatologie. Bedeutende Arbeiten u. a. über die Physiologie des Blutes (u. a. B.sche Zählkammer 1905) und über die Physiologie der Muskeln.

Bürstenkäfer, s. *Anthribus.*

Bürzel, der; Stert, Sterz, die hinterste Rückengegend der Vögel, häufig durch besondere Färbung des Gefieders ausgezeichnet.

Bürzeldrüse, die; Glandula uropygialis, ist die einzige Hautdrüse der Vögel, liegt über den letzten Schwanzwirbeln zwischen den Spulen der Steuerfedern. Ihr öliges Sekret dient zum Einfetten des Gefieders; besonders ausgeprägt ist die B. bei Enten u. Gänsen, die ihr Federkleid einfetten, ehe sie ins Wasser gehen.

Büschelkiemer, s. Syngnathiformes.

Büschelmücke, die; s. *Corethra.*

Bütschli, (Johann Adam) Otto; Zoologe; geb. 3. 5. 1848 Frankfur/Main, gest. 3. 2. 1920 Heidelberg; Prof. d. Zoologie u. Paläontologie in Heidelberg. B. entdeckte bei seinen Studien an Infusorien die mitotische Zellteilung u. ist dadurch gemeinsam mit E. Strasburger u. O. Hertwig Mitbegründer der Zellen- u. Befruchtungslehre. Wabentheorie des Zytoplasmas; bedeutende Forschungen über Protozoen.

Buffon, Georges, (Louis Leclerce) Comte de, 7. 9. 1707 in Montbard (Bourgogne), gest. 16. 4. 1788 Paris. Studium der Mathematik, Physik und Botanik in London. 1739 Mitgl. der Pariser Académie francaise, Intendant des Königl. Gartens und Naturalienkabinettes in Paris, wo er Lehrer von Lamarck wurde. War Anhänger der „Stufenleiteridee" und Gegner von Linnés Natursystem und Nomenklaturregeln. In seiner weitverbreiteten „Histoire naturelle générale et particulière" (1749–1786) entwarf er eine gegen die Präformationslehre gerichtete „Theorie der Zeugung", eine Naturgeschichte des Menschen und eine „Theorie der Erde" (Bd. 3, 1749), deren Entstehung er über lange Zeiträume auf 6 Epochen verteilt, annimmt, die durch „Revolutionen" unterbrochen wurden (Époques de la Nature, 1778). Im spez. Teil werden die „Vierfüßer" in 12 Bänden (1753–1767), die Vögel in 10 Bänden (1781–1786) dargestellt.

Bufo, *m.,* lat. *bufo, -ónis* die Kröte; Echte Kröten, Gen. der Bufónidae, Kröten. Spec.: *Bufo bufo (= B. vulgaris)*, Erdkröte; *B. calamita,* Kreuzkröte; *B. marinus,* Riesenkröte; *B. blombergi,* Blombergkröte.

Bufotenin, der, *n.*; Bestandteil des Krötengiftes, wirkt blutdrucksteigernd sowie lähmend auf motorische Gehirn- u. Rückenmarkszentren; s. Abwehrstoffe.

Bufotoxine, die, Pl., *f.*; von Echten Kröten (Bufonidae) abgesonderte Gifte, die in Konzentrationen von 0,4 mg/kg cardiotoxisch wirken; s. Abwehrstoffe.

Bug, der, ahd. *buog* die „Achsel", „Hüfte"; die Muskelpartie am Schultergelenk (Buggelenk) bei Säugern, bes. bei Pferd u. Rind so genannt.

Bukettstadium, das; Stadium der frühen Meiose, in dem sich die Chromosomen bukettartig nach dem Zentriol hin ausrichten. In diesem Zustand befinden sich die Chromosomen eines meiotischen Prophasekernes (Anfangsphase).

bukkal, s. búcca; wangenwärts, zur Wange gehörend.

bulbär, gr. *ho bolbós* die Zwiebel; das verlängerte Mark betreffend.

bulbifórmis, -is, -e, zwiebelförmig.

Bulbillen, die, s. *bulbus*; Kiemenherzen: kontraktile, bläschenförmige Anschwellungen der Kiemenarterien von *Branchiostoma.*

bulboídes = bulboideus, -a, -um, zwiebelförmig.

Bulbourethraldrüsen, die, lat. *bulbus,* s. d., *uréthra, -ae, f.,* die Harnröhre; zwei Drüsen dicht hinter dem Bulbus urethrae (Größe nach Tierart sehr verschieden).

búlbus, -i, *m.,* latin., gr. *ho bolbós* die Zwiebel, Anschwellung. Bulbus aortae: z. B. beim Menschen aufgetriebener Teil der Aorta dicht hinter der Aortenklappe; *B. oculi* Augapfel.

Bulímus, *m., (= Bithynia, f.),* gr. *ho búlimos* der Heißhunger, gr. *ho bythós* die Meerestiefe, der Abgrund; Gen. der Phalanx Rissoacea, Subordo Taenioglossa, Ordo Monotocardia. Sie sind Schlammfresser, die sich zusätzlich durch Filtration des Atemwassers ernähren können u. von den Meeresküsten aus ins Süßwasser vordringen.

búlla, -ae, *f.,* lat., die Kapsel, die Blase.

Bulletin of Zoological Nomenclature, *n.;* die offizielle Zeitschrift der Internationalen Kommission für Zoologische Nomenklatur.

buloides, von lat. *bulla* die Blase u. *to eidos* die Gestalt; „Blasengestalt"; s. *Globigerina.*

bungarus, lat., indischer Name.

Bungarus, *m.,* latin. von dem einheimischen Namen *bungarum* (Heimat: von S-China bis Indien, Sundainseln, Indo-Austral. Archipel). Gen. der Elapidae, Giftnattern, Ophidia. Spec.: *B. fasciatus,* Gelber Bungar (Kraít).

bunodont, gr. *ho bunós* der Hügel, *ho odús, odóntos* der Zahn; Backenzähne mit mehreren stumpfen Höckern auf der Krone, vorkommend bei omnivoren Säugetieren.

bunolophodónt, gr. *ho lóphos* der Nacken, Haarschopf, die Bergspitze, *ho odús,* s. o.; mit Höckern und Querjochen versehene Zahnkrone der Säuger.

Buntspecht, der; s. *Dendrocopos.*

Bunyaviridae, die, *f.,* Pl.; Fam. verhüllter, kub. RNA-Viren (∅ 90–100 nm, zykl. einsträngige RNA, hexagonal angeordnete Oberflächenprojektionen); bisher werden den B. ca. 200 Viren zugerechnet. Weltweit verbreitet, v. a. Tropen u. Subtropen; Nachw. bei warm- u. kaltblütigen Wirbeltieren, sowie Arthropoden (v. a. Mücken, Zecken), welche die hauptsächl. Vektoren sind, unterteilt in vier Genera: *Bunyavirus* (ca. 145 Viren in 16 serol. Untergruppen), *Phlebovirus* (ca. 36 Viren), *Nairovirus* (acht Viren), *Uukuvirus* (sieben Viren). B. können b. Menschen fiebrige Infekte, z. T. mit Hämorrhagien u. Beteiligung des ZNS verursachen.

Búpalus, *m.,* benannt nach dem Bildhauer *Bupalus* aus Chios; Gen. der Geometridae (Spanner), Gruppe Macrofrenatae, Ordo Lepidoptera. Spec. *B. (= Fidonia) pinarius,* Kiefernspanner. *Fidonia* Göttin der Lustwälder.

Bupréstidae, *f.,* Pl., s. *Bupréstis*; Prachtkäfer, Fam. der Polyphaga, Ordo Coleóptera; etwa 12 000 Arten, davon 100 einheimisch; Larven bohren vorwiegend unter Rinde u. im Holz querschnittsovale Gänge; meist prächtig gefärbte, in der Sonne sehr gut fliegende Käfer.

Buprestis, *f.,* gr. *ho* u. *he bus* das Rind, *préthein* aufblähen, entzünden, also: „Rindsbläher"; Gen. der Bupréstidae, Ordo der Coleoptera, Käfer. Spec.: *B. rustica,* Ländlicher Prachtkäfer.

Burdach, Karl Friedrich, Anatom u. Physiologe; geb. 12. 6. 1776 Leipzig, gest. 16. 7. 1847 Königsberg; Prof. in Dorpat u. Königsberg. Bedeutende Untersuchungen über die Anatomie des ZNS; B.scher Strang. – B. prägte (1800) unabhängig von Lamarck (1802) u. G. R. Treviranus (1802) den Begriff „Biologie".

Burdachscher Strang, *m.,* s. Burdach; Fascículus cuneátus, Teil der Hinterstrangfasern.

Burhínus, *m.*; Gen. der Oedicnemidae (= Burhinidae), Dickfüße, Limicolae bzw. Charadriiformes. Spec.: *B. oedicnemus,* Triel.

burmeisteri, Genit. des latin. Personennamens H. Burmeister (1807– 1892); s. *Solenopotes.*

bursa, -ae, *f.,* lat., der Beutel, die Tasche, der kleine Sack; die Kapsel.

Bursa copulátrix, die, s. *cópula;* Begattungstasche bei vielen Würmern, Weichtieren und Insekten.

Bursa fabrícii, die; Hieronymus Fabricius (1537–1619), italienischer Anatom: lymphoretikuläres Organ bei Vögeln. Es entsteht als Epithelialsack aus der Dorsalseite der Kloake. Um den 14. Bruttag beginnen lymphoide Stammzellen aus dem Knochenmark in die Bursa einzuwandern u. sich zu Vorläufern der B-Lymphozyten zu differenzieren. Mit der sexuellen Reife des Vogels atrophiert die Bursa. Bis zu diesem Zeitpunkt verläuft die antigenunabhängige Lymphozytopoese. Die B. ist von entscheidender Bedeutung für die Ausbildung humoraler Immunität.

Bursa omentális, s. *oméntum;* Netzbeutel, z. B. beim Menschen ein spaltförmiger Raum dorsal vom Magen, zugängig über das Foramen epiploicum.

Bursapoetin, das; gr. *poiesis* Bereitung: kleines Polypeptid, das aus Extrakten der Bursa fabricii von Hühnern isoliert werden kann. Das Peptid bewirkt eine selektive Differenzierung von lymphoiden Stammzellen zu B-Lymphozyten.

bursárius, -a, -um, lat. *bursa,* beutelähnlich, -artig, -förmig; s. *Param(a)ecium,* s. *Pemphigus.*

Bursa synoviális, die, s. *synovialis;* der Schleimbeutel, an Stellen ausgebildet, wo Muskel oder Sehne über einen Skeletteil ziehen.

Bursektomie, die; s. Bursa fabricii, s. Ektomie: 1. Entwicklungshemmung der Bursa fabricii durch hormonale Behandlung des Vogelembryos mit Androgenen; 2. Chirurgische Entfernung der Bursa fabricii *in vivo* od. gleich nach dem Schlüpfen. Danach zeigt der Vogel eine reduzierte od. fehlende humorale Antikörperbildung.

Burunduk, der; einheimischer (Trivial-)Name für das Eurasische Erd- (od. Backen-) Hörnchen; mit gestreifter Fellzeichnung, deswegen auch Streifenhörnchen. Die Burunduks vermögen – wie die anderen Erdhörnchen-Arten – zu klettern, legen jedoch Erdhöhlen mit Vorratskammern an; s. *Támias.*

Buschhornblattwespe, die; s. *Diprion.*

Buschmeister, der; s. *Lachesis.*

buséphalus, *m.,* latin., gr. *he bus* die Kuh, *éphalos* am Meer, zum Meere hin vorkommend; s. *Alcelaphus.*

buski, als latin. Genitiv gebildeter Artname für *Fasciolopsis buski* nach dem Zoologen u. Anthropologen G. Busk (1807–1886).

Bussard, s. *Buteo,* s. *Pernis.*

Butenandt, Adolf, geb. 24. 3. 1903 in Bremerhaven-Lehe, gest. 18. 1. 1995 in München. B. studierte Chemie, Physik u. Biologie an den Univ. Marburg u. Göttingen; 1927 Promotion, 1931 Habilitation („Untersuchungen über das weibliche Sexualhormon"), 1933–1936 o. Prof. der organischen Chemie u. Direktor des Organisch-chemischen Instituts der techn. Hochschule in Danzig. 1929 erfolgte die Isolierung des weiblichen Sexualhormons Oestrogen, bald darauf die Reindarstellung des männlichen Hormons Androsteron u. von Progesteron. 1939 bekam B. den Chemie-Nobel-Preis für die Aufklärung der drei genannten Steroidhormone. 1941 entstanden erste Arbeiten zur Aufklärung der Genwirkung, zusammen mit A. Kühn. 1954 erfolgte die Isolierung u. Kristallisation von Ecdyson, zusammen mit P. Karlson; 1965 endgültige Strukturaufklärung; 1959 Reindarstellung des Sexuallockstoffes Bombykol. B. war von 1960–1972 Präsident der Max-Planck-Gesellschaft.

Búteo, *m.,* lat. *buteo* eine Falkenart; Bussarde, Gen. der Accipitridae, Habichtartige, Ordo Falconiformes. Spec.: *B. buteo, Mäusebussard; B. lagopus,* Rauhfußbussard.

Búthus, *m.,* gr. *ho bús* der Ochse, Partizip *théon* schnell eindringend, gefährlich (auf Giftstachel bezüglich!); Gen. der Buthidae, Ordo Scorpiónes. Spec.: *B. occitánus,* in den westlichen Mittelmeerländern; *B. gibbósus,* in den östl. Mittelmeerländern.

Butorides, *f.*; Gen. der Ardéidae (Reiher), Ciconiiformes (Schreitvögel). Spec.: *B. viréscens,* Grünreiher.

Buttel-Reepen, Hugo von, geb. 11. 2. 1860 Oldenburg, gest. 7. 11. 1933. Weltreisender, Schriftsteller, Förderer der Bienenkunde u. Imkerei, zeitweise Leiter des Naturhistorischen Museums in Oldenburg u. Leiter der Oldenburger Imkerschule. Hauptwerk „Leben und Wesen der Bienen".

Butterfisch, der; s. *Pholis.*

Býrrhus, *m.,* Gen. der Byrrhidae, Lamellicornia, Polyphaga, Coleoptera. Spec.: *B. pílula,* Pillenkäfer; von pillenförmiger Gestalt, häufig unter Steinen, Moosfresser, stellt sich bei Berührung tot, zieht dabei die Körperfortsätze in tiefe Gruben ein; *B. glabratus,* „Unbehaarter" Pillendreher.

Byssusdrüse, die; Drüse im Fuß vieler Muscheln. Sie sondert eine klebrige Substanz ab, die im Wasser schnell zu feinen, seidenartigen u. zugfesten Fäden (Byssusfäden) erhärtet. Die Fäden dienen zum Festhaften an der Unterlage.

Bythinélla, *f.,* gr. *býthios* das in der Tiefe Versenkte, Untergetauchte; *-ella* lat. Verkleinerungs-Suffix; Gen. der Hydrobíidae, Ordo der Mesogastropoda, Altschnecken od. Breitzüngler. Spec.: *B. alta, B. austriaca, B. cylindrica, B. compressa, B. dunkeri.*

B-Zellen, die; Beta-Zellen der Langerhansschen Inseln, produzieren das Insulin.

C

C, Abk. für: 1. Carboneum (Element Kohlenstoff); 2. Celsius (Wärmeeinheit); 3. Cornwalls (Schweinerasse), s. d.

caballus, *m.,* spätlat., Pferd, Gaul (franz. *cheval,* span. *caballo = cavallo,* wovon Kavallerie gebildet wurde); s. *Equus.*

Cacajao, *m.,* endemischer Name aus dem Verbreitungsgebiet Südamerikas; Gen. der Callithrícidae, Krallenäffchen, Platyrhina, Simiae. Spec.: *C. rubicundus* Roter Uakari, Gold-Uakari, Kurzschwanzaffe (in den Regenwäldern Argentiniens von tier. u. pflanzl. Nahrung lebender Neuwelt-Affe).

cadáver, -eris *n.,* lat. *cadere* fallen; der Leichnam, Kadaver, das „Gefallene".

caecális, -is, -e, zum Blinddarm gehörig.

Caecília, s. Coecilíidae.

Caecilíidae, s. Coecilíidae, Blindwühlen.

Cäcotrophie, die, lat. *caecum* der Blinddarm, gr. *he trophé* die Nahrung, Ernährung; Fressen, Ernähren von Blinddarm- (Cäcum-) Inhalt; die orale Wiederaufnahme der rohproteinhaltigen Cäcotrophe kommt u. a. bei Lagomorphen und Rodentiern vor.

cǽcum, -i, *n.,* lat. *cǽcus* blind; der Blinddarm.

caecus, -a, -um, lat., blind, finster, unsichtbar.

Caelifera, *n.,* Pl.; lat. *caelifer, -era, -erum* den

Himmel *(caelum)* tragend; Feldheu- oder Kurzfühlerschrecken, U-Ordo der Saltatoria (Springschrecken).
caementárius, -i, *m.,* lat., die Mauer. Spec.: *Cteniza caementaria,* Minierspinne.
caeméntum, -i, *n.,* lat., der Zement; die Substántia óssea dentis, Zahnzement, Knochengewebe an der Wurzel des Vertebratenzahnes.
Caenogénesis, die, gr. *kainós* neu, unbekannt, überraschend, *he génesis* die Erzeugung, Entstehung; zusammenfassende Bezeichnung für die sekundären Abänderungen des ursprünglichen Entwicklungsganges der Individuen (vgl. Palingenese).
cänogenetisch, s. Caenogenesis; vom ursprünglichen Entwicklungsverlauf abweichend.
Caenolestes, *m.,* gr. *kainós* neu, unbekannt, *ho lēstés* der Räuber; die rezenten Vertreter der Familie erst Ende des 19. Jh. entdeckt. Gen. der Caenolestidae, Caenolestoidea, Metatheria. Spec.: *C. fuliginosus,* Ekuador-Opossummaus.
Caenolestidae, die, gr. *kainós* neu, unbekannt, *ho, he lestés* Räuber(in), lat. *pauci* wenige, Pl., von *paucus, -a, -um* klein, gering; Opossumratten, Fam. der Paucituberculata; es handelt sich meist um rattenähnliche bis hasengroße Marsupialia Südamerikas, die sich hauptsächlich von Insekten ernähren. Spec.: *Hyracodon obscurus,* Opossumratte (Beutelratte).
Caenolestoidea, *n.,* Pl., s. *Caenolestes* u. *-oidea;* Gruppe der Metatheria mit den rezenten Genera der Fam. Caenolestidae *(Caenolestes, Lestoros, Rhyncholestes)* in S-Amerika; fossil dort reich vertreten.
caeruléscens, s. *coerulescens.*
caerúleus, -a, -um, s. *coeruleus,* lat., bläulich, dunkelgrün, blau; s. *Parus.*
caesar, lat., Kaiser; s. *Lucilia.*
caespes, caespitis, Gen. Plur. *caespitum, m.,* lat., das Rasenstück. Spec.: *Tetramorium caespitum,* Rasenameise.
Caffer (von arab. *káfir* der Ungläubige); im Gebiet der Kaffern (Gruppe von Bantustämmen in S-/SO-Afrika) lebend; s. *Pedétes.*
Caiman = *Melanosuchus, m., Kaiman,* Name des Krokodils bei den amerikanischen Farbigen; Gen. der Eusuchia, Echte Krokodile. Spec.: *C. niger,* Mohren-Kaiman; *C. latirostris,* Schakaré; *C. sclerops (= C. crocodilus),* Brillenkaiman.
caja, römischer Vorname; s. *Arctia.*
Cájalsche Zellen, *f.,* nach Santiago Ramon y Cajal; multipolare Zellen der Großhirnrinde.
calabaricus, -a, -um, in W-Afrika, Hinterland von Calabar vorkommend; s. *Aphyosémion.*
Calamístrum, das, gr. *ho kálamos* der Halm, das Rohr, lat. *calamístrum* Brenneisen, um die Haare zu kräuseln; Borstenreihe(n), (Kräuselkamm) auf der Oberseite des vorletzten Fußgliedes (Metatarsus des 4. Laufbeinpaares) bestimmter Webspinnen (Cribellatae); Calamistren u. Cribellen (s. Cribellum) bilden funktionelle Einheiten.
calámitus, -a, -um, latin.; 1. im Röhricht, Rohr (gr. *ho kálamos*) lebend; 2. Unheil (lat. *calámitas, -tátis*) bringend.
Calamoíchthys, *m.,* gr. *ho kálamos* die Rohrpfeife u. *ho ichthýs* der Fisch; Gen. der Polypteridae, Flösselhechte, Ordo Polypteriformes, Flösselhechtverwandte. Spec.: *C. calabáricus,* Flösselaal (der keine Bauchflossen hat).
cálamus, -i, *m.,* latin., gr. *ho kálamos* das Rohr, Schreibrohr, der Halm, die Rohrflöte; 1. die Spule der Konturfeder der Vögel; 2. dorsaler, innerer, blattförmiger Gehäuserest rezenter Sepioidea; Syn. Schulp.
cálamus scriptórius, Bezeichnung für das hintere, schreibfederförmige Ende des Bodens, der Rautengrube.
Calándra, *f.,* gr. *he kálandra* die Lerche (eine Lerchenart); Gen. der Curculionidae, Rüsselkäfer, *C. oryzae,* Reiskäfer. Spec.: *C. granaria,* Kornkäfer (schwarz od. braun).
Calaniden, die, s. *Calanus;* Calánidae, Fam. der Copepoda, Hüpferlinge; Ruderfußkrebse mit 2ästigen hinteren Antennen; vorwiegend marin, einige Arten auch im Süßwasser vorkommend.
Calánus, *m.,* gr. *Kálanos,* lat. *Calánus,* ein indischer Philosoph im Heere Alexanders des Großen bzw. gr. Eigenname. Gen. der Calánidae, Copepoda, Hüpferlinge. Spec.: *C. mastigophorus.*
calcaneáris, -is, -e, zum Fersenbein gehörig, das Fersenbein betreffend.
calcáneus, -i, *m.,* lat. *calx, -cis, f.,* die Ferse; Os calcáneum, das Fersenbein.
calcar, -áris, *n.,* lat., der Sporn, Stachel, die Klaue; Spec.: *Xenopus calcaretus,* Gespornter Krallenfrosch.
Calcar avis, s. *calcar,* lat. *avis, -is, f.,* der Vogel; Vogelsporn; eine mit einem Vogelsporn verglichene Bildung im Gehirn des Menschen, die als gekrümmte Erhöhung am Hinterkorn der Seitenventrikel des Großhirns auftritt.
Calcárea, *n.,* Pl., Calcispongiae, *f.,* Pl., s. *calcar,* lat. *calx, -cis, f.,* Ferse u. Kalk, gr. *ho spóngos* der Schwamm; Kalkschwämme; Poriferen mit Skelett aus Kalknadeln, vor allem Dreistrahlern, deren Achsen Winkel von 120° miteinander bilden; auch Ein- u. Vierstrahler kommen vor; isoliert im Gewebe liegen die Sklerite,

mit Ausnahme der Pharetrones, wo Verschmelzungen auftreten. Die meist kleinen, weißlich, gelblich od. bräunlich gefärbten, sessilen Calcarea besiedeln vorzugsweise das Flachwasser. Gruppierung in: 1. Asconen, Vertreter des Ascon-Typus, z. B. *Leucosolenia;* 2. Syconen, Vertreter des Sycon-Typus, z. B. *Sycon;* 3. Leuconen, Vertreter des Leucon-Typus, z. B. *Leuconia;* 4. die fossilen Pharetrones.

calcarínus, -a, -um, klauenartig, zum Sporn gehörig.

calcéola, *f.,* lat., der kleine Schuh (eigentl. *calceolus*); Pantoffelkoralle; Gen. der Calceolidae, Deckelkorallen, Zoantharia; fossil im Unter- und Mitteldevon. Spec.: *C. sandalina.*

Calciferol, das; s. Vitamin D.

Calcispóngia, *n.,* Pl., lat. *calx, calcis, f.,* der Kalk u. gr. *ho spóngos* der Schwamm; Kalkschwämme, Gruppe (Cl.) der Porifera; benannt nach der Kalk-Substanz ihrer Skelettnadeln, Stützsubstanz; die „Entodermzellen" verdauen die Nahrung. Syn.: Calcarea; vgl. auch: Porifera, Silicospongia.

cálcitrans, lat., mit den Fersen (Beinen) hinten ausschlagend; s. *Stomóxys.*

caliculus, -i, *m.,* Dim. von *cálix;* der kleine Kelch.

Cálidris, *f.,* bei den Alten ein aschfarbiger, gefleckter, uns unbekannter Vogel; Strandläufer, Gen. d. Scolopacidae, Schnepfenvögel, Ordo Charadriiformes, Möwenartige od. Watvögel. Spec.: *C. alpina,* Alpenstrandläufer; *C. canutus,* Knutt od. Küstenstrandläufer; *C. maritima,* Meerstrandläufer.

californianus, -a, -um, lat.; kalifornisch; s. *Zalophus.*

caligátus, -a, -um, lat. mit einem Halbstiefel *(caliga)* versehen *(-atus),* gestiefelt (wie ein Soldat); s. *Trogon.*

Caligus, *m.,* von lat. *caligo* das Dunkel, die Finsternis, etymologisch verwandt mit altindisch *kā́las* blauschwarz (gr. *kēlís*); blutsaugende, schleimfressende Parasiten an Fischen, wodurch sich die „dunkle" Farbe erklärt; Gen. der Calígidae, Copepoda. Spec.: *C. rapax.*

cálix, -icis, *m.,* latin., der Kelch, Becher, s. *cályx;* Calices renales, die Nierenkelche.

Callicébus, *m.,* gr. *to kállos* u. *ho kébos* der Affe; Springaffen; Gen. der Cébidae (Callicébidae), Kapuzinerartige, Platyrrhina.

Callíchthys, *m.,* gr. *to kállos* die Schwiele u. die Schönheit, *ho ichthys* der Fisch; Gen. der Callichthyidae, Panzerwelse, Cypriniformes, Karpfenfische. Spec.: *C. callichthys,* Schwielenwels.

Callimicónidae, *f.,* Pl., gr. *ho kallías* der Affe; Fam. der Platyrrhini, Simiae. Einzige Spec.: *Callimico goeldii,* Springtamarin; in vielen Merkmalen zwischen Cebidae und Callitrichidae stehend. Daumen opponierbar.

callíope, *f.,* gr. *Kalliópē* „die Schönstimmige" (Muse der epischen Dichtung, Mutter des Orpheus); s. *Luscínia calliope.*

Calliphora, *f.,* gr. *kal(l)ós* schön, *phorē̃in* tragen; Gen. der Calliphorinae, Schmeißfliegen, Fam. Calliphóridae, Raupenfliegen, Diptera. Spec.: *C. vicina,* Blaue Schmeißfliege, Brummer; vgl. auch: Forensische Entomologie.

Cállithrix, *f.,* gr. *to kállos* Schönheit, *he thrix* das Haar, Haarkleid; „Schönhaar"; von Plinius bereits verwendeter Name, allerdings für einen in Äthiopien vorkommenden Affen; Gen. der Callitríchidae (Krallenaffen), Platyrrhina, Simiae. Spec.: *C. penicillata,* Schwarzpinseläffchen; *C. aurita,* Weißpinseläffchen.

calliúrus, -a, -um, gr., latin., „schönschwänzig", mit schönem Schwanz; s. *Aphyosémion.*

Callorhýnchus, *m.,* gr. *to rhýnchos* die Schnauze, „Schönschnauze"; Gen. der Callorhynchidae, Holocephala, s. d., Spec.: *C. antárcticus.*

callósus, -a, -um, s. Kallus, dickhäutig, dickschwielig, reich an Schwielen.

cállum, -i, *n.,* lat., die Schwiele, harte Haut (gr. *to kallós*).

Cállus, der; s. Kallus.

Calócoris, *m.,* gr. *kalós* schön, *he kóris* die Wanze; Gen. Cápsidae. Spec.: *C. norvegicus (= bipunctatus),* Norweg. od. Zweipunktige Strauchwanze, an Johannisbeersträuchern u. Kartoffeln schädlich; *C. fulvomaculatus,* Hopfenwanze.

Calópteryx, *f.,* gr. *he ptéryx, -ygos* der Flügel; einziges Genus der Fam. Calopterygidae, Zygoptera, Odonata, Libellen. Spec.: *C. virgo,* Seejungfer.

Calosóma sycophánta, Puppenräuber, gr. *to sóma* der Körper, Leib, s. *sycophanta;* Spec. der Fam. Carabidae, Laufkäfer, Adephaga, Coleoptera; erklettert Bäume, vertilgt Raupen von Nonne u. Prozessionsspinner, daher forstlich insbes. für Nadelwald nützlicher Käfer.

calvária, -ae, *f.,* lat. *cálva, -ae, f.,* die Hirnschale; das Schädeldach.

calvus, -a, -um, lat., kahl, haarlos. Spec.: *Otogyps calvus,* Kahlkopfgeier.

calx, cálcis, *f.,* lat., die Ferse, auch Kalk.

Calýmma, die, gr. *to kálymma* die Verhüllung, Decke, der Schleier; die Gallerthülle, die die Zentralkapsel der Radiolarien umgibt, ein Teil des Extrakapsulum.

cályx, -ycis, *m.,* gr. *he kályx, -ykos* die Kapsel; der Kelch, die Knospe.

Cambarus, *m.*; Gen. der Astácidae, Astacura, Ordo Decapoda. Spec.: *C. affinis,* Nordam. Flusskrebs, der auch in Deutschland eingeführt (1840) u. angesiedelt wurde; ist gegen Krebspest (Erreger: *Aphanomyces astaci)* immun, hat wirtschaftliche Bedeutung.

Camélidae, *f.,* Pl., Cameliden, Kamele, gr. *ho* u. *he kámelos,* semit. *gamal* das Kamel; Fam. des Subordo Tylopoda, Ruminantia, Artiodactyla; werden gruppiert in: 1. Kamele der Alten Welt mit dem Gen. *Camelus,* s. d.; 2. Kamele der Neuen Welt mit dem Gen. *Lama,* s. d.; Familienmerkmale u. a.: der dreiteilige Magen, das Fehlen der Afterklauen, Auftreten der Füße mit einer die beiden Zehen in ihrer ganzen Ausdehnung verbindenden dicken Hornschwiele mit Bindegewebspolster, ovale Erythrozyten.

Camelopardaliden, (-idae), s. Giraffidae.

camelopardális, gr. „Kamel u. Panther zugleich", letzteres wegen der Zeichnung des leoparden- od. tigerähnlichen Felles. Spec.: *Giraffa camelopardalis.*

Camélus, *m.,* Kamel; Gen. der Camelidae, s. d.; Spec.: 1. *C. dromedarius,* Dromedar od. Einhöckriges Kamel; in den Gebieten der Dattelpalme, also in N-Afrika u. W-Asien vorkommend; zahlreiche Domestikationsrassen vorhanden, als edelste die Arabischen Reitkamele; verwilderte Dromedare in Texas, Arizona u. Neu-Mexiko; 2. *C. bactrianus,* Trampeltier, Zweihöckriges Kamel, lebt in den Wüsten- u. Steppengebieten Zentral- u. Ostasiens.

cámera, -ae, *f.,* lat., die Kammer, Wölbung.

Cameraria, *f.*, *camera, -ae* das Gewölbe, gewölbeartig, -ähnlich; Gen. der Gracillariidae, Blatt-Tütenmotten. Spec.: *C. ohridella*, Rosskastanien-Miniermotte, Biergartenmotte; zunächst nur aus Mazedonien bekannt, hat sich die Art Ende des 20. Jh. über ganz Mitteleuropa ausgebreitet. Die Larve miniert in Blättern der Rosskastanien, die sich bei starkem Befall schnell braun verfärben und absterben. Mehrere Generationen im Jahr mit unterschiedlich langer Puppenruhe der einzelnen Individuen. Schwer zu bekämpfen, da kaum Feinde bekannt. Ursprüngliche Heimat unklar.

cAMP, das, cyclisches AMP, Cyclo-AMP, 3′,5′-Adenosinmonophosphat; Verbindung, die als „second messenger" in der hormonellen Regulation des Zellstoffwechsels wirkt, entdeckt von Sutherland.

Einige Hormone wirken über die Adenylatcyclase, die in der Membran der Rezeptorzelle lokalisiert ist u. ATP in cAMP umwandelt. Das cAMP aktiviert dann eine od. mehrere Proteinkinasen der Zelle. Die Proteinkinasen katalysieren ihrerseits die ATP-abhängige Phosphorylierung wichtiger Schlüsselenzyme des Intermediärstoffwechsels. Somit wird eine Aktivierung od. Inaktivierung der Enzyme erreicht. Bis jetzt ist die vermittelnde Wirkung bei Catecholaminen, Insulin und Glukapon gut bekannt.

campana, -ae, *f.*; lat., die Glocke.

Campanulária, *f.;* Gen. der Campanularíidae.

Campanularíidae, *f.;* Pl., lat. *campanula* die kleine Glocke, *campána* Glocke; Fam. des Subordo Thecaphorae-Leptomedusae, Hydroidea, Cl. Hydrozoa; Polypen: Thecae groß, glocken- od. becherförmig, mit geringeltem Stiel; Hydranthen mit trompetenförmigem Mundrohr; die an den Campanulariden-Stöckchen entstehenden Medusen sind Leptomedusen; Genera: *Campanularia, Laomedea, Phialidium.*

campéstris, -is, -e, lat., auf dem Felde *(campus)* lebend, feldwohnend; s. *Cicindela,* s. *Raphicerus; Saccostomus.*

cámphora, -ae, *f.;* arab. *kamhour* u. *kafour,* gr. *he kaphurá* der Kampfer (*Camphora* = früherer Gattungsname für *Camphorósma*, das Kampferkraut); *camphorae* (= Genitivus locativus) am Kampfer vorkommend). Spec.: *Trioza camphorae.*

Campódea; Gen. d. Campodéidae.

Campodéidae = Campodeíden, die, latin. *campódea* raupenähnlich, gr. *he kámpe* die Raupe, *to eĩdos* das Aussehen; Fam. der Diplura, Apterygota, Insecta. „Borstenschwänze", deren Hinterleib noch Rudimente von Gliedmaßen trägt. Spec.: *Campodea staphylinus.*

Camponótus, gr. *he kámpe* die Krümmung, *ho nótos* der Rücken; Gen. der Formícidae, Hymenoptera. Spec.: *C. herculeanus,* Riesenameise, Ssp.: *C. h. ligniperda,* größte einheimische Ameise, nistet in Holz, baut aber auch Erdnester.

Camptosaurus, *m.,* gr. *kámptein* biegen, krümmen u. *ho saũros* die Echse, Eidechse; Gen. des Ordo Ornithischia, s. d.; fossil im Oberjura (Malm). Spec.: *C. dispar.*

campus, -i, *m.,* lat., Feld, Ebene.

canadénsis, -is, -e, in Kanada lebend/vorkommend; z. B. Wapiti (s. d.).

canalícus, -i, *m.,* lat., der kleine Kanal.

canális, -is, *m.,* lat., der Kanal, die Röhre.

cancelli, -órum, Pl., *m.,* lat., das Gitter, die Schranken. Spec.: *Carabus cancellatus,* Gitterlaufkäfer.

Cáncer, *m.,* lat., Krebs; Gen. d. Cancrinidae, Decapoda, Eumalacostraca. Spec.: *C. pagurus,* Taschenkrebs, in Nordsee häufig.

cancrifórmis, -is, -e, lat., krebsförmig; krebsartig gestaltet; s. *Triops.*

cancroídes, krebsähnlich; s. *Chelifer.*
candidus, -a, -um, lat., weiß, lat. *candére* glänzen, weiß sein; s. *Cypris.*
caniculus, *m.,* von lat. canis der Hund und *-ulus* Verkleinerungssuffix; kleiner Hund; s. *Scyliorhinos.*
Cánidae, die, *f.,* Pl., lat.; im Oligozän (vor 50 Mio Jahren) entstandene eigene Linie der Landraubtiere (Fissipedia), repräsentiert durch die rezente Familie der Canidae (Hunde). Vertreter sind Haushund, Wolf *(Canis lupus),* Schakal *(C. aureus),* Fuchs *(C. vulpes)* sowie einige Formen auf dem afrikanischen (Fennek, *C. fenecus zerdus*) u. amerikan. Kontinent (Koyote, *C. latrans*).
canínus, -a, -um, s. *cánis* 1. dem Hunde zugehörig; 2. zum Eckzahn, „Hundezahn", gehörig.
Cáninus, *m.,* lat., der Eck- od. Reißzahn.
Cánis, *m., f.,* lat., Hund; Gen. der Canidae, Hunde; fossile Formen seit dem Pliozän bekannt. Spec.: *C. (Thos) latrans,* Coyote; *C. (Thos) aureus,* Goldschakal; *C. lupus,* Wolf; *C. familiaris,* Haushund; *C. aureus (lupaster),* Wolfsschakal.
cánis, -is, Wiedergabe als Artname im Deutschen: Hunde-; s. *Ctenocephalides.*
cánna, -ae, *f.,* lat., die Röhre, das Rohr, die Kanne.
cannabínus, -a, -um, lat., hanfartig; Beziehung zum Hanf besitzend; z. B. frisst *Carduelis cannabina* gern Samen von Hanf *(Cánnabis).*
Canoídea, *n.,* Pl., s. *canis* u. *-oideus:* „Hundeähnliche", Syn.: Arctoidea; Gruppe (Superfam.) der Carnivora (s. d.) in Abgrenzung zu den Feloidea (s. d.). Familiae (z. B.): Mustelidae (Marder), Procyonidae (Kleinbären), Ursidae (Bären), Canidae (Hunde).
canórus, -a, -um, lat. *canor* der Ton, Gesang; wohltönend, melodisch; s. *Cuculus.*
cántans, singend, *cantáre* singen (u. ä.); s. *Tettigónia.*
Cantháridae, *f.,* Pl., Syn.: Telephoridae; Schusterkäfer; Fam. der Malacodermata, Weichkäfer, Coleoptera; mit etwa 6000 Species. Typisches Gen.: *Cántharis.*
Cántharis, *f.,* gr. *he kantharís* die spanische Fliege, auch ein dem Korn schädlicher Käfer; Syn.: *Telephorus;* Gen. der Cantháridae. Spec.: *C. fusca.*
Canthocámptus, *m.,* gr. *ho kanthós* der Augenwinkel, auch Radreif, *kamptós* gekrümmt; Gen. der Harpacticidae, Copepoda. Spec.: *C. staphylinus.*
cánthus, -i, *m.,* gr. *ho kanthós;* der Augenwinkel, auch Radreif.
cánus, -a, -um, lat., grau, aschgrau, grau bis grauweißlich; s. *Larus.*
Capélla, *f.,* lat., Dim. v. *capra* die Ziege, auch: Stern im Fuhrmann; Gen. der Charadríidae, Schnepfenvögel, Charadriiformes. Spec.: *C. gallinago* (v. lat. *gallína* das Huhn), Bekassine, Sumpfschnepfe, Himmelsziege.
capénsis, is, -e, lat., am Kap (Südafrikas) lebend.
caper, capri, *m.,* lat., der Ziegenbock. Spec.: *Caprimulgus europaeus,* Ziegenmelker (s. d.).
caperátus, -a, um, gekräuselt, gerunzelt, mit Runzeln oder Falten versehen.
Capillare, die, lat. *Cápitis pili* des Kopfes Haare; das Kapillargefäß, Haargefäß, die kleinsten Blutgefäße.
capilláris, -is, -e, zum Haupthaar gehörig, haarähnlich, haarartig, -förmig.
capillátus, -a, -um, lat., behaart, haarig; s. *Cyanea.*
capíllus, -i, *m.,* lat., das Haar (Haupthaar). Spec.: *Parus atricapillus,* Weidenmeise.
capitátus, -a, -um, mit einem Kopf versehen.
cápitis, Genit. zu lat. *caput* der Kopf; s. *Pediculus.*
capítulum, -i, *n.,* das Köpfchen, Dim. von *caput,* der Kopf, das Haupt.
Capnódis, *m.,* gr. *kapnódes* rauchartig, dunkelfarbig; Gen. der Buprestidae. Spec.: *C. tenebriónis,* Obstbaum-, Pfirsichprachtkäfer.
Capping, engl. *cap* Kappe; 1. molekularbiologisch: Prozess der posttranskriptionellen Modifikation von mRNA. 2. zellbiologisch: Bewegung von kreuzvernetzten Komponenten der Zellmembran zum Hinterpol einer sich fortbewegenden Zelle.
Cápra, *f.,* lat. *cápra* Ziege; Gen. der Bovidae, Ruminantia, Artiodactyla; nach hinten gebogene, an der Basis seitlich zusammengedrückte Hörner; Kinn meist mit Bart; gewölbte Stirn; bewohnen in Rudeln die Gebirge der Alten Welt mit Ausnahme der Äthiopischen Region; sie sind erst vom Pleistozän an nachgewiesen; im Neolithikum domestiziert, wahrscheinlich später als das Schaf. Alle drei Gruppen: die Ture (leierförmige Hörner mit Dreiecksquerschnitt), die Steinböcke (gerade, im Querschnitt dreieckige Hörner, deren gerippte Breitseite sich vorn befindet) u. die Eigentl. Ziegen (dreieckige Hörner, die vorn eine Scheide od. einen Kiel besitzen u. meist gedreht sind) werden im Rassenkreis von *C. ibex (= C. hircus)* (*ibex* Steinbock bei Plinius; *hircus* Ziegenbock), Steinbock, vereinigt. Subspecies: 1. Ture: *C. i. caucasica,* Ostkaukas. Tur; *C. i. pyrenaica,* Spanischer od. Bergsteinbock; 2. Steinböcke: *C. i. sibirica,* Sibirischer Steinbock; *C. i. nubiana,* Nubischer Steinb.; *C. i. ibex,* Europäischer Steinb.; *C. i. severtzowi,* Westkauka-

sischer Steinb.; *C. i. waliei,* Abessinischer Steinb.; 3. Eigentliche Ziegen (als früheres Subgen. *Capra;* nur deren Subspecies wurden alle domestiziert): *C. i. aegagrus* (gr. *aigagros* Wilde Ziege), Bezoarziege; *C. i. prisca,* „Europäische Ziege"; *C. i. falconeri,* Schraubenziege. – Die Hausziege, die als *C. hircus* als besondere Art galt, stammt vor allem von *C. ibex aegagrus* ab u. kommt in zahlreichen Domestikationsrassen vor (s. Ziegen).

caprea, -ae, *f.,* lat., die Gemse, das Reh; Dim. *capreolus,* s. d., *-i, m.,* das „kleine" Reh.

Caprélla, *f.,* lat., *caprella* ein kleines Reh, s. *cápra, -ella* Dimin.; Gen. der Capréllidae; Ordo Amphipoda, Flohkrebse; Caprella-Arten, Gespenstkrebschen, auf Hydrozoestöckchen, die sie abweiden, schmarotzend; z. B. *C. lineáris.*

capréoli, Genit. zu lat. *capréolus* das kleine Reh, Rehlein; s. *Solenopotes.*

Capréolus, *m.,* lat. *capréolus* (s. o.); Gen. der Cervidae, Hirsche; Ruminantia, Artiodactyla. Spec.: *C. capreolus,* Reh; Subspec.: *C. c. capreolus,* in Europa (außer Irland) bis Persien u. Nordirak, in Ost-Asien bis Mittelchina u. Korea in vier weiteren Subsp., v. denen das sehr große Sibirische Reh, *C. c. pygarsus,* besonders bekannt ist (wegen der Verwendung zur Einkreuzung). – Spezielle Bezeichnungen (vor allem der Jäger): ♂ = Bock; ♀ = Ricke, Geiß; Jungtier = Kitz od. Rehkalb; ♂ Jungtier = Kitzbock, im 2. Lebensjahr = Spießbock; ♀ Jungtier im 2. Lebensjahr = Schmalreh, -tier; Geweih = „Gehörn".

Caprimulgiformes, *f.,* Pl., s. *Caprimulgus* u. *-formes;* Nachtschwalbenverwandte, -artige, Schwalmvögel; Syn.: Caprimulgi *(m.);* Ordo der Aves; mit vorwiegend Dämmerungs- u. Nachttieren.

Caprimúlgus, *m.,* s. *cápra,* lat. *mulgére* melken, weil nach alten Fabeln die Nachtschwalben Ziegen u. Kühen die Milch aussaugen; Gen. der Caprimulgidae, Echte Ziegenmelker, Caprimulgi (-formes), Nachtschwalben od. Ziegenmelker. Spec.: *C. europaeus,* Ziegenmelker od. Nachtschwalbe; Bodenbrüter, auf Heiden, in lichten Wäldern, an Waldrändern, jagt nachts Insekten im Fluge; Zugvogel, von Mai bis Sept. in Mitteleuropa.

caprinus, -a, -um, lat., der Ziege *(capra)* ähnlich; ziegenartig; s. *Lucilia.*

caprı́scus, *m.,* gr. *ho kaprı́skos* der Eber, auch ein (wie ein Eber grunzender) Fisch; s. *Balistes.*

Cápromys, *m.,* gr. *ho kápros* der Eber, das Schwein, *ho mȳs* die Maus; Gen. der Octodontidae, Trugratten, Caviomorpha. Spec.: *C. pilórides,* Kuba-Ferkelratte (engl.: *Cuban Hutia*).

Cápsidae, *f.,* Pl., gr. *káptein* gierig herunterschlucken, saugen, schnappen; Blind- od. Weichwanzen, Syn.: Miridae; artenreiche Fam. der Heteroptera, Wanzen; kleine bis mittelgroße, meist schlanke od. ovale, weichhäutige, oft weich behaarte Tiere; teils phytophag, teils Jäger; Genera: *Lygus, Calocoris.*

cápsula, -ae, *f.,* lat., die (kleine) Kapsel.

capsuláris, -is, -e, zur Kapsel gehörig.

capucı́nus, *m.,* der Kapuziner; im mittelalterlichen Latein: *capúcium* ein Mönchskleid, lat. *cappa* die Kappe, Mütze, der Kopfkragen; s. *Cebus.*

capula, -ae, *f.,* lat., Dim. von *cápis, -idis, f.,* die (Opfer-) Schale; die kleine Schale.

capulus, -i, *m.,* lat. *cápere* fassen, ergreifen, umfangen; der Griff, das Gefäß. Spec.: *Muscicapa striata,* Grauer Fliegenschnäpper.

cáput, -itis, *n.,* lat., der Kopf. Spec.: *Pediculus capitis,* Kopflaus.

Capybára, s. *Hydrochoerus.*

Carábidae, *f.,* Pl., gr. *ho kárabos* der Käfer, eigentl. Zwicker od. Kneifer von *kḗirein* abschneiden od. zwicken; Laufkäfer, Fam. der Adephaga, Ordo Coleoptera; mit etwa 20 000 Species, vorwiegend in der Paläarktischen Region; meist mit langen typischen Laufbeinen, ovalem Körper, meist metallisch glänzenden Flügeldecken; einige ohne 2. Flügelpaar; gleich ihren Larven sich meistens vom Raube nährend. Fossile Formen seit dem Tertiär bekannt, fragliche Reste in der Trias Südafrikas. Genera z. B.: *Abax, Carabus, Calosoma, Zabrus,* s. d.

Cárabus, *m.;* Gen. der Carabidae, s. d.; Spec.: *C. auratus,* Goldlaufkäfer, -schmied. Nächtens agile Bodenbewohner, nützlich durch Vertilgen von Schadinsekten u. Schnecken.

Caracal (Vernakular-) Name; Gen. der Felidae. Spec.: *C. caracal,* Karakal (Afrika, Vorder-Asien, Indien, wird in Ind. zur Kaninchen-/Hasenjagd abgerichtet).

caramóte, mediterraner Lokalname; s. *Penaeus.*

Cáranx, *m.,* aus gr. *he kára* der Kopf, die Erhebung, der Gipfel, Grad, Stachel; Gen. der Carangidae, Stachelmakrelen, Ordo Perciformes. Spec.: *C. (= Trachurus) trachurus* (gr. *trachýs* rauh, *he urá* der Schwanz), Stöcker, Bastardmakrele, im Atlantischen Ozean von Norwegen bis zum Kap der Guten Hoffnung.

Cárapax, der, gr. *ho* u. *he chárax* die Befestigung, Palisade, gr. *págios* fest; der Rückenschild, z. B. beim Flusskrebs wird das Kopfbruststück durch den gewölbten Rückenschild dorsal und lateral umfasst.

Carapus, *m.;* Gen. der Carapidae (= Fierasferidae), Nadelfische; Gadiformes, Dorschartige,

Dorschfische. Spec.: *C. (= Fierasfer) acus,* Nadelfisch (Fierasfer).

Carássius, *m.,* aus dem gr. *chárax* (ein unbekannter Meerfisch) leitet man Carassius (latin.) u. hiervon Karausche ab; Karausche, Gen. der Cyprinidae, Weiß- od. Karpfenfische, Ordo Cypriniformes od. Ostariophysi. Spec.: *C. carassius (= C. vulgaris),* Gemeine Karausche; *C. auratus,* Goldfisch od. King-Yo, in China durch Züchtung entstandene Abart der Gem. Karausche, 1728 von Philipp Worth zuerst nach England gebracht u. von hier aus auch über Europa verbreitet. Es gibt zahlreiche Spielarten, auch schwarzgefleckte, silberfarbene sowie den sog. Teleskopfisch mit riesig großen, hervorstehenden Augen; bekannte Subspec.: *C. auratus gibelio,* Giebel, der in der gemäßigten Zone Eurasiens beheimatet u. dem Goldfisch nahe verwandt ist.

cárbo, -ónis, *m.,* lat., die Kohle; s. *Phalacrocorax,* Kormoran, der den Artnamen *carbo* wegen seines schwarzen Federkleides hat.

Carbohydrasen, die; gr. *to hýdor* das Wasser; Karbohydrasen sind Enzyme, die die hydrolytische Spaltung der glykosidischen Bindung der Kohlehydrate bewirken.

Carboxylasen, die; Enzyme, die CO_2 aus Carbonsäure abspalten.

Carboxylgruppe, die, gr. *oxýs* scharf, sauer; die Carboxylgruppe

$-C{=}O$ / $-OH$ (–C(=O)OH) ist die charakteristische einwertige Gruppe der organischen Säuren.

Carcharhínidae, Carcharíidae, *f.,* Pl., gr. *ho karcharías* der Haifisch, von *kárcharos* mit scharfen Zähnen; Blau- od. Menschenhaie; Fam. der Selachoidei, Ordo Pleurotrémata od. Squaloidei, Selachii; mit Nickhaut am Auge (daher auch das Syn. Nictitantes), ohne lateralen Kiel am Schwanzstiel; Genera: z. B. *Carcharhinus, Mustelus.*

Carcharhínus, *m.*; Gen. der Carcharhínidae, Blauhaie. Spec.: *C. glaucus,* Blau- od Menschenhai.

Carcharodon, *m.,* gr. *ho odús, odóntos* der Zahn; Gen. der Isuridae, Ordo Elasmobranchii; fossil seit der Oberkreide. Spec.: *C. megalodon,* fossil im Miozän, mit etwa 25 m Länge der größte bekannte Fisch, *C. carcharias,* Weiß- od. Menschenhai, rezent.

Carchésium, *n.,* gr. *to karchésion* der Mastkorb, mastkorbförmiger Becher; Gen. der Vorticellidae, Glockentierchen; Subordo Sessilia, Ordo Peritricha, Euciliata; baumförmige, dichotom verzweigte Kolonien, Einzeläste mit getrennten Myonomen, dadurch einzelne Tiere für sich kontrahierbar. Spec.: *C. polypinum,* eine Abwasserform (alphamesosaprob).

cárcini, Genitiv von *Cárcinus* als Artname bei *Sacculina.*

Cárcinus maenas, gr. *ho karkínos* der Krebs, gr. *Maínas,* lat. *Maenas* begeisterte Weissagerin, Seherin; Strandkrabbe, an europäischen Küsten vorkommende Spec. der Portunidae, Schwimmkrabben; (Subordo) Brachyura (Ordo) Decapoda.

cárdia, -ae, *f.,* gr. *he kardia;* das Herz, auch der Magenmund.

cardíacus, -a, -um, zum Herz od. zum Mageneingang gehörig.

Cardíidae, Cardiiden, die Herzmuscheln; s. *Cardium.*

cardinalis, -is, -e, lat., hauptsächlich, vorzüglich.

Cárdium, *n.,* s. *cárdia;* Herzmuschel; Gen. der Cardiidae, Heterodonta, Ordo Eulamellibranchia, Bivalvia. Spec.: *C. edule,* Essbare Herzmuschel (Schalenform = herzförmig).

cárdo, -inis, *m.,* lat., der Türzapfen, Weltachse, Angelpunkt; Basal- od Angelglied am Unterkiefer der Insekten; Schalen-„Schloss“ der Muscheln (Lamellibranchia) u. der Armfüßer (Brachiopoda).

Carduélis, *f.,* lat., *carduélis* der Distelfink, Stieglitz, v. *cárduus* die Distel; Gen. der Fringíllidae, Finkenvögel, Ordo Passeriformes. Spec.: *C. carduelis,* Stieglitz; *C. spinus,* Zeisig; *C. cannabina,* Hänfling, Bluthänfling; *C. flammea,* Birkenzeisig; *C. citrinella,* Zitronenzeisig.

Caretta, die; s. Cheloníidae.

Cariáma, *f.;* brasilianischer (Vernakular-) Name (latin.); Gen. der Cariámidae (Seriëmas), Cariamae („Schlangenstörche“), Gruiformes (Kranichvögel). Spec.: *C. cristata* (großer, stelzbeiniger, lauftüchtiger Vogel mit borstigem Stirnschopf; den Kranichen nahestehend, Steppenbewohner, auf S-Amerika beschränkt; Kriechtier-/Insektenfresser).

carina, -ae, *f.,* lat., der Schiffskiel, Kiel.

Carinária, *f.,* lat., namentlicher Bezug auf das kielförmige Gehäuse; Gen. der Heteropoda (= Atlantacea), Streptoneura, Gastropoda.

carinátus, -a, -um, lat., mit einem Kiel *(carina)* versehen, gekielt, kielförmig; s. *Hyolithes.*

Carnegiélla, *f.,* nach Eigennamen benannt; carnivore Ernährung (Insekten); Gen. der Gasteropelecidae (Bleibäuche); Cypriniformes. Spec.: *C. marthae,* Zwergbeilbauch; *C. strigata,* Gestreifter Beilbauch.

cárneus, -a, -um, s. *caro;* fleischig.

Carnitin, das; eine Verbindung der Muskulatur, die fast alle Tiere selbst im Stoffwechsel bilden, jedoch bei einigen Käfern *(Tenebrio* *molitor, Tribolium confusum)* hat das Carnitin die Funktion eines Vitamins.

carnivor, lat., s. *caro, voráre* verschlingen, fressen; fleischfressend. Subst.: Carnivora; vgl. auch herbivor, omnivor.

Carnivora, *n.,* Pl.; Raubtiere, Gruppe der Placentalia, Mammalia; kleine (z. B. Mauswiesel) bis große (z. B. See-Elefanten), meist mittelgroße Säuger mit hochentwickeltem, großem u. stark gefurchtem Gehirn; Füße mit Krallen; Gebiss an Fleischnahrung angepasst, typisches Raubtiergebiss; kleine Incisivi, große, zu Langzähnen ausgebildete Canini u. scharfschneidende Backenzähne; Allesfresser bis reine Fleisch- (od. Fisch-)Fresser; stammesgeschichtliche Beziehung zu Huftieren (gemeinsame Vorfahren); fossil seit dem Paläozän nachgewiesen. Carnivoren i. w. S. umfassen auch die alttertiären Creodontia sowie die Pinnipedia u. in größerer Distanz die Cetacea. Die Carnivoren i. e. S. werden gegliedert in Canoidea u. Feloidea.

carnósus, -a, -um, lat., fleischig, fleischfarben, orangerot; z. B. *Suberítes.*

caro, carnis, *f.,* lat., das Fleisch (-stück).

Carolína – Dosenschildkröte, nach Carolina in N-Amerika, da dort lebend, benannt; Nordamerikanische Dosenschildkröte, s. *Terrapene.*

carolinénsis, -is, -e, karolinisch (Carolina, Nordamerika); s. *Anolis carolensis.*

caróticus, -a, -um, zur Kopf-(Hals-)schlagader gehörig.

Carotiden, die; s. *carótis.*

carótis, -idis, *f.,* gr. *to kára,* der Kopf, *to ús, otós* das Ohr; die Karotis od. die Halsschlagader (Kopfschlagader).

Carpale, das; s. Carpalia.

Carpalia des Menschen, die Handwurzelknochen werden nach ihrer Form benannt und in der Reihenfolge von radial- nach ulnarwärts entsprechend der PNA (s. d.) angeführt; 1. **Proximale Reihe:** Schiff- oder Kahnbein (Os scaphoídeum), Mondbein (Os lunatum), Dreiecksbein (Os triquetrum), Erbsenbein (Os pisiforme). 2. **Distale Reihe:** großes Vielecksbein (Os trapecium), kleines Vielecksbein (Os trapezoídeum), Kopfbein (Os capitatum), Hakenbein (Os hamatum).

Früher übliche bzw. teilweise noch verwendete Bezeichnungen einschl. Synonyma sind: Radiale = Scaphoídeum (Schiff- oder Kahnbein); Intermedium = Lunatum, Semilunare (Mondbein); Ulnare = Triquetrum, Cuneiforme, Pyramidale (Dreiecksbein); Pisiforme (Erbsenbein); Carpale 1 = Trapezium, Multangulum maius (großes Vielecksbein); Carp. 2 = Trapezoid, Multangulum minus (kleines Vielecksbein); Carp. 3 = Capitatum (Kopfbein); Carp. 4 u. 5: Hamatum, Uncatum (Hakenbein), Unciforme.

carpáticus, -a, -um, auch *carpathi(c)us;* karpatisch, in den Karpaten lebend; s. *Monacha.*

Carpenter, William Benjamin, geb. 1813 Exeter, gest. Nov. 1885 London. Nach Medizinstudium in London, Edinburgh (Dr. med. 1839) praktizierte er 1840–44 in Bristol, Prof. f. Physiologie bis 1859 Univ. London; ab 1856 bis 1879 an der Universität. War zunächst durch sein Handbuch „Principles of General and Comparative Physiologie“ (1839) bekannt geworden, in dem er erstmalig ein Lehrsystem für eine Allg. „Biologie“ entwarf. In London befasste er sich mit mikroskopischen Studien der Foraminiferen, deren Schalenbau und -struktur er beschrieb (Monographie 1862, hrsg. von der Ray Society); in der Zool. Station Neapel untersuchte er den Bau der Haarsterne. Ab 1868 beteiligt an Tiefseeforschungen der englischen Marine sowie an den Diskussionen über „Eozoon canadense“.

carpeus, -a, -um, cárpicus, -a, -um, zum Carpus gehörig.

cárpio, lat., der Karpfen; s. *Cyprínus.*

Carpocápsa (Cydia) pomonélla, gr., *ho karpós* die Frucht, *káptein* gierig fressen, zuschnappen; Apfelwickler, „Obstmade“; Spec. der Tortricidae, Wickler, Lepidoptera; bekanntester Obstbaumschädling; Flugzeit etwa im Juni, Eiablage an junge Äpfel u. Birnen, auch an Blätter u. Zweige, die nach 8–14 Tagen schlüpfenden Räupchen („Maden“) bohren einen direkten Gang zum Kerngehäuse; die Raupe lässt sich an einem Faden herab, kriecht am Stamm herauf, spinnt sich zwischen Rindenritzen ein; Verpuppung im Sommer (2. Generation), meistens jedoch erst im Frühjahr. Befallene Früchte reifen vorzeitig u. fallen ab. Natürliche Feinde (Meisen, Baumläufer, Kleiber) suchen die eingesponnenen Raupen von der Rinde ab.

Carpócoris, *f.,* gr. *he kóris* die Wanze; Gen. der Pentatómidae, Baum-, Beeren-, Schildwanzen, Ordo Heteroptera. Spec.: *C. (= Dolycoris) baccarum,* Rotbraune Beerenwanze.

Carpoidea, *n.,* Pl., gr. wörtlich: „Fruchtähnliche“; auf Kambrium u. Silur beschränkte (fossile) Gruppe der Pelmatozoa.

carpophag, gr. *phagēín* fressen; frucht-, samenfressend.

Carpóphilus, *m.,* gr. *phílos* liebend, also: Früchte liebend; Saftkäfer; Gen. der Nitidulidae, Glanzkäfer, Coleoptera; besonders unter Baumrinden u. an feucht lagernden Vorräten. Spec.: *C. hemipterus,* an Trockenobst; *C. dimidiatus,* u. a. in feuchtem Getreide.

Carpus, -i, *m.;* gr. *ho karpós,* die Vorderhand, die Handwurzel; umfasst bei den Tetrapoden die erste und zweite Reihe der Handwurzelknochen: (1) Procarpus mit Radiale, Intermedium (ein bis vier Centralia), Ulnare; (2) Mesocarpus mit fünf Carpalia (s. d.). Dem Carpus folgen der Metacarpus mit 5 Metacarpalia (Mc I bis Mc V) sowie die Digiti: Dig. I = Pollex; Dig. II = Index; Dig. III = Medius; Dig. IV = Annularis; Dig. V = Minimus.

Carrel, Alexis, geb. 28. 6. 1873 Saint-Loyles-Lyon (Rhône), gest. 5. 11. 1944 Paris; Physiologe. C. erhielt 1912 den Nobelpreis für seine Arbeiten auf dem Gebiet der Physiologie und physiologischen Chirurgie. Bedeutende Untersuchungen über Gefäßanastomosen (C.sche Naht), über Organtransplantationen und zur Methodik, Blutgefäße und Organe zur späteren Verwendung in vitro lebensfähig zu erhalten; C.sche Flaschen zur Gewebezüchtung.

Carrier, der, engl. *carry* führen, tragen, befördern; Überträger von Ionen od. Molekülen, dient dem aktiven Transport.

Cartilágines arytenoídeae, die, gr. *he arýtaina* das Gießbecken, die Gießbecken- od. Stellknorpel des Kehlkopfes.

cartilagíneus, -a, -um, knorpelig.

cartilaginósus, -a, -um, knorpelreich.

cartilágo, -inis, *f.,* lat., der Knorpel.

Cartilágo cricoídea, die, gr. *ho kríkos* der Ring; der Ringknorpel des Kehlkopfes, hat die Form eines Siegelringes.

Cartilágo meckélii, die, s. Meckel, J. F.; embryonaler Knorpel des ersten Kiemenbogens, die embryonale Anlage des Unterkiefers der Säugetiere.

Cartilágo thyreoídea, die, s. Thyreoidea; der Schildknorpel, größter Knorpel des Kehlkopfskeletts.

carúncula, -ae, *f.,* lat., s. *caro;* das Fleischwärzchen, der Fleischhöcker; C. lacrimalis, der Tränenkarunkel; Carunculae hymenales, die geschrumpften Reste des zerstörten Hymens.

Carus, Carl Gustav, geb. 3. 1. 1789 Leipzig, gest. 28. 7. 1869 Dresden; Arzt, Anhänger der naturphilosophischen Richtung der Medizin, Maler; arbeitete auf dem Gebiet der vergleichenden Anatomie, Kranioskopie u. Psychologie. 1822 Mitbegründer der Versammlungen der Deutschen Naturforscher und Ärzte in Leipzig, die L. Oken initiiert hatte, ein natur-philosophisch orientierte Zoologe, Anatom u. Arzt, der eine Ganzheitsauffassung des Organismus vertrat.

Carus, Julius Victor, geb. 25. 8. 1823 Leipzig, gest. 10. 3. 1903 ebd.; Prof. für Vergl. Anatomie u. Direktor d. Zool. Samml. der Univ. Leipzig, Übers. von Darwins gesammelten Werken (14 Bde.), Begr. u. erster Hrsg. des „Zoologischen Anzeigers" (1878), schrieb eine „Geschichte der Zoologie" (1871) u. verfasste mehrere zoolog. Spezialarbeiten.

Carýbdea, *f.,* gr. *to káryon* die Nuss; Gen. der Carybdéidae, Cl. Cubomedusae. Spec.: *C. alata.*

Carýchium, *n.,* gr. *to karýkion* die Meerschnecke; Zwergschnecke, Gen. der Ellobiidae, Basommatophora, Pulmonata, Gastropoda. Spec.: *C. minimum,* Europäische Zwergschnecke, an nassen Orten unter Laub u. Holz.

Caryobiónta, die; s. Karyobionta.

caryocatáctes, gr. *to káryon* die Nuss u. *ho katáktes* der Zerbrecher, der Nussknacker; s. *Nucifraga.*

Caryoplásma, das; s. Karyoplasma.

Cascavela, brasilianischer Name für *Crotalus horridus.*

Casein, das, s. *cáseus;* das Kasein, wichtigster Eiweißkörper der Milch; Syn: Caseinogen.

caseósus, -a, -um, lat.; käsig.

cáseus, -i, *m.,* lat., der Käse. Spec.: *Tyroglyphus casei,* Käsemilbe.

caspicus, -a, -um, am Kaspischen Meer lebend; s. *Clemmys.*

caspius, -a, -um, am Kaspischen Meer vorkommend; s. *Cordylophora.*

Cássida, *f.,* lat.. *cássida* der Helm; Schildkäfer; Gen. der Chrysomélidae, Blatt- od. Laubkäfer, Coleoptera. Spec.: *C. nebulosa,* auf Gänsefußgewächsen (Melde, Beta-Rüben) Käfer- u. Larvenfraß, besonders auf Beta-Rüben schädlich; der vorn abgerundete Halsschild bedeckt den Kopf schildförmig; die Flügeldecken haben stark abgesetzten Seitenrand u. sind viel breiter als der Hinterleib.

castáneus, -a, -um, kastanienbraun; s. *Lumbricus.*

Castor, *m.,* gr. *ho kástor* der Biber; Gen. der Castoridae, Rodentia; fossile Formen seit dem Pliozän nachgewiesen. Spec.: *C. fiber,* Europäischer Biber, bekannt durch die kunstvollen Bauten in Wassernähe, bauen ferner mit abgenagten Bäumen Deiche; natürl. Vorkommen nur noch: Rhône-Mündung, Skandinavien, Polen, Ost-Europa, Sibirien, N-Mongolei, in Deutschland u. a. Elbe zwischen Torgau und Magdeburg *(C. f. albicus); C. canadensis,* Nordamerikan. Biber, ähnlich groß u. mit derselben Lebensweise, ursprünglich von Alaska bis Mexiko in allen größeren Flüssen, jetzt in der Verbreitung auch stark eingeschränkt.

Castóreum, *n.,* s. Castor; das Bibergeil, Sekret der Präputial- u. Analdrüsen (der Bibergeildrüsen) wird in den Bibergeilsäcken (an der

Vorhaut) aufbewahrt; die bräunliche, salbenartige Masse von eigenartigem Geruch u. Geschmack findet in der Parfümerie Verwendung; früher auch als krampfstillendes, beruhigendes Mittel.

Casuariiformes, *f.,* Pl., s. Casuarius; Kasuarvögel; Gruppe (Ordo) der Aves. (Australische Region).

Casuárius, *m.,* latin. aus *Kassuwaris,* dem malayischen Namen des Vogels; Gen. der Casuaríidae (Kasuare), Casuariiformes (Kasuarvögel). Spec.: *C. casuarius,* Helmkasuar (mit großem Knochenhelm auf dem Kopf); *C. benetti* Benettkasuar.

cataphráctus, -a, -um, gr. *katáphraktos* bedeckt, bepanzert; s. *Crocodilus.*

Catarrhína (auch *Catarhina), n.,* Pl., gr. *katá* herab, *he rhis, rhinós* die Nase, das Nasenloch; nimmt Bezug auf die nach unten gerichteten Nasenlöcher; haben schmales internasales Septum (Nasenscheidewand): Schmalnasen, Altweltaffen, Gruppe der Simiae, Primates („Herrentiere"); Vorkommen nur in den Tropen u. Subtropen der Alten Welt (nicht in Australien); vgl. Platyrrhina. Gruppen (z. B.): Cercopithecidae, Pongidae, Hominidae.

Catecholamine, die, Pl.; s. Katecholamine.

Catena, -ae, *f.*, die Kette, Abfolge; charakteristische Abfolge von Ökotopen entlang von Gradienten.

catenulárius, -a, -um, lat., von *caténa* die Kette, das Band; einer kleinen Kette ähnlich, kettenartig; s. *Halysites.*

Catenulida, *n.,* Pl., lat. *caténula* kleine Kette; wegen der Kettenbildung durch ungeschlechtl. Vermehrung; Gruppe (Ordo) der Turbellaria. Genus-Beisp.: *Stenóstomum,* s. d.

Cathártes, *f.,* gr. *ho kathartés* Reiniger, wegen der nützlichen Vertilgung des Aases; Gen. der Cathartidae, Westgeier, Geier der Neuen Welt. Spec.: *C. aura,* Hühner- od. Truthahngeier, A-Ura.

Catócala, *f.,* gr. *kátō* unten, *kalós* schön, der Name bezieht sich auf die bandartig, schön gefärbten Hinterflügel; Gen. der Noctúidae, Eulenschmetterlinge. Spec.: *C. fraxini,* Blaues Ordensband, Escheneule; *C. nupta,* Rotes Ordensband, Bachweideneule.

Catoráma, *f.,* gr. *katá* herab, *to hórama* der Anblick, das Gesicht, Schauspiel; Gen. der Anobíidae. Die Käfer haben einen abwärtsgeneigten Kopf. Spec.: *C. tabaci,* Großer Tabakkäfer, Schadinsekt in trop. u. subtrop. Tabakanbaugebieten u. in Lagerräumen (verschleppt).

catta, gr. *he kátta* eigentl. die Katze; Artname bei *Lemur,* s. d.

caucásicus, -a, -um, latin., im Kaukasus vorkommend, kaukasisch; s. *Agama.*

cauda, -ae, *f.,* lat., der Schwanz.

cauda equína, s. *Equus;* der „Rossschweif" od. „Pferdeschwanz"; die Gesamtheit pferdeschweifähnlich angeordneter caudaler Nerven des Rückenmarkes.

caudális, -s, -e, zum Schwanze hin, schwanzwärts.

Caudáta, *n.,* Pl., lat. *caudatus,* s. u.; wegen des relativ langen Schwanzes u. langgestreckten Körpers; Urodela, Schwanzlurche, Ordo der Amphibia; seit dem Oberjura (Malm), wahrscheinlich schon im Unterperm Nordamerikas.

caudátus, -a, -um, geschwänzt, mit Schwanz versehen; s. *Param(a)ecium.*

caudex, icis, *m.,* lat. auch *codex;* der (Hirn-) Stamm.

Caudofoveáta, *n.,* Pl., lat. *foveatus, -a, -um* mit Grube *(fovea)* versehen; Gruppe (Subcl.) der Aplacophora; sind Schlickbewohner im Meer, mit Ktenidien am Hinterende (Name!).

caudomaculátus, mit geflecktem Schwanz *(cauda)* bzw. gefleckter Schwanzflosse; s. *Phallóceros.*

caudovittatus, -a, -um, lat., mit Schwanzbinde versehen; s. *Hemigrammus.*

caulis, -is, *m.,* gr. *ho kaulós* der Stengel, Schaft, Stamm, Kohl.

cavérna, -ae, *f.,* die Höhle, Höhlung.

cavernósus, -a, -um, höhlenreich, vertieft, ausgehöhlt; s. *Abatus.*

Cávia, *f., Cobaya* u. *Cavia,* brasilianische Namen; Gen der Cavíidae, Meerschweinchen. Spec.: *C. aperea; C. porcellus;* von den Inkas in vorspanischer Zeit domestiziert; wichtig als Laboratoriumstier.

Caviar, der, tartar. Name für die Eier (Rogen) der Störe (Acipenseriden); Kaviar.

cavicol, s. *cávum;* höhlenbewohnend.

Cavicola, *n.,* Pl.; lat.; Höhlenbewohner.

Cavicornia, *n.,* Pl., lat. *cavus, -a, -um,* hohl, umhüllend, *cornu* das Horn; „Hohlhörner"; Bezeichnung (ohne direkten taxonomischen Status) für Hörner tragende Paarhufer (wie Rinder, Ziegen, Schafe, Antilopen).

cávitas, -átis, *f.,* lat., die Höhle; der Hohlraum.

Cavostelium, *n.,* lat. *(cavus)*; Gen. der Prostela. Spec.: *C. bisporum* (Einzelzellen etwa 10 µm).

cávum, -i, *n.,* lat., die Höhlung, der Hohlraum.

cávus, -a, -um, hohl, gewölbt.

Cebocephalie, die, gr. *ho kébos,* lat. *cebus* Kapuzineraffe, *he kephalé* der Kopf; Missbildung bei Primaten, gekennzeichnet durch Mangel des Riechhirns u. kleine flache Nase

mit einfacher Nasenhöhle. Die Augen stehen dicht nebeneinander, u. manchmal ist eine Oberlippenspalte vorhanden.
Ceboídea, *n.,* Pl., gr. *ho kébos,* s. u., u. *-oideus,* s. d.; synonym verwendete Bezeichnung für Platyrrhina (s. d.), da man bei typischen Unterscheidungsmerkmalen dieser Gruppe gegenüber den Catarrhina (s. d.) von den Cebidae ausging.
Cébus, *m.,* gr. *ho kébos* eine Affenart; Gen. Cébidae, Kapuzinerartige, Rollaffen, Greifschwänze; Platyrrhina. Spec.: *C. capucínus,* Kapuzineraffe.
Cecídien, die, gr. *he kekís* der Gallapfel, lat. *cecis* u. *cecídium* die Galle; Gewebewucherungen an Pflanzen, die durch andere Organismen hervorgerufen werden. Gallenerzeuger sind sowohl Pflanzen (= Phytocecidien) als auch Tiere (s. Zoocecidien). Man unterscheidet: einfache (Mantel-, Umwallungs-, Mark-) Gallen u. zusammengesetzte Gallen (letztere meist mit mehreren od. vielen Larvenkammern).
Cecidiologie, die; s. Cecidien; die Lehre von den Gallen, den Phyto- u. Zoocecidien, u. deren Erzeugern.
Cecidómyia, *f.,* gr. *kékis,* lat. *galla* der Gallapfel, gr. *he mȳía* Mücke; nimmt Bezug auf das Erzeugen von Gallen u. anderen phytopathogenen Missbildungen durch die Larven; Gen. der Cecidomyidae, Gallmücken. Spec.: *C. (= Mayetiola) destructor,* Hessenfliege (Weizenverwüster; in N-Amerika angeblich von den 1776 nach dort verkauften Soldaten eingeschleppt).
celátus, -a, -um, lat., versteckt, verborgen, von *celáre;* s. *Cliona.*
celer, -is, e-, lat., schnell. Spec.: *Protoceras celer,* ein fossiler Hirsch.
célla, -ae, *f.,* lat., die Kammer, der Vorratsraum; die Zelle.
cell-lineage, engl., lat. *célla* die Zelle, *linea* die Linie; engl. Bezeichnung für die lückenlose Abstammung (Verfolgung) bestimmter Zellenfolgen während der Embryonalentwicklung.
céllula, -ae, *f.,* die (kleine) Zelle.
céllulae ethmoidáles, die, s. *céllula,* gr. *ho ethmós* das Sieb; Siebbeinzellen der Siebbeinknochen der Säugetiere, sie stellen in ihrer Gesamtheit eine Nebenhöhle der Nase dar.
Celsius, Andreas, geb. 1701, gest. 1744, schwedischer Physiker; namentlich verbunden mit der Temperaturskala (Grad Celsius, °C).
Cementoblast, der; der Zementbildner des Zahnes.
ceméntum, i., *n.,* lat., *caedere* (mit dem Meißel) schlagen; s. caeméntum.
Centedidae, *f.,* Pl., s. *Centetes;* Borstenigel, Fam. der Insectivora. Zahlreich auf Madagaskar lebend.
Centétes, *m.,* gr. *ho kentetés* der Stachler, wegen der Borsten am Körper; Gen. der Centetidae (Borstenigel). Spec.: *C. (= Tenrec) ecaudatus,* Borstenigel.
centrális, is, -e, im Mittelpunkt gelegen.
Centrárchus, *m.,* gr. *to kéntron* = lat. *céntrum* Mittelpunkt, *archaíos* anfänglich, ursprünglich; Gen. der Centrárchidae, Sonnenbarsche.
centrifugal, s. *céntrum,* lat. *fúga* die Flucht; zentrifugal, vom Zentrum wegführend.
Centriol, das; s. Centrosom.
centripetal, s. *centrum,* lat. *pétere* streben; zentripetal, zum Zentrum hinführend.
Centromer, das, s. *céntrum,* gr. *to méros* der Teil; Angriffspunkt der mitotischen u. meiotischen Chromosomenbewegung (Spindelfaser-Ansatzstelle am Chromosom).
Centronótus, *m.,* gr. *to kéntron* der Stachel, *ho nótos* der Rücken, bezieht sich auf die lange, ganz aus „Stacheln" gebildete „Rücken"-flosse; Gen. der Pholididae. *C.* ist Syn. von *Phólis,* s. d.
Centrosom, das, s. *céntrum,* gr. *to sóma* der Körper; Zentrosom, Zentriol od. Zentralkörperchen, Zellorganell, in der Nähe des Zellkerns gelegen, besteht aus einem Hohlzylinder, der aus 9 Tripletts von Mikrotubuli zusammengesetzt u. für die Mitose von großer Bedeutung ist.
céntrum, -i, *n.,* gr. *to kéntron* der Stachel (des Zirkels), der Mittelpunkt; Centrum tendineum, zentrale Zwerchfellsehne, die beim Menschen kleeblattförmig ist.
Cepǽa, *f.;* Gen. der Helicidae, Schnirkelschnecken. Spec.: *C. hortensis,* Gartenschnirkelschnecke.
cephálicus, -a, -um, latin., gr. *he kephalé* der Kopf; zum Kopf gehörig.
Cephalisation, die; die Kopfbildung.
Cephalocarida, *n.,* Pl., gr. *he karís, -idos* der Seekrebs; Gruppe (Ordo) der Crustacea; als besonders primitiv geltende Kleinkrebse (bodenbewohnend, zwittrig).
Cephalochordata, *n.,* Pl., gr.; von Ray Lankester (Londoner Zoologe) gegebener, heute nicht mehr od. kaum noch gebräuchlicher Name für die Leptocardii od. Acrania (s. d.); mit C. wollte der Autor ausdrücken, dass die Chorda nicht wie bei den Tunicata nur im Schwanzabschnitt auftritt, sondern durch den ganzen Körper verläuft.
Cephalogenese, die, gr. *he génesis* die Erzeugung, Entstehung; die Art und Weise der stammesgeschichtlichen Ausbildung des Kopfes.

Cephalophus, *m.,* gr. *ho lóphos* der Haarschopf; Gen. der Bovidae, Rinderähnliche, Syn.: Antilopidae, Artiodactyla. Spec.: *C. (= Philantomba) monticola,* Blauducker.

cephalophus, -a, -um, latin., kontrahiert aus gr. *he kephalé* Kopf u. *ho lóphos* Haarschopf; Schopf-; s. *Elaphodus.*

Cephalopína, *f.*, gr. *he kephalé* der Kopf; Gen. d. Oestridae, Diptera. Spec.: *C. titillator,* Nasendasselfliege des Kamels (8 bis 11 mm lange aphage Fliege; Larvenstadien parasitieren in den Nasenlöchern von Dromedar, Trampeltier).

Cephalópoda, *n.,* Pl., gr. *ho pús, podós* der Fuß; „Kopffüßer", Tintenfische, Gruppe (Cl.) der Mollusca; marine, teils am Boden in der Uferzone, teils freischwimmend lebende, hochentwickelte räuberische Mollusken, bei denen der Fuß zu einem Teil um den Mund zu muskulösen Armen (Name!) mit starken Saugnäpfen ausgebildet ist u. zum unteren Teil als Trichter in der Mantelhöhle liegt. Zu den 8 normal ausgestalteten, zum Kriechen u. Festhalten der Beute dienenden Armen kommen bei den Decabrachia noch 2 sehr lange Fangarme hinzu; fossile Formen seit dem Kambrium bekannt, zahlreiche wichtige Leitfossilien. Gruppen (Subcl.): Tetrabranchiata, Dibranchiata.

cephalótes, gr. *kephalotós* Kopf-, mit einem großen Kopf versehen; s. *Bróscus.*

Cephalothórax, der, gr. *ho thórax* der Panzer, Brustkorb; das Kopfbruststück; der Zephalothorax entsteht bei Spinnentieren u. manchen Krebsen durch Verschmelzung von Brustsegmenten mit dem Kopf.

céphalus, latin., gr. *kephalé,* s. o.; als Artname bei *Leuciscus.*

Cephenemyia, *f.*, gr. *ho kephén, -énos* die Nichtarbeitende (Drohne), *he mýia* die Fliege, Raubfliege; Gen. der Oestridae (Dasselfliegen), Diptera. In Sommerhitze auf Berggipfeln fliegend. Erreger von nasopharyngealer Myiasis bei Wildarten. Die Larven schmarotzen in Nasen- u. Rachenhöhle z. B. von Hirschen, Rehen, Rentieren. Von Bedeutung sind die Gattungen *Caphenemyia* u. *Pharyngomyia* als Erreger von nasopharyngealer Myiasis bei einheimischen Wildarten.

Céphus, *m.,* gr. *ho kephén* die stachellose Drohne im Bienenstock; Gen. der Cephidae, Halmwespen. Spec.: *C. pygmaeus,* Getreidehalmwespe.

Cépola, *f.,* italienischer Name; Gen. der Cepólidae, Bandfische; Ordo Perciformes, Barschfische; Spec.: *C. rubescens,* Roter Bandfisch; sehr große Augen, After-, Rücken- u. Schwanzflosse gehen ineinander über. Der Körper ist lang, bandförmig. Rötliche Schuppen.

céra, -ae, *f.,* lat., das Wachs, Wachssiegel. Spec.: *Ceroplastes ceriferus,* eine Wachs-Schildlaus.

ceramboídes, -es, -es, latin., gr. *ho kerámbyx, kerámbykos* der Käfer mit langen Fühlern, *-eídes* ähnlich; Käfer, der denen des Gen. *Cerambyx,* Fam. Cerambycidae (Bockkäfer), ähnlich ist; s. *Pseudocistela.*

Cerambýcidae; artenreiche Fam. der Coleoptera; zumeist mit sehr langen Fühlern; oft bunt gefärbt. Larven häufig im Holz lebend, daher z. T. schädlich (phytomedizinische Bedeutung). Vertreter z. B.: Hausbock *(Hylotrúpes bájulus),* Eichen- oder Heldbock *(Cerambyx cerdo),* Moschusbock *(Arómia moscháta).*

Cerámbyx, *m.,* gr. *kerámbyx,* s. o., Feuerschröter; Gen. der Cerambycidae, Bockkäfer. Spec.: *C. cerdo,* Großer Eichenbock.

cérasus, -i, *f.,* lat., der Kirschbaum, die Kirsche. Spec.: *Rhagoletis cerasi,* Kirschfliege.

Ceratítes, *m.,* von gr. *to kéras* das Horn u. *-ites* willkürliche Endung für fossile Organismen; Gen. der Superfam. Ceratitaceae, Ordo Ammonoidea, s. d., Leitfossilien im germanischen Oberen Muschelkalk (Mittl. Trias). Spec. *C. robustus, C. nodosus, C. semipartitus.*

Cerátium, *n.,* gr. *to kéras* das Horn, *to kerátion* das kleine Horn; mit stachelartigen, hornförmigen Schalenfortsätzen (Schwebeeinrichtungen); Gen. der Dinoflagellata. Spec.: *C. hirundinella.*

cérato-, in Zusammensetzungen, verhornte Teile bezeichnend.

Cerátodus, *m.,* gr. *ho odús* der Zahn; Gen. der Ceratódidae, Lurchfische. Fossil: Untertrias bis Oberkreide.

Ceratomórpha, *n.,* Pl., gr. *he morphé* die Form, Gestalt, „Horntiere"; Gruppe der Perissodactyla, Ungulata, zu ihnen gehören die Tapire (Tapíridae) u. Nashörner (Rhinocerotoidae).

Ceratóphrys, *f.,* gr. *he ophrýs* Augenlid (wegen der Hornzipfel über den Augen); Gen. der Leptodactýlidae, Südfrösche. Spec.: *C. cornuta,* Gehörnter Hornfrosch.

Ceratophýllus, *m.,* gr. *to phýllon* das Blatt; Gen. der Ceratophýllidae, Ordo Aphaniptera (Siphonaptera), Flöhe. Der Name bezieht sich offenbar auf die blätterartigen Einschnitte an den keulenförmigen Fühlern. Spec.: *C. columbae,* Taubenfloh; *C. gallinae,* Hühnerfloh.

Ceratophýus, *m.*; Gen. der Scarabaeidae, Blatthornkäfer; Spec.: *C. typhoeus.*

Ceratopógon, *m.,* gr. *ho pógon* der Bart; Gen. der Ceratopogónidae, Bartmücken, Gnitzen. Spec.: *C. silvaticus,* Wald-Bartmücke.

Ceratotherium, gr. *to theríon* das Tier, *simus, -a, -um* plattnasig; Gen. der Rhinocerotoidae (Nashörner), Ordo Perissodactyla (Unpaarhufer). Spec.: *Ceratotherium simum,* Afrikanisches Breitmaulnashorn (= Weißes Nashorn, Stumpfnashorn).
Cercaria, die, gr. *he kérkos* der Schwanz; Zerkarien sind u. a. geschwänzte Larvenstadien von Digena (Trematodes).
Cerci, die; „Zerzi" sind die paarigen, tasterförmigen, meist gegliederten Abdominalanhänge mancher Insekten. Sie können von embryonalen Extremitäten-Anlagen abgeleitet werden; Schwanzborsten, Afterraife.
Cercocébus, *m.,* gr. *ho kébos* eine Affenart; Gen. der Cercopithecidae, Meerkatzenartige, Tieraffen, Catarrhina. Spec.: *C. aterrimus,* Mohren-Schopfmangabe.
Cercópis, *f.,* gr. *kerkópe* bei Aelian eine Zikadenart; Gen. der Cercópidae, Schaumzikaden. Spec.: *C. sanguinea (= Triecphora vulnerata),* Rote od. Blut-Zikade.
Cercopithecoidea, *n.,* Pl., von gr. *he kérkos,* s. o., *ho píthēkos* der Affe u. *-oidea,* siehe *-oideus;* Bezeichnung der wegen gemeinsamer Merkmale zusammenfassbaren Cercopithecidae u. Colobidae; Syn.: Cynomorpha (s. d.), Hundsaffen.
Cercopíthecus, *m.,* gr. *kérkos* s. o., *ho píthekos* der Affe; Gen. der Cercopithécidae, Meerkatzenartige. Catarrhina, Simiae. Die C.-Arten haben langen Schwanz ohne Endquaste u. lebhafte Farben der Behaarung u. des Gesichts. Spec.: *C. aethiops,* Grüne Meerkatze.
cerdo, lat., Handwerker; s. *Cerambyx.*
cereália, *n.,* Pl., lat., das Getreide; Genitiv: *-ium;* die Cerealien sind die (Haupt-) Getreidearten; Getreide- bei Binomen-Wiedergabe im Deutschen; s. *Limnothrips.*
cereális; -is, -e, nach Ceres, einer altitalischen Göttin der Feldfrucht, der schöpferischen Naturkraft, mit der griech. *Demeter* gleichgesetzt.
cerebelláris, is, -e, zum Kleinhirn gehörig.
cerebéllum, -i, *n.,* lat., das Kleinhirn; zentrales Organ für alle geordneten Bewegungen der quergestreiften Muskulatur, inkl. Erhaltung des Muskeltonus u. des Körpergleichgewichts; die Differenzierung des Hinterhirndaches der Vertebraten ist bei Säugern, Vögeln u. Fischen besonders gut entwickelt. An afferenten Bahnen enden hier Verbindungsbahnen vom Ohrlabyrinth, von optischen Zentren u. von Gelenk-, Muskel- u. Hautrezeptoren.
cerebrális, is, -e, zum Großhirn gehörig.
Cerebralisation, die; Gehirnbildung.
Cerebrátulus, *m.,* lat., *cérebrum* das Gehirn, die Gehirnwindung; Gen. der Linéidae, Anopla, Nemertini, Schnurwürmer. Spec.: *C. marginatus.*
Cerebroside, die, s. *cérebrum;* N-haltige, phosphorfreie Lipoide, die bei Hydrolyse Galaktose abspalten, vorwiegend im Nervengewebe auftretend, Cerebroside sind Kerasin, Cerebron, Nervon u. Hydroxynervon.
cerebrospinális, -is, -e, s. *cérebrum,* s. *spína;* zu Gehirn u. Rückenmark gehörig.
cérebrum, -i, *n.,* lat., das Gehirn, Hirn; es besteht bei Arthropoden aus Proto-, Deuto- u. Tritocerebrum, bei Vertrebraten aus Telencephalon (Endhirn), Diencephalon (Zwischenhirn), Mesencephalon (Mittelhirn) u. Rhombencephalon (Rautenhirn). Letzteres gliedert sich in Metencephalon (Hinterhirn) u. Myelencephalon (Nachhirn).
Cereópsis, *f.,* gr. *to keríon* das Wachs, *he ópsis* das Aussehen; bezugnehmend auf die gelbgrüne Wachshaut auf dem kurzen, dicken Schnabel; Gen. der Anatidae, Entenvögel. Spec.: *C. novaehollandiae,* Hühnergans.
Ceriantharia, *n.,* Pl., s. *Cerianthus;* Wachs- od. Zylinderrosen; system. Gruppe (Ordo) der Hexacorallia, Anthozoa.
Cerianthus, *m.,* gr. *kerion,* s. o., *to ánthos* die Blume; der größte Teil des langen Körpers steckt in einem schleimigen wachsartigen Futteral; Gen. der Cerianthidae, Ceriantharia, Zylinderrosen, Cl. Anthozoa. Spec.: *C. membranaceus.*
cérnuus, -a, -um, lat., kopfüber, sich überschlagend.
ceróma, -atis, *n.,* lat. s. *céra;* das Ceroma ist die Wachshaut am Oberschnabel vieler Raub- und Wasservögel.
Certation, die, lat. *certátio, -onis, f.,* der Wettkampf, -streit; der „Spermienwettkampf" nach der erfolgten Ejakulation: das Ei wird von den Y-Spermien (offenbar) auf Grund ihrer besseren Beweglichkeit leichter erreicht.
Certhia, *f.,* gr. *ho kérthios* ein Vogel, Baumläufer; Gen. der Certhíidae, Baumläufer, -vögel. Spec.: *C. brachydactyla,* Gartenbaumläufer; *C. familiaris,* Waldbaumläufer.
cerúmen, -inis, *n.,* lat.; 1. das Ohrenschmalz; das Cerumen ist das Sekret der Talg- u. Schmalzdrüsen des äußeren Gehörganges; 2. das Baumaterial für die Nestumhüllung stachelloser Bienen.
cervicális, -is, -e, zum Hals gehörig.
Cervicornier, die, lat. *cervus,* s. d., *cornu* Horn; Geweihtiere, bei denen das Männchen meistens mit Geweih od. knöchernem Stirnzapfen versehen ist; taxonomisch früher verwendet.
Cervidae, *f.,* Pl.; s. *Cervus;* Familie der Ruminantia (Subordo), Ordo Artiodactyla; Subfami-

liae: Muntjacinae; Cervinae (Echte Hirsche) mit den Genera: *Cervus, Axis, Sika, Dama;* Odocoileinae (Trughirsche) mit *Odocoileus, Capreolus;* Hydropotinae (Wasserrehe) mit dem Genus *Hydropotes;* Alcinae (Elche): *Alces;* Rangiferinae (Rentiere): *Rangifer.*

cérvix, -ícis, *f.,* lat., der Hals, der Nacken, C. uteri, der Gebärmutterhals.

Cervus, *m.,* lat., *cervus, -i* der Hirsch; Gen. der Cérvidae, Hirschähnliche. Mehrere Subgenera, die vielfach auch als eigene Genera geführt werden. Spec.: *C. elaphus,* Rot- od. Edelhirsch, *C. e. sibiricus,* Sibirischer Rothirsch; *C. (= Rusa) unicolor,* Aristoteleshirsch, Indisch. Sambar.

cervus, als Artname, z. B. bei *Lucanus,* s. d.

Cestóda, *n.,* Pl., gr. *ho kestós* das Band; Syn.: Cestodes (Rudolphi 1808); Bandwürmer, Cestoden, Cl. d. Plathelminthes; endoparasitische, darmlose Plathelm. mit wimperloser, versenkter Epidermis, aus deren Eiern Larven mit mobilen Hakenpaaren schlüpfen. Bandwürmer sind extrem an eine endoparasitische Lebensweise angepasste Cercomeromorpha. Die Entwicklung verläuft fast immer mit Wirtswechsel, sehr selten mit Generationswechsel. In allen Stadien fehlt ihnen stets ein Darm. Sie sind stark abgeplattet (Name!) u. leben in der Regel im Darmtrakt, selten in der Leibeshöhle von Wirbeltieren (Endwirt). Halteapparate sind am Vorderende, selten am Hinterende (Gyrocotylidea), ausgebildet. Es sind etwa 3 500 Arten bekannt, von denen die größten etwa 20 m *(Diphyllobothrium latum)* lang werden können. Unterteilung (in): Gyrocotylistea, Nephroposticophom, Amphilinida, Cestoida, Caryo-, Cyclo-, Pseudophyllida (in Anlehnung an Westheide/Rieger 1996).

Cestodária (Monticelli 1892), *n.,* Pl.; Gruppe der Cestoda, s. d.; blatt-, selten bandförmige Cestoden, die keinen mit Sauggruben od. Haken ausgerüsteten, abgesetzten Scolex haben u. deren Körper nicht durch Querfurchen gegliedert ist u. nur einen Satz zwittriger Geschlechtsorgane enthält; ein Cirrusbeutel fehlt; durch je eine eigene Öffnung münden getrennt voneinander aus: der Ductus ejaculatorius, die Vagina, der Uterus; die aus dem Ei geschlüpfte Larve besitzt 5 Hakenpaare; vorwiegend in Altfischen.

Cestus, lat. *cestus, -i, m.*; Gen. der Cestidae, Cestidea, Ctenophora. Spec.: *C. veneris,* Venusgürtel (band- od. linealförmige Rippenqualle, bis 1,5 m Länge bei 8 cm Höhe od. Breite).

Cetácea, *n.,* Pl., gr. *to kétos* großes Meertier, Walfisch; Ordo der Mammalia, Säugetiere; fossile Formen seit dem Eozän. Die rezenten C. sind bis auf die Luftatmung völlig dem Wasserleben angepasst. Gruppen sind: Odontoceti (Zahnwale), Mysticeti = Mystacoceti (Bartenwale).

Cetónia, *f.,* gr. *he ketonía* der Metallkäfer, kommt nach Fabricius bereits bei Hesychius vor; Gen. der Scarabǽidae, Blatthornkäfer. Spec.: *C. aurata,* Rosen-, Goldkäfer.

Cetorhínus, *m.,* gr. *to kétos* jedes große Meerestier, das Meeresungeheuer, *he rhis, rhinós* die Nase; Gen. der Lamnidae (Heringshaie), Selachoidea. Spec.: *C. (= Selache) maximus,* Riesenhai (eine der größten Arten; bis 15 m, frisst Plankton).

cf., lat. *conferre* vergleiche! (Imp. von *confere*); etwa zu vergleichen mit, Zeichen der offenen Namengebung, s. d.

chaeto-, in Komposita, von gr. *he chaíte* das Haar, die Borste, der Pfeil; Borsten-, Pfeil-.

Chaetognátha, *n.,* Pl., gr. *he gnáthos* der Kiefer; „Borstenkiefer", Pfeilwürmer, Gruppe der Metazoa, mit einzelnen Merkmalen der Deuterostomia. Langgestreckte, runde, glashelle, räuberische, sehr schnell schwimmende Planktonbewohner von pfeilartiger Gestalt mit rel. kräftigen, hakenartigen chitinigen Greifhaken (Borsten) rechts u. links der Mundhöhle u. mit lateralen horizontalen Flossenpaaren; 6 rezente Gattungen mit etwa 30 Species; foss. 1 Gatt. im Mittl. Kambrium (s. *Amiskwia).*

Chaetopsýlla, *f.,* gr. *he psýlla* der Floh, also „Haarfloh"; Gen. der Vermipsyllidae, Ordo Aphaníptera (Siphonáptera), Flöhe. Gattungsmerkmal: starke Behaarung. Spec.: *C. globiceps,* Fuchsfloh.

Chagas, Carlos, geb. 1879, gest. 1934; Bakteriologe, Direktor des bakteriologischen Institutes Oswaldo Cruz in Rio de Janeiro; entdeckte 1907 die *Trypanosoma cruzi.* Die nach ihm benannte Erkrankung wird von der gleichnamigen *T. cruzi,* die durch Raubwanzen *(Triatoma infestans, Panstrongylus megistus)* übertragen wird, verursacht.

Chaimarrornis, *m.,* gr. *ho* u. *he órnis* der Vogel; Gen. der Turdidae, Drosselvögel. Spec.: *C. leucocephalus,* Weißkopfschmätzer, Kronwasserrötel.

Chálaza, die, gr. *he chálaza* der Hagel; die Chalazen sind polständige, spiralig aufgerollte Hagelschnüre, die den Eidotter des Vogeleies in der Schwebe halten bzw. an denen der Eidotter „aufgehängt" erscheint.

Chálceus, *m.,* gr. *chálkeos* glänzend, erz-(kupfer-) farben; Gen. der Characidae (Salmler), Cypriniformes. Spec.: *C. macrolepidótus,* Schlanksalmler.

Chalcides, *m.,* gr. *he chalkís* bei den Griechen eine Eidechse (auch ein Vogel u. ein Fisch), *ho*

chalkós das Erz; Gen. der Scincidae, Glattechsen. Spec.: *Ch. chalcides,* Erzschleiche.
Chalcinus, *m.,* gr., erzfarbenartig (glänzend); Gen. der Charácidae, Cypriniformes. Spec.: *C. elongátus (= Triportheus elongatus).* Kropfsalmler.
Chálcis, *m.,* gr. *ho chalkos* das dunkle Erz; Gen. der Chalcididae, Erzwespen, Fam. der Hymenoptera.
Chalcóphora, *f.,* gr. *chalkophóros* kupfer-(erz-) tragend, wegen der bräunlichen Erz-(Kupfer-) Farbe; Gen. der Buprestidae, Prachtkäfer. Spec.: *Ch. mariana,* Großer Kiefernprachtkäfer (Larve im toten Kiefernholz).
Chalepoxénus, *m.,* gr. *chalepós* schlimm, schwierig, *ho xénos* der Gast = „der schlimme Gast"; gehört zu den sog. Sklavenhalterameisen. Gen. der Formicidae.
Chalicódoma, *f.,* gr. *ho, he chálix* Kalkstein, Steinstückchen, *domēin* bauen; baut ihr Nest aus Sandkörnchen an Mörtel, Mauern, Felsen u. dgl.; Gen. der Megachilidae. Spec.: *Ch. muraria,* Mörtel-, Mauerbiene.
chalicóphora, gr. *phorēin* tragen; also: „Kalksteine tragend"; s. *Geonemértes.*
Challenger-Expedition; wissensch. Expedition der Korvette „Challenger" von 1872–1876 unter Leitung des Kapt. Sir G. Nares mit dem Hauptziel der Tiefsee-Erforschung.
Chalone, die, gr. *chalān* erschlaffen, nachlassen; Glykoproteine, MG etwa 25 000. Mitosehemmstoffe, gebildet im Gewebe, auf das sie einwirken. Eine Verminderung der Ch. löst eine gesteigerte Zellteilung aus.
chalúmnae; s. *Latiméria.*
Chamǣleo, *m.,* gr. *chamaí* auf der Erde, niedrig, klein, *ho léon* der Löwe; der Name *ho chamailéon* bereits bei Aristoteles; Gen. der Chamaeleónidae, Chamaeleons. Spec.: *Ch. chamaeleon,* Gewöhnliches Chamäleon; *Ch. oustaleti,* Riesenchamäleon; *Ch. dilepis,* Lappenchamäleon.
Chamäleonfliege, s. *Stratiomys chamaeleon.*
Chamisso, Adalbert von, geb. 30. 1. 1781 auf Schloss Boncourt in der Champagne, gest. 21. 8. 1838 in Berlin; deutscher Dichter, preussischer Offizier, Botaniker, Entdeckungsreisender u. Entdecker des Generationswechsels der Salpen.
Chamoisleder, das, franz. *chamois* die Gemse; sämischgegerbtes Gemsen-, Ziegen- od. Schafleder.
Chanchito, südamerikan. (Vernakular-) Name für *Cichlasoma facetum,* s. d.
Chaoborus, Syn. von *Corethra,* s. d.
Characídium, *n.,* gr., von *Charax* (s. d.) abgeleitet; Gen. der Hemiodontidae (Halbzähner), Cypriniformes. Spec.: *C. rachovi,* Rachows Grundsalmler.
Charadriiformes, *f.,* Pl., s. *Charadrius* u. *-formes;* Regenpfeifer, Ordo der Aves; u. a. mit den Alken, Möwen, Reiherläufern, Blatthühnchen, Schnepfenvögeln.
Charádrius, *m.,* gr. *ho charadriós* (von *he charádra* Uferspalte) in der Antike ein gelblicher, nächtlicher Wasservogel; Gen. der Charadríidae, Regenpfeifer. Spec.: *Ch. dubius,* Flussregenpfeifer; *Ch. vociferus,* Schreiregenpfeifer.
Charax, *m.,* gr. *ho chrárax, -akos* der Spitzpfahl; bezieht sich auf die Zähne; Gen. der Charácidae (Salmler), Cypriniformes. Spec.: *C. gibbósus,* Buckelsalmler.
Chargaff, Erwin, geb. 1905, gest. 20. 6. 2002; Biochemiker; Studium der Chemie in Wien, seit 1935 an der Columbia Universität, New York tätig u. seit 1952 Professor der Biochemie, 1970 Direktor des Biochemischen Institutes.
Charónia, *f.,* Name für *Tritonium,* s. d.
Chauna, *f.,* brasilianischer Name; Gen. d. Anhimidae (Wehrvögel), Anseriformes (Gänsevög.). Spec.: *Ch. chavária,* Weißwangentschaja; *Ch. torquata,* Halsbandwehrvogel (-tschaja).
chavária, brasilianischer Name; s. *Chauna.*
Cheilóschisis, die, gr. *to chēilos* die Lippe, *schízein* spalten; die Lippenspalte, angeborene Spaltung der Lippe (selten median, häufiger ein- bzw. beidseitig), als Hasenscharte bezeichnet.
Cheimatóbia (= Operophthera), *f.,* gr., aus *to cheíma* der Winter u. *bió-ein* gebildet. Gen. der Geometridae, Spanner, Lepidoptera. Spec.: *Ch. (= Operophthera) brumata,* Kleiner Frostspanner; *Ch. (= O.) fagata,* Waldfrostspanner.
Chēirodon, *m.,* gr. *he cheír* die Hand, *ho odón, -óntos* der Zahn; mit handförmigen Zähnen; Gen. der Characidae, Cypriniformes. Spec.: *C. axelrodi,* Roter Neon.
Chelae, *f.,* latin., Pl.; die Scheren; auch: die gespaltenen Klauen bei d. Tetrapoda, ebf. die Krallen der Aves.
Chelate, Pl., *n.*; gr. *he chéle* Klaue, Kralle, engl. chelates; Scherenbindungskomplexe, Verbindungen, bei denen Moleküle, die zwei oder mehr freie Elektronenpaare (Donatorgruppen) besitzen, mehrere Bindungen gleichzeitig mit demselben Zentralatom eingehen. Auf diese Weise entstehen mehrwertige, meist stabile, wasserlösliche Chelate. Als Chelatbildner kommen z. B. Aminocarboxylate, Hydroxyaminocarboxylate und Hydroxycarbonsäuren infrage, als Zentralionen mehrwertige Metallionen. Die Chelatbildung wird verwendet zur Detoxifikation bei Schwermetall-

vergiftungen, z. B. zur Entfernung von Kupfer-, Eisen-, Nickel-, Mangan-, Arsen-, Blei- oder Quecksilberionen.

Chelicerata, *n.,* Pl., s. Cheliceren; Arthropoden, die weder Antennen noch zangenartig gegeneinander wirkende Kiefer ausgebildet haben; ihr vorderstes Gliedmaßenpaar, die Cheliceren, dient dem Ergreifen der Beute sowie dem Fressakt u. endigt häufig in einer Schere (Name!). Mitteldarm mit umfangreichen Divertikeln ausgestattet; Subphylum mit etwa 40 000 Species und den Klassen: Merostomata, Arachnida, Pantopoda; fossile Formen seit dem Kambrium bekannt.

Cheliceren, die, gr. *he chelé* die Schere, Klaue, *to kéras* das Horn; die Kieferklauen (Klauenhörner), Oberkiefer der Spinnentiere.

Chelidónias, *f.,* von gr. *he chelidón, -onos* die Schwalbe; Gen. der Laridae, Möwenvögel. Spec.: *Ch. nigra,* Trauerseeschwalbe.

Chélifer, *m.,* lat., *ferre* tragen; also: Scherenträger; Gen. der Cheliferidae, Scherenträger, Ordo Pseudoscorpiones. Spec.: *Ch. cancroides,* Bücherskorpion.

Chelónia, *f.,* gr. *he chelóne* die Schildkröte; Gen. der Cheloníidae, Seeschildkröten. Spec.: *Ch. mýdas,* Suppenschildkröte (wichtig in kulinarischer Hinsicht, sehr schmackhaftes Fleisch).

Cheloníbia, *f.,* gr. *biū̃n (bió-ein)* leben; an Schildkröten parasitär lebend; Gen. der Balánidae, Thoracica, Cirripedia. Spec.: *C. testudinária.*

Cheloníidae, *f.,* Pl., s. *Chelónia;* Seeschildkröten, Fam. d. Testudines (= Chelonia), Schildkröten; Beine als Flossen umgestaltet, Hals u. Beine nur z. T. unter die Schale zurückziehbar; auf hoher See lebende, gewandte Schwimmer, die sich nur zur Eiablage an Land begeben; Genera bzw. Spec.: s. *Chelonia (= Chelone); Eretmochelys (= Chelone) imbricata,* Echte Karettschildkröte, die Hornschilder des Rückenpanzers werden zum teuren echten Schildpatt verarbeitet, ihr Fleisch ist ungenießbar; *Caretta caretta,* Unechte Karettschildkröte, in allen tropischen u. subtrop. Meeren, am weitesten nach Norden verbreitet, Schildpatt nicht verwendet, Fleisch wenig geschätzt; *Thalassochelys corticata,* Europäische Schildkröte, Cacouana.

Chelus, *m.,* (eigentl. Chélys u. *f.,* wurde maskulinisiert), *he chélys* die Schildkröte (auch: Lyra u. Brustkasten); Gen. der Chelidae, Schlangenhalsschildkröten, Ordo Testudines. Spec.: *Ch. fimbriatus,* Fransenschildkröte (Matamata), hat am Ende zerfranste Barteln an Kinn u. Kehle sowie Hautlappen auf d. Nacken.

Chélydra, *f.,* gr. *ho chélydros* Wasserschildkröte; Gen. der Chelydridae (Schnapp-, Kaimanschildkröten). Spec.: *Ch. serpentina,* Schnapp- od. Alligatorschildkröte.

Chélys, *m.,* gr. *he chélys* die Schildkröte; Syn.: *Chelus,* s. d.

Chemogenetik, die; Spezialgebiet der Genetik, das den Einfluss chemischer Stoffe auf das Erbgut zum Gegenstand hat (u. a. Auslösung von Mutationen).

Chemokline, die, gr. *klínein* neigen, beugen; chemische Sprungschicht in einem stehenden Gewässer mit starken Konzentrationsunterschieden.

Chemorezeptoren, die, gr. *chymḗia* die Chemie, lat. *recéptio* die Aufnahme; Rezeptoren, die auf chemische Reize antworten, z. B. Geruchs- u. Geschmacksrezeptoren.

Chemotaxis, die, gr. *he táxis* die Einordnung; durch chem. Reize verursachte Ortsbewegung von od. zu der Reizquelle.

Chemotropismus, der; Reaktion von Zellen od. Organismen auf chemische Substanzen, die positiv od. negativ ausfallen kann.

Chenodesoxycholsäure, die, 3,7-Dioxycholansäure, gr. *ho, he chen, chenós* die Gans, *oxys* scharf, sauer, *he cholé* die Galle, *des-* statt; eine Gallensäure (s. d.), insbesondere bei Hühnern u. Gänsen.

chéopis, Genit. des latin. ägyptischen Herrschernamens *Cheops,* der u. dessen Pyramide den Autor zur Namengebung von *Xenopsylla cheopis* offenbar wegen der Funde „near Shendi and Suez" veranlaßt hat (nach Pfeifer 1963).

Chermes, von Linné aus dem arab. *kermesi* od. *kermes* die Kermesbeere gebildet; Chermesidae (Syn. Adelgidae), Tannenläuse, Tannengallläuse, Fichtenläuse, Fam. der Pflanzenläuse (Sternorhyncha, Aphidina). Spec.: *Sacchiphantes (Chermes) viridis,* Grüne Fichtengallenlaus.

Chiasma, das, gr. *to chíasma* X-förmige Kreuzung, Überkreuzung; das C. fasciculorum opticorum ist die Sehnervenkreuzung (Sehnerv = 2. Hirnnerv der Wirbeltiere).

Chiasmatypie, die; Faktorenaustausch durch Überkreuzung der Chromatiden in der Meiose.

Chiastoneurie, die, gr. *chiastós* gekreuzt, *to nū̃ron,* Nerv; bei vielen Schnecken die Überkreuzung der ursprünglich fast parallelen Konnektive, die die Pleural- mit den Parietalganglien verbinden. Sie kommt mit der Drehung des Eingeweidesackes zustande.

Chileflamingo; s. *Phoenicopterus chilensis.*

chilénsis, -is, -e, in Chile beheimatet, Chile-; s. *Phoenicopterus.*

Chilodon, *m.,* gr. *ho cheîlos* die Lippe, *ho odús, -óntos* Zahn; Name bezieht sich auf den mit einem lippenartigen Deckel versehenen Zellmund (Cytostom), der mit stabförmigen „Zähnchen" bewehrt ist; Gen. der Euciliata (Tribus Hypostomata, Subordo Gymnostomata). Spec.: *Chilodon (-ella) cucullulus.*

Chilódus, *m.,* gr. s. o., mit bezahnten Lippen; Gen. der Anostomidae (Kopfsteher), Cypriniformes. Spec.: *C. punctátus,* Punktierter Kopfsteher.

Chilomástix, *f.,* gr. *he mástix* die Geißel; Gen. der (Ordo) Polymastigina, Flagellata. Spec.: *C. cunículi* (im caecum von Kaninchen); *C. mesnili* (im Caecum des Menschen als birnenförmiger Darmflagellat, dessen pathol. Bedeutg. umstritten ist).

Chilómonas, *f.,* gr. *ho cheilos* die Lippe, der Saum, Rand, *he monás, monádos* die (einzelne) Einheit, als Adj.: vereinzelt, einsam; Gen. des Ordo Cryptomonadina. Spec.: *C. paramecia* (in Sumpfwasser saprozoisch).

Chilópoda, *n.,* Pl., gr. *ho pús podós* Fuß; „Hundertfüßer", Gruppe d. Myriapoda mit der Unterteilung in Noto- u. Pleurostigmophora (Rücken- u. Seitenatmer); haben sehr lange, seitlich eingelenkte Extremitäten, je Segment nur 1 Paar Beine (außer den 3 letzten Segmenten); Segmente dorsoventral abgeplattet. „Räuber" mit entsprechenden Mundwerkzeugen; fossile Formen seit der Kreide nachgewiesen; Syn: Opisthogoneata, s. d.

Chimaéra, *f.,* gr. *he chímaira* fabelhaftes Ungeheuer, Fabelwesen: vorn Löwe, inmitten Ziege, hinten Drache; Gen. der Chimaeridae, See- od. Meerkatzen; Holocephali. Spec.: *Ch. monstrosa,* Meerkatze, Seeratte, Heringskönig (Atlantik, Mittelmeer, Nordsee); hat wie die „Ratte" einen dünnen Schwanz.

Chimären, die; Komplexindividuen, die aus idiotypisch verschiedenen Zellen bestehen.

China-Alligator, der; s. *Alligator.*

Chinchilla, *f.,* einheimischer Name (S-Amerika); Gen. der Chinchíllidae, Chinchillas. Spec.: *Ch. laniger,* Kleine Chinchilla, Wollmaus; *Ch. brevicaudata,* Große Chinchilla.

Chinesischer Leberegel, der; s. *Opisthorchis.*

Chinesischer Milu, *m.;* s. *Elaphurus davidianus.*

Chinesisches Wasserreh, das; s. *Hydropotes inérmis.*

Chinolin, das, *n.*; hygroskopische, kaum waserlösliche, alkalisch reagierende giftige Flüssigkeit; heterozyklische Verbindung, Grundsubstanz vieler Naturstoffe (z. B. Chinolon-Antibiotika).

Chinone, Pl., *n.*; zyklische Verbindungen mit chinoidem System (konjugierte Doppelbindung mit 2=O- bzw. =NH-Gruppen in p- od. o-Stellung; Grundstruktur zahlreicher Naturstoffe, z. B. Gift des Bombardierkäfers und der Schnurfüßler.

Chiralität, die, gr. *he cheir* die Hand; Händigkeit oder Schraubendrehsinn (rechts- od. linksdrehend).

Chirocéphalus, *m.,* gr. *he cheîr,* die Hand, *he kephalé* der Kopf; Gen. der Branchipódidae, Kiemenfüßer, Phyllopoda. Spec.: *Ch. grubei.*

Chirómys, *m.,* gr. *ho mýs* Maus; bezugnehmend auf die verlängerten, fingerartigen Zehen; nur dicke Zehe mit Plattnagel (*mys*-artig), alle anderen Zehen mit Krallennägeln; Gen. d. Indridae, Lemuroidea; s. Daubentónia.

Chironéctes, *m.,* gr. *nektós* schwimmend, von *néchesthai* schwimmen; die Zehen der Hinterfüße sind durch Schwimmhäute verbunden; Gen. der Didelphidae, Beutelratten. Spec.: *Ch. minimus,* Schwimmbeutler(-ratte).

Chirónomus, *m.,* gr. *cheironómos* die Hände bewegend, gestikulierend, nimmt Bezug auf ihren Tanz in der Luft, besonders am Abend (meist massenhaft, also in Schwärmen); Gen. der Chironómidae, Zuck-, Schwarmmücken. Spec.: *Ch. plumosus,* Feder-Zuckmücke.

Chironomus-See, der; See mit artenarmer, aber individuenreicher Profundalfauna, vorwiegend *Chironomus*-Larven sowie Oligochaeten, sehr geringer oder kein Sauerstoffgehalt während der Sommerstagnation, meist eutroph.

Chiropatágium, *n.*; relativ große, zusätzliche Flughaut zwischen den Fingern der Chiroptera; vgl. Patagium.

Chiróptera, *n.,* Pl., gr. *to pterón* der Flügel, wörtlich: Handflügler; Fledermäuse, Ordo der Eutheria. Die Ch. haben durch Verlängerung des II. bis V. Fingers u. Ausbildung eines Chiropatagiums (zwischen den Fingern) einen echten Flatterflug ausgebildet, der gewandt u. schnell, aber nicht sehr ausdauernd erfolgt; sie sind artenreich, s. Mega- u. Microchiroptera.

chiropterophil, gr. *ho phílos* der Freund; für die Bestäubung durch Fledermäuse geeignet.

Chirurg, der; s. *Acanthurus chirurgus.*

Chirurgie, die, gr. *he cheirurgía* die Tätigkeit der Hand *(cheir),* u. zwar: die Handarbeit, Handführung, im bes. als Wundarzneikunst; operative klinische Disziplin der Human- und Veterinärmedizin.

chirurgus, latin., der Chirurg; gr. *cheirurgikós* in der Wundarzneikunst (Chirurgie) geschickt; s. *Acanthurus chirurgus,* der durch seine Schwanzschläge mit Hilfe der Dornen tiefe, schwer heilende Wunden verursachen kann.

chitala, von gr. *ho chitón* das (farbige) Kleid gebildet u. latin.; das Fähnchen, das kleine Kleid; s. *Notopterus chitala.*

Chitin, das, gr. *ho chitón* das Unterkleid, die Hülle; stickstoffhaltiges Polysaccharid, $(C_8H_{13}O_5N)_n$, das vor allem in der Cuticula fast aller Arthropoden als Gerüstsubstanz vorkommt.

Chitinase, die; ein Chitin spaltendes Enzym; es wurde bei bestimmten Amöben, Lumbriciden u. in der Exuvialflüssigkeit verschiedener Insektenlarven u. sich häutender Krebse nachgewiesen.

Chlamydosélachus, *m.*, gr. *he chlamýs, -ýdos* das männliche Oberkleid (mit Kragen), *to sélachos* der Knorpelfisch; namentlicher Bezug auf die kragenartig aussehenden Erweiterungen jedes hinteren Kiemenspaltenrandes, der die folgende Öffnung überdeckt, so dass das Bild einer Art Halskrause entsteht; Gen. der Chlamydoselachidae, Kragenhaie, Elasmobranchii. Die Kragenhaie waren im Tertiär häufiger als heute. Spec.: *C. anguineus,* Kragenhai (mit langgestrecktem Körper ohne Rostrum).

Chlidónias, *f.*, latin. von gr. *he chlidá* der Schmuck, die Zierde u. *he chelidṓn* die Schwalbe gebildet; Gen. der Sternidae, Charadriiformes. Spec.: *Ch. nigra,* Trauerseeschwalbe; *Ch. leucoptera,* Weißflügelseeschwalbe.

Chloëphaga, *f.*, gr. *he chlóē* das Gras, junge Grün, *phageīn* fressen; der Gattungsname bezieht sich auf den Haupterwerb der Nahrung (Abweiden von Gras); Gen. der Anátidae (Entenvögel). Spec.: *Ch. poliocephala,* Graukopfgans; *Ch. rubídiceps,* Rotkopfgans.

Chloragogenzellen, die; gelbbraune, vergrößerte u. umgewandelte Peritoneumzellen, die z. B. den Darm der Regenwürmer umschließen. Sie speichern wahrscheinlich neben Reserve-Stoffen z. T. auch Exkrete.

Chloris, *f.*, gr. *chlorós* grün, gelb, blassgrün; Gen. der Fringíllidae, Finken. Spec.: *Ch. chloris,* Grünfink, Grünling.

Chlorocruorin, das, lat. *cruor* das Blut; als Sauerstofftransporteur wirkendes grünes Pigment im Blut einiger Polychaetenfamilien.

Chlorohydra, *f.*, Sing., gr. *he hýdra,* s. *Hydra;* der Name bezieht sich auf die Grünfärbung, da C. in Symbiose mit Grünalgen (Zoochlorellen) lebt; bei der Fortpflanzung nehmen die Eier amöboid Zoochlorellen aus dem Mutterkörper auf; Gen. der Hydridae Athecata(e), Hydrozoa. Spec.: *C. viridissima.*

Chlórops, *f.*, gr. *he ṓps, opós* Angesicht; „im Angesicht grüner Pflanzen"; vor allem auf Wiesen vorkommend; Gen. der Chlorópidae (Halmfliegen; mit Getreideschädlingen), Diptera. Spec.: *C. pumiliónis,* Weizenhalmfliege.

Chlorópsis, *f.*, gr. *he ópsis* das Sehen, Erblicken, Gesicht; Gen. der Chloropsidae (Blattvögel), Passeriformes. Spec.: *Ch. aurifrons,* Goldstirnblattvogel; *Ch. hardwickei* Lasurblattvogel.

chlorópterus, -a, -um, gr., latin., grünflügelig, Grünflügel-; s. *Ara.*

chlóropus, gr. *ho pus* Fuß, Bein; grünfüßig; s. *Gallinula.*

choánae, *f.*, Pl., latin., gr. *ho chóanos* der Trichter; Choanen sind die hinteren, in den Nasenrachenraum mündenden Öffnungen der Nasenhöhle.

Choanichthyes, *m.*, Pl., gr. *ho ichthýs, -ýos* der Fisch; namentlicher Bezug auf die Öffnung der Nasenhöhle in die Mundhöhle (= Choane!); Choanen-Fische, Fleischflosser (Syn.: Sarcopterygii!), Gruppe der Osteichthyes (s. d.). Sie sind Knochenfische mit hyo- od. amphistylem Cranium, haben Kiefer mit Verknöcherungen. In den paarigen Flossen besteht ein umfangreicher Fleischteil (lat. *sarco* Fleisch). Zahlreiche Arten sind ausgestorben. – Rezente Genera: *Lepidosiren, Neoceratodus, Protopterus* (alle 3 Dipnoi); *Latimeria* (gehört als einziges rezentes Genus zu den Crossopterygii). Gruppen: Dipnoi u. Crossopterygii.

Choanoflagellata, *n.*, Pl., von gr. *he chóanos* der Trichter, Kelch; „Kelchgeißeltierchen"; Gruppe des Ordo Protomonadina, Zooflagellata. Die Ch. besitzen am Vorderende einen trichter- od. kelchförmigen Plasmakragen (Collare). In phylogenetischer Hinsicht stehen sie vielleicht der Wurzel der Metazoa besonders nahe.

Choanozyten, die, gr. *to kýtos* das Gefäß, die Zelle; die Kragengeißelzellen der Schwämme.

Choerópsis, *f.*, gr. *ho choíros* das Schwein, *he ópsis* das Aussehen, weil auch kleiner als *Hippopotamus;* Gen. der Hippopotamidae, Flusspferde. Spec.: *Ch. liberiensis,* Zwergflusspferd.

cholédochus, -a, -um, gr. *he cholé* die Galle, *déchesthai* enthalten, aufnehmen; galleführend.

Cholerese, die, gr. *rhein* fließen; die Gallenabsonderung, der Gallefluss.

choleretisch; die Gallenabsonderung bewirkend.

Cholesterin, das, gr. *to stéar* der Talg, das Fett; wichtigstes Steroid der Gruppe der Zoosterine, einwertiger sekundärer Alkohol; als Bestandteil aller Körperzellen findet sich Cholesterin frei od. verestert in allen Organen u. Flüssigkeiten, besonders reichlich in der Galle (Hauptbestandteil der Gallensteine), in der Nebenniere, im Gehirn u. im Ovar.

Cholezystokinin, das, gr. *he kýstis* die Blase, *kinē̃in* bewegen; Hormon der Duodenalschleimhaut, das die Kontraktion der Gallenblasenmuskulatur u. somit die Entleerung der Gallenblase bewirkt, wird auch wegen seines Nebeneffektes auf die Bauspeicheldrüse als Pankreozymin bezeichnet.

Cholin, das; Trimethylhydroxyethylammoniumhydroxid, bei Pflanzen, Tieren u. dem Menschen vorkommende starke organische Base, notwendig für die Lezithinbildung in der Leber. Mangel an Cholin bewirkt Leberverfettung. Cholin dient außerdem als Methylierungsmittel im Stoffwechsel.

cholinerge Nervenfaser, die, gr. *to érgon* die Arbeit, das Werk; Faser, die an ihrer Endigung Acetylcholin abgibt (prä- u. postganglionäre Parasympathicusfasern, präganglionäre Sympathicusfaser).

Cholinesterase, die; Enzym, das Acetylcholin zu Essigsäure und Cholin hydrolysiert. Dieser Vorgang ist für die Erregungsleitung von großer Bedeutung.

Cholṑepus, *m.,* gr. *cholós* lahm, hinkend, *ho pús* der Fuß; Gen. der Bradypódidae, Faultiere. Ihre Vorderbeine sind länger als die Hinterbeine; hängende Fortbewegung, Baumbewohner. Spec.: *Ch. hoffmanni,* Zweifingriges Faultier (mit 2 Fingern und 3 Zehen).

Cholsäure, die, gr. *he cholé,* s. o.; 3,7,12-Trihydroxycholansäure, eine der wichtigsten Gallensäuren.

chondrális, -is, -e, zum Knorpel gehörig.

Chondríchthyes, die, gr. *ho chóndros* der Knorpel; Knorpelfische, Gruppe (Cl.) der Gnathostomata; etwa 625 Arten. Typisch das knorpelige Skelett (aber oft mit Verkalkungen), keine echten Knochen, Hautskelett aus Placoidschuppen od. Knochenplatten; fossile Formen seit Mitteldevon bekannt. Gruppen: Elasmobranchii, Holocephala.

chondrínus, -a, -um, knorpelig.

Chondriosomen, die, gr. *ho chóndros* der Kern, der Knorpel, *to sóma* der Körper; Zellorganelle, morphologische Strukturen, die auch unter dem Begriff Mitochondrien bekannt sind.

chóndro-, gr. *ho chóndros,* s. o.; in Zusammensetzungen die knorpelige Beschaffenheit bezeichnend; Knorpel- ...

Chondroblast, der, gr. *he bláste* der Keim, Spross; der Knorpelbildner, das Knorpel bildende Gewebe.

Chondrocranium, das, gr. *to kraníon* der Schädel; der Knorpelschädel.

Chondroklast, der; gr. *klaē̃in* zerbrechen; der Knorpelzerstörer, knorpelabbauende Zelle.

Chondrom od. Chondroblastom, das, gr. *ho blástos* der Keim; gutartige Geschwulst aus Knorpelgewebe.

Chondrósia, *f.,* latin. *chondrósius* knorpelreich, -förmig; Gen. der Chondrósidae, Kautschuk-, Lederschwämme, Gummineae. Typisch: frisch von kautschuk- bis knorpelartiger, getrocknet von lederartiger Beschaffenheit. Spec.: *Ch. reniformis.*

Chondróstei, *m.,* Pl., gr. *to ostéon* Knochen; Störe, Knorpelganoiden, Gruppe (Ordo) der Actinopterygii, Strahlenflosser, Knochenfische im weiteren Sinne. Pisces mit vorwiegend knorpeligem Skelett, aber mit starken Hautverknöcherungen an Rumpf u. Schädel; fossil seit dem Mitteldevon nachgewiesen. Gruppen (Fam.): Acipenseridae, Polyodontidae.

Chonotricha, *n.,* Pl., gr. *he chóne* der Trichter, Schmelztiegel, bezieht sich auf den spiraligen, zum Munde führenden Plasmasaum am Vorderende; Ordo der Euciliata, Eigentl. Infusorien. Gen.-Beispiel: *Spirochona,* s. d.

chórda, -ae, *f.,* gr. *he chordé* der Darm, die Saite, die Darmsaite.

Chorda dorsális, die, s. *dorsális;* Achsenstab, bei Acraniern *(Branchiostoma)* und Cyclostomen bleibendes Achsenskelett; bei Vertebraten embryonal vorhanden, später durch Wirbelsäule bis auf ein Ligamentum (Lig. apicis dentis) u. Anteile in den Zwischenwirbelscheiben verdrängt.

Chordáta, *n.,* Pl.; Chordatiere, bilaterial-symmetrische Deuterostomier, ausgezeichnet u. a. durch den Besitz einer Chorda dorsalis, über der das Nervensystem in Form eines Neuralrohres liegt, das sich vom Ektoderm abschnürt. Gruppen: Tunicata, Copelata, Acrania, Vertebrata.

Chordotonalorgane, die, gr. *ho tónos* die Spannung; kommen bei einigen Insekten vor und werden als schallaufnehmende Sinnesorgane gedeutet. Sie bestehen aus mehreren saitenartig ausgespannten Sinneszellen.

chorioidális, -is, -e, s. *chórion;* zur Chorioidea gehörig.

chorioídea, -ae, *f.,* s. *chórion;* die Ch. ist die Aderhaut des Auges, sie liegt zwischen Sclera u. Rétina, besteht aus vier Schichten (Lámina suprachorioídea, Lámina vasculósa, Lámina choriocapilláris, Lámina basális).

chorioides, gr. *to ē̃idos* das Aussehen, die Form; aderhautähnlich.

chorioídeus, -a, -um, zur Aderhaut gehörig, aderhautähnlich.

chórion, -ii, *n.,* gr. *to chórion* das Leder, die Haut, die Hülle; 1. das Chorion, eine Embryonalhülle, die Zottenhaut der Säuger; 2. eine Hülle um die Eier vieler Insekten.

Chórion frondósum, das, s. *frondósus;* zottenreiches, mit Zottenbüscheln besetztes Chorion.
Chorion laeve, das, s. lǣvis; Chorion ohne Chorionzotten, glattes Chorion, sog. Zottenglatze.
Chorionepitheliom, das, gr. *epithelḗin* auf etwas, über etwas hinwegwachsen; krebsige Wucherung fetaler Zellen im mütterlichen Organismus (hauptsächl. im Uterus).
Choriongonadotropin, das, gr. *he goné* die Erzeugung, das Geschlecht, *ho trópos* die Richtung; Proteohormon, das in der Plazenta (Langhansische Zellen) gebildet wird u. in der Wirkung dem luteinisierenden Hormon (der Adenohypophyse) ähnlich ist.
Chorologie, die, *he chṓra* der Raum, *ho lógos* die Lehre; die Wissenschaft von der räuml. Verbreitung der Organismen (auf der Erde).
chorologisch, die Chorologie betreffend, hinsichtlich der Tierverbreitung.
Chow-Chow, der; Chinesischer Spitz, Hunderasse aus O-Asien, mittelgroß, kräftig, überreich behaart, Gaumen u. Zunge blau-schwarz.
Christ, Johann Ludwig, geb. 18. 10. 1739 Oehringen (Württemberg), gest. 18. 11. 1813 Kronberg; 3. 9. 1811 Doktorwürde der Univ. Marburg erhalten, Theologe, Apidologe/Imker. Beschrieb als erster das Wachsschwitzen und entdeckte, dass Honigtau von Blattläusen abgesondert wird. Hauptwerke: „Anweisung zur nützlichen und angenehmsten Bienenzucht für alle Gegenden" (1780) u. „Bienenkatechismus für das Landvolk" (1794).
Christie, Jesse Roy, geb. 17. 9. 1889, gest. 21. 4. 1978; bedeutender Nematologe u. Taxonom.
Christmas-Faktor, der, Syn.: antihämophiles Globulin B; Faktor IX der Blutgerinnung, angeborenes Fehlen verursacht Hämophilie B.
christyi, Genitiv des Eigennamens *Christyus* (von Christus der Gesalbte, Beiname Jesu); s. *Barilius.*
Chrom-, Chroma-, Chromo-, gr. *chroma* Farbe; in Zsg.
chromaffin, gr. *to chróma,* -atos die Farbe, lat. *affinis, -e* verwandt; gierig Farbe aufnehmend, leicht mit Chromsalzen färbbar; chromaffines Gewebe: z. B. hormonbildendes Gewebe im Nebennierenmark.
chromaffines Gewebe, das, lat. *affinis* verwandt; Gesamtheit der sich vom Sympathicus ableitenden chromaffinen Zellen, z. B. das Nebennierenmark, eines der Bildungsorte von Nor- u. Adrenalin.
Chromaffinoblast, der, gr. *ho blástos* der Keim; Bildungszelle der chromaffinen Zelle im Nebennierenmark.
Chromatíden, die; die beiden Chromosomenhälften (funktionelle Längseinheiten) jedes Chromosoms, die zwischen der Prophase und Metaphase der Mitose und zwischen Diplotän u. Metaphase II der Meiose mikroskopisch erkennbar werden.
Chromatidenaberrationen, die, s. *abérrans;* Strukturveränderungen an den Chromatiden, die unabhängig voneinander auftreten können, es handelt sich um eine Kategorie von Chromosomenmutationen, die nach der identischen Reduplikation des Chromosoms im Interphasekern eintreten.
Chromatidentranslokation, die, lat. *trans* jenseitig von, über -hin, *locátio, -ónis, f.,* die Stellung; Austausch von Chromatidenbruchstücken nach Auftreten von zwei od. mehr Chromatidenbrüchen in verschiedenen Chromosomen.
Chromatin, das; Bestandteil des Zellkerns, der mit basischen Farbstoffen besonders intensiv anfärbbar ist. Es ist am Aufbau der Chromosomen beteiligt u. besteht im wesentlichen aus Desoxyribonukleinsäure u. Histon.
Chromatindiminution, die, lat. *diminutio* Verminderung; Chromatinverminderung, d. h. Abstoßen endständiger Teile der Chromosomen in den somatischen Zellen beim (Pferde-)Spulwurm.
chromatophil, gr. *phílos* der Freund; leicht färbbar.
Chromatophoren, die, gr. *phorḗin* tragen; „Farbenträger", pigmentreiche Zellen, die z. B. in der Haut, Iris u. Chorioidea vorkommen.
Chromatopsie, die, gr. *he ópsis* das Sehen; das Farbensehen.
Chromista, *n.,* Pl., gr. *to chroma* die Farbe; Gruppe der einzelligen Eukaryota. Die Chr. sind eine morphologisch differenzierte Gruppe von Organismen, bei denen die ursprünglichen, heterokonten Flagellen mit komplexen Mastigonemata versehen sind. Ihre Vertreter lebten wohl ursprünglich als heterotrophe Räuber, doch die meisten der rezenten Formen sind durch eine vermutlich konvergent erfolgte endosymbiontische Aufnahme von wahrscheinlich einzelligen Rotalgen (Rhodophyceen) zur Photosynthese befähigt u. weisen eine bunte Pigmentierung auf (Name: chroma!). Wegen der Präsenz eines hochevolvierten eukaryotischen Endosymbionten sind die gefärbten Untertaxa stammesgeschichtlich jung. Die verwandtschaftlichen Beziehungen zwischen ihnen sind noch umstritten (aus Westheide/Rieger 1996).
chromogen, gr. *gen-* v. *gígnesthai* werden, entstehen; Farbe erzeugend; Pigmente bildend.

Chromomeren, die, gr. *to méros* der Teil, Chromatinteilchen bzw. Chromatinkörnchen; morphologisch abgrenzbare Individualteilchen der Chromosomen, die linear in bestimmten Intervallen angeordnet sind. Sie beruhen auf Knäuelung od. enger Spiralisation.
Chromonéma, das, gr. *to néma* der Faden, Plur. Chromonémata; spiraliger Faden des Chromosoms.
chromophil, gr. *philē̍in* lieben; leicht färbbar.
chromophob, gr. *phobē̍istai* fürchten; Farbe fürchtend, nicht annehmend, nicht od. nicht leicht färbbar („farbscheu").
Chromoproteide, die; zusammengesetzte Eiweißstoffe, z. B. Hämoglobin, Zytochrome, Katalase, Peroxidase.
chromosomal, die Kernschleifen (Chromosomen) betreffend.
Chromosomen, die, gr. *to sóma* der Körper; anfärbbare, faden-, stäbchen- od. schleifenförmige Bestandteile des Zellkerns, auf denen die Erbanlagen (Gene) lokalisiert sind. Jedes C. setzt sich aus den beiden Chromatiden zusammen u. wird von einer Hüllsubstanz (Matrix) umgeben. Die C. sind im Interphasekern durch Entspiralisierung meist zytologisch nicht nachweisbar. Sie sind kurz vor u. während der Kernteilung in einer für jede Art charakteristischen Anzahl u. Gestalt erkennbar.
Chromosomenaberration, die, lat. *aberrátio, -onis, f.,* die Abweichung; Veränderung der Chromosomenstruktur und -zahl. Numerische Ch.: Veränderung der Chromosomenzahl; strukturelle Ch.: Veränderung der Chromosomenstruktur.
Chromosomendeletion, die; s. Deletion.
Chromosomenduplikation, die; s. Duplikation.
Chromosomen-Garnitur, die; der Chromosomenbestand eines Individuums.
Chromosomenkarte, die; graphische Darstellung der Gene innerhalb eines Chromosoms.
Chromosomenmutation, die, s. Chromosomen, s. Mutation; spontan auftretende od. experimentell induzierte erbliche Veränderungen der Chromosomenstruktur. Sie treten als intra- und interchromosomale Segmentumlagerungen auf bzw. als Folge von Segmentausfällen. Formen der C.: 1. Defizienz, das Chromosomenbruchstück geht verloren. 2. Duplikation, das Bruchstück wird dem homologen Chromosom desselben Paares an- od. eingefügt. Dabei kommt es zur Verdopplung von Chromosomenteilen an diesem Chromosom. 3. Inversion, das Bruchstück wird um 180° gedreht u. wieder eingebaut. 4. Translokation, das Bruchstück wird verlagert u. einem inhomologen od. auch homologen Chromosom angeheftet od. in dieses eingebaut.
Chromulina, *f.,* gr. *to chróma* die Farbe; Gen. des Ordo Chrysomonadina, Flagellata. Spec.: *C. rosanoffi* (oft auf Tümpeln im Wald als goldglänzende, staubartige „Schicht" in Erscheinung tretend).
Chronaxie, die, gr. *ho chrónos* die Zeit; die Kennzeit, Nutzzeit der doppelten Rheobase. Zeit, die ein Gleichstrom von doppelter Rheobasen-Stärke fließen muss, um eine Erregung hervorzurufen.
chronisch, gr. *ho chrónos* die Zeit, Zeitraum, Leben, Alter; langsam verlaufend, langwierig, schleichend, ständig, beständig.
Chronobiologie, die, gr. *ho bíos* das Leben, *ho lógos* die Lehre; die Lehre von den biologischen Lebensrhythmen, Lehre von der „Zeitgestalt" des Lebens. Tagesrhythmen nennt man zirkadiane Rhythmen. Die einzelnen Phasen werden von äußeren (externen) „Zeitgebern" bestimmt (Licht-Dunkel-Wechsel, Temperatur, Feuchtigkeit etc.).
Chronogene, die, gr. *ho chrónos* Zeit; Gene, die den zeitlichen Ablauf von Entwicklungsprozessen steuern.
chronotrop, gr. *ho trópos* die Wendung, die Richtung; die Schlagfrequenz des Herzens beeinflussend.
Chrysaóra, *f.,* gr. *chrysáoros* mit goldenem *(chrysós)* Schwerte *(to áor, áoros);* Gen. der Pelagíidae, Semaeostomeae, Fahnenquallen. Spec.: *C. hysoscella,* Kompassqualle.
Chrýsemys *(= Chrysemus), f.,* gr. *he chrysís* das goldene Gefäß, *he emýs, emýdos* die Schildkröte; Gen. der Emydidae, Schmuck- od. Sumpfschildkröten. Spec.: *Ch. picta; Ch. ornata; Ch. gaigeae.*
Chrysis, *f.,* gr. *ho chrysós* Gold, Körper mit lebhaftem Goldglanz; Gen. der Chrysididae, Goldwespen. Spec.: *Ch. ignita,* Rote Goldwespe.
Chrysobothris, *f.,* gr. *ho bóthros* die Grube, Vertiefung, also: „Goldgrübchen"; Gen. der Buprestidae. Spec.: *C. chrysostigma,* Goldpunktierter Prachtkäfer.
Chrysochloridae, *f.,* Pl., s. *Chrysochloris;* Goldmulle, Fam. der Insectivora; leben maulwurfsähnlich; S-Afrika.
Chrysochlóris, *f.,* gr. *chlorós* grün, „goldgrün"; bezieht sich auf die dunkelbraune Färbung mit grünem und kupfer(gold-)farbigem Schiller; Augengegend braungelb, Kehle grünlich. Gen. der Chrysochlóridae, s. d. Spec.: *C. inaurā́ta,* Goldmull.
Chrysocýon, *m.,* aus gr. *chrysós* goldgelb und *ho (he) kýōn, kynós* der Hund, die Hündin;

Gen. der Canidae. Spec.: *C. brachyurus,* Mähnenwolf.

Chrysolóphus, *m.,* gr. *ho lóphos* Haube, Mähne, Kamm des Geflügels; Gen. der Phasianidae, Eigentliche Hühner. Spec.: *C. pictus,* Goldfasan.

Chrysomela, *f.,* gr. *he chrysomelolónthe,* lat. *chrysoméla,* von gr. *to mélon* der Apfel, die Orange, der „Goldapfel"; Gen. der Chrysomélidae, Blattkäfer, Spec.: *C. cerealis,* Getreideblattkäfer.

Chrysomonadina, *n.,* Pl., gr. *he monás, -ádos* Einheit, Einzeller, kleines Wesen; Gruppe (Ordo) d. Flagellata, Geißeltierchen mit meist gelben od. braunen Chromatophoren, mit 1 od. 2 Geißeln u. oft mit Pseudopodien; nicht selten Koloniebildung.

Chrysomya, *f.*; gr.; Gen. der Calliphoridae, Dipera; 5–12 mm lange Fliegen von metallisch grüner, blauer od. Kupferfarbe. Als Brutsubstrate der Larven werden neben Aas von einigen Arten auch Fäzes bevorzugt. Die Larven von *Chr. bezziana* sind obligate Myasieerreger, *Chr. albiceps*-Larven können als sekundäre Myiasiserreger nur dann parasitisch leben, wenn bereits eine Wundmyiasis durch primäre Myiasiserreger besteht.

Chrysópa, *f.,* gr. *chrysopós* mit goldenen Augen; typisch sind grüngoldig glänzende Augen; Gen. der Chrysopidae, Goldaugen, Florfliegen. Spec.: *Ch. perla,* Florfliege.

Chrysophanus; s. *Lycaena.*

chrysops, gr. *chrysós* u. *opsis* Aussehen; goldfarben, goldig, goldgelb aussehend.

Chrýsops, *f.,* gr.; Goldaugenbremsen; Gen. der Tabanidae, Bremsen, Diptera; breitflügelige, kleine (bis 1,1 cm lang) Fliegen mit langen Fühlern u. gefleckten Augen. Die Flügel sind geschlechtsdimorph mit Binden u. Flecken gezeichnet, die Hinterleibszeichnung ist auffallend gelb. In den Tropen sind *Chrysops* spp. als Überträger von *Loa loa* bei Menschen u. Affen gefürchtet. Spec.: *Ch. caecutiens,* Blindbremse. Durch die starke Beunruhigung u. den Blutentzug kommt es bei den Weiderindern zu Minderungen der Milch- u. Fleischleistung, Entwicklungsstörungen u. zur Herabsetzung der Widerstandskraft.

chrysostigma, *n.,* der Goldpunkt; s. *Chrysóbothris.*

chrysotus, -a, -um, metallisch (gold- bis kupfer-)grün glänzend; s. *Fundulus.*

Chun, Carl Friedrich, geb. 1. 10. 1852 in Höchst, gest. 11. 4. 1914 in Leipzig; 1874 Dr. med., arbeitete an der Zoologischen Station Neapel bei A. Dohrn, 1883 Prof. in Königsberg, 1891 in Breslau, 1898 in Leipzig. Ch. war Leiter der ersten deutschen Tiefseeexpedition des Schiffes Valdivia von August 1898 bis Mai 1899; arbeitete u. a. besonders über Cölenterata u. die Verteilung der Tiere im Meere.

Chydórus, *m.,* wahrscheinlich von gr. *chýden* haufenweise gebildet; Gen. der Chydóridae, Cladocera (Wasserflöhe). Spec.: *C. sphaéricus.*

chýlifer, -era, -erum, lat. *férre* tragen, führen; chylusführend.

chylósus, -a, -um, latin., lymphreich.

chýlus, -i, *m.,* gr. *ho chylós* der Saft; der Chylus, die Darmlymphe, durch Fett bedingte, milchig aussehende Lymphe.

Chymase, die, gr. *ho chymós* der (Magen-) Saft; s. Labferment.

Chymosin, das; s. Labferment.

Chymotrypsin, das, gr. *trypán* spalten, zerbrechen; Enzym, das zur Gruppe der Proteasen gehört u. als inaktive Vorstufe (Chymotrypsinogen) im Sekret der Bauchspeicheldrüse enthalten ist. Nach Aktivierung durch Trypsin spaltet es Eiweißkörper zu Polypeptiden u. Aminosäuren.

chýmus, -i, *m.;* der Chymus, im Magen angedauter Speisebrei.

Cicada; s. *Tettigia.*

Cicadétta, *f.,* lat. *cicada* = gr. *ho tettix* die Zikade; Gen. der Cicadidae, Singzikaden. Spec.: *C. montana, Bergzikade.*

cicatrícula, -ae, *f.,* lat. die kleine Narbe, von: *cicátrix, -icis, f.,* die Narbe; Cicatricula ist die Einarbe, der Hahnentritt, im Vogelei eine der Keimscheibe entsprechende kleine weißliche Stelle an der Oberfläche der gelben Dotterkugel.

Cichlasóma, *n.,* von gr. *he kíchle* der Krammetsvogel u. *to sóma* der Körper, etwa im Sinne von „Vogel-Habitus"; Gen. der Cichlidae, Buntbarsche; Ordo Perciformes, Barschfische. Spec.: *C. festivum,* „Flaggenbuntbarsch" (bekannter Aquarienfisch); Spec.: *C. facetum,* Chanchito (einer der am frühesten (1889) aus S-Amerika eingeführten Aquarienfische).

Cichlidae, *f.,* Pl., gr. (s. o.); Buntbarsche, Fam. der Perciformes, Vertreter (Species) haben nicht nur als Speisefische (siehe: *Tilápia)* in warmen Ländern Bedeutung, sondern auch als Aquarienfische und wegen der vielfältigen Brutpflegemechanismen als Untersuchungsobjekte/Versuchstiere der Ethologie eine weite Verbreitung gefunden.

Cicindéla, *f.,* lat. *cicindéla* Leuchtkäfer bei Plinius wahrscheinlich gebildet von *candéla* Licht; Gen. der Cicindelidae, Sandlaufkäfer, vorzugsweise an sonnigen, sandigen Plätzen vorkommend. Spec.: *C. campestris,* (Feld-) Sandlaufkäfer.

Cicinnúrus, *m.,* gr. *ho kíkinnos* die Haarlocke, *he urá* der Schwanz; Bezug auf die Schmuckfedern am Schwanz u. Kopf; Gen. der Paradisaeidae, Paradiesvögel. Spec.: *C. regius,* Königsparadiesvogel.

Cicónia, *f.,* lat. *ciconia* der Storch; Gen. der Ciconíidae, Störche, Ciconiiformes. Spec.: *C. nigra,* Schwarzstorch, *C. ciconia,* Weißstorch.

Ciconiiformes, *f.,* Pl., s. *Ciconia;* Schreitvögel, Gruppe (Ordo) der Aves, mit den Ardeidae (Reiher), Balaenicipitidae (Schuhschnäbel), Ciconiidae (Störche), Threskiornithidae (Ibisse).

Cidaris, *f.,* gr. *he kídaris* hoher, spitz zulaufender Turban, Kopfbedeckung persischer Könige; Gen. der Cidaridae, Cl. Echinoidea. Spec.: *C. perornata.*

ciliáris, -is, -e, zur Wimper (zum Lid) gehörig.

Ciliáta, *n.,* Pl., lat. *ciliáta,* ergänze: *animália,* Wimpertierchen; *ciliátus, -a, -um* mit Wimpern (*cília,* Sing.: *cílium*) versehen; Infusorien, Wimpertierchen, Gruppe (Cl. od. Phyl.) der Cytoidea od. Ciliophora. Die Differenziertheit des Körperplasmas erreicht bei den C. ihr Höchstmaß unter den Protozoen. Klassische Autoren der Ciliaten-Systematik sind z. B. Ehrenberg (1838), Stein (1859), Bütschli (1889). In neuerer Zeit gibt das Studium der Silberliniensysteme der C. (Infraziliatur) u. das Bekanntwerden aberranter Formen neue Aspekte der Taxonomie. Neugliederung von Corliss (1961) u. anderen Autoren (nach A. Wetzel). Eine Gruppe, die Calpionellen (gehäusetragende Tintinnida) ist im Oberjura u. in der Unterkreide ausgestorben. Man unterscheidet: Peri-, Holo-, Spiro- u. Chonotricha, Suctoria.

ciliátus, -a, -um, lat., bewimpert; s. *Sýcon.*

Ciliophora, die; s. Cytoidea.

cílium, -ii, *n.,* lat., die Wimper, das Augenlid; s. Ciliáta = Wimpertierchen, Infusorien.

Cimbex, *f.,* gr. *he kímbex* bienenartiges Insekt, das keinen Honig liefert; Gen. der Tenthredínidae, Blattwespen. Spec.: *C. variabilis,* Keulen- od. Knopfhornblattwespe, *C. femorata,* Gr. Birkenblattwespe.

Cimex, *m.,* lat. *címex, címicis* die Wanze; Gattung der Landwanzen; Fam. Cimícidae, Heteroptera. Kommen als Wohnungsungeziefer beim Menschen u. als Nestungeziefer bei verschied. Säugetierarten u. Vögeln vor; Schadwirkung; Beunruhigung u. Blutentzug der Wirte. Spec.: *C. columbarius* (Taubenwanze); morpholog. besteht große Ähnlichkeit mit *C. lectularius,* jedoch ist die Taubenwanze kleiner, weist eine rundlicheres Abdomen auf. Neben dem Hauptwirt parasitiert *C. columbarius* auch bei Hühnergeflügel u. beim Menschen.

Cimex lectularius, Bettwanze: Maximal 9 mm lange Insekten, die sich ausschließl. von Blut u. Lymphflüssigkeit ernähren. Längere Hungerperioden können überstanden werden. Die Mundwerkzeuge bilden einen langen Stech- u. Saugrüssel, der in Ruhe unter den Körper eingeschlagen werden kann. Neben dem Menschen werden viele Haus- u. Labortiere befallen, der Stich löst starken Juckreiz u. Quaddelbildung aus.

Cimicidae, *f.,* Pl.; Plattwanzen, Haus- od. Bettwanzen, Familie der Heteroptera. Dorsoventral abgeplattete, mit Stinkdrüsen ausgestattete, hämatophage, flugunfähige, wenig wirtsspezifische Insekten. Nachtaktiv, photophob, Wirtstiere sind Säuger u. Vögel; Schadwirkung besteht in Leistungsminderungen durch Beunruhigung u. Blutentzug. Wichtige Gatt.: *Cimex* (s. d.).

cimicoídes, cimex-ähnlich.

Cincliden, die, gr. *he kinklís* das Gitter; Poren, die in den Seitenwänden (Mauerblatt) vieler Anthozoen vorkommen und durch die eine Verbindung zwischen Leibeshöhle u. Umgebung hergestellt wird.

Cínclus, *m.,* gr. *ho kínklos* ein unbestimmter Wasservogel bei Aristoteles; Gen. der Cinclidae, Wasserschmätzer. Spec.: *C. cinclus,* Wasseramsel, -schmätzer (an Bergbächen).

cinctus, -a, -um, lat., mit Gürtel(n) versehen; Spec.: *Dasypus novemcinctus* Neungürteliges Gürteltier.

cinéreus, -a, -um, lat. *cínis, -eris, m.,* die Asche; aschgrau; z. B. als Artname bei *Phascolarctus; Amblonyx, Ardea.*

Cinguláta = Loricata, *n.,* Pl., lat. *cingulátus, -a, -um* mit Gürtel *(cíngulum)* versehen; Gürteltiere, Gepanzerte Zahnarme, Gruppe des Ordo Xenarthra. Der Name nimmt Bezug auf den mit einem Panzer bedeckten Rücken, der in der Mitte aus beweglichen Knochengürteln gebildet wird. Bei den fossilen (z. T. sehr großen) Glyptodontidae war der Panzer jedoch unbeweglich; fossil seit dem Paläozän nachgewiesen.

cingulatus, -a, -um, mit Gürtel versehen; s. *Scolopendra.*

cíngulum, -i, *n.,* lat. *cíngere* gürten; der Gürtel, Gurt.

cinis, cineris, *m.,* lat., die Asche; Spec.: *Ardea cinerea,* Grauhreiher.

cinnamómeus, -a, um, zimtbraun; s. *Liódes.*

Cíona, *f.,* gr. *Chióne* die Tochter des Dädalus; gr. *ho kíon* die Säule; Gen. der Ascidíidae, A. simplices (Monascidiae), einzeln lebende Seescheiden. Spec.: *C. intestinalis.*

circadiane Rhythmen, *m.,* lat. aus *circa* um herum u. *diem* = Akkusat. v. *dies* der Tag, *circádiem* = „ungefähr einen Tag"; Tagesperiodizität, biologische Abläufe im 24-Stunden-Rhythmus (Tagesrhythmus).

Circáëtus, *m.,* gr. *ho kírkos* die Weihe, der Habicht, *ho aëtós* der Adler; Gen. der Accipitridae, Habichtartige. Spec.: *C. gállicus,* Schlangenadler.

circuláris, -is, -e, lat., kreisförmig.

círculus, -i, *m.,* lat. Dim. von *círcus;* der kleine Kreis.

circum-, lat., Adverb (in Zusammensetzungen gebraucht); ringsherum.

circumanális, -is, -e, s. *anális;* um den After herum gelegen.

circumferéntia, -ae, *f.,* lat. *ferre* tragen; der Umkreis.

circumfléxus, -a, -um, lat., *fléctere* biegen; kreisförmig (her)umgebogen.

circumpolar, lat., *circum* ringsumher, im Kreise; rings um den Pol.

Círcus, *m.,* lat. *círcus* der Kreis; Gen. der Accipítridae, Habichtartige. Spec.: *C. cyaneus,* Kornweihe; *C. aeruginosus,* Rohrweihe; *C. pygargus,* Wiesenweihe.

Cirráta, *n.,* Pl., lat., „mit Zirren versehene" Octobrachia (s. d.), die sich an deren Armen in zwei Reihen befinden. Zur Gruppe der C. gehört z. B. *Cirrothauma.*

cirr(h)osus, -a, -um, wickelrankig, reich an Fransen (*cirr(h)us* Haarlocke, Franse am Kleid); s. *Sciaena.*

Cirripedia, *n.,* Pl., lat., *pes, pédis* der Fuß; Rankenfußkrebse, Gruppe (Ordo) der Crustacea; ihre 6 Paar Thorakalbeine sind zu Rankenfüßen umgebildete Spaltbeine, die durch rhythmisches Hervorstrecken aus dem Mantelschlitz ein Wasservolumen umgreifen u. beim Einziehen die im Wasser befindlichen Partikel u. Kleinorganismen abfiltern. Alle erwachsenen Arten (auch die Nichtparasiten) sind festsitzend. Foss. seit dem Unt. Kambrium.

Cirrothauma, *n.,* gr. *to thaúma* die Bewunderung; Gen. der Cirrata (s. d.); einziger blinder Cephalopode, lebt in ca. 3000 m Meerestiefe.

círrus, -i, *m.,* lat., die Locke, Franse; 1. Cirrus: der Penis von Plattwürmern (Plathelminthes); 2. Cirren: Körperanhänge verschiedener Tiere, z. B. bestimmte Bewegungsorganelle einiger Ciliaten, die rankenförmigen Extremitäten der Rankenfüßer (Cirripedia) od. die Barteln von Fischen. 3. Spec.: *Onos tricirratus* Dreibärtelige Seequappe.

Cistron; Abschnitt der DNS-Basensequenz des Genoms, der für die Biosynthese eines definierten Produktes, z. B. eine Proteinuntereinheit oder einer kompletten ribosomalen RNS usw. codiert.

Citéllus, *m., citellus* (auch: *citíllus*) als Dim. von *cit-us* schnell ableitbar, jedoch meistens als latin. von *Ziesel* etymol. erklärt; Gen. der Sciuridae (Hörnchen), Rodentia. Spec.: *C. suslicus,* Perlziesel (mit fein geperlter Weißfleckung im rotbraungelben Rückenfell); *C. citellus* Grauer Ziesel, Schlichtziesel (ohne od. mit schwacher, blasser Perlzeichnung des Rückenfells); *C. tridecemlineatus,* Streifenziesel (N-Amerika). – Die Ziesel bewohnen Erdhöhlen, Nahrungstransport in ihren Backentaschen (ohne Wintervorratssammlung), bei Gefahr Warnpfiffe, die die rasche Flucht in ihre Baue auslösen. Im Jungpleistozän noch zahlreiche Arten in Europa, heute nur die Arten *C. suslicus* (Süden von O-Europa, Ukraine) u. *C. citellus* (Mittelasien, O-Europa bis Süden von Polen). In Asien viele Arten heimisch, z. B. auch *C. pygmǣus,* Kleinziesel (Sibirien bis O-Europa, Schädling in Getreidegebieten insbes. Ukraine).

citrinéllus, -a, -um, lat. *cítrus* = gr. *to kítron* die Zitrone; zitronengelb, einer kleinen Zitrone ähnlich.

citrus, -i, *f.,* lat., afrikan. Lebensbaum. Spec.: *Pseudococcus citri,* Orangenlaus.

Cittotaenia, *f.,* lat.; Gatt. der Anoplocephalidae, Cyclopnyllidea. Bis 180 cm lange Bandwürmer, Scolex mit 4 Saugnäpfen, Glieder breiter als lang; Entwicklung über Milben (Zystizerkoid) als Zwischenwirte. Bandwürmer parasitieren im Darm von Nagetieren, besonders Leporiden. Spec.: *C. denticulata*, Wirt: Kaninchen; Europa, *C. Leuckarti,* Wirte: Hasen, Kaninchen; Europa, Asien, N.-Amerika.

Citratzyklus, der; s. Zitronensäurezyklus.

CJK; Abk. von *Creutzfeld-Jakob-Krankheit*, s. Bovine Spongiforme Enzephalopathie.

Cladócera, *n.,* Pl., gr. *ho kládos* der Zweig, *to kéras* Horn, Fühler; Wasserflöhe, Gruppe (Subordo) der Diplostraca (Doppelschalige, Blattfußkrebse). Der Name nimmt Bezug auf die zweiästigen, großen 2. Antennen, die zu Ruderantennen umgestaltet sind und durch ihren Schlag die eigenartige hüpfende Bewegung der „Wasserflöhe" herbeiführen; fossile Formen seit dem Oligozän nachgewiesen.

Cladogenese, die, gr. *he génesis* die Entwicklung, Entstehung; Kladogenese: die „Verzweigungsentstehung", die Entstehung der phylogenetischen Verzweigung, Prozess der Entstehung neuer Merkmalseigenschaften od. neuer Merkmale in der Folge von Artspaltung; vgl. Anagenese.

Cladoselache, gr. *ho kládos* der Zweig, Schößling u. *to seláche* Haifische; Gen. der

Cladoselachii (s. d.), Elasmobranchii, Cl. Chondrichthyes; primitivster bekannter Hai; fossil im Oberdevon. Spec.: *C. fyleri.*
Cladoseláchii, *m.,* Pl., s. *Cladoselache,* namentlicher Bezug auf die lappenartigen („zweig"artigen) Brust- u. Bauchflossen mit mehreren Basalstücken; fossile (Primitiv-) Gruppe der Elasmobranchii. Genera: *Cladodus* (Mitteldevon); *Cladoselache* (Oberdevon).
cladus, *m.,* lat., gr. *ho kládos,* s. o.; 1. Kreis, Kategorienstufe oberhalb der Klasse u. unterhalb des Stammes; subcladus = Unterkreis; 2. allgemein angewandte Bezeichnung für mehrere verwandte, zusammengehörige Tiergruppen.
clanga, latin., von gr. *he klangé* der Klang, das (Tier-)Geschrei; s. *Aquila.*
clángulus, -a, -um, lat., ein kleiner Schrei, auch das klingelnde Flurgeräusch bezeichnend; s. auch *Bucephala.*
Clárias, *m.,* von lat. *clarus* hell, laut, schallend, klar, *claritas* Klarheit (eines Tones, Rufs); können Töne von sich geben; Gen. der Claríidae, Raubwelse, Kiemensackwelse. Spec. *C. batráchus,* Froschwels (verzehrt auch Lurche).
Clarke, Jacob Augustus Lockart, Arzt; geb. 1817 London, gest. 25. 1. 1880 ebd.; anatomische u. pathol. Untersuchungen des ZNS. Nach ihm benannt wurde die C.sche Säule (Nucleus dorsalis), eine Ansammlung von Ganglienzellen im Bereiche der Hintersäule (Columna posterior) des Rückenmarks, und die C.-Platte, ein Gelatine-Agar-Substrat zum Nachweis der Bakteriengelatinase.
Clarkesche Säulen, *f.;* die Gesamtheit der Stillingschen Kerne, Anhäufung von Ganglienzellen im dorsalen Teil des Rückenmarks.
clarus, -a, -um, lat., glänzend, deutlich, hell, klar, berühmt. Spec.: *Oxychilus clarus* (eine Lungenschnecke mit heller Schale).
classis, *f.,* lat., Plur.: *classes;* Classis = Klasse, systematische Hauptkategorie oberhalb des Ordo; s. Kategorienstufe.
clathratus, -a, -um, lat., von Gitter umgeben.
Clathrulina, *f.,* Dim. v. latin. *clathrum* das Gitter, da das Skelett als Gitterkugel entwickelt ist; Gen. des Ordo Desmothoraca, Cl. Heliozoa. Spec.: *C. elegans.*
Claudius, Friedrich Matthias, geb. 1822 Lübeck, gest. 1869 Kiel; Anatom u. Systematiker, Prof. d. Anatomie in Marburg; bedeutende Arbeiten auf dem Gebiet d. Anatomie; C.sche Zellen.
Claus, Carl Friedrich, geb. 2. 1. 1835 in Cassel, gest. 18. 1. 1899 in Wien; studierte Medizin u. Zoologie an den Univ. Marburg u. Gießen. Promotion 1857, 1858 PD Univ. Marburg, 1860 a. o. Prof. für Zoologie an der Univ. Würzburg, 1863 o. Prof. für Zoologie an der Univ. Marburg, ab 1873 Lehstuhl für Zoologie u. Direktor des Zoologisch-Anatomischen Institutes der Univ. Wien u. Leiter der neugegründeten Zoologischen Station in Triest. C. arbeitete spez. über Crustaceen u. war ein herausragender Lehrbuchautor (z. B. der „Claus- Grobben-Kühn").
Clausília, *f.;* lat. *clausus* geschlossen, von *claūdere* schließen; Gen. der Phal. Clausiliacea, Ordo Stylommatophora, Landlungenschnecken. Typisch ist der Mundrand mit inneren Lamellen u. einer beweglich dazwischen gleitenden, gestielten Verschlussplatte (Clausilium).
Clausílium, *n.;* Verschlussplatte, s. *Clausilia.*
claustrum, i., *n.,* lat. *claūdere* schließen; der Verschluss; Bandkern in der grauen Hirnsubstanz.
cláva, -ae, *f.,* lat., die Keule; Gen. Claviger, ein Keulenkäfer.
clavátus, -a, -um, lat., keulenförmig, mit einer Keule versehen; s. *Raja.*
Clavellína, *f.,* lat. *clavélla* kleine Keule *(clava),* keulenartig gestaltete Einzeltiere (durch Knospen hervorbringende Ausläufer zu lockeren Kolonien verbunden); Gen. der Clavellínidae, Fam. der Seescheiden. Spec.: *C. lepadiformis.*
cláviceps, lat. *clava* die Keule u. *-ceps* von *caput,* der Kopf gebildet; „keulenköpfig", keulenförmig; z. B. *Glyptodon claviceps* (fossil), wegen der plumpen Form der Hinterfüße; s. Glyptodóntidae.
clavícula, -ae, *f.,* lat., *clávis, -is, f.,* der Schlüssel, Riegel; das Schlüsselbein.
claviculáris, -is, -e, zum Schlüsselbein gehörig.
clávus, -i, *m.,* lat., der Nagel; Clavus: das Hühnerauge.
Clearance-Prinzip, das, engl. Klärung, Reinigung; Entharnungsvermögen, Plasmavolumen (ml), das durch die Nierentätigkeit von einem bestimmten Stoff (z. B. Harnstoff, Inulin, Kreatinin) pro Minute gereinigt wird.
cleído-, gr. *he kleís, kleidós* der Schlüssel (in Zusammensetzung gebraucht); zum Schlüsselbein gehörig, Schlüssel ...
Clélia, *f.;* Gen. d. Colubridae (Nattern), Serpentes, Squamata. Spec.: *C. clelia,* Mussurana (lebt in M- u. S-Amerika, frisst haupts. andere Schlangen, darunter auch Lanzenottern, die kaum kleiner als sie selbst sind).
Clemmys, *f.,* gr. *he klémmys* Schildkröte; Gen. d. Emydidae (Sumpfschildkröten); Testudines, Chelonia. Spec.: *C. caspica,* Kaspische Wasserschildkröte; *C. marmorata,* Pazifik-Wasser-

schildkröte; *C. nigricans,* Wasserschildkröte (Dreikiel-...); *C. guttata,* Tropfenschildkröte.

clerckella, nach Karl M. Clerck (1710–1765), Entomologe, benannte Art von *Lyonétia* (s. d.).

Clethrionomys *m.*, gebildet von gr. *he kléthre* die Erle, *ho ónos* der Waldesel, *ho mys* die Maus; namentliche Beziehung zum Wurzelfraß an Erlen; Gen. der Cricétidae, Wühler; Unterfam. Microtinae, Rodéntia. Spec.: *C. glaréolus,* Waldwühl-, Rötelmaus.

clinoídeus, -a, um, gr. *klínein* liegen, neigen; bettähnlich, lagerartig.

Cliona, *f.*, von Clio, der Name einer Nymphe; Gen. des Ordo Cornacuspongia, Silicospongia, Porifera. Spec.: *C. celata,* Bohrschwamm.

Clitelláta, *n.*, Pl., lat. *clitellatus, -a, -um* mit Sattel od. Gürtel versehen; Gürtelwürmer, Cl. der Annelida. Zwittrige Anneliden, deren Hautdrüsen sich vorwiegend bzw. zumindest während der Fortpflanzungszeit bei, vor od. hinter den Geschlechtsöffnungen so erweitern, dass sich eine gürtelartige dicke Anschwellung (Name!) ausbildet. Es fehlen Antennen, Palpen, Parapodien. Die gesamte Entwicklung geschieht in einem Kokon u. somit ohne Auftreten von Schwimmlarven. Gruppen (Ord.): Oligochaeta, Hirudinea.

Clitéllum, das, lat. *clitélla,* Pl., der Packsattel, Sattel; Gürtel der Gürtelwürmer (s. Clitellata), eine ringförmige Hautverdickung am vorderen Körperende. Sie steht im Dienste der Fortpflanzung.

clítoris, -idis, *f.*, gr. *he kleitorís, -idos* der Kitzler.

clívus, -i, *m.*, lat., der Hügel;. Gen.: *Clivina,* ein Fingerkäfer (von gewölbter Gestalt).

cloáca, -ae, *f.*, lat., die Kloake, die Schleuse; gemeinsamer Ausführungsgang des Enddarms u. des Geschlechtsapparates (Kriechtiere u. Vögel; Kloakentiere).

Cloëon, *n.*, lat. *Cloë* weibl. Eigenname; Gen. d. Epheméridae, Eintagsfliegen, Hafte, Spec.: *C. dipterum,* Zweiflüglige Eintagsfliege.

Clonierung, die; s. Klonierung.

Clownfisch, Trivialname für *Amphiprion percula;* sehr auffällig durch die Orangebinden gezeichnet, lebt paarweise zwischen den Tentakeln einer Aktinie.

clúnis, -is, *f.*, lat., die Hinterbacke.

Clúpea, *f.*, *clúpea* ein Fisch bei Plinius; Gen. der Clupéidae, Heringe. Spec.: *C. harengus,* Hering. Durchschnittl. 12–35 cm langer, wichtiger Speisefisch mit zahlreichen Rassen. Bewohnen die nördl. gemäßigten und kalten Meere. Kommen frisch, geräuchert, gesalzen und zu zahlreichen Fischwaren verarbeitet in den Handel.

Clupeiformes, *f.*, Pl., s. *Clupea, -formes* (s. d.); Heringsartige, Heringsfische; Gruppe (Ordo) der Osteichthyes. Familiae: Clupeidae (Heringe) mit *Alosa, Clupea, Sardina* u. a. Genera (Species); Fam. Engraulidae (Sardellen) mit z. B. *Engraulis.*

Clymenia, *f.*, gr. *he Klyméne̜,* Tochter des Meeresgottes Okeanos u. der Thetys (auch ansonsten weibl. Eigenname); Gen. der Clymeniidae, Ordo Ammonoidea; Leitfossilien im höheren Oberdevon. Spec.: *C. laevigata.*

clypeátus, -a, um, lat., mit einem rundlichen Schild (*clypeus* Schild von rundlicher, löffelartiger Form) versehen; s. *Anas.*

Cnethocámpa, *f.*, gr. *knéthein* Jucken erregen, *he kámpe* die Raupe; Gen. der Cnethocámpidae, s. d., Prozessionsspinner. Spec.: *C. (= Thaumetopoea) processionea,* Eichen-Prozessionsspinner; *C. (= Th.) pinivora,* Kiefern-Prozessionsspinner.

Cnethocámpidae, *f.*, Pl.; s. *Cnethocámpa,* Prozessionsspinner, Fam. d. Lepidoptera. Ihre Raupen leben gesellig, wandern in „Prozessionen" auf der Spur von Spinnfäden auf der Unterlage, ziehen sich tagsüber gemeinsam in ihr Gespinst-Nest zurück; haben neben den großen Raupenhaaren kleine giftige „Spindelhaare" auf den „Spiegeln", die beim Berühren und Verwehen brennend wirken; schädlich für Mensch u. Weidevieh. Der Eichenproz.-Spinner bewirkt oft Kahlfraß an Eichen; der Kiefernproz.-Spinner meist nur an geschwächten Kiefern anzutreffen.

Cnidária, die, gr. *he kníde* die Nessel; Nesseltiere, Phyl. der Coelenterata. Solitäre od. stockbildende, sessile od. schwimmende Coelenterata, deren Apikalpol kein Sinnesorgan trägt u. die zahlreiche Nesselkapseln als Schutz- od. Wehrorgane ausbilden; fossile Formen seit dem Kambrium bekannt. Zu den C. gehören die Hydrozoa, Scyphozoa, Anthozoa.

Cniden, die; Nesselkapseln der Nesseltiere, sie stehen im Dienste der Verteidigung und des Beuteerwerbs. Es werden drei Formen unterschieden: Penetranten, Volventen u. Glutinanten.

Cnidocil, das, lat. *cílium* die Wimper; Tasthaar der Nesselkapseln (Penetranten) der Cnidaria.

Cnidosporídia, *n.*, Pl.; Cl. der Protozoa; typisch: in den Sporen – außer dem Amöboidkeim (Infektionskeim) – ausschnellbare Pol-Kapseln zur Befestigung an der Wirtszelle.

Cobalamin, das; s. Vitamin B_{12}.

Cobítis, *f.*, gr. *he kobítis* eine Sardellenart in der Antike; Gen. der Cobitidae, Schmerlen, Ordo Cypriniformes, Karpfenfische. Spec.: *C. taenia,* Steinbeißer.

Coccidia, *n.,* Pl.; Gruppe der Telosporidia, Sporozoa. Die Telosporídia (s. d.) umfassen die Gregarinida, Coccida u. Haemosporidia. Im Ggs. zu den Gregarinida (mit überwiegend extrazellulärer Lebensweise) leben die C. vor allem intrazellulär u. haben stets eine Schizogonie. Bedeutsame Gattg. z. B.: *Eimeria.*

Coccina, die, Pl., *ho kókkos* Schlarlachrot, Fruchtkern; Schildläuse, die zu den Sternorrhyncha (Pflanzenläuse) gehören. Die Tarsen sind eingliedrig u. nur mit einer Kralle versehen. Es liegt ein extremer Sexualdimorphismus vor. Die Sch. waren häufig uralte Rohstofflieferanten: Cochenille, Kermes, Schellack. Spec.: *Orthezia urticae* Brennesselröhrenlaus, *Kermes quercus* Eichenschildlaus, *Physokermes piciae* Große Fichtenquirlschildlaus.

Coccinélla, *f.,* lat. *coccinélla* kleine Scharlachbeere, wegen der roten Flügeldecken (mit Punkten); Gen. der Coccinellidae, Marienkäfer. Spec.: *C. septempunctata,* Siebenpunkt, Marienkäferchen.

coccíneus, -a, -um, lat., scharlachrot, chochenillrot; (*cóccum* = Beere, Scharlachbeere, daher später auch Scharlachfarbe); s. *Pyróchroa.*

Coccósteus, *m.,* gr. *ho kókkos* Beere u. *to ostéon* Knochen; Gen. des Ordo Coccosteiformes, Subcl. Placodermi, s. d.; fossil im Mittel- und Oberdevon. Spec.: *C. decipiens.*

Coccothraustes, *m.,* gr. *thraūein* zerbrechen, knacken; Gen. der Fringillidae, Finken. Spec.: *C. coccothraustes,* (Kirsch-) Kernbeißer.

Cóccus, *m.,* gr. *ho kókkos* das Korn von Früchten, auch das Cochenille-Insekt; daher *coccíneus* cocheníll- od. scharlachrot; Gen. der Lecaníidae (Cóccidae) (Napfschildläuse), Homoptera. Spec.: *C. hespéridum,* Abend-Schildlaus; *C. lacca* (= Lakshadia indica), Lackschildlaus.

coccýgeus, -a, -um, = *coccýgicus, -a, -um,* zum Steißbein gehörig.

cóccyx, -ýgis, *m.,* gr. *ho kókkyx, -ygos* der Kuckuck; das Steißbein (Os coccygis), das dem Kuckucksschnabel ähnlich sein soll.

cóchlea, -ae, *f.,* lat., gr. *ho kochlias, ho kóchlos* die Schnecke; Cochlea: 1. Schale der Schnecken (Gastropoden); 2. Teil des Innenohres der Säuger, in dem sich das Cortische Organ befindet.

cochleariförmis, -is, -e, schraubenförmig, löffelförmig.

cochleáris, -is, -e, zur Schnecke gehörig, löffel-, schalenartig; s. *Keratella.*

Cochleárius, *m.,* gr. *ho kóchlos* Muschel, Gehäuse, Schnecke; lat. *-arius, -artig,* also: einem Gehäuse (Kahn) ähnlich; Gen. der Ardeidae (Reiher). Spec.: *C. cochlearius,* Kahnschnabel.

Cochlicópa, *f.,* lat. *cóchlea* die Schnecke, gr. *he kópe* das Ruder; Gen. der Cochlicopidae, Ordo der Stylommatophora, Landlungenschnecken. Spec.: *C. lubrica.*

Cochlidion, *n.,* gr. *to kochlídion* die kleine Schnecke; Gen. der Cochlidíidae (Limacodidae, Schildmotten), Lepidoptera. Spec.: *C. limacodes,* Große Schildmotte.

Cocon, franz. *cóque* Eierschale, Gehäuse, Hülle; eine aus reinem od. mit verschiedenen Naturstoffen (z. B. Sand, Holzmehl, eigene Exkremente usw.) vermischtem Seidengespinst verfertigte Puppenhülle. Der C. des Seidenspinners liefert die Seide; s. auch Kokon.

Code, genetischer, der; s. genetischer Code.

Codehydrase, die; veraltete Bezeichnung für die Coenzyme Codehydrase I (= Diphosphopyridindinucleotid DPN, s. NAD) und Codehydrase II (= Triphosphopyridindinucleotid, TPN, s. NADP).

Codein (Kodein), das, *n.*; Methylmorphin, Alkaloid des Opiums, aus dem Schlafmohn *(Papaver somniferum)* gewonnene Verbindung. Medizinische Anwendung v. a. zur Unterdrückung des Hustenreflexes u. zur Schmerzbekämpfung.

Coecilíidae = Caecilíidae, die lat. *coecus* = *caecus* blind; Fam. des Ordo Gymnophiona, Blindwühlen od. Schleichenlurche; Urodela; kleine schlangenähnliche Tiere. Species z. B.: *Coecilia lumbricoides; Ichthyophis glutinosus.*

coecus, -a, -um, lat., blind; s. *Braula.*

coecútiens, blind; s. *Chrysops.*

Coelacanthiformes, *f.,* Pl. von gr. *koílos* hohl u. *he ákantha* Stachel; Syn. Actinistia; Ordo der Crossopterygii, Choanichthyes; fossil vom Mitteldevon bis zur Oberkreide, rezent eine Spec. Genera: *Coelacánthus* (Karbon bis Trias); *Holophagus* (Jura); Macropoma (Oberkreide); *Latimeria* (rezent).

Coelenteráta, *n.,* gr. *kōī los* hohl, *to énteron* das Innere, der Darm; „Hohltiere", heute als Cnidaria u. Ctenophora geführt, „Gastrula"-Tiere bzw. Eumetazoen, deren Körper aus zwei aufeinanderliegenden Epithelien, dem Ecto- u. Entoderm aufgebaut ist. Zwischen den Epithelien befindet sich eine Stützsubstanz, oft auch sekundär eingewanderte Zellen. Der Körper ist durch einen einzigen Hohlraum gekennzeichnet, der oft in Nischen geteilt ist u. durch eine Öffnung (Mund) mit der Außenwelt in Verbindung steht. – Die C. umfassen über 9000 Arten; Syn.: Radiata.

coeliacus, -a, -um, gr. *ho koilía* die Bauchhöhle; zum Coelom, zur Bauchhöhle gehörig.

Coeloblastula, die, gr. *he koilía* die Höhle, *ho blástos* der Keim; Blastula mit einer Höhlung.
cölodont, gr. *ho odús, odóntos* der Zahn; Bezeichnung f. Reptilienzähne, die im Wurzelabschnitt eine Pulpahöhle besitzen.
Cölom, das, gr. *he koilía* die Höhle, Höhlung; die von einem mesodermalen Epithel ausgekleidete sekundäre Leibeshöhle.
Coelomata, *n.,* Pl.; zusammenfassende Bezeichnung für alle Tiere, bei denen ein Cölom (sekundäre Leibeshöhle) ausgebildet ist; die Gruppe umfasst alle höher entwickelten Metazoa in Abgrenzung zu den Nichtcölomaten. Man unterscheidet Protostomia und Deuterostomia (vgl.: 4 System des Tierreichs).
Cölomtheorie, die; eine von Oskar u. Richard Hertwig (1881) aufgestellte Theorie zur Erklärung des mittleren Keimblattes. Danach sollen Mesoderm u. Leibeshöhle durch Ausstülpung vom Darmblatt entstehen.
Coeloplana, *f.,* gr. *koilos* hohl, lat. *planus, -a, -um* flach, platt; kleine plattwurmartige, kriechende Rippenqualle; Gen. der *Ctenóphora.*
Coelothelien, die, *n.,* Pl., gr. *he thelé* Mutterbrust, Brustwarze, abgeleitet thel-, ursprünglich nur im Wort Epithel gebraucht. Das Coelothel kleidet die sekundäre Leibeshöhle (Cölom) aus, ist myofibrillenreich u. mesodermaler Herkunft.
Coenágrion, *n.,* gr. *ágrios* wild, ungestüm, „sich gemeinsam tummelnd"; Gen. der Coenagríidae (Schlanklibellen), Odonata. Spec.: *C. puella,* Hufeisenazurjungfer.
Coendon, *m.;* Gen. d. Erethizontidae (Baumstachler), Hystricognathi. Spec.: *C. prehensilis,* Greifstachler (bis 60 cm, 4,5 kg; konvergent zu Stachelschweinen, Ausbildung eines Stachelkleides; Greifschwanz; Baumbewohner, S-Amerika).
Cönúrus, der, gr. *koinós* gemeinsam, *he urá* der Schwanz; Finne beim Quesenbandwurm, die ei- bis faustgroß wird u. mehrere Kopfanlagen aufweist.
Coenzym, das, *co-* v. lat. *cum* mit, zusammen, s. Enzym; Bestandteil des Holoenzyms. Viele Enzyme sind Proteide u. bestehen aus einem Proteinanteil u. der „prosthetischen Gruppe". Letztere ist in einigen Fällen reversibel abspaltbar. Das Protein wird dann Apoenzym, die prosthetische Gruppe C. genannt. Apoenzym u. C. bilden das Holoenzym. Wichtige C. sind z. B. Nicotinamidadenin-dinucleotid (NAD), Nicotinamidadenin-dinucleotid-phosphat (NADP), Flavin-adenindinucleotid.
Coenzym A, das; Coenzym der Transazetylierungen, es besteht aus ATP, Pantothensäure u. Cysteamin.
coeruléscens, auch *caeruléscens,* lat.; bläulich.
coerúleus, -a, -um, Syn.: *caeruleus,* blau, blauäugig, schwärzlich. Spec.: *Parus coeruleus,* Blaumeise.
Coferment, lat. *co- con-* zusammen mit; gleichbedeutend mit Coenzym, niedermolekulare Wirkgruppe eines Enzyms.
Cohabitation, lat. *cohabitator* der Mitbewohner; s. Koitus.
Cohnheim, Julius, geb. 1839 Demmin, gest. 1884 Leipzig; Prof. der Pathologie in Kiel, Breslau u. Leipzig. C. erklärte in seinem „Entzündungsversuch" die Entstehung des Eiters u. die Rolle des Blutes bei der Abwehr schädlicher Einwirkungen.
Cohors, *f.,* lat., *cohors, cohortis* das Gefolge, der 10. Teil einer Legion im römischen Heere, die Schar, die Abgrenzung; Kohorte: fakultative systematische Kategorie, die ursprünglich (nach der 1. Ausgabe der internat. Nomenklaturregeln) zwischen Untergattung u. Art eingeschoben, später aber von verschiedenen Systematikern ohne fixierte Definition, d. h. für Taxa verschiedener Rangstufen benutzt wurde als Gruppierungsbezeichnung verwandter Taxa. Beispiel: bezifferte Reihenfolge von in Kohorten zusammenfassbaren Familien oder Superfamilien, wie das bei der Systematik der Acari, s. Kaestner (1965, S. 777), geschieht. Die C. unterliegt nicht den Internat. Nomenklaturregeln.
Coitus, *m.,* lat. *coire* zusammengehen; Geschlechtsverkehr, Deckakt.
Colchicin, das; Colchicinum, Alkaloid aus *Colchicum autumnale,* die Herbstzeitlose, zur Gatt. der Liliaceen gehörig; nach Colchis, dem antiken Namen des Küstenlandes an der Ostküste des Schwarzen Meeres, das bereits in der griechischen Mythologie als Heimat der Gifte u. Giftmischerinnen erscheint. Die Gegend ist reich an Liliaceen. Das Colchicin ist ein Giftstoff, der bei der Mitose den Spindelmechanismus hemmt, so dass die Chromosomen in der Metaphase für die Chromosomenanalyse angereichert bleiben.
cólchicus, -a, -um, latin., aus Kolchis stammend (am Schwarzen Meer); s. *Phasiánus.*
Coleóphora, *f.,* gr. *ho koleós* die (Schwert-) Scheide, *phorein* tragen; Gen. der Coleophoridae (Sackträgermotten), Lepidoptera. Spec.: *C. laricella,* Lärchenminiermotte.
Coleóptera, *n.,* Pl., gr. *koleópteros* mit Flügelscheide versehen, von *ho koleós* = Scheide u. *to pterón* = Flügel; Käfer, Koleopteren, Ordo der Hexapoda. Größte Insektengruppe mit mindest. 350 000 bekannten Species; fossil

seit dem Unteren Perm nachgewiesen. Einteilung in Adephaga und Polyphaga.

Coleopteroídea, *n.,* Pl., Syn. Coleóptera, Coleoptera-Artige. Hierher außer Coleoptera früher die Strepsiptera (Fächerflügler) gestellt.

Coleorryncha, *n.,* Pl.; Gruppe der Homoptera mit der einzigen Fam. Peloidiidae, deren 12 Species in S-Amerika, Australien u. Neuseeland verbreitet sind. Ökologisch kommen sie vorzugsweise im feuchten Moos der *Nothofagus*-Wälder (Wälder mit der Südbuche, Gattg. der Fagaceae) vor.

Coleps, *f.,* gr. *he kóleps, -epos* die Kniekehle; Gen. der Gymnostomata, Holotricha, Euciliata. Spec.: *C. hirtus.*

Colibri; Gen. d. Trochilidae, Kolibris. Spec.: *C. coruscans,* Veilchenohrkolibri.

colicus, -a, -um, zum Colon gehörig.

Coliiformes, *f.,* Pl., s. *Colius* u. *-formes;* Mausvögel, Ordo d. Aves; Wahl des Mausvogel-Namens, da sie wegen des geschäftigen Dahin-Huschens u. ihres weichen „seidenhaarigen", „pelzartigen" Gefieders an Mäuse erinnern.

Cólius, *m.,* gr. *ho koliós* der Grünspecht; vermögen sich wie Spechte am Baumstamm zu bewegen; einziges Genus der Coliidae, Coliiformes (s. d.). Spec.: *C. macrourus,* Blaunackenmausvogel.

Colláre, das, lat., der Halskragen; trichterförmiger Kragen, der bei den Choanoflagellaten u. bei den Kragengeißelzellen der Schwämme die Basis der Geißeln umgibt.

collaterális, -is, -e, lat. *látus, -eris, n.,* die Seite; seitlich.

colléctio, -ónis, *f.,* lat., die Sammlung; Abk.: coll.; z. B. coll Krause = Tiersammlung von Krause.

Collembola, *n.,* Pl., von gr. *he kólla* der Leim, *embállēin* schleudern; Springschwänze, Gruppe (Ordo) der Entognatha, Apterygoten, flügellose (Ur-)Insekten. Sie besitzen eine bauchwärts eingeschlagene Springgabel, die beim Springen den Körper vorwärts schleudert; fossile Formen selten, aber schon im Mitteldevon bekannt.

collículus, -i, *m.,* lat., Dim. von *cóllis, -is* der Hügel; der kleine Hügel, das Hügelchen.

Collículus seminális, der, lat. *semen, -inis* der Samen; Samenhügel, bei männlichen Säugern vorkommend, eine vorspringende Erhebung, auf der mit zwei Öffnungen die Endabschnitte der beiden Samenleiter (Ductus ejaculatorii) einmünden.

Collie, der; schottischer Schäferhund, sehr dicht- u. langhaarig, kleine Ohren, gut bemuskelt, ursprünglich Hüte- u. Begleithund.

Collocália, *f.,* gr. *kolláein* zusammenleimen, *he kaliá* das Nest; Gen. der Apodidae, Segler (-vögel), Apodiformes. Die Schleimnester einiger Salanganenarten werden in China zur Suppen-Herstellung verwendet. Spec.: *C. esculenta,* Gemeine Salangane.

Collozóum, *n.,* gr. *kólla* der Leim, *to zóon* das Tier; Gen. der Collozóidae, Fam. der Radiolaria. Die Einzeltiere der skelettlosen, koloniebildenden Strahlentierchen werden von einer Gallerte zusammengehalten. Spec.: *C. inerme.*

cóllum, -i, *n.,* lat., der Hals; 1. Collum: ein zwischen Kopf u. Brust gelegener Körperteil vieler Tiere. 2. Wortstamm enthalten z. B. bei Spec.: *Podiceps nigricollis,* Schwarzhalstaucher.

Collum dentis, lat. *dens, déntis, m.,* der Zahn; Zahnhals, Übergangsbereich vom Schmelz der Zahnkrone zum Zement der Zahnwurzel.

collurio, gr. *to kollyrion* der Raubvogel; s. *Lanius.*

Colóbidae, *f.,* Pl., s. *Colobus;* Fam. der Catarrhina (Altweltaffen), Simiae, Primates; die Colobidae u. Cercopithecidae werden als Cynomorpha (Hundsaffen) zusammengefasst. Die C. sind Blätter-, Früchtefresser. Genera (z. B.): *Colubus* (Afrika); *Trachypithecus, Presbýtis.*

Cólobus, *m.,* gr. *kolobós* verstümmelt; mit verkümmertem Daumen, kurzem Kiefer; Gen. der Colobidae, Schlankaffen, Catarrhini, Simiae. Spec.: *C. caudatus,* Weißschwanzguereza; *C. satanus,* Satans-Stummelaffe, -Seidenaffe; *C. abyssinicus (aethiopicus),* Schwarzweißer Stummelaffe (bis 12 kg schwere, gescheckte Bewohner der Gebirgswälder O-Afrikas).

Coloeus, *m.,* gr. *kólos* gestutzt, kurz, wegen des relativ kurzen Schnabels; Gen. der Corvidae, Rabenvögel; Spec.: *C. monédula,* Dohle, Turmdohle.

cólon, -i, *n.,* latin., gr. *to kólon* das Glied des Körpers; Hauptteil des Dickdarms; Colon: Grimmdarm der Säuger. Er besteht aus einem aufsteigenden (C. ascéndens), quer verlaufenden (C. transvérsum) u. einem absteigenden Abschnitt (C. descéndens).

colorátus, -a, -um, farbig, gefärbt, lat. *color, coloris, m.,* die Farbe. Enthalten im Namen von Spec.: *Puma (Felis) concolor,* Puma; *concolor* = gleichfarbig.

colóstrum, -i, *n.,* lat., die Vormilch; das Colostrum, die Erstmilch nach der Geburt (Biestmilch der Säuger).

Colpídium, *n.,* gr. *ho kólpos* der Busen, *kolpódes* busenartig; wegen der ei- bis busenförmigen Gestalt; Gen. der Hymenostomata, Euciliata. Spec.: *C. colpoda* (bedeutsam für die Wasserbeurteilung).

colpoda, s. *Colpídium;* latin. (gr.) *colpodus, -a, -um* busenartig.
cólpos, -i, *m.,* gr. *ho kólpos* der Busen, die Falte; die Scheide, der Schoß.
Colúber, *m.,* lat. *coluber* die Natter; Gen. der Colúbridae, Nattern. Spec.: *C. (= Zamenis) viridiflavus,* Zorn-, Pfeilnatter; *C. jugularis* Springnatter.
cólubris, latin. von Kolibri, einheimischer (südamerik.) Name; s. *Trochilus.*
Colúmba, *f.,* lat. *colúmba, -ae* die Taube; Gen. der Colúmbidae, Echte Tauben (flugfähig). Spec.: *C. palumbus,* Ringeltaube; *C. oenas,* Hohltaube; *C. livia,* Felsentaube; *C. l. domestica,* Haustaube, deren Stamm- od. Wildform die Felsentaube ist; *C. rupestris,* Klippentaube (in Zentral- u. O-Asien, brütet auch hoch in Felsen).
columbae, Genit. zu lat. *columba,* s. o.; s. *Ceratophyllus.*
columbianus, -a, -um, in Columbien vorkommend.
Columbia-Zeichnung, die; durch den „Silberfaktor" maßgeblich betimmte Gefiederfarbe beim Huhn, gekennzeichnet durch einen breiten, schwarzpigmentierten grünglänzenden Schaftstrich u. silberfarbenen Saum an den Federn des Halsbehanges u. der Schwanzpartie (z. B. bei den Rassen Sussex, Italiener, Reichshühner, Orpingtons).
Columbícola, *m.,* lat. (wörtl.:) „Taubenbewohner"; Gen. der Esthiopteridae (Federlinge), Ischnocera, Phthiraptera (Tierläuse). Spec.: *C. columbae* (sog. Flügellaus der Taube; als Nahrung dienen u. a. die Rami der Federn). Prädilektionsstellen der Adulten sind die Deckfedern der Flügel, während die Larven häufiger in der Kopf- u. Halsregion angetroffen werden.
Columbiformes, *f.,* Pl., s. *Columba, -formes;* Taubenvögel, Ordo der Aves, mit den Columbidae u. Raphidae (Dronten).
columbinus-, -n, -um, lat. (s. o.); taubenartig, -ähnlich, -förmig.
columbulus, -i, *m.,* lat. Dim. von columba; die kleine Taube.
columélla, -ae, *f.,* das Säulchen, der Pfosten; einziges Gehörknöchelchen der Vögel, das das Trommelfell direkt mit dem oralen Fenster verbindet.
colúmna, -ae, *f.,* lat., die Säule; Columna vertebralis: die Wirbelsäule der Wirbeltiere (Vertebraten).
Comátula, *f.,* lat. *comátulus, -a, -um* üppig frisiert, von *coma* das Haupthaar; Gen. der Comatulidae, Haarsterne. Spec.: *C. mediterranea (Antedon rosacea);* fossile Formen bereits im Oberjura (Malm) bekannt.
comátus, -a, -um, lat., auf dem Kopfe behaart, mit Haupthaar *(coma)* versehen.
cómitans, -ántis, lat. *comitári* begleiten; begleitend.
commissúra, -a, *f.,* lat. *committere* zusammenfügen; die Verbindung. Kommissuren sind Nervenfaserstränge, die im zentralen Nervensystem bilateral-symmetrisch gelegene Teile miteinander verbinden; z. B. verbinden im Strickleiternervensystem der Artikulaten die Kommissuren die segmentalen Ganglien.
Commissura alba, *f.,* lat.; Verbindung der dorsalen Portionen des rechten u. linken Funiculus ventralis des Rückenmarkes in der Medianlinie.
Commissura grisea dorsalis, *f.,* lat.; graue Substanz dorsal des Canalis centralis des Rückenmarkes.
commissurális, -is, -e, den Kommissuren zugehörig.
commúnicans, -ántis, lat. *communicáre;* verbindend.
commúnis, -is, -e, lat., gewöhnlich, gemein; von *com = cum* mit , gemeinsam, *múnia* Tagewerk; s. *Panórpa,* s. *Hippospongia.*
Comopíthecus, *m.,* lat. *coma* das Haupthaar, gr. *ho píthekos;* Gen. d. Cercopíthecidae, Meerkatzenähnl., Catarrhina, Simiae. Spec.: *C. hamádryas* Hamadryas od. Mantelpavian (NO-Afrika).
compáctus, -a, -um, lat. *compíngere* zusammenschlagen; zusammengedrängt.
complanatus, -a, -um, lat., abgeplattet; z. B. *Glossiphónia.*
compléxus, -a, -um, lat. *compléctì* zusammenfassen; zusammengefasst.
compósitus, -a, -um, lat. *compónere* zusammensetzen; zusammengesetzt.
compressor, -óris, *m.,* lat. *comprímere* zusammendrücken; der Zusammendrücker, der Kompressor.
Concentricycloidea, die, Pl., gr. *ho konos* der Kegel, *tris* dreimal, *to kéntron* der Zirkel, Mittelpunkt, *ho kýklos* der Kreis, *to ēīdos* das Aussehen, -ähnlich (in Zusammensetzungen); Gruppe der Echinodermaten, deren Eigenständigkeit außerhalb der Asteroidea noch in der Diskussion ist.
cóncha, -ae, *f.,* latin., gr. *he kónche* die Muschel, Muschelschale; die Schale der Weichtiere (Mollusken).
Concha auris, die, s. *auris;* die Ohrmuschel, erstmals bei den Säugern auftretend, besteht aus einer Hautfalte, die größtenteils vom Ohrknorpel gestützt wird.
Conchae nasáles, die, s. *násus;* die Nasenmuscheln bei Säugern, Oberflächenvergröße-

rungen an den lateralen Wänden der Nasenhöhlen. Bei Reptilien u. Vögeln kommen ähnliche, aber nicht homologe Bildungen vor.

conchális, -is, -e, zur (Nasen-)Muschel gehörig.

Conchífera, *n.,* Pl., latin. *concha* Muschelschale, *ferre* tragen, also: „Muschelschalenträger"; Mollusken, deren Rücken stets von einer Kalkschale (nie mit einer Kutikula) bedeckt wird; diese ist einheitlich od. „zerknickt" während der Larvenentwicklung median in eine linke u. rechte Hälfte. Gruppen (Cl.): Monoplacophora, Gastropoda, Scaphopoda, Lamellibranchiata, Cephalopoda.

conchílega, *f.,* gr. *légere* sammeln; Muschelsammler; wegen der häufig in den „Wohnröhren" bei *Terebella* (s. d.) enthaltenen od. sich daran ablagernden Muscheltrümmer u. -schalen.

Conchiolin, das, gr. *to konchylion* das Schalentier, die Auster; organische Substanz in der Schale der Mollusken.

conchónius, von latin. *concha* die Muschel, auch Perle u. Purpur gebildet; *Barbus conchónius* (dessen ♂ lebhafte purpurrote Färbung in der Laichzeit hat).

Conchóstraca, die, gr. *konche* = lat. *concha,* s. o., *to óstrakon* die Schale, das Tongefäß; „Muschelschaler", Gruppe der Diplostraca, Phyllopoda; fossile Formen seit dem Unterdevon bekannt.

cóncolor, lat.; gleichfarbig; s. *Puma,* s. *Nomascus.*

condénsus, -a, -um, lat. *con-* zusammen, *dénsus, -a, -um* dicht; verdichtet, sehr dicht.

condúctor, -óris, *m.,* lat. *condúcere* zusammenführen; der Zusammenführer, der Konduktor.

condyláris, -is, -e, höckerig.

condyleus, -a, -um, zum Condylus gehörig.

condyloídes, dem Condylus ähnlich.

condyloídeus, -a, -um, zum Condylus gehörig, dem C. ähnlich.

cóndylus, -i, *m.,* gr. *ho kóndylos* der Gelenkfortsatz, -höcker; C. occipitális: der Gelenkhöcker des Hinterhauptbeines (Os occipitále). Er stellt die Gelenkverbindung zwischen dem Schädel u. dem ersten Halswirbel her u. ist bei den meisten Reptilien u. allen Vögeln (Monocondylier) einzeln u. bei den Amphibien u. Säugern (Dicondylier) doppelt ausgebildet.

cónfluens, -éntis, *m.,* lat. *conflúere* zusammenfließen; zusammenfließend; Subst.: der Zusammenfluss (auch: confluor).

congenitalis, -is, -e, lat., kongenital, angeboren.

congenitus, -a, -um, lat. *gignere* zeugen; angeboren.

congénsis, im Kongo vorkommend; s. *Afropavo.*

Conger, *m.,* gr. *ho góggros, góngros* = lat. *conger* der Meer- od. Seeaal; Gen. der Congridae, Meeraale. Spec.: *C. conger,* Seeaal (an den Meeresküsten global verbreitet).

cóngerens, lat. (Partizip Praesens von *congérere);* zusammentragend.

congolénsis, -is, -e, in Afrika (Zentralafrika, Kongo) vorkommend (lebend, beheimatet); s. *Trypanosoma.*

cónicus, -a, -um, lat., konisch, keglig, kegelförmig (v. *conus* Kegel); s. *Cyclósa.*

conjugalis, lat. ehelig.

conjugátus, -a, -um, lat. *coniugáre* verbinden; verbunden.

conjúgium, -i, *n.,* lat., die Ehe, die Begattung, Verbindung.

conjunctiva, -ae, *f.,* lat. *coniúngere* verbinden; Konjunktiva ist die Bindehaut des Wirbeltierauges, schleimhautähnlich, überzieht die Innenfläche der Augenlider (Túnica conjunctíva palpebrárum) u. bedeckt den Augapfel bis zum Rand der Córnea (Túnica conjunctíva bulbi).

conjunctivális, -is, -e, zur Bindehaut gehörig.

conjunctívus, -a, -um, zur Verbindung dienend.

conjúngens, -entis, lat., verbindend.

connatalis, -is, e., angeboren; vgl. lat. *natus* die Geburt.

connéxus, -a, -um, lat. *connéctere* verbinden; verbunden.

Connochaetes, *m.,* gr. *ho kónnos* der Kinnbart u. *he chaítē* das Haar, die Borste; Gen. der Bovidae, Rinder; Artiodactyla, Paarhuftiere. Spec.: *C. gnou,* Weißschwanzgnu, *C. taurínus,* Weißbart- oder Streifengnu.

Conodonten, *m.,* Pl., gr. *ho kónos* der Kegel, *ho odús, odóntos* der Zahn; kleine, zahnähnliche, durchsichtige bis durchscheinende Fossilien von hohem spezifischem Gewicht (um 3,0 g/cm^3), aus lamellärem Kalziumphosphat aufgebaut. Die Conodonten-Apparate standen wahrscheinlich im Dienst der Nahrungsaufnahme von bilateralen, weichkörperlichen, planktisch lebenden Organismen unbekannter taxonomischer Stellung; fossil mit ca. 150 Paragenera vom Mittl. Kambrium bis zur Obertrias, viele gute Leitfossilien. Genera: *Polygnathus, Palmatolepis* (beide Devon), *Gnathodus, Siphonodella* (beide Unterkarbon).

conoídeus, -a, -um = *conoídes,* kegelig.

constríctor, -óris, *m.,* lat. *constringere* würgen, zusammenziehen; der „Zusammenzieher", der Würger; s. *Boa.*

contáctus, -a, -um, lat. *tángere* berühren; berührt, tangiert.
Continentia, lat.; Enthaltsamkeit, Fähigkeit zum Zurückhalten.
contórtrix, von *contorquére* verwickeln, verdrehen, verschlingen; Verwicklerin; s. *Agkistrodon.*
contórtus, -a, -um, lat. *contorquére* zusammendrehen; gewunden (tortiert).
Contracaecum, *n.*, lat.; (Ascarididea; Heterocheilidae); bis zu 80 mm lange Spulwürmer; Zwischenlippen ausgebildet; zahlreiche Arten. Parasiten in Magen u. Darm von Fischen, Vögeln u. Meeressäugern; Vorkommen geographisch begrenzt. Spec.: *C. aduncum,* Wirte: zahlreiche Meeresfische; nördl. Weltmeere; *C. bidentatum,* Wirt: Stör; Europa; *C. clavatum,* Wirte: zahlreiche Meeresfische (Nutzfische); Atlantik; *C. microcephalum,* Wirte: Reiher; Europa.
Contraceptiva, die, Pl., lat. *conceptio* Befruchtung, Vereinigung von Ei- u. Samenzellen; empfängnisverhütende Mittel, Kontrazeption zum Zwecke der Geburtenregulation, z. B. Östrogen/Gestagentabletten.
contractus, -a, -um, lat. *con = cum* zusammen (hier als Präfix der Verstärkung) *tráhere* ziehen, der Zug; zusammengezogen, gekrümmt.
contralateralis, -e, lat. *contra* (ent-)gegen, *lateralis, -is, -e* seitlich; auf der entgegengesetzten Seite, gekreuzt.
conubium, *n.,* lat., Eheverbindung, Ehe(bund).
cónus, -i, *m.,* gr. *ho kónos* der Kegel, Konus; 1. Conus medulláris: kegelförmig zugespitztes hinteres Ende (unterhalb der Lendenanschwellung) des Rückenmarks. 2. *Conus:* Gen. der Kegelschnecke (Prosobranchia, Toxoglossa); der „Stich“ der Kegelschnecken kann zum Tode führen (lt. Berichten von Südseeinseln). 3. Conus arteriosus: ein beim Fischherzen (z. B. Selachii, Ganoidea, Dipnoi) an die muskulöse Kammer anschließender Bulbus cordis (meistens mehrere Klappreihen enthaltend), ein muskulöses Hilfsorgan des Herzens.
convéxus, -a, -um, nach außen gewölbt (gebogen); s. *Cylisticus.*
Convolúta, *f.,* lat., s. *convolutus;* Gen. der Convolútidae, Fam. der Acoela, Plathelminthes. Spec.: *C. saliens.*
convolútus, -a, -um, lat. *convólvere* zusammenrollen; zusammengerollt.
Copper, Sir Astley Paston; Chirurg, Anatom, Arzt; geb. 1768 Brooke (Norfolk), gest. 1841; Prof. d. Chirurgie in London; C. wurde vor allem durch die Einführung neuer Operationsmethoden in der Gefäßchirurgie bekannt. Nach ihm wurde eine Anzahl medizinischer Begriffe benannt (C. Band, C. Hernie, C. Streifen, C. Syndrom).
Cope, Edward Drinker; Wirbeltierpaläontologe in Philadelphia, geb. 28. 7. 1840, gest. 12. 4. 1897; Begründer und ein Hauptvertreter des Neolamarckismus, verlegte den treibenden Faktor der Entwicklung ins Psychische. Nach ihm wurde das Copesche Gesetz (s. d.) benannt.
Copeina, *f.,* nach Eigennamen gebildet; Gen. der Characidae, Cypriniformes. Spec.: *C. (Copella) arnoldi,* Spritzsalmler.
Copelata, *n.,* Pl., gr. *ho elatér* der Treiber, Wagenlenker, *ho kopé* das Ruder; Syn.: Appendiculária; pelagische Tiere, (primitive) eigenständige Gruppe der Chordata, die ihren Ruderschwanz mit Chorda auch erwachsen behalten; Cölom gering, auf eine vom Pericard umschlossene Höhle beschränkt. – Die C. wurden früher in die Tunicata eingeordnet, da sie als geschlechtsreif gewordene (neotene) Ascidienlarven galten; daher auch ihre (frühere) Benennung als Larvacea. Die phylogenetische Ableitung der C. ist unsicher (entweder von neotenen Acidienlarven od. von freilebenden Vorfahren der Tunicata).
Copélla, *f.,* latin. von gr. *he kopé* das Stoßen, Schlagen, *-ella* Dim.; ♂ bespritzt das Gelege aus der Nähe durch Schwanzschläge, bis die Brut ins Wasser gleitet; Gen. der Characidae (Salmler), Ordo Cypriniformes (Karpfenfische). Spec.: *C. arnoldi,* Spritzsalmler (beliebter Aquarienfisch).
Copepoda, *n.,* Pl., gr. *he kopé* Ruder, *ho pús, podós* der Fuß; Hüpferlinge, Ruderfüßer, Gruppe der Crustacea. Kleine planktonische bzw. zwischen Wasserpflanzen usw. lebende, z. T. parasitische Krebstiere mit zweiästigen Ruderfüßen am Thorax; fossile Formen seit dem Miozän nachgewiesen.
Copesches Gesetz (= Gesetz der nicht-spezialisierten Anpassung): Die Organismen eines geologischen Zeitabschnitts stammen von den einfachsten, am wenigsten einseitig spezialisierten des vorausgegangenen Zeitabschnitts ab. Das Neue schließt an das einfach Gebliebene an, nicht an die höchstentwickelten Formen.
cophocérca, gr. *kophós* abgestumpft; *he kérkos* der Schwanz; mit abgestumpftem Schwanz.
coprotheres, von gr. *ho kópros* Mist, Kot, Aas, *ho thēr* das Wild, Tier bzw. *thereutés* jagend; also: Aas aufsuchend; s. *Gyps.*
cópula, -ae, *f.,* lat., das Band, der Strick, die Leine; 1. der unpaare Knorpel, der die beiden

Zungenbeinbögen verbindet; 2. die Begattung (Kopulation), geschlechtliche Vereinigung männlicher u. weiblicher Individuen zwecks Übertragen der Samenzellen in die weiblichen Geschlechtswege.

cor, córdis, *n.,* lat., das Herz. Enthalten im Namen der Spec.: *Echinocardium cordatum,* Gem. Herzigel; gr. *he kardia* das Herz, lat. *cordatus, -a, -um* beherzt, mit Herz versehen.

Corácias, *m.,* gr. *korákías* rabenartig, von *ho kórax, -akos* der Rabe; Gen. der Coracíidae, Racken. Spec.: *C. gárrulus,* Blauracke, Mandelkrähe (Racke: wegen seines Geschreies: rack, rack, rack).

Coracídium, das, gr. *ho kórax,* s. o.; Hakenlarve der Eucestoda mit 6 Haken u. zellig gebauter, bewimperter od. unbewimperter Außenschicht.

Coraciiformes, *f.,* Pl., s. *Coracias* u. *-formes;* Rackenartige, Ordo der Aves; u. a. mit Wiedehopfen, Eisvögeln, Bienenfressern, Nashornvögeln, Racken.

córaco-, gr. *ho kórax,* s. o.; in Zusammensetzungen gebraucht.

Coracoid, das, gr. *to eídos* die Gestalt; das Coracoid (Os coracoídeum), Knochen des Schultergürtels der Wirbeltiere, bei den meisten Säugern zum Knochenfortsatz des Schulterblattes (Scapula) zurückgebildet (Rabenschnabelfortsatz = Procéssus coracoídeus).

coracoídes, raben(schnabel)-ähnlich.

coracoídeus, -a, -um, zum Proc. coracoídeus gehörig (s. Coracoid); rabenschnabel-ähnlich.

Coracópsis, *f., coraco-,* s. o., u. *he ópsis* das Aussehen, wegen der braunschwarzen (rabenähnlichen) Farbe; Gen. der Psittacidae, Papageien. Spec.: *C. nigra,* Vasapapagei.

Coráebus, *m.,* gr. Eigenname: Kóroibos; Gen. der Bepréstidae. Spec.: *C. fasciátus,* Gebänderter Eichenprachtkäfer.

Coragyps, *m.,* gr. *ho kórax* der Rabe u. *ho gýps* der Geier; Gen. d. Cathardidae, Neuweltgeier, Ordo Falconiformes, Greifvögel. Spec.: *C. atrátus,* Rabengeier (sein nackter Kopf ist ebenso schwarz wie das Gefieder).

Corállium, *n.,* gr. *to korállion* die Koralle; Gen. der Gorgonidae, Rinden-, Horn-, Achsenkorallen. Spec.: *C. rubrum,* Edelkoralle (bildet Korallenbänke im Mittelmeer u. trop. Atlant. Ozean; ihre rote Kalkachse wird zu Schmuckgegenständen verarbeitet).

Cordulegaster, *f.,* gr. *he kordýle* die Keule, *he gastér* der Bauch, die Wölbung; Gen. der Cordulegasteridae, Quelljungfern, Anisoptera, Odonata. Große, an Quellbächen jagende Libellen mit besonders kurzen Hinterleibanhängen u. einzigartig reduziertem Legeapparat der Weibchen. Spec.: *C. boltonii,* Zweigestreifte Quelljunger.

Cordúlia, *f.,* gr. *he kordýle* die Keule, der Höcker, die Geschwulst; Gen. der Odonata, Fam. Corduliidae (Falkenlibellen). Spec.: *C. a͞ēnea,* Gemeine Smaragdlibelle.

Cordylóphora, *f.,* gr. *he kordýle* die Keule, *phorē͞in* tragen; Bezug auf die Keulenform der Polypen bzw. ihrer Knospen; Gen. der Clavidae, Hydrozoa. Spec.: *C. caspia,* Keulenpolyp; *C. lacustris,* Meeres-, See-Polyp.

Coregónus, *m.,* gr. *he kóre* die Pupille, *he gonía* der Winkel, verborgene Ort; Gen. der Salmonidae, Edelfische. Spec.: *C. albula,* Kleine Maräne; *C. lavaretus (= maraena),* Große Maräne; mit den Lokalformen: *C. l. hiemalis,* Kilch; *C. l. macropthalmus,* Gangfisch; *C. l. wartmanni,* Blau-, Bodenseefelchen; *C. l. oxyrhynchus,* Schnäpel.

Corethra, *f.,* gr. *to kórethron* das Büschel, der Besen; Stechmücken, Gen. der Culicidae. Spec.: *C. plumicornis,* Büschelmücke. Syn.: *Chaoborus.*

Córeus, *m.,* von gr. *he kóris* die Wanze; sie haben scharf gerandeten Körper; Gen. der Coréidae (Randwanzen), Heteroptera. Spec.: *C. marginátus,* Große Randwanze (mit am Hinterleib verbreiterten u. aufwärts gebogenen Rändern, so dass die Flügel in einer Mulde liegen).

Cori, C. F., geb. 1896, amerikan. Biochemiker: Cori-Ester: Glucose-1-Phosphorsäure.

Cori, Carl F., geb. 24. 2. 1865 Brüx (Nordböhmen), gest. 31. 8. 1954 Wien; Dr. med. et phil.; Vergleichender Anatom d. wirbellosen Tiere, Promotion u. Habilitation bei B. Hatschek, 1898 a. o. Professor, Direktor an Zoologischer Station in Triest, 1908 o. Professor d. Zoologie, nach 1. Weltkrieg Leitung des Zoolog. Institutes der Deutschen Karls-Universität Prag, nach 2. Weltkrieg nach Wien übergesiedelt. Themen seiner wissenschaftl. Arbeiten: „Elementarkurs der Zootomie" (1885, zus. mit Hatschek), „Der Naturfreund am Strande der Adria" (1909, 2. Aufl. 1928), monographische Bearbeitung der Bryozoen, Brachiopoden, Phoroniden u. Kamptozoen in Kükenthals „Handbuch d. Zoologie", d. Phoroniden u. Kamptozoen in Bronns „Klassen und Ordnungen des Tierreichs" u. d. Brachiopoden u. Phoroniden in Grimpe-Waglers „Tierwelt der Nord- und Ostsee", „Biologie der Tiere" (1935).

coriáceus, -a, -um, lat., ledern, aus Leder *(corium),* lederartig; Spec.: *Carabus coriaceus,* Lederlaufkäfer; s. *Dermochelys.*

córium, -ii, *n.,* lat., die Haut, das Corium = die Lederhaut, vgl. auch chorion.

Coríxa, *f.,* gr. *he kóris* die Wanze; Ruderwanze; Gen. der Corixidae, Wasserwanzen. Spec.: *C. hieroglyphica.*

Cormídium, das, gr. *ho kormós* der Stamm; bei den Siphonophoren eine Gruppe von am Stamm sitzenden, zusammengehörigen Individuen, zu der meist ein Fresspolyp mit Fangfaden, ein Taster und männliche u. weibliche Gonophoren u. zuweilen noch ein Deckblatt gehören.

Cornacuspongia, *n.,* Pl., von lat. *cornu* Horn, *acus* Nadel, gr. *to spongíon* kleiner Schwamm; „Horn-Nadel-Schwämme"; Hornschwämme, eine Hauptgruppe (meist im Range eines Ordo) der Silicospongia (s. d.). Artenreichste Schwammgruppe, besonders im Flachwasser verbreitet. Die C. besitzen neben Kieselnadeln (ein- u. vielstrahlig) noch ein Spongingerüst (mit netz- od. baumförmigen Fasern) u. werden deswegen auch als Hornkiesel- oder Netzfaserschwämme bezeichnet. Bekannte Genera: *Halichondria, Cliona, Euspongia, Hippospongia.*

córnea, -ae, *f.,* lat.; die Cornea, Hornhaut des Auges.

corneális, -is, -e, zur Hornhaut gehörig.

córneus, -a, -um, aus Horn bestehend, hornartig.

corniculátus, -a, -um, lat., gehörnt, mit einem Hörnchen versehen.

cornículum, -i, *n.,* lat., das Hörnchen, der Helmkegel.

cornix; s. *Corvus.*

Córnu, cornus, *n.,* lat., das Horn; enthalten z. B. im Namen (als Pl.): Lamellicornia, Blatthornkäfer.

Cornu ammonis, „Ammonshorn"; Hirnabschnitt im Großhirn der Säugetiere, der an den hornartig gekrümmten, unteren Abschnitt („Unterhorn") des Seitenventrikels angrenzt; auch als Hippocampus bezeichnet wegen der Ähnlichkeit mit dem aufgerollten Schwanz der Seepferde.

cornútus, -a, -um, lat., gehörnt; auch in Komposita: *-cornutus* -hörnig; s. *Ceratophrys,* s. *Anhima.*

Cornwalls; eine nach der Grafschaft *Cornwall* in Südengland benannte u. dort zuerst gezüchtete, frühreife, relativ anspruchslose Schweinerasse.

coróna, -ae, *f.,* lat., der Kranz, die Krone; das Gekrümmte; Corona radiata: Gesamtheit der Follikelzellen, die das Säugerei noch nach dem Follikelsprung eine gewisse Zeit umgeben.

Corona ciliaris, die, lat. *ciliaris* zur Wimper gehörig; z. B. der Strahlenkranz des Ziliarkörpers des Auges der Säuger.

coronális, -is, -e, zum Kranz gehörig, kranzförmig.

coronárius, -a, -um, kranzartig.

coronátus, -a, -um, lat., mit einer Krone *(coróna)* versehen.

Coronella, *f.,* lat. *coronélla* kleiner Kranz *(corona);* Gen. der Colubridae, Nattern. Spec.: *C. austriaca,* Österreichische od. Glatte Natter, Schlingnatter.

coronoídes, gr. *to éidos* die Gestalt; hakenähnlich, gekrümmt.

coronoídeus, -a, -um, hakenähnlich, gebogen.

Corónula, *f.,* lat., kleine Krone; Gen. der Balanidae, Cirripedia. Spec.: *C. balaenáris.*

Coróphium, *n.,* nach dem franz. Namen des Tieres *corophie* von Latreille gebildet; Gen. der Corophíidae, Fam. der Amphipoda (Flohkrebse). Spec.: *C. longicorne.*

Córpora quadrigémina, die, s. *quadrigéminus;* Vierhügel auf der Dorsalfläche des Mittelhirns der Säuger.

córporis, Genit. zu lat. *córpus* der Körper; s. *Pediculus.*

córpus, -óris, *n.,* lat., der Körper, Leib; Dim. *corpusculum, -i, n.,* das Körperchen.

Corpus adipósum, das, lat. *adeps, ádipis, m., f.,* Fett, Schmalz; Fettkörper der Insekten.

Corpus allátum, das; lat. *allatus, -a, -um* (P.P.P. von *afferre*) hinzugefügt, herbeigebracht. Pl. Corpora allata; bei Insekten in der Regel hinter dem Corpus cardiacum gelegene paarige retrocerebrale Hormondrüsen, die das Juvenilhormon (od. die Juvenilhormone) bzw. das gonadotrope Hormon bilden und abgeben; das C. a. ist bei den cyclorrhaphen Fliegen in die Ringdrüse einbezogen.

Corpus callósum, das, s. *callósus;* der Gehirnbalken, die quere Hauptverbindung (Kommissur) zwischen den beiden Großhirnhemisphären.

Corpus cardiacum, das, gr. *he kardía* das Herz; Corpora cardiaca: bei Insekten paarige, dicht vor den Corpora allata und am Ende des Dorsalgefäßes gelegene retrocerebrale Organe innerer Sekretion mit Neurohämal- und Neurosekretbildungsfunktion. „Die Corpora cardiaca entstehen bei *Carausius* in engem Zusammenhang mit dem Ganglion hypocerebrale aus dem dorsomedialen Teil des ektodermalen Vorderdarmes" (Pflugfelder 1937, 1952). Bei den cyclorrhaphen Fliegen werden sie in den ventralen Teil der Ringdrüse mit einbezogen.

Corpus cavernósum, das, s. *cavernósus;* der Schwellkörper an den Geschlechtsorganen der Säuger, z. B. am Penis, an der Clitoris.

Corpus ciliáre, das, s. *cílium;* der Ziliarkörper, Strahlenkörper, vorderer gewulsteter Abschnitt der Túnica média óculi des Wirbeltierauges, ausgezeichnet durch Leisten, Falten u. Fortsätze.

Corpus geniculátum, das, s. *geniculátus;* „Kniehöcker" im Gehirn der Wirbeltiere.

Corpus lúteum, das, s. *lúteus;* der Gelbkörper des Eierstocks der Säuger, entsteht nach dem Austritt des Eies aus dem Graafschen Follikel, bildet das Corpus-luteum-Hormon (Progesteron u. Östrogene).

Corpus mamilláre, das, s. *mamilláris;* zwei „brustdrüsenähnliche" Erhebungen hinter dem Tuber cinereum an der Gehirnbasis.

Corpus pineále, das; s. Pinealorgan.

Corpus striátum, das, s. *striátus;* Striatum, Streifenkörper, Teil der basalen Stammganglien des Gehirns.

Corpus vítreum, das, s. *vitreus;* Glaskörper des Wirbeltierauges, liegt zw. Linse u. Netzhaut.

corpúsculum, -i, *n.,* lat., das Körperchen.

Correns, Carl Erich, geb. 19. 9. 1864, gest. 14. 2. 1933; I. Dir. d. Kaiser-Wilhelm-Instituts für Biologie Berlin-Dahlem, Hon.-Prof. an der Univ.; Themen d. wiss. Arbeiten: Ungeschlechtl. Vermehrung der Laubmoose, Best. u. Vererbung des Geschlechts, Vererbungswissenschaften; einer der Wiederentdecker der Mendelschen Vererbungsregeln.

corrugátor, -óris, *m.,* lat. *ruga, -ae, f.,* die Runzel; der Stirnrunzler.

córtex, -icis, *m.,* lat., die Rinde, Schale; enthalten z. B. im adjekt. Namen bei Spec.: *Aphrophora corticea,* Rindenschaumzikade.

Cortex, der, *m.*, lat. *cortex* Rinde, Schale; äußere (Rinden-) Zone von Zellen (z. B. Corticalplasma bei Protozoen, „Einrinde" bei Oocyten) oder Organen (z. B. Cortex cerebri = Hirnrinde).

Cortex cerebelli, der, lat. *cerebellum* das Kleinhirn; Kleinhirnrinde.

Cortex cerebri, der, lat. *cerebrum* das Gehirn, Großhirnrinde.

Corti, Marchese Alfonso de; ital. Anatom; geb. 1822, gest. 1876; Prof. in Wien, Würzburg, Pavia, Utrecht, Turin. C. entdeckte das nach ihm benannte C.sche Organ (= Organum spirále). Seinen Namen tragen in diesem Zusammenhang weiterhin die C.sche Membran, die C.schen Pfeilerzellen, der C.sche Tunnel u. die C.schen Zellen.

corticális, -is, -e, s. *córtex;* zur Rinde gehörig.

corticátus, -a, -um, lat., mit Rinde *(cortex)* versehen.

Corticoide, die; Steroide mit Nebennierenrinden-Hormonwirkung. NNR-Hormone (Corticosteroide) sind: Mineralocorticoide, Glucocorticoide u. Androcorticoide.

Corticosteron, das; Nebennierenrinden-Hormon mit Gluco- u. Mineralocorticoid-Wirkung.

Corticotropin releasing factor, engl. *release* Freilassung, Freigabe; ein im Hypothalamus gebildetes Polypeptid, das die Produktion u. Sekretion von adrenocorticotropem Hormon (ACTH) anregt.

Cortisches Organ, *n.,* s. Corti; Organon spirale des Ohres; liegt im Ductus cochleáris der Schnecke der höheren Wirbeltiere, besteht aus Sinneszellen u. Stützzellen.

Cortisol, das, s. *córtex;* Hormon der Nebennierenrinde, ein Glucocorticoid. Ein Metabolit des Cortisols ist wahrscheinlich Cortison.

Cortison, das; Nebennierenrindenhormon, wahrscheinlich erster Metabolit des Cortisols.

coruscans, lat., schnell schwingend, bewegend, flatternd, schwirrend (Infinitiv: *coruscare*); s. *Colibri.*

Corvus, *m.,* gr. *ho kórax* = lat. *corvus* der Rabe; Gen. der Corvidae, Rabenvögel. Spec. bzw. Subspec.: *C. corax,* Kolkrabe, *C. corone cornix* (gr. *he korône* = lat. *cornix* die Krähe), Nebelkrähe; *C. corone corone,* Rabenkrähe; *C. frugilegus,* Saatkrähe; *C. albus* Schildrabe.

Corycella, *f.,* gr. *he kórys* u. lat. *cella* die Zelle, die Kammer, bezieht sich auf Haubenform des Epimeriten bzw. die Glockenform des „Einzellers"; Gen. der Gregarinida, Telesporidia, Sporozoa. Spec.: *C. armata,* Parasit in den Larven des Wasserkäfers *Gyrinus.*

Corydoras, *m.,* gr. *he kórys* Haube, Glocke, Panzer; Gen. der Callichthyidae, Panzerwelse. Spec.: *C. arcuatus,* Stromlinien-Panzerwels.

Corymbítes, *m.,* gr. *he korýmbe* die Spitze, das Äußerste; Gen. der Elateridae, Schnellkäfer. Spec.: *C. aeneus.*

Corynopoma, *n.,* gr. *he korýne* der Kolben, die Keule, *to pōma* der Deckel; mit Kolben am (Kiemen-)Deckel; Gen. der Characidae, Cypriniformes, Spec.: *C. riísei,* Zwergdrachenflosser.

Coscoroba, *f.,* nach dem Klang seines 4silbigen Rufes benannt; Gen. d. Anatidae (Entenvögel), Anseriformes (Gänsevögel). Spec.: *C. coscoroba,* Koskorobaschwan.

Cosmoidschuppen, die; die Substanz der Schuppenhöcker besteht aus einem dentinähnlichen Material, dem Cosmin, dessen Kanälchen verzweigt (statt einzeln) zur Pulpahöhle verlaufen. Solche Schuppen kamen bei den typischen Crossopterygiern und den frühesten Lungenfischen vor.

Cossus, *m., cossus* od. *cossis:* bei Plinius irgendeine Holzlarve; Gen. der Cossidae, Holzbohrer. Spec.: *C. cossus,* Weidenbohrer.

cósta, -ae, *f.,* lat., die Rippe; Costa wird auch bei den Insekten die unverzweigte Längsader, die Kostalader, am Flügelvorderrand bezeichnet.

costális, -is, -e, lat., rippig, zur Rippe gehörig.

costátus, -a, -um, lat., gerippt. Spec.: *Cardium costatum,* Gerippte Herzmuschel.

Cottus, *m.,* gr. *ho kóttys* Großkopf, ein Fisch in der Antike, von *he kótte* der Kopf; Gen. der Cottidae, Groppen, Dickköpfe. Spec.: *C. gobio,* Kaulkopf; *C. poecilopus,* Buntflossenkoppe; *C. scorpius,* Seeskorpion; *C. bubalis,* Seebulle.

Cotúrnix, *f.*; Gen. der Phasianidae, Eigentl. Hühner; lat. *coturnix, -icis* die Wachtel. Spec.: *C. coturnix,* Wachtel.

cotylédon, -ónis, *f.,* gr. *he kotyledón, -ónos* das Näpfchen, die Saugwarze; der Plazentarknopf der Wiederkäuer.

cotylicus, -a, um, lat., becherförmig.

Cotylorhíza, *f.,* gr. *he kotýle* Saugnapf, *he rhiza* die Wurzel; Gen. des Ordo Rhizostomeae, Wurzelmundquallen. Spec.: *C. tuberculata.*

Cotylosauria, *n.,* Pl.; Gruppe d. Reptilia; fossile Stammreptilien (primitivste Reptilien); Oberkarbon bis Obertrias, s. *Bradysaurus.*

Cotylurus, *m.*, gr. *he kotylé* der Napf, die Höhlung, *he oyrá* der Schwanz, das Hinterende; Gen. der Strigeidae, Ordo Digenea. Kleine Trematoden von bis zu 2 cm Länge, deren Körperoberfläche häufig bestachelt ist u. die parasitisch im Enddarm von Ente, Gans u. Taube leben. Spec.: *C. cornutus,* Wirte: zahlreiche Wasservögel; Europa, Asien, Afrika, Amerika. *C. tarus*, Wirte: Hausgans, Entenvögel; Europa, Nordamerika

Cotypus, der, von lat. *con-* zusammen, gemeinsam, *co-* in Komposita vor Konsonanten; ein früher sowohl für Syntypen wie Paratypen, also für beide „gemeinsam" angewendeter Terminus.

Cowper, William; Anatom u. Chirurg; geb. 1666 bei Alresfort (Hampshire), gest. 1709 London. Arzt in London; C. beschrieb die nach ihm genannten C.schen Drüsen (= Glándula bulbourethrális).

Cowpersche Drüsen, *f.,* s. Cowper; Glandulae (Gll.) bulbourethráles, 1–4 Paar in die männliche Harnröhre mancher Säuger mündende akzessorische Drüsen des Geschlechtsapparates. Sie entsprechen z. B. beim Menschen (♀) den Gll. vestibuláres majóres (Bartholinsche Drüsen).

cóxa, -ae, *f.,* lat., die Hüfte; Coxa, erstes Beinglied der Insektenextremität; Os coxae, Hüft- od. Beckenbein der Säuger.

Coxaldrüsen, die; primäre Exkretionsorgane bei Arachniden (Spinnentiere), die oft als Derivate der Segmentalorgane (Nephridien) erhalten geblieben sind.

Coxiélla, *f.,* (wahrsch.) lat. *coxiélla* kleine Hüfte; Genus der Rickettsiacea. Spec.: *C. burnettii,* Erreger des Queensland-Fiebers (s. d.), das sich mit Symptomen von atypischer Pneumonie, Gelenkschmerzen, ZNS-Störungen äußert.

Coyote; s. *Canis.*

cóypus, latin. von *Coypu,* ein Vernakularname; s. *Myocástor.*

CPE, Abk. für: cytopathogener Effekt, s. d.

Crabro, *m.,* lat. *crabro, -ónis* Hornisse; Gen. der Sphegidae, Mord- od. Grabwespen. Die Weibchen graben Röhren, Gänge in den Boden od. in Holz zum Bau der Brutzellen am Ende derselben. Spec.: *C. cribrárius,* Silbermund, Siebwespe (nistet in morschem Holz, wespenähnlich); s. *Vespa.*

Crángon, *m.,* gr. *he krangón,* kleiner Seekrebs, Garnele (*Garneel* od. *Garnaat* der Holländer); Gen. der Crangónidae, Sandgarnelen; Macrura natantia. Spec.: *C. crangon (= vulgaris),* Gemeine Garnele, Sandgarnele.

craniális, -is, -e, schädelwärts, kopfwärts.

Cranioschisis, -is, die gr. *he schisis, -eos* die Spaltung; Fehlbildung mit Schädeldachdefekt.

Craniota, *n.,* Pl., gr. *to kraníon,* lat. *cránium* Schädel, Hirnschädel; Schädel- od. Wirbeltiere, Vertebrata, Großgruppe der Chordata. Sehr formenreicher, hochdifferenzierter (Unter-) Kreis von Meeres-, Süßwasser- u. Landbewohnern; von den Acrania unterschieden u. a. durch den Besitz eines knorpeligen od. knöchernen Schädels, einer ebensolchen Chorda u. Neuralrohr umgebenden Wirbelsäule, eines Visceralskeletts, meist eines Extremitätenskeletts, ferner eines echten Gehirns mit übergeordneten Nervenzentren, das Vorhandensein paariger Linsenaugen, einer mehrschichtigen Epidermis, hämoglobinhaltiger Erythrozyten, eines muskulösen Herzens, meist paariger Extremitäten.

cránium, -ii, *n.,* latin., gr. *to kranîon,* s. o.; der Schädel ist der Kopfabschnitt des Achsenskeletts der Wirbeltiere.

Craspedacusta, *f.,* gr. *to kráspedon* der Saum, Rand; die ausgewachsene Meduse hat am Schirmrand viele Tentakel; ihr Polyp ist tentakellos u. unter dem Namen *Microhydra ryderí* beschrieben; Gen. der Trachynémidae, Hydrozoa. Spec.: *C. sowerbyi,* Süßwasserqualle, -meduse.

Craspedosóma, *n.,* gr. *to sóma* der Körper; Gen. der Craspedosómidae, Fam. der Myriapoda. Spec.: *C. alemánnicum; C. símile.*

crassicaudatus, -a, -um, lat., mit dickem *(crassus)* Schwanz *(cauda)* versehen; s. *Manis.*

crássus, -a, -um, lat., dick, fett, grob.

Craterolóphus, *n.,* gr. *ho kratḗr, kratḗros* der Becher, Krug, *ho lóphos* der Büschel, Schopf; Gen. der Stauromedusae, Scyphozoa. Spec.: *C. thetys.*

Crax, *f.,* gr. *krázein* krächzen; Gen. der Crácidae, Hokkovögel. Spec.: *C. globicera,* Knopfschnabel-Hokko.

Creagrútus, *m.,* gr. *to kréas* das Fleisch; „Fleischabreißer"; Gen. der Characidae, Cypriniformes. Spec.: *C. beni,* Goldbandsalmler.

cremáster, -ris, *m.,* gr. *kremannýnai* aufhängen, schweben lassen; C. ist der Hodenmuskel der Säuger.

cremastéricus, -a, -um, zum Cremaster gehörig.

crenátus, -a, -um, lat., gekerbt, mit Kerbe *(crena)* versehen.

Crenosóma, *n.,* gr. *he kréne* der Quell, Brunnen, *to sóma* der Leib; Gen. der Protostrongylidae, Ordo Strongylidea. Kurze, spindelförmige, in den Bronchien von Fleisch- u. Insektenfressern parasitisch lebende Würmer mit geringeltem Vorderende, welches den Würmern ein schachtelhalmähnliches Aussehen gibt. Spec.: *C. vulpis,* Wirte: Füchse, Wolf, Hund, Dachs, Vielfraß u. a.; Europa, Asien.

Crenuchus, *m.,* lat. *crena* die Kerbe, „mit Nackenkerbe"; Gen. der Characidae, Cypriniformes. Spec.: *C. spilurus,* Kleiner Raubsalmler.

crenuláris, -is, -e, lat., mit einer kleinen Kerbe od. Spalte *(crenula)* versehen; s. *Hemicidaris.*

Creodóntia, *n.,* Pl., gr. *to kréas* das Fleisch, *ho odús, odóntos* der Zahn; alttertiäre, fossile (Stamm-)Gruppe der Carnivora (s. d.) u. Pinnipedia, auch den Insectivoren nahestehend.

crepida, -ae, *f.,* lat., der Halbschuh, die Sandale, die Schale.

Crepídula, *f.,* lat. *crepídula* eine kleine Schale *(crépida);* Gen. der Calyptraeidae, Mützenschnecken; Phal. Calyptraeacea. Spec.: *C. fornicata,* Gewölbte Pantoffelschnecke.

crépitans, lat., eine laute Blähung *(crépitum ventris)* hören lassend; s. auch *Brachinus.*

creténsis, -is, -e, auf Kreta od. an der Küste von Kreta vorkommend; s. *Scarus.*

Créx, *m.,* gr. *he kréx* = lat. *crex* das Sumpfhuhn (nach seinem Ton); Gen. der Rallidae, Rallen(vögel). Spec.: *C. pratensis,* Wiesensumpfhuhn, -knarre, Wachtelkönig.

Cribéllum, das, lat. *cribrum, -i, n.,* das Sieb; das Siebchen; entsteht bei einigen Webspinnen (Cribellatae) durch Verschmelzen der vorderen mittleren Spinnwarzen zu einer siebartigen Platte; siehe: Calamistrum.

cribrárius, -a, -um, lat., zum Sieb *(cribrum)* gehörig; s. *Crabro.*

cribrifórmis, -is, -e, siebförmig.

cribrósus, -a, -um, siebreich; siebartig; verwendet in Lamina cribrosa.

críbrum, -i, *n.,* lat., das Sieb.

Cricétulus, *m.,* Dim. von neulat. *cricétus* Hamster; Gen. der Cricétidae, Hamsterähnliche, Rodentia. Spec.: *C. migratorius,* Zwerghamster.

Cricétus, *m.,* neulat. *cricétus* der Hamster; Gen. der Cricetidae, Hamsterähnliche, Rodentia. Spec.: *C. cricetus,* Hamster.

Crick, Francis H(arry) C(ompton); Biologe; geb. 8. 6. 1916 Northampthon. C. entwickelte zusammen mit J. D. Watson das Modell der DNS (Doppelhelix) und leitete eine Hypothese der identischen DNS-Replikation ab. Zusammen mit Watson und M. Wilkins erhielt C. 1962 für diese Erforschung der molekularen Struktur der Nukleinsäuren und deren Bedeutung für die Übertragungsform der Geninhalte auf neue Zellen den Nobelpreis.

crico-, gr. *ho kríkos* der Ring, in Zusammensetzungen gebraucht.

cricoides, ringähnlich, ringförmig.

cricoídeus, -a, -um, zum Cricoíd gehörig, ringähnlich.

Cri-du-chat-Syndrom, das, frz. *cri, m.,* das Schreien (von Tierstimmen), *chat, m.,* die Katze; Katzenschreisyndrom, Lejeune-Syndrom; ein Missbildungskomplex auf der Grundlage einer Chromosomenmutation (Deletion) beim Menschen, d. h. Stückverlust am kurzen Arm des Chromosoms 5 u. damit partielle Monosomie dieses Chromosoms.

crinis, -is, *m.,* lat., das Haar, Haupthaar; Adj.: *crinitus, -a, -um* behaart. Spec.: *Sitona crinita,* Behaarter Blattrandkäfer.

Crinoídea, *n.,* Pl., gr. *to krínon* die Lilie, *to éidos* die Gestalt; Haarsterne, Seelilien, Cl. der Echinodermata, Stachelhäuter. Fossile u. rezente Formen (vom Ordovizium an); mit streng pentamerem, gepanzertem Kelch, von dem 5 oder 10 bis zahlreiche Arme mit Pinnulae entspringen. Ursprüngliche Formen an einem gegliederten Stiel am aboralen Pol sessil; die meisten rezenten Arten lösen sich in der Jugend vom Stiel ab (z. B. *Comatula*); etwa 5000 fossile u. 630 rezente Species.

Crióceris, *f.,* gr. *ho kríos* der Widder, *to kéras* das Horn, der Fühler; Gen. der Chrysomelidae, Blattkäfer. Spec.: *C. aspáragi,* Spargelhähnchen (frisst an Liliaceae, besonders am Spargel).

crispus, -a, -um, lat., gekräuselt, kraus. Spec.: *Pelecantolus crispus,* Krauskopfpelikan.
Criss-Crossing, *n.*, engl. *criss-cross* sich kreuzend; Zweirassen-Wechselkreuzung (als Paarungs-Verfahren in der Tierzucht).
crísta, -ae, *f.*, lat., die Leiste, eigentlich der Kamm bei Tieren; C. sterni: Brustbeinkamm der meisten Vögel, dient dem Ansatz der Flugmuskulatur.
Cristatélla, *f.*, lat. *cristatélla* kleiner Federbusch, Kamm *(crista);* Gen. der Cristatéllidae, Bryozoa; typisch: büschelartige Kolonien der Einzeltierchen, zusammengehalten durch eine Gallerte. Spec.: *C. mucedo.*
cristátus, -a, -um, lat., kammtragend, mit Kamm versehen. Spec.: *Hystrix cristata,* Stachelschwein; s. auch *Cystophora.*
Crocéthia, *f.*, gr. *he krokís* Flecken; Gen. der Scolopácidae, Schnepfenvögel. Schwingen u. Steuerfedern mit weißen Schäften, Unterseite weiß, Oberseite rostig weißgrau mit rostfarbenen u. schwärzlichen Flecken, im Winter aschgrau, in der Jugend weißgrau mit schwarzen, zackigen Flecken. Spec.: *C. alba,* Sanderling.
Crocidúra, *f.*, gr. *he króke* der Faden, *he urá* der Schwanz; ihr Schwanz hat lang abstehende (fadenartige) Wimperhaare; Weißzahnspitzmäuse; Gen. der Sorícidae (Spitzmäuse), Insectivora. Spec.: *C. leucodon,* Feldspitzmaus; *C. russula,* Hausspitzmaus; *C. suavéolens mimula,* Gartenspitzmaus.
Crocodílus, *m.*, = *Crocodylus,* gr. *ho krokódeilos* Krokodil; Gen. der Crocodilidae, Eigentl. Krokodile. Spec.: *C. palustris,* Sumpf-Krokodil; *C. porosus,* Leistenkrokodil (Vorkommen: S-Indien, Ceylon bis zu den Fidschi-Inseln); *C. rhombifer,* Rautenkrokodil; *C. cataphractus,* Panzerkrokodil; *C. americanus (= C. acutus),* Spitzkrokodil; *C. niloticus,* Nilkrokodil; fossile Formen seit mittl. Trias (Muschelkalk) bekannt.
Crocúta, *f.*, gr. *ho krokóttas,* auch *krokútas,* lat. *crocotta* (u. *crocúta* = Name eines nicht näher bekannten wilden Tieres in Äthiopien); Gen. der Hyaenidae, Hyänen. Spec.: *C. crocuta,* Gefleckte Hyäne (in Ost- u. Südafrika).
Crossárchus, *m.*, gr. *ho krossós* die Troddel, Franse u. *ho archós* der After; mit Drüsensäcken in Afternähe bei den ♀; Gen. der Viverridae, Canoidea, Carnivora. Spec.: *C. obscurus,* Kusimanse.
crossing over, engl. (Morgan 1911); reziproker Stückaustausch zw. homologen Kopplungsgruppen. Die Wiedervereinigung der Bruchstücke erfolgt über Kreuz u. führt zur Rekombination gekoppelter Gene.
Crossopterýgii, *m.*, Pl., gr. *ho krossós* die Franse, Quaste, *he ptéryx* die Flosse, auch Flügel; Quastenflosser, Gruppe (Subcl.) der Choanichthyes; besitzen Choanen u. Kosmoidschuppen; quastenförmiges Skelett in den Brust- u. meist auch in den Bauchflossen; im Palaeozoikum in vielen Genera u. Species, in der Gegenwart allein durch *Latimeria* vertreten; fossile Formen seit dem Unterdevon bekannt.
Crótalus, *m.*, gr. *to krótalon* die Klapper; Gen. der Viperidae, Vipern, Ottern. Spec.: *C. hórridus,* Gebänderte Schauer-Klapperschlange; *C. adamanteus (= rhombifer),* Rauten-Klapperschlange; *C. durissus,* Tropenklapperschlange.
cruciátus, -a, -um, lat. *crux, crúcis, f.*, das Kreuz; gekreuzt, mit Kreuz versehen. Spec.: *Corymbites cruciatus,* ein Schnellkäfer.
crucifórmis, -is, -e, kreuzförmig.
crudus, -a, -um, lat., roh, zäh.
cruentus, -a, -um, lat., blutig, blutbespritzt, bluttriefend.
crumeníferus, -a, -um, lat. *cruména* Beutel, Kropf, *ferre* tragen; kropftragend; s. *Leptóptilus.*
cruor, cruóris, *m.*, lat., der Blutstrom, das geronnene Blut, Blutvergießen.
Cruor sánguinis, lat. *cruor, m., sanguis, -inis* das Blut; der Blutkuchen, das geronnene Blut.
crurális, -is, -e, s. *crus,* zum Schenkel gehörig.
crus, crúris, *n.*, lat., der (Unter-) Schenkel; Crura cérebri, Pedúnculi cérebri; Hirnstiele, verbinden bei den Säugern das Großhirn mit der Medulla oblongata u. mit dem Kleinhirn.
crusta, -ae, *f.*, lat., gr. *krúēin* abstoßen; die Kruste, Borke (u. ä.).
Crustacea, *f.*, lat. *crusta, -ae,* die Rinde, Kruste, Schale; Krustentiere, Krebstiere, kiemenatmende Gliederfüßler, deren Extremitäten den Spaltfußcharakter bewahrt haben; etwa 25 000 Arten. Sie stellen die einzige Antennatengruppe dar, deren Lebensweise primär aquatisch ist; in die chitinige Kutikula ist häufig kohlensaurer Kalk abgelagert; fossile Formen seit dem Kambrium bekannt. Gruppen (Subcl.): Cephalocarida, Phyllopoda, Anostraca, Ostracoda, Copepoda, Branchiura, Mystacocarida, Ascothoracida, Cirripedia, Malacostraca.
crux, -cis, *f.*, lat., das Kreuz.
crýpta, -ae, *f.*, gr. *krýptein* verbergen; die Grube, Gruft.
Cryptómonas, *f.;* Gr.; *he monás, monádos* die (einzelne) Einheit, als Adj.: vereinzelt, einsam; Gen. der Cryptomonadidae, Ordo Cryptomonadina. Spec.: *C. ovata;* Körperform gebogenzylindrisch; hat 2 große Chloroplasten; ist in Seen, Teichen, Wassergräben verbreitet.

Cryptophágus, *m.,* gr. *kryptós* verborgen, *phagēin* fressen; Gen. der Cryptophágidae, Coleoptera (Käfer). Spec.: *C. lycopérdi.*
Cryptoprocta, *f.,* gr. *kryptós* verborgen, *ho prōktós* der After, Steiß; Gen. der Vivérridae, Feloidea, Carnivora. Spec.: *C. ferox,* Fossa oder Frettkatze (auf Madagaskar, hat anatomisch u. ethologisch typische Katzen- u. Schleichkatzenmerkmale, ist die katzenähnliche Schleichkatze).
Crýptops, *f.,* gr. *he óps* das Auge; Gen. der Scolopéndridae, Riesenläufer, Myriapoda. Spec.: *C. hortensis,* Garten-Riesenläufer.
Cryptúrus, *m.,* gr. *he urá* der Schwanz; wegen des kurzen Schwanzes, ohne Pygostyl, Gen. d. Crypturidae Steißhühner. Spec.: *C. (Tinamus) major* (i. Brasilien).
crystallus, -i, *m.,* latin., der Bergkristall, Kristall.
crystallínus, -a, -um, gr. *ho krýstallos* das Eis, der Kristall; kristallin, kristallartig. Spec.: *Vitrea crystallina* (Lungenschnecke mit kristalliner Schale).
Ctenídien, die, gr. *he kteís, ktenós* der Kamm; Kammkiemen bei Schnecken (Gastropoda).
Cteníopus, *m.,* gr. *ho pús* der Fuß; wegen der kammartig gezähnten Fußklauen; Gen. der Allecúlidae, Ordo Coleoptera, Käfer. Spec.: *C. flavus,* Schwefelkäfer.
Ctenobránchia, *n.,* Pl., Azygobranchier, gr. *to bránchion* die Kieme, *ázygos* unpaar; Gruppe der Vorderkiemerschnecken, ihr Ctenidium ist der Länge nach mit dem Mantel verwachsen u. liegt daher einseitig (unpaar) in Kammform.
Ctenocephalídes, *m.,* gr. *he kephalé* der Kopf, *to ēidos* das Aussehen; Gen. der Pulícidae, Flöhe, Siphonoptera. Auf den Abdominalsegmenten befindet sich nur eine Borstenreihe. Das Genalctenidium besteht aus 7 bis 8, das Pronotalctenidium aus 16 bis 18 Stacheln. Hauptwirte sind Caniden. Spec.: *C. canis* (Hundefloh): Neben den Hauptwirten Hund u. Fuchs werden auch Katze, Nager u. Mensch befallen. *C. canis* u. *C. felis* sind als Zwischenwirte von *Dipylidium caninum* bekannt, dabei werden die Bandwurmeier von den Flohlarven aufgenommen, die Finnen entwickeln sich erst in den Imagines. *C. felis felis* (Katzenfloh). Neben der Katze als Hauptwirt werden auch Hund, Nager, Mensch befallen.
Ctenodactylus, *m.,* gr. *ho dáktylos* der Finger, „Kammfinger"; über den kurzen, gekrümmten Zehen liegt eine Reihe horniger, kammartiger Spitzen, darüber eine Reihe steifer u. eine Reihe langer, biegsamer Borsten (= „Bürstenkamm", der nach Heck u. Hilzheimer tatsächlich zur Fellpflege benutzt wird); Gen. der Ctenodactylidae, Rodentia. Spec.: *C. gondii (C. gundi),* Gundi (in N-Afrika; hamstergroß).
ctenoid, kammähnlich, kammartig, -förmig.
Ctenoidschuppen, die; die Kammschuppen in der Haut vieler Fische.
Ctenopharyngodon, *m.,* von gr. *ho kteis, ktenós* der Kamm, *ho phárynx* der Schlund, *ho odón* der Zahn; der Name bezieht sich auf die sägeförmig gekerbten („kammartigen") Schlundzähne; Gen. der Cyprinidae, Weißfische, Cypriniformes, Karpfenfische. Spec.: *C. idella,* Graskarpfen (Amurkarpfen; Weißer Amur), einzige Art der Gattg.
Ctenóphora, *n.,* Pl., gr. *phorēin* tragen; etwa 80 Arten, wegen der Ähnlichkeit der Flimmerplattenreihen (Rippen) mit einem Kamm; Kamm- od. Rippenquallen, einzige Cl. der Acnidaria. Gruppen: Tentaculifera, Atentaculata.
Ctenophthálmus, *m.,* gr. *ho ophthalmós* das Auge; Gen. der Ceratophyllidae, Ordo der Aphaniptera. Der Name bezieht sich auf den Stachelkamm unter dem Auge. Spec.: *C. bisoctodentatus,* Europ. Maulwurfsfloh (mit einem 16-zähnigen Hals-Ctenidium); Name: zwei *(bis)* mal acht *(octo-).*
Ctenopsýllus, *m.,* gr. *ho psýllos* der Floh; Gen. der Ctenopsyllidae, Ordo der Aphaniptera (Flöhe). Benannt nach einem Stachelkamm an den Hinterschienen. Spec.: *C. segnis,* Mausfloh (weniger beweglich als *Pulex irritans,* weil kürzere Hinterbeine).
cubalis, -is, -e, lat., zum Würfel *(cubus)* bzw. würfelförmigen Knochen gehörend.
Cubitalader, die, s. *cúbitus;* meist gegabelte Längsader des Insektenflügels.
cubitális, -is, -e, s. *cúbitus,* zum Ellenbogen gehörig, ellenlang.
cúbitus, -i, *m.,* lat., *cubitum, -i, n.,* der Ellenbogen, die Elle.
cuboídes, s. *cúbus;* würfelförmig, -ähnlich, -artig.
cuboídeus, -a, -um, würfelförmig, -ähnlich, -artig.
Cubomedusae, *f.,* Pl., lat. *cubus* Würfel, *medúsa* Qualle; Würfelquallen, Cl. der Cnidaria. Mit sehr hohem, ± vierkantigem Schirm, einfachem Mundrohr, einem Velarium u. 4 breiten Gastraltaschen. z. B. *Carybdea.* s. d.
cúbus, -i, *m.,* gr. *ho kýbos* der Würfel; 1. Os cuboideum od. Cuboideum, das Würfelbein, ein annähernd würfelförmiges Knochenstück der Fußwurzel der höheren Wirbeltiere. 2. Cubomedusae: Würfelquallen.
Cuculiformes, *f.,* Pl., s. *Cuculus* u. *-formes;* Kuckucksartige, Ordo d. Aves.
Cucullanellus, *m.,* lat. *cucúllus* die Kapuze, *-ellus* = Dim.; Gen. der Cucullanidae, Ordo Spi-

ruridea. Bis 5 mm lange, spindelförmige Würmer mit nach vorn gerichteter Mundöffnung, im Darm von Knochenfischen parasitierend. Spec.: *C. minutus,* Wirte: Flundern; Atlantik.
Cucullanidae; Familie der Spiruridea. Körpervorderende der „Würmer" mit zwei deutlichen seitl. Lippen, jede mit 3 Papillen; Mundöffnung schlitzförmig; ovipar. Parasiten der Fische. Leit- od. Typusgattung: *Cucullanus*; bis 25 mm lange, schlanke Würmer mit großer Mundhöhle, die vom erweiterten vorderen Ösophagusabschnitt gebildet wird; Darm ohne Blindsack.
cuculláris, -is, -e, lat. *cucúllus, -i, m.,* die Kapuze; zur Kapuze gehörig, kapuzenförmig.
cucullatus, lat., mit Kappe, Kapuze versehen.
cucúllulus, lat., kleine Kappe, „Deckelchen"; s. *Chilodon.*
Cucúlus, *m.,* lat. *cucúlus* = gr. *ho kókkyx* der Kuckuck; nach seinem Rufe benannt; Gen. der Cuculidae, Kuckucke. Spec.: *C. canorus,* Kuckuck.
Cucumária, *f.,* lat. *cúcumis* Gurke, *-aria* -ähnlich; Gen. der Dendrochiróta, Holothurioidea, Seegurken. Spec.: *C. pentáctes.*
cúcumis, lat., Melone, Gurke; s. *Beroë.*
Cúlex, *f.,* lat. *cúlex, -icis* Mücke (bei Plinius); Gen. der Culicidae (Stechmücken, Moskitos). Spec. *C. pipiens,* Stechmücke (beim Fliegen einen scharfen, pfeifenden Ton erzeugend).
Culicidae, *f.,* Pl., lat.; Stechmücken, Fam. der Culicomorpha, „Nematocera" (Mücken), Diptera. Männchen ohne Stechvermögen, nähren sich von Blütensäften. Weibchen der meisten Arten saugen Blut, welches sie zur Eireifung benötigen; z. T. Überträger von Krankheitserregern, wie Malaria, Gelbfieber, Filiarien. Gattungen: *Anopheles, Aedes, Culex, Culiseta.*
cúlmen, -inis, *n.,* lat., der Gipfel; Region des Kleinhirnwurmes beim Menschen.
culter, cultri, *m.,* lat., das Messer, Dim. *cultellus.* Spec.: *Pelobates cultripes* (ein Krötenfrosch mit hornigen Grabschwielen); gebildet von *cultri-* (Genitiv) u. *pes* = Fuß.
Cumácea, *n.,* Pl., lat. *cuma* der Spross, *-acea* ähnliche; Syn.: Sympoda; Gruppe (Ordo) der Crustacea, Eumalacostraca; fossil seit dem Zechstein.
cúmulus, -i, *m.,* lat., der Haufen, Hügel; C. oóphorus: Hügel von Follikelepithelzellen, in denen das Ei im Graafschen Follikel liegt.
cuneális, -is, -e, s. *cúneus;* zum Keil gehörig.
cuneátus, -a, -um, s. *cúneus;* mit einem Keil ausgestattet, keilförmig.
cuneifórmis, -is, -e, s. *cúneus,* keilförmig.
cúneus, -i, *m.,* lat., der Keil; Cuneiformia: Keilbeine in der Fußwurzel der Säuger. Sie entsprechen den Tarsalia I–III der übrigen Wirbeltiere.
cunicularius, -a, -um, kaninchenartig (lebend od. aussehend); s. *Speotyto.*
Cunnilingus, der, *cunnus* weibliche Scham, *lingere* lecken; Belecken der weiblichen Geschlechtsteile zur geschlechtlichen Erregung; eine bei Säugern vorkommende Verhaltensweise.
cunículi, Genit. zu lat. *cunículus* das Kaninchen; s. *Spilopsyllus.*
cunículus, *m.,* lat., Kaninchen; s. *Oryctolagus.*
cunnus, -i, *m.,* lat., die weibliche Scham, Vulva.
cúpa, -ae, *f.,* lat., die Kufe, Tonne, das Fass; Dim. *cúpula, -ae* der Pokal, das (kleine) Gefäß, die Kuppel.
cupréssinus, -a, -um, zypressenartig; s. *Sertularia.*
cupreus, -a, um, lat., kupferrot, kupferfarbig. Spec.: *Donacia semicuprea,* Kupferiger Schildkäfer; eigentl. halb-(semi-) kupferfarben.
cúpula, -ae, *f.,* lat., Dim. von *cúpa, -ae, f.,* die Tonne; die Kuppel, das Gewölbe.
cupuláris, -is, -e, s. *cúpula;* zur Kuppel gehörig, kuppelartig.
Curare, das; Name für das Pfeilgift südamerikanischer Indianer; erstmals beschrieben von Alexander v. Humboldt, Wirkungsnachweis durch Claude Bernard. enthält Alkaloide aus *Strychnos-* u. *Chondodendron*-Arten. Die größte medizin. Bedeutung kommt dem aus *Tubocurare* gewonnenem d-Tubocurarin zu. Es wird therapeutisch als Muskelrelaxans verwendet. Die Wirkung besteht in einer kompetitiven Verdrängung des Azetylcholins von der motor. Endplatte.
Curcúlio, *m.,* lat., eigentl. der Kornwurm; die Larven sind meist walzen-(wurm-)förmig u. leben wie die Imagines von (verschiedenen) Pflanzen(-teilen); Gen. der Curculionidae (Rüsselkäfer; sehr artenreich). Spec.: *C. nucum,* Haselnussbohrer *(nuscum* ist Genit. Pl. von *nux, nucis* Nuss, schalige Frucht).
Curimatopsis, *f., he ópsis* der Anblick, das Aussehen; im Aussehen dem Curimatus ähnlich; Gen. der Anostómidae, Cypriniformes. Spec.: *C. saladensis,* Gründbandsalmler (in Argentinien beheimatet).
currens, lat., laufend, rennend, fließend, eilend.
Cursóres, *m.,* Pl., lat. *cúrsor, -óris* der Läufer, *ratis* Floß (wegen des kiellosen Brustbeins); Laufvögel, Ratiten; sind Vögel mit sehr kräftigen Laufbeinen u. zum Fliegen untauglichen Flügeln; das Brustbein stellt eine breite, wenig gewölbte Platte ohne Brustbeinkamm (Kiel,

Carina) dar. Diese Zusammenfassung bezieht sich primär auf die Kranich- u. Strandvögel u. ist ± unnatürlich, da Trappen, Kraniche u. Rallenartige besser als Gruiformes von den Limicolae (Sumpfvögel = Regenpfeifer u. Schnepfen) getrennt werden.

Cursoria, *n.,* Pl., lat. *cursor,* s. o.; Schabenähnliche, Blattopteroidea; Insekten mit Lauf- od. Schreitbeinen u. in der Ruhe flach auf dem Rücken getragenen Flügeln (oft auch rückgebildet). Gruppen (Ordines d. Superordo), z. B.: *Dictyoptera, Isoptera* (Termiten).

curtus, -a, -um, lat. verkürzt, verstümmelt, unvollständig; s. *Python.*

curvatúra, -ae, *f.,* lat., die Biegung, Rundung, Krümmung; z. B. Curvatura major u. minor; die große u. kleine Kurvatur des menschl. Magens u. anderer Säuger.

curviróstra, lat. *curvus* krumm, *rostrum* (Schnabel; mit gebogenem Schnabel). Spec.: *Loxia curvirostra,* Fichtenkreuzschnabel.

curvus, -a, -um, lat., krumm, gerundet.

Cushing, H. W., geb. 1869, gest. 1939, Chirurg; nach ihm wurde das Cushing-Syndrom benannt, ein Krankheitsbild, das durch Erhöhung von Kortisol im Plasma ausgewiesen ist.

cuspidális, -is, -e, s. *cuspis;* mit einem Zipfel versehen.

cúspis, -idis, *f.,* lat., die Spitze; der Zipfel.

cutáneus, -a, um, s. *cutis;* zur Haut gehörig, hautartig.

cutícula, -ae, *f.,* lat., das Häutchen; die C. wird von Epithelien abgeschieden, ist nicht zellulär und besteht meist bzw. vorwiegend aus Chitin.

cútis, -is, *f.,* lat. die Haut (die Hülle).

Cuvier, Georges Baron de, geb. 23. 8. 1769 Montbéliard, gest. 13. 5. 1832 Paris; 1784–1788 Besuch d. Hohen Karlsschule in Stuttgart; 1802 Ernennung zum Sekretär auf Lebenszeit der französischen Akademie d. Wissenschaften; franz. Naturforscher, Begr. der Vergleichenden Anatomie u. der modernen Paläontologie der Wirbeltiere, Begründer eines Systems der Zoologie auf der Grundlage einer Schöpfungs- u. Katastrophen-(Kataklysmen-) Lehre, stand in Gegnerschaft zur Entwicklungslehre Geoffroy Saint-Hilaires u. Lamarcks. Veröffentlichungen z. B. „Tableau élémentaire de l'histoire naturelle des animaux" (1798), „Lecons d'anatomie comparée" (1800–1805), „Le règne animal distribué d'après son organisation" (1817).

Cuvier-Gang, der; Ductus Cuvieri: Vene des embryonalen Körpers, die ins Herz mündet u. die durch Zusammenfluss der unteren u. oberen Kardinalvene entsteht.

cuvieri, nach Georges de Cuvier (1769–1832) gebildeter Genit. zur Artbezeichnung; s. *Galeocerdo.*

Cuvierismus, der; die Lehre von Georges de Cuvier, nach der die Arten als unveränderlich betrachtet und mehrmals im Laufe der geologischen Entwicklung vollständig vernichtet wurden; nach dieser Auffassung habe eine mehrmalige Neuschöpfung stattgefunden (Katastrophentheorie).

Cyánea, *f.,* gr. *kyáneos* dunkelblau; Gen. der Cyanéidae, Semaeostómeae. Spec.: *C. lamarckii,* Blaue Nesselqualle; *C. capillata,* Gelbe Haarqualle.

cyáneus, -a, -um, latin., blau, dunkelblau, bläulich; s. *Circus.*

Cyanocobalamin, das; Vitamin B_{12}, Perniziosa-Faktor, eine kompliziert aufgebaute, cobalthaltige organische Verbindung. Bei Mangel kommt es zu Blutarmut u. a., es werden zu wenig rote Blutkörperchen ausgebildet.

Cyathospongia, Pl., s. Archaeocyatha.

Cybíster, *m.,* gr. eigentl.: *ho kybistestér* der Gaukler, einer, der sich kopfüber schlägt; Gen. der Dystiscidae, Schwimmkäfer. Spec.: *C. lateralimarginalis.*

Cychrisation, die; lat. *chychrisatio, -onis*; Verschmälerung des Kopfes bzw. Vorderkörpers bei Käfern, die sich von Gehäuseschnecken ernähren.

cycladoídes, gr., einem Kreise *(kýklos)* ähnlich, kugel-, kreisförmig, rundlich; einer Kugelmuschel *(Cyclas = Sphaerium)* ähnlich; s. *Estheria.*

Cyclemys, *f.,* gr. *kyklós* kreisförmig, *he emýs* die Schildkröte; hat im Alter stark gewölbten Rückenpanzer; Gen. der Emydidae, Testudines. Spec.: *C. mouhoti,* Ind. Dosenschildkröte; *C. trifasciata,* Chin. Dosenschildkröte.

Cycloidschuppen, die, gr. *ho kýklos* der Ring, Kreis; Rundschuppen in der Haut von Knochenfischen.

Cyclomyária, *n.,* Pl., gr. *ho kýklos* der Ring u. *ho mys* der Muskel; wörtlich: „Ringmuskler"; Syn.: Doliolida („Füßchen"salpen, s. *Doliolum).* Charakteristisch für diesen Ordo der Thaliácea (s. d.) sind: Oozoid tonnenförmig, groß; zwischen Pharynx u. Kloake eine Reihe von 8–200 Kiemenöffnungen; Ringmuskeln als deutliche, geschlossene Bänder gebildet. Komplizierter Generationswechsel: Die ventral abgeschnürten Knospen werden durch amöboide Phorozyten an der Oberfläche des Tieres zum Rückenfortsatz transportiert u. hier in 3 Längsreihen aufgestellt. Die seitlichen Knospen werden zu sterilen Gasterozoiden (Nährtieren) für das Ammentier, die mittleren zu

Phorozoiden (Pflegetieren), welche durch Knospung die Gonozoiden (Geschlechtstiere) hervorbringen u. sich mit diesen loslösen. Somit wechseln insges. drei Generationen, wobei die 2. Generation dimorph ist. Aus den Eiern entwickeln sich Larven mit Chorda. – Zum Ordo C. gehört nur die Fam. Doliolidae mit zwei Gattungen u. insges. 15 Species; s. *Doliolum.*

Cyclophyllidea, *n.*, Pl., gr. *ho kýklos* der Kreis, *to phýllon* das platte Band., Blatt.; *-idea* Ordo = Suffix; Ordo der Plathelminthes. Sie besitzen Scolex mit vier Saugnäpfen, keine Uterusöffnung; kommen vor als Parasiten von Amphibien, Reptilien, Vögeln, Säugetieren, Menschen (z. B.): Taeniidae, Hymenolepididae, Anocephalidae.

Cyclópia, gr. *ho kýklops* der einäugige Zyklop, *ho kýklos* der Kreis, *he ópsis* das Auge; s. Zyklopie.

Cyclopropan, *n.,* gr. *ho kýklops* der Kreis; Trimethylen, C_3H_6. Gasförmiges Inhalationsnarkotikum. Die narkotische Wirkung entspricht dem Äther; große narkotische Breite, gute Steuerbarkeit; hochexplosiv!

Cyclops, *m.,* gr. *ho kýklops* der einäugige Cyclops, *makrós* groß, lang, *mégas* groß, lang; Gen. der Cyclópidae, Ordo Podoplea, Copepoda (Hüpferlinge). Spec.: *Macrocyclops fuscus* (Syn.: *Cyclops fuscus*); *Megacyclops viridis* (Syn.: *Cyclops viridis*); *C. strennus*, Vorkommen in kleineren Binnengewässern in der gesamten Paläarktis.

Cyclópterus, *m.,* gr. *ho kýklos,* latin. *cyclus* Kreis, gr. *to pterón* die Flosse; Gen. der Cycloptéridae, „Lumpenfische", deren Bauchflossen zu einer kreisförmigen Haftscheibe verwachsen sind, mit der sie sich an Steinen festsetzen. Spec.: *C. lumpus,* Lumpenfisch, „Seehase".

Cyclórrhapha, *n.,* Pl., gr. *he rhaphé* die Naht; Syn.: cyclorrhaphe Diptera, Superfam. der Diptera; Zusammenfassung einer Reihe von Dipteren-Familien, deren Tönnchenpuppen(hüllen) beim Schlüpfen der Larven entlang einer kreis- bzw. bogenförmigen Naht bzw. Linie gesprengt werden.

Cyclósa, *f.,* lat. *-osa* Suffix, das Verstärkung oder Reichtum ausdrückt; Gen. der Argiópidae, Radnetzspinnen. Spec.: *C. conica.*

Cyclose, die, gr. *kýklos* der Ring; „Ernährungskreis" einer Ciliatenzelle (z. B. *Paramecium*). Die Nahrungsaufnahme erfolgt über das Cytostom (Zellmund), die Exkrementenausscheidung über die Cytopyge (Zellafter). Die bei der Nahrungsaufnahme entstandene Nahrungsvakuole (Gastriole) wandert auf einer eliptischen Bahn durch die ganze Zelle.

Cyclostómata, *n.,* Pl., gr. *to stóma, -atos* der Mund, wegen des runden Saugmundes, ohne echte Kiefer; Rundmäuler, Gruppe (Cl.) der Agnatha; etwa 44 Arten. Ordines: Petromyzontes (Neunaugen), Myxinoídea (Inger, „Schleimaale").

cyclótis, gr. *to us, otós* das Ohr; mit rundlichen Ohrmuscheln, rundohrig, s. *Loxodonta.*

cyclotrich, gr. *he thrix, trichós* das Haar, die Borste; zyklotriche Ciliaten besitzen nur einen od. zwei Wimpergürtel, keine adorale Wimperspirale.

Cyclúra, *f.,* gr. *ho kyklos* der Ring, Kreis, *he urá* der Schwanz; Gen. der Iguanidae (Leguane), Lacertilia (Echsen), Squamata. Spec.: *C. cornuta,* Nashornleguan (mit drei auffallend kegelförmigen Hörnern auf der Schnauzenoberseite, beim ♂ größer, das außerdem zwei Fettwülste am Hinterhaupt hat).

cyclus, -i, *m.,* latin., gr. *ho kýklos* der Ring, Kreis, Bogen, Umkreis.

Cýdia, *f.,* gr.; Gen. der Tortricidae, Lepidoptera; Spec.: *C. pomonella,* Apfelwickler (Larve im Kerngehäuse von Äpfeln, Birnen u. a., „Made"); *C. funebrána,* Pflaumenwickler, Pflaumenmade.

Cydippe, *f.,* gr. *Kydippe,* eine Nereide, Name einer der 50 Töchter von *Nereus,* dem göttlichen Meergreis; Gen. der Cydippidae, Ctenophora (s. d.); verkörpert in ihrer Entwicklung den ursprünglichen, pelagischen Typ der Ctenophora (wie auch Pleurobrachia).

cygnoídes, gr., schwanähnlich; s. *Cygnopsis.*

Cygnópsis, *f.,* s. *Cygnus,* gr. *ho ópsis* das Aussehen, also: schwanähnlich; Gen. der Anatidae, Entenvögel. Spec.: *C. cygnoides,* Schwanen- od. Höckergans.

Cýgnus, *m.,* gr. *ho kýknos* = lat. *cygnus* der Schwan; Gen. der Anátidae, Entenvögel. Spec.: *C. olor,* Höckerschwan; *C. cygnus,* Singschwan; *C. bewickii,* Kleiner Singschwan; *C. melanocoryphus,* Schwarzhalsschwan; *C. atrátus,* Trauerschwan.

cylíndricus, -a, -um, gr. *kylíndrein* wälzen; zylindrisch, walzenförmig.

cylindrus, -i, *m.,* latin., die Walze, der Zylinder. Spec.: *Platypus cylindrus* (ein Borkenkäfer, zu den Platypodidae gehörig).

Cylísticus, *m.,* gr. *kylistós* walzenförmig, gewälzt; Gen. der Isopoda, Asseln. Spec.: *C. convexus.*

cýmba, -ae, *f.,* gr. *he kýmbe* der Nacken; der obere Teil der Concha, s. cóncha.

Cymóthoa, *f.,* gr. *Kymothóe* Name einer Nymphe, von gr. *to kýma* die Woge, *thoós* schnell; Gen. der Cymothóidae, Fam. der Isopoda, Asseln. Spec.: *C. oestrum,* Bremsenfischassel.

cynocéphalus, *m.,* gr. *ho kýon, kynós* Hund, *he kephalé* der Kopf; „hundeköpfig", mit langer, hundeähnlicher Schnauze; Artname z. B. bei *Thylacinus* (s. d.), s. *Papio.*
cynomólgus, gr. *ho molgós,* ein Sack von Rindleder, auch Spitzbube, der öffentliche Gelder angreift; s. *Macaca.*
Cynomórpha, *n.,* Pl., gr. *he morphé* die Gestalt, „in der Gestalt hundeähnliche" Catarrhina (Altweltaffen); „Hundsaffen"; zusammenfassende Bezeichnung für Cercopithecidae (Meerkatzenartige od. Tieraffen), Colobidae (Blätteraffen, die durch zwei Querjoche auf den Molares gekennzeichnet sind). Synonym: Cercopithecoidea.
Cýnomys, *m.,* gr. *ho kýōn* der Hund, *ho mýs* die Maus; ihre Bauten sind oft zu großen Ansiedlungen vereinigt. Gen. der Sciuridae, Sciuromorpha, Rodéntia. Spec.: *C. luduviciánus* Präriehund (N-Amerika; hat hundeartig bellende Stimme: Name!).
Cynopíthecus, *m.,* gr.: „Hundsaffe"; Gen. der Cercopithecidae, Meerkatzenartige, Cynomorpha, Catarrhina, Simiae. Spec.: *C. niger,* Schopfmakak.
Cyphonautes, die, gr. *to kýphos* der Becher, *ho naūtes* der Schiffer; schwimmende, Trochophora-ähnliche Wimperlarven der Moostierchen (Bryozoa).
Cypraēa, *f.,* Name für die auf Zypern verehrte *Venus;* der Name bezieht sich auf die schön gefärbte, eiförmig eingerollte Schale (porzellanartig); Gen. der Cypraeacea, Ordo der Monotocardia, Prosobranchia, Vorderkiemer, Mollusca. Spec.: *Cypraea moneta,* Kauri, Kaurischnecke (in trop. Gegenden als Geld verwendet).
Cyprinidenregion, die, lat. *regio -onis, f.,* das Gebiet; nach Charakterfischen (Cyprinidae) differenzierter Abschnitt von Fließgewässern mit der Barben- u. Blei- od. Brachsenregion; s. *Barbus,* s. *Abramis.*
Cypriniformes, *f.,* Pl., s. *Cyprinus* u. *-formes;* Karpfenfische, Ordo der Osteichthyes. Syn.: Ostariophysi. Mit etwa 5000 Species, zu denen die Mehrzahl der Süßwasserfische gehören. Subordines: Charcoidei (Salmler); Gymnotoidei (Zitter-, Meeresaale); Cyprinoidei (Karpfenähnliche); Siluriformes (Welsartige).
Cyprinodon, *m., kyprínos,* s. u., *ho odón, odóntos* der Zahn, mit bezahnten Kiefern; Gen. der Cyprinodontidae, eierlegende (vivipare) Zahnkarpfen. Spec.: *C. variegatus.*
Cyprinodóntes, *f.,* Pl., gr., s. *Cyprinodon;* Zahnkarpfen, Gruppe (meistens als Ordo) der Osteichthyes. Zu ihnen gehört eine Vielzahl kleinerer Fische im Süßwasser u. in Salzgewässern des Festlands. Zahlreiche werden als Aquarienfische gehalten. Fam.: Cyprinodontidae (Eierlegende Zahnkarpfen), z. B. mit *Jordanella, Fundulus, Aphanius*; Poecilíidae (Lebendgebärende Zahnkarpfen), z. B. mit *Anableps, Gambusia, Lebistes, Poecilia, Xiphophorus.*
Cyprinoídei, *m.,* Pl., s. *Cyprinus;* Karpfenartige, Gruppe (Subordo) der Ostariophysi (= Cypriniformes); die C. sind Süßwasserfische u. z. T. als Nutzfische von Bedeutung; fossile Formen seit dem Paläozän bekannt.
Cyprínus, *m.,* gr. *ho kyprínos* Karpfenart bei Aristoteles, von *Kýpris* Aphrodite (Göttin der Liebe), wegen ihrer großen Fruchtbarkeit; Gen. der Cyprinidae (Weiß-, Karpfenfische). Spec.: *C. carpio,* Karpfen, Spiegelkarpfen.
Cýpris, *f.,* gr. *Kypris, Cypris,* Beiname der Aphrodite, die auf Zypern (= Kýpros) sehr verehrt wurde; Gen. der Cypridae, Muschelkrebse, Ostracoda; fossile Formen seit dem Pleistozän bekannt. Spec.: *C. candida* (mit gelblich-weißer Schale, rezent).
Cypris-Stadium, das; ein bei den Rankenfüßern (Cirripedia) auf das Nauplius-Stadium folgendes Entwicklungsstadium mit zweiklappiger Schale, das Ähnlichkeit mit der Ostracodengattung *Cypris* aufweist.
Cyrtopodocyten, die, Pl., gr. *he kýrtos* geschwollen, gekrümmt, *ho odós* der Fuß, *to kýtos* das Gefäß, die Höhlung; Exkretionsorgane der Acranier (früher als Protonephridien gedeutet), Reusengeißelzellen, modifizierte Coelothelzellen des Subchordalcoeloms. Sie liegen auf der basalen Matrix des Glomus. Die Cyrtopodocyte ist vergleichbar mit einer Kombination von Wirbeltier-Podozyten u. einem protonephridialen Reusenteil (Cyrtocyte). Funktionell wird ein zweifacher Ultrafiltrationsmechanismus vermutet.
Cystacántha, *f.,* gr. *he ákantha* der Dorn, Haken, wörtlich: „Blasen-Haken", „Hakenzyste"; die aus der Acanthor-Larve (s. d.) im Zwischenwirt (Insekt, Krebs) sich entwickelnde u. sich einkapselnde Larve der Acanthocephala, die dem erwachsenen Wurm bei geringerer Größe u. Fehlen des Fortpflanzungsapparates weitgehend ähnlich ist u. erst im Darm eines geeigneten Wirbeltierwirtes wieder frei wird; nach Anheftung an die Darmschleimhaut wächst die C. zum geschlechtsreifen Kratzer heran.
Cystein, das; α-Amino-β-thiopropionsäure, schwefelhaltige Aminosäure, Baustein von Eiweißkörpern.
Cysten, die, gr. *he kýstis* die Blase, der Beutel; 1. im weitesten Sinne: mit Flüssigkeit gefüllte

Blasen des tierischen Körpers, 2. Hüllbildungen bei Proto- und Metazoen, treten z. B. auf als Dauer-, Hunger-, Verdauungs- u. Vermehrungszysten. Den Vorgang der Einkapselung bezeichnet man als Encystierung.

Cysticercoid, der, gr. *he kérkos* der Schwanz; ein der Finne der Taenien entsprechendes Larvenstadium ohne flüssigkeitserfüllten Hohlraum (daher keine Blasenbildung) mit einem eingestülpten Bandwurmkopf.

Cysticercus, der; Zystizerkus, die Blasenfinne, ein blasiges Entwicklungsstadium der Bandwürmer. Der Scolex entsteht in Form einer Einstülpung in den Blasenraum. Nur bei einigen Arten können am C. mehrere Scolices knospen.

cýsticus, -a, -um, zur Blase gehörig.

Cystid, das; becherförmig gestalteter, von einer chitinigen, häufig durch Kalk verstärkten Kapsel umschlossener Hinterkörper der Moostierchen (Bryozoen).

Cystin, das; schwefelhaltige Diamino-Dicarbonsäure. Sie ist das Disulfid des Cysteins u. Hauptträger des Schwefels im Eiweißmolekül u. besonders reichlich zu finden in der Hornsubstanz von Federn, in Haut, Nägeln u. Hufen.

cýstis, -is, *f.*, gr. *he kýstis* die Blase; s. Cysten, s. Zyste.

Cystoídea, *n.*, Pl., gr.; wörtlich: „Blasenartige"; auf Kambrium bis zum Oberen Silur beschränkte (fossile) Gruppe der Pelmatozoa.

Cystóphora, *f.*, gr. *phorē̃in* tragen; Gen. der Phocidae, Seehunde, Pinnipedia. Mit rüsselartiger Verlängerung der äußeren Nase, die beim Männchen blasig aufgetrieben werden kann. Spec.: *C. cristata,* Klappmütze, Blasenrobbe.

Cytidin, das; ein aus Cytosin u. Kohlehydratanteil bestehendes Nukleosid. Die durch Veresterung mit Phosphorsäure entstehenden C.-Nukleotide kommen frei und als Bestandteile der Nukleinsäuren vor.

Cyto-, gr. *kytos* Hohlraum; in Zsg. mit der Bedeutung „Zelle".

Cytochrome, die, gr. *to kýtos* die Zelle, das Gefäß, *to chróma* die Farbe, Syn.: Zellhämine; Chromoproteide, Porphyrinproteide, die bei der Zellatmung als Oxidoreduktasen die Oxidation der zu veratmenden Substanzen besorgen. Es werden drei Hauptgruppen unterschieden: Cytochrom a, Cytochrom b, Cytochrom c.

Cytochromsystem, das; Cytochrome sind Enzyme der Zellatmung, d. h. der biologischen Oxidation. Entscheidend für die Funktion ist der Valenzwechsel des in den Fermenten enthaltenen Eisens vom zwei- in den dreiwertigen Zustand. Das C. besteht aus mehreren Enzymen, die für den Elektronentransport von einem hohen zu einem niederen Energieniveau verantwortlich sind. Das letzte Enzym des C.s der biologischen Oxidation (Atmung) ist die Cytochromoxidase, die den vom Blutfarbstoff (Hämoglobin) transportierten Sauerstoff bindet u. aktiviert. Das C. ist ein Teil der Atmungskette.

Cytogenetik, die, gr. *gîgnestai* erzeugt werden, entstehen; Arbeitsrichtung, die sich hauptsächlich mit den Beziehungen zwischen dem genetischen Verhalten u. den jeweils zugrunde liegenden cytologischen Verhältnissen beschäftigt.

cytogenetisch, die Herkunft der Zelle betreffend, die Cytogenetik betreffend.

Cytoídea, *n.*, Pl., gr. *to ē̃idos* das Aussehen; Divisio der Protozoa, Syn.: Ciliophora; einziger Stamm: Ciliata.

Cytokine, die, Pl.; Proteinfaktoren im Immunsystem der Vertebraten, die von Makrophagen u. T-Lymphocyten als Regulatoren benachbarter Zellen sezerniert werden.

Cytokinese, die, gr. *he kínesis* die Bewegung; die Zellteilung.

Cytologie, die, gr. *ho lógos* die Lehre; die Lehre von der Struktur und Funktion der Zelle(n).

Cytolyse, die, gr. *he lysis* die Lösung; die Auflösung von Zellen.

cytopathogener Effekt, *m.*, Abk.: **CPE**, gr. *to páthos* das Leiden, *gignesthai* entstehen; Zerstörung des Zellrasens einer Gewebekultur durch bestimmte Viren. Erst die genaue Kenntnis der Erscheinungsformen des CPE, allgemein und speziell die des typischen CPE des zu bearbeitenden Virus, lassen eine Diagnose zu.

Cytopémpsis, gr. *he pémpsis* die Absendung; Durchschleusung von flüssigen Stoffen durch die Zelle (z. B. bei Endothelien); syn.: Vesikulartransport.

Cytophárynx, der, gr. *ho phárynx* der Schlund; der Zellschlund mancher Einzeller.

Cytoplasma, das, gr. *to plásma* das Geformte; das Zellplasma.

Cytoplasmaströmung, die, *f.*; Fluss des Cytoplasmas, an dem Aktin- u. Myosinfilamente mitwirken; beschleunigt die Verteilung von Material innerhalb der Zelle.

Cytoplasmon, das; Gesamtheit der extrachromosomalen Erbanlagen, die weder in den Plastiden noch in den Mitochondrien liegen, sondern in anderen Strukturen des Plasmas.

Cytoplasmonmutation, die; Bezeichnung für die erblichen Veränderungen von Erbanlagen im Cytoplasma.

Cytopýge, die, gr. *he pygé* der After, Steiß, die Öffnung; der Zellafter mancher Einzeller.

Cytosin, das; 2-Hydroxy-6(4)-amino-Derivat des Pyrimidins, in DNS und RNS als Nukleosid bzw. Nukleotid vorkommend.

Cytosol, das, gr. *to kýtos* die Zelle, das Gefäß, lat. *solútio, -ónis, f.,* Gelöstsein, Auflösung; löslicher Teil des Cytoplasmas, meist auch frei von Ribosomen und Polysomen.

Cytostatica, die, lat. *status, m.,* der Stand, das Stehen; Substanzen, die die Zelle an Wachstum u. Vermehrung hindern, insbesondere Stoffe, die maligne entartete Zellen schädigen u. somit für die Chemotherapie maligner Tumoren von Bedeutung sind.

Cytostom, das, gr. *to stóma* der Mund; der Zellmund bei Einzellern.

Cytotrophoblast, der, gr. *he trophé* die Ernährung, *ho blástos* der Keim, Spross; innere zelluläre Schicht des Trophoblasten (Langerhans-Zellen), im Ggs. zum äußeren, synzytialen Trophoblasten.

D

Dacelo, *f.,* Anagramm, d. h. durch Buchstabenumstellung von Alcédo gebildeter Name, wodurch die Gattungsverwandtschaft auch zum Ausdruck kommt; Gen. der Alcedínidae, Eisvögel. Spec.: *D. novaeguineae,* „Lachender Hans" (wegen des gellenden Gelächters), der in seiner australischen Heimat *Kookaburra* heißt.

Dachs (Europäischer), mhd. *dahs;* s. *Meles meles.*

Dactylogyrose, die; durch Befall mit *Dactylogyrus*-Arten verursachte Helminthose der Fische. Die Trematoden sitzen je nach Art an den Enden bzw. an der Basis der Kiemenplättchen. Typische Brutkrankheit der Nutzfische.

Dactylogyrus, *m.,* gr. *ho dactylos* der Finger, die Zehe, *gyrós* rund; Gen. der Dactylogyridae, Monogenea. Häufige Fischparasiten, heften sich mit dem Opisthaptor am Kiefer fest; winzige, weniger als 2 mm lange Trematoden. Am Kopfende mit zwei Kopforganen u. scheibenförmigem hinteren Haftapparat ohne Haftplatten. Erreger der Dactylogyrose bei Fischen. Spec.: *D. anchoratus*, Wirte: Karpfen, Karausche; Europa; *D. lamellatus*, auf Graskarpfen; *D. minutus,* Wirte: Karpfen u. a.; Europa; *D. vastator,* Wirte: Karpfen, Karausche; Europa.

Dactylópius, *m.*; Gen. der Coccidae, Homoptera. Spec.: *D. coccus (= Coccus cacti);* Echte Kochenillelaus, auf einer Kakteenart lebend, blutrot, liefert einen Farbstoff, Kochenillerot, aus dem man Karmin u. viele Scharlach- u. Purpurfarben bereitet.

Dactylópterus, *m.,* gr. *to pterón* der Flügel, Fittich; Gen. d. Dactylopteridae, Acanthopterygii. Spec.: *D. volitans,* Gemeiner Flughahn, der ausgezeichnet ist mit sehr langen, zum „Flugorgan" entwickelten Brustflossen, mit denen der Fisch eine Strecke weit über dem Wasser zu schweben vermag.

dáctylus, -i, *m.,* latin. v. gr. *ho dáktylos* der Finger, Flossenstrahl, auch die Dattel sowie eine Muschelart (wegen der Ähnlichkeit); s. *Pholas.*

Dahl, Friedrich, geb. 24. 4. 1856 Rosenhofer Brök, Holstein, gest. 7. 7. 1929 Greifswald; Prof. Dr., Kustos am Zoologischen Museum d. Univ. Berlin. Bekannt durch Arbeiten über: Spinnen, Isopoden; systematisch-biol. u. tiergeographische Forschungsmethoden; Begründer der „Tierwelt Deutschlands und der angrenzenden Meeresteile" (ab 1925).

Dakryon, gr. *to dákryon* die Träne; vord. obere Spitze des Tränenbeins, verwendet als anthropolog. Messpunkt.

Daktylogramm, das, gr. *to grámma* der Buchstabe, die Zeichnung; der Fingerabdruck.

Dale, Sir Henry, geb. 5. 6. 1875 London, gest. 23. 7. 1968 Edingburgh; Nobelpreis 1936, Direktor des National Institute of medical Res. in Hampstead; Dalesches Prinzip: ein Neuron produziert nur eine Überträgersubstanz, und nur dieser eine Transmitter wird abgegeben.

dalmatínus, -a, -um, in Dalmatien lebend, vorkommend; s. *Rana.*

Daltonismus, der; die Farbenblindheit, Störung des Farbsinns od. Mangel der Farbempfindung für bestimmte Spektralfarben (besonders rot u. grün); wurde von dem Engländer Dalton (1766 bis 1844) zuerst beschrieben u. nach ihm benannt.

Dama, *f.*; Damhirsch, Subgen. Von *Cervus* (s. d.), Cervidae, Hirsche. Taxa: *C. dama dama* (i. Mittelmeergebiet beheimatet, in vielen Ländern, auch in Übersee eingebürgert); *C. d. mesopotamica* (Syrien bis Persien, selten geworden); s. *Damwild.*

Damalíscus, *m.,* lat. *dáma* u. *dámma* Reh, Gemse, Antilope (gr. *ho dámalos* Kalb); Gen. der Bovidae, Rinder, Artiodactyla, Paarhuftiere. Spec.: *D. dorcas,* Bless- oder Buntbock; *D. lunátus lunatus,* Halbmond- od. Riesenleierantilope, auch: Sassaby.

Damhirsch, der; s. *Dama.*

Damm, der; s. *Perinaeum.*

Dammriss, der; das Einreißen des Dammes beim Geburtsakt (häufig bei Rind u. Pferd).

Damwild, das; waidmännische Bezeichnung für die Tiere der Spec. *Cervus (Dama) dama;* das männl. Tier heißt *Damhirsch,* das weibl. *Damtier,* während die Jungen Kitze, Hirsch- od. Wildkälber genannt werden. Damspießer =

junge Hirsche mit einfachen Spießen. Halbschaufler = mit beginnender Schaufelbildung, Kapitalschaufler = mit ausgebildetem schaufelartigem Geweih.

Dánaus, *m.*, gr. *ho Danaós* der Sohn des Belos, bekannt durch die Gründung von Argos (um 1500 v. d. Z.) nach seiner Flucht (-wanderung) aus Ägypten; Gen. der Danáidae (Wanderfalter), Lepidoptera. Spec.: *D. plexíppus,* Monarch (berühmt wegen der enormen „Wander"-Leistung).

Dánio, *m.,* Vernakularname; Gen. der Cyprinidae, Weiß- u. Karpfenfische. Spec.: *C. malabáricus (*beliebter Aquarienfisch).

danubialis, -is, -e, im Donaugebiet vorkommend; z. B. *Theodoxus danubialis.*

Daphnia, *f.*, gr. *Dáphne* Tochter des Flussgottes *Penéus,* die der Sage nach in einen Lorbeerbaum verwandelt wurde; Gen. der Dáphnidae, Wasserflöhe, Cladocera. Spec.: *D. magna,* Großer Wasserfloh; *D. pulex,* Gemeiner Wasserfloh.

Darmegel, der; s. *Fasciolopsis.*

Darmflagellaten, die, Pl.; s. *Trichomonas,* s. *Lamblia*, s. *Chilomastix.*

Darmpech, das; festes Stoffwechselprodukt, das sich während der letzten Zeit der Trächtigkeit im Darm des Fetus (Kalb, Fohlen u. a.) ansammelt; es geht nach der Geburt, bes. nach dem Genuss der Biestmilch, als erste Ausscheidung des Neugeborenen ab.

Darmzotten, die, Pl.; s. Villi intestinalis.

dártos, gr. *dérein* schinden, abhäuten; die Fleischhaut des Hodensackes: Tunica dartos.

Darwin, Charles Robert, Naturforscher, Begründer der modernen Deszendenztheorie; geb. 12.02.1809 Shrewsbury, gest. 19. 04. 1882 Down b. Beckenham; 1825–1827 Medizin-Studium an der Univ. Edinburgh, 1828–1831 Theologie-Studium in Cambridge, 1831–1836 Weltreise (Weltumseglung), 27. 12. 1831 Abfahrt von Davenport mit der „Beagle" unter Kapitän Fitz Roy, Landung am 02. 10. 1835 in Falmouth, Ziele u. a.: Kapverdische Inseln, Bahia, Montevideo, Tierra del Fuego, Falklandinseln, Valdivia, Galapagos-Inseln, Tahiti, Neuseeland, Australien, Mauritius. Publikationen u. a.: 1938 Erscheinen der Reise eines Naturforschers um die Welt, 1850–1854 Arbeit an der Monographie der Rankenfüßler, 1859 On the origin of species by means of natural selection (entscheidende Faktoren der Entwicklung der Lebewesen sind Überproduktion, Variabilität und Selektion), 1871 The descent of man and selection in relation to sex, 1876 Autobiographie.

Darwin, das; Bezeichnung für das Maß der morphologischen Evolutionsrate, das von J. B. S. Haldane (nach Ch. Darwin benannt) vorgeschlagen wurde; 1 Darwin = die Veränderung der Größe eines Merkmals um 1% in 10 000 Jahren.

Darwinfinken, die; engl. *Darwin's finches;* Syn. Galapagosfinken; zu den Emberizidae (Ammern) gehörende Gattungsgruppe Geospizini (gr. *spizein* pfeifen), gilt als typisches Beispiel einer adaptiven Radation (s. d.). Durch ausreichende Isolation der auseinanderliegenden Inseln des Galapagosarchipels und aufgrund nicht besetzter ökologischer Nischen konnten sich aus einer im Schwarm oder nur in „Kleingruppe" zugeflogenen (Stamm-)Spezies geographische Rassen ausbilden. Sie passten sich an unterschiedliche Lebensräume (Mangrove, offenes Gelände, Wald) und Nahrung an (Typen großschnäbliger Kernbeißer bis zartschnäbliger Laubsänger). Später zufliegenden Vogelarten war die Ausbildung eines vergleichbaren Spektrums an sich differenzierenden Arten nicht mehr möglich (analog den auf den Hawaii-Inseln nach Entfaltung der noch artenreicheren Kleidervögel). Das trifft namentlich auf die Spottdrosselgattung *Mesomimus* mit vier Species zu. – Es existieren 14 Species von Darwinfinken, eine davon auf den Cocosinseln. In den verschiedenen Biotopen einer Insel können mehrere (sogar bis zu 11) Arten vorkommen. Die von Ch. Darwin 1835 gemachten Beobachtungen lösten bei ihm Zweifel an der Konstanz der Arten aus.

darwiniénsis, -is, -e, latin. nach Charles Darwin (1809–1882), als: Darwinscher ..., Darwin-...; s. *Mastotermes.*

Darwinismus, der; engl. *darwinism;* nach ihrem Begründer Charles Darwin (1809–1882) benannte Form der Abstammungslehre; in neuerer Zeit vorzugsweise auf Bedeutung und Wirksamkeit der natürlichen Selektion (Auslese) bezogener Terminus; ursprünglich die Gesamtheit der Vorstellungen Darwins; in diesem Sinne erstreckt sich der D. neben der gemeinsamen Abstammung der Lebewesen auf ihre allmähliche Veränderung (Gradualismus), die Speziation (Artbildung) als Populationsphänomen, die durch den Züchter bzw. die bei Wildformen durch den „Kampf ums Dasein" erfolgende Auslese aus der Überzahl der erzeugten Nachkommen.

darwinistisch, engl. *darwinistic;* Bezeichnung für Aussagen oder Ansichten im Sinne der Abstammungslehre und für Auffassungen der Evolutionslehre, die der natürlichen Selektion eine entscheidende Bedeutung beimessen.

Darwinsche Spitze, die, Apex auriculae, s. *ápex,* s. aurícula; s. Darwin; Helixspitze des

menschlichen Ohres, die der tierischen Ohrspitze entspricht.
Dasselbeulen, die; durch Fliegenmaden verursachte Beulen unter der Haut bei Wirbeltieren, s. Myiasis.
Dasselfliege, Biesfliegen, die; Arten der Familien-Diptera: Oestridae u. Cuterebridae, die im Larvenstadium in der Haut-, in Nasen-, Rachen- u. Stirnhöhle mancher Säugetiere leben. Die Mundwerkzeuge der ausgewachsenen Fliegen sind verkümmert. Rinder-D. (s. *Hypoderma*) u. Mückenwürmer (s. *Dermatobia*) erzeugen Dasselbeulen. Weitere D. sind Nasenbremse des Schafes *(Oestrus ovis)* u. Rachenbremsen des Hirschwildes *(Cephenemyia).*
Dasýatis, *m.,* gr. *dasýs* rauh, dicht behaart, *he batís* Rochen; Gen. der Dasyátidae, Stachelrochen. Spec.: *D. (= Trygon) pastinaca,* Stechrochen, auch Feuerrochen genannt.
Dasypéltis, gr. *he pélte* der Schild, Speer, Schaft; Gen. d. Colubridae, Nattern. Spec.: *D. scabra,* Eierschlange (hat besondere Anpassung an die Ernährung mit Vogeleiern: die vorderen Rumpfwirbel tragen nach unten verlängerte Knochenfortsätze als „Schlundzähne“ zum Aufschlitzen der Eier).
Dasypódidae, *f.,* Pl. s. *Dasypus;* Gürteltiere, Fam. der Xenarthra (s. d.); S-Amerika; grabende Tiere mit Hautknochenpanzer. Dasypodinae: mit kombiniertem, der Körperwand ganz anliegenden Knochen-Horn-Panzer; Chlamydophorinae: mit lediglich mediodorsal am Körper anliegendem, lateral über den Pelz herabhängendem Schuppenpanzer.
Daspyprócta, *f.,* gr. *ho proktós* Steiß, After; mit kurzem Schwanz; Gen. d. Dasyproctidae (Agutis). Spec.: *D. aguti,* Goldhase, Aguti (S-Amerika).
Dasypsýllus, *m.,* gr. *ho psýllos* der Floh; Gen. der Ceratophyllidae, Genusmerkmal: eine große Zahl von Stacheln (Chitinborsten). Spec.: *D. gallinulae,* Stachelfloh.
Dasypus, *m.,* gr. *ho pús, podós* der Fuß; mit kräftigen Scharrklauen an den Zehen; Gen. der Dasypódidae, Gürteltiere. Spec.: *D. (= Tatusia) novemcinctus,* Neungürtliges Weichgürteltier; *D. (= Muletia) hybridus,* Kurzschwanzgürteltier.
Dasyuroídea, *n.,* Pl., s. *Dasyúrus* u. *-oidea;* Beutelmarder (-ähnliche), Fam.-Gruppe der Metatheria; z. B. Dasyúridae, Myrmecobíidae (s. *Myrmecóbius).*
Dasyúrus, *m.,* gr. *he urá* der Schwanz; Gen. der Dasyúridae, Raubbeutler. Spec.: *D. viverrínus,* Tüpfelbeutelmarder (fahlbraun mit weißen Tüpfeln).
Dattelmuschel, die; s. *Pholas.*
Daubentónia, *f.,* nach Daubenton (1716–1799) benannt; Gen. d. Indridae, Lemuroidea, Primates. Spec.: *D. madagascariensis,* Fingertier od. Aye-Aye.
daubentoni, Genitiv des latin. Namen von L. J. M. Daubenton, Frankreich, 1716–1799; s. *Myotis.*
Daudebárdia, *f.*; Gen. der Zonitacea, Stylommatophora. Spec.: *D. rufa,* (Rote) Raubschnecke.
Dauermodifikationen, die; Merkmalsänderungen, die durch spez. Umweltfaktoren induziert werden, sich jedoch nach deren Wegfall wieder abschwächen u. schließlich ganz verschwinden; s. Modifikation.
Dauerresidenten, die; lat. *resídere,* sich niederlassen, zurückbleiben, verbleiben; Vögel, die ganzjährig im Brutgebiet verbleiben; siehe: Standvögel.
Dauerstadien, die, engl., *resting stages,* Sing.: Dauerstadium *(resting stage);* in der Abfolge mehrerer Generationen bzw. im Entwicklungsgang einer Generation eingeordnete Stadien, die bei Wassertieren einen Transport durch Wasserströmungen und/oder auf dem Luftwege ermöglichen. Das trifft z. B. zu für Zysten von Protozoa, Gemmulae der Süßwasserschwämme, Anabiose-Stadien von Tardigrada und Rotatoria sowie Ephippia von Wasserflöhen (Cladócera). Ebenfalls bei terrestrischen Tieren kommen – abgesehen von Eiern und Insektenpuppen – zum Teil spezifische, die Verbreitung begünstigende Stadien vor, z. B. Zysten von Nematoden oder die Hypopi von Acari (Milben).
Davidshirsch, der; s. *Elaphurus davidianus.*
DDT, Dichlordiphenyltrichlorethan, das; chlorierter Kohlenwasserstoff, der eine stark toxische Wirkung auf verschiedene Insekten ausübt u. als Kontaktgift eingesetzt wird. DDT gehört zu den Insektiziden, die als Schädlingsbekämpfungsmittel angewandt werden; DDT verursacht Rückstandsprobleme u. die Anwendung musste eingeschränkt werden.
de-, lat., Präfix in Komposita, bedeutet Trennung od. Umkehrung des Stammwortinhaltes ohne *de-.*
Deafferentierung, die, lat., *de-* ab, weg; *afférre* herbeiführen; Durchtrennung der afferrenten Nerven (z. B. Durchtrennung der hinteren Spinalnervenwurzeln, Trennung des Gehirns vom Rückenmark).
debil, lat. *débilis, -e,* kraftlos, gebrechlich, gelähmt, verstümmelt; schwach, leicht schwachsinnig.
Decabráchia, *n.,* Pl., gr. *déka* zehn, *ho brachíon* der Arm; Zehnarmige Cephalopoda, Tinten-

fische; mit 8 kleineren und 2 längeren gestielten Fangarmen; fossil seit dem Unterjura (Lias) bekannt.

decaocto, gr., achtzehn; z. B. als Artname bei *Streptopélia.*

decapitátio, -ónis, *f.,* die Köpfung, Enthauptung.

Decápoda, *n.,* Pl., gr. *déka,* s. o., *ho pús, podós* der Fuß; 1. Krebsgruppe mit 5 Paar Thorakopoden (als Schreitbeine) innerhalb der Malacostraca (s. d.), Eucarida, z. B. *Crangon, Leander* (als Natantia durch ihre abdominalen Pleopoda) u. z. B. *Palinurus, Homarus* (als Reptantia); 2. Synonym von (besser): Decabráchia, Zehnarmige Tintenfische, Gruppe der Cephalopoda; foss. seit dem Ob. Perm.

Decarboxylasen, die, *de-* ab-, weg-, *cárbo,* lat., die Kohle, gr. *oxýs* scharf; vom Substrat Kohlendioxid abspaltende Enzyme, die zu den Lyasen gehören.

decemlineátus, -a, -um, lat., zehnlinig, mit 10 *(decem)* Streifen versehen; s. *Leptinotarsa.*

Decídua, die, s. *decíduus;* weiterentwickelte Funktionalis des Endometriums nach Eintritt der Schwangerschaft.

Decídua basális, die, lat. *basális, -e* zum Untergrund gehörig; die Uterusschleimhaut zw. Uterusmuskulatur u. implantiertem Entwicklungsstadium.

Decídua capsuláris, die, s. *cápsula;* Funktionalisanteil, der das eingebettete Entwicklungsstadium an der Implantationsstelle überzieht.

Decídua parietális, die, s. *parietális;* Gesamtheit der das Cavum uteri auskleidenden Schleimhaut außer D. basalis u. D. capsularis.

Deciduata, *n.,* Pl., Deziduatiere, s. *decíduus;* Plazentalier, die bei der Geburt einen Teil der Uterusschleimhaut (Decidua) ausstoßen, z. B. Raubtiere, Nagetiere, Primaten.

decíduus, -a, -um, lat., herabfallend, abfällig, abschüssig, übertragen: hinfällig.

declívis, -is, -e, lat., abwärts hängend, schräg.

declivitas, -atis, *f.,* lat., die schräge Lage, Abschüssigkeit.

decoratus, -a, -um, lat., geschmückt, verziert.

Decticus, *m.,* gr. *dektikós* bissig; Gen. der Tettigoníidae, Laubheuschrecken. Spec.: *D. verrucivorus,* Warzenbeißer (nach dem Aberglauben, dass eine Warze durch das Hineinbeißen der Heuschrecke verschwinden würde).

decussátio, -ónis, *f.,* lat. *decussáre* kreuzweise abteilen; die Kreuzung. Decussátio pyrámidum: Überkreuzung von Nervenbahnen am Ende der Medúlla oblongáta der Wirbeltiere.

decussátus, -a, -um, gekreuzt, mit Kreuz versehen.

ded., Abk. für lat. *dedit* er hat gegeben; mit nachfolgendem Familiennamen – früher als Herkunftsangabe, vor allem von Sammlungsmaterial verwendet.

Deduktion, die, lat. *dedúctio* die Ableitung; Ableitung des Besonderen, des Einzelfalles aus dem Allgemeinen; Ggs.: Induktion (empirischer Weg = vom Einzelnen/Konkreten zum Allgemeinen/Theoretischen).

Defäkation, die, lat. *de-* ab-, weg, *faex, faecis, f.,* Hefe, dicke Brühe, Rest; die Kotentleerung, Stuhlentleerung.

Defekt, der, lat. *deféctus* das Fehlen, der Mangel; der Schaden, die Beschädigung, Störung.

Defemination, die, lat. *de-* s. o., *fémina* das Weib, die Frau; der Verlust des Geschlechtsgefühls beim Weibe.

déferens, -entis, lat. *deférre* herabführen; herabführend.

deferentiális, -is, -e, zum Ductus déferens gehörig.

defibrinieren, lat. *de-,* s. o., *fibra* die Faser; defibriniertes Blut erhält man, wenn nach Umrühren mit einem Stab oder durch Schütteln mit Glasperlen das faserige Fibrin aus dem Blut entfernt wird.

Definition, die, lat. *definítio, -ónis* die Begriffsbestimmung; 1. allgemein: Abgrenzung u. Erklärung des Begriffs, die nach den Gesetzen der formalen Logik durch den Oberbegriff (génus próximum) und durch die Besonderheiten od. unterscheidenden Merkmale (differéntia specifica) gekennzeichnet ist; 2. in biologisch-taxonomischem Sinne: Kennzeichnung eines Taxons, die die unterscheidenden Besonderheiten (z. B. Art-Merkmale) u. den Bezug zum System (z. B. Gattung) beinhaltet.

Defizienz, lat. *deficere* abnehmen, fehlen; Chromosomenmutation, terminaler Chromosomen- od. Chromatidenstückverlust.

Defloration, die, lat. *de-* ab, weg, *Flóra, -ae, f.,* Göttin der Blumen, *defloráre* verblühen; die Entjungferung; s. Hymen.

Degeneration, die, lat. *degenerátio, -ónis* die Entartung; Rückbildung von Zellen, Geweben u. Organen od. die anomale Ausbildung von Strukturen.

Degustation, die, lat. *degustáre* von etwas kosten; das Kosten, die Kostprobe, die Verkostung.

Dehydrase, die, lat. *de-* ab-, weg-, gr. *to hýdor* das Wasser; Enzym, das aus Verbindungen Wasserstoff abspaltet bzw. unter O_2-Abschluss Substrate zu oxidieren vermag. Die Dehydrasen od. (genauer:) Dehydrogenasen zählen heute zur Gruppe der Oxidoreduktasen.

Dehydratation, die; der Wasserentzug.

Dehydrogenasen, die; Enzyme der Gruppe der Oxidoreduktasen, vermögen Substrate unter Sauerstoffabschluss zu oxidieren. Syn.: Dehydrasen.

Deiters, Otto-Friedrich Karl, Anatom; geb. 15. 11. 1834 Bonn, gest. 5. 12. 1863 ebd. D. untersuchte den nach ihm genannten D.schen Kern (Núcleus vestibuláris laterális) und die D.schen Zellen, Stützzellen, die sich im Bereich des Cortischen Organs befinden.

Dekapitation, die, lat. *de-* ab-, weg-, *cáput = cápitis* der Kopf, das Haupt; Abtrennung des Kopfes vom Rumpf.

Dekarboxylasen, die, lat. *cárbo* die Kohle, gr. *oxys* scharf, sauer, Oxygenium = Sauerstoff; Enzyme, die zur Gruppe der Lyasen gehören. D. katalysieren die Abspaltung der Karboxylgruppe der Karbonsäuren. Wichtig sind besonders die Aminosäuredekarboxylasen, die im Tier- und Pflanzenreich, speziell bei den Bakterien, weit verbreitet sind.

Dekrement, das, lat. *decreméntum* die Abnahme, die Verminderung; die Abnahme der Erregungsgröße in Abhängigkeit von der Zeit u. der durchlaufenen Nervenstrecke (zeitliches bzw. räumliches Dekrement).

Delafield, Francis, Pathologe; geb. 3. 8. 1841 New York, gest. 17. 7. 1915 ebd.; Prof. der pathologischen Anatomie und der praktischen Medizin in New York. D.-Färbung.

Delamination, die, lat. *de-,* s. o., *lámina* die dünne Schicht, das Blatt; „Abblätterung".

Deletion, die, lat. *delere* zerstören; eine Chromosomenmutation in Form eines Stückverlustes, Verlust eines DNA-Abschnittes. Eine terminale Deletion wird als Deficiency bezeichnet.

Délichon, *f.,* Anagramm von gr. *he chelidón* die Schwalbe; Gen. der Hirundínidae, Schwalben. Spec.: *D. urbica,* Mehl- od. Hausschwalbe (mit weißer Unterseite).

delomorphe Zellen, *f.,* gr. *dḗlos* deutlich, einleuchtend, *he morphé* die Gestalt, Form; Salzsäure sezernierende Belegzellen des Magens.

Delphínus, *m.,* gr. *ho delphis* = lat. *delphínus* der Delphin, *mhd. merswîn* der Delphin; Gen. der Delphínidae, Delphine. Spec.: *D. delphis,* Gemeiner Delphin.

deltoídes, gr. *to délta, to ḗidos* das Aussehen; deltaförmig, -ähnlich, dreieckig; zum Musc. deltoides gehörig.

deltoídeus, -a, -um, deltaartig, -ähnlich.

Demastikation, die, lat. *masticare* kauen; das Abkauen der Zähne; häufiger dafür der Begriff Abrusion verwendet.

Dementia od. **Demenz,** die, lat. *de-* ab-, weg-, *mens, méntis* der Verstand; erworbene Geistesschwäche, bis zum Blödsinn vorkommend z. B. bei Gefäßsklerosen u. bestimmten Psychosen.

democráticus, -a, -um, latin. von gr. *demokratikós* demokratisch; s. *Salpa.*

Demodex, *m.,* gr. *démas* Körper, *déx* Wurm; Gen. der Demodicidae, Prostigmata, Actinotrichida. Stummelbeinige (wurmartige), ovipare, streng wirtsspezifische, meist in den Haarbälgchen lokalisierte Milben. Erreger der Demodikose (s. d.). Spec.: *D. folliculorum,* Balgmilbe (0,5 mm mit sekundärer Ringelung, leben ohne zu schädigen in den Haarfollikeln der Menschen); bekannte parasitäre Arten der Gattung sind (z. B.): *D. bovis; D. canis; D. caprae; D. cati; D. equi.* – Das jeweilige Wirtstier wurde bei der Namensgebung als Artbeiname im Genitiv locativus verwendet.

Demodex-Räude, die; durch Demodex-Arten hervorgerufene Krankheit der Haustiere (z. B. bei Hunden), die sich in Entzündungen der Haut, Wundnässen u. Haarausfall äußert.

Demodicidae (Haarbalgmilben); Leitgattg.: Demodex (s. o.), in den Haarbälgen, seltener in Talgdrüsen o. auch in Tumoren lokalisierte Milben. Erreger der Demodikose. Veterinärmed. wichtige Gattung: *Demodex.*

Demodicidosis (-osis); *f.*; syn. Demodikose, durch Haarbalgmilben (*Demodex folliculorum,* s. d.) hervorgerufene Erytheme u. follikuläre Schuppung im Gesicht (bes. bei Frauen).

Demodikose, (Acarusräude), die; Haarbalgmilbenbefall. Bei Haus- u. Wildsäugetieren hauptsächl. als squamöse, granulomatöse od. pustulöse Dermatitis (Folliculitis) verlaufende Parasitose. Erreger *Demodex* ssp.; wirtschaftl. Verluste bei Nutztieren durch Leberschädigung.

Demökologie, die, gr. *ho dḗmos* das Volk, s. Ökologie; Populationsökologie, Lehre von den Bevölkerungen und deren Dynamik, bisweilen als Teil der Synökologie (s. d.) betrachtet.

Demospongiae, *f.,* Pl., latin. gr. *he dḗmos* das Volk, die Gemeinde, (Kolonie) und *he spongía* der Schwamm; Gruppe (Subcl.) der Silicea mit ausgesprochen kleinen u. kugelförmigen Geißelkammern (Ausnahme: Halisarca). Anordnung der Kammern nach dem komplizierten Leucon-Typus gebaut (Ausnahme: *Plakina, Halisarka*). Megasklerite 4strahlig od. einstrahlig (dann jedoch sehr wahrscheinlich durch Reduktion). – Fast alle Arten sind sessil. – Es handelt sich um die bei weitem artenreichste Schwammgruppe, zu der die Tetraxónida, Monaxónida, Keratósa gehören.

Demutsverhalten, das; Syn.: Defensivverhalten, Verhaltensweisen der Unterwerfung, um aggressives Verhalten zu verhindern bzw. umzuorientieren, dient der Individual- und Arterhaltung und wird meist vom unterlegenen Partner vollzogen.

Denaturierung, die, lat. *de-* ab-, ent-, *natúra* der Charakter, die Anlage, die Beschaffenheit; der Vorgang irreversibler, intramolekularer Änderungen nativer Eiweißmoleküle.

Dendráspis, s. *Dendroáspis.*

Dendrit, der, gr. *to déndron* der Baum; baumartiger Nervenzellfortsatz (des Zellkörpers).

dendríticus, -a, -um, verästelt, verzweigt, baumartig, dendritisch.

Dendroáspis, *(= Dendráspis), f.,* gr. *to déndron* der Baum, *he aspís* Viper, Natter; Gen. der Colubridae, Nattern. Die *Dendroaspis*-Species, Mambaschlangen, sind gefürchtete Baumschlangen im tropischen Afrika. Spec.: *D. angusticeps,* Schmalkopf-Mamba; *D. polylepis,* Schwarze Mamba (größte afrikan. Giftschlange, oft über 4 m lang).

Dendróbatae, *f.,* Pl., gr. *batéin* besteigen; Bezeichnung für Tiere, die auf Bäumen leben. Ggs.: Humivagae.

Dendróbates, *m.,* gr., s. o.; Gen. der Dendrobátidae, Farbfrösche, Spec.: *D. tinctórius,* Färberfrosch.

Dendróbios; Bezeichnung für holzbewohnende Organismen. Epi-D.: Rindenbewohner, Endo-D.: im Holz lebende Organismen; Meso-D.: in der Lücke zwischen Rinde u. Holz bei absterbenden Bäumen sich aufhaltende Organismen; s. Aufenthaltstypen.

Dendrobranchien, die, *to déndron, -os* der Baum, *ta bránchia* die Kiemen; federartig verzweigter Kiementyp der Decapoda, Crustacea.

Dendrocerátida, *n.,* Pl., gr. *to kéras* das Horn, Geweih; Gruppe (meistens im Ordo-Rang) der Porifera; Baumfaserschwämme, haben baumförmiges Sponginfaserverlaufsform der „Gastrulation"; die Entodermbildung vollzieht sich durch tangentiale Teilungen der Blastodermzellen der Zöloblastula, sie kommt bei einigen Coelenteraten vor.

Dendrocoelum, *n.*; Gen. der Paludicola, Tricladida, Turbellaria. Spec.: *D. lacteum* (milchweiß, mit verästeltem Darm, Name!).

Dendrocométes, *m.,* gr. *kométes* behaart, verzweigt; Gen. der Suctoria, Cl. Ciliata. Spec.: *D. paradoxus* (hat baumartig verzweigte Tentakelträger; auf den Kiemen von *Gammarus pulex* häufig; zeigt sauerstoffreiches Wasser an).

Dendrócopos, *m.,* gr. *kóptein* schlagen, also: „Baumklopfer"; Gen. der Picidae, Spechte. Spec.: *D. major, D. medius, D. minor,* Großer, Mittlerer u. Kleiner Buntspecht.

Dendrogramm, das, gr. *to grámma* das Geschriebene, auch das zeichnerisch Dargestellte; der „Stammbaum", die Darstellung der phylogenetischen Entwicklung (bzw. der natürlichen Verwandtschaft) von Taxa (verschiedener Rangstufen) bzw. von Pflanzen- u. Tierreich; oft (ursprünglich) im Bild eines verzweigten Baumes als bildhaftes Prozessschema; später auch als begriffliches Prozessschema ohne Bilddarstellung(en). Der Terminus Dendrogramm ist auch im genealogischen Sinne als allgemeiner Oberbegriff anwendbar für Ahnen- od. Aszendenztafel (engl. Pedigree) u. Stamm- od. Deszendenztafel; siehe auch: Stammbaum.

Dendrograptus, *m.,* gr. *graptós* geschrieben; Gen. der Dendrograptidae, Cl., Graptolitha, s. d.; fossil vom Oberkambrium bis Unterkarbon. Spec.: *D. pennatus* (Silur).

Dendróhyrax, *m.,* gr. *ho hýrax* Spitzmaus; Baum- od. Waldschliefer; Gen. der Procavíidae, Kletterschliefer, Hyracoídea, Subungulata (s. d.).

Dendrólagus, *m.,* gr. *ho lagós* eigentl. Hase; Gen. der Macropodidae, Springbeutler, Känguruhartige. Sekundär zum Baumleben zurückgekehrt, ungeschickte Kletterer mit starken Armen. Spec. *D. ursínus,* Baum- od. Bärenkänguruh (mit langem, dichtem, schwarzen Pelz).

Dendrolásius, *m.,* gr. *lásios* dicht behaart; Gen. der Formícidae, Ameisen. Spec.: *D. fuliginósus,* Holzameise.

Dendrolímus, *m.,* lat. *limus* der Schlamm, schlechter Boden; befällt vorzugsweise Kiefern auf schlechtem Sandboden; Gen. der Lasiocampidae, Glucken, Fam. der Lepidoptera. Spec.: *D. pini,* Kiefernspinner.

dendróphilus, -a, -um, gr. (latin.) baumliebend, gern auf Bäumen lebend; s. *Boiga.*

Denitrifikation, die, lat. *de-* ab-, ent-; Nitratreduktion im Gewässer, meist durch Bakterien.

dens, déntis, *m.,* lat., der Zahn.

Dens bicuspidatus, s. *bicuspidális;* zweispitziger Zahn, Prämolar.

Dens caninus, der, s. *canínus;* der Eckzahn.

Dens incisivus, der; der Schneidezahn, s. Incisívi.

dénsus, -a, -um, lat., dicht.

Dental, der; Zahnlaut.

Dentale, das; ein zahntragender Knochen des Unterkiefers, entsteht als Belegknochen auf dem Unterkieferknorpel (Meckelscher Knorpel).

dentális, -is, -e, die Zähne betreffend, zu den Zähnen gehörig.

Dentálium, *n.,* lat., *dens* Zahn, wegen der Form der Schale (ähnlich einem Elefanten-

stoßzahn), die den Körper bedeckt; Gen. der Scaphópoda, Grabfußschnecken, Spec.: *D. elephantínum,* Elefantenzähnchen; *D. entále; D. vulgare.*
dentátus, -a, -um, gezähnt, mit Zähnen versehen.
Dentes decidui, die, s. *decíduus;* die Milchzähne der Säuger.
Dentes lacteáles, s. *lac;* Milchzähne, die ersten Zähne der Säuger. Sie werden bei den meisten Säugern durch die bleibenden Zähne, Dentes permanéntes, ersetzt; vgl. auch Zahnformel.
Dentex, *m.,* ein Meerfisch der Antike; etymologisch Bezug zu *dens, dentis* (lat.) der Zahn; Gen. der Sparidae, Meerbrassen, Ordo Perciformes, Barschfische. Spec.: *D. vulgaris,* Zahnbrasse (mit in jedem Kiefer 4 starken Mundzähnen).
denticulátus, -a, -um, mit kleinen Zähnen besetzt, feinzähnig.
dentículus, -i, *m.;* der kleine Zahn.
Dentin, das, *dentínum, -i, n,* das Zahnbein, die Grundsubstanz der Zähne; eine weiße sehr feste Substanz, die als modifiziertes Knochengewebe die Grundlage des Körpers der Zähne von Wirbeltieren bildet.
Dentition, die, lat. *dentítio* das Zahnen; der Zahndurchbruch, das Zahnen.
dentogen, gr. *gígnesthai* entstehen; von den Zähnen ausgehend.
Depigmentierung, *f.*; meist genetisch bedingter Pigmentmangel od. -schwund bei Pigmentanomalien (z. B. Albinismus, Vitilogo).
dépilans, lat. *depiláre* enthaaren; enthaarend; ital. Seeleute glaubten, dass der Schleim von *Aplysia depilans* den Ausfall der Kopfhaare bewirke.
Deplantation, die, lat. *de-* von, ab, *plantáre* pflanzen; die Einpflanzung abseits der normalen Umgebung.
deplatziertes Verhalten, *n.;* Bezeichnung der Verhaltensweisen, die außerhalb des situationsspezifischen Zusammenhanges auftreten.
Depolarisation, die, lat. *de-* ab, weg, gr. *ho pólos* der Pol; die Herabsetzung des Membranpotentials einer Zelle; das Aufheben od. das „Zusammenbrechen" der elektrochem. Polarisation.
Deporaus, *m.*; Gen. der Curculiónidae, Rüsselkäfer. Spec.: *D. betulae (= Rhynchítes alni),* Schwarzer Birkenstecher.
Depot, das, frz. *dépot* Niederschlag, Ablagerung; Depotfett: gespeichertes Neutralfett, z. B. als Unterhautfettgewebe.
Depression, die, lat. *deprímere* herabdrücken; verhaltensphysiol.: Verstimmung; traurige Verstimmung.
depressiv (-us, -a, -um), lat., (Partizip Perfect Passiv von *deprímere),* verstimmt, niedergeschlagen.
depréssor, -óris, *m.,* lat. *deprímere* abdrücken; der Abzieher, Abdrücker, Senker; Ggs.: levator (Heber).
depréssus, -a, -um, lat., niedergedrückt, platt; s. *Libellula.*
depuratus, -a, um, lat., gereinigt.
dérma, -atos, *n.,* gr. *to dérma* die Haut, die Hülle, das Integument; bei den Wirbellosen in der Regel aus einer einschichtigen Epidermis bestehend, bei den Wirbeltieren dagegen mehrschichtig; lat.: *cutis.*
Dermacéntor, *m.,* gr. *ho kéntor* der Sporner, Antreiber. Gattung der Ixodidae (s. d.), (Schild-) Zecken, verbreitet v. a. S-Europa; Überträger von Rickettsien-Infektionen, u. a. Texasfieber (s. d.).
dermal, häutig, zur Haut gehörend, von der Haut stammend.
Dermallager, das; die äußere Schicht des Schwammkörpers, die aus Porocyten, Pinakocyten, Archaeocyten, Amoebocyten, Collencyten u. Skleroblasten besteht. Letztere bilden die Skelettnadeln od. Skelettfasern; vgl. Gastrallager.
Dermanýssus, *m.,* gr. *to dérma* die Haut, *nýssēin* stechen; Gen. der Dermanýssidae, Acari (Milben). Spec.: *D gallinae (= avium),* Vogelmilbe (befällt vor allem Hühner, anderes Hofgeflügel u. sämtliche Stubenvögel; tagsüber in Ritzen von Sitzstangen, Brettern, nachts agil, blutsaugend).
Dermanyssidae, gr. *nýssein* stoßen, stechen, *f.*, Pl.; Familie der Raubmilben; ca. 1 mm große, ektoparasitische Milben der Gamasida; Erreger stark juckender Exantheme am Stamm u. den Extremitäten (sog. Vogelmilbenkrätze) durch Kleintierhaltung od. massenhaftes Auftreten bei Vogelnestern in Gebäuden; Überträger von Viren u. *Rickettsia akari.*
Dermáptera (= Dermatóptera), gr. *to pterón* der Flügel; Ohrwürmer, Hexapoda; Körper langgestreckt; Kopf prognath; mit Laufbeinen; Vorderflügel als kurze, hornige Deckflügel ausgebildet, unter denen die Hinterflügel in der Ruhe längs u. quer gefaltet verborgen sind. Cerci zangenförmig; fossil seit dem Unterjura (Lias) bekannt. Fam: Forficulidae; Gen: *Forficula.*
Dermatóchelys, s. *Dermochelys.*
Dermatobia hominis, *f.*, Diptera; Cuterebridae: 12 bis 16 m lange, aphage, ovipare Fliegen. Die Eier werden an Transportwirte (stechende Insekten) abgelegt. Suchen diese ein Wirtstier zur Nahrungsaufnahme auf, schlüp-

fen die Larven auf den Temperaturreiz hin u. bohren sich in die Haut ein. Es entsteht eine dermale Myiasis. Hauptwirt ist das Rind, gelegentl. werden auch Schwein u. Schaf sowie der Mensch befallen.

Dermatom, das, gr. *he tomé* der Abschnitt; 1. der Mesodermanteil, der die Cutisplatte bildet, 2. Hautgeschwulst.

Dermatóphilus, *m.,* gr. *philéin* lieben; Gen. der Pulícidae, Flöhe. Spec.: *D. penetrans (= Tunga sarcopsylla),* Sandfloh.

Dermatopsie, die, gr. *he ópsis* das Sehen, Auge; die Lichtempfindlichkeit der Haut.

Dermatoptera, s. Dermaptera.

Dermatozoen, die, gr. *to zóon* das Tier; Hautschmarotzer.

Derméstes, *m.,* gr. *dermestés* Felle od. Häute *(dermata)* zernagend (*esthíein* essen, nagen); Gen. der Derméstidae, Speckkäfer. Spec.: *D. lardárius,* Speckkäfer.

Dermóchelys, *f.,* gr. *to dérma,* s. o., *he chélys* Schildkröte; mit lederartiger Haut über dem mosaikartigen Rückenschild; Gen. der Atheca, Subordo d. Chelonia, Schildkröten. Spec.: *D. coriácea,* Lederschildkröte.

Dermóptera, *n.,* Pl., gr. *to pterón* der Flügel; Flattermakis, Pelzflatterer; von Linné zu den Halbaffen, von Cuvier zu den Fledermäusen, von Peters zu den Insektenfressern gestellt, bis Leche sie zum eigenen Ordo der Monodelphia, Plazentalier, erhob. Auffälliges Merkmal: Patagium, s. d.; fossil seit dem Paläozän.

dermotrop, gr. *ho trópos* die Wendung, Richtung, *to dérma* die Haut; auf die Haut wirkend, gerichtet.

Dero, *f.,* gr., *dérein* abhäuten, das Fell abziehen, *to déros* Haut; Bezug auf die Kiemen(anhänge) am Hinterende; Gen. der Naididae, Oligochaeta. Spec.: *D. digitata* (hat ferner 2 lange Hautfortsätze am Hinterende).

Deróceras, *n.,* gr. *to déros,* s. o., *to kéras* das Horn; Gen. der Limacidae, Nacktschnecken. Spec.: *D. agreste,* Ackerschnecke; *D. reticulatum* (beide fast global verbreitet, befressen keimende Pflanzen, v. a. Getreide, Klee, unterirdische Teile von Kartoffel, Rübe).

Deroceras agreste (Linnè); s. o.; Nacktschnecke ist Zwischenwirt von Geflügelbandwürmern u. Lungenwürmern. 30 bis 60 mm groß, einfarbig gelblichweiß bis hellbraun; verursacht häufig Schäden im Wintergetreide; die Art *D. reticulatum* (O. F. Müller) ist Zwischenwirt für *Muellerius capillaris.*

Derocheilocaris, *m.,* gr. *to déros* die Haut, *to cheílos* der Rand, Saum, *he karís* der Seekrebs; namentlicher Bezug auf den zwischen den Rumpfsegmenten jeweils befindlichen „Hautsaum“; der wurmförmige Rumpf kann beim Kriechen teleskopartig zusammengeschoben u. wieder auseinandergezogen, aber auch gekrümmt werden; Gen. der Derocheilocáridae, Mystacocarida. Spec.: *D. typicus.*

Desaminierung, die, *des-* statt *de-* (vor Vokabeln) ab-, weg-; Entfernen von Aminogruppen aus organ. Stickstoffverbindungen; Abbau der Aminosäuren durch Desaminasen.

descéndens, -éntis, lat. *descéndere* absteigen; absteigend.

descénsus, -us, *m.,* lat., der Abstieg.

Descensus ovariorum, s. *ovárium;* das Herabrücken der Eierstöcke der Säuger vom ursprünglichen Ort in die definitive Lage.

Descensus testiculorum, s. *téstis;* Abstieg der Hoden aus der Bauchhöhle in den Hodensack (Scrotum).

Descensus uteri, s. *úterus;* die Gebärmuttersenkung.

Descensus vaginae s. *vagína;* die Scheidensenkung.

desmal, gr. *ho desmós* das Band; bindegewebig; desmale Ossifikation: Umwandlung von Bindegewebe in Knochen.

Desman(a), einheimischer Name für *Myogále moscháta,* s. d.

Desmocranium, -i, *n.,* gr. *to kraníon* der Schädel; bindegewebige Schädelanlage.

Desmolysen, die, gr. *desmós,* s. o., *he lýsis* die Auflösung, also: „Abbau von Verbindungen“. Zellabbauvorgänge unter Beteiligung nicht hydrolytisch wirkender Enzyme.

Desmomyária, *n.,* Pl., gr. *ho mýs* der Muskel; Ordo der Thaliácea (s. d.), Salpen. Charakteristisch: Solitäre Tiere (Oozoide) tonnenförmig; Ringmuskeln im Unterschied zu den Cyclomyaria (s. d.) ventral offen; Augen im Gehirn; Pharynx hat an jeder Seite nur eine, in die Kloake führende Kiemenspalte; am ventralen Stolo schubweises Entstehen der kleineren Kettensalpen (Blastozoide), welche Gonaden bilden u. mehrere Augenflecken im Gehirn tragen; Ernährung der wenigen Embryonen durch eine „Placenta“; Entwicklung ohne freischwimmende Larve. – Die Entdeckung des Generationswechsels der D. ist mit dem Namen von Adalbert von Chamisso verbunden, der 1819 seine Feststellungen während der russ. Erdumseglung mit der Brigg „Rurik“ (1815–1818) publizierte; s. auch: *Salpa, Thetys.*

Desmonema annasethae (Haeckel), gr. *ho desmós* das Band, *to néma, nematos* der Faden, das Garn, Anna Haeckel, geb. Sethe, Haeckels erste Frau (†1864); Scheibenqualle, Discomeduse; s. Einbandgrafik.

Desmosom, das, gr. *to sóma* der Körper; Bezeichnung für knopfartige Haftstellen benachbarter Zellhälften (z. B. bei Epithelzellen).

Desória, *f.*; Gen. des Ordo Collembola, Springschwänze. Spec.: *D. glacialis (= Isótoma saltans),* Gletscherfloh.

Desor'sche Larve, die, benannt nach Edouard Desor; Larve der Nemertini (Schnurwürmer), die sich während der Entwicklung von dem beigegebenen Dotter der Eier entwickelt. Beispiel: *Lineus viridis.*

Desoxycholsäure, die; 3,12-Dioxycholansäure, *des-*, Präf., der Verneinung bedeutet, gr. *oxýs* scharf, sauer, *he cholé* die Galle; eine der wichtigsten Gallensäuren, s. d.

Desoxyribonukleasen, die; Phosphodiesterasen, die spezifisch DNS zu Oligonukleotiden abbauen.

Desoxyribonukleinsäure, die, Abk.: DNS, DNA (engl.); hochmolekulares Polynukleotid. Ein Mononukleotid enthält je ein Molekül Phosphorsäure, Zucker (Desoxyribose) u. eine Base. Als Basenanteile kommen in Frage die Purinderivate Adenin u. Guanin sowie die Pyrimidinderivate Thymin u. Cytosin. Je zwei Polynukleotidstränge treten über Wasserstoffbrücken zu einer Doppelspirale zusammen. Die DNS ist vorwiegend im Zellkern lokalisiert und bildet bei den meisten Organismen das genetische Material.

Desquamation, die, lat. *de-,* ab-, weg-, *squáma* die Schuppe; 1. Abschuppung, Abstoßung der obersten Hornschicht der Haut, 2. Abstoßen der Funktionalis des Endometriums, findet während der Desquamationsphase statt.

destrúctor, *m.,* lat., Verwüster, Zerstörer, von destrúere verwüsten; s. *Mayetiola destructor,* ist phytophag, phytopathologisch (Entwicklung der Larven in Halmen der Süßgräser, vorzugsweise in Getreide), s. *Cecidómyia,* s. *Scolýtus.*

Destruenten, *m.,* Pl., von lat. *destrúere* verwüsten, zerstören; Organismen, die Energie aus dem Abbau toter organischer Materie bis zu anorganischen Bestandteilen gewinnen; die meisten Bakterien gehören hierher, aber auch Pilze.

Deszendent, der, lat. *descendéntes* (Pl.) die Nachfahren; Abkömmling, Nachkomme.

Deszendenz, die; die Abstammung, die Nachkommenschaft.

Deszendenzlehre, die; Abstammungslehre, die Lehre von den natürlichen verwandtschaftlichen Beziehungen der Tiere (Tierstämme) untereinander. Auch der Mensch ist aus der Tierreihe hervorgegangen.

Determination, die, lat. *determináre* begrenzen, bestimmen; entwicklungsphysiologisch: die Festlegung der Entwicklung von Teilen der Eizelle od. des Keimes. Mosaikeier werden frühzeitig determiniert, Regulationseier später.

determinieren, s. Determination; bestimmen, festlegen: In der Zoologie: Ein Tier bestimmen bzw. festlegen, zu welchem Taxon (Gatt., Art) es gehört, ihm seine Stellung im System zuweisen – bei namentlicher Angabe des Autors, z. B. det. Schulze (d. h. „von Schulze determiniert").

Detoxifikation, die, *f.*, engl. detoxification; Entgiftung, Verfahren zur mechanischen Entfernung exogen zugeführter Gifte, z. B. durch Blutreinigung (Dialyse), Inaktivierung von Giften (→ Antidot) od. Verminderung der Giftabsorption sowie forcierten Giftelimination. Auch Unschädlichmachen endogen entstandener toxischer Substanzen, meist durch Umwandlung in leichter ausscheidbare Stofe, v. a. in der Leber durch Abbau u. Umwandlung (z. B. Oxidation, Reduktion) od. Kopplung an andere Substanzen (z. B. Glucuronsäure, Sulfat).

Detrimentalfaktoren, die, lat. *detrimentum, -i, m,* Abnutzung, Verminderung; Nachteil, Verlust, Schaden. Mutierte Allele bei allen Organismen, die nachteilige Folgen haben (Krankheiten bedingende Allele, Letalmutationsfaktoren, Semiletal- bis Subvitalitätsfaktoren, Sterilitätsfaktoren).

detritophag, lat. *detrītus* der Abfall, das Zerfallsprodukt; gr. *phagēin* fressen; totes (in erster Linie) pflanzliches Material fressend; vgl. saprophag.

Detrítus, der, lat. *detritus,* s. o.; Gesamtheit der überwiegend aus Organismenresten bestehenden Schweb- und Sinkstoffe in Gewässern.

Deuteranopie, die, gr. *deúteros* zweiter, *an-, a-* α priv., *he ops, opós* das Sehen; die Grünblindheit.

Deuterencéphalon, das, gr. *to enképhalon* das Hirn; das zweite Hirnbläschen der Cranioten, es liegt kaudal vom Archencephalon. Das D. teilt sich zum Mesencephalon u. Rhombencephalon.

Deuterostómia, die, gr. *to stóma* der Mund; Bezeichnung für eine Gruppe von Mehrzellern (Hemichordata, Echinodermata, Chordata), bei denen während der Entwicklung der Urmund zum After wird. Die definitive Mundöffnung entsteht am entgegengesetzten Ende des Darmkanals als Neubildung; vgl. Protostomia.

Deutocérebrum, das, s. *cérebrum;* der zweite Gehirnabschnitt der Gliederfüßer.

Deutomerit, der, gr. *to méros* der Teil; der zweite Körperabschnitt bestimmter Sporozoa (Sporentierchen, Einzeller).

Devon, das, n. d. Grafschaft *Devonshire* in Südwestengland; geologisches System des Paläozoikums, s. d.

dexiotrop, gr. *dexiós* rechts, *ho trópos* die Wendung; rechtsgewunden, Bezeichnung für die rechtsverlaufenden Spiralwindungen der Schale bei der Mehrzahl der Schnecken (Gastropoden).

Dextrokardie, die, s. *déxter,* gr. *he kardía* das Herz; die Lage des Herzens in der rechten Brusthöhle.

Dextrose, die; s. Glukose.

dezerebrieren, lat. *de-,* ab-, weg-, *cérebrum* das Gehirn; dezerebriertes Tier: enthirntes Tier.

Dezidua, die, lat. *decidere* abfallen; Bezeichnung für Uterusschleimhaut nach der Einbettung (Implantation) des frühen Entwicklungsstadiums. Danach werden unterschieden: 1. Decidua basalis, Schleimhaut bzw. Uterusmuskulatur u. Entwicklungsstadium; 2. D. capsularis, Schleimhaut, die kapselartig die eingebettete Frucht überzieht; D. parietalis, Schleimhaut, die die übrige Uterushöhle überzieht.

dia-, di-, gr. Präfix, hindurch, auseinander, zwischen.

Diabetes insípidus, der, gr. *diabaí-nēín* hindurchtreten, lat. *insipidus,* fad, ohne Geschmack; die Wasserharnuhr, vermehrte Harnausscheidung, hohes Durstgefühl, Ursache: Mangel an antidiuretischem Hormon.

Diabetes méllitus, der, lat. *mellitus* (honig-) süß; die Zuckerharnuhr, Zuckerkrankheit, wichtige Symptome: Blutzuckererhöhung, Zuckerausscheidung im Harn, Durst, große Harnmengen, Abmagerung, Ursache: Insulinmangel.

diademátus, -a, -um, gr. *to diádema* das Diadem, die Kopfbinde; geschmückt, mit Kopfbinde versehen.

Diät, die, gr. *he díaita* die Lebensweise; eine verordnete Ernährungsweise; diätetisch: der richtigen Ernährung entsprechend, mäßig.

Diagnose, die, gr. *he diágnosis* das Unterscheiden, *he gnósis* die Erkenntnis; 1. Erkennen der Krankheit; 2. in der Taxonomie die Originalbeschreibung eines Organismus.

Diakinese, die, gr. *diakinēín* bewegen; ein Stadium der ersten meiotischen Teilung, in dem die Chromosomenkontraktion ihr Maximum erreicht.

Dialektik, die, lat. *dialectica, -ae* Disputierkunst; philosophische Methode, die eine Behauptung (These) durch eine Gegenbehauptung (Antithese) in Frage stellt, um aus der Synthese beider zu neuen Erkenntnissen zu kommen.

diametral, lat. *diametrális* zum Durchmesser gehörig.

Diantennata, *n.,* Pl., gr. *dis* u. lat. *bis:* zweimal od. zweifach, doppelt, s. auch Antennata; Arthropoda bzw. Mandibulata, deren erste beide Gliedmaßenpaare als Antennen ausgestaltet sind u. deren Atmung durch Kiemen erfolgt.

Diapause, die, gr. *he diápausis* „Dazwischen-Ausruhen"; Ruhezustand während der Entwicklung.

Diaphorése, die, gr. *diaphorēín* hinübertragen; die Schweißabsonderung, das Schwitzen.

diaphrágma, -atis, *n.,* latin. gr. *to diáphragma, -atos* die Scheidewand; das D. ist das Zwerchfell, Trennwand zwischen Brust- u. Bauchhöhle.

diaphragmáticus, -a, -um, zum Zwerchfell gehörig.

Diaphyse, die, gr. *diaphýesthai* dazwischenwachsen, das Dazwischengewachsene, das Mittelteil des Knochens (Röhrenknochens).

Diaptómus, *m.,* gr. *to diáptoma* Fehler, Irrtum; Gen. der Calanidae, Copepoda, Hüpferlinge. Spec.: *D. castor* (lebt in Süßwasserseen, das Weibchen trägt einen unpaaren Eiersack).

Diarrhoe od. Diarrhoea, die gr. *diá-,* hindurch, *rhēín* fließen; Durchfall, dünnflüssiger reichlicher Stuhl bzw. Kot; Ursache können Infektionskrankheiten od. Erkrankungen der Darmwand sein.

Diarthrognathus, *m.,* gr. *di-* zwei, *to árthron* Gelenk, Glied, *he gnáthos* Kiefer; Gen. des Subordo Ictidosauria, Ordo Therapsida, Themorpha, s. d.; besaß ein doppeltes Kiefergelenk (Name!), Zwischenform zwischen Reptilia u. Mammalia; fossil in der Obertrias. Spec.: *D. broomi.*

diarthrósis, -is, *f.,* gr. *diarthrún* in Glieder zerlegen; die Diarthrose, Gelenkigkeit; Knochenverbindungen zwischen verschiedenen Knochen, die gegeneinander beweglich sind.

Diastasen, die, gr. *he diástasis* die Sonderung, Spaltung; Syn.: Amylasen.

diastéma, -atos, *n.,* gr. *to diástema* das Intervall; Diastema: eine Lücke in der Zahnreihe bestimmter Säugetiere, z. B. bei Pferden u. Hirschen; Pl.: Diastemata.

Diástole, die, gr. *he diastolé* die Trennung, Erweiterung; abwechselnde Erschlaffung der Herzmuskulatur, d. h. die rhythmische Erweiterung des Herzens.

Diastomyelie, die, gr. *ho myelós* das Mark; Missbildung des Rückenmarks durch Spaltung.

diástrophus, -a, -um, latin. von gr. *diástrophos;* verdreht, verkrüppelt, verwirrt.

Diástylis, *f.,* gr. *to diastylion* der Zwischenraum; Gen. der Cumacea, Ordo d. Malacostraca. Spec.: *D. rathkei.*

Dibranchiata, *n.,* Pl., latin., gr. *di-* zwei, *to bránchion* die Kieme; „Zweikiemer", Gruppe der Cephalopoda; fossile Formen seit Ob. Karbon?, Mittl. Devon (s. *Orthóceras*). Zahl der Arme auf höchstens 10 beschränkt; Linsenaugen, 2 Kiemen, 2 Nieren, Chromatophoren vorhanden; Schale niemals äußerlich, stets von einer dorsal gerichteten Mantelduplikatur überwachsen u. so in eine Hauptachse eingeschlossen, nur bei *Spirula* noch spiralig, sonst platten- od. stäbchenförmig, meist verkalkt. Ordines: Decabráchia, Octobrachia.

Dicéphalus, gr. *he kephalé* der Kopf; Missgeburt, zwei Köpfe ausgebildet.

Dicerorhínus, *m.,* gr. *di-, to kéras* u. *he rhis, rhinós* die Nase, „Doppelnashorn"; Gen. der Rhinocerotidae, Nashörner, Ceratomorpha, Períssodactyla, Unpaarhuftiere. Spec.: *D. sumatrensis,* Sumatradoppelnashorn.

Diceros, *m.,* von gr. *di-* zwei, *to kéras* das Horn; Gen. der Rhinocerotidae, Nashornartige. Spec.: *D. bicornis,* Spitzmaulnashorn (mit 2 Hörnern).

dichotom, gr. *dicha* zweifach, *témnein* schneiden; zweigeteilt. Dichotomie: dichotome Teilung, die „Gabelung" in zwei gleichgroße u. in gleichem Winkel abstehende Teile.

dichótomus, -a, -um, lat. (gr.) zweigeteilt, gabelig, verzweigt (als Artbeiname z. B. bei *Blastoceros*).

Dichromasie, die, gr. *di-* doppelt, *to chróma* die Farbe; angeborene Farbenfehlsichtigkeit, bei der von den drei Grundfarben Rot, Grün u. Blau jeweils nur 2 empfunden werden können.

Dickmaulrüssler, der; s. *Otiorrhynchus.*

Dicondylia, die, Pl., gr. *kóndylos* Gelenk; zweigelenkhöckerige Insekten. Die Dicondylia sind die Schwestergruppe der Archaeognatha. Sie besitzen einen zweiten vorderen Gelenkhöcker an den Mandibeln. Neben weiteren charakteristischen Merkmalen haben sie eine geschlossene Amnionhöhle u. somit zwei Embryonalhüllen (Amnion, Serosa).

Dicondylie, die, gr. *ho kóndylos* der Knöchel, Gelenkhöcker; Vorhandensein von zwei Hinterhaupthöckern, z. B. bei Amphibien u. Säugern.

Dicrocoeliidae; Fam. der Digenea, kleine, längliche, lanzenförmige Trematoden. Wichtigste Gattungen *Dicrocoelium, Athesmia* u. *Eurytrema.* Parasiten in den Gallengängen von Säugetieren u. Vögeln. Genus: *Dicrocoelium, n.,* Lanzettegel, Digenea, Dicrocoeliidae; Körper lanzettförmig. Spec.: *D. dendriticum,* Kleiner Leberegel, Lanzettegel, Lanzettleberegel.

Dicrocoelium, *n.,* gr. *díkroos* doppelt, gegabelt, *he koilía* die Bauchhöhle; Gen. der Dicrocoelíidae, Digenea. Spec.: *D. dendriticum* (seu *lanceolatum*), Kleiner Leberegel (Syn.: *Dístomum lanceolatum*); zwei Zwischenwirte (Landschnecke, z. B. *Helicella* u. Ameise, *Formica*); Endwirt: Schaf u. andere Pflanzenfresser, in deren Gallen- u. Pankreasgängen parasitär.

Dicrurus, *m.,* von gr. *díkroos* gabelförmig u. *he urá* der Schwanz, also: der Gabelschwanz; Gen. der Diruridae (Drongos), Passeriformes (Sperlingsvögel). Spec.: *D. macrocercus,* Fahnendrongo (besonders gewandter Flugjäger unter d. Singvögeln mit sehr langem, gegabeltem Schwanz).

díctemus, latin., gr. *ho kteís, ktenós* der Kamm; zweikammig; s. *Nycteridopsylla.*

Dictyocaulus, *m.,* gr. *to díktyon* das Netz, *ho kaulós* der Stengel; bis 10 cm lange Nematoden mit fadendünnem, grauweißem Körper; Bursa copulatrix u. Spikula kurz; Uterus mit zahlreichen Eiern gefüllt, in Vulva-Nähe bereits embryoniert; Larven schlüpfen in der Trachea bzw. in den Bronchen der Wirtstiere; adulte Würmer vorwiegend in Bronchialverzweigung von Wiederkäuern (siehe: Diktyokaulose). – Gen. der Protostrongylidae, Strongylidea, Nematoda. Spec.: *D. arnfieldi* (Wirte: Equidae, Afrika, Indien, Australien, S- u. N-Amerika, Europa); *D. cameli; D. filariorum,* Großer Lungenwurm (Wirte: Schaf, Ziege, Wiesel, Gemse, Gazellen u. a., weitgehend kosmopolitisch).

Dictyocha, *f.,* gr. *to díktyon,* s. o., gr. *ócha* bedeutet Verstärkung; Gen. der Silicoflagellata. Spec.: *D. fibulae.* – Im Plankton (Meer), Skelette zeigen große Variationsbreite.

Dictyonema, *f.,* gr. *to díctyon* das Netz, *to néma* der Faden; Gen. der Dendrograptidae, Cl. Graptolitha; fossil vom Oberkambrium bis zum Unterkarbon. Spec.: *D. flabelliforme,* pseudoplanktisch, Leitfossil für das unterste Ordovizium.

Dictyoptera aurora Herbst, gr. *díktyon* das Netz, *he ptérys, -ygos* der Flügel, lat. *aurum, -i* Gold; Rotdeckenkäfer, zur Fam. der Lycidae, Coleoptera gehörig.

Dictyostela, *n.,* Pl., gr. *to díctyon* das Netz, *he stéle* die Säule, Erhebung, der Stamm; Gruppe der einzelligen Eukaryota. Die Vertreter dieses früher zu den „Schleimpilzen" (Eumycetozoa) geordneten Taxon besitzen keine Flagellen mehr. Sie weisen einen komplexen Entwicklungszyklus mit kurzer Generationszeit auf. Als nackte, filopodiale Zellen („Myxamöben") leben sie von Bakterien in humösen Böden od. in der Laubstreu. Im Anschluss an eine Massenvermehrung bilden sich (vernetzte) Zellaggregate, die einen beachtlichen Differenzierungsgrad erreichen (nach Hausmann/Hülsmann 1995).

Dicyéma, *n.,* gr. *di-* zwei, *to kýema* der Keim, die Frucht im Mutterleib; Gen. der Dicyémidae; parasitisch in den Nierensäcken benthischer Tintenfische. In den parasitierenden Agamonten liegen einige Agameten, die sich je über ein Morula-Stadium zu Agamonten entwickeln u. das Körperinnere (Axialzelle) verlassen. Während der Fortpflanzungszeit der Cephalopoden werden Agamonten mit etwas verändertem Aussehen geboren, in deren Axialzelle die Verbreitungs- od. Wanderform entsteht. Spec.: *D. typus.*

Didélphia, *n.,* Pl., gr. *he delphýs* Gebärmutter; Beuteltiere (Metatheria, Aplacentalia), Gruppe (Subcl.) d. Mammalia.

Didelphoidea, *n.,* Pl., s. *Didelphys* u. *-oidia;* Beutelratten(-ähnliche), Gruppe der Metatheria; verbreitet von S-Amerika bis Süden von Texas.

Didélphys *(= Didelphis), f.,* gr. *dis-* u. *di-* zweimal, doppelt, *he delphýs* Gebärmutter, Scheide; „mit doppeltem Uterus u. doppelter Vagina"; Gen. der Didelphyidae (Beutelratten), Metatheria. Spec.: *D. marsupiális,* Nordamerikanisches Opossum, Mucura; *D. m. virginiana,* Virginisches (Nord-)Opossum; *D. paraguayensis,* Südopossum.

Didus, *m.,* latin. von *Dodo,* dem portugiesischen Namen *doudo* od. *dodo;* Gen. der im 17. u. 18. Jh. ausgerotteten Dídidae, Dronten. Spec.: *D. inéptus (= Raphus cucullatus).* Dronte.

Didýmium, *n.*, gr. *didýmos* zweifach; Gen. der Myxogastra. Spec.: *Didymium nigripes,* bis zu 5 cm große graue Plasmoiden, regelmäßig auf Schoten u. Blättern von *Vicia faba* (= Pferdebohne).

Diencéphalon, das, gr. *diá* zwischen, durch, *to enképhalon* das Gehirn; das Zwischenhirn der Vertebraten.

Differenzierung, die, lat. *differre* sich unterscheiden; 1. entwicklungsphysiologisch das morphologische und funktionelle Verschiedenwerden der Keimteile, die verschiedene Entfaltung der einzelnen Keimbezirke. Die D. führt zur Einschränkung der Potenzen; 2. D. in der Wissenschaftsentwicklung bedeutet Spezialisierung, Subspezialisierung.

Difflúgia, *f.,* lat. *difflúere* auseinanderfließen; Gen. der Testacea, Thekamöben, Rhizopoda; fossile Formen seit dem Eozän. Spec.: *D. pyriformis* (mit flaschenförmiger Schale).

Diffusion, die, lat. *diffúndere* sich ergießen; wechselseitige Durchdringung u. Mischung von Gasen od. Flüssigkeiten, die direkt miteinander in Berührung stehen.

diffúsus, -a, -um, lat., ausgedehnt, ausgebreitet; Transport aufgrund von Wärmebewegung.

digástricus, -a, -um, gr. *dis-* u. *di-* zweimal, *he gastér* der Bauch; zweibäuchig.

digen, gr. *di-,* v. *dis* doppelt; *he geneá* das Geschlecht; zweigeschlechtlich.

Digenea, *n.,* Pl., gr. *digenés* von doppeltem Geschlecht; früher Ordo, heute zumeist im Range einer Classis der Trematoda, Saugwürmer. Entwicklung durch Generationswechsel *(Dicrocoelium, Fasciola).* Ihr Vorderende ist fast immer mit einem den Mund umgebenden Saugnapf ausgestattet, dessen Haftwirkung meistens durch einen bauch- od. endständigen Saugnapf ergänzt wird. „Die digenen Trematoden sind das artenreichste (ca. 7200 Arten) Taxon der parasitischen Plathelminthes. Sie sind stets Endoparasiten mit obligatorischem Wirts- u. Generationswechsel. Gastropoden dienen meist als erste Zwischenwirte, gnathostome Wirbeltiere (häufig auch der Mensch u. seine Nutztiere) als Endwirte; weitere Zwischenwirte (oft Arthropoden) können auftreten. Nur selten fehlt das Stadium des Wirbeltierparasiten. In den Mollusken-Zwischenwirten findet eine rege Vermehrung statt. Adulte Stadien (u. Cercarien) besitzen häufig 2 Saugnäpfe (Mund- u. Bauchsaugnapf). Die Körpergröße ist sehr unterschiedlich; die größte Art ist 12 cm lang. Das System der Digenea ist stark umstritten." (nach W. Xylander, aus Westheide/Rieger 1996).

Digestion, die, lat. *digéstio, -ónis, f.,* die Verteilung, die Verdauung; der Vorgang der hydrolytischen Spaltung der Nahrung bzw. der Abbau der hochmolekularen Nährstoffe in resorptionsfähige Stoffe; die (enzymatische) Verdauung.

digestiv(-us), s. Digestion; verdauungsfördernd, die Verdauung betreffend.

digestórius, -a, -um, lat. *digerere* verdauen, zerteilen; zur Verdauung dienend.

digitális, -is, -e, s. *dígitus;* zum Finger gehörig.

digitátus, -a, -um, lat., mit Fingern versehen; gefingert; s. *Dero.*

digitigrad, lat., *grádi* schreiten; digitigrade Tiere (Zehengänger) berühren beim Gehen nur mit den Zehen den Boden, digitigrad sind z. B. die guten Läufer unter den Carnivoren (Raubtieren).

dígitus, -i, *m.,* lat., der Finger, die Zehe; Bezeichnung für die Endstrahlen der vorderen u. hinteren pentadaktylen Extremität.

dihybrid, gr. *di-* doppelt, lat. *hybridus* von zweierlei Abstammung; sich in zwei erblichen Merkmalen unterscheidend; Merkmalsträger-

kombination eines Organismus, der zwei heterozygote Allelenpaare besitzt.
Dihybriden, die; Bastarde, deren Eltern sich in mindestens zwei Merkmalen unterscheiden.
Dihydroxyphenylalanin, das, Abk.: Dopa; Aminosäure, ein Zwischenprodukt der Noradrenalin-, Adrenalin- u. Melaninbildung.
Dijodtyronin, das; Zwischenprodukt bei der Thyroxinsynthese in der Schilddrüse.
dikrín, gr. *di-* zweimal, *krínein* absondern; zweifach sezernierend; Drüse, die zwei Sekrete abgibt.
Diktyokaulose, die; „Lungenwurmseuche" bei Wiederkäuern, verursacht durch Befall mit *Dictyocaulos* (s. o.). Der seuchenhafte Verlauf äußert sich durch zeitweiligen Darmkatarrh, Blutungen im Bereich der Alveolen, entzündliche Prozesse in den Bronchien; häufig sind sekundäre bakterielle Infektionen.
Diktyosom, das, gr. *to díktyon* das Netz, Fangnetz, *to sóma* der Körper; die strukturelle Einheit des Golgi-Apparates.
Dikumarol, das; Antivitamin A (z. B. im Steinklee).
dilatátor, -óris, *m.;* der Erweiterer, der Ausdehner, der Ausbreiter.
dilutus, -a, -um, lat., verdünnt.
diluvial, s. Pleistozän.
Diluvium, das, lat. *dilúere* überfließen, Überschwemmung; s. Pleistozän.
dimidiátus, -a, -um, lat. (*dimidiáre* halbieren; von: *dis* und *medius*); halb, z. B. *Acomys dimidiátus* (Sinai-Stachelmaus).
dimiktischer See, *m.*; ein See mit einem zweimaligen Wechsel von Zirkulation und Stagnation im Jahr.
Diminution, die, lat. *deminúere* vermindern; die Verringerung, die Verminderung, die Verkleinerung; z. B. Chromatindiminution bei *Ascaris.*
Dimorphismus, der, gr. *di-* doppelt, *he morphé* die Form, Gestalt; Zweigestaltigkeit, z. B. Geschlechtsdimorphismus (die Verschiedenheit zw. Männchen u. Weibchen) u. Saisondimorphismus (die Verschiedenheit der Individuen einer Art nach der Jahreszeit).
Dingo, Vernakularname für den Wildhund Australiens *Canis lupus dingo.*
Dinoflagellata, *n.,* Pl., von gr. *to dínos* der Wirbel, Strudel, auch das Gefäß; Gruppe der Flagellata, die meist einen Zellulosepanzer u. zwei Furchen am Körper mit je einer Geißel besitzen; syn. auch Peridineen genannt; fossile Formen im Ordovizium u. seit dem Perm bekannt. Unter ihnen befinden sich Beispiele für die polyphyletische Entstehung von Zooflagellata aus Phytoflagellata. – Genera: z. B. *Ceratium, Noctiluca,* s. d.
Dinóphilus, *m.,* gr. *he díne* der Strudel, Wirbel, *philéīn* lieben; Gen. der Dinophílidae, Fam. d. Polychaeta; gekennzeichnet durch um den Körper verlaufende Wimperringe. Spec.: *D. gyrociliátus.*
Dinosauria, *n.,* Pl., gr. *deinós* schrecklich, *he saūra* u. *ho saūros* die Eidechse; Drachen, Schreckensaurier, fossile, nur in mesozoischen Ablagerungen verbreitete Reptilien von verschiedenster Form u. Größe. Gemeinsame (frühere) Bezeichnung für die fossilen Saurischia u. Ornithischia.
Dioctophyme, *n.*, gr. *to phýma* Auswuchs am Körper, Wucherung; Gen. der Dioctophymidae, Dioctophymidea. Bis 1 m lange, meist blutrot gefärbte Würmer mit quergestreifter Kutikula u. einer von einem Kranz von sechs Papillen umgebenen Mundöffnung. Parasiten in Nieren u. Leibeshöhle von Säugetieren. Spec.: *D. renale*, Nierenwurm (Wirte: Katze, Hund, Wolf, Fuchs, Nerz u. a.; Osteuropa, Asien, Nord- u. Südamerika).
Dioctophymidae, *f.*, Pl.; (= Dioctophymatidae); Fam. der Dioctophymidea, Nematoda. Parasiten von Säugetieren u. Vögeln.
Díodon, *m.,* gr. *di-* zwei, *ho odón, odóntos* der Zahn; Gen. der Diodóntidae, Igelfische, Zweizähner. Spec.: *D. hystrix,* Igelfisch, Stachelschweinfisch.
Diökie, die, gr. *he oikía* die Wohnung; die Zweihäusigkeit.
Diöstrus, der, gr. *ho ōistros* die Leidenschaft; im Sexualzyklus bei Nagetieren (Ratten u. Mäusen) auftretendes Stadium der Zwischenbrunst („Ruhe"-Stadium).
Diógenes, *m.,* benannt nach Diogenes, Naturphilosoph auf Kreta; Gen. der Pagúridae, Einsiedlerkrebse. Spec.: *D. edwardsii.*
Diomédea, *f.,* von Diomédes, dessen Freunde der Sage nach wegen ihrer Trauer nach seinem Tode in Vögel verwandelt wurden; Gen. der Porcellaríidae, Sturmvögel. Spec.: *D. exulans,* Albatros (größter Flieger mit 3–4 m Flügelspannweite, auf den südlichen Weltmeeren).
Dioptríe, die, gr. *he díopsis* Durchsicht; Maßeinheit der Brechkraft von opt. Linsen; D = der reziproke Wert der in Metern gemessenen Linsenbrennweite.
Dioskorídes, gr. *Dioskorídes Pedánios* aus Anazarbos in Kilikien; Militär-Arzt unter Claudius und Nero, lebte um die Mitte des 1. Jh. u. Z. (gest. 64 u. Z.); gilt als berühmtester Pharmakologe des Altertums. Sein Hauptwerk „Perí hyles iatrikḗs" („Über heilkundige Stoffe" = Arzneistoffe) in 5 Büchern hatte bis in das 16. Jh. hinein eine große Bedeutung; in ihm wer-

den pflanzliche u. tierische Genuss-, Nahrungs- u. Arzneimittel sowie Getränke (Weinsorten) u. Mineralien unter medizinischen Gesichtspunkten behandelt (wobei Magisches nicht fehlt). Ausgabe: „De materia medica libri quinque", ed. M. Wellmann, 3 Bde., Berlin 1906–1914.

Diotocárdia, *n.,* Pl., gr. *díotos* mit zwei Behältern („Ohren"), *he kardía* das Herz; Gruppe (Ordo) der Gastropoda (Schnecken); mit altertümlichen Merkmalen: Zweizahl der Herzvorhöfe (außer bei Patellaceen), der Kiemen u. Nieren häufig erhalten; Kiemen meistens noch mit 2 Reihen von Kiemenblättern.

Dipeptidasen, die; Enzyme, die Dipeptide zu Aminosäuren abbauen.

Dipetalonema, *f.,* gr. *to pétalon* das Blatt, die Platte, *to néma* der Faden. Spec.: *D. pertans,* Dauerlarvenfilarie (Syn.: *Filaria pertans*), zu den Filarioidea (Nematodes, Fadenwürmer) gehörend, leben im Bindegewebe d. Bauchhöhle d. Menschen, wahrscheinlich nicht pathogen. Entwicklung: Mikrofilarien im Endwirt (Menschenblut) – infektiöse Larve im Zwischenwirt (Mücke) – Wurm im Endwirt (Mensch).

Diphallie, die, gr. *di-,* s. o., *ho phallós* das männl. Glied; die angeborene Verdoppelung des Penis.

diphycerk, gr. *diphyés* zweigestaltet, *he kérkos* der Schwanz; diphycerk ist eine Schwanzflossenform der Fische mit gerade verlaufendem Wirbelsäulenende, bei der dorsale u. ventrale Hälfte der Flosse symmetrisch sind.

Diphyllobóthrium, *n.,* gr. *di-,* s. o., *to phýllon* das Blatt, *to bothríon* die kleine Grube; Gen. d. Pseudophyllidea, Ordo der Plathelminthes. Spec.: *D. latum,* Fischbandwurm. Lebenskreislauf: Coracidium im Wasser – Procercoid in *Cyclops* – Plerocercoid im Barsch od. Hecht – Bandwurm im Säuger, der Fische verzehrt (Mensch).

diphyodont, gr. *diphyés* zweigestaltet, *ho odús, odóntos* der Zahn; Bezeichnung für einmaligen Zahnwechsel, bei dem die Milchzähne durch das bleibende Gebiss ersetzt werden.

Dipleúrula, die, gr. *di-,* , v. *dis-,* doppelt, zwei; *he pleurá* die Seite; zweiseitig-symmetrische Larve von Echinodermaten (Astrolarve).

Diplodínium, *n.,* gr. *diplóos* zweifach, *he díne* Strudel; Gen. der Ophryoscolecidae, Fam. der Entodiniomorpha. Der Name bezieht sich auf die zwei Wimperlokalisationen. Darmbewohner von Säugetieren, insbesondere im Pansen der Wiederkäuer und im Blinddarm der Pferde. Spec.: *D. ecaudatum.*

Diploë, die, gr. *he diplóë* die Doppelte; die spongiose Substanz der Schädelknochen, die von einer kompakten Außen- u. Innenschicht begrenzt wird.

Diplogáster, *f.,* gr. *diplóos* s. o., *he gastér* der Bauch, Magen, wegen der doppelten Anschwellung der Speiseröhre; Gen. der Rhabditidae, Fam. der Nematoda, saprozoisch in verrottendem Material lebend. Spec.: *D. rivális.*

diplóicus, -a, -um, zur Diploë gehörig.

Diploidie, die; Vorhandensein von zwei homologen Chromosomensätzen, einem väterlichen u. einem mütterlichen. Sie kommt bei der Befruchtung zustande durch Verschmelzung von zwei haploiden Gameten.

Diplomonadina, *n.,* Pl., von gr. *diplóos* zweifach u. *he monádos* die Einheit; „Doppellebewesen"; Gruppe (Ordo) der Zooflagellata. Diese bilateral-symmetrischen Protozoen sind Doppelindividuen, besitzen zwei Kerne u. einen doppelt angelegten Geißelapparat; vgl. Protomonadina.

Diplomyelie, die, gr. *ho myelós* das Mark; eine Missbildung des Rückenmarks in Gestalt einer Verdopplung.

Diplopie, die, gr. *he ópsis* das Sehen, Gesicht, die Wahrnehmung; das Doppelsehen.

Diplopoda, *n.,* Pl., gr. *ho pús* Fuß; Doppelfüßer, Tausendfüßer; Myriapoda. Körper langgestreckt; mit 13, 17 od. meist über 100 Beinpaaren, die zu 2 Paaren an den zu Doppelsegmenten verschmolzenen Körperringen sitzen; fossil seit dem Oberkarbon nachgewiesen.

Diplosom, das, gr. *to sóma* der Körper; Zellorganell, das durch Verdopplung des Zentriols in der frühen Prophase entsteht.

Diplostraca, *n.,* Pl., gr. *to óstrakon* die Schale; Gruppe der Phyllopoda mit 2-klappigem Carapax; Syn.: Onychura.

Diplotän, das, gr. *he tainía* das Band; Stadien der ersten meiotischen Teilung; die Chromosomen verkürzen sich durch Spiralisierung.

Diplozóon, *n.,* gr. *to zóon* das Tier; Gen. der Monogenea, Ordo der Trematoda, Saugwürmer. Spec.: *D. paradoxum,* das Doppeltier; zur Zeit d. Geschlechtsreife kopulieren je 2 Tiere x-förmig, wobei ein Wurm mit seinem Bauchsaugnapf den Rückenzapfen des anderen umgreift. Nach Überkreuzung der Körper vollbringt der Partner dasselbe. Danach erfolgt die Begattung u. eine Verwachsung der Körper (Name!). Schmarotzer auf Kiemen von Süßwasserfischen, verursacht Blutarmut.

Diplura, die, Pl., lat. *di-* zwei, *plus, pluris* mehr, größer; Doppelschwänze, Gruppe der Urinsekten (Apterygota, Entognatha); feuchtigkeitsliebende Bewohner von Bodenspalten, zwischen Moos, unter Rinde u. in Erdlücken lebend. Spec.: *Campodea staphylinus* (Campodeidae), *Metajapyx leruthi* (Japigidae).

Dípnoi, *m.,* Pl., gr. *dípnoos* doppelt atmend, gr. *pneústes* von *pnein* atmen; Lungenfische od. Dipneusti, Gruppe (Sucl.) der Choanichthyes. Mit inneren Nasenöffnungen, mit Lungenatmung außer der Kiemenatmung u. entsprechender Umbildung der Blutgefäße u. des Herzens; fossil seit dem Unterdevon bekannt.

Dipol, der, lat. *polus, -i, m,* Pol, Himmel; atomare od. molekulare Partikel mit räumlich getrennter positiver u. negativer Ladung, ein elektrischer Dipol. Ein Dipol liegt auch im „Nord- u. Südpol" vor, gebildet von einem Elementarmagneten, der aus einer Rotation elektrischer Ladungen resultiert u. auf Grund des Drehsinns festgelegt wird.

Diprion, *m.,* gr. *di-* zwei, *ho prīōn* die Säge; Gen. der Diprionidae (Buschhornblattwespen), Hymenoptera. Spec.: *D. pini,* Gemeine Kiefernbuschhornblattwespe.

Diprosopus, gr. *dis, di-* zweimal, doppelt, *to prósopon* die Erscheinung, das Gesicht; Missbildung, Teile des Gesichtes sind doppelt ausgebildet.

Diprotodon, *m.,* gr.; Gen. der Diprotodontidae (s. d.); Riesenbeutler, eine Fam. fossiler Phalangeroídea, Metatheria; fossil im Pleistozän u. (?) Altholozän Australiens. Die herbivoren Tiere erreichten Nashorngröße. Spec.: *D. australis.*

Diprotodóntia, *n.,* Pl., gr., von *dis (di-)* zwei, *prótos* der erste, vorderste, *ho odús, odóntos* Zahn; Gruppe der Metatheria, bei denen im Gebiss die inneren Incisivi nagetierartig vergrößert u. diese („vorderen zwei") im Unterkiefer die einzigen Incisivi (jederseits nach vorn) gerichtet sind. Die D. werden von den Polyprotodontia (s. d.) unterschieden, zu denen die übrigen Gruppen mit mehreren Incisivi gehören. D. sind die Phalangeroidea (s. d.).

dipsaci, Genitiv des botan. Gattungsnamens *Dipsacus,* Karde; s. *Ditylenchus.*

Diptera, *n.,* Pl., gr. *di-* zwei, *to pterón* der Flügel; Zweiflügler; Gruppe der Mecopteroidea, Hexapoda (Insecta) u. a. mit zu kleinen Schwingkölbchen (Halteren) umgewandelten Hinterflügeln. Zu ihnen gehören die Nematocera (Mücken) u. Brachycera (Fliegen); foss. seit der unt. Trias (?).

Dipterus, *m.*; Gen. des fossilen Ordo der Dipnoi; fossil im Mittel- und Oberdevon. Spec.: *D. oervigi* (Mitteldevon).

Dipygus, *m.,* (maskulinisiert), gr. *he pygé* der Steiß; Missbildung, Doppelsteiß ausgebildet.

Dipylidium, *n.,* gr. *he pýle* die Öffnung; Gen. der Taeníidae, Fam. d. Cyclophyllidae, Plathelmínthes. Jede Proglottide enthält einen paarigen (linken u. rechten) Satz zwitteriger Geschlechtsorgane mit 2 zugehörigen Geschlechtsöffnungen. Spec.: *D. canium,* lebt im Dünndarm von Caniden, Feliden u. Menschen (15–50 cm lang), Zwischenwirt: Hundehaarlinge u. Flöhe.

Disaccharid, das, latin. *sáccharum* der Zuckersaft (des Zuckerrohrs); Zucker, dessen Molekül aus zwei einfachen Zuckermolekülen aufgebaut ist.

disciformis, -is, -e, gr. *ho dískos* der Diskus, die Scheibe; scheibenförmig.

Discoanthae, *f.,* Pl., gr., latin., *to ánthos* die Blume, „Scheibenblumen"; breite, scheibenförmige Staatsquallen, s. Siphonóphora.

Discobolocysten, die, gr. *ho bólos* das Werfen, namentlicher Bezug auf das „Ausschleudern der scheibenförmigen" Organellen als Merkmal dieses speziellen Extrusomtyps; s. Extrusom.

Discocotylidae; Fam. der Monogenea. Wenige Millimeter lange Trematoden, hinterer Haftapparat mit 3 od. 4 Paar Saugklappen unterschiedl. Struktur. Gattungen: *Diplozoon, Discocotyle.* Parasiten auf den Kiemen von Fischen.

Discoglóssus, *m.,* gr. *he glóssa* die Zunge; Gen. der Discoglóssidae, Scheibenzüngler. Spec.: *D. pictus,* Scheibenzüngler.

discolor, lat., verschiedenfarbig.

díscus, -i, *m.,* latin., gr. *ho dískos* die Scheibe; Wurfscheibe, Platte. 1. D. intervertebrális, die Zwischenwirbelscheibe; 2. auch Artbezeichnung, s. *Symphysodon.*

Discus intervertebralis, der, lat. *inter-* zwischen, *vértebra* der Wirbel, die Zwischenwirbelscheibe; eine Bandscheibe, zwischen zwei Wirbelkörpern der Wirbelsäule bei Wirbeltieren (Vertebraten) gelegen. Die Zwischenwirbelscheibe besteht aus einem bindegewebigen äußeren Ring (Ánulus fibrósus) u. einem inneren Gallertkern (Núcleus pulpósus).

Disjunction, *f.,* lat. *disiunctio, -onis, f.,* die Trennung, Unterbrechung, „Diskontinuität"; Bezeichnung für Areale (s. d.), deren isolierte Teile so weit voneinander entfernt sind, dass ein Genaustausch normalerweise unmöglich ist; in kleine(re) Teilareale aufgelöstes Verbreitungsgebiet einer Art.

diskoidal, gr. *diskoídes* scheibenähnlich; scheibenförmig; diskoidale Furchung: Kernscheibenfurchung, Furchung in einem scheibenförmigen Bereich der Eioberfläche.

Diskusfisch, der; s. *Symphysodon aequifasciata.*

Disomie, die, gr. *soma* Körper; der haploide Chromosomensatz hat zusätzlich ein Chromosom.

dispar, lat., ungleich, verschieden (z. B. in Farbe od. Form); s. *Lymántria dispar.*

Dispermie, die, gr. *di-* v. *dis-* doppelt, *to spérma* der Same; die Doppelbesamung einer Eizelle.
dispers, lat. Adverb: *disperse, dispérsim* zerstreut, hier und da vorkommend; fein verteilt, zerstreut.
Dispersion, die, lat. *dispersio, -onis, f.,* die Zerstreutheit; Verteilung eines Stoffes in einem anderen als echte od. kolloidale Lösung. Aufschlämmung od. Aerosol, auch: die Zerlegung des weißen Lichtes (beim Durchgang durch ein Prisma) in ein Spektrum.
Dispirem, gr. *he spe͞ira* die Windung; ein Karyokinese-Stadium (Doppelknäuel).
Disposition, die; neulat. *dispositio* die planmäßige Aufstellung, die Veranlagung; med.: Anlage, Empfänglichkeit für (bestimmte) Krankheiten; psych.: Anlage zu einem bestimmten Verhalten; vgl. Anlage.
Dissepimente, die, lat. *dissǣptum* die Scheidewand; z B. bei Anneliden die einzelne Segmente trennenden Querwände, die jeweils durch Verschmelzung der aufeinander folgenden Coelomsackwände entstehen.
Dissimilation, die, lat. *dissímilis* unähnlich; Abbau der durch Assimilation entstandenen körpereigenen Substanz unter Freisetzung von Energie.
Dissipation, die, lat. *dissipatio, -onis, f.,* Zersplitterung, Zerstreuung; z. B. von Energie.
Dissogonie, die, gr. *dissós* doppelt, *he goné* die Her-, Abkunft; Art der Fortpflanzung, bei der ein Individuum zweimal (als Larve und im ausgebildeten Zustand od. sogar in mehreren aufeinanderfolgenden Entwicklungsstadien) geschlechtsreif wird u. befruchtete Eier ablegt, z. B. bei einigen Coelenteraten bzw. bestimmten Polychaeten.
distalis, -is, -e, lat. *distáre* getrennt stehen; distal, weiter vom Rumpf entfernt; vom Mittelpunkt, von der Medianebene des Körpers entfernt bzw. gelegen.
Distelfalter, der, s. *Vanéssa.*
Distelfink, mhd. distelzwanc; s. *Carduelis carduelis,* Stieglitz.
Distomum, s. *Dicrocoelium.*
Dityléchus, *m.,* gr. *di-* zwei, *ho týlos* die Schwiele, *to énchos* Speer, Waffe; Gen. der Tylenchida, Nematoda. Spec.: *D. dipsaci,* Kardenälchen (lebt in mehreren [Nutz-]Pflanzen, bewirkt die Stockkrankheit).
Diurese, die, gr. *diá* hindurch, *to úron* der Harn; die Harnausscheidung.
diuretisch, harntreibend.
diúrnus, -a, -um, lat., zum Tage gehörig, bei Tage, Tages-.
Divergenz, die, lat. *divérgere* auseinandergehen; auseinanderstrebende Entwicklung; neurobiologisch: Verschaltung eines Neurons auf mehrere Folgeneuronen; Ggs.: Konvergenz.
divergierend, lat.; auseinanderweichend, unterschiedliche Entwicklungsrichtungen einschlagend.
Diversität, die, lat. *diversitas, f.,* Verschiedenheit, Unterschied; Vielfalt von Erscheinungsformen der Strukturen, Funktionen auf der molekulären, zellulären, artlichen, sozialen u. ethologischen Ebene.
divertículum, -i, *n.,* lat. *divértere* sich trennen, abwenden; die Aussackung, das Divertikel.
Diverticulum ílei; der Dottergangrest der Wirbeltiere in Form eines kurzen, dem unteren Teil des Ileum ansitzenden, blindsackförmigen Anhanges (Meckelsches Divertikel).
Divertikel, das; Ausstülpung von Hohlorganen des Körpers, z. B. Meckelsches Divertikel.
divísio, -ónis, *f.,* die Teilung, Einteilung, lat., Plur.: divisónes; 1. Division, Abteilung, Kategorienstufe unterhalb des Subregnum u. oberhalb des Phylum, oftmals unterteilt in Unterabteilungen od. Subdivisiones. Beispiel: Metazoa (Unterreich), Eumetazoa (Divisio), Coelenterata (Subdivision), Cnidaria (Phylum). 2. Spec.: *Tubularia indivisa* (Hydroidpolyp mit unverzweigtem Stamm), lat. *indivisus, -a, -um* nicht geteilt, unverzweigt.
Djelleh, einheimischer Name für *Neoceratodus,* s. d.
DNA-Fingerprinting, engl., genetischer Fingerabdruck; Identifizierung von Individuen anhand ihrer unterschiedlichen Genotypen. Die Methode beruht auf der Darstellung von Längenvariationen an Loci mit repetitiver DNA. Fingerprinting bezieht sich ursprünglich auf die simultane Detektion multipler Mini- od. Microsatellitenloci (s. d.) mit Hilfe einer das Wiederholungsmotiv enthaltenden Gensonde in einem Hybridisierungsverfahren (Multilocus Fingerprinting). Die heute meist gebräuchliche Form der Kombination einzelner PCR-amplifizierbarer Mikrosatellitenloci wird besser als genetic profiling bezeichnet.
DNA-Profiling, engl.; Darstellung spezifischer Loci repetitiver DNA (meist Mikrosatelliten). Im Gegensatz zum Multilocus-Fingerprinting sind eindeutige Aussagen zum Heterozygotiegrad (Detektion von zwei Längenvarianten = Allelen an einem Locus) möglich.
DNS (engl. DNA); s. **D**esoxyribo**n**uklein**s**äure.
Dobberstein, Johannes, geb. 19. 9. 1895 Graudenz, gest. 9. 1. 1965 Berlin; Studium an der Tierärztlichen Hochschule Berlin, Promotion (1923), Habilitation (1927), o. Professor für pathologische Anatomie (1928), Direktor des Instituts für Wissenschaftliche Veternärpatho-

logie der Humboldt-Universität Berlin, emeritiert (1960). Direktor des Instituts für Vergleichende Pathologie der Deutschen Akademie der Wissenschaften (1952), Ehrendoktor verschiedener Tierärztlicher Hochschulen und Ehrenmitglied internationaler veterinärmedizinischer Gesellschaften. – 110 Aufsätze in veterinär- und humanmedizinischen Zs. seit 1923, insbesondere zu Neuropathologie, Geschwülsten, Leukosen. Richtlinien für die Sektion der Haustiere (1936, 8. Aufl. 1957); Mitverfasser von: Lehrbuch der gerichtlichen Tierheilkunde (1942, 1955) mit Neumann-Kleinpaul; Lehrbuch der vergleichenden Anatomie der Haustiere (1953–1958) mit Koch, (1961–1964) mit Hoffmann.

Dobermann, *m.*; Hunderasse; mittelgroßer, muskulöser, wachsamer Dienst- und Wachhund; Haar kurz, dicht, fest anliegend; schwarz, braun oder isabellfarben mit rostroten, abgegrenzten Abzeichen; s. *Canis.*

Dobzhansky, Theodosius, geb. 1900 in Nemirov (Russland), gest. 1975 in New York (USA); Studium der Naturwissenschaften, 1920–1924 Assistent für Zoologie am Institut für Landwirtschaft in Kiev; beschäftigt mit vorwiegend faunistisch-ökologischen u. entomologischen Arbeiten; ab 1927 Assistent für Vererbungsforschung an der Universität Leningrad u. Beginn mit *Drosophila*-Studien. 1929 in die USA ausgewandert. Lit.: Die Entwicklung zum Menschen. Hamburg u. Berlin 1958; zahlreiche zytologische Arbeiten an *Drosophila melanogaster.*

Döbel, der; s. *Leuciscus.*

Döderlein, Ludwig, geb. 3. 3. 1855 in Bergzabern, gest. 23. 3. 1936 in München; Studium der Naturwissenschaften, bes. Zoologie, 1877 Promotion, 1883 Habilitation, 1879–1880 Prof. für Naturwissenschaften an der Univ. Tokio, 1891 ao. Prof. für Systematische Zoologie an der Univ. München, 1923–1926 Direktor der Bayer. Zoologischen Staatssammlung in München. Arbeitsgebiete: Spez. Zoologie, Zoogeographie.

Dögling, s. *Hyperoodon.*

Dörnchenkorallen, die; s. Antipatharia.

Dörrobstmotte, die; s. *Plódia.*

Doflein, Franz, geb. 5. 4. 1873 Paris, gest. 24. 8. 1924 Breslau (Obernigk); Studium der Medizin, Zoologie in München, Straßburg (1893–1897); in München Doktor-Examen (1897), tätig an der Zoolog. Staatssammlung München ab 1898, Kustos (1901), Konservator (1902), Habilitation für Zoologie (1903), a. o. Prof. für systematische Zoologie und Biologie (1907), 2. Direktor (1910), o. Prof. der Zoologie und vergleichenden Anatomie in Freiburg als Nachfolger von Weismann (1912), o. Prof. an der Univ. Breslau (1918–1923). Mehrere Forschungsreisen mit Unterstützung der Münchener Akademie der Wissenschaften, darunter Ostasienfahrt nach China, Japan und Ceylon (1904–1905), nach Mazedonien (1917–1918). Veröffentlichungen: Zahlreiche wissenschaftl. Arbeiten auf dem Gebiet der Protozoologie sowie der Biologie anderer wirbelloser Tiere. Verfasser von: Die Protozoen als Parasiten und Krankheitserreger (1901, ab der 2. Aufl. u. d. T. Lehrbuch der Protozoenkunde (1916); Hesse/Doflein: Tierbau und Tierleben; Bd. 2: Das Tier als Glied des Naturganzen (1914); Reiseschilderungen: „Ostasienfahrt“ (1906); „Mazedonien“ (1921).

Dogge, Deutsche, die; eine der größten Hunderassen; edel, ruhig, wachsam, zuverlässig, gelehrig, Körperbau kräftig, Behaarung sehr kurz, dicht, glatt anliegend; Farben: gestromt (hellgold–gelblich/schwarz), gelb, blau/schwarz, gefleckt (= Tigerdoggen); s. *Canis.*

Doggenhai, der; s. *Heterodóntus.*

Dogiel (Dogel), Valentin, Aleksandrovič, geb. 1882, gest. 1955; Prof. d. Zoologie, Dir. d. Naturw. Inst. zu Peterhof (Leningrad); Arbeitsgeb.: Parasit. Protozoa, bes. Infusorien, ökolog. Unters. an Land-Invertebraten, Fauna Zentralafrikas.

Dohle, die; s. *Coloeus.*

Dohrn, Anton; geb. 29. 12. 1840 in Stettin, gest. 26. 9. 1909 in München; Begründer der Zoologischen Station in Neapel. D. besuchte die Universitäten Königsberg, Bonn, Jena, Berlin u. Breslau; Studium der Medizin u. Naturwissenschaften, Zoologe. Promotion (Dr. phil.) 1865 an der Univ. Breslau, 1867 Privatdozent für Zoologie an der Univ. Jena; führte meereszoologische Exkursionen nach England, Schottland u. Messina durch; ab 1870 zum Aufbau der „Zoologischen Station“ in Neapel, die 1873 eröffnet wurde; Ausführen von Studien an Crustaceen, Studien zur Urgeschichte des Wirbeltierkörpers. Publik.: Die embryonale Entwicklung der *Asellus aquaticus.* Zschr. wiss. Zool. 17, 221–277, 1867; Geschichte des Krebsstammes, Leipzig 1870; vgl. A. Kühn: „Anton Dohrn und die Zoologie seiner Zeit“. Pubbl. Staz. Zool. Napoli, Suppl. 1950; Th. Heuß: „Anton Dohrn“: Tübingen, Rainer Wunderlich 1962; I. Müller: „Die Geschichte der Zoologischen Station in Neapel von der Gründung durch Anton Dohrn (1872) bis zum ersten Weltkrieg“ und Habil.-Schrift Univ. Düsseldorf, Mathem.-Naturw. Fak. (1976); Ch. Groeben: Der Freskensaal der Stazione Zoologica Anton

Dohrn. Biographie eines Kunstwerkes. G. Maccharoli, Editore, Napoli 1995.

Doisy, Edward Albert, amerikanischer Biochemiker; geb. 1893 Hume (Illinois). D. wurde bekannt durch seine Stoffwechsel- und Hormonuntersuchungen, 1943 erhielt er zusammen mit C. P. H. Dam den Nobelpreis für die gemeinsame Entdeckung des Vitamin K.

Dolchstichtaube, s. *Gallicolumba luzonica.*

Dolchwespen, die; s. *Scólia.*

dolichocephal, gr. *dolichós* lang, *he kephalé* der Kopf; langköpfig.

dolichokran, gr. *to kraníon* der Schädel; langschmalschädelig, mit langem Schädel.

Dolíchopus, *m.,* gr. *dolichópus* langfüßig; Gen. der Dolichopódidae, Ordo Diptera; Langbeinfliegen. Spec.: *D. ungulatus, D. popularis.*

Dolichótis, *n.;* gr. *dolichós* lang, *to us (oýs), otós* das Ohr; langohrig; Ohren halb so lang wie der Kopf. Gen. der Cavíidae, Caviomorpha. Spec.: *D. patagonum,* S-Amerika.

Dolichovespula, *f.,* gr. *dolichós* lang, lat. *vespula* kleine Wespe; Gen. der Vespidae, Faltenwespen, Aculeata (Stechwespen), Apocrita, Hymenoptera (Hautflügler). Spec.: *D. saxonica,* Sächsische Wespe.

Doliolária, *f.,* lat. *dolíolum* kleine Tonne, *doliolárius* tönnchenartig; Larvenstadium der Crinoiden (rezente Pelmatozoa) mit getrennten Wimperringen.

Dolíolum, *n.,* lat., eine kleine Tonne, ein Fässchen, Dim. zu lat. *dólium* das Fass; sie haben die Form kleiner, durchsichtiger Fäßchen mit Ringmuskeln als geschlossene Bänder (Name!); Gen. der Doliolidae, Ordo Cyclomyaria. Spec.: *D. nationalis* (als kosmopolitische Warmwasserart); *D. restibile* (Bewohner antarktischer Gewässer als Ausnahme); s. restibilis (-e).

dolium, -i, *n.,* lat., großes Fass; Doliolaria: tonnenförmige Larve der Haarsterne (Crinoiden, Echinodermaten).

Dollo, Louis; geb. 7. 12. 1857 Lille, gest. 19. 4. 1931 Uccle b. Brüssel; Wirbeltierpaläontologe am Brüsseler Museum, untersuchte fossile Reptilien, besonders die *Iguanodon*-Reste (s. d.) von Bernissart, und Dipnoi, s. d. D. begründete die „Paléontologie éthologique" (Palethologie), aus der sich die Paläobiologie von O. Abel und die Palökologie (s. d.) von R. Richter entwickelten. 1893 formulierte er die von O. Abel nach ihm benannte Regel.

Dollosche Regel, die; Die Entwicklung ist nicht umkehrbar; es ist unmöglich, dass ein Organismus, selbst teilweise, zu einem früheren Zustand zurückkehren kann, der schon in der Reihe seiner Vorfahren verwirklicht war (Dollosche Irreversibilitätsregel).

Dolomedes, *m.,* lat. *dolus* die List; Gen. der Pisauridae, Raubspinnen, Araneae. Spec.: *D. fimbriátus,* Listspinne.

dolor, -óris, *m.,* lat., der Schmerz, Kummer.

Domagk, Gerhard, geb. 30. 10. 1895 Lagow (Brandenburg), gest. 24. 4. 1964 Burgberg (Schwarzwald-Baar-Kreis); Pathologe, Bakteriologe, Prof. der Pathologie der Universität Münster und Abteilungsleiter im Forschungslaboratorium der IG-Farbenindustrie Wuppertal-Elberfeld, später Direktor der Farbenfabriken Bayer AG; baute ab 1927 in Wuppertal-Elberfeld eine Forschungsstätte zur Behandlung bakterieller Infektionen auf. 1932 Entdeckung der antimikrobiellen Wirkung von *Prontosil rubrum* durch in vivo-Versuche an der infizierten Maus, 1946 Thiosemicarbazone und 1952 Isonicotinsäurehydrazid als Antituberkulotika eingeführt, schließl. experiment. chemotherapeut. Krebsforschung. 1939 Nobelpreis für Medizin/Physiologie für seine „Entdeckung des antibakteriellen Effektes von Prontosil". Die Einführung der Sulfonamide (Prontosil) in die Chemotherapie der bakteriellen Infektionen durch Domagk (zus. mit F. Mietzsch u. J. Klarer) stellte einen Umbruch in der Behandlung von Infektionskrankheiten dar (1932–1954); Entwicklung von Tuberkulostatika (Conteben) (1950); Begründer der modernen Chemotherapie.

doméstícus, -a, -um, lat., häuslich, zum Hause *(domus)* gehörend; Haus-. Spec.: *Musca domestica,* Hausfliege, Stubenfliege.

Domestikation, die, lat. *domesticáre* zähmen; der Vorgang der Überführung von Wildtieren in den Haustierstand; die Haustierwerdung. Immer noch umstritten sind Zeit u. Ort (Region) der D. der einzelnen Nutztierarten. Für Rinder östlicher Mittelmeerraum, Iran, Indien. Pferde südosteuropäische Waldsteppe, pannonischer Raum, sibirische Waldsteppe ca. 3000 v. Chr. Schaf vermutlich ältestes Haustier 7000 v. Chr. (Jericho). Schweine in weitverbreiteten Regionen, Indien, waldreiche Gebiete Sibiriens u. Europas; Hühner Iran, Vorderindien. Wo die Wildart des anderswo u. hauptsächlich domestizierten Tieres fehlte, übernahmen „Ersatzhaustiere" ihre Rolle, z. B. der Esel *(Asinus africanus)* für das Pferd *(Equus przewalskii),* der Yak *(Bos mutus),* der Banteng *(Bibos javanicus)* u. der Gaur *(Bibos gaurus)* für den Auerochsen *(Bos primigenius).* – Die D. ist in der Regel verbunden mit starker Veränderung der Körperform durch Einfluss nachfolgender Selektion u. Umweltbedingungen (Haltung, Fütterung u. a.) u. von Wirkfaktoren nur mutative Wandlungen. Die Erforschung der Haustiergeschichte anhand von kulturhistorischen Dokumenten u. vor allem Knochenfunden in menschlichen Siedlungen ist noch immer aktuell.

dominant, lat. *dóminans, -ántis* herrschend, *dóminus* der Hausherr; als dominant wird ein Allel bezeichnet, wenn es sich bereits im heterozygoten Organismus manifestiert, es überdeckt die Wirkung des anderen Allels; vgl. rezessiv; s. Erbgang.

Dominanzverhalten, das; „Demonstration der Überlegenheit zur Erlangung oder Erhaltung einer dominierenden *a*-Stellung innerhalb einer sozialen Gemeinschaft. Die Ablösung eines α-Tieres durch ein bisher rangniederes Gruppenmitglied bezeichnet man als Dominanzwechsel" (Heymer 1977).

Dompfaff, der; s. *Pyrrhula.*

Dompteur, der, frz., der Tierbändiger; Dresseur, s. d.

Donátor, der, lat. *donáre* schenken, geben; der Geber; z. B. Elektronendonator, Elektronen abgebende Verbindungen; Aminogruppendonator u. a.

Donaulachs, der; s. *Hucho hucho.*

donovani, latin. Genit. von Donovan, Charles (Arzt u. Physiologe, 1863– 1951); als Artname bei *Leishmania donovani,* dem Erreger der Kala-Azar, nach D. u. Leishman benannt.

Dopa, das; s. Dihydroxyphenylalanin.

Dopamin, das; Hydroxytyramin, entsteht durch Dekarboxylierung von Dopa, eine Vorstufe des Noradrenalins und Adrenalins, wirkt u. a. sehr wahrscheinlich als Transmittersubstanz.

dopaminerg, betreffend die Wirkung des Dopamins als Neurotransmitter.

Doping, *n.*, engl.; Verabreichung von aufputschenden (Amphetamine), muskelaufbauenden (Anabolika) u. blutbildenden (Erythropoetin) körperfremden od. physiologischen Substanzen bei Mensch u. Tier zur Leistungssteigerung im Sport od. Vermehrung der Muskelmasse bei Schlachtvieh; starke Gesundheitsgefährdung, daher streng verboten (Dopingkontrollen).

Doppelhelix, die; Modell der Desoxyribonukleinsäure-Struktur n. Watson u. Crick. Danach bilden die Polynukleotidstränge eine Doppelspirale; s. Basenpaarung.

Doppelschleiche, die; s. *Amphisbaena.*

Doppeltier, s. *Diplozoon.*

Dorális, Syn. von *Aphis,* s. d.

dórcas, gr. *he dorkás* hirschartiges Tier mit schönen, hellen Augen, von gr. *dérkestai* blicken; s. *Damaliscus.*

Dorcas-Gazelle, die; s. *Gazella.*

Dorcátragus, *m.,* gr., Kompositum v. *he dorkás,* s. o., u. *ho trágos* der Steinbock; Gen. der Bovidae, Rinder, Ordo Artiodactyla, Paarhuftiere. Spec.: *D. megalotis,* Beira (in Somaliland).

Dórcus, *m.,* gr. *he dorkás* (u. *he dorx*) Steinbock, Gazelle; Gen. der Lucanidae, Hirschkäfer. Spec.: *D. parallelopipedus,* Balkenschröter.

dóriae, nach der Meernymphe *Dorís* gebildeter Artname (Genitiv) bei: *Pseudocorynopoma* (s. d.).

Dóris, *f.,* gr. *Dorís* die Meernymphe, Gemahlin des Nereus u. Mutter der Nereiden; Gen. der Dorídidae, Sternschnecken. Mit einem rosettenförmigen Büschel anal stehender adaptiver Kiemen u. keulenförmigen Fühlern am Vorderende. Spec.: *D. muricata,* Rauhe Sternschnecke.

Dornhai, der; s. *Squalus.*

Dornschwanz, der; s. *Uromastix.*

Dornschnauzhörnchen, das; s. Anomaluridae.

dorsad, nach dem Rücken hin, nach der Dorsalseite hin.

dorsális, -is, -e, s. *dórsum,* dorsal, zum Rücken gehörig, zum Rücken hin gelegen, den Rücken betreffend, auf dem Rücken befindlich; s. auch *Rhinophrynus.*

Dorsallaut, der; ein mit dem Zungenrücken gebildeter Zahnlaut (z. B. *t* od. *n*).

Dorschfische, s. Gadiformes.

dorsíocellátus, -a, -um, lat., mit dorsalem Augenfleck *(ocellus)* versehen, mit Augenfleck an der Rückenflosse; s. *Rasbora.*

dorsum, i-, *n.,* lat., der Rücken.

Dorylaimida, *n.,* Pl., gr. *to dory* der Speer, Stachel, Spieß, *ho laimós* die Kehle, Gurgel; Ordo der Adenophórea, Nematoda; überwiegend Bodenbewohner, teilweise von a priori räuberischer oder mykophager Lebensweise übergegangen zur Ernährung an höheren Pflanzen, dabei Ausbildung eines Mundstachels (Name!); leben als wandernde Wurzelnematoden ektoparasitisch; viele der ca. 200 Species phytomedizinisch von Bedeutung. Genera (z. B.): *Longidorus, Xiphinéma.*

Dosenschildkröte, (Indische), s. *Cyclemys mouhoti.*

Dosis letális, *f.,* tödliche Dosis.

Dotter, der, gr. *he lékithos* Eigelb, Dotter, Ölflasche; Vitellus, Nährsubstanz der meisten Eizellen.

Dottergang, der; s. Ductus omphalomesentericus.

Douglas, James; 1675–1742; Anatom, Prof. in London. D. wurde durch den nach ihm benannten D.schen Raum im unteren Teil des Beckens (Excavátio rectouterína) bekannt.

Douglassche Falte, die, Plica urogenitális rectouterína, s. Douglas; beckenwärtige Bauchfellvorwölbung zwischen Uterus u. Rectum, den Douglasschen Raum umfassend.

Down-Syndrom, das (Morbus Langdon-Down); häufig verwendete Bezeichnung für Mongolismus.

DPN = Diphosphorpyridinnukleotid, alte Bezeichnung für **N**ikotinamid-**A**denin-**D**inukleotid; s. NAD.

Dráco, *m.*, gr., lat. *dráco, -ónis* der Drache, die Schlange; 1. Gen. der Agamidae, Agamen. Spec.: *D. volans* Flugdrache (kleine Echsenart in Java mit seitlichen zu einem „Fallschirm" spreizbaren Hautfalten). 2. *draco* auch Artname, s. *Trachinus.*

Dracunculus, *m.,* lat., kleine Schlange; die Weibchen der fadenförmigen Würmer werden bis 100 cm, Männchen bis 4 cm lang; Gen. der Dracunculidae, Philometridea, Nematoda; Parasiten im lockeren Bindegewebe von Säugetieren. Spec.: *D. medinensis* (Syn.: *Filaria medinensis*), Medinawurm; parasitisch in oft mit Wasser in Berührung kommenden Hautpartien des Menschen; über ein Hautödem werden Larven ins Wasser abgegeben, die sich in Copepoden weiterentwickeln; Infektion des Menschen durch Trinkwasser mit Copepoden; verbreitet: Indien bis Ägypten, Somalia bis Senegal.

Drahtwürmer, die; Larven der Elatéridae (Schnellkäfer), gekennzeichnet durch starke Sklerotisierung der Haut u. arteigene Endsegmentbildung; zahlreiche im Boden lebende Arten sind Schädlinge an Kulturpflanzen durch Befressen unterirdischer Pflanzenteile.

Drakontíasis, die, gr. *ho drákon, drákontos* = lat. *dráco, -ónis* der Drache, die Schlange; Erkrankung durch *Dracunculus (= Filaria) medinensis,* den Medinawurm; s. *Dracunculus.*

Dreikielschildkröte, die; s. *Jugum.*

Dreisséndia *(= Dreíssena), f.,* benannt nach dem belgischen Apotheker P. Dreissen; Gen. der Dreissensíidae, Fam. der. Lamellibranchiata, Muscheln. Spec.: *D. polymorpha.*

Dreizehenmöve, die; s. *Rissa.*

Drepána, *f.,* gr. *he drepánē* die Sichel; Gen. der Drepánidae, Sichelflügler, Ordo Lepidoptera, Spec.: *D. falcatária,* Birkensichler.

Drepanozyten, die, gr. *to drépanon* die Sichel, *to kýtos* die Zelle; Sichelzellen: sichelförmige Erythrozyten, die sehr schnell hämolysiert werden. Das Krankheitsbild (Sichelzellenanämie) wird rezessiv vererbt.

Dresseur, der, frz.; ein Abrichter von Tieren, s. auch Dompteur.

Dressur, die, frz.; das Abrichten von Tieren.

Driesch, Hans, geb. 28. 10. 1867 Kreuznach, gest. 16. 4. 1941 Leipzig; 1889 Promotion bei E. Haeckel in Jena, 1909 Habilitation, 1911 a. o. Prof. in Heidelberg. 1921 Berufung zum Prof. für Philosophie an der Univ. Leipzig; 1922–1923 Gastprof. in Peking, 1933 em.; Entwicklungsphysiologe u. Philosoph (Begr. des Neovitalismus). Arbeitsgebiete: Experimentelle Entwicklungsphysiologie, Allgemeine Philosophie mit der bes. Berücksichtigung der Philosophie des Lebendigen.

Drift, die, engl.; 1. zufallsbedingte Drift (genetische Drift, Sewall-Wright-Effekt): Die Zufallsschwankung der Genfrequenzen nach Aufteilung einer großen panmiktischen Population in ebenfalls panmiktische Teilpopulationen wird als zufallsbedingte D. bezeichnet (Wright, 1921). Die in einer Teilpopulation erfolgte Veränderung der Genfrequenzen wird durch die entsprechende Standardabweichung angegeben. – 2. Limnologisch: Die Gesamtheit der im fließenden Wasser suspendierenden, lebenden, toten, organischen, anorgan. Partikel. Als organische D. werden lediglich die organischen Partikel, als organismische D. nur die driftenden lebenden Organismen bezeichnet. Mengenangabe pro Zeiteinheit od. Wassermenge.

Drogen, die, Pl., *f.*; 1. pflanzliche od. tierische Rohstoffe für Arzneimittel. 2. Stoffe, die subjektiv das Wohlbefinden verbessern od. Rauschzustände hervorrufen (psychotrope D., Rauschgifte, z. B. Marihuana, Haschisch, Cocain, Heroin).

Drohen, das; Verhaltensweise, die aggressive Motivation anzeigt.

Drohnen, die; Bezeichnung für die männl. Bienen.

Dromaeus, *m.,* gr. *dromaíos* schnelllaufend; Gen. der Dromaéidae, Emus. Spec.: *D. novaehollandiae,* „Neuholländischer" Strauß, Emu.

Dromedar, mhd. *dromedár, dromen,* mlat. *dromedarius; m.,* lat. *drómas, dromadis,* das Dromedar; s. *Camelus dromedrius.*

dromedárius, *m.,* lat., der Schnelläufer.

Drómia, *f.,* gr. *dromías* eine Art Krebse im (wörtl.) Sinne, von gr. *ho dromēýs* der Läufer; zahlreiche Arten, weit verbreitet; Gen. der Dromidae, Brachyura (Krabben). Spec.: *D. vulgaris,* Wollkrabbe (z. B. Mittelmeer, Nordsee).

dromotrop, *ho drómos* der Lauf, *ho trópos* die Richtung; die Leistungsfähigkeit des Herzmuskels betreffend, die „Verlaufsrichtung betreffend".

Drongos, s. *Dicrurus.*

Dronte, Name für *Didus ineptus* in zahlreichen, europäischen Sprachen.

Drosóphila, *f.,* gr. *he drósos* Tau, *he phíle* Freundin; Gen. der Drosophílidae, Taufliegen. Spec.: *D. funebris,* Essigfliege (in der Obstzeit in Massen, Larven in gärenden Früchten u. am Spundloch von Weinfässern); *D. melanogaster (= ampelophila),* Obstfliege (zu Vererbungsversuchen benutzt, u. a. von den Genetikern Castle u. Morgan).

Drosophilidae, *f.,* Pl., gr.; Essigfliegen; Taufliegen, Obstfliegen; Fam. der Diptera. Kleine Fliegen mit kurzen u. breiten Flügeln. Brutsubstrate der Larven sind gärende Substanzen (Früchte, Wein, Essig, Bier), aber auch menschl. u. tierische Fäkalien, Kompost, Kadaver. Eine wichtige Funktion scheint den D. als Überträger von Weinhefen zuzukommen. In der Human- u. Veterinärmed. haben sie Bedeutung als Vorratsschädlinge u. Krankheitsüberträger; wichtigste Gattung: *Drosophila,* s. d.

Drossel, die, mhd. *droschel, trostel;* s. *Turdus.*

Druckrezeptoren, die; s. Meissnersche Körperchen.

Drumstick, = engl. *drumstick,* der Trommelstock, Schlegel; trommelschlegelartiges Chromatinkörperchen, das dem inaktivierten X-Chromosom entspricht u. an den segmentkernigen Leukozyten weiblicher Personen nachgewiesen werden kann. Die Größe des D. schwankt im Durchm. zw. 1,4 bis 1,6 µm; bedeutsam für die Differenzierung bestimmter Intersexformen wie beispielsweise Klinefelter- oder Turner-Syndrom.

Dryócopus, *m.,* gr. *he drýs, dryós* der Baum, *kóptein* schlagen, also: „Baumklopfer"; Gen. der Picidae, Spechte. Spec.: *D. martius,* Schwarzspecht.

Dryomys, *m.,* gr. *ho mys* die Maus, „Baummaus"; Gen. der Gliridae (Bilche), Rodentia. Spec.: *D. nitédula,* Baumschläfer.

Drýophis, *m.,* gr. *ho óphis* die Schlange; lebt nur in Baumkronen (trop. Asien); Körper peitschenartig langgestreckt; Gen. der Colubridae, Nattern. Spec.: *D. prasinus,* Grüne Peitschenbaumschlange; lat. *prasinus* lauchgrün.

Dryopithecus, *m.*; fossiles Gen. der Pongidae, Hominoidea, s. d. Eine artenreiche Gattung aus dem Miozän Eurasiens u. Afrikas, nur in Zähnen u. Kieferresten bekannt; schimpansengroß („Baumaffe").

Dschelada, einheimischer Name, latin. *gelada;* s. *Theropithecus.*

dubius, -a, -um, lat., zweifelhaft, ungewiss. Spec.: *Clausilia dubia* (eine Schließmundschnecke); s. *Inocéramus.*

Du Bois-Reymond, Emil; geb. 7. 11. 1818 Berlin, gest. 26. 12. 1896 ebd.; Prof. d. Physiologie in Berlin. D. ist Mitbegründer der Physikalischen Physiologie. Bedeutende Untersuchungen über bioelektrische Erscheinungen im Muskel- u. Nervensystem. Du Bois-Reymondsches Gesetz.

dúctor, -óris, *m.,* lat., Führer; s. *Naucrates.*

dúctulus, -i, *m.,* s. *dúctus;* der kleine Gang, das Kanälchen.

dúctus, -us, *m.,* lat. *dúcere* führen; der Gang, Kanal, die Leitung.

Ductus arteriósus Botalli, der, s. Botallo; Verbindungsgefäß zw. Pulmonalarterie u. Aorta bei Säugerembryonen, leitet den größten Teil des venösen Blutes aus dem Atrium dextrum u. der Lungenarterie direkt in die Aorta descendens, verödet nach der Geburt.

Ductus bursae, der; Begattungsgang, der die Begattungsöffnung mit der Begattungstasche (lat. *bursa* = Tasche) beim Insektenweibchen verbindet.

Ductus cochlearis, der; häutiger Schneckengang im Innenohr.

Ductus déferens, der; s. *deferens;* Samenleiter, Ausführungsgänge.

Ductus deferentes, Pl.; Ausführungsgänge.

Ductus ejaculatórius, der, Ausspritzungskanal beim Menschen z. B. der Endabschnitt des Samenleiters.

Ductus omphalomesentericus, der, gr. *ho omphalós* der Nabel, ta *éntera* die Eingeweide; Dottersack; ein bei Fischen, Reptilien u. Vögeln ausgebildetes Bläschen, das Dottermaterial enthält u. über den Dottergang mit dem Mitteldarm in Verbindung steht. Dottergang: bei Säugern z. B. die Verbindung zw. Ileum u. Nabel, in der Nabelschnur verlaufend. Bei gestörter Zurückbildung können verschiedene Missbildungen auftreten: Vollständige Nabelfistel, unvollstdg. Nabelfistel, Meckelsche Divertikel, Nabelzyste, Ligamentum terminale.

Ductus pancreaticus (Wirsungi), der, lat. *pancreaticus* zur Bauchspeicheldrüse gehörig; Hauptausführungsgang der Bauchspeicheldrüse. Dieser mündet auf der Papilla duodeni major, zusammen mit dem Ductus choledochus, in den Zwölffingerdarm.

Ductus parotideus, der; bei Säugern Ausführgang der Ohrspeicheldrüse.

Ductus thorácicus, der, gr. *ho thórax* der Brustkorb; Milchbrustgang, ein Hauptlymphgefäß, entsteht z. B. beim Menschen in Höhe des Hiatus aorticus des Diaphragmas u. mündet in den linken Venenwinkel.

Ductus venosus Arantii, s. Arantius.

Dúcula, *f.*; Gen. der Columbidae, Tauben. Spec.: *D. bicolor,* Zweifarbfruchttaube; *D. luctuosa,* Weißfruchttaube.

Duftdrüsen, die, Pl.; z. B. 1. bei Säugern die großen Schweißdrüsen (Glandulae sudoriferae axillaris), 2. bei Insekten bestimmte Pheromondrüsen.

Dugesia, *f.,* nach dem Zoologen A. Dugès (1798–1838) benanntes Gen. der Tricladida (s. d.). Spec.: *D. gonocephala.*

Dugong, *f.,* malayischer Name; Gen. der Dugongidae (= Halicoridae), Dugongs, Ordo Sirenia, Seekühe. Spec.: *D. (= Halícore) dugong.*

dujardini, latin. Genitiv von Felix Dujardin, Prof. der Zoologie, Paris, 1801–1860; s. *Halisarca.*

Dulósis, die, gr. *ho dúlos (dóylos)* der Knecht, Sklave, Untertan; Sklavenhalterei: „Eine zwischenartliche Beziehung, bei welcher die Arbeiterinnen einer parasitischen (dulotischen) Ameisenart die Nester anderer Arten überfallen und dort vorwiegend die Brut, vor allem Puppen, in ihr eigenes Nest bringen, sie dort aufziehen und sie dann als Sklavenarbeiterinnen halten" (Heymer 1977); Dulosis bei *Polyergus-* u. *Formica*-Arten, bei *Harpagoxenus-* u. *Leptothorax*-Arten; vgl. auch Lestobiose.

dumus, -i, *m.,* lat., der Strauch, das Gestrüpp, *dumétum, -i, n.,* die Hecke, das Dickicht, Gestrüpp. Spec.: *Aranea dumetorum* („an Hecken").

Dungfliege, die; s. *Scatophaga.*

Dungkäfer, der; s. *Aphodius.*

duodenális, -is, -e, 1. zum Zwölffingerdarm gehörig. 2. Spec.: *Ancylostoma duodenale,* ein im Duodenum schmarotzender Haken- od. Grubenwurm.

duodénum, -i, *n.,* lat. das Zwölffache; *duodeni, -ae -a* je zwölf, Plur.; D. = der Zwölffingerdarm, erster Dünndarmabschnitt. Das Intestinum duodenale des Menschen entspricht in seiner Länge ungefähr der Breite von 12 Fingern (= zwölffache Breite eines Fingers!).

duplex, duplicis, lat., doppelt, *duplicáre* verdoppeln, vermehren; Duplicidentata: lagomorphe Nagetiere (hinter den großen Schneidezähnen des Zwischenkiefers befinden sich noch zwei kleine).

Duplikation, die, lat. *duplicare* verdoppeln, vermehren, *duplicatio, -onis, f.,* die Verdopplung; eine strukturelle Chromosomenaberration, d. h. doppeltes Auftreten ein u. desselben Chromosomensegmentes im haploiden Chromosomensatz.

Duplizitätstheorie, die, lat. *duplícitas* die doppelte Anzahl; die Theorie über die Doppelfunktion des Auges von Wirbeltieren, dass die Zapfen den Apparat für das (farbentüchtige) Tagessehen u. die Stäbchen den für das (farbenblinde) Dämmerungssehen darstellen. – Im Einklang hiermit haben Dämmerungstiere (Fledermäuse, Igel, Mäuse, Nachtvögel, Geckos, Tiefseefische) nur od. überwiegend Stäbchen; hingegen besitzen ausgesprochene Tagtiere (Eidechsen, Schlangen) ausschließlich oder nahezu nur Zapfen. Im hellen Tageslicht u. in der Dämmerung agile Tiere sind ausgewogener mit beiden Netzhautelementen ausgerüstet.

Dura mater, die, s. *dúrus,* s. *máter;* äußere bindegewebige Gehirn- u. Rückenmarkshaut (Dura mater cerebralis u. spinalis).

durchschnittliche Lebenserwartung, die; s. Geriatrie.

duríssus, -a, -um, von lat. *durus* hart; abgekürzte Form vom Superlativ: *duriss(im)us,* sehr hart; s. *Crótalus durissus.*

dúrus, -a, -um, lat., hart, stark, steif.

Dy, *m.,* schwedisch = Schlamm; Torfmudde, organischer Schlamm, besteht aus wenig zersetztem, grobem Pflanzendetritus mit Algenresten u. ausgeflocktem Humus; entsteht hauptsächlich in dystrophen Seen (s. d.), die reich an eingeschwemmten Humusstoffen sind, s. Braunwassersee.

dynámisch, gr. *he dýnamis* die Kraft, Stärke; biol. bedeutet dynamische Struktur: bewegliche Struktur, z. B. des Protoplasmas od. Zellkerns.

Dynástes, *m.,* gr. *ho dynástes* der Machthaber, Herrscher; Gen. d. Scarabaeidae, Blatthornkäfer im engeren Sinne. Spec.: *D. hércules,* Herkuleskäfer.

Dys-, gr. Präfix: *dys-* bedeutet die Zerstörung einer Funktion od. eines Zustandes od. Miss(bildung).

Dysästhesie, die, gr. *he áisthesis* das Gefühl, der Sinn; qualitative Sensibilitätsstörung.

Dysbasie, die, gr. *báinein* gehen; Gehstörung, erschwertes Gehen.

dysentériae, latin. Genitiv von gr. *he dysentéria* die Ruhr (bei Hippokrates); synonym angewandt (worden) bei: *Entamoeba histolytica* seu *dysenteriae;* bezieht sich namentlich auf die Amöbenruhr des Menschen, erregt durch die Magna-Form von *Entamoeba histolytica;* s. Entamoeba (lat. *seu = sive* oder).

Dysenesie, die, gr. *gígnesthai* entstehen; Fehlentwicklung bei Organen u. Geweben.

Dysgenesie der Keimdrüsen, die; s. Gonadendysgenesie.

Dyskrinie, die, gr. *krino* sondern ab; Störung im endokrinen System.

Dysmelie, die, gr. *to mélos* das Glied; die Entwicklungsstörung der Extremitäten.

dysodont, *hoi odóntos* die Zähne; schlosslos, Bezeichnung für eine Gruppe Muscheln, deren Schalen keine Schlosszähne besitzen.

Dysontogenie, die, s. Ontogenese; Fehlentwicklung, die Lehre von den Wachstums- u. Entwicklungsstörungen.
Dysosmie, die, gr. *he osmé* der Duft, Geruch, Gestank; die Störung des Riechvermögens.
Dysphagie, die, gr. *phagein* essen; Schluckstörung.
Dysplasie, gr. *plássein* bilden, formen; die Fehlbildung, Fehlentwicklung.
Dyspnoe, die, gr. *pnéin* atmen; jede Art von Atemstörung, z. B. Atemnot, Kurzatmigkeit.
Dystónia, Dystonie, die, gr. *ho tónos* die Spannung; anomales Verhalten insbes. der Muskeln u. Gefäße; s. vegetative Dystonie.
dystroph, die Ernährung störend, nährstoffarm; benutzt für die Charakterisierung brauner Humusgewässer mit sehr geringem Kalk- u. hohem Humusgehalt.
dystropher See, *m.*; nährstoffarmer See, s. Dy.
Dystrophia, Dystrophie, die gr. *he trophé* die Ernährung; Ernährungsstörung.
Dysurie, die, gr. *to oýron = úron* der Harn; Störung der Harnentleerung, erschwertes Harnlassen.
Dytíscus = *Dýticus, m.*, gr. *ho dýtes* der Taucher; Gen. der Dytíscidae, Schwimmkäfer. Spec.: *D. marginalis,* Gelbrandkäfer (in Teichen mit Fischbrut oft sehr schädlich).
Dzierzon, Johannes, Dr. h. c., geb. 16. 1. 1811 in Lowkowitz, Oberschlesien, gest. 26. 10. 1906 in Lowkowitz; Studium der katholischen Theologie, Pfarrer u. Bienenzüchter in Karlsmarkt; 1845 nachgewiesen, dass Drohnen aus unbefruchteten, Arbeitsbienen u. Königinnen aus befruchten Eizellen entstehen. Bei seinen Kreuzungsversuchen fand er bereits vor Mendel das Spaltungsgesetz. Mit seiner Einführung des Stäbchens wurde die Mobilbauweise eingeleitet.

E

Eber, der, mhd. *ëber, ëberswin* Eber, Zuchteber; männliches Schwein; s. *Sus.* – Jungeber: zur Zucht ausgewähltes männl. Schwein über 6 Monate bis zur Körung; Zuchteber: gekörter, deckfähiger Eber.
Ebner v. Rofenstein, Victor, geb. 4. 2. 1842 Bregenz, gest. 20. 3. 1925 Wien; Prof. der Histologie u. Embryologie in Graz u. Wien; nach ihm benannt wurden die E.schen Drüsen (seröse Spüldrüsen) u. die E.schen Halbmonde; Drüsenabschnitte in den gemischten Speicheldrüsen.
ebúrneus, -a, -um, lat. *ébur, -oris, n.,* das Elfenbein; aus Elfenbein bestehend. Spec.: *Pagophila eburnea,* Elfenbeinmöve.
Ecárdines, *f.,* Pl., lat. *e-* ohne, *cardo, -inis* Schloss; Gruppe primitiver Brachiopoda; ohne Schloss, d. h., die beiden Klappen der (kalkigen od. hornigen) Schale werden nur durch Muskeln zusammengehalten; schon im Kambrium vorhanden; vgl. Testicardines.
ecaudátus, lat., ohne Schwanz *(cauda);* s. *Centétes.*
eccrinus, -a, -um, gr. *ek-* aus, *krínein* absondern; ausscheidend, absondernd, zur Sekretausscheidung durch die nicht alterierte apikale Zelloberfläche gehörend.
Ecdyson, das, *ékdysis* die Häutung; ein Steroidhormon der Arthropoden (z. B. Insekten), das u. a. in der Prothoraxdrüse und in Follikelzellen der Ovarien gebildet wird. Larven- u. Puppenhäutungen werden u. a. durch E. od. dessen polares Derivat, Ecdysteron, gesteuert. E. wird in der experimentellen Biologie zum Studium der Puffbildung herangezogen.
Echidna, *f.,* gr. *he échidna* Name eines fabelhaften Ungeheuers (auch die Natter); der 1789 von Cuvier für den Kurzschnabel-Ameisenigel gegebene Name; heute ist gültig: *Tachyglossus* (s. d.).
Echidnóphaga, *f.,* benannt nach *Echidna hystrix,* Ameisenigel, an dem ein Genus-Vertreter zuerst entdeckt wurde, gr. *phagéin* fressen, sich nähren; Gen. der Sarcopsyllidae. Spec.: *E. gallinácea,* Hühner-Sandfloh.
echinátus, -a, -um, lat., stachelig.
Echinocéphala; s. Kinorhyncha.
Echinochrom, das, gr. *ho echínos* der Igel, *to chróma* die Farbe; eisenhaltiger Farbstoff, der bei Seeigeln auftritt, z. B. in Blutzellen u. auch in Seeigeleiern.
Echinococcus, *m.,* gr. *ho echínos* der Igel, *ho kókkos* der Fruchtkern, die Beere, lat. *granulosus* gekörnt (wegen des gekörnten Aussehens der Brutkapsel); Gen. der Cyclophyllidae, Cestódes (Bandwürmer). Spec.: *E. granulosus,* Hundebandwurm (Hülsenbandwurm).
Echinocorys, *m.,* von gr. *ho echínos* der Igel, auch die Kapsel, *ho kórys* der Helm; Gen. des Ordo Holasteroidea, Cl. Echinoidea, s. d.; fossil in der Oberkreide. Spec.: *E. ovatus.*
Echinoderes; Gen. der Kinorhyncha.
Echinodermata, *n.,* Pl., gr. *to dérma, -atos* die Haut; namentl. Bezug auf das starke Kalkplattenskelett mit seinen Spezialbildungen wie insbes. Stacheln (auch Wirbel usw.) als mesodermale Bildung; Stachelhäuter, artenreiche Gruppe der Coelomata, Deuterostomia; etwa 6000 Arten. Ihre in den meisten Organsystemen bestehende (5strahlige) Radiärsymmetrie ist durch sekundäre Umwandlung eines primär bilateralen Bauplanes entstanden, so dass die

einstmals von Cuvier vorgenommene Vereinigung der E. mit den Cnidaria als Radiata zur Historie gehört. – Die E. werden eingeteilt in: Pelmatozoa u. Eleutherozoa (s. d.). Alle E. sind marin.

Echinoídea, *n.*, Pl., gr., wörtl.: „Igelartige"; Seeigel, Gruppe der Eleutherozoa (s. d.); mit (meist) kugelartigem, bestacheltem Körper; seit Ordovizium vorhanden.

Echinomýia, *f.*, gr.; Gen. der Tachinidae (s. d.), Raupenfliegen. Spec.: *E. fera,* Igelfliege; 8–16 mm; Imago an Blüten; Larve ist Parasitwirt in großen Lepidoptera-Larven, sie töten später den Wirt; Europa.

Echinophthírus, *m.*, gr. *ho phtheír* die Laus; Gen. der Echinophthiríidae, Robbenläuse, Ordo Anoplura. Beschuppt od. bedornt auf Robben u. Seehunden. Spec.: *E. horridus,* Seehundlaus.

Echinops, gr. „Igelaussehen"; Gen. der Tenrécidae, Tanreks (Borstenigel), Tenrecomorpha, Insectivora. Spec.: *E. telfairi,* kleiner Igeltanrek.

Echinostoma, *n.*, gr. *ho echinos* der Igel, das Stachelgebilde, *to stoma* der Körper; Gen. der Echinostomatidae, Digenea, Trematoda. Bis zu 15 mm langer Darmegel mit von Stachelkragen umgebenem Mundsaugnapf. Entwicklung in Süßwasserschnecken (1. Zwischenwirt), auch Muscheln (2. Zwischenwirt), Metazerkarien in Schnecken. Reservewirte: Schweine, Ratten, Hunde, Mensch. Spec.: *E. ilocanum* (Süd- u. Südostasien).

Echinostomatidae; Fam. der Digenea mit mehr als 40 Gattungen. Zumeist kleine, schlanke Trematoden mit bestachelter Kutikula. Vorderende zumeist durch einen sog. Kopfkragen abgesetzt, der den Mundsaugnapf umgibt u. mit stiftförmigen Stacheln besetzt ist. Parasiten im Darm, gelegentl. in Gallengängen bzw. Harnleiter von Kriechtieren, Vögeln u. Säugetieren; s. *Echinostoma.*

Echinostomiasis, die; Befall des Dünndarms mit *Echinostoma*-Arten.

Echinus, *m.*; Gen. der Echinidae, s. Echinoidea; fossil seit dem Pliozän. Spec.: *E. esculentus,* Essbarer Seeigel.

Echiúrida, *n.*, Pl.; s. *Echiurus;* Igelwürmer, Gruppe (Stamm) der Spiralia (s. d.); heute über 150 Species in 25 Genera; marine Bodentiere; primitive od. sekundär vereinfachte Formen.

Echiúrus, *m.*, gr. *échein* haben, *he urá* der Schwanz; mit als Körperlappen bezeichnetem, kompaktem Fortsatz am Körpervorderende; Gen. der Echiuridae, Echiurinea, Echiurida (s. d.). Spec.: *E. echiurus,* Quappenwurm, Meerquappe.

Echolotung, die; Orientierung anhand des Echos selbst ausgestoßener Ultraschall-Orientierungslaute, das Echo dient der Ortung von Gegenständen (Beute, Hindernisse); Echo-Orientierung ist u. a. bei Fledermäusen und Delphinen nachgewiesen worden.

Echomimie, die, gr. *he mímikė* die Mimik; die Mimik, das Gebärdenspiel, das Nachahmen.

Eckstein, Karl, geb. 28. 12. 1859 Grünberg, Kreis Gießen, gest. 22. 4. 1939 Dubrovnik (auf einer Studienreise); Prof. der Zoologie am 1. Zool. Inst. der forstlichen Hochschule in Eberswalde; Arbeitsgebiete: Angewandte Zoologie, Forstzoologie, Biolog. Schädlingsbekämpfung, fischereiwissenschaftl. Untersuchungen.

Ectóbius, *m.*, gr. *ektós* draußen, *ho bíos* das Leben; Gen. der Pseudomópidae, Ordo Blattódea (Schaben). Spec.: *E. albicinctus,* Brunners (Autor!) Waldschabe; *E. balcáni,* Balkan-Schabe; *E. erythronotus,* Südliche Waldschabe; *E. lapponicus,* Lappländische od. Gemeine Waldschabe.

ectoloph, gr. *ektós* außen, *ho lóphos* Hügel; Bezeichnung für Außenjoch auf den Molaren der Säuger.

edáphisch, gr. *to édaphos* der Boden, Erdboden; bodenbedingt, auf den Boden bezüglich.

Edáphon, das; die Gesamtheit der im Boden lebenden Organismen.

Edaphosaurus, *m.*, gr. *ho saúros* die Echse, Eidechse; Gen. des Subordo Edaphosauria, Ordo Pelycosauria, Subcl. Theromorpha, s. d.; fossil im Oberkarbon (Westfal) bis Oberperm. Spec.: *E. mirabilis* (Oberkarbon).

Edelkoralle, die; s. *Corallium rubrum.*

Edelmarder, der; s. *Martes martes.*

Edentata, *n.*, Pl., lat., ohne *(e-)* Zähne *(dentes)* versehen *(-ata)*, „Zahnlose"; frühere Bezeichnung der altweltlichen Schuppentiere, da man diese allein auf Grund morphologisch-physiologisch ähnlicher, z. T. übereinstimmender Merkmale den Xenarthra (s. d.) zuordnete. Wegen des fehlenden Nachweises gemeinsamer Vorfahren nunmehr selbständig geführte Gruppe (Ordo) als Pholidota, s. d.

edentátus, -a, -um, lat., s. *dens;* zahnlos, zahnarm.

Ediacara-Fauna, die; n. d. Ediacara-Hügeln 350 km nördlich von Adelaide, Südaustralien; Fundort der bis jetzt ältesten Metazoa-Fauna, ca. 650 Mill. Jahre alt; formenreich (etwa 30 Arten, 8 „Arten" von Lebensspuren), ca. 1600 Exemplare; Coelenterata, Annelida, Arthropoda u. „Problematika". Gleichartige Fossilien annähernd gleichen Alters sind inzwischen an verschiedenen Stellen der Erde im jüngsten Präkambrium (s. d.) nachgewiesen worden.

Edrioasteroidea, *n.*, Pl., gr. *hedraíos* festsitzend, *ho astḗr* der Stern; Bezug auf die (meist) festsitzende Lebensweise der kleinen scheiben- bis pilzförmigen (also nicht sternförmigen) Tiere. Vom Unteren Kambrium bis zum Oberen Devon nachgewiesene Gruppe fossiler Pelmatozoa (s. d.).

EDTA, Abk., die Abkürzung leitet sich vom engl. Wort Ethylene-diamin-tetraacetic-acid her; Ethylendiamintetraessigsäure (EDTE), Chelatbildner.

edúlis, -is, -e, lat., essbar (*édere* essen).

Edwards-Syndrom, das; ein Missbildungskomplex auf der Grundlage einer numerischen Chromosomenanomalie: es liegt eine Trisomie des Chromosoms 18 (Trisomie 18, E-Trisomie) vor, die durch Nichtauseinanderweichen homologer Chromosomen (Nondisjunction) während einer mitotischen od. meiotischen Kernteilung entsteht.

Edwárdsia, *f.*, nach George Edwards (1693–1773), engl. Zoologe u. Maler; Gen. der Actiniaria (s. d.). Spec.: *E. longicornis.*

EEE-Virus, der, *n.*, Eastern-Equine-Encephalitis-Virus; Erreger der Pferdeenzephalitis. Vorkommen in Amerika, auch Russland; gelegentlich endemische Übertragung auf den Menschen, bei Kindern häufig tödlich; Verbreitung durch Mücken. Dank wirksamer Impfmaßnahmen bei Pferden für Menschen gegenwärtig ungefährlich.

EEG, s. Elektroenzephalogramm, s. Berger.

Effektor, der, lat. *efféctor* der Hersteller, der Urheber; Erfolgsorgan, z. B. Muskel, Drüse.

effektorische Nerven, *m.*; Nerven, die Erregung zum Erfolgsorgan leiten.

Effemination, die, lat. *fémina, -ae, f.*, das Weib; Verweiblichung, höchster Grad der entgegengesetzten Sexualempfindung (der Mann fühlt sich als Weib).

effeminieren, weibisch werden, verweiblichen, eine feminine Rolle seitens des männlichen Partners einnehmen.

éfferens, -éntis, lat. *efférre* herausführen; abführend, bewirkend.

efferent, efferente Nerven; Nerven, die vom ZNS zur Peripherie ziehen u. gleichsinnig die Erregung leiten.

Efferenz, die; zusammenfassende Bezeichnung für die vom zentralen Nervensystem zur Peripherie verlaufende Erregung.

Egel, s. Hirudinea.

Egestion, die, lat. *egérere* herausleiten, ausscheiden; Entleerung, Beseitigung von Substanzen aus dem Körper über die Egestionsöffnung.

Egestionsöffnung, die, lat. *egéstio, -ónis, f.*, Heraus-, Wegschaffen, Entleerung; Kloakenmündung od. Pyrus branchialis der Ascidien: die Öffnung des Peribranchialraumes, durch die sowohl das verbrauchte Atemwasser als auch die Faeces und die Geschlechtsprodukte ins Freie abgegeben werden.

Ehrenberg, Christian Gottfried, Naturforscher; geb. 19. 4. 1795 Delitzsch, gest. 27. 6. 1876 Berlin; Prof. d. Medizin in Berlin; bedeutende Forschungen über Mikroorganismen (Infusorien). Auf seinen Expeditionen mit Wilhelm Friedrich Hemprich (1796–1825) 1820 an die Küsten des Roten Meeres bzw. mit Alexander v. Humboldt nach Asien entstanden große zoologische Sammlungen.

Ehringsdorf, Ort im Kreis Weimar; Fundort von Menschenresten aus dem Riss-Würm-Interglazial, die dem *Homo sapiens praeneanderthalensis* zugerechnet werden.

Ehrlich, Paul, Arzt u. Biologe, geb. 14. 3. 1854, Strehlen, gest. 20. 8. 1915, Homburg, Schlesien; Begründer der Chemotherapie (s. Antibiotika), Entdecker des Salvarsans, Nobelpreis für Physiologie u. Medizin erhalten.

Ehrlichia, *f.*, benannt nach P. Ehrlich; Gattung der Rickettsiaceae, gramnegative, v. a. intrazellulär in Monozyten u. Granulozyten vorkommende Stäbchen, verursachen bei Hunden, Schafen, Pferden u. Rindern Infektionen, die u. U. auch auf den Menschen übertragen werden können (Ehrlichiosen).

Ei, das, s. ovum, s. alezithal, s. isolezithal, s. oligolezithal, s. telolezithal, s. zentrolezithal.

Eichblatt, das; s. *Gastropacha.*

Eichelbohrer, der; s. *Balaninus.*

Eichelhäher, der; s. *Garrulus.*

Eichenbock, der; s. *Cerambyx.*

Eichenprachtkäfer, der; s. *Coroebus.*

Eichen-Prozessionsspinner, der; s. *Cnethocampa.*

Eichenspinner, der; s. *Lasiocampa.*

Eichenwickler, der; s. *Tortrix.*

Eichhörnchen, das; s. *Sciurus vulgáris.*

Eichhörnchenlaus, die; s. *Enderleinellus,* s. *Neohaematopinus.*

Eichhornfloh, der; s. *Monopsyllus.*

Eidechse, die, mhd. *egedehse, eidehse;* s. *Lacerta.*

Eiderente, die; s. *Somatéria.*

Eierlegende Zahnkarpfen, die; s. *Cyprinodontes.*

Eierschlange, die; s. *Dasypeltis.*

Eierstock, der; s. Ovarium.

Eijkman, Christian, geb. 11. 8. 1858 Nijkerk (Geldern), gest. 5. 11. 1930 Utrecht; Universitätsprofessor, niederländischer Hygieniker u. Gerichtsmediziner, entdeckte das antineuritische Vitamin und beschrieb erstmals die

Geflügel-Beriberi (Polyneuritis); Nobelpreisträger.

Eikultur, die; Züchten von Viren (Rickettsien u. „Großen" Viren) im befruchteten u. künstlich begrüteten Hühnerei.

Eileiter, der; s. Ovidukt, Tuba uterina.

Eiméria, *f.,* benannt nach d. Tübinger Zoologen Theodor Eimer (1843–1898); Gen. der Eimeríidae, Gruppe Coccidia, Apicomplexa, Alveolata. Zur Gatt. E. gehört eine Vielzahl von Arten, die überwiegend im Verdauungstrakt, aber auch in Leber u. Nieren bei wildlebenden u. domestizierten Tierarten (Vertebrata) lokalisiert sind u. ein Krankheitsgeschehen (Kokzidiose) induzieren können. Spec.: *E. piriformis* (Wirt: Hauskaninchen; Lokalisation: Jejunum u. Ileum); *E. bovis* (bei Hausrind, Zebu, Wasserbüffel; Lokalisation: Dickdarm, vorwiegend Cäcum u. Colon).

Eingeweidefisch, der; s. *Carapus* (Syn.: *Fierásfer*).

Einsiedlerkrebs, der; s. *Pagurus.*

Eintagsfliege, (Gemeine), die; s. *Ephémera vulgáta.*

Einthoven, Willem, geb. 21. 5. 1860 Samarang/Niederländisch-Indien, gest. 29. 9. 1927 Leiden; niederländischer Physiologe u. Histologe, Prof. an der Univ. Leiden; beeinflusste die Entwicklung der Elektrokardiographie entscheidend durch Einführung des von ihm konstruierten Seitengalvanometers; erhielt 1924 den Nobelpreis.

Eiröhren, die; s. atroph, s. polytroph, s. telotroph.

Eisbär, der; s. *Ursus (= Thalarctos).*

Eisfuchs, der; s. *Alopex.*

Eisvogel, der; s. *Alcedo.*

Eiweiß, das; Protein, organische Verbindungen, bestehend aus C, O, H, N, S. Ohne Protein ist kein Leben möglich. Die Bausteine aller E.e sind ca. 20 Aminosäuren, die sog. proteinogenen Aminosäuren. Sie sind durch die Peptidbindung –CO–NH– miteinander verknüpft. Die Sterochemie der E.e wird durch die Primär-, Sekundär- u. Tertiärstruktur bestimmt.

ejaculatórius, = *eiaculatórius, -a, -um,* zum Herausschleudern dienend.

Ejakulat, das, lat. *ejaculátio* die Ausstoßung; die ausgespritzte tierische u. menschliche Samenflüssigkeit, der Samenerguss.

Ejakulation, die; das Ausspritzen von tierischem und menschlichem Samen.

ejakulieren, tierischen u. menschlichen Samen ausspritzen.

Ejectisomen, die, Pl., lat. *eiicere* auswerfen, gr. *to sóma* der Körper, „Auswurfkörper" (wörtlich); ausschließlich bei Chryptomonadida (Flagellatengruppe) anzutreffender Extrusomtyp, der in zwei Dimensionen vorkommt: große, rings um die Geißelgrube, kleine an der Zellperipherie; s. Extrusom.

EKG, das; s. Elektrokardiogramm.

Ekman, Sven, geb. 31. 5. 1876 Uppsala, gest. 2. 2. 1964 Uppsala; Zoologe. Arbeitsthemen: Euphyllopoden, Ostracoden, Cladoceren u. Copepoden des Süßwassers; Amphipoda, Isopoda u. Schizopoda; Cordylophora in Schweden, Holothurien aus Australien; Geographie u. Ökologie der Land- u. Süßwasservertebraten u. der Süßwasserentomostraken Skandinaviens, der Alpen u. der Arktis; Reliktfragen; Artbildung; Limnologie, Methodik der Tiefseeforschung.

Ekphorie, die, gr. *ek-* aus, *he phorá* das Tragen; nach Semon der Erinnerungsvorgang.

Ekto-, gr. *ektos* außen; in Zsg.

Ektoblast, der, gr. *ektós* außen, *ho blástos* der Keim; syn. v. Ektoderm.

Ektoderm, das, gr. *to dérma* die Haut; äußeres Keimblatt, das äußere der beiden primären Keimblätter der vielzelligen Tiere. Der Begriff wurde erstmals 1853 von Allman für die äußere Zellschicht der Hohltiere (Coelenteraten) gebraucht.

Ektohormone, die, Syn. für Pheromone, s. d.

Ektomie, die, gr. *he tomé* der Schnitt; das Herausschneiden eines Organs od. Organteiles.

ektomieren, (operativ) herausschneiden.

Ektoparasit, der, gr. *ho parásitos* der Mitesser, der Schmarotzer; Parasit, der an der Körperoberfläche eines Organismus schmarotzt, z. B. Flöhe, Läuse.

ektophytisch, gr. *he phyé* der Wuchs, die Gestalt; nach außen wachsend, herauswachsend.

Ektopie, die, gr. *ek-* heraus, *ho tópos* der Ort; die Ortsveränderung, meist angeborene Verlagerung eines Organs.

Ektoplásma, das, gr. *to plásma* das Geformte, der Schleim; das Außenplasma der Zelle, die Außenschicht des Zellprotoplasmas.

Ektoskelett, das, gr. *ho skeletós* das Gerippe; das Außenskelett vieler Wirbelloser. Syn.: Exoskelett.

ektotherm, gr. *thermos* warm; Körpertemperatur wird durch äußere Wärmezufuhr oder -abfuhr eingestellt; Ggs:. endotherm

Ektromelie, die, gr. *ektrépein* nach außen kehren, *to mélos* das Glied; Verstümmelung von Gliedmaßen, Missbildung.

Eland, s. *Taurotragus.*

Elánus, *m.,* von gr. *elắn* ziehen; Gen. der Accipitridae, Greifvögel. Spec.: *E. caeruleus,* Gleitaar.

Elaphe, *f.,* gr. *he* (und auch *ho*) *élaphos* der Hirsch, die Hirschkuh; Gen. d. Colubridae (Nattern), Serpentes, Ophidia (Schlangen). Spec.: *E. guttata,* Kornnatter (hat auf goldorangem Grund rotbraune, schwarz gerandete Flecken); *E. longissima,* Äskulapnatter(-schlange).

Elaphodus, *m.,* gr.; Gen. der Cervidae, Hirsche, Ruminantia, Artiodactyla. Spec.: *E. cephalophus,* Schopfhirsch.

Elaphúrus, *m.,* gr. *he urá* der Schwanz (verwandt mit *ho órros* der Steiß); Gen. der Cervidae, Hirsche, Pecora, Ruminantia, Artiodactyla, Paarhuftiere. Spec.: *E. davidianus,* Davidshirsch od. Milu.

elaphus, -a, -um, gr. *he (ho) élaphos* der Hirsch; s. *Cervus.*

Elasmobránchia, die, gr. *ho elasmós* u. *to élasma* die Platte, *ta bránchia* die Kiemen; „Plattenkiemer", Gruppe der Chondrichthyes (= Knorpelfische), Gnathostomata. Ordnungen: Selachiformes u. Batoidei (= Rajiformes). Typische Merkmale sind: das durch Verkalkung verstärkte Knorpelskelett, Placoidschuppen, 5 bis 7 Kiemenöffnungen frei jeweils an den Kopfseiten u. ohne Kiemendeckel, plattenförmig verbreiterte Kiemenbögen (Name!), keine Schwimmblase, paarige u. nicht mit Schlundraum verbundene Nasenlöcher; Haie mit unterem Augenlid, Rochen ohne; Kloake gemeinsam für Verdauungsend- u. Geschlechtsprodukte; Begattungsorgan des ♂ aus Bauchflossenstacheln; Darm mit Spiralklappe; große Eier mit hornartiger Hülle oder lebendgebärend. Syn.: Selachii. – Manche Autoren fassen die Selachoidea (Pleurotremata) u. Batoidea (= Hypotremata) auch unter den E. als Selachiformes zusammen (z. B. Dathe 1975).

Elastase, die; ein in Pankreas- u. Dünndarmsaft vorkommendes Enzym, welches das als Elastin bezeichnete Eiweiß der elastischen Bindegewebselemente abbaut.

elásticus, -a, -um, gr. *elassūn* kleiner machen; elastisch, biegsam, dehnbar.

Elastin, das, *n.*; wasserunlösliches, alkalistabiles Strukturprotein der Extrazellularmatrix des elastischen Bindegewebes. Besteht v. a. aus Glycin, Alanin, Prolin u. Valin; wesentlicher Bestandteil von Sehnen u. Arterien.

elastischer Knorpel, der; Knorpelart mit zahlreichen elastischen Fasern (Beispiele: Kehldeckel, äußeres Ohr).

Elater, *m.,* gr. *ho elatér* der Treiber von *elaúnein* treiben, schnellen, daher: Schnellkäfer; Gen. der Elateridae (Schnellkäfer). Spec.: *E. sanguíneus,* Blutroter Schnellkäfer.

Elch, mhd. *eleh, elhe* Elentier; s. *Alces.*

electricus, (s. u.), neulat.; Spec.: *Malapterus electricus,* Zitterwels.

Electrophorus, *m.,* neulat. *electricus* elektrisch, gr. *phorēin* tragen, „Stromträger"; Gen. der Electrophóridae, Zitteraale, Ordo Cypriniformes, Karpfenfische. Spec.: *E. electricus,* Zitteraal, besitzt elektrisches Organ zum Lähmen und Töten der Beute; 20–30 Stromstöße/s mit max. 800 Volt, durchschnittlich 350 Volt.

Elefant, mhd. *élefant, hélfant, ëlfentier;* s. *Elephas, Loxodonta.*

Elefantenfisch, der; s. *Gnathonemus petersi.*

Elefantenrobbe, die; s. *Mirounga.*

Elefantenschildkröte, die; s. *Testudo elephantopus.*

Elefantenspitzmaus, die; s. *Macroscélides.*

Elefantenzähnchen, das; s. *Dentalium.*

élegans, lat., zierlich; s. *Clathrulina.*

elektiv, lat. *eléctus* ausgelesen, ausgewählt; auswählend.

Elektroenzephalogramm, das, Abk.: EEG, gr. *ho enképhalos* das Gehirn, *to grámma* der Buchstabe, die Schrift, Zeichnung; Aufzeichnung der Aktionsstromtätigkeit des Gehirns. Entdecker der elektr. Hirnwellen bzw. des EEG ist der Neurologe u. Psychiater Hans Berger (1873–1941), Jena.

Elektrokardiogramm, das, Abk.: EKG, gr. *to élektron* der Bernstein (Bernstein-Reibgs.-Elektr.), s. *cárdia, to grámma,* s. o.; die graphische Darstellung der Aktionsströme des Herzens.

Elektrokauter, der, gr. *to kautérion* das Brenneisen; in der Chirurgie u. experimentellen Biologie verwendeter elektrischer (Schneid-)Brenner.

Elektrolyte, die, *m.,* Pl., gr. *elektron* Bernstein, *lyo* lösen, *lysis* Lösung; Säuren, Basen, Salze, die in wässriger Lösung in Ionen (gelade Teilchen) zerfallen.

Elektronentransport, der; Elektronenübertragung von einer organischen Verbindung auf eine andere. So erfolgt z. B. der E. bei der Zellatmung mit Hilfe eines aus verschiedenen Redoxsystemen zusammengesetzten Übertragungsmechanismus, den man als Atmungskette bezeichnet; s. Cytochromsystem.

Elektrophorése, die, gr. *phorēin* tragen; Verfahren zur Trennung von Substanzgemischen im elektrischen Gleichstromfeld mit od. ohne Trägermaterialien unter Verwendung geeigneter Pufferlösungen.

Elektroretinogramm, das, Abk. ERG, lat. *retina, -ae, f.,* die Netzhaut des Auges, gr. *to grámma, -matos* der Buchstabe, die Aufzeichnung, Schrift; die Ableitung und Registrierung der Summenpotentiale von Sinnes- u. Nervenzellen des Auges von Invertebraten u. Vertebraten bei Belichtung (sog. Belichtungspotentiale).

Elektrotomie, die, gr. *he tomé* das Schneiden, der Schnitt; z. B. das Herausschneiden von Gewebe bzw. Gewebswucherungen mit einer elektrisch geheizten Drahtschlinge.
elementar, lat. *elementárius* zu den Anfangsgründen gehörig; grundlegend naturhaft.
Elementarteilchen, die; kleinste, nachweisbare Einheiten, aus denen die Materie aufgebaut wird.
Elephantiasis, die, gr. *ho eléphas* der Elefant; unförmige Anschwellung einzelner Körperteile (bes. Extremitäten u. Genitalien) als Spätfolge eines Befalls von *Wucheria bancrofti* (Filarioidea, Nematoda). Es kommt beim Menschen zur Lymphstauung mit Bindegewebsvermehrung u. Verdickung der Haut. Die Übertragung erfolgt durch Stechmücken.
elephantínus, -a, -um, elephantenartig; s. *Dentálium.*
elephántopus, gr. *ho eléphas* der Elefant, *ho pus* der Fuß; elefantenfüßig. Spec.: *Testudo elephantopus* Elefanten-Schildkröte.
elephantus, -i, *m., f.,* lat., Elefant, auch Elfenbein.
Elephas, *m.*; Gen. der Elephántidae (Elefanten), Proboscidea, Rüsseltiere. Spec.: *E. maximus (= indicus),* Asiatischer (Indischer) Elefant (mit kleinen, viereckigen Ohrmuscheln im Gegensatz zu *Loxodonta*).
Eleutherozoa, *n.,* Pl., gr. *he eleuthería* die Freiheit, Ungebundenheit, *ta zóa* die Tiere; Gruppe der Echinodermata, die gegenüber den Pelmatozoa (s. d.) freilebend (nicht sessil) sind sowie Mund u. After auf entgegengesetzten Seiten haben. Die E. sind auf die primitiveren, älteren Pelmatozoa zurückzuführen, wofür als Beweis in der Entwicklung von Asteríidae ein zeitweiliger Stielfortsatz gilt. Einteilung der E. in: Asteroidea (Seesterne); Ophiuroídea (Schlangensterne); Echinoidea (Seeigel); Holothuroidea (Seegurken). Alle Klassen sind heute noch in großer Artenzahl vorhanden; fossil seit Kambrium (Asteroidea, Holothuroidea) bekannt.
Elfenblauvogel, der; s. *Irena puella.*
elínguis, lat., ohne *(e-)* Zunge *(língua);* zungenlos.
ellípticus, -a, -um, gr. *he élleipsis* der Mangel (unvollkommener Kreis); elliptisch, unvollständig.
elongátus, -a, -um, lat. (*longus* lang; *elongáre* strecken), verlängert, gestreckt; s. *Chalcinus.*
Elops, *m.,* gr. *ho élops* der Fisch (nach Leunis), ursprünglich zwei etymol. Bezugsvarianten möglich: a) gr. *ho helíkops* das lebhafte Auge, b) gr. *to ópson* das, was zum Brot gegessen wird, vor allem Fisch, Fleisch u. a. (od. *hépsēin* kochen); Gen. der Elópidae (Megalopidae), Tarpune. Spec.: *E. saū́rus* (gr. *ho saúros* die Eidechse, aber auch Name eines Fisches).
Elritze, die; s. *Phoxinus.*
Elster, die; mhd. *atzel, agelster, alster.* Spec.: *Pica pica.*
Elýtren, das, gr. *to élytron* die Hülle, Decke; 1. schuppenförmige Zirren polychaeter Meereswürmer; 2. feste Deckflügel (Vorderflügel) vieler Insekten, z. B. der Käfer.
Emaskulation, die, lat. *e-* weg, ab-, *masculínus* männlich; die Entmannung, Kastrierung.
Embden, Gustav (Georg), physiologischer Chemiker; geb. 10. 11. 1874 Hamburg, gest. 25. 7. 1933 Nassau/ Lahn; Prof. der Physiologie in Frankfurt/M.; E. hat großen Anteil an der Entwicklung der Physiol. Chemie. Er untersuchte Stoffwechselfunktionen der isolierten überlebenden Leber, entdeckte u. verfolgte die Bildung von Kohlehydraten u. Acetonkörpern sowie den Abbau von Kohlehydraten u. Aminosäuren; Embden-Meyerhof-Abbauweg. Den Kohlehydratstoffwechsel untersuchte E. an der Muskulatur.
Embia, *f.,* gr.; Gen. der Embióptera (s. d.). Spec.: *E. mauretanica,* Mauretanische Embie.
Embióptera, *n.,* Pl., gr. *émbios* lebendig, *to pterón* der Flügel; Embien od. Fußspinner, artenarme Gruppe der Insecta; landlebend (unter Steinen, in Erdgängen), Spinnvermögen, ♀ flügellos, Vorkommen in mediterranen Gebieten; foss. ab Ob. Perm (?) bekannt.
Embolie, die, gr. *ho émbolos* der Keil, der Pfropf, von *embállein* eindringen; die Einengung od. Verstopfung eines Blutgefäßes durch einen Thrombus od. eine körperfremde Substanz.
emboliformis, -is, -e, pfropfenförmig.
émbryo, -ónis, *m.,* gr. *to émbryon* die ungeborene Leibesfrucht; der Embryo, im allgemeinen die Leibesfrucht innerhalb der Eihüllen; beim Menschen die Frucht während der Zeit (3 Monate bzw. bis zum 60. Tag) der Organentwicklung; s. Embryogenese.
Embryoblast, der, gr. *ho blástos* der Keim; den Embryo bildende Zellen der Blastozyste.
Embryogenese, die, gr. *he génesis* die Entstehung, Entwicklung; „Keimesentwicklung"; Phase der Kyematogenese, s. d.; während der E. erfolgt in der intrauterinen Entwicklung der Säugetiere die Organbildung. Die E. ist weder zur Blastogenese (Phase der primären Organogenese) noch zur Fetogenese hin scharf abgegrenzt.
Embryologie, die, gr. *ho lógos* die Lehre; die Lehre von der Entwicklung der Embryonen.

Embryom, das; eine Geschwulst aus embryonalem Gewebe.
embryonális, -is, -e, zum Embryo gehörig.
Embryonalknoten, od. Embryoblast, der; Blastulaanteil, aus dem sich der Embryo entwickelt.
Embryopathia, die; Embryopathie, gr. *he páthe* Leiden; Krankheit des 3. Schwangerschaftsmonats.
Embryo-Transfer, der, lat. *transferre* übertragen; beim Menschen gelang erstmals ein Embryo-Transfer 1977/78 P. Steptoe/Gynäkologe u. R. Edwards/Physiologe. Voraus ging eine homologe extrauterine Insemination, d. h. dem hormonell angeregten Ovar wird laparoskopisch eine reife Eizelle entnommen u. befruchtet. Die Zygote (= „Retortenbaby") wird im 16–32-Zellenstadium in den hormonell stimulierten Uterus für die Nidation (Einnistung) implantiert. Synchronisation u. Kapazitation sind dabei Probleme.
Embryotróphe, die, gr. *tréphein* speisen, *he trophé* die Nahrung, Ernährung; embryonale Nährflüssigkeit.
Emendation, die, lat. emendátio fehlerfreie Änderung, Verbesserung, *emendátus* fehlerfrei, korrekt, tadellos; im nomenklatorischen Sinne jede nachweislich beabsichtigte Änderung der Schreibweise eines zoologischen Namens; ein Name, dessen Schreibweise geändert wurde.
Emigration, die, lat., das Ab- od. Auswandern (Ausscheiden) von Individuen aus einer gegebenen Population; vgl. Migration, Immigration.
eminéntia, -a, *f.*, lat. *emínére* hervorragen; die Erhöhung.
Emission, die; lat. *emíttere, emitto, emisi, emissus* herausgehen, – schicken, entsenden, ausstoßen, freilassen; umwelttoxikologische Bezeichnung für Entstehung u. Abgabe von giftig wirkenden Substanzen in den Sphären der Produktion (z. B. Industrie, Gewerbe), des Verkehrswesens (z. B. Autostraßen, Eisenbahn). Danach sind Emissionen in der Regel den Boden bzw. die Atmosphäre verunreinigende Stoffe, die beim Verlassen einer Anlage oder Einrichtung bzw. eines Verkehrsmittels in die Umwelt gelangen; vgl.: Kulturlandschaft, Immissionsschaden.
Emmerich, Hans, geb. 13. 7. 1938 in Chemnitz, gest. 23. 10. 1987; 1956/57 Beginn des Studiums der Biologie an der Humboldt-Univ. Berlin, Wechsel zur FU Berlin, 1963 Promotion zum Dr. rer. nat., 1967 Assistent von F. Huber am Zool. Institut der Kölner Univ., 1970 Habilitation u. apl. Prof., 1973 wiss. Rat u. Prof., 1973 o. Prof. an der TH Darmstadt. Arbeitsthemen u. a.: Natur, Funktion u. Wirkungsmechanismus der Insektenhormone; biologische Effekte von Farnesylmethyläther u. Stoffw. des Farnesols, Bindung von Ecdyson in Kernen u. an Kernproteinen, Transport von Ecdysteroiden u. Juvenilhormon, hormonale Regulation der Vitellogeninsynthese, Synthese von hochaktivem ^{3}H-Ecdyson u. ^{3}H-Ponasteron A.
Emotion, die, lat. *movére* bewegen, antreiben; Gemütsbewegung, Gefühl.
emotional, auf das Gefühl bezogen, gefühlsmäßig.
Empfängnishügel, der; die zapfenförmige Vorwölbung des Eiplasmas, über die der Spermienkopf ins Plasma eindringt.
Emphysem, das, gr. *emphýein* einblasen, aufblähen; Ansammlung von Gasen od. Luft in Geweben, z. B. in Lunge u. Haut.
empiricórum, nach *Sextus Empiricus* (Ende 2. Jh. u. Z.); empiricus = Erfahrungsgelehrter u. Naturarzt (Genit. Pl.); der schleimige Absud v. *Arion empiricorum* wurde als Heilmittel gegen Keuchhusten gebraucht; s. *Arion.*
Empis, *f.*, gr. *he empís, -ídos* Stechmücke, Schnake; Genus der Empididae, Diptera. Spec.: *Empis tessallata.*
Empódium, das, gr. *empódios* vor- od. zunächstliegend, hinderlich; bei Insekten der unpaarige lappen- od. borstenförmige Anhang des letzten Tarsengliedes; vgl. Tarsus.
Emu, s. *Dromaeus.*
Emulgation, die; z. B. Ummantelung von winzigen Fetttröpfchen durch Gallensäuren im Dünndarm, um ihr Zusammenfließen zu verhindern.
Emulsion, die, lat. *emulgére* ausmelken; feinste Verteilung einer Flüssigkeit in einer anderen, mit der sie nicht mischbar ist bzw. in der sie nicht löslich ist, z. B. Öl in Wasser, Milch.
Emydúra, *f.*, gr. *he emýs* die Schildkröte; Gen. der Chélidae, Schlangenhalsschildkröten. Spec.: *E. macquarrii,* Australische Schlangenhalsschildkröte; *E. novaeguineae,* Spitzkopf (Rückenflecken-)Schildkröte.
Emys, *f.*, gr. *he emýs,* s. o.; Gen. der Emýdidae, Sumpfschildkröten, Testudines. Spec.: *E. orbicularis,* Sumpfschildkröte.
Enamelum, das, *n.*, engl. *enamel* Email(le), emaillieren, glasieren; Zahnschmelz (Substantia adamantina), der emailleartige Überzug der Zahnkrone bei Vertebraten, bestehend im wesentlichen aus phosphorsaurem Kalk in Gestalt von Hydroxylapatit. Die S. adamantina wird von den ektodermalen Adamantoblasten (od. Aneloblasten) gebildet.
encephálicus, -a, -um, zum Gehirn gehörig.

encéphalon, *n.*, gr. *en-* innen, *he kephalé* der Kopf; das Gehirn.
enchondrál, gr. *ho chóndros* der Knorpel; innerhalb der Knorpelsubstanz.
Enchytraeus, *m.*, gr. *he chýtra* der Krug, Topf; Gen. der Enchytraeidae, Fam. der Oligochaeta; Bezug des Namens auf das Vorkommen in Blumenerde, -töpfchen (aber auch am Meeresstrand im Strandanwurf od. unter Steinen bzw. im Grundschlamm von Süßgewässern). Spec.: *E. albidus.*
encrasicholus, vom gr. *ho, he enkrasícholos* = Name der echten Sardelle (wie auch *he éngraulis*); wörtlich: mit Galle vermischt; gebildet aus: *en-* in, *he krásis* die Mischung, *ho chólos* die Galle, bittere Nahrung; s. *Engraulis.*
Encrinaster, *m.*, gr. *en-* innen, *to krínon* die Lilie, *ho astér* der Stern; Gen. des Ordo Ophiurida; fossil im Oberen Ordovizium bis Unterkarbon. Spec.: *E. roemeri* (Unterdevon).
Encrinus, *m.*, s. *Encrinaster;* Gen. Encrinidae, Subcl. Articulata, Cl. Crinoidea, s. d.; fossil in der Trias. Spec.: *E. liliiformis.*
Encystierung, die, gr. *he kýstis* die Blase, der Beutel; die Einkapselung; s. Cysten.
Endemie, die, gr. *ho démos* das Gebiet, Volk; Auftreten einer Krankheit in einem örtlich begrenzten Gebiet über Jahre hinweg (z. B. Malaria).
Endemismus, der, s. Endemie; Beschränkung von pflanzlichen u. tierischen Sippen auf ein natürlich abgegrenztes Gebiet; das natürliche Vorkommen („die Heimat") von Tieren.
endergonische Reaktionen, die; energieverbrauchende Vorgänge.
Enderlein, Günther, geb. 7. 8. 1872 Leipzig, gest. 11. 8. 1968 Wentorf b. Hamburg; Prof. u. Kustos am Zool. Museum der Univ. Berlin; Arbeitsthemen: Vergleichende Anatomie u. Morphologie d. Insekten; blutsaugende Insekten; Dipteren; Copeognathen.
Enderleinéllus, *m.*, latin. Personenname Enderlein durch das Dim.-Suffix *-ellus;* Gen. der Haematopínidae, Ordo Anoplura. Läuse an verschiedenen Säugetieren. Spec.: *E. nítzschi,* Rundköpfige Eichhörnchenlaus.
Endite, die, gr. *éndon* innen; seitliche Duplikaturen an der Innenseite des Protopoditen bei Krebsen.
Endo-, gr. *endon* innen; in Zsg.
endocárdium, -ii, *n.*, gr. *he kardia* das Herz; Endokard. Bindegewebsschicht, die dem Herzmuskel an der Innenseite unmittelbar anliegt.
Endoceras, *n.*, gr. *to kéras* das Horn; Gen. der Nautiloidea, s. d.; fossil im Ordovizium; Gehäuse erreichte mehrere Meter Länge. Spec.: *E. longissimum.*
Endocoel, das, gr. *to kō̃ilon* die Höhlung; die Keimblasenhöhle.
Endocytose, die, gr. *to kýtos* die Zelle, das Gefäß; Transport von festen (Phagozytose) od. gelösten (Pinozytose) Stoffen in die Zelle.
Endodendrobios, *m.*, gr. im *(endo-)* Baum *(déndron)* lebende Tiere, Baumrindenbewohner; vgl. Meso- u. Epidendrobios.
Endoderm, das, gr. *to dérma* die Haut; das innere Keimblatt.
endogen, gr. *he génesis* die Erzeugung, Entstehung; im Innern entstehend bzw. befindlich, von innen verursacht.
Endokard, das; s. *endocárdium.*
endokrín, gr. *krínē̃in* absondern; nach innen absondernd, mit innerer Sekretion; endokrine Drüse: Drüse mit innerer Sekretion.
endokrine Drüse, die, gr. *krino* trenne, sondere ab; Drüsen mit innerer Sekretion, Hormondrüsen. Die hormonsezernierenden e. D. u. die molekularen Rezeptoren auf oder in den Zielzellen, die auf Hormone reagieren, bewirken in Zusammenarbeit mit dem Nervensystem die interne Regulation u. Aufrechterhaltung der Homöostase.
Endokrinologie, die; gr. *ho lógos* die Lehre; die Lehre v. der inneren Sekretion.
endolympháceus, -a, -um, endolympháticus, -a, -um, zur Endolymphe gehörig.
Endolymphe, die, s. *lýmpha;* die Innenlymphe des Gleichgewichtsorganes der Wirbeltiere.
Endolysine, die, gr. *he lýsis* die Lösung, Auflösung; Lysine, die im Inneren von Zellen vorkommen, es handelt sich meist um Bakteriolysine.
endométrium, -ii, *n.*, gr. *éndon* innen, *he métra* die Gebärmutter; die Schleimhaut des Gebärmutterkörpers.
Endomitose, die, gr. *ho mítos* der Faden; Endoreduplikation der Eukaryotenchromosomen bei intakter Kernmembran.
Endomixis, die, gr. *he míxis* die Vermischung; Verschmelzen zweier Abkömmlinge der dritten postmeiotischen Mikronukleusteilungen (z. B. *Paramecium aurelia*).
Endoneúrium, das, gr. *to neúron* die Sehne, der Nerv; das innere Bindegewebe eines Nerven.
Endoparasiten, die, gr. *ho parásitos* der Mitesser; Schmarotzer, die im Inneren anderer Organismen leben; z. B. Eingeweidewürmer.
Endopeptidasen, die; Syn.: Proteinasen; zu den Proteasen gehörende proteolytische Enzyme, die die Proteine in der Mitte der Kette an bestimmten Stellen spalten (z. B. Pepsin, Kathepsin, Trypsin, Chymotrypsin, Labferment).
endophytophag, gr. *to phytón* die Pflanze, *phagē̃in* fressen; in Pflanzen fressend od.

Fraßgänge bildend (z. B. Gallenerzeuger usw.).
Endoplásma, das, gr. *to plásma* der Saft, Schleim; das Innenplasma einer Zelle, umgeben von Ektoplasma.
endoplasmatisches Retikulum, *n.,* Abk.: ER, s. *reticulum;* Membransystem von Bläschen, Kanälchen u. flachen Säckchen, das den größten Teil des Zytoplasmas durchzieht. Es wird das granuläre od. rauhwandige ER (Ribosomen od. Polysomen angelagert) vom glattwandigen ER unterschieden. Das granuläre ER ist umfassend an der Proteinsynthese beteiligt; Syn.: Ergastoplasma.
Endopodit, der, gr. *ho pus, podós* der Fuß; der Innenast des Spaltbeines bei Krebsen, der vom Stamm (Protopodit) getragen wird.
Endopterygota, die, *f.,* gr. *he ptéryx, -ygos* der Flügel; primär geflügelte Insekten mit vollkommener Verwandlung, deren larvale Flügelanlagen nach innen eingestülpt sind.
Endorháchis, die, gr. *he rháchis* das Rückgrat; das äußere Blatt der Dura mater spinalis.
Endorphine, die, Pl., s. Morphine; körpereigene, schmerzblockierende Substanzen, die in bestimmten Neuronen nachgewiesen werden können. Das Enkephalin war das zuerst entdeckte E. (J. Jughes et al., 1975). Es handelt sich um endogene Morphine, Peptide mit starker morphinähnlicher Wirkung. Sie entstehen aus Proopiomelanocortin, Proenkephalin (Enkephaline) u. Prodynorphin (Dynorphine). Sie regulieren vegetative Funktionen durch Aktivierung endophinerger Neurone. Sie wirken als Neurotransmitter, Hormone bzw. Neuromodulatoren u. sind beteiligt an der Verarbeitung von Schmerzreizen, an der Regulation der Körpertemperatur u. Darmmotorik, an der hypophysären Inkretion, Steuerung von Antrieb u. Verhalten.
Endoskelett, das, gr. *skeleton* Gerippe; Innenskelett vor allem bei Chordaten, aber auch bei einigen Protisten; meistens spezialisierte Gewebe (Knorpel, Knochen) od. extrazelluläre Hartsubstanz- (z. B. Kalk-)platten; aber auch Flüssigkeitssäulen (Hydroskelett); Ggs.: Exoskelett.
Endostyl, der, gr. *ho stýlos* die Säule, der Pfeiler, Griffel; die Hypobranchialrinne, ventrale Flimmerrinne im Kiemendarm der Tunicaten, des *Branchiostoma* u. der Cyclostomenlarven. Stammesgeschichtlich wird von ihr die Schilddrüse (Thyreoidea) der Vertebraten abgeleitet.
Endosymbiose, die, gr. *sym (= syn)* zusammen mit, *ho bíos* das Leben; lebensnotwendige Form des ständigen Zusammenlebens verschiedener Organismen, z. B. Bakterien und Ciliaten im Vormagen der Wiederkäuer.
endothélium, -ii, *n.,* gr. *he thelé* die Brustwarze; die zellige Auskleidung der Gefäße (Endothel).
endotherm, gr. *to thermón* die Wärme; Wärme bindend, aufnehmend, verbrauchend; eigenwarm, warmblütig (Wirbeltiere); vgl. exotherm.
endothorácicus, -a, -um, gr. *ho thórax* die Brust; die Brusthöhle auskleidend.
endozoisch, gr. *to zóon* das Tier; Bezeichnung für das Leben u. die Ernährungsweise der Endoparasiten.
Endrosa, *f.,* gr. *éndrosos, -on* betaut, feucht; die Falter fliegen meist in der Dämmerung; Gen. der Endrosidae (Flechtenbären), Ordo Lepidoptera. Spec.: *E. aurita.*
Energide, die; der Furchungskern mit dem ihn umgebenden Plasmahof, der von den anderen nicht durch Zellwände getrennt ist, kommt bei der superfiziellen Furchung vor.
Energie, die, gr. *he enérgeia* die Tätigkeit, Wirksamkeit; Fähigkeit, Arbeit zu leisten.
Energie, thermische, die; Wärmebildung des tierischen Organismus; ist umsetzbare Energie minus Nettoenergie (unter den Bedingungen der Produktion identisch mit „Nur-Wärme").
Energie, umsetzbare, die; von Tieren maximal physiologisch nutzbare Energie; = Bruttoenergie minus Kot-Energie, Harn-Energie sowie Energie der Gärungsgase. Von verschiedenen Forschern wird die umsetzbare Energie auf N-Gleichgewicht korrigiert.
Energie, verdauliche, die; Energie der verdaulichen organischen Substanz = Bruttoenergie der Einnahmen minus Energie des Kotes.
Energiegleichgewicht, das; die Differenz zwischen den energetischen Einnahmen u. sämtlichen energetischen Ausgaben (Kot, Harn, Wärme, Gase, Milch, Eier, Wolle) ist gleich Null.
Energietransport, der; Energieübertragung, mit Hilfe von Verbindungen, die einen hohen Energiegehalt besitzen (sogenannte energiereiche Verbindungen). Bei der Hydrolyse solcher Verbindungen kann die Energie frei od. auf andere Substanzen übertragen werden. Viele Phosphatester organischer Verbindungen (z. B. ATP = Adenosintriphosphat) sind energiereiche Verbindungen u. zum E. befähigt.
Energieumsatz, der; Umwandlung der Energie im Organismus.
Enervation, die, lat. *e-* weg-, ab-; operative Entfernung der od. des Nerven.
enervieren, entnerven, Nerv(en) entfernen.

Engastrius, der, gr. *en-* innen, *he gastér* der Magen, Bauch; eine Doppelmissgeburt, d. h., eine verkümmerte Frucht liegt in der Bauchhöhle der anderen.

Engelhai, *Squatina squatina,* s. Squatinidae.

Engerlinge, die; Larven der Blatthornkäfer, z. B. die Larve des Maikäfers.

Engramm, das, gr. *en-* hinein, *to grámma* das Schriftzeichen, das „Eingravierte"; das dem Gedächtnis „Eingeschriebene", die bleibende Spur geistiger Eindrücke, Gedächtnisinhalte.

Engraulis, *m.,* gr. *éngraulis (éggraylis)* Name der echten Sardelle; Gen. der Engraulidae, Sardellen, Ordo Clupeiformes, Heringsfische. Spec.: *E. encrasicholus,* Sardelle (s. Anchovis).

Enkápsis, die, gr. *enkáptein* einfangen, -schachteln, aufnehmen; die Einschachtelung, das geordnete Aufnehmen (in ein System).

enkaptische Hierarchie, die; allgemeines Strukturprinzip der Materie, wonach Systeme niederer Ordnung in Systemen höherer Ordnung enthalten sind.

Enkranius, der, gr. *en-* innen, *to kraníon* der Schädel; eine Doppelmissbildung, d. h. der parasitierende Fetus liegt in der Schädelhöhle des anderen.

Enneóctonus, Syn. v. *Lanius;* gr. *ennéa* neun u. *ktēínēin* töten, also: Neuntöter.

Enopla, *n.,* Pl., gr. *énoplos* bewaffnet, von *(h)ópla* Waffen; Suclassis des Phylum Nemertini: Merkmale der E. (u. a.): Rüssel mit Stilettapparat, Mund hinter Gehirn; vgl. Anopla. – Ordines: Hoplonermertini, Bdellomorpha (Bdellonemertea).

Ensífera, *n.,* Pl., lat. schwerttragend; Laubheuschrecken und Grillen, Langfühlerschrecken, Gruppe d. Saltatória.

ensifórmis, -is, -e, lat. *ensis, m.,* das Schwert; schwertförmig.

ensis, -is, *m.,* lat., das Schwert, *ensifer* schwerttragend. Spec.: *Docimastes ensifer,* Schwertschnabel-Kolibri.

entális, -is, -e, franz. *l'entale* der Hunds- od. Wolfszahn; s. *Dentálium.*

Entamoeba, *f.,* gr. *entós* innen u. *amoibós* wechselnd; der Gattungsname bezieht sich auf die „wechselnde" Gestaltung von „innen" her; Fortbewegung durch ausstülpbare Pseudopodien; Gen. der Entamoebidae, Amoebina (s. d.), Rhizopoda. Wirte sind Nager, Hunde, Pferde, Schweine, Ziegen, Rinder, auch der Mensch. Spec.: *E. gingivalis,* lebt im Belag der Zähne bei den meisten Menschen; *E. coli,* im (Dick-)Darm des Menschen, auch der Menschenaffen; *E. histolytica* (Syn.: *E. dysenteriae*) im Darm des Menschen, harmlos als Minuta-Form u. pathogen als Magna-Form, s. d.

Ente, die; *mhd. ant*$_m$ der Enterich, die Ente; s. *Anas.*

entellus, *m.,* latin. von *Entelle,* dem franz. Namen für *Semnopíthecus entéllus,* der den einheimischen (Trivial-) Namen *Hulman* u. *Hanuman* hat, ein Schlankaffe; V.-Indien, Sri Lanka; gilt vielen Indern als heilig.

Entelminthen, die, Pl., gr. *entos* innen, *helmis, helminthos* der Wurm; Helminthen, Eingeweidewürmer.

Entenmuschel, die; s. *Lepas.*

Entenwal, der; s. *Hyperoodon.*

enteral, gr. *to énteron* der Darm, das Eingeweide; auf den Darm bezüglich, über den Verdauungstraktus in den Körper gelangend.

Enteramin, das; s. 5-Hydroxytryptamin.

entéricus, -a, -um, gr. *ta éntera* die Eingeweide; zu den Eingeweiden gehörig.

Enteróbius *(= Oxyúris) vermiculáris,* gr. *to énteron* der Darm, das Eingeweide, *ho bíos* das Leben; *oxýs* spitz, *he urá* Schwanz; Maden- od. Springwurm, Fam. der Oxyúridae, Oxyuroidea, Nemathelminthes; sehr verbreiteter, meist harmloser, aber lästiger Parasit des Menschen, lebt im Dick-, Blinddarm bzw. Wurmfortsatz; die je etwa 1300 Eier enthaltenden Weibchen gelangen mit dem Kot nach außen od. kriechen bei Bettwärme aus dem After, legen in dessen Nähe, von der Außenluft gereizt, ihre Eier ab, worauf sie absterben; durch Jucken geraten die Eier unter die Fingernägel, durch Zugluft usf. auf Speisen, mit diesen in den Magen, wo die Eihülle aufgelöst wird; die Würmer leben 2–3 Wochen im Dünndarm. Bekämpfung: primär durch Hygiene (Waschen von Obst, intensive Fingernagelreinigung). Spec.: *O. equi,* Wirte: Equiden, Kosmopolit.

Enterocöl, das, gr. *to énteron* der Darm, eigtl. das Innere, *he koilía* die Höhlung; das Cölom (sek. Leibeshöhle), soweit es vom Urdarm durch Abfaltung (Divertikelbildung) entsteht (z. B. bei den Deuterostomiern: Branchiotremata, Echinodermata, Tunicata, Chaetognatha).

Enterogastron, das, gr. *he gastér, gastrós* der Magen; Wirkstoff der Duodenalschleimhaut, Antagonist des Gastrins; E. hemmt die Motilität u. die Säureproduktion des Magens.

enterogen, im Darm entstanden.

Enterohormone, die, Pl., *n.*; gastrointestinale Hormone, die an der Verdauung beteiligt sind (z. B. Gastrin, Cholezystokinin, Secretin, Serotonin u. a.).

Enterokinase, die, gr. *kinēín* bewegen; Peptidase der Dünndarmschleimhaut, die z. B. das inaktive Proenzym Trypsinogen in das aktive Enzym Trypsin überführt.

Enterokrinin, das, gr. *krínein* (ab)-scheiden, absondern; ein in der Schleimhaut des Jejúnum u. Ileum gebildeter Wirkstoff, der zur Vermehrung der Menge u. des Enzymgehaltes des Darmsaftes beiträgt.

Enteron, das, gr. *to énteron* der Darm; der Urdarm o. Primärdarm des Gastrulastadiums, er endet mit dem „Urmund" (Blastoporus) nach außen.

Enteropneusta, *n.*, Pl., gr. *pneustḗs* atmend, „Innen- od. Darmkiemer"; namentlicher Bezug auf die Ausbildung eines Kiemendarms, wobei auch die Anzahl der Kiemenspalten bedeutend größer (als bei den Pterobranchia, s. d.) ist; Gruppe der Hemichordata; deutscher Name: Eichelwürmer, etwa 80 Arten; dieser bezieht sich auf den zum schwellbaren Bohrorgan (eichelartig!) gewordenen Kopflappen.

Enterotoxine, Pl., *n.*; auf den Verdauungstrakt einwirkende Exotoxine von verschiedenen Bakterien (z. B. Staphylokokken, Pseudomonas, Escherichia), die auch bei Erhitzungen kaum zerstört werden u. daher zu ernährungsbedingten Durchfallerkrankungen führen können.

Enterovirus, das, *n.*; zu den Picornaviridae gehörende Gruppe säurestabiler RNA-Viren mit verschiedenen Untergruppen (z. B. Polyomyelitus, Coxsackie). Die von ihnen ausgelösten Symptome manifestieren sich v. a. am Darm. Vorkommen: weltweit, betroffen sind Mensch, Nager, Schwein, Rind u. Affenarten; Übertragung durch oral-fäkale Schmierinfektionen.

Enterozoen, die, gr. *to zóon* das Tier; Darmparasiten.

Ento-, gr. *entos* innen, innerhalb; in Zsg.

Entoblast, der, gr. *ento-* innen, *ho blástos* der Keim, die Keimhaut; das Entoderm, s. d.

Entoderm, das, gr. *to dérma* die Haut; das innere Keimblatt der vielzelligen Tiere; erstmals 1853 von Allman für die innere Zellschicht der Hohltiere (Coelenterata) gebraucht.

entodermal, vom inneren Keimblatt abstammend.

Entodinium, *n.*; Gen. der Ophryoscolecidae; Entodiniomorpha, Trichostomatia, Rhabdophora. Spec.: *E. caudatum* (50–80 µm, in Rinder- u. Schafmägen).

Entökie, die, gr. *ho oĩkos* die Wohnung; Form eines Biosystems, vorübergehende Schutzeinmietung im Körper anderer Tiere: manche Fische *(Amphiprion)* u. Garnelen *(Palaemon)* suchen regelmäßig die Tentakelkrone großer Seeanemonen auf, Fische der Gattung *Carapus (= Fierasfer)* dringen in die Wasserlungen von Holothurien ein.

entomogam, insektenblütig.

Entomogamie, die, gr. *to éntomon* das Kerbtier, *gameĩn* freien, sich gatten; die Bestäubung der Blüten durch Insekten.

Entomologie, die, gr. *éntomos* eingeschnitten, gekerbt; *ho lógos* die Lehre; „Insektenkunde"; der Terminus geht auf Aristoteles (384 bis 322 v. u. Z.) zurück, der die Insekten *„éntoma"* (= Kerbtiere) nennt (Sing.: *éntomon*). Von ihm ebenfalls erstmals verwendete Gruppenbezeichnungen sind heute noch gültig, z. B. Coleoptera (Käfer), Diptera (Zweiflügler); vgl. auch Insecta.

entomologisch, insektenkundlich.

entomophil, gr. *phílos* freundlich; insektenliebend.

Entomostraca, die, gr. *éntomos* eingeschnitten, *to óstrakon* die Schale, die Scherbe, das Tongefäß; Niedere Krebse, zu den Crustacea (Krebstiere) gehörend, das letzte Rumpfsegment vor dem Telson trägt keine Extremitäten, die Furca ist auch bei den Adulten vorhanden.

Entoparasit, der, gr. *entós* innen, *ho parásitos* der Mitesser; im Inneren des Organismus lebender Schmarotzer.

entópios = éntopos, gr. von *en-* innen, *ho tópos* der Ort, die Gegend; einheimisch, in der Gegend („im Biotop") vorkommend, entopisch; als Subst.: Bewohner, Einwohner (= Entopus).

Entoplasma, das, gr. *entós,* s. o., *to plásma* das Gebilde; das Innere des Zellprotoplasmas.

entoptisch, gr. *he ṓps, opós* das Auge; im Augeninneren.

Entozóa, die, gr. *to zóon* das Tier; Syn. für tier. u. pflanzl. Entoparasiten von Tier u. Mensch, „in den Tieren lebende" Organismen bzw. „Parasiten in Tieren".

Entropie, die, gr. *ho trópos* die Richtung, Eigentümlichkeit; Entropie als Maß der Unordnung nach Clausius (1859): „Für jedes abgeschlossene Körpersystem existiert eine gewisse Größe, die bei allen irreversiblen Änderungen innerhalb des Systems zunimmt, bei allen reversiblen Änderungen konstant bleibt, die aber niemals abnimmt, ohne dass in anderen Körpern Änderungen zurückbleiben" (aus Penzlin 1977).

Entwicklung, die; Form- u. Funktionswandel während der Keimes-(Ontogenie) u. Stammesentwicklung (Phylogenie). Grundmerkmale der E. sind Wachstum u. Differenzierung.

Entwicklungsgeschichte, die; Lehre von der Keimesentwicklung (Ontogenie) u. Stammesentwicklung (Phylogenie) der Organismen. Die Ontogenie untersucht die Entwicklung der Individuen von der Eizelle bis zur Erreichung der Fortpflanzungsfähigkeit, die Phylogenie erforscht u. lehrt die Abstammung der Organismen, die Entstehung der Arten u. der höheren taxonomischen Einheiten.

Entwicklungsphysiologie, die, s. Physiologie; Physiologie des Wachstums, der Formbildung u. der Fortpflanzung der Organismen. „Die Aufgabe der Entwicklungsphysiologie ist die Erforschung der Gesetze des Lebensablaufs der Einzelindividuen und der Vermittlung des Lebensgeschehens von Generation zu Generation." (Kühn, Vorlesungen über Entwicklungsphysiologie, 1965).

Entzündung, die, *f.*; (Abwehr-)Reaktion des Organismus auf Reize, um das auslösende Agens (physikalische u. chemische Reize, z. B. Fremdkörper, Druck, Strahlung, Temperatur, Säuren, Basen; Mikroorganismen, z. B. Bakterien, Viren, Pilze, Protozoen; körpereigene Reize, z. B. Tumorzerfallsprodukte) zu beseitigen. Typische Entzündungssymptome sind Tumor (Schwellung), Rubor (Rötung), Calor (Erwärmung), Dolor (Schmerz) u. Functio laesa (Funktionseinschränkung).

Enzym, das, gr. *en-* in, *he zýme* der Sauerteig, veralt. Syn.: Ferment; biologischer Katalysator, Biokatalysator, hochmolekularer Eiweißkörper.

enzymatisch, von Enzymen bewirkt, verursacht.

Enzymhemmung, die; Hemmung enzymatischer Reaktionen durch Hemmstoffe (= Inhibitoren), die die Reaktionsgeschwindigkeit herabsetzen od. die Reaktion völlig unterbinden.

Enzyminduktion, die; Vorgang, bei dem eine genetisch gesteuerte Enzymsynthese in Gang gesetzt wird. E.en können ausgelöst werden durch Induktoren, die niedrigmolekulare Verbindungen darstellen und Repressoren inaktivieren.

Enzymrepression, die; Unterbindung der Enzymbildung durch einen Repressor, eine Verbindung, die vom Regulatorgen gebildet wird, mit dem Operatorgen reagiert u. so die Übermittlung der in einem Operator gespeicherten genetischen Information blockiert.

„Eohippus", der; früherer Name für *Hyracotherium,* gr. *ho híppos* das Pferd, *he éos* der Anfang, die Morgenröte; Urpferd, ausgestorbene, älteste Gattung der Pferde, mit 4 Zehen am Vorder- u. 3 am Hinterfuß. Verbreitung: Unteres Eozän Europas u. Nordamerikas.

eosinophil, gr. *philēín* lieben; Eosin (saurer Farbstoff) liebend, mit Eosin färbbar.

Eosinophile, die, Pl., *m.*; Untergruppe (2–4%) der Granulozyten, d. h. zu den Leukozyten gehörende polymorphkernige Zellen. Bedeutung: Beteiligung bei der Abwehr von Infektionen mit Würmern u. a. Parasiten sowie an der IgE-vermittelten allergischen Reaktion vom Soforttyp.

Eozän, das, gr. *kainós* neu; Abschnitt der Tertiärzeit zwischen Paläozän u. Oligozän, mittlere Abteilung des Paläogens (Alttertiär).

Eozoikum, das, gr. *to zóon* das Tier; s. Archäozoikum.

ep-, epi-, eph-, gr. Vorsilbe; über, auf, darauf, darüber.

Ependym, das, gr. *to epéndyma* das Oberkleid; die Auskleidung der Gehirnhöhlen u. des Zentralkanals.

eperlánus, -a, -um, latin., aus dem franz. *éporlan* = Stint; s. *Osmerus.*

ephemer, gr. *ephemérios* eintägig; eintägig, kurzfristig.

Ephémera, *f.,* gr. *he ephemería* der Tagesdienst; Gen. der Epheméridae, Ephemeroídea. Spec.: *E. vulgata,* Gemeine Eintagsfliege.

Ephemeroídea, *n.,* Pl., s. *Ephémera;* Gruppe der Insecta; Eintagsfliegen, syn.: Ephemeroptera. Die erwachsenen Tiere (Imagines) leben nur kurze Zeit; erheben sich aus dem Wasser zum „Hochzeitstanz", um nach der Fortpflanzung meist schon vor Ablauf eines Tages zu sterben; die Hauptzeit ihres Lebens verbringen die E. als Larven od. Nymphen im Wasser.

Ephippium, das, gr. *to ep(h)íppion* die Satteldecke, Pferdedecke; 1. eine verdickte dunkle Schalenbildung, die die Dauereier (Wintereier) der Wasserflöhe einschließt u. als Schutzhülle dient; 2. s. *Anómia.*

Ephydátia, *f.,* von gr. *epi-* an, in (Präposition, u. a. mit der Frage: Wo?) u. *to hýdor, hýdatos* Wasser gebildet; Gen. der Cornacuspongia, s. d. Spec.: *E. fluviátilis* (Süßwasserschwamm, bevorzugt ruhiges Wasser, auch im Brackwasser; auf Holz, Steinen, Pflanzen).

Ephyren, die, gr. *Ephýra* eine Meernymphe; die durch Strobilation entstehenden u. nach Ablösung von der Strobila freischwimmenden Medusenlarven von Scyphozoen.

Epibiont, der, gr. *epi-* zu, auf über, daran, dazu-, *ho bíos* das Leben; 1. Tier, das auf ein anderes aufgepfropft wurde; 2. Tiere, die im allgemeinen auf dem Meeresboden leben (W. Schäfer 1962): sessile, bedingt-vagile u. vagile Epibionten.

Epiblast, der, gr. *ho blástos* der Keim; Syn. von Ektoderm.

Epibolie, die, gr. *he epibolé* der Überwurf; die Umwachsung einer Zellgruppe durch eine andere; epibolische Gastrula: Umwachsungsgastrula, die durch Umwachsung des vegetativen Blastems einer Blastula durch das animale entsteht.

Epibranchialrinne, die, gr. *ta bránchia* die Kiemen; eine dorsal im Kiemendarm von *Branchiostoma lanceolatum* verlaufende Rinne.
epicárdium, -ii, *n., he kardía* das Herz; Epikard, Bindegewebsschicht, die dem Herzmuskel an der Außenseite unmittelbar anliegt.
epichordal, gr. *he chordé* der Darm, die Darmsaite; über der Chorda gelegen.
epicóndylus, -i, *m.,* gr. *ho kóndylos* der Gelenkfortsatz; der auf dem Condylus liegende Fortsatz.
Epícrates, gr. *epikratḗs* siegreich, gewaltsam, *he epikrátēsis* die Überwältigung; Gen. der Boidae (Riesenschlangen), Serpentes, Squamata. Spec.: *E. angulifer,* Kubanische Schlankboa (größte Art d. Unterfam. Boinae, Boa-Schlangen).
Epidemie, die, Seuche, gr. *ho démos* das Gebiet, Volk; zeitlich u. örtlich begrenzte, plötzlich auftretende, ansteckende Massenerkrankung (z. B. beim Tier die Maul- u. Klauenseuche).
epidemisches Laichen, *n.*; zahlreiche Individuen einer Population laichen zur gleichen Zeit.
Epidendróbios, *m.,* gr., der Baumbewohner, auf od. an *(epí)* Bäumen *(to déndron)* lebend *(bíos);* vgl. Endo- u. Mesodendrobios.
epidermal, s. epidérmis; von der Oberhaut stammend, die Epidermis betreffend.
epidérmis, -idis, *f.,* gr. *to dérma* die Haut, die Oberhaut; Epidermis, das ein- od. mehrschichtige Deckepithel der Körperoberfläche der mehrzelligen Tiere.
Epidermoptes, *m.,* gr.; Gen. der Epidermoptidae; Actinotrichida, Acari. Sehr kleine, im Federkleid bei Hausgeflügel lebende Federmilben; rufen Dermatitiden mit Federverlusten u. Leistungsminderungen hervor. Spec.: *E. bilobatus,* Wirtstier: Haushuhn.
Epidermoptidae; Fam. der Federmilben, Acar; wichtige Gattungen: *Epidermoptes, Rivoltasia.*
epidídymis, -idis, *f.,* gr. *hoi dídymoi* die Zwillinge; der Nebenhoden; Epididymis, dient bei männlichen Wirbeltieren der Speicherung u. Ableitung des Samens aus dem Hoden in den Samenleiter.
epiduralis, lat. *dúrus* hart; auf der Dura mater liegend.
epigame Verhaltensweisen, *f.,* gr., *epí-* zu, auf, über, *gamē̃in* freien, sich begatten; Verhaltensweisen, die mit der Fortpflanzung unmittelbar zusammenhängen.
epigastricus, -a, -um, gr. *he gastér* der Magen, der Bauch, auf dem Magen bzw. dem Bauch befindlich.
epigastrium, -ii, latin.; die Magengrube.
Epigenese, die, gr. *he génesis* die Zeugung, Entstehung; Entwicklung durch Neubildung aus Ungeformtem.
epiglótticus, -a, -um, zum Kehldeckel gehörig.
epiglóttis, -idis, *f.,* gr. *he glótta* die Zunge, der Kehldeckel; Cartilago epiglottica od. C. epiglóttidis, der zungenförmige Kehldeckelknorpel, der bei den Säugern den Kehlkopf (Larynx) gegen den Rachen (Pharynx) verschließt. So gelangen beim Schlucken keine Fremdkörper in die Luftröhre.
Epignathus, der, gr. *he gnáthos* der Kiefer, Gebiss; eine asymmetrische Doppelmissbildung, bei der ein geschwulstartiger „Parasit" am Gaumen bzw. an der Schädelbasis des Autositen verwachsen ist. Der Autosit ist das voll entwickelte Individuum einer Doppelmissbildung, das im Gegensatz zum „Parasiten" durch die Tätigkeit der eigenen Organe leben kann.
Epikard, das; s. *epicardium.*
Epilímnion, das, gr. *he límne* der See, Teich, Sumpf; spezif. Lebensbereich: die durchlichtete freie Wasseroberflächenschicht in Süßwasserseen; vgl. Eupelagial u. Alypolimnion.
Epilithion, *n.,* gr. *ho líthos* der Stein; zusammenfassender Begriff für die auf Felsen, Hartböden und Steinen lebenden Organismen.
epimastigot, gr. *epí-* zu, auf, *he mnástix* die Geißel; das Flagellum der Crithidia-Form, inseriert in der Zellmitte der Zelle.
Epimeren, die, gr. *to méros* der Teil; (gleichartige) Abschnitte der Breitenachse, z. B. die einzelnen Abschnitte der Wirbeltier-Extremitäten (Oberarm, Unterarm, Handwurzel, Mittelhand, Finger); vgl. Metameren.
Epimerit, der, gr. *to méros* der Teil; bei Sporozoen manchmal vorkommender Abschnitt, der dem Protomeriten ansitzt.
Epinephrin, das; s. Adrenalin.
epineúrium, -ii, *n.,* gr. *to neúron* der Nerv; E.: die bindegewebige Umhüllung der peripheren Nerven.
Epiophlébia; rezentes Gen. des Subordo Anisozygoptera, Ordo Odonata, s. d.; gilt als einziges lebendes „Fossil", s. d., wohl nur eine Spec.: *E. superstes.*
Epipelagial, das, gr. *to pélagos* das Meer; der durchlichtete marine Lebensbereich oberhalb der Kompensationsebene, s. d.: vgl. trophogene Zone, Pelagial, Epipelagial, Litoral.
Epipharynx, der, gr. *ho phárynx, -yngos* der Schlund, Rachen; bei Insekten die größtenteils weichhäutige Unterseite der Oberlippe (Labrum) od. des Clypeolabrums.
Epiphragma, das, gr. *to phrágma* der Verschluss, die Wand; ein poröser Kalkdeckel ein-

heimischer Schnecken, mit dem sie im Winter ihre Schale verschließen.

Epiphyse, die; gr. *he epíphysis* das Daraufgewachsene; 1. Endabschnitt der Röhrenknochen der Vertebraten, 2. die Zirbeldrüse, Glándula pineális od. Corpus pineále der Säuger (bzw. der Mehrzahl der Vertebraten).

epiphysialis, -is, -e, zur Epiphyse gehörig.

epiplóicus, -a, -um, zum großen Netz gehörig.

epíploon, *n.,* gr. *epiplēin* darüberhin schiffen; für Omentum maius gebraucht, „das auf den Eingeweiden Schwimmende".

epipneustisch, gr. *to pneúma* der Wind, der Atem; heißen Wasserinsekten, die an der Oberfläche Luft holen u. sie unter Wasser zur Respiration als physikalische Kieme verwenden, Voraussetzung ist Hydrophobie der Körperoberfläche oder bestimmter Anteile.

Epipodit, der, gr. *ho pus, podós* der Fuß; Anhang am Protopoditen mancher Articulaten-Extremitäten.

Epiproct, der, gr. *epí-* auf, *he proctós* der Steiß, After; eine bei primitiveren Insekten dorsal vom After gelegene unpaare Analklappe, auch Tergum genannt.

Epipsammon, auch: Epipsammion, *n., gr. he psámmos* der Sand; Bezeichnung für die auf der Sandoberfläche lebenden Organismen (als spezieller Aufenthaltstyp); vgl. Mesopsammon.

Episit, der, gr. *ho episítios* der für die Kost Arbeitende; Räuber; Organismus, der seinen Nahrungsbedarf durch Töten anderer Organismen deckt.

Episitismus, der; das Räuber-Beute-Verhältnis, bei dem der Episit (als Räuber) die meist kleinere Beute (ein anderes Lebewesen) direkt zum Zwecke der Nahrungsaufnahme tötet.

Episklera, gr., s. *Sklera.*

Epispadie, die, gr. *span* ziehen; obere Harnröhrenspalte, d. h., die Harnröhre mündet an der Penisoberseite (Hemmungsmissbildung).

Epistase, die, gr. *he epístasis* das Haltmachen, Stehenbleiben; Bezeichnung für das Zurückbleiben bestimmter Merkmale hinter nahe verwandten in der Entwicklung einer Art od. Stammeslinie; vgl. Abbreviation.

Epistérnum, das, gr. *to stérnon* das Brustbein; 1. vorderes Stück der Pleuren der Insekten, Schulterstück; 2. unpaarer Hautknochen vieler Wirbeltiere, der die Verbindung zw. Brust- u. Schlüsselbein herstellt.

epistomal, gr. *to stóma* der Mund, Rachen; über dem Mund gelegen.

Epístropheus, der, gr. *epistréphein* umwenden; der zweite Halswirbel der Amnioten. Er besitzt einen zahnförmigen Fortsatz, um den sich der Atlas (erster Halswirbel) dreht.

Epithálamus, der, gr. *epí-,* s. o., *ho thálamos* die Kammer; ein Teil des Thalamencéphalon (Epiphyse, Habenula, Trigonum habenulae, Striae medullares).

Epithel, das, gr. *he thelé* die Brustwarze; die oberflächlichste Zellage, die die innere u. äußere Körperoberfläche überzieht. Die Einteilung der Epithelien kann nach der Zahl der Zellschichten erfolgen (ein- od. mehrschichtiges Epithel) bzw. nach der Zellform (z. B. kubisches, prismatisches od. plattenförmiges Epithel). Unter funktionellen Aspekten kann u. a. von einem Drüsen- od. Flimmerepithel gesprochen werden.

epitheliális, -is, -e, zum Epithel gehörig, epithelartig.

Epithelkörperchen, die, Pl.; Nebenschilddrüsen, Beischilddrüsen, 4 linsengroße Drüsen innersekretorischer Funktion, Drüsen, die das Parathormon, s. d., bilden; Syn. Glandula parathyreoideae.

Epithelmuskelzellen, die; differenzierte ektodermale od. entodermale Epithelzellen mit basalen Plasmaausläufern, in denen sich die Myofibrillen befinden. E. kommen u. a. bei Coelenteraten vor.

epitoke Form, gr. *epítokos* der Geburt *(tókos)* nahe, vgl. auch atok; Form bzw. Aussehen geschlechtsreifer Individuen bei den Neréidae.

epitop, gr. *ho topos* Ort, Platz; antigene Determinante, die von der komplementären Bildungsstelle (= Paratop) eines Antikörpers gebunden wird. Damit wird die Spezifität der Antigen-Antikörper-Reaktion bestimmt.

epitympánicus, -a, -um, gr. *to týmpanon* die Standpauke, -trommel; auf der Paukenhöhle gelegen.

Epizoen, die, gr. *epí-,* s. o., *to zóon* das Tier; auf Tieren lebende nichtparasitäre Tiere.

eponychium, -ii, *n.,* lat., gr. *ho ónyx* der Nagel, die Kralle, der Huf; Haut, die das Nagelbett nach außen abschließt.

Epoóphoron, das, gr. *to óon* das Ei, *phérein* tragen; der Nebeneierstock, ein rudimentäres Anhangsgebilde (Urnierenrest) der weiblichen Geschlechtsorgane der Vertebraten. Im männlichen Geschlecht wird dieser Urnierenrest zum Nebenhoden.

equátor, óris, *m.,* lat. *aequáre* gleichmachen; der Äquator.

éques, *m.,* lat., der (kleine) Reiter; bezieht sich bei *Nannobrycon eques* auf das Treiben im Wasser bei nach oben gerichteter Kopfstellung.

equéstris, -is, -e, lat., zum Ritter *(eques)* gehörig; s. *Lygaeus.*

Equilenin od. **Equilin,** das; Östrogene aus dem Harn trächtiger Stuten.

equínus, -a, -um, lat. *équus* das Pferd; dem Pferde ähnlich, vom Pferde stammend, zum Pferde gehörig; s. *Hippospongia, Actínia.*

equipérdum, von lat. *equus* u. *pérdere* zugrunde richten, zerstören; wörtl.: „pferdvernichtend", pathogen für Pferde; s. *Trypanosoma;* Erreger der pathogenen Einhufer-Trypanosomose, der Beschälseuche: *Trypanosoma equiperdum.*

Equus, *m.,* lat., das Pferd, *caballus, -i., m.,* Klepper, Gaul; Gen. der Equidae, Hippomorpha (deren einzige rezente Fam. die Equidae sind), Perissodactyla (Unpaarhuftiere). Spec.: *Equus caballus przewalskii,* Przewalski- od. Urwildpferd, Mongolisches Wildpferd (nach dem polnischen Asienreisenden N. M. Przewalski benannt), kommt noch in freier Wildbahn im Grenzgebiet zw. der Mongolischen Volksrepublik u. der Volksrepublik China vor, außerdem in einigen Zoologischen Gärten u. Tierparks (insbesondere in Prag u. München-Hellabrunn) erhalten bzw. nachgezüchtet; *E. caballus,* Hauspferd; *E. asinus,* Hausesel; *E. hemionus,* Halbesel; Subspec.: *E. h. hemionus* (Kulan), *E. h. kiang* (Kiang); *E. h. onager* (Onager); *E. grevyi,* Grevy-Zebra, Equus-caballus-Zebroid; *E. quagga,* Quagga (Ende 19. Jh. ausgerottet); *E. zebra,* Bergzebra (pferdeähnlich). – Die Zebra-Arten werden als Subgenus auch *Hippotigris* (s. d.) genannt.

ER, Abk. für Endoplasmatisches Retikulum, s. d.

Erbanlage, die; Gesamtheit aller Merkmalsträger, auch Genotypus genannt, einer Zelle.

Erbgang, der; Art oder Weg der Übertragung einer Erbanlage, kann → dominant, → rezessiv, → intermediär auf die Folgegeneration weitergegeben werden; beinhaltet i. w. S. den Modus überhaupt, d. h. Angaben darüber, ob ein Merkmal od. eine Eigenschaft poly- od. oligogen determiniert ist, und i. e. S. die Modalität der Weitergabe (Vererbg.) oligogen determinierter Merkmale (auf Basis der Mendel-Regeln).

Erbkoordinationen, die; nach K. Lorenz die Grundeinheiten des Verhaltens. Die E. sind starr ablaufende, angeborene „formkonstante" Bewegungskomponenten der Verhaltensweisen.

Erbsenkäfer, der; s. *Bruchus.*

Erdbiene, die; s. *Andrena.*

Erdferkel, das; s. *Orycteropus.*

Erdhörnchen, das; s. *Tamias (Eutamias).*

Erdhummel, die; s. *Bombus.*

Erdkröte, die; s. *Bufo.*

Erdmännchen, das; s. *Suricáta tetradactyla.*

Erdmaus, die; s. *Microtus.*

Erdraupen, die; Raupen der Gattung *Agrotis,* s. d., im weiteren Sinne Raupen (Erdeulen, Noctuidae), die sich tagsüber versteckt in der Erde, unter Laub, in Erdgängen aufhalten u. sich erst beim Dunkelwerden auf Nahrungssuche begeben.

Erdschildkröte, die; s. *Geoemýda.*

eréctor, -óris, *m.,* lat. *erígere,* s. u.; der Aufrichter.

erektil, lat. *erígere* aufrichten; aufrichtbar, anschwellend, schwellfähig (z. B. das männliche Glied).

Erektion, die; z. B. das Aufrichten u. Versteifen des Penis durch pralle Füllung der Blutgefäße.

eremítus, -a, -um, v. gr. *éremos* einsam; als Einsiedler (od. verborgen) lebend, *eremita, -ae, m.,* lat. der Einsiedler.

Eremophila, *f.,* gr. *éremos,* s. o., *ho phílos* der Freund. Spec.: *Eremophila alpestris* (L.), Ohrenlerche (nach dem Bezug zum Artnamen auch Alpenlerche genannt).

Erepsin, das, gr. *ere̅ípein* zertrümmern; eiweißspaltendes Enzymgemisch des Darmsaftes. Es besteht aus Aminopeptidasen u. Dipeptidasen.

Eresus, *m.,* nach gr. *Eresos* Stadt auf Lesbos (Ägäisches Meer); Bezug auf das Vorkommen im Mittelmeerraum, Süddeutschland selten; Gen. der Eresidae, Röhrenspinnen, Ordo Arachnida. Robuste, kurzbeinige Spinnen mit Siebplatte vor den Spinnwarzen u. breit abgestutzter Stirn. Legen Trichternetze mit Wohnröhren an. Spec.: *E. niger* (männl. schwarz, Hinterleib rot mit 4 schwarzen Flecken, Weibchen 20 mm, zeitlebens in Röhren unter Steinen).

Eretmochelys, *f.,* gr. *eretmán (= eretmóe̅ín)* mit Rudern versehen sein u. *he chélys* die Schildkröte; Gen. der Cheloniidae, Seeschildkröten. Spec.: *E. imbricata,* Echte Karettschildkröte.

Erfolgsorgane, die; Effektoren wie Muskeln, Drüsen usw., die durch efferente Nerven versorgt u. gesteuert werden.

Ergastoplasma, das, Syn.: endoplasmatisches Reticulum, s. d.

Ergocalciferol, das, Syn.: Vitamin D_2.

Ergometrin, das, Syn.: Ergobasin; im Mutterkorn *(Secale cornutum)* vorkommendes Alkaloid mit uteruserregender Wirkung.

Ergosterin, das, gr. *to érgon* die Arbeit, das Werk, *stereós* fest; ein pflanzl. Sterin, die Vorstufe des Vitamin D_2.

Ergotamin, das; ein im Mutterkorn *(Secale cornutum)* vorkommendes Alkaloid, erregt die glatte Muskulatur des Uterus u. der Gefäße.

Ergotoxin, das; ein Alkaloid des Mutterkorns *(Secale cornutum),* von qualitativ gleicher Wirkung wie Ergotamin.

Ergotropika, *m.,* Pl., gr. *ho trópos* die Wendung, Richtung, der Einfluss; Substanzen, die zwar für das Tier nicht lebensnotwendig sind, aber einen leistungsstabilisierenden u. leistungsverbessernden Effekt ausüben, insbesondere bei wachsenden Tieren. Zu den Ergotropika zählen u. a. Antibiotika u. Antioxidantien, s. d.

eri-, gr., Präfix in Komposita, den Begriff des Folge- od. Stammwortes verstärkend: sehr (stark ausgebildet).

érigens, -éntis, lat., aufrichtend.

erigibel, aufrichtbar.

erigieren, s. Erektion; sich aufrichten, versteifen von Organen, die Schwellkörper haben.

Erignáthus, *m.,* gr. *eri-* sehr (s. o.) u. *he gnáthos* der Kiefer; Gen. der Phocidae, Seehunde, Pinnipedia (s. d.). Spec.: *E. barbátus,* Bartrobbe (selten geworden).

erinácei, Genit. zu lat. *erináceus* der Igel; s. *Archaeopsylla.*

Erinaceidae, *f.,* Pl., s. *Erinaceus;* Igel, Fam. der Insectivora, Vorkommen auf die Alte Welt begrenzt.

Erináceus, *m.,* lat., der Igel; Gen. der Erinaceidae (Igel), Insectivora. Spec.: *E. europaeus,* Europäischer Igel; *E. europaeus roumanicus,* Ost- od. Weißbrust-Igel; *E. europaeus europaeus,* West- od. Braunbrust-Igel.

Eriocheir, gr. *to érion* die Wolle, *he cheir* die Hand; Gen. der Brachyura, Decapoda, Crustacea. Männchen mit dichter wolliger Behaarung der Scheren. Spec.: *S. sinensis* (Wollhandkrabbe), um 1900 aus China eingeschleppt, richtet an in Reusen gefangenen Fischen gr. Schäden an (Ostsee – südl. Ärmelkanalküste, Flussmündungen; z. T. bis 700 km landeinwärts).

Eriophyes, *m.,* gr. *to érion* die Wolle, *phýein* erzeugen; sehr artenreiches Gen. der Eriophýidae, Gallmilben, Acari. Meist artspezifische Pflanzenparasiten, erzeugen Gallen u. leben in Gallen, die ± u. verschieden lokalisierte Haarfilze (wollig!) aufweisen. Spec.: *E. grandis; E. avellanae,* Haselnussgallmilbe (überwintert in Knospen der Haselsträucher, die sie schädigt).

Eriosóma, *n.,* gr. *to sóma* der Körper, Leib; wegen des (wollig) behaarten Körpers; Gen. der Eriosomátidae (Blasenläuse), Homoptera. Spec.: *E. lanígerum,* Blutlaus.

**Erístalis,* *m.,* lat., *erístalis* heißt bei Plinius ein nicht näher definierter Edelstein; Gen. der Syrphidae, Schwebfliegen, (Ordo) Diptera; Larven leben in Schlamm, Jauchegruben u. ä. (daher der Name Schlammfliege) und haben am Körperende ein langes Atemrohr (Rattenschwanzlarven). Spec.: *Eristalis tenax,* Schlammfliege; *Volucella bombylans,* Hummelfliege.

erithacus, *m.,* gr. *eríthakos;* Name eines Vogels bei Plinius, der als Artname übertragen wurde auf *Psittacus* (s. d.).

Erlenblattkäfer, der; s. *Agelastica.*

ermineus, -a, -um, Verkleinerungsform vom althochdeutschen *harm* Wiesel.

Ernóbius, *m.,* gr. *to érnos* der Spross, Zweig, *ho bíos* das Leben, der Lebensbereich; Gen. der Anobiidae. Lebt in dürren Nadelholzästen, Fichten- u. Kiefernzapfen. Spec.: *E. abietis,* Fichtenzapfen-Nagekäfer; *E. mollis,* Weicher Klopfkäfer; *E. nigrinus,* Schwarzer Nagekäfer; *E. pini,* Kiefernnagekäfer.

erogen, gr. *ho érōs* die Liebe, *-genes* v. *gígnesthai* entstehen; die Geschlechtslust erregend; erogene Zonen: Körperstellen, deren Reizung geschlechtlich erregt (z. B. Klitoris, Glans penis, Brustwarze).

erotisch, auf die (sinnl.) Liebe bezüglich, die (sinnl.) Liebe betonend.

Erotomanie, die, gr. *he manía* der Wahn, die Sucht; krankhafte Steigerung des Geschlechtstriebes, Liebeswahnsinn.

Erpel, der; die männliche Ente.

Errántia, die, lat. *erráre* umherirren; Bezeichnung für eine Polychaetengruppe, deren Vertreter zumeist nicht an Röhren od. Gänge gebunden sind (wie die Sedentaria, s. d.); fossil seit dem Ordovizium bekannt.

erraticus, -a, -um, lat., umherirrend, *erráre* umherirren, irren; unregelmäßig. Spec.: *Clubiona erratica* (eine Sackspinne).

Ersatzknochen, der; Knochen, die Knorpelvorlagen haben. Es kommt zu einer enchondralen Ossifikation; vgl. Belegknochen (Hautknochen).

eruptio, -onis, *f.,* lat., der Ausbruch, Zahndurchbruch.

Eryops, *m.,* gr. *he ṓps* Auge; Gen. des fossilen Ordo Temnospondyli, Cl. Amphibia; fossil im (?) Oberkarbon u. Unterperm. Spec.: *E. megacephalus.*

Erythrismus, der; Rotfärbung bei Tieren, Rothaarigkeit beim Menschen.

erythr-, erythro-, gr. *erythros* rot, rötlich.

Erythroblast, der, gr. *ho blástos* der Keim, (hier) Bildner; die kernhaltige Jugendform eines roten Blutkörperchens.

Erythrocébus, *m.,* gr. *ho kébos* Affenart, „Rotaffe"; Gen. der Cercopithecidae, Meerkatzenartige, Catarrhina, Simiae. Spec.: *E. patas,* Husarenaffe, Rote Meerkatze.

Erythrocyt, das *(n.),* ggf. auch der *(m.)* eingebürgert (falsch aber: *f.*); gr. *to kýtos, n.,* der Becher, die Zelle, frz. *l'erythrocyte (m.):* rotes Blutkörperchen.
erythronotus, -a, -um, latin., gr. *ho nótos* der Rücken; mit braunrotem Rücken (bzw. Pronotum); s. *Ectóbius.*
erythrophil, gr. *philéīn* lieben; den roten Farbstoff liebend, aufnehmend.
erythrophthalmus, latin. vom gr. *erythrós* rot u. *ho ophthalmós* das Auge; Rotauge; s. *Scardinius.*
Erythropoēse, die, gr. *poiéīn* tuen; Entwicklung der Erythrozyten.
Erythropsie, die, gr. *he ōps, opós* das Auge, das Sehen; die Rotsichtigkeit.
Erythrozytolyse, die, gr. *lýēīn* lösen; Auflösung der roten Blutkörperchen durch mechanische od. hypoton. Einflüsse.
Erythrozytose, die; die Vermehrung der roten Blutkörperchen über die normale Zahl (Hypererythrozytose).
erytrǣus, -a, -um, latin. (gr. *erytrāíos*) rötlich.
Eryx, *m.,* gr. *Eryx,* Sohn des *Poseidon,* des Meeresgottes und jüngeren Bruders von *Zeus;* Gen. der Boidae (Riesenschlangen), Serpentes, Squamata. Spec.: *E. jáculus,* Sandschlange (Sandboa), die einzige Riesenschlange Europas; *E. tatáricus,* Große Sandschlange.
Erzeugnis eines Tieres, das, *n.*; das Ergebnis der Aktivität eines Tieres (z. B. Bauten, Bohrlöcher, Gallen, Nester, Wurmröhren, Kokons, Spuren), soweit diese nicht Teile des Tieres sind. Der Ausdruck gilt gleichfalls für Spurenfossilien (s. Ichnotaxon, unter Taxon), er gilt jedoch nicht für fossile Belege wie Hohlformen, Abdrücke u. Steinkerne.
Erzschleiche, die; s. *Chalcides.*
Esau, Gestalt (Name) aus der biblischen Geschichte mit einem rötlichen Haarkleid von Geburt an; s. *Mirapinna.*
Escherich, Karl, geb. 18. 9. 1871 Schwandorf (Bayern), gest. 22. 11. 1951 Kreuth;, Prof. Dr. med., Dr. phil. Dr. Dr. h. c.; Studium in München u. Würzburg (1893 Staatsexamen), Studium der Zoologie in München u. Leipzig, 1897 Promotion, Assistenten- u. Privatdozententätigkeit in Karlsruhe bei Nüsslin, Assistent bei Bütschli in Heidelberg; Privatdozent in Rostock, Straßburg; 1907 Nachfolger Nitsches auf dem Zool. Lehrstuhl der Forstl. Hochschule Tharandt (1907–1914), 1914 Nachfolger von Nüsslin an Techn. Hochschule in Karlsruhe, anschl. Lehrstuhl für Forstzoologie in München, 1939 Emeritierung. Wissenschaftl. Arbeiten: Europ. *Meloe*-Arten, Verhalten von *Paussus* in Ameisennestern, „Die Ameise" (Buch), Termitenleben auf Sri Lanka, Nonnenkalamität u. epidemiolog. Studien, „Die angewandte Entomologie in den Vereinigten Staaten", „Lehrbuch der mitteleuropäischen Forstinsektenkunde", „Leben und Forschen, Kampf um eine Wissenschaft" (1949, 2. Aufl.). E. gründete 1912 die „Deutsche Gesellschaft für angewandte Entomologie".
esculéntus, -a, -um, lat., essbar; s. *Rana;* s. *Collocalia.*
Esel, der; *mhd.* esel (♂) u. *eselinne* (♀); s. *Equus asinus.*
Eserin, das; s. Physostigmin.
esocina, lat., auf od. an Hechten (*esox* Hecht); s. *Lernaeócera.*
Esomus, *m.,* von gr. *to sóma* der Körper, latin. gebildet; „mit gestrecktem Körper"; Gen. der Cyprinidae, Cypriniformes. Spec.: *E. lineatus,* Streifenflugbarbe.
Esox, *m.,* gr. *ísox* od. lat. *esox* heißt bei Plinius ein im Rhein lebender Fisch; einziges Genus der Esócidae, Hechte. Ordo Salmoniformes, Lachsfische. Spec.: *E. lucius,* Hecht (in Karpfenteichen als „Fischunkraut"-Vertilger geschätzt; Raubfisch).
essentielle Aminosäuren, *f.;* die lebensnotwendigen, unentbehrlichen Aminosäuren, die der tierische Organismus nicht od. nur in unzureichender Menge selbst synthetisieren kann, ihr Fehlen im Nahrungseiweiß führt mehr od. weniger rasch zu Stoffwechselstörungen bzw. Gesundheitsschädigungen. Essentielle Aminosäuren sind: Arginin, Valin, Histidin, Isoleuzin, Leuzin, Lysin, Methionin, Phenylalanin, Threonin, Tryptophan. Das pflanzliche Eiweiß enthält nicht alle essentiellen Aminosäuren u. ist daher biologisch nicht vollwertig.
essentielle Fettsäuren, die; lebenswichtige Fettsäuren, die in bestimmter Menge zugeführt werden müssen. Hierzu gehören Linol-, Linolen- und Arachidonsäure. Ihr Fehlen bzw. Mangel führt vor allem zu Hautkrankheiten, Haarausfall u. Wachstumshemmung; s. Vitamin F.
essentielle Stoffe, *m.,* lat. *esse* sein; lebensnotwendige Stoffe, die der Organismus nicht selbst synthetisieren kann u. die ihm deshalb mit der Nahrung zugeführt werden müssen, z. B. essentielle Aminosäuren, bestimmte ungesättigte Fettsäuren u. viele Vitamine.
Essigälchen, das, *n., Anguillula aceti*; kleine, bis 2,4 mm große Nematoden. Freilebend (in Essig u. gärenden Substanzen), ernähren sich von Bakterien. Können unter unhygien. Verhältnissen bei Hunden, Füchsen, Rindern u. a. räudeähnl. Erscheinungen wie Schup-

pen-, Krusten- u. Pustelbildungen sowie Haarverluste an verschiedenen Körperteilen auslösen.
Esterasen, die; Enzyme, die die Spaltung von Estern in Fettsäuren u. Alkohole bewirken. Es handelt sich um Hydrolasen.
Esthéria, *f.,* latin. Name; Gen. der Estheridae, Conchostraca, Diplostraca. Spec.: *E. cycladoides.*
Estrogene, die, Pl., *n.*; s. Östrogene.
Ethmoidalia, die, gr. *ho ethmós* das Sieb, Seihetuch, *to ẽidos* die Gestalt; Siebbeine, 3 primäre Knochen der Geruchskapsel am Schädel der Wirbeltiere (1 mittleres, unpaares Mesethmoid, 2 seitliche Exethmoidea), verschmelzen beim Menschen zu einem Os ethmoidale (Siebbein).
ethmoidális, -is, -e, siebähnlich.
ethmoides, siebähnlich.
ethmoídeus, -a, -um, lat., zum Os ethmoidále, Siebbein, gehörig.
Ethnologie, die, gr. *to éthnos* das Volk, *ho lógos* die Lehre; vergleichende Völkerkunde.
ethnologisch, die Ethnologie betreffend, völkerkundlich.
Ethogenese, die, gr. *to éthos* der Charakter, die Gewohnheit, der Brauch, *he génesis* die Erzeugung, Entstehung; die Entwicklung und „Reifung" angeborener (und erworbener) Verhaltensweisen im Laufe der Individualentwicklung (Ontogenese); Ethogenese ist Ontogenese des Verhaltens.
Ethogramm, das, gr. *to éthos* Charakter, Gewohnheit, Brauch, *gráphein* einritzen, schreiben, zeichnen; Aktionskatalog, Verhaltensinventar, das die arttypischen Verhaltensweisen erfasst, beschreibende Darstellung der charakteristischen Verhaltensweisen einer Tierart.
Ethologie, die, gr. *ho lógos* die Lehre; die Verhaltenslehre bzw. -forschung bei Tier und Mensch (Biologie des Verhaltens).
ethologisch, die Ethologie betreffend, die Verhaltensweise der Tiere u. des Menschen betreffend.
Etho-Ökologie, die; Verhaltensforschung unter Berücksichtigung ökologischer Sachverhalte.
Etymologie, die, gr. *he etymología* der wahre Sinn, die Grundbedeutung eines Wortes; *étymos* wahr, *ho lógos* die Lehre; die Lehre vom Ursprung u. von der Grundbedeutung der Wörter.
Euarthropoda, *n.,* Pl., gr.; „Echte" Arthropoda als Hauptgruppe der Arthropoda (s. d.) im Unterschied zur Gruppe der Protarthropoda (s. d.). Gruppen: Trilobitomorpha, Chelicerata, Mandibulata.
Eubiotik, die, gr. *eu-* gut, *bios* Leben; Lehre vom guten, normalen, gesunden Leben von Pflanzen, Tieren u. Menschen.
Eucarida, die, Pl., gr. *he karís, -idos* kleines Krebstier; Crustaceen mit starrem Cephalothorax u. gegliedertem Abdomen, eine Zusammenfassung der Euphausiacea, Amphionidacea u. Decapoda.
Eucestóda, *m.,* Pl., gr. *eu-* echt, richtig, s. Cestoda; Echte Bandwürmer, Subcl. der Cestoda; bandförmige Cestoden, deren Vas deferens u. Vagina in ein gemeinsames Atrium münden; Cirrusbeutel vorhanden; Vorderende stark verbreitert, meist jedoch mit mehreren Saug- od. Haftgruben od. Haken ausgestattet u. als Scolex abgesetzt; Körper im allgemeinen mit einer Reihe von zwittrigen Geschlechtsorganen ausgerüstet, die äußerlich gegeneinander durch Querfurchen abgegrenzt sind; die aus dem Ei schlüpfende Larve besitzt 6 Hakenpaare.
Euchromatin, das, gr. *to chróma, -atos* die Farbe; Chromatin des Interphasekerns, der entspiralisiert vorliegt u. als aktives Genmaterial betrachtet wird.
eucon, gr. *ho kónos* der Kegel; eucone Augen: die Kristallzellen des Einzelauges (Ommatidium) der Komplexaugen scheiden Kristallkegel ab.
Eucyte, die gr. *to kýtos* die Zelle; Zelltyp aller Lebewesen außer Bakterien u. Blaualgen; s. Eukaryota.
Eudoxien, die gr. *he eudoxía* die Ehre, das Ansehen, der Ruhm; Individuengruppe (Cormidien) mancher Siphonophoren (Staatsquallen), die sich vom Stamm lösen; sie setzen sich z. B. zusammen aus einem Fresspolypen mit einem Fangfaden, einem deckblattförmigen Meduseschirm u. einem Blastostyl, an dem Geschlechtsmedusen knospen.
Eudýptes, *m.,* gr. *ho eudýptes* der gute Taucher; Gen. der Spheniscidae (s. d.). Spec.: *E. cristátus,* Felsenpinguin (mit Kopf-Büscheln).
Euglenozóa, *n.,* Pl., (gr.) *éuglenos* mit schönem Auge (*he gléne* das Auge); Gruppe der einzelligen Eukaryota. Die Mitochondrien der E. weisen Cristae auf, die dem diskoidalen Typ entsprechen od. aus ihm hergeleitet werden können. Es sind corticale Mikrotubuli-Bänder vorhanden, welche die Zellperipherie versteifen u. den Zellen eine konstante Form verleihen. Die axonemalen Mikrotubuli der Flagellen werden gewöhnlich von Proteinkomplexen (Paraxialstäben) begleitet. Einteilung in: Euglenata, Kinetoplasta, Pseudociliata.
euhemero, s. Hemerobie.
Eukaryon, das, gr. *to káryon* der Kern (die Nuss), also: echter *(eu)* Kern; der Zellkern aller

Organismen (Eukaryota) mit Ausnahme der Bakterien u. Blaualgen; s. Eucyte.

Eukaryónta, *n.,* Pl., gr., im Interesse der Einheitlichkeit zu eliminierende Schreibweise für *Eukaryota* (s. d.); (bei *„-karyonta"* wurde der Wortstamm *„karyo-"* des Substantivs *„to káryon"* Kern, Nuss offenbar verknüpft mit „onta" = Partizip Praesens, Plural neutrum vom Verb *eínai,* sein; diese Wortbildung gilt als konstruiert, wenn auch die Übersetzung (wörtlich „Echtkernseiende") faktisch identisch ist mit der etymologisch exakteren Variante: Eukaryota).

Eukarýota, *n.,* Pl., gr. *eu* echt, wohl, gut, *karyotós* mit Kern versehen; mit echtem Kern ausgestattete Zellen der Organismen bzw. derartige Lebewesen; eigentlich ursprünglich: „eukaryotá biónta", Sing.: „eukaryotón bión"; das Adjektiv wurde substantiviert (bei Eliminierung von bionta bzw. bion); die Schreibweise Eukarionta ist etymologisch-philologisch nicht exakt; engl.: *eukaryotes;* Sammelgruppe in Abgrenzung zu den Prokaryota (s. d.). Die E. umfassen ohne die Bakterien u. Blaualgen Einzeller sowie die vielzelligen Pflanzen u. Tiere. Grundlage dieser Klassifizierung (außerhalb des Geltungsbereichs der Internation. Nomenklaturregeln) sind die Zellen der Organismen mit drastischen Unterschieden in vielen Eigenschaften, so dass die Abgrenzung beider Organismengruppen legitim ist.

Eule, die, *mhd. iuwel, iule, ûle;* s. *Strix,* s. *Tyto,* s. *Asio.*

Eulitoral, das, lat. *litus, litoris* das Meeresufer, der Strand, die Küste; der küstennahe, im Bereich der Gezeiten liegende Teil des Meeresbodens.

Eumenes, *m.,* gr. *eumenés* wohlwollend; Gen. der Euménidae (Lehmwespen), Hymenoptera. Spec.: *E. pedunculátus,* Pillenwespe.

Eumenorrhoe, die, gr. *men, mens* der Monat, *rhoe* Fluss; Monatsblutung beim menschlichen Weibe ohne wesentliche Beschwerden mit einer 3- bis 4-tägigen Dauer (bei einer normalen Menstruation).

Eumetazóa, die, gr. *eu-,* s. o., s. Metazoa; „Echte Metazoa", Division des Tierreiches, umfasst vielzellige Tiere, deren Zellen mindestens zu Epithelien, meist auch zu Organen vereinigt sind.

Eunéctes, *m.,* gr. *ho nektés* der Schwimmer; Genus d. Boidae (Riesenschlangen), Ophidia. Spec.: *E. murinus,* Anakonda (größte Schlange Amerikas; lebt aquatisch, frisst Krokodile, Vögel, Säuger, auch Mäuse, daher Artname!).

Eunuch, der, gr. *ho eunúchos* der Kastrat, *he euné* das Bett; der Kastrat, verschnittener Mann.

Eunuchismus, der; Ergebnis von angeborenem od. erworbenem vollständigen Mangel an testikulärem Androgen (unentwickelte sekundäre Geschlechtsmerkmale etc.).

Eupagúrus, *m.,* gr. *eu-,* s. o., *ho páguros* der Taschenkrebs; Gen. der Pagúridae, Einsiedlerkrebse. Spec.: *E. prideauxi* (in Symbiose mit *Adamsia palliata*); *E. bernhardus,* Bernhardkrebs (in Symbiose mit *Calliactis*).

Eupareunie, die, gr. *ho páreunos* der Bettgenosse, *he pareuné* der Beischlaf; der synchrone Orgasmus von Mann und Frau beim Geschlechtsverkehr.

Eupelagial, das (= Epipelagial), gr. *to pélagos* das Meer; die durchlichtete freie Wasseroberflächenschicht im Meer; vgl. Epilimnion; vgl. auch Bathypelagial.

Eupharynx, *m.,* gr. *ho phárynx* der Schlund, Rachen; hat größtes Maul aller Pelikanaale; Gen. der Eupharyngidae, Echte Pelikanaale, Ordo Anguilliformes, Aalfische. Spec.: *E. pelecanoides,* Pelikanrachen.

Euphausiacea, die, gr. *he phaúsis* der Glanz; Leuchtkrebse, garnelenähnliche Eucariden (Malacostraca), die schlauchförmige Kiemen unter dem Seitenrand des Carapax sichtbar erkennen lassen.

Euphorie, die, gr. *phéresthai* sich befinden; Zustand des Wohlbefindens, gehobene Stimmung.

euphotisch, gr. *to phos, photos* das Licht; lichtreich.

Euphráctus, *m.,* gr. *phraktós* gepanzert, umzäunt (gut gepanzert); Gen. der UF Euphractinae, Dasypodidae (Gürteltiere). Spec.: *E. pichy,* Zwerggürteltier; *E. sexcinctus,* Weißborstengürteltier.

Euplectélla, *f.,* gr. *eúplektos* schön geflochten u. lat. *-ella* Verkleinerungs-Suffix; mit zierlichem Skelett, einer durchbrochenen, aus feinen Kieselfäden geflochtenen Röhre, die mit haarförmigen Nadeln im Meeresgrund verankert ist. Oben ein flaches Feld mit Löchern wie bei der Endplatte einer Gießkanne; Gen. der Triaxonida, Kieselschwämme. Spec.: *E. aspergillum* Gießkannenschwamm, Venuskörbchen (eine der bekanntesten Arten der Kieselschwämme).

Eupnoë, die, gr. *pneín* atmen; die normale, leichte Atmung.

Eupróctis, *f.,* gr. von *eu* gut, schön und *ho proctós* der After; Gen. der Lymantriidae, Ordo Lepidoptera; Spec.: *E. chrysorrhoea* Goldafter (Weibchen mit goldbrauner Afterwolle (Name!); Raupen an Laubbäumen, überwintern in großen Gespinsten, z. T. an Obstgehölzen schädlich, ihre Haare können auf der menschlichen Haut Juckreiz auslösen.

Eupterida, *n.,* Pl., gr. *to pterón* der Flügel, die flügelartige Schneide der Klinge am Schwert; namentlicher Bezug auf die wesentlich schlankere Körperform gegenüber den Xiphosura; Seeskorpione, rein fossile Gruppe der Merostomata; Syn.: Gigantostraca (s. d.).

eupyren, gr. *ho pyrén* der Kern; eupyrene Spermien: typische Samenzellen mit einer vollzähligen Chromosomengarnitur.

EURAPIS, gr. *eu* gut, schön, lat. *apis* Biene, die gute Biene; Name des Europäischen Umweltbüros Dornburg b. Jena-Weimar/Freistaat Thüringen der *„Freunde und Förderer der Bienenkunde in Europa e. V." („European Society for Promoting the Science of Bees and Beekeeping");* s. Europäische Bienenkunde.

Eurhythmie, die, gr. *ho rhythmós* das Zeitmaß, der Takt; Regelmäßigkeit der Herzschlagfolge, Pulsregelmäßigkeit.

Eurhythmik, die; Bewegungsgleichmaß.

Europäische Bienenkunde, die; gegründet als selbständiger Verein im Rahmen der Europa-Union Deutschland von Prof. Dr. E. J. Hentschel/Jena. Dieser 1. Europäische Förververein der Apidologen und Imker Europas zur Bewahrung der Umwelt, Gesundheit und zum Schutz der imkerlichen Rechte, erstmals organisiert in *„Freunde und Förderer der Bienenkunde in Europa e. V."* (Name des Vereins, s. EURAPIS), entstand am 26. 4. 1998 (Gründungsversammlung). Er wurde am 14. 8. 1998 in das Vereinsregister beim Amtsgericht Jena/Deutschland eingetragen. Lt. Mitgliederliste vom 12. 10. 2000 gehören dem Europäischen Bienenverein 22 Mitglieder aus verschiedenen Ländern Europas an (Belgien, Bulgarien, Deutschland, Griechenland, Großbritannien, Kroatien, Litauen, Rußland, Schweiz u. Slowakei). Außereuropäisch war Australien vertreten. Die Ehrenmitglieder: Dr. Eva Crane/Großbritannien, Prof. Dr. Octaaf Van Laere/Belgien, Prof. Dr. Dr. h. c. mult. Martin Lindauer u. Karl Pfefferle, beide Deutschland. Zum 1. Präsidenten wurde Prof. Hentschel/Deutschland gewählt. Arbeitsergebnisse: 1. Durchführung von Fachkolloquien zur europäischen Bienenkunde. 2. Entwicklung, Organisation u. Durchführung von Europäischen Bienenkongressen: 1., 2. u. 3. Europäischer Bienenkongress in Dornburg (1997, 1998 u. 1999), der 4. in Vilnius/Litauen (2000) u. der 5. in Patras/Griechenland (2001). Die Bienen-Konferenzen in Cardiff/Wales, UK (2002) u. Udine/Italien (2003) sind Fortsetzungen im Geiste dieser Kongresse. Die europäischen Fachkongresse des Vereins wurden durch ein musisch-kulturelles u. ethisch-religiöses Rahmenprogramm begleitet. 3. Aufbau eines „Europäischen Bienenweidegartens als Umweltgarten u. Garten der Goetheschen Metamorphosen" in Dornburg. 4. Entwerfen eines „Europäischen Institutes für Umwelt- und Bienenkunde in Europa" in Dornburg mit der Bauhaus-Universität Weimar, Fakultät Architektur, Professur Entwerfen und Industriebau (Prof. Dr.-Ing. Horst Hahn).

europaeus, in Europa lebend; s. *Lepus.*

eurybath, gr. *eurys* breit, *to báthos* die Tiefe; zum Leben in sehr verschiedenen Meerestiefen geeignet.

eurýceros, *m.,* gr., *keraós* gehörnt; „breitgehörnt", gehörnt, mit (stattlichen) Hörnern; s. *Tragelaphus.*

eurychor, gr. *ho chóros* Raum; weit verbreitet (von Tieren u. Pflanzen).

Eurydema, *n.,* gr. *eurýs* breit, *to démas* Körpergestalt; Gen. der Pentatomidae, Ordo Heteroptera; Spec.: *E. oleraceum,* Kohlwanze, z. T. schädlich durch Saugtätigkeit an Kohl, Raps. u. a.

euryhalin, gr. *ho hals, halós* das Salz; verschiedene Salzkonzentrationen vertragend, einnehmend; Ggs.: stenohalin.

euryök, gr. *oikē̄in* wohnen; nicht an bestimmte Umweltverhältnisse gebunden (von Tieren u. Pflanzen), verbreitet vorkommend; Ggs.: stenök.

euryoxybiont, gr. *oxy-,* mit der Bedeutung „Sauerstoff" gebraucht, *ho bíos* das Leben; unempfindlich gegen Änderungen des Sauerstoffgehaltes der Umwelt (von Tieren u. Pflanzen); Ggs.: stenooxybiont.

euryphag, gr. *phagē̄in* fressen; hinsichtlich der Ernährung nicht spezialisiert; Ggs.: stenophag.

euryphot, gr. *to phos, photós* das Licht; Bezeichnung für Organismen (Tiere, Pflanzen), die hinsichtlich der Lichtansprüche bei einem breiten Spektrum leben, deren Lichtminimum u. -maximum weit auseinanderliegen, im Ggs. zu stenophoten Organismenarten (mit engem Lichtbereich od. enger Lichtamplitude).

Eurypteris, gr. *to pterón* die Flosse, der Flügel; namentl. Bezug auf die verbreiterten Schwimmbeine; Gen. der fossilen Ordo Eurypterida, Cl. Merostomata, s. d.; fossil im Ordovizium bis Karbon. Spec.: *E. fischeri* (Silur).

eurysom, gr. *to sóma* der Körper; breitwüchsig.

Eurysome, der, die; Breitwüchsiger bzw. Breitwüchsige.

eurystérnus, -a, -um, latin. von gr. *eurýsternos* mit breiter Brust, breitbrüstig; s. *Haematopinus.*

eurytherm, gr. *he thérme* die Wärme; bei verschiedenen Temperaturen lebensfähig, gegenüber schwankenden Temperaturen widerstandsfähig.

eurytop, gr. *ho tópos* der Ort; in verschiedenen Lebensräumen vorkommend, weit verbreitet.

Euspóngia, *f.,* gr. *to spongíon* kleiner Schwamm; Gen. der Cornacuspongia, Silicospongia, Porifera. Spec.: *E. officinalis,* Badeschwamm.

Eustachi(o), Bartholomeo, geb. um 1520 San Severino Marche, gest. 1574 Rom; Prof. der Anatomie u. päpstlicher Leibarzt in Rom; nach ihm sind die E.sche Röhre (Tuba Eustáchii) u. die E.sche Klappe (Válvula Eustachii, an der Einmündung der unteren Hohlvene in den rechten Vorhof) benannt.

Eustachische Röhre, die, s. Eustachi; Ohrtrompete (Tuba auditíva); von den Amphibien (Anuren) bis zu den Säugern aufwärts ein Kanal, der die Paukenhöhle (Cavum tympani) des mittleren Ohres mit der Mundhöhle bzw. Nasenhöhle od. dem Rachen verbindet.

Eutámias, *m.,* gr., Subgenus des Genus *Támias,* s. d.; *Tamias (Eutamias) sibiricus,* Burunduk.

Eutheria, *n.,* Pl., gr. *eu* u. *to theríon* das Tier; Syn. Placentalia, „Echte" Säugetiere, Gruppe (Subcl.) der (Cl.) Mammalia; höchstentwickelte Säugetiergruppe (oberhalb der Metatheria, s. d.). Ihre Hauptentwicklung zur führenden Säugergruppe erfolgte im Tertiär (als „Zeitalter der Säugetiere"). Aufspaltung in die Hauptordnungen wahrscheinlich bereits in Oberer Kreide, obwohl aus dieser Zeit nur (fossile) Reste von Insectivora bekannt; zahlreiche Ordines fossil. Renzente Ordines: Insectivora, Dermaptera, Chiroptera, Carnivora, Pinnipedia, Cetacea, Ungulata, Subungulata, Xenarthra, Pholidota, Rodentia, Lagomorpha, Primates u. a. (vgl. Kap. 4: System).

Euthyneura, *n.,* Pl., gr., s. u.; zusammenfassende Bezeichnung für die Opisthobranchia u. Pulmonata, bei denen die Visceralkonnektive gerade *(euthýs)* verlaufen (bei wenigen Ausnahmen, den Bullacea, z. T. gekreuzt); s. Euthyneurie.

Euthyneurie, die, gr. *euthýs* gerade, *to neúron* der Nerv; morphologisch-topographischer Zustand des Nervensystems bestimmter Gastropoden (Euthyneura). Die Drehung des Pallialkomplexes verläuft wieder mehr od. weniger „rückgängig", d. h., die Kreuzung der Nervenbahnen ist dadurch aufgehoben. Die E. ist eine sekundäre Orthoneurie.

eutróph, gr. *eu* gut, richtig, *tropheín* ernähren; nährstoffreich, s. Trophiegrad.

Eutrophie, die, gr. *he trophé* die Nahrung, Ernährung; Wohlgenährtheit.

Eutrophierung, die; langzeitige Nährstoffzufuhr in Gewässer, vor allem von Phosphaten, führt zu erhöhter Produktion u. Änderung des Trophiezustandes.

euxinus, latin. aus gr. *euxeinos* gastlich, z. B.: *pontus euxinus* Schwarzes Meer; euxinisch: Verhältnisse in tieferen, sauerstoffreien Meeresteilen, bei denen der H_2S-Spiegel (aus dem Sediment) ansteigt und höher organisiertes Leben im freien Wasser unmöglich macht; auch die dabei entstehenden Sedimente werden so genannt; sie begünstigen die Konservierung von Organismen auch aus höheren Wasserschichten.

Evádne, *f.,* Name urspr. (gr.) Euádne, Tochter des Poseidon (Meeresgott); Gen. der Onychopoda, Cladocera, s. d.; die 2 Species der Gattg. sind Meeresbewohner (Name!).

evers, lat. *evérsus* verdreht, nach auswärts gedreht; everses Auge: die Rhabdome der Lichtsinneszellen sind dem einfallenden Licht zugekehrt.

Evers, Alphonsus Maria Johannes, geb. 9. 7. 1918 Amsterdam, gest. 18. 3. 1998 Krefeld; Buchhändler, Verleger, Antiquar u. Coleopterologe, Spezialist der Käferfamilie Malachiidae, herausragender Förderer der systematisch-taxonomischen Zoologie (Entomologie) u. Gründer eines „Instituts für entomologische Taxonomie und Systematik" an der Univ. Ulm. Die berufl. Ausbildung erfolgte im Verlagshaus Goecke in Krefeld; 1944 Teilhaber der Firma (seitdem Goecke & Evers); 1994 Verleihung des Doctor honoris causa durch die Univ. Marburg.

Evertebrata, die, lat. *e-* un-, ohne, nicht, s. Vertebrata; zusammenfassender Begriff für alle wirbellosen Tiere (Wirbellosen) im Ggs. zu den Vertebraten (Wirbeltiere); Syn.: Invertebrata.

Eviration, die, lat. *eviráre* entmannen; Verweiblichung des männlichen Charakters als Folge entgegengesetzter Geschlechtsempfindung.

Evolution, die, lat. *evolútio* die Entwicklung; 1. Entwicklung durch Entfaltung von Vorgeformtem; 2. fortschreitender Prozess, in dessen Verlauf ständig neue Qualitäten entstehen. Evolutionsfaktoren sind u. a. Mutation, Selektion, Zufallswirkung u. Isolation.

evolutorisch, i. Sinne d. Evolution.

evonymella, auf Spindelbaum bzw. Pfaffenhütchen (botan. *Evónymus*) vorkommend; s. *Yponomeuta.*

Ewert, Richard, geb. 23. 2. 1867 Greifswald, gest. 25. 7. 1945 Berlin; Studium der Naturwissenschaften, Dozent u. später Direktor am Pomologischen Institut für Obst- u. Gartenbau in

Proskau bei Oppeln, ab 1924 Prof. an der Landwirtschaftl. Forschungsanstalt in Landsberg/Warthe. Hauptwerke: „Blühen und Fruchten der insektenblütigen Garten- und Feldfrüchte unter dem Einfluss der Bienenzucht“ (1928), „Die Honigbiene als wichtigste Gehilfin im Frucht- und Samenbau“ (1939).

excavátio, -onis, *f.*, lat. *excaváre* aushöhlen; die Aushöhlung.

excretórius, -a, -um, lat., *excérnere* ausscheiden; der Ausscheidung dienend.

excrétium, -i, *n.*, die Ausscheidung, das Exkret.

excúbitor, -oris, *m.*, lat., der Wächter; s. *Lanius* (der oben auf Bäumen gleichsam als Wächter nach Beute Ausschau hält).

exergonische Reaktionen, *f.*; energieliefernde Vorgänge.

Exhaustor, der, gr., lat. *ex* aus, weg, auf, lat. *haustor* der Schöpflöffel; der Absauger, z. B. verwendet zum Auf- bzw. Absaugen kleiner Insekten.

exiguus, -a, -um, lat., klein, gering; Spec.: *Cardium exiguum,* Kleine Herzmuschel.

exíliens, lat., herausspringend.

Exit, der; s. Exopodit.

Exitus, der, lat. *exíre* hinausgehen; der Ausgang, Auszug, das Ende, der Tod.

Exkremente, die, lat. *excreméntum* der Abgang, Kot; die Fäkalien (Faeces), der Kot; für die Ernährung unbrauchbare Nahrungsstoffe.

Exkrete, die, lat. *excrétum* die Aussonderung; für den Organismus nicht mehr verwendbare od. toxische Stoffwechselendprodukte, auch körperfremde Stoffe, die der Organismus mit der Nahrung aufgenommen hat, aber nicht verwerten kann.

Exkretion, die; Absonderung, Ausscheidung von Exkreten; exkretorisch, ausscheidend, nach außen absondernd.

Exkursion, die, lat. *excúrsio* der Ausflug; eine Lehrveranstaltung bzw. Forschungsreise zum Kennenlernen der Fauna od./u. Flora eines Gebietes.

ex larva, lat., s. larva; „aus der Larve“, übliche Abk. e. l.; angewandt, um ein aus einer Larve gezogenes Exemplar kenntlich zu machen.

Exner, Sigmund, Ritter v. Ewarten (seit 1917); geb. 5. 4. 1846 Wien, gest. 5. 2. 1926 ebd.; Prof. der Physiologie in Wien; Hauptarbeitsgebiet Sinnesphysiologie; bedeutende Arbeiten über Großhirnlokalisation (Beziehungen zwischen psych. Erscheinungen u. den Vorgängen im ZNS), über Tierversuche (Flug u. Schweben der Vögel, Orientierungsvermögen der Brieftauben etc.) u. über physiol. Optik (Facettenaugen, Sinnestäuschung, Bewegungssehen etc.).

Exo-, gr. *exo* außen, außerhalb; in Zsg.

Exocoetus, *m.*, gr. *ho exókoitus* unbekannte Fischart der Alten, eigentlich gr. *éxo* draußen (liegend) u. *he koíte* das Lager, Bett; Gen. der Exocoetidae, Fliegende Fische, Spec.: *E. vólitans,* Fliegender Fisch.

Exocytose, die, gr. *to kýtos* die Höhlung, der Bauch, das Gefäß; Exozytose die Entleerung (Abgabe) von Sekretgranulae aus der Zelle.

Exodon, *m.*, gr. *ho odṓn* der Zahn; Außenzähner; Gen. der Characidae, Cypriniformes. Spec.: *E. paradóxus,* Zweitupfensalmler.

Exogástrula, die, gr. *he gastér* der Bauch, Unterleib, Magen; Gastrula mit ausgestülptem Urdarm.

exogen, gr. *éxo-* außerhalb, *gígnesthai* entstehen; außen entstanden, von außen eingeführt, von außen stammend.

Exohormone, die; s. Pheromone.

exokrin, gr. *krínein* absondern; nach außen absondernd, abgeschieden.

Exopeptidasen, die, Syn.: Peptidasen; zu den Proteasen gehörende proteolytische Enzyme, die nur am Ende einer Peptidkette angreifen, u. zwar die Carboxypeptidasen vom Carboxylende her u. die Aminopeptidasen vom Aminoende her.

Exophthalmus, der, lat. *ex-* aus-, heraus-, gr. *ho ophthalmós* das Auge; das Hervortreten des Augapfels, verbunden mit Bewegungseinschränkungen.

Exopodit, der, gr. *éxo-,* s. o., *ho pus, podós* der Fuß; Außenast des Spaltbeines bei Krebsen, der vom Stamm (Protopodit) getragen wird.

Exopterygota, die, *f.*, gr. *he ptéryx, -ygos* der Flügel; primär geflügelte Insekten mit unvollkommener Verwandlung, deren larvale Flügelanlagen ausgestülpt sind.

Exoskelett, das; s. Ektoskelett.

Exostose, die, gr. *to ostéon* der Knochen, die Gräte; Osteom (Osteoblastom, gutartige Knochengeschwulst), das von der Knochenoberfläche ausgeht.

exotherm, gr. *he thérme* die Wärme, Temperatur; mit Freiwerden von Wärme verbunden; vgl. endotherm.

ex ovo, lat. *ex* aus, *ovum* das Ei; „aus dem Ei“, übliche Abk.: e. o.; zur Kenntlichmachung (z. B. bei Insekten), dass ein Exemplar aus dem Ei gezogen wurde; meist verbunden mit Datumangabe.

Expansion, die, lat. *expánsio, -ónis* die Ausdehnung, -breitung; Spannweite.

Explantation, die, lat. *ex-* aus, *plantáre* pflanzen; Züchtung von Geweben in vitro in geeigneten Medien.

Explorationsverhalten, das, lat. *explorátio, -ónis,* die Erkundung; Erkundungsverhalten, artspezifische Verhaltensweisen, die der Beherrschung der Raum-Zeit-Beziehungen dienen.

Exponentialgesetz, das; Mengenzunahme um den gleichen, sich verdoppelnden Faktor in gleichen Zeitabschnitten, z. B. jeweils innerhalb von zehn Jahren. Dieses Verhalten wird durch die Exponentialfunktion repräsentiert.

Expressivität, die, lat. *expressívitas, -átis* der Ausdruck; Bezeichnung für die Stärke eines Gens u. seine phaenotypische Wirkung; der Ausprägungsgrad eines Merkmals; vgl. Penetranz.

ex pupa, lat., s. Pupa; „aus der Puppe", übliche Abk. e. p.; angewandt, um ein aus der Puppe gezogenes Exemplar kenntlich zu machen.

Exsikkose, die, gr./lat. *ex-* aus, *siccus* trocken; die Austrocknung des Organismus.

Exspiration, die, lat. *exspiráre* herausblasen, aushauchen; die Ausatmung, die Austreibung der eingeatmeten Luft; exspiratorisch: auf Ausatmung beruhend, die Ausatmung betreffend.

Exstirpation, die, lat. *exstirpáre* mit der Wurzel ausrotten; die Ausrottung; die Entfernung einer Zelle, eines Gewebes od. eines Organes; exstirpieren; ausschneiden, entfernen.

exténsio, -ónis, *f.,* lat. *exténdere* strecken; die Streckung.

extensive Größe, die; thermodynamischer Parameter, der vom stofflichen „Ausmaß" einer Menge abhängt.

exténsor, -óris, *m.,* lat., der Strecker.

extensórius, -a, -um, zum Strecker gehörig.

exténsus, -a, -um, lat., lang od. ausgestreckt; s. *Tetragnatha.*

Exterozeption, die, lat. *éxterus* außen, *cápere* fassen; Aufnahme von Reizen aus der Umwelt des Organismus.

Exterozeptoren, die; Rezeptoren, die die aus der äußeren Umgebung stammenden Reize aufnehmen.

Extinktion, die, lat. *extingúere* auslöschen; 1. die Absorption des Lichtes (Lambert-Beersches Gesetz), 2. das Vergessen bzw. das „Auslöschen" von Engrammen.

Extinktionskoeffizient, der, Syn.: Absorptionskoeffizient; eine Zahl, die das Ausmaß des Verschluckens von Licht zum Ausdruck bringt.

Extirpation, die, lat. *extirpare* ausrotten; z. B. operative Entfernung eines kranken Zahnes od. eines Tumors.

éxtra, lat., außerhalb von etwas (in Zusammensetzungen gebraucht).

extracellulär, lat. *céllula, -ae, f.,* die Zelle; außerhalb der Zelle.

extraintestinal, lat. *intestína* die Eingeweide; extraintestinale Verdauung; einleitende Verdauungsphase außerhalb der Verdauungsorgane.

Extrakápsulum, das, lat. *cápsula* die Kapsel; alle Teile des Weichkörpers, die außerhalb der Zentralkapsel d. Radiolarien gelegen sind.

Extraktion, die, lat. *extráhere* ausziehen; die Extraktion, das Herausziehen: 1. z. B. das Ziehen eines Zahnes, 2. Auslaugung von festen Stoffen od. Flüssigkeitsgemischen durch geeignete Lösungsmittel.

extraperitoneal, s. *peritoneum;* außerhalb d. Bauchfells gelegen.

extrapleural, gr. *he pleurá* die Seite des Körpers, Weichen, Rippen; außerhalb des Brustfells gelegen.

extrapyramidale Bahnen, *f.;* Bahnen, die ihren Ursprung aus subkortikalen Zentren u. Kernen im Hirnstamm nehmen. Sie liegen im Vorderseitenstrang u. enden an motorischen Vorderhornzellen. Die wichtigsten e. B. des Menschen sind z. B.: Tractus reticulospinalis, T. olivo-spinalis, T. vestibulo-spinalis, T. tecto-spinalis u. T. thalamo-spinalis.

Extrasystole, die; s. Systole.

extrauterin, s. *úterus;* außerhalb der Gebärmutter vorkommend.

extrémitas, -átis, *f.;* die Gliedmaße, die Extremität.

extrinsic factor, s. Vitamin B_{12}.

Extrusion, die, Ausscheidung von festen od. flüssigen Stoffen aus der Zelle.

Extrusom, das, lat. *extrúdere* hinausstoßen, gr. *to sóma* der Körper; zusammenfassende Bezeichnung für solche Organellen (der Protozoen), die auf verschiedene Reize hin aus der Zelle ausgeschleudert werden können. Besonders bekannte Extrusomen sind die Trichocysten von *Paramecium. Ochromonas tuberculata* verfügt über sogenannte Discobolocysten. Außer diesen beiden Extrusomtypen kennt man z. B.: Toxicysten, Mucozysten, Ejectisomen, Rhabdocysten.

éxulans, lat., ein Vertriebener, Ausgewanderter (v. *exuláre* verbannt sein); s. *Diomedéa.*

Exumbrélla, die, lat. *ex-* außen, *umbrélla* der Schirm, *úmbra* der Schatten; die Schirmoberseite der Medusen.

Exuvia, die, lat. *exúviae* abgelegte Kleider, leere Hülle; die bei der Häutung abgestreifte bzw. abgestoßene Körperhülle (z. B. bei Krebsen, vielen Insekten, Schlangen).

exzitatorisches Neuron, *n.,* lat. *excitator, -oris, m.,* der Erwecker, gr. *to neúron* die Faser; ein Neuron, das erregende Einflüsse ausübt.

F

F_1, abgekürzte Bezeichnung für die 1. Nachkommengeneration, s. Filialgeneration.
fabae, Genit. von *faba, f.,* Bohne; s. *Aphis.*
fabális, -is, -e, lat., bohnen- *(faba-)* artig, auch: Saat- (von *faba* fressend); s. *Anser.*
fabélla, -ae, *f.,* lat., die kleine Bohne; das Sesambein.
faber, -bra, -brum, lat., geschickt, kunstfertig. Spec.: *Ergates faber,* Mulmbock, Zimmermann.
Fabre, Jean Henri, geb. 21. 12. 1823 Saint-Léons (Aveyron), gest. 11. 10. 1915 Sérignen (Vaucluse); frz. Entomologe; Hauptwerk: „Souvenirs entomologiques" (10-bändig, 1879–1907).
Fabricius, Johann Christian, geb. 7. 1. 1743 in Tondern, gest. 3. 3. 1808; Schüler von Linné, Prof. in Kiel; teilte die Insekten nach den Mundwerkzeugen ein in seinem Werk „Systema entomologicae" (1775).
Fabriciusscher Beutel, *m.,* nach Fabricius benannt; bei Vögeln ein unpaarer Beutel, der dorsal in die Kloake einmündet, schwindet bei älteren Tieren.
Facettenauge, das, frz. *facétte* die geschliffene Fläche eines Edelsteines, v. lat. *fácies* das Gesicht; Lichtsinnesorgan der Gliederfüßer, setzt sich aus Einzelaugen (Augenkeile od. Ommatidien) zusammen, daher auch Komplexaugen genannt. Man unterscheidet 2 Typen von F.n.: s. Appositionsaugen, s. Superpositionsaugen.
facétus, -a, -um, lat., anmutig, elegant, fein, artig; s. *Cichlasoma.*
faciális, -is, -e, zum Gesicht gehörig.
fácies, *f.,* lat., die Außenfläche; das Gesicht.
Facilitation, die, lat. *facilis, -is, -e* leicht, mühelos; engl. *facilitation* Erleichterung, Förderung; mitunter unübersetzt für Bahnung gebraucht.
Fächerflügler, der; s. Strepsiptera.
Fächerkäfer, der; s. *Rhipidius.*
Fächertracheen, die, Syn.: Tracheenlungen; kommen bei zahlreichen Spinnentieren (Arachnoideen) z. T. neben Röhrentracheen in Hinterleibssegmenten vor. Die F. setzen sich aus dem Atemvorhof u. den wie die Blätter eines Buches dicht nebeneinander liegenden Atemtaschen zusammen.
Fähe, die; das Weibchen beim Raubwild.
Fährte, die; Bezeichnung für die hintereinander folgenden Fußabdrücke im Boden, z. B. der Schalen des Schalenwildes. Einzelne Abdrücke heißen Tritte od. Trittsiegel. Eine Reihe von Tritten ergibt eine Fährte. Bär, Wolf, Luchs u. Auerhahn (alle auch zur „hohen Jagd" gehörig) hinterlassen ebenfalls eine Fährte; vgl. Spur, Geläuf.
Fäkalien, die, lat. *faex, fǣcis* der Kot; s. Exkremente.
Färberfrosch, der; s. *Dendróbates tinctórius.*
Färse, die; weibl. Rind nach vollendetem 1. Lebensjahr bis zum ersten Kalb.
fágus, -i, *f.,* lat. Buche. Spec.: *Phyllaphis fagi,* Buchenblattlaus.
fahaka, Nilkugelfisch, einheimischer Name für *Tetraodon*-Species, die in westafrikan. Flüssen, insbes. im Nil vorkommt.
Fahlgeier, der; s. *Gyps coprotheres.*
Fahnendrongo, s. *Dicrurus macrocercus.*
Faktor, der, lat. *fáctor* der Verfertiger, Urheber, der Wirkstoff, *fácere* tun; Einflussgröße, z. B. Erbfaktor.
fakultativ, lat. *facúltas* die Möglichkeit, Kraft, Fähigkeit; dem eigenen Ermessen, Belieben überlassen, freigestellt, nicht verbindlich. Ggs.: obligatorisch.
fakultative Kategorien (lat. *facultas, -atis,* die Möglichkeit); in der zool. Nomenklatur über die → obligatorischen hinausgehende Kategorien wie Unterart, Untergattung, Sektion usw.; s. Kategorienstufe.
falcátus, -a, -um, lat., sichelförmig (*falx, falcis* die Sichel); s. *Hydrallmania,* s. *Anas.*
falcifórmis, -is, -e, sichelförmig, gekrümmt.
falcinéllus, -a, -um, kleinsichelig, etwas gekrümmt, sichelförmig; s. *Plegadis.*
falciparum, lat. *falx, falcis, f.,* die Sichel, Mondsichel, Sense, der (Mauer-) Haken, *parum* von *parvus, -a, -um* klein, gering, also: „kleine (Mond-)Sichel" = Halbmond; Artbezeichnung von *Plasmodium,* (Sporozoon), Halbmond-Parasit, Erreger der Malaria tropica; s. Malaria.
Falco, *m.,* lat. *falco* u. gr. *ho phálkon* der Falke; Gen. der Falcónidae, Echte Falken. Spec.: *F. tinnunculus,* Turmfalke; *F. rusticolus,* Jagdfalke (mit den geograph. Rassen: Island-, Grönland-, Gerfalke u. a.); *F. peregrinus,* Wanderfalke; *F. subbuteo,* Baumfalke, *F. mexicanus,* Präriefalke; *F. biarmicus,* Feldeggsfalke; *F. cherurg,* Würgfalke.
Falconiformes, *f.,* Pl., s. *Falco;* Greifvögel, Ordo d. Aves, mit Cathartidae (Neuweltgeier), Sagittariidae (Sekretäre), Accipitridae (Greife), Pandionidae (Fischadler), Falconidae.
Fálculae, *f.,* Pl., lat. *falcula,* kleine Sichel, Kralle, Dim. v. *falx, -cis;* Krallen, gewölbte u. seitl. zusammengedrückte Horngebilde, die den Nägeln entsprechen u. den Zehenspitzen einiger Amphibien, der meisten Reptilien, Vögel u. vieler Säuger aufsitzen.
Falke, der, mhd. *beizaere;* s. *Falco.*

fallax, lat., Adj., trügerisch, trugvoll, täuschend; *Alosa fallax* wurde lange Zeit für „täuschend" ähnlich gegenüber *A. alosa* gehalten u. erst später als selbständige Species bestimmt; s. *Alosa.*

Faltenwespe, die; s. *Vespa.*

fálx, -cis, *f.,* lat., die Sichel, die Sense, der Haken.

familia, lat., s. Familie.

familiáris, -is, -e, lat., zum Hause *(familia)* gehörig. Spec.: *Certhia familiaris,* Gem. Baumläufer.

Familie, die, lat. *familia, -ae, f.,* Hausstand, Familie, Geschlecht; 1. systematische Hauptkategorie direkt oberhalb der Gattung bzw. Unterfamilie u. direkt unterhalb der Überfamilie bzw. Ordnung, s. Rangstufe; 2. ein einzelnes Taxon der Kategorie „Familie", z. B. Múscidae, Homínidae. Nominelle F. besagt, dass die F. mit einem Namen versehen u. durch die Typusgattung objektiv definiert ist; so ist die nominelle Fam. Muscidae stets die, zu der die nominelle Typusgattung *Musca* gehört. Die zoologischen Familiennamen werden gebildet durch Anfügung der Endung *-idae* an den Stamm des Namens von derjenigen Gattung, die als Typus gilt.

Familiengruppe, die; umfasst lt. Intern. Regeln die Kategorien Tribus, Unterfamilie, Familie, Überfamilie (u. alle erforderlichen Zwischenkategorien), s. auch Gruppe.

Familienname, der; *nomen familiae,* der Name einer Familie. Die Wortstammbildung darf nicht von der Nominativform des Gattungsnamen *(nomen generis)* erfolgen, sondern muss nach philologischen u. nomenklatorischen Regeln stets aus seiner Genitivform abgeleitet werden; z. B.: *Aphis* (= Nominativ), Aphid-is (= Genitiv), also: Aphid-idae; *Homo* (Genitiv: homin-is), Familienname: Homínidae. Bei zahlreichen Gattungsnamen ist der Wortstamm von beiden Fällen (Nominativ u. Genitiv) nicht different, z. B. *Ctenodactylus, Equus.*

Fangheuschrecken, die; s. *Mantis.*

far, farris, *n.,* lat., das Mehl, Brot, das Schrot, das gemahlene Getreide, auch: *farina, -ae, f.,* das Mehl/Mehlartige). Spec.: *Aleurobius farinus,* Mehlmilbe.

Faradaysche Reizung, die, nach Michael Faraday (1791–1867); elektrische Reizung durch Wechselströme, insbesondere durch die von einem Induktorium.

Farbstoffzellen, Pl., *f.*; spezialisierte Zellen in Pflanzen u. Tieren, die zur Produktion natürlicher organischer u. anorganischer Farbverbindungen dienen (z. B. Kurkuma, Purpur). Die resultierende Färbung dient dem Schutz (Mimikry), der Abschreckung von Fressfeinden.

Farbwechsel, der; differenziert in „morphologischen" u. „physiologischen" F.; beim morpholog. F. kommt es zur Pigment- od. Chromatophorenvermehrung bzw. deren Abbau; beim physiolog. F. liegt dagegen nur eine Verlagerung von Pigmenten innerhalb der Chromatophoren vor.

farinae, *f.,* lat., Genitiv von *farina* das Mehl; Mehl-; vgl. *far;* s. *Tyroglyphus.*

fario, *m.,* lat., die Forelle; s. *Salmo (Trutta).*

Fasan, der; s. *Phasíanus.*

fáscia, -ae, *f.,* lat., die Binde; Faszie: eine flächenhafte, bindegewebige Hülle der Muskeln.

fasciátus, -a, -um, lat., gestreift, mit einer Binde *(fascia)* versehen; s. *Paradoxurus,* s. *Nosopsyllus,* s. *Bungarus, Myrmecobius.*

fasciculátus, -a, -um, neulat., gebändert; s. *Araeócerus;* mit kleinen Bündeln versehen.

fascículus, -i, *m.,* lat., *fáscis, -is, m.,* das Bündel; das kleine Bündel.

Fascíola, *f.,* lat., *fascíola* das kleine Band, die kleine Binde, Bändchen; Gen. der Fasciolidae, Digenea. Spec.: *F. hepatica,* Großer Leberegel; kommt bei Pflanzenfressern (z. B. Schaf, Rind) häufig vor; abhängig von Vorkommen u. Lebensbedingungen des Zwischenwirts (Schnecke); Infektion über die Nahrung (Gras, Sauerampfer), wo sich die Cercarien nach dem Verlassen des Zwischenwirts encystiert haben; *Distoma* vorzugsweise in den Gallengängen des Endwirts.

fascioláris, -is, -e, zum Band gehörig, einer kleinen Binde ähnlich, bandartig.

fasciolátus, -a, -um, lat., mit kleinen Binden versehen, gebändert, Band-; s. *Barbus.*

Fascielópsis, *f.,* gr. *he ópsis* das Aussehen, da dieser Parasit bandartig (ohne Kopfzapfen), eigentlich mehr blatt- bis zungenförmig gestaltet ist; Gen. der Fasciolopsidae, Digenea, Trematoda. Spec.: *F. buski,* Großer Darmegel; lebt im Dünndarm von Mensch u. Schwein, verbreitet in S-, SO-, O-Asien, Infektion per os durch Verzehr von Früchten der Wassernuss *Trapa natans,* auf denen sich die Metacercarien finden; Schnecken (der Gattungen *Planorbis* u. *Segmentina*) sind Zwischenwirte.

Fasciolose, die; Leberegelkrankheit.

fascis, is, *m.,* lat., das Bündel, Rutenbündel.

fastígium, -i, *n.,* lat., der Giebel.

faúces, -ium, *f.,* Pl., lat., der Schlund, Rachen, Zugang.

Faulbrut, Bösartige od. Amerikanische, die; verursacht durch *Bacillus larvae;* eine Bienenbruterkrankung mit Seuchencharakter (meldepflichtig!).

Faultier, das; s. *Choloepus*

Fauna, die, lat., *Fauna,* die Gattin (Tochter) des Fruchbarkeitsgottes Faunus, Waldgöttin, Beschützerin der Tiere; 1. die Tierwelt; 2. die Gesamtheit der Tiere eines bestimmten Gebietes.

Faunistik, die; die faunistische Zoologie, Wissenschaftszweig der Zoologie, der sich mit dem Studium der Fauna bestimmter Gebiete beschäftigt, er stellt die einzelnen Tierformen (Elemente) der Faunen zusammen, untersucht ihre taxonomische Wertigkeit, das Wesen ihrer Habitate, Biotope und ihr Verhältnis zu den anderen Tierformen bzw. innerhalb der Biozönosen.

faunistisch, die Fauna od. Faunistik betreffend.

Faunus, -i, *m.,* lat., ein sagenhafter König von Latium, der auch als Feld- u. Waldgott verehrt wurde.

faux, faucis, *f.,* lat., der Schlund, Engpass; *fauces, -ium, f.,* Plur.

Favosites, *m.,* von lat. *favus* Honigwabe; der Name wurde von Lamarck (1816) gegeben; Gen. der Favositidae, fossile Ordo Tabulata, Cl. Anthozoa; fossil im Oberen Ordovizium bis Mitteldevon. Spec.: *F. gothlandicus* (Silur).

F-Body, der, engl. *body, m.,* der Körper; das Y-Chromosom (Y-Chromatin), das im Interphasekern darstellbar ist und vergleichbar dem Y-Chromatin (Barr-Körperchen) zur Kerngeschlechtsbestimmung benutzt werden kann. Mit der Quinacrin-Fluoreszenzfärbung ist eine charakteristische helle Fluoreszenz in den distalen heterochromatischen Armen des Y-Chromosoms darstellbar.

Fechner, Gustav Theodor (Pseud. Dr. Mises); Philosoph, Psychophysiker; geb. 19. 4. 1801 Groß-Särchen (Lausitz), gest. 18. 11. 1887 Leipzig; s. Weber-Fechnersches Gesetz.

fecundátio, -ónis, *f.,* lat., die Befruchtung, die Fruchtbarkeit.

Federgeistchen, das; s. *Pteróphorus pentadactylus.*

Federdammkäfer, der; s. *Ptilinus.*

Federwild, das; Sammelbezeichnung für die jagdbaren Vögel; auch Flugwild genannt.

Feedback-Mechanismus, der, engl. *feed back* Rückkopplung; Rückkopplungsmechanismus, Kontrollmöglichkeit der enzymatischen Synthese organischer Verbindungen im Zellstoffwechsel.

Feigengallwespe, die; s. *Blastophaga.*

Fekundation, die, lat. *fecúndus* fruchtbar, ergiebig, befruchtend; die Befruchtung.

Fekundität, die; die Fruchtbarkeit.

fel, féllis, *n.,* lat., die Galle, Bitterkeit (gr. *cholḗ,* ahd. *galla*).

Felchen, *m.*; in S-Deutschland, insbes. S-Baden, verbreitete Bezeichnung für die (große) Maräne (s. d.), die als wohlschmeckender Speisefisch (Landesprodukt; „Bodenseefelchen"; ssp.) gilt; s. *Coregonus.*

Feldeggsfalke, der; s. *Falco biarmicus.*

Feldgrille, die; s. *Gryllus.*

Feldhuhn, das; s. *Perdix.*

Feldlerche, die; s. *Alauda.*

Feldmaus, die; s. *Microtus.*

Feldmauslaus, die; s. *Hopopleura.*

Feldschwirl, der; s. *Naevus.*

Feldspitzmaus, die; *s. Crocidura leucodon.*

Felicola, *f.,* lat. „Katzenbewohner"; Gen. der Trichodectidae, Ordo Ischnocera, Haarlinge. Spec.: *F. subrostratus,* Wirt: Katze. Zwischenwirt u. Überträger von *Dipylidium caninum* (= Gurkenkernbandwurm).

Felidae, *f.,* Pl., s. *Felis;* bereits im Oligozän entstandene eigene Linie der Fissipedia, Landraubtiere. Fam. d. Carnivora; „Echte Katzen"; typisch: Zehengänger mit zurückziehbaren Krallen u. gutem Sprungvermögen. Die Felidae leben in allen Kontinenten außer Australien. Neben kleineren Wildkatzen auch größere Formen (z. B. Gepard, Jaguar, Luchs, Puma, Tiger).

Felinin, *n.,* von gr. *felis* gebildet; Thioether des Zysteins mit dem tertiären C-Atom des Isoamylalkohols, regelmäßiger Bestandteil des Harns der Katze.

felinus, -a, -um, lat., katzenähnlich, räuberisch.

Felis, *f.,* lat., die Katze; Gen. der Félidae, Katzen. Spec.: *F. silvestris,* Wildkatze; *F. domestica,* Hauskatze; *F. euptilura* Amurkatze; *F. nigripes* Schwarzfußkatze; *felis:* auch als Artname, s. *Ctenocephalides.*

Felis domestica, *f..* lat.; s. Hauskatze, s. Felidae.

Felis silvestris, *f..* lat.; s. Wildkatze.

felix, -icis, (lat., Adjektiv); glücklich, beglückt, fruchtbar, glückbringend.

félleus, -a, -um, gallig; Vesica fellea, die Gallenblase.

Felóidea, *f.,* Pl., lat. *felis* die Katze u. *-oideus,* s. d.; Katzenähnliche, Gruppe (Superfam.) der Carnivora; Syn. auch: Aeluroida. Familien (z. B.: Viverridae (Schleich- od. Zibeth-Katzen), Felidae (Katzen), Hyaenidae.

Felsenhahn (Roter), der; s. *Rupicola peruviana.*

Felsenschlange, die; s. *Python sebae.*

Felsenspringer, die; Pl.; s. Archaeognatha.

Felsentaube, die; s. *Columba.*

fémina, -ae, *f.,* lat., das Weib, (von Tieren) Weibchen (eigentl. „die Säugende").
feminínus, -a, -um, = *femineus, -a, -um,* weiblich, feminin, weibisch.
Feminisierung, testiculäre, die, lat. *fémina, f.,* Weib, Weibchen von Tieren, *testis, m.* (Dim. *testiculus, m.*) der Hoden; eine Form des männlichen Scheinzwittertums (= Pseudohermaphroditismus masculinus), entsteht auf der Grundlage einer Genmutation, ist wahrscheinlich auf eine Androgenresistenz von Körperzellen zurückzuführen, so dass die normale Entwicklung männlicher primärer u. sekundärer Geschlechtsmerkmale unterbleibt (d. h., das Genitale zeigt weibliche Merkmale).
Feminismus, der; die Überbetonung des Weiblichen.
feminus, lat. *fémina, -ae, f.,* das Weib.
femorális, -is, -e, zum Oberschenkel gehörig, femoral.
femoratus, -a, -um, lat., mit Schenkel *(femur, -oris)* versehen; s. *Cimbex femorata,* Birkenblattwespe.
fémur, -oris, *n.,* lat., das Femur; 1. der Oberschenkel(-knochen) der Pentadactylen; 2. Extremitätenglied (Schenkel) bei Insekten.
Fenestélla, *f.,* lat., ein kleines Tor (in Rom); Gen. der fossilen Subordo Cryptostomata, (Cl.) Bryozoa; fossil im Ordovizium bis Perm. Spec.: *F. retiformis* (Perm [Zechstein]).
fenéstra, -ae, *f.,* lat., das Fenster. Spec.: *Drosophila fenestrarum,* Kleine Essigfliege.
Fenéstra cóchleae, die; rundes Fenster (Fenestra rotúnda), Schneckenfenster, im Gehörgang von den Reptilien aufwärts, eine durch eine Membran verschlossene Öffnung, die die Paukenhöhle mit der Schnecke (Cóchlea) verbindet.
Fenéstra vestíbuli, die; ovales Fenster (Fenestra ovális), Vorhoffenster im Gehörgang der Wirbeltiere von den Fischen aufwärts, eine Öffnung an der Innenseite der Paukenhöhle (Cavum týmpani), die zum Vorhof (Vestíbulum) des Labyrinths führt. Die F.v. wird von der Fußplatte des Steigbügels ausgefüllt.
fenestrella, *f.,* lat., das kleine Fenster (Dim. von *fenestra*); s. *Thyris.*
Fennécus, *m.,* latin. (Vernakulár-) Name; Gen. der Cánidae. Spec.: *F. zerdo (cerdo);* Fennek, Wüstenfuchs (N-Afrika).
Fensterfleckchen, das; s. *Thyris fenestrella.*
feral, lat., *ferus* wild; verwildert.
ferínus, -a, -um, lat., von wilden Tieren; *ferina* Wildbret; s. *Aythya ferina,* Tafelente.
Ferkel, das, von indogerm. Verbalform *perk* wühlen, aufreißen; der „Kleine Wühler"; das primäre Jugendstadium bei Haus- u. Wildschwein (u. verwandten Arten), von der Geburt bis zum Absetzen; es folgt das sog. Läufer-Stadium.
fermentativ, von Fermenten bewirkt.
Fermente, die, lat. *fermentáre* gären lassen, *ferméntum* der Sauerteig, die Gärung; gleichbedeutend mit Enzyme; organische Wirkstoffe, die im Stoffwechsel von Tier u. Pflanze als Biokatalysatoren fungieren. Sie können Reaktionen auslösen od. als Reaktionsbeschleuniger dienen, dabei gehen die F. aus einer Reaktion unverändert wieder hervor. Es werden sechs Hauptgruppen unterschieden: Oxydoreduktasen, Transferasen, Hydrolasen, Lyasen, Isomerasen, Synthetasen (Ligasen).
Fermentgifte, die; Inhibitoren, s. Enzymhemmung.
ferox, lat., wild; s. *Cryptoprocta.*
ferrugíneus, -a, -um, lat. *ferrúgo, -inis, f.,* der Rost, Eisenrost; rostbraun bzw. rostfarben, dunkelfarben.
ferrum-equínum, lat. *ferrum* das Eisen, *equínus, -a, -um,* zum Pferde gehörig; das Pferdehufeisen; s. *Rhinolophus.*
fértilis, -is, -e, lat., fertil, fruchtbar, fruchtend.
fertilisatio, -onis, *f.,* lat., die Befruchtung, Fertilisation.
Fertilität, die, lat. *fertilitas, -atis* Fruchtbarkeit.
Ferunguláta, *n.,* Pl., lat. *fera, -ae* wildes Tier [Ferae = ungebräuchliches Synonym für Carnivora]; *ungula* Klaue, Huf; eine Zusammenfassung (Cohorte) für Carnivoren u. Ungulaten, die aus einer gemeinsamen „Wurzel" abgeleitet werden.
ferus, -a, -um, lat., wild, ungezähmt; *ferus, -i, m.,* u. *fera, -ae, f.,* das wilde Tier.
festívus, -a, -um, lat, festlich, heiter, hübsch. Spec.: *Chrysotis festiva* (ein Papagei); s. *Lampra,* s. *Cichlasoma.*
fetális, -is, -e, fetal; zum Fetus gehörig.
Fetalperiode, die; beim Menschen die Zeit der Schwangerschaft zwischen Anfang des 4. Monats u. der Geburt.
Fetogenese, die, gr.; Fetalperiode, Fetalentwicklung; Abschnitt der Kyematogenese (s. d.), der ohne scharf abgrenzbaren Übergang von der Embryogenese her beginnt u. den Zeitraum bis zur Geburt eines (höheren) Säugetiers einnimmt. Im allgemeinen werden Plazentation u. Abschluss der Differenzierung der wichtigsten bleibenden Organe als Grenzmerkmale (Kriterien) der Fetalperiode angesehen.
Fette, die, Pl., *n.*; 1. anatomisch für Fettgewebe; 2. bicohemisch alte Bezeichnung für Triglyceride; 3. Hauptnährstoff mit höchstem Energiegehalt (9,3 kcal/g). Sie sind als Lieferanten

essentieller Fettsäuren zur Resorption fettlöslicher Vitamine lebensnotwendig. Tierische F. enthalten viele gesättigte Fettsäuren (Palmitin- u. Stearinsäure), pflanzliche F. (Öle) v. a. ungesättigte Öl- u. Linolsäure. Fischöl (Lebertran) ist reich an Omegafettsäuren, die gefäßprotektiv wirken.

Fettgewebe, das, *n.*; Form des Bindegewebes, das v. a. aus Fettzellen besteht, die durch Gitterfasern unterteilt werden u. mit kollagen-elastischen Fasern Fettgewebsläppchen bilden. Das weiße F. stellt ein Energie- u. Kohlenstoffreservoir dar („hungerfestes Baufett"), braunes F. dient der Wärmeregulation.

Fettschwalm, der; s. *Steatornis.*

Fettzellen, die, Pl., *f.*; Adipozyten; runde, große Zellen im Fettgewebe mit randständigem Kern u. klar abgrenzbarer Zellmembran. Sie entstehen aus Retikulumzellen. Man differenziert zwischen univakuolärem F., dem weißen Fettgewebe, das nur ein Fetttröpfchen enthält u. plurivakuolären F., dem braunen Fettgewebe mit mehreren Fetteinschlüssen.

fétus, -us, *m.*, lat., der Fetus, die Leibesfrucht; z. B. der menschliche Embryo nach dem 3. Schwangerschaftsmonat bis zum Ende der Schwangerschaft; Abk.: fet.

Feuerfalter, der; s. *Lycaena.*

Feuerkäfer, der; s. *Pyróchroa.*

Feuerwalze, die; s. Pyrosomida, s. *Pyrosoma.*

Feuerwanze, s. *Pyrrhocoris apterus.*

Feulgen, Robert Joachim, geb. 2. 9. 1884 Essen-Werden, gest. 24. 10. 1955 Gießen; 1912 Promotion zum Dr. med., dann Assistent am Physiolog. Institut von Hoppe-Seyler an Kieler Univ., ab 1919 Assistent am Physiolog. Institut der Univ. Gießen; 1923 ao. Professur, ab 1927 o. Professor. Prof. für Physiologische Chemie in Gießen; F. gilt als einer der bedeutendsten Vertreter der Histochemie und der Physiologischen Chemie. F. bewies, dass die DNS nicht nur in tierischen, sondern auch in pflanzlichen Zellkernen vorkommt (F.-Nuklearreaktion zum Nachweis von DNS).

Fiber, *m.*, lat. *fiber, fibri* der Biber; Gen. der Micrótidae, Wühlmäuse. Spec.: *F. zibethicus,* Bisamratte.

fíbra, -ae, *f.*, lat.; die Faser.

fibrilla, ae, *f.*, lat.; das Fäserchen, die kleine Faser.

fibrilär, s. *fibrilla;* faserig, aus Fibrillen bestehend.

Fibrin, das, s. *fibra;* Blutfaserstoff, hochmolekulares Protein, entsteht bei der Blutgerinnung unter dem Einfluss von Thrombin aus der Vorstufe Fibrinogen.

Fibrinogen, das, s. *fibra,* gr. *gígnesthai* entstehen; Vorstufe des Fibrins; im Blutplasma vorkommendes Protein, das zu den Globulinen gehört.

fibrinósus, -a, -um, fibrinhaltig, reich an Fibrin.

Fibroblasten, die, s. *fibra,* gr. *ho blástos* der Keim; Zellen im Bindegewebe, stellen undifferenzierte Fibrozyten dar.

Fibrom, das; gutartige Bindegewebsgeschwulst, Fibroma.

fibrósus, -a, -um, faserreich.

fibula, ae, *f.*, lat., die Fibula, eigentl. Heftel, Spange; das Wadenbein, schlanker Röhrenknochen des Unterschenkels der pentadactylen Wirbeltiere; Artbeiname bei *Dictyocha.*

fibuláris, -is, -e, zum Wadenbein gehörig.

Fichtengallenlaus (Grüne), die; s. *Chermes.*

Fichtenkreuzschnabel, der; s. *Loxia.*

Fichtenrüsselkäfer, der; s. *Hylobius.*

fícus, -i, od. **-us,** *f.*, lat., der Feigenbaum, die Feige.

fidus, -a, -um, lat., -teilig, spaltig, von *fíndere* zerteilen, spalten; Musculus multifidus; der „vielgespaltene" Rückenmuskel bei Primaten.

Fiebermücke, die; s. *Anopheles.*

Fierásfer, *m.*, Synon. von *Carapus,* wahrscheinlich v. gr. *phieros = phiarós* glänzend und lat. *ferre* tragen, also: „Glanz tragend"; Gen. der Fierasferidae, Eingeweidefische; Spec.: *Carapus (= Fierasfer) acus* (in Holothurien lebend, mit einem langen, zugespitzten, „nadelartigen Schwanz").

fígulus, -i, *m.*, lat., der Töpfer. Spec.: *Trypoxylon figulus,* Gemeine Töpferwespe.

filamentósus, -a, -um, lat., mit fadenförmigen Anhängseln (Barteln), fädig, fadenreich; s. *Barbus.*

Filaria, *n.*, Pl., lat. *filum* der Faden, *-aria* -artig, -ähnlich; Filarien, Sammelbezeichnung für die Nematodenarten der Filarioidea; besonders dünne, fadenförmig lang gestreckte, der parasitischen Lebensweise im Wirbeltier angepasste Körpergestalt. – Die Weibchen bringen Larven hervor, die über die Blutbahn aus peripheren Kapillaren durch Insekten aufgenommen werden; nach Erreichen des 3. Larvenstadiums im Insekt wandern die Larven zum Stechrüssel u. gelangen beim Stich wieder in den Wirbeltierwirt. Genera: *Loa, Onchocera, Wucheréria*; s. auch: Mikrofilaria.

filia, -ae, *f.*, lat., die Tochter.

Filialgeneration, die, lat. *filius, -i* Sohn, Plur. auch allg. Kinder, *generátio* die Zeugung, Nachkommenschaft, Abk.: F; bei der Fortpflanzung die jeweils nächste Generation, d. h. die aus einer Kreuzung hervorgehende Nachkommengeneration, Filial- od. Tochtergeneration.

filifórmis, -is, -e, s. *fílum;* fadenförmig.
filígerus, -a, -um, lat., fadentragend, von *filum* der Faden, *gérere* tragen, führen; s. *Prionobráma.*
fílius, -i, *m.,* lat., der Sohn.
Filopódien, die, gr. *ho pus, podós* der Fuß, s. *fílum;* eine Pseudopodien- (Scheinfüßchen-) Form bestimmter Protozoen; s. *Thalamophora.*
Filtration, die, lat. *filtra* das Sieb; bei der renalen Exkretion eine Filtration des Blutes bzw. der Hämolymphe u. die Entstehung von „Primärharn" bei Vorhandensein eines Druckgefälles.
Filtrierer, die; Tiere, die sich im Wasser befindliche Nahrung auf dem Wege der Filtration verfügbar machen, dabei z. B. mittels Borsten, Hornkämmen (durch Muskelbewegung) einen Wasserstrom erzeugen, den Rückstand (Nahrungspartikel) abfangen (filtern) u. zum Munde führen. Bei spezifischen Mechanismen der Nahrungszufuhr u. -aufnahme liegt das Filtrationsprinzip bei verschiedenen Tierarten vor, z. B. bei Cirripediern, Calanoiden (pelagische Copepoda), Amphipoda, Ephemeridenlarven, vielen Cladoceren, aber auch bei Bartenwalen, dem Riesenhai, Enten, Flamingos.
fílum, -i, *n.,* lat., der Faden; 1. Filum terminale: Endfaden des Rückenmarkes der Säuger bzw. vieler Wirbeltiere; 2. *Filaria:* Gen. der Nematoden.
Filzlaus, die; s. *Phthirus.*
Fímbria, *f.,* lat. *fímbria* die Franse, mit Bezug auf die zweireihigen flachen, blattförmigen Rückenfortsätze; Gen. der Phal. Dendronotacea, Ordo Nudibranchia (Nacktkiemer). Spec.: *F. fimbria (= Tethys leporina).*
fímbriae, *f.,* Pl., lat., die Fransen; Fimbriae tubae uterinae: Fransen am Rande des Eileitertrichters.
Fimbriaria, *f.*, lat. *fimbrid-artig* (s. o.); Gen. der Hymenolepididae, Cyclophyllida, Cestoda. Bis zu 40 cm lange Bandwürmer mit kleinem, hinfälligem Skolex, die sich über Krebse als Zwischenwirte (Zystizerkoid) entwickeln u. im Dünndarm von Wasservögeln, selten Hühnern, parasitieren; Spec.: *F. fasciolaris*, Wirte: Gänse; Kosmopolit.
fimbriátus, -a, -um, lat., mit Fransen *(fimbriae)* versehen; s. *Chelus.*
fimetárius, -a, -um, lat., auf Stalldung, Mist, Kot vorkommend; s. *Hister.*
Fingertier, das; s. *Daubentonia.*
Finne, die; geschlechtslose Jugendform von Bandwürmern; vgl. Cysticercus.
Finnwal, der; s. *Balaenoptera.*
finschi, latin. Artbezeichnung (als Genitiv) nach dem Namen des Ornithologen Otto Finsch (1839–1917); s. *Amazona.*
Finte, holländisch; s. *Alosa.*
Fischadler, der; s. *Pandion.*
Fischbandwurm, der; s. *Diphyllobothrium.*
Fischeule, s. *Ketupa.*
Fischgifte, die; Pl., *n.* Es gibt etwa 250 aktiv u. 550 passiv giftige Fischarten. Aktiv giftige Fischarten besitzen einen voll entwickeln Giftapparat, den sie sowohl zur Verteidigung als auch zum Angriff einsetzen. Beispiele: Drachenfisch, Steinfisch, Skorpionfisch, Petermännchen, Stachelrochen. Als passiv giftig bezeichnet man Fische, die nach dem Verzehr des ganzen Fisches od. einzelner Organe Vergiftungen auslösen. Beispiele: Seeskorpion, Knurrhahn, Seeteufel, Muräne, tropische Zackenbarsche, Igelfisch, Kugelfisch. Bei den passiv giftigen Fischen unterscheidet man 3 Gruppen: ichtyootoxische, ciguaterratoxische u. tetrodotoxische Fische.
Fischkatze, die; s. *Prionailurus viverrinus.*
Fischotter, der, mhd. *luter;* s. *Lutra.*
Fischuhu, der; s. *Ketupa.*
fissúra, -ae, *f.,* lat. *findere* spalten, *fissum, -i, n.,* der Einschnitt, die Spalte. Fissura Sylvii: tiefe Spalte zwischen dem Schläfenlappen u. dem Stirnlappen des Großhirns der Säuger.
Fistel, die; röhrenförmiger Gang (angeboren od. erworben), der ein Organ mit der Körperoberfläche od. anderen Organen verbindet.
fistula, -ae, *f.,* lat., die Röhre, Flöte, Fistel.
Fistulária, *f.,* lat. *fistulária* mit einer Röhre, Pfeife *(fístula)* versehen – wegen der Form des Mundes; Gen. der Fistularíidae; Pfeifenfische, Röhrenmäuler. Spec.: *F. tabaccária,* Tabakspfeife, Pfeifenfisch.
Fitislaubsänger, der; s. *Phylloscopus.*
Fitness, *f.,* engl. Tauglichkeit, Geeignetheit; Begriff in der Tierzucht für: Anpassungsfähigkeit, gekennzeichnet durch hohe Vermehrungsrate. Fähigkeit eines bestimmten Genotyps bzw. Individuums, unter definierten Umweltbedingungen die geforderten Lebens-, Leistungs- und Fortpflanzungsfunktionen zu erbringen. Die F. wird anhand festgelegter Reproduktionsmerkmale (Fruchtbarkeit, Zahl u. Qualität der Nachkommen) gewertet.
flabellum, -i, *n.,* lat., der Fächer, Wedel; Spec.: *Gorgonia flabellum,* Venusfächer.
flaccidus, -a, -um, lat., schlaff.
Flack, Martin, engl. Physiologe; geb. 1882 Borden (Kent), gest. 1931 Halton, England; bedeutende Untersuchungen über Herz, Kreislauf u. Atmung, weiterhin über die medizinische Seite des Flugwesens. Keith-Flackscher Knoten.
Flagelláta, *n.,* Pl., lat. mit „Geißel" *(flagellum)* versehene Einzeller; „Geißeltierchen", Syn.:

Mastigophora, Gruppe der Protozoa, die wenigstens während eines Entwicklungsstadiums durch Besitz einer oder mehrerer Geißeln *(flagella)* gekennzeichnet sind; meist mit einem einzigen Zellkern u. je einem Basalkorn zu jeder Geißel. – Beispiele für die polyphyletische Entstehung von Phyto- zu Zooflagellaten finden sich unter den Dinoflagellata.
Flagéllum, das, lat., die Geißel; 1. Bewegungsorganell bei Flagellaten; 2. fadenförmiger Penisanhang der Schnecken.
Flaggenbuntbarsch, der; s. *Cichlasoma festivum.*
Flamingo, der, franz. *flammant,* v. lat. *flamma* die Flamme; s. *Phoenicopterus.*
flamma, -ae, *f.,* lat., die Flamme, das Feuer.
flámmeus, -a, -um, lat., rot, flammend, feurig.
Flata, *f.,* lat., die Zirpe, lat. *flatare* blasen, hauchen; Gen. der Flatidae (Fam. der Zikaden), Hemiptera; Spec.: *F. pallida.*
Flaschennase, die; s. *Tursiops.*
Flatterflug, der; die morphologisch bedingte Art des Fliegens der Fledermäuse (s. Chiroptera), bes. mittels Chiropatagium; ihr Flatterflug geschieht schnell, gewandt, aber nicht ausdauernd.
flatus, -us, *m.,* lat., das Blasen, Wehen, der Hauch; Spec.: *Murex inflatus* (eine Vorderkiemenschnecke mit bauchiger Schale).
flavicollis, lat., gelb-„halsig", *(collum = Hals);* s. *Kalotermes.*
flavifrons, lat., mit ± rötlichgelber Stirn; s. *Scólia.*
Flavine, das, s. *flavus;* Coenzyme der Flavinenzyme.
flavipínnis, -is, -e, lat., mit gelber *pinna* (Feder, Flügel, Flosse), gelbflossig; s. *Aplocheilichthys.*
Flavismus, der, s. *flavus;* anormale bzw. krankhafte Gelbfärbung normalerweise rotgefärbter Körper (-teile) durch Hemmung in der Pigmentbildung.
flavus, -a, -um, lat., gelb, schwefelfarbig; s. *Cteníopus,* s. *Lásius,* s. *Potos.*
Fleckvieh, das; bedeutende ausgeprägte Zweinutzungsrinderrasse Europas mit günstiger Anlage für Milch- u. Fleischleistung. Die Tiere sind im allg. gelb bis rot gescheckt u. haben einen weißen Kopf. Ursprungsrasse ist das Simmentaler Rind der Schweiz. Das Deutsche Fleckvieh ist ein milchbetontes Kombinationsrind. Zur Verbesserung seiner Milchleistung werden Jerseys eingekreuzt; eine reinrassige Genreserve dient der Erzeugung von Masthybriden.
Flederhund(e), der; s. *Pteropus.*
Fledermaus, die, mhd. *lëderswal* die „Schwalbe mit Hautflügeln"; s. *Vespertilio,* s. *Myotis,* s. *Rhinolophus.*
Fledermausfisch, der; s. *Platax orbicularis.*
Fledermausfloh, der; s. *Ischnopsyllus,* s. *Nycteridopsylla.*
Flehmen, das; „eine bei Säugetieren weit verbreitete Verhaltensweise, bestehend aus Mundöffnen und Entblößen der Zähne durch Aufstülpen oder Hochschlagen der Oberlippe, Schließen der Nasenöffnungen bei mehr oder minder starkem Anheben des Kopfes. Es tritt besonders während der Fortpflanzungszeit auf, wenn männliche Tiere Harn der Weibchen mit den Lippen aufgenommen haben, sowie nach Beriechen der Vulva" (Heymer 1977).
Fleischflosser, der; s. Sarcopterygii, s. Choanichthyes.
Fleming, Sir Alexander, Bakteriologe; geb. 6. 8. 1881, Lochfield (Schottland), gest. 11. 3. 1955 London; F. entdeckte 1928 das Penizillin und dessen Heilwirkung. Er erhielt hierfür gemeinsam mit dem Biochemiker Chain und dem Pathologen Florey 1945 den Nobelpreis.
Flemming, Walther, geb. 21. 4. 1843 Sachsenberg b. Schwerin, gest. 4. 8. 1905 Kiel; 1873 Prof. der Histologie u. Entwicklungsgeschichte in Prag, 1876 Prof. der Anatomie in Kiel: bedeutende Verdienste auf dem Gebiet der Zellforschung; F. klärte u. a. weitgehend die Zellteilungsvorgänge auf u. prägte in diesem Zusammenhang die Begriffe Mitose u. Chromatin. Er verbesserte die Färbe- u. Konservierungstechnik (u. a. F.sche Lösung).
flesus, latin. von franz. *flet* die Flunder; s. *Platichthys.*
fléxio, -ónis, *f.,* die Beugung.
fléxor, -óris, *m.,* lat. *fléctere* beugen; der Beuger; Músculi flexóres: die Beugemuskeln.
flexórius, -a, -um, dem Beugen dienend.
flexuósus, -a, -um, lat., vielgebogen; s. *Laomedea.*
flexúra, -ae, *f.,* lat., die Biegung, Krümmung; Flexura coli, die Krümmung des Dickdarmes.
Fliegen, die; s. Diptera.
Fliegender Fisch, der; s. *Exocoetus.*
Fliegenschnäpper, der; s. *Muscicapa.*
Flimmerepithel, das; Epithelgewebe, einschichtig bei wirbellosen Tieren (Turbellarien), mehrschichtig in Atemwegen der Säuger.
Flimmerlarve, die; s. Korazidium
flócculus, -i, *m.,* lat. die kleine Flocke.
Flösselaal, der; s. *Calamoichthys calabáricus.*
Floh, der; s. *Pulex.*
Flohkrebs, der; s. *Gammarus.*
Flora, die, römische Blumenkönigin; Pflanzenwelt; vgl. Fauna, die Tierwelt.
florális, -is, -e, lat., auf Blüten lebend; s. *Anthicus.*
Florfliege, die; s. *Chrysopa.*

flos, floris, *m.*, lat., die Blume, Blüte; Dim. *flosculus, -i, m;* Spec.: *Chortophila floralis,* Große Kohlfliege.
Floscularia, *f.*, lat. *flósculus* die kleine Blume, das Blümchen; Gen. der Floscularíidae; Spec.: *F. proboscidea.*
Fluchtdistanz, die; Entfernung, deren Unterschreiten eine Fluchtreaktion auslöst; vgl.: kritische Distanz.
fluctuatio, -ónis, *f.*, lat., unruhige Bewegung; vgl. Fluktuationen.
fluctus, -us, *m.*, lat., die Woge, die Flut, Strömung.
Flugdrache, der; s. *Draco.*
Flugfrosch, der; s. *Polypedatus,* s. *Rhacophorus.*
Flugfuchs, der; s. *Pteropus.*
Flughahn, der; s. *Dactylopterus.*
Flughund, der; s. *Pteropus.*
Flugwild, das; Federwild.
flúidus, -a, -um, lat., flüssig, schlaff, triefend.
Fluktuation, die, lat. *fluctuatio, -onis, f.*, die Unentschlossenheit, von *fluctuare* Wogen werfen, wogen, unschlüssig sein; das Wandern, z. B. der Null-Linie im EKG, auch das Abwandern von Tieren in andere Gebiete; beim Palpieren das wellenförmige Schwappen (Verlagern) von Flüssigkeiten in Hohlräumen des Körpers.
flumen, -inis, *n.*, lat., die Strömung, Flut, der Fluss, Strom.
Flunder, die; s. *Platichthys.*
Fluoreszenz-Antikörper-Technik, die; Technik der Immunfluoreszenz, bei der spezifische Antikörper mit einem Fluorochrom markiert werden.
Fluoreszenzmikroskopie, die; namentl. Bezug auf das Aufleuchten des Flussspats od. Fluorkalziums; Fluor v. *flúere* fließen; eine Art der Lichtmikroskopie mit Ultraviolettbeleuchtung unter Benutzung v. Erreger- u. Sperrfilter.
Flussaal, der; s. *Anguilla.*
Flussbarbe, die; s. *Barbus.*
Flussbarsch, der; s. *Perca.*
Flusskrebs, der; s. *Astacus.*
Flussnapfschnecke, die; s. *Ancylus.*
Flussneunauge, das; s. *Lampetra fluviatilis.*
Flussrate, die; je Zeiteinheit eine Struktur hindurchtretende Menge, z. B. an Energie, Stoff, Information (z. B. ca. 100–220 l/ Tag Flüssigkeit aus dem Pansen der Kuh).
Flussregenpfeifer, der; s. *Charadrius.*
Flussschwein, das; s. *Potamochoerus.*
Flussuferläufer, der; s. *Actitis.*
Flustra, *f.*, lat. *flustra* die Meeresstille; Gen. der Flustridae, Ordo Gymnolaemata, Kreiswirbler. Spec.: *F. membranacea.*
fluviátilis, -is, -e, lat., im Fluss *(flúvius)* lebend, Fluss-; s. *Perca,* s. *Barbus,* s. *Lampetra;* s. *Ephydatia.*
fluvius, -i, *m.*, lat., der Fluss, Strom.
focus, -i, *m.*, lat., die Feuerstätte, der Herd, Brennpunkt.
fódiens, lat., grabend, bohrend.
fötal od. fetal, lat. *fétus* die Leibesfrucht; zum Fötus (od. Fetus) gehörig, ihn betreffend.
foetidus, -a, -um, lat., stinkend, übelriechend. Spec.: *Eisenia foetida* (ein Regenwurm, der häufig im Mist, Komposthaufen vorkommt).
foetor, -óris, *m.*, lat., der Gestank.
Folgeregelung, die; „eine Regelung, bei der der Sollwert der Regelgröße von einer veränderbaren, durch die Regelung nicht beeinflussten Größe abhängt und dieser Führungsgröße laufend folgt" (Burckhardt 1971).
foliáceus, lat., blattartig (s. *folium*). Spec.: *Argulus foliaceus,* Gem. Karpfenlaus.
foliátus, -a, -um, mit Blättern versehen.
fólium, -ii, *n.*, lat., das Blatt; Pl.: Laub, die Blätter.
folliculáris, -is, -e, zum Bläschen gehörig, den Follikel betreffend.
follículus, -i, *m.*, lat. *fóllis, -is, m.*, der Balg, der Beutel; das Beutelchen, das Bläschen, der Follikel.
Follikel, der; z. B. Graafscher Follikel: ein (beim Menschen erbsengroßer) bläschenförmiger Tertiärfollikel, der im Ovar der Säuger vorkommt u. sich vor dem Follikelsprung befindet.
Follikelhormone, die; Östrogene, die im reifen Follikel des Ovars, im Corpus lúteum u. in der Plazenta gebildet werden.
Follikelsprung, der; s. Ovulation.
follikelstimulierendes Hormon, *n.*, Abk.: FSH; gonadotropes Hormon des Hypophysenvorderlappens, das die Follikelreifung in Gang setzt, das Wachstum von Sekundär- und Tertiärfollikeln anregt und für die Bildung von Spermatozoen im Hoden erforderlich ist.
follikulär, den Follikel betreffend, follikelartig.
follis, -is, *m.*, lat., der Blasebalg.
Folsäure, die; s. Vitamin-B-Komplex.
fons, fontis, *m.*, lat., die Quelle, das Quellwasser.
Fontanellen, die, lat. *fóns, fóntis, fónticulus, -i, m.*, das Quellchen; Knochenlücken des Schädeldaches beim neugeborenen Säuger, die von festen Membranen verschlossen werden. Sie verknöchern später fast vollständig. Beim Menschen unterscheiden wir z. B. die zw. den Scheitelbeinen u. dem Stirnbein liegende große Fontanelle u. die zw. den Scheitelbeinen u. dem Hinterhauptsbein vorkommende kleine Fontanelle. An diesen Stellen des Neugeborenenschädels kann man das

„Pulsieren des Gehirns“ sehen, das Ähnlichkeit mit dem Aufsteigen eines Wasserschwalles in einer Quelle hat.

fontanus, -a, -um, quellig, Quell-...

fonticulus, -i, *m.,* lat., Dim. von *fons, fontis, m.,* die Quelle; das Quellchen, die kleine Quelle.

fontinális, -is, -e, lat., in klarem Wasser (Quellwasser; *fons, fontis*) lebend. Spec.: *Salmo fontinalis,* Bachsaibling; s. auch *Physa.*

forámen, -inis, *n.,* lat. *foráre* durchbohren; das Loch, die Öffnung.

Forámen interventriculáre, das, s. *inter-,* s. *ventrículus;* stellt die Kommunikation der Seitenventrikel der beiden Großhirnhemisphären mit dem 3. Ventrikel des Zwischenhirns her.

Foramen magnum, das, s. *mágnus;* Syn.: **Foramen occipitále;** Hinterhauptsloch, Öffnung des Vertebratenschädels, die von den Hinterhauptsknochen (Occipitalia) umgeben wird.

Foramen ovále, das, s. *ovális;* ovale Öffnung in der Vorhofsscheidewand des embryonalen Herzens, die sich normalerweise nach der Geburt schließt (z. B. beim Menschen).

Foraminífera, *n.,* Pl., s. *foramen,* lat. *férre* tragen, also „Lochträger“; Gruppe der Rhizopoda, fossil u. rezent in großer Artenzahl. Ihre Schale ist siebartig (bei den Perforata) od. glatt (Imperforata). Syn.: Thalamophora, Kammerlinge; fossil seit dem Kambrium nachgewiesen.

foraminósus, -a, -um, lochreich, reich an Löchern.

forcipátus, lat., mit Zange(n) *(= forceps, -cipis)* versehen.

Forel, Auguste, Psychiater, Entomologe; geb. 1. 9. 1848 La Gracieuse b. Morges (Kanton Waadt), gest. 27. 7. 1931 Yvorne; Prof. in Zürich u. Direktor der Anstalt Burghölzli. Als Entomologe wurde F. durch Arbeiten über Ameisen bekannt, als Psychiater vor allem durch Forschungen auf dem Gebiet der Gehirnanatomie, Hypnotismus u. Alkoholismus sowie der Sexualhygiene u. Strafrechtspflege. F. war einer der bedeutendsten Vertreter der internationalen Abstinenzbewegung; Forel-Haubenkreuzung: die in der Mittellinie des Tegmentums (Mittelhirnhaube) kreuzenden Fasern des Tractus rubrospinalis.

Forelle, die, mhd. *forhe, forhel;* s. *Salmo.* Edelfisch, zur Gattung der Lachse gehörend. Bach-, Regenbogen- und Meerforelle. Bis 50 cm lang, Meerforelle auch größer. Lebt in sauerstoffreichen Gewässern. Sie wird bevorzugt industriemäßig erzeugt; zartes, schmackhaftes Fleisch.

Forellenregion, die; Teil des Rhithral, s. d., umfasst schnell fließende (Gebirgs-)Bäche mit kiesig-sandigem Untergrund und niedriger Wassertemperatur.

Forensik, die; gerichtliche Veterinärmedizin/Humanmedizin.

forensisch, lat., gerichtlich, für das Gericht von Bedeutung (forum: Markt oder Gerichtstag).

Forensische Entomologie, die, gr. *to éntomon* das Kerbtier, *ho lógos* die Lehre, lat. *forensis* gerichtlich; Zweig der Entomologie, der durch Bestimmung von an Leichen gesammelten, meist spezifischen Insekten (z. B. Eiern, Larven u. Puppen von Schmeiß- u. Käsefliegen, Aas-, Speck-, Teppichkäfern) zur Aufklärung der Pathologie u. Ätiologie von Kriminalfällen dient. Wichtigste Aufgabe ist die Ermittlung der Leichenliegezeit u. des Todeszeitpunkts (besonders durch Beurteilung des Fortschritts von Wachstum u. Entwicklung des Sammelguts unter Berücksichtigung der Umgebungsbedingungen).

Forleule, die; s. *Panolis.*

forficátus, -a, -um, lat., mit einer Schere *(forfex, -icis)* versehen; s. *Lithobius.*

Forfícula, *f.,* lat. *forficula* eine kleine Schere, bezogen auf die Schwanzzange; Gen. der Forficulidae, Ohrwürmer. Spec.: *F. auricularia,* Gemeiner Ohrwurm.

Forkeln, das; ein Geweihkampf, Kampfverhalten bei Hirschen.

Form, die, lat. *forma, -ae* die Gestalt, das Gepräge, der Charakter; 1. jede taxonomisch erfassbare (oft farbliche) Abweichung vom Typus der Art, die nicht als Art oder Unterart klassifiziert werden kann; meist gleichbedeutend mit Aberration; 2. zur Kennzeichnung des Saison- od. Generationsdimorphismus verwendet, z. B. f. vernalis (Frühjahrsform), f. aestivalis (Sommerform), f. autumnalis (Herbstform), besser jedoch: generatio vernalis od. abgekürzt: gen. vern. (Frühjahrsgeneration) usw.; 3. allgemeiner Terminus ohne Festlegung auf eine systematische Kategorie, z. B. Tierform, Steppenform. – Die lateinischen Namen der Formen unterliegen (wenn nach 1960 beschrieben) nicht den Intern. Regeln für die zool. Nomenklatur.

fórma, -ae, *f.,* lat., die Form, Gestalt, Erscheinung.

Formalin, das; eine 40%ige Formaldehyd-Lösung, die eine geringe Menge Methanol enthält.

fórmátio, -ónis, *f.,* lat. *formáre* bilden; die Bildung, Gestaltung.

Formatio reticularis, die, lat. *rete, n.,* das Netz, Dim. *reticulum, n.,* das kleine Netz; Retikulärformation des Hirnstammes, ein netzartiges Maschenwerk von Neuronen.

-formes, *f.,* Pl., lat., -förmige, -artige, in der Form *(forma)* ähnliche (Tiere); in Komposita als Suffix, z. B. bei den Ordines der Aves und Fische; s. Psittaciformes, Coliiformes.

Formíca, *f.,* lat. *formíca* die Ameise; Gen. der Formícidae. Spec.: *F. fusca, F. rufa, F. sanguinea.*

Formicolie, die, lat. *formíca,* s. o., *cólere* bewohnen; die Nidicolie in Ameisennestern; adjektivische Kennzeichnung der Lebensweise: formicol.

fornicátus, -a, -um, lat., gewölbt; s. *Crepídula.*

fórnix, -icis, *m.,* lat., die Wölbung, das Gewölbe, der Bogen.

Fortpflanzung, die; Erzeugung neuer Organismen durch schon vorhandene. Sie kann ungeschlechtlich od. geschlechtlich erfolgen.

fossa, -ae, *f.,* lat. *fódere* graben; die längliche Grube, der Graben, die Vertiefung.

fossil, s. *fóssilis* ausgrabbar, ausgegraben, versteinert, vorweltlich; vgl. „lebende Fossilien".

Fossilien, die; Überreste von Organismen. Es handelt sich um Reste od. Abdrücke von Pflanzen, Tieren u. Menschen od. deren Lebensspuren.

fóssilis, -is, -e, lat., ausgegraben; 1. fossil, ausgestorben, nicht rezent (im paläontologischen Sinne); 2. vergraben; s. *Misgurnus.*

fóssula, -ae, *f.,* lat., die kleine Grube.

Founder event, engl., Gründereffekt; Stochastischer Effekt, der zur genetischen Unterscheidung von Populationen führt. Beim Founder event geht der gesamte Genpool der Population auf einige wenige Individuen (Gründerpopulation) zurück. Genetische Drift, Neumutationen u. Isolation führen zu einer zunehmenden Differenzierung der neuen Population im Vergleich zur Ausgangspopulation (Ursprung der Gründerindividuen).

fóvea, -ae, *f.,* lat., die rundliche Grube.

Fóvea centrális, die, s. centrális; Netzhautgrube im Auge vieler Vertebraten, liegt in der Mitte des gelben Fleckes (Macula lutea), ist die Stelle des schärfsten Sehens.

fovéola, -ae, *f.,* lat., die kleine rundliche Grube.

foveoláris, -is, -e, zur kleinen rundlichen Grube gehörig.

fracticórnis, lat., mit gebrochenem *(fractum)* Horn *(cornu).*

frágilis, -is, -e, lat., zerbrechlich. Spec.: *Anguis fragilis,* Blindschleiche.

fragum, -i, *n.,* lat., die Erdbeere. Spec.: *Aleurodes fragariae,* Erdbeer-Mottenlaus.

Francolínus, *m.,* italien. *francolino,* auch für Haselhuhn gebraucht; Gen. der Phasianidae. Spec.: *F. vulgaris.*

Franklin, Rosalind, geb. 1921 London, gest. 1958 ebd.; trug entscheidend zur Entdeckung der DNS-Struktur bei und wies nach, dass sich die Phosphatgruppen an der Außenseite des DNS-Moleküls befinden müssen, arbeitete über den Tabakmosaikvirus und die Ribonukleinsäure.

Fransenlipper, der; s. *Labeo bicolor.*

Fransenschildkröte, die; s. *Chelus.*

Fraßgifte, die, Pl., *n.*; als Köder verwendete Gifte, die Schädlinge abtöten u. nach Möglichkeit nur gering toxisch für den Mensch sind. Beispiel: Cumarine als Fraßgifte zum Einsatz gegen Ratten, da diese Spezies mit verstärkter Blutungsneigung wesentlich empfindlicher auf Cumarine reagiert als der Mensch. Dennoch Schutz von Personen bei Ausbringen von F. durch entsprechende Warnhinweise gewährleisten.

Fratércula, *f.,* lat. *fratérculus (m., f.)* als Liebkosungswort (Ausdruck von Gefallen; *frater* „Bruder") verwendet (bei Cicero); Gen. der Alcidae, Charadriiformes. Spec.: *F. corniculata,* Hornlund; *F. arctica,* Papageitaucher.

fráxini, Genitiv. locativus v. *fráxinus* die Esche; s. *Catocala.*

Freemartinismus, der; etymologisch unsicher, wobei „Free-" auf schottisch *farrow* od. *ferow* = Unfruchtbarkeit zurückgeführt wird, aber auch engl. *free* frei in demselben Sinne in Betracht kommen kann, *-martin* wird vom St. Martins Tag (11. November), an dem ein steriles Rind (Kuh, Färse) für die Winterbevorratung geschlachtet wurde, abgeleitet, daneben wird die Ableitungsvariante von *Mart* als gälische Bezeichnung für Kuh von manchen Autoren angeführt, also: „unfruchtbare (nicht trächtige = „freie") Kuh" od. „wegen Unfruchtbarkeit am od. zum Martinstag geschlachtete Kuh"; Unfruchtbarkeit (od. Sterilität), die bei weiblichen Tieren aus Geburten ungleichgeschlechtlicher Rinderzwillinge häufig (in etwa 95% der Fälle) festgestellt wurde.

Fremdeln, das; eine Fremdenfurcht, Ablehnverhalten bei Kleinstkindern gegenüber unbekannten Erwachsenen; das F. erreicht wohl im 8. Lebensmonat den Höhepunkt und wird deshalb auch als „Achtmonatsangst" bezeichnet; auch bei Menschenaffen beschrieben.

frénulum, -i, *n.,* lat. *frénum, -i, n.,* der Zügel, das Bändchen: 1. Frenulum linguae: Zungenbändchen an der Unterseite der Zunge; 2. Borste od. Borstenbündel am Vorderrand des Hinterflügels mancher Schmetterlinge (daher: Frenatae).

frénum, -i, *n.,* lat., der Zaum, die Zügel. Spec.: *Onychogale frenata,* Zügelkänguruh; *frenatus, -a, -um* mit Zügel versehen.

frequent, lat. *frequénter,* Adv., häufig; zahlreich, beschleunigt.

Frequenz, die, lat. *frequentia, -ae, f.,* die Häufigkeit, Menge, Anzahl; Häufigkeit (Anzahl von Wiederholungen) eines Vorganges od. des Auftretens einer Erscheinung, eines Merkmals pro Zeiteinheit bzw. mit Bezug auf eine Population; in der Physiologie: z. B. F. des Flügelschlages beim Flug von Insekten; in der quantitativen Populationsanalyse die Anzahl der (Teil-)Populationen eines Taxons (Art) innerhalb eines Areals; bei Untersuchungen (Experimenten) die Anzahl der zur Merkmalsklasse od. zur Variablen gehörenden Erscheinungen (erfassbaren Daten) einer Population od. eines Stichprobenumfangs.

Fressreflex, der; rhythmische Kau-, Saug- u. Schluckbewegungen, z. B. ausgelöst beim Bestreichen der Lippen u. Zunge.

Fresszellen, die; Phagozyten, Osteoklasten.

Frettchen, das; albinotische Form bzw. Subspecies des Iltisses mit dem Namen: *Mustela (= Putorius) putorius domesticus;* gelblichweiß mit roten Augen; wird zur Kaninchenjagd („Frettieren") benutzt; welche Wildform des Iltisses, ob *M. p. eversmanni,* Steppeniltis, od. *M. p. furo,* Nordafrikan. Iltis, Stammform ist, ist nicht sicher bekannt; zwischen Iltis und Frettchen besteht unbegrenzte Fruchtbarkeit.

Frettieren, das; Jagd mit Hilfe des Frettchens betreiben, wobei man das Frettchen in den Kaninchenbau lässt u. die herausgejagten flüchtenden Kaninchen mit dem Netz abfängt; in England werden Frettchen auch zur Rattenjagd benutzt. Gut behandelte Frettchen werden sehr zahm.

Frettkatze, die; s. *Cryptoprocta ferox.*

Freud, Sigmund, geb. 6. 5. 1856 Freiberg (Mähren), gest. 23. 9. 1939 London; Studium der Medizin, 1881 Promotion, 1885 Habilitation, 1883–1885 im Wiener Allgemeinen Krankenhaus angestellt, 1886 Eröffnung einer Arztpraxis, 1902 Ernennung zum ao. Titularprofessor, 1908 Umbenennung der Psychologischen Mittwochgesellschaft in die Wiener Psychoanalytische Vereinigung, 1938 Ausreise nach London; führte vor seiner psycho-analytischen „Phase" vergleichend-neuroanatomische Untersuchungen durch, z. B. über das Nervensystem des Flusskrebses; Neurologe, Begründer der Psychoanalyse. Arbeitstitel u. a.: Erscheinen der Traumdeutung, 1899; Der Witz und seine Beziehung zum Unbewußten, Drei Abhandlungen zur Sexualtheorie, Bruchstücke einer Hysterie-Analyse, 1905; Zur Psychopathologie des Alltagslebens, 1912; Drei Abhandlungen zur Sexualtheorie, 1915 (3. Aufl.); Vorlesungen zur Einführung in die Psychoanalyse, 1918 (2. Aufl.); Über Psychoanalyse, 1920 (5. Aufl.).

Freund, Ludwig, geb. 19. 6. 1878 Postelberg an der Eger, Böhmen, gest. 5. 11. 1953 Halle/S.; 1899 am Zoologischen Institut der Univ. Prag, anschließend an das Tierärztliche Institut übergewechselt, 1904 Promotion, 1908 Habilitation, 1909 Privatdozent; 1922 ao. Prof., 1931 Leitung des tierärztl. Institutes, 1933 ao. Prof. am Zool. Institut Prag, 1943 inhaftiert, 1945 aus dem Durchgangslager Theresienstadt befreit, 1949 Ordinarius f. Zoologie an der Martin-Luther-Univ. Halle/S. – Wissenschaftl. Arbeiten: „Die Osteologie der Halicoreflosse", „Beiträge zur Entwicklungsgeschichte des Schädels von Halicore dugong", Vergleichende Anatomie der Säugetiere u. Vögel, „Die Parasiten, parasitären und sonstigen Krankheiten der Pelztiere", die Bearbeitung der Wale, Robben u. Robbenläuse in „Grimpe-Wagler, Die Tierwelt der Nord- u. Ostsee", die Läuse in „Brohmer, Die Tierwelt Mitteleuropas", die Harnorgane (Nieren) in „Bronns Klassen und Ordnungen des Tierreichs".

Friese, Heinrich Friedrich August, geb. 4. 5. 1860 Schwerin, gest. 8. 9. 1948 Schwerin. Entomologe, Privatgelehrter, Inhaber einer Fabrik für Orgelbau.

Frigidität, die; lat. *frígidus* kalt; die sexuelle Kälte der Frau bzw. weibl. Säuger.

frigidus, -a, -um, lat., kühl, frostig. Spec.: *Valvata frigida* (eine in kühlen Gegenden vorkommende Schnecke).

Fringilla, *f.;* Gen. der Fringillidae, Finkenvögel. Spec.: *F. coelebs,* Buchfink; *F. montifringilla,* Bergfink.

Frisch, Johann Leonhard, geb. 1660, gest. 1743; Rektor am „Grauen Kloster" in Berlin, veröffentlichte bereits eine „Beschreibung von allerley Insecten in Teutschland" (1720–1738).

Frisch, Karl von, geb. 20. 11. 1886 Wien, gest. 12. 6. 1982; Zoologe, vergleichender Physiologe; Studium der Medizin (5 Semester), dann der Zoologie, 1910 Promotion zum Dr. phil, Assistent bei Richard Hertwig in München, 1912 Privatdozent für Zoologie u. vergleichende Anatomie, 1921 Ordinarius u. Direktor des Zoologischen Institutes an der Universität Rostock, 1923 in Breslau; 1925 als Nachfolger von R. Hertwig nach München, 1931/32 Neubau eines Zoologischen Institutes mit Hilfe der Rockefeller Foundation; 1946 nach Graz berufen, 1950 nach München zurück, 1958 emeritiert. – Ehrendoktor der Universitäten Bern (1949), Graz (1957), Tübingen (1964), Rostock (1969), der Technischen Hochschule Zürich

(1955) u. der Harvard University (1963). Nobelpreis für Medizin/Physiologie (1973). – Arbeitsgebiete: Sinnesphysiologie (Farbensehen der Fische u. Bienen, Geruchssinn der Bienen, Nachweis eines Hörvermögens bei Fischen, Entdeckung eines Schreckstoffes in der Fischhaut, der Tanzsprache der Bienen). Buchpublikationen: „Aus dem Leben der Bienen" (Springer, Berlin 1927, 9. Aufl. 1977), „Du und das Leben" (Ullstein, Berlin 1936, 19. Aufl. 1974), „Erinnerungen eines Biologen" (Springer, Berlin, Göttingen 1957, 3. Aufl. 1973, [mit Werk-Verz.]), „Tanzsprache und Orientierung der Bienen" (Springer, Berlin u. a. 1965), „Tiere als Baumeister" (Ullstein, Berlin 1974). „Zeitschrift für Vergleichende Physiologie", 1924, mit Alfred Kühn begründet u. herausgegeben.

Fritsch, Gustav (1838–1927); Physiologe und Anthropologe in Berlin, arbeitete u. a. mit dem Hallenser Neurologen E. Hitzig über die elektrische Reizung der Großhirnrinde. 1870 fanden sie beim Hund motorische Bezirke auf der Hirnrinde und die Kreuzung der motorischen Bahn. Werk (mit Hitzig): „Die elektrische Erregbarkeit des Grosshirns" (1870).

frondósus, -a, -um, lat. *fróns, -ndis, f.,* das Laub; laubreich, zottenreich.

fróns, -ntis, *f.,* lat., die Stirn, Vorderseite; Frontalebene: Ebene, die parallel zur Stirn verläuft.

Frontália, die, *n.,* Pl., s. *frontalis;* Stirnbeine, in der Vorderhaupt(Stirn-)gegend gelegenes Paar von Belegknochen des Schädels der Vertebraten. Die F. verschmelzen bei vielen Reptilien, manchen Affen u. den meisten Menschen zu einem unpaaren Stirnbein (Frontále).

frontális, -is, -e, lat., durch seine Stirn *(frons)* ausgezeichnet, stirnwärts, zur Stirn gehörig; vgl. *Bos.*

Frontósus-Gruppe, lat. *frontósus* großstirnig; Stammgruppe der Rinder mit besonders breiter Stirn (Skandinavien), auch „Breitstirnrinder" genannt.

Froriep, August (Friedrich) von, geb. 10. 9. 1849 Weimar, gest. 11. 10. 1917 Tübingen; Prof. der Anatomie in Tübingen. Bedeutende Arbeiten auf dem Gebiet der Morphologie u. Entwicklungsgeschichte vor allem des Schädels. F. untersuchte Schädel berühmter Persönlichkeiten u. bemühte sich um eine Methode zur Identifizierung von Schädeln.

Frosch, s. *Rana.*

Froschwels, der; s. *Clárias batráchus.*

Frostspanner, der; s. *Cheimatobia.*

Fruchtwasser, das, Liquor amnii; s. liquor.

Frühjahrszirkulation, die; Zustand eines Sees nach dem Abschmelzen der Eisdecke im Frühjahr, wobei Oberflächenwasser bis in die Tiefe transportiert wird; vgl. Herbstzirkulation.

Frühmenschen, die; s. Archanthropini (Pithecanthropus-Gruppe).

frugilegus, -a, -um, lat. *frux, frugis* d. Frucht, *légere* sammeln; Früchte sammelnd. Spec.: *Corvus frugilegus,* Saatkrähe.

frugívorus, -a, -um, lat., fruchtfressend.

Fruktose, die; Fruchtzucker, Lävulose, ein Monosaccharid, bildet z. B. zusammen mit der Glukose den Rohrzucker.

β-Fruktosidase, die; s. Saccharase.

frumentum, -i, *n.,* lat., das Getreide. Spec.: *Pupa frumentum* (getreidekornähnl. Schnecke), Tönnchenschnecke.

Frusteln, die, lat. *frústulum* ein Stückchen; bei manchen Hydrozoen durch Sprossung entstandene Teilstücke, die sich ablösen, um sich an anderer Stelle zu einem Polypen zu entwickeln.

Frustration, die, lat. *frustra* vergeblich; Entbehrungserlebnis, Erlebnisenttäuschung durch Ausbleiben eines programmierten Handlungserfolges, von dem die Befriedigung von Bedürfnissen abhängt; als F.-Folgen können aggressive bzw. depressive Verhaltensweisen auftreten.

frutex, fruticis, *m.,* lat., der Strauch. Spec.: *Bradybaena fruticum,* Buschschnecke.

Fruticícola, *f.,* lat. *frútex, -icis* der Strauch, *cólere* bewohnen; Gen. der Helícidae. Spec.: *F. unidenta.*

fruticósus, -a, -um, buschig. Spec.: *Plumatella fruticosa* (ein Moostierchen).

frux, frúgis, *f.,* lat., die Frucht, Baum- od. Feldfrucht.

FSH, Abk. für Follikel stimulierendes Hormon, s. d.

Fuchs, der; s. *Vulpes,* s. *Alopex;* s. *Vanessa.*

Fuchsfloh, der; s. *Chaetopsylla.*

Fuchskusu, der; s. *Trichosurus.*

fucus, -i, *m.,* lat., Alge, Tang. Spec.: *Pentacoelum fucoideum* (ein Strudelwurm, der auf *Fucus vesiculosus* lebt).

Fütterung, die; Verabreichung von Futtermitteln zur Deckung des Bedarfes der Tiere in stofflicher und energetischer Hinsicht.

fuga, -ae, *f.,* die Flucht, lat. *fugáre* zum Fliehen bringen, vertreiben. Spec.: *Bombylius fugax,* Flüchtiger Wollschweber (Diptere); *fugax, -acis* fliehend, scheu, flüchtig.

fulgens, lat., glänzend; s. *Ailúrus.*

Fúlgora, *f.,* lat. *fúlgor* das Blitzen, das Leuchten, *Fulgora* Göttin des Blitzes; Gen. der Fulgóridae (Laternenträger od. Leuchtzikaden), Homoptera. Spec.: *F. laternaria,* Großer Laternenträger.

Fulica, *f.,* lat. *fulícula* das Wasserhuhn; Gen. der Rállidae. Spec.: *F. atra,* Schwarzes Wasserhuhn, besser: Blesshuhn od. Blessralle.
fulicárus, -a, -um, wasserhuhnähnlich; s. *Phaláropus.*
fuliginósus, -a, -um, lat., rußfarben; *fulígo* der Ruß; s. *Dendrolasius.*
fulígula, *f.,* lat. von *fuligo* Nebel, Ruß, *-ula* Verkleinerungs- (Abschwächungs-) Suffix; „etwas" rußfarben; s. *Aythya.*
Fulmárus, *m.,* latin. aus dem nordischen Namen *Fulmar;* Gen. der Procellariidae (s. d.). Spec.: *F. glacialis,* Eissturmvogel.
fulvomaculátus, -a, -um, lat., erzfarben, braun, goldgelb od. brandrot gefleckt.
fulvus, -a, -um, lat., erzfarben, brandrot, rotgelb, bräunlich; s. *Gyps.*
fumósus, -a, -um, voll Rauch, beräuchert.
fúmus, -i, *m.,* lat., der Rauch, Dampf; *fumare* rauchen, qualmen; *fumatus* wie mit Qualm versehen, rauchfarben, braun; *infumatus, -a, -um* kräftig braun. Spec.: *Lagothrix infumata,* Brauner Wollaffe.
Fundátrix, die, lat. *fundáre* gründen; Stammutter bei Blattläusen, die sich parthenogenetisch vermehrt.
fundiformis, -is, -e, lat. *funda, -ae, f.,* die Schleuder; schleuderförmig.
Fundulus, *m.,* lat. *fúndulus* ein auf- u. niedergehender Kolben (nach der etymol. Erklärung von Leunis 1883), womit auch der Aufenthalt dieser kleinen Fische meistens in Nähe des Bodens (*fundus; -ulus* = Dim.) zum Ausdruck kommt; Gründling; Gen. der Cyprinodontidae, Cypriniformes. Spec.: *F. chrysotus,* Weinroter Gründling (♂ mit blutroten Punkten lateral); *F. notatus,* Gescheckter Fundulus (ist mehr Oberflächenfisch).
fúndus, -i, *m.,* lat., der Grund, der Boden.
Fundus ventrículi, der, s. *ventrículus;* Magengrund, nach links gerichtete, blindsackartige Erweiterung des menschlichen Magens.
fúnebris, -is, -e, lat. unheilvoll, todbringend; Spec.: *Cýdia funebrana,* Pflaumenwickler, Pflaumenmade.
funéreus, -a, -um, lat. *funus, -eris* die Leiche, der Tod; zum Tod gehörend.
Fungia, *f.,* lat. von *fungus* Erdschwamm, Pilz; ihre Form ähnelt einem umgekehrten Hutpilz; Gen. des Ordo Madreporaria, Steinkorallen; daher auch „Pilzkorallen"; genannt.
fungifórmis, -is, -e, lat. *fúngus, -i, m.,* der Pilz; pilzförmig.
Fungizide, die, lat. *fungus* der Pilz, *cidere* töten; pilzabtötende Stoffe.
Funiculina, *f.,* lat. einem kleinen Strick od. Seil (funiculus) ähnlich, peitschenartig; Gen. der Funiculinidae, Ordo. Pennatularia, Seefedern. Spec.; *F. quadrangularis,* Seepeitsche (bis 1,5 m lang; kommt vor in Mittelmeer, Atlantik u. der Antarktis bis zu 4000 m Tiefe).
funículus, -i, *m.,* lat. *fúnis, -is, m.,* das Seil; der kleine Strang; Funiculus umbilicalis: Nabelstrang, Nabelschnur der Säuger (Placentalier), eine Verbindung des Embryos mit der Plazenta. Der F. enthält die Nabelgefäße, Reste des Dottersackes u. der Allantois.
Funículus cuneátus, der, s. *cuneátus;* Keilstrang, auch Burdachscher Strang genannt, ein Faserstrang in den Hintersträngen des Rückenmarkes.
Funículus grácilis, der, s. *grácilis;* zarter Strang, auch Gollscher Strang genannt, ein Faserstrang in den Hintersträngen des Rückenmarkes.
funis, -is, *m.,* lat., das Seil, der Strick.
Funk, Casimir, geb. 23. 2. 1884 Warschau, gest. 19. 11. 1967; Studium der Biologie und Organischen Chemie in Genf und Bern. 1904 Promotion. Wissenschaftliche Arbeit im Pasteur-Institut (Biochemie) Berlin (Emil Fischer) und Lister-Institut London. Dr. habil. London 1913; ab 1915 in versch. Industrielaboratorien; 1920–1923 außerord. Prof., Columbia Univ. 1923–1925; 1925 bis 1927 Institutsdirektor in Warschau. 1928–1939 pharmazeutische Industrielabors in Frankreich. Flucht nach USA. Arbeit in Wissenschaftl. Labors der Vitamin Corp.; schuf 1912 den Begriff Vitamine und schrieb 1914 bereits das erste Buch über Vitamine, forschte auch auf den Gebieten des Krebses, Stoffwechsels sowie der organischen Synthese.
Funktion, die, lat. *fúnctio -ónis, f.,* die Verrichtung, Aufgabe.
Funktionsgen, das; s. Gen.
fúnus, fúneris, *n.,* lat., Leichenbegräbnis, Leiche, Tod, Untergang.
fur, furis, *m.,* der Dieb, die Diebin; s. *Ptinus.*
furca, -ae, *f.,* lat., zweizackige Gabel; Furca: die Sprunggabel, die Schwanzgabel mancher Krebse.
Furchenschwimmer, der; s. *Acílius.*
Furchenwal, der; s. *Balaenoptera.*
Furchung, die; mitotischer Teilungsvorgang (Blastogenese), durch den die Eizelle der Metazoen in eine Vielzahl von Zellen (Blastomeren) geteilt wird. Durch die Dottermenge werden zwei Gruppen von Furchungstypen bestimmt: die totalen Teilungen der holoblastischen (alezithalen, oligoisolezithalen u. meso-telozithalen) Eier u. die partielle Furchung der meroblastischen (poly-telolezithalen u. zentrolezithalen) Eier.

fúrcula, -ae, *f.,* lat., die kleine Gabel; 1. Furcula: das bei den Aves durch Verwachsung der beiden Schlüsselbeine entstandene Gabelbein. 2. Spec.: *Cerura furcula,* Buchengabelschwanz.

Fusariotoxine, die, Pl., *n.;* Fusarienarten wachsen besonders auf Getreide, aber auch auf Heu u. anderem Tierfutter. Die Pilze produzieren ein breites Spektrum an stark toxischen Substanzen, die neurotoxische, immunotoxische od. zytotoxische Wirkungen entfalten. Die wichtigsten F. sind die Trichothecene, die eine Familie von 60 strukturverwandten Toxinen darstellen. Sie wirken zytotoxisch, indem sie die Proteinsynthese hemmen. Symptome: Erbrechen, blutiger Durchfall, Knochenmarkschäden. Moliniformin u. Zeraralenon sind weitere F. Moliniformin wächst häufig auf Mais. Vergiftungssymptome: Herzmuskelschäden u. finale Atemlähmung durch Hemmung des Zitratzyklus. Zearalenon gedeiht auf Mais, Heu u. anderem Tierfutter. Das Gift hat estrogenartige Wirkung: Uterushyperplasie, Verminderung der Fertilität. Da über Kuhmilch ausgeschieden, können auch Menschen betroffen sein (Störung der Geschlechtsreife, Abnahme der Fertilität).

fúscus, -a, -um, lat., dunkelbraun, dunkel, grau, schwarz. Spec.: *Pelobates fuscus,* Knoblauchkröte.

fusifórmis, -is, -e, lat. *fúsus, -i, m.,* die Spindel; spindelförmig.

Fusulina, *f.,* lat., spindelartig, von *fusus* die Spindel, *fusulus* die kleine Spindel; Gen. der fossilen Subordo Fusulinina, s. d.; Leitfossilien im Oberkarbon (Westfal und Stefan.). Spec.: *F. cylindrica.*

Fusulinina, *n.,* Pl., fossile Subordo des Ordo Foraminifera, s. d.; umfasst Großforaminiferen (bis 70 mm lang) vom Ordovizium bis zur Trias, zahlreiche wichtige Leitfossilien. Genera: *Fusulina, Fusulinella, Schwagerina, Triticites.*

fusus, -i, *m.,* lat., die Spindel; *fusulinus, -a, -um* einer kleinen Spindel *(fusulus)* ähnlich.

Futterverwertung, die; der Verbrauch an Futter bzw. verdaulichen Nährstoffen je kg Zuwachs oder anderen Einheiten der tierischen Leistung (Milch, Arbeit, Eier u. a.).

G

Gabelbock, der; s. *Antilocapra.*

Gabelschwanzhuhn, das, *f.; Gallus varius*; Fam. Phasianidae, in Malaysia sowie in SO-China beheimatete, auch als Grünes Kammhuhn bzw. Javan. Dschungelhuhn bezeichnete Wildhuhnart, die als eine der Ursprungsarten des Haushuhnes gilt; ist durch kurze Halsfiederung, kleinen ungezackten Kamm sowie waagerecht getragenen, in der Mitte gabelartig gespaltenen Schwanz der Hähne gekennzeichnet.

Gabelweihe, die; s. *Milvus.*

gabonicus, -a, -um, latin., in Gabun (W.-Afrika) vorkommend; s. *Bitis.*

Gabunotter, Gabunviper, die; s. *Bitis.*

Gadiformes, *f.,* Pl., s. *Gadus* u. *-formes;* Dorschartige, Dorschfische (Ordo) der Osteichthyes, haben weit vorn stehende Bauchflossen. Fast alle Arten sind Meeresfische, unter ihnen wichtige Nutzfische. Familie Gadidae (Dorsche) mit *Gadus, Melanogrammus, Pollachius, Merlangius, Molva, Lota.*

Gadus, *m.,* gr. *gádos* heißt bei Athenaeus ein Fisch; Gen. der Gadidae (Dorsche), Gadiformes, Dorschfische; fossile Formen seit dem Paläozän bekannt. Spec.: *G. morhua,* Kabeljau. Die Jugendform des Kabeljau heißt im Deutschen Dorsch.

gaigeae, benannt zu Ehren von Helen T. Gaige, amerikanische Herpetologin, Museum der Univ. von Michigan; s. *Chrysemis gaigeae*, eine Schmuckschildkrötenart.

Gänsegeier, der; s. *Gyps fulvus.*

Galágo, *f., galago* einheimischer Name; Gen. der Galágidae, Primates. Spec.: *G. galago,* Ohrenmaki.

Galagoídea, *n.,* Pl., s. *Galágo;* Gruppe (Ordo) der Primates mit den Familien Galagidae (Buschbabys, bipede Springer, Afrika) u. Lorisidae, die in S-Asien *(Nycticebus, Loris)* u. Afrika *(Arctocebus, Perodicticus)* vorkommen u. träge Kletterer mit Zangenfüßen (nachts agil) sind; Syn.: Lorisiformes.

galaktifer; milchführend.

galaktóphorus, -a, -um, gr. *to gála, gálaktos* die Milch, *phérein* tragen; milchführend.

Galaktose, die; $C_6H_{12}O_6$, eine Aldohexose, ein Monosaccharid. Sie bildet mit Glukose zusammen den Milchzucker u. ist Bestandteil der Cerebroside.

Galaktostase, die, gr. *he stásis* das Stehen, der Stillstand; die Stauung der Milch in den Milchgängen, z. B. der weibl. Brust, den Mammae.

Galaktosurie, die, lat. *urína, -ae, f.,* der Harn, Urin; das Vorkommen von Milchzucker im Harn.

Galapagosfinken, die; s. Darwinfinken.

Gálbula, *f.,* kleiner Vogel in der Antike, vielleicht die Goldamsel; Gen. der Galbúlidae, Glanzvögel. Spec.: *G. galbula (= viridis),* Glanzvogel, Jacamar (farbenprächtige Waldbewohner S-Amerikas, Brasiliens).

gálea, -ae, *f.,* lat., der (lederne) Helm, die Haube; die Kopfschwarte. Spec.: *Cercocebus galeritus,* Haubenmangabe.

Galénus (Galen), Claudius, geb. um 129 Pergamon (Kleinasien), gest. um 199 Rom; Gladiatorenarzt in Pergamon, Arzt in Rom (Leibarzt von Mark Aurel); neben Hippokrates der bedeutendste Vertreter der Medizin in der Antike; Systematiker. Die Ergebnisse seiner anatom. u. experimentellen Untersuchungen an Tieren bezog er auf den Menschen. G. übernahm die Zweckmäßigkeitstheorie von Aristoteles und vertrat die Humoralpathologie.

Galeocerdo, *f.,* gr. *ho galeós* Haifisch (bei Plutarch), *to kérdos* die Klugheit, *kerdóos* listig; Gen. der Carcharhinidae, Blauhaie, Ordo Selachiformes, Häiähnliche. Spec.: *G. cuvieri,* Tigerhai.

Galeopithecus, *m.,* gr. *he galéē* u. *galé* Wiesel, Marder, *ho píthekos* der Affe; Gen. der Galeopithecidae, Flattermakis. Spec.: *G. (= Cynocephalus) volans, G. temmincki.*

galericulátus, -a, -um, lat., mit Haube versehen; s. *Aix.*

Galeríta, *f.,* lat., *galérus* od. *galérum* hahnartige Kopfbedeckung, *galerítus* mit einer solchen versehen; Gen. der Alaudidae, Lerchen. Spec.: *G. cristáta,* Haubenlerche.

galerítus, -a, -um, lat., *galérus* die Pelzmütze, -haube; mit behaarter Kappe bedeckt bzw. mit Haube versehen.

Galerúca, *f.,* lat. *galla, -ae* Gallapfel, *erúca* die Raupe; Gen. der Chrysomelidae, Blatt- od. Laubkäfer. Spec.: *G. tanaceti,* Rainfarnblattkäfer.

Galerucella, *f.,* Dim. von *Galeruca,* s. o.; Gen. der Chrysomélidae. Spec.: *G. (= Pyrrhalta) viburni,* Schneeballblattkäfer.

Galíctis, *f.,* gr. *he galē* das Wiesel, *he iktís* der Marder; Gen. der Mustélidae, Carnivora. Spec.: *G. cuja (vittata),* Klein-Grison; *G. barbara,* Hyrare (beide Spec.: S-Amerika; jagen kleine Säugetiere, Vögel).

Gall, Franz Joseph, geb. 9. 3. 1758 Tiefenbronn b. Pforzheim, gest. 22. 8. 1828 Montrouge b. Paris; Arzt in Wien und Paris. Bedeutende Forschungen über Anatomie u. Physiologie des Gehirns. G. begründete eine Lehre von der Lokalisation im Gehirn, die dann durch I. C. Spurzheim zur Pseudowissenschaft Phrenologie (Schädellehre, Kranioskopie) entwickelt wurde.

galla, *f.,* lat., die Gewebswucherung, der Gallapfel (ein Cecidium, z. B. oft durch Insektenstiche hervorgerufene Gewebswucherung an Pflanzen); Gallicolae: Bewohner von Pflanzengallen.

gallarum, -ulmí, an Gallen (s. *galla*) der Ulme (Genitiv von *Ulmus*) vorkommend u. von deren Erregern lebend; s. *Anthócoris.*

Galle, die; Sekret der Leber der Wirbeltiere, das durch den Gallengang in den Zwölffingerdarm gelangt. G. ist von Bedeutung für die physikalische Vorbereitung der Fettverdauung, indem die Gallensalze die Fette emulgieren. Die Gallenfarbstoffe stammen aus abgebauten roten Blutkörperchen; s. Vesica fellea.

Gallenblase, die, *f.,* Vesica fellea; s. *vesica.*

Gallenfarbstoffe, die; entstehen durch oxidativen Abbau des Hämoglobins u. ähnl. Verbindungen, s. Biliverdin, s. Bilirubin.

Gallensäuren, die; Leberzellenprodukte, die biologisch die wichtigsten Bestandteile der Galle darstellen, sie kommen in säureamidartiger Verknüpfung (daher gepaarte Gallensäuren genannt) mit Glykokoll od. Taurin (Glyko- bzw. Taurocholsäure) vor; bekannte Gallensäuren sind: Chol-, Desoxychol-, Chenodesoxychol- u. Lithocholsäure (s. d.); sie gehören chemisch zu den Steroiden.

Galléria, *f.,* lat. *galleria* ein bedeckter Gang; Gen. der Pyrálidae, Zünsler, größere Kleinschmetterlinge. Spec.: *G. melonella,* Große Wachsmotte, Bienenmotte, deren Larve die Waben der Bienenstöcke zerstört.

Gallertschwamm, der; s. *Halisarca.*

Gallicolae; s. galla.

Gallicolumba, *f.,* lat. *gallus* der Hahn, *columba* die Taube, wörtlich: „Huhntaube" (Bezug zur Größe u. Lebensweise); Gen. der Columbidae (Tauben), Columbiformes. Spec.: *G. luzonica,* Dolchstichtaube (hochbeinige Taube, ca. 30 cm groß, hält sich meist am Boden in dichten Wäldern auf, Heimat: Philippinen).

gállicus, -a, -um, gallisch; s. *Circaëtus.*

Galliformes, *f.,* Pl., s. *Gallus;* Hühnervögel, Ordo d. Aves; weit verbreitet u. sehr reich an Arten. Fam.: Tetraonidae, Phasianidae, Numididae, Meleagridae, Megapodidae, Cracididae, Opisthocomidae.

gallína, -ae, *f.,* lat.; die Henne (zu *gallus, m.,* sprachlich wie *regina* zu *rex*); *gallus, m.,* der (Haus-)Hahn.

gallináceus, -a, -um, lat., zum Huhn gehörig, Hühner-; s. *Echidnóphaga.*

gallínae, Genitiv von lat. *gallína,* s. o.; s. *Dermanýssus,* s. *Ceratophýllus.*

gallinago, lat. *gallína* das Huhn, *ágere* treiben, handeln, tun; s. *Capella.*

Gallínula, *f.,* lat. *gallínula* das Hühnchen; Gen. der Rállidae, Rallen, Ordo der Gruiformes. Spec.: *G. chlóropus,* Grünfüßiges Teichhuhn.

gallínulae, Genit. zu lat. *gallínula,* s. o., der kleine Vogel; s. *Dasypsýllus.*

Gallus, lat. *gállus, -i, m.,* der Hahn; Gen. der Phasiánidae, Eigtl. Hühner. Spec.: *G. gallus (bankiva),* Bankiva-Huhn (Indien, Sundainseln). Subspec.: *G. g. domésticus,* Haushuhn. *G. varius,* Gabelschwanz-Huhn (Malaysia, Südost-China).

Galton, Sir Francis, geb. 16. 2. 1822 Birmingham, gest. 17. 1. 1911 London; engl. Naturforscher; die Galton-Pfeife wird zur Feststellung der oberen Hörgrenze benutzt.

Galvani, Luigi, geb. 9. 9. 1737 Bologna, gest. 4. 12. 1798 ebd.; Prof. für Anatomie u. Gynäkologie in Bologna; G. lenkte durch die Beschreibung seiner Versuche über „tierische Elektrizität" am Froschschenkel 1791 die Aufmerksamkeit der Physiologen auf die Erforschung der bioelektrischen Phänomene.

galvanische Reizung, die; elektrische Reizung eines Gewebes durch Gleichstrom.

Galvanotaxis, die, s. Galvani, gr. *he táxis táxeos* die Reihe, Ordnung, Stellung, Einordnung; die Beeinflussung der Bewegungsrichtung durch elektrische Ströme.

gambiensis, -is, -e, nach dem Fluss Gambia in Mittelafrika gebildetes Adjektiv, im Gambia-Gebiet vorkommend; *Trypanosoma gambiense,* von *Glossina*-Arten übertragener Krankheitserreger (Blutparasit).

Gambúsia, *f.,* Ableitung ungewiss; Gen. der Poecilíidae (Lebendgebärende Zahnkarpfen). Spec.: *G. affinis,* Texas-Gambuse (Vertilger von Moskitolarven, deswegen in fieberverseuchten Gebieten zum Zurückdrängen der Krankheitsüberträger ausgesetzt, S-Europa, ehemal. SU, Israel); *G. puncticulata,* Punktgambuse, im Süden der USA.

Gamet, der, gr. *gamḗin* freien, sich gatten; die Geschlechtszelle, Keimzelle; Homogameten sind morphologisch Isogameten, Heterogameten dagegen Makro- u. Mikrogameten (Ei- u. Samenzellen).

Gametocyt, der, gr. *to kýtos* das Gefäß, Syn.: Gamont; Zelle im Entwicklungszyklus bei Protozoen, die Gameten bildet.

Gametopathie, die, gr. *ho gamétes* der Gatte, Ehemann, *to páthos* die Krankheit; endogene bzw. exogene Schädigung der Ei- od. Samenzelle, führt zu Entwicklungsstörungen bzw. Missbildungen.

Gammaeule, die; s. *Autográpha.*

Gammaneuron, das; s. Neuron; Aγ-Fasern, bewirken als Nervenfasern eine Empfindlichkeitszunahme der Muskelspindeln u. sind für den Tonus verantwortlich.

gammaréllus, lat. *gámmarus = cammarus* der Meerkrebs; ein kleiner Meerkrebs.

Gámmarus, *m.,* lat. *gámmarus,* s. o.; Gen. der Gammáridae, Flohkrebse. Spec.: *G. locústa,* (Heuschrecken-) Flohkrebs.

Gamogonie, die, s. Gamet, gr. *ho goné* die Zeugung; Fortpflanzung durch Gameten, geschlechtliche Fortpflanzung.

Gamone, die, gr. *gamḗin* freien, sich gatten; Befruchtungsstoffe, Stoffe, die von den Gameten abgegeben werden, es sind Andro- und Gynogamone bekannt.

Gamont, der, s. Gamet, gr. *on , óntos* seiend, entstehend; s. Gametocyt.

Gangesgavial, der; s. *Gaviális gangéticus.*

gangéticus, im Ganges lebend; s. *Gavialis.*

Gangfisch, der; s. *Coregonus.*

Ganglienzellen, die; Zellen, die einen Nervenknoten *(gánglion)* bilden.

gánglion, *n.,* gr. *to gánglion* eigentl. das Überbein, später der (Nerven-) Knoten; das Ganglion, der Nervenknoten.

Ganglion semilunare, lat. *semi* halb-, *luna* der Mond; ein Ganglion der Portio major des N. trigeminus (hat die Form eines C od. einer Sichel). Dieses wichtige Ganglion liegt z. B. beim Menschen in der mittleren Schädelgrube unmittelbar vor der Spitze der Felsenbeinpyramide; s.: Gasser.

Ganglioside, die; zuckerreiche Lipoide, sie kommen vorwiegend in den Nervenzellen des ZNS vor.

gangliósus, -a, -um, nervenknotenreich.

Ganoídea, *n.,* Pl., gr. *to gános* der Glanz, Schmuck, Schmelz; Schmelzfische, Schmelz- oder Glanzschupper, Gruppe der Fische; früher verwendete zusammenfassende Bezeichnung für die Knorpelganoiden (Chondrostei, Palaeoniscoidea †, Polypterini, Crossopterygii) u. Knochenganoiden (Holostei).

Ganoidschuppe, die, gr. *to gános,* s. o.; Schmelzschuppe der Ganoiden, rhombisch (seltener kreisrund). Sie besteht aus 3 Lagen. Die äußere wird von Ganoin, einer zahnschmelzartigen Substanz mit perlmuttartigem Glanz gebildet.

Ganoin, das; s. Ganoidschuppe.

Gans, die; s. *Anser.*

gap junction, engl. *gap* die Lücke, der Spalt, *junction* die Verbindung; Zellkontakt zwischen benachbarten Zellen, entsteht durch lokale Verengung des Interzellularraumes.

Garda-Schleimfisch, der; s. *Blennius vulgaris,* der in mehreren oberitalienischen Seen, insbes. dem Garda-See, vorkommt.

Gardner-Syndrom, das; z. B. beim Menschen wahrscheinlich ein einfach autosomal dominantes Erbleiden: tritt kombinativ auf mit gutartigen Knochengeschwülsten, „weichen" Tumoren der Haut u. Polypenbildung im Darmtrakt, letztere oft mit maligner Entartung (häufig erst im 3. u. 4. Lebensjahrzehnt).

Garnele, die; s. *Crangon,* s. *Leander.*

Garnelenassel, die; s. *Bopyrus.*

Garrulax, *m.,* lat., der Schwätzer, von lat. *garrulus, -a, -um* (s. d.); Genus d. Timalíidae, Passeriformes. Spec.: *G. leucolophus,* Haubenhäherling; *G. rufo-vulgaris,* Rotkehlhäherling.

gárrulus, -a, -um, lat. *garríre* schwatzen, plaudern; schwatzhaft, geschwätzig; s. *Corácias.*

Gárrulus, *m.;* Gen. der Córvidae, Rabenvögel. Spec.: *G. glandarius,* Eichelhäher.

Gartenschnirkelschnecke, die; s. *Cepaea.*

Gartenspitzmaus, die; s. *Crocidura suavéolens mimula.*

Gartenspötter, die; s. *Hippoláis.*

Gartner, Herm. Tr., geb. 1785, gest. 1827; dänischer Anatom.

Gartnersche Gänge, *m.;* Rudimente des Wolffschen Ganges bei einigen Säugern; im Bindegewebe v. Uterus, Scheidenwand, mitunter auch im Hymen (des Menschen) auftretend.

Gasser, Joh. Lor., geb. 1723, gest. 1765; Anatom, nach ihm ist das Ganglion semilunare (Gasseri) bezeichnet, s. d.

gáster, gástris, *f.,* gr. *he gastér, gastrós* der Magen, der Bauch.

Gasteropélecus, *m.,* von gr. *he gastér* der Bauch u. gr. *ho pélekys* das Beil, die Axt, also: „Bauchbeil"; der Name bezieht sich auf die weit nach unten gewölbte Bauchlinie u. die seitliche beilförmige Abflachung im Brust-/Bauchbereich; Gen. der Gasteropelécidae (Beilbäuche), Cypriniformes (Karpfenfische). Spec.: *G. sternicla,* Beilfisch.

Gasterosteiformes, *f.,* Pl., s. *Gasterosteus* u. *-formes;* gekennzeichnet durch freie Stacheln vor der Rückenflosse u. je einen großen Stachel in den Bauchflossen sowie durch Knochenplatten an den Körperseiten; Stichlinge, (kleinere) Gruppe (Ordo) der Osteichthyes. Genera: *Gasterosteus, Pungitius, Spinachia.*

Gasterósteus, *m.,* gr. *to ostéon* der Knochen; nimmt Bezug auf die z. T. zu harten Knochenstacheln umgebildeten Flossenstrahlen; Gen. der Gasterostéidae, Stichlinge. Spec.: *G. aculeátus,* Dreistachliger Stichling, der u. a. durch die Brutpflege bzw. den Nestbau des Männchens besonders bekannt ist.

Gasträa, gr. *he gastér,* s. o.; nach Haeckel eine hypothetische, gastrulaähnliche Urform, eine der Gastrula entsprechende hypothetische Stammform aller Metazoen.

Gastrallager, das; innere Schicht des Schwammkörpers, die in Form eines Choanocytenepithels den Hohlraum auskleidet; vgl. Dermallager.

gástricus, -a, -um, zum Magen gehörig.

Gastrin, das; Gewebshormon der Pylorusschleimhaut, ein Peptid aus 17 AS, fördert über den Blutweg die Sekretionstätigkeit der Fundusdrüsen. Es regt ferner die Pankreastätigkeit, den Gallenfluss u. die Magen-Dünndarm-Motilität an.

gastrocnemiális, -is, -e, zum Wadenmuskel gehörig.

gastrocnémius, -i, *m.,*gr. *he knéme* der Unterschenkel; die Wade, der Wadenmuskel.

gastrogen, gr. *genán* erzeugen, hervorgehen; vom Magen ausgehend.

gastrointestinal, s. *intestínum;* Magen u. Darm betreffend.

Gastropacha, *f.,* gr. *to páchos* die Dicke; Gen. der Lasiocampidae, Glucken. Spec.: *G. quercifolia,* Eichblatt, Kupferglucke (hat tief gezähnte, rostbraune Flügel – Name!).

Gastropoda, *n.,* Pl., gr. *ho pús, podós* der Fuß, also wörtl. „Bauchfüßer"; Schnecken, Cl. der Conchífera. Die G. haben einen mit Tentakeln und Augen versehenen Kopf, einen bauchständigen Fuß (Name!) u. ungeteilten Mantel, der meistens ein Gehäuse absondert, das im allgemeinen spiralig gewunden ist; fossile Formen seit dem Kambrium bekannt. Gruppen: Prosobranchia, Opisthobranchia, Pulmonata.

gastróporus, -i, *m.,* gr. *ho póros* der Durchgang; die Urmundöffnung.

Gastropus, *m.,* gr. *ho pús, podós* Fuß; Gen. der Gastropodidae, Rotatoria.

Gastrotricha, *n.,* Pl., gr. *he thríx, trichós* das Haar, Band; Cl. der Nemathelminthes, Schlauchwürmer; zwerghafte Nemathelminthes mit ventralen Wimperbändern, einfachem Darmkanal, typischen Protonephridien u. einfachen, primär zwittrigen Genitalorganen; Ordines: Macrodasyoidea, Chatonotoidea.

gastrotroche Larven, die; *f.,* gr. *ho trochós* das Rad, Wagenrad; Larven einiger mariner Borstenwürmer, die außer 2 Wimperreifen an den beiden Körperenden noch einen od. mehrere Wimperbögen an der Bauchseite tragen.

Gastrovaskularsystem, das, lat. *vásculum, -i, n.,* das kleine Gefäß; z. B. der Gastralraum der Hohltiere, der zugleich die Verteilung der Nährstoffe im Körper erleichtert u. deshalb „gefäßartig" verzweigt ist.

Gastrozymin, das, gr. *he gastér* der Magen, *he zyme* der Sauerteig; Wirkstoff (Hormon) des Pylorusbereiches von Wirbeltieren, der die Sekretion der Zymogene bewirkt bzw. steigert.

gástrula, -ae, *f.,* Dim. von gr. *he gastér,* s. o.; der kleine Bauch, Magen; das bauchige Gefäß.

Gastrula, die, gr., nach Haeckel (1872), ein Becherkeim, ein Entwicklungsstadium der vielzelligen Tiere, das aus der Blastula hervorgeht. Die Gastrula ist in ihrer typischen Form ein doppelwandiger Becher. Die äußere Wand bezeichnet man als Ektoderm, die innere als Entoderm. Die Mündung der Gastrula nennt man Urmund (Blastoporus), den inneren Hohlraum Urdarm.

Gastrulation, die; Gesamtheit aller Vorgänge, die zur Keimblattbildung (Ekto-, Ento- u. Mesoblast) führen.

Gattung, die, Genus; systematische Kategorie, in der meist mehrere nahe verwandte Arten zusammengefasst werden.

Gattungsbastard, der; das Kreuzungsprodukt zwischen zwei verschiedenen Gattungen angehörenden Individuen, z. B. G. von Stockente u. Türkenente.

Gattungsgruppe, die; in der Rangordnung der Klassifikation die Gruppe (s. d.) unterhalb der Familiengruppe (s. d.) u. oberhalb der Artgruppe (s. d.), welche die Kategorien Gattung u. Untergattung einschließt.

Gattungsname, der, lat. *nomen generis* der Name einer Gattung; positionell das erste, großgeschriebene Wort in einem Binomen od. Trinomen.

Gaumen, der; Palatum; Gaumenbein: Os palatinum; Gaumensegel: Velum palatinum.

Gaur, indisch; *Bos gaurus,* gilt bei den Indern (Hindus) als heilig; leicht zähmbar.

gaurus, latin. einheimischer Name für das Dschungelrind Gaur; s. *Bos.*

Gavia, *f.,* Herkunft unklar; Gen. der Gavíidae, Seetaucher, Gaviiformes. Spec.: *G. admasii,* Tundrataucher; *G. stellata,* Sterntaucher; *G. arctia,* Prachttaucher.

Gaviális, *m.,* latin. aus Gavial, dem ostindischen Namen des Tieres; Gen. der Gavialidae (Gaviale), Ordo Crocodylia. Spec.: *G. gangeticus,* Gangesgavial.

Gaviifórmes, *f.,* Pl., s. *Gavia;* Seetaucher(-artige), Gruppe (Ordo) der Aves; Wasservögel mit weit hinten liegenden Beinen.

Gayal; s. *Bos.*

Gazella, *f.,* arab. *Gazàl* eine Antilope überhaupt; Gen. der Bóvidae, Rinderähnliche, Ruminantia, Ungulata. Spec.: *G. dorcas,* Dorcas-Gazelle; *G. gazella,* Echte Gazelle; *G. subgutturosa,* Kropfgazelle.

Gebärmutter, die; s. Uterus.

Gebirgsstelze, die; s. *Motacílla.*

Gebrauchskreuzung, die; Kreuzung von Tieren verschiedener Arten, Rassen oder Zuchtlinien zur Erzeugung von Nutztieren, die nicht für die Weiterzucht als Elterntiere verwendet werden. G. gestattet die Ausnutzung nichtadditiver Genwirkungen wie z. B. die Heterosis.

Gebrauchszucht, die; Form der Tierzucht, bei der die Nachkommen ohne gezielte Merkmalsselektion zum Zweck der Bestandserhaltung produziert werden; vgl. Herdbuchtzucht.

Geburt, die; Partus, Entbindung; Vorgang des Fruchtausstoßens aus dem Unterleib.

Geburtshelferkröte, die; s. *Alytes.*

Gecárcinus, *m.,* gr. *he gé̄* die Erde, *ho karkínos* der Krebs; Gen. der Gecarcínidae, Landkrabben, Decapoda. Spec.: *G. ruricola,* Gemeine Landkrabbe.

Gecko, der; s. *Gekko,* s. *Tarentola,* s. *Tokee.*

Gedächtnis, das; die Fähigkeit von Zellen, insbesondere des Nervensystems, Informationen abrufbar zu speichern. Man unterscheidet Kurzzeit- u. Langzeitgedächtnis.

Gefriertrocknung, die, Lyophilisierung; schonendes Entwässerungsverfahren von Zellen, Geweben, Impfstoffen usw. unter Vakuum bei Temperaturen zw. –30 u. –70 °C unter ständigem Absaugen des Wasserdampfes. Das Wasser geht direkt aus dem festen in den dampfförmigen Zustand über.

Gegenbaur, Carl, geb. 21. 8. 1826 Würzburg, gest. 14. 6. 1903 Heidelberg; 1851 Promotion, 1854 Habilitation, 1855 ao. Prof. für Zoologie in Jena, 1858 o. Prof. für Anatomie u. Zoologie in Jena, 1855–1861 Direktor des Jenaer Zoologischen Museums, 1873 o. Prof. für Anatomie an der Univ. Heidelberg. Arbeitsgebiete u. a.: Untersuchungen zur vergleichenden Anatomie der Wirbeltiere. Carpus und Tarsus, 1864; Das Kopfskelett der Selachier, ein Beitrag zur Erkenntnis der Genese des Kopfskeletts der Wirbeltiere. Leipzig 1872; Über das Archipterygium. Jena 1872; Vergleichende Anatomie der Wirbeltiere. Leipzig 1898–1901; Begründer des Morphologischen Jahrbuchs, Heidelberg 1875.

Gehirn, das, lat. *cerebrum,* gr. *enkephalos:* Hirn, Enzephalon.

Geierschildkröte, die; s. *Macroclemys.*

Geißblattgeistchen, das; s. *Alucita hexadáctyla.*

Geißeln, die, Pl.; Fortbewegungsorganell von Flagellaten, ektoplasmatischer Natur.

Geißelskorpione, die; s. Uropygi.

Geißelspinnen, die; s. Amblypygi.

Geißeltierchen, das; s. Zoomastigina, Zooflagellata, Flagellata.

Gekko, *m.,* indischer Name, Gen. der Gekkónidae, Haftzeher, Fam. der Lacertilia, Eidechsen. Spec.: *G. gecko,* Gecko od. Tokee.

gelada, s. Dschelada, s. Theropithecus.

Geläuf, das; Bezeichnung für die Spuren des Federwildes, bei Auerhahn u. Trappen auch Fährte genannt.
gelatína, -ae, *f.,* lat., die Gallerte.
gelatinósus, -a, -um, reich an Gallerte, sulzig.
Gelbhalstermite, die; s. *Kalotermes flavicóllis.*
Gelbkörperhormon, das; s. Corpus luteum.
Gelbrandkäfer, der; s. *Dytiscus.*
Gelbspötter, der; s. *Hippoláis* („gelb"-, weil Rückengefieder gelblich u. vor allem die Unterseite zitronengelb).
Gelbsteiß-Trupial, die; s. *Icterus dominicensis.*
Gelpräzipitation (Ouchterlony, 1948), die; Antigen-Antikörper-Reaktion, die durch Bildung eines Präzipitates charakterisiert ist.
geméllus, -a, -um, lat., doppelt, der Zwilling.
geminus, -a, -um, lat., doppelt, zweifach, zwillingsgeboren, zweigestaltig.
gémma, -ae, *f.,* lat., die Knospe.
gemmíparus, -a, -um, lat., edelsteinerzeugend; von *gemma* der Edelstein, die Knospe, *párere* erzeugen; s. *Spirochona.*
Gemmulae, die, Dim. v. lat. *gemma,* s. o.; Keimknospen, ungeschlechtl. Fortpflanzungskörper, Brutknospen bei Süßwasserschwämmen; vgl. Archaeozyten.
Gemse, die, *Rupicapra rupicapra*; In 9 Unterarten vorkommende Art der Fam. Bovidae, Unterfam. Caprinae; beide Geschlechter mit an der Wurzel geringelten, senkrecht auf dem Schädel sitzenden, hakig gebogenen Hörnern („Krickeln"), Gesicht u. Hals mit gelbweißen Abzeichen, Weibchen mit vierzitzigem Euter. Verbreitungsgebiet: Hochgebirge Europas von den Pyrenäen bis zum Kaukasus sowie Kleinasiens; Ansiedlung in Mittelgebirgen. G. leben in Rudeln in Höhen bis 3500 m, vorzügliche Springer u. Kletterer.
Gemskugel, die; Bezoarsteine im Pansen des Gamswildes.
Gen, das; gr. *gígnesthai* entstehen; genetische Einheit, genetisches Material, das die Teilinformation zur Ausbildung eines spezifischen Merkmals besitzt, umfasst etwa 70 bis einige Tausend Nukleotide. Genetisches Material (DNS od. Virus-RNS), in dem durch eine spezifische Sequenz von Basen(-paaren) die Information zur Synthese eines bestimmten Gen-Produkts, z. B. eines Enzyms od. eines Repressors verschlüsselt ist und durch Transkription und Translation abgegeben wird.
gena, -ae, *f.,* lat., die Wange. Spec.: *Cercocebus albigena,* Grauwangenmangabe (Affe); *albigenus, -a, -um* hellwangig.
Genamplifikation, die, gr. *genos* Geschlecht, lat. *amplificatio* Vermehrung; Mechanismus einer Genvermehrung.
Gendrift, die; zufällig eintretende Veränderungen der Gen- bzw. Allelhäufigkeit einer Population im Gegensatz zur Änderung, die durch Mutation, Selektion und Zuwanderung von Individuen eintritt.
Genealogie, die, gr. *he geneá* das Geschlecht, *ho lógos* die Lehre; die Geschlechterkunde, Familien- u. Stammbaumforschung; die Abstammung.
genealogisch; die Familienforschung bzw. die Abstammung betreffend.
Gene flow, engl., Genfluss; Genaustausch zwischen Subpopulationen durch die erfolgreiche Reproduktion migrierender Individuen.
generális, -is, -e, lat., allgemein, zur Gattung gehörig.
Generation, die, lat. *generátio, -iónis, f.,* die Zeugung, Nachkommenschaft, das Geschlecht, die Geschlechterfolge; 1. Gesamtheit aller etwa gleichaltrigen Individuen einer Art, d. h. in der Geschlechterfolge jedes einzelne Glied, vor- od. rückwärts gesehen: Kinder, Enkel usw. (Filialgeneration, Abk.: F_1, F_2, F_3 usw.) od. Eltern, Großeltern usw. (Parentalgeneration, Abk.: P_1, P_2 usw.); 2. man unterscheidet einfache Generation, bei nur einmaliger Fortpflanzung einer Art im Jahr u. doppelte bzw. mehrfache Gen. bei zweimaliger bzw. mehrfacher Fortpflanzung im Jahr. Die einzelnen Generationen werden nach der Jahreszeit bezeichnet: *gen. vernalis* (Frühjahrsgen), *gen. aestivalis* (Sommergen.), *gen. autumnalis* (Herbstgen.), *gen. hiemalis* (Wintergen.).
Generationsintervall, *n.;* (Tierzucht-) Begriff für: Zwischenzeit oder Intervall zwischen zwei aufeinanderfolgenden Generationen. Mittleres Alter der Eltern bei der Geburt der für die Weiterzucht verwendeten Nachkommen.
Generationswechsel, der; Entwicklung eines Lebewesens über verschiedene Fortpflanzungsarten; 1. Der G. wurde erstmals von dem Dichter A. v. Chamisso (1819) bei den Salpen entdeckt. 2. Primärer u. sekundärer G.: 2.1. **primärer G.:** Wechsel zw. geschlechtlicher u. ursprünglicher ungeschlechtlicher Fortpflanzung (d. h. Sporenbildung); beim primären homophasischen G. sind alle Generationen entweder haploid od. diploid (bei niederen Organismen); beim primären heterophasischen G. ist die geschlechtliche Generation haploid (Haplont) u. die „ungeschlechtliche" Generation diploid (Diplont) (bei den meisten Pflanzen); 2.2. **sekundärer G.:** Wechsel zw. generativer u. vegetativer (Metagenese, s. d.) bzw. generativer Fortpflanzung (Heterogonie, s. d.).
generativ, lat. *generáre* zeugen; auf die Zeugung bezüglich, zeugend, geschlechtlich.

Generatorpotential, das, lat. *potentia, f.,* die Fähigkeit, das Vermögen; ein Rezeptorpotential.
Génesis, die, gr. *he génesis* die Erzeugung; die Genese, Entstehung.
Genetic distance, engl., Genetischer Abstand; Schätzmaß für die genetische Verwandtschaft von Populationen.
Genetic engeneering, die, engl.; Gentechnik; genetische Manipulation.
Genetik, die, gr. *gígnesthai* erzeugen, entstehen (*genā́n* erzeugen); die Vererbungslehre.
genetische Drift, die; s. Drift; s. Gendrift.
genetische Homöostasis, die; Homoiostasis; erblich bedingte Konstanterhaltung des inneren Milieus durch Regelvorgänge als wesentliche Voraussetzung für den optimalen Ablauf der Lebensvorgänge. Letal wirkt ein Umweltreiz auf den Organismus, wenn die Grenzwerte der H. trotz Regelvorgängen über- od. unterschritten werden. Durch Adaptation an spezifische Umweltbedingungen können Regelqualität u. -breite mitunter verbessert werden.
genetische Isolierung, die, s. Isolierg.; erblich fixierte Isolierung oder Trennung von Populationen, die zur Aufspaltung einer Art in mehrere durch Mutationen führt, kann erfolgen als: 1. geographische Abtrennung einer Population durch erdgeschichtliche Ereignisse; 2. sexuelle Isolierung (durch Autogamie, mutativ bedingte Änderungen der Fortpflanzungszeit, unterschiedliche Triebhandlungen, Größenverschiedenheiten der Partner); 3. ökologische Isolierung (z. B. von Parasiten auf verschiedenen Wirten, worauf die Differenzierung des Menschen- u. Schweinespulwurms *Ascaris lumbricoides* in zwei Rassen beruht, oder beim Medium-Wechsel von Wasser zu Land, von Land zu Wasser, vom Boden in den freien Wasser- u. Luftraum), Verdrängung aus bestimmten Gegenden (dem ursprünglichen Areal) in Refugien.
genetischer Code, *m.,* frz. *code, m.,* der (Telegramm-)Schlüssel; ein Koordinierungsprinzip, nach dem die genetische Information in der DNA niedergelegt ist, d. h. die Festlegung der Aminosäuresequenz bei der Proteinbiosynthese durch spezifische Nukleotidsequenzen in der mRNS; ein von Holley, Khorana u. Nierenberg (1965) erkanntes Schema der Zuordnung aller möglichen Basentripletts (Codons). Letztere können aus den 4 hauptsächlichen Basen (A, G, C u. U) gebildet werden. Für die Proteinsynthese stehen 20 Aminosäuren zur Verfügung. Der Code dient als Schlüssel für die Übertragung der genetischen Information in die Aminosäuresequenz.
genetischer Fingerabdruck, der; s. DNA-Fingerprinting.
Genétta, *f.,* franz. *la genette,* ist wohl fälschlich von *genísta,* Ginster, abgeleitet, in dessen Nähe sich das Tier offenbar nur zufällig aufhält; Gen. der Vivérridae, Schleichkatzen. Spec.: *G. genetta,* Ginsterkatze, Genette (in Gebieten von N.-Afrika als Haustier zum Vertilgen von Ratten u. Mäusen gehalten).
Genfrequenz, die, gr. *gígnesthai,* s. o., lat. *frequénter* (Adverb) häufig; die Erbanlagen-Häufigkeit.
geniculátus, -a, -um, lat., knieförmig, knotig.
genículum, -i, *n.,* lat., das kleine Knie.
genioglossus, -a, -um, lat., gr. *to géneion* das Kinn, *he glóssa* die Zunge; vom Kinn zur Zunge gehend.
Genitalien, die, s. *genitális;* die Geschlechtsorgane.
genitális, -is, -e, lat.; zur Zeugung bzw. zu den Geschlechtsorganen gehörig.
Genitalzentren, *n.,* Pl.; Erektions- u. Ejakulationszentrum. Das Erektionszentrum des Menschen u. vieler Säuger liegt im parasympathischen Zentrum in den Rückenmarksegmenten S2–S5. Das Ejakulationszentrum liegt im sympathischen Zentrum in den Rückenmarksegmenten Th12–S2.
Genkarte, die; Positionierung der einzelnen Gene vom Genom.
Gen-Karthographie, die; Kartierung der Gene bis zur Entschlüsselung des gesamten Genoms.
Genkonversion, die, *f.,* lat. *conversio* Umkehrung; nichtreziproke Form der Rekombination innerhalb eines Gens.
Genkopplung, die; die gengekoppelte Vererbung ist um so wahrscheinlicher, je benachbarter zwei Gene im Chromosom liegen. Sind Gene weit voneinander getrennt, um so leichter ist crossing over möglich bzw. die Gene laufen nicht Gefahr, gekoppelt vererbt zu werden.
Genmutationen, die, s. Gen., s. Mutation; erbliche Veränderungen an den Genorten (Loci), sie werden häufig als „Punktmutationen" bezeichnet.
Genom, das; Bezeichnung für die Gene eines einfachen Chromosomensatzes; die Gesamtheit der mendelnden im Zellkern vorhandenen Erbanlagen.
Genommutation, die, s. Mutation; erbliche Veränderungen in der Zahl der Chromosomen od. ganzer Chromosomensätze.
Genomsegregation, die; die Trennung ganzer Genome (Chromosomensätze) im Verlauf der Mitose bei Eukaryoten (Genomsonderung). G. führt möglicherweise zur somatischen Reduktion der Chromosomenzahl bei Polyploiden.

Genopathie, die, gr. *to páthos* die Krankheit; pränatale Erkrankung, die auf Gen- bzw. Chromosomenschäden zurückzuführen ist.

Genotoxizität, die, *f.*, engl. genotoxicity, toxicogenomics; toxische Wirkungen auf das genetische Material von Zellen bzw. Zellteilungsorganellen; z. B. DNA-Schäden u. Schäden des Mitoseapparates.

Genotyp, der, gr. *ho týpos* der Schlag, das Gepräge, die Form; die Gesamtheit aller Gene eines Organismus; umfasst alle in der Zelle lokalisierten Erbanlage; vgl. Phänotyp.

genotypisch, durch die in den Chromosomen enthaltenen Erbanlagen verursacht.

Gen-Pool, der, engl. *pool* Teil, Pfuhl, (Spiel-) Einsatz; „die Gesamtheit der genetischen Information einer bestimmten, sich genetisch fortpflanzenden Population zu einem bestimmten Zeitpunkt, an der die einzelnen Gene mit definitiven Frequenzen beteiligt sind" (R. Rieger 1970).

gentílis, -is, -e, lat., (geschlechts-)verwandt, volkstümlich, gemeinschaftlich; s. auch *Accipiter.*

Gentransfer, der, *m.*, lat. *transferre* übertragen; Übertragung von Genen. Vertikaler G.: von Generation zu Generation; horizontaler G.: von einer Spezies auf eine andere.

génu, -us, *n.*, lat., das Knie, Demin. *geniculum, -i, n.* Spec.: *Laomedea geniculata* (Hydroidpolyp).

genuínus, -a, -um, lat., 1. angeboren, ursprünglich, echt, natürlich, genuin (von *genus, -eris, n.* Geburt, Abkunft, Stamm, Geschlecht); 2. in der Backe *(gena, -ae, f.)* liegend, Backen-; *dentes genuini,* Backenzähne.

Genus, das, lat. *génus, -eris, n.,* das Geschlecht, die Gattung; Pl.: genera; 1. systematische Hauptkategorie oberhalb der Art- u. unterhalb der Familiengruppe; 2. ein einzelnes Taxon der Kategorie „Gattung", z. B. *Musca, Fasciola, Taenia, Bombus, Homo.*

Genzentrum, das; geographisches Gebiet, in dem eine Tiergruppe (Art, Artgruppe) in der größten erblich (genetisch) bedingten Formenmannigfaltigkeit vertreten ist bzw. in dem die genetische Ausprägung (Manifestation, Differenzierung der Gene) einer taxonomischen Population erfolgte; Mannigfaltigkeitszentrum.

Geobios, das, gr. *he gē* die Erde, *ho bíos* das Leben; die Pflanzen- und Tiergesellschaften des festen Landes, ein Teil der Biosphäre, s. d.; Ggs.: Hydrobios, s. d.

Geomyda, *f.,* gr. *he emýs* die Schildkröte, also: „Erdschildkröte"; Gen. der Emydidae (Sumpfschildkröten), Chelonia. Spec.: *G. spinosa,* Stachel-Erdschildkröte.

Geoffroy Saint Hilaire, Etienne, geb. 15. 4. 1772 in Etampes b. Paris, gest. 19. 6. 1844 in Paris; anfangs Prof. der Zoologie am Jardin des Plantes (Paris), Teilnahme an Napoleons Expedition nach Ägypten (1798), von 1809 an Prof. der Zoologie an der Medizin. Fakultät (Paris); Vertebrata als Hauptgebiet; erklärte die Teratogenese durch Umwelteinflüsse. Bekannte Arbeiten: „Philosophie anatomique", 1818; „Principes de Philosophie zoologique", 1830; „Histoire générale et particulière des anomalies de l'organisation ou traité de tératologie", 1832.

Geoffroys Katze, die, auch Salzkatze od. Kleinfleckkatze; s. *Oncifelis.*

geographische Isolierung, die; s. genetische Isolierung.

geographische Subspecies, die, s. Subspecies; durch räumliche Isolierung entstehende Unterart(en), so dass in einem Teilgebiet des Areals einer Art nur eine bestimmte Unterart vorkommt, die meist habituelle morphologische Specifica aufweist; an den Verbreitungsgrenzen treten oft Mischformen geographischer Unterarten auf.

Geométridae, die, gr. *ho geométres* Feldmesser; Spanner, Fam. der Lepidóptera, Schmetterlinge; ihre Raupen besitzen außer 3 Paar Brustfüßen nur noch am 10. Segment 1 Paar Bauchfüße u. am letzten Segment 1 Paar „Nachschieber", sind also nur 10-füßig; dadurch krümmen sie beim Kriechen den Körper bogenförmig, als ob sie spannend eine Länge abmessen (Name!).

Geomýidae, gr. *he gé* die Erde, *ho mýs, myós* die Maus; Taschenratten, Fam. der Rodentia, Nagetiere; leben ähnlich den Maulwürfen (Talpiden) unterirdisch u. grabend; besitzen außerdem an den Wangen sich öffnende Backentaschen; insges. gedrungen gebaut, kurzschwänzig, pentadaktyl, mit langen Krallen an den Vorderfüßen, N.- u. S.-Amerika.

Geomys, *m.;* Gen. der Geomýidae. Spec.: *G. bursarius,* Pocket Gopher, Taschenratte.

Geonemértes, *f., Nemertés* eine Nereide; Gen. der Hoplonemertini, Enopla. Spec.: *G. chalicophora* (wegen der Kalkkörperchen der Haut).

Geóphilus, *m.,* gr. *philē̃in* lieben; Gen. der Geophílidae. Spec.: *G. longicornis.*

geopolitisch, gr. *he gē* od. *gaía* die Erde, *ho polítes* der Bürger, Einwohner; sind Arten od. Artgruppen, die über alle tiergeographischen Gebiete der Erde verbreitet sind. Syn.: kosmopolitisch.

Georhýchidae, *f.,* Pl., gr. *he gē̃* u. wahrscheinl. von *aryssē̃in* graben, schöpfen; Wurfmäuse, Fam. der Nagetiere; die Georhychiden leben unterirdisch ähnlich wie die Maulwürfe. Spec.: *Georhychus capensis.*

Geotaxis, die, gr. *he táxis* Anordnung, Stellung; durch die Schwerkraft bedingte Taxis (Bewegung).

Geotrúpes, *m.,* gr. *trypān* (durch-)bohren; der Name bezieht sich auf ihr Leben im Dünger u. in verrottenden Pflanzenstoffen; Gen. der Scarabaeidae, Blatthornkäfer. Spec.: *G. stercorarius, G. silvaticus.*

Gepard, der; s. *Acinonyx.*

Gephýrea, *n.,* Pl., gr., von *he géphyra* die Brücke; primitive Formen der Spiralia mit den Sipunculida (s. d.) u. Echiurida (s. d.), die z. T. an die Tentaculata od. an die Urform der Coelomata erinnern u. bereits früher wegen ihrer verbindenden Merkmale „Brückentiere" genannt wurden. Heute noch nicht geklärt, ob es sich um primär od. sekundär primitive Formen handelt; fossil 4 Genera im Mittelkambrium bekannt.

Gerbíllus, *m.,* latin. Vernakularname (NO-Afrika); Gen. der Muridae, Rodentia. Spec.: *G. perpállidus,* Ägyptische Wüstenrennmaus.

Gerfalk, der; s. *Falco rusticolus.*

Geriatrie, die, gr. *ho géron* der Greis, *iatreúein* heilen; die Lehre von den Greisenkrankheiten u. ihrer Verhütung; also unter prophylaktischem Aspekt: die Lehre vom gesunden Altwerden mit dem Ziel der Erhöhung der Lebenserwartung; vgl. Gerontologie.

Gerinnungszeit, die; s. Blutgerinnungszeit.

germánicus, -a, -um, lat., germanisch, deutsch; s. auch *Phyllodrómia.*

Germarium, das, lat., von *gérmen;* Keimstock, Endfach der Ovariolen (bei Insekten).

germen, germinis, *n.,* lat., der Keim, Spross, die Knospe.

gerimatívus, -a, -um, lat. *germináre* keimen; zum Keimen geeignet.

Gerontologie, die, gr. *ho géron* der Greis, *ho lógos* die Rede, das Wort, die Lehre; die Lehre von den Alterungsvorgängen; vgl. Geriatrie.

Gérris, *f.,* wahrscheinlich von gr. *to gérron,* ein geflochtener Wagenkorb, auch ein mit Rindshaut überzogener Schild; Gen. der Gérridae, Wasserschneider. Spec.: *G. vagabundus.*

Gersch, Manfred, geb. 12. 8. 1909 Dresden, gest. 4. 12. 1981 Jena; Dr. phil. habil., 1939 Dozent an der Univ. Leipzig, 1951 Professor mit Lehrauftrag an der Univ. Jena, 1953–1974 Prof. mit Lehrstuhl u. Direktor des Zoologischen Institutes der Univ., 1954 Direktor des Phyletischen Museums; Mitglied der Leopoldina (Halle). Themen wissenschaftl. Arbeiten: Cytologie („Biologie der Zelle" Leipzig, 1. Aufl. von E. Ries, 1943; 2. Aufl. von Ries u. Gersch, 1953), Histophysiologie, Endokrinologie (insbes. Neuroendokrinologie) der Evertebraten, („Vergleichende Endokrinologie der wirbellosen Tiere", Leipzig 1964; „Das peptide Neuron", Jena 1981; zus. mit K. Richter), Vergleichende Tierphysiologie, Zoologie.

Gesamtumsatz, der; besteht aus Grundumsatz und Leistungszuwachs.

Geschlechtschromatin, das; „sex chromatin", nach Barr u. Bertram (1949) Barrkörperchen genannt. Das Geschlechtschromatin kommt normalerweise nur beim weiblichen Geschlecht (XX) vor. Das Geschlechtschromosom besteht aus einem funktionell inaktivierten X-Chromosom.

Geschlechtsdeterminierung, lat. *determinare* bestimmen, begrenzen; Geschlechtsbestimmung, sie erfolgt genotypisch (durch Gene) od. phänotypisch (durch Umweltfaktoren) bzw. durch beide. Bei der genotypischen G. (auch zytogenetische, chromosale G. genannt) wird das Geschlecht durch die geschlechtsbestimmenden Gene (auf dem X- und Y-Chromosom) festgelegt. Bei Homogametie im weiblichen Geschlecht haben alle Eizellen ein X-Chromosom u. die Spermien sind heterogametisch (z. B. Spermien des Menschen: 22 + X u. 22 + Y). Die eigentliche Geschlechtsbestimmung erfolgt bei dieser Heterogametie im männlichen Geschlecht mit der Befruchtung der Eizelle, d. h. bei der Zygotenbildung. Daher spricht man auch von einer zygotischen Geschlechtsbestimmung. Bei Heterogametie im weiblichen Geschlecht dagegen (Sauropsiden, z. B.), ist das Geschlecht mit der weiblichen Gametenbildung festgelegt. Dann sind alle Spermien homogametisch. Man spricht in diesem Fall von einer progamen Geschlechtsbestimmung. Charakteristische Beispiele für die phänotypische Geschlechtsbestimmung liefern u. a. *Bonella viridis, Crepidula fornicata, Ophryotrocha puerilis, Centropyge bicolor.*

Geschlechtsdimorphismus, der, gr. *dímorphos* zweigestaltig; die Verschiedenartigkeit von männlichen und weiblichen Individuen einer Art in primären und sekundären Geschlechtsmerkmalen.

Geschlechtshöcker, der, Genitalhöcker; bei den Embryonen der Säuger eine kegelförmige vorspringende Anlage der äußeren Geschlechtsorgane (Genitalien) an der vorderen Wand der embryonalen Kloake.

Geschlechtsmerkmale, die; primäre und sekundäre bekannt. 1. Definition (traditionelle): primäre G. = Gonaden, sekundäre G. = Sexualorgane (außer Gonaden), tertiäre G. = die in der Pubertät entstehenden G.; 2. Definition: prim. G. = alle im Fetalstadium entstehenden inneren u. äußeren G., sek. G. = alle in der Pubertät entstehenden G.

Geschlechtstrieb, der, Libido sexualis; ein Fortpflanzungstrieb, der beim Menschen den Geschlechtsverkehr auslöst u. zu vielen anderen Säugern nicht brunstgebunden ist.

Geschlechtszyklus, *m.;* die periodische Wiederholung der Ovulation und der Brunst bei weiblichen Tieren.

Gespenstmaki, der; s. Tarsioídea.

Gespinstmotte, die; s. *Yponomeuta.*

Gestagen, das, lat. *gestáre* tragen; Schwangerschaftshormon, gebildet im Gelbkörper (Corpus luteum), der aus den Follikelzellen nach der Ovulation hervorgeht u. in der Plazenta gebildet wird; das wichtigste Gestagen ist das Progesteron (s. d.).

Gestation, die; lat. *gestáre* tragen; die Schwangerschaft, Trächtigkeit.

Getreidehalmwespe, die; s. *Cephus.*

Getreidelaufkäfer, der; s. *Zabrus.*

Gewebe, das; der Funktionsverband gleichartiger, differenzierter Zellen.

Geweih, das; Stirnauswuchs der ♂ Cerviden (Rehe, Hirsche), der nach jeder Brunstperiode abgeworfen wird, wobei nur ein Teil des „Os cornu" als Dauerbildung erhalten bleibt. Von ihm aus, dem sog. Rosenstock, erfolgt u. a. der Aufbau des neuen Geweihes, dessen Haut nach Abschluss der Geweihbildung als Bast gefegt wird (vgl. H. Hartwig u. J. Schrudde, Z. Jagdwiss. *20,* 1–13, 1974).

Gewöhnung, die; Abnahme einer Reaktionsbereitschaft als Folge wiederholter Auslösung; s. Habituation.

ghost, engl. Gespenst, Geist, Seele; Zellmembran ohne Karyo- u. Zytoplasma, ein leerer Plasmamembransack.

Gibbon, der; s. *Hylobates.*

gibbósus, -a, -um, lat., bucklig, stark gekrümmt; auch: auf dem Rücken gezeichnet; s. *Laphria,* s. *Leponis.*

gibbus, -a, -um, lat., gewölbt, bucklig.

Giebel, der; s. *Carassius.*

Giemsa, (Berthold) Gustav (Carl), Chemotherapeut, geb. 20. 11. 1867 Blechhammer (Oberschlesien), gest. 10. 6. 1948 Biberwier (Tirol); G. leistete Bedeutendes auf dem Gebiet der experiment. Chemotherapie u. der Schiffs- u. Tropenhygiene. Aufbau u. Entwicklung des Hamburger Tropeninstituts; führte die nach ihm benannte „G.-Färbung" ein, die für d. Nachweis von Blutparasiten u. hämatologische Untersuchungen unentbehrlich geworden ist.

Gießkannenschwamm, s. *Euplectélla.*

Gift, das, *n.*; „Allein die Dosis macht, daß ein ding kein gifft ist" *(Paracelsus).* Substanzen, die durch ihre chemischen Eigenschaften in bestimmten Mengen od. Konzentrationen Wirkungen im Organismus entfalten, die zu Störungen od. Schädigungen des Stoffwechsels u. der Struktur, d. h. der Gesamtheit der biologischen Funktionen führen. Die Einteilung der G. erfolgt meist nach ihrer Wirkung: z. B. Mitosegifte, Blutgifte, Enzymgifte. Gegengifte (s. Antidot) wirken durch chemische Bindung des Giftes, durch eine Verdrängung vom spezifischen Rezeptor für das G. od. durch Unterstützung u. Verstärkung der biologischen Gegenreaktion.

Gifte, tierische, die; animalische Toxine, die von den verschiedensten Tierstämmen zur Verteidigung abgesondert werden (s. Schlangen, Skorpione, Bienen, Spinnen, Kröten, u. v. a.); s. Abwehrstoffe, s. Toxin.

Giftklassen, die, Pl., *f.*; Einteilung von Stoffen entsprechend ihrer → LD_{50}. Nach dem Chemikaliengesetz unterscheidet man (bei oraler Applikation bei der Ratte in mg/kg Körpergewicht); sehr giftig: LD_{50} < 25; giftig: 25–200; mindergiftig: 200–2000; nicht giftig: >2000.

Giftkröten, die, Pl., *f.*; ihre Schleimdrüsen halten die Haut feucht u. produzieren verschiedene Abwehrgifte. Die Inhaltsstoffe wirken bakterizid (Auflösung von Plasmamembranen der Mikroorganismen), fungizid (Mitochondrienschädigung bei Pilzen) u. dienen dem Schutz vor Fressfeinden. Beispiele: Bufadienolide, Bufogenine, Bufoviridin; s. a. Bufotoxine, Bufotenin.

Giftschlangen, die, Pl., *f.*; die überaus zahlreichen Arten gehören vor allem zwei Familien, den Elapiden u. den Viperiden an. Die Elapiden umfassen v. a. die Kobra-Arten u. Seeschlangen. Die Viperiden bilden zwei große Subfamilien, die Viperiden der Alten Welt (Kreuzotter) u. die crotalinen (vorwiegend) der Neuen Welt (Klapperschlangen). Außerdem wären die Colubriden zu nennen, z. B. afrikanische Baumschlange. Entsprechend ihrer Vielzahl produzieren Schlangen die meisten bekannten tierischen Giftkomponenten.

gigantéus, -a, -um, latin., riesig, riesengroß. Spec.: s. *Gigantoproductus.*

Gigantismus, der, gr. *ho gígas, gígantos* der Riese; der Riesenwuchs; z. B. verursacht durch Überproduktion des Wachstumshormons.

Gigantoproductus, *m.,* s. *Productus;* Gen. der Subcl. Articulata, Cl. Brachiopoda; enthält mit einer Schlossrandlänge von ca. 35 cm die größten Brachiopoden; fossil weltweit im Unterkarbon. Spec.: *G. giganteus.*

Gigantostraca, *n.,* Pl., gr., s. o., *to óstrakon* Schale, Gehäuse; Seeskorpione, Syn.: Eurypterida, Gruppe der Merostomata; fossil (Ordovizium bis Perm).
gigas, gr., riesig, riesenhaft, Riesen-. Spec.: *Sirex gigas,* Riesenholzwespe; s. auch: *Trachypleus,* s. *Rhytina.*
Gimpel, der; s. *Pyrrhula.*
gingíva, -ae, *f.,* lat., das Zahnfleisch; Gingivitis: die Zahnfleischentzündung.
gingivális, -is, -e, zum Zahnfleisch gehörig.
Ginsterkatze, die; s. *Genetta.*
Giráffa, *f.,* lat. *giráffa,* entstellt, gebildet aus dem arabischen *zorafeh* der Langhals; Gen. der Giraffidae. Spec.: *G. camelopardalis (= Camelopardalis giraffa),* Giraffe; mit stark überhöhtem Widerrist u. verlängertem Hals, der doch nur 7 Halswirbel besitzt; früher über ganz Afrika verbreitet, heute nur noch in kleinen Trupps in den Baumsteppen südlich der Sahara in mehreren Subspecies.
Giraffengazelle, die; s. *Litocránius walleri.*
Giráffidae, *f.,* Pl.; Giraffenähnliche, Fam. d. Ruminantia, Artiodactyla; hochbeinige Tiere mit abfallendem Rücken u. kurzem Schwanz mit Endquaste; Ossa cornua mit behaarter Haut überzogen; Afterzehen rückgebildet, Passgänger, rezent nur in Afrika; Genera: *Giraffa, Okapia.*
Girlitz, der; s. *Serinus.*
Gitterschlange, die; s. *Python.*
glabélla, -ae, *f.,* lat. von *glaber, -bra, -brum* glatt; G.: 1. die unbehaarte Stelle zwischen den Augenbrauen über der Nasenwurzel, die Stirnglatze; 2. bei Trilobiten mittlerer, erhabener Teil des Kopfschildes, der allseits durch Furchen abgegrenzt ist („Kopfbuckel").
glaber, -bra, -brum, lat., glatt, kahl, unbehaart.
glabrátus, -a, -um, lat., geglättet, enthaart. Spec.: *Sphaerites glabratus* (ein glatter, unbehaarter Käfer); s. auch *Byrrhus.*
glaciális, -is, -e, lat., eisig, eiskalt, gletscherliebend, auf Gletschern, an der Schneegrenze vorkommend; s. *Desoria,* s. *Fulmárus.*
Gladiator, der; s. *Mantophasma.*
gladius, i, *m.,* lat., das Schwert. Spec.: *Xiphias gladius,* Schwertfisch.
glandárius, -a, -um, lat. *glans, glandis* die Eichel; zur Eichel in Beziehung stehend, auch Eicheln sammelnd, fressend; s. *Garrulus glandarius,* Eichelhäher.
glandotrop, s. *glándula,* gr. *ho trópos* die Richtung; auf die Drüsen einwirkend.
glándula, -ae, *f.,* Dim. von lat. *glans;* die kleine Eichel, Schleuderkugel; die Drüse.
Glándula lacrimális, die; s. *lácrima;* Tränendrüse.
Glándula parótis, die; s. Parotis.
Glándula pineális, die; s. Epiphyse.
Glándula pituitária, die; s. Hypophyse.
Glándula prostática, die; s. Prostata.
Glándula sublinguális, die, s. *sublinguális;* Unterzungendrüse, unterhalb der Zunge gelegen, eine der den Mundspeichel liefernden Drüsen der Säuger.
Glandula submandibuláris, die; früher G. submaxillaris genannt, s. *submandibuláris;* Unterkieferdrüse der Säuger.
Glandula thyreoídea, die; s. Thyreoidea.
Glándulae ceruminósae, die, lat. *cera, -ae, f.,* das Wachs, „cera aurium", „Wachs der Ohren"; Ohrschmalzdrüsen, die das Ohrenschmalz (Cerumen) erzeugenden Talg- u. Schmalzdrüsen des äußeren Gehörganges.
Glándulae Cowperi, die; Syn.: Cowpersche Drüsen, s. d.
Glándulae mammáles, die, s. *mámma* Brust- od. Milchdrüse; Mammae, ausschließlich den Säugern zukommende Hautdrüsen, deren Sekret, die Milch, eine eiweiß- u. fettreiche Flüssigkeit mit Mineralstoffen dem Säugling zur Nahrung dient.
Glándulae preputiáles, die, s. *prepútium;* Talgdrüsen, die das Smegma prepútii absondern.
Glandulae suprarenáles, die, s. *suprarenális;* Nebennieren, endokrine Drüse der Vertebraten, paarig, besteht aus Rinde u. Mark. In der Rinde werden Kortikosteroide u. im Mark die biogenen Amine Adrenalin u. Noradrenalin gebildet.
glandulär, zur Drüse gehörig.
glanduláris, -is, -e, zur Drüse gehörig, glandulär.
Glandulocauda, *f.,* lat. *cauda* der Schwanz; mit Drüse am Schwanzstiel; Gen. der Characidae (Salmler), Cypriniformes. Spec.: *G. inequalis,* Quakender Salmler.
glánis, gr., Bezeichnung für einen welsartigen Fisch in der Antike; s. *Silurus.*
gláns, glándis, *f.,* lat., die Eichel, die Schleuderkugel; Glans penis: Eichel des männliches Gliedes; Glans clitoridis: die Eichel des Kitzlers.
Glanzvogel, der; s. *Galbula.*
glaréolus, *m.;* kleiner Kies.
Glasküling, der; s. *Aphya.*
Glasschnecke, die; s. *Vitrina.*
Glatthai, der; s. *Mustelus.*
Glatthammerhai, der; s. *Sphyrna zygaena.*
Glattrochen, der; s. *Raja batis.*
Glaucídium, *n.,* gr. *to glaúkion* Name eines unbekannten Vogels in der Antike; Gen. der Strigidae, Eulen, Ordo Strigiformes, Eulenvö-

gel. Spec.: *G. cuculoides,* Trillerkauz, *G. passerinum,* Sperlingskauz.
glaucus, -a, -um, gr. *glaukós* blaugrau, lichtgrau; s. *Carcharhinus.*
Gleitaar, der; s. *Elanus caeruleus.*
Gletscherfloh, der; s. *Desoria,* s. *Isotoma*
Gliagewebe, das, gr. *he glía* der Leim; das Stützgewebe des Nervensystems (der „Nervenkitt").
Gliom, das, gr. *he glía,* s. o.; Geschwulst in der bindegewebigen Stützsubstanz des Gehirns u. des Rückenmarks.
Glirícola, *f.,* lat. *glis, gliris* die Haselmaus, Siebenschläfer, *cólere* bewohnen; kommen auf verschiedenen Tieren vor; Gen. der Gliricolidae (Meerschweinchenhaarlinge), Phthiraptera (Tierläuse). Spec. *G. porcelli.*
Glis, *m.,* lat. *glis,* s. o.; Gen. der Glíridae, Schläfer, Bilche. Spec.: *G. (= Myóxus) glis,* Siebenschläfer.
globátor, lat. *globáre* runden, kugelig machen; Kugel-; s. *Volvox.*
glóbiceps, neulat., rundköpfig; s. *Chaetopsylla.*
globícera, Kugel- od. Knopfhornschnabel-; s. *Crax* (hat auf der Wurzel des stark zusammengedrückt erscheinenden Schnabels einen knopfartigen Hornhöcker).
Globigerina, *f.,* lat. *globus* Kugel u. *gérere* tragen, „Kugelträger"; Gen. der Globigerinidae, pelagische Foraminifera, Rhizopoda. Spec.: *G. bulloides.*
Globin, das; der Eiweißkörper (Albumin) im roten Blutfarbstoff Hämoglobin.
globósus, -a, -um, lat., kugelförmig.
globuliformis, -is, -e, lat., kugelig.
Globulin, das, lat. *glóbulus, m.,* das Kügelchen; globuläre, in Wasser unlösliche Proteine, die durch Halbsättigung mit Ammoniumsulfat ausfällbar sind. Sie kommen u. a. in tier. Zellen u. Körperflüssigkeiten (z. B. Blutplasma) vor.
glóbulus, -i, *m.,* lat., die kleine Kugel.
glóbus, -i, *m.,* lat., die Kugel.
Glochídium, das, gr. *he glochís* der Stachel, die Spitze; ektoparasitisch lebende Larve der Fluss- u. Teichmuscheln.
Glockentierchen, das; s. *Vorticella.*
glomerátus, -a, -um, lat., geknäuelt, knäuelartig.
glómerifórmis, -is, -e, lat., knäuelförmig. *Glomeris:* Gen. der Myriapoda (Tausendfüßer).
glomerulósus, -a, -um, lat., knäuelreich.
glomérulus, -i, *m.,* lat., Dim. von *glómus,* das Gefäßknäuel; Glomerulus renis: das Kapillarknäuelchen in der Niere der Vertebraten. Es wird von der Bowmanschen Kapsel umschlossen.
glomifórmis, -is, -e, lat., knäuelförmig.
glómus, -eris, *n.,* lat., das Knäuel.
Glomus caróticum, das, s. *carótis;* Karotisknäuel, liegt beim Menschen im Teilungswinkel der Karotis, funktioniert als Chemorezeptor.
glossa, -ae, *f.,* gr. *he glóssa;* die Zunge; Erläuterung, der Kommentar.
Glossina, *f.,* gr. *he glóssa* die Zunge, auch der Rüssel, „Zungenfliege" (mit vorgestrecktem Rüssel); Gen. der Glossinidae (Tsetsefliegen), Ordo Diptera. Die G.-Arten sind als Überträger pathogener Trypanosomen von großer Bedeutung, s. *Trypanosoma.* Spec.: *G. mórsitans, G. palpális, G. tachinoides, G. brevipalpis, G. fusca.*
Glossiphónia, *f.,* gr. *he glóssa,* s. o.; *he phoné* der Mordanschlag; der von einer Ringtasche umgebene Pharynx (Rüssel) kann in das Beutetier (z. B. Schnecken) eingeführt werden. Gen. der Glossiphoniidae, Rhynchobdellae. Spec.: *G. complanata.*
glossopharýngeus, -a, -um, gr. *ho, he phárynx* der Schlund; zur Zunge u. zum Schlundkopf gehörend.
glotta, -ae, *f.,* gr. *he glótta = glóssa* (s. d.).
glótticus, -a, -um, lat., zur Zunge gehörig.
glóttis, -idis, *f.;* die Zunge des Stimmapparates, die Stimmritze.
Glucke, die; 1. Henne in Brutpflege (brütende u. Küken aufziehende Henne); 2. triviale Bezeichnung für dickleibige große Schmetterlinge mit breiten Flügeln, die Lasiocampidae, die in der Ruhe ihre Flügel (Hinterflügel) wie eine brütende Henne herabhängen lassen.
Glukagon, das, gr. *glykýs* süß; Pankreas-Hormon, gebildet in den A-Zellen der Langerhansschen Inseln, Polypeptid aus 29 AS, hat im Gegensatz zum Insulin blutzuckersteigernde Wirkung.
Glukokortikoide, die, s. *cortex;* Nebennierenrindenhormone (chem.: Steroide), die den Kohlehydrat- und Eiweißstoffwechsel beeinflussen (z. B. Kortisol u. Kortison).
Glukoneogenese, die, gr. *néos* neu, *he génesis* die Erzeugung, Entstehung; Bildung von Glukose aus anderen, nichtkohlehydratartigen Stoffen.
Glukose, die; Traubenzucker, Dextrose, zur Gruppe der Hexosen (Aldohexosen) gehörendes wichtigstes Monosaccharid, besitzt im Stoffwechsel der Kohlenhydrate eine Schlüsselstellung. Syn.: Glykose.
glutǽus, -i, *m.,* gr. *ho glutós* die Hinterbacke, der Gesäßmuskel.
Glutamat, das; Neurotransmitter in den neuromuskulären Synapsen (Kontaktstellen) einiger Evertebraten (Schnecke, Küchenschabe,

Krabbe) u. wahrscheinlich auch im Vertebratengehirn.

Glutaminsäure, die, lat. *glútinum* der Leim; α-Aminoglutarsäure, organische Verbindung des Grundstoffwechsels aller Zellen; eine Monoaminodikarbonsäure, $HOOC–CH_2CH_2CH(–NH_2)–COOH$.

Glutathion, das; Tripeptid aus Cystin, Glutaminsäure u. Glykokoll, spielt eine Rolle als biologisches „Redox"-System u. ist Coenzym der Glyoxalase.

gluteus, -a, -um, lat., s. *glutaeus;* zur Gesäßmuskulatur gehörig.

Glutin, das, lat. *glútinum* der Leim; durch Kochen aus dem Kollagen tierischer Bindegewebe u. Knochen entstandener Leim.

Glutinanten, die, lat. *glutinántes* die Verklebenden; Nesselkapseln, sog. Haftkapseln, sondern ein klebriges Sekret ab. Es werden streptoline von stereolinen G. unterschieden.

glutinósus, -a, -um, lat., schleimig. Spec.: *Myxine glutinosa,* Blind-Inger (Rundmäuler).

glútinum, i-, *n.,* gluten, -inis, *n,* lat., der Leim.

Glycin, Glykokoll, Aminoessigsäure, $CH_2(–NH_2)–COOH$. Einfachste Aminosäure, die in vielen Eiweißen vorkommt.

Glycýphagus, *m.,* gr. *ho phágos* der Fresser; Gen. der Tyroglýphidae, Vorratsmilben, Acari. Spec.: *G. domesticus,* Polstermilbe (in getrocknetem pflanzl. Material, Heu u. ä.).

Glykämie, die, gr. *glykýs* süß, *to haíma* das Blut; der Zuckergehalt des Blutes.

Glykogen, das, gr. *gígnesthai* entstehen; tierische Stärke, ein Kohlenhydrat (Polysaccharid), besonders in der Leber u. in den Muskeln vorkommend; pflanzliche Stärke: Amylum.

Glykogenie, die, gr. *he génesis* die Entstehung; der Glykogenaufbau.

Glykogenolyse, die, *he lýsis* die Lösung, Auflösung, Trennung; der Abbau tierischer Stärke, d. h. die Freisetzung von Zucker.

Glykokalix, die, gr. *he kalyx, -ykos* die Fruchthülse, der Becher, die Knospe; eine kohlenhydratreiche Außenschicht des Plasmalemma, immunspezifisch, u. a. verantwortlich für die Zellmotilität, den Stoffaustausch u. die Zellerkennung.

Glykokoll, das, gr. *he kólla* der Leim; Glycin, einfachste Aminosäure der meisten Proteine.

Glykolyse, die, gr. *he lýsis* die Lösung; die Aufspaltung von Traubenzucker in 2 Mol Milchsäure. Sie erfolgt anaerob od. bei einzelnen Zellen auch aerob.

Glykosurie, die, gr. *to úron* der Harn; die Zuckerausscheidung im Harn. Syn.: Glykosurie.

Glyoxalase, die; Enzym, das Methylglyoxal in Milchsäure umwandelt.

glyphodont, gr. *he glyphé* die Furche, gr. *ho odṓn, -óntos* der Zahn; die mit Furchen od. Röhren versehenen Giftzähne von Schlangen.

Glyptodóntidae, *f.,* Pl., latin. von gr. *glyptós* geschnitzt, ausgeschnitzt, graviert; u. *ho odón, odóntos* der Zahn; Riesengürteltiere (Syn.: Hoplophoridae), Fam. der Subordo Cingulata, Ordo Xenarthra; fossil mit ca. 50 Genera im Eozän bis Pleistozän. In den „Knochenhöhlen" Brasiliens wurde z. B. *Glyptodon cláviceps* öfters gefunden.

Gmelin, Leopold, geb. 2. 8. 1788 Göttingen, gest. 13. 4. 1853 Heidelberg; Prof. der Chemie in Heidelberg; G. gehört mit F. Tiedemann zu den Begründern der Physiologischen Chemie (exp. Untersuchungen über den Verdauungsvorgang, chemische Analysen über Verdauungsstoffe), begann 1817 mit der Dokumentation über die gesamte Chemie (Handbuch der Chemie), das vom Gmelin-Institut für Anorganische Chemie und Grenzgebiete der Max-Planck-Gesellschaft fortgeführt wird.

Gnathobdellae, *f.,* Pl., gr. *hé gnáthos* der Kiefer, *he bdélla* der (Blut-)Egel; Kieferegel, in deren Mundhöhle drei strahlig angeordnete Kiefer (mit Zähnchen an den Kanten) liegen u. das typische Bild des Blutegelbisses ergeben; Gruppe der Hirudinea. Genera (z. B.): *Hirudo, Haemadipsa, Haemopis.*

Gnathochilarium, das, gr. *to cheílos* die Lippe; Mundklappe, unpaares Organ bei Diplopoden, das durch Verwachsung des Labiums mit den 1. Maxillen entsteht.

gnathodont, gr. *ho odṓn, odóntos* der Zahn; nur auf den Kiefern Zähne tragend u. nicht auf anderen Knochen der Mundhöhle.

Gnathonémus, *m.,* aus gr. *he gnáthos* der Kinnbacken, der Kiefer u. *to néma* der Faden, das Band; der Name nimmt Bezug auf die rüsselartige Schnauze, die $^2/_5$ der Körperlänge ausmacht. Gen. der Mormyridae (Rüsselfische), Ordo Mormyriformes (Nilhechte). Spec.: *G. petersi,* Spitzbartfisch (Elefantenfisch).

Gnathostóma, *n.,* Pl., gr. *to stóma, -atos* der Mund, „Kiefermäuler"; 1. Hauptgruppe (Unt.-St. od. Überkl.) der Vertebrata (s. d.); sie umfassen alle Wirbeltiere von den Placodermi, Acanthodi, Chondrichthyes, Osteichthyes bis zu den Mammalia; vgl. Agnatha; 2. auch verwendet für eine Gruppe (Superordo) der Echinoidea (s. d.), die irreguläre Seeigel mit Kiefergebiss umfasst.

Gnathostomulida, *n.,* Pl., gr. *to stóma* der Mund; die bis 2 mm langen marinen Würmer haben u. a. einen mit Kiefern bewehrten

Pharynx (Name!); Gruppe mit ungeklärter Stellung im System, möglicherweise (wegen einzelner Ähnlichkeiten) als abweichende Ordn. der Turbellaria oder aber auch wegen deutlicher Unterschiede gegenüber den Plathelminthes als eigene Gruppe (Cl.) der Protostomia (Urmundtiere) zu betrachten; seit der Erstbeschreibung (1956) sind über 80 Arten bekannt geworden; es handelt sich ausschließlich um marine Zwergformen im Sandlückensystem (Mesopsammal). Spec.: *Gnathostomula paradoxa.*

Gnitze, die; s. *Ceratopogon.*

Gnotobiont, der, gr. *gnotos* bekannt, *ho bios* das Leben; keimfreies Tier od. definiert assoziiertes Tier, d. h. nur mit bekannten Mikroorganismenarten besiedeltes Tier. Gnotobionte Tiere sind z. B. bei Säugern durch Kaiserschnitt geborene u. keim- sowie durch entsprechende Fütterung auch antigenfrei aufgezogene Tiere.

Gnu, einheimischer Name, s. *Connochaétes* (in afrikan. Savannen).

Góbio, *m.*, gr. *ho kōbiós* = lat. *gobius* od. *gobio;* Gründling; Gen. der Cyprinidae, Weißfische. Spec.: *G. gobio,* Gründling.

gobio, gr. *ho kōbiós* ein Fisch der Alten; s. *Cottus.*

Gobius, *m.*, gr. *ho kōbios,* lat. *góbius* od. *góbio* ein wahrscheinlich zu dieser Gattg. gehöriger Grundfisch in der Antike, dessen Name Linné sanktionierte; Gen. d. Gobiidae (Grundeln) als größte Fischfamilie (über 400 Arten), Ordo Perciformes. Spec.: *G. niger,* Schwarzgrundel (Mittelmeer- u. Atlantikküste Europas).

Goerttler, Victor, geb. 5. 1. 1897 Sondershausen/Thür., gest. 4. 7. 1982 Jena; Studium d. Veterinärmedizin in München u. Gießen (Promotion); Habil. in Berlin (1937); 1938–1962 o. Professor für Tiermedizin an der Math.-Naturw., später Landwirtsch. Fakultät der Univ. Jena, gleichzeitig Leitung des Thür. Veterinäruntersuchungs- u. Tiergesundheitsamtes (später Serum-Impfstoffinstitut und Institut f. bakt. Tierseuchen). Arbeitsgebiete u. a.: Anthropozoonosen, Bakteriologie und Serologie bei Tierseuchen (z. B. Rotlauf des Schweins, Tb bei Rind), Tierseuchenbekämpfung, Tierhygiene, Gravidität (Rind, Schaf), Fortpflanzungsstörungen, Kryptorchismus (Pferd); Lebensmittelhygiene, Epidemiologie; Verdienste um Tb-Freimachung der Rinder, Brucellosebekämpfung; Buchpublikationen u. a.: „Über das Handwerk des Wissenschaftlers", Parey, Berlin (2. Aufl. 1981).

Gößwald, Karl, geb. 26. 1. 1907, gest. 2. 4. 1996 in Würzburg. 1931 Promotion („Ökologische Studien über die Ameisenfauna des mittleren Maingebietes"), 1947 Habilitation, 1948 ao. Prof. für Zoologie, 1966 o. Prof. Mitbegründer der Internationalen Union zum Studium der Sozialen Insekten (IUSSI), 1965 dessen Präsident. Arbeitsthemen: Gattung Formica, Sozialparasitismus bei Ameisen, Waldhygiene, ökologischer Waldschutz, Gründung der deutschen Ameisenschutzwarte.

Goette, Alexander Wilhelm, geb. 1840 in Petersburg, gest. 1922 in Handschuhsheim b. Heidelberg; 1860 Beginn des Studiums der Medizin in Dorpat u. Tübingen, 1866 Promotion, 1872 PD am Zool. Institut Straßburg, 1882–1886 o. Prof. u. Direktor des Zool. Institutes in Rostock, anschl. Prof. in Straßburg. G. suchte nach den Kausalzusammenhängen der Morphogenese in der Individualentwickung der Tiere; W. Roux ist sein Schüler. Arbeitsgebiete u. a.: Entwicklungsgeschichte der Unke, Über Vererbung u. Anpassung, Lehrbuch der Zoologie, Jena 1902, Entwicklungsgeschichte der Tiere, Jena, 1921; schuf die Grundlagen für die durch seinen Schüler W. Roux begründeten Entwicklungsmechanik.

Götze, Richard; geb. 12. 10. 1890 Oberlichtenau, gest. 17 12. 1955 Hannover; Prof. d. Veterinärmedizin an der Tierärztlichen Hochschule zu Hannover; Kliniker u. Autor von Lehrbüchern über Geburtshilfe und Insemination („Künstliche" od. technische Besamung). Nach ihm benannt: Götzesche Jodstammlösung (= probates Therapeutikum bei der hyperthyreoten Struma bei Junghunden u. jüngeren Pferden). „Götzes Leukoseschlüssel" wurde zur Beurteilung von Blutbefunden bei der Leukosediagnostik des Rindes erstmals angewandt.

Goffart, Hans, Dr., Nematologe; geb. 8. 3. 1900 Düsseldorf, gest. 11. 1. 1965 Münster; ab 1949 Direktor des Instituts für Hackfruchtkrankheiten u. Nematodenforschung in Münster/Westf.

Goldadler, der; s. *Aquila.*

Goldafter, der; s. *Euproctis.*

Goldbandnatter, die; s. *Boiga.*

Goldfasan, der; s. *Chrysolophus.*

Goldfisch, der; s. *Carassius.*

Goldfliege, die; s. *Lucilia.*

Goldhähnchen, das; s. *Regulus.*

Goldhamster, der; s. *Mesocricetus.*

Goldhase, der; s. *Dasyprocta.*

Goldkatze, die; s. *Profelis.*

Goldlaufkäfer, der; s. *Carabus.*

Goldmull, der; s. *Chrysochloris.*

Goldschakal, der; s. *Canis.*

Goldschmidt, Richard, geb. 12. 4. 1878 Frankfurt/Main, gest. 24. 4. 1958 Berkeley (Cal.,

USA), Prof. an der Univ. Berkeley; Zoologe, Genetiker, Entwicklungsphysiologe; Themen wissenschaftl. Arbeiten: „Mechanismus und Physiologie der Geschlechtsbestimmung", „Die quantitativen Grundlagen von Vererbung und Artbildung", „Physiologische Theorie der Vererbung", „Sexuelle Zwischenstufen im Tierreich", „Physiological Genetics", „The material basis of evolution", „Erlebnisse und Begegnungen. Aus der großen Zeit der Zoologie in Deutschland".

Goldschmied, der; s. *Carabus.*

Goldstirnblattvogel, der; s. *Chloropsis aurifrons.*

Goldwespe, die; s. *Chrysis.*

Golgi, Camillo, Histologe, geb. 7. 7. 1844 Corteno (heute C. Golgi), gest. 21. 1. 1926 Pavia; Prof. in Siena und Pavia; G. erzielte auf Grund neuer Färbemethoden wertvolle Ergebnisse über den Bau des ZNS. Gemeinsam mit dem spanischen Histologen Santiago Ramon y Cajal (1852–1934) erhielt er hierfür 1906 den Nobelpreis. G.-Apparat.

Golgiapparat, der, s. Golgi; Zellorganell im Zytoplasma fast aller Eukaryoten, das u. a. bei der Sekretbildung beteiligt ist.

Goll, Friedrich, Arzt und Neurologe, geb. 1. 3. 1829 Zofingen, Kanton Aargau (Schweiz), gest. 12. 11. 1903 Zürich; Prof. in Zürich. G. wurde vor allem durch histologische Untersuchungen der Nervenstränge des Rückenmarks bekannt. Nach ihm wurde der G.sche Strang (Fascículus grácilis) benannt.

Gollscher Strang, *m.*, s. Goll; der mediale Teil der dorsalen Rückenmarkstränge.

Goltz, Friedrich Leopold, geb. 14. 8. 1834 Posen (Poznan), gest. 4. 5. 1902 Straßburg; Physiologe, Prof. an der Univ. Halle u. Straßburg; befasste sich mit der Physiologie des Zentralnervensystems, auf ihn geht der G.sche Klopfversuch (1863) u. der G.sche Quakversuch am gehirnlosen Frosch (1865) zurück.

Gonaden, die, gr. *he goné* die Erzeugung, *ho adén* die Drüse; Keimdrüsen, Geschlechtsdrüsen; drüsenähnl. Organe vieler Tiere, in welchen die Geschlechtszellen (Ei- u. Samenzellen) gebildet werden.

Gonadendysgenesie, die, gr. *dys-* miss-, *gígnesthai* entstehen; Fehlen funktionstüchtiger Keimzellen. Formen beim Menschen: 1. Reine G. (Swyer-Syndrom, 1957), ohne Minderwuchs u. ohne Missbildungen; 2. G. mit Minderwuchs (Rössle-Syndrom, 1922); 3. G. mit Missbildungen (Bonnevie-Ullrich-Syndrom, 1935); 4. G. mit Minderwuchs u. Missbildungen (Turner-Syndrom).

gonadotrop, gr. *ho trópos* die Richtung; auf die Keimdrüsen wirkend.

Gonadotropine, die, Pl., gr. *trepo* wenden; syn. gonadotrope hypophysäre Hormone, z. B. FSH, LH u. LTH (Prolaktin), die auf die Gonaden wirken.

gondii, nach dem nordafrikan. Trivialnamen *Gundi* (s. d.) gebildeter Artbeiname; s. *Ctenodactylus,* s. *Toxoplasma.*

Gondwana, Gondwanaland, *n.;* benannt nach ehem. Königreich Gonden in Zentralindien, heute Name für die Landschaft Madhya Pradesh; riesiger Südkontinent des Erdaltertums, der aus Südamerika, Südafrika, Australien, Vorderindien u. Antarktika bestand u. infolge Kontinentalverschiebung u. durch Abbrüche in den Indischen Ozean seit dem Perm zerfällt. Im Mesozoikum bildeten sich die heutigen Kontinente der Südhemisphäre und Indien heraus; s.: Pangáea, Laurásia.

Goniale, das, gr. *he gōnía* der Winkel, die Ecke; ein Deckknochen des Unterkiefers der Amphibien u. Reptilien.

Goniatitina, *n.*, Pl., gr. *he gonía* der Winkel; paläozoische Gruppe (Subordo) der Ammonoidea, s. d.; Lobenlinie überwiegend einfach gewellt (goniatitisch); fossil im Mitteldevon bis Oberperm; zahlreiche Leitfossilien im Karbon. Genera: *Ammonellipsites* (Syn. *Pericyclus*), *Gattendorfia, Gastrioceras, Goniatítes, Muensteroceras, Reticuloceras.*

goniatitisch, gebogen, winklig, gewellt.

Gonionemus, *m., he gōnía* der Winkel, *to némos,* lat. *nemus* die Weide, der Hain, der Wald; die Gonionemus-Meduse schwimmt beim Fang an die Oberfläche, wendet sich um 180°, sinkt mit der Glocke voran nach unten bei seitwärts ausgestreckten Tentakeln, wobei durch die 80 Tentakel ein relativ großer Raum abgefischt (abgeweidet) wird; Gen. der Trachylina. Spec.: *G. vertens* (flaschenförmiger, kleiner Polyp, marin).

gonocéphala, *f.*, gr., *he goné* das Geschlecht *he kephalé* der Kopf, wörtlich: „geschlechtsköpfig", Gonaden am Kopf gelegen; z. B. liegen bei *Dugésia gonocéphala* die Ovarien nahe dem Vorderende.

Gonochorismus, der, gr. *ho gónos* die Abkunft, Zeugung, das Geschlecht, *chorízein* verteilen, trennen; Geschlechtstrennung; die Verteilung der Eierstöcke u. Hoden auf zweierlei Individuen (Männchen u. Weibchen).

Gonochoristen, die; gr. *choris* getrennt; getrenntgeschlechtliche Tiere.

Gonodukte, die, lat. *dúctus* der Gang; die zur Ableitung der Geschlechtszellen dienenden Ausführgänge der Gonaden (Eileiter bzw. Samenleiter).

Gonopoden, die, gr. *he goné* die Zeugung, *pus, podós* der Fuß, das Bein; Laufbeine im Dienst der Fortpflanzung; z. B. bei Krebsen.
Gonópteryx, *f.,* gr. *he gonía* die Ecke, *he ptéryx* der Flügel; namentl. Bezug: Vordere Flügel zw. Ader 6 u. 7, hintere auf Ader 3 scharf geeckt; Gen. der Pieridae (Weiß-, Gelblinge), Lepidoptera. Spec.: *G. rhamni,* Zitronenfalter.
Gonosomen, die, gr. *to sóma, -matos* der Körper; Geschlechtschromosomen.
Gonotokonten, die, gr. *tokeĩn* gebären; Zellen, in denen die Meiose abläuft u. die Gonen hervorbringen.
Gonozöl, das, gr. *kõilos* hohl; das Cölom der Tiere, sofern man es als eine erweiterte Gonadenhöhle auffasst.
Gonozöltheorie, die; Theorie, nach der das Cölom phylogenetisch aus der Gonadenhöhle abzuleiten ist.
Goodey, John Basil, Dr., Nematologe; geb. 10. 5. 1914 Dorridge, Warwickshire, gest. 30. 10. 1965 auf See auf der Reise von Panama nach London; bearbeitete Taxonomie u. Morphologie der Nematoden.
Górdius, *m.,* König von Gordium, bekannt durch den unauflöslichen Knoten, den Alexander mit dem Schwerte durchschlug; Gen. der Gordiidae, Cordividea, Nematomorpha. Spec.: *G. aquáticus* (geschlechtsreife Tiere frei im Süßwasser lebend).
Gorgonária, *n.,* Pl., *he Gorgṓ* die schlangenhaarige Meduse; Rinden- od. Hornkorallen. Gruppe (Ordo) der Octocorallia (s. d.); charakteristisch ist ein festes Achsenskelett im Stockinnern, das aus biegsamen, hornartigen Gorgoninfasern mit Kalkeinlagerungen besteht u. von den Polypen u. dem Coenenchym wie mit einer Rinde umgeben wird. Nach der Zusammensetzung der Achsenskelette werden unterschieden: Scleraxonia (mehr starr) u. Holaxonia (mehr biegsam).
Gorílla, *f.;* Genus d. Pongidae, Anthropomorpha, Catarhina, Simiae, Primates. Spec.: *G. gorilla* = *G. gina* (von *ingiine* = einheimischer Name), größte Menschenaffenart, beheimatet in tropischen Wäldern Afrikas. Unterarten: *G. g. gorilla,* Küstengorilla; *G. g. beringei,* Berggorilla.
Gottesanbeterin, die; s. *Mantis religiosa.*
Goura, *f.;* Gen. d. Columbidae, Tauben. Spec.: *G. victoria,* Fächertaube (mit weißem u. rotbraunem Flügelband im Fluge sichtbar werdend); *G. cristata,* Krontaube; *G. scheepmakeri,* Rotbrustkrontaube.
Gowers, Sir William Richard, Neurologe; geb. 20. 3. 1845 London, gest. 4. 5. 1915 ebd.; Prof. der klinischen Medizin in London. G. wurde vor allem durch seine anatomischen Untersuchungen am ZNS bekannt. Er entdeckte den nach ihm benannten G.schen Strang im Rückenmark.
Gowersscher Strang, *m.,* s. Gowers; ein Bündel an der ventralen Seite des Rückenmarkseitenstrangs.
Graaf, Regnier de, Arzt u. Anatom; geb. 30. 7. 1641 Schoonhoven, gest. 17. 8. 1673 Delft; Arzt in Delft. G. entdeckte 1672 den nach ihm benannten G.schen Follikel des Eierstockes u. untersuchte mit Hilfe von Pankreasfisteln die Rolle des Bauchspeichels.
Graafscher Follikel, *m.,* s. Graaf, s. Follikel.
Grabbiene, die; s. *Andrena.*
grácilis, -is, -e, lat., dünn, zart, zierlich, schlank; s. *Loris.*
Gradation, die, lat. *gradatio, -onis, f.,* die Steigerung; die Massenvermehrung, s. d.
Gradient, der, lat. *gradiens, gradientis* schreitend; Maß für die Veränderung einer Größe in Abhängigkeit von einer anderen.
gradus, -us, *m.,* lat., der Schritt, Standpunkt, *tardus, -a, -um* langsam; „Langsamschreiter"; Tardigrada: Bärentierchen.
graecus, -a, -um, in Griechenland lebend; s. *Testudo.*
gramen, graminis, *n.,* lat., das Gras, Kraut, die Pflanze. Spec.: *Pediculopsis graminum,* Grashalmmilbe.
granárius, -a, -um, lat., im Getreide (Korn, *granum*) vorkommend. Spec.: *Calándra granaria,* Kornkäfer.
Granat, der; s. *Palaemon.*
grandis, -is, -e, lat., groß, bedeutend, erhaben, eitel; s. *Phrygánea.*
Grandry, franz. Anatom d. 19. Jh.; nach ihm benannt sind die G.schen Körperchen, Tastkörperchen im Schnabel u. in der Zunge von Schwimmvögeln.
Grandrysche Tastzellen, die; die Tastzellen im Schnabel u. in der Zunge der Vögel (bes. der Ente) mit bindegewebiger Hülle.
granuláris, -is, -e, lat., körnig (lat. *granum* = gotisch: *kaũrn* das Korn).
granulatio, -onis, *f.,* lat., die Körnelung, Körnung.
granulósus, -a, -um, lat., reich an Körnern, körnerreich. Spec.: *Echinococcus granulosus,* Hundebandwurm.
Granulozyten, die, gr. *to kýtos* das Gefäß, der Behälter; granulierte Leukozyten.
gránulum, -i, *n.,* lat., das Körnchen; vgl. *granularis, granum.*
granum, -i, *m.,* lat., das Korn, der Kern, die Beere.

graphisch od. grafisch, gr. *gráphein* zeichnen, schreiben, einritzen; mit Drucktechnik, Schreib- u. Zeichenkunst verbunden, diese betreffend, zeichnerisch.

Grápsus, *m.,* lat., die Krabbe; Gen. der Grapsidae, Brachiura, Malacostraca. Spec.: *Pachygrapsus (= Grapsus) marmoratus,* Marmorkrabbe.

Graptolitha, *n.,* Pl., gr. *graptós* geschrieben, (ein-)gezeichnet, *ho líthos* der Stein; ausgestorbene, rein marine, koloniebildende Tiere mit einem Außenskelett aus chitinartigen Skleroproteinen (= Rhabdosom), Gruppe der Hemichordata; Vorkommen: im Mittelkambrium bis Unterkarbon, stellen zahlreiche Leitfossilien für Ordovizium bis Unterdevon; s. *Dendrograptus, Dictyonema, Monograptus.*

Grasfrosch, der; s. *Rana.*

Grashüpfer, der; s. *Oedipoda.*

Graskarpfen, der; s. *Ctenopharyngodon.*

Graugans, die; s. *Anser.*

Grauhai, der; s. *Hexánchus.*

Graukopfgans, die; s. *Chloëphaga poliocephala.*

Graureiher, der; s. *Ardea.*

Graurückentrompetervögel, die; s. *Psophia crepitans.*

gravid, lat. *grávidus, -a, -um;* schwanger, trächtig.

Gravidität, die; Zustand der lebendig gebärenden (viviparen) Tiere, speziell der Säuger, von der Befruchtung bis zum Eintritt der Geburt; Zeit der Trächtigkeit bzw. Schwangerschaft.

gravíditas, -átis, *f.,* lat., die Schwangerschaft, Trächtigkeit.

gravis, -is, -e, lat., schwer, gewichtig; z. B. enthalten im Namen Gravigrada, fossile Riesenfaultiere (Pliozän bis Pleistozän).

Gregarina, *f.,* lat. *gregárius* zur Herde *(grex, gregis)* gehörig; der Name bezieht sich auf die enorme Zahl der in einer Cyste ausgebildeten Sporen; Gen. der Gregarinida, Sporozoa. Spec.: *G. blattarum.*

Gregarínida, *n.,* Pl.; Gruppe der Sporozóa, die gemeinsam mit den Coccidia u. Haemosporidia zur Übergruppe der Telosporidia (s. d.) gehört. Die G. leben überwiegend extrazellär, sind vor allem Darmparasiten bei Annelida u. Arthropoda. Die Sporenbildung erfolgt bei den G. im enzystierten Zustand am Ende der vegetativen Periode. Es treten einfache od. gegliederte Gameten auf. – Typisch ist ihre Gliederung in Epimerit (Haftorganelle), Protomerit (vorderer Teil), Deutomerit (hinterer Teil mit dem stets einzigen Zellkern).

Greiffrosch, der; s. *Phyllomedusa.*

Greifreflex, der; reflektorisches Finger- bzw. Zehenschließen, wenn die Hand- bzw. Fußflächen beruhrt (gereizt) werden.

Greisbock, der; s. *Raphicerus melanotis.*

Grell, Karl Gottlieb, geb. am 28. 12. 1912 in Burg an der Wupper, gest. 4. 10. 1994 in Rottenburg am Neckar; Protozoologe, 1932–1937 Studium der Naturwissenschaften an den Univ. Jena u. Bonn, 1937 Promotion (Morphologie und Histologie des Darmkanals von *Panorpa communis*), 1941 Habilitation (Genitalapparat von *Panorpa communis*). 1956/1957 berufen an den Lehrstuhl für Zoologie an der Univ. Tübingen, 1980 emeritiert. Zu seinen Untersuchungsobjekten gehörten u. a. *Stylocephalus longicollis, Ephelota gemmipera, Aulacantha scolymantha, Stylonychia mytilus, Eucoccidium dinophili,* plasmodiale Rhizopoden u. *Trichoplax adhaerens.* Das Lehrbuch der „Protozoologie" erschien 1956 (1. Aufl.), 1968 (2. Aufl.) u. 1973 (3. Aufl.).

Grenzschicht, die; sehr geringmächtige strömungsarme Wasserschicht unmittelbar über überströmten festen Substraten. Sie bildet in Fließgewässern einen wichtigen Lebensraum.

Grenzstrang, der, Truncus sympathicus, lat. *truncus* Stamm, Rumpf, *sympatheo* stehe in Wechselwirkung; strickleiterartig verbundene Ganglien, die sich seitlich der Wirbelsäule von der Schädelbasis bis zur Steißbeinspitze erstrecken.

Grevy-Zebra, das; s. *Equus grevyi.*

grex, gregis, *m.,* lat., die Herde, Schar. Adj.: *gregarius* zur „Herde" gehörig, in der Schar lebend. Spec.: *Vanellus gregaria,* Steppen- od. Herdenkiebitz.

Grimpe, Georg, geb. 16. 2. 1889 Leipzig, gest. 22. 1. 1936 ebd; ao. Prof. a. d. Univ. Leipzig, Kustos d. dortigen Zool. Sammlung; Themen seiner wiss. Arbeiten: Cephalopoden, Herausgeber von „Die Tierwelt der Nord- und Ostsee", Leiter der Zeitschrift „Der Zoologische Garten".

gríseus, -a, -um, lat., aschfarben, grau; s. *Mungo.*

Grobben, Karl, geb. 1854 in Brünn, gest. 1945 in Salzburg. G. nahm 1873 ein Studium der Naturwissenschaften an der Univ. Wien auf u. war ab 1876 Assistent bei Claus am Zoolog. Institut; 1879 Privatdozent, 1884 ao. Prof. f. Zoologie u. vergleichende Anatomie an der Univ. Wien, 1893 o. Prof. für Zoologie: Systematiker, untersuchte u. a. die Entwicklungsgeschichte der niederen Krebse u. Mollusken; er ist einer der Bearbeiter u. Herausgeber des Lehrbuches der Zoologie, des „Claus-Grobben-Kühn".

Grönlandwal, der; s. *Balaena.*

Grooming, das; engl. von *to groom* sich (gegenseitig) pflegen; in der Tierpsychologie etablierter Terminus z. B. für die soziale Fellpflege bei Primaten; der gruppenbindende Charakter des sog. „Lausens" (Affen).
Großer, Otto, Anatom, geb. 21. 11. 1873 Wien, gest. 23. 3. 1951 Thummersbach b. Zell am See; Prof. der Anatomie in Prag. Untersuchungen auf dem Gebiet der Embryologie u. über die Plazentation der Säugetiere, insbes. des Menschen.
Großflosser, der; s. *Macropodus opercularís.*
Großkopf, der; Streifenmeeräsche, s. *Mugil céphalus.*
Großohrfledermaus, die; s. *Plecótus auritus.*
grossórum, lat., Genit. Plur. v. *grossus* der unreifen (unzeitigen) Feigen; s. *Blastophaga.*
Großtrappe, die; s. *Otis.*
grossulariátus, -a, -um, lat., *grossulária* stachelbeerartig (*Ribes grossularia* Stachelbeere); Stachelbeer- ...
grossus, -a, -um, lat., dick, feist, grob. Spec.: *Mecostethus grossus* (eine Heuschrecke).
Grubenwurm, der; s. *Ancylostoma.*
Gründer-Effekt, der, auch *founder effect*; s. *founder effect.*
Gründling, der; s. *Gobio gobio.*
grüne Drüse, die; grünlich gefärbte Antennendrüse des Flusskrebses u. die entsprechende Drüse verwandter Krebse.
Grünfink, der; s. *Chloris.*
Grünflügelara, der; s. *Ara chloroptera.*
Grünreiher, der; s. *Butorides.*
Grundmuster, die; Gesamtheit der rekonstruierten Merkmale einer Stammart.
Gruifórmes, Pl., lat. *grus, gruis* der Kranich, *forma, -ae* die Form, Gestalt; kranichartige Vögel, Kranichvögel, Ordo der Aves.
Grundumsatz, der; Energieumsatz im Hunger- u. Ruhezustand in der thermoneutralen Zone.
grúnniens, lat., grunzend; s. *Bos.*
Gruppe, die; in der Nomenklatur die Gesamtheit koordinierter Kategorien. Es werden in den Internat. Regeln drei Gruppen unterschieden: Art-, Gattungs- und Familiengruppe, s. d., die nach der jeweils zugrunde liegenden Kategorie benannt bzw. verbindlich definiert sind; vgl. Kollektivgruppe, Kategorie.
Grus, *m.;* Gen. der Gruidae, Kraniche, s. Gruiformes. Spec.: *G. grus (= cinéreus)* Grauer Kranich; *G. canadensis,* Sandhügelkranich; *G. antígone* Halsband- od. Saruskranich.
Grzimek, Bernhard, geb. 24. 4. 1909 Neisse (Schlesien), gest. 13. 3. 1987; Prof. Dr., Studium der Veterinärmedizin, zunächst als Tierarzt tätig, dann Eintritt in das Ernährungsministerium. Nach 1945 Direktor des Frankfurter Zoologischen Gartens. Prof. an der Universität Gießen u. Kurator des Nationalparks in Tansania u. Uganda. Bekannt durch zahlreiche wissenschaftl. Publikationen, Buchveröffentlichungen u. seit 1956 durch die Fernsehreihe „Ein Platz für Tiere".
Gryllácris, *f.,* von latin. *gryllus* die Grille, von *gryllare* einen Naturlaut ausstoßen, zirpen u. gr. *he akrís* die Heuschrecke, auch lat. *acer, acris, acre* spitz; Gen. der Gryllacrididae, Ordo Ensifera (Laubheuschrecken u. Grillen).
Gryllotalpa, *f., talpa* der Maulwurf; Gen. der Gryllotalpidae. Spec.: *G. gryllotalpa (= vulgaris),* Maulwurfsgrille.
Gryllus, *m.,* latin. *gryllus,* s. o.; Gen. der Gryllidae, Grillen. Spec.: *G. campestris,* Feldgrille; *G. (= Acheta) domestica,* Heimchen.
gryphus, *m.,* gebildet bzw. latin. von gr. *ho grýps* Greif, ein Fabeltier (vierfüßig, Löwenleib mit Flügeln u. Adlerkopf); s. *Vultur.*
gu(a)ianensis, -is, -e, in Guayana (S-Amerika) beheimatet, vorkommend; s. *Morphnus.*
Guanako, der, einheimischer Name (S-Amerika) für *Lama guanicoe.*
Guanin, das; Purinbase, 2-Amino-6-hydroxypurin, Baustein der Nukleinsäuren.
Guano, der, peruanisch *huána* der Mist; Zersetzungsprodukt der Exkremente von Seevögeln, das als Dünger benutzt wird. G. ist reich an Harnsäure u. wird hauptsächlich an der Küste von Peru gewonnen; N-haltiger Naturdünger.
Guanosin, das; Ribosid des Guanin (Abk. GR).
gubernáculum, -i, *n.,* lat., das Steuerruder, der Leitende, das Leitband; Gubernaculum Húnteri (testis): Leitband des Hodens der männlichen Säugerembryonen. Durch dessen Verkürzung werden die Hoden aus der Nierengegend ins Scrotum verlagert (Descénsus testiculórum).
Gueréza, einheimischer, äthiopischer Name für *Colobus.*
Gürteltier, das; s. *Dasypus.*
Gürtelwürmer, s. *Clitellata.*
guláris, -is, -e, lat., zur Kehle *(gula)* gehörig.
Gulo, *m.,* lat. *gulo* Leckermaul, Fresser; Gen. der Mustélidae, Marder. Spec. *Gulo gulo,* Vielfraß, Jerv.
Gundi, nordafrikanischer (einheimischer) Name; s. *Ctenodactylus gondii,* s. *Toxoplasma gondii.*
gunéllus, -a, -um, latin. vom engl. *gunnel* die Butter; s. *Pholis.*
Guppy, die; s. Syn.: *Lebistes (= Poecilia).*
gurnárdus, latin. vom engl. *gournard* der Knurrhahn; s. *Trigla.*

gustatórius, -a, -um, dem Schmecken dienend.
Gustometrie, die, s. *gústus,* gr. *to métron* das Maß, der Maßstab; das Messen des Geschmackssinnes bzw. v. Geschmackssinnqualitäten.
gústus, -us, *m.,* lat., der Geschmack, die Kostprobe, das Kosten.
gutta, -ae, *f.,* lat., der Tropfen. Spec.: *Latrodectus tredecimguttatus,* Malmignatte (Spinne).
guttátus, -a, -um, lat., mit Tropfen *(guttae)* versehen. Spec.: *Elaphe,* s. *Clemmys.*
gutturósus, -a, -um, lat., kropfhalsig, Kropf-; s. *Procapra gutturosa* (mit übergroßem Kehlkopf bei den ♂ u. kropfartiger Kehlanschwellung zur Paarungszeit).
Gymnárchus, *m.,* gr. *gymnós* nackt u. *ho archós* der After; Gen. der Gymnárchidae. Ordo Mormyriformes, Nilhechte. Spec.: *G. niloticus,* Nilhecht.
Gymnocorýmbus, *m.,* von gr. *ho kórymbos* die Kuppe, Spitze (mit Verzierung), die Krönung, die Blütentraube; Name nimmt Bezug auf die Färbung; Gen. der Characidae, Salmler, Ordo Cypriniformes (Karpfenfische). Spec.: *G. ternetzi,* Trauermantelsalmler (beliebter Aquarienfisch, züchtbar; Jungfische kontrastreicher gefärbt als adulte; bis 6 cm lang; Heimat: S-Amerika).
Gymnodóntes, -en, Pl., gr. *ho odús, odóntos* der Zahn, der Name nimmt Bezug auf die zu einer Zahnplatte verschmolzenen Zähne des Ober- u. Unterkiefers, die vorn ständig abgekaut wird; Kugelfische, Gruppe der Plectognathi, Haftkiefer.
Gymnolaemata, *n.,* Pl., gr. *to lā́ima* der Schlund, wörtl.: „Nackt-Münder"; Gruppe (Ordo) der Bryozoa; seit dem Silur bekannt.
Gymnophióna, -en, Pl., gr. *ho ophíon* schlangenähnliches Tier, von *ho óphis* die Schlange; Blindwühlen od. Schleichlurche, Ordo der Amphibia; ohne Gliedmaßen (Apoda), unterirdisch lebend, schlangenähnlicher Habitus.
gymnosom, gr. *to sóma* der Körper, „mit nacktem Körper", schalenlos; Bezeichnung von Schnecken ohne Schale, deren Fehlen durch Rückbildung entstand.
Gymnostómata, *n.,* Pl., gr. *stóma* der Mund; Holotricha, s. d., deren Mund polar od. subpolar an der Körperkante od. auf der Bauchseite keine einstrudelnden Cilien besitzt, deswegen auch Schlinger genannt; vgl. auch Trichostomata.
Gymnótus, *m.,* gr. *ho nótos* der Rücken; hat keine od. nur sehr kleine Schuppen; Gen. der Gymnótidae, Echte Messeraale, Cypriniformes. Spec.: *S. carapo,* Streifenmesseraal.
Gynäkomastie, die, gr. *ho mastós* die Brustwarze, Brust; weibl. Brustbildung bei Männern.
Gynander, der, gr. *he, ho anér, andrós* der Mann, Ehemann; Zwitter im Raum, Individuum mit räumlichem Nebeneinander v. Merkmalen beider Geschlechter (Gynandromorphismus).
Gynandromorphismus, der; Bezeichnung für das „Gynander„-Phänomen.
Gynatresie, die, gr. *he trésis* das Durchbohren; Verschluss einzelner Mündungen od. Kanäle der weiblichen Geschlechtsorgane, z. B. an dem Hymen od. dem Zervixkanal.
Gynogamone, die, Pl.; s. Gamone.
Gypáëtus, *m.,* gr. *ho gýps* der Geier, *ho aëtós* der Adler; Gen. der Aegypíidae, Geier. Spec.: *G. barbatus,* Bartgeier.
Gypohierax, *m.,* gr. *ho hiérax* der Habicht (auch Stammwort in: *Hierácium,* Habichtskraut); Gen. der Accipítridae, Greifvögel. Spec.: *G. angolensis,* Palmgeier (der sich neben animalischer Nahrung vor allem von Früchten der Öl- und Raphia-Palmen ernährt).
Gyps, *m.,* gr. *ho gyps* der Geier; Gen. der Accipitridae (Greife), Falconiformes (Greifvögel). Spec.: *G. fulvus,* Gänsegeier; *G. coprotheres,* Fahlgeier; *G. himalayensis,* Schneegeier.
Gyrinus, *m.,* latin. *gyrus,* der Kreis, nimmt Bezug auf die rasche kreisförmige Bewegung an der Wasseroberfläche; Gen. der Gyrínidae, Taumelkäfer. Spec.: *G. natator.*
gyrociliátus, -a, -um, lat. *ciliátus* mit Wimpern versehen, also: mit Wimperringen versehen; s. *Dinophilus.*
Gyrodáctylus, *m.,* gr. *ho dáktylos* der Finger, die Zehe; Gen. der Gyrodactylidae, Fam. der Monogenea, Trematoda. Spec.: *G. elegans* (Parasit an Süßwasserfischen).
gýrus, -i, *m.,* gr. *gyrós* rund; die Windung, die Gehirnwindung; Gyri: Gehirnwindungen des Groß- und Kleinhirns, gewundene Erhebungen der Gehirnoberfläche, die durch oberflächliche Furchen voneinander getrennt werden.
Gyttja, *f.,* schwedisch, Schlamm; Halbfaulschlamm, aus anorganischen u. organischen Resten in oligo- und eutrophen Seen gebildet; infolge beschränkten Sauerstoffzutritts verwesen z. B. die Eiweiße; Bodentiere leben darin.

H

h, nach lat. *hora,* Abk. für Stunde.
H, chem. Symbol für Hydrogenium (Wasserstoff).
Haacke, Wilhelm, geb. 1855, gest. 1912 in Darmstadt; 1878 Dr. phil. bei E. Haeckel in Jena; 1882 Direktor von Public Library, Museum and Art Gallery of South Australia in Adelaide

u. Forschungsreisen in Australien; entdeckte 1884 die Eier vom Schnabeligel *Echidna* (unabhängig von Caldwell). 1888–1892 Direktor des Zoologischen Gartens in Frankfurt a. Main.

Haar, das, lat. *pilus, -i,* m.

Haargefäß, das; die Kapillare, s. Capillare.

„Haarmonade", die; s. *Trichomonas.*

Haarmücke, die; s. *Bibio.*

Haarnutzwild, das; das zu den Mammalia zählende Nutzwild.

Haarqualle, Gelbe, die; s. *Cyanea.*

Haarraubwild, das; zu den Mammalia gehöriges Raubwild.

Haartest, der; veterinärmedizin. Diagnosemethode zur Identifizierung einer Unterversorgung oder Toxikose mit Hilfe der Analyse der Haare. Symptome des Haarkleides: Glanz, Feuchtigkeit, Dichte, Ausfall usw.

Haarwechsel, der; das Abhaaren, das bei den meisten Tieren (mit Haarkleid od. Pelz) bes. im Frühjahr u. Herbst während mehrerer Wochen verstärkt auftritt, es wird hauptsächlich das Wollhaar gewechselt, d. h.: es fällt im Frühjahr weitgehend aus und wird (vor allem) im Herbst neu gebildet.

Haarwild, das; Sammelbezeichnung für das zu den Mammalia gehörende Wild.

Haarwurm, der; s. *Wucheréria.*

habénula, ae, *f.,* lat. *habéna,* ae, *f.,* der Zügel; der kleine Zügel.

habessínicus, -a, -um, in Abessinien (Äthiopien) beheimatet; s. *Procavia.*

Habicht, der; s. *Accipiter.*

Habichtsadler, der; s. *Hieraaëtus fasciatus.*

Habichtskauz, der; s. *Strix uralensis.*

habilis, is, -e, lat; fähig, tauglich, geschickt, passend, geeignet, bequem, handlich, (gut, leicht) handhabbar.

Habitat, das, lat. *habitáre* wohnen, bewohnen, *habitátio* die Wohnung, *habitátor* der Bewohner; das standortbedingte (typische) Vorkommen von Lebewesen; Gesamtheit der ökologischen Umweltfaktoren einer Biocönose (oder einer Tierart) einschließlich der von ihr selbst mitbedingten. „Dieser autökologische Begriff wird oft (besonders in der angelsächsischen Literatur) in synökologischem Sinne als Synonym zu Biotop gebraucht" (Tischler 1975).

Habituation, die; Gewöhnung i. w. Sinne, allmähliche Abnahme einer Reaktionsbereitschaft als Folge wiederholter Auslösung bei ausbleibender Bekräftigung. Der zeitliche Verlauf der H. ist als Funktion der Reizstärke, Reizfrequenz und der Reaktionsbereitschaft des Organismus darzustellen.

habituell, auf den Habitus bezüglich (im morphol. Sinne); habitualisiert = verfestigte Verhaltensweise(n) betreffend (im [tier-]psychol. Sinne).

Hábitus, der, lat. *hábitus, -us, m.,* die Haltung, der Zustand; die äußere Gestalt, Erscheinung, äußere Körperbeschaffenheit, die Gesamtheit der äußeren Erscheinungsform.

Hadal, das, von gr. *Hades* Gott der Unterwelt, *hades (póntios)* der tiefste Ort (im Meer), das Totenreich; Bezeichnung für größte Meerestiefen, unter 6000–7000 m.

Hadorn, Ernst, geb. 31. 5. 1902 Forst (Bern), gest. 4. 6. 1976 Wohlen b. Bern; 1931 Dissertation bei F. Baltzer, 1935 Habilitation, 1942 Leitung des Zool. Institutes der Univ. Zürich übernommen, 1972 emeritiert; Zoologe, Entwicklungsphysiologe; arbeitete u. a. über „Letalfaktoren in ihrer Bedeutung für Erbpathologie und Genphysiologie der Entwicklung" (1955) und entdeckte bei *Drosophila* das Phänomen der „Transdetermination".

Haeckel, Ernst (Heinrich Philipp August); geb. 16. 2. 1834 Potsdam, gest. 9. 8. 1919 Jena; Prof. d. Zoologie in Jena. H. ist vor allem durch sein leidenschaftliches Eintreten für die Entwicklungslehre (Darwinismus) bekannt. In den diesbezüglichen Werken (Hauptwerk „Generelle Morphologie der Organismen", 1866) stellte H. mit den Methoden der Vergleichenden Anatomie u. Embryologie ein natürliches System der Organismen auf, das durch Stammbäume veranschaulicht wird, formulierte (vgl. F. Müller) das „Biogenetische Grundgesetz" u. die „Gastraeatheorie". Fachzoologische Arbeiten sind Monographien niederer Meerestiere. H. verfasste eine Anzahl monistischer Schriften. Begründer des Phyletischen Museums in Jena (1907 bzw. 1908); H. prägte auch den Begriff Ökologie (1866).

haeckeli, Artbezeichnung als Genitiv des latinisierten Namen von Haeckel (-us); s. *Protospongia.*

Haecker, Valentin, geb. 15. 9. 1864 Ungarisch-Altenburg, gest. 19. 12. 1927 Halle/S.; 1889 Promotion bei Th. Eimer/Tübingen, Assistent bei A. Weismann in Freiburg, 1895 Ernennung zum ao. Prof., 1900 als o. Prof. an die Techn. Hochschule in Stuttgart berufen, 1909 zum o. Prof. am Zool. Institut d. Univ. Halle ernannt. Themen v. wissenschaftl. Arbeiten: „Über die Farben der Vogelfeder" (Dissertation) (1889/90), „Bastardierung und Geschlechtszellenbildung" (1904), „Über Gedächtnis, Vererbung und Pluripotenz" (1914), Radiolarien, „Allgemeine Vererbungslehre" (1911, 3. Aufl. 1921), „Entwicklungsgeschichtliche Eigenschaftsanalyse (Phänogenetik)" (1918), Entwicklungsgeschichtliche Vererbungsregeln (1917, 1918, 1920), Untersuchungen über den Gesang der Vögel, „Goethes morphologische Arbeiten und die neuere Forschung“ (1927).

Häherlinge, die; s. *Garrulax,* Haubenhäherling.

Häm, das, gr. *to haima, haimatos* das Blut; prosthetische Gruppe des Hämoglobins. Das Häm ist bei allen Hämoglobinen u. Myoglobinen identisch.

Haemadípsa, *f.,* gr. *he dípsa* der Durst, „Blutdurst“; Landegel (in den Tropen); Gen. der Haemadipsidae, Gnathobdellae (s. d.).

Hämagglutination, die, s. Agglutination; die Verklumpung von roten Blutkörperchen.

Hämagglutinine, die; Substanzen, die Erythrozyten agglutinieren lassen, wie z. B.: 1. spezif. Antikörper, 2. Agglutinine verschiedener Invertebraten, 3. Lektine, 4. virale Komponenten (z. B. Pockenviren).

Hämalkanal, der; ventraler Wirbelsäulenkanal, der durch Vereinigung der beiderseitigen unteren Wirbelbögen in der Schwanzregion der Fische, vieler Amphibien, Reptilien u. einiger Säugetiere entsteht; in diesem verlaufen die großen Blutgefäße des Schwanzes.

Hämangiom, das, gr. *to angeion* das Gefäß; gutartige Blutgefäßgeschwulst.

Haemaphýsalis, *f.,* gr. *he physalis* die Blase, wörtl.: „Blutblase“. Gattung der Ixodidae (s. d.), Schildzecken, übertragen z. B. → *Babesia bigemina* (= Erreger des Texasfiebers, s. d.).

Hämapophysen, die, gr. *he apóphysis* das Heraus- bzw. Auswachsen; Hämalbögen, ventrale Bögen des Wirbelkörpers der Vertebraten, kommen meist nur in der Schwanzregion vor, wo sie unter Bildung des die großen Schwanzblutgefäße umschließenden Kaudalkanals zur Vereinigung gelangen. Nur bei den Fischen erhalten sie sich auch in der Rumpfgegend, bei einem Teil derselben im Zusammenhang mit der Bildung von Rippen.

Hämatin, das; entsteht durch Einwirkung von Salzsäure auf Hämoglobin; syn.: Chlorhämin.

haematóbium, *n.,* gr. *ho bíos* das Leben; im Blut lebend; s. *Schistosoma.*

haematódus, = haematódes, gr.; blutig, rot; s. *Trichoglossus.*

hämatogen, gr. *gígnesthai* erzeugt werden, entstehen; blutbildend, aus dem Blute entstehend.

Hämatoidin, das; bei Blutaustritt aus den Gefäßen geht Hämoglobin in den eisenfreien Farbstoff Hämatoidin über.

Hämatokritwert, der; Volumenanteil der Blutzellen (Erythrozyten) an der gesamten Blutmenge, ausgedrückt in Vol.-%.

Hämatologie, die, gr. *ho lógos* die Lehre; die Lehre vom Blut.

hämatophag, gr. *phagein* fressen; blutsaugend.

Haematópinus, *m.,* gr. *pínein* trinken; Gen. der Haematopinidae, Anoplura; Läuse an verschiedenen Säugetieren. Die *Haematopinus* spp. parasitieren an zarthäutigen Körperpartien wildlebender u. domestizierter Paarhufer u. Unpaarhufer. Spec.: *H. asii asini* Esellaus; *H. asii macrocephalus* Pferdelaus; *H. suis,* Schweinelaus.

Hämatopoëse, die, gr. *he poíesis* das Hervorbringen; die Blutbildung, spez. Bildung roter Blutkörperchen (= Erythropoëse); hämatopoëtisch: blutbildend.

Hämatoporphyrin, das, gr. *he porphýra* Purpur; Abbauprodukt des Hämoglobins, entsteht aus Häm durch Abspaltung des Eisens u. Anlagerung von Wasser.

Haemátopus, *m.,* von gr. *to haima, haímatos* das Blut und *pus* der Fuß, das Bein; wegen der roten Beine bei schwarz-weißem, grauen Gefieder. Gen. der Haematopódidae, Laro-Limicolae. Spec.: *H. ostrálegus,* Austernfischer (lebt von Würmern, Weichtieren, Krebsen, auch Austern, an den europäischen Küsten; zieht im Winter nach S-Europa).

hämatoxisch, schädich wirkend auf den blutstillenden Apparat; Chloramphenicol wirkt hämatotoxisch.

Hämatoxylin, das, gr. *to xýlon* das Holz, der Baum; Farbstoff im Holz des südamerikanischen Baumes Haematoxylon (Blutholzbaum). H. wird in der histologischen Technik verwendet.

Hämatozóon, das, gr. *to zóon* das Tier; tierischer Blutparasit.

Hämatozytolyse, die gr. *to kýtos* das Gefäß, der Behälter, die Zelle; Auflösung der roten Blutkörperchen (Erythrozyten).

Hämaturie, die, gr. *to úron* der Harn; das Blutharnen: Ausscheiden ungelöster roter Blutkörperchen im Harn, vgl. Hämoglobinurie.

Hämerythrin, das, gr. *erythrós* rot, rötlich; Blutfarbstoff der Zölomozyten der Sipunculiden, Priapuliden u. Brachiopoden; Protein mit mehreren Eisenatomen, von denen sich jeweils zwei od. drei mit einem Molekül O_2 verbinden. Die oxigenierte Form ist purpurviolett, die reduzierte farblos.

Hämine, die; Porphyrin-Eisen-Komplex-Salze (Fe III). Das Chlorhämin wurde früher einfach als Hämin bezeichnet.

Haemobartonella, *f.,* gr. *to haima* das Blut; Gen. der Bartonellaceae, Rickettsiales. Kleine, parasitisch lebende Organismen in Vakuolen od. auf/in den Erythrozyten von Hunden, Katzen, Rindern u. Schafen. Überträger z. T. noch unbekannt. *H. canis* (Syn. *Bartonella canis*).

Nachweisbar bei Hunden nach Splenektomie; *H. felis* (Syn. *Erythrozoon felis*); nachgewiesenes Vorkommen bei Hauskatze, Übertragung durch Bisse; s. *Bartonella*.

Hämoblasten, die, gr. *ho blástos* der Keim, Spross; Syn. Haemozytoblasten; indifferente Blutstammzellen, stellen die gemeinsamen Stammzellen der verschiedenen Blutzellen in den späteren embryonalen Stadien dar.

haemochoriális, -is, -e, in Plazenta haemochorialis; die Chorionzotten zerstören die mütterlichen Blutgefäße u. tauchen in blutgefüllte Kammern (Mensch, Affe, Nager).

Haemodípsus, *m., gr. to dípsos* u. *he dípsa* der Durst; Gen. der Haematopinidae, Ordo Anoplura. Spec.: *H. lyriocephalus,* Hasenlaus; *H. ventricosus,* Kaninchenlaus.

Hämodynamik, die; z. B. die Lehre von der Blutbewegung u. der Blutumverlagerung im Organismus.

Hämoglobin, das, lat. *globus, -i, m.,* die Kugel, der Ball; ein roter Farbstoff, der zu den Chromoproteiden gehört u. aus einem Protein (Globin) u. einer prosthetischen Gruppe (Häm) besteht. Als weitverbreiteter respiratorischer Farbstoff kommt er bei vielen Wirbellosen (*Ascaris, Planorbis, Lumbricus, Artemia, Daphnia* u. a.) und bei allen Wirbeltieren (mit wenigen Ausnahmen) vor. Das H. ist bei den Wirbellosen in der Regel im Blutplasma gelöst u. bei den Wirbeltieren ausschließlich in den Erythrozyten lokalisiert.

Hämoglobinämie, die; das Auftreten freien Hämoglobins im Blut.

Hämoglobinurie, die, gr. *to úron* der Harn; das Ausscheiden von gelöstem Blutfarbstoff im Harn; vgl. Hämaturie.

Hämolymphe, die; s. *lýmpha.*

Hämolýse, die, gr. *lýēin* auflösen; der Austritt des Hämoglobins aus den Erythrozyten bei Zerstörung der Zellmembran.

Hämophilie, die, gr. *phílos* freundlich; Bluterkrankheit, Neigung zu schwer stillbaren Blutungen. Die Krankheit wird rezessiv geschlechtsgebunden vererbt.

Haemópis, *f.,* gr. *opízein* saugen; Gen. der Hirudínidae, Blutegel. Spec.: *H. sanguisuga,* Pferdeegel.

Hämopoese, die, gr. *poio* mache; die Blutbildung.

Haemopróteine, *m.*, von gr. *to haima* das Blut u. *Próteus* ein seine Gestalt oft wechselnder Meergott; Gen. der Plasmodiidae, Sporozoa, Eucoccida. Blutparasiten bei Vögeln, besonders Enten, Eulen-, Greif-, Sing- u. Hühnervögeln. Überträger sind Lausfliegen. Spec.: *H. columbae* (Wirt: Haustaube).

Haemorheologie, die, gr., Wissenschaft von den Fließvorgängen, z. B. im Blutkreislauf des lebenden Organismus.

Haemosporídia, *n.,* Pl., gr. *ho spóros* der Same, die Spore; Ordo der Telosporidia, Sporozoa; Blutparasiten, vor allem in den Erythrozyten verschiedener Tiere lebend u. dadurch pathogen (z. B. Malaria des Menschen).

Hämostase, die, gr. *he stásis* der Stillstand; die Blutstillung; hämostatisch: blutstillend.

Hämozyanin, das, gr. *kyáneos* blau, schwarzblau; kupferhaltiger, blauer Blutfarbstoff bestimmter wirbelloser Tiere (z. B. *Helix*).

Hämozyten, die, gr. *to kýtos* die Zelle, das Gefäß; allgemeine Bezeichnung für Blutzellen.

Hämozytoblast, der, gr. *he bláste* der Keim; s. Hämoblasten.

Hänfling, der; s. *Carduelis.*

Haftflora, die; in den oberen Teilen des Magens, im Pansen sowie vorderen Dünndarm der meisten Wirbeltiere auf den Mikrozotten angesiedelte Flora aus Milchsäurebakterien. Die Haftflora (syn. wandständige Flora) ist durch Pili und andere Mechanismen mit den Zotten verbunden. Störungen der Haftflora führen zur „Reisekrankheit" (traveller disease) des Menschen und bei Tieren zu Durchfällen.

Hagelschnüre, die; s. Chalaza.

Hagenbeck, Carl, geb. 10. 6. 1844 Hamburg, gest. 14. 4. 1913 Hamburg; Tierhändler und Zoodirektor. Er entwickelte in Hamburg aus dem 1848 begonnenen Tierhandel seines Vaters ein seinerzeit einzigartiges Geschäft. Jährlich 4–5 Tiertransporte nach Hamburg durch Expeditionen zum Tierfang in Afrika und später in allen Erdteilen. Lieferungen auch für Menagerien von Kaisern, Sultanen und die des Mikados in Japan. Völkerschau mit Lappländern im ersten Tierpark am Pferdemarkt (1875). Hagenbeck führte die humane, die „zahme Dressur" ein (1890), plante einen Tierpark ohne Gitter mit unsichtbaren Grenzen (patentiert 1896). Der neue Tierpark in Hamburg-Stellingen (1907) wurde nach Plänen von Urs Eggenschwyler (Bildhauer) gestaltet; Völkerschauen mit Indianern (1910), Beduinen (1912). Der Zirkus Carl Hagenbeck ging mit den Dressurgruppen, Völkerschauen und Artisten auf Tournee. Veröffentlichung: „Von Tieren und Menschen" (1908), Autobiographie.

Hahnentritt, der; s. cicatricula.

Hai, der; s. *Mustelus,* s. *Sphyrna.*

Haje, arabischer Name für *Naja haje,* Uräusschlange.

Hakenwurm, der; s. *Ancylostoma.*

halbessentielle Aminosäuren, *f.;* solche Aminosäuren, die bestimmte Funktionen einzelner essentieller Aminosäuren übernehmen können, oder Aminosäuren, für deren optimale Bedarfsdeckung für Wachstum u. spezifische Stoffwechselfunktionen die Eigensyntheseleistungen des Organismus nicht ausreichen.

Halbmondantilope, die; s. *Damaliscus lunatus.*

Halbseitenzwitter, die; Individuen, deren eine Körperhälfte männlich, die andere weiblich ausgebildet ist, d. h. die Geschlechtschromosomen-Konstitution u. phänotypische Geschlechtsausprägung sind halbseitig verschieden (z. B. bei *Saturnia, Dendrolimus* beobachtet).

Halbwertszeit, die; 1. Zeit, in der eine Substanzmenge um die Hälfte zerfällt; 2. Breite eines Impulses, gemessen auf halber Höhe.

Halcampa, *f.,* gr. (latin.) *he kampé* das nicht ebene (gekrümmte) Feld, unebener Boden, Untergrund, der „Meeresgrund"; wegen ihres Vermögens, in den Boden, Schlamm des Meeres sich „einzugraben" – bis auf die zum Fang auf dem Boden liegenden Tentakel; Gen. der Actiniaria (s. d.).

Haldane, John (Scott), geb. 2. 5. 1860 Edinburgh, gest. 14. 3. 1936 Oxford; Physiologe; Studium in Edinburgh, Jena u. Berlin, Prof. in Oxford und Birmingham; führte bedeutende Forschungen zur Physiologie der Atmung, die praktische Bedeutung für die industr. Hygiene hatten (u. a. Vermeidung von Grubenexplosionen, Sorge für die richtige Ventilation in Industriebetrieben).

Haldane-Gleichung (1897), die; Formulierung der relativen Affinität des Hämoglobins zum Kohlenmonoxid im Vergleich zum Sauerstoff:

$$\frac{Hb \cdot CO}{Hb \cdot O_2} = k \frac{pCO}{pO_2} .$$

Der Wert der Konstante k ist bei den einzelnen Tieren unterschiedlich (*Chironomus*-Hämoglobin: 400; *Kaninchen*-Hämoglobin: 40; nach Prosser u. Brown 1961).

Haliaeëtus, *m.,* gr. *ho hals, halós* das Salz, Meer, Salzwasser, *ho aëtós* der Adler, *albus* weiß, *culus* der Schwanz; Gen. der Accipítridae, Habichtartige. Spec.: *H. albicilla,* Seeadler (mit weißem Schwanz, „Weißschwanzseeadler"). *H. pelagicus,* Riesenseeadler (hat den größten Greifenschnabel, jagt größere Tiere); *H. leucocéphalus,* Weißkopfseeadler; *H. vocifer,* Schreiseeadler.

Heliástur, *m.;* ableitbar von gr. *ho háls, halós* das Meer bzw. *ho haliēūs* der Fischer, „Astur" ist ein in der Antike verwendeter Name für eine Habichtsart; häufig beobachtet auf der („Fischer"-) Suche nach Krabben u. angespültem Meeresgetier; Gen. der Accipítridae (Greifvögel). Spec.: *H. indus,* Braminenweihe (zweifarbig; in Küstengebieten von Indien bis S-China, Java, Australien).

Halichoerus, *m.,* gr. *ho chōīros* das Schwein; Gen. der Phócidae, Pinnipedia (s. d.). Spec.: *H. grypus,* Kegelrobbe (hat langgestreckte, kegelförmige Schnauze; häufig in der Ostsee).

Halichóndria, *f.,* gr. *ho hals,* s. o., *to chondríon* der Knorpel; Kieselnadeln durch Hornsubstanz (Spongin) zu einem Gerüst verklebt; Gen. der Cornacuspongia, Silicospongia. Spec.: *H. panicea* Brotkrumenschwamm (Vorkommen auch im Brackwasser).

Haliclýstus, *m.,* gr. *halíklystos* meerbespült, vom Meere bespült; Gen. der Stauromedusae, Scyphozoa. Spec.: *H. octoradiatus* (am Grunde der Arme 8 große eiförmige Randanker).

Halícore, *f.,* gr. *he kóre* die Jungfrau; Gen. der Dugongidae (= Halicoridae); s. *Dugong.*

Halicryptus, *m.,* gr. *kryptós* verborgen, „im Meer verborgen", da im Schlamm lebend; Gen. der Priapulidae, Priapulida (s. d.). Spec.: *H. spinulosus.*

Halíctus, *m.,* Ableitung unbekannt; Gen. der Podilégidae, Beinsammler, -bienen. Spec.: *H. quadricinctus,* Viergürtelige Furchen- od. Schmalbiene.

Haliótis, *m.,* gr. *to us, otós* Ohr; mit ohrförmiger, unregelmäßig gerunzelter Schale (perlmuttglänzend innen, am Rand eine Löcherreihe); Gen. d. Haliotidae, Meerohren; Phal. Pleurotomariacea. Spec.: *H. tuberculata,* Gemeines Seeohr.

Halisárca, *f.,* gr. *he sarx, sarkós* Fleisch; nimmt Bezug auf die Bildung von Krusten bzw. Klumpen, Skelett fehlt bei diesem Baumfaserschwamm mit gallertiger Grundsubstanz; Gen. der Dendroceratida, Porifera. Spec.: *H. dujardini,* Gallertschwamm.

Haller, Albrecht von, geb. 16. 10. 1708 Bern, gest. 12. 12. 1777 ebd.; Mediziner, Naturforscher, Dichter; Prof. d. Anatomie, Botanik u. Chirurgie in Göttingen. Als Mediziner ist H. vor allem durch seine vergl.-physiologischen Untersuchungen bekannt. Er befasste sich u. a. mit dem Kreislauf u. dem Zusammenhang zwischen Blutbewegung, Herztätigkeit u. Atmung. In seinen botanischen Arbeiten setzte sich H. für ein natürliches, auf morphologischen Merkmalen aufgebautes System ein (allerdings noch mit polynomer Benennung). Er gründete den Göttinger Botanischen Garten u. schrieb 1742 die erste umfassende Schweizer Pflanzenkunde.

hállux, -ucis, *m.,* lat. Bildung aus *hállex, -icis, m.,* u. *hállus, -i, m.,* die große Zehe; 1. die große Zehe ist z. B. die innerste, dem Daumen der Hand entsprechende Zehe des menschlichen Fußes; 2. Spec.: *Dasyurus hallucatus* (ein Beutelmarder); *hallucatus* mit Zehen *(halluces)* versehen.

Halobionten, die; gr. *ho hals, halós* das Salz, *ho bíos* das Leben; in Salzgewässern od. auf Salzböden lebende Organismen.

Halobios, das; die Pflanzen- und Tiergesellschaft des Meeres, Teil des Hydrobios, s. d.

halogen, salzbildend.

halophil, gr. *phílos* freundlich; salzliebend.

Halophilie, die; Erscheinung der mehr od. weniger starken Bindung von Organismen an salzhaltige Lebensstätten.

Halsbandkranich, der; s. *Grus antigone.*

Halsbandpekari, der; s. *Tayassu tajacu.*

Haltéren, die, gr. *haltéres* die Hanteln; die Schwingkölbchen der Insekten: Um- bzw. Rückbildungen der Vorder- (♂ der Strepsipteren) od. Hinterflügel (Dipteren). Die Halteren werden beim Fliegen in sehr schnelle Schwingungen versetzt, sie sind für die Erhaltung des Gleichgewichtes wichtig.

Halysítes, *f.*, von gr. *he hálysis* die Kette; Gen. der Halysitidae, Ordo Tabulata, Cl. Anthozoa; fossil im Ordovizium u. Silur. Spec.: *H. catenularia,* Kettenkoralle (Silur).

Halysschlange, die; s. *Agkistrodon.*

hamádryas, *f.*, gr. *he hamadryás, -ádos* die Baumnymphe (die mit dem Baume lebt und stirbt); s. *Comopíthecus, Papio.*

hamátus, -a, -um, mit einem Haken versehen, z. B. Os hamatum, der mit einem Häkchen *(hamulus)* versehene Knochen, einer der 8 Carpus-Knochen der Menschen.

Hammel, der; kastriertes (meist gemästetes) männliches Schaf od. kastrierter Widder (Haus- oder Wildschafbock).

Hamster, der; s. *Cricetus.*

hámulus, -i, *m.*, der kleine Haken.

hámus, -i, *m.*, lat., der (Angel-) Haken.

Handgreifreflex, der; s. Greifreflex.

Hand-Mund-Reflex, der; reflektorisches Öffnung des frühkindlichen Mundes, wenn Druck auf beide Handflächen ausgeübt wird. Zugleich erfolgt ein Vorwärtsneigen des Kopfes u. ein Schließen der Augen.

Hanuman, einheimischer Name für die in Indien, Indochina, Ceylon vorkommende Art *Semnopithecus entéllus* (s. d.).

Hapálidae, *f.*, Pl., gr. *hapalós* jugendlich frisch, zart, zierlich; Fam. der Platyrhina, Simiae; sie sind die kleinsten Affen (Name!); oft bunte Haartrachten; Zwillingsgeburten häufig. Gen.: *Callithrix (= Hapale); Leontocebus (= Midas),* Löwenäffchen.

haplodont, gr. *haplús (haplóos)* einfach, *ho odús, odóntos* der Zahn; das haplodonte Gebiss besteht aus einfachen ± gleichgeformten Kegelzähnen (z. B. bei Reptilien).

haploid; einfacher Chromosomensatz, z. B. in Gameten (Keimzellen) diploider Organismen.

Haplont, der, gr., Partizip. Praes. von *eínai* sein: *on, óntos* seiend; Organismus mit somatischen Zellen, die den einfachen (halben) Chromosomensatz aufweisen.

Haploparaxis, *f.*, von gr. *haplós* einfach, *para* bei, daneben u. axis; Gen. der Hymenolepididae, Cyclophyllida, parasitische Bandwürmer im Darm von Vögeln, die sich über Ringelwürmer o. Wasserkrebse (Zystizerkoid) als Zwischenwirte entwickeln. Spec.: *H. stefanski,* Wirt (Hausente); *H. filum* (Wirte: zahlreiche Wasservögel, Europa).

Haplophase, die, gr. *he phásis* die Erscheinung; Abschnitt des Lebenszyklus, in dem die Zellen nur die haploide Chromosomenzahl aufweisen.

Haplorhini, *m.*, gr. *he rhís, rhinós* die Nase; zusammenfassende Bezeichnung für die Tarsiiformes (od. Tarsioidea, Gespenstmakis) u. die Simiae (Affen) in Anbetracht der Übereinstimmung einiger Merkmale, wie: verwachsene Frontalia, Oberlippen ohne Drüsenhaut (Rhinarium) zw. Nasenöffnung u. Mund. Damit wird eine phylogenetisch begründete Abgrenzung vorgenommen zu den Lemuriformes u. Lorisiformes, die ihrerseits auf Grund gemeinsamer Merkmale mit d. Tarsiiformes als Halbaffen bezeichnet werden.

Haplotyp, der; DNA-Sequenzpolymorphismen, die gemeinsam vererbt werden.

Hapténe, die (Pl.) (Sing.: das Hapten), gr. *háptēin* berühren, ergreifen, heften; niedermolekulare Substanzen („Halbantigene"), die allein nicht antigen wirken, jedoch durch Bindung an als Träger od. Schlepper bezeichnete hochmolekulare Substanzen (zumeist Proteine od. synthetische Polypeptide) immunogen wirksam sind. Es werden unterschieden die komplexen H. von den Halb-Haptenen. Mit Haptenen werden definierte Antiseren gewonnen, die spezifisch nur gegen das Hapten-Molekül, nicht gegen die Trägersubstanz reagieren.

haptisch, gr. *háptēin,* s. o., den Tastsinn betreffend.

Haptonéma, *f.*, gr. von *háptḗin,* s. o., *to néma* der Faden; Befestigungsorganell („Haftfaden") bei den Haptomonadina.

Harde, Karl Wilhelm, geb. 1. 1. 1922 in Westfalen, gest. 15. 10. 1982 Stuttgart; Entomologe, bes. Coleopterologe (Laufkäfer, Bockkäfer, Prachtkäfer), Museologe; Studium der Naturwissenschaften in Münster, Promotion zum Dr.

rer. nat.; am 1. 11. 1956 Übernahme der Leitung der Entomologischen Abteilung des Staatlichen Museums für Naturkunde in Stuttgart (nachfolge von Prof. Dr. E. Lindner); Mitherausgeber des 11-bändigen Bestimmungswerkes der mitteleuropäischen Käfer, des „Freude-Harde-Lohse“, „Die Käfer Mitteleuropas“, Verleger A. M. J. Evers (Ersatz des 5-bändigen Bestimmungsbuches von Reitter).

Harder, Johann Jacob, geb. 17. 9. 1656 Basel, gest. 28. 4. 1711 ebd.; Anatom, Prof. d. Rhetorik, Physik, Anatomie u. Botanik sowie der theor. Medizin in Basel. H. führte bedeutende Untersuchungen auf dem Gebiet der vergleichenden u. pathologischen Anatomie durch. Nach ihm wurde die in der Nickhaut vorkommende H.sche Drüse benannt.

Hardersche Drüse, die, s. Harder; acinöse Nickhautdrüse. Sie kommen bei den eine Nickhaut besitzenden Wirbeltieren vor. Ausgesprochenen Wasserbewohnern fehlt sie. Ihr Sekret dient der Befeuchtung der Vorderfläche des Augapfels.

Hardy-Weinberg-Gesetz, *n.;* Gesetzmäßigkeit, nach der die Genotypenfrequenzen von Generation zu Generation konstant bleiben, wenn die Population unendlich groß ist, Panmixie vorliegt und Selektion, Mutation und Migration ausgeschlossen werden; wurde 1908 vom Engländer Hardy u. von dem Deutschen Weinberg unabhängig voneinander entdeckt.

haréngus, latin. von früher (ursprünglich) Häring, jetzt Hering; s. *Clupea.*

Harms, Jürgen Wilhelm, geb. 2. 2. 1885 Bargdorf bei Lüneburg, gest. 2. 10. 1956 Marburg; Studium der Zoologie in Marburg, 1907 Promotion („Zur Biologie und Entwicklungsgeschichte der Najaden“), anschließend Assistent bei Nussbaum am Anatomischen Institut in Bonn, 1910 Privatdozent in Marburg, 1922 Ordinarius für Zoologie in Königsberg, 1925 nach Tübingen, 1935 nach Jena berufen, 1949 als Gast im Anatom. Institut in Marburg, 1951/52 als Gastprofessor in Kairo. Arbeitsthemen: Experimentelle Untersuchungen über die innere Sekretion der Keimdrüsen bei Vertrebraten u. Invertebraten, Internephridialorgan bei Gephyreen, physiologische Geschlechtsumstimmung erwachsener Erdkrötenmännchen u. Weibchen (Biddersches Organ); Altersforschung am Röhrenwurm *Hydroides,* Meerschweinchen u. Hunden; Funktion der Thymusdrüse bei *Xenopus laevis;* Untersuchungen zur Evolution der Tiere (z. B. *Birgus latro*).

Harn, der, Urin; Ausscheidungsprodukt der Niere bei den Säugern, das in wässriger Lösung die auszuscheidenden Endprodukte des Eiweißstoffwechsels enthält, hauptsächlich Harnstoff, Salze u. körperfremde Stoffe. Bei den Vögeln wird Harnsäure ausgeschieden.

Harnblase, die, lat. *vesica urinaria*; muskulöses Hohlorgan, ausgekleidet mit Schleimhaut u. Übergangsepithel, ein Harnreservoir.

Harnischwels, der; s. *Loricaria.*

Harnsäure, die; Derivat des Purins (2,6,8-Trioxypurin), im Gegensatz zum Harnstoff schwer löslich, kann in Form eines wasserarmen kristallinen Breies abgegeben werden (z. B. bei Sauropsiden). Bei den uricotelischen Tieren herrscht die H. unter den N-haltigen Exkretstoffen vor.

Harnstoff, der; $(NH_2)_2$–C=O, Diamid der Kohlensäure; H. ist wichtigstes Endprodukt des Proteinstoffwechsels, leicht löslich, ungiftig, wichtigster Exkretstoff vieler Wirbeltiere. Bei den ureotelischen Organismen herrscht der H. unter den N-haltigen Exkretstoffen vor (Selachier, terrestrische Amphibien, einige Schildkröten, alle Säuger).

Harnstoffzyklus, der; s. Ornithinzyklus.

Harpagoxénus, *m.,* von gr. *ho/he hárpax, -agos* der Räuber/die Räuberin, *ho xénos* der Fremde; Gen. der Formicidae (bei *Dulosis* genannt).

Hartert, Ernst, geb. 29. 10. 1859 Hamburg, gest. 11. 11. 1933 Berlin; Dr. h. c., Ornithologe, beteiligt an Sammel- u. Forschungsreisen in die Tropen Afrikas, Asiens u. Amerikas (1885–1892), Direktor am Rothschild-Museum in Tring (England), 1930 wieder in Berlin, „Die Vögel der paläarktischen Fauna“ (1904–1922) (s. Gebhard 1964).

Hartmann, Max, geb. 7. 7. 1876 Lauterecken/Rheinpfalz, gest. 11. 10. 1962 Buchenbühl (Allgäu); Studium der Naturwissenschaften an der Forstakademie in Aschaffenburg u. später bei R. Hertwig in München, 1901 Promotion, 1903 Habilitation an der Univ. Gießen, ab 1905 Aufbau u. Leiter einer Protozoenabteilung am Robert-Koch-Institut in Berlin, 1909 ao. Prof., 1914 Abt.-Ltr. am Kaiser-Wilhelm-Institut für Biologie, 1933–1955 Direktor an diesem Institut, 1934 Hon.-Prof. in Berlin, 1947 in Tübingen. Arbeitsthemen: Morphologie u. Physiologie der Fortpflanzung, Befruchtung u. Sexualität der Organismen, Generationswechsel u. Todesproblem bei einzelligen Organismen; „Allgemeine Biologie“ (1924, 4. Aufl. 1953), „Die Sexualität“ (1943, 2. Aufl. 1956), „Die philosophischen Grundlagen der Naturwissenschaften“ (1948).

Harvey, William, Arzt, geb. 1. 4. 1578 Folkestone (Kent), gest. 3. 6. 1657 Hampstead (Camden); Prof. f. Anatomie u. Chirurgie in

London. H. entdeckte den großen Blutkreislauf (1628) u. erkannte durch embryologische Studien, u. a. am bebrüteten Hühnerei, dass das Ei der allgemeine Anfang aller Tiere ist.

Hase, der; s. *Lepus.*

Hase, Albrecht, geb. 16. 3. 1882 Schmölln/Thür., gest. 20. 11. 1962 Berlin; 1907 Promotion an der Univ. Jena, 1908 Staatsexamen für das höhere Lehramt, Tätigkeit in der ehemaligen Biologischen Reichs- u. späteren Bundesanstalt als Oberregierungsrat u. Abteilungsleiter, Professur, Lehrtätigkeit an drei Universitäten; Themen wissenschaftl. Arbeiten: Läuse der Menschen, blutsaugende Wanzen, Biologie der Wachsmotten u. Kleidermotte, Untersuchungen auf dem Gebiet der experimentellen u. praktischen Parasitologie.

Hasel, die; s. *Leuciscus.*

Haselblattroller, der; s. *Apoderus coryli.*

Haselbock, der; s. *Oberea.*

Haselmaus, die, mhd. *bilch;* s. *Muscardinus.*

Haselnussbohrer, der, s. *Balaninus (= Curculio nucum).*

Haselwild, *n.*, *Tetrastes bonasia*; Gattung der Rauhfußhühner, Eigentliche Hühner. Sammelbegriff für männl. u. weibl. Tiere.

Hasemánia, *f.*, nach Eigennamen; Gen. der Characidae, Cypriniformes. Spec.: *H. marginata (= H. melanura),* Silberband- od. Kupfersalmler.

Hasenlaus, die; s. *Haemodipsus.*

Hasenscharte, die; Labium leporinum, Lippenspalte, eine fetal entstandene Missbildung an der Oberlippe des Menschen. Sie entsteht durch unvollständige Verwachsung des Proc. globularis vom Nasenwulst mit dem Proc. nasalis later. vom Oberkieferwulst im Anlagengebiet der Oberlippe (meist einseitig, aber auch beidseitig auftretend) (nach Th. Wagner).

hasta, -ae, *f.,* lat., die Stange, der Stab, Speer. Spec.: *Phyllostoma hastatum* (eine Fledermaus, Blattnase).

Hattéria, *f.,* von einem Eigennamen abgeleitet; Gen. der Rhynchocephália (s. d.). Spec.: *H. punctata,* einzige lebende Art der Brückenechsen (Rhynchocephalia); punktförmig gefleckt, gilt offenbar als die phylogenetisch älteste Form der Reptilien; Neuseeland.

Hatschek, Berthold, geb. 1854 in Kirwin/Mähren, gest. 1941 in Wien; Studium der Zoologie, o. Prof. für Zool. in Prag u. Wien; Arbeiten über *Branchióstoma lanceolátum (Amphioxus lanceolatus),* als Typus der Wirbeltierorganisation.

Hatschekschе Grube, die; nach B. Hatschek benannte Geißelgrube am Dach der Präoralhöhle von *Branchióstoma lanceolátum.*

Haubenhäherling, der; s. *Garrulax leucolophus,* dessen dem Eichelhäher ähnliches Aussehen zu dem deutschen Gruppen- (Gattungs-) Namen Häherlinge führte.

Haubenlerche, die; s. *Galerita.*

Haubentaucher, der; s. *Podiceps cristatus.*

Haupt, Hermann, geb. 24. 1. 1873 Langensalza, gest. 2. 6. 1959 Halle/S.; Arbeitsgeb.: Homoptera (in M-Europa), Systematik u. Biol. der paläarktischen Psammocharidae u. Homoptera.

Hausbock, der; s. *Hylotrupes.*

Hausen, der; s. Acipenser.

Hausente, *Anas domestica;* vor mehreren Jahrtausenden in China bereits domestiziert; Abstammung in erster Linie von der heute noch wildlebenden *Anas platyrhynchos,* Stock- od. Märzente, die etwa zu Beginn unserer Zeitrechnung auch in Europa u. später in Amerika domestiziert wurde. Die zur Hausente gehörigen Entenrassen u. -schläge lassen sich auf Einkreuzungen mit verschiedenen Wildenten zurückführen u. dienen als Nutzgeflügel der Fleisch-, auch Eierproduktion u. unter dem Zuchtaspekt von Form u. Farbe für Ausstellungszwecke. Als domestizierte Entenrassen werden vor allem unterschieden: Mastenten (z. B. Peking-, Rouen-, Aylesbury-, Sachenente); Legeenten (z. B. Khaki-, Campbell-, Streicher-, Indisch-, Lauf-, Orpingtone-Ente); Landenten (z. B. Cayuga-, Hauben-, Sachenente); Flugenten (z. B. Hochflugente), Moschusente *(Cairina moschata).* Manche Rassen haben kombinierte (Nutz-) Eigenschaften.

Hausgans, *Anser domesticus;* wurde vor mehr als 5000 Jahren mehrfach domestiziert u. ist polyphyletischer Abstammung; Stammformen der heutigen H.: Höcker- od. Schwanengans (*A. cygnoides;* im Raum von China, Japan, Indien), Graugans (*A. anser;* in Europa, Asien beheimatet) sowie die „Meergans“. Die verschiedenen Rassen sind vor allem auf Fleischproduktion gezüchtet, werden auch zur Federgewinnung gehalten u. dienen vielfach unter verschiedenem Zuchtaspekt für Ausstellungszwecke.

Haushuhn, *Gallus domesticus;* Domestikation zuerst im malaiischen Raum u. in Indien (bereits vor mehreren tausend Jahren). Angenommen wird eine polyphyletische Abstammung von mindest. 4 Wildhuhn-Species (Bankiva-, Sonnerats-, Lafayette- u. Gabelschwanzhuhn), die im Verlaufe der Domestikation verschiedene Kreuzungen unterzogen wurden. Die zahlreichen Rassen (u. Farbschläge) lassen sich in bezug auf ihre Nutzung in 3 Grundtypen (Bankiva-, Cochin, Malaien-Typ) einordnen. Nutzungsrichtungen sind Lege-, Fleischrassen u. Rassen mit mehr od. weniger ausgeprägter

Kombination beider Nutzleistungen. Neben den Wirtschaftsrassen existieren zahlreiche Zierrassen (für Ausstellungszwecke).

Haushund, der, *Canis familiaris*; eines der ältesten Haustiere aus der Übergangszeit zwischen jüngerer u. älterer Steinzeit, vor ungefähr 8000 Jahren zuerst in Vorderindien domestiziert. Stammvater aller heutigen H. ist sehr wahrscheinlich der Wolf *Canis lupus*, während der Schakalanteil verschwindend gering (u. unwahrscheinlich) ist. Heute unterscheidet man etwa 200 Rassen, die nach Größe, Körperbau, Färbung, Wesen u. Gebrauchswert der Tiere differenziert werden (Diensthunde, Jagdhunde, Herdengebrauchshunde, Zwerg- u. Gesellschaftshunde). Bes. gut entwickelt sind Geruchs- u. Spürsinn. Die Hündin (männl. H.: Rüde) wird etwa alle 5 Monate läufig (hitzig, brünstig). Sie wirft (wölft) 63 Tage nach der Paarung i. d. R. 6 bis 8 blinde u. taube Junge (bis zur Entwöhnung Welpen genannt), die nach 9 d sehen u. nach 12–14 d hören. Entwöhnung mit etwa 6 Wochen, ab 10. Monat fortpflanzungsfähig. H. sind Überträger der Tollwut u. vieler humanpathogener Parasiten.

Hauskaninchen, das, *Oryctolágus cunículus* f. *doméstica,* Art der Lepóridae; Stammform s. Wildkaninchen. – Gezüchtet und gehalten v. a. als Fleisch- und Pelzlieferant, dient auch zur Wollnutzung (z. B. Angora) und als Versuchstier. Aus dem grauen, grau-hellbraunen Wildkaninchen wurden zahlreiche Rassen mit verschiedenen Zuchtzielen gezüchtet. Die Einteilung der Rassen (ca. 40) erfolgt nach Größe (Länge) und Gewicht (große, mittelgroße, kleine Rassen) und nach dem wirtschaftlichen Hauptnutzen (Fleischrassen, Pelzrassen).

Hauskatze, die, *Félis doméstica;* stammt von der Falbkatze ab, wurde offenbar aus kultischen Gründen im alten Ägypten aus dieser weniger menschenscheuen Art (als die Europ. Wildkatze) domestiziert. Allgemeine Phänotyp-Differenzierungen sind oft nicht als Rassenbildung zu werten; lediglich die sog. „Edelkatzen" (Angora, Perser, Siam u. a.) stellen nach bewusster Zuchtauslese manifestierte „Rassen" dar. Während die Wildkatze jährl. nur 1 Wurf bringt, hat die H. 3 bis 4. Genutzt wird die H. zur Bekämpfung schädl. Nager u. als Versuchstier; Überträger der Tollwut.

Hausmaus, die; s. *Mus.*

„Hausmücken", die; *Aedes, Culex-* od. *Culiseta*-Arten, die anthropophil in der Nähe menschl. Wohnungen bzw. Tierstallungen leben u. dort ihre Brutmedien (Wasseransammlungen) finden.

Hauspferd, das; s. *Équus cabállus.*

Hauspute, die, *Meleagris domesticus* (Pute, Truthuhn, Turkey); die im frühen Mittelalter in Mexiko domestizierte H. gelangte im 16. Jahrhundert nach Spanien, fand danach in ganz Europa u. anderen Erdteilen Verbreitung. Sie lässt sich auf drei verschied. Wildarten der Truthühner *(Meleagris mexicana, Meleagris americana, Meleagris gallopavo)* zurückführen. Im Verlaufe der Domestikation wurden Kreuzungen durchgeführt, die zur Herausbildung einiger „Putenrassen" (leichte, mittlere, schwere) u. Farbenschläge geführt haben. Die H. dient in erster Linie zur Fleischerzeugung. Darüber hinaus wird eine Nutzung als Eierlieferant, beim Brüten u. Aufziehen anderer Geflügelarten sowie als Formentier für Ausstellungszwecke vorgenommen. Charakteristisch für die H. ist ein ausgeprägter Geschlechtsdimorphismus.

Hausratte, die, *Rattus rattus*; Schädling, der als Bewohner der oberen, trockenen Stockwerke von Baulichkeiten vorwiegend pflanzl. Vorräte in Mitleidenschaft zieht. Sie überträgt wie die Wanderratte Krankheiten; Länge des adulten Tieres etwa 20 cm mit ebenso langem Schwanz.

Hausrind, das, Rind, *Bos taurus*; seit etwa 7000 Jahren domestizierte Form des Urs (Auerochse, *Bos primigenius*), die wahrscheinich an verschiedenen Stellen des Verbreitungsgebietes unabhängig voneinander entwickelt wurde. Bedeutendstes landwirtschaftl. Haustier, das zur Ordnung der Paarhufer, Unterordnung der Wiederkäuer, Familie der Horntiere, Unterfamilie der Bovinae u. zusammen mit dem Zebu *(Bos indicus)* zur Gattung *Bos* gehört. Es wird fast alles genutzt: Zug- u. Tragkraft, Milch, Fleisch, Fett, Haut u. a. Außerdem ist es ein wichtiges Versuchstier u. damit Lieferant von Prophylaktika u. Therapeutika.

Hausschwein, das; *Sus sus doméstica;* s. Schweine.

Hausspitzmaus, die; s. *Crocidúra rússula.*

Haustaube, *Columba domestica,* die; eines der ältesten Haustiere, aus der Domestikation von *Columba livia,* Felsentaube, hervorgegangen. Inzwischen wurden mehr als 2000 Rassen u. Farbschläge herausgezüchtet. Als Wirtschaftstauben dienen sie der Fleischerzeugung. Für sportliche Zwecke werden Sporttauben genutzt; sie sind auch geschätzte Ausstellungstiere. Rassengruppen der Haustaube sind: Formen-, Struktur-, Huhn-, Farben-, Kropf-, Trommel-, Tümmler- bzw. Warzentauben. Rassen der Tümmlertauben verfügen über hervorragende Flugleistungen, sind daher in erster Linie als Sporttauben, z. T. auch als

Wirtschaftstauben geeignet. Man unterscheidet bei ihnen z. B. kurz-, mittel-, langschnäbelige Rassen; vgl. Brieftauben.

Haustéllum, das, lat. *hauríre* schöpfen; kleiner Schöpflöffel; Saugrüssel der Zweiflügler (Dipteren) u. Schnabelkerfen (Hemiptera).

Haustiere, die; alle Tierarten, die sich unter der Obhut des Menschen systematisch züchten lassen u. einen direkten wirtschaftlichen Nutzen bei ihrer Haltung erbringen; an Säugetieren z. B.: Rind, Schwein, Pferd, Schaf, Ziege, Kaninchen, Hund, Katze, Esel, Maultier, Maulesel, Silberfuchs, Nerz, Zebu, Büffel, Yak, Gayal, Rentier, Kamel, Lama, Elefant; an Vögeln: Huhn, Gans, Ente, Truthuhn, Taube, Perlhuhn; an Fischen z. B.: Forelle, Karpfen.

haústrum, -i, *n.,* lat. *hauríre* schöpfen; das Schöpfrad; angewandt für Ausbuchtungen am Dickdarm.

Hausziege, die; s. *Capra hircus.*

Havers, Clapton, Anatom; geb. 1650 London, gest. 1702 ebd.; Anatom in London. H. wurde durch Untersuchungen über die Knochenstruktur bekannt. Er entdeckte die nach ihm benannten H.schen Kanäle (enthalten u. a. dünnwandige Blutgefäße zur Versorgung des Knochengewebes).

Haverssche Kanäle, *m.,* s. Havers; Kanäle des Knochens, die vorwiegend längs verlaufen, miteinander kommunizieren, Nerven u. Blutgefäße führen; sie sind umgeben von konzentrischen Knochenlamellen.

Hayem, Georges, Internist; geb. 1841 Paris, gest. 1933 ebd.; 1879 Prof. d. Therapie u. Materia medica, 1893 d. Klinischen Medizin; bedeutende Untersuchungen über die Biologie u. Pathologie des Blutes; u. a. beschrieb H. die Blutplättchen u. entwickelte eine nach ihm benannte fixierende Verdünnungsflüssigkeit zur Zählung der roten Blutkörperchen (H.sche Lösung). Weitere Arbeiten behandeln Erkrankungen des Herzens, des Verdauungstraktes u. des Nervensystems.

Hb, Abk. für Hämoglobin, s. d.

Hb_E, Abk. für den absoluten Hämoglobingehalt des einzelnen Erythrozyten (Normalwerte beim Menschen: 28–36 $\gamma\gamma$).

HC-Wert, engl. **H**azardous **C**oncentration; ökotoxikologisch akzeptierte Werte für Konzentrationen von Umweltschadstoffen.

Hecht, der, mhd. wazzerwolf; s. *Esox lucius.*

Hechtalligator, der; s. *Alligator mississippiensis.*

Hechtbarsch, der; s. *Lucioperca.*

Hechtdorsch, der; s. *Merluccius.*

Heck, Ludwig, geb. 11. 8. 1860 Darmstadt, gest. 17. 7. 1951 München; Zoodirektor; Prof. Dr. phil. et Dr. med. vet. h. c.; Studium der Naturwissenschaften, insbes. der Zoologie, an den Universitäten Straßburg, Gießen, Berlin, Leipzig, Promotion (1884), Direktor des Zoologischen Gartens in Köln (1886), Direktor des Berliner Zoologischen Gartens (1888–1931). Ludwig Hecks Ziel war, Säuger und Vögel in großer Artenanzahl und in systematischer Zusammengehörigkeit unterzubringen; Initiator von Großbauten (Straußenhaus in altägyptischem Stil) um die Jahrhundertwende. Ab 1930 Übergang zur gitterlosen Freianlage. Nach ihm benannte Neuentdeckungen: Hecks Weißbartgnu, Hecks Makak, Hecks Spitzschwanzamadine, Hecks Hoko. Veröffentlichungen: „Das Tierreich“ (1897), „Lebende Bilder aus dem Tierreich“, vollständige Neubearbeitung eines großen Teiles der Säugetiere (4 Bde.), der 4. Aufl. von „Brehm's Tierleben“ (1912–1916), „Tiere wie sie wirklich sind“ (1934), „Heiter-ernste Lebensbeichte“ (1938). H. ist bekannt auch als Sammler von Tierkunstwerken. Wissensch. Hauptgebiet: Säugetiere. Sein Sohn **Lutz** (23. 4. 1892–1. 4. 1983) wurde sein Nachfolger (ab 1931), sein 2. Sohn **Heinz** (22. 1. 1894–5. 3. 1982) Direktor des Tierparks Hellabrunn.

Heck, Lutz, geb. 23. 4. 1892 Berlin, gest. 1. 4. 1983 Wiesbaden; Zoodirektor, Sohn von Ludwig Heck; Studium der Medizin u. Naturwissenschaften in Freiburg, Königsberg, Berlin, Promotion (1921), Assistent im Zoologischen Garten Halle/S. (1922), Assistent am Berliner Zoo (1923–1931), Nachfolger seines Vaters als Direktor des Berliner Zoologischen Gartens (1932–1945), Professor (1938), Ausbau des Zoos durch Fortsetzung der gitterlosen Frei- und Felsanlagen, Affenfelsen (1932/33), Bereich Stelzvögel, Hirsche (1934), Löwenfreianlage (1936), Alpentierfelsen (1939). Mit seinem Bruder Heinz Züchtung eines Rindes durch Rückkreuzung, das dem ausgestorbenen Auerochsen ähnlich sieht. Veröffentlichungen: z. B. „Aus der Wildnis in den Zoo“ (1930), „Auf Urwild in Canada“ (1935), „Schwarzwild“ (1950), „Der Rothirsch“ (1956), „Wildes, schönes Afrika“ (1960). Filme z. B. „Im Reich des Löwen“, „An afrikanischen Wassern“. (Nach H.-M. Borchert).

Heckzeit, die; 1. Brutzeit bei Wassergeflügel; 2. Zeit, in der Haarraubwild Junge hat.

Hectocótylus, der, gr. *hekatón* hundert, *he kotýle* der (Saug-) Napf, die Höhlung; Geschlechtstentakel, ein (od. zwei) zum Hilfsorgan der Begattung umgewandelter Arm bei den Männchen vieler Tintenfische (Cephalopoden), besitzt Saugnäpfe u. dient zur Aufnahme und Übertragung der Spermatophoren auf das Weibchen. Er kann sich bei einigen Arten ablösen.

Hectopsýlla, *f.*, gr. *hektós* festgehalten, Verbaladj. von *échesthai* sich festhalten, *he psýlla* der Floh; Gen. der Sarcopsyllidae. Der Name bedeutet, dass der Floh in die Haut des Wirtstieres eindringt u. dort verbleibt (sich festhält). Spec.: *H. psittaci,* Papageienfloh.

Hediger, Heini, geb. 30. 11. 1908 Basel, gest. 29. 8. 1992 Bern; Verhaltensforscher und Begründer der wissenschaftlichen Tiergartenbiologie; Studium der Zoologie, Botanik, Ethnologie und Psychologie an der Universität Basel (1927–1932), Promotion (1932), Teilnahme an Expedition nach Australien und Ozeanien (1929–1931), Konservator am Naturhistorischen Museum Basel (1931), Habilitation mit der Arbeit „Zur Biologie und Psychologie der Zahmheit" (1935), Privatdozent an der Zoologischen Anstalt der Universität Basel, Professor (1942), neben der Vorlesungstätigkeit Verwalter des Tierparks „Dählhölzi" in Bern (1937–1943); Direktor des Zoologischen Gartens Basel (1944–1953), des Zoologischen Gartens Zürich (1954–1974). Bis 1978 Titularprofessor an der von ihm geschaffenen „Tierpsychologischen Abteilung der Universität Zürich am Zoologischen Garten". In Basel widmete Hediger sich u. a. der Feldhasen- und Okapihaltung, der Modernisierung des Elefantenhauses und der Haltung von Panzernashörnern; in Zürich neuartige Unterbringung für Vögel, Menschenaffen und Nashörner durchgeführt. Hediger ist Urheber des Begriffes „Psychotop" für die psychologische Anpassung und Prägung von Tier und Mensch an bzw. durch ihren Lebensraum (1954). Er ist Entdecker der biologischen Distanzen (Individual-, Flucht- und Sozialdistanz). Veröffentlichungen: Schrieb u. a. „Wildtiere in Gefangenschaft. Ein Grundriß der Tiergartenbiologie", Basel (1942), „Kleine Tropenzoologie", 2. Aufl. (1958), „Beobachtungen zur Tierpsychologie im Zoo und im Zirkus", Basel (1961), „Mensch und Tier im Zoo: Tiergarten-Biologie", Zürich (1965), „Die Straßen der Tiere", Braunschweig (1968), „Jagdzoologie für Nichtjäger", 3. Aufl. (1975), „Zoologische Gärten gestern – heute – morgen", Bern (1977), „Tiere verstehen. Erkenntnisse eines Tierpsychologen", München (1984), „Ein Leben mit Tieren im Zoo und in aller Welt", Zürich (1990).

Hedóbia, *f.*, gr. *to hédos* der Thronsessel, Wohnsitz, *ho bíos* das Leben; der Name bezieht sich auf das Leben in den Gängen der Bohrkäfer; Gen. der Anobiidae. Spec.: *H. imperialis,* Kaiserlicher Bohrkäfer (wegen der Adlerzeichnung, dem kaiserlichen Wappen, bei ausgebreiteten Flügeln, wozu die Übersetzg. „Thronsessel" passen würde); *H. regalis,* Kleiner Bohrkäfer.

Heerwurm, der; Bezeichnung für mehrere Meter lange wandernde Züge von Larven der Trauermücken (Sciaridae); s. *Sciára.*

Heidenhain, Martin, geb. 7. 12. 1864 Breslau, gest. 14. 12. 1949 Tübingen; Sohn von R. Heidenhain (s. u.), Prof. d. Anatomie in Würzburg; bedeutende Arbeiten auf den Gebieten der Biomorphologie u. der Histotechnik. Durch die von ihm entwickelten histologischen Färbemethoden (Azanfärbung, Eisenhämatoxylin-Färbung) entdeckte H. wichtige Strukturen des Zellkerns u. d. Plasmas. Nach seiner von ihm entwickelten u. angewandten Eisen-Hämatoxylin-Färbung sind das Chromatin, die Mitochondrien u. die Zentrosomen tief-schwarz gefärbt. Auf H. geht auch eine Azokarmin-Anilinblau-Orange-Färbung zurück.

Heidenhain, Rudolf (Peter Heinrich), geb. 29. 1. 1834 Marienwerder, gest. 13. 7. 1897 Breslau; Prof. f. Physiologie u. Histologie in Breslau. Vorläufer Pawlows auf dem Gebiet der Physiologie der Drüsensekretion. H. entdeckte u. a. die Funktion der Speicheldrüsen, die zwei Drüsenzelltypen des Magens u. beschrieb die Sekretbildungsvorgänge. Er zeigte, dass bei Muskeltätigkeit Wärme entwickelt wird; H. führte die Begriffe der zentralen Hemmung u. Erregung im Gehirn ein. Vater von M. Heidenhain (s. o.).

Heider, Karl, geb. 28. 4. 1856 Wien, gest. 2. 7. 1935 Berlin; Prof. Dr. phil. et med.; Themen seiner wissenschaftl. Arbeiten: Vgl. Embryologie u. Entwicklungsgeschichte, Anneliden, *Hydrophilus,* Salpen.

Heilbutt, der; s. *Hippoglossus.*

Heimchen, das; s. *Acheta.*

Heinroth, Katharina, geb. Berger, geb. 4. 2. 1897 Breslau, gest. 20. 10. 1989 Berlin; Studium der Zoologie, Botanik, Geographie, Geologie an der Universität Breslau, Promotion (1924). Nach Eheschließung mit Oskar Heinroth Zusammenarbeit bis zu seinem Tode (1945); Direktorin des Zoologischen Gartens Berlin (1945–1956), Lehrbeauftragte für Allgemeine Zoologie an der TU Berlin seit 1953. Auszeichnung: Bundesverdienstkreuz 1. Klasse (1957), Verleihung der Ehrendoktorwürde von der Fakultät für Biologie der Univ. Bielefeld (1986). Veröffentlichungen: 6 ausführliche Originalarb., z. B. Beobachtungen an handaufgezogenen Mantelpavianen (1959); über 30 kürzere Artikel; Bücher: „Oskar Heinroth" (1971),

Autobiographie „Mit Faltern beganns" (1979), Neubearbeitung von „Oskar Heinroth: Aus dem Leben der Vögel" (1954 u. 1977); Öffentlichkeitsarbeit: viele Vorträge im Rundfunk von Berlin „Freundschaft mit Tieren" sowie in der Berliner Kulturgemeinschaft Urania.

Heinroth, Oskar, geb. 1. 3. 1871 Mainz-Kastel, gest. 31. 5. 1945 Berlin; Studium der Medizin in Leipzig, Halle u. Kiel (1890–1895), 1895 Promotion, 1896 Volontär am Zool. Garten u. Zool. Museum in Berlin, 1900–1901 Südsee-Expedition, 1913 Kustos am Berliner Aquarium, 1929–1936 Leiter der Vogelwarte Rossiten; Arbeitsthemen: Aquarien- u. Terrarienkunde, Ornithologie, Ethologie („Vögel Mitteleuropas" 1924/31).

Heister, Lorenz, geb. 19. 9. 1683 in Frankfurt a. Main, gest. 18. 4. 1758 in Helmstedt; Prof. für Anatomie u. Chirurgie, gilt als Begründer der neueren deutschen Chirurgie. Er war namengebend bei der Heisterklappe: Valvula (Plica) spiralis, eine Schleimhautfalte am Gallenblasenhals.

He-La-Zellen, die, benannt nach der Amerikanerin Helen Lane; es handelt sich um Cervixkarzinom-Zellen, die für experimentelle Zwecke weitergezüchtet wurden.

Helárctos, *m.,* gr. *ho hélios* die Sonne, *ho arktos* der Bär; namentlicher Bezug auf die fahlgelbe Schnauze; Gen. der Ursidae, Carnivora. Spec.: *H. malayánus,* Malayen- od. Sonnenbär.

Held, Hans, geb. 8. 8. 1866 Neukloster (Mecklenburg), gest. 8. 12. 1942 Leipzig; Prof. für Anatomie in Leipzig. Nach H. benannt sind die Heldschen Endfüßchen an der Oberfläche von Ganglienzellen des ZNS, das H.sche Bündel (Tractus vestibulospinális) u. die H.sche Kreuzung (Abschnitt der Hörbahn).

hélena, nach der schönen *Hélena,* der Tochter des Zeus u. der Leda; wegen der Schönheit; s. *Muraena.*

helgolándicus, -a, -um, auf oder bei Helgoland vorkommend, mit Helgoland in Beziehung stehend; s. *Tomópteris.*

Helicella, *f.,* gr. latin. *helix, -icis* die Windung; Gen. der Helicellidae, Stylommatophora (Landlungenschnecken). Spec.: *H. itala,* Westliche Heideschnecke, Gehäuse mit braunen Spiralbändern; an trockenen, grasigen Hängen (W-Europa); Zwischenwirt des Kleinen Leberegels.

helicínus, -a, -um, zur äußersten Windung der Ohrmuschel gehörig.

helicotréma, -atis, *n.,* s. *hélix,* gr. *to tréma* das Loch, die Durchbohrung; das Schneckenloch im Gehörorgan (Verbindung zwischen den beiden Treppen).

heliophil, gr. *ho hélios* die Sonne, *ho phílos* der Freund, Liebhaber; sonneliebend (Ggs. skiophil).

Heliopora, *(f.),* gr. *ho hélios,* s. o., *ho póros* die Öffnung; Gen. der Octocorallia, besitzt noch ein röhrenförmiges Außenskelett; seit dem Silur bekannt. Spec.: *Heliopora coerulea,* Blaue Koralle.

Heliozoa, *n.,* Pl., gr. *ho hélios* die Sonne u. *to zóon* das Tier; „Sonnentiere"; eine den Radiolarien teilweise ähnliche Gruppe der Rhizopoda; den H. fehlt eine Kapsel; das oft dichte Endoplasma ist von einem grobvakuolären Ectoplasma geschieden; sie leben limnisch, liegen dem Boden auf. In Mitteleuropa verbreitete Gattungen: *Actinophrys* (einkernig), *Actinosphaerium* (vielkernig).

hélix, -icis, *f.,* latin., die Spirale, Windung (speziell auch für die äußerste Windung der Ohrmuschel).

Helix, *f.,* gr. *he hélix;* Gen. der Helicidae, Ordo Stylommatophora, Subcl. Pulmonata. Spec.: *H. pomatia,* Weinbergschnecke.

Helixstruktur, die; schraubenförmige Anordnung der Polypeptidketten in Proteinen. Ungefähr 3–4 Aminosäuren bilden einen Schraubengang; die Aminosäuren benachbarter Gänge sind durch Wasserstoffbrücken verbunden, Seitenketten der Aminosäuren sind außen an der Helix radial zur Achse angeordnet. Diese Konfiguration wird als α-Helix bezeichnet.

helkogen, gr.; aus einem Geschwür entstanden; z. B. Ulcuskarzinom.

Helkologie, die, gr. *to hélkos* das Geschwür; Lehre v. den Geschwüren.

Helkoma, *n.,* gr., das Geschwür.

Heller, Johann Florian, Physiol. Chemiker; geb. 4. 5. 1813 Iglau (Mähren), gest. 21. 11. 1871 Wien; H. arbeitete auf dem Gebiet der Physiologischen und Pathologischen Chemie, vor allem der Uroskopie. Seinen Namen führen die H.schen Proben auf Blut, Eiweiß u. Zucker im Harn.

Helmholtz, Hermann (Ludwig Ferdinand) von, geb. 31. 8. 1821 Potsdam, gest. 8. 9. 1894 Charlottenburg; Prof. für Physiologie u. Anatomie in Königsberg, Bonn u. Heidelberg, für Physik in Berlin, Leiter der Physikalisch-Technischen Reichsanstalt in Charlottenburg. Bedeutende Forschungen auf dem Gebiet der Physiologie u. Physik. H. entdeckte den Ursprung der Nervenfasern aus den Ganglienzellen, bestimmte die Fortpflanzungsgeschwindigkeit in der Nervenleitung, konstruierte 1850 den Augenspiegel, entwickelte die Youngsche Dreifarbentheorie des Sehens weiter u. gilt als Begründer der modernen musikalisch-akustischen Forschung. Er begründete das von R. Mayer entdeckte Prinzip zur Erhaltung der Energie genauer; Untersuchungen zur Hydrodynamik der Wirbelbewegungen, zur Elektrodynamik etc.

Helmholtzsche Resonanztheorie, die, s. Helmholtz; Hörtheorie, nach der jeder Ton von jeweils ganz bestimmten Teilen des Cortischen Organs aufgenommen wird.

Helminthen, die, gr. *he hélmins, -mínthos* der Wurm, die Eingeweidewürmer.

Helminthologie, die, gr. *ho lógos* die Lehre; die Lehre von den Eingeweide- u. a. parasitischen Würmern.

Helmkasuar, der; s. *Casuarius casuarius.*

Helodérma, *n., gr. ho hḗlos* der warzenähnliche Auswuchs (bei Homer: Buckel als Zierde an Zepter, Schwert od. Becher), *to dérma* die Haut; Gen. der Helodermatidae (Krustenechsen), Lacertilia (Echsen), Squamata. Spec.: *H. horridum,* (Skorpions-) Krustenechse; *H. suspectum,* Gila-Krustenechse.

helvéticus, -a, -um, schweizerisch, in der Schweiz (Helvetia) lebend.

Hemerobie, die, gr. *hemeros* zahm, veredelt, *ho phóbos* die Furcht, Angst, der Schaden; Veränderungen in Lebensräumen durch den Menschen, ausgedrückt in einem charakteristischen Artenbestand. Das Ausmaß des Kultureinflusses auf die Lebensräume wird in verschiedenen Hemerobiestufen mit typischen Tier- u. Pflanzenarten ausgedrückt. 1. **ahemerob,** *a-* als α priv.: kein Kultureinfluss, z. B. im Bereich der Hochgebirtsvegetation; 2. **oligohemerob**, gr. *oligos* wenig, gering; schwacher Kultureinfluss, z. B. in der Salzwiesenvegetation; 3. **mesohemerob,** gr. *mesos* mittlerer: der Kultureinfluss ist gering od. tritt nur periodisch auf, z. B. auf Heiden u. Fettweiden. 4. **euhemerob**, gr. *eu-* echt, richtig: der Kultureinfluss ist stark u. anhaltend, die Vegetation ist durch Menschen spezifisch beeinflusst, z. B. durch Zierrasen od. Forste mit standortfremden Arten. 5. **polymorph**, gr. *polys* viel: starker Kultureinfluss, der zusätzlich aperiodisch auftritt u. oft zu neuartigen Kombinationen von Standortfaktoren führt, z. B. konkurrenzarme Pionier- u. kurzlebige Ruderalgesellschaften. 6. **metahemerob**, gr. *meta-* einen Übergang eines Zustandes in einen anderen bezeichnend: sehr starker Kultureinfluss, so dass eine beabsichtigte od. unbeabsichtigte Vernichtung von Arten od. auch des Lebensraumes eintritt, z. B. nach Behandlung mit Pflanzenschutzmitteln od. bei Bebauungen.

Hemerobius, *m.*, gr. *hémeros* kultiviert, *ho bios* das Leben; Gen. der Hemerobiidae, Neuroptera. Kleine, meist graue bis bläulichgraue od. braune Netzflügler. Die Larven leben auf Blättern, ernähren sich von Blattläusen (Blattlauslöwe). Spec.: *H. marginatus*, Grüner Taghaft; *H. micans,* Blattlauslöwe.

Hemerochorie, die, gr. *hemeros* zahm, gr. *choros* Raum, Ort, Landschaft; kulturbedingte Verschleppung bzw. Ausbreitung einer Art durch den Menschen.

hemerophil, gr. *hermeros* zahm, veredelt, *philos* lebend; kulturfreundliche Tier- u. Pflanzenarten.

hemerophob, gr. *ho phóbos* die Furcht, die Angst; kulturfeindliche Tier- u. Pflanzenarten.

hémi-, gr. *hémisys* halb; in Zusammensetzungen *hēmi-,* zur Hälfte, halb-.

hemiazygos, gr.; halb gepaart, unpaarig.

Hemichordata, *n.,* Pl., gr.; „Halb-Chordata"; Syn.: Branchiotremata; „Tierkreis" der Deuterostomia mit den Gruppen: Pterobranchia u. Enteropneusta (s. d.), die äußerlich unähnlich, aber in ihrem (inneren) Bau weitgehend gleichartig sind; zu den H. werden auch die fossilen Graptolitha (s. d.) gerechnet.

Hemicidáris, *f.,* gr. *he kídaris;* s. *Cidaris;* Gen. der fossilen Hemicidaridae, Cl. Echinoidea, s. d.; fossil im Mittleren Jura (Dogger) bis Oberkreide. Spec.: *H. crenularis* (Oberjura).

Hemiclépis, *f.*, gr. *hemi* halb, *képtein* stehlen, heimlich tun; Gen. der Glossiphoniidae, Rhynchobdelliformes. Die bis 3 cm langen, grünl.-rötlich-braunen Egel sind sehr streckungsfähig u. in Seen, Teichen u. Flüssen in ganz Europa nicht selten. Sie ernähren sich vorrangig vom Blut der Fische u. Lurche; häufigste Art: *H. marginata.*

Hemicranius, *m.*, gr./lat.; Missbildung mit Fehlen von Teilen des Schädeldaches.

Hemigrámmus, *m.,* gr. *he grammḗ* die Linie, der Strich, „mit halber Seitenlinie"; Gen. der Characidae (Salmler), Cypriniformes. Spec.: *H. caudovittatus,* Rautenflecksalmler; *H. marginatus,* Schwarzschwanzsalmler; *H. ocellifer,* Leuchtfleckensalmler; *H. pulcher,* Karfunkelsalmler; *H. rhodostomus,* Rotmaulsalmler.

Hemimetabola, die, gr. *he metabolé* die Verwandlung; Insekten mit unvollkommener Verwandlung: die Larven entwickeln sich ohne Puppenstadium in das geschlechtsreife Tier (z. B. Orthopteren).

Hemiodus, *m.,* gr. *ho odús* der Zahn, „Halbzähner"; haben nur Zähne im Oberkiefer; Gen. der Hemiodóntidae (Schlanksalmler), Cypriniformes.

hemíonus, gr. *ho* u. *he ónos* der Esel; „Halbesel"; s. *Equus.*

Hemipteroídea, *n.,* Pl., gr. *to pterón* der Flügel, *-oídea* (s. d.); Gruppe der Insecta; Schnabelkerfe, Syn.: Rhynchota; ein typisches Merkmal ist der aus den Mundgliedmaßen umgebildete Stechrüssel. Zu ihnen gehören die Heteroptera (Wanzen, herbi- u. carnivor) u. die Homoptera (Gleichflügler, pflanzensaugend).

Hemisphäre, die, gr. *he spáira* die Kugel; die Halbkugel; Hemisphaerae cérebri u. cerebélli: Hemisphären des Groß- u. Kleinhirns.

Hemizygotie, die, gr. *to zygón* das Joch; Einmaliges Vorhandensein von Genen im Genotypus, z. B. das Vorkommen von Genen auf dem (einzigen) X-Chromosomen des Mannes.

Hemmstoffe, die; Inhibitoren, s. Enzymhemmung.

Hemmung, die; Blockierung eines Reaktionsablaufs auf Grund bestimmter exogener od. endogener Reize.

Hempelmann, Friedrich, geb. 26. 1. 1878 Halle/S., gest. 6. 8. 1954 Lübeck; 1906 Promotion bei Chun in Leipzig, Assistent u. Oberass. am Zool. Institut Leipzig, 1910 Habilitation, 1917 ao. Professor; Themen wissenschaftl. Arbeiten: *Polygordius,* Naturgeschichte von *Nereis dumerili,* Bearbeitungen der Nemathelmithen u. der Anneliden im Handwörterbuch der Naturwissenschaften (1913, 1932), der Archianneliden u. der Polychaeten in Kükenthals Handbuch der Zoologie (1931), „Tierpsychologie vom Standpunkt des Biologen" (1926), „Der Frosch" (1908), „Der Bau des Wirbeltierkörpers".

Hengst, der; das männliche Pferd. Kastrat: Wallach (s. d.).

Henke, Karl, geb. 3. 10. 1895 Bremen, gest. 14. 9. 1956 Göttingen; Studium der Naturw. in Tübingen, Hamburg u. Göttingen, 1924 Promotion, Assistent bei A. Kühn in Göttingen, 1928 Habilitation, 1933–1937 Assistent v. R. Goldschmidt im Kaiser-Wilhelm-Institut für Biologie in Berlin-Dahlem, 1937 zum Direktor des Zool. Institutes u. Museums d. Univ. Göttingen berufen; Arbeitsgebiete: Färbung u. Zeichnung bei der Feuerwanze, Untersuchungen zur Musterbildung der Organismen, insbesondere der des Schmetterlingsflügels (Mehlmotte), Genetik menschl. Leiden, Lichtorientierung der Tiere.

Henle, (Friedrich Gustav) Jacob, Anatom u. Pathologe, geb. 15. 7. 1809 Fürth, gest. 13. 5. 1885 Göttingen; Prof. der Anatomie in Zürich 1840, Heidelberg 1844 und Göttingen 1852; H. gehört zu den bedeutendsten Medizinern des 19 Jh., lieferte grundlegende mikroskopische Forschungen. Seine Untersuchungen galten vor allem dem Epithelgewebe, dem Sehorgan, dem Urogenitalsystem (H.sche Schleife) u. der Entstehung u. Ausbreitung epidem. Krankheiten.

Henlesche Schleife, die, s. Henle; das Harnkanälchen zwischen proximalem u. distalem Tubulus in der Nachniere bei Säugern. Sie setzt sich beispielsweise beim Menschen aus der Pars recta des Hauptstückes, dem Überleitungsstück u. der Pars recta des Mittelstückes zusammen.

Henneguya, *f.*; Sporozoa. Bei den Fischen charakteristische Knötchenkrankheiten verursachende Sporentierchen. Spec.: *H. psorospermica* (Wirt: Hecht).

Hennig, Willi, geb. 20. 4. 1913 Dürrhennersdorf, gest. 5. 11. 1976 Ludwigsburg; 1937 Mitarbeiter am Entomologischen Institut in Berlin-Dahlem, 1962 „Abteilung für Stammesgeschichtliche Forschung" am Staatlichen Museum für Naturkunde Stuttgart, 1970 Ernennung zum Honorarprofessor an der Univ. Tübingen. Themen seiner wissenschaftl. Arbeiten: „Die Larvenformen der Dipteren" (1948–1952), Bearbeitung der Dipteren im „Handbuch der Zoologie" (1973), „Grundzüge einer Theorie der phylogenetischen Systematik" (1950), „Bemerkungen zum phylogenetischen System der Insekten" (1953), „Dipterenfauna von Neuseeland als systematisches u. tiergeographisches Problem" (1960), „Die Stammesgeschichte der Insekten" (1969), „Phylogenetic Systematics" (1966).

Hensen, Viktor, geb. 10. 2. 1835 Schleswig, gest. 5. 4. 1924 Kiel; Prof. f. Physiol. in Kiel. H. entdeckte (unabhängig von Claude Bernard) das Muskelglykogen, beschrieb die nach ihm benannten Stützzellen im Cortischen Organ u. führte 1887 die Bezeichnung „Plankton" ein.

hépar, -atis, *n.,* gr. *to hépar* die Leber; Organ des intermediären Stoffwechsels der Wirbeltiere.

Heparin, das, *n.*, gr.; Hemmstoff der Blutgerinnung, Heteropolysaccharid, das aus Glukosaminsulfat u. Glukuronsäure besteht u. kettenförmig aufgebaut ist. Rel. Molekülmasse etwa 16 000. Es verbindet sich mit Thrombin u. hemmt Überführung von Fibrinogen in Fibrin u. autokatalytische Aktivierung von Prothrombin. Es wurde erstmals aus der Leber isoliert (gr. *to hépar* Leber).

hepáticus, -a, -um, zur Leber gehörig, die Leber betreffend.

hepatisch, auf die Leber bezüglich.

hepatogen, gr. *gígnesthai* entstehen; von der Leber ausgehend.

hepatoid (-eus, -a, um), leberähnlich.

Hepatopánkreas, das; die sog. Leber vieler Wirbelloser (Decapoden, Cephalopoden, Ascidien).

Hepatotoxizität, *f.*, engl. hepatotoxicity; häufige Lokalisation einer Giftwirkung in der Leber, da im Rahmen der Biotransformation dort gehäuft toxische Intermediate bzw. Metabolite entstehen.

Hepíalus, *m.,* gr. *ho hēpíalos* eigentl.: kaltes Fieber, Fieberfrost, in der Antike auch: eine Lichtmotte (Hepiolus); Gen. der Hepialidae (Wurzelbohrer), Lepidoptera. Spec.: *H. humuli,* Hopfenwurzelbohrer (Raupen überwintern in Pflanzenwurzeln; bei *Humulus,* Hopfen, zuweilen schädlich).

Heptánchus, *m.,* gr. *heptá* sieben, *ánchēín* einschnüren; wegen der 7 wie Einschnürungen aussehenden Kiemenöffnungen; Gen. der Hexanchidae, Grauhaie, Hexanchoidea, Elasmobranchii.

Heptatotaenia, *f.,* gr. *to hépar* die Leber, *he tainia* das Band; Gen. der Anoplocephalidae, Ordo. Cyclophyllidea; kleine Bandwürmer, die in den Gallengängen von Beuteltieren leben. Spec.: *H. festiva*, Wirt: Känguruhs; Australien.

Heptner, Vladimir G., geb. 22. 6. 1901 Moskau, gest. 5. 7. 1975; Zoologe; Arbeitsgebiete: Tiergeographie, Syst. d. Vertebraten, spez. Vögel u. Säugetiere Russlands bzw. der UdSSR.

Heran, Herbert, geb. 25. 9. 1920 in Leoben/Österreich, gest. am 9. 8. 1992 in Graz; 1938/1939 Studienbeginn (Biologie u. Geographie) in Graz u. Prag, 1950 Prom. bei K. von Frisch mit einem bienenkundlich-sinnesphysiologischen Thema, 1958 Habilitation, 1962 ao. Prof., Berufung zum o. Prof. an die Univ. Würzburg (1966) u. 1971 an die Univ. Graz. Themen wiss. Arbeiten u. a.: Temperatursinn der Honigbiene, Windkompensation, Rolle der Antenne als Messorgan für die Fluggeschwindigkeit (s. Ergebnisse der Biologie: „Über die Orientierung der Bienen im Flug"), Kohlehydratstoffwechsel der Honigbiene, Strömungsrezeptoren, Ozellenfunktion.

herbivor, lat. *hérba, ae, f.,* der grüne Halm, das Kraut, Gras, *voráre* schlingen, verschlingen; grasfressend, pflanzenfressend; Herbivora: Pflanzenfresser; vgl. carnivor, omnivor.

Herbizide, *n.,* Pl., lat. *cidere* töten; Unkrautbekämpfungsmittel, z. B. Dinitrophenol, Trichloressigsäure.

Herbst, Curt, geb. 29. 5. 1866 Meuselwitz, gest. 9. 5. 1946 Heidelberg; Prof. d. Zool. u. Dir. des Zool. Inst. Heidelberg; Arbeitsgebiete: Entwicklungsgeschichtl. u. entwicklungsphysiol. Unters. (Regeneration, Einfluss des Nervensyst. auf dieselbe), Vererbung u. Entwicklungsmechanik.

Herbstsche Körperchen, *n.,* nach C. Herbst (1866–1946) benannte Nervenendkörperchen bei Vögeln; vornehmlich in der Wachshaut des Schnabels u. i. der Zunge lokalisierte Druckrezeptoren.

Herbstzirkulation, die; Zustand der Homothermie nach der Sommerstagnation in dimiktischen Seen, s. d.; vgl. Frühjahrszirkulation.

herculáneus, -a, um, lat., riesengroß, dem Hercules ähnlich.

Hércules, der durch seine Stärke berühmte Held des Altertums; s. *Dynástes.*

Herdbuch, das; das von einer Züchtervereinigung geführte Register aller Zuchttiere (bei Pferden: Stutbuch), die bestimmten (nach Rasse definierten) Anforderungen (Zuchtziel) entsprechen müssen. Man unterscheidet zwischen geschlossenem Herdbuch (eingetragen werden nur Nachkommen von Tieren, die bereits im Herdbuch geführt sind bzw. werden) und offenem Herdbuch (Aufnahme von züchterisch gewollten, anforderungsgerechten Tieren ohne bislang eingetragene Abstammung); vgl.: Gebrauchszucht.

Herdbuchzucht, die; Züchtervereinigung, die das Herdbuch für alle eingetragenen Zuchttiere ihrer Mitglieder führt. H. bezeichnet auch Zuchtbetrieb, dessen Tiere im Herdbuch einer Züchtervereinigung eingetragen sind.

Herddiagnose, die; Ermittlung eines Herdes, der Lokalisation, des Sitzes oder „Brennpunktes" (lat. *focus*) einer Krankheit bzw. eines Krankheitsprozesses.

hereditär, lat. *hereditárius, -a, -um* die Erbschaft betreffend; erblich, vererbt, angeboren.

Heredodegeneration, die; (lat.); erbliche Degeneration.

Heredopathie, die; (lat./gr.); Ergebnis einer erblich bedingten Fehlentwicklung oder einer Erbkrankheit.

Hereford, (engl.); verbreitetste Mastrinderrasse der Welt, die aus England stammt und anpassungsfähiger als andere Rassen (z. B. Aberdeen-Angus, Beef-Shorthorn) ist. Das H.-Rind hat mageres Fleisch in guter Qualität. Typische Färbung: rot mit weißem Kopf, weißem Widerrist, weißer Brust. Es wird vielfach zur Kreuzung verwendet.

Hering, der; s. *Clupea,* s. Clupeiformes.

Hering, Ewald (1834–1918); Physiologe (Wien, Prag, Leipzig). Er führte Untersuchungen zur Sinnesphysiologie, Atmung und zum Kreislauf durch. Er entwickelte eine Theorie zum Farbensehen, fand den Hering-Breuer-Reflex und wies die Bedeutung des Karotissinusnerven für die Regulation des Blutdruckes nach.

Heringshai, der; s. *Lamna.*

Heringskönig, der; s. *Chimaera,* s. *Zeus.*

Heritabilität, die, von lat. *héres, herédis, m.,* u. *f.,* der Erbe, engl. *heritability* die Erblichkeit; der

Erblichkeitsgrad, derjenige Anteil der Abweichung (Variation) eines Merkmals eines Einzeltieres vom Durchschnitt eines Tierbestandes, der erblich bedingt ist u. im Durchschnitt an die Nachkommen weitergegeben wird – und zwar im Unterschied zu dem Anteil der Variation, der umweltbedingt ist. Die H. ist im allgemeinen um so kleiner, je mehr das Merkmal durch die Umwelt zu beeinflussen ist.

Herkuleskäfer, der; s. *Dynastes.*

Hermaphrodit, der, gr. *ho hermaphróditos* Sohn des Hermes u. der Aphrodite; Zwitterbildung, Zwitter, männliche u. weibliche Geschlechtsorgane sind bei demselben Individuum mehr od. weniger stark ausgebildet.

hermaphroditisch, zwittrig.

Hermaphroditismus, *m.,* das Zwittertum.
1. Physiologischer Hermaphroditismus: Fruchtbare Zwitter, z. B. der Schweinebandwurm *Taenia solium* (Proglottide mit männlichem u. weiblichem Geschlechtssystem) u. die Weinbergschnecke *Helix pomatia* (Gonade als Zwitterdrüse).
2. Pathologischer Hermaphroditismus:
2.1. H. verus, der, lat. *vérus, -a, -um* echt, wahr, Echter Hermaphroditismus, eine Intersexualitätsform, bei der sowohl testikuläres als auch ovarielles Gonadengewebe in einem Individuum nachweisbar ist; beim Menschen wurden in der Literatur wohl etwa 300 Fälle beschrieben (vgl. Overzier 1971).
2.2. H. spurius = Pseudohermaphroditismus (Scheinzwittertum), Zytogenetik u. Keimdrüsen übereinstimmend von einem Geschlecht, aber phänotypische Merkmale ± vom anderen Geschlecht ausgebildet.

Hermaphroditismus masculinus, der, lat. *mas, máris* der Mann; Syn. Pseudohermaphroditismus masculinus, s. d.

hermaphróditus; s. *Paradoxúrus.*

Hermelin, das, Großes Wiesel, von *ermíneus,* s. d., gebildet; s. *Mustela.*

Hernia, Hernie, die; Bruch, Vortreten eines Eingeweideteiles aus der Bauchhöhle in eine abnorme Ausstülpung; Hernia inguinalis: Leistenbruch; H. umbilicalis: Nabelbruch; H. cerebri: Hirnbruch, Hirnvorfall, angebor. Missbildung.

Herpestes, *m.,* gr. *ho herpēstes* der Kriecher, Schleicher; Gen. der Vivérridae, Canoidea, Carnivora. Spec.: *H. íchnēūmon,* Ichneumon, Manguste; – *H. edwardsi,* Mungo (SW-Asien, zur Rattenbekämpfung auf den Antillen-Inseln eingeführt, dezimierte aber auch andere Tierarten).

herpetiform, herpesartig = *herpeticus, -a, -um* (lat./gr.).

Herpetologie, die, gr. *to herpetón* kriechendes Tier, *ho lógos* die Lehre; Kriechtier- (Reptilien-) Kunde.

Herpobdella, *f.,* gr. *he bdélla* der Blutegel; Gen. der Herpobdellidae, Pharyngobdellae (s. d.). Spec.: *H. (= Erpobdella = Nephelis) octuculata,* Hundeegel.

Herre, Wolf, geb. 3. 5. 1909 Halle/S., gest. 12. 11. 1997; 1932 Promotion, 1933 Assistent am Institut f. Tierzucht an der Univ. Halle/S., 1935 Habilitation für Zoologie u. Vergl. Anatomie (Studien über eocäne Urodelen des Geiseltals), 1939 Diätendozent in Halle/S., nach 1945 Diätendozent in Kiel u. beauftragt mit der Leitung u. dem Wiederaufbau des Zoologischen Institutes u. des Museums, 1947 Gründung des Instituts für Haustierkunde, 1951 o. Prof. für Anatomie u. Physiologie der Haustiere an der Univ. Kiel; Mitbegründer der Zeitschrift für Zool. Systematik u. Evolutionsforschung (zus. mit Kosswig, Reisinger u. Tüxen). Arbeitsgebiete u. a.: Untersuchungen an Urodelen, Domestikationsforschungen (z. B. Herkunft der Haustiere, Geschichte der einzelnen Haustierformen, Allometriefragen, Tierzüchtung).

Herter, Konrad, geb. 16. 12. 1891 Berlin, gest. 23. 11. 1980; Dr. phil., 1924 Dozentur in Berlin, 1930 ao. Prof., 1939 apl. Prof., 1946 Prof. m. Lehrauftrag, 1948 Prof. m. Lehrstuhl an der Humboldt-Univ., 1952 oö. Prof. an der Univ. Berlin-West, 1952 Mitdir. d. Zool. Inst. d. Univ., 1959 em.; Arbeitsgebiete: Zoologie, Sinnesphysiologie d. Wirbeltiere u. Wirbellosen, Hirudineen, Verhalten d. Insektivoren.

Hertwig, Oscar (Wilhelm August), Anatom u. Zoologe; geb. 21. 4. 1849 Friedberg, gest. 25. 10. 1922; Prof. d. Anatomie in Jena u. Berlin. H. erklärte 1875 am Seeigelei den Befruchtungsprozess erstmalig richtig als Verschmelzung von Ei- u. Spermakern, entdeckte 1890 an *Ascaris* die Reduktionsteilung der Samenzellen u. erkannte, dass die färbbare Kernsubstanz Träger der Erbsubstanz ist („Kern-idioplasma-Theorie"). Er entwickelte 1881 gemeinsam mit seinem Bruder Richard H. (1850–1937) eine „Coelomtheorie" u. untersuchte mit seinen Kindern Günther u. Paula H. Einwirkungen von Radiumstrahlen auf tierische Keimzellen.

Hertwig, Richard, geb. 23. 9. 1850 Friedberg, gest. 3. 10. 1937 Schlederlohe, 1872 Promotion (Dr. med.), 1875 Habilitation u. Dr. phil. an der Univ. Jena, 1878 ao. Prof. in Jena, 1881 o. Prof. für Zoologie an der Univ. Königsberg, 1883 an der Univ. Bonn, 1885–1925 o. Prof. für Zoologie u. Direktor des Zoologischen Institutes in München. Arbeitsthemen u. a.: Reduktions- u. Befruchtungsprozesse am Seeigelei, bei *Paramecium* u. bei anderen Invertebraten; Conjugation bei Infusorien (1889), Parthenogenesis bei Infusorien (1904), Eireifung u. Befruchtung (1906), Bau der Ascidien (1873), Studien zur Keimblatttheorie (1879–1883).

Herzmuschel, die; s. *Cardium.*

Hespéria, *f., gr. he hespería* das Abendrot; Gen. der Hesperíidae, Dickkopffalter, Lepidoptera. Spec.: *H. comma,* Kommafalter (wegen des Kommazeichens auf den Flügeln).

Hesperíidae, *f.,* Pl., s. *Hespéria;* Dickköpfe, Fam. der Schmetterlinge mit etwa 3000 meist tropischen Arten; in M-Europa etwa 20 Species.

Hesperornis, *f.,* gr. *he hespéra* der Abend, Westen, *ho/he órnis* der Vogel; fossil in Oberer Kreide von Kansas; Gen. der Hesperornithidae (kreidezeitliche) Zahntaucher, offenbar nahe verwandt mit den Vorfahren der modernen Lappentaucher (Podicipedidae). Es sind zahntragende Vögel (Odontotolken); Zähne in gemeinsamer Kieferrinne; wahrscheinlich Schwimmhäute vorhanden; Flügel rudimentär.

Hesperornithiformes, *f.,* lat. *-formes,* -förmige; fossile Ordo in der Kreide, zahntragende (Ur-) Vögel; vgl. Ichthyornithiformes; s. *Hesperornis.*

Hess, Walter Rudolf, geb. 17. 3. 1881 Frauenfeld, gest. 12. 8. 1973 Zürich; Schweizer Physiologe, Prof. an der Univ. Zürich, führte bahnbrechende Untersuchungen über die Organisation u. Funktion des vegetativen Nervensystems u. die Bedeutung des Hypothalamus durch; erhielt 1949 den Nobelpreis.

Hesse, Richard, geb. 20. 2. 1868 Nordhausen/Thür., gest. 28. 12. 1944 Berlin; Studium der Naturwissenschafen u. bes. der Zoologie an den Univ. Berlin u. Tübingen, Habilitation u. 1902 ao. Prof. für Zoologie an der Univ. Tübingen, 1909 Doz. für Zoologie an der Landwirtsch. u. Tierärztl. Hochschule in Berlin, 1914 ao. Prof. für Zoologie an der Univ. Bonn, 1926–1944 o. Prof. für Zoologie an der Univ. Berlin. Arbeitsthemen u. a.: Tierbau u. Tierleben (1910), Tiergeographie auf ökologischer Grundlage (1914).

Hessian-Fly, engl., Hessenfliege, -mücke (auch: Getreideverwüster); Trivialname für *Mayetiola destructor,* den diese in N-Amerika durch die fälschliche Annahme erhielt, die Art sei während der Sezessionskriege 1776/77 durch hessische Truppen mit Stroh eingeschleppt worden. Richtig ist, dass ihre Heimat Europa ist u. dass sie mit der Ausbreitung des Getreideanbaues nach Neuseeland, Australien, Amerika gelangte (allerdings schon vor 1776/77).

Heterauxesis, die, gr. *heter(o)-,* s. u., *he aúxe* od. *he aúxesis* das Wachstum, die Zunahme; Wachstum im Sinne einer ungleichen Zunahme der Formteile bzw. Substanzen des Organismus.

heter(o)- von *héteros* der andere, gr., in Zusammensetzungen verschieden-, anders- ...

Heterobathmie, die, gr. *to báthos* die Tiefe, Höhe, Breite; das Prinzip der Heterobathmie besagt, dass sich die Merkmale eines Systems bzw. die Merkmale verschiedener Systeme unterschiedlich schnell verändern können.

heterocerk, gr. *he kérkos* der Schwanz; Formbezeichnung für die Schwanzflosse von Fischen (z. B. bei Haien und Stören).

Heterochromatin, das, gr. *to chróma, -atos* die Farbe; zusammenfassende Bezeichnung für die Chromosomen od. Chromosomensegmente, die sich ständig od. in bestimmten Stadien der Mitose od. Meiose kompakter od. stärker färbbar vom Euchromatin unterscheiden; sie repräsentieren verschiedene Funktionszustände des Chromatins.

Heterochromosomen, die; Geschlechtschromosomen, geschlechtsbestimmende Chromosomen.

Heterochronie, die; gr. *ho chrónos* die Zeit, Dauer; zeitliche Verschiebung in Entwicklung oder Anlage von einzelnen Teilen eines Organismus. Ggs.: Orthochronie; vgl. Abbreviation.

Heterochylie, die, gr. *ho chylós* der Saft, die Brühe; Wechsel im Säuregehalt des Magensaftes.

Heteródera, *f.,* gr. *he déra = dére* der Hals, Schlund; phytopathologisch an Wurzeln mehrerer Nutzpflanzen; Gen. der Heterodéridae, Tylenchida, Nematoda. Spec.: *H. schachtii,* Rübenälchen; *H. rostochiensis,* Kartoffelälchen; *H. avenae,* Haferälchen.

heterodont, gr. *ho odús, odóntus* der Zahn; ungleichzähnig, das Gebiss setzt sich aus verschiedenen Zähnen zusammen (z. B. Schneide-, Eck- u. Mahlzähne); vgl. auch Zahnformel.

Heterodóntus, *m.,* s. heterodont; haben vorn in O.- u. U.-Kiefer dichtstehende mehrspitzige, nach hinten gerichtete Zähne u. weiter hinten Reihen von länglichen Pflasterzähnen; Gen. der Heterodontidae, Doggenhaie, Hexanchoidea, Selachiformes, Elasmobranchia. Spec.: *H. japonicus,* Doggenhai (japanische Gewässer); *H. francisci,* Kaliforn. Stierkopfhai.

heterogametisch, gr. *ho gamétes* der Gatte; verschiedengeschlechtige Keimzellen erzeugend.

heterogen, gr. *to génos* die Gattung, Abstammung; ungleichartig, fremdartig. Ggs.: homogen.
Heterogonie, die, gr. *he goné* die Erzeugung, Geburt, Nachkommenschaft; Wechsel zw. ein- u. zweigeschl. Fortpflanzung.
Heterolobosa, *n.*, Pl., gr. *héteros* die andere, *ho lóbos* (lat. *lobus*) der Vorsprung, Lappen; Gruppe der einzelligen Eukaryota. Zu diesem Taxon wird ein Teil der ehemaligen „Amöben" („Sarcodina") u. der „azellulären Schleimpilze" gezählt, die vor allem durch den zeitweiligen Besitz unbeflimmerter Geißeln gekennzeichnet sind. Gliederung in: Schizopyrenidea, Acrasea.
Heterolysin, das; gr. *he lýsis* die Lösung, Auflösung; 1. Hämolysin, 2. Enzym, bes. aus bösartigen Geschwülsten.
Heterometabolie, die, gr. *he metabolé* die Veränderung, Umwandlung; unvollkommene Verwandlung; besonderer und zur Holometabolie gegensätzlicher Typ der Metamorphose, bei der die Insektenlarven eine von Häutung zu Häutung allmählich fortschreitende Entwicklung der Vollkerfmerkmale, besonders (bei den geflügelten Ins.) in der Ausbildung der Flügel zeigen. Es fehlt stets ein ruhendes Puppenstadium. Spezielle Formen der Heterometabolie sind: 1. Palaeometabolie; 2. Hemimetabolie; 3. Paurometabolie; 4. Neometabolie mit Homo-, Re-, Para-, Allometabolie; vgl. auch: Holometabolie.
Heteromorphose, die, gr. *he mórphosis* die Gestaltung; Ersatz eines verlorenen Körperteils durch etwas Andersartiges, z. B. bei einem Krebs ein Bein od. eine Antenne an Stelle eines abgeschnittenen Stielauges.
heteromorphus, -a, -um, von ungleicher (anderer) Gestalt, ungleich gestaltet; s. *Rasbora.*
heteronom, gr. *he nómos* die Regel; ungleichwertig, ungleichartig in bezug auf die einzelnen Körpersegmente bei Gliedertieren.
heteronome Metamerie, die; s. Metamerie.
Heterophagolysosom, das, gr. *phageīn* fressen, *he lýsis* die Auflösung; Lysosom, das zellfremdes Material verdaut.
Heterophyes, gr. *phýeīn* wachsen lassen; Spec.: *Heterophýes heterophýes,* Zwergdarmegel, beim Menschen u. bei fischfressenden Säugern vorkommend, die sich durch den Genuss metazerkarienhaltiger roher Fische infizieren.
heteroplastisch, gr. *plásseīn* bilden, formen; heteroplastische Transplantation: Verpflanzung von art- (od. gattungs-) fremdem Keimmaterial bzw. Gewebe.
heteropolar, latin. *polus, m.,* der Pol; Neurone, die mindestens zwei verschiedenartige Fortsätze wie Dendriten u Axon haben.
Heterosexualität, die, gr. lat. *séxus* das Geschlecht; bei zweigeschlechtlichen Arten normales, sich auf das andere Geschlecht richtendes Geschlechtsverhalten; vgl. Homosexualität.
Heterósis, die, gr.; Bezeichnung im ursprünglichen Sinne für das Überschreiten des Mittelwertes der Leistungen homozygoter Eltern bei den Kreuzungsnachkommen unter gleichen Umweltverhältnissen; der sich in physiologischen Eigenschaften (Leistungen z. B. der Nutztiere) äußernde „Stimulus der Heterozygotie" (Shull 1914). Es wird in der Tierzucht oft anstelle von Heterosis der Terminus Heterosiseffekt verwendet und „homozygot" in der obigen Definition durch (z. B.) „relativ durchgezüchtet" ersetzt, da Isozygotie bei landw. Nutztieren nicht wahrscheinlich ist. Die von verschiedenen Ursachen abhängige H. (als Gegenteil der Inzuchtdepression) kann den durch Homozygotie (bzw. durch rel. enge Verwandtschaftspaarung) eingetretenen Leistungsabfall kompensieren u. tritt positiv gerichtet oft bei Eigenschaften mit niedrigem Heritabilitätskoeffizienten auf.
Heterosiseffekt, der; die Wirkung der Heterosis, in der Tierzucht die Differenz zwischen den Leistungen von Elternmittel u. Nachkommen; der positive Heterosiseffekt als wirtschaftl. Leistungszuwachs der Nachkommen (z. B. der F_1-Generation) hängt jeweils von der Kombinationseignung der Eltern (Blutlinien, Schläge, Rassen) ab.
Heterosiszüchtung, die; Anwendung von Zuchtverfahren zur Ausnutzung von Heterosis; vgl. Hybridzüchtung.
Heterosomata, *n.,* Pl., gr. *to sóma, sómatos* der Körper, „andere Körper"; liegen einseitig dem Boden auf, sind als adulte Fische asymmetrisch: Kopf u. unterseitiges Auge „wandern" auf die Oberseite; Plattfische, Ordo der Osteichthyes; s. Pleuronectiformes.
Heterostraci, *m.,* Pl., gr. *to óstrakon* das Gehäuse, die Schale; fossile Gruppe der Ostracodermi (s. d.); trugen am Vorderkörper große (knöcherne) Dorsal- u. Ventralschilder („anders" [Name!] wie die Osteostraci u. Anaspida, s. d.).
heterotroph, gr. *he trophé* die Ernährung, die Nahrung; von organischen Stoffen sich ernährend; Ggs. autotroph.
Heterotrophie, die; Ernährungsweise von Tier, Mensch u. den meisten nichtgrünen Pflanzen, die auf Zufuhr organischer Substanzen angewiesen sind.
heterozygot, gr. *zygotós* wohlbespannt, vereint (unterm Joch); spalt- od. gemischterbig, ungleich gepaart, in den homologen Chromo-

somen von beiden Eltern her unterschiedliche Allele führend.

Heupferd, Grünes, das; s. *Tettigonia viridissima.*

hexabunodont, gr. *hex(a)-* sechs, *ho bunós* der Hügel, Höcker, *ho odús, odóntos* der Zahn; sechshöckrige Zahnkrone des Säugermolaren bezeichnend.

Hexacorállia, *n.,* Pl., gr. *to korállion* die Koralle; Sechsstrahlige Korallen, Gruppe der Anthozoa; solitäre od. stockbildende Anthozoen, deren Mesenterien meist in der Sechszahl od. einem Vielfachen von sechs auftreten, deren Tentakel nur selten gefiedert sind u. deren Geschlechtszellen flächige Gonaden (keine traubigen) bilden; fossile Formen seit der Trias bekannt. Gruppen: Actiniaria, Madreporaria, Ceriantharia, Zoantharia, Antipatharia.

hexáctenus, -a, -um, latin., gr. *ho ktē̃is, ktenós* der Kamm; sechskammig, mit 6 Kämmen; s. *Ischnopsyllus.*

Hexactinellida, *n.,* Pl., gr. *he aktís, -ínos* der Strahl; Glasschwämme, Gruppe (Ordo) der Silicospongia, Kieselschwämme. Die H. sind ausgezeichnet durch 3achsige Kieselnadeln, deren Äste im 90°-Winkel aufeinanderstoßend, über den Kreuzungspunkt hinaus zu Sechsstrahlern (Name!) verlängert werden. Syn.: Triaxonida, Hyalospongia; fossile Formen seit dem Unterkambrium bekannt.

hexadaktyl, gr. *ho dáktylos* der Finger; sechsfingrig. Die Sechsfingrigkeit ist die Folge einer Entwicklungsstörung.

Hexanchoidea, *n.,* Pl., s. *Hexánchus* u. *-oidea.* „Altertümliche Haie", morphologisch gegenüber den Selachoidea abgrenzbare Gruppe der Selachiformes, Elasmobranchia. Typisch für die rezenten Vertreter sind die noch fast ungegliederte Chorda, 6–7 Kiemenspalten, Auge ohne Nickhaut. Ihre Vorfahren reichen bis in das Mesozoicum zurück. Fam.: Hexanchidae (s. *Hexánchus*); Chlamydoselachidae (s. *Chlamydoselachus*); Heterodontidae (s. *Heterodontus*).

Hexánchus, *n.,* gr. *hex* sechs, *ánchē̃in* einschnüren, wegen der 6 Kiemenöffnungen, die bildlich wie Einschnürungen aussehen; Gen. der Hexanchidae, Grauhaie, Hexanchoidea, Elasmobranchii. Spec.: *H. griseus,* Grauhai.

Hexaploidie, die, gr. *hexaplús* sechsfach; Form der Polyploidie: Zellen, Gewebe od. Individuen haben 6 Chromosomensätze, sie sind hexaploid.

Hexápoda, *n.,* Pl., gr. *ho pus, podós* der Fuß, die Kralle; „Sechsfüßer", Tracheata (Tracheentiere) mit nur drei Laufbeinpaaren; der Rumpf ist nicht wie bei den Myriápoda segmentiert, sondern in Thorax u. Abdomen differenziert; das Abdomen hat keine Laufbeinpaare, wohl aber häufig Cerci od. zu Kiemen bzw. Genitalanhängen umgebildete Gliedmaßen; Genitalöffnung endständig wie bei Opisthogoneata, Mundwerkzeuge aber wie bei Symphyla gestaltet. Rang: meist als Superclassis, der die Insecta als einzige Klasse untergeordnet werden. Namengebung geht auf P. A. Latreille (1762–1833) zurück.

Hexasteróphora, *n.,* Pl., gr. *hex(a)* sechs, *stereós* hart, starr, *-(o)phora* (als Taxon-Suffix) -träger; Gruppe (Ordo od. Subcl.) der Hexactinellida (Glasschwämme [Silicea]), deren Mikrosklerite an der Spitze aller sechs Achsen mit einem Büschel feiner Ästchen versehen sind. Die Mikrosklerite sind also „Hexaster" = „Sechsstrahler". Die Makrosklerite liegen zuweilen frei im Körper, meistens jedoch in Form eines Netzwerkes; Choanocytenkammern fingerhutförmig.

hexazónus, -a, -um, gr., latin.; mit sechs Binden od. Gürteln; s. *Barbus.*

Hexenmilch, die; das Brustdrüsensekret, das sich hin und wieder in der Mamma der Neugeborenen beiderlei Geschlechts findet.

Hexosen, die, gr. *hex* sechs, *-ose* allgemeine Endung für Zucker; Monosaccharide mit sechs C-Atomen.

HHL; s. Neurohypophyse.

hiátus, -us, *m.,* lat. *hiáre* klaffen; die Öffnung; Hiatus aorticus (Aortenschlitz), Öffnung im Diaphragma, die der Aorta thoracica Durchlass zur Bauchhöhle gewährt, Hiatus oesophageus (Speiseröhrenschlitz), Öffnung im Diaphragma, die sich im Crus dextrum diaphragmatis, nahe der Verbindung mit dem Centrum tendineum befindet u. dem Ösophagus Durchtritt aus der Brust- in die Bauchhöhle gewährt.

Hibernácula, die, lat. *hibernáculum, -i, n.,* das Winterquartier; Überwinterungsknospen, knospenartige Anschwellung an den Stolonen mancher Moostierchen des Süßwassers. Sie werden mit einer chitinartigen, kalkhaltigen Hülle umgeben.

Hibernation, die, lat. *hibernus,* s. u.; der Winterschlaf einiger Säugetiere (z. B. Igel, Hamster, Murmeltier).

Hibernia, *f.,* von *hibernus,* s. u.; Gen. der Geometridae, Spanner („spannende" Bewegung der Raupen), Lepidoptera. Spec.: *H. (= Erannis) defoliaria,* Großer Frostspanner (Flugzeit: IX–XII); lat. *defoliare* entblättern.

hibernus, -a, -um, lat., winterlich, Winter-.

hiemal, lat. *hiems, hiemis, f.,* der Winter; winterlich.

hiemális, -is, -e, lat., winterlich, zum Winter in Beziehung stehend; s. z. B. *Coregónus,* dessen Laichzeit z. T. in den Winter fällt.

Hieraaëtus, *m., gr. hierós* kräftig, stark, *ho aëtes* die Luft, der Wind; Gen. der Accipítridae, Habichtartige. Spec.: *H. pennata,* Zwergadler; *H. fasciatus,* Habichtsadler.

Hieroglyphenschlange, die; s. *Python sebae,* die wegen der hieroglyphenähnlichen Zeichnung so benannt wurde (früher: *Python hieroglýphicus).*

hieroglýphicus, -a, -um, geritzt; s. *Coríxa.*

Highmore, Nathanael, geb. 6. 2. 1613 Fordingbridge (Hampton), gest. 21. 3. 1685 Sherborne; Anatom, Arzt. Entdecker der nach ihm benannten Höhle des Oberkiefers.

Hilus, der, lat. *hílum, -i, n.,* das Fäserchen; der Ort (vertiefte Oberflächenstelle) eines Organs, wo Nerven, Gefäße und Ausführungsgänge aus- und eintreten. Hilus renális: Nierenhilus; Hilus pulmónalis: Lungenhilus.

himalayénsis, -is, -e, im (vom) Himalajagebirge vorkommend (stammend).

Himántopus, *m.,* ein lang- und schwachbeiniger Sumpfvogel der Alten; Gen. der Recurvirostridae, Säbelschnäbler. Spec.: *H. himantopus,* Stelzenläufer, Strandreiter (langbeiniger Küstenbewohner von Taubengröße).

Himmelsgucker, der; s. *Uranoscopus scaber.*

Himmelssylphe, die; s. *Aglaiocercus kingi.*

hinnus, *m.,* latin., gr. *ho hínnos* der Maulesel, eigentlich der „Wiehernde", da der Maulesel die wiehernde Stimme des Pferdes hat, während die Stimme des Maultieres an den Esel erinnert.

Hippa, *f.,* gr. *ho híppos* das Pferd, *he hippos* die Stute, bei Aristoteles auch eine schnelle Krabbenart; Gen. der Hippidae (Sandkrebse), Anomura, Decapoda. Spec.: *H. eremita* (im Meeressande sich vergrabend, 2,5 bis 3,5 cm lang).

Hippiatrie, *f.,* gr. *ho híppos* das Pferd *ho iatrós* der (Tier-)Arzt; Pferdeheilkunde.

Hippárion, das, gr. *to hippárion* das Pferdchen; Gen. der Equidae, Mammalia; Hipparion tritt als Equidenvertreter erstmalig im jüngsten Miozän (Vallesium) u. stark in Europa u. Afrika im Laufe des Quartär auf; Hand u. Fuß dreistrahlig.

Hippobósca, *f.,* gr. *bóskein* weiden (saugen); Gen. der Hippoboscidae (Lausfliegen), Diptera. Der Kopf ist abgerundet u. frei beweglich. Die Larven werden verpuppungsreif geboren (Pupipara). *H.* sind Parasiten (Blutsauger) von Säugetieren. Spec.: *H. equina* (Hauptwirt: Pferd, gelegentl. werden auch Rind u. Mensch befallen); Verpupppung auf dem Erdboden, Prädilektionsstellen auf dem Wirtstierkörper sind unbehaarte, weichhäutige Körperstellen (After, Vulva, Euter, Schenkelinnenflächen).

Hippobóscidae,, *f.,* Pl., gr. s. *Hippobosca* (Lausfliegen); Fam. der Brachycera, Diptera. Bis 16 mm lange, flugfähige od. flugunfähige Fliegen mit stechend-saugenden Mundwerkzeugen. H. leben ektoparasitisch (Blutsauger) auf Säugetieren u. Vögeln. Gattungen: z. B. *Melophagus* (s. d.), *Lipoptena, Hippobosca.*

hippocampális, -is, -e. ammonshornähnlich, zum Ammonshorn gehörig; auch seepferdähnlich; s. Hippocampus.

Hippocámpus, *m.,* gr. *ho hippókampos* das fabelhafte Meer- od. Seepferd, auf dem die Götter ritten, *ho híppos* das Pferd, *he kampé* die Krümmung; 1. Ammonshorn, Cornu ammonis, Gehirnwulst jederseits im Großhirn der Säuger. Die Hippocampi stellen gangliöse Anschwellungen der medialen Hemisphärenwände dar. 2. Genus der Syngnathidae, Seenadeln, -pferdchen. Der Gattungsname bezieht sich auf den pferdeähnlichen Kopf des Tieres. Spec.: *H. brevirostris,* Europ. Seepferdchen (Atl. Ozean, Mittelmeer, Nordsee); *H. hudsonius,* Hudson-Seepferdchen.

Hippoglóssus, *m.,* von gr. *ho híppos,* s. o., und *he glóssa* die Zunge (wegen der Körperform!); Gen. der Pleuronectidae, Schollen, Ordo Pleuronectiformes, Plattfische. Spec.: *H. hippoglossus,* Weißer Heilbutt (bis 2,5 m langer und bis zu 250 kg schwerer Plattfisch, Unterseite weiß, fettreiches Fleisch von gutem Geschmack); vgl.: *Reinhárdtius* (Schwarzer Heilbutt).

Hippókrates, geb. um 460 v. d. Z. auf Kos, gest. 377 (?) v. d. Z. Larissa (Thessalien), griechischer Arzt; bedeutendster Vertreter der Schule von Kos. Vertreter der Humoralpathologie; sah den Kranken im Zusammenhang mit seiner Umwelt, nahm Vererbung erworbener Eigenschaften an. Eid des Hippokrates.

Hippoláis, *f.,* gr. *híppos,* s. o., *he laís* die Beute, Jagdbeute, auch: das Beutemachen, das „Sich-zu-eigen-machen", so dass neben dem Bezug auf (Fliegenfang-) Beute auch die etymologische Interpretation der Nachahmung vertretbar ist; der dt. Gattungsname Spötter bezieht sich ebenfalls auf das nicht selten festgestellte Nachahmen anderer (Vogel-) Stimmen. Genus der Sylviidae, Grasmückenvögel (bislang: Muscicapidae, Fliegenschnäpper). Spec.: *H. icterína,* Gelbspötter, Gartenspötter; *H. polyglotta,* Orpheusspötter; *H. pallida,* Blassspötter.

Hippologie, gr. *ho lógos* die Lehre; die Lehre von dem Pferde und seiner Verwendung.

Hippomorpha, *n.,* Pl., gr. *he morphé* Gestalt, „Pferdeähnliche"; Gruppe der Perissodactyla (s. d.), Ungulata. Im Tertiär weit verbreitet

(Steppen-, Waldbewohner). Rezent nur eine Familie: Equidae (Pferde, Esel, Zebras, Onager), die als Steppentiere in Herden leb(t)en.

Hippopótamus, *m.,* gr. *ho potamós* der Fluss; Gen. der Hippopotamidae, Flusspferde; fossil seit dem Pliozän bekannt. Spec.: *H. amphibius,* Nilpferd.

hipposidérus, -a, -um, *m.,* „Pferd- (Huf-) Eisen"; gr. *ho síderos* das Eisen; s. *Rhinolophus.*

Hippospongia, *f.,* gr. *he spóngia* der Schwamm; Gen. der Spongidae, Cornacuspongia (Hornschwämme). Spec.: *H. communis (= H. equina),* Pferdeschwamm.

Hippotigris, *m.,* gr., „Pferde-Tiger", namentlicher Bezug auf die tigerähnliche Querstreifung der pferdeartigen Zebras; Subgenus, dem alle Zebra-Arten angehören, innerhalb des Genus *Equus* (s. d.).

Hippótragus, *m.,* gr. *ho trágos* der Bock; Gen. der Bovidae, Rinderähnliche. Spec.: *H. equinus,* Pferdeantilope; *H. niger,* Rappenantilope.

Hippurítes, *m.,* gr. von *ho híppos* das Pferd u. *he urá* der Schwanz, *-ites* willkürliche Endung zur Kennzeichnung fossiler Gattungen; Gen. der fossilen Hippuritidae; Leitfossilien in der Oberkreide. Spec.: *H. gosauensis.*

Hippursäure, die, gr. *ho híppos,* s. o.; *he urá* der Schweif od. *to úron* der Harn; Benzoylglykokoll, entsteht aus Glykokoll u. Benzoesäure; Stoffwechselendprodukt.

hirci, -orum, *m.,* Pl., lat. *hircus, -i,* der Bock bzw. Bocksgestank, übler Geruch (des Achselschweißes); die Achselhaare.

hircus, -i, *m.,* lat. der Bock, Ziegenbock. Spec.: *Capra hircus,* Bezoarziege.

Hirnventrikel, der; Ventriculus cerebri, gefüllt mit Liquor, Rest des Neuralrohres u. Fortsethung des Rückenmarkkanals im Gehirn. Insgesamt sind 4 Ventrikel vorhanden.

Hirscheber, der; s. *Babyrussa.*

Hirschferkel, das; s. *Hyemoschus aquaticus.*

Hirschkäfer, der; s. *Lucanus.*

Hirschziegenantilope, die; s. *Antilope.*

hirsutiróstris, lat., mit struppigem od. stacheligem Rostrum (Schnauze, Rüssel). Spec.: *Hystrix hirsutirostris,* Nasenbehaartes Stachelschwein.

Hirsutismus, der, s. *hisutus;* (bei Frauen) die verstärkte Sexual-, Körper- u. Gesichtsbehaarung.

hirsutus, -a, -um, lat., struppig, zottig, stark behaart.

hirtus, -a, -um, lat., struppig, borstig, rauh, zottig; s. *Coleps,* s. *Lagria.*

Hirudin, das; Speichelsubstanz des mediz. Blutegels *Hirudo medicinalis,* hemmt die Blutgerinnung, Eiweißstoff mit einem Molekulargewicht von etwa 16 000.

Hirudinea, *n.,* Pl., s. *Hirudo;* Egel, Gruppe (Ordo) der Clitellata, Gürtelwürmer. Zwittrige Anneliden mit konstant 33 Segmenten (außer bei *Acanthobdella*), wobei die äußere Ringelung nicht der inneren Gliederung (Ganglien, Nephridien) entspricht; Saugpharynx u. postanaler Saugnapf (durch Verschmelzung der vorderen bzw. hinteren Segmente) vorhanden; blutsaugende bzw. räuberische Lebensweise, Parapodien u. Prostomium-Anhänge fehlen stets, Borsten fast immer. – Untergruppen: Acanthobdellae, Rhynchobdellae, Gnathobdellae, Pharyngobdellae.

Hirudo, *f.,* lat. *hirúdo, -inis* der Blutegel; Gen. der Hirudinidae, Blutegel. Spec.: *H. medicinalis,* Medizinischer Blutegel (Kiefer mit einer Reihe spitzer „Zähnchen" bewaffnet); wird hauptsächlich in Ungarn vermehrt.

Hirúndo, *f.,* lat. *hirúndo, -inis* die Schwalbe; 1. Gen. der Hirundinidae, Schwalben. Spec.: *H. rustica,* Rauchschwalbe, brütet in halboffenem Nest in Ställen, Scheunen etc. (Kulturfolger in Dörfern). 2. Artbezeichnung: z. B. bei *Trigla,* da der Fisch mit Hilfe breiter Brustflossen aus dem Wasser herauszuschnellen vermag (Assoziation zur Schwalbe!).

His, Wilhelm, d. J., Internist, geb. 29. 12. 1863 Basel, gest. 20. 11. 1934 Riehen b. Basel; Prof. in Basel, Göttingen u. Berlin. Bedeutende Arbeiten besonders über Herz- und Stoffwechselerkrankungen. H. wies das nach ihm benannte H.sche Bündel (Fascículus atrioventriculáris) nach.

hispánicus, -a, -um, spanisch, in Spanien (= Hispánia od. Hibéria) beheimatet; s. *Valencia.*

híspidus, -a, -um, lat., stachelig; s. *Tétraodon.*

Hissches Bündel, *n.,* nach His benannt; Fascículus atrioventriculáris, ein Muskelbündel, das die Vorhof- mit der Kammermuskulatur verbindet, ein Teil des Reizleitungssystems bestimmter Vertebratenherzen.

Histamin, das, gr. *ho histós* das Gewebe; 4-(2'-Aminoethyl)-imidazol; biogenes Amin u. Gewebshormon.

Hister, *m.,* lat., *hister = hístrio* ein Schauspieler mit kurzem Rock; Gen. der Histeridae, Stutzkäfer. Die H.-Arten haben kurze, abgestutzte Flügeldecken (Name!). Spec.: *H. fimetarius,* Mist-Stutzkäfer.

Histidin, das; Aminosäure mit einem heterozyklischen Ringsystem, α-Amino-β-imidazolpropionsäure.

histioid, gewebeähnlich, gewebeartig.

Histiozyten, die, gr. *ho histós* u. *to histíon* das

Gewebe, *to kýtos* das Gefäß, die Zelle; Gewebswanderzellen.

Histochemie, die; Teilgebiet der Histologie. Die Histochemie bildet ein Verbindungsglied zwischen den vorwiegend morphologisch ausgerichteten Methoden und Ergebnissen der klassischen Histologie auf der einen Seite und Ergebnissen und Methoden der Chemie und vor allem Biochemie auf der anderen Seite.

Histogenese, die; gr. *gígnesthai* entstehen, abstammen; Differenzierung der Gewebe in den Organen u. Körperteilen des Embryos bzw. Fetus während der Organogenese, s. d.

Histologie, die, gr. *ho lógos* die Lehre; die Gewebelehre (Mikroskopische Anatomie).

histologisch, die Histologie betreffend, zur Gewebelehre gehörend.

Histolyse, die, gr. *he lýsis* die Auflösung; Auflösung der Gewebe; Gewebszerfall nach dem Tode der Gewebe od. bei Rückbildungsvorgängen (z. B. bei der Rückbildung des Froschlarvenschwanzes).

histolýticus, -a, -um, von gr. *ho histós,* s. o., *lýēin* auflösen; „gewebeauflösend", bezieht sich bei *Entamoeba histolytica* auf die pathogene Magna-Form (s. d.); s. *Entamoeba.*

Histomonas, *m.*, gr. *ho histós* der Mastbaum (Stab), *he monás* die Einheit (= einfaches Lebewesen); Gen. der Trichomonadidae, Trichomonadida, Parabasalea, Retortamonada, Tetramastigota. Spec.: *H. meleagridis*; amöboid beweglich, mit 1 (selten 2) Geißeln. Verursacher einer Enterohepatitis des Geflügels bei Perlhühnern, Puten, Hühnern, Pfauen, Fasanen u. a.; Übertragung durch Eier, Larven u. Adulte von *Heterakis gallinarum*; Erreger der Histomoniasis.

Histone, die; zu den Sphäroproteinen gehörende Eiweißkörper mit basischem Charakter, sie treten vor allem in den Zellkernen auf und sind dort salzartig mit den Nukleinsäuren verknüpft.

Histotropie, die, gr. *ho trópos* die Richtung; auf Gewebe gerichtete (wirkende) Beeinflussung, die positiv (aufbauend, stärkend) u. negativ (abbauend) sein kann. Der Parasympathikus wirkt positiv histotrop.

HIV, seit 1986 einheitliche Abk. für (engl.) human immunodeficiency virus; 1983 identifizierter Retrovirus. Man unterscheidet HIV-1 mit den Subtypen A–I sowie HIV-0 u. HIV-2; Vorkommen ursprünglich in Ostafrika, heute weltweite Verbreitung. Auslöser der HIV-Erkrankung u. von AIDS, s. d.

Hochwild, das; Sammelname für das zur „Hohen Jagd" gehörige Wild, also: Elch-, Rot-, Dam-, Sika-, Stein-, Gems-, Muffel-, Schwarzwild sowie Bär, Luchs, Wolf u. Auerhahn.

Hochzeitskleid, das; Auftreten auffälliger Bildungen während der Paarungszeit, die in lebhafterer Hautfärbung oder besonderer Färbung des Gefieders od. auch in der Neubildung von Auswüchsen (Hautkämme usw.) bestehen; am ausgeprägtesten bei den Vertebrata (z. B. den Fischen, Lurchen, Vögeln); vgl. Kleid.

Hodologie, die; gr. *he hodós* der Weg, die Bahn, *ho lógos* die Lehre; Lehre von den Wegen bzw. Bahnen, z. B. Lehre von den Nervenbahnen u. ihren Verzweigungen (bei Abgrenzung zur Angiologie, s. d.).

Höckergans, die; s. *Cygnopsis.*

Höckerschwan, der; s. *Cygnus.*

Höhlenblindfisch, der; s. *Amblyopsis.*

Höhlenweihe, die; s. *Polybroroídes radiátus.*

Höne, Hermann, Dr., geb. 5. 12. 1883 Hannover, gest. 11. 12. 1963 Bonn; Ausbildung zum Kaufmann, ab 1907 in Japan, ab 1918–1946 in China. Seine bedeutenden Ostasiensammlungen gingen an das Museum A. König in Bonn. Dieser Sammlung entstammen bisher bereits 2235 Neubeschreibungen (Arten, Unterarten, Gattungen). 1936 Verleihung der Ehrendoktorwürde durch die Universität Bonn.

Hörner, die; bei Cavicórna (Rind, Schaf, Ziege etc.) epidermale Hornscheiden, die auf Knochenzapfen des Stirnbeins aufsitzen; vgl. Geweih.

van't Hoff, Jacobus Hendricus, geb. 30. 8. 1852 Rotterdam, gest. 1. 3. 1911 Berlin; 1878 Prof. f. Theoretische Chemie in Amsterdam; seit 1896 in Berlin; Begründer der Stereochemie, bes. der organ. Verbindungen, ferner der Theorie der verdünnten Lösungen u. Förderer der physikalischen Chemie.

Hoffmann, Friedrich, geb. 19. 2. 1660 Halle, gest. 12. 11. 1742 ebd.; 1693 Prof. der Medizin in Halle, 1709–1712 Leibarzt Friedrich I. – H. gehört zu den großen Systematikern des 18. Jh. Nach ihm benannt sind u. a. die Hoffmannstropfen.

Hofmann, Fritz, geb. 29. 1. 1901 Oetzsch bei Leipzig, gest. 5. 7. 1965 Jena; Prof. (Ordinarius) für Tierzucht u. Milchwirtschaft an der Univ. Jena. H. hat sich vor allem in der Schweinezucht verdient gemacht. Die züchterische Veränderung des veredelten Landschweins zu einem Fleischschweintyp (durch Einzüchtung von schwedischem Landschwein, 1952). Hofmann bewirkte u. a. die Einführung u. Weiterzucht der Haflinger im Thüringer Raum u. war an Entwicklung, Einführung, Ausbau der künstlichen Besamung bei Rind u. Schwein beteiligt.

Hohe Jagd, die; 1. Jagd auf Hochwild, s. d.; auch 2. Sammelbezeichnung für alle zur Hohen Jagd gehörenden Wildarten (Synonym für Hochwild).

Hohltaube, die; s. *Columba.*

Hohorstiella; Gen. der Menoponidae, Ordo Amblycera. Gattung der Ferderlinge mit breitem Kopf u. scharfen, gebogenen Mundhaken. Ektoparasiten bei Taubenvögeln. Spec.: *H. lata*, Wirt: Haustaube.

Hokko, Vernakularname (Süd- u. Mittelamerika); s. *Crax.*

Holakartikos; Gen. der Bovicolidae, Ordo Ischnocera. Ektoparasitische Haarlinge mit sehr dichter Beborstung u. einer Reihe langer sowie drei bis vier Reihen kürzerer, stacheliger Borsten auf den Abdominalsegmenten. Spec.: *H. crassipes* (Wirt: Ziege).

holandrisch, gr. *hólos* ganz, *ho anér, andrós* der Mann; „ganzmännliche Vererbung", d. h. Vererbung vom Mann auf sämtliche männlichen Nachkommen. Es wird das Y-Chromosom u. somit das männliche Geschlecht „holandrisch" vererbt.

Holarktis, die, gr. *hólos* ganz, *ho árktos* der Norden, Bär, das Sternbild des Bären; das die nördliche Polarzone umfassende tier- u. pflanzengeographische Gebiet; zusammenfassende zoogeographische Bezeichnung für die Paläarktische, Nearktische u. Arktische Subregion. Weitere Unterteilung: 1. Paläarktische Subreg.: Mediterrane, Ostasiatische, Eurasiatische Provinz; 2. Nearktische Subr.: Kanadische, Alleghanische, Kalifornische Provinz; 3. Arktische Subreg.: Ost- und Westarktische Provinz. Typisch für die Paläarktis und Nearktis gemeinsam sind: Bär, Bison, Elch, Rentier, Rothirsch, Biber, Murmeltier, Stockente, Salmoniden; s. auch: Palä-, Nearktische Region sowie Arktis.

holoblastisch, gr. *ho blastós* der Keim; holoblastische Eier (alezithale, oligo-iso-lezithale und mesotelolezithale) furchen sich total.

Holocéphala, *n.*, Pl.; = Holocephali; gr. *he kephalḗ* der Kopf; Seedrachen od. Chimären, Ordo der Chondrichthyes (Knorpelfische). Bei den abenteuerlich, monströs gestalteten, bereits aus dem Oberdevon bekannten H. ist das Palatoquadratum ganz (gr. *hólos*) dem Schädel angegliedert (holostyl); als ihre Vorfahren gelten mit großer Wahrscheinlichkeit die palaeozoischen Bradyodonti. Rezente Genera (z. B.): *Chimaera; Callorhynchus.*

Holoenzym, das, s. Enzym; setzt sich zusammen aus Apoenzym und Coenzym; bezeichnet das „ganze" Enzym als Einheit.

Hologamie, die, gr. *gamḗin* freien; 1. bei Protozoen (z. B. Rhizopoden, Flagellaten, Sporozoen) die Verschmelzung von zwei vollständigen (geschlechtlich differenzierten) Individuen; 2. Befruchtung zweier gleichgestalteter, aber geschlechtsverschiedener Keimzellen (Gameten).

holokrin, gr. *krínḗin* absondern; ganz sezernierend; holokrine Sekretion: die gesamte Drüsenzelle wird Sekret, z. B. Gland. sebaceae.

Hololámpra, *f.*, gr. *lamprós* leuchtend, glänzend; Gen. der Nyctiboridae, Ordo Blattoidea, Schaben. Spec.: *H. brevipénnis,* Kurzflügelige Kleinschabe; *H. maculata,* Gefleckte Kleinschabe; *H. punctata,* Punktierte Kleinschabe.

hololeucus, latin., gr. *leukós* weiß, „ganz" weiß, seidenartig glänzend.

Holometabolie, die, gr. *he metabolé* die Veränderung, Umwandlung; die vollkommene Verwandlung, d. h. mit Puppenstadium zwischen Larve u. Imago; besonderer Typ der Metamorphose oder Metabolie im Ggs. zur Heterometabolie (z. B. bei den Lepidoptera). Die Insektenlarven sind den Vollkerfen sehr unähnlich (keine Flügelanlagen). Dem letzten Larvenstadium schließt sich ein in Gestalt abweichendes, zur Nahrungsaufnahme unfähiges Ruhestadium (Puppe) an. Die Insekten mit H., Holometabola genannt, stellen eine natürliche Verwandtschaftsgruppe dar, was bei den Heterometabola nicht der Fall ist.

holomiktischer See, *m.;* ein See, bei dem wenigstens eine Zirkulation im Jahr die gesamte Wassermasse erfasst; s. dimiktischer See.

Holóphagus *m.*, gr. *phagḗin* fressen; Gen. der Ordo Coelacanthiformes, s. d.; Syn.: *Undína;* fossil im Jura. Spec.: *H. acutidens.*

holoseríceum, lat. *sérica* die Seide, also: ganzseidig (wegen der ± völligen Behaarung); s. *Trombídium.*

Holosteï, Pl., *to ostéon* der Knochen; eine Gruppe der Actinopterygii, Cl. Osteichthyes, Knochenfische; fossil seit dem Oberperm mit ca. 120 Genera, rezent nur zwei Genera, s. *Amia,* s. *Lepisosteus* (Fam.: Lepisosteidae bzw. Amiidae).

holostom, gr. *to stóma* der Mund; Bezeichnung derjenigen Gastropoden, deren Schalen eine glattrandige Mündung besitzen; vgl. siphonostom.

holotaēnia, gr., ganz gestreift; s. *Barbus.*

Holothúria, *f.*, gr. *to holothúrion* bei den Griechen ein zwischen Pflanzen und Tieren stehendes Lebewesen des Meeres; Gen. der Aspidochirota, Holothurioidea, Seegurken. Spec.: *H. tubulosa.*

Holothuroídea, *n.*, Pl., gr., s. Holothúria; Seegurken, Gruppe (Cl.) der Eleutherozoa (s. d.); ihr Körper ist schlauchförmig (ähnlich Schlangen-„Gurken") u. liegt seitlich dem Boden auf.

Holotricha, *n.,* Pl., gr. *hólos* ganz, total, *he thrix, trichós* das Haar; Gruppe (Ordo) der Cl. Euciliata, eigentl. Infusorien. Der Name nimmt Bezug auf die vorherrschend gleichartige Bewimperung der ganzen (totalen) Körperoberfläche; zonare Bewimperung daneben auch auftretend (Wimpergürtel, Ventralbewimperung). Einteilung in: A-, Gymno-, Trichostomata.

Holótypus, der, gr. *ho týpos* das Gepräge, der Typ; das vom Autor bzw. z. Z. der ursprünglichen Publikation als „Typusexemplar" festgelegte od. durch Indikation angegebene Einzelexemplar eines nominellen Taxon der Artgruppe.

Holozän, das, gr. *kainós* neu; früher Alluvium; jüngste, vom Ende der letzten Eiszeit bis in die Gegenwart reichende Abteilung des Quartärs.

Holst, Erich von, geb. 28. 11. 1908 Riga, gest. 26. 5. 1962 Herrsching am Ammersee; Promotion bei R. Hesse, 1934–1936 Assistentenstelle an der Zoologischen Station Neapel, 1938 Habilitation, 1946 bis 1948 o. Prof. für Zoologie in Heidelberg, 1948–1957 am Max-Planck-Institut für Meeresbiologie in Wilhelmshaven, 1957–1962 in Seewiesen bei München. Themen wissenschaftl. Arbeiten: Analyse der Bewegungsweisen des Regenwurmes, spontane Erregungsbildung u. funktionelle Anatomie des ZNS, relative Koordination, Vogelflug u. Statolithenfunktion, Reafferenzprinzip, Muskelspindelsystem als Folgeregelkreis, Konstanzphänomene u. optische Täuschungen, Verhaltensphysiolog. Untersuchungen am Haushuhn.

Holzameise, die; s. *Dendrolasius.*

Holzbock, der; Syn.: Zecke, die; Vertreter der Ixodidae (s. d.); verbreitetste Zeckenart in M-Europa; 3wirtig. Männchen bis 4 mm, Weibchen hungrig bis 5 mm, vollgesogen bis 13 mm; wenig wirtsspezifischer Entwicklungszyklus: 2–5 Jahre. Die Adulten (Imagines) befallen sämtliche Haus- und wildlebenden Säugetiere; die Larven parasitieren auch an Reptilien und Aves. Die Weibchen lassen sich von Sträuchern auf Warmblüter herabfallen, bohren sich mit ihrem Saugrüssel in die Haut, vorzugsweise in weichhäutigen, verdeckten Körperpartien, und saugen Blut. Ihr lederartiger Hinterleib ist stark dehnbar. – Der H. kann u. a. übertragen: *Babesia divergens* (Erreger der Einheim. Rinder-Piroplasmose) sowie Zeckenenzephalitis (Mensch, Schaf).

Holzwespe, die; s. *Sirex juvencus.*

Holzwurm, der; trivialer (seit dem 9. Jh. üblicher) Gemeinschaftsname für alle „Holzinsekten" bzw. solche, die in Splint u. Kern von Hölzern eindringen, das Holz als Nahrungsmittel verwenden u. Brutgänge im Holz ausnagen. Holzfressende Larven haben z. B. die Anobiidae, Buprestidae, Cerambycidae, Lyctidae; holzzerstörende Larven u. Imagines haben z. B. Ipidae, Platypodidae sowie einige Arten der Curculionidae.

Homalozóon, *n.,* gr. *homalós* eben, glatt, *zóon* tierisches Lebewesen; Gen. der Gymnostomatida, Holotrichida/Ciliophora. Spec.: *H. vermiculare,* besitzt im Oralbereich Toxicysten (s. d.).

Homarus, *m.,* neulat. *homarus* der Hummer von gr. *ho kámmaros* der Meerkrebs; Gen. der Nephrópsidae, Scheren-, Krustenkrebse. Spec.: *H. vulgaris,* Gemeiner Hummer (50–75 cm lang und bis 1,5 kg schwer. Sehr schmackhaftes Fleisch. Kommt lebend, gefroren oder als Konserve in den Handel).

Home range, die, engl.; Streifgebiet, Platz, der von einem Tier im jahreszeitlichen Rhythmus in Besitz genommen wird. Die Einnahme kann zeitlich beschränkte sein u. wird nicht wie ein Revier behauptet.

Hominidae, *f.,* Pl., s. u., „Echte Menschen"; Familie der Anthropomorpha od. Hominoidea (s. d.), Catarrhina, Primates. Syn.: Anthropomorphidae; vgl. auch: *Australopithecus, Paranthropus, Homo.*

Homininae, *f.,* Pl., lat., *-inae* Suffix für Subfamilie (= Euhomininae Heberer); Unterfamilie der Hominidae; unterteilt in: *Archanthropini* (Frühmenschen), *Palaeanthropini* (Altmenschen) und *Neanthropini* (moderne Menschen).

Hominisation, die; entwicklungsgeschichtlich die Menschwerdung; Evolution des Menschen.

Hominoídea, *m.,* Pl., gr. *-oidea* -artige, ähnliche; Gruppe innerhalb der Catarhina (Altweltaffen) mit einer Reihe gemeinsamer Merkmale wie: reduzierter Schwanz, breiter Thorax, obere Molares mit primitiver Schrägleiste (Crista obliqua). Zu den H. gehören die Hylobatidae (Gibbons), Pongidae, Hominidae (als Abkömmlinge tertiärer Pongidae). Hominoidea u. Anthropomorpha werden synonym verwendet.

homo-, von gr. *homos* gleichartig, entsprechend, übereinstimmend; gemeinsam, gleich; in Zusammensetzungen: gleich.

hómo, hóminis, *m., f.,* lat., der Mensch, der Mann; H.: Gen. der Subfam. Homininae (Menschen), Hominidae od. Anthropomorphidae, Menschenähnliche, Cata(r)rhina. Zu dieser Gattung werden auch alle fossilen Funde gerechnet, die z. B. nach Schädelkapazität, Rückbildungsgrad der Überaugenwülste,

Zahnbildung u. nach der Form der Unterkiefersymphyse schon als Menschen bezeichnet werden können. Spec.: *H. erectus heidelbergensis* †; *H. sapiens neanderthalensis* †; *H. sapiens sapiens,* Echter oder Jetztzeit-Mensch.

homocerk, gr. *homós* gleich, ebenderselbe, *he kérkos* der Schwanz; homozerke Schwanzflosse der Fische (viele Knochenfische u. einige Ganoiden), die aus zwei scheinbar gleichen Hälften besteht. Innerlich sind die beiden Hälften ungleichartig, da der obere Teil das Ende der Schwanzwirbelsäule enthält.

homodont, gr. *ho odús, odóntos* Zahn; gleichartig bezahnt, d. h. die Zähne sind an Gestalt untereinander gleich.

Homodontie, die; das Gebiss besteht aus gleichgeformten Zähnen, z. B. bei den Reptilien; Ggs.: Heterodontie.

homodynam, gr. *he dýnamis* die Kraft, Stärke, Befähigung; entwicklungsphysiologisch gleichwertig, in gleicher Weise wirkend, gleichbefähigt.

Homöostase, die, gr. *he stásis* der Stand, das Stehen; physiologische (normale) Stabilität des Stoffwechsels, der Körpertemperatur, des Blutdrucks usw. u. ihre Verteidigung gegenüber Störungen der Umwelt. Die Aufrechterhaltung der H. wird vom vegetat. Nervensystem gesteuert.

Homöostasie, die, gr. *he stásis* das Stehen; der Gleichgewichtszustand („Fließgleichgewicht") in organischen Systemen; die Selbstregulation biologischer Systeme im dynamischen Gleichgewicht.

homöotherm, s. homoiotherm. Ggs.: poikilotherm.

Homo-erectus-Schicht, lat. *erectus* aufrecht; paläontologische Bezeichnung für alle fossilen u. rezenten Formen (Stufen u. Linien) des Gen. *Homo.* Echte Menschen sind fossil aus Zeiten ab 1 200 000 Jahren überliefert. Früher auch *Pithecanthropus*-Schicht genannt. Schicht hatte weite Verbreitung in der Alten Welt (z. B. China, Java: *Sinanthropus;* Europa, Afrika). Die Entwicklung zum Neanderthal-Stadium hat sich wahrscheinlich in mehreren Parallel-Linien vollzogen. Der *Homo sapiens sapiens* entwickelte sich mit großer Wahrscheinlichkeit in einem Areal aus frühen Formen der (diluvialen) Neanderthalschicht. Erst danach vollzog sich die globale Verbreitung (einschl. Australiens u. der mehrmaligen Eroberung Amerikas).

homogametisch, gr. *ho gamétes* der Gatte; Bez. für das Geschlecht, das 2 gleiche Geschlechtschromosomen hat. Bei den Aves ist das männliche Geschlecht homogametisch, beim Menschen z. B. das weibliche.

homogen, gr. *gígnesthai* werden, entstehen; gleichartig, von gleicher Zusammensetzung; Ggs.: heterogen.

homoiosmotisch, gr. *homóios* gleichartig, s. Osmóse; homoiosmotische Tiere; Tiere, die die osmotische Konzentration ihrer Körperflüssigkeit trotz unterschiedlicher od. schwankender Konzentrationen des Außenmediums annähernd konstant erhalten können.

homoiotherm, gr. *thermós* warm; warmblütig, „gleichwarm" sind Tiere, deren Körpertemperatur, auch bei starkem Wechsel der Außentemperaturen, nur innerhalb sehr enger Grenzen schwankt. Die Übertemperatur kann beträchtlich sein, z. B. bei Polarvögeln +40 °C Körpertemp. bei Außentemperaturen von –39 bis –40 °C; dadurch werden Vögel und Säugetiere weitestgehend von der Außentemperatur unabhängig u. sind befähigt, die Erdoberfläche bis in Eisregionen zu besiedeln. Erhaltung einer Übertemperatur über die Umgebung setzt voraus: höhere Wärmeerzeugung, Schutz gegen Wärmeverlust (Einrichtungen der Wärmeregulation: Haarkleid bzw. Federkleid).

Homoiothermie, die; die Warmblütigkeit, z. B. bei Vögeln und Säugern; s. homoiotherm.

homolog, gr. *logos* das Wort; ähnlich, übereinstimmend; Ggs.: heterolog.

homologe Chromosomen, die; Autosomen, die im diploiden Chromosomensatz paarig auftreten.

homologe Organe, *n.,* gr. *homólogos* übereinstimmend; Organe mit gleicher entwicklungsgeschichtlicher Herkunft, jedoch verschiedener Funktion, z. B. sind die Flügel der Vögel u. die Vorderextremitäten der Säuger homolog; vgl. analoge Organe. Das denkbare Übertragen der Homologiekriterien der Morphologie (vgl. Remane 1952) in die Ethologie ist von Baerends (1958) und Wickler (1961, 1965) vorgenommen worden.

Homologie, die; Bezeichnung für Übereinstimmung in Merkmalen bei unterschiedlichen Taxa, die nicht zufällig sein kann, sondern sich auf die genetische Information in einer gemeinsamen Stammart zurückführen lässt. Homologe Merkmale müssen nicht vollständig ähnlich sein, sondern können sogar strukturell u. funktionell stark voneinander differieren, z. B. die Hinterflügel der Hymenoptera u. anderer Pterygota u. die Schwingkölbchen (Halteren) der Diptera.

Homometabolie, die; gr. *homós* gleich, ebenderselbe, *he metabolé* die Verwandlung; eine besondere Form der Neometabolie (s. d.), bei der die Larven keine sekundären Larvenmerkmale besitzen u. die Flügelanlagen erst bei der Nymphe (s. d.) auftreten.

homomorph, gr. *he morphé* die Form, Gestalt; Insekten: Ametabolen, Insekten mit direkter Entwicklung ohne Metamorphose, d. h., die aus dem Ei schlüpfenden Tiere gleichen schon im wesentlichen den geschlechtsreifen Insekten („Apterygoten“).

homonome Metamerie, die; s. Metamerie.

Homonomie, die, gr. *nomos* Gesetz: mehrfaches Auftreten gleichartiger Strukturen im selben Individuum; besonders häufig mit Metamerie gekoppelt.

Homonýme, die, gr. *to ónoma* u. *ónyma* der Name, die Benennung; identische od. gleichlautende Namen, die sich auf verschiedene Taxa (z. B. Arten) beziehen. In der Nomenklatur ist der älteste, zuerst gegebene, der „gültige Name“, s. d. – Die Adjektive „älter“ und „jünger“ beziehen sich bei zwei Homonymen auf das früher bzw. später veröffentlichte, s. auch: primäres u. sekundäres Homonym.

Homonymie, die; die buchstäbliche Übereinstimmung verfügbarer Namen, die sich auf verschiedene Objekte (Taxa der Artgruppe in derselben Gattung oder in der Gattungs- oder Familiengruppe) beziehen (s. Homonymie-Gesetz).

Homonymie-Gesetz, das; es besagt, dass jeder Name, der jüngeres Homonym eines verfügbaren Namens ist, verworfen und ersetzt werden muss.

homoplastisch, gr. *plastós* gebildet; homoplastische Transplantation: Übertragung von artgleichem Gewebe (Empfänger ist ein Individuum der gleichen Art).

Homoptera, *n.,* gr., „Gleichflügler“, auch: Pflanzensauger; Gruppe (Ordo) der Insecta; mit etwa 40 000 rezenten Arten, die sich auf die Untergruppen verteilen: Cicadina (Zikaden); Psyllina (Springläuse, Blattflöhe); Aleyrodina (Mottenläuse); Aphidina (Blattläuse), Coccina (Schildläuse). Daneben existiert in neuerer Zeit die Systematik der H. in: Coleorrhyncha (mit der Fam.: Peloridiidae), Auchenorhyncha (mit der rezenten Gruppe der Cicadina), Sternorhyncha (Pflanzenläuse). Die Stellung der fossilen Palaeorhyncha, im Perm nachgewiesen, ist umstritten (teils als primitive Sternorhyncha, teils als außerhalb der Homoptera stehend angesehen).

Homosexualität, die, lat. *séxus, -us, m.,* das Geschlecht; gleichgeschlechtliche „Liebe“, abnorme Art geschlechtl. Zuwendungen an einen Menschen od. von Tieren gleichen Geschlechts; lesbische Liebe = weibliche H.; vgl.: Heterosexualität.

Homothermie, die, gr. *thermós* warm, heiß; Zustand eines stehenden Gewässers, bei dem die Wassertemperatur über die gesamte Tiefe gleich ist, also keine thermische Schichtung vorliegt; Ggs.: s. Sommerstagnation.

Homotransplantat, das, lat. *transplantare* verpflanzen; Dieses Transplantat wird heute als Allotransplantat bezeichnet. Es handelt sich dabei um Gewebe, das von einem genetisch fremden, aber artgleichen Spender stammt.

homozygot, gr. *zygotós* wohlbespannt, verbunden; gleicherbig, reinerbig.

Homunculus, -i, *m.,* lat., kleiner (künstlicher) Mensch.

Honiganzeiger, der; s. *Indicator.*

Honigbiene, die; s. *Apis.*

Honigdachs, der; s. *Mellívora.*

hoolock, in die engl. Schreibweise übertragener Artname; s. *Hulock* u. *Hylóbates.*

Hopfenwanze, die; s. *Calocoris.*

Hoplopleūra, gr. *to hóplon* die Waffe, *he pleurá* die Seite, wörtl.: „bewehrte Seite“, Bezug zum zugespitzten, messerartigen Fortsatz; Gen. der Haematopinidae, Ordo Anoplura. Spec.: *H. acanthopus,* Feldmauslaus.

Hoppe-Seyler, Felix, geb. 26. 12. 1825 in Freyburg a. U., gest. 11. 8. 1895 am Bodensee; Chemiker u. Physiologe, 1855 PD an der Univ. Greifswald, 1860 ao. Prof. in Berlin, 1861 Prof. in Tübingen. 1872 o. Prof. für physiol. Chemie an der Univ. Straßburg. Begr. u. Hrsg. der Zeitschrift für Physiologische Chemie (1877); arbeitete u. a. über Lecithin, Cholesterin, Blutfarbstoffe u. Gärung.

horicontális, -is, -e, gr. *horízein* begrenzen; parallel zum Horizont, waagerecht, horizontal.

Horion, Adolf, Monsignore, geb. 12. 7. 1888 Hochneukirch, Kr. Grevenbroich, gest. 28. 5. 1977 Überlingen, Bodensee; Pfarrer, Coleopterologe, eine überragende Forscherpersönlichkeit der deutschen Koleopterologie; 1954 Dr. h. c., verliehen durch die Univ. Tübingen, 1957 Ernennung zum Päpstl. Geheimkämmerer – Ehrenkämmerer – durch Papst Pius XII; zahlr. Ernennungen zu Ehren- u. Korrespondierenden Mitgliedschaften erhalten. Arbeitsthemen u. a.: 1935 Erscheinen von „Nachtrag zur Fauna Germanica von Edmund Reitter“, 1941–1974 Erscheinen seines Lebenswerkes über die „Faunistik der mitteleuropäischen Käfer“ (12-bändig); s. Veröffentlichungsliste von W. Lucht, Entomol. Blätter (Krefeld) 74, 129–139, 1979.

Hormíphora, *f.,* gr. *ho hórmos* die Schnur, Kette, *phorēin* tragen; Gen. der Cydíppidae. Spec.: *H. plumosa,* eine 0,5–2 cm lange Rippenqualle mit langen (gefiedert gestalteten) Fangfäden.

Hormon, das, gr. *hormā́n* antreiben; Wirkstoffe; Botenstoffe, die bestimmte Lebensvorgänge steuern.
hormonal, hormonell, auf Hormone bezüglich, sie betreffend.
Hornblattwespe, die; s. *Cimbex.*
Hornfrosch, der; s. *Ceratophrys.*
Hornhecht, der; s. *Belone.*
Hornisse, die; s. *Vespa.*
Hornkorallen, die; s. Antipatharia.
Hornrabe, der; s. *Bucorax.*
Hornschwämme, die; s. Cornacuspongia (Syn.: Keratosa).
Hornwehrvogel, der; s. *Anhima cornuta.*
hórridus, -a, -um, abschreckend, schaurig, rauh, struppig, dornig, starrend von Spitzen (*horrére* rauh sein, sich entsetzen, schaudern); s. *Moloch,* s. *Crotalus,* s. *Heloderma.*
Hortega-Zellen, die, Hortega: span. Anatom, 1882–1945; sogen. H-Zellen, Bestandteil der Mikroglia des ZNS, vor allem in der grauen Substanz vorkommend, besitzen amöboide Beweglichkeit u. großes Vermögen zum Speichern (Pigmente, Eisen, Lipoide u. a.). Man bezeichnet die Zellen wegen ihrer mesenchymalen Herkunft auch als Mesoglia.
horténsis, -is, -e, lat., im Garten *(hortus)* lebend; s. *Cryptops,* s. *Cepaea.*
hortulánus, *m.,* lat., der Gärtner, im Garten vorkommend, Garten-; s. *Bibio.*
hortus, -i, *m.,* der Garten, Park; Dimin.: *hortulus, -i.*
Hospitalismus, der, lat. *hospitalis* gastlich; Folgeerscheinungen von Kliniks- bzw. Anstaltsaufenthalten, z. B. durch Ernährungs- u. Pflegefehler, durch sekundäre Infektionen, durch psychische Einwirkungen.
Hottentottenente; s. *Anas punctata.*
Hucho, *m.,* latin. von dem deutschen Namen Huch; Gen. der Salmonidae (Lachsfische), Ordo Salmoniformes. Spec.: *H. hucho,* Huchen, Donaulachs (Rotfisch).
Hühnerfloh, der; s. *Ceratophyllus.*
Hühnergans, die; s. *Cereopsis novaehollandiae.*
Hühnergeier, der; s. *Cathartes.*
Hühnersandfloh, der; s. *Echidnophaga.*
Hüpferling, der; s. *Cyclops.*
Hufeisenazurjungfer, die; s. *Coenágrion puélla.*
Hufeisennasenfloh, der; s. *Rhinolophopsylla.*
Hufeland, Christoph Wilhelm (1762–1836); Mediziner u. praktischer Arzt; ab 1793 Professor der Medizin; einer der berühmtesten Jenaer Mediziner; wirkte ab 1801 in Berlin; führte u. a. die Pockenschutzimpfung und die Einrichtung von Leichenhäusern ein. Arzt Goethes, Schillers und Herders; las in Jena über „Makrobiotik oder die Kunst, das menschliche Leben zu verlängern".
hufelándii, als Artname gebildeter Genitiv von Chr. W. Hufeland (1762– 1836), dem zu Ehren und in Assoziation zu dessen „Makrobiotik" die Gattung *Macrobiotus* (s. d.) benannt wurde.
Hulman, synonymer Trivialname für *Hanuman.*
Hulock, Hulok, der; einheimischer Name für den in Hinterindien u. Bengalen beheimateten *Hylóbates hoolock.*
Humangenetik, die; gr. *gígnesthai,* erzeugen, entstehen; menschliche Vererbungs- oder Erblehre (= Anthropogenetik). Die Wissenschaft, die sich mit den genetischen (erblichen) Unterschieden beim Menschen sowie ihrer Entstehung und Bedeutung für Gesundheit u. Krankheit einzelner Menschen und ganzer Bevölkerungsgruppen befasst. – Der von Paula Hertwig (1941) verwendete Begriff umfasst das Gesamtgebiet der menschlichen Vererbungslehre: Zwillings- u. Familienforschung, Cytogenetik, Mutationsforschung, biochemische Genetik, Blut- und Serumgruppen-Genetik, klinische Genetik, psychologische Genetik, Populationsgenetik. Die systematische Erforschung des Vererbungsgeschehens beim Menschen setzte erst nach 1865 ein, ausgelöst vor allem durch die grundlegenden Arbeiten von Gregor Mendel (1822–1884) und von Sir Francis Galton (1822–1911).
Humanökolgie, die, gr. *oikos* das Haus, *logos* die Lehre; die Lehre der Beziehungen des Menschen zu seiner Umwelt.
humánus, -a, -um, lat., zum Menschen gehörig, menschlich.
humátor, -óris, *m.,* lat., der Totengräber.
Humboldt, Friedrich Wilhelm Heinrich Alexander von, geb. 14. 9. 1769 Berlin, gest. 6. 5. 1859 Berlin; 1787–90 Studium der Kameralwiss. in Frankfurt/O., Göttingen, Hamburg, der Geologie in Freiberg/Sa. (1791–1792); 1792–1796 Oberbergmeister in Franken; danach als Privatgelehrter Forschungsreise nach Mittelamerika (1799–1804). Obwohl seine Hauptinteressen den Geowissenschaften und der Botanik galten und er bereits 1796 eine allg. „Physik der Erde" und eine Pflanzengeographie plante, widmete er seine vergleichenden Studien auch zool. Fragen, z. B. als er 1796–1797 in Jena an vielen Tiergruppen anatomische Studien und galvanische Versuche machte, um das Lebensprinzip zu erklären, und auf der Reise in Calabozo (März 1800) Zitteraale und deren elektrisches Organ untersuchte. Die Neubeschreibungen mittelamerikan. Tiere (Löwenäffchen und andere Neuweltaffen, Kondor, Klapperschlangen, Fische, Insekten und Höhlentiere) erschienen als erste

Bände (Abt. 2) des großen Reisewerkes schon 1808 in Paris, wo er bis 1827 blieb. In Berlin leitete er 1828 die VII. Versammlung deutscher Naturforscher und Ärzte u. zeigte in der zool. Sektion galvanische Versuche, begann mit den berühmten „Kosmos“-Vorlesungen. Als Kammerherr des preuß. Königs (seit 1805) unterstützte er Forschungsreisen, oft im Zusammenwirken mit den Berliner Zoologen Lichtenstein, Peters, Ehrenberg (seinem Reisebegleiter durch Sibirien, zum Altai und Kaspisee 1829). Bei Vorbereitung seines letzten Werkes „Kosmos“ (1845–1852) befasste er sich – in Analogie zur Pflanzengeographie, als deren Begründer er gilt – auch mit tiergeographischen Studien (Jahn 2000).

humerális, -is, -e, lat., zum Oberarm gehörend; mit ausgezeichneter Schulter (*húmerus,* richtiger *úmerus,* von gr. *ómos* Schulter, Schulterecke – an Flügeldecken der Käfer); s. *Badister.*

humerus, -i, *m.,* lat., der Oberarmknochen, die Schulter, Achsel; Humerus: Os bráchii, Oberarmknochen der vorderen Extremität der pentadaktylen Wirbeltiere.

humid, s. *humidus;* feucht, nass, niederschlagsreich; perhumid: sehr feucht od. besonders niederschlagsreich; Ggs.: arid = trocken, niederschlagsarm.

Humidität, die; Feuchtigkeit, Nässe.

húmidus, -a, -um, lat., feucht, nass.

Humívagae, *f.,* Pl., lat. *humus* der Boden, Erdboden, *vagus, -a, -um* umherschweifend, -streifend; Bezeichnung für Tiere, die sich bodennah bewegen, z. B. Erd-Agamen, s. Species bei *Agama;* Ggs.: Dendróbatae.

Hummel, die; s. *Bombus.*

Hummelfliege; s. *Bombylius.*

Hummer, der; s. *Homarus vulgaris* .

húmor, -óris, *m.,* lat. *humére* feucht, nass sein; die Feuchtigkeit, der Saft, die Körperflüssigkeit.

Humor aquaeus, lat. *aqua, -ae, f.,* das Wasser; Augenwasser, Augenkammerwasser, seröse Flüssigkeit der vorderen u. hinteren Augenkammer des Wirbeltierauges.

Húmor vítreus, die; Flüssigkeit in den Maschen des Glaskörpers.

humorál, s. *húmor,* auf die Körperflüssigkeiten bezüglich, die Körperflüssigkeit betreffend; humorale Steuerung: die Steuerung der Erfolgsorgane durch Hormone u. nicht auf nervösem Wege.

Humoralpathologie, die; Lehre, nach der Krankheiten durch fehlerhafte Zusammensetzung der Körpersäfte verursacht werden.

Hund, der, mhd. *belle;* s. *Canis.*

Hundebandwurm, der; s. *Echinococcus.*

Hundeegel, der; s. *Herpobdella.*

Hundefloh, der; s. *Ctenocephalides.*

Hundehaarling, der; s. *Trichodectes.*

Hundsaffen, die, s. *Cynomorpha,* Cercopithecoidea.

Hundsfisch, der; s. *Umbra.*

Hundslaus, die; s. *Linognathus.*

Hunter, John, Chirurg, Anatom u. Physiologe, geb. 13. 2. 1728 Long Calderwood b. Glasgow, Schottland, gest. 16. 10. 1793 London; H. wurde vor allem durch seine Lehre von den Entzündungen u. seine Erkenntnisse auf dem Gebiet der Zahnmedizin u. der Geschlechtskrankheiten bekannt. Er prägte den Begriff „sekundäre Geschlechtsmerkmale“.

Huntersches Band, *n.,* s. Hunter; s. *Gubernaculum.*

Husarenaffe, der, s. *Erythrocebus patas;* der dt. Name bezieht sich auf das farbige, an eine Husarenuniform vergangener Jahrhunderte erinnernde Haarkleid (vorwiegend rot, jedoch von weißen und [wenigen] schwarzen Kontrasten an Kopf u. Gliedern durchsetzt).

Huschke, Emil, Anatom, Embryologe; geb. 14. 12. 1797 Weimar, gest. 19. 6. 1858 Jena; Prof. der Anatomie in Jena; bedeutender Vertreter der Anatomie u. Embryologie. H. erkannte u. a., dass Hörbläschen u. Linsensäckchen aus grubenförmigen Einsenkungen der äußeren Haut entstehen. Er entdeckte die nach ihm benannten „Gehörzähne“ im Ductus cochlearis.

huso, latin., Hausen; s. *Acipenser.*

Hutchinsoniella, *f.,* benannt (latin.): nach Sir Jonathan Hutchinson (1828–1913), *-ella* – Verkleinerungs-Suffix; Gen. der Hutchinsoniellidae, Cephalocarida, Crustacea. Spec.: *H. macracantha;* 2,8 mm, aus dem Long Island Sound, Mass., USA, zuerst entdeckte Ordo-Vertreterin.

Hutyra, Ferencz (Franz von), geb. 7. 10. 1860 Szepeshely, gest. 1934; Prof. für Pathologie, Seuchenlehre u. Therapie an der Tierärztl. Hochschule Budapest; sein mit Jos. Marek hrsg. Lehrbuch der speziellen Pathologie u. Therapie der Haustiere gilt als eines der bedeutendsten Werke der Veterinärmedizin.

Huxley, Julian (Sorell), geb. 22. 6. 1887 London, gest. 14. 2. 1975 ebd.; Prof. d. Zool. d. Univ. London. Themen wissenschaftl. Arbeiten: Amphibienmetamorphose, Verhalten u. Ökologie der Vögel, Vererbung, experimentelle Embryologie u. Entwicklungsphysiologie (Wachstum, Differenzierung).

Huxley, Thomas Henry, geb. 4. 5. 1825 Ealing (Middlesex), gest. 29. 6. 1895 Eastbourne;

engl. Biologe u. Arzt, Vorkämpfer für den Darwinismus; Themen seiner wissenschaftl. Arbeiten: Cölenteraten, Mollusken, Vertebraten, Theorie der Schädelentstehung.
Hyaēna, *f., gr. he hýaina* eigentl. Sau, dann auch: Hyäne; Gen. der Hyaenidae, Hyänen; fossil seit dem Pliozän bekannt. Spec.: *H. hyaena,* Gestreifte Hyäne.
Hyänenhund, der; s. *Lycaon.*
hyalin, gr. *hyálinos* gläsern, glasartig, durchsichtig.
hyalinus, -a, -um; s. *Leptodora.*
hyaloides, zum Glaskörper gehörig.
hyaloídeus, -a, -um, gr. *ho hýalos* das Glas; zum Glaskörper gehörig, glasartig.
Hyalonéma, *n.,* gr. *to néma* der Faden; Gen. der Pollacidae, Federbuschschwämme, Ordo Amphidiscophora.
Hyalómma, *f.,* gr. *ho hýalos* das Glas, *to omma* das Auge, „gläsernes Aussehen"; Gen. der Ixodidae (s. d.), Schildzecken, die Rickkettsien-Infektionen übertragen, s. Texasfieber.
Hyaloplasma, das, gr. *to plásma* die Gestalt, das Gebilde; das fast glasklare, einschlussfreie Grundplasma einer Zelle.
Hyalospongia, *n.,* Pl., gr. *he spóngia* Schwamm; Glasschwämme. Syn.: Triaxonia, Hexactinellida; fossil seit dem Unterkambrium bekannt.
Hyaluronidase, die; Enzym, gehört zu den Glykosidasen, depolymerisiert die Hyaluronsäure.
Hyaluronsäure, die; Mukopolysaccharid aus Glukuronsäure u. N-Azetylglukosamin; kommt meist mit Proteinen zusammen vor u. ist ein wichtiger Bestandteil der Grundsubstanz des Bindegewebes.
Hybodónti, *m.,* Pl., gr. *hybós* bucklig, *ho odús, odóntos* der Zahn, „Buckelzähner"; vom Devon bis in die Kreide reichende Stammgruppe der rezenten Haie, Selachoidea (Pleurotremata), deren Familiae u. (z. T.) Genera ab Jura auftreten. Zu den H. zählen z. B. *Tristychius, Hybodus.*
Hybrid, *m.,* auch Hybride, *f.;* gr. *he hýbris* von zweierlei Abkunft, der Blendling; lat. *hybrida* der Bastard; allgem. Bezeichnung für Individuen, die aus der Verschmelzung von Gameten mit ungleichen Erbanlagen hervorgegangen sind, sich in erblichen Merkmalen unterscheiden und selbst zufolge ihrer Heterozygotie ungleiche (= heterozygote) Nachkommen erzeugen. In der Tierzucht H. = Kreuzungsnachkomme aus zwei oder mehreren Zuchtlinien, Populationen, Rassen oder Arten.
Hybridisierung, die; Bildung von Doppelstrangstrukturen aus den Einzelsträngen von komplementären Polynucleotiden.
Hybridzüchtung, die; Zuchtmethode, die der Erzeugung von Hybriden (s. d.) dient. Im Vordergrund steht das Nutzen der Heterosiseffekte (s. d.).
Hydátina, *f.,* gr. *he hydatís* die Wasserblase; Gen. der Brachiónidae, Fam. der Rädertierchen. Spec.: *H. (= Epiphanes) senta.*
Hydra, *f.,* gr. *he hýdra* Name der aus der griech. Mythologie bekannten lernäischen Wasserschlange, der anstelle jedes ihr von Herkules abgeschlagenen Kopfes zwei neue wuchsen, wurde wegen der großen Regenerationskraft des Süßwasserpolypen auf diesen übertragen; Gen. der Hydridae, Süßwasserpolypen. Spec.: *H. vulgaris,* Gemeiner Süßwasser- od. Armpolyp; *H. attenuata,* Schlichter Süßwasserpolyp.
Hydractinia, *f.,* gr. *he hýdra* der (Schlangen-) Polyp, *he aktís, -inos* der Strahl, s. *Actinia,* „Seerose"; Gen. der Hydractiniidae, Athecata, Hydrozoa. Spec.: *H. echinata* (Periderm mit großen Stacheln u. vielen kleinen Dörnchen, lebt in Symbiose mit Einsiedlerkrebsen, z. B. *Eupagurus bernhardus*); *H. carnea* (ohne od. mit niedrigen Dornen, meist an Gehäusen lebender Schnecken *(Nassa),* auch an Schneckengehäusen mit Einsiedlerkrebsen); fossil seit dem Eozän bekannt.
Hydrämie, die, gr. *to hýdor, -atos* das Wasser, *to haíma* das Blut; erhöhter Wassergehalt des Blutes.
Hydrallmania, *f.;* Gen. der Sertulariidae, Thecata, Hydrozoa. Spec.: *H. falcata,* Korallenmoos.
Hydranth, der, gr. *to ánthos* die Blume; das Köpfchen der Hydropolypen, das die Tentakeln unregelmäßig um den Mundstiel herum verteilt oder in Form von Tentakelkränzen trägt; einzelnes Polypenköpfchen einer Hydroidpolypenkolonie.
Hydrárium, das, Syn.: Hydrosom, gr. *to sóma* der Körper, Stamm; der gesamte Stock einer Hydroidpolypenkolonie.
Hydratation, die, Syn.: Hydration, Hydratisierung; Ausbildung einer Wasserhülle um Ionen in wässriger Lösung; Anlagerung von Wassermolekülen an Ionen od. Moleküle.
Hýdridae, Hydriden; Süßwasserpolypen, Fam. d. Athecata, Cl. Hydrozoa; s. *Hydra.*
hydrieren, Wasserstoff anlagern.
Hydro- gr., *hydro* Wasser, in Zsg. mit Bedeutung von „Wasser-", Wasser als Lebensraum od. Ursache eines Vorgangs.
Hydróbia, *f.,* gr. *bióēin = biún* leben; Gen. der Hydrobíidae, Ordo Mesogastropoda; fossil seit dem Jura.
Hydrobiologie, die, gr. *ho bíos* das Leben, *ho*

lógos die Lehre; die Lehre von den Tieren u. den Pflanzen der Gewässer.
Hydróbios, *m.;* 1. Gen. der Hydrophílidae, Kolbenwasserkäfer. Spec.: *H. fuscipes.* 2. Hydróbios, das, ein Teil der Biosphäre, s. d.; umfasst die Lebewelt des Wassers, des Süßwassers (s. Limnobios) und des Salzwassers (s. Halobios); Ggs.: Geobios.
Hydrocaúlus, der, gr. *ho kaulós* der Stengel, Schaft, Stamm; stielförmiger Rumpf der Hydropolypen.
Hydrocephalus, -i, *m.,* gr. *he kephalé* der Kopf; der Wasserkopf, bedingt durch vermehrte Ansammlung von cerebrospinaler Flüssigkeit in den Hirnventrikeln od. an der Oberfläche des Gehirns in den Subarachnoidalräumen.
Hydrochoerus, *m., ho chṓios* das Schwein; Gen. der Hydrochoeridae, Wasserschweine. Spec.: *H. capybára* Wasserschwein, Capybara, Carpincho (größtes Nagetier mit 1,25 m Länge u. 50 kg Gewicht; geselliger Grünfutterfresser an Flüssen S-Amerikas; Fleisch und Pelz geschätzt).
Hydrocöl, das, gr. *kṓilos* hohl; Syn.: Mesocöl; die Anlage des Ambulakral(gefäß)systems der Stachelhäuter (Echinodermata).
Hydrodamalis (Syn.: *Rhytina*), gr. *to hýdor* das Wasser, *he dámalis* die junge Kuh, *he rhytís, -ídos* die Falte, Runzel, *ho gígas* der Riese; erreichte enorme Länge (bis 7,5 m) u. großes Gewicht (bis 4000 kg); dicke, nackte Haut mit Runzeln u. borkenähnlichen Rissen; Gen. der Rhytinidae, Ordo der Sirenia (Sirenentiere). Spec.: *Hydrodamalis gigas* (Syn.: *R(h)ytina stelleri*), Stellersche Seekuh, Borkentier; im erwachsenen Alter zahnlos, dafür die hornigen Reibplatten zum Zerreiben der harten Pflanzennahrung besonders gut ausgebildet, Schwanzflosse querstehend, entdeckt von dem Schiffsarzt u. Naturforscher Georg Wilhelm Steller (1741, lebte im Beringmeer). *Rh.* gilt seit 1768 (bzw. 1854?) als ausgerottet (vgl. Heptner et al. 1974). Nach Nordenskjöld noch 1780 u. danach gesehen.
Hydrodúctus, der, gr., lat. *dúctus* der Gang; Steinkanal des Ambulakralsystems der Stachelhäuter (Echinodermata).
hydrogam, gr. *gamē̃in* heiraten, sich verheiraten; im Wasser befruchtend.
Hydroidea, *n.,* Pl., gr. s. *Hydra;* „Hydraähnliche", Gruppe der Hydrozoa; die H. haben eine gut entwickelte, fast immer sessile, selten solitäre, meist stockbildende Polypengeneration; fast alle Species erzeugen Medusen durch Knospung, die die geschlechtliche Fortpflanzung übernehmen. Gruppen (Subordines) der H.: Athecata-Anthomedusae, Thecaphorae-Leptomedusae, Limnohydroidae-Limnomedusae; fossile Formen seit dem Kambrium bekannt.
Hydrolasen, die, gr. *to hýdor, -atos* das Wasser; Enzyme, die Verbindungen unter Wasseranlagerung spalten (z. B. Esterasen).
Hydrolyse, die, gr. *he lýsis* die Lösung; die Spaltung chem. Verbindungen unter Wasseraufnahme (hydrolytische Dissoziation).
Hydrómetra, *f.,* gr. *metrē̃in* durchmessen; der Name nimmt Bezug auf das Umherlaufen auf der Oberfläche von Wasser, auf Teichen; Gen. der Hydrométridae, Wasserläufer, Heteroptera. Spec.: *H. stagnorum,* Teich-Wasserreiter.
Hydronéphros, die, gr. *ho nephrós* die Niere; die Wassersackniere, durch Harnstauung bedingte Erweiterung des Nierenbeckens u. der Nierenkelche.
hydrophil, gr. *phílos* freundlich; wasserliebend, wasseraufnehmend, wasseranziehend.
Hydrophílidae, *f.,* Pl., gr. *philē̃in* lieben; Wasserkäfer, Palpicornier, Fam. d. Coleopteren.
Hydróphilus, *m.,* gr. Wasser *(hýdor)* liebend *(phílos);* Gen. der Hydrophilidae (Kolbenwasserkäfer), Coleoptera. Spec.: *H. piceus,* Großer Kolbenwasserkäfer.
hydrophob, gr. *ho phóbos* der Schrecken, die Furcht; Wasser abstoßend, nicht aufnehmend; wasserfeindlich, -scheu.
Hydropodien, die, gr. *ho pús, podós* der Fuß; die Ambulakralfüßchen der Stachelhäuter (Echinodermata).
Hydropotes, *m.,* gr. *ho pótos* u. *he potés* das Trinken; der „Wassertrinker"; Gen. der Cervidae (Hirsche, Rehe), Artiodactyla (Paarhuftiere). Spec.: *H. inérmis,* Chinesisches Wasserreh.
Hydropsýche, *f.,* gr. *he psyché* Motte, Schmetterling; Gen. der Hydropsýchidae, Wassermotten. Spec.: *H. pellucídula.*
Hydroskelett, das, gr. *skeleton* Gerippe, Syn.: hydrostatisches Skelett, ein Endoskelett, bei dem anstelle eines inneren Hartsubstanzskelettes ein Flüssigkeitspolster als Antagonist zur Muskulatur dient (Hydraulik-Konstruktion); Beispiele: Nematoden, Anneliden.
Hydrosom, das; s. Hydrarium.
Hydrothéca, die, gr. *he théke* der Behälter, die Kapsel; becher- bzw. glockenartige Erweiterung des Periderms vieler Hydrozoen (Thecaphorae-Leptomedusae), in die das Polypenköpfchen zurückgezogen werden kann.
5-Hydroxytryptamin, das; Syn. Serotonin, Enteramin; biogenes Amin, gebildet aus Tryptophan, kommt bei Tier u. Mensch vor.
Hydrozéle, die, gr. *he kéle* der Bruch; Wasserbruch, serösentzündl. Flüssigkeitsansammlung z. B. in der Scheidenhaut des Hodens.

Hydrozóa, *n.,* Pl., gr. *he hýdra* Name des Polypen, *ta zóa* die Tiere, also: „Polypentiere"; Cl. der Cnidaria (Nesseltiere), Coelenterata, deren Polypen einen einheitlichen, niemals durch Septen aufgeteilten Gastralraum besitzen und deren Medusen gekennzeichnet sind durch ein Velum, ectodermale Gonaden und zellenlose Schirmgallerte. Die H. mit rd. 2600 Arten (700 Arten freilebende Medusen) umfassen 4 Ordines: Athecata, Thecata, Trachylina, Siphonophora (Athecata und Thecata zu Hydroidea, s. d.); fossil seit dem Unterkambrium bekannt.

Hyemoschus, *m.,* gr. *ho* u. *he hys, hyós* auch *sýs* das Schwein; Gen. der Tragúlidae, Zwergböckchen, Pecora, Artiodactyla. Spec.: *H. aquáticus,* Hirschferkel od. Wassermoschustier (in Afrika als einziger Fam.-Vertreter).

Hygiene, die, gr. *hygieinós* gesund, heilsam; Gesundheitslehre, alle Maßnahmen, die dem Entstehen oder Weiterverbreiten von Krankheiten vorbeugen sollen.

Hygro-, gr. *hygros* feucht; in Zsg.

Hygróbion, *n.;* gr. *hygrós* feucht, *ho bíos* das Leben; das Wasser als Lebensraum (Hygrobios).

hygrophil, gr., feuchtigkeitsliebend.

Hyla, *f.,* gr. *he hýle* u. *hýla* der Wald; Gen. der Hylidae, Echte Laubfrösche. Spec.: *H. arborea,* Laubfrosch, vorzugsweise auf Bäumen u. Sträuchern lebend.

Hylobates, *m.,* gr. *ho hyalobates* der Waldgänger, *he hýle* der Wald u. *baínēin* gehen, wandern; Gen. der Hylobátidae (Gibbons od. Langarmaffen, sind hochentwickelte Hangler mit gleichzeitig entwickelter Fähigkeit zum aufrechten Gang), Anthropomorpha, Catarrhina, Simiae, Primates. Spec.: *H. moloch (leuciscus),* Silbergibbon; *H. syndactylus,* Siamang; *H. klossi,* Zwergsiamang; *H. hoolock,* Hulock; *H. concolor,* Schopfgibbon; *H. lar,* Weißhandgibbon; *H. agilis,* Ungka; *H. pileatus,* Kappengibbon; *H. muelleri,* Borneo-Gibbon. Es werden auch zahlreiche Unterarten unterschieden.

Hylóbius, *m.,* gr. *hylóbios* im Walde lebend; Gen. der Curculionidae, Rüsselkäfer. Spec.: *H. abietis,* Großer Brauner Nadelholzrüssler, Fichten-, Kiefernrüsselkäfer.

Hylóicus, *m.,* v. gr. *he hýle* der Wald, das Holz, im Walde vorkommend; Gen. der Sphingidae, Schwärmer. Spec.: *H. pinastri,* Kiefernschwärmer.

Hylotrúpes, *m.,* gr. *trypán (trypáēin)* durchbohren, also: „Holzbohrer"; Gen. der Cerambycidae, Bockkäfer. Spec.: *H. bájulus,* Haus- oder Balkenbock, ein technisch schädlicher Bockkäfer in trockenem, verarbeitetem Nadelholz (Balken, Möbeln).

hymen-, hymeno-, *m.,* gr., in Zusammensetzungen: Haut-.

Hymen, *m.,* gr. *ho hymén, -énos,* die dünne Haut, das Häutchen, auch der Hochzeitsgott; das Jungfernhäutchen, Schleimhautfalte am Scheideneingang (zwischen Kaudalabschnitt der Vagina u. Vestibulum vaginae) bei (manchen) Affen und beim Menschen.

hymenális, -is, -e, zur Jungfernhaut gehörig, zum Hymen gehörig.

Hymenolepis, *f.,* gr. *he lepís* Schuppe; Gen. der Cyclophyllidea, Cestoda. Spec.: *H. nana,* Zwergbandwurm.

Hymenóptera, *n.,* Pl., gr. *to pterón* der Flügel, der Name bezieht sich auf die häutigen, relativ wenig geäderten Flügel; Ordo der Hexapoda. Die alte Einteilung in die U.-Ordn. Symphyta und Apocrita hat sich bisher aufrechterhalten. Von den rezenten Hymenopteren sind bisher über 100 000 Species beschrieben worden; fossil seit dem Jura bekannt.

Hymenopterenblumen, die; Blumen, die besonders von Hymenopteren (Hautflüglern) besucht werden. Es sind hauptsächlich rot, blau und violett gefärbte Blumen (Blüten) mit durch Einrichtung einer „Sitzgelegenheit" modifizierter Krone.

hyo-, gr., in Zusammensetzungen gebraucht; zum Zungenbein gehörig.

hyoglóssus, -a, -um, gr. *he glóssa* die Zunge; vom Hyoid zur Zunge gehend.

Hyoíd, das, gr. *hyoeidés* von Gestalt eines y; der untere Teil des Zungenbeinbogens (Hyoidbogen) im Visceralskelett der Wirbeltiere.

hyoídeus, -a, -um, ypsilon-ähnlich; Os hyoideum das Zungenbein.

Hyolíthes, *m.,* gr. *ho hȳiós* der Sohn, der Spross, *ho líthos* der Stein; Gen. des Ordo Hyolithida, fossile Formen unsicherer systematischer Zugehörigkeit, Hauptentwicklung im Kambrium, vorhanden bis Perm. Spec.: *H. carinátus* (Mittelkambrium).

Hyper-, gr. *hyper* über, darüber hinaus; in Zsg.

hyperämisch, gr. *hypér-* über, *to hǽima* das Blut; vermehrt durchblutet.

Hyperästhesie, die, gr. *he ǽisthesis* das Gefühl, der Sinn; Überempfindlichkeit, bes. für Berührungsreize.

Hyperchromie, die, gr. *to chróma* die Farbe; vermehrter Farbstoffgehalt.

Hyperdactylie, die, gr. *ho dáktylos* die Finger; Überzahl von Fingern od. Zehen.

Hypergenitalismus, der, lat. *genitális* zur Zeugung gehörig; besonders starke bzw. vorzeitige Entwicklung der Geschlechtsmerkmale.

Hyperglykämie, die, gr. *glykýs* süß, *to haĩma* das Blut; erhöhter Zuckergehalt des Blutserums.
hyperglykämischer Faktor, *m.,* Syn. diabetogener Faktor; ein den Blutzuckerspiegel hebender Faktor, bereits aus dem Augenstiel (Sinusdrüse) von Malakostraken isoliert, fördert den Glykogenabbau (Glykogenolyse) in der Epidermis u. in der Muskulatur u. hemmt zugleich die Glykogensynthetase; auch in den Corpora cardiaca der Insekten konnte ein hyperglykämischer Faktor nachgewiesen werden.
Hyperkeratose, die, gr. *to kéras* das Horn; übermäßige Verhornung der Haut (z. B. Hautschwielen, Hühneraugen).
Hypermastie, die, gr. *ho mastós* die Brustwarze, Zitze, das Euter; die Überzahl von Milchdrüsen bei Säugern.
Hypermetamorphose, die, s. Metamorphose; Überentwicklung, z. B. bei Ölkäfern, Meloidae; Syn. Hypermetabolie.
Hyperoártia, *n.,* Pl., gr. *he hyperṓa* der Gaumen, *ártios* vollständig, „die mit geschlossenem (vollständigem) Gaumen" (Gaumen ohne offene Verbindung zur Nase); Neunaugen; Syn. Petromyzonta, s. d.
Hyperodontie, die, gr. *ho odón, -ontos* der Zahn; Überzahl von Zähnen.
Hyperoodon, *m.,* gr. *ho odús* u. *odṓn, odóntos* der Zahn; Gen. der Ziphiidae, Schnabelwale, Odontoceti. Im Unterkiefer nur 1 oder 2 Paar ausgebildete Zähne, von denen man früher fälschlich annahm, dass sie im Gaumen („darüber" = Name!) säßen. Spec.: *H. rostratus,* Enten-, Schnabelwal, Dögling (bester Taucher unter den Walen; im nördlichen Atlantik).
Hyperosmie, die, gr. *ho osmé* der Geruch, Duft, Gestank; gesteigertes Geruchsvermögen.
Hyperotréta, *n.,* Pl., gr. *he hyperṓa* der Gaumen, *tretós* durchbohrt, „mit offenem Gaumen"; Syn.: Myxinoidea (s. d.), Inger; vgl. Hyperoartia.
Hyperparasitismus, der; Bezeichnung für Organismen, die als Schmarotzer in einem Parasiten leben; Lebensform der Hyperparasiten = Parasiten, die in od. auf einem andersartigen Parasiten leben.
Hyperphalangie, die, gr. *he phálanx, -angos* Reihe (der Knöchel); Auftreten überzähliger Phalangen.
Hyperplasie, die, gr. *plássẽin* bilden, formen; Vergrößerung eines Organs od. Organteiles durch zahlenmäßige Vermehrung der Gewebsbestandteile bzw. spezieller Zellen, Gewebselemente.
hyperploid, gr. *diplóos* od. *diplũs* zweifach, doppelt; Zellen od. Individuen mit einem od. mehr zusätzlichen Chromosomen (od. Chromosomensegmenten); Ggs.: s. hypoploid.
Hypertension, die, lat. *téndere* spannen; erhöhter Blutdruck, erhöhte Spannung.
Hyperthelie, die, gr. *he thelé* die Mutterbrust, Brustwarze; überzähliges Auftreten von Brustwarzen bei Mensch u. Säugetier.
Hyperthermie, die, gr. *he thérme* Wärme, Hitze; Überhitzung, hohe Körpertemperatur.
Hyperthyreose, die, gr. *ho thyreós* Türstein, großer viereckiger Schild; erhöhte Aktivität der Schilddrüse.
Hypertonie, die, gr. *ho tónos* die Spannung; vermehrte Spannung; krankhafte Steigerung des Blutdrucks (Hochdruckkrankheit).
hypertonisch, übermäßig, gespannt; höheren osmotischen Druck besitzend.
Hypertrichose, die, gr. *he thrix, trichós* das Haar; übermäßig starke Behaarung.
hypertroph, durch Zellenwachstum vergrößert.
Hypertrophie, die, gr. *he trophé* Ernährung; Nahrung, Futter, die Vergrößerung der speziellen Zellen bzw. von Körperteilen; „Überernährung".
Hypervitaminose, die, s. Vitamine; Gesundheitsschädigung nach Aufnahme zu großer Vitaminmengen; Stoffwechselstörung, die z. B. durch eine Überdosierung mit den Vitaminen A, D sowie Cholin ausgelöst wird.
Hyperzyklus, der, *ho kyklos* der Kreis; zyklische Verknüpfung von Reaktionszyklen.
Hyphessobrycon, *m.,* gr. *he hyphé* das Gewebe, *brykẽin* zerbeißen; Gen. der Characidae (Salmler), Cypriniformes. Spec.: *H. bifasciatus,* Gelber Salmler von Rio; *H. callistus,* Blutsalmler; *H. flammeus,* Roter Salmler von Rio.
Hypnose, die, gr. *ho hýpnos* der Schlaf; Teilschlaf, durch bestimmte Reize verursacht.
hypo-, gr., unter (in Zusammensetzungen verwendet); Ggs.: hyper-.
Hypobranchialrinne, die, gr. *to bránchion* die Kieme; Bauch-, Schlund-, Kiemenrinne; Syn.: Endostyl, s. d.
Hypochlorhydrie, die; verminderte Salzsäureabsonderung *(ácidum hydrochlóricum)* des Magens.
hypochondriális, -is, -e, latin., v. gr. *ho chóndros* der Knorpel; Brustknorpel; unter dem Knorpel, auch „düster"; s. *Phyllomedúsa.*
Hypochromie, die, gr. *to chróma, -atos* die Farbe; verminderter Farbstoffgehalt der roten Blutkörperchen.
Hypodérma, *n.,* gr. *to dérma* die Haut; Gen. der Hypodermatidae, Hautdasseln od. -brem-

sen. Spec.: *H. bovis,* Hautdassel, Rinder- od. Hautbremse, deren Larven unter der Rückenhaut von Rindern schmarotzen u. die sog. Dasselbeulen verursachen; zur Verpuppung verlassen die Larven ihr Wirtstier u. gehen in die Erde.

Hypodermis, die; die einschichtige äußere Haut (Epidermis) bestimmter Wirbelloser, die nach außen eine kutikulare Bildung (z. B. Chitinpanzer) abscheidet u. daher unter dieser liegt.

Hypodontie, die, gr. *ho odón, odóntos* der Zahn; Unterzahl von Zähnen.

Hypogalaktie, die, gr. *to gála, gálaktos* die Milch; die verminderte Absonderung von Milch aus den Milchdrüsen.

Hypogenitalismus, der, lat. *genitális* zur Zeugung gehörig; Unterentwicklung der Geschlechtsmerkmale.

hypoglóssus, -a, -um, gr. *he glóssa* die Zunge; unter der Zunge gelegen.

Hypoglykämie, die, gr. *glykýs* süß; Verminderung des Blutzuckers.

Hypokinese, die, gr. *he kínesis* die Bewegung; verminderte Bewegungsfähigkeit.

hypoleúcos, gr. *hypóleukos* weißlich (gefärbt); s. *Actitis.*

Hypolimnion, das, gr. *he límne* der See, Teich, Sumpf; die Tiefenschicht der Wassermasse eines Sees; der unterhalb der Sprungschicht gelegene, den Oberflächenwirkungen entzogene Tiefenwasserbereich eines stehenden Gewässers; s. Metalimnion, Epilimnion.

Hypomnesie, die, gr. *he mnéme* Gedächtnis, Erinnerungsvermögen; mangelhaftes Erinnerungsvermögen.

Hyponoméuta, *f.,* gr. *hyponoméuein* minieren, Gänge bohren; Gen. d. Hyponomeutidae, Gespinstmotten. Spec.: *H. malinella,* Apfelbaum-Gespinstmotte. – Schreibweise neuerlich auch *Yponomeuta* (s. d.).

hyponychium, -ii, *n.,* lat., gr. *ho ónyx, ónychos* die Kralle; das Nagelbett.

Hypopharynx, der, gr. *hypo-* unter, *ho (he) phárynx, -yngos* der Schlund, die Kehle, Gurgel; bei manchen Insekten Fortsatz an der Innenseite der Unterlippe (Labium).

Hypophýse, die, gr. *phýesthai* wachsen; Glandula pituitária, Hypóphysis cérebri, Gehirnanhangsdrüse der Wirbeltiere, besteht aus der Neurohypophyse, die vom Zwischenhirn gebildet wird, u. der Adenohypophyse (Pars distális u. P. intermédia), einer Aussackung des primären Mundhöhlendaches (Rathkesche Tasche).

Hypophysektomie, die, gr. *ek-* aus, *he tomé* der Schnitt; Entfernung bzw. Ausschaltung der Hypophyse.

Hypophysenhinterlappen, der; s. Neurohypophyse.

hypophýseos, Genit. von gr. *hypóphysis;* zur Hypophyse gehörig.

Hypoplasie, die, gr. *to plásma* das Gebilde, die Gestaltung; Unterentwicklung eines Organs od. eines Gewebes.

hypoploid, verwendet als Ausdruck bezüglich des Chromosomenbestandes; Zellen u. Individuen mit einem od. mehreren fehlenden Chromosomen (od. Chromosomensegmenten); Ggs.: s. hyperploid.

hypopneustisch, gr. *to pneúma* der Wind, der Atem; Tiere, die unter Wasser atmen, ihre Kiemen od. die gesamte Körperoberfläche sind hydrophil.

Hyporhachis, die, gr. *he rháchis* der Grat, Schaft; Neben- od. Afterschaft der Vogelfeder, die nur bei manchen Vögeln (Kasuar) gut entwickelt ist.

Hyposensibilisierung, die, lat. *sensibilis* der Empfindung fähig; schrittweises Herabsetzen der Empfindlichkeit bei Allergien. Stark verdünnte Allergenextrakte (z. B. Gräserpollen, Hausstaubmilben, Insektengift) werden subkutan langfristig gespritzt. Dabei erfolgt eine langsame Dosiserhöhung. Ziel der Immunisierung ist die Synthese großer Mengen spezifischer Antikörper; Syn. Desensibilisierung.

Hyposmie, die, gr. *he osmé* der Geruch, Duft, Geschmack; vermindertes Geruchsvermögen.

Hypospadie, die, gr. *spázein* spalten; Spaltbildung an der Unterseite des Penis; die Folge der Missbildung ist, dass beim Deckakt das Sperma außerhalb der Vagina entleert wird, daher Ausschluss der Tiere von der Zucht.

hypothalamicus, -a, -um, unter dem Sehhügel gelegen.

Hypothálamus, der, gr. *ho thálamos* das Gemach, die Kammer; der unter dem Thalamus gelegene Teil des Gehirns bei Wirbeltieren.

hypothenar, -aris, *n.,* gr. *to thénar* ursprünglich die Handfläche, mit der man schlägt; der Kleinfingerballen.

Hypothermie, die, gr. *he thérme* die Wärme, Hitze; das Herabsinken der Körpertemperatur unter den normalen Wert.

Hypotonie, die, s. hypotonisch; verminderter Blutdruck; verminderte Spannung (z. B. der Muskeln).

hypotonisch, gr. *ho tónos* die Spannung; verminderten Blutdruck habend; verminderte Spannung besitzend; Bezeichnung für eine Lösung mit geringerem „Tonus" (Druck) als eine Vergleichslösung.

Hypotrémata, *n.,* Pl., gr. *to tréma, trématos* das Loch, die Spaltung; der Name bezieht sich auf die ventralen (*hypó* unter) Kiemenspalten; Rochen; Syn.: Batoidei, Raji; fossil seit dem Oberjura nachgewiesen.

Hypótricha, *n.,* Pl., gr. *he thrix, trichós* das Haar; Gruppe (Subordo) des Ordo Spirotricha. Cl. Euciliata. Dorsoventral abgeplattete Wimperinfusorien, deren Ventralseite durch Cirren (Bezug zum Namen!) und Dorsalseite durch Tastborsten gekennzeichnet ist. Primitive Formen haben ventral zahlreiche, schwache Cirren in Reihenanordnung, differenziertere Formen wenige, starke Cirren ohne deutliche Reihenanordnung.

Hypotrichose, die, gr. *he thrix, trichós* das Haar; verminderte Behaarung, spärliche Behaarung.

Hypotrophie, die, gr. *he trophé* die Ernährung; Unterernährung, mangelhafte Entwicklung.

Hypoxie, die, gr. *oxýs* sauer; Sauerstoffmangel in den Körpergeweben.

hypsodont, gr. *hýpsi* hoch, *ho odús, odóntos* der Zahn; lange, zylindrische Säugetierzähne mit hoher Krone, wurzellose od. Wurzeln erst nach langem Wachstum ausbildend, Ggs.: brachyodont.

Hyracotherium, *n.,* gr., Gatt. d. Equidae, Hippomorpha, Perissodactyla; früherer Name: Eohippus (s. d.).

Hyrtl, Joseph, geb. 7. 12. 1810 Eisenstadt (Burgenland), gest. 17. 7. 1894 Perchtoldsdorf; 1837 Prof. d. Anatomie in Prag, 1845 in Wien. Bedeutende Forschungen auf dem Gebiet der deskriptiven u. der topographischen Anatomie, der Zootomie sowie der anatomischen Technik, insbes. der Gefäßinjektion und der Korrosion. H. wurde vor allem durch sein „Lehrbuch der Anatomie des Menschen" (1846) bekannt.

hysoscélla, gr. (latin.), krummbeinig, von *ho hýs* das Schwein u. *to skélos* der Schenkel, das Bein; s. *Chrysaora.*

Hystrichis, *m.*, gr. *ho hystrix, hystrichos* der „Haarsträuber", Igel, Stachelschwein; Gen. der Dioctophymicae, Dioctophymidea. Parasitische Würmer in der Speiseröhre sowie in Drüsen- u. Muskelmagen von Entenvögeln. Spec.: *H. cygni,* Wirt: Schwan, Europa.

Hystrichopsýlla, *f.,* gr., *he hýstrix* die Borste, *he psýlla* der Floh; Gen. der Hystrichopsyllidae, Ordo der Aphaniptera, Flöhe; mit besonders starker Bestachelung. Spec.: *H. talpae,* Maulwurfsfloh.

Hýstrix, *f.,* gr. *he* u. *ho hýstrix, -ichos* der „Haarsträuber", das Stachelschwein, auch der Igel; Gen. der Hystrícidae, Erdstachelschweine, Rodentia, Nagetiere. Spec.: *H. leucura,* Kaukasisches Stachelschwein; *H. cristáta,* Nordafrikan. Stachelschwein; *H. javanénsis,* Javanisches Stachelschwein. Subspec.: *H. leucura hirsutirostris; H. cristata cristata.*

I

ibérus, spanisch, iberisch („Iberische Halbinsel" = Spanien, Portugal, nach dem Ebro = Ibérus benannt); s. *Aphánius.*

ibidem, lat., ebenda; d. h. in der direkt vorher zitierten Arbeit oder Zeitschrift bzw. am vorher erwähnten Ort; Abk.: ibid.

Ibis, *f.,* gr. u. lat., der Ibis als heiliger Vogel der alten Ägypter. Der Name wird verwendet: 1. Als Trivialname für die Familie Threskiornithidae, Ibisse, und z. B. auch für *Threskiornis aethiópica* = Heiliger Ibis, dessen Erscheinungen in Unterägypten als das Anzeichen des nahenden fruchtbaren Nilschlammes galt; 2. als Gattungsname, allerdings (entsprechend den Regeln der Nomenklatur) in der Familie Ciconiidae = Störche mit solchen Species wie: *I. ibis,* Rosanimmersatt; *I. leucocephalus.*

IBRA, s. International Bee Research Association.

Ibýcter, *f.,* gr. *ho ibyctḗr* Trompeter; Gen. der Accipítridae, Greifvögel. Spec.: *I. chimachima,* Schreibussard.

Ichneúmon, *m.,* gr. v. *ichneúēin* aufspüren; ursprünglich Name der Pharaonsratte, bei Plinius auch schon Name eines Insektes, das Raupen tötet (wahrscheinlich eine *Sphex*-Art); Gen. d. Ichneumonidae, Hymenoptera, Hautflügler, Schlupfwespen. Spec.: *I. nigritarius.*

Ichnologie, die, gr. *to íchnos* die Spur, die Fußstapfe, *ho lógos* die Lehre; die Lehre von den Lebensspuren, s. d., sie wird unterteilt in Palichnologie für fossile und Neoichnologie für rezente Lebensspuren.

Ichnotaxon, *n.*; ein Taxon, das auf der fossilen Lebensspur eines Organismus beruht, einschließlich fossile Fährten, Spuren o. Bauten (Spurenfossilien), die durch ein Tier erzeugt worden sind; siehe: Erzeugnis eines Tieres.

Ichthyo-, gr. *ho ichthýs* der Fisch; (Präfix) Fisch-, zu den Fischen gehörend.

Ichthyolith, der, gr. *ho ichthýs, -ýos* der Fisch, *ho líthos* der Stein; versteinerter Fisch.

Ichthyologie, die, gr. *ho lógos* die Lehre; die Lehre von den Fischen, die Fischkunde.

Ichthyopathologie, die; Sammelbegriff für die Lehre von den Fischkrankheiten. Im engeren Sinne versteht man unter I. die pathologische Anatomie, Histologie u. Physiologie der Pisces.

Ichthyophis, *m.*, gr. *ho óphis* die Schlange; Gen. der Caecilíidae, Ordo Gymnophiona, Blindwühlen, Schleichenlurche. Spec.: *I. glutinosus,* Blindwühle, auf Sri Lanka u. Sundainseln.

Ichthyophonuskrankheit, die, gr. *ho phónos* der Mord; eine Fischkrankheit (verschiedene Erreger).

Ichthyophthiriasis, die, *f.*, gr.; durch *Ichthyophthirius multifiliis* hervorgerufene schwere Hauterkrankung bei Fischen. Das Hautstadium des Flagellaten lebt zwischen Epidermis u. Corium. Durch Epithelisation über den einzelnen Parasiten entsteht ein sichtbares Knötchen in der Haut. Die Vielzahl dieser Knötchen brachte der Krankheit die volktüml. Bez. „Grießkörnchenkrankheit" ein. Bei fortgeschrittener I. löst sich die Haut in Fetzen ab.

Ichthyophthírius, *m.*, gr. *ho phtēír* die Laus, wörtlich also: „Fischlaus"; Gen. der Tribus Prostomata, Subordo Gymnostomata, Ordo Holotricha, Euciliata; parasitäre Infusorien, die in der Haut verschiedener Nutz- u. Aquarienfische leben; Spec.: *I. multifiliis.*

Ichthyornithiformes, *f.*, Pl.; gr. *ho* u. *he ornis* der Vogel, lat. *-formes,* „Fisch-Vogel-Förmige"; eine der zwei fossilen, kreidezeitlichen Ordines (Zahnbesitz unsicher); vgl. Hesperornithiformes.

Ichthyosaúria, -er; = Ichthyopterýgia, -er, *n.*, Pl., gr. *ho saũros* die Eidechse, *to pterygion* kleiner Flügel; fossile Reptilia aus der oberen Untertrias bis zur Oberkreide; kennzeichnend ist durch Anpassung an die pelagische Lebensweise ihr fischähnlicher Habitus.

Ichthyosis, die; Fischschuppenkrankheit.

Ichthyostega, *f.*, gr. *ho ichtýs, -yos* der Fisch, *stégein* bedecken, festhalten; Gen. der Ichthyostegalia, s. d.

Ichthyostegalia, *n.*, Pl.; einziges Genus: *Ichthyostega*; Gruppen der Batrachomorpha, s. d., aus Oberdevon/Grönland; stellen (quasi als „missing link") phylogenetisch bedeutsame Übergangsformen zw. Crossopterygii, s. d., u. Tetrapoda, s. d., dar.

ICSH, Abk. für: interstitial cell stimulating hormone; s. luteinisierendes Hormon.

Ictalúrus, *m.*, gebildet von gr. *he íktis* das Wiesel, *alýein* umherschweifen, *-uros* (ist Wortbestandteil von *siluros:* Wels); offensichtlich besteht namentlicher Transferbezug, da nachts aktiver Grundfisch; Gen. der Ictaluridae, Katzenwelse, Cypriniformes. Spec.: *I. nebulosus,* Zwergwels (wurde 1885 aus Osten der USA nach Europa ausgeführt; z. T. verwildert; Aquarienfisch).

icterínus, -a, -um, latin., von gr. *ho íkteros* die Gelbsucht; gelb, gelblich, s. *Hippoláis.*

Icterus, *m.*, *ho íkteros* die Gelbsucht; Trupiale; Gen. der Ictéridae (Stärlinge). Spec.: *I. dominicensis,* Gelbsteißtrupial, Bananenstärling (in Mittelamerika, Westindien beheimatet; typisch die schwarze und gelbe (!) Färbung).

Ictonyx, *m.*, gr. *he iktís* der Marder, *he nyx* die Nacht („Nachtmarder"); Gen. der Mustelidae. Spec.: *I. striatus,* Bandiltis, Stinktier, Zorilla (Afrika, Kleinasien).

identische Reduplikation, die; Selbstverdopplung, Autoreduplikation, Vorgang der identischen Reproduktion biologischer Systeme, Organismen, Zellen u. Zellsubstrukturen, wie Chromosomen, Plastiden u. Viren. Grundstrukturen der i. R. sind die Nukleinsäuren als genetische Informationsträger.

Idiotypus, *m.*, gr. *ídios* eigen, eigentümlich, eigenartig, *ho týpos* der Schlag, das Gepräge, die Spur, Gestalt; Gesamtheit der in einer Zelle enthaltenen Erbanlagen eines Organismus. Der Idiotyp setzt sich aus Karyo- u. Plasmotypus zusammen.

Idothea, *f.*, gr. *Eidothéa* Tochter des Meergottes Proteus; Gen. der Idothéidae, Klappenasseln, Valvifera, Ordo Isopoda, Asseln. Spec.: *I. tricuspidáta,* Baltische Klappenassel, Langassel.

Igel, der; s. *Erináceus.*

Igelfisch, der; s. *Diodon.*

Igelfloh, der; s. *Archaeopsylla.*

Igelwürmer, die; s. *Echiúrida.*

ignis, -is, *m.*, lat., Feuer, Flammenröte, Glanz. Spec.: *Regulus ignicapillus,* Sommergoldhähnchen (mit feuerfarbigen Kopffedern; lat. *capillus,* Kopffeder, -gefieder).

ígnitus, -a, -um, lat., feuerfarbig; s. *Chrysis.*

Iguána, *f.*, einheimischer Name; Gen. der Iguanidae, Leguane, Squamata. Spec.: *I. tuberculata,* Gemeiner Leguan, Westindien u. S-Amerika.

Iguanodon, *m.*, gr. *ho odús, odontos* der Zahn; Gen. des Subordo Ornithopoda, Ordo Ornithischia, s. d.; fossil im Oberjura bis Unterkreide; bis ca. 8 m lange und 5 m hohe Archosauria. Spec.: *I. bernissartensis* (Unterkreide).

Ileum, das, gr. *eīléin* drängen, zusammendrehen; der Krummdarm, Hüftdarm, dritter Abschnitt des Dünndarms bei Säugern.

ília, -ium, *n.*, Pl., lat., die Weichen; bei tetrapoden Mammalia auch Flanken genannt (= seitl. Bauchregion von letzter Rippe bis Beckenvorrand).

ilíacus, -a, -um, lat., 1. zur Weiche, zum Darmbein gehörig; 2. Artname für *Turdus iliacus,* Rotdrossel.

ílicus, -a, -um, lat., zur Weiche gehörig.

ílio-, in Zusammensetzungen gebraucht; zur Weiche gehörig.

Illiger, Karl, geb. 1775 in Braunschweig, gest. 1813 in Berlin; ab 1790 Schüler von J. Hellwig, stud. ab 1793 Naturwissenschaften u. Medizin in Braunschweig, 1799–1802 in Helmstedt u. Göttingen; Herausgabe des „Magazins für Insektenkunde" (1802–1807), seit 1810 Prof. für Zoologie u. Direktor des neugegründeten Zoologischen Museums an der Univ. Berlin; bearbeitete nomenklatorische Fragen u. Probleme des Artbegriffs.

Iltis, mhd. *ëltis, iltisn;* s. *Mustela.*

imaginal, das vollausgebildete Insekt (die *Imágo*) betreffend.

Imaginalscheiben, die; scheibenförmige larvale Hypodermisverdickungen der Insekten, aus denen während der Metamorphose die Entwicklung imaginaler Organe ausgeht. Sie bleiben bei Hemimetabolen an der Körperoberfläche, bei Holometabolen werden sie dagegen von der Hypodermis aus ins Larveninnere eingestülpt u. bei Beendigung der Metamorphose wieder ausgestülpt.

imágo, -inis, *f.,* lat., das Bild, Ebenbild, Vorstellung; Pl.: *imágines:* Imago: das geschlechtsreife, erwachsene Insekt, Vollkerf.

imbérbis, -is, -e, lat., bartlos, ohne Bart *(barba),* unbärtig; s. *Apogon.*

imbrex, -icis, *f.,* lat., der Hohlziegel.

imbricátus, -a, -um, lat., mit Dachziegeln bzw. dachziegelartig angeordneten Hornschildern versehen (*imbrex* Dachziegel). Spec.: *Harmotheo imbricata* (Aphroditidae, Polynoinae).

Imitation, die; Nachahmung, beispielsweise von Verhaltensweisen.

Imker, der; Bienenhalter u. -züchter; Imkerei = Bienenhaltung.

Imme, die, Biene; s. *Apis.*

Immelmann, Klaus, geb. 6. 5. 1935 in Berlin, gest. 9. 9. 1987 in Bielefeld; 1958 Promotion, anschließend Forschungsaufenthalt in Australien, ab 1962 wissenschaftl. Assistent in Braunschweig, 1963 Habilitation, Gastprofessur (1970) in Berlin, an der Univ. von Californien in Los Angeles (1980) u. an der Univ. von Wisconsin in Madison; 1968 apl. Prof. u. 1970 Abteilungsleiter am Braunschweiger Institut, 1971 an die Univ. Bielefeld berufen u. Lehrstuhl für Verhaltensphysiologie aufgebaut; 1977 15. Internationale Ethologen-Konferenz ausgerichtet, 1973–1982 Präsident der Deutschen Ornithologen-Gesellschaft, 1986 Präsident des 19. Internationalen Ornithologenkongresses in Ottawa, 1983/84 Präsident der DZG. Forschungsschwerpunkte: Experimentelle Beiträge zur Erforschung des Prägungsphänomens (Sexualprägung), Originalarbeiten zur Ökoethologie u. Zootierbiologie; seit 1974 Abriss der „Verhaltensforschung" u. seit 1975 „Wörterbuch der Verhaltensforschung" erschienen.

Immenvogel, der; s. *Merops.*

Immigration, die, lat., „Einwanderung"; Zuwanderung fremder Individuen in eine gegebene Population (z. B. auch der Import von Tieren zur Einkreuzung od. Blutauffrischung), wodurch die Genfrequenzen verändert werden (können); vgl. adaptive Radiation.

immigriert, (lat. s. o.; engl. *immigrated*), eingewandert oder auf natürlichem Wege in das Gebiet gelangt; im weiteren Sinne auch „Einfuhr" z. B. von Jagd-Tieren eines Gebietes in ein anderes Gebiet (bekannt u. a. beim Reh von Sibirien nach Mecklenburg-Vorpommern, beim Hasen von Frankreich nach Mittel-Deutschland), um positive Einkreuzungseffekte zu erreichen.

Immissionsschaden, der, lat. *immissio, -onis, f.,* das Hineingehen, -schicken; durch Einwirken von gesundheitsschädigenden Stoffen (Gasen, Rauch, Stäuben) auf den Organismus entstehende akute u. chronische Vergiftungen mit intensitätsabhängigen Folgewirkungen (mitunter bis letalem Ausgang).

immóbilis, -is, -e, lat., unbeweglich; mobilis beweglich.

Immunbiologie, die; Teilgebiet der Immunologie, das eine sehr große Bedeutung erlangt hat u. mit dessen Hilfe z. B. Struktur der Immunglobulinmoleküle, deren Synthesemechanismus, Funktion sowie Verteilung der einzelnen Immunglobulinfraktionen bestimmt werden. Arbeitsmethoden d. Immunbiologie sind vor allem: Ultrazentrifugation, Immunelektrophorese, Ionenaustauscher-Chromatographie, Radioimmuntechnik u. Molekularbiologie.

Immunglobuline, die, lat.; besondere Gruppe von Proteinen mit Antikörper-Aktivität, die im Blutplasma sowie in anderen Sekreten u. Körperflüssigkeiten vorkommen; s. Agglutinine. Abk. Ig: eine Gruppe strukturell verwandter Glycoproteide. Sie werden von β-Lymphozyten u. Plasmazellen gebildet. Sie sind in ihrer Gesamtheit für die Realisierung der humoralen Immunität verantwortlich.

immúnis, -is, -e, lat., unversehrt, geschützt, unempfindlich, unempfänglich.

Immunisierung, die; „das Erzeugen einer Immunität". Der Organismus setzt sich bei der aktiven Immunisierung mit antigen wirksamen Substanzen auseinander. Die natürliche aktive I. (verantwortlich für die Grund-Immunität) geschieht durch die Reaktion des Organismus auf die auf natürlichen Wegen aufgenommenen bzw. eingedrungenen Antigene od. deren

Stoffwechselprodukte. Bei der künstlichen akt. I. werden dem Organismus auf verschiedenen Wegen Immunogene zugeführt – entweder, um eine aktive Immunität zu induzieren (die allerdings bei Tieren mit noch präsenten maternalen Antikörpern in ungenügendem Maße erfolgt), oder, um Immun-Seren experimentell zu gewinnen. Die Antikörper eines Immunserums weisen in Abhängigkeit von den zahlreichen antigenen Determinanten Heterogenität auf. Durch synthetische Antigene werden definierte Antikörper erhalten. Als wichtigstes Versuchstier für die künstl. akt. I. gilt das Kaninchen. – Die passive I. geschieht durch Applikation von Immunseren bzw. Hyperimmunseren u. führt zu einem nach kurzer Zeit einsetzenden, temporär (meist über mehrere Wochen) wirksamen Schutz; s. Simultanimmunisierung.

Immunität, die; lat. *immunitas, -atis, f.* die Vergünstigung, das Geschütztsein, die Unempfindlichkeit; spezifische Krankheitsabwehr(kraft) des Organismus gegenüber Infektionen od. Giften; „erworbener Zustand des Geschütztseins" eines Lebewesens gegen bestimmte Krankheitserreger, der gekennzeichnet ist durch das Vorhandensein spezifischer Antikörper (speziell der Immunglobuline) u. durch den Schutz vor bestimmten Infektionen. Neben der erworbenen I. besteht im Organismus das System der natürlichen od. unspezifischen Immunität. – Dem spezif. Schutz liegt kausal in molekularer Hinsicht eine Übereinstimmung von Antikörperbindungsbereich u. determinanter Gruppe des Antigens zugrunde. Zu unterscheiden ist: aktive I., passive I.; humorale I.; zellvermittelte I.; zelluläre I.; relative I. u. absolute I.

Immunologie, die; gr. *ho lógos* die Lehre; die Lehre oder Wissenschaft von den Immunvorgängen, ihren stofflichen Grundlagen, Mechanismen u. Phänomenen; umfasst die miteinander korrespondierenden Gebiete: Immunität, Serologie, Allergologie, Immunbiologie, -chemie, -genetik, -pathologie. – Die Anfänge der I. gehen zurück auf das Ende des 19. Jahrhunderts. Grundlegende Erkenntnisfortschritte wurden vor allem durch Einbeziehung der Immunchemie u. Molekularbiologie erzielt.

immutábilis, -is, -e, lat., unveränderlich, unwandelbar; vgl. mutabel.

impar, -aris, lat., ungleich, ungerade.

Impénnes, Pl., lat. *im- = in-* ohne, *penna* die Feder, Flügel; s. Spheniscidae, Pinguine, Fam. der Ordo Sphenisci, Flossentaucher.

imperátor, -oris, *m.,* lat. der Gebieter, Feldherr, Kaiser. Spec.: *Anax imperator,* Große Königslibelle; s. *Tamarínus.*

Imperforáta, *n.,* Pl., lat. *perforátus, -a, -um* durchlöchert; Gruppe der Thalamophoren od. Kammerlinge, Cl. Foraminifera; gekennzeichnet durch massive, nicht *(im-)* von Poren durchsetzte, also glatte Schalen; Ggs.: Perforata, deren Schalen siebartig (perforiert) sind.

imperiális, -is, -e, lat. kaiserlich, dem Kaiserwappen (Adler) ähnlich; s. *Hedóbia.*

impermeábel, lat. *per* durch, hindurch, *meáre* gehen; undurchgängig, undurchlässig, undurchdringlich.

Impermeabilität, die; Undurchlässigkeit, Undurchdringlichkeit.

Implantation, die, lat. *in-* = im ein-, *plantáre* pflanzen; 1. die Einpflanzung des Keimes in die Uterusschleimhaut; 2. das Einpflanzen v. Zell-, Gewebe- od. Organteilen in den Körper.

Imponieren, das, lat. *impónere* hinein-, darauflegen, auferlegen; beeindrucken, (großen) Eindruck machen, Achtung gebieten; beeindruckende Verhaltensweisen bei Tier und Mensch, stoffwechsel-, fortpflanzungs-, verteidigungs- od. komfortimmanent, häufig ambivalent u. ritualisiert, einzeln od. in der Gruppe ausgeführte Verhaltensweisen; Demonstrationsbewegungen, die Selektionsvorteile erstreben.

Impotenz, die, lat. *ímpoténtia* das Unvermögen, die Unfähigkeit; die Mannesschwäche, sexuelle Unfähigkeit, Zeugungsschwäche. Impotentia coeundi: das Unvermögen, den Coitus (Geschlechtsverkehr) überhaupt od. normal auszuführen; erektive Impotentia: das Ausbleiben des Steifwerdens des Penis; ejakulative Impotentia: das Ausbleiben der Ejakulation; vgl. Potentia, Potenz.

Imprägnation, die, lat. *impraegnatio, -onis, f.,* das Eindringen, *praegnatio, -onis* die Befruchtung, Schwangerschaft; Eindringen der Samenfäden in die reife Eizelle.

impréssio, -ónis, *f.,* lat. *imprímere* eindrücken; der Eindruck, die Impression.

Impuls, der, lat. *impúlsus* der Anstoß, der Antrieb; in der Nervenphysiologie z. B. Bezeichnung für das (fortgeleitete) Aktionspotential von Nervenzellen.

Inachis, gr., wahrscheinlich benannt nach *ho ínachos,* Sohn des Okeanus u. der Thetys, Vater der Jo, Herrscher von Argos, wo der Fluss Inachos von ihm seinen Namen hat; Gen. der Nymphalidae, Lepidoptera. Spec.: *I. io,* Tagpfauenauge.

inäqual, lat. *inaequális* ungleich; inäquale Furchung: ein Furchungstypus, bei dem Blastomeren ungleicher Größe entstehen.

Inambu, s. *Rhynchotus.*

inaurátus, -a, -um, lat., vergoldet, Gold-; s. *Chrysochloris.*

inbreeding, engl./amerik., Bez. für Inzucht.
incarnátus, -a, -um, lat., blassfleischfarben, wenig fleischfarbig (*cáro, cárnis* das Fleisch); s. *Monacha.*
incértae sedis, lat., Genit. v. *incerta sedes* (Abk.: *inc. sed.*) *f.,* die unsichere Stelle od. Stellung; Bezeichnung für ein Taxon (z. B. Gattg.) in unsicherer taxonomischer Stellung; vgl. auch Kollektivgruppe.
Incirrata, *n.,* Pl., lat., *in-* Verneinungs-Suffix, s. *Cirrata;* Gruppe der Octobrachia (s. d.) mit Armen ohne Zirren im Unterschied zu den Cirrata; Genus (z. B.): *Octopus.*
Incisívi, die, lat. *incídere* einschneiden; Dentes incisívi: die Schneidezähne der Vertebraten; einwurzelige Zähne des Zwischenkiefers u. die ihnen im Unterkiefer entsprechenden Zähne.
incisívus, -a, -um, lat. *incídere* einschneiden; zum Schneiden geeignet, eingeschnitten.
incisúra, -ae, *f.,* lat., der Einschnitt.
incrétum, -i, *n.,* lat., s. Inkret.
incus, -údis, *f.,* lat. *incúdere* schlagen, klopfen, schmieden; Incus = Amboss, Gehörknöchelchen der Säuger, in der Paukenhöhle zwischen Hammer u. Steigbügel gelegen.
índex- icis, *m.,* lat. *indicáre* anzeigen; der Anzeiger, der Zeigefinger; Adjektiv: angebend, kennzeichnend (typisch), verratend (auffällig), anzeigend (als Artbeiname).
Indicátor, *m.,* lat., Anzeiger, Verräter, Gen. der Indicatoridae (s. d.). Spec.: *I. sparmanni (Cúculus indicator),* Honiganzeiger.
Indicatóridae, *f.,* Pl., s. *Indicator;* Honiganzeiger, Fam. d. Piciformes, Spechtvögel; sie zeigen honigfressenden Säugern (z. B. Honigdachs, auch dem Menschen) Bienenstöcke an, die sie selbst nicht öffnen können, ernähren sich von Bienenmaden u. Wachs, das sie mit Hilfe von Darmbakterien zu verdauen vermögen; Brutschmarotzer; tropisches Afrika; Genus: *Indicator.*
índicus, lat., indisch, in Indien lebend; s. *Tápirus;* s. *Bos.*
Indikation, die, lat. *indicátio* die Ansage, Aussage, Ankündigung; publizierte Aussage, die es ermöglicht, einen vor 1931 veröffentlichten Namen bei Fehlen einer Definition od. Beschreibung als verfügbar zu werten od. die die Typusart einer nominellen Gattung bei Fehlen einer ursprünglichen Festlegung bestimmt.
Indische Region, die; s. Orientalische Region.
Individualdistanz, die; der Mindestabstand zwischen Individuen einer Art.
individualisierter Verband, *m.,* eine über das Band der individuellen Bekanntschaft zusammengehaltene Tiergruppe; Ggs.: anonymer Verband.
Individuum, *n.,* lat. *indivíduus* unteilbar; Einzelwesen, einzelnes raum-zeitlich determiniertes Struktur- u. Funktionsgefüge.
Indolenz, die, lat., *indolentia,* Schmerzlosigkeit, Gleichgültigkeit.
Indris, *m.,* einheimischer Name; Gen. der Subf. Indrisinae, Fam. Lemuridae, Makiartige, Lemuroidea, Primates. Spec.: *I. brevicaudatus (Lichanótus indri),* Indri.
Induktion, die, lat. *indúcere* hineinführen, verursachen. 1. in der Entwicklungsphysiologie die Auslösung eines Entwicklungsvorganges an einem Teil eines Organismus durch einen anderen Teil; 2. biochemisch: vermehrte Synthese eines (induzierten) Proteins. 3. Begriff der Logik: Schussfolgerung vom Besonderen auf das Allgemeine; vgl. Deduktion.
Induktor, der, s. Enzyminduktion.
Industriemelanismus, der; Zunahme der Häufigkeit melanistischer Individuen in einer Population, bedingt durch einen Selektionsvorteil für die melanistische Mutante in Industriegebieten. Beispiel: Die Häufigkeit der dunklen Form des Birkenspanners *(Biston betularia)* stieg in Großbritannien von nur 1% im Jahre 1850 auf fast 100% an, da diese Mutante auf der dunkler gewordenen Birkenrinde besser gegen Vogelfraß geschützt ist.
inéptus, -a, -um, lat., dumm, unbeholfen, unpassend; s. *Didus.*
inequális, -is, -e, = *inaequalis, -is, -e,* lat., ungleich; s. *Glandulocauda.*
inérmis, -is, -e, lat. ohne Waffen *(arma),* unbewaffnet, auch ohne Skelett; s. *Collozoum.*
infantil, lat. *infantílis* kindlich; kindlich, kindisch, noch nicht geschlechtsreif.
Infantilismus, der; körperliches u./od. geistiges Stehenbleiben bzw. Verhalten auf kindlicher Entwicklungsstufe.
Infektion, die, lat. *infícere* anstecken, vergiften, hineintun; Infekt, Eindringen von Krankheitserregern in den Körper u. anschließende Vermehrung der Infektionserreger.
inférior, -ior, -ius, lat., weiter unten gelegen, der untere.
infernális, -is, -e, lat., unterirdisch, in der Meerestiefe lebend; s. *Vampyroteuthis.*
infernus, -a, -um, lat., unten befindlich, unterirdisch; *infernus,* die Unterwelt.
Information, die, lat. *informátio, -ónis, f.,* die Vorstellung, Anweisung, Ermahnung, Benachrichtigung, Nachricht, Mitteilung.
Informationswechsel, der; Grundeigenschaft der Lebewesen (neben Stoffwechsel u. Formwechsel); steht für die früher gebräuchlichen Begriffe „Reizbarkeit", „Sensibilität" od. „Irritabilität". Ähnlich wie beim Stoffwechsel können

drei funktionelle Abschnitte unterschieden werden: Informationsaufnahme, Informationsverarbeitung (inklusive Speicherung) u. Informationsabgabe (nach Tembrock 1992).

infra-, lat., unterhalb von; in Zusammensetzungen gebraucht.

Infraclassis, *f.,* lat. *infra* unten, unterhalb u. *classis,* s. d.; von manchen Autoren verwendete Kategorie unterhalb der Subclassis, um Ordnungen (direkt „unter der Klasse bzw. Unterklasse") in ihrer Zusammengehörigkeit zu gruppieren; z. B. werden die Theria (als Subclassis der Cl. Mammalia) neuerlich oft eingeteilt in die Infraclassen: Triconotheria, Panthotheria; Metatheria, Eutheria.

Infraordo, *m.,* lat. *infra* unten, unterhalb, *ordo,* s. d.; „unterhalb der Ordnung"; von manchen Autoren zur Unterteilung einer Unterordnung (Subordo) verwendete (Zwischen-) Kategorie als Zusammenfassung verwandter Familien; z. B. werden die Tricladida (s. d.) gruppiert in die Infraordines: Maricola, Paludicola.

infrasubspezifisch, s. Subspecies; Bezeichnung für Rangstufen od. Namen von taxonomischen Kategorien unterhalb der Unterart, z. B. für Varietät, Aberratio.

infundíbulum, -i, *n.,* lat. *infúndere* hineingießen; 1. der Trichter, Infundibulum, Verbindung zw. Diencephalon u. Hypophyse bei Vertebraten, ist in der Form teilweise einem Trichter ähnlich; 2. bei Tintenfischen (Cephalopoden) ein muskulöses Organ, durch das das Wasser aus der Mantelhöhle ausgestoßen wird u. so der Fortbewegung dient.

Infusória, *n.,* Pl., lat. *infúsum* der Aufguss; Wimpertierchen, Gruppe (Phyl.) der Divisio Cytoidea od. Ciliophora; Syn.: Ciliata; benannt nach ihrem Vorkommen in Infusionen, Aufgüssen, d. h. in mit Wasser übergossenen u. dann stehengelassenen organischen Substanzen wie humoser Erde, Heu.

Inger, s. Myxinoidea, s. Hyperotreta, s. *Myxine.*

Ingestionsöffnung, die, lat. *gérere* tragen, hervorbringen; bei Aszidien die Körperöffnung (Mund), über die das Atemwasser und die Nahrung dem Körper zugeführt werden.

inglúvies, -iéi, *f.,* lat., die Gefräßigkeit; der Kropf, bei den Aves die ventrolaterale (sackartige) Erweiterung des Ösophagus cranial der Clavicula u. Pektoralmuskeln.

Inguen, -inis, *n.,* lat. die Leistengegend.

inguinális, -is, -e, lat., zur Leistengegend (zu den Weichen, dem Unterleib) gehörig, am Unterleib vorkommend; s. *Phthírus.*

Inhibitor, der; s. Enzymhemmung.

inhibitorisches Neuron, *n.,* lat. *inhibére* hemmen, hindern, gr. *to neuron* die Sehne, Faser; Neuron, das hemmende Einflüsse ausübt.

Initialbereich, der, lat. *initium* der Anfang; Anfangsbereich für Differenzierungsprozesse, z. B. das morphologische Differenzierungszentrum im Insektenei od. der Graue Halbmond im Amphibienei.

Injektion, die, lat. *injéctio, -ónis;* die Einspritzung, z. B. intramuskulär, -venös.

inkompatibel, lat. *compati* dulden, ertragen; unverträglich.

Inkontinenz, die, lat. *incontinentia* Ungenügsamkeit; Unvermögen, Stuhlgang u. Harnfluss willkürlich zurückzuhalten.

Inkorporation, die, lat. *in-* in, *córpus, -oris* der Körper, also: „in den od. im Körper"; der Einbau organischer u. anorganischer Substanzen im Körper; die „Einverleibung".

Inkret, das, lat. *incérnere* einsieben; *incretum,* das nach innen (in die Blutbahn) abgesonderte (Hormon); s. Sekret, s. endokrin.

inkretorisch, ins Innere des Körpers absondernd.

Inkubation, die, lat., *incubáre* auf etwas liegen, bebrüten; die Bebrütung od. die Zeitspanne zwischen dem Eindringen eines Krankheitserregers bis zum Auftreten erster Symptome einer Krankheit.

„innere Uhr", die; ein innerer Zeitmechanismus aller Organismen, bildet die Grundlage des Zeitgedächtnisses.

Innervation, die, lat. *in-* hinein, innen, *nérvus* die Sehne, der Nerv; die Versorgung mit Nerven bzw. die Nervenwirkung.

Inocéramus, *m.,* gr. *he is, inós* die Faser, Sehne, *ho kéramos* die Schale, Muschel; Gen. der Inoceramidae, Cl. Lamellibranchiata; fossil im Unterjura bis Oberkreide, zahlreiche Leitfossilien, vor allem in der Oberkreide. Spec.: *I. dubius* (Jura, insbesondere Oberlias).

Inokulation, die, lat. *inoculáre* hineinverpflanzen; das Einimpfen eines Krankheitserregers zur aktiven Immunisierung; inokulieren: einimpfen, impfen.

inornatus, -a, -um, lat., schmucklos, nicht geschmückt. Spec.: *Phylloscopus inornatus,* Gelbbrauenlaubsänger.

Inosit, der; Hexahydroxy-cyclohexan; zuckerartiger, essentieller Nahrungsfaktor mit Vitamincharakter.

input, engl., der Eingang (Informationseingang).

Inquilinen, die, von lat. *inquilinus,* s. u.; ökologischer Terminus für „Mitbewohner" oder Einmieter, die in Nestern (Nidicolie), Fraßgängen od. Minen anderer Arten „wohnen", ohne diesen Schaden zuzufügen.

Inquilinismus, der, lat. *inquilinus, -i, m.,* Mietsmann, Insasse, Hausgenosse; eine Form des Sozialparasitismus: eine Insektenart (Ameisen) verbringt ihren ganzen Lebenszyklus im Nest ihrer Wirtsart (z. B. *Doronomyrmex pacis* als Eindringling und *Leptothorax acervorum* als Wirt).

Inscriptio, -ónis, *f.,* lat. *inscríbere* einschreiben; die „Einschreibung".

Insecta, *n.,* Pl., lat. *insecta (animalia)* die Kerbtiere, von *inséctus, -a, -um* eingeschnitten, gegliedert, gekerbt; Insekten, Kerbtiere, Kerfe, Cl. der Eutracheata, Mandibulata; vielfach den Hexapoda (Sechsfüßer), denen der Rang einer Superclassis gegeben wird, untergeordnet; oft auch identifiziert mit Hexapoda. Stark beachtete Insektensysteme sind mit den Autorennamen Handlirsch (1938), Weber (1949) u. Grassé (1949) verbunden. Fossile Formen seit dem Mitteldevon bekannt. Grassé unterteilt die Subclasses: Apterygota, Pterygota; die Insecta umfassen über 700 000 beschriebene Arten (fast $^{2}/_{3}$ aller bekannten Tierarten); am artenreichsten ist die Gruppe der Käfer (Coleoptera); die Holometabola stellen über die Hälfte der Insektenarten; Gruppen: „Apterygota", Pterygota, s. d.

Insectívora, *n.,* Pl., lat. *insectus,* s. o., *voráre* fressen; Insektenfresser, Primitivgruppe der Eutheria (s. d.), fossil seit dem Malm bekannt. Zu den I. gehören primär die Erinaceidae (Igel), Soricidae (Spitzmäuse), Talpidae (Maulwürfe) sowie eine Reihe ± isolierter Gruppen wie die Centedidae, Solenodontidae, Potamogalidae, Chrysochloridae, Macroscelidae u. Tupaiidae, s. d.

Insektarium, das, Insektenhaus; im allgemeinen jeder Behälter od. Raum zur Aufzucht v. Insekten, insbesondere aber stabile Gebäude (od. größere Lauben) mit zweckmäßigen Einrichtungen für die Zucht von Insekten in möglichst natürlicher Umgebung.

insektivor, lat. *insecáre* einschneiden, *voráre* schlingen; insektenfressend; Insektivor, das insektenfressende Tier.

insektizid, lat. *cidere* töten; insektenvernichtend.

Insemination, die, lat. *in-* hinein u. *semen, -inis* der Samen; künstliche Besamung.

Inseminationszeitpunkt, der; der im Hinblick auf den Befruchtungserfolg günstigste Zeitpunkt für die Insemination, der während des Brunst-Höhepunktes gegeben ist, z. B. beim Hausrind am 2. Brunsttag.

insértio, -ónis, *f.,* lat. *insérere* hineinfügen, hineinstecken, einfügen, ansetzen; die Ansatzstelle.

Insertion, die; 1. in der Morphologie z. B. der Ansatz von Muskeln, Ligamenten od. der Nabelschnur an der Plazenta; 2. genetisch der interkalare Einbau einer Nukleotidsequenz bzw. eines Chromosomenabschnittes in ein Chromosom.

insígnis, -is, -e, lat., gezeichnet, ausgezeichnet (*signum* das Zeichen); s. *Prochilodus.*

in situ, lat. *sítus* die Lage; in natürlicher Lage.

Inspiration, die, lat. *inspirátio* die Eingebung; die Einatmung.

Inspirationszentrum, das, latin. *céntrum* der Mittelpunkt; Einatmungszentrum in der Medulla oblongata (Nachhirn) der Säuger und wahrscheinlich auch der Vögel.

inspiratorisches Reservevolumen, das, *n.,* s. Komplementärluft.

Instabilität, die, lat. *instabilis, -e* nicht feststehend, schwankend, unstet; Zusammenbruch eines Zustandes aufgrund einer Veränderung der äußeren Bedingungen od. der Zusammensetzung des Systems.

Instinkt, der, lat. *instínctus* der Anreiz, Antrieb; „Instinkt, die Fähigkeit vieler Tiere, stimmungsanregende Impulse innerer und äußerer Herkunft mit arttypischem Instinktverhalten zu beantworten" (Brockhaus ABC Biologie, 1967); der Instinktbegriff ist nach Barlow (1974) überholt.

instinktiv, s. Instinkt; durch den Instinkt bestimmt, angeboren.

Insuffizienz, die, lat. *insufficiéntia;* das Versagen, die Schwäche, mangelhafte Leistung eines Organs.

insula, -ae, *f.,* lat., die Insel, der abgegrenzte Bereich; insulanus: Inselbewohner.

Insulin, das, benannt nach der Entstehung in den Langerhansschen „Insel-" Zellen im Pankreas; blutzuckerregulierendes Hormon.

Integration, die, lat. *integrátio* die Erneuerung; der Zusammenschluss von Teilen zu einem Ganzen od. die Durchdringung von Teilen zu einem Ganzen (neuer Qualität).

Integrität, die, lat. *ínteger, -gra, -rum* frisch, unversehrt; Unversehrtheit, Ganzheit, Vollständigkeit.

integuméntum, -i, *n.,* lat., die Decke, Hülle; Integument: äußere Haut, die bei Vertebraten mehrschichtig u. bei den Evertebraten (meist) einschichtig ist.

Intelligenz, die, lat. *intellegéntia, -ae, f.,* das Erkenntnisvermögen, die Einsicht, der Verstand, das geistige Leistungsvermögen.

Intensität, die, lat. *inténsus* angespannt, heftig, stark; z. B. die Stärke, Kraft, Gewalt, Anspannung, Größe.

Intentionsbewegung, die, lat. *inténtio, -ónis,* die Anspannung, Aufmerksamkeit, Absicht; eine handlungseinleitende Bewegung.

inter-, lat., zwischen (in Zusammensetzungen gebraucht); z. B. *interesse* (wörtlich) dazwischensein (davon übertragen: das Interesse).

interanimal, lat., „zwischen Tier bzw. Lebewesen", z. B. Übertragung von Erregern über (Wirts-) Tiere *(animal,* Pl. *animalia).*

interalveolaris, -is, e-, lat., *alveus, -i, m.,* die bauchige Höhlung; zwischen den Zahnhöhlen liegend.

intercarpeus, -a, -um, lat. gr. *ho karpós* die Handwurzel, die Frucht; zwischen den beiden Knochenreihen der Handwurzel (Carpus) liegend.

intercartilagíneus, -a, -um, lat. *cartilágo, f.,* der Knorpel; zwischen den Knorpeln gelegen.

intercellulär, s. *céllula;* zwischen Zellen gelegen.

interchondrális, is, -e, gr. *ho chóndros* der Knorpel; zwischen Knorpeln liegend.

interclavicularis, -is, -e, lat. *clávis, f.,* der Schlüssel; zwischen den Schlüsselbeinen (Claviculae) liegend.

intercostális, is, -e, s. *costa;* zwischen den Rippen gelegen.

intercrurális, -is, -e, lat. *crus* der Schenkel, das Bein, der Pfeiler; zwischen den „Pfeilern" liegend.

Interferon, das (Isaacs u. Lindemann, 1957), *n.,* lat. *fero,* bringen, überbringen, entrichten; niedermolekulare Glykoproteide, die in tierischen und menschlichen Zellen nach Virusinfektion gebildet werden u. eine gegen weitere Viren gerichtete Wirkung auslösen. Die I. wirken indirekt, d. h. sie induzieren in der Zelle die Bildung eines inhibitorischen Proteins, das eine weitere Virusvermehrung hemmt.

interganglionáris, -is, -e, s. *ganglion;* zwischen den Ganglien gelegen.

interglobularis, -is, -e, lat. *globus* die Kugel; zwischen den Kügelchen *(globulus, -i)* gelegen.

intérior, -ior, -ius, lat., innen befindlich.

interlobaris, -is, -e, gr. *ho lobós* der Lappen; zwischen den Lappen liegend.

Intermaxilláre, das; s. Os intermaxilláre.

Intermaxillarknochen, der; s. Os intermaxilláre.

intermediär, lat. *intermédius, -a, -um* in der Mitte zwischen anderen gelegen; dazwischenliegend. Beispiel (Anwendung): Ein mendelndes Merkmal ist intermediär ausgebildet, wenn es bei Kreuzungen in der Mitte zwischen den entsprechenden Merkmalen der Eltern steht.

intermediäre Stoffwechselprodukte, Verbindungen im Stoffwechselgeschehen, die in mehr od. weniger hohen Konzentrationen im Gewebe vorkommen, aber nicht in der Pflanzenzelle gespeichert od. aus der Tierzelle ausgeschieden werden. Die i. S. sind eine allgemeine Bezeichnung für alle im Metabolismus vorkommenden Verbindungen, die keine Endprodukte darstellen.

Intermedin, das; s. MSH.

intermembranáceus, -a, -um, lat., s. membrana; zwischen den Membranen gelegen.

intermesentericus, -a, -um, gr. *mésos* mitten, *to énteron;* zwischen dem Gekröse (Mesenterium) liegend, der Darm.

intermetacarpeus, -a, -um, zwischen den Knochen der Mittelhand (Metacarpus) liegend.

intermetatarsus, -a, -um, zwischen den Knochen des Mittelfußes (Metatarsus) liegend.

International Bee Research Association, Abk. IBRA, 1949 in London gegründet, dient dem Ziel u. der Aufgabe zur Förderung der Bienenforschung; besitzt umfassende Bibliotheken u. gibt 3 eigene Zeitschriften heraus: „bee world", „Journal of Apicultural Research" u. „Apicultural Abstracts".

Internationale Union zum Studium der sozialen Insekten, Abk. IUSSI, internationale Gesellschaft mit nationalen Sektionen, die sich mit staatenbildenden Insekten unter wissenschaftlichen und angewandten Aspekten beschäftigen.

intérnus, -a, -um, lat., der innere, innen ..., im Inneren befindlich.

Interrezeptoren, die, lat. *recéptor* der Aufnehmer; Rezeptoren, welche (als „Empfangsorgane") die Reize des inneren Milieus aufnehmen; zu unterscheiden sind: Proprio- und Viszerozeptoren, s. d.

interósseus, -a, -um, lat., s. *os, ossis;* zwischen Knochen liegend.

interpeduncularis -is, -e, lat. *pedúnculus* der Stiel; zwischen den Hirnstielen gelegen.

Interphase, die, gr. *he phásis, -eos,* der Schein, die Erscheinung; Erscheinungsform der Zelle in der zeitlichen Folge zwischen zwei Mitosen, die eigentliche Aktivitätsphase im Zellzyklus. Die Interphase wird unterteilt in G_1-, S- u. G_2-Phase.

interruptus, -a, -um, lat., unterbrochen; s. *Phenacogrammus.*

interscapularis, -is, -e, lat. *scápula* das Schulterblatt; zwischen den Schulterblättern liegend.

intersegmentalis, -is, -e, lat. *segméntum* der Abschnitt; zwischen den Segmenten liegend.

Intersexe, die, lat. *séxus, -us, m.,* das Geschlecht; sexuelle Zwischenformen (hormonale Zwitter); intersexuell: zwischengeschlechtlich.

interspezifische Evolution, die; „zwischenartliche" Evolution, synonym mit Makroevolution (s. d.) gebraucht.

interstitial cell stimulating hormone, engl., Zwischenzellstimulierendes Hormon; Abk.: ICSH; s. luteinisierendes Hormon.

interstitiális, -is, -e, lat., zum Bindegewebe bzw. Zwischenraum gehörig.

interstítium, -ii, *n.,* lat., der Zwischenraum.

Intertarsalgelenk, das, gr. *ho tarsós* der Teil vom Fuß zw. Zehen u. Knöchel, auch das Ruder-, Fußblatt, s. *tarsus;* Fußgelenk bei bestimmten Reptilien u. bei Aves (Sauropsiden) zwischen Tarsalia der proximalen u. distalen Reihe, nachdem einige od. alle proximalen Tarsalia mit der Tibia zum Tibiotarsus u. die distalen Tarsalia (bei den Vögeln) mit dem Laufknochen zum Tarsometatarsus verschmolzen sind.

intertarseus, -a, -um, gr. *ho tarsós,* s. o.; zwischen den Fußwurzelknochen gelegen.

interthalamicus, -a, -um, gr. *ho thálamos* die Wohnung, das Lager, Schlafgemach; zwischen den beiden Sehhügeln gelegen.

intervenosus, -a, -um, lat. *vena* die Blutader, Vene; zwischen den Venen gelegen.

intervertebral, s. *vértebra;* zwischen den Wirbeln liegend.

intestinális, -is, -e, zu den Eingeweiden *(intestína)* in Beziehung stehend, zum Darm gehörig; s. *Ciona.*

Intestínum, -i, *n.,* lat., das Eingeweide, der Darmkanal.

intestínus, -a, -um, innerlich, innen liegend.

Intima, *f.,* lat. *íntimus* der Innerste, Geheimste; die Endothelauskleidung der Blutgefäße.

intra-, lat., innerhalb von (in Zusammensetzungen gebraucht).

intraabdominal, s. *abdómen;* innerhalb des Bauchraumes.

intracardial, s. *cárdia;* intrakardial, innerhalb des Herzens.

intracellulär, lat. *céllula* (kleine) Zelle; innerhalb der Zelle.

intracelluläre Pangenesis, s. Pangenesis-Theorie; v. H. de Vries (1889) aufgestellte Theorie, nach der jede einzelne erbliche Anlage (ähnlich wie bei der von Ch. Darwin vertretenen Pangenesis-Theorie) an solche Keimchen – von ihm Pangene genannt – gebunden ist, die das ganze lebende Protoplasma zusammensetzen. Im Gegensatz zu Darwin nimmt er aber an Stelle des Keimchentransports an, dass bereits in jedem Zellkern von vornherein alle Arten von Pangenen des betreffenden Individuums existent sind. Die Pangene werden als gedachte Vererbungsträger der einzelnen Eigenschaften bzw. der einzelnen Anlagen des Organismus aufgefasst.

intracranial, s. *cránium;* intrakranial; innerhalb des Schädels.

intracutan, s. *cútis;* intrakutan; in der Haut.

intramuskulär, s. *músculus;* innerhalb des Muskels. Abk.: i. m.

intraokular, s. *óculus;* innerhalb des Auges, intraokular.

intrapelvínus, s. *pélvis;* innerhalb des Beckens liegend.

intraperitoneal, s. *peritoneum;* innerhalb des vom Bauchfell ausgekleideten Raumes.

intrapleural, s. *pleurális;* innerhalb der Pleurahöhle.

intrapulmonal, s. *púlmo;* innerhalb des Lungengewebes bzw. der Lunge.

intratendíneus, s. *téndo;* innerhalb der Sehne liegend.

intrathorakal, s. *thórax;* innerhalb der Brusthöhle.

intrauterin, s. *úterus,* innerhalb der Gebärmutter, im Cavum úteri.

intravaginal, s. *vagína;* innerhalb der Scheide.

intravasal, s. *vas;* in dem Gefäß.

intravenös, s. *véna;* in einer Vene, in eine Vene; Abk.: i. v.

intravital, s. *víta;* während des Lebens.

intróitus, -us, *m.,* lat., der Eingang, Einzug, Anfang.

Intron, lat. *intro* hinein; Abschnitt eines gespaltenen Gens, der bei Reifung der RNA (s. Verspleißen) herausgeschnitten u. demzufolge nicht in Protein übersetzt wird; Ggs.: Exon.

intumescéntia, -ae, *f.,* lat. *intuméscere* anschwellen; die Intumeszenz, die Anschwellung.

Inuus, *m.,* lat. *iníre* hineingehen; Gott der Herden. Pan als Befruchter der Herde; Gen. der Cercopithecidae.

Invagination, die, lat. *in-* in, s. *vagína;* in der Entwicklungsphysiologie die Einstülpung eines Blastems in ein anderes, das dann die äußere Hülle bildet.

Invaginationsgástrula, *f.,* s. *gastrula;* Gastrula, die durch Invagination des vegetativen Pols der Coeloblastula entsteht, wobei das eingestülpte Blastoderm zum Entoderm u. die äußere Zelllage zum Ektoderm wird.

Invariantenbildung, die, lat. *invariatio, -onis* das Unveränderliche; 1. Begriffsbildung, Grundlage für die Selektivität gegenüber dem Informationsangebot der Umwelt, die das Wahrnehmen und Erkennen gewährleistet. 2. Invariante = das Unveränderliche, Wesentlich-Stabile (im biolog. System/Lebewesen).

Invarianz, die; Unveränderlichkeit z. B. eines Zustandes.

Invasion, die, lat. *invádere* eindringen, überfallen, angreifen; 1. Eindringen von parasitären Krankheitserregern (Protozoen, Helminthen) in die Wirtsorganismen; 2. Eindringen von Tieren in ein anderes Gebiet.

invers, lat. *invérsus* umgekehrt, abgewendet; beim inversen Auge durchdringt das Licht zuerst die Zellkörper, bevor es auf die Transformatoren trifft.

Inversion, die, lat. *inversio, -onis, f.,* die Umkehrung, -stülpung; 1. *in der Chemie:* Umkehrung des opt. Drehvermögens von Stoffen; 2. *in der Genetik:* Drehung eines interkalaren Chromosomensegments um 180°; es werden peri- u. parazentrische Inversionen unterschieden; bei letzteren ist das Zentrometer nicht miterfasst; 3. *in der Embryologie:* Rückbildung des Endo- u. auch des Ektoblasten der Keimblase nach der Entypie des Keimfeldes (bei Nagetieren), so dass der Endoblast des embryonalen Teils des Dottersacks nach außen zeigt u. durch die „Umkehr der Keimblätter" ein besserer Raum für die zahlreichen Embryonen (der Muridae) erreicht wird.

Invertase, die, lat. *invértere* umwenden, drehen; s. Saccharase.

Invertebráta, die, lat. *in- un-, vértebra* der Wirbel; s. Evertebrata (Wirbellose).

Invertzucker, der, lat. *invértere,* s. o.; ein Gemisch aus D-Glucose u. L-Fructose (z. B. im Bienenhonig).

in vitro, lat., im Glase; im Reagenzglasversuch, unter künstlichen Bedingungen.

in vivo, lat., in lebendem Zustand, im Lebendigen; im lebenden Organismus.

Inzestzucht, die; von lat. *incestáre* beflecken, schänden, *incestus, -a, -um* unkeusch, unzüchtig, *incestum, -i, n.,* (auch: *incestus, -us, m.*) Unzucht, Blutschande; „Engstzucht", d. h. Paarung von Individuen im 1. bis 2. Verwandtschaftsgrad; Verfahren der Inzucht (s. d.).

Inzucht, die; engere Verwandtschaftszucht, Paarung von Individuen innerhalb einer Population mit einem Verwandtschaftskoeffizienten, der größer ist als der durchschnittl. Verwandtschaftskoeffizient der Population. In der Tierzucht ist das Spektrum der Inzucht definiert durch Paarung von Tieren im 1. bis 6. Verwandtschaftsgrad: (1) Inzestzucht = Paarung von Individuen im 1. bis 2. Verwandtschaftsgrad (z. B. Geschwisterpaarung, Eltern-/ Großeltern-Teil mal Kind/Enkel; (2) enge oder nahe I. = Paarung von Individuen im 3. und 4. Verwandtschaftsgrad; (3) mäßige oder weite I. = Paarung von Individuen im 5. bis 6. Verwandtschaftsgrad. – Die Entstehung nahezu aller Kulturrassen der Haustiere ist durch Formen der I. beeinflusst worden.

Inzuchtdepression, die; durch Inzucht bedingte Vitalitäts- und Leistungsminderungen; die Inzuchtdepression ist faktisch das Gegenteil vom Heterosiseffekt; s. Inzuchtschäden, s. Inzucht, Heterosis (-effekt).

Inzuchtlinie, die; Bezeichnung für die durch fortgesetzte Inzucht (s. o.) entstandene Generationenfolge von genetisch wenig unterschiedlichen Individuen. Es wird durch wiederholte I.-Paarungen eine größere genetische Einheitlichkeit gegenüber der gesamten Population erzielt; vgl. auch: Inzuchtlinienkreuzung, Inzuchtdepression.

Inzuchtlinienkreuzung, die; Kreuzung von Individuen, die verschiedenen Inzuchtlinien der gleichen oder verschiedenen Rassen angehören, mit dem Ziel, die auftretenden (positiven) Heterosiseffekte zu nutzen; s. Inzucht, Inzuchtlinie.

Inzuchtminimum, das; durch fortgesetzte Inzucht erreichter Tiefstand in Gewicht, Größe, Widerstandsfähigkeit und Leistung der ingezüchteten Individuen, bei dem aber die Lebensfähigkeit noch nicht (direkt) gefährdet ist. Das I. (Inzuchtdepression, -schäden, s. d.) kann als Gegensatz zur Heterosis (s. d.) aufgefasst werden. Es kann durch Kreuzung zweier derartig degenerierter Linien u. U. aufgehoben werden, die jedoch nicht eng miteinander verwandt sein dürfen (= „Inzucht-Heterosiseffekt").

Inzuchtschäden, die; syn. Inzuchtdepressionen; sie können dadurch entstehen, dass (1) unerwünschte, vorerst verdeckte (rezessive) Anlagen durch Inzucht in Erscheinung treten und (2) dass die genetische Variabilität abnimmt und damit das Reaktionsvermögen auf Umwelteinflüsse geschwächt ist. Folgen sind z. B. geringere Größe der Tiere, verfeinerter Knochenbau, spärlicher Haarwuchs, feine Haut, Pigmentverlust, Abnahme der Widerstandsfähigkeit und Leistungen, Abnahme von Geschlechtstrieb, Fruchtbarkeit; retardierte Entwicklung der Jungtiere; Zunahme an Missbildungen. Derartige Inzuchtschäden können durch Einkreuzung mit nicht verwandten Tieren beseitigt werden.

iocosus, s. *jocosus.*

io, *f.,* gr. *he Ió,* Mädchenname, so hieß die flinke Tochter des Königs Inachos von Argos; s. *Inachis.*

Ion, das, gr. *ión* gehend; elektrisch geladene Atome bzw. Moleküle. Die positiven Ionen nennt man Kationen, die negativen Anionen;

zahlreiche Salze dissoziieren in wässriger Lösung in ihre Ionen.

Ionenpumpe, die; Bezeichnung für den aktiven Transport von Ionen, z. B. Natrium- u. Kaliumpumpe.

Ionenstärke, die; Konzentrationsmaß, das die Wechselwirkungen zwischen Ionen als Funktion ihrer Konzentration und Ladung widerspiegelt.

Iphigéna, *f.*, eigentlich Iphigenia, Tochter des Agamemnon; Gen. der Clausiliidae, Schließmundschnecken, Ordo Stylommatophora (Landlungenschnecken). Spec.: *I. densestriata.*

Ips, *m.*, gr. *ho ips, ipós* der Holzbohrer; Gen. der Ipidae, Borkenkäfer. Spec.: *I. typographus,* Buchdrucker.

ipsilateral, lat., *ipse* selbst, *látus, n.*, die Seite; gleichseitig, „selbst"-seitig, auf der gleichen Seite.

IPSP, Abk. für engl. *inhibitory postsynaptic potential,* das hemmende postsynaptische Potential.

Iréna, *f.;* Gen. der Oriolidae, Pirole. Spec.: *Irena puella,* Elfenblauvogel (die taxonomische Einordnung geschah früher in die Familie der Stachelbürzler, dann in die der Blattvögel; erst in jüngerer Zeit den Pirolen zugeordnet).

irideus, -a, -um, ähnlich der Iris (s. d.); regenbogenfarben. Spec.: *Salmo irideus (= Oncorhynchus mykiss),* Regenbogenforelle.

irídicus, -a, -um, gr. *he íris, íridos* der Regenbogen; zur Regenbogenhaut des Auges gehörig.

Iridozyten, die, gr. *to kýtos* der Becher, die Zelle; Zellen bei Cephalopoden, die mit am Zustandekommen des Farbwechsels beteiligt sind.

íris, -idis, *f.;* Iris: die Regenbogenhaut des Auges; Göttin des Regenbogens.

Irradiation, die, lat. *ir- = in-* u. *radius* der Strahl; Austrahlung, z. B. Ausbreitung einer im zentralen Nervensystem entstandenen Erregung; vgl. Okklusion.

irregulär, lat., *in-* un-, *régula* das Richtmaß, die Regel; unregelmäßig, von der Regel abweichend.

Irregulária, *n.*, Pl., auch: Irreguláres; lat. *irreguláris* unregelmäßig; Superordo der Echinoidea, Seeigel; mit abgeplattetem Körper, After od. Mund u. After exzentrisch gelegen; fossile Formen seit dem Unterjura nachgewiesen; vgl. Regularia.

irreversíbel, lat. *in-* un-, *reversíbilis* umkehrbar; nicht umkehrbar, nicht rückgängig zu machen.

Irreversibilität, die; Nichtumkehrbarkeit, z. B. eines Prozesses.

irritábilis, -is, -e, lat., reizbar, erregbar, empfindlich, irritabel.

Irritabilität, die, lat. *irritabílitas* die Reizbarkeit, Erregbarkeit; Reizbarkeit, Empfindlichkeit eines Gewebes bzw. eines Organells od. Organs (Sinnesorgans).

irritans, lat., erregend, zum Zorne reizend. Spec.: *Pulex irritans,* Menschenfloh.

Irritation, die, lat., *irritatio, -onis, f.;* der Reiz, die Reizung, „Anreizung", Erregung.

ischiádicus, -a, -um, lat., zum Sitzbein gehörig.

ischium, -ii, *n.*, gr. *to ischíon* der Hüftknochen, das Gesäß; Os íschii, das Sitzbein.

Ischnopsýllus, *m.*, gr. *ischnós* trocken, dünn, mager, *ho psýllos* der Floh; Gen. der Ischnopsyllidae, Ordo der Aphaniptera, Flöhe. Spec.: *I. hexactenus,* Sechskammiger Fledermausfloh.

Ischnura, *f.*, gr. *he urá* der Schwanz; Pechlibellen, Gen. der Coenagrionidae, Odonata. Etwa 3 cm lange, am Hinterkörper blau u. schwarz gefärbte Schlankjungern. Spec.: *I. elegans,* Große Pechlibelle; verbreitet an eutrophen Gewässern.

Ischyropsalis, *f.*, gr. *to ischion* Hüfte, *he psális, psálidos* die Schere; Gen. der Ischyropsalididae, Schneckenkanker, Cyphopalpatores, Opiliones. Dunkle, langbeinige Tiere, die in Gebirgstälern leben u. sich vorwiegend von Nackt- u. Gehäuseschnecken ernähren, die mit den kräftigen Cheliceren von der Gehäusemündung her aufgebrochen werden. Spec.: *I. hellwigi.*

Isis, *f.*, Isis, ägyptische Göttin; Gen. der Holaxonia, Gorgonaria; erreicht bis 1 m Höhe, mit baumförmigem Skelett und abwechselnd (der Länge nach) aus kürzeren Hornabschnitten (schwarz, aus Gorgonin gebildet) u. längeren Kalkabschnitten zusammengesetzter Skelettachse, so dass sie wie eine Perlenkette gegliedert erscheint; fossile Formen seit der Oberkreide bekannt. Spec.: *I. hippuris.*

isländicus, -a, -um, auf Island vorkommend od. beheimatet.

isodont, gr. *ísos* gleich, gr. *hoi odóntoi* die Zähne; isodont sind die Zähne der Vertebraten, wenn sie alle gleichartig, kegelförmig gestaltet sind. Vermutlich waren die ältesten Säugetiere isodont.

Isodynamie, die, gr. *he dýnamis* die Kraft, Stärke; Gleichwertigkeit der Grundnährstoffe (Kohlenhydrate, Eiweiße, Fette) in bezug auf ihren physiologischen Brennwert.

Isodynamiegesetz, das, auch Rubnersches Gesetz genannt (nach dem Berliner Physiologen u. Hygieniker Max Rubner, (1854–1932); die gesetzmäßige Wirkung, dass sich unter physiolog. Bedingungen die Grundnährstoffe hinsichtlich ihres physiolog. Brennwertes im intermediären Stoffwechsel gegenseitig vertreten können. Isodynam sind: 1 g Fett = 2,3 g Kohlenhydrat = 2,3 g Eiweiß.

Isogameten, die, gr. *ho gamétes* der Gatte; Geschlechtszellen, die sich in Form u. Größe gleichen.

Isogamie, die, gr. *gamḗin* gatten; Vereinigung von zwei Isogameten.

isolezithal, gr. *he lékithos* der Dotter; isolezithale Eier: Eier mit gleichmäßig verteiltem Dotter.

Isolierung, die, neulat., v. italien. *ísola* die Vereinzelung, Insel, lat. *ínsula* die Insel; Trennung, Absonderung od. getrenntes Vorkommen v. Tieren bzw. Populationen, führt bei der genetischen Isolierung zur Aufhebung der Fortpflanzungsgemeinschaft u. zur genetischen Differenzierung; näheres s. genetische Isolierung.

Isomerasen, die; Enzyme, die z. B. Verschiebungen von Doppelbindungen u. intramolekulare Gruppenübertragungen in ihren Substraten katalysieren.

isometrische Muskelkontraktion, die, gr. *to métron* das Maß, der Maßstab, lat. *contráctio* das Zusammenziehen; Funktionszustand des Muskels, der durch Spannungsänderung bei gleichbleibender Länge gekennzeichnet ist.

Isómira, *f.*, gr. *he isomoiría* die gleichmäßige Anordnung, Verteilung (wegen gleicher Antennenteile); Gen. der Aleculidae, Ordo Coleoptera, Käfer. Spec.: *I. murína,* Mäuse-Hähnchen.

Isópoda, *n.*, Pl., gr. *ho pús, podós* der Fuß; Asseln, Ordo der Malacostraca; mit 7 Paar Brustbeinen (als in der Regel gleichartige Schreitbeine) u. 6 Beinpaaren am Abdomen; meistens von dorsoventral abgeflachter Körperform; fossil seit dem Ob. Perm bekannt.

Isóptera, *n.*, Pl., gr. *to pterón* der Flügel, also: „Gleichflügler"; Termitengruppe der Blattoidea, Pterygota, Insecta; leben in den Tropen u. Subtropen, Staatenbildung, das Licht vermeidend (nächtlich od. unterirdisch); im Termitenstaat gibt es neben den Geschlechtstieren (Männchen u. Weibchen, später die Flügel verlierend) noch mehrere, als Arbeiter u. Soldaten unterschiedene Kasten ungeflügelter, geschlechtsloser Individuen. Manche Arten sehr schädlich als Zerstörer von Holzteilen der Häuser; fossile Formen seit dem Alttertiär bekannt. Spec.: *Termes fatalis* (in Afrika), *Termes lucifugus* (in S-Europa).

isosmotisch, gr., s. Osmose; den gleichen osmotischen Druck aufweisend.

Isótoma, gr. *témnḗin* zerschneiden, gliedern; Gen. der Fam. Isotómidae, Gleichringler, Ordo Collembola, Springschwänze. Spec.: *I. saltans (= Desoria glacialis),* Gletscherfloh, der an der Schneegrenze oft in Massen vorkommt.

isotonisch, gr. *ho tónos* die Spannung; von gleichem osmotischem Wert; Syn.: isosmotisch. Isotonisch oder äquimolekular sind z. B. 342 g Saccharose u. 180 g Glukose, in gleichen Mengen des Lösungsmittels gelöst.

isotonische Muskelkontraktion, die, lat. *contráctio* das Zusammenziehen; Funktionszustand des Muskels, der durch Verkürzung bei gleichbleibender Spannung gekennzeichnet ist.

Isotope, die, gr. *ho tópos* der Ort, die Stellung; I. sind Atome gleicher Ordnungszahl, aber unterschiedlicher Masse (Neutronenzahl), besitzen gleiche chemische Eigenschaften. Man unterscheidet radioaktive I., die unter Aussendung radioaktiver Strahlung zerfallen, und stabile I, die unverändert bleiben.

Isotransplantat, das, gr. *ísos* gleich, lat. *transplantare* verpflanzen; Transplantat, das zwischen zwei Individuen einer Species ausgetauscht wird, deren Antigene zur Gänze einer gleichen, genetisch abgrenzbaren Gruppe angehören (z. B. reiner Inzuchtstamm, eineiige Zwillinge).

isotróp, gr. *trépḗin* wenden, richten; gleichgerichtet.

Isozygotie, die; gr., Zustand eines Chromosomensatzes, der an allen Loci homozygot ist.

ísthmicus, gr. *istmikós* zum Isthmus gehörend.

isthmus, -i, *m.*, gr. *ho isthmós* die Landenge; der Racheneingang (Isthmus fáucium), Engpass.

Istwert, der; Regelgrößenwert, der jeweilige Wert einer zu regelnden Größe (Regelgröße) zu einem bestimmten Zeitpunkt.

italicus, -a, -um, aus Italien stammend, in I. beheimatet.

-ites, *m.*, 1. willkürlich gebildetes und insbes. bei Gattungsnamen fossiler Organismen angewandtes Suffix; z. B. *Ceratites, Goniatites, Halysites;* 2. *-ites* bezeichnet eigentlich bzw. ansonsten Ähnlichkeit od Anwendung (-ig, -lich).

IU, Internationale Einheit für die Enzymaktivität; 1 IU = µMol Substratumsatz/1000 ml Serum.

iubátus, -a, -um, s. *jubatus.*

IUCN, Abk. von engl.: **I**nternational **U**nion for **C**onservation of **N**ature and Natural Resources. Die internationale Naturschutzunion hat ihren Sitz in Gland (Schweiz). – Auch unter der Abk. des gleichberechtigten französ. Namens, s. UICN, bekannt.

iunceus, -a, -um, lat. *iuncus, -i, m.,* die Binse; binsenartig, aus Binsen. Spec.: *Virgularia juncea,* Fiederkoralle.

IUSSI, s. Internationale Union zum Studium der sozialen Insekten.

Ivanov, Artemy Vasilèvič, geb. 1906 in Molodevno/Weißrußland; Zoologe, Embryologe; Stud. der Biologie in Leningrad/Petersburg (1926–1930), 1930–1932 Mitarb. der Pazif. Wiss. Station in Wladivostok; 1944 Dr. Biol., 1950 Prof. für Zoologie an der Univ. Leningrad; nahm an verschiedenen meeresbiologischen Expeditionen teil. Fundamentale Ergebnisse konnte er über die Pogonophoren vorlegen.

Iwata-Larventyp, der; nach ihrem Entdecker F. Iwata benannte Larvenform einer Heteronemertine.

Ixobrýchus, *m.,* gr. *ho ixós* die Mispel, *brýchēin* Geräusch erzeugen, klappernde Töne abgeben; Gen. der Ardeidae, Reiher, Ordo Ciconiiformes, Schreitvögel. Spec.: *I. minutus,* Zwergrohrdommel.

Ixódes, *m.,* gr. *ixódes* klebrig; *ricinus,* bezugnehmend auf die Ähnlichkeit des Holzbockes mit dem Samen der Ricinus-Pflanze; Gen. der Ixódidae, Schildzecken, Eigentliche Zecken, Acarina (Milben). Spec.: *I. apronophorus*, Wirte: Feld- u. Waldmäuse, Singvögel u. Wassergeflügel; Europa. Überträger der Tularämie der Nagetiere; *I. laguri,* kleine Zeckenart, Wirte sind höhlenbewohnende Kleinsäuger; *I. persulcatus* (Taigazecke), O- u. Mittelasien, kleine Verbreitungsgebiete auch in Europa. Wirte der Imagines sind Haus- u. Wildtiere, gelegentl. auch der Mensch. Überträger der Virusenzephalitis des Menschen; *I. ricinus* (Holzbock); Männchen bis 4 mm lang; Weibchen hungrig bis 5 mm, vollgesogen bis 14 mm lang, verbreitete Zeckenart in M-Europa. Adulte befallen sämtliche Haus- u. wildlebenden Säugetiere; Larven parasitieren auch an Vögeln u. Reptilien. Prädilektionsstellen auf dem Wirtstierkörper sind weichhäutige, verdeckte Körperpartien. Überträger u. a. der *Babesia-divergens*-Rinderpiroplasmose u. der Zeckenenzephalitis (Mensch, Schaf).

Ixódidae, *f.,* Pl., s. *Ixódes;* Schildzecken, Fam. der Ixodina (s. d.); sie sind Parasiten von Groß- und Kleinsäugetieren, Vögeln, Reptilien; die Entwicklung verläuft über Zygote, Larve, Nymphenstadium, Adulti bis 5 Jahre möglich. Entsprechend der Anzahl der im Lebenszyklus eingeschalteten Wirtstiere werden 1-, 2-, 3-wirtige Zeckenarten unterschieden. Ix. nehmen Blut als Nahrung auf, vermögen längere Hungerperioden zu überstehen. Schadwirkung weniger durch Blutentzug als vielmehr durch toxische Wirkung des Speicheldrüsensekrets und die Übertragung von Krankheitserregern (Protozoen, Bakterien, Rickettsien, Viren). Genera (z. B.): *Amblyómma, Boophílus, Dermacéntor, Hyalómma, Rhipicéphalus, Haemaphysalis.*

Ixodína, *n.,* Pl. (s. *Ixodes*), Unterordn. der Anactinotrichida, Acari. Familiae: Ixodidae, Argasidae (s. d.).

J

Jacob, Francois, geb. 1920 in Nancy; Studium der Medizin mit dem besonderen Interesse für Chirurgie, 1940–1945 Offizier der freien französischen Streitkräfte, 1944 schwer verwundet; 1947 Promotion zum Dr. med.; 1956–1960 Labor-Ltr., seit 1960 Abteilungsleiter für Mikroben-Genetik, seit 1964 Prof. für Mikrobengenetik am College de France; Nobelpreis für Medizin u. Physiologie, zusammen mit Lwoff u. Monod, für das „Jacob-Monod-Modell" der Regulation der Genaktivität.

jacobǣus, latin. von *Sanct Jacob* (Santiago di Compostela), von wo Pilger die *Pecten*-Species, s. d., oft mitbrachten.

Jacobi, Arnold (Friedrich Victor), geb. 31. 1. 1870 Leipzig, gest. 16. 6. 1948 Dresden, Prof. u. Mus.-Dir. der Techn. Hochschule Dresden; Arbeitsthemen: Tiergeographie, Systematik u. Vergl. Anatomie der Säugetiere, Ornithologie, Systematik d. Homopteren.

Jacobs, Werner, geb. 26. 4. 1901 Alt-Krenzlin (Mecklenburg), gest. 26. 12. 1972; promovierte bei Karl v. Frisch (1924); Professor. Themen wissenschaftlicher Arbeiten: Duftorgan der Biene, Sekretions- u. Resorptionsvorgänge in der Mitteldarmdrüse von Krebsen, Gasproduktion u. Gasregulation in der Schwimmblase von Fischen, „Fliegen, Schwimmen, Schweben" (1938, 1954), Arbeiten zur Bioakustik der Orthopteren, vergleichende Untersuchungen des Verhaltens verschiedener einheimischer Geradflügler-Arten mit ethologischen Methoden (1953), Neubearbeitung der Bestimmungsbücher von L. Döderlein, Taschenbuch der Insektenkunde (unter Mitarbeit von M. Renner), 1974 (1. Aufl.); 1988 (2. Aufl.).

Jacobson, Ludvig, Levin, Anatom, Arzt, geb. 10. 1. 1783 Kopenhagen, gest. 29. 8. 1843 ebd.; J. entdeckte u. a. das nach ihm benannte Organ in der Nasenhöhle der Säugetiere (J.sches Organ).

Jacobsonsches Organ, *n.,* s. Jacobson; ein blindsackartiges, vom N. olfactorius mitversorgtes paariges Geruchssinnesorgan im Mundhöhlendach von Amphibien, Reptilien u. einiger Säugetiere.

jaculátor, -óris, *m.*, lat., der Werfer; s. *Toxotes.*
Jáculus, *m.,* lat. *íacere* werfen, schleudern, auch hüpfen; Gen. der Dipódidae (gr. *dípus* zweifüßig), Springmäuse, Simplicidentata, Ordo Rodentia. Spec.: *J. jaculus (= Dipus aegypticus),* Wüstenspringmaus.
jáculus, Name einer schnell „zufahrenden" Schlangenart bei Plinius; s. *Eryx.*
Jaffé, Max, geb. 25. 7. 1841 Grünberg (Schlesien), gest. 26. 10. 1912 Königsberg, Prof. für Med., Chemie u. Pharmakologie in Königsberg, bedeutender Vertreter der Physiol. Chemie. J. wies das Urobilin als normalen Farbstoffbestandteil des Urins gesunder Menschen nach und gab 1877 die nach ihm benannte Indikanprobe an.
Jagd, die; eine ökologisch orientierte Integration von Wildbeständen im Gesamthaushalt: 1. primär jede Art der menschlichen Betätigung zur Inbesitznahme freilebender Tiere; Jagdarten: z. B. Pirsch, Ansitz. 2. Bezeichnung für die Wertung des Wildbestandes in einem Gebiet (ob die Jagd gut od. schlecht ist).
Jagdfasan, der; s. *Phasianus.*
Jagdgatter, das; s. Wildgehege.
Jagdgehege, das; s. Wildgehege.
Jagdhunde, die, Jagdgebrauchshunde; nach der jagdlichen Einsatzmöglichkeit werden folgende Gruppen unterschieden: Vorstehhunde, Stöberhunde, Erdhunde, Schweißhunde. Den vielseitig dressurfähigen Jagdhundegruppen stehen die ursprünglicheren gegenüber, die Wind- u. Hetzhunde sowie die Laufhunde Bracken.
Jaguar, der; s. *Panthera.*
Jahn, Ilse, geb. 2. 2. 1922 Chemnitz; 1942–42 Biologiestudium in Jena (u. a. bei Victor Franz u. Gerhard Heberer), bis 1952 freischaffende Kunstmalerin, 1952–56 Beendigung des Studiums, 1956 Assistentin bei Georg Uschmann am Ernst-Haeckel-Haus Jena, 1962 Akademie der Wissenschaften Berlin (Alexander v. Humboldt-Projekt), 1963 Promotion, seit 1967 Museum für Naturkunde Berlin (Humboldt-Universität zu Berlin), 1968 Kustos der Historischen Bild- u. Schriftgut-Sammlung des Zoologischen Museums, 1971–74 stellvertretende Direktorin des Museums für Naturkunde, 1978 Habilitation, 1980 Dozentin für „Naturhistorische Museologie"; Dr. hc.; 1986 Mitglied der Leopoldina, 1996 New York Academy of Sciences. Bedeutende Biologiehistorikerin. Zahlreiche Originalarbeiten zur Geschichte der Biologie, vor allem zu Alexander v. Humboldt sowie Geschichte von Konzepten u. Institutionen; Entwicklung der Museologie als wissenschaftliche Disziplin. Begründerin u . Herausgeberin des Standardwerkes „Geschichte der Biologie" (1982, 1985, 1998, 2000, 2002) (A. Wessel, Berlin).
Jako, afrikanischer Name für den in den Waldgebieten Mittelafrikas (zw. Guinea, Angola, Viktoriasee) heimischen *Psittacus erithacus,* s. d.
Jánthina, *f.,* gr. *iánthinos* veilchenartig; Gen. der Phalanx Scalacea – Ptenoglossa, Subordo Taenioglossa, Ordo Monotocardia; Floß- od. Veilchenschnecke.
japonénsis, -is, -e, lat., in Japan vorkommend.
japonicus -a, -um, aus Japan stammend; vgl. *nipónicus.*
Japyx, *m.,* gr., Name des Sohnes von Dädalos, aber auch der NW-Wind; Gen. der Japygidae, Ordo Diplura (= Thysanúra), Insecta. Spec.: *J. gigas* (auf Zypern ermittelt).
Jararáca, s. *Bothrops jararaca,* wobei Jararaca ein einheimischer Name aus dem Areal S-Brasilien und Argentinien ist.
Jatro-, von gr. *ho iatrós* der Arzt; in Komposita, z. B.: Jatrochemie (als auf Paracelsus zurückgehende medizin. Richtung, bei der biolog., pathol. Phänomene mittels in der Chemie geltenden Gesetzmäßigkeiten interpretiert werden); analog: Jatrophysik.
Javaneraffe, der; s. *Macacus* (früher: *Macaca*).
javánicus, -a, -um, auf Java vorkommend, lebend; s. *Tragulus.*
jejunális, -is, -e, zum Leerdarm gehörig.
jejúnum, -i, *n.,* lat. *ieiúnus* leer, nüchtern; der Leerdarm, Intestinum jejúnum.
Jird, (engl.) Trivialname für Rennmaus, s. *Meríones.*
JNA Abk. für Jenensia Nomina Anatomica (1935); s. medizinisch-anatomische Nomenklatur.
jocosus, -a, -um, scherzhaft, schalkhaft; s. *Phycnonotus.*
Jodvergiftung, die, *f.,* unphysiologischer Zustand der Schilddrüsenhormone. Die Schilddrüse ist in der Lage, Jod extrem stark zu akkumulieren. Zur Vermeidung einer J. wurden von der WHO maximale tägliche Gesamtaufnahmemengen festgelegt. Besondere Aktualität gewann die J. im Zusammenhang mit Atomreaktorkatastrophen, bei denen sich freigesetztes radioaktives Jod massiv in der Schilddrüse kontaminierter Personen anreichert u. zu Schilddrüsenkarzinomen führen kann.
Johannisechse, s. *Ablepharus.*
Johanniswürmchen, das; s. *Lampyris,* s. *Phausis.*
jordanélla, *f.,* nach dem Jordan benannt, lat. *-ella* Dim.; Gen. der Cyprinodontidae, Cyprinodontes, Zahnkarpfen, Teleostii. Spec.: *J. floridae* (als Aquarienfisch verbreitet).

jordáni, Genitiv von gr. *ho Jordánēs,* hebr. *jārdēn* der Jordan; des Jordans, Jordan-; s. *Anoptíchthys.*
Joule, das, Abk.: *J* als Einheitssymbol; 1. physik. Einheit für die Arbeit bzw. Energie. Das J. ist die Arbeit, die verrichtet wird, wenn sich der Angriffspunkt der Kraft 1 N (Newton) in Richtung der Kraft um 1 m verschiebt. Daraus ergeben sich folgende Beziehungen zu den Basiseinheiten: 1 J = 1 N mal m = 1 m^2 mal kg mal s^{-2}. Die frühere Einheit 1 erg entspricht 10^{-7} J; 2. Einheit für die elektromagnetische Energie. Das J. ist die elektromagn. Energie, die der unter 1. definierten Einheit äquivalent ist; analog wird das J. als Einheit der Strahlungsenergie definiert; 3. Einheit der Wärmemenge, wobei das J. die Wärmemenge ist, die der unter 1. definierten Einheit äquivalent ist. Die frühere Einheit 1 Cal entspricht 4,1868 J; 1 J = 0,238 85 cal.
jubátus, -a, -um, lat. *iuba* die Mähne, der Kamm; mit Mähne (Kamm) versehen. Spec.: *Chrysocyon jubatus,* Mähnenhund.
Jugále, *n.,* lat. *iugum, -i, n.,* das Joch; Os zygomáticum: Jochbein am Schädel der Wirbeltiere von den Teleostiern an aufwärts, Belegknochen, verbindet den Oberkiefer mit der Schädelkapsel.
juguláris, -is, -e, zum Júgulum bzw. zur Vena juguláris (Drosselvene) gehörig.
Jugum, *n.,* lat. *iúgum, -i, n.,* das Joch; 1. Fortsatz am Hinterrand der Vorderflügel einiger Schmetterlinge; 2. *Geoemyda trijuga,* Indische Dreikielschildkröte.
Julus, *m..,* gr. *ho íulos* der Vielfuß, ein „insektenartiges" Tier bei Aristoteles; Gen. der Júlidae, Schnurfüßer, Subordo Proterandria, Ordo Chilognatha (Tausendfüßer im engeren Sinne). Spec.: *J. terrestris.*
junctúra, -ae, *f.,* lat. *iúngere* verbinden; die Verbindung.
Jungfernkranich, der; s. *Anthropoides.*
Jungfernzeugung, die; s. Parthenogenese.
Junikäfer, der; s. *Amphimallus.*
Jura, *m.,* nach d. Schweizer Jura; mittleres System des Mesozoikum, s. d.
juvans = iuvans, lat. v. *iuváre;* helfend, heilend.
juvēncus, -a, -um, lat., jung; Jüngling; s. *Sirex* (Kiefernholzwespe).
Juvenilhormon, das, gr. *hormā́n,* antreiben; ein Insektenhormon, „Jugendhormon" (Neotenin), gebildet in den Corpora allata, fördert das larvale Wachstum, hemmt die Metamorphose u. zeigt gonadotrope Wirkung; inzwischen wurden drei Juvenilhormone nachgewiesen und in ihrer chemischen Struktur aufgeklärt.
juveníIis, -is, -ie, lat., jung; Abk.: juv.
Jynx, *f.,* gr. *he íynx* (transkribiert *gx* = *nx*), Dreh- od. Wendehals (der griech. Name wurde vermutlich nach seinem Ruf gebildet); Gen. der Picidae, Spechte. Spec.: *J. torquilla* (lat. *torquere* drehen), Wendehals.

K

Kabeljau, der, *Gadus morrhua* L.; ein zu den Dorschartigen gehörender, bis 1,50 m langer u. bis etwa 20 kg schwerer Raubfisch; Speisefisch von wirtschaftlicher Bedeutung; Leber dient zur Gewinnung von Lebertran, s. Dorsch.
Kabinettkäfer, der; s. *Anthrénus.*
kachektisch, gr. *kachéktés* in schlechtem Zustand befindlich, krank; abgemagert. Kachexie, die; gr. *he kachexía* schlechter Zustand, Vernachlässigung des Körpers; Abmagerung.
Kadaver, der, lat. *cadaver, -eris* die Tierleiche, der tote Körper, das Aas; Sammelbezeichnung für verendete o. getötete Tiere, die nicht zum menschl. Verzehr bestimmt sind, auch Tierkörper genannt.
Kadaverin, *n.*; 1,5-Diaminopentan, Pentamethylendiamin; $NH_2–(CH_2)_5–NH_2$; ein aliphatisches Diamin von widerwärtigem Geruch, das zusammen mit Putreszin den Hauptbestandteil der Leichengifte (Ptomaine) bildet. K. entsteht dadurch, dass Darm- u. Fäulnisbakterien Lysinkarboxylase bilden, die die Dekarboxylierung der Aminosäure Lysin bewirkt.
Käfigverblödung, die; Lorenz (1932) fasst unter dieser Bezeichnung alle feststellbaren geistigen Gefangenschaftserscheinungen und Bewegungshemmungen zusammen (Fox 1968).
Känogäa, gr. *kainós* neu, *he gāīa* die Erde; zusammenfassende Bezeichnung für die zoogeographischen Einheiten der Nearktis, Paläarktis u. Arktis identisch od. synonym mit Holarktis.
Känozoikum, das, gr. *to zóon* das Tier, das Lebewesen; jüngstes Zeitalter der Erdgeschichte, umfasst die Systeme Tertiär u. Quartär, s. d.; Syn.: Neozoikum.
Kärpfling, der; s. *Phallocerus.*
Käsefliege, die; s. *Piophila casei,* auch „Schinkenfliege" genannt; s. forensische Entomologie.
Kaestner, Alfred, geb. 17. 5. 1901 Leipzig, gest. 3. 1. 1971 München; Promotion bei J. Meisenheimer, Assistent und Kustos am Naturkundemuseum Stettin, 1946 Kustos am Zoologischen Museum Berlin, später dessen Direktor, 1951 zum Professor mit Lehrstuhl für das Fach „Spezielle Zoologie" an die Humboldt-Universität berufen, 1957 einem Ruf an die Universität München gefolgt, wo er bis

1966 den 2. Zoolog. Lehrstuhl innehatte, zugleich Direktor der großen Naturwissenschaftlichen Sammlungen von Bayern; Arachnologe, u. a. Autor des „Lehrbuch(es) der Speziellen Zoologie", Jena 1954ff.
Kaffeebohnenkäfer, der; s. *Araeocerus.*
Kaffernadler, der; s. *Aquila verreauxi.*
Kahlwild, das; weibliches Wild und Kälber beiderlei Geschlechts von Rot- u. Dam- sowie Elchwild.
Kahnfüßer, der; s. Scaphopoda (Syn.: Solanoconcha).
Kahnschnabel, der; s. *Cochleáris cochleárius.*
Kainismus, der, Kain, Adams erster Sohn, Mörder seines Bruders Abel (1. Mos. 4); Verwandtenfresserei, das Sich-Einanderanfressen od. Auffressen innerhalb einer Familie, spez. die Geschwisterfresserei. Syn.: Adelphophagie.
Kaisergans, die; s. *Philácte.*
Kaisermantel, der; s. *Argýnnis.*
Kaiserschnurrbart-Tamarin, der; s. *Tamarínus imperátor.*
Kakerlaken, die, *kakkerlak* holländischer Name für Schabe; die Schaben; s. *Blatta.*
Kala-Azar, die; indisch; „Schwarze Krankheit", tropische Infektionskrankheit (Splenomegalie), hervorgerufen durch *Leishmania donovani.*
Kalifornischer Seelöwe, *m.*, s. *Zalóphus.*
Kalkbrut, die; eine ansteckende Erkrankung der Bienenbrut, verursacht durch den Pilz *Ascosphaera (Pericystis) apis. A. apis* ist heterophallisch mit weiblichem oder männlichem Mycel mit sowohl Phycomyceten- als auch Ascomycetenmerkmalen.
Kalkschwämme, die; s. Calcispongia.
kallös, s. Kallus; schwielig.
Kallus, *m.*, lat. *cállum* die Schwiele, Knochenschwiele; das bei Knochenbrüchen neugebildete Gewebe, das zwischen den beiden Bruchstücken eine anfangs bindegewebige, später knöcherne Verbindung herstellt.
Kalmar, der; s. *Loligo.*
Kalorie, die, lat. *calor, -óris* die Wärme, Hitze, Glut; Wärmeeinheit; Wärmemenge, die nötig ist, um ein Gramm bzw. Kilogramm Wasser von 14,5 °C auf 15,5 °C zu erwärmen, als Grammkalorie (cal.) bzw. Kilogrammkalorie (kcal. oder Cal.) bezeichnet; 1000 cal. = 1 kcal; alte Maßeinheit, jetzt Joule, s. d.
Kalotérmes, *m.*, gr. *to kálon* Brennholz, Trockenholz; Gen. der Kalotermítidae (Trockenholztermiten), Isoptera (Termiten oder Weiße Ameisen). Spec.: *K. flavicóllis*, Gelbhalstermite.
Kalotte, die, arab.-franz. *calótte* die Kappe; Hirnschädel ohne Basis, etwa mit dem „Schädeldach" gleichzusetzen.
Kaltblutpferd, das; in erster Linie Zugkraftpferd, entstanden aus Kleinpferden des Altertums über die Ritterpferde des Mittelalters und die Hof-, Kutsch- und Kriegspferde des 17. und 18. Jh.; ist kompakter und ruhiger im Temperament als Warmblutpferde. Die bekanntesten in Deutschland gezüchteten Rassen: rheinisch-deutsches Kaltblut, Schleswiger Kaltblut und der Noriker. Das rheinisch-deutsche Kaltblutpferd wird auf belg. Grundlage gezüchtet (1892 „Rheinisches Pferdestammbuch"), später Hauptanteil am Kaltblutbestand in Deutschland. Zu den älteren Hauptzuchtgebieten gehören Sachsen-Anhalt (1899 „Verband für die Zucht des schweren Kaltblutpferdes") und Westfalen (1904 „Westfälisches Pferdestammbuch").
Kaltwasseraquarium, das; für namentlich ausländische Fischarten, die ohne weiteres bei Zimmertemperatur in geheizten Wohnräumen überwintern können, wie z. B. die nordamerikan. Sonnenbarsche, der Hundsfisch, Katzenwels; vgl. Warmwasseraquarium.
Kambrium, *n.*, nach *Cambria,* röm. Bezeichnung für Nordwales, ältestes System des Paläozoikum.
Kamel, das; s. *Camelus.*
Kamelhalsfliege, die; s. *Rhaphidia.*
Kammgeier, der; s. *Sarcorhamphus papa.*
Kammseestern, der; *Astropecten.*
Kampfadler, der; s. *Polemaetus.*
Kampfläufer, der; s. *Philomachus.*
Kamptozoa, *n.*, Pl., gr. *kámptēin* krümmen, wegen der wurmförmigen Gestalt u. der kennzeichnenden Nickbewegung im strömenden Wasser, *ta zóa* die Tiere; Gruppe (Stamm) der Bilateria; besteht aus nur wenigen Arten (sessil, marin), die auf Steinen, Algen od. epizoisch auf anderen Tieren leben; ihr Körper ist meist in einen beweglichen Stiel u. in einen Kelch mit endständigem Tentakelkranz gesondert. Ihre frühere Zuordnung zu den Bryozoa als Entoprocta erwies sich als unhaltbar, da starke Unterschiede (z. B. Lage des Afters innerhalb des Tentakelkranzes, Besitz von Protonephridien) bestehen. Ähnlichkeiten zwischen K. u. Bryozoa werden als Konvergenzen angesehen.
Kanadagans, die; s. *Branta.*
Kanarienvogel, der; s. *Serinus.*
Kaninchen, das, lat. *cuniculus*; s. *Oryctolagus; Oryctolagus cuniculus*; Nagetiere, die infolge ihrer morpholog. Eigenheiten in einer besonderen Gruppe, den Lagomorpha (Hasentiere), zusammengefasst werden. Die Differenzierung von den echten Nagern erfolgte im frühen Tertiär. Insbesondere ist das Gebiss der auch als Duplicidentata bezeichneten K. ein Unterschei-

dungsmerkmal (hinter den ständig nachwachsenden wurzellosen Schneidezähnen befindet sich im Oberkiefer ein weiteres Zahnpaar). Das eigentliche K. ist, abgesehen von seinem Heimatgebiet, der Iberischen Halbinsel u. N-Afrika, in seiner Wildform ein unmittelbarer Folger menschl. Besiedlung. Es wird als Haustier gehalten, kann aber nach dem Ausbrechen wieder verwildern. K. dienen als Fleisch- u. Pelzlieferant, als Versuchstiere. Im Freiland können sie durch Wühlen Schaden verursachen.

Kanincheneule, die; s. *Speotyto.*

Kaninchenlaus, die; s. *Haemodipsus.*

kanzerogen, lat. *cáncer* der Krebs, gr. *gígnesthai* werden, entstehen; krebserzeugend.

Kanzerogenitätstest, der, *m.,* engl. testing for cancerogenicity; Sonderform des chronischen Toxizitätstests *in vivo,* die speziell auf den Nachweis der krebserzeugenden Wirkung von Stoffen ausgerichtet ist. Die Testsubstanz wird 18–24 Monate lang 5-mal pro Woche an Versuchstiere verabreicht u. das Auftreten von Tumoren untersucht.

Kapaun, der, frz. *chaponer* verschneiden; kastrierter (meist gemästeter) Hahn.

kapaunisieren, Hähne kastrieren.

Kapazitation, die, lat. *capax, -acis* befähigt, vielfassend; Befähigung der Spermien zur Befruchtung der Eier durch den Einfluss bestimmter Sekrete des weiblichen Genitale.

Kapillare, die; s. Capillare.

Kapschwein, das; s. *Orycteropus.*

Kapuziner, der; s. *Bostrychus.*

Kapuzineraffe, der; s. *Cebus.*

Karakel, Vernakularname für *Lynx cáracal,* s. d., ist in den Wüsten, Steppen von Afrika, Vorderasien u. Indien beheimatet.

Karakulschaf, das; Syn.: Persianer-Schaf; Schafrasse, deren wirtschafltiche Hauptbedeutung in der Fellgewinnung liegt. Als „Persianer" wird das Lammfell des neugeborenen Karakuls bezeichnet, das sich durch Lockenbildung u. hohen Glanz, das sog. Feuer, auszeichnet. – Das K. stammt aus der Gegend von Buchara. Es wird unterschieden in Vollblut- u. Landkarakul. Die Wollfarbe variiert von tiefschwarz über braun zu grau.

Karausche, die; s. *Carassius.*

Karbohydrase, die, lat. *cárbo* die Kohle, gr. *to hýdor* das Wasser; kohlehydratspaltendes Enzym.

Karbon, *n.,* ein System des Paläozoikum, s. d., in Europa mit zahlreichen Steinkohlenvorkommen.

karbonisch, zum Karbon gehörig.

Karbonsäure, die; organische Verbindung mit der funktionellen Gruppe –COOH. Viele biologisch bedeutsame Substanzen, wie z. B. Aminosäuren, Verbindungen des Zitronensäurezyklus u. a., sind Karbonsäuren.

Karboxylierung, die; enzymatische Stoffwechselreaktion der CO_2-Bindung über aktivierte Zwischenstufen.

Kardenälchen, das; s. *Ditylenchus.*

kardial, das Herz od. den Magenmund betreffend.

Karettschildkröte, die; s. *Eretmochelys,* s. *Chelone.*

Karibu, Vernakularname für die nordamerikanischen Rassen von *Rangifer tarandus,* s. d.

Karlson, Peter,geb. 11. 10. 1918 in Berlin, gest. 17. 12. 2001 in Marburg; Biochemiker, Prof. Dr. Dr. h. c. mult.; Beginn des Studiums (1937) der Chemie an der Berliner Univ. Promotion zum Dr. rer. nat. (1942) unter A. Butenandt, von 1942–1954 Assistent am Kaiser-Wilhelm-Institut für Biochemie, 1953 Habilitation für das Fach „Physiologische Chemie", 1956–1958 Abteilungsleiter am Max-Planck-Institut für Biochemie, 1958–1963 Dozent u. später kommissarischer Leiter am Institut für Physiologische Chemie der Universität München, 1964–1986 o. Prof. u. Direktor des Physiologisch-chemischen Institutes der Univ. Marburg. Neben den Pheromonstudien gehören zu den wissenschaftl. Verdiensten Karlsons die Entdeckung, Isolierung u. Strukturaufklärung des ersten Hormons wirbelloser Tiere, des Ecdysons, u. dessen Wirkungsvielfalt u. a. über die Aktivierung von Genen. Aus seinen Lehrveranstaltungen ging der „Karlson, Lehrbuch der Biochemie" hervor, s. auch seine Butenandt-Biographie.

Karpfen, der; s. *Cyprinus,* wichtigster Süßwasserspeisefisch, meist industriemäßig produziert. Er kann bis 1 m lang u. bis 25 kg schwer werden. Als Handelsfisch ist er meist 1–3 kg schwer; festes, wohlschmeckendes Fleisch; kommt auch geräuchert oder als Konserve in den Handel.

Karpfenfische, s. Ostariophysi, Cypriniformes.

Karpfenlaus, die; s. *Argulus,* zu der Unterklasse der Branchiura gehörende parasit. Kleinkrebse.

Karpfenlende, die (= hohe Lende); Konvexitat der Lende, die dem Karpfenrücken analog ist, häufig vergesellschaftet mit Wirbelfusion und hohem Kreuzbein.

karpophag, gr. *ho karpós* die Frucht, *phagein* essen, fressen; Samen und Früchte fressend.

Karposen, die, Pl., gr. *karpós* die Frucht, der Nutzen; Formen des Zusammenlebens artverschiedener Tiere, die nur einem Partner nutzen, dem anderen jedoch keinerlei Schaden zufügen: 1. Parökie (Schwarzhalstaucher –

Lachmöwe), 2. Synökie (Brandgans – Fuchs), 3. Phoresie (Triungulus, Larve des Käfers Meloë u. Solitärbiene, 4. Symphorismus (Federlinge im Vogelgefieder), 5. Entökie (Nadelfisch u. Holothurie).
Kartoffelkäfer, der; s. *Leptinotarsa.*
Karyobiónta, die, gr. *to káryon* der (Nuss-) Kern, *ho bíos* das Leben; allgemeine Bezeichnung für Lebewesen mit Zellkern(en).
Karyogamie, die, gr. *gamē̃in* gatten; die Kernverschmelzung, d. h. der eigentliche Befruchtungsvorgang.
Karyogramm, das, gr. *gramma* Schrift; Chromosomenbestand einer Zelle, charakterisiert durch Chromosomengröße, -form u. -zahl.
Karyokinese, die, gr. *kinē̃in* bewegen; die Kernbewegung; die indirekte Kernteilung, die Mitose.
karyokinetisch, Syn.: „mitotisch".
Karyologie, die, gr. *ho lógos* die Lehre; die Lehre vom Zellkern („Zellkernkunde") bzw. Wissenschaftszweig, der sich mit dem Zellkern (den Chromosomen) befasst.
Karyolýse, die, gr. *he lýsis* die Lösung, Auflösung; die Kernauflösung.
Karyoplasma, das, gr. *to plásma* das Geformte, Gebilde; protoplastische Substanz im Nucleus („Kernplasma").
Karyorhéxis, die gr. *he rhéxis* das Brechen; Kerndegeneration durch Zerteilung.
Karyotyp, der, gr. *ho týpos* das Gepräge, Bildwerk, die Gestalt; Chromosomensatz eines Individuums, charakterisiert u. definiert durch die Zahl u. Morphologie der mitotischen Metaphasechromosomen.
karzinogen, Bezeichnung für Substanzen, die Karzinome hervorrufen (können); kanzerogen.
Karzinogene, die; Faktoren bzw. Stoffe, die Krebs verursachen können, z. B. Röntgenstrahlen, polyzyklische Kohlenwasserstoffe, Asbest.
Karzinom, = Carcinom(a), das, gr. *to karkinóma* Krebsgeschwulst, die (maligne) Krebsgeschwulst.
Karzinostátika, gr. *statikós* hemmend; die Metastasierung hemmende bzw. verhütende Zytostatika, im allgemeinen: Substanzen, die für die Chemotherapie maligner Tumoren geeignet erscheinen, da sie im Rahmen des therapeutischen Index (Wirkdosis) maligne entartete Zellen – solche mit meist besonders raschem Wachstum – schädigen.
Karsárka, russischer Name für die in SW-Asien u. SO-Europa vorkommende *Tadórna variegáta (= T. rútila).*
Kaspar-Hauser-Versuch, der; benannt nach Kaspar Hauser, einem Nürnberger Bürger, der nach der Erzählung bis etwa zum 17. Lebensjahr mit Wasser und Brot, isoliert von Menschen, großgezogen worden sein soll; ethologisch handelt es sich bei den K.-H.-Tieren um isoliert aufgezogene (Versuchs-)Tiere.
Kaste, die; bei sozialen Insekten eine Gruppe von Individuen einer bestimmten Art od. Unterart, die sich in ihrer Gestalt u. oft auch ihrer Funktion von anderen Gruppen von Individuen innerhalb derselben Art od. Unterart unterscheidet (z. B. bei Bienen: Arbeiter, Drohnen u. Königinnen).
Kastration, die, lat. *castráre* entmannen, verschneiden, entkräften; Entfernen od. Ausschalten der Keimdrüsen (Hoden od. Eierstöcke). Menschliche Kastraten sind Verschnittene od. Eunuchen. Bei männlichen Haustieren beispielsweise wird die Kastration aus ökonomischen Gründen angewandt, da die Kastraten schneller bei geringerem Futteraufwand gemästet werden können und eine bessere Fleischqualität liefern.
Kasuare, die; s. *Casuárius*; Casuaríidae, Fam. des Ordo Casuariiformes; straußenartige flugunfähige Laufvögel Australiens, Neuguineas, Indonesiens. Das Gefieder besteht aus schwarzen, zerschlissenen Federn. Kopf und Oberhals sind nackt. Auf dem Kopf tragen sie einen helmartigen, von einer Hornscheide überzogenen Knochenhöcker.
katadrom, gr. *he katadromḗ* das Abwärtsziehen, abwärtsziehend; zur Laichablage vom Süßwasser (Flüsse) ins Salzwasser (Meer) wandernde Fische werden als katadrome Wanderfische bezeichnet, z. B. der Aal; vgl. anadrom.
Katalase, die, gr. *katalýē̃in* auflösen; Enzym, das die Spaltung von Wasserstoffsuperoxyd in Wasser u. Sauerstoff katalysiert.
Katalepsie, die, gr. *katalambánē̃in* festhalten, einnehmen; Starrsucht, Totstellreaktion, z. B. bei Insekten u. Vögeln meist durch erzwungene Rückenlage hervorgerufene, vorübergehende Bewegungslosigkeit.
Katalysator, der, gr. *he katálysis* die Auflösung; Reaktionsbeschleuniger; Substanzen (Verbindungen), die chemische Reaktionen beschleunigen, ohne dabei selbst verändert zu werden. Enzyme sind Biokatalysatoren.
Katalyse, die; der Vorgang einer katalytischen Reaktion.
katasematisches Verhalten, *n.,* gr. *kat, katá* hinab, herab, entgegen, *to séma* die Bezeichnung, das Zeichen; nach Mertens (1946) Demutverhalten, defensives arterhaltendes Verhalten, Verhalten unterlegener Tiere, angriffsverhinderndes bzw. umorientierendes Verhalten.
Katastrophentheorie, die; „Differentialtopologische Theorie, mit deren Hilfe sich Probleme

der strukturellen Stabilität eines dynamischen Systems analysieren lassen. Der Begriff „Katastrophe" hat in dieser Theorie eine exakt definierte mathematische Bedeutung. Es gibt z. B. sieben „Elementarkatastrophen", die von R. Thom, dem Begründer der Theorie, systematisch klassifiziert wurden u. die nur bedingt Situationen repräsentieren, die man landläufig als Katastrophen bezeichnet (M. Eigen u. R. Winkler 1979).

Katecholamine, die, gr. *katecho* halte zurück; Stoffe, die vom Brenzkatechin abzuleiten sind, z. B. Dopamin, Noradrenalin, Adrenalin.

Kategorie, die, gr. *he kategoría* die Anklage, auch: der feste Begriff; Einheit der Klassifikation, des Systems; allgemeine Bezeichnung für die verschiedenen Taxa; taxonomische Kategorien sind: Subspecies, Species, Genus usw. – Mit Kategorie synonym: Kategorienstufe (Rangstufe), s. d.

Kategorienstufe, die; Kategorie, die zur Kennzeichnung der Lage bzw. Stellung eines Taxons im System dient; identisch mit Rangstufe. Jedes Lebewesen gehört zu einer Anzahl einander übergeordneter (bzw. untergeordneter) Kategorienstufen, die durch ihre Position in aufsteigender Reihenfolge, nicht aber durch wirkliche Definitionen gekennzeichnet sind und die zusammen eine Rangstufenfolge od. Rangordnung bilden. Die Bezeichnungen sind: Aberratio (Spielart), Varietas (Varietät), Subspecies (Unterart), Species (Art), Genus (Gattg.), Tribus, Section, Subfamilia (Unterfam.), Familia, Subordo (Unterordn.), Ordo, Superordo (Überordn.), Classis (Klasse), Subphylum (Unterst.), Phylum (Stamm), Subdivisio (Unterabtlg.), Divisio, Subregnum (Unterreich), Regnum (Reich). Man unterscheidet Haupt- und Zwischen- bzw. Unterkategorien, wobei letztere durch Präfixe Sub- und Super- gebildet werden können. – Manche Systematiker verwenden ferner die Kategorien Cladus (Kreis), Series, Stammgruppe.

Katelektrotonus, der, gr. *ho tónos* die Spannung; Zustandsänderung insbesondere am Neuron im Bereich der Kathode, besteht in einer Negativierung der Membranaußenseite durch Depolarisation des Ruhepotentials.

Katfisch, der, auch Steinbeißer od. Seewolf genannt: *Anarrhichas lupus,* Gestreifter K.: *A. minor,* Gefleckter K.; namentl. Bezug auf den katzen(= cat-) artigen Kopf mit gut ausgebildetem Gebiss.

katharob, von gr. *katharós* sauber, ungetrübt, frisch; Bezeichnung für nicht verunreinigte Gewässerteile in manchen Saprobiesystemen (s. d.).

Kathepsine, die, gr. *kathépsēīn* zerkochen, zerlegen, spalten; proteolytische Enzyme, Endopeptidasen; Proteasen, die bei annähernd neutraler Reaktion spalten; kommen meist intrazellulär vor.

Kathode (= Katode), die, gr. *katá herab,* he odós der Weg; Elektrode, die mit dem negativen Pol einer Spannungsquelle verbunden ist.

Katochus, *m.,* gr. *kátochos* verhalten; schlafähnlicher Zustand bei geöffneten Augen.

Katta, Vernakulararme (Madagaskar) für *Lemur catta,* s. d.

Katze, die; s. *Felix.*

Katzenaugennatter, die; = Bananenschlange; s. *Leptodeira.*

Katzenfloh, der; s. *Ctenocephalides.*

Katzenhai, der; s. *Scyliorhinus.*

Katzenschreisyndrom, das; s. Criduchat-Syndrom

Katzenwels, der; s. *Amiurus.*

kaudal, s. *caudális.*

Kaukasus-Agame, die; s. *Agama.*

Kaulbarsch, der; s. *Acerina.*

Kaulbarsch-Flunder-Region, die; die Mündungsregion der Tieflandflüsse, entspricht der unteren Zone des Potamal, s. d., dem Hypopotamal.

Kaulkopf, der; s. *Cottus.*

Kaulquappen, die; im Wasser lebende u. durch Kiemen atmende Larven der anuren Amphibien.

Kaurischnecke, die; Kaurita = Name der im Tauschhandel (bes. in Guinea) benutzten Schalen als Scheidmünzen von Arten des Gen. *Cypraea,* z. B. *C. (Moneteria) moneta;* lat. *moneta* die Münze.

Kauter, der, latin., *cautérium, -ii, n.,* das Brenneisen; der Brenner; Thermokauter; elektrischer Schneidbrenner für Exstirpationen bzw. Operationen. Kauterisation: Gewebszerstörung durch Hitze od. Chemikalien.

Kauz, der; s. *Aegolius,* s. *Athene.*

Kaviar, der, ital. *caviale* gesalzener Fischrogen; eingesalzener Rogen von Stör, Hausen, Sterlet (u. anderen Störarten).

Kea; s. *Nestor.*

Kegelhähnchen, das; s. *Pseudocistela.*

Kegelrobbe, die; s. *Halichoerus grypus.*

Keiler, der; das männl. Wildschwein.

Keimanlage, die; richtungsorganisiertes Blastem, welches nach der Furchung sich auf der Eioberfläche entwickelt und wesentlicher Ausgangsort für die Bildung der Körpergrundgestalt ist.

Keimbahn, die, die Kontinuität der Erbsubstanz des Genotypus. Unter Keimbahn versteht man die Weitergabe der Gene von Generation zu Generation, d. h. die Zellfolge der

Keimzellen (Gameten) bzw. der Gametenkerne. Sie erstreckt sich von Synkaryon zu Synkaryon. Die generativen Zellen sind im Vergleich zu den somatischen Zellen (Zelleib, der zur Leiche wird) potentiell unsterblich.

Keimblätter, die; bei der Gastrulation entstehende Zellverbände, von denen unterschieden werden: Ektoblast (Ektoderm), Entoblast (Entoderm) u. Mesoblast (Mesoderm). Mit der Keimblattbildung wird die Voraussetzung für die Organogenese u. die Körpergrundgestalt geschaffen.

Keimdrüsen, die, Pl.; Gonaden, d. h. Eierstöcke u. Hoden, Drüsen innerer u. äußerer Sekretion.

Keimfleck, der; Mácula germinativa, der Nukléolus im Kern der Eizelle.

Keimzelle, die, Pl.; s. Gameten; Geschlechtszellen (Spermien, Eizellen), die für die Fortpflanzungsfunktionen programmiert sind, im Gegensatz zu den somatischen Zellen (Körperzellen), die auch die gesamte genetische Information enthalten, aber im differenzierten Zustand keine Fortpflanzungspotenzen haben.

Keith, Sir Arthur, Anatom u. Anthropologe, geb. 5. 2. 1866 Old Machar (Aberdeen), gest. 1955 Downe (Kent); Prof. der Physiologie in London; K. ist bekannt durch seine Arbeiten über Entwicklungsgeschichte d. Menschen. Er versuchte menschliche Frühformen zu rekonstruieren. Zusammen mit M. W. Flack (1882–1931) untersuchte er den nach beiden benannten Sinusknoten des Herzens.

Keith-Flackscher Knoten, der, s. Keith, s. Flack; der Sinusknoten in der rechten Herzvorkammer der höheren Vertebraten, Teil des Reizleitungssystems, s. Sinus venosus.

Kelchwürmer, die; Enteroprocta (s. d.), syn. Kamptozoa (s. d.).

Kellner, Oskar Johann; geb. 13. 5. 1851 Tillowitz (Oberschlesien), gest. 22. 11. 1911 Karlsruhe; bekannter Agrikulturchemiker u. Tierernährungswissenschaftler; richtete 1880–1892 das landwirtsch. Versuchswesen in Japan ein; seit 1893 leitete K. die landwirtsch. Versuchsstation in Leipzig-Möckern, die später ihm zu Ehren in „Oskar-Kellner-Institut für Tierernährung" benannt wurde. Kellner stellte mit Hilfe des Pettenkoferschen Respirationsapparates beim ausgewachsenen Ochsen als Versuchstier den Produktionswert von Futtermitteln fest u. entwickelte dabei die „Stärkewert"-Lehre. Hauptwerke: „Die Ernährung der landwirtschaftlichen Nutztiere" (1905; 10. Aufl. 1924, von Fingerling herausgegeben); „Grundzüge der Fütterungslehre" (1907; 11. Aufl. 1952, von Scheunert herausgeg.).

Keratélla, *f.*, gr. *to kéras* das Horn, *-ella*, lat., Dim.; Gen. der Brachionidae, Subordo Ploima, Ordo Monogononta, Eurotatoria. Spec.: *K. cochleáris.*

Keratin, das; Skleroprotein in der obersten Hautschicht u. in Hautderivaten der Wirbeltiere (Nägel, Krallen, Hufe usw.).

Kerckring, Theodor, Arzt, geb. 1640 Hamburg, gest. 1693; K. beschrieb die nach ihm benannten zirkulär verlaufenden Schleimhautfalten im Dünndarm.

Kerckringsche Falten, *f.,* s. Kerckring; ins Lumen des Dünndarms (Duodenum u. Jejunum) der Säuger vorspringende beständige Querfalten.

Kernbeißer, der; s. *Coccothraustes.*

Keróna, *f.,* wahrscheinlich von gr. *he keronéa* die Frucht des Johannisbrotbaumes; Gen. der Oxytrichidae, Hypotricha, Ordo Spirotricha. Spec.: *K. pediculus,* Kleine Polypenlaus (schmarotzt auf Süßwasserhydren, Stichlingen u. den Kiemen des Hechtes).

Kettenkoralle, die; s. *Halysítes.*

Kettennatter, die; s. *Lampropeltis getulus.*

Kettenviper, die, *Daboia russelli;* s. *Vipera russelli.*

Kētúpa, *f.,*von gr. *to kḗtos* das Ungeheuer (im od. am Meer), Seeungeheuer u. *upa* der Ruf gebildet; Gen. der Strigidae (Eulen). Spec.: *K. ketupu,* Sundafischuhu (-eule); *K. ceylonensis,* Ceylonfischuhu (-eule).

Keulenpolyp, der; s. *Cordylophora.*

Key, Ernst Axel Henrik, geb. 1832 Smaland, gest. 1901 Stockholm, Prof. d. Pathol. Anatomie in Berlin; K. wurde durch Untersuchungen zur Anatomie des Nervensystems und des Bindegewebes bekannt.

Key-Retziussche Körperchen, *n.,* s. Key, s. Retzius; die Lamellenkörperchen der Vögel.

Kiebitz, der; s. *Vanellus.*

Kieferegel, der; s. Gnathobdellae.

Kiefernkreuzschnabel, der; s. *Loxia.*

Kiefernnadelschildlaus, die; s. *Leucaspis.*

Kiefernnagekäfer, der; s. *Ernobius.*

Kiefernprachtkäfer, der; s. *Chalcophora.*

Kiefern-Prozessionsspinner, der; s. *Cnethocampa.*

Kiefernsaateule, die; s. *Agrotis.*

Kiefernschwärmer, der; s. *Hyloicus.*

Kiefernspinner, der; s. *Dendrolimus.*

Kiefernrindenwanze, die; s. *Áradus cinnamómeus.*

Kiemenbögen, die, Pl.; Branchial- od. Visceralbogen, embryonale, meist nur vorübergehend bestehende knorpelige Spangen zwischen den Kiemenspalten. Aus dem 1. Kiemenbogen (Mandibularbogen) entwickeln sich beispielsweise bei den Säugern Hammer u. Amboss (= Meckelsche Knorpel); aus dem 2. Kiemenbogen (Hyoidbogen) entstehen die Schenkel des Steigbügels, der Proc. styloideus u. die kleinen Hörner des Zungenbeins (vgl. Reichert-Knorpel); aus dem 3. Kiemenbogen entstehen Körper u. große Hörner des Zungenbeins. Aus dem 4. u. 5. Kiemenbogen entsteht der Schildknorpel.

Kiemendarm, der; bei Enteropneusten, Tunicaten u. Wirbeltieren derjenige Teil des Darmkanals, an welchem die Kiemenspalten liegen.

Kiemengänge, die; Kiemenspalten od. Visceralspalten bzw. Schlundtaschen. Aus dem 1. Kiemengang entwickeln sich primäre Paukenhöhle u. Ohrtrompete. Aus der 2. Kiemenspalte entsteht die Tonsillenbucht. Aus dem Epithel der übrigen Kiemengänge entstehen innersekretorische Halsdrüsen, Thymus u. Epithelkörperchen.

Kieselschwämme, die; s. Silicospongia.

Kilch, der; s. *Coregonus.*

Kindchenschema, das; Schlüsselreizkombinationen mit Infantilmerkmalscharakter, d. h., gewisse Proportionstypen an Schlüsselreizen (relativ kurzes, rundliches Gesicht, Pausbacken, große Augen, steile Stirn) lösen als (wahrscheinlich) angeborener Auslösemechanismus (AAM) bei Mensch und vielen Tieren Pflege- und Befriedungsverhalten aus.

Kinetik, die, gr. *ho kinetés* der Bewegende. Die chemische K. ist die Lehre von den Gesetzmäßigkeitn der zeitlichen Veränderungen eines chemischen Reaktionssystems.

Kinetoplast, der; gr. *ho kinetés* der Bewegende u. *ho plástes* der Bildner, Former; zytologische Besonderheit bei den Flagellata; ein besonders differenziertes Mitochondrium in Basalkörpernähe, welches auch Ausläufer zu bilden vermag. In älterer Literatur oft fälschlich Blepharoplast genannt.

King-Yo, chinesischer Name für *Carassius auratus,* Goldfisch.

Kinine, die, gr. *kineo* bewege; Gewebshormone, basische Polypeptide. Diese erhöhen die Gefäßpermeabilität, wirken blutdrucksenkend u. erregen die glatte Muskulatur. Vertreter sind u. a.: Bradykinin, Kallidin, Neurokinin.

Kinorhyncha, die, gr. *kinē̃in* bewegen, *to rhýnchos* der Rüssel, wegen der Lokomotionsweise; Gruppe der Nemathelminthes, s. d., von der neuerlich beigemessenen Rangstufe einer Classis; es sind kleine, rein marine Aschelminthen. Syn: Echinocephala. Genus: *Echinoderes.*

Kinostérnon, *n.* (= Cinostérnum), gr. *kinē̃in* bewegen, *to stérnon* das Brustbein; Gen. der Kinosternidae (Klappschildkröten), Cryptodira. Spec.: *K. pensilvanicum,* Schlamm- od. Klappschildkröte (N-Amerika); *K. odoratum (Sternotherus odoratus),* Moschusschildkröte.

Kinocilie, die, lat. *cília, -órum, n.,* die Wimpern; die bewegliche kleine Geißel.

Kirchgeßner, Manfred, geb. 21. 5. 1929 Gerichtstetten (Baden), studierte Agrarwiss. in Hohenheim u. Chemie in Stuttgart (Dr. agr. 1955), habilitierte sich 1958 für Ernährungswiss. an der Univ. Hohenheim, 1961 o. Prof. an der Techn. Univ. u. Direktor des Instituts für Tierernährung in Freising-Weihenstephan, 1964–1973 wiss. Leiter des Instituts für Ernährungsmängel der Tierzuchtforschung e. V. München, ab 1974 der Versuchsstation für Tierernährung und Futterbau, 1967 Direktor der Hauptversuchsanstalt für Biochemie und Physiologie der Ernährung in Weihenstephan. Er untersuchte ernährungsphysiologische Fragen von Rindern, Schweinen, Schafen, Fischen, Geflügel und des Menschen, bes. Energie- und Proteinstoffwechsel, Interaktion von Spurenelementen, biochem. Funktionen von Spurenelementen bei Wachstum, Gravidität und Laktation von Nutztieren.

Kiwi, der; s. *Apteryx.*

Kjeldahl, Johan (Gustav Christoffer Thorsager), Chemiker, geb. 16. 8. 1849 Jaegerspris (Dänemark), gest. 18. 7. 1900 Tisvilde; K. entwickelte ein nach ihm benanntes Verfahren zur Bestimmung des Stickstoffes in pflanzlichen und tierischen Stofffen.

Kladistik, die, gr. *ho clados, m.*, Zweig, Verzweigung; hauptsächlich im angelsächsischen Sprachraum *(cladistics)* verwendetes Synonym für Phylogenetische Systematik (s. d.).

Kladogenese, die, gr. *ho kládos* der Zweig, *he génesis* die Entwicklung, Entstehung; die „Verzweigungsentstehung", die Entstehung der phylogenetischen Verzweigung.

Klammeraffe, der; s. *Ateles.*

Klammerreflex, der, s. Reflexe; ein spinaler Reflex, der von Mittelhirn u. Vorderhirnteilen kontrolliert wird, er ist z. B. bedeutsam für die Paarung bei Anuren u. wird ausgelöst durch Berührung von Hautpartien der Brust u. der Innenseite der Vorderextremitäten.

Klappenassel, die; s. *Idothea.*

Klapperschlange, die; s. *Crotalus.*

Klappmütze, die; s. *Cystophora.*

Klappschildkröte, die; s. *Kinosternon.*

Klatt, Berthold, geb. 4. 4. 1885 Berlin, gest. 4. 1. 1958 Hamburg, Prof. Dr. phil.; 1908 Promotion bei Fr. E. Schultze, Assistent am Zool. Institut der Landwirtschaftlichen Hochschule bei L. Plate u. R. Hesse, 1913 Habilitation,

1918 zum Abteilungsvorsteher am Institut für Vererbungsforschung der Landwirtschaftl. Hochschule in Berlin ernannt, 1919 Privatdozent an der Universität Hamburg, 1923 ao. Professor, 1928 als Nachfolger V. Haeckers ans Zool. Institut der Univ. Halle/S. berufen; 1934 nach Hamburg als Nachfolger von Lohmann übersiedelt, 1954 Emeritierung; Themen wissenschaftl. Arbeiten: Domestikationserscheinungen, Fütterungsversuche an Tritonen, Vererbungsversuche am Schwammspinner.

Kleid, das; 1. Gefieder bei Vögeln; 2. Fell bei Tieren, die im Winter bzw. Sommer die Farbe wechseln, z. B. Wiesel; Winter-, Sommerkleid.

Kleindikdik, der; s. *Madoqua swaynei.*

Kleiner Leberegel, der; s. *Dicrocoelium.*

Kleinschmidt, Otto, geb. 13. 12. 1870 Kornsand b. Geinsheim, gest. 24. 3. 1954 Wittenberg; Dr. med. h. c., 1927 von seinen amtlichen Verpflichtungen als Landpfarrer entbunden, um im Schloss der Stadt Wittenberg eine naturwissenschaftl. Forschungsstätte schaffen zu können; Themen wissenschaftl. zool. Arbeiten: Variabilitätstudien, namentl. auf den Gebieten der Ornithologie u. Entomologie, Probleme der Evolution, Begründer der „Formenkreislehre".

Kleintiere, die; Sammelbezeichnung für Tiere wie Hunde, Katzen, Pelztiere und weitere „kleine" Tiere, die zu kulturellen Zwecken bzw. zur Freizeitgestaltung gehalten werden, aber auch als Nutztiere, wie Ziegen, Geflügel, Kaninchen u. a.

Kleintierpraxis, die; Praxis zur veterinärmedizinischen Betreuung von Kleintieren (s. d.).

Kleptobiose, die, gr. *kléptēīn* stehlen, *ho bíos* das Leben; ein Beuteschmarotzer-Verhalten: Tiere jagen anderen Arten die Beute ab, z. B. die Stercoraridae (Raubmöven).

Kletterfisch, der; s. *Anabas.*

Klimaktérium, das, gr. *ho klimaktḗr* die Leitersprosse, der Lebensabschnitt; lat. *tempus climactéricum* die kritische Zeit, Wendezeit; die Wechseljahre der Frau, die Übergangsphase von der Geschlechtsreife zum Senium. Im allgemeinen tritt die Menopause (letzte Regel) zw. d. 48. u. 52. Lebensjahr ein.

Klimax, die, gr. *klímax* Leiter; 1. K.: Klimakterium: Wechseljahre des Weibes *(Homo sapiens),* das Erlöschen der zyklischen Ovarialfunktion. 2. K.: Endstadium einer Vegetations- bzw. Bodenentwicklung, das mit den vorherrschenden Umweltbedingungen in Verbindung steht.

Klinefelter-Syndrom, das (1942); ein hypergonadotroper Hypogonadismus auf der Grundlage einer numerischen Chromosomenanomalie. Es handelt sich um eine Trisomie der Geschlechtschromosomen vom Typ XXY, die durch Non-Disjunction der Gonosomen bei einem der Eltern entstanden ist (H. F. Klinefelter, geb. 1912; USA, Arzt).

Klinotaxis, die, gr. *klínēīn* neigen, biegen, sich niederlegen, *he táxis* die Stellung, Beispiel: Photoklinotaxis: fortlaufendes optisches Prüfen („Abtasten") des Orientierungsreizes in verschiedenen Richtungen im Raum *(Euglena,* Trochophora-Larve, *Calliphora),* eine einfache Form der direkten Orientierung.

Klippentaube, die; s. *Columba.*

Klippschliefer, der; s. *Procavia,* Shapan.

Klippspringer, der; s. *Oreotragus oreotragus.*

Klitoris, die, gr. *kleitoris* kleiner Hügel; Kitzler, erektiles Organ des Weibes, vergleichbar der Corpora cavernosa penis. Die beiden Crura clitoridis verschmelzen mit der Glans zum Corpus clitoridis.

Kloake, die; s. *cloáca.*

Klös, Heinz-Georg; geb. 6. 1. 1926 Wuppertal; 1947–1952 Stud. d. Veterinärmedizin, Zoologie (Gießen), Prom. Dr. med. vet. (1952); 1954 Dir. d. Tiergartens Osnabrück, 1956 Dir. d. Zool. Gartens Berlin bis 1991; Aufbau des im Krieg stark zerstörten Zoos nach modernen Gesichtspunkten mit größtem Artenreichtum u. bemerkenswerten Zuchterfolgen; Vors. d. Vorstandes 1969, zusätzl. Dir. d. Aquariums, Berlin (1977). Honorar-Prof. FU Berlin (1969); Fachtierarzt für Zoo- u. Wildtiere (1981), Präs. d. Internat. Zoodirektorenverbandes (1971 bis 1985); Dr. med. vet. h. c. der HU Berlin (1990). Arbeitsgebiete, belegt durch Bücher: „Das Wassergeflügel der Welt" (1961); „Von der Menagerie zum Tierparadies" (1969), „Paradies für wilde Tiere" (mit Ursula Klös, 1971); „Zootierkrankheiten" (mit Lang, 1976), „Handbook of Zoo-Medicine" (1982); „Tierwelt hinter Glas" (mit Lange 1988); „Der Berliner Zoo im Spiegel seiner Bauten von 1841–1989" (mit Ursula Klös, 1990); „Krankheiten der Zoo- und Wildtiere" (mit Göltenboth, 1994).

Klon, der, (= Clon), gre. *ho klon = kládon* der Schößling, der Zweig; latin. Klonus; durch ungeschlechtliche Vermehrung entstandene, genetisch einheitliche Nachkommenschaft eines einzelnen Organismus. Alle Zellen eines Klons sind erbgleich, sie besitzen den gleichen Genotypus.

Klonierung, die, gr. *klon* Zweig, hervorgegangen aus einer einzigen Mutterzelle; Aufzucht einer Zellkultur, die auf eine einzige, genotypisch definierte Zelle zurückgeht.

Klopfkäfer, der; s. *Anobium,* s. *Xestobium.*

Knäkente, die; s. *Anas.*

Knäuelfilarie, die; s. *Onchocerca.*

Knemidocoptes, *f.*, gr. *he knémis, -idos* Beinschiene, (Unter-)Schenkel; Gen. d. Knemidocoptidae, Actinotrichida, Acari (Milben); vivipare, stationär-permanente, intrakutan lebende Milben. Rufen bei Hühner-, Papageien- u. Wildvögeln Dermatitis hypertrophicans als Körper-, Kopf- u. Fußräude (Kalkbeinkrankheit) hervor. Spec.: *K. mutans,* Kalkbeinmilbe. Prädilektionsstellen bei Hühnervögeln sind die unbefiederten Läufe. Krankheitsbild: Kalkbeinkrankheit mit Borkenbildung; *K. pilae* (Wirte: Psittacidae). Prädilektionsstellen: Umgebung von Schnabel, Augen, Läufen, Kloake. Krankheitsbilder: Scaly face (Kopfräude) u. Scaly leg (Fußräude) mit Borkenbildung.

Kner, Rudolf, geb. 1810 in Linz, gest. 1869 in Wien; Ichthyologe, Prof. in Wien.

Knoblauchkröte, die; s. *Pelobates.*

Knochenalter, das (Skelettalter); Reifungsstufen eines Individuums. Bestimmung erfolgt durch Röntgenuntersuchung der Ossifikationszentren verschiedener Skelettabschnitte. Die Unterscheidung bzw. Einordnung in Reifungsstufen erfolgt auf der Grundlage einer differenzierten Beurteilung der zu unterschiedlicher Zeit auftretenden und verknöchernden Ossifikationszentren.

Knochenfische, die; s. *Osteichthyes.*

Knochenhecht, der; s. *Lepisosteus.*

Knopfschnabel-Hokko, s. *Crax.*

Knospung, die; Form der ungeschlecht. Fortpflanzung, Abschnürung von Zellkomplexen bzw. Tochterindividuen unter Wahrung der Individualität des Muttertieres.

Knotenameise, die; s. *Myrmica, Leptothorax.*

Knotenwurm, der; s. *Onchocerca.*

Knurrhahn, der; s. *Trigla.*

Knutt, der; s. *Calidris.*

Koagulation, die, lat. *coaguláre* gerinnen lassen; die Gerinnung als Übergang kolloidaler Stoffe aus dem Solzustand in den Gelzustand.

Koagulum, das; Blutgerinnsel, aus Fibrin u. Erythrozyten.

Koala-(Bär), der; s. *Phascolarctos.*

Koati, s. *Nasua.*

Koazervat, das, lat. *co- = con-* gemeinsam, zusammen, *acérvus* der Haufen; flüssiges kolloidales System, das sich gegen die Gleichgewichtsflüssigkeit scharf abgrenzt; ein zw. kolloidaler Lösung u. Ausfällung befindl. Stoff.

Kobaldmaki, der; s. *Tarsius.*

Kobra, die; s. *Naja.*

Koch, Anton, geb. 3. 2. 1901 München, gest. 10. 3. 1978 Stockdorf b. München, zunächst Studium der Chemie, dann der Biologie, Dissertation über das Eiwachstum der Chilopoden, 1936 Habilitation über Symbiosestudien, 1943 auf den Lehrstuhl für Zoologie an der Techn. Hochschule in Danzig (Gdansk) berufen, nach dem 2. Weltkrieg Diätendozent an der Universität München, seit 1960 an der Philosophisch-Theologischen Hochschule in Regensburg lehrend tätig u. anschließend Inhaber des Lehrstuhls für Biologie; wissenschaftl. Untersuchungen: Wirkstoffanalyse von endosymbiontischen Mikroorganismen, spez. d. Hefen, das „Leuchten" der Myriapoden, Prüfungen d. Vitaminbedarfs der Wirtsorganismen.

Koch, Robert, Bakteriologe, geb. 11. 12. 1843 Clausthal, gest. 27. 5. 1910 Baden-Baden; 1885 Prof. d. Hygiene u. Direktor d. Hygien. Instituts in Berlin, 1891 Dir. d. Instituts f. Infektionskrankheiten ebd.; K. ist Begründer d. exp. Bakteriologie durch die Einführung künstlicher fester Nährböden zur Züchtung von Bakterienkulturen. Er wies 1876 zum ersten Mal im Milzbrandbazillus einen lebenden Mikroorganismus als Ursache einer Infektionskrankheit nach, entdeckte 1882 das Tuberkulosebakterium („K.scher Bazillus"), 1883 den Choleravibrio u. 1890 Tuberkulin zur Behandlung der Tuberkulose; ferner Forschungen zur Bekämpfung der Rinderpest, der Malaria und der Schlafkrankheit; 1905 Nobelpreis vor allem für seine Arbeiten zur Tuberkulosebekämpfung.

Kochenille, gr. *ho kókkos* die Scharlachbeere, daher: latin. *coccíneus* scharlachrot und daraus: span. *cochinélla*; roter Farbstoff, gebildet von der Echten Kochenillelaus *(Dactylopius coccus = Coccus cacti),* die in Mexiko an *Opúntia vulgáris* u. *coccínellífera* vermehrt wird. Aus der Kochenille wird das Karmin bereitet, das früher zum Färben der Stoffe u. heute noch in der Mikroskopie Verwendung findet.

Kochenillelaus, die; s. *Dactylopius.*

Kodierung, die, frz. *code, m.,* der Telegrammschlüssel; die Zuordnung eines Zeichens bzw. Zeichenvorrates zu einem bereits vorhandenen, auf dem die Darstellung bestimmter Informationen beruht; „Verschlüsselung" (z. B. genetischer Kode).

Kodominanz, lat. *co-* zusammen, *dominans,* herrschend; Vererbungsmodus, wenn bei einem heterozygoten Allelpaar beide Genprodukte unabhängig voneinander vorkommen u. phänotypisch sichtbar werden (z. B. Blutgruppen AB). Im heterozygoten Erbgang sind beide Allele nebeneinander nachweisbar ohne Auftreten von Intermediärformen. Die Kombination A_1/a ergibt den gleichen Phänotyp wie die Kombination A_2/a.

Kodon, frz. *code, m.,* Codon, der Telegrammschlüssel; s. genetischer Code; aminosäurespezifische, linearische Sequenz von drei aufeinanderfolgenden Nucleotiden in der mRNS (vgl. Anticodon); ein Codon ist ein Nucleotidtriplett, das eine Aminosäure codiert; Syn.: Kodetriplett.

Köderwurm, der; s. *Arenicola.*

Köhler, der; *Gadus virens,* Seelachs, hat schwarz pigmentierte Maulhöhlenschleimhaut; erreicht 1,10 m Länge, 12 kg Gewicht, sein graubräunl., wohlschmeckendes Fleisch kommt als Filet bzw. gefroren in Handel, Verarbeitung zu Lachsersatz (Seelachs in Öl).

Koehler, Otto, geb. 20. 12. 1889 Insterburg, gest. 7. 1. 1974 Freiburg; 1911 Promotion bei R. Hertwig, Assistent bei F. Doflein (1913/14), 1920 Habilitation für Zoologie, 1923 zum a.o. Professor in München berufen, 1925 Lehrstuhl für Zoologie in Königsberg, (Kaliningrad) erhalten, 1946 Übernahme des Lehrstuhls für Zoologie in Freiburg; Themen wissenschaftl. Arbeiten: Entwicklungsphysiolog. Unters. an Echinodermaten, sinnesphysiolog. Arbeiten vor allem an Protozoen, Planarien u. Arthropoden, vorsprachliche Grundlagen der Begriffsbildung (das „unbenannte Denken"), Freilanduntersuchungen über das Erkennen der Eier u. die Orientierung zum Nest (Halsbandregenpfeifer), Studien zum Vogelgesang, Studien über das Lächeln; 1936 „Zeitschrift für Tierpsychologie" (zusammen mit K. Lorenz) gegründet.

Kölliker, Albert von, Physiologe, Anatom u. Zoologe, geb. 6. 7. 1817 Zürich, gest. 2. 11. 1906 Würzburg; Prof. f. Physiologie u. Vergl. Anatomie in Zürich, für Experimentalphysiologie u. Vergl. Anatomie in Würzburg; K. ist Mitbegründer der Zellularphysiologie. Grundlegende Arbeiten: „Handbuch der Gewebelehre" (1852, 1854), „Entwicklungsgeschichte des Menschen und der höheren Tiere" (1861) und „Entwicklungsgeschichte der Cephalopoden" (1944); K.sche Grube bei *Branchiostoma.*

Königin-Substanz, die, engl. *queen substance*; Mandibulardrüsensekret der Bienen-Königin, das bei den Arbeiterinnen die Ovarienentwicklung hemmt; es enthält die ungesättigten Fettsäuren trans-9-Oxydecensäure u. trans-9-Hydroxydecensäure.

Königsgeier, der; s. *Sarcorhamphus.*

Königshutschlange, die; s. *Naja* bzw. *Ophiophagus.*

Königskobra, die; s. *Naja hannah* bzw. *Ophiophagus hannah.*

Königsnatter, die; s. *Lampropeltis.*

Königsparadiesvogel, der; s. *Cincinnurus.*

Königspinguin, der; s. *Aptenodytes.*

Königsriesenschlange, die; s. Python.

Königsschlange, die; s. *Boa.*

Kogia, *f.,* Gen. der Physeteridae, Pottwale; Ordo Cetacea, Wale. Spec.: *K. breviceps,* Kleiner Pottwal, Zwerg-Cachalot.

Kohabitation, die, lat. *cohabitáre* beisammenwohnen; der Beischlaf, vgl. Koitus; kohabitieren: beiwohnen, beischlafen.

Kohäsion, die, lat. *cohaerēscō, -haesi* sich verbinden, verwachsen; Zusammenhangskraft zwischen gleichartigen Molekülen.

Kohlrausch, Otto Ludwig Bernard, Arzt, geb. 1811 Barmen b. Elberfeld, gest. 1854 Hannover; K. beschrieb die nach ihm benannte querverlaufende Falte in der Mastdarmwand.

Kohlwanze, die; s. *Eurydéma.*

Kohlweißling, der, mhd. Bez. für Kohlraupe (Larve): *krûtwurm*; s. *Píeris.*

Koïtus, der, lat. *coïtus, -us, m.,* der Beischlaf, lat. *coïre* vereinigen; geschlechtliche Vereinigung; der Beischlaf, Geschlechtsverkehr, wobei sich der erigierte Penis in der Vagina befindet.

Kokon, der, frz. *cóque* die Eischale, das Gehäuse, auch Cocon; 1. seidenartiges Gespinst, mit dem vielfach die Puppen der Insekten umhüllt sind; 2. chitinige Oothek bei Insekten.

Kokzidióse, die; Krankheitsgeschehen bei domestizierten u. wildlebenden Tierarten (Vertebrata), das nach den zur Gruppe Coccidia gehörenden Erregern benannt ist; oral erfolgende Infektionen durch Aufnahme von Dauerformen (Oozysten) mit hoher Tenazität; bekannt z. B. als Darm-, Leberkokzidiose; vgl. auch *Eiméria.*

Kokzidiostatika, *n.,* Pl., Verbindungen, die die Entwicklung und Vermehrung von *Eiméria*-Arten (z. B. im Dünn- und Blinddarm des Geflügels) verhindern bzw. eindämmen.

Kolbenente, die; s. *Netta rufína.*

Kolbenwasserkäfer, der; s. *Hydróphilus.*

Koleopteren, die; s. Coleóptera.

Koleopterologie, die; Käferkunde.

Kolibris, die; Schwirrvögel, s. *Trochilus*; s. *cólubris.*

Kolkrabe, der; s. *Corvus corax.*

kollagén, gr. *he kólla* der Leim, *genán (genáēīn)* erzeugen; leimbildend.

Kollagene, die; Gruppe der Skleroproteine, bilden den Hauptbestandteil des Stütz- u. Bindegewebes, vor allem der Haut u. der organischen Substanz des Knochens.

Kollaterale, die; s. *collaterális*; 1. Seitenast eines Neuriten; 2. kleinere Blutgefäße, die neben dem Hauptgefäß das gleiche Versorgungsgebiet erreichen, sie anastomosieren häufig untereinander (Gefäßnetze bildend) u. dienen dem Prinzip der doppelten Sicherung der Blutversorgung.

Kollektivgruppe, die; „Sammelgruppe", die Gesamtheit z. B. bestimmbarer Species, deren gattungsmäßige Zuordnung ungewiss ist. Taxonomisch wird sie wie eine Gattung behandelt.

Koller, Gottfried, geb. 9. 2. 1902 Windsbach bei Ansbach, gest. 17. 7. 1959 Saarbrücken; 1926 Promotion an Univ. Kiel, 1930 Habilitation; 1934 als Ordinarius für Zoologie und Allgemeine Biologie an die Staatliche Chinesische Tungchi-Univ. in Shanghai-Woosung berufen, 1939 nach Deutschland zurück, 1941 Ordinarius für Tierphysiologie und Zoologie an der Karls-Universität in Prag; 1946–1947 Leitung des Zoologischen Institutes der Univ. Marburg, 1949 Ordinariat für Zoologie an der Univ. Saarbrücken. Themen wissenschaftl. Arbeiten: Vergleichende Physiologie (Farbwechsel, optischer Sinn, Ernährungsphysiologie), „Über das Chromatophorensystem und den Farbwechsel bei *Crangon vulgaris*", „Einführung in die Physiologie der Tiere und des Menschen" (Leipzig 1934), „Hormone bei wirbellosen Tieren" (Leipzig 1938), „Daten zur Geschichte der Zoologie", „Die wildlebenden Säugetiere Mitteleuropas" (Heidelberg 1956), „Das Leben des Biologen Johannes Müller" (Stuttgart 1958).

Kolloid, das, gr. *he kólla* der Leim, *to ḗidos* das Aussehen; das „Leimähnliche", gebraucht für zähflüssige Zellprodukte.

kolloidál, leimähnlich.

Koloradokäfer, der; Trivialname für *Leptinotarsa decemlineata,* Kartoffelkäfer, der in Colorado von einem Nachtschatten auf die Kartoffel überwechselte und sich über ganz N-Amerika und später von Frankreich aus über Westeuropa verbreitete.

Kolossalfasern, die, latin. *colossus, -i, m.,* der Koloss; Riesennervenfasern mancher wirbelloser Tiere.

Kolostrum, *n.*; die Biest- od. Kolostralmilch, die erste nach der Geburt aus dem Euter der Säugetiere abgesonderte Milch, die alle für die Ernährung des Jungtieres notwendigen Stoffe im richtigen Verhältnis in leicht aufnehmbarer (resorbierbarer) Form enthält und sich zunehmend in einem bestimmten Zeitraum (beim Rind in ca. 9–10 Tagen) voll normalisiert; Sekret der menschlichen weiblichen Brustdrüse, das bereits während der Schwangerschaft (ab 6. Schwangerschaftswoche) u. vor allem in den ersten Tagen nach der Entbindung produziert wird.

Kolumbatscher Mücke, die, nach dem Ort Kolumbacz in Serbien (latin.) benannt; s. *Simulium colombaschense.*

Kombinationskreuzung, die; Zuchtmethode, bei der Erbanlagen zweier oder mehrerer Ausgangspopulationen in einer neuen Population kombiniert werden; vgl. Kreuzung.

Komfortbewegungen, die; Bewegungsformen, die im Dienste der Körperpflege stehen, z. B. Putzen, Wälzen, Baden.

Kommafalter, der; s. *Hesperia comma,* hat „Komma-Zeichen" auf den Flügeln; gr. *to kómma* das Gepräge, der Schlag, Abschnitt, das kleine Glied (Satzgliedzeichen!).

Kommensale, der, lat. *com-* mit, zusammen, *ménsa* der Tisch; der Tischgenosse.

Kommensalismus, der, lat.; „Tischgemeinschaft", Mitessertum, Form der Somatoxenie auf räumlicher u. nutritiver Basis, Zusammenleben zweier artverschiedener Organismen, wobei ein Partner (Kommensale) sich vom Nahrungsüberschuss (noch nicht verarbeitete Nahrung od. Abfallstoffe) des anderen Partners (= Wirt) miternährt (z. B. Flagellaten im Verdauungskanal von Warmblütern). Das Mitgenießen von Nahrung erfolgt ohne Schädigung des Wirtes (Tischler 1975).

Kommentkampf, der, frz. *comment* die Art u. Weise; eine Kampfform bei Tieren (Wirbeltieren), angeboren, nach Regeln ablaufend, wobei dem Gegner kein körperlicher Schaden zugefügt wird, dient der Ertüchtigung und dem Messen von Kräften.

Kommissur, die, s. *commissúra,* lat., Verbindung, Band, Fuge.

Kompartiment, das; der zelluläre (separate) Anteil od. Raum.

Kompassqualle, die; auf ihren Schirmen strahlen von der Mitte 16 dunkelbraune Streifen aus, die sich zum Rand hin gabeln; wegen dieser, der Kompassrose ähnlichen „Gradeinteilung" der Trivialname; s. *Chrysaora.*

Kompensation, die, lat. *compensátio* der Ausgleich; Ausgleich der verminderten Leistung eines Organs bzw. Organteils durch die gesteigerte Leistung eines anderen.

Kompensationsebene, die; jene Gewässertiefe, in der noch 1% der Lichtenergie der Oberflächenschicht vorhanden ist. Sie trennt die darüber befindliche trophogene Zone mit überwiegender Produktion von der tropholytischen Zone ohne photoautotrophe Produktion.

kompetitive Hemmung, die, lat. *competítor, -óris, m.,* der Mitbewerber. „Von kompetitiver Hemmung spricht man dann, wenn ein organisches Molekül die Stelle einzunehmen scheint, an der das Substrat gebunden wird. Es blockiert dann das Enzym, ohne dass es selbst reagieren kann. Das klassische Beispiel ist das Paar Bernsteinsäure-Malonsäure an der Bernsteinsäuredehydrogenase" (Karlson 1964).

Komplement, das; ein multifunktionelles System von mindestens 11 chemisch u. immunologisch unterscheidbaren Serumproteinfaktoren.

Diese können in einer Komplementkaskade aktiviert werden.

komplementäre Basenpaarung, die; molekularbiologisch die spezifische Zuordnung der Basen Guanin und Adenin zu Cytosin und Thymin bzw. Uracil.

Komplementärluft, die, lat, *compleméntum, -i, n.,* die Ergänzung; Syn.: inspiratorisches Reservevolumen; Luft, die nach gewöhnl. Inspiration noch eingeatmet werden kann, es sind beim Menschen ungefähr 1500–2000 ml.

Komplexauge, das; s. Facettenauge, s. Appositionsauge, s. Superpositionsauge.

Koncha, die; s. *cóncha.*

Konchyliologie, die, gr. *to konchylion* das schalentragende Weichtier, *ho lógos* die Lehre; die Weichtierkunde.

Konditionierung, die, lat. *conditio* die Bedingung, Beschaffenheit, allgemeine Verfassung, Zustand; eine wiederholte Kombination zwischen einer motorischen Aktivität und einem od. mehreren Umweltreizen, die zu einem Lernerfolg führt.

Kondor, der; s. *Vultur gryphus.*

Konduktorin, die, lat. *dúcere* führen, leiten; heterozygote Überträgerin eines rezessiven Erbleidens, z. B. der Bluterkrankheit: die Konduktorin (♀, $x^g x^G$) ist phänotypisch gesund u. genotypisch krank; ihre hemizygoten Söhne sind zu 50% krank (Bluter) und zu 50% gesund, wenn der Mann (Vater) Bluter ist.

Konfiguration, die, lat. *con-* zusammen mit, *figurare* gestalten; z. B. die Anordnung der Atome im Molekül.

Konformation, die, lat. *forma, -ae* die Form, Gestalt; z. B. die Anordnung eines Moleküls im Raum.

Kongene Tierstämme, die, Pl.; Inzuchtstämme (z. B. Mäuse), die sich nur in einem einzigen Genlocus unterscheiden, auch kongen-resistente (CR-)Stämme genannt.

kongenital, lat. *gígnere* zeugen, hervorbringen; angeboren.

Kongopfau, der; s. *Afropavo.*

Konjugation, die, lat. *coniúgium* die Begattung, *coniugáre* verbinden (zusammenjochen); vorübergehende Zusammenlegung zweier einzelliger Individuen zum Zweck des Austausches von Kleinkernen.

konkav, lat. *concavus*; nach innen hohl gewölbt.

konkordant, lat. *concordare* übereinstimmen; übereinstimmend.

Konkrement, das; Bezeichnung für verfestigte Bestandteile bzw. Massen, z. B. die Otolithen vieler Coelenterata.

Konkurrenz, die, lat. *concurrere* zusammenlaufen: intra- od. interspezifischer Wettbewerb von Organismen um begrenzt verfügbare Ressourcen, z. B. Nahrung, Raum, Geschlechtspartner.

Konkurrenz-Exklusions-Prinzip, das, *n.*, lat. *exclusio* Ausschließung; das „Konkurrenzausschlussprinzip" besagt, dass Arten, die um die gleichen Ressourcen (Nahrung, Raum usw) konkurrieren (interspezifische Konkurrenz), längerfristig nicht nebeneinander existieren, d. h. nicht dieselbe ökologische Nische besetzen können; Syn.: Gause-Volterra-Prinzip.

konnatal, lat. *natus* Geburt; angeboren, Krankheiten od. Schädigungen, die angeboren sind bzw. intrauterin od. während der Geburt entstanden sind.

Konnektive, die, lat. *connéctere* zusammenknüpfen, verbinden; Verbindungsstücke, Nervenstränge, die Ganglien miteinander (hintereinander) verbinden; insbesondere beim Strickleiternervensystem der Artikulaten die Verbindung zwischen den Ganglien aufeinanderfolgender Körpersegmente.

Konstanz, die, lat., *constáre* feststehen; Stetigkeitsberechnung auf der Basis gleich großer Bezugswerte (Stichproben, Probeflächen).

Konstanzlehre, die, im Ggs. zur Abstammungslehre stehende u. durch diese widerlegte Ansicht, nach der es nur so viele Arten lebender Organismen gäbe, wie gemäß der „Schöpfungsgeschichte der Bibel" geschaffen worden seien. Vertreter dieser die Evolution negierenden Theorie u. a. K. v. Linné (1707–1778), G. de Cuvier (1769–1832).

Konstitution, die; lat. *constitutio, -onis, f.*; erblich im Rahmen der Reaktionsnorm bedingte Anpassungsfähigkeit eines Tieres. Häufig mit Widerstandsfähigkeit gegen Umweltbelastungen, z. B. Krankheitserregern, Klima u. ä. gleichgesetzt. Sie kann in natürlichen Populationen durch die relative Vermehrungsrate quantitativ erfasst werden; s. Fitness.

Konstitutionstypen, die; Haustiere sind durch Selektion zu beständigen Rassetypen festgelegt worden, die etwa den K. entsprechen. Sie unterscheiden sich durch Anpassungsfähigkeit, Art ihrer Leistung (Muskelbildung, Milchleistung, Legeleistung u. a.), Lebensleistung, Körperform. Bei Wildtieren gibt es innerhalb der Arten nicht diese Aufspaltung in Konstitutionstypen (s. auch Kretschmer). – (a) Beim Hausrind unterscheidet man folgende konstitutionell bedingten Rassetypen: Milch-, Fleisch-Masttyp – Einzwecktyp/Kombinationstyp. Beispiele hierfür sind: Einnutzungsrind auf Milchleistung (z. B. Jersey, Angler), auf Fleischleistung (Mastrassen: Aberdeen, Angus; Fleischrassen: Charolais); Zweinutzungsrinder

(Fleisch-Milch-Rassen, z. B. Weiß-Blaue Belgier; Milch-Fleisch-Rassen, z. B. Fleckvieh, Schwarzbunte, Pinzgauer). Die Milchrinderrassen nähern sich in der Körperform einem Dreieck: der Kopf ist fein, eine Wamme fehlt weitgehend, Brusttiefe ist relativ gering. Hinterhand ist durch ein großes Euter besonders betont. Fleischrassen haben eine tiefe Brust u. wenig ausgeprägtes Euter. Der Rumpf hat dadurch, lateral gesehen, eine Rechteckform. Zweinutzungsrassen stehen in der Erscheinung zwischen beiden Extremtypen. – (b) Bei den Schweinen erfolgt die Unterteilung nach Typ u. Rahmen. Man unterscheidet den früher bevorzugten Fettschweintyp u. das moderne Fleischschwein. Fettschweine (z. B. Mangaliza) sind meist großrahmig, mittellang, haben tiefe Brust u. voluminösen Bauch; ihre Bemuskulung ist nicht auffallend. Fleischschweine (z. B. Edelschwein) sind lang mit geringer Rumpftiefe, während Schinken u. Schultern betont sind.

Konsumenten, *m.,* Pl.; die Gesamtheit der Tiere in einem gegebenen Ökosystem, unterteilbar in Primär-, Sekundär- und Endkonsumenten.

Kontaminierung, die, lat. *contaminatus* befleckt, unrein; Verseuchung, z. B. mit radioaktivem Material.

kontraktil, lat, *contráhere* zusammenziehen; zusammenziehbar; kontraktile Vakuolen: osmoregulatorische Organellen, sogen. „pumpende" Bläschen, die im Dienste der Osmoregulation bzw. (in geringerem Maße) der Exkretion stehen.

Kontraktion, die; physiol. eine Muskelzuckung in Form einer kurz andauernden aktiven Verkürzung eines Muskels od. einer Muskelfaser.

kontralateral, lat. *contra* gegen, *látus, n.,* die Seite; gekreuzt, auf der entgegengesetzten Seite.

Kontrazeption, die, lat. *contra* gegen, *concéptio, -ónis, f.,* die Empfängnis, Abfassung; die Empfängnisverhütung.

konvergent, lat. *cónvergens, -éntis* zusammenneigend; zusammenstrebend, sich nähernd, übereinstimmend.

Konvergenz, die, lat. *convergere* sich hinneigen. 1: das Einanderähnlichwerden verschiedenartigster Lebewesen unter gleichen Umweltbedingungen als Ergebnis stammesgeschichtlicher Entwicklung, z. B. Ähnlichkeit der Körperform bei Fischen u. wasserlebenden Säugern (Walen) od. die Ausbildung der Flughaut bei den Flugbeutlern (Beuteltieren) u. den Flughörnchen (Nagetieren). In der phylogenetischen Systematik (Kladistik) spricht man dann von K., wenn Taxa (Taxon) in einem Merkmal übereinstimmen, das bei der letzten gemeinsamen Stammart des Taxons nicht vorhanden war, sondern erst in den später voneinander getrennten Linien unabhängig evoluiert wurden. 2: neurobiologisch: Verschaltung mehrerer (Eingangs-)Neuronen auf ein Folgeneuron; Ggs: Divergenz.

konvex, lat. *konvexus* gewölbt; erhaben, nach außen gewölbt. Ggs.: konkav.

Konzeption, die, lat. *concéptio* das Auffassen, die Empfängnis; die Befruchtung des Eies.

Kopfkäfer, der; s. *Broscus.*

Kopfsteher, der; s. *Anastómus.*

Koprolith, der, gr. *he kópros* der Kot, Mist, *ho líthos* der Stein; Koprolithen sind versteinerte Tierexkremente (Kotsteine). Sie stammen wohl von verschiedenen Tiergruppen ab, z. B. von pleistozänen Hyänen u. holozänen Hunden.

koprophag, gr. *phage͂in* fressen; kotfressend; Koprophagie: orale Kotaufnahme, bei vielen Säugern bekannt.

Kopulation, die, lat. *cópula* das verbindende Band; die Begattung, das Einbringen des Samens in die weibl. Geschlechtsorgane.

Korallenmoos, das; s. *Hydrallmania.*

Korazidium, das; Wimperlarve, Flimmerlarve, 1. Larvenstadium mit Wimperepithel von Bandwürmern *(Diphyllobothrium latum).*

Korkpolyp, der; s. *Alyconium.*

Korkschwamm, der; s. *Suberitis.*

Kormoran, der; s. *Phalacrocorax.*

Kornberg, Arthur, geb. 11. 3. 1918 in Brooklyn (New York); amerik. Biochemiker; verdient um die künstliche Herstellung der Nukleinsäuren DNA (Vorkommen im Zellkern) und RNA (Vork. im Zellplasma), 1959 Nobelpreis für Medizin, zusammen mit S. Ochoa (s. d.) erhalten.

Kornkäfer, der; s. *Calandra granaria.*

Kornnatter, die; s. *Elaphe guttata.*

Kornweihe, die; s. *Circus.*

Korrelierter Selektionserfolg, eine erwünschte oder unerwünschte Auswirkung auf Eigenschaften, die bei der Selektion nicht berücksichtigt werden. Er ist abhängig von der genetischen Korrelation zwischen diesen Eigenschaften und den Selektionsmerkmalen.

Korschelt, Eugen, geb. 28. 8. 1858 in Zittau, gest. 28. 12. 1946 in Marburg; Zoologe, Entwicklungsgeschichtler; ab 1879 Studium der Naturwissenschaften an den Univ. Heidelberg, Leipzig u. Freiburg (b. A. Weismann), 1882 Promotion (Dr. phil.), 1885 Habilitation, ab 1892 o. Prof. für Zoologie an der Univ. Marburg. Arbeitsthemen u. a.: Entwicklungsgeschichte der wirbellosen Tiere (z. B. zus. mit K. Heider), 1890–1910, 1936; Regeneration u.

Transplantation, 1907; Das Haus an der Minne, 1939.
kortikal, lat., *cortex, corticis* Rinde; rindenwärts liegend, von der Rinde ausgehend.
Kortikoide, die, lat. *cortex, corticis* Rinde; Steroidhormone, die in der Nebennierenrinde vorkommen. Man unterscheidet Mineralokortikoide (1.), Glukokortikoide (2.) u. Sexualhormone (3.). Die Ausgangssubstanz ist Cholesterin.
Kortikotropin, das; s. adrenokortikotropes Hormon.
Koschtoyants, Chatschatur S., 1900–1961, Vergleichender Physiologe, Begründer des 1. Laboratoriums für vergleichende Physiologie in Moskau; beschäftigte sich zunächst mit vergleichenden Aspekten der Respiration, Ernährung, Zirkulation und Muskelkontraktion und wandte sich später dem Studium der neuronalen Aktivitäten, der synaptischen Transmission (besonders bei Invertebraten) und der Entwicklung des Nervensystems zu.
Koskorobaschwan, der; s. *Coscoroba.*
Kosmopolit, der, gr. *ho kósmos* die Welt, *ho polítēs* der Bürger, Einwohner; global verbreitete Tier- od. Pflanzenart; Adjektiv: kosmopolitisch, Syn. (treffender): geopolitisch, s. d.
Kosswig, Curt, geb. 30. 10. 1903 Berlin, gest. 29. 3. 1982 Hamburg; Zoologe; Prof. Dr. mult., 1932 Direktor des Zoologischen Institutes u. Naturhistorischen Museums in Braunschweig, 1937 Flucht nach Istanbul/Türkei, später Gastprof. in Bagdad, Damaskus, Kairo, Alexandria u. Jerusalem; 1954/55 Direktor des Zoologischen Institutes u. Zoologischen Museums in Hamburg. Arbeitsgebiete: Vererbung von Farbmustern bei Haustieren, gonosomale u. autosomale Geschlechtsbestimmung, Evolution von Geschlechtschromosomen bei lebendgebärenden Zahnkarpfen, Melanombildungen bei Hybriden zw. Platyfischen u. Schwertträgern; Biospeleologie.
Kotälchen, das; s. *Strongyloides.*
Kothe, Richard (1863–1925); deutscher Chemiker. Entwickelte 1917 zusammen mit dem Chemiker O. Dressel und dem Chemotherapeuten W. Roehl das „Germanin" zur Bekämpfung der Schlafkrankheit.
kovalent, lat. *valére* vermögen, stark sein; kovalente Bindung; Bindung, die durch ein Elektronenpaar vermittelt wird, das zwei Atomen gemeinsam angehört.
Kowalewski, Alexander Onufrijewitsch, geb. 19. 11. 1840 Schustjanka (Kr. Daugavpils), gest. 22. 11. 1901 Petersburg; russ. Zoologe, Vergleichender Embryologe; arbeitete über die Embryologie der Manteltiere u. des Lanzettfischchens; Mitbegründer der Keimblättertheorie.
Kowalewski, Wladimir Onufrijewitsch, geb. 14. 6. 1842 Schustjanka (Kr. Daugavpils), gest. 28. 4. 1883 Moskau; Bruder von A. O. Kowalewski; russ. Paläontologe, Begr. der evolutionistischen Richtung in der Paläontologie, wurde durch seine klassischen Untersuchungen über fossile Huftiere bekannt.
Kraatz, Gustav, geb. 1831, gest. 1909; Begründer des Deutschen Entomologischen Nationalmuseums in Berlin aus privaten Mitteln (1886); daraus entstand das Deutsche Entomologische Institut; später in Eberswalde (1964); ab 2004 am ZALF in Müncheberg.
Krähe, die, mhd. *krâ, krewe*; s. *Corvus.*
Krätzmilbe, die; s. *Sarcoptes.*
Kräuterdieb, der; s. *Ptinus fur.*
Kragenbär, der; s. *Selenárctos tibetanus.*
Kragenhai, der; s. *Chlamydóselachus.*
Krait, s. *Bingarus fosciatus.*
Krake, die; s. *Octopus.*
Krallenfrosch, der; s. *Xenopus.*
Kramer, Gustav, geb. 11. 3. 1910 Mannheim, gest. 19. 4. 1959 im Gebirge von Calabrien (tödlich verunglückt); 1933 Promotion, Anstellungen am Heidelberger Kaiser-Wilhelm-Institut, Institut für Meeresbiologie in Rovigno (1934–1936) u. Zool. Station in Neapel als stellvertr. Leiter der physiol. Abteilung (1937–1941), Habilitation in Heidelberg, 1948 die Leitung einer Forschungsabteilung am Max-Planck-Institut f. Meeresbiologie in Wilhelmshaven angenommen; Interessengebiete: Allometrie u. Orientierung; Vögel, Kriechtiere u. Lurche; Sinnesleistungen u. d. Orientierungsverhalten des Krallenfrosches, Gaswechsel bei Eidechsen, Kreuzungsanalyse bei Eidechsen, Orientierungsmechanismen der Vögel.
kranial; kopfwärts, zum Schädel gehörig.
Kranich, der; s. *Grus.*
Kraniologie, die, gr. *to kranion* Schädel, *ho lógos* die Lehre; Wissenschaft von der Morphologie des tierischen und menschlichen Schädels.
Kraniometrie, die, gr. *to métron* das Maß; Wissenschaft von den Maßverhältnissen am tierischen und menschlichen Schädel.
Krause, Gerhard, geb. 5. 10. 1906 in Oberlungswitz b. Chemnitz/Sa., gest. 11. 2. 1991 in Gerbrunn b. Würzburg; Zoologe, Embryologe; ab 1926 Studium der Naturwissenschaften in Königsberg, Erlangen u. Bonn, 1933 Promotion bei F. Seidel an der Univ. Königsberg, 1943 venia legendi erhalten, 1952 Hauptkonservator in Tübingen, 1958 berufen auf den Würzburger Lehrstuhl für Zoologie u. vergleichende Anatomie, außerdem Nachfolger von Otto Mangold von der Abteilung Entwicklungsphysiologie am

Heidelberger Institut für Experimentelle Biologie. Wissenschaftl. Arbeitsgebiet: *Tachycinus* – Embryologie; Nachweis erbracht, dass jede Hälfte der längs zerteilten Keimanlage einen vollständigen Embryo liefern kann. Mit den Seidenspinner-Embryonen konnte ein Verfahren zur in vitro-Kultur entwickelt werden, um die Faktoren seiner genetisch bedingten Diapause zu analysieren.

Krause, Wilhelm Johann Friedrich, geb. 12. 7. 1833 in Hannover, gest. 2. 2. 1910 in Berlin-Charlottenburg; Anatom in Göttingen u. Berlin; K. wies 1860 die nach ihm benannten kolbenförmigen Endungen der sensiblen Nerven in den Schleimhäuten der äußeren Genitalien nach (K.sche Körperchen).

Krauskopfpelikan, der; s. *Pelecanus crispus.*

Kretain, das, gr. *to kréas* das Fleisch (als Speise); Methylguanidinoessigsäure, Zwischenprodukt des intermediären Stoffwechsels. Es ist in der Muskulatur mit Phosphorsäure zu Kreatinphosphat gekoppelt.

Krebs, Hans Adolf, geb. 1900 in Hildesheim; Studium der Medizin, 1924 Promotion, 1932 Privatdozent, 1935–1954 Dozent an der Univ. Sheffield, 1945 Prof. für Biochemie, seit 1954 Prof. für Biochemie an der Univ. Oxford. K. erhielt 1953 den Nobelpreis für Medizin u. Physiologie für die Entdeckung des Zitronensäurezyklus, der namentlich benannt wurde (Krebs-Zyklus).

Krebse; s. Crustacea.

Krebs-Zyklus, der; s. Zitronensäurezyklus.

Kreide, die; nach der Schreibkreide; jüngstes System des Mesozoikum, s. d.

Krenal, das, gr. *he krénē* der Brunnen, Quell, die Quelle; die Quellregion eines Gewässers.

Krenocoen, gr. *koinós* gemeinsam; Bezeichnung für Biotyp u. Biozönose der im Krenal lebenden Organismen.

Krenon, das, gr.; bezeichnet die im Krenal lebenden Organismen.

kreophag, gr. *to kréas* das Fleisch, *phagē̍in* essen, fressen; fleischfressend.

Kretin, der, lat. *cretino* der Dummkopf, frz. *crétin* der Schwachsinnige; körperlicher u. geistiger Krüppel (an Kretinismus leidender Mensch).

Kretinismus, der; Schilddrüsenkrankheit mit Skelettmissbildung, Minderwuchs u. geistiger Missbildung bis zur Idiotie.

Kretschmar, Ernst, geb. 8. 10. 1888 Tübingen, gest. 8. 2. 1964; Prof. in Marburg u. Tübingen. Erforschte die menschliche Konstitution u. stellte eine Gliederung der Konstitutionstypen (z. B. Leptosome, Pykniker u. a.) auf, die teilweise auch von der Haustierzüchtung (typus respiratorius, typus muscularis u. a.) übernommen wurde.

Kreuzgang, der; Vorder- und Hinterbein einer Körperseite bewegen sich entgegengesetzt, so dass ein Wechseltritt zustande kommt. Ggs.: Passgang.

Kreuzotter, die; s. *Vipera berus.*

Kreuzspinne, die; s. *Araneus.*

Kreuzung, die; Zuchtmethode; Paarung von Individuen verschiedener Inzuchtlinien, Zuchtlinien, Rassen, so dass durch K. Neukombinationen der Erbanlagen bzw. Heterosis möglich werden (s. Heterosiszüchtung). Entsprechend dem jeweiligen Ziel werden unterschieden: Gebrauchs-, Kombinations-, Verdrängungs-, Veredlungskreuzung; s. reziproke Kreuzung, Zuchtmethoden.

Krickente, die, s. *Anas.*

Kriebelmücken, die; Simulíidae, Fam. der Diptera. Ovipare Mücken (Nematocera), bis 6 mm lang, geflügelt, mit stechendsaugenden Mundteilen, Holometabolite (s. d.). Ernährung d. Männchen durch Pflanzensäfte (Blütenbesuch), die Weibchen der meisten Species sind hämatophag (Blutsauger) an Säugetieren, Aves; Larval- und Puppenentwicklung stark an fließende Gewässer gebunden. Arten der K. sind Erreger der Simuliotoxikose (s. d.). In Tropen/Subtropen „fungieren", sie ebf. als Vektoren (s. d.) und Zwischenwirte von Protozoen, Viren, Helminthen (s. d.). Genera (z. B.): *Simúlium, Melusína, Boóphthora, Wilhélmia.*

Krill, der; vor allem im Südpolarmeer lebende, eiweißreiche Kleinkrebse (der Art *Euphasia superba,* die sich vorzugsweise von Kieselalgen ernähren). Blauwale ernähren sich von Krill. – Mehl aus Krill wird als Eiweißfutter in der Tierernährung eingesetzt.

kritische Distanz, die; Entfernung od. Abstand, bei dessen Unterschreiten das Tier zum Angriff übergeht; vgl. Fluchtdistanz (s. Hediger).

Kröte, die, mhd. *ouke,* s. *Bufo.*

Krötenechse, die; s. *Phrynosoma.*

Krötenfrosch, der; s. *Pelobates.*

Krogh, (Schack) August (Steenberg), Physiologe, geb. 15. 11. 1874 Grena (Jütland), gest. 13. 9. 1949 Kopenhagen; K. arbeitete vor allem über den Gaswechsel bei der Atmung und die Physiologie der Kapillaren. Er erhielt hierfür 1920 den Nobelpreis für Medizin; K.scher Apparat zur Grundumsatzbest.

Krokodil, das; s. *Crocodilus.*

Kronenkranich, der; s. *Balearica.*

Kronismus, der; An- od. Auffressen der Jungen durch die Eltern, bei Vögeln (Storch) und Säugern bekannt, ein krankhaftes Verhalten.

Kropfgazelle, die; s. *Gazella subgutturosa.*

Kropfmilch, die; Taubenmilch, Epithel der Kropfwand von Tauben beiderlei Geschlechts, womit die Nestjungen gefüttert werden. Die Bildung des weißlichen und käsigen Sekretes wird durch Prolaktin stimuliert. Es besteht aus abgestoßenen Kropfepithelzellen und enthält (neben Fett) Eiweiß und Lecithin.
Kruppe, die, gr. *croupe, m.*; das Kreuz bei Pferden zwischen Lendenende (Nierengegend) u. Schweifanfang: Regio sacralis.
Krustenanemonen, die; s. *Zoantharia.*
Krustenechse, die; s. *Heloderma.*
Kryal, das, von gr. *kryerós* eiskalt, kalt wie Eis *(krýos)*; der Lebensraum eines Gletscherbaches, der ganz vom schmelzenden Gletschereis beeinflusst ist.
Kryocoen, gr. *to krýos* das Eis(wasser), *koinós* gemeinsam; bezeichnet die im Kryal lebenden Organismen.
Kryon, das, gr. Bezeichnung für Biotop u. Biozönose des im Kryal vorkommenden Kryocoen.
Kryoskop, das, gr. *skopeo* betrachte; Gerät zur Bestimmung des Gefrierpunktes von Körperflüssigkeiten, physiologischen Lösungen usw. (Gerät nach Beckmann).
Kryostat, der, gr. *to kryon* das Eis(wasser), *statos* stehend, gestellt; Gerät zum Abkühlen bzw. Thermostatieren bei sehr niedrigen Temperaturen.
Krypten, die, gr. *kryptos* verborgen; Gruben an der Tonsillenoberfläche (1.) u. Glandulae intestinalis (2.).
Kryptorchismus, der, gr. *krýptein* verbergen, *ho órchis* der Hode; das unvollständige Absteigen eines od. beider Hoden, d. h. das Zurückbleiben der Hoden in der Bauchhöhle.
Kuba-Amazone, die; s. *Amazona leucocephalus.*
Kuckuck, der; s. *Cuculus.*
Kuckuckshummeln, die; s. *Psithyrús.*
Kudu, afrikanischer Name für *Tragelaphus spekii* (lebt südlich der Sahara), s. d.
Küchenschabe, die; s. *Blatta.*
Kühn, Alfred Richard Wilhelm, geb. 22. 4. 1885 Baden-Baden, gest. 22. 11. 1968 Tübingen; Zoologe, Entwicklungsphysiologe; seit 1904–1908 Studium der Naturwissenschaften in Freiburg/Br., 1908 Promotion, 1910 Habilitation, 1914 ao. Prof., 1918–1920 Berlin b. K. Heider, 1920–1937 o. Prof. auf dem Lehrstuhl für Zoologie in Göttingen, 1937 Berufung zum 2. Direktor des Kaiser-Wilhelm-Institutes in Berlin-Dahlem, 1946–1951 Ordinarius für Zoologie u. Direktor des Zoologischen Institutes in Tübingen. Themen wissenschaftl. Arbeiten: Verhalten der Chromosomen während der parthenogenesichen Fortpflanzung von Cladoceren, Labyrinthuntersuchungen bei Reptilien, Farbensehen bei Tieren, Hydroiden-Entwicklung, Verbindung von Erbforschung u. Entwicklungsphysiologie, Pigmentierungsmuster u. Schmetterlingsschuppe, Geschichte der Biologie: Vortrag über Goethe u. die Naturforschung, Anton Dohrn u. die Zoologie seiner Zeit, biographische Studien u. a. über Karl Ernst v. Baer, Mendel u. Weismann; Lehrbücher: Anleitung zu tierphysiologischen Grundversuchen (1917), Die Orientierung der Tiere im Raum (1919), Grundriß der Allgemeinen Zoologie (der von 1922–1963 15 Auflagen erlebte, der „Kleine Kühn"), Neubearbeitung des Allgemeinen Teils des „Claus-Grobben-Kühn" (1932), Grundriß der Vererbungslehre (der von 1939–1954 3 Auflagen erlebte), Vorlesungen über Entwicklungsphysiologie (1955, 1965).
Kühn, Julius, geb. 23. 10. 1825 Pulsnitz (Oberlausitz), gest. 14. 4. 1910 Halle; wurde 1862 Prof. in Halle, wo er u. a. zum Begründer des bekannten Haustiergartens wurde. K. arbeitete vor allem auf dem Gebiete der Tierernährung; als verdienstvoller Förderer des Zuckerrübenanbaus entdeckte er (um 1880) als Ursache der „Rübenmüdigkeit" deren Erreger *Heterodera schachtii.* Hauptwerke: „Die zweckmäßige Ernährung des Rindviehs" (1861; 13. Auflage 1918); „Anleitung zur Bekämpfung der Rübennematode" (1886).
Kühnelt, Wilhelm, geb. 28. 7. 1905 in Linz, gest. 5. 4. 1988; Studium an der Wiener Univ., 1927 Promotion, 1934 Habilitation, 1950 an die Univ. Graz berufen (Nachfolge K. v. Frisch), 1953 Vorstand des II. Zoologischen Institutes der Univ. Wien. Arbeitsthemen u. a.: „Bodenbiologie" (1950), Bau des Insektenskeletts, Wasserhaushalt bei Insekten, Atmung bei Schnecken, Monographie der Lunzer Tierwelt u. ihrer Ökologie, ökologische Studien am Neusiedler See u. an der Adria, Studien zum Prinzip der „regionalen Stenökie" u. der „Leitformen"; Tenebrionide. Mitbegründer der österreichischen Bodenbiologie; Vorkämpfer für ein adäquates Umweltbewusstsein.
Kükenthal, Willy, geb. 4. 8. 1861 Weißenfels a. d. S., gest. 20. 8. 1922 Berlin; 1880–1884 Studium der Geologie u. Paläontologie in München u. Zoologie in Jena (b. E. Haeckel), 1884 Promotion (Dr. phil.), 1887 Habilitation für Zoologie, 1890 ao. Prof. (Ritterprof.) für Phylogenie in Jena, 1898 o. Prof. für Zoologie u. Direktor des Zoologischen Institutes u. Museums an der Univ. Breslauf, 1918 o. Prof. für Zoologie an der Univ. Berlin. Arbeitsgebiete u. a.: Embryologie der Wale, Meeressäugetiere; Coelenteraten. Begründen u. Herausgeben des

„Leitfadens für das Zoologische Praktikum" (Jena 1898), inzwischen mehrmals sehr erfolglich als „Kükenthals Leitfaden für das Zoologische Praktikum" herausgegeben, 24. Aufl. von V. Storch u. U. Welsch , Heidelberg 2002.

Küstenhüpfer, der; s. *Orchestia.*

Küstenstrandläufer, der; s. *Calidris.*

Kugelassel, die; s. *Armadillidium.*

Kugelmuschel, die; s. *Sphaerium.*

Kuhantilope, die; s. *Alcelaphus bucephalus.*

Kuhk, Rudolf, geb. 13. 2. 1901 Münster/Westf., gest. 7. 2. 1989 Münster; Apotheker, Ornithologe/Feldornithologe; vorerst Studium der Pharmazie mit Staatsexamen (1925), dann Studium der Zoologie u. 1939 Promotion („Die Vögel Mecklenburgs"). Seine bevorzugten Studienobjekte waren die Greifvögel u. Eulen, insbes. der Rauhfußkauz. K. war seit 1947 örtl. Leiter der Vogelwarte Radolfzell, vormals Rositten u. 17 Jahre lang Generalsekretär der Deutschen Ornithologischen Gesellschaft (vgl. E. Schütz u. R. Schlenker, Deutsche Ornithol. Ges. 131, 115–117, 1990). K. war ein ständiger Förderer dieses „Zoologischen Wörterbuches".

Kulturflüchter, die; Bezeichnung für Tierarten (– und auch Pflanzenarten –), die aus der Kulturlandschaft verschwinden, d. h. flüchtend auf regulierende od. zerstörende Umwelteingriffe des Menschen reagieren (z. B. durch Straßenbau, Entwässerung). K. sind z. B.: Biber, Kranich, Waldhühner (Birkwild u. a.). Ggs.: Kulturfolger.

Kulturfolger, die; Tierarten (auch Pflanzenarten), die sich in der Kulturlandschaft ansiedeln, z. B. Damwild, Weißstorch, Amsel, Sperling.

Kulturlandschaft, die; lat. *cólere, colo, colui*; *cultus* pflegen, bebauen; die vom Menschen mehr od. weniger beeinflusste Landschaft: z. B. durch Besiedlung, Infrastruktur, Boden-Melioration; Emissionen (Wasser- u. Luftverunreinigungen); Anbau von Kulturpflanzen, Kulturwald (Forst).

Kupferglucke, die; s. *Gastropacha.*

Kupferkopf, der; s. *Agkistrodon contortrix.*

Kupffer, Karl Wilhelm von, geb. 14. 11. 1829 Lesten (Kurland), gest. 16. 12. 1902 München; Prof. der Anatomie in Kiel, Königsberg u. München; K. wies die nach ihm benannten phagozytären Zellen in der Leber nach (K.sche Sternzellen).

Kupffersche Sternzellen, *f.,* s. Kupffer; Zellen des retikulo-endothelialen Systems, kommen als phagozytäre Zellen in der Leber vor.

Kurzfühlerschrecken, die; s. Caelífera.

Kurzschwanzaffe, der; s. *Cacajao.*

Kusimanse, in W-Afrika vorkommende (dunkle) Schleichkatzenart, s. *Crossárchus obscurus.*

Kusu, einheimischer (australischer) Name; s. *Trichosurus.*

Kuttengeier, der; s. *Aegypius monachus.*

Kuttensittich, der; s. *Myopsittacus.*

Kutter, Heinrich, geb. 22. 9. 1896 Vinelz (am Bielersee), gest. 23. 7. 1990 Uster ZH; Apotheker, Myrmekologe, Nestor der europäischen Ameisenforschung; 1934 Promotion am Entomol.-Institut der ETH Zürich bei Schneider-Orelli (über Erbsengallmücke *Contarinia pisi* u. Erbsenblasenfuß *Kakothrips robustus*), Ehrenpromotionen durch die Univ. Lausanne (1962) u. Bern (1963), Gründungsmitglied der Zeitschrift „Insectes sociaux", Aufbewahrung der Kutterschen Ameisensammlung im Musée Zoologique de Lausanne. Arbeitsthemen u. a.: Sozialparasitische Ameisen, Sklavenraub von *Strongylognathus alpinus*, ektoparasitisches Verhalten von *Teleutomyrmex schneideri*, Anomalien einheimischer Formiciden; „Die sozialparasitischen Ameisen der Schweiz". Monographie auf das Jahr 1969; „Formicidae" in: Insecta Helvetica Fauna 6 (1977), Ergänzungsband 6a, 1978; „Persönliche Erinnerungen an August Forel". Mitt. Schweiz. Entomol. Gesellsch. XL., 281–289, 1968.

Kybernetik die, gr. *ho kypernétes* der Steuermann; eine von N. Wiener begründete Wissenschaft, die die Systeme zur Übertragung, Wandlung, Speicherung und Steuerung von Informationen in lebenden Organismen, Maschinen u. verschiedenen Prozessen zum Gegenstand hat; es lassen sich (vielleicht) drei Hauptrichtungen erkennen: Bio-K., technische K. u. ökonom. K.; kybernetische Tiere sind eine Gruppe der kybern. Maschinen, die der Untersuchung und Modellierung einfachster tierischer Verhaltensformen dienen (z. B. die kybern. Schildkröte von G. Walter).

Kyematogenese, die, gr. *kyēin* befruchtet, trächtig, schwanger sein (od. werden); Bezeichnung für die gesamte intrauterine Entwicklungsphase des Keims, schließt die Wanderung des Eies durch den Eileiter ein (nach Goerttler 1957). Der K. geht die Progenese voraus. Die K. gliedert sich in Blastogenese, Embryogenese, Fetogenese.

Kyematopathie, die, gr.; Ergebnis (Folge) einer im Verlaufe der Kyematogenese auftretenden Erkrankung (= Kyematose) od. Entwicklungsstörung (= Dyskyematogenese) der Frucht. Nach der von der Erkrankung od. Störung betroffenen Entwicklungsphase werden unterschieden: Blasto-, Embryo- u. Fetopathie. Von der K. wird abgegrenzt die Gametopathie. Die Kyematopathie ist Gegenstand des in der Human- und Veterinärmedizin entwickelten Wissenschaftsgebietes der Pränatalpathologie.

Kymográphion, das, gr. *to kýma* die Woge, Welle, Flut, *gráphēīn* zeichnen, schreiben; der „Wellenschreiber", Kymograph, Apparat zur mechanischen Aufzeichnung rhythmischer Vorgänge. Er besteht meist aus einer rotierenden berußten Trommel mit Schreibhebel.

Kynologie, die, gr. *ho, he kýon, kynós* der Hund, *ho lógos* die Lehre; die Lehre vom Hund u. von der Hundezucht.

Kynurenin, das; Zwischenprodukt des Tryptophanstoffwechsels.

Kyphose, die, gr. *kyphós* vornübergebogen, gebückt, krumm, *kýptein* sich vornüber od. vorwärts neigen; Rückgratverkrümmung nach hinten bzw. Verkrümmung der Wirbelsäule bei auf vier Beinen laufenden Säugetieren nach oben; „Buckelbildung".

Kyphoskoliose, die, gr. *skoliós* verdreht, gekrümmt; Buckelbildung (= Kyphose) bei gleichzeitiger seitlicher Verkrümmung (Torsion der Wirbelsäule).

L

Lábeo, *m.,* lat. *lábeo* das Dickmaul; Gen. der Cyprinidae. Spec.: *L. bicolor,* Fransenlippe.

Labferment, das; Syn.: Chymase, Chymosin, Rennin; im Magensaft junger Rinder (aus Kälbermagen erstmals kristallin erhalten) vorkommendes eiweißspaltendes Enzym, das das lösliche Caseinogen (Casein) der Milch in das unlösliche Casein (Paracasein) umwandelt und dadurch die Möglichkeit zum Gerinnen bringt.

Lábia, *f.,* gr. *he labḗ* der Griff, die Zange; hat am Hinterende zangenartige Cerci (Schwanzborsten); Gen. der Labíidae, Ordo Dermatoptera (Ohrwürmer). Spec.: *L. minor* (Körperlänge 5 mm; Vorkommen vorzugsweise an Komposthaufen; flugunfähig); Kosmopolit.

Lábia majóra pudéndi, die, s. *labium,* s, *pudéndum,* s. *májor*; die großen Schamlippen, paarige, fettreiche, behaarte äußere Hautfalten, die beim (menschlichen) Weibe seitlich den Scheidenvorhof umgeben. Sie entstehen aus den Geschlechtswülsten u. entsprechen dem Hodensack des Mannes. Die großen Labien sind bereits bei manchen Halbaffen u. Affen angedeutet.

Lábia minóra pudéndi, die, s. *mínor*; die kleinen Schamlippen, paarige (innere), den Scheidenvorhof direkt begrenzende Hautfalten der Säuger. Sie entstehen aus den Geschlechtsfalten.

Labia oris, die, s. *ós*; wulstige Ränder der Mundöffnung bei Vertebraten, spez. bei Säugern; die Lippen.

labiális, -is, -e, lat., zur Lippe gehörig.

Labialpalpus, der; s. Palpus labialis.

labiátus, -a, -um, lat., mit Lippen versehen.

Labidúra, *f.,* gr. *he labís, labídos* die Zange, *he urá* der Schwanz; Gen. der Forficulidae (Dermaptera), Ohrwürmer. Spec.: *L. ripária,* Sandohrwurm.

lábilis, -is, -e, lat., leicht (gleitend), vergänglich; unbeständig, schwankend, veränderlich, labil.

lábium, -ii, *n.,* lat., die Lippe, Lefze; Labium: bei Insekten die unpaare Unterlippe, gebildet durch mediane Verschmelzung der paarigen zweiten Maxille.

Labmagen = Abomasus; letzter Abschnitt des Magens der Wiederkäuer, er folgt auf den Blättermagen (Omasus).

labrum, -i, *n.,* lat., die Lippe, Lefze, Kufe, Wanne; Labrum: Oberlippe der Insekten, eine unpaare Chitinfalte, die die Mundöffnung von oben bzw. von vorn bedeckt (bei manchen Insekten fehlend).

Labrus, *m.,* gr. *lábros* gefräßig, lat. *labrus* Fischname (bei Plinius), lat. *labrum* Lippe; Gen. der Lábridae, Lippfische; auffallend dicke gewulstete, vorstreckbare Lippen. Spec.: *L. mixtus,* Streifenlippfisch (♂ u. ♀ unterschiedliche Färbung).

Labyrinthicus, -a, -um, lat., zum Labyrinth gehörig.

Labyrinthodont(i)a, die, Pl., gr. *ho odús, odóntos* der Zahn; soweit bekannt die primitivsten Amphibien, deren meiste Vertreter aus dem Paläozoikum und der Trias stammen; ein charakteristisches morphologisches Merkmal ist der aspidospondyle Bau der Wirbel. Spec.: *Edops* spec. (nachgewiesen O. Karbon – Unt. Perm von Nordamerika).

labyrinthus, -i, *m.,* gr. *ho labyrinthos* das Labyrinth, der Irrgang; Innenohr der Wirbeltiere, liegt z. B. beim Menschen in der Felsenbeinpyramide. Es besteht aus dem knöchernen (Vorhof, Bogengänge, Schnecke) u. dem häutigen Labyrinth (Sacculus, Utriculus, häutige Bogengänge u. Schnecke), dem eigentlichen Sinnesorgan. Außerhalb des häutigen L. befindet sich die Perilymphe, das Innere des häutigen L. enthält die Endolymphe.

lac, láctis, *n.,* lat., die Milch; Milch der Säuger, gebildet von den Glandulae mammales; L. neonatorum: die „Hexenmilch", eine milchähnliche Flüssigkeit der Brustdrüsen neugeborener Kinder beiderlei Geschlechts.

lacca, lat., Lack; s. *Coccus.*

Lacédo, *f.,* Anagramm von *alcedo* (wie auch *Dacélo,* s. d.); Gen. der Alcedínidae, Eisvögel. Spec.: *L. pulchella,* Bindenliest (H-Indien, Große Sundainseln; ihn schmückt ein Bindenmuster).

lacer, -cera, -um, lat., zerrissen, zerfetzt; *lacerare* zerreißen; Forámen lácerum: ein Foramen im Schädel der Wirbeltiere mit unregelmäßigen Knochenrändern; Dens lácerans, Reißzahn bei Raubtieren.

Lacérta, *f.,* lat. *lacérta* die Eidechse; Gen. der Lacértidae, Eidechsen i. e. S. Spec.: *L. ocelláta (= lepida),* Perleidechse; *L. viridis,* Smaragdeidechse; *L. ágilis,* Zauneidechse; *L. vivipara,* Bergeidechse; *L. muralis,* Mauereidechse.

lacertósus, -a, -um, lat., eidechsenartig.

„Lachender Hans“, der größte u. bekannteste Eisvogel *(Dacelo novaeguinea),* erhielt den Trivialnamen wegen seiner schallendem Gelächter ähnlichen Rufe; s. *Dacelo.*

Láchesis, *f.,* Name einer der drei Parzen der Unterwelt, die der Sage nach das Schicksal bestimmte; Gen. der Viperidae, Vipern. Spec.: *L. muta,* Buschmeister, Surukuku (im nördlichen S-Amerika); ihr Biss ist tödlich.

Lachmöwe, die; s. *Larus.*

Lachs, der; s. *Salmo salar.*

Lachsfische, die; s. Salmoniformes.

lacínia, -ae, *f.,* lat., der Zipfel; die L. ist bei Insekten mit kauenden Mundwerkzeugen die innere Kaulade der ersten Maxillen.

laciniátus, -a, -um, lat., zipfelig, in Zipfel zerrissen, mit Zipfel versehen.

Lackschildlaus, die; s. *Coccus.*

Lacon, *m.,* gr. *Lákon* ein Lakonier, ein Bewohner Lakoniens; Gen. der Elatéridae, Schnellkäfer. Spec.: *L. murínus,* Mausfarbener Schnellkäfer (Larven schädlich an Rosen, Salat u. Zichorie).

lácrima, -ae, *f.,* lat., die Träne; Glándulae lacrimáles, die Tränendrüsen der Vertebraten von den Reptilien aufwärts. Sie liegen in der Regel im lateralen Augenlidwinkel. Die Tränenflüssigkeit (Lacrimae) dient vor allem dem Feuchthalten d. Augenoberfläche.

lacrimális, -is, -e, lat., zu den Tränen gehörig, auch zum Tränenbein gehörig.

Lacrymária, *f.,* lat., den „Tränen“ *(lacrimae)* ähnliche Tiere; Gen. der Holotricha, Ciliata.

lácteus, -a, -um, lat., milchweiß, milchig; s. *Dendrocoelum.*

lactiver, -a, -um, lat. *férre* tragen; milchführend.

Lactoflavin, das, Syn.: Riboflavin, s. Vitamin-B-Komplex.

lactúca, *f.,* lat., Lattich; s. *Phyllobothrium.*

lacúna, -ae, *f.,* lat., die Vertiefung, Einbuchtung, Lücke, Lache.

lacunáris, -is, -e, lat., zur Vertiefung gehörig.

lácus, -us, *m.,* lat., der See.

lacústris, -is, -e, lat., am od. im See, Seebecken od. Teich vorkommend; See-; s. *Cordylophora,* s. *Spongilla.*

läotrop, gr. *laiós* links, *tropḗin* wenden; Bezeichnung für linksgewundene Schneckenschalen (Gastropoden), nur wenige Arten sind linksgewunden.

Lärchenminiermotte, die; s. *Coleophora laricella.*

l(a)evigátus, -a, -um, lat., geglättet (*l(a)evigare* glätten); s. *Nummulites.*

l(a)evinodis, s. *l(a)ēvis,* lat. *nódus* der Knoten; glattknotig, zartknotig.

l(a)ēvis, -is, -e, lat., glatt, zart; 1. Chórion laeve: glattes Chorion vieler Säuger, d. h., das Chorion verliert seine Zotten auf dem größten Teil seiner Oberfläche; 2. als Artname, s. *Phoxinus.*

Lävulose, die, lat. *laevus* links; der Fruchtzucker, ein Monosaccharid, linksdrehende Hexose.

Láganum, *n.*; gr. *to láganon* ein dünner und breiter Kuchen; wegen der abgeflachten Form. Gen. der Laganidae, Ordo Clypeasteroidea („Sand-Dollars“), Echinoidea (Seeigel). Spec.: *L. depressum.*

Lagéna, *f.,* lat. *lagṓena, -ae, f.,* die Flasche, der Weinkrug; 2. kurzer flaschenförmiger Blindsack am Sacculus des Labyrinths niederer Wirbeltiere, der sich bei höheren Wirbeltieren zur Schnecke (Cochlea) umbildet; 2. Genus der Foraminifera (Kammertierchen), Rhizopoda (mit bauchiger Schale!). Ihre aus Fossilfunden (seit dem Jura) bekannten Formen haben sich bis zur Gegenwart unverändert erhalten. Spec.: *L. marginata.*

Lagomórpha, *n.,* Pl., s. *Lagopus,* gr. *he morphé* die Gestalt, das Aussehen; Hasenähnliche, Duplicidentata, von den Rodentia abgetrennte (nunmehr selbständige) Ordo der Mammalia; fossile Formen seit dem Paläozän bekannt.

lagopus, als Adjektiv: rauh- od. hasenfüßig.

Lagópus, *m.,* „Hasenfuß“, von gr. *ho lagós* der Hase, *ho pus* der Fuß; namentlicher Bezug auf die befiederten Läufe u. Zehen. Gen. der Tetraonidae (Phasianidae), Ordo Galliformes. Spec.: *L. lagopus,* Moorschneehuhn; eine Unterart: *L. l. scoticus,* Schottisches Moorschnee- od. Heidehuhn (engl. Red grouse od. Grouse genannt), spielt in Schottland sogar jagdlich noch eine Rolle; *L. mutus,* Alpenschneehuhn, lebt u. a. in der Alpenregion über der Baumgrenze (2000 bis 3400 m), besonders in der Nähe von Schneeresten, ferner in den Pyrenäen, in Island, N-Schottland, in Grönland u. im nördlichen Skandinavien.

Lagóstomus, *m.,* gr. *to stóma* das Maul; „Hasenmaul"; Gen. der Chinchíllidae, Fam. der Rodentia. Spec.: *L. maximus,* Viscacha (S.-Amerika).

Lágria, *f.,* gr. *lagarós* schlaff, weich, wollig; sich auf die dichte, langzottige Behaarung beziehend; Gen. der Lagríidae, Wollkäfer. Spec.: *L. hirta,* Rauher Wollkäfer.

Laktalbumin, das, s. *lac,* s. Albumine; Milcheiweiß, Albumin der Milch.

Laktase, die; Enzym des Darmsaftes, das Milchzucker in Galaktose u. Glukose spaltet; L. ist eine β-Galaktosidase.

Laktat, das; Salz der Milchsäure.

Laktation, die, lat. *lactáre* milchen, Milch absondern; Laktation: Absondern von Milch durch die Milchdrüsen der weiblichen Säuger zur Ernährung der Jungen; das Stillen, die Zeit des Stillens; Laktationsperiode: Zeit der Milchabsonderung (z. B. bei Kühen).

Laktationshormon, das; s. luteotropes Hormon.

Laktazidämie, die, lat. *ácidum lácticum* die Milchsäure, gr. *to haíma* das Blut; das Auftreten von Milchsäure im Blut.

laktieren, Milch absondern, stillen, säugen.

Laktoflavin, das; s. Vitamin B_2.

Laktose, die; chem. 4-β-Galaktosidoglucose; der Milchzucker, ein Disaccharid der Säugermilch, *Saccharum lactis,* wichtigstes Kohlenhydrat der Milch (Kuhmilch: 40–50 g/l). Synthese durch Laktosesynthase aus UDP-Galaktose und G-1-P.

Laktosurie, die, gr. *to úron* der Harn; die Ausscheidung von Milchzucker im Harn, physiologisch bei Schwangeren u. Wöchnerinnen.

Lama, *f., Lama* (gesprochen *Ljama*), Vernakularname; Gen. d. Camelidae, Tylopoda, Schwielensohler; Ruminantia (Wiederkäuer). Lamas = „Kamele der Neuen Welt"; *L. guanicoë,* der Guanako; *L. glama,* das Lama; *L. pacos,* das Alpaka od. der Pako; *L. vicugna,* die Vikunja (gesprochen Wikunja); die Artnamen sind volkstümliche Namen (Vernakularnamen).

Lamagazelle, die; s. *Ammodorcas clarkei.*

Lamarck, Jean-Baptiste de Monet, Chevalier de, geb. 1. 8. 1744 Bazentin (Picardie), gest. 18. 12. 1829 Paris; Prof. der Zoologie am Jardin des Plantes in Paris; L. erzielte bedeutende Ergebnisse auf dem Gebiet der Systematik. Er führte in seiner „Flore françoise" (1778) die dichotome Methode zur Pflanzenbestimmung ein. L. prägte die Begriffe „Wirbeltiere" u. „wirbellose Tiere" u. gliederte die letzteren in 10 Klassen. Er nahm eine Entwicklung der Lebewesen durch Vererbung erworbener Eigenschaften an; Lamarckismus.

lambdoídeus, -a, -um, latin., wie ein Lambda (gr. Buchstabe) aussehend.

Lamblia, *f.,* nach W. D. Lambl; Arzt (1824–1895); Gen. der Distomatidae, Polymastigina. Spec.: *L. intestinalis* (Erreger der Lambliasis).

Lambliasis, die, Syn. Giardiasis; ulzeröse zu Diarrhöen führende Prozesse der Darmwand, hervorgerufen durch in den Darm eingedrungene Lamblien (s. *Lamblia*). In die Gallenblase u. -wege eingedrungene Lamblien verursachen cholezystische Beschwerden.

lamélla, -ae, *f.,* lat., das Plättchen.

Lamellibranchiata, *n.,* Pl., lat. *lamélla* das kleine Blatt (lamina), gr. *ta bránchia* die Kiemen: Muscheln, Mollusca. Syn.: Bivalvia, Gruppen (Ord.): Anisomyaria, Eulamellibranchiata.

Lamellicórnia, *n.,* Pl., lat. *cornu* das Horn, der Fühler (Antenne); Blatthornkäfer, Gruppe der Coleoptera. Mittelgroße bis sehr große, oft farbenprächtige Käfer mit blättchenartigen, keulenförmig zusammengelegten Fortsätzen an den Endgliedern der relativ kurzen Fühler (Name!); fossile Formen seit dem Oberjura bekannt.

Lamellirόstres, *f.,* Pl., lat. *rostrum* der Schnabel. Der Name bezieht sich auf die längs der beiden Innenseiten des Schnabelrandes verlaufenden Hornlamellen (-leisten), die zum Abseihen der Nahrung od. zum Festhalten der Beute dienen. Lamellenschnäbler, Syn. von Anseriformes, Entenvögel, Ordo d. Aves.

Lamellisabélla, *f.,* lat. *sabélla* feiner Sand, kleine Körnung (von *sábulum* Sand, Kies); Gen. der Pogonóphora, Bartträger, Branchiotremata (Kragentiere). Spec.: *L. zachsi; L. johanssoni.*

lamellósus, -a, -um, lat., reich an Plättchen.

Lámia, *f.,* lat. *lámia* Zauberin, Hexe, Unholdin; Gen. der Cerambycidae, Bockkäfer. Spec.: *L. textor,* Weberbock (Larve lebt in Weiden).

lámina, -ae, *f.,* lat., das Blatt, die Platte, Lamina perpendiculáris: mediane senkrechte Platte des Siebbeinknochens.

Lámna, *f.,* gr. *he lámna* gefräßiger Meeresfisch, wahrscheinlich eine Haifischart; Gen. der Lamnidae (= Isuridae), Heringshaie. Spec.: *L. nasus,* Heringshai.

Lampétra, *f.,* aus lat. *lámbere* saugen u. gr. *he pétra* der Stein, Felsen gebildet; Gen. der Petromyzontidae, Hyperaortia/Petromyzonta. Spec.: *L. (Petromyzon) planeri,* Bachneunauge (Kleines Flussneunauge); *L. fluviatilis,* Flussneunauge (Pricke).

Lampra, *f., gr. lamprós* glänzend; Gen. der Bupréstidae. Spec.: *L. festíva,* Zypressen-, Wacholderprachtkäfer.

Lampropéltis, gr. *lamprós,* s. o., *he péltē* kleiner, halbmondförmiger Schild (lat. *pelta*). Gen. der Colubridae, Nattern, Serpentes, Ophidia (Schlangen). Spec.: *L. getulus,* Ketten-, Königsnatter.

Lampýris, *f.,* gr. *he lampyrís = lampurís* Leuchtkäfer, von *lámpēin* leuchten u. *he urá* Schwanz; Gen. der Lampyridae, Leuchtkäfer. Mit Leuchtorganen am Hinterleib der Larven u. Imagines, bei Erregung aufleuchtend. Spec.: *L. noctiluca,* Leuchtkäfer, Johanniswürmchen (Männchen um Johanni fliegend; Weibchen flügellos).

lána, -ae, *f.,* lat., die Wolle; *laniger* wolletragend. Spec.: *Lichanotus laniger*, Wollmaki (ein Halbaffe).

láncea, -ae, *f.,* lat., die Lanze, der Wurfspieß.

lancéola, -ae, *f.,* die kleine Lanze.

lanceolátus, -a, -um, lat., lanzettlich (*lancea* Lanze); s. *Dicrocoelium.*

Landegel, der; s. *Haemadipsa.*

Landkrabbe, die; s. *Gecarcinus.*

Landschaftsökologie, die, gr. *ho oikos* das Haus, Heim, die Wohnung, *ho lógos* die Rede, das Wort, die Lehre; Die Wissenschaft von der Struktur, Funktion u. Entwicklung einer belebten Landschaft. Syn.: Geoökologie.

Landschildkröte, die; s. *Testuda.*

Landsteiner, Karl, geb. 14. 6. 1868 Wien, gest. 26. 6. 1943 New York; Serologe; Medizinstudium in Wien, 1891 Promotion, 1892–1894 Studienreisen nach Deutschland u. in die Schweiz, 1895–1896 in der Universitätsklinik in Wien tätig, 1896–1897 Asisstent am Hygieneinstitut, 1897–1908 am Pathologisch-Anatomischen Institut, 1908–1919 Prosektor am Wilhelminen-Hospital in Wien, 1922–1943 am Rockefeller Institut in New York, 1930 Nobelpreis. Arbeitsgebiet: Blutgruppen, ab 1923 Mitgl. d. Rockefeller Institute for Medical Research, New York City. Bedeutende Forschungen auf dem Gebiet der Serologie, L. entdeckte 1901 die 4 klassischen Blutgruppen, wofür er 1930 den Nobelpreis erhielt. 1940 beschrieb er gemeinsam mit A. S. Wiener (1907–1976) den Rhesusfaktor. Weiterhin befasste sich L. mit der Chemie der Antigene, Poliomyelitis (1909 erste Züchtung der Viren auf Affennierengewebe), Kältehaemoglobinurie u. Syphilis.

Lang, Arnold, geb. 18. 6. 1855 Oftringer (Schweiz), gest. 30. 11. 1914 Zürich; 1876 Privatdozent in Bern, 1878–1885 Zoologische Station Neapel, 1885 Privatdozent in Jena, 1886 ao. Professor in Jena, 1889 o. Professor d. Zoologie u. vergleichenden Anatomie an der Univ. u. dem Polytechnikum in Zürich, 1913 emeritiert.

Langarmaffen, die; Hylobatidae, s. *Hylobates.*

Langerhans, Paul, geb. 25. 7. 1847 Berlin, gest. 20. 7. 1888 Funchal (Madeira), Pathologe, Arzt; L. beschrieb die nach ihm benannten Insulin produzierenden Inseln in der Bauchspeicheldrüse.

Langerhanssche Inseln, *f.,* s. Langerhans; Insulin (51 AS, β-Zellen) u. Glukagon (29 AS, α-Zellen) erzeugende epitheliale Zellen der Bauchspeicheldrüse (Pankreas).

Langflügelfledermaus, die; s. *Miniopterus schreibersi.*

Langfühlerschrecken, die; s. *Ensífera.*

Langstroth, Lorenzo Lorrain, geb. 25. 12. 1810 Philadephia, gest. 6. 10. 1895 Dayton/Ohio; Vater der amerikanischen Bienenzucht, Geistlicher, später Lehrer. Nach ihm ist die Langstroth-Beute benannt. Das Langstroth-Rähmchenmaß beträgt 448–232 mm.

Languren, die; s. Colobidae u. Cynomorpha.

Languste, die; s. *Palinurus.*

łániger, -gera, -gerum, lat. *lana* Wolle, *gérere* tragen; Wolle tragend; vgl. *lana*; s. *Chinchilla,* s. *Eriosóma.*

Lánius, *m.,* lat. *lánius* Fleischer, von *laniáre* zerfleischen; Gen. der Laníidae, Würger („Raubvögel"), Passeriformes; fossil seit dem Miozän bekannt. Spec.: *L. excúbitor,* Raubwürger; *L. (= Eneóctonus) collúrio,* Neuntöter, Rotrückiger Würger; *L. senator,* Rotkopfwürger.

Lanner, der; in der Falknersprache Name für *Falco biarmicus.*

Lanthanotus, *m.,* von gr. *lanthánēin* verborgen, vergessen sein u. *ho nótos* der Süden; Gen. der Lanthanótidae (Taubwarane), Lacertilia; gilt als lebendes Fossil, s. d.; ist vermutlich ein direkter Nachfahre der Aigialosauridae der Unterkreide. Spec.: *L. borneénsis.*

Lanúgo, -inis, *f.,* lat., Flaum, von lat. *lána, -ae* die Wolle, das Wollhaar; Wollhaarkleid, die Behaarung des menschl. Embryos beginnt im 2.–3. Schwangerschaftsmonat zu wachsen u. verliert sich im 9. Monat im Gesicht u. auf der Bauchhaut, geht kurz vor od. bald nach der Geburt völlig verloren.

Lanzenotter, die; s. *Bothrops atrox* (früher *B. lanceolatus*).

Lanzettfischchen, das; s. *Amphioxus, Branchiostoma.*

Laomédea, *f.,* gr. Name einer Meernymphe; Gen. der Campanulariidae, Fam. der Thecaphorae – Leptomedusae, Hydrozoa. Spec.: *L. flexuosa.*

Laparotomie, die, gr. *laparós* weich, *témnēin* = *temēin* schneiden; operative Eröffnung der Bauchhöhle.

Láphria, *f.,* gr. *Laphía* Beiname der Artemis, auch Bedeutung als Räuberin, Mörder; Gen. der Asílidae, Raubfliegen. Spec.: *L. gibbósa,* Mordfliege.

Lapicque, Louis, geb. 1866 Epinal, gest. 1952 Paris; Prof. f. Physiologie an der Sorbonne (Paris); prägte den Begriff der Chronaxie als Zeitwert (Nutzzeit der doppelten Rheobase). Der Chronaxiewert ist eine Kenngröße für die Erregbarkeit belebter Strukturen.

lapidarius, -a, -um, lat., Stein-, z. B. *Bombus lapidarius,* Stein-Hummel.

lapis, lapidis, *m.,* lat., der Stein, Grenzstein, Dim. *lapíllus, -i, m.,* das Steinchen; *lapicidus, -a, -um* an Steinen vorkommend; *lapicída* der Steinmetz. Spec.: *Helicigona lapicida* (eine stylomatophore Lungenschnecke, die an Steinen, Felsen u. Mauern häufig anzutreffen ist).

lappónicus, -a, -um, neulat., lappländisch („Habitat in Lapponia", Finnland); s. *Ectobius,* zuerst in Lappland beobachtet (Name!), jedoch in Eurasien verbreitet; s. auch *Limósa.*

lar, *m.,* lat.: *Lar, Laris, m.,* ein Schutzgott, auch „vergötterte Seele" Verstorbener, die Haus u. Familie schützt; Artname bei dem Weißhandgibbon; s. *Hylóbates.*

lardárius, *m.,* lat. *lardum* der Speck; der Speckhändler; s. *Dermestes.*

laricella, *f.,* lat., die kleine Lärche *(larix, -icis)*; s. *Coleóphora.*

laricis, Genit. von lat. *larix* die Lärche. Spec.: *Adelges laricis,* Rote Fichtengallaus.

Larus, *m.,* gr. *ho láros* = lat. *lárus* ein gefräßiger Seevogel der Alten; Gen. der Láridae, Möwen; fossil seit dem Miozän bekannt. Spec.: *L. ridibúndus,* Lachmöwe; *L. marínus,* Mantelmöwe; *L. argentátus,* Silbermöwe; *L. canus,* Sturmmöwe.

lárva, -ae, *f.,* lat., das Gespenst, die Maske; Larve, Jugendform verschiedener Tiere, die noch nicht geschlechtsreif sind.

Larvacea, *n.,* Pl., „Larvenartige"; früheres Synonym für die Copelata (s. d.), da diese als geschlechtsreif gewordene (neotene) Larven der Ascidiae angesehen wurden.

larval, im Larvenstadium befindlich.

Larvalparasitismus, der; Art des Parasitismus, bei dem nur die Larvenstadien (s. *larva*) schmarotzen, z. B. bei den Schlupfwespen. Ggs.: Adultparasitismus = parasitäre Lebensweise erwachsener Tiere.

larvátus, -a, -um, lat., mit einer Maske *(larva)* versehen. Spec.: *Potamochoerus larvatus,* Larvenschwein.

Larvenschwein, s. *larvátus.*

Larviparie, die, lat. *párere* gebären; Form der Viviparie, d. h. Gebären von Junglarven, die bereits im mütterlichen Leib die Eischale verlassen haben, z. B. bei cyclorrhaphen Fliegen, Blatt- u. Schildläusen, Fächerflüglern, auch bei einigen Käfern.

laryngeal, gr. *ho lárynx* die Kehle, der Schlund; den Kehlkopf betreffend, zum Kehlkopf gehörig.

laryngéus, -a, -um, latin., zum Kehlkopf gehörig.

larýngicus, -a, -um, s. *lárynx*; zum Kehlkopf gehörig, kehlkopfartig.

lárynx, -ýngis, *m.,* latin., die Kehle, der Kehlkopf vieler Wirbeltiere; auch taxonomisch als Artname, z. B. bei *Tubularia.*

Lasiocámpa, *f.,* gr. *lásios* rauh, *he kámpe* die Raupe; Gen. der Lasiocámpidae, Glucken. Spec.: *L. quercus,* Eichenspinner.

Lasioderma, *n.,* gr. *lásios* dicht behaart, *to dérma* die Haut; Gen. der Anobíidae. Spec.: *L. serricorne,* Kleiner Tabakkäfer, im Ggs. zu *Catorama tabaci.*

Lásius, *m.,* gr. *lasios,* s. o.; Gen. der Formícidae, Ameisen. Spec.: *L. flavus,* Gelbe Wiesenameise.

Lasurblattvogel, der; s. *Chloropsis hardwickei.*

latent, lat. *latére* verborgen sein; sich versteckt halten; verborgen, verdeckt, versteckt (auch) insgeheim.

Latenz, die, Syn.: Latenzzeit; Verzögerungszeit zwischen dem Beginn eines gesetzten Reizes u. dem Beginn der beobachteten (Antwort-)Reaktion.

Lateralherzen, die; bei Oligochaeten muskulös angeschwollene Ringgefäße („Seiten- od. Randherzen"), die in rhythmischen Kontraktionen das Blut in den ventralen Hauptstamm treiben; *Lumbricus* besitzt fünf u. *Tubifex* ein Paar „Lateralherzen".

lateralimarginális, -is, -e, lat., mit Seitenrändern, seitlich gerändert; s. *Cybíster.*

laterális, -is, -e, lat., seitlich.

latericius, -a, -um, lat., aus Ziegeln (bestehend), ziegelwerkartig, von: *later, lateris, m.,* der Ziegel; Spec.: *Notomastus latericius* (ein polychäter Meereswurm).

lateristrigus, -a, -um, lat., mit Seitenstreifen, seitengestreift, mit Streifen an der Seite *(latus).*

laternárius, *m.,* lat., der Laternenträger; s. *Fulgora.*

Laterne des Aristoteles, die; das Kiefergerüst der Seeigel, weil erstmals von A. beschrieben u. einer Laterne ähnlich; bereits Plinius verwandte diese Bezeichnung.

Laternenfisch, der; s. *Photoblepharon.*

Laternenträger, der; s. *Fúlgora.*
laticaudatus, -a, -um, lat., mit breitem *(latus)* Schwanz *(cauda)* versehen.
laticeps, lat., breitköpfig; s. *Raphídia.*
látifrons, s. *latus,* lat. *frons, -ntis* die Stirn; breitstirnig; mit breiter Stirn; s. *Phascólomys.*
Latiméria, *f.*, Crossopterygii (Quastenflosser), nach Frau Courtenay-Latimer benannt; Gen. der Coelacanthidae. Spec.: *L. chalumnae* (wurde 1938 bei East London, Südafrika, entdeckt).
latissimus, -a, -um, lat. Superlativ von *latus, -a, -um:* sehr breit, der Breiteste.
latitudo, -inis, *f.*, lat.; die Breite.
Latreille, Pierre-André, geb. 29. 11. 1762, gest. 1833; Entomologe, ab 1830 Nachfolger von Lamarck, wirkte am Naturhistorischen Museum in Paris. L. schuf Grundlagen für ein natürliches System auf der morphologischen Grundlage. Unter seiner Ehrenpräsidentschaft wird im Jahre 1832 die erste entomologische Gesellschaft der Welt, die „Société Entomologique de France" gegründet.
Latrodéctus = Latrodéctes, *m.*, lat *latro* Räuber, gr. *déktes* beißend; Gen. der Theridíidae, Kugelspinnen. Bisse giftig und gefährlich für den Menschen (Entzündungen). Spec.: *L. tredecimguttatus,* die Malmignatte (Südeuropa, Korsika). *L. mactans,* Schwarze Witwe; ausgesprochener Kulturfolger, der auch Bauten besiedelt (Amerika).
látus, -a, -um, lat., breit, weit, ausgedehnt, flach; 1. morphol.: *latissimus, -a, -um* Superlativ von *latus.* M. latissimus dorsi, der „sehr" breite Rückenmuskel der Säuger; 2. taxonom.: z. B. bei *Diphyllobothrium.*
látus, -eris, lat., die Seite, Flanke.
Laubfrosch, der; s. *Hyla.*
Laubkäfer, der; s. *Phyllopertha.*
Laufkäfer, der; s. Carábidae.
Laura, *f.*, gr. *he laúra* die Gasse, der Korridor; namentlicher Bezug auf den gegenüber dem Rumpf (12 mm) enorm ausgedehnten Mantel (bis zu 40 mm), dessen beide Lappen bis auf einen Spalt miteinander verwachsen („Korridor"-bildung); Gen. der Lauridae, Ascothoracida (s. d.). Parasiten in Dörnchen- od. Hornkorallen.
Laurásia, *f.*, (erdgeschichtlich), nördlicher Großkontinent der Pangaea (s. d.). Angenommen wird, dass L. zusammen mit Gondwana (s. d.) Bestandteil des Ur-(Groß-)Kontinents Pangaea war. Durch Kontinentaldrift und Abbrüche gingen aus dem Nordkontinent L. die heutigen Kontinente der N-(Nord-)Hemisphäre hervor.
Laurerscher Gang, *m.*, ein Kanal, der bei gewissen Trematoden von der Rückenseite des Tieres nach der Schalendrüse od. nach dem Ausführungsgang des Keimstockes führt. Er ist vermutlich eine funktionslos gewordene Vagina.
Laus, die; s. *Haematopinus,* s. *pediculus.*
lavrétus, *m.*, latin. vom franz. *lavaret*; s. *Coregónus* (Felchen, Gen. der Edelfische, Lachse).
Laveran, (Charles-Louis) Alphonse, geb. 18. 6. 1845 Paris, gest. 18. 5. 1922 ebd.; französ. Militärarzt u. Hygieniker, Lille u. Paris; er entdeckte 1880 (als Arzt in Algier) im Blut von Malariakranken den Erreger der Malária quartana: *Plasmodium malariae* (älteres Syn.: *Laverania malariae*), L. erhielt 1907 den Nobelpreis.
Lavoisier, Antoine Laurent; geb. 26. oder 16. 8. 1743 Paris, hingerichtet 8. 5. 1794 ebd.; Chemiker; L. gilt als eigentlicher Begründer der neueren Chemie. Er führte die Waage für quant. chem. Messungen ein und widerlegte durch die richtige Deutung der Oxidation als Sauerstoffaufnahme die Phlogistontheorie.
laxus, -a, -um, schlaff, locker, lose, „lax".
LC_{50}, engl. **L**ethal **C**oncentration; Konzentration eines Wirkstoffes in der umgebenden Atmosphäre bzw. bei wasserlebenden Organismen im Wasser, die bei 50% der exponierten Individuen zum Tod führt.
Leánder, *m.*, lat. *Leander, -dri, m.,* der Geliebte der Hero; Gen. der Macrura natantia, Garnelen. Spec.: *L. adspersus.*
„lebende Fossilien", *n.*, Pl., s. Fossilien; Organismen, die entweder bereits aus vergangenen Erdperioden nachgewiesen sind u. heute noch unverändert existieren oder fast vollständig einem früheren Bauplan gleichen. Folgende Tiere werden als solche u. a. betrachtet: *Epiophlebia superstes, Lanthanotus borneensis, Latimeria chalumnae, Lingula anatina, Sphenodon punctatus, Triops cancriformis.* – Der sprachlich „paradoxe" Terminus hat sich in der Paläontologie eingebürgert.
Lebendgebärende Zahnkarpfen, die; s. Cyprinodontes.
Lebensgemeinschaft, die; s. Biozönose.
Lebensraum, der; gebraucht sowohl im Sinne der Termini Habitat als auch Biotop. Der L. kann bei Tieren aus mehreren saisonal genutzten Gebieten bestehen.
Lebensspur, die; 1. Resultate der Tätigkeit von Tieren, z. B. Fährten, Gallen, Wurmröhren, Bohrstellen. 2. Fossile Belege (Steinkerne, Abdrücke, Ersatz durch mineralische Bildungen), s. Ichnologie.
Leberegel, der; s. *Dicrocoelium,* s. *Fasciola.*
Lebístes, *m.*, gr. *ho lébēs* der Behälter, das (Wasser-)Gefäß; Gen. der Poecilíidae, Cyprin-

odontes. Spec.: *L. reticulatus (= Poecilia reticulata)*, Guppy, Millionenfisch; Vertilger von Mückenlarven, deswegen auch in Seuchengebieten angesiedelt, als beliebter, verbreiteter Aquarienfisch in Vielzahl von Farb- u. Formvarianten gezüchtet, z. B. als Gold-, Schleierschwanz, Leierschwanz-, Schwertschwanz-Guppy.

Lecithin, das, gr. *he lékithos* der Dotter; Glycerinphosphatide, die in esterartiger Bindung einerseits Fettsäuren, andererseits Cholin enthalten, vorkommend in allen lebenswichtigen pflanzlichen, tierischen u. menschlichen Organen.

Lecithinase, die; Enzym aus Thrombozyten, das Lecithin in seine Bestandteile zerlegt.

Lecithoepitheliata, *n.,* Pl., gr.; Gruppe (Ordo) der (höheren) Turbellaria, bei denen die Dotterzellen das Ei wie ein Follikel umgeben u. mit ihm zusammen in eine (epitheliale) Hülle eingeschlossen werden.

lecithotroph, gr. *he trophé* die Nahrung, Ernährung; dotterfressend, sich von Dotter ernährend.

Lectine, die, lat. *legere* wohlen, nehmen; Proteine, ursprünglich in Pflanzensamen nachgewiesen, binden Polysaccharide bzw. Glykoproteine u. Glykolipide auf Grund ihres Zuckeranteils. Sie werden daher auch als Phytohämagglutinine bzw. Phytoagglutinine bezeichnet. Ein Lektinkrebstest beruht auf stark erhöhter Agglutinierbarkeit maligner Zellen.

Lectotypus, *m.,* lat *légere* sammeln, lesen; das typische Sammlungsexemplar: einer von mehreren Syntypen, der nach der ursprünglichen Veröffentlichung eines Namens der Artgruppe als das „Typusexemplar" des Taxons festgelegt wurde, das diesen Namen trägt.

lectulárius, -a, -um, lat., zum Bett (*lectus, lectulus* kleines Bett) gehörig; s. *Cimex.*

Leda, *f.,* Gemahlin des Tyndareos, Geliebte des Zeus; Gen. der Ledidae, Taxodonta; Bivalvia. Spec.: *L. minuta* (mit „kleiner" Schale).

Lederer, Gustav, Dr., geb. 1892 Nieder-Ulgersdorf (Böhmen), gest. 13. 2. 1962; Lehre als Tierpräparator u. Kaufmann, 1910–1913 Leitung der zool. u. entomol. Abteilung der Firma Böttcher in Berlin, 1913 Übernahme der Leitung des Aquariums u. Insektenhauses des Zoologischen Gartens in Frankfurt a. M., 1922–1924 Umbau des Aquariums nach seinen Vorschlägen, nach dem 2. Weltkrieg Wiederaufbau des völlig zerstörten Aquariums u. Exotariums unter seiner Leitung, 1953 Verleihung der Ehrendoktorwürde durch die Universität Frankfurt.

Lederkorallen, die; s. *Alcyonária.*

Lederschildkröte, s. *Dermochelys.*

Ledra, *f.,* Ableitung unbekannt; Gen. der Cicadellidae, Auchenorrhyncha, Cicadiformes; Spec.: *L. aurita,* Ohrzikade, rindenbewohnende Zikade mit zwei lappig-ohrförmigen Seitenfortsätzen am Halsschild.

Leerlaufreaktion, die; der Ablauf einer Triebhandlung ohne erkennbaren Auslösereiz.

Leeuwenhoek, Antony van, geb. 24. 10. 1632 Delft, gest. 27: 8. 1723 ebd.; Naturforscher; L. entdeckte bzw. beschrieb mit Hilfe selbstkonstruierter Lupenmikroskope u. a. eine Anzahl pflanzlicher Bauelemente, Infusorien, Bakterien, rote Blutkörperchen, den fibrillären Bau der Muskelfasern und Spermatozoen von Menschen und Tieren. Er beobachtete die Blutströmung in den Kapillargefäßen bei Fröschen.

leg., Abk. für lat. *legit* „hat gesammelt"; in Verbindung mit einem Namen z. B. auf Etiketten; Angabe des Sammlers eines Stücks od. einer Suite.

lege artis, lat; Ablativ von *lex* = Gesetz, Genitiv von *ars* = Kunst, „Kunstrecht". Im medizinischen Sprachgebrauch: nach den Gesetzen u. Gepflogenheiten der Kunst; Methoden,, wie sie die momentanen Erkenntnisse der medizin. od. veterinärmedizin. Wissenschaft vorschreiben.

Leguan, der; s. *Iguana.*

Leiolépis, *f.,* gr. *lēíos* glatt, *he lepís* die Schuppe; Gen. der Agámidae (Agamen), Lacertilia, Squamata. Spec.: *L. belliana,* Schmetterlingsagame (mit spreizbarer, farbenprächtiger Hautfalte).

Leishman, Sir William (Boog), geb. 6. 11. 1865 Glasgow, gest. 2. 6. 1926 ebd.; Pathologe u. Tropenarzt; L. entdeckte 1900 in Indien den Erreger der Kala-Azar, der nach ihm und Charles Donovan (1863–1951) benannt wurde *(Leishmania donovani).*

Leishmánia, *f.,* nach Leishman, s. o., benannte, rund-ovale, unbegeißelte Hämoflagellata; Gruppe bzw. Genus der Trypanosomátidae, Kinetoplastida, Ordo Protomonadina; Überträger u. Zwischenwirte sind Sandfliegen (*Phlebotomus*-Arten), in denen sich die Leishmania-Form in die Leptomonas-Form umwandelt u. durch Zweiteilung stark vermehrt. Erreger bedeutender Erkrankungen bei Mensch u. Hunden. – Spec.: *L. brasiliensis,* Erreger der Schleimhaut-Leishmaniose od. Espundia bei Mensch u. Hunden (S-Amerika), Überträger: *Phlebotomus intermedius, L. donovani,* Erreger der Kala-Azar, viszerale Leishmaniose bei Mensch u. Hunden (Asien, Europa, N- u. S-Amerika), durch mehrere *Phlebotomus*-Arten übertragbar; *L. tropica,* Erreger der Haut-

Leishmaniose (Orientbeule) od. endemischen Beulenkrankheit bei Mensch u. Hund (S-Europa, Afrika, Asien, N- u. S-Amerika), Überträger: *Phlebotomus papatasii* u. *P. sergenti*; siehe auch: Leishmaniosis.

Leishmaniosis, *f.,* durch *Leishmania*-Arten hervorgerufene u. durch Sandmücken der Gattg. *Phlebotomus* übertragene Erkrankungen der Menschen u. Hunde; außer in Australien in allen Erdteilen verbreitet, vorwiegend in den Tropen u. Subtropen; die Leishmaniosen lassen sich nach ihrer erregerbedingten Infektionslokalisation unterscheiden in: die viszerale Form, Leishmaniosis interna (Infektion mit *L. donovani*), und die kutane Form, Leishmaniosis furunculosa (Infektion mit *L. tropica*); s. *Leishmania.*

Leistenkrokodil, das; s. *Crocodylus porosus.*

Leitfossilien, die; s. Fossilien; für eine od. mehrere geologische Schichten typische Fossilien.

Lemmus, *m.,* latin. vom norwegischen Namen Lemming; Gen. der Micrótidae, Wühler, Rodentia. Spec.: *L. lemmus,* Berglemming.

Lemniscómys, *m., gr. ho lemnískos* das (Woll-)Band, die Binde, der Streifen, und *he kṓmys* das Bündel, Knäuel. Gen. der Muridae. Spec.: *L. striátus,* Afrikanische Streifengrasmaus (Äthiopien, Atlasländer).

Lemónia, *f.,* lat., offenbar nach gleichnam. Tribus (Bezirk) an der *Via Latina* (Latinische Straße) benannt; Gen. der Lemoníidae, Lepidoptera. Spec.: *L. taráxaci,* Löwenzahnspinner (Raupenfraß an Korbblütlern, bes. an Taraxacum, Löwenzahn).

Lemur, *m.,* lat. *lemur* Gespenst, Nachtgeist (wegen der nächtlich agilen Lebensweise); Maki, Gen. der Lemuridae, Makiartige. Spec.: *L. variegatus,* Vari; *L. macaco,* Morenmaki; *L. catta,* Katta; *L. mongoz,* Mongoz.

Lemuriformes, *f.,* Pl.; s. *Lemur* und *-formes*; Teilordnung der (Subordo) Prosimiae, Primates (s. d.); Lemurenverwandte, im Eozän in N-Amerika und Eurasien, rezent nur auf Madagaskar; typisches Merkmal: ringförmiges Tympanicum mit Verlagerung nach einwärts. Genera (z. B.): *Lemur, Indris, Daubentonia.* Abzugrenzende (andere) Teilordnungen: Lorisiformis, Loriverwandte (Afrika, Asien); Tarsiiformes, Kobaldmakiverwandte.

von Lengerken, Hanns, geb. 10. 10. 1889 Belleville Ill., USA; gest. 25. 12. 1966 Weingarten/Württ.; Dr. phil., o. Prof. u. Dir. d. Inst. f. Landwirtschaftl. Zool. u. Haustierkunde an d. Univ. Halle/S.; 1920 Doz. an d. Landwirtsch. H. in Berlin, 1923 ao. Prof., 1945 o. Prof. an d. Univ., Dir. d. Zool. Museums; 1949 o. Prof. d. Univ. Halle/S.; Themen von wiss. Arbeiten: Entomologie (Lebenserschein. d. Käfer, Brutpflegeinstinkt d. Käfer, Gynandromorphismus), Haustierkunde.

léns, -entis, *f.,* lat., die Linse; Procéssus lenticuláris incúdis: Linsenfortsatz des Amboss (Gehörknöchelchen).

lentícula, -ae, *f.,* lat., die kleine Linse.

lenticuláris, -is, -e, lat., s. *lens*; linsenförmig; s. *Limnádia.*

lentiformis, -is, -e, linsenförmig.

lentis, Genit. zu lat. *lens, f.,* die Linse; auf der Linse, Linsen-; s. *Bruchus.*

leo, -ónis, *m.,* lat., der Löwe (auch Sternbild des Löwen); gr. *ho léōn.*

Leonardo da Vinci; geb. 15. 4. 1452 Vinci v. Florenz, gest. 2. 5. 1519 Château de Cloux (heute Clos-Lucé b. Amboise); Maler, Bildhauer, Architekt u. Naturforscher; von Leistungen auf medizinischem Gebiet sind zahlreiche anatomische Zeichnungen u. Skizzen bekannt, die nach selbst durchgeführten Sektionen an menschlichen Leichen entstanden sind.

leonínus, -a, -um, lat., einem Löwen *(leo, leonis)* ähnlich, löwenartig, Löwen-; a. *Leontocebus,* s. *Toxacaris.*

Leontocebus, *m.,* gr. *ho léōn* der Löwe u. *ho kébos* eine Affenart; = „Löwenaffe"; Gen. der Callithrícidae, Krallenäffchen, Platyhrina, Simiae. Spec.: *L. leoninus,* Kleines Löwenäffchen (mit langer, ockergelber Mähne); *L. rosalia,* Großes Löwenäffchen, Röteläffchen (mit rötlich-gelbem Pelz). – *L. l.* wurde von A. v. Humboldt entdeckt u. beschrieben, lebt im oberen Amazonas-Gebiet, während *L. r.* in Waldgebieten um Rio de Janeiro vorkommt. Beide Arten sind attraktive Schautiere zoologischer Gärten.

Leopard, der; mhd. *lêbart*; s. *Panthera.*

Leopardus, *m.,* lat. *leo* der Löwe, *párdalis* Pardelkatze, Panther; Gen. der Felidae, Carnivora. Spec.: *L. pardalis,* Ozelot; *L. tigrinus,* Tigerkatze od. der Margay (Marguay). Beide sind jedoch keineswegs mit dem afrikan. u. asiatisch. Leoparden od. Panther *(Panthera pardus)* enger als mit anderen Felidae verwandt, auch wenn die (allein) äußere Ähnlichkeit der „Tigerkatze" (tiefschwarze Fleckung auf hellgelbem Untergrund) gleichsam das Bild einer Miniaturausgabe des Leoparden (Großkatze) hervorruft.

lepadifórmis, -is, -e, lat., von der Gestalt *(forma)* einer Entenmuschel *(lepas)*; s. *Clavellina.*

Lépas, *f.,* gr. *he lepás* Napf(schnecke); Gen. der Lepaidae, Entenmuscheln, Cirripedia. Mit Stiel an Pfählen u. Schiffen usw. sich festsetzend; fossil seit dem Eozän bekannt. Spec. *L.*

anatífera, Entenmuschel (die früher fälschlich für angeheftete Eier der Bernikelgans gehalten wurden).

Lepidocáris, *f.,* gr. *he lepís, -ídos* Schuppe u. *he karís, -ídos* kleiner Seekrebs; einziges Gen. der Lipostraca, Crustacea; fossil im Mitteldevon mit nur einer Spec.: *L. rhyniensis.*

Lepidocidaris, *f.,* s. *Cidaris*; Gen. des Ordo Cidaroidea, Lanzenseeigel; fossil im Unterkarbon. Spec.: *L. squamosa.*

Lepidóptera, *n.,* Pl., gr. *he lepís, -ídos* die Schuppe, *to pterón* der Flügel. Name nimmt Bezug auf die mikroskopisch kleinen, (oft) buntgefärbten Schuppen der Flügel; Schmetterlinge, sehr artenreiche Ordo der Hexapoda. – Gruppierung in: Jugatae (Homoneura), Frenatae (Heteroneura). – Etwa 112 000 Species beschrieben. Fossile Formen seit dem Eozän, fraglich seit der Mittleren Trias.

Lepidopterologie, die, gr. *ho lógos* die Lehre; Lehre von den Schmetterlingen, Schmetterlingskunde.

Lepidosauria, Gruppe der Kriechtiere (s. Reptilia) mit den Rhynchocephalia (Brückenechsen) u. Squamata (Eidechsen u. Schlangen).

Lepidosíren, *f.,* lat. *siren, -énis, f.,* die Sirene, Fabelwesen, auch der Molch; von Natterer (1835) entdeckt u. benannt, der das Tier zu den Molchen ordnete; Gen. der Lepidosirenidae, Dipnoi, Lungenfische. Spec.: *L. paradóxa,* Caramuru (volkstümlicher Name; Amazonasgebiet), „Schuppenmolch".

Lepidúrus, *m.,* gr. *lepis* die Schuppe, *he urá* der Schwanz; Gen. der Triopsidae, Notostraca; altertümliche Krebse mit Kopfschild, deutlich segmentiertem Körper sowie kleinen, ungestielten Komplexaugen, die dicht nebeneinanderliegen; Thorax von schildförmigem, leicht gewölbten Carapax bedeckt. Spec.: *L. apus,* Kleiner Rückenschaler (im Frühjahr in Tümpeln u. Gräben lichter Auwälder); *L. arcticus* (nur in kalten Regionen).

Lepisósteus, (= Lepidosteus), *m.,* gr. *he lepís* die Schuppe, *to ostéon* der Knochen; einziges rezentes Genus der Lepisostéidae, Fam. d. Ginglymodi, Knochenhechte. Spec.: *L. ósseus,* Knochenhecht.

Lepisma, *f.,* gr. *to lépisma* die Schuppe; Gen. der Lepismátidae, Borstenschwänze. Spec. *L. sacchárina,* Silberfischchen, Zuckergast.

Lepomis, *m.,* gr. *to lépos* Schuppe (wegen der Schuppenhaut); Gen. der Centrarchidae, Sonnenbarsche, Perciformes. Spec.: *L. gibbosus,* Gemeiner Sonnenbarsch (hat sehr hohen Rücken, s. gibbosus).

Leporínus, *m.,* lat. *lepor, -oris* die Anmut, *leporínus* anmutig; Gen. der Anostomidae, Cypriniformes. Spec.: *L. affinis,* Schwarzringsalmler.

Lepospondyli, die, Pl., gr. *to lépos* die Schale, Hülse, *ho spóndylos* der Wirbel, das Scharnier; eine der zwei Gruppen (U.-Kl.) der Amphibien, deren Wirbelzentren ohne knorpelige Vorbildung unmittelbar durch Knocheneinlagerung in die Faserscheide der Chorda dorsalis entstehen; Körperform oft schlangenartig, häufig extremitätenlos; zur Gruppe gehören: 1. Microsauria, 2. Nectridia, 3. Aistopoda, 4. Lysorophia, 5. Caudata u. 6. Gymnophiona.

Leptailuris, *m.,* gr. *leptós* schmal, *he* u. *ho aíluros* die Katze, der Kater; „Schmal-Katze"; Gen. der Felidae, Carnivora, Raubtiere. Spec.: *L. serval,* Serval.

Leptinotársa, *f.,* gr. *leptós* schmal, dünn, *ho tarsós* die Fußsohle, das Fußglied; Gen. der Chrysomelidae, Blattkäfer. Spec.: *L. decemlineata,* Kartoffel- od. Koloradokäfer.

Leptinus, *m.,* von gr. *leptós* dünn, zart, zierlich; Gen. der Leptínidae (Pelzflohkäfer), Coleoptera. Spec.: *L. testáceus,* Mäusefloh.

Leptocardii, *m.,* Pl., von gr. *leptós* schmal u. *he kardía* das Herz; latinisiert, wörtlich: „Schmal- od. Dünnherzen" (Röhrenherzen); namentlicher Bezug auf die zahlreich vorhandenen Bulbilli (= Kiemenherzen) ventral an den Kiemenspalten, die die Funktion des Herzens übernehmen. Der Name L. wurde von Johannes Müller (1839) geprägt; Synonyme sind: Acrania (von Ernst Haeckel gegeben) bzw. Cephalochordata (von Ray Lankester); alle drei Namen bezeichnen (synonym) die zwischen Tunicata u. Vertebrata einzuordnende Gruppe der Chordata mit der Genese bzw. den Merkmalen von *Branchióstoma (= Amphióxus)*, dem Lanzettfischen. Acrania u. Leptocardii erhalten in der Literatur den Vorzug.

Leptocephalus, der, gr. *leptós* dünn, schmal, klein, *he kephalé* der Kopf; weidenblattförmige Larven bei Aalen.

Leptodeira, *f.,* gr. *he deiré* Hals, Nacken, Schlund, Kehle; Gen. d. Colubridae (Nattern), Ophidia. Spec.: *L. annulata,* Bananenschlange (weil oft mit Holzladungen u. Bananentransporten verschleppt), auch Katzenaugennatter genannt.

Leptódora, *f.,* gr. *he dorá* Fell, Haut, Schale; Gen. der Gruppe Haplopoda, Cladocera (Wasserflöhe), Krebse mit sehr kleiner, nur als Brutraum dienender Schale. Spec.: *L. hyalina (= kíndtii).*

Leptomedúsae, *f.,* Pl., s. Thecaphorae – Leptomedusae.

Leptomeminx, die, gr. *he méninx* das Häutchen, die Hirnhaut; die weiche Hirnhaut, die

Zusammenfassung der Pia mater u. der Arachnoidea.

Leptoprosopie, die, gr. *to prósopon* die Erscheinung; Schmalgesichtigkeit, vereint mit Langköpfigkeit.

Leptópilus, *m.*, gr. *to ptílon* die Feder; Gen. der Ciconíidae, Störche, Ciconiiformes. Spec.: *L. crumeníferus,* Marabu.

leptosom, gr. *to sóma* der Rumpf, Körper; schmal- u. schlankwüchsig, schmalgesichtig.

Leptosome, der; Schmalleibiger bzw. Schmalleibige; Leptosomatiker, Konstitutionstyp mit ausgeprägten Atmungsorganen und „schmalem", hagerem Habitus.

Leptóstraca, *n.*, Pl., gr. *to óstrakon* die Schale, das Gehäuse; Zartschaler, Gruppe (Sektion) der Crustacea.

Leptotän, das, gr. *he tainía* das Band; feinfädiges Chromosomenstadium aus der Prophase der ersten Reifeteilung.

Leptothórax, *m.,* gr. *ho thórax* die Brust, der Brustkorb; also „Schmalbrust"; Gen. der Myrmicina (Knotenameisen), Formicidae. – Spec.: *L. unifasciatus* (1. Hinterleibring mit einer braunen Binde!); s. *Myrafant* (= Subgenus des Genus *Leptothorax*).

leptozephal, gr. *he kephalé* der Kopf; schmalköpfig.

Leptozephale, der, die; Schmalköpfiger bzw. Schmalköpfige.

Leptozephalie, die; Schmalköpfigkeit, Schmalschädeligkeit.

Leptúra, *f.,* gr. *leptós,* s. o., *he urá* der Schwanz; Gen. der Cerambycidae, Bockkäfer, Spec.: *L. rubra,* Roter Blumenbock.

Lepus, *m.,* lat. *lepus, -pros* der Hase; Gen. der Lepóridae, Hasen, Lagomorpha; fossil seit dem Pliozän bekannt. Spec.: *L. europaeus* (früher: *timidus*), Hase (Ohren länger als der Kopf); *L. timidus (= variabilis),* Schnee- od. Alpenhase (im Winter weiß, Ohren kürzer als der Kopf).

Lernaea, *f.,* s. Lernaeocera.

Lernaeócera, *f.,* gr. *Lérna* Sumpf in Argolis (bekannt durch die von Herakles getötete neunköpfige lernäische Schlange), *to kéras* das Horn (wegen der Auswüchse am Kopf); Gen. der Lernaeidae, Fam. d. Copepoda. Spec.: *L. (= Lernaea) esocina,* schmarotzt auf Hechten.

Léstes, *f.,* gr. *ho, he lestés* (Räuberin); Gen. der Léstidae, Schlankjungfern, Teichjungfern, Zygoptera. Spec.: *L. viridis,* Grüne Schlankjungfer.

Lestobióse, die, gr. *ho, he lestés* Räuber, Plünderer, *ho bíos* das Leben; „Diebesvergesellschaftung", Form des ausgeprägten Sozialparasitismus: Raub von Nahrungsvorräten und Jugendstadien (Larven, Nymphen, Puppen), die ebenfalls als Nahrung dienen, durch Diebsameisen, deren Nest neben dem der Wirtsameisen liegt und mit diesem durch Gänge verbunden ist, die nur von den kleinen Diebsameisen passierbar sind; vgl. auch: Dulosis.

Lestoros, *m.,* gr., von *ho lestés* der Räuber u. *to óros* das Gebirge; Bezug auf das Leben im Unterwuchs von Gebirgswäldern mit Ernährung von Insekten u. Würmern; Gen. der Caenoléstidae, Opossummäuse, Caenolestoídea, Metatheria, Spec.: *L. inca,* Peru-Opossummaus.

Letalfaktoren, die, lat. *letum, -i, n.,* der Tod, *fácere* hervorbringen, verursachen; z. B. ionisierende Strahlen, Viren, Cancerogene; bewirken eine beschleunigte Apoptose (programmierter Zelltod), die aufgrund der nachlassenden Telomeraseaktivität (Telomerasen = Reparaturenzyme) eine für jede Zelle u. jedes Individuum festliegende Lebensdauer bedingt.

letális, -is, -e, lat., tödlich; letal, tödlich, den Tod verursachend, tödlich verlaufend.

Letalität, die, Tödlichkeit, Sterblichkeit; das Verhältnis der Zahl der Todesfälle zu den Erkrankungsfällen (Letalitätsrate).

Leucándra, *f.,* s. *Leucónia.*

Leucáspis, *m.,* gr. *leukós* weiß, *he aspís* der Schild; bezieht sich auf das weiße, kommaförmige Schildchen; Gen. der Coccidae, Schildläuse. Spec.: *L. pini (= candida),* Weiße Kiefernnadelschildlaus.

Leuchtkäfer, der; s. *Lampyris.*

Leucin, das; Aminosäure, chem.: α-Aminoisocapron-Säure; s. essentielle Aminosäuren.

Leuciscus, *m.,* von gr. *leukós* weiß, s. u.; Gen. der Cyprinidae, Weiß-, Karpfenfische; fossile Formen seit dem Oligozän bekannt. Spec.: *L. leuciscus,* Hasel, Hüsling; *L. (= Squalius) cephalus,* der Döbel, Dickkopf; *L. idus,* Aland.

leucíscus, -a, -um, latin., weiß, weißlich, silbrig, Silber- (Artbeiname); s. *Hylóbates.*

Leuckart, Rudolf, geb. 7. 10. 1822 in Helmstedt, gest. 6. 2. 1889 in Leipzig; Zoologe; ab 1842 Studium der Zoologie u. Medizin, 1845 Promotion (Dr. med.), 1847 Habilitation, 1850 Prof. für Zoologie in Gießen, ab 1855 o. Prof. für Zoologie u. Direktor des Zoologischen Institutes u. Museums in Gießen, ab 1868 o. Prof. für Zoologie u. Zootomie an der Univ. Leipzig. Hauptwerk: „Die Parasiten des Menschen und die von ihnen herrührenden Krankheiten", Leipzig 1879–1901.

leucocéphalus, -a, -um, gr. latin.; weißköpfig; s. *Chaimarrornis,* s. *Haliaeetus,* s. *Amazona.*

Leucocytozoon, *n.,* gr. *leukós* weiß, *kýtos* die Zelle, das Gefäß; Gen. der Plasmodiidae, Ordo Eucoccida. Blutparasiten bei Vögeln. Übertragung durch Kriebelmücken (s. *Simulium*) u. andere Insekten). Spec.: *L. simondi* (bei Enten u. Gänsen, Nordamerika u. Mitteleuropa); *L. smithi* (bei Puten, Europa).

lēūcodon, gr., von *leukós* u. *ho odús, odóntos* der Zahn; weißzähnig; s. *Sorex (= Crocidura).*

Leuconen, die; *Leucon* alter Genus-Name; höchstentwickelte Gruppe der Calcarea; die Vertreter des *Leucon*-Typus haben ein diskontinuierliches, auf Geißelkammern verteiltes Choanozyten-Epithel und bilden größere dickwandige Krusten, Knollen od. strauchige Stöcke, z. B. *Leuconia.*

Leucónia = *Leucandra, f.,* wegen der weißlichen Färbung; Gen. der Calcispongia, Kalkschwämme. Spec.: *L. nivea* (bildet schneeweiße Überzüge od. Rinde); *L. aspera* (flaschenförmige Individuen, weißlich bis bräunlich).

Leucophaea, *f.,* gr. *leukóphaios,* weiß u. hellbraun; Gen. der Blabéridae. Spec.: *L. madérae,* Maderaschabe.

leucoprýmnus, latin., von gr. *leukós* weiß u. *ho prymnós* der Hinterste; mit weißem (hellem) „Hinterteil".

leucops, gr., weißäugig, mit (hell) glänzendem Auge *(ops)*; s. *Stenóstomum.*

Leucopsar, *m.,* gr. *ho psar* der Star, „weißer Star"; Gen. der Sturnidae, Stare. Spec.: *L. rothschildi,* Balistar (blendend weiße Federtracht; an der NW-Küste der Insel Bali vorkommend; ist einer der seltensten Vögel der Erde).

leucóptera, *f.,* gr. *to pterón* der Flügel; z. B. *Lóxia* l. (mit 2 weißen Querbinden auf dem Flügel).

Leucosolénia, *f.,* gr. *ho sōlén, solénos* die Röhre, Rinne, der Kolben; Gen. der Calcispongia (s. d.). Spec.: *L. botryoides.*

leucótis, gr. *to us, otós* das Ohr, die Ohrumgebung; weißohrig, -wangig.

leucura, gr., weißschwänzig; s. *Hystrix.*

Leukämie, die, gr. *to hāīma* das Blut; Leukose: Weißblütigkeit; Überproduktion von weißen Blutkörperchen (diese kann auch fehlen).

Leukoblast, der; gr. *ho blástos* der Keim; Bildungszelle (Vorstufe) der weißen Blutkörperchen (Leukozyten).

leukoderm, gr., *to dérma* die Haut; hellhäutig, weißhäutig.

Leukolyse, die, gr. *lýēīn* lösen; die Auflösung der weißen Blutkörperchen.

leukonótus, -a, -um, gr. *leukós* weiß, *ho nótos* der Rücken; weiß auf dem Rücken; s. *Anthores.*

Leukopoëse, die, gr. *he pōíesis* die Bereitung, Bildung; die Bildung weißer Blutkörperchen.

leukopoetisch, weiße Blutkörperchen bildend.

Leukozyten, die, gr. *to kýtos* die Zelle, Sammelbegriff für alle Arten weißer Blutkörperchen.

Leunis, Johannes; Naturforscher, geb. 1802 in Malerten bei Hildesheim, gest. 30. 4. 1873 als Lehrer der Naturwissenschaften am Gymnasium Josephinium in Hildesheim. In vielen Auflagen verbreitet seine „Schulnaturgeschichte" (3-teilig); „Analytischer Leitfaden für den naturwissenschaftlichen Unterricht in der Naturgeschichte" (3-teilig); „Synopsis der drei Naturreiche" (Bd. I: Zoologie, 2. Aufl. 1860; Bd. II: Botanik, 2. Aufl., fortgesetzt von Frank, 1864–1877); Bd. III: Mineralogie, 2. Aufl. von Senft 1876).

levátor, -óris, *m.,* lat. *leváre* heben, leicht machen; der Heber; Musculus levator, ein Muskel, der etwas aufwärts zieht, z. B. das Schulterblatt beim Menschen (M. levator scapulae).

levatórius, -a, -um, zum Heber gehörig.

lévis, -is, -e, lat., glatt, zart, auch: leicht, unbedeutend, behend, leichtbeweglich; s. *Pterodiscus.*

Leydig, Franz von; geb. 21. 5. 1821 Rothenburg ob d. Tauber, gest. 13. 4. 1908 ebd., Prof. d. Zoologie u. Vergl. Anatomie in Tübingen u. Bonn; L. begründete vor allem durch seine Forschungen zur Histologie der wirbellosen Tiere die Vergleichende Histologie u. förderte die Zytologie. Er entdeckte zahlreiche Organe.

Leydigsche Zwischenzellen, *f.,* s. Leydig; Zellen, die zwischen den Hodenkanälchen (Samenkanälchen) im interstitiellen Bindegewebe liegen. Sie haben innersekretorische Funktion.

LH, Abk. für luteinisierendes Hormon, s. d.

Libéllula, *f.,* lat. *libélla* die Wasserwaage, weil die Flügel im Fluge waagerecht ausgespannt sind; Gen. der Libellulidae, Wasserjungfern. Spec.: *L. depréssa,* Plattbauch(-Libelle), Hinterleib breit und flach gedrückt.

liber, -bera, -berum, lat., frei, ungebunden, unbeschränkt, unbefangen, unabhängig. Spec. *Podophrya libera* (Suctoria, Protozoa).

liberiensis, -is, -e, in Liberia lebend; s. *Choeropsis.*

Libído, die, lat. *libído, -inis, f.,* die Begierde, das Verlangen; das sexuelle Begehren, der Geschlechtstrieb. Trieb zur Fortpflanzung, dessen Höhepunkt die Begattung ist.

Libidomangel, die; Deckunlust.

Lichtrückenreflex, bzw. Lichtbauchreflex, der; s. Reflex; Orientierung bzw. Einstellung des Organismus mit der Rücken- bzw. Bauchseite zur Lichtquelle, es handelt sich um eine transversale Phototaxis.

Lieberkühn, Johann Nathanael, geb. 5. 9. 1711 Berlin, gest. 7. 10. 1756 ebd.; Anatom; nach L. wurden einfache tubuläre Drüsen im Bereich der Tunica propria des Dünn- u. Dickdarms bezeichnet (L.sche Drüsen).
Lieberkühnsche Drüsen, *f.,* s. Lieberkühn; Glándulae intestináles, tubulöse Drüsen der Dünndarmschleimhaut (z. B. b. Menschen).
Liebespfeilsack, der; dickwandiger Blindsack der Vagina der Lungenschnecken, enthält zur Fortpflanzungszeit in seinem Innern meist den Liebespfeil. Dieser besteht aus kohlensaurem Kalk u. wird dem Kopulationspartner bei der Begattung in den Körper gestoßen.
lien, -énis, *m.,* lat., die Milz; lymphatisches Organ der Vertebraten.
lienális, -is, -e, lat., zur Milz gehörig.
Ligamént, das, lat. *ligamentum,* s. u.; „Schalenband" der Bivalvia. Schmale, unverkalkte Zone, die die längs der Dorsomediane in eine linke u. eine rechte Klappe geknickte Schale der Muscheln miteinander verbindet.
ligaméntum, -i, *n.,* lat., das Band, die Binde; L. nuchae, das Nackenband.
Ligasen, die; Syn.: Synthetasen; eine Enzymklasse, die den Zusammenschluss zweier Moleküle unter ATP-Verbrauch katalysiert (z. B. Peptid-Synthetase, Acetyl-CoA-Carboxylase).
Lígia, *f.,* gr. *Lígeia* Name einer Sirene, Tochter des Achelous, dessen Töchter (Sirenes) die Schiffer mit Gesang an ihre Klippen lockten; Gen. der Ligíidae, Oniscoidea, Landasseln. Spec.: *L. oceanica,* Strandassel (an felsigen Meeresküsten).
ligneus, -a, -um, hölzern, aus Holz, an Hölzern *(ligna, lignorum)* vorkommend. Spec.: *Limnoria lignorum,* Bohrassel.
lignipérdus, -a, -um, lat. *lignum* das Holz, *pérdere* vernichten; Holz zerstörend.
Lígula, *f.,* lat. *lígula = língula* das Häutchen, die kleine Zunge, der Riemen; Gen. der Ligulidae, Riemenwürmer, Fam. d. Pseudophyllidae. Es fehlt die Gliederung in Proglottiden, deswegen riemenartiger Körper des Bandwurms. Spec.: *L. intestinalis,* Riemenwurm.
Ligusterschwärmer, der; s. *Sphinx.*
Limax, *m.,* gr. *ho lā̆imax* die Nacktschnecke; Gen. der Limácidae, Nacktschnecken (nackte Landschnecken). Spec.: *L. maximus (= cinéreus),* Große Nacktschnecke; oft als Vorratsschädling an Gemüse; *L. flavus,* Kellerschnecke (frisst u. a. chlorophyllfreie Pflanzenteile); *L. arborum,* Baumnacktschnecke. – *Limax*-Arten sind (bei unterschiedl. Eignung) Zwischenwirte von Geflügelbandwürmern und Lungenwürmern.
Limbisches System, das, lat. *limbus* Saum, Rand; ein Archipallium-Anteil des Gehirns, das phylogenetisch alt ist.
limbus, -i, *m.,* lat., der Saum, Rand, Besatz; z. B. *L. corneae*: seichte Rinne im Übergang von Cornea auf die Sklerca; *Limbi palpebráles* (Pl.). Freie Ränder der Augenlider.
Limícolae, *f.,* Pl., lat. *limus* der Sumpf, *cólere* bewohnen, also: „Sumpfbewohner"; Schlammläufer; Watvögel, Gruppe (Subord.) des Ordo Charadriiformes (= Laro-Limicolae). – Sie entsprechen als Taxon dem alten Ordo Grallae (Watvögel).
límitans, -ántis, lat. *limitáre* begrenzen; begrenzend, limitierend.
limitierende Aminosäuren, *f.*; s. *limitans,* lat. *límes, -itis* die Grenze; die im Hinblick auf den Bedarf an essentiellen Aminosäuren im Minimum vorhandenen und die Eiweißsynthese begrenzenden Aminosäuren.
Limnádia, *f.,* gr. *he límne* der Teich, Sumpf, *limnás* im Teiche lebend; Gen. der Limnadíidae, Fam. der Diplostraca, Doppelschalkrebse. Spec.: *L. lenticularis (= hermanni); slenticularis.*
Limnaea, s. *Lymnaea.*
Limnátis, *f.*, gr. *he limna* der Teich; Gen. der Hirudinidae, Gnathobdelliformes. Blutsauger, die in manchen Gegenden Südeuropas u. Nordafrikas als Plage auftreten u. bei den zur Tränke kommenden Tieren in die Mundhöhle eindringen. Spec.: *L. nilotica*, Rossegel.
limnisch, gr. *he límne* das stehende Gewässer, der Sumpf, Teich; im Süßwasser lebend, entstanden.
Limnobakteriologie, die; gr. *he bacteria* der Stock, *ho lógos* die Lehre; die Bakteriologie der Binnengewässer; untersucht den Abbau organischer Substanz u. den mikrobiellen Stoffumsatz im Gewässer, in enger Verbindung mit der Biochemie.
Limnóbios, das, gr. *ho bíos* das Leben; Teil des Hydrobios, s. d., umfasst die Organismen des Süßwassers; vgl. Halobios, Geobios.
Limnologie, die, gr. *ho lógos* die Lehre; die Wissenschaft von den Binnengewässern.
limnologisch, die Limnologie betreffend, auf die Limnologie bezogen.
limnophil, gr. *philē̑in* lieben; Bezeichnung für Tiere, die ruhige, langsam fließende Gewässer bevorzugen; Ggs.: rheophil.
Limnóphilus, *m.,* gr.; Gen. der Limnophílidae, Köcherjungfern. Sie bevorzugen ruhige Gewässer. Spec.: *L. rhómbicus.*
Limnoria, *f.,* von gr. *he límnē* See, Meer u. lat. *ora* Küste, Grenze; namentlicher Bezug auf das Vorkommen in Küstennähe (z. B. Kieler

Bucht); bohrt unter Wasser Gänge im Holz; Gen. der Sphaeromatidae, Flabellifera, Isopoda. Spec.: *L. lignorum,* Bohrassel.

Limósa, *f.,* lat. *limósus,* schlammreich, auch schlammliebend; Gen. der Charadriidae, Schnepfenvögel. Spec.: *L. limosa,* Uferschnepfe; *L. lappónica,* Pfuhlschnepfe.

limósus, -a, -um, schlammig. Spec.: *Limosa limosa,* Uferschnepfe.

Limothrips, *m., ho limos* der Hunger, s. *Thrips*; Gen. der Thripsidae. Spec.: *L. cerealium,* Getreideblasenfuß (am Hafer); *L. denticornis* (1. Generation auf Roggen, 2. Generation auf verschiedenen anderen Gräsern).

Límulus, *m.,* lat. *limus* schräg, schielend, *limulus* ein wenig schielend; Gen. der Limúlidae, Fam. der Xiphosúra, Schwertschwänze. Spec.: *L. polyphémus,* Zyklopen-Krebs, „Königskrabbe".

Lindner, Erwin, geb. 7. 4. 1888 in Böglins, gest. 30. 11. 1988 in Stuttgart; Entomologe, Dipterologe, insbesondere Spezialist der Stratiomyidae. 1913 Promotion bei R. Hertwig in München (Thema: Spermiogenese von *Schistosomum haematobium*). 1913 nahm L. seine Arbeit im Staatlichen Museum für Naturkunde in Stuttgart auf; 1924 erschienen die ersten Lieferungen des Handbuchs der Dipterologie, „Fliegen der paläarktischen Region". Inzwischen liegen über 300 Lieferungen vor.

línea, -ae, *f.,* lat., die Richtschnur, Linie, Grenze, das Ziel; Leisten auf Knochen (z. B. Lineae musculares); linea visus: Sehlinie des menschlichen Auges von der Fovea centralis durch die Pupille zu einem entsprechenden Punkt der Außenwelt.

Linea alba, die, s. *álbus*; bei vielen Wirbeltieren eine ventrale Linie, die vom Ende des Brustbeins bis zur Schambeinfuge verläuft. Diese mediane „helle Linie" ist der Sehnenstreifen der angrenzenden Muskulatur.

Linea lobi (linea loborum), lat. *linea* Linie u. gr. *ho lobós* eigentl. Hülse, Schote, auch Ohrläppchen u. Leberlappen; Lobenlinie(n), s. d.

lineáris, -is, -e, faden- od. linienförmig (lat. *linea* = gr. *to línon* der Faden); s. *Microstomum.*

lineátus, -a, -um, lat., mit Linien versehen, liniert, gestreift.

lingua, -ae, *f.,* lat., die Zunge, Rede, Sprache; die Zunge in der Mundhöhe (der Vertebraten).

linguális, -is, -e, lat., zur Zunge gehörig, zungenartig.

Linguátula, *f.,* lat. die kleine (-ula) Zunge; Gen. der Linguatulidae, Porocephalida (Pentastomida, Zungenwürmer); Nasenwurm. Bei Hunden , Wölfen, Füchsen incl. Haushund parasitierender Zungenwurm. Zwischenwirte Herbivoren u. Omnivoren, gelegentlich der Mensch. Spec.: *L. serrata,*

língula, -ae, *f.,* lat., das Zünglein, der kleine Riemen.

Lingula, *f.,* Gen. des Ordo Lingulida, (Subcl.) Inarticulata, Cl. Brachiopoda; eine der langlebigsten Gattungen; fossil seit dem Ordovizium bekannt; ein lebendes Fossil (s. d.). Spec.: *L. lata* (Obersilur).

linguláris, -is, -e, lat., zum Zünglein gehörig.

Linie, die; in der Tierzucht gebräuchliche Bezeichnung für Teilpopulation innerhalb von Populationen oder Rassen, die genetisch einheitlicher ist als die jeweilige Rasse oder Population.

Linienzucht, die; Zuchtmethode (s. d.), bei der die Paarung (Zucht) innerhalb geschlossener Linien (s. d.) erfolgt. Aufgrund erblicher Differenzierung verschiedener Zuchtlinien sollen bei ihrer Paarung (Kreuzung) zu erwartende, gewünschte Kombinationseffekte nutzbar gemacht werden.

Linné, Carl von; geb. 23. 5. 1707 in Räshult (Smaland, Schweden), gest. 10. 1. 1778 Uppsala; 1727 Medizinstudium an Univ. Lund, 1728 Univ. Uppsala, bes. bei Rudbeck; 1730 Demonstrator für Botanik (Entwurf des Gartenkatalogs nach seinem Sexualsystem), 1732 Reise nach Lappland, 1733 Aufenth. in Falun (mineralog. Vorlesungen); 1735 Studienreise nach Holland (Dr. med. 1735 Univ. Harderwijk); dann Besuch von Boerhaave in Leiden und von Burman in Amsterdam, Leibarzt und Gartenkustos bei Clifford in Hartekamp, 1736 Reise nach London und Oxford, Besuch bei Sloane; 1737 in Leiden bei Gronovius und van Royen, 1738 Reise nach Paris und zurück nach Schweden; 1738–1741 ärztl. Praxis in Stockholm, Admiralitätsarzt und Doz. im Bergkollegium; Mitbegr. der schwed. Akad. Wiss. (1739) und erster Präsident; ab 1741 Prof. für prakt. Medizin, 1742 Prof. für Theoret. Medizin/Anatomie und Dir. Botan. Garten Univ. Uppsala, wo er bis zum Lebensende wirkte; führte die binäre Nomenklatur der Tiere und Pflanzen ein. Er unternahm Forschungsreisen nach Westgotland (1746) und Schonen (1749); 1747 Ernennung zum kgl. Leibarzt, 1762 Adelstitel; Anlage großer Sammlungen auf seinem Landgut Hammarby. – Lit.: Systema naturae, Leiden 1735; Fundamenta botanica, Amsterdam 1736; Flora Lapponica, Amsterdam 1737; Genera plantarum, Leiden 1737 (Nachdr. London 1960); Critica botanica, Leiden 1737; Flora Suecica, Stockholm 1745; Amoenitates academica, Bd. 1, Stockholm 1749; Philosophia botanica 1751; Species Plantarum, Stockholm 1753; Systema naturae (10. Aufl.), Stockholm 1757–1759; (11. Aufl. 1760–1761) (Jahn 1990).

Linógnathus, *m., gr. to línon* der Lein, Faden, *he gnáthos* der Kiefer; Gen. der Haematopínidae, Ordo Anoplura. Genusmerkmal ist ein sehr langer Rüssel: Spec.: *L. ovillus,* Schaflaus; *L. setósus*, Hundslaus.

Linolsäure, die, chem. 2fach ungesättigte Fettsäure, $C_{17}H_{31}COOH$.

Linzen, Bernt, geb. 8. 6. 1931 in Cali, Kolumbien, gest. 5. 8. 1988; 1950 Beginn des Studiums der Chemie u. Biologie in Hamburg u. Studienfortsetzung in Tübingen mit den Hauptfächern Physiologische Chemie u. Zoologie sowie der Nebenfächer Botanik u. Chemie; 1957 Promotion bei Butenandt (Thema: „Über Ommine und das Auftreten von Ommochromen im Tierreich", 1968 Habiitation („The tryptophan-ommochrom pathway in insects").

Liódes, *f.,* gr. *leiodē̄s* glatt, eben; mit eiförmigem (kuglig-ovalem) Körper; Gen. der Liódidae (Schwammkugelkäfer), Coleoptera. Spec.: *L. cinnamómea,* Trüffelkäfer.

Lipämie, die, gr. *to lípos* das Fett, *to hā́ima* das Blut; die Anreicherung von Fett im Blut.

Líparis, gr. *liparós* fett, dick; Gen. der Lipáridae, Scheibenbauchfische; haben kaulquappenförmige Gestalt, Bauchflossen bilden runde Saugscheibe. Spec.: *L. liparis.*

Lipasen, die, gr. *to lípos,* s. o.; Enzyme (Hydrolasen), die Fette in Glycerin u. Fettsäuren spalten.

Lipḗurus, *m.,* gr. *lē̄ípē̄in* lassen, verlassen, *he urá* der Schwanz, also: ohne Schwanz, mit langem, schmalem Hinterleib; Gen. der Lipḗuridae, Mallophaga (Federlinge, Haarlinge). Spec.: *L. baculus* („Stab-Haarling").

Lipide, die, gr. *to lípos,* s. o.; Sammelbegriff für Fette u. fettähnliche Substanzen (Syn.: Lipoide).

Lipidperoxidation, die, *f.*, engl. lipid peroxidation; durch Sauerstoffradikale bedingte Schädigung von Membranlipiden, häufig im Rahmen von Biotransformationsreaktionen. Abk.: LPO; s. Giftung.

Lipizzaner, der; gezüchtetes Vollblutpferd, ursprünglich aus dem Gestüt Lipizza (bei Triest; gegr. 1580); in der Regel Schimmel (andersfarbig zur Welt kommend), edles, gelehriges Schulpferd (Span. Hofreitschule Wien).

Lipochrome, die, gr. *to lípos*, s. o.; *to chróma* die (gelbe) Farbe; gelbe od. rote, zu den Lipoiden gehörige Farbstoffe.

Lipoide, die; fettähnliche Stoffe, wie z. B. Phosphatide, Cerebroside, Ganglioside, Steroide, Wachse u. Carotinoide.

Lipolyse, die, gr. *he lýsis* die Lösung, Auflösung; Fettspaltung; Fettverdauung; Freisetzen unveresterter Fettsäuren aus dem Fettgewebe.

lipophil, gr. *ho phílos* der Freund; fettliebend, in Fett löslich.

Lipoproteide, die, s. Lipoide; Lipoide, die an Proteine gekoppelt sind.

Lipoptera, *f.*, gr.; Gen. der Hippoboscidae, Brachycera (Fliegen), Diptera. Spec.: *L. cervi,* Hirschlausfliege; 4 bis 8 mm; schmarotzt geflügelt bis zum Herbst auf Vögeln, nach Verlust der Flügel auf Hirsch, Reh, Wildschwein.

líquidus, -a, -um, lat., flüssig, fließend, klar, beweglich.

líquor, -óris, *m.,* lat., die Flüssigkeit; 1. Liquor cerebrospinális; spez. Flüssigkeit in Gehirnventrikeln, Zentralkanal u. im Subarachnoidalraum der Vertebraten; 2. Liquor ámnii: Amnionwasser, Fruchtwasser; 3. Liquor follículi; spez. Flüssigkeit in den Graafschen Follikeln des Eierstockes von Vertebraten.

Listrophorus, *m.,* gr. *to listron* die Schaufel; „Schaufel-Träger"; Gen. der Listrophoridae. Ektoparasiten auf Nagetieren. Spec.: *L. gibbus* (Parasit auf Hauskaninchen).

Lístspinne, die; s. *Dolomedes.*

Lithóbius, *m.,* gr. *ho líthos* der Stein, *ho bíos* das Leben; die meisten Arten halten sich vorzugsweise unter Steinen auf bzw. laufen von Stein zu Stein; Steinläufer, Gen. der Lithobíidae, Chilopoda (Opisthogoneata). Spec.: *L. forficatus*; *L. erythrocephalus.*

Lithocholsäure, die, gr. *he cholé* die Galle; chem. Hydroxycholansäure, eine der Gallensäuren, s. d.

lithophag, gr. *phagḗin* fressen; lithophag sind Muscheln (z. B. Bohrmuschel), die sich in Gestein einzubohren vermögen.

Lithophaga, *f.,* (= *Lithodomus*), gr. *phagḗin* fressen, „Steinfresser", lat. *domus, f.,* das Haus; zu den Mytilacea gehörig (Anisomyaria, Bivalvia). Spec.: *L. lithophaga,* Meerdattel, Steindattel, mit dattelkernartiger Schale, etwa 8 cm lang, bohrt mittels der Exkrete säurehaltiger Drüsen des Mantelrandes, die den umgebenden Stein auflösen. Die Bohrlöcher am Serapistempel (Serapis = Sarapis) von Pozzuoli (Puzzuoli) bei Neapel/Italien sind auf die Bohrtätigkeit der Steindattel zurückzuführen.

Litocránius, *m.,* gr., von *litós* schlicht, glatt u. *to kraníon* der Schädel; Gen. der Bovidae, Rinder, Artiodactyla. Spec.: *L. walleri*, Giraffengazelle.

Litoral, das, lat. *litus, -oris, n.,* Ufer, Strand, Küste, Strandbereich; die Uferregion der Gewässer; gliedert sich vertikal in mehrere Abschnitte: Epilitoral – ohne direkten Wassereinfluss; Supralitoral – Spritzzone; Eulitoral – Zone des Wellenschlags und der Wasserstandsschwankungen; Infralitoral – mit höheren Pflanzen bewachsene Uferzone, unterteilt in Röhrichtgürtel, Schwimmblattgürtel, Gürtel der submersen Wasserpflanzen und Gürtel der unterseeischen Wiesen; Litoriprofundal – Schalenzone (Ansammlung von Schalen toter Mollusken), leitet zum Profundal über.

litorális, -is, -e, lat., zum Strande gehörig.

Littorína, *f.,* lat., Gen. der Littorínidae, Uferschnecken, Monotocardia, fossil seit dem Paläozän nachgewiesen. Spec.: *L. littórea,* Gemeine Uferschnecke (lebt in der Gezeitenzone).

lítus, lítoris, *n.,* lat., Meeresufer, Strand, Küste; Uferregion der Gewässer, insbes. des Meeres.

livius-, -a, -um, lat., bleifarbig, tauben-, graublau, blaugrau; s. *Columba.*

lividus, -a, -um, bläulich, bleifarbig; Spec.: *Strongylocentrotus lividus* (Strongylocentroidae, Echinodermata).

LKGS, Abk. für **L**ippen-**K**iefer-**G**aumen-**S**palte (= Cheilo-Gnatho-Palato-Chisis).

Loa, *f.,* der einheimischen Sprache in Angola entnommener Name (Guyot 1778); Gen. der Dipetalonemátidae, Filariidea, Nematoda. Spec.: *L. (= Filaria) loa,* Augenwurm, Taglarven- od. Wanderfilarie (nicht selten in der Augenbindehaut od. auf der Hornhaut des Menschen, Überträger der Jugendstadien von *L. loa* durch *Chrysops*).

lobáris, -is, -e, latin., zum Lappen gehörig.

lobátus, -a, -um, latin., gelappt; s. *Phalaropus.*

Lobenlinie, die, s. Lobus; die Verwachsungslinie (Nahtlinie, Sutur) von Kammerscheidewand (s. Septum) u. Gehäuseaußenwand bei Cephalopoden.

Lobi olfactórii, die; s. Lóbus, s. *olfactórius*; Riechlappen am Vorderhirn von Wirbeltieren.

Lobopodien, die, gr. *ho lobós* der Lappen, *ho pus, podós* der Fuß, das Bein; lappenförmige Pseudopodien bei Amöben.

lobuláris, -is, -e, latin., s. *lóbulus*; zum Läppchen gehörig.

lóbulus, -i, *m.,* latin., das Läppchen.

Lóbus, *m.,* gr. *ho lobós* eig. Hülse, Schote, der Lappen (auch Ohrläppchen, Leberlappen); 1. Naht von Kammerscheide- u. Gehäuseaußenwand bei Cephalopoda; ihr Verlauf (Lobenlinie, s. d.) ist ein bedeutsames Unterscheidungsmerkmal; Syn.: Sutur. 2. Lobus auriculae: Ohrläppchen.

Lobus opticus, der, lat. *opticus* zum Sehen dienend; Sehlappen, u. a. bei Insekten seitlich auslaufende Anteile des Vorderhirns (Protocerebrum). Diese bestehen auf jeder Seite aus drei Ganglien, die untereinander durch Faserzüge, das äußere u. das innere Chiasma, verbunden sind. Die drei Sehlappenganglien werden von außen nach innen als Lamina ganglionaris, Medulla externa u. Medulla interna benannt.

Locke-Lösung, die; eine isoton. Blutersatzflüssigkeit (NaCl 0,9; KCl 0,042; $CaCl_2$ 0,048; $NaHCO_3$ 0,02; Glucose 0,2; Aq. dest. ad. 100,0).

loco citáto, lat., Ablativ von *locus citatus*; am angegebenen („zitierten") Ort (= a. a. O.), übl. Abk.: l. c.; gebräuchlich auch in der zool. Literatur, um eine bereits kurz vorher zitierte Arbeit nicht nochmals ausführlich zu zitieren.

lócus, -i, *m.,*lat., Ort, Stelle, Gelände, Platz, Gegend.

locus týpi, lat., „Ort des Typs"; der geographische Ort, von dem das Typusexemplar, s. d., eines Taxon der Artgruppe stammt.

locústa, lat., die Heuschrecke; s. *Gammarus.*

Löffelhund, der; s. *Otocyon megalotís.*

Löffelstör, der; s. *Polyodon spathula.*

Löwe, der; s. *Panthera;* s. *leo.*

Löwenäffchen, das; s. *Leontocebus.*

Löwenzahnspinner, der; s. *Lemonia taráxaci.*

Lohmann, Karl, geb. 10. 4. 1898 in Bielefeld, gest. 22. 4. 1978 in Berlin; Biochemiker; 1929–1930 Privatdozent für Physiologische Chemie an der Univ. Berlin, 1930 an der Univ. Heidelberg; 1937 ao. Prof. u. o. Prof. für Physiologische Chemie in Berlin, 1961 Institutsleiter des Instituts für Biochemie der AdW der DDR; Entdecker der Schlüsselrolle des ATP. Hauptarbeitstebiet: Biochemie des Muskelgewebes.

Lohse, Gustav Adolph, geb. 27. 12. 1910 Hamburg-Uhlenhorst, gest. 30. 4. 1994 Hamburg; Studium der Zahnmedizin, 1933 Promotion (Dr. med. dent.); Zahnarzt, Coleopterologe, ein hervorragender Kenner aller mitteleuropäischen Käfergruppen, insbes. der mitteleuropäischen Staphyliniden, der holarktischen Aleocharinen sowie der *Lesteva*-Arten der Welt. Gemeinsam mit H. Freude u. K. W. Harde initiierte er den „FHL", „Die Käfer Mitteleuropas", ein 11-bändiges Standardwerk, erschienen unter der maßgebenden verlegerischen Mitarbeit von A. M. J. Evers. Gemeinsam mit W. H. Lucht erschienen schließlich die Nachtragsbände 12–14. Seit 1954 war L. Schriftleiter der Entomologischen Blätter, die er von 1955 bis 1991 redigierte; 1977 Verleihung des Doctor honoris causa durch die Univ. Hamburg (s. M. Uhlig u. L. Zerche, 1994).

lokale Erregung, die; eine Erregung, welche auf den Entstehungsort und dessen unmittelbare Nachbarschaft beschränkt bleibt.

Lokalisation, die, neulat. *localisáre* örtlich bestimmen, begrenzen; Ortsbestimmung.
Lokomotion, die, lat., *lócus*, s. o., *mótos* die Bewegung; Fortbewegung, Ortsveränderung.
Lolígo, *f.*, lat. *lolígo* der Tintenfisch; Gen. der Teuthoidea, Kalmare. Spec.: *L. vulgaris,* Gemeiner Kalmar (ital. *calamaro*).
londiniénsis, -is, -e, nach *Londinium,* wie Tacitus London bezeichnete; um London herum vorkommend; s. *Nosopsyllus.*
longicauda, lat., Langschwanz; auch: mit langem Fortsatz; s. *Phacus.*
longicaudatus, -a, -um, lat., mit langem *(longus)* Schwanz *(cauda)* versehen.
longicórnis, -is, -e, lat. *longus* lang, *cornu* das Horn; mit langem Fühler (Horn); s. *Coróphium.*
Longidórus, *m.*, lat *longus* und gr. *to dóry (dorós)* der Speer, Stachel, Spieß; Nadelälchen; Gen. der Longidoridae, Dorylaimida, Adenophorea, Nematoda. Spec.: *L. elongatus* (vor allem in gemäßigten Zonen verschiedener Kontinente, verursacht Schäden bes. an Erdbeere, auch Möhre, Zuckerrübe; Fortpflanzung parthenogenetisch, Virusüberträger).
longipínnes, lat., mit langen Flügeln od. Flossen, langflossig; s. *Bryconalestes.*
longiróstris, -is, -e, lat., mit langem *(longus)* Schnabel od. Rüssel *(rostrum).*
longitudinális, -is, -e, lat., längs gerichtet.
longitúdo, -inis, *f.*, lat., die Länge; Medúlla oblongáta: Myelencephalon des Vertebratengehirns, auch „verlängertes Mark" genannt.
lóngus, -a, -um, lat., lang, weit; Superl. *longíssimus, -a, -um,* sehr lang, sehr weit. Spec.: *Elaphe longissima,* Äskulapschlange.
Lophélia, *f.*, gr. *ho lóphos* der Busch, Schopf, gr. *ho hélios* die Sonne; Gen. der Madreporaria (s. d.). Spec.: *L. prolifera,* Buschkoralle (entwickelt starke Skelettverästelung); Syn.: *Lophohelix.*
Lóphius, *m.*, gr. *he lophiá* die Nackenmähne (Kopf mit zahlreichen Dornen); fossil seit dem Pliozän bekannt; Gen. der Lophíidae, Anglerfische. Spec.: *L. piscatorius* Seeteufel (dessen 1. Stachel der Rückenflosse einen beweglichen Hautlappen zum „Angeln" besitzt).
lophodont, gr. *ho lóphos* das Büschel, der Hügel; *ho odús, odóntos* der Zahn; lophodonte Zähne: die Backenzahnhöcker vieler pflanzenfressender Säugetiere sind durch quere Leisten verbunden.
Lophophor, der, gr. *phérēin* tragen; ein in der Nähe der Mundöffnung gelegener, zweiarmiger, hufeisenförmiger u. Tentakeln tragender Körperfortsatz bestimmter Moostierchen.
Lophópoda, *n.*, Pl., gr. *ho pus podós* der Fuß; primitivste Gruppe (Ordo) der Bryozoa mit dem Vorkommen eines Lophophors (s. d.); Syn: Phylactolaemata.
Lordóse, die, gr. *he lórdosis*; nach unten bzw. vorn konvexe Krümmung der Wirbelsäule in der Medianebene; vgl. Kyphose.
Lorenz, Konrad, Zacharias, geb. 7. 11. 1903 Wien, gest. 27. 2. 1989 ebd. Studium d. Medizin in New York u. Wien (1922–1928), Promotion Dr. med. (1928), Studium d. Zoologie in Wien, Promotion Dr. phil. (1933), Habilitation (1936), Privatdozent f. vergleichende Anatomie u. Tierpsychologie an d. gleichen Univ. (1937), o. Prof. u. Direktor d. Instituts f. vergleichende Psychologie d. Albertus-Universität Königsberg (1940), dort I. Kants letzter Nachfolger; Arzt während d. 2. Weltkrieges u. in d. Kriegsgefangenschaft (1941–1948); Gründung d. Station f. vergleichende Verhaltensforschung in Altenberg unter dem Protektorat d. Österr. Akademie d. Wissenschaften (1949), Leiter d. Forschungsstelle für Verhaltensphysiologie in Buldern/Westfl. (1951); in Seewiesen (Oberbayern) seit 1955, Direktor dieses Max-Planck-Institutes für Verhaltensphysiologie (1961–1973), Leiter d. Forschungsstelle f. Ethologie (Konrad-Lorenz-Institut) d. Österr. Akademie d. Wiss. in Altenberg, N-Ö, u. Grünau/Almtal seit 1982; Honorarprofessor Univ. Münster (1953), Univ. München (1957), Univ. Wien u. Salzburg (1974), Nobelpreis für Physiologie u. Medizin (zus. mit N. Tinbergen u. K. von Frisch) 1973. Themen wissenschaftl. u. populärwissenschaftl. Arbeiten: „Der Kumpan in der Umwelt des Vogels" (1935), „Vergleichende Bewegungsstudien an Anatiden" (1941), „Er redete mit dem Vieh, den Vögeln und den Fischen" (1949), „Methoden der Verhaltensforschung" (1957), „Das sogenannte Böse. Zur Stammesgeschichte der Aggression" (1963), „Die acht Todsünden der zivilisierten Menschheit" (1971), „Vergleichende Verhaltensforschung oder Grundlagen der Ethologie" (1978).
Lori[1)]**,** einheimischer (Trivial-)Name in Komposita für die Arten der Trichoglossidae, z. B. Blauwangenlori; s. *Trichoglossus.*
Lori[2)]**,** *m.*, einheim. Name des auf Ceylon u. in H-Indien vorkommenden Halbaffen; Gen. d. Lorisidae, Lorisiformes = Galagoídea, Primates. Spec.: *L. tardígradus,* Plumplori (kleiner Halbaffe Ceylons u. V-Indiens mit eulenähnl. Gesicht, träger Kletterer mit Zangenfüßen, nachts agil, räuberisch); *L. gracilis,* Schlanklori.
Loricária, *f.*, lat. *lorica, -ae, f.*, der Panzer, *-aria* Suffix, der die Ähnlichkeit od. Beschaffenheit bezeichnet; Gen. der Loricariidae, Har-

nischwelse, Ordo Cypriniformes, Karpfenfische. Spec.: *L. parva,* Zwergharnischwels.

loricátus, -a, -um, lat., gepanzert; s. *Phago.*

Lorisifórmes, *f.,* Pl., Gruppe (Ordo) der Halbaffen, Primates, Loriverwandte, *Loris*; endemisch in Asien und Afrika (z. B. Schlank-, Plumplori, Potto, Bärenmaki).

lórum, -i, *n.,* lat., der Zügel, Panzer, Riemen; Lorum: bei Vögeln die vielfach nackte od. auffällig gefärbte Gegend zw. Schnabelwurzel u. Auge.

Lóta, *f.,* lat. Name der Aalrutte (Aalraupe) bei Plinius; Gen. der Gadidae, Dorsche, Gadiformes, Dorschartige, Dorschfische. Spec.: *L. lota,* Quappe (Aalrutte), Aalraupe, -rüsche (langgestreckt ähnlich dem Aal, einziger Gadide des Süßwassers, Eurasien, N-Amerika).

loti, Genit. zu lat. *lotus, f.,* der Schotenklee; s. *Bruchus.*

lotor, *m.,* von lat. *laváre* waschen; der Wäscher, Wasch-; s. *Procýon lotor.*

Lotsenfisch (Pilotenfisch), der; s. *Naucrates ductor.*

Lower, Richard (1631–1691), engl. Arzt, hat 1669 experimentell nachgewiesen, dass die hellrote Farbe d. arteriellen Blutes durch die Aufnahme von „Luft“ verursacht wird.

Lóxia, *f.,* gr. *loxós* seitwärts gebogen, wegen der Schnabelbildung, die Spitzen v. Ober- u. Unterschnabel kreuzen sich; Gen. der Fringillidae, Finken. Spec.: *L. curvirostra,* Fichten-; *L. pityopsittacus,* Kiefern-, *L. leucóptera,* Weißbinden-Kreuzschnabel.

Loxodonta, *f.,* gr. *loxós* schief, krumm, gebogen, *ho odús, odóntos* Zahn; Afrikanischer Elefant, Gen. der Elephantidae; Proboscídea, Rüsseltiere, starke Stoßzähne in beiden Geschlechtern vorhanden (bis 3 m lang und 30–60 kg schwer). Spec.: *L. africana,* der Steppenelefant (u. a. große dreieckige Ohrmuscheln); *L. cyclotis,* der Waldelefant (u. a. mit rundlichen Ohrmuscheln).

LTH, Abk. für luteotropes Hormon, s. d.

lúbricus, -a, -um, lat., schlüpfrig, glatt; s. *Cochlícopa.*

Lucánus, *m.,* lat. *lucus* Hain, Wald; Vorkommen vor allem in Eichenwaldungen; Gen. der Lucánidae, Hirschkäfer. Spec.: *L. cervus,* Hirschkäfer.

Lucernária, *f.,* lat. *lucérna* der Leuchter, die Lampe; Gen. der Lucernaríidae, Fam. der Stauromedusae, Stielquallen. Spec.: *L. quadricornis.*

Luchs, der; s. *Lynx.*

lúcidus, -a, -um, lat. *lux, -cis, f.,* das Licht; hell, leuchtend, deutlich.

lucifugus, -a, -um, lat., lichtscheu. Spec.: *Gnaphosa lucifuga* (eine tageslichtmeidende Spinne).

Lucilia, *f.,* lat. *lux das* Licht, *lucidus* sehr glänzend, hell; wegen des lebhaften lichten Metallglanzes; Gen. der Calliphoridae, Schmeiß-, Aasfliegen. Larven von Bedeutung als Myiasiserreger. Spec.: *L. caesar,* Goldfliege (Kaiserfliegen, wegen des prächtigen Goldglanzes), Erreger der Myiasis bei Schafen, Überträger pathogener Keime; *L. serizata,* Fleischfliege (Körper leuchtend grün; Imagines häufig auf Doldenblüten; Larven leben von Fleisch, auch in Wunden, früher medizinisch zur Wundheilung verwendet, da selektiv das tote Gewebe fressend); *L. caprina,* gefürchteter Erreger von Wurmmyiasis bei Schafen, S.-Afrika, Australien.

Luciopérca, *f.,* lat. *lucius* der Hecht, *perca* der Barsch; Gen. der Percidae, Barsche. Spec.: *L. sandra (= L. lucioperca),* Zander, Hechtbarsch.

lucius, *m.,* lat., der Hecht; etymologisch Bezug zu *lux, lucis* Licht wegen der hellen Färbung; s. *Esox.*

luctuósus, -a, -um, traurig, kläglich, jammervoll. Spec. (z. B.): *Melecta luctuósa,* Trauerbiene (ist glänzend schwarz).

luctus, -us, *m.,* lat., die Trauer, die (Jammer-) Klage; verwandt mit dem Verb *lugére* trauern u. den Adjektiva *lugubris, -is, -e = luctuósus,* s. d.

luduviciánus, -a, -um, bei St. Louis lebend; s. *Cynomys.*

Ludwig, August, geb. 9. 7. 1867 Hochdorf b. Weimar, gest. 5. 7. 1951 Jena; Pfarrer, Heimatdichter, Imker u. Bienenschriftsteller. Begründete 1916 den Jenaer Lehrbienenstand. Schüler u. späterer Freund von Dr. Ferdinand Gerstung, übernahm nach dessen Tode die Schriftleitung der Zeitschrift „Die Deutsche Bienenzucht in Theorie und Praxis“. Mit Gerstung war er Mitbegründer des Deutschen Imkerbundes (1907) und des Deutschen Bienenmuseums in Weimar (1907). Werke: „Unsere Bienen“ „Ratgeber für Bienenzüchter“, „Am Bienenstand“, „Die Honigbiene“. Der Ludwig'sche „Historische Lehrbienenstand“ wurde 1968 bei Zerstörungsaktionen der Univ. im gespaltenen Deutschland aufgelöst u. dem Zerfall zur Ruine preisgegeben. E. J. Hentschel/ Jena begründete auf dieser nach der politischen Wiedervereinigung in kurzer Zeit ein universitäres Bieneninstitut (s. d.) mit den Forschungsschwerpunkten Bioindikation, Gentransfer, Wirkstoffsuche u. Solitäre Bienen. Der Institutsaufbau erfolgte vom 10. 12. 1989 bis 28. 3. 1993 (s. Hentschel 1997)

Ludwig, Carl (Friedrich Wilhelm), Physiologe; geb. 29. 12. 1816 Witzenhausen, gest. 23. 4. 1895 Leipzig; Prof. der Vergleichenden Anatomie (Marburg), Anatomie u. Physiologie

(Zürich), der Physiologie u. Zoologie (Leipzig), L. bereicherte die physikalische Physiologie durch Untersuchungen über allgemeine Hydromechanik sowie Blutdruck im Blutkreislauf. Er konstruierte 1846 das erste Kymographion, führte die graphische Methode in die experimentelle Physiologie ein. Aus seiner Schule gingen u. a. Arbeiten über Probleme der vegetativen Physiologie hervor.

Ludwig, Wilhelm, geb. 20. 10. 1901 Asch (Österreich), gest. 23. 1. 1959 Leipzig; Promotion bei J. Meisenheimer (Leipzig), Assistent am Zoolog. Institut Leipzig, später Halle, 1930 Habilitation, ao. Professor an der Univ. Halle, Diätendozentur in Mainz, 1948 als Ordinarius für Zoologie u. Leiter des Zoologischen Instituts in Heidelberg berufen; Themen seiner wissenschaftl. Arbeiten: Theorie der Flimmerbewegung, „Das Rechts-Links-Problem im Tierreich und beim Menschen" (1932), Vergleichende Wachstumsuntersuchungen, Fragen des Darwinismus, der Selektionstheorie u. des Artbegriffes.

Lüscher, Martin, geb. 4. 7. 1917 Basel, gest. 18. 9. 1979 Murzelen, Schweiz; Dr. phil., ao. Prof., Leiter der Abt. Zoophysiologie d. Zool. Inst. d. Univ. Bern, 1948 Dozentur in Basel, 1954 beamt. ao. Prof. an d. Univ. Bern; Themen d. wissenschaftl. Arbeiten: Regeneration, Entwicklungsphysiologie d. Insekten.

lugubris, -is, -e, lat., Trauer-, traurig. Spec.: *Latrodectus lugubris,* Karakurt, „Schwarzer Wolf" (Raub-Spinne, die „Trauer verursachen" kann).

lumbális, -is, -e, lat., zur Lende gehörig.

lumbricális, -is, -e, lat. *lumbricus, -i, m.,* der Regenwurm; regenwurmähnlich.

Lumbricidae, Regenwürmer, Taxon der Oligochaeta; u. a. Erdbewohner, tragen zur Auflockerung u. Durchfeuchtung des Bodens bei; Indikator der Bodenfruchtbarkeit. Durch Darmpassage kommt es zur Herabsetzung der Korngröße des Bodens, zur Erhöhung der Minerallöslichkeit u. damit zur Bildung des Ton-Humus-Komplexes. Gen.: *Lumbricus* u. a.

lumbricoides, lat. *lumbrícus,* s. o.; gr. *-oides* im Aussehen ähnlich; regenwurmähnlich, -artig.

Lumbrícus, *m.,* Gen. der Lumbricidae, Regenwürmer. Spec.: *L. terrestris,* Gemeiner Regenwurm; *L. castaneus,* Kastanienbrauner Regenwurm.

lúmbus, -i, *m.,* lat., die Lende; Regio lumbalis; Lende, Lendenregion.

Lumen, das, lat. *lúmen, -inis, n.,* das Licht, die lichte Weite; z. B. der Hohlraum eines (Blut-)Gefäßes, eines Darmrohrs.

Lumpfisch, der; s. Cyclopterus.

lumpus, latinis. nach dem engl. *lumpfish* = franz. *lompe;* s. *Cyclópterus.*

lúna, -ae, *f.,* lat., der Mond, Monat; 1. Os lunátum: z. B. das Mondbein in der proximalen Reihe der Handwurzelknochen des Menschen; 2. Válvulae semilunáres: halbmondförmige Falten der Aorten u. Pulmonalklappen bei Vertebraten.

lunáris, -is, -e, lat., (halb-)mondförmig.

lunátus, -a, -um, lat., (halb-)mondförmig, gebogen; s. luna.

Lungenegel, der; *Paragónimus westermani.*

Lungenfisch, der; s. *Neoceratodus.*

Lungenschnecken, die; s. Pulmonata.

lúnula, -ae, *f.,* lat., das Möndchen.

lunular, halbmondförmig.

lupus, lat., der Wolf; s. *Canis.*

luridus, -a, -um, blassgelb, fahl. Spec.: *Aphodius luridus* (ein Dungkäfer).

Luscínia, *f.,* lat. *luscínia* die Nachtigall; *L. luscinia,* Sprosser; *L. svecica,* Blaukehlchen, mit den Subspecies: *L. s. cyanecula,* Weißstirniges Blaukehlchen; *L. s. svecica,* Rotstirniges Blaukehlchen; *L. calliope* Rubinkehlchen.

lutárius, -a, -um, im od. vom Schlamme (lat. *lutum*) lebend; s. *Síalis.*

luteinisierendes Hormon, *n.,* Syn: Zwischenzell-stimulierendes Hormon, engl.: interstitial cell stimulating hormone, Abk.: ICSH; adenotropes Proteohormon der Adenohypophyse, ein Glykoproteid. Unter dem gleichzeitigen Einfluss von FSH und LH kommt es zur Reifung des Follikels und schließlich zur Ovulation (Follikelsprung). Außerdem werden Bildung und Ausschüttung der Östrogene (Follikelhormone) angeregt.

luteotropes Hormon, *n.,* s. *lúteus,* gr. *ho trópos* die Richtung. Syn.: Prolaktin, Laktationshormon, Abk.: LTH; gonadotropes Hormon des Hypophysenvorderlappens, ein Protein, regt den Gelbkörper gemeinsam mit dem LH zur Progesteronbildung an, leitet die Milchproduktion ein u. unterhält diese.

lúteus, -a, -um, lat., gelb, goldgelb. Spec.: *Camptobrochis lutescens* (Art der Miridae, Weich- od. Blindwanzen).

Luther, Alexander, geb. 17. 2. 1877, gest. 9. 8. 1970; 1918–1947 Professor für Zoologie an der Univ. Helsingfors, 1919–1954 Vorstand der Zoologischen Station Tvärminne am Finnischen Meerbusen; Publikationen: Dissertation „Die Eumesostominen" (1904), „Untersuchungen an rhabdocoelen Turbellarien" (1921–1950), monographische Bearbeitung der Gattung *Macrostomum* (1905) u. der Familie Dalyelliidae, „Die Turbellarien Ostfennoskandiens“ (1960–1963), „Trigeminus-Muskulatur“ (1909, 1938), Abhandlung über die Land- u. Süßwassergastropoden Finnlands (1901) u. die Heterocontae (1899).

Lutra, *f.,* lat. *lutra* der Fischotter; Gen. der Mustélidae, Marder; fossil seit dem Pliozän bekannt. Spec.: *L. lutra,* der Fischotter.

lutréola, Dim. von *lutra,* s. o.; der kleine Fischotter; s. *Mustéla.*

lutum, -i, *n.,* lat., der Schlamm, Lehm, Schmutz. Spec.: *Emys orbicularis lutaria,* Sumpfschildkröte.

lux, lúcis, *f.,* lat., Licht, Tag, Augenlicht, Klarheit.

luxurieren, lat. *luxáre* verrenken, aus der Lage bringen; *luxuriare* üppig wachsen, ausarten.

Luziferin, das, lat. *lúcifer* lichtbringend; S- u. N-haltige komplizierte organische Verbindung, die z. B. das Leuchten des Leuchtkäfers *Lampyris noctiluca* verursacht. Dabei wird L. mit Luftsauerstoff u. dem Enzym Luziferase zu Dehydroluziferin oxidiert; 96% der freigesetzten Energie werden dabei als sichtbares Licht abgegeben.

luzónica, latin., auf Luzon (Philippinen) vorkommend; s. *Gallicolumba.*

Lyasen, die; Enzyme, die die Spaltung bzw. umgekehrt die Bindung organischer Moleküle katalysieren. Man unterscheidet C-C-Lyasen (z. B. Dekarboxylasen), C-O-Lyasen (z. B. Dehydratasen) und C-N-Lyasen (z. B. Desaminasen).

Lycǣ́na, *f.,* gr. *Lýkaina* Wölfin, Beiname der Venus; Gen. der Lycaenidae, Bläulinge. Spec.: *L. (= Chrysophanus) phlaeas,* Kleiner Feuerfalter.

Lycaon, gr. *ho lýkos* der Wolf; Gen. der Cánidae, Hunde. Spec.: *L. pictus,* Hyänenhund (3farbig gescheckt).

lycopérdi, Genit. von *lycopérdum* ein Pilz, Schimmelpilz (gr. *lykopérdon)*; s. *Cryptophagus.*

Lycósa, *f.,* gr. *ho lýkos* der Wolf; Gen. der Lycósidae, Wolfsspinnen. Spec.: *L. tarentula,* Apulische Tarantel (harmlos für den Menschen).

Lygǣ́us, *m.,* gr. *lygaíos* schattig, dunkel; Gen. der Lygaeidae, Lang-, Erdwanzen. Spec.: *L. equéstris,* Ritterwanze.

Lygus, *m.,* gr. *ho lýgos* junger, biegsamer Zweig; Gen. der Miridae (= Capsidae), Blind-, Weichwanzen. Man teilt neuerdings die Gattung L. in folgende drei Gattungen: *Orthops, Exolygus* u. *Lygus.* Spec.: *L. pratensis,* Wiesenwanze.

Lymántria, *f.,* gr. *lymantérios* schadend; Gen. der Lymantriidae, Wollspinner. Spec.: *L. (= Ocneria) díspar,* Schwammspinner; *L. monacha,* Nonne (s. d.).

Lymnǣ a, *f.,* gr. *lymnaíos = limnaíos* in Sümpfen lebend; Gen. der Lymnaeidae, Sumpf- od. Schlammschnecken; fossil seit dem Oberjura bekannt: Spec.: *L. stagnalis,* Schlammschnecke.

lýmpha, -ae, *f.,* latin., die Lymphe, Gewebsflüssigkeit; 1. Lymphe: Gewebsflüssigkeit bei Vertebraten; 2. Hämolymphe; Körperflüssigkeit der Insekten; 3. Endo- u. Perilymphe: Flüssigkeit im Labyrinth.

lympháceus, -a, -um, lat., zur Lymphe gehörig, lymphatisch.

lympháticus, -a, -um, lat., lymphatisch, zur Lymphe gehörig.

lymphatischer Rachenring (Waldeyerscher R.), *m.*; besteht beim Menschen aus Gaumenmandeln, Rachenmandeln, Zungenbälgen u. solit. Lymphfollikeln an Rachenhinterwand u. weichen Gaumen.

Lymphe, die; s. *lýmpha.*

Lymphherzen, die; pulsierende Organe des Lymphgefäßsystems bei Vertebraten, z. B. die 4 dorsal liegenden Lymphherzen bei Fröschen.

lymphogen, gr. *gígnesthai* entstehen; lymphatischen Ursprungs.

lymphoid, lymphartig.

lymphonodus, -i, *m.,* lat., der Lymphknoten.

Lymphozyten, die, gr. *to kýtos* das Gefäß, die Zelle; Lymphzellen, besondere Form der Leukozyten.

Lýnceus, *m.,* gr. *Lynkeū́s,* lat. *Lynceus* (2silbig!), Sohn des *Aphareus,* der durch Schärfe seines Gesichts(-ausdrucks) Berühmtheit erlangt; Gen. der Lyncéidae, Conchostraca, Diplostraca (s. d.). Spec.: *L. brachyurus.*

Lynchailurus, *m.,* gr. *ho lynx, lynkós* der Luchs, *ho (he) aíluros* der Kater, die Katze, „Luchs-Katze“; Gen. der Félidae, Echte Katzen, Carnivora. Spec.: *L. pajḗros,* Pampaskatze.

Lynen, Feodor, geb. 6. 4. 1911 München, gest. 6. 8. 1979 ebd.; Chemie-Studium in München, Promotion bei H. Wieland, Prof. Dr. phil. u. zahlr. Ehrendoktorate, Direktor am Max-Planck-Institut für Biochemie in Martinsried bei München, Ordinarius für Biochemie an der Univ., Vizepräsident der Max-Planck-Gesellschaft, 1964 Nobelpreis für Medizin u. Physiologie (zusammen mit K. Bloch, der die Biosynthese des Cholesterins erforschte); Themen wissenschaftl. Arbeiten: erstmalige Reingewinnung eines kristallisierten Giftstoffs, des Phalloidins, aus dem grünen Knollenblätterpilz (zusammen mit U. Wieland), Isolieren der aktivierten Essigsäure u. Charakterisierung des Acetyl-CoA, Aufklären der Rolle des Biotins.

Lynx, *m., f.,* gr. *ho lynx* der Luchs; Gen. der Felidae, Katzen; fossil seit dem Pliozän bekannt. Spec.: *L. lynx,* Gemeiner Luchs; Subspec.: *L. l. canadensis,* Polarluchs od. Kanadischer Luchs; *L. caracal,* Wüstenluchs, Karakal; *L. rufus,* Rotluchs.

Lyonétia, *f.,* gr. *lýein* lösen, *nētós* aufgehäuft; Gen. der Lyonitiidae (Langhornminiermotten, wegen der langen Fühler), Lepidoptera. Spec.: *L. clerckélla,* Schlangenminiermotte (Raupen erzeugen schlangenartige Minen).

lyriocéphalus, -a, -um, gr. *he lyra* die Leier, „Lyra", *he kephalé* der Kopf; leierköpfig, mit lyraförmigem Kopf (lat. *cum capite lyrato*); s. *Haemodipsus.*

Lyrurus, *m.,* gr. *he lýra,* s. o., *he urá* der Schwanz; Gen. der Tetraonidae (Rauhfußhühner), Ordo Galliformes. Spec.: *L. tetrix,* Birkwild, -huhn. Die Schwanz- od. Stoßfedern (das sog.: Spiel) sind beim Hahn leierförmig nach außen gebogen; bei der Henne ist der Stoß (= Schwanz) leicht eingekerbt. Vorkommen: Bayern, Niedersachsen, Schleswig-Holstein, auf den Britischen Inseln, NO-Europa. Lebensräume vorzugsweise: Heiden, Moore mit Gestrüpp, lichte Mischwälder mit Birke, Espe, Weide; im Gebirge überwiegend an der oberen Waldgrenze in mit größeren Lichtungen aufgelockerten Wäldern; nicht verträglich mit Fasanen; Kulturflüchter.

Lysin, das, gr. *he lýsis* die Lösung, Auflösung; α,ε-Diaminocapronsäure, ausgezeichnet durch eine freie Aminogruppe in der Seitenkette, essentielle Aminosäure mit bas. Charakter.

Lysosomen, die, gr. *to sóma* der Körper; Enzymträger, die im Golgi-Feld als Organellen entstehen. Sie enthalten saure Phosphatase u. andere saure Hydrolasen für den intrazellulären Abbau von Proteinen, Nucleinsäuren, Homo- u. Heteroglykanen, Lipiden u. a. bei pH 5–6.

Lysozym (Flemming, 1922), das, gr. *lysis* Auflösung, *zyme* Gärstoff. Basisches Enzym, das in fast allen Körpersäften vorkommt. Es wird in polymorph-nukleären u. mononukleären phagozytären Zellen synthetisiert. Es ist bedeutsam für die unspezifische Immunabwehr; syn. Muramidase, Enzym aus der Gruppe der Glykosidasen, das spezifisch Murein spaltet u. dadurch bakterizid wirkt. Vorkommen: Tränenflüssigkeit, Nasensekret, Darmsaft, v. a. in polymorphkernigen Leukozyten.

Lytta, *f.,* gr. *he lýtta* die Raserei, Hundswut; Gen. der Melóidae, Blasenkäfer. Spec.: *L. vesicatoria,* Blasenkäfer, Spanische Fliege (liefert das Cantharidin).

M

Macaca, *f.,* einheimischer Name; Gen. der Cercopithecidae (Tieraffen), Catarhina, Simiae; Makaken; fossile Formen seit dem Miozän bekannt. Spec.: *M. nemestrína,* Schweinsaffe (wegen des kurzen „Schweineschwänzchens"; wird oft in der indonesischen Heimat gezähmt u. abgerichtet zum Ernten von Kokosnüssen); *M. rhesa (= Macacus rhesus = M. mulattus),* Rhesusaffe; *M. sylvana (= M. inua),* Magot; *M. cynomolga (= Cynomolgus irus)* Javaneraffe; *M. speciosus,* Bärenmakak.

Machaeridia, *n.,* Pl.; gr. *to machairídion* kleiner Säbel; Schuppenröhren; in ihrer systematischen Stellung umstrittene Tiergruppe; anfangs für Cirripedier, danach für Mollusken (Wolburg 1938) gehalten, von vielen Autoren jedoch (seit Withers 1926) den Echinodermaten (Homalozoa) zugeordnet. – Ihr wurmförmiger Körper ist allseitig von ineinandergreifenden skulpturierten Kalkplatten umhüllt u. hat eine Länge von 5–10 cm; Vorkommen: Ordovizium bis Unterkarbon.

macháon, gr. Name des einen Sohnes von Asklepios; s. *Papilio.*

Macracanthorhynchus, *m.,* gr. *makrós* groß; Gen. der Oligacanthorhynchidae, Archiacanthocephala. Große bis sehr große Kratzer, Parasiten von Säugetieren (Schwein, Pekari, Hyäne, Hund, Ziesel, Eichhörnchen u. a.); Spec.: *M. hirudinaceus*; Riesenkratzer (Weibchen bis 70 cm im Darm von Schweinen; Zwischenwirte: Larven von Lamellicornia wie Mai-, Juni- u. Rosenkäfer).

Macrobíotus, *m.,* gr. *makrobíotos* lange lebend, da Trockenperioden im Zustand der Anabiose überlebt werden können; Gen. der Eutardigrada, Tardigrada, s. d. Spec.: *M. hufelandi(i).*

macrocanthus, -a, -um, gr. *makros,* s. d., u. *he ákantha,* latin. der Stachel, Auswuchs, Dorn; großstachelig.

macrocércus, latin., gr. *he kérkos* der Schwanz; großschwänzig, mit großem od. langem Schwanz ausgestattet; s. *Dicrurus.*

Macroclémys, *f.,* gr. *makrós* groß u. *he klémmys* die Schildkröte, also große Schildkröte. Gen. der Chelydridae (Schnappschildkröten), Ordo Testudines (Chelonia). Spec.: *M. temmincki,* Geierschildkröte (ist die größte Süßwasserschildkröte; „schnappt" auf dem Gewässergrund lauernd).

Macrocyclops, *m.,* gr. *makrós* groß, s. *Cyclops*; Gen. der Cyclopidae, Copepoda. Spec.: *M. albidus* (2,5 mm, in klaren Binnengewässern weltweit, pflanzt sich über das ganze Jahr hin fort, ernährt sich räuberisch von Chiromonaden-Larven u. kleinen Oligochaeten.

Macroglóssum, gr. *makrós* lang, groß, *he glóssa* die Zunge; Gen. der Sphingidae, Schwärmer. Spec.: *M. stellatarum*, Tauben- od. Karpfenschwänzchen (dt. Name wegen des verbreiterten Endes des Hinterleibes; kolibriartig im Schwirrflug vor Blüten stehend u. mit langem Rüssel Nektar saugend).

Macrolepidóptera, *n.,* Pl., Großschmetterlinge, im Gegensatz zu den Microlepidoptera, s. d.

macrolepidotus, -a, -um, gr., latin., großschuppig; s. *Chalceus.*

macrophthálmus, -a, -um, latin., gr. *ho ophthalmós* das Auge; großäugig; s. *Aplocheílichthys*; s. *Coregónus*; s. *Priacanthus.*

Macrópodus, *m.,* gr. *ho pus, podós* der Fuß, die Flosse; der Name nimmt Bezug auf unpaare Flossen bzw. die fadenförmig lang ausgezogenen Bauchflossen; Gen. der Anabantidae, Kletterfische, Perciformes, Barschfische. Spec.: *M. operculáris,* Paradiesfisch (Makropode, Großflosser).

Macropṓma, *f.,* gr. *to pṓma* Hülle, Behälter, Deckel; Gen. des Ordo Coelacanthiformes, s. d.; fossil in der Oberkreide. Spec.: *M. mantelli.*

macrópterus, -a, -um, gr. *he ptéryx* der Flügel; großflügelig, -flossig; s. *Centrarchus.*

Macropus, *m.,* gr. *ho pus* der Fuß; „großfüßig"; Gen. der Macropódidae, Känguruhs (Springbeutler), Metatheria (Beuteltiere). Spec.: *M. rufus,* Rotes Riesenkänguruh. *M. rufogriseus,* Bennet-Wallaby (häufigste Känguruhart in Zoos).

Macroscélidae, *f.,* Pl., s. *Macroscélides*; Rüsselspringer; einzige Fam. der (Subordo, oft Ordo) Macroscelidea mit 4 Genera; darunter Regenwaldbewohner u. Bewohner arider Klimate wie z. B. „Elefantenspitzmäuse".

Macroscélides, *m.,* gr. *he skelis, -ídos* der Schenkel, Hinterfuß od. -bein eines Tieres; sind ausgezeichnet durch die im Metatarsus sehr verlängerten. Hinterbeine; Gen. der Macroscélidae (s. d.). Spec.: *M. proboscideus,* Kurzohr-Rüsselspringer.

Macrosíphum, *n.,* gr. *ho siphón* die Spitze; Gen. der Aphididae, Ordo Aphidina. Mittelgroße bis große Röhrenblattläuse. Spec.: *M. roseae,* Große Rosenblattlaus. Oft noch im Spätsommer in Massen auftretende, die Triebspitzen befallende Blattlaus; weltweit.

Macróstomum, *n.,* gr. *to stóma* der Mund; namentlicher Bezug auf den erweiterungsfähigen Pharynx; Gen. der Macrostomidae, Ordo Macrostomida, Turbellaria.

macrṓtis, gr., mit großem *(makrós)* Ohr *(oys,* Genit. *otós).*

macrourus, auch: *macrurus,* gr., latin., großschwänzig; s. *Colius.*

Macrura, *n.,* Pl., gr. *makrós* groß, *he urá* der Schwanz; langschwänzige zehnfüßige Panzerkrebse (Decapoden) mit breiter Schwanzflosse im Gegensatz zu den Brachyuren; Subordines: M. natantia, Garnelen; *M. reptantia,* Kriechende Langschwanzkrebse.

Macrurus, *m.*; Gen. der Macruridae, Rattenschwänze, -schwanzfische, Ordo: Anacanthini, Dorschartige. Spec.: *M. repestris,* Grenadierfisch.

mácula, -ae, *f.,* lat., der Fleck.

maculáris, -is, -e, zum Fleck gehörig.

maculátus, -a, -um, lat., gefleckt, getüpfelt; s. *Phalanger*, s. *Hololampra.*

maculipénnis, lat., mit Flecken *(máculae)* auf den Flügeln *(pennae).*

maculósus, -a, -um, lat., fleckenreich, stark gefleckt.

madagascariénsis, auf Madagaskar lebend; s. *Chiromys.*

Madagaskarstrauße, die; straußenähnliche Elefantenvögel; Aepyornithes (Riesenformen, im 17. Jh. ausgestorben); s. *Aepyornis.*

Madagassische Region, die; von zahlreichen Autoren als Subregion der Afrikanischen Region, s. d., eingeordnet. Die Fauna Madagaskars ist auffallend spezifisch, vor allem bezüglich des Vorkommens der Fingertiere, vieler Insektenfresser (z. B. *Centetes*). Infolge frühzeitiger Isolierung ist Madagaskar ein Land mit spezifischer Reliktfauna aus älteren Erdperioden; und modernere Formen (große Raubtiere, Katzen, Hyänen, Hunde, Antilopen; Elefanten, Nashörner; Echte Affen) haben den Weg dorthin nicht mehr gefunden.

Made, die; fußlose Larve einiger Hymenopteren-Gattungen u. Dipteren.

Madenwurm, der; s. *Enterobius (Oxyuris).*

maderae, Genit. zu latin. *Madéra* (als Habitat); s. *Leucophaea.*

Maderaschabe, die; s. *Leucophaea.*

Madoqua, *f.,* sprachl. verwandt mit lat. *madére* nass, feucht sein; einige Arten sind sehr wasserbedürftig; Gen. der Bovidae, Rinder, Artiodactyla, Paarhuftiere. Spec.: *M. swaynei,* Kleindikdik, Windspielantilope.

Madrepora, *f.,* Gen. der Madrepóridae, Madrepora-Ähnliche; mögliche Ableitung (nach Agassiz): gr. *madarós* glatt, haarlos u. *ho póros* Öffnung; fossile Formen seit dem Eozän bekannt. Spec.: *M. erythraea.*

Madreporária, *n.,* Pl., Riff- od. Steinkorallen, Ordo d. Anthozoa; meist stockbildende, seltener solitäre Hexacorallia, deren Fußscheiben-Ectoderm ein äußeres kalkiges Skelett abscheidet, das sich in Gestalt von vertikalen Septen unter Einbuchtung des Integuments u. Entoderms in jede Gastraltasche hineinschiebt; fossile Formen seit der Mittleren Trias bekannt.

Madreporenplatte, die; Kalkplatte an der dorsalen Fläche des Skeletts der Stachelhäuter. Sie ist mit feinen Öffnungen siebartig durchbrochen u. schließt den Steinkanal nach außen ab.

Mäanderkorallen, die, gr. *Maíandros* durch seine vielen Krümmungen berühmter Fluss in Kleinasien; Anthozoen, Korallen, in der Form einer halben Kugel od. eines halben Eies, deren gewölbte Fläche allein von Polypen besetzt ist, während die flache Seite dem Untergrund aufliegt; Genera: *Diploria, Platygyra, Manícina* (Syn: *Maeandra*).

mäándrisch, reich an Windungen od. Krümmungen wie der kleinasiatische Fluss Maiandros, s. o.

Mähnenrobbe, die; s. *Otaria.*

maenas, gr. *mainás* rasend, wütend; s. *Carcinus.*

Maeterlinck, Maurice, geb. 29. 8. 1862 Gent, gest. 6. 5. 1949 Nizza; Nobelpreisträger (1911), flämischer Dichter (Dramen, Erzählungen, Gedichte, philosophische Schriften). Das naturphilosophische Essay „La vie des abeilles" erschien 1902 in deutscher Übersetzung („Das Leben der Bienen").

Mäusebussard, der; s. *Buteo.*

Mäusefloh, der; s. *Leptinus testaceus.*

Mäuselaus, die; s. *Polyplax.*

Magenbrüter-Frosch, der; s. *Rheobátrachus.*

Magendie, Francois, Physiologe; geb. 6. 10. 1783 Bordeaux, gest. 7. 10. 1855 Sannois b. Paris; M. gilt als einer der Begründer der modernen experimentellen Physiologie und Förderer der exp. Pathologie und Pharmakologie. M. bestätigte die Entdeckung Ch. Bells, nach der die vorderen Wurzeln der Rückenmarksnerven die Bewegung u. die hinteren die Empfindung leiten (Bell-M.-Gesetz).

Magna-Form, lat., „Groß"-Form; pathogene Form von *Entamoeba histolytica* (s. d.). Normalerweise tritt das Rhizopodium als ungefährliche *Minuta-* (= Klein-)Form, s. d., auf, die von unverdauten Nahrungsresten u. Bakterien im Darm des Menschen lebt. Unter bestimmten Bedingungen des Wirtes entwickelt sich aus ihr die pathogene *Magna*-Form, die in das Darmepithel eindringt, von Erythrozyten lebt u. somit die in warmen Ländern verbreitete Amöbenruhr verursacht.

Magnetfeldorientierung, die; Orientierung nach dem Erdmagnetfeld (u. a. bekannt bei Bienen und Vögeln).

mágnus, -a, -um, lat., groß, stark. Spec.: *Daphnia magna,* Großer Wasserfloh.

Magot, die; s. *Macaca.*

Magus, *m.,* gr. *ho mágos* Magier, persischer Priester, Zauberer; Verbreitungsgebiet allerdings vor allem ostwärts von Persien (Iran); Gen. der Cercopithecidae, Meerkatzenartige, Cynomorpha, Catarhina, Simiae. Spec.: *M. maurus,* Mohrenmakak.

Maifisch, der, mhd. *else*; s. *Alosa.*

Maikäfer, der; s. *Melolóntha.*

maior, -or, -ius, (auch *major*), lat., größer (Komp. von *magnus, -a, -um* groß); s. *Dendrócopos,* s. *Parus.*

Maiszünsler, der; s. *Ostrínia.*

Maja, -ae, gr. *he Mā́ia*, älteste Tochter des Atlas, Mutter des Hermes; entsprach später der Naturgottheit *Maja* (die Maigöttin), Tochter des Faunus, Gemahlin des Vulkanus.

Májidae, *f.,* Pl., nach Maja (s. o.); Familie der Brachygnatha, Brachyura (Krabben). Genera: *Hyas, Maja.*

Makak, der; s. *Macaca.*

Maki, der; s. *Lemur.*

Makifrosch, der; s. *Phyllomedusa.*

Makrele, die; s. *Scomber scombrus.*

Makrobiose, die, gr. *makrós* lang, groß, *ho bíos* das Leben; die Langlebigkeit.

Makrocheirie, die; gr. *he cheir, cheirós* die Hand; die Groß- bzw. Langhändigkeit.

Makrodaktylie, die, gr. *ho dáktylos* der Finger; angeborener Riesenwuchs der Finger.

Makroelemente, die; s. Mengenelemente.

Makroevolution, die, lat. *evolútio* die Änderung, Entwicklung; Erbgutänderung od. Aufspaltung des Erbgefüges einer Tierart, die offenbar zur Bildung eines neuen, über die Artendifferenzierung hinausgehenden Typs führt und daher auch interspezifische Evolution genannt wird; Ggs.: Mikroevolution, s. d.

Makrofossil, das; s. Fossilien; ein Fossil, das mit bloßem Auge od. mit Lupenvergrößerung bestimmbar ist; Ggs.: Mikrofossil, Nannofossil.

Makrogameten, die, s. Gameten; die weiblichen Geschlechtszellen, die Eier; vgl. Mikrogameten.

Makrogerontie, die; gr. *ho gérōn* der Greis, der Alte; die Norm überschreitende Großwüchsigkeit des Alters- bzw. Erwachsenenstadiums infolge verhältnismäßig schnellen Gehäusewachstums; Ggs.: Mikrogerontie.

Makromastie, die, gr. *ho mastós* das Euter, die Zitze; Riesenwuchs der Milchdrüsen.

Makromelie, die, gr. *to mélos* das Glied; der Riesenwuchs.
Makromeren, die, gr. *to méros* der Teil; die bei der Furchung entstehenden großen Furchungszellen (Blastomeren).
Makronúkleus, der, lat. *núcleus, -i, m.,* der Kern; der Großkern (somatischer Kern) der Ciliaten (Wimpertierchen).
Makrophagen, gr. *phagẽin* fressen; große „Fresszellen" od. Phagozyten, s. d.; Syn.: Klasmatozyten.
Makrophallie, die, gr. *ho phallós* männl. Glied; übermäßige Größe des männlichen Gliedes.
Makrophylogenie, die; gr. *to phýlon* der Stamm; die Entstehung u. Umwandlung höherer taxonomischer Einheiten.
makrosmatische Säugetiere, *n.,* gr. *he osmé* der Geruch; Säugetiere mit gutem Geruchsvermögen (Makrosmaten). Ggs.: Mikrosmaten.
makrozephal, gr. *he kephalé* der Kopf; besonders großköpfig, abnorm großköpfig.
Makrozoobenthos, das, gr. *to zóon* das Tier, das Lebewesen, s. Benthos; Sammelbegriff für alle am Gewässerboden lebenden Tiere etwa ab 2 mm Länge.
Makrozyten, gr. *to kýtos* das Bläschen, Gefäß; große, junge Erythrozyten.
mála, -ae, *f.,* lat., die Wange (eigentlich der Oberkiefer).
malabáricus, aus Malabar (Vorderindien); s. *Danio.*
Malacobdella, *f.,* gr., *to malakón* das Weichtier, *he bdella* der Blutegel; namentlicher Bezug auf das regelmäßig auftretende Festsaugen in Muscheln *(Cyprina),* wo *M.* als Kommensale lebt; Gen. der Malacobdellidae, Nemertini. Spec.: *M. grossa.*
Malacostraca, *n.,* Pl., gr. *to óstrakon* der Muschelkrebs, die Schale; mit fast 18 000 Species artenreichste Gruppe aller Crustacea; fossil seit dem Unterkambrium bekannt; wegen ihrer starken Größenentfaltung werden die M. mitunter allen übrigen Krebsgruppen mit dem Sammelgruppen-Namen Entomostraca, die meist sehr klein sind, gegenübergestellt. Die aus den erreichten Körperdimensionen hergeleitete Bezeichnung „Höhere" Krebse für die M. ist jedoch phylogenetisch nicht berechtigt, da manche Merkmale (Abdominalbeine, Seitenarterien) auf die Abstammung aus niederen Krebsen (ähnlich wie andere Krebsgruppen) hindeuten. Differenzierbare natürliche Reihen der M.: Eucarida (mit Garnelen, Krabben, Edelkrebsen); Peracarida (mit Glaskrebsen, Asseln, Flohkrebsen); Phyllocarida (früherer Seitenzweig); Hoplocarida (Heuschreckenkrebse, marin); Syncarida (als Relikte im Süßwasser).
malakogam, gr. *malakós* weich, zart, *gamein* freien, sich gatten; schneckenblütig, mit Hilfe von Schnecken bestäubt.
Malakologie, die, gr. *ho lógos* die Lehre; die Weichtierkunde.
Malakostraken, die, gr. *to óstrakon* die Schale; die höheren Krebstiere, s. Malacostraca.
Malapterúrus, *m.,* gr. *malakrós* weich, *to pterón* der Flügel, *he urá* der Schwanz; Gen. der Malapteruridae, Siluriformes (Welse); Spec.: *M. electricus,* Zitterwels (im Nil vorkommend, bis 1,2 m, 25 kg; mit mächtigem elektrischen Organ, Stromstöße bis 350 V Spannung; s. elektrische Organe).
Malária, die; ital. *mála* schlecht, *ária* die Luft, also: „schlechte Luft", nimmt Bezug auf die „Luftqualität von Sumpfgebieten", in denen der Überträger der Malariakrankheit, die *Anopheles*-Mücke, vorzugsweise vorkommt. Die Malariaerkrankung des Menschen, auch Sumpf- oder Wechselfieber genannt, ist die am weitesten verbreitete Krankheit der Tropen; Europa ist bis auf kl. Gebiete im Balkan heute malariafrei. Erreger (Species): *Plasmodium falciparum,* Halbmondparasit, erregt Mal. tropica, bösartiges Fieber, meist tägl. hohe Temp.; *Pl. vivax,* Erreger d. Mal. tertiana, Fieberanfall alle 2(–3) Tage (in gemäßigten u. subtrop. Zonen); *Pl. ovale,* das außer in W-Afrika sehr selten ist, ruft ähnl. Krankheitsbild wie *Pl. vivax* hervor; *Pl. malariae,* Erreger der Mal. quartana, Fieber an jedem 4. Tag.
maláriae, latin. Genitiv von Malaria, s. d.; als Artbezeichnung: *Plasmodium malariae,* Erreger der Malaria quartana.
Malariamücke, die; s. *Anopheles.*
maláris, -is, -e, lat., zur Wange (mala) gehörig.
malayánus, -a, -um, latin., im Gebiet des Malayischen Archipels vorkommend; Malayen-; s. *Helárctos.*
Malayenbär, der; s. *Helarctos malayánus.*
Malermuschel, die; s. *Unio.*
máligne, malígnus, -a, -um, lat., bösartig (meist auf Geschwülste angewandt).
Malignität, die; Bösartigkeit, häufig synonym angewandt für Krebs, Karzinom.
malinéllus, -a, -um, lat., Verkleinerungsform v. *málinus* am od. vom Apfelbaum; s. *Yponomenta.*
malleáris, -is, -e, lat., zum Hammer gehörig, hammerartig.
malleoláris, -is, -e, lat., zum Hämmerchen gehörig.
malléolus, -i, *m.,* lat., das Hämmerchen, der Knöchel.
málleus, -ei, *m.,* lat., der Hammer, Gehörknöchelchen in der Paukenhöhle.

Malmignatte, korsikanischer Name; s. *Latrodectus.*

Malpighamöbiose, die; s. Amöbenseuche des Honigbienenvolkes.

Malpighi, Marcello, Anatom, geb. 10. 3. 1628 Crevalcore b. Bologna, gest. 29. 11. 1694 Rom, Prof. d. Medizin in Bologna, Pisa u. Messina, Leibarzt Innozenz XII.; M. gehört zu den Begründern der modernen wiss. Mikroskopie. Er entdeckte den Kapillarkreislauf des Blutes u. die roten Blutkörperchen, untersuchte die Feinstruktur u. a. von Drüsen, Haut, Niere, Lunge, Nerven, Gehirn u. Milz, worauf noch mehrere anatomische Begriffe hinweisen (z. B. M.sche Körperchen). M. begründete neben N. Grew (1628–1711), jedoch unabhängig von ihm, die Pflanzenanatomie.

Malpighi-Gefäße, die, s. Malpighi; Exkretionsorgane, spezialisierte, blind geschlossene Darmdivertikel bei Arachniden u. Tracheaten, münden in der Regel zw. Mittel- u. Enddarm in den Verdauungskanal, ihre Zahl schwankt bei den verschiedenen Arten zw. 2 u. mehreren Hundert.

Malpighische Körperchen, *n.,* Corpúscula renis, Nierenkörperchen der Vertebratennieren, die den Primärharn bilden. Ein Nierenkörperchen besteht aus der Bowmanschen Kapsel, von der das Harnkanälchen (Nephron) entspringt, u. einem Gefäßknäuel (Glomérulus), der ein zuführendes (Vas afferens) u. ein abführendes Gefäß (Vas efferens) besitzt.

Maltase, die, lat. *máltum* das Malz; Enzym, das Maltose in D-Glycose spaltet.

Malthus, Thom. Rob., geb. 17. 2. 1766 in Roockery (Surrey), gest. 29. 12. 1834 in Bath; engl. Nationalökonom. 1805–1834 Prof. für Geschichte der Nationalökonomie in Haileybury. M. stellte in seinem „Essay on the principle of population" (London 1798) das sogen. „Malthussche Bevölkerungsgesetz" auf (Vermehrungstendenz der Bevölkerung in geometrischer, der der Nahrungsmittel in nur arithmetischer Progression). Durch diese Aussage wurde Ch. Darwin zur Idee eines Kampfes ums Dasein angeregt.

Maltose, die, lat. *máltum,* s. o.; Malzzucker, Disaccharid, aus zwei Molekülen D-Glukose zusammengesetzt.

Mamba, die; eine gefährliche Giftschlange (in Afrika), s. *Dendroaspis.*

Mamelon, *m.,* franz., die Brustwarze, der Knoten, die Erhebung; (1) Mamelonen (= Syn.: Monticuli, s. d.) sind warzenartige Erhebungen bei Stromatoporen u. Sclerospongea; (2) Warzenkopf von halbkugeliger Form, dem der Seeigelstachel mit seinem ihn umfassenden Acetabulum drehbar aufsitzt.

mamílla, -ae, *f.,* Dim. v. *mámma*; die Brustwarze.

mamilláris, -is, -e, lat., brustwarzenähnlich.

mámma, -ae, *f.,* lat., weibliche Brustdrüse, Euter.

Mammalia, *n.,* Pl.; substantiviertes Adjektiv (bei Weglassung von: *animalia*); vom lat. Substantiv *mamma, -ae, f.,* die Mutterbrust, das Euter, die Zitze u. *-alis, -ale* als Suffix, das Zugehörigkeit u. Ähnlichkeit bezeichnet; Säuger, Säugetiere, Haartiere, etwa 4250 Arten, Cl. der Vertebrata, Chordata. Die M. treten in der Oberen Trias (also früher als Vögel u. Teleosteer) auf. Ihre Verbindung zu den Reptilien über die Ictidosaurier gilt als gesichert. Über 100 Mio. Jahre blieben die M. eine kleine Gruppe, waren früh in mehrere Linien aufgespalten: Triconodontia, Symmetrodontia, Multituberculata, Pantotheria. Lediglich die Pantotheria entwickelten sich zu den rezenten M. (wahrscheinlich mit Ausnahme der Prototheria). – Die in der Kreide beginnende starke Entfaltung führte im Tertiär zum „Zeitalter der Säuger" (nach Remane, Storch, Welsch 1989). – Systematisierung (in die Unterklassen): 1. Prototheria (Monotremata), Kloakentiere; 2. Metatheria (Marsupialia; Didelphia), Beuteltiere; 3. Eutheria (Placentalia; Euplacentalia; Monodelphia), „höhere Säugetiere. – Die lebendgebärenden Säuger (Meta- u. Eutheria) werden als Theria zusammengefasst.

mammárius, -a, -um, lat., zum Euter bzw. zu den Mammae gehörig.

mammillátus (= mamillatus); -a, -um, lat., mit zitzenförmigen Warzen *(mamílla)*; s. *Phallusia.*

Mammologie, die, gr. *ho lógos* die Lehre; Säugetierkunde, Säugerkunde, die Lehre von den Säugetieren bzw. den Säugern (Mammalia, Mammalier); eine Gruppe von Wirbeltieren, meist behaart („Haartiere"), die Milchdrüsen zur Ernährung der Jungen ausgebildet haben; Syn.: Mammalogie.

Mammuthus, *m.,* Gen. der Elephantidae, Mammalia; „Die Mammut-Gruppe *(Mammuthus = „Mammonteus")* erscheint mit *M. subplanifrons* und *M. (Archidiskodon) africanavus* im Pliozän in Afrika, mit *M. (A.) gromovi (africanus)* im Alt-Villafranchium in Südeuropa. Von der holarktisch verbreiteten Art *M. (A.) meridionalis* lassen sich die alt- und neuweltlichen Mammute *(M. [Mammuthus] primigenius* und *M. [M.] columbi)* ableiten. In Eurasien vermittelt *M. armeniacus (= „trogontherii")* morphologisch und zeitlich zwischen *M. meridionalis* und dem jungpleistozänen *M. primigenius.* In Nordamerika, wo sie im Late Kansan (= Early Irvingtonian = ? Mindel) erscheinen, ist *M. imperator* der Vorläufer von *M. columbi.* Die jungpleistozänen Mammute waren richtige Kaltsteppenformen. Sie starben im frühen Holozän aus" (Thenius 1980).

Manáti, Name für die an Atlantik-Küsten lebenden Arten von *Tríchechus,* s. d.

Mandarinenente, die; s. *Aix galericulata.*

Mandelkrähe, die; s. *Coracias.*

Mandeville, Bernard de, geb. 1670 Dordrecht (Südholland), gest. 21. 1. 1733 London. Arzt u. Schriftsteller, verfasste die bekannte „Bienenfabel" (1714 in deutscher Sprache).

Mandibeln, die; s. *mandíbula.*

mandíbula, -ae, *f.,* lat., *mándere* kauen, beißen; Unterkiefer(n); 1. bei Gliederfüßern (Arthropoden), die von dem ersten Mundgliedmaßenpaar gebildeten Oberkiefer; 2. bei Vertebraten der Unterkiefer, s. u.

Mandibulare, das, s. *mandibula*; der untere Abschnitt des Kiefernbogens im Viszeralskelett der Wirbeltiere. Es ist bei Selachiern knorpelig, bei höheren Fischen, Amphibien, Reptilien u. Vögeln durch Belegknochen u. durch Ersatzknochen (Articulare) ersetzt. Bei den Säugern entsteht aus dem vorderen Teil (Meckelscher Knorpel) mit dem Dentale als Belegknochen der knöcherne Unterkiefer (Mandibula), das Articulare wird dagegen zu einem Gehörknöchelchen (Hammer).

mandibuláris, -is, -e, lat., zum Unterkiefer gehörig.

Mandibuláta, *n.,* Pl.; Arthropoda, deren 1. Gliedmaßenpaar (– Anlage) eine Antenne bildet, während hinter dem Mund mindestens zwei Gliedmaßenpaare zu meist zangenartig gegeneinander bewegbaren Kiefern (Mandibel, Maxille) differenziert sind. Gruppierung der Mandibulata in: 1. Diantennata = Branchiata (Krebse) u. 2. Antennata = Tracheata, s. d.

Mandríllus, *m.,* latin. Trivialname aus dem Gebiet seines Vorkommens (Guinea, W-Afrika), Backen- od. Stummelschwanzpaviane; Gen. der Cercopithecidae, Meerkatzenartige, Catarhina, Simiae. Spec.: *M. sphinx,* Mandrill, Kurzschwanzpavian; s. *Papio.*

Mangabe, die; s. *Cercocebus.*

Mangold, Ernst; geb. 5. 2. 1879 Berlin, gest. 10. 7. 1961 ebd.; studierte (mit kürzeren Zwischenzeiten in Leipzig und Gießen) in Jena Humanmedizin. Promot. in der medizin. Physiologie (1903) „Über die postmortale Erregbarkeit quergestreifter Warmblütermuskeln" zum Dr. med. bei W. Biedermann, Promot. zum Dr. phil. (1905) bei E. Haeckel mit der zoolog. Dissertation „Untersuchungen über die Endigungen der Nerven in den quergestreiften Muskeln der Arthropoden", Habilitation (1906) an der Mediz. Fakultät Jena in Physiologie mit dem Thema „Der Muskelmagen der körnerfressenden Vögel, seine motorischen Funktionen und ihre Abhängigkeit vom Nervensystem". M. wirkte in Jena, Neapel (an der Zool. Station), Greifswald, Freiburg i. Br. 1923 erfolgte die Berufung Mangolds zum ordentl. Professor für Tierphysiologie an die Landwirtsch. Hochschule Berlin.

Mangold, Otto, geb. 1891 Auenstein/Württ., gest. 1962 Heiligenberg; 1919 Prom. zum Dr. phil., Assistent am Zoolog. Institut der Univ. Freiburg, 1923 Privatdozent für Zoologie, insbesondere Entwicklungsphysiologie, dann Abteilungsleiter im Kaiser-Wilhelm-Institut für Biologie in Berlin-Dahlem, 1929 ao. Prof. für Zoologie an der Univ. Berlin, 1933–1937 o. Prof. für Zoologie und Vergleichende Anatomie an der Universität Erlangen, dann bis 1945 in Freiburg, 1946 Abteilungsleiter u. Direktor der Heiligenberginstitute. Themen der wissenschaftl. Arbeiten: Entwicklungsphysiologie der Amphibien (Regulation und Determination von Entwicklungsstadien).

Mangroven-Nachtbaumnatter, die; s. *Boiga dendrophila.*

Manguste, einheimischer Name (S-Afrika); s. *Herpestes ichneumon.*

Manifestation, die, lat. *manifestátio, -ónis, f.,* die Offenbarung; Offenbarwerden, Erkennbarwerden eines Organs, einer Erbanlage od. einer Krankheit; Verfestigung.

Manis, *f.,* lat. *manis,* Pl. *manes* Geister der Verstorbenen, Schreckgestalten, Gespenster, wegen des unheimlichen Aussehens der Tiere; Gen. der Mánidae, Pholidota (s. d.). Spec.: *M. crassicaudata,* Dickschwanz-Schuppentier; *M. gígantéa,* Riesen-Schuppentier, *M. tricúspis,* Weißbauch-Schuppentier.

Mannshand, Tote, die; s. *Alcyonium.*

Mansónia, *f.*; Gen. der Culicidae (Stechmücken). Speck.: *M. richardii,* Teichgrundmücke.

Manta, *f.,* der Name kommt aus dem Spanischen, bedeutet Mantel (ohne Ärmel; mantelartiger Umhang); damit wird legendär verbunden, dass Manta den Menschen anfallen u. ihn mit den Brustflossen mantelartig umhüllen kann; doch gilt als erwiesen, dass M. als Planktonfresser nur bei Bedrängnis, insbes. der Jungen, gefährlich wird; Gen. der Mobulidae (Teufelsrochen), Ordo Selachiformes (Hai-Ähnliche). Spec.: *M. birostris,* Teufelsrochen.

mantelli, nach dem Paläontologen v. Mantell (1790–1852) benannt; s. *Macropóma.*
Mantelmöwe, die; s. *Larus.*
Mantelpavian, der; s. *Papio.*
Manteltiere, die; s. Tunicata.
Mantis, *f., gr. ho* (u. *he*) *mántis* Wahrsager, Prophet, (von einer Gottheit) Begeisterter; namentlicher Bezug auf die „betende" Haltung der Vorderextremitäten; Gen. der Mantidae, Mantóden, Blattoídea (s. d.). Spec.: *M. religiosa,* Gottesanbeterin.
Mantíspa, *f.,* von gr. *he mántis* eine Heuschreckenart, eigentl. Wahrsager; Gen. der Mantíspidae, Planipennia (Netzflügler). Spec.: *M. styríaca (= M. pagana).*
Mantophasma, *f., he mantis* die Verzückte, die Gottbegeisterte; Gen. der Mantophasmatidae, Ordo Mantophasmatodea, Gladiatoren; Spec.: *M. subsolana,* Tanzania.
Mantophasmatodea, *n.,* Pl., gr. s. o. u. – *odea* = Suffix – ähnliche, Gladiatoren, Gruppe der Insecta. Erst 2002 beschriebene Ordnung hemimetaboler Insekten mit starker Panzerung im Nymphenstadium, deren Vertreter dem äußeren Anschein nach zwischen Gottesanbeterinnen (Mantodea) u. Gespenstschrecken (Phasmatodea) zu stehen scheinen. Fossile Genus *Raptophasma* (im baltischen Bernstein), heute in wenigen Arten im südlichen u. östlichen Afrika (s. *Mantophasma*).
manúbrium, -ii, *n.,* lat., der (mit der Hand zu fassende) Griff, Handgriff.
mánus, -us, *f.,* lat., die Hand; bei den Primaten der zum Greiforgan umgewandelte Abschnitt der vorderen Extremitäten der höheren Vertebraten. – Sprachlich enthalten z. B. in: *Uca cultrimana,* Winkerkrabbe; s. *hea.*
Manustupration, die, s. *mánus,* lat. *stuprum, -i, n.,* die Schändung, die Unzucht; geschlechtliche Selbstbefriedigung; Syn.: Onanie, Masturbation.
Marabu, arabischer Name für *Leptópilus cruméniferus,* s. d.; bedeutet soviel wie „Streiter im heiligen Krieg", weil die *Marabus* gefährlich mit dem Schnabel um sich hauen.
maraena, soll nach dem See Morin bei dem brandenburg. Städtchen Morin od. vom moorigen Aufenthaltsort od. vom mürben („mören") Fleisch so benannt sein; s. *Coregónus.*
Maräne, die; s. *Coregonus.* – Spec.: *C. lavaretus,* Große Maräne, 60–100 cm langer, in Binnenseen vorkommender Fisch mit schmackhaftem Fleisch, z. B. „Lokalform" (= ssp.) im Bodensee (als Felchen in S-Baden begehrter Speisefisch); *C. albula,* Kleine M.; in Form und Farbe heringsähnlicher, bis 40 cm langer Fisch. Kommt in sauerstoffreichen Seen nahe der Ostseeküste und in der Ostsee selbst vor, hat wohlschmeckendes Fleisch.
Marale, die; frühere Bezeichnung der asiatischen Unterarten von *Cervus elaphus,* trivial jetzt auch Wapiti genannt; z. B. *C. e. sibiricus,* Altai-Maral (-Wapiti).
marci, am od. um den St. Markustag (im April) erscheinend, auftretend; s. *Bibio* (Haarmücke).
Marder, der; s. *Martes.*
Marderhund, der; s. *Nyctereutes procyonoides.*
Margaritána, *f.,* von lat. *margarita* die Perle; Gen. der Margaritiféridae, Eulamellibranchiata. Spec.: *M. (= Margaritífera) margaritifera,* Flussperlmuschel.
margaritíferus, -a, -um, lat., *margaríta* u. *margarítum* die Perle, *ferre* tragen; Perlen tragend.
marginális, -is, -e, lat., gerändert, zum Rand gehörig; s. *Dytíscus.*
marginátus, -a, -um, lat., gerandet, umsäumt, mit Rand versehen (*margo* Rand); s. *Testudo,* s. *Cerebratulus.*
margo, -inis, *m., f.,* lat., der Rand, die Grenze, der Saum.
mariánus, -a, -um, neulat., „zu Maria in Beziehung stehend", daher auch; maryländisch, in Maryland (N-Amerika) vorkommend; s. *Chalcóphora.*
Marícola, *n.,* Pl., lat. *mare, maris* das Meer, *cólere* wohnen, „Meeresbewohner"; Meeresplanarien.
Marienkäferchen, das; s. *Coccinella.*
maríla, *f.,* gr. *he marile* der Kohlenstaub; wegen der Färbung des Gefieders bei *Aythya maríla.*
marin, lat. *mare,* s. o.; zum Meer gehörig, aus dem Meere stammend, im Meer lebend.
Marinelli, Wilhelm, geb. 26. 11. 1894 Wien, gest. 16. 4. 1973 ebd.; 1923 Promotion, 1930 Habilitation für Zoologie, 1940 zum apl. Professor ernannt, 1952 zum Vorstand des I. Zoologischen Instituts der Universität Wien berufen, 1967 emeritiert. Themen wissenschaftl. Arbeiten: Vergleichende Wirbeltieranatomie u. -morphologie, Abstammung des Menschen, Probleme der Schädelbildung u. des Schädelbaus der Vertebraten, Sektionsanleitungen.
marínus, -a, -um, lat., im Meer *(mare)* lebend, zum Meer gehörig; s. *Larus*; s. *Petromyzon.*
Mariotte, Edme Seigneur de Chazeuil, Physiker; geb. um 1620 Dijon, gest. 12. 5. 1684 Paris; M. entdeckte den blinden Fleck in der Netzhaut des Auges (M.scher Fleck). Er prägte den Begriff Barometer; Boyle-Mariottesches Gesetz.

marítimus, -a, -um, lat., im od. am Meer lebend. Spec.: *Calidris maritima,* Meerstrandläufer.
Markstrang, der; strangartige Anordnung von Neuronen bei wirbellosen Tieren (z. B. bei Plathelminthen u. Gastropoden) ohne Sonderung der Zellkörper zu Ganglien u. der Axone zu Nerven.
marmoratus, -a, -um, marmoriert, marmorfarben; Spec.: *Felis marmorata,* s. *Grapsus.*
marmoreus, -a, -um, lat., marmorn schimmernd.
Marmota, *f., marmota* latin. von ital. *Marmotto = Marmontana,* d. h. *mus montanus* „Bergmaus"; Gen. der Sciuridae, Hörnchen, Rodentia; fossile Formen seit dem Pliozän bekannt. Spec.: *M. (= Arctomys) marmota* (gr. *ho árktos* der Bär, Norden, *ho mys* die Maus); Alpenmurmeltier, in der Nähe der Schneeregion an sonnigen Hängen der Alpen, Pyrenäen, Karpaten; *M. bobak,* Bobak, in den Steppen SO-Rußlands bis zur Kirgisensteppe, Ukraine, Polen (bobac = baibac, russ. Name des Tieres).
Marrellomorpha, *n.,* Pl., eine Gruppe der Trilobitomorpha, umfasst nur ein planktisches Genus, etwa 1,5 cm lang; der Unterschied zu den Trilobita besteht vor allem in sehr langen Wangenhörnern; fossil im Mittelkambrium. Spec.: *Marrella splendens.*
Marsupialia, *n.,* Pl. (Beuteltiere, Didelphia, Metatheria, s. d.); Subcl. der Säugetiere, bei denen die Scheide noch nicht wie bei den Placentalia voll entwickelt ist. Die Jungen werden nach der Geburt in einem Beutel (Marsupium), in den die mütterl. Milchdrüsen münden, aufgezogen.
marsupiátus, -a, -um, gr. *to marsípion,* lat. *marsupium* der (Geld-)Beutel; m. einem Beutel versehen.
marsúpium, -ii, *n.,* lat., der Beutel, Geldbeutel; **Marsupium,** Bruttasche bei den Marsupialiern (Beuteltiere), umgibt die Zitzen der Milchdrüsen u. nimmt die neugeborenen Jungen bis zu ihrer völligen Ausbildung auf.
Martes, *f.,* lat. *martes* der Marder; frz. *la fouine* der Hausmarder; Gen. der Mustelidae (Marder), Ordo der Carnivora. Spec.: *Martes martes,* Baummarder, Edelmarder; *Martes foina,* Steinmarder.
Martini, Erich, geb. 19. 3. 1880 Rostock, gest. 5. 12. 1960 Hamburg; 1906 Assistent, anschließend Prosektor an der Anatomie in Rostock, zwei Jahre später Privatdozent für Anatomie, 1909 1. Assistent am Zool. Institut Tübingen, 1919 Habilitation, 1923 zum Professor an der Univ. Hamburg ernannt; Begründer d. medizin. Entomologie in Deutschland. Themen wiss. Arbeiten: „Culiciden" (Monographie), im Handbuch von Lindner „Die Fliegen der paläarktischen Region", Metamorphose u. Regeneration zellkonstanter Tiere, Stellung der Nematoden im System, Phylogen. Ableitung der Flöhe; „Lehrbuch der medizinischen Entomologie", „Wege der Seuchen".
mártius, lat. von *Mars* Kriegsgott; mutig, kriegerisch; s. *Dryócopus.*
Masche, die; in einem Signalflussdiagramm die Verzweigung u. nachfolgende Wiedervereinigung der Zweige.
masculínus, -a, -um, lat. *mas, máris* der Mann, das Männchen; männlich.
mássa, -ae, *f.,* lat., die Masse, der Klumpen.
Massenvermehrung, die, = die Gradation, den Normalbestand übersteigende Bevölkerungsdichte einer Art.
Massenwechsel, der; Zu- u. Abnahme bzw. Schwankungen der Bevölkerungsdichte einer Art. Der M. ist nicht allein von exogenen Umweltfaktoren abhängig, sondern wird auch durch endogene, konstitutionell bedingte Faktoren geregelt.
masséter, -éris, *m.,* gr. *ho mas(s)etér,* der Kaumuskel.
massetéricus, -a, -um, lat., zum Musculus masséter gehörig.
Masson, Antoine-Philibert, Physiker, geb. 22. 8. 1806 Auxonne (Côte d'Or), gest. 1. 12. 1860 Paris; bedeutende Forschungen über Elektrizität, Induktionsströme, über die Erzeugung des Tons u. die Theorie der menschlichen Stimme u. a.; M. entwickelte ein nach ihm benanntes Gerät zur Messung der Empfindlichkeit für geringste Helligkeitsunterschiede (M.sche Scheibe).
Mastax, der, lat. *masticare* kauen; chitiniger Kaumagen von Rotatorien, dessen Bau für die systematische Einordnung von Bedeutung ist.
masticatórius, -a, -um, lat. *masticáre* kauen; zum Kauen dienend bzw. geeignet.
Mastigélla, *f.,* gr. *he mástix, -igos* die Geißel; Gen. der Archamoebea. Spec.: *Mastigella vitrea,* 150 µm, freilebend, mit mehreren Pseudopodien.
Mastigophora, *n.,* Pl.; gr. *he mástix, -igos* die Geißel, *phorein* tragen; Gruppe der Kinetoplasta, Geißeltierchen (Flagellata); Fortbewegung durch Geißeln (Flagellen), auch in Verbindung mit undulierender Membran; Ordnungen mit medizinischer Bedeutung: 1. Protomonadina (eingeißelige Blut- u. Zellflagellaten), Gen: Trypanosoma, Leishmania. 2. Polymastigina (mehrgeißelige Flagellaten des Darmes u. der Genitalien), Gen.: *Trichomonas, Chilomastix, Lamblia.*

Mastodonten, die; Pl. gr. *ho mastós* die Brustwarze; *ho odús, odóntos* der Zahn; generelle Bezeichnung für die tertiären Vorfahren der Elefanten. Teilweise waren die M. größer als die Elefanten; sie besaßen polybunodonte od. polylophodonte Backenzähne, zumeist je zwei Stoßzähne im Ober- u. U-Kiefer sowie in der Regel eine lange, vielgestaltige Unterkiefersymphyse; s. Proboscidea.

mastoídes, brustwarzenförmig, gr. *ho mastós* die Brustwarze, Brust.

mastoídeus, -a, -um, lat., brustwarzenförmig, zum Processus mastoideus gehörig.

Mastotermes, *m.,* gr., s. *Termes*; Gen. der Mastotermitidae (Riesentermiten), Isoptera (Termiten). Spec.: *M. darwiniénsis,* Darwin-Termit.

Mastzelle (Ehrlich), die; im Bindegewebe vorkommende große Zellen (15–20 µm ∅), deren Zytoplasma reich an metachromatischen Granula ist. Diese Granula enthalten u. a. Histamin, Serotonin u. Heparin.

Matamata, einheimischer Name der in stehenden Gewässern Brasiliens u. Guyanas vorkommenden Art *Chelus fimbriátus,* s. d.

máter, -tris, *f.*, lat., die Mutter, Urheberin, Schöpferin, Quelle.

maternaler Einfluss, *m.*; Begriff (der Tierzucht/Genetik) für den mütterlichen Einfluss auf die Nachkommen, bedingt durch Plasmavererbung, Entwicklung im Mutterleib und Aufzucht während der Säugeperiode.

maternális, -is, -e, lat., mutterähnlich, mütterlich, den Einfluss der Mutter betreffend.

matérnus, -a, -um, lat., zur Mutter gehörig.

mátrix, -ícis, *f.,* lat., der Mutterboden, eigentlich die Gebärmutter; Matrix unguis: das Nagelbett der Finger u. Zehen.

Matrize, die, lat. *matrix, -cis* Mutterstamm (von Bäumen), Muttertier; Gussform; der Nukleinsäurestamm, der bei der Reproduktion als Vorlage dient u. komplementär zur reproduzierenden Kopie ist.

matroklin, lat. *máter* die Mutter, gr. *klínein* neigen; Eigenschaften von Nachkommen, die denen der Mutter zuneigen.

Matthes, Ernst, geb. 8. 8. 1889 Marienburg (Westpreußen), gest. 10. 9. 1958 Heidelberg; 1912 Assistent bei W. Kükenthal an der Univ. Breslau, 1920 Habilitation, 1927 als Nachfolger von P. Buchner nach Greifswald berufen, 1936 Einladung der portugiesischen Regierung angenommen, das Zool. Institut der Univ. Coimbra neu einzurichten. Themen wissenschaftl. Arbeiten: Primordialcranium von *Halicore dugong,* Primordialcranium der Säugetiere; Geruchssinn bei Molchen, bei Meerschweinchen, Biologie der Psychiden, Kükenthals „Zoologisches Praktikum“ von der 3. bis zur 14. Auflage neu bearbeitet u. herausgegeben.

Mauerassel, die; s. *Oniscus.*

Mauerbiene, die; s. *Chalicodoma.*

Mauereidechse, die; s. *Lacerta.*

Mauersegler, der; s. *Apus.*

Maulesel, der, mhd. *phertesel*; Kreuzungsprodukt von Pferdehengst u. Eselstute, im Körperbau eselähnlicher.

Maultier, das, mdh. *mûl*, lat. *mulus*; Kreuzungsprodukt von Eselhengst u. Pferdestute, im Körperbau pferdeähnlicher.

Maulwurf, der, mhd. *molt-wërf, mûlwerf* – das die Erde *(molte)* aufwerfende Tier, s. *Talpa.*

Maulwurfsfloh, der; s. *Hystrichopsylla.*

Maulwurfsgrille, die; s. *Gryllotalpa.*

mauritánicus, -a, -um, lat., in Mauritanien (Algier/Marokko) lebend; s. *Tarentola.*

maurus, *m.,* latin., von gr. *maurū́n* (= *mauróēīn*) verdunkeln; Adj. im Sinne von: dunkel, schwarz; Mohren-, auch: maurisch, in NW-Afrika (im heutigen Marokko u. westl. Algerien) vorkommend (wo die Mauren = Mauri lebten); s. *Magus*; s. *Scorpio.*

Mauser, die; der Wechsel des Federkleides bei Vögeln (in der Regel einmal im Jahr).

Mausmaki, der; s. *Microcebus.*

Mausohr, das; s. *Myotis.*

maxílla, -ae, *f.,* lat., der Oberkiefer; 1. Maxilla: Oberkiefer der Wirbeltiere; 2. Maxillen: das zweite u. dritte Mundgliedmaßenpaar (1. u. 2. Maxille) der Gliederfüßer.

Maxillardrüse, die; exkretorische Drüse, auch Schalendrüse genannt, bei adulten Entomostraken u. einigen Malakostraken vorkommend; ist wahrscheinlich von den Metanephridien der Anneliden abzuleiten.

maxilláris, -is, -e, lat., zur Maxilla gehörig.

maxillárius, -a, -um, lat., zum Oberkiefer gehörig.

Maxillarpalpus, der, neulat. *maxillaris*, von lat. *maxílla* der Oberkiefer; Palpus maxilláris, Kiefertaster (der Insekten): dem Stipes (Stammglied) des Unterkiefers außen aufsitzender 1- bis 10gliederiger Taster (paarig angelegt, zuweilen zurückgebildet), s. auch Palpus.

Maxillipedes, *m.,* Pl., lat. *pedes* die Füße, die Beine, „Kieferfüße“; Syn.: Pedes maxillares; sie sind aus Beinen zu „Kiefern“ geworden; Thoracopoda (s. d.) im Dienste der Nahrungsaufnahme (bei vielen Crustacea, Chilopoda); z. B. hat der Flusskrebs 3 Paar M.

maximus, -a, -um, lat. Superl. v. *mágnus*; der größte; s. *Limax.*

May, Richard, geb. 1863 München, gest. 1937, Prof. f. Innere Medizin u. Geschichte der Medizin in München, M. gab 1902 die nach ihm mit benannte May-Grünwald-Färbung zur Blutkörperfärbung an.

Mayer, (Julius) Robert von; geb. 25. 11. 1814 Heilbronn, gest. 20. 3. 1878 ebd.; Arzt u. Physiker in Heilbronn. M. berechnete 1842 erstmals das mechanische Äquivalent der Wärme, wozu er als Schiffsarzt durch physiologische Beobachtungen von Farbunterschieden bei venösem u. arteriellem Blut im gemäßigten u. tropischen Klima angeregt wurde, und stellte 1845 das Gesetz von der Erhaltung der Energie auf (er wurde 1867 geadelt).

Mayetiola, *f.,* Gen. der Cecidomyidae (= Itonídidae), Gallmücken, Nematocera. Spec.: *M. (= Cecidomyia) destructor,* Hessenfliege, -mücke, „Hessian-Fly", s. d.

Mayr, Ernst; geb. 5. 7. 1904 Kempten; 1923 Medizinstudium in Greifswald, nach dem Physikum Wechsel an das Zoologische Museum Berlin (Friedrich-Wilhelms-Univ.) u. 1926 Promotion bei E. Stresemann über ein ornithologisches Thema, anschließend dort Assistent, 1928–1930 ornithologische Sammelexpeditionen auf Neuguinea u. den Solomon-Inseln, 1931 Kurator am American Museum of Natural History New York, seit 1953 Prof. an der Harvard University (Museum of Comparative Zoology), 1961–1970 Direktor des Museums; Dr. h. c. mult.; Mitglied zahlreicher Akademien; „Triple Crown of Biology" (Balzan Prize 1983, Japan Prize 1994, Crafoord Prize 1999). Führender Evolutionsbiologe des 20. Jahrhunderts, Mit-Architekt der Synthetischen Theorie der Evolution (Modern Evolutionary Synthesis). Formulierte das Biologische Artkonzept (BSC: Biological Species Concept), bahnbrechende Arbeiten zur Bedeutung der geographischen Artbildung (allopatrische Speziation), Artbildung durch Gründer-Effekt (founder effect), Beziehung zwischen Populationsgröße u. Evolution u. Entstehung evolutionärer Neuheiten. Publikationen, u. a.: „Systematics and the Origin of Species" (1942), „Animal Species and Evolution" (1963) [„Artbegriff und Evolution" (1967)], „Principles of Systematic Zoology" (1969, 1991) [„Grundlagen der zoologischen Systematik" (1975)], „The Growth of Biological Thought" (1982) [„Die Entwicklung der biologischen Gedankenwelt" (1984)], „Toward a New Philosophy of Biology" (1988) [„Eine neue Philosophie der Biologie" (1991)], „This is Biology" (1997), „What Evolution is" (2001).

Mazeration, die, lat. *maceráre* verzehren, einweichen, aufreiben; die Fäulnis; Präparation von Skelettpräparaten bei Wirbellosen u. Wirbeltieren durch Fäulnis bzw. chem. Auflösung der Weichteile (in diesem Sinne auch bei Pflanzen verwendet).

means, lat. *meáre* gehen; gehend, sich bewegend; z. B. *Amphiuma means,* Aalmolch.

meátus, -us, *m.,* lat.; der Gang, Kanal.

mechanisch, gr. *he mechané* künstliche Vorrichtung; gewohnheitsmäßig, unwillkürlich.

Mechanorezeptoren, die; s. Rezeptor; Rezeptoren, die auf mechanische Reize bzw. Zustandsänderungen als adäquate Reize ansprechen.

Mecistocirrus, *m.,* lat. *cirrus* die Franse, Locke; Gen. der Trichostrongylidae, Strongylidae. Spec.: *M. digitatus,* Wirte: Rind, Schaf, Schwein u. auch der Mensch, Kosmopolit.

Meckel, Johann Friedrich (d. J.); geb. 17. 10. 1781 Halle/S., gest. 31. 10. 1833 ebd.; Prof. d. Anatomie in Halle; publizierte bedeutende Arbeiten auf dem Gebiet der Vergl. Anatomie u. Entwicklungsgeschichte. Nach M. sind der M.sche Divertikel und der M.sche Knorpel benannt.

Meckel-Knorpel, der; Abschnitt des embryonalen Knorpels des 1. Kiemenbogens, aus dem sich Hammer u. Amboss entwickeln.

Meckelsches Divertikel, *n.,* s. Meckel, s. *divertículum;* persistierender Rest des embryonalen Dotterganges (Ductus omphalomesentéricus) am Ileum.

mecónium, -ii, *n.,* gr. *to mekónion* der Mohnsirup; das Kindspech, embryonale Stoffwechselreste im Darm der Neugeborenen. Es sieht auf Grund des großen Biliverdingehaltes schwärzlich-grünlich aus u. wird normalerweise erst nach der Geburt abgegeben.

Mecopteroídea, *n.,* Pl., gr. *to mē̆kos* die Länge, Körperlänge, -verlängerung, *to pterón* der Flügel; die M. umfassen mehrere Gruppen, die in enger Verwandtschaft zu den im Mesozoikum stark verbreiteten Mecoptera (Skorpionsfliegen) stehen. Diese sind charakterisiert durch gleichartige Flügel, schnabelartig verlängerten Kopf, raupenähnliche Larven. Sie sind räuberisch u. aasfressend. Außer den Mecoptera gehören zu den Mecopteroídea die Trichoptera (Köcherfliegen), Lepidoptera (Schmetterlinge), Diptera (Zweiflügler mit den Fliegen u. Mücken als Hauptgruppen) u. die Siphonaptera (Flöhe); Fossilien der Mecopteroídea seit dem Unt. Perm.

Medi-, lat.; Wortteil mit der Bedeutung mitten, mittlerer; von lat. *medius.*

Média, *f.,* lat. *medius, -a, -um* inmitten von, der mittlere; (1) Kurzbez. f. Tunica media, mittl. Wandschicht der Arterien, Venen u. Lymphgefäße; besteht aus glatter Muskulatur (streng zirkulär bei Arterien, ungeordneter spiralig bei

Venen u. Lymphgefäßen) u. elastischen Fasern; (2) die Mittelader des Insektenflügels; Abk.: m.

mediális, -is, -e, zur Mitte zu gelegen.

mediánus, -a, -um, in der Mitte liegend; Medianebene: die den Körper in eine spiegelbildlich gleiche rechte u. linke Hälfte teilende Ebene; median, medial: mittelwärts, zur Medianebene.

mediastinális, -is, -e, zum Mittelfell bzw. zum Mediastinum (s. d.) gehörig.

mediastínum, -i, *n.,* lat., das Mittelfell; M.: Mittelfellraum, mittl. Teil der Brusthöhle, Wand, die in der Sagittalebene vom Brustbein bis zu den Brustwirbelkörpern verläuft.

medicinális, -is, -e, lat., in der Medizin verwendet; s. *Hirudo.*

Medinawurm, nach der Stadt Medina (Senegal) benannter Fadenwurm; s. *Dracunculus.*

medinénsis, in u. um Medina, Stadt am Senegal, vorkommend; s. *Dracunculus,* Medinawurm.

mediterráneus, -a, -um, im Mittelmeer lebend; s. *Comátula.*

medium, -ii, *n.,* lat., die Mitte; Medium: die stoffliche Umwelt.

médius, -a, -um, lat., in der Mitte befindlich, mittelgroß; s. *Dendrocopos.*

medizinisch-anatomische Nomenklatur, die; lat. Bezeichnungssystem, ein Benennungsschema der humanmedizinisch-anatomischen Begriffe. Die heute gültige m. N. stellt das Ergebnis einer langen Entwicklung dar. Ende des 19. Jh. drängte die Mannigfaltigkeit der Synonyme zu einer Bereinigung der anatomischen Bezeichnungen. Auf der 9. Tagung der Anatomischen Gesellschaft in Basel legte 1895 eine 10-köpfige Kommission die erste, nach einheitlichen Gesichtspunkten geordnete anatomische Nomenklatur vor (BNA = Baseler Nomina Anatomica). Diese Nomenklatur setzte sich zunächst in den deutschsprachigen Gebieten durch. Nach dem ersten Weltkrieg wurde auf der Tagung der Anatomischen Gesellschaft in Heidelberg eine Überprüfung und Neugestaltung der BNA beschlossen. Ziel der Veränderung sollte einmal eine sprachliche Bereinigung und zum anderen eine Übereinstimmung der Benennungen mit denen der Vergleichenden Anatomie sein. An dieser Berichtigung der Baseler anatomischen Namen arbeiteten vornehmlich deutsche Anatomen, die das Ergebnis ihrer 12 Jahre währenden Bemühungen 1935 in Jena zur Diskussion stellten. Nach der Annahme durch die Anatomische Versammlung wurde die anatomische Nomenklatur als Jenenser Nomina Anatomica (JNA) bezeichnet. In England wurde eine Überarbeitung der BNA, the Birmingham/British-Revision of BNA, als B. R. bezeichnet. Auf dem 5. Internationalen Anatomenkongress in Oxford wurde eine Internationale Nomenklatur-Kommission (IANC) gebildet.

Der 6. Internationale Anatomenkongress (1955) in Paris nahm die vorgelegte Liste als internationale anatomische Nomenklatur an. Nach der Kongressstadt wird die neue anatomische Nomenklatur auch Pariser Nomina Anatomica (PNA) genannt. Auf dem 7. Internationalen Anatomiekongress 1960 in New York wurden Nachträge, Änderungen und Korrekturen zu den PNA angenommen. Auf dem 8. Internationalen Anatomenkongress (1965) in Wiesbaden wurde weiteren Veränderungen zugestimmt. In dieser Fassung wurden die Nomina Anatomica (NA), die nun nicht mehr nach einer Kongressstadt benannt wurden, 1966 als 3. Auflage vom International Anatomical Nomenclature Committee herausgegeben. Die Herausgabe einer Standard-Nomenklatur für Embryologie wurde vorbereitet, eine für Histologie in Wiesbaden zur Diskussion gestellt und auf dem Internationalen Anatomenkongress in Leningrad (St. Petersburg) (1970) angenommen.

medúlla, -ae, *f.,* lat., das Mark, das Innerste; verwendet bei Vertebraten im Zusammenhang mit M. oblongata (verlängertes Mark) u. M. spinalis, das Rückenmark; bei Arthropoden (Gliederfüßer) kommen optische Augenganglien vor, die u. a. als M. externa u. M. interna bezeichnet werden.

Medúlla oblongáta, die, lat. *oblongáre* verlängern; das verlängerte Mark (Teil des Rhombencephalon) bei Wirbeltieren. Es bildet den Übergang vom Gehirn zum Rückenmark; in dieser liegt u. a. das Atemzentrum, s. d.

Medúlla óssium, die; das Knochenmark.

Medúlla spinális, die, s. *spinális*; Rückenmark, der im Wirbelkanal der Wirbelsäule liegende Teil des zentralen Nervensystems (der Wirbeltiere).

Medullarreflex, der; s. Reflexe; Reflexe, deren Zentren in der Medúlla oblongata liegen.

medulláris, -is, -e, s. *medulla*; zum Mark gehörig.

Meduse, die, gr. *he Médusa*, eine der Gorgonen mit Schlangen statt Haaren; eine Habitusform der Nesseltiere.

Meerbarbe, die; s. *Mullus barbatus.*

Meerdattel, die; s. *Lithophaga.*

Meerechse, die; s. *Ambryrhynchus.*

Meerengel, der; *Squatina squatina*, s. Squatinidae.

Meerespelikan, der; s. *Pelecanus occidentalis.*
Meerforelle, die; s. *Salmo trutta.*
Meerkatze, die; s. *Cercopithecus,* s. *Chimaera.*
Meerneunauge, das; s. *Petromyzon marinus.*
Meerquappe, die; s. *Echiurus.*
Meerschweinchen, das; s. *Cavia.*
Meerstrandläufer, der; s. *Calidris.*
Megabothris, *m.,* gr. *mégas* groß, *ho bóthros* die Grube; Gen. der Ceratophyllidae. Spec.: *M. wálkeri,* Wasserrattenfloh.
Megachiroptera, *n.,* Pl., gr., s. Chiroptera, „Groß-Chiroptera"; Flederhunde, Flughunde, Gruppe (im Range Subordo) der Chiroptera, Fam. Pterópidae, Flughunde. Einzelne Autoren teilen die Familie auf in: Pterópidae (Langnasenhunde); Macroglossidae (Langzungenflughunde); Harpyionycteridae (Spitzzahnflughunde).
Megakaryozyten, die, gr. *to káryon* der Kern, *to kýtos* die Zelle; Riesenzellen des Knochenmarks.
Megalamphodus, *m.,* gr. *mégas, megálē, méga* groß, hoch, schlank, flach, *he lámpe* der Moder, *he hodós* der Weg, Gang, Marsch; Gen. d. Characidae (Salmler); Cypriniformes (Karpfenartige), Teleostei. Spec.: *M. megalopterus,* Phantomsalmler (hält sich gern in Schwärmen an metertiefen Stellen über stark modrigen Boden auf: „Weg zum Moder", „Moderfährte", „mega-"verstärkt *lámpe* oder bezieht sich auf den tiefbauchigen, flachen Körper des maximal 4,5 cm langen Phantomsalmlers).
Megaloblasten, die, gr. *ho blástos* der Keim; sehr große, kernhaltige Erythrozyten.
Megalomastie, die, gr. *ho mastós* die Brustdrüse, das Euter; ungewöhnlich große Milchdrüse.
Megalopalarve, die, gr. *he ops, opós* das Auge; postlarvales Entwicklungsstadium von Krabben.
Megalophthálmus, der, gr. *ho ophthalmós* das Auge; Vergrößerung des Auges.
Mégalops, *m.,* von gr. *mégas, megále, méga* groß u. *Elops,* s. d., gebildet; Gen. der Megalópidae, Tarpune. Ordo Elopiformes. Spec.: *M. atlanticus,* Atlantik. – Tarpun (bedeutend größer u. schwerer als *Elops*; haben große Schuppen u. insges. langen, schlanken Körper wie ein „Riesenhering" in der Form).
Megalóptera, *n.,* Pl., gr. *to pterón* der Flügel; Großflügler, Ordo der Insekten. Sie werden auch als „Schlammfliegen" bezeichnet, da die Larven räuberisch im Sumpf leben. Imagines mit prognathem Kopf; Prothorax groß; fossile Formen seit dem Oberperm (Zechstein) bekannt.
megalopterus, latin., gr. großflossig (-flügelig); s. *Megalamphodus.*
megalozephal, gr. *he kephalé* der Kopf, das Oberhaupt; großköpfig.
Megalozyten, die, gr. *to kýtos* das Bläschen, die Zelle; abnorm große Blutkörperchen.
Meganeura, *f.,* gr. *to neũron* der Nerv, die Sehne, Faser, Ader, Schnur; Gen. des Subordo Meganisoptera; erreichte eine maximale Flügelspannweite von etwa 65 cm; fossil im Oberkarbon mit einer einzigen Spec.: *M. monyi.*
Meganisoptera, *n.,* Pl., s. Isoptera; Riesenlibellen, fossile Gruppe des Ordo Odonata; fossil im Oberkarbon bis Unterjura (Lias). Genera: *Meganeura, Meganeuropsis.*
Megapódius, *m.,* gr. *ho pus, podós* der Fuß; Gen. der Megapodíidae, Großfußhühner. Spec.: *M. duperreyi,* Duperreys Großfußhuhn, ist charakteristisch für die Australische Region.
Megaptera, *f.,* gr. *pterón* die Flosse, „Großflosser"; namentl. Bezug auf die langen Brustflossen; Buckelwal; Gen. der Balaenopteridae, Furchenwale. Spec.: *M. nodosa; M. novaeangliae.*
megarhýnchos, gr., groß- od. langschnäblig, -rüsslig; s. *Luscínia.*
Mehlische Drüse, die; ein Drüsenkomplex vieler Plathelminthen, der in den Eileiter bzw. in den Anfangsteil des Uterus (Ootyp) mündet; die zahlreichen Drüsen wurden in ihrer Gesamtheit auch als „Schalendrüse" bezeichnet, obwohl sie mit der Bildung der Eischalen nichts zu tun haben.
Mehlkäfer, der; s. *Tenébrio.*
Mehlwurm, der; drehrunde, gelbliche Larve von *Tenebrio molitor* (s. *Tenebrio*), Mehlkäfer. Ihre Gelenke sind bräunlich, das letzte Glied hat zwei kurze Hornspitzen. Gezüchtet als Futter für insektenfressende Vögel.
Mehrlinge, die; mehrere von einem normalerweise uniparen Muttertier geborene Junge, z. B. Zwillige oder Drillinge bei Schaf, Rind und Mensch.
Mehrlingsträchtigkeit, die; das Auftreten von Mehrlingen von a priori uniparen Tieren. M. kommen durch gleichzeitige Ovulation mehrerer Follikel und deren Befruchtung zustande. Die Mehrfach-Ovulation (= Superovulation) ist auch hormonal provozierbar. M. beim Hausrind ist i. a. wegen schlechterer Entwicklung und geringerer Masse unerwünscht. Zwillinge sind beim Rind zu 3%, beim Pferd zu 1% anzutreffen. Mit Ausnahme weniger Fälle, in denen höhergradige Mehrlinge ausgetragen wurden (z. B. Vierlinge beim Rind), sterben die meisten Mehrlinge bereits im Embryonal- od. Fetalstadium ab, da die uterine Kapazität hinsichtlich

Raum u. Versorgung nicht ausreicht; s. *Unipara; Multipara.*

Meibom, Heinrich, Anatom, geb. 29. 8. 1638 Lübeck, gest. 26. 3. 1700 Helmstedt. Prof. der Medizin, Geschichte und Dichtkunst in Helmstedt; M. beschrieb die nach ihm benannten M.schen Drüsen (Glándulae tarsáles).

Meibomsche Drüsen, *f.*, s. Meibom; die Glándulae tarsáles, modifizierte Talgdrüsen der Augenlider bei Säugern („Tarsaldrüsen"). Sie münden am freien Lidrand.

Meigen, Johann Wilhelm, geb. 1764, gest. 1845; Entomologe, publizierte das Wissen seiner Zeit über die europäischen Dipteren in 6 Bänden (1818–1830) u. in einem Supplementband (1838).

Meiose, die, gr. *mēíon* geringer; die Reifeteilung der Keimzellen, d. h. alle Vorgänge, die den diploiden Chromosomensatz zum haploiden Satz reduzieren; Gametenbildung.

Meise, die, s. *Parus*, s. *Aegithálos.*

Meisenheimer, Johannes, geb. 30. 6. 1873 Griesheim b. Frankfurt a. Main, gest. 24. 2. 1933; o. Prof. d. Zoologie u. Direktor d. Zool. Inst. d. Univ. Leipzig; studierte in Heidelberg u. Marburg, bes. als Schüler von E. Korschelt, 1897 Promotion, 1899 Habilitation in Marburg, 1907 ao. Prof., 1909 „Ritter-Professor" in Jena, 1914 Ruf nach Leipzig als Nachfolger von Carl Chun angenommen. Arbeitsthemen: entwicklungsgeschichtl. Arbeiten vor allem an Mollusken; system. Abhandlungen über Pteropoden u. Pantopoden; Untersuchungen über die Beziehungen zw. Soma u. Keimdrüsen, Vererbungswissenschaftl. Arbeiten (Kreuzung von *Biston*-Arten); Hauptwerk „Geschlecht und Geschlechter" (Jena 1921/1930).

Meissner, Georg, geb. 19. 11. 1829 Hannover, gest. 30. 3. 1905 Göttingen, Prof. d. Anatomie u. Physiologie in Basel, der Physiologie u. Zoologie in Freiburg/Br. u. d. Physiologie in Göttingen. M. entdeckte das nach ihm benannte Geflecht von Nervenzellen im Bereich der Submucosa des Magen-Darm-Kanals (M.scher Plexus) u. zusammen mit Rudolph Wagner (1805–1864) die Tastkörperchen der Lederhaut (M.sche Tastkörperchen). U. a. beschäftigte sich M. mit der Physiologie der Eiweißkörper.

Meissnersche Körperchen, *n.*, s. Meissner; Tastkörperchen, Corpúscula tactus, Druckrezeptoren in den Papillen der Lederhaut bei Säugern. Sie sind an bestimmten Körperstellen lokalisiert.

Meissnerscher Plexus, *m.*, s. Meissner, s. *pléxus*; auch als Plexus submucosus bezeichnet, innerviert die Mucosa.

mel, mellis, *n.*, lat. gr. *to méli, mélitos* der Honig; z. B. enthalten in: Meliphagidae, Honigsauger, -fresser, Fam. der Passeriformes. Spec.: *Meliphaga virescens,* Zügelhonigfresser.

melancóriphus, latin., gr., schwarzhalsig = lat. *nigricóllis*; s. *Cygnus.*

Melanín, das; gr. *mélas, -anos* schwarz; stickstoffhaltige, braune bis schwarze Pigmente, auf die u. a. die Färbung der Haut, der Haare, der Iris und der Chorioidea zurückzuführen ist.

Melanísmus, der; die „Schwarzfärbung", die massenhafte Ablagerung von Melaninen, die die dunkle, oft ganz schwarze Färbung sonst andersfarbiger Tiere bewirkt, bzw. jede Art der Verdunklung normalerweise heller gefärbter Körper(teile) durch Anreicherung von Melaninen. Bei echtem M. bleibt trotz Verdunklung das normale Zeichnungsmuster (z. B. bei Insekten) erkennbar. Man unterscheidet: Nigrismus, wenn nur vorhandene schwarze Zeichnungselemente größer werden (z. B. Flecke oder Binden auf Schmetterlingsflügeln); Abundismus beim Hinzukommen von neuen dunklen Zeichnungselementen; Skotasmus bei völliger Verdunklung; Ggs.: Albinismus, s. auch: Industrie-Melanismus.

Melanitta, *f.*, gr., von *mélas* schwarz, dunkel u. *he nētta* die Ente (Syn.: *Oidénia, f.*, gr. *to ōídema* die Geschwulst, wegen des Schnabelhöckers); Gen. der Anatidae, Anseriformes (= Anseres). Spec.: *M. fusca,* Samtente; *M. nigra*, Trauerente.

Melanogrammus, (Syn. *Gadus*), gr. *to grámma, -matos* der Buchstabe, die Schrift. Spec.: *M.* (früher *Gadus*) *geglefinus* (L.), Schellfisch.

melanolēúcus, -a, -um, schwarz-weiß; mit weißer (gr. *leukós*) und schwarzer (gr. *mélas*) Färbung; s. *Ailuropoda.*

Melanophor, der, gr. *phérēin* tragen; die Pigmentzelle (Farbstoffträger), die Melanine enthält.

melanophorenstimulierendes Hormon, das; s. MSH.

melanótis, gr., mit schwarzem Rücken; s. *Raphicérus.*

Melanotropin, das, gr. *mélas, -anos, ho tropos* die Richtung; s. MSH (melanophorenstimulierendes Hormon).

Melanótus, *m.*, gr. *ho nótos* der Rücken; Gen. der Elatéridae, Schnellkäfer. Spec.: *M. rufipes,* Pechschwarzer od. Pechbrauner Schnellkäfer.

melanúrus, gr., schwarzschwänzig; s. *Tropidophis.*

Melasóma, *n.*, gr. *to sóma* Körper, Leib; Gen. der Chrysomélidae, Blattkäfer. Spec.: *M. populi,* Pappelblattkäfer.

Meleágris, *m., gr. he meleagris* das Perlhuhn, Bezug zur Sage: *Meléagros,* einer der Argonauten, dessen Schwestern – untröstlich über den Tod des Bruders – in Perlhühner verwandelt wurden, deren Gefieder mit perlförmigen Tränentropfen besprengt erscheint; 1. als Artname, s. *Numida*; 2. als Name des Gen. *Meleágris,* U-Fam. Meleagridinae, Phasianidae. Der Name M. weist auf die Ähnlichkeit in der Farbe mit dem Perlhuhn hin. Spec.: *M. gallopavo,* Truthuhn, Puter.

Meles, *m.,* lat. *mel, mellis* Honig; Gen. der Mustelidae, Canoidea, Carnivora. Spec.: *M. meles,* Europäischer Dachs.

Meletogenie, die; gr. *he melétē* die Sorge, Pflege, *gígnesthai* erzeugen, entstehen; die Entstehung von Bildungen, die wesentlich für Schutz u. Gedeihen der sich entwickelnden Embryonen bzw. Jungen sind, dabei begrenzt auf die Dauer der Entwicklungsperiode (nach Gegenbaur, s. d.). Danach sind z. B. der Nahrungsdotter od. die Embryonalhüllen meletogenetische Bildungen.

Melierax, *m.,* von gr. *to melos* der Gesang, Ruf u. *(h)ierós* rasch, trefflich, stark, bezieht sich auf den klangvollen Gesang, den der Singhabicht im Fluge vorträgt; Gen. der Accipitridae, Greifvögel. Spec.: *M. musicus,* Singhabicht (O-/S-Afrika).

Meligéthes, *m.*; gr *meligēthes* honigsüß; Gen. der Nitidúlidae, Glanzkäfer, Coleoptera; Spec.: *M. ǽneus,* Rapsglanzkäfer; ein 2–5 mm langer, metallisch grün glänzender Käfer (dt. Name), der im Frühjahr die Knospen u. Blüten junger Raps- u. Rübsenpflanzen anfrisst, um zu den Pollen zu gelangen, hier oft Fruchtknotenschädigung (Pollenfresser = Name). Folge: Vergilben, Welken, Abfallen von Knospen bzw. Ausbildung stark geschädigter (gekrümmter, verdrehter) Schoten. Im Inneren der Knospen (Mai/Juni-Wende) Ablage von Eiern, aus denen gelblich-weiße Larven mit dunkelbraunem Kopf schlüpfen (ebenfalls Pollenfresser). Mitte Juli Aufsuchen der Winterquartiere unter Laub, an Böschungen/Waldrändern.

melliferus, -a, -um, lat. *mel, mellis* der Honig, *ferre* tragen; Honig eintragend, *fácere* machen, Honig erzeugend. Spec.: *Apis mellifera* (Linnaeus, 1758), Honigbiene (*mellifera:* nach Nomenklaturregeln richtig, aber etymologisch falsch). Syn.: *A. mellifica* Linnaeus (1761) (*mellifica:* etymologisch richtig, aber nach den Nomenklaturregeln falsch) (s. T. Maa, An inquiring into the systematics of the tribus Apidini or honeybees [Hymenoptera]. Treubia 21, 525–640, 1953).

melliphag, gr. *phagḗin* essen, fressen; verwendet zur Charakterisierung von Tieren, die sich von Bienenhonig ernähren; honigfressend.

Mellívora, *f.,* lat. *mel, mellis, n.,* Honig u. *voráre* fressen, also: „Honigfresser"; Gen. der Mustelidae, Canoidea, Carnivora. Spec.: *M. ratel,* Honigdachs.

Melolóntha, *f.,* gr. *he mēlolónthē,* bei den Griechen ein in Obstgärten *(mēlon)* lebender Käfer (vermutlich: *Cetopia,* s. d.); Laub-, Maikäfer; Gen. der Subf. Melolonthinae, Scarabaeidae, Coleóptera. Spec.: *M. melolóntha,* (Feld-)Maikäfer; 20–25 mm, fliegt im Mai (Name!) v. a. nach Sonnenuntergang Bäume an; Larven (= Engerlinge, s. d.) als Wurzelfresser im Boden, Entwicklungsdauer meist vier Jahre (N-/M-Europa).

melonélla, lat. *mel* der Honig, *-ella* = Dim.; s. *Galleria.*

Melonenqualle, die; s. *Beroë.*

Melophagus, *m.*; v. gr. *mélos* u. *phageín* fessen; Gen. der Hippoboscidae, Brachycera, Diptera. Spec.: *M. ovinus,* Schaflausfliege (ohne Flügel; auf Schafen schmarotzend).

Melopsíttacus, *m.*, gr. *to mélos* das Lied, *ho psittakós* der Papagei; wegen der zwitschernden, „singenden" Stimme; Gen. der Psittácidae, Eigentl. Papageien. Spec.: *M. undulatus,* Wellensittich, Singsittich (in der Wildfarbe lebhaft grün mit zierlicher schwarzer Wellenzeichnung).

Melursus, *m.,* lat. *mel* u. *ursus* Bär; als Insekten- u. Pflanzenfresser saugt er auch Honig; Gen. der Ursidae, Canoidea, Carnivora. Spec.: *M. ursinus (= M. labiátus),* Indischer Lippenbär.

Melusína, *f.,* s. *Simulium*; Gen. der Simulíidae, Kriebelmücken (s. d.). Spec.: *M. ornata,* veterinärmedizinisch bedeutungsvolle Art der Kriebelmücken, deren Weibchen hämatophag sind; Parasit des Weideviehs, bes. der Rinder.

membrána, -ae, *f.,* lat., die (zarte) Hand, das Häutchen.

Membrána nictitans, die, lat. *nictáre* blinzeln, mit den Augen winken; Nickhaut, eine durchsichtige Bindehautfalte. Sie kommt bei gewissen Haifischen und Amphibien sowie bei den Sauropsiden vor. Bei Säugern ist sie zur Plica semilunáris reduziert.

Membrána týmpani, die, gr. *to týmpanon* die Handpauke, -trommel; das Trommelfell, dünne elastische Haut, welche die Paukenhöhle der luftatmenden Wirbeltiere (Amphibien, Reptilien, Vögel u. Säuger) nach außen abschließt.

membranáceus, -a, -um, lat.; häutig; einer Membran ähnlich; s. *Cerianthus.*

Membranellen, die, lat. *membránula* das Häutchen; Bewegungsorganellen einiger Wimpertierchen.

membranósus, -a, -um, lat., reich an Häuten, membranreich.

Membran-Ruhepotential, das, lat. *potentia* die Fähigkeit, das Vermögen; das elektrische Potential aller erregbaren Zellen zwischen der dem Zellinneren zugekehrten Seite der Zellenmembran u. der Zelloberfläche (Innenseite negativ, Außenseite positiv).

mémbrum, -i, *n.,* lat., das Glied; **mémbrum viríle:** das männliche Glied.

memory cells, engl.; Gedächtniszellen. Es handelt sich um Lymphozyten, die Träger eines immunologischen Gedächtnisses sind.

Menarche, die, gr. *ho mén* der Monat, *he arché* der Anfang, Beginn; erstmalige Regelblutung, Zeitpunkt des ersten Auftretens.

Mendel, Johann Gregor, geb. 22. 7. 1822 Heinzendorf (Krs. Troppau), gest. 6. 1. 1884 Brünn; Abt des Augustinerklosters in Brünn. M. stellte an Hand von Kreuzungsversuchen mit Erbsen, Bohnen u. Habichtskrautarten die nach ihm benannten Vererbungsgesetze auf. Die „M.schen Regeln" wurden nach ihrer Neuentdeckung im Jahre 1900 durch Carl Correns (1864–1933), Hugo de Vries (1848–1935) u. Erich Tschermak (1871–1962) richtungsweisend für die moderne Biologie. M. führte auch langjährige Bienenbeobachtungen u. Kreuzungsversuche mit verschiedenen Bienenrassen durch, verfasste zahlreiche Publikationen für die „Brünner Honigbiene", war ab 1871 Vizepräsident des „Mährischen Bienenzuchtvereins" u. propagierte die Verbesserung der Bienenweide.

Mendelsche Regeln, *f.*; die von Mendel entdeckten Vererbungsregeln sind: 1. Uniformitätsregel: die Individuen der ersten Filialgeneration reinrassiger Eltern sind genotypisch u. phänotypisch gleich; 2. Spaltungsregel: ein heterozygotes Elternpaar liefert 50% homozygote u. 50% heterozygote Individuen, d. h., es kommt zu einer Aufspaltung (genotypisch immer) im Verhältnis 1:2:1; 3. Unabhängigkeitsregel: Sind Rassen in mehr als einem Merkmalspaar verschieden, so ist bei deren Kreuzung eine freie Kombination der Gene verschiedener Erbanlagenpaare gegeben.

Mendes-Antilope, nach *Mendes,* einer dem Pan der Griechen analogen Gottheit der alten Ägypter, benannt; bei den alten Ägyptern erschienen die Hörner der M.-A. häufig als Kopfschmuck der Götter u. Helden, auf ägypt. Denkmälern findet sich *Addax nasomaculatus* (s. d.) mehrfach abgebildet.

Mengenelemente = Makroelemente, die; lebensnotwendige Mineralstoffe, die in größeren Mengen von Pflanzen, Tieren und Menschen für Stoffwechselfunktionen und als Bauelemente benötigt werden. Dazu gehören beim Tier die Elemente Na, K, Mg, Ca, P, S und Cl. Die Konzentrationsanforderungen von seiten der Tierernährung je Element liegen allgemein über 100 mg/kg Futtertrockenmasse; vgl. auch Spurenelemente.

Meningen, die; s. *méninx.*

meningéus, -a, -um, zur Hirnhaut gehörig.

méninx, -íngis, *f.,* gr. *he méninx, -ningos* das Häutchen; die Hirnhaut; Meninges: Memingen, Hirnhäute der Wirbeltiere. Sie gliedern sich bei den Säugern in Pachymeninx (Dura mater) und Leptomeninx (Arachnoidea u. Pia mater).

meníscus, -i, *m.,* lat., der Halbmond, gr. *ho meniskos* der kleine Mond; Gelenk-Meniskus: C-förmige Zwischenknorpel aus Faserknorpel im Kniegelenk mit keilförmigem Querschnitt.

Menopause, die, gr. *ho mén* der Monat, *paúesthai* aufhören; das Aufhören der Monatsblutungen im Klimakterium, Termin der letzten Regelblutung.

Menorrhagie, die, gr. *rhégnysthai* aufbrechen; verlängerte Regelblutung.

Mensch, der; s. *Homo,* Hominidae, Hominoidea.

Menschenfloh, der; s. *Pulex.*

Menschenhai, der; s. *Carcharhinus,* s. *Prionace.*

Menschenlaus, die; s. *Pediculus.*

Menses, v. lat. *mensis, m.,* der Monat; die Monatsblutung; s. Menstruation.

menstruális, -is, -e, lat., s. Menstruation; monatlich.

Menstruation, die; Menses, die monatliche Blutung aus dem Uterus des geschlechtsreifen Weibes bei ausbleibender Schwangerschaft.

mental, *mens, mentis* Verstand, Gesinnung; Ansicht, Absicht; zum Verstand gehörig.

mentális, -is, -e, zum Kinn gehörig.

méntum, -i, *n.,* lat., das Kinn; 1. das Kinn am Unterkiefer des Menschen; 2. Mentum: unpaare Platte an der Unterlippe (Labium) der Insekten bzw. mittlerer Teil der Unterlippe.

Mephítis, *f.,* lat., schädliche Ausdünstung, der Name bezieht sich auf das weithin ausspritzbare Stinksekret bzw. die Stinkdrüse an den Mastdarmseiten; Gen. der Mustélidae, Marder. Spec.: *M. mephitis,* Skunk.

mergánser, *m.,* lat. *mérgere* tauchen, *anser* die Gans, „Tauchgans"; s. *Mergus.*

mérgens, lat., Infinitiv: *mérgere*, sich ducken, verbergen.

Mergus, *m.,* lat. *mergus*: Fischfresser, der tauchend die Beute jagt; Gen. der Anatidae, Entenvögel. Spec.: *M. merganser,* Gänse-; *M. serrator,* Mittel-; *M. albellus,* Zwergsäger.

Meriam, Maria Sibylla, geb. 2. 4. 1647 in Frankfurt a. M., gest. 13. 1. 1717 in Amsterdam; Naturforscherin, Stilleben-, Tier- u. Pflanzenmalerin, Kupferstecherin. Sie schuf u. a. Bildwerke zur Insektenentwicklung: „Erucarum ortus, alimentum et paradoxa metamorphosis" (2 Bde, 1679 u. 1683), „Metamorphosis Insectorum Surinamensium" (Amsterdam, 1705), „Der Raupen wunderbare Verwandlung und sonderbare Blumennahrung" (1679).

meridiánus, -i, *m.,* lat., der große Kreis; auch mittäglich.

meridionális, -is, -e, s. *meridiánus*; wie ein Meridiankreis verlaufend.

Meríones, *m.,* gr. *to mēríon* bzw. *ho mērós* der Schenkel, Schenkelmuskel; Rennmaus (engl. *Jird*), Gen. der Mūridae, Myomorpha. Spec.: *M. unguiculatus,* Mongolische Rennmaus; *M. persicus,* Persische Rennmaus.

Merkel, (Johann) Friedrich (Siegmund), geb. 5. 4. 1845 Nürnberg, gest. 28. 5. 1919 Göttingen, Prof. d. Anatomie in Rostock, Königsberg, Göttingen; Forschungen auf dem Gebiet der topographischen Anatomie, Histologie und mikroskopischen Technik. Nach ihm benannt sind u. a. die M.schen Tastscheiben, in den unteren Epidermisschichten gelegene Epithelzellen mit scheibenförmigen Nervenendigungen.

Merkmal, das (nach E. Mayr 1975); abgeleitetes M.: „eine Merkmalsausprägung (Apomorphie), die sich von der ancestralen Situation (Plesiomorphie) unterscheidet"; karyologisches M.: „ein Merkmal, das auf Strukturen von oder der Anzahl der Chromosomen beruht"; korrelierte Merkmale: „Merkmale, die mit anderen, bereits herangezogenen Merkmalen derart eng korreliert sind, dass sie zu einer Analyse keine neue Information mehr bringen"; „Merkmale, die entweder als Ausdruck eines gut integrierten ancestralen Genbestandes assoziiert oder die funktionell korreliert sind"; oligogenes M.: „ein Merkmal, das lediglich durch wenige Gene bedingt ist"; rezessives M.: „ein Merkmal, das im Laufe der Phylogenie rückgebildet oder verlorengegangen ist; das kann wiederholt an verschiedenen phylogenetischen Linien erfolgt sein"; taxonomisches M.: „die Besonderheit eines Vertreters eines Taxon, die es von einem Vertreter eines anderen Taxon unterscheidet bzw. unterscheiden kann".

Merkmalshierarchie, die; ein verschaltetes (enkaptisches) Ordnungsmuster, dem alle Merkmale unterliegen.

Merkmalsphylogenie, die; s. Phylogenese; aus morphologischen Merkmalen bzw. deren zeitlicher Abwandlung und der zeitlichen Reihenfolge der Organismen erarbeitete Formengeschichte, Grundlage aller phylogenetischen Vorstellungen.

Merlángius, *m.,* latin., aus dem französ. Namen *merlan*; Gen. der Gadidae, Gadiformes. Spec.: *M. merlángus*, Wittling (Merlan).

Merlúccius, *m.,* wahrscheinlich kontrahiert aus lat. *mare, maris* das Meer u. *lúcius* Hecht; Gen. der Gadidae, Dorsche. Spec.: *M. merluccius,* Seehecht, Hechtdorsch.

Mermis, *f.,* gr. *he mérmis,* Genit. *mérmithos* Band, Faden, Schnur; Genus der Mermithidae, Fadenwürmer, Mermithoidea, Nemathelminthes. Spec.: *M. nigréscens.*

Merogamie, die, gr. *to méros* der Teil, *gamḗin* gatten; Ausbildung von Keimzellen durch Zerteilung eines Gamonten od. Gametocyten.

Merogonie, die, gr. *he goné* die Erzeugung; Entwicklung eines Individuums aus einem Eibruchstück mit lediglich dem väterlichen oder nur dem mütterlichen Kernanteil.

merokrin, gr. *krínēin* absondern; teilweise sezernierend; Absonderung von Drüsenzellteilen.

meromiktischer See, *m.,* ein nicht bis zum Grund durchmischter See, man unterscheidet morphologisch, topographisch und chemisch bedingte Meromixis, s. Monimolimnion; Ggs.: holomiktischer See.

Merops, *m.,* gr. *ho mérops* der Bienen fressende Vogel, auch lat. *apiástra* genannt (*apis* Biene); Gen. der Merópidae, Bienenfresser. Spec.: *M. apiáster*, Gemeiner Bienenfresser, Immenvogel.

Merospermie, die, gr. *to spérma* der Same; Besamung ohne nachfolgende Karyogamie.

Merostomata, *n.,* Pl., gr. *ho merós* der Schenkel, das Schenkelbein, *to stóma* der Mund; namentlicher Bezug auf die Extremitäten am Mund; Gruppe wasserbewohnender, großer Chelicerata mit nicht gegliedertem Prosomarücken u. langem Opisthosoma, das ein ausgeprägtes Telson besitzt; fossil seit dem Kambrium. Einteilung in : Xiphosura, Eurypterida.

Merostomoidea, *n.,* Pl., s. Merostomata, gr. *to ēídos* die Gestalt; eine Cl. der Trilobitomorpha, mit dreiteiligem, sehr an Merostomata erinnerndem Dorsalpanzer, aber Spaltbeinen vom Trilobitentyp; fossil im Mittelkambrium und Unterdevon. Genera: *Naranoia, Leanchoilia, Emeraldella, Sidneyia* (alle Mittelkambrium), *Cheloniellon* (Unterdevon).

Merozoit, der, gr. *meros* Teil, *zoon* Tier; ungeschlechtliches Vermehrungsstadium verschiedener Sporozoen, z. B. bei *Plasmodium.*

Mertens, Robert, geb. 1. 12. 1894 Petersburg, gest. 23. 8. 1975 Frankfurt/M. nach Biss der von ihm als Haustier gehaltenen *Thelotornis hirtlandii*; Dr. phil., Hon.-Prof. an der Univ., Dir. des Nat.-Mus. u. Forschungs-Inst. Senckenberg Frankfurt/M.; 1932 Doz. an Univ. Leipzig, 1939 apl. Prof., 1953 Hon.-Prof. i. Frankfurt/M. Themen d. wiss. Arbeiten: Ethologie, Ökologie, Verbreitung u. Systematik d. Amphibien, Reptilien u. Säugetiere.

mérula, *f.*, lat., Merle oder Amsel; mhd. *mëri, mërie*; s. *Turdus.*

mesencephálicus, -a, -um, zum Mittelhirn gehörig.

Mesencéphalon, = Mesenzephalon, das, gr. *mésos* mitten, der mittlere, *ho enképhalos* das Gehirn; das Mittelhirn der Wirbeltiere; zwischen Dien- u. Metenzephalon gelegen u. den Aquaeductus cerebri führend.

Mesenchym, das, gr. *to énchyma* das Eingegossene, Zellen der mittleren Keimschicht, embryonales bzw. wenig differenziertes Bindegewebe.

mesenchymal, auf das Mesenchym bezüglich.

mesenteriális, -is, -e, s. *mesenterium,* zum Gekröse gehörig.

mesentericus, -a, -um, lat., zum Dünndarmgekröse gehörend.

mesentérium, -ii, *n.*, gr. *mésos* mitten, *to énteron* der Darm, Plur.: die Eingeweide, das Gekröse, das in der Mitte der Eingeweide Liegende; Mesenterium: eine peritoneale Falte (Bauchfellfalte), die bei den Wirbeltieren u. bestimmten Wirbellosen vorwiegend zur Befestigung des Darmes dient u. in der Gefäße u. Nerven verlaufen.

mesnili, Genitiv des latin. Namen von Mesnil, Félix E. P., Protozoologe, Paris (1868 bis 1938), Artname bei *Chilomastix,* s. d.

meso-, gr., mittel, zwischen- (in Zusammensetzungen), von *mésos* mittlerer.

Mesoblast, der, *ho blástos* der Keim, Mittlere Keimschicht od. drittes Keimblatt. Syn.: Mesoderm.

mesocárdium, -ii, *n.*, gr. *mésos* mitten, s. *cárdia*; das Aufhängeband des Herzens.

Mesócerus, *m.*, gr. *to kéras* das Horn; Gen. der Coréidae, Leder-, Randwanzen. Spec.: *M. marginatus,* Rand- od. Saumwanze (mit über die Hemielytren vorstehendem Rand des Abdomens).

Mesocestoides, *m.*, gr. *ho kestós* das Band; Gen. der Mesocestoididae; Cyclophyllidea. Parasitische Bandwürmer (30 bis 250 cm lang) im Darm von Säugetieren u. Vögeln, Entwicklung über Milben sowie Vögel, Lurche u. Kriechtiere als Zwischenwirte. Spec.: *M. lineatus* (Wirte: verschiedene Säugetiere; Amerika, Asien, Europa); *M. litteratus* (Wirte: Fuchs, Katze, Hund; Europa).

Mesocöl, das, gr. *he koilía* die Höhlung; mittlerer Cölombereich, zwischen Proto- u. Metacöl gelegen, paarig; Syn.: Hydrocöl.

Mesocricétus, *m.*, neulat. *cricétus* Hamster; Gen. der Cricetidae, Hamsterähnliche. Der Name bedeutet soviel wie eine Mittelstellung in der Größe einnehmend; zw. *Cricetus* u. *Cricetulus.* Spec.: *M. auratus (= newtoni),* Goldhamster.

Mesodendróbios, *m.*, zwischen Rinde u. Holz lebende „Baum"bewohner; vgl. Epi- u. Endodendrobios.

Mesoderm, das, gr. *to dérma* die Haut; das mittlere oder 3. Keimblatt. Syn.: *Mesoblast.*

mesodermal, zum Mesoderm gehörend, aus dem Mesoderm entstehend.

Mesogäa, *f.*, gr. *he gāīa* u. *ge* die Erde; gemeinsame Bezeichnung für Orientalische u. Afrikanische (od. Äthiop.) Region; Syn.: Paläotropis, s. d.

mesogástrium, -ii, *n.*, gr. *he gastér* der Magen; das Magengekröse.

Mesogastropoda, *n.*, Pl.; s. Gastropus; „Mittelschnecken", Gruppe (Ordo- od. Subordo) der Gastropoda. – Gehäuse meist spiralig, selten mützenförmig; Operculum spiralig, selten verkalkt; meistens taeniglosse Radula; nur ein Atrium u. nur eine Niere vorhanden. – Älteste Fossilien aus der Trias bekannt. – Familiae (z. B.): Viviparidae, Vermetidae, Janthinidae, Aporrhaidae, Calyptrotraeidae.

Mesoglōéa, die, gr. *ho gloiós* das klebrige Öl; gallertartige Gewebe (Zwischenschicht) bei Coelenteraten zw. Ekto- u. Entoderm.

mesohemerob, s. Hemerobie.

mesonéphricus, -a, -um, s. *Mesonéphros,* zur Urniere gehörig.

Mesonéphros, der, gr. *ho nephrós* die Niere; die Urniere der Wirbeltiere.

Mesonótum, *n.*, gr. *to nóton* der Rücken, der „Mittelrücken"; der Rückenteil des 2. Brustrings; bei Käfern und Wanzen nur als ein meist dreieckiger Teil (Scutellum) äußerlich sichtbar.

mesophil, gr., bezeichnet Ansprüche von Organismen an abiotische Umweltfaktoren, die sich in einem jeweils mittleren Bereich bewegen.

Mesopsammon, *n.*, gr. *he* u. *ho psámmos* der Sand; Sandlückensystem der Meere, z. B. von marinen Polychaeten *(Polydrílus, Polygordius)* vorzugsweise bewohnt; vgl. Epipsammon.

Mesórchium, das, gr. *ho órchis* der Hoden; Hodengekröse, eine Bauchfellduplikatur, die den Hoden der Wirbeltiere in der Leibeshöhle befestigt (bei den Säugern vor dem Descénsus testiculórum).

Mesosálpinx, die, gr. *he sálpinx* die Trompete, das Eileitergekröse.

mesosaprob, gr. *saprós* faul; bezeichnet Saprobiotätsstufe für mäßig bis „mittlere" verunreinigte Gewässer; s. Saprobiegrad.

Mesothel, das; das epitheliale Mesoderm (= Mesepithel), Epithelzellen seröser Häute.

Mesothórax, *m., gr. ho thórax, -rakos* die Brust, der Panzer; das 2. Brustsegment (der Insekten), trägt das 2. Beinpaar und, wenn vorhanden, die Vorderflügel.

mesotroph, gr. *he trophé* die Ernährung, Nahrung; mit mittelmäßiger Nährstoffversorgung ausgestattet; s. Trophiegrad.

Mesovárium, das, s. *ovárium*; das Eierstockgekröse.

mesozephal, gr. *he kephalé* der Kopf; mittelköpfig.

Mesozephalie, die; Mittelköpfigkeit, mittellange Schädelform.

Mesozoa, *n.,* Pl., gr. *ta zóa* die Tiere; Divisio der Metazoa. Der Name bedeutet, dass die Mesozoa ihrer Organisation nach zwischen Proto- u. Metazoen stehen. – Ihr Körper besteht aus einem einschichtigen Zellschlauch, dessen Innenraum von einer od. mehreren der Fortpflanzung dienenden Zellen eingenommen wird. Sie sind Tiere auf der Organisationsstufe einer Morula u. werden als zurückgebildete Vielzeller angesehen. – Mindestens eine Phase des Entwicklungszyklus erfolgt entoparasitisch. Gruppen: Orthonectida und Dicyemida.

Mesozoikum, das, gr. *to zóon* das Tier; das Erdmittelalter in der Entwicklung der Lebewesen, es umfasst die geologischen Systeme (Formationen) Trias, Jura u. Kreide.

mesozoisch, aus dem Erdmittelalter stammend.

Messenger-RNS, die, engl. *messenger* der Bote, Abk.: mRNS; Boten-RNS, entlang der DNS-Moleküle, deren Nukleotidsequenz komplementär ist zu der des DNS-Stranges, an dem sie synthetisiert wurden. Damit wird die genetische Information, die in der Nukleotidsequenz des betreffenden DNS-Stranges liegt, abschnittsweise matrizenartig auf die M.-RNS übertragen, die dann vom Kern in das Zytoplasma wandert. Dort verbindet sie sich mit Ribosomen und dient als ‚Bauplan' für die Synthese von Proteinmolekülen.

Messerfisch, der; s. *Notópterus.*

Messerschmidt, Daniel Gottlieb, geb. 1685 in Danzig, gest. 1735 in Petersburg; Studium der Medizin u. Botanik an den Univ. Jena u. Halle, 1708 Dr. med., ab 1717 in Petersburg zur Expeditionsvorbereitung nach Sibirien im Auftrage des russischen Hofes (Zar Peter I). 1719 Reise nach Tobolsk, von wo aus 1720–1727 die erste naturhistorische Forschungs- u. Sammelreise durch Sibirien bis zum Baikalsee u. zur mongolischen u. chinesischen Grenze durchgeführt wurde.

Messingkäfer, der; s. *Niptus.*

Messor, *m.,* Gen. der Formicidae, Ameisen. Spec.: *M. bárbarus,* Ernte-, Getreideameise (legt Vorratskammern mit Samen an).

messus, -a, -um, lat., abgeschnitten.

met-, meta-, gr. *metá*: 1. nach, hinter (räumlich u. zeitlich); 2. mitten, zwischen; 3. einen Übergang eines Zustandes in einen anderen (Wechsel, Veränderung) bezeichnend.

Metabolíe, die, gr. *he metabolé* die Umwandlung, Verwandlung; s. Metamorphose.

Metabolismus, der, gr. *he metabolé*, s. o., der Stoffwechsel.

Metaboliten, die; Umwandlungsprodukte von körpereigenen od. von außen zugeführten Stoffen (im Stoffwechselprozess od. anderen enzymatischen Reaktionen).

metacarpális, -is, -e, lat., gr. *metá-* später, nach *ho karpós* die Handwurzel; zur Mittelhand gehörig.

metacarpéus, -a, -um, lat., zur Mittelhand gehörig.

Metacarpus, -i, *m.,* lat. ...; Mittelhand; die Gesamtheit der zwischen den Digiti (Fingern) u. dem Carpus (der Handwurzel) der Tetrapoda liegenden Knochen (Metacarpalia), 1 bis 5 an der Zahl, entsprechend der Fingerzahl.

Metacercaria, *n.,* Pl., gr. *he kérkos* der Schwanz; Sing.: Metacercarium; encystierte Cercarien (geschwänzte Larvenstadien); sie entstehen im Entwicklungsgang digener Trematoden (Generationswechsel) aus den Zwischenwirt (Schnecke) verlassenden, freischwimmenden Cercarien an speziellen Pflanzen durch Encystierung (Kapsel- od. Hüllenbildung), wodurch sie (mehrere Wochen) überleben können. Nach Aufnahme durch Wirbeltiere (als Endwirt) entwickeln sie sich in diesen nach der De-Encystierung zum adulten Distoma mit vollständigem zwittrigen Geschlechtsapparat. Bei manchen Digenea treten zwei Zwischenwirte auf.

Metachromasie, die, gr. *to chróma* die Farbe; die Eigenschaft verschiedener Farbstoffe, ihre Farbe bei Anwesenheit bestimmter Aldehydgruppen zu verändern.

Metacoel, das, gr. *he koilia* die Höhlung; hinterer Cölombereich, in der Rumpfregion gelegen, paarig; Syn.: Somatocöl.

Metacrinus, *m.*, gr. *to krínon* die Linie; Gen. der Pentacrínidae, Fam. der Cl. Crinoidea, Seelilien. Spec.: *M. rotundus,* Gestielte Seelilie.
Metadinium, *n.*, von gr. *todinos* das Gefäß, der Hohlraum; Gen. der Ciliata, Oligotricha. Spec.: *M. medium,* im Pansen von Wiederkäuern vorkommend u. dort an Zelluloseabbau u. Eiweißbiosynthese beteiligt.
Metagenese, die, gr. *he génesis* die Erzeugung, Abstammung; der Wechsel zw. geschlechtlicher u. ungeschlechtlicher Fortpflanzung (s. Generationswechsel).
Metagonimus, *m.*, gr.; Gen. der Heterophylidae, Ordo Digenea. Kleine Trematoden im Dünndarm von Säugetieren u. fischfressenden Vögeln. Spec.: *M. yokogawai* (Wirte: Hund, Katze, Schwein, Maus, auch der Mensch; Asien, Europa).
metahemerob; s. Hemerobie.
Metakinese, die, gr. *he kínesis* die Bewegung; das Auseinandertreten der Schwesterchromatiden in der Anaphase der Mitose.
Metalímnion, *n.,* gr. *he límne* das stehende Gewässer, der Sumpf, der Teich; geringmächtige Schicht im Wasser tieferer Seen mit einem steilen Temperaturgradienten, die im Sommer das erwärmte Epilimnion, s. d., von dem kühlen Hypolomnion, s. d., trennt. Syn.: Sprungschicht.
Metameren, die, gr. *to méros* der Teil; aufeinanderfolgende Körperabschnitte (Segmente); s. Metamerie; vgl. Epimeren.
Metamerie, die; die Gestaltung des Tierkörpers aus aufeinanderfolgenden Abschnitten od. Metameren. Bei homonomer M. sind die Metameren gleichwertig (z. B. Anneliden), bei heteronomer M. ungleichwertig (z. B. Insekten).
Metamorphóse, die, gr. *he morphé* die Gestalt; Gestalt- u. Funktionswandel während der Entwicklung, insbesondere der Larvenentwicklung; die Abwandlung in Gestalt u. Lebensweise eines Tieres im Laufe seiner Ontogenese (Individualentwicklung). Zum Beispiel: bei Insekten der Entwicklungsabschnitt vom Verlassen der Eihülle bis zur letzten Häutung zum Vollkerf (postembryonale Entwicklg.). Die Entwicklungsstadien (Larvenstadien, Nymphe bzw. Puppe) sind durch Häutungen gegeneinander abgegrenzt u. werden insges. als Jugendstadien bezeichnet.
Metanephridien, die, gr. *ho nephrós* die Niere; Exkretionsorgane von Wirbellosen, die mit einem Wimperntrichter (Nephrostom) beginnen.
Metanéphros, der; die Nachniere der Wirbeltiere.
Metaphase, die, gr. *he phásis* der Schein, die Erscheinung; die zweite Phase der Karyokinese, ein Stadium der indirekten Zellkernteilung (Mitose).
Metaphyse, die, gr. *he phýsis* die Erzeugung, Geburt; die Längenwachstumszone des Röhrenknochens zw. Diaphyse u. Epiphyse.
Metaplasie, die, gr. *he plásis* die Gestaltung; die Gewebeumwandlung.
Metapódium, das, gr. *ho pus, podós* der Fuß; der Mittelfuß.
metatarsális, -is, -e, zum Mittelfuß gehörig.
metatarséus, -a, -um, zum Mittelfuß gehörig.
metatarsus, latin., der Mittelfuß.
Metatheria, *n.,* Pl., gr. *to theríon;* Beuteltiere, Gruppe (Subcl.) der Mammalia, phylogenetisch u. merkmalsbedingt zwischen *(= meta-)* den Prototheria u. Eutheria einzuordnen. Neben primitiven Merkmalen („unvollkommene" Geburt u. 2. Pflegezeit am Körper u. a.) haben manche M. z. T. Merkmale der Eutheria, z. B. Dottersack-Placenta, die Peramelidae (Beuteldachse) sogar eine Allantois-Placenta. Fossile Formen bekannt (Beutelratten) aus Kreide u. Alttertiär N-Amerikas u. Europas. Heute sind die M. beschränkt auf das australische Gebiet inkl. Sulawesi (Celebes) jedoch exkl. Neuseeland, u. auf S- u. M-Amerika. Einteilung in: Didelphoidea; Dasyuroidea, Caenolestoidea; Perameloidea; Phalangeroidea (s. d.).
Metathórax, der, gr. *ho thórax* der Brustpanzer; mittleres Brustsegment bei Insekten.
metazentrisch, gr. *to kéntron,* lat. *centrum, n.,* der Mittelpunkt; bei den metazentrischen Chromosomenen sind die beiden Chromosomenarme etwa gleich lang, d. h., das Centromer liegt ungefähr in der Mitte des Chromosoms.
Metazóa, die, gr. *ta zóa* die Lebewesen; die Mehrzeller, Vielzeller, vielzelligen Tiere (mit etwa 1 200 000 Species), deren Zellen in wenigstens zwei Schichten angeordnet u. nicht gleichartig sind, sondern sich bei ± fortgeschrittener (evolutionärer) Funktionsteilung mindestens in Körper- und Fortpflanzungszellen differenziert haben; neuere Einteilung in vier Hauptstämme: Porifera, Cnidaria, Ctenophora, Coelomata. Fossile Formen sind seit dem jüngsten Präkambrium bekannt.
Metencéphalon, das, gr. *ho enképhalos* das Gehirn; das Hinterhirn der Wirbeltiere.
Methylenblau, das; Methylénum coerúleum, $[C_{16}H_{18}N_3S]^+Cl^-$; basischer Farbstoff, auch als Vitalfarbstoff u. Antiseptikum verwendet.
Metrídium, *n.,* wahrscheinlich von gr. *he métra* die Gebärmutter; Gen. der Actiniária, s. d. Spec.: *M. seníle,* Seenelke.

Metschnikow, Ilja (Iljitsch), Zoologe; geb. 15. 4. 1845 Iwanowka b. Charkow, gest. 15. 8. (7.?) 1916 Paris. Prof. d. Zoologie in Petersburg u. d. Zoologie u. Vergl. Anatomie in Odessa. 2. Direktor d. Instituts Pasteur in Paris. 1885 Bakteriologisches Institut in Odessa gegründet. Themen wissenschaftl. Arbeiten: Vergleichend-embryologische Untersuchungen an Wirbellosen, intrazelluläre Verdauung, Phagozytentheorie, Pathologie der Entzündung, Fragen des Alterns. Bedeutende Forschungen vor allem über Anatomie u. Entwicklungsgeschichte wirbelloser Tiere. 1883 begründete M. die Phagozytenlehre. 1903 übertrug er gemeinsam mit E. Roux den Syphiliserreger auf Menschenaffen. Gemeinsam mit P. Ehrlich erhielt M. 1908 für seine Forschungen über Immunität den Nobelpreis für Physiologie und Medizin.

Metýnnis, *m.*, wahrscheinlich von gr. *tynnós* klein („dünn"); Gen. der Charácidae (Salmler), Ordo Cypriniformes (Karpfenfische). Spec.: *M. roosevelti,* Roosevelts Scheibensalmler.

mexicanus, -a, -um, in Mexiko vorkommend (bzw. beheimatet); s. *Falco.*

Meyerhof, Otto (Fritz), geb. 12. 4. 1884 Hannover, gest. 6. 10. 1951 Philadelphia; Biochemiker, Prof. der Physiologie in Kiel, Heidelberg u. Philadelphia. M. wurde durch seine Forschungen zur Muskelchemie bekannt (Milchsäurezyklus im Muskel, Meyerhof-Quotient). Für die Entdeckung des gesetzmäßigen Verhältnisses vom O_2-Verbrauch und Milchsäureumsatz erhielt M. 1922 zusammen mit Archibald Vivian Hill (1887–1977) den Nobelpreis für Medizin.

Meyrick, Edward, geb. 24. 11. 1854 Marlborough, gest. 31. 3. 1938 ebd., wirkte ab 1887 als Altphilologe am Marlborough College („classics master"), widmete sich als Liebhaber-Entomologe dem Studium der „Mikrolepidopteren", deren Systematik er neu bearbeitete, beschrieb die australische und neuseeländische, südafrikanische, südamerikanische und ostindische Lepidopteren-Fauna im 4bändigen Werk „Exotic microlepidoptera" (1912–1936) und stellte im „Handbook of the British Lepidoptera" (1895) auch Entwicklungsgesetze auf („Meyrick's laws"), die trotz mancher Kritiken auch in der 2. Aufl. 1928 im wesentlichen beibehalten wurden. Galt zu seiner Zeit als größte Autorität für die Systematik der „Kleinschmetterlinge".

micans, lat. (infinitiv: micare); zuckend, zitternd, zappelnd.

micro-, gr. *mikrós* klein, in Komposita: micro-, mikro-.

Microcébus, *m.*, gr. *ho kébos* geschwänzter Affe; Gen. der Lemuridae, Makiartige. Spec.: *M. murinus,* Mausmaki (kleinste Primatenart).

microcéphalus, -a, -um, lat., kleinköpfig.

Microcéphalus, *m.*, gr. *(-os)*; kleinköpfig; s. *Somniosus.*

Microchiroptera, *n.*, Pl., gr., s. *Chiroptera*; „Klein-Chiroptera"; Fledermäuse, global verbreitete Gruppe (Subordo) der Chiroptera, bekannte Familien z. B.: Vespertilionidae (s. *Vespertílio*), Rhinolophidae (s. *Rhinólophis*).

Microhydra, *f.*, wörtlich: „kleine Hydra"; der tentakellose, kleine Polyp von *Craspedacusta,* s. d.

Microlepidóptera, *n.*, Pl., s. Lepidoptera; Kleinschmetterlinge; früher nach der Größe u. Bekranzung der Bauchfüße der Larven vorgenommene Grobeinteilung der Lepidoptera in Klein- u. Großschmetterlinge (s. Macrolepidoptera).

Mícromys, *m.*, gr. *ho mys, myós* die Maus; Gen. der Muridae, Echte Mäuse. Spec.: *M. minútes,* Zwergmaus (von nur 55–75 mm Rumpflänge).

Micropsítta, *f.*, gr. *ho psittakós* Papagei (türkisch; *papagái*); Gen. der Trichoglossidae, Loris. Zwerg- od. Rundschnabelpapageien, kleinste Papageien (Neuguinea).

Microspora, *n.*, Pl., (gr.); Gruppe der einzelligen Eukaryota (Einzeller). Die flagellenlosen u. meist sehr kleinen, im Sporen-Stadium höchstens 20 µm messenden M. sind ausnahmslos intrazelluläre Parasiten, die in seltenen Fällen in einer parasitophoren Vakuole eingeschlossen sind, meist aber frei im Cytoplasma ihrer Wirtszelle vorkommen. Das Wirtsspektrum der etwa 900 bekannten Arten reicht von Einzellern (Apicomplexa, Myxozoa, Ciliophora) über Coelenteraten, Plathelminthen, Nematoden, Anneliden, Mollusken, Arthropoden u. Bryozoen bis zu den Vertebraten. Der Schwerpunkt ihrer Verbreitung liegt offensichtlich bei den Knochenfischen. Unter den Mammalia treten v. a. Rodentia u. Carnivora, daneben auch Primaten als Wirte auf. Pflanzliche Organismen werden nicht befallen. Charakteristisch für die M. ist das Auftreten diplokaryotischer (gepaarter) Zellkerne, die innerhalb der Eukaryota auffällige Ausstattung mit ursprünglichen 70 S-Ribosomen (u. einige damit verbundene typisch prokaryotische Merkmale), die Ausbildung chitinhaltiger Sporenhüllen, das primäre Fehlen von Mitochondrien u. Geißeln sowie der Besitz eines besonders auffälligen Extrusionsapparates. Einteilung in: Rudimicrosporea, Microsporea (aus Westheide/Rieger 1996).

Microsporídia, *n.*, Pl., gr. *ho spóros* Keim, Same, Spore, also „kleine Sporen"; Ordo der

Cnidosporidia, Sporozoa, Sporentierchen. Typisch: zwei oder mehr Sporen, eine Polkapsel. Genus: z. B. *Nosema.*

Microsporidiose, durch Microsporidia hervorgerufene Erkrankungen, z. B. die Fleckenkrankheit der Seidenraupen (Erreger: *Nosema bombycis*) u. Nosematose der Bienen (Erreger: *Nosema apis*).

Microsporus, *m.*, aus gr. *mikrós* u. *sporos*; Gen. der Mikrospóridae (Kugelkäfer), Myxophaga. Spec.: *M. obsidianus* Uferkugelkäfer (0,7 mm; Larven u. Imagines in Böden von Gewässerufern).

Micróstomum, *n.,* gr. *to stóma* Mund, also: „kleiner Mund"; Gen. der Microstómidae, Plathelminthes. Spec.: *M. lineare.*

Micrótus, *m.,* gr. *to us, otós* das Ohr; Gen. der Micrótidae, Wühler. Spec.: *M. arvalis,* Feldmaus; *M. agréstis,* Erdmaus; *M. nivális,* Schneemaus; *M. ratticeps (= oeconomus),* Sumpfmaus.

Miesmuschel, die; s. *Mýtilus,* s. *Modiolus.*

migrans, lat. *migráre* wandern; wandernd; s. *Milvus.*

Migration, die, lat. *migratio, -onis, f.,* die Wanderung; 1. in der Ökologie: regelmäßige Wanderung bestimmter Tierarten, die jahreszeitlich bedingt ist (Zugvögel) od. mit dem Fortpflanzungsgeschehen zusammenhängt (einige Fischarten, z. B. Aal) u. bei der im Ggs. zur Emigration eine Rückkehr erfolgt; 2. in der Parasitologie: Wanderung bestimmter Entwicklungsstadien von Parasiten (z. B. *Ascaris lumbricoides*) im Organismus des Wirtes (Haus-, Wildschwein); vgl. Immigration.

migratórius, -a, -um, lat., viel (od. gern) wandernd. Spec.: *Locusta migratoria,* Wanderheuschrecke; siehe auch *Cricétulus.*

Mikrobiologie, Disziplin oder Wissensgebiet von den Kleinlebewesen (→ Mikroorganismen). Die M. ist neben Botanik, Zoologie, Anthropologie ein jüngerer (heterogener) Wissenszweig der Biologie (s. d.). Sie wurde im 17. Jh. durch die Erfindung des Mikroskops begründet. Als gemeinsames Merkmal der M. gelten u. a. die spezifischen Arbeitsmethoden, wie Bestimmung der Keimzahlen, Isolierung von Reinkulturen, Kultivierung auf/in Nährmedien, Färbeverfahren, (sub-)mikroskopische Untersuchungsmethoden. Aufgrund der verschiedenen Organismengruppen werden folgende Zweige der M. unterschieden: Virologie (Viren sind aber keine echten Lebewesen), Bakteriologie, Mykologie, Algologie, Protozoologie (s. d.). Eine scharfe Abgrenzung der M. gegenüber Botanik und Zoologie besteht nicht. Als Teilgebiete der M. werden unter dem Aspekt des Vorkommens und der Anwendung unterschieden: Allgemeine M., Technische oder Industrielle M., Bodenmikrobiologie, Medizinische Mikrobiologie.

Mikrodaktylie, die, gr. *ho dáktylos* der Finger; das Auftreten angeborener kurzer Finger.

Mikroevolution, die, lat. *evolútio, -ónis* die Änderung, Entwicklung; Erbgutänderung od. Aufspaltung des Erbgefüges einer Tierart in relativ geringfügigem („kleinem") Ausmaß, die vermutlich nur zu intraspezifischen Evolutionen u. nicht zur Entstehung neuer Typen, wie die Makroevolution (s. d.), führt.

Mikrofauna, die; s. Fauna; die Kleintierwelt.

Mikrofilaria, *n.,* Pl., s. *Filaria*; Bezeichnung für die (kleinen) Jugendstadien von *Filaria* (s. d.) im Blutgefäßsystem des Menschen; sie haben sich in der Tagesperiodik den Stechgewohnheiten des speziellen Insekts (Überträger) angepasst u. befinden sich zu deren Aktivzeit in peripheren Blutgefäßen. Das geschieht bei den Jugendstadien von *Loa loa* (Wanderfilarie) am Tag in Anpassung an *Chrysops,* während die Mikrofilarien von *Wucheria bancrofti* nachts durch *Culex*-Arten übertragen werden. Danach werden bezeichnet: Mikrofilaria diurna, am Tage übertragenes Jugendstadium; Mikrofilaria nocturna, nachts übertragenes Jugendstadium.

Mikrofossilien, die, Pl., s. Fossilien; alle fossilen Reste kleiner Organismen oder sehr kleine Reste größerer Organismen, die zu ihrer Untersuchung ein Mikroskop erfordern; eine scharfe Abgrenzung gegenüber Makro- und Nannofossilien, s. d., existiert nicht.

Mikrogameten, die; s. Gameten; die männlichen Geschlechtszellen, die Samenzellen; vgl. Makrogameten.

Mikrogerontie, die, gr. *ho gérōn* der Greis; von der Norm abweichende Kleinwüchsigkeit bis ins Alter (= Name!) bzw. bis zum Wachstumsabschluss zufolge relativ langsamen Wachstums. Mikrogerontisch sind Endstadien im Variationsbereich einer Species; Ggs.: Makrogerontie.

Mikromanie, die, gr. *he manía*: 1. der Wahnsinn, 2. die Begeisterung; Kleinheitswahn, wahnhaftes Minderwertigkeitsgefühl.

Mikromastie, die, *ho mastós* die Brustwarze; Brust; abnorme Kleinheit des Euters.

Mikromeren, die, gr. *to méros* der Teil; die bei der Furchung entstehenden kleine Furchungszellen (Blastomeren).

Mikronúkleus, der, lat. *núcleus, -i, m.,* der Kern; Kleinkern, Geschlechtskern der Wimpertierchen.

Mikroorganismen, die; Mikroben, Kleinlebewesen: Gruppe von vorwiegend einzelligen niederen Organismen, die gewöhnlich nur mit Hilfe des Mikroskops sichtbar sind, wie Bakterien, Aktinomyzeten, Pilze, niedere Algen und Protozoen. Von den höheren Lebewesen unterscheiden sich die M. ferner durch Fehlen von Zellgeweben mit gemeinsamen Zellwänden benachbarter Zellen, außerordentlich schnelle Vermehrung, weite Verbreitung, durch hohen Stoffumsatz und die große Anpassungsfähigkeit des Stoffwechsels an die Umweltbedingungen. Manche Mikroorganismen zeigen auch Merkmale höherer Organismen. So stehen die einzelligen Protozoen den Tieren nahe, da sie aktiv beweglich sind und feste Nahrungsteilchen aufnehmen. Algen können den Pflanzen zugeordnet werden, da sie Chlorophyll enthalten, zellulosehaltige Zellwände haben und meist Stärke als Reservekohlenhydrat speichern. Mikroorganismen sind in der Natur weit verbreitet und kommen im Boden, Wasser und in der Luft vor. Ein Gramm Ackerboden kann mehrere Milliarden M. enthalten.

Mikropaläontologie, die, s. Paläontologie; die Paläontologie mikroskopisch kleiner Organismenreste, s. Mikrofossilien, Nannofossilien.

Mikrophagen, die, gr. *phagẽin* fressen; 1883 von Elias (Ilja) Metschnikow (1845–1916) geprägter Ausdruck für die polymorphkernigen Leukozyten (Granulozyten), die zur Phagozytose fähig sind; s. Phagozyten.

Mikrophylogenie, die, gr. *to phylon* der Stamm; Entstehung und Umbildung taxonomischer Gruppen innerhalb einer Art.

Mikropyle, die, gr. *pyle* Tor; Eintrittsstelle im Ei für das Spermium.

Mikrosatellit, der; auch short-tandem repeat (STR) oder simple sequence repeat (SSR); tandemartig angeordnete Wiederholungen eines kurzen DNA-Motivs von 1–6 bp Länge. Die PCR-Amplifizierbarkeit der meist nur relativ kurzen (<200 bp) repetitiven DNA-Bereiche macht M. zum wichtigsten genetischen Markersystem für Verwandtschafts- u. forensische Tests. Die Expansion einiger Trinucleotid-Loci ist verantwortlich für eine Reihe schwerer menschlicher Erkrankungen, z. B. Fragiles X-Syndrom, Chorea Huntington usw.

Mikroskop, das, gr. *skopẽin* sehen; der „Kleinseher", ein optisches Gerät zum Studium kleiner u. sehr kleiner Objekte.

Mikrosmaten, die, gr. *he osmé* der Geruch, Duft; Tiere (Primaten) und Mensch mit geringem Geruchsvermögen.

Mikrosomen, die, gr. *to sóma-, -atos* der Körper; Produkte der Zellfraktionierung, die sich bei Zentrifugation von Cytosol (Grundplasma) abtrennen lassen. Es sind neben Mitochondrien, Golgiapparaten u. a. überwiegend Bestandteile des endoplasmatischen Reticulums.

Mikrotom, das, gr. *temẽin* = *témnẽin* schneiden; Gerät zur Herstellung dünner Schnitte für mikroskopische Untersuchungen.

Mikrotubuli, die, lat. *tubulus* die kleine Röhre; röhrenförmige Zellstrukturen, die im Querschnitt 13 globuläre Untereinheiten erkennen lassen. Sie bestehen aus Tubulin, einem actinähnlichen Protein.

Mikrovilli, die, lat. *villus, m.,* die Zotte; zottenförmige Zytoplasmafortsätze, die die Zelloberfläche im Dienste des Stoffaustausches um ein Vielfaches vergrößern (z. B. am Dünndarmepithel).

Mikrozyten, die, gr. *to kýtos* die Höhlung, Zelle, das Gefäß; abnorm kleine Erythrozyten, die bei Blutkrankheiten vorkommen.

Milan, der, franz. Name für die Gabelweihe, gebildet aus *Milvus.*

Milax, *f.,* Anagramm von *Limax*; Gen. der Limácidae, Stylommatophora. Spec.: *M. marginata; M. gracilis.*

Milben, die; Acari (s. d.); Taxon (Gruppe) der Arachnida, Chelicerata. „Die Milben sind mit 35 000 beschriebenen, wahrscheinlich weit mehr existierenden Arten das mannigfaltigste, ökologisch erfolgreichste Arachnidentaxon. Ihre wirtschaftliche und medizinische Bedeutung ist groß. Milben leben in allen Lebensräumen, zahlreiche auch im Süßwasser und im Meer, sogar in der Antarktis. Viele sind Tierparasiten, auch des Menschen, die ihre Wirte direkt oder durch Übertragung von Infektionskrankheiten schädigen, andere Pflanzen- oder Vorratsschädlinge." „Wegen der großen Mannigfaltigkeit und Bedeutung der Milben hat sich eine „Acarologie" als eigenständiges Forschungsgebiet entwickelt. Für die Beschreibung haben die „Acarologen" eine Terminologie entwickelt, die von der anderer Arachnologen abweicht und den Vergleich oft erschwert." (nach P. Weygoldt, aus Westheide/Rieger 1996).

Milch, die; lat. *lac, lactis*; Sekret der Milchdrüse(n) (s. Uber) der (Haus-) Säugetiere, die den Nachkommen als Nahrung, in den ersten Lebenstagen als Kolostrum, dient; die M. enthält Eiweiße, Fette, Kohlenhydrate, Mineralstoffe, Vitamine in einer tierarttypischen u. vom Laktationsstadium abhängigen Zusammensetzung.

miles, militis, *m.,* lat., der Soldat, Krieger; s. *Vanéllus.*

miliáris, -is, -e, lat. *mílium* die Hirse; hirseartig, -förmig, -ähnlich.

Milíola, s. Miliolidae.

Miliólidae, *f.,* Pl., lat. *miliolinus* hirsekornähnlich; Fam. der Foraminifera (Imperforata); die M. kommen vom Jura an vor, bildeten im Tertiär große Kalksteinschichten (Miliolidenkalk). Genera: *Miliolina, Miliola* u. a.

milium, -i, lat., die Hirse. Spec.: *Psidium milium,* eine Erbsenmuschel.

mille, lat., tausend, Plur. *mília, n.,* Tausende. Spec.: *Millepora nodosa* (Hydrocorallia, Hydrokorallen).

Millépora, *f.,* lat. *mille* tausend, *porus* Pore, Öffnung; Gen. der Millepóridae. Kalkskelett der Hydrozoenstöcke mit vielen Öffnungen (Röhrenwände); fossil seit der Oberkreide bekannt. Spec.: *M. alcicornis.*

Milvus, *m.,* lat. *milvus* die Weihe, der Milan; Gen. der Accipitridae, Habichtartige; fossile Formen seit dem Miozän bekannt. Spec.: *M. milvus,* Roter Milan, Gabelweihe; *M. migrans,* Schwarzer Milan.

Mimese, die, gr. *he mímesis* die Nachahmung, die Abbildung; Schutzanpassung, Tarntracht bzw. große Ähnlichkeit von Organismen mit Farben und/ oder Strukturen der Umwelt bzw. mit Unterlagen. Man unterscheidet: 1. Zoomimese (Ähnlichkeit mit Tieren); 2. Phytomimese (Ähnlichkeit mit Pflanzen); 3. Allomimese (Ähnlichkeit mit leblosen Gegenständen als Schutztracht).

Mimik, die, gr. *he mimesis,* s. o.; das Mienenspiel, der wechselnde Gesichtsausdruck.

Mimikry, die, engl. *mimicry,* gr. *he mímesis* die (unbewusste) Nachahmung, das Abbild; Nachahmung gewisser Tiere od. Gegenstände durch andere Tiere, übertragen auch: Schutzfärbung bzw. Anpassung od. Ähnlichwerden in Färbung und Form entsprechend der Umwelt.

mímula, *f.,* lat., kleine Schauspielerin, kl. Nachahmerin; s. *Crocidura.*

Mimus, *m.,* lat. *mimus* der Schauspieler, Mimiker; Gen. der Mímidae, Spottdrosseln. Spec.: *M. polyglottos,* Spottdrossel

Minen, die, lat. *mina* der Schacht, franz. *mine* Bergwerksgang; Hohlräume, die durch Fraß von Insekten(-larven) im Inneren pflanzlicher Organe erzeugt wurden; Fraßgänger; s. Minierer.

Mineralokortikoide, die, s. *cortex*; Nebennierenrindenhormone mit bes. Wirkung auf den Mineralstoffwechsel.

Mineralstoffe, die; Aschebestandteile, unverbrennbare Teile von Pflanzen, Tier, Mensch; s. auch: Mengen- u. Spurenelemente.

Mineralstoffmangel, der; durch Unterversorgung mit lebensnotwendigen Mengen- od. Spurenelementen ausgelöste Erkrankung od. Stoffwechselstörung.

Minierer, der; ein pflanzenfressendes u. dabei Minen erzeugendes Insekt; in der Regel handelt es sich dabei um Insektenlarven mit reduzierten oder völlig rudimentären Beinen; s. Mine(n).

Miniermotte, die; s. *Cameraria.*

Minimumgesetz, das; der Ertrag oder die Produktion hängt von dem Wachstumsfaktor ab, der im Verhältnis zu allen anderen Faktoren im Minimum ist (J. v. Liebig 1862); vgl. Wirkungsgesetz der Umweltfaktoren.

mínimus, -a, -um, Superlativ von *párvus*; kleinster, geringster, sehr klein, sehr gering; s. *Chironectes.*

Minisatellit, der; tandemartig sich wiederholende DNA-Motive von 14–100 bp. Sie bilden eine der wichtigsten Gruppen repetitiver DNA.

Miniópterus, *m.,* von lat. *mini-* u. gr. *to pterón* der Flügel gebildet; Gen. der Vespertiliónidae (Glattnasen), Mikrochiróptera, Chiroptera. Spec.: *M. schreibersi,* Langflügelfledermaus.

minor, -or, -us, lat., Komparativ von *parvus* klein, der Kleinere, der (im Vergleich) Kleine; z. B. *Pyrrhula minor,* Kleiner Gimpel; s. auch *Dendrocopos.*

Minuta-Form, lat., „(sehr) kleine“ Form, s. Magna-Form.

minútus, -a, -um, lat., sehr klein, winzig; s. *Tráchys*; s. *Micromys.*

Miohíppus, *m.,* gr. *ho híppos* das Pferd; tertiärer (oligozäner) Vorfahre der Pferde und auch von *Anchiterium,* s. d.

Miopíthecus, *m.,* gr. *mḗion* geringer, kleiner, Komparativ von *mikrós* klein; Gen. der Cercopithécidae, Meerkatzenartige, Catarhina, Simiae. Spec.: *M. talapoin,* Zwergmeerkatze od. Talapoín (nur wenig größer als das Eichhörnchen).

Miosis, die, gr. *mḗion* weniger; abnorme Pupillenverengung durch Erregung des Musculus sphincter od. Lähmung des M. dilatator.

miotisch, pupillenverengend.

Miozän, das, gr. *mḗion* weniger, *kainós* neu; Abschnitt der Tertiärzeit zwischen Oligozän und Pliozän, ältere Abteilung des Neogens (Jungtertiär).

mirábilis, -is, -e, lat. *mirári* sich wundern; wunderbar. 1. Rete mirabile: das Wundernetz; 2. als Artname z. B. bei *Nipponites.*

Miracídium, das, gr. *to meirakídion* der kleine Knabe; die aus dem Ei hervorgehende Wimperlarve der 1. Generation von Trematoden, z. B. bei *Fascíola hepática.*

Mirapinna, *f.,* lat. *mirus, -a, -um* erstaunlich, auffallend, wunderbar, *pinna* die Feder, Schwinge, Flosse; Gen. der Mirapinnidae, Mi-

rapinniformes (Wunderflossenartige), Teleostei. Spec.: *M. esau,* Esau-Wunderflosser.
Miroúnga, *f.,* lat. *mirus* (s. u.) u. *úngere* fett machen; Gen. der Phócidae, Pinnipedia. Spec.: *M. leonína,* Elefantenrobbe, See-Elefant (größte Robbe).
mírus, -a, -um, lat., auffallend, erstaunlich, sonderbar; s. *Synagoga.*
Misgúrnus, *m.,* gr. *mísgein* mischen; Gen. der Cobítidae, Bartgrundeln. Spec.: *M. fossilis,* Schlammbeißer, -peitzger (weil er sich im Schlamm vergräbt).
Missbildung, die; Fehlbildung (s. Teratologie), eine während der pränatalen Entwicklung zustande gekommene (angeborene) Veränderung der Morphologie von Körper, Organsystemen oder Organen, welche außerhalb der Variationsbreite der Species liegt; im Gefolge dysontogenetischer Vorgänge auftretende, größere Abwandlungen des Erscheinungsbildes (Endzustände, -pathien). Die M. ist somit Formbildungsstörung u. nur ein mögl. Zustand nach abgelaufener, fetaler Genese. Unterteilung in Blastopathien, Embryopathien, Fetopathien u. Plakopathien, die als Dachbegriff Kyematopathien haben. Neuerdings werden auch in der Fetogenese induzierter Funktions- und Regulationsstörungen in den Missbildungsbegriff einbezogen, so dass der Begriffsinhalt von „Missbildung" erweitert zu sehen ist. Oft in englischsprachiger Literatur verwendete Begriffe sind: „Birth defects" als Oberbegriff für alle bei der Geburt vorhandenen strukturellen u. funktionellen Störungen, wird meist mit „congenital anomalies"; synonym gebraucht. „Congenital malformations" (angeborene Missbildungen) machen nur einen kleinen Anteil davon aus (Strukturstörungen).
„Mistbiene", die; s. *Eristalis* (Schwebfliege).
Misteldrossel, die; s. *Turdus.*
Mistkäfer, der; s. *Aphodius,* s. *Scarabaéus.*
Mitochondrien, die, gr. *ho mítos* der Faden, *ho chóndros* das Korn; Syn.: Chondriosomen; faden- od. stäbchenförmige bzw. körnige, stoffwechselaktive Zellorganellen des Cytoplasmas. Sie enthalten u. a. die Enzyme des Zitronensäurezyklus (Tricarbonsäurecyclus), der Atmungskette, der Cholesterinspaltung, der Steroid- und der Hämbiosynthese; ferner haben sie DNA und einen eigenen Protein-Syntheseapparat.
mitogen, gr. *he génesis* die Erzeugung; die Mitose fördernd.
Mitóse, die, gr. *ho mítos,* s. o.; die indirekte od. mitotische Kernteilung. Sie läuft in 4 Phasen ab: Prophase, Metaphase, Anaphase u. Telophase; Syn.: Karyokinese.
Mitosehemmstoffe, die; Stoffe, die die Zellteilung hemmend beeinflussen, z. B. Colchicin.
Mitrális, die; lat. *mítra, -ae, f.,* die (Bischofs-) Mütze; z. B. Valva mitralis, die zweizipflige Segelklappe des Herzens des Menschen.
mitrátus, -a, -um, lat., eine Kopfbinde od. Haube *(mitra)* tragend, mit Mitra versehen.
Mittelhirntiere, die; dezerebrierte Versuchstiere, bei denen das Endhirn und das Zwischenhirn durch einen Querschnitt ausgeschaltet sind.
Mittelmeer-Barrakuda, s. *Sphyraena sphyraena.*
Mixocöl, das, gr. *he míxis, meíxis* die Vermischung, *koílos* hohl; die tertiäre Leibeshöhle der Insekten als ontogenetische Verschmelzung der primären und sekundären Leibeshöhle betrachtet.
mixotroph, s. autotroph; m. heißen Organismen, die sich sowohl auto- als auch heterotroph (s. d.) ernähren.
mixtus, -a, -um, lat.; gemischt, s. *Mysis*; s. *Labrus.*
Miyagawanella, *f.,* Virengruppe, benannt nach dem japan. Internisten Miyagawa. *M. psittaci,* Syn.: Psittakose-Virus, Erreger der Psittakose (Levinthal 1930).
Mizellen, die; geordnete Gruppierungen von Einzelmolekülen zu größeren Verbänden mit bestimmter Struktur.
Mneme, die, gr. *he mnéme* die Erinnerung, das Gedächtnis; die Informationsspeicherung in Form von Engrammen.
Mobília, *n.,* Pl., lat. *móbilis* beweglich; Gruppe der Peritricha, Euciliata. Typisch: das geschickte Gleiten auf den Wirtstieren, mit besonderen Cilien- u. Ektoplasmagebilden am breiten, tellerartig vertieften Hinterende.
móbilis, -is, -e, lat., beweglich.
Modalität, die; Reiz- od. Sinnesmodalität, die entsprechend der jeweils unterschiedlichen Empfindung der Reize als optische, akustische etc. Modalitäten in Erscheinung treten können.
Modifikation, die, lat. *módus, -i, m.,* die Art, *fácere* machen; die nichterbliche Abwandlung, Veränderung eines Organismus (Phänotypus) durch Einwirkung äußerer Faktoren. Der Genotypus wird nicht verändert; s. auch: Dauermodifikation.
Modifikationskurve, die; die graphische Darstellung der um einen Mittelwert als Maximum sich verteilenden Modifikationen im Diagramm, die der Gaußschen Wahrscheinlichkeits- od. Zufallskurve entspricht. Dem quantifizierbaren Phänomen liegt zugrunde, dass

selbst erbgleiche Individuen im selben Lebensraum, jedoch dem gleichen zufälligen Wechsel von Entwicklungsbedingungen ausgesetzt, variieren.
Modiolus, *m.,* lat., kleiner Scheffel; Gen. der Mytilidae, Anisomyaria, Bivalvia. Spec.: *M. modiolus,* Große Miesmuschel.
Modulation, die; Änderung zellulärer Aktivitäten im Rahmen der Reaktionsnorm.
módus, -i, *m.,* lat., das Maß, die Weise, Art.
Möbius, Karl August, geb. 7. 2. 1825 Eilenburg, gest. 26. 4. 1908 Berlin, 1837–1844 Lehrerseminar in Eilenburg, anschließend Elementarschullehrer, 1849–1853 Studium d. Naturw. in Berlin u. Promotion zum Dr. phil. in Halle, 1868 o. Prof. für Zool. an der Univ. Kiel, 1887 Berufung zum Dir. d. Zool. Museums der Univ. Berlin (1887–1905); Publikationen u. a.: „Naturgeschichte der echten Perlen" (1857), „Die Auster und die Austernwirtschaft" (1877); Biozönose-Begriff eingeführt.
Möhrenfliege, die; s. *Psila rosae.*
Mönchsgeier, der; s. *Aegypius.*
Mönchsrobbe, die; s. *Monachus.*
Mönchssittich, der; s. *Myopsittacus.*
Mörder, der; s. *Orcinus.*
Möwe, die; s. *Larus,* s. *Rissa.*
Mohren-Kauman, der; s. *Cauman.*
Mohrenmakak, der; s. *Magus maurus.*
Mohrenmaki, der; s. *Lemur.*
Mohrenmangabe, die; der, s. *Cercocebus.*
Mohrenscharbe, die; s. *Phalacrocorax niger.*
Mohr, Erna, geb. 17. 11. 1894 Hamburg, gest. 10. 9. 1968 ebd.; besucht Lehrerinnenseminar (1909–1914), Lehrerin in Hamburg (1914–1934), Mitarbeiterin am Zoologischen Museum Hamburg seit 1913, Kustos ebd. (1946–1959). Seit 1952 erste Zuchtbuchführerin der Internationalen Gesellschaft zur Erhaltung des Wisents. Themen wissenschaftlicher Arbeiten: Alter und Wachstum von Fischen, Die Aufgaben der Zoologischen Gärten (1920), seit 1914 photographische Dokumentation über die Entwicklung der Zoologischen Gärten Deutschlands, Studien zur Systematik der Hirsche, seit 1928 Arbeiten zur Biologie von Säugern, Naturbeobachtungen zum Verhalten von Säugetieren; „Die Säugetiere Schleswig-Holsteins" (1931); „Die Robben der europäischen Gewässer" (1952); „Die freilebenden Nagetiere Deutschlands"; (3. Aufl. 1954); „Glossarium Europae Mammalium Terrestrium" (1960); In der Reihe „Neue Brehm-Bücherei": „Der Wisent" (1952), „Der Stör" (1952), „Fliegende Fische" (1954), „Der Seehund" (1955), „Ungarische Hirtenhunde" (1956), „Sirenen oder Seekühe" (1957), „Der Wels" (1957), „Das Urwildpferd" (1959), „Wilde Schweine" (1960), „Schuppentiere" (1961), „Altweltliche Stachelschweine" (1965).
Moina, *f.,* Eigenname; Gen. der Daphnidae, Wasserflöhe. Spec.: *M. rectirostris* (mit geraden Tastfühlern).
Mokassinschlange, die; s. *Agkistrodon piscívorus.*
Mola, *f.,* lat. *mola, -ae* der Mühlstein; der Name nimmt Bezug auf scheibenförmig komprimierte Körperform (ohne Bauchflossen, Schwimmblase, Luftsack) u. die Seitenlage, in der der Fisch ruhend, sich sonnend auf der Meeresoberfläche treibt, während er sonst senkrecht schwimmt; Gen. der Molidae, Klumpfische, Tetraodontiformes, Haftkiefer (Kugelfischverwandte). Spec.: *M. mola,* Mondfisch (Sonnenfisch), Fischart mit Länge bis 3 m u. Gewicht bis 1000 kg; Syn.: *Orthagoriscus.*
molar, bezogen auf 1 Mol (Grammmolekül od. Grammmol).
moláres, lat., *móla, -ae, f.,* die Mühle; die Mahl-(Backen-)Zähne, s. auch Zahnformel.
moláris, -is, -e, zum Mahlen dienend.
Molarität, die; Konzentration in Mol des Stoffes pro Liter Lösung.
moleculáris, -is, -e, sehr kleinteilig.
Molekül, das, lat. *molécula* kleine Masse; kleinster Bestandteil einer chemisch einheitlichen Substanz, besteht mit Ausnahmen aus mindestens zwei Atomen.
molekular, die Moleküle betreffend.
Molekulargewicht, das; Summe der Atomgewichte der im Molekül vorhandenen Atome bzw. Zahl, die angibt, um wieviel mal schwerer das betreffende Molekül ist als ein Wasserstoffatom. Syn.: Molgewicht.
mólitor, *m.,* lat., der Müller; zum Mehl gehörig; s. *Tenebrio.*
Moll, Jakob Anthoni, geb. 1832 's Gravenhage, Holland, gest. 1914 ebd.; Ophthalmologe; M. beschrieb als erster die nach ihm benannten M.schen Drüsen (Glandulae ciliares) am Augenlid.
mollis, -is, -e, lat., weich; s. *Ernobius.*
Mollúsca, *n.,* Pl., lat. *mollúscus (mollis)* weich; Weichtiere, Phylum der Protostomier, Bilateria, Eumetazoa; etwa 130 000 Arten. Ihre Cölomhöhle besteht im wesentlichen aus einem Perikard u. dem Gonadenlumen. Rücken gewöhnlich mit einer kalkigen Schale, seltener mit einer Kutikula gepanzert. Im Vorderdarm eine bezahnte Radula, die nur den Muscheln (Strudlern) fehlt. Fossile Formen seit dem Kambrium bekannt; Gruppen: Amphineura, Conchifera.
mollúscus, -a, -um, lat., weich.

molluskizid, lat., *cidere* töten; molluskenvernichtend. Molluskizide sind vor allem Schneckenbekämpfungsmittel.
Moloch, *m.,* Gottheit der Kanaaniter; Gen. der Agamidae, Lacertilia. Spec.: *M. hórridus,* Moloch (Australien, Wüstenbewohner).
molúrus, gr. *ho mólurus* = latin. *molurus* eine Schlangenart in der Antike; s. *Python.*
Monacha, *f.,* s. *monachus*; Gen. der Helicidae, Schnirkelschnecken. Spec.: *M. incarnata.*
mónachus, -a, -um, gr. *monachós* einsam, der Mönch; s. *Myopsittacus*; s. *Lymantria.*
Monachus, *m.,* gr., Mönchsrobbe; nur noch eine Art mit 3 Subspec. rezent; bereits bei Aristoteles (384–322 v. u. Z.) erwähnt; Gen. der Phocidae, Hundsrobben, Carnivora. Spec.: *M. monachus,* Mönchsrobbe.
Monarch, der; s. *Danaus pléxippus* (als berühmter Wanderfalter).
Monascidien, die; einzellebende Ascidiae, s. d.
monáxon, gr. *mónos* einzig, allein, *ho áxon* die Achse; einachsig.
Monaxónida, *n.,* Pl., gr. *-ida* (Suffix!); Gruppe der Demospongiae (Gemeinschwämme), deren Megasklerite einachsig (monaxon) und offensichtlich von Vierstrahlern abzuleiten sind. Artenreichste u. gestaltenreiche Gruppe der Poriferae. Bekannteste Familie: Spongillidae.
Mondfisch, der; s. *Mola.*
Mondfleck, der; s. *Phalera.*
monédula, *f.,* lat., die Dohle; s. *Coloeus.*
monéta, *f.,* lat., die Münze; s. *Cypraea.*
Mongoleigazelle, die; s. *Procapra gutturosa.*
mongolicus, -a, -um, in der Mongolei vorkommend; s. *Saiga.*
Mongoz, s. *Lemur.*
Moniézia, *f.,* Abltg. unbekannt; Gen. der Anoplocephalidae, Cestoida, Cestoda (Bandwürmer); bis 6 m lange u. 16 mm breite Bandwürmer; mit 2 kompletten Sätzen von Geschlechtsorganen je Proglottis, im Dünndarm von Wiederkäuern, Zwischenwirte: Milben (Zystizerkoid). Spec.: *M. benedi* u. *M. expansa* Riesenbandwurm (Wirte: Rinder, Schafe, Ziegen u. Wildwiederkäuer); Kosmopoliten.
monile, -is, *n.,* lat., das Halsband. Spec.: *Pentastomum moniliforme,* ein Zungenwurm (eigentl.: „halsbandförmig").
Monitoring, das, engl. *monitor* Mahner, Warner, Kontrollgerät; Sammelbegriff für überwachende u. kontrollierende Tätigkeiten, Überwachen von Umweltveränderungen bzw. von Schadstoffanreicherungen.
Monimolimnion, das; gr. *mónimos* bleibend u. *he límne* stehendes Wasser; das nicht durchmischte Tiefenwasser meromiktischer Seen.
Monobryozoon, *n.,* gr. *to brýon* das Moos, *to zóon* das Tier; der Name bezieht sich auf die einzeln lebende Form der ansonsten vielgestaltige Kolonien bildenden Bryozoa (s. d.). Spec.: *M. ambulans* (bei Helgoland, ist sicherlich sekundär einzellebend).
monóceros, gr. *mónos* ein, einzig, allein, *to kéras* das Horn; einhörnig, mit einem Horn; s. *Notoxus.*
Monochromasie, die, gr. *to chróma, -atos* die Farbe, Einfarbensehen, Wahrnehmen von nur einer Farbe.
monochromatisch, einfarbig.
Monocondylie, die, gr. *ho kóndylos* der Gelenkfortsatz, Gelenkhöcker; Vorhandensein von einem Hinterhauptshöcker; die gelenkige Verbindung des Sauropsidenschädels durch einen einfachen Gelenkhöcker (Cóndylus occipitális) mit dem 1. Halswirbel (Atlas).
Monocýstis, *f.,* gr. *he kýstis* die Blase; Gen. der Monocystidae, Gregarinida; in den Samenblasen des Regenwurms vorkommend. Spec.: *M. agilis.*
Monod, Jacques Lucien, geb. 9. 2. 1910 Paris, gest. 31. 5. 1976 Cannes, 1941 Promotion, 1959 Prof. für Stoffwechselchemie an der Sorbonne, 1965 Nobelpreis, 1971 Dir. d. Pasteur-Inst.; Publikationen: „Genetic regulatory mechanisms in the synthesis of proteins" (1961), „Zufall und Notwendigkeit – philosophische Fragen der modernen Biologie" (1971).
Monodelphia, *n.,* Pl., gr. *he delphýs* die Gebärmutter; Plazentatiere, Placentalia, Eutheria, Groß-Gruppe (Subcl.) der Mammalia. Die „Vaginae" beider Seiten sind zu einer einzigen Vagina verschmolzen im Ggs. zu den Didelphia. Auch die Uteri können ± verschmelzen.
Mónodon, *m.,* gr. *ho odús, odóntos* der Zahn; Gen. der Delphinaptéridae, Cetacea, Wale. Spec.: *M. monócerus,* Narwal, See-Einhorn(wal).
Monogamie, die, gr. *gamein* freien, sich gatten; Einehe, Ehe zwischen einem Manne u. einer Frau, Lebensgemeinschaft zw. einem Männchen u. einem Weibchen; Paarung, Brutpflege u. ± lange Gemeinschaft auf monogamer Basis.
Monogénea, die, gr. *monos,* s. o., *he génesis* die Erzeugung, Fortpflanzung (ohne Generationswechsel); Ordo der Trematoda, Saugwürmer; die Jugendformen der Monogenen besitzen grundsätzlich die Organisation des Adultus.
Monogonónta, *n.,* Pl., gr. *he goné* u. *ho gónos* die Erzeugung; ihre Keimdrüsen (Gonaden) sind nur in Einzahl *(monos)* entwickelt, im unpaaren Ovar werden die Eier durch einen

Nährteil mit Dotter versorgt; artenreichste Gruppe (Ordo) der Rotatoria.

Monographie, die, gr. *monográphēin* einzeln, einzig od. alleinig beschreiben, darstellen; allseitige Darstellung eines Gegenstandes (Themas) bzw. in der Zoologie einer Tiersippe.

Monograptus, *m.,* gr. *mónos* einzeln, einfach, *gráphein* einkratzen, schreiben; Gen. der Monograptidae, Graptolitha (s. d.). Spec.: *M. turriculatus*; *M. periodon.*

monogýn, gr. *he gyné* das Weib; einweibig; Bezeichnung für Nestgemeinschaften sozialer Insekten, in denen in der Regel die Fortpflanzung durch ein einziges Weibchen (Königin) erfolgt; vgl. polygyn.

Monohybrid, der. lat. *hýbrida* der Bastard, Blendling; ein Bastard, dessen Eltern sich in einem Merkmal unterscheiden.

Monokel-Kobra, die; wegen der monokel- (od. brillen-) artigen Zeichnung auf dem Nacken; daher der Trivialname für die Unterart *Naja naja kaouthia,* s. *Naja.*

monokoïtisch, gr., sich mit einem einzigen Partner paarend bzw. auch: nur einmal paarend.

Monomanie, die, gr. *he manía* Wahnsinn, Begeisterung; einseitige Wahnidee, krankhafter Spezialtrieb.

Monomer, das, gr. *to meros* der Teil; eine molekulare Untereinheit eines Polymers, z. B. eine Aminosäure im Protein.

monomiktischer See, *m.,* gr. *mónos* allein, einzig; ein See, der nur einmal pro Jahr (ganz oder teilweise) durchmischt wird; s. dimiktisch, holomiktisch, meromiktisch.

Monomórium, *n.,* gr. *monómoros* einteilig; Gen. der Formicidae, Ameisen. Spec.: *M. pharaonis,* Pharaoameise.

monophag, gr. *phagḗin* essen; monophag werden Tiere genannt, die sich nur von einer bestimmten Nahrung ernähren; Ggs.: polyphag.

monophyletisch, gr. *he phylé* der Stamm; einstämmig, sich von einer Stammform od. aus einem Ursprungsgebiet herleitend.

Monophylie, die; „Die Ableitung eines Taxon (über eine oder mehrere stammesgeschichtliche Linien) von einem unmittelbar ancestralen Taxon desselben oder niedrigeren Ranges" (Mayr 1975).

Monophylum, das, *n.,* gr. *to phýlon* der Stamm, die Sippe, das Geschlecht; umfasst (im Sinne der Phylogenetischen Systematik) sämtliche Nachkommen einer (!) Stammart;die geschlossene Abstammungsgemeinschaft von beliebiger Größe u. Rang, die sämtliche von einer Stammart abstammenden Arten enthält; s. auch: Paraphylum.

monophyodont, gr. *phýēin* erzeugen, *hoi odóntes* die Zähne; ohne Zahnwechsel („einmal Zähne bildend").

Monophyodonten, die; Tiere (Säugetiere), bei denen kein Zahnwechsel stattfindet.

Monoplacóphora, *n.,* Pl., gr. *he plax, plakós* die Platte, Schale, *phorḗin* tragen; Cl. der Conchifera; bilateralsymmetrisch mit einheitlicher Schale (Name!), die Kopf u. Rumpf umschließt u. durch 8 Paar Dorsoventralmuskeln mit der Ventralseite des Körpers (vor allem dem Fuß) verbunden ist. Mit diesen Muskeln wechseln 6 Paar Nieren und 5–6 Paar vereinfachte Kiemen ab. Fossile Formen seit dem Unterkambrium nachgewiesen.

Monopsýllus, *m.,* gr. *ho psýllos* der Floh; Gen. der Ceratophyllidae. Spec.: *M. sciurorum,* Eichhornfloh.

Monopyleen, Monopylárien, die, gr. *he pýle* die Öffnung; Nassellaria, Ordo der Radiolaria, Strahlentierchen. Typisch: Zentralkapsel mit einer Öffnung (Osculum), die durch eine poröse Platte verschlossen ist.

Monosaccharide, die, gr. *to sákchar* der Zucker; Monosen, einfache Zucker.

Monosomie, die, gr. *to sóma* der Körper; das Fehlen eines ganzen Chromosoms in Zellen einkaryotischer Organismen (z. B. 2 n–1). Sie ist eine Form der Aneuploidie u. entsteht durch mitotische od. meiotische Disjunktion.

Monospermie, die, *to spérma* der Same; die Befruchtung der Eizelle durch eine einzige Samenzelle.

monothalam, gr. *ho thálamos* das Gemach; einkammerig.

Monothalámia, *n.,* Pl., gr. *mónos* allein, einzig u. *ho thálamos*, einkammerige Foraminifera od. Thalamophora, s. d.; Ggs. Polythalamia, s. d.

Monotocárdia, *n.,* Pl., gr. *to us, otós* das Ohr, *he kardia* das Herz; Ordo der Gastrópoda.

Monotrémata, *n.,* Pl., gr. *to tréma* das Loch, die Öffnung (wegen der Kloake): Prototheria, Kloakentiere, Groß-Gruppe der Mammalia. Darmkanal, Ureteren, Müllersche bzw. Wolffsche Gänge u. die Harnblase münden in eine Kloake.

Monotypie, die, gr. *ho týpos* der Typus, die Figur; Bezeichnung für das Phänomen, das sich 1. ergibt, wenn ein Autor eine nominelle Gattung od. Untergattung aufstellt für das, was er als einzige taxonomische Art ansieht u. diese Art mit einem verfügbaren Namen bezeichnet (die so benannte nominelle Art Typusart kraft Monotypie); ebenso 2., wenn ein Autor ein nominelles Taxon der Artgruppe auf ein einziges Exemplar begründet, dieses jedoch nicht ausdrücklich als Holotypus bezeichnet (Holotypus kraft Monotypie).

Monozyten, die, gr. *to kýtos* die Höhlung, Zelle, das Gefäß; große weiße Blutkörperchen, syn. Splenozyten, bilden beim Menschen 6–8% aller reifen Leukozyten.
Monozytose, die; zeitweilige krankhafte Vermehrung der Leukozyten.
Monro, Alexander (secundus), 1733–1817; Anatom in Edinburgh (Nachfolger seines Vaters gleichen Namens, 1697–1767). M. wurde durch Untersuchungen am ZNS bekannt. Nach ihm ist das Forámen interventriculáre (F. Monroi) benannt worden.
Monrosche Loch, das; s. Monro, die Verbindung des dritten Gehirnventrikels mit den beiden ersten.
mons, móntis, *m.,* lat., der Berg; Mons pubis (veneris): der Schamberg, beim Menschen im weiblichen Geschlecht ausgebildet, eine durch Verdickung der Fettpolster der Haut gebildete Erhöhung über den äußeren Genitalien u. seitlich von diesen; außerdem enthalten in: *Montifringilla nivalis,* Schneefink.
Monticuli, *m.,* Pl.; lat. *montículus* der kleine Berg; (1) warzenartige, flache, kleine Erhebungen auf der Oberfläche von Stromatoporen u. Sclerospongea (Syn.: Mamelonen), oft in Verbindung mit Astrorhizen; (2) hervorragende Teile der Kolonieoberfläche von Cyclocorallia; (3) sich wie kleine Hügel über die Stockoberfläche bei einigen trepostomen Bryozoa erhebende Anhäufungen von Kenozooecien u. einzelnen größeren Zooecien.
Monstrosität, die, s. *monstrum;* Missbildung, Abnormität in Wuchs, der Gestalt, Anzahl.
monstrósus, -a, -um, lat., ungeheuerlich, scheußlich, wundersam, seltsam; s. *Chimaera.*
monstrum, -i, *n.,* lat., 1. die Missbildung, Missgeburt, Ungeheuerlichkeit, ein von der normalen Form abweichendes Lebewesen (oder Organ); 2. Gen. der Copepoda; *Monstrilla* (mit absonderlicher Körperform).
montánus, -a, -um, lat., bergbewohnend; s. *Cicadetta.*
montícola, lat., s. *mons, cólere* bewohnen, bebauen; Bergbewohner; s. *Cephalóphus.*
Montifringílla, *f., fringílla* der (Buch-) Fink; Gen. der Fringillidae, Finkenvögel. Spec.: *M. nivális,* Schneefink (zur Brutzeit im Hochgebirge über der Baumgrenze).
Moorente, die; s. *Nyroca.*
Moorfrosch, der; s. *Rana.*
Moorschneehuhn, das; s. *Lagopus.*
Moosskorpion, der; s. *Neobisium.*
Moostierchen, die; s. Bryozoa.
Morbidität, die, lat. *morbus, -i, m.,* die Krankheit; Zahl der Erkrankten in bestimmtem Zeitabschnitt (z. B. Jahr) bei Bezug auf eine Population bestimmten Umfangs.
Morbus haemolyticus neonatorum, lat. *morbus, m.,* die Krankheit, auch Leidenschaft, gr. *to haíma* das Blut, *he lýsis* die Auflösung, *néos* neu, lat. *natus* geboren; Hämolysekrankheit der Neugeborenen, verursacht durch die Unverträglichkeit der Blutgruppen zwischen Mutter u. Kind, am häufigsten tritt die Rh-Unverträglichkeit auf, seltener die der AB0-Gruppen.
Mordélla, *f.,* lat., „kleiner Beißer", von *mordḗre* beißen; Gen. der Mordéllidae (Stachelkäfer), Coleoptera, Heteromera. Spec.: *M. perlata,* Stachelkäfer.
Mordfliege, die; s. *Laphria.*
Morgan, Thomas Hunt, geb. 25. 9. 1866 in Lexington/Kentucky – USA, gest. 4. 12. 1945 in Pasadena. Studium der Naturwissenschaften, 1891 Promotion zum Dr. phil.; ab 1904 Prof. für experimentelle Zoologie an der Columbia Univ. New York, 1928 Prof. für Zoologie an der Univ. California; 1933 Gründung der Meeresbiologischen Station in Corona de Mar. M. erhielt 1933 den Nobelpreis für Medizin u. Physiologie. – Zahlr. Publikationen, u. a.: Regeneration, New York 1902; Evolution and adaptation, New York 1903; Chromosomes and heredity, 1910; Sex-linked inheritance in *Drosophila,* 1916, zus. mit Bridges; Evolution and genetics, New York 1925; The scientific basis of evolution, New York 1932.
Morgenthaler, Otto, geb. 18. 10. 1886 Ursenbach b. Bern, gest. 26. 6. 1973 ebd.; Promotion 1910, Habilitation 1938; angestellt an der Eidgenössischen Milchwirtschaftl. Versuchsanstalt in Liebefeld-Bern, hauptsächlich bekannt durch Untersuchungen von Bienenkrankheiten (wie Nosema, Faulbrut, Sauerbrut, Acariose u. Schwarzsucht). Präsident des XII. Internationalen Bienenzüchterkongresses in Zürich (1939), Generalsekretär der APIMONDIA von 1949 bis 1956, Zentralpräsident des Vereins der Deutsch-Schweizerischen Bienenfreunde (1936–1945).
Morphnus, *m.,* gr. *mórphnos*; 1. als Substantiv: Name einer Adlerart im Altertum, 2. als Adjektiv: dunkel, dunkelfarbig; Gen. der Accipitridae, Greife: Spec.: *M. guianensis,* Würgadler.
Mórpho, gr. *he Morphṓ* die Schönheitsgestalt (Aphrodite), *he morphe* die schöne Gestalt, Ansicht; Gen. der Morphidae, Ordo Lepidoptera, große, südamerikanische Tagfalter mit blau leuchtenden Vorderflügeln; die Farbgebung kommt nicht durch Pigmente, sondern durch Lichtbrechung in kompliziert gebauten Schmetterlingsschuppen zustande; Spec.: *M. rhetenor.*

Morphogenese, die, gr. *ho morphé* die Gestalt, Form, *he génesis* die Erzeugung, Entstehung; die Gestalt- u. Formentwicklung der Lebewesen.
morphogenetisch, gestaltbildend, die Form- od. Gestaltentwicklung betreffend.
Morphologie, die, gr. *ho logós* die Lehre; die Lehre vom Bau u. von der Gestalt der Organismen bzw. ihrer Organe.
morphologisch, gestaltlich, der Form, der Struktur nach, den äußeren Bau betreffend.
morrhua, latin. vom franz. *morue* der Dorsch; s. *Gadus.*
mors, mortis, *f.,* lat., der Tod, die Leiche. Spec.: *Blaps mortisaga,* „Totenkäfer".
mórsitans, lat., beißend, Partizip zu *morsitare* (häufig beißen). Spec.: *Glossina morsitans,* Tsetsefliege.
Mortalität, die, lat. *mortalitas, -átis* die Sterblichkeit, Vergänglichkeit; 2. in der Ökologie: die Anzahl der Individuen einer Population bestimmten Umfangs, die in einem bestimmten Zeitabschnitt (Woche, Monat, Jahr) sterben; 2. in der Demografie/Medizin: Zahl der Todesfälle an bestimmter Krankheit in bestimmtem Zeitraum, bezogen auf 10 000 od. 100 000 der Bevölkerung.
Mortalitätsrate, -quote, -ziffer, die; prozentualer Anteil der gestorbenen Einzeltiere an der Gesamtheit einer Population; diese Ziffer hängt von einer großen Zahl verschiedener exo- u. endogener Faktoren ab, z. B. von Krankheiten, Parasiten, Witterung, Konstitution, Kondition, Resistenz.
Morula, die, lat. *mórus, f.,* der Maulbeerbaum; das maulbeerförmige Embryonalstadium.
mórum, -i, *n.,* lat., gr. *to móron*; Maulbeere, Brombeere. Spec.: *Bombyx mori,* Seidenspinner.
Morychus, *m.,* gr., Beiname des Dionysos: Morychos; Gen. der Byrrhidae. Spec.: *M. aeneus,* Erzfarbener Pillenkäfer.
Mosaikeier, die; Eizellen mit rechtzeitiger Determination einzelner Keimbezirke.
Mosaikentwicklung, die; Entwicklungstyp, bei dem ein Mosaik verschieden determinierter Keimbezirke vorliegt, so dass keine regulativen Abänderungen stattfinden.
moschátus, -a, -um, lat., mit Moschus versehen, nach Moschus riechend; s. *Aromia*; s. *Neotragus.*
moschíferus, lat. *ferre* tragen, bringen; Moschus hervorbringend bzw. tragend, s. *Moschus.*
Moschus, *m.,* gr. *ho móschos* Moschus, von sanskr. *muschka* Hode, in dem der Moschus nach früherer Annahme gebildet werden sollte; Gen. der Moschinae, Cervidae. Der Moschus (stark riechendes Sekret) wird vom Bock gebildet durch die caudalen Hautdrüsenanhäufungen u. besonders im Moschusbeutel (zwischen Nabel und Penis). Spec.: *M. moschiferus,* Moschustier.
Moschusbock, der; s. *Aromia.*
Moschusböckchen, das; s. *Neotragus moschatus.*
Moschusochse, der; s, *Ovibos.*
Moschusschildkröte, die; s. *Kinosternon.*
Mosgovoyia, *f.,* Abltg. unbekannt; Gen. der Anoplocephalidae, Cyclophyllidea. Bis 20 cm lange Bandwürmer, im Darm von Nagetieren. Spec.: *M. pectinata* (Wirte: Hasen, Kaninchen; Europa, Asien, Afrika, Amerika).
Moskitos, die, *mosquito* portugies. Name für Fliege u. Mücke; Sammelname für stechende Dipteren heißer Länder. Die M. gehören vor allem den Fam. d. Culicidae (Stechmücken, auch Moskitos i. e. S.) u. Simuliidae (Kriebelmücken, Schwarze Fliegen) an.
Motacílla, *f.,* lat. *motacílla* (weiße) Bachstelze, *movere* bewegen, *culus* der Schwanz („Schwanzbeweger" bzw. „Wippsteert"); Gen. der Motacíllidae, Stelzen. Spec.: *M. alba,* Bachstelze, mit den Rassen *M. a. alba,* Weiße B., u. *M. a. yarréllii,* Trauerstelze; *M. cinerea,* Gebirgsstelze; *M. flava,* Schafstelze, Gelbe Bachstelze.
Motilität, die, lat. *movére* bewegen; die Beweglichkeit, das Bewegungsvermögen.
motorisch, lat. *motorius* der Bewegung dienend; Bewegungsvorgänge betreffend.
motorische Nerven, die; Muskeln innervierende u. Kontraktion auslösende Nerven.
motórius, -a, -um, lat., der Bewegung *(motus)* dienend.
Motoneuron, das, gr. *to neūron* die Sehne; ein Neuron (motorische Nervenfaser), das die Muskelzellen innerviert.
Mottenschildläuse, die, Pl.; s. Aleyrodina.
mRNS, Abk. für Messenger-RNS, s. d.
MSH, Abk. für **m**elanophoren**s**timulierendes **H**ormon, Syn.: Intermedin; Melanotropin, Polypeptid, gebildet in der Pars intermedia der Adenohypophyse, bewirkt bei Fischen u. Amphibien eine Ausbreitung der Melanophoren.
mucédo, *f.,* lat., der Schleim, die Gallerte; s. *Cristatélla.*
Mucine, die; Schleimstoffe des Speichels; das Mucin ist ein Gemisch aus Mucoproteiden u. Mucopolysacchariden.
Mucósa, die, s. *Mucósus*; Túnica mucósa, die Schleimhaut, überzieht z. B. das Innere des Magendarmkanals.

mucósus, -a, -um, lat., reich an Schleim, schleimig.
mucronátus, -a, -um, mit einer Spitze *(mucro)* versehen. Spec.: *Scapholeberis mucronata,* Gehörnter Wasserfloh.
Mucura, s. *Didelphys.*
múcus, -i, *m.,* lat., der Schleim, Rotz; Mucósa od. Túnica mucósa: die Schleimhaut.
Mücke, die, mhd. *mucke, mügge.*
Müller, Fritz, eigentl. Johann Friedrich Theodor, gen. Fritz, geb. 31. 3. 1822 Windischholzhausen b. Erfurt/Thür., gest. 21. 5. 1897 Blumenau/Brasilien; Zoologe und Arzt, Studium der Naturwissenschaften in Berlin u. Greifswald, Promotion (1852), Lehrtätigkeit am Erfurter Gymnasium, Medizinstudium in Greifswald (ohne Abschluss), Ausreise nach Blumenau/ Brasilien; Ehrendoktorwürde der Univ. Bonn (1868) u. Tübingen (1877); bekannt u. a. durch Arbeiten über Crustaceen, wies in seinem Buch „Für Darwin“ (1864) die Grundlagen der von Ernst Haeckel formulierten „Biogenetischen Grundregel“ nach (vgl. M. Eichhorn, 2002).
Müller, Hans Joachim, geb. 11. 11. 1911 Leipzig; Zoologe, Entomologe, Ökologe; 1931–1938 Studium d. Naturw. an d. Univ. Leipzig (Promotion 1938), Assistenz am Inst. f. Pflanzenkrankheiten d. Univ. Bonn (1938–1941), Ass. am zool. Institut d. Univ. Leipzig (1941–1945), von 1948–1965 Ass. u. Abteilungsleiter am Inst. f. Pflanzenzüchtung Quedlinburg u. ab 1956 Professor d. Deutschen Akademie d. Landwirtschaftswissenschaften zu Berlin (Habilitation 1956). Berufungen: 1965 Prof. mit Lehrstuhl d. Univ. Jena (für Spez. Zoologie u. Entomologie). Wiss. Arbeiten: Endosymbiose d. Insekten, spez. Zikaden; Wirtswahl u. Massenwechsel von Schadinsekten. Bedeutung d. Photoperiode für den Polymorphismus *(Araschnia levana, Euscelis)*; Formen der Dormanz bei Insekten. „Ökologie“ (2. Auflage 1991); „Dormanz bei Arthropoden“ (1992).
Müller, Hermann Joseph, geb. 1890 in New York, gest. 1967; Studium der Biologie u. speziell der Zoologie bei E. B. Wilson u. Th. H. Morgan; 1912 Dr. phil., 1920–1936 Prof. für Genetik u. Zoologie an der Univ. Texas, 1932–1937 Mitarbeiter am Institut für Genetik der Univ. Moskau, 1937–1940 Prof. an der Univ. Edinburgh, 1940–1945 Amherst Coll, 1945–1953 Prof. für Genetik u. Biophysik an der Indiana-Univ. in Bloomington. Hauptarbeitsgebiet: Mutationsforschung, erzielte als erster bei *Drosophila* eine künstliche Mutation.
Müller, Johannes, geb. 14. 7. 1801 Koblenz, gest. 28. 4. 1858 Berlin; Studium der Medizin ab 1819 an der Univ. Bonn, 1822 Promotion (Dr. med.), 1824 Habilitation, 1827 ao. Prof. an der Univ. Bonn, 1833 o. Prof. für Physiologie an der Univ. Berlin u. Direktor des Anatomisch-zootomischen Museums. M. wurde bekannt durch bahnbrechende Forschungen auf dem Gebiet der Physiologie, pathol. u. vergl. Anatomie u. Zoologie (vor allem Meeresbiologie). Aus seiner Schule gingen bedeutende Mediziner u. Zoologen hervor, u. a. E. Haeckel, J. Henle, Th. Schwann, E. Brücke, H. Helmholtz u. R. Virchow. Mit seinem Namen sind eine Anzahl physiol. u. anatomischer Begriffe verbunden. Arbeitsgebiete u. a.: Zur vergleichenden Physiologie des Gesichtssinns der Menschen u. der Tiere. Leipzig 1826; De glandularium secernentium structura. Bonn 1830; Handbuch der Physiologie des Menschen. Koblenz 1837–1840; Vergleichende Anatomie der Myxinoiden. Berlin 1835–1840; Amphioxus-Studien. Berlin 1844.
Müllerscher Gang, *m.,* s. Müller; Ductus Mülleri, bei Wirbeltieren embryonal angelegt, jedoch später nur im weiblichen Geschlechts funktionsfähig, im männlichen Geschlecht rudimentär, bei den Säugern gehen Eileiter, Uterus u. teilweise die Scheide daraus hervor.
Mützenschnecke, die; s. *Ancylus.*
Mufflon, der; s. *Ovis.*
Mugil, *m.,* lat. *mugil* Name eines Meeresfisches im klass. Altertum, vielleicht identisch mit *M. céphalus*; Gen. der Mugilidae, Meeräschen; Ordo Perciformes (Barschfische). Spec.: *M. cephalus,* Großkopf (Streifenmeeräsche).
mulíebris, -is, -e, lat, *múlier, -eris, f.,* das Weib; weiblich.
Mullus, *m.,* lat. *mullus* Meerbarbe der Alten; wurde als geschätzter Speisefisch bei den Römern lebend auf die Tafel gebracht (wegen der beim Sterben auftretenden prächtigen Farben); Gen. der Múllidae, Seebarben, Perciformes. Spec.: *M. barbátus,* Meerbarbe; *M. surmuletus,* Streifenbarbe (Seebarbe).
mulsum, *n.,* lat., Honigwein, Met.
multángulus, -a, -um, s. *múltus,* s. *ángulus,* vielwinkelig, vieleckig.
multi-, lat., von *multum*; viel-, in Komposita.
multicellularis, -e, lat., vielzellig.
múlticeps, s. *cáput*; vielköpfig.
Multiceps, *f.,* lat.; Gen. der Taeniidae, Cyclophyllida Plathelminthes; bis 50 cm lange Bandwürmer im Dünndarm zahlreicher Fleischfresser, Zwischenwirt: pflanzenfressende Säugetiere (Zönurus). Spec.: *M. multiceps,* Hundebandwurm; Wirte: Hund, Fuchs, Schakal; Zwischenwirte: Pferd, Rind, Schaf, Ziege, Kamel, Hirsch, Schwein, Kaninchen; Kosmopolit.

multífidus, -a, -um, lat. *findere* spalten; viel gespalten.
multifiliis, -is, -e, lat. *filia, -ae* die Tochter; mit vielen Nachkommen; s. *Ichthyophthírius.*
Multipara, die, lat. *párere* gebären, hervorbringen, „Vielgebärende"; syn.: Polypara; gr. *polýs* = lat. *multus,* weibliche Individuen einer Species, die im „Normalfall" mehrere Nachkommen pro Gravidität hervorbringen. Die Bezeichnungen für die (artspezifische) Anzahl der Mehrlinge pro Geburt werden in Komposita mit den Grundzahlen (als Präfixe) gebildet (Di-, Tripara usw.; vgl. Unipara, Plusipara.
multipennátus, -a, -um, s. *pénna*; vielgefiedert.
multiple Allelie, die; s. Allele.
multiple Innervation, die, lat. *in-* hinein, *nérvus* der Nerv, Versorgung mit Nerven; mehrfache Innervation eines Endorgans.
multipolares Neuron, das, s. *polus*; Neuron mit mehr als zwei Zellfortsätzen (ein „vielpoliges" N.).
Multituberculáta, *n.,* Pl., lat. *tuberculátus, -a, -um* mit Höckern versehen, mit vielhöckerigen Zähnen, also Backenzähnen (Molares) ausgestattete Tiere, Gruppe der Mammalia; Syn.: Allotheria.
múltus, -a, -um, lat., viel, zahlreich.
mulus, *m.,* lat. Maultier.
Mungo, *m.,* einheimischer Name (Indien); Gen. der Viverridae, Schleichkatzen. Spec.: *M. mungo (= M. griseus),* Mungo, Zebramanguste.
Muntíacus, *m.,* latin. Name aus dem Verbreitungsgebiet; Gen. der Cervidae, Hirsche, Ruminantia, Artiodactyla. Spec.: *M. muntjak,* Muntjak (von Ceylon über Indien bis China u. Sundainseln).
Muntjak, s. *Muntíacus.*
Muraena, *f.,* gr. *he mýraina* Muräne, als beliebter Speisefisch im alten Rom bekannt; Gen. der Muraenidae, Muränen; fossil seit dem Miozän bekannt. Spec.: *M. helena,* Gemeine Muräne.
murális, -is, -e, lat., an oder in Mauern (*murus* die Mauer) lebend. Spec.: *Lacerta muralis,* Mauereidechse.
murárius, -a, -um, lat., zur Mauer *(murus)* in Beziehung stehend; im Felsen vorkommend; s. *Tichódroma*; s. *Chalicodoma.*
Murex, *m.*, Name der Purpurschnecke bei Plinius; Gen. der Murícidae, Wulst-, Stachelschnecken. Spec.: *M. brandáris,* Brandhorn.
muricatus, -a, -um, spitzig, stachelig. Spec.: *Pontobdella muricata,* Rochenegel.
murínus, -a, -um, lat., mausartig, mausfarben; s. *Microcebus*; s. *Lacon,* s. *Eunectes.*
Murmeltier, das, mhd. *mürmendín,* ital. *marmontana*; s. *Marmota marmota.*
murus, -i, *m.,* lat., die Mauer.
Mus, *m.,* lat. *mus muris* die Maus; Gen. der Múridae, Echte Mäuse, Langschwanzmäuse. Spec.: *M. musculus,* Hausmaus.
Musa, *f.,* die Göttin der Künste; Musae, Pl., die Musen: die Göttinnen der schönen Künste u. Wissenschaften, Töchter des Zeus u. der Mnemosyne (Klio, Euterpe, Thalia, Melpomene, Terpsichore, Erato, Polyhymnia, Urania, Kalliope); sprachl. verwandt: museum, s. d., „Musentempel".
Musang, s. *Paradoxúrus hermaphrodítus.*
Musca, *f.,* lat. *musca* die Fliege; Gen. der Muscidae, Fliegen (vom Typ der Stubenfliege). Spec.: *M. doméstica,* Stubenfliege.
Muscardínus, *m.,* lat., die Haselmaus; Gen. der Gliridae, Schlafmäuse. Spec.: *M. avellanárius,* Haselmaus (kleinste mitteleurop. Art der Gliridae).
Muscícapa, *f.,* lat. *musca* die Fliege, *cápere* fangen; „die fliegende Insekten von einem Sitzplatz aus Erhaschende"; Gen. der Muscicápidae, Fliegenschnäpper. Spec.: *M. striata,* Grauer Fliegenschnäpper.
muscorum, lat. *muscus* das Moos, *muscorum,* Genit. Pl.; bezeichnet das Vorkommen im Moos-; s. *Neobísium.*
musculáris, -is, -e, zum Muskel gehörig.
músculocutáneus, -a, -um, s. *cútis*; zum Muskel u. zur Haut (bzw. zum Hautmuskel) gehörig.
músculus, -i, *m.,* lat. *mus, muris, m.,* die Maus, der Muskel, eigentl. das Mäuschen; s. *Mus.*
muscus, -i, *m.,* lat., das Moos. Spec.: *Gnaphosa muscorum* (eine Röhrenspinne, die unter Moos vorkommt).
muséum, *n.,* latin., ein Raum mit Sammlungs- oder Schaustücken; Studierzimmer, die Bibliothek, das Museum. Spec.: *Anthrenus museorum,* Museumskäfer.
músicus, -a, -um, lat.; gr. *muskós*; musisch, musikalisch, s. *Melierax.*
Musóphaga, *f.,* lat. *musa* die Banane, Pisang (nach *Musa*, dem Leibarzt von Kaiser Augustus), gr. *phagēin* fressen; Gen. der Musophágidae, Bananenfresser, Helmvögel. Spec.: *M. violacea,* Pisangfresser oder Schildturako (mit blesshuhnartigem Stirnschild).
Musophagiformes, *f.,* Pl., s. *Musophaga* u. *-formes*; Turakos, Ordo d. Aves; früher oft wegen ihrer (wohl) näheren Verwandtschaft mit den Kuckucken zu der Ordo Cuculiformes gestellt.
Mussurana, s. *Clelia clelia.*

Mustéla, *f.,* lat. *mustéla* das Wiesel, der Marder; Gen. der Mustélidae, Marder; fossil seit dem Miozän bekannt. Taxa: *M: (= Putorius) putorius,* Iltis; *M. (Put.) p. domesticus,* Frettchen; *M. erminea,* Hermelin, Großes Wiesel; *M. nivalis,* Kleines Wiesel, Mauswiesel; *M. (= Lutreola) lutreola,* Nerz, Sumpf- od. Krebsotter; *M. (= Lutreola) vison,* Mink.

Mustélus, *m.,* lat. *mustéla,*(neben Wiesel, Marder) auch ein fleckiger Seefisch; Gen. der Carcharhinidae, Blauhaie; fossil seit dem Pliozän bekannt. Spec.: *M. mustelus (= vulgáris),* Glatthai; *M. punctulatus,* Glatter Hai.

Mustergeneratoren, die, Pl., *m.*; engl. *pattern generators*; zentralnervöse Verschaltungsstrukturen, die (vor allem rhythmische) motorische Aktivitäten wie Laufen, Schwimmen u. Fliegen programmieren, ohne auf sensorische Rückkoppelung angewiesen zu sein (z. B. neuronale Oszillatoren). Bei der Feinausprägung der von M. gesteuerten Verhaltensweisen sind jedoch stets auch sensorische Informationen beteiligt.

mutábilis, -is, -e, lat., veränderlich, wandelbar.

Mutabilität, die; Veränderlichkeit, Wandelbarkeit: das Vermögen des genetischen Materials und seiner Komponenten zu mutieren, d. h. durch Mutation erblich verändert zu werden.

Mutagene, die, gr. *gígnesthai* entstehen, abstammen; mutationserzeugende Faktoren, wie physikalische u. chemische Agenzien, deren Einwirkung zu Mutationen führt (z. B. ionisierende Strahlen, alkylierende Agenzien).

Mutante, die; ein durch Mutation entstandenes Individuum.

mutáre, bewegen, ändern. Spec.: *Cnemidocoptes mutans* (Milbe bei Hühner, „Kalkbeinigkeit" erzeugend).

Mutation, die, lat. *mutátio, -ónis, f.,* lat., die Änderung, Umwandlung; spontane oder induzierte erbliche Veränderung; man unterscheidet Genmutationen, Chromosomenmutationen, Genommutationen, Plasmonmutationen u. Plastidenmutationen; vgl. Modifikation.

mutativ, sich sprunghaft erblich ändernd, sich durch Mutation verändernd.

múticus, -a, -um, grannenlos, verstümmelt; s. *Pavo.*

Mutílla, *f.,* lat. *mútilus* verstümmelt, ♀ ohne Flügel, ameisenähnlich; Gen. der Mutíllidae, Spinnen-Ameisen, Ameisenwespen. Spec.: *M. europaea,* Europäische Ameisenwespe.

Mutterkuchen, der; s. Placenta.

Muttervolk, das; gekörtes Bienenvolk, das zur Erzeugung von Zuchtweiseln zugelassen ist (vgl. Vatervolk).

Mutualismus, der, lat., *mutuus, -a, -um,* geborgt, wechselseitig. Form eines Biosystems mit ± regelmäßigen Beziehungen zwischen verschiedenen Arten, die für beide Teile vorteilhaft, lebensfördernd, jedoch nicht lebensnotwendig (wie bei der Symbiose i. e. S.) sind; z. B. das Zusammenleben von Einsiedlerkrebsen mit Seerosen-Algen.

mutus, -a, -um, lat., stumm; s. *Lagópus*; s. *Láchesis.*

muzigen, s. *múcus,* gr. *genán* erzeugen; Schleim bildend.

Mya, *f.,* gr. *he mýa* eine Muschelart; Gen. der Myidae, Klaffmuscheln, Fam. der Eulamellibranchiata; fossile Formen seit dem Oligozän bekannt. Spec.: *M. arenaria,* Sand(klaff)muschel.

Mycétes, *m.,* gr. *ho myketés* der Brüller, von *mykásthai,* brüllen; s. *Alouatta.*

Mycocysten, die; bei Eugleniden in der Zellperipherie vorkommende Organellen als ein Typ von Extrusomen; über ihre Funktion besteht keine Klarheit.

Mýdas, gr. *mydán* nass sein; die Meerschildkröte; s. *Chelónia.*

Mydríasis, die, gr. *he mydríasis* Pupillenerweiterung; Pupillenerweiterung durch Sympathikusreizung od. Okulomotoriuslähmung.

mydriatisch, pupillenerweiternd.

Myelencéphalon, das, gr. *ho myelós* das Mark, *ho enképhalos* das Hirn; das Nachhirn, Markhirn od. verlängerte Mark (Medúlla oblongáta) bei Wirbeltieren.

Myelinscheide, die, *f.*, gr. *myelos* Mark; dichtgepackter Membrankomplex in Glia-Zellen, die das Axon von Neuronen spiralförmig umhüllen. Die M. dient aufgrund des hohen Gehalts der Membranen an hydrophoben Lipiden als elektrischer Isolator des Axons. Neuronen mit M. heißen „myelinisiert". In der klassischen Literatur wird die M. sprachlich irreführend oft als „Markscheide" bezeichnet.

myelogen, gr. *ho myelós, gígnesthai* entstehen, abstammen; aus dem Knochenmark entstanden, auch: markbildend.

myeloisch, zum Knochenmark gehörend, das Knochenmark betreffend.

Myeloschisis, die, gr. *he schísis* die Spaltung; Fehlbildung mit Defekten am Rückenmark.

myentéricus, -a, -um, gr. *ho mys* die Maus, der Muskel, *to énteron* das Eingeweide; zur Darmmuskulatur gehörig.

Myiasis, die, gr. *he mȳia* die Mücke, Fliege; Befall von Wunden durch Fliegenlarven der Fam. Calliphoridae (Schmeiß- u. Goldaugenfliegen). Eine Madenkrankheit, das Parasitieren von Fliegenlarven am lebenden Körper; je nach dem Sitz unterscheidet man u. a.: M. dermatosa (Dermatomyiasis) u. Rhinomyiasis (Madenfraß in Nase u. Nebenhöhlen).

Myliόbatis, *f.*, gr. *he mylías* der Mühlstein, *ho* u. *he batís* der Rochen; wegen der platten Zahnpflaster; Gen. der Myliobatida (Adlerrochen), Rajiformes. Spec.: *M. aquila,* Adlerrochen (kosmopolit., häufig im Mittelmeer; hat den Vogelschwingen ähnliche Brustflossen – Name!).

Myo-, gr. *mys, mýós* Maus, Muskel; in Zsg.

Myoblast, der, *ho blástos* der Keim; Muskelbildner.

myocardium, -ii, *n.*, gr. *ho mýs* der Muskel, eigentl. die Maus, *he kardía* das Herz; die Herzmuskulatur.

Myocástor, *m.*, gr. *ho mys, myós* die Maus, der Muskel, *ho kástor* der Biber; mit amphibischer Lebensweise, natürliches, ursprüngliches Vorkommen im gemäßigten S-Amerika; Gen. der Capromyidae, „Baumratten" (Myocastóridae), Octodontoidea, Trugrattenartige, Rodentia; fossil seit dem Pliozän bekannt. Spec.: *M. (= Myopótamus) coypus,* Sumpf- oder Schweifbiber; im Pelz- u. Rohfellhandel auch Nutria genannt. Nutria bezeichnet jedoch im Spanischen den Fischotter *(Lutra lutra).*

Myofibrillen, die, s. *fibrilla*; die kontraktilen Fasern im Sarkoplasma.

Myogále, *f.*, gr. *he myogalé* die Spitzmaus; Gen. der Talpidae, Maulwürfe. Spec.: *M. (= Desmana) moschata,* Desman (Osteuropa; der kleine Pelz heißt im Handel Moschus- od. Silberbisam).

myogen, gr. *gígnesthai* entstehen; von Muskeln ausgehend, durch Muskeln verursacht, muskelbildend.

myogene Automatie, die, gr. *autós* selbst, eigen; myogene Erregungsbildung, das Erregungsbildungszentrum besteht aus modifizierten Muskelzellen, u. die Erregung breitet sich von Muskel- zu Muskelzelle im Myokard aus. Eine myogene Automatie haben die Herzen der Anneliden, Insekten, Mollusken, Tunicaten u. Wirbeltiere. Das primäre Automatiezentrum bei Amphibien ist beispielsweise ein Sinusknoten; vgl. neurogene Automatie.

Myoglobin, das; roter Farbstoff der Muskulatur vieler Tiere (Evertebraten, Vertebraten), besteht nur aus einer einzigen Peptidkette mit einer Hämkomponente.

myoídes, gr. *to eídos* das Aussehen, die Gestalt; muskelähnlich, -artig.

Myokárd, das, gr. *he kardía* das Herz; die Herzmuskulatur, syn. Myokardium.

Myologie, die, gr. *ho lógos* die Lehre; die Lehre von den Muskeln.

Myom, das; gutartige Geschwulst aus Muskelgewebe.

Myomerie, die, gr. *ho mys* der Muskel, die Maus, *to méros* der Teil; die ursprüngliche segmentale Anordnung der Muskulatur.

Myométrium, das, gr. *he métra* die Gebärmutter; Gebärmuttermuskulatur.

Myoneme, die, gr. *to néme* der Faden; kontraktile Organelle bei Protozoen.

Myopótamus, *m.*, gr. *ho mýs* die Maus, der Muskel, *ho potamós* der Fluss; s. *Myocastor.*

Myopsíttacus, *m.*, gr. *ho psittakós* der Papagei; Gen. der Psittácidae, Papageien. Spec.: *M. mónachus,* Mönchssittich, Kuttensittich,

Myosin, das; Muskeleiweiß, gehört zu den Globulinen u. besitzt ATP-ase-Wirkung, bildet mit Actin das Actomyosin.

Myospásmus, der, gr. *ho spasmós* der Krampf; der Muskelkrampf.

Myótis, *m.*, gr. *to us, otós* das Ohr; Gen. der Vespertiliónidae, Glattnasen. Spec.: *M. myotis,* Großes Mausohr; *M. (= Leuconoë) daubentoni*, Wasserfledermaus.

Myotome, die, gr. *he tomé* der Abschnitt, bei Wirbeltieren Teile der Ursegmente, die hauptsächlich in Muskulatur umgewandelt werden und aus denen die Myomeren entstehen.

Myoxidae, *f.*, Pl., gr. *myoxós* die Schlaf- od. Haselmaus, Bilch; Syn. von Gliridae, Fam. der Rodentia; Siebenschläfer, Bilche.

Myoxopsýlla, *f.*, gr. *ho myoxós* Schlafmaus, Bilch, *he psýlla* der Floh; Gen. der Ceratophyllídae. Spec.: *M. laverani,* Schäferfloh (auf Schlafmäusen, Gliridae).

Myóxus, *m.*, gr. *ho myoxós* eine Mäuseart, Haselmaus; s. *Glis.*

Myrafant, Bezeichnung für ein Subgenus der Gattung *Leptothorax* (s. d.), gegeben nach Myra Fant, dem Mädchennamen der Frau des Autors M. R. Smith.

Myriápoda, *n.*, Pl., gr. *he myrías* unzählbar große Menge, *myríoi* unendlich viel, *ho pus, podós* der Fuß; Tausendfüßer; Großgruppe (Cl., Supercl.) der Arthropoda. Langgestreckte Landtiere mit Segmentierung des ganzen Rumpfes, der an jedem Segment ein oder (sekundär) zwei Laufbeinpaare trägt. Es sind ein Paar Antennen vorhanden. Sie sind blind od. haben Einzelaugen, die zu Facettenaugen zusammentreten können (bei den Scutigeridae). Die Einteilung erfolgt nach der Lage der Geschlechtsorgane in Pro- u. Opisthogoneata. Die M. gehören zu den ältesten Landtieren; fossile Formen seit dem Obersilur bekannt.

Myrmecóbius, *m.*, gr., von Ameisen *(mýrmekoi)* lebend *(bíos)*; Gen. der Myrmecobíidae

(Ameisenbeutler), Dasuroidea, Metatheria. Spec.: *M. fusciátus,* Ameisenbeutler.

Myrmecóphaga, *f., gr. ho mýrmex, -ekos* die Ameise, *phagē̄in* fressen, wegen der Spezialisierung auf Ameisennahrung; Gen. der Myrmecophágidae, Ameisenbären, -fresser. Spec.: *M. tridactyla (= jubata),* Großer Ameisenbär.

Myrmecophágidae, *f.,* Pl., gr., s. *Myrmecóphaga*; Ameisenbären, Fam. der Xenarthra (s. d.), S-Amerika; baum- u. bodenlebende, zahnlos gewordene Tiere; typisch sind ferner ihre lange Zunge (mit viskosem, klebrigem Speichel) zum Nahrungserwerb durch Einführen in Ameisen- u. Termitenbauten sowie die großen Speicheldrüsen.

Myrmecóphila, *f.,* gr., ameisen-liebend; Gen. der Myrmecophilidae (Ameisengrillen), Saltatoria. Spec.: *M. acervórum,* Ameisengrille.

Myrmekochorie, die, gr. *chorízē̄in* verbreiten, absondern; Verbreitung von Samen und Früchten durch Ameisen.

Myrmekologie, die, gr. *ho lógos* die Lehre; die Lehre von den Ameisen, Ameisenkunde.

Myrmekophilen, die, gr. *ho phílos* der Freund; Ameisengäste, geduldete Mitbewohner der Ameisennester.

Myrmekophilie, die, gr. *phílos* Freund, liebend; das Auftreten von Anpassungen verschiedener Insekten u. anderer Gliederfüßer, die in irgendeiner Beziehung zu Ameisen stehen und temporär od. permanent in ihren Nestern leben. Nach dem Verhältnis zwischen „Gästen" und Ameisen unterscheidet man: 1. Synechthren (feindlich verfolgte Einmieter), 2. Synöken (geduldete Einmieter), 3. Symphilen (echte Gäste), 4. Parasiten (Außen- od. Innenschmarotzer).

Myrmeleon, *m.,* gr. *ho léon* der Löwe; Gen. der Myrmeleónidae, Ameisenlöwen. Spec.: *M. europaeus,* Europ. Ameisenlöwe.

Myrmíca, *f.*; Gen. der Formicidae, Ameisen. Spec.: *M. rubida,* Rote Knotenameise (Hinterleibsstiel aus 2 knotigen Gliedern bestehend).

Mýsis, *f.,* gr. *he mýsis* das Zusammendrücken (der Augen, Lippen usw.), *myē̄in* schließen; Gen. der Mysidae, Crustacea. Spec.: *M. mixta* (Ostsee); *M. oculata* (im nördl. Eismeer zirkumpolar verbreitet).

Mystacocarida, *n.,* Pl., gr. *ho mýstax, -akos* der Bart, *he karís, -ídos* kleiner Seekrebs, Krebs, „Bartkrebse"; namentlicher Bezug auf die wie Haare aussehenden Fortsätze an den Extremitäten; Gruppe der Crustacea. Genus: *Derocheilocaris.*

Mystacocéti, *m.,* Pl., = Mysticéti; gr. *ho mystíketos = mystakokétos,* von *ho mýstax, -akos* der Bart u. *to kétos* der große Meer-(Wal-) Fisch, bei Aristoteles ein Tier mit Borsten (ohne Zähne) im Munde; Bartenwale, Gruppe der Cetacea (Wale). Familiae: Balaenidae, Glattwale; Balaenopteridae, Furchenwale; Eschrichtiidae (= Rhachianectidae), Grauwale.

Mysticéti, -en, die; s. Mystacoceti.

mysticétus, latin. u. kontrahiert aus gr. *ho mystakokétos* (von *mýstax* u. *kétos*), s. o.; s. *Balaena.*

Mýtilus, *m.,* gr. *ho mytílos* eine essbare Muschel; Gen. der Mytílidae, Miesmuscheln, O. Anisomyaria. Spec.: *M. edulis,* Miesmuschel.

Myxine, *f.,* gr. *ho myxínos* schlüpfriger Meerfisch, Schleimfisch; Gen. der Myxinidae, Hyperotreta = Myxinoidea (s. d.). Spec.: *M. glutinosa,* Inger.

Myxinoídea, *n.,* Pl., gr. von *mýxa* (s. u.) u. *-oideus* (s. d.), „Schleimartige"; ihr aalähnliches Aussehen u. die beiderseitige Reihe großer Schleimdrüsen (Name!) führten zu dem Trivialnamen „Schleimaale"; Inger, Syn.: Hyperotreta (s. d.); Gruppe (Ordo) der Cyclostomata, Agnatha. Sie können Atemwasser durch die Nase aufnehmen, da der Nasenhypophysengang hinten in den Darm mündet. Die ausschließlichen Meerestiere leben von Würmern sowie kranken u. toten Fischen (oft bei „raspelndem" Vordringen in deren Inneres). Genera: *Myxine, Bdellóstoma.*

Myxobolus, *m.,* gr. *he mýxa* der Schleim, *ho bólos* der Bissen, die Beule, die Geschwulst; Gen. der Myxozoa. Spec.: *M. pfeifferi,* Erreger der Beulenkrankheit bei Barben, erzeugt Geschwülste mit einem Durchmesser von 7 cm; *M. cerebralis* verursacht bei Forellen die Drehkrankheit.

Myxogastra, *n.,* Pl., gr.; Gruppe der einzelligen Eukaryota. Die echten (azellulären) Plasmodien der in diesem Taxon zusammengefassten Arten leben meistens im Humus od. auf totem Holz; sind gewöhnlich makroskopisch sichtbar u. häufig leuchtend gelb od. rot gefärbt. Unter günstigen, meist anthropogen beeinflussten Umständen erreichen sie Durchmesser von mehreren Dezimetern. Die zu einem Netzwerk vereinigten Protoplasma-Adern, aus denen die Plasmodien bestehen, zeigen in ihrem Innern eine besondere Form der Plasmaströmung, die sog. Pendelströmung. Häufig werden sie für generelle Studien über amöboide Bewegung herangezogen. Die diploiden Plasmodien entstehen durch die Verschmelzung haploider Zellen, die entweder begeißelt sind od. sich amöboid bewegen. Unter fortlaufenden synchronen Kernteilungen wachsen sie zu plasmodialen Netzwerken heran. Bei Eintritt ungünstiger Lebensbedingungen werden gestielte Sporangien gebildet, in denen unter Meiose die Sporenbildung erfolgt. Da sich sowohl die diploiden Plasmodien (durch Plasmotomie) als auch die haploiden Einzelzellen (durch Mitose) teilen können, liegt ein heterophasischer Generationswechsel vor. Genera (z. B.): *Didymium; Physarum* (aus Westheide/ Rieger 1996).

Myxosóma, *n., gr. to sóma* der Körper, Leib; Gen. der Myxosomátidae, Cnidosporidia, Sporozoa. Spec.: *M. cerebrále,* Erreger der Myxosomatose, Drehkrankheit der Forellen.

Myxosomatose, die; Drehkrankheit der Forellen; von *Myxosoma cerebralis* verursachte Erkrankung der Forellenbrut; die Sporozoen befallen die Knorpel der Kiefer, Wirbelsäule und des statoakustischen Apparates. Der Befall führt zu Gleichgewichtsstörungen (Drehbewegungen, Purzelbäume), u. a. Schwarzfärbung des kaudalen Körperdrittels. Die Inkubationszeit beträgt bei 15 °C 50 Tage. Verknöcherung des Skeletts führt zur Abkapselung von *Myxosoma* und zum Rückgang der Symptome. Die Teichdesinfektion erfolgt mit Kalkstickstoff.

Myxosporidiosen, die; durch Arten der Myxosporidien (Ukl. Cnidosporidia) hervorgerufene Erkrankungen bei Fischen. Bei Süßwasserfischen werden Gewebe, bei Meeresfischen Körperhöhlen parasitiert. Bekannteste Vertreter: *Myxosoma cerebralis,* Erreger der Myxosomatose der Forellen; *Myxobolus cyprini,* Erreger der malignen Myxosporidienanämie des Karpfens. Knötchenkrankheiten werden von den Gattungen *Myxobolus* und *Henneguya* bewirkt.

Myxoviren, *n.*, Pl., die; gr, *he myxa* der Schleim; Viren, (engl.) myxoviruses; med. wichtige Gruppe mittelgroßer RNA-Viren, die in die beiden Virusfamilien Orthomyxoviridae u. Paramyxoviridae unterteilt wird. Die Bez. der Virusgruppe erfolgte aufgrund der Fähigkeit einzelner dieser Viren, mittels Neuraminidase Mukoproteine von Zellmembranen anzugreifen.

Myxovirus, (Orthomyxovirus), s. o.; Gruppe von RNA-Viren in den Typen A, B, C bekannt. Erreger von Influenza bei Mensch, bei Pferd, Schwein, Ente u. anderen Geflügelarten sowie bei klassischer Geflügelpest.

Myxozoa, *n.,* Pl., gr. (s. *Myxobolus*); Gruppe der einzelligen Eukaryota. Die etwa 1 200 Arten sind ausschließlich Gewebe- od. Zellparasiten. In der Fischzucht können sie erhebliche Verluste verursachen. Früher wurden sie wegen der Ausbildung von Polfäden mit den Microspora zu den „Cnidospora" vereinigt. Diese bildeten in älteren Systemen mit den heutigen Apicomplexa die traditionellen „Sporozoa". Alle diese Gruppen sind durch sog. Sporen charakterisiert, deren völlige Verschiedenheit erst mit den Methoden der Elektronenmikroskopie aufgedeckt werden konnte. Genus (z. B.): *Myxobolus* (s. d.) (aus Westheide/Rieger 1996).

Myzetom, das, Pl.: Myzetome, gr.; spezielles Anhangsorgan od. mehrzellige, zusammenhängende Zellkomplexe am Darm od. an den Geschlechtsorganen von Insekten, die bestimmte Bakterien od. Pilze beherbergen, z. B. bei der Larve von *Oxymuris cursor* (Bockkäfer) am Mitteldarm festgestellt. Ein Individuum kann gleichzeitig mehrere Myzetome für verschiedene Bewohner haben.

Myzódes, *m., gr. mýzein* saugen, *he hodós* der Gang; Gen. der Amphididae, Röhrenläuse. Spec.: *Myzodes (= Rhopalosiphum) persicae,* Grüne Pfirsichblattlaus, Tabaklaus.

Myzóstoma, *n.*, = *Myzóstomum, n.,* gr. *to stóma, -atos* der Mund; Gen. der Mytostómidae, Proboscifera. Spec.: *M. ciriferum* (schmarotzt auf *Antedon rosacea*).

Myzostomida, *n.,* Pl., gr., s. *Myzóstoma*; namentlicher Bezug auf den als Saugapparat ausgebildeten Vorderdarm; Gruppe (früher Seitenzweig) der Polychaeta; Ectoparasiten an Crinoiden; bereits im Karbon nachgewiesen. Ordines: Proboscifera, Pharyngidea.

Mýzus, *m.*, gr. *mýzein* saugen; Gen. der Aphididae, Aphidina. Spec.: *M. persicae*, Grüne Pfirsischblattlaus. Grünlichgelbe bis grüne Blattlaus an *Prunus*-Arten, die durch ihre Saugtätigkeit die jungen Sprosse verlängert u. die Blätter im Wachstum hemmt u. kräuselt, mit Wirtswechsel zu Kreuzblüten- u. Nachtschattengewächsen, z. B. Kartoffeln (Virusüberträger!); weltweit.

N

N, Abk. für: 1. Nervus, Nerv; 2. Symbol des Stickstoffs, Nitrogenium; 3. **n** = normal, Normallösung.

NA, Abk. für Nomina Anatomica, s. medizinisch-anatomische Nomenklatur.

Nabelstrang, der; Funículus umbilicális, s. *funículus.*

Nabis, nach gr. *Nábis, -idos,* dem grausamen Tyrannen v. Sparta; Gen. der Nabidae, Sichelwanzen.

Naboth, Martin, Mediziner, geb. 1675 Calau (Niederlausitz), gest. 1721 Leipzig, Prof. in Leipzig; bekannt durch Arbeiten auf dem Gebiete der Anatomie. Nach ihm sind die Ovula

Nabothi benannt, bläschenförmige Erweiterungen der Gebärmutterhalsdrüsen, die N. jedoch für Eier der Menschen gehalten hat.

Nach-Depolarisation, die, s. Depolarisation; Nachpotentialform, d. h. eine verzögerte Rückkehr des Membranpotentials zum Ruhepotential.

Nachentladung, die; Auftreten erneuter Aktionspotentiale nach Abschluss eines Reizes.

Nachgeburt, die; vorhanden bei den höheren Säugern u. dem Menschen (Plazentalier). Sie besteht aus den Embryonalhäuten, der Nabelschnur u. der Plazenta. Die Ausstoßung der N. beendet den Geburtsakt.

Nachtigall, die, mhd. *liepswinderinne* („die vor Liebe stirbt"); s. *Luscinia.*

Nachtreiher, der; s. *Nycticorax.*

Nachtschwalbe, die; s. *Caprimulgus*

Nachtsheim, Hans, geb. 13. 6. 1890 Koblenz, gest. 24. 11. 1979 Boppard am Rhein; Dr. phil., Dr. med. h. c., Dr. rer. nat. h. c., Prof. für Allgemeine Biologie u. Genetik an der Freien Universität Berlin u. Direktor des ehemaligen Max-Planck-Instituts für vergleichende Erbbiologie u. Erbpathologie in Berlin-Dahlem. 1913 Promotion bei R. Hertwig mit der Dissertation „Cytologische Studien über die Geschlechtsbestimmung bei der Honigbiene", 1914 Assistent von F. Doflein (Freiburg), 1919 Habilitation bei R. Hertwig über die progame Geschlechtsbestimmung bei *Dinophilus.* 1921 gab er Morgans *Drosophila*-Monographie in deutscher Sprache heraus. 1923 ao. Prof. an der Landwirtschaftl. Hochschule (später Universität) ernannt; bearbeitete genetische Probleme an Haus- u. Wildsäugetieren, insbesondere am Kaninchen („Vom Wildtier zum Haustier", 1936), u. Fragen der Humangenetik. 1941 Berufung zum Leiter der Abteilung für experimentelle Erbpathologie am Kaiser-Wilhelm-Institut für Anthropologie, menschliche Erblehre u. Eugenik in Berlin-Dahlem; 1949–1955 an der Univ. Berlin (West) tätig.

Nacktmaus, die; eine unbehaarte Maus mit angeborenem Thymusdefekt.

Nacktnasenwombat, der; s. *Vombatus ursínus.*

Nacktschnecke, die; s. *Limax.*

NAD, Abk. für **N**icotinsäureamid-**a**denin-**d**inucleotid, Codehydrogenase, ein in vielen Dehydrogenasen vorkommendes Pyridinnucleotid. Es besteht aus Nicotinsäureamid, welches N-glykosidisch mit Ribose verknüpft u. über Phosphorsäure mit Adenosin verbunden ist. Die Funktion des NAD besteht in der reversiblen Wasserstoffaufnahme, wobei der Pyridinring des Nicotinsäureamids zum Dihydroderivat reduziert wird. Für NAD ist heute noch weitgehend die alte Bezeichnung Diphosphopyridinnucleotid, DPN, im Gebrauch.

Nadelfisch, der; s. *Carapus acus.*

NADP, Abk. für **N**icotinsäureamid-**a**denin-**d**inucleotid**p**hosphat; Triphosphopyridinnucleotid, TPN; Codehydrase II, ein in zahlreichen Dehydrogenasen vorkommendes Pyrimidinnucleotid. Es unterscheidet sich vom NAD nur durch eine zusätzliche Phosphorsäuregruppe im Adenosinanteil.

Nährstoffe, die; in Futtermitteln enthaltene organische Stoffgruppen u. Mineralstoffe, die zur Ernährung der Tiere notwendig sind.

Naevus, Nävus, der, lat. *naevus, -i, m.,* das Muttermal, Mal.

Nagana, die, afrikanisch; durch die Tsetsefliege, z. B. *Glossina morsitans,* übertragbare afrikan. fieberhafte Haustierseuche, verursacht durch *Trypanosoma brucei, T. congolense, T. vivax* u. *T. simiae.*

Nagekäfer, der; s. *Ernobius,* s. *Ptilinus,* s. *Xestobium.*

Nagelfleck, der; s. *Aglia.*

Nagetiere, die; s. Rodentia.

Nahrungskette, die; eine stufen- od. kettenartige Abhängigkeitsfolge unterschiedlicher Organismen, die durch eine Nahrungsbeziehung miteinander verbunden sind (z. B. Pflanze, Pflanzenfresser, Fleischfresser).

Naididae, gr. *Naís* eine Quellennymphe; Fam. d. Oligochaeta; mit wenigen Ausnahmen Süßwassertiere. Spec.: *Náis proboscidea* (mit rüsselartig verlängertem Kopfanhang), ist syn. mit *Stylaria lacustris.*

Naja, latin. aus *Noya* Name der Brillenschlange auf Sri Lanka; Gen. der Elapidae, Giftnattern, Ophidia; Echte Kobras, Hutschlangen, ihr vulgärer (dtsch.) Name stammt vom in Drohstellung durch Spreizen der Rippen abgeflachten Hals; die meisten spp. (nicht nur so genannte „Speikobras"!) können Angreifern ihr äußerst wirksames Gift 2–3 m weit gezielt entgegenspritzen. Vielfach von Gauklern zum „Tanzen" veranlasst (folgen in Verteidigungshaltung den Bewegungen des „Schlangenbeschwörers"), meist nach Entfernung der Giftzähne. Spec.: *N. naja*, Brillenschlange, Kobra; *N. haje*, Uräusschlange; *N. nigricollis*, Spei-, Schwarzhals-Kobra; *N. siamensis*, Siamesische Kobra; vgl. Gattung *Ophiophagus.*

Naloxon, das; Morphinantagonist ohne morphinartigen Eigeneffekt.

Nanderbarsch, der; s. *Nandus nandus.*

Nandu, s. Rheiformes.

Nándus, der; *m.,* wahrscheinlich von dem Vernakularnamen Nandu (Strauß-Name) übertragen u. latinisiert; der Kopf von N. ist fast völlig beschuppt; Gen. der Nandidae, Perciformes,

Barschfische. Spec.: *N. nandus,* Nanderbarsch (Aquarienfisch).

Nanismus, der, latin. *nanus, -i, m.,* der Zwerg, Syn.: Nanosomie; der Zwergwuchs, die Zwergbildung.

Nannobrycon, *m.,* gr. *ho nánnos* u. *nanos* der Zwerg, *brýkēin* zerbeißen; kleiner, an der Wasseroberfläche insectivorer Fisch; Gen. der Hemiodontidae, Halbzähner. Cypriniformes. Spec.: *N. eques,* Schrägsteher.

Nannofossilien, s. Fossilien, s. Mikrofossilien; sehr kleine Fossilien, zu deren Untersuchung mehrhundertfache Vergrößerung erforderlich ist.

Nan(n)oplankton, das, gr. *to planktón* das Umhergetriebene; Zwergplankton. Organismen mit einer Größe zwischen 60 und 5 µm.

Nannostomus, *m.,* gr. *to stóma* das Maul, das Vorderste, die Spitze; wörtlich: „Zwerg-Maul"; der Name bezieht sich auf das kleine Maul; Gen. der Characidae, Salmoniformes, Lachsfische. Spec.: *N. beckfordi.* Längsbandsalmler.

Nansen, Fridtjof, geb. 10. 10. 1861 Gut Store-Fröen bei Oslo, gest. 13. 5. 1930 Lysaker; norwegischer Polarforscher, aber auch bekannt durch zool. Arbeiten; für die Bemühungen im Dienste der Friedenserhaltung erhielt er 1922 den Friedensnobelpreis; N. überquerte 1888 als erster das grönländische Inlandeis u. unternahm 1893/96 mit der „Fram" die erste Driftfahrt im Arktischen Ozean. Er versuchte 1885 mit Hundeschlitten zum Pol vorzustoßen (s. „In Nacht und Eis", 2 Bde., 1897). Als junger Zoologe führte er neurohistologische Studien (z. B. an Anneliden) durch.

nánus, -a, -um, latin., zwergig, klein.

Napfschnecke, die; s. *Ancylus,* s. *Patella.*

Narcomedúsae, *f.,* Pl., gr. *he nárke* die Erstarrung, wegen der starren Spangen; lat. *medúsa* die Qualle; Spangenquallen, Subordo der Trachylina, Cl. Hydrozoa.

náres, -ium, *f.,* Pl., lat., die Nasenlöcher, die Nase.

naris, -is, *f.,* Sing., lat., das Nasenloch.

Narwal, der; s. *Monodon.*

nasális, is, -e, zur Nase gehörig, nasal, nasenartig.

Nasális, *m.,* lat. *nasus* die Nase, Gen. der Subf. Colobinae, Cercopithecidae, Primates. Spec.: *N. larvatus,* Nasenaffe.

Nasenaffe, der; s. *Nasalis.*

Nasenbär, der; s. *Nasua.*

Nasenfrosch, der; s. *Rhinoderma.*

Nasenkröte, die; s. *Rhinophrynus.*

Nasenwurm, der; s. *Linguatula.*

Nashorn, das; s. *Diceros,* s. *Ceratotherium,* s. *Rhinoceros.*

Nashornkäfer, der; s. *Oryctes.*

Nashornleguan, der; s. *Cyclura cornuta.*

Nashornpelikan, der; s. *Pelecanus erythrorhynchos.*

Nashornviper, die; s. *Bitis nasicornis.*

Nashornvogel, der; s. *Buceros.*

Nasicornier, die; s. Rhinocerotidae.

nasicórnis, -is, -e, lat., mit einem Horn *(cornu)* auf od. über der Nase *(nasus)* bzw. auf der Stirn.

nasomaculatus, -a, -um, lat. *nasus* die Nase u. *maculátus* gefleckt; auf der Nase mit Flecken versehen; s. *Addax,* s. Mendesantilope.

Nassa, *f.,* lat. *nassa* Fischreuse; Gen. der Nassidae, Netzreusenschnecken, Neogastropoda. Spec.: *N. reticulata.*

Nasselláría, *n.,* Pl., lat. *nasselaria,* einer kleinen Fischreuse *(nassélla)* ähnlich, gr. *mónos* allein u. *he pýle* die Öffnung (Monopyleen); Ordo der Radiolaria; Zentralkapsel mit einer Öffnung (Osculum), welche durch eine poröse Platte verschlossen ist, mitunter bilateralsymmetrisch od. unregelmäßig; fossile Formen wohl seit dem Oberen Algonkium bekannt; über 1000 Species, z. B.: *Cyrtocalpis urceolus.*

Nasua, v. lat. *nasus* die Nase, *Koati,* einheimischer Name; Gen. der Procyonidae, Kleinbären. Spec.: *N. rufa (= solitaria),* Nasenbär od. Koati.

násus, -i, *m.,* lat., die Nase; lat. *naris, -is, f.,* das Nasenloch, im Pl.: *nares, -ium* die Nase; *nasutus, -a, -um* großnasig.

natalis, -is, -e, die Geburt betreffend.

Natalität, die, lat., *natális, -is, m.,* der Geburtstag; in der Ökologie die Anzahl der Nachkommen, die in einer Population bestimmter Größe in einer Zeiteinheit erzeugt bzw. geboren werden.

Natántia: *n.,* Pl., lat. *nátans, -ántis* schwimmend, Subordo der Decapoda, Syn.: Macrura natantia, mit gutem Schwimmvermögen.

Natatóres, *m.,* Pl., lat. *natáre* schwimmen; Natatoren, Schwimmvögel; auf dem Lande lebende, mit Schwimm- od. Ruderfüßen versehene Aves; zu dieser Gruppe gehören u. a. die Lamellirostres, Longipennes.

nathusii, latin. Genit. nach dem Personennamen *Nathusius;* s. *Pipistréllus.*

Nathusius, Simon von, geb. 24. 2. 1865 Althaldensleben, gest. 26. 9. 1913 Halle/S.; Tierzüchter, Direktor des Instituts für Tierzucht und Molkereiwesen in Halle; Verdienste u. a. um die Förderung der Pferdezucht, gruppierte z. B. die Pferderassen in Schritt- u. Laufpferde. Sein Name ist besonders mit dem Ausbau des von J. Kühn gegründeten Haustiergartens in Halle verbunden. Die wissenschaftl. Arbeit von S. v. Nathusius erstreckte sich auf zahlreiche Gebiete der Tierzucht.

Nationalpark, der; gesetzlich streng geschütztes Gebiet, in dem der Tier- u. Pflanzenschutz, der Schutz der natürlichen Abläufe absoluten Vorrang vor der Nutzung hat.
natis, -is, *f.,* lat., die Hinterbacke; Plural: *nates* das Gesäß.
nativus, -a, -um, lat., angeboren, natürlich.
Natrix, *f.,* lat. *natrix* die Schwimmerin; Gen. der Colubridae, Nattern, Ordo Serpentes. Spec.: *N. natrix,* Ringelnatter, mit den Subspec.: *N. n. natrix,* Gewöhnliche Ringelnatter u. *N. n. helvetica,* Barren-Ringelnatter; *N. tessellata,* Würfelnatter.
Natter, die; s. *Natrix.*
natteri, latin. Genitiv des Personennamens Natterer (siehe Autorenverzeichnis), dem zu Ehren die Art *Serrasalmus n.* benannt wurde.
Natur, die; Gesamtheit („Natürlichkeit") aller abiotischen u. biotischen Erscheinungen der Erde u. des Weltalls, die von Menschen nicht beeinflusst werden können.
Naturschutz, der; Gesamtheit aller Erhaltungs- u. Fördermaßnahmen der natürlichen Lebensgrundlagen. Er beinhaltet den Tier- u. Pflanzenschutz von Wildarten, ihrer Lebensgemeinschaft, ihrer Landschaften u. Landschaftsteile.
Naturschutzgebiet, das, Abk.: NSG; Flächen mit Naturobjekten unter staatl. Schutz, die sich durch bemerkenswerte, wissenschaftlich wertvolle erdgeschichtliche oder landschaftsgenetische Merkmale auszeichnen. Die NSG sind unterteilbar in Wald-, Gewässer-, Moorschutzgebiete, in botanische Schutzgebiete und solche mit vielfältiger Naturausstattung oder mit komplexerem Charakter.
Naūcoris, *f.,* gr. *he naus* das Schiff, *he kóris* die Wanze; Gen. der Naucoridae, Schwimmwanzen. Spec.: *Naucoris (= Ilyocoris) cimicoides,* Schwimmwanze.
Naucrates, *m.,* gr. *ho naukrátes* der Lotse, Seebeherrscher, v. *he naus* das Schiff u. *kratēin* herrschen; Gen. der Carangidae, Stachelmakrelen, Ordo Perciformes, Teleostei. Spec.: *N. ductor,* Lotsenfisch; Hochseefisch des Atlantik, lebt zusammen mit großen Haiarten.
Naumann, Johann Friedrich, geb. 14. 2. 1780 Ziebigk bei Köthen, gest. 15.8. 1857 ebd.; Ornithologe; schrieb die „Naturgeschichte der Vögel Deutschlands" (12 Bde., 1820/44).
Nauplius, der, gr. *ho naūplios* das schwimmende Schaltier; Larve von niederen Krebstieren.
Nausíthoë, *f.,* gr. *Nausithóō* eine Nereide, Tochter des Meeresgottes Nereus; Gen. des Ordo Coronata, Tiefseequallen. Spec.: *N. albida.*
Nautiloídea, Pl., ein Ordo der Cl. Cephalopoda; fossil seit dem Oberkambrium, evtl. Unterkambrium; s. *Volborthella* (Unterkambrium), *Endoceras* (Ordovizium), *Nautilus* (rezent).
Naútilus, *m.,* gr. *ho nautílos* der Schiffer, Seefahrer, gr. *pompílos* ein die Schiffe begleitender Meerfisch, v. *ho, he pompós* der Begleiter; Schiffsboot, einziges rezentes Genus. Gen. der Nautilidae, Tetrabranchiata, Cephalopoda; mit vier Kiemen; der Trichter wird von dem rinnenförmig gebogenen Fuße gebildet. Schale bis 27 cm ∅; 6 Species im indopazifischen Gebiet in 60 bis 600 m Tiefe am Boden lebend; bekannteste Spec.: *N. pompilius,* Perlboot od. Gemeines Schiffsboot.
navális, -is, -e, lat., See-, Schiffs-, zum Schiff *(navis)* gehörig. Spec.: *Teredo navalis,* Schiffsbohrmuschel, „Schiffsbohrwurm"; *Lymexylon navale,* Werftkäfer.
navícula, -ae, *f.,* lat., das Schiffchen, der Kahn.
naviculáris, -is, -e, s. *navícula;* kahnförmig.
Neanthropini, *m.,* Pl., gr. *néos,* neu *anthropos* der Mensch, moderne Menschen, Jetztmenschen; Gruppe der Subf. Homininae, Hominidae; auch als *Homo sapiens praesapiens* bezeichnet, Vertreter stammen u. a. von Steinheim bei Stuttgart, Swanscombe in der Nähe von London.
Nearktische Region, die, gr. *néos* neu, *ho árktos* der Bär, Norden, das Sternbild des Bären; oft auch der Holarktis untergeordnet als Subregion mit u. a. den Kanadischen u. Kalifornischen Provinzen. Kennzeichnend ist für die Nearktis das Vorkommen folgender Tierformen: Gabelantilope, Taschenratten, Bergziege, Stinktier, Querzahnmolche, Armmolche, Amphiumiden, Knochenhecht *(Lepisosteus),* Schlammfisch *(Amia),* Sonnenfische (Centrarchidae) und Einwanderer aus der Neotropis wie Opossum, Kolibris. – Syn.: Sonorische u. Nearktische Subregion.
Nebália, *f., Nebalia* = Eigenname; Gen. der Nebalidae, Leptostracida, Phyllocarida, Malacostraca; Körper aus 21 Segmenten, die bis auf die vier letzten von einer dünnen 2-klappigen Schale (Rückenschild) umschlossen sind; rezent, marin, in 3 Arten vom hohen Norden bis zur Antarktis an seichten Meeresküsten über Faulschlamm. Spec.: *N. geoffroyi.*
Nebelkrähe, die; s. *Corvus.*
Nebelparder, der; s. *Panthera nebulósa.*
Nebenhoden, der; s. Epididymis.
Nebenniere, die; s. Glándulae suprarenális.
Nebennierenmark, das; Abk. NNM, es entstammt dem sympathischen Nervensystem u. erzeugt Adrenalin und Noradrenalin.

nebulíferus, -a, -um, lat. *nebula* der Nebel od. Dunst, u. *ferre* tragen, bringen; nebelerzeugend.

nebulósus, -a, -um, lat., rauchgrau, nebelig, trübe; s. *Panthera;* s. *Ictalurus.*

Necátor, *m.,* lat., der Töter, von *necáre* töten; Parasit bei Schwein, Hund, Menschenaffen u. Mensch in trop. u. subtrop. Gebieten; Gen. der Ancylostomatidae, Strongylidea, Nematoda. Spec.: *N. americanus,* Todeswurm (trotz des Namens nicht gefährlicher als *Ancylostoma,* s. d.).

Necróphorus, *m.,* gr. *nekrophóros* Tote begrabend; Totengräber, Gen. der Silphidae, Aaskäfer, Coleoptera. Spec.: *N. vespíllo; N. humátor;* scharren Tierleichen (kleinerer Wirbeltiere) ein (als Futter für die Larven).

Necton, das; s. Nekton.

Nectonema, *n.,* gr. *nektós* schwimmend, *to néma* der Faden; geschlechtsreife Tiere frei im Meer schwimmend; Gen. der Nectonematoidea, Nematomorpha.

neglectus, -a, -um, lat., vernachlässigt, unbeachtet. Spec.: *Troglophilus neglectus* (eine Heuschrecke in Karsthöhlen).

Nehring, Kurt, geb. 29. 8. 1898 Posen, gest. 29. 4. 1988 Rostock; studierte in Freiburg u. Königsberg Chemie, Physik, Geologie u. Botanik. Abschluss: Agrikultur- u. Lebensmittelchemie. 1928 Habilitation für das Fach Agrikulturchemie in Königsberg. Prof. für Agrikulturchemie 1934 in Königsberg, 1935 in Jena u. 1936 in Rostock. Direktor der Landwirtschaftl. Versuchsstation in Jena (1935) u. Rostock (1936–1963). Begründete das Institut für Agrikulturchemie (1948) u. das Institut für Tierernährung der AdL (1953). Er war bis 1963 Direktor dieser Einrichtung u. letzter Agrikulturchemiker. Arbeiten: Energetische Bewertung der Futtermittel, Eiweißbewertung. Mitglied bzw. korrespondierendes Mitglied in- u. ausländischer Akademien, vierfacher Ehrendoktor.

Nekrobiose, die, gr. *nekrós* tot, *ho bíos* das Leben; allmähl. Absterben einzelner Zellen.

Nekrologie, gr. *nekros* tot, *logos* die Lehre; Wissenschaft u. Lehre von den Sterblichkeitsursachen.

nekrophag, gr. *phagḗin* fressen; Bezeichnung für die Ernährungsweise der Tiere, die sich von tierischen Leichen oder Aas (toter organischer Substanz) ernähren; Ernährungstyp der Aasfresser.

Nekrophoresie, die, gr. *phérēīn* tragen, wegführen; Wegtragen toter Sozietätsmitglieder aus einer Kolonie (beispielsweise bei Ameisen).

Nekrose, die; Gewebstod, Absterben v. Geweben, Organteilen od. Geweben im Organismus.

Nektarien, die; Drüsenorgane von Pflanzen, die zuckerhaltigen Saft, den Nektar, abscheiden. Florale Nektarien: Nektarien an Kelch-, Kron-, Staub- u. Fruchtblättern bzw. am Blütenboden. Extraflorale Nektarien: Exkretorische Drüsenzellen am Blütenstiel od. Blattstiel, an Keim-, Neben- u. Hochblättern.

nektisch, („nektonisch"), aktiv im Wasser schwimmend, auf das Nekton bezüglich.

Nekton, das, gr. *nektós* schwimmend, v. *néchesthai* schwimmen; Gesamtheit der aktiv schwimmenden Tiere, Wasserorganismen mit starker Eigenbewegung; vgl. auch: Plankton, Benthos.

Nemachílus, *m.,* gr. *to néma* der Faden, *to chḗilos* die Lippe, der Saum; der Name bezieht sich auf die Oberlippenbarteln. Gen. der Cobitidae (Schmerlen), Cypriniformes. Spec.: *N. barbatulus,* Schmerle (Bartgrundel), lebt in O_2-reichen Bächen, Flüssen, auch Ostseehaffen. Aquarienfisch.

Nemathelmínthes, -en, = Aschelminthes, -en, die; gr. *to néma* der Faden, *he hélmins, -inthos* Eingeweide-Wurm, Bezug zum meist im Querschnitt kreisrunden Körper; *ho askós* der Schlauch; Schlauchwürmer; Phylum der Bilateria, Eumetazoa; ungegliederte Protostomier wurmförmiger Gestalt, mit einer größtenteils od. völlig von einer Kutikula bedeckten Epidermis, durchgehendem Darm, nicht ausgebildetem Blutgefäßsystem, einfach gebauten Gonaden, fast alle getrenntgeschlechtlich. Classes: Gastrotricha, Rotatoria, Nematoda, Nematomorpha, Kinorhyncha, Acanthocephala; insges. rd. 12500 Species; fossile Formen seit dem Oberkarbon bekannt.

Nematizide, die, gr. *nema* Faden; Mittel gegen Würmer.

Nematocera, *n.,* Pl., gr. *to néma, nématos* der Faden, *to kéras* das Horn; Syn.: Nemocera, Tipulariae; Mücken, Subordo der Diptera; gekennzeichnet u. a. durch fadenförmige, 6 bis 41-gliedrige Fühler, schlanke (langbeinige) Formen; Beborstung des Körpers ohne Macrochaeten, haar- od. schuppenförmig; Larven meist eucephal bis hemicephal, stets mit mehr als 3 Häutungen; Puppen meist frei, selten in der letzten Larvenhaut ruhend, aus der sich die Puppe vor dem Schlüpfen der Imago teilweise herausarbeitet. Mehrere Fam., darunter: Tipulidae, Fungivoridae, Cecidomyidae, Bibionidae, Culicidae; fossile Formen seit der Trias nachgewiesen.

Nematoda, *n.,* Pl., gr. *nematódes* fadenförmig; Fadenwürmer, sehr artenreiche Cl. der Nemathelminthes, freilebende u. parasitische, fadenförmige, wimperlose Aschelminthes mit dicker Kutikula, einem als Saugorgan ausgebildeten Pharynx; der Mitteldarm ist divertikellos, das Exkretionssystem besteht nur aus einer od. wenigen Zellen; Männchen mit einer Kloake; zahlreiche Parasiten bei Pflanzen, Tieren, Mensch; fossile Formen seit dem Oberkarbon bekannt. – Syn.: Nematodes.

Nematodirus, *m.*, gr. *nematodes* fadenförmig; Gen. der Trichostrongylidae, Strongylidea. Dünne, bis zu 20 mm lange parasitische Würmer im Dünndarm von Wiederkäuern. Spec.: *N. battus,* Wirt: Schaf; Europa; *N. helvetianus*, Wirte: Schaf, Rind, Ziege, Kamel u. a.; Europa, Asien, Amerika.

Nematodologie, die, gr. *ho lógos* die Lehre; die Lehre von den Nematoden (Fadenwürmern) in Forschung, Lehre und Praxis.

Nematomórpha, *n.,* Pl., der Name wurde ursprünglich von Vejdowsky den Gordiidae und diesen verwandten Würmern gegeben und bedeutet: den Nematoden äußerlich ähnlich; gr. *he morphé* die Gestalt; Saitenwürmer, relativ artenarme (etwa 230 Species), Cl. der Nemathelminthes; bes. dünne, saitenförmige, wimperlose Aschelminthes mit einer Kutikula, mit stark rückgebildetem Darm, wobei der Enddarm in beiden Geschlechtern die Gonadenausfuhrgänge aufnimmt; spezifische Exkretionsorgane fehlen; fossile Formen seit dem Eozän bekannt.

Nematospiroides, *f.*, gr. *to nématos* der Faden; Gen. der Trichostrongylidae, Strongylidea. Parasiten im Darm von Nagetieren. Spec.: *N. dubi*, Wirte: mäuseartige Nagetiere; Europa, Amerika.

Nemertini, *m.,* Pl., gr. *Nemertés,* eine Nereide, eigentl. die Untrügliche; Nemertinen, Schnurwürmer, etwa 800 Species umfassende Gruppe (Stamm) der Bilateria, Eumetazoa; bewimperte Protostomier mit mesenchymatischer Leibeshöhle, durchgehendem Darm mit After, Blutgefäßsystem u. einem meist körperlangen, dorsalen, einziehbaren Rüssel. Einteilung in: Anopla u. Enopla. Spec.: *Nemertes gracilis.*

nemestrínus, -a, -um, lat., *Nemestrínus* der Gott der Haine; in Hainen (auf bewaldeten Bergen) lebend (Artbeiname).

Nemoceren, -a; s. Nematocera.

Nemúra, *f.,* gr. *to néma* Gespinst, Faden u. *he urá* der Schwanz; Gen. der Perlidae, After-Frühlingsfliegen; Ordo Plecoptera (= Perlaria), Steinfliegen. Spec.: *N. cinérea; N. variegata.*

nemus, nemoris, *n.,* lat., der Hain, Wald, Park. Spec.: *Cepaea nemoralis,* Hainschnirkelschnecke; lat. *nemoralis, -is, -e,* zum Hain gehörig.

neo-, gr.; in Zusammensetzungen: Neu-, jung-.

Neoascaris, *f.*, aus gr. *neos* u. *ascaris* s. d.; Gen. der Ascarididia. Bis 30 cm lange parasitische Spulwürmer im Darm von Säugetieren. Spec.: *N. vitulorum,* Wirte: Haus- u. Wildrinder, bes. Kälber; Europa, Afrika, Asien, Amerika.

Neoaskaridose, die; s. Askarididose.

Neoblasten, die, Pl., gr. *néos* jung, frisch, neu, *ho blastós* der Keim; z. B. Zellen, die bei Regenerationsvorgängen sowie bei der ungeschlechtlichen Fortpflanzung bei Coelomaten eine entscheidende Rolle spielen.

Neobísium, *n.,* Gen. der Neobisiínea, Ordo Pseudoscorpiones. Spec.: *N. (= Obisium) muscorum,* Moosskorpion, unter abgefallenen Blättern; *N. maritimum,* unter Steinen in der Gezeitenzone; *N. sylvaticum,* Waldskorpion.

Neocerátodus, *m.,* gr. *néos* neu, jung, frisch; s. *Ceratodus;* Gen. der Ceratódidae, Lurchfische, Dipnoi. Spec.: *N. forsteri,* Australischer Lungenfisch.

Neocerebellum, *n.*, gr.; phylogenetisch jüngeres Kleinhirn, identisch mit den beiden Kleinhirnhemisphären; gewinnt unter den Säugetieren mit Entwicklung der komplizierten Bewegungen des muskelskelettalen Systems an Bedeutung.

neocorticalis, -is, -e, lat. *cortex* die Rinde; zum stammesgeschichtlich jungen Teil der Großhirnrinde gehörend.

Neodarwinismus, der; engl. *Neodarwinism;* die auf Erkenntnissen von August Weismann (1834–1914) und Hugo de Vries (1848–1935) basierende moderne Form des Darwinismus als Weiterentwicklung des Darwinismus (s. d.) und seine Verknüpfung mit den Erkenntnissen der Genetik. Der N. schließt im Unterschied zu Darwins Lehre die Vererbung „erworbener Eigenschaften“ weitgehend aus. Die bei Darwin vieldeutigen, nicht definierten „Variationen“ werden in nichterbliche Modifikationen und erbliche Mutationen geschieden. Auf diesem Hintergrund gilt nach wie vor prinzipiell: Es gibt ungerichtete (potentielle) erbliche Veränderungen, aus denen selektiv bestimmte Richtungen „ausgelesen“ werden; vgl. Darwinismus, darwinistisch.

Neodiplostomum, *n.*, gr. , Kompositum aus *neos, diplox, to stoma*, s. d.; Gen. der Diplostomidae, Digenea. Parasiten im Darm verschiedener Vögel. Spec.: *N. spathula* (Wirte: Sperber, Kornweihe, Wanderfalke, Milan u. a. Greifvögel; Europa).

Neoechinorhynchus, *m.,* gr.; Gen. der Neoechinorhynchidae, Eoacanthocephala, Kleine

Kratzer. Parasiten von Fischen u. Schildkröten. Spec.: *N. rutili*, Wirte: zahlreiche Meeres- u. Süßwasserfische; Eurasien, Amerika.

Neofélis, *f.*, gr. *néos* jung, frisch, lat. *felis* die Katze. Gen. der Felidae, Fissipédia. Spec.: *N. nebulosa*, Nebelparder.

Neogäa, die, gr. *he gāia = he ge* die Erde; gemeinsame Bezeichnung für die Neotropische, Antarktische u. Australische Region.

Neogen, das, gr. *gígnesthai* erzeugt werden, entstehen, oberes Subsystem des Tertiärs (Jungtertiär), besteht aus Miozän und Pliozän.

Neohaematopínus, *m.*, s. *Haematodinus;* Gen. der Haematopínidae. Spec.: *N. sciuri*, Eichhörnchenlaus.

Neometabolie, die; s. Metabolie; die Art des Typs der Heterometabolie, s. d., in deren Verlauf bei den Larven Flügelansätze erst im letzten Larvenstadium (s. Nymphe), zuweilen auch im vorletzten Larvenstadium (s. Pronymphe) auftreten. Man unterscheidet als Formen der Neometabolie: Homo-, Re-, Para-, Allometabolie.

Néomys, *m.*, gr. *ho mys* die Maus, *ho krossós* die Franse, Quaste, *ho pus* der Fuß; Gen. der Soricidae, Ordo Insectivora. Spec.: *N. (= Cróssopus) fódiens*, Wasserspitzmaus.

neonatal, gr. *néos* neu, jung, frisch; unmittelbar nach der Geburt.

neonatus, -a, -um, lat. *natus, -us, m.*, die Geburt, *natus, -a, -um* geboren; neugeboren.

Neosalmler, der; s. *Paracheirodon.*

Neontologie, die, gr. *ho lógos* die Lehre, *ontos* „des Seienden"; die Lehre von den rezenten Lebewesen; vgl. Paläontologie.

Neóphron, *m.*, gr. *Neóphron*, wurde der Sage nach von Jupiter in einen Geier verwandelt; Gen. der Aegypíidae, Geier, Falconiformes (Accipitres); verzehrt Aas, Kleintiere, Menschenkot, wurde von den Ägyptern wegen der Reinigung der Straßen von Aas als heilig verehrt. Spec.: *N. percnopterus*, Schmutzgeier.

Neopilína, *f.*, gr. *néos* neu, lat. *pilína* ball- od. kugelähnlich; Gen. der Monoplacophora. Spec.: *N. galatheae*, lebt auf Schlammgrund u. in Foraminiferen-Assoziationen (Pazif. Ozean).

Neoplasma, das, gr. *to plásma* die Gestaltung, das Gebilde, Bildwerk; die (bösartige) Neubildung, Geschwulst.

neoplastisch, gr. *plássein* bilden, formen; neugebildet, zu einer Geschwulst auswachsend.

Neoptera, die, *f.*, *to pterón* Schwungfeder, Feder, Flügel; Neuflügler, Insekten; „allen gemeinsam durch entsprechende Ausbildung der Flügelgelenke die Fähigkeit, die Flügel in Ruhe auf den Rücken zurückzulegen; Hinterflügel mit zu einem Analfächer vergrößertem Analfeld (Neala, Vannus)" (Jacobs/Seidel 1975).

Neopterýgii, *m.*, Pl., gr. *he ptéryx, -ygos* Flügel, „Neuflosser"; Gruppe bzw. Subcl. der Cl. Actinopterygii, Strahlenflosser; mit paarigen Flossen ohne basale Flossenträger, Spritzloch fehlt. Die Subcl. umfasst die Mehrzahl der rezenten Fische.

Neorhabdocōela, *n.*, Pl., gr. *he rhábdos* der Stab, *to kōilon* die Höhlung; Ordo der Stadiengruppe Neoophora, Cl. Turbellaria, Phyl. Plathelminthes, fast immer mit Pharynx bulbosus ausgestattet; Mitteldarm stabförmig u. ohne Divertikel od. sackförmig; nur geschlechtliche Fortpflanzung; meist nur ein Paar den Körper durchziehende, ventrale Markstränge.

Neostrongylus, *m.*, gr. *strongylos* gerundet; Gen. der Protostrongylidae, Ordo Strongylidea. Parasitische Würmer (Größe bis 15 mm) in feinsten Bronchien der Lunge von Wiederkäuern. Spec.: *N. linearis*, Wirte: Gemse, Ziege, Schaf; Europa

neoten, gr. *néos* jung (neu) *tēinēin* halten, hinhalten; Bezeichnung (Adjektiv) für Tiere, die in ihrer Entwicklung auf einem unvollkommenen Stadium stehenbleiben u. geschlechtsreif werden; im Deutschen auch: neotenisch.

Neotenia, s. *neoten;* Terminus (Kollmann 1885), der das Stehenbleiben der Entwicklung auf einem unvollkommenen Stadium bezeichnet, auf welchem die betreffenden Tiere geschlechtsreif werden; Neotenie, z. B. beim Axolotl (s. *Amblystoma*); auch wurden (u. werden mitunter) die Copelata (s. d.) als neotene Ascidienlarven (Larvacea, s. d.) betrachtet.

Neotenie, die, gr. *tēinēin* festhalten; Eintritt der Geschlechtsreife im Larvenstadium, z. B. beim Axolotl.

Neótragus, *m.*, gr. *ho trágos* der Bock; Gen. der Neotraginae, Bovidae, Artiodactyla. Spec.: *N. pygmāeus*, Kleinstböckchen od. Sansibarantilope (kleinster Wiederkäuer); *N. moschátus*, Moschusböckchen (Voraugendrüsen sondern Sekret mit starkem Moschusduft ab).

Neótropis, die, gr. *ho trópos* die Gegend; Region, die im wesentlichen die tropischen u. subtropischen Gebiete Mittel- und Südamerikas umfasst. Kennzeichnend sind für die Neotropische Region Beziehungen zur australischen u. afrikanischen Fauna.

Neótypus, der, gr. *ho týpos* der Schlag, das Gepräge; der neu ausgewählte nomenklatorische Typus od. das Einzelstück, das zum Typusexemplar eines nominellen Taxons der Artgruppe bestimmt wurde u. von dem der Holotypus (od. Lectotypus) u. alle Paratypen bzw. alle Syntypen verschollen od. vernichtet sind.

Neozoa, die, Pl., gr. *neos* jung (neu), *to zoon* das Tier; eingeschleppte u. somit neue Tierarten. Beispiel: Dazu gehört der eingeschleppte Kartoffelkäfer *(Leptinotarsa decemineata)* aus Nordamerika nach Europa.

Neozóikum, das; s. Känozoikum.

Nepa, *f.*, lat. *nepa* der Skorpion, wegen der skorpionartig gebildeten Vorderbeine; Gen. der Nepidae, Wasserskorpionwanzen, Ordo Heteroptera. Spec.: *N. cinerea.*

nepaefórmis, -is, -e, lat., einer Wasserwanze *(nepa)* in Gestalt *(forma)* ähnlich; s. *Trogulus.*

Nephridien, die, gr. *ho nephrós* die Niere, *nephrídios* zur Niere gehörig; Exkretionsorgane wirbelloser Tiere, infolge ihrer segmentalen Anordnung auch Segmentalorgane genannt. Protonephridien: blindgeschlossene Exkretionsorgane; Metanephridien: mit einem offenen Wimpertrichter (Nephrostom) beginnende Exkretionsorgane.

nephrogen, gr. *ho nephrós* die Niere, *gennán* erzeugen; von den Nieren ausgehend.

Nephrops, *m.*, gr. *he ópsis* das Auge; Gen. der Nephropsidae, Astacura, Decapoda; Stirnstachel lang, schmal; an den Seiten mit mehreren Zähnen; bekannteste Spec.: *N. norvegicus,* Norwegischer Hummer, der in den europäisch. Meeren vorkommt u. gegessen wird.

Nephrostom, das, gr. *to stóma* die Öffnung, der Trichter; 1. Wimpertrichter der Metanephridien; 2. Segmentaltrichter, Nierentrichter, mit denen ursprünglich die Urnierenkanälchen der Vertebratenembryonen in der Leibeshöhle beginnen. Sie bleiben bei den Selachiern u. Amphibien oft auch beim erwachsenen Tier bestehen, während sie bei den meisten anderen Vertebraten zurückgebildet werden.

Nephrotoxizität, die, *f.*, engl. nephrotoxicity; Die Nieren sind häufig Lokalisation einer Giftwirkung, da im Rahmen der renalen Ausscheidung (tubuläre Sekretion) Fremdstoffe aktiv angereichert werden.

Neréïdae, gr. *Nereís,* Nereíde, Tochter des Nérēus; Fam. der Nereimorpha, Ordo Errantia, Polychaeta; die marinen Borstenwürmer haben Kopflappen mit einem Paar Antennen u. einem Paar Palpen, 4 Augen, jederseits 4 Fühlercirren, 2-ästige Parapodien, ausstülpbarem Rüssel; die geschlechtsreifen Individuen wandeln sich bei den meisten Arten in eine Heteronereis-Form um, d. h., die atoken Formen werden zu epitoken Formen, so dass man ganz andere Arten oder Gattungen vor sich zu haben glaubt. Spec.: *Nereis virens; N. diversicolor.*

Néreis; s. Nereidae.

Nerita; s. Neretidae.

Nerítidae, -en, gr. *he nerítes* eine Meeresnymphe der Alten; Schwimmschnecken, Fam. des Ordo Diotocardia, Gastropoda; mit nur einer Kieme; Genera: *Nerita,* marin; *Neritina,* mit derber, nicht perlmuttriger Schale, im Brack- u. Süßwasser; *Theodoxus,* lebt im Süßwasser, weidet Algen- sowie Diatomeenrasen ab. Spec.: *Th. fluviatilis.*

Nerítina; s. Neritidae.

nerítische Provinz, die, gr. *néritos* zahllos, sprachl. verwandt mit den Nereiden, den 50 Töchtern des Meergottes Nereus; zoogeographische Bezeichnung für das sog. Schelfmeer, die Fortsetzung des Festlandes unter dem Meer, bzw. für den Festlandsockel, der von den Ozeanen oft etwa 200 m hoch überflutet wird u. dann plötzlich ± steil abfällt. Vertikal werden als Zonen unterschieden: Gezeitenzone (bei Flut bedeckt u. bei Ebbe trocknend), Litoral (vom Licht durchdrungen, das autotrophes Leben ermöglicht, „Euphotische Zone"), Sublitoral (das tiefere Litoral, in dem die Tiere noch Licht wahrnehmen).

Neritopelagial, das, gr. *to pélagos* das Meer, die offene See; das Pelagial im neritischen Bereich; es weist ein relativ reiches Planktonleben auf; vgl. auch neritische Provinz.

Nernstsches Gesetz, *n.;* beschreibt die Beziehungen zwischen der Reizstärke, der Einwirkungsdauer des Reizes und der ausgelösten Reaktion. Benannt nach W. H. Nernst (1864–1941), Prof. für physikal. Chemie; 1920 Nobelpreis für Chemie.

Nérophis, gr. *nerós* nass, *ho óphis* die Schlange; Gen. der Syngnathidae, Ordo Solenichthyes. Spec.: *N. ophídion,* Gemeine Schlangennadel; *N. aequoreus,* Große Schlangennadel.

Nerv, gemischter, *m.*, ein Nerv, der sowohl sensible als auch motorische Fasern enthält.

Nervi accelerantes, die, lat. *accelerans* beschleunigend; Sympathikus-Äste, die die Beschleunigung der Herztätigkeit bewirken.

Nervi cerebráles, die, s. *cerebrális;* die Hirnnerven, Gehirnnerven der cranioten Vertebraten, insgesamt 12 Paar vorhanden. Sie sind entweder rein sensible, rein motorische od. gemischte Nerven.

Nervi spináles, die, s. *spinális;* Spinalnerven, Rückenmarksnerven der Vertebraten, paarig (beim Menschen 31 Paare), jeder Spinalnerv verlässt das Rückenmark mit zwei Wurzeln.

nervósus, -a, -um, lat., nervenreich.

nérvus, -i, *m.*, lat., der Nerv, die Sehne.

Nervus abdúcens, s. *abdúcens;* 6. Hirnnerv der Vertebraten, paarig, gehört zur Gruppe der Augenmuskelnerven, ein motorischer Nerv,

der den M. rectus bulbi posterior des Auges innerviert.
Nervus accessórius, der, s. *accessórius,* Beinerv, 11. Hirnnerv der Vertebraten, paarig, gehört zur Gruppe der Kiemenbogennerven, hat nur motorische Fasern.
Nervus faciális, der, s. *fácies;* Gesichtsnerv, 7. Hirnnerv der Vertebraten, gehört zur Gruppe der Kiemenbogennerven.
Nervus glossopharyngéus, *m.,* s. *glossa,* s. *phárynx;* Zungenschlundnerv, paarig, 9. Hirnnerv der Vertebraten ist der Nerv des 3. Kiemenbogens.
Nervus hypoglóssus, *m.,* s. *hypoglóssus;* Zungenfleischnerv, 12. Hirnnerv der Vertebraten, paarig, ist ein motorischer Nerv.
Nervus oculomotórius, *m.,* lat. *óculus, -i, m.,* das Auge, *motus, -us, m.,* die Bewegung; Augenmuskelnerv, paarig, 3. Hirnnerv der Vertebraten.
Nervus olfactórius, *m.,* s. *olfactórius;* Riechnerv, paarig, 1. Hirnnerv der Vertebraten beim Menschen, z. B. mit der Bildung der Lámina cribrósa des Siebbeins in 15–20 Bündel (Nn. olfactórii) zerlegt.
Nervus ópticus, *m.,* s. *ópticus;* Sehnerv, paarig, 2. Hirnnerv der Vertebraten.
Nervus recurrens, *m.,* unpaarer Nerv des stomatogastrischen Nervensystems der Insekten, der sich vom Frontalganglion medial-rückwärts erstreckt.
Nervus stato-acústicus, *m.,* gr. *statós* stehend, eingestellt, *akúein* hören; 8. Hirnnerv der Vertebraten, paarig, ist der Sinnesnerv für das statische od. Gleichgewichtsorgan u. das Hörorgan.
Nervus trigéminus, *m.,* lat. *tres, tria* drei, lat. *géminus, -a, -um* zwillingsgeboren, doppelt; Drillingsnerv, dreigeteilter Nerv, paarig, 5. Hirnnerv der Vertebraten. Die drei Äste des Trigeminus sind: N. ophthalmicus, N. maxillaris u. N. mandibularis.
Nervus trochleáris, *m.,* s. *tróchlea;* Rollnerv, paarig, 4. Hirnnerv der Vertebraten, gehört zur Gruppe der Augenmuskelnerven.
Nervus vagus, *m.,* lat. *vagus* umherschweifend; „herumschweifender" Nerv, paarig, 10. Hirnnerv der Vertebraten, Nerv des 4. u. 5. Kiemenbogens, innerviert u. a. so lebenswichtige Organe wie Herz, Lunge, Magen, Leber u. Niere.
Nerz, der; s. *Mustela.*
Nesselqualle, die; s. *Cyanea.*
Nestor, *m.,* gr. *Néstōr* König in Pylus, einer der Helden vor Troja, berühmt wegen Klugheit und langen Lebens. Gen. der Psittacidae, Papageien. Spec.: *N. notábilis,* Kea (lebt in den Bergen Neuseelands).
Netta, *f.;* Gen. d. Anatidae, Entenvögel. Spec.: *N. peposaca,* Peposaka-Ente (S-Amerika); *N. rufina,* Kolbenente (auf einigen schilfreichen Binnenseen Eurasiens, z. B. Bodensee).
Netzhaut, die; s. Retina.
Netz-Messerfisch, der; s. *Notopterus afer.*
Neunauge, das; s. *Lampétra;* s. *Petromýzon;* s. Petromyzonta.
Neunfarbenpitta, die; s. *Pitta brachyura.*
Neunstachliger Stichling, der; s. *Pungitius pungitius.*
Neuntöter, der; s. *Enneoctonus,* s. *Lasius.*
Neurapophysen, die, gr. *he apóphysis* das Heraus- bzw. Auswachsen; Neuralbögen, obere Wirbelbögen der Vertebraten, umgreifen das Rückenmark u. bilden den Wirbelkanal.
neurentéricus, -a, -um, gr. *to nếūron* der Nerv, die Sehne, die Faser, *ta éntera* die Eingeweide; zu den Nerven u. Eingeweiden gehörig.
Neurilémma, das, gr. *to lémma* die Scheide; die Schwannsche Scheide, eine Hülle der einzelnen peripheren Nervenfasern.
Neurit, der; langer Fortsatz der Nervenzellen, Achsenzylinderfortsatz (= Axon).
Neuroblast, der, gr. *he bláste* der Keim; nicht ausgereifte Nervenzelle.
Neuroendokrinologie, die, gr. *neuron* die Sehne, der Nerv, *endon* innen, *krinein* absondern, *ho logos* die Lehre; Forschung u. Lehre von der Struktur u. endokrinen Funktion bestimmter Neurone u. Neurohämalorgane.
Neurofibrilen, die, lat. *fibrílla* Fäserchen; feine Fäden im Zytoplasma der Nervenzellen, sind zu dichten Netzen u. bes. in den Fortsätzen zu Bündeln angeordnet.
neurogen, von Nerven ausgehend.
neurogene Automatie, die, gr. *autós* selbst, eigen; neurogene Erregungsbildung, das Erregungsbildungszentrum (Automatiezentrum, engl. *pacemaker*) besteht aus Ganglienzellen, die an der Oberfläche des Herzens liegen; eine neurogene Automatie haben die dekapoden Krebse (Crustacea) u. die Spinnentiere (Chelicerata); vgl. myogene Automatie.
Neuroglia, die, gr. *he glía* der Kitt, Leim; bindegewebige Stützsubstanz des Zentralnervensystems.
Neurohämalorgan, das, gr. *to nếūron* die Sehne, *to hā́ima* das Blut, *to órganon* das Organ; hormonspeicherndes Organ, das die neurohormonalen Wirkstoffe speichert und (bei Bedarf) an das Blut abgibt (z. B. Neurohypophyse der Vertebraten, Corpora cardiaca der Insekten, Sinusdrüse der Crustaceen).
Neurohormone, die; von Nervenzellen gebildete Hormone, z. B. Ocytocin u. Vasopressin.

Neurohypophyse, die, gr. *hypó-* darunter, *he phýsis* die Erzeugung, Geburt, das Gewachsene; Hypophysenhinterlappen, Abk. HHL, entwickelt sich aus dem Boden des Zwischenhirns, funktioniert als Neurohämalorgan, enthält u. a. die Neurohormone Ocytocin u. Vasopressin (= Adiuretin).
Neurolemma, das; Syn. für Neurilemma, s. d.
Neurologie, die, gr. *ho lógos* die Lehre; die Lehre von den Nerven, incl. ihren Erkrankungen.
Neuron, das; Nervenzelle, Ganglienzelle mit Fortsätzen (Neurit u. Dendriten).
Neuroneme, die, gr. *to néma* der Faden; Zellorganelle gewisser Protozoen (Ciliaten), die der Erregungsleitung dienen.
Neurophysiologie, die, gr. *he phýsis* die Natur, *ho lógos* die Lehre; Physiologie des Nervensystems.
Neuropilem, das, gr. *ho pílos* der Filz; Fasergeflecht im Nervensystem, filziges Geflecht von Axonverzweigungen u. Dendriten (einschließlich Gliaelementen), Bereich von synaptischen Kontakten.
Neuróptera, *n.,* Pl., gr. *ta pterá* die Flügel; Gruppe der Planipennia, Netzflügler, mit häutigen, netzförmig geäderten Flügeln u. vollkommener Verwandlung; fossil seit dem Perm bekannt.
Neuropteroidea, *n.,* Pl., gr. *to neũron* Faser, *ta neũra* Netz(werk), *to pterón* der Flügel; Netzflügler, Gruppe der holometabolen Insecta mit häutigen u. vieladrigen Flügeln. Zu ihnen gehören: Megalóptera, Raphidides, Planipennia.
Neurosekretion, die, lat. *secérnere* absondern; Erscheinung der Wirkstoffbildung und -abgabe durch Neuronen (Nervenzellen). Die Wirkstoffkomponente der Neurosekrete kann nach der Funktion entweder ein Hormon (Neurohormon), Transmitter (Neurotransmitter) od. ein Modulator (Neuromodulator) sein.
Neurotransmitter, der, s. Transmitter; Mittlersubstanz des Neuron, praesynaptisch freigesetzt u. postsynaptisch erregend od. hemmend wirksam.
neurotrop, gr. *ho trópos* die Wendung; auf das Nervensystem wirkend, das Nervensystem beeinflussend.
Neurula, die; nach E. Haeckel ontogenetisches Entwicklungsstadium der Vertebraten, gekennzeichnet vor allem durch das Neuralrohr.
Neuston, das, von gr. *neĩn* schwimmen: Adj. *neustéon* schwimmend; die Mikroorganismengesellschaft in der Grenzlamelle Wasser/Luft.
Neutron, das, lat. *neutro* nach keiner Seite hin; Elementarteilchen mit der Ladung null u. der Masse des Wasserstoffatoms.
neutrophil, gr. *phileĩn* lieben; neutrale Farbstoffe bevorzugend, durch chemisch neutrale Farbstoffe leicht färbbar.
NHL, Nomina Histologica Leningradensia.
Niacin, das; Syn. für Nicotinsäure; s. Vitamin-B-Komplex.
Niacinamid, das; Syn. für Nicotinsäureamid; s. Vitamin-B-Komplex.
Nicotinsäureamid, das; s. Vitamin-B-Komplex.
Nicotinsäureamid-Adenin-Dinucleotid, s. NAD.
Nictitantes, *f.,* Pl., lat. *nictare* mit den Augen zwinkern; „mit Nickhaut am Auge versehen". Synonym: Carcharhinidae, s. d.
Nidamentaldrüsen, die, Pl., neulat. *nidamentalis* von lat. *nidamentum* Nistmaterial, *nidus* das Nest: 1. einige Phoronidenarten betreiben in den Lophophoren Brutpflege, wofür sie N. u. Lophophoreinrichtungen benötigen. 2. bei Chondrichthyes (Knorpelfische) werden Nährstoffsekrete aus der N. über Ektoderm, Dottersackmembran, embryonale Kiemen, Spiraculum od. Mundhöhle des Embryos aufgenommen. 3. bei Cephalopoden münden die paarigen N. der Weibchen in die Mantelhöhle. In die Mantelhöhle gelangen auch die reifen Oocyten.
Nidation, die; s. *nídus;* Implantation, die Einbettung des frühen Entwicklungsstadiums in die Gebärmutterschleimhaut.
Nidicolie, die, lat. *nidus* das Nest, *cólere* bewohnen, ansässig sein; „das Leben in Nestern"; das Leben von Insekten in den Nestern von Vögeln, Säugetieren od. staatenbildenden Hymenopteren. Die nidicolen Arten (z. B. einige Coleopteren, Siphonapteren, Psocopteren sowie Arten der Tineidae) ernähren sich von Abfallstoffen, Baumaterial od. von Schimmelpilzen der Nester (Psocoptera), ohne dem Nestinhaber zu schaden. – Die Lebensweise von in Nestern der Hymenopteren lebenden Arten wird je nach Zugehörigkeit des Nestinhabers bezeichnet: Apicolie, Formicolie, Vesicolie.
nídus, -i, *m.,* lat., das Nest.
Niederjagd, die; niedere Jagd od. Jagd auf das Niederwild, also auf Rehwild, Hase, Kaninchen, Fuchs, Dachs, auf sämtliches kleines Haarraubwild, sämtliches Federwild mit Ausnahme des zum Hochwild zählenden Auerhahns.
Niederwild, das; zur Niederjagd gehörendes Wild, s. d.; Ggs. Hochwild, s. d.
Nierenpfortaderkreislauf, der „Die aus dem Schwanz kommende V. caudalis teilt sich in zwei Äste, die bei ihrem Verlauf die Nieren

durchfließen, sich in diesen in Kapillaren aufspalten und sich in den Cardinalvenen wieder vereinigen. Ein solches in das Venensystem eingeschaltetes Kapillarnetz wird als Pfortadersystem bezeichnet, man spricht deshalb hier von einem Nierenpfortaderkreislauf“ (nach Kämpfe, Kittel, Klapperstück 1955, erläutert für die Pisces).

Niethammer, Günther, geb. 28. 9. 1908 Waldheim/Sachsen, gest. 14. 1. 1974 Kottenforst b. Bonn; Prof.; Promotion über den Kropf der Vögel; seit 1932 bei E. Stresemann an der Ornithologischen Abteilung des Zoologischen Museums in Berlin, 1937 als Nachfolger von B. Rensch die Molluskenabteilung am gleichen Museum übernommen, 1937 an das Zoologische Museum in Bonn übergewechselt, seit 1949 Leiter der Ornithologischen Abteilung, 1973 pensioniert. Themen wissenschaftl. Arbeit v. a.: tiergeographische Untersuchungen an Vögeln u. Säugetieren unter Berücksichtigung morphologischer, ökologischer u. ethologischer Aspekte; „Einbürgerung von Säugetieren und Vögeln in Europa“, „Handbuch der deutschen Vogelkunde“ (1937–1942), „Handbuch der Vögel Mitteleuropas“ (seit 1966 Hrsg. der ersten Bände), von 1962–1970 Herausgeber des „Journal für Ornithologie“, seit 1950 Schriftleiter der „Bonner Zoologischen Beiträge“.

niger, nigra, nigrum, lat., schwarz; s. *Ciconia;* vgl. ater.

nigréscens, lat., schwärzlich; s. *Mermis.*

nigricans, lat., schwarz werdend, schwärzlich; s. *Clemmys.*

nigricóllis, lat., mit schwarzem Hügel, schwarzhügelig, schwarzköpfig; s. *Naja nigricollis,* deren Kehle u. Hals schwarz ist; s. *Podiceps.*

nigriméntum, *n.,* lat., das schwarze *(nigri-)* Kinn *(mentum).*

nigrínus, -a, -um, lat., schwärzlich, schwarz; s. *Ernobius.*

nígripes, lat., schwarzfüßig, Schwarzfuß-; s. *Felis.*

nigripínnis, -is, -e, lat., schwarzflossig, schwarzflügelig.

Nigrismus, der, lat., s. *niger;* die besondere Form des Melanismus, bei der lediglich bereits vorhandene schwarze Zeichnungselemente größer werden (z. B. bei Insekten).

nigritárius, -a, -um, lat. *nigrítia* die Schwärze; schwärzlich; s. *Ichneumon.*

nigriventris, lat., schwarzbauchig, mit schwarzem Bauch; s. *Synodontis.*

nigroaculeátus, lat., schwarzstachelig, mit schwarzen Stacheln versehen; s. *Zaglossus.*

nigrofascíatus, -a, -um, lat., schwarzgestreift.

nigrovenósus, lat., mit schwarzen *(niger)* Gefäßen; s. *Rhabdias.*

Nikotinsäure, die; Pyridin-3-carbonsäure, s. Vitamin-B-Komplex.

Nilhecht, der; s. *Gymnárchos niloticus.*

nilóticus, latin., zum Nil gehörig, im od. am Nil lebend; s. *Crocodilus.*

Nilpferd, das; s. *Hippopotamus.*

Nimmersatt, der; s. *Ibis.*

Niphárgus puteánus, gr. *nipharges* schneeweiß, v. *he niphás* der Schnee u. *argós* glänzend; Brunnenflohkrebs. Spec. der Gammariden, Ordo Amphipoda, Flohkrebse; blinder, farbloser, in tiefen Brunnen u. Seen vorkomender Flohkrebs.

nipónicus = nipponicus, latin., v. der Insel Nippon (= Japan) stammend.

Nipponites, *m., -ites* willkürliche Endung für fossile Organismen; Gen. der Gruppe (Superfam.) Turrilitaceae, Ordo Ammonoidea; fossil in der Oberkreide, vgl. *Baculites.* Spec.: *N. mirabilis.*

Niptus, *m.,* von gr. *níptēin* benetzen, waschen; Gen. der Ptínidae, Diebskäfer, Coleoptera. Spec.: *N. hololeucus,* Messingkäfer, in Häusern, alte Teppiche usw. benagend.

Nische, die; s. ökologische Nische.

Nischenwechsel, der; s. Quantenevolution.

Nissl, Franz, geb. 9. 9. 1860 Frankenthal (Pfalz), gest. 11. 8. 1919 München, Psychiater u. Neurohistologe, Heidelberg, München. N. war führend auf dem Gebiet der Hirnpathologie u. -histologie. Er entdeckte die nach ihm benannten N.schen Schollen, die für den Funktionsstoffwechsel der Nervenzellen wichtig sind.

Nisslsche Schollen, *f.,* Pl., s. Nissl; Trigroidschollen in den Nervenzellen, RNS-haltige, stark färbbare Substanz.

nisus, -a, -um, lat., sich stemmend, stützend; mythol.: *Nisus* König von Megara, der in einen Sperber verwandelt wurde; s. *Accipiter.*

nitédula, *f.,* lat., die Haselmaus; Artname, s. *Dryomys.*

nitens, lat., blinkend, glänzend (*nitére* glänzen); s. *Retinélla.*

nitídulus, a, -um, lat., mattglänzend, zierlich; s. *Antháxia.*

nitidus, -a, -um, lat., glatt, hübsch, glänzend; s. *Nucula.*

Nitrifikation, die; mikrobielle Oxidierung von Ammonium über Nitrit zum Nitrat; vgl. Denitrifikation.

Nitrofen, das, *n.*; 2,4-Dichlor-1-(4-nitrophenoxy)benzol ist ein Unkrautvernichtungsmittel. Seit 1980 ist die Anwendung von Nitrofen in Deutschland verboten. Lebensmittel dürfen pro Kilogramm höchstens 0,01 mg N. enthalten. N. greift in das Hormonsystem (Schilddrüse) ein. Bei der Fütterung von Tieren reichert es sich im Fettgewebe u. in Hühnereiern an. N. wird nicht abgebaut. N. ist in jüngster Zeit als Kanzerogen in Verruf geraten. Die Problematik besteht in der Übertragbarkeit von Kanzerogenitätstesten am Tier auf den Menschen: bei der Ratte wirkt N. nicht kanzerogen, wogegen in Studien an Mäusen eine erhöhte Tumorinzidenz nachweisbar war.

nivális, -is, -e, lat., schneeweiß, im Schnee vorkommend; s. *Montifringilla;* s. *Microtus.*

níveus, -a, -um, lat., schneehell, -weiß; s. *Panchlora;* s. *Leucónia.*

nóbilis, -is, -e, lat., vornehm.

Nocard, Edmond Isidore Etiénne (1850–1903); Direktor der tierärztlichen Hochschule Alfort bei Paris. Er arbeitete als Schüler Pasteurs an dessen Institut in Paris über Infektionskrankheiten der Tiere, z. B. Tuberkulose, Psittakose, ansteckende Lymphangitis des Rindes, Mitbegründer der Bakteriologie französischer Schule.

Nocardia, *f.,* benannt nach E. I. E. Nocard, s. d.; Gen. der Nocardiaceae, Actinomycetales; aerob wachsende, grampositive Bakterien mit mehreren pathogenen Arten. Spec.: *N. asteroides,* Erreger der Nokardien-Mastitis bei Tieren u. von lungentuberkuloseähnlichen Erscheinungen sowie Gehirnabszessen beim Menschen.

noctíluca, lat. *nox, noctis* Nacht, *lucére* leuchten; in der Nacht leuchtend. Spec.: *Lampyris noctiluca,* s. d.

Noctíluca miliáris, Spec. der Dinoflagellata (= Peridinea); schwimmt oft in großen Mengen an der Oberfläche des Meeres, kosmopolitisch, Meeresleuchten hervorrufend.

Nóctua, *f.,* lat. s. *nóctuus;* Gen. der Noctúidae (s. d.). Spec.: *N. (= Ágrotus) fimbria,* Gelbe Bandeule.

Noctúidae, *f.,* Pl., s. *nóctuus;* Eulen, Fam. der Lepidoptera; mit ca. 30 000 rezenten Species (nur 7 tertiäre u. 1 quartäre Spec.); Nachtschmetterlinge mit dickem Hinterleib, düster gefärbten Vorderflügeln, stark entwickeltem Gehörorgan im Metathorax, dem typischen Eulenkamm u. der charakteristischen Eulenzeichnung; Raupen meist Pflanzenfresser (Erdraupen, s. d.); Verpuppung ohne Kokon in der Erde; Genera (z. B.): *Phytometra (= Plusia), Agrotis, Mamestra (= Barathra), Panolis* u. a.

noctula, *f.,* lat. von *nox, noctis* die Nacht u. *-ula* als Verkleinerungs-, Abschwächungs-Suffix; „kleine" Nacht, Dämmerlicht, Abend-; s. *Nyctalus.*

noctúrnus, -a, -um, lat., nächtlich, bei Nacht, Nacht-; s. *Mikrofilaria.*

nóctuus, -a, -um, lat., nächtlich. Spec.: *Athene noctua,* Steinkauz.

Nodosária, *f.,* lat. *nodósus* knotig, weil die Kammern wie eine Reihe Knoten übereinander liegen; Gen. der Foraminifera; hat stabartige Kalkgehäuse, gerade oder gebogen; fossil seit dem Perm bekannt.

nodósus, -a, -um, lat., knotenreich, Spec.: *Megaptera nodosa,* Buckelwal.

Nodulína, *f.,* von lat. *nódulus,* s. u.; ihre langgestreckte Schale (ca. 5 mm Länge) entsteht, indem eine Kammer stabförmig an die andere gereiht ist – und zwar mit dem äußeren Bild dazwischenliegender „Knötchen"; Gen. der Foraminifera, Rhizopoda. Spec.: *N. nodulosa.*

nodulósus, -a, -um, lat., reich an kleinen Knoten; s. *Nodulina.*

nódulus, -i, *m.,* lat., das Knötchen.

nódus, -i, *m.,* lat., Knoten, Wölbung.

Nómada, *f.,* gr. *nomás* umherschweifend, Viehherden weidend. Gen. der Andrenidae, Sandbienen, Hymenoptera. Das Genus umfasst ca. 70 Species, von denen zahlreiche bei Sandbienen schmarotzen. Spec.: *N. ruficornis,* Wespenbiene (hat rotbraune Fühler); *N. flava,* Gelbe Wespe, Schmuckbiene.

Nomáscus, *m.,* gr. *ho nomás, -ádos* der Umherschweifende; Gen. der Hylobatidae (Gibbons od. Langarmaffen), Catarhina, Simiae, Primaten). Spec.: *N. concolor,* Schopfgibbon.

nomen, -inis, *n.,* lat., der Name, Pl. *nomina;* in der Nomenklatur: der Name eines Taxon; das Wort od. die Wörter, die die wissenschaftliche Bezeichnung eines Taxon darstellen (vgl. auch: Bi- u. Trinomen). Man unterscheidet: n. abortivum, unberechtigt neugebildeter Name; n. ambiguum, mehrdeutig gewordener N.; n. dubium, Name, der sich auf kein bekanntes Taxon mit Sicherheit beziehen lässt; n. conservandum, zu schützender Name; n. nudum, ohne Beschreibung veröffentlicht; n. novum, neu veröffentlicht, zum Ersatz eines früheren Namens, jedoch nur gültig, wenn der letztere präokkupiert ist; n. oblitum, vergessener Name, der als älteres Synonym in den hauptsächlichen zool. Veröffentlichungen mehr als 50 Jahre unbenutzt geblieben ist; n. illegítimum, ungültiger Name; n. praeoccupátum, s. d., vgl. auch: wissenschaftlicher Name, Trivial-Name.

Nomenklatur, die, lat. *nomenclatúra* Namenverzeichnis, v. *nomenclátio* die Benennung, Namengebung, die Lehre von der Namengebung; Teil der Systematik; die Zoologische N. umfasst die Benennung der Tiere. Die Zool. N. ist das System wissenschaftlicher Namen, die für taxonomische Einheiten od. Taxa der rezenten und fossilen Tiere angewandt werden. – Die Intern. N.regeln beziehen sich auf die Namen in der Familien-, Gattungs- und Artgruppe. Ausgeschlossen sind Namen für hypothetische Begriffe, für missgebildete Stücke od. für Hybriden als solche, für infrasubspezifische Formen als solche od. Namen, die für eine andere als taxonomische Anwendung vorgeschlagen sind; s. auch: Taxonomie, als deren Terminologie die N. bezeichnet werden kann.; nomenklaturisch: Mit N. in Zusammenhang stehend; neuerlich eingeführtes Adjektiv als Synonym zu *nomenklatorisch.*

nomenklaturischer Status, der, *m.*; bezeichnet die Position eines Namens, einer nomenklaturischen Handlung od. einer Arbeit (d. h. Verfügbarkeit od. nicht; im Falle eines Namens dessen Schreibweise; die Typisierung eines nominellen Taxon, welches der Name bezeichnet; der relative Vorrang gegenüber anderen Namen).

nomen praeoccupátum, *n.*, lat., *praeoccupátus, -a, -um* vorherbesetzt, vorher eingenommen; „vorher besetzter Name", d. h. ein bereits vorher schon einmal vergebener Art- od. Gattungsname (s. Homonyme). Ein präokkuppierter Name ist durch einen neuen Namen zu ersetzen; s. auch: nomen.

nomen protectum, *n.*; lateinischer Ausdruck mit der Bedeutung „geschützter Name" für einen Namen, dem Vorrang eingeräumt worden ist gegenüber seinem unbenutzten älteren Synonym od. älteren Homonym, dem der Status eines *nomen oblitum* zugewiesen worden ist.

Nomina Anatomica Veterinaria, die; Abk. **NAV**; gegenwärtig gültige Zusammenstellung der veterinäranatomischen Termini. Sie wurde der Generalversammlung der Weltvereinigung der Veterinäranatomen 1967 in Paris durch das Internationale Komitee für Veterinäranatomische Nomenklatur vorgelegt u. angenommen. 1971 erfolgte die Einarbeitung von Revisionen. Der NAV wurden folgende Prinzipien zugrunde gelegt: 1. Jede anatom. Struktur wurde mit einem einfachen Terminus belegt. 2. Jeder Terminus erscheint lateinisch in der offiziellen Liste, wobei es den Anatomen der jeweiligen Länder überlassen bleibt, diese in die jeweilige Ausbildungssprache zu übersetzen. 3. Jeder Terminus wurde so kurz u. einfach wie möglich gewählt. 4. Die Termini besitzen einen instruktiven u. deskriptiven Wert. 5. Strukturen, die enge topograph. Lagebeziehungen aufweisen, haben ähnliche Termini erhalten. 6. Es wurden nur gegenüberstellende Adjektive verwendet (z. B. major-minor, superficialis-profundus). 7. Es wurden keine Termini verwendet, die sich auf Eigennamen zurückführen lassen. Die NAV berücksichtigen: Carnivora *(Canis familaris* u. *Felis domestica)*, *Bos taurus, Ovis aries, Capra hircus, Equus caballus.* Das Hausgeflügel wurde nicht berücksichtigt.

Nominat-, als Bestandteil in Komposita, v. lat. *nomináre* benennen; *nominátio* die Namhaftmachung, Benennung; 1. die Bezeichnung für ein untergeordnetes Taxon, das den Typus eines unterteilten höheren Taxon einschließt u. denselben Namen trägt, der im Falle von Namen der Familiengruppe hinsichtlich der Endung dem Range entsprechend abgewandelt ist. Beispiel: Die nominelle Familie od. Nominat-Familie Tipulidae (Typusgattg.: *Típula* Linnaeus, 1758) zerfällt in mehrere Unterfamilien, von denen jede nach ihrer eigenen Typusgattg. benannt wird. Die Unterfamilie Tipulinae, die *Tipula* einschließt, ist Nominat-Unterfamilie zu Tipulidae. – 2. „Nominatform" wird auch synonym für Stammform verwendet.

nominell, lat. *nomen, nóminis* der Name(n); ein „mit einem Namen versehenes" Taxon, das durch das Typusexemplar objektiv definiert ist, z. B. eine nominelle Art, s. auch: Spezies, Nominat-.

Non-Disjunction, die, (engl.) *non,* in Zssgn.: nicht, un-, Nicht-, lat. *disiunctio* Trennung; irreguläre mitotische Verteilung der Schwesterchromatiden (mitotische N.) od. irreguläre meiotische Verteilung der homologen Chromosomen (meiotische N.) auf die Tochterkerne und -zellen. Es treten Aneuploidien in Form von Hyper- bzw. Hypoploidien auf.

Nonne, die; *Lymántria monácha* (s. d.); schädigt Kiefern, Fichten in großem Ausmaß (M-, O-Europa, v. a. Polen). Ein Nonnen♀ legt p. a. bis zu 300 Eier in Rindenschuppen; nach mildem Winter schlüpfen im Frühjahr die Raupen, die sich an den Baumstämmen in die Krone bewegen und hier Kahlfraß der Nadeln bewirken (können).

Nonruminantia, *n.*, Pl., lat. *non* nicht, s. Ruminantia, „keine" Wiederkäuer; Syn.: Suiformes, Gruppe der Artiodactyla, Ungulata; Familien: Hippopotamidae, afrikan. Flusspferde; Tayassuidae, amerikan. Nabelschweine; Suidae, Schweine (Alte Welt). Der Magen ist relativ einfach gebaut, jedoch mit Kammerbildung bei den Flusspferden u. Nabelschweinen.

Noosphäre, die, gr. *ho nóos* der Verstand (des Menschen); Teil der Erdoberfläche, in dem die menschliche Gesellschaft existiert und die durch ihre bewusste Aktivität gestaltet wird. Die Noosphäre wird (in der Tendenz) erweitert:

Vordringen in das Erdinnere, in Meerestiefen, in den Kosmos (Weltraum).

Noradrenalin, das, Syn.: Arterenol; ein Brenzkatechinamin, entsteht durch Hydroxylierung von Dopamin, kommt in bestimmten Nervenzellen von Vertebraten (in postganglionären Sympathikus-Neuronen u. Neuronen der Basalganglien) u. im Nervensystem vieler Wirbelloser vor, kann als Hormon od. Transmitter wirksam werden.

Nordkaper, der, s. *Balaena.*

Noriker, *m.,* Süddeutsches Kaltblut; vor allem in Bayern u. Österreich gezüchtetes Pferd; leichterer Typ: Oberländer; schwererer Typ: Pinzgauer.

Normoblasten, die, lat. *norma, f.,* Regel, Vorschrift, gr. *he bláste* der Keim, Spross, Abkömmling; kernhaltige Vorstufen der roten Blutkörperchen.

Normozyten, die, gr. *to kýtos* das Bläschen; normale, kernlose rote Blutkörperchen.

norvégicus, -a, -um, latin., norwegisch, in Norwegen vorkommend; s. *Rattus.*

Noséma, gr. *he nósos* u. *to nósema* die Krankheit; Gen. der Nosematidae Microsporidia, Sporozoa. Spec.: *N. bombycis,* in der Seidenraupe Fleckenkrankheit (Pebrine) hervorrufend, durch den Kot übertragen; *N. apis,* neben anderen Erregern Bienenruhr (im Symptomkomplex) verursachend.

Nosoareal, *f.,* Verbreitungsgebiet einer Krankheit.

Nosogenie, gr. *he genesis*; die Entstehung, Entwicklung einer Krankheit.

Nosogeographie, gr.; Lehre von der geographischen Verbreitung von Krankheiten.

Nosopsýllus, *m.,* gr. *he nósos* die Seuche, Krankheit, *ho psýllos* der Floh; Gen. der Ceratophyllidae; auf Hausratten u. -mäusen. Spec.: *N. fasciatus,* Ratten-, Pest-, Hamsterfloh (mit einem Stachelstreifen am Hinterrande des Pronotums); *N. londiniensis,* Südlicher Rattenfloh (bis nach London, lat. Londinium, verschleppt).

nota, -ae, *f.,* lat., das Zeichen, Merkmal. Spec.: *Hister quadrinotus* (ein Stutzkäfer).

notábilis, -is, -e, lat., bemerkenswert, auffallend; s. *Nestor.*

Nothobranchius, *m.,* gr. *nóthos* unecht, *to bránchion* die Fischkieme; mit Nebenkiemen; Gen. der Cyprinodontidae, Cyprinodontoidea. Spec.: *N. orthonotus,* Weinroter Prachtgrundkärpfling.

Notodóntidae, *f.,* Pl., gr. *ho nótos* der Rücken, *ho odús, -ontos* der Zahn; Zahnspinner, Fam. der Lepidoptera; relativ plumpe Schmetterlinge mit schmalen Vorderflügeln, deren Innenrand bei etlichen Species einen zahnartigen Fortsatz aufweist; Raupen auf dem Rücken oft mit einigen zahnartigen Höckern; einige Species mit auffälligen Raupenformen, z. B.: *Stauropus fagi,* Buchenspinner, dessen Raupe lange Thorakalbeine hat.

Notogäa, die, gr. *ho nótos* der Süden, *he gaía = gé* die Erde; die Australische Region, s. d.

Notonéctidae, *f.,* Pl., gr. *ho nótos* der Rücken, *nektós* v. *néchesthai* schwimmen; Rückenschwimmer; Tibia u. Tarsus der Hinterbeine mit Schwimmhaaren; Luftvorrat als Hülle um den gesamten Körper, vor allem ventral am Abdomen (Luftrinnen mit Haarzeilen), außerdem Luftvorrat unter den Flügeln; gut entwickeltes Flugvermögen; räuberisch, Beute wird von Wasseroberfläche u. aus dem Wasserkörper aufgenommen, Lauerjäger (besondere Anpassung der Augen); Vorder- u. Mittelbeine dienen zum Ergreifen u. Halten der Beute. Fam. der Heteroptera, Wanzen; mit etwa 150 rezenten u. 10 tertiären Arten. Bekannte Spec.: *Notonecta glauca,* Gemeiner Rückenschwimmer.

Notopódium, das, gr. *ho pus, podós* der Fuß, „Rückenfuß"; ein dorsaler borstentragender Ast der Parapodien der Polychaeten.

Notópterus, *m.,* gr. *ho nótos* der Rücken u. von gr. *to pterón* der Flügel, die Flosse; mit kleiner od. reduzierter Rückenflosse. Gen. der Notóptéridae (Messerfische), Osteoglossiformes (Knochenzüngler). Spec.: *N. chitala,* Bänder-Messerfisch; *N. afer,* Netz-Messerfisch.

Notorýctes typhlops, gr. *oryktós* gegraben, ausgegraben, *typhlós* blind, *ho óps* das Gesicht, Sehen; Blinder, Beutelmaulwurf, Spec. der Dasyuridae, Raubbeutler, Marsupialia; im Aussehen u. in der Lebensweise an einen Maulwurf erinnernd; Süd-Australien.

Notostraca, *n.,* Pl., gr. *to óstrakon* die Schale, wörtl.: „Rückenschalen"-Krebse; Gruppe der Phyllopoda mit einfachem Carapax.

Nototréma, *n.,* gr. *to tréma* die Öffnung, der Spalt (bezieht sich auf die Taschenöffnung); Gen. der Hylidae, Echte Laubfrösche, Ordo Anura; kleine Tiere (6–7 cm) mit drüsiger Rückenhaut; ♂ mit äußerem Kehlsack; ♀ mit einer dorsalen Tasche zur Aufnahme der Eier, die sich in ihr entwickeln. Spec.: *N. (= Gastrotheca) marsupiatum* Beutelfrosch, tropisches S-Amerika.

Notóxus, *m.,* gr. *oxýs* spitz, also: „Spitzrücken"; Gen. der Anthicidae. Genusmerkm.: Halsschild in ein nach vorn gerichtetes Horn verlängert. Spec.: *N. monóceros,* Einhorn-Blasenzieher, Gemeiner Halshornkäfer.

nova species, *f.,* lat.; „neue Art", Abk.: nov. spec. od. n. sp.; zum Kenntlichmachen der Neubeschreibung einer Species verwendet.

novae-guinae, aus oder in Neuguinea; s. *Emydura.*
novemcínctus, -a, -um, lat., neungürtelig (Zahl der im mittleren Teil des Rückens beweglichen Ringe, die ein Einrollen der Tiere ermöglichen); s. *Dasypus.*
novum genus, *n.,* lat., „neue Gattung"; Abk.: nov. gen.; zum Kenntlichmachen der Neubeschreibung einer Gattung verwendet.
nox, noctis, *f.,* die Nacht.
nubes, -is, *f.,* lat., die Wolke, dichte Menge. Spec.: *Limnobia nubeculosa* (Mücke mit unscharf begrenzten Flügelflecken).
núcha, -ae, *f.,* latin., arab.; das Rückenmark, der Nacken.
nuchális, -is, -e, lat., zum Nacken gehörig.
Nucífraga, lat., *nux, nucis* die Nuss, *frángere* zerbrechen; Gen. der Corvidae, Rabenvögel. Spec.: *N. caryocatactes,* Tannenhäher, mit den Subspec.: *N. c. macrorhynchos,* Sibirischer Tannenhäher; *N. c. caryocatactes,* Dickschnäbeliger Tannenhäher.
nucleáris, -is, -e, lat., zum Kern gehörig.
nucleátus, -a, -um, lat., nusskernartig.
nucléolus, -i, *m.,* lat., s. *núcleus,* der kleine Kern; das Kernkörperchen des Zellkerns.
Nucleosom, das, *n.,* gr. *to soma* Körper; Untereinheit des Chromatins, die aus je 2 Molekülen der Histone H2A, H2B, H3 u. H4 besteht, um welche ca. 200 bp DNA gewunden sind.
núcleus, -i, *m.,* lat., der Kern, Zellkern; auch für Ansammlung von Nervenzellen (Perikaryon) verwendet.
núcula, lat., kleine Nuss.
Nucula, *f.,* lat.; Nussmuschel, Gen. der Nuculidae, Taxodonta, Bivalvia. Spec.: *N. tenuis* (mit dünner Schale); *N. nitida* (Schale glänzend).
nucum, *f.,* lat., Genit. Pl. von *nux, nucis* die Nuss, schalige Frucht; s. *Curculio.*
nudátus, -a, -um, lat. *nudáre* entblößen; nackt, entblößt.
Nudibránchia, lat. *nudus* nackt, gr. *ta bránchia* die Kiemen, „Nacktkiemer"; hochspezialisierte, artenreiche Gruppe, Ordo der Opisthobranchia, Hinterkiemer, Gastropoda; Nacktschnecken mit abgeflachtem Eingeweidesack, ohne Mantelhöhle u. Ctenidium, an dessen Stelle Kiemen in Form von Körperanhängen treten können.
nudus, -a, -um, nackt, entblößt, kahl. Spec.: *Taphozous nudiventris* (Nacktbauchige Fledermaus).
Nuklease, die; s. *núcleus;* Enzym (Hydrolase), das Nukleinsäuren (Polynukleotide) spaltet.
Nukleine, die; Syn. für Nukleoproteide, s. d.
Nukleinsäuren, die, lat. *núcleus* der Kern; hochmolekulare Polynukleotide, die in allen Zellen, auch in Bakterien sowie in Viren anzutreffen sind u. eine wichtige Rolle bei der Vererbung u. der Eiweißsynthese spielen. Je nach der vorliegenden Zuckerkomponente unterscheidet man Ribonukleinsäure (RNS), s. d., u. Desoxyribonukleinsäure (DNS), s. d. Bei vollständiger Hydrolyse werden die N. in ihre Grundbausteine, Purin- od. Pyrimidinbase, Zucker u. Phosphorsäure, gespalten.
Nukleolen, die, lat. *nucleolus,* Dim. von *nucleus* Kern; Kernkörperchen, gelegen im Zellkern, bilden die Ausgangspunkte für die Organisation der Metaphase-Chromosomen.
Nukleoproteide, die, s. Proteide; Verbindungen aus Nukleinsäuren u. Proteinen, die den Hauptbestandteil der Zellkerne, insbesondere auch der Chromomeren ausmachen. Einige Enzyme u. viele Viren sind N. Als Proteinkomponente der N. kommen häufig basische Proteine (z. B. Protamine u. Histone) vor; Syn.: Nukleine.
Nukleoside, die; Purine (z. B.. Adenin, Guanin, Hypoxanthin) bzw. Pyrimidine (z. B. Thymin, Uracil, Cytosin), die N-glykosidisch mit einer Pentose (z. B. Ribose, Desoxyribose) verbunden sind. N. entstehen durch Hydrolyse der Nukleinsäuren.
Nukleotide, die; durch esterartige Bindung von Phosphorsäure an den Zucker eines Nukleosids entsteht ein Nukleotid, dessen Grundaufbau also Base-Zucker-Phosphat ist. Je nach Anzahl der N. unterscheidet man Mono-, Oligo- u. Polynukleotide (Nukleinsäuren). N. sind einerseits als Hydrolyseprodukte der Nukleinsäuren, andererseits als freie N. (wichtiger Vertreter: ATP) anzutreffen.
Nullipara, die, lat. *nullus, -a, -um* kein, gering (gar nicht), *párere* gebären; weiblicher Säuger, der noch nicht geboren hat.
Numénius, *m.,* gr. *he numēnía* der Neumond, von *néos* neu u. *ho mén, mēnós* der Mond; namentlicher Bezug zur (halbmondförmig gebogenen) Gestalt des „überdimensionalen" Schnabels, der bei der Nahrungssuche wie eine Pinzette benutzt wird; Gen. der Scolopacidae, Schnepfenvögel, Charadriiformes; fossil seit dem Eozän bekannt. Spec.: *N. arquatus,* Großer Brachvogel; *N. tahitiensis,* Borstenbrachvogel; *N. borealis,* Eskimobrachvogel; *N. minutus,* Zwergbrachvogel.
Numerische Apertur eines Objektivs, die, lat. *númerus* die Zahl, *apértus* offen, geöffnet; Abk.: NA; Formel: $A = n \cdot \sin \alpha$ (n = Brechungsindex des Mediums zwischen Frontlinse des Objektivs u. der Deckglasoberseite, α = der halbe Öffnungswinkel der Frontlinse des Objektivs). – Auf einem Zeißobjektiv ist die NA

der Frontlinse am zweitnächsten (nach der Aberration) aufgetragen.
numerische Taxonomie, die; Klassifizierung od. Systematisierung der Organismen (Tiere, Pflanzen) unter Anwendung mathematischer Hilfsmittel zum quantitativen u. objektiven Erfassen von Ähnlichkeiten u. Unterschieden der Taxa. In der klassischen Taxonomie erfolgen Einordnung u. Benennung der Organismen (Taxa) auf der Grundlage morphologischer, biochemischer u. serologischer Merkmale.
Númida, *f.,* Numidier, weil die Perlhühner *(aves númidae)* aus Numidien (im Altertum ein Reich in N-Afrika) stammen; Gen. der Phasianidae, Ordo Galliformes, Hühnervögel. Spec.: *N. meleágris,* Gemeines Perlhuhn; domestiziert.
Nummulitenkalke, die; Kalkablagerungen von den Schalen der *Nummulites*-Arten; fossile Nummuliten sind erdgeschichtlich von großer Bedeutung. Aus ihren Schalen-Ablagerungen bestehen Teile mancher Gebirge, z. B. der Alpen.
Nummulítes, *f.,* lat. *númmulus* kleines Geldstück; Gen. der Foraminifera; mit zahlreichen spiralig angeordneten Kammern; scheiben- bis linsenförmig, seltener kugelige Gestalt; fossil seit dem Paläozän; zahlreiche tertiäre, wenig rezente Species. Spec.: *N. laevigata.*
nummus, -i, *m.,* die Münze, das Geld; s. *Nummulites.*
nupta, lat., junge Frau, Neuvermählte (v. *núbere* heiraten); bedeutet: so schön (geschmückt) wie diese Neuvermählte; s. *Catocala.*
Nussmuschel, die; s. *Nucula.*
Nutria *(s. Myocaster coypus),* im Spanischen eigentlich u. eindeutig Name für *Lutra lutra,* Fischotter; jedoch auch auf *Myocastor coypus,* den Sumpfbiber, als Trivialname übertragen u. besonders im Pelzhandel üblich. Zu unterscheiden sind die *Castor*-Species als Eigentliche Biber.
nutrícius, -a, -um, lat. *nutríre* säugen, ernähren, pflegen; zum Ernähren dienend.
nutrimentäre Eibildung, die; Eibildung erfolgt unter direkter Mitwirkung anderer Zellen, d. h., die zukünftige Eizelle nimmt einzelne umliegende Zellen (wie abortive Eizellen) oder Zellmaterialien von einzelnen Nährzellen od. aus Nährzellflächen bzw. Nährkammern auf. Es handelt sich im Gegensatz zur solitären um eine alimentäre (mit Hilfseinrichtungen versehene) Eibildung.
Nutrition, die; die Ernährung.
nutrítius, -a, -um, zum Ernähren dienend.
nutrix, nutrícis, *f.,* die Amme, Ernährerin.
nuttalli, latin. Genit. nach dem Naturforscher Thomas Nuttall, Prof. zu Philadelphia (s. Verzeichnis der Autorennamen); s. *Pica nuttalli.*
Nutztiere, die; Bezeichnung für alle landw. Haustiere, die für Milch-, Mast-, Arbeits-, Woll-Leistung u. a. sowie zur Vermehrung (Reproduktion) ohne besondere (züchterische) Bearbeitung gehalten werden; vgl.: Zuchttiere, Haustiere.
Nutzwild, das; Wild, das der Ernährung des Menschen dient, im Gegensatz zum Raubwild.
Nutzzeit, die; Zeitspanne, die ein Reizstrom fließen muss, um eine fortgeleitete Erregung auszulösen.
nux, nucis, *f.,* lat., die Nuss. Spec.: *Nucifraga caryocatactes,* Nussknacker.
Nýctalus, gr. *he nyx, nyktós* die Nacht, *he álē* das Umherschweifen, -irren; Gen. der Vespertilionidae (Glattnasen), Mikrochiroptera, Insektivora. Spec.: *N. nóctula,* Großer Abendsegler; *N. leisleri,* Rauharmige, auch Kleine Fledermaus.
Nýctea, *f.,* gr. *he nyx* die Nacht; Gen. der Strigidae, Eulen, Spec.: *N. scandiaca,* Schnee-Eule.
Nyctereutes, gr. *he nyx, nyktós* die Nacht, Finsternis, *procyonoides* Procyon-(Waschbär-) ähnlich, *prokyon* Vorhund (ein Gestirn, welches vor dem des Hundes aufgeht); Gen. der Canidae (Hunde), Ordo Carnivora. Spec.: *Nyctereutes procyonoides,* Marder- od. Waschbärhund (Japan, Ausbreitung über China, SW- bis in das östl. M-Europa).
Nycteridopsylla, *f.,* gr. *he nykterís, nykterídos* die Fledermaus, *ho* u. *he psýlla* der Floh; Gen. der Ischnopsyllidae. Spec.: *N. dictemus* Zweikammiger Fledermausfloh.
Nyctíbora, *f.,* gr. *he nyx, nyktós* die Nacht, *ho borós* Fresser, also: „Nachtfresser"; Gen. der Nyctibóridae, Ordo Blattoidea, Schaben. Spec.: *N. serícea, Ägyptischer Weißrand (Kakerlak).*
Nycticébus, *m.,* gr. *ho kébos* Affe(nart); Gen. d. Lorísidae, Primates. Spec.: *N. coucang,* Plumplori (nachts agil).
Nyctícorax, gr. *ho nyktikórax* der Nachtrabe, weil er insbesondere auch nachts rabenartig schreit; Gen. der Ardeidae, Gressores, Schreitvögel; fossil seit dem Pliozän bekannt. Spec.: *N. nycticorax,* Nachtreiher.
Nympha, die; s. Nymphe; die kleine Schamlippe.
Nymphalis, *f.,* gr. *he nymphe* die Quell- od. Wassergöttin, junge Frau, Braut; latin. *nymphalis* nymphenartig; Gen. der Nymphálidae (Flecken- od. Edelfalter); artenreichste Fam. der typischen Tagfalter, Lepidoptera. Spec.: *N. (= Vanessa) antíopa,* Trauermantel.

Nýmphe, die, gr. *he nýmphe* u. latin. *nympha* die Braut, junge Frau; Nymphe, die Quell- u. Wassergöttin; das letzte, nicht ruhende Entwicklungsstadium der Insekten mit Flügelansätzen vor der Häutung zum Vollkerf (z. B. bei Thysanoptera, Aleyrodidae, Aphidina sowie den Männchen der Coccina). Die Bezeichnung Pronymphe wird angewandt, wenn Flügelansätze bereits im vorletzten Stadium auftreten. Nymphenstadien können auch bei den Acari (Milben) auftreten (Proto-, Deuto- u. Tritonymphe).

Nymphicus, *m.;* Gen. der Psittacidae. Spec.: *N. hollandicus,* Nymphensittich (bewohnt trockene Inlandgebiete Australiens).

Nymphomanie, die, gr. *he manía* Wahnsinn, Begeisterung; Mannstollheit, exzessiver weiblicher Geschlechtstrieb (beim Mann: Satyriasis).

Nyróca, *f.,* Tauchenten, Gen. der Anatidae, Enten. Spec.: *N. (= Aythya) nyroca,* Moorente; *N. (= Ayth.) fuligula,* Reiherente; *N. (= Ayth.) ferina* Tafelente.

O

Obélia, *f.,* gr. *ho obelías* runder Kuchen am Spieß gebraten; Gen. der Campanulariidae, Thecaphorae – Leptomedusae, Hydroidea, Cl. Hydroza. Mit ganz zurückgebildetem Velum u. zahlreichen soliden, kurzen Schirmtentakeln, 8 Statozysten, flachen Schirmen (bis zu 6 mm ∅).

Obérea, *f.,* ist ein von Megerle gebildeter Name unbekannter Herkunft, möglicherweise Anagramm od. Phantasiename; Gen. der Cerambycidae, Bockkäfer. Spec. *O. lineáris,* Haselbock; *O. oculáta,* Weidenbock.

obésus, -a, -um, lat., fett, feist.

Obísium; s. *Neobísium.*

objektives Synonym; s. Synoym.

obligat, lat. *obligátus* verbindlich; verbindlich, unerlässlich, verpflichtend; Ggs. fakultativ.

obligatorische Kategorien (lat. *obligare* binden, verpflichten) sind in der zoologischen Nomenklatur Art, Gattung und Familie. Zu eingehender Gliederung können außerdem die fakultativen Kategorien (s. d.) herangezogen werden. Keine Kategorie oberhalb der Superfamilie unterliegt den IRZN.

oblíquus, -a, -um, lat., schief, schräg.

oblíterans, -ántis, lat. *obliteráre* in Vergessenheit bringen; nicht mehr in Gebrauch, verwachsen.

oblongátus, -a, um, lat., verlängert.

oblóngus, -a, -um, lat., länglich, s. *Phyllobius.*

obscúrus, -a, -um, lat., dunkel, finster, dunkelfarbig; s. *Tenebrio,* s. *Trachypithecus.*

obsolet (lat. *obsoletus* abgenutzt, veraltet), abgekürzt: obs.; zur Kennzeichnung veralteter Begriffe, z. B. Ferungulata (s. d.).

obstétricans, lat., von *obstare* bzw. *obstetrix, -icis* Hebamme, dabeistehen, beistehend; helfend bei der Geburt, Geburtshelfer-; s. *Álytes obstetricans.*

obstetricus, -a, -um, lat., geburtshilflich; so wird beim Menschen die engste Stelle des Inneren Beckens zwischen Promontorium u. Symphyse benannt: Conjugata vera obstetrica.

Obstfliege, die; s. *Drosophila.*

obtéctus, -a, -um, lat., verborgen, bedeckt; s. *Acanthoscelides.*

obturátor, -óris, *m.,* lat. *obturáre* verstopfen; der Verstopfer.

obturatórius, -a, -um, lat., zum Verstopfer gehörig.

obturátus, -a, -um, lat., verstopft, abgestumpft.

obtúsus, -a, -um, lat., stumpf, *rostrum* der Rüssel, Schnabel. Spec.: *Chalcochloris obtusirostris,* Stumpfmull.

occidentális, -is, -e, lat., westlich, abendländisch, in Komposita: West-; Abk. bei Bezeichnung von Fundorten: *occ.,* z. B. *germ. occ.* in Westdeutschland vorkommend.

occipitális, -is, -e, zum Hinterhaupt, Hinterkopf gehörig.

occiput, -itis, *n.,* lat. *oc = ob* gegenüber, s. *cáput;* das Hinterhaupt.

occitanus, -a, -um, lat. *occídere* töten; tödlich, Tod bringend.

occultus, -a, -um, lat., verborgen.

oceánicus, -a, -um, am/im Ozean lebend; s. *Lígia.*

ocellátus, -a, -um, lat., mit Augenflecken *(océlli)* versehen, geperlt, Perl-; s. *Lacerta,* s. *Rivulus.*

ocellifer, lat., Augenflecken („Äuglein") tragend; s. *Hemigrammus.*

océllus, -i, *m.,* lat. Dim. von *óculus;* das Äuglein, der „Augapfel"; Ocellen, die einfachen Augen vieler Wirbelloser, bes. die der Gliederfüßer.

Ochóa, Severo, span.-amerik. Physiologe und Biochemiker, geb. 24. 9. 1905 Luarca, gest. 1. 11. 1993 Madrid; verdient um die Aufklärung der Biosynthese der Nukleinsäuren; seit 1958 Mitglied der Leopoldina Halle. 1959 Nobelpreis für Medizin gemeinsam mit Arthur Kornberg (s. d.) erhalten.

Ochrómonas, gr. *ōchrós* blass, bleich/ gelblich; *he monás monádos* die (einzelne) Einheit Adj. einzeln; Gen. der Gruppe Phytomastigophorea. Spec.: *O. tuberculata,* verfügt über sog. Discobolocysten.

Ochse, der; männliches, kastriertes Tier der Bovidae; kastrierter Bulle (als Kastrat ruhiger u. besser mastfähig), s. Stier.

Ochsenfrosch, s. *Rana catesbeiana,* ausgezeichnet durch seine Größe (bis 20 cm) u. durch seine dröhnende, brüllende Stimme.
octávus, -a, -um, lat., der achte, achter.
Octobráchia, *n.,* Pl., gr. *októ* acht, *ho brachión* der Arm; Ordo der Subcl. Dibranchiata, Cl. Cephalopoda. Charakteristisch: Körper sackförmig, meist kurz, oft ohne Flossen, Schale stark zurückgebildet, Armzahl acht (Name!), Tentakelarme nicht vorhanden, Saugnäpfe mit weder gezähntem noch hornigem Rand, aber mit breiter Basis, Trichter meist ohne Klappe; Subordines: Cirrata, Incirrata.
Octocorallia, *n.,* Pl., gr. *to korállion* die Koralle; meist stockbildende Anthozoen mit der Ausbildung von nur acht Mesenterien und ebenfalls acht stets gefiederten Tentakeln. Typisch ist ferner, dass die Geschlechtszellen die Mesenterienwand ausbuchten und gleichsam wie gestielte Beeren od. Trauben in den Gastralraum hineinhängen. Ordines: Alcyonaria; Gorgonaria; Helioporida, Blaue Korallen; Pennatularia, Seefedern; fossile Formen seit dem Perm bekannt, Reste unsicherer Zugehörigkeit seit dem Jungalgonkium, s. Ediacara-Fauna.
octoculatus, -a, -um, lat.; mit acht *(octo)* Augen *(oculi)* versehen *(-atus);* s. *Herpobdella.*
Óctodon, *m.,* gr. *oktṓ* acht, *ho odús (odoys),* Genit. *odóntos* der Zahn. – Gen. der Octodóntidae, Trugratten, Caviomorpha (Meerschweinverwandte). Spec.: *O. degus,* Degu, Strauchratte (Chile).
Octolásium, *n.,* gr. *lásios* dicht behaart; der Name bezieht sich auf acht kurze Borsten je Segment; Gen. der Lumbricidae, Regenwürmer. Spec.: *O. lacteum, O. cyaneum.*
Octopamin, das; O. wurde in den Speicheldrüsen von Octopus erstmals entdeckt, kommt aber auch bei anderen Invertebraten (z. B. Insekten) u. bei Vertebraten vor. Es ist ein möglicher Neurotransmitter u. Neuromodulator.
Octopus, *m.,* gr. *ho pus, podós* der Fuß; Krake, Gen. der Incirrata, Ord. Octobrachia. Spec.: *O. vulgaris,* Gemeine Krake (Mantel ohne Flossen, Arme ohne Cirren).
octoradiatus, -a, -um, lat., achtstrahlig, mit 8 Strahlen versehen; s. *Haliclýstus.*
oculátus, -a, -um, lat., äugig, geäugt, mit den Augen *(óculi)* versehen; mit Punkten (wie Augen) versehen; s. *Mysis.*
Oculomotórius, *m.,* s. Nervus oculomotórius.
óculus, -i, *m.,* lat., das Auge.
Ocýpoda, *f.,* gr. *okýpus* schnellfüßig; Gen. der Ocypodidae, Brachyura, Malacostraca. Spec.: *Ocýpoda (= Ocypode) arenára,* Sandkrabbe.
Odinshühnchen, das; s. *Phalaropus.*
Odobénidae, *f.,* Pl., s. *Odobenus;* Walrosse, Fam. der Pinnepedia, s. d.
Odobénus, *m.,* gr. *ho odús, odóntos* Zahn, *bāínēīn* gehen, auch: nach unten ausweichen. Der Genus-Name bezieht sich auf das Auswachsen der oberen Eckzähne zu dauernd nach unten weiterwachsenden riesigen Stoßzähnen, die als Elfenbein genutzt werden; Gen. der Odobenidae, Pinnipedia; fossil seit dem Pliozän bekannt. Spec.: *O. rosmarus* Walross. Zwei geograph. Subspecies: *O. r. rosmarus,* im nördlichen Polarmeer vom Jenissei bis zur Hudsonbai; *O. r. obesus,* im arktischen Pazifik an den Küsten von NO-Asien u. NW-Amerika.
Odocoileus, *m.,* gr. *kṓilos* hohl, auch geräumig, nach innen gebogen; Gen. der Cervidae, Hirsche, Ruminantia, Ordo Artiodactyla (Paarhufer). Spec.: *O. virginianus,* Virginia- od. Weißwedelhirsch.
Odonata, *n.,* Pl., gr./latin., „mit Zähnen versehene" Insecta; Libellen, Wasserjungfern, Schillerbolde, Augenstecher; Gruppe der Insecta; generelle Merkmale sind die netzartigen, nicht umlegbaren Flügel, der aus Gonopoden gebildete Legebohrer u. die kauenden, beißenden Mundwerkzeuge (Name!). Die Imagines sind Räuber mit großen Augen, kleinen Antennen und sehr gute Flieger; die ebenfalls räuberischen Larven leben im Süßwasser; ihr Labium ist als Fangmaske (vorschnellbare Greifzange) umgebaut. Einteilung in: Zygoptera (mit nahezu gleich großen Vorder- u. Hinterflügeln); Anisoptera (Hinterflügel größer als Vorderflügel); fossile Formen seit dem Oberen Karbon bekannt.
Odontoblast, der, gr. *he bláste* der Keim; der Zahnbildner, Bildungszelle des Zahnbeins.
Odontoceti, *m.,* Pl., gr. *ho odus, odóntos* Zahn u. *to kétos* Wal; Zahnwale, Gruppe der Cetacea (s. d.). Familiae: Delphinidae; Monodontidae (Gründelwale); Phocaenidae (Schweinswale); Physeteridae (Pottwale); Platanistidae (Flussdelphine); Ziphíidae (Schnabelwale).
odor, -óris, lat., der Duft, Geruch. Spec.: *Cinosternum odoratum,* Moschusschildkröte.
Oedeméra, *f.,* gr. *oídēīn* anschwellen, *ho merós* Hüftgelenk, Schenkel, wegen der verdickten Hinterschenkel der Männchen; Fadenkäfer; Gen. der Oedemeridae, Ordo Coleoptera. Spec.: *O. nobilis.*
Oedeméridae, *f.,* Pl., s. *Oedemera;* Fam. der Coleóptera (Polyphaga) mit ca. 600 rezenten Arten; die Käfer sind häufig an Blüten, die Larven leben in morschem Holz, im Stengelmark u. unter Baumrinden; fossil seit dem Eozän.
Oedipoda, *f.,* gr. *to ōídos* die Geschwulst, Anschwellung, *ho pus, podós* der Fuß; Gen. der

Acrídidae. Spec.: *O. coerulescens,* Bläulicher Grashüpfer.
Öko-, gr. *oikos* Haus; in Zsg. mit Bezug auf Lebensraum, Umwelt.
Ökologie, die, *ho oikos* das Haus, Heim, die Wohnung, die Heimat, *ho lógos* die Lehre, Rede, das Wort; ein von E. Haeckel (1866) geprägter Terminus für die Lehre, Forschung u. Erhaltung von Beziehungen der Lebewesen untereinander u. zu ihrer Umwelt, eine Ganzheitsbetrachtung, die „Haushaltslehre".
ökologische Nische (engl. *ecological niche*), i. w. S. Lebensbereich einer Tier- od. Pflanzensippe in einem Wirkungsgefüge zwischen zusammenlebenden Organismen und anorganischer Umwelt; i. e. S. wird der Terminus oft unterschiedlich präzisiert, vgl. Ökosystem.
ökologische Plastizität, die, gr. *hoi oikos* das Haus, lat. *potentia* die Potenz; das Reaktions- u. Anpassungsvermögen einer Tier- u. Pflanzenart in einem Bezugssystem mit seiner Amplitude (Valenz); Syn.: ökologische Toleranzbreite, ökologische Reaktionsbreite.
ökologisches Gleichgewicht, das; ein zeitlich fixierter Ausgleichszustand zwischen den verschiedenen biologischen, physikalischen u. chemischen Wechselbeziehungen sowie Energie-, Stoff- u. Informationsflüssen in einem Ökosystem.
ökologische Valenz, die; Wertigkeit der Ansprüche u. Reaktionen eines Organismus gegenüber Umweltfaktoren. Individuen u. Populationen können hinsichtlich der ö. V. eine weitgehende od. geringe Verträglichkeit bzw. eine weitläufige od. enge Begrenzung in den Ansprüchen gegenüber Umwelteinflüssen aufweisen.
Ökophysiologie, die, gr. *he physis* die Natur, *ho lógos* die Lehre; Teildisziplin der Physiologie, die sich mit physiologischen, biochemischen, biophysikalischen u. molekularen Reaktionen von Organismen auf Umwelteinflüsse befasst.
Ökosystem, das; biologisches System, das sich aus der Integration u. Wechselwirkung aller od. zahlenmäßig begrenzter biotischer u. abiotischer Elemente eines definierten Bereichs (bzw. Ausschnitts) der Biosphäre ergibt. In der Dimension ist das Ö. nicht festgelegt. Die biotischen Elemente sind die Populationen, die abiotischen Elemente physikalische u. chemische Faktoren. Das Ö. ist ein Raum-Zeit-System der Biosphäre.
Ökoton, der, *he tónos* die Spannung, der Tonus; eine Übergangszone zwischen zwei od. mehreren Ökotypen, häufig durch Pflanzengemeinschaften repräsentiert.
Ökotop, der, gr. *ho tópos* der Ort, Platz, das Gebiet; die kleinste landschaftsökologische relevante Raumeinheit aus einer Biozönose unter den sie bedingenden Standortgegebenheiten.
Ökotyp, der; ökologische Individuengruppe (Rasse) als Teil der Population einer Organismenart, deren morphologische, chemische od. physiologische Charakteristika mit bestimmten (qualitativen) ökologischen Bedingungen in Beziehung stehen. Auch wenn diese Beziehungen genetisch fixiert sind, stellen Ökotypen keine taxonomische Kategorie dar.
Oenánthe, *f.,* gr. *he oinánthe* Rebe od. Trageknospe des Weinstocks, Blätter u. Blüten des Weinstocks; Gen. der Muscicapidae, Fliegenschnäpper. Spec.: *O. oenanthe,* Steinschmätzer; Bodenbewohner und -brüter im Ödland.
oenas, gr. *he oinás* eine wilde Taubenart; Hohltaube; s. *Columba.*
oesophagéus, -a, -um, zur Speiseröhre gehörig.
oesophágicus, -a, -um, zur Speiseröhre gehörig.
oesóphagus, -i, *m.,* gr. *oisophágos* der Schlund, *phageīn* essen; Ösophagus: Vorderdarmabschnitt von Wirbellosen u. Wirbeltieren; die Speiseröhre, eigentl. „der die Nahrung od. Speise Befördernde".
Österreichische Natter, die; s. *Coronella.*
Östrádiol, das, gr. *ho oīstros* die Brunst; stärkstes natürliches Östrogen, ist für die normale Ausbildung der primären u. sekundären weiblichen Geschlechtsmerkmale verantwortlich.
Oestridae, *f.,* Pl., gr. *ho oīstros* die Viehbremse; Dassel, Dassel- od. Biesfliegen, Fam. der Diptera; mit verkümmerten Mundteilen. Die Larven schmarotzen subcutan, in der Stirnhöhle od. auch im Magen von Säugetieren, gehen zur Verpuppung in die Erde. Spec.: *Hypoderma bovis,* Hautdassel (Rinder-Dasselfliege), die Larve unter der Haut des Rindes: *Oestrus ovis,* Schafbiesfliege, die Larve in Nasen- u. Stirnhöhlen des Schafes: *Gasterophilus equi,* die Larve im Magen des Pferdes.
Östriol, das; Stoffwechsel- und Ausscheidungsprodukt von Östradiol u. Östron; besitzt schwache Östrogenwirkung.
Östrogene, die, gr. *ho oīstros* (auch) die Brunst; Sexualhormone, gebildet in der Theca interna des heranwachsenden Follikels, ist nach der Ovulation im Gelbkörper u. während der Gravidität in zunehmendem Maße in der Plazenta. Die Ö. sind verantwortlich für den ungestörten Ablauf des Genitalzyklus (vor allem lösen sie die Proliferationsphase aus) sowie für die Ausbildung der weiblichen sekundären Ge-

schlechtsmerkmale. Sie werden auch in den Hoden u. in der NNR gebildet; chemisch: Steroide.
Östron, das; wichtiger Vertreter der Östrogene; Östron u. Östradiol gehen leicht ineinander über. Östron ist schwächer östrogenwirksam als Östradiol.
oestrum, -i, *n.,* latin., die Bremse; s. auch *Cymothoa.*
Östrus, der, gr. *ho oístros* die Brunst, Brunft; die Lebensperiode von Säugetierweibchen, in der sie geschlechtliche Erregung zeigen und begattungsbereit sind. Man unterscheidet zw. Tieren mit jährlich einem (Kühe, Stuten) od. zwei (Hund) od. sich periodisch kürzer wiederholenden Östruszyklen (Ratten u. Mäuse).
offene Namengebung, die; Verfahren zur Benennung von Organismen mit Zeichen oder Symbolen, wenn sie (noch) nicht exakt bestimmt werden können, z. B.: *aff., cf., inc. sed.,* s. d., auch *sp.* oder *spec.*
officinális, -is, -e, lat. *officína* die Werkstatt, Apotheke; als Arznei verwendet, für mediz. Zwecke geeignet, Apotheker-; z. B. *Scincus officinalis,* Apothekerskink; s. *Euspongia.*
Ohrengeier, der; s. *Torgos tracheliótus.*
Ohrenmaki, der; s. *Galago.*
Ohrenqualle, die; s. *Aurelia.*
Ohrenrobben; auch Seelöwen, s. Otaríidae.
Ohreule, die; s. *Asio.*
Ohrwurm, der, mhd. *ôrenmützel;* s. *Forficula.*
Oicopleúra; s. *Oikupleura.*
Oidémia, *f.,* gr. *to oídema* die Geschwulst, wegen des Schnabelhöckers. Syn. von *Melanitta,* s. d., Gen. der Anatidae, Ordo Anseriformes (= Anseres). Spec.: *O. nigra,* Trauerente; *O. fusca,* Samtente.
-oïdes; -oídeus, -a, -um, von gr. *to eídos* das Aussehen, die äußere Gestalt, Erscheinung; häufig in Zusammensetzungen (bei Namen größerer Gruppen): -ähnlich (im Aussehen), -artig, z. B.: Hominoidea (Menschenartige), Tarsioídea.
oidicnémus, *m.,* gr. *to oídos* die Aufschwellung, *he knéme* der Schenkel: „Dickfuß".
Oikopleura cophocerca, gr. *ho oíkos* das Haus, *he pleurá* die Seite. Spec. der Copelata (Larvacea), Appendicularia; Tier des Meeresplanktons.
Okápia, *f.,* einheimischer Name; Okapi, erst um 1900 in den Urwäldern Zentralafrikas entdeckte Species d. Giraffidae, Ordo Artiodactyla (Paarhufer); einzeln od. paarweise lebender Bewohner des Kongo-Urwaldes, mit etwa 1,60 m Widerristhöhe und mit nicht zur Exzessivform ausgebildetem Hals (deshalb auch „Kurzhalsgiraffe"); die männlichen Tiere haben zwei kurze Knochenzapfen seitlich auf der Stirn, ähnlich denen der Giraffen. Spec.: *O. johnstoni.*
Oken, Lorenz, geb. 1. 8. 1779 Bohlsbach b. Offenburg, gest. 11. 8. 1851 Zürich; Mediziner u. Naturforscher/-philosoph; Dr. med. 1804 in Freiburg; 1805–1807 Privatdoz. in Göttingen; 1807 ao. Prof. f. Medizin an der Univ. Jena, 1812 o. Prof. für Naturgeschichte; wegen Teilnahme am Wartburgfest entlassen; ab 1828 München, 1832 in der Schweiz. – Oken ist maßgeblicher Mitbegründer der Gesellschaft Deutscher Naturforscher und Ärzte (1822) sowie Gründer der Zeitschrift „Isis". Neben experimentellen Arbeiten (Wirbeltheorie des Schädels, Entwicklung des Darms beim Hühnerembryo) entwickelte er als Anhänger der Schellingschen Naturphilosophie spekulativ eine Zelltheorie und ein auf Zahlenverhältnissen basierendes Organismensystem. – Hauptwerke: Abriss der Naturphilosophie (Göttingen 1805); Lehrbuch der Naturphilosophie (Jena 1809, 3-bändig); Lehrbuch der Naturgeschichte (Leipzig 1813–1827, 5-teilig); Allgemeine Naturgeschichte für alle Stände (Stuttgart 1841, 13 Bde. u. Atlas).
Okklusion, die, lat. *occlúdere* verschließen; 1. die Art und Weise, wie Ober- und Unterkieferzähne beim Kauen aufeinander schließen; 2. Begrenzung einer im zentralen Nervensystem entstandenen Erregung auf einen kleineren Bereich; vgl. Irradiation.
oleárius, -a, -um, zum Öl gehörig.
olécranon, -i, *n.,* gr. *he oléne* die Kappe; der Ellbogenhöcker; der Fortsatz der Elle (Ullna), der die Tróchlea húmeri von hinten umgreift.
Olenéllus, *m.,* s. *Olenus; -ellus* Verkleinerungs-Suffix; Gen. Ordo Redlichiida, primitive Trilobita, s. d., die den Chelicerata nahestehen; Leitfossilien im Unterkambrium. Spec.: *O. thompsoni.*
Olénus, *m.,* wahrsch. nach der von Homer erwähnten Stadt, gr. Ólmos; Gen. der Ordo Ptychopariida, Cl. Trilobita, s. d.; Leitfossilien im unteren Oberkambrium. Spec.: *O. truncatus.*
oleráceus, -a, -um, lat., gemüsekohlartig (*olus, óleris* Gemüse, Kohl, Küchenkraut); s. *Tipula.*
oleum, -i, *n.,* lat., das Öl; *olea, -ae, f.,* die Olive, der Ölbaum.
olfactórius, -a, -um, lat., *olére* duften, *fácere* machen; zum Riechen dienend; s. Nervus olfactorius.
olfáctus, -us, *m.,* lat., der Geruch(-sinn).
olidus, -a, -um, lat. *olére* riechen; stinkend = *olens;* Spec.: *Ocypus olens,* Stinkender Moderkäfer.

olig-, oligo; gr. *oligos* wenig; wenig.
Oligämie, die, gr. *olígos* wenig, gering, klein, *to haíma* das Blut; durch Blutungen od. Wasserverlust bedingte Verringerung der Gesamtblutmenge.
Oligochaeta, die, gr. *he chaíte* die Borste; „Wenigborster"; Ordo d. Clitellata, Gürtelwürmer. Zwittrige Anneliden, deren deutlich gegeneinander abgegrenzte Segmente mindestens je vier Paar Borstensäcke, aber nie Parapodien aufweisen; das Prostomium ist klein u. ohne Anhänge, die Gonaden sind auf wenige Metameren beschränkt.
Oligodaktylie, die, gr. *ho dáktylos* der Finger; Rückbildung bzw. mangelnde Ausbildung einzelner Fingerstrahlen.
Oligokyphus, *m..*, gr. *kyphós* gebückt, krumm; Gen. des Ordo Therapsida, Theromorpha, s. d., Reptil mit dackelartigem Gepräge, ca. 0,50 m lang, ähnlich *Tritylodon;* fossil in der obersten Trias und im Unterjura (Lias).
oligolezithal, gr. *he lékithos* der Dotter; oligolezithale Eier; dotterarme Eier.
Oligopeptide, die; s. Peptide.
oligophag, gr. *phageín* essen; hinsichtlich der Ernährung auf wenige Beutetiere bzw. Futterpflanzen eingestellt.
oligopyren, gr. *ho pyrén* der Kern; oligopyrene Spermien: atypische Spermien mit unvollständigem Chromosomensatz, z. B. bei bestimmten Schnecken und Schmetterlingen.
oligosaprob; eine Saprobitätsstufe für gering verunreinigte Gewässer; s. Saprobiegrad.
Oligospermie, die, gr. *sperma* Samen; eine Mengenbezeichnung für die Spermien im Ejakulat, beim Menschen eine Spermienzahl zwischen 1–20 Mill.
Oligotrichie, die, gr. *he thrix, trichós* das Haar; geringer Haarwuchs.
oligotroph, gr. *he trophé* die Nahrung, Ernährung; wenig nährend, nährstoffarm; s. Trophiegrad..
Oligotrophie, die; geringer Nährstoffgehalt, Nährstoffarmut, Nährstoffmangel.
Oligozän, das, gr. *kainós* neu; Abschnitt der Tertiärzeit zwischen Eozän und Miozän, jüngste Abteilung (Stufe) des Paläogens (Alttertiär).
Oligurie, die, gr. *to úron* der Harn; Verminderung der Harnausscheidung.
olíva, -ae, *f.,* lat., die Olive; Córpora oliváría: zwei ovale Anschwellungen an der Ventralseite der Medúlla oblongáta (z. B. beim Menschen). Spec.: *Aleurodes olivinus,* Oliven-Mottenlaus.
oliváris, -is, -e, zur Olive gehörig.
Ollulanus, *m.,* lat. *ollula* der kleine Krug, Topf, die Büchse; Gen. der Trichostrongylidae, Strongylidea; winzig kleine, am Vorderende zumeist ventral eingerollte vivipare Würmer, parasitisch in der Magenschleimhaut von Säugetieren. Spec.: *O. tricuspis,* Wirte: Hauskatze, Fuchs, Schwein, Maus; Europa, Amerika, Asien; tricuspis (lat.) = 3-zackig.
olor, -óris, *m.,* lat., der Schwan; s. *Cygnus.*
olus, oleris, *n.,* lat., der Kohl, das Gemüse. Spec.: *Eurydema oleraceum,* Kohlwanze.
omásus, -i, *m.,* der Blättermagen der Wiederkäuer.
omentális, -is, -e, zum Netz gehörig.
oméntum, -i, *n.,* lat., das Netz; eine Bauchfellduplikatur. Omentum majus = das große Netz: schürzenförmig, streckenweise netzförmig durchbrochene Bauchfellduplikatur der Wirbeltiere, die z. B. beim Menschen von der großen Kurvatur des Magens u. dem Colon transversum ausgeht u. normalerweise über die Dünndarmschlingen ausgebreitet ist. Omentum minus: das kleine Netz, Bauchfellfalte zw. Eingeweidefläche der Leber u. kleiner Kurvatur des Magens.
Ommatídium, das, gr. *to ommatídion* das kleine Auge, von *to ómma* das Auge; Einzelauge im Facettenauge der Gliederfüßer (Arthropoden).
Ommatophoren, die, gr. *phérein* tragen; Bezeichnung für augentragendes Fühlerpaar bei bestimmten Schnecken.
omnipotent, lat. *ómnis* jeder, ganz, *pótens, -éntis* fähig; „allmächtig", zu jeder Ausbildung (Spezialisierung) fähig, jede Differenzierung (noch) möglich.
omnivor, lat. *voráre* fressen; „allesfressen", die mehr od. weniger kombinierte Ernährungsweise (carnivor/herbivor) betreffend; auch als Substantiv angewandt.
Omnivóren, die; Allesfresser, Tiere, die von pflanzlicher u. tierischer Nahrung leben; auch der Mensch ist omnivor (s. pantophag).
ómphalo-, gr. *ho omphalós* der Nabel; zum Nabel gehörig, auf den Nabel bezüglich.
onca, *f.,* latin. aus Unze; s. *Panthera.*
Onchocerca, *f.,* gr. *ho ónkos* Geschwulst, Aufgetriebenheit, Knoten, *he kérkos* Schwanz; Gen. der Onchocercidae, Filarioidea, Nematoda. Spec.: *O. volvulus,* Knotenwurm, Knäuelfilarie; die reifen Würmer rufen relativ harte Bindegewebsknoten hervor, wo auch die Larven entstehen; Überträger: Simuliidae, Kriebelmücken.
Oncifelis, *f., onci-,* latin. von Unze *(= uncia = onca),* einheimischer Wildkatzen-Name in S-Amerika; Gen. der Felidae, Carnivora. Spec.: *O. guigna,* Nachtkatze; *O. pardinoides,* Oncilla-Katze; *O. geoffroyi,* Salz- od. Kleinfleckkatze, Geoffroys Katze.

Oncillakatze, die; s. *Oncifelis.*
Oncopódien, die, gr. *ho ónkos* die Krümmung, der Haken, *ho pus, podós* der Fuß; Extremitäten bei gewissen Artikulaten (Oncopoda, Krallenfüßer), die Krallenbildungen aufweisen.
Oncorhýnchus, *m., gr. ho rhýnchos* der Schnabel; Pazifiklachs, Gen. der Salmonidae, Edel- od. Lachsfische, Teleostei. Spec.: *O. tschawytscha,* Quinnat; *O. keta,* Keta; *O. gorbuscha,* Gorbuscha od. Buckellachs; haben eine große ökonomische Bedeutung, laichen in den Zuflüssen des Stillen Ozeans; *O. mykiss (= Salmo gairdneri),* Regenbogenforelle.
Oncosphaera, die; gr. *he sphaéra* die Kugel, der Ball; kugelige, mit (sechs) kleinen Haken versehene Larve mancher Bandwürmer (z. B. *Dibothriocephalus latus, Taeniarhynchus saginatus).*
Ondatra, *f.,* landessprachlicher Name; Bisamratten, Gen. der Microtidae, Wühler, Rodentia. Spec.: *O. zibethica (= Fiber zibethicus),* Bisamratte (richtet durch ihre Wühlarbeit großen Schaden an), Heimat: Nordamerika, besonders Kanada, in Europa verwildert, wird systematisch bekämpft.
Oniscus, *m., gr. ho onískos* der kleine Esel („Kelleresel", Kellerassel); Gen. der Oniscidae, Oniscoidea, Landasseln; Ordo Isopoda, Asseln, Eumalacostraca. Spec.: *O. asellus,* Mauerassel.
onkogen, gr. *onkos* Geschwulst, *genes* erzeugend; geschwulsterzeugend.
Onkologie, die, *ho ónkos* die Geschwulst, *ho lógos* die Lehre; die Lehre von den Geschwülsten.
Onkosphäre, die, gr. *ho ónkos* der Haken, *he sphaíra* die Kugel; eine aus den Eiern von Bandwürmern (Cestoden) entstehende Hakenlarve; sie entwickelt sich nach Aufnahme in einen geeigneten Zwischenwirt zur Finne.
Onthóphagus, *m.,* gr. *ho ónthos* der Mist, *phagéin* fressen; Gen. der Fam. Scarabaeidae, Ordo Coleoptera. Spec.: *O. fractiocornis,* Mistkäfer.
Ontogenése, die, gr. *to ṓn, óntos* das Seiende, *he geneá, he goné* die Erzeugung, Geburt; latin. *ontogénesis, -is, f.,* die Keimesentwicklung; die Individualentwicklung, die Entwicklung von der befruchteten Eizelle bis zur Geschlechtsreife; die individuelle Entwicklung eines Lebewesens umfasst einen embryonalen und postembryonalen Abschnitt; die Embryonal- oder Keimesentwicklung reicht bis zum Beginn eines freien, selbständigen Lebens; der postembryonale Abschnitt reicht von der Geburt bis zum vollkommen (geschlechtsreif) ausgebildeten Zustand. Sie wird in direkter oder indirekter Enwicklung durchlaufen; s. Caeno- u. Palingenese.
ontogenetisch, die Ontogenese betreffend.
Ontologie, die; Lehre vom Seienden bzw. vom Sein.
Onychiúrus, *m., gr. ho ónyx, ónychos* die Kralle, der Nagel, *he urá* der Schwanz; Gen. der Onychiúridae, Ordo Collembola, Springschwänze, Apterygota (Flügellose Insekten). Spec.: *O. armatus.*
Onychophora, *n.,* Pl., gr. *phoréin* tragen; Stummelfüßer; landbewohnende Articulata mit 1 Paar Fühlern, 1 Paar krallenförmigen Mundwerkzeugen u. zahlreichen ungegliederten Stummelbeinen, die in Krallen endigen; Leibeshöhle als Mixocöl, „Motor" des Kreislaufs als Röhrenherz mit segmentalen, paarigen Ostien, Atemorgane in Form von büschligen, langen Tracheenkapillaren ausgebildet; fossile Formen seit dem Kambrium bekannt. Familiae: Peripatidae, Peripatopsidae.
Oocýste, die, gr. *to oón* das Ei, *he kýstis* die Blase; die im Entwicklungsgang der Sporozoen auftretende, mit einer Cyste umgebene Zygote. Hier findet die Sporenbildung statt.
Oogamie, die, gr. *gaméin* gatten; Befruchtung, Aufsuchen des Makrogameten (Eizelle) durch den od. die Mikrogameten (Spermien).
Oogenése, die, gr. *he génesis* das Entstehen; latin. *oogénesis, -is, f.,* die Eientwicklung, Eibildung.
Oogónien, die, gr. *gennán* erzeugen; die Ureizellen; Syn: Ovogonien.
Ookinet, der, gr. *kinetéos* beweglich; die bewegliche Zygote bei den Malariaparasiten.
oolémma, -atis, *n.,* latin., gr. *to lémma* die Hülle, Schale; Oolemma: Eihülle, Eihaut.
Oologie, die, gr. *ho lógos* die Lehre; Eierkunde, ein sich mit dem Studium der Vogeleier befassender Zweig der Vogelkunde (Ornithologie).
Oóphoron, das, gr. *phérein* tragen; der Eierstock, das Ovarium.
oóphorus, -a, -um; eitragend, eiführend.
Ooplásma, das; s. Plasma; das Eiplasma.
Oostegite, die, gr. *he stége* die Decke, das Dach; bei einigen weiblichen Krebsen (z. B. Asseln, Flohkrebsen) vorkommende, nach innen gerichtete Anhänge der Beinhüften (der basalen Laufbeinglieder), die einen ventralen Brutraum, ein Marsupium, bilden.
Oothek, die; gr. *to oón* das Ei, *he théke* die Kapsel, Hülle; Eikapsel aus chitinartiger Absonderung der Anhangsdrüse von Schaben und Fangschrecken, in der die Eier abgelegt werden.
ootroph, gr. *he trophé* die Ernährung; eierfressend.
Ootyp, der, gr. *ho týpos* der Schlag, die Prägung; erweiterter Anfangsabschnitt des Uterus

vieler Saugwürmer (Trematoden), in dem die Eier geformt werden, d. h. in dem die zusammengesetzten Eier aus einer Eizelle u. mehreren Dotterzellen entstehen.

Oozyten, die, gr. *to kýtos* die Höhlung, der Bauch, das Gefäß; Eizellen während der Entwicklung, begriffl. verwendet als Oozyte I. u. II. Ordnung. Oozyten I. O. sind Eier, die aus der Wachstumsphase u. Oozyten II. O. Eier, die aus der 1. Reifeteilung hervorgehen. Syn. Ovozyten.

opácus, -a, -um, lat., schattig, dunkel. Spec.: *Blitophaga opaca,* Rübenaaskäfer.

Opalína, *f.,* lat. *ópalus, -i, m.,* der Halbedelstein. Opal vom sanskr. *upala* = Stein; Gen. der Opalinina, früher zu den Protociliata, heute zu den Flagellata zugeordnet. Spec.: *O. ranarum* (harmloser Darmbewohner, regelmäßig in *Rana temporaria*).

Operátor, der, lat. *operátor, -óris, m.,* der Verfertiger; Operatorgen, ein Gen, das den Anlauf oder die Abschaltung der Messenger-RNS-Synthese innerhalb eines Operons kontrolliert bzw. in der molekularen Genetik der DNS-Abschnitt, der durch Wechselwirkung mit einem Repressor die Genablesung kontrolliert.

operculáris, -is, -e, zum Deckel gehörig, s. *Macrópodus.*

opérculum, -i, *n.,* lat., der Deckel; Operculum: 1. plattenförmiger Deckel der meisten Prosobranchier (Vorderkiemer), der den Schaleneingang verschließen kann; 2. Steigbügelplatte des Steigbügels in der Paukenhöhle des Säugetierohres; 3. Opercularapparat, Kiemendeckel u. insbesondere die Skelettstücke des Kiemendeckels bei Ganoiden u. Knochenfischen.

Operon, das, lat. *ópus, -eris, n.,* das Werk, die Tätigkeit, Anstrengung; als genetische Steuer- und Regeleinheit funktionierende Gruppe eng benachbarter Gene, die aus einem oder mehreren funktionell miteinander in Beziehung stehenden Strukturgenen und einem Operatorgen besteht".

Operophthéra, *f.,* gr. *phtheírēin* vernichten; Gen. der Geometridae, Spanner, Ordo Lepidoptera (Schmetterlinge). Spec.: *O. fagata (= Cheimatobia boreata),* (Buchen-)Frostspanner.

Ophídia, die, gr. *ho óphis* die Schlange, lat. *serpens* die Schlange; Syn.: Serpentes, Schlangen; Gruppe der Ord. Squamáta (Schuppenkriechtiere), Cl. Reptilia; ohne Extremitäten u. ohne Schultergürtel, Schädelskelett sehr gelenkig, beide Unterkieferhälften durch Sehnen miteinander verbunden, dadurch Verschlingen großer Beuteltiere möglich, Körper langgestreckt u. beschuppt. Fossile Formen seit der Unterkreide bekannt.

ophídion, gr., kleine Schlange, s. *Nerophis.*

ophidiópsis, *f.,* gr. *he ópsis* das Aussehen, die Gestalt; einer kleinen Schlange ähnlich.

Ophiodérma, *n.,* gr. *to dérma* die Haut; Gen. der Ophiurae, Ophiuroidea, Schlangensterne. Gekennzeichnet u. a. durch kurze, anliegende Stacheln an den Armen u. durch platte Scheibe. Fossil seit der Oberkreide bekannt. Spec.: *O. lacertosum.*

Ophioglypha, *f.,* gr. *he glyphé* der Einschnitt; Gen. des Ordo Ophiurae, Ophiuroidea, mit nackten Radialschildern und mit Scheibe, die meist etwas angeschwollene Schuppen oder Platten aufweist; über den Armen am Rande in der Regel mit Papillen besetzte Einschnitte. Spec.: *O. álbida;* der Artname bezieht sich auf das „Weiß"werden nach dem Tode (im Leben ziegelrot).

Ophiologie, die, gr. *ho lógos* die Lehre; die Schlangenkunde.

Ophion, *m.,* gr. *ho ophíon* fabelhaftes Tier der Alten; Gen. der Ichneumónidae, Schlupfwespen, Hymenoptera. Spec.: *O. obscurus.*

Ophiophagus, *m.,* gr. *ho óphis* die Schlange, *phagein* fressen; Gen. der Elapidae, Giftnattern, Ophidia; monotypisch. Spec.: *O. hannah (Naja hannah = N. bungarus),* Königskobra, größte rezente Giftschlangenart (4,5–5,5 m; S- u. SO-Asien): Fertigt zur Eiablage haufenförmige Laubnester, die Brutwärme durch Gärung erzeugen u. von beiden Eltern vehement verteidigt werden; vgl. Gattung *Naja.*

ophiópsis, gr., vom Aussehen *(ópsis)* einer Schlange *(óphis),* schlangenähnlich, auch schlank; s. *Rhaphidia.*

Ophióthrix, *f.,* gr. *ho óphis,* s. o., *he thrix* das Haar; Gen. der Ophiurae, Cl. Ophiuroidea. Mit haarförmigen Stacheln an den Armen. Spec.: *O. fragilis.*

Ophisaū́rus, *m.,* gr. *ho saū́ros* die Eidechse; Gen. der Anguidae, Schleichen, Ordo Squamata (Schuppenechsen). Spec.: *O. apodus,* Scheltopusik.

Ophiúridae, *f.,* Pl., gr. *ho óphis* die Schlange, *he urá* der Schwanz, also wörtlich: „Schlangenschwänze"; Fam. der Ophiurae, Cl. Ophiuroidea, Schlangensterne; gekennzeichnet durch unverästelte Arme, die nicht eingerollt werden können. Familie nur rezent, Cl. fossil seit dem Ordovizium bekannt.

Ophiuroidea, *n.,* Pl., gr. *he urā́* der Schwanz, *-oidea;* wörtlich: „Schlangen-Schwanz-Artige"; Schlangensterne, Gruppe (Cl.) der Eleutherozoa (s. d.); fossil seit Unterem Ordovizium bekannt.

Ophryoscolex, *m.*, gr. *he ophrýs* die Augenbraue, der Rand, *ho skólex* der Wurm; Gen. der Ophryoscolécidae, Entodiniomorpha, Ordo Spirotricha, Euciliata. Spec.: *O. caudatus.* Darmbewohner von Säugetieren; insbesondere im Pansen der Wiederkäuer u. im Blinddarm der Pferde; *O. bicoronatus*, in Rinder- u. Schafmägen.

Ophryotrocha, *f.*, gr. *ho trochós* das Rad, die Scheibe; Gen. der Eunicidae, Nereimorpha, Ordo Errantia, Polychaeta.

ophthálmicus, -a, -um, zum Auge gehörig.

Opílio, *m.*, gr. *ho oiopólos* = lat. *opílio* od. *ovílio* heißt eigentl. der Schäfer; Gen. der Phalangíidae, Weberknechte. Spec.: *O. parietinus,* Wandkanker (in u. an Gebäuden).

Opiliónes, *m.,* Pl., auch Phalangiidae genannt, s. *Opilio;* Weberknechte, Gruppe der Arachnida mit etwa 2500 Arten.

Opisthobránchia, *n.,* Pl., gr. *ópisthen* hinten, *ta bránchia* die Kiemen; Hinterkiemer, Gruppe der Euthyneura, Gastropoda. Sammelgruppe mit recht verschiedenen Ordnungen, die sich offenbar von den Acteoniden herleiten lassen; echte Kieme (außer bei Acteoniden) rechtsseitig hinter (!) dem Herzen, bei vielen Arten (Nudibranchiern) samt der Mantelhöhle ganz zurückgebildet; fossile Formen seit dem Unterkarbon bekannt.

opistocöl, gr. *kōílos* hohl; opisthocoele Wirbel haben einen Wirbelkörper, der hinten konkav ist u. so den konvexen Gelenkkopf des folgenden Wirbels aufnehmen kann.

Opisthocómidae, *f.,* Pl., s. *Opisthocomus;* Schopfhühner, sehr ursprüngliche, südamerikanische Familie der „Hühnervögel", gesellig und arboricol lebend, blätterfressend; mit Krallen am 1. und 2. Finger; als Jungvögel können sie unter Zuhilfenahme der Flügel klettern; fossile Formen seit dem Miozän bekannt.

Opisthocomus, *m.*, gr. *opisthókomos* am Hinterkopf beschopft; Gen. der Opisthocomidae, Opisthocomi, Ordo Galliformes. Spec.: *O. cristatus,* Schopfhuhn (das mit einem Federkamm, *crista,* versehen ist).

Opisthogoneáta, *n.,* Pl., gr.; namentlicher Bezug auf die Gonaden- bzw. Genitalöffnung „hinten"; Gruppe der Antennata; Syn.: Chilopoda.

Opisthorchis, *m.*, gr. *ho órchis* Hode; namentlicher Bezug auf die Lage der Hoden im Hinterende (gr. *ópisthen* hinten); Gen. der Opisthorchiidae, Digenea, Trematoda. Spec.: *O. sinensis,* Chinesischer Leberegel. Der Endoparasit lebt bevorzugt in den Gallengängen des Menschen. Infektion durch Verzehr von Fischen, die als zweite Zwischenwirte die Metacercarien (encystierte Cercarien) beherbergen.

Opóssum, *n.*, lat. v. *oppónere,* s. u.; Name für die Species *Didelphys virginiana* (mit opponierbaren großen Zehen [Daumen] an den hinteren Extremitäten).

Opossum-Maus, die; s. *Caenolestes* (Ekuador); *Lestoros* (Peru); *Rhyncholestes* (Chile).

oppónens, -éntis, lat. *oppónere* gegenüberstellen; gegenüberstellend, entgegengesetzt.

opponieren, z. B. kann der Daumen den übrigen Fingern opponiert werden, d. h.: er ist opponierbar.

Opsin, das; spezifischer Eiweißkörper der Retina.

Opsonine, die, gr. *to ópson* die Würze; Serumstoffe, die eingedrungene Mikrobien so verändern, dass sie von Phagozyten besser aufgenommen werden.

ópticus, -a, -um, latin., gr. *he optiké* das Sehen; zum Sehen dienend; s. Nervus opticus.

Optik, die, gr. *optike techne*, Lehre vom Licht.

Optimum, *n.*, lat., das Beste, von *bonus* gut; der beste od. günstigste Zustand od. Wert.

optischer Test, *m.;* biochemisches Messverfahren von Enzymreaktionen, bei dem die Änderung der Lichtabsorption eines Reaktionspartners verfolgt wird (Photometrie).

óra, -ae, *f.*, lat., der Rand, Saum.

oral, den Mund betreffend, auf den Mund bezüglich; *per ōs* = „durch den Mund".

orális, -is, -e, zum Mund gehörig, oral.

Oralseite, die; Seite, auf der der Mund liegt.

Orange-Ringelfisch, der; s. *Amphiprion percula.*

Orang-Utan, der, malaiisch: „Waldmensch", s. *Pongo pygmaeus.*

orbicularis, -is, -e, lat., einem kleinen Kreis *(orbis)* ähnlich.

orbículus, -i, *m.,* Dim. v. *órbis;* der kleine Kreis.

órbis, -is, *m.*, lat., der Kreis, die Welt.

órbita, -ae, *f.,* lat., das (Wagen-)Geleise, der Kreis (des Auges); die Orbita, Augenhöhle d. Wirbeltiere.

orbitális, -is, -e, zur Augenhöhle gehörig.

orca, -ae, *f.,* lat., bauchiges Gefäß, Tonne. Spec.: *Orcula dolium* (Orculidae, stylommatophore Lungenschnecke).

Orchéstia, *f.,* gr. *ho orchestés* der Tänzer, Gen. der Orchestiidae, Gammaridea, Ordo Amphipoda (Flohkrebse), Eumalacostraca. Spec.: *O. gammarellus,* Strand-, Küstenhüpfer (Nord- u. Ostsee; springende, hüpfende Lokomotion).

Orcínus, *m.,* lat. *orca* bei Plinius eine Delphinart, wahrscheinlich *Delphinus tursio,* orcinus = orcaähnlich; Gen. d. Delphinidae, Odontoceti, Zahnwale, Cetacea; fossil seit dem Pliozän.

Spec.: *O. orca* Schwertwal (wegen der hohen Rückenfinne), Mörder, Blutskopf; ist ein Raubtier der Meere, ernährt sich von Fischen u. Robben, fällt selbst große Walarten an, denen er Stücke aus dem Körper reißt; jagt in Herden von 50–100 Expl.

Orcynus, *m.,* s. *Thunnus.*

Ordensband, das; s. *Catocala.*

Ordo, -inis, *m.,* lat., Plur.: *órdines;* die Ordnung (Reihe), systematische Hauptkategorie oberhalb der Familie. Abgeleitete Zwischenkategorien: Superordo = Überordnung, Subordo = Unterordnung. Von der Unterordnung aufwärts ist der Name der Kategorie nicht an einen Gattungsnamen gebunden; s. auch: Kategorienstufen.

Ordovizium, *n.,* nach dem keltischen Stamm der Ordovizier in Wales; lat. *Ordovices, -um* (bei Tacitus) Volk im nördl. Wales; ein geologisches System des Paläozoikum, s. d.

Oreámnos, *m.,* gr. *óreios* im Gebirge sich aufhaltend, *ho amnós* das Schaf, auch die Ziege; Gen. der Bovidae, Artiodactyla, Ruminantia. Spec.: *O. americanus,* Schneeziege (mit langhaarigem, weißem Fell), in mehreren Subspecies im Felsengebirge von Südalaska südwärts bis SW-Montana.

Oreopíthecus, *m.,* gr. *ho píthekos* der Affe, „Gebirgsaffe"; aus dem frühesten Pliozän der Toskana nachgewiesenes, fossiles Genus, das als „ein isolierter Seitenast früher Menschenaffen" (Pongidae) gilt.

Oreotragus, *m.,* gr. *ho trágos* der Bock, Steinbock; Zwergantilope mit hoher Sprung- u. Klettergewandtheit; Gen. der Neotraginae, Bovidae, Artiodactyla. Spec.: *O. oreotragus,* Klippspringer.

Organ, das, gr. *organon* Werkzeug; Zell- u. Gewebekomplexe des Körpers, die eine bestimmte Funktion erfüllen.

Organelle, die, gr. *to órganon* das Werkzeug, Organ; differenzierte Zellbestandteile spezieller Funktion einzelliger Organismen, z. B. Pseudopodien, pulsierende Vakuolen.

Organisator, der; Teil od. Faktor des tierischen u. menschlichen Embryos (Organisationszentrum, Induktionsstoff), der die Entwicklung eines anderen Keimbezirkes spezifisch steuert.

organisch; 1. belebt; 2. von den Organismen stammende od. in ihnen vorkommende Substanzen; 3. Kohlenstoffverbindungen betreffend.

Organismus, der; Lebewesen als (morphologisch-physiologische) geordnete Gesamtheit (Ganzheit) von Organen bzw. Organsystemen.

Organogenése, die, gr. *he génesis* die Entstehung, Entwicklung; latin. *organogenesis, -is, f.;* die Organbildung; Abschnitt der Ontogenese, der durch die weitere Differenzierung u. Herausbildung der Anlagen der Organe u. Körperteile gekennzeichnet ist. O. ist ein Teil der Morphogenese.

organoid, gr. *eides* ähnlich; organähnlich.

organotrop, gr. *ho tropos* Richtung; auf Organe wirkend.

órganum, -i, *n.,* latin., gr. *to órganon* das Werkzeug; das Organ.

Orgasmus, der, gr. *orgán (orgá-ēin)* strotzen; Höhepunkt des Wollustgefühls beim Geschlechtsverkehr (Coitus).

Oribátidae, die, gr. *oreibatḗin* auf Berge *(óros)* gehen *(bāinēin);* Land- od. Hornmilben, Fam. der Acari. Sie sind durch harte, „hornartige" Haut gekennzeichnet, hauptsächlich im feuchten Moos der Wälder; Genus: *Oribata.*

orientális, -is, -e, lat., morgenländisch, im Orient, Morgenland od. Osten vorkommend, in Komposita: Ost-; 1. Abk. zur Kennzeichnung von Fundorten: or. 2. Spec.: *Ovis orientalis,* Asiatisches (Orientalisches) Mufflon.

Orientalische Region, die, lat. *óriens* entstehend, aufgehend, zu ergänzen ist: *sol* die Sonne, also: die aufgehende Sonne, der Morgen, der Osten; auch Indische Region genannt, wird unterteilt in: Vorderindische, Südchinesische, Malayische Provinz und in das Indoaustralische Zwischengebiet. Spezifische Formen dieser Region sind: Gibbons, Orang-Utan, *Tarsius, Galeopithecus,* Makaken, *Bibos*-Rinder, Indischer Elefant, *Tragulidae, Draco volans* (Fliegender Drache). Die Fasanen haben hier ihr Entwicklungszentrum. Haushuhn und Pfau stammen aus dieser Region. Die Orientalische Region kann mit der Äthiopischen od. Afrikanischen Region zusammengeschlossen werden als Mesogäa od. Paläotropis, da viele Tierarten für beide Regionen gemeinsam sind.

orifícium, -ii, *n.,* lat., s. *os, oris; fácere* machen; die Mündung; O. uteri extérnum u. intérnum; der äußere u. innere Muttermund der Gebärmutter; O. uréthrae extérnum u. intérnum; die äußere u. innere Öffnung der Harnröhre.

Originalbeschreibung, die, lat. *origo, -inis, f.,* der Ursprung; vom Autor einer neuen Art erfolgte Beschreibung, die sich direkt auf die benutzten Originalexemplare stützt. Das Originalmaterial besteht aus einem einzigen Holotypus u. aus mehreren Paratypi. Wenn (z. B. bei Insekten-Arten) beide Geschlechter der neuen Art vorliegen, dann wird häufig das Gegenstück zum Holotypus als Allotypus bezeichnet.

Originalmaterial, das; Bezeichnung für die Originalexemplare bzw. sämtliche vom Autor einer neuen Art vorliegenden u. bei der Beschreibung benutzten Exemplare; vgl. Originalbeschreibung.
orígo, -inis, *f.,* lat., der Ursprung.
Oríolus, *m.,* italien. *Oriolo* Golddrossel, vielleicht von *aurum* Gold; Pirol, Gen. d. Oriólidae, Passeriformes, Aves. Spec.: *O. oriolus* (*galbula,* Name des Vogels bei Plinius), Goldamsel, -drossel, Pfingstvogel, Pirol; das Männchen ist gelb mit schwarzen Flügeln; *O. chinensis* Schwarznackenpirol.
Orlov, Jurij Aleksandrovič, geb. 31. 5. (12. 6.; Zeitverschiebung, russ. Kalender) 1893 Tomyščev, gest. 2. 10. 1966 Moskau; Arbeitsthemen: Vergl. Histol. des sympathischen Nervensystems der Insekten u. Crustaceen; auch durch paläozoologische Arbeiten bekannt.
ornátus, -a, -um, lat., geschmückt, schön, verziert, zierlich, vgl. *Chrysemus,* s. *Tremárctos.*
orni, lat., Genit von *ornus* Bergesche; bezeichnet als Genitivus locativus das Vorkommen; gr. *oreinós* auf dem Berg *(óros)* wachend; s. *Tettigia.*
Ornis, *f.,* gr. *ho* u. *he órnis, órnithos* der Vogel, das Huhn; die Vogelfauna eines Landes; die Vogelwelt.
Ornithin, das; α, 2,5-Diaminopentansäure, $H_2N–CH_2CH_2CH_2CH(–NH_2)–COOH$, eine Diaminokarbonsäure, wichtige Verbindung des Ornithinzyklus.
Ornithinzyklus, der, gr. *ho kýklos* der Kreis; Syntheseweg des Harnstoffs (Harnstoffzyklus), bei dem im Endeffekt Harnstoff aus 1 CO_2 und 2 NH_3 unter Verbrauch von 3 ATP entsteht; zyklischer Stoffwechselprozess in der Säugetierleber, in dem aus toxisch wirkendem Ammoniak und Kohlendioxid Harnstoff synthetisiert wird. Dabei reagieren CO_2, NH_3 und Adenosintriphosphat zu Carbamylphosphat, das enzymatisch auf Ornithin zu Citrullin übertragen wird. Citrullin wird nachfolgend in zwei Reaktionsschritten unter Beteiligung von Adenosintriphosphat und Asparaginsäure in Arginin umgewandelt. Durch das Enzym Arginase wird Arginin in Ornithin und Harnstoff gespalten. Funktionell dient der O. zur Beseitigung des Zellgiftes Ammoniak.
Ornithischia, *n.,* Pl., von gr. *ho* u. *he órnis, órnithos* Vogel gebildet; eine Ordo der Archosauria, s. d.; fossile, ausschließlich mesozoische Reptilia, s. d., die früher mit den Saurischia, s. d., zu den Dinosauria, s. d., zusammengefasst wurden; Genera: s. *Iguanodon, Stegosaurus, Triceratops.*
ornitho-, gr., in Zusammensetzungen: Vogel-.
Ornithobilharzia, *f.,* gr.; s. o.; Gen. der Schistosomatidae, Digenea. Parasiten in den Venen von Vögeln. Spec.: *O. intermedia,* Wirte: Möwen u. andere Wasservögel; Europa, Nordasien.
Ornithobilharziose, die; s. Schistosomatidose.
Ornithodórus, *m.,* von gr. *ho órnis, órnithos* der Vogel, *ho dorós* lederner Schlauch; Gen. der Argasidae (s. d.), Lederzecken. Tier- u. humanmedizinisch von Bedeutung; Vektoren von Spirochäten u. Rickettsien in Afrika, Vorderasien u. Amerika. Spec.: *O. lahorensis* (verursacht durch ein Neurotoxin die Tickparalysis bei Schafen; Zentralasien); *O. moubata* (in Afrika, überträgt Spirochaeten, Zeckenrückfallfieber).
Ornithogamie, die, gr. *gamḗin* freien, sich (be)gatten; Bestäubung von Blüten durch Vögel.
Ornithologie, die, gr. *ho lógos* die Lehre, Kunde; Vogelkunde, Lehre von den Aves bzw. über die Avifauna.
ornithologisch, vogelkundlich, die Vogelkunde betreffend.
ornithophil, gr. *ho phílos* der Freund, Liebhaber; bei Vögeln vorkommend, die Vögel liebend.
Ornithophilie, die; Vogelblütigkeit, durch Vögel vermittelte Blütenbestäubung.
Ornithóptera, s. *Troídes.*
Ornithorhýnchus, *m.,* gr. *ho rhýnchos* der Rüssel; Gen. der Ornithorhynchidae (Schnabeltiere), Prototheria, Monotremata, Kloakentiere, Mammalia. Einzige Spec.: *O. anatinus* Schnabeltier; mit entenartigem Schnabel u. mit Schwimmhäuten; gründelndes Wassertier in Flüssen u. stehenden Gewässern Südaustraliens u. Tasmaniens, in deren Ufern sie sich Erdhöhlen (Nester mit Haaren gepolstert) graben.
Ornithose, die; durch Aves übertragene Infektionskrankheit. Spezialfall: Psittakose, s. d., deren Übertragung durch Papageien erfolgt.
ornus, s. orni.
Orpheusspötter, der; s. *Hippoláis.*
Orthagoríscus, *m.,* gr. *ho orthagorískos* das Schweinchen, Igelchen; Syn: *Mola,* s. d.
Orthóceras, *n.,* gr. *orthós* gerade, richtig, *to kéras* das Horn; „Geradhörner"; Gen. der Tetrabranchiata, Cephalopoda, fossil im Paläozoikum; aus den Orthoceratidae hat sich gegen Ende des Paläozoikums der Typus „moderner" Tintenfische entwickelt (Dibranchiata).
Orthochronie, die; gr. *ho chrónos* die Zeit, Dauer; die normale Abfolge in Anlage od. Entwicklung der einzelnen Teile des Organismus. Ggs.: Heterochronie; vgl. Abbreviation.

orthodrome Erregungsleitung, die, gr. *ho drómos* der Lauf (von Gewässern); Erregungsleitung in natürlicher Leitungsrichtung der Nerven; vgl. antidrome E.

Orthoevolution, die, lat. *evolútio* Entwicklung; geradlinige, gerichtete Evolution.

Orthogénesis, die, gr. *he génesis* die Entstehung; gerichtete Stammesentwicklung.

orthognath, gr. *he gnáthos* der Kiefer; die Bezeichnung für die Kopfhaltung, wenn z. B. bei Insekten die Mundwerkzeuge nach unten zeigen, also im rechten Winkel zur Hauptachse des Körpers liegen; vgl. prognath.

Orthognathie, die; gerade Kieferstellung mit normalem Scherenbiss.

Orthonéctida, die, gr. *ho néktes* Schwimmer; Ordo der Mesozoen, deren parasitische Generation als vielkerniges Plasmodium gekennzeichnet ist u. deren freilebende, wurmförmige Generation bewimpert u. durch Querfurchen geringelt ist. Spec.: *Rhopalura ophiocomae.*

orthonótus, gr. (latin.) *ho nótos* der Rücken; geradrückig; s. *Nothobranchius.*

Orthóptera, *n.,* Pl., gr. *to pterón* der Flügel; Geradflügler od. Schrecken, Pterygota; geflügelte Insekten, mit pergamentartig harten, nicht einfaltbaren Vorderflügeln, die die weicheren (oft gefalteten) Hinterflügel decken, mit kauenden Mundgliedmaßen u. hemimetaboler Entwicklung; früher war der Begriff O. weiter gefasst; fossile Formen seit dem Oberkarbon bekannt.

Orthopteroídea, *n.,* Pl., gr., Orthoptera-Artige, Syn.: Orthoptera (s. d.) mit den Saltatoria (Springschrecken) u. den Phasmida (Gespenstheuschrecken); Foss. seit Ob. Karbon.

orthorrhaphe Dipteren, gr. *he rhaphé* die Naht; Zusammenfassung der Mücken (Nematocera) u. der niederen Fliegen (Brachycera), deren Puppenhaut beim Ausschlüpfen häufig dorsal in gerader Linie aufspringt. Ggs.: cyclorrhaphe Dipteren, s. Cyclorrhapha.

Orthoselektion, gr. *orthós* gerade, lat. *seléctio* Auslese; eine gerichtete Entwicklung durch Bestehen eines bestimmten Selektionsdruckes über längere Zeiträume.

orthozephal, gr. *he kephalé* der Kopf; mittelhohe Kopfform habend, gerade (normale) Kopfform besitzend.

Orthozephalie, die; mittelhohe (bzw. gerade) Kopfform.

Oryctéropus, *m.,* gr. *ho orýktes* u. *oryktér* der Gräber, *ho pus* der Fuß, also wörtlich: „Fuß-Gräber"; Erdferkel, Gen. der Orycterópidae, Ordo Tubulidentata, Edentata, Placentalia; fossile Formen seit Miozän nachgewiesen. Spec.: *O. afer (= O. capensis),* Kapisches Erdferkel od. Kapschwein, das in selbstgegrabenen Erdlöchern lebt, sich von Ameisen u. Termiten nährt u. wegen des Fleisches gejagt wird, was dem des Schweines ähnelt u. begehrt ist. Im südlichen Nubien lebt die Spec.: *O. aethiopicus,* Äthiopisches Erdferkel.

Orýctes, *m.;* Lohkäfer, Gen. d. Scarabaeidae, Blatthornkäfer, Coleóptera. Spec.: *O. nasicórnis,* Nashornkäfer. Tropische *Oryctes*-Arten, schädlich an Palmen.

Oryctolagus, *m.,* gr. *ho lagós* der Hase; gräbt im Ggs. zum Hasen Wohn- u. Niströhren in weichem Boden. Gen. der Leporidae, Hasen. Spec.: *O. cuniculus,* Kaninchen.

óryx, bei Plinius eine Art wilder Ziegen od. Gazellen; s. *Taurotragus.*

Oryx, *f.,* latin., gr. *óryx,* s. o.; Gen. der Bovidae. Spec.: *O. leucoryx* (gr. *leukós* weiß, wegen der vorherrschend gelblichweißen Färbung), Säbelantilope, Spießbock, Steppenkuh, Algazelle; im nördlichen Innerafrika; Hörner leicht säbelförmig bis fast an die Spitze geringelt u. über 1 m lang bei beiden Geschlechtern; des Fleisches wegen ein Haustier bei den alten Ägyptern.

óryzae, Genit., (locativus) von *óryza* (arab. *eruz,* altind. *oryza*), Reis, also des Reises, Reis-; s. *Calandra.*

ōs, ōris, *n.,* lat., der Mund; per os = durch den Mund, das Maul.

os, óssis, *n.,* lat., der Knochen; Pl.: ossa, ossium.

Oscarélla, *f.,* aus Oskar (Vornamen) u. *-ella,* Dim.; Oskar Schmidt, Zoologe, 1823–1886 (gest. in Straßburg, Els./Frankr.); Gen. der Oscarellidae, Homosclerophorida (Subcl.), Demospongiae. Spec.: *O. (= Halisarca) lobularis* O. Schmidt; ohne Skelett, „hautförmig" dünner Schwamm.

Óscines, *f.,* Pl., lat. *ōscen, óscinis* Weissage- oder Singvogel (abgeleitet von *cánere* singen); Singvögel, Superfam. od. Subordo der Passeres (Passeriformes), Sperlingsvögel; umfassen etwa die Hälfte aller Species der Aves; ausgerüstet mit einem besonderen, muskulösen Stimmapparat (Syrinx); fossil seit dem Eozän bekannt. Fam. z. B.: Hirundinidae, Muscicapidae, Mimidae, Cinclidae, Laniidae, Corvidae, Alaudidae, Fringillidae, Sturnidae, Paridae, Oriolidae, Motacillidae.

ósculum, -i, *n.,* lat., das Mündchen, Mund, Dim. von *os, oris;* Oscula; die Ausströmöffnungen der Schwämme.

Os intermaxilláre, *n.,* lat. *inter-* zwischen, s. *maxilla,* Syn.: incisívum; Zwischenkieferknochen der Wirbeltiere von den Knochenfischen aufwärts, Belegknochen, jederseits vor dem

Palatoquadratum entstehend, trägt bei den Säugern die oberen Schneidezähne, ist beim Menschen nur bis zum 4. Lebensjahr vom Oberkiefer getrennt u. wurde beim Menschen von Goethe unter Anleitung des Anatomen J. Chr. Loder beschrieben.

Osmérus, *m.,* gr. *osmerós* riechend (wegen des nach „Gurken" riechenden Fleisches); Gen. der Salmonidae, Isospondyli; fossil seit dem Miozän ermittelt. Spec.: *O. eperlánus,* Gemeiner Stint od. Spierling; an den nordeuropäischen Küsten, an der Ostküste von N-Amerika u. in Binnenseen (z. B. u. a. im Müggelsee/Berlin).

Ósmia, *f.,* gr. *he osmé* der Geruch; Mauerbiene, Gen. der Megachilidae (Bauchsammler), Hymenoptera; artenreiches Genus, Nestbau meist in hohlen Stengeln, Schneckenhäusern, an Steinen oder Mauern; im Frühjahr fliegende und für die Befruchtung von Obstbäumen und Stachelbeersträuchern wichtige Spec.: *O. rufa; O. cornuta.*

Osmoderma, *n.,* gr. *he osmé* der Duft; *to derma* die Haut, das Leder; Gen. der Scarabaeidae, Blatthornkäfer, Coleoptera. Spec.: *O. eremita,* Eremit, Juchtenkäfer. Großer, dunkelbrauner bis pechschwarzer, nach Juchtenleder duftender Blatthornkäfer, der sich im Mulm von Laubbäumen entwickelt.

Osmologie, die, gr. *ho lógos* die Lehre; die Lehre von den Riechstoffen.

osmophil, gr. *ho osmós* der Stoß, Antrieb, *ho phílos* der Freund, Liebhaber; zur Osmose neigend.

Osmorezeptor, der; s. Rezeptor; Rezeptor, der auf osmotischen Druck bzw. osmotische Druckänderung als adäquate Reize reagiert.

Osmose, die; Aufnahme od. Abgabe von gelösten Stoffen durch die Membran (semipermeable Scheidewand).

Osmotaxis, die, s. Taxien; Richtungsorientierung mit Hilfe der Geruchsrezeptoren, inklusive häufig der Strömungsrezeptoren.

osmotisch, s. Osmose; auf Osmose beruhend od. bezüglich.

Osphrádium, das, gr. *osphraínesthai* riechen, wittern; ein Sinnesorgan in der Mantelhöhle von Mollusken, das nach Lage u. Struktur als Geruchsorgan gedeutet wird.

ósseus, -a, -um, lat., knöchern; s. *Lepisósteus.*

ossículum, -i, *n.,* lat., das Knöchelchen.

Ossifikation, die, lat. *ossificátio, -ónis;* die Knochenbildung, Verknöcherung; syn. Osteogenese; 1. desmale Ossifikation: Verknöcherung von Bindegewebe, direkte Umwandlung von Bindegewebe in Knochen (z. B. Belegknochen des Schädels); 2. perichondrale Ossifikation: Entstehung von Knochengewebe um die Knorpelstäbe der späteren Röhrenknochen; 3. enchondrale Ossifikation: Entstehung von Knochengewebe im Knorpelinneren, d. h. zuerst an der Grenze zw. Epiphyse u. Metaphyse, dann auch in der Epiphyse.

Os squamosum, das, lat. *squama, -ae* die Schuppe; das Schuppenbein (Squamosum), das der Squama temporalis homologer, selbst aber meist nicht schuppenförmiger Schädelknochen der meisten Vertebraten, entsteht als Belegknochen; bei den Amphibien wird der ihm entsprechende Knochen vielfach als Paraquadratum (Tympanicum) gedeutet.

Ostariophysi, *m.,* Pl., gr. *to ostárion* das Knöchelchen (Dem. von *to ostéon* der Knochen) u. *he phýsa* die Blase; eine Knöchelchenreihe verbindet die Schwimmblasenwand mit dem inneren Ohr (Weberscher Apparat od. Webersche Knöchelchen); Karpfenfische, die auch Cypriniformes (s. d.) heißen.

oste-, osteo- gr. *osteon* Knochen; Knochen-.

Osteichthyes, *m.,* Pl., gr. *ho ichthýs, -ýos* der Fisch; Knochenfische, Gruppe (Cl.) der Gnathostomata, Vertebrata. Ihre Knochenausbildung im Skelett (Name!) unterscheidet die O. von den rezenten Chondrichthyes u. Agnatha. Charakteristisch ist u. a. das Lungen-Schwimmblasenorgan. Palaeozoische Formen sind schon im Silur (Obersilur) vorhanden; im Devon bereits Artenreichtum u. Trennung der Klasse in die Hauptlinien: Actinopterygii (Strahlenflosser) u. Choanichthyes, s. d.

Osteoblasten, die, gr. *to ostéon* der Knochen, *blastánein* sprossen; Knochenbildner, knochenbildende Zellen.

osteogeon, vom Knochen ausgehend.

Osteogenese, die, gr. *he génesis* die Entstehung; die Knochenbildung, -entstehung.

Osteoglossum, *m.,* gr. *to ostéon* der Knochen, *he glóssa* die Zunge; wegen der raspelförmigen „Zähne" an Zunge u. Gaumen; Gen. der Osteoglossidae, Knochenzüngler, Teleostei. Spec.: *O. bicirrhosum; O. ferreira,* Schwarzer Gabelbart.

osteoid, gr. *-eides* ähnlich; knochenähnlich, *osteoides* Gewebe: noch nicht verkalktes Knochengewebe.

Osteoklást, der, gr. *klán (= klá-ein)* zerbrechen; der Knochenzerstörer, knochenauflösende Zelle.

Osteologie, die, gr. *ho lógos* die Lehre; Lehre von den Knochen, Knochenlehre.

Osteolyse, die, gr. *he lýsis* die Lösung, Auflösung; Auflösung des Knochengewebes.

Osteomalazie, die, gr. *he malakía* die Weichheit; Knochenerweichung, D-Avitaminose, sekundäre Ossifikationsstörung, bedingt durch mangelhaften Einbau von Mineralstoffen (bes. von Kalk u. Phosphor) in das Eiweißknochengrundgerüst (Osteoid), führt zu erhöhter Weichheit und Verbiegungstendenz der Knochen erwachsener Tiere u. Menschen; s. Avitaminose, s. Rachitis.

Osteometrie, die, gr. *to métron* das Maß, der Maßstab; Messung an Skelettknochen.

Osteopenie, die; gr. *he penía* die Armut, der Mangel; die O. umfasst alle Knochenerkrankungen (Osteopathien) mit Verminderungen der Knochenmasse: (1) die erworbene pathologische Verminderung = Osteoporose (s. d.); (2) der verminderte Aufbau während des Wachstums = Hypostose (Hyp-Ostose); (3) die physiologische Verminderung = Alters-Atrophie.

Osteoporose, die; gr. *ho póros* die Öffnung (die „Porösität"/Durchlöcherung); eine generell erworbene Verminderung der Knochenmasse je Volumeneinheit Knochen, bezogen auf Normwerte der Altersgruppe, d. h. ein gegebenes Volumen von Knochen (Skelett) enthält weniger Knochengewebe u. mehr Markraum, so dass als Folge die geringere Widerstandsfähigkeit gegenüber mechanischen Einwirkungen (Frakturen bei Bagatelltraumen) oder schleichende Deformierungen („Kriechverformungen", z. B. der Wirbelkörper) symptomatisch sind. Die O. ist eine Form der Osteopenie, s. d.

Osteostraci, *m.,* Pl., gr. *to óstrakon* die Schale, das (knöcherne) Gehäuse; fossile Agnatha, s. d. Bei den O. umschloss eine Knochenkapsel Kopf und Vorderrumpf, in der man Kiemen, Gehirn, Nerven, Gefäße rekonstruieren kann.

Ostertag, Robert von, geb. 1864, gest. 1940; Prof. für Nahrungsmittelkunde an der Tierärztlichen Hochschule in Berlin; herausragender Lehrer und Forscher; entwickelte die wissenschaftliche Fleischbeschau; 1892 Herausgabe seines fundamentalen Handbuchs für Fleischbeschau; wirkte maßgeblich an der Gesetzgebung für Fleischbeschau mit; ab 1920 Landestierarzt in Württemberg; Begründer der Zeitschrift für Fleisch- und Milchhygiene.

Ostertagia, *f.*, benannt nach Robert von Ostertag (1864–1940), Prof. in Stuttgart u. Berlin: Gen. der Trichostrongylidae, Strongylidae; bis zu 20 mm lange Würmer mit kleiner Mundhöhle, die im Labmagen u. Dünndarm von Wiederkäuern parasitisch leben. Spec.: *O. circumcincta,* Wirte: Rind, Schaf, Ziege, Murmeltier, Gemse, Cervidae, Kamel; kosmopolit, *O. ostertagi,* Wirte: Rind, Schaf, Ziege, Kamel, Wild-Wiederkäuer; Kosmopolit.

Ostertagiose, die; (s. o.) Helminthose, verursacht durch *Ostertagia*-Befall, die zu Anämie u. Entwicklungsstörungen führt. Weideparasitose, besonders große Schadwirkung bei Jungtieren.

óstium, -ii, *n.,* lat., s. *os;* das Ostium, die Mündung; Ostien, -a (Pl. von Ostium): im Herzen mancher Tiere gelegene Spalten, durch die das Blut einströmt.

Ostrácion, *n.,* gr., *to ostrákion* das harte Schälchen, Schalentier; Gen. der Ostracíidae, Tetraodontiformes Kugelfischverwandte. Spec.: *O. quadricornis,* Kofferfisch (Körper durch Knochenplatten paketartig; über jedem Auge ein Paar nach vorn gerichtete Stacheln).

Ostracoda, *n.,* Pl., Ostracoden, die, gr. *to óstrakon* die Schale, Muschelkrebse; Gruppe (Ordo od. Subcl.) der Crustacea. Mit zweiklappiger, muschelartiger, meist verkalkter Schale, die durch einen Schließmuskel geschlossen werden kann und den undeutlich gegliederten Körper (ohne Segmentgrenzen) völlig umschließt; im Meer und im Süßwasser (z. B. in Teichen und Pfützen) vor allem da, wo sie reichlich Detritus als Nahrung vorfinden. Bei den Cyprinidae kommt Leuchtvermögen vor. Fossil ist die weitgehend homogene Krebsgruppe seit dem Unterkambrium bekannt (mit wichtigen Leitfossilien); Genera: s. *Beyrichia, Cypris.*

Ostracodermi, *m.,* Pl., gr. *to óstrakon* die Schale, verwandt mit *to ostéon* der Knochen, *to dérma* die Haut; zusammenfassende Bezeichnung der fossilen Gruppen der Agnatha (s. d.), die einen ausgedehnten Knochen- u. Schuppenpanzer hatten. Fast alle diese fischartigen Vertebrata waren mit einem festen Panzer bedeckt und lebten im Süßwasser; ca. 50 fossile Genera im Mittleren Ordovizium bis Oberdevon; s. Thelodonti; Genera: s. *Poraspis, Rhyncholepis.*

ostrálegus, *m.,* lat. *óstrea* = gr. *to óstreion* die Auster, lat. *légere* sammeln; Austernsammler, -fischer; s. *Haematopus.*

Óstrea, *f.,* lat. *óstrea* die Auster; Auster, Gen. der Osteréidae, Ostracea, Anisomyaria, Bivalvia; fossile Formen seit der Kreide bekannt. Spec.: *O. edulis,* Speise-Auster; mit der linken, blättrig schuppigen Schale waagerecht am Untergrund angekittet; die Larven schwimmen frei umher.

Ostrínia, lat. *ostrinus, -a, -um* purpurn, namentlicher Bezug auf die braun-, gelbrote Farbe der Imagines und die rötlichen Raupen; Gen. der Pyralidae, Lepidoptera; Spec.: *O. nubilalis,* Maiszünsler (Raupe in Stengeln von Mais, Hopfen, Hirse, Hanf, Brennesseln u. a., z. T. sehr schädlich).

ostrínus, -a, -um, lat., purpurfarben (zimtbraun/braunrot, rötlich); s. *Ostrínia.*

Otária, *f.,* gr. *to otárion* das Öhrchen, wegen der kleinen Ohrmuscheln; Gen. der Otariidae (Ohrenrobben), Pinnipedia (Robben), Carnivora; fossil seit dem Oligozän bekannt. Spec.: *O. byronia,* Mähnenrobbe, Patagonischer Seelöwe; von Feuerland bis Peru u. zur La-Plata-Mündung.

Otaríidae, *f.,* Pl., s. *Otária;* Seelöwen, Ohrenrobben, Fam. der Pinnipedia, s. d.

óticus, -a, -um, gr. *to us, otos* das Ohr; zum Ohr gehörig.

Otiorrhýnchus, *m.,* gr. *to otíon* kleines Ohr, *ho rhýnchos* der Rüssel, der Name bezieht sich auf den an der Fühlerwurzel lappig erweiterten Rüssel; Lappenrüssler; Gen. der Curculionidae, Coleoptera. Spec.: *O. sulcatus,* Gefurchter Lappen- od. Dickmaulrüssler; Rüssel m. Mittelfurche, Pflanzenschädling; Larvenfraß an Wurzeln, Käferfraß an Blättern u. an jungen Trieben, besonders an Weinstöcken; *O. niger,* Schwarzer Dickmaulrüssler, benagt junge Triebe u. Rinde der Fichte, Larvenfraß an Fichtensämlingen in Kulturen.

Otis, *f.,* gr. *he otís* = lat. *ótis* die Trappe; Gen. der Otididae, Trappen, Otides od. Gruiformes, Kranichvögel; fossil seit dem Miozän bekannt. Spec.: *O. tarda,* Großtrappe; *O. tetrax,* Zwergtrappe.

otocónia, -ae, *f.,* gr. *he konía* der Staub; der Hörsand.

Otócyon, *m.,* gr. *to us, otós* Ohr, *ho kýon* Hund, „Ohrhund"; große Ohren („Löffel") als Schalltrichter zur zielsicheren Ortung von Geräuschen kleiner Beutetiere; Gen. der Cánidae, Canoidea, Carnivora. Spec.: *O. megalotis,* Löffelhund.

otogen, gr. *gígnesthai* entstehen, abstammen; vom Ohr ausgehend.

Otohydra, *f.,* s. *Hydra;* Gen. der Narcomedusae, Ordo Trachylina, Cl. Hydrozoa. Spec.: *O. vagans.*

Otolith, der, gr. *ho líthos* der Stein; der Gehörstein, Steinchen im Gleichgewichtsorgan.

Otter, der; s. *Vipera.*

Otterspitzmaus, die; s. *Potamogale velox.*

output, engl., der Ausgang, die Ausgabe. Ggs.: *input* Eingabe, -gang.

ovális, -is, -e, lat., eiförmig, oval.

ováricus, -a, -um, zum Eierstock gehörig.

ovárium, -i, *n.,* lat., der Eierstock; O.: weibliche Keimdrüse (Gonade), die die Eizellen liefert.

Ovibos, *m.,* lat., Kompositum aus *ovis* Schaf u. *bos* Ochse, wörtlich also: „Schafochse"; Gen. der Bovidae, Artiodactyla, Ruminantia. Spec.: *O. moschatus,* Moschus-, Bisam- od. Schafochse; langbehaart; seitlich gebogene, abgeplattete Hörner; in kleinen Herden von Alaska bis zur Hudsonbai, in Ostgrönland, eingeführt in Norwegen und Spitzbergen; in der Erhaltung gefährdet; das Fleisch der weiblichen Tiere ist wohlschmeckend.

Ovidukt, der, s. *óvum,* lat. *dúcere* führen; der Eileiter.

óviger, -era, -erum, lat. *gérere* tragen; eitragend, eiführend.

ovíllus, -a, -um, lat., zum Schaf gehörig; s. *Linógnathus.*

ovinus, -a, -um; lat., von *ovis* u. Suffix *-inus*; schafähnlich, an/auf Schafen vorkommend, Schaf-, schafs-; s. *Melophagus* (Schaflausfliege).

ovipar, lat. *óvum* das Ei, *párere* gebären; ovipare Tiere: eierlegende Tiere. Das Ei wird während od. nach der Ablage befruchtet.

Oviparie, die; „Eier zur Welt bringen"; die Ablage der „Eier" in einem frühen Stadium der Embryonalentwicklung (bei Insekten).

Ovipósitor, der, lat. *pónere* legen; die Legeröhre od. der Legebohrer vieler Insekten (z. B. bei Schlupfwespen). Es ist ein zur Eiablage dienendes, stachel- od. röhrenartiges Organ am Ende des Hinterleibes der Weibchen.

ovis, -is, *f.,* lat., das Schaf. Spec.: *Oestrus ovis,* Rachenbremse des Schafes.

Ovis, *f.,* lat., das Schaf; Gen. der Bovidae, Ruminantia, Artiodactyla; fossil seit dem Pliozän nachgewiesen; neuerliche Einteilung in zwei Arten: 1. *O. aries (= musimon)* mit 31 Unterarten, die ehemals selbständigen Arten *O. musimon, laristicana, vignei* u. *ammon* eingeschlossen; 2. *O. canadensis* mit 15 Unterarten, die ehemals selbständige Art *O. nivicola* einbezogen. Das Hausschaf *Ovis aries aries* wurde aus mehreren Rassen von *Ovis aries* gezüchtet, wobei durch Kreuzung eine große Anzahl von Domestikationsrassen entwickelt wurde. Subspecies von *Ovis aries* L. *(= musimon = ammon): O. a. musimon* der Europäische Mufflon; *O. a. anatolica, armenia, orientalis* = Anatolischer, Armenischer, Orientalischer Mufflon (Gruppe der Kleinasiatischen Mufflons); *O. a. laristanica,* Laristan-Wildschaf; *O. a. vignei,* Kreishornschaf; *O. a. arkal,* der Arkal od. d. Steppenschaf; *O. a. cycloceros (= blanfordi),* eigentl. Kreishornschaf; *O. a. ammon,* der Argali. Subspecies von *Ovis canadensis,* den sog. Dickhornschafen, etwas kleiner als *O. aries: O. c. nivicola,* Schneeschaf; *O. c. canadensis,* eigentl. Dickhornschaf. – Aus Zweckmäßigkeitsgründen werden die zahlreichen Formengruppen oft auch nach morphologischen und z. T. ökonomischen Aspekten eingeteilt wie z. B. in Merino-Schafe, Fettschwanz- und Fettsteißschafe. – Die Subspecies Mufflon, Argali, Arkal kommen als Stammformen der domestizierten Schafe primär in Betracht.

ovocytus, m., lat. *óvum* das Ei, gr. *to kýtos* der Becher, die Zelle nach Nom. Histol. Leningr.; Oocyt; ital. *il oocito,* seltener *l'oocita, f.,* aber stets *l'óvulo; m.;* franz. *l'ovocyte (m.).*

Ovogonien, die, lat. *óvum* das Ei, gr. *ho gónos* die Geburt, Abstammung; Ureizellen, syn.: Oogonien.

ovoid, lat. *-id* ähnlich, von *to eídos* das Aussehen; eiähnlich, eiförmig.

Ovotestis, der, lat. *testis* der Hoden; Geschlechtsdrüse eines echten Zwitters, in der die männlichen u. weiblichen Keimzellen (unausgebildet) vorkommen.

ovovivipar, lat. *vivíparus* lebendgebärend; bei ovoviviparen Tieren ist im abgelegten Ei ein schon ± weit entwickelter Embryo enthalten.

Ovoviviparie, die; spezifische Form der Viviparie: Ablage der Eier im fortgeschrittenen Stadium der Embryonalentwicklung; Ggs.: Oviparie.

Ovozyten, die, gr. *to kýtos* die Zelle, das Gefäß; Syn.: Oozyten, s. d.

Ovulation, die, neulat. *ovulátio* die Eiablage, der Eiaustritt (Follikelsprung); das Ausschleudern, die Ausstoßung eines reifen, befruchtungsfähigen Eies; z. B. bei weibl. Säugern aus dem Graafschen Follikel des Eierstockes.

Ovulisten, (= Ovisten), die; von lat. *ovum* das Ei; jene Vertreter (der im 17. u. 18. Jh. anerkannten Präformationstheorie), die in der Eizelle (Ovum) die embryonale „Vorbildung" bzw. den fertig vorgebildeten Organismus annahmen. Vgl.: Animalkulisten, vgl. Präformationstheorie.

óvulum, -i, *n.,* lat., Dim. v. *óvum.*

óvum, -i., *n.,* lat., das Ei. Spec.: *Nototrema oviferum,* Eierträger (Frosch).

Oxalurie, die, gr. *to úron* der Harn = lat. *urina;* vermehrter Gehalt des Harnes an Oxalsäure.

Oxidasen, die; Oxidations-Enzyme, sauerstoffübertragende Enzyme.

Oxidation, die; wird heute definiert als Elektronenentzug einer Verbindung durch ein O.smittel. Dieses wird dabei selbst reduziert. Früher verstand man unter O. die Reaktion eines Elementes od. einer Verbindung mit Sauerstoff od. Wasserstoffentzug aus einer Verbindung.

Oxidoreduktasen, die; Hauptgruppe der Enzyme, die Oxidationen und Reduktionen katalysieren.

Oxybióse, die, gr. *oxýs* scharf, sauer, Oxygenium: Sauerstoff, *he bíosis* die Lebensweise; die Sauerstoffatmung, Lebensvorgang mit Sauerstoff.

Oxygenasen, die; Enzyme, die Sauerstoff auf ein Substrat transferieren.

Oxyhämoglobin, das; sauerstoffhaltiges Hämoglobin, sauerstofftragender roter Blutfarbstoff.

oxyphil, gr. *oxy-* hier für saure Farbstoffe gebraucht, *phílos* liebend; „säureliebend"; syn.: azidophil.

oxyrhýnchus, latin., gr. *oxýs* spitz, *ho rhýnchos* der Schnabel; spitzschnäblig, spitzköpfig, mit spitzer Schnauze; s. z. B. *Coregónus.*

Oxytocin, das, gr. *oxýs* sofort, schnell, *ho tókos* das Gebären, die Geburt; ein Oktapeptidhormon der Neurohypophyse (Hypophysenhinterlappen), das in den Nucl. supraoptici u. paraventriculares (Diencephalon, Hypothalamus) gebildet wird; es bewirkt bei den Säugetieren die Kontraktionen des wehenbereiten Uterus u. wirkt kontrahierend auf die Myoepithelien in den Ausfuhrgängen der Milchdrüsen (Milchejektion).

Oxyuríasis, die, gr. *he urá* der Schwanz; eine Wurmkrankheit, die durch *Enteróbius (= Oxyúris) vermicularis* hervorgerufen wird; s. *Enterobius.*

Oxyuridose (Oxyuriasis), die; durch Befall mit Oxyuridae hervorgerufene Helminthose; das Anheften der Würmer u. die Nahrungsaufnahme führen dabei zu Reizungen u. oberflächlichen Zerstörungen der Darmschleimhaut; Krankheitserscheinungen besonders bei Jungtieren ausgeprägt.

Oxyuris, s. *Enterobius.*

ozeanaler (mariner) Lebensraum, der; Teil der Biosphäre, der die salzwasserführenden Gewässer umfasst.

Ozeanographie, die, lat. *Océanus, -i, m.,* Gott der Weltmeere, gr. *gráphein* einritzen; schreiben, zeichnen; Meereskunde.

ozeanographisch, die Ozeanographie betreffend, meereskundlich.

Ozeanologie, die, gr. *ho lógos* die Lehre; Meereskunde, Erforschung des Meeres.

Ozelot, der; auch wegen der begehrten Fellnutzung bekannteste Kleinwildkatze im (nörd.) S-Amerika bis in Südstaaten der USA; s. *Leopardus pardalis.*

P

Paarung, die; 1. das Zustandekommen eines monogamen od. polygamen Verhältnisses bzw. die temporäre (od. längere) Vereinigung der Geschlechtspartner (einer gleichen Art) zum Zwecke der Begattung (in der freien Wildbahn od. unter dem ± gezielten Einfluss des Menschen). Die Züchtung kann als die vom Menschen geplante, systematisch unter den Zielaspekten der Selektion vorgenommene Paarung definiert werden. – Die P. ist von der Besamung zu unterscheiden, s. d.; 2. das Zusammenlagern der homologen Chromosomen, z. B. während der meiotischen Zellteilung.

pabulínus, -a, -um, lat., zum Futter *(pábulum)* gehörig; Futter-; Spec. *Lygus p.,* an Johannisbeersträuchern u. Kartoffeln schädlich.

pacemaker, engl.; s. Schrittmacher.

Pachydíscus *m.,* gr. *pachýs* dick, derb, s. *discus;* Gen. der Ammonitina, Ordo Ammonoidea, s. d.; riesenwüchsig, erreichte Gehäusedurchmesser von 2 m; fossil in der Oberkreide. Spec.: *P. neubergicus; P. portlocki.*

Pachydrílus, *m., gr. ho drílos* der Regenwurm; Gen. der Enchytraeidae, Oligochaeta. Spec.: *Lumbricillus (= Pachydrilus) lineatus.*

Pachyméninx, die, gr. *he méninx* die Gehirnhaut; die harte Gehirnhaut, Dura mater.

Pachytän, das, gr. *he tainía* das Band; ein Stadium der meiotischen Prophase, in der die Paarung der homologen Chromosomen abgeschlossen ist.

pacíficus, -a, -um, im Bereich des Stillen Ozeans oder Pazifiks vorkommend.

Pacini, Filippo, geb. 25. 5. 1812 Pistoia, gest. 9. 7. 1883 Florenz; Anatom; Prof. f. deskript. u. Maler-Anatomie u. für topographische Anatomie u. Histologie in Florenz. P. demonstrierte 1840 die 1741 von Abraham Vater (1684–1751) entdeckten, nach beiden benannten Vater-Pacinischen Körperchen.

Pädogamie, die, gr. *gamēin* gatten; bei Protozoen die Verschmelzung von zwei Geschwisterzellen, die als Gameten durch Zellteilung der Mutterzelle entstehen.

Pädogenese, die, gr. *he génesis* die Erzeugung; Fortpflanzung im Jugendstadium, eine Form der parthenogenetischen Fortpflanzung, Syn.: Pädogenesis.

Pärchenegel, der; der einzige getrenntgeschlechtliche Trematode, s. *Schistosoma.*

Pätau-Syndrom, das; ein Missbildungskomplex auf der Grundlage einer numerischen Chromosomenanomalie; es liegt eine Trisomie des Chromosoms 13 (Trisomie D_1) zugrunde. Entstehung: Non-Disjunction während einer mitotischen od. meiotischen Kernteilung.

Pagúrus, *m.,* gr. *ho páguros* der Taschenkrebs, eigtl.: einer mit festem Schwanz, von *págos = págios* fest u. *he urá* der Schwanz; fossil seit der Unterkreide bekannt; Gen. der Pagúridae, Einsiedlerkrebse. Spec.: *P. arrosor,* der in Symbiose mit *Calliactis* lebt.

pajéros, einheimischer Name für die in S-Amerika vorkommende „Pampaskatze"; Artname bei *Lynchailurus,* s. d.

Pako, der; Vernakularname für *Lama pacos;* Syn.: Alpaka.

Palade, Georg Emil, geb. 1912 in Rumänien; Anatom, Zellbiologe; erhielt 1974 den Nobelpreis für Medizin u. Physik.

Palaeanthropini, *m.,* Pl., gr. *palaiós* alt, *ho* u. *he anthropos* der Mensch, Altmenschen, Neandertaler *(Homo sapiens neanderthalensis);* Vertreter dieser Gruppe wurden gefunden in Weimar/Ehringsdorf, Gánovce (ČSSR), Saccopastore (Italien) und Krapina (Jugoslawien).

Palaeanthropologie, die (Paläoanthropologie); gr. *ho lógos* die Lehre, Teilgebiet der Anthropologie, das sich mit der Erforschung der Abstammung (Anthropogenese, s. d.) und der biologischen Entwicklung des Menschen bis zur Gegenwart befasst; Wissenschaftszweig, dessen Forschungsgegenstand früher häufig auf die fossilen Hominiden (Menschenartigen) eingeengt wurde.

Paläarktische Region, die, gr. *ho árktos* der Bär, das Sternbild des Bären, der Nordhimmel, der Norden; umfasst die größte Landmasse der Erde mit sehr verschiedenen Klimaten, wird häufig (mit Recht) zusammengefasst mit der Nearktischen Region u. der Arktischen (od. Hyperboräischen) Subregion als Holarktis od. Känogäa u. hat dann den Status der Subregion u. zerfällt in folgende Provinzen: Mediterrane, Ostasiatische, Eurasiatische Provinz.

Paläencéphalon, das; s. encéphalon; Bezeichnung für die entwicklungsgeschichtlich ältesten Teile des Gehirns.

Palaemon, *m.,* gr. *Palāímon* der Meergott; Gen. der Palaemónidae, Macrura natantia (Garnelen). Spec.: *P. squilla,* Gemeiner Granat („Krabbe" der Ostseefischer, jedoch weit an den europäischen Meeresküsten verbreitet); *P. serratus,* Gesägter Granat, Steingarnele.

Palaemonétes, *m.,* gr., s. o.; Gen. der Palaemónidae. Spec.: *P. varians* (ohne Oberkiefertaster gegenüber den Species des Genus *Palaemon).*

Paläoanthropologie, die, gr. *palaiós* alt, *ho* u. *he ánthropos* der Mensch, *ho lógos* die Lehre; Teil der Anthropologie, der sich mit den fossilen Hominiden befasst; die Paläontologie der Hominiden.

Paläobiologie, die; s. Biologie; s. Paläontologie; Teil der Paläontologie, der sich besonders der Erforschung der Lebensweise u. der Umweltbeziehungen fossiler Organismen befasst (i. S. von O. Abel 1912); heute oft auch als Palökologie (s. d.) bezeichnet.

Paläogen, das, gr. *gígnesthai* erzeugen, entstehen; ältester Abschnitt der Erdneuzeit, untere Abteilung des Tertiär (Alttertiär), besteht aus Paläozän, Eozän u. Oligozän.

Paläolimnologie, die;, s. Limnologie; Zweig der Limnologie, untersucht die Geschichte der Seen.

Paläolíthikum, das, gr. *ho líthos* der Stein; Altsteinzeit.

Paläometabolie, die, gr. *he metabolé* die Umwandlung; Form des Typs der Heterometabolie; „ursprünglichste" Form der Verwandlung. Bei den Larven sind schon die äußeren Merkmale der Vollkerfe vorhanden, auch bei letztgenannten finden noch Häutungen statt. – Man unterscheidet: Epimetabolie (bei Doppelschwänzen, Beintastlern, Springschwänzen, Borstenschwänzen) u. Prometabolie (bei Eintagsfliegen).

Palaeonemertini, *m.*, Pl.; P. gelten als älteste Gruppe der Schnurwürmer; Ordo der Anopla, Nemertini. Primitive Gruppe mit oberflächlichen Seitennerven; meist fehlen Rückengefäß u. Kommissur-Gefäßbögen, ebenso Augen u. Cerebralorgane.

Paläontologie, die, gr. *to on, óntos* das Sein, Leben, *ho lógos* die Lehre; Lehre von den ausgestorbenen Organismen vergangener geologischer Zeiten; vgl. Neontologie.

paläontologisch, die Paläontologie betreffend.

Paläo-Ökologie, die; gr. *palaiós* alt; engl. *paleoecology;* s. Ökologie. Lehre von den Wechselbeziehungen fossiler Organismen untereinander u. zu ihrer Umwelt. Neben der Rekonstruktion von Verhaltens- u. Funktionsweisen der zumeist nur teilweise erhaltenen bzw. oft auch deformierten Organismen und deren nur indirekt erschließbarer Umweltbedingungen untersucht die P. Fragen der Gemeinschaftsevolution und der Ökostratigraphie.

Palaeopsýlla, *f.*, gr. *he psýlla* der Floh; Gen. der Hystrichopsyllidae. Spec.: *P. sorecis,* Spitzmausfloh.

Palaeopterýgii, *m.*, Pl.; phylogenetisch älteste (primitive) Gruppe der Strahlenflosser; Altflosser, Großgruppe der Actinopterygii (Strahlenflosser od. Knochenfische i. w. S.); veralteter Name für die Chondrostei, s. d.; fossil seit dem Mitteldevon mit über 150 Genera, rezent nur noch 7 Genera.

Palaeotherium, das, gr. *to thérion* das (Säuge-)Tier; tertiärer Vorläufer der Pferde (Seitenzweig); fossil im Eozän und Oligozän. Spec.: *P. magnum* (Eozän), ausgestorbene alttertiäre Verwandter der Pferde, die sich in Eurasien entwickelten, getrennt vom Hauptstamm in Nordamerika. Sie waren dreizehig, hatten aber zum Teil noch Rudimente der fünften Zehe am Vorderfuß.

Paläotropis, die, gr. *ho trópos* die Richtung, Gegend, Wendung, der Wendekreis; identisch mit Mesogäa, zusammenfassende Bezeichnung für die Afrikanische u. Orientalische Region, die zoogeographisch Gemeinsamkeiten bei vorwiegend tropischem Klima u. bei ähnlichen Biomen, s. d., haben.

Paläozän, das, gr. *kainós* neu; Alt-Eozän, erster Abschnitt der Tertiärzeit, älteste Stufe des Paläogens (Alttertiär).

Paläozóikum, das, gr. *to zóon* das Tier; Erdaltertum, die Altzeit in der Entwicklung des Lebens auf der Erde, umfasst die geologischen Systeme Kambrium, Ordovizium, Silur, Devon, Karbon u. Perm.

Paläozoologie, die, gr. *ho lógos* die Rede, Lehre; Wissenschaft von den fossilisierten Tieren, ein Zweig der Paläontologie bzw. Zoologie.

palatínus, -a, -um, zum Gaumen gehörig.

paláto-, (in Zusammensetzungen gebraucht), zum Gaumen *(palatum)* gehörig, Gaumen-.

Palatoquadrátum, das, lat. *quadrátus, -a, -um* viereckig; oberer Anteil des Kieferbogens im Visceralskelett der Wirbeltiere, fungiert bei den Selachiern noch in seinem ursprünglichen knorpeligen Zustand als Oberkiefer.

palátum, -i, *n.*, lat., der Gaumen; der vordere harte Teil des Gaumens ist das Palatum durum, der weiche hintere Teil das Palatum molle.

Palingenese, die, gr. *pálin* zurück, wieder, *he génesis* die Entstehung; Palingénesis: Ausgangsentwicklung (Haeckel 1874), die Wiederholung phylogenetischer Merkmale während der Individualentwicklung, z. B. die Ausbildung funktionstüchtiger Augen bei einigen blinden Höhlentieren während der Individualentwicklung. Die erwachsenen Vorfahren hatten demnach funktionsfähige Lichtsinnesorgane (vgl. Caenogenesis).

Palingénia, *f.*, gr. *gígnesthai* erzeugt werden, „Wiedererzeugung"; Gen. der Palingeníidae (Wasserblüten), Ephemeroptera (Eintagsfliegen). Spec.: *G. longicauda,* Theißblüte. Mit 25–38 mm größte europäische Eintagsfliege, früher zahlreich an allen größere Flüssen, heute zumeist selten od. verschollen.

Palinúrus, *m.*, gr. *Plinúrus* der Steuermann des Aeneas; Gen. der Palinúridae. Spec.: *P. vulgaris,* Gemeine Languste (sehr geschätzter Speisekrebs).

Pallas, Peter Simon, geb. 22. 9. 1741 Berlin, gest. 8. 9. 1811 ebd.; Naturforscher (Reisender); „Reisen durch verschiedene Provinzen des Russischen Reiches" (1771–1776) u. a.

Pallḗne, *f.,* gr. weiblicher Vorname; Gen. der Pallenidae, Cl. Pantopoda (s. d.). Spec.: *P. brevirostris;* Schnabel der Asselspinne äußerst kurz (Name!), Körper gedrungen bis 2 mm, Beine 2 1/2-mal so lang; Vorkommen in nordeurop. Meeren.

palliátus, -a, -um, lat., mit Hülle, Mantel od. Bedeckung *(pállium)* versehen. Spec.: *Alouatta palliata,* Mantel-Brüllaffe.

pállidus, -a, -um, lat. blass, bleich. Spec.: *Cantharis pallida* (ein Weichkäfer).

pállium, -ii, *n.,* lat., der Mantel; Pallium: Mantel des Großhirns bei Wirbeltieren.

palma, -ae, *f.,* lat., die Palme; (flache) Hand, Handfläche.

palmáris, -is, -e, zur Handfläche gehörig.

palmátus, -a, -um, palmenzweigähnlich, palmenartig gemustert. Spec.: *Alcyonium palmatum,* „Totemannshand" (Anthozoa).

Palmendieb, der; s. *Birgus latro.*

Palmenroller (Palmroller), der; s. *Paradoxus.*

Palmgeier, der; s. *Gypohierax angolensis.*

Palmitinsäure, die; $C_{15}H_{31}COOH$, eine gesättigte höhere Fettsäure, wesentlicher Bestandteil fester tierischer Fette.

Palökologie, die; s. Ökologie; identisch mit Paläo-Ökologie, (s. d.); Wissenschaft von den Beziehungen fossiler Organismen untereinander und zu ihrer Umwelt; s. *Dollo.*

Palolowurm, der, Trivialname von *Eunice viridis* (auf Samoa); wird als Leckerbissen roh od. zubereitet gegessen.

Paloména, *f.,* gr. *ho palós* Pfuhl, „stinkender" Schlamm, *he méne* der Mond; Gen. der Pentatómidae (Baum-, Beeren- od. Schildwanzen). Spec.: *P. prasína,* Grüne Stinkwanze.

palpális, -i, -e, lat., von lat. *palpáre* streicheln, betasten; *palpus* der Taster, Betaster, „Fühler"; zum Palpus gehörig, tastbar, tasterartig; s. *Glossina.*

palpatorisch, lat. *palpáre* tasten, streicheln, betastend.

pálpebra, -ae, *f.,* lat., das Augenlid.

palpebrális, -is, -e, zum Lid gehörig.

Palpígradi, *m.,* Pl., lat. *palpus* das Tasten, *gradi* schreiten; Ordo der Arachnida (Spinnentiere). Zwerghafte Arachniden, deren 1. Laufbein (endwärts sekundär vielgliedrig) zum Tastbein (Name!) umgewandelt ist; Prosomarücken in ein Propeltidium u. zwei Einzeltergite, das gestielte Opisthosoma in ein großes Mesosoma u. ein kurzes Metasoma geteilt. Ein langes, vielgliedriges Flagellum ist als Telsonanhang vorhanden. Cheliceren dünn, lang, 3-gliedrig, alle übrigen Extremitätenhüften gleichartig einfach. Kreislauf- u. typische Atmungsorgane fehlen; fossil seit dem Malm bekannt.

Palpus, *m.,* lat., der „Taster", von *palpáre* streicheln, tasten. Es gibt bei den Insekten: 1. Palpus labialis = Labialpalpus, Lippentaster; 2. Palpus maxillaris = Maxillarpalpus, Kiefertaster. Spec.: *Glossina palpalis,* (überträgt den Erreger der Schlafkrankheit; s. *Trypanosoma*).

Palpus labiális, *m.,* lat. *labiális* zur Lippe gehörig; der Labialpalpus od. Lippentaster (der Insekten), 1- bis 3gliedriger, selten mehrgliedriger Taster, der – paarig angelegt – dem Prämentum des Kinns lateral aufsitzt.

Paludícola, *n.,* Pl., lat. *palus, -údis* der Sumpf, das Gewässer, *cólere* bewohnen; Bewohner fließenden u. stehenden Süßwassers (im Ggs. zu den Mari- u. Terricola).

Paludína, *f.;* vgl. Syn.: *Viviparus.*

paludósus, -a, -um, lat., sumpfig, sumpfreich; s. *Tipula.*

palúster, -stris, -e, lat., sumpfbewohnend, sumpfig, Sumpf-; s. *Acrocephalus.*

Pampaskatze, die, s. *Lynchailurus pajḗros.*

pampinifórmis, -is, -e, lat. *pampinus, -i, m.,* die Weinranke, das Weinlaub; rankenförmig, weinlaubartig (Artbeiname).

pan-, panto-, gr. *pas, pantos*; ganz-, vollständig.

Pan, *m.,* der Waldgott, ein gr. Halbgott; Syn.: *Troglodytes* u. *Anthropopíthecus;* Gen. der Pongidae, Anthropomorpha, Catarrhina, Simiae, Primates. Spec.: *P. satyrus,* Schimpanse (Syn. auch: *P. troglodytes*); geogr. Rassen wie: *P. t. troglodytes,* Tschego; *P. t. schweinfurthi; P. t. paniscus,* Zwerg-Schimpanse oder Bonobo. *F. t. verus (= leucoprymnus).*

Pancarida, *n.,* Pl., von gr. *pan* ganz u. *karís, -ídos* kleiner Seekrebs gebildet; Gruppe der Malacostraca; die Thermosbaenacea (als einziger Ordo des Superordo), sind winzig (Name!) u. haben einen sehr gleichmäßig gegliederten Rumpf ohne Einschnürung zwischen Vorder- u. Hinterkörper.

panchax, einheimischer Name des in SO-Asien (Indien, Ceylon, Malaya) beheimateten Fisches, Artname bei *Aplocheílus,* s. d.

Panchlóra, *f.,* gr. *pan* ganz, *chlorós* grüngelb, hellgrün; Gen. der Blaberidae. Der Name bezieht sich auf die hellgrüne Körperfarbe. Spec.: *P. exoléta,* Grüne Bananenschabe; *P. niveus,* Amerik. Weißling.

pancreáticus, -a, -um, lat., s. Pankreas; zur Bauchspeicheldrüse gehörig.

Panda, einheimischer (südlich vom Himalaja) Name für *Ailúrus,* s. *Ailuropoda.*

Pandion, *m.,* König von Athen; Gen. der Pandionidae (Fischadler). Spec.: *P. haliaetus,* Fischadler.

Pangaéa, *f.; gr. pan (n.)* = ganz, *he gáia* (= *gé*) die Erde (als Ganzes); Bezeichnung für ganzheitlichen Urkontinent (A. Wegener), in dem einmal alle Kontinentalmassen vereint waren. Nach Dietz/Holstein (1970) bestanden im Perm (vor ca. 225 Millionen J): (1) die Pangaea (Ganzerde, Weltkontinent) als Superkontinent (= universale Großplatte) und (2) die Pantholana (Weltmeer). In der Mitte der Pangaea dehnte sich in wechselnder Dimension das Tethysmeer („Mittelmeer"), das im Osten die Landmasse zu teilen begann in die 2 Großkontinente: Laurasia (Norden) (s. d.) und Gondwana (Süden) (s. d.).

Pangénesis-Theorie, die, gr. *pan* alles, *he génesis* Entstehung; die von Darwin (1866) aufgestellte Theorie, insbes. zur Erklärung der Vererbung (während der Ontogenese) erworbener Eigenschaften, nach der von allen Zellen des Organismus sich im ganzen Körper verstreuende Gemmulae (Keimchen, kleinste Teilchen) abgegeben werden, die sich hauptsächlich in den Geschlechtszellen sammeln u. die Entwicklung der nächsten Generation beeinflussen. – Verwandt mit der P.-Theorie ist die Gemmarientheorie von Haacke (1893), abweichend von ihr hingegen die von H. de Vries (1889) aufgestellte Theorie der intracellulären Pangenesis, s. d.

paníceus, -a, -um, lat., zum Brot gehörig, Brot-; s. *Stegóbium,* s. *Halichondria.*

Pánkreas, das, gr. *pan* ganz, *to kréas* das Fleisch; die Bauchspeicheldrüse der Wirbeltiere. Sie liegt in der Nähe des Magens u. der Leber u. hat einen od. mehrere Ausführungsgänge. Der enzymhaltige Pankreassaft wird in den Dünndarm (Duodénum) abgeleitet.

Pankreozýmia, das; s. Pankreas; Gewebehormon der Dünndarmschleimhaut, stimuliert das Pankreas zur Sekretion eines zähen, fermentreichen Bauchspeichels.

Panmixie, *f.;* die, zufallsmäßige Paarung innerhalb einer Population, wobei für jede Partnerkombination die gleiche Wahrscheinlichkeit besteht.

pannículus, -i, *m.,* lat. *pannus, -i, m.,* der Tuchfetzen, das Gewand; die Unterhaut, das Unterhautfettgewebe.

pannónicus, -a, -um, in Pannonien lebend (vorkommend).

panoistische Eiröhre, die; Syn.: atrophe Eiröhre, s. d.

Pánolis, *f.,* gr. *panṓlēs* ganz verdorben, ganz vernichtet, grundböse, Verderben bringend; Gen. der Noctuidae, Ordo Lepidoptera; Spec.: *Panolis flammea;* zu Massenvermehrung neigende Art, deren Larve an Kiefernnadeln frisst; oft großer Schaden.

Panórpa, *f.,* gr. *pan* gesamt, alles, *he (h)órpe* die Sichel; Gen. der Panorpidae (Skorpionsfliegen); Kopf schnabelartig verlängert u. Hinterleibsende scheren- od. sichelartig beim Männchen umgewandelt. Spec.: *P. communis,* Gemeine Skorpionsfliege.

Pansen, der, lat. *pantex, m.,* der Wanst; Rumen, erster Abschnitt d. Wiederkäuer-Vormagensystems.

Panthera, *f.,* gr. *pan* ganz, *to theríon* das Tier; Gen. der Felidae, Katzenähnliche, Carnivora. Spec.: *P. leo,* Löwe; *P. tigris,* Tiger; *P. pardus,* Leopard, Panther; *P. nebulosa,* Nebelparder; *P. onca,* Jaguar; *P. (= Uncia) uncia,* Irbis od. Schneeleopard.

Panthergecko, der; s. Gekko.

Pantodon, *m.,* gr. *ho odús, odóntos* der Zahn; Gen. der Pantodóntidae, Fam. der Isospondyli. Spec.: *P. buchholzi,* Schmetterlingsfisch (ein Aquarienfisch aus W-Afrika, hat vergrößerte Brustflossen).

Pantoffelschnecke, die; s. *Crepidula.*

Pantoffeltierchen, das; s. *Param(a)ecium.*

pantophag, gr. *phagéin* essen; allesfressend, allesessend; vgl. (syn.) omnivor.

Pantópoda, *n.,* Pl., gr. *ho pus, podós* der Fuß; Asselspinnen, Cl. der Chelicerata. Marine Chel. mit sehr dünnem Rumpf, von dessen inneren Organen aus Blindsäcke in die Gliedmaßen reichen, u. einem sehr kurzen, stummel(fuß)förmigen Opisthosoma; Extremitätenanzahl schwankend zwischen 4 u. 9 Paaren; keine Atemorgane.

Pantothensäure, die; s. Vitamin-B-Komplex.

Panzer, Georg Wolfgang Franz, geb. 31. 5. 1755 in Etzelwang, gest. 28. 6. 1829 als Physikus in Hersbruck; Entomologe u. Botaniker. Die „Faunae insectorum Germaniae initia" erschien in den Jahren von 1793–1813.

Panzerwels, der, s. *Corydoras;* s. *Callichthys.*

papa, lat., Vater, Bischof, Mönch, auch: Mönchsgeier; s. *Sarcorhamphus.*

Papageienfloh, der; s. *Hectopsylla.*

papatasii, s. Pap(p)ataci-Mücke.

papáver, -eris, *n.,* lat., der Mohn. Spec.: *Osmia papaveris,* Klatschmohn-Mauerbiene.

paphía, *f.,* gr., Bewohnerin von Paphos (auf Kypros); *Argynnis paphia* (s. d.).

Papiernautilus, der; s. *Argonauta.*

Papílio, *m.,* lat. *papílio, -ónis* der Tagfalter, Schmetterling; Gen. der Papilionidae (Ritter-, Segel- od. Edelfalter). Spec.: *P. macháon,* Schwalbenschwanz.

Papilionoidea, Echte Tagfalter, früher: Rhopalocera, s. d.

papílla, -ae, *f.,* lat., die Warze, warzenähnliche Erhebung. Spec.: *Aeolidia papillosa,* Breitwarzige Fadenschnecke.

papilláris, -is, -e, warzenartig.

papilliform, lat., *forma, -ae* die Form, Gestalt; warzenförmig, -ähnlich.

Pápio, *f.,* lat. Gen. der Cynopithecinae (Hundsköpfige Tieraffen), Cercopithecidae, Catarhina, Simiae. Die Paviane kann man in 4 Gruppen (Formen) aufteilen: Mantellose (eigentl.) Hundskopfpaviane *(Cynocephalus);* Mantelpaviane *(Hamadryas);* Blutbrustpaviane *(Theropithecus);* westafrikan. Kurzschwanz-Waldpaviane *(Mandrillus).* Bei Annahme, dass die Paviane eine Fortpflanzungsgemeinschaft darstellen, werden von einigen Systematikern alle Pavian-Formen als Angehörige einer Großart angesehen: *P. (= Comopithecus) cynocephalus,* wobei die Macrospecies in 4 Sektionen aufgeteilt wird: 1. *cynocephalus*-Sektion = Babuin-Paviane; 2. *comatus*-Sektion = Tschakma-Paviane; 3. *doguero*-Sektion = Anubis-Paviane; 4. *papio*-Sektion = Sphinx-Paviane. – Andere Autoren folgen der Großart-„Theorie" nicht, so dass die Paviane differenziert benannt werden (z. B.): *Papio porcarius,* Bärenpavian od. Tschakma; *P. papio,* Roter od. Guinea-Pavian; *P. anubis,* Anubis-Pavian; *Comopithecus hamadryas,* Mantelpavian; *Theropithecus gelada,* Dscheladas od. Blutbrustpavian; *Mandrillus leucophaeus,* Drill; *M. sphinx,* Mandrill.

Pappatacifieber, *n.,* (Ital. *pappataci* Stechmücken); (engl.) pappataci fever; syn. Dreitagefieber, Phlebotomusfieber, Sandfliegenfieber; zu den Arbovirosen gehörende, akute, fieberhafte Erkrankung. Erreger sind serol. verwandte Viren des Genus *Phlebovirus* der Bunyaviridae (z. B. neapol. u. sizilian. Sandfliegenvirus).

Pap(p)ataci-Mücke, *Phlebotomus patasii* (Gnitzen), gehört zur Fam. der Psychodídae, Nematocera, Diptera; ist Überträger des in Mittelmeerländern, S.- u. O-Asien, N- u. S-Amerika verbreiteten, nach ihr benannten Pap(p)ataci- od. Dreitagefiebers, einer durch hohes Fieber charakterisierten Viruskrankheit.

Pappelblattkäfer, der; s. *Melasoma.*

Pappelwollaus, die; s. *Pemphigus.*

Pappenheim, Artur, geb. 13. 12. 1870 Berlin, gest. 31. 12. 1916 ebd.; Internist in Berlin. P. erwarb sich Verdienste um die Hämatologie. Mit seinem Namen ist die P.-Färbung für Blut verbunden (eine sog. kombinierte May-Grünwald-Giemsa-Färbung), weiterhin die P.-Färbung für Lymphozyten u. die P.-Färbung für Tuberkelbakterien im Urin.

par-, para-, gr./latin., neben (in Zusammensetzungen verwendet).

Parabionten, die, gr. *pará* neben, *ho bíos* das Leben; Lebewesen, die teilweise miteinander verwachsen sind u. zusammenleben. Entwicklungsstörungen können zu Doppelbildungen führen (z. B. Siamesische Zwillinge). Operativ erzeugte P. werden für Versuchszwecke in der physiologischen Forschung verwendet.

Parabiose, die; 1. das Zusammenleben von miteinander verwachsenen Lebewesen; die für experimentelle Zwecke teilweise Vereinigung zweier Tiere (durch Bauchwand-Vernähung); 2. Übererregungszustand eines Nerven (bedingt durch hohe Reizstärke od. rasche Reizfolge), führt zum Absterben des Nerven.

Parabronchien, die, gr. *ta brónchia* Luftröhrenäste; Nebenäste der Trachea.

Paracheirodon, *m.,* von gr. *he cheir* die Hand, *ho odón* der Zahn; Gen. der Characidae, Cypriniformes, Karpfenfische. Spec.: *P. innesi,* Neonsalmler (nach der leuchtenden Körperlängsbinde genannt, beliebter Aquarienfisch).

Paradidymis, die, gr. *hoi dídymoi* die Zwillinge; der Nebenhoden der männlichen Wirbeltiere. Er dient der Reifung, Speicherung bzw. Ableitung des Samens.

Paradiesfisch, s. *Macrópodus operculáris.*

Paradieskasarka, s. *Tadórna variegáta,* die zwar buntscheckig *(= variegata)* ist, aber ein vorherrschend rostrotes Gefieder hat; erhielt den russischen Trivialnamen Kasarka in Kopplung mit „Paradies" – wegen der Farbenpracht.

Paradieskranich, der; s. *Tetrapteryx* (früher = *Anthropoides*) *paradisea.*

Paradiesvogel, der; s. *Paradisaea.*

Paradilepis, *f.,* gr. *dis* zweifach, *he lepsis, -idos* die Schuppe; Gen. der Dilepididae, Cyclophyllidea. Kleine, wenige Millimeter lange Bandwürmer, die im Darm von Vögeln parasitieren. Spec.: *P. scolecina* (Syn. *Paradidelphis duboisi*), Wirte: Kormorane; Europa, Asien, Afrika.

Paradisaea, *f.,* gr. *ho parádeiso,* lat. *paradísus* Tier-, Lustgarten, Paradies, „der ersten Menschen Wohnsitz"; als „Adam-Eva-Land" der Phantasie u. generell als Ausdruck der Schönheit. Gen. der Paradisaeidae (Paradiesvögel). Man kannte früher die Heimat dieser Vögel nicht u. nannte sie deshalb ihrer Schönheit wegen so. Spec.: *P. ápoda,* Großer Paradiesvogel, Göttervogel; *P. rudolphi,* Blauer Paradiesvogel; *P. rubra,* Roter Paradiesvogel; *P. minor,* Kleiner Paradiesvogel.

Paradontium, das, gr. *ho odus, odóntos* der Zahn. Syn.: Parodontium, das Zahnbett, das den gesamten Zahnhalteapparat darstellt. Es besteht aus Alveole, Zahnfleisch, Wurzelhaut u. Wurzelzement.

Paradoxides, *m.,* von gr. *parádoxos* sonderbar u. *to eídos* das Aussehen; Gen. der Ordo Redlichiida, C. Trilobita, s. d.; Leitfossilien im Mittleren Kambrium. Spec.: *P. spinulosus, P. gracilis.*

Paradoxúrus, *m.,* gr. *parádoxos,* s. u., *he urá* der Schwanz, wegen des sehr langen, meist einrollbaren Schwanzes; Gen. der Viverridae (Schleichkatzen). Spec.: *P. hermaphrodítus,* Palmenroller (Ost-Indien); *P. fasciatus,* Musang (Java, Sumatra, Borneo).

paradóxus, -a, -um, gr. *parádoxos* seltsam, sonderbar, widersprüchlich; s. *Diplozoon;* s. *Dendrocométes;* s. *Lepidosiren,* s. *Exodon.*

paraduodenális, -is, -e, neben dem Duodénum gelegen.

Parageusie, die, gr. *he geûsis* der G-schmack; veränderte Geschmacksempfindung.

Paragonimiasis, *f.,* gr., s. u.; Miasis; syn. endemische Hämoptyse; Befall der Lungen mit Lungenegeln der Gattung Paragonimus (Inf. durch Genuss roher Süßwasserkrabben); Symptome: Husten m. blutig tingiertem Sputum ohne wesentl. Krankheitsgefühl, Atemnot, Fieber; Zerebrale P. kann zu Sehstörungen, Kopfschmerzen, Meningitis u. Epilepsien führen. Diagn.: Wurmeier im Sputum u. Stuhl (durch verschlucktes Sputum).

Paragonimus, *m.,* gr. *gonimos* fruchtbar; Lungenegel, Gen. der Paragonimidae, Plagiorchiida, Digenea, Trematoden. Rot gefärbte, bohnenförmige Parasiten; meist paarweise in der Lunge (Ansiedlung beim Menschen in Bauchorganen u. Gehirn möglich); Metazerkarien in Süßwasserkrebsen, v. a. Krabben (2. Zwischenwirt); Endwirte karnivore u. omnivore Säugetiere; Inf. des Menschen durch Verzehr roher Krebstiere. Spec.: *P. kellicotti* (Wirte: Katze, Hund, Schwein, Marder, Fuchs u. a., auch beim Menschen; S-Amerika, Afrika, Asien); *P. westermani.*

paraguayensis, -is, -e, latin., in Paraguay (S-Amerika) lebend; s. *Didelphys.*

parakristallin, kristallähnlich.

Paralectotypus, *m.,* s. *Lectotypus;* ein jeder der nach der Wahl eines Lectotypus verbliebenen ursprünglichen Syntypen.

parallelopípedus, von gr. *parállelos* parallel, *to epípedon* die Fläche; parallelflächig; *Dorcus.*

Param(a)ecium, *n.,* gr. *paramékes* länglich; Gen. der Trichostomata, Holotricha, Ciliata. Spec.: *P. caudatum* (häufigster Bewohner faulender Heuaufgüsse); *P. aurelia* (mit 2 Kleinkernen); *P. bursaria* (durch Zoochlorelen grün); *P. putrinum* (Abwasserform, polysaprob).

Parametabolie, die, gr. *para-,* s. o., *he metabolé* die Verwandlung; besondere Form der Neometabolie, bei der das 1. Larvenstadium beweglich, hingegen das 2. Larvenstadium, Pronymphe u. Nymphe (hier bereits der Puppe der Holometabola recht ähnlich), unbeweglich sind.

Paranoplocephala, *f.,* gr. *ánoplos* wehrlos, waffenlos; Gen. der Anoplocephalidae, Cyclophyllidea. Kurze, aber breite Bandwürmer, die als Parasiten im Darm von Equiden leben. Zwischenwirte: Milben. Spec.: *P. mamillana,* Wirte: Pferd, Tapir; Kosmopolit.

Paránthropus, *m.,* lat. *par* gleich, gleichkommend u. gr. *ho ánthropos* der Mensch, wörtlich: der „Menschengleiche"; Gattg. der Australopithecinen neben der ebenfalls fossilen Gattg. *Australopithecus* (s. d.). Manche Autoren stellen beide Formen in die eine Gattg. *Australopithecus.*

Paraphylum, das, gr. *para-* daneben, hinzu (in Zusammensetzung), *to phýlon,* n. der Stamm (u. ä.); umfasst Nachkommen einer Stammart, unterscheidet sich aber (im Sinne der Phylogenetischen Systematik) vom Monophylum (s. d.) dadurch, dass nicht sämtliche Nachkommen eingeschlossen sind, d. h. die Taxa eines P. haben keine nur ihnen gemeinsame Stammart. Z. B. bilden die „Oligochaeta" ein Paraphylum, weil ihre Stammart auch Stammart der Hirudinea ist.

Parapodiallappen, der, gr. *to parapódion* der kleine Nebenfuß; Fußlappen bei Gastropoden.

Parapódium, das; Stummelfuß, mit Borsten versehen, bei Borstenwürmern (Polychaeten) vorkommend.

Paraproct, der, *m.,* gr. *para* neben, *proctós* After, Steiß; bei Insekten die paarigen Klappen des 11. Segmentes, ventral vom After gelegen.

Parápterum, das, gr. *to pterón* der Flügel; Schulterfittich der Vögel, gebildet von Deckfedern am oberen Ende des Oberarms.

Parascaris, *f.,* gr. *he askarís* Eingeweidewurm; Gen. der Ascarididae, Ascarididea. Bis 50 cm lange Würmer mit deutlich abgesetzten Lippen am Vorderende, Parasiten im Dünndarm von Pferden. Spec.: *P. equorum,* Wirte: Equiden; Kosmopolit.

Parasexualität, die, gr. *pará* neben; Rekombinationsvorgänge, bei denen nur Teilgenome verschmelzen u. keine Koordination der Verteilung des Erbmaterials durch Meiose erfolgt. Die wichtigsten parasexuellen Prozesse sind die Bakterienkonjugation, die Sexduktion, die Transduktion u. die Bakterientransformation.

Parasit, der, gr. *ho parásitos* der Mitesser; Schmarotzer, ernährt sich am od. im Körper anderer Organismen, vor allem auf Kosten von deren Körpersubstanz.

parasitäre Kastration, die; durch Parasitenbefall in den Gonaden bewirkte Fortpflanzungsunfähigkeit.

Parasitísmus, der; (Schmarotzertum), Form der Somatoxenie auf der Basis einseitiger physiologischer Abhängigkeit, wobei der Parasit zum Zwecke der Ernährung u. nicht selten auch der Vermehrung zeitweilig od. ständig in einzelnen od. sämtlichen Entwicklungsstadien in od. auf dem Wirt sich aufhält und diesen schädigt. Der Parasit verursacht im Organismus des Wirtes Veränderungen der Lebensabläufe, die (bei Abhängigkeit spezifischer Eigenschaften des Parasiten und Wirtes) in Art u. Ausmaß different sind. Der Parasitismus ist im Ggs. zu allen übrigen Formen der Somatoxenie als pathobiologisches Phänomen zu kennzeichnen.

Parasitoide, die, Pl., gr. *ho parasítokos* der Schmarotzer, *eĩdos* das Aussehen, im Zusammenhang von *-ähnlich* gebraucht; „Parasitenähnliche", eine Insektengruppe, deren Imagines als Nektarsauger, Pollenfresser od. Räuber frei leben, deren Larven dagegen sich parasitisch ernähren u. den Wirt dabei töten. Legewespenarten (Terebrantes) leben z. B. meist als P. (als Endo- u. Ektoparasitoide, Solitär- u. Gregärparasitoide, Primär- u. Sekundärparasitoide). von anderen Arten. Spec.: *Trichogramma* spp. (Chalcidoidea, Erzwespen). Die Larven der Goldwespe *Chrysis dichroa* (Chrysididae) entwickeln sich als E. an den Larven des Wirtes *Osmia* (Apoidea).

Parasitologie, die, gr. *ho lógos* die Lehre; die Lehre von den Schmarotzern, von den pflanzlichen u. tierischen Parasiten.

parasítus = parasíticus, -a, -um, gr. *sitẽisthai* essen, *ho parasítikos* der Schmarotzer; schmarotzend, parasitär, parasitisch.

Parásitus, *m.,* gr./latin.; Genus d. Parasitidae, Acari. Spec.: *P. coleoptratorum,* Käfermilbe.

Paraspidodera, *f.,* gr. *pará* neben, *spidés* langgezogen, *to déros* die Haut; Gen. der Heterakidae, Oxyuridea. Würmer mit gut entwickelten Lippen am Vorderende, die parasitisch im End- u. Blinddarm von Nagetieren leben. Spec.: *P. uncinata,* Wirte: Meerschweinden, Aguti, Kammratten; S-Amerika.

Parasterilität, die, gr./lat.; auf das Vorliegen von Unverträglichkeitsallelen od. auf Antigen-Antikörper-Reaktionen beruhende, Unfruchtbarkeit bewirkende Unverträglichkeit funktionsfähiger Gameten.

parasternal, parasternalis, -e, gr./lat.; neben dem Brustbein befindlich.

Parastrigea,, *f.,* gr. *para* (Präfix), lat. *striga* der Streifen, Strich; Gen. der Strigeidae, Digenea. Parasiten im Dünndarm verschiedener Vögel. Spec.: *P. robusta,* Wirte: Hausente, Tafelente; Europa.

Parasympáthikus, der; s. Sympathikus; parasympathisches Nervensystem, ein Teil des vegetativen Nervensystems (Pars parasympathica) der Vertebraten. Die parasympathischen Fasern bilden mit Ausnahmen (z. B. N. vagus) keine selbständigen Nerven. Sie benutzen Hirn- u. Rückenmarksnerven als Leitbahnen. Man unterscheidet prä- u. postganglionäre Neuronen, beide sind cholinerg.

parasympathisch, zum Parasympathikus gehörend.

Parathormon, das; Proteohormon der Epithelkörperchen, Nebenschilddrüsenhormon, beeinflusst den Kalzium- u. Phosphathaushalt.

Parathyreoídea, die; s. Thyreoídea; die Nebenschilddrüse.

parathyreoideus, -a, -um, neben der Schilddrüse gelegen.

Paratop, gr. *para-* neben, beiderseits, *topes* Stelle; Antigenbindungsstelle.

Parátypus, gr. *para-* neben, *ho týpos* der Typ, die spezielle Form; jedes Exemplar einer Typusserie, das nicht der Holotypus ist; oft synonym angewandt: Paratypoid.

paraventricularis, -is, -e, lat. *ventriculus* der kleine Bauch; neben der Kammer gelegen, z. B. Nucleus paraventricularis, ein Hypothalamuskern, der neben dem 3. Hirnventrikel liegt.

paravertebral, s. *vertebra;* neben der Wirbelsäule gelegen.

paraxialis, -is, -e, lat. *axis, m.,* die Achse; neben der Achse gelegen.

Parazóa, die, gr. *ta zóa* die Tiere; Divisio der Metazoa; die Parazoa sind nur durch die Porifera (Schwämme) vertreten. Es handelt sich um Zellaggregationen ohne Lokomotion, ihre Körperwand besteht aus Gastral- u. Dermallager. Ihre mesenchymatischen Zellen ordnen sich nur auf der von zahlreichen Poren durchlöcherten Körperoberfläche u. längs der von diesen ausgehenden Wasserkanäle epithelähnlich an. Echte Muskel- u. Nervenzellen sind wahrscheinlich nicht vorhanden.

pardalis, -is, *f.,* lat., Panther. Spec.: *Giraffa camelopardalis,* Giraffe.

pardinoídes, leopardähnlich (in der Farbe z. B.); s. *Oncifelis.*

pardus, *m.,* lat.; s. *Panthera.*

Parenchym, das, gr. *para-* neben, *to énchyma* das Eingegossene; Gewebe unterschiedlicher Bedeutung, z. B. Füllgewebe zwischen Darm u. Körperwand bei den Plattwürmern (parenchymatöse Würmer) od. spezifische Zellen eines Organs (Leber-, Milz-, Nierenparenchym), die dessen Funktion bedingen u. zwischen den Gerüstanteilen (interstitielles Bindegewebe, Gefäße, Nerven) liegen.

parenchymatös, das Parenchym betreffend, mit Parenchym angefüllt.

parenchymatósus, -a, -um, reich an Bindegewebe (Parenchym).

parens, parentis, *m., f.,* lat. *parere* gebären, hervorbringen; Vater, Mutter, Elternteil. Spec.: *Viviparus viviparus* (eine lebendgebärende Sumpfdeckelschnecke).

Parentalgeneration, die, lat. *paréntes* die Eltern; Elterngeneration, Ausgangsgeneration beim Kreuzungsexperiment.

parentális, -is, -e, elterlich.

parenteral, gr. *para-* neben, vorbei, *ta éntera* das Innere, die Eingeweide; den Magen-Darm- od. Verdauungskanal umgehend, nicht auf dem „per-os-Wege", also z. B. durch subkutane, intramuskuläre od. venöse Injektion.

parenterale Ernährung, die; Nahrungszufuhr durch die Blutbahn od. die Haut, also: nichtorale Ernährung.

parenterale Tiere, die; Tiere, deren Nahrungsaufnahme nicht über Mund und Darmwand, sondern durch die äußere Körperhaut erfolgt (Trypanosomen, Sporozoen, rezente Bandwürmer, Kratzer).

parforce, franz.: durch Kraft, Zwang, Gewalt; Beispiele: Einen Hund parforce dressieren, heißt, ihn mit „harten Mitteln" abrichten. Einen Hirsch p. jagen, bedeutet, ihn mit allen Mitteln, insbes. mit Hetzhunden, so lange zu jagen, bis er gestellt, gefangen oder erlegt werden kann.

Parforcedressur, die; die Abrichtung z. B. eines Jagdhundes mit Zwangsmiteln (wie Peitsche, Korallenhalsband) im Ggs. zur spielenden Dressur. Die früher angewandte P. widerspricht den Tierschutz-Normen.

Parforcejagd, die; die (französische) Jagd zu Pferde hinter der laut jagenden Hundemeute auf ein einzelnes Stück Wild, insbes. Hirsch, Schwarzwild, seltener ein Stück Damwild od. Fuchs. Die P., bei der par force (... mit Gewalt) gejagt wird, stammt ursprünglich aus dem Orient u. wurde bereits bei den Galliern, den Germanen u. im Mittelalter ausgeübt. In Frankreich war die P. im 18. Jh. am weitesten verbreitet. Diese Hetzjagd hinter lebendem Wild steht seit langem unter Verbot.

paries, -etis, *m.,* lat., die Wand.

parietal, wandständig, seitlich.

parietális, -is, -e, zur Wand gehörig, wandständig, -artig.

parietínus, -a, -um, lat., an Wänden *(parietes)* vorkommend. Spec.: *Anthophora parietina,* Wand-Pelzbiene.

parieto-, zum Scheitelbein gehörig.

Parkinson, James, geb. 1755, gest. 1824; Arzt. Nach ihm wurde die P.-Krankheit benannt; betroffen ist das extrapyramidale System bei Degeneration der Zellen der Substantia nigra, d. h. Ausfall od. Reduktion des dopaminergen Systems u. Überwiegen des cholinergen Systems.

Parnássius, *m.,* parnassisch, d. h. auf dem Berge Parnássus, der dem Apollo geweiht war, fliegend; Gen. der Papiliónidae (Segelfalter, Ritter). Spec.: *P. (= Doritis) apollo.* Apollo, Alpenfalter; *P. mnemosyne,* Schwarzer Apollo.

Parodontium, das, der Zahn; der Zahnhalteapparat der Vertebraten, gr. *ho odón, odóntos.*

paroophoron, -i, *n.,* gr. *to oón* das Ei, *phérein* tragen; Paroophoron: rudimentäres Organ der Geschlechtsorgane weiblicher Wirbeltiere, entspricht der Paradidymis u. geht auf Reste der Urniere zurück; liegt medial vom Epoophoron.

Parosmie, die, gr. *he osmé* der Geruch, Duft; Geruchstäuschung.

parotidéus, -a, -um, zur Ohrspeicheldrüse gehörig, der Ohrspeicheldrüse ähnlich.

parotídicus, -a, -um, zur Ohrspeicheldrüse gehörig.

Parótis, die, gr. *para-* neben, *to us, otós* das Ohr; Glandula parotis, die vor od. unterhalb des Ohres gelegene Ohrspeicheldrüse der Säuger.

pars, -tis, *f.,* lat., der Teil.

Parthenogenese, die, gr. *he parthénos* die Jungfrau, *he génesis* die Zeugung; die Jungfernzeugung, Form der eingeschlechtlichen Fortpflanzung, bei der sich aus einer unbefruchteten haploiden oder diploiden Eizelle ein Embryo entwickelt. – Amphitokie: P., bei der beide Geschlechter aus unbefruchteten Eiern hervorgehen können. Formen der P.: 1. natürl. P. als haploide P. (z. B. Drohnen von *Apis mellifera*) u. diploide P. (z. B. *Daphnia magna*); 2. künstl. P.: Entwicklungsstimulierung unbefruchteter Eier durch physikalische od. chemische Einwirkungen.

parthenogenetisch, sich ohne Befruchtung entwickelnd.

partiell, lat. *partiáliter* teilweise; teilweise, nur einen Teil betreffend.

partualis, -is, -e, lat., die Geburt betreffend, zum Gebären gehörend.

partus, -us, lat., das Gebären, die Geburt; *ante partum* = vor der Geburt (= pränatal); post

partum = nach der Geburt (= postnatal, postpartal).
Parus, *m.,* lat. *parus* die Meise; Gen. der Páridae, Meisen. Spec.: *P. caeruleus,* Blaumeise; *P. ater,* Tannenmeise; *P. major,* Kohlmeise; *P. palustris,* Nonnenmeise, Glanzköpfige Weidenmeise od. Mattköpfige Sumpfmeise; *P. cristatus,* Haubenmeise.
parvulus, -a, -um, lat., sehr klein, sehr jung; s. *Rhyncholépis.*
parvus, -a, -um, lat., klein, gering. Spec.: *Muscicapa parva,* Zwerg-Fliegenschnäpper.
Passer, *m.,* lat. *passer, -eris* der Sperling, Spatz. Gen. der Ploceidae, Webervögel. Spec.: *P. domésticus,* Haussperling, Spatz; *P. montánus,* Feldspatz (eigtl. Bergspatz).
Passeriformes, *f.,* Pl., s. *Passer* u. *-formes;* Sperlings- od. Singvögel, artenreichste Ordo der Aves; über 5100 Species.
passerínus, -a, -um, lat., sperlingsartig, ähnlich.
Passgang, der; gleichzeitiges Vorsetzen beider Beine einer Körperseite, so dass durch das beidseitige Wechseln eine schaukelnde Fortbewegung zustande kommt (Vorkommen: Elefanten, Giraffen). Ggs.: Kreuzgang.
Pasteur, Louis, Chemiker u. Bakteriologe; geb. 27. 12. 1822 Dôle, gest. 28. 9. 1895 bei Paris; Prof. in Dijon, Straßburg, Lille u. Paris; P. gehört zu den Begründern der modernen Bakteriologie. Er wies bestimmte Mikroorganismen als Ursache für Gärungsprozesse nach. Untersuchungen über Infektionskrankheiten (Milzbrand, Hühnercholera, Schweinerotlauf, Tollwut etc.) führten zur Theorie von der Immunität durch Schutzimpfungen. 1888 wurde in Paris das Institut Pasteur zur Erforschung von Infektionskrankheiten u. als Impfstation gegen Tollwut gegründet.
pastinaca, -ae, *f.,* lat. Stechrochen; s. *Dasyatis.*
pastor, -óris, *m.,* lat., der Hirte. Spec.: *Sturnus (= Pastor) roseus,* Rosenstar.
Patágium, *n.,* lat., eine breite Borte, von gr. *to patagḗion;* 1. die Flughaut der Fledermäuse (Chiroptera); 2. der große Fallschirm der Flattermakis (Dermoptera); 3. die Spannhaut der Vögel zwischen Ober- u. Unterarm; 4. Patagia, Pl., paarige Anhänge am Thorax vieler Schmetterlinge (bes. der Eulen u. Spanner).
patagónicus, = *patagónius, -a, -um* latin., in Patagonien (südl. Teil S-Amerikas) lebend; z. B. *Dolichótis* (s. d.).
Patélla, *f.,* lat. *patélla* der Napf, die Kniescheibe, Schale, das Opferbecken; 1. Gen. der Patellidae. Spec.: *P. vulgata (= vulgaris),* Gemeine Napfschnecke. 2. Patella: Kniescheibe bei Wirbeltieren u. beim Menschen.
patelláris, -is, -e, zur Kniescheibe gehörig.
Patellareflex, der; s. Reflex; auch Patellarsehnenreflex genannt, eine durch Beklopfen der lockeren Sehne des M. quadriceps femoris (unterhalb der Kniescheibe) ausgelöste (unwillkürliche) Streckbewegung des Unterschenkels.
patens, -entis, lat., offen, ausgedehnt. Spec.: *Purpura patula,* Weitmundschnecke.
paternus, -a, -um, lat. *pater, patris, m.,* der Vater, Schöpfer; väterlich, vaterländisch.
-pathie, gr. *pathos* Leiden; krankhaften Zustand ausdrückend.
pathogen, gr. *to páthos* das Leiden, die Krankheit, *gígnesthai* entstehen; krankheitserregend.
Pathogene, die; Krankheitserreger, besonders virusartigen Einheiten von RNA od. DNA.
Pathogenese, die, gr. *genesis* die Entstehung; die Krankheitsentstehung.
Pathologie, die, gr. *ho lógos* die Lehre; die Lehre vom krankhaft veränderten Leben; Pathologische Anatomie: die Lehre von der krankhaften Veränderung der Gewebe u. Organe.
patrogen, -a, -um, lat. *pater, patris, m.,* der Vater, Schöpfer; väterlich, vaterländisch.
Paurometabolie, die, gr. *paũros* klein, wenig, *he metabolé* die Verwandlung; Form des Metamorphose-Typs der Heterometabolie. Kennzeichnend sind landbewohnende Larven, die vom 1. Larvenstadium an den Vollkerfen sehr ähnlich sehen u. keine od. sehr wenige sekundäre Larvenmerkmale besitzen. – Vorkommen: Ohrwürmer, Fangschrecken, Schaben, Termiten u. a.
Paurópoda, *n.,* Pl., gr. *ho pus, podós* der Fuß; Wenigfüßer, Großgruppe der Myriapoda. Der Name bezieht sich auf die geringe Anzahl der Beinpaare (= 9 bei 10 Rumpfsegmenten), Larven mit drei Beinpaaren.
Paviane, die; s. *Papio;* s. *Theropithecus;* s. *Mandrillus.*
Pavlov, Ivan (Petrovič), geb. 14. 9. 1849 Rjasan, gest. 27. 2. 1936 Leningrad; Physiologe; Prof. der Pharmakologie (1890) u. der Physiologie (1897) in Petersburg. – Bedeutende Forschungen auf dem Gebiet der Verdauungsphysiologie, wofür er 1904 den Nobelpreis erhielt. – P. stellte die Lehre von den „bedingten Reflexen" auf. Er prägte bzw. definierte neurophysiologische Begriffe, z. B. Erregung, Hemmung, Hemmungsphasen, Irradiation, Konzentration, Induktion, 1. u. 2. Signalsystem u. gab damit der Hirnphysiologie auf diesen Teilgebieten eine feste Grundlage.
Pavo, *m.,* lat. *pavo, -ónis* der Pfau; Gen. der Phasianidae, eigtl. Hühner; Spec.: *P. cristatus*

Blauer Pfau, davon: *P. cristatus* var. *nigripennis,* Schwarzflügelpfau; *P. muticus,* Ährenträger-pfau.

pavonínus, -a, -um, lat., dem Pfau *(pavo)* ähnlich; s. *Balearica.*

Pax, Ferdinand, geb. 30. 12. 1885 Breslau, gest. 11. 9. 1964 Bad Honnef am Rhein; 1907 Promotion, 1910 Habilitation in Breslau, 1912 Kustos am Zool. Institut u. Museum, 1915 ao. Prof. d. Zoologie, 1948 zum Direktor des Instituts für Meeresforschung in Bremerhaven ernannt. Themen d. wiss. Arbeiten: „Vorarbeiten zu einer Revision der Familie Actinidae", Anthozoen, Fauna Schlesiens („Die Tierwelt Schlesiens", Jena 1921; „Wirbeltierfauna von Schlesien. Faunistische und tiergeographische Untersuchungen im Odergebiet", Berlin 1925), Mitherausgeber des Werkes „Die Rohstoffe des Tierreiches" (1923– 1945), Begründer u. Herausgeber der „Beiträge zur Biologie des Glatzer Schneeberges" (1935–1939), „Die Stollenfauna des Siebengebirges" (1961).

Pazifik-Wasserschildkröte, die; s. *Clemmys.*

PCR, Abk. für **p**olymerase **c**hain **r**eaction, engl., Polymerase-Kettenreaktion; Amplifikation von durch flankierende Primer (s. d.) definierte DNA-Abschnitte.

Pecora, *n.,* Pl., lat. *pecus, -oris* das Vieh; Gruppe der Ruminantia ohne die Tylópoda (s. d.). Zu den P. gehören: Tragulidae, Cervidae, Antilocapridae, Bovidae, Giraffidae.

pecten, -inis, *m.,* gr. *pékēin* kämmen; der Kamm.

Pecten, *m.,* lat., s. o., aber auch die Kammmuschel; Gen. der Pectínidae, Kamm-Muscheln; fossil seit dem Eozän bekannt. Spec.: *P. jacobaeus,* Jakobsmuschel (die durch Pilger von Sanct Jacob, San Jag die Compostela, aus Spanien häufig mitgebracht wurde).

pectinátus, -a, -um, kammähnlich, mit Kamm versehen.

pectíneus, -a, -um, 1. zum Schambeinkamm (Pecten ossis pubis) gehörig; 2. Kamm- (z. B. Musculus pectineus = Kammmuskel).

pectinicórnis, -is, -e, lat. *pecten* der Kamm, *cornu* das Horn, der Fühler; mit Kamm (Verästelungen) an den Fühlern; s. *Ptilínus.*

pectorális, -is, -e, lat., zur Brust *(pectus, pectoris)* gehörig, an der Brust; in der Brustgegend befindlich; s. *Trichogaster.*

péctus, -oris, *m.,* lat., die Brust.

Pedes maxillares, *m.,* Pl., lat. „Kieferfüße"; aus Beinen gewordene „Kiefer"; Thoracopoda (bei Crustacea, Chilopoda), die im Dienste der Nahrungsaufnahme stehen. Syn.: Maxillipedes, s. d.

Pedétes, *m., ho pedetḗs* der Springer; Gen. der Pedétidae, Anomaluromorpha, Rodentia. Spec.: *P. caffer,* Afrikanischer Springhase (in sandigen, trockenen Savannen Afrikas); lebt in Höhlen (selbst gegraben; bipeder Springer mit verlängerten Hinterextremitäten).

Pedículus, *m.,* lat., Dim. von *pedis* die Laus; Gen. der Pediculidae, Menschenläuse; auf Menschen und Affen schmarotzend. Subspec.: *P. humanus capitis,* Kopflaus (zw. den Kopfhaaren des Menschen); *P. h. corporis (= P. vestimenti),* Kleiderlaus (an der menschlichen Körperbehaarung u. an Gewebsfasern der Kleidung).

pedículus, -i, *m.,* Dim. von lat. *pes* der Fuß; das Füßchen.

Pedipalpen, die, lat. *palpare* streicheln, tasten, *palpus, -i, m.,* der Taster; Kiefertaster („Tastfühler") der Cheliceraten, meistens entstanden durch Umbildung des 2. Extremitätenpaares. Er hilft meist beim Prüfen u. Halten der Nahrung, gleicht bei primitiven Spinnen den Laufbeinen u. ist bei Ordnungen mit kleinen Cheliceren zu großen Mundwerkzeugen umgebildet.

Pedipalpi, *m.,* Pl., lat. *palpus* der Taster; namentlicher Bezug auf die Umwandlung des 1. Laufbeins in ein langes, mit vielgliedrigem Tarsus versehenes Tastbein ohne Krallen; Gruppe der Arachnida. Zu ihnen gehören die Uropygi u. Amblypygi (s. d.).

Pedizellarien, die, lat. *pes, pedis,* der Fuß, *pedicellus* der kleine Fuß, Stil; kleine Greifzangen auf der Haut vieler Echinoideen, vieler Asteroiden u. einzelner Ophiuroideen; sie dienen der Körperreinigung, dem Schutz der Hautkiemen u. dem Ergreifen kleiner Nahrungsteilchen.

peduncuIáris, -is, -e, zum Stiel gehörig, stielartig.

pedunculatus, -a, um, lat., blumenstielig, -füßig; s. *Eumenes.*

pedúnculus, -i, *m.,* Dim. von lat. *pedum, -i, n.,* der Stab; der Stiel.

Peitschenbaumschlange, die; s. *Ahaetulla,* s. *Dryophis.*

Peitschenwurm, der; s. *Trichúris.*

Pekari, das; s. *Tayassu.*

Pelagial, das, gr. *pelágios* auf offener See, im/auf dem Meere verweilend; der Lebensraum des offenen Meeres u. des freien Wassers der Binnengewässer mit seiner Tier- u. Pflanzenwelt; P. wird auch für die Gesamtheit der in ihm lebenden Organismen gebraucht; vgl. Epipelagial, Bathypelagial.

pelágicus, -a, -um, lat., in od. am Meer (lat. *pelagus*) vorkommend.

pelagisch, gr. *to pélagos* das Meer, die offene See; auf Fauna u. Flora des Pelagials bezogen.

pelagisches Plankton, *n.,* s. Pelagial; das Mikroplankton des Salzwassers bzw. des Pelagials.

Pelecaniformes, *f.,* Pl., s. *Pelecanus;* Ruderfüßer, Gruppe (Ordo) der Aves; mit den Phaetontidae (Tropikvögel), Pelecanidae (Pelikane), Sulidae (Tölpel), Phalacrocoracidae (Kormorane), Anhingidae (Schlangenhalsvögel), Fregatidae (Fregattvögel).

Pelecanoides, gr. *pelekán, -oides* ähnlich, „Pelikanähnlicher"; Gen. der Pelecanoididae, Procellariiformes (s. d.). Spec.: *P. magellani,* Magellan-Lummensturmvogel.

Pelecánus, *m.,* gr. *ho pelekán, -ános* der Pelikan; Gen. der Pelecánidae, Pelikane; fossil seit dem Miozän bekannt. Spec.: *P. onocrótalus,* Rosa-Pelikan; *P. crispus,* Krauskopf-Pelikan; *P. rufuscens,* Rotrückenpelikan (mit rötlicher Tönung von Rücken u. Flanken während des Sommers); *P. occidentalis,* Meerespelikan; *P. erythrorhynchos,* Nashornpelikan (der einen Hornaufsatz vor der Spitze des roten Schnabels bildet u. nach der Brutzeit im Frühsommer abwirft).

peledinus, -a, -um, lat., schwärzlich, dunkel (latin. aus gr. *peliós* dunkelfarbig), s. *Acanthobdella.*

Pelikan, der; s. *Pelecanus.*

Pelikanrachen, s. *Eupharynx pelecanoides.*

Péllagra, *f.,* lat. *pellis aegra* die kranke Haut; B_2-Avitaminose, bes. auf das Fehlen des Nikotinsäureamids zurückzuführen; s. Avitaminose.

pellícula, -ae, *f.,* lat. *pellis, -is* das Fell; das Fellchen, Häutchen; die dünne, elastische, äußerste Plasmaschicht der Ciliaten.

péllio, -ónis, *m.,* lat., der Kürschner; in Zusammens.: Pelz-; s. *Attagenus.*

pellionéllus, -a, -um, lat., zum Pelz gehörend.

pellis, -is, *f.,* lat., die Haut, das Fell, der Pelz. Spec.: *Dystinea pellionella,* Pelzmotte.

pellucídulus, -a, -um, = perlucidulus, lat., durchsichtig, hell.

pellúcidus, -a, -um, perlúcidus, lat. *perlucére* durchscheinen; durchscheinend, durchsichtig.

Pelmatozóa, *n.,* Pl., gr. *to pélma, -atos* der Stiel, *ta zóa* die Tiere; der von Leuckart geprägte Name für die Gruppe der Echinodermata, deren Mund u. After sich (im Ggs. zu den Eleutherozoa, s. d.) auf der gleichen Seite befindet u. die in der Jugend od. zeitlebens festsitzend bzw. mit einem Stiel versehen (Name!) sind; fossil seit dem Kambrium nachgewiesen. Die P. umfassen u. a. die fossilen Carpoidea, Cystoidea, Edrioasteroídea u. die Crinoidea (nur letztere auch rezent).

Pelóbates, *m.,* gr. *ho pelós* der Schlamm, *baínein* gehen (wegen des Aufenthaltes); Gen. der Pelobatidae (Krötenfrösche). Spec.: *P. fuscus,* Knoblauchkröte (wegen der Geruchsverbreitung bei Beunruhigung).

Pelomýxa, *f.,* gr. *ho pelós* der Schlamm u. *he mýxa* der Schleim; Gen. der Amoebina, Rhizopoda. Spec.: *P. palustris* (vielkernige Süßwasseramöbe).

pelta, -ae, *f.,* lat., Schild. Spec.: *Dasypeltis scabra,* Eierschlange.

Peltogáster, *m.,* s. Rhizocephala.

pélvicus, -a, -um, s. *pelvis,* zum Becken gehörig.

pelvínus, -a, -um, s. *pelvis,* zum Becken gehörig.

pelvis, -is, *f.,* lat., das Becken.

Pelzbiene, die; s. *Anthophora.*

Pelzflohkäfer, der; s. *Leptinus.*

Pelzkäfer, der; s. *Attagenus.*

Pémphigus, *m.,* gr. *he pémphix* der Hauch, die Brandblase; wegen der Bildung von Blattstielgallen an *Populus italica,* seltener an *Pop. nigra* sowie an Virginogenien an Wurzeln von Salat, Endivien u. Zichorie; Gen. der Pemphígidae (Blasenläuse). Spec.: *P. bursarius,* Salatwurzellaus, Pappel-Woll-Laus.

Penaéus, *m.,* gr. *Peneiós* ein Stromgott Thessaliens; Gen. der Garnelen, Macrura natantia. Spec.: *P. caramóte.*

pendulínus, -a, -um, lat., langherabhängend; s. *Remiz.*

pendulus, -a, -um, herabhängend, schwebend.

penetrans, lat., ein- od. durchdringend; s. *Tunga.*

Penetranten, die; „Durchschlagskapseln"; Cniden (Nesselkapseln) der Cnidaria (Coelenterata), eine der höchst differenzierten Zellformen im ganzen Tierreich, bilden ein nesselndes, lähmendes Sekret.

Penetranz, die, lat. *penetráre* durchdringen, *pénetrans, -ántis,* s. o.; 1. das Durchsetzungsvermögen u. das phänotypische Manifestieren eines dominanten od homozygot rezessiven Gens, ausgedrückt in Prozenten; die Ausprägungshäufigkeit eines Merkmals; vgl. Expressivität; 2. P. in der Ökologie benutzt für die Charakterisierung des prozentualen Diapause-Eintritts.

penicillátus, -a, -um, lat., mit einem Pinsel *(penicíllus)* versehen; s. *Cállithrix (= Hapale).*

penicillus, -i, *m.,* lat., der Pinsel.

penis, -is, *m.,* lat., die Rute, das männliche Glied, ursprünglich der Schwanz; Penis = membrum virile; Os penis: Penisknochen mancher Säugetiere.

Penizilline, die, Pl., *n.*; zu den β-Lactam-Antibiotika gehörende Derivate der 6-Aminopenicillansäure. 1928 von Sir Alexander Flemming als Stoffwechselprodukte von *Penicillium notatum* entdeckt; erst seit 1940 therapeutische Anwendung durch Abraham u. Chain. P. hemmt die Mureinsynthese v. a. bei gram-positiven Keimen; bakterizide Wirkung. Erstes Präparat war Penizillin G (parenterale Verabreichung). Heute sind viele Derivate in Gebrauch (oral applizierbares P., Breitband-P., Staphylokokken-P.).

penna, -ae, *f.,* lat., die Feder, das Gefieder.

Pennaríidae, *f.,* Pl., lat.; Familie der Athecatae-Anthomedusae, Hydrozoa. Polypen: nur die auf dem Mundrohr verteilten Tentakel mit Endknopf, die des Kranzes fadenförmig (= namentlicher Bezug: *pennaria,* federartig). Genera: *Pennaria, Acaulis.*

pennárius, -a, -um, lat. federartig, flügelartig.

pennátus, -a, -um, lat., befiedert, geflügelt, mit Federn *(penna, pennae)* versehen.

Penners, Andreas, geb. 11. 2. 1890 Tüddern, gest. 9. 12. 1951 Würzburg; Studium der Naturwissenschaften, speziell Zoologie, in Würzburg, 1923 Habilitation, 1927 ao. Prof. am Zool. Institut Würzburg; Berufung auf den Lehrstuhl für Zoologie an der Univ. Wien, später Nachfolger von Schleip in Würzburg. Themen seiner wissenschaftl. Arbeiten: Entwicklung von Oligochaeten, spez. von *Tubifex rivulorum,* Studien über die Entwicklung der Doppelbildungen bei *Rana fusca,* Leuchtorgane.

pénsilis, -is, -e, lat. aufgehängt, hängend.

pentáctes, gr. *pénte* fünf, *he aktís* der Strahl; fünfstrahlig; s. *Cucumária.*

Pentadactylie, die, gr. *ho dáctylos* der Finger, die Zehe; Fünfzahl der Finger u. Zehen bei den höheren Wirbeltieren (Pentadactylen).

pentadaktyl, fünffingerig.

pentagonal, gr. *he gonía* der Winkel; -eckig, -kantig.

pentagónus, -a, -um, gr./latin.; fünfseitig-, -eckig.

Pentamerus, *m.,* gr. *pentamerḗs* „fünfteilig"; Gen. der fossilen Ordo Pentamerida, Subcl. Articulata (Syn.: Testudines), Cl. Brachiopoda, s. d.; fossil im Unteren und Mittleren Silur. Spec.: *P. oblongus* (Mittleres Silur).

Pentastomida, *n.,* Pl., gr. *to stóma* der Mund; Zungenwürmer, Syn.: Linguatulida; Gruppe der Articulata; fast alle P. sind langgestreckt (zungenartig) u. z. T. dorso-ventral abgeflacht. Parasiten (z. B. *Linguatula,* s. d.).

Pentátoma, *f.,* gr. *he tomé* der Abschnitt, Einschnitt, nimmt Bezug auf die meist 5gliedrigen Fühler; Gen. der Pentatómidae (Baum-, Beeren-, Schildwanzen), Ordo Heteroptera. Spec.: *P. (= Tropicoris) rufipes,* Rossfüssige Baumwanze.

Pentremites, *m.;* Gen. der fossilen Gruppe (Cl.) Blastoidea, Ordo Eublastoidea; fossile Echinodermata mit ca. 80 Arten im Karbon. Spec.: *P. boletus* (Unterkarbon).

Pepsin, das, gr. *he pépsis* die Verdauung; eiweißspaltendes Enzym des Magensaftes, spaltet bei Gegenwart von Salzsäure Eiweiße bis zu den Peptonen.

Pepsinogen, das, gr. *gígnesthai* entstehen; inaktive Vorstufe des Pepsins, wird durch Salzsäure aktiviert.

Peptidasen, die; s. Exopeptidasen.

Peptidbindung, die; chemische Bindung, die aus der Karboxylgruppe –COOH u. der Aminogruppe $-NH_2$ unter Wasserabspaltung hervorgeht: –CO–NH–.

Peptide, die; Säureamide; zusammengesetzte Verbindungen, die bei Hydrolyse in Aminosäuren zerfallen; die Bindung, durch die die Aminosäuren miteinander verknüpft sind, bezeichnet man als Peptidbindung:

$-C(=O)-NH-$; man unterscheidet nach der Zahl der zusammengetretenen Aminosäuren Di-, Tri-, Tetrapeptide usw.; bis zu 10 Aminosäuren bilden ein Oligopeptid, mehr als 10 ein Polypeptid, über 100 die Makropeptide, die die Proteine darstellen.

Peptone, die; Spaltprodukte der Eiweiße.

péra, -ae, *f.,* gr. u. lat., der Reisesack, Ranzen; Peromedusae: Taschenquallen.

Peracarida, *n.,* Pl., gr. u. lat. *péra* Ranzen, Quersack, Beutel, gr. *he karís, -ídos* kleiner Seekrebs; Ranzenkrebse, Gruppe der Malacostraca, Crustacea. Bezug zum Namen: Die Weibchen bilden an den Grundgliedern mehrerer od. eines Thoracopoden je eine mediad gerichtete Platte (Oostegit) aus, die mit den anderen zusammen einen ventralen Brutbeutel bildet; fossil seit dem Perm bekannt.

Peraméles, *f.,* lat., *meles* der Dachs; Gen. der Peramelidae (Nasenbeutler, Beuteldachse). Spec.: *P. nasuta,* Nasenbeuteldachs, Langnasiger Bandikut (Australien).

Perameloídea, *n.,* Pl., s. *Perameles* u. *-oidea;* Beuteldachse, Gruppe der Metatheria (s. d.); typisch sind u. a. ihr Putzfüßchen (durch Verwachsung von 2. u. 3. Zehe), ihre stark entwickelte 4. Zehe sowie ihr Sprungvermögen. Vorkommen Australien u. vor allem auch Neuguinea.

Peramys, *f.,* gr. *ho mys* die Maus; Gen. der Didelphyidae, Beutelratten. Spec.: *P. (=Monodelphys) americana,* Beutelspitzmaus.

Perca, *f.,* gr. *he pérke* = lat. *perca* der Barsch; Gen. der Percidae, Barsche. Spec.: *P. fluviatilis,* Flussbarsch.

Perciformes, *f.,* Pl., s. *Perca* u. *-formes;* Barschfische, Ordo der Osteichthyes. Zu ihnen gehört die Mehrzahl der Meeresfische, z. B. mit den Scombridae (Makrelen), Gabiidae (Grundeln), Cotlidae (Groppen) u. zahlreiche weitere Familien. Fam. im Süßwasser sind z. B.: Percidae (Barsche), Anabantidae (Labyrinthfische), Cichlidae (Buntbarsche).

percnópterus, *m.,* Name bei Aristoteles, von gr. *perknós* schwarzblau u. *to pterón* der Flügel, Schwung, das Wahrzeichen.

percula, *f.,* lat., der kleine Barsch *(perca);* s. *Amphiprion* (Clownfisch).

Perdix, *f.,* lat., das Rebhuhn; Gen. der Phasianidae, Fasanenvögel. Spec.: *P. perdix,* Rebod. Feldhuhn.

peregrinus, -a, -um, lat., fremd, ausländisch, pilgernd; s. *Falco.*

peregúsna, lat., blutsaugend; Artname bei *Vormela,* s. d.

Pereion, das; Bezeichnung für Brust od. Thorax der Crustaceen, bes. der Malacostracen.

Pereiopoda, *n.,* Pl., gr. *peraiū́n* (aus *peraióēin*) zum jenseitigen Ufer od. Land *(= he péra)* bringen, hinübergehen, auch gehen, *ho pus, podós* Fuß; „Gehfüße"; Thoracopoda (s. d.) od. Extremitäten des Thorax (bei den Arthropoda, z. B. Crustacea), die der Lokomotion dienen; im Ggs. zu den Maxillipedes (s. d.).

Pereiopoden, die, gr. *ho pus, podós* der Fuß; Brustfüße, Extremitäten, die dem Pereion ansitzen.

pérforans, -ántis, lat. *perforáre* durchbohren; durchbohrend, durchlöchernd; s. *Sinóxylon.*

Perforáta, *n.,* Pl.; Foraminifera (Kammerlinge) mit kalkiger, siebartiger, für den Durchtritt der Pseudopodien durchlöcherter Schale; im Ggs. zu den Imperforata (mit glatter Schale).

Perforation, die, lat. *perforátio* die Durchbohrung: Durchlöcherung, Durchbohrung.

perforátus, -a, -um, durchbohrt.

peri-, gr., latin., um, herum (in Zusammensetzungen gebraucht).

Periblastem, das, gr. *ho blástos* der Keim, Syn. für die bisherige Bezeichnung Blastoderm; Blastomeren des Arthropodeneies, die nach der superfiziellen Furchung das dotterreiche Ei umgeben.

Peribranchialraum, der, gr. *peri-* um-, herum, *ta bránchia* die Kiemen; Hohlraum, der beim Lanzettfischchen u. bei den Seescheiden den Kiemendarm bzw. Kiemenkorb umgibt.

pericardíacus, -a, -um, zum Herzbeutel gehörig.

pericardium, -ii, *n.,* gr. *he kardía* das Herz; das Perikard, der Herzbeutel der Vertebraten u. mancher Wirbelloser (z. B. Mollusken).

perichondralis, -is, -e, gr. *ho chóndros* der Knorpel; perichondral, den Knorpel umgebend, die Knorpelhülle betreffend.

Perichóndrium, das; die Knorpelhülle.

Periderm, das, gr. *to dérma* die Haut, das Fell, Syn.: Perisark; 1. eine meist chitinartige Hülle des Ektoderms, die Stiele u. Köpfchen bestimmter stockbildender Hydroidpolypen umgibt; 2. eine Bausubstanz der Graptolitha.

Perikaryon, das, gr. *to káryon* die Nuss, der Kern; der Zellkörper, das Soma des Neurons.

Perilymphe, die, latin. *lýmpha* die klare Flüssigkeit; die den Raum zw. knöchernem u. häutigem Ohrlabyrinth (Cavum perilympháticum) ausfüllende (klare) Flüssigkeit.

Perimeter, das, gr. *to metron* das Maß; Gerät zur Bestimmung der Größe des Gesichtsfeldes.

perimétrium, -ii, *n.,* gr. *he métra* die Gebärmutter; Perimetrium; Bauchfellüberzug des Uterus.

Perimysium, das, gr. *ho mýs* der Muskel; die bindegewebige Muskelhülle.

Perinǽum, Perinéum, *n.,* gr. *to períneon* u. *perínaion* der Damm, das Mittelfleisch; der bei den Säugetieren zw. Anus u. Sinus urogenitalis (d. h. zw. After u. Penis bzw. Scheidenvorhof) lokalisierte, von Bindegewebe u. Muskulatur (Dammuskeln) erfüllte Zwischenraum. Das P. ist unter phylogenetischem Aspekt insofern von bes. Bedeutung, als erst durch seine Entwicklung die ursprünglich bei allen Säugetieren vorhandene Kloake in die beiden Kanäle, den Darm u. den Urogenitalkanal, differenziert wird.

perinatalis, -e, lat., *natus, m.,* die Geburt; Zeit um die Geburt herum.

perinatal, zusammenfassende Bezeichnung für die prae-, intra- u. postnatale Phase, d. h. vor, während und nach der Geburt (auf das fetale Endstadium bzw. das Geburts- und unmittelbare Folgestadium des Neugeborenen bezogen); abgegrenzt verwendet gegenüber: peripartal, s. d.

perineális, -is, -e, s. Perinaeum; zum Damm gehörig.

perineurium, -ii, *n.,* gr. *to nēū́ron* der Nerv, die Sehne; die Umhüllung des Nervenbündels.

perinucleärer Spalt, *m.,* lat. *nucleus, m.,* der Kern; Raum zwischen der Elementarmembran, Cytoplasma u. Karyoplasma.

periodontium, -ii, *n.,* gr. *ho odus, odóntos* der Zahn; die Wurzelhaut der Zähne.

Periophthálmus, *m.,* gr. *ho ophthalmós* das Auge, wegen der getrennt beweglichen, vorstreckbaren Augen, die das Sehen im weiten Umkreise gestatten; Gen. der Periophthalmidae. Schlammspringer. Spec.: *P. cantonensis (= koelreuteri).*

Periost, das, gro. *osteon* Knochen; Knochenhaut.

periostális, -is, -e, s. perióstium, zur Knochenhaut gehörig.

perióstium, -ii, *n.,* gr. *to periósteon* die Knochenhaut; die Knochenhülle; das Periost: die Knochenhaut der Wirbeltiere.

Periostracum, das, gr. *perí-* um, herum, *to óstrakon* die Schale, die Scherbe, Schale der Schildkröte; Cuticula der Schalen der Muscheln (Lamellibranchier) und Armfüßer (Brachiopoden).

peripartal, gr. *perí* um, herum, lat. *partus, -us* die Entbindung, Geburt, das Gebären; Zeit um die Geburt (herum); bezeichnet zusammenfassend die prae-, intra- u. postpartale Phase (auf die Mutter bezogen); abgegrenzt (in der Medizin verwendet) gegenüber: perinatal (mit Bezug auf das Kind), s. d., als Oberbegriff für die prae-, intra-, postnatale Phase.

Peripatus, *m.,* gr. *ho perípatos* das Spazierengehen; Gen. der Peripátidae, Onychóphora. Spec.: *P. torquatus* (größte Art der Stummelfüßer, bis 15 cm lang).

peripher, gr. *he periphéreia* das Herumtragen, der Umkreis; am Rande liegend, am äußeren Umfang befindlich.

Periplanéta, *f.,* gr. *periplanásthai* umherschweifen, *peri-* ringsum, *planétes* herumschweifend; Gen. der Blattidae. Spec.: *P. americana,* Amerikanischer Kakerlak, Amerikan. Schabe; *P. australisiae,* Australische Schabe, Südliche Großschabe.

perirenal, s. *ren;* in der Umgebung der Niere befindlich.

Perissodáctyla = Anisodáktyla, *n.,* Pl., gr. *perissós* überzählig, ungerade, unpaar, *ánisos* ungleich, *ho dáktylos* der Finger, die Zehe; der Name nimmt Bezug auf die reduzierte Zehenzahl; Unpaarhufer, Gruppe der Ungulata, Eutheria. Im äußeren Erscheinungsbild sehr verschiedenartige, mittelgroße bis sehr große Pflanzenfresser, z. T. leichtfüßige, hochgestellte Lauftiere der Steppe (z. B. die Pferde), z. T. schweineähnliche Sumpfbewohner (z. B. Tapire), z. T. schwere, tiefgestellte, massige Riesen (Nashörner); fossile Formen sind seit dem Eozän bekannt.

Peristaltik, die, gr. *peristaltikós* umfassend u. zusammendrückend; Bewegungsform, wellen- od. wurmartig fortschreitende Bewegung z. B. des Magens, Darmes, Ureters u. Samenleiters.

Peristom, das, gr. *peri-,* s. o., *to stóma* der Mund, die Mündung; Mundfeld, Umgebung der Mundöffnung vieler Tiere, z. B. bei Ciliaten u. Coelenteraten.

peritendíneum, -i, *n.,* lat. *téndo* die Sehne; die Sehnenhaut, Hülle, die eine Sehne umgibt.

peritoneal, auf das Bauchfell bezüglich.

peritonéum, -i, *n.,* lat., gr. *to peritónaion* das Herumgespannte; das Peritoneum: Bauchfell.

Peritricha, *n.,* Pl., gr., „rings um mit Cilien", Wimperkränze; Gruppe der Ciliata, Protozoa. Die P. leben meist sessil in Süß- u. Meerwasser. Auf ihrem zum scheibenförmigen Peristom erweiterten Vorderende führen zwei links gewundene schraubige Wimperbänder zum Cytostom. Gattungen (z. B.): *Vorticella, Zoothamnium.*

peritrophische Membran, die, gr. *peri-* um-, herum, *he trophé* die Nahrung, Ernährung; Schutzeinrichtung des Darmepithels vor mechanischen Verletzungen durch rauhes Futter bei Wirbellosen (z. B. Copepoden, Tracheaten, Acarinen), wird im Mitteldarmbereich vieler Insekten aus Proteinen, Kohlenhydraten u. einem Mikrofibrillen-Netzwerk aus Chitin gebildet.

péritus, -a, -um, lat. *períre* hindurchgehen, durchschreiten, darüberweggehen; durchgegangen; s. *Arctosa.*

periventricularis, -is, -e, lat. *ventriculus* der kleine Bauch; um die Kammer (Ventrikel) herum.

perivitellinus, -a, -um, lat. *vitellus* der Dotter; um den Eidotter herum gelegen.

perla, *f.,* s. u., die Perle; s. *Chrysopa.*

Perla, *f.,* latin. von Perle, wird von manchen Autoren auf das lat. *pirula* Birnchen, von anderen auf das deutsche „Beerlein" zurückgeführt; Gen. der Perlidae (Afterfrühlingsfliegen), Perloidea, Plecóptera. Spec.: *P. bicaudata,* Uferbold (mit 2 langen Schwanzfäden); *P. marginata,* Steinfliege.

Perlboot, das; s. *Nautilus.*

Perleidechse, die; s. *Lacerta.*

Perlhuhn, das; s. *Numida meleagris.*

Perloídea, *n.,* Pl., s. *Perla;* Steinfliegen, eine der ältesten Gruppen der Insecta mit den Placoptera (s. d.) als einziger rezenter (Unter-)Gruppe.

Perlziesel, der; s. *Citellus.*

Perm, das; nach dem ehemaligen russischen Gouvernement am Ural; jüngstes System des Paläozoikum (s. d.).

permanent, lat. *permanére* verbleiben, dauern; dauernd, ununterbrochen, fortdauernd.

permeabel, lat. *per* durch, *meáre* gehen; durchlässig; vgl. semipermeabel.

Permeabilität, die, lat. *permeáre* durchdringen; Durchlässigkeit von Scheidewänden, von Membranen.

Pernis, *m.,* gr. *ho pérnes* u. *pternis* ein Raubvogel in der Antike; Gen. der Accipítridae, Habichtartige. Spec.: *P. apivorus,* Wespenbussard.
perniziös, lat. *perniciósus* verderblich; bösartig, tödlich verlaufend; Anaemia perniciosa: eine Blutkrankheit. Fehlt in der Magenschleimhaut ein Schleimhautfaktor („intrinsic factor"), so wird das Vitamin B_{12} („extrinsic factor") nicht resorbiert, u. es kommt zu Reifungsstörungen im Knochenmark, von denen bes. die Erythropoese betroffen ist.
Perodícticus, *m.,* wahrscheinl. von gr. *pērós* verstümmelt, namentlicher Bezug auf den kurzen Schwanz bzw. den rudimentären Zeigefinger (ohne Nagel); Gen. der Lorísidae, Galagoidea, Primates. Spec.: *P. potto,* Potto (in W-Afrika heimisch).
Peromelie, die, gr. *to mélos* das Glied; Fehlen der distalen Gliedmaßenabschnitte.
peronéus, -a, -um, gr. *he peróne* das Wadenbein; zum Wadenbein gehörig, das W. betreffend.
peroral, richtig: oral; Syn: per ōs, s. d., durch den Mund (verabreicht).
per ōs, lat. *per* durch, *ōs, ōris* der Mund, also: durch den Mund; man nimmt z. B. Tabletten per os od. oral (peroral ist ein falsch gebildetes Wort); Ggs.: parenteral.
Peroxidasen, die; s. Oxidasen; Enzyme, die zu den Zellhäminen gehören, sie setzen aus Peroxiden molekularen Sauerstoff frei.
perpállidus, -a, -um, sehr blass, sehr bleich; s. *Gerbillus.*
perpendiculáris, -is, -e, lat. *perpéndere* genau erwägen; senkrecht.
pérsicus, -a, -um, aus (in) Persien (Iran) stammend (lebend); auf *Prunus persica,* dem Pfirsichbaum, lebend; s. *Myzódes.*
persistént, lat. *persístere* verharren; beharrend, bestehenbleibend.
Persistenz, die, *f.*, engl. persistence; Beständigkeit eines Stoffes gegenüber Abbau in der Umwelt od. im Organismus.
personátus, -a, -um, lat., mit einer Larve versehen; s. *Redúvius.*
persuasórius, -a, -um, lat. *persuásor* der Überreder; auf Überlistung bedacht.
pértinax, lat., hartnäckig, beharrlich; s. *Anobium.*
peruviánus, -a, -um, aus Peru (S-Amerika) stammend, in Peru vorkommend; s. *Rupicola.*
pes, pedis, *m.,* lat., der Fuß.
pes pelecani, lat., der Fuß *(pes)* des Pelikans *(pelecanus).* Spec.: *Aporrhais pes pelecani,* Pelikanfuß, eine an europäischen Küsten vorkommende Schnecke, den Strombaceen zugehörig.
Petáurus, *m.,* gr. *pétestai* fliegen, gleiten, *he urá* der Schwanz bzw. *to pétauron* die Balancierstange der Seiltänzer. Namentlicher Bezug zum Gleitflugvermögen, Vorder- und Hinterbeine durch fallschirmartige Flughaut verbunden. Gleit- oder Flugbeutler; Gen. der Petauridae, Diprotodonta, Metatheria. Spec.: *P. breviceps* Kurzkopfgleitbeutler; *P. norfolcensis,* Mittelflugbeutler; *P. australis,* Riesenflugbeutler.
Petermännchen, das; s. *Trachinus.*
Petersfisch, der; s. *Zeus.*
petersi, latin. Artname, s. *Gnathonemus,* nach dem Zool. u. Medizin. Wilhelm Peters (1815–1883).
petra, -ae, *f.,* gr. *he pétra* der Fels. Spec.: *Petronia petronia,* Steinsperling.
Petri, Richard Julius, geb. 1852 Barmen, gest. 1921 Zeitz; Bakteriologe; P. führte die nach ihm benannten Nährbodenbehälter für Bakterienkulturen ein (Petrischalen).
Petromýzon, *m.,* gr. *ho pétros* der Fels, Stein, *myzéin* saugen, weil sie sich an Steinen festsaugen; Gen. der Petromyzóntidae, Neunaugen. Spec.: *P. marinus,* Meerneunauge.
Petromyzonta, *n.,* Pl.; Neunaugen, Gruppe der Cyclostomata (s. d.); Syn.: Hyperoartia; haben hinten geschlossenen Nasenhypophysengang; Kiemendarm geteilt in dorsalen Nahrungsgang (Oesophagus) u. ventralen, hinten geschlossenen Kiemengang (mit von ihm ausgehenden Kiemenspalten). – Im Meer u. Süßwasser (exkl. Tropen). Sie sind anadrom. Ihre in Sand od. Schlamm lebenden Larven (Ammocoetes, s. d.) strudeln Detritus u. Kleinorganismen in den Mund. Genera: *Petromyzon,* Lampetra.
petrósus, -a, -um, felsig, felsenreich.
Peyer, Johann, Conrad, geb. 26. 12. 1653 Schaffhausen, gest. 29. 2. 1712 ebd.; Anatom, Prof. in Basel. P. entdeckte die nach ihm benannten Drüsenhaufen im Dünndarm (Lymphonoduli aggregati; P.sche Plaques).
Peyersche Drüsenhaufen, die; s. Peyer, Peyersche Plaques; Lymphonoduli aggregati, charakteristische Haufen von Lymphfollikeln im Krummdarm (Ileum) der Säuger.
Pfau, s. *Pavo;* bezeichnend die Scheitelbefiederung, die Farbenpracht u. der Glanz des Federkleides, der große Schwanz mit Augenflecken („Pfauenaugen"); s. auch: Blauer Pfau, Ährenträgerpfau.
Pfauenaugenbarsch, der; s. *Centrarchus.*
Pfauenkranich, der; s. *Balearica.*
Pfeifenfisch, der; s. *Fistularia.*
Pfeifenente, die; s. *Anas.*
Pfeilgift, das; *n.*; s. Curare.
Pfeilhecht, der; s. *Sphyraena sphyraena.*

Pfeilnatter, die; s. *Coluber.*

Pferde, die; Equidae, Fam. der Unpaarhufer. Globale Verbreitung am Ende des Tertiärs und besonders im Pleistozän. Die rezenten Pferde gehen phylogenetisch zurück auf: (1) *Eohippos* (fuchsgroß, 5-zehig; lebte vor etwa 50 Mio Jahren), (2) (3) *Orohippus, Mesohippus* (4-zehig), (4) *Miohippus* (3-zehig), (5) *Protohippus,* (6) *Pliohippus* (stark reduzierte „Nebenhufe" der 2. und 4. Zehe, aber noch stärkere Griffelbeine als unser rezentes Pferd). – Wildpferde gab es a priori stark verbreitet im Norden Eurasiens. Rezentes Wildpferd: s. Przewalski-Pferd, vermutlich noch (aber selten?) in kleinen Familientrupps in Steppen S-Rußlands, Mongolei, gilt als eine Stammform des Hauspferdes *(E. caballus).* Das Hauspferd wurde vor ca. 5000–10 000 Jahren vermutlich an mehreren Stellen entwickelt. Als Urzentren der Domestikation gelten die Waldsteppen Ost-Asiens (Sibirien, Mongolei), SO-Europas ebf. M-Europa. Durch die Kreuzzüge und durch die Türkenherrschaft in SO-Europa kamen orientalische Rassen nach Europa. Im 18. Jh. wurde in Deutschland auf „Araber" (s. d.) zurückgehendes Englisches Vollblut eingeführt. Die Weiterentwicklung der Pferderassen vollzog sich entsprechend den Bedürfnissen der Zeit im Spektrum der Warmblut- und Kaltblutpferde. – (**Pferd,** das, mhd. *phert;* s. *Equus*).

Pferdeaktinie, die; s. *Actinia.*

Pferdeantilope, die; s. *Hippotragus.*

Pferdeegel, der; s. *Haemopis.*

Pferdelausfliege, die; s. *Hippobosca.*

Pferdeschwamm, der; s. *Hippospongia.*

Pfirsichblattlaus, die; s. *Myzodes.*

Pfirsichprachtkäfer, der; s. *Capnodis.*

Pflanzensauger, der; s. *Psyllina.*

Pflüger, Eduard (Friedrich Wilhelm), geb. 7. 6. 1829 Hanau/Main, gest. 16. 3. 1910 Bonn; Physiologe; Studium der Medizin ab 1850 an den Univ. Marburg u. Berlin, bes. bei Du Bois-Reymond, 1855 Dr. med., 1858 Privatdozent für Physiologie an der Univ. Berlin, 1859 o. Prof. für Physiologie an der Univ. in Bonn; 1868 Begründung des Archivs für die gesamte Physiologie des Menschen und der Tiere („Pflügers Archiv ..."); Forschungsthemen u. a. „Untersuchungen über die Physiologie des Elektrotonus", Pflügers Zuckungsgesetz, die Gesetze der Oxydationsprozesse im tierischen Organismus.

Pflüger, Ernst, geb. 1. 7. 1846 Bären an der Aare, gest. 1903; Prof. an der Universität Bern (1879–1903); führte das Perimeter und das Refraktionsophthalmoskop in die Ophthalmologie ein. Er baute die Retinoskopie durch die Skiaskopie aus u. befasste sich mit der intraokulären Zirkulation, dem Farbensinn, den Refraktionsanomalien u. mit dem Glaukom.

Pflugfelder, Otto, geb. 15. 2. 1904 Rappoltshofen/Württemberg, gest. 2. 1. 1994 Hohenheim; Studium d. Naturwissenschaften, v. a. d. Zoologie u. vergleichenden Anatomie an d. Univ. Tübingen (1925–1928), Promotion (1928), Assistent am Zool. Institut der gleichen Univ. (1930–1932, 1933–1935), Assistent am Zool. Inst. der Univ. Jena (1935–1937), Habilitation (1935), Dozentur für „Zoologie u. Vergleichende Anatomie" 1937 erhalten, zum apl. Prof. am Zool. Inst. d. Univ. Jena ernannt (1943); Berufung zum o. Prof. für Zoologie an der Landwirtschaftl. Hochschule in Stuttgart-Hohenheim (1956), dort Direktor des gleichen Institutes, Emeritierung (1968). Wiss. Arbeiten: Histogenetische u. organogenetische Prozesse bei der Regeneration polychaeter Anneliden (Promotion, 1928); Vergleichend-anatomische, experimentelle u. embryologische Untersuchungen über das Nervensystem und die Sinnesorgane der Rhynchoten (Habilitation, 1935); Bau, Entwicklung und Funktion der Corpora allata und Corpora cardiaca von *Dixippus morosus* (1937, 1938); Entwicklung von *Paraperipatus amboinensis* n. sp. (1948); „Zooparasiten und die Reaktion ihrer Wirtstiere" (Fischer, Jena 1950); „Entwicklungsphysiologie der Insekten" (Geest & Portig K. G., Leipzig 1952, 1958); Wirkungen von Epiphysen und Thyroxin auf die Schilddrüse epiphysektomierter *Lebistes reticulatus* (1956); „Lehrbuch der Entwicklungsgeschichte und Entwicklungsphysiologie der Tiere" (1962, 1970); „Proarthropoda", in: Morphogenese der Tiere (Fischer, Jena 1980) (Hentschel 1994).

Pfortadersystem, System von Venen, die Blut nicht direkt zum Herz, sondern in ein (folglich rein venöses) Kapillarnetz führen; z. B. in Leber, Niere (bei Wirbeltieren).

Pfrille, die; s. *Phoxinus.*

Pfuhlschnepfe, die; s. *Limosa.*

Phacochoerus, *m.,* gr. *ho phakós* die Linse, Warze, *ho chōíros* das Schwein; Gen. der Suidae, Suiformes, Artiodactyla; jederseits unter dem Auge je eine kleine u. darunter eine große (lappenartige) Warze. Spec.: *P. aethiópicus,* Warzenschwein.

Phacus, *m.;* Gen. der Euglenoidea, Geißeltierchen. Spec.: *P. longicauda* (chlorophyllgrün, blattförmig; mit Enddorn = Name!).

Phän, das, gr. *phaínesthai* sichtbar werden, erscheinen; Erscheinungsbild eines genetischen Merkmals.

Phönogenetik (Haecker 1918), die, gr. *phainomai* erscheine; Forschung u. Lehre, die die kausalen Zusammenhänge zwischen Genotyp u. Phänotyp aufklären.
Phänokopie, die, gr., durch exogene Faktoren bewirkte Modifikation der Wirkung von Erbfaktoren, die in der Merkmalsausbildung einer bekannten Mutation entspricht (Goldschmidt 1935). Unterschieden werden: 1. echte Phänokopie, bei der das Manifestationsmuster in den Einzelheiten dem locusspezifischen Wirkungsmuster entspricht; 2. falsche Phänokopie, die lediglich durch identische Phäne gekennzeichnet ist.
Phänologie, die, gr. *phaínesthai* sichtbar werden, erscheinen, *ho lógos* die Lehre; Erscheinungslehre, Wissenschaft, die sich mit der Abhängigkeit der Entwicklung u. bestimmter Verhaltensweisen der Organismen von den klimatischen bzw. ökologischen Verhältnissen beschäftigt.
Phänotyp, der, gr. *ho týpos* Schlag, Gepräge, geprägte Form; die Gesamtheit der zu einem bestimmten Zeitpunkt der Entwicklung ausgebildeten (äußeren) Eigenschaften eines Organismus; Erscheinungsbild des Idiotypus eines Organismus, das (äußere) Erscheinungsbild eines Lebewesens.
phäochrom, gr. *phaiós* dunkel, schwärzlich, braun, bräunlich, *to chróma* die Farbe; dunkelfarben.
Phaeodária, *n.,* Pl., von Haeckel benannte Gruppe der Radiolaria. Der Name bezieht sich auf den dunkelbraunen, -grünen od. schwärzlichen Pigmentballen, Phaeodium genannt, im Extrakapsulum. Syn.: Tripýlea.
Phaeódium, *n.,* der meist dunkelbraune Pigmentballen von *Phaeodaria,* s. d.
Phaethon, *m.,* gr. *Phaéthon* der Leuchtende, Beiname des Sonnengottes, auch Eigenname für den Sohn des Sonnengottes; Gen. der Phaethontidae (Tropikvögel). Die Ph. leben nur in den Tropen (Stoßtaucher tropischer Küstengewässer). Spec.: *P. aethereus,* Gemeiner Tropikvogel (schneller Flieger u. fischjagender Stoßtaucher).
Phage, die, auch Bakteriophage genannt; Virus, das ein Bakterium als Wirtszelle benutzt.
Phago, *m.,* gr. *ho phágos* der Fresser; der hechtförmige Raubfisch frisst größere Insektenlarven, auch kleine Fische; Gen. der Citharinidae, Afrikasalmler, Cypriniformes. Spec.: *P. loricatus,* Panzerschnabelsalmler (Nigergebiet).
Phagostimulantia, *n.,* Pl.; gr. *phágos* (s. o.) und lat. *stimulans* (Pl.: *stimulantia*) anregendes Mittel; Mittel, die das Saugen oder den Fraß von Schadtieren an Wirtspflanzen oder anderen Substraten beeinflussen. Beispiele: Ködermittel (wie zuckerhaltige Lösungen mit Giftzusatz) zur Fliegenbekämpfung, Gift-Köder zur Ratten- und Mäusebekämpfung. Für den Kohlweißling wirken Senfölglukoside aktivierend, beim Baumwollkapsel-Käfer Baumwollsaatöle.
Phagozyten, die, gr. *phageín* fressen, *to kýtos* die Zelle; „Fresszellen", die Gewebstrümmer, Fremdkörper, Mikroben u. Zellen einverleiben u. verdauen; von Metschnikoff 1883 geprägter Terminus. Es werden unterschieden: 1. Mikrophagen (neutrophile Leukozyten), die mobil sind; 2. Makrophagen, die überwiegend immobil, sessil sind (z. B. Endothel-, Retikulumzellen, Sternzellen der Leber, Mono-, Histiozyten).
Phagozytose, die, gr. *to kýtos* die Zelle; die Fähigkeit der Phagozyten, bestimmte Bestandteile ins Zytoplasma aufzunehmen.
Phalacrocorax, *m.,* gr. *phalakrós* kahlköpfig, *ho kórax* der Rabe; Gen. der Phalacrocorácidae, Kormorane, Scharben; fossile Formen seit dem Oligozän bekannt. Spec.: *P. carbo,* Kormoran, Schwarze Scharbe; *P. niger,* Mohrenscharbe.
Phalangen, die, latin. *phálanx, phalangis, f.,* das Endglied, die Abteilung; die Finger- od. Zehenglieder der höheren Vertebraten; s. Phalanx.
Phalanger, *m.,* gr. *he phálanx* Finger- od. Zehenglied, auch geschlossene Reihe, Bezug auf die 5zehige Greifhand; Gen. der Phalangéridae, Kletterbeutler, Handfüßer, Beutelfüchse. Spec.: *Ph. (= Spilocuscus) maculatus,* Tüpfelkuskus.
Phalangeroídea, *n.,* Pl., s. *Phalanger* u. *-oidea;* Kletterbeutler, Hangfüßler, Gruppe der Metatheria. Ihre langen Zehen 4 u. 5 dienen der Bewegung, die Zehen 2 u. 3 sind zu einem Putzfüßchen verwachsen. Ihr Gebiss ist diprotodont, so dass sie als Diprotodontia (s. d.) den anderen Gruppen der Metatheria als Polyprotodontia (s. d.) gegenübergestellt werden. Zu den Phal. (Australien bis Sulawesi) gehören z. B. *Petaurus, Phascolarctos, Phascolomys, Macropodus.*
phalangéus, -a, -um, latin. von gr. *phalanx,* s. d.; die Phalangen betreffend.
phalángicus, -a, -um, s. Phalangen; zum Fingerglied gehörig.
Phalángium, *n.,* gr. *he phálanx;* Gen. der Phalangíidae, Palpatores, Opiliones. Spec.: *P. opilio,* Weberknecht, Schusterknecht (mit vier auffallend langen, dünnen Beinpaaren).
Phalanx, *f.,* gr. *he phálanx,* s. o. 1. Finger- od. Zehenglied; Phalangen sind die Endglieder

(Knochen) der Extremitäten, die z. B. beim Menschen pentadaktyl sind; 2. von manchen Autoren verwendete Systemkategorie zur Koordinierung verwandter Gruppen (Genera) unterhalb des Ordo od. Subordo, um sich nicht auf die Klassifizierung in Familien festzulegen. Die Phalanx-Verwendung ist z. B. bei den Gastropoda u. Bivalvia im System von Kaestner (1965) anzutreffen, wobei verwandte Genera im weiteren Sinne (familiendifferent) gruppiert, geordnet werden. Der Phalanx-Name endet meist auf das Suffix *-acea.*

Phalanx distalis, *f.,* das Klauenbein, = Os ungulare Endphalange bei Rind, Schaf, Ziege, Schwein gehört zu den Ossa digitorum manus.

Phalanx media, *f.,* das Kronbein, Bestandteil der Ossa digitorum manus bzw. pedis zusammen mit der Phalanx proximalis (s. d.) u. der Phalanx distalis (Os ungulare); besteht aus Basis, Corpus u. Caput phalangis mediae, artikuliert dorsal mit dem Fesselbein (Fesselgelenk), distal mit Huf-, Klauen- od. Krallenbein (-gelenk).

Phalanx proximalis, *f.,* das Fesselbein, der proximale aller 3 Zehenknochen artikuliert proximal mit dem Metacarpus bzw. Metatarsus, distal mit der Phalanx media (Kronbein). Es ist ein zylindrischer Knochen. Proximalende wird als Basis, das Distalende als Capitulum bezeichnet.

Phaláropus, *m., gr. phalarós* glänzend, *ho pús* der Fuß; Gen. der Scolopácidae, Schnepfenvögel, Wassertreter. Spec.: *Ph. lobatus,* Odinshühnchen; *Ph. fulicarius,* Thorshühnchen.

Phálera, *f.,* gr. *ta phálara* der Kopfschmuck, Turban; Gen. der Notodontidae, Zahnspinner. Spec.: *P. bucephala,* Mondfleck, Wappenträger.

phallicus, -a, -um, zum Geschlechtshöcker gehörig, den Penis betreffend.

Phallócerus, *m.,* gr. *ho phallós,* s. *phállus, to kéras* das Horn; Gen. der Poecilidae, Lebendgebärende Zahnkarpfen. Spec.: *B. caudomaculatus,* Schwanzfleck-Kärpfling; Subspec.: *P. caudomaculatus reticulatus.*

phállus, -i, *m.,* gr. *ho phallós* der Holzpfahl, das männliche Glied; Phallus od. Penis auch Sinnbild der Zeugungskraft.

Phallúsia, *f.;* Gen. der Ascidiae simplices (einzeln lebende Seescheiden), phallusähnliche Form. Spec.: *P. mammillata (= mamillata).*

Phantomsalmler, der; s. *Megalamphodus.*

Pharaoameise, die; aus Indien eingeschleppte, heute weltweit verbreitete Art: *Monomorium pharaonis.*

Pharetrónes, -en, die, gr. *he pharétra* der Köcher; Calcarea mit dicker Wand, ihre Sklerite (Nadeln) sind zu anastomosierenden Faserzügen angeordnet, fragliche Vertreter im Devon, fossil sicher seit dem Perm bekannt, auch rezent.

Pharmakologie, die, gr. *to phármakon* das Heilmittel, *ho lógos* die Lehre; die Arzneimittellehre.

Pharmakophagie, die, *f.*; Nutzung pflanzlicher Inhaltsstoffe durch Tiere zur eigenen Verteidigung nach deren Aufnahme. Beispiel: *Tyria jacobaea* (Lepidoptera: Arctiidae), Larve auf *Senecio jacobaea,* Aufnahme von Senecionin u. a.; s. Abwehrstoffe.

pharyngeus, -a, -um, s. Phárynx; zum Rachen gehörig.

pharýngicus, -a, -um, s. Phárynx; zum Rachen gehörig.

Pharyngobdellae, *f.,* Pl., gr. *he bdélla* der (Blut-)Egel, Schlundegel, Gruppe der Hirudinea; mit stark erweiterungsfähigem Pharynx (z. B. *Herpobdella*).

Pharynx, der, gr. *ho, he phárynx, -yngos* der Schlund, Rachen; bei Säugern Verbindungsstück zw. Mundhöhle u. Speiseröhre bzw. Nasenhöhle u. Kehlkopf; bei vielen Wirbellosen ein vorderer muskulöser Darmabschnitt.

Phascolárctus, *m.,* gr. *to pháskolon* der Beutel, *ho árktos* der Bär; Gen. der Phalangéridae, Kletterbeutler. Spec.: *F. cinereus,* Beutelbär, Koala(bär).

Phascólion, *n.,* gr. *to phaskólion* der kleine Sack; Gen. der Sipunculida. Spec.: *F. strombi* (meist leere Gehäuse von *Dentalium* bewohnend).

Phascólomys, *m.,* gr. *to pháskolon,* s. o., *ho mys* die Maus; Gen. der Vombatidae (Phascolomyidae), Marsupialia; am Boden lebend, Füße mit Grabkrallen. Syn. von: Vombatus (s. d.) auch Wombat (s. d.).

Phascolosóma, *n.,* gr. *to sóma* der Körper; Gen. der Sipunculidae. Spec.: *Ph. granulatum; P. lurco.*

Phasiánus, *m., Phasis,* ein ins Schwarze Meer mündender Fluss in der Kolchis, wo der Gemeine Fasan häufig ist; Gen. der Phasiánidae, Eigtl. Hühner; fossile Formen seit dem Pliozän bekannt. Spec.: *Ph. colchicus,* Gemeiner Fasan, Jagdfasan.

Phasma, *n.,* gr. *to phásma* u. *to phántasma* die Erscheinung, das Gespenst (von *phainēīn* erscheinen); Gen. der Phasmidae (Phasmatodea), Gespenst- od. Stabheuschrecken. Spec.: *P. quadriguttatum,* Gespensterheuschrecke (mit 4 Tropfenflecken, auf Borneo).

Phasmidia, Pl., gr. *to phásma* die Erscheinung, das Gespenst; eine Hauptgruppe (vgl. Aphasmidia) der Nematoda, bei denen die

„Phasmiden" (einpaarige Einstülpungen am Hinterende) vorhanden sind; sie umfassen die Gruppen: 1. Rhabditoidea u. Tylenchoidea, 2. Rhabdiasoidea, 3. Oxyuroidea, 4. Strongyloidea u. 4. Ascaridoidea.

Phausis, *f.,* Gen. der Lampýridae, Leuchtkäfer. Spec.: *Ph. (= Lampyris) splendidula,* Johanniswürmchen.

Phenacográmmus, *m.,* gr. *ho phénax, -akos* der Betrüger, Täuscher, *he grammé* die Linie; mit trügerischer (Seiten-)Linie (weil unterbrochen); Gen. der Characidae, Cypriniformes. Spec.: *P. interruptus,* Kongosalmler.

Phenylanalin, das; α-Amino-β-phenylpropionsäure, C_6H_5–CH_2CH–(–NH_2)–COOH, eine Monoaminomonokarbonsäure, die einen Benzolring enthält.

Pheromone, die, gr. *phérēin* tragen, *hormán* treiben, erregen. Syn.: Telergone, Exo- od. Ektohormone; Botenstoffe, die von Drüsen gebildet, aber nicht ins Blut, sondern nach außen abgegeben werden, sie haben die Funktion der stofflichen Kommunikation zw. den Individuen einer Art. Sie lösen Handlungen aus u. kontrollieren soziale Funktionen (z. B. durch Sexualstoffe). Der Mensch nutzt P. in Form von Pheromonfallen im biologischen Pflanzenschutz. Beispiele: Sexualhormone (z. B. Schmetterlinge), Aggregations-P. (z. B. Borkenkäfer, *Ips*), Spur-P. (z. B. Ameisen), Alarm-P. (z. B. Ameisen, Fische), Ovipositions-P. (z. B. Kohlweißlinge, *Pieris* spp.; Abgabe bei Eiablage – hemmt andere Weibchen an weiterer Eiablage an selber Pflanze), Eberpheromon bzw. -geruch (Sexuallockstoff u. zur Reviermarkierung).

Philácte, *f.,* gr. *philos* liebend u. *he akté* die Küste, das Ufer, Gestade, die Landzunge, also: die Küste liebend/bevorzugend. Gen. der Anátidae, Entenvögel. Spec.: *Ph. canagica (= Anser canagicus),* Kaisergans (ist silbergrau, schön gemustert, stammt aus NO-Asien u. Alaska).

Philǣnus, *m.,* gr. *philēín* lieben, *ho ǣínos* Rede, Lobrede, Lob; Gen. der Cercopidae, Schaumzikaden. Spec.: *P. spumarius,* Schaumzikade.

Philánthus, *m.,* gr. *to ánthos* die Blume; Bienenwolf Sphecidae (Sphegidae), Grabwespe; Bienenschädling. Das Weibchen fängt von Juni bis September Bienen im Flug od. beim Blütenbesuch, betäubt sie durch einen Stich u. bringt sie in seine Brutkammer zur Ernährung der Larven. B.-Weibchen pressen aus den Bienen auch Honigblaseninhalt aus u. saugen sie aus. B.-Nester befinden sich im festen Sandboden, besonders auf sonnigen, wenig bewachsenen Abraumhalden; ein ca. 20 bis 35 cm langer Gang führt an die Oberfläche mit flach aufgeworfenen Sandhäufchen. Spec.: *P. triangulum* F.

philippensis, -is, -e, auf den Philippinen beheimatet.

Philómachus, *m.,* gr. *philomachos* den Kampf *(he máche)* liebend; Gen. der Scolopácidae, Schnepfenvögel. Spec.: *Ph. pugnax,* Kampfläufer.

philómelos, gr.; auf die Verbindung zum Eigennamen Philoméle sei verwiesen, die nach der Mythologie auf ihre Bitte hin in eine Nachtigall verwandelt wurde, um der Rache des Tereus zu entgehen; gesangliebend; s. *Turdus.*

Philometra, *f.,* von gr. *philéin* lieben, *he métra* s. d.; Gen. der Philometridae, Philometridea. Parasiten in den Körperhöhlen bzw. im Gewebe von Fischen. Spec.: *P. lusiana*, Erreger der Philometrosis der Fische.

Philopótamus, *m.,* gr. *ho potamós* der Fluss; Gen. der Philopotámidae, Trichoptera, Köcherfliegen.

Philosámia, *f.,* gr. *phileín* lieben, *to séma* das Zeichen; Gen. der Attacidae, Lepidoptera. Spec.: *Ph. walkeri,* Götterbaumspinner; produziert die sogenannte Erie-Seide; die ein fast unzerstörbares Gewebe liefert. Die Cocons werden zur Seidenbereitung verwandt (in China, Japan).

Philtrum, das, gr. *to phíltron* Liebeszauber, Liebestrank; mediale Rinne auf der Außenseite der Oberlippe von Mensch u. Säugetieren.

phlaeas, gr. *phlégēin* verbrennen bzw. *ho phlegýas* (Anzünder), Sohn des Ares, der den Tempel des Apollo anzündete; wegen der Feuerfarbe der Flügel, s. *Lycaena.*

phlebogen, gr. *gígnesthai* entstehen, *he phleps, phlebós* die Blutader, Ader von den Venen ausgehend.

Phlebotómus, *m.*, gr. *he phleps, phlebós*; *tomós* schneidend, scharf; Psychodidae, Schmetterlingsmücken, „Nematocera", Diptera. Blutsauger u. Krankheitsüberträger beim Menschen (Pappataci-Fieber, Kala-Azar, Leishmania tropica); Phlebotomusfieber.

Phobie, die, gr. *phobos* Furcht; Zwangsangst, grundlose Abneigungs- u. Angstgefühle.

Phóca, *f.,* lat. *phoca* Meerkalb, Seehund, Robbe; Gen. der Phocidae, Hundsrobben, Pinnipédia (s. d.); fossil seit dem Miozän bekannt. Spec.: *P. vitulina,* Gemeiner Seehund; *P. híspida,* Kegelrobbe (in nordeurop. Küstengewässern, u. a. in Nord- u. Ostsee).

Phocǣna, *f.,* gr. *he phókaina* der Braunfisch; Gen. der Phocaenidae, Tümmler. Spec.: *Ph. phocaena,* Kleiner Tümmler, Braunfisch.

Phócidae, *f.,* Pl., s. *Phoca;* Seehunde, Fam. der Pinnipedia, s. d.
Phocomelie, die, gr. *he phóke* die Robbe, der Seehund, *to mélos* das Glied; Missbildung mit Robbengliedrigkeit, d. h. Hände u. Füße sitzen unmittelbar an Schultern u. Hüften an.
Phoeniconaias, *m.,* gr.; Gen. der Phoenicoptéridae, Flamingos. Spec.: *Ph. minor,* Zwergflamingo.
Phoenicopteriformes, *f.,* Pl., s. *Phoenicopterus;* Flamingos, Gruppe (Ordo) der Aves.
Phoenicópterus, *m.,* gr. *phoinikós* rot, *to pterón* der Flügel; Gen. der Phoenicoptéridae, Flamingos, Zahnzüngler, Phoenicopteriformes; fossil seit Oligozän bekannt. Spec./ssp.: *P. ruber ruber,* Roter Flamingo; *P. ruber roseus,* Rosa-Flamingo; *P. chilensis,* Chilenischer Flamingo; *P. minor,* Zwergflamingo.
Phoenicúrus, *m.,* gr. *he urá* der Schwanz; Gen. der Muscicápidae, Fliegenfängerähnliche. Spec.: *Ph. ochruros,* Hausrotschwanz; *Ph. phoenicurus,* Gartenrotschwanz.
Phólas, *m.,* gr. *he pholás, -ádos* in einer Höhle *(pholeá)* verborgene Muschelart bei Athenaeus; Gen. der Pholádidae, Bohrmuscheln. Spec.: *Ph. dactylus,* Dattelmuschel, Gemeine Bohrmuschel.
Pholcus, *m.,* gr. *pholkós* krumm-, säbelbeinig; Gen. der Pholcidae, Zitterspinnen, Arachnida, langbeinige Spinnen mit kuppelförmigen, weitmaschigen Decknetzen, die Körper u. Netze bei Beunruhigung in kreisende od. schwingende Bewegungen versetzen („Zittern"). Spec.: *Ph. phalangioides*; synanthrope Art (auch oft in Neubauten zu finden).
Pholidota, *n.,* Pl., gr. *pholidōtós* geschuppt; Pholidotheria od. Schuppentiere, Gruppe (heute im Range Ordo) der Eutheria; früher mit den Xenarthra als Edentata (= „Zahnlose") vereinigt. Die auf die Alte Welt beschränkten Pholidota haben mit den Xenarthra z. T. übereinstimmende Merkmale auf Grund gleicher Lebensweise (bzw. Umweltanpassung); es besteht jedoch keine nähere Verwandtschaft (bzw. fehlt ein Nachweis gemeinsamer Vorfahren). Die P. besitzen u. a. wie die Ameisenbären eine lange Zunge und keine Zähne. Sie sind mit Epidermis-Hornschuppen bedeckt, ventral treten noch Haare auf. Weiterhin sind typisch (z. B.) die am Sternum ansetzende Zungenmuskulatur, die starke Entwicklung der Speicheldrüsen, ein hornbedeckter Muskelwulst im Magen. Bekanntes Genus: *Manis.*
Phólis, *m.,* von gr. *he pholís, pholídos* der Fleck, der Tüpfel; der Name bezieht sich auf die schwarzen, weißgerandeten Flecken am Grunde der langen Rückenflosse; Gen. der Pholididae, Butterfische, Perciformes. Spec.: *P. (= Centronotus) gunellus,* Butterfisch, der braun od. gelblichbraun marmoriert ist, in Spalten u. Ritzen auf Beutetiere (kleine Krebstiere) lauernd lebt; wird als Köder benutzt. Vorkommen an nordischen Küsten Europas, auch in der Ostsee.
Phoresie, die, gr. *he phorá,* s. u.; Form der Somatoxenie auf räumlicher Basis; zeitweiliges, lockeres Zusammenleben von zwei artverschiedenen Organismen, wobei der Phorent (= Transportwirt) dem Phoret (dem zum Zwecke des Ortswechsels getragenen Organismus) Transportmöglichkeit gewährt, z. B. Milben an Käfern.
Phoresieverhalten, das, gr. *ho phorá* das Tragen; zwischenartliches Verhalten von transportierenden („Tragwirte") und transportierten („Getragenen") Tieren (Beispiel: Haie u. Schiffshalter) (s. Schaller, Das Phoresie-Problem vergleichend ethologisch gesehen. Forsch. u. Fortschr. 34, 1–7, 1960).
Phoronídea, *n.,* Pl., gr. *phōrios* versteckt, verstohlen; Röhren- od. Hufeisenwürmer, Cl. der Tentaculata, etwa 18 Arten; einzeln in einer Wohnröhre lebende marine Tiere von 1,5 bis 12,5 mm Länge mit doppelten Tentakelkronen auf zwei hufeisenförmigen Tentakelträgern (Lophophoren); fossil in der Kreide nachgewiesen (Sekretröhren).
Phosphatasen, die; Enzyme, die zur Gruppe der Hydrolasen gehören, sie spalten aus Phosphorsäureester od. Polyphosphat Phosphorsäurereste ab. Als 2 Hauptgruppen werden unterschieden: 1. Phosphoesterasen (Phosphomonoesterasen u. Phosphodiesterasen) u. 2. Anhydridphosphatasen.
Photoblepharon, *n.,* gr. *to phos, photós* das Licht, *to blépharon* das Augenlid; Laternenfisch (Anomalopidae), in verschiedenen Arten vorkommend, besitzt unter den Augen je ein bohnenförmiges Leuchtorgan, das vielleicht als Lockmittel bei Nacht dient u. durch eine lidartige Falte abgedeckt werden kann. Spec.: *Ph. plapebratum.*
photophob, gr. *ho phóbos* die Furcht, Angst; lichtscheu.
Photophobie, die; Lichtscheu.
Photorezeptor, der, lat. *recípere* aufnehmen; Rezeptor, der Licht als adäquaten Reiz perzipiert.
Phototaxis, die, gr. *he táxis* die Stellung, Richtung; Richtungsorientierung mit Hilfe des Lichtsinnes, durch Lichtreize induzierte Taxis.
phototrop, gr. *ho trópos* die Wendung; lichtwendig.
phoxinus, *m.,* gr. *ho phóxinos* od. *phoxínox* ein unbestimmter Flussfisch bei Aristoteles; Gen.

der Cyprínidae, Karpfen-, Weißfische. Spec.: *Ph. laevis (= Ph. phoxinus),* Elritze, Pfrille.

phrénes, -um, *f.,* latin., gr., das Zwerchfell, Diaphragma.

phrénicus, -a, -um, s. *phrenes;* zum Zwerchfell gehörig.

Phrónima, *f.,* gr. *phrónimos* klug, einsichtsvoll; Gen. der Phronímidae, Amphipoda. Spec.: *Ph. sedentaria,* lebt in Salpentönnchen, die sie zuvor ausgefressen hat.

Phrygánea, *f.,* gr. *to phrýganon* das Reisigbündel, wegen der Bildung des Köchers; Gen. der Phryganéidae, Köcher-, Frühlingsfliegen, Wassermotten. Spec.: *Ph. grandis,* Große Wassermotte.

Phrynosóma, *n.,* gr. *ho/he phrýnos* die Kröte, *to sóma* der Körper; Gen. der Iguánidae, Leguane. Spec.: *Ph. cornutum,* Krötenechse.

Phtírus, *m.,* gr. *ho phthēīr* die Laus; Gen. der Pedicúlidae, Ordo Anoplúra. Spec.: *G. pubis (= inguinalis),* Filz- od. Schamlaus.

Phylactolaémata, *n.,* Pl., gr. *phylássēīn* bewachen u. *ho phýlax, -akos* der Beobachter, Aufseher, Wächter, *to laīma* die Kehle, der Schlund; Gruppe (Subcl.) der Bryozoa; Syn.: Lophopoda (s. d.); „Armwirbler“, mit Lophophor u. einem zungenförmigen, beweglichen Deckel (Epistom) über der Mundöffnung. Genera: z. B. *Cristatella; Plumatella.*

phyletisch, gr. *he phylé* der Stamm, *ho phylétes* der Vorfahre, Stammesgenosse, Kamerad; die Abstammung betreffend.

Phýllium, (Phýllium), *n.;* gr. *to phýllon* das Blatt; Gen. der Phásmidae, Gespenstheuschrecken. Spec.: *Ph. siccifolium,* Wandelndes Blatt.

Phyllóbius, *m.,* gr. *biū́n (bió-ēīn)* leben; Gen. der Curculiónidae, Rüsselkäfer. Spec.: *Ph. oblongus,* Gem. Blattrüssler, Schmalbauch.

Phyllobóthrium, *n.,* gr. *to bothríon* die Sauggrube; Gen. der Tetraphýllidae, Fam. der Cestodes. Spec.: *Ph. lactúca.*

Phyllobranchien, die, Pl., gr. *ta bránchia* die Fischkiemen, *to phýllon* das Blatt; bei Dekapoden ein Kiementyp von blattförmiger Ausbildung u. taxonomischer Bedeutung. Dagegen sind die Dendrobranchien von fiederartig verzweigtem u. die Trichobranchien von schlauchförmigem Aussehen.

Phylloceras, *n.,* gr. *to kéras* das Horn; Gen. der Phylloceratina, Ordo Ammonoidea, s. d.; fossil weltweit verbreitet; in Jura u. Unterkreide. Spec.: *Ph. heterophyllum.*

Phyllochinon, das; s. Vitamin K.

Phyllodáctylus, *m.,* gr. *ho dáktylos* der Finger, die Zehe; Gen. der Gekkónidae, Haftzeher, Geckonen. Spec.: *Ph. europaeus.*

Phyllodrómia, *f.,* gr. *ho dromēū́s* der Läufer; Gen. der Bláttidae, Schaben. Spec.: *Ph. (= Blatella) germanica,* Deutsche Schabe.

Phyllomédusa, *f.,* gr. *he médusa* die Beherrscherin; Gen. der Hýlidae, Echte Laubfrösche. Spec.: *Ph. hypochondriális,* Greiffrosch, Makifrosch.

Phyllopertha, *f.;* Gen. der Scarabaeidae, Blatthornkäfer. Spec.: *Ph. horticola,* Gartenlaubkäfer.

phyllophag, gr. *phagēīn* fressen; Bezeichnung für blattfressende Tiere.

Phyllópoda, *n.,* Pl., gr. *ho pus, podós* der Fuß; Blattfußkrebse, Gruppe der Crustacea; fossile Formen seit dem Unterdevon bekannt.

Phylloscopus, *m.,* gr. *to phýllon* das Blatt, *ho, he skopós* der Späher; *ho trochílos* der Zaunkönig, *sibilatrix* zischend, pfeifend, wegen seines Gesanges sisisisisisirrrrr; Gen. der Sylviidae (Grasmücken), Ordo der Passeriformes (Sperlingsvögel). Spec.: *Ph. trochilus,* Fitislaubsänger, Fitis; *Ph. sibilatrix,* Waldlaubsänger.

Phylogenese, die, gr. *he phylé* der Stamm, *he génesis* die Entstehung, Entwicklung; die Stammesentwicklung der Organismen.

Phylogenetische Systematik, die; auch Kladistik genannt; Methode (Theorie) der Rekonstruktion der stammesgeschichtlichen Beziehungen nach Hennig („Grundzüge einer Theorie der Phylogenetischen Systematik“ 1950, „Phylogenetic systematics“ 1966). Die P. S. sucht nach Schwesterarten bzw. Schwestergruppen (Adelphotaxa), d. h. Taxa mit einer nur ihnen gemeinsamen Stammart. Schwestertaxa werden begründet durch Synapomorphien (siehe Apomorphie), also Übereinstimmungen in einem einmal (bei einer Stammart) evoluierten Merkmal. Ob die Merkmalsausprägungen in einem Taxa apomorph od. plesiomorph (siehe *Plesiomorphi*) sind, wird durch den Außengruppen-Vergleich festgestellt. Ziel der P. S. ist es, ein System (Klassifikation) aus ausschließlich monophyletischen Einheiten zu erstellen (siehe Monophylum).

phylogenetische Systeme, *n.,* Systeme, die in erster Linie die Phylogenie der Organismen zur Gliederung heranziehen, s. auch: System, Systematik, Taxonomie.

Phylum, das, gr. *to phýlon* die Sippe, der Stamm; Stamm (mit Unterstamm = Subphylum), Hauptkategorienstufe oberhalb der Klasse u. unterhalb der Abteilung (Divisio bzw. Subdivisio). Stammgruppe = Koordinierung von (verwandten) Stämmen, z. B. Articulata.

Physa, *f.,* gr. *he phýsa* die Blase, das blasenartige Gefäß; Schale blasenartig eiförmig;

Gen. der Physidae, Basommatophora. Spec.: *Ph. fontinalis,* Blasenschnecke.

phýsalus, *m.,* gr. *he physalís* die (Wasser-) Blase, *ho phýsalos* Walfisch; s. *Balaenóptera.*

Physarum, *n.*, gr. *he physa* die Blase, die Wölbung, das Gefüß; Gen. der Myxogastra. Spec.: *Ph. polycephalum,* Plasmodien im Labor gelegentlich mehrere Quadratmeter (!) groß, mit gelben Adern u. grauen Sporangien.

Physéter, *m.,* gr. *ho physetér* das Blasrohr, der Bläser, weil das Atmen der Wale „Blasen" heißt; Gen. der Physeteridae, Pottwale, Cetacea; fossil seit dem Miozän bekannt. Spec.: *Ph. macrocéphalus (= Ph. catodon; káto* unten u. *ho odús* der Zahn, franz. *cachelot* Pottfisch), Pottwal, Chachalot; ♀ 11–13, ♂ 18–20 m lang, Gewicht bis 100 t; in allen tropischen Meeren vorkommend; in Gruppen (Schulen) von 20–100 Weibchen u. Jungen mit einem alten Männchen; nur im Unterkiefer bezahnt, deswegen *catodon.* Er liefert Ambra u. Spermaceti od. Walrat; die Zähne werden zu Elfenbeinknöpfen verarbeitet.

Physiologie, die, gr. *he phýsis* die Natur, *ho lógos* die Lehre, *he physiología;* die Naturforschung; die Lehre von den Lebensvorgängen in den Organismen.

physiologisch, auf die Physiologie bezüglich, den organischen Lebensvorgängen entsprechend.

Physoclisten, die, gr. *he phýsa* die Blase, *kleistós* verschlossen; Knochenfische ohne Schwimmblasengang, d. h., der Ductus pneumaticus zw. Schwimmblase u. Vorderdarm ist verschlossen u. rückgebildet; diese umfassen die meisten Knochenfische.

Physópoda, *n.,* Pl., gr.; Blasenfüße; Syn.: Thysanoptera (s. d.); an ihren Fußenden sind schwellbare Haftblasen ausgebildet; s. auch: *Thrips.*

Physostigmin, das; Alkaloid der Kalabarbohne, das Cholinesterase hemmt. Syn.: Eserin.

Physostomen, -ata, die; gr. *to stóma, n.,* der Mund; Knochenfische mit Schwimmblasengang, d. h., die luftgefüllte Schwimmblase steht mit dem Darm in offener Verbindung. Zu den Ph. gehören u. a. die Salmoniden, Cypriniden u. Esociden.

Phytal, das, gr. *to phytón* die Pflanze; der durch die Pflanzen gebildete Lebensbereich für tierische Besiedlung.

phyto-, gr. *to phytón* die Pflanze; in Komposita: Pflanzen-...

Phytónomus, *m.,* gr. *neme͞in* weiden, sich ernähren („Pflanzenfresser"); Gen. der Curculionidae, Rüsselkäfer. Spec.: *Ph. nigriróstris,* Schwarzrüsseliger Blattnager.

Phytoparasiten, die; in oder auf Pflanzen lebende Parasiten.

Phytopathologie, die; gr. *to páthos* das Leiden, die Krankheit; die Lehre von den Pflanzenkrankheiten und deren Bekämpfung.

Phytophagen, die, gr. *phage͞in* fressen; die Pflanzenfresser.

Phytosterine, die, gr. *to stear* das Fett; der Talg; in Pflanzen vorkommende Sterine, z. B. Ergosterin.

Pia mater, die, lat. *pius, -a, -um* fromm, mild, *mater, matris, f.,* die Mutter; die weiche Hirnhaut der Säuger.

Pica, *f.,* lat., die Elster; als Nesträuber bekannt, aber auch beutelistig beim Nahrungserwerb, z. B. von Insekten, Würmern; Gen. der Corvidae, Rabenvögel, Passeriformes. Spec.: *P. pica,* Elster (Heimat: Europa, Atlasländer, Süd-Arabien, Teile Asiens, Westen v. N-Amerika); *P. nuttalli,* Kalifornische Elster.

piceanus, -a, -um, lat., auf oder an Kiefern, Föhren *(picea, -ae, f.)* vorkommend; Spec.: *Cacoecia piceana,* Kiefernnadelwickler.

píceus, -a, -um, lat., pechfarben, pechbraun; s. *Hydrophilus.*

Piciformes, *f.,* Pl., s. *Picus, -formes;* Spechtvögel, Ordo; wozu u. a. Tukane u. Honiganzeiger gerechnet werden.

pico-, picro-, gr., von *pikrós* bitter, in Zusammensetzungen: bitter-, scharf-, schmerzhaft.

Picornaviridae, die, Pl., *n.,* ital. *pico* klein; Familie der kleinsten RNA-Viren, Unterteilung in Enteroviren, Hepatoviren, Cardioviren, Rhinoviren u. Aphthoviren. Übertragung durch Schmier u. Tröpfcheninfektion. P. verursachen bei Mensch u. Tier z. T. schwer verlaufende Infektionen des Respirationstraktes u. des Darmes, u. U. mit Beteiligung des ZNS.

pictus, -a, -um, lat. „gemalt", bemalt, bunt, farbenprächtig; s. *Chrysolophus;* s. *Lycaon;* s. *Chrysemys;* s. *Discoglossus.*

Picus, *m.,* lat. *picus* der Specht; Gen. der Picidae, Spechte. Spec.: *P. viridis,* Grünspecht.

Pieper, der; s. *Anthus.*

Piepho, Hans, geb. 10. 5. 1909 in Eimbeckhausen, gest. 7. 1. 1993 in Bad-Münder, Entwicklungsphysiologe; Studium der Biologie, Chemie u. Geographie, vorerst in Tübingen, dann in Göttingen; 1935 Promotion unter A. Kühn (Thema: Temperaturmodifikabilität u. Genetik rotäugiger Rassen der Mehlmotte), 1942 Habilitation; 1947 apl. Prof., 1949 o. Prof. mit Lehrstuhl für Entwicklungsgeschichte u. -physiologie. Arbeitsthemen: Metamorphose der Kleinschmetterlinge, Häutungsphysiologie, Corpora allata u. Nachweis für eine verhaltenssteuernde Wirkung, Polarität u. Musterspezifizierung kutikulärer Strukturen.

Píeris, *f.,* Beiname der Musen; artenreiches Gen. der Piéridae, Weißlinge; Lepidoptera. Spec.: *P. brássicae,* Großer Kohlweißling; *P. rápae* Kleiner Kohl- od. Rübenweißling.

Piésma, *n.,* von gr. *piézēin* bedrängen, -drücken, zusetzen, auspressen, schaden; Gen. der Píesmidae (Rüben- oder Meldenwanzen); Heteroptera. Spec.: *P. quadrátum,* Rübenblattwanze (mit fast quadratischem Halsschild, überträgt beim Saugen Viren auf die Rübenblätter (Kräuselkrankheit der Rüben).

Pigment, das, lat. *píngere* malen; der Farbstoff; granulärer bzw. körniger Stoff mit Eigenfarbe.

Pigmentfarben, die, Pl., *f.,* Farbstoffe aus bestimmten Zellen von Pflanzen (Chlorophyll) u. Tieren (Haut, Haare, Schuppen, Netzhaut, Iris); hier Anpassung an starke Sonnenbestrahlung (z. B. Melanin). Farbstoffhaltige Pflanzen werden von manchen Tieren gefressen, die dann entsprechende Farbveränderungen hervorrufen (s. Pharmakophagie). Beispiele: *Carotinoide:* Provitamine des Vitamin A, Bestandteil des Fischleberöls. *Chinone* (s. d.). *Flavonoide:* meist gelbe, stickstofffreie phenolische Pflanzenfarbstoffe, zur Therapie von Venenerkrankungen eingesetzt. *Pteridine:* Heterozyklische aromatische Verbindung (Pyrazin- u. Pyrimidinring); Cofaktor von Oxidoreduktasen u. Bestandteil von Folsäure: *Tetrapypyrrole:* Die Grundstruktur, der Pyrrolring ist in Chlorophyll u. Hämoglobin enthalten.

pila, -ae, *f.,* der Ball, das Kügelchen.

pileatus, -a, -um, lat., auch: *pilleatus;* mit einer Filzkappe od. rundem Hut *(pil(l)eus, -i, m.)* bedeckt, versehen.

píleus, *m.,* lat., auch *pilleus* der Hut, die (Filz-) Kappe; s. *Pleurobrachia.*

Pilídium, das, gr. *to pilídion* die Filzmütze; freischwimmende Larve der Schnurwürmer (Nemertinen).

pilíferus, -a, -um, lat. *pilus* das Haar, *ferre* tragen; haartragend. Spec.: *Haematopinus piliferus,* Hundelaus.

Pillendreher, Heiliger, *m.,* s. *Scarabǽus (Scarabus) sacer.*

Pillenkäfer, der; s. *Byrrhus;* s. *Morychus.*

Pillenwespe, die; s. *Eumenes pedunculatus.*

pílula, -ae, *f.,* Dim. von lat. *pila* der Ball; das Kügelchen, die Pille; s. *Byrrhus.*

pilus, -i, *m.,* lat., das Haar.

Pinakozyten, die, gr. *ho pínax, -akos* der Teller, das Brett, *to kýtos* die Höhlung, das Gefäß; epithelartig angeordnete Deckzellen im Dermallager der Schwämme.

pínchacus, latin. von *Pinchaque,* dem Vernakularnamen der Art; s. *Tapirus.*

pineális, -is, -e, lat. *pínea, -ae, f.,* der Zirbelzapfen; zur Zirbeldrüse gehörig.

Pinealorgan, Corpus pineale, das, lat. *pínea* der Zapfen der Zirbelkiefer; dorsale unpaare Ausstülpung des Zwischenhirndaches der Vertebraten, enthält beim Neunauge lichtsinnesempfindliche Zellen u. wird bei höheren Vertebraten zur Zirbeldrüse (Epiphyse).

Pinguine, die, von lat. *pinguis, -is, -e* fett, Substant.: *pingue,* n. das Fett; namentl. Bezug auf den subcutanen Fettmantel als Wärmeschutz, der in Verbindung mit Besonderheiten in Bau, Lebensweise u. im Verhalten (wenig Bewegung, enges Stehen in Gruppen vor allem bei großer Kälte) eine erstaunliche Kälteresistenz ermöglicht. Durch den wirksamen Wärmehaushalt übersteht z. B. *Aptenodytes forsteri,* der Kaiserpinguin, Temperaturen zw. –20 u. –62 °C. – Pinguine: s. Spheniscidae.

pinguis, -is, -e, lat., fett, wohlgenährt, dick.

pini, lat., Genit. von *Pinus* die Kiefer; s. *Leucaspis*; s. *Dendrolimus*; s. *Ernobius.*

piniárius, -a, -um, auf Kiefern lebend, Kiefer-; s. *Bupalus.*

pinna, -ae, *f.,* lat., die Feder, der Flügel, die Flosse.

Pinnipédia, *n.,* Pl., lat., von *pinna* Flosse, u. *pes*: „Flossenfüßer"; Robben, Gruppe der Eutheria (Placentalia) im Range eines (heute meist selbständigen) Ordo; 5-fingerige Extremitäten zu Flossen geworden, Hinterflossen ans Körperende gerückt mit der Funktion als quere Schwanzflosse; Schwanz selbst kurz. Meerestiere, nur lokal ins Süßwasser vorgedrungen (Baikal-, Ladogasee). Zur Zeit von Geburt u. Fortpflanzung an Land od. auf Eisflächen. Familiae: Otariídae (Seelöwen, Ohrenrobben), mit äußeren Ohren, relativ langem Hals u. Lokomotion an Land noch mit den Hinterbeinen; Phocidae (Seehunde, Hundsrobben), ohne äußere Ohren u. mit kurzem Hals; Odobenidae (Walrosse), mit großem Caninus.

pínnula, -ae, *f.,* lat., Demin. von *pinna*; das Federchen, Flügelchen, die kleine Flosse.

Pinocytosis, die, gr. *ho pínax, -akos* der Teller od. von gr. *pínēin* trinken, *to kýtos* die Zelle; Aufnahme von flüssigen Stoffen durch Einstülpungen der Zellmembran; Pinozytose.

Pinseläffchen, das; s. *Cállithrix.*

Pióphila, *f.,* gr. *ho, he pión* Rahm, fette Milch; Gen. der Piophilidae, Käsefliegen, Diptera. Bedeutsame Vorratsschädlinge, Larven in Fleisch, Käse, Häuten, Kadavern, Exkrementen u. sich zersetzenden pflanzlichen Substanzen. Spec.: *P. casei,* Schinkenfliege, Käsefliege; kleine Fliegen, deren Larven sich in Käse, Fleisch, Fisch usw. entwickeln u. die beim Verschlucken Magen-Darm-Störungen des Menschen u. bei Säugetieren hervorrufen können; vgl. Forensische Entomologie.

Pipa, *f.*, portug. *pipa* die Röhre; Gen. der Pipidae, Aglossa, Anura. Entwicklung der Jungen erfolgt innerhalb d. Eies in hautbedeckten Eikammern („Waben"), die in die Rückenhaut des Weibchens eingesenkt sind, bis zum metamorphosierten Tier. Spec.: *P. pipa* Wabenkröte.

piperátus, -a, -um, lat. *piper, -eris, n.*, der Pfeffer; Spec.: *Scrobicularia piperita,* Pfeffermuschel.

Pipidae, *f.*, Pl.; s. *Pipa*; Aglossa, Anura. Gruppe rein aquatisch lebender Anuren ohne Klebzunge, die unter Wasser nicht funktionieren kann, u. mit postmetamorphem Seitenliniensystem. Gattungen: *Pipa* (Wabenkröten; S-Amerika); *Xenopus* (Eigentliche Krallenfrösche), *Hymenochirus, Pseudhymenochirus* (südl. Afrika).

pípiens, lat., pfeifend, v. *pipíre* piepen; s. *Culex.*

Pipistréllus, *m.*, latin. v. italien. *pipistrello* Fledermaus (Name für jede Art von Fledermaus); Gen. der Vespertilionidae (Glattnasen), Microchiroptera, Chiroptera. Spec.: *P. pipistréllus,* Zwergfledermaus, *P. nathusii,* Rauhhäutige Fledermaus, *P. savii,* Alpenfledermaus.

Piranha, brasilian. Trivialname für *Serrasalmus natteri*; in Südamerika vorkommend (La Plata-, Amazonasstromgebiet, Guayana, Orinoco, Parana, Paraguay), gieriger Räuber.

Piráta, *m.*, lat., der Seeräuber; Wasserjäger, jagt auf der Wasseroberfläche; Gen. der Lycósidae, Wolfsspinnen, Araneae.

piri, Genit. von lat. *pirus* Birnbaum. Spec.: *Eriophyes piri,* Birnblattgallwespe.

pirifórmis, -is, -e, lat. *pirum, -i, n.*, die Birne; birnenförmig, s. *Eiméria.*

Pirol, der; s. *Oriolus.*

Piroplásma, *n.*, lat. *pirum* u. gr. *to plásma* die Gestaltung, das Gebilde; jüngeres Synonym für die Gattung *Babésia*; Gen. der Piroplasmidae, Ordo Piroplasmida, Subcl. Piroplasmidia, Cl. Sporozoa. (Blutparasiten); kennzeichnend ist ein Wirtswechsel zwischen Vertebraten und Avertebraten. Vermehrungsform ausschließlich asexuell durch Schizogonie. Spec.: *P. annulatum* (Syn. für *Theileria annulata*); *P. parvum* (Syn. für *Theileria parva*); vgl. *Theileria.*

Piroplasmóse, die; lat. *pirum* die Birne (Bezug auf birnenförmige Gestalt von *Babesia*-Arten, vgl.: *Babesia*); durch protozäre Ordnung Piroplasmida (s. o.) verursachte, i. d. R. durch Zecken (Ixodidae) übertragene Infektionskrankheit der Warmblüter überwiegend trop. Gebiete: Küstenfieber der Rinder Ost- und Südostafrikas *(Th. parva)*, Texasfieber in den warmen Ländern aller Erdteile *(B. bigemina)* u. a. – In Europa ist v. a. die durch *B. divergens* hervorgerufene Rinderhämoglobinurie (Rinderp.) verbreitet. – Piroplasmosen (Gallenfieber) stellen eine tier- und humanmed. wichtige Krankheitsgruppe dar, in der Babesiosen und Theileriosen zusammengefasst werden. Wichtigste gemeinsame Symptome: Fieber, Anämie, Hämoglobinurie, Ikterus.

Pisangfresser, der; s. *Musophaga.*

piscatórius, -a, -um, lat., zu den Fischern *(piscatóres)* gehörig, weil er andere Fische „ködert"; s. *Lophius.*

Pisces, *m.*, Pl., lat. *piscis* der Fisch; nicht mehr als taxonomisch exakte Kategorie geführte Gruppe aller primär wasserlebenden Formen, die adult mit Kiemen atmen. Sie haben heute den Rang einer Basisgruppe gegenüber den Landwirbeltieren, da sie auch die Vorfahren der Tetrapoda enthalten. Bereits im Devon, z. T. im Silur, sind die einzelnen Klassen der Fische getrennt. Fossile Classes: Acanthodi, Placodérmi (s. d.). Einteilung in: Agnatha, Placodermi, Acanthodii, Chondrichthyes, Osteichthyes.

Piscícola, *f.*, lat. („Fischbewohner"); Gen. der Ichthyobdellidae, Rhynchobdelliformes, Rüsselegel. Ektoparasitische Blutsauger auf Süßwasserfischen, können bei Massenvorkommen große Verluste an Nutzfischen in Zuchtgewässern verursachen. Spec.: *P. geometra,* Gemeiner Fischegel, Wirte: Karpfen u. a. Fische.

piscívorus, lat., fischfressend (*piscis* Fisch, *voráre* fressen, verschlingen); s. *Agkístrodon.*

pisifórmis, -is, -e, lat. *pisum, -i, n.*, die Erbse, *fórma* die Gestalt; erbsenförmig.

pisórum, Genit. Pl. zu lat. *pisum*, s. o.; an od. auf Erbsen, Erbsen-; s. *Bruchus.*

pisum, -i, *f.*, lat., die Erbse. Spec.: *Pisidium amnicum,* Erbsenmuschel.

Pithécia, *f.*, gr. *ho píthēkos* der Affe; Gen. der Pithecíidae, Schweifaffen (Springaffen), Platyrhina; haben Spezialisierungen im Gebiss (Oberflächenfältelung der Molares) u. Fähigkeit der Bipedie.

pithekoid, gr. *ho píthekos* der Affe; affenähnlich.

Pitta, *f.*, Gen. der Pittidae, Passeriformes (Sperlingsvögel). Spec.: *P. brachyura,* Neunfarben- od. Bengalenpitta; *P. angolensis,* Angolapitta; *P. sordida,* Kappenpitta; *P. guàjana,* Streifenpitta.

pituita, -ae, *f.,* lat., Schleim, Schnupfen.
pityopsíttacus, -a, -um, lat., gr. *he pítys* die Kiefer u. latin. *psíttacus* Papagei; s. *Loxia.*
pius, -a, -um, lat., fromm, mild, zärtlich.
pix, pícis, lat., das Harz, Pech (verwandt mit *picea,* Fichte, wegen der Harz-Absonderung u. mit *piceus, -a, -um,* wegen der meist dunkelbraunen Farbe des Harzes).
placénta, -ae, *f.,* lat., der Kuchen; Plazenta, Mutter- od. Fruchtkuchen mit mütterlichem u. kindlichem Anteil, kommt bei den höheren Säugern vor (Placentaliern).
Placodermi, *n.,* Pl., gr. *he pláx* die Platte; *to dérma* die Haut; Cl. der Gnathostomata, s. d.; fossil mit ca. 110 Genera im Obersilur bis Unterkarbon; Genus: s. *Coccosteus.*
Placoidschuppen, die, gr. *he pláx* die Platte: Verknöcherungen der Haut sind die Placoidschuppen (Hautzähnchen) der Haie ... Die Placoidschuppen bestehen aus einer Basalplatte u. einem ihr aufsitzenden, die Epidermis durchbrechenden, nach hinten gerichteten Zähnchen; an ihrer Bildung sind Epidermis u. Cutis beteiligt.
Placozoa, gr. *he plax* die Platte, *to zóon* das Tier; im Meer freilebende, dorsoventral abgeplattete, einfach organisierte Metazoen, s. *Trichoplax adhaerens.*
Plagiaulax, *m.,* gr. *plágios* quer, von der Seite her u. *he āūlax* die Furche; also: „Querfurche"; Gen. der Plagiaulacidae, Ordo Multituberculata; fossil im Oberjura (Malm). Spec.: *P. becklesii.*
Plagiórchis, *m.,* gr. *plágios* schief, schräg, *ho órchis* der Hoden; Gen. der Plagiorchiidae, Digenea. Parasiten im Darm u. in der Blase von Vögeln sowie Säugetieren. Spec.: *P. arcuatus,* Wirt: Huhn; Europa, Asien; *P. cirratus,* Wirte: Vögel, Hauskatze, Haushund, Mäuse u. a.; Europa, Asien, Amerika.
Plagiosaurus, *m.,* gr. *plágios* quer, seitwärts, schräg, *ho sāūros* die Echse, die Eidechse; Gen. der fossilen Labyrinthodonta, Cl. Amphibia; fossil in der Trias (Oberer Muschelkalk u. Keuper).
Planária, *f.,* lat., *planus* flach, platt; Gen. der Paludicola (Süßwasser-„Bewohner"), Tricladida, Seriata (s. d.). Spec.: *P. torva.*
pláneri, latin., Genit. nach Joh. Jac. Planer, Naturforscher, Botaniker u. Chemiker in Erfurt (1743–1789); s. *Lampetra.*
planiceps, lat., flachköpfig; s. *Prionaílurus.*
planktisch, das Plankton betreffend, zum Plankton gehörend.
Plankton, das, gr. *to planktón* das Umhergetriebene; Gesamtheit der frei im Wasser schwebenden Lebewesen (Zoo- u. Phytoplankton). Man unterscheidet das Meeres- (Haliplankton) vom Süßwasserplankton (Limnoplankton). Es umfasst fast alle wirbellosen Freiwassertiere; sie treiben passiv. Ihre Eigenbewegungen beschränken sich im wesentlichen auf das Auf- u. Absteigen im Wasser; vgl. auch: Benthos, Nekton.
planktotroph, gr. *he trophé* die Ernährung; planktonfressend.
Planocóccus, *m.,* gr. *ho kokkos* die Beere, der Kern; Coccina, Schildläuse; Sternorrhyncha, Pflanzenläuse. Spec.: *P. citri,* Zitrus-Schmierlaus; elliptische, ca. drei bis fünf mm lange, gelbliche Schmierlaus mit weißlich-pulverigem Sekretbelag, die polyphag an Zimmerpflanzen lebt.
Planorbis, *m.,* lat. *planus* platt, flach, *orbis* Kreis, Scheibe; Gen. der *Planorbidae,* Scheiben-, Tellerschnecken, Pulmonata, Lungenschnecken. Spec.: *P. corneus,* Posthorn, Große Tellerschnecke (M.- u. N-Deutschland).
plánta, -ae, *f.,* lat., die Fußsohle.
plantáris, -is, -e, zur Fußsohle gehörig.
plantigrad, lat. *gradi* schreiten; plantigrad sind diejenigen Säugetiere, die wie die Bären mit der ganzen Sohle (Planta pedis) auftreten.
Plánula, die, gr. *plános* umherirrend; freischwimmende Flimmerlarve bestimmter Cölenteraten.
plánum, -i, *n.,* lat., die Fläche, Ebene.
planus, -a, -um, lat., flach, eben. Spec.: *Planaria torva* (ein Strudelwurm).
Plasma, das, gr. *to plásma* das Geformte, die Gestaltung, das Gebilde; 1. Protoplasma, 2. Blutplasma, der flüssige Blutanteil ohne Blutzellen.
Plasmagene, die; Einzelfaktoren innerhalb der Gesamtheit der plasmatischen Erbfaktoren.
Plasmalemma, das, gr. *to lémma, -matos,* die Hülle; Plasma- od. Zellmembran aller Zellen, ist Diffusionsbarriere u. Stofftransportvermittler zwischen Zelle u. Umgebung.
plasmatisch, zum Plasma gehörig.
Plasmid, das; selbständige Einheit von Erbmaterial, die in „Symbiose" mit einer Zelle lebt.
Plasmodesmen, die, gr. *ho desmós* das Band; Plasmabrücken, plasmatische Verbindungsfäden zw. benachbarten Zellen.
Plasmodium, Malaria-Erreger, gr. *to plasmódion* das kleine Gebilde, ital. *mala – aria* schlechte Luft, Sumpfluft, lat. *vivax, vivacis* lebenskräftig, *falx, falcis, f.,* die Sichel, Sense; 2. Gen. der Haemosporidae, Sporozoa, Schizogenie in Reptilien, Vögeln od. Säugetieren (z. B. Fledermäuse, Nagetiere, Primaten), Gamogonie (größtenteils) u. Sporogenie stets in

Stechmücken (Culiciden, *Anopheles*). Spec.: *Plasmodium vivax,* Erreger der Malaria tertiana (Dreitagefieber); *P. malariae,* Erreger der Malaria quartana, Viertagefieber, Drittetagsfieber; *P. falciparum,* Erreger der Malaria tropica; 2. Zellkörper, der sich trotz Kern- u. Plasmavermehrung nicht in mehrere Zellen geteilt hat.

Plasmon, das, Plasmotyp; Gesamtheit des extrachromosomalen Erbgutes.

Platax, *m.,* gr. *(ho) plátax* ein Fisch (-Name) im klass. Altertum; Gen. der Platacidae (Fledermausfische), Perciformes. Spec.: *P. orbicularis,* Fledermausfisch (dessen Körper höher als lang ist!).

Plate, Ludwig, geb. 16. 8. 1862 Bremen, gest. 16. 11. 1937 Jena; 1888 Privatdozent der Zoologie in Marburg, 1898 Titularprofessor u. 1901 Kustos am Museum für Meereskunde in Berlin, 1904 o. Prof. der Zoologie an der Landwirtschaftl. Hochschule in Berlin, 1909 als Nachfolger von E. Haeckel nach Jena berufen, 1934 emeritiert; Zoologe, Vertreter des Altdarwinismus, der lamarckistische und selektionistische Ursachen bei der Entstehung der Arten anerkannte; publizierte u. a.: „Selektionsprinzip und Probleme der Artbildung", 4. Aufl. 1913, Leipzig; „Abstammungslehre", 2. Aufl., Jena 1925; „Allgemeine Zoologie und Abstammungslehre", I: 1922, II: 1924, Jena: „Vererbungslehre", 1–3, 2. Aufl. 1932–1938, Jena; Fauna Chilensis. Abhandlungen zur Kenntnis der Zoologie Chiles nach den Sammlungen von L. Plate.

Platéssa, *f.,* von gr. *he pláte* die Platte bzw. *platýs* platt, flach, breit u. *he (h)ĕ́ssa* das Darunterliegen, Unterliegen, womit sprachlich Bezug zur abgeplatteten Körperform und zur Augenlage interpretierbar ist; dass *Platessa* latinisiert wurde aus dem dt. „Platteis" (nach Leunis), erscheint weniger wahrscheinlich (trotz der assoziativen Verbindung zur Eisscholle); Gen. d. Pleuronéctidae (Schollen), Ordo Pleuronectiformes (Plattfische). Spec.: *P. platessa,* Scholle, Goldbutt.

Plathelminthes, *f.,* Pl., gr. *platýs* platt, *he hélmins, -inthos* der Wurm; (im engl. Sprachraum: Platyhelminthes); „Plattwürmer"; natürliche, gut abgegrenzte Gruppe der Protostomia, Bilateria. Wurmförmig mit meist abgeplattetem Körper u. einer von Mesenchym erfüllten Leibeshöhle, in dem Protonephridien verlaufen; Fehlen von After, Blutgefäßen u. spezifischen Atemorganen. – „Von den nahezu 13 000 rezenten Arten der Plathelminthes (…) sind nur etwa ein Viertel freilebend (Strudelwürmer, „Turbellaria"). Letztere leben vorwiegend benthisch in Meer- u. Süßwasserhabitaten (Sande, Schlamm, Algenaufwuchs); einige besiedeln terrestrische Biotope als kleine bzw. – besonders in den Tropen u. Subtropen – auch als größere Bodenbewohner. Bekannt ist die Gruppe vor allem durch die große Zahl parasitischer Formen. Besonders Saugwürmer (Trematoden wie der Große Leberegel, *Fasciola hepatica*, und der Pärchenegel, *Schistosoma mansoni*) und Bandwürmer (Cestoden wie Hunde-, Schweine- und Fuchsbandwurn), haben auch den Menschen oder dessen Haustiere als End- bzw. Zwischenwirt. Allgemein überwiegen als Endwirte Wirbeltiere; als Zwischenwirte dienen meist Evertebrata, besonders Mollusken und Arthropoden. Parasitische bzw. kommensalische Arten gibt es aber auch innerhalb der Turbellarien. Sie sind daher für das Verständnis der Evolution des Parasitimus in den Plathelminthen wichtig." (R. Rieger, in Westheide/Rieger 1996).

Plathichthys, gr. *o plátos* die Breite, Ebene, *ho ichthýs, -ýos* der Fisch, *flesus* latin. von frz. *flez* Pünktchen; Gen. der Pleuronectidae (Schollen), Ordo der Pleuronectiformes (Plattfischartige). Spec.: *Platichthys flesus,* Flunder.

Platodes, gr. *platýs*; Syn.: Plathelminthes (s. d.).

Plattbauch (-Libelle), die; s. *Libellula.*

Plattfische, die, mhd. *blatîse*, mlat. *platessa*; s. Pleuronectiformes u. Heterosomata; Fische mit asymmetr. Körperbau, dorsoventral zusammengedrückt. Augen nur auf der oberen Körperseite. Schwimmblase fehlt. Bis auf die Flunder, die auch im Süßwasser zu finden ist, Meeresbewohner; meist auf dem Meeresgrund lebend. Wichtige Arten z. B.: Flunder, Scholle, Seezunge, Heilbutt.

Plattenkiemer, die; s. Elasmobranchia.

Platypsillus, *m.*, gr. *platýs* breit, platt, *he psylla* der Floh; Gen. der Leptinidae, Pelzflohkäfer, Coleoptera. Spec.: *P. castoris*, Biberkäfer, Biberlaus. Lebt im Fell von Bibern, Nahrung: Milben.

Platyrrhina, auch: Platyrhina, *n.,* Pl., auch: Platyr(r)hini, *m.,* Pl.; gr. *platýs* u. *he rhis, rhinós* die Nase, das Nasenloch; der Name nimmt Bezug auf die meist auseinandergerückten Nasenlöcher bei breiter knorpliger Nasenscheidewand, „Breitnasenaffen"; Gruppe (im Range von Superfam. od. Subordo) der Simiae, Primates; auch wegen ihres Vorkommens Affen der Neuen Welt (S-, M-Amerika), genannt Neuweltaffen; durch eine Reihe von Merkmalen gegenüber den Catarrhina unterscheidbar (z. B.: kurzer äußerer Gehörgang, 3 Praemolares, während die Cat. einen langen, knöchernen Gehörgang u. nur je 2 Praemolares haben). Synonym: Ceboida. Familien: Cebidae

(Kapuzinerartige), Callimiconidae (Springtamarin), Callitrichidae (Krallenaffen); vgl.: Catarrhina, Simiae.

Platyrrhínus, *m.,* gr. *platýs* breit, platt, *he rhis, rhinós* die Nase, der Rüssel, also: Breitrüssler; Gen. der Anthribidae. Spec.: *P. resinósus,* Breitrüsselkäfer.

Platýsma, das, gr. *to plátysma* die Verbreiterung, die Platte; Platýsma myoídeum, Hauthalsmuskel beim Menschen, z. B. ein flacher Muskel unter der Haut des Halses.

Plazenta, die; s. *placénta.*

Plazentálier, die; Zusammenfassung der mit Chorion u. Plazenta versehenen Säuger mit Ausnahme der Monotremen u. Marsupialier.

plazentar, auf den Mutterkuchen, die Plazenta bezüglich.

Plazentation, die; s. *placénta*; Plazentogenese, Bildung der funktionsfähigen Plazenta. Der Ablauf der P. ist bei den einzelnen Arten der höheren Säugetiere (Placentalia) – auch in Abhängigkeit von der Form der Plazenta – verschieden.

plebēíus, -a, -um, lat., plebejisch, gemein, niedrig; s. *Anarcestes.*

Plecóptera, *n.,* Pl., gr. *plékein* flechten, drehen, *to pterón* der Flügel, namentlicher Bezug auf das Geäder (-Geflecht) der Flügel; Stein- od. Uferfliegen, rezente Gruppe der Perloidea; fossil seit dem Unteren Perm.

Plecótus, *m.,* gr. *plékēin* flechten, verbinden; die beiden großen Ohren sind auf der Schädelmitte zusammengewachsen; Gen. der Vespertilionidae (Glattnasen), Microchiroptera, Chiroptera. Spec.: *P. aurítus,* Großohrfledermaus; *P. austríacus,* Graue od. Österreichische Langohrfledermaus.

Plegadis, *m.,* Gen. der Threskiornithidae (Ibisse). Spec.: *P. falcinelles,* Braunsichler.

Pleiotropie, die, gr. *plēíon* zahlreicher, *tropēín* wenden; Polyphänie, vielseitige Genwirkung; der gleichzeitige Einfluss eines Gens auf die Ausbildung mehrerer, häufig zusammenhanglos erscheinender Merkmale eines Organismus.

pleiotypisch, gr. *ho týpos* das Gepräge, der Schlag, die Gestalt; allgemeine Stoffwechselsteuerung durch ein gemeinsames Signal, z. B. durch cAMP.

Pleistozän, das, gr. *plēístos,* Superl. v. *polys* viel, *kainós* neu; Eiszeitalter, untere Abteilung des Quartärs (alter Name: Diluvium).

pleodont, gr. *pléos* voll, angefüllt, *ho odús* der Zahn; Bezeichnung für Zähne ohne Höhlung in der Wurzel; Reptilienzähne, die im Gegensatz zu den cölodonten Zähnen in der Wurzel keine Höhlung aufweisen.

Pléon, das, gr. *plēín* schwimmen; Abdomen, Hinterleib, vorwiegend verwendet bei den höheren Krebsen (Malacostraca).

Pleopoda, *n.,* Pl., gr. *plēín* schwimmen, rudern, *ho pus, podós* der Fuß, wörtlich: „Schwimmfüße"; Abdominalextremitäten der Arthropoda („Bauchfüße"), die z. B. innerhalb der Crustacea nur bei den Malacostraca vorkommen. Die P. können bei manchen Arthropoda verschiedene Funktionen haben (z. B. der Bewegung oder der Respiration bei Kiemenumwandlung) u. auch rückgebildet sein (als Stummelfüße); vgl. auch: Thoracopoda.

Pleospongea, *n.,* Pl., s. *Archaeocyatha.*

Plerocercoid, das, gr. *pléres* voll, gesättigt, *he kérkos* der Schwanz eines Tieres; Finne mancher Cestoden, mit einem Kopf u. kompaktem blasenförmigem Hinterende. Entsteht z. B. bei *Diphyllobothrium latum* L. im 2. Zwischenwirt (Leber des Fisches) aus dem Procercoid.

Plesio-, gr. *plesíos* nahe, benachbart; in Zsg.

plesiomorphes Merkmal, *n.,* gr. *plesíos* nahe, benachbart, *he morphé* die Gestalt, Form; die ursprüngliche Ausprägung eines Merkmals (Hennig).

Plesiomorphie, die, *f.*; Bezeichnung für ursprüngliches, „primitives" Merkmal (od. Merkmalsausprägung), d. h. evolutiv alte Eigenschaft od. Struktur, die nicht nur in dem zur Diskussion stehenden Taxon, sondern auch in anderen Taxa vorkommt. Z. B. ist die Chorda eine Plesiomorphie des Taxons Acrania, da sie schon in der Stammart der Chordata gewesen sein muss.

Plesiosauria, die, gr. *plesíos* nahe, benachbart, *ho sāūros* die Echse, Eidechse, der Salamander; fossile Reptilien, den Sauriern zugehörig, marine Fischfresser mit plumpem Körper, bis 14 m lange Arten. Spec.: *Plesiosaurus* spec.

pleura, -ae, *f.,* latin., gr., die Seite, die Flanke; Pleura, das Brustfell.

Pleuracánthi, *m.,* Pl., gr. *he ákantha* der Stachel, Dorn, wörtl.: „Seitenstachler"; fossile Gruppe der Elasmobranchia mit den Genera *Pleuracanthus, Xenacanthus* (s. d.); Flossen mit Fiederskelett sind ein typisches Merkmal.

Pleuracanthus, *m.,* s. *Pleuracanthi,* s. *Xenacanthus.*

pleurális, -is, -e; zum Brustfell gehörig.

Pleurobráchia, *f.,* lat. *brachium* der Arm; Tentakel (bei seitlicher Anordnung) ausgestreckt 15–20-mal so lang wie der Körper, der kugelig, beeren-, birnen-, eiförmig ist; Gen. der Cydippidae, Ctenophora (s. d.). Spec.: *P. pileus,* Seestachelbeere.

Pleurodictyum, *n.,* gr. *to díktyon* das Netz; Gen. der Favositidae, Ordo Tabulata, Cl. Anthozoa; fossil weltweit im Unter- und Mitteldevon, Korallenstock, meist nachträglich durch einen Wurm angebohrt. Spec.: *P. problematicum.*

Pleuronectes, gr. *he pleurá, to pleurón* die Seite des Körpers, *ho nektés* der Schwimmer; Gen. der Pleuronectidae (Schollen), Ordo der Pleuronectiformes (Plattfischartige). Spec.: *Pleuronectes platessa,* Scholle od. Goldbutt.

Pleuronectiformes, *f.,* Pl., s. *Pleuronectes* u. *-formes*; Plattfische, auch Heterosomata (s. d.) genannt, Ordo der Osteichthyes. Familiae: Bothidae (Butten) mit *Rhombus* (Stein-, Glattbutt); Pleuronectidae (Schollen) mit *Pleuronectes* (Flunder), *Hippoglossus* (Heilbutt); Soleidae (Seezungen) mit *Solea.*

pleurophaeus, gr. *phaiós* braun; braun an der Seite; s. *Schizophthírius.*

Pleurotrémata, *n.,* Pl., gr. *to trémata* die Löcher, Öffnungen, „seitliche Öffnungen"; der Name bezieht sich auf die Kiemenöffnungen, die sich frei jeweils an den Kopfseiten (ohne Kiemendeckel) befinden; Haie, Gruppe der Elasmobranchii. Sie sind schon im Paläozoikum mit Formen (ohne zum Rostrum verlängerte Schnauze u. Wirbelkörper) vertreten. Morphologie der Flossen unterschiedlich: s. Cladoselachii, Pleuracanthi.

Pleuston, das, gr. *pleustikós* zum Schiffen geeignet, von *plein* schwimmen, zur See fahren; Bezeichnung für größere Organismen, die an od. auf der Wasseroberfläche schwimmen od. treiben.

pléxippus, *m.,* gr. *pléxippos* Rosse schlagend; s. *Danaus plexippus,* der große Entfernungen (von S-Kanada bis Texas u. Mexiko) hin- u. zurück„wandert" (offenbar „schneller als Pferde").

plexus, -us, *m.,* gr. *plékein* u. lat. *plectere* flechten; das Geflecht; das Gefäß- od. Nervengeflecht, Verflechtungen od. netzartige Verbindungen, durch die mehrere Blutgefäße od. Nerven untereinander zusammenhängen.

Plexus myentericus, der, lat. *myentericus, -a, -um,* (s. d.) zur Darmmuskulatur gehörig; Syn. von Auerbachscher Plexus, s. d.

plíca, -ae, *f.,* lat., die Falte.

plicátus, -a, -um, lat., gefaltet, zusammengerollt.

Pliozän, das, gr. *pleíon* Komparativ von *polýs* viel, *kainós* neu; letzter Abschnitt der Tertiärzeit, jüngste Abteilung (Stufe) des Neogens (Jungtertiär).

Plocéidae, *f.,* Pl., gr. *he ploké* und *ho plókos* das Gewebe, (Rund-) Geflecht, *plékein* flechten, drehen; Webervögel, Fam. der Passeriformes; das ♂ webt an Zweigspitzen hängende Nestbeutel, z. T. auch große Gemeinschaftsnester mit Nistkammern. Vorkommen: Äthiop. u. orient. Region. Genera (neben *Plocéus, Textor,* s. d.) u. a.: *Bubalornis* (Büffelweber/Afrika), *Foudia* (Scharlachweber/Madagaskar), *Malimbus* (Prachtweber), *Euplectes* (Flammenweber).

Plocéus, *m.,* gr. *he ploké* u. *ho plókos* das Gewebe, Geflecht, Gewebe; Gen. der Plocéidae (s. d.). Spec.: *P. relatus,* Maskenweber; *P. capensis,* (Kap-) Kopfweber.

Plódia, *f.,* wahrscheinlich von lat. *plódere* schlagen, klappern abgeleitet; Gen. der Pyralidae, UFam. Phycitinae, Ordo Lepidoptera; Spec.: *P. interpunctella,* Dörrobstmotte; häufig in Wohnungen auftretende Zünslerart mit geteilt gelb und braun gezeichneten Vorderflügeln, deren Larve an getrockneten Früchten (Südfrüchten) bzw. daraus hergestellten Lebensmitteln lebt.

Plötze, die; s. *Rutilus rutilus.*

Plumae, die, lat. *pluma* die Flaumfeder; Dunen, Flaumfedern der Vögel, bilden bei vielen Vögeln das erste Jugendkleid; *plumatus,* befiedert.

Plumatélla, *f.,* lat., mit federbuschartiger (Name!) Tentakelkrone, lebt als Reliktform im Süßwasser; Gen. der Plumatéllidae, Lophopoda (Phylactolaemata), primitivste Gruppe der Bryozoa, bei denen noch der Lophophor (s. d.) vorkommt. Spec.: *P. repens; P. fungosa.*

plumbum, -i, *n.,* lat., das Blei. Spec.: *Nototrema plumbeum,* Bleifarbener Taschenfrosch.

plumicórnis, -is, -e, lat., mit gefiederten (*pluma* s. o.) Fühlern (*cornu* Fühler, Antenne); s. auch *Coréthra.*

Plumplori, s. *Nycticébus.*

Pluripara, lat., Bezeichnung für weibliches Individuum, das mehrmals nach aufeinanderfolgenden Graviditäten geboren hat. Der Fachausdruck für die Anzahl der vollzogenen Geburten wird von den Ordnungszahlen abgeleitet (z. B. Primipara, Sekundo-, Tertiopara usw.); vgl. *Multipara.*

plurivoltin, lat., Compl. *plus, pluris* mehr, größer, höher, *evolutio, -onis, f.,* das Aufrollen, die Entwicklung, Syn. polyvoltin, gr. *polýs* viel; Bezeichnung für Organismen (Insekten), die mehr als eine Generation im Jahr durchlaufen können; bivoltin od. univoltin: in zwei od. einer Generation im Jahr auftretend.

Plúteus, der, lat., das Gerüst; Larve der Seeigel (Echinopluteus) u. der Schlangensterne (Ophiopluteus).

pluvialis, -is, -e, lat. *pluvia, -ae, f.,* der Regen; zum Regen gehörig. Spec.: *Pluvialis apricaria,* Goldregenpfeifer.

Pluviánus, *m.,* lat., zum Regen *(pluvius)* in Beziehung stehend; Gen. der Charadriidae. Spec.: *P. aegyptiacus,* Krokodilwächter (nützlich für das Krokodil, weil *P. a.* durch sein Geschrei vor nahender Gefahr warnt und außerdem dessen Körperoberfläche von anhaftendem Getier „reinigt").
PNA, Abk. für Pariser Nomina Anatomica (1955), s. medizinisch-anatomische Nomenklatur.
pneumaticus, -a, -um, gr. *to pnēúma* die Luft, der Hauch; lufthaltig.
Pneumatizität, die; die Lufthaltigkeit gewisser Knochen des Vogelskeletts.
Pneumatophor, das, gr. *phoréīn* tragen; Luftflasche, Luftkammer, luftgefülltes Organ am oberen Ende des Stammes vieler Röhrenquallen (Siphonophoren).
pneumotrop, gr. *ho trópos* die Richtung; auf die Lungen wirkend.
pod-, podo- (als Präfix in Zusammensetzungen), fuß, stiel-, ...-füßig, (gr. *pus,* Genitiv: *podós* = Fuß).
podalírius, *m.,* latin., gr. *Podaleirios,* Sohn des Asklepios; s. *Papilio.*
Podárgus, *m.,* gr. *pódargos* schnellfüßig (*pus, podós* = Fuß; *argós* = schnell). Gen. der Podárgidae. Spec.: *P. strigoides,* Eulenschwalm (austral. Region).
Podiceps, *m.,* lat., kontrahiert aus *podex, -icis* der Steiß u. *pes* (bei willkürl. Weglassen des e) der Fuß, eigentl.: *podícipes, -édis* der Steißfuß; ihre Beine treten sehr „weit hinten" (gleichsam in Steißnähe) aus dem Körper; Gen. der Podicipédidae (Lappentaucher, weil sie an den Füßen keine Schwimmhäute, sondern breite Hautlappen tragen). Ordo: Podicipediformes (Steißfußvögel). Spec.: *P. cristatus,* Haubentaucher; *P. nigricollis,* Schwarzhalstaucher.
Podicipediformes, *f.,* Pl., s. *Podiceps*; Steißfüße, Gruppe (Ordo) der Aves.
Pododermatitis, *f.,* (gr. *podo-,* s. o. und *to dérma* die Haut); „Hautentzündung am Fuß"; Entzündung der Huf- (Hoplodermatitis) bzw. Klauenlederhaut (Chelodermatitis). Es werden u. a. unterschieden: aseptische u. infektiöse P., nach Verlauf akute oder chronische P., nach Grad superfizielle oder profunde P., nach Ausdehnung zirkumskripte oder diffuse P.
Podozyten, die, Pl., gr. *ho pus, podó* der Fuß, das Bein, *to kýtos* das Gefäß, die Höhlung; Kapillar-Endothelzellen der inneren (Nieren-)Kapselwand, Zellen mit typischen Filtrationsstrukturen. Diese Podozyten besitzen verschiedene Ausläufer, von denen wiederum feinere Fortsätze ausgehen, die miteinander verzahnt sind (ein „Sieb" formend).
-podus, -a, -um (als Suffix in Komposita), ... -füßig (gr.: s. o.).
Poecília, *f.,* gr. *he pokilía* die Buntheit, Mannigfaltigkeit; Gen. der Poecílidae, Cyprinodontoídea. Spec.: *P. vivipara,* Augenfleckkärpfling, Änderling.
Pogonóphora, *n.,* Pl., gr. *ho pṓgōn, -onos* der (Backen-) Bart, *phoréīn* tragen; fraglos namentlicher Bezug auf die vom Prosoma ausgehenden langen Tentakeln; Tiergruppe der Metazoa von z. Z. noch unsicherer Stellung im Sytem; offenbar ist ihre Zuordnung zu den Protostomia auf Grund von Ähnlichkeiten mit den Annelida wahrscheinlicher als ihre (zeitweilig erfolgte) Einordnung in die Deuterostomia (s. d.). Spec.: *Siboglinum ekmani.*
poikilosmotisch, gr. *poikílos* verschieden, verschiedenartig, s. Osmose; „Bei wasserlebenden Tieren, deren innere osmotische Konzentration sich mit der der Außenwelt verändert, spricht man von poikilosmotischen Formen" (Florey 1970).
poikilotherm, gr. *thermós* warm; „wechselwarm", wechselwarmblütig sind Tiere, deren Körpertemperatur abhängig vom Tätigkeitszustand des Körpers u. von der Außentemperatur wechselt, wobei die Intensität der Stoffwechselvorgänge von der Außentemperatur beeinflusst wird. – Für manche Tiergruppen (z. B. Insekten, Amphibien, Reptilien) wird dadurch die geographische Verbreitung eingeengt u. in breiten Zonen das aktive Leben auf die warme Jahreszeit beschränkt; Ggs.: homoiotherm.
Polarfuchs, der; s. *Alopex.*
Polarluchs, der; s. *Lynx.*
Polemaétus, *m.,* gr. *poleméīn* Krieg führen, kämpfen, *ho polemistḗs* der Kämpfer, Streiter, *ho aetós* der Adler; Gen. der Accipitridae, Greifvögel. Spec.: *P. bellicósus,* Kampfadler.
Polenov, Andrej, Lvovich, geb. 19. 2. 1925 Kronstadt; Neuroendokrinologe (der Vertebraten); Studium der Zoologie (Histologie, Anatomie) an der Biol. Fakultät der Univ. Leningrad (1944–1949), Schüler von Prof. Gerbilsky, Assistent in der Abt. Histologie u. Embryologie des Medizin. Institutes I. P. Pavlov (1952–1960), Oberassistent im Institut für Zytologie der Akademie der Wissenschaften der UdSSR (1960–1965), seit 1966 Chef des Laboratoriums für Neuroendokrinologie am Sechenov-Institut für Evolutionsphysiologie u. Biochemie d. Akad. d. Wiss. d. UdSSR, 1969 Prof. für Human- u. Tierphysiologie. Dissertation (cand. sc., 1956): Neurosekretion in vegetativen Kernen des Zwischenhirns von Fischen, Habilitation (Dr. sc., 1965): „Functional morphology of

neurosecretory elements of the diencephalon in vertebrates."
Lit.: „Evolutionary basis of the general principle of neuroendocrine regulation. Interaction of peptide and monoamine neurohormones in a dual control mechanism." In: Neurosecretion and Neuroendocrine Activity (Eds. W. Bargmann, A. Oksche, A. Polenov, B. Scharrer). Springer Berlin 1974, p. 15–30; „Evolution of hypothalamohypophysial neuroendocrine complex." In: Evolutionary Physiology, Handbook of Physiology (Ed. E. M. Kreps), Leningrad, Nauka 1983, part 2, p. 53–109.
poliocephalus, -a, -um, gr. (latin. Suffix), grauköpfig; s. *Chloëphaga.*
Poliósis, die, gr. *poliós* grau; das Ergrauen der Haare.
póllex, -cis, *m.,* lat., der Daumen.
Polstermilbe, die; s. *Glycyphagus.*
pólus, -i, *m.,* latin., gr., der Pol.
Polyandrie, die, gr. *polýs* viel, *ho anér, andrós* der Mann, Ehemann; Vielmännerei, Zusammenleben eines weiblichen Individuums mit mehreren männlichen Partnern.
Polyboroídes, *m.,* gr. *polýboros* vielfressend u. *-ides* = ähnlich; ziemlich viel fressend, Gen. der Accipitridae, Greife. Spec.: *P. radiatus,* Höhlenweihe.
Polycélis, *f.,* gr. *he kelís* der Fleck; Gen. der Tricladida (s. d.). Spec.: *P. nigra* (hellgrau bis tiefschwarz); *P. tenuis* (mittel- bis dunkelbraun).
Polychaeta, *n.,* Pl., gr. *he chaíte* die Borste; Vielborster; (Grund-) Gruppe der Annelida; typisch sind wohlentwickelte Cölomsäcke u. ein Paar Parapodien an jedem Segment, aus denen Borstenbüschel herausragen; Prostomium meist mit paarigen, antennenartigen Fortsätzen od. einer Tentakelkrone, gewöhnlich getrenntgeschlechtlich. Einteilung (Ordines): Errantia, Sedentaria (fossil seit dem Kambrium), Archiannelida.
polychlóros, gr., sehr gelb.
Polyclada, *n.,* Pl., gr. *ho kládos* der Zweig; Syn: Polycladida; Gruppe (Ordo) der Turbellaria; mit stark verzweigtem Mitteldarm (Name!) u. Pharynx plicatus.
Polydaktylie, die, gr. *ho dáktylos* der Finger, die Zehe; Überzahl an Fingern od./u. Zehen; Syn.: Hyperdaktylie.
Polydipsie, *f.,* gr. *he dipsa* der Durst; (engl.) polydipsia; gesteigertes Durstempfinden u. vermehrte Flüssigkeitsaufnahme; 1. psychogen, ohne vorausgehenden Anstieg der Plasmaosmolarität; 2. reaktiv, als Folge erhöhter Plasmaosmolarität, z. B. bei Diabetes mellitus.
Polyembryonie, die, *to émbryon* die ungeborene Leibesfrucht; Entstehung von mehreren Embryonen aus einer Eizelle bzw. durch Embryozerklüftung (Schlupfwespen, Gürteltiere, aber auch eineiige menschl. Zwillinge).
Polýergus, *m.,* gr. *to érgon* das Werk, die Handlung beim Rauben von Puppen (anderer Ameisenarten), die zu Sklaven und zum Füttern von Polyergus-Arten aufgezogen werden. Gen. der Formicidae. Spec.: *P. ruféscens.*
polygam, gr. *gameín* gatten; vielgattig, vielehig.
Polygamie, die; Vielehe, das geschlechtliche Zusammenleben eines Individuums mit mehreren Individuen des anderen Geschlechts; s. Polygynie, s. Polyandrie.
polygen, gr., Bezeichnung für Gene, die einzeln nur gering, jedoch meist in Form von Polygenblöcken kumulativ wirken und in ihrer Effizienz die Ausprägung quantitativer Merkmalsunterschiede determinieren. Zahlreiche quantitativ variable physiologische Eigenschaften sind polygen bedingt (z. B. auch die Zwillingsgeburt-Anlage bei Pferd, Rind u. anderen Säugetieren).
Polygenblock, der; Gruppe von nicht zufällig gekoppelten Genen (Genorten), die im Verlaufe der Evolution geordnet wurden, da sie z. B. im gleichen Stoffwechselprozess die Abfolge von Syntheseschritten determinieren u. durch ihre unmittelbar benachbarte Lokalisation eine größere Stabilität der Funktion (bzw. der physiologischen Eigenschaft) bewirken. Polygenblöcke simulieren oft einen einfachen mendelnden Erbgang (vgl. Operon).
Polygene, die; die an der Polygenie beteiligten Gene (bzw. Genpaare, Mather 1941).
Polygenie, die, gr. *gígnesthai* entstehen; die Abhängigkeit eines Erbmerkmals, meist einer quantitativ variablen Eigenschaft, von zahlreichen Genen bzw. die Merkmalsbildung durch gemeinsame Wirkung mehrerer Genpaare, wobei im besonderen Fall die beteiligten Genpaare sich qualitativ ergänzen (können). Polygen determinierte Merkmale od. Eigenschaften sind ± umweltbeeinflussbar. Man unterscheidet (nach der Art des Zusammenwirkens der Gene): additive P. od. Polymerie; komplementäre P.; multiplikative P.
Polyglobulie, die; s. Hyperglobulie.
polyglóttus, gr. vielsprachig (vielstimmig, -züngig); s. *Mimus,* s. *Hippoláis.*
polygonal, gr. *he gonía* die Ecke, der Winkel; vieleckig.
Polygórdius, *m.,* lat., vielknotig, *gordius* Knoten („Gordischer Knoten", sprichwörtlich bekannt durch den unauflöslichen, von Alexander

mit dem Schwerte in seinem Wagen zerhauenen Knoten, Gordius Name des Königs von Gordium); mit langem, in viele gleichmäßige Segmente gegliedertem Körper, Rücken u. Bauchgefäß durch segmentale Schlingen verbunden; Gen. der Polygordíidae, Archiannelida (s. d.). Spec.: *P. lacteus.*

polygyn, gr. *he gyné* das Weib; also; „vielweibig"; Bezeichnung für Nestgemeinschaften sozialer Insekten, in denen im Ggs. zu monogynen „Staaten" die Fortpflanzung durch mehrere Weibchen erfolgt.

Polygynie, die, gr.; Vielweiberei, Zusammenleben eines männlichen Individiuums mit mehreren weiblichen. In diesem Sinne leben unter den Säugetieren die Robben u. viele Huftiere, unter den Vögeln die meisten Hühnervögel; vgl. polygyn.

polyhemerob; s. Hemerobie.

polykoitisch, gr., sich mit vielen paarend.

polylépis, gr., vielschuppig, gr. *he lepís* die Schuppe; s. *Dendroáspis.*

Polymastie, die, gr. *ho mastós* die Brustwarze, Brust; das Vorhandensein überzähliger Milchdrüsen.

Polymastigina, *n.,* Pl., gr. *he mástix, mástigos* die Geißel; „Vielgeißler"; mit 4 od. mehr Geißeln (Name!); Gruppe (Ordo) der Zooflagellata od. -mastigina (s. d.). Oft vorkommende Merkmale sind die als Stützorganellen (Axostyl) im Zellzentrum wirkenden Tubulusformationen u. kleine Golgiapparate (Parabasalkörper) an den Basalkörpern der Cilien. – Bedeutsame Gattungen z. B.: *Trichomonas, Chilomástix.* – Viele P. leben als Darmbewohner in Termiten u. ernähren sich von Holz.

Polymenorrhoe, die, gr. *ho men* der Monat, gr. *rhéīn* fließen, strömen; verkürzte Zyklusdauer, zu häufige Regelblutung.

Polymerasen, die; Enzyme, die die Biosynthese von Nukleinsäuren vollziehen.

Polymerie, die, gr.; Form der Polygenie, bei der sich die an der Merkmalsbildung beteiligten Genpaare quantitativ (bzw. additiv) ergänzen u. ein eindimensional variierendes Merkmal in gleicher Weise beeinflussen (ohne Vorkommen von Dominanz u. andersartigen Wechselwirkungen).

Polymerisation, die, gr. *to méros* der Teil; „Vielteiligkeit", Zusammenlagerung mehrerer Einzelmoleküle zu einem großen Molekül; Beispiel: Glukose zu Glykogen (Polysaccharid, tierische Stärke).

polymorph, gr. *he morpé* die Gestalt; vielgestaltig.

Polymorphismus, der; Verschiedengestaltigkeit der Individuen in Tierstöcken od. der Individuen einer sozialen Vereinigung (z. B. eines Insektenstaates). Eine Form des P. ist der Sexualdimorphismus. Er ist gekennzeichnet durch verschiedene Erscheinungsformen der beiden Geschlechter; s. auch Saisondimorphismus.

polymórphus; vielgestaltig; s. *Dreissensia.*

Polynukleotide, die; s. Nukleinsäuren.

Polýodon, *m.,* gr. *ho odṓn, odóntos* der Zahn. Gen. der Polyodontidae, Löffelstöre. Acipenseriformes, Störe. Spec.: *P. spathula,* Löffelstör (mit langer, löffelartiger Schnauze über dem Maul).

Polyp, der, gr. *polýpus* vielfüßig; eine der beiden Habitusformen der Cnidaria.

Polypedatus, *m.,* gr. *polýs* viel, *he pédē* die Fußfessel; namentlicher Bezug auf die breiten Schwimmhäute; Gen. der Polypedatidae, Anura. Spec.: *P. maculatus,* (Gefleckter) Flugfrosch.

Polypenlaus, die; s. *Kerona.*

Polypeptide, die, gr. *polys* viel, s. Peptide; makromolekulare Kette, die durch peptidartige Verknüpfung von Aminosäuren entsteht.

Polyphänie, die, gr. *phaínēīn* sichtbar machen; s. Pleiotropie.

polyphag, gr. *phagéīn* essen, fressen; polyphag sind Tiere, die verschiedenerlei Nahrung aufnehmen; Ggs.: monophag.

Polyphaga, *n.,* Pl.; Gruppe der Coleoptera, stärker differenziert als die Adephaga.

polyphémus, nach gr. *Polyphemus,* der einäugige (von Odysseus geblendete) *Cyclon*; s. *Límulus.*

Polyphémus, *m.,* gr.; namentlicher Bezug zu den großen, verschmolzenen Komplexaugen; Gen. der Polyphémidae, Cladocera. Spec.: *P. pediculus (= P. oculus).*

polyphyletisch, gr. *polýs* viel, *he phylé* der Stamm; von mehrfachem Ursprung, sich von mehreren Stammformen herleitend.

Polyphyletische Gruppe, die, *f.*; Gruppierung von Arten od. anderen Taxa, die auf nicht näher miteinander verwandte Stammarten zurückgehen u. aufgrund fälschlich für homolog gehaltener Merkmale vereint wurden. Eine derartige Gruppe bildet folglich keine monophyletische Einheit im System der Organismen. Als polyphyletisch erkannte Gruppierungen haben keine Berechtigung in der phylogenetischen Systematik, z. B. sind die in älteren Systemen der einzelligen Tiere genannten „Amoeba" u. „Sporozoa" Sammelgruppen verschiedener Taxa, die nicht näher verwandt sind.

Polyphyodontismus, der, gr. *phýéīn* hervorbringen, *hoi odóntes* die Zähne; mehrmalig stattfindender Zahnwechsel, bei Fischen, Amphibien, Reptilien.

Polypid, das, gr. *polýpus, -odos* vielfüßig; vorderer Körperteil der Moostierchen (Bryozoen), bestehend aus der Tentakelkrone u. der an Mund u. After hängenden Darmschleife.

polypinus, -a, -um, latin., polypenartig.

Polyplacophora, die, Pl., Syn.: Placophora, gr. *he plax, plakós* die Platte, Tafel, *he phorá* das Tragen; Vielplattenträger, Käferschnecken, Vielschaler, bilateral-symnmetrische Mollusken (Amphineura), Rücken mit 8 gegeneinander beweglichen Schalenplatten bedeckt, Bewohner der Meeresküsten u. Brandungszonen; Gen.: *Chiton.* Foss. seit dem Oberkambrium.

Pólyplax, *f.,* gr. *he plax* die Platte, der Name bezieht sich auf die auffällige Plattenbildung am Abdomen; Gen. der Haematopínidae. Spec.: *P. reclinata,* Spitzmauslaus; *P. serrata,* Mäuselaus; *P. spinulosa,* Rattenlaus.

Polyplectron, *n.,* gr. *to plē̆ktron* der Sporn, bezieht sich auf die 2 bis 6 vorkommenden Sporne beim ♂; Gen. der Phasianidae, Fasanvögel. Spec.: *P. bicalcaratum,* Spiegelpfau (in O-Asien beheimatet).

polyploid, gr. *polyplóos* vielfach; mit mehreren Chromosomensätzen.

Polyploidie, die; Vervielfachung der Chromosomensätze in der Zelle, sie kann vorliegen z. B. als Triploidie (3 n), Tetraploidie (4 n), Pentaploidie (5 n), Hexaploidie (6 n) usw.

polypoid, gr. *polýpus, -odos* vielfüßig; polypenähnlich.

Polyprotodóntia, *n.,* Pl., gr. *polýs* viel, *prótos* der erste, vorderste, *ho odús, odóntos* Zahn; zusammengefasste Gruppe der Metatheria (Beuteltiere), die im Ggs. zu den Diprotodóntia (s. d.) mehrere („viele") Incisivi (jederseits im O-Kiefer 5–3, im U-Kiefer 4–3) haben. Zu den P. gehören (ohne die diprotodonten Phalangeroidea) alle übrigen Gruppen der Metatheria (s. d.).

Polýpterus, *m.,* gr./latin. („vielflossig"); Rückenflosse im vorderen Teil zu vielen einzelnen Flösseln aufgelöst (Name!). Gen. der Polyptéridae, Polypteriformes (Flösselhecht-Verwandte). Spec.: *P. ornatipinnis,* Flösselhecht, Schönflössler.

Polysaccharide, die, gr. *to sákcharon* der Zucker; „Glykane"; P. entstehen durch glykosidische Verkettung sehr vieler Monosaccharide, bedeutsam als Gerüstsubstanzen, z. B. Cellulose u. Chitin, u. Reservestoffe, z. B. Glykogen.

polysaprob, eine Saprobiltätsstufe für stark bis sehr stark verunreinigte Gewässer; s. Saprobiegrad.

Polysómen, die; auch Ergosomen genannt, stellen höchstwahrscheinlich die eigtl. Zentren der Biosynthese der Eiweiße dar. Sie entstehen durch Verbindung von durchschnittlich vier bis acht Ribosomen (s. d.) mit einem Messenger-RNS-Molekül.

Polyspermie, die, gr. *to spérma* der Samen; Eindringen mehrerer Spermien in eine Eizelle, Besamung durch mehrere Spermien.

Polystóma, *n.,* gr. *to stóma* die Öffnung, der Mund; Gen. der Polystomatidae, Polyopisthocotylea, Monogenea, Cercomeromorpha, Neodermata; parasitische Trematoden von Lurchen u. Kriechtieren. Spec.: *P. integerrimum,* Wirte: Frösche; Europa.

Polytänchromosomen, die, gr. *he tainía* das Band; Riesenchromosomen; abnorm große, klar strukturierte, auch im Ruhekern sichtbare Chromosomen u. a. in den Oozyten der Lurche (Lampenbürstenchromosomen) u. in bestimmten Geweben von Zweiflüglerlarven.

Polythalámia, *n.,* Pl., gr. *polýs* viel u. *ho thálamos* die Kammer; Bezeichnung für die „vielkammerigen" Arten der Foraminifera. Die P. haben sich aus den Monothalamia (s. d.) im Laufe der Phylogenie gebildet. Ihre Gehäuseform präsentiert sich in großer Mannigfaltigkeit.

Poythelie, die, gr. *hethelé* die Brustwarze; Überzahl an Brustdrüsen; Syn.: Polymastie.

polytréma, *n.,* gr. *to tréma* das Loch; mit vielen (Kiemen-)Öffnungen.

Polytrichie, die, gr. *he thrix, trichós* das Haar; übermäßiger Haarwuchs.

polytrophe Eiröhren, gr. *he trophé* die Ernährung; Eiröhren bei einigen Gruppen von Insekten, in denen Eizellen mit Nährzellen, die zu mehreren in besonderen Nährkammern liegen, abwechseln.

polyvoltin, lat. *vólvere* wälzen, hervorbringen, entwickeln (s. Evolution); z. B. eine Rasse von *Bombyx mori,* die mehr als eine Generation im Jahr hervorbringt; Gegenbegriff: univoltin.

Pomacéntrus, *m.,* gr. *to pō̆ma* der Deckel, *to kentron* der Dorn, Stachel, namentl. Bezug auf die mit einem oder zwei Dornen versehenen Deckel. Gen. der Pomacentridae (Riffbarsche). Perciformes. Spec.: *P. fasciatus,* Binden-Riffbarsch (mit 4 gelben Querbinden, bilateral 2 Reihen schwarzer Flecken; Ost-Indien).

pomátius, -a, -um, lat. *pomum* das Obst; zum Obstwein gehörend (Artbezeichn.).

Pomóna, *f.,* die Göttin des Obstes; z. B. in *Apion pomonae.*

pomonélla, lat., kleines Obst (*pomum* Obst); z. B. *Cydia pomonella.*

pomórum, lat., Genit. Pl. von: *pomum;* in Zusammensetzungen: Obst-; z. B. s. *Anthónomus.*

Ponéra, die, gr. *ponērós* = lästig, schlimm; besitzen einen Stridulationsapparat in Gestalt einer feinen Raspel auf dem 2. u. 3. Hinterleibsring. Gen. der Ponerina (Stachelameisen), Formicidae. Spec.: *P. contracta* (lebt in kl. Kolonien vorzugsweise unter Steinen u. Moos).
Póngidae, *f.*, Pl., *s. Pongo*; Echte Menschenaffen; Fam. der Homonoidea (s. d.), Catarrhina, Rezente Genera sind: *Pongo* (auf Sumatra u. Borneo noch vorkommend, Hangler bei familienweiser od. solitärer Lebensweise); *Gorilla* u. *Pan* (in Zentralafrika, leben in Horden, sind anatomisch den Hominiden am nächsten verwandt); fossile im mittleren u. späten Tertiär weit verbreitete Genera: *Aegyptopithecus, Dryopithecus, Ramapithecus.*
Pongo, *m.*, einheimischer Name; Gen. der Pongidae, Anthropomorpha, Catarhina, Simiae, Primates. Spec.: *P. pygmāēus,* Orang-Utan (heißt malaiisch: Waldmensch; die Art ist der einzige rezente Vertreter der Ponginae in Asien); der Orang-Utan war im Pleistozän weit über SO-Asien verbreitet.
pons, -tis, *m.*, lat., die Brücke.
pontínus, -a, -um, zur Brücke gehörig.
Popíllia, *f.*, gr. *Popil(l)ius* Name (in der Antike, z. B. C. Pop. war Mitbewerber des Cäsar um Tribunenstelle), offenbar ohne besonderen Grund übertragen; Gen. der Scarabeidae. Spec.: *P. japónica,* Japanischer Käfer.
póples, -itis, *m.*, lat., die Kniekehle.
poplíteus, -a, -um, s. *poples*, zur Kniekehle gehörig.
Population, die, lat. *populátio* die Bevölkerung, das Volk: 1. Gesamtheit der an einem Ort vorhandenen Individuen einer Sippe, 2. allgemein in der Biometrie: Stichprobenumfang.
Populationsdichte, die; Anzahl der Individuen einer Population bezogen auf eine Flächen- oder Raumeinheit; „Bevölkerungsdichte".
Populationsdynamik, die, gr. *he dýnamis* die Kraft, Stärke; Erscheinung der zeitlichen Veränderungen der Struktur u. Größe einer Population.
Populationsgenetik, die; lat./gr.; Teilgebiet der Genetik. Die P. untersucht die genetische Struktur von Populationen (Genfrequenzen, Genotypfrequenzen u. a.), das genetische Gleichgewicht sowie die Dynamik der Gen- bzw. Genotypfrequenzen unter dem Einfluss z. B. von Mutation, Selektion, Migration, Inzucht, genetischer Drift. Die Darstellung der Untersuchungsergebnisse erfolgt durch mathematische Begriffe.
populus, lat.; 1. *-i, m.*, das Volk, die Menge; 2. *-i, f.*, die Pappel; s. *Melasoma.*
Poraspis, *m.*, gr. *ho pṓros* Kalkstein u. *he aspís* der Schild; Gen. der Cl. Ostracodermi, s. d.; fossil im Obersilur. Spec.: *P. polaris.*
porcárius, -a, -um, lat., dem Schweine *(porca, porcus)* ähnlich; s. *Papio.*
Porcellana, f., lat. (neul.) *porcelláneus* porzellanartig; namentl. Bezug auf den wie Porzellan aussehenden Panzer: Gen. d. Porcellanidae, Porzellankrabben, Galatheidea (Cohors), Anomura.
Porcéllio, *m.*, lat., Assel, „Schweinchen" (von *porcus* Schwein, und *-ell* Verkleinerungsform); Gen. der Porcellionidae, Ordo Isopoda. Spec.: *P. scaber,* Kellerassel; frisst ähnlich wie *Oniscus* (s. d.) faulende und gesunde Pflanzenteile, Garten-/Vorratsschädling.
pórcellus, *m.*, lat., kleines Schwein *(porcus)*; s. *Cavia.*
porcínus, lat., schweineähnlich, Schweins-; z. B. *Axis porcinus.*
porcus, *m.*, lat., das Schwein; Artname bei *Potamochōērus.*
Porifera, *n.*, Pl., gr. *ho póros* der Durchgang, die Öffnung u. lat. *ferre* tragen, „Lochträger"; Schwämme, mit etwa 5000 Arten, Kategorie (Hauptstamm, Phylum, Unterreich) der Metazoa; Syn.: Blastoidea, Parazoa (Harms/Lieber 1970); sessile Tiere, die in großer Artenzahl überwiegend im Meer vorkommen, insbes. auf Hartböden in sinkstoffreichen Gewässern. Eine Ausnahme stellen nur wenige in das Süßwasser vorgedrungene Kieselschwämme dar. „Eine Sonderstellung der Schwämme aufgrund ihrer histologischen Differenzierung lässt sich nicht mehr voll aufrechterhalten. Ihre Gewebe entsprechen im wesentlichen anderen Metazoen" (vgl. Remane/Storch/Welsch 1989). Systematische Gliederung nach der Art der Stützsubstanzbildung (Calcispongea, Silicospongea, Calcarea, Silicea).
porósus, -a, -um, latin., porös, durchlöchert, reich an Öffnungen od. Löchern (Poren); s. *Crocodílus.*
Porphyrine, die; Farbstoffgruppe, die an Eiweiße gebunden ist u. z. B. dem Hämoglobin, Chlorophyll u. den Cytochromen zugrunde liegt. Mit Metallen (Eisen, Magnesium, Kobalt) werden sehr gering Metall-Porphyrin-Eiweiß-Verbindungen gebildet. Die Eisen-Porphyrin-Verbindungen (Hämoproteide) sind für den Stoffwechsel des Sauerstoffs von großer Bedeutung. Hierzu gehören die Atmungsenzyme (Cytochrome, Peroxidase, Katalasen) u. die sauerstoffübertragenden Hämoproteide (Hämoglobin, Myoglobin, Erythrocruorin).
pórta, -ae, *f.*, lat., die Pforte, Tür.
pórtio, -ónis, *f.*, lat., der Anteil, die „Portion".

Portlandia, s. Syn. *Yoldia.*
Portmann, Adolf, geb. 27. 5. 1897 in Basel, gest. 28. 6. 1982 in Basel; 1921 Promotion (Odonaten der Umgebung von Basel), 1931 Direktor des Zoologischen Institutes der Univ. Basel. Arbeitsthemen u. a.: allgemeinzoologische u. anthropologische Themen; Unters. zur Differenzierung von *Aiptasia* (Coelenterata), Flora u. Fauna des Golfes von Neapel; Gehirnentwicklung u. Cerebralisation, Analyse der Geburtszustände von Vögeln u. Säugern (Nesthocker u. Nestflüchter). Wesentl. Bücher: „Einführung in die vergleichende Morphologie der Wirbeltiere" (1948), „Die Tiergestalt" (1948), „Das Tier als soziales Wesen" (1953).
pórus, -i, *m.,* latin., gr., die Öffnung, der Weg.
post, lat., nach, hinter, später, z. B. *post mortem* = nach dem Tode; als Präfix in zahlreichen Komposita (s. u.).
postembryonal, s. Embryo; nach der Embryonalentwicklung; ist der dem embryonalen Abschnitt folgende Entwicklungsabschnitt im Rahmen der Ontogenie; vgl. Embryogenese, Kyematogenese.
postérior, -us, -óris, lat., der hintere.
posterus, -a, -um, lat., nachfolgend.
postfetal, lat., nach dem Fetalstadium; vgl. Fetogenese, Kyematogenese.
postganglionaris, -e, gr. *to gánglion* der Knoten; hinter dem Ganglion gelegen.
postmortal, lat. *mors, mortis, f.,* der Tod; nach dem Tode auftretend.
postnatal, lat. *natális, -e* die Geburt betreffend; nach der Geburt. Syn.: post partum (Abk.: p. p.), vgl. *partus.*
post partum, lat. *párere* gebären, hervorbringen; nach der Geburt.
Postzygapophyse, die; s, Zygapophysen.
Potamal, das, gr. *ho potamós* der Fluss, Strom; Zone des Tieflandflusses, sommerwarm, sandigschlammiger Boden, umfasst die Barbenregion, Brachsenregion und die Kaulbarsch-Flunder-Region; s. Potamon.
Potamochóerus, gr. *ho potamós* der Fluss, *ho chōíros* das Schwein; Gen. der Suidae, Schweine. Spec.: *P. porcus,* Flussschwein. Subspec.: *P. p. pictus,* Afrikanisches Pinselohrschwein.
Potamocoen, gr. *koinós* gemeinsam; Bezeichnung für Biotop u. Biozönose der im Potamal lebenden Organismen.
Potamogále, *f.,* gr. *ho potamós* u. *he galḗ* das Wiesel, die Katze; wörtl.: „Flusswiesel", „Otter"; Gen. der Potamogálidae (Otterspitzmäuse), Insectivora. Spec.: *P. velax,* Otterspitzmaus.
Potamogálidae, *f.,* Pl., s. *Potamogale*; Otterspitzmäuse, Fam. der Insectivora, Afrika.
Potamon, *n.,* gr. *ho potamós* der Fluss; 1. eine Süßwasserkrabbe dieser Gattg., gilt als „Symbolfigur" für das Sternbild „Krebs", das die babylonischen Astronomen bereits um 2100 v. u. Z. in den Himmel versetzten; Gen. der Potamónidae, Brachyura, Decapoda, Malacostraca; 2. Potamon, das, Bezeichnung für die im Potamal lebenden Organismen; Zone des Tieflandflusses: obere Zone = Epipotamal (= Barbenregion); mittlere Zone = Metapotamal (= Blei- od. Brachsenregion), untere Zone = Hypopotamal (= Kaulbarsch-Flunder-Region).
Potamoplankton, das; s. Plankton; in Flüssen vorkommendes Plankton.
Poténtia, *f.,* lat., die Fähigkeit, das Vermögen; P. coeúndi: Fähigkeit zum Beischlaf; P. concipiéndi: Empfängnisfähigkeit; P. generándi: Zeugungsfähigkeit; vgl. Potenz, Impotenz.
Potential, das; physikalischer Begriff aus der Elektrizitätslehre; elektrophysiologisch gleichbedeutend mit Spannung, z. B. Membran-Potential.
Potenz, die; 1. in einem Entwicklungsstadium anlagenmäßig (genetisch) vorhandene Entwicklungsmöglichkeit(en); 2. die Fähigkeit im allgemeinen u. im besonderen die geschlechtliche Fähigkeit; s. Potentia.
Pótos, *m.,* von gr. *ho pótos* das Trinken; vorwiegend Pflanzenfresser, „trinken" u. a. auch Eier; Gen. der Procyónidae (Kleinbären), Canoídea, Carnívora. Spec.: *P. flavus,* Wickelbär (mit Wickelschwanz als „Zusatzarm" zum Klettern).
Pottwal, der; s. *Kogia,* s. *Physeter.*
Prachtkäfer, der; s. *Buprestis*; s. *Chrysobothris.*
Prachtlibelle, die; s. *Agrion.*
prä-, prae, lat., vor (in Zusammensetzungen gebraucht).
Praecocität, die, lat., *praecox* frühreif, vorzeitig; Frühreife.
Prädetermination, die; s. Determination; Vorherbestimmung, die Fixierung von Entwicklungspotenzen bei der Bildung der Gameten.
Prädónen, die, lat. *praedo, -ónis, m.,* der Beutemacher, Räuber; zoobiophage Insekten, die sich ihre aus anderen Tieren bestehende Nahrung aktiv erbeuten; sie sind daher treffender als Venatoren od. Jäger zu bezeichnen.
Präformationstheorie, die; lat. *praeformatio, -onis, f.,* die Vorbildung; von Schwammerdam, Bonnet, Haller u. a. entwickelte, im 17. u. 18. Jh. weitgehend anerkannte Auffassung, nach der der Organismus im Keim schon vorgebildet ist u. bei der Entwicklung lediglich entfaltet wird. Die Pr. basiert auf einem extrem mechanist. Determinismus. Die (längst falsifizierte)

Hypothese klammert Vorstellungen über Wechselbeziehungen zwischen den Keimteilen aus. Es bestanden zwei Richtungen der Präformationstheorie: Animalkulisten u. Ovulisten (s. d.). Die Theorie hat für die moderne Entwicklungslehre nur noch historische Bedeutung.

praeformativus, -a, -um, lat. *forma* die Form, schon im Keim vorgebildet.

präganglionaris, -e, gr. *to gánglion* der Knoten, vor dem Ganglion gelegen.

präglazial, lat., *glaciális, -is, -e* eisig; voreiszeitlich.

praegnatio, -ónis, *f.,* lat., die Befruchtung, Schwangerschaft.

Prägung, die; irreversible, auf den Artgenossen bezogene Fixierung von Auslösern während einer sensiblen Phase.

Präkambrium, das; s. Kambrium; gesamter Zeitraum der Erdgeschichte vor dem Kambrium, ursprünglich nur für dessen jüngeren Teil, das Algonkium, s. d., verwendet.

Prämolaren, die, lat. *moláris* zum Mühlstein gehörig; vordere Backenzähne, zwischen Eckzähnen u. Mahlzähnen gelegen.

prämortal, lat. *mors, mortis* Tod; vor dem Tode.

Prämunität, die, lat. *prä-* vor, *immunitatis, -atis* das Geschütztsein; bedingter Schutz vor erneuter Infektion, nachdem latent im Organismus vorkommende Krankheitserreger wirksam werden.

pränatalis, -is, -e, lat. (*natus* die Geburt), vor der Geburt; Syn.: ante partum (= Abk.: a. p.).

präokkupierter Name, lat., *praeoccupáre* vorher besetzen; der „vorbesetzte" Name = nomen praeoccupátum, ein Name, der jüngeres Homonym ist; muss in der Regel durch einen neuen Namen ersetzt werden, um gleiche Namen für verschiedene Taxa zu vermeiden.

präoral, lat. *os, oris* der Mund; vor dem Munde gelegen.

praeputialis, -is, -e, lat., zur Vorhaut des männlichen Gliedes gehörend, die Vorhaut betreffend.

Präriefalke, der; s. *Falco.*

Präskriptionsgesetz, das, lat. *praescríptio, -ónis* die Vorschrift, Verordnung, der Titel, Namen; es besagt, dass im Gebrauch befindliche Namen nicht mehr durch einen neu „ausgegrabenen" Namen verdrängt werden können, auch wenn diesem die Priorität zukommt. Das 1959 beschlossene Gesetz dient der Stabilität in der zoologischen Nomenklatur u. soll verhindern, dass uralte, bei ihrem Erscheinen bereits nicht berücksichtigte Diagnosen ± willkürlich zu Namensänderungen führen. Damit erfahren Prioritäts- u. Homonymie-Gesetz eine sinnvolle Einschränkung.

präsúmptio, lat. *praesúmere* im voraus sich vorstellen; voraussichtliche Entwicklungsleistung eines Keimteils.

präsumptiv, das voraussichtliche Entwicklungsvermögen eines Keimteils.

präsynaptisch, gr. *he sýnapsis* die Verbindung; vor einer Synapse gelegen.

praevius, -a, -um, lat., voraus (im Wege liegend, davor liegend, vorausgehend (von *prae* vor u. *via* der Weg); Placenta praevia, wenn die Pl. einen ortsfremden, falschen, d. h. tief unten im Uterus befindlichen Sitz (als Anomalie) hat.

Präzipitat, das, lat. *praecipitare* hinabstürzen, senken; der Niederschlag (die Ausfällung).

Präzipitation, die; Antigen-Antikörper-Reaktion durch Reaktion vom gelösten Antigen mit dem korrespondierenden Antikörper (Präzipitine). P.s-Reaktionen werden durchgeführt als: Flockungsreaktionen (Toxin-Antitoxin-Reaktion; quantitative Präzipitationsreaktion), Überschichtungsverfahren (Antiserum) wird mit gelöstem Antigen im Röhrchen überschichtet; Uhlenhuth-Verfahren für die forensische Medizin, Differenzierung von Mikroorganismen od. im Agargel (mit mehreren modifizierten Verfahren, z. B. der Oudin-Test).

Präzipitine, die; Antikörper, die mit den entsprechenden Antigenen unter Präzipitation (Ausfällung) reagieren.

Präzygapophyse, die; s. Zygapophysen.

prásinus, -a, -um, gr. *to práson* der Geruch, Lauch(geruch), riechend, stinkend; s. *Palomena.*

praténsis, -is, -e, lat., auf Wiesen *(pratum,* Pl. *prata)* lebend; s. *Lygus.*

Pregnandiol, das; Ausscheidungsprodukt des Progesterons im Harn.

Prell, Heinrich, geb. 11. 10. 1888 Kiel, gest. 25. 4. 1962 Dresden; 1913 Promotion, 1914 Habilitation, 1919 zum npl. ao. Prof. ernannt, 1923 als o. Prof. d. Zoologie u. Direktor d. Zool Inst. d. Forstl. Hochschule Tharandt berufen. Themen seiner wiss. Arbeiten: Allgemeine u. angewandte Zoologie, Entomologie (z. B. Kieferneule, Nonnentachinen, Honigbiene, Nashornkäfer, Insektenkrankheiten), Pantopoden, Krebse, marine Schwämme; Vererbungslehre, Wildarten (Reh, Marder), ausgestorbene Wildarten; P. war einer der Herausgeber d. „Zoologischen Anzeigers", d. „Zeitschrift für wissenschaftliche Zoologie" u. d. „Zeitschrift für Parasitenkunde".

preputiális, -is, -e, zur Vorhaut gehörig.

prepútium, -ii, *n.,* lat., die Vorhaut; das Präputium: Vorhaut am Vorderende des Penis von Säugern.

Presbýtis, *m.*, gr. *ho presbýtēs* der Greis, Alte, Ehrwürdige; Gen. der Colobidae (s. d.). Spec.: *P. leucoprýmnus*; *P. entellus,* Hulman; *P. obscura,* Brillenlangur; insgesamt 14 Arten asiatischer Languren. Verbreitungsschwerpunkt der Colobidae ist Südostasien (nicht Afrika).

Presence-absence-Theorie, die, (engl.): „Anwesenheits-Abwesenheits-Theorie"; Hypothese (von Shull, 1909), nach der das Vorhandensein eines Merkmals von der Anwesenheit (Gegenwärtigkeit), sein Nichtauftreten von der Abwesenheit eines (ganz) bestimmten Erbfaktors abhängt; gilt als Basis für die Mendelschen Regeln bzw. Erbgänge (s. d.).

prespike, engl. *spike* der lange Nagel, Stachel unter Rennschuhen; oft unübersetzt aus dem Engl. als Ausdruck für präsynaptischen Impuls (Nervenimpuls) verwendet.

Preyer, William Thierry, geb. 4. 7. 1841 Moos Side bei Manchester, gest. 15. 7. 1897 Wiesbaden; Physiologe, Prof. in Jena u. Berlin; schrieb u. a.: „Die Seele des Kindes" (7. Aufl. 1908), „Spezielle Physiologie des Embryos" (1885), „Darwin" (1896).

Preyerscher Ohrmuschelreflex, der; s. Reflex; reflektorische Zuckung der Ohrmuschel bei Säugern (insbesondere bei Nagern) nach plötzlicher Schallreizung, kann u. a. zur Bestimmung des Bereiches hörbarer Frequenzen benutzt werden.

Priacanthus, *m., ho prion* die Säge u. *he akantha* der Stachel; das Praeoperculum hat stark gesägten Rand, an seinem Winkel entspringt ein Dorn; Gen. der Priacanthidae, Kataluba od. Großaugen, Ordo Perciformes, Barschfische. Spec.: *P. armatus; P. macrophthalmus.*

Priapulida, *n.*, Pl., s. *Priápulus*; oft in die Nähe der Aschelminthes im System gestellte Gruppe. Vorderende einziehbar u. hakenbesetzt, Nervensystem aus Schlundring u. Bauchstrang bestehend, gerader Darm, endständiger After, einheitliche Leibeshöhle, kein Blutgefäßsystem, Urogenitalsystem gekennzeichnet durch zahlreiche Protonephridien u. Gonaden, die an einem Paar schlauchartiger Gänge (mit Ausmündung am Hinterende) sitzen. – Vorkommen z. B. in Schlammgebieten kalter Meere *(Priapulus, Halicryptus);* foss. seit dem Mittelkambrium.

Priápulus, *m., Priapus* Gott der Zeugungskraft, auch das männliche Glied, *-ulus* Dim.; Gen. der Priapulidae, Priapulida. Spec.: *P. caudatus.*

Pricke, s. *Petromyzon.*

primäres Homonym, *n.*, lat. *primus* der erste, also der erste von gleichen Namen; ein jeder von zwei od. mehreren gleichlautenden Namen der Artgruppe, die sich auf verschiedene Taxa dieser Gruppe beziehen u. die bei der ursprünglichen Veröffentlichung, also primär, in die gleiche nominelle Gattung eingeschlossen waren. Beispiel: *Taenia ovilla* Rivolta u. *Taenia ovilla* Gmelin sind primäre Homonyme, die innerhalb der gleichen Gattung, *Taenia* Linnaeus, 1758, beschrieben wurden. – Dagegen sind die Namen der Arten *Noctua variegata* (Aves) u. *Noctua variegata* (Insecta) keine Homonyme, da diese Species in verschiedenen, wenn auch homonymen Gattungen beschrieben wurde; s. auch: Homonyme, Homonymie-Gesetz.

Primärfollikel, der; z. B. bei Säugern eine Eizelle mit einem einschichtigen Follikelepithel.

Primärkonsumenten, *m.*, Pl., s. Konsumenten; tierische Organismen, die sich von Pflanzen und Bakterien ernähren.

Primärproduktion, die, s. Produktion; Zuwachs an phototropher Biomasse, s. d., wobei Sonnenenergie biochemisch gespeichert wird.

Primärstoffwechsel, der; Bezeichnung des Grundstoffwechsels der Zelle im Gegensatz zum Sekundärstoffwechsel.

primárius, -a, -um, lat., zu den ersten gehörig, ansehnlich.

Primates, Pl., lat. *primatus* die erste Stelle, der Vorrang; „Herrentiere"; Gruppe der Mammalia, Vertebrata; umfasst Halbaffen (Prosimiae), Affen (Simiae) u. Menschen (Hominidae). Die P. sind vom Eozän an weit verbreitet, schließen phylogenetisch relativ eng an die Insectivora an. – Ihr Gehirn, insbes. das Großhirn, ist stark entfaltet. Als primär typische Baumtiere sind die Augen (zunehmend in frontaler Richtung, nebeneinander gestellt) ihre Hauptsinnesorgane; die Riechfunktion geht zurück, sie sind überwiegend mikrosmatisch. – Rezente Gruppen (Ordines). 1. Lemuriformes, 2. Lorisiformes, 3. Tarsiiformes, 4. Simiae (s. d.). Es werden zusammengefasst bezeichnet: 1. bis 3. als Halbaffen; 3 u. 4. als Haplorhini (s. d.).

Primer, engl.; synthetische Oligonukleotide (ca. 20 Nukleotide), die an komplementäre Sequenzen im Genom binden.

Primigénius-Gruppe, die, lat. *primigénius* ursprünglich, vorweltlich von *primus* der erste u. *gígnere* hervorbringen; Stammgruppe der Rinder, die auf *Bos primigenius primigenius,* die typische mittel- u. südeuropäische langhörnige Form des Urs, zurückgeht; sie hat eine Reihe von Rinderrassen den Namen gegeben, die als „primigene Rassen" bezeichnet werden, z. B.: *B. pr. hahni* (Ägypten); *B. pr. minutes,* Zwergur (Rheindelta); *B. pr. macroceros* (Italien).

Primipara, die, lat. *párere* gebären, hervorbringen; Erstgebärende.
Primordialcránium, das, s. *primordium,* gr. *to kraníon* der Schädel; Vorstufe der knöchernen Schädelkapsel der Wirbeltiere; man unterscheidet das häutige u. das knorpelige Primordialcranium.
primordiális, -is, -e, s. *primórdium*; zum Anfang gehörig; primordial: zuerst seiend; ursprünglich.
primórdium, -ii, *n.,* lat., der Anfang, Ursprung.
primus, -a, -um, lat., der erste; Primates: Gruppe der Mammalia (Halbaffen, Affen, Menschen).
Prinzip der Typisierung, das, *n.*; beinhaltet den Grundsatz, dass jedes nominelle Taxon der Familiengruppe, der Gattungs- u. der Artgruppe tatsächlich od. potenziell über einen namenstragenden Typus verfügt, der festgelegt ist, um eine objektive Bezugsgrundlage zu bewirken. Diese bestimmt den Gebrauch des Namens für ein spezifisches Taxon; s. Typisierung.
Prionace, *f.,* gr. *ho príon, príonos* die Säge, *priē̄n* sägen, mit den Zähnen packen; der Name bezieht sich auf die „am Rande gesägten Zähne". Gen. der Carcharhinidae, Blauhaie, Selachiformes, Haiähnliche. Spec.: *P. glauca (= Carcharhinus glaucus),* Blau- od. Menschenhai.
Prionailurus, von gr. *ho príon,* s. o., u. *ho* u. *he aílurus* die Katze; Gen. der Felidae, Carnivora, Raubtiere. Spec.: *Planiceps,* Flachkopfkatze; *P. viverrinus,* Fischkatze (auf Fischfang spezialisiert); *P. bengalensis*, Bengalkatze; *P. rubiginosus,* Rostkatze.
Prionen, die, Pl., *n.*, Kurzbez. aus engl. *proteinaceous infectious particles*; infektiöse, abnorm gefaltete Formen eines zellulären Proteins, die im Gegensatz zu Viren nach heutigem Wissen keine Nukleinsäuren enthalten. Sie werden vom Wirtsgenom codiert, durch Konformationsänderung in die infektiöse Form überführt u. akkumulieren im ZNS als fibrillenförmige Partikel; Auslöser der sog. Prionenkrankheiten (s. Bovine Spongiforme Enzephalopathie, Scrapie); Ähnlichkeit mit Alzheimer-Degenerationsfibrillen; Übertragung durch Verzehr von prionenhaltigem Risikomaterial. Besonderheit: bisher kein Hinweis auf Immunantwort des Organismus, außergewöhnliche Resistenz gegenüber üblichen antiinfektiösen Maßnahmen (Hitze, Strahlen).
Prionobrama, *f.,* gr. *ho príon, -onos* u. mittelhochdtsch. *brasem* Brachsen, also: Sägebrachsen; Gen. der Characidae, Cypriniformes. Spec.: *P. filigera,* Glasrotflosser.
Priónychus, *m.*, gr. *ho príon, príonos* die Säge, *ho ónyx, ónychos* die Klaue, also: „Sägenklaue", wegen der kammförmig gesägten Fußklauen; Gen. der Allecúlidae. Spec.: *P. ater,* Schwarzkäfer.
Priorität, die, lat. *prior* der frühere; Vorrecht des Zuerst-Veröffentlichten; Autoren- od. Urheberrecht.
Prioritätsregel, die; Regel der zoologischen Nomenklatur, die prinzipiell besagt, dass nur der älteste, zuerst veröffentlichte verfügbare Name für ein Taxon als gültiger (legitimer) Name anerkannt wird. – Gemäß den Internationalen Nomenklatur-Regeln gibt es Ausnahmen bei nomina conservanda u. Einschränkungen bei nomina oblita; vgl. auch: Präskriptionsgesetz.
Pristella, *f.,* die kleine Säge, latin. von gr. *he prístis* Säge, *-ella* lat. Suffix der Verkleinerung; Sägefischchen; Gen. der Characidae, Cypriniformes. Spec.: *P. riddlei,* Sternflecksalmler.
Pristis, *m.,* gr. *ho prion* die Säge, *ho prístes* der Säger; Rostrum, zur beidseitig bezahnten Säge entwickelt; Gen. der Pristidae, Sägerochen; Selachiformes, Haiähnliche. Spec.: *P. pristis,* Sägefisch (wühlt mit der „Säge" den Meeresboden auf; „erschlägt" damit die Beute).
Proboscídea (Illiger 1811), *n.,* Pl.; gr. *he proboskís* der (Elefanten-)Rüssel; lat. *probóscis, -idis*; Rüsseltiere; Gruppe (Ordn.) primitiver Huftiere mit den Mastodonten (s. d.) u. Elefanten. Älteste Fundorte der P.: Nordafrika (im Eozän), wo den Schweinen im Habitus ähnliche Formen mit ± bunodontem Gebiss u. langen Incisivi ihren Beginn belegen (Palaeomastodon); vom Oligozän an: (außer Australien) globale Verbreitung bei starker Differenzierung der Backen- u. Stoßzähne (s. Mastodonten); gegen Ende des Pliozäns Entstehung der Stegodonten u. Elefanten bei Reduktion der unteren Stoßzähne u. Zunahme der Molaren an Größe sowie an Zahl der Höckerreihen bzw. Joche. Bei den Elefanten volle Ausprägung des bei den Mastodonten angedeuteten horizontalen Zahnwechsels. Die Elefanten stellten im Pleistozän mit dem Mammut u. dem Waldelefanten ebenso wichtige Leitfossilien wie die Mastodonten im Tertiär.
proboscídeus, -a, -um, latin., rüsselartig, einem Rüssel *(proboscis)* ähnlich; s. *Flosculária.*
Proboscifera, *n.,* Pl., gr.; „Rüssel-Träger"; Vorderende rohrförmig, beweglich, den Pharynx u. das Oberschlundganglion enthaltend, einziehbar in lange Rumpf-Tasche, aus der es wie ein Rüssel herausgestreckt werden kann (Name!); Gruppe der Myzostomida (s. d.).

Probóscis, der, latin. *proboscis, -idis, f.,* der Rüssel; 1. kegelartig gestaltete Mundgegend vieler Hydrozoen; 2. Verlängerung des die äußeren Nasenöffnungen tragenden Gesichtsteiles vieler Säugetiere.

Procapra, *f.,* lat., von *pro-* vor u. *capra* Ziege; Gen. der Bovidae (Rinder); Artiodactyla, Paarhuftiere. Spec.: *P. gutturósa,* Mongoleigazelle.

Procávia, *f.,* gebildet von lat. *pro-* vor u. *Cávia-* (s. d.); Klipp- od. Wüstenschliefer; Gen. der Procaviidae, Kletterschliefer, Ayracoidea, Subungulata (s. d.). Spec.: *P. capénsis,* Kap-Klippschliefer; *P. habessinica,* Äthiopischer Klippschliefer; *P. ruficeps,* Sudan-Klippschliefer; vgl. auch Shapan; bekannt seit dem Pleistozän.

Procellaríidae, *f.,* Pl., lat. *procella* der Sturm; die bei Sturm auf Schiffe flüchtenden P. galten bei den Seeleuten als Unglücksvögel; Sturmtaucher, -vögel, Fam. der Procellartíiformes (Tubinares). Genera: *Fulmarus, Puffinus.*

Procellariiformes, f., Pl., s. Procellaríidae; Röhrennasenvögel; Gruppe (Ordo) der Aves. Familiae: Diomedeidae (Albatrosse), Hydrobatidae (Sturmschwalben), Pelecanoididae (Lummensturmvögel).

Procercoid, das, gr. *pro-* vorn, *he kérkos* der Schwanz eines Tieres; eine Vorfinnenform, entsteht z. B. bei *Diphyllobothrium latum* im 1. Zwischenwirt (Leibeshöhle des *Cyclops*) aus der Oncosphära.

processióneus, -a, -um, lat., einen feierlichen Aufzug *(procéssio)* durchführend; s. *Cnethocampa.*

processus, -us, *m.,* lat., der Fortsatz.

Processus spinosus, der, lat. *spina, -ae, f.,* der Dorn; Dortfortsatz an den Wirbelbögen der Vertebraten, median, dorsal gelegen.

Processus xiphoídeus, der, gr. *to xíphos* das Schwert; der Schwertfortsatz des Brustbeins bei Vertebraten.

Prochilodus, *m.,* gr. *pro-* vorn, *to cheílos* die Lippe, der Saum, *ho odús* der Zahn, „an (Vorder-)Lippe bezahnt"; Gen. der Anostomidae; Cypriniformes. Spec.: *P. insignis,* Nachtsalmler.

procöl, gr. *pro-* vorn, vor, *kṓilos* ausgehöhlt; procöle Wirbel haben einen Wirbelkörper, der vorn eine Gelenkgrube besitzt, die das hintere konvexe Ende des folgenden Wirbels als Gelenkkopf aufnimmt.

proctus, -is, gr. *ho proktós* der After, Mastdarm; Mastdarm.

Procýon, *m.,* gr. *ho prokýōn* Vorhund, am Gestirn, das vor *(pro)* dem des Hundes *(kýōn)* aufgeht; Gen. der Procyónidae (Klein- od. Waschbären); Canoidea, Carnivora. Spec.: *P. lotor,* Waschbär, (reibt die Nahrung „waschend" zwischen den Vorderpfoten; N-Amerika).

Procyonidae, *f.,* Pl., gr. *ho prokyōn* der Vorhund, ein Gestirn, das vor dem des Hundes *(kýōn)* aufgeht; Kleinbären, Fam. der Arctoidea, Carnivora. Sie sind als Baumbewohner in S-, N- u. M-Amerika verbreitet. Genera: *Procyon* Waschbär, *Nasua* Nasenbär; *Potos* Wickelbär.

procyonoídes, gr., waschbärähnlich, den Procyonidae (Klein- od. Waschbären) ähnlich; s. *Nyctereutes.*

Productus, *m.,* lat. *productus* verlängert, lang, gedehnt; der Name bezieht sich auf die Bildung ihrer großen, langen Formen; Gen. der Productidae, Testicardines, Articulata, Cl. Brachiopoda, s. d., große Formen mit z. T. starken Stacheln; fossil im Unterkarbon bis Oberperm. Spec.: *P. horridus.*

Produktion, die, von lat. *prodúcere* eigentl. vorführen, aber auch erzeugen; Zuwachs an Biomasse je Zeit, s. Primärproduktion.

Produzenten, *m.,* Pl.; phototrophe Organismen, die primär bei der Bildung von Körpersubstanz Strahlungsenergie speichern: Pflanzen, Cyanobakterien, Bakterien.

Proëchidna, *f.,* gr. *pro-*, s. *Echidna*; nicht mehr gültiger Name für den Langschnabel-Ameisenigel; s. *Zaglossus.*

Profelis, *f.,* lat. *pro- u.* félis Katze; Gen. der Félidae, Echte Katze, Carnivora. Spec.: *P. auráta,* Afrikanische Goldkatze; *P. temmincki,* Asiatische Goldkatze.

Profundal, das, lat. *profúndum, -i, n.,* Tiefe, Abgrund, Meerestiefe; der Lebensbereich od. die Tiefenregion des Benthals stehender Gewässer unterhalb der Kompensationsebene; vgl. Litoral, Abyssal.

profúndus, -a, -um, lat., tief, bodenlos, unermesslich. Spec.: *Scylliorhinus profundorum* (ein Haifisch).

progam, gr. *ho gámos* die Hochzeit; vor der Befruchtung festgelegt; progame Geschlechtsbestimmung: erfolgt vor der Befruchtung, im Ggs. zur syngamen u. metagamen G.

Progenese, die; gr. *he génesis* die Erzeugung; „Vorentwicklung", umfasst die Vorgänge der Bildung, des Wachstums u. d. Reifung der männlichen u. weiblichen Geschlechtszellen bis zur Befruchtung (Spermio- u. Oogenese).

Progesteron, das, lat. *progénies* der Nachkomme, gr. *stereós* hart, *to stéar* der Talg, das Fett; Gelbkörperhormon (Corpus-luteum-Hormon), das wichtigste natürliche Gestagen, hauptsächlich gebildet im Ovar u. Synzytium der Plazenta. Es wirkt auf das proliferierte Endometrium u. das Myometrium des Uterus.

Proglottiden, die, gr. *he proglóttis* die Zungenspitze; Bandwurmglieder, die in ihrer Form mit einer Zunge verglichenen einzelnen Leibesglieder der Bandwürmer.

prognath, gr. *he gnáthos* der Kiefer; Bezeichnung für die Kopfhaltung in der Ebene der Hauptachse des Körpers, wenn z. B. die Mundgliedmaßen der Insekten nach vorn zeigen; vgl. hypognath.

Prognathie, die; vorstehende Kieferstellung.

Progoneáta, *n.,* Pl., gr. Antennata-Gruppe mit in den Vorderkörper (*pro* vorn) verlagerten Genitalien (Gonaden), im Ggs. zu den Opisthogoneata. Gruppen: Symphyla, Diplopoda, Pauropoda.

Prokaryóta, *n.,* Pl., gr. *pro-* vor, *karyotós* mit „Kern" versehen, „mit einem Vorkern versehene" Organismen od. Zellen der Organismen; eigentl.: prokaryotá biónta (= Plural); *prokaryotón bión* (= Sing.), wobei durch Wegfall des („ im Geiste" zu ergänzenden) Substantivs das Adjektiv substantiviert wurde; Gruppe (Sammelgruppe) von Lebewesen ohne „echten" Zellkern, die gegenüber der Gruppe der Eukaryota (Einzeller u. vielzellige Pflanzen u. Tiere) abgegrenzt werden. Beide Gruppen unterscheiden sich drastisch in vielen Eigenschaften ihrer Zellen. Die Prokaryota, zu denen die Bakterien u. Blaualgen gehören, besitzen an Stelle des „echten" Zellkerns ein Kernäquivalent od. Nukleoid, so dass die bisher oft synonym verwendete Bezeichnung Akaryota (= Kernlose) als weniger exakt gelten muss. Prokaryota (engl.: *prokaryotes, prokaryotic*) ist international üblicher als Protokaryota (s. d.), weil der namentliche Bezug zum „Vorkern" (Kernäquivalent, Nukleoid) besser dem Evolutionsaspekt u. z. B. der Zytologieforschung entspricht. Die Schreibweise ohne n verdient etymologisch den Vorzug gegenüber Prokaryonta; vgl. Eukaryota (Wagner/Börner 1977).

Prolaktin, das, lat., *lac, lactis, n.,* die Milch; s. luteotropes Hormon.

prolifer, lat., Nachkommenschaft *(proles)* tragend (*ferre* tragen, *fero* ich trage).

Proliferation, die, lat., *proles* der Spieß, Nachkomme; Sprossung; Gewebswucherung.

Prolin, das; eine Aminosäure mit heterozyklischem Ringsystem, 2-Pyrolidinkarbonsäure.

promastigot, lat. *pro* vor, gr. *he mastix, -igos* die Geißel; das Flagellum der Leptomonas-Form entspringt am Vorderende der schlanken Zelle.

próminens, -éntis, *n.,* lat. *prominére* hervorragen; der Vorsprung. Ausläufer; prominent = hervorragend.

prominéntia, -ae, *f.,* lat., die Erhebung, die Hervorragung.

Promiskuität, die, lat. *promíscuus* ohne Unterschied, gemeinschaftlich; Geschlechtsverkehr mit häufig wechselnden Geschlechtspartnern.

Promotor, der, gr. *pro* vorn, vor, lat. *movére* bewegen; DNS-Sequenz, die für die spezifische Bindung von RNS-Polymerase verantwortlich ist und damit als Startpunkt der Transkription dient.

pronátor, -óris, *m.,* lat., der Neiger; der Einwärtsdreher; Pronation: Drehbewegung der Hand bzw. des Fußes bei gleichzeitiger Hebung des äußeren und Senkung des inneren Handballens bzw. Fußrandes.

Pronéphros, der, gr. *pro* vor, *ho nephrós* die Niere; die Vorniere der Wirbeltiere.

Pronótum, *n.,* gr. *to nóton* der Rücken; bei Insekten der Rückenteil des 1. Brustrings, oft groß u. schildförmig, daher z. B. bei Käfern, Geradflüglern od. Wanzen oft als Halsschild bezeichnet.

Prontosil, das; 1935 als erstes klin. anwendbares Sulfanilamid in die Therapie eingeführt. Synthese von Mietzsch und Klarer. Antibakterielle Wirkung 1932 von Domagk (s. d.) am Infektionsmodell der Maus entdeckt; heute obsolet (s. d.).

Pronymphe, die; s. Nymphe.

Propagation, die, lat. *propagatio* die Fortpflanzung, Erweiterung, Verlängerung; Ausbreitung, Vermehrung, Fortpflanzung.

Prophase, die, gr. *he phásis* der Schein, die Erscheinung; erster Abschnitt der mitotischen u. meiotischen Kernteilung.

Propodeum *n.,* latin., gr. *ho pus = ho podeón* das Bein, *propodízein* vorwärtsschreiten; das Mittel-, Mediansegment, Epinotom, das 1. Hinterleibsegment der Apocrita, s. d.

Propolis, die, gr. *pro* vor, *akrópolis* die Burg, befestigte Stadt; ein Kittharzgemisch des Bienenstockes, gesammelt von spezialisierten Sammelbienen, vor allem von Knospen der Kastanie, Pappel, Birke, Erle, Weide, Eiche, Esche u. Buche. – P. dient der Desinfektion von Wabenzellen, zum Verschmieren von Spalten, zum Verkleinern der Fluglöcher, zum Mumifizieren getöteter Feinde, die wegen ihrer Größe nicht aus dem Stock transportiert werden können. P. hat antivirale u. antibakterielle u. antimykotische Wirkung.

Propriorezeptoren, die; s. Propriozeptoren.

Propriozeptoren, die, lat. *própius, -a, -um* eigentümlich, wesentlich, *recéptio, -onis, f.,* die

Aufnahme; bei Vertebraten vorwiegend Rezeptoren, die in Muskeln, Sehnen u. Gelenken liegen; bei Arthropoden chordotonale u. campaniforme Sensillen u. Haarpolster.

próprius, -a, -um, lat., eigen; allein gehörend, eigentümlich.

Prosencéphalon, das, gr. *pros-* vor, bei, *ho enképhalos* das Gehirn; das Vorderhirnbläschen, das vorderste der 3 primären Hirnblasen der Vertebratenembryonen.

Prosimiae, *f.,* Pl., lat. *simiae* die Affen; „Vor"-Affen, Halbaffen, Gruppe der Primates (ohne die Simiae). Gruppen (Superfam. bzw. Teilordnungen): Lemuriformes (Lemurenverwandte); Lorisiformes (Loriverwandte); Tarsiiformes (Koboldmakiverwandte).

Prosobránchia, *n.,* Pl., gr. *to bránchia* die Kiemen; Kiemen vor dem Herzen liegend (Name!); Vorderkiemer. Syn.: Streptoneura (s. d.). Gruppen: Archaeo-, Meso- u. Neogastropoda.

prospektiv, lat. *prospícere* ausschauen, vorausschauen, erwarten; voraussichtlich.

prospektive Bedeutung, die; das realisierte Entwicklungsvermögen eines Keimbezirks.

prospektive Potenz, die, lat. *poténtia, -ae, f.,* die Wirksamkeit, Fähigkeit; gesamtes Entwicklungsvermögen, die Gesamtheit der Entwicklungsmöglichkeiten einer Zelle od. einer Keimanlage.

Prostaglandine, die, lat. *glandulae* die Drüsen, s. Prostata, etymolog. bezugnehmend auf den erstmaligen Nachweis dieser Substanzen in der Prostata u. der Samenflüssigkeit; diese biologisch aktiven Verbindungen wurden inzwischen in den verschiedensten Geweben von Säugern nachgewiesen, sie bestehen aus einer ungesättigten Hydroxysäure mit 20 C-Atomen; sie beeinflussen u. a. die glatte Muskulatur (z. B. Myometrium), das Kreislaufsystem, die Nieren- u. die Nerventätigkeit.

Próstata, die, gr. *ho prostátes* der Vordermann, Davorstehende; Glandula prostatica, die Vorsteherdrüse, unpaarige od. paarige Drüse der männlichen Säuger, die am Anfang der Harnröhre liegt u. die Einmündung der Samenleiter in dieselbe umgibt; die P. sondert ein weißliches u. alkalisches Sekret ab, das dem Ejakulat zugemischt wird.

prostáticus, -a, -um, s. Próstata; zur Vorsteherdrüse gehörig.

prosthetische Gruppe, gr. *prósthetos* hinzugefügt; an Eiweißfarbstoffe gebundene nichteiweißartige Verbindung. Die p.n G.n sind meistens Wirkgruppen von Enzymen.

Prostigmata, *n.*, Pl., gr. *to stígma* (s. d.); Gruppe der Actinotrichidia (Acariformes), Acari (Milben). Gekennzeichnet u. a. durch dicht nebeneinander stehende Stigmen am (unteren) Oberkiefer. Wichtige Genera (z. B.): *Tetranchus, Demodex, Trombidium.*

Prostomium, das, gr. *pro-* vor, *to stóma* der Mund, die Öffnung; Kopflappen vor bzw. über der Mundöffnung bei Ringelwürmern.

Protacarus, *m.,* gr. *prṓtos* der erste, s. Acari; Gen. der Subordo Thrombiformes, Ordo Acari; fossil im Devon, Schottland. Spec.: *P. crani.*

Protandrie, die; s. Proterandrie.

Protarthropoda, *n.,* Pl., „erste", phylogenetisch älteste Gruppe der Arthropoda, deren einzige rezente Vertreter die seit dem Präkambrium als fossil bekannten Onychóphora (s. d.) sind.

proteanisches Verhalten, das; benannt nach *Proteus,* dem griechischen weissagenden Meeresgott auf Pharos, der sich in vielerlei Gestalten verwandeln konnte; täuschendes, verleitendes Verhalten zwecks Irreführung des Feindes (bei Kiebitzen und Regenpfeifern ausführlich bekannt).

Proteasen, die; proteolytische Enzyme, katalysieren die hydrolatische Spaltung der Peptidbindung, werden eingeteilt in Endopeptidasen u. Exopeptidasen.

Proteide, die; organische Verbindungen, die sich aus einem Proteinanteil u. einer nichtproteinartigen od. „prosthetischen" Gruppe zusammensetzen; sie lassen sich in folgende Gruppen einteilen: Metallproteide, Phosphoproteide, Lipoproteide, Nucleoproteide, Glykoproteide u. Chromoproteide.

Proteinasen, die; s. Endopeptidasen.

Proteine, *n.*, Pl., gr. *proteus* der erste; Makromoleküle, die aus Polymeren von Aminosäuren bestehen. Ihre Grundstruktur ist die Polypeptidkette, die im allgemeinen zwischen hundert u. einigen hundert Aminosäuren enthält.

Próteles, *m.,* gr. *ho protḗles* das Opfertier. Gen. der Hyaenidae, Carnivora. Spec.: *P. cristátus,* Erdwolf (S-Afrika, gräbt sich Höhlen, nachtaktv).

proteolytisch, eiweißverdauend, -abbauend.

Proterandrie, die, gr. *próteros* vorderer, *ho anér, andrós* der Mann; Erscheinung, dass die männlichen Geschlechtsprodukte früher reifen als die weiblichen. Die P. kommt bei vielen hermaphroditischen Tieren vor u. erschwert bzw. verhindert die Selbstbefruchtung; Syn.: Protandrie.

Proterogynie, die, gr. *he gyné* das Weib, auch Protogynie; Erscheinung, dass die weiblichen Geschlechtsprodukte früher reifen als die männlichen, vgl. Proterandrie.

Proterozóikum, das; gr. *to zoón* das Tier; s. *Archäozoikum.*

Proteus, gr. *Proteús, -éos* ein weissagender Meergreis auf Pharos, ein Meergott, der sich in alle Gestalten verwandeln konnte. Spec.: *Amoeba proteus,* Wechseltierchen.

Prothórax, der, *ho thórax* der Panzer, Rumpf; bei Insekten das vorderste der drei Brustsegmente (vorderster „Brustring"), ist Träger des vordersten Beinpaares.

Prothoraxdrüse, die, gr. *pro-* vor; bei Insekten eine Drüse im (ersten) Brustsegment (Prothorax), die aus paarigen ektodermalen Einstülpungen im zweiten Maxillarsegment hervorgeht, sie bildet das Häutungshormon Ecdyson, ein Steroidhormon.

Prothrombin, das, gr. *ho thrómbos* der Blutpfropf; inaktive Vorstufe des Thrombins; es wird durch Thromboplastin, auch Thrombokinase genannt, bei Gegenwart von Kalziumionen in das aktive Gerinnungsenzym Thrombin umgewandelt; s. Thrombogen.

Protista, *n.,* Pl., gr.; Protisten; Urwesen, Erstlinge. Ursprünglich von E. Haeckel (1866) geprägter Begriff für das „dritte Reich" der Lebewesen, neben Pflanzen und Tieren. Die Protisten umfassen meist einzellige Organismen, die sich von Tieren und Pflanzen durch die geringe morphologische Differenzierung unterscheiden. Aufgrund ihrer Zellstruktur lassen sie sich in zwei gegeneinander abgrenzbare Gruppen unterteilen: 1. Niedere Protisten sind *Prokaryota* (z. B. Bakterien und Blaualgen); 2. Höhere Protisten sind *Eukaryota* (Protozoen, Algen und Pilze). Im Zellaufbau sind sie den Tieren und Pflanzen ähnlich. Die P. werden als systematische Kategorie heute nicht mehr aufrechterhalten. Inhaltlich entspricht der Begriff in etwa dem der Mikroorganismen (s. d.); vgl. *Protozoa.*

Protocérebrum, das, gr. *prótos* erster, lat. *cérebrum, -i, n.,* das Gehirn; der erste (vorderste) Gehirnabschnitt der Arthropoden.

Protocöl, das, gr. *kṓils* hohl; unpaariger Cölombereich in der Kopfregion, vorderer Teil der sekundären Leibeshöhle; Syn.: Axocöl.

Protodrilus, *m.,* gr. *ho drílos* der Regenwurm, Wurm; Gen. der Protodrilidae, Archiannelida.

Protogynie, die; s. Proterogynie.

Protohydra, *f.,* gr. *he hýdra,* s. *Hydra*; Gen. der Hydridae (Süßwasserpolypen), Athecata. Spec.: *P. leuckarti* (Länge: 1–2 mm; ohne Tentakel, da rückgebildet; vorwiegend im Brackwasser der Ost- u. Nordsee).

Protokaryota, *n.,* Pl., gr. *karyotós* mit Kern versehen, eigentlich: „Erst-Kern-Lebewesen" od. mit „erstem Kern" (besser: mit „Vorstufen-Kern") versehene Zellen von Organismen; Synonym von Prokaryota zur Unterscheidung gegenüber den Eukaryota. Sprachlich verdient Prokaryota den Vorzug, weil es sich nicht im Wortsinne um „Erstkernlebewesen" handelt, sondern um Zellen von Organismen mit ± vorhandener Kern-„Vorstufe" als Kernäquivalent oder Nukleoid. Die ebenfalls synonyme Bezeichnung Akaryota (s. d.) bringt sprachlich das Vorhandensein einer „Kern-Vorstufe" nicht zum Ausdruck. – Manche Autoren definieren aus der sprachlichen Ableitung: Prokaryota als fossile Vorstufen des Lebens (Eiweißmoleküle, die zur Vermehrung fähig sind), älteste Vertreter vor über 3 Milliarden Jahren; Protokaryota als aus Zellen aufgebaute Organismen ohne echte Kerne.

Protolenus, *m.,* s. *Olenus*; Gen. der Redlichiida, Cl. Trilobita; Leitfossilien im Unterkambrium. Spec.: *P. paradoxoides.*

Protomonadina, *n.,* Pl., gr. *ho/he monás, monádos* die Einheit, als Adjektiv: vereinzelt, also; „erste (einfache) Einheit" = Einzellebewesen; Gruppe (Ordo) der Zooflagellata; farblose, mit 1 od. 2 Geißeln versehene Formen; zu ihnen gehören z. B. die Choanoflagellata, s. d.; vgl.: Diplomonadina.

Protonephridien, die, gr. *ho nephrós* die Niere; blindgeschlossene Ausscheidungsorgane wirbelloser Tiere (Plathelminthen, Nemertinen u. Aschelminthen).

Protoplasma, das; s. Plasma; lebende Substanz aller Zellen mit Ausnahme der Zellwand. Man unterscheidet das Zytoplasma (Zellplasma) vom Karyoplasma (Kernplasma).

Protoporphyrin, das; chem. 1,3,5,8-Methyl-2,4-vinyl-6,7-propionat-porphin, kommt im Hämoglobin, Myoglobin u. in den meisten Atmungsenzymen vor. Das Häm, die farbgebende Gruppe des Hämoglobins, ist beispielsweise die Eisen(II)-Komplexverbindung des Protoporphyrins.

Protópterus, *m.,* gr. *prṓtos* der Früheste, Erste, *to pterón* die Flosse; Gen. der Protoptéridae, Dipnoi (Lungenfische). Spec.: *P. annectens,* Afrikanischer Lungenfisch (in Flüssen u. Seen Zentral- u. W.-Afrikas).

Protospongia, *f.,* gr. *prṓtos* (s. o.) u. *he spongía* der Schwamm; Gen. der Hexactinellida, Porifera; seit dem Präkambrium nachgewiesener, primitiver Schwamm. Spec.: *P. haeckeli*; wird von manchen Autoren als Reduktionskörper verschiedener Schwämme gewertet.

Protostela, *n.,* Pl., gr. *he stéle* die Säule, der Stamm; Gruppe der einzelligen Eukaryota. Während der trophischen Phase treten – wie bei den Dictostela – amöboide Zellen mit Filopodien auf, die aber im Unterschied zu diesen auch 1–2 Geißeln tragen u. zu netzförmigen echten Plasmoiden verschmelzen können. Die Fruchtkörper bleiben relativ klein; sie entstehen aus Einzelamöben od. Plasmodien-Bruchstücken u. weisen nur eine od. wenige Sporen auf. Bekannt sind etwa 20 Arten. Genera (z. B.): *Cavostelium, Protostelium.*

Protostélium, *n.*, s. Protostela, zu denen die Gattung gezählt wird. Spec.: *Protostelium mycophaga*, unbegeißelt u. mit orangefarbigen Einzelzellen sowie Sporen bis 15 µm Durchmesser, in Moosen, Humus, Dung od. auf verrottenden Pflanzen.

Protostómia, die, gr. *to stóma* der Mund; Bezeichnung für eine Gruppe von Mehrzellern, bei der der Urmund in die definitive Mundöffnung übergeht od. diese an der Stelle entsteht, wo der Urmund sich geschlossen hat; vgl. Deuterostomia.

Prototheria, *n.,* Pl., gr. *to theríon* das Tier, wörtl. „erste (Säuge-)Tiere"; Kloakentiere od. Monotremata, Gruppe der Mammalia; sie sind in ihrer Organisation die primitivsten Säugetiere (z. B. eierlegend, Genitalmündung u. After als Kloake). Rezent mit zwei Familien in Australien u. Neuguinea: Ornithorhynchidae mit dem einzigen Genus *Ornithorhynchus,* s. d.; Tachyglossidae (Echidnidae) mit den 2 Genera: *Tachyglossus (= Echidna)* u. *Zaglossus (Proechidna),* s. d.

Protozoa, die, *n.,* Pl.; gr. *to prõta zõa,* „die ersten Tiere", Sing. *to proton zoon*; „Urtiere", mit etwa 27000 Arten; meist mikroskopisch kleine, einzellige Lebewesen. Die vermutlich einfachsten P. (Amöben) bestehen nur aus einem Plasmagebilde/-klümpchen mit Zellkern, die meisten besitzen jedoch besondere, vor allem der Ernährung und Fortbewegung dienende Organelle (s. d.). Der Lokomotion dienen entweder formveränderliche Plasmafortsätze (Pseudopodia), einzelne Geißeln (Flagella) oder viele Wimpern (Cilia). Die Nahrung wird nach ihrer Aufnahme an beliebiger Stelle oder lokalisiert durch einen besonderen Zellmund in Vakuolen gebildet. Bei den P. des Süßwassers dienen pulsierende Bläschen (= kontraktile Vakuolen) der Ausscheidung. Die P. pflanzen sich ungeschlechtlich durch Zweiteilung, Knospung oder Zerfall in Sporen fort. Außerdem gibt es geschlechtliche Fortpflanzung, bei der zwei Zellen entweder verschmelzen (Kopulation) oder während temporärer (zeitweiliger) Verbindung Kerne austauschen (Konjugation). Die meisten P. leben im Meer oder/und Süßwasser, einige auch in feuchter Erde (Bestandteil der Bodenmikrobiologie); manche sind (z. T. krankheitserregende) Schmarotzer (s. Protozoen-Krankheiten). – Die Nummuliten haben mit ihren Kalkschalen in der Erdgeschichte z. B. ganze Gesteinsschichten (s. Nummulitenkalke) aufgebaut. Nach neueren (phylogenetischen) Erkenntnissen gilt die Grobeinteilung in Wurzelfüßer, Geißeltierchen, Sporentierchen, Wimpertierchen als veraltet. Jedoch existieren mehrere Auffassungen in der Protozoen-Systematik. Zu den historisch beachtenswerten Systemen gehören die Einteilungen z. B. von v. Siebold (1848), von Bütschli (1887–1889), von Doflein (1911), von Honigberg (1964), von Levine (1980).

Protozoen-Krankheiten, die; sind von Protozoa erregte Infektionskrankheiten. Beim Menschen sind z. B. wichtig: Malaria, Amöbenruhr, Schlafkrankheit, Kala-Azar; P.-Krankheiten der Haustiere sind u. a. die Piroplasmosen, die Tsetsekrankheit, die Beschälseuche.

protozoär, wird z. B. eine bei Tier u. Mensch durch parasistische Protozoen hervorgerufene Erkrankung bezeichnet (z. B. Malaria des Menschen, Piroplasmose des Rindes).

Protozoologie, die, *ho lógos* die Lehre, wiss. Untersuchung; die Wissenschaft von den Einzellern.

protuberántia, -ae, *f.,* lat., die Hervorragung, der „Vorhöcker", Höcker, der Vorsprung.

Protúra, *n.,* Pl.; gr.; Ordo der Entognatha (= Subclassis der Insecta); Beintastler, bei denen das vordere Beinpaar als Tastorgan fungiert (bei völliger Rückbildung der Antennen).

Prozessionsspinner, der (die); s. *Cnethocampa, Thaumetopoea.*

proximális, -is, -e, zur (Körper-)Mitte hin, näher dem Mittelpunkt d. Körpers gelegen als andere Teile.

Prymnésium, *n.*; gr. *to proymnésion* das Haltetau; Gen. der Prymnesíidae, Ordo Haptomonadina. Spec.: *P. parvum*, klein; lebt marin u. im Brackwasser; sind enorm vermehrungsfähig („Wasserblüten").

Przewalski, Nikolaj M., 1839–1888, Entdecker des innerostasiatischen Steppenpferdes, das den Beinamen nach ihm trägt.

Przewalski-Pferd, das; Asiatisches Urwildpferd, seit der Eiszeit äußerlich kaum veränderter Unpaarhufer Zentralasiens, noch im Grenzgebiet zwischen der Mongolei und China in freier Wildbahn lebend; s. *Equus przewalskii.*

Przibram, Hans, geb. 7. 7. 1874 Lainz b. Wien, gest. 1944 Theresienstadt, Prof. f. experim. Zool. an d. Univ. u. Leiter d. Biol. Versuchsanstalt d. Akad. d. Wissenschaften, Wien II. Themen d. wissenschaftl. Arbeiten: Entwicklungsmechanik, Regeneration u. Transplantation, experim. Morphol. quantitative u. theor. Biol.

psammophil, gr. *he psámmos* der Sand, *ho phílos* der Freund; Sand als Lebensraum bevorzugend.

psenes, gr. *ho psen* die Gallwespe der wilden Feige; *s. Blastophaga.*

Pseudoallele, die, im Chromosom nahe beieinander liegende Gene verschiedener Genpaare, die in der Regel gekoppelt auf die Nachkommen übertragen werden und Allele zu sein scheinen.

Pseudocistela, *f.*, gr. *pseudo-* falsch, unwahr u. Gattungsname *Cistela*; Gen. der Allecúlidae. Spec.: *P. ceramboides,* Schwarzes Kegelhähnchen.

Pseudocöl, das, gr. *kōílos* hohl; Raum zw. Körperwand u. Darm, der im wesentlich aus einem mit Flüssigkeit gefüllten Hohlraum besteht.

Pseudocoélia, die, s. Pseudocöl; Zusammenfassung aller Tiere, bei denen ein Pseudocöl ausgebildet ist (z. B. Nemathelminthes).

Pseudocorynopoma, *n.*, gr. *he korýne* die Keule, der Kolben, *to póma* der Deckel, die Hülle; „falsche Corynopoma"; Gen. der Characidae, Cypriniformes. Spec.: *P. doriae,* Drachenflosser (♂ mit stark vergrößerten Flossen u. über den Rand hinausgehenden Flossenstrahlen).

Pseudocrustacea, *n.,* Pl., s. *crusta*; fossile Cl. der Trilobitomorpha, mit Caparax, aber trilobitenähnlichen Beinen; fossil im Mittelkambrium. Genera: *Burgessia,* s. *Waptia.*

Pseudogamie, die; Bezeichnung für Fälle mit „unvollkommener Befruchtung", bei denen zwar ein Spermium in das Ei eindringt u. dessen Entwicklung auslöst, jedoch der Kern des Spermiums aufgelöst und somit die Entwicklung nur mit dem Genbestand des Eies durchgeführt wird. Vorkommen der P. (Syn.: Merospermie) bei manchen Arten als Normalfall, z. B. bei manchen Nematoden, Planarien u. bei einzelnen Fischarten, deren Weibchen sich in Laichschwärme verwandter Arten mischen, so dass (sogar) artfremde Spermien die Entwicklungsstimulanz auslösen.

Pseudohermaphroditismus femininus, der, gr. *pseudo-* falsch, unwahr, lat. *femina, -ae* das Weib; s. Hermaphroditismus. Intersexualitätsform, bei der das chromosomale u. gonadale Geschlecht weiblich, das genitale dagegen mehr od. weniger männl. ist (z. B. Adrenogenitales Syndrom).

Pseudohermaphroditismus masculinus, der, gr. *pseudo-* falsch, unwahr; lat. *mas, maris* der Mann, s. Hermaphroditismus; Intersexualitätsform, bei der gonadales (Keimdrüsen) u. chromosomales Geschlecht männlich, das Genitale bzw. die sekundären Geschlechtsmerkmale mehr od. weniger weiblich sind (z. B. testikuläre Feminisierung).

Pseudomops, *f.*, gr. *he ópsis* das Auge; Gen. der Nyctibóridae, Ordo Blattodea, Schaben. Spec.: *P. oblongata,* Schwarzmond-Schabe (nach einem dunklen, mondförmigen Fleck auf dem Bruststück).

Pseudonotostraca, *n.*, Pl., gr. *ho nṓtos* u. *to nóton* der Rücken, *to óstrakon* die Schale, die Scherbe; älteres Synonym zu Pseudocrustacea (s. d.).

Pseudopodien, die, gr. *ho pus, podós* der Fuß; die Scheinfüßchen von Protozoen u. speziellen Körperzellen der Metazoen.

Pseudoscorpiones, *m.,* Afterskorpione, Gruppe der Arachnida; mit über 1000 Arten; kleine Tiere (unter 1 cm); obwohl sie durch ihre großen scherenförmigen Palpen den Skorpionen ähneln, stehen sie ihnen im Körperbau fern; seit dem Oligozän.

Psíla, *f.*, gr. *psilós* kahl, nackt; Gen. der Psilidae (Nacktfliegen), Diptera. Spec.: *P. rosae,* Möhrenfliege (Larven in Möhren schädlich).

Psíthyrus, *m.*, gr. *psithyrós* flüsternd, zwitschernd, summend; Gen. der Psityridae (After-, Schmarotzerhummeln, Kuckuckshummeln). Spec.: *P. rupestris* (häufig, ähnelt der Steinhummel, bei der sie wohl ebenfalls schmarotzt; fliegt schon im zeitigen Frühjahr über der Erde mit dumpfem Gesumme; sucht bes. Disteln u. Lamiaceae auf).

Psittaciformes, *f.,* Pl., s. *Psittacus*; Papageienvögel, Ordo d. Aves.

Psittacus, *m.*, gr. *ho psittakós* der Papagei; hat Ähnlichkeit mit Papageien (Amazonen); Gen. der Psittacidae, Papageien; Psittaciformes (s. d.). Spec.: *P. eríthacus,* Graupapagei, Jako.

Psittakose, Psittacósis, die, gr. *ho psittakós* der Papagei, Sittich; Papageienkrankheit; fieberhafte, grippeartige, virusbedingte Allgemeinerkrankung mit vorwiegender Lokalisation in den Lungen (in Form von Bronchopneumonien). Erreger: *Miyagawanella*; vgl. Ornithose.

psoas, *m.*, gr. *ho psóa, psóas*; der Lendenmuskel.

Psococerástis, *m.*, gr. *psṓchēin* zerschroten, zerreiben, *kerástes* gekörnt; Gen. der Psocidae (Holz- od. Staubläuse), Psocóptera. Spec.: *F. gibbósus.*

Psocoídea, *n.*, Pl., gr. von *psṓchēin*, s. o., *ho psṓchos* der Staub; Läuse, Gruppe der Insecta; primär kauende Mundwerkzeuge, Lacinia verlängert zu einem Meißel od. Stilett (Name!).

Zu ihnen gehören die Psocoptera (Staubläuse) u. Phthiraptera.
Psocus, *m.,* gr.; Gen. der Psocidae, Psocoptera. Spec.: *P. bipunctatus.*
Psóphia, *f.,* gr. *ho psóphos* das Getöse, Krachen, der Schall; der Name bezieht sich auf das dumpf seufzende Trommeln, das dem „Kranichgeschmetter" ähnelt und zum Trivialnamen „Trompetervögel" führte; Gen. der Psophíidae, Gruiformes (Kranichvögel). Spec.: *Ps. crepitans,* Graurücken-; *Ps. leucoptera,* Weißflügel-; *Ps. viridis,* Grünflügeltrompetervogel.
Psorergates *m.,* gr. *he psóra* die Krätze, Räude; Gen. der Psorergatidae, Actinotrichida. Ekto- od. endoparasitische, stationär-permanente, zarthäutige Milben bei Primaten sowie Wiederkäuern. Spec.: *P. ovis,* Wirt: Schaf; der Befall kann Wollleistung mindern.
Psoriasis, *f.,* Krätze, Räude; -iasis, sog. Schuppenflechte; bei hellhäutigen Menschen häufige Hauterkrankung (Morbidität in Europa ca. 1–2%) mit multifaktorieller, polygener Vererbung; vgl. *Psoroptes.*
Psoroptes, *m.,* gr. *he psóra* die Krätze, Räude; Gen. der Psoroptidae, Actinotrichida. Räudemilben auf der Hautoberfläche von Säugetieren. Spec.: *P. bovis,* Wirt: Rind; Erreger der Kopfräude des Rindes; *P. equi,* Wirt: Pferd; Erreger der Körperräude des Pferdes.
Psychóda, *f.,* gr. *he psyché* die Lebenskraft; Gen. der Psychodidae (Schmetterlingsmücken). Spec.: *P. phalaenoides*; ihre Larven ernähren sich von zerfallenden organischen Substanzen, sind bedeutsam als Destruenten in Kläranlagen.
Psychodysleptikum (Halluzinogen), das; Psychopharmakon, das zu Wahrnehmungsstörungen u. veränderten Verhaltensweisen führt; fließende Übergänge zu Rauschgiften.
Psychologie, die, gr. *he psyché* die Seele, *ho lógos* die Lehre, die Kunde; die Wissenschaft von den seelisch-geistigen Funktionsabläufen.
Psylla, *f.,* gr. *he psýlla* der Floh (springendes Insekt); Gen. der Psyllidae, Psyllina, Sternor(r)hyncha, Ordo Homoptera. Spec.: *P. mali,* Springlaus, Apfelblattsauger, Apfelblattfloh (in ganz Europa verbreiteter, gefährlicher Schädling der Apfelbäume, durch Export von Baumschulenware u. Obst auch in N-Amerika, Australien, Japan); *P. alni,* Erlenblattfloh, -sauger.
Psyllina, *n.,* Pl., Gruppe der Homoptera; Pflanzensauger mit springender Fortbewegung, so dass sie trivial auch als Springläuse od. „Blattflöhe" bezeichnet werden, mit etwa 1000 bekannten Species, die alle zur einzigen Fam. Psyllidae gehören; Genera: z. B. *Psylla,* s. d.; *Trioza,* s. d.
Pteranodon, *m.,* gr. *to pterón* Flügel, Feder, Flosse, *α*- priv, -los u. *ho odús, odóntos* Zahn; Gen. der Pteranodontidae, Ordo Pterosauria, s. d.; zahnlose (Name!) Segler, fossil in der Oberkreide. Spec.: *P. ingens,* eines der größten Flugtiere aller Zeiten, Flügelspannweite ca. 8 m.
Pterobránchia, *n.,* Pl., gr. *ta bránchia* die Kiemen; Gruppe der Hemichordata (= Branchiotremata), s. d.; die P. haben Ähnlichkeit mit den Tentaculata, stehen an der phylogenetischen Basis der Deuterostomia wie die Tentaculata an der Basis der Protostomia; etwa 20 Arten bekannt.
Pterodactylus, *m.,* gr. *ho dáktylos* der Finger; Gen. der Pterodactylidae, Ordo Pterosauria, s. d.; drossel- bis entengroße Tiere; fossil im Oberjura (Malm). Spec.: *P. kochi.*
Pterodíscus, *m.,* gr. *ho dískos* die runde (od. ovale, abgeplattete) Scheibe; „geflügelter Discus"; „Scheibe mit Flossen"; Männchen von oben gesehen abgeplattet; Gen. der Gastreropelecidae (Beilfische), Cypriniformes. Spec.: *P. levis,* Scheiben- od. Beilbauch.
pterogloss, gr. *to pterón* Feder, Federbusch, Wedel, *he glóssa* die Zunge; „Federzunge"; Radula-Typ (s. d.); pteroglosse Radula; ohne Zentralzähnchen, zahlreiche gleichartige Zähnchen (z. B. bei *Clathrus*).
Ptérois, *m.,* gr. *pteróeis* geflügelt, von *to pterón* der Flügel, auch der Panzerflügel (biegsamer, unterer Teil der Panzerrüstung am menschl. Körper); Gen. d. Scorpaenidae (Drachenköpfe), Scorpaeniformes (Panzerwangen), Teleostei. Spec.: *P. volitans,* Rotfeuer-, Truthahnfisch (wegen der Rotfärbung mit dünnen, dunklen Querstreifen; das ihm zugeschriebene „Flugvermögen" trifft nicht zu; die Brustflossen sind schleier- bzw. „flügel"-artig vergrößert; er verwendet die Giftstrahlen der Rückenflossen als Angriffswaffe u. treibt die Beute mit den Brustflossen vor sich her.
Pteronura, *f.,* gr. *to pterón* Flügel, übertragen auch: Sinnbild des Schnellen, *he urá* der Schwanz; hat langen Schwanz (ein Drittel der Gesamtlänge bis 2 m), ist als Fisch- u. Wassergeflügelräuber vorzüglicher Schwimmer u. Taucher; Gen. der Mustelidae, Canoidea, Carnivora. Spec.: *P. brasiliensis,* Riesenotter.
Pteróphorus, *m.,* gr. *ho phorós* der Träger, „Flügel-Träger"; Gen. der Pterophoridae (Federmotten), Lepidoptera. Spec.: *P. pentadactylus,* Federgeistchen. Name nimmt Bezug auf die Anzahl der Flügeleinschnitte („5-fingerig"; Federbild).
Pterophýllum, *n.,* von gr. *to pterón* Flügel, Feder, Flosse u. *to phýllon* das Blatt, also: „blattartige Flosse"; „Blatt-Flosser"; Gen. der Cichli-

dae (Buntbarsche), Perciformes. Spec.: *P. scalare,* Segelflosser (Blattflosser, „Skalare"), beliebter Aquarienfisch mit starkem Farbwechselvermögen.

Pterópidae, *f.,* Pl., s. *Ptéropus*; Fleder- od. Flughunde, Fam. der Megachiroptera (s. d.). Es gibt Flughundformen ohne Schwanz *(Pterus)* u. mit kurzem Schwanz *(Rousettus).*

Ptéropus, *m.,* gr. *ho pus* der Fuß, eigentl.: „Flügelfuß"; Gen. der Pteropidae (s. d.); Flederhunde ohne Schwanz. Spec.: *P. medius,* Flugfuchs; *P. vampyrus,* Indonesischer Kalong (kräftigste Flughundart).

Pterosauria, *n.,* Pl., gr. *to pterón* der Flügel, *ho saūros* die Echse, die Eidechse; Flugsaurier, ein Ordo der Archosauria, s. d.; fossil im Jura u. in der Kreide. Genera: *Pteranodon, Pterodactylus,* s. d.

Pterostígma, gr. *to stígma* der Punkt; Bezeichnung für das dunkle Mal am Vorderrand von Insektenflügeln; oft auch unexakt (vereinfacht) als „Stigma" bezeichnet.

Pteroylglutaminsäure, die; s. Vitamin-B-Komplex.

pterygoídeus, -a, -um, flügelförmig.

pterygot, gr., geflügelt.

Pterygota, *n.,* Pl., gr., mit Flügeln versehene Insecta (s. d.), wobei die Flügel als relevantestes Merkmal dieser Gruppe aus Seitenplatten (Paranota) der Dorsalplatten des 2. u. 3. Thoraxsegments entstehen u. somit Hautfalten (also keine Extremitäten wie die Wirbeltierflügel) sind. Gruppen (Ord. bzw. Superord.): Ephemeroptera, Odonata, Plecoptera, Embioptera, Orthopteroidea, Blattopteroidea, Psocoptera, Thysanoptera, Rhynchota, Neuropteroidea, Coleoptera, Hymenoptera, Mecopteroidea.

pteryoideus, -a, -um, flügelförmig.

ptéryx, *f.,* gr. *he ptéryx, -ygos* der Flügel.

Ptilínus, *m.,* gr. *to ptílon* die Flaumfeder; Gen. der Anobíidae. Die Fühler haben laterale feder- od. kammartige Fortsätze. Spec.: *P. pectinicornis,* Gekämmter Nagekäfer, Brauner Federkammkäfer.

Ptilodus, *m.,* gr. *to ptílon* das Ruder, die Feder; Gen. der Ptilodontidae des fossilen Ordo Multituberculata, s. d.; fossil im Paläozän. Spec.: *P. montanus.*

Ptinus, *m.,* gr. *ptēnós* befiedert, wegen der federförmigen Fühler; Gen. der Ptínidae (Diebskäfer), Coleóptera. Spec.: *P. fur,* Kräuterdieb.

Ptyalin, das, gr. *ptýtēin* spucken; α-Amylase, ein im Speichel einiger Vögel, der Säugetiere u. des Menschen befindliches stärkeabbauendes Enzym.

Pubertät, die, lat. *pubértas, -átis, f.,* Mannbarkeit, Zeugungskraft; Geschlechtsreife, Zeit der eintretenden Geschlechtsreife, -reife.

Pubertas praecox, die, lat. *praecox* frühreif, vorzeitig; vorzeitige Geschlechtsentwicklung, -reife.

pubes, -is, *f.,* lat., die Scham, Schamgegend. Spec.: *Phthirus pubis,* Schamlaus, Filzlaus.

púbicus, -a, -um, s. *pubes,* zur Schamgegend gehörig.

pubis, Genit. zu lat. *pubes,* s. d.

pudendális, -is, -e, zur Schamgegend gehörig.

pudendum, -i, *n.,* lat. *pudor, -óris, m.,* die Scham, Schamgegend.

Pudéndum mulíebre, das, s. *pudéndum,* lat. *múlier, -eris, f.,* das Weib; *muliebris, -is, -e* weiblich; die weibliche Scham.

pudicus, -a, -um, schamhaft, keusch, züchtig.

puélla, -ae, *f.,* das Mädchen, die Jungfer, -frau; s. *Coenágrion*; s. *Irena.*

Puerilismus, der, lat. *puer, m.,* Knabe, Kind; Erscheinung kindlicher Verhaltensweisen, z. B. bei Altersblödsinn, Gefangenen.

Puffínus, *m.,* latin. aus dem engl. *puffin*; Gen. der Procellariídae (s. d.). Spec.: *P. puffinus,* Schwarzschnabel-Sturmtaucher.

Puffotter, die; s. *Bitis.*

Puffs, die, engl. *puff* Bauch, Aufblähung; lokale Entspiralisierungen von Chromomeren an spezifischen Orten der Polytänchromosomen, Strukturmodifikationen. Bes. große *puffs* nennt man Balbiani-Ringe; P. sind aktive Genloci.

pugnus, -i, *m.,* lat., die Faust, lat. *pugnax* kampflustig, streitbar. Spec.: *Philomachus pugnax,* Kampfläufer.

pulchéllus, -a, -um, lat., schön; s. *Lacédo.*

pulcher, pulchra, -um, lat., schön; s. *Hemigrammus.*

Pulex, *m.,* lat., der Floh; Gen. der Pulicidae, Ordo Siphonaptera, Flöhe: Spec.: *P irritans,* Menschenfloh (aber auch auf verschiedenen Säugetieren u. mitunter auf Vögeln).

pullus, lat., *m.,* das Junge, junges Tier, junges Huhn; Altersstadium, namentlich beim Säuger, von der Geburt bis zur Dauergebissentwicklung.

pulmo, -ónis, *m.,* lat., die Lunge; Pulmonaten: Lungenschnecken.

pulmonális, -is, -e, zur Lunge gehörig, lungenartig.

Pulmonata, *n.,* Pl., lat., Lungenschnecken; ihre Mantelhöhle ist – dem Landleben entsprechend ohne Ctenidium – zu einer tief in den Körper ragenden Lunge erweitert; Gruppe der Euthyneura, Gastropoda. Ordines: Basommatophora, Stylommatophora, s. d.

pulpa, -ae, *f.,* lat., das Fleisch, weiche Mark; Pulpa dentium: Zahnpulpa, Blutgefäße u. Ner-

ven führendes Gewebe im Inneren (Pulpahöhle) der Zähne.
pulpósus, -a, -um, aus weichem Mark, reich an weichem Mark.
Puls, der, lat. *pulsus, m.,* der Stoß, Schlag; Anstoßen der Druckwelle des Blutes gegen die Blutgefäßwand.
pulsatórius, -a, -um, lat., klopfend (von *pulsáre* klopfen, stoßen). Spec.: *Atropus pulsatoria,* Bücherlaus.
pulsierende Vakuole, die; auch kontraktile Vakuole genannt, Zellorganell bei Protozoen, kommt z. B. bei allen Süßwasserprotozoen vor, steht im Dienst der Osmoregulation.
pulsus, -us, *m.,* lat., der Stoß, Schlag.
pulvéreus, -a, -um, lat. *pulvis, pulveris, m.,* der Staub; staubig.
pulvinar, -aris, *n.,* lat., das Kissen, z. B. in Pulvinar thalami (= kaudales Thalamus-Ende).
Puma, *f.,* einheimischer Name der von Patagonien bis N-Amerika verbreiteten Raubtierart; Gen. der Felidae, Feloídea, Carnivora. Spec.: *P. cóncolor,* Puma, Silberlöwe.
pumílio, -ónis, lat., s. u., zwergenhaft niedrig; s. *Chlorops.*
púmilus, -i, = pumilio, -ónis, *m.,* lat., der Zwerg. Spec.: *Clausilia pumila* (eine Clausiliidae, Schließmundschnekke).
punctátus, -a, -um, lat., punktiert; s. *Hololampra.*
puncticulatus, -a, -um, lat., mit kleinen Flecken od. Punkten versehen, klein punktiert; s. *Gambusia.*
punctulátus, -a, -um, lat., mit kleinen Punkten (*punctum* Punkt, Fleck, Stich) versehen; s. *Mustélus.*
punctum, -i, *n.,* lat., der Punkt, eigtl. der Stich. Spec.: *Punctum pygmaeum* (Endodontidae, eine stylommatophore Lungenschnecke).
Pungítius, *m.,* von lat. *púngere* stehen; Gen. der Gasterostéidae (Stichlinge), Ordo Gasterosteiformes (Stichlingsfische). Spec.: *P. pungitius,* Zwergstichling (Neunstachliger Stichling).
Punktmutation, die; auf Basenaustausch- od. Rastermutation zurückzuführende, Nukleotid (-paare) betreffende Veränderung eines Gens.
Pupa, Puppe, die, lat. *pupa*; präimaginales Stadium (letztes Jugendstadium) der Insekten mit vollkommener Verwandlung (Holometabola). Die P. stellt ein Ruhestadium dar, in dem sich eine tiefgreifende histologische Umwandlung der inneren Organe der Larve in die des Vollkerfs vollzieht; sie nimmt keine Nahrung mehr auf. Die Merkmale des Vollkerfs sind bereits äußerlich erkennbar (z. B. die Flügelanlagen, die allen voraufgehenden Jugendstadien der Holometabola in der Regel fehlen; Ausnahme: Gattung *Lebia*). – Nach der äußeren Form der P. lassen sich 3 Grundtypen unterscheiden: 1. Pupa libera = freie Puppe; 2. Pupa obtecta („verborgene" od. „bedeckte" P.) = Mumienpuppe mit den Sonderformen: P. succinta = Gürtelpuppe u. P. suspensa = Stürzpuppe; 3. Pupa coarctata = Tönnchenpuppe. – Die Pupa incompleta (= freigegliederte P.) ist eine Zwischenform der beiden ersten Grundtypen; vgl. auch: Holometabolie.
Pupárium, das; erhärtetes tonnenförmiges Gebilde der Pupa coarctata; s. *Pupa.*
pupílla, -ae, *f.,* lat.; Dim. von *pupa, -ae, f.,* das Mädchen, die Puppe; die Pupille; das Sehloch, die meist kreisförmige Öffnung in der Mitte der Regenbogenhaut (Iris) im Auge der Vertebraten.
pupilláris, -is, -e, zur Pupille gehörig, pupillenartig.
pupipar, lat. *pupa,* s. o., *párere* gebären; puppengebärend. Pupipara sind Insekten (Lausfliegen), die verpuppungsreife Larven zur Welt bringen (Pupiparie).
Pupiparie, die; Form der Viviparie, bei der die Weibchen Larven im verpuppungsreifen Stadium (z. B. bei den Arten der Hippoboscidae) gebären.
Puppenräuber, der; s. *Calosoma.*
Purinbasen, die; Grundbausteine der Nukleinsäuren u. anderer wichtiger Zellverbindungen. Bestehen aus einem Pyrimidin- u. einem Imidazolring. P. sind z. B. Adenin, Hypoxanthin, Guanin, Koffein, Theobromin.
Purkinjesche Fasern, die; s. Purkyně; Muskelfasern des Herzens, die u. a. beim Menschen vorkommen u. der Erregungsleitung dienen.
Purkyně, Jan Evangelista, geb. 17. 12. 1787 Libochowice b. Leitmeritz (Böhmen), gest. 28. 7. 1869 Prag; Physiologe; Prof. d. Physiologie u. Pathologie in Breslau, der Physiologie in Prag. P. gilt als der Begründer der experimentellen Physiologie u. der mikroskopischen Anatomie. Er schrieb bedeutende Arbeiten zur Physiologie des Gesichtssinnes, untersuchte zuerst die Bedingungen des Augenleuchtens u. Augenspiegelns (P.-Sansonsche Spiegelbildchen) u. beschrieb das nach ihm benannte P.-Phänomen (Verschieben der Farbenhelligkeit in der Dunkelheit). P. beschrieb als erster das Keimbläschen im tierischen Ei (P.-Bläschen), beobachtete die „P.-Zellen" des Reizleitungszentrums im Herzen u. die ebenfalls nach ihm benannten bes. Zellen des Kleinhirns. P. prägte den Begriff „Protoplasma", entdeckte zusammen mit G. Valentin (1810–1883) das Flimmern gewisser Epithelzellen u. entwickelte Fixations- u. Färbemetho-

den. Er gilt als der eigtl. Erfinder der Kapillaroskopie.
purpura, -ae, *f.,* lat., Purpurschnecke, -farbe. Gen.: *Purpura,* Purpurschnecke.
Purpurreiher, der; s. *Ardea.*
Purpurtangare, die; s. *Rhamphocelus.*
pusillus, -a, -um, lat. *pusus, m.,* kleiner Knabe; klein, winzig, zwergartig. Spec.: *Emberiza pusilla,* Zwergammer.
pustulatus, -a, -um, lat. *pustula, -ae, f.,* das Bläschen. Spec.: *Liocoris tripustulatus* (Miridae, eine Weich- od. Blindwanze).
Pusulen, die, Pl.; Invaginationen von zum Teil außerordentlicher Größe, die in der Nähe der Geißelbasis mit der Außenwelt in Verbindung stehen. Diese kommen bei Dinoflagellaten vor. Ihre Funktion wird mit den kontraktilen Vakuolen verglichen. Sie zeigen aber niemals eine regelmäßige Pulsation. Es tritt nur gelegentlich ein Anschwellen bzw. Schrumpfen auf. Eine evtl. osmoregulatorische Funktion ist noch nicht bewiesen.
Putámen, -inis, *n.,* lat. *putare* beschneiden; die Schale, der äußere Teil des Linsenkerns im Gehirn.
puteánus, -a, -um, lat., zum Brunnen *(púteus)* gehörig.
Puter, s. *Meleágris.*
putor, -oris, *m.,* lat., die Fäulnis. Spec.: *Putorius putorius,* Stinkmarder.
putórius, -a, -um, lat. *putor,* s. o.; mit Geruch behaftet, stinkend; s. *Mustela.*
Putórius, s. *Mustéla.*
Putreszin, das, *n.*; 1,4-Diaminobutan, Tetramethylendiamin; $NH_2–(CH_2)_4–NH_2$; Bestandteil der Leichengifte (Ptomaine); vgl. Kadaverin.
putrínus, -a, -um, lat. *puter, -tris,* morsch, faul; faulig.
Pycnonótus, *m.,* gr. *pyknós* dick, *ho nótos* der Rücken („Dickrücken"); Gen. der Pycnonotidae („Haarvögel" – eine Familie drosselartiger Singvögel in Afrika, Asien); türkisch *Bülbül,* persisch: *Bulbul* (als Trivialname auch im Englischen eingebürgert); (Mehrzahl: *Bülbüls, Bulbuls*). Spec.: *P. jocosus,* Rotohrbülbül; *P. fuscus,* Tonki-Bülbül.
Pycnóscelus, *m.,*gr. *pyknós* dick, *to skélos* der Schenkel, das Bein, also „Dickbein"; Gen. der Blasbéridae. Spec.: *P. surinamensis,* Surinamschabe, Gewächshausschabe.
pygárgus, *m.,* gr. *he pygé* der Steiß, „Hinterbacken", *argós* hellschimmernd, glänzend; eine Falkenart der Antike, eigtl.: Glanz- od. Weißsteiß; s. *Circus.*
Pygathrix, *m.,* gr. („Steißbehaarung"); Gen. d. Fam. Colobidae. Spec.: *P. nemaeus,* Kleideraffe (SO-Asien).
pygmáeus, *m.,* gr. *he pygmé* der Faustkampf, die Faust; Artname, der Kleinheit bezeichnet: winzig, zwergenhaft, Zwerg-; s. *Acrobates*; s. *Cephus*; s. *Neotragus.*
Pygocentrus, s. *Rooseveltiella.*
Pygostyl, der, gr. *he pygé* der Steiß, *ho stýlos* der Pfeiler, die Stütze; bei den Vögeln der Endabschnitt der Wirbelsäule, entsteht durch Verschmelzung der Schwanzwirbel.
Pyknose, die, gr. *pyknós* dick, dicht; Degenerationserscheinung des Zellkerns, gekennzeichnet durch Chromatinverklumpung bzw. -zusammenballung.
pyknotisch, verdichtet, verdickend.
pylóricus, -a, -um, zum Pylorus gehörig.
pylorus, -i, *m.,* latin., gr. *he pylé* die Pforte, *horán (horá-ein)* sehen; der Pförtner, ein Schließmuskel am Magenausgang der Säuger.
pyramidális, -is, -e, zur Pyramide gehörig, pyramidenförmig.
Pyramidenzellen, die; Ganglienzellen der Großhirnrinde. „Sehr große, multipolare Neurone, die in einer tieferen Schicht des motorischen Cortex liegen. Ihre Neuriten bilden den Hauptteil der Pyramidenbahn u. enden an den motorischen Vorderhornzellen des Rückenmarks" (Burkhardt 1971).
pýramis, -idis, *f.,* gr. *he pyramís, -ídos,* vermutlich ägyptischen Ursprungs; die Pyramide.
pyri, lat., Genitiv (der Ortsangabe) von *pyrus, m.,* der Birnbaum, da die Raupen von *Satúrnia pyri* an Obstbäumen fressen.
Pyridoxin, das; s. *Vitamin* B_6.
pyrifórmis, lat. *pýrum, pírum* die Birne, *-fórmis* -förmig; birnen(flaschen-) förmig; s. *Difflúgia.*
Pyrimidinbasen, die; heterozyklische organische Basen mit zwei Stickstoffatomen. zu den P. gehören z. B. Uracil, Cytosin, wichtige Bausteine der Nukleinsäuren.
Pyróchroa, *f.,* gr., feuerfarbig; Gen. der Pyrochroidae (Feuerkäfer), Coleoptera. Spec.: *P. coccinea,* Scharlachroter Feuerkäfer.
Pyrosóma, *n.,* von gr. to *pyr, pyrós* das Feuer, der feuerähnliche Glanz u. *to sóma* der Körper; „Feuerwalze"; sie verdanken ihre Entdeckung Péron (1804). Ihr Leuchtvermögen (intensives Meeresleuchten) wird durch Bakterien in einem „Leuchtorgan" hervorgerufen. Die Bakterien werden von den Follikelzellen aufgenommen u. in den Embryo transportiert. P. ist einziges Gen. der Pyrosómidae als einzige Familie des Ordo Pyrosómida. Bekannteste Spec. (von etwa 10); *P. atlánticum; P. spinósum.*
Pyrosómida, *n.,* Pl., gr., s. o.; Feuerwalzen, Ordo der Thaliácea (s. d.). Merkmale: Kolonien bilden hohlen Kegel (bis einige Meter lang); Ingestionsöffnungen aller Einzeltiere liegen

außen, die Egestionsöffnungen im Kegelhohlraum; das larval bleibende Oozoid (Ammentier) bringt an einem Stolo prolifer durch Knospung vier Blastozoide hervor, aus denen durch weitere Knospung die Kolonie entsteht. Die heranwachsenden Blastozoiden nehmen bereits die Substanz (auch die „Leuchtbakterien") des Oozoids völlig auf; siehe auch: *Pyrosoma.*

Pyrrhalta, *f.,* gr. *pyrrhós* feuerrot, *pyrrázein* feuerrot sein; Gen. der Galerucinae (Unterfam.), Chrysomelidae, Polyphaga, Coleoptera. Spec.: *Pyrrhalta viburni,* Schneeballkäfer (an *Viburnum*).

Pyrrhócorís, *f.,* gr. *he kóris* die Wanze; Gen. der Pyrrhocoridae (Feuerwanzen), Heteroptera. Spec.: *P. ápterus*, Feuerwanze (mit unterschiedlich entwickelten Flügeln, Polymorphismus).

pyrrhogáster, gr., „Feuerbauch", rotbauchig; s. *Triturus.*

Pýrrhula, *f.,* gr. *pyrrhós* feuerrot; Gimpel od. Dompfaff; Gen. der Fringillidae, Finkenvögel. Spec.: *P. pyrrhula,* Gimpel; Subsp.: *P. p. pyrrhula,* Großer Gimpel; *P. p. minor,* Kleiner Gimpel.

Pýthon, *m.,* gr. *ho pýthon* der Name der von Apollo bei Delphi getöteten Schlange, hat Bezug zur Gegend am Parnassos in Phokis, welche Python hieß u. in der das Orakel des pythischen Apollo war; Gen. der Pythonidae (Boidae), Serpentes, Squamata. Spec.: *P. curtus,* Kurzschwanzpython; *P. molurus,* Tierpython (Subspec.: *P. m. bivittatus*); *P. regius,* Königspython; *P. reticulatus,* Netzpython (Gitterschlange); *P. sebae,* Felsenpython (Assalaa); *P. timorensis,* Timorpython.

Q

quadr-, quadri-, Wortelemente in Komposita von lat. *quadrus, -a, -um* viereckig bzw. *quattuor* vier, übersetzt mit: vier-.

quadranguláris, -is, -e, lat. *ángulus, -i, m.,* der Winkel; viereckig, -kantig, -winklig.

quadrangulátus, -a, -um, lat., vierkantig, -eckig, mit vier Winkeln od. Ecken.

Quadrátum, das, s. *quadratus*; das Quadratbein, ein Schädelknochen der Vertebraten, der aus einem Teil des Palatoquadratums hervorgeht. Die Knochenanlage ist ursprünglich knorpelig. Das Qu. funktioniert meistens als Träger des Unterkiefers; bei den Säugern wird es zu einem Gehörknöchelchen (Amboss).

quadrátus, -a, -um, lat., *quadráre* viereckig machen; geviertelt, viereckig (gemacht); s. *Piesma.*

quadriceps, -cipitis, lat., *quat(t)uor vier,* caput der Kopf; vierköpfig.

quadricínctus, a,- um, lat., viergürtelig; s. *Halictus.*

quadricórnis, lat., mit vier Hörnern; s. *Lucernaria.*

quadrigéminus, -a, -um, lat. *géminus, -a, -um* von Geburt doppelt, der Zwilling; vierfach, vierpaarig.

quadripunctátus, -a, -um, lat., mit vier Punkten versehen.

quadriválvis, -is, -e, vierklappig.

Quagga, Name der Hottentotten für Zebra, s. *Equus.*

Quantenevolution, die; (engl. *quantum evolution*), Nischenwechsel; ein dynamischer Abschnitt der Evolution mit zentrifugaler Selektion, der zur Besetzung einer neuen, der alten nicht benachbarten Adaptationszone führt, die nur innerhalb kurzer Zeit u. unter starkem Selektionsdruck möglich ist. Nach G. Simpson ist die Q. einer der 3 Evolutionsmodi, jedoch von den zwei Speziationen, wie Speziation durch Besetzung einer neuen benachbarten Adaptationszone u. phyletische Sp., nicht scharf zu trennen. Sie wird für die relativ schnell erfolgende u. durch Fossilien nicht konkret belegbare Entstehung höherer taxonomischer Kategorien als zutreffend angesehen. Als Beispiel gilt u. a. die anthropologische Evolution, die die kulturelle Evolution einleitete; vgl. Speziation.

Quappe, die, Aalquappe, Aalrutte; trivialer Name des einzigen Süßwasserfisches aus der Familie der Schellfischartigen. Die Leber ist als Delikatesse bekannt; s. *Lota.*

Quappenwurm, der; s. *Echiurus.*

Quarantäne, die, franz. *quarante* vierzig = 40 Tage; die befristete temporäre Absonderung von Personen sowie von Tieren od. die Handels- u. Einfuhrkontrolle bei Tieren (u. Pflanzen) zur Überwachung auf Seuchenbefall.

Quartär, das, lat. *quartus,* s. d.; das „vierte Zeitalter", die erdgeschichtliche Neuzeit, die Pleistozän u. Holozän umfasst.

Quartärpaläontologie, die; s. Quartär, s. Paläontologie; Zweig der Paläontologie, gekennzeichnet durch die besonders engen Bindungen zu den Organismen der Gegenwart.

quártus, -a, -um, lat., der vierte, vierter.

Quastenflosser, s. Crossopterygii; eine seit dem Unter-Devon bekannte Gruppe der Fische; gegenwärtig (rezent) durch *Latiméria chalumnae* vertreten; s. *Latímeria.*

Queensland-Fieber, das; im australischen Queensland zuerst aufgetretenes Fieber des Menschen. Q.-Fieber ist eine interkontinental verbreitete Zoonose. Erreger: *Coxiella burnetii* (s. d.), die bei Rind, Ziege, Schaf, Pferd, Kamel, Büffel, Gans, Huhn, Taube, Hund, Mensch latent und i. a. sporadisch vorkommt; die Infektion wird interanimal durch Zecken (s. *Amblyómma*) übertragen; der Mensch infiziert sich durch direkten Kontakt (aerogen od. alimentär). Erkrankte werden mit Breitspektrum-Antibiotika behandelt.

Quellregion, die; Bezeichnung für die oberste Strecke eines Flusslaufes im Quellgebiet mit meist starkem Gefälle, steinigem Untergrund, reißender Strömung und jahreszeitlich starken Unterschieden der Wassermenge. Fischereilich fast unproduktiv, da relativ geringer Pflanzenwuchs. Der Quellregion folgen: Forellen-, Äschenregion.

quercifólius, -a, -um, lat., aus *quercus* die Eiche u. *folium* das Blatt; eichenblättrig; s. *Gastropacha.*

querquédula, Name einer Entenart in der Antike, die gern an Gewässern in Eichenwäldern lebte; s. *Anas.*

Queteletsche Regel, die; von dem Brüsseler Mathematiker Adolphe Quetelet (1796–1874) aufgestellte Regel über das Verhältnis von Körpergewicht zur Körperlänge des Menschen: Das K-Gewicht eines Erwachsenen soll soviel an kg betragen, als er cm über 1 m groß ist.

Queteletsches Gesetz, *n.*; nach Quetelet (s. o.), der mit mathematischen Hilfsmitteln die Variabilität beim Menschen zu studieren begann; das Qu. Gesetz besagt, dass die einzelnen Modifikationen nicht gleich häufig sind, sondern sich gesetzmäßig um einen Mittelwert verteilen. Die Individuen, die ein mittleres, häufigstes Maß überschreiten (Plusabweicher), u. die, die hinter ihm zurückbleiben (Minusabweicher), werden um so seltener, je mehr sie sich von jenem mittleren Maß entfernen; vgl. Modifikationskurve.

Quetzal, der; (1) Vernakularname (indianisch) für den Vogel (bzw. die Vogel-Gattg.) *Trógōn* (s. d.); der ohne Schwanz etwa 35 cm große Q. – der Wappenvogel von Guatemala – wird mit den wie an Kopf und Rücken gelb-grünschillernden Oberschwanzdeckfedern bis zu 80 cm lang. (2) Q. heißt auch die Währungseinheit von Guatemala.

Quintána, (ergänze: *februs qu.*); Fünftagefieber od. Wolhynisches Fieber, febris neuralgica periodica. Fieber alle fünf Tage (Name!) wiederkehrend (mit Schüttelfrost u. a.). Erreger: *Rickettsia quintana* (übertragen durch Läusekot).

quíntus, -a, -um, lat., der fünfte.

Quotient, der, 1. das Ergebnis einer Division; 2. die Proportion (Verhältnis) od. die Relation (Beziehung) von zwei od. mehreren Faktoren, die auf einen (Lebens-)Vorgang Einfluss haben; s. z. B.: Respiratorischer Quotient.

R

Rabengeier, der; s. *Coragyps.*

Race, franz.; vor Darwin übliche Bezeichnung für Rasse.

Rachítis, die, gr. *he rhachítis* die Knochenweiche von *he rháchis* das Rückgrat; im 17. Jahrhundert von Glisson anstelle von engl. *rickets,* Höcker, eingeführter Terminus: Englische Krankheit, D-Avitaminose, die vorwiegend Deformationen am juvenilen Knochensystem bedingt u. bes. auf Stoffwechselstörungen im Kalk- u. Phosphorhaushalt zurückzuführen ist; vgl.: Osteomalazie.

Rackelhuhn, das; Kreuzung bzw. *Lyrurus tetrix* (Birkhuhn) u. *Tetrao urogallus* (Auerhuhn), meist zw. Birkhahn u. Auerhenne. Das hahnenfedrige Rackelwild ist unfruchtbar.

Racovitza, Emile G., geb. 15. 11. 1868 in Jassy, gest. 19. 11. 1947 in Cluj; Prof. d. Univ., Dir. d. Inst. für Speläol., Cluj, Rumänien. Arbeitsgebiete: Speläologie, Isopoden.

Radfahrer-Reaktion, die; ein von B. Grzimek (1944) beschriebenes Verhalten des „nach oben buckeln und nach unten treten“, Abreagieren des aktivierten Defensivverhaltens am rangtieferen bzw. am Ersatzobjekt.

radiär, neulat. *radiárius* strahlig; strahlig, strahlenförmig.

radiális, -is, -e, s. *radius*; zum Radius gehörig.

Radiáta, *n.,* Pol., lat. *radiatus,* s. u.; 1. Synonym für Coelenterata; 2. auch als Name für Superclassis bei d. Echinodermata verwendet.

Radiation, die; lat. *radius* der Strahl; *radiation, -onis* die Ausstrahlung; die Entfaltung: es werden unterschieden: (1) adaptive R. als Entfaltung einer Sippe in Anpassung (= Adaptation) an die ökologischen Gegebenheiten, (2) nonadaptive R. als Evolution mehrerer nahe verwandter und morphologisch divergierender Formen ohne stärkeren Einfluss von ökologischen Abweichungen; s. adaptive Radiation. (3) Form der Wärmeübertragung von Tieren an ein kühleres Objekt oder Medium = direkt oder sensible Wärmeabgabe.

radiátus, -a, -um, lat. *radius, -ii, m.,* der Strahl; strahlig, strahlend, mit Strahlen; s. *Raja.*

radiculáris, -is, -e, s. *radix,* zur Wurzel gehörig.

Radien, die; Sing. *radius* der Strahl, Pl. *radii, m.*; bei Fischen: Flossenträger, Somactidia, Pterygophora; stabförmige, unpaare Elemente des Innenskeletts, die selbständig im Bindegewebe entstanden und nur sekundär mit der Wirbelsäule in Verbindung getreten sind; liegen meist basal im proximalen Flossenabschnitt bzw. proximal von der Flosse.

Radikale, die, *n.*, engl. radicals; freie Radikale sind Substanzen, die ungepaarte Elektronen besitzen, wobei ein ungepaartes Elektron ein Molekülorbital alleine besetzt. Radikale sind deshalb paramagnetisch, d. h. sie richten sich in einem Magnetfeld aus. Radikale können durch Ab- od. Aufnahme eines Elektrons bzw. durch Spaltung einer kovalenten Bindung entstehen. Sie zeichnen sich durch eine sehr hohe Reaktivität aus: Sie entstehen bei (patho-) physiologischen Prozessen in allen Lebensformen; s. Lipidperoxidation.

Radioaktivität, die; hervorgerufen durch instabile chemische Elemente, die unter Aussendung einer radioaktiven Strahlung zerfallen; s. Isotope.

Radiolária, *n.,* Pl., lat. *radiolus* der kleine Strahl; Strahlentierchen. Cl. Rhizopoda, Protozoa; meist kugelig mit radiären, oft verzweigten Filopodien; tangentiale u. radiäre Skelettelemente; fossile Formen seit dem Präkambrium bekannt.

Radiomedialquerader, die; Querader bei Insekten zw. Radius, s. d., u. Media, s. d., bzw. zw. benachbarten Ästen derselben.

rádius, -ii, *m.,* lat., der Stab, die (Rad-) Speiche, der Halbmesser des Kreises, der Strahl; Radius: die Speiche, der Unterarmknochen der Vertebraten mit pentadactyler Extremität.

Radix, *f.,* lat. *radix, -icis, f.,* die Wurzel; Gen. der Phal. Lymnaecea, Süßwasser-Lungenschnecken. Spec.: *R. auricularia,* Ohrschlammschnecke.

Rádula, die, lat., das Schabeisen; Reibeplatte, mit Zähnchen besetzte Platte in der Mundhöhle mancher Weichtiere.

Radula-Typen, die; werden zufolge ihrer unterschiedlichen Konstruktion taxonomisch genutzt. Wichtigste Typen (bei Gastropoda): hystrichoglosse Radula (= Bürstenzunge); rhidipoglosse R: (= Fächerzunge); docoglosse R. (= Balkenzunge); taenioglosse R. (= Bandzunge); steno- od. rachiglosse R. (= Schmalzunge); pteroglosse R. (= Federzunge); toxoglosse R. (= Pfeilzunge).

Rädertierchen, das; s. *Rotífer.*

Raillietina, *f.,* latin. nach A. Railliet, Parasitologe, Frankreich, 1852–1930; Gen. der Davaineidae, Cyclophyllidea; bis 20 cm lange u. wenige mm breite Bandwürmer, die im Darm von Vögeln u. Säugetieren parasitieren u. sich über Insekten als Zwischenwirt (Zystizerkoid) entwickeln. Vorkommen einiger Arten auch beim Menschen in trop. Ländern nachgewiesen. Spec.: *R. cesticillus*; Wirte: Haus- u. Perlhuhn, Pute, Fasan, Auerhahn, Wachtel u. a.; Kosmopolit; *R. tetragona*; Wirte: Haus- u. Perlhuhn, Pfau, Schneehuhn u. a.; Kosmopolit.

Raillietiniose, die; durch Befall mit Bandwürmern des Gen. *Raillietina* verursachte Krankheit (Helminthose) bei Vögeln.

Raja, *f.,* lat. *raja* Rochen bei Plinius; Gen. der Rajidae (Rochen im eng. Sinne); fossil seit der Oberkreide bekannt. Spec.: *R. clavata,* Keulenrochen; *R. radiata,* Sternrochen; *R. bátis,* Glattrochen.

Ralle, die; s. *Rallus.*

Rallenreiher, der; s. *Ardeola.*

Rallus, *m.,* lat., vom deuschen Ralle, hängt – wie der franz. Name *rale* – mit dem deutschen Verb *rasseln* zusammen; der Name nimmt Bezug auf das knarrende Geschrei. Gen. der Rallidae, Rallen, Fam. der Kranichvögel. Spec.: *R. aquaticus,* Wasserralle.

Ramapíthecus, *m.,* von lat. *ramus* Ast, Zweig, Baum u. gr. *ho píthekos* der Affe; fossiles Genus der Pongidae (s. d.), dessen Reste (aus dem Tertiär) z. T. u. mit Vorbehalten (wegen Lücken in der Diagnose) Schlüsse auf die Abzweigung der Hominiden zulassen (sollen).

Ramon y cajal, Santiago, Histologe, geb. 1. 5. 1852 Petilla de Aragon (Navarra), gest. 17. 10. 1934 Madrid; Prof. in Valencia, Barcelona u. Madrid; R. erhielt für seine bahnbrechenden Forschungen über die Anatomie des ZNS gemeinsam mit C. Golgi 1906 den Nobelpreis.

Ramskopf, der; Tierkopf mit konvexem Stirn-Nasenprofil (auch „Schafskopf" genannt, da hier typisch), u. a. auch bei Pferden.

Ramsnase, die; konvexes Nasenprofil (bei ± gerader Stirn); arttypisch z. B. für Schafe, Saigas (bei denen die R. sogar über den Unterkiefer hinausragt).

rámulus, -i, *m.,* lat., das Ästchen.

ramus, -i, *m.,* lat., der Ast, Zweig.

Rana, *f.,* lat. *rana* der Frosch; Gen. der Ranidae, Echte Frösche, Anura. Spec.: *R. esculenta,* Wasserfrosch; *R. temporaria,* Grasfrosch; *R. arvalis,* Moorfrosch; *R. catesbeiana,* Ochsenfrosch; *R. dalmatina,* Springfrosch; *R. lessonae* (benannt nach dem italien. Amphibienforscher Michele Lessona, 1823–1894).

Randwanzen, die, Coréidae (gr. *ho kērós* das Wachs); Fam. der Geocorisae, Heteroptera; auch als Lederwanzen bezeichnet. Genera (z. B.): *Coreus, Coriscus, Mesocerus, Syromastes.*

Rangifer, *m.,* wahrscheinl. von lat. *ramus* der Ast, das Geweih u. *ferre tragen;* gr. *ho, tárandros* das Rentier. Gen. der Cervidae, Artiodactyla; fossil seit dem Pleistozän bekannt. Spec.: *R. tarándus,* Ren. Man unterscheidet Wald- u. Tundra-Ren. Karibu heißen die nordamerikanischen Rassen. Insgesamt gibt es zahlreiche geographische Rassen in Nordeuropa, Sibirien, Alaska bis Kanada u. Grönland.

Rangordnung, die; Bezeichnung für geordnete Dominanzverhältnisse in einer Tiergruppe.

Rangstufe, die; s. Kategoriestufe.

Rangstufenordnung, die; Rangordnung od. Folge von über- bzw. untergeordneten Rang- od. Kategorienstufen zur Einordnung eines Lebewesens in das System, s. d.

Ranke-Hörtheorie, die; s. von Békésy-Ranke-Hörtheorie.

Ranvier, Louis Antoine, geb. 1835 Lyon, gest. 1922 Vendranges (Loire), Prof. der allgem. Anatomie in Paris; R. wurde durch die nach ihm benannten R.schen Schnürringe bei markhaltigen Nervenfasern bekannt.

Ranviersche Schnürringe, (= Ranvier-Schnürringe), *m.,* s. Ranvier; Einschnürungen zw. den Segmenten der markhaltigen Nervenfasern (der Vertebraten).

rapae, lat., Genit. von *rapa* die Rübe, Rüben-; s. *Pieris.*

rapax, lat., räuberisch, raubgierig (schmarotzend); s. *Caligus;* s. *Aquila.*

RAPD, Abk. für **r**andom **a**mplified **p**olymorphic **D**NA, engl.; PCR-Technik. Mit zufällig bindenden kurzen Primern (häufig Dekamere) wird eine Anzahl unterschiedlicher DNA-Segmente amplifiziert. Nach Auftrennung der Fragmente in einer Gelmatrix entsteht ein spezifisches Bandenmuster.

raphe, *f.,* gr. *he raphé* die Naht.

Raphicérus, *m.,* gr., von *he rhaphís* Nadel u. *to kéras* das Horn, „Spitzhorn"; Gen. der Bovidae, Rinder, Artiodactyla, Paarhuftiere. Spec.: *R. campéstris,* Steinantilope; *R. melanotis,* Greisbock.

Raphidia, *f.,* gr. *he raphé* die Naht, *rhaphís,-ídos* die Nadel; Gen. der Raphidiidae, Raphidioptera (Kamelhalsfliegen), Homoptera. Spec.: *R. ophiopsis*, Schlangenköpfige Kamelhalsfliege; 8–12 mm lang, kommt fast ausschließlich um Kiefern herum vor; *R. oblita.*

Raphidióptera, *n.*, Pl., gr. *he raphís, -ídos* die Nadel, *to pterón* der Flügel; Kamelhalsfliegen; Neuropteroidae; mittelgroße Tiere mit abgeplattetem Kopf u. beißenden Mundwerkzeugen sowie stark verlängerter, schräg aufwärts gerichteter, sehr beweglicher Vorderbrust (Kamelhals); Larven räuberisch in Rissen u. Spalten der Borke; ca. 200 Arten weltweit bekannt, davon 11 in Europa.

Rappenantilope, die; s. *Hippotragus.*

Rapsglanzkäfer, der; s. *Meligethes.*

Rasbora, *f.*, nach einheimischem Namen der im tropischen Asien verbreiteten Gattg. (mit ca. 40 Spezies) benannt; Gen. der Cyprinidae, Cypriniformes. Spec.: *R. dorsiocellata,* Augenfleck-Rasbora; *R. elegans,* Schmuckbärbling; *R. heteromorpha,* Keilfleckbärbling.

Rasenameise, die; s. *Tetramórium.*

Rasse, die; Gruppe von Individuen einer Species, die sich in bestimmten Merkmalen von anderen Individuengruppen unterscheiden u. diese Merkmalsvariationen vererben. Es werden geographische u. ökologische Rassen unterschieden, die je nach Ausprägungsgrad bzw. Merkmalsabstufungen ihrer Population den taxonomischen Status einer Subspecies haben. Die Rassen (Subspecies) unterscheiden sich in manchen reinerbigen Merkmalen, z. B. die Subspecies der Zebras durch die Streifenmuster. Haustierrassen sind konventionell von Zuchtorganisation festgelegt (Zuchtziel, Normative nach Morphologie, Leistung), schließen jedoch Änderungen durch Züchtung (Selektion) ein.

Rassenkreis, der; Bezeichnung für Rassen (od. Subspecies) einer Art, die als geographische Rassen untereinander Übergänge zeigen bzw. durch Paarungen in Grenzgebieten od. Teilen ihres Areals ± Merkmale nicht nur von einer Rasse haben.

ratel, franz. *le ratel* Honigdachs; s. *Mellivora.*

Rathke, Martin Heinrich, geb. 25. 8. 1793 Danzig, gest. 15. 9. 1860 Königsberg; 1828 Prof. der Anatomie in Dorpat, 1835 Prof. der Zoologie u. der Anatomie in Königsberg (Kaliningrad). R. veröffentlichte bedeutende Arbeiten auf dem Gebiet der Vergleichenden Anatomie, Embryologie u. Zoologie. R. entdeckte die Kiemenspalten u. Kiemenbogen am Fötus der höheren Wirbeltiere.

Ratte (Haus-), die; s. *Rattus.*

Rattenfloh, der; s. *Nosopsyllus.*

Rattenlaus, die; s. *Polyplax.*

Rattenschwanzlarve, die; s. *Eristalis.*

rátticeps, lat. *caput* der Kopf; rattenköpfig; s. *Microtus.*

Rattus, *m.,* latin. von Ratte; Gen. der Muridae, Langschwanzmäuse, Echte Mäuse; fossil sicher seit dem Pleistozän, vermutlich älter. Spec.: *R. norvegicus,* Wanderratte; *R. rattus,* Hausratte; vgl.: Whistar-Ratte.

Ratzeburg, Julius Theodor Christian, geb. 1801, gest. 1871; veröffentlichte in den Jahren 1837–1844 sein Werk über Forstinsekten.

Raubfliege, die; s. *Asilus.*

Raubschnecke, die; s. *Daudebardia.*

Raubtiere, die; s. Carnivora.

Raubwanze, die; s. *Reduvius.*

Raubwels, der; s. *Clarias.*

Raubwild, das; alles jagdbare Raubwild, das dem Nutzwild schadet, also: Haarraubwild u. Raubvögel.

Raubwürger, der; s. *Lanus.*

Rauchschwalbe, die; s. *Hirundo.*

Rauchwerk, das; Sammelbezeichnung für zur Herstellung von Pelzwerk benutzte Bälge (vor allem) von Wildtieren.

Rauharmige Fledermaus, die; s. *Nýctalus leisleri.*

rauhfüßig, werden alle Vögel bezeichnet, deren Läufe u. Ständer (Beine) bis unten zu den Zehen befiedert („behost") sind, z. B. Rauhfußhühner, Eulen, Steinadler, Rauhfußbussard; s. *lagopus.*

Rauhfußbussard, der; s. *Buteo.*

Rauhfußhühner, die; Tetraoninae (als Unterfamilie der Familie Phasianidae), neuerlich auch als eigenständige Familie Tetraonidae eingeordnet. Die R. werden in Wald- (Auer-, Birk- u. Haselhuhn) u. in Schneehühner (Alpenschnee-, Moorschneehuhn) eingeteilt. Genera: *Tetrao, Lyrusus, Tetrastes, Lagopus.* Alle R. sind Standvögel. Als Bastard aus Kreuzungen zwischen Auer- u. Birkenwild kommt das Rakelwild vor. – Die ± plumpen Bodenvögel (Bodenbrüter) haben einen relativ kleinen Kopf, einen kurzen od. mittellangen Hals, kräftige Laufbeine zum Scharren u. z. T. einen ausgeprägten, äußerst schönen Stoß (Auer-, Birkhahn). Lauf u. Zehen befiedert (= rauhfüßig!); Ausnahme: Haselwild = ohne Befiederung der Zehen u. unteren Teile der Ständer. Hahn u. Henne bei allen Arten unterschiedlich gefärbt. – Der Bestand an R. ist stark zurückgegangen. Sie sind Kulturflüchter (s. d.). Nur das Auerwild gehört zum Hochwild (s. d.).

Rauhfußkauz, der; s. *Aegolius.*

Rauhhäutige Fledermaus, die; s. *Pipistréllus.*

Raupe, die; Larve der Schmetterlinge (Lepidoptera).

Raupenfliegen, die; s. Tachínidae.

Rauschzeit, die; die Begattungszeit beim Schwarzwild (s. d.), einschl. Hausschwein.

Rautenkrokodil, das, s. *Crocodilus.*

Reafferenz, die, s. Afferenz; eine Afferenz, die durch eine Veränderung der Reizsituation hervorgerufen wird infolge eines aktiven Verhaltens.

Reaktionsnorm, die; 1. genetisch: die Gesamtheit der Phänotypen, die ein bestimmter Idiotypus unter allen möglichen Umweltverhältnissen hervorbringt; 2. ethologisch: das mögliche Ausmaß der Bewegungsformen im Rahmen des Gesamtverhaltens.

Réaumur, René-Antoine Ferchault de, geb. 28. 2. 1683 in La Rochelle, gest. 18. 10. 1757 auf Schloss Bermondière (Mayenne); franz. Physiker u. Zoologe. R. fertigte 1730 ein Weingeistthermometer an. Sein sechsbändiges Hauptwerk „Mémoires pour servir a l'histoire naturelle des insectes" erschien in den Jahren 1734–1742.

Rebhuhn, das; s. *Perdix.*

receptáculum, -i, *n.,* lat., der Behälter, die Tasche.

Receptáculum séminis, das, lat. *semen, seminis, n.,* der Samen, Keim; Behälter weiblicher od. zwittriger Tiere, der zur Aufbewahrung des bei der Begattung übertragenen Spermas dient.

recéssus, -us, *m.,* lat. *recédere* zurückweichen; der Rückgang, der Winkel, die Vertiefung.

Rechteckimpulse, die, lat. *impúlsus* der Anstoß, Antrieb; Impulse rechteckigen Zeitverlaufs. Die Anstiegs- u. Abfallzeiten sind gegenüber der Impulsdauer vernachlässigbar klein.

Rechteckreize, die; Reizform in Gestalt von Rechteckimpulsen.

reciprók, lat. *récus* rückwärts, *prócus* vorwärts; „auf demselben Wege zurückkehrend", umgekehrt, umkehrbar.

reclinátus, -a, -um, lat., zurückgebogen; s. *Polyplax.*

rectális, -is, -e, lat., zum Mastdarm gehörig.

rectiróstris, -is, -e, lat., mit geradem *(rectum)* Schnabel *(rostrum)* bzw. Fühler. Spec.: *Furcipes rectirostris,* Kirschkernstecher (ein Rüsselkäfer); s. auch *Moina.*

rector, -óris, *m.,* lat., der Lenker, Herrscher.

rectum, -i, *n.,* der Mastdarm, Rektum, speziell bei Säugern der Endabschnitt des Dick- od. Enddarmes. Im weiteren Sinne auch bei anderen Vertebraten u. bei vielen Evertebraten verwendet.

réctus, -a, -um, lat., gerade, hochgerichtet.

recúrrens, -éntis, lat., *recúrrere* zurücklaufen; zurücklaufend; s. *Borrélia.*

Recurviróstra, *f.,* lat. *recúrvus* zurückgebogen, *rostrum* der Schnabel; Gen. der Recurvirostridae, Stelzenläufer od. Säbelschnäbler. Spec.: *R. avosetta,* Säbelschnäbler, Säbler, Avosette.

Redien, die; benannt nach Francesco Redi, 1626–1697; Larvenform bei bestimmten Trematoden, z. B. treten sie im dreifachen Generationswechsel des Großen Leberegels *(Fasciola hepatica)* als 2. Generation auf. Sie haben (im Unterschied zur Sporocyste) Mund,

Darm, Zentralnervensystem, Speicheldrüsen u. eine Geburtsöffnung.

reduncus, -a, -um, lat., zurückgebogen.

Redundanz, die, lat. *redundantia* Überfülle; Begriff der Informationstheorie, bezeichnet das Wiederkehren schon übermittelter Information.

Redúvius, *m.,* wahrscheinlich von lat. *redivivus* wiederauflebend od. von *redúvia* die Kleinigkeit; Gen. der Reduviidae, Raubwanzen. Spec.: *R. personatus,* Raubwanze.

Reflexe, die, lat. *refléxus* das Zurückbiegen. Unter einem Reflex (Unzer 1771) versteht man die regelmäßig in gleicher Weise eintretende, nervös ausgelöste Reaktion eines Tieres auf einen spezifischen Reiz hin. An jedem Reflex ist ein Rezeptor u. ein Effektor beteiligt. Beide sind durch eine erregungsleitende (nervöse) Bahn zu einem Reflexbogen miteinander verbunden.

refléxus, -a, -um, lat. *refléctere* zurückbiegen; zurückgebogen, umgewendet; s. *Argas.*

refraktär, lat. *refractárius* widerstrebend; unempfindlich, schwer od. nicht beeinflussbar.

Refraktärphase, die; Zeit, in der gereizte Zellen bzw. Organe für einen neuen Reiz unempfindlich (absolute refraktäre Phase) od. schwer u. schwächer erregbar (relative refraktäre Phase) sind.

Refúgien, die; s. Refugium.

Refúgium, das, lat. *refúgium, -ii, n.,* die Zuflucht, der Zufluchtsort; das Zufluchts- od. Rückzugsgebiet von verdrängten Arten od. Relikten. Durch Feinde od. Konkurrenten erfolgt die Verdrängung aus bestimmten Gegenden, was oft zur Isolierung führt. Refugien bieten nicht immer optimale Lebensbedingungen. Vor allem die südafrikanische Provinz u. die Regenwälder Zentralafrikas sind typische Refugien für viele Formen. Als solche Relikte alter Erdperioden sind zu werten: die Afrikanischen Lungenfische, *Cladistia polypterus, Calamoichthys,* ferner die Halbaffen, die besonders auf Madagaskar Zuflucht gefunden, d. h. ihr Refugium haben. – Pl.: *Refugia,* die Refugien.

regalis, -is, -e, lat., königlich; s. *Hedobia.*

Regelkreis, der, Begriff aus der Kybernetik. Im einfachsten Falle wird damit die Einheit von Rezeptor u. Effektor (arbeitendes Organ) bezeichnet; diese beiden Systeme sind so gekoppelt, dass die Funktion des Effektors durch den Rezeptor (Sinnesorgan) registriert wird. Der Rezeptor übt eine regulierende (aktivierende od. hemmende) Wirkung auf den Effektor aus und stellt so dessen Aktivität auf das gewünschte Niveau ein.

Regenbogenforelle, die; *Oncorhynchus mykiss* (früher: *Salmo gaírdneri*); in Strömen, Flüssen N-Amerikas; gekennzeichnet durch roten Seitenstreifen, 1882 erstmalig nach Europa eingeführt u. als vorzüglicher Speisefisch in Forellenzuchtanstalten gezüchtet.

Regeneration, die, lat. *regeneráre* wiedererzeugen; Wiederherstellung, Wiedererzeugung; Fähigkeit der Organismen, verletzte od. verlorengegangene Organ- oder Körperteile mehr od. weniger vollständig zu ersetzen.

Regenwurm, der, mhd. *ertwurm*; s. *Lumbricus.*

régio, -ónis, *f.,* lat., die Lage, Gegend, der Bereich, eigtl. die Richtung.

régius, -a, -um, lat., königlich, Königs- ...; s. *Cicinnurus*; s. *Python.*

Regnum, *n.,* lat., das Reich; höchste systematische Kategorie in der Organismenwelt, s. Kategorienstufen; regnum animale: das Tierreich; regnum vegetabile od. regnum plantarum: das Pflanzenreich. Das Tierreich wird primär unterteilt in die Subregna: Protozoa u. Metazoa, s. d.

Regulária, *n.,* Pl., lat. *reguláris* regelmäßig; Gruppe der Euechinoidea, Echte Seeigel. Körper kuglig mit regelmäßiger, pentamerer Symmetrie ohne Überlagerung durch eine bilaterale, im Gegensatz zu den Irregularia, s. d.

Regulatorgen, das, lat. *régula, -ae, f.,* das Richtholz, die Richtschnur, Regel, gr. *gígnesthai* entstehen; mindestens bei Protokaryoten vorhandenes Funktionsgen, das regulatorische Proteine kodiert, die als Repressoren der Aktivatoren die Aktivität bestimmter gemeinsam regulierter Gene (Operon, Regulin) kontrollieren, indem sie z. B. durch Reaktion mit einem spezifischen Operator die Transkription eines bestimmten Operon beeinflussen.

Regulus, *m.,* lat., kleiner König (*rex* König), auch ein kleiner unbekannter Vogel bei den Römern. Gen. der Regulidae, Goldhähnchen, Fam. der Passeriformes. Spec.: *R. regulus,* Wintergoldhähnchen.

Reh, das; s. *Capreolus.*

Rehabilitation, die, lat. *habilitare* fähig machen; Venia legendi (Lehrbefähigung an einer Universität) od. Wiedereingliedern in das Berufsleben.

Reichenow, Anton, geb. 1. 8. 1847 Charlottenburg, gest. 6. 7. 1941 Hamburg, ehemaliger II. Direktor des Berliner Zoolog. Museums, Mitarbeiter des Hamburger Museums. Arbeitsgebiete: Spezielle Zoologie, Ornithologie.

Reichenow, Eduard (Johann), geb. 7. 7. 1883 Berlin, gest. 23. 3. 1960 Wuppertal; Prof. Dr. Dr. h. c.; Privatassistent bei R. Hertwig in München, Promotion, 1908 Beginn seiner Coccidienforschung am Reichsgesundheitsamt in Berlin, die er im Sommer 1908, 1911 u. 1912 in der Biologischen Station in Rovigno (Istrien) fortsetzte. 1913 tätig im Schlafkrankheitslager Ajoshöh in Kamerun (Afrika), 1916–1919 im Naturwissenschaftl. Museum in Madrid, anschließend bis 1921 im Gesundheitsamt in Berlin, am 1. 4. 1921 Abteilungsvorsteher der Protozoolog. Abteilung im Hamburger Tropeninstitut, 1921 Habilitation. Themen wiss. Arbeiten: Coccidien, *Plasmodium* (Malaria), Amöbenruhr, ostafrikan. Küstenfieber, Hundepiroplasmose; Lehrbuch der Protozoenkunde.

Reichert, Karl Bogislaus, Embryologe, Anatom; geb. 20. 12. 1811 Rastenburg, gest. 21. 12. 1883 Berlin; Prof. der Menschl. u. Vergl. Anatomie in Dorpat u. der Anatomie u. Physiologie in Berlin. R. förderte die Kenntnis über die ersten embryonalen Entwicklungsstadien bahnbrechend und war mitbeteiligt an der Korrektur der Schwann-Schleidenschen Zelltheorie. Er wies 1837 die Entwicklung der Gehörknöchelchen aus den Kiefern- u. Zungenbeinbögen nach.

Reiherente, die, s. *Nyroca.*

Reil, Johann Christian, Mediziner; geb. 28. 2. 1759 Rhaude (Ostfriesland), gest. 28. 11. 1813 Halle (Saale); Prof. der klinischen Medizin in Halle u. Berlin; bedeutende Arbeiten vor allem über die Anatomie des Nervensystems. R. förderte die Psychiatrie u. trat für eine schonende Behandlung der Geisteskrankheiten ein.

Rein, Hermann, geb. 8. 2. 1898 Mitwitz (Landkreis Kronach), gest. 14. 5. 1953 Göttingen; Prof. der Physiologie in Göttingen, Direktor des Max-Planck-Instituts für med. Forschung u. Physiologie in Heidelberg; bedeutende Forschungen auf den Gebieten Physiologie des Kreislaufes, Sinnes- u. Elektrophysiologie. R. entwickelte den nach ihm benannten R.schen Stoffwechselapparat zur fortlaufenden quantitativen Messung der O_2-Verarmung u. der CO_2-Anreicherung in der Atemluft u. die ebenfalls nach ihm benannte R.sche Stromuhr (Thermostromuhr) zur Messung der Blutströmungsgeschwindigkeit.

Reinhardt, Richard (1874–1923); Prof. für Pharmakologie und Ophthalmologie, Direktor der Poliklinik für Kleine Haustiere an der Veterinärmed. Fakultät in Leipzig.

Reinhárdtius, *m.*, latin. Name; Spec.: *R. hippoglossoides,* Schwarzer Heilbutt (bis 1 m langer und bis 40 kg schwerer Plattfisch. Unterseite schwarz, fettreiches, zartes, weißes Fleisch von hervorragendem Geschmack); s. *Hippoglossus.*

Reinprotein, das, s. Proteine; Fraktion des Rohproteinanteils in den Futtermitteln, in der die Eiweißverbindungen annähernd vollständig erfasst werden; zur Zeit vor allem für eine Abschätzung des Anteils an Nicht-Protein-Stickstoff-Verbindungen in den natürlichen Futtermitteln genutzt.

Reinzucht, die; Paarung von Tieren innerhalb einer Population, Rasse oder Zuchtlinie; s. Zuchtmethoden.

Reisinger, Erich, geb. 8. 6. 1900 Graz, gest. 20. 8. 1978 Graz; Dr. phil., oö. Prof. u. Vorstand des Zool. Institutes der Univ. Graz; 1922 Dr. phil., 1927 Doz. in Köln, 1932 unbeamt./ao. Prof., 1939 apl. Prof., 1943 ao. Prof. in Posen (Pozna), 1954 o. Prof. in Graz. Themen d. wiss. Arbeiten: Vgl. Morphologie u. Entwicklungsgeschichte der Evertebraten, Entwicklungsmechanik, Orthogen-Theorie des Nervensystems, Exkretionsphysiologie; Terrikolen-Monographie, Morphologie, Taxonomie u. Verbreitung von Turbellarien, Unters. am Amphibienkeim (Keimblattspezifität u. Entwicklung des Wirbeltierdarmes), Studien über den Kleinanneliden *Parergodrilus* u. über *Xenoturbella*; sein Schriftenverzeichnis, T. 1: Herre, Mitt. naturwiss. Ver. Steiermark, 100 (1971); T. 2; Schuster, ibid., 109 (1979).

Reissner, Ernst, Anatom; geb. 1824 Riga, gest. 4. 9. 1878 Schloss Ruhenthal (Kurland); Prof. in Dorpat u. Breslau; bedeutende Arbeiten auf dem Gebiet der Anatomie. Nach ihm wurde die R.sche Membran (Membrána vestibuláris) benannt.

Reissnersche Membran, die, s. Reissner; die Membrana vestibularis, die obere Begrenzung des Ductus cochlearis.

Rekombination, die, lat. re- wieder, *combinare*; Vereinigung zweier Reaktionspartner od. Vereinigung von Genmaterial beider Elternteile unter Ausbildung eines vollständigen Genoms.

Releasing-Hormone, die, engl. *release* Freisetzung, Freigabe, gr. *hormán* antreiben; Neurohormone, „releasing factors" (RF), ausschüttungsfördernde Faktoren. Syn.: Liberine (Hormone, die die Freisetzung von Wirkstoffen anderer Drüsenzellen bewirken).

religiósus, -a, -um, lat., geheiligt, gottesfürchtig; s. *Mantis.*

Relikt, das, lat. *relíctum* Übriggebliebenes, Rest; eine verdrängte, auf Rückzugsgebiet(e) od. Refugien zurückgezogen lebende Tierart; die Species nimmt in einem bestimmten Gebiet nur ein räumlich beschränktes Areal ein, das den Rest eines früher größeren Areals darstellt. Dabei erfolgt die Verdrängung durch Feinde od. Konkurrenten.

Remak, Robert, Neurologe, Anatom; geb. 26. 7. 1815 Posen, gest. 29. 8. 1865 Kissingen; Prof. in Berlin. R. entdeckte die nach ihm benannten marklosen Nervenfasern (R.sche Fasern), den Achsenzylinder der markhaltigen Nerven, Ganglienzellen des Herzens sowie die intrauterinen Nervenverzweigungen u. wies auf die Einheit von Nervenzelle u. Nervenfaser hin. Er beobachtete als erster, dass sich die Zelle durch Teilung vermehrt (R.-Schema) u. entwickelte 1850 eine 3-Keimblättertheorie. R. ist einer der Begründer der Elektrotherapie u. der Elektrodiagnostik u. erkannte die Rolle der Chemie in der Pathologie (z. B. bei Geschwulstkrankheiten).

Remane, Adolf, geb. 10. 8. 1898 Krotoschin, gest. 22. 12. 1976 Plön (Holstein); Studium der Biologie (1918– 1921) mit Anthropologie, Palaeontologie u. Ethnologie am Zoologischen Institut u. Museum der Universität Berlin (Schüler von K. Heider u. W. Kükenthal), Dissertation mit Untersuchungen an Primatenschädeln, 1925 Habilitation an der Univ. Kiel, 1929 a. o. Professor, 1934 auf den Lehrstuhl f. Zoologie in Halle (S.) berufen, 1936 den Lehrstuhl f. Zoologie u. Meereskunde in Kiel angenommen, 1967 emeritiert. Themen seiner wissenschaftl. Arbeiten: Monographische Bearbeitungen von Gastrotrichen, Rotatorien, Kinorhynchen, Arachianneliden; formulierte Homologiekriterien. Standardwerke „Tierwelt der Nord- und Ostsee" Hrsg. (seit 1936), „Die Biologie des Brackwassers" (1. Aufl. 1958), „Biology of brackish water" (1971) (2. Aufl. mit C. Schlieper), „Die Grundlagen des natürlichen Systems, der vergleichenden Anatomie und der Phylogenetik" (1952, 2. Aufl. 1956).

Remetabolie, die, lat., *re-* zurück, s. Metabolie; bei Thysanopteren auftretende Sonderform der Neometabolie, s. d., bei der die Larven keine sekundären Larvenmerkmale besitzen.

Remiz, *m.;* Gen. der Paridae, Meisen. Spec.: *R. (= Aegithalos) pendulinus,* Beutelmeise.

Remmert, Hermann, geb. 29. 3. 1931 in Ilten b. Hannover, gest. 23. 6. 1994 in seinem Ferienhaus b. Goslar; Ökologe; 1953 Promotion (Dipteren der Nord- u. Ostseeküste), 1962 Habilitation („Der Schlüpfrhythmus der Insekten"); 1968 Berufung auf den Lehrstuhl für Zoophysiologie in Erlangen, 1976 Berufung auf den Lehrstuhl für Ökologie in Marburg. Autor mehrerer Lehrbücher der Ökologie (z. B. Ökologie-Lehrbuch, 1. Aufl. 1978; „Arctic Animal Ecology", 1980; „Naturschutz", 2. Aufl. 1990) u. Herausgeber einer Zeitschrift u. von Monographien.

Remonte, *f.,* frz.; zur Weiterzucht ausgewählte Tiere einer Population.

Remontierungsrate, die (franz./lat.); prozentualer Anteil an Individuen aus der Grundgesamtheit (Population) der zur Weiterzucht verwendet werden muss, um den natürl. Abgang zu ersetzen u. die Populationsgröße zu erhalten.

Ren(-tier), das; s. *Rangifer.*

ren, *rénis, m.*, lat., die Niere.

renale Exkretion, die, lat. *excrétum* die Aussonderung; die Entstehung vom Harn in den Nieren der Tiere, die gewöhnlich in drei Teilvorgängen abläuft: 1. Filtration des Blutes bzw. der Hämolymphe, 2. Reabsorption von Stoffen, 3. Sekretion von Stoffen.

renális, -is, -e, lat., zur Niere gehörig.

renifórmis, -is, -e, lat., nierenförmig; s. *Chondrosia.*

Renner, Maximilian, geb. 4. 11. 1919 in München, gest. 20. 3. 1990 in München; Studium der Zoologie, Botanik u. Chemie; 1951 Promotion, 1960 Habilitation. 1966 apl. Professur, 1969 Abteilungsvorsteher u. Prof. für die Gebiete Verhaltens- u. biologische Rhythmusforschung, 1978 Prof. für das Fachgebiet Systematische Zoologie. Die Herausgabe vom „Leitfaden für das Zoologische Praktikum" erfolgte in sechs Auflagen von 1967–1984; er war Mitherausgeber der „Biologie und Ökologie der Insekten" (1974, 1988). Mit seinen Forschungsergebnissen zum Zeitsinn u. zur Orientierung der Bienen erbrachte R. den Beweis für eine circadiane Uhr. Ein bisher noch nicht bekannter Drüsenkomplex im Abdomen der Königin produziert ein Pheromon, das er „Taschdrüsenpheromon" nannte.

Rennín, das; s. Labferment.

Rensch, Bernhard, geb. 21. 1. 1900 in Thale/Harz, gest. 4. 4. 1990 in Münster; Zoologe, Evolutionsforscher. R. studierte Zoologie, Botanik, Chemie u. Philosophie an der Univ. Halle/S., 1922 Promotion (mit einer cytologisch-phänogenetischen Thematik); 1937 Habilitation; 1947 Ordinarius für Zoologie u. Direktor des Zoologischen Institutes der Univ. Münster; zuvor zwischen 1925 u. 1937 wissenschaftl. Assistent u. Leiter der Molluskenabteilung am Zoologischen Institut der Univ. Berlin, 1937–1944 Direktor des Landesmuseums für Naturkunde in Münster. Arbeitsthemen: Artbildung im Verlauf der Evolution, psychische Evolution, Tradition als Grundlage der menschlichen Kultur; „Gedächtnis, Begriffsbildung und Planungen bei Tieren", 1973; „Biophilosophie", 1971; „Probleme genereller Determiniertheit allen Geschehens", 1988.

Renshaw-Zelle, die; hemmendes Zwischenneuron zwischen motorischer Vorderhornzelle u. motorischer Zelle.

Rensselaeria, *f.*; Gen. der Centronellidae, Subcl. Articulata; relativ große Brachiopoda,

s. d.; fossil im Unterdevon, teilweise gesteinsbildende Spec.: *R. strigiceps.*

Repelléntia, *n.,* Pl., lat. *repéllere* zurückstoßen, fernhalten, engl. *repellents*; Abschreckmittel, nichtinsektizide Wirkstoffe oder Wirkstoffgemische, durch die die Insekten davon abgehalten werden, Schaden zu verursachen, z. B. bei Mensch und Tier Blut bzw. an Pflanzen Säfte zu saugen. Beispiele: Dimethylphthalat und Ethyl-hexandiol gegen Malaria- und Gelbfieber-Mücken. Diethyltoluamid mit breitem Wirkspektrum gegen Blutsauger; Benzylbenzoat contra Krätzemilben; Naphthalin gegen Kleidermotten, Museumskäfer.

Replikation, die, Autoreduplikation, Selbstverdopplung; s. identische Reduplikation.

reponíbel, lat. *repónere* zurückbringen; zurückbringbar, wiederherstellbar, einrichtbar (z. B. bei Knochenbrüchen). Ggs.: irreponibel.

Repression, die, lat. *reprimo* unterdrücken, zurückdrücken; Hemmung der genetischen Informationsübergabe von der DNA-Struktur eines Gens zur messenger-RNA.

Repressor, der; Verbindung, die vom Regulatorgen gebildet wird; Protein, das im aktiven Zustand die Informationsgabe eines Operons verhindert.

Reproduktion, die, lat. *re-* zurück, entgegen, *producere* hervorbringen, großziehen, fördern; allgemeine Beziehung für Nachbildung, Vervielfältigung, Erneuerung; Wiedererzeugung bzw. Vermehrung von Organismen.

Reproduktionstoxizität, die, *f.*, engl. reproduction toxicity; Schädigung des Reproduktionsvorganges (z. B. durch Arzneimittel od. Chemikalien), die die Fertilität, die Embryonal- u. Fetalphase u. die peri- u. postnatale Entwicklung umfasst.

Reptántia, *n.,* Pl., lat. *reptáre* langsam kriechen; s. *Macrura reptantia,* Kriechende Langschwänze, Gruppe der Decapoda (Zehnfüßige Krebse).

Reptília, *n.,* Pl., lat. *réptilis* kriechend, von *répere* kriechen; Kriechtiere, Cl. der Amniota, Vertebrata, wechselwarme Tiere mit Lungenatmung; Herz mit doppelter Vorkammer u. unvollkommen geteilter Herzkammer; Hautdrüsen spärlich od. fehlend; hinter dem Schädel differenzieren sich der Atlas u. Epistropheus. – Die Gestalt ist sehr mannigfaltig, langgestreckt mit langem Schwanz, mit od. ohne Beine, fisch-, schildkrötenförmig. Die meisten R. sind Landtiere, viele wieder sekundär zum Wasserleben übergegangen, andere haben den Luftraum erobert; fossil seit dem Oberkarbon, Höhepunkt ihrer Entwicklung im Mesozoikum; etwa 1050 fossile Gattungen, ungefähr 6000 rezente Arten (bes. in den Tropen, relativ wenige in den gemäßigten Zonen); Einteilung in Lepidosauria u. Archosauria.

Resektion, die, lat. *resecare* wegschneiden; teilweises Entfernen von kranken Organteilen, Ausschneiden eines Organs.

Reserpin, das; Alkaloid aus Rauwolfia serpentina. Dieses wirkt ausschüttend auf biogene Amine (z. B. im Cerebrum, in der Pars intercerebralis). Es beeinflusst die Peptid-Amin-Interaktion u. hat blutdrucksenkende Angriffsorte.

Residenten, die; in ihrem (Verbreitungs-)Gebiet verbleibende Tiere; s. Dauerresidenten.

Residualvolumen, das, lat. *resíduus* noch übrig, vorhanden; das in der Lunge verbleibende Luftvolumen nach maximaler Exspiration.

resína, -ae, *f.,* lat., das Harz. Spec.: *Retina resinella*, Kiefernharzgallenwickler.

resinósus, -a, -um, lat., harzig; s. *Platyrrhinus*.

Resistenz, die, lat. *resistere* widerstehen; ererbte, angeborene Immunität; sie umfasst die Gesamtheit aller unspezifischen u. spezifischen Abwehrreaktionen (1.); sie kann auch als Widerstandsfähigkeit erworben werden gegen Antibiotika od. Schädlingsbekämpfungsmittel (2). Es bestehen Resistenzunterschiede der Arten (z. B. nur menschenpathogene Keime), der Individuen (z. B. Umweltschäden, Alter), der Organe (z. B. Hautpilz) u. a.

resorbierbare Aminosäuren, die, lat. *resorbere* aufsaugen; Bezeichnung für den Teil der (mit dem Futter) aufgenommenen Aminosäuren, der die Magen-Darm-Wand passiert.

resorbieren, lat. *resorbére* aufsaugen, einschlürfen.

Resorption, die; die Aufnahme von Stoffen vorwiegend aus dem Darmlumen in die Körperflüssigkeiten (Blut u. Lymphe).

Respiration, die, lat. *respirátio, -ónis, f.,* das Atemholen, die Atmung; die äußere Atmung als Gasaustausch zwischen Organismus u. seiner Umgebung u. die innere Atmung als Zellatmung.

Respirationskalorimetrie, die; die methodisch gekoppelte Messung der Wärmebildung u. des Gaswechsels; entweder direkt (z. B. Atwater-Rubner) oder indirekt (z. B. Pettenkofer-Voit).

Respirationsluft, die, auch Atemzugvolumen genannt; umfasst das Luftvolumen, das bei normaler Atmung gewechselt wird.

Respirationsversuch, der; Versuch zur Bestimmung des Gaswechsels od. des Gesamtstoffwechsels.

respiratorisch, mit der Atmung verbunden.

Respiratorischer Quotient, der, Abk. RQ; das Verhältnis von ausgeatmetem Kohlendioxyd zum eingeatmeten bzw. verbrauchten Sauerstoff:

$$RQ = \frac{CO_2\text{-Bildung}}{O_2\text{-Verbrauch}}.$$

respiratórismus, -a, -um, lat. *respiráre* atmen; zur Atmung dienend.
restíbilis, -is, -e, lat. widerstehend, widerstandsfähig; s. *Dolíolum.*
restifórmis, -is, -e, lat. *restis, -is* der Strick, Strang; strangförmig.
Restriktions-Enzyme, die, lat. *restringere* zurückziehen, aufbinden; öffnen, gr. *en-* in, *he zyme* der Sauerteig; Endonukleasen, die sequenzspezifisch Desoxyribonukleinsäure zerschneiden und eine Neukombination in Aussicht stellen.
Retardation, die, lat. *retardatio, -onis, f.* (*retardáre,* verzögern, hemmen); die Verzögerung, Verlangsamung; verspätetes Auftreten von Merkmalen in der Ontogenese gegenüber früheren phylogenetischen Zuständen.
rete, rétis, *n.,* lat., das Netz.
Retention, die, lat. *reténtio, -ónis, f., retinére* zurückhalten; Zurückhaltung, die Stauung (z. B. von Exkreten im tierischen Körper). In der Tierernährung: R. = Stoffansatz, z. B. Stickstoff-Retention als Voraussetzung für Wachstum und Muskelbildung.
reticuláris, -is, -e, netzförmig, zum Netz gehörig.
reticulatus, -a, -um, lat., netz- od. gitterförmig, mit Netz versehen, Netz-, Gitter-; s. *Python*; s. *Lebistes*; *Deroceras.*
retículum, -i, *n.,* lat., das kleine Netz.
retikulohistiozytäres System, das, Abk. RHS; phagozytotisch aktive Zellen mesenchymaler Herkunft. Zu diesen gehören die Sinusendothelzellen der lymphatischen Organe, die Kupferschen Sternzellen der Leberkapillaren u. die Histiozyten des Bindegewebes.
Rétina, die; bei Vertebraten die Netzhaut des Auges, sie besteht als Túnica óculi intérna aus einem lichtempfindlichen (Pars óptica) u. einem blinden Teil (Pars caeca).
retináculum, -i, lat. *retinére* zurückhalten; 1. das Halteband; 2. Haltevorrichtung an der Vorderflügelunterseite einiger Schmetterlinge zur Verankerung einer od. mehrerer Haftborsten bei der Flügelkopplung.
Retinélla, *f.,* lat. *retinélla* das kleine Netz; Gen. der Zonitidae, Fam. der Stylommatophora, Landlungenschnekken. Spec. *R. nitens.*
Retinol, das; s. Vitamin A.
Retinsäure, die; Vitamin-A-Säure: Das R.-Signal wirkt auf die Musterbildung im ZNS u. die Brustflosseninduktion, z. B. beim Zebrafisch *Danio rerio.*
retro-, lat., rückwärts, hinter (in Zusammensetzungen gebraucht).
retrofléxus, -a, -um, lat. *fléctere* biegen, beugen; zurückgebogen.
retrograd, lat. *gradior* schreiten; rückläufig.
retroperitonealis, -is, -e, lat., *peritonéum* das Bauchfell; hinter dem Bauchfell gelegen.
Retzius, Anders Adolf; Anatom u. Anthropologe; geb. 13. 10. 1796 Lund, gest. 18. 4. 1860 Stockholm; Prof. der Anatomie u. Physiologie im Karolin. Institut in Solna (Stockholm). R. versuchte, die Menschenrassen nach der Form ihrer Schädel einzuteilen.
reuniens, -éntis, lat. *reunire* vereinigen; vereinigend, verbindend.
revehéntes, lat., Pl., *revéhere* zurückführen; zurückführend.
reversibel, lat. *revértere* umkehren; umkehrbar.
Revertase, die; Enzym, das RNS als Matrize verwendet u. diese in DNS umkopiert.
Revier, das, Syn.: Territorium, lat. *territorium, -i, n.,* das Gebiet; Lebensraumbereich einzelner od. in Sozietäten (Familien, Herden, Trupps, Rudeln, Horden etc.) zusammenlebender Individuen einer Tierart; das in Anspruch genommene Gebiet wird markiert und abgegrenzt (Reviermarkierung).
Revierverhalten, das, Syn.: Territorialverhalten; Verhaltensweisen zur Abgrenzung u. Verteidigung eines Reviers.
rex, regis, *m.,* lat., der Herrscher, Lenker, König, Beschützer, Tyrann. Spec.: *Balaeniceps rex,* Schuhschnabel; vgl. (ebf.) *Regulus.*
rezent, lat. *recens* neu, frisch, jung; in der Jetztzeit lebend; Ggs.: fossil.
Rezeptákulum, das, s. *receptáculum*; Receptáculum séminis: Samenbehälter vieler Tiere, der als Reservoir für übertragenes Sperma dient.
Rezeptor, der, lat. *recípere* aufnehmen; der Aufnehmer, Empfänger; 1. physiologisch: reizaufnehmende Zelle bzw. reizaufnehmendes Organ mit Transformatorfunktion; 2. molekularbiol.: lösliches od. membrangebundenes Protein mit hoher Affinität zu bestimmten nieder- od. hochmolekularen Komponenten.
rezessiv, lat. *recédere* zurückweichen; überdeckt, verborgen vorhanden; Terminus der Genetik im Ggs. zu dominant.
Rezidiv, *n.,* lat. *recidívus, -a, -um* neu erstehend, zurückkehrend, wieder auftretend; der Rückfall, das Wieder-Auftreten.
Reziproke Kreuzung, *f.,* lat., *reziprok* umgekehrt, wechselseitig; bezeichnet Paarungen

von Individuen verschiedener Linien oder Rassen, bei denen jede Linie oder Rasse einmal als männlicher und einmal als weiblicher Partner verwendet wird; s. Zuchtmethoden.

RFLP, Abk. für **r**estriction **f**ragment **l**ength **p**olymorphism, engl., Restriktionsfragment-Längenpolymorphismus; Längenvariation von DNA-Fragmenten, die durch das Zerschneiden von DNA mit Restriktionsenzymen generiert werden. Fragmentgrößenänderungen resultieren aus der Neuentstehung od. dem Verlust von Restriktionsschnittorten bzw. gehen auf mutative Veränderungen innerhalb eines Fragments (Insertion od. Deletion von DNA-Segmenten) zurück.

Rhabdias, *f.,* gr. *he rhábdos* der Stab; Gen. des Ordo Rhabdiasoides. Spec.: *R. bufonis = Rhabdonema nigrovenosum*; kleine schmale, durch ihre Heterogonie bekannte Nemathelminthen. Die eine Generation lebt getrenntgeschlechtlich mit freilebenden Männchen u. Weibchen in feuchter Erde, die andere Generation zwittrig u. parasitisch in der Lunge von Amphibien (Fröschen).

Rhabdítis, *f.,* gr. *ho rhábdos* der Stab; Gen. der Rhabditidae, Rhabdita, Secernentea (Phasmidina). Spec.: *R. teres* (an in Zersetzung befindlichen Substanzen im Boden).

Rhabdocoela, *n.,* Pl., gr. *kóilos* hohl; der Name bezieht sich auf den vom Parenchym gesonderten Darm, der gerade gestreckt (stabförmig, ohne Aussackungen) ist; Gruppe (Ordo) der Turbellaria.

Rhabdome, die; die zu einem „Sehstab" verschmolzenen Rhabdomere der Sehzellen eines Ommatidiums.

Rhabdomer, der, gr. *to méros* der Teil; lichtempfindlicher Randsaum von Sehzellen bei Invertebraten.

Rhabdonema, s. *Rhabdias.*

Rhacóphorus, *m.;* Gen. der Polypepdatidae, Baumfrösche.

Rhágium, *n.,* gr. *to rhagíon* von *he rhax* die Beere, Illiger leitet den Namen wohl richtig ab von: gr. *rhegnýnai* abreißen; Gen. der Cerambycidae (Bockkäfer), Coleoptera. Spec.: *Rh. bifasciatum.*

rhamni, lat., Genitiv von *Rhamnus, f.,* Faulbaum od. Kreuzdorn; s. *Gonepteryx rhamni,* wegen der Eiablage vorzugsweise an Knospen, Blättern von *Ramnus*-Arten.

Rhamphocelus, *m.,* gr. *to rhámphos* der krumme Schnabel; Gen. d. Thraupidae, Tangare, Ordn. Passeriformes, Sperlingsvögel. Spec.: *R. brasilius,* Purpurtangare.

Rhaphidia, *f.,* gr. *he rhaphís* die Nadel (wegen der spitzen, langen Legescheide); Kamelhalsfliege; Gen. der Rhaphidíidae, Raphidioptera (ab Ob. Perm-Zechstein bekannt); die unter Baumrinden lebenden Larven fressen andere Insekten, bes. Borkenkäfer, u. nützen durch deren Vertilgung. Imagotypisch ist der lange, halsartige 1. Brustring (Prothorax), die Weibchen haben eine lange Legescheide. Spec.: *Rh. ophiópsis,* Schlanke Raphidie; *Rh. láticeps (= notata),* Breitkopf-Raphidie.

Rhea, *f.,* Göttin der alten Griechen, Tochter des Uranos; Gen. der Rheidae (s. d.); Nandus; s. Rheiformes.

Rheifórmes, *f.,* Pl., s. *Rhea*; *Nandu* einheimischer Name; Nandus od. Amerikanische Strauße, Ordo der Aves; dreizehig, mit weniger zurückgebildeten Flügeln; leben polygam; lassen sich leicht in Farmen halten; auch weiße Farbschläge wurden gezüchtet. Fossile Formen sind seit dem Eozän bekannt. Spec.: *Rhea americana,* Nandu od. Amerikan. Strauß; *Rhea darwinii,* Darwin-Strauß, der im südlichen Süd-Amerika lebt.

Rheobase, die, gr. *rhēīn* fließen; Bez. für Mindest- bzw. Schwellenstromstärke. Bei Reizung durch Einschalten eines Gleichstromes tritt bei einer bestimmten Stromstärke od. Spannung eine Erregung auf. Man bezeichnet diese in mA od. mV angegebene Schwelle als Grundschwelle od. Rheobase.

Rheobatráchus, *m.,* gr. *ho bátrachos* der Frosch, lat. *silus,* plattnasig; *Rh. silus*: Magenbrüter-Frosch, 1973 in Queensland, Australien, entdeckt. Das Weibchen brütet die mit dem Maul aufgenommenen, befruchteten Eier im Magen aus (bei gleichzeitiger Sistierung der Magensekretion während dieser Zeit).

rheophil, gr. *phílos* liebend; Gewässer mit starker Strömung liebend od. bevorzugend; Ggs.: limnophil.

Rheorezeptoren, die, lat. *recípere* aufnehmen; Strömungsrezeptoren, die auf Luft- od. Wasserströmungen ansprechen (z. B. auf Antennen von Insekten, in Seitenlinienorganen von Fischen u. Amphibien).

Rheotaxis, die, gr. *he táxis* die Stellung; Richtungsorientierung mit Hilfe des Strömungssinnes.

Rhesusaffe, der, s. *Macacus (= Macaca).*

Rhesus-Faktor, der; erstmals mit einem Antiserum von Kaninchen, die mit Rhesus-Erythrozyten immunisiert worden waren, beim Menschen nachgewiesen.

Rhesus incompatibility, die, s. *Macaca,* engl. *incompatibility* Unvereinbarkeit; Unverträglichkeit der Rhesusantigene zwischen Mutter u. Fetus bzw. zwischen Spender u. Empfänger einer Bluttransfusion.

Rhina; s. Squatínidae.

Rhinencephalon, das, gr. *he rhis, rhinós* die Nase, gr. *en-* innen, *he kephalé* der Kopf; Riechhirn, phylogenetisch ursprünglicher Teil des Großhirns der Vertebraten.

Rhinóceros, *m.,* gr. *he rhins, rhinós* die Nase, *to kéras, kératos* das Horn, lat. *nasus* die Nase, *cornu* das Horn; Gen. der Rhinocerotoidae, Nashörner, Perissodactyla, Unpaarhufer; mit ein bis zwei mächtigen, nur aus epidermaler Verhornung bestehenden Aufsätzen auf Nase bzw. Stirn; Beine säulenartig, kurz, Füße dreizehig bzw. hufig; fossil seit dem Eozän mit ca. 45 ausgestorbenen Gattungen bekannt. Spec.: *Rhinoceros unicornis (Rh. indicus),* Indisches Nashorn, Panzernashorn.

Rhinocerotidae, *f.,* Pl., gr. *to kéras* das Horn; Nashörner, Gruppe der Ceratomorpha, Perissodactyla, Ungulata. Die R. haben stark verdickte, verhornte Cutis (bis 6 cm), tragen oft Hörner (als Hautgebilde, die bei Verletzung nachwachsen). Die R. sind bereits im Tertiär nachgewiesen. Rezent in SO-Asien mit 3 Species u. in Afrika mit 2 Species.

Rhinodérma, *n.,* gr. *to dérma* die Haut; Gen. der Brachycephalidae, Ordo Anura, Froschlurche. Spec.: *Rh. darwinii,* Nasenfrosch, Chile; Schnauze mit horizontalem Hautlappen; ausgezeichnet durch seine eigentümliche Brutpflege, indem die Eier bzw. Zygoten in einen vom Pharynx ausgestülpten Kehlsack der Männchen gelangen u. hier ihre Entwicklung durchmachen.

Rhínodon, *m.,* gr. *ho odón* der Zahn; Gen. der Rhinodontidae, Riesenhaie, Selachoidei, Ordo Pleurotremata, Haie. Spec.: *Rh. typicus,* Walhai (bis 18 m), eines der größten rezenten Wirbeltiere, in tropischen Meeren; Planktonfresser.

Rhinogradéntia, *n.,* Pl., von gr. *rhis, rhinós* s. o. und lat. *gradi* schreiten, gehen, (sich) fortbewegen; „Naslinge"; eine virtuelle Ordnung der Mammalia mit faunistisch einmaligen Bauprinzipien, Verhaltensweisen und ökologischen Typen, bei deren Differenzierung der Morphologie und Funktion der Nase eine tragende Bedeutung beigemessen wird. – Ausführlich in verblüffender Phantasie beschrieben durch: Stümpke und Steiner (G. Fischer, Stuttgart 1964), inspiriert von Christian Morgenstern.

Rhinolophopsýlla, *f.,* gr. *ho lóphos* der Kamm, die Erhöhung, *he psýlla* der Floh; Gen. der Ischnopsyllidae. Auf *Rhinolophus,* Fledermäusen mit hufeisenförmigem Nasenaufsatz, vorkommend. Spec.: *Rh. unipectinata,* Hufeisennasenfloh.

Rhinolophus, *m.*; Gen. der Rhinolophidae, Microchiroptera; fossil seit dem Eozän, rezent mit mehr als 100 Arten bekannt. Spec.: *Rh. ferrum-equinum,* Gr. Hufeisennase; *Rh. hipposiderus,* Kl. Hufeisennase.

Rhinophrýnus, *m.,* gr. *ho, he phrýnos* die Kröte; Gen. der Rhinophrynidae, Ordo Anura, Froschlurche. Spec.: *Rh. dorsalis,* Nasenkröte (Mexiko; 4,5 cm lang, dorsal braun mit gelbem Längsstrich auf der Rückenmitte).

Rhipicéphalus, *m.,* gr. *he rhipís* der Fächer, *he kephalḗ* der Kopf; Gattg. der Ixodidae (s. d.), Schildzecken, die u. a. das Texasfieber (s. d.) übertragen.

Rhipidius, *m.,* gr. *to rhipídion* der kleine Fächer; Gen. der Rhipiphoridae (Fächerkäfer). Spec.: *R. quadriceps,* Schabenfächerkäfer.

Rhithral, das, von gr. *he rhíza* die Wurzel; Zone des Gebirgsbaches; der sommerkalte (unter 20 C°) Abschnitt eines Gewässers mit steinigsandigem Boden, entspricht Dermonidenregion, s. d.

Rhithron, Bezeichnung für die im Rhithral lebenden Organismen.

Rhizocéphala, *n.,* Pl., gr. *he rhíza* die Wurzel, *he kephalé* der Kopf, Ordo der Cirripedia, Rankenfüßer, Crustacea; am Abdomen dekapoder Krebse parasitierende Tiere, die sich mit kurzen Haftstielen, aus denen wurzelartig verzweigte Fäden entspringen, an der Ventralseite von Krabben u. Paguriden festsetzen. Mit den in den Wirtskörper eingedrungenen Wurzelfäden saugen sie aus deren Organen ihre Nahrung auf. Spec.: *Peltogaster paguri,* an Paguriden (Einsiedlerkrebsen), bes. an *Eupagurus bernhardus*; *Sacculina carcini,* an Brachyuren (Krabben), bes. an *Carcinus maenas* (die Artnamen sind Genitive der Wirtstiernamen, s. o.); *he pélte* der Schild u. *he gastér* der Bauch, lat. *sacculína* ein kleiner Sack *(sácculus).*

rhizoid, wurzelartig, wurzelförmig.

Rhizópoda, *n.,* Pl., gr. *ho pus, podós* der Fuß, weil die Pseudopodien bei manchen Formen wurzelähnlich sind; Wurzelfüßer, Stamm der Protozoa; ihr nacktes Protoplasma bildet für Bewegung u. Nahrungsaufnahme Pseudopodien; Zellmund fehlt; häufig mit Gehäusen od. Skeletten; Vermehrung durch Zweiteilung, Knospung od. multiple Teilung; bei verschiedenen Vertretern vielfach geschlechtliche Fortpflanzung. Durch geißeltragende Stadien wird die Verwandtschaft mit den Flagellaten (Mastigophoren) angedeutet. Gruppen (Ord.): Amoebina, Testacea, Foraminifera, Radiolaria, Heliozoa, s. d.

Rhizopodien, die; eine Form der Scheinfüßchen (Pseudopodien) bei Protozoen.

Rhizóstoma, *n.,* gr. *to stóma* der Mund; Gen. des Ordo Rhizostomeae, Wurzelmundquallen,

Scyphozoa; ihr Mundrohr ist in acht reich verästelte Mundarme ausgezogen, die durch Verwachsung ihrer Ränder enge „Saugröhren" bilden, während sich die eigentliche Mundöffnung schließt. Spec.: *Rh. pulmo,* Lungenqualle, lat. *pulmo* Lunge, Meerlunge, Name des Tieres im Mittelalter u. früher.

Rhódeus amárus, gr. *rhódeos* rosenfarbig, wegen der Farbe des Männchens zur Laichzeit; Bitterling. Spec. aus der Fam. der Cyprinidae, Ordo Ostariophysi; das Weibchen legt mit Hilfe einer vorstreckbaren Legeröhre seine Eier in die Kiemen von Süßwassermuscheln ab; das Fleisch schmeckt bitter *(amarus).*

Rhodítes rósae, gr. *rhodítes* zur Rose *(rhódon)* gehörig; lat. *rosa* die Rose; Rosen-Gallwespe, Cynipidae, Ordo Hymenoptera; durch ihren Stich entstehen bes. an *Rosa canina,* der Hundsrose, die wie mit Moos bewachsen aussehenden haarigen, vielkammerigen, harten Stengelgallen, die unter den Bezeichnungen Rosen- od. Schlafäpfel bzw. Bedeguare bekannt sind.

Rhodopsin, das, gr. *rhódeos*, s. o., *he ópsis* das Sehen, Auge; Sehpurpur, lichtempfindlicher Farbstoff in der Retina vieler Vertebraten u. in den Augen einiger Vertebraten. R. ist ein Chromoproteid, das sich aus der Proteinkomponente Opsin u. dem Karotinoidfarbstoff 11-cis-Retinal zusammensetzt.

rhodostómus, -a, -um, gr. latin., rotmäulig; s. *Hemigrammus.*

Rhombencephalon, -i, *n.,* gr. *ho rhómbos* der Kreisel, die Raute, s. *encephalon*; das Rautenhirn der Vertebraten.

rhómbicus, -a, -um, latin., rautenförmig; s. *Limnóphilus.*

rhombifer, lat., rhombentragend (von latin. = *rhombus* = gr. *ho rhómbos* Raute, lat. *ferre* tragen); s. *Crocodilus.*

rhomboídeus, -a, -um, latin., gr. *ho rhómbos* der Kreisel, die Raute; rautenähnlich, zur Fossa rhomboídea gehörig.

Rhombus, *m.,* lat. *rhombus,* die Raute; Gen. der Pleuronectidae. Heterosomata. Flachfische, Osteoichthyes; breitester aller Flachfische. Spec.: *Rhombus (= Scophthalmus) maximus,* Steinbutt.

Rhopalócera, *n.,* Pl., gr. *to rhópalon* die Keule, *to kéras* das Horn; Spuler o. Tagfalter, Subord. der Lepidoptera; schlanke Tagschmetterlinge mit großen breiten, farbenprächtigen Flügeln; Flatter- od. Segelflug, beste Segelflieger unter den Insekten; Fühler mit keulenförmig verdickten Enden; Flügel in der Ruhe meist nach oben zusammengeklappt; Syn.: Papilionoidea.

Rhopalúra, *f.,* gr. *he urá* der Schwanz „Keulenschwanz"; haben gestreckten Körper mit mehreren Ringeln; Gen. der Orthonectidae, Mesozoa. Spec.: *R. ophiócomae,* parasitiert in *Amphiura (= Ophiócoma),* Gattg. der Schlangensterne (schädigt deren Gonaden: parasitische Kastration).

Rhopiléma, *f.,* gr. *ho rhópos* Flitter, Tand, *he léme* weiche Masse, auch Augenbutter; Gen. der Rhizostomeae, Wurzelmundquallen. Spec.: *Rh. esculenta.*

Rhumbler, Ludwig, geb. 3. 7. 1864 Frankfurt (M.), gest. 6. 7. 1939 Hann.-Münden; zuletzt an der Forstakademie Hann.-Münden wirksam, Arbeitsthemen: Mechanik der Vorgänge in den Zellen, Foraminiferen, Gehäusebildungen bei Protozoen.

Rhyacophílidae, *f.,* Pl., gr. *ho rhýax, rhýakos* hervorbrechender Quell, Bergbach, Strom, *philéīn* lieben; Fam. des Ordo Trichoptera, Köcherfliegen, mit ca. 130 Spec.: fossil sind 10 Spec. aus dem baltischen Bernstein u. drei aus dem Miozän von Colorado beschrieben. Bezeichnend sind ihre campodeiden Larven, die nur lockere Gespinste u. Gehäuse in Bergbächen spinnen. Spec.: *Rhyacóphila vulgaris.*

Rhynchítes, *m.,* gr. *to rhýnchos* der Schnabel, die Schnauze, der Rüssel; Gen. der Rhynchitini, Stechrüssler, Curculionidae, Rüsselkäfer, Coleoptera. Spec.: *Rh. bachus* (latin. *Bacchus* Gott des Weines, weil man diese Art früher irrtümlich für einen Hauptschädling der Rebe hielt), Purpurroter Apfelfrucht- od. Apfelstecher; ♀ bohrt um Johanni junge Äpfel u. Birnen an, legt ein od. mehrere Eier hinein, die Larven bohren sich bis zum Kerngehäuse, dann fällt die unreife Frucht ab; Larven-Überwinterung im Boden; Erscheinungszeit d. Käfers im Frühjahr.

Rhynchobdellae, *f.,* Pl., gr. *he bdélla* Blutegel, von *bdállēīn* saugen; Rüsselegel, Gruppe der Hirudinea; mit als Stechrüssel ausgebildetem Vorderdarm, der aus dem Mundsaugnapf herausstreckbar ist. Spec.: *Piscicola geometra,* Fischegel.

Rhynchocephália, *n.,* Pl., gr. *rhynchos* der Schnabel, *he kephalḗ* der Kopf; Ordo der Reptilia. Spec.: *Hattéria punctata*; als einzige bekannte Art der Ordnung, auf Neuseeland beschränkt.

Rhynchocýon, *m.,* gr. *ho kýon* der Hund (= „Rüsselhund"); Gen. der Macroscelidae (s. d.), Rüsselspringer. Spec.: *R. chrysopygus,* Rüsselhündchen (im afrikanischen Buschwald).

Rhynchodémus, *m.,* gr. *to démas* die Gestalt, der Leib; Gen. der Gruppe Terricola, Ordo Seriata, Cl. Turbellaria, Plathelminthes. Spec.:

Rh. terrestris (in Mitteleuropa einheimisch, bis 1,4 cm lang, spindelförmig, grau gefärbt, nacktschneckenähnliches Aussehen; lebt in feuchter Erde, im Moos usw.).

Rhyncholepis, *m., gr. he lepís* die Schuppe; Gen. der Anaspida, Cl. Ostracodermi; fossil im Obersilur. Spec.: *R. parvulus.*

Rhyncholestes, *m.,* gr. *ho lēstés* der Räuber, wörtl.: „Schnauzen-Räubern"; Genus der Caenolestidae, Metatheria (s. d.). Spec.: *R. raphanurus,* Chile-Opossummaus.

Rhynchóta, *m.,* Pl., gr. *rhynchótes* mit einem Stechrüssel versehen; Syn.: Hemiptera, Schnabelkerfe, Ordo bzw. Superordo der Pterygota, Insecta; gekennzeichnet durch ihre stechend-saugenden Mundteile u. das Fehlen der Cerci; die Unterlippe bildet mit ihrem Tasterpaar einen 2–4-gliedrigen Rüssel, in dem in der von der keilförmigen Oberlippe bedeckten Rinne bis 4 Stechborsten liegen. Ordines: Heteroptera (fossil seit dem Oberperm) u. Homoptera (fossil seit dem Oberkarbon).

Rhynchótus, *m.*; Gen. der Tinamidae, Ordo Tinamiformes, Steißhühner. Spec.: *Rh. rufescens,* Inambu; in Süd-Amerika, Brasilien; Schnabel so lang wie der Kopf u. sanft nach unten gebogen.

Rhyssa, *f.,* gr. *rhysos* runzelig, zusammengeschrumpft; Gen. der Ichneumonidae, Schlupfwespen, Ordo Hymenoptera. Spec.: *Rh. persuasória,* schmarotzt in Holzwespen- *(Sirex-)* Larven.

Rhytina, *f.,* von gr. *he rhytís* die Falte, Runzel; Gen. der Rhytínidae, Sirenia (Gabelschwanzsirenen), Subungulata. Spec.: *R. gígas,* Stellersche Seekuh (Beringmeer); im 18. Jahrh. ausgerottet; bei ihr waren alle Zähne durch Hornplatten ersetzt. (Syn.: *Hydrodamalis gigas,* s. d.)

Riboflavin, das, Syn.: Lactoflavin; s. Vitamin-B-Komplex.

Ribonukleinsäure, die, Ab.: RNS (engl. RNA); hochmolekulares Polynukleotid, von ähnlichem Aufbau wie Desoxyribonukleinsäure. Anstelle des Zuckers Desoxyribose enthält RNS Ribose; im Basenanteil tritt statt Thymin Uracil auf. RNS findet man sowohl im Kern als auch im Zytoplasma. Sie ist für die Proteinsynthese u. ihre Spezifität verantwortlich. Ihrer Funktion u. ihrem Vorkommen gemäß unterscheidet man verschiedene RNS-Typen: a) ribosomale RNS, rRNS, b) Messenger-RNS (auch mRNA od. mRNS), c) Transfer-RNS, tRNS.

Ribóse, die; zu den Aldoptenosen zählendes Monosaccharid, das am Aufbau von Nukleinsäuren, speziell der Ribonukleinsäure, beteiligt ist.

Ribosómen, die; RNS-reiche, nur elektronenoptisch sichtbare Partikel am endoplasmatischen Retikulum. Die Ribosomen sind zur Proteinsynthese befähigt, allerdings nur, wenn sie mit Messenger-RNS beladen sind.

Ricinoídes, *f.,* gr. *to ḗidos* die Gestalt (*Ricinus communis,* Gemeiner Wunderbaum, mit bohnenähnlichen Samen); Gen. der Ricinoididae, Ricinuclei (Podogonata). Spec.: *R. karschi* (W-Afrika).

Ricinuclei, *m.,* Pl., Verkleinerungsform von *Ricinus,* der stachlige Früchte hat; Kapuzenspinnen, Gruppe der Arachnida; mit einer vorn beweglichen Haube (Cucullus), vom Prosoma abgegliedert.

Rickettsia, *f.,* zu Ehren des Chicagoer Pathologen Howard Taylor Ricketts (1871–1910) benannte Gattg. einzelliger Kleinlebewesen, die früher in die Nähe der Flagellaten gestellt u. später als obligat parasitische kleine Bakterien angesehen wurden; Gen. der Rickettsiaceae, Rickettsiales. Hinsichtl. Morphologie u. Züchtbarkeit bestehen Bakterien- u. z. T. Virenmerkmale; sie sind gramnegativ, unbewegliche Kugeln u. Stäbchen, häufig pleomorph, mit Zellmembran, Zytoplasma u. Kernäquivalenten; Stoffwechsel aber nur in Verbindung mit lebenden Zellen, Vermehrung nur in Wirtszelle durch Teilung nach Längenwachstum. Erreger verschiedener Erkrankungen d. Menschen, die z. T. auf Warmblüter übertragbar sind. Spec.: *R. prowazekii,* Erreger d. europ. Fleckfiebers; *R. quintana,* Erreg. d. Wolhynischen Fiebers (5 Tage-Fieber); *R. akari,* Erregerd. Rickettsienpocken. Arthropoden-Parasiten (Arthropoden als Zwischenwirte, z. B. bei *R. prowazekii* Kleider- u. Kopflaus, bei *R. quintana* Kleiderlaus, bei *R. akari* Milben).

ridibúndus, -a, -um, lat., mit lachender Stimme, lachen; s. *Larus* (deren krächzendes Geschrei jedoch wenig Ähnlichkeit mit Gelächter hat).

Riedl, Rupert, geb. 3. 3. 1925 Wien; Studium der Anthropologie u. Zoologie in Wien, 1948/49 Leiter der ersten österreichischen Nachkriegsexpedition (Underwater-Expedition Austria), 1952 Austrian Tyrrenia Expedition, 1953–1967 Univ. Wien, 1960 Dissertation, 1965 Dozent, 1967–1971 Kenan Prof. of Zoology (Univ. of North Carolina), ab 1971 Leiter des Zoologischen Institutes (I) in Wien, dort Einrichtung der Fachbereiche Meeresbiologie, Ultrastrukturforschung u. Theoretische Biologie; Gründung der Zeitschrift „Marine Ecology"; 1990 Gründung des Konrad-Lorenz-Institutes für Evolutions- u. Kognitionsforschung (Altenberg). Grundlegende Arbeiten zu Morphologie

u. Systematik sowie zu einer Systemtheorie der Evolution; Entwicklung einer Evolutionären Erkenntnistheorie, zusammen mit Konrad Lorenz. „Fauna und Flora des Mittelmeeres" (1963, 1970, 1983), „Biologie der Meereshöhlen" (1966), „Die Ordnung des Lebendigen" (1975) [„Order in Living Organisms" (1977)], „Biologie der Erkenntnis" (1980) [„Biology of Knowledge" (1984)], „Die Evolutionäre Erkenntnistheorie" (1987, mit F. M. Wuketits).

Riemenwurm, der; s. *Ligula.*

Riesenameise, die; s. *Camponotus.*

Riesenchamäleon, das; s. *Chamaeleon.*

Riesenchromosomen, die; s. Polytänchromosomen.

Riesenflugbeutler, der; s. *Petaurus australis.*

Riesenhai, der; s. *Cetorhinus.*

Riesenläufer, der; s. *Cryptops.*

Riesenleierantilope, die; s. *Damaliscus lunatus.*

Riesenotter, die; s. *Pteronura brasiliensis.*

Riesenschabe, die; s. *Blabera.*

Riesenschildkröte, die; s. *Testudo gigantea.*

Riesenschlange, die; s. *Boa.*

Riesenseeadler, der; s. *Haliaeëtus pelagicus.*

Riesenzellen, die; vielkernige Zellen, die durch Zellteilungsstörung entstehen, z. B. Langhans-R., Sternberg-R., Zwillingszellen.

Riftia pachyptila, gr. *pachys* dick, *to ptilon* die Feder, Flaumfeder, Ruder; größte Pogonophorenart (Bartwurm, Röhrenwurm), zu den Axonobranchia gehörig. Diese Pogonophore ist die längste Art der Tiefsee-Thermalquellen-Fauna. Sie erreicht eine Länge von etwa 1,6 m bei einem Durchmesser von etwa 4 cm. Vorkommen: Galapagos-Graben, East Pacific Rise, in 2500 m Tiefe. Die Tiere haben maximal 334 Paar Kiemenlamellen u. jeweils bis zu 340 Tentakeln.

rigide, rigidus, -a, -um (lat.), starr, steif, hart, unbiegsam.

Rigor, *m.*; die Muskelsteifigkeit.

Rigor mortis (Totenstarre, Leichenstarre); Erstarren der Muskulatur nach Eintritt des Todes (Schlachten eines Tieres) durch Vernetzung der Aktin- u. Myosinfilamente infolge ATP-Mangels; beginnt am Kopf und setzt sich nach kaudal fort. Zeitpunkt des Beginns von der Muskeltätigkeit direkt vor dem Tode, Temperatur usw. abhängig; löst sich nach 2–3 Tagen wieder.

rima, -ae, *f.,* die Spalte.

Rind, das, s. *Bos.*

Rindenkorallen, die; s. *Gorgonaria.*

Rindenschwämme, die; s. Tetraxonida.

Rinderbiesfliege, die; s. *Hypoderma.*

Rinder-Dasselfliege, die; s. *Oestrus* od. Oestridae.

Rinderpiroplasmose, die; Einheimische R.; s. Piroplasmose.

Rinderwahnsinn, der, *m.;* s. Bovine Spongiforme Enzephalopathie.

Ringelgans, die, s. *Branta.*

Ringelnatter, die, s. *Natrix.*

Ringeltaube, die, s. *Columba.*

Ringer, Sydney, geb. 1835 Norwich, gest. 1910 Lastingham (York); Pharmakologe; bedeutende Untersuchungen über den Einfluss von Salzen auf den Blutkreislauf. R. entwickelte eine isotonische Blutersatzlösung für Kaltblüter (R.-Lösung).

Rinne, Heinrich, Ad., 1819–1868; Psychiater; R. wurde durch den nach ihm benannten Versuch bekannt, die Hörfähigkeit für Knochen- und Luftleitung desselben Ohres zu vergleichen (R.-Versuch).

Ripária, *f.,* lat., *ripa* das Ufer, Meeresufer; Gen. der Hirundinidae, Schwalben, Ordo Passeres. Spec.: *R. riparia,* Uferschwalbe; *R. rupestris,* Felsenschwalbe.

riparius, -a, -um, lat., am Ufer *(ripa)* lebend; s. *Labidúra.*

Rippe, die; s. Costa.

Risler, Helmut, geb. 19. 11. 1914 Freiburg i. Br., gest. 19. 12. 1995 in Mainz; Studium der Zoologie in Göttingen, Heidelberg u. Freiburg; 1949 Promotion unter A. Kühn („Kernvolumenänderunge in der Larvalentwicklung von *Ptychopoda seriata*"), 1954 Habilitation: Nachweis, dass bei den haploid angelegten Drohnen der Honigbiene nur ganz wenige Zellen wie die Geschlechtszellen bleiben. Der Rest der Gewebe wird entweder zur Diploidie od. gar hochgradiger zur Polyploidie „aufreguliert". 1962 erfolgte Berufung an die Univ. Mainz. Weitere Untersuchungen: Kopfmorphologie verschiedener Insekten unter funktionellen Gesichtspunkten. Zahlreiche Arbeiten entstanden zum Gehörorgan der Stechmückenmännchen u. anderer Arthropoden.

risórius, -a, -um, lat. *ridére* lachen; zum Lachen dienend.

Rissa, *f.;* Gen. der Laridae, Möwen, Charadriiformes, Watvögel u. Möwen. Spec.: *R. tridactyla,* Dreizehen- oder Stummelmöwe.

Rissoa, *f.,* nach J. A. Risso (1777– 1845) benannt; Gen. der Rissoidae, Rissoacea, -oidea (zu den Mesogastropoda, Altschnecken, gehörend).

Ritteranolis, s. *Anolis equestris.*

Ritterwanze, die; s. *Lygaeus.*

Ritualisierung, die, lat. *ritus, -um, m.,* heiliger Brauch, Satzung, Feierlichkeit; Umwandlung von Verhaltensweisen zu Signalhandlungen bzw. Symbolen, unabhängig von ihrer ehemaligen Funktion.

rivális, -is, -e, lat., an Bächen lebend; s. *Diplogaster.*
Riva-Rocci, Scipione, geb. 7. 8. 1863 Olmese (Prov. Turin), gest. 15. 3. 1937 Rapallo; Prof. für Pädiatrie in Pavia; R. entwickelte ein nach ihm benanntes Sphygmomanometer zur Blutdruckmessung.
Rívulus, lat., das Bächlein (bewohnend); Gen. der Cyprinodontidae, Cyprinodontoidea. Spec.: *R. ocellátus,* Augenfleckbachling; *R. strigátus,* Gestreifter Bachling.
rivus, -i, *m.,* der Bach, Strom, Demin. *rivulus, -i, m.,* kleiner Bach.
RNS (= RNA), die; s. Ribonukleinsäure.
Robben, die; s. Pinnipedia.
Robbenlaus, die; s. *Echinophthirus.*
Robiller, Franz, geb. 19. 11. 1940 Franfurt/M.; Medizinstudium, Promotion, Habilitation in Jena, Facharzt für Radiologie, Nuklearmedizin; Lehrbeauftragter (Jena); Chefarzt der Klinik für Radiologie u. Nuklearmedizin u. ärztlicher Direktor des Sophien- u. Hufelandklinikums zu Weimar. – International anerkannte Arbeiten in Ornithologie, Naturschutz, Hege u. Zucht von Vögeln, u. a. Zucht des Steinkauzes für die Wiederansiedlung u. Bestandsaufstockung. Forschung über die Endokrinologie der Vogelschilddrüse. Autor, Coautor u. Editor von 22 Büchern z. T. in mehreren Sprachen, z. B. „Prachtfinken-Vögel von drei Kontinenten" (1979), „Lebensräume" (4. Aufl. 1987), „Refugien der Natur", „Tiere der Nacht" (1987), „Papageien" (2. Aufl. 2001), „Das große Lexikon der Vogelpflege" (2. Aufl. 2003).
Rochen, der; s. *Raja.*
Rodéntia, *n.,* Pl., v. lat. *ródere* nagen: *rodéntia* (ergänze: *animália*), nagende Tiere, Nagetiere; an Arten u. Individuen reichster Ordo der Mammalia, viele Arten mit hoher Vermehrungsrate; sehr kleine bis mittelgroße Landtiere, z. T. u. zuweilen amphibisch lebend; Zehen mit Krallen; ungefurchtes, primitives Hirn; Blinddarm groß, ohne Spiralfalte (nur Muscardinidae ohne Blinddarm); nur 1 langer Incisivus in jeder Kieferhälfte, wurzellos, mit meißelförmiger Schneide, ständig nachwachsend; Unterkieferhälften gegeneinander verschiebbar; Herbi- bis Omnivoren; fossile Formen seit Paläozän bekannt.
Röntgen, Wilhelm C., geb. 1845, gest. 1923; deutscher Physiker; Nobelpreisgräger, Entdecker der nach ihm benannten R.-Strahlen.
Römer, Fritz, geb. 1866 in Moers/Rheinld., gest. 1909 in Frankfurt a. M.; Studium der Naturwissenschaften u. besonders der Zoologie in Berlin u. Jena, 1892 Dr. phil.; 1892–1898 Assistent am Zoologischen Institut bei E. Haeckel u. W. Kükenthal, 1898 Assistent am Zoologischen Museum der Berliner Univ./Abt. Crustaceen; mit F. Schaudin Forschungsreise nach Spitzbergen durchgeführt; 1899 Assistent am Zoologischen Institut der Univ. Breslau bei W. Kükenthal; ab 1907 Direktor des Museums der Senckenberg. Naturforschenden Gesellschaft in Frankfurt a. M., leitete dessen Aufbau, 1907 Prof. für Zoologie.
Rösel von Rosenhof, August Johann, geb. 1705, gest. 1759; die „Insektenbelustigungen" erschienen in den Jahren 1740–1746.
Rössle, Robert, geb. 19. 8. 1876 in Augsburg, gest. 21. 11. 1956 in Berlin; Studium an den Univ. München, Kiel, Straßburg; Promotion in München; Venia legendi für Pathologie ab 1906 in München (1909 ao. Prof.); 1911 Ordinarius in Jena, 1922 in Basel, 1929 als Nachfolger von O. Lubarsch in Berlin. Arbeiten insbes. über die anatom. Grundlagen der Anaphylaxie u. das Wesen der allergischen Entzündung, Publikationen: „Fortschritte der Cytotoxinforschung" (1910), „Wachstum und Altern" (1923), (mit H. Böning) „Das Wachstum der Schulkinder" (1924), „Wachstum der Zellen und Organe, Hypertrophie und Atrophie" (1926), „Entzündungen der Leber" (1930), (mit F. Roulet) „Maß und Zahl der Pathologie" (1932); ferner Beiträge zu Aschoffs Pathologischer Anatomie.
Rötelmaus, die; s. *Clethrionomys glaréolus.*
Rohrdommel, die; s. *Botaurus.*
Rohrrüssler, der; s. *Macrosélides.*
Rohrsänger, der; s. *Acrocephalus.*
Rohrweihe, die; s. *Circus.*
Rollulus, *m.;* Gen. der Phasianidae, Fasanenvögel. Spec.: *R. roulroul,* Straußwachtel.
Rollwespen, die; s. *Típhia.*
Romeis, Benno (1888–1971). Anatom und Histologe in München; verfasste viele Beiträge über histologische Methoden und Endokrinologie (besonders Hypophyse). Sein bekanntes Werk „Mikroskopische Technik" ist in mehreren Auflagen erschienen.
Rooseveltiella nattereri, nach Roosevelt u. Natterer benannt; Syn. *Serrasalmo (= Pygocentrus) piraya,* lat. *serra* Säge u. *salmo* Salm; Natterers Sägesalmer. Spec. der Characinidae, Ordo Ostariophysi od. Cypriniformes; in den Oberläufen der Flüsse Süd-Amerikas verbreitet, auch Piraya od. Karibenfisch genannt, überfällt ins Wasser gefallene Warmblüter in Scharen, skelettiert diese mit den scharfen Zähnen.
Root-Effekt, der; eine CO_2-Zunahme od. eine pH-Abnahme, verursacht bei einigen Fischen, Cephalopoden u. Crustaceen nicht nur eine

Verminderung der Sauerstoffaffinität des Hämoglobins, sondern auch eine Reduzierung der Sauerstoffaufnahmefähigkeit. Diese Erscheinung wird als Root-Effekt od. Root-Verschiebung bezeichnet.

rosa, -ae, *f.,* lat., die Rose, der Rosenstrauch. Spec.: *Rhodites rosae,* Rosengallwespe.

rosáceus, -a, -um, lat., rosenähnlich, rosenfarbig; s. *Antedon.*

Rosaflamingo, s. *Phoenicopterus.*

Rosália alpína, lat. *Rosalia* die Rosenschöne, ein weiblicher Name; Alpen-Bock. Spec. der Cerambycidae, Coleoptera; in Schweden, Mitteleuropa, nicht selten in den Alpen; die Larve des Käfers lebt in anbrüchigen Buchen.

rosálius, -a, -um, lat., von dem Mädchennamen *Rosalia,* „Rosenschöne", rötlich, ähnlich schön od. farbig wie die Rose *(rosa)*; s. *Leontocebus.*

Rosalöffler, der; s. *Ajaia.*

Rosanimmersatt, der; s. *Ibis.*

Rosapelikan, der; s. *Pelecanus.*

Rosenbuschhornblattwespe, die; s. *Arge rosae.*

Roseneule, die; s. *Thyatúra.*

Rosen-Gallwespe, die; s. *Rhodites.*

Rosenkäfer, der; s. *Cetonia.*

róseus, -a, -um, lat., rosenfarbig, blass rötlich bis violett, z. B. *Stylaster róseus.*

rosmárus, latin., schwedischer Name für das Walross.

Rossegel, der; s. *Simnatis.*

Rosskastanien-Minimiermotte, die; s. *Cameraria.*

Rostéllum, das, lat., Dim. von *rostrum* kleiner Schnabel; hügelförmiger Zapfen am Scolex mancher Cestoden, der den Hakenkranz trägt.

rostrális, -is, -e, lat. *rostrum, -i, n.,* der Schnabel, Rüssel; schnabelähnlich.

rostrátus, lat., geschnäbelt, mit Schnauze, Schnabel od. Rüssel *(rostrum)* versehen.

Rostrum, das, *rostrum, -i, n.,* lat. *ródere* benagen; der Schnabel; 1. Knorpelfortsatz am Schädel der Haifische u. Rochen, 2. spitzer Fortsatz am Vorderende des Cephalothorax vieler Decapoden; 3. kegelförmiges bis zylindrisches Gebilde aus Kalzit u. organischer Substanz bei den Belemniten.

Rotália, *f.,* lat. *rota* das Rad, wegen der Form des Gehäuses; Gen. der Globigerinidae, Perforata; Cl. Foraminifera, Protozoa; mit vielkammeriger, feinporöser (perforierter) Schale, Gehäuse flach schneckenförmig, Kammerzahl der Umgänge ziemlich groß; fossil seit der Ober-Kreide; etwa 13 rezente Spec.; in der Nordsee *R. beccarii.*

Rotation, die; Drehbewegung um die Längsachse eines Gliedes; Innenrotation: Einwärtsdrehung, Außenrotation: Auswärtsdrehung.

Rotationskreuzung, *f.,* lat. *rotatio, -onis, f.,* die Drehung; Zuchtverfahren zur Ausnutzung von Heterosiswirkungen, bei dem Vatertiere von drei oder mehr Rassen in kontinuierlicher Reihenfolge in einem Zuchtbestand angepaart werden.

rotátor, -óris, *m.,* lat. *rotáre* drehen; der Dreher.

Rotatória, *n.,* Pl.; Rädertiere, Syn.: Rotifera (lat. *rota* das Rad, *ferre* tragen). Cl. der Nemathelminthes mit etwa 1500 Spec.; zwerghafte Tiere von gewöhnlich unter 1 mm Länge; ein od. mehrere Wimper-Kränze am Vorderende; ein Kaumagen mit beweglichen Kutikularspangen u. typischen Protonephridien, welche in den kloakenartig erweiterten Enddarm münden; Gruppen: Seisonidea, Monogononta, Bdelloides.

Rotbarsch, der; rötl. gefärbter Meeresfisch, meist 30–50 cm lang, mit großem Kopf. Fleisch fest, fett- und vitaminreich, oft rötlich gefärbt, wohlschmeckend; frisch, gefroren (oft als Filet) oder als Räucherware im Handel; s. *Sebastes.*

Rotbrustkrontaube, die; s. *Goura scheepmakeri.*

Rotdrossel, die; s. *Turdus iliacus.*

Rote Liste, die; Auflistung bestimmter Tier- u. Pflanzenarten sowie von Lebensgemeinschaften od. Lebensräumen nach Gefährdungs- u. Schutzkriterien.

Roter Bandfisch, der; s. *Cepola rubescens.*

Roter Prachtkärpfling, der; s. *Aphyosemion australe.*

Roter Uakari, der; s. *Cacajao rubicundus* (mit scharlachrotem Gesicht u. goldrotem zottigem, schütterem Haarkleid).

Rotes Riesenkänguruh, das; s. *Macropus.*

Rotfeder, die; s. *Scardinius erythrophthalmus.*

Rotfeuerfisch, (= Truthahnfisch), der; s. *Ptérois volitans,* ist rot mit schwärzlichen, schmalen Querstreifen.

Rotfuchs, der; s. *Vulpes.*

Rothalsgans, die; s. *Branta ruficollis.*

Rothirsch, der; s. *Cervus.*

Rotifer, Syn.: Rotária; Gen. der Philodinidae, Ordo Bdelloidea. Spec.: *R. vulgaris,* Gemeines Rädertierchen; in ganz Europa in stehenden u. fließenden Gewässern, bildet oft schimmelartige Überzüge an Pflanzenstengeln.

Rotkehlanólis, s. *Anolis carolinensis.*

Rotkehlhäherling, der; s. *Garrulax rufogularis.*

Rotkopfgans, die; s. *Chloephaga rubidiceps.*

Rotkopfwürger, der; s. *Lanius.*

Rotluchs, der; s. *Lynx.*

Rotrückenpelikan, der; s. *Pelecanus rufescens.*
Rotschenkel, der; s. *Tringa.*
Rotschenklige Rollwespe, die; s. *Tiphia femorata.*
Rotschwanz, der; s. *Phenicurus.*
Rotstirnige Dolchwespe, die; s. *Scólia flavifrons.*
rotúndus, -a, -um, lat., rund.
Rotwild, das; weidmännische Bezeichnung für die Tiere der Spec.: *Cervus elaphus*; auch Edelwild genannt. Es heißen: das männliche Stück = Hirsch, Rot-, Edelhirsch; das weibliche Stück = Tier, Rot-, Edeltier; männliches Jungtier = Kalb; weibliches Jungtier = Tierkalb; 2-jähriger Hirsch = Spießer; 2-jähriges Tier = Schmaltier.
Rotzunge, die; s. *Glyptocephalus.*
„Rough hound", engl., s. *Scyliorhinus.*
roumánicus, lat., in Rumänien (in u. um Rumänien) lebend, wie z. B. die Subspec. von *Erinaceus europaeus roumanicus.*
Roux, Wilhelm, Anatom; geb. 9. 6. 1859 Jena, gest. 15. 9. 1924 Halle a. S.; 1886 Prof., 1888 Direktor des (ersten in Deutschland) für ihn gegründeten Instituts für Entwicklungsgeschichte u. Entwicklungsmechanik in Breslau, 1889 Prof. der Anatomie in Innsbruck, 1895 in Halle. – R. gilt als Begründer der Entwicklungsmechanik. Er versuchte, die Ursachen für die Gestaltung der Organismen zu erkennen. Seine Arbeit am Ei ist die erste entwicklungsgeschichtliche Experimentalarbeit überhaupt. R. nahm eine Organgestaltung durch funktionelle Inanspruchnahme an. Er prägte den Begriff „Transplantationsmethode" u. führte die Begriffe „funktionelle Anpassung" u. „Selbstregulation" ein.
rubéllus, lat., rotschimmernd; s. *Lumbricus.*
rúber, rúbra, rúbrum, lat., rot; s. *Leptúra*, s. *Corallium.*
rubéscens, lat., Part. Praes. von *rubéscere* sich röten; rotwerdend, sich rötend, rötlich, s. *Cepola.*
rubicundus, -a, -um, lat., rot, kräftigrot; s. *Cacajao.*
rubidiceps, lat., rotköpfig; s. *Chloëphaga.*
rúbidus, -a, -um, rötlich, dunkelrot; s. *Myrmica.*
rubiginósus, -a, -um, lat., rostrot, rostbraun (*rubigo, rubíginis* Rost); s. *Prionailurus.*
Rubinkehlchen, das; s. *Luscinia.*
Rubner, Max, geb. 2. 6. 1854 München, gest. 27. 4. 1932 Berlin; stud. 1873–1877 Med. und Naturwiss. Univ. München; 1883 PD. für Physiologie Univ. München; 1885 ao. Prof., 1887 o. Prof. für Hygiene Marburg, 1891 o. Prof. für Hygiene Univ. Berlin und Dir. des Hygiene-Inst. (als Nachf. von R. Koch), 1909 Dir. Physiol. Inst. Univ. Berlin bis 1922, auch Begr. und Dir. KWI für Arbeitsphysiologie Berlin, ständ. Sekr. Akad. Wiss. Berlin; arbeitete bes. stoffwechselphysiol. über Wärmehaushalt des Menschen, Einfluss des Klimas. „Gesetze des Energieverbrauchs im Organismus" (Berlin 1902), „Lehrbuch der Hygiene" (Berlin 1891), (Werk-Verz. in Sitz. Ber. Akad. Wiss. Berlin, Phil.-hist. Kl., 1932: CXXXVIII).
Rubnersches Gesetz; s. Isodynamiegesetz.
Rubor, -oris, *m.,* lat., Röte, Rötung; zumeist Rötung der Haut als Symptom einer Entzündung.
rubr., lat., Abk. für ruber, -bra, -brum, rot.
rupropínnes, lat., rotflüglig, rot gefiedert, rotflossig; s. *Aphyocharax.*
rubus, -a, -um, lat., rot.
rubus, -i, *m.* u. *f.,* lat., der Brombeerstrauch. Spec.: *Diastrophus rubi,* Brombeergallwespe.
Rucksen, das; Stimmäußerung der Ringeltaube.
Rudel, *n.;* Bezeichnung für eine jeweils zusammenhaltende Gruppe von Rot- und Muffelwild und Wölfen.
Ruder, *n.;* (1) gefächerter Stoß des Auerhahns; (2) Fuß der Schwimmvögel.
Ruderwanze, die; s. *Corixa.*
rudimentär, adj., unausgebildet, verkümmert, rückgebildet.
Rudimentation, die, lat. *rudiméntum, -i, n.,* der Versuch, die Vorschule; die phylogenetische Rückbildung einzelner Strukturen u. Verhaltensweisen.
rudis, -is, -e, lat., roh, unbearbeitet. Spec.: *Ceryle rudis*, Graufischer (ein schwarz-weißer Eisvogel).
Rudolphi, Karl Asmus, geb. 14. 6. 1771 in Stockholm, gest. 1832 in Berlin; Studium in Greifswald u. Promotion zum Dr. phil. (1793) u. Dr. med. (1794); 1796 PD für Zoologie u. Anatomie, 1801 Prof. am Veterinärmed. Institut Greifswald, 1797 ao. Prof., 1808 o. Prof. der Vergl. Anatomie u. Physiologie sowie Direktor des neugegründeten Anatomisch-zootomischen Museums in Berlin. Arbeitsthemen u. a.: Förderung der Helminthologie; Entozoorum, sive vermium intestinalium historia naturalis. 2 Bde, Amsterdam 1808–1809; Entozoorum synopsis, Berlin 1819; Grundriß der Physiologie, 2 Bde, Berlin 1821–1829. R. hatte als Lehrer auf Johannes Müller (sein Nachfolger) einen prägenden Einfluss.
Rübenblattlaus, die; s. *Aphis.*
Rübenblattwanze, die; s. *Piesma quadrátum.*
Rübenblattwespe, die; s. *Athalia.*
Rübenweißling, der; s. *Píeris.*
Rückenmarksreflexe, die, s. Reflexe; Reflexe, die ausschließlich unter Beteiligung der Medulla spinalis ablaufen.

Rückenschwimmer, der; s. Notonectidae.
Rückfallfieber; durch Insekten übertragene Erkrankung des Menschen mit 5–7tägigem hohem Fieber und Rezidiven im Abstand von 6–8 Tagen; es kommt zu Syndromen (Nase, Haut), Kopf- und Knochenhautschmerzen, Milz-, Leberschwellungen, zur Anämie. Latent infizierte kleine Nager bilden das Reservoir für *Borrelia recurrentis* (Infektion durch Läuse) und *Borrelia duttoni* (durch Zecken übertragen). Die Läuseborreliose tritt unter schlechten Lebensbedingungen in gemäßigten Zonen auf, während die Zeckenborreliose in Zentral-, Ost-/Südafrika, auch in Süd- u. Mitteleuropa, in Asien und subtrop. Gebieten heimisch ist. Die Übertragung auf den Menschen erfolgt durch Läuse- oder Zeckenbiss und auch aerogen. Diagnose u. U. durch Blutausstrich, Tierversuch (Blut i. p. an Säuglingsmäusen oder Affen).
Rückkreuzung, die; die wiederholte R. besteht in fortgesetzter Paarung von Tieren der F_1-Generation mit einer Elterngeneration; weiterentwickelt als Konvergenz- oder Annäherungszüchtung, bei der unter gleichzeitiger Zuchtwahl (Selektion) der Kreuzungsprodukte diese mit beiden Elternteilen zurückgekreuzt werden; s. Verdrängungskreuzung, Zuchtmethoden.
Rückmutation, die, s. Mutation; Mutation eines mutierten Gens. Dabei wird z. B. die ursprüngliche Nukleotidsequenz wieder hergestellt.
Rückresorption, die; Resorption vorher sezernierter endogener Substanzen.
Rückschlag, der; s. Atavismus.
Rüsselegel, der; s. *Rhynchobdellae.*
Rüsselhundchen, das; s. *Macroscélides.*
Rüsselkäfer, der (die); s. *Curculio.*
rufescens, lat., rötlich.
Ruffini, Angelo, geb. 17. 7. 1864 Arquata del Tronto (Ascoli-Piceno), gest. Sept. 1929 Baragazza (Castiglione dei Pepoli); Prof. für Histologie in Bologna; nach ihm sind sensible Endkörperchen in der menschlichen Haut benannt (R.sche Körperchen) [n. P.].
Ruffinische Körperchen, die, s. Ruffini; die Nervenendorgane des Wärmesinnes in Cutis u. Subcutis.
ruficeps, lat., rotköpfig, z. B. *Procavia ruficeps.*
ruficóllis, lat., mit rotem *(rufus)* Halse *(collum).* Spec./Subspec.: *Turdus ruficollis ruficollis,* Rotkehldrossel; *T. r. atrogularis*, Schwarzkehldrossel.
rufimánus, -a, -um, lat. *rufus* rot, fuchsrot, *manus* die Hand; rothändig, mit roten Vorderbeinen; s. *Bruchus.*
rufinus, -a, -um, lat., fuchsrot, orangefarben, rotbraun.
rúfipes, rotfüßig, rotbeinig; s. *Pentatoma.*
rufogriseus, -a, -um, lat., rotgrau, schwachmattrot; s. *Macropus.*
rufovillósus, -a, -um, lat. *villósus* zottig, behaart; rotscheckig; s. *Xestobium.*
rufus, -a, -um, lat., rot, rotbraun; s. *Daudebárdia*; s. *Lynx*; s. *Macropus.*
ruga, -ae, *f.*, lat., die Runzel.
Rugae vagináles, die, s. *vagína*; Querfalten in der Scheide des Weibes, die an Vorder- u. Hinterwand säulenartig vorspringen.
rugósus, lat., s. *ruga*; faltenreich, sehr runzlig; s. *Trachysaurus.*
Ruhepotential, das, lat. *potentia, -ae* die Kraft, das Vermögen; elektrische Spannungsdifferenz zw. Membraninnen- u. -außenseite (fast) aller lebenden Zellen. Die Innenseite ist gegenüber der Außenseite stets negativ geladen.
ruma, -ae, *f.,* lat., die laktierende Milchdrüse.
rumen, -inis, *n.,* lat. *rumináre* wiederkäuen; der Schlund, der Pansen; Ruminantia: Wiederkäuer.
rúmicis, Genit. von lat. *rumex,* „des Ampfers", Ampfer-; s. *Acronicta.*
Ruminántia, *n.,* Pl., lat. *rumináre*, s. o., Wiederkäuer; Gruppe der Artiodactyla, Paarhufer, Mammalia; mit selenodontem Gebiss u. mit meist 3 Vormägen als Schlunderweiterungen u. dem eigtl. Magen, dem Labmagen; die Nahrung gelangt zunächst in die beiden ersten Abteilungen (Rumen u. Netzmagen), wird hier erweicht, steigt sodann retroperistaltisch wieder in die Mundhöhle, wird hier „wiedergekäut", danach durch die Schlundrinne direkt in den 3. Vormagen, den Blättermagen, u. in den Labmagen befördert, wo die eigtl. Verdauung stattfindet. Bei den Cameliden u. Traguliden sind nur 2 Vormägen vorhanden, da der Blättermagen fehlt; fossil seit dem Eozän.
rupéster, -stris, -stre, lat., in/auf/an Felsen *(rupes)* lebend; s. *Riparia,* s. *Columba.*
Rupicapra, *f.,* lat. *rupes, -is* der Felsen, *capra* die Ziege; Gemsen; Gen. der Bovidae, Ruminantia, Artiodactyla, Mammalia. Spec.: *R. rupicapra,* Gemse: Hochgebirgstier von etwa 80 cm Widerristhöhe, in Trupps gewandt auf Felsen kletternd; isolierte Subspecies in den Alpen *(R. r. rupicapra)*, den Pyrenäen, den Abruzzen, auf dem Balkan, im Kaukasus, in den Bergen Kleinasiens.
Rupícola, *f.,* lat., wörtlich: „Felsenbewohner"; Gen. der Cotingidae, Schmuckvögel. Spec.: *R. peruviana,* Andenfelsenhahn, Roter Felsenhahn.
rurícola, lat., Landbewohner, aus: lat. *ruri* auf dem Lande u. *cólere* (be)wohnen; s. *Gecarcinus.*

russulus, -a, -um, lat., braun, bräunlich, rötlich, rotbraun, ein wenig *(-ulus)* rötlich od. braun; s. *Crocidura.*
russus, -a, -um, lat., blassrot, rot (z. B. als Farbbezeichnung oder Gingiva bei Catull).
rusticolus, lat., Verkleinerungsform von *rusticus* ländlich, bäurisch, auch ungeschickt, tölpelhaft: ein wenig ungeschickt; z. B. *Falco rusticolus,* der Jagdfalke, der in der Flugjagd als weniger geschickt gilt als der Wanderfalke, *F. peregrinus.*
rusticus, -a, -um, lat., zum Land, zum Feld gehörend, ländlich; s. *Buprestis.*
ruthénus, -a, -um, lat.; russisch, z. B. *Acipenser ruthenus,* Sterlet (vom russ. Namen des Tieres *Ssterliadj*), liefert den besten Astrachan-Kaviar.
Rútilus, *m.,* lat. *rutilus, -a, -um* rötlich schimmernd, rötlichgelb, goldrot, gelbrot; Gen. der Cyprinidae (Weißfische), Cypriniformes, Karpfenfische. Spec.: *R. rutilus,* Plötze.
Ruysch, Frederik (1638–1731); Apotheker, dann Anatom, Gerichtsmediziner u. Botaniker in Amsterdam. Schüler von Sylvius, Lehrer von A. v. Haller. Erlernte bei Swammerdam die Gefäßinjektionstechnik u. vervollkommnete sie wesentlich. Anatomische Entdeckungen, die seinen Namen als Autor tragen: Aa. bronchiales, A. centralis retinae, Lamina choriocapillaris.

S

Saatgans, die; s. *Anser.*
Saatkrähe, die; s. *Corvus.*
sabulosus, -a, -um, sandig, sandreich. Spec.: *Ammophila sabulosa,* Sandwespe.
sábulum, -i, *n.,* lat., der grobkörnige Sand, Kies.
Saccharase, die, latin. *sáccharum* der Zuckersaft (des Zuckerrohrs); Syn.: Invertase; β-Fruktosidase, spaltet als Glykosidase das Disaccharid Saccharose in Glukose u. Fruktose.
saccharinus, -a, -um, Zucker (latin. *saccharum,* gr. *to sákcharon)* liebend, s. *Lepisma.*
Saccharose, die; Rohrzucker, Disaccharid, besteht aus Glukose u. Fruktose.
sacciformis, -is, -e, lat., sackförmig.
Saccostómus, *m.,* von gr. *ho sákkos* der Sack, das Kleid, *to stōma* das Maul, der Mund, „Sackmund"; Gen. der Muridae (Echte Mäuse). Spec.: *S. campestris,* Kurzschwanz-Hamsterratte.
sacculáris, -is, -e, lat., zum Säckchen gehörig.
Sacculína, lat. *sacculus* kleiner Sack; namentl. Bezug auf die sack- od. knollenartige Form des ungegliederten Rumpfes (mit Gehirn u. Gonaden), wobei Extremitäten u. Darm ganz zurückgebildet sind; Gen. der Rhizocephala (s. d.). Spec.: *S. cárcini* (Parasit bei der Strandkrabbe).
sácculus, -i, *m.,* das Säckchen.
sáccus, -i, *m.,* lat., der Sack.
sácer, -cra, -crum, lat., heilig, geweiht, auch verflucht; Os sacrum, das Kreuzbein, Knochen der Wirbelsäule der Vögel u. Säuger, es entsteht durch Verschmelzen der Kreuzbeinwirbel. Spec.: *Scarabaeus sacer,* Heiliger Pillendreher.
sacrális, -is, -e, lat., zum Kreuzbein (Os sacrum) gehörig.
sacro-, zum Kreuzbein gehörig (in Zusammensetzungen).
Säbelantilope, die; s. *Oryx.*
Säbeldornschrecke, die; s. *Tetrix.*
Sägefisch, -rochen, der; s. *Pristis.*
Sagartia, *f.,* wahrscheinl. ist die etymologische Erklärung von gr. *hoi Sagártioi* persisches Volk im Berglande Kohestan, da S. auf Felsen und Steinen, dem „marinen Berg" vorkommt. Gen. der Actinária (s. d.). Spec.: *S. elegans; S. troglódytes.*
Sageret, Michael (1763–1851); französischer Pflanzenzüchter. Entdeckte 1826 die unabhängige Verteilung von Merkmalen im Erbgang und die Dominanz von Merkmalen; schuf den Begriff „dominant".
saginátus, -a, -um, lat., gemästet, feist, gut gefüttert; s. *Taenia.*
sagítta, -ae, *f.,* lat., der Pfeil. Spec.: *Sagitta bipunctata* (Borstenkiefer, Chaetognatha).
Sagittalebene, die; Ebene, die parallel zur Medianebene (lat. *medianus* in der Mitte gelegen) durch den Körper hindurchgeht.
sagittális, -is, -e, lat., in Pfeilrichtung; jede der Medianebene parallel liegende Ebene.
Sagittárius, *m.,* lat. *sagittarius* der Pfeilschütze; Gen. der Sagittaríidae, Sekretäre, Ordo Falconiformes, Greifvögel. Spec.: *S. serpentarius,* Sekretär (der ein „pfeilgeschwinder", hochbeiniger Renner ist u. sich vor allem von Schlangen ernährt; der Name *Sekretär* spielt auf Gestalt und Aussehen insgesamt an, speziell wohl auf die schwarzen Federn hinter dem Ohr).
sagittifórmis, -is, -e, pfeilförmig; s. *Amiskwia.*
Sahli, Hermann, Hämatologe; geb. 23. 5. 1856 Bern, gest. 28. 4. 1933 ebenda; Prof. der Inneren Medizin in Bern; S. hat sich bes. um die Entwicklung diagnostischer Methoden verdient gemacht. Er verbesserte das von R. Gowen (1845 bis 1915) entwickelte Hämoglobinometer.

Saiga, *f.,* einheimischer Name dieses zu den ältesten Säugetierarten zählenden Wiederkäuers (Ost-Europa, Sibirien); noch während des Diluviums in Europa bis Atlant. Ozean verbreitet, gehörte bis Anfang des 19. Jahrhunderts zur Fauna der offenen Steppenlandschaften des europäischen u. asiatischen Russlands zwischen Bug u. Altai; Gen. der Saiginae, Bovidae. Einzige (rezente) Spec.: *S. tatarica,* Saiga; Subspec.: *S. t. tatarica* u. *S. t. mongolica.* – Die Saigas haben eine über den Unterkiefer hinausragende Ramsnase als Anpassung an die im Lebensraum häufigen Staub- u. Schneestürme. – Der vom teilweise gazellenartigen Aussehen herrührende Trivialname *„Saiga-Antilope"* sollte nicht verwendet werden, da die Saigas auch Caprinae-Merkmale haben u. ihnen als Subfam. ein eigener taxonomischer Status innerhalb der Bovidae zukommt.

Saimiri, *f.,* als Gattungsname sanktionierter Trivialname aus dem Verbreitungsgebiet (Nord-Brasilien, Guiana); Gen. der Cebidae, Primates. Spec.: *S. sciurea,* Totenkopfäffchen (mit weißlichem Gesicht u. lediglich schwarzer Schnauze).

Saint-Hilaire, s. Geoffroy Saint-Hilaire.

Saisondimorphismus, der, franz. *saison* die Jahreszeit, *dimorphismus* von gr. *dis* zweimal, *he morphé* die Gestalt; das unterschiedliche Aussehen der Angehörigen zweier oder mehrerer Generationen einer Art in verschiedenen Jahreszeiten, auch Generationsdimorphismus genannt; jahreszeitlich bedingte Verschiedengestaltigkeit mancher Tiere.

sal, salis, *m.,* lat., das Salz, Meer, die Bitterkeit. Spec.: *Artemia salina,* Salzkrebschen, Salinenkrebs.

Salangane, einheimischer Name, nach der Insel Salang bei der Halbinsel Malakka benannt; s. *Coliocalia.*

salar, *m.,* lat., Forelle und Lachs *(= salmo);* s. *Salmo.*

Salatwurzellaus, die; s. *Pemphigus.*

salax, -acis, geil, triebhaft.

Salda, *f.,* von lat. *salíre* springen, hüpfen gebildet; Uferwanzen, laufen schnell u. fliegen springend; Gen. der Saldidae, Ordo Hemiptera (Schnabelkerfe). Spec.: *S. litoralis,* Gemeine Uferwanze.

sáliens, lat., springend; von *salíre* springen; s. *Convolúta.*

salíva, -ae, *f.,* lat., der Speichel.

saliváris, -is, -e, lat., zum Speichel gehörig.

salix, salicis, *f.,* lat., die Weide, der Weidenbaum. Spec.: *Aphrophora salicina* (eine Schaumzikade); lat. *salicinus, -a, -um,* an Weiden *(salices)* vorkommend.

Salmin, das; ein Protamin, das in den Spermatozoen des Lachses vorkommt.

Salmo, *m.,* lat., der Lachs, Salm; Gen. der Salmónidae, Lachs- od. Edelfische, Ordo Salmoniformes, Lachsfische; fossil fraglich im Miozän, sicher seit dem Pliozän. Spec.: *S. salar,* Lachs; *S. trutta,* Meerforelle; *S. trutta fario,* Bachforelle; *S. gairdneri* (jetzt: *Oncorhynchus mykiss*), Regenbogenforelle.

Salmonidae, *f.,* Pl., Fam. der Teleostei; Lachse; Knochenfische mit Rücken-Fettflosse, Seitenlinie. Sie sind als über die ganze Erde verbreitete Meer- und Süßwasserfische fischereiwirtschaftlich bedeutsam. Künstlich erbrütet bzw. in Teichwirtschaften herangezogen werden Maränen u. Bach- bzw. Regenbogenforellen. – Die Klassifikation der Salmonidae ist offenbar auf Grund der außergewöhnlichen Variabilität vieler Arten schwierig u. daher z. T. different. In manchem System werden als Unterfamilien unterschieden: Salmoninae, haben ein gutes Gebiss mit Zähnen, die auch auf dem Vomer, den Palatina u. der Zunge stehen; Coregoninae, die als Planktonfresser u. a. durch ein schwach entwickeltes Gebiss u. ein Kiemenfilter gekennzeichnet sind. – Die meisten Arten sind als delikate Speisefische geschätzt.

Salmonidenregion, die; oberer Abschnitt eines Fließgewässers, Syn. zu Rhithral, s. d., unterteilt in Obere u. Untere Forellenregion, s. d., und Äschenregion, s. d.

Salmoniformes, *f.,* Pl., s. *Salmo, -formes* (s. d.): Lachsfische. Familiae: Salmonidae mit *Salmo* (Arten: Lachs, Meer- od. Lachsforelle), *Hucho, Coregonus;* Thymallidae (Äschen) mit *Thymallus;* Osmeridae (Stinte).

Salpa, *f.,* gr. *he sálpe* ein unbekannter Meeresfisch der Alten; Gen. der Sálpidae, Ordo Desmomyaria. Spec.: *S. democratica,* deren Unterschiede von Einzel- u. Kettenform vor der Entdeckung ihres Generationswechsels zur Beschreibung von zwei Arten führten. So erklärt sich auch das Synonym (als Kompromiss von historischem Interesse): *S. (= Thalia)* demo-*cratica-mucronata.*

Salpen, die; s. Thaliácea.

Salpinx, -ingis, *f.,* latin., gr., die Trompete; Salpingitis, die Entzündung des Eileiters.

saltans, lat., tanzend, springend.

saltatorische Erregungsleitung, die, lat. *saltus, -us, m.,* das Springen, der Sprung; sprungartige Fortleitung der Erregung von Schnürring zu Schnürring, s. Ranviersche Schnürringe.

Salticus, *m.,* lat. von *saltare* tanzen, springen; Gen. der Salticidae, Springspinnen, Arachnida. Kleinere Spinnen mit kräftigen Laufbeinen; springen Beute aus kurzer Entfernung an u.

lähmen diese durch Bisse. Spec.: *S. scenicus,* Zebra-Springspinne; häufigste mitteleuropäische Springspinne, die besonders an Mauern, Hauswänden u. Zäunen die Beute sucht.
salvator, *m.,* lat., der Erlöser, Erretter; s. *Varánus; salvator* nimmt Bezug darauf, dass manche Körperteile des gern gegessenen Bindenwarans auch als Heilmittel verwendet werden.
Salve, die, lat. *salve* „sei gegrüßt"; das gleichzeitig auf Kommando erfolgende Abfeuern der Gewehre od. Geschütze; dichte, kurze Abfolge von Nervenimpulsen.
salivatórius, -a, -um, lat., zum Speichel gehörig.
Samtente, die; s. *Melanitta.*
Samtmilbe, die; s. *Trombidium.*
Sandaal, der; *Ammodytes tobianus.*
sandalina, lat., einer Sandale *(sandálium)* ähnlich; s. *Calceola.*
Sanderling, der, s. *Crocethia.*
Sandfloh, der; s. *Dermatophilus;* s. *Echidnophaga.*
Sandgarnele, die; s. *Crangon.*
Sandhügelkranich, der; s. *Grus canadensis.*
Sand(klaff)muschel, die; s. *Mya.*
Sandlaufkäfer, der; s. *Cicindela.*
Sandotter, die; s. *Vipera ammodytes.*
sandra, *f.,* latin. von deutsch *Zander;* s. *Lucioperca.*
Sandschlange, die; s. *Eryx.*
Sandwespe, die; s. *Ammophila.*
Sandwurm, der; s. *Arenicola.*
sanguíneus, -a, -um, lat., blutig, blutrot.
Sanguinicola, *f.,* lat. *sanguis, -sanguinis* das Blut: „Blutbewohner"; Gen. der Sanguinicolidae, Trematoda. Fischpathogene Trematoden, deren redien- u. zerkarienhaltige Zyste in der Leber von Wasserschnecken entsteht; Erreger der Sanguinicolosis. Spec.: *S. inermis,* Wirt: Karpfen.
Sanguinicolosis (Blutwurmkrankheit), *f.,* die; durch fischpathogene Trematoden der Gattung *Sanguinicola* hervorgerufene Erkrankung der Karpfenbrut, wo die geschlechtsreifen Erreger im Blutgefäßsystem der Fische leben.
sanguinolent; durch Blut- od. Erythrozytenbeimischung rötliche Verfärbung von klaren Körperflüssigkeiten, z. B. sanguinolenter Liquor cerebrospinalis.
sánguis, -inis, *m.,* lat., das Blut.
sanguisuga, lat., blutsaugend, von *sánguis* u. *súgere* (einsaugen); s. *Haemópis.*
Sansibarantilope, die, s. *Neotragus pygmaeus.*
sapidíssimus, -a, -um, lat., sehr wohlschmeckend (von *sapidus,* s. u.).
sapidus, -a, -um, schmackhaft. Spec.: *Calinectes sapidus* (eine essbare Krabbe).
sapiens, -entis, lat., weise, klug. Spec.: *Homo sapiens,* Mensch.
Saprobie, die; Summe der heterotrophen Bioaktivität eines Gewässers, Komplementärbegriff zu Trophie, s. d.
Saprobiegrad, der, gr. *saprós* verfault, ranzig; in der Limnologie Intensitätsgrade des Abbaus toter organischer Substanzen, untergliedert nach 4 Klassen: 1. **oligosaprob** (Güteklasse I), gr. *olígos* wenig, selten: Wasser klar u. sauerstoffreich, kaum verunreinigt, die Oxidation organischer Substanzen im Schlamm u. im Wasser ist abgeschlossen. 2. **β-mesosaprob** (Güteklasse II), gr. *mesos* mittlerer: Sauerstoffzehrung gering, das Wasser ist mäßig verunreinigt, die organischen Substanzen sind weitgehend mineralisiert. 3. **α-mesosaprob** (Güteklasse III), organische Substanzen sind noch in größerer Menge vorhanden u. das Wasser ist stark verunreinigt. 4. **polysaprob** (Güteklasse IV), gr. *polýs* viel: Wasser mit starker Sauerstoffzehrung, sehr stark verunreinigt, stark mit fäulnisintensiven Substanzen angereichert.
Saprobiont, der, *ho biós* das Leben; Bewohner faulender Stoffe, insbesondere stark verschmutzter Gewässer.
saprogén, gr. *saprós* faul, *gígnesthai* entstehen; fäulniserregend.
Sapropel, der, gr. *ho pēlós* der Lehm, der Ton, der Schlamm; „Faulschlamm", Ablagerung abgestorbener Wasserorganismen in meist eutrophen Gewässern, wobei die anfallende organische Substanz von anaeroben Bakterien biochemisch umgewandelt wird (Fäulnisprozesse); Bodentiere durchwühlen den Sapropel nicht.
saprophag, gr. *phagéīn* fressen; Bezeichnung für Organismen, die sich von toter organischer Substanz tierischer oder pflanzlicher Herkunft ernähren. Die Saprophagie schließt ein die Ernährungsweisen: detritophag (Ernährung von totem pflanzlichen Material), koprophag (Ernährung von tierischen Exkrementen), nekrophag (Nahrung: tierische Leichen oder Aas).
Saprophaga, die, gr. *phagéīn* fressen; Organismen, die sich von faulenden, bereits in Zersetzung begriffenen Leichen ernähren, einschließlich vieler Schlamm- u. Humusbewohner.
saprophil, gr. *ho phílos* der Freund; Fäulnis liebend, auf faulenden Stoffen lebend.
Saprozóen, die, gr. *ta zóa* die Tiere; Tiere, die sich von faulenden Stoffen ernähren.
Sarcocýstis, *f.,* gr. *he sárx, sarkós* das Fleisch, *he kýstis* die Harnblase, die Blase; Gen. der Sarcocystidae, Coccidia. Parasiti-

sche Prozoen mit obligatem Wirtswechsel zwischen Endwirt (z. B. Hund, Katze, Mensch) u. Zwischenwirt (z. B. Rind, Maus, Schwein). Spec.: *S. bovicanis* (Wirt: Hund, Zwischenwirt: Rind); *S. bovifelis* (Wirt: Katze, Zwischenwirt: Rind); *S. bovihominis* u. *S. suihominis* (medizinisch relevant. Infektion durch zystenhaltiges, ungenügend gekochtes Rind- bzw. Schweinefleisch).

sarcolemma, -atis, *n.,* latin., *to lémma, -atos* die Hülle; die Scheide der Muskelfaser.

sarcopsýlla, gr. *he psýlla* der Floh, früher Gattungs-, neuerlich Artname; s. *Tunga.*

Sarcopterýgii, *m.,* Pl., gr. *he ptéryx, -ygos* die Flosse; Fleischflossser, etwa 5 Arten; Syn.: *Choanichthyes* (s. d.).

Sarcóptes, *m.,* gr., von *he sarx* u. *kóptēin* schlagen, verwunden, quälen; Gen. der Sarcoptidae, Grabmilben, Actinotrichida. Spec.: *S. bovis,* Erreger der Kopf-, Körperräude des Rindes; *S. canis,* Erreger der Körperräude des Hundes; *S. scabiei,* Krätzmilbe des Menschen. Sie parasitieren in den oberen Hautschichten; in den Grabgängen im Stratum granulosum erfolgt auch die Eiablage. Die (meist) lokal begrenzte Sarcoptes-Räude(-Krätze) ist durch Juckreiz, Krusten-, Borken-, Faltenbildung der Haut charakterisiert. Älteres Synonym für *Sarcoptes: Acarus.*

Sarcorhamphus, *m.,* gr. *to rhámphos* der krumme Schnabel, namentlicher Bezug zum „Fleisch“-Kamm auf Schnabelwurzel u. Stirn; Gen. d. Cathartidae, Neuweltgeier. Spec.: *S. papa,* Kamm- od. Königsgeier (einer der buntesten Greifvögel; S- u. M-Amerika).

Sarcosporídia, *n.,* Pl., Gruppe der Sporozoa; s. *Sarcocýstis.*

Sardelle, von gr. *ho sardínos* u. *he sardíne* die Sardelle; s. *Engraulis* u. *Anchovis.*

sarkoid, sarkomähnlich, sarkomartig.

Sarkolemm, das, gr. *to lémma* die Scheide; die Hülle von Muskelfasern.

Sarkomer, der, *to méros* der Teil; der Abschnitt einer Muskelfaser, der von zwei Z-Linien begrenzt wird.

Sarkoplásma, das, gr. *to plásma* das Geformte, Gebildete; das Plasma der Muskelfasern.

sarkoplasmatisches Retikulum, das, lat. *reticulum* das kleine Netz; das endoplasmatische Retikulum einer Muskelzelle.

Sarkosin, das; methyliertes Glykokoll, Methylglycin eine Aminosäure.

Sarkosom, das; s. Zönosark.

Sars, Georg Ossian, geb. 20. 4. 1837 in Kinn, gest. 9. 4. 1927 in Bestún; Prof. d. Zool. d. Univ. Oslo. Arbeitsthemen: Crustaceen, Süßwasserplankton.

sartórius, -a, -um, lat. *sartor, -óris, m.,* der Schneider; zum Schneidern geeignet, dienlich.

Saruskranich, der; s. *Grus antigone.*

Sassaby, einheimischer Name für *Damaliscus lunatus lunatus* (S-Afrika, s. d.).

Sasse, die; Lager der Hasen.

Satans-Stummelaffe, der; s. *Colobus.*

Sattelmuschel, die; s. *Anomia.*

Satúrnia, *f.,* von lat. *Satúrnius* Gott des Ackerbaus; Gen. der Saturníidae (Augenspinner), Lepidoptera. Spec.: *S. pyri,* Wiener Nachtpfauenauge (bekannt als Versuchstier des franz. Entomologen J. H. Fabre über die Anlockung des Weibchens durch Sexualstoff des Männchens).

Satyríasis, die, gr. *ho sátyros,* s. u., ein Waldgott; krankhafte Steigerung des männlichen Geschlechtstriebes.

Satyridae, *f.,* Pl., von gr. *ho satyros,* s. u., *Satyr* Augenfalter, Fam. der Lepidoptera; Flügel meist ein od. mehrere Augenflecken.

sátyrus, *m.,* gr. *ho sátyros* Satyr, ein Waldgott, Gefährte des Bacchus; s. *Pan.*

Sau, die; das weibliche Schwein, auch allgemeine Bezeichnung für das Wildschwein, mhd. *varchmuoter,* die Zuchtsau.

Saumwanze, die; s. *Mesocerus.*

Saurischia, *n.,* Pl., gr. *to ischíon* die Hüfte, das Gesäß; ein fossiler Ordo der Archosauria, s. d., mesozoische (Mittlere Trias bis Oberkreide) Reptilia, s. d., die früher mit den Ornithischia, s. d., zu den Dinosauria, s. d., zusammengefasst wurden. Genera: *Antrodemus, Apatosaurus, Brachiosaurus, Tyrannosaurus.* Hierher gehören die größten Landtiere aller Zeiten.

Sauropsíden, die, gr. *ho sāũros* die Echse, Eidechse, *he ópsis* das Aussehen; Sammelbezeichnung für Kriechtiere u. Vögel.

saurus, *m.,* gr. *ho sāũros* die Eidechse, aber auch antiker Name eines Fisches; s. *Elops.*

saxum, -i, *m.,* lat., der Stein, Fels, die Klippe. Spec.: *Monticola saxatilis,* Sterndrossel, Steinrötel.

scáber, scábra, scábrum, lat., rauh, räudig, unsauber, scharf; s. *Dasypeltis;* s. *Uranóscopus.*

scabies, -éi, *f.,* lat., die Rauhigkeit, Räude, Krätze; s. *Sarcóptes.*

scála, -ae, *f.,* lat., die Treppe.

scaláris, -is, -e, von lat. *scala* Treppe, Leiter, Wendeltreppe; treppenartig (im Aussehen); s. *Pterophýllum.*

scalénus, -a, -um, latin.; schief.

scandens, lat., steigend, er-, emporsteigend, auch springend, schnellend; s. *Anguina.*

scándicus, scandíacus, -a, -um, lat., skandinavisch.

Scaphognathit, der, gr. *to skáphos* ausgehöhlter Körper, Kahn, *he gnáthos* die Kinnbacke, die Wange; Exopodit der 2. Maxille, eine langgestreckte blattförmige, etwas gebogene Platte, erzeugt durch wippende Bewegungen einen Wasserstrom durch die Atemkammer.

scaphoídeus, -a, -um, gr. *he skáphe* die Wanne, der Becher, Kahn; kahnförmig.

Scaphópoda, *n.,* Pl., gr. *ho pus, podós* der Fuß; Kahnfüßer; kleine marine Gruppe der Mollusca, deren paariger Mantel ventral zu einer an beiden Enden offenen Röhre verwächst u. eine Schale gleicher Form absondert, Fuß stabförmig u. in der Längsachse der Schale verlaufend; fossil seit dem Unteren Ordovizium; Syn.: Solenoconcha. Genera: *Prodentálium, Dentálium.*

scapula, -ae, *f.,* lat., das Schulterblatt.

scapuláris, -is, -e, lat., zum Schulterblatt gehörig.

Scapus, *m.,* lat., der Schaft, Stiel; der Schaft, bei Insekten das erste, oft verlängerte Glied der Antennen.

Scarabaeus, *m.,* gr. *ho skarabaíos* ein Käfer (im klass. Altertum); Gen. der Scarabaéidae (Mai-, Dung- u. Mistkäfer), Coleoptera. Spec.: *S. (= Scárabus) sacer,* Heiliger Pillendreher.

Scardinius, *m.,* von gr. *ho skáros* Name für einen (Meer)fisch im Altertum u. wahrscheinlich von *dineúein* herumstrudeln bzw. *he dine* der Strudel im Wasser; Gen. der Cyprinidae, Weißfische, Ordo Cypriniformes, Karpfenfische. Spec.: *S. erythrophthalmus,* Rotfeder.

Scárus, *m.,* gr. *ho skáros,* lat. *scarus* ein Meerfisch der Alten; Gen. der Scaridae, Papageifische; Ordo Perciformes, Barschfische. Spec.: *S. creténsis,* Seepapagei. Der Rücken ist purpurrot, die Brust- und Bauchflossen sind orange gefärbt.

Scatóphaga, *f.,* gr., Kot fressend; Gen. der Scatophagidae (Kot- od. Dungfliegen), Diptera. Spec.: *S. stercorária,* Gelbe Dungfliege.

Scatóphagus, *m.,* latin., gr. *ho skatophágos* der Kotfresser, von gr. *to skor,* Genit. *skatós* der Kot u. *phagéin* fressen; vorwiegend dort, wo sich Kanalisationsröhren ins Meer entleeren (Name!). Gen. d. Scatophágidae (Argusfische), Perciformes (Barschfische), Teleostei (Echte Knochenfische). Spec.: *S. argus,* Argusfisch (in Küstengewässern v. d. Ostküste Vorderindiens bis Tahiti, auch in Brack- u. Süßwasser).

scéletum,- i, *n.,* gr. *ho skeletós* das Gedörrte; das Skelet (= Skelett).

scenicus, -a, -um, lat., theatralisch, agil („sich in Szene setzend“).

Schabe, s. *Blatta,* s. *Blatella,* s. *Periplaneta,* s. *Phyllodromia,* s. *Pycnoscelus.*

Schabenfächerkäfer, der, s. *Rhipídius apicipennis.*

schachtii, latin. Genitiv nach dem Bonner Botaniker Schacht; s. *Heterodera.*

Schädellose, die; s. Acrania.

Schädlinge, die; Organismen, die – bei der Prämisse ökonomischer Aspekte bzw. anthropozentrischer Wertung – den Menschen, seine Nutztiere und -pflanzen schädigen sowie dessen Rohstoffe, Vorräte, Erzeugnisse in Quantität oder/und Qualität mindern. Nach den Bereichen der Entfaltung der Schadwirkung werden unterschieden: Feld-, Forst-, Garten-, Obst-, Gesundheitsschädlinge, u. a. der Haustiere (Schmarotzer od. Parasiten), Vorrats- und Hausschädlinge (mit Ungeziefer). – Von den tierischen S. gehören die meisten zu den Insekten, zahlreiche zu den Nematoden, Milben, Asseln, Schnecken, Vögeln, Nagetieren und zum Wild. Pflanzliche S. sind schmarotzende Pilze, Bakterien sowie u. a. auch Unkräuter (Auftreten von Einbußen).

Schäfer, Ernst, geb. 14. 3. 1910 Köln, gest. 21. 7. 1992 Bad Bevensen-Medingen; Zoologe und Forschungsreisender, Studium der Zoologie in Göttingen (1929), Zusammentreffen mit dem wohlhabenden Brooke Dolan im Studium. Schäfer bricht sein Studium ab, lernt an der Tierärztlichen Hochschule Hannover sezieren und geht 1931 mit Dolan nach Südosttibet, um den rätselhaften Bambusbären aufzuspüren und erlegt ein Exemplar für das Museum in Philadelphia. Nächste Tibetexpedition Sommer 1934 bis Winter 1935/36; Schäfer entdeckt neue Tierart, das Zwergblauschaf *(Pseudovis schäferi).* Nach der Rückkehr Beendigung des Studiums und Promotion bei Prof. Stresemann (1937). 3. Tibetexpedition Ernst Schäfers (1938/39); Entdeckung des Schapi *(Hemitragus jemlahicus schäferi),* Unterart des Tahrs. Gründet 1939 in München Tibet-Institut mit dem Namen „Sven Hedin“. Habil-Schrift 1942 („Tiergeogr.-ökolog. Studie über Tibet“). Nach 2. Weltkrieg Berufung nach Venezuela. Aus dem zerfallenen Rancho Grande baut Schäfer eine biologische Station, gründet ein Urwald-Museum, erforscht die venezolanische Fauna. König Leopold III. von Belgien betraut ihn mit der Herstellung eines Dokumentarfilmes über Natur und Menschen in Belgisch-Kongo. Mit H. Sielmann dreht er den Film „Herrscher des Urwalds“; danach tätig als Kustos im Niedersächsischen Landesmuseum Hannover. Bücher: „Berge, Buddhas und Bären“ (1933), Neubearbeitung unter dem Titel: „Tibet ruft“ (1942),

„Unbekanntes Tibet“ (1937), „Dach der Erde“ (1938), „Geheimnis Tibet“ (1943), „Über den Himalaya ins Land der Götter“ (1954), „Auf einsamen Wechseln und Wegen“ (1961), „Die Vogelwelt Venezuelas u. ihre ökol. Bedingungen (1986).

Schäferhund, Deutscher, der; Hunderasse mit hohem Zuchterfolg, hervorragender Polizei-, Militär-, Wachhund; kräftig, wendig, gelehrig, gehorsam (trainierbar), leichte Anpassungsgabe, kann raumgreifend und ausdauernd traben, vorherrschend einfarbig schwarz, stahlgrau, aschgrau, wolfsfarben oder mit regelmäßig braunen bis gelben Abzeichen, auch schwarze Decke bei gelben Hunden; kurzhaarig; s. *Canis.*

Schaf, das; s. *Ovis;* das Schaf gehört zu den Ruminantia (s. d.). Alle rezenten Wild- u. Hausschafe werden zusammengefasst in der Makro-Species *Ovis amman* mit über 35 wildlebenden Unterarten u. ebf. zahlreichen Kulturrassen, zur Art *Ovis aries* = Hausschaf gehörig. Das Sch. wird nachweislich seit mehr als 6000 Jahren als Haustier gehalten, es bewies hohe Anpassungsfähigkeit und ausgesprochene Neigung zum Herdenleben. Ursprünglich war es Fleisch-, Milch- und Tragtier sowie Saateintreter; die Wollhaarigkeit beruht auf Mutation. Das Hausschaf gehört zu den vielseitig verwendbaren Nutztieren; es wird auf Woll-, Fleisch- und Milchleistung gezüchtet; ferner werden Schaffell, -darm und -dung genutzt.

Schafbiesfliege, die; s. Oestridae.

Schaflaus, die; s. *Linognathus.*

Schafstelze, die; s. *Motacilla.*

Schalen, die; weidmännische Bezeichnung für die Hufe des Schalenwildes.

Schalenwild, das; Bezeichnung für das auf Schalen ziehende Wild, also Elch-, Rot-, Stein-, Dam-, Gems-, Muffel-, Schwarz- u. Rehwild.

Schaller, Friedrich, geb. 30. 8. 1920 in Gleismuthhausen/Oberfranken; 1939 Beginn des Studiums u. a. der Zoologie, Botanik, Paläontologie u. Anthropologie an der Univ. Wien, 1944 Promotion (Zur Ökologie der Collembolen in Kalksteinböden – nebst einigen Bemerkungen über Proturen), 1950 Habilitation (Zur Ökologie der Collembolen des Mainzer Sandes), 1987 Ehrenpromotion an der Univ. Ulm. 1956 Diätendozent an der Univ. Mainz, 1957 Berufung zum o. Prof. für Zoologie an der technischen Hochschule Braunschweig, im gleichen Jahr auch zum Direktor des dortigen Naturhistorischen Museums ernannt, 1967–1986 o. Prof. für Zoologie an der Univ. Wien u. Vorstand des 1. Zoologischen Institutes. Arbeitsgebiete: 1. Bodenzoologie, spez. Collembolen (Entdecker der Spermatophorenbildung u. -übertragung bei Collembolen). 2. Sinnesphysiologische Untersuchungen: Entdecker (zus. mit C. Timm) des Ultraschall-Hörvermögens bei Nachtschmetterlingen; Untersuchungen zur Lauterzeugung bei Fischen. 3. Tropenökologie (speziell am Amazonasgebiet): Bodenzoologische Untersuchungen in Südamerika u. Afrika.

Schaltzellen, die; Rückenmarkzellen zwischen afferentem u. efferentem Schenkel des Leitungsbogens.

Schambein, das; s. Os pubis.

Schamlaus, die, s. *Phthirus.*

Scharbe, s. *Phalacrocorax.*

Scharlachroter Feuerkäfer, der, s. *Pyróchroa coccínea.*

Schaudinn, Fritz (Richard), Zoologe; geb. 19. 9. 1871 Roeseningken (Kr. Darkehmen, Ostpreußen), gest. 22. 6. 1906 Hamburg; 1904 Leiter der Abt. Protistenkunde des Kaiserl. Gesundheitsamtes in Berlin, 1906 am Instit. für Schiffs- u. Tropenhygiene in Hamburg. Bedeutende Forschungen auf dem Gebiet der Protozoenkunde, vor allem über Befruchtungsvorgänge, Generations- u. Wirtswechsel. Seine Coccidienarbeit wurde Grundlage für die Untersuchungen zur Entwicklung des Malariaerregers. Sch. entdeckte gemeinsam mit dem Dermatologen Erich Hoffmann (1868–1959) den Erreger der Syphilis *(Treponema pallidum).* Er gründete 1902 das „Archiv für Protistenkunde“.

Schaumzikade, die, s. *Philaenus.*

Schaxel, Julius, geb. 24. 3. 1887 Augsburg, gest. 15. 7. 1943 Moskau; 1912 Privatdozent der Zoologie in Jena, 1916 ao. Professor der Zoologie in Jena, 1918 Leiter der Anstalt für experimentelle Biologie, 1934 Leiter des Laboratoriums für Entwicklungsmechanik am A.-N.-Sewerzow-Institut für Evolutionsmorphologie in Moskau, Begründer der „Urania“ (1924), wandte sich gegen die faschistische Diktatur, emigrierte in die Sowjetunion. Themen wissenschaftl. Arbeiten: Cytologie u. Histologie der Entwicklung bei den gewebebildenden Tieren; Regeneration, Transplantation u. Parabiose; Tierpsychologie, theoret. Biologie u. Geschichte der Biologie.

Scheibenzüngler, der, s. *Discoglossus.*

Scheide, die; s. Vagina.

Schelladler, der, s. *Aquila.*

Schellente, die, s. *Bucephala.*

Schellfisch, der, *Melanogrammus (= Gadus).*

Scheltopusik, s. *Ophisaurus.*

Scheunert, (Carl) Arthur, geb. 7. 6. 1879 Dresden, gest. 11. 1. 1957 Basel; Prof. der Physiol.

Chemie in Dresden, f. Tierphysiologie in Berlin, in Leipzig, Justus-Liebig-HS Gießen; Inst. f. Ernährungsforschung u. Anstalt f. Vitaminforschung u. Vitaminprüfung Potsdam-Rehbrücke. Sch. hat sich auf dem Gebiet der Veterinär- u. Humanmedizin verdient gemacht. Bedeutende Arbeiten auf dem Gebiet der Physiologie der Verdauung, der Milz, des Stoffwechsels u. d. Ernährung sowie der Vitaminforschung. Sch. erkannte als erster die Bedeutung der Mikroorganismen für das Leben der höheren Tiere u. d. Menschen u. damit den Wert der Symbiose der Darmbakterien für die fermentativen Spaltungsvorgänge u. d. Vitaminsynthese im Darm u. befasste sich u. a. mit dem Vitamin- u. Nährstoffbedarf von Tier u. Mensch sowie mit dem Vitamingehalt der wichtigsten Nahrungsmittel [n. P.].

Schiene, die; s. Tibia.

Schiffsbohrer, der; s. *Teredo.*

Schiffsboot, das; s. *Nautilus.*

Schilder, Franz Alfred, geb. 13. 4. 1896 Prag, gest. 11. 8. 1970 Halle/S.; Promotion an der Univ. Wien (1921), Assistent am Naturkundemuseum (?) in Berlin, 1925 nach Naumburg (S.) an die damalige Biologische Reichsanstalt gegangen, 1945 zum Honorarprof. für Tiergeographie u. Biometrik am Zoologischen Institut der Univ. Halle/S. berufen, 1948 Prof. mit Lehrauftrag, 1962 emeritiert. Themen der wiss. Arbeiten: Cicindeliden, System der rezenten u. fossilen Cypraeidae (Mollusca), Variationsstatistik an *Cepaea* u. Coleopteren (bes. Cicindelidae u. Coccinellidae), Morphologie, Biologie u. Bekämpfung von *Phylloxera vastatrix;* „Einführung in die Biotaxonomie" (Jena 1952), „Lehrbuch der allgemeinen Zoogeographie" (Jena 1956).

Schildkäfer, der; s. *Cassida.*

Schildkröte, die; s. *Chelonia;* s. *Thalassochelys;* s. *Trionyx;* s. *Testudo.*

Schildlaus, die; s. *Coccus.*

Schildmotte, die; s. *Cochlidion.*

Schill, *m.;* Anhäufung von mehr od. weniger unversehrten Mollusken- u. Brachiopodengehäusen bzw. von isolierten Klappen. Sind sie in der überwiegenden Menge zerbrochen, ist die Bezeichnung Bruchschill zutreffend.

Schillerfalter, der; s. *Apatura.*

Schindewolf, Otto Heinrich, geb. 1896 in Hannover, gest. 1971 in Tübingen; Studium der Geologie in Berlin; als Paläozoologe ab 1927 an der Geologischen Landesanstalt Berlin, ab 1947 ao. Prof. für Paläontologie an der Univ. Berlin, 1948–1964 an der Univ. Tübingen. Sch. entwickelte eine Typostrophenlehre, Ansichten über das Aufblühen u. Absterben von Arten.

Schimpanse, der; s. *Pan.*

Schirrantilope, die; s. *Tragelaphus.*

schisis, -is, *f.,* gr. *he schísis, -eos,* die Spaltung, der Abgetrennte.

Schistocephalus, *m.,* gr. *schitzein* spalten, *ho képhalos* der Kopf: „Spaltkopf"; Gen. der Dibothriocephalidae, Pseudophyllidea. Parasitische Bandwürmer im Darm verschiedener Wasservögel.

Schistodaktylie, die, gr. *schistos* gespalten, *ho daktylos* der Finger, die Zehe; Spaltung, Verschmelzung od. Zersprengung von Fußwurzelknochen, die zur teratogenen Polydaktylie führen.

Schistoglossie, die, gr. *he glóssa* die Zunge; Missbildung mit gespaltener Zunge.

Schistoprosopie, die, gr. *schistós* gespalten, *to prórópon* das Gesicht; Missbildung mit „Spaltung" des Gesichts.

Schistosoma, *n.,* Pärchen- od. Adernegel, gr. *schízēin* spalten, *to sóma* der Körper; getrenntgeschlechtlich als einziges Gen. der Trematoden, Erreger der Schistosomiasis des Menschen u. der Warmblüter, lebt vorzugsweise in der Pfortader; Syn.: *Bilharzia.* Spec.: 1. *Sch. haematobium* (Bilharz, 1851), Blasen-Pärchenegel, ist Erreger der Schistosomiasis urogenitalis; 2. *Sch. japonicum* (Fucinami, 1904), Japan. Pärchenegel, Erreger der Schistosomiasis japonica; 3. *Sch. mansoni* (Manson, Sir Patrick, 1844–1922), Darm-Pärchenegel, Erreger der Schistosomiasis intestinalis.

Schistosomiasis, Bilharziosis, die; durch *Schistosoma*-Arten hervorgerufene gefährliche Wurmerkrankung in den Tropen: 1. Sch. intestinalis = Darm-Bilharziose, s. o.; 2. Sch. japonica, Ostasiatische Bilharziose, Katayama-Krankheit; 3. Sch. urogenitalis, Blasen-Bilharziose.

Schizocöl, das, gr. *schízēin* spalten, *kṓilos* hohl; Raum zw. Körperwand u. Darm, der mit mesodermalem Gewebe ausgefüllt ist u. in dem spaltförmige Hohlräume auftreten.

Schizocölia, die; s. Schizocöl; Zusammenfassung aller Tiere, bei denen ein Schizocöl ausgebildet ist.

Schizogenie, die, gr. *he goné* die Abkunft, Erzeugung; ungeschlechtliche Vermehrung durch multiple Teilung bei Protozoen.

Schizomida, *n.,* Pl., gr., s. *Schizómus*; namentlicher Bezug auf den dreigeteilten Prosomarücken (in Pro-, Meso-, Metapeltidium), Taxon der Arachnida, Syn. Schizopeltidia (s. d.), Zwerggeißelskorpione. Im Lückensystem des Bodens od. in Höhlen. Zirkumtropische, augenlose Arten mit schlanken Peripalpen ohne Scheren; meist in Regenwäldern.

Schizómus, *m.*, gr. *schízein* spalten, einkerben, abtrennen; Gen. der Schizomidae, Schizomidia (von den Uropygi abgetrenntes Arachniden-Taxon). Spec.: *Sch. (Trithyreus) sturmi.*
Schizopeltidia, *n.*, Pl., gr. *he pélte* der leichte/halbmondförmige Schild (Bezug auf den dreigeteilten schildförmigen Prosoma-Rücken; s. Schizomidia.
Schizophthírius, *m.*, gr. *ho phtheir* die Laus; Gen. der Haematopínidae, Anoplura. Spec.: *Sch. pleurophaeus,* Haselmauslaus.
Schläferfloh, der; s. *Myoxopsylla.*
Schlammbeißer, der; s. *Misgurnus.*
Schlammfisch, der; s. *Amia.*
Schlammpeitzger, der; s. *Misgurnus.*
Schlammschnecke, die; s. *Lymnaea.*
Schlangenadler, der; s. *Circaëtus.*
Schlangenhalsvogel, der; s. *Anhinga.*
Schlangenminiermotte, die; s. *Lyonétia.*
Schlankboa, (Kubanische), die; s. *Epicrates angulifer.*
Schlankjungfer, die; s. *Lestes.*
Schlanklori, s. *Loris.*
Schlauchwürmer, die; s. Nemathelminthes, syn. Aschelminthes.
Schleichkatze, die; s. *Viverra.*
Schleie, die, s. *Tinca tinca* L.; bis 60 cm langer, bis 7,5 kg schwerer Süßwasserfisch. Hat dunkelolivgrüne Farbe der Haut und zartes, schmackhaftes Fleisch.
„Schleimaale“, s. Myxinoidea.
Schleimbeutel, der; Bursa synovialis; funktionelles Element des Bewegungsapparates; besteht außen aus der Membrana fibrosa (Schutzschicht), innen aus der Membrana synovialis (Synovialmembran). Der Sch. ist mit Synovia erfüllt. Tritt dort auf, wo Haut, Sehnen, Bänder über Knochen hinwegziehen und größerem Druck ausgesetzt sind; Wirkungsprinzip eines gefüllten Kissens.
Schleimbeutelentzündung, die; Bursitis.
Schleimdrüsen, die; Glandulae mucosae, muköse Drüsen, deren Sekret schleimig ist.
Schleimhaut, die; Tunica mucosa, Mukosa. Wandinnenschicht von Hohlorganen (Magen-Darm-Kanal, Luftwege, Harn- und Geschlechtssystem), prinzipiell bestehend aus der Epithelschicht (Lamina epithelialis) und der bindegewebigen Eigenschicht (Lamina propria mucosae). Die Funktion der S. steht zur spezif. Organfunktion (Verdauung, Luftleitung, Harnableitung, Entwicklung des Keimlings etc.) in Beziehung, woraus Struktureigentümlichkeiten resultieren.
„Schleimlerche“, die; s. *Blennius pholis.*
Schlemm, Friedrich, geb. 1795 Salzgitter, gest. 1858; Prof. der Anatomie in Berlin; Sch.scher Kanal: Sinus venosus sclerae.
Schlichtziesel, der; s. *Citellus citellus.*
Schliefer, s. *Procavia;* s. *Dendrohyrax.*
Schlieper, Carl, geb. 20. 8. 1903 in Fritzlar, gest. 14. 4. 1989 in Stuttgart; Studium an den Univ. Rostock, Jena u. Kiel, 1926 Promotion bei von Buddenbrook, Habilitation in Marburg, 1936 ao. Prof., 1952 Direktor der Zool. Abt. u. Ordinarius für Meereszoologie am Institut für Meereskunde der Univ. Kiel. Arbeitsthemen u. a.: „Praktikum der Zoophysiologie“ (4. Aufl.); Methoden der meeresbiologischen Forschung u. die Biologie des Brackwassers, Buch über helminthologische Laboratoriumsuntersuchungen für Ärzte, Krankenhäuser u. Medizinaluntersuchungsstellen
Schließreflex, der, s. Reflex; refektorisches Schließen von Körperöffnungen, z. B. bei Muscheln das Schließen der Schalen nach Reizung (Berührung).
Schlingnatter, die; s. *Coronella.*
Schlitzrüssler, der; s. *Solenodon.*
Schluckreflex, der; Auslösung durch Reizung der Pharynxschleimhaut, Erregungsleitung über Glossopharyngeus u. Vagus zum Schluckzentrum in der Medulla oblongata. Von hier aus erfolgt die Information zur Schlund- u. Ösophagusmuskulatur.
Schlüsselreize, die; spezifische Reize, die Instinktbewegungen erfahrungsunabhängig auslösen, nennt Konrad Lorenz „Schlüsselreize“.
Schlundegel, der; s. Pharyngobdellae.
Schlupfwespe, die; s. *Ichneumon.*
Schmackhaftigkeit, die; Eigenschaft der Futter- bzw. Nahrungsmittel in Abhängigkeit v. den 4 Geschmacksrichtungen (süß, sauer, salzig, bitter), der physikalischen Form u. ä. feststellbar durch relative Messungen der Verzehrsgeschwindigkeit.
Schmalbauch(käfer), der; s. *Phyllobius.*
Schmalbiene, die; s. *Halictus.*
Schmalhausen, Ivan I., geb. 23. 4. 1884 Kiew, gest. 7. 10. 1963 Moskau; Prof. f. Zool.; Themen wissenschaftl. Arbeiten; Morphologie d. Vertebraten, Vogelextremität, Entwicklungsmechanik, quantitative Unters. des embryon. Wachstums (Hühnchen), Potenzen isolierter Keimfragmente in vitro (Amphibien).
Schmaljungfer, die; s. *Aeschna.*
Schmalkopf-Mamba, die; s. *Dendroaspis angusticeps.*
Schmeil, Otto, geb. 3. 2. 1860 in Großkugel, gest. 3. 2. 1943 Heidelberg; Prof. Dr.; Biologe u. Pädagoge; Verfasser bekannter Unterrichts-

bücher, wiss. Unters. über Süßwasser-Copepoden.

Schmeißfliege, die; s. *Calliphora.*

Schmerle, die; s. *Nemachilus.*

Schmetterlinge, die; mhd. *vîvalter;* s. Lepidoptera.

Schmetterlingsagame, die; s. *Leiolepis.*

Schmetterlingsfisch, der; s. *Pantodon.*

Schmidt, Johannes Ernst, geb. 1877 Jaegerspris (Dänemark), gest. 1933; stud. Naturwiss. Univ. Kopenhagen (Dr. 1898); 1902–1909 Assistent am Botan. Labor. Univ. und am Mikrobiol. Labor der TU Kopenhagen (nach Rückkehr von einer Reise nach Siam 1899); ab 1901 führte er meeresbiol. Studien und zahlreiche Schiffsexpeditionen durch, 1903 bis 1904 zu den Faroer-Inseln und nach Island, wobei er erstmals Aallarven im Atlantik entdeckte; klärte auf Reisen mit den Schiffen „Thor" (1904–1910) und „Dana" (I und II) ab 1920 die Wanderungen der Aale auf, leitete die Revision der Gattung *Anguilla* ein, studierte das Leben pelagischer Organismen und legte große meereszool. Sammlungen an; wirkte ab 1911 als Leiter des Physiolog. Dep. des Carlsberg-Labor. Kopenhagen.

Schmidt, W.J., geb. 21. 2. 1884, gest. 14. 2. 1974; Zoologe, Polarisationsmikroskopiker; 1903 Studium der Naturwissenschaften u. bes. der Zoologie an der Univ. Bonn, 1907 Staatsprüfung für das höhere Lehramt, 1908 Promotion (Dr. phil.) (über eine Gruppe tripyleer Radiolarien), 1910 Habilitation, 1926 Berufung an die Univ. Gießen zum o. Prof. f. Zoologie u. vergl. Anatomie. Arbeitsthemen u. a.: Doppelbrechung der Foraminiferen-Pseudopodien, Doppelbrechung der Tonofibrillen an der Haut von Emyda; Eigendoppelbrechung u. Texturdoppelbrechung, polarisationsmikroskopische Technik, Bausteine des Tierkörpers im polarisierten Licht (s. gedrucktes Verzeichnis der wissenschaftl. Veröffentlichungen).

Schmiedeknecht, Otto Georg Ludwig, geb. 8. 9. 1847 Blankenburg/Thür., gest. 11. 2. 1936 Bad Blankenburg; Hymenopterologe, 1868 Beginn des Studiums der Naturwissenschaften u. neusprachl. Philologie in Göttingen. Ab 1872 ist Sch. als cand. phil. (ohne Studienabschluss) in Gumperda bei Kahla Lehrer für Naturgeschichte u. neuere Sprachen. 1877 Promotion bei E. Haeckel in Jena („Monographie der in Thüringen vorkommenden Arten der Hymenopteren-Gattung *Bombus* mit einer allgemeinen Einleitung in dieses Genus"); 1888 Ausscheiden aus dem Schuldienst, Privatgelehrter in Blankenburg, 1903/1904 Kustos am Fürstlichen Naturalienkabinett Schwarzburg-Rudolstadt. 1903 erhielt Sch. vom Fürsten den Titel „Professor". Sch. führte umfangreiche Studien- u. Sammelreisen durch. Arbeitsthemen u. a.: „Apidae Europae …" (1882–1886), Ichneumoniden („Opuscula Ichneumonologica", 1902 Beginn der Herausgabe); „Die Hymenopteren Nord- und Mitteleuropas" (1907), „Ichneumoniden-Fauna der Färöerinseln" (1932).

Schmutzgeier, der; s. *Neophron.*

Schnabelmilben, die; s. *Bdellidae.*

Schnabelwal, der; s. *Hyperoodon.*

Schnäpel, s. *Coregonus.*

Schnappschildkröte, die; s. *Chelydra.*

Schnatterente, die; s. *Anas.*

Schneeballkäfer, der; s. *Galerucella,* s. *Pyrrhalta.*

Schnee-Eule, die; s. *Nyctea.*

Schneefloh, der; s. *Boreus.*

Schneegans, (Blaue), die; s. *Anser.*

Schneegeier, der; s. *Gyps.*

Schneehase, der; s. *Lepus.*

Schneemaus, die; s. *Microtus.*

Schneeziege, die; s. *Oreamnos.*

Schneider, Anton, geb. 1831 in Zeitz, gest. 1890 in Breslau; Studium der Naturwissenschaften u. bes. der Zoologie in Bonn, ab 1851 in Berlin bei Johannes Müller, 1854 Dr. phil.; 1855 mit J. Müller auf Schiffsreise nach Norwegen, auf Rückreise Schiffbruch; anschließend Studienaufenthalt in Neapel. 1859 Privatdozent für Zoologie an der Univ. Berlin u. Kustos der Nematodensammlung des Zoologisch-anatomischen Museums, 1869 o. Prof. für Zoologie an der Univ. Gießen, 1881 o. Prof. für Zoologie an der Univ. Breslau. Lit.: Morphologie der Nematoden, Berlin 1866. Das Ei und seine Befruchtung, Breslau 1883.

Schneider, Karl Max, geb. 13. 3. 1887 Callenberg (Sachsen), gest. 26. 10. 1955 Leipzig; Studium der Naturwissenschaften u. Philosophie in Leipzig, 1914 Promotion, Assistent am Zool. Institut Frankfurt (M.); 1919 Direktorial-Assistent am Zool. Garten Leipzig, 1935 zum Direktor des Zool. Gartens ernannt, 1944 Honorarprofessor für Tierpsychologie an der Veterinärmedizin. Fakultät der Leipziger Universität, 1952 Vizepräsident des „Internationalen Verbandes von Direktoren Zoologischer Gärten", 1953 zum Präsidenten des „Verbandes deutscher Zoodirektoren" ernannt. Arbeitsthemen: Tierpsychologie, Fortpflanzungsbiologie, Ökologie, Faunistik, Missbildungen, Bastardierung, Tierhaltung, Jugendentwicklung der Wildcaniden u. Löwen, der Eisbären, kalifornischen Seelöwen u. des Schabrackentapirs (s. H. Dathe in: „Vom Leipziger Zoo",

1953, 118 bis 129); Herausgeber des „Zoologischen Gartens“ (seit 1936), „Mit Löwen und Tigern unter einem Dach“ (1935).

Schnellkäfer, der; s. *Elater;* s. *Lacon;* s. *Melanotus.*

Scholle, die; s. *Platessa.*

Schopfgibbon, der; s. *Nomáscus cóncolor;* ein hochspezialisierter Baumhangler mit langen Extremitäten, ohne Schwanz; heimisch auf Taiwan u. dem südostasiat. Festland.

Schopfhirsch, der; s. *Elaphodus cephalophus.*

Schopfhuhn, das; s. *Opisthocomus.*

Schopfmakak, der; s. *Cynopithecus niger.*

Schraubenziege, die; s. *Capra.*

Schreckstarre, die; die bei Berührung od. Beunruhigung erfolgende Bewegungslosigkeit, das Totstellen, z. B. bei *Anobium pertinax* u. allen Anobiiden.

Schreiadler, der; s. *Aquila.*

Schreibussard, der; s. *Ibycter.*

Schreiseeadler, der; s. *Haliaeëtus vocifer.*

Schrittmacher, der; Syn.: *pacemaker;* Zellen mit autonomer Erregungsrhythmik od. Impulsgeber zur elektrischen Reizung des Myokards.

Schrödinger, Erwin, geb. 1887 in Wien, gest. 1961 in Alpach/Öster.; Studium der Naturwissenschaften an der Univ. Wien, 1910 Dr. phil., 1918 ao. Prof. für Theoretische Physik an der Univ. Czernitz, 1920 Arbeitsaufenthalt bei Max Wien an der Univ. Jena, ab 1920 ao. Prof. für Physik an der Univ. Berlin. Sch. erhielt 1933 den Nobelpreis; 1938 emigriert nach Oxford, 1939 an der Univ. Dublin, ab 1956 o. Prof. für Theoretische Physik an der Univ. Wien. Lit.: Abhandlungen zur Wellenmechanik. Leipzig 1927. What is life? Cambridge 1944, Bern 1946.

Schürze, die; Haarpinsel an der Vulva der Ricke.

Schützenfisch, der; s. *Toxótes.*

Schuhschnabel, der; s. *Balaeniceps.*

Schulze, Paul, geb. 20. 11. 1887 Berlin, gest. 13. 5. 1949; Prof. d. Zool. u. vergl. Anat., Dir. d. Zool. Inst. d. Univ. Rostock. Arbeitsgebiete: Anat. u. Histol. d. Wirbellosen, Ökologie, Biologie d. Tiere Deutschlands.

Schuppentiere, die; s. Pholidota.

Schutzimpfung, die; aktive Immunisierung mit toten od. lebenden abgeschwächten Krankheitserregern bzw. den von ihnen freigesetzten entgifteten Toxinen. Diese wird einmal od. mehrmals durchgeführt. Sie hat die Aufgabe, einen spezifischen Schutz (Immunität) gegen eine Infektion zu induzieren.

Schwämme, die; s. Porifera.

Schwalbe, die; s. *Riparia,* s. *Delichon,* s. *Hirundo.*

Schwalbenkolibri, s. *Aglaiocercus.*

Schwalben(kraut)schabe, s. *Aleurodes.*

Schwalbenschwanz, der; s. *Papilio.*

Schwammkugelkäfer, der; s. *Liódes.*

Schwammspinner, der; s. *Lymantria.*

Schwan, der, mhd. *elbiz, albiz;* s. *Cygnus.*

Schwann, Theodor, geb. 7. 12. 1810 Neuß a. Rhein., gest. 11. 1. 1882 Köln; Studium der Medizin ab 1829 an den Univ. Bonn, Würzburg u. Berlin, 1934 Promotion (Dr. med.), 1834–1839 Assistent bei Johannes Müller am Anatom.-zootomischen Museum in Berlin, 1834–1848 Prof. für Anatomie u. Physiologie an der Univ. Louvain/Belgien, ab 1848 in Liège, 1858–1879 o. Prof. für Physiologie, Allgemeine Anatomie u. Embryologie (ab 1872 nur Physiologie). Arbeitsgebiete u. a.: Entwickelte die Zellentheorie der Tiere, führte Studien zur Funktion der Galle durch (arbeitete bereits 1844 mit einer Gallenfistel) u. entdeckte das Pepsin (vgl. Archiv. Anat. u. Physiol. 90–138, 1836) u. die nach ihm benannte Sch.sche Scheide.

Schwannsche Zellen; die Axone peripherer Nerven umgebende u. die Myelinscheide (Markscheide) bildende Gliazellen.

Schwanzmeise, die, mhd. *stërzmeise;* s. *Aegithalos.*

Schwartz, Victor, geb. 3. 7. 1907 in Reval/Baltikum, gest. 4. 10. 1992 in Tübingen; Studium der Biologie in Göttingen u. Marburg; 1934 Promotion bei A. Kühn mit einem selbst vorgeschlagenen Thema: Normogenese, Regeneration u. Teilung der Ciliaten *Stentor* sowie die Funktion der zwei Kerngrößen; 1952 Habilitation. Arbeitsthemen: Entwicklungsphysiologie der Protozoen, Oberflächenmuster der Ciliaten, Kerndualismus bei Ciliaten; Augentransplantationen u. Parabiose bei Augenfarbmutanten von *Ephestia,* Symmetrieverhältnisse beim Placozoon *Trichoplax.* Aus seiner Vorlesung ging das Lehrbuch „Vergleichende Entwicklungsgeschichte der Tiere“ (Thieme, 1973) hervor.

Schwartzkopf, Johann, geb. 29. 9. 1918 in Güstrow, gest. 22. 3. 1995 in Mössingen b. Tübingen; Studium der Zoologie u. Physiologie, 1948 Promotion, 1954 Habilitation (Leistungen des isolierten Herzens der Weinbergschnecke). Während des Arbeitsaufenthaltes in Bethesda im Labor von Galambos entstanden zwei fundamentale Arbeiten über das Verständnis der Kodierung zeitlicher Reizmuster in neuronale Erregungsmuster. 1964 Berufung auf den Lehrstuhl für Allgemeine Zoologie an der Ruhr-Univ. in Bochum.

Schwarzdrossel, die; s. *Turdus.*
Schwarze Mamba, die; s. *Dendroáspis;* s. *Mamba.*
„Schwarzer Wolf“, Trivialname für *Latrodectus lugubris;* Theridiidae, Kugelspinnen; s. *Latrodectus.*
Schwarze Witwe, die; s. *Latrodectus.*
Schwarzgrundel, die; s. *Gobius.*
Schwarzhals-Speikobra, die; s. *Naja.*
Schwarzkäfer, der; s. *Prionychus.*
Schwarzkinn-Meisentimalie, s. *Yuhina nigrimentum.*
Schwarzmond-Schabe, die; s. *Pseudomops.*
Schwarzpinseläffchen, das; s. *Cállithrix penicillata.*
Schwarzspecht, der; s. *Dryocopus.*
Schwarzstorch, der; s. *Ciconia.*
Schwarzwild, das; Bezeichnung für das Wild der Spec. *Sus scrofa.* Man nennt z. B.: Junge im 1. Jahr = Frischlinge, im 2. Jahr = überlaufende Frischlinge od. Überläufer; das weibliche Stück im 3. Jahr = 2-jährige od. angehende Bache; das männliche Stück im 3. Jahr = 2-jähriger Keiler, mit 4 Jahren = angehendes Schwein, mit 5–6 Jahren = hauendes Schwein, mit 7 Jahren = ein Hauptschwein.
Schwefelkäfer, der; s. *Cteniopus.*
Schwein, das *(Sus scrofa);* mhd. *swîn,* s. *Sus;* Hausschwein, landw. Nutztier, das zur Fam. der Suidae und zur Gattg. *Sus* (s. d.) (= Echte Schweine) gehört. Ausgangspunkt für das Hausschwein *(S. sus domestica)* war die regional/kontinental bodenständige Rasse von *Sus scrofa:* Euop. Wildschwein *(S. s. scrofa),* Asiat. Bindenschwein *(S. s. vittatus).* Leistungskriteria: schnelle Mastfähigkeit bei guter Futterverwertung, Gesundheit, Frühreife, Fruchtbarkeit, gutes Aufzuchtvermögen, Vitalität. – Aktuell gefragt ist das sog. Fleischschwein, das sich durch hohen Anteil von magerem Fleisch (in Form von Kotelett, Schnitzel, Schinken) auszeichnet und bis etwa 120 kg Lebendmasse gemästet wird. Die optimale Fleischbildung ist abhängig vom züchterischen Stand der Rassen, aber auch von relativ eiweißreicher Fütterung.
Schweinsfisch, der; s. *Balistes.*
Schweiß, der; 1. Hautsekret; 2. das Blut des Wildes außerhalb des Körpers.
Schwellenreiz, der; Reiz mit einer Amplitudengröße, die eben noch eine Reaktion auslöst.
Schwellensenkung, die; Erniedrigung des Schwellenwertes gegenüber den Normalbedingungen, z. B. durch einen Katelektrotonus.
Schwellenwert, der (Fechner); die Reizstärke, die an einer irritablen Membran eben zur Erregung führt.
Schwertfisch, der; s. *Xiphias.*
Schwertschwanz, der; s. *Limulus.*
Schwertträger, der; s. *Xiphophorus.*
Schwertwal, der; s. *Orcinus.*
Schwestergruppe, die, gr. *adelphos* geschwisterlich; zwei Taxa, die eine nur ihnen gemeinsame Stammart besitzen, sind Schwestergruppen. Z. B. sind Acanthobdellida u. Euhirudinea Schwestergruppen.
Schwielenwels, der; s. *Callichthys callichthys.*
Schwimmbeutler, der; s. *Chironectes.*
Schwimmblase, die; gasgefüllte Blase im oberen Teil der Bauchhöhle der meisten Knochenfische (Actinopterygii). Sie wirkt als hydrostatisches Organ, indem sie das spezifische Gewicht des Fisches an die jeweilige Wassertiefe anpasst, so dass er sich hier mühelos halten kann. Die S. entwickelte sich wie die Lungen, die als primär gelten, aus einer dorsalen Ausstülpung des Vorderdarmes.
Schwimmgrundel, die; s. *Coryphopterus.*
Schwimmwanze, die; s. *Naucoris.*
Sciǣna, *f.,* gr. *he skíaina* der Umberfisch, von gr. *he skiá* u. *skiḗ* der Schatten; wegen der dunklen Färbung; Gen. der Sciaenidae, Umberfische, Perciformes, Barschfische. Spec.: *S. cirrhosa,* Umberfisch (Schattenfisch), ist ein geschätzter Speisefisch.
Sciára, *f.,* gr. *skiarós* schattig; Gen. der Fam. Sciáridae (s. u.). Spec.: *S. militáris,* Heerwurm (= Trauermücke); die 9–10 mm lange, 1 mm dicke Larve (am Kopf schwarz) wandert oft (Juli/August) in großer Anzahl, um Nahrung (verwesende Blätter, v. a. von Buchen) zu finden (wie „Trauerzug“), ist trivial als „Heerwurm“ bezeichnet worden.
Sciáridae, *f.,* Pl., gr., Fam. der Diptera; Trauermücken. Genera (z. B.): *Cratyna, Campylomyza, Sciara* (s. o.).
Scíncus, *m.,* gr. *ho skínkos* ägyptische Eidechsenart; Gen. der Scincidae, Wühl-, Glattechsen. Spec.: *S. officinalis,* Apothekerskink.
scirpáceus, -a, -um, lat., binsenartig, dem Binsen- od. auch Teichrohr ähnlich; s. *Acrocéphalus.*
sciúreus, -a, -um, latin., eichhörnchenähnlich, von *sciurus* (s. u.); Kompositum gr. Herkunft von: *he skiá* der Schatten u. *he urá* der Schwanz, Schweif, weil *Saimiri sciúrea* (s. d.) sich mit dem aufwärtsgekrümmten Schwanz Schatten (Name!) zu machen scheint.
sciúri, Genit. von latin. *sciúrus* das Eichhörnchen; s. *Neohaematopínus.*
sciurórum, Genit., Pl., zu gr./lat. *sciúrus* das Eichhörnchen; s. *Monopsyllus.*
Sciurus, *m.,* gr. *he skiá* der Schatten, *he urá* der Schwanz, latin. *sciurus, -i,* Gen. der Sciuri-

dae (Hörnchen), Rodentia (Nagetiere). Spec.: *Sciurus vulgaris,* Eichhörnchen.
scléra, -ae, *f.,* gr. *sklerós* hart, fest; die Lederhaut des Auges, d. h. die äußere, feste Hülle des Augapfels.
Scolécida, *n.,* Pl., gr. aus *ho skólex, -ekos* u. Suffix *-ida* -ähnliche, -artige; „Niedere Würmer", Sammelbezeichnung für eine Reihe einfach organisierter „Würmer" (innerhalb der Spiralia, s. d.): Plathelminthes, Gnathostomulida, Nemertini, Aschelminthes, Kamptozoa.
Scolecodonten, *m.,* Pl., gr. *ho odús, odóntos* der Zahn; Kieferteile rezenter und fossiler Borstenwürmer; fossil seit dem Oberkambrium, meist isoliert gefunden.
Scólex, der, gr. *ho skólex* der Wurm; Kopf der Bandwürmer.
Scólia, *f.,* gr., von *skoliós* krumm; das Weibchen hat gekrümmte Fühler; Gen. der Scoliidae (Dolchwespen), Hymenoptera. Spec.: *S. flavifrons,* Rotstirnige Dolchwespe.
Scolopéndra, *f.,* gr. *he skolópendra* Tausendfuß, Assel (bei Aristoteles); Gen. der Scolopendridae, Chilopoda. Spec.: *S. cinguláta; S. damáltica; S. gigantéa; S. morsitans.*
scolymántha, gr. *ho skólymos* essbare Distel, Artischocke u. *to ánthos* die Blüte; s. *Aulacántha.*
Scólytus, *m.,* gr. *skolýptēin* verstümmeln, entblößen; Gen. der Scolytidae (Borken-, Splintkäfer), Coleoptera. Spec.: *S. destructor,* Birkensplintkäfer.
Scómber, *m.,* gr. *ho skómbros* Makrele, Thunfisch; Gen. der Scómbridae, Makrelen; Ordo Perciformes, Barschfische. Spec.: *S. scombrus,* Gewöhnliche Makrele (als wertvoller Nutzfisch bekannt).
scopárius, -a, -um, büschelig, bärtig, mit „Besen" (lat. Pl. *scopae*) versehen.
Scophthalmus, Syn. von *Rhombus,* s. d.
Scópula, *f.,* lat. *scópula* der kleine Besen; verzweigter Fortsatz des medianen Septums bei bestimmten Graptolithen, z. B. *Lasiograptus.*
Scorpio, *scorpionis, m.,* lat.; Gen. der Scorpionidae, Scorpiones (s. d.). Spec.: *S. maurus.*
Scorpiones, *m.,* Pl., gr. *ho skorpíos* der Skorpion; Gruppe der Arachnida mit über 1200 Species; ihr Opisthosoma ist geteilt in ein breites Mesosoma u. ein aus engen, ringförmigen Segmenten gebildetes Metasoma, das terminal als Telsonanhang eine Giftblase mit Stachel trägt. Die Cheliceren sind als kleine, die Pedipalpen als lange Scheren ausgestaltet. Ihr Bauplan ist seit dem Oberen Silur fast unverändert.
scorpius, -i, *m., scorpio, scorpiónis, m.,* latin., der Skorpion. Spec.: *Cottus scorpius,* Seeskorpion.
scóticus, schottisch; s. *Lagopus.*
Scrapie, die, *f.,* engl.; sog. Traberkrankheit; bei Schafen u. Ziegen vorkommende Form der Prionenkrankheit (s. Prionen), offenbar durch Verfütterung von kontaminiertem Tiermehl; auf Rinder übertragbar; s. Bovine Spongiforme Enzephalopathie.
scriba, -ae, *m.,* lat., der Schreiber. Spec.: *Serranus scriba,* Schuftbarsch.
scriptórius, -a, -um, lat. *scríbere* schreiben; zum Schreiben dienend.
scriptus, -a, -um, lat., geschrieben, beschrieben; s. *Tragélaphus.*
scrotális, -is, -e, lat., zum Hodensack gehörig.
scrotum, -i, *n.,* lat., der Hodensack, Skrotum; ein bei den meisten Säugern hinter dem Penis gelegener Sack, der die männlichen Gonaden aufnimmt.
sculptura, -ae, *f.,* lat. *sculpere* schnitzen, meißeln, stechen; Skulptur.
scutelláris, -is, -e, lat. *scutélla* die Schale, der Trinkbecher; schalenähnlich; s. *Aedes.*
Scutéllum, *n.,* lat. *scutum,* der Schild, *scutellum,* Dim. von *scutum,* das Schildchen; bei Insekten meist dreieckiger Teil des Mesonotum, s. d., der in einer Einkerbung zwischen den Wurzeln der Vorderflügel liegt; besonders bei Käfern u. Wanzen gut sichtbar u. von systematischer Bedeutung.
Scútulum, -i, *n.,* lat., das Schildchen, Dim. von *scutum;* Scutellum: ein auf dem 2. Thoraxsegment vieler Insekten dorsal vorkommendes Schildchen.
scútum, -i, *n.,* lat., der Schild; Scuta, Pl., schildförmige Kalkplatten bei den Cirripédia.
Scyliorhínus, *m.,* von gr. *ho skýlax* der Hund u. *he rhis, rhinós* die Nase; Gen. der Scyliorhinidae, Katzenhaie, auch Hunds- od. Schwellhaie genannt, der letzte Name wegen des gelegentlichen Verschluckens von Wasser od. Luft. Spec.: *S. caniculus,* Kleingefleckter Katzenhai, dessen Auge im helladaptierten Zustand eine vertikale Pupille (der Katze ähnlich!) hat. Englischer Trivialname: „Rough hound" = „Rauher Hund", wegen der rauhen, von kleinen Hautzähnchen besetzten Körperoberfläche; *S. stellaris,* Großfleckiger Katzenhai.
Scyphozoa, *n.,* Pl., *ho skýphos* der Becher, der Trichter, *ta zóa* die Tiere; Schirm-, Scheiben-, Becherquallen, system. Gruppe (Cl.) der Cnidaria. Die artenarmen (etwa 200 Arten) jedoch organisatorisch vielgestaltigen marinen S. enthalten meist einzellebende Polypen. Ihr Urdarm hat vier, innen hohle Septen, da sie von einem ectodermalen Trichter durchzogen werden. Medusen mit fingerartigen Fortsätzen, die von der Magenwand in den Magenhohl-

raum ragen (Gastralfilamente), mit einer von Zellen durchsetzten Schirmgallerte versehen. Bei den Hauptgruppen trägt der Schirmrand Lappen *(lobi)*. Gruppen: Stauro-, Cubomedusae, Coronata, Semaeostomeae, Rhizostomeae.

sebáceus, -a, -um, lat., talgartig, talgbildend.

Sebástes, *m., gr. sebastós* erhaben, majestätisch, kaiserlich; der Name nimmt Bezug auf den imponierenden Habitus durch Form und Größe von Kopf u. Maul sowie durch Stachelbesatz der Flossen u. des Kopfes; Gen. d. Scorpaenidae (Drachenköpfe), Ordo Scorpaeniformes (Panzerwangen). Spec.: *S. marinus,* Großer Rotbarsch, schmackhafter Nutzfisch (vor allem als Filet angeboten); Raubfisch, vivipar.

sebum, -i, *n.,* lat., der Talg.

Sečenov, s. Setschenow.

secrétum, -i, lat. *secérnere* absondern; die Absonderung; Sekretion, die Absonderung der Drüsenzellen bzw. drüsiger Organe.

séctio, -ónis, *f.,* lat. *secáre* schneiden; der Schnitt; 1. Sectio caesarea: Kaiserschnitt (Schnittgeburt, Schnittentbindung); 2. die Sektion, Kategorienstufe, s. d., oberhalb des Tribus u. unterhalb der (U.-)Familie.

secúndus, -a, -um, lat., der Zweite; nächstfolgend.

securis, *f.,* lat., das Beil, die Axt; übertragen: der beilförmige Körper od. Körperabschnitt; s. *Thoracocharax.*

Sedentária, *n.,* Pl., lat. *sedentarius* im Sitzen arbeitend; ein Ordo der Polychaeta; marine, überwiegend sessile, Röhren oder Gänge bauende Annelida; fossil seit dem Kambrium. Genera: s. *Serpula, Spirorbis.*

Sediment, das, lat. *sedére* sitzen; fester Niederschlag; Sediménta urinaria: die Harnsteine; Sediméntum dentále: der Zahnstein.

Seeadler, der; s. *Haliaeetus albicilla.*

Seebär, der; s. *Arctocephalus.*

Seedrachen, der; s. *Holocephala.*

See-Einhorn(-wal), der; s. *Monodon.*

See-Elefant, der; s. *Mirounga.*

Seehase, der; Trivialname, der die Unwissenschaftlichkeit derartiger „Namen" verdeutlicht, denn seine Anwendung erfolgt bei ganz unterschiedlichen Tierarten; 1. *Aplysia depilans,* Gemeiner See- od. Meerhase, s. *Aplysia;* 2. *Cyclopterus lumpus,* Seehase od. Lump, Fam. Cyclopteridae, Lumpfische, Cottoidea, Perciformes.

Seehecht, der; s. *Merluccius.*

Seehund, Gemeiner Seehund, der; mhd. *warzzerdahs;* s. *Phoca vitulina.*

Seejungfer, die; s. *Calopteryx.*

Seelilie, die; s. *Metacrinus.*

Seelöwe, (Patagonischer) *m.,* s. *Otaria.*

Seemaus, die; s. *Aphrodite.*

Seemoos, das; s. *Sertularia.*

Seenelke, die; s. *Metridium.*

Seeohr, das; s. *Haliotis.*

Seepapagei, der; s. *Scarus certénsis.*

Seepferdchen, das; s. *Hippocampus*

Seeratte, die; s. *Chimaera.*

Seeskorpion, der; s. *Eupterida.*

Seestachelbeere, die; s. *Pleurobrachia.*

Seeteufel, der; s. *Lophius.*

Seewolf, der; s. *Anarrhichas.*

Segelflosser, (Blattflosser, „Skalare") s. *Pterophýllum scaláre.*

Segelklappen, die; s. Atriventrikularklappen.

seges, segetis, *f.,* lat., die Saat, das Saatfeld.

segméntum, -i, lat., der Abschnitt.

ségnis, -is, -e, lat., träge, langsam; s. *Ctenopsyllus.*

Segregierung, die, lat. *segregáre* (von der Herde) absondern; Sonderung von plasmatischen Faktorenbereichen innerhalb eines Eies oder einer Zelle bzw. Sonderung von zelligen Faktorenbereichen innerhalb von Blastemen und Organfeldern, Segregation ist ein erster Schritt der Differenzierung. Bei einem Blastem führt Segregation zur Gliederung.

Seide, die; Sekret der Seidendrüsen verschiedener Insekten, das bei Luftzutritt erhärtet. Hauptbestandteil der S. sind Albuminoide, ansonsten variiert die Zusammensetzung der S. bei verschiedenen Insekten sehr. Der Faden (15–20 µm dick, 1000–3500 m lang) besteht zu 53% aus zwei Strängen Fibroin (Skleroprotein), der eigentl. Seidenfaser, die von einem Mantel aus Seidenleim, dem Serizin, umhüllt wird. Serizin wird in warmem Wasser gelöst u. nur die Fibroinfaser aufgehaspelt.

Seidel, Friedrich, geb. 13. 7. 1897 Lüneburg, gest. 15. 8. 1992 Marburg a. d. Lahn; Zoologe, Entwicklungsphysiologe. Studium der Naturwissenschaften von 1919–1923, Promotion bei A. Kühn, 1926 Habilitation in Königsberg (heute Kaliningrad). 1937 Ordinarius an der Univ. Berlin, 1949 Abt.-Leiter am Max-Planck-Institut Mariensee. 1954 bis zur Emeritierung 1967 Lehrstuhlinhaber an der Univ. Marburg/Lahn. Arbeitsgebiete: Entwicklungsphysiologie; Aufklärung von embryonalen Reaktionsfolgen im Inneren des Insekteneies, experimentelle Zwillings-, Mehrfach- u. Zwergbildungen. Bei Säugetieren Eitransplantationen u. Erzeugung von ganzen Embryonen aus Eihälften u. Eivierteln. Theoretische Untersuchungen zur Begriffsbildung in der Biologie; allgemeine Darstellung der Entwicklungsphysiologie der Tiere in 3 Bänden der Sammlung Göschen, 2. Aufl., Berlin 1972–1976, Hrsg. von „Morphogenese der Tiere“ (ab 1978).

Seidendrüsen; s. Sericterium.

Seidenraupe, die; Entwicklungsstadium des Seidenspinners; produziert als Puppenkokon hochwertige Naturseide.

Seidenspinner, der, (*mhd.* Bez. für die Raupe: *loupwurm*); auch Maulbeerspinner genannt; Familie Bombycidae; vorwiegend in den Tropen, Subtropen, vor allem in S- und O-Asien beheimatet; plumpe Schmetterlinge (Spinner). Die Raupen der S. bauen ihre Puppenkokons aus einem abhaspelbaren Faden (= Seide) auf. Die S.-zucht zur Seidengewinnung erfolgt seit etwa 2000–1100 J. v. u. Z. Ab 17./18. Jh. wird *Bombyx mori* (echter S.) auch in M-Europa gezüchtet bzw. als Haustier gehalten. Wildlebende Stammform: *B. mori mandarina.* Von der Zuchtform des S. gibt es Hauptrassen: Weiß-, Gelb-, Goldspinner, von denen jeweils mehrere Varietäten (bzw. Rassen) existieren. Sie unterscheiden sich fast nur in Farbe, Form, Konsistenz der Kokons. Die in Europa gehaltenen Rassen sind annual oder einbrütig (= eine Brut p. a.). – Die Kokongröße schwankt zw. 20–40 mm. – Seidenfaden-Länge: 1000–3500 m bei 15–20 µm Dicke. Der doppelt zusammengesetzte Faden wird von der paarigen Spinndrüse der Raupe abgegeben und besteht aus einem Paar Strängen Fibroin, der eigentl. Seidenfaser, die von einem Mantel aus Serizin (Seidenleim) umhüllt wird. Das Serizin wird in Warmwasser gelöst, so dass nur die Fibroin-Faser aufgehaspelt bzw. genutzt wird. – Der Begriff Seidenspinner hat sich erweitert: Mehrere Arten des Gen. *Antheraea* (Saturniidae) bauen Kokons aus so vielen Spinfäden, dass sie wirtschaftlich nutzbar gemacht wurden *(A. assamemsis, A. pernyi, A. mylitta, A. yamamay, Samia walkeri).* S.-Krankheiten: Pebrine, Schlaffsucht (Infektion durch Streptokokken, *Bacillus* spp., Viren), Kalk- u. Kreidesucht *(Botrytis bassianae)*, Fett- od. Gelbsucht (Polyederkrankheit). s. Seide.

Seison, *m.*, gr.; Gen. der Seisonídea (s. d.). Spec.: *S. annulatus.*

Seisonídea, *n.*, Pl.; wahrscheinl. von gr. *seíesthai* zittern, beben, *ho seismós* das Beben, Zittern, *-idea* (s. d.); primitivste Gruppe (Ordo) der Rotatoria; sie sind marin, leben ektokommensalisch an den Kiemen des Krebses *Nebalia.*

Seitenlinienorgan, das; ein Sinnessystem der Fische und der aquatischen Stadien der Amphibien, das der Wahrnehmung von Wasserbewegungen, Strömungsänderungen, Unterschieden des Wasserdrucks usw. dient, Syn.: Lateralisorgan.

Seitz, Adalbert, Prof. Dr., geb. 14. 2. 1860 Mainz, gest. 5. 3. 1938 Darmstadt; Studium der Medizin u. Naturwissenschaften (Hauptfach Zoologie) in Gießen, 1885 Medizin. Staatsexamen, Promotion (Betrachtungen über die Schutzvorrichtungen der Tiere), als Schiffsarzt Reisen nach Australien, Brasilien, Argentinien, Madeira, Jemen, Japan, China u. a.; 1890 Privat-Dozent an der Universität Gießen (Jagdzoologie u. Forstinsekten, 2 Semester), 1893 Direktor des Zoologischen Gartens in Frankfurt, Reisen nach Indien u. Ceylon, Ägypten, Algerien; 1908 Aufgabe der Direktorenstelle in Frankfurt, um sich seinem Werk über die Großschmetterlinge der Erde ganz zu widmen. 1918 Übergabe seiner Schmetterlingssammlung an das Senckenberg-Museum in Frankfurt; Reisen nach Spanien, Brasilien (1930 letzte Tropenreise), 1934 Klein-Asien.

Sekret, das, lat. *secérnere* absondern, ausscheiden; Secretum – Absonderung; Ausscheidung einer Drüse über einen Ausführungsgang (bzw. über ein Gangsystem), die bestimmten körperlichen (physiologischen) Zwecken dient, z. B. Speichel, Magensaft, Galle; im Ggs. zu Exkret (z. B. Harn, Fäkalien) als nicht mehr verwendbare bzw. beim weiteren Verbleib im Körper toxisch wirkende Ausscheidungssubstanzen.

Sekretär, der; s. *Sagittarius.*

Sekretin, das; Hormon der Duodenumschleimhaut, ein basisches Polypeptid aus 27 AS, bewirkt (bei den Säugern u. vielen anderen Wirbeltieren) über den Blutweg die Ausschüttung eines enzymarmen u. bicarbonatreichen Bauchspeichels.

Sekretion, die, lat. *secretio, -onis;* Vorgang der Absonderung.

Sektion, die; 1. Fachgerechtes Öffnen der Leiche, 2. Eine gerichtlich angeordnete Sektion wird Obduktion genannt. 3. Zerlegen der verschiedenen Organteile einer Leiche in einem tier- od. humananatomischen Institut.

sekundär, lat. *secúndus,* s. o.; aufeinander folgend, in zweiter Linie.

sekundäres Homonym, s. Homonym; ein jeder von zwei od. mehreren identischen Namen der Artgruppe, die sich auf verschiedene Taxa dieser Gruppe beziehen u. die durch Wechsel der Gattungszugehörigkeit von einem Taxon od. mehreren derartigen Taxa in dieselbe nominelle Gattung, also sekundär eingefügt sind.

Sekundärfollikel, der; z. B. bei Säugern eine Eizelle mit einem zwei- od. mehrschichtigen Follikelepithel.

Sekundärkonsumenten, *m.,* Pl., s. Konsumenten; tierische Organismen, die sich überwiegend oder ausschließlich von tierischer Substanz ernähren.

Selachifórmes, die, (*f.,* Pl.), gr. *to sélachos* das Knorpeltier, bes. der Knorpelfisch, gew. im Pl. gr. *ta seláchē* die Knorpelfische, auch: *to seláchion* (u. *ho sélachos*), der kleine Haifisch, lat. *-formes* ist Suffix *-artige* Haiähnliche (-förmige, -artige); die Selachoidei u. Batoidei sowie auch Hexanchoidea („Altertümliche Haie") umfassende Gruppe als direkte Sub-Kategorie der Elasmobranchia. Merkmale: Schwanz meist heterocerk. Bei den lebendgebärenden Formen wird eine Art Plazenta vom Muttertier zur Ernährung der Embryonen ausgebildet. Hauptsächlich marine Raubfische, wenige Arten in Binnengewässern (bes. Südamerikas). Die Mehrzahl der Haiarten lebt vom Fischfang, andere (die größten) sind Planktonfresser.

Selachoídea, *n.,* Pl., = **Selachoidei,** *m.,* Pl., gr. *to sélachos* der Knorpelfisch, das Knorpeltier, *-oidea,* s. d.; Echte Haie, Gruppe der Elasmobranchii, Chondrichthyes, Familiae: Carcharinidae (Blauhaie), Sphynidae (Hammerh.), Scyliorhinidae (Katzenhaie); Lamnidae (Heringsh.), Squalidae (Stachelh.), Scymnidae (Eish.), Squatinidae (Engelh.); siehe auch: Hybodonti, Pleurotremata.

Selbstreinigung, die; durch die Tätigkeit von Organismen (überwiegend Bakterien) werden Fremdstoffe abgebaut, mineralisiert und in den natürlichen Stoffkreislauf des Gewässers einbezogen.

Selektion, die, lat. *selígere* auswählen; die Zuchtwahl, Auslese, Auswahl; man unterscheidet eine natürliche Selektion von der künstlichen Selektion.

Selenárctos, *m.,* gr. *he seléne* der Mond, *ho árktos* der Bär; Gen. der Ursidae, Bären. Spec.: *S. tibetanus,* Kragenbär (hat quer über die Brust helle Färbung in Halbmondform u. eine Fellaufwulstung im Nacken).

seleniform, halbmondförmig.

selenodont, gr. *ho odus, odóntos* der Zahn; werden Backenzähne von Säugetieren bezeichnet, deren Höcker als Folge der Usur (Abkauung) eine Halbmondform haben.

sélla, -ae, *f.,* lat., der Sessel, Sattel; S. túrcica, der Türkensattel, sesselförmige Bildung auf der dorsalen Fläche des Keilbeins; in dieser Vertiefung der Schädelhöhlenbasis liegt die Hypophyse.

selláris, -is, -e, lat., zum Sattel gehörig.

Semaeostómeae, *f.,* Pl., Syn.: Semóstomae, gr. *to séma, to semēíon* die Fahne, *to stóma* der Mund, „Fahnenmündige"; Fahnenquallen; ihre 4 Kanten des Mundrohres sind in lange, fahnenförmige Arme ausgezogen; system. Gruppe (Ordo) der Scyphozoa.

Semaphoront, der, gr. *to séma* die Bezeichnung, das Zeichen, der Beweis, *phorein* bringen, tragen, wörtlich der „Beweisträger", der Untersuchungsgegenstand, das Forschungsobjekt; räumlich-zeitlicher Abschnitt aus dem Lebensablauf eines Organismus, der unmittelbares Objekt der Forschung ist; kann in den Extremen entweder sehr eingeschränkt (kurz bzw. klein) sein od. die gesamte Lebensdauer eines Individuums umfassen.

sémen, -inis, *n.,* lat., der Samen, Keim.

semi-, lat., halb- (in Zusammensetzungen).

semiaríd, lat., *áridus, -a, -um* dürr, trocken; halbtrocken; weitgehend arides Klima, insbes. Steppen- u. Wüstenklima.

semihumid, lat. *húmidus* feucht, nass; halbfeucht.

semilunáris, -is, -e, lat. *luna, -ae, f.,* der Mund; halbmondförmig.

Semilunarklappen, die; halbmondförmige Klappen, s. Válvulae semilunáres.

semimembranósus, -a, -um, lat., halbsehnig (halbhäutig).

seminális, -is, -e, lat., zum Samen gehörig, samenartig.

seminifer, -era, -erum, lat. *férre* tragen; samentragend.

semipalmatus, -a, -um, lat., mit halber *(semi-)* Hand (*palma* auch Palmenzweig) versehen; s. *Anseranas.*

semipermeábel, lat. *permeábilis* durchgängig; halbdurchlässig, einseitig durchlässig.

semisulcátus, lat., halbgefurcht, mit halben Furchen *(sulcus)* versehen.

semitendinósus, -a, -um, lat., s. *tendineus;* halbsehnig.

Semnopíthecus, *m.,* gr. *semnós* ehrwürdig, heilig, *ho píthēkos* der Affe; Gen. der Cercopithecidae, Meerkatzenartige, Catarhina. Simiae. Spec.: *S. entéllus,* Hulman oder Hanuman.

Semon, Richard, geb. 22. 8. 1859 Berlin, gest. 27. 12. 1918 München; 1887 Privatdozent (Vgl. Anatomie u. Entwicklungsgeschichte) der Medizin in Jena, 1891 ao. Professor in Jena, 1897 Privatgelehrter in München.

senegalénsis, latin., am od. in Senegal lebend; s. *Trichechus.*

Seneszenz, die, lat. *senéscere* altern; das Altern.
senex, senis, lat., der Greis; alt, bejahrt. Spec.: *Alouatta seniculus,* Roter Brüllaffe (der wie ein „alter Mann" aussieht).
senílis, -is, -e, lat., greisenartig, vergreist, altersschwach, senil (*senex* Greis); s. *Metrídium.*
sensíbilis, -is, -e, lat. *sentíre* empfinden; empfindlich, feinfühlig, sensibel.
Sensibilisierung, die; Empfindlichmachung; 1. Ein Vorgang der Immunisierung, der die Ausbildung humoraler u./od. zellvermittelter Immunmechanismen auslöst. 2. Beladen von Zellen mit Antikörpern. Es entstehen sensibilisierte Zellen.
Sensibilität, die; Empfindlichkeit gegenüber Reizen.
sensitiv; empfindlich, überempfindlich.
sensórisch; auf die Sinne bezüglich.
sensórius, -a, -um; zur Empfindung dienend.
sensu latu (s. lat. od. **s. l.);** lateinischer Ausdruck mit der Bedeutung „im weiteren Sinne"; Gegenbegriff zu *sensu stricto (s. str.)*; s. *sensus.*
sensu stricto (s. str. od. **s. s.);** lat. Ausdruck mit der Bedeutung „im engeren Sinne". Oft benutzt in Zusammenhang mit einem Namen, wenn auf ein nominelles Taxon im Sinne von dessen subordiniertem nominotypischen Taxon verwiesen wird. Gegenbegriff zu *sensu latu (s. lat.)*; s. *sensus.*
sénsus, -us, *m.,* lat., der Sinn, das Gefühl, die Empfindung.
sentus, -a, -um, lat., dornig, dornartig.
septális, -is, -e, lat., zur Scheidewand gehörig.
septempunctátus, -a, -um, lat., mit sieben *(septem)* Punkten versehen; s. *Coccinélla.*
septentrionális, -is, -e, lat. *septemtriónes* „die sieben Dreschochsen", das Siebengestirn, Großer Bär, *septéntrio* der Norden; nördlich, im Norden vorkommend, nordisch, Nord-; Abk.: sept.; z. B.: german. sept.: in Norddeutschland; zur näheren Bezeichnung von Fundorten.
séptum, -i, *n.,* lat. *saepíre* abzäunen, umhegen; die Scheidewand.
Sequenz, die, lat. *sequi* folgen, *séquens, -éntis, n.,* das Folgende; die Folge, Aufeinanderfolge, Reihenfolge; z. B. Aminosäuresequenz: Reihenfolge der Aminosäuren in einer Peptidkette; z. B. die Folge von Nucleotid(paar)en.
Seriata, *n.,* Pl., lat., mit einer Reihe *(series)* versehen; Gruppe (Ordo) der (höheren) Turbellaria; bei den S. sind die paarigen Vitellaria in viele kleine Follikel aufgespalten, die längs eines Paares von Ausführgängen aufgereiht (Name!) sind. Subordines: Proseriata u. Tricladida (s. d.).
sericátus, -a, -um, von gr. *serikós* seiden; in Seide gekleidet.
seríceus, -a, -um, lat., seidig, wie Seide schimmernd; s. *Nyctibóra.*
Serictérium, die, lat. *séricum* die Seide, von gr. *ho ser* der Seidenwurm aus dem Lande der Serer, od. von chin. *ssi* oder *szu* Seidenwurm (in der Mandarinensprache); Spinndrüse; bei den Larven zahlreicher Insekten; bei den echten Spinnen u. einigen anderen Tiergruppen sich findende Drüsen, die ein zu feinen Fäden ausziehbares, an der Luft rasch erhärtendes, vorwiegend aus Eiweiß bestehendes Sekret absondern u. so den Stoff zur Anfertigung der Spinngewebe, Cocons, s. d., u. anderer ähnlicher Gebilde liefern.
Seriéma, *f.,* indian.-spanischer Name für *Cariama cristata* (s. d.).
Séries, *f.,* lat., die Reihe, Folge, Kette; 1. Serie, systematische Kategorie, s. d., zwischen Stamm od. Phylum u. Abteilung od. Divisio; in der Botanik: zw. Sektion u. Art; 2. allgemeiner Terminus zur Gruppierung mehrerer Systemeinheiten; vgl. auch: Typusserie.
Serin, das; Aminosäure, α-Amino-β-hydroxypropionsäure: HO–$CH_2CH(–NH_2)$ –COOH, eine proteinogene Aminosäure mit hydrophiler Seitenkette.
Serinus, franz. *le serin* od. *seserin* der Zeisig, da der gelbgrünliche Girlitz an den Zeisig erinnert; der Girlitz hat jedoch eine Reihe deutlicher Unterschiede (z. B. Gelb am Bürzel, sehr kurzer Schnabel, andere Stimme); Gen. der Fringillidae, Passeriformes. Spec.: *S. serinus,* Girlitz; *S. citrinellus,* Zitronengirlitz. – Der Kanariengirlitz *Serina canaria* (als nächster Verwandter von *S. serinus*) kommt als Wildvogel auf den westl. Kanarischen Inseln, auf Madeira u. den Azoren vor. Bei dem Kanarienvogel *S. canaria canaria* (mit rein gelben od. auch roten Zuchtschlägen) werden Gestalts-, Farb- u. Gesangskanarien unterschieden, unter letzteren ist der „endlos" trillernde „Harzer Roller" bekannt.
serös, lat. *serosus*; auf Serum bezüglich od. vorwiegend aus Serum.
Serologie, die, s. Serum, *ho lógos* die Lehre, Rede; Lehre von den Eigenschaften u. immunolog. Reaktionen der Blutflüssigkeit (Blutserum); serologisch: die Serologie betreffend.
Serosa, die; Embryonalhülle; 1. bei Insekten eine seröse Embryonalhülle, die den Dotter samt den Keimstreifen umschließt, 2. bei Wirbeltieren (Amnioten) eine Embryonalhülle, die außerhalb des Amnions liegt u. bei Reptilien, Vögeln sowie niederen Säugern (Aplacentaliern) während der ganzen Dauer des embryo-

nalen Lebens bestehen bleibt, bei den höheren Säugern (Placentaliern) dagegen an der Bildung von Chorion u. Placenta beteiligt ist.

serósus, -a, -um, lat., reich an Serum, auf Serum bezüglich, serös.

serótinus, -a, -um, lat., spät, spät erscheinend. Spec.: *Vesperugo serotinus,* Spätfliegende Fledermaus.

Serotonin, das; s. 5-Hydroxytryptamin.

serpens, serpentis, *m., f.,* lat. *serpere* kriechen, schleichen; die Schlange.

serpentárius, -a, -um, lat., zu den Schlangen *(serpéntes)* in Beziehung stehend. Spec.: *Sagittarius serpentarius,* Sekretär (ein Vogel, der u. a. Schlangen frisst).

serpentínus, -a, -um, lat., schlangenähnlich; s. *Chélydra.*

Serpula, *f.,* lat. *serpula* kleine Schlange; Gen. der Serpulidae, Röhrenwürmer, Ordo Sedentaria, s. d.; fossil seit dem Oberperm bekannt. Spec.: *S. costata.*

sérra, -ae, lat., die Säge.

Serrasalmus, *m.,* lat. *serra* die Säge, *salmo* der Salmler, also: „Sägesalmler", hat Bezug zu den sägeartigen Dornen an der Unterkante des seitlich zusammengedrückten Körpers; Gen. d. Characidae (Salmler), Ordo Cypriniformes (Karpfenfische), Teleostei. Spec.: *S. nattereri,* Piranha (räuberisch, hat großes Maul u. große, scharfe, spitze Zähne (Bild einer Säge der Unterkiefer-Zahnleiste bei geöffnetem Maul unverkennbar), fischereischädlich, da er Fang vernichtet und Netze zerstört.

serrátor, -oris, *m.,* lat., Säger; s. *Mergus.*

serrátus, -a, -um, lat., gesägt, gezackt; s. *Linguatula;* s. *Polyplax.*

serricórnis, -is, -e, lat. *serra* die Säge, *cornu* das Horn, der Fühler; mit gesägten od. sägeähnlichen Fühlern; s. *Lasiodérma.*

Sérrula, *f.,* lat., kleine Säge; sägeartiger Kiel am Vorderrand der Maxille von Spinnen od. an den Cheliceren-Gliedern von Pseudoscorpionen.

Sertoli, Enrico, geb. 6. 6. 1842 Sondrio (Valtellina, Italien), gest. 28. 1. 1910 ebd.; Prof. der Exp. Physiologie an der Tierärztlichen Hochschule Mailand. Nach S. benannt sind Stützzellen im Hoden (S.sche Zellen).

Sertolische Zellen, s. Sertoli; Hodenstützzellen der Tubuli contorti des Hodens der Säuger.

Sertulária, *f.,* lat., *sértula* od. *sertum* die Krone, der Kranz, kranz- od. kronenartig; Gen. der Sertulariidae, Thecata, Hydrozoa. Spec.: *S. cupressina,* Seemoos, Zypressenmoos.

sérum, -i, *n.,* lat., die Molke; Blutserum: blutkörperchen- u. fibrinfreier wässriger Bestandteil des Blutes.

Serval, Name der in S-, W-, O-Afrikas verbreiteten Katze (gefleckt; zähmbar): s. *Leptailurus serval.*

Servet, Miguel, Mediziner u. Theologe; geb. 29. 9. 1511 Villanueva in Arragonien, gest. 27. 5. 1553 Neapel; S. entdeckte den kleinen Blutkreislauf.

Sesambeine, die; Ossa sesamoidea; lat. *os, ossis, n.,* der Knochen, gr. *to sḗsamon* Sesam (= Pflanze mit kleinen, weißen, rundlichen Samen); kleine Verknöcherungen in Sehnen, Bändern der Gelenke von Säugetieren; zählen zu den kurzen Knochen (Ossa brevia); entwickeln sich in den Capsulae articulares einiger Gelenke der Extremitäten (Hand, Knie, Fuß); sie vergrößern die Gelenkflächen, setzen die Reibung der Sehnen herab, ändern die Richtung der Sehnen bzw. erhöhen die Hebelwirkung von Muskeln oder Sehnen. – Patella = größtes Sesambein.

sesamoídeus, -a, -um, lat., *to eidos* das Aussehen; zu den Ossa sesamoidea gehörig.

Sesíidae, *f.,* Pl., gr. *ho sēs, seós* u. *setós* die Motte; Glasflügler, Fam. d. Lepidoptera; haben schuppenlose, daher glashelle Flügel, die an verschiedene Formen der Hymenoptera (z. B. Biene) erinnern. Die Larven der meisten Arten leben in Pflanzenstengeln und Holz (xylotroph); s. Aegeríidae.

sessíl, lat. *séssilis* zum Niedersitzen geeignet; festsitzend, festgewachsen, sesshaft.

Seston, das; Bezeichnung für anorganische, partikuläre Substanzen, die im Gewässer schweben oder sinken.

Setae, *f.,* Pl.; lat. *seta* die Borste, starkes Haar; Haare u. haarartige Gebilde (Borsten) von Wirbeltieren u. Wirbellosen, oftmals in spezifischer Lokalisation als Sinnesborsten (mit Tastfunktion) entwickelt.

setósus, -a, -um, spätlat., lat. *saetósus* borstig, haartragend; s. *Linognathus.*

Setschenow, Iwan (Michailowitsch), geb. 13. 8. 1829 Tjoply Stan (heute Setschenowo), gest. 15. 11. 1905 Moskau; russ. Physiologe. Themen wissenschaftl. Arbeiten: Mittelhirn u. reflexhemmende Wirkung, „Die Reflexe des Gehirns" (1863).

Severcov, Aleksej Nikolaevič, geb. 1866, gest. 1936; Studium der Medizin u. Zoologie an der Univ. Moskau bis 1893, anschließend vergleichend-anatomische-embryologische Untersuchungen an der Univ. München bei Kupfer u. meereszoologische Untersuchungen in der Station in Villefranche am Mittelmeer. Von 1898–1902 Prof. für Zoologie an der Univ. Dorpat; gründete u. leitete er ein Institut für Evolutionäre Morphologie, ab 1920 war er Mitglied der sowjetischen Akademie der

Wissenschaften, Arbeitsgebiete: Vergleichende u. experimentelle Embryologie, Morphologische Gesetzmäßigkeiten der Evolution (Jena 1931).

sex, lat., sechs; *sextus, -a, -um* der sechste.

Sex-Chromatin, das, lat. *sexus, -us, m.,* das Geschlecht, gr. *to chróma* die Farbe; Geschlechtschromatin- od. Barrkörperchen, zuerst von Barr u. Bertram (1949) in Interphasekernen der Katze beschrieben. Der Feulgen-positive Chromatinkomplex wird von einem der beiden X-Chromosomen gebildet, er konnte z. B. beim Menschen bei Frauen im Wangenschleimhautabstrich in 12–40% der untersuchten Zellkerne nachgewiesen werden. Das Vorkommen von Barrkörperchen unter 5% spricht für das männliche Geschlecht.

sexuál, lat. *sexuális* geschlechtlich; geschlechtlich, auf das Geschlecht bezüglich.

Sexualdimorphísmus, der; s. Polymorphismus.

Sexualhormone, die; Hormone, die der Artrhaltung dienen, die Entwicklung u. Funktion der Sexualorgane fördern u. steuern u. als anabolisierende Hormone die Eiweißsynthese steigern. Es werden männliche (Androgene) u. weibliche (Östrogene u. Gestagene) Sexualhormone unterschieden.

Sexualindex, der, lat. *indícere* anzeigen; Zahlenverhältnis von Männchen u. Weibchen in Populationen getrenntgeschlechtlicher Arten.

sexuell; s. sexual.

Sexupara, die, lat. *sexus, -us, m.,* das Geschlecht, *párere* gebären; beispielsweise bei Blattläusen ein Weibchen, das parthenogenetisch die Geschlechtsformen hervorbringt.

sezerníeren, lat. *secérnere* absondern.

Shapan, hebräisch: „der Sichverbergende", historischer Trivialname (mit internationaler Verbreitung) für das Genus *Procavia.*

Sharpey, William, geb. 2. 5. 1802 Arbroath (Schottland), gest. 14. 4. 1880 London; Prof. der Anatomie in Edinburgh u. London; bedeutende Forschungen auf dem Gebiet der topographischen Anatomie; S.sche Fasern.

Sharpeysche Fasern, nach Sharpey, W., benannt; es sind in das Knochengewebe einstrahlende Kollagenfasern des Periosts (u. des Periodontiums), die das Periost insbes. im Bereich der Sehnenansätze fest am Knochen verankern.

Síalis, *f.,* gr. *to síalon* der Speichel; die Weibchen kleben die Eier reihenweise an Unterlagen fest; Wasserflorfliege. Gen. der Siálidae, Megaloptera. Spec.: *S. fuliginósa; S. lutária.*

Siamang, der; einheimischer Name für *Symphalangus syndactylús,* s. d.

siamesische Zwillinge, die; nach *Siam,* dem alten Namen für Thailand; Zwillinge, die an einzelnen Körperteilen miteinander verwachsen sind.

Sibbáldus, *m.,* der zum Gattungsnamen (als latin. Nominativ) erhobene frühere Artname (s. u.); Gen. der Balaenoptéridae (Furchenwale), Mysticeti, Cetacea. Spec.: *S. músculus* (= *Balanoptera sibbaldi* = *B. musculus.* L.; beide Namen nicht mehr gültig), Blauwal (größtes Säugetier, 30 m Länge u. bis 130 Tonnen Gewicht).

sibiricus, -a, -um, in Sibirien (N-, NO-Asien) vorkommend; s. *Támias (Eutámias),* s. *Cervus.*

siccifólium, lat. aus: *siccus* trocken, *folium* das Blatt; s. *Phýllium.*

Sichelbein, das; Os falciforme; lat. *falx, falcis* die Sichel; sichelförmiger Knochen in Überzahl neben dem Daumen (Pollex) der Maulwürfe, der zur Verbreiterung der Grabhand dient.

Sichelente, die; s. *Anas falcata.*

Sichler, der; s. *Eudocimus.*

Sicista, *f.;* Gen. der Zapodidae (Spring-/Hüpfmäuse), Rodentia. Spec.: *S. betulina,* Birkenmaus.

Sida, *f.,* eine Danaide; Gen. der Sididae, Ctenopoda, Cladocera. Spec.: *S. crystallína.*

Siebenschläfer, der; s. *Glis.*

Siebwespe, die; s. *Crabro.*

Siebzehn-Jahr-Zikade, die; s. *Tibicen septemdecim.*

Siedleragame, die, s. *Agama.*

Siedlungsdichte, die; s. Populationsdichte.

Siewing, Rolf, geb. 9. 10. 1925 in Lemgo/Lippe, gest. 11. 8. 1985; Studium der Biologie an den Universitäten Würzburg u. Kiel (1946–1951), Schüler von A. Remane, Promotion (1951), wissenschaftl. Assistent am Zool. Inst. der Kieler Univ. (1951–1955), Habilitation (1955), Diätendozent (1960), apl. Professor (1961), Wissenschaftlicher Rat (1963), o. Professor an Univ. Erlangen (1967).

Themen wissenschaftl. Arbeiten: Morphologische Untersuchungen an Tanaidaceen und Lophogastriden (1953, Dissertationsthema); Untersuchungen zur Morphologie der Malacostraca (Crustacea) (1956, Habilitationsthema); Syncarida. In: Bronn's Kl. u. Ordn. d. Tierr., Bd. 5, Abt. 1, 4. Buch, Teil II; Zum Problem der Polyphylie bei Arthropoden. (1960); „Lehrbuch der vergleichenden Entwicklungsgeschichte der Tiere", Parey 1969; Probleme und neue Erkenntnisse in der Großsystematik der Wirbellosen. (1976); Das Archicoelomatenkonzept. Zool. (1980); Herausgeber und Autor: „Evolution" (UTB 748, 3. Aufl., 1987, Fischer Stuttgart); „Lehrbuch der Zoologie" (begründet von

H. Wurmbach): „Allgemeine Zoologie“ (Bd. 1, 1980), „Systematik“ (Bd. 2, 1985), Fischer Stuttgart.

sigmoides, gr. *sigma* das gr. „S“, *to eídos* die Gestalt; sigmaförmig, dem gr. Buchstaben *Sigma* in der Form ähnlich, das bedeutet nach dessen unterschiedlicher Schreibweise: S- od. C-förmig bzw. auch halbmondförmig.

sigmoídeus, -a, -um, latin., gr., zum S- od. C-förmigen (Organ) gehörig, sigmaförmig, halbmondförmig, z. B. bei Sulcus sigmoideus.

Signal, das, lat. *signum, -i, n.,* das Zeichen, Merkmal; „von einer materiellen Größe getragene Zeitfunktion oder räumliche Anordnung, die wenigstens mittels einer ihrer Parameter Information überträgt. Solche Parameter werden Informationsparameter genannt. Es können folgende Signaltypen unterschieden werden: 1. diskontinuierliche Signale (zeitlich quantisiert), 2. kontinuierliche Signale (keine zeitliche Quantisierung), 3. analoge Signale (Informationsparameter nicht quantisiert), 4. diskrete Signale (Informationsparameter quantisiert), 5. digitale Signale (mit Wortzuordnung), 6. Mehrpunktsignale (ohne Wortzuordnung), 7. digitale diskrete Signale mit nur zwei Werten (binäre Signale). Analoge Signale können kontinuierlich oder diskontinuierlich sein; das gleiche gilt für Mehrpunktsignale und für digitale Signale ...“ (Tembrock 1992).

signum, -i, *n.,* das Zeichen, Merkmal. Spec.: *Trypodendron signatum* (ein Borkenkäfer); *signatus, -a, -um,* mit einem *signum* versehen.

Silberfischchen, das; s. *Lepisma.*

Silbergibbon, der; auch trivial in seiner Heimat (Hinterindien ...) *„Wauwau“* genannt; s. *Hylóbates.*

Silbermöwe, die; s. *Larus.*

Silbermund, der; s. *Crabro.*

Silicospóngia, *n.,* Pl., lat. *silex, -icis, m.* u. *f.,* Kiesel, Quarz, Stein, u. gr. *to spongíon* kleiner Schwamm; Kieselschwämme, Gruppe (Cl.) der Porifera, die sich u. a. durch die Quarz-Substanz ihrer Skelettnadeln von den Calcispongia (s. d.), aber auch durch die Art der Verdauung der Nahrung (mit Weitergabe an die Amöbozyten der Mesogloea) unterscheiden. Systematische Gliederung der S. in: 1. Glasschwämme (Triaxonida, Hexactinellida); 2. Rindenschwämme (Tetraxonida); 3. Hornschwämme (Cornacuspongia).

Silur, das; nach dem keltischen Volksstamm der Silurer in Shropshire, England; geologisches System des Paläozoikum, s. d.

Silurus, *m.,* gr. *ho síluros* der Wels; Gen. der Siluridae, Echte Welse; Ordo Cypriniformes, Karpfenfische. Spec.: *S. glanis,* Wels, Waller.

silva, -ae, *f.,* lat., der Wald; als Artname: *silvarum* „der Wälder“ (Genit. Pl.), Wald-; z. B. *Bombus silvarum,* Wald-Hummel.

silváticus, -a, -um, lat., im Wald vorkommend od. lebend; s. *Ceratopógon.*

Símiae, *f.,* Pl., lat. *simia* u. (seltener) *simius* der Affe; Gruppe (im Range Ordo) der Primates; Echte Affen mit typischen Merkmalen der Höherentwicklung im Unterschied zu den Halbaffen (Lemuroidea, Galagoidea, Tarsioidea, s. d.); jedoch mit einigen gemeinsamen Merkmalen mit den Tarsioidea (s. Haplorhini). Die S. sind von einer Schicht eozäner Primaten abzuleiten. Im Oligozän Ägyptens: neben primitiven Affen (Parapithecidae) bereits echte Menschenaffen (s. *Aegyptopithecus*), die im Miozän in der Alten Welt verbreitet waren (bekannt seit dem Eozän). – Einteilung in: Platyrhina u. Catarhina (s. d.).

símilis, -is, -e, lat., ähnlich, gleich; s. *Craspedosóma.*

Simmentaler Rind, *n.*; in der Schweiz weitverbreitete Zweinutzungsrasse, die Bedeutung für die Zucht des Fleckviehs in vielen Ländern besitzt.

símplex, -icis, lat., einfach, natürlich, schlicht.

Simpson, George Gaylord, geb. 1902 in Chicago/USA, gest. 1984; Paläozoologe, Prof. für Zoologie an der Columbia Univ. in New York, seit 1959 Prof. für Paläozoologie an der Harvard Univ. u. am Zoologischen Muserum in Cambridge/USA. Arbeitsgebiete: Stammesgeschichte der Wirbeltiere, spez. der Säuger; fossile Wirbeltiere Nord- u. Südamerikas; Zeitmaß u. Ablauf der Evolution.

Simulium, *n.,* lat. *simuláre* nachahmen, betrügen, *simultas* Eifersucht, Spannung, Feindschaft; Gen. der Simuliidae (Kriebelmücken), Diptera. Spec.: *Simulium columba(t)schense,* Kolumbatscher Mücke (i. Serbien).

símus, -a, -um, lat., stumpf, breit.

Sinánthropus, *m., sina* China u. gr. *ho ánthropos* der Mensch; „China-Mensch“; fossile, in China u. auf Java gefundene Formen des Menschen; s. Homo-erectus-Schicht.

sinensis, -is, -e, chinesisch; s. *Opisthorchis;* s. *Alligator.*

Singdrossel, die; s. *Turdus.*

Singhabicht, der; s. *Melierax musicus.*

Singschwan, der; s. *Cygnus.*

singuláris, -is, -e, lat., einzeln, vereinzelt.

Singzikade, die; s. *Cicadetta.*

siníster, -tra, -trum, lat., links.

Sinogastromyzon, *m., he gastér, gastrós* der Bauch, Magen, Leib, *myzeīn* saugen; der Name bezieht sich auf die zur Saugvorrichtung umgestalteten Brust- u. Bauchflossen; Gen.

der Homalopteridae, Plattschmerlen, Cypriniformes, Karpfenfische.

Sinóxylon, *n.,* gr. *to sínos* die Beschädigung, das Schaden-Bringende, *to xýlon* das Holz; Gen. der Bostrýchidae. Spec.: *S. perforans,* Zweizackiger Nagekäfer, Rebendreher (bohrt sich in Zweige von Rebstock u. Eibe, die sich einseitig entwickeln u. drehen).

sinuátus, -a, -um, lat., gebuchtet; s. *Agrilus.*

sínus, -us, *m.,* lat., die Krümmung, der Busen, die Bucht.

Sínus coronárius, der, lat. *coróna, -ae, f.,* der Kranz, die Krone; Herzgefäß, welches venöses Blut des Herzens aufnimmt u. in den rechten Vorhof mündet.

Sinusdrüse, die; ein inkretorisches Organ (Neurohämalorgan) im Augenstiel von Krebsen; sie liegt an einem Blutsinus und dient der vorübergehenden Speicherung von Neurohormonen, die in neurosekretorischen Zellen gebildet werden; u. a. bei *Artemia salina* u. *Chirocephalus grubei* (Anostraca) erstmals von E. Hentschel (1964) nachgewiesen.

Sinus frontális, der, s. *frontalis;* Stirnbeinhöhle der Säuger, liegt im Innern des Stirnbeins (Os frontale), mündet in die Nasenhöhle.

Sinusknoten, der; Syn. Keith-Flack-Knoten, s. d.

Sínus venósus, der, s. *véna;* Venensinus des Vertebratenherzens, ein dem Atrium vorgelagerter sackförmiger Gefäßabschnitt der Körperhohlvenen vieler Wirbeltiere, bei den Vögeln u. Säugern nur noch embryonal als selbstständiger Teil vorhanden, wird aber später in den rechten Vorhof einbezogen u. dann als Sinusknoten, s. d., bezeichnet.

Sipho, *m.,* gr. *ho síphōn* die Röhre, die Spritze, der Heber; ein röhrenförmiges Organ verschiedener Tiergruppen: 1. ein häutiger, von einer kalkigen Siphonalhülle umgebener Strang der Cephalopoden, der von der Wohnkammer rückwärts durch alle Gehäusekammern reicht, 2. Fortsatz des Mantelrandes zur Einleitung des Atemwassers bei manchen Gastropoden, 3. röhrenartig verlängerte verwachsene Ränder von zwei Öffnungen im hinteren Mantelteil bei Muscheln (After- u. Atemsipho).

Siphonánthae, *f.,* Pl., gr./latin. *to ánthos* die Blume; langgestreckte Staatsquallen, Gruppe der Siphonophora (s. d.).

Siphonáptera, *n.,* Pl., Syn. von Aphaniptera, s. d.

Siphonoglýphē, *f.,* gr. *ho síphon,* s. o., gr. *he glyphḗ* das Schnitzwerk, die Gravüre; eine breite Rinne des Schlundrohres, die von geißeltragenden Zellen ausgekleidet wird („Röhren-/Rinnen-Kunstwerk"); nicht nur bei *Alcyonium digitatum* („Totenmannshand", Anthozoa), sondern auch bei den Pennatularia (s. d.) auftretend, die durch die auf Wassereinstrom spezialisierten Siphonozoide eine bes. stark entwickelte Siphonoglyphe haben.

Siphonóphora, *n.,* Pl., gr. *phorḗin* tragen, „Röhrenträger"; Staatsquallen, bilden individuenreiche Kolonien, deren Einzeltiere zeitlebens mit diesem „Staat" verbunden bleiben u. vielfach spezielle Funktionen haben; system. Gruppe (Ordo) der Hydrozoa. Einteilung in: Siphonanthae (langgestreckter Typ mit schlauchförmig gestreckter Achse); Discoanthae (mit breitem, scheibenförmigem Stamm u. nur einem einzigen Nährpolypen, der die ganze Kolonie versorgt). – Fossil seit dem Ordovicium, aber sehr selten.

siphonostom, gr. *to stóma* der Mund; Bez. derjenigen Gastropoden, deren Schalen am Mündungsrand in eine Siphonalrinne ausgezogen sind; vgl. holostom.

Sipunculida, *n.,* Pl., von lat. *sipunculus* eine kleine Röhre; „Spritzwürmer"; Gruppe (Stamm) der Spiralia (s. d.); mit ca. 350 Species in 15 Genera, die alle der einzigen Fam. Sipunculidae angehören. Es gilt als offen, ob diese Formen (als marine Bodentiere) a priori primitiv oder sekundär vereinfacht sind.

Sipunculus, *m.;* ihr Rüssel ist höchstens halb so lang wie der mit Längsfurchen versehene Rumpf; Gen. der Sipunculidae. Spec.: *S. nudus; S. edulis.*

Sirénia, *n.,* Pl.; gr. *he Seirḗn* und *Sirḗn;* Pl.: *S(e)irenes Sirenen,* (der Mythologie nach beflügelte) Meerjungfrauen; Seekühe, Gruppe (Ordo) der Mammalia; aquatische, herbivore Subungulaten mit walzenförmigem Körper und flossenförmigen Vordergliedmaßen; älteste Funde im Eozän (Nordafrika, auch in Westindien). Rezente Arten bewohnen in kleinen Herden vorzugsweise Mündungen großer Ströme (Küsten- u. Süßgewässer). Bezeichnend ist ihr (auch mit Hilfe sehr beweglicher, muskulöser Lippen) großer Verzehr an Wasserpflanzen (z. T.: „Einsatz als Unterwasserrasenmäher" in Entwässerungskanälen Floridas).

Sirex, *m.,* von gr. *he seirén* = lat. *siren* Sirene, bei Plinius eine Art Wespen; Gen. der Siricidae (Holzwespen), Hymenoptera. Spec.: *S. juvéncus,* Kiefernholzwespe.

Site, engl.; kleinste, durch Rekombination nicht mehr teilbare Einheit des genetischen Materials.

Sitona, *m.,* gr. *ho sitón* das Kornfeld, Saatfeld; Gen. der Curculionidae (Rüsselkäfer). Spec.: *S. lineátus; S. gríseus; S. flavéscens;* sie fressen die Blätter von Leguminosen kerbartig vom

Rande her ein; ihre Larven leben von den Wurzelknöllchen derselben.
Sitophílus, *m.*, lat. *situs* die Lagerung (liebend); Gen. der Curculionidae (Rüsselkäfer), Coleoptera. Kleine Käfer mit geradem od. nur wenig gebogenem, verlängertem Kopf („Rüssel"), rot- bis dunkelbraun; phytophage Schädlinge in Getreidespeichern, auch in Reis u. Mais.
Sitta, *f.*, lat. *sítta* (gr. *he síttē*) der Kleiber, Blauspecht; Gen. der Sittidae (Kleiber), Oscines. Spec.: *S. europaea,* Kleiber.
situs, -us, *m.*, lat., die Stellung, Lage; Lage der Organe im Körper od. des Feten im Uterus.
Skalar, der; s. *Pterophyllum scalare.*
Skalpell, das, lat. *scalpellum*; anatomisches bzw. chirurgisches Messer.
Skatól, das, gr. *to skōr, skatós* der Kot, Dung; β-Methyl-Indol, C_6H_9N, entsteht bei Fäulnis von Eiweißstoffen aus der Aminosäure Tryptophan, trägt zum unangenehmen Geruch der Fäkalien bei.
Skelett (= Skelet), das, gr. *he skeletós* das Gerippe, die Mumie; 1. Endoskelett der Wirbeltiere (Vertebrata): Innengerüstsystem mit knorpeligen bzw. knöchernen Teilen, 2. Endo- u. Exoskelett der Wirbellosen (Evertebrata): die verschiedensten inneren intraplasmatischen Skelettelemente der Radiolarien od. Kalknadeln der Schwämme u. äußeren Stützelemente (wie z. B. das cuticuläre Skelett der Arthropoda).
Skinner-Box, die, Syn.: Operantbox, lat. *opera, -ae, f.*, die Berührung, Tätigkeit, engl. *box* Kasten, Gehäuse; eine von Skinner entwickelte und nach ihm benannte Versuchseinrichtung zur Untersuchung des operanten Lernens (Lernen am Erfolg). Über einen Hebeldruck wird Nahrung (Belohnung) bereitgestellt. Der Hebeldruck kann registriert werden. Die Box kann mit einer Lampe und einem Lautgeber versehen sein.
skiophil, gr. *he skiá* der Schatten, *ho phílos* der Freund; schattenliebend; Ggs.: heliophil.
Sklera, die, gr. *sklērós* hart; die Lederhaut; äußere, feste, derbelastische, undurchsichtige, fibröse Hülle des Augapfels, die aus platten- u. bündelförmig gruppierten kollagenen Bindegewebsfibrillen mit geringem Anteil von fixen Bindegewebszellen aufgebaut ist; sie ist an ihrer Außenfläche von einer dünnen, elastischen, gefäßhaltigen Haut, der Episklera, überzogen.
Skorpionsfliege, die; s. *Panorpa.*
Skotásmus, der, gr. *skotāíos* dunkel, finster; die Modalität des Melanismus, bei der im Gegensatz zu Nigrismus u. Abundismus eine völlige Dunkelfärbung eintritt; vgl. auch: Industrie-Melanismus.
skotophil, gr. *ho, to skótos* die Dunkelheit, Nacht, *ho phílos* der Freund; dunkelheitsliebend, schattenliebend.
Skotophobin, das, gr. *ho phóbos* die Furcht, Angst; Dunkelfurchtstoff, entsteht bei Dressur an „Furcht vor Dunkelheit", ein Peptid mit 15 AS bekannter Sequenz, das nach Injektion in „naive" Mäuse erneut Dunkelfurcht hervorrufen soll.
Skrótum, das; s. *scrotum.*
Skunk, der; s. *Mephitis.*
s. l., Abk. für lat. *sensu lato* („im weiten Sinne"); Angabe nach einem Taxon zur Kennzeichnung von dessen weiter Fassung. Ggs.: s. s.
Slippage, auch replication slippage od. slipped-strand mispairing, engl. *slip* Schlupf; Fehlerhafte DNA-Replikation, wobei der zu synthetisierende Strang „verrutscht" u. damit eine Längenveränderung herbeiführt. Wichtigster Mutationsmechanismus zur Verkürzung od. Verlängerung von Mikrosatellitenallelen. S. ist auch für sog. „Stotterbanden" während der PCR-Amplifikation verantwortlich.
Slyke, Donald Dexter van, geb. 29. 3. 1883 Pike in New York, gest. 4. 5. 1971 Port Jefferson; Biochemiker; S. arbeitete u. a. über Aminosäuren u. Proteine, über Enzyme, über die physik. Chemie des Blutes u. der Blutgase. Nach ihm ist der S.-Apparat benannt, durch den der CO_2-Gehalt des Blutes gasometrisch bestimmt werden kann.
Smaragdeidechse, die; s. *Lacerta.*
Smaragdlibelle, (Gemeine), die; s. *Cordúlia aenea.*
smégma, -atis, *n.*, latin./gr., die Salbe, Schmiere; Smegma praeputii: die Absonderung der Eichel- u. Vorhautdrüsen.
SNP, Abk. für **s**ingle **n**ucleotide **p**olymorphism, engl., Einzelnukleotid-Austausch; natürlicher Polymorphismus, der nur ein Nukleotid betrifft.
sociális, -is, -e, lat., gesellig, kameradschaftlich, verträglich, im Sinne der Gesellschaft, positiv für die Gemeinschaft od. das Zusammenleben bzw. die Biocönose. Spec.: *Cynomys socialis,* Präriehund.
societas, -tátis, *f.*, lat., die Gemeinschaft, das Bündnis.
Sodomie, die, nach der biblischen Stadt Sodom; widernatürliche Unzucht mit Tieren.
sol, solis, *m.*, lat., die Sonne, der Glanz(punkt), der Stern; Artname z. B. bei: *Actinophrys.*
soláris, -is, -e; zur Sonne gehörig.
Soldatenara, der; s. *Ara militaris.*
Sólea, *f.*, latin. aus dem franz. *sol,* holländ. *tong;* Gen. der Soléidae (Pleuronectidae) (Plattfische), Pleuronectiformes, Spec.: *S. sólea,* Seezunge (bis 60 cm langer Flachfisch;

v. a. an den Küsten des Mittelmeeres, W-Europas bis z. Eismeer; geschätzter Speisefisch).

Solénodon, *m.,* gr. *ho solén* die Röhre, *odús, odóntos* Zahn; im O-Kiefer ist der 1. u. im U-Kiefer der 2. Incisivus auffallend lang, außerdem ist die Schnauze in einen (langen) Rüssel ausgezogen; Gen. der Solenodontidae (s. d.). Altertümliche Reliktformen. Spec.: *S. cubanus,* Kuba-Schlitzrüssler, Almiqui; *S. paradoxus,* Haiti-Schlitzrüssler.

Solenodóntidae, *f.,* Pl., s. Solenodon; Schlitzrüssler, Fam. der Insectivora. Auf Haiti u. Kuba endemisch als je eine Reliktart, dort „Almiqui" genannt.

Solenogástres, *f.,* gr. *he gastér* der Bauch, Magen; namentlicher Bezug auf die enge (röhrenartige), bewimperte Bauchfurche; „Wurmschnecken"; Gruppe (Cl.) der Mollusca; oft synonym für Aplacophora (s. d.) verwendet.

Solenopotes, *m.,* gr. *ho pótes* der Trinker, also: „der mit einer (Saug-) Röhre Trinkende"; Gen. der Haematopínidae, Ordo Anoplúra. Spec.: *S. burmeisteri,* Hirschlaus; *S. capillátus,* Haarige Rinderlaus; *S. capreoli,* Rehlaus.

Solenozýten, die, gr. *to kýtos* das Gefäß; blindgeschlossene Exkretionsorgane mit nur einer Geißel, kommen z. B. bei *Phyllodoce paretti* (Polychaet) u. *Branchiostoma lanceolatum* (Acrania) vor.

solidus, -a, -um, lat. dicht, fest, ungeteilt.

Solifugae, *f.,* Pl., lat. *sol* Sonne, *fúgere* fliehen; nächtliche Tiere; mit walzenförmigem Hinterleib; Walzenspinnen, Gruppe der Arachnida.

solitárius, -a, -um, lat., *solus, -a, -um* allein; alleinstehend, einsam, solitär.

Solitärkanzerogene, die, Pl., *m.*; veraltete Bezeichnung für Stoffe, die im Tierversuch bei chronischer Verabreichung ohne zusätzliche Maßnahmen Tumoren hervorrufen. Entsprechend dem Mehrstufenkonzept der (s. Kanzerogenese) besitzen S. sowohl initiierende als auch promovierende Wirkung. Sie werden daher auch als komplette Kanzerogene bezeichnet.

sólium, mögliche Ableitungen von: lat. *solus* einzeln od *solium* Thron, erhabener Sitz; Artname bei: *Taenia solium,* Schweinefinnenbandwurm, durch den Hakenkranz seines Scolex u. die geringe Anzahl von nur 7–10 Uterusdivertikeln der reifen Proglottiden gekennzeichnet.

Sollwert, der; diejenige Größe, deren Wert die zu regelnde Größe (Regelgröße) in einem System haben soll.

Sóma, das, gr. *to sóma, -atos* der Körper; der Leib, Körper.

Somactídium, *n.,* gr. *to sōma* und *he aktís* der Strahl; Stützstrahl des Innenskeletts von Fischen im proximalen Abschnitt der Flossen.

Somatéria, *f.,* von gr. *to sōma* der Körper u. *to érion* die Wolle; Gen. der Anatidae. Spec.: *S. mollissima,* Eiderente (hochnordisches Vorkommen; Insel Wildöe bei Island zur Brutzeit stark aufgesucht; in kalten Wintern an Elbmündung u. Ostsee); liefert Fleisch, Balg (als „Unterkleider"), Eier, Eiderdunen (mit welchen sie ihr Nest umkränzen).

somatische Zelle, die; Körperzelle, im Vergleich zur Keimzelle.

Somatocöl, das, gr. *he koilía* die Höhle, Höhlung; Rumpfcölom, paarig, entspricht dem Metasomcölom. Syn.: Metacöl.

somatogen, gr. *gígnesthai* entstehen; von den Körperzellen gebildet; Ggs.: blastogen.

Somatologie, die, gr. *ho lógos* die Lehre, Kunde, wissenschaftl. Untersuchung; Lehre vom Körper des lebenden Menschen, gliedert sich in Somatometrie u. Somatoskopie.

Somatotropin, das, gr. *ho trópos* die Richtung; somatotropes Hormon, Abk. STH, ein artspezifisches Proteohormon, gebildet u. a. in eosinophilen Zellen des Hypophysenvorderlappens; es fungiert vorwiegend als Wachstumshormon.

Somatoxenie, die, gr. *xénos* fremd; Körper-Kontakt-Beziehung zwischen zwei artverschiedenen („fremden") Organismen; niedrigste Form: Zusammenleben nur auf räumlicher Basis (z. B. Phoresie, Zoochorie); höhere Form: Zusammenleben auf räumlicher u. nutritiver Basis (z. B. Kommensalismus); höchste Form: Zusammenleben bei wechselseitigem Nutzen (Symbiose) beziehungsweise bei einseitiger physiologischer Abhängigkeit (Parasitismus).

Somit, der; das Ursegment.

„Sommerschlaf", der; s. Aestivation.

Sommerstagnation, die, lat. *stagnáre* zu einem stehenden Gewässer machen, überschwemmen; sommerlicher Zustand der stabilen thermischen Schichtung eines stehenden Gewässers; s. Stagnation, s. Winterstagnation; Ggs.: Homothermie, s. d.

Somniósus, *m.,* von lat. *sómnium* der Traum, das Traumbild u. *-osus* bedeutet neben Reichtum auch Fülle; Bezug auf den massigen Körper, so dass alle Flossen klein erscheinen; Gen. der Scymnidae, Eishaie. Ordo Selachiformes, Haiähnliche. Spec.: *S. microcephalus,* Grönlandhai (mit auffallend kleinem Gehirn).

Sonnenbarsch (Gemeiner), *m.,* s. *Lepomis gibbosus.*

Sonnenfisch, der; s. *Mola.*

Sonnenwendkäfer, der; s. *Amphimallus.*

sonus, -i, *m.*, lat., der Laut, Ton, Schall.
sórdidus, -a, -um, lat., schmutzig; s. *Pitta.*
sorecis, falscher Genit. zu lat. *sorex, soricis* (richtiger Genit.) die Spitzmaus; s. *Palaeopsylla.*
Sorex, (Genit: *sóricis*) *m.*, lat. die Spitzmaus; mit rüsselartig verlängertem Kiefer, maulwurfähnlichem Fell, wegen ihres Moschusgeruchs fressen Katzen erbeutete Spitzmäuse nicht; Gen. der Sorícidae (Spitzmäuse), Insectivora. Spec.: *S. alpínus,* Alpenspitzmaus; *S. aráneus,* Waldspitzmaus; *S. minutus,* Zwergspitzmaus; *S. (= Crocidura) leucodon,* Feldspitzmaus.
Sorícidae, *f.*, Pl., s. *Sorex;* Spitzmäuse, Fam. der Insectivora; in Alter u. Neuer Welt verbreitet.
Sozialparasitismus, der; s. *socialis,* s. Parasitismus; das Leben einer staatenbildenden od. sozialen Art auf Kosten einer anderen staatenbildenden Art; besonders ausgeprägt bei Ameisen, z. B. als Lestobiose, Dulosis; im weiteren Sinne können als sozialparasitische Formen gelten: Brutparasitismus u. das Leben von Einmietern od. Gästen in den Nestern staatenbildender Insekten, wie Myrmeco-, Melitto-, Termitophilen, die entweder Synechthren, Synöken od. Symphilen sind.
Soziobiologie, die, lat. *socialis* gesellig, gr. *ho biós* das Leben, *ho lógos* die Lehre; Forschung, Lehre u. Praxis vom sozialen Verhalten der Tiere unter Berücksichtigung der Umweltgegebenheiten. Besondere Untersuchungsprojekte sind u. a. die sozialen Verbände der Ameisen u. Bienen.
Spalácidae, *f.*, Pl., s. *Spalax;* Blindmäuse, Blindmulle; Fam. der Rodentia; unterirdisch lebend, mit Reduktion der Augen u. Ohrmuscheln. Graben mit den Vorderfüßen u. den Nagezähnen.
Spalax, *m.*, gr. *ho spálax, spálakos* der Maulwurf; leben unterirdisch ähnlich den Maulwürfen (Talpidae); Gen. der Spalacidae, Rodentia. Spec.: *S. leucodon,* West-Blindmaus; *S. hungaricus.*
Spallanzani, Lazzaro, geb. 10. 1. 1729 in Scandiano/Ital., gest. 12. 2. 1799 in Pavia; Studium der Rechtswissenschaften u. Theologie, 1753 Dr. phil., Priester u. 1760 Abbé in Reggio, außerdem Prof. für Naturgeschichte in Reggio u. Modena; 1769–1799 Prof. für Naturgeschichte an der Univ. Pavia. Sp. führte mikroskopisch-biologische Untersuchungen durch.
Spaltfußgans, die; *Anseranas semipalmata.*
Spaltungsregel, die; s. Mendelsche Regeln.
Spanische Fliege, die; s. *Lytta.*
Spargelhähnchen, das; s. *Crioceris.*
spasmogén, s. Spasmus, *gígnesthai* entstehen; Krämpfe erzeugend.
Spásmus, der, gr. *spán (spáein)* ziehen, zerren; vermehrter Spannungszustand der Muskulatur.
Spatelente, die; s. *Bucephala.*
spatha, -ae, *f.*, latin., gr. *he spáthe,* der Spatel, Säbel, das Schwert. Spec.: *Anas (Spatula) clypeata,* Löffelente.
spathula, latin., der kleine Löffel, Spatel, Verkleinerungsform von *spatha* durch *-ula;* s. *Polyodon.*
spátium, -ii, *n.*, lat., der Raum, Zwischenraum.
Spatz, der, mhd. *spaz, sper;* s. *Passer.*
Spécies, *f.*, lat., die Art; 1. die systematische Kategorie unterhalb der Gattungsgruppe; grundlegende Einheit der zoologischen Klassifizierung, von der alle anderen Rand- od. Kategorienstufen des Systems abgeleitet sind; 2. die Bezeichnung für ein einzelnes Taxon der Kategorie Sp. od. Art: z. B. *Homo sapiens, Fasciola hepatica.* – Bei einer „nominellen Art" handelt es sich um eine mit Namen versehene Art, die durch ein Typusexemplar objektiv definiert ist. Abk.: **sp.** od. **spec.;** s. auch: Artgruppe, binominale Nomenklatur. – „Arten sind Gruppen sich miteinander kreuzender natürlicher Populationen, die hinsichtlich ihrer Fortpflanzung von anderen derartigen Gruppen isoliert sind" (Mayr 1975).
spécies inquirénda, *f.*, das Gerundivum von lat. *inquírere* suchen, nachforschen, noch „zu erforschende Art"; eine unter Zweifel gedeutete Art, über die weitere Nachforschungen nötig sind.
speciosus, -a, -um, lat., schön, wohlgestaltet; z. B.: *Macaca speciosa,* Bärenmakak.
Speckkäfer, der; s. *Dermestes.*
spectabilis, -is, -e, lat., sehenswert, ansehnlich. Spec.: *Somateria spectabilis,* Prachteiderente.
spectrum, -i, *n.*, lat., Erscheinung, Schemen, Gespenst; s. *Társius.*
Speikobra, die; s. *Naja nigricollis.*
Speisebohnenkäfer, der; s. *Acanthoscelides.*
Spek, Josef, geb. 27. 5. 1895 Sächsisch-Regen (Siebenbürgen), gest. 21. 2. 1964 Rostock; 1916 Promotion bei O. Bütschli, Assistent am Zoolog. Institut in Heidelberg, 1920 Habilitation, 1925 zum a. o. Prof. ernannt, 1937 Diätenprof., 1947 an die Univ. Rostock berufen, Direktor des Zool. Institutes, 1960 Emeritierung. Themen wiss. Arbeiten: chem. Zusammensetzung der Statoconien in den Rhopalien von *Rhizostoma pulmo,* Kolloidchemie u. Physik des Protoplasmas, Analyse plasmatischer Sonderungsprozesse in Eizellen u. embryonalen Zellen, Arbeiten über die Metachromasie, begründete zusammen mit F. Weber (Graz) die Zeitschrift „Protoplasma".

Speläologie, die, s. *spelǽus, ho lógos* die Lehre; die Höhlenkunde; speläologisch, höhlenkundlich.
spelǽus, -a, -um, lat. *spelaeum* = gr. *to spélaion* die Höhle, Grotte; in Höhlen lebend, Höhlen-; s. *Amblyópsis.*
Spemann, Hans, geb. 27. 6. 1869 Stuttgart, gest. 12. 9. 1941 Freiburg i. Br., 1891–1893 Medizinstudium in Heidelberg, 1894 Promotion, 1898 a. o. Professor in Würzburg, 1908 Ordinarius für Zoologie in Rostock, 1914 2. Direktor des Kaiser-Wilhelm-Institutes für Biologie in Berlin-Dahlem, 1919 Direktor des Zoologischen Institutes der Univ. Freiburg i. Br., 1935 Nobelpreis; Zoologe, Entwicklungsphysiologe; Entdecker des Organisatoreffektes im Amphibienkeim.
Spencer, Herbert, geb. 27. 4. 1820 in Derby, gest. 8. 12. 1903 in Brighton; engl. Soziologe, Philosoph. Nach der Überwindung lamarckistischer Entwicklungsvorstellungen vertrat er wie Darwin Selektionsideen. Er prägte den Begriff vom „Überleben des Geeignetsten (survival of the fittest)“ u. übertrug ihn auf die menschliche Gesellschaft (Sozialdarwinismus). Der Begriff der „Evolution“ wurde erstmals im Sinne der Höherentwicklung verwendet.
Spéothos, *m.,* gr. *to spéos* die Höhle, Grotte; Gen. der Canidae. Spec.: *S. venáticus,* Waldhund.
Speotyto, *f.,* gr. *to spéos* die Höhle, Grotte u. *tytthón* (= Adverb) wenig, kaum, weil „nicht nur“ in Höhlen, sondern auch auf freien Plätzen in Wäldern. Gen. der Strígidae, Eulen (-vögel). Spec.: *Sp. cunicularia,* Kanincheneule (von W-Kanada bis Feuerland „kaninchenartig“ lebend).
Sperber, der; s. *Accipiter.*
Sperbereule, die; s. *Surnia ulula.*
Sperling, der, mhd., *spar, sperlinc;* s. *Passer.*
Spérma, das, gr. *to spérma, -atos* der Same, die Saat; Gesamtheit von Spermien u. Samenflüssigkeit.
Spermaceti, Spermazeti, Spermacet; s. Walrat.
spermáticus, -a, -um, lat., zum Samen gehörig.
Spermatíden od. **Spermíden,** die; Samenzellen, die aus der letzten Reifeteilung hervorgehen u. sich durch die Spermiohistogenese in reife Spermien umwandeln.
Spermatogenese, die, gr. *he génesis* die Entstehung; die Samenentwicklung, Bildung männlicher Geschlechtszellen; die Spermienbildung von Tier u. Mensch.
Spermatogónien, die, gr. *he goné* die Erzeugung, Nachkommenschaft; Ursamenzellen, sie vermehren sich mitotisch.
Spermatogramm, das, gr. *gramma* Aufzeichnung; Untersuchungsbefund vom Ejakulat unter der besonderen Berücksichtigung der Spermienanzahl, -motilität u. -morphologie.
Spermatophore, die, gr. *phorein* tragen; Samenträger, Samenpakete, die während der Begattung in den weibl. Körper übertragen werden, beispielsweise bei Tintenfischen, Molchen u. vielen Arthropoden.
Spermatozóon, das, gr. *to zóon* das Lebewesen, Tier, das „Samentierchen“; das Spermium.
Spermatozyten, die, gr. *to kýtos* die Zelle; Samenzellen während der Entwicklung, begrifflich verwendet als Spermatozyte I. u. II. Ordnung. Spermatozyten I. O. sind Samenzellen, die aus der Wachstumsphase, u. Spermatozyten II. O., die aus der 1. Reifeteilung hervorgehen.
Spermidin, das; stark alkalische Verbindung, die in Hefe u. Sperma zusammen mit Spermin vorkommt; S. ist ein Tetraminderivat.
Spermiogenése, die; s. Spermatogenése.
Spermiohistogenese, die, gr. *ho histós* das Gewebe, *he génesis* die Entstehung; Ausbildung der befruchtungsfähigen Spermien aus Spermatiden.
spérmium, -ii, *n.,* der Samenfaden, das Spermium, die Samenzelle.
Spermóphilus, *m.,* gr. *to spérma* der Same (von Pflanzen), das Saatgut, *phílos* liebend; namentlicher Bezug auf die vorzugsweise pflanzliche Nahrung; Synonym von *Citellus,* s. d., Ziesel.
Spermovium, das, lat. *ovum* Ei; besamte Eizelle nach dem Eindringen des Spermiums ins Ooplasma.
Spezialisation, die (engl. *specialisation*); die An- oder Einpassung (Adaptation) in eine (enge) ökologische Nische (s. d.).
Speziation, die, (lat. *species* = Art), Artbildung (engl. *speciation*). Für die Sp. günstige Voraussetzungen bestehen ggf. an Arealrändern, an denen Expansion und Retraktion zur Abspaltung von Isolaten führen können. In Glazialrefugien reichte die Isolierung selten oder ausnahmsweise zur Differenzierung von Species (Arten), sondern zumeist nur von Subspecies (Unterarten) aus.
Spezielle Zoologie, die; die Systematik (Taxonomie) als umfassender Wissenschaftszweig der Zoologie, gegenüber der Allgemeinen Zoologie z. B. abgrenzender Terminus.
Spezies, die; s. Species.
sphǽricus, -a, -um, kugelig; s. *Chydorus.*
Sphaerium, *n.,* lat.; Kugelmuschel (-n); Gen. der Sphaeríidae, Eulamellibranchiata.

Spheníscidae, *f.,* Pl., gr. *ho sphenískos* kleiner Keil, *ho sphén* der Keil; Pinguine, Fam. der Sphenisci, Flossentaucher; Tauchvögel mit rückgebildeten, flossenartigen Flügeln sowie kleinen, schuppenähnlichen Federn u. geradem, keilförmigem Schnabel; Beine weit nach hinten gerückt, so dass der Körper aufrecht getragen wird. Genera: *Aptenodytes, Eudyptes, Eudyptula, Pygoscelis, Spheniscus.*

Spheníscus, *m.,* gr., s. o.; Name bezieht sich auf die Schnabelform; Gen. der Spheniscidae (s. d.). Spec.: *S. demérsus,* Brillenpinguin; *S. humboldti,* Humboldt-Pinguin.

Sphenodon, *m.,* gr. *ho sphēn, sphēnós,* der Keil, *ho odōn, odóntos* der Zahn; einziges rezentes Gen. der Sphenodontidae, Rhynchocephalia, Cl. Reptilia, gilt als „lebendes Fossil" einiger kleiner Inseln vor Neuseeland, Ordo fossil von Untertrias bis Unterkreide. Nur eine Spec.: *S. punctatus,* Brückenechse, Tuatera.

sphenoidalis, -is, -e, gr./latin. *ho sphen* der Keil, *to ēidos* das Aussehen, die Gestalt; keilähnlich, zum Keilbein gehörig.

sphenoídes, gr., keilähnlich, -förmig, -artig.

sphenoídeus, -a, -um, zum Keilbein gehörig.

sphéricus, -a, -um, kugelig.

spheroídeus, -a, -um, (kugel-)rund, kugelartig.

Sphex, *m.,* gr. *ho sphēx* die Wespe; Gen. der Sphecidae, Superfamilia Sphecoidea (Sand- od. Grabwespen). Spec.: *S. maxillósus* (bes. in S-Europa, N-Afrika).

sphincter, -eris, *n.,* gr. *sphíngēin* einschnüren; der Schließmuskel.

sphinx, gr. *he Sphinx* (mythol.) Name der Tochter des Typhon u. der Echidna, mit geflügeltem Löwenkopf u. Oberkörper einer Jungfrau, urspr. eine Art Würgeengel als weibl. Ungeheuer, dann lokal bei Theben, wo die Sph. jeden, der ihre Rätsel nicht löste, vom Felsen stürzte; die ägypt. Sphinxe, meist männlich, waren Sinnbilder der Stärke; Plinius verwandte den Namen für eine Affenart. – (1) Artbeiname (Kleinschreibg.) bei *Mandrillus* (s. d.), (2) *Sphinx* (Großschreibg.): Gen. d. Sphingidae, Schwärmer, Lepidoptera. Spec.: *S. ligustri,* Ligusterschwärmer.

Sphinx-Paviane, die, auch wegen ihrer Färbung Rote Paviane od. wegen ihres Verbreitungsgebietes Guinea-Paviane genannt; *papio*-Sektion, s. *Papio.*

Sphyrāēna, *f.,* gr. *he sphyraina* der Hammerfisch, von *he sphýra* der Hammer, der Pfeil; Gen. der Sphyrāēnidae, Pfeilhechte; Ordo Perciformes, Barschfische. Spec.: *S. sphyrāēna,* Pfeilhecht (Mittelmeer-Barrakuda).

Sphýrna, *f.,* von gr. *he sphýra* der Hammer; sie bilden eine hammerähnliche Kopfform aus; Gen. der Sphyrnidae, Hammerhaie. Ordo Selachiformes, Haiähnliche. Spec.: *S. zygāēna,* Glatthammerhai; Syn: *Zygaena,* s. d.

spicilegus, *m.,* lat., Spitzen-(Ähren-) Sammler. Spec.: *Mus spicilegus,* Südliche Ährenmaus.

spiculum, -i, *n.,* lat., die Spitze, der Stachel, Pfeil.

Spiegelkarpfen, der, s. *Cyprinus carpio.*

Spiegelpfau, der, s. *Polyplectron.*

Spierling, der, s. *Ammodytes tobianus.*

Spießente, die, s. *Anas.*

Spike, der, engl. *spike* Nagel, Stachel; Syn.: Nervenimpuls.

Spilopsýllus, *m.,* gr. *ho spílos* der Fleck, *ho psýllos* der Floh; Gen. der Pulícidae. Spec.: *S. cuniculi,* Kaninchenfloh.

spilópterus, -a, -um, gr., latin., *to pterón* der Flügel, die Flosse; mit gefleckten Flossen, gefleckt auf den Flossen od. Flügeln; s. *Arnoldichthys.*

spilúrus, -a, -um, gr. *ho spilós,* s. o., *he urá* der Schwanz; mit Schwanzfleck, s. *Crenuchus.*

spína, -ae, *f.,* lat., die Gräte, der Dorn, das Rückgrat, der Stachel, die Gräte. Spec.: *Gasterosteus spinachia,* Seestichling.

Spina bifida, die, lat. *spina* Wirbelsäule, *bifidus* zweigeteilt; angeborene Spaltbildung der Wirbelsäule (eine Hemmungsmissbildung) durch unvollständigen Verschluss der Medullarrinne. Davon kann es verschiedene Formen der Ausbildung geben.

spinal, dem Rückenmark zugehörig.

spinális, -is, -e, zum Dorn gehörig; auch zum Rückgrat gehörig; z. B. Medulla spinalis.

spinicollis, lat., Stachelwall, Dornenhügel; s. *Threskiornis.*

spinósus, -a, -um, lat., dornenreich, dornig, stachelig; s. *Pyrosoma.*

spinulósus, -a, -um, lat., dornig, bedornt; s. *Polyplax.*

spínus, *m.,* latin. von gr. *ho spínos* der Zeisig.

spiraculum, -i, *n.,* lat. *spirare* hauchen, blasen, atmen; das Luftloch.

Spiralfurchung, die; eine Form der totalen Furchung bei Anneliden und Mollusken (Spiralier), bei denen die animalen Blastomeren gegenüber den vegetativen spiralig „auf Lücke" versetzt sind.

Spirália, *n.,* Pl., lat.; (bisweilen verwendete) zusammenfassende Bezeichnung für die zahlreichen Gruppen (Stämme) der Protostomia oberhalb der Tentaculata auf Grund des vereinenden Merkmals, dass die Spiralfurchung als spezielle Art der Eifurchung (großenteils) auftritt.

spirális, -is, -e, gr. *he spēira* die kreisförmige Windung; schlangenförmig aufgewunden, spiralig.

Spirifer, *m., gr. phérēin* tragen, Gewindeträger, wegen des spiralförmigen Armgerüstes; Gen. des fossilen Ordo Spiriferida; fossil im Karbon, weltweit, auch Leitfossilien; Spec.: *S. tornacensis; S. konincki;* (beide Unterkarbon).

Spirochaeta, *f.,* gr.; spiralenförmige Kleinlebewesen mit verschiedenen pathogenen Arten, die man lange Zeit in die Nähe der Flagellaten stellte, die heute jedoch zu den Bakterien gerechnet werden; Gen. der Spirochaetáceae, Spirochaetáles, Schizomycétes. Spirochaeten erregen z. B. Spirochätose des Geflügels *(Sp. anserina = Sp. gallinarum = Borrellia anserina),* Kaninchenspirochätose *(Sp. cuniculi = Treponema paraluiscuniculi).* Mehrere Arten werden heute mit den Namen *Treponema* u. *Borrellia* (als ältere Synonyme!) bezeichnet.

Spirochóna, *f.,* gr. *he spē̃ira,* s. o., *chonnýnai* aufschütten; Gen. der Chonotricha (Ordo). Spec.: *Sp. gemmipara* (lebt epizoisch auf den Kiemen von *Gammarus pulex*).

Spirométer, das, lat. *spiráre* hauchen, blasen, atmen; *to métron* das Maß; Apparat zum Messen von Atemgrößen (Atemfrequenz, Atemzugvolumen, inspiratorisches u. exspiratorisches Reservevolumen, Vitalkapazität).

Spirometrie, die; Messung von Atemgrößen.

Spirorbis, *m.,* gr. *he spē̃ira* Spirale, Windung u. lat. *orbis* Kreis; Gen. der Ordo Sedentaria, s. d., Annelida, die meist kleine, schneckenartige, teils kegelförmige Gehäuse aus plan- oder trochospiral aufgewundenen Röhren bilden; fossil bekannt seit dem Ordovizium. Spec.: *S. asper* (Oberkreide).

Spirostomum, *n.,* gr. *to stóma* der Mund, wörtlich: gewundener od. schraubig-gedrehter Mund; Gen. der Spirotricha, Ciliata. Spec.: *S. ambiguum* (ist über die ganze Oberfläche bewimpert u. gilt als eines der größten Protozoen, bis 3 mm).

Spirotricha, *n.,* Pl., gr., der Name bezieht sich auf das charakteristische Cilienband, das in rechtsläufiger Schraube (gr. *he spē̃ira*) zum Cytostom führt; Gruppe (Ordo) der Ciliata; mit sehr verschiedenen Lebensformtypen; Gattungsbeispiele: *Metafolliculina* (lebt in einem Gehäuse); *Spirostomum* (stark bewimpert über die ganze Oberfläche); *Stentor* (meist sessil, aber auch freischwimmend).

Spirula, *f.,* latin. *spira* die Windung, *spirula* kleine Windung; namentlicher Bezug auf die spiralige (gedrehte) Schale; Gen. der Sepioidea, Decabrachia (s. d.); seit dem Tertiär bekannt. Spec.: *S. spirula.*

spissus, -a, -um, lat.; eingedickt; Abk.: spiss.

Spitzbartfisch (Elefantenfisch), der; s. *Gnathonemus petersi.*

Spitzhörnchen, das; s. *Tupáia.*

Spitzkopfotter, der; s. *Vípera ursinii.*

Spitzkopfschildkröte (Rückenflecken-), die; s. *Emydura novaeguineae.*

Spitzkrokodil, das; s. *Crocodilus acutus.*

Spitzmäuschen, das; s. *Apion.*

Spitzmausfloh, der; s. *Palaeopsylla.*

Spitzmauslaus, die; s. *Polyplax.*

Spitzschwanzelfe, die; s. *Acestrura mulsanti.*

Spix, Johann Baptist, geb. 9. 2. 1781 in Höchstadt, gest. 15. 5. 1826 in München; Dr. phil., Dr. med.; ab 1810 Konservator der zoologisch-zootomischen Sammlungen der Bayr. Akad. d. Wissenschaften; Forschungsreisen (zusammen mit C. v. Martius) ins Innere von Brasilien (bes. brasilian. Bergland, Stromgebiet des Sao Francisco u. Amazonas) (1817–1820).

splánchnicus, -a, -um, gr. *to splánchnon* das Eingeweide; zu den Eingeweiden gehörig.

splen, -énis, *m.,* gr. *ho splen* die Milz.

spléndens, lat. *splendére* glänzen, schimmern; glänzend. Spec.: *Betta splendens,* (Farbenprächtiger) Kampffisch.

splendídulus, -a, -um, lat., ein wenig glänzend, etwas leuchtend; s. *Phausis.*

spléndidus, -a, -um, lat., schimmernd, glänzend, prächtig.

splénicus, -a, -um, zur Milz gehörig.

splénium, -ii, *n.,* gr. *to splenı́on* das Pflaster; der Wulst.

splénius, -a, -um, wulstförmig.

Splintkäfer, der; s. *Scolytus destructor.*

Split-brain, das, engl. *split* Spaltung, *brain* Gehirn; Durchtrennung des Balkens u. anderer Kommissurenbahnen zur Unterbindung der Ausbreitung einer epileptischen Erregung von einer Hirnhälfte auf die andere.

spóndylus, -i, *m.,* latin., gr. *ho spóndylos* der Wirbel, das Scharnier.

Spongilla, *f.,* latin., *spongilla* der kleine Schwamm; Gen. der Spongillidae, Cornacuspongia, Silicospongia. Spec.: *S. lacustris; S. frágilis* (beide sind Süßwasserschwämme).

Spongioblast, der, *ho blástos* der Keim; wenig differenzierte Gliazelle.

spongiósus, -a, -um, gr. *ho spóngos* der Schwamm; schwammig.

sponsa, *f.,* lat., Braut, Verlobte, s. *Aix.*

spontan, lat. *spontáneus* freiwillig, plötzlich; von sich aus, aus eigenem Antrieb; in der Natur (freien Wildbahn) vorkommend.

Spontanaborte, die, lat. *abórtus* die Fehlgeburt; Schwangerschaftsabbrüche, Trächtigkeitsabbrüche ohne erkennbare äußere Beeinflussung. Die Spontanaborte beim Menschen sind wahrscheinlich zu 20–30% chromosomal bedingt; sie können dann durch Nulli-, Mono-,

Tri- u. Tetrasomien sowie durch Polyploidien zustande kommen.

Spontaneität, die, lat. *spontaneus,* s. o.; eine von Außenreizen unabhängig auftretende Aktivität, eine der grundlegenden Eigenschaften belebter Strukturen; plötzliche Reaktions- od. Verhaltensweise.

Spontanentladungen, die; spontanes Auftreten von Aktionspotentialen.

Spontanrhythmen, die, gr. *ho rhythmós* der Takt, die Zeitfolge; z. B. Auftreten rhythmischer Aktionspotentiale ohne sichtbare Außenreize (wie Hirnrhythmen, Herzrhythmen).

Spornschildkröte, die; s. *Testudo sulcata.*

Sporogonie, die, gr. *ho spóros = he sporá* der Samen, die Saat, *ho gónos* die Zeugung; die Entstehung von Sporozoiten („Sichelkeimen") als eine Form der ungeschlechtlichen Vermehrung bei Sporozoen.

Sporozoa, *n.,* Pl., gr.; Sporentierchen, Gruppe der Protozoa; leben ausschließlich parasitär; machen in der Regel einen Generationswechsel durch, bei dem sich Gametogonie (geschlechtl. Fortpflanzung) u. Sporogonie (ungeschlechtl. Vielteilung) miteinander abwechseln; oft tritt eine weitere ungeschlechtl. Vielteilung (Schizogonie) auf. Die durch die Sporogonie entstehenden Cysten (Sporozoiten, „Sporen") werden meistens auf einen anderen Wirt übertragen (Infektionsstadien). Zu den Sp. gehören die Telesporidia mit den Gregarinida, Coccidia sowie die Piroplasmida.

Sporozoit, *m., sporozoite* (engl.); Infektionsstadium der Sporozoa; entsteht i. d. R. während der Sporogonie aus der Zygote (in der Oozyste) entw. im Überträger (z. B. *Plasmodium*) od. im Darmtrakt des Wirtes od. nach Ausscheidung mit dem Stuhl (z. B. *Isospora, Toxoplasma*).

Sporozyste, *f., sporocyst* (engl.); 1. Keimschlauch; aus d. Mirazidium entstehendes Larvenstadium der Trematodes, das parthenogenetisch Redien, Zerkarien od. weitere S.n hervorbringt; 2. Entwicklungsstadium von Sporozoen, in welchem Sporozoiten gebildet werden (z. B. *Plasmodium, Toxoplasma*).

Sporttauben, (Brief-, Post-, Reisetauben); Gruppe verschiedener Haustaubenrassen, insbes. Tümmlertauben, die sich in erster Linie durch hohe Flugleistungen (mit ausgeprägtem Orientierungs- u. Heimfindevermögen) auszeichnen; durch Zuchtwahl mit Training Hochleistungen möglich u. erreicht; sie werden heute für sportliche Zwecke (Wettfliegen) genutzt (früher auch für Nachrichtenübermittlung).

Spottdrossel, die; s. *Mimus.*

Sprengel, Christian Konrad, geb. 22. 8. 1750 Brandenburg/Havel, gest. 7. 4. 1816 Berlin; Vater der modernen Blütenbiologie, der die Bestäubungsleistungen von Insekten, insbesondere durch Bienen erkannte. Sp. formulierte die berechtigte, (heute oft vergessene) Forderung: „Der Staat muss ein stehendes Heer von Bienen haben". Hauptwerke: „Das entdeckte Geheimnis der Natur im Bau und in der Befruchtung der Blumen" (1793), „Die Nützlichkeit der Bienen und die Notwendigkeit der Bienenzucht" (1811).

Springaffen, die; s. *Pithecia.*

Springbock, der; s. *Antidorcas.*

Springfrosch, s. *Rana dalmatina,* sporadisch in aufgelockerten Wäldern in Mittel- u. O-Europa, SW-Asien; sehr guter Hoch- u. Weitspringer (Name!).

Springhase, der; s. *Pedétes.*

Springlaus, die; s. *Psylla.*

Springnatter, die; s. *Coluber.*

Springtamarin, s. *Callimico.*

Sprosser, der; s. *Luscinia.*

Sprungschicht, die; s. Metalimnion.

Spulwurm, der; s. *Ascaris.*

spuma, -ae, *f.,* lat., der Schaum.

spumárius, -a, -um, schaumartig, schaumig, Schaum- ...; s. *Philaenus.*

Spur, die, weidmännisch: durch den Gang erfolgter Abdruck des Haarwildes, das nicht auf Schalen zieht; Ausnahmen: Bär, Wolf u. Luchs, bei denen man von Fährte, s. d., spricht; vgl. auch Geläuf.

Spurenelemente, Mikroelemente; lebensnotwendige Mineralstoffe (Fe, Mn, Zn, Cu, Co, Mo, Cr, Se, J, F, Ni), die in sehr kleinen Mengen von Pflanzen, Tieren u. Menschen überwiegend für Stoffwechselfunktionen benötigt werden. Die Konzentrationsanforderungen von seiten der Tierernährung je Element liegt allgemein unter 100 mg/kg Futtertrockenmasse; vgl. Mengenelemente.

Spurenfossil, das, s. Fossilien; fossile Lebensspur, im Gegensatz zum körperlich erhaltenen Körperfossil und zur anorganisch erzeugten Marke; vgl. Lebensspur, Ichnologie.

spúrius, -a, -um, lat., falsch; untergeschoben, unehelich.

Squálus, *m.,* lat. *squalus* eine Haifischart der Alten; Gen. der Squalidae (= Spinacidae); fossile Formen seit der Oberkreide bekannt. Spec.: *Squ. acanthias (= Acanthias vulgaris),* Dornhai, Gemeiner Dornhai.

squáma, -ae, *f.,* lat., die Schuppe.

squamális, -is, -e, zur Schuppe gehörig, schuppenartig.

Squamata, die; Gruppe der Lepidosauria, Reptilia, mit den Gruppen Lacertilia (Eidechsen), Amphisbaenia u. Ophidia (Schlangen).

squamátus, -a, -um, lat., mit Schuppen versehen.
squamósus, -a, -um, lat., schuppig, reich an Schuppen; Squamosum, das Schuppenbein; s. Os. squamosum.
Squatínidae, *f.,* Pl., lat. *squatína* Name des Engelhaies bei Plinius; Engelhaie, Fam. der Selachoidei, Echte Haie, Selachii; mit breitem, abgeplattetem Körper (rochenähnlich) u. flügelförmigen Brustflossen, daher die deutschen Namen; seit dem Oberjura (Malm) bekannt. Spec.: *Squatina squatina (= Squatina angelus = Rhina squatina),* Meerengel, Engelhai (gr. *ho ángelos* der Engel, *he rhis, rhinós* die Nase).
squílla, *f.,* latin., gr. *he skílla* eine Art Seekrebs, *squillárum:* Genit. Pl.; Artname bei der Steingarnele, s. *Palaemon.*
s. s., auch: **s. str.;** Abk. für lat. *sensu stricto* im strengen (engen) Sinn; Angabe nach einem Taxon zur Kennzeichnung von dessen enger Fassung; Ggs.: **s. l.**
SSCP, Abk. für **s**ingle **s**trand **c**onformation **p**olymorphism, engl., Einzelstrang-Konformations-Polymorphismus; Methode zum Nachweis von DNA-Polymorphismen ohne Sequenzierung. Doppelsträngige DNA wird hitze-denaturiert u. unmittelbar anschließend auf Eis abgekühlt. Dabei formen die Einzelstränge sequenzabhängige Sekundärstrukturen, die zu einem unterschiedlichen Laufverhalten in nichtdenaturierenden Elektrophoresegelen führt.
ssp., Abk. für subspecies (s. d.); Unterart.
Staatsquallen, die; s. *Siphonóphora.*
Stabiliment, das, franz.; bandförmige Struktur im Radnetz von Spinnen (s. *Agriope*), die wahrscheinlich der Tarnung dient.
stabulum, -i, *n.,* lat., der Standort, Stall, das Gehege. Spec.: *Muscina stabulans,* Stallfliege.
Stachelameise, die; s. *Ponēra.*
Stachelbeerspanner, der; s. *Abraxas.*
Stachel-Erdschildkröte, die; s. *Geomyda spinosa.*
Stachelfloh, der; s. *Dasypsyllus.*
Stachelkäfer, der; s. *Mordella perláta.*
Stachelschwein, das; s. *Hystrix.*
stagnális, -is, -e, lat., in stehendem Gewässer *(stagnum)* lebend; s. *Lymnaea.*
Stagnation, die; energetischer Stabilitätszustand geschichteter, meist unterschiedlich temperierter Wassermassen eines stehenden Gewässers.
stagnórum, Genit. Pl. von lat. *stagnum* stehendes Gewässer, Teich, See, Lache, auch langsam fließendes Wasser; s. *Hydrometra.*
Stahl, Georg Ernst, geb. 21. 10. 1660 Ansbach, gest. 14. 5. 1734 Berlin; Prof. der Medizin in Halle; bedeutender Systematiker des 18. Jh.; St. wurde vor allem bekannt durch seinen Animismus. Er begründete die Phlogistontheorie [n. P.].
Stamm, Stammgruppe; s. Phylum.
Stammart, die; Art, die sich durch Speziation (Artspaltung) auflöst in zwei Folgearten (= Schwesterarten) u. damit aufhört zu existieren. Aus den Folgearten können durch Spaltungen weitere Arten hervorgehen.
Stammbaum, der; 1. im phylogenetischen Sinne: die graphische Darstellung der Hypothesen zur natürlichen Verwandtschaft von Pflanzen- und Tiertaxa auf unterschiedlicher Rangstufenebene im Ergebnis der (keineswegs abgeschlossenen) phylogenetischen Forschungen. Dabei symbolisiert eine Linie die Existenz einer Stammart in der Zeit, eine Gabelung die Aufspaltung einer Stammart in die beiden Folgearten. E. Haeckel betrachtet die Stammbäume als „heuristische Hypothesen, welche die Aufgaben und Ziele der phylogenetischen Klassifikation viel klarer und bestimmter mit einem Blick übersehen lassen, als es in einer weitläufigen Erörterung der verwickelten Verwandtschaftsverhältnisse ohne diese Form der Darstellung möglich sein würde“ (Haeckel: Systematische Phylogenie, 1894); 2. im genealogischen Sinne: Darstellung der Abstammung, Ergebnisdarstellung der Familien- bzw. S.-Forschung mit den unterscheidbaren Arten des Stammbaums: Ahnentafel (Darstellung der Vorfahren eines Individuums) u. Stammtafel (Darstellung der Nachkommen eines Elternpaares); s. auch: Dendrogramm.
Stammer, Hans Jürgen, geb. 21. 9. 1899 Pötrau bei Büchen, gest. 24. 10. 1968 Erlangen; 1923 Promotion, 1923 Assistent am Zoolog. Institut in Greifswald, 1927 nach Breslau, 1931 Habil., 1937 ao. Prof., 1938 nach Erlangen berufen, Ordinarius für Zoologie. Themen wissenschaftl. Arbeiten: Larven der Tabaniden, Endosymbiose bei Coleopteren u. Dipteren, Leuchterscheinungen bei Insekten, Fauna des Timavo, Fauna Frankens; 1941–1947 Kapitel Ökologie in „Fortschritte der Zoologie“; regte Gründung u. Herausgabe mehrerer Zeitschriften an: „Parasitologische Schriftenreihe“ (Jena, ab 1955), „Abhandlungen zur Larvalsystematik der Insekten“ (Berlin, ab 1957), „Beiträge zur Systematik und Ökologie mitteleuropäischer Acarina“ (Leipzig, ab 1957), Mitherausgeber der „Zeitschrift für Morphologie und Ökologie der Tiere“.
Stammesgeschichte, die; s. Phylogenese.
Stammhirn, das; der Gehirnstamm, Truncus cerebri, die phylogenetisch alten Hirnteile der Wirbeltiere, d. h. bei Säugern i. e. S. vor allem

das Mittelhirn, die Brücke und die Medulla oblongata, im weiteren Sinne einschließlich Zwischenhirn und Basalganglien.
Stammlinie (Stammgruppe), die; sämtliche fossilen Taxa entlang eines „Stammbaumzweiges" zwischen der gemeinsamen Stammart zweier Monophyla bis zur jeweiligen Stammart eines der beiden Monophyla.
Stammtafel, die; geordnete Darstellung der Nachkommen (Deszendenten) eines Elternpaares; vgl.: Ahnentafel, Dendrogramm.
standing crop, der, engl. *standing crop* stehende Ernte; Gesamtbiomasse eines Taxon oder einer anderen biologischen Einheit zu einem Zeitpunkt.
Standvögel, die; im Gegensatz zu den Strich- u. bes. den Zugvögeln weitgehend über das Jahr hin lokalisiert lebende Vogelarten (z. B. Spechte, Baumläufer, Kleiber, Rebhuhn).
Stannius, Hermann Friedrich, geb. 15. 3. 1808 Hamburg, gest. 15. 1. 1883 Rostock; Prof. der Zoologie u. Vergleichenden Anatomie in Rostock, Direktor des Instit. für Physiologie u. Vergl. Anatomie; St. wurde vor allem durch einen nach ihm benannten Versuch am Froschherzen bekannt, bei dem der Ursprung der für das Zusammenziehen des Herzens verantwortlichen Erregung ermittelt wird.
Stannius-Ligatur, die, s. Stannius; Verfahren der Herzphysiologie, um beispielsweise beim Froschherzen das primäre u. sekundäre Automatiezentrum nachzuweisen.
stapédius, -a, -um, zum Steigbügel gehörig.
stápes, -edis, *m.,* lat., von *stáre* stehen, *pés, pédis* der Fuß; der Steigbügel.
Staphylínidae, *f.,* Pl., lat. *staphylínus* (s. d.) u. *-idae* Fam.-Suffix; Kurzflügler; Coleoptera, Holometabola; Käferfamilie mit über 20 000 Arten, die an den verkürzten Flügeldecken (Name!) leicht zu erkennen sind.
staphylínus, -a, -um, gr. *he staphylis* die Traube, das Zäpfchen; zum Zäpfchen gehörig; traubenförmig.
Star, der; s. *Sturnus.*
Starling, Ernest Henry, geb. 17. 4. 1866 Bombay, gest. 3. 5. 1927 auf Seereise bei Kingston (Jamaika); Studium in England, Heidelberg u. Breslau, Prof. d. Physiologie in London.
Statoblásten, die, gr. *statós* stehend, gestellt, *he bláste* das Gebilde; bei Süßwasser-Bryozoen vorkommende Dauerknospen mit Fortsätzen u. einer chitinigen Hülle; sie sind zur Überwinterung bestimmt u. dienen gleichzeitig der ungeschlechtlichen Fortpflanzung.
Statolíthen, die, gr. *ho líthos* der Stein; Gleichgewichtssteinchen bei Evertebraten u. Vertebraten; vgl. Otolith.
Statozysten, die, gr. *he kýstis* die Blase; Statozysten sind in sich geschlossene, auf mechanische Reize ansprechende Sinnesorgane; es handelt sich um flüssigkeitsgefüllte, kugelige Bläschen, welche einen Statolithen enthalten.
státus, -us, *m.,* lat., der Stand, das Stehen, der Zustand.
Staudinger, Otto, geb. 1830, gest. 1900; Begründer einer entomologischen Handlung (1858), die er ab 1884 zum größten Weltunternehmen dieser Art gemeinsam mit seinem Schwiegersohn Andreas Bang-Haas (1846–1925) ausbaute.
Stauromedusae, *f.,* Pl., gr. *ho staurós* der Pfahl, das Kreuz; Stielquallen; system. Gruppe der Scyphozoa.
Staúropus; s. Notodóntidae.
Steatornis, gr. *to stéar, stéatos* Fett, Talg, *ho* u. *he órnis* der Vogel; von A. v. Humboldt 1799 gegebener Name, da die Nestlinge (flüggen Jungen) auch wegen ihres begehrten, haltbaren Fettreichtums (vor allem subkutan) in ihren Wohnhöhlen gefangen u. geschlachtet wurden; das „Geschrei der Alten" beim Fangakt veranlasste die Indianer zum Namen *Guacharo* (= Schreier); Gen. der Steatornithidae, Fettschwalme, Caprimulgiformes. Spec.: *S. caripensis,* Fettschwalm.
Stechmücke, die; s. *Culex.*
Stechrochen, der; s. *Dasyatis.*
Steganúra, *f.,* gr. *steganós* bedeckend (wie ein spitzes Zelt) und *he urá* der Schwanz; Gen. der Viduidae (s. d.). Spec.: *St. paradísaea,* Spitzschwanz-Paradieswitwe (mit zeitweiligem Prachtgefieder; Brutparasiten der Estríldidae).
Stegóbium, *n.,* gr. *to stégos* das Haus, Obdach, *ho bíos* das Leben; Gen. der Anobiidae. Spec.: *St. paníceum,* Brotkäfer.
Stegosaurus, *m.,* s. *Archosauria;* Gen. des Ordo Ornithischia, s. d.; maximal ca. 8 m lange terrestrische Pflanzenfresser mit zwei Reihen großer Knochenplatten auf dem Rücken. Spec.: *S. stegops.*
Steinadler, der; s. *Aquila chrysaëtos.*
Steinantilope, die; s. *Raphicerus campestris.*
Steinbeißer, der; s. *Cobitis taenia.*
Steinbock, der; s. *Capra ibex.*
Steinbrechschwärmer, der; s. Zygaenidae.
Steindattel, die; s. *Lithophaga.*
Steinfliege, die; s. *Perla.*
Stein-Garnele, die; s. *Palaemon.*
Steinhuhn, das; s. *Alectoris.*
Steinkauz, der; s. *Athene noctua.*
Steinkorallen, die; s. Madreporaria, deren Fußscheibenektoderm Kalk sezerniert, der das für die Gruppe typische Skelett aufbaut.

Steinläufer, der; s. *Lithóbius.*
Steinmarder, der; s. *Martes foina.*
Steinpicker, der; s. *Agonus.*
Steinschmätzer, der; s. *Oenanthe.*
Steinwälzer, der; s. *Arenaria.*
stélla, -ae, *f.*, lat., der Stern, das Gestirn.
stelláris, -is, -e, lat., sternförmig. Spec.: *Botaurus stellaris,* Große Rohrdommel (in der „Pfahlstellung“ der Rohrdommel werden Hals, Kopf u. Schnabel nach oben gerichtet: eine „Sterngucker-Haltung einnehmend“).
stellátus, -a, -um, sternförmig, mit Sternen versehen. Spec.: *Acipenser stellatus,* Sternhausen.
Stellersche Seekuh, s. *Hydrodamalis* (Syn.: *Rytina*).
stéllio, -ónis, *m.*, lat., die Sterneidechse; Artname: s. *Agama.*
Stelzenläufer, der; s. *Himantopus.*
Stémma, das, gr. *to stémma* die Kopfzierde, die Kopfbinde, Pl.: *stemmata;* seitlich am Kopf sitzende Einzelaugen der Larven holometaboler Insekten; an jeder Seite können 1–7 vorhanden sein.
Stempell, Walter, geb. 16. 8. 1869 Berlin, gest. 1938; Prof. d. Zool., Vergl. Anat. u. Vergl. Physiol., Dir. d. Zool. Inst. der Westf. Wilhelms-Univ. in Münster. Themen wiss. Arbeiten: Vergl. Anat. d. Lamellibranchien, Schalenbildung d. Mollusken; Morphol. u. Physiol. d. Protozoen, Tierbilder d. Mayahandschriften; Zool. Unterrichtstechnik u. Arbeitsmethoden, Lehrbücher d. Zool. u. Vergl. Physiologie.
stenobath, gr. *stenós* eng, schmal, *to báthos* die Tiefe, Höhe, Breite; nur in bestimmter Wassertiefe lebensfähig.
stenök, gr. *he oikía* die Wohnung; Organismen, die an ganz bestimmte Umweltverhältnisse gebunden und hinsichtlich ihrer ökologischen Ansprüche spezialisiert sind.
Stenoglossa, *n.*, Pl., gr., mit schmaler Radula (Name!); Gruppe der Monotocardia, Streptoneura (s. d.); Syn.: Neogastropoda; fossil seit der Kreide, im Tertiär reiche Entwicklung. Zu ihnen gehören u. a. die Buccinacea, Muricacea, Conacea, Volutacea.
stenohalin, gr. *ho háls, halós* das Salz; Organismen, die nur innerhalb enger Salzkonzentrationsgrenzen lebensfähig sind u. nur eine Umgebung mit gleichbleibendem Salzgehalt vertragen.
Stenolaemata, *n.*, Pl., gr. *to lā́ima* u. *ho laimós* der Schlund; mit „engem Schlund“; seit dem Silur bekannte Gruppe (Ordo) der Bryozoa.
stenophag, gr. *phagē̃in* essen, fressen; Organismen mit einem „engen“ bzw. kleinen Spektrum in der aufnehmbaren Nahrung.
stenophot, gr. *to phos, photós* das Licht; Tiere (bzw. Pflanzen) mit engem Lichtbereich als Existenzbedingung; vgl. euryphot.
Stenose, die, gr. *stenós* eng, schmal; Verengung, Enge.
Stenóstomum, *n.*, gr. *to stóma* der Mund; hat einen Pharynx simplex (einfacher Schlund, „enger Mund“); Gen. der Catenulidae, Catenulida (s. d.). Spec.: *S. leucops,* bildet durch ungeschlechtliche Vermehrung Ketten (mit einer Länge bis 5 mm; aus bis 8 Individuen bestehend), besitzt lichtbrechende Organe (Artname!).
Stenoteuthis, *m.*, gr. *he teuthís* der Tintenfisch; hat schlanken *(stenos)* Körper u. ist. kräftiger Schwimmer; „Fliegender Kalmar“, verfolgt bes. Makrelenschwärme; Gen. der Teuthoidea, Decabrachia.
stenothérm, gr. *thermós* warm; Organismen, die nur innerhalb enger Temperaturgrenzen leben können, bzw. nicht in der Lage sind, größere Temperaturdifferenzen zu ertragen.
stenotóp, gr. *ho tópos* der Ort, das Gebiet; nur in einem od. wenigen Lebensräumen vorkommend.
stenoxybiont, gr. latin. Oxygenium der Sauerstoff, gr. *ho bíos* das Leben; Organismen, die einen bestimmten eng begrenzten Sauerstoffgehalt fordern.
Sténtor, *m.*, gr. *Sténtōr* bei Homer der Name des durch seine gewaltige Stimme berühmten Griechen vor Troja; Gen. der Spirotricha, Ciliata. Der dt. Name „Trompetentierchen“ bezieht sich auf den langgestreckten, vorn trichterartig verbreiterten kontraktilen, trompetenförmigen Körper. Spec.: *S. coeruleus* (mit bläulichem Pigment u. langgestrecktem, kettenförmigem Kern); *S. roeseli* (Artname nach A. J. Roesel von Rosenhof, Naturforscher u. Miniaturmaler, 1705 bis 1759).
Stenus, gr. *stenos* schmal, eng; Gen. der Staphilinidae, 2–7 mm kleine Arten, deren Hauptnahrung Springschwänze sind, die (ähnlich wie bei den Libellenlarven) mit dem verlängerten, durch Blutdruck vorgeschleuderten schlauchförmigen Labium gefangen werden (Klebfangapparat). Spec.: *S. bipunctatum.*
Steppenadler, der, s. *Aquila rapax.*
Stercobilin, das, lat. *stércus* der Kot, *bílis* die Galle; Gallenfarbstoff, bedingt zusammen mit Urobilin u. weiteren Abbauprodukten die normale Farbe des Kots.
stercoralis, -is, -e, lat., im Kot *(stercus),* in den Exkrementen *(stercora)* lebend, Kot- ...; s. *Strongyloides.*
stercorárius, -a, -um, lat., im Mist *(stercus)* lebend; Spec.: *Geotrupes stercorarius,* Großer Rosskäfer; s. auch: *Scatóphaga.*

stercus, stércoris, *n.,* der Kot, Dünger, Mist.
steril, lat. *stérilis, -e* unfruchtbar; keimfrei, unfruchtbar.
Steríne, die, gr. *to stéar* das Fett, der Talg; Sterole, zu den Steroiden gehörende ungesättigte Alkohole, die sich vom Steran (Cholestan) ableiten. Je nach ihrem Vorkommen in der Natur unterscheidet man Zoo-, Phyto- u. Mykosterine. Das bekannteste S. ist das Cholesterin, ein Zoosterin. Es ist am Aufbau von Membranen beteiligt u. dient im Organismus als Ausgangsmaterial für zahlreiche andere Steroide. Ein wichtiges Phytosterin ist Ergosterin, ein Provitamin D.
Sterlet, s. *Acipenser.*
Stern, Curt, geb. 1902 in Hamburg, gest. 1981; Zoologe, Genetiker; Studium der Zoologie u. Genetik an den Univ. Marburg u. Berlin, bes. bei M. Hartmann, Belar u. Jollos am Kaiser-Wilhelm-Institut in Berlin, 1924–1926 mit Rockefeller-Stipendium Arbeitsaufenthalt im Genet. Labot von Th. H. Morgan in New York, 1926 Assistent bei R. Goldschmidt in Berlin-Dahlem, 1928 Privatdozent für Genetik der Tiere an der Univ. Berlin. 1933 in die USA emigriert, nachdem die Berufung als ao. Prof. an die Univ. München zu K. v. Frisch abgelehnt wurde; 1933–1947 Prof. für Zoologie an der Univ. Rochester (N. Y.), ab 1947 Prof. für Zoologie u. Genetik an der Univ. California in Berkeley, USA.
sternális, -is, -e, zum Brustbein gehörig, brustbeinartig.
sternicla, gr. *to stérnon* die Brust; nimmt auf die vorgewölbte Brustpartie Bezug; s. *Gasteropélecus.*
Sternit, das, gr. *to stérnon* die Brust, der Leib; der ventrale Teil der Körpersegmente (bei Insekten); vgl. Tergit.
sternocleidomastoídeus, -i, *m.,* gr. *to stérnon* die Brust, *he kleis, kleidós* der Schlüssel, *ho mastós* die Brustwarze; ein Muskel, der das Brustbein u. das Schlüsselbein mit dem Warzenfortsatz verbindet.
Sternorrhyncha, *n.,* Pl., gr., Gruppe innerhalb der Homoptera; namentlicher Bezug auf das Entspringen des Rüssels zwischen den Vorderhüften (Verlagerung hin zum „Sternum") im Ggs. zu den Auchenorrhyncha (s. d.). Zu den St. gehören (als Untergruppen bzw. Fam.) die Psyllina (Psyllidae), Aleyrodina (Aleyrodidae), Coccina (Coccidae), Aphidina (Aphididae).
Sternrochen, der, s. *Raja radiata.*
Sternschnecke, die, s. *Doris.*
stérnum, -i, *n.,* latin., gr. *to stérnon* die Brust; das Brustbein der Amphibien u. höheren Vertebraten.
Steroíde, die, gr. *to stéar* das Fett, der Talg; Gruppe von Verbindungen, die große biologische Bedeutung haben; es sind Abkömmlinge des Sterans, hierzu gehören Sterine, die Vitamin-D-Gruppe, Gallensäuren, Keimdrüsen-Nebennierenrindenhormone, herzwirksame Glykoside, Saponine (Phytosterine).
Steroidhormone, die; dazu gehören Östrogene, Gestagene, Androgene, Glukokortikoide, Mineralokortikoide.
Steróle, die; s. Sterine.
Sterroblastula, die, gr. *sterrós* fest, *ho blástos* der Keim; eine Blastula ohne Blastocöl.
Sterzeln, das; Bezeichnung u. a. in der Apidiologie für Versprühen des Sterzelduftes aus der Nassanoffschen Drüse (gelegen unter der Intersegmentalmembran zwischen dem 6. und 7. Tergit) bei erhobenem Hinterleib u. niederfrequentem Flügelschwirren bei einer durchschnittlichen Flügelschlagfrequenz von < 200 Hz.
Stethoskop, das, gr. *to stéthos* die Brust, *skopeīn* spähen; Hörrohr zur Auskultation.
STH, Abk. für Somatotropin, s. d., bzw. Somatotropes Hormon.
Stichling, der; s. *Gasterosteus,* s. *Pungitius.*
Stieglitz, der; s. *Carduelis.*
Stielquallen, die; s. Stauromedusae.
Stier, der; das männliche (maskuline) Tier der Bovidae; kastrierter „Bulle", männlicher Kastrat des Rindes.
Stieve, Hermann, geb. 22. 5. 1886 München, gest. 6. 9. 1952 Berlin, 1912 Promotion zum Dr. med., 1918 Habilitation, 1918 II. Prosektor an der Anatomie in Leipzig, 1920 Promotion zum Dr. phil. bei R. Hertwig, 1921 Ordinarius f. Anatomie in Halle, 1935 Berliner Universität als Vorstand des Anatomischen u. Anatomisch-biologischen Institutes. Themen wissenschaftl. Arbeiten: „Transplantationsversuche mit dem experimentell erzeugten Riesenzellengranulom", „Entwicklung des Eierstockeies der Dohle", „Skelett eines Teilzwitters", „Nomina anatomica" (4. Auflage 1949), „Die Untersuchungen über die Wechselbeziehungen zwischen Gesamtkörper und Keimdrüsen", „Über den Vogelgesang in seiner Abhängigkeit von den Keimdrüsen", „Über neuere Forschungen deutscher Anatomen von 1933–1942", Begründer der „Zeitschrift für mikroskopisch-anatomische Forschung" (1. Bd. 1924).
Stigma, *n.,* gr. *to stígma, -atos* der Stich, das Malzeichen, die Brandmarke auf Stirn od. Händen des entflohenen Sklaven od. Gefangenen, Feindes; 1. Atemöffnung der Insekten an den Seiten der Körpersegmente der Larven, Puppen u. Vollkerfe; 2. inexakt mitunter auch verwendet für Pterostigma.

Stilling, Benedikt, geb. 22. 1. 1810 Kirchhain b. Marburg, gest. 28. 2. 1879 Kassel; Anatom u. Chirurg; Arzt in Kassel; bedeutende Untersuchungen über den Bau des ZNS, bes. über den Verlauf der Nervenfasern im Gehirn u. Rückenmark. St. sprach als erster von „vasomotorischen" Nerven.

Stimulus, der, lat. *stimulus, -i, m.,* der Stachel, Ansporn; spontaner od. experimentell induzierter Reiz.

Stinkwanze, die; s. *Palomena.*

Stint, der; s. *Osmerus.*

stochastisches Verhalten, das; das zufallsabhängige, statistische Verhalten der individuellen Träger eines dynamischen, zeitabhängigen Prozesses.

Stockente, die; s. *Anas.*

Stöcker, s. *Caranx.*

Stöhr, Philipp, geb. 13. 6. 1849 Würzburg, gest. 4. 11. 1911 ebd.; Prof. der Anatomie in Zürich u. Würzburg; wurde u. a. durch sein „Lehrbuch der Histologie u. der mikroskopischen Anatomie des Menschen" (1887) bekannt.

Stöhr, Philipp, jun., geb. 12. 4. 1891 Würzburg, gest. 22. 1. 1979 Bonn; Anatom; Prof. in Gießen u. Bonn; befasste sich vor allem mit dem peripheren u. vegetativen Nervensystem [n. P.].

Stör, der; s. *Acipenser.*

Stoffwechsel, endogener; Umwandlung der Stoffe im intermediären Stoffwechsel.

Stoffwechsel, exogener; Stoffwechsel im Verdauungsapparat.

Stolo prolifer, der, lat. *stolo, stolonis, m.,* der Ausläufer an Pflanzen (insbes. Kartoffeln), *proles, -is* der Sprössling, Nachwuchs, die Brut; Knospenzapfen, nahe dem hinteren Körperende gelegen, zapfenförmiges Organ bei den einzeln lebenden, ungeschlechtlich sich vermehrenden Salpen, aus dem durch terminale Knospung die Ketten der geschlechtlichen Salpengeneration (Kettensalpen) entstehen. Dieser Generationswechsel wurde von dem Dichter u. Naturforscher A. v. Chamisso (1819) entdeckt.

stóma, -atis, *n.,* gr./latin., der Mund, das Maul, die Öffnung.

stomachál, den Magen betreffend, durch den Magen.

stómachus, -i, *m.,* gr./latin., der Magen (auch: Schlund, Geschmack).

Stomatodäum, (= Stomodäum), das, gr. *to stóma* der Mund, Rachen; ektodermale Mundbucht.

stomatogastrisches Nervensystem, *n.,* gr. *he gastér* der Magen, Bauch; Teil des peripheren Nervensystems wirbelloser Tiere, der den Vorderdarmbereich innerviert.

stomatogen, gr. *stoma, stomatosus* der Mund, *genes* herkommend von; vom Mund ausgehend.

Stomatópoda, *f.,* Pl., gr. „Maulfüßer"; Fangschreckenkrebse, Ordo der Hoplocarida, (Cl.) Malacostraca. Die St. (200–360 mm lang) leben in Höhlen als lauernde, mit den spezifischen Raubbeinen (= Subchelae) greifende Räuber. Spec.: *Squilla mantis* (Fam. Squillidae), ca. 20 cm, Mittelmeer. Als Übergang im Oberkarbon die fossilen Palaeostomatopoda z. B. mit *Archaeocaris vermiformis* (ausgestorben).

Stómias, gr. *he stomías* heißt eigentl. ein hartmäuliges Pferd, *stomún (= stomó-ēīn)* den Mund verstopfen, mit Schärfe versehen; nimmt Bezug auf die kräftige Bezahnung mit zugespitzten Zähnen; Gen. der Stomiatidae, Schuppen-Drachenfische, Salmoniformes, Lachsfische. Spec.: *S. boa,* Boa-Drachenfisch (mit „schlangenartiger" Körperform, lat. *boa* = Schlange).

Stomochord, das, gr. *he chordé* Darm, Saite, lat. *chorda, -ae* die Saite; Darmdivertikel der Hemichordada (Enteropneusta), zieht vom Munddach rostrad in das Prosoma. Ihr kommt eine Stützfunktion besonders im dünnen Eichelstiel zwischen Prosoma u. Kragen zu.

Stomóxys, *f.,* gr. mit spitzem Mund; Gen. der Scatophagidae (Kot- od. Dungfliegen), Diptera. Spec.: *S. cálcitrans,* Wadenstecher.

Storch, der; mhd. *odebar;* s. *Ciconia.*

Storch, Otto, geb. 26. 10. 1886 Wien, gest. 18. 5. 1951 ebd.; o. Prof., Vorstand am Zoologischen Institut der Univ. Wien; Themen seiner wissenschaftl. Arbeiten: Sexualzyklus der heterogenen Rädertiere, Morphologie u. Physiologie des Fangapparates der Cladoceren u. Euphyllopoden, Wanderung gewisser Nutzmeerfische (Hering, Dorsch), wissenschaftl. Forschungsfilme, „Die Sonderstellung des Menschen im Lebensabspiel und Vererbung" (1948), „Erbmotorik und Erwerbmotorik" (1949), „Zoologische Grundlagen der Soziologie" (1951).

Stoß, der; Bezeichnung für den Schwanz bei allen größeren Federwildarten; entsprechende (triviale) Synonyme sind (z. B.): Steiß bei der Bekassine u. anderen kurzschwänzigen Federwildarten, Steuer bei Schwimmvögeln, Fächer beim Auerhahn, Leier (Spiel, Schere) beim Birkhahn, Spiel beim Fasanenhahn, Staart beim Beizvogel. – Die bei den einzelnen Vogelarten oft sehr großen Unterschiede in Länge u. Form des Schwanzes/Stoßes lassen speziell im Flugbild Rückschlüsse auf das Erkennen der Vogelarten zu.

Strahl(en)schwämme, die; s. Tetraxónida.

Strandassel, die; s. *Lígia.*

Strandhüpfer, der; s. *Orchestia.*

Strassen, Otto zur, geb. 9. 5. 1869 Berlin, gest. 21. 4. 1961 Frankfurt (M.); 1914–1935 Direktor d. Zool. Institutes in Frankfurt (M.), Direktor des Senckenberg-Museums. Themen wiss. Arbeiten: Allgemeine Biologie, Entwicklungsmechanik (Erbgang der Nematoden-Asymmetrie), „Neue Beiträge zur Entwicklungsmechanik der Nematoden" (1959), „Tierpsychologie".

Stratíomys, gr. *strátios* kriegerisch, *he mýia* die Fliege; Gen. der Stratiomyidae (Waffenfliegen), Diptera. Spec.: *S. chamaéleon,* Chamäleonfliege.

stratum, -i, *n.,* lat., die Zone, die Schicht.

Strauchwanze, die; s. *Calocoris.*

Strauß, der; s. *Dromaeus,* s. *Struthio;* s. Rheiformes.

Straußwachtel, die; s. *Rollulus roulroul.*

Streifenbarbe, die; s. *Mullus surmuletus.*

Streifengnu, das; s. *Connochaetes taurínus.*

Streifenhörnchen, das; s. *Támias.*

Streifenlippfisch, der; s. *Labrus.*

Streifenmeeräsche, die; s. *Mugil cephalus.*

Streifenmesseraal, der; s. *Gymnotus carapo.*

strenuus, -a, -um, lat., gr. *strénés, ho strénos* die Kraft; kräftig, regsam, tätig, agil, wacker; s. *Cyclops.*

strepsíceros, *m.,* gr., von *strepsis* das Drehen u. *to kéras* das Horn; mit gedrehten Hörnern.

Strepsiptera, *n.,* Pl., gr. *strépsis,* von *stréphēin* drehen, *to pterón* der Flügel; Fächerflügler, artenarme Gruppe (Ordo), die meistens den Coleoptera angeschlossen wird. Die Str. haben zu Halteren reduzierte Vorderflügel, die Larven u. oft auch die darmlosen Weibchen leben als Endoparasiten in anderen Insekten. Die Ordines der Coleoptera u. die Strepsiptera werden als „Coleopteroidea" zusammengefasst; foss. seit dem Oligozän.

Strepsitänstadium, das, gr. *strépsis* von *stréphēin* drehen; Stadium der Prophase der ersten Reifeteilung (Meiose), die eine Reduktionsteilung ist.

strept-, strepto, gr. *streptós* gedreht, gewunden (*stréptein* drehen); in Zusammensetzungen: dreh-, gedreht-; Windung.

Streptoneura, *n.,* Pl., gr. *streptós* gewunden, gedreht, geflochten, *to nēūron* die Schnur, Sehne; mit gedrehtem Eingeweidesack (Visceralkonnektive gekreuzt); Vorderkiemer, ursprünglichste Gruppe der rezenten Gastropoda, die bereits im Unterkambrium vertreten war (Pleurotomariacea) u. von der die übrigen Gastropoda abstammen. Synonym: Prosobranchia. Gruppen: Archaeo-, Meso-, Neogastropoda.

Streptopélia, *f.,* gr. *ho streptós* das Halsband, der Kringel (als Adjektiv: *streptós* gewunden, geflochten, gedreht), *peliós* schwärzlich, namentlicher Bezug auf die farbliche Zeichnung der Befiederung (schwarzes Nacken-/Halsband der Türkentaube); Genus der Tauben (Columbidae, Columbae). Spec.: *Str. decaocto* Türkentaube (s. d.); *Str. turtur* Turteltaube (s. d.).

Stresemann, Erwin, geb. 22. 11. 1889 Dresden, gest. 20. 11. 1972 Berlin; Dissertation bei R. Hertwig (1920), 1921 Ass. am Zoologischen Museum Berlin, 1922 zum Generalsekretär der Deutschen Ornithologischen Gesellschaft ernannt, übernahm die Redaktion des Journals für Ornithologie, 1924 Ernennung zum Kustos; Professur; 1965 ermeritiert. Publikationen z. B.: „Entwicklung der Ornithologie" (1951), „Aves" in Kükenthal's Handbuch der Zoologie, Publikationen über die Gattungen *Collocalia, Zosterops, Cyornis, Carpodacus* u. die Vogelwelt von Celebes (auf Heinrichs Sammlungen beruhend).

stress, engl., Anstrengung, Belastung.

stretch reflex, engl. *stretch* strecken, dehnen, lat. *reflexus,* -us, *m.,* die Krümmung, Bucht; Dehnungsreflex, gelegentl. unübersetzt aus dem Engl. übernommen.

stria, -ae, *f.,* lat., der Streifen, die Kerbe, Furche.

striátus, -a, -um, lat., gestreift, mit Streifen versehen. Spec.: *Tamias striatus,* Streifenhörnchen.

Strichvögel, die; die Vogelarten, die nach der Brutperiode aus Nahrungsmangel od. wegen klimatischer Verhältnisse innerhalb eines Gebietes umherziehen; sie bilden eine Zwischenstufe zw. Zug- u. Standvögeln.

strictus, -a, -um, lat., straff, stramm, bündig; davon (sprachl.): constrictor, s. d.

strídulus, -a, -um, lat., zischend, schwirrend, schnarrend; Spec.: *Psophus stridulus,* Schnarrschrecke.

striga, -ae, *f.,* lat., der Strich, Streifen.

Strigámia, *f.,* lat. *striga* der Strich, Streifen; Gen. der Dignathodontidae, Geophilomorpha, Chilopoda (Hundertfüßer). Spec.: *S. maritima* (35 mm, unter Steinen am Meeresufer bis in die Gezeitenzone).

strigátus, -a, -um, lat., gestreift; s. *Carnegiella,* s. *Rivulus.*

Strigiformes, *f.,* Pl., s. *Strix* u. *-formes;* Eulenvögel, Ordo der Aves, mit den Familien Strigidae u. Tytonidae (s. *Tyto*).

Strix, *f.,* lat. *strix, strigis* die Ohreule, die nach den Ammenmärchen in der Antike den Kindern das Blut aussog, gr. *strinx* der Zischer; Gen. der Strigidae, Strigiformes. Spec.: *S. aluco,* Baum-, Waldkauz; *S. nebulosa,* Bartkauz; *S. uralensis,* Habichtskauz.

Strobila, die, gr. *ho stróbilos* der Kreisel; tannenzapfenähnliches Polypenstadium bei Scyphozoen; s. Strobilation.

Strobilation, die; Form der ungeschlechtlichen Fortpflanzung bei Scyphozoen, wobei sich die Polypen quer zur Längsachse teilen u. durch Ringfurchen mehrere scheibenartige Medusenanlagen entstehen, die sich ablösen u. als junge Medusenlarven (Ephyren) frei umherschwimmen.

Strohhals-Ibis, der; s. *Threskiornis spinicollis.*

strombi, Genit. von gr./latin. *strombus:* eine Meeresschnecke; in einer Meeresschnecke (bzw. deren Gehäuse); s. *Phascólion.*

Strongyloídes, *m.,* gr. *strongýlos* gerundet, *-eidés = oídes* ähnlich; namentlicher Bezug auf die zylindrische Form (ohne Enderweiterung); Gen. der Strongyloididae, Nematoda. Spec.: *S. stercoralis,* Kotälchen, Zwergfadenwurm (Wirt: Mensch, auch Fuchs, Hund, Katze in trop. u. subtrop. Gebieten).

Strongyloidose (Anguillosis, Strongylodasis, Strongylodosis), die; durch Würmer der Gattung *Strongyloides* verursachte Helminthose; Jungtierparasitose.

Strukturfarben, die, Pl., *f.*; Farbentstehung durch Interferenz, Beugung oder Streuung des Lichtes an dünnen Strukturen der Körperoberflächen; typ. Beispiele sind Schmetterlingsflügel: blau: *Morpho* spp., grün: *Papilio phorcas* [Afrika], rot: *Callicore* spp. [trop. Amerika].

Strukturgen, das; s. Gen.

Strumpfbandnatter, die; s. *Thamnophis.*

Strúthio, *m.,* gr. *ho struthíōn* der Strauß; Gen. der Struthionidae, Struthioniformes. Spec.: *S. camélus,* Strauß (hat an das „Kamel" erinnernden Hals, daher der Artbeiname!).

Struthioniformes, *f.,* Pl., s. *Struthio,* Emu, Nandu; Straußvögel, Gruppe (Ordo) der Aves; Afrika, Arabien, Südamerika, Australien, Neu-Guinea.

Stubenfliege, die; s. *Musca.*

Stummelfüßer, die; s. Onychophora.

Stummelmöwe, die; s. *Rissa.*

stúrio, -ónis, *m.,* latin. von Stör, ahd. *sturjo, sturo;* der Stör; *Acipenser sturio,* Gemeiner Stör.

Sturmmöwe, die; s. *Larus.*

Sturnus, *m.,* lat.; Gen. der Sturnidae Passeriformes. Spec.: *S. vulgaris,* Gemeiner Star (Europ. Strich- u. Zugvogel, überwintert in N-Afrika); *S. unícolor,* Einfarbiger Star (ganz schwarz; S-Europa).

Sturtevant, Alfred Harry (1891–1970); amerikanischer Genetiker, stellte auf Grund von Kopplungswerten die erste Chromosomenkarte von *Drosophila* auf. Die stofflichen Grundlagen der Vererbung wurden ab 1910 gemeinsam mit C. B. Bridges und H. J. Müller im Laboratorium von Th. H. Morgan in New York erforscht.

Stutzkäfer, der; s. *Hister.*

Styláster, *m.,* gr., *ho stýlos* die Säule, der Griffel, der Stiel, *ho astér, astéros* der Stern; der Name bezieht sich auf die sternförmige Anordnung der Polypen u. ihrer Kalkröhren, die mit der in der Mitte befindlichen großen Röhre des Fresspolypen verbunden sind; Gen. der Stylastéridae, Athecata. Spec.: *S. róseus.*

Styli, die, lat. *stilus,* gr. *ho stýlos* die Säule, der Stiel; Griffel, gegliederte, griffelförmige Anhänge des Abdomens vieler Insekten.

stylo-, gr. *ho stýlos* der Griffel, die Säule; in Zusammensetzungen verwendet.

styloídes, griffelähnlich.

styloídeus, -a, -um, zum Processus styloídeus gehörig, griffelähnlich.

Stylommatóphora, *n.,* Pl., gr. *ho stýlos* der Stiel, *to ómma, -atos* das Auge, *phorēin* tragen; Ordo der Pulmonata (s. d.), bei denen sich die Augen am Ende eines einstülpbaren Fühlerpaares befinden (Name!); Landtiere, zumeist Pflanzenfresser (z. B. *Achatina*); seit Ob. Kreide bekannt.

Stylops, *f.,* gr. *he stýlos* der Stiel, *ho ops opós* Auge, Angesicht; namentlicher Bezug auf die gestielten Augen. Gen. der Stylopidae, Ordo Strepsiptera. – Spec.: *St. melittae.*

Stýlus, *m.;* der end- od. rückenständige Teil einer Geißel (Flagellum) bei Antennen von bestimmten Insekten.

styríacus, -a, -um, in der Steiermark (Austria) vorkommend; s. *Mantispa.*

suavéolens, lat., *suávis* angenehm, reizend, lieblich u. *ólens* Part. Praes., von *olere* riechen, stinken; angenehm riechend; s. *Crocidúra.*

sub-, lat., unter, unterhalb (in Zusammensetzungen verwendet).

subbúteo, lat. *sub-* ein wenig; beinahe einem *Buteo* (Bussard) ähnlich; s. *Falco.*

subclavius, -a, -um, lat., unter *(sub)* dem Schlüsselbein (clavis) gelegen.

Subcósta, *f.,* lat. *cósta* die Rippe; bei Insekten die sog. Subcostalader: Längsader des Insektenflügels, die unterhalb des Vorderrandes u. parallel zu diesem verläuft u. sich zuweilen an der Spitze gabelt; Abk.: sc. 1–2.

Subdivísio, -ónis, *f.,* lat.; die Unterabteilung, Zwischenkategorie zw. Divisio u. Phylum, s. d.

súber, -eris, *n.,* lat., der Kork, die Korkeiche.
Suberítes, *m.,* lat. *suber* der Kork, *-ites* (Suffix), Ähnlichkeit bezeichnend; Gen. der Suberitidae (Korkschwämme), Monaxonida (Hadromerida). Spec.: *S. carnosus* (weit verbreitet); *S. domuncula,* Häuschenschwamm (umwächst leere, vom Einsiedlerkrebs bewohnte Schneckenhäuser, Name!).
Subfamília, *f.,* lat.; die Unterfamilie; 1. Kategorie der Familiengruppe, untergeordnet der Familie; 2. einzelnes Taxon der Kategorie „Unterfamilie", z. B. Muscinae, Apinae. – Die Namensbildung erfolgt durch Anfügung der Endung *-inae* an den Stamm des Namens derjenigen Gattung, die als Typus gilt.
subfasciátus, -a, -um, neulat., schwach gebändert; s. *Zabrótes.*
subfossil, s. fossil; älter als rezent, etwa gleich prähistorisch, zwischen rezent u. fossil vermittelnd, aber ohne genaue Abgrenzung.
Subgenitalplatte, die; 1. das prägenitale Sternum: meistens bei Weibchen das des 8., bei Männchen das des 9. Hinterleibssegments. 2. In der taxonomischen Praxis wird oft der Begriff eingeengt auf das ± abgeänderte Sternit, weil dieses als Teil des „prägen. Sternum" vielfach taxonomisch sehr bedeutungsvoll ist.
Subgenus, *n.,* Pl. **Subgenera**; die Untergattung (s. d.).
subgutturósus, -a, -um, lat., von *sub-* unter u. *guttur, -uris, n.,* die Kehle, Gurgel, *-osus* „reich an"; kropfhalsig, Kropf-; s. *Gazella.*
subjektives Synonym, *n.,* s. Synonym.
subkortikal, lat. *cortex, -icis, m.,* lat., die Rinde, Schale; unterhalb des Cortex cerebri (= Großhirnrinde) gelegene Teile des Gehirns.
subkután, s. *cutis;* unter der Haut, unter die Haut.
sublinguális, -is, -e, s. *língua;* unter der Zunge gelegen.
Sublitoral, das, lat. *litus, litoris, n.,* Ufer, Küste; Teil des Ufer- u. Küstenbereichs, der ständig unter Wasser bleibt.
submandibuláris, -is, -e, s. *mandibula;* unter dem Unterkiefer gelegen.
submaxilláris, -is, -e, s. *maxilla;* unter der Maxilla gelegen.
submentális, -is, -e, s. *méntum;* unter dem Kinn gelegen.
submucósus, -a, -um, s. *múcus;* unter der Schleimhaut liegend.
submusculáris, -is, -e, s. *músculus;* unter dem Muskel gelegen.
Subnormalphase, die, gr. *he phásis* die Erscheinung, Abschnitt; z. B. das relative Refraktärstadium, eine Phase der verminderten Erregbarkeit nach einer Erregung.
Subösophagealganglion, das, s. *oesóphagus,* s. *gánglion;* erstes, unterhalb des Schlundes gelegenes (einzelnes od. verschmolzenes), Ganglienpaar des Strickleiternervensystems der Artikulaten.
Subphýlum, *n.;* s. Phylum.
Subrégnum, *n.,* lat.; Pl.: Subregna; das Unterreich, Kategorienstufe unterhalb des Regnum u. oberhalb der Divisio; Subregna: Protozoa u. Metazoa.
subscapuláris, -is, -e, s. *scápula;* unter dem Schulterblatt liegend.
Subspécies, *f.,* lat.; die Unterart; 1. Kategorie der Artgruppe, die der Art untergeordnet ist; die niedrigste in den Intern. Nomenklatur-Regeln berücksichtigte Kategorie; 2. ein einzelnes Taxon der Kategorie „Unterart". – Der Unterart-Name ist das dritte Wort des Trinomens einer Unterart. Beispiel: *Certhia familiaris macrodactyla* Brehm.
subspezifischer Name, der; dritter Name in einem Trinomen.
substántia, -ae, *f.,* lat. *substáre* darunter stehen; die Substanz.
Substitut-Name, der; von lat. *substitúere* an die Stelle setzen, substituieren; Ersatzname, s. d.
subtendíneus, -a, -um, lat. *tendo* die Sehne; unter der Sehne liegend.
subthalamicus, -a, -um, gr. *ho thálamos* das Zimmer; unter dem Sehhügel gelegen.
subtilis, -is, -e, lat., fein, genau.
Subtribus, *f.*; 1. Rangstufe der Familiengruppe unterhalb der Tribus. 2. ein Taxon mit dem Rang S. Namen von S. haben die Endung *-ina.*
subula, -ae, *f.,* lat., Pfrieme, Ahle.
subulatus, -a, -um, mit Pfrieme od. Ahle versehen. Spec.: *Allotheutis subulata* (Cephalopoda).
Subungulata, *n.,* Pl., lat., mit hufähnlichen Bildungen versehen; Gruppe der Eutheria, in der die Klippschliefer, Elefanten u. Seekühe (Sirenen) zusammengefasst werden. Ihr gemeinsamer Ursprung gilt auf Grund der Ähnlichkeit ihrer eo- u. oligozänen Vorfahren als sicher. Die rezenten Vertreter besitzen noch spezielle Übereinstimmungen, sind jedoch äußerlich wenig ähnlich.
Succínea, *f.,* lat. *súccinum, -i,* der Bernstein; namentlicher Bezug auf die bernsteinähnliche Schalenfarbe; Gen. der Succineidae, Bernsteinschnecken, Stylommatophora. Spec.: *S. oblonga; S. putris.*
succus, -i, *m.,* lat., der Saft.
Suchtmittel, die, *n.,* Pl.; psychoaktive Substanzen, die im weitesten Sinn einen Zustand des Wohlbefindens (Euphorie) hervorrufen.

Beobachtungen über Tiere (Affen, Elefanten), die scheinbar gezielt Alkohol aus gegorenen Pflanzensäften zu sich genommen haben, liegen vor. Bei S.-Effekten kann es sich um rein psychogene Wirkungen handeln (typ. Rauschgifte), aber auch z. B. um die euphorisierende Wirkung einer Verminderung des Körpergewichtes, die zu einer Abhängigkeit von Abführmitteln führen kann. Die Verschreibung von S. (z. B. Morphin) durch den Arzt unterliegt der strengen Betäubungsmittelverordnung. Die meisten relevanten S. sind Pflanzeninhaltsstoffe (Cannabis, Haschisch, Marihuana, Meskalin) od. synthetisch hergestellte S. (LSD, Amphetamine, Ecstasy).

Suctória, *n.,* Pl., lat. *suctor* der Ansauger, von dem Verb. *súgere* an-, einsaugen, saugen, festhaften; Gruppe der Ciliata, Protozoa. Die S. sind sessil, nehmen ihre Nahrung durch Tentakeln auf; in ihrer Jugend sind sie bewimpert u. freischwimmend.

súdor, -óris, *m.,* lat., der Schweiß.

sudorifer, -era, -erum, lat. *férre* tragen; schweißleitend, schweißbringend.

Süßwasserpolyp, der; s. *Hydra.*

Süßwasserqualle, die; s. *Craspedacusta.*

suis, Genit. von lat. *sus* das Schwein; s. *Haematopinus.*

Sukzession, die, lat. *succedere* nachfolgen; Ablösung einer Organismengemeinschaft durch eine andere. Diese kann durch Klima, Boden od. durch die Lebensfähigkeit der Organismen selbst hervorgerufen werden.

sulcátus, -a, -um, lat. *sulcáre* furchen, *súlcus* die Furche; gefurcht, Furchen-. Spec.: *Acilius sulcatus,* Furchenschwimmer (Käfer); s. auch: *Testudo.*

sulcus, -i, *m.,* lat., die Furche.

Sulfonamide, die, Pl.; Zusammenfassung von Chemotherapeutika, die sich vom Sulfanilamid ableiten lassen.

sulphúreus (= sulfúreus), -a, -um, lat. *sulphur (sulfur), -uris* der Schwefel. Spec.: *Balaenoptera sulfurea,* Schwefelbauch (ein Finnwal).

sumatrénsis, -is, -e, lat., auf Sumatra (Sunda-Insel) vorkommend; s. *Dicerorhinus.*

Sumpfantilope, die; s. *Tragelaphus spekii.*

Sumpfbiber, der; s. *Myocastor.*

Sumpfdeckelschnecke, die; s. *Viviparus.*

Sumpfkrokodil, das; s. *Crocodilus.*

Sumpfmaus, die; s. *Microtus.*

Sumpfohreule, die; s. *Asio.*

Sumpfschildkröte, die; s. *Emys orbicularis.*

Sunda-Gavial, s. *Tomistom schlegeli.*

Supélla, *f.,* gebildet von lat. *supéllex, supellectilis* der Hausrat; Gen. der Nyctiboridae, Ordo Blattoidea, Schaben. Spec.: *S. supellectílium,* Möbel- od. Braunbandschabe (nach einem breiten, braunen Band auf den Flügeln).

supellectílium, Genit. Pl. zu lat. *supellex* der Hausrat; s. *Supella.*

super-, lat., über (in Zusammensetzungen gebraucht).

superbus, -a, -um, hervorragend, prächtig. Spec.: *Lophorina superba* (ein Paradiesvogel).

superciliáris, -is, -e, s. *cílium;* zur Augenbraue gehörig.

supercílium, -ii, *n.,* s. *cílium;* die Augenbraue; eigtl. das über dem Augenlid liegende.

Superfamília, *f.,* lat. *super* über; die „Überfamilie"; 1. eine Kategorie der Familiengruppe oberhalb der Familie; die höchste in den Intern. Regeln berücksichtigte Kategorie; 2. ein einzelnes Taxon der Kategorie „Superfamilia", z. B. Muscoidea.

superficiális, -is, -e, s. *facies;* an der Oberfläche gelegen.

superfizielle Furchung, die; Furchungstyp dotterreicher zentrolezithaler Insekteneier, bei dem sich der im Eiinneren liegende Eikern teilt und anschließend die Tochterkerne in das periphere Periplasma wandern. Kerne und Periplasma grenzen sich dann gegeneinander zu Blastodermzellen ab.

supérior, -ior, -ius, lat., Komparativ von *superus* bzw. *supra;* weiter oben liegend. Superlativ: *suprémus* od. *summus.*

Superordo, *m.,* die; Überordnung, systemat. Hilfskategorie bzw. Ordo u. Classis (zur Koordinierung verwandter Ordines).

Superparasitismus, der; überzähliger Parasitismus (starker Parasitenbefall), Zusammentreffen mehrerer Parasitenexemplare derselben Art auf bzw. in demselben Wirt, z. B. als Folge mehrfacher Eiablage durch Weibchen von parasitären Insekten.

Superpositionsauge, das, lat. *positio, -ónis, f.,* die Stelle, Lage; Überlagerung der von mehreren Linsen entworfenen Bildpunkte im Empfangsapparat jedes einzelnen Teilauges; Facettenauge, vorzugsweise bei Arthropoden vorkommend, setzt sich aus einer unterschiedlichen Zahl von Einzelaugen (Ommatidien) zusammen; ist für nachtaktive Insekten u. verschiedene höhere Krebse charakteristisch.

Superspecies, *f.;* Über- od. Großart als systematische (Hilfs-)Kategorie zw. Species u. Genus; nahezu identisch mit Subgenus, jedoch mehr zu Species tendierend bzw. in die Artgruppe einzuordnen, differenzierte (formenreiche) Art; von manchen Autoren z. B. bei *Papio* angewandt.

supinátor, -óris, *m.,* lat., der Aufwärtsdreher; Supination: Drehbewegung der Hand bzw. des

Fußes bei gleichzeitiger Hebung des inneren Handballens bzw. Fußrandes.

Suppenschildkröte, die, s. *Chelonia mydas.*

suppurátus, -a, -um, lat. *suppuráre* forteitern, eitern; eitrig, mit Eiter versehen.

supra-, lat., oberhalb von (in Zusammensetzungen).

supragenerisch, lat. *supra* oberhalb; bezeichnet ein Taxon mit höherem als Gattungsrang.

Supraösophagealganglion, das, s. oesophagus, s. Ganglion; Ganglion bzw. Ganglienkomplex von wirbellosen Tieren, das dorsal der Vorderdarm-Mundregion gelegen ist; es entspricht meist dem Cerebralganglion od. Gehirn.

suprarenális, -is, -e, lat., über der Niere gelegen.

suprascapularis, -is, -e, lat. *scapula* das Schulterblatt; über dem Schulterblatt liegend.

suprémus, -a, -um, lat. Superl. von *súperus;* der höchste, oberste.

súra, -ae, *f.,* lat., die Wade.

surális, -is, -e, s. *sura;* zur Wade gehörig, wadenartig.

Suricata, *f.,* latin. Name der in S-Afrika beheimateten kleinen Schleichkatzen; Gen. der Vivérridae, Carnivora. Spec.: *S. tetradáctyla,* Surikate od. Erdmännchen.

surinaménsis, -is, -e, neulat., surinamisch, aus Surinam (Niederländisch-Guayana, Süd-Amerika) stammend; s. *Pycnoscelus.*

Surinamschabe, die, s. *Pycnoscelus.*

surmulétus, latin. von franz. *mulet,* die Barbe bzw. von *surmulet* noch über die Barbe, nämlich an Größe; s. *Mullus.*

Súrnia, *f.;* Gen. der Strigidae, Eulen, Ordo Strigiformes. Spec.: *S. úlula,* Sperbereule.

Sus, *m.,* (u. *f.*), lat. *sus, suis* das Schwein; Gen. der Suidae, Schweine, Nonruminantia, Artiodactyla. Spec.: *S. scrofa,* Europäisches Wildschwein (mit 32 Subspec., z. B.: *S. s. scrofa,* Wildschwein; *S. s. doméstica,* Hausschwein; *S. s. meridionalis,* Sardenschwein; *S. s. vittatus,* Bindenschwein, SO-Asien); *S. verrucosus,* Pustel-Warzenschwein; *S. cristatus,* Vorderindisches Wildschwein.

suslicus, Art(bei)name des Perlziesels *Citellus suslicus;* sprachliche Erklärung ungewiss, jedoch in Verbindung mit *sus* das Schwein zu sehen, weil vielleicht von weitem die Perlziesel Frischlingen (kleinen Ferkeln des Wildschweins) ähnlich sahen bzw. mit diesen (fälschlich) verwechselt wurden od. an diese ± erinnerten; folglich ± als Phantasiename zu werten.

suspectus, -us, *m.,* lat., der Aufblick, auch: die Bewunderung.

suspectus, -a, -um, lat., mit Argwohn betrachtet; s. *Heloderma.*

Suspension, die, lat. *suspéndere* aufhängen, schweben lassen; 1. schwebende Aufhängung; 2. Aufschwemmung sehr feiner Teilchen in einer Flüssigkeit.

suspensórius, -a, -um, lat. *suspéndere* aufhängen; zum Aufhängen geeignet.

sutúra, -ae, *f.,* lat. *súere* nähen; die Naht; Verwachsungslinie; Sutura.

svécicus, -a, -um, latin., schwedisch; s. *Luscinia.*

Swammerdam, Jan, Arzt und Naturforscher; geb. 12. 2. 1637 Amsterdam, gest. 15. 2. 1680 ebd.; bedeutende Beiträge zur Entwicklung der Mikroskopie, vor allem der mikroskopischen Anatomie (rote Blutkörperchen, Lymphgefäßklappen etc.) und über Kleinlebewesen, vor allem Insekten („Biblia Naturae" 1737/38 in 2 Bdn. hrsg. von Boerhave).

Sýcon, *n.,* gr. *to sýkon* die Feige, wegen der Körperform; Gen. der Calcispongia; wegen spezieller Merkmale als Typus, s. Syconen, bezeichnet. Spec.: *S. ciliatum.*

Sycónen, die; Gruppe der Calcarea; die Vertreter des *Sycon*-Typus haben ein diskontinuierliches, auf die Divertikelröhren des Zentralraumes beschränktes Choanocyten-Epithel; Genera: *Sycetta; Sycon.*

sycophánta, -ae, *m.,* u. *f.,* gr./latin., „Feigenanzeiger", geheimer Auflauerer; eigtl.: Leute, die in Attika diejenigen anzeigten *(phaínein),* die gegen das Verbot Feigen *(sýkon)* ausführten; s. *Calosóma.*

sylvánus, -a, -um, lat. *sylva = silva* der Wald; im Wald lebend, Wald-; s. *Macaca.*

sylváticus, -a, -um, lat., im Walde lebend.

Symbion pandora, gr. *he symbiosis* das Zusammenleben, lat. *pando* gekrümmt; neues Taxon der acoelomaten Bilatera, das P. Funch u. R. M. Kristensen Cycliophora nennen.

Symbióse, die, gr. *he symbíosis* das Zusammenleben; das gesetzmäßige Zusammenleben von Organismen verschiedener Arten zum gegenseitigen mehr od. weniger gleichwertigen Nutzen.

Sympädium, das, gr. *sym-* zusammen, *ho, he pais, paidós* das Kind; Kinderfamilie; das Zusammenleben der Geschwister im juvenilen od. Jugendstadium (Raupen beispielsweise eines Geleges; z. B. auch bei multiparen Säugetieren häufig).

Sympathikus, der, lat. *sympáthicus, -i, m.,* gr. *sympathés* mitleidig; Pars sympathica des vegetativen Nervensystems: Grenzstrang mit den zugehörigen vegetativen Nervenfasern, Geflechten u. peripheren Ganglien. Die präganglionären Neurone des Sympathicus sind durchwegs cholinerg, die postganglionären mit einigen Ausnahmen adrenerg.

Sympathomimeticum, *n., gr. miméomāi* ahme nach; Pl. Sympathomimetika: adrenerge Substanzen, Pharmaka, die an den sympathischen Erfolgsorganen (im Sinne einer Sympathicuserregung) wirksam sind. Direkt wirkende Sympathomimetika wirken wie Adrenalin auf die postsynaptischen Rezeptoren der Effektorzellen, indirekt wirkende S. (wie Amphetamin z. B.) setzen dagegen präsynaptisch das Noradrenalin frei, das wiederum mit den sympathischen Rezeptoren reagiert.

Sympecma, *f.*, hergeleitet von gr. *sym* u. *pékein* kämmen, scheren; Winterlibellen, Gen. der Lestidae (Teichjungfern), Zytoptera (Kleinlibellen), Odonata. Kleinlibellen mit langgestrecktem Flügelmal; schlüpfen im Frühsommer, sommern u. überwintern juvenil, Eiablage erst im Frühjahr in vorjährige Pflanzenteile. Spec.: *S. fusca*, Gemeine Winterlibelle.

Sympetrum, *n.*, gr. *ho pétros* der Stein, aber auch Bild der Festigkeit; namentlich beziehbar auf die „feste Vereinigung" bei der Begattung als „Kopulationsrad"; Gen. der Libellulidae, Segellibellen, Anisoptera, Odonata. Spec.: *S. vulgatum,* Gemeine Heidelibelle.

Symphagium, das, gr. *ho phagos* das Fressen; Fressgemeinschaft verschiedener Tierarten (z. B. Aasfresser am Kadaver).

Symphalángus, *m.*, gr. *he phálanx, phálangos* die Reihe, das Glied in der Reihe; der Name nimmt Bezug auf die bis zur Hälfte miteinander verwachsenen Mittel- u. Zeigefinger (Phalangen); Gen. der Hylobatidae (Gibbons, Langarmaffen), Anthropomorpha, Catarhina, Simiae, Primates. Spec.: *S. syndáctylus,* Siamang.

Symphílen, die, von gr. *symphilēin* die Liebe mit jemandem teilen, mit od. gemeinsam lieben; die echten Gäste in den Nestern staatenbildender Insekten, die von den Wirtstieren nicht nur geduldet (Synöken), sondern sogar gefüttert u. gepflegt werden; vgl. Myrmekophilie.

Symphorismus, der, gr. syn- gemeinsam, *phoreo* trage; ständiger Aufenthalt eines „Aufsiedlers" (Symphoriont) auf der Oberfläche eines anderen Tieres. Ist der Symphoriont beweglich, liegt ein vagiler Symphorismus vor (z. B. Mallophagen als Vertreter). Sessile Symphorionten sind dagegen z. B. der Hydroidpolyp *Podocorella minoi* auf dem Scorpaeniden *Minous inermis* od. bestimmte sesshafte Ciliaten auf dem Käfer *Helochares lividus.*

symphysiális, -is, -e, lat., zur Schambeinfuge gehörig.

sýmphysis, -is, *f., gr. symphýesthai* zusammenwachsen; die Verwachsung, die Schambeinfuge.

Symphýsodon, *m.*, von gr. *sýmphytos* verwachsen, vereint (Bezug zum gemeinsamen Überwachen beider Eltern des Laiches); Gen. der Cichlidae (Buntbarsche), Perciformes, Teleostei. Spec.: *S. discus (S. aequifasciáta),* Diskusbuntbarsch.

Symplesiomorphie, die, gr. *sym-, syn-* zusammen, *plesío* benachbart, nahe, *he morphé* die Gestalt; ursprüngliches homologes Merkmal (Merkmalsausprägung), das auch außerhalb (benachbart) eines Monophylums vorkommt. Beispiel: Chitin-Protein-Cuticula der Crustaceen u. Antennaten. Diese kommt auch außerhalb der Mandibulaten bei allen anderen Arthropoden vor.

Sympodíe, die, gr. *syn-* mit, *ho pus, podós* der Fuß; Missgeburt (Sympus) mit Vereinigung beider Beine.

Synagóga, *f.*, gr. *he synagōgé* die Synagoge, hat offensichtlich Bezug zu dem (bei den Weibchen) aufgetriebenen Carapax (Mantel); Gen. der Synagógidae, Ascothoracida. Spec.: *S. mira.*

Synapomorphie, die, gr. *syn-* zusammen, *apo-* von, weg, fort, *he morphé* die Gestalt; ein abgeleitetes, homologes Merkmal (od. die Merkmalsausprägung), das nur in den Teilgruppen eines Monophylums vorkommt. S.n begründen die Zugehörigkeit von Einzeltaxa zu einem Monophylum. Beispiel: Chitin-Protein-Cuticula, ein synapomorphes Merkmal der Onychophora u. Euarthropoda.

Synápse, die, gr. *he sýnapsis* die Verbindung; Kontaktstelle zw. 2 Neuronen od. zw. Sinneszelle u. Neuron od. zw. Neuron u. Muskelzelle bzw. dem Erfolgsorgan. Man unterscheidet Synapsen mit elektrischer von Synapsen mit chemischer Übertragung.

synaptische Vesikel, *f.*, s. *vesícula;* zytoplasmatische Bläschen präsynaptischer Endigungen (= synapt. Bläschen). Sie enthalten vermutl. die Überträgerstoffe (= Transmitter) od. deren (inaktive) Vorstufen.

synaptischer Zwischenraum, *m.;* allgem. Spaltraum zw. der prä- u. postsynaptischen Membran.

Synascidien, die; koloniebildende Ascidiae, s. d.

Syncérus, *m.*, gr. *synkerós,* verwachsen hörnig (an der Basis/Stirn); typisch die an der Basis zwiebelförmig verdickten (Afrika) oder im Querschnitt kantigen Hörner (Asien); Gen. der Bóvidae. Spec./Ssp.: *S. caffer caffer,* Kaffernbüffel, Afrikan. Wild- od. Schwarzbüffel (nicht zähmbar); *S. caffer nanus,* Rot- od. Waldbüffel (W-Afrika). – (Kaffer = Bewohner des Kaffernlandes, S-/SO-Afrika).

synchondrósis, -is, *f.*, gr. *syn-* zusammen mit, *ho chóndros* der Knorpel; die Verbindung zweier Knochen durch Knorpel.

Synchorologie, die, gr. *he chṓra* der Raum, *ho lógos* die Lehre; Lehre von der Verbreitung der Lebewesen auf der Erde.

Synchromatismus, der, gr. *to chróma* die Farbe; das farbliche Eingepasstsein der Pflanzen und Tiere in ihre Umgebung.

synchron, gr. *ho chrónos* die Zeit; gleichzeitig, gleichlaufend.

syndáctylus, *m.*, gr. *ho dáktylos* der Finger; „gemeinsamer Finger"; mit verwachsenen Fingern; s. *Symphalángus.*

Syndaktylie, die; Verwachsung bzw. Nichttrennung von Zehen- od. Fingeranlagen.

Syndesmóse, die, gr. *ho desmós* das Band; die Verbindung durch Bänder.

Syndróm, das, gr. *ho drómos* der Lauf; Komplex von für ein Krankheitsbild typischen und gleichzeitig zusammen auftretenden Symptomen; kurz: Symptomen-Komplex od. das gleichzeitige Auftreten von Krankheitserscheinungen.

Synechthren, die, gr. *echthrós* verhasst, feindlich; als Subst.: der Gegner, Feind; die feindlich verfolgten Einmieter in den Nestern staatenbildender Insekten, meist Bruträuber; vgl. Myrmekophilie, Inquilinen.

synergétisch, gr. *to érgon* das Werk, die Arbeit; zusammen arbeitend, in einer Richtung gemeinsam wirkend.

Synergisten, die; 1.: organische bzw. anorganische Nahrungs- od. Futter- bzw. Körperbestandteile, die die Wirkung lebensnotwendiger Mengen- u. Spurenelemente vergrößern; 2. Muskeln, die „zusammenarbeiten".

Syngámus, *m.*, gr. *syn* zusammen, *ho gámos* die Ehe, Vereinigung; Luftröhrenwürmer, Gen. der Syngamidae, Strongylidea. Blutsaugende Fadenwürmer, deren Männchen sich mit den Weibchen in Dauerkopulation befinden. In der Trachea der Hühner, Fasanen u. anderer Vögel schmarotzend. Spec.: *S. bronchialis* (Wirte: Wildgänge u. -engen; Europa, Nordamerika); *S. trachea* (Wirte: Hausgeflügel u. zahlreiche Wildvögel; Kosmopolit).

Syngnathiformes, *f.*, Pl., aus *Syngnathus* u. *-formes;* typisch: röhrenförmige Schnauze zum Einsaugen kleiner Beutetiere, fester Hautpanzer aus Knochenplatten bei einigen Familien; Büschelkiemer, Gruppe (Ordo) der Osteichthyes; mit den Familien: Macrorhamphosidae (Schnepfenfische) u. Syngnathidae (Seenadeln u. Seepferdchen).

Syngnathus, *m.*, gr. *syn* zusammen, *he gnáthos* Kinnbacken, Kinnlade; mit sehr enger Kiemenöffnung u. langgestrecktem Körper, Männchen mit Bruttasche an der Bauchseite. Gen. der Syngnathidae, Seenadeln, Teleostii. Spec.: *S. acus,* (Gemeine) Seenadel.

Synodóntis, *m.*, Name eines Nilfisches in der Antike; Gen. der Mochocidae (Fiederbartwelse), Cypriniformes, Teleostei. Spec.: *S. nigriventris,* Fiederbartwels (Rückenschwimmender Kongowels), bei dem der „Bauch dunkler" (Name!) pigmentiert ist als der Rücken.

Synöken, die, gr. *ho oĩkos* die Wohnung, das Haus, der Standort; die indifferenten u. daher geduldeten Einmieter in den Nestern staatenbildender Insekten, die überwiegend von Abfällen leben; vgl. Myrmekophilie, Inquilínen.

Synökologie, die; Teilgebiet der Ökologie, das die Lebensgemeinschaften (Biozönosen) erforscht. Die ökologisch u. organismisch bestehende gesetzmäßige Ordnung sichert den Bestand der Biozönose, auch wenn ihre Teile, die einzelnen Lebewesen, ± kurz- od. langlebig ausgewechselt werden. Die durch spezifische Abhängigkeits- u. Wirkungsbereiche gekennzeichneten Tierarten können nur dann in einem Ökosystem dauerhaft existieren, wenn die Umwelt die Existenzbedingungen (abiotische, biotische Faktoren, Habitate) für die jeweilige Art in allen ihren Stadien bietet u. die normale Vermehrung ermöglicht. Vgl. Demökologie; vgl. Autökologie.

Synözie, die; s. Synöken.

Synoným, das, gr. *synónymos* von gleichem Namen, *to synónyma* gleicher Name; Nebenname od. ein jeder von zwei od. mehr Namen, die sich auf dasselbe Taxon beziehen. Die Adjektive „älter" od. „früher" nehmen Bezug auf den vergleichsweisen Zeitpunkt der Veröffentlichung von zwei S.en; man unterscheidet ferner: 1. objektives S., jedes von zwei od. mehreren S.en, das auf demselben Typus beruht; 2. subjektives S.; jedes von zwei od. mehreren S., die auf verschiedenen Typen beruhen, von denen aber diejenigen Zoologen, die sie für S.e. erachten, annehmen, dass sie sich auf dasselbe Taxon beziehen. – Nomenklatorisch gültig ist der älteste Name, soweit die in den „Intern. Regeln für die Zool. Nomenkl." festgelegten Voraussetzungen erfüllt sind.

Synonymie, die; 1. die Beziehung zw. verschiedenen Namen, die das gleiche Taxon bezeichnen; 2. eine Liste von Synonymen, die für ein bestimmtes Taxon benutzt werden.

Synopsis, die, gr.; Übersicht; zusammenfassende bzw. vergleichende Übersicht.

synostósis, -is, *f.*, gr. *syn-* zusammen mit, *to ostéon* der Knochen; die Verbindung zweier Knochen durch Knochensubstanz.
Synóvia, die, gr., s. *ovum;* die Gelenkschmiere; s. Schleimbeutel.
synoviális, -is, -e, lat., zur Gelenkschmiere gehörig bzw. mit ihr gefüllt.
Sýntypus, der, gr. *ho týpos,* wörtlich: gemeinsamer Typ; ein jedes Exemplar einer Typusserie, innerhalb der kein Holotypus festgelegt worden ist.
Synusíe, die, gr. *synoysiázein* zusammensein, vereint sein; „Vereinigung", gemeinsames Leben (Vorkommen); charakteristische, typische Gemeinschaft von Organismen in einem Gebiet (Areal) innerhalb übergeordneter Lebensräume.
Synzýtium, das, gr. *to kýtos* der Hohlraum, die Zelle; vielkerniger, zellgrenzenloser Plasmabereich, der durch Verschmelzung von Einzelzellen od. durch Ausbleiben der Zytokinese entsteht. Beispiel: epidermales S. der Rotatorien.
Syrinx, die, gr. *he sýrinx, -ngos* die Röhre, die Flöte; einer Flöte vergleichbar ist die Syrinx der Vögel. Diese häufig als Stimmorgan fungierende Differenzierung liegt unterhalb des eigentlichen Kehlkopfs (Larynx) an der Teilungsstelle der Trachea in die beiden Bronchien.
Syromástes, *m.*, gr. *sýrēin* ziehen, fortschleppen u. *ho mastós* die Brust; Gen. der Coréidae, Heteroptera, Geocorisae. Spec.: *S. rhombeus,* Rautenförmige Randwanze.
Syrphus, gr. *syrphos* od. *serphos* kleines geflügeltes Insekt; zu den Brachycera (Fliegen), Cyclorrapha, Syrphidae – Schwebfliegen gehörig. Spec.: *Syrphus corollae.*
System, das, gr. *to sýstema, -atos,* latin. *systéma* geordnete Aufstellung, System; 1. allgemein: die Ordnung, die geordnete Darstellung, das Ordnungsgefüge; in der Systemtheorie unterscheidet man: geschlossene Systeme (ohne Stoffaustausch mit der Umwelt) und offene Systeme (mit Stoff- u. Energieaustausch zur bzw. von der Umwelt); 2. in der Taxonomie bzw. Systematik ein System, in das jedes Lebewesen auf Grund seiner Merkmale möglichst bei Widerspiegelung der stammesgeschichtlichen Entwicklung an einer bestimmten Stelle eingeordnet werden kann. Gegliedert wird mit Hilfe einer Folge von über- bzw. untergeordneten Kategorienstufen, s. d.; prinzipiell werden mehrere Taxa gleicher Kategorien- od. Rangstufen zu einem Taxon, s. d., der nächst höheren Kategorienstufe zusammengefasst. – Man unterscheidet: künstliche, natürliche u. phylogenetische Systeme.
System, abgeschlossenes, das; System, das isoliert ist u. weder Energie noch Materie mit seiner Umgebung austauscht.
Systemátik, die; Lehre von der Klassifikation der Organismen; Wissenschaftszweig der Speziellen Zoologie, s. d., der die Beschreibung, Benennung (Nomenklatur, s. d.), Ordnung der Taxa in ein System anstrebt, welches die stammesgeschichtliche Entwicklung widerspiegelt (phylogenetische Systematik); eng verbunden mit: Taxonomie, s. d.
Systemische Mittel, die; Insektizide (Präparate zur Schadinsektenbekämpfung) u. Akarizide (Milbenbekämpfungspräparate), die vom Wirtsorganismus aufgenommen u. ohne Schädigung vertragen werden, aber die Parasiten töten.
Sýstole, die, gr. *systéllein* zusammenziehen; das „Zusammenziehen" des Herzmuskels od. auch der pulsierenden Vakuole.
Syzygie, die, gr. *syn-* zusammen, *zýgios* ins Joch gespannt; Paarbildung von Gamonten, die bereits vor der Beendigung ihrer Wachstumsphase erfolgt, z. B. bei *Gregarina* sp.

T

tabáci, Genit. zu neulat. *tabacus* der Tabak; s. *Catorama.*
Tabakkäfer, der; s. *Catorama;* s. *Lasioderma.*
Tabakspfeifenfisch, der; s. *Fistularia.*
Tabánus, *m.*, lat. *tabanus* die Bremse, Stechfliege (bei Plinius); Gen. der Tabánidae, Bremsen. Spec.: *T. bovinus,* Rinderbremse.
tábula, -ae, *f.*, lat., die Tafel, das Brett.
tabulátus, -a, -um, lat., getäfelt; s. *Testudo.*
Tachínidae, *f.*, Pl., gr. *tachinós* und *tachýs* schnell; Raupenfliegen, Fam. der Diptera; Larven endoparasitisch in Larven anderer Insekten, besonders Lepidoptera, Coleoptera, Orthoptera, Hymenoptera; viele Arten bedeutsam für die biologische Schädlingsbekämpfung. Die Larven schmarotzen in anderen Insekten, an deren Außenseite die Fliege ihre Eier ablegt; erwachsen bohren sie sich aus dem Wirt heraus, verpuppen sich in der Erde. Als Endoparasitoide spielen sie eine große ökologische Rolle: Eiablage am Wirt, die zuerst endoparasitische Larve tötet später den Wirt. Genere: z. B.: *Tachina, Echinomyia* (s. d.).
tachinoídes, *f.*, gr. *tachinós = tachýs* schnell; eigentl.: der Tachina (Schnellfliege) ähnlich; s. *Glossina.*
Tachygénesis, *f.;* gr. *tachýs* schnell, *he génesis* die Entstehung, Entwicklung; eine sukzessive Abkürzung („Schnellentwicklung") der Ontogenese durch Fortfall einzelner Stadien; s. Abbreviation; s. Neotenie.

Tachyglóssus, *m.,* gr. *tachýs* u. *he glóssa* die Zunge, wörtl.: „Schnellzüngler"; Gen. der Tachyglossidae, Ameisenigel, Monotremata, Prototheria (s. d.). Spec.: *T. aculeatus (= Echidna hystrix),* Australischer Ameisenigel, Kurzschnabel-Ameisenigel.

Tachykardie, die, gr. *he kordía* das Herz; sehr schneller Herzschlag, Erhöhung der Herzfrequenz (beim Menschen über 100 Kontraktionen pro min).

Tachýpnoë, die, gr. *pnē̓in* atmen, wehen; beschleunigter Atem, Atmungsbeschleunigung.

táctilis, -is, -e, lat., berührbar, zum Gefühl gehörig.

táctus, -us, *m.,* lat. *tángere* berühren; die Berührung, das Gefühl.

Tadorne, *f.;* Gen. der Anatidae, Entenvögel; Name dieses Vogels bei Belon. Spec.: *T. tadorna,* Brandgans (od. auch oft: Brandente); *T. variegata,* Paradieskasarka (mit insgesamt buntscheckigem aber vorherrschend rostrotem Gefieder).

taenia, -ae, *f.,* gr. *he tainía* das Band, die Binde (bei Aristoteles), lat. *taenia* (bei Plinius); Genus-Name: s. *Taenia;* Artname: s. *Cobitis.*

Taenia, *f.;* Gen. der Taeníidae, Bandwürmer, Cyclophyllídea, Plathelmínthes. Spec.: *T. solium,* Schweinebandwurm; *T. saginata,* Rinderbandwurm.

taeniogloss, gr. *he glō̓ssa* die Zunge, „Bandzunge"; Radula-Typ (s. d.), neben dem Zentralzähnchen auf jeder Seite 1 Lateral- u. 2 Marginalzähnchen (bei den meisten Mesogastropoda); Radula taenioglossa.

taeníopus, lat., mit Streifen (Band = lat. *taenia*), am Fuß (gr. *pus*).

Täniose (Taeniasis), die; durch Befall mit Arten der Gattung *Taenia* verursachte Helminthose der Fleischfresser u. auch des Menschen. Infektion über den Verzehr finniger Zwischenwirte od. finnentragender Teile derselben.

Tafelente, die; s. *Nyroca.*

Tagma, das, *f.,* gr. *to tágma* Heeresabteilung, Ordnung; Tagmata (Pl.) sind Segmentgruppen, die durch Vereinigung von Körpersegmenten entstehen (beispielsweise bei Arthropoden).

Tagpfauenauge, das; s. *Vanessa.*

Talapoin, s. *Miopithecus talapoin.*

taláris, -is, -e, lat., zum Sprungbein gehörig.

Talbot, William Henry Fox, geb. 11. 2. 1800 Lacock Abbey (Wiltshire), gest. 17. 9. 1877 ebd.; Physiker u. Chemiker; bedeutende Arbeiten zur physiol. Optik, zur Entwicklung der Photographie u. zur Entzifferung der babylonischen Keilschrift. T. konstruierte das erste Polarisationsmikroskop.

Talpa, *f.,* lat. *talpa* der Maulwurf; Gen. der Tálpidae, Maulwürfe, Insectivora; fossil seit dem Miozän bekannt. Spec.: *T. europaea,* Europäischer Maulwurf.

tálpae, Genit. zu lat. *talpa,* s. o.; s. *Hystrichopsylla.*

tálus, -i, *m.,* der Knöchel, Würfel; Talus: das Würfel- od. Sprungbein, ein Knochen der Fußwurzel der Säuger; Syn.: Astrágalus.

Tamándua, *f.,* latin. einheimischer Name des in Brasilien, Paraguay vorkommenden Ameisenbären; Gen. der Myrmecophagidae, Xenarthra. Spec.: *T. tetradactyla,* T. od. Caguare.

Tamarínus, *m.,* latin. einheimischer Name aus dem Verbreitungsgebiet (Norden v. Südamerika; z. B. Peru bis Mittelamerika); Gen. der Callitrícidae, Krallenäffchen, Ordo Primates. Spec.: *T. imperator,* Kaiserschnurrbart-Tamarin (mit schneeweißem, lang herabhängendem Schnauzbart).

Támias, *m.,* gr. *ho tamías* der Verwalter, Wirtschafter, Obwalter, *to tamiē̓ion* die Vorrats-, Schatzkammer; gekennzeichnet u. a. durch das Vorhandensein von einem Paar innerer Backentaschen, namentlicher Bezug zu der Erdhöhlenbewohnung mit Ruhenesthöhle u. Seitengängen als Vorratskammern; Gen. der Sciúridae (Hörnchen), Rodentia. Spec.: *T. striatus,* Backenhörnchen, Gestreiftes Backenhörnchen, Streifenhörnchen; *T. támias* (in N-Amerika; Schäden insbes. an Mais-, Weizenfeldern); *T. sibiricus,* Sibir. Backen-, Eurasisches Erdhörnchen, Burunduk (N-Asien, NO-Europa). – Nach dem 1. Weltkrieg relativ häufig in Zoolog. Gärten anzutreffen. Ihre vornehmlich als Pelzfutter verwendeten Fellchen sind geschätzt.

Tánaïs, *m.,* gr. *Tánaïs* alter Name des Flusses Don; Gen. der Tanaidae, Scherenasseln. Spec.: *T. vittátus.*

Taníchthys, *f.,* gr. *tán* Freund (als Anrede), *ho* u. *he ichthys* der Fisch; friedlicher (geselliger) Schwarmfisch; „Tan"-Fisch (in S-China); Gen. der Cyprinidae, Cypriniformes. Spec.: *T. albonúbes,* Kardinalfisch.

Tannenhäher, der; s. *Nucifraga.*

tapétum, -i, *n.,* lat., der Teppich, der Wandbehang.

Tapíridae, *f.,* Pl., s. *Tapirus;* Fam. der Ceratomorpha, Perissodactyla (s. d.). Die rezenten Formen haben vorn 4, hinten 3 Zehen; Rüssel kurz ausgebildet.

Tapirus, *m.,* latin. von Tapir, dem südamerikanischen Namen des Tieres; Gen. der Tapiridae, Tapire; fossil sicher seit dem Pliozän, aber wohl schon im Oligozän aufgetreten. Spec.: *T. terrestris,* Flachlandtapir; *T. pincha-*

que (pinchacus), Andentapir; *T. indicus,* Schabrackentapir, Indischer Tapir.
tarándus, gr. *ho tárandos* Rentier; s. *Rangifer.*
Tarantel, die, s. *Lycosa.*
Tarántula, *f.,* ital. *tarántola,* nach der Stadt Tarent (ital. auch Taranto) benannt; bezeichnet eigtl. eine in Italien lebende Spinnenart; Gen. der Tarantúlidae (Geißelskorpione), Ordo Pedipalpi; Syn.: *Phrynus;* mit Pedipalpen, die einen Fangkorb bilden, häufig im tropischen Amerika (Brasilien).
Tardigrada, *n.,* Pl., lat.; Bärtierchen, Gruppe der Articulata mit ca. 180 Arten; winzige Tiere mit walzenförmigem Körper, der jederseits 4 stummelförmige, meist in Krallen endende Laufbeine trägt; aus dem Mund sind ein Paar spitze Stilette zum Anstechen der Nahrung hervorschiebbar. Ihr Hauptlebensraum sind vergängliche Wasseransammlungen von Pflanzenpolstern, insbes. Moosrasen. Trockenperioden überdauern sie im Zustand der Anabiose. Mehrere Species im Süßwasser, einige im Meer, z. T. als Ectoparasiten.
tardígradus, -a, -um, lat., mit langsamem *(tardus)* Schritt *(gradus).*
tárdus, -a, -um, lat., bedächtig, schwerfällig, träge, langsam. Spec.: *Otis tarda,* Großtrappe.
Taréntola, *f.,* gebildet nach Tarent (ital. *Tarento*), Stadt in Unteritalien; Gen. der Geckónidae, Haftzeher, Geckonen, Fam. der Eidechsen. Spec.: *T. mauritanica,* Mauergecko (im Mittelmeergebiet an Häusern, Mauern); *T. annularis,* Ringgecko (Ägypten, Nordostafrika).
taréntula, s. *Lycosa.*
Target-Organ, das, engl. *target* die (Schieß-) Scheibe, (Ziel-) Scheibe, das Ziel; Zielorgan.
Tarpan- der; s. das Wildpferd.
tarsális, -is, -e, lat., zum Augenlid gehörig.
tarséus, -a, -um, latin., zum Fußwurzelgelenk gehörig.
Tarsiiformes, *f.,* Pl., gr., s. *Tarsius,* s. *-formes;* Koboldmakiverwandte (Gespenst- od. Koboldmakis), Gruppe (Ordo) der Primates; Halbaffen. Die T. sind bipede Springer (mit langen Hinterbeinen, verlängerten Tarsi u. Haftballen an den Zehen); extrem große Augen; haemochoriale Placenta. Verbreitung im Eozän in Eurasien. Genus: *Tarsius,* s. d.
Társius, *m.,* gr. *ho tarsós* die Fußsohle, wegen der sehr verlängerten Fußwurzel (Tarsus); Gen. der Tarsiidae, Koboldmakis, Tarsiíformes (s. o.). Spec.: *T. tarsius (= spectrum),* Koboldmaki.
tarsus, -i, *m.,* lat., gr. *ho tarsós* die platte Fläche, das Fußblatt; 1. der Tarsus od. die Fußwurzel der höheren Vertebraten; die Fußwurzel umfasst beim Menschen folgende Knochen: Sprungbein (Talus), Fersenbein (Calcáneus), Kahnbein (Os naviculare), Würfelbein (Os cuboídeum), 3 Keilbeine (Ossa cuneifórmia); 2. Fuß des Insektenbeines, bestehend aus einer Reihe kleinerer Glieder; 3. die Bindegewebsplatte der Augenlider bei Säugern; vgl. Empodium.
Taschenberg, Ernst Ludwig, geb. 10. 1. 1818 Naumburg/S., gest. 20. 1. 1898 Halle/S.; Entomologe; seit 1856 Inspektor am Zoologischen Museum Halle/S., 1871 ao. Prof. Interessengebiete u. a.: Die Hymenopteren Deutschlands (1866).
Taschenkrebs, der; s. *Cancer.*
tataricus, -a, -um (auch: *tartaricus*), tatarisch, in der Tatarei (mittelalterl. Name für Inner-Hochasien) vorkommend; s. *Saiga,* s. *Eryx.*
Taube (Haus-), die; s. *Columba.*
Taubenfloh, der; s. *Ceratophyllus.*
Taubenzüchterkrankheit, die; entsteht beim Einatmen tierischer Antigene mit Proteincharakter im Umgang mit Tauben, Papageien, Hühner, Enten u. Gänsen.
Taumelkäfer, der; s. *Gyrinus.*
taurínus, -a, -um, lat., dem Rind *(taurus)* ähnlich; s. *Connochaētes.*
Taurótragus, *m.,* latin. *taurus* der Stier, Ochse u. *tragus* der Bock; Gen. der Bovidae, Rinder, Ordo Artiodactyla, Paarhuftiere. Spec.: *T. oryx,* Elen-Antilope, Eland (größte Antilopenart).
taurus, latin., Stier; s. *Bos.*
Tautonymie, die, gr. *tautó* derselbe, *to ónoma* der Name, die Benennung; buchstäbliche Identität von Gattungs- u. Artnamen, in der zoologischen Nomenklatur zulässig, in der botanischen dagegen nicht.
Tawara, Suano Kyushu, geb. 1873, gest. 1952; japanischer Pathologe; entdeckte zusammen mit Aschoff (1866–1942) den Aschoff-Tawara-Knoten im Leitungssystem des Herzens, z. B. beim Menschen.
Taxídea, latin. aus Dachs *(taxus),* eigentl.: der im Aussehen „Dachsähnliche“, gebildet aus *taxus* u. gr. *he idéa (= to ēídos)* das Aussehen; Gen. der Mustelidae, Canoidea, Carnivora. Spec.: *T. taxus,* Amerikanischer Dachs.
Taxien, die, gr. *he táxis* die Stellung; Lokomotionen frei beweglicher Lebewesen, die abhängig von der Reizrichtung erfolgen; z. B. bei schwimmenden Protozoen vor. Je nach Reizart werden z. B. unterschieden: Chemo-, Galvano-, Geo-, Photo-, Thigmotaxis.
Taxionomie, die; s. Taxonomie.
Taxon, das, Pl. **Taxa**, gr. *he táxis* die Stellung, Rangordnung, geordnete Aufstellung; Sippe, Gruppe, Systemeinheit verschiedener Rang-

stufe, wie Art, Gattung, Familie. Gruppe von Organismen von beliebiger Größe u. Rang, die sich von anderen Gruppen unterscheiden lässt u. die eine auf Verwandtschaft beruhende Einheit u. damit ein Element im System der Natur bildet. Jedes T. ist ein Monophylum. Z. B. bilden alle Individuen der Art *Fasciola hepatica*, alle Digenea, alle Plathelminthes, alle Bilateria u. alle Eukaryota jeweils ein T.

Taxonomie, die, gr. *to ónoma* der Name, die Benennung, das Wort; Wissenschaftszweig der Biologie; beschreibt und benennt die Lebewesen und ordnet sie nach ihrem Verwandtschaftsgrad zu natürlichen Gruppen in ein System; Syn: Taxionomie, Systematik, s. d.

taxus; s. Taxidea.

Tayássu, *m.;* einziges Gen. der Tayassuidae, Nabelschweine; Nonruminantia, Artiodactyla, Paarhuftiere. Spec.: *T. tajacu,* Halsbandpekari; *T. albirostris,* Bisamschwein od. Weißbartpekari (hat auf der Kruppenmitte eine nabelartig eingesenkte Drüsentasche, aus der bei der Paarung ein stark riechendes Sekret ausgeschieden wird; Vorkommen nur in Amerika).

Teália, *f.;* Gen. der Actiniária (s. d.). Spec.: *T. felina,* Dickhörnige Seerose.

tectum, -i, *n.,* lat. *tegere* bedecken; das Dach.

Teerkrebs, der; experimentell bei weißen Mäusen auszubilden, z. B. durch zweimaliges Betupfen mit Teer über mehrere Wochen lang an einer enthaarten Stelle. Dadurch kan ein echtes Hautkarzinom ausgelöst werden (vgl. Yamagiwa u. a. 1917).

Tegenária, *f.*, gr. *ho tégos* das Dach; Winkelspinnen, Gen. der Agelenidae, Trichternetzspinnen, Arachnida. Recht große Spinnen mit stark bestachelten u. behaarten Beinen, die große, dichte Netze mit beiderseits offener Wohnröhre fertigen, in deren horizontalem Abschnitt die Spinne auf Beute lauert. Einige Arten leben bevorzugt o. ausschließlich in Häusern. Spec.: *T. atrica; T. domestica* Hauswinkelspinne (12 mm, in Häusern, Kellern, Scheunen); Kosmopolit.

tegmentalis, -is, -e, zur Decke gehörend.

tegmentum, -i, lat. *tegere* decken; die Decke, Haube.

teguíxin, einheimischer Name für *Tupinambis teguixin,* der in M- u. im nördl. S-Amerika vorkommt.

Teichhuhn, das; s. *Gallinula.*

Teichmuschel, die; s. *Anodonta.*

Teilhard de Chardin, Pierre, geb. 1881 in Sarcenat, Dep. Puy-de-Dôme, gest. 1955 in New York; Anthropologe; seit 1899 Jesuit, 1905–1908 Doz. für Physik am Jesuiten-Kolleg in Kairo, ab 1922 Prof. für Geologie am Institut Catholique in Paris; 1926–1939 mehrere Forschungsreisen nach China (Entdeckung des *Sinanthropus pekinensis*) u. Afrika. Lit. „Der Mensch im Kosmos“, München 1959.

Teilzirkulation, die; s. Zirkulation, s. meromiktischer See.

Teju, verkürzter Name von *teguíxin;* Bänderteju (ist schwarz, hat 9–10 gelbliche Querbänder).

Tektin, das, gr. *tektós* geschmolzen; ein hornähnlicher, stickstoffhaltiger Stoff, der die Gehäuse mancher Radiolarien und Foraminiferen bildet.

tela, -ae, *f.,* lat., Gewebe, Spinngewebe. Spec.: *Eotetranychus telaris,* „Spinnmilbe“.

Telencephalon, das, gr. *to télos* das Ende, Ziel, (hier) das vordere Ende, *ho enképhalos* das Gehirn; Vorderhirn, Endhirn, der vordere Teil der Gehirnanlage, aus dem sich die Großhirnhemisphären entwickeln.

Teleologie, die, gr. *telos* Ziel, Zweck, *logos* Lehre; Zwecksinnigkeit, Zwecklehre.

teleonomisch, gr. *telos* das Ende, lat. *nomen* der Name; Ausdruck, der von Monod auf die Biologie übertragen wurde. Strukturen, Leistungen u. Tätigkeiten, die zum Erfolg eines biologischen Projektes beitragen, werden „teleonomisch“ genannt.

Teleóstei̇, Pl., gr. *to télos* die Vollendung, der Höhepunkt, bezogen auf das vollständig verknöcherte Skelett vieler Fische, *to ostéon* der Knochen; Teleosteer, Knochenfische (i. e. S.): Herz mit kräftigem Bulbus arteriosus, der Conus arteriosus sowie die Spiralfalte des Darmes sind stark reduziert; die Schwanzflosse ist homozerk, aber auch sekundär diphyzerk. Gruppen: Clupeiformes, Ostariophysi, Apodes, Cyprinodontes, Gadiiformes, Heterosomata, Perciformes, Gasterosteiformes, Syngnathiformes, Pediculati (Lophioidea).

Tellerschnecke, die; s. *Planorbis.*

telolezithal, gr. *to télos* das Ende, Ziel, *he lékithos* der Dotter; telolezithale Eier: Eizellen mit Anhäufung des Dotters an einem Eipol.

Telomar, das, gr. *to télos* das Ende, *to méros* der Teil; kleinste sichtbare Einheit des Endes eines Chromosoms.

Telopháse, die, gr. *he phásis* die Erscheinung, der Zeitabschnitt; Endstadium der indirekten Kernteilung (Mitose od. Karyokinese).

Telosporidia, *n.,* Pl., gr. *ho spóros* der Same, Keim; eine (sicherlich) natürliche Gruppe der Sporozoa, welche die Gregarinida, Coccidia u. Haemosporidia umfasst. Typisch: Generationswechsel, bei dem sich eine geschlechtliche Fortpflanzung (Gametogonie) u. ungeschlechtl. Vielteilung (Sporogonie) miteinander abwechseln; oft ist eine weitere ungeschlechtl. Vielteilung, die Schizogonie, dazwischengeschaltet. Die durch Sporogonie entstehenden Cysten (Sporen) werden auf einen anderen Wirt übertragen. Die Sporenbildung erfolgt am Ende der vegetativen Periode (Name!). Die T. sind, wie alle Sporozoa, nur Parasiten.

telotrophe Eiröhren, gr. *he trophé* die Ernährung; Eiröhren bei bestimmten Insekten, deren Eizellen von einer endständigen Nährkammer über Nährstränge versorgt werden.

Telson, das, gr. *to télson* die Grenze; 1. Schwanzplatte vieler Krebse, besitzt im Ggs. zu echten abdominalen Segmenten weder ein Ganglion noch ein Extremitätenpaar; 2. das After enthaltende Segment des Insektenkörpers, das meist nur in Form von drei Afterklappen erhalten ist.

Tembrock, Günter, geb. 7. 6. 1918 Berlin; seit 1937 an der Humboldt-Univ. zu Berlin (vormals Friedrich-Wilhelms-Univ.); Promotion 1941 am Zoologischen Institut, dort 1944 Assistent, 1945 Lehrauftrag, 1952–1958 kommissarischer Direktor, 1955 Habilitation, 1961 Prof., 1983 Emeritierung; Dr. hc. mult.; 1965 Mitglied der Leopoldina (langjährig im Senat). 1949 im Auftrag der Akademie der Wissenschaften Einrichtung einer Forschungsstätte für Tierpsychologie (1968 Umwandlung des Zoologischen Institutes in den Bereich Verhaltenswissenschaften); Aufbau des größten Tierstimmenarchivs Europas. Mitgründer der Bioakustik u. führender Vertreter der vergleichenden (Ethologie) u. theoretischen Verhaltensbiologie. T. prägte die Begriffe Biokommunikation u. Informationswechsel u. war beteiligt an der Entwicklung des Konzeptes der „Biopsychosozialen Einheit Mensch". Lehrbücher u. Standardwerke zur Verhaltensbiologie: „Tierstimmenforschung" (1959, 1977, 1982), „Biokommunikation" (1971), „Spezielle Verhaltensbiologie" (1982/83), „Verhaltensbiologie" (1987, 1992).

temmincki, latin. Artname nach Temminck (s. Verzeichnis der Autoren); s. *Profelis.*

Temnocephalida, *m.,* gr. *temnein* spalten, *he kephalé* der Kopf; namentlicher Bezug auf die fingerförmigen Tentakel am Vorderende; Gruppe der Neorhabdocoela, Turbellaria; am Hinterende Saugnapf; sind Kommensalen u. Parasiten vor allem von Krebsen; die meisten Arten in Tropen u. Subtropen; die winzigen Scutariellidae auch in Höhlen Jugoslawiens gefunden.

témpora, -orum, *n.,* Pl., lat., die Schläfen.

temporär, lat. *témpus, temporis, n.,* die Zeit; vorübergehend, zeitweilig.

temporális, -is, -e, zur Schläfe gehörig.

temporárius, -a, -um, 1. von lat. *tempus,* s. o.; 2. von lat. *tempora:* die Schläfen betreffend, z. B. *Rana temporaria,* der Grasfrosch (mit dunklen Flecken in der Schläfengegend).

tempus, temporis, *n.,* lat., die Zeit, das Schicksal; die Schläfe.

tenax, tenácis, lat. *tenere* halten, fassen, besitzen, dauern; festhaltend, zäh, fest. Spec.: *Eristalis (Eristalomyia) tenax,* eine Schwebfliege; s. *Astasia.*

tendíneus, -a, -um, sehnig; zur Sehne gehörig.

tendinósus, -a, um, sehnenreich.

téndo, -inis, *m.,* lat. *téndere* spannen; die Sehne.

Tenébrio, *f.,* lat. *tenebrio* ein lichtscheuer Mensch, Dunkelmann; Gen. der Tenebriónidae (Schwarzkäfer). Spec.: *T. molitor,* Gewöhnlicher Mehlkäfer (dessen Larve, der Mehlwurm, u. a. als Vogelfutter verwendet wird); *T. obscurus,* Dunkler Mehlwurm.

tenebrioídes, lat. *ténebrae* Finsternis, Dunkelheit, *-oídes* -ähnlich, wörtlich: „der Finsternis ähnlich", dunkel, pechschwarz.

tenebriónis, Genit. zum Namen *Tenebrio,* einer Gattung schwarzer Käfer; s. *Capnodis.*

Tenrec, s. *Centetes.*

ténsor, -óris, *m.,* lat. *téndere* spannen; der Spanner.

ténsus, -a, -um, gespannt.

Tentaculáta, Molluscoidea, *n.,* Pl., lat. *tentáculum* der Faden, *tentáre* betasten, befühlen; Tentakelträger; sie umfassen nach neueren Einteilungen: Phoronidea (Hufeisenwürmer), Bryozoa, Ectoprocta (Moostierchen), Brachiopoda; gemeinsame Hauptmerkmale u. a.: sessil, Herbeistrudeln der Nahrung durch bewimperte Tentakel, Besitz eines zweigeteilten Cöloms; Name auch Syn. von Tentaculifera.

Tentaculífera, *n.,* Pl., lat. *ferre* tragen; Subcl. der Ctenophora (Kamm- od. Rippenquallen); von A. Kaestner (1965) vorgeschlagene Bezeichnung, die den Vorzug verdient vor Tentaculata (weil seit langer Zeit für einen Stamm der Bilateria vergeben) u. Micropharyngea (weil dem Wortsinne nach auf viele Arten nicht gut anwendbar bzw. zutreffend).

Tentakuliten, *m.,* Pl., lat. *tentáculum* der kleine Fühler, *-ites* willkürliche Endung für fossile Organismen; Gruppe fossiler mariner Organismen mit spitzkonischem, kalkigem, umringeltem Gehäuse, deren systematische Zugehörigkeit noch umstritten ist; fossil im Ordovizium bis Oberdevon, stellenweise gesteinsbildend, Genera: *Tentaculites* (Silur bis Oberdevon), *Styliolina* (Silur bis Devon).

Tenthrédo, *f., gr. he tenthredṓn* eine Wespenart; Gen. der Tenthredínidae (Blattwespen). Spec.: *T. viridis.*
tentórium, -ii, *n.,* das Zelt.
ténuis, -is, -e, lat., dünn, fein.
Terata, *n.,* Pl., gr. *to téras, tératos* das Zeichen, Schreckbild, Ungeheuer; Missbildungen. Sing.: teratum.
Teratoblastom, das, gr.; Teratoma embryonale, Geschwulstbildung aus Abkömmlingen von allen drei oder zwei Keimblättern, die unreife Gewebe und anomale Organanlagen bilden.
Teratogen, das, gr.; Einflussgröße, die kausal die Genesis (Entstehung) einer Fehl- od. Missbildung (maßgeblich) bewirkt; z. B. Infektionen, ionisierende Strahlen, Zytostatika (in der Human-/Tiermedizin über tausend Teratogene bekannt), deren Wirkung z. T. auch in Tierversuchen getestet werden. Das bekannteste Beispiel für ein T. ist das Thalidomid (Contergan®), das schwere Missbildungen der Extremitäten (Phokomelien) verursacht.
Teratogenese, die, gr. *he génesis,* die Entstehung; Entstehung von Missbildungen (Terata) und Stoffwechselstörungen schwerer Art; (1) kausale T., untersucht die Ursachen, Teratogen(e), und begünstigende Faktoren (genetische und umweltbedingte); (2) formale T., verfolgt den Weg (gestörte Entwicklungsschritte, pathohistologische Phänomene) bis zum Endzustand „Missbildung" unabhängig vom auslösenden Teratogen.
Teratogenität, die; Bezeichnung für Eigenschaften von Wirkstoffen, die Terata (s. d.) erzeugen; bei neuen Arzneimitteln tierexperimenteller Test.
Teratologie, die, gr. *ho lógos;* die Lehre von den Missbildungen *(Terata)* der Organismen, „Missbildungslehre". Als Pathologie der pränatalen Entwicklung (Kyematogenese) beschäftigt sich die T. mit Ursachen (Ätiopathogenese, Teratogenese), Entwicklungsmechanik, Klassifizierung (T., spezielle), experimenteller Erzeugung u. Reproduktion (T., experimentelle), Ableitung allgemeingültiger Gesetzmäßigkeiten u. der möglichen Verhütung von Missbildungen (z. B. Spaltbildungen); s. Missbildung.
Teratom, das, *n.*; angeborene, von pluripotenten Zellen ausgehende u. daher aus verschiedenen Geweben bestehende Geschwulst. Lokalisation: 1. gonadales T. (Hoden bzw. Ovar), 2. extragonadales T. (Retroperitonealraum, Mediastinum, Orbita, ZNS).
Terebélla, *f.,* lat. *terebéllum* der Bohrer; Gen. der Terebellidae (Polychaeta). Der Name nimmt Bezug auf den gestreckten, nach hinten dünner werdenden Körper der marinen Borstenwürmer, die sich mit Sandkörnchen usw. inkrustierte Wohnröhren (dem Anschein nach wie gebohrt) bauen. Spec.: *T. conchilega.*
terebra, -ae, *f.,* lat., der Bohrer.
Terebrántia, *n.,* Pl., lat. *térebra,* s. d.; Schlupfu. Gallwespen; Gruppe (Superfam.) der Hymenoptera (Hautflügler); fossil seit dem Jura. Fam.: Ichneumon-, Aphidi-, Evani-, Chalcidi-, Mymar-, Cypnidae u. a. (früheres Einteilungssystem).
Terebrátula, *f.,* lat. *terebrátus* durchbohrt, da ihre ventrale Schale von einer Öffnung zum Durchtritt für den Stiel durchbohrt ist; Gen. der Terebratulidae, Brachiopoda. T.: Sammelgattung (s. Kaestner 1963).
Terédo, *f.,* gr. *he teredón* = lat. *terédo* der Holzwurm, der Bohrer, gr. *tēírēin* = lat. *térere* bohren; Gen. der Teredinidae, Schiffsbohrer, Eulamellibranchiata; fossil seit dem Eozän bekannt. Spec.: *T. navalis,* Schiffsbohrer.
téres, -etis, lat. *terere* reiben, schleifen; länglichrund, geschliffen.
Tergit, das, lat. *térgum* der Rücken; Rückenteil der Körpersegmente (bei Insekten); vgl. Sternit.
tergum, -i, *n.,* lat., der Rücken, die Hinterseite; die Decke, das Fell.
Termes, *m., gr. to térma* das Ende, weil früher auch *Atropos pulsatoria* mit dazu gerechnet wurde, der mit dem Klopfkäfer, *Anobium pertinax,* verwechselt, einen nahen Todesfall durch Klopfen anzeigen sollte; Gen. der Termitidae (Termiten). Spec.: *T. bellicósus (fatális).*
Terminalfilum, *n.,* lat. *terminális* Grenz-, End-, *filum* Faden; „Endfaden": bei Insekten der unpaarige, borstenförmige Anhang (des 11. Hinterleibsegments), der zwischen den paarig angelegten Cerci liegt.
terminális, -is, -e, zur Grenze gehörig; terminal.
terminátio, -onis, *f.,* lat. *termináre* beenden, begrenzen; das Ende, die Grenze.
términus, -i, *m.,* lat., der Begriff, Ausdruck; Terminus technicus: der Fachausdruck.
Termiten, die; s. Isoptera.
Termítidae, *f.,* Pl., gr. *to térma* das Ende, als Folge einer Verwechslung mit einem Käfer *(Anobium),* der nach dem Volksglauben einen nahen Todesfall durch Klopfen anzeigen soll; Fam. der Isoptera; fossil seit dem Oligozän bekannt.
terr. typ. = *terra typica, f.,* lat., das typische Land; Gebiet, aus dem ein Typus stammt.
Terrápene, *f.,* lat. *terra* Land, *penes* im Besitze, auf der Seite; Gen. der Emydidae (Sumpfschildkröten), Testudines, Chelonia. Spec.: *T.*

carolina, Carolina-Dosenschildkröte, lebt im östl. N-Amerika und ist zum Landleben (siehe Name!) übergegangen.

Terrárium, *n.,* lat. *terra* die Erde, das Land; Behälter zur Haltung, Pflege u. Zucht von Landtieren.

terréstris, -is, -e, auf dem Lande od. im Boden (lat. *terra*) lebend; s. *Lumbricus,* s. *Tapirus.*

terrestrisch, die Erde, das Festland betreffend, im Boden lebend.

terribilis, -is, -e, lat. *terrére* erschrecken, verscheuchen. Spec.: *Crotalus terrificus,* Schauerklapperschlange.

Terrícola, *n.,* Pl., lat. *cólere* bewohnen; zur ökologischen Unterscheidung von Mari- u. Paludicola angewandt (z. B. bei den Tricladida); Landbewohner.

territorial, ein Gebiet betreffend, zu einem Gebiet gehörig.

Territorialverhalten, das; s. Revierverhalten.

Territorium, das, *f.,* lat. *terre, -ae* Erde, Erdreich; s. d.; Syn.: Revier.

Tertiär, das, franz. *tertiaire* dritter, lat. *tertiarius* das Drittel umfassend; das auf die Kreide folgende ältere System des Känozoikums (Erdneuzeit).

Tertiärfollikel, der; auch Graaf'scher Follikel genannt, ein Bläschenfollikel. Dieser besteht aus der Eizelle im Cumulus oviger u. einem Cavum folliculi mit Liquor folliculi.

tértius, -a, -um, lat., der dritte.

tessellátus, -a, -um, lat., mit Vierecken, Würfeln od. Schuppen versehen; s. *Natrix tesselata,* Würfelnatter.

tessera, ae, *f.,* der Würfel.

Testácea, *n.,* Pl., lat. *testa* die Schale, Suffix: *-aceum, n.;* Pl.: *-acea* -artige; Thekamöben, beschalte Amöben, Gruppe der Rhizópoda. Bezeichnend ist ihr einkammeriges Gehäuse aus pseudochitiniger Grundsubstanz, oft mit eingelagerten, selbsterzeugten Hartteilen od. Fremdkörpern; fossile Formen wahrscheinlich bereits seit dem Präkambrium, sicher seit dem Unterkarbon nachgewiesen.

testáceus, -a, -um, lat., decken-, schalenartig; s. *Leptinus.*

teste, lat., Ablativ von *testis* der Zeuge; „untersucht von ...", meist in Verbindung mit einem Namen, z. B. teste Schulze = durch Untersuchung von Sch.

Testicárdines, *f.,* Pl., lat. *cardo, -inis* das Schloss; Gruppe (Ordo) der Brachiopoda, ihre Schalenklappen sind durch einen Schlossapparat (im Ggs. zu den Ecardines, s. d.) verbunden; schon im Paläozoikum reich entwickelt.

testiculäre Feminisierung, die, lat. *femina* das Weib; ein Pseudohermaphroditismus – Form mit weiblichem Phänotypus und männlichem Genotypus; eine genetisch bedingte Intersexualitätsform auf der Grundlage einer Genmutation; vermutliche Androgenresistenz von Körperzellen, die auf einer Verminderung der Testosteron-Dihydrotestosteron-Konversion (α-Reduktaseeffekt) beruht.

testiculáris, -is, -e, zum Hoden gehörig.

testículus, -i, *m.,* lat. der Hoden.

Testikel, der, lat. *testículus,* Dim. von *testis.*

téstis, -is, *m.,* lat., der Hoden, eigtl. der Zeuge; die männl. Gonaden.

Testosteron, das; männliches Sexualhormon, das stärkste natürliche Androgen; es wird hauptsächlich in den Leydigzellen des Hodens gebildet, jedoch kleine Mengen auch in NNR u. Ovar.

testudináris, -a, -um, lat., zur Schildkröte *(testudo)* gehörig; s. *Cheloníbia.*

Testúdo, *f.,* lat. *testúdo, -inis* Schildkröte; Gen. der Testudinidae, Echte Landschildkröten; fossil seit dem Oligozän bekannt. Spec.: *T. gigantea,* Riesenschildkröte; *T. elephantopus,* Elefantenschildkröte; *T. marginata,* Breitrandschildkröte; *T. hermanni,* Griechische Landschildkröte; *T. tabulata,* Waldschildkröte, Schabuti; *T. graeca,* Maurische Landschildkröte; *T. sulcata,* Spornschildkröte.

Tetanus, der, gr. *ho tétanos* die Halsstarre; Wundstarrkrampf, krampfhafte Starre der Muskulatur, hervorgerufen durch das Toxin des T.-Bazillus *(Clostridium tetani).*

Tethýa, *f.,* gr., s. Tēthýs; Gen. der Thethyidae, Andromerida, Demospongia. Spec.: *T. aurantium Pallas* (ital.: Arancio di mare, hat Form u. Farbe einer Orange!).

Tethys, die, gr. *he Tethýs* Tochter des *Uranos* u. der *Gaia,* Gemahlin des *Okeanos (Oceanus),* „Mutter" der Stromgötter u. Okeaniden, „Allmutter", da das Wasser „Urstoff aller Dinge" ist; 1. ein vom Erdaltertum bis zum Alttertiär verfolgbares altes „Mittelmeer", das sich in äquatorialer Richtung durch Asien bis Südeuropa ausdehnte; s. Pangaea; 2. Syn. von *Fimbria.*

Tetrabranchiáta, *n.,* Pl., gr. *tetra* vier, *to bránchion* die Kieme; Gruppe (Subcl.) der Cephalopoda; der Name nimmt Bezug auf die 2 Paar Kiemen. Weitere Merkmale u. a.: 2 Paar Nieren; äußere spiralige Schale mit Septen u. Siphonaltüten; Mantel mit der Bildung eines dorsalen Lappens, der rückwärts geschlagen ist u. sich der vorletzten Schalenwindung anlegt; zahlreiche Arme, derbhäutige Kopfklappe, offene Grubenaugen; fossil seit dem Kambrium bekannt. Die T. umfassen die Nautiloidea u. die Ammonoidea.

tetradactylus, -a, -um, latin. gr., vierfingerig; s. *Suricata.*

Tetragnatha, *f.,* gr. *he gnáthos* der Kiefer-, Kinnbacken; „Vierkiefer"; Gen. der Tetragnathidae, Araneae, Spinnen. Spec.: *T. extensa,* Ufer-, Stricker- od. Radnetzspinne (spinnt regelmäßige Radnetze).

Tetramastigota, *n.,* Pl., gr. *tetra* vier u. *mastix, -idos* die Geißel („Vier-Geißel-Tierchen"); Gruppe der einzelligen Eukaryota; die zu diesem Taxon gezählten flagellentragenden Einzeller weisen ein Grundmuster mit 4 Geißeln auf, die in 2 Zweiergruppen angeordnet sind u. Übereinstimmungen in der Anordnung der Basalapparate aufweisen. Als Synapomorphie wird hierbei eine rückwärts schlagende Geißel mit den ihr assoziierten mikrotubulären Wurzelstrukturen angesehen. Die unterteilten Taxa weisen allerdings auch divergente Merkmale auf, so dass noch einige Zweifel an der Monophylie des Taxon bestehen bleiben müssen. Einteilung in Retortamonata, Axstylata (aus Westheide/Rieger 1996).

Tetramórium, *n.,* gr. *tetrámoros (tetramoiros)* vierteilig. – Gen. der Myrmicina, Formicidae. Spec.: *T. caéspitum,* Rasenameise (stark verbreitete, häufigste Ameisenart).

Tetranychus, *m.,* gr., aus *tetra-* vier u. *ho ónyx, ónychos* die Kralle; Gen. der Tetranychidae, Spinnmilben, Acari. Spec.: *T. urticae,* „Rote Spinne" (Spinnmilbe), 0,5 mm; alle Stadien sind Schädlinge an vielen Pflanzen; stilettartige Cheliceren; produzieren mit umgewandelten Speicheldrüsen Spinnfäden, die dichte Decken an der Unterseite von Blättern bilden; wirtschaftliche Bedeutung.

Tetráo, *m.,* gr. *ho tetráōn* der Auerhahn; Gen. der Tetraonidae (Rauhfuß-Hühner). Spec.: *T.urogallus,* Auerhuhn (größtes Waldhuhn, zum Hochwild gerechnet).

Tetraodon, *m.,* gr. *tetra-* vier, *ho odús, odóntos* der Zahn; Gen. der Tetraodontidae (Vierzähner), Tetraodontiformes (Haftkiefer, Kugelfischverwandte), Teleostei; Ober- u. Unterkiefer haben je eine mittlere Naht, wodurch der Anschein besteht, als ob 4 große Zähne vorhanden seien. Spec.: *T. fahaka,* Nilkugelfisch (Fahak); *T. cutcutia,* Gemeiner Kugelfisch (Ostindien, Malayischer Archipel, in See-, Brack-, Süßwasser; haltbarer Aquarienfisch); *T. hispidus,* Stachelvierzähner.

Tetraphyllídea, *n.,* Pl., gr. *to phýllon* das Blatt; Ordo der Cestoda (Bandwürmer); Haiparasiten mit 4 löffelkellen- bzw. blattartigen Saugscheiben am Scolex.

Tetrápoda, *n.,* Pl., gr. *ho pus, podós* der Fuß; „Vierfüßer", zusammenfassende Bezeichnung für die zum Landleben u. zur Lungenatmung übergegangenen Wirbeltier-Formen mit paarigen Extremitäten (in der Regel bzw. primär pentadaktyl) zur Fortbewegung am Land. Zu den T. zählen: Amphibia, Reptilia, Aves, Mammalia. Die pentadakt. Extremitäten können sekundär in Umweltanpassung wieder ± flossenförmige (äußere) Gestalt annehmen (z. B. Pinguine, Wale, Seekühe, Riesenalk, Meeresschildkröten). Gegenbegriff: wasserlebende Wirbeltiere mit paarigen u. unpaaren Flossen („Pisces").

Tetraptéryx, *f.,* gr. *tetra-,* s. o., *he pteryx* der Flügel; wegen der überlangen Armschwingen, die den Anschein von insgesamt „4 Flügeln" erwecken. Gen. der Gruidae, Kraniche. Spec.: *T. paradisea,* Paradieskranich.

Tetrástes, *f.,* lat. *ho tetráōn* der Auerhahn; Gen. der Phasiánidae (Eigentl. Hühner). Spec.: *T. bonásia,* Haselhuhn.

Tétrax, *m.,* gr. *ho tétrax = ho tetráōn;* Gen. der Otídidae (Trappen). Spec.: *T. tetrax,* Zwergtrappe (haushuhngroß).

Tetraxónida, *n.,* Pl., gr. *tetra-* vier u. *ho áxon* die Achse; „Vierstrahler", der Name bezieht sich auf die meist „vierachsigen" Skelettnadeln (fast nur aus Kieselsäure, selten tritt Spongin auf); Strahl- oder Rindenschwämme, Gruppe (Ordo) der Silicospongia; oft tritt ihre Spicula in Sternform auf (d. h. Strahlen gehen von einem Mittelpunkt aus – Name!); bei ihren verschiedenartigen Bauformen treten z. B. Arten in kugel-, polster-, teller-, pilz-, aber auch in rinden- od. krustenförmiger Gestalt auf (daher auch: Rindenschwämme).

tetrazóna, gr., mit vier Gürteln.

Tétrix, *f., tetrix,* gedreht, gebogen; Gen. der Tetrigidae (Dornschrecken), Saltatoria (Heu- oder Springschrecken). Spec.: *T. subulata,* Säbeldornschrecke.

Tettígia, *f.,* gr. *ho téttix* = lat. *cicáda* Zirpe, Zikade; Gen. der Cicádidae (Singzikaden). Spec.: *T. (= Cicada) orni,* Mannazikade; Manna ist der Saft aus den Blättern u. Trieben der Esche, der durch das Anstechen von *T. o.* ausfließt.

Tettigónia, *f.,* gr. *ta tettigónia* eine Art kleiner Zikaden bei Aristoteles u. Plinius *(téttix = cicáda);* Gen. der Tettigoniidae (Singschrecken od. Heupferde), Saltatoria (Heu- od. Springschrecken). Spec.: *T. cantans,* Zwitscherschrecke; *T. viridissima,* Großes Grünes „Heupferd".

Teuthida, *n.,* Pl., gr. *he teuthís, -ídos* der Tintenfisch; Kalmare (Gruppe der Cephalopoda).

Texasfieber; fieberhafte, mit Hämoglobinurie verbundene Piroplasmose des Rindes. Erreger: *Babesia bigemina.* Überträger: Zecken; *Boophilus-, Rhipicephalus-, Haemaphysalis-* Arten. Verbreitungsgebiet: Amerika, Australien, Asien, in Europa: Pyrenäen, Südfrankreich, Italien, Balkan.

Textor, *m.,* lat. *textor* (s. u.); Gen. der Ploceinae, Plocéidae (s. d.). Spec.: *T. cucullatus* Dorfweber.

téxtor, -óris, *m.,* lat., der Weber; s. *Lamia* (als Artbeiname).

Textulária, *f.,* lat. *téxtum* das Gewebe, *textulária* gewebeartig; Gen. der perforaten Thalamophoren, Foraminifera; Bezug nehmend auf die siebartige Schale (kalkartig, sandig), mit alternierenden Kammerreihen; zopfartig; fossil seit dem Oberkarbon bekannt, häufig in der weißen Kreide. Spec.: *T. agglutinans* (Nordsee).

thalámicus, -a, -um, s. *thalamus;* zum Sehhügel gehörig.

Thalamóphora, *n.,* Pl., gr. *ho thálamos* das Zimmer, Gemach, Gehäuse, *phorein* tragen; Kammerlinge, Syn.: Foraminifera. Typisch: ihr vielkammeriges Kalkgehäuse, bei primitiven Formen einkammerig u. sandig; marin; Pseudopodien fadenförmig (Filopodien), oft netzförmig, mit Anastomosen (Rhizo-, Retikulopodien); fossil u. rezent; Schale siebartig (Perforata) od. glatt.

thalamus, -i, *m.,* gr. *ho thálamos* das Gemach, die Kammer; der Hügel.

Thalassicólla, *f.,* gr. *he thálassa* Meer, *he kólla* die Gallerte; wegen des fehlenden Skeletts; Gen. der Spumellaria, Cl. Radiolaria. Spec.: *Th. nucleata* (Mittelmeer).

Thalassochelys, *f.,* gr. *he thálassa* das Meer, *he chélys* die Schildkröte; Gen. der Chelonidae, See- od. Meeresschildkröten. Spec.: *Th. corticata,* Europ. Seeschildkröte, Rondel; (*corticatus, -a, -um* mit Rinde *(cortex)* versehen).

Thaliácea, *n.,* Pl., von gr. *Tháleia,* eine der neun Musen, später als Muse des Lustspiels betrachtet, auch eine Meernymphe; Salpen: pelagische, stets freischwimmende Tunicata; Lage der Ingestions- u. Egestionsöffnung an den beiden Körperpolen; Kiemendarm u. Kloake treffen fast zusammen; Lokomotion durch Wasserausstoß aus der Kloake; Fortpflanzung stets mit Generationswechsel; Oozoid solitär, Blastozoid kolonial. Ordines: Pyrosomida, Feuerwalzen; Cyclomyária; Desmomyária. Es besteht die Annahme, dass die drei Ordnungen unabhängig von sessilen Ascidien entstanden und untereinander nicht näher verwandt sind; s. auch: Pyrosómida, Cyclomyária, Desmomyaria. Spec.: *Salpa (Thalia) democratica-mucronata.*

Thamnophis, *m.,* gr. *ho thámnos* das Gebüsch, Buschwerk, *ho óphis* die Schlange; Gen. der Colubridae (Nattern), Serpentes, Squamata. Spec.: *Th. sistalis,* Strumpfbandnatter.

Thanatophobie, die, gr. *ho thánatos* der Tod, *ho phóbos* die Angst, Furcht; krankhafte Angst vor dem Tode.

Thanatose, die; das Sichtotstellen mancher Tiere (vieler Insekten) bei Gefahr, eine reflektorisch bedingte Bewegungslosigkeit.

Thanatozönose, die, gr. *koinós* gemeinsam; „Totengemeinschaft", Ansammlung von Lebewesen, die größtenteils im Absterben od. nach dem Tode angereichert wurden, z. B. verschiedene Muschelarten u. andere Organismen im Spülsand der Uferzone.

Thaumetopoea, *f.,* gr. *to thaúma* die Bewunderung, *poiein* machen, erregen; Gen. der Cnethocampidae (= Thaumetopoeidae), Prozessionsspinner; s. *Cnethocampa.*

théca, -ae, *f.,* lat. *theca,* gr. *he théke* der Behälter; die Kapsel, Hülle, Schale.

Thecáphora, *n.,* Pl., Synonyme: Thecaphorae-Leptomedusae (s. d.) od. Leptomedusae od. Thecata.

Thecáphorae – Leptomedusae, *f.,* Pl., gr. *phorein* tragen, *leptós* zart, schmal, weich, lat. *medúsa* die Qualle; Gruppe der Hydrozoa. Typisch: abstehende Hülle (Hydrothek) um den Hydranthen (gebildet vom Periderm der Polypen); flache Schirme der freischwimmenden Medusen, die die Geschlechtszellen an den Radiärkanälen tragen u. oft am Velum statische Organe haben; marin.

Thecata, *n.,* Pl.; Synonyme: Thecaphora, Thecaphorae-Leptomedusae (s. d.). Der „Doppel"-Name wird zugunsten von Thecata od. Thecaphora immer mehr ersetzt; vgl. auch: Athecata.

Theiléria, *f.,* benannt nach dem Veterinärmediziner, Bakteriologen und bedeutenden Protozoologen Arnold Theiler (1867–1936); Gen. der Theileriidae, Ordo Prioplasmida, Cl. Sporozoa. Spec.: *Th. annulata (*Syn: *Piroplasma annulatum); Th. hirci (ovis); Th. parva (Piroplasma parvum).*

Theileriosen, die, s. *Theiléria;* durch Vertreter der Fam. Theileriidae hervorgerufene Erkrankungen bei Paarhufern (Rind, Schaf, Ziege, Zebu, Wasserbüffel, Amerik. Bison; in Afrika, Asien, Amerika, S-Europa); unterschiedl. Krankheitsbilder u. Verlaufsformen bei den einzelnen Tieren.

Theißblüte, die; s. *Palingénia.*

Thekamöben, die; beschalte Amöben; s. Testacea.

Thelázia, *f.*, gr. *thelázein* saugen; Gen. der Thelaziidae, Spiruida, Secernenta, Nematoda. Im Tränengang u. in den Augenhöhlen von Säugetieren bzw. unter der Lidmembran von Vögeln parasitierende Würmer. Spec.: *Th. californiensis* (Wirte: Huhn, Katze, Schaf, Bär, Mensch, Silberfuchs, Hirsch; Nordamerika); *T. gulosa*, Wirt: Rind; Europa.

Thelaziose, die; durch obligate Augennematoden der Gattung *Thelazia* hervorgerufene Parasitose, vornehmlich des Rindes.

Thelodonti, Pl.; eine Gruppe der fossilen Cl. Ostracodermi, s. d.; benthische Agnatha mit Hautzähnen, die fossil im Silur und Devon nicht selten sind. Syn.: Coelolepida. Genus: z. B. *Thelodus* (Silur).

Thelytokie, die, gr. *thélys* weiblich, weiblichen Geschlechts, *ho tókos* das Gebären; die Entstehung weiblicher Nachkommen aus unbefruchteten Eiern (z. B. Stabheuschrecke, Blattläuse – Sommergeneration).

thenar, -aris, *n.*, latin./gr., die Handfläche; das Thenar, der Ballen des Daumens.

Theodóxus, *m.*, gr. *to theós* Gott, *he dóxa* der Eindruck; Gen. der Neritacea, Diotocardia, Streptoneura. Spec.: *T. fluviatilis,* Flussschwimmschnecke; *T. danubialis* (Donauschnecke).

Théria, *n.*, Pl., gr. *to theríon* u. *ho ther* das Tier; zusammenfassende Bezeichnung für die lebendgebärenden Mammalia: Metatheria (Beuteltiere) u. Eutheria (Placentalia). Der Name Theria dient zur Abgrenzung gegenüber den Monotremata, die auch Prototheria genannt werden.

Thermóbia, *f.*, gr. *thermós* warm, heiß, *ho bíos* das Leben; Gen. der Lepismatidae (Fischchen), Thysanura (Borstenschwänze). Spec.: *Th. domestica,* Hausfischchen.

Thermodynamik, die; ein Teilgebiet der Wärmelehre, das die Umwandlung von Wärme in mechanische Energie behandelt. 1. Hauptsatz der Thermodynamik: „Bei allen makroskopischen chemischen und physikalischen Vorgängen wird Energie weder zerstört noch erzeugt, sondern nur von einer Form in eine andere transformiert.“ 2. Hauptsatz der Thermodynamik: „Die Natur strebt aus einem unwahrscheinlicheren dem wahrscheinlicheren Zustand zu“ (L. Boltzmann 1866).

Thermokauter, der; s. Kauter.

thermolabil, lat. *labilis* schwankend, vergänglich; nicht wärmebeständig.

thermophil, gr. *phílos* freundlich; wärmeliebend.

Thermophilie, die, gr. *phílos,* s. o.; Bevorzugung warmer Lebensstätten.

Thermorezeptor, der, s. Rezeptor; Rezeptor, der auf thermische Reize anspricht.

thermostabil, lat. *stabilis, -e* feststehend, standhaft; wärmebeständig.

Thermostat, der, gr. *statós* stehend, eingestellt; Schrank bzw. Raum, der auf eine bestimmte Temperatur eingestellt bzw. konstant gehalten werden kann, z. B. Brutschrank, Warmwasseraquarium.

Theromorpha, *n.*, Pl., gr. *ho thér, therós* das Tier, *he morphé* die Gestalt, das Aussehen; säugerähnliche Reptilien, ein Superordo der Reptilia; Syn.: Theropsida, Synapsida; formenreiche fossile Gruppe (mehr als 300 Gattungen) im Oberkarbon bis Mitteljura Dogger), Hauptentwicklung im Oberperm, Vorfahren der Mammalia. Genera: s. *Diarthrognathus, Oligokyphus, Tritylodon.*

Theropíthecus, *m.*, gr. *ho píthekos* Affe; Gen. der Cercopithécidae, Meerkatzenartige; Catarrhina, Simiae. Spec.: *T. geladus,* Dscheladas (Äthiopien).

Thetys, *f.*, von gr. *(he) Thétis,* eine Meernymphe, Meergöttin (Tochter des Nereus, Gemahlin des Peleus, Mutter des Achilleus); Gen. der Sálpidae, Ordo Desmomyaria. Spec.: *T. vagina.*

Thiamin, das; s. Vitamin B_1.

Thiaminấse, die; Enzym, das das Vitamin B_1 (Thiamin) aufspaltet u. unwirksam macht, wirkt insofern als „Antivitamin“.

thibetánus, -a, -um, = *tibetánus,* in Tibet lebend od. beheimatet; s. *Selenárctos.*

Thienemann, August, geb. 7. 9. 1882 Gotha, gest. 22. 4. 1960 Plön; 1905 Promotion, Assistent am Zoologischen Institut in Greifswald, 1907 nach Münster an die Landwirtschaftliche Versuchsanstalt berufen, 1909 Habilitation, 1915 zum a.o. Professor berufen, 1917 als Leiter der „Hydrobiologischen Anstalt der Kaiser-Wilhelm-Gesellschaft“ in Plön ernannt. Themen seiner wissenschaftl. Arbeiten: Trichopteren, Chironomiden, Untersuchungen der Eifelmaare, Seetypen („Chironomussee“, „Tanytarsussee“), Gewässer als „Einheit in der Natur“; „Verbreitungsgeschichte der Süßwassertierwelt Europas“, „Chironomus“, redigierte das „Archiv für Hydrobiologie“ u. gab die „Binnengewässer“ heraus.

Thienemann, Johann, geb. 1863 in Gangloffsömmern/Thür., gest. 1938 in Rositten; Ornithologe, ab 1900 Leiter der Vogelwarte Rositten der Deutschen Ornithologischen Gesellschaft. Arbeitsgebiete: Vogelberingung u. Vogelzugforschung. Lit.: Der Zug des Weißen Storches (Zool. Jb., Suppl. 12, 1910).

Thigmotáxis, die, gr. *to thígma* die Berührung, *he táxis* die Anordnung, Stellung; Reaktion von Zellen (Leukozyten) u. Organismen (Tieren u. Pflanzen), sich an die berührende Fläche anzuschmiegen, von der der Reiz ausgeht.

Thoma, Richard (Franz Karl Andreas), geb. 11. 12. 1847 Bonndorf im Schwarzwald, gest. 26. 11. 1923 Heidelberg; Prof. der Allgem. Pathologie u. Pathol. Anatomie in Dorpat, seit 1894 Privatgelehrter (Magdeburg, Heidelberg); Th. beschäftigte sich vor allem mit Fragen des Knochen-, Gelenk- u. Schädelwachstums. Er regte Carl Zeiss zum Bau der nach beiden benannten T.-Zeiss-Zählkammer zur quant. Blutkörperchenbestimmung an, die von Ernst Abbe errechnet wurde.

Thomisus, *m.,* von gr. *to thoma* das Wunder (-bild); Gen. der Thomisidae, Krabbenspinnen, Dionycha (mit nur zwei Krallen an den Beinen); Arachnida. Seitwärts laufende Spinnen mit abgeplattetem Körper, die als Lauerjäger mit ausgebreiteten Beinen auf Beute warten. Spec.: *Th. omustus*; häufig auf Korbblütlern.

thompsóni, nach dem Carcinologen J. V. Thompson (latin.),1779–1847, benannt; s. *Olenellus.*

thoracális, -is, -e, zum Brustkorb gehörig.

thorácicus, -a, -um, zum Brustkorb gehörend.

Thoracocharax, gr. *ho thórax, -akos,* s. o., *ho* u. *he chárax* der Spitzpfahl; Gen. der Gasteropelécidae (Beilfische), Cypriniformes. Spec.: *T. secúris,* Silberbeilbauch.

Thoracopoda, *n.,* Pl., gr. *ho pus, podós* der Fuß, das Bein; Extremitäten des Thorax bei den Arthropoda im Ggs. zu den Abdominalextremitäten (s. d.); die Thoracopoden werden je nach ihrer Funktion (z. B. bei den Crustacea) unterschieden in: Maxillipedes, wenn sie im Dienste der Nahrungsaufnahme stehen (= aus Beinen gewordene Kiefer); Pereiopoda, wenn sie zur Fortbewegung gebraucht werden („Gehfüße"); vgl. Pleopoda.

thoráx, -acis, *m.,* gr. *ho thórax* der Rumpf, Brustkasten, Brustkorb, Brustharnisch, Panzer; Thorax: 1. Brustregion der höheren Wirbeltiere, Körperabschnitt, der durch den „Rippenkorb" gekennzeichnet ist; 2. bei Insekten eine Körperregion, die aus drei Segmenten (Pro-, Meso- u. Metathorax) besteht u. zw. Caput u. Abdomen liegt.

Thorshühnchen, das; s. *Phalaropus.*

Thos, s. *Cánis.*

Threskiórnis, *f.,* gr. *thréskos* fromm, gottesfürchtig, *ho órnis* der Vogel; Gen. der Threskiorníthidae, Ordo Ciconiiformes, Schreitvögel. Spec.: *T. aethiopica (= religiosa = Ibis religiosa),* Heiliger Ibis, ein den Ägyptern heiliger Vogel; *T. spinicollis, Strohhals*-Ibis.

Thrips, *m.,* gr. *ho thrips* der Holzwurm; Gen. der Thripidae (Thripse, Blasenfüße), Physenoptera. Spec.: *Th. angusticeps* (am Kohl schädlich); *Th. lini (= liniarius);* Flachsblasenfuß; *Th. tabaci,* Tabakblasenfuß.

Thrombin, das, gr. *ho thrómbos* der Klumpen, der Blutpfropf; Faktor der Blutgerinnung, entsteht aus dem inaktiven Prothrombin. Th. leitet die Umwandlung von Fibrinogen in Fibrin ein.

Thrombogen, das, gr. *gígnesthai* entstehen; Syn.: Prothrombin, s. d.

Thrombokinase, die, gr. *kinḗin* bewegen; Prothrombinaktivator; Syn.: Thromboplastin.

Thrombozýten, die, gr. *to kýtos* die Zelle; die Blutplättchen; Blutzellen, die die Blutgerinnung einleiten.

Thrómbus, der; das Blutgerinnsel, der Blutpfropf.

Thúnnus, *m.,* = Thynnus, gr. *ho thýnnos* = lat. *thunnus,* deutsch Thun, Thunfisch, gr. *thýnēin* sich ungestüm bewegen; Syn.: *Orcynus, m.;* Gen. der Thunnidae, Scombroidei, Thunfische, Perciformes. Spec.: *Th. (= Orcynus) thynnus (= Th. vulgaris),* Thunfisch; mit raschen, energischen Bewegungen schwimmend; wird zur Laichzeit in großen Mengen gefangen, vor allem an den Küsten von Sardinien u. Sizilien.

Thyatira, *f.,* gr., nach *Thyáteira,* Stadt (jetzt: Akhissar) am Flusse Lykos; Gen. der Thyatíridae (Eulenspinner, Wollrückenspinner), Lepidoptera. Spec.: *T. batis,* Brombeer- od. Roseneule (mit Rosen-Zeichnung auf den V-Flügeln; die Raupen fressen *Rubus*-Arten; *he bátos* die Brom-, Himbeere).

Thylacinus *(= Thylacynos), m.,* gr. *ho thýlakos* der Sack, Ranzen, Beutel, *ho kýōn, kynós* der Hund; Gen. der Dasyúridae (Raubbeutler). Spec.: *T. cynocéphalus,* Beutelwolf (hundeähnlich).

Thylacosmílus, *m.,* gr. *ho thýlakos* der Beutel, Ranzen; Name für den Säbelzahnbeutler; fossile Gen. der Metatheria in S-Amerika.

Thymállus, *m.,* gr. *ho thýmallos* eine Fischart bei Aelian; Gen. der Salmonidae (Edel-, Lachsfische). Spec.: *T. vulgaris (= thymallus),* Äsche (Leitfisch der Äschenregion, s. d.).

Thymektomie, die, gr. *ektome* Herausschneiden; operative Entfernung der Thymusdrüse.

thýmicus, -a, -um, zum Thymus gehörig.

Thymidin, das, Nukleosid, das aus der Pyrimidinbase Thymin u. Ribose aufgebaut u. Bestandteil von DNS ist.

Thymin, das; Pyrimidinbase, die fast ausschließlich in Desoxyribonukleinsäuren vorkommt.

Thymozyten, die, gr. *to kýtos* die Zelle; Thymuslymphozyten, alle lymphoiden Zellen im Thymus.

Thymusdrüse, die, gr. *ho thymós* die Gemütsbewegung, Lebenskraft, der Wille; Thymus, Bries, Glandula thymus, bei den Wirbeltieren von den Fischen aufwärts in der vorderen Brusthöhle liegendes lymphatisches bzw. innersekretorisches Organ. Beim Menschen ist beispielsweise nach der Geschlechtsreife eine Rückbildung u. Umwandlung in Fettgewebe zu beobachten. Die Drüse steht u. a. mit den Keimdrüsen in Wechselbeziehung u. ist für das Wachstum bedeutsam.

Thymushormone, die, Pl.; von Epithelzellen des Thymus synthetisierte Polypeptidhormone. Diese üben einen selektiven Einfluss auf die T-Zell-Reifung aus.

Thymusstammzellen, *f.*, Pl.; lymphoide Zellen, die aus dem Knochenmark in den Thymus einwandern.

Thýnnus, s. *Thunnus.*

Thyreocalcitonin, das, Syn.: Kalzitonin, gr. *ho thyreós* der Schild; ein Polypeptid-Hormon mit 32 Aminosäuren, das zum Parathormon antagonistisch wirkt, es wird bei den Säugetieren in den C-Zellen innerhalb der Thyreoidea gebildet, kommt aber beim Menschen auch in den Parathyreoideae u. im Thymus vor, es senkt u. a. den Ca^{2+}-Spiegel.

thyreogen, von der Schilddrüse ausgehend.

Thyreoïdea, die, gr. *ho thyreós* der Türstein, Schild, *to ēidos* das Aussehen; die Glandula thyreoidea, Schilddrüse, ein bei allen Wirbeltieren an der ventralen Seite (Hals) vorkommendes endokrines Organ. Stammesgeschichtlich wird die Th. vom Endostyl der primitiven Chordaten abgeleitet.

thyreoideastimulierendes Hormon, das, lat. *stimulus, -i, m.,* der Antrieb, Abk.: TSH, Syn.: thyreotropes Hormon, Thyreotropin, adenotropes Hormon der Adenohypophyse; „Es ist für die normale Funktion der Schilddrüse (Thyreoidea) unbedingt erforderlich. Es aktiviert sowohl die Jodidaufnahme in der Schilddrüse als auch die Synthese u. Freisetzung der Schilddrüsenhormone“ (Penzlin 1991).

thyreoïdeus, -a, -um, zur Schilddrüse od. zum Schildknorpel gehörig, schildförmig.

Thyreostátika, *n.*, Pl., Hemmstoffe der Schilddrüsenfunktion.

thyreotrop, gr. *ho trópos* die Richtung; die Schilddrüsentätigkeit steuernd.

thyreotropes Hormon, das, gr. *ho trópos,* Syn.: thereoideastimulierendes Hormon, s. d.

Thyreotropin, das; s. thyreoideastimulierendes Hormon.

Thýris, *f.*, gr. *he thyrís, -idos* die Tür, Pforte; Gen. der Thyrídidae (Fensterschwärmer), Lepidoptera. Spec.: *T. fenestrella,* Fensterfleckchen.

Thyroxin, das, gr. *oxýs* sauer; β-(3,5-Dijod-4-(3′,5′-dijod-4′-hydroxyphenoxy-)-phenyl)-α-amino-propionsäure, ein Schilddrüsenhormon.

Thysanóptera, *n.*, Pl., Syn.: Physopoda, gr. *ho thýsanos* die Franse, Quaste, Troddel, *to pterón* der Flügel, *he phýsa* die Blase, *ho pus, podós* der Fuß; Fransenflügler, Thripse, Ordo der Hexapoda; die Namen beziehen sich auf die derbe, fransenartige Behaarung der Ränder der an sich schmalen Flügel bzw. auf die große, durch Blutdruck schwellbare Haftblase an den Haftbeinen. Fossile Formen sind seit Jura bzw. Oberem Perm *(Permothrips longipennis)* bekannt. Zu den Th. gehören Schädlinge an Kulturpflanzen; z. B. *Thrips, Limothrips* (s. d.).

Thysanopteroídea, *n.*, Pl., gr.; Synonyme: Thysanoptera u. Physopoda, s. d.

Thysanúra, die, gr. *he urá* der Schwanz; Borstenschwänze, Ordo der Apterygota (flügellose Insekten); der Name hat Bezug auf die borstenartigen Anhänge am Abdomen-Ende. Die Th. sind seit der Oberen Trias als sicher bekannt, unsichere Reste im Oberkarbon u. Unterperm; etwa 700 Species, Einteilung in Archaeognatha (Urkiefer) u. Zygentoma.

tibetanus, -a, -um, latin., im zentralasiatischen Festland (Tibet-Gebiet) vorkommend; s. *Selenarctos.*

tíbia, -ae, *f.*, lat., die Pfeife, die Röhre, das Schienbein; 1. ein Knochen des Unterschenkels der Wirbeltiere mit pentadaktyler Extremität; 2. die Tibia, ein Extremitätenglied der Insekten, zw. Femur u. Tarsus gelegen.

tibiális, -is, -e, zur Tibia gehörig.

Tibicen, *m.*, lat. *tibicen, -inis* der Pfeifer, Flötenspieler; Gen. der Cicadidae (Singzikaden), Homoptera. Spec.: *T. septemdecem,* Siebzehn-Jahr-Zikade (lange Entwicklungszeit des Larvenlebens bei dieser nordamerikan. Art).

Tibiotársus, *m.*, s. *tibia,* s. *tarsus;* durch Verschmelzung von Tibia u. Tarsus entstandenes Glied (bei den Springschwänzen, den Larven der Polyphaga).

Tichodroma, *f.*, gr. *to tēíchos* die Mauer, *dromás* laufend; Gen. der Sittidae (Spechtmeisen). Spec.: *T. muraria,* Mauerläufer (an Felsen oberhalb der Baumgrenze).

Tiedemann, Friedrich, geb. 23. 8. 1781 Kassel, gest. 22. 1. 1861 München; 1805 Prof. der Zoologie u. Anatomie in Landshut, 1816 Prof. der Anatomie u. Physiologie in Heidelberg. T. ist ein bedeutender vergl. Anatom u. einer der Vorkämpfer der experimentellen Methode in der Physiologie. Er wurde u. a. durch seine Forschungen zur Anatomie u. Bildungsgeschichte des Gehirns u. durch seine mit Leopold Gmelin (1788–1853) durchgeführten Untersuchungen über die Verdauungsvorgänge im Magen bekannt.

Tiergarten-Biologie, die, gr. *ho bíos* das Leben, *ho lógos* die Lehre; befasst sich mit allen im Zoo auftretenden Erscheinungen von biologischer Relevanz, wie Systematik, Ökologie, Parasitologie, Tierpsychologie, Veterinärmedizin usw. „Vater" dieser Arbeitsrichtung ist Heini Hediger (geb. 1908 in Basel, gest. 1991) mit Publikationen zu tiergartenbiologischen Fragen (s. d.).

Tiergehege, das; Anlage od. eingefriedete Fläche, auf denen Tiere gehalten werden, z. B. in Zoologischen Gärten, Tiergärten u. Tierparks; vgl. Wildgehege.

Tiergeographie, die; s. Zoogeographie.

Tierschutz, der; Gesamtheit der Maßnahmen zum Schutz wildlebender od. in der Obhut des Menschen befindlicher Tiere unter Wahrnehmung ethischer Maßstäbe.

Tierschutzgesetz, das; Rechtsvorschrift für die Haltung, Pflege u. Unterbringung von Tieren, denen eine artgemäße Haltung gewährt werden muss.

Tierversuch, der, *m.*; Anwendung von Arzneimitteln u. anderen Chemikalien am Tier zur Charakterisierung ihrer Wirkung u. Toxizität. Aus ethischen Gründen sind T. massiv in die öffentliche Kritik geraten. Da aber bisher nicht völlig auf sie verzichtet werden kann, sind vielfältige Bestrebungen im Gange, die 3 Ziele verfolgen („3× R"): eine Verringerung der verwendeten Tierzahl *(reduction)*, Ersatz der T. durch *in vitro* Methoden *(replacement)* u. Verbesserung der Versuchsansätze *(refinement)*.

Tierzucht, die; Viehzucht, auch Kleintierzucht; Zucht u. a. von Geflügel, Pferden, Rindern, Schafen, Schweinen, Kaninchen, Bienen, Seidenraupen, Schaben.

Tiger, der; s. *Panthera tigris.*

Tigerhai, der; s. *Galeocerdo cuvieri.*

Tigeriltis, der; s. *Vormela.*

Tigerschlange, die; s. *Python.*

tight junction, engl. *tight* dicht, eng, *junction* Verbindung, Verbindungsstelle; leistenartige Verbindung der Außenflächen der beiden Zellmembranen bei Verschwinden der Interzellularfuge. Mehrere solcher Leisten bilden, zu einem zweidimensionalen Raum verbunden, die Zonula occludens.

tigrinus, -a, -um, lat., tigerähnlich.

tígris, *m.*, lat., der Tiger; s. *Panthera.*

Tilápia, *f.*, Ableitung; Gen. der Cichlidae (Buntbarsche), Perciformes. Spec.: *T. mossambica,* Mocambique-Buntbarsch (Maulbrüter; wirtschaftlich genutzt als Speisefisch; Süßwasser, Afrika).

tímidus, -a, -um, lat., furchtsam; s. *Lepus* (Hase), im Deutschen sprichwörtlich: Angsthase, Hasenpanier.

Timofeeff-Ressovsky, Nikolaj Vladimirovič, geb. 1900 in Moskau, gest. 1981 in Obninsk b. Moskau; zunächst Hydrobiologe u. Zoogeograph, dann ab 1923 experimenteller Genetiker. Studium der Naturwissenschaften u. speziell der Zoologie an der Univ. Moskau; 1925–1928 Assistent u. 1929–1936 Abteilungsleiter am neugegründeten Kaiser-Wilhelm-Institut für Hirnforschung bei O. Vogt in Berlin-Buch, 1937–1945 Leiter der Genetischen Abteilung der gleichen Institution. Rückkehr in die Sowjetunion, Biophysiker in Sverdlovsk u. Moskau. Lit.: Genetische Analyse einer freilebenden *Drosophila melanogaster* Population (1927), Grundriß der Populationslehre (1977).

Tinamiformes, *f.*, Pl., *Tinamus;* Steißhühner (-artige), Gruppe (Ordo) der Aves; mit zahlreichen Reduktionserscheinungen, schlechte Flieger wegen ihrer kurzen Flügel; S-, M-Amerika.

Tínamus, *m.*, latin. aus dem südamerikan. Namen „Ynambui"; Gen. der Tinamidae, Steißhühner, Tinamiformes. Spec.: *T. maior,* Großer Bergtao (zwischen S-Mexiko u. N.-Brasilien).

Tinbergen, Niclaas, geb. 15. 4. 1907 Den Haag, gest. 21. 12. 1988 in Oxford; Zoologe u. Verhaltensbiologe. 1947 Professur für experimentelle Zoologie an der Univ. Leiden. 1949 zum Professor für Ethologie an die Univ. Oxford berufen. 1973 Nobelpreis für Medizin/Physiologie erhalten (zusammen mit K. Lorenz u. K. v. Frisch) „für die Schaffung der Grundlagen der Verhaltensforschung (Ethologie)". – Seine zahlreichen Untersuchungen beziehen sich vor allem auf das Verhalten von Insekten, Fischen, Vögeln (Anpassungsmechanismen, Motivationsanalysen, Verhaltensreaktionen u. a.).

Tinca, *f.*, Name des Fisches bei Ausonius; Gen. der Cyprinidae (Weiß-, Karpfenfische). Spec.: *T. tinca (= T. vulgaris),* Schleie (mit dicker, schleimiger Haut, in die die kleinen Schuppen eingelagert sind).

tinctor, -oris, *m.*, lat., der Färber. Spec.: *Thrombidium tinctorium,* Färbermilbe.

tinctórius, -a, -um, lat., ist mit dem Suffix *-orius* (dienend zu) aus dem PPP *tinctus* des Verbs tingere (färben) gebildet; zum Färben geeignet; s. *Dendrobates.*

Tinéola, *f.*, lat., *tínea* die Motte, *tinéola* die kleine Motte; Gen. der Tinéidae (Echte Motten). Spec.: *T. biselliella,* Kleidermotte (gefährlicher Feind aller Erzeugnisse aus Haaren, Wolle u. Federn im Haushalt).

Tintínnus, *m.*. lat. *tintinnus* die Klingel, Schelle, Glocke (wegen der glockenförmigen Gestalt); Gen. der Tintínnidae, Oligotricha; Ciliatentyp. Spec.: *T. acuminatus.*

Típhia, *f.,* gr., bei Aelian Name für ein Insekt; Gen. der Tiphiidae (Rollwespen), Hymenoptera. Spec.: *T. femorata,* Rotschenklige Rollwespe.

Tipula, *f.,* lat., richtiger: *tippula,* bei den Alten ein schnell über das Wasser laufendes Insekt; Gen. der Tipúlidae (Schnaken, Erdschnaken). Spec.: *T. paludósa,* Wiesenschnake; *T. olerácea,* Kohlschnake.

Tischler, Wolfgang, geb. 1912 in Heidelberg; Ökologe. 1936 Dr. phil., 1941 Dr. habil., 1947 apl. Prof. an der Univ. Kiel, 1936 o. Prof. für Zoologie u. Direktor des Zoologischen Institutes der Univ. Kiel. Lit.: Grundzüge der terrestrischen Tierökologie. Baunschweig 1949; Synökologie der Landtiere. Stuttgart 1955; Agrarökologie. Jena 1965.

Titanichthys, *m.,* lat., *Titanes,* Göttergeschlecht, Söhne der Erde *(Gaea)* u. des Himmels *(Uranus)* u. *ho ichthýs* der Fisch; Gen. der Cl. Placodermi, s. d.; fossile Riesenfische (bis über 8 m Länge) im Oberdevon.

titillatio, -onis, *f.,* lat. der Kitzel (gr. *titillein* kitzeln); s. *Cephalopina.*

Tjalfjella, auch: Tjalfiella, *f.;* am Umanekfjord (W-Grönland) gefundene Rippenqualle, sessil auf einer Seefeder der Gattg. *Umbellula* bzw. mit dem Mund am Boden festgehaftet; Gen. der Tjalfiellidae, (Ordo) Ctenophora. Einzige Spec.: *T. tristoma.*

tobiánus, *m.,* lat., zu *Tobias* in Beziehung stehend; in der Mythologie wird *Ammodytes tobianus* für den Fisch gehalten, durch dessen Galle der blinde Tobias sehend wurde.

Tobiasfisch, der, s. *Ammodytes;* s. *tobianus.*

Tod, der; irreversibler Zustand (Schädigung) eines der drei lebenswichtigen Organsysteme, des Atmungs-, Kreislauf- u. Zentralnervensystems. Der Tod eines Menschen wird heute als „Organtod des Gehirns" aufgefasst. Je nach Betrachtung u. Aussageziel werden außerdem unterschieden: biologischer Tod (z. B. Zelltod, Gewebetod, Arttod, stammesgeschichtlicher Tod) u. klinischer Tod.

Todeswurm, der; s. *Necator.*

Töndury, Gian, geb. 17. 3. 1906 im Engadin, gest. 17. 3. 1985; Prof. Dr. Dr. h. c.; Anatom, Embryologe. Medizinstudium und Assistentenzeit in Zürich absolviert, 38-jährig zum Ordinarius für Anatomie und zum Direktor des Anatomischen Instituts der Universität Zürich gewählt, somit Nachfolge Wilhelm von Möllendorffs angetreten. Arbeitsrichtungen: Experimentelle Entwicklungsforschung, Untersuchungen über Entwicklungsstörungen an Keimlingen (Embryopathien). Untersuchungen zur vor- und nachgeburtlichen Entwicklung der Wirbelsäule sowie über deren Fehlbildungen.

Tokee, Vernakularname für Gekko, nimmt Bezug auf seinen Ruf.

Tokogonie, die, gr. *ho tókos* das Gebären, die Geburt, *ho goné* die Erzeugung, Nachkommenschaft; Elternzeugung; Entstehung von Nachkommen durch elterliche Individuen im Ggs. zur sog. Urzeugung (Archigonie), s. Archigenesis.

Tokopherol, das; s. Vitamin E.

Tolerogen, das, lat. *tolerantia* Toleranz; Substanz, die unter bestimmten Bedingungen zur Immuntoleranz führt, aber normalerweise immunogen ist.

Tomístoma, *n.,* gr. *tomós* scharf, schneidend, *to stóma* der Mund; nimmt Bezug auf die lange, schmale, pinzettenförmige Schnauze; Gen. der Crocodylidae (Echte Krokodile), Ordo Crocodylia. Spec.: *T. schlegeli,* Sunda-Gavial.

Tomópteris, *f.,* gr. *tomós* schneidend, scharf, *to pterón* die Feder, Flosse, das Ruder; Gen. der Tomopteridae, Polychaeta; der Name nimmt Bezug auf die blatt- od. flossenartigen Erweiterungen der zweiästigen Parapodien. Spec.: *T. helgolandica.*

tonsílla, -ae, *f.,* lat., die Mandel; Tonsillen: lymphdrüsenartige Organe der Säuger, zum Teil noch im Bereich der Mundhöhle, zum Teil im oberen Abschnitt des Pharynx gelegen, Tonsillen des Menschen: z. B. *T. pharyngica,* Rachenmandel; *T. palatína,* Gaumenmandel; *T. linguális,* Zungenmandel.

tonsilláris, -is, -e, zur Mandel gehörig.

Tórgos, *m.;* Gen. d. Accipitridae, Greifvögel. Spec.: *T. tracheliotus,* Ohrengeier (mit lappiger Hautfalte am nackten, blauroten Hinterkopf, die das „Ohrenaussehen" hervorruft).

Tornária, die, gr. *ho tórnos* der Bohrer, lat. *tornáre* drehen, drechseln; freischwimmende Larve der Eichelwürmer.

Torpédo, *f.,* lat. *torpédo, -inis* die Lähmung, von *torpére* betäubt sein, übertragen: der Zitterrochen (bei Plinius); Gen. der Torpedínidae, Zitterrochen; fossil wahrscheinl. seit dem Eozän. Spec.: *T. marmorata* (mit braun u. weißlich marmorierter Haut).

Torpidität, die, lat. *torpidus* betäubt; winterschlafartige Erscheinung bei Vögeln, z. B. ein Starrezustand bei Kolibris, der nachts durch Nahrungsmangel u. Kälte ausgelöst werden kann.

Torpor, der, lat. *torpor* Erstarrung; Zustand stark herabgesetzter Stoffwechselaktivität bei kleinen homoiothermen Tieren, z. B. Kolibris, Spitzmäusen, während der tagesperiodischen Ruhepause.

torquátus, -a, -um, lat., mit Halsband *(torquis)* versehen. Spec.: *Cercocebus torquatus,* Halsbandmangabe.

Tórtrix, *f.,* lat. *toquére* drehen, winden; Gen. der Tortricidae (Wickler); in Ruhe werden die Flügel dachförmig eng anliegend getragen (= gewickelt!). Spec.: *T. viridana,* Grüner Eichenwickler.

tórulus, -i, *m.,* Dim von *torus;* der kleine Wulst.

tórus, -i, *m.,* lat., das Polster, der Wulst.

torvus, -a, -um, lat., wild, grimmig; s. *Planaria.*

total, lat. *tótus,* ganz, vollständig.

tótanus, *m.,* latin. nach dem ital. Totano; Strandläufer; s. *Tringa.*

Totenfall, der; Bezeichnung für abgestorbene Honigbienen, die während der Überwinterung absterben u. sich auf dem Boden der Beute ansammeln.

„Totemannshand“, die; s. *Alcyonium.*

„Totenkäfer“, der; s. *Blaps.*

Totenkopf, der; s. *Acheróntia.*

Totenkopfäffchen, das; Totenköpfchen, das; s. *Saimiri.*

Totenuhr, die; s. *Anobium.*

totipotent, lat. *tótus, -a, -um* ganz, *poténtia, -ae* die Macht, Kraft, das Vermögen; die Entwicklungsmöglichkeiten des Gesamtorganismus enthaltend.

tox-, toxi-, toxikon-, toxo-, gr. *ho toxikón* = latin. *toxicum, -i, n.,* das Pfeilgift, dann Gift allgemein; Wortteil mit der Bedeutung Gift; gr.: toxillón phármakon.

Toxascaris, *f.,* gr. *he askarís* der Eingeweidewurm; Gen. der Ascarididae, Nematodes. Parasiten im Dünndarm von Fleischfressern (Carnivora). Kräftige, bis zu 15 cm große Spulwürmer. Spec.: *T. leonina,* Wirte: Hund, Katze sowie wildlebende Verwandte, z. B. Löwe; Kosmopolit; *T. procyonis,* Wirt: Waschbär; Polen. – Die Larven gehören zu den Erregern der Larva migrans (visceralis) des Menschen.

Toxikodynamik, die, *f.,* engl. *toxicodynamics;* beschreibt die Veränderungen des Organismus unter der Einwirkung eines Schadstoffes.

Toxikokinetik, die, *f.,* engl. *toxicokinetics;* Teilgebiet der Toxikologie mit der Aufgabe, den Weg u. das Schicksal eines Schadstoffes im Organismus quantitativ zu erfassen, d. h. Aufnahme (Resorption), Verteilung (Distribution), Umwandlung (Metabolismus) u. Ausscheidung (Elimination).

Toxikologie, die, *f.;* Lehre von den Wirkungen von Giften auf den Organismus, Teilgebiet der Pharmakologie, das die Verhütung, Diagnostik u. Therapie von Vergiftungen untersucht. Bundesweite Giftinformationszentralen helfen in Notfällen bei der schnellen Behandlung von Vergiftungen (Identifikation des Giftes, Therapieempfehlungen). Zoologisch relevante Teilgebiete: Pestizidtoxikologie, Nahrungsmitteltoxikologie, Umwelttoxikologie.

Toxine, die, Pl., *n.;* giftige Substanzen, die von Mikroorganismen, Pflanzen u. Tieren gebildet u. sezerniert werden, s. auch Gifte, s. Abwehrstoffe. Beispiele: **Nesselgifte:** Vorkommen z. B. bei Würfelquallen, Klasse: Cubozoa, Cubomedusae; z. B. *Chiropsalmus quadrigatus, Chironex fleckeri,* treten saisonal (X–V) an der NO-Küste Australiens auf; wegen des starken Nesselgiftes (Todesfälle möglich) häufig Sperrung von Stränden. **Iridoide:** Vorkommen bei Ameisen für Abwehr u. Beutefang. **Conotoxine:** Vorkommen bei Kegelschnecken, Gattung *Conus,* v. a. zur Abwehr von Fressfeinden. **Asterosaponine:** Vorkommen bei Seesternen zum Erlegen von Beute, auch zur Abwehr.

tóxisch, giftig.

toxische Elemente; giftige, anergische Futter- od. Umweltbestandteile; bewirken Vergiftungen im Tierkörper. Toxisch wirken auch einige lebensnotwendige Elemente in höheren, nicht bedarfsgerechten Gaben u. die meisten nichtessentiellen Elemente.

Toxicysten, die; Extrusome (s. d.) der Gymnostomatida, Ciliata; die T. sind rings um den Mundapparat angeordnet, z. B. bei *Homalozoon vermiculare,* und dienen zum Beutefang bzw. der carnivoren Ernährungsweise (dem „Fressen“ anderer Ciliaten).

Toxocara, *f.,* gr. s. o.; lat. *carus* lieb, wert; Gen. der Ascarididae, Nematodes. Spulwürmer in Hunden bzw. Katzen; können beim Menschen als Larva migrans auftreten od. eine Toxocariasis auslösen. Spec.: *T. canis,* Wirt: Hunde; *T. cati,* Wirt: Katzen.

Toxocariasis (s. o.); *-iasis, f.;* Invasion mit Larven von *Toxocara cati* od. *Toxocara canis,* die sich bis zu einem bestimmten Stadium auch im menschl. Organismus entwickeln u. Entzündungen im Peritoneum, in Leber, Pleura u. Lunge verursachen können, sind meist symptomlos, gelegentlich Bauchschmerzen, u. a. Lungeninfiltrate, asthmaartige Beschwerden, granulomatöse Hepatitis. Bei Beteiligung des Auges kann u. U. Erblindung auftreten (Toxocara-Ophthalmie).

toxogloss, gr., *to tóxon* der Bogen, der Pfeil, das spitze Geschoss, *he glóssa* die Zunge; toxoglosse Radula = „Pfeilzunge“; Radulamembran sowie zentrale u. laterale Zähnchen fehlen, die marginalen Zähnchen sind pfeilförmig

u. mit dem ausleitenden Gang von Giftdrüsen verbunden (z. B. bei *Conus,* Kegelschnecken); s. auch: Radula-Typen.

Toxoplasma, *n.,* gr. *to plásma* das Gebilde, die Gestalt(ung); namentl. Bezug auf die ovale, sichel-, halbmondgebogene (gr. *tóxon* der Bogen) bzw. apfelsinenscheibenförmige Gestalt der Toxoplasmen; Gen., das in neuerer Zeit zu den Coccidia, Protozoa, gestellt wird u. dessen Ein- od. Zuordnung lange als ungeklärt bzw. umstritten galt. Die Toxoplasmen sind weltweit verbreitete Zellparasiten beim Menschen u. bei zahlreichen Wirbeltieren (Hund, Katze, Kaninchen u. a.), die als Überträger eine Rolle spielen. Spec.: *T. gondii,* befällt besonders Kinder, kann unter Entzündungen verschiedener Gewebe zum Tode führen. Übertragungsmodus vor allem durch engen Kontakt mit befallenen Haustieren (Hund, Katze u. a.), durch Aufnahme infizierter animalischer Nahrungsmittel; Befall oft latent (ohne Symptome), Infektion von Schwangeren gefährlich, Infektion des Keimes kann zu Fehl-, Totgeburten od. Schäden bei Neugeborenen führen. – Der Artname ist nach dem nordafrikan. Nagetier-Namen Gundi (wissensch.: *Ctenodactylus gondii*) gebildet.

Toxótes, *m.,* gr., *to tóxon* der Bogen, gr. *ho toxótes* der Bogenschütze; Gen. der Toxotidae (Schützenfische), Perciformes. Spec.: *T. jaculator,* Schützen- od. Spritzfisch, der mit einem Wasserstrahl über dem Meeresspiegel befindliche Beutetiere „erlegt", „schießt" (bespuckt). Vorkommen: Indischer Ozean, Rotes Meer; – als Aquarienfisch bekannt.

TPN, Abk. für Triphosphorpyridinnukleotid; s. NADP.

trabécula, -ae, *f.,* lat., das Bälkchen; Trabeculae carneae (*f.,* Pl.): Fleischbälkchen im Herzen vieler Säuger.

trabeculáris, -is, -e, zum Bälkchen gehörig.

trabs, trabis, *f.,* lat., der Balken; das Schiff, Haus.

trachéa, -ae, *f.,* gr. *trachýs* rauh, steif, stachelig; die Trachea, Luftröhre luftatmender Vertebrata.

tracheális, -is, -e, zur Luftröhre gehörig.

Tracheáta, = Antennata, *f.,* Pl., s. *trachea,* s. Tracheen; Typ der Arthropoda bzw. Gruppe der Mandibulata; ihre Atmung erfolgt durch Tracheen (Name!); das 1. Extremitätenpaaranlage ist zu einer Antenne differenziert.

Trachéen, die; Luftröhren, Respirationsorgane der Tracheaten, stellen röhren- od. sackartige Einstülpungen der Körperhaut dar u. beginnen an der Körperoberfläche mit den Stigmen.

tracheliótus, gr., *ho tráchēlos* der Hals, Nacken u. *to us, otós* das Ohr; s. *Torgos.*

Tracheolen, die; blind endende Endverzweigungen der Tracheen, stellen die wichtigsten Orte des Gasaustausches mit dem atmenden Gewebe dar.

Trachínus, *m.,* latin.; Giftstachel am Kiemendeckel u. an der 1. Rückenflosse; Gen. der Trachínidae (Drachenfische). Spec.: *T. draco,* Petermännchen (von holländisch *pietermann,* wie ihn die holländischen Fischer zu nennen pflegen, da sie ihn wegen seiner gefährlichen Giftstacheln meistens über Bord warfen u. dabei dem heiligen „Petrus" weihten; Fisch wohlschmeckend).

Tracht, die; Bienenweide, die nach der eingetragenen Nahrung als Nektar-, Honigtau- u. Pollentracht, nach der Jahreszeit als Früh-, Sommer- u. Spättracht, nach der Verfügbarkeitsmenge als Haupt-, Voll-, Massen- u. Läppertracht u. nach den Trachtpflanzen beispielsweise als Raps-, Linden-, Sonnenblumentracht bezeichnet wird. Biotoporientiert spricht man von Obst-, Wiesen-, Feld- u. Waldtracht.

Trachylína, *n.,* Pl.; Ordo der Hydrozoa; ohne bodenbewohnende Polypengeneration, höchstens mit knospenbildendem parasitischem Actinulastadium, meist mit direkter Entwicklung der Meduse aus einer schwimmenden Actinula. Schirmtentakel fast alle solid u. relativ steif (Name!); Einteilung in: Trachy- und Narcomedusae.

Trachymedusae, = Trachomedusae, *f.,* Pl.; Name wegen der steifen Tentakel; Kolbenquallen; Gruppe (Subord.) der Trachylina. Schirmrand nicht in Lappen geteilt; typische Radiärkanäle mit meist daran befindlichen Gonaden zahlreich vorhanden; Umwandlung aus der Actinula ohne weitere Teilungen in die Meduse.

Trachypíthecus, *m.,* gr. *trachýs* rauh, starr; hat weiße Einrahmung der Augen u. nackte, weiße Haut um das Maul („Bild eines starren Gesichtsausdrucks"); Gen. der Colobidae (Languren), Cynomorpha, Catarhina, Simiae. Spec.: *T. obscurus,* Brillenlangur od. Blätteraffe.

Trachypleus, *m.,* gr. *plēin (= pléein)* schwimmen; Gen. der Limulidae, Xiphosura. Spec.: *T. gigas; T. tridentátus.*

Tráchys, *f.;* einige Arten sind behaart *(trachýs);* Gen. der Bupréstidae. Spec.: *T. minuta,* Kleiner Zwergprachtkäfer.

Trachysaurus, *m.,* gr. *trachýs,* s. o., auch gedrungen, *ho sāũros* die Eidechse; Gen. der Scincidae (Wühl-, Glattechsen); der Name nimmt Bezug auf den kurzen, gedrungenen, tannenzapfenähnlichen Körper. Spec.: *T. rugosus,* Stütz- od. Tannenzapfenechse.

tráctus, -us, *f.*, lat. *tráhere* ziehen; der Zug, Faserzug, Strang, Trakt.
Tragélaphus, *m.*, gr. *ho trágos* der Bock u. *ho élaphos* der Hirsch; Gen. der Bóvidae, Rinder, Artiodactyla, Paarhuftiere. Spec.: *T. scríptus,* Schirrantilope, Buschbock; *T. spékii,* Sumpfantilope, Wasserkudu; *T. eurýceros,* Bongo; *T. strepsíceros,* Großer Kudu.
Trágulus, *m.*, Dim. von gr. *ho trágos* = lat. *tragus* der Bock: kleiner Bock; Gen. der Tragulidae (Zwergböckchen), Ruminantia, Artiodactyla. Spec.: *T. javanicus,* Zwergböckchen, Kleinkantschil; *T. napu,* Großkantschil.
tragus, -i, *m.*, lat., der Bock; Erhebungen vor der Öffnung des äußeren Gehörganges.
train, engl., Zug, Reihe, Kette; mitunter aus dem Engl. unübersetzt gebraucht für: länger anhaltende, zeitlich begrenzte Folge von Nervenimpulsen.
Tranquilizer, die, engl., von lat. *tranquíllus, -a, -um* ruhig; allgemein: unspezifisch beruhigend wirkende Arzneimittel; in der Tierhaltung: Beruhigungsmittel, die in verschiedenen Ländern bei der Massenhaltung insbes. von Mastbullen sowie beim Transport der Tiere eingesetzt werden u. mitunter zur Leistungsverbesserung führen sowie die Lebendmasseabnahme einschränken.
Trans-, lat. *trans* über, jenseits; in Zsg.
Transaminásen, die; Aminotransferasen, Aminogruppen übertragende Enzyme des Zellstoffwechsels, die zu den gruppenübertragenden Enzymen gehören.
Transdetermination, die, *f.*, lat. *determinatio* Abgrenzung; Änderung des Determinationszustandes, der zu einer Änderung des Entwicklungsschicksals führt.
Transdifferenzierung, die, *f.*, lat *differentia* Verschiedenheit; Änderung des Differenzierungszustandes. Dedifferenzierung bereits differenzierter Zellen u. Entwicklung in eine andere Richtung.
Transduktion, die *f.*, lat. *transductio, -onis* Überführung; 1. molekularbiologisch: Übertragung von genetischem Material durch Viren. 2. sinnesphysiologisch: Bildung eines Rezeptorpotentials nach Einwirkung eines adäquaten Sinnesreizes auf die entsprechende Rezeptorzelle. Zwischen Reizeinwirkung (z. B. Absorption eines Lichtquants) u. elektrischer Rezeptorantwort (Rezeptorpotential) vermitteln in der Rezeptorzelle je nach Rezeptortyp kürzere od. längere chemische Reaktionskaskaden.
Transferasen, die, lat. *trans-* über, *ferre* tragen, führen; eine Enzymklasse, die Gruppenübertragungen katalysiert (z. B. Methyltransferasen, Transaminasen).
Transfernukleinsäure, die; eine relativ niedermolekulare Ribonukleinsäure (ca. 70–80 Nukleotide), die eine bestimmte Aminosäure bindet u. diese vermittels ihrer Anticodon-Region in die ihr durch die genetische Nachricht zugewiesene Position bringt.
Transformation, die, *f.*, lat. *transformatio* Umwandlung; 1. Erbliche Veränderung von Zellen mittels DNA. 2. Veränderung normaler Zellen zu ungehemmt wachsenden Krebszellen.
Transition, die, lat. *transitio, -onis,* der Übergang, Durchgang; Genmutation (Punktmutation), bei der eine Purin- durch eine Purinbase und eine Pyrimidin- durch eine Pyrimidinbase ersetzt wird.
Transkription, die; lat. *transcribere* hinüberschreiben, umschreiben; 1. biochemisch: Bezeichnung für den ersten Schritt des Ablesens der in der DNS verschlüsselten Information. Der Kode der DNS wird durch komplementäre Basensequenz auf die Messenger-RNS transkribiert; s. auch Translation; 2. nomenklatorisch-terminologisch: die Umschreibung od. Übertragung ins Lateinische od. die Latinisierung hinsichtlich Schrift, Schreibweise, Suffix, z. B. von Termini u. Nomina aus dem Griechischen, (s. Abschn. 1.3.1.).
Translation, die, lat. *translátus* übertragen (von *transferre*); Übertragung der in der Messenger-RNS enthaltenen Informationen, die zu einer spezifischen Aminosäuresequenz in den Polypeptiden führt. Die T. ist der zweite Schritt des Ablesens der in der DNS enthaltenen genetischen Information; s. Transkription.
Translokation, die, lat. *locare,* stellen, (an-)legen, neulat. *localisáre* örtl. bestimmen; eine Chromosomenmutation, Verlagerung von Chromosomensegmenten; einfache T.: Positionsänderung eines Segmentes im gleichen Chromosom od. Einbau eines Chromosomensegmentes in ein anderes Chromosom; reziproke T.: wechselseitiger Austausch von Chromosomensegmenten zwischen zwei Chromosomen.
Transmítter, der, lat. *trans-* jenseits von, über-, hin-, *míttere* entlassen, senden, schicken; Überträgersubstanz, z. B. das Acetylcholin; s. Neurotransmitter.
Transplantation, die, lat. *transplantáre* verpflanzen; das Verpflanzen von Zellen od. Geweben od. Organen.
Transsexualismus, der, lat. *sexus, -us* das Geschlecht; psychische Identifikation mit dem anderen Geschlecht. Der männliche Transsexuelle ist z. B. cytologisch (XY), hormonphysiologisch u. organisch männlich, fühlt sich jedoch psychisch zum weiblichen Geschlecht gehörig.

transspezifische Evolution, die; Evolution, die den Artrahmen überschreitet.
transversál; s. *transvérsus.*
transversális, -is, -e, zum Processus od. Musculus transversus gehörig.
transversárius, -a, -um, quer verlaufend; Subst.: tranversaria der Querbalken.
Transversion, die, lat. *transversio, -onis,* das Hinüberwechseln, der Austausch; Genmutation, Austausch einer Purinbase durch eine Pyrimidinbase od. umgekehrt.
transvérsus, -a, -um, lat. *transvértere* hinüberwenden, umwenden; quer verlaufend.
Transvestismus, der, lat. *vestis* Kleid. Die Transvestiten neigen zum Tragen der Kleidung des jeweils anderen Geschlechts.
trapezoïdeus, -a, -um, gr. *to ēídos* das Aussehen; trapezähnlich.
Trauerente, die; s. *Melanitta.*
Trauermantel, der, mhd. *leitroc;* s. *Nymphalis,* s. auch *Vanessa.*
Trauermantelsalmler, der; s. *Gymnocorymbus ternetzi.*
Trauerschwan, der; s. *Cygnus.*
Trauerseeschwalbe, die; s. *Chlidonias.*
Trauerstelze, die; s. *Motacilla.*
tredecimguttátus, -a, -um, lat., mit 13 *(tredecim)* Flecken (*guttae* Tropfen); s. *Latrodectus,* hat 13 rote Flecken.
Trehalose, die; der Blutzucker der Insekten; Der Blutzucker der Insekten ist das nichtreduzierende Disaccharid Trehalose (α-Glucosido-1-α-glucosid), deren Konzentration zwischen 202 mg je 100 ml bei Puppen von *Bombyx mori* und 4700–5200 mg/100 ml bei Larven des Kiefernprachtkäfers (Marienprachtkäfers) *Chalcophora mariana* liegt. Glucose und Fructose kommen gewöhnlich nur in Spuren vor. Eine Ausnahme bildet die Honigbiene mit 600–3200 mg Glucose und 200–1600 mg Fructose je 100 ml Hämolymphe.
Tremărctos, *m.,* gr. *to trēma* das Loch, Öffnung u. *ho árktos* der Bär; mit brillenhaftem Eindruck durch die weiße Gesichtszeichnung auf dem schwarzen Fell; Gen. der Ursidae (Bären), Canoidea, Carnivora. Spec.: *T. ornátus,* Brillen- od. Andenbär.
Trematoda, *n.,* Pl., gr. *to tréma* das Loch, die Spaltung (Bezug auf den Mund bzw. auf den meist gabelig gepaltenen Darm); Trematodes, Saugwürmer, Cl. der Plathelminthes; ausgestattet mit versenkter Epidermis, Haftvorrichtungen u. einem einfachen od. verästelten Darm; keine Wimpern; leben als Außen- od. Innenparasiten. Man unterscheidet: Monogenea und Digenea.
tri-, gr. in Zusammensetzungen: drei-.
Triactinomyxon, *n.,* gr. *tri-* drei, *he aktís, aktínos* der Strahl u. *he mýx* der Schleim, *to myxárion* Dim. das Schleimtröpfchen; Gen. der Aktinomyxidia, Cnidosporidia.
trianguláris, -is, -e, gr. *tri-* drei, lat. *triángulum, -i, n.,* das Dreieck; dreieckig.
Trias, die; ältestes geologisches System des Mesozoikum, s. d.; Name wegen der Zusammenfassung von drei Abteilungen, die früher als selbständig angesehen worden waren: Buntsandstein, Muschelkalk u. Keuper.
Triatoma, *m.;* Gen. der Reduvíidae, Raubwanzen. Spec.: *T. (Conorrhinus) infestans.*
Triaxónida, *n.,* Pl., gr. *tri-* drei, *ho áxon* die Achse; Glasschwämme, Großgruppe der Silicospongiae (Kieselschwämme); sie sind ausgezeichnet durch 3achsige Kieselnadeln, deren Äste im Winkel von 90° aufeinanderstoßen u. über den Kreuzungspunkt hinaus zu Sechsstrahlern verlängert werden; daher auch das Syn.: Hexactinellida; fossil seit dem Kambrium bekannt.
Tribadie, die, gr. *tríbēin* reiben; lesbische Liebe; Sexualbeziehung (-handlung) zwischen zwei Frauen bzw. weiblichen Lebewesen (Tieren).
Tribus, *f.,* lat., Abteilung, Bezirk, Einteilung; 1. Kategorie der Familiengruppe, die der Subfamilie unter- u. der Gattung übergeordnet ist; 2. ein einzelnes Taxon der Kategorie „Tribus", z. B. Bombini; s. Kategorienstufe.
tríceps, -ípitis, *m.,* gr. *tri-* drei, lat. *caput, -itis, n.,* der Kopf; dreiköpfig.
Triceratops, *m.,* gr. *to kéras* das Horn; Name wegen der drei Hörner; Gen. des Subordo Ceratopsida, Ordo Ornithischia, s. d., etwa 4–6 m lange quadripede Reptilia; fossil in der Oberkreide. Spec.: *T. prorsus.*
trich-, in Komposita: Haar-, gr. *thrix,* Genitiv *trichós* das Haar.
Trichéchidae, *f.,* Pl., gr. *he thrix, trichós* das Kopf-, Barthaar, *échēin* haben; Fam. der Sirenia (Seekühe); Syn.: Manatidae; T. früher für Odobenidae verwendet; fossil wahrscheinlich seit dem Eozän.
Trichechus, *m.,* gr.; Gen. der Trichechidae (= Manatidae), Rundschwanzsirenen, Sirenia. Spec.: *T. (= Mantus) senegalensis,* Afrikan. Lamantin. Manati-Seekuh (in Flüssen, Buchten der westafrikan. Küste; herbivor).
Trichinélla, *f.,* gr. *he thrix, trichós* Haar, lat. *-ella* Suffix der Verkleinerung, also: „kleines Haar", „Haarwürmchen"; Gen. der Trichinellidae (Trichinen), Nemathelminthes. Spec.: *T. spiralis,* Trichine.
trichinös; von Trichinen durchsetzt.
Trichinóse, die; Wurmerkrankung, verursacht durch *Trichinella spiralis.*

Trichius, *m.,* gr. *he thrix, trichós* das Haar; Gen. der Scarabaeidae (Blatthornkäfer); der Name nimmt Bezug auf die zottige„Behaarung" an Stirn, Halsschild u. Schildchen. Spec.: *T. fasciatus,* Pinselkäfer.

Trichobranchien, die, *he trix, trochós* das Haar, *to branchion* die Kieme; schlauchförmiger Kiementyp der Decapoda/Crustacea.

Trichodectes, *m.,* gr. *he trix, trochós* das Haar, *dektes* von *dáknein* u. *déknein* beißen, verbeißen; Gen. der Trichodectidae, Amblycera. Haarlinge mit breit-ovalem Kopf, die an Hunden u. Mardern leben. Spec.: *T. canis,* Hundehaarling (Wirt: Hund; 2,5 mm; auf dem Haushund; Überträger des Gurkenkernbandwurms *Diphidium caninum*).

Trichódes, *m.,* gr. *trichódes* haarig, zottig, behaart, bewimpert; Gen. der Cléridae (Buntkäfer). Spec.: *T. apiarius,* Bienenkäfer; *T. alvearius,* Bienenkorbkäfer.

Trichodína, *f.;* Gen. der Trichodínidae; der Name bezieht sich auf die kreisel- od. scheibenförmige, vorn spiralige, hinten kranzartige Bewimperung der mobilen Peritricha. Spec.: *T. pediculus,* Polypenlaus (schmarotzend auf Süßwasserhydren).

Trichogaster, *f.,* gr. *he gastḗr* der Bauch; mit „Bauchhaar", d. h. mit Bauchfäden; Gen. der Anabantidae (Kletterfische), Perciformes. Spec.: *T. pectorális,* Zebrafadenfisch; *T. trichopterus,* Blauer Fadenfisch (hat Bauchfäden mit Geschmacks- u. Tastsinnesorganen).

Trichoglóssus, *m.,* gr. *he thrix, trichós* das Haar, die Wolle; namentl. Bezug auf die mit Hornfasern pinselartig besetzte Zunge unter der Spitze; Gen. der Trichoglóssidae (Pinselzüngler), Psittaciformes. Spec.: *T. haematodus,* Allfarblori od. Blauwangenlori (prächtig bunt, weit verbreitet u. differenziert in ca. 22 Subspecies).

Trichomonadenabort, der (Trichomoniasis, Trichomonadenseuche); Abort beim Rind infolge einer sog. klassischen Deckinfektion mit *Trichomonas foetus.*

Trichomonadenbouillon, die; flüssiger bakteriologischer Nährboden aus Nährbouillon u. Pferdeserum sowie einigen Zusätzen; dient zur Zucht von Trichomonaden.

Trichomonas, *f.,* gr. *he monás* Monade, einfaches Wesen, also: „Haarmonade"; Gen. der Trichomonadidae, Polymastigina (s. d.). Die Vertreter dieser Gattung zeigen 4 nach vorn gerichtete, freie Geißeln u. eine nach hinten gerichtete Schleppgeißel mit undulierender Membran. Spec.: *T. anatis,* im Darm, Blinddarm von Enten, Gänsen; *T. gallinarum,* in den Blinddärmen von Hühnern, Puten; *T. hominis* im (Dick-) Darm des Menschen, von Affen (Pathogenität umstritten); *T. vaginalis,* in Vagina u. Urethra des Menschen; *T. foetus,* in den Geschlechtsorganen von Rindern, verursacht oft Fortpflanzungsstörungen; *T. microti,* im Darm von Ratten, Hamstern, Meerschweinchen.

Trichoníscus, *m.,* gr. *ho onískos* kleiner Esel (Kellerassel), also: „Haar-Kellerassel"; Gen. der Oniscidae, Mauerasseln. Spec.: *T. elizabethae.*

Trichonýmpha, *f.,* gr. *he nýmphe* die Nymphe; hat bis zur Körpermitte zahlreiche Geißelapparate u. einen birnenförmig zugespitzten Vorderkörper; Gen. der Hypermastigidae, Flagellata. Spec.: *T. agilis,* „Bewegliche Haar- od. Geißelnymphe".

Trichoplax adhaerens F. E. Schulze, gr. *trichódes* haarig, bewimpert, *he plax, f.,* die Platte, lat. *adhaerere* anhängen, anheften; „Wimperplatte", ein scheibenförmiger, 2(–3) mm großer Organismus, dessen mesenchymartiges Zwischengewebe (Faserzellen) von einer epithelartigen, bewimperten, dünneren dorsalen u. dickeren ventralen Zellschicht begrenzt wird; ein Mund fehlt. *Trichoplax* hat Ähnlichkeit mit der Placula (Placozoa, Grell). Die ungeschlechtliche Fortpflanzung erfolgt durch Zweiteilung u. Knospung. *Trichoplax* lebt im Meer (auf Algen) u. wird in Süßwasseraquarien eingeschleppt.

Trichópsis, *m.,* gr. *he ópsis* das Aussehen, da der erste Strahl der Brustflosse „haarartig" verlängert ist; Gen. der Osphromeidae, Guramis. Spec.: *T. vittatus,* Knurrender Gurami (ein beliebter Aquarienfisch).

Trichóptera, *n.,* Pl., gr. *to pterón* Flügel, wegen der behaarten (od. beschuppten) Vorder-Flügel; Köcherfliegen, Ordo der Insecta; die raupenförmigen Larven bauen köcherförmige „Gehäuse", Vorkommen in stark fließenden Gewässern u. in der Brandungszone von Seen; fossil seit dem Unt. Jura (Lias) (? Ob. Trias = Keuper) bekannt.

trichópterus, -a, -um, gr. *he thrix, trichós,* das Haar, *to pterón* der Flügel, die Flosse; mit „Haar"- od. Fadenflossen, Fäden; s. *Trichogaster.*

Trichostómata, *n.,* Pl., gr. *to stóma, -atos* der Mund; Holotricha, deren Mund mit einstrudelnden Wimpern od. außerdem oft mit undulierenden Membranen versehen ist; vgl. auch Gymnostomata.

Trichostrongylidose, die, syn. Trichostrongyliasis; Sammelbezeichnung für eine durch Befall mit Trichostrongyliden (z. B. Gen. *Trichostrongylus*) verurachten Helminthose (Mischinfektion); Befall führt zu Schädigungen der Schleimhaut des Magen-Darm-Traktes.

Trichostrongylus, *m.*, gr. *strongýlos* rund; Gen. der Tritrichostrongylidae, Rundwürmer, Nematodes. Bis 8 mm lange Würmer, die parasitisch in Säugetieren (Duodenum, Jejunum) leben. Spec.: *T. columbriformis*, Wirte: Hase, Eichhörnchen, Schaf, Ziege, Kamel u. a. Säugetiere, auch Mensch; Kosmopolit; *T. orientalis* (in Asien).

Trichosúrus, *m.*, gr. *he urá* Schwanz, wegen der dichten Behaarung des Schwanzes; Gen. der Phalangéridae (Kletterbeutler, Handfüßer). Spec.: *T. vulpecula,* Fuchskusu (pflanzenfressender, träger Baumbewohner, dessen Fell als „Australisches Opossum" gehandelt wird).

Trichozýsten, die, gr. *he kýstis* die Blase; fadenförmige, ausschleuderbare Organelle vieler Ziliaten u. mancher Flagellaten, sie bestehen aus einem spindelförmigen Quellkörper u. einem nicht quellbaren Spitzenkörper, sie fungieren wahrscheinlich vorwiegend als Schutzorganelle.

Trichuriasis, die, gr.; Peitschenwurminfektion, Befall des Darmes mit *Trichuris trichiura*, besonders bei Kindern.

Trichúris, *f.*, gr. *he urá* der Schwanz, wörtlich: „Haarschwanz"; vordere zwei Drittel dünn bzw. faden- od. peitschenartig; Peitschenwurm; Gen. der Trichúridae, Nematoda; große Anzahl von Arten, die zumeist Wirts- bzw. Wirtsgruppenspezifität besitzen; parasitisch in Blind- u. Dickdarm von Säugetieren. Spec.: *T. trichiura;* Wirt: Mensch, Menschenaffen, Schwein; mit dem schlanken Vorderende in Darmschleimhaut (vor allem) des Blinddarms eingebohrt.

Tricladida, *n.*, Pl., gr. *ho kládos* der Zweig, namentlicher Bezug auf den lambdaförmig gespaltenen Darm (mit 1 nach vorn u. 2 nach hinten gerichteten, seitlich verzweigten Ästen); Gruppe (meistens im Range des Subordo) der Seriata (s. d.). Unter den T. finden sich neben Maricola (z. B. *Bdelloura*) die Süßwasser-Turbellarien (Paludicola, z. B. *Planaria*) u. landlebende Formen (Terricola, z. B. *Rhynchodemus*).

tricuspidális, -is, -e, s. *cuspis;* dreizipflig.

tricuspidátus, -a, -um, lat., dreispitzig, mit drei Zipfeln versehen.

tricuspis, lat., mit drei *(tri)* Zipfeln (*cuspis,* Pl. *cuspides*) versehen, dreieckig, mit drei Spitzen.

tridáctylus, -a, -um, latin., gr. *ho dáktylos* der Finger, die Zehe; mit 3 Zehen (od. Fingern), dreizehig; s. *Bradypus,* s. *Myrmecophaga.*

Tridáctylus, *m.,* lat., mit drei Zehen (Phalangen); Gen. der Tridactylidae (Dreizehenschrecken); Saltatoria (Heu- oder Springschrecken). Spec.: *T. variegátus.*

tridecimlineatus, lat., mit 13 *(tridecim)* Streifen *(linea)* versehen; s. *Citellus.*

tridentatus, -a, -um, lat., mit drei Zähnen versehen; s. *Trachypleus.*

Triecphora, *f.*, s. *Cercopis.*

Trigéminus, der, s. *N. trigeminus.*

triggern, engl. *trigger,* der Auslöser, häufig unübersetzt aus dem Engl. übernommen; das Auslösen eines Vorgangs mit anschließend eigengesetzlichem Ablauf.

Trigla, gr. *he trígle* od. *trígla* der griech. Name für die Seebarbe *(Mullus),* wegen der 3 *(tris)* freien Strahlen der Brustflossen; Gen. der Triglidae, Knurrhähne, Ordo Scorpaeniformes, Panzerwangen; durch Reibung der Kiemendeckelknochen u. den Muskeltonus im Bereich d. großen Schwimmblase können Geräusche (Knurrtöne) erzeugt werden, die im latin. engl. (Art-)Namen *gurnardus* Ausdruck fanden. Spec.: *T. gurnardus,* Grauer Knurrhahn; *T. hirúndo,* Roter Knurrhahn, Seeschwalbe.

trigonál, dreieckig.

Trigónia, *f.;* Gen. der Trigoniidae; schizodonte, meist kräftig skulptierte, relativ dickschalige Muscheln; fossil seit der Mittleren Trias; Gen. wurde inzwischen in mehrere Genera aufgeteilt.

trigónum, -i, *n.,* latin./gr., das Dreieck.

trigónus, -a, -um, latin./gr., dreieckig.

triklad, gr. *ho kládos* der Zweig, Ast; dreiästig.

Trikuspidalklappe, die; Valva tricuspidalis, eine der Herzsegelklappen; z. B. des Menschen.

Trillerkauz, der; s. *Glaucidium.*

Trilóbita, *n.,* Pl., gr. *trílobos* dreilappig, -teilig; Cl. der Amandibulata (Kieferlose); die bereits im Unterkambrium entwickelten u. im Perm ausgestorbenen Trilobiten haben einen Körper, der durch zwei rechts u. links von der Mittellinie verlaufende Längsfurchen in drei nebeneinander liegende Abschnitte, einem unpaaren mittleren u. zwei laterale Teile zerlegt ist; diese werden am Rumpf Rhachis u. Pleurae, am Kopf Glabella (als Kopfbuckel) u. Genae (Wangen) bezeichnet. Die Gliedmaßen dieser fossilen, marinen Arthropoden bestehen aus einer Antenne u. einer langen Reihe durchaus gleichartiger Beine, von denen nicht eins zum Mundwerkzeug differenziert ist. Genera: *Dalmanitina, Olenellus, Olenus, Protolenus, Paradoxides.*

Trilobitomorpha, *n.,* Pl., gr. *he morphé* die Gestalt, das Aussehen; Gruppe primitiver Euarthropoden, umfasst die Cl. Trilobita, Marellomorpha, Merostomoidea u. Pseudonotostraca, s. d.

Trínga, *f.,* gr. *ho trýngas* ein an Ufern lebender Vogel bei Aristoteles; Gen. der Scolopácidae

(Schnepfenvögel). Spec.: *T. tótanus,* Rotschenkel.

Trinómen, *n.,* lat. *tri-* drei, *nomen,* s. d.; dreigliedriger od. aus drei Wörtern bestehender Name: Gattungs-, Art- u. Unterartnamen, die zusammen den wissenschaftlichen Namen einer Subspecies darstellen; Beispiel: *Apis mellifica ligustica* Spinola.

trinominal, lat. *trinominális* „dreinamig"; ein Name, der aus drei Wörtern besteht.

Trionyx, *m.,* gr. *ho ónyx* die Kralle; wegen der drei Krallen tragenden Füße; Gen. der Trionychidae (Dreikrallige Weichschildkröten). Fossil seit dem Oberjura (Malm) bekannt. Spec.: *T. (= Amyda) ferox,* Beißschildkröte, Bissige Dreikrallenschildkröte; *T. sinensis,* China-Weichschildkröte.

Tríops, *m.,* gr. *he ópsis* das Auge; Gen. der Triopsidae, Phyllopoda, Blattfußkrebse; fossil seit dem Oberkarbon bekannt. Spec.: *T. cancrifórmis;* diese Art existiert seit der Oberen Trias (Mittl. Keuper) unverändert, ein „lebendes Fossil".

Triósen, die; $C_3H_6O_3$, Zucker mit drei Kohlenstoffatomen im Molekül.

Tríoza, *f.,* gr. *tríozos* dreiästig, dreigliedrig; Gen. der Triozinae (Subfam.), Psyllidae, Psyllina, Homoptera. Spec.: *T. camphorae,* Kampferspringlaus.

Triphosphopyridinnukleotid, Abk.: TPN; s. NADP.

tripúdians, lat., im Drei(er)schritt tanzend.

Tripýlea, *n.,* Pl., gr. *he pýle* die Öffnung; Tiere mit einer Hauptöffnung (Astropyle) u. mit 2 Nebenöffnungen (Parapylen); Syn.: *Phaeodaria.*

Tripyléen, die; s. *Phaeodaria,* s. *Tripylea.*

Trisomie, die, gr. *tri-* drei, *to sóma* der Körper; eine durch Non-Disjunktion entstandene Form der Aneuploidie; zusätzliches Auftreten von einem Chromosom (einfache T.) od. mehreren Chromosomen (doppelte, dreifache T. usw.). Als trisomie-bedingte Syndrome besonders relevant und bekannt: Trisomie 13, D_1-Trisomie, Patau-Syndrom; Trisomie 18, E-Trisomie: Edwards-Syndrom; Trisomie 21, Down-Syndrom.

tristis, -is, -e, lat., traurig, schmerzlich, finster. Spec.: *Silpha tristis,* Finsterer Aaskäfer.

triticum, -i, *n.,* lat., der Weizen. Spec.: *Agrotis tritici,* Weizeneule (Schmetterling); s. auch *Anguina.*

Tritocerebrum, das, gr. *trítos* dritter, lat. *cérebrum, -i, n.,* das Gehirn; dritter Gehirnabschnitt der Arthropoden.

Tríton, *n.,* s. *Triturus.*

Tritónium, *n.,* gr. *trítos* der dritte, *tríton* zum drittenmal, dreimal; Gen. der Tritoníidae (Trompetenschnecken), ihre Schalen wurden im Altertum als Trompeten (*buccina* od. *buccinum* der Römer) verwendet. Spec.: *Tr. (= Charonia) tritonis,* Tritonshorn.

Tritrichomonas, *f.,* gr. *he thrix, trichós* das Haar, *he monás* Monade, einfaches Wesen, *tri* drei; Gen. der Trichomonadidae. Spec. *T. foetus* (10–15 µm, Erreger der Deckseuche beim Rind); vgl. *Trichomonas.*

trituberculär, lat., *tri-,* s. o.; s. *tubérculum;* Säugermolar, dessen Zahnkrone drei im Dreieck stehende Hörner aufweist.

Triturus, *m.,* gr. *Tríton* ein Meergott, Sohn des *Poseidon, he urá* der Schwanz; Gen. der Salamandridae (Salamander). Spec.: *T. (= Triton) alpestris,* Bergmolch; *T. cristatus,* Kammolch, Groß. Teichmolch; *T. vulgaris,* Kleiner Teichmolch, Streifenmolch; *T. helveticus,* Leisten- od. Fadenmolch; *T. pyrrhogaster,* Feuerbauchmolch; *T. marmoratus,* Marmormolch.

Tritylodon, *m.,* gr. *ho týlos* der Wulst, der Höcker, *ho odús, odóntos* der Zahn; Gen. des Ordo Theropsida (= Theromorpha); die Postcaninen besitzen je drei Längsreihen von Höckern; fossil in der Oberen Trias.

Trivial-Name = *nomen triviale,* lat., „gewöhnlicher" Name; 1. eine von Linné u. anderen für den Artnamen benutzte Bezeichnung; 2. im gleichen Sinne wie „landessprachlicher Name", s. d., von einigen Autoren heute angewandt.

trivirgátus, -a, -um, lat., mit drei *(tres)* Streifen (*virga* Streifen, Stab).

Trizephalus, der, gr. *treis* drei, *kephale* Kopf; Missbildung mit drei Köpfen.

Trochánter, -eris, *m.,* von gr. *ho trochós* das Rad, der Ring, *antéres* gegenüber; 1. Schenkelring, zw. Coxa (Hüfte) u. Femur (Schenkel) gelegener Teil des Insektenbeines; 2. Rollhügel am Oberschenkelknochen von Säugern.

trochantéricus, -a, -um, lat., zum Trochanter gehörig.

Trochílidae, *f.,* Pl.; Kolibris, Fam. des Ordo Apodiformes, Seglervögel; sehr schnell fliegend; farbenprächtiges Gefieder; die kleinsten aller Aves; lange Zunge, mit der sie tief in Blüten, über denen sie schweben, hineintauchen können; s. *Tróchilus.*

Tróchilus, *m.,* gr. *ho tróchilos* u. *trochílos* ein kleiner Vogel, wahrscheinlich eine *Charadrius*-Art, Vogelname bei Aristoteles, von Linné wurde der Name auf die Kolibris übertragen; Gen. der Trochilidae, Kolibris. Spec.: *T. cólubris,* Gemeiner Kolibri.

trochlea, -ae, *f.,* gr. *he trochilía* der Rollenzug; die Rolle.

trochleáris, -is, -e, lat., zur Rolle gehörig, in Beziehung zur Rolle stehend.

trochoídeus, -a, -um, latin., gr. *ho trochós* das Rad; die Scheibe; radförmig.
Trochóphora, die, gr. *phorēin* tragen; „Radträger"-Larve, typische Larve der Polychaeten u. Archianneliden mit rad- bzw. ringförmiger Bewimperung.
Tróchus, *m.;* 1. Gen. der Trochidae, Kreiselschnecken, Ordo Diotocardia, Gastropoda. Spec.: *T. nilóticus,* Kreiselschnecke; 2. der vordere Wimperkranz der Trochóphora; 3. Wimperkranz (Corona) als vorderes „Räderorgan" an dem als Scheibe ausgestalteten Vorderende der Rotatória.
Trógium, *n.,* gr. *trógēin* nagen; Gen. der Trogíidae, Staubläuse. Spec.: *T. pulsatorum,* Staublaus (schädlich an Lebensmitteln, in Teppichen, Büchern, Naturaliensammlungen, Sofas, Matratzen, Polstermöbeln).
Troglochaētus, *m.,* gr. *he trógle* die Höhle, Röhre, das Loch, *he chāíta* die Borste, das Haar; Gen. der Nerillidae, Archiannelida (s. d.); im Süßwasser lebend.
troglodytes, gr., Höhlenbewohner, von *he trógle* die Höhle u. *dýēin* tauchen, versenken; s. *Pan.*
Troglodytes, gr. *ho troglodýtes* der Höhlenbewohner, einer, der in Höhlen schlüpft; der Name nimmt Bezug auf das Nisten in Löchern, unter umgefallenen Bäumen, in Erd- und Steinlöchern (auch auf Bäumen); Gen. der Troglodytidae, Zaunkönige. Spec.: *T. troglodytes,* Zaunkönig (einer der kleinsten Vögel Mitteleuropas; in Gärten, Wäldern allgemein verbreitet).
Trógōn, *m.,* gr. *trṓgein* benagen, Nüsse knacken; Gen. der Trogónidae, Trogoniformes (s. d.); namentlicher Bezug auf das (An-)Fressen von Früchten durch diese im Urwald aller Tropenländer vorkommenden Baumvögel, die in Höhlungen brüten. Spec.: *T. caligatus,* Goldtrogon (s. a. Quetzal).
Trogoniformes, *f.,* Pl., s. *Quetzal* u. *Trogon;* Trogonartige, -förmige, Ordo der Aves. Fossile Reste bereits in späteozänen Schichten Frankreichs nachgewiesen.
Trogulus, *m.,* gr. *trógēin,* s. o., wegen seines „benagten", rauhen Aussehens; Gen. der Trogúlidae, Brettkanker. Spec.: *T. nepaeformis,* Nepaförmiger Brettkanker.
Troídes, *f.;* Vogelflügler, Gen. der Papiliónidae, Ordo Lepidoptera; sehr große, prachtvolle Tagfalter Südostasiens, Australiens und Ozeaniens, die auf den Inseln des indo-malayischen Archipels zahlreiche Rassen ausgebildet haben; Spec.: *T. brookiana.*
Trombicula, *f.,* s. *Trombidinum,* lat. *-ula* Verkleinerungssuffix; Gen. der Trombiculidae, Actinotrichida (Acariformes). Spec.: *T. autumnalis,* Herbstgrasmilbe, Erntemilbe, Herbstmilbe; die stark behaarten Larven sind als Erreger der Trombidiose von human- u. veterinärmedizinischer Bedeutung.
Trombídium, *n., thrombidion* franz. Name des Insekts; Gen. der Trombidíidae, Samt-Laufmilben. Spec.: *T. holosericeum,* Rote Samtmilbe (Larven parasitär an Schmetterlingen u. Rapserdflöhen, Imagines von Insekteneiern lebend).
Trommer, Karl, August, 1806–1879; Chemiker; Tr. gelang der Nachweis von Zucker im Urin mit Kalilauge u. Kupfersulfatlösung (T.sche Probe, 1841).
Trompetentierchen, das, s. *Stentor.*
Trompetervögel, die; Psophíidae; Fam. d. Gruiformes (Kranichvögel); s. *Psóphia.*
Tropenklapperschlange, die; s. *Crótalus.*
Tropfenschildkröte, die; s. *Clemmys.*
Trophallaxie, die, gr. *he trophé* die Ernährung, Erziehung, Nahrung, *allátein* wechseln, austauschen, *he allagḗ* der Wechsel, der Austausch; Austausch von Nährstoffen und Nahrungsflüssigkeiten bei Individuen in Sozialverbänden (s. Wheeler 1918, 1975, Hölldobler 1967), beispielsweise T. zwischen *Amorphocephalus coronatus* (Käfer) und *Camponotus cruentatus* (Ameise).
Trophie, die; die Intensität der photoautotrophen Produktion; vgl. Saprobie.
Trophieebene, die; alle Organismen einer trophischen Funktionsgruppe, z. B. Primärproduzenten, Primärkonsumenten, Sekundärkonsumenten usw.
Trophiegrad, der, gr. *he trophé* die Ernährung, Nahrung; Versorgungsgrad mit verfügbaren Nährstoffen. 1. **oligotroph**, gr. *oligos* wenig: mit geringer Nährstoffversorgung; 2. **mesotroph**, gr. *mesos* mittlerer: mit mittelmäßiger Nährstoffversorgung; 3. **eutroph**, gr. *eu-* gut, richtig: mit reichlicher Nährstoffversorgung; 4. **hypertroph**, gr. *hyper-* über: mit Nährstoffen übermäßig versorgt; 5. **dystroph**, gr. *dys-* zerstörend: meist für nährstoffarme Gewässer (Humusgewässer z. B.) verwendet.
Trophiepyramide, die; schematische Darstellung der aufeinanderfolgenden Trophieebenen. Jede Trophieebene übernimmt von der vorausgegangenen nur etwa 10% der aufgebauten Biomasse bzw. der darin inkorporierten Energie.
trophisch, gr. *trophe* Nahrung; auf die Ernährung bezogen.
Trophobióse, die, gr. *ho bíos* das Leben; eine der Ernährung dienende Symbiose, z. B. das der Haustierhaltung vergleichbare Verhältnis der Ameisen zu Blatt- und Wurzelläusen,deren

„Honigtau“ einen wesentlichen Bestandteil der Ameisennahrung bildet, während die Ameisen die Blattläuse sauber halten, auf frische Unterlagen transportieren u. Feinde fernhalten.
Trophoblast, der, gr. *ho blástos* der Keim; extraembryonale Außenwand der Blastozyste der Beuteltiere u. Plazentalier. Die T.zellen haben die Aufgabe, den Keim in die Uterusschleimhaut einzubetten u. das Chorion zu bilden. Der T. gliedert sich in einen Zytotrophoblasten u. Synzytiotrophoblasten.
trophogene Zone, die, gr. *to génos* die Abstammung, die Erzeugung; der durchlichtete oberflächennahe Bereich eines Gewässers mit photoautotropher (Überschuss-)Produktion, umfasst das oberste Pelagial (Epipelagial) und das oberste Benthal (Litoral), s. d.
tropholytische Zone, die, gr. *he lýsis* die Auflösung; Tiefenbereich eines Gewässers ohne photoautotrophe Produktion, umfasst das Profundal und das Bathypelagial; überwiegend hetero- und chemotrophe Bioaktivität.
trópicus, -a, -um, tropisch; s. *Leishmania,* s. *Plasmodium,* s. Malaria.
Tropidonótus, *m.,* gr. *he trópis, trópeos* der Kiel, Schiffskiel, *ho nótos* der Rücken; Gen. der Colúbridae, Nattern; wegen der deutlich kielförmigen Schuppen auf dem Rücken. Syn. von *Natrix,* s. d.
Tropidophis, *m.,* gr. *he trópis,* s. o., *ho óphis* die Schlange; Gen. d. Boidae. Spec.: *T. melanurus,* (Kuba-)Zwergboa.
Tropikvogel, der; s. *Phaëton.*
Tropismen, die, gr. *ho trópos* die Richtung; Lageveränderungen festgewachsener Tiere und Pflanzen (Ggs.: Taxis, Ortsbewegung frei bewegl. Organismen); positive T.: Hinwendung zur Reizquelle, negative T.: Abwendung von der Reizquelle.
Tropotaxis, die; gerichtete, geradlinige Fortbewegung.
Trottellumme, die; s. *Uria.*
Trotzkopf, der; s. *Anobium.*
Trüffelkäfer, der; s. *Liodes.*
truncus, -i, *m.,* lat., der Stamm, Rumpf.
Trupiale; in u. um M-Amerika vorkommende Gatt. der Icteridae (Stärlinge) mit über 30 Arten. Typisch: schwarz u. gelb od. orange gefärbt, von der Größe kleiner Drosseln, mit dünnem leicht gebogenem Schnabel; Weibchen, meist gelblich od. trüb olivgrün gekleidet, flechten oben offene Hängenester; s. *Icterus.*
Truthahnfisch, der; s. *Ptérois.*
Truthahngeier, der; s. *Cathartes.*
Truthuhn, das; s. *Meleagris.*
trútta, *f.,* latin. von ital. *trotta* (mittellat. *tructa* Forelle = *fario*); s. *Salmo.*
Trýgon, gr. *he trygón* Stech- od. Stachelroche; s. *Dasyatis.*
Trypanosóma, *n.,* gr. *to trýpanon* der Bohrer, *to sóma* der Körper; Gen. (od. Form) der Trypanosómidae, Flagellata; im Blute des Wirbeltierwirtes mit Geißel u. langer undulierender Membran, Entoparasiten, einige Spec. Krankheitserreger: *T. gambiénse,* Erreger der Schlafkrankheit (von *Glossina palpalis* übertragen); *T. rhodesiénse,* Erreger der bes. heftigen Schlafkrankheit in O-/SO-Afrika; *T. brúcei,* Erreger der Nagana-Krankheit der Haustiere (Überträger: *Glossina morsitans*); *T. congolensis,* gleichfalls Erreger der Nagana-Krankheit.
Trypanosomiasis, afrikanische, die; afrikanische Schlafkrakheit, durch *Trypanosoma gambiense* bzw. *T. rhodesiense* hervorgerufene Erkrankung des Nervensystems beim Menschen.
trypomastigot, gr. *to trýpon* der Bohrer (Werkzeug), bezeichnend die länglich gewundene Form der Trypanosomatidea, *he mástis, -igos* die Peitsche, Geißel; die Trypanosoma-Form ist trypomastigid, d. h. das Flagellum inseriert am Hinterende einer schlanken Zelle.
Trypsín, das, gr. *trýptēin* spalten, zerbrechen; wichtiges eiweißspaltendes Enzym, das zu den Endopeptidasen zählt. Ausgeprägt ist seine Spezifität. Es spaltet im alkalischen Bereich nur Lysyl- u. Arginyl-Bindungen.
Trypsinogen, das; Proenzym, das durch Enterokinase od. durch bereits vorliegendes Trypsin in das aktive Enzym Trypsin überführt wird.
Tschakma-Paviane, die; in S-Afrika beheimatete Paviane, die wegen ihrer dunklen Farbe auch Bärenpaviane genannt werden; Sektion der Spec. (Groß-Art) *Papio* (s. d.).
Tschíta(h), indischer Name für Gepard; s. *Acinonyx.*
Tsetsefliege, (= Tse-tse-Fliege), die, s. *Glossína.*
TSH, Abk. f. thyreoideastimulierendes Hormon, s. d.
túba, -ae, *f.,* lat., die Trompete, Tube.
tubális, -is, -e, lat., zur Trompete gehörig.
tubárius, -a, -um, lat., zur Trompete gehörig, trompetenartig.
Tuba uterina (Fallopii), die, lat. *tuba* die Trompete, *uterus* Gebärmutter; Eileiter, Syn. Ovidukt.
túber, -eris, *n.,* lat., der Höcker, Buckel, die Beule.
tuberális, -is, -e, lat., zum Höcker gehörig, höckerartig.
tuberculátus, -a, -um, knotig, höckerig, mit Beulen, Höckerchen (*tubérculum* Erhöhung) versehen; s. *Haliótis,* s. *Cotylorhíza.*

tubérculum, -i, *n.,* der kleine Höcker, das Knötchen.
tuberósitas, -atis, *f.,* lat., die Rauhigkeit, Unebenheit.
tuberósus, -a, -um, lat., reich an Höckern.
Túbifex, *m.,* lat. *túbus* die Röhre, *fácere* machen, also: „Röhrenhersteller"; Gen. der Tubificidae, Süßwasser-Borstenwürmer; im sandigen od. schlammigen Gewässeruntergrund lebend, wobei sie mit dem Vorderteil ihres Körpers in kleinen, selbstgefertigten Röhren stecken, aus denen nur der hintere Teil des Körpers frei herausragt u. ständig schlängelnde Bewegungen ausführt. Spec.: *T. tubifex.*
Tubípora, *f.,* gr. *ho póros* das Loch, der Durchgang; Gen. der Tubipóridae, Orgelkorallen; die T. bilden flache Stöcke, deren Skelett von vielen, wie „Orgelpfeifen" nebeneinander stehenden, durch Querwände miteinander verbundenen Kalkröhren gebildet wird. Spec.: *T. purpúrea.*
Tubulánus, *m.,* lat. *túbulus,* s. d.; Gen. der Tubulánidae, Fam. der Palaeonemertini.
Tubulária, *f.,* der Name bezieht sich auf die chitinigen Peridermröhren; Gen. der Tubularíidae, Fam. der Röhrenpolypen. Athecata. Spec.: *T. larynx.*
Tubulidentata, *n.,* Pl., lat. *tubulus* kleine Röhre, *dens, dentis* Zahn; „Röhrenzähner". Ordo, seit Miozän bekannte Huftiere. Noch eine Gattg. mit einer Art rezent: *Orycteropus afer,* Erdferkel (s. d.).
tubulös, auch tubulär, schlauch- bzw. röhrenförmig.
tubulósus, -a, -um, lat., mit kleinen Röhren *(tubulus)* versehen; s. *Holothúria.*
túbulus, -i, *m.,* lat., die kleine Röhre.
túbus, -i, *m.,* lat., die Röhre, Pfeife.
Tümmler, der; s. *Phocaena,* s. *Tursiops.*
Tümmlertauben, die; s. Haustaube.
Tüpfelbeutelmarder, der; s. *Dasyurus*
Tüpfelkuskus, der; s. *Phalanger.*
Türkentaube, die; *Streptopelia decaocto;* a priori in Indien beheimatete, von dort über Kleinasien (Türkei) in Europa stark verbreitete Wildtaubenart. Gegenüber der Turteltaube (s. d.) ist die Türkentaube etwas größer; sie bevorzugt die Nähe menschl. Besiedlungen, eignet sich zur Volierenhaltung; ist gekennzeichnet u. a. durch eine zarte, hellrote Befiederung des Oberkopfes u. durch eine charakteristische schwarze Bänderung des Halses (Nackenband).
Túmor, der, lat. *túmor, -oris, m.,* die Schwellung, Geschwulst.
Tumorimmunität, die, lat. *immunitas, -atis* das Geschütztsein; eine spezifische Abwehrbereitschaft nach einem im Wirt selbst entstandenen (autochthonen) od. in den Wirt transplantierten Tumor.
Tumorimmunologie, die, lat. *immunis* frei, unberührt, *ho logos* die Lehre; sie beinhaltet die immunologischen Abwehrreaktionen des Wirtes bei der Entstehung u. Entwicklung von Krebs. Dieses Teilgebiet der Immunologie beschäftigt sich mit dem Einsatz immunologischer Nachweismethoden für die Krebsdiagnostik u. Krebsbehandlung.
Tumortransplantation, die, *f.,* lat. *trans-* hinüber, hindurch, *plantare* pflanzen; Transplantation von Tumorzellen od. -gewebe. Die T. führte zur Aufklärung verschiedener Mechanismen der Transplantationsimmunologie.
Tunga, *f.,* einheimischer Name; Gen. der Pulícidae, Flöhe. Spec.: *T. sarcopsylla (= Sarcopsylla penetrans),* Sandfloh, deren Weibchen vom Boden aus in die weiche Haut zw. den Zehen verschiedener Säugetiere, auch des Menschen, eindringen u. hier ihre Eier ablegen; die ausschlüpfenden Larven erzeugen Geschwüre.
túnica, -ae, *f.,* lat., das Hemd, Untergewand; die Gewebsschicht.
túnica intima, die; s. Intima.
Tunicáta, *n.,* Pl., lat. *túnica* das Hemd, der Mantel; Manteltiere, Unterkreis der Chordata, auch Urochordata genannt, etwa 2100 Arten; charakteristisch u. a.: Umhüllung des Körpers mit einem Mantel aus Tunicin (Name!), der Zellulosereaktion gibt u. von der einschichtigen Epidermis ausgeschieden wird. Die Chorda ist auf den Schwanz beschränkt (daher: „Urochordata"), der meist in der Metamorphose rückgebildet wird. Chorda folglich nur im Hinterkörper der Larve. – Meeresbewohner, die sich mit Hilfe eines sackförmig entwickelten Kiemendarms durch Herbeistrudeln der Nahrung ernähren; fossil sehr selten seit dem Unterkambrium nachgewiesen.
Tunicin, das, s. *túnica;* zelluloseähnliche Substanz des Mantels bei Tunicaten.
Tupāia, *f., Tupaja* einheim. Name für die in S-Asien (einschl. Sumatra) vorkommenden Klettertiere (z. T. mit Eigenschaften von Lemuren, Halbaffen). Gen. der Tupaiidae (s. d.). Spec.: *T. (= Cladóbates) glis,* Tupaja, Spitzhörnchen.
Tupaiidae, *f.,* Pl., s. *Tupaia;* Spitzhörnchen, Fam. der Scandéntia; mit gemeinsamen Merkmalen teils mit Insectivora u. teils mit Primates. Daraus resultiert die unterschiedliche Einordnung in „das System"; oft als isolierte Gruppe wegen ihrer Ähnlichkeiten mit den Rüsselspringern (Macroscelidae), den Insectivora zugeordnet. Neuerlich an die „Wurzel" der Halbaffen u. damit der Primates (s. d.) gestellt.

Tupinámbis, *m.*, von gr. *ho týpos* u. *he typé* der Schlag, der Hieb, da er bei seinen Räubereien (auch in Geflügelhaltungen) kräftige Schwanzschläge austeilt und beißt; Gen. d. Teíidae (Schienenechsen), Lacertilia, Squamata. Spec.: *T. teguíxin,* Teju, Bänderteju.

Tur, s. *Capra.*

Turbatrix, *f.,* lat. *turba* Unruhe, gr. *he thrix* Haar, wörtlich: „bewegliches Haar"; Gen. der Rhabditidae, Nematoda. Spec.: *T. aceti,* Essigälchen (lebt bevorzugt in Essig unter 6%, ernährt sich von Gärungsbakterien).

Turbellária, *n.,* Pl., lat. *turbélla* kleiner Wirbel, Strudel, von *turbo* Strudel; Strudelwürmer, Cl. der Plathelminthes, Plattwürmer. Freilebend, mit vollständig od. wenigstens auf der Ventralseite bewimperter Epidermis, teils Meeres-, teils Süßwasserbewohner.

turbinális, -is, -e, lat. *turbináre* wirbeln; gewunden.

turbinátus, -a, -um, lat. gewunden.

turbo, turbinis, *f.,* lat., der Wirbel, Kreisel, die Windung.

túrcicus, -a, -um, neulat. türkisch.

Túrdus, *m.,* lat. *turdus* die Drossel; Eigtl. Drosseln; Gen. der Muscicápidae (Fliegenfängerähnliche). Spec.: *T. merula,* Amsel, Schwarzdrossel; *T. viscivorus,* Misteldrossel; *T. musicus (= iliacus),* Rot- od. Weindrossel; *T. philomelos,* Singdrossel.

Turgeszenz, die, lat. *turgére* strotzen; Anschwellung, Aufgeschwollensein.

Turgor, der, lat., das Aufgeschwollensein, von *turgére* strotzen; Schwellung, Binnendruck, innere Spannung.

Turluru, vom franz. *tourlouroux,* Landkrabbe; s. *Gecarcinus.*

Turmfalke, der; s. *Falco.*

Túrnix, *f.,* lat., *túrnix, -icis* das Lauf- od. Wachtelhuhn; Gen. der Turcinidae (Laufhühner). Spec.: *T. sylvatica,* Laufhühnchen.

Turrilites, *m.,* lat. *turris* der Turm, *-ites,* s. d., Suffix; turmartig, räumlich spiral aufgewundene Ammonoidea, Gen. des Subordo Lytoceratina; fossil in der Oberkreide. Spec.: *T. costatus.*

Turritélla, *f.,* lat., *turritella* der kleine Turm, *turris* der Turm; wegen der langen, turmförmig zugespitzten Schalen; Gen. der Turritellidae (Turmschnecken); fossil seit dem Oligozän bekannt. Spec.: *T. terebra.*

túrsio, lat., eine Delphinart; s. *Tursiops.*

Túrsiops, *f.,* lat., *tursio* eine Delphinart, gr. *he ópsis* das Aussehen; Gen. der Delphinidae (Delphine); fossil seit dem Miozän bekannt. Spec.: *T. tursio (= truncatus),* Großer Tümmler, Flaschennase (wird über 4 m lang); Vorkommen: nördl. Atl. Ozean.

Tussahspinner, der; s. *Antheraea.*

Tylenchulus, *m.,* gr., s. *Tylenchus,* lat. *-ulus* Dim.; Gen. der Tylenchiidae, Nematoda.

Tylenchus, *m.,* gr. *ho týlos* die Schwiele, der Wulst, *ho énchos (egchos)* der Speer; Gen. der Tylenchidae, Nematoda. Spec.: *T. tritici,* Weizenälchen.

Tylom, die, gr., s. o.; die Schwiele.

Tylópoda, *n.,* Pl., gr. *ho týlos* die Schwiele u. *ho pus, podós* der Fuß; „Schwielenfüßler", Kamele, im Tertiär artenreichere u. weit verbreitete Gruppe der Ruminantia, Artiodactyla. Rezente Genera: *Camelus* (Dromedar u. Trampeltier), *Lama* (Guanako u. Vikunha).

Tympanalorgane, die, neulat. *tympanális* zum Tympanum gehörig; stets paarig u. symmetrisch angelegte Gehörorgane der Insekten, die nach neueren Untersuchungen auch auf Ultraschall ansprechen. Schallwellenübertragung auf die Sinneszellen: direkt von einem Tympanum od. durch schallverstärkende Gegentrommelfelle u. „Gehörknöchelchen". Vorkommen morphologisch verschieden nachgewiesen (Meso-, Metathorax, im 1. bzw. 2. Hinterleibssegment, in den Vorderschienen od. in der Flügelwurzel).

tympánicus, -a, -um, latin., zur Pauke gehörig.

týmpano-, zur Pauke gehörig (in Zusammensetzungen gebraucht).

Turteltaube, die; *Streptopelia turtur,* Schnurr-, Wegtaube; kleinste mitteleuropäische, aber auch in anderen europäischen Waldgebieten sowie in Asien, Afrika verbreitet vorkommende Wildtaubenart; ist u. a. gekennzeichnet durch schwarzbräunliche u. sperberähnliche Befiederung sowie durch auffallend große federlose Augenringe (Augenrosen) u. durch die beiderseits des Halses befindlichen schwarzweiß karierten 2 bis 3 Schmuckfederreihen. Den Namen T. erhielt sie wegen ihres eigenartigen Girrens (Turteln). Eignet sich gut für Volierenhaltung, ebenso wie die Türkentaube (s. d.).

Typhlópidae, *f.,* Pl.; gr. *typhlós* blind *he ops opós* das Auge; Blindschlangen, Fam. der Ophidia (Serpentes), „Reptilia". Genus: *Typhlops.*

týphlops, s. *Notoryctes* (N. t. = Beutelmull).

Typhlosólis, die, gr. *typhlós* blind; *ho solén* die Rinne, Röhre; rinnenförmige Einstülpung der dorsalen Darmwand bei Regenwürmern.

týpicus, -a, -um, gr. *ho týpos* das Bild, Muster, die geprüfte Form, Urbild, der Typus; typisch, urbildlich, normal, echt.

Typisierung, *f.;* die Festlegung eines namenstragenden Typus eines nominellen Taxon, um so eine objektive Bezugsgrundlage für die Anwendung des Namens für ein Taxon zu gewährleisten (Typusgattung = Leitgattung); s.: Prinzip der Typisierung.

Typostrophe, die, gr. *he strophé* die Wendung; nach O. H. Schindewolf (Typostrophentheorie): der phylogenetische Entwicklungszyklus eines Typus, der aus drei Phasen besteht: 1. Typogenese, kurze, explosive, präadaptive Phase der Typenneubildung im Range von (etwa) Klassen mit sofortiger Untergliederung in Untertypen; 2. Typostase, lange dauernde, allmähliche Differenzierung der Typen durch Artenwandlung in meist orthogenetischen Parallelreihen; 3. Typolyse, Lockerung, Entartung, Abbau, Niedergang des Typengefüges, dem meist das Aussterben des Typus od. der Mehrheit seiner Untertypen folgt.

Typus, der; das Richtmaß, das die Anwendung eines wissenschaftlichen Namens festlegt; der T. ist als Kernpunkt u. Namensträger eines Taxons objektiv u. unveränderlich, während die Umgrenzung des Taxons subjektiv ist u. verändert werden kann; T. einer nominellen Art = Einzelstück; T. einer nominellen Gattung = nominelle Art; T. einer nominellen Familie = nominelle Gattung. Jedes Taxon hat (de facto od. potentiell) einen T. Ist der T. eines Taxons gemäß den Vorschriften der Intern. Regeln festgelegt, kann er im allgemeinen nicht mehr verändert werden. Man unterscheidet: 1. nomenklatorischer T. (Standard), vom Erstbeschreiber eines Taxons herangezogenes Tier als Grundform des Taxons, an das der Name des Taxons dauernd geknüpft ist; 2. systematischer T., charakteristisches Tier eines Taxons, bei dem die Merkmale eines Taxons (z. B. einer Art) am besten ausgeprägt sind (typisches Exemplar eines Taxons); 3. morphologischer T.: in der idealistischen Morphologie der mittels Abstraktion erhaltene einheitliche Bauplan (Urbild), auf den verschiedene Tiergestalten zurückgeführt werden.

Typusart, die, s. Typus; die nominelle Art, die Typus eines Taxons der Gattungsgruppe ist.

Typusexemplar, das; Einzelexemplar (Holo-, Lecto-, Para-, Neotypus), das Typus eines Taxons der Artgruppe ist.

Typus-Fundort, der, *locus typi;* Fundort von einem Typus-Exemplar eines Taxons; oft, aber nicht exakt, auch als *locus typicus* bezeichnet.

Typusgattung, die; nominelle Gattung, die Typus eines Taxon der Familiengruppe ist.

Typusserie, die; setzt sich aus allen Stücken zusammen, auf die der Autor die Art gründet – mit Ausnahme solcher Stücke, die er als Varianten bezeichnet od. die er unter Zweifel der nominellen Art zuordnet od. die er davon ausschließt.

Typus-Wirt, *m.*; die Wirtsart, mit welcher der namenstragende Typus einer nominellen Art od. Unterart vergesellschaftet war.

Tyrannosaurus, *m.*, lat., *tyrannus* Gewaltherrscher, Würger; Gen. des Subordo Theropoda, Ordo Saurischia; eines der größten Raubtiere aller Zeiten, biped, maximal ca. 10 m lang u. ca. 5 m hoch; fossil in der Oberkreide. Spec.: *T. rex.*

Tyróde, Maurice Vejux, geb. 1878 Besancon (Frankreich), gest. 1930; Pharmakologe, Cambridge, Mass. (USA); T. entwickelte eine nach ihm benannte Salzlösung, die in ihrer Zusammensetzung weitgehend den physiologischen Verhältnissen im Serum entspricht (T.-Lösung).

Tyroglýphus, *m.*, gr. *glýphēin* aushöhlen, eingraben; Gen. der Tyroglýphidae, Moder- od. Vorratsmilben, Acari. Spec.: *T. farinae,* Mehlmilbe; *T. farinae* Mehlmilbe.

Tyrophágus, *m.*, gr. *ho tyrós* der Käse, *ho phágos* der Fresser; Gen. der Tyroglyphidae (= Acaridae). Spec.: *T. casei* Käsemilbe.

Tyrosín, das, gr. *ho tyrós* der Käse; zyklische Aminosäure, die Baustein der meisten Proteine ist. Aus Tyrosin entstehen im Organismus Produkte von großer biologischer Bedeutung, wie Adrenalin, Noradrenalin, Dopamin, Thyroxin u. Melanin.

Tyto, *f.*, sprachliche Ableitung unbekannt; Gen. der Strigiformes (Eulen). Spec.: *T. alba,* Schleiereule.

U

U., Abk. für *urea* der Harnstoff.

Uakari, s. *Cacajo.*

Uber, -eris, *n.*, lat., Euter, Gesäuge.

Ubiquisten, die, lat. *ubíque* überall; Organismen (Pflanzen-, Tierarten) ohne besondere Ansprüche an den Lebensraum und daher in verschiedenen Biozönosen bzw. Ökosystemen vorkommend.

ubiquitär; überall verbreitet, überall vorhanden, allgegenwärtig.

Ubiquitin, das; ein Hormon mit einer selektiven Molekülmasse von 8451. Es kommt in den Zellen aller Organismen vor (Name!). Es aktiviert unter Kulturbedingungen sowohl die Differenzierung von B- als auch von T-Lymphozyten.

Ubisch, Leopold von, geb. 4. 3. 1886 Swinemünde, gest. 26. 6. 1965 Bergen, Norw.; 1913 Promotion, 1927 als Ordinarius für Zoologie u. Vergl. Anatomie an die Univ. Münster berufen, Emigration nach Bergen (Norwegen), nach dem Kriege nach Deutschland zurückgekehrt. Themen wissenschaftl. Arbeiten: Flügelregeneration beim Schwammspinner, Anlage u. Ausbildung des Skelettsystems einiger regulärer Seeigel, Probleme des Differenzierungsgefälles bei Amphibien, Linsenbildung bei Amphibien, Lithiumwirkung, Keimblattchimären, xenoplastische Chimären, entwicklungsphysiologische Versuche an Ascidien, Merogonieexperimente; „Entwicklungsphysiologie" (1950), „Entwicklungsprobleme" (1953), „Das Zuordnungsproblem" (1952).

Überfamilie, die; s. Superfamilia.

überschwellige Reize, *m.;* Reize, deren Amplitude größer als die Schwellenamplitude ist.

Überspezialisierung, die; die gerichtete (orthogenetische) Weiterentwicklung mancher Merkmale über das biologische Optimum hinaus, z. B. das Geweih des Irischen Riesenhirsches (Pleistozän) mit einer maximalen Stangenweite von 4 m.

Übersprunghandlungen, die; Verhaltensweisen außerhalb des situationsspezifischen Zusammenhanges, in dem sie normalerweise vollzogen werden; es sind deplazierte Bewegungen, die durch (starke) exogene Reize ausgelöst werden (Schneeammermännchen zeigen während des Drohens plötzlich Pickbewegungen ohne Nahrungsaufnahme od. Rotfüchse trinken im Übersprung während des Kommentkampfes).

Uca, *f.;* Gen. der Brachyura, Decapoda, Crustacea. Winkerkrabben, 0,8–3,5 cm breit, graben Gänge in der Gezeitenzone. Männchen mit stark vergrößerter rechter Schere, die durch Winken (= Weibchenanlockung) o. Substratklopfen der innerartlichen Kommunikation dient. Spec.: *U. tangeri* (atlantiknahes Mittelmeer); *U. crassipes* (S-China) u. a.

Uchida, *f.;* Gatt. der Monoponidae, Federlinge, Amblycera; relativ kleine Mallophagen, Mundhaken kurz u. spitz, Antennen u. Maxillartaster 4-gliedrig, Ektoparasiten bei Phasanidae. Spec.: *U. pallidulus*; Eier mit fadenförmigen Fortsätzen u. am unteren Pol mit einer schleierartigen Membran versehen; Ektoparasiten des Haushuhnes. Prädilektionsstelle ist der Unterbauch. Als Nahrung dienen Rami u. Radii der Federn sowie regelmäßig auch Blut.

Uexküll, Jacob Johann, Baron von, geb. 1864 in Keblas, Estland, gest. 1944 auf Capri/Ital.; Studium der Zoologie an der Univ. Dorpat, anschließend Arbeitsaufenthalt bei W. Kühne an der Univ. Heidelberg. Während seines Aufenthaltes an der Zoologischen Station Neapel entwickelte er eine Umwelttheorie; 1907 Dr. phil. h. c. der Univ. Heidelberg, 1925 Honorarprof. an der Univ. Hamburg, 1925–1936 Direktor eines Institutes für Umweltforschung, dann Direktor des Zool. Gartens u. Aquariums. Lit. z. B.: Streifzüge durch die Umwelten von Tieren und Menschen – Bedeutungslehre. Berlin 1934.

Uferbold, der; s. *Perla.*

Uferschnepfe, die; s. *Limosa.*

Uferschwalbe, die; s. *Riparia.*

Uferwanze, die; s. *Salda.*

Uhu, der; s. *Bubo.*

UICN, Abk. für (franz.); **U**nion **I**nternational pour la **C**onservation de la **N**ature et des Ressources **N**aturelles. Die Abk. des gleichberechtigten englischen Namens lautet: IUCN (s. d.).

Ukelei, der; s. *Alburnus.*

Ularburong, der; einheimischer Name für die in Südasien, Indonesien u. auf den Philippinen vorkommende *Boiga dendrophila.*

Ullrich-Turner-Syndrom, das; ein Missbildungskomplex mit Gonadendysgenesie auf der Grundlage einer numerischen Chromosomenanomalie, entsteht durch Nondisjunction (Nichtauseinanderweichen der Chromosomen) der Gonosomen während der meiotischen od. mitotischen Kernteilung, so dass Monosomie der Geschlechtschromosomen vorliegt.

ulmus, -i, *f.,* lat., die Ulme, Rüster. Spec.: *Tetraneura ulmi,* Ulmengalllaus.

úlna, -ae, *f.,* lat., die Elle, das Ellenbogenbein; ein Röhrenknochen der „Kleinfingerseite" des Unterarmes der Wirbeltiere mit pentadaktyler Extremität.

ulnáris, -is, -e, zur Elle gehörig.

Ulrich, Johannes (Hans) Martin, geb. 11. 1. 1909 Ilmenau/Thüringen, gest. 27. 4. 1977 Zürich; 1935 Promotion, Assistent in Zürich; 1937 Assistent am Zool. Institut der Univ. Göttingen, 1941 Habilitation, 1943 Dozentur erhalten, 1955 zum apl. Professor ernannt, 1957 o. Professor für Zoologie u. Vorsteher des Zoologischen Institutes der Eidgenössischen Technischen Hochschule Zürich (Nachfolger von J. Seiler), 1964 Präsident der Schweizerischen Gesellschaft f. Vererbungsforschung. Themen seiner wissenschaftl. Arbeiten: pädogenetische Gallmücken, deren Fortpflanzungszyklus; Strahlenempfindlichkeit von Kern u. Plasma (Drosophila-Ei), Mutationsauslösung durch energiereiche Strahlung, Strahlenschutz.

Ulrich, Werner, geb. 7. 2. 1900 Berlin, gest. 19. 1. 1977 Berlin (W.); 1922 Promotion bei Heider u. dessen Assistent, vorübergehend bei v. Buddenbrock in Kiel, 1923–1926 bei P. Schulze am Zool. Institut in Rostock, anschließend Assistent am Zoolog. Institut der Landwirtschaftl. Hochschule in Berlin, 1929 Habilitation, 1938 zum apl., 1939 zum ao. Prof.

ernannt, nach dem 2. Weltkrieg d. Leitung des Zoolog. Museums u. d. Zool. Instituts der Landwirtschaftl. Hochschule in Berlin übernommen, später Berufung an die Freie Berliner Universität angenommen. Arbeitsthemen: Morphologie, Physiologie u. Phylogenese der Strepsipteren, Großeinteilung des Tierreichs, Archicoelomatenkonzept.

ulula, *f.,* lat., das Käuzlein, der Kauz (*ululare* heulen); s. *Surnia.*

Umberfisch, Schattenfisch, eigentl. Umbrafisch, lat. *umbra* der Schatten; s. *Sciǣna.*

umbilicális, -is, -e, zum Nabel gehörig, nabelartig.

umbilicus, -i, *m.,* lat., der Nabel.

úmbo, -ónis, *m.,* lat., der Buckel.

Umbra, *f.,* lat., *umbra* der Schatten, wegen der dunklen Färbung; Gen. der Umbridae, Hundsfische. Spec.: *U. krameri,* Hundsfisch.

umbrélla, -ae, *f.,* lat., der Sonnenschirm, der kleine Schatten, Dim. v. *úmbra;* der schirm- od. glockenförmige Körperteil der Quallen.

Umwelt, die; darunter kann verstanden werden: 1. die gesamte Umgebung eines Organismus; 2. ein Komplex aller direkter u. indirekter Beziehungen eines Organismus zur U.; 3. ein Komplex lebensnotwendiger Beziehungen eines Organismus mit der Außenwelt; die psychische U. od. Eigenwelt eines Tieres im Sinne von Uexküll (in Anlehnung an Tischler, 1975).

Unabhängigkeitsregel, die; s. Mendelsche Regeln.

unbedingter Reflex, der; s. Reflex; angeborener Reflex; vgl. bedingter Reflex.

única, latin. aus Unze; s. *Panthera.*

unicuspidatus, *m.*, lat. *unus* ein, *cuspidatus* mit einer Spitze versehen; Zahn mit nur einem Höcker.

unciformis, -is, -e, lat., hakenförmig.

Uncinaria, *f.*, lat. *uncus* der Haken, *uncinus* der Widerhaken; Strongylidea. Bis zu 10 mm lange Würmer, die als Parasiten im Dünndarm von Fleischfressern u. Huftieren leben. Spec.: *U. criniformis*, Wirte: Dachs, Fuchs, Iltis, Hund u. a.; Europa, Indonesien; *U. stenocephala*, Wirte: Hund, Fuchs, Katze, Schwein; Kosmopolit; *U. americana*

Uncinariasis, die, lat. *uncinus* der Widerhaken, *-iasis*; Hakenwurmerkrankung in Amerika, deren Erreger, *Uncinaria americana*, mit *Ankylostoma duodenale* nahe verwandt ist.

uncinátus, -a, -um, s. *uncus;* mit einem Haken versehen.

uncus, -i, *m.,* lat., der Haken.

undátus, -a, -um, lat., wellig, Well-; s. *Buccinum.*

Undina, *f.,* lat. *unda* die Welle, *-ina* (Suffix) bedeutet Beziehung; s. *Holophagus.*

undulátus, -a, -um, lat., mit Wellen (*unda* Welle) versehen; s. *Melopsíttacus.*

Ungka, der; einheimischer (trivialer) Name für *Hylóbates agilis* (auf Sumatra).

ungültiger Name, der, lat.: nomen illegitimum; jeder andere als der gültige Name für ein bestimmtes Taxon; vgl. auch: nomen.

unguicula, -ae, *f.,* lat., die kleine (-ula) Kralle.

unguiculáris, -is, -e, zum Huf bzw. Nagel gehörig, nagelähnlich.

unguiculátus, -a, -um, lat.; mit einer kleinen Kralle ausgestattet; s. *Models.*

unguículus, -i, *m.,* lat., der kleine Nagel, die kleine Kralle.

únguis, -is, *m.,* der Nagel, die Kralle; Horngebilde der Zehen- u. Fingerendglieder von Vertebraten.

úngula, -ae, *f.,* der Huf, die Klaue; bei Paar- u. Unpaarhufern vorkommender hornartiger Überzug der Zehenendglieder.

Unguláta, *n.,* Pl.; Huftiere, zusammenfassende (frühere) Bezeichnung für die Artiodactyla (Paarhufer) u. Perissodactyla (Unpaarhufer), die aber neuerlich als getrennte Ordnungen geführt werden, da eine gemeinsame Abstammung unwahrscheinlich ist u. einige gemeinsame Merkmale als Konvergenzen angesehen werden.

unicórnis, lat., einhörnig; s. *Rhinoceros.*

unifasciatus, -a, -um, lat. *unus, -a, -um,* lat., mit einer Binde *(fascia)* versehen; s. *Leptothorax.*

Uniformitätsregel, die; s. Mendelsche Regeln.

uninominal, lat., *uninominális* einnamig; der Name aus einem Wort; die Namen der Taxa von höherem Rang als dem der Artgruppe bestehen aus einem Wort, sind also uninominal; der Name einer Art ist hingegen binominal, der einer Unterart trinominal, s. d.

Unio, *f.,* lat. *únio, -ónis* die Einheit, Zahlperle, Perle, auch Perlmuschel bei den Alten; Genus der Unionidae, Eulamellibranchiata; fossil seit dem Jura bekannt (als Sammelgattung). Spec.: *U. pictorum,* die Malermuschel.

Unipara, *n.,* Pl. lat. *unus, -a, -um,* ein, einzig; „Eingebärende“; (syn.: Monopara; gr. *monos* = lat. *unus*); weibliche Individuen einer Species, die mit Ausnahme einer eineiigen Mehrfruchtigkeit – im allgemeinen **einen** Nachkommen je Gravidität hervorbringen. Manche Tierarten (z. B. Hausrind), die aus uniparen Stammformen hervorgingen, zeigen heute zu einem bestimmten Prozentsatz Multiparität. Es kann nicht absolut zwischen Unipara und Multipara unterschieden werden.

unipectinátus, -a, -um, lat. *unus, -a, -um* ein(s) u. *pectinátus* mit Kamm versehen, also: mit nur einem Ctenidium versehen; s. *Rhinolophopsylla.*

unipennátus, -a, -um, s. *penna;* einfach gefiedert.

univoltin; zur Rassenkennzeichnung z. B. von *Bombyx mori* benutzter Ausdruck: mit nur einer Jahresgeneration, im Ggs. zu den polyvoltinen Rassen.

Unke, die; s. *Bombina.*

Unna, Paul (Gerson), geb. 8. 9. 1850 Hamburg, gest. 29. 1. 1929 ebd.; Prof. der Dermatologie in Hamburg; U. gehört zu den Begründern der modernen Dermatologie. Bedeutende Beiträge zur Anatomie, Allgemeinen Pathologie, Histochemie u. Biologie der Haut (u. a. Gewebefixierung, Verbesserung der Färbemethoden u. histochemischen Reaktionen zum Nachweis von Fett, Fibrin, Kollagen, Elastin, Hyalin, Kolloid etc. sowie zu histologischen Leprauntersuchungen). Er grenzte die von Waldeyer (Anatom) benannten „Plasmazellen" von den „Ehrlichschen Mastzellen" scharf ab. Nach ihm benannt sind: U.-Pappenheimsche Färbemethode zur Darstellung von Nukleinsäuren, U.-Ducreyscher Bazillus (Erreger des weichen Schankers), Morbus Unna (seborrhoisches Ekzem) [n. P.].

Unterartname od. **Name einer Unterart;** 1. der wissenschaftliche Name eines Taxons auf der Rangstufe Unterart, 2. ein Trinomen: Die Kombination eines Gattungs-, eines Art- u. eines Unterartnamens. Dabei wird ein zwischengeschobener Name wie der Name einer Untergattung od. ein zwischengeschobener Name der Unterartgruppe als einer der Namen eines Trinomens nicht gezählt.

Unterfamilien-Name od. **Name einer Unterfamilie;** der wissenschaftliche Name eines Taxons auf der Rangstufe der Unterfamilie. Diese Namen der Subfamilia tragen die Endung *-inae.*

Untergattungs-Name od. **Name einer Untergattung;** der wissenschaftliche Name eines Taxons auf der Rangstufe Untergattung (= Subgenus).

unzutreffender Name; Name, der auf ein Merkmal, eine Eigenschaft od. eine Herkunft verweist, welche dem den Namen tragenden Taxon nicht eignet.

Upupa, *f.,* lat. *úpupa* der Wiedehopf (nach dem Geschrei der Vögel, etwa: hup, hup, hup); Gen. der Upupidae, Hopfe. Spec.: *U. epops,* Wiedehopf.

urachus, -i, *m.,* gr. *ho úrachos;* Harngang, der die Blase mit der Allantois verbindet.

Uracil, das; Pyramidinbase, die am Aufbau von Nukleinsäuren (Ribonukleinsäuren) beteiligt ist.

Uräusschlange, die; s. *Naja.*

uralénsis, latin., im Ural lebend, beheimatet/vorkommend; s. *Strix.*

Uralichas, *m.,* gr. *he urá* der Schwanz, Schweif; *Lichas* ist der Name eines anderen Trilobiten, *Lichas* gr. Eigenname (Diener des Herakles); Gen. der Lichadidae; größter bisher bekannter Trilobit mit einer Länge von 75 cm; fossil im Mittleren Ordovizium. Spec.: *U. ribeiroi.*

Uranóscopus, *m.,* gr. *uranoskópos* den Himmel beschauend, als Substantiv: der Sternseher; der Name bezieht sich auf die hoch auf dem Kopf liegenden Augen; Gen. der Uranoscopidae, Himmelsgucker; Ordo Perciformes, Barschfische. Spec.: *U. scaber,* Himmelsgucker.

úrbicus, -a, -um, lat. *urbs, urbis* die Stadt; zur Stadt gehörend, in Städten *(urbes)* od. im Siedlungsgebiet lebend; s. *Delichon.*

urceoláris, lat., einem kleinen Krug *(urcéolus)* ähnlich; s. *Brachionus.*

Urea, die, gr. *urḗin* harnen; der Harnstoff, s. d.; Abk.: U.

Ureáse, die; zu den Hydrolasen zählendes Enzym, das die Harnstoffspaltung katalysiert. U. wurde als erstes Enzym kristallin dargestellt.

Ureometer, das; Gerät zur Bestimmung des Harnstoffs im Harn.

ureotelische Tiere, *n.,* gr. *to télos* das Ende, Ziel; Tiere, deren Hauptexkret Harnstoff ist (Selachier, terrestrische Amphibien, einige Schildkröten u. alle Säugetiere).

Urese, die, gr. *to úron* der Harn; das Urinieren, Harnen, Harnlassen.

uréter, -éris, *m.,* gr. *urḗin* harnen; der Ureter oder Harnleiter, ein in die Harnblase mündender Ausführungsgang der bleibenden Niere (Metanephros) der Wirbeltiere.

uretéricus, -a, -um, zum Harnleiter gehörig.

uréthra, -ae, *f.,* latin., gr. *he uréthra* die Harnröhre: der Ausführungsgang der Harnblase der Vertebraten.

urethrális, -is, -e, latin., zur Harnröhre gehörig.

uretisch, harntreibend.

Uria, *f.,* gr. *he uría* ein Wasservogel; Gen. der Alcidae, Echte Alken. Spec.: *U. aalge,* Trottellumme.

uricotelische Tiere, die, gr. *telós* das Ende, Ziel; Tiere, deren Hauptsekret Harnsäure ist (verschiedene terrestrische Gastropoden, Insekten, Schlangen, Eidechsen u. Vögel).

Uridin, das; Nukleosid, das aus der Pyrimidinbase Uracil u. Ribose aufgebaut u. Bestandteil von Nukleinsäuren (RNS) ist.

Urina, *f.,* lat. *urina, -ae* der Harn, Urin; Flüssigkeiten, die bei Invertebraten u. Vertebraten von den Nieren bzw. nierenanalogen Organen od. Organellen abgeschieden wird. Bei den Aves besteht der Harn fast nur aus Harnsäure, beim Menschen enthält er besonders Harnstoff.
urinárius, -a, -um, zum Harn gehörig.
Urkeimzellen, die, *f.*, Pl.; früheste Stammzellen im Embryo, aus denen sich später u. a. die Gameten entwickeln.
Urmenschen, die; s. Archanthropini (Pithecanthropus – Gruppe).
Urmesodermzelle, die, gr. *mésos* mitten, *to dérma* die Haut; die Ausgangszelle (1. Zelle) der Mesodermbildung bestimmter evertebrater Cölomaten; sie lässt sich bei Anneliden von der Makromere D bzw. von der 4d-Zelle ableiten.
Urniere, die; Mesonephros, eine in der Embryonalanlage des Säugers noch vorhandene, aber bis zur Geburt weitgehend zurückgebildete Urniere. Bei männlichen Säugern treten Reste als Epididymis u. Paradidymis auf, bei weiblichen Säugern als Epoophoron u. Paraoophoron; U.n-Gang, s. Wolff'scher Gang.
Urobilin, das, gr. *to úron* der Harn, lat. *bilis* die Galle; Gallenfarbstoff, einer der Farbstoffe der Faezes.
Urobilinogen, das, gr. *gennán (gennáēin)* erzeugen; farblose Vorstufe des Urobilins, Bilirubinabbauprodukt im Harn.
urodǣum, -i, *n.,* latin./gr., die Kloake.
Urodéla, *n.,* Pl., gr. *he urá* der Schwanz, *délos* sichtbar; Schwanzlurche, Ordo der Amphibien, mit langgestrecktem Körper, gut entwickeltem, persistierendem Schwanz u. kurzen Füßen; Syn.: Caudata. Fossile Formen seit der Unterkreide bekannt. Gruppen: Cryptobranchoidea, Ambystomatoidea, Salamandroidea, Sirenoidea.
urogállus, *m.,* lat. *gallus, -i* der Hahn, kelt. *urus* wild, Ur-, Auer-; s. *Tetrao.*
Urogenitalapparat, der, s. *urogenitális;* Bezeichnung für das urogenitale Organsystem.
urogenitális, -is, -e, gr. *to úron* der Harn; s. *genitális;* zum Harn- u. Geschlechtsapparat gehörig.
Uromástix, *m.,* gr. *he urá* der Schwanz, *he mástix, -igos* die Geißel; Gen. der Agámidae, Lacertilia. Spec.: *U. aegypticus (= spinipes),* Dornschwanz (eine Eidechse, die bei Erregung mit dem stachligen Schwanz ausschlägt).
uropoëticus, -a, -um, gr. *to úron,* s. o., *poiēin* bereiten; harnbereitend, -bildend.
Uroporphyrin, das; Uroporphyrin III, Grundgerüst der Porphyrinverbindungen, Vorstufe des Hämoglobins u. der Cytochrome.
Uropygi, *m.,* Pl., gr. *he pygé* der Steiß; Geißelschwänze (= Geißelskorpione), Phalanx Holopeltidia; Gruppe der Arachnida, Chelicerata. Der Prosomarücken ist ungeteilt (im Gegensatz zu den Schizomidia mit dreigeteiltem Prosomarücken, die neuerlich als selbstständiges Arachnidentaxon gelten); der Hinterkörper besteht aus einem breiten, langen Mesosoma u. einem kurzen Metasoma, an das sich ein geißelartiger Telsonanhang ansetzt („Schwanzsteiß").
Uroskopie, die, gr. *to úron,* s. o., *skopēin* besehen; die Harnschau, Harnuntersuchung.
Urostyl, das gr. *he urá* der Schwanz, *ho stylos* die Säule, Stütze, der Pfeiler; bei vielen Fischen ein stabförmiges Knochenstück, das durch Verschmelzung der Schwanzwirbel entsteht und vielfach für die Schwanzflosse stützend wirkt; Terminus gleichfalls häufig für das Os coccygis (Steißbein) bei Anuren (Froschlurche) verwendet.
ursínus, -a, -um, lat., für Bären *(ursi)* geeignet; s. *Melursus*; s. *Vipera*; s. *Vombatus.*
Ursus, *m.*, gr. *ho árktos* = lat. *úrsus* der Bär; Gen. der Ursidae, Bären, Carnivora; fossil seit dem Pliozän bekannt. Spec.: *U. maritimus (= Thalarctos maritimus)*, Eisbär; *U. arctos,* Brauner Bär; *U. arctos horribilis* (Subsp.), Grau- od. Grizzlybär; *U. americanus,* Kleiner Schwarzbär.
úrtica, -ae, *f.,* lat., die Brennessel; s. *Vanessa,* s. *Tetranychus.*
Urvogel, der; s. *Archaeopteryx.*
Urwildpferd, das; s. *Equus przewalskii.*
Usur, *f.*, lat. *usúra* der Gebrauch; die durch Gebrauch erfolgte Abnutzung od. Abkauung der Säugetierzähne.
úter, -tris, *m.,* lat., der Schlauch.
uterínus, -a, -um, s. *uterus*; zur Gebärmutter, zum Uterus gehörig.
úterus, -is, *m.,* latin., aus dem Sanskrit, *udárum* der Bauch; die Gebärmutter.
utriculáris, -is, -e, s. *utrículus*; zum Utriculus gehörig.
utrículus, -i, *m.,* s. *uter, -ulus* Dim., der kleine Schlauch; Utriculus, Teil des häutigen Labyrinthes der Vertebraten.
úvula, -ae, *f.,* Dim. von *uva, f.,* die Weintraube; das Zäpfchen, Gaumenzäpfchen = Uvula palatina, Vorsprung am hinteren Ende des weichen Gaumens.

V

v., Abk. f. Varietät (s. d.).
vacca, -ae, *f.,* lat.; die Kuh.
vaccinus, -a, -um, lat. *vacca, -ae, f.,* die Kuh; zur Kuh gehörig, in Beziehung.

vacuus, -a, -um, lat., leer, frei.
Vademekum, lat., aus *vadére* gehen, *me* u. *cum*; „geh mit mir"; Bezeichnung für Taschenbuch, Leitfaden, o. gedruckten Ratgeber (Begleiter).
vagabúndus, -a, -um, lat., umherschweifend; s. *Gerris.*
vagális, -is, -e, s. Vagus, zum Nervus vagus gehörig.
vagil, lat. *vagáre* umherschweifen, frei beweglich; Bezeichnung für Lebewesen mit aktiver Fortbewegung.
vagína, -ae, *f.,* lat., die Scheide, eigentl. die Scheide des Schwertes; 1. Vagina: weibliche Scheide vieler Tiere und des Menschen, die bei der Begattung das männliche Glied (Penis) aufnimmt; 2. Vaginae synoviales tendinis: Sehnenscheiden, die hauptsächlich an den Sehnen der langen Finger- u. Zehenmuskeln vorkommen; 3. als Artname, s. *Thetys.*
vaginális, -is, -e, lat., in der Scheide *(vagina)* lebend; zur Scheide gehörig; s. *Trichomonas.*
Vagotomie, die, s. Vagus, gr. *témnēin* schneiden; Durchschneiden des N. vagus.
Vagotonie, die, s. Vagus, s. Tonus; Übergewicht des parasympathischen Nervensystems über das sympathische, Steigerung des Tonus des parasympathischen Systems.
vagotrop, gr. *trépein* wenden, richten; den Vagusnerv beeinflussend, auf den Vagus wirkend.
Vagus, der; s. Nervus vagus.
Vakuóle, die, lat. *vácuus, -a, -um* leer, hohl; eine mit Flüssigkeit bzw. nicht gelösten Bestandteilen gefüllter Hohlraum.
Vakzination, die, *f.*; ursprünglich Bezeichnung für Kuhpockenimpfung (Edward Jenner, 1796); von Pasteur 1881 geprägter Oberbegriff für Impfung mit lebenden od. inaktivierten Erregern bzw. Toxinen od. Teilstücken der Keime; Impfung u. Aufbau einer aktiven Immunität durch Applikation von lebenden, abgeschwächten od. toten Krankheitserregern bzw. deren Ausscheidungsprodukten.
Vakzine, die, *n.*, Pl., lat. *vacca* Kuh; ursprünglich nur für die Kuhpockenlymphe verwendet sind es Kulturen von lebenden, abgeschwächten od. abgetöteten Mikroorganismen (z. B. Viren, Bakterien, Pilze, Protozoen, Helminthen) od. deren Ausscheidungsprodukte, die zur aktiven Immunisierung appliziert werden. Im Empfängerorganismus lösen sie die Produktion schützender Antikörper bzw. eine zellvermittelte Immunität aus.
Valencia, *f.,* spanische Stadt gleichen Namens; Gen. der Cyprinodontidae, Cyprinodontiformes. Spec.: *V. hispanica* (in SO-Spanien, auch in Griechenland vorkommend).
validus, -a, -um, lat. *valére* stark sein, gesund sein; kräftig, gesund, wirksam.
Valin, das; α-Amino-isovaleriansäure $(CH_3)_2CHCH(-NH_2)-COOH$, eine Monoaminomonokarbonsäure.
vallátus, -a, -um, mit einem Wall umgeben bzw. versehen.
vallécula, -ae, *f.,* lat., das Tälchen.
Vallónia, *f.,* lat. *vallus, -i, n.,* das Pfahlwerk, Schutzwehr, der Wall, da in v. Hochwasser angespültem Genist („Wall von Holzwerk") häufig; Gen. der Valloníidae, Ordo Stylommatophora. Spec.: *V. pulchella; V. costata.*
vallum, -i, *n.,* lat., der Wall.
Valva mitralis, die; s. Mitralis.
valvar, -aris, -e, lat.; zur Klappe gehörend.
Valvata, *f.,* lat. *valvatus* mit einer Klapptür *(valvae)* versehen (wegen des Deckels); Gen. der Valvatidae, Mollusca. Kleine Süßwasserschnecken mit stumpf-konischen bis scheibenförmigen Gehäusen, die einen biegsamen Deckel besitzen. Spec.: *V. piscinalis* (lat. *piscinum* Fischteich), im Süßwasser lebend (Zwischenwirt von *Echinopharyphium recurvatum*; Europa).
Valva tricuspidalis, die; s. Trikuspidalklappe.
válvula, -ae, *f.,* Dim. von *valva*; die kleine Klappe.
Valvula bicuspidalis (= mitralis, = atrioventricularis, sinistra), die, lat. *valva* die Klappe, *bi-* zweimal, *cuspis, cuspidis* Spitze; zweisegelige Klappe zwischen der linken Herzkammer u. dem linken Vorhof.
Valvulae semilunares, die, s. *semilunaris*; halbmondförmige Taschenklappen des Vertebratenherzens; bei den höheren Vertebraten sind beispielsweise je drei am Anfang der Aorta (Syn.: Valva aortae, Aortenklappe) u. des Truncus pulmonalis (Syn.: Valva trunci pulmonalis, Pulmonalisklappe) vorhanden.
Valvula tricuspidalis (= atrioventricularis dextra), die; dreisegelförmige Klappe zwischen der rechten Herzkammer u. dem rechten Vorhof.
Vampir, Vampyr, der; s. *Vampyrus.*
Vampyroteuthis, *f.*; aus *Vampyr* s. u., u. gr. *he teuthís, -idos* der Tintenfisch; Gen. der Vampyroteuthidae, Vampyromorpha. Spec.: *V. infernalis*; bis 25 cm, bathypelagisch in trop. u. subtrop. Meeren.
Vámpyrus, *m.,* Vampyr, ital. *vampíro,* serb. *wambír,* nennt der Volksglaube Leichname, die nachts aus ihren Gräbern steigen u. den Menschen Blut aussaugen; Gen. der Phyllostomátidae, Blattnasen, Ordo Chiroptera, Fledermäuse. Spec.: *V. spectrum,* Großer od. Amerikanischer Vampyr (lat. *spectrum* das Gespenst).

Vanéllus, *m.,* neulat. *vanéllus* der Kiebitz, franz. *vanneau*; Gen. der Charadríidae, Regenpfeifer, Schnepfenvögel, Ordo Charadriiformes (= Laro-Limicolae, Möwen u. Watvögel). Spec.: *V. vanellus,* Kiebitz (nach seinem Schrei „Kiwitt" benannt) (Europa; Z.-Asien); *V. miles,* Soldatenkiebitz.

Vanéssa, *m.,* gr. *ho phánes* die Fackel, Sonne, deswegen etymologisch richtiger Name: Phanessa (!); Gen. der Nymphálidae, Ord. Lepidoptera, Schmetterlinge. Spec.: *V. cardui,* Distelfalter; *V. atalanta,* Admiral.

van t'Hoffsche Regel, die; Temperatur-Reaktionsgeschwindigkeits-Regel: bei einer Temperaturerhöhung um 10 °C nimmt die Reaktionsgeschwindigkeit physikalisch-chemischer Prozesse um das 2- bis 3fache zu.

vapor, -óris, *m.,* lat., der Dampf, Dunst, die Hitze.

Varánus, *m.,* latin. aus dem arabischen *Waran* = Eidechse; Gen. der Varánidae, Warane, Ordo Squamata, Schuppenechsen. Spec.: *V. niloticus,* Nilwaran; *V. komodoensis,* Komodo-, Riesenwaran; *V. salvator,* Bindenwaran.

vari, s. *Lemur.*

variábilis, -is, -e, lat., veränderlich; s. *Cimbex.*

várians, lat., veränderlich, wechselnd; s. *Palaemónetes.*

Varianz, die, lat. *varians,* s. o.; der Bereich der möglichen Merkmalsausprägung.

Variationsbreite, die; die Streuung der normalen Abänderung (Variabilität) einer Art. Die krankhafte Abänderung wird als Aberration bezeichnet.

variegatus, -a, -um, lat., bunt, scheckig, mannigfaltig; s. *Bombinas,* s. *Lemur*; s. *Cyprinodon.*

Varietät, die, lat. *varietas, -tatis,* die Verschiedenheit, Buntheit, Mannigfaltigkeit; Abk.: v., var.; Kategorie unterhalb der Art (d. h. von geringerem systematischem Rang); nach einer Definition von E. Mayr ein nicht eindeutig beschriebener Ausdruck für eine mannigfaltige (heterogene) Gruppe von Erscheinungen inclusive non-genetischer Variationen des Phänotyps, der Morphen, der domestizierten Formen und geographischen Rassen. Haustierrassen (Kultur-Var.) sind jedoch i. d. R. exakt (entsprechend Zuchtziel) definiert.

várius, -a, -um, lat., bunt, mannigfaltig.

Varolio, Constanze, geb. 1543 Bologna, gest. 1575 Rom; Prof. der Anatomie u. Chirurgie in Bologna, 1573 Prof. in Rom; bedeutende Untersuchungen über Gehirn u. Hirnnerven.

Varroatose, die; z. Z. eine verheerend wirkende Ektoparasitose der Bienenbrut u. imaginalen Bienen, verursacht durch die Milbe *Varroa jacobsoni.* Jacobson beschrieb 1904 erstmals die Milbe an *Apis cerana*-Bienen (auf Java).

vas, vasis, *n.,* lat., das Gefäß.

Vasapapagei, der; s. *Coracopsis.*

vasculáris, -is, -e., lat., zum Gefäß gehörig.

vásculum, -i, *n.,* lat., Dim. von *vas*; das kleine Gefäß.

Vaskularisation, die; s. *vasculum*; Gefäßbildung, Durchwachsung mit Gefäßen.

Vasodilatatoren, die; s. *vas,* lat. *dilatáre* erweitern; gefäßerweiternde Faktoren, z. B. Nerven, Muskeln.

vasodilatatorisch, blutgefäßerweiternd.

vasomotorisch, die Gefäßnerven betreffend.

Vasopressin, das, Syn.: Adiuretin, lat. *pressáre* pressen, *a-* α priv., gr. *di(a)-* hindurch, *to úron* der Harn; ein antidiuretisches Hormon des Hypothalamus (Bereich des Zwischenhirns), das in der Neurohypophyse (Neurohämalorgan) bis zur Abgabe ans Blut gespeichert wird; nach seiner chem. Struktur ein Oktapeptid; wirkt diuresehemmend, blutdrucksteigernd, fördert die Wasserrückresorption in den distalen Nierentubuli. Bei Hormonmangel tritt Diabetes insipidus auf; das Vorkommen ist wahrscheinlich auf die Säugetiere beschränkt.

vastus, -a, -um, lat., wüst, öde. Spec.: *Viteus vitifolii (= Phylloxera vastatrix),* Reblaus.

Vater, Abraham, geb. 9. 12. 1684 Wittenberg, gest. 18. 11. 1751; Anatom, Botaniker; Prof. in Wittenberg; V. entdeckte 1741 die erst 1840 von Filippo Pacini (1812–1883) demonstrierten Vater-Pacinischen Körperchen.

Vater-Pacinische Lamellenkörperchen, Corpúsula lamellósa; lamellöse Endkörperchen einer Nervenfaser in der Unterhaut; bedeutsam für die Tiefensensibilität. Sie wurden 1741 von A. Vater (s. o.) entdeckt u. von F. Pacini (1812–1883) wiedergefunden.

Vatervolk, das; gekörtes Bienenvolk mit spezifischen Körpermerkmalen u. Leistungen zur Zucht von Weiseln für Drohnenvolkssippen u. von Zuchtweiseln (vgl. Muttervolk).

vegetativ, lat. *vegetus, -a, -um* körperlich u. geistig bewegt, rührig, von *vegetáre* stark bewegen; neulat. *vegetátio* der Pflanzenwuchs; 1. Bezeichnung für alle diejenigen Organsysteme der Tiere u. des Menschen, die funktionelle Analoga bei Pflanzen haben, also für das Ernährungs- u. Fortpflanzungssystem, während das Muskel- u. Nervensystem sowie die Begattungsorgane als animal genannt zu werden pflegen; 2. bei Eiern mit ungleichmäßiger Verteilung des Deutoplasmas wird der deutoplasmatische Pol als vegetativ, der bildungsplasmatische als animal bezeichnet;

3. vegetativ: die Funktion des vegetativen Nervensystems betreffend.
vegetativer Pol, *m.,* lat. *vegetáre* beleben, lebhaft erregen; Eipol, der dem animalen Pol gegenüberliegt u. häufig durch stärkere Ansammlung von Dotter charakterisiert ist.
vegetatives Nervensystem, *n.,* s. vegetativ; das „autonome“ N., die Gesamtheit der dem Einfluss des Willens u. dem Bewusstsein entzogenen Nerven u. Ganglienzellen, die die Lebensfunktionen, wie Atmung, Verdauung, Stoffwechsel, Sekretion, Wasserhaushalt usf., regulieren u. den harmonischen Ablauf dieser Tätigkeiten der einzelnen Körperteile bewirken.
Veilchenente, die; s. *Aythya.*
Veilchenohrkolibri, der; s. *Colibri.*
Vektor, der, lat. *vector, -oris* der Träger, Transporteur; Lebewesen (Tier), das andere Lebewesen (z. B. Krankheitserreger, Parasiten) aufnimmt u. – als Transporteur (Transportmittel) ± lange od. weit – oft od. meist auf einen Empfänger überträgt, ohne selbst in der Regel pathogene Schäden zu erleiden; auch als Überträger, Transport- od. Reservewirt bezeichnet. Vektoren kommen zahlreich bei den Insekten vor, z. B. in der Human- u. Veterinärpathologie Läuse, Mücken, Fliegen, z. B. in der Phytopathologie Blattläuse, Wanzen, Zikaden. Übertragen werden u. a. Viren, Bakterien, Pilze, Protozoen; Funktionen, Wege des Transports sind verschieden u. reichen vom äußeren Anhaften des Schaderregers über den Darm bis zur Vermehrung im Vektor.
Vélia, *f.,* lat. *vélum* Segel, wegen der geschickten „rudernden“ Lokomotion auf der Wasseroberfläche; Gen. der Velíidae, Wasserläufer, Ordo Heteroptera, Wanzen. Spec.: *V. currens,* Bachläufer, läuft auf der Wasseroberfläche u. nährt sich von Insekten.
Veligerlarve, die, lat., segeltragend, s. *velum, gérere* tragen; ein freischwimmendes Larvenstadium vieler Mollusken.
vélōx, -ócis, lat., behend, gewandt, schnell, beweglich; s. *Potamogale.*
velum, -i, *n.,* lat., das Segel, der Vorhang; Velum; 1. Randsaum am Schirm von bestimmten Medusen; 2. Bewegungsorgan der Veligerlarve; 3. Velum palatinum, das Gaumensegel.
vena, -ae, *f.,* lat., die Blutader, die Vene; Blutgefäß, das das Blut zum Herzen führt.
venaticus, -a, -um, lat. *venari* jagen; zur Jagd gehörig. Spec.: *Speothos venaticus,* Waldhund.
Venator, *m.,* lat. *venátor, -óris* der Jäger; Pl.: Venatores, Venatoren; Jäger, Insekten, die sich ihre aus anderen lebenden Tieren bestehende Nahrung erbeuten; vgl. auch: Prädonen; der Begriff Venatores sollte Räuber od. Prädonen ersetzen; venatorisch, von Jagd lebend.
véneris, Genit, von *Venus,* Göttin der Liebe; s. *Cestus.*
venōsus, -a, -um, venenreich.
vénter, -tris, *m.,* lat., der Bauch, Unterleib.
Ventilation, die, lat. *ventilátio, -ónis, f.,* die Lüftung; die der Atmung dienende Bewegung des Außenmediums.
ventrális, -is, -e, zum Bauch gehörig, bauchwärts, ventral.
ventricósus, -a, -um, lat., dickbäuchig, mit dickem Hinterleib (Abdomen); s. *Haemodipsus.*
ventriculáris, -is, -e, zum Magen bzw. zur Kammer usw. gehörig.
ventrículus, -i, *m.,* der kleine Bauch; der Magen, die Herzkammer, die Gehirnkammer.
vénula, -ae, *f.,* lat., das Äderchen; die kleine Vene.
Venus, Véneris, *f.,* Göttin der Liebe u. der Schönheit; Gen. der Venéridae, Venusmuscheln, Eulamellibranchiata; fossil seit dem Oligozän bekannt. Spec.: *V. ovata; V. gallina.*
Venusgürtel, der; s. *Cestus.*
Venuskörbchen, das; s. *Euplectella.*
Verdrängungskreuzung, die; Kreuzung von Muttertieren einer weniger leistungsfähigen, zumeist bodenständigen Population („Land“-Rasse) mit Vatertieren einer (hoch-)leistungsfähigen „Kulturrasse“ mit dem Anliegen, unerwünschte Gene (Anlagen) durch fortgesetzte Rückkreuzung (s. d.) sukzessiv zu verdrängen. Die aus der Kreuzung hervorgehenden weiblichen Tiere werden immer wieder mit Vatertieren der verwendeten „Kulturrassen“ gekreuzt (Rückkreuzung), bis die Nachkommen in Typ, Form und Leistung dem gewünschten „Rassebild“ der verdrängenden „Kulturrasse“ entsprechen. Im deutschen Gebiet wurde in früheren Jahrzehnten die Einführung neuer Rassen meist durch die V. vorgenommen, z. B. in der Rinderzucht beim Höhenfleckvieh, in der Pferdezucht beim Rheinisch-deutschen Kaltblut, in der Schweinezucht beim Deutschen weißen Edelschwein. Neuerdings große Bedeutung in der Rinderzucht beim Deutschen Schwarzbunten Rind bzw. Braunvieh durch Einkreuzung von Nordamerikanischen Holstein-Friesian bzw. Brown-Swiss-Rindern.
Veredlungskreuzung, die; Kreuzung (s. d.), bei der eine Rasse durch Gene einer anderen Rasse oder Population verbessert (melioriert) werden soll; in der Tierzucht ein Zuchtverfahren innerhalb der Kombinationszüchtung, bei dem eine Rasse durch bestimmte Eigenschaften oder Merkmale einer anderen Rasse ver-

bessert werden soll. Im Gegensatz zur Verdrängungskreuzung (s. d.) bleiben der Rassecharakter und die wertvollen Eigenschaften der zu veredelnden Rasse erhalten.
Veredlungsverlust, Umwandlungsverlust; in der Tierernährung der Verlust an Nährstoffen und damit an Energie, der im tierischen Körper bei der Umwandlung, d. h. bei der Veredlung der Futtermittel zu tierischen Leistungen (Milch, Fleisch usw.) auftritt.
Vererbung, die; Übertragung von morphologischen, physiologischen u. psychologischen Merkmalen auf die Nachkommen. Hereditär (erblich) sind Eigenschaften, für die zumindest ein Gamet bei der sexuellen Vermehrung eine Anlage erhält.
verfügbarer Name, der; bedeutet etwa „legitimer Name", ist nicht notwendigerweise ein „gültiger Name", s. d., vgl. auch *nomen.*
Verhalten, das; organismische Interaktion mit der Umwelt auf der Grundlage eines Informationswechsels im Dienst der individuellen, ökologischen u. reproduktiven Fitness (Tembrock 1992).
Vérmes, die, lat. *vermis* der Wurm; Würmer; eine Habitusbezeichnung, der keine taxonomische Bedeutung mehr zukommt; die wurmförmigen Wirbellosen in der Kategorie „Vermes" zusammenzufassen, stellt eine Fälschung der Wirklichkeit dar, da die Plathelminthes, Nemertini, Nemathelminthes u. Annelida ganz verschieden geartete Stämme sind. Man darf von „Würmern" sprechen, wie man von „Waldbäumen" spricht; das Wort „Wurm" ist also nichts anderes mehr als eine grobe Bezeichnung für den Habitus wie „Baum" u. „Strauch" u. keinesfalls ein systematischer Begriff.
Vermétus, *m.*; Gen. der Vermétidae, Wurmschnecken, Mesogastropoda.
vermiculáris, -is, -e, lat., einem kleinen Wurm *(vermículus)* ähnlich.
Vermipsýllidae, *f.,* Pl., gr. *he psýlla* der Floh, -*idae* -ähnlich; Fam. des Ordo Aphaniptera. Der Name bezieht sich auf die wurmartige Form des Leibes eines angeschwollenen Parasiten.
vermis, -is, *m.,* lat., der Wurm; s. Vermes.
Vernakularname, der, lat. *vernáculus* einheimisch, inländisch, vaterländisch; volkstümliche Bezeichnung, Volksname, auch „vaterländischer" od. einheimischer Tiername.
verrucivorus, *m.,* lat. *verrúca* die Warze u. *voráre* fressen, beißen; der Warzenbeißer. Spec.: *Decticus verrucivorus,* Warzenbeißer.
verrucósus, -a, -um, lat., reich an Warzen. Spec.: *Sus verrucosus,* Warzenschwein.
verruculátus, -a, -um, lat., warzig, mit Warzen *(verrucae)* versehen.
Verspleißen, das, Seemannssprache: spleißen = Tauenden miteinander verknüpfen; Abspalten der Intronsequenzen des primären RNA-Transkripts u. Verknüpfung der Exonsequenzen zum reifen Transkript.
vértebra, -ae, *f.,* lat. *vértere* drehen; der Wirbel.
vertebrális, -is, -e, zum Wirbel (Rückenwirbel) gehörig.
Vertebráta, *n.,* Pl., lat. *vertebrata* (zu ergänzen:) *animalia*: mit Wirbeln versehene „Tiere", Wirbeltiere; die Wirbeltiere, von Lamarck 1801 geprägter Name; gegenüber den Tunicata u. Acrania sind die V. (Syn. Craniota) die höchst entwickelten Chordata (bzw. Vertreter des Tierreichs), im System der V. gilt neuerlich die Zusammenfassung aller wasserlebenden Gruppen als Pisces od. die der Amphibia u. Reptilia als veraltet. Wohl aber werden sämtliche V. von den Amphibia an aufwärts als Tetrapoda u. ferner die Reptilia, Aves u. Mammalia wegen des Besitzes eines Amnions in der Embryonalentwicklung als Amniota gegenüber den Anamnia zusammengefasst; auch ist die Koordinierung der Reptilia u. Aves als Sauropsida häufig u. dabei phylogenetisch vertretbar. Ferner werden die V. heute vielfach in die Gruppe Agnatha u. Gnathostomata eingeteilt. Die alte Classis der Pisces, nunmehr meist als Superclassis geführt, wird aufgeteilt in die fossilen Placodermi u. Acanthodii, die Chondrichthyes, Actinopterygii u. Choanichthyes.
vertens, lat., sich windend, drehend, umkehrend, Partizip Präsens von *vértere*; z. B. *Gonionemus vertens.*
vértex, -icis, *m.,* lat., der Scheitel, Wirbel.
verticális, -is, -e, senkrecht, scheitelrecht, lotrecht, vertikal.
Vertigo, *m.,* lat. *vertigo, -inis* das Drehen od. Kreisen (bezieht sich auf die Windungen des Gehäuses); Gen. der Phalanx Pupillacea, Subordo Orthurethra, Ordo Stylommatophora, Landlungenschnecken. Spec.: *V. alpestris.*
Vertúmnus, *m.,* lat., der „Gott des Wandels u. Wechsels".
vérus, -a, -um, lat., wahr, echt.
Verwandtschaftsgrad, der; Bezeichnung für die Enge der Verwandtschaft zweier Individuen; wird mathematisch in Form des Abstammungs- und Verwandtschaftskoeffizienten ermittelt und angegeben.
Verwandtschaftskoeffizient, der; Ausdruck für das Maß des Verwandtschaftsgrades zwischen zwei oder mehreren Individuen einer Population; gibt die Wahrscheinlichkeit der Übereinstimmung gleicher Allelpaare zwischen den untersuchten Individuen an. Man unter-

scheidet: (1) direkter V., der sich auf Vorfahre und Nachkommen bezieht; (2) kollateraler V. mit Bezug auf Individuen, die gemeinsame Vorfahren haben; s. Inzucht.

Verwandtschaftszucht, die; s. Inzucht.

Verworn, Max, geb. 4. 11. 1863 in Berlin, gest. 24. 22. 1921 in Bonn; Physiologe. Studium der Medizin an den Univ. Berlin u. Jena, 1889 Dr. med., 1891 Privatdozent für Physiologie, 1895 ao. Prof. an der Univ. Jena, 1901 o. Prof. an der Univ. Göttingen, 1910 o. Prof. an der Univ. Bonn. V. war philosophisch ein Vertreter des Konditionismus. Lit.: „Allgemeine Physiologie", 7. Aufl. 1922, „Physiologisches Praktikum", 5. Aufl. 1921.

Vesal, Andreas, Mediziner; geb. 31. 12. 1514 Brüssel, gest. 5. 10. 1564 auf der Insel Zakynthos; Prof. in Padua, Bologna u. Pisa, Leibarzt von Karl V. u. Philipp II. von Spanien; Begründer der modernen Anatomie durch sein Werk „De corporis humani fabrica libri septem" (1543). V. widerlegte die Lehren Galens durch Sektionen an menschlichen Leichen.

vesíca, -ae, *f.,* lat., die Blase; 1. V. féllea, Gallenblase vieler Vertebraten; 2. V. seminális, zur Aufbewahrung reifer Samenzellen dienende Aussackung od. Erweiterung des Samenleiters vieler Wirbelloser; 3. V. urinaria, Harnblase der höheren Vertebraten.

vesicális, -is, -e, zur Blase gehörig.

vesicatórius, -a, -um, lat., Blasen *(vesica)* erzeugend; s. *Lytta.*

vesícula, -ae, *f.,* die kleine Blase, das Bläschen; 1. V. germinativa, Keimbläschen, der Kern der Eizelle; 2. V. prostatica, flaschenförmiges, unpaares Bläschen vieler Säuger, das aus den verschmolzenen unteren Enden der im männlichen Geschlecht rudimentären Müllerschen Gänge entsteht; 3. V. germinalis, Samenbläschen.

vesiculáris, -is, -e, zum Bläschen gehörig, blasig.

Vesicula seminalis, die, Dim. v. lat. *vesica, seminalis* zum Samen gehörig; Samenblasen, Bläschendrüsen. Bei den männlichen Säugern sind es paarige, blindsackförmige Ausstülpungen der Ampulle des Samenleiters als Ductus ejaculatorius in die Pars prostatica der Harnröhre. Ihr Sekret wirkt auf Spermien bewegungsfördernd.

vesiculósus, -a, -um, reich an Bläschen, bläschenförmig.

Vesikel, die, Pl., lat. *vesica* Blase, *vesicula* Bläschen; membranumschlossene bläschenförmige Struktur des Cytoplasmas.

Vespa, *f.,* lat. *vespa* die Wespe; Gen. der Véspidae, Faltenwespen, Hymenoptera, Hautflügler. Spec.: *V. crabo,* Hornisse; *V. vulgaris,* Gemeine Wespe; *V. germanica,* Deutsche Wespe.

Vespertílio, *f.,* lat. *vesper* der Abend; Gen. der Vespertiliónidae, Glattnasen, Chiroptera, Fledermäuse. Spec.: *V. murinus,* Zweifarbige Fledermaus (dorsal: braun, rostrot; ventral: schmutzigweiß); *V. serotinus,* Spätfliegende Fledermaus.

vespertínus, -a, -um, lat. *vesper,* s. o.; abendlich, westlich. Spec.: *Falco vespertinus,* Rotfußfalke.

Vespicolie, die, lat. *vespa* die Wespe, *cólere* bewohnen; die Nidicolie in Nestern von Arten der Vespidae, Faltenwespen. Adjektivische Kennzeichnung der Lebensweise: vespicol = in Nestern von Faltenwespen nidicol lebend.

vespíllo, lat., ein Leichenträger für Arme, die abends *(vespere)* begraben wurden; s. *Necrophorus.*

Vespula, *f.,* lat. die kleine Wespe; Gen. der Vespidae, Faltenwespen, Hymenoptera, Hautflügler. Spec.: *V. austriaca* Gemeine Wespe.

vestibuláris, -is, -e, zum Vorhof gehörig.

vestíbulum, -i, *n.,* lat., der Vorhof, der Vorraum; 1. Vestibulum: beispielsweise bei vielen Protozoen der Vorhof des „Mundes"; 2. bei Säugern der Vorhof des knöchernen Ohrlabyrinthes; 3. V. oris, Mundvorhof, der zw. Lippen u. Zähnen liegende Vorhof bei Säugern; 4. V. vaginae, Scheidenvorhof der weiblichen Säuger, geht aus dem Sinus urogenitalis hervor.

vestigialis, -is, -e., lat.; am Fuße (von Pflanzen) lebend, *vestigium* eigentl.: Fußsohle, -boden, -spur; z. B. leben die Raupen von *Agrotis vestigialis* am Boden u. können insbes. in Kieferpflanzgärten empfindliche Fraßschäden verursachen.

vestigium, -ii, *n.,* die Spur.

vestiménti, Genit. zu lat. *vestiméntum* das Kleid(ungsstück); s. *Pediculus.*

Veterinär, der, lat. *veterína animália* Last- od. Zugvieh; Tierarzt.

via, -ae, *f.,* lat., der Weg, die Straße, das Mittel. Spec.: *Pompilius viaticus,* Gemeine Wegwespe.

Vibrakularien, die, lat. *vibráculum* die kleine Geißel; bei Bryozoen u. zwar bei den Cheilostomata auftretende, einseitig spezialisierte Heterozoide, deren Deckel zu einem Stab ausgezogen ist. Letzterer dient wahrscheinlich dazu, den Stock von Detritus zu befreien.

Vibrationssinn, der, lat. *vibráre* schwingen, zittern; Erschütterungssinn, eine bes. Form des Tastsinnes, wobei mechanische Schwingungsenergie als adäquater Reiz fungiert.

vibríssae, -arum, *f.,* lat. *vibráre* zittern, schmerzen; die Nasenhaare (Vibrissae), steife

Haare im Naseneingang (u. auf der Oberlippe) vieler Säuger, sog. Tasthaare.
vibúrnis, auf *Viburnum opulus* (Schneeball) vorkommend; Genit. von *Viburnum;* s. *Galerucella.*
vicina, an Wicken (*Vicia*-Arten) hochsteigend; s. *Monacha.*
Vidualität, die, lat. *vidua* (s. u.); Witwen- oder Witwerstand, Einzeldasein (nach Paarung akzidentell eingetreten).
Vidúidae, *f., Pl.,* lat. *vídua* die Witwe-, *-idae* Familiensuffix; Witwenvögel, afrikan. Singvogelfamilie; sind Brutschmarotzer, legen ihre Eier v. a. in Nester von Weberfinken. Zu den V. gehören die blau-/grünschillernden kurzschwänzigen Atlasfinken sowie einige durch lange mittlere Schwanzfedern des ♂ ausgezeichnete Species (Dominikaner-, Königs-, Paradieswitwe).
Vielfraß, altnordisch Fjellfraß = „Felsenkatze"; Höhlenbewohner; s. *Gulo.*
Vierauge, das; s. *Anableps.*
Vikuna, Vikunna, *n.,* (gesprochen: Wikunja), Vernakularname für *Lama,* s. d.
Villi intestináles, die, lat. *villus, -i, m.,* die Zotte, s. *intestinalis*; Darmzotten, zottenartige Vorsprünge der Schleimhaut des Dünndarmes der Vertebraten, die der Vergrößerung der resorbierenden Oberfläche dienen.
villósus, -a, -um, zottenreich, zottig.
víllus, -i, *m.,* lat., die Zotte, das zottige Haar.
vínculum, -i, *n.,* lat. *vincíre* binden, fesseln; das Band, die Fessel.
vindobonénsis, -is, -e, latin., in od. bei Wien *(vindobona)* vorkommend; z. B. *Cepaea vindobonensis.*
Vinum, -i, *n.,* lat., der Wein, die Weintraube. Spec.: *Harpyia vinula,* Großer Gabelschwanz.
violáceus, -a, -um, lat., *viola* das Veilchen; veilchenblau, -ähnlich; s. *Muscophaga.*
Vípera, *f.,* lat. *vivípara* lebendgebärend, woraus *vipera* durch Kontraktion gebildet wurde; Gen. der Vipéridae, Ottern, Vipern, Ordo Squamata, Schuppenechsen. Spec.: *V. berus,* Kreuzotter; *V. aspis,* Aspisviper; *V. ammodytes,* Sandviper od. Hornotter; *V. ursinii,* Wiesenotter (Spitzkopfotter); *V. russelli (= Daboia russelli),* Kettenviper.
Viraginität, die, lat. *virágo, -ini, f.,* die Heldenjungfrau, das Mannweib; männliches Geschlechtsempfinden bei Frauen.
Virchow, Rudolf, geb. 13. 10. 1821 Schivelbein (Swiebodzin), gest. 5. 9. 1902 Berlin; 1849–1856 Prof. in Würzburg, 1856–1901 Prof. in Berlin; Pathologe, Anthropologe; Begründer der mikroskop.-pathologischen Anatomie u. Zellularpathologie.
Viren, *n.,* Pl., virus Schleim, Gift; Sammelbezeichnung für biologische Strukturen, die als genetische Information RNA od. DNA enthalten u. die nicht über die für Wachstum u. Teilung erforderlichen Enzyme verfügen, sondern dazu Wirtszellen benötigen, auf die sie häufig pathogen wirken.
virgátus, -a, -um, lat., gestreift. Spec.: *Aótus trivirgatus,* Mirikina (Nachtaffe).
Virgilius (od. Vergilius), Publius V. Maro, [Virgil], geb. 5. 10. 70 v. u. Z. in Andes, gest. 21. 9. 19 v. u. Z. in Brundusium; römischer Dichter. Lit. z. B.: „Georgica", Lehrgedicht über den Landbau.
Virginia-Hirsch, der, s. *Odocoileus.*
virginiánus, -a, -um, in Virginien (N-Amerika) lebend; s. *Didelphys*, s. *Bubo.*
virgo, -inis, *f.,* lat., die Jungfrau; s. *Calopteryx.*
viridánus, -a, -um, = *viridis,* lat., s. d.; s. *Tortris.*
viridéllus, -a, -um, lat., ein wenig grün, grünlich; s. *Adéla viridella,* mit metallisch grünlich glänzenden Vorderflügeln.
virídiflávus, -a, -um, grüngelb; s. *Coluber.*
víridis, -is, -e, lat., grün, smaragdfarben; s. *Bufo*, s. *Lacerta*, s. *Agrilus*, s. *Picus.*
viridíssimus, -a, -um, lat., sehr grün, tiefgrün; s. *Chlorohydra.*
virilis, -is, -e, lat., männlich, zum Manne gehörig.
Virilismus, der, lat. *vir, viri* der Mann; (krankhafte) Vermännlichung bei Frauen.
virulentus, -a, -um, lat. *virus, -i, n.,* die Feuchtigkeit, der Schleim, das Gift; giftig, übelriechend.
Virus, das, lat., Feuchtigkeit, Schleim, Gift, von Pasteur erstmals 1881 verwendet; infektiöses Partikelchen, das zur Vermehrung die Enzymgarnitur einer Wirtszelle benötigt. Es handelt sich um ein DNA- od. RNA-Molekül.
Virusparalysis, die; eine bei der Honigbienen vorkommende Viruserkrankung, die ansteckende Schwarzsucht; tritt bei adulten Bienen auf, zeigt sich durch Lähmungserscheinungen, Flügelzittern u. Flugunfähigkeit. Akute u. chronische Form (ABPV: Acute Bee Paralysis Virus, verursacht durch RNA-Virus; CBPV: Chronic Bee Paralysis Virus, ebenfalls durch RNA-Virus hervorgerufen.).
Viscacha, s. *Lagostomus.*
víscera, -erum, *n.,* Pl., lat., die Eingeweide.
viscerális, -is, -e, zu den Eingeweiden gehörig.
Viscivorus, -a, -um, lat. *viscum* die Mistel, *voráre* fressen; Misteln fressend. Spec.: *Turdus viscivorus,* Misteldrossel.
viscum, -i, *n.,* lat., die Mistel, der Mistel-Vogelleim.

viskos, neulat. *viscósus* klebrig; zähflüssig, dickflüssig.
vison, franz. *le vison* Nerz, Mink; s. *Mustela.*
visuell, lat. *visus* Sehen; das Sehen betreffend.
vísus, -us, *m.,* lat., das Sehen, der Blick, der Anblick; die Erscheinung, die Gestalt.
visum, -i, *n.,* lat., Erscheinung, Bild; das Gesehene, der Augenschein, das Gesicht, das Traumbild.
Viszerozeptoren, die, lat. *viscera* die Eingeweide, *recéptor* der Empfänger; in den Eingeweiden befindliche Rezept., die auf Druck bzw. Volumenveränderungen reagieren (z. B. Rezeptoren im Magen-Darm-Trakt, in der Lunge, im Herzen).
vita, -ae, *f.,* lat., das Leben.
Vitaformeln, die; Biologieformeln, abgek.: Biolformeln; Insektenzeitschlüssel (Börner 1922); in Symbolen od. Zahlen zwecks Redundanzeinsparung dargestellter Ablauf der Metamorphose von Insekten, insbes. von Forstentomologen für didaktische Zwecke entwickelt, z. B. Kalenderschlüssel von Judeich u. Nitsche, die in ihrem Lehrbuch der mitteleuropäischen Forstinsektenkunde (um 1890) für die einzelnen Entwicklungsstadien Symbole in den Kalenderschlüsseln bzw. deren Monats-Diagrammen verwenden. Andere Autoren (Rhumbler, Wolff u. Krause, Prell, Börner) entwickelten die arithmetische Schreibweise in Formeln (1918–1922), wobei Börner die einzeilige Schreibart vorzieht. – Andere Darstellungsformen sind: Kreisschlüssel, verwendet für die Darstellung des Generationszyklus mit Generationswechsel bei den Blattläusen, u. die senkrechten „Schienenformeln“ (Dingler, Hess, Beck, 1927) für die Darstellung des Generations- u. Wirtswechsels der Blattläuse. – Die benutzten Symbole u. Abkürzungen (vgl. Kapit. 1.5) bedürfen der Standardisierung.
vital, neulat. *vitális* zum Leben gehörig; lebenskräftig, lebensfähig, lebendig.
Vitalfärbung, die; Lebendfärbung; Anfärben von Zellorganellen, Geweben u. Organen mit speziellen Farbstoffen (Vitalfarbstoffen z. B. mit Trypanblau, Eosin u. a.) zwecks weiterer Untersuchungen.
Vitalität, die; Lebensfähigkeit, Lebenskraft, Lebendigkeit; große Lebensdauer.
Vitalkapazität der Lunge, die, lat. *cápere* fassen; Summe von Atemzugvolumen (Syn.: Atemvolumen), inspiratorischem u. exspiratorischem Reservevolumen; totale Lungenkapazität abzüglich Residualvolumen.
Vitamine, die, lat. *víta* das Leben u. Amin; essentielle Nahrungsbestandteile, akzessorische Nährstoffe, die im Gegensatz zu den Hormonen u. Enzymen dem Organismus meist von außen zugeführt werden müssen; ihr Fehlen verursacht Mangelkrankheiten (Avitaminosen).
Vitamin A, das; Axerophthol, Retinol, „Epithelschutzvitamin“; natürliches Vorkommen in Fischlebertran, Säugetierleber, Milch, Butter, Eigelb, als Provitamin Carotin ist es z. B. in Karotten, Hagebutten, Paprika enthalten; der Organismus bildet mit Hilfe der Carotinase das Vitamin A daraus; bei Mangel an Vitamin A werden besonders die Epithelzellen betroffen (Verhornungserscheinungen); typisch menschliche Mangelkrankheiten sind die Nachtblindheit, die Xerophthalmie (Verhornung der Augenepithelien). u. die Keratomalazie (Hornhauterweichung). Dem Vitamin A kommt außer seiner Bedeutung für die normale Epithelbildung eine wichtige Rolle im Sehvorgang zu.
Vitamin-B-Komplex, der; hierzu zählen die wasserlöslichen Vitamine Thiamin (Vitamin B_1), Riboflavin, Nicotinsäureamid, Folsäure, Pantothensäure (letztere vier fasst man zum Vitamin-B_2-Komplex zusammen); Pyridoxin (Vitamin B_6), Cobalamin (Vitamin B_{12}). Die Wirkungen dieser einzelnen Vitamine sind sehr ähnlich.
– **Vitamin B_1,** das; Thiamin, Aneurin, antineuritisches Vitamin, Antiberiberivitamin; vorkommend z. B. in Getreidekeimen, Reiskleie, Hefe; zugehörige Mangelkrankheit ist die noch heute verbreitete Beriberi, die bei ausschließlicher Ernährung mit poliertem Reis auftritt u. beim Menschen durch neurotische Erkrankungen, Störungen der Herztätigkeit, Lähmungserscheinungen u. Muskelatrophie gekennzeichnet ist. Bei Säugetieren u. Vögeln treten bei Thiaminmangel vorwiegend krankhafte Veränderungen im Nervengewebe auf (Polyneuritis); Thiaminpyrophosphat ist das Coenzym der Dekarboxylasen u. Aldehyd-Transferasen u. spielt eine bedeutende Rolle bei der oxidativen Decarboxylierung der Brenztraubensäure u. der α-Ketoglutarsäure.
– **Riboflavin,** das; Vitamin B_2, Lactoflavin; kommt besonders reichlich in Milch u. Käse vor, deshalb auch die ältere Bezeichnung Lactoflavin. Riboflavin ist Bestandteil des Flavinmononukleotids (FMN) u. des Flavinadenin-dinukleotids (FAD). Das sind Coenzyme zahlreicher Flavinenzyme, die z. B. in der Atmungskette als reversibles Redoxsystem von großer Bedeutung sind. Mangel an Riboflavin führt beispielsweise zu Wachstumsstörungen, Veränderungen der Schleimhäute, der Hornhaut u. der Haut.

– **Nicotinsäureamid,** das; Niacinamid, Niacin, Antipellagravitamin; Nicotinsäure (= Niacin) u. ihr Amid sind in gleichem Maße als Vitamin wirksam; nachgewiesen wurde es in Hefe, Getreide, Leber, Fleisch, Fisch; N. ist bei vielen Säugetieren u. auch beim Menschen aus Tryptophan synthetisierbar; unter besonderen Voraussetzungen auftretender Nicotinsäureamidmangel bedingt das Krankheitsbild der Pellagra (Dermatitis, s. d., belichteter Körperstellen, Diarrhoe, s. d., schwere psychische Störungen). Nicotinsäureamid ist Bestandteil der Pyridinnukleotide, die als wasserstoffübertragende Coenzyme von erheblicher physiologischer Bedeutung sind.

– **Folsäure,** die; Pteroylglutaminsäure; natürliches Vorkommen in grünen Blättern, Hefe, Leber, gebildet auch von einigen Mikroorganismen; sie ist Bestandteil des Coenzym F (Tetrahydrofolsäure), das Cofaktor für den C_1-Stoffwechsel ist. Folsäuremangel betrifft vor allem die Blutzellen (Anämie, gestörte Thrombozytenbildung).

– **Pantothensäure,** die; besonders enthalten in Hefe, Reis- u. Weizenkleie, Leber; Verbindung aus β-Alanin u. Pantoinsäure (α,γ-Dihydroxy-β,β-dimethylbuttersäure); Bestandteil des Coenzyms A. Mangel an Pantothensäure wirkt sich bei Tieren vielfältig aus: z. B. Wachstumsstörungen, Störungen des Nervensystems, Leberschädigungen, bei Küken führt er zu pellagraähnlichen Hautveränderungen u. bei Ratten zum Ergrauen der Haare, beim Menschen ist ein nahrungsbedingter Mangel an Pantothensäure unbekannt.

– **Vitamin B_6,** das; Pyridoxin, Adermin, reichlich vorkommend in Weizenkeimen, Hefe, Leber u. Muskelfleisch; Vitamin-B_6-Mangel verursacht bei Ratten Pellagra (entzündliche Schwellungen u. Schuppenbildung der Haut); eine typische menschliche Mangelkrankheit ist nicht bekannt. Als Pyridoxalphosphat ist es ein wichtiges Coenzym im Aminosäurestoffwechsel.

– **Vitamin B_{12},** das; Cobalamin, Anti-Perniziosa-Faktor; Cobalamin kann nur von Mikroorganismen erzeugt werden, es fehlt in den grünen Pflanzen, reichlich kommt es dagegen in Fischmehl, Leber u. Milch vor; eine typische B_{12}-Avitaminose ist die perniziöse Anämie, die sich in einem starken Abfall der Erythrozytenzahl äußert u. auf eine Resorptionsstörung zurückzuführen ist. Physiologische Bedeutung hat das Cobalamin durch seine Beteiligung an Methylierungsprozessen.

Vitamin C, das; Ascorbinsäure, antiskorbutisches Vitamin; ist ein Abkömmling der Kohlenhydrate u. zwar das Lacton einer ungesättigten Hexonsäure. Das wasserlösliche u. hitzeempfindliche Vitamin ist im Pflanzenreich weit verbreitet (z. B. in Zitrusfrüchten, Paprika, Hagebutten, Schwarzen Johannisbeeren, Kiwi). Ein großer Teil der Organismen kann Ascorbinsäure selbst synthetisieren, für den Menschen ist sie essentiell; die typische C-Avitaminose ist der selten gewordene Skorbut, dessen wichtigste Symptome Blutungen, Zahnfleischentzündung u. Lockerung der Zähne sind. Häufiger treten allerdings C-Hypovitaminosen auf. Ascorbinsäure bildet ein Redoxsystem, dem große biologische Bedeutung zukommt.

Vitamin D, das; Calciferol, antirachitisches Vitamin; vorkommend z. B. im Fischlebertran u. in Säugetierleber; Calciferole entstehen aus Sterinen (Provitamine) durch die Wirkung des ultravioletten Lichtes. Aus Ergosterin entsteht so das Vitamin D_2 (Ergocalciferol), industriell hergestellt, von Bedeutung für die medizinisch-therapeutische Anwendung. Das natürliche Vitamin, das Cholecalciferol (Vitamin D_3) wird durch Ultraviolettbestrahlung aus dem 7-Dehydrocholesterin gebildet. Das Vit. D_3 wird überführt in Niere und Leber in die wirksamen Formen, z. B. 1,α,25-Dihydroxy-Cholecalciferol. Es sind die im Körper wirksamen Formen. Mangel an Vitamin D bedingt das Krankheitsbild der Rachitis (Knochenerweichung durch ungenügende Kalzifizierung). Die physiologische Bedeutung des Vitamin D liegt in der Kalziumresorption u. Beeinflussung des Knochenstoffwechsels.

Vitamin E, das; Tokopherol, Antisterilitätsvitamin; kommt reichlich in Weizenkeimölen u. in anderen pflanzlichen Fetten vor, wurde als Antisterilitätsfaktor der Ratten entdeckt; Vitamin-E-Mangel hat im Tierversuch Hodenatrophie u. Muskeldystrophie zur Folge, beim Menschen sind keine Mangelerscheinungen bekannt, Tokopherole haben im intermediären Stoffwechsel antioxydative Wirkung.

Vitamin F, das; von manchen Autoren verwendete Bezeichnung für eine Gruppe essentieller, höher ungesättigter Fettsäuren, Linol-, Linolen- u. Arachidonsäure, die sich in pflanzlichen bzw. tierischen Fetten finden. Ihr Fehlen führt z. B. bei der Ratte zu Haarausfall, Störungen im Wasserhaushalt u. Erlöschen der Fortpflanzungsfähigkeit. Beim Menschen sind typische Mangelerscheinungen noch nicht beobachtet worden. Auch er vermag die höher ungesättigten Fettsäuren nicht selbst zu synthetisieren.

Vitamin H, das; Biotin; Bios IIb, Coenzym R; antiseborrhoisches Vitamin, wurde als Wuchsstoff für Hefe entdeckt. Die Verbindung ist eine stickstoff- u. schwefelhaltige Karbonsäure, die im Stoffwechsel bei Karboxylierungsreaktionen das Kohlendioxid aktiviert. Biotinmangelerscheinungen sind u. a. Dermatitis u. Haarausfall. Der Biotinbedarf beim Menschen wird durch die Darmbakterien gedeckt.

Vitamin K, das; Phyllochinon, antihämorrhagisches Vitamin; Vitamin K_1 kommt besonders in grünen Pflanzen, Vitamin K_2 in Bakterien vor. Mangel an Vitamin K verursacht Blutungen u. Blutgerinnungsstörungen, der Prothrombingehalt im Blut ist erniedrigt. Die Bakterienflora des Darmes produziert viel Vitamin K u. hat so entscheidenden Anteil an der Versorgung. Biochemisch ist es als Wirkstoff bei der Synthese des Prothrombin von Bedeutung.

Vitellarium, das, lat. *vitellus, -i, m.,* der Eidotter; Ovariolenabschnitt, der die heranwachsenden Eizellen bzw. auch Nährzellen enthält, es liegt zwischen dem Germarium (Endkammer) u. dem Eiröhrenstiel.

vitellínus, -a, um, zum Dotter gehörig.

vitéllus, -i, *m.,* lat., der Dotter.

Viteus, *m.,* lat. *viteus-, -a, -um* am od. vom Weinstock (*vitis* die Rebe); Gen. der Phylloxeridae, Zwergläuse, Aphidina, Blattläuse, Sternorrhyncha, Pflanzenläuse. Spec.: *V. vitifolii* Reblaus, Schädling des Weinstocks, gallbildend an Blättern, saugend an Wurzeln, um ca. 1900 eingeschleppt.

vitis, -is, *f.,* lat., die Weinrebe, der Weinstock. Spec.: *Viteus vitifolii,* Reblaus.

Vítrea, *f.,* lat., s. *vítreus*; Gen. der Zonítidae, Ordo Stylommatophora, Landlungenschnecken. Spec.: *V. crystallina; V. diaphana; V. contracta.*

vitreus, -a, -um, lat. *vitrum, -i, n.,* das Glas; gläsern, glasartig, kristallhell, gleißend.

Vitrína, *f.,* lat. *vitrum* Glas, *vitrínus* glasartig; Gen. der Vitrínidae, Glasschnecken, Ordo Stylommatophora. Spec.: *V. pellucida.*

vittatus, -a, -um, lat., mit Binden (Streifen, Bändern) versehen (od. gekennzeichnet). Spec.: *Sus vittatus,* Bindenschwein (in Sumatra heimisch).

vitulínus, -a, -um, lat. *vítula* das (weibliche) Kalb; kalbsartig, -förmig, -ähnlich; s. *Phoca.*

vitulus, -i, *m.,* lat., männliches Kalb; *vitútula, -ae, f.* das weibliche Kalb.

Vitzthum von Eckstaedt, Hermann L. W., Graf, Dr., geb. 26. 1. 1876 Berlin, gest. 19. 5. 1942 München; ursprüngl. Jurist, widmete sich später ganz der Zoologie; führende Autorität auf dem Gebiet der Milbenforschung (s. K. Viets: Die Milben ..., Jena, T. 1, 1955, S. 382f., 472f.).

Vivarianer, die, lat. *vivarium, m.,* Behälter für lebende Tiere; Tierhalter sind u. a. Aquarianer (Aquarium: Glasbehälter zur Haltung u. Zucht von Wassertieren) u. Terrarianer (Terrarium: bepflanzter Raum od. Behälter, vorwiegend zur Haltung von Lurchen u. Kriechtieren).

Vivárium, das, lat. *vivarium, -i, n.,* Tierbehälter, Gehege; Behälter, in dem Tiere unter möglichst natürlichen Umweltbedingungen gehalten werden.

vivax, lat., lebendig; *Plasmodium vivax,* Erreger der Malaria tertiana.

Vivérra, *f.,* Viverra hieß bei den Alten eine Marderart bzw. das Frettchen; Gen. der Vivérridae, Schleichkatzen, Carnivora; fossil seit dem Miozän bekannt. Spec.: *V. zibetha,* Asiatische od. Echte Zibethkatze; Zibeth von arab. *zebad* od. *zubad,* Name des Tieres, eigtl. Schaum; der Zibeth ist das Sekret der zw. Anus u. Genitalorganen gelegenen Drüse, das moschusartig riecht u. anfänglich eine schaumig-schmierige Konsistenz aufweist.

viverrínus, -a, -um, Viverra- (Zibethkatzen-) ähnlich; s. *Dasyurus,* s. *Prionailurus.*

vivípar, lat. *vivus, -a, -um,* lebendig, *párere* gebären; „lebendige" Jungen gebärend, lebendgebärend.

Viviparie, die; das Lebendgebären; Geburt von Jungtieren, die während der Embryonalentwicklung im Mutterleib ernährt werden. Ggs: Oviparie, fließende Übergänge zur Ovoviviparie.

vivíparus, -a, -um, lat., lebendgebärend; s. *Lacerta.*

Viviparus, *m.*; Gen. der Phalanx Cyclophoracea. Mesogastropoda, Monotocardia; fossile Formen sicher seit dem Jura bekannt (vielleicht bereits seit dem Karbon). Spec.: *V. viviparus,* Sumpfdeckelschnecke; Syn.: *Paludina.*

Vivisektion, die, lat. *vívus, -a, -um* lebendig, *séctio, -ónis, f.,* die Zerlegung, das Schneiden; der Tierversuch, Versuch am lebenden Tier, operativer Versuch.

vívus, -a, -um, lat. *vivere* leben, sich ernähren; lebendig.

vocális, -is, -e, lat. *vox, vocis, f.,* die Stimme; mit einer Stimme versehen, stimmlich.

vocifer, lat., die Stimme erhebend, schreiend, Schrei-...; s. *Haliaeetus.*

vociferus, lat. entspricht *vocifer* Schrei-; s. *Charádrius.*

Vogelflügler, der (die); s. *Troides.*

Vogelmilbe, die; s. *Dermanyssus.*

Vogelspinne, die; s. *Avicularia.*

Vogt, Carl, geb. 5. 7. 1817 in Gießen, gest. 5. 5. 1895 in Genf; Zoologe, philosophischer Materialist, Politiker; 1833 Beginn des Medizinstudiums in Gießen, Flucht nach Bern, Studienabschluss, 1839 Promotion („Zur Anatomie der

Amphibien"), 1839–1844 Arbeit bei L. Agassiz in Neuchâtel, 1847 Ruf als Zoologie-Professor an die Univ. Gießen, 1849 erneute Flucht in die Schweiz, 1852 Berufung als Prof. für Botanik an der Univ. Genf mit gleichzeitigen Vertretungen in der Geologie. 1872 Berufung als Prof. für Zoologie in Genf. Zuerst war er Anhänger von Cuvier, dann von Darwin; vgl. B. Scanner, Carl Vogt als Naturwissenschaftler.

Vogt, Oskar, geb. 1870, gest. 1959, war Schüler des Jenaer Psychiaters O. Binswanger, beide Neurologen, Hirnpathologen; veröffentlichten bahnbrechende Arbeiten über das striäre System, über die Zyto- u. Myeloarchitektonik incl. Reizphysiologie der Großhirnrinde u. der Architektonik des Thalamus. Grundlegende Arbeiten zur Lebensgeschichte (Bioklise) des Neurons u. zur Pathoarchitektonik des Gehirn führten zur Begründung der Pathoklisenlehre.

vola, -ae, *f.*, lat., die Hohlhand, der Handteller.

volans, lat., fliegend; s. *Draco.*

voláris„ -is, -e, zur Hohlhand gehörig.

Volborthella, *f.*, Gen. inc. sed.; von manchen Autoren als älteste Nautiloidae, s. d., angesehen. Zugehörigkeit zu den Cephalopoda nicht gesichert, aber wahrscheinlich Mollusca; fossil am Unterkambrium. Spec.: *V. tenuis.*

volitans, lat., fliegend; s. *Ptérois.*

Vollblutpferd, das; Begriff für die edelsten Pferderassen der Welt, die Arabischen und Englischen Vollblüter. Infolge jahrhundertelanger Reinzucht kann die Abstammung dieser Pferde (engl.: *thorough bred* = durchgezüchtet) lückenlos bis auf ihre „Urstämme" bzw. Rassebegründer zurückgeführt werden.

Vollkerf, der u. das; das geschlechtsreife Insekt; die Imago, s. d.

Vollzirkulation, die; s. Zirkulation, die Zirkulation erfasst die gesamte Wassermasse eines stehenden Gewässers.

Volucella, lat. *volare* fliegen, *cella, -ae* die Kammer, der Vorratsraum, die Zelle; Syrphiden-Gen., mit mehreren heimischen Arten vertreten, u. a. *V. bombylans*, deren Larven in den Nestern verschiedener Hummeln- (u. Wespen-) Arten leben.

Volventen, die, lat. *vólvens, -éntis* umwindend, rollend; Wickelkapseln, kleinste Form der Nesselkapseln.

Volvox, *m.*, lat. *vólvere* wälzen, drehen, weil die Kugelkolonien sich beim Schwimmen um sich selbst drehen; Gen. der Phytomonadina, Flagellata. Spec.: *V. aureus; V. globator.*

vólvulus, *m.*, lat., die Verschlingung, von *vólvere* wälzen; 1. Volvulus: Darmverschlingung; 2. Artname bei *Onchocerca* (s. d.): Knäuel, bezogen auf das Zusammenliegen stets mehrerer Würmer im Unterhautbindegewebe.

Vombátus, *m.*, einheimischer Name des auf Tasmanien u. in Australien lebenden Beutelsäugers, der sich Erdhöhlen gräbt u. herbivor ernährt; Gen. der Vombatidae, Wombats, Marsupialia; Spec.: *V. ursinus,* Nacktnasenwombat, Syn.: *Phascolomys.*

vómer, -eris, *m.*, lat., die Pflugschar; der Vomer, das Pflugscharbein, Belegknochen der Palatinspange des Palatoquadratums der Wirbeltiere; bei den Säugern verschmelzen die paarigen Pflugscharbeine zu einem unpaaren Knochen.

vomitórius, -a, -um, lat. *vomitus* das Erbrechen, Speien, *vómere* ausspeien; speiend, absondernd, erbrechend.

Vormagensystem, das; der aus Schleudermagen, Pansen, Netzmagen (Haube, Retikulum), Blättermagen (Psalter) bestehende Teil des Verdauungskanals bei den Retroperistaltikern (Wiederkäuern).

Vormela, *f.*, lat., von *vorax* gefräßig u. gr. *mélas* schwarz, dunkel; hat schwarzbraune Unterseite; Gen. der Mustelidae, Canoídea, Carnivora. Spec.: *V. peregusna,* Tigeriltis.

Vorpaarung, die; Bezeichnung für Verhaltensweisen, die dem eigtl. Paarungsakt vorausgehen.

vórtex, -icis, *m.*, lat., der Strudel, der Haarwirbel, Wirbel.

Vorticélla, *f.*, lat. *vorticella* der kleine Wirbel *(vortex)*, wegen der Wimpern; Glockentierchen; Gen. der Subord. Sessilia, Ordo Peritricha; das Genus umfasst weit über 100 Species; sind einzeln sessil auf kontraktilen Stielen, danach zur Sessilien-Gruppe Contractilia geordnet. Spec.: *V. microstoma; V. nebulifera* (lat. *nebulifera* nebelerzeugend, weil die Kolonien als weißliche Wölkchen an Wasserpflanzen usw. wahrnehmbar sind; gr. *mikrostoma* kleine Öffnung).

vorticósus, -a, -um, reich an Wirbeln.

vox, vócis, *f.*, lat., die Stimme, der Laut, Ruf.

vulgáris, -is, -e, lat. *vulgus* das Volk; gewöhnlich, gemein; s. *Palinurus*, s. *Sciurus.*

vulgátus, -a, -um, lat., gemein; s. *Patella.*

Vulnerabilität, die; lat., die Verwundbarkeit, Verletzbarkeit.

vulnus, -eris, *n.*, lat. die Wunde.

Vúlpes, *f.*, lat., *vulpes* u. *volpes* der Fuchs; Gen. der Cánidae, Hundeartige; fossil seit dem Pliozän bekannt. Spec.: *V. vulpes,* Fuchs, Rotfuchs.

Vulpes fulva argentata, *f.;* der Silberfuchs.

Vultur, *m.*, lat., der Geier; Gen. d. Cathartidae, Neuweltgeier. Spec.: *V. gryphus,* Kondor.

vulturínus, -a, -um, lat. *vultur* u. *vultúrius* der Geier; geierähnlich, Geier-.
vúlva, -ae, *f.*, Pudendum femininum; Scham, Cunnus; besteht aus den beiden Schamlippen (Labia pudendi), die die äußere Schamöffnung (Rima pudendi) begrenzen; das äußere weibliche Genitale.

W

Wabenkröten, die, s. *Pipa*; vgl. Pipidae u. *Xenopus.*
Wacholderprachtkäfer, der, s. *Lampra.*
Wachse, die; Ester aus höheren Fettsäuren u. höheren einwertigen Alkoholen; Vertreter: Bienenwachs, Drüsensekret von Bienen u. anderen Hymenopteren, dient zum Bau der Waben.
Wachshaut, die; eine weiche u. nackte Haut, die bei vielen Vögeln meistens nur an der Wurzel des Oberschnabels liegt (z. B. Tagraubvögel).
Wachsmotte, die; s. *Galleria.*
Wachsrosen, die; s. *Ceriantharia*, s. *Anemonia.*
Wachstum, das; eine mit Volumen- bzw. Substanzzunahme gekoppelte Formveränderung aller Organismen bzw. ihrer Struktureinheiten.
Wachstumshormon, das; s. Somatotropin.
Wachtel, die; s. *Coturnix.*
Wachtel-König, der; s. *Crex.*
Wadenbein, das; s. fibula.
Wadenstecher, der; s. *Stomoxys.*
Wärmeregulation, chemische, die; Regulation der Körperwärme durch intermediäre Energiewechselvorgänge.
Wärmeregulation, physikalische; Regulation der Körperwärme auf physikalischem Wege, überwiegend durch Wasserverdunstung.
Wärmeregulationszentrum, das; bei Säugern z. B. hypothalamische Bereiche des Zwischenhirns, die im Dienste der Thermoregulation stehen.
Waffenfliegen, die; s. *Stratiomys.*
Wagler, Erich, geb. 7. 9. 1884 Zwickau/S., gest. 29. 8. 1951; Prof. Dr., zuletzt Konservator an der Zoologischen Staatssammlung München. Arbeitsthemen: verschiedene Gruppen von Crustaceen u. Fischen (insbesondere Salmoniden), Mitherausgeber der „Tierwelt Mitteleuropas".
Wagnerélla, *f.*, nach J. A. Wagner, 1797–1861; Gen. der Chalarothoraca. Heliozoa. Spec.: *W. boreális.*
Wald, der; eine vornehmlich aus Bäumen bestehende Pflanzengemeinschaft einschließlich deren Anwuchs- u. Verjüngungsanteile.
Waldeyer-Hartz, (Heinrich) Wilhelm (Gottfried) von, geb. 6. 10. 1836 Hehlen b. Braunschweig, gest. 23. 1. 1921 Berlin; Prof. der Path. Anatomie in Breslau, der Anatomie in Straußberg u. Berlin. W.s Hauptverdienst liegt in seinen zusammenfassenden Übersichten über die laufenden Forschungen vor allem auf dem Gebiet der Zellteilung, der mikroskopischen Anatomie u. Entwicklungsgeschichte des ZNS. Er stellte die nach ihm benannte Neuronentheorie (W.sche Kontinuitätstheorie) auf u. prägte in diesem Zusammenhang den Begriff „Neuron", weiterhin u. a. den Begriff „Chromosomen".
Waldlaubsänger, der; s. *Phylloscopus.*
Waldohreule, die; s. *Asio.*
Waldschabe, die; s. *Ectobius.*
Waldspitzmaus, die; s. *Sórex aráneus.*
Waldwühlmaus, die; s. *Chlethrionomys glaréolus.*
Walhai, der; s. *Rhinodon.*
walkeri, Genit. des latin. Personennamens von Walker; s. *Megabóthris.*
Wallábia, *f.*, latin., Vernakularname; Gen. d. Macropodidae. Spec.: *W. bicolor,* Sumpfwallaby.
Wallábys, die, Trivialname, mit dem offensichtlich im englisch-sprachigen Raum die meisten mittelgroßen Känguruhs gattungsübergreifend bezeichnet werden; z. B. Sumpfwallaby *(Wallabia bicolor)*, Bennet-Wallaby *(Macropus rufogriseus).*
Wallach, der; das kastrierte männliche Pferd. Die Bezeichnung geht auf die Walachei zurück, von woher die ersten operierten (verschnittenen) Hengste nach W-Europa eingeführt wurden; vgl. Hengst.
Walrat, das, s. Cetaceum; auch spermaceti genannt, lat. *sperma ceti* „Samen des Walfisches"; eine ölartige Masse, die bes. in einem durch die aufgetriebenen Oberkiefer gebildeten Hohlraum der Wale (Pottwale, Physeter) lagert.
Walross, das; s. *Odobenus.*
Walrosse, s. Odobénidae.
Wandelndes Blatt, *n.*, s. *Phyllium.*
Wanderfalke, der; s. *Falco peregrinus.*
Wanderfalter, die; Schmetterlinge, die aus ihrem Entwicklungsgebiet heraus einzeln oder in Schwärmen gerichtet Wanderungen unternehmen; z. B. *Danaus* (s. d.).
Wanderfilarie, die; s. *Loa.*
Wanderratte, die; s. *Rattus.*
Wandkanker, s. *Opilio.*
Wanze, die, mhd. *wantlûs*; s. *Cimex.*
Wapiti, die, Vernakularname für die nordamerikanischen u. asiatischen (oft auch als Marale bezeichnet) Unterarten von *Cervus elaphus;* z. B. *C. e. nannodes,* Nordamerikan. Zwerg-Wapiti, s. (vgs.) Marale.

Wappentierchen, das, s. *Brachionus.*
Wapitia, *f.;* Gen. der Cl. Pseudocrustacea, s. d., fossil nur im Mittelkambrium der Burgess-Schiefer von Kanada. Spec: *W. fieldensis.*
Waran, der, s. *Varanus.*
Warburg, Otto (Heinrich), geb. 8. 10. 1883 Freiburg i. Br., gest. 1. 8. 1970 Berlin; 1906 Promotion zum Dr. rer. nat., 1911 Promotion zum Dr. med., 1914 Berufung zum Abteilungsleiter d. Kaiser-Wilhelm-Institutes Berlin, seit 1915 Professor, 1930/31 Dir. des Kaiser-Wilhelm-Institutes, 1931 Nobelpreis für Medizin u. Physiologie. Themen wiss. Arbeiten: Atmungsenzyme, Gärung, Photosynthese, Stoffwechsel der Geschwülste.
Warmblutpferde, die; leichte bis mittelschwere Pferderassen, die unter dem Einfluss von Vollblutpferden meistens im 19. Jh. aus Landrassen entstanden sind; s. Kaltblut, Vollblut.
Warmwasseraquarium, das, lat. *aqua* das Wasser; Aquarium, das durch eine Heizung (mittels Thermostaten) od. durch eine nahe äußere Wärmequelle (z. B. Zentralheizung) eine weitgehend konstante, für bestimmte Tierarten optimale Temperatur aufweist; vgl. Kaltwasseraquarium.
Warzenbeißer, der; s. *Decticus.*
Warzenschwein, das; s. *Phacochoerus*, s. *Sus.*
Wasmann, Erich, geb. 29. 5. 1859 Meran (Südtirol), gest. 27. 2. 1931 Valkenburg (Niederl.); Autodidakt u. zool. Studium bei Hatschek u. Cori, 1921 Dr. h. c. erhalten. Arbeitsgebiete: Instinktstudien am Trichterwickler, Myrmecophilen u. Thermitophilen, System. best. Coleopterenfamilien (Staphyliniden, Clavigeriden); Mimikryproblem, „Kritisches Verzeichnis der myrmekophilen und termitophilen Arthropoden“ (1894), „Instinkt und Intelligenz im Tierreich“.
Wasseramsel, die; s. *Cinclus.*
Wasserassel, die; s. *Asellus.*
Wasserbüffel, der; *Bubalus bubalis bubalis* Hausbüffel, Kerabau., (engl.) *Water Buffalo*; als Zug- und Lasttier weit verbreitet; Bovide mit großen Hörnern. Die Wild- od. Stammform lebt in wasserreichen Gebieten Indiens, Burmas; s. *Bubalus*, Wildrind.
Wasserfledermaus, die; s. *Myotis.*
Wasserfloh, der; s. *Daphnia.*
Wasserfrosch, der; s. *Rana.*
Wasserlungen, die; baumförmig verästelte u. blind geschlossene Schläuche vieler Seewalzen (Holothurien), die in den Enddarm münden. Sie füllen sich periodisch mit Wasser u. funktionieren als Respirationsorgane.
Wassermokassinschlange, die; s. *Agkístrodon piscívorus.*
Wassermoschustier, das; s. *Hyemoschus aquáticus.*
Wassermotte, die; s. *Phryganea.*
Wasserotter, s. *Agkístrodon piscívorus.*
Wasserralle, die; s. *Rallus.*
Wasserreh, das; s. *Hydropotes.*
Waserreiter, der; s. *Hydrometra.*
Wasserschildkröte (Dreikiel-), die; s. *Clemmys nigricans.*
Wasserschwein, das; s. *Hydrochoerus.*
Wasserspinne, die; s. *Argyroneta.*
Wasserspitzmaus, die; s. *Neomys.*
Wassertreter, der; s. *Phalaropus.*
Watson-Crick-Modell, das, benannt nach James D. Watson u. Francis H. C. Crick; Modellvorstellung über die Sekundärstruktur der Desoxyribonukleinsäure; s. auch Basenpaarung.
Weber, Ernst (Heinrich), geb. 24. 6. 1795 Wittenberg, gest. 26. 1. 1878 Leipzig, Studium in Wittenberg u. Leipzig, 1821 o. Prof. f. Anatomie u. Physiologie in Leipzig.
Weberbock, der; s. *Lamia.*
Weber-Fechnersches Gesetz, das; eine Gesetzmäßigkeit der Sinnesphysiologie mit der Aussage über die Beziehung zw. Reizstärke u. Reizwirkung: Während die Empfindung der Reizintensität linear zunimmt, steigt die Reizstärke exponentiell an.
Weberknecht, der; s. *Phalangium*, s. Opiliones.
Webervögel, die; *Plocéidae, Ploceus.*
Webspinnen, die; s. *Araneae.*
Wechseltierchen, das; s. *Amoeba.*
Wegschnecke, die; s. *Arion.*
Wehen, die; wellenförmige Kontraktionen des Uterus, schmerzhaft, treiben die Frucht aus.
Weichkäfer, die; s. Cantharidae.
Weichschildkröte (China-), die; s. *Trionyx sinensis.*
Weidenbock, der; s. *Oberea.*
Weidenbohrer, der; s. *Cossus.*
Weimaraner, der; eine der ältesten deutschen Vorstehhunderassen, jagdlich hervorragend veranlagt, insbes. für Fährtenarbeit; mittelgroß, vielseitig verwendbar, ausdauernd.
Weinbergschnecke, die; s. *Helix.*
Weindrossel, die; s. *Turdus.*
Weisel, der, mhd. *wisel* Anführer; Bezeichnung für die Bienenkönigin.
Weisheitszähne, die; die vier dritten Molaren des Menschen.
Weismann, August, geb. 17. 1. 1834 Frankfurt/M., gest. 5. 11. 1914 Freiburg/Br.; Studium der Medizin an der Univ. Göttingen, anschließend ärztl. Praxis in Rostock, Frankf. a. M. u. Diez; zool. Interessen besonders während eines Studienaufenthaltes bei R. Leuckart

an der Univ. Gießen (1860–1861) gefördert; 1863 Privatdozent, 1865 apl. Prof., 1867 ao. Prof., 1873–1912 o. Prof. für Zoologie an der Univ. in Freiburg im Breisgau u. Dir. des Zoolog. Instituts; Studien über die Keimesentwicklung bei Echinodermaten durchgeführt, differenzierte zwei Zellteilungsformen (die Äquatorial- u. die Reduktionsteilung), prägte den Begriff der Keimbahn; Begründer der Keimplasmatheorie. Anhänger der Darwinschen Selektionstheorie. Wissenschaftl. Arbeiten z. B.: „Die Kontinuität des Keimplasmas als Grundlage einer Theorie der Vererbung" (Jena 1885). Das Keimplasma – eine Theorie der Vererbung (Jena 1892), Vorträge über Deszendenztheorie (Jena 1902, 1913).

Weismannscher Ring, der; nach Weismann benannt; Retrozerebralkomplex der Dipteren, der aus den Corpora allata, Corpora cardiaca u. den Prothorakaldrüsen besteht.

Weißbartgnu, das; s. *Connochaetes taurinus.*

Weißbinden-Kreuzschnabel, der; s. *Loxia.*

Weißfische, die, mhd. *albel*; zusammenfassende (triviale) Bezeichnung für eine Anzahl von Cypriniden, die durch ihre silberglänzenden Seiten gekennzeichnet sind; z. B. *Leuciscus, Scardinius, Rutilus,* s. d.; Fleisch weißlich, grätenreich, jedoch wohlschmeckend, hat relativ geringen Marktwert.

Weißfruchttaube, die; s. *Ducula luctuosa.*

Weißhandgibbon, der; auch Lar (s. d.) genannt, s. *Hylóbates.*

Weißkopfschmätzer, der; s. *Chaimarrornis leucocephalus.*

Weißkopfseeadler, der; s. *Haliaeetus leucocephalus.*

Weißpinseläffchen, das; s. *Cállithrix.*

Weißschwanzgnu, s. *Connochaetes gnou.*

Weißschwanzguereza, s. *Colobus.*

Weißstirnamazone, die; s. *Amazona albifrons.*

Weißstorch, der; s. *Ciconia ciconia.*

Weizenälchen, das; s. *Anguina.*

Weizenhalmfliege, die; s. *Chlorops pumiliónis.*

Wellensittich, der; s. *Melopsittacus.*

Wellhornschnecke, die; s. *Buccinum.*

Welpe, der; saugender Canide, z. B. Junghund, Jungfuchs u. Jungwolf.

Wels, der; s. *Silurus glanis.*

Wendehals, der; s. *Jynx.*

Weniger, Joachim Hans; geb. 22. 2. 1925 Plauen/Vogtl.; Studium der Landwirtschaft Jena 1947/48 und Halle (bis 1950). Promotion 1952 u. Habilitation 1956. Ab 1958 am Inst. f. Tierzucht u. Haustiergenetik/Univ. Göttingen Dozent, 1969 o. Prof./Dir. Inst. f. Tierproduktion/TU Berlin; u. a. Aufbau der exp. Grundlagenforschung z. Adaptation u. Akklimatisation v. a. beim Rind. W. leitete Forschungsprojekte an (sub-)tropischen Standorten, z. B. Malaysia, Sumatra, Indien, in Afrika, S-Amerika; Verdienste um die Verbess. der Nutztierhaltung; 1972–1979 Präsident d. Europ. Vereinigung f. Tierzucht. Vizepräsident d. Weltvereinigung der Tierzucht (1973–1981); Dr. h. c. der Univ. Gießen (1990). Veröffentl.: Muskeltopographie der Schlachtkörper; Beurteilung der Schlachtkörperqualität; Konsequenzen für Zuchtziel-Neuausrichtung, Züchtung bei Schwein, Rind.

Wesenberg-Lund, Carl (Jorgen), geb. 22. 12. 1867 Kopenhagen, gest. 12. 11. 1955 Hillerod, Dänemark; Prof. d. Univ. Copenhagen, Dir. d. Freshwater Biol. Labor. of the Univ. Kobenhavn; Arbeitsthemen: Limnologie; Culiciden, *Zoothamnium, Rotifer,* Crustacea; Planktonuntersuchungen.

Wespe, die, mhd. *vespe, webse*; s. *Vespa.*

Wespenbussard, der, s. *Pernis.*

Wespentaille, die; die Einschnürung zw. dem Thorax u. dem Hinterleib, z. B. bei den Apocrita, s. d.

Westafrikanisches Pinselohrschwein, *n.,* s. *Potamochoerus porcus pictus.*

Wharton, Thomas, geb. 31. 8. 1614 Winston (Durham), gest. 15. 11. 1673 London; Arzt in London; W. entdeckte den Ausführgang der Unterkieferdrüse (W.scher Gang).

Whartonsche Sulze, die, s. Wharton; das gallertige Grundgewebe der Nabelschnur.

WHO: Abk. f. World Health Organization (Weltgesundheitsorganisation).

Wickelbär, der; s. *Potos flavus.*

Widder, der, die; männliche Tiere bei Haus- u. Wildschafen; Schafbock.

Widderchen, das; s. *Zygaenidae.*

Widerrist, der; Übergangsbereich des Halses in den Rücken, u. a. bei Pferden u. Wiederkäuern. Syn.: Rist.

Wiedehopf, der, mhd. *wite, wit-, widhopfe* (*wid* = Holz); s. *Upupa.*

Wiederkauen, das; der retroperistaltische Kauakt od. das erneute Kauen bereits abgeschluckten Futters nach dessen Rejektion aus dem Pansen-Netzmagen ins Maul. Bei normaler Futterrationsstruktur beträgt die tägliche Wiederkaudauer eines erwachsenen Tieres (Rindes) acht Stunden.

Wiener, Norbert, geb. 26. 11. 1894 Columbia (Missouri), gest. 18. 3. 1964 Stockholm; Prof. f. Mathematik an der Technischen Hochschule in Massachusetts; Begründer der Kybernetik als der Lehre von der „Regelung und Nachrichtenübertragung im Lebewesen und in der ‚Maschine'" (1948).

Wiesel (Haus-), das; s. *Mustela.*

Wiesenweihe, die; s. *Circus.*

Wild, das; 1. Bezeichnung für alle jagdbaren Tiere; es werden unterschieden: Hoch- u. Niederwild, Haar- u. Federwild, Haarnutz- u. Haarraubwild; 2. im engeren, speziellen Sinne auch: Kahlwild bei Rot- u. Damwild.

Wildbestand, der; die Anzahl des in einem Gebiet (Jagdgebiet, Revier) ständig vorhandenen Wildes, im weidmännischen Sinne das quantitative Vorkommen des Schalenwildes.

Wilddichte, die; Individuenzahl einer Wildart auf 100 ha der verfügbaren Fläche. Sie ist meist nur über Schätzungen zu ermitteln.

Wildesel, der; s. *Equus asinus.*

Wildgehege, das; Anlage bzw. eingefriedete Fläche, auf der Wild gehalten od. zu Jagdzwecken gehegt wird. Dabei kann unterschieden werden: 1. Jagdgehege; Anlage von der Mindestgröße eines Eigenjagdbezirks, in denen Wildbestände jagdlich genutzt werden; Syn.: Jagdgatter, Gatterrevier. 2. Wildpark: eine Form von Jagdgehege besonderer Größenausdehnung.

Wildkaninchen, das; *Oryctolágus cunículus,* Stammform des Hauskaninchens (s. d.). Spec. der Lepóridae („Hasen"), Lagomorpha (Hasenartige); ist eine kleinere Art mit kürzeren Extremitäten sowie kürzeren Ohren als *Lepus europaeus* (Europ. Feldhase, Leporidae). Das W. lebt koloniebildend, gräbt Baue in sandigen, erdigen Untergrund; Lagerjunge. Heimatgebiet des W.: Iberische Halbinsel, N-Afrika. In seiner Wildform ist es ein unmittelbarer Folger menschlicher Besiedlung; das Hauskaninchen (s. d.) kann nach dem Ausbrechen in die Natur wieder verwildern. Das in Australien eingeführte W. verursacht(e) dort große Vegetations- und Wühlschäden.

Wildpferd, das; mit großer Sicherheit gilt das Przewalski-Pferd heute als einzige Stammart des Hauspferdes. Andere W.-Arten dürften die Eiszeit nicht überlegt haben. Der Tarpan wird als eigene W.-Art mittlerweile abgelehnt.

Wildrind, *n.*; (1) Ur, Auerochse *(Bos primigénius)*: Stammform der taurinen Hausrinder und Zebus; (2) Banteng *(Bos bibos javanicus)*: Stammform der Balirinder; (3) Gayal *(Bos bibos gaurus)*: Stammform des Gaur; (4) Wildyak *(Bos mutus)*: Stammform des Hausyak; [(5) Arnibüffel *(Bubalus arnee)* = Stammform des Hausbüffels].

Wildschwein, das, mhd. *waltswîn, wiltswîn*; s. *Sus scrofa.*

Wildtyp, der; in der Natur auftretende genetische Normalform.

Wilhélmia, *f.*; Gen. der Simulíidae, Kriebelmücken (s. d.). Spec.: *W. equina*, Pferdekriebelmücke; gedrungen, schwärzlich, bis 4,5 mm; N-Deutschland; W-Amerika. Weibchen sind auch Blutsauger; Mancherorts Massenvermehrung, große Schäden bei Weidevieh.

Willstätter, Richard, geb. 13. 8. 1872 Karlsruhe, gest. 3. 8. 1942 Muralto b. Locarno; Professur f. Chemie in Zürich, Berlin u. München; stellte Untersuchungen zur chem. Verwandtschaft zw. Blutfarbstoff u. Chlorophyll an, arbeitete ferner u. a. über Assimilation u. Enzyme.

Wilson, Edmund Beecher, geb. 1856 in Genf, gest. 1939 in New York; Studium der Zoologie u. besonders der Entwicklungsphysiologie bei Th. Boveri, Univ. Freiburg im Br. u. an der Zoologischen Station Neapel bei A. Dohrn; wirkte ab 1897 als Prof. für Zoologie u. Direktor des Institutes für Biologie an der Columbia Univ. New York. Schwerpunkte seiner Arbeiten: Entwicklungsphysiologie wirbelloser Tiere. Bei seinen zytogenetischen Untersuchungen entdeckte er die Geschlechtschromosomen bei Insekten. Lit.: „The physical basis of life", New Haven 1928.

Winkerkrabben, die; s. *Uca.*

Winslow, Jacob Benignus, geb. 1669, gest. 1760; Anatom. Winslow-Loch: Foramen epiploicum, der Eingang zur Bursa omentalis. Winslow-Hernie: Hernie des Recessus duodenojejunalis.

Winterschlaf, der; s. Hibernation.

Winterstagnation, die, s. Stagnation; hierbei sind nur zwei Temperaturzonen ausgebildet, das kalte Oberflächenwasser (entspricht annähernd dem Metalimnion) und das 4 °C warme Tiefenwasser; das Epilimnion fehlt.

Wirkstoffe, die; stoffwechselaktive Substanzen, mit deren Hilfe die Stoffwechselvorgänge im tierischen Organismus beeinflusst werden können, die aber auf Grund ihrer geringen Einsatzmengen für Energie- bzw. Nährstofflieferung bedeutungslos sind; dazu gehören z. B. Vitamine, Spurenelemente, Antibiotika.

Wirkungsgesetz der Umweltfaktoren, das; der Ertrag (die Produktion) hängt nicht von einem Faktor allein, sondern von allen Faktoren ab; der Bedarf an einem Stoff hängt auch von der Verfügbarkeit der anderen ab (E. A. Mitscherlich 1921), vgl. Minimumgesetz.

Wirkungszentrum, das; aktives Zentrum, eine Region des Enzymmoleküls, in der das Substrat gebunden u. umgewandelt wird.

Wirsung, Johann Georg; geb. 1600 in Bayern, gest. (ermordet) 1643; Anatom in Padua; W.

entdeckte den Ausführgang der Bauchspeicheldrüse beim Menschen, hielt ihn aber für ein Chylusgefäß.

Wischreflex, der; Bezeichnung für den Reflex von Wischbewegungen der Extremitäten, um störende Reize auf der Körperoberfläche zu beseitigen.

wissenschaftlicher Name, *m.*; der lateinische od. latinisierte Name eines Taxons, im Ggs. zur landessprachlichen od. volkstümlichen Bezeichnung bzw. Vernakularnamen; vgl. *nomen,* Trivial-Name, Nomenklatur.

Wistar-Ratte, die; Bezeichnung für Laborrattenstamm des „Wistar Institute of Anatomy and Biology" der Univers. Pennsylvania, Philadelphia. Das Institut war nach d. Botaniker und Anatomen C. Wistar (1761–1818) benannt worden. Die Zuchtanlage (Wistar Institute Rat) wurde im Jahre 1921 gebaut. Der Labor-Rattenstamm wurde ursprünglich von H. D. King in den Jahren 1913–1919 im Rahmen ihrer berühmten Inzestversuche herausgezüchtet.

Witting (Merlan), s. *Merlangius.*

Witwenvögel, die; Vidúidae.

Wöhler, Friedrich, geb. 31. 7. 1800 in Eschersheim b. Frankfurt a. M., gest. 25. 9. 1882 in Göttingen; W. war erst Lehrer an der Gewerbeschule in Berlin u. Kassel, dann Prof. in Göttingen. Er stellte Harnstoff aus zyansaurem Ammonium her. Damit war die erste Synthese eines organischen Körpers gelungen.

Wolf, der. mhd. *walthunt*; s. *Canis.*

Wolff, Caspar Friedrich, geb. 1734 Berlin, gest. 22. 2. 1794 St. Petersburg; Ordentl. Mitglied f. Anatomie u. Physiologie d. Akademie der Wissenschaften in St. Petersburg. W. entwickelte durch Untersuchungen am bebrüteten Ei des Hühnchens die Epigenesistheorie u. begründete damit die moderne Embryologie. Bei seinen Forschungen über Missbildungen nahm er als Ursache der Vererbung eine „materia qualificata" im jeweiligen Organismus an.

Wolffscher Gang, *m.*, s. Wolff; Urnierengang, Ausführungsgang der Urniere, der ursprünglich nur Harnleiter ist. Er wird bei den Amnioten im männlichen Geschlecht zum Samenleiter (Vas deferens) u. im weiblichen Geschlecht meistens vollständig zurückgebildet. Die Reste wurden als sog. Gartnersche Kanäle beschrieben.

Wolfschakal, der; s. *Canis.*

Wolfsrachen, der, Palatum fissum (Syn.: Uranoschisis, Palatoschisis), Gaumenspalte; angeborene Missbildung im harten Gaumen des Menschen, entsteht durch unvollkommene Verwachsung der beiden Oberkieferfortsätze (Gaumenplatten) mit dem Vomer, so dass die Mund- u. Nasenhöhle durch eine Spalte des Gaumens in Verbindung stehen.

Wolhynisches Fieber, das; Fünftagefieber, Febris quintana. Infektionskrankheit, verursacht durch *Rickettsia quintana,* übertragen durch Kleiderläuse von Mensch zu Mensch.

Wollhaarkleid, das; s. Lanugo.

Wollhandkrabbe, die; s. *Eriocheir.*

Wollkäfer, der; s. *Lagria.*

Wollschweber, der; s. *Bombylius.*

Woltereck, Richard, geb. 6. 4. 1877 Hannover, gest. 23. 2. 1944 Seeon (Obb.); Limnologe, Prof. d. Zoologie an der Universität Leipzig; Arbeitsgebiete: Hydrobiologie, Entwicklungsgeschichte, Vererbungsforschung; Gründung der biologischen Station in Seeon und der „Internationalen Revue für die gesamte Hydrobiologie".

Wombat, der, einheimischer (australischer) Name für *Phascólomys* (bzw. *Vombatus*); s. d.

World Wildlife Fund, Abk.: WWF; internationale Organisation, die vornehmlich mit Spenden (Drittmitteln) in globalem Maßstab Vorhaben zum Schutze ausgewählter, vom Aussterben bedrohter Tierarten finanziert. Sitz: Gland in der Schweiz (Helvetia).

Wrisnig, Jakob, geb. 23. 7. 1875, gest. 22. 7 1952; Züchter (Reinzüchter) der Troiseck-Biene, benannt nach dem Berg Troiseck (Belegeinrichtung). Die Troiseck-Biene entspricht einer Carnica-Linie, die durch Auslese besonders für das obersteiermärkische Gebirgsklima geeignet ist.

WS, Abk. für Wirbelsäule.

Wucheréria, *f.*, Wucherer: geb. 7. 7. 1820 in Port/Porto, gest. 7. 5. 1873 in Bahia/Bras.; Gen. der Filaríidae; es handelt sich um fadenförmige, weiße, getrenntgeschlechtliche Nematodes. Erreger der Filariose des Menschen; Überträger (Zwischenwirt): *Aëdes-, Anopheles-* u. *Culex*-Mücken. Infektion des Menschen beim Stechakt, ferner durch Hautinvasion der Larven, Entwicklung zu geschlechtsreifen Würmern (im Lymphsystem; Lebensdauer mehrere Jahre). Spec.: *W. bancrofti,* Haarwurm (nach dem austral. Tropenarzt Jos. Bancroft, 1836 bis 1894), Syn.: *Filaria bancrofti; W. malayi.*

Wühlmaus, die; s. *Arvicola.*

Würfelnatter, die; s. *Natrix.*

Würfelqualle, die; s. Cubomedusae.

Würgadler, der; s. *Morphnus.*

Würger, der; s. *Lanius.*

Würgfalke, der; s. *Falco.*

Wüstenspringmaus, die; s. *Jaculus.*

Wundstarrkrampf, der; s. Tetanus.

Wundt, Wilhelm, geb. 16. 8. 1832 Neckerau, gest. 31. 8. 1920 Großbothen b. Leipzig; Physiologe, Psychologe u. Philosoph; Studium der Medizin an der Univ. Heidelberg, nach ärztlicher Praxis Studienaufenthalt bei Joh. Müller u. E. Du Bois-Reymond, 1856 Privatdozent für Psychologie an der Univ. Heidelberg; 1874 ao. Prof. für induktive Philosophie u. Psychologie an der Univ. Zürich; 1875–1917 o. Prof. für Philosophie (u. experimentelle Psychologie) an der Univ. Leipzig. Verdienst: stellte die Psychologie auf eine naturwissenschaftliche Grundlage; war Mitbegründer der experimentellen Psychologie, schuf das erste experimental-psychologische Laboratorium in Leipzig (1879), vertrat einen psychophysischen Parallelismus.

Wurmbach, Hermann, geb. 28. 3. 1903 Winterbach b. Dahlbruch, gest. 30. 9. 1976 Bonn; 1927 Promotion bei Eu. Korschelt, 1931 Habilitation in Zoologie und vergleichender Anatomie, 1937 zum Professor ernannt, 1955 Lehrstuhl für Landwirtschaftl. Zoologie u. Bienenkunde an der Univ. Bonn übernommen: Arbeitsthemen: „Über die Heilung von Knochenbrüchen bei Amphibien" (Dissertation), „Das Wachstum des Selachierwirbels und seiner Gewebe" (Habilitationsthema), „Lehrbuch der Zoologie" (2. Aufl. 1968), fortgeführt von R. Siewing (s. d.) (3. Aufl. 1985).

Wurmfortsatz, der; s. Appendix vermiformis.

Wurmschnecke, die; s. *Vermetus.*

Wurzelbohrer, der; s. *Hepíalus.*

Wurzelfüßer, die; Pl.; s. Rhizopoda, Protozoa.

WWF, Abk. von (engl.). World Wildlife Fund (s. d.).

X

Xanthin, das, gr. *xanthós* gelb, goldgelb; chem. 2,6-Dihydroxypurin, phys. wichtiges Purinderivat, ein Abbauprodukt des Nukleinstoffwechsels.

Xanthinoxidase, die; s. Xanthin; Enzym, das Xanthin in Harnsäure überführt.

Xanthophoren, die, gr. *phorein* tragen; Chromatophoren („Farbträger") mit gelben Pigmenten.

X-Chromosom, das, gr. *to chróma* die Farbe, *to sóma* der Körper; „X-Farbkörper", ein Gonosom (Geschlechtschromosom) od. Heterochromosom. Beispiel Mensch: ♀XX, ♂XY.

Xenacanthus, *m.,* gr. *xenos* fremd, befremdend, auffallend; *he ákantha* der Stachel, der Dorn; Gen. der Xenacanthodi, Elasmobranchii; fossil im Oberdevon bis Unterperm, fraglich in der Trias. Spec.: *X. bohemicus.*

Xenarthra, *n.,* Pl., gr. *ta árthra* die Glieder, Gelenke; Gruppe (Ordo) der Eutheria; Nebengelenkträger, wegen der überzähligen Gelenke zwischen den Wirbeln. Im Tertiär Entwicklung zahlreicher Linien mit z. T. erheblichen Großformen *(Megatherium, Glyptodon)*; erst gegen Ende od. nach der Eiszeit Aussterben der letzten Großformen. Heute sind in ihrem Entwicklungsgebiet S-Amerika nur noch 3 kleine Restgruppen vertreten: Bradypodidae, Myrmecophagidae, Dasypodidae (s. d.).

Xenobiosis, die, gr. *ho bíos* das Leben; „Die Beziehung zwischen zwei verschiedenen Ameisenarten, bei welchen die eine, wie z. B. *Megalomyrmex symmetochus,* in der Kolonie der anderen, *Sericomyrmex amabilis,* lebt und im Nest ihrer Wirtsart völlig frei herumläuft und von den Wirtstieren durch Trophallaxis oder andere Mechanismen Nahrung erhält, aber ihre Brut selbst und getrennt aufzieht (Wilson 1971, 1975)" (n. Heymer 1977).

Xeno-, xeno-, gr. *xénos* fremd(artig), *ho xénos* der Fremde, Ausländer; in Komposita.

xenogen, gr. *gígnesthai* entstehen; benutzt für die Bezeichnung der Spender-Empfängerbeziehung verschiedener Arten, also: von einer anderen („fremden") Tierart stammend.

xenoplastische Transplantation, die, gr. *plássein* bilden; Überpflanzung von Geweben od. Organen auf einen andersartigen Organismus.

Xenopsýlla, *f.,* gr. *he psýlla* der Floh; Gen. der Pulícidae. Spec.: *X. chéopis* Pestfloh.

Xénopus, *m.,* gr. *ho pus, podós* der Fuß, *xénos* fremd (abnorm); (wegen horniger Krallen der drei inneren Hinterzehen); Gen. der Pipidae, Aglossa, Zungenlose, Anura. Südl. d. Sahara lebende, rein aquatische Frösche mit postmetamorphem Seitenliniensystem. Spec.: *X. laevis* Glatter Krallenfrosch (S-Afrika), wichtiges Laboratoriumstier u. Modellorganismus, Weibchen wurden von ca. 1930–60 zu Schwangerschaftstests genutzt; *X. muelleri.*

Xenotransplantat (früher Heterotransplantat), das, lat. *transplantare* verpflanzen, gr. *héteros* anders; Transplantat, das zwischen zwei Individuen verschiedener Arten ausgetauscht wird.

Xenotransplantation, die, lat. *transplantare* verpflanzen; altes Syn.: Heterotransplantation. Transplantation zw. Individuen verschiedener Species.

Xenoturbélla, *f.,* lat. *turbélla* der kleine Strudel, Wirbel *(turbo)*; Gen. des Ordo Xenoturbéllida, deren systematische Stellung noch umstritten ist. Spec.: *X. bocki.*

Xenusion, Fremdwesen; Gen. inc. sed., vielleicht zu den Onychophora gehörig; fossil im (?) Unterkambrium, bisher nur drei bruchstückhafte Funde aus Geschieben bekannt. Spec.: *X. auerswaldae.*

Xeroderma pigmentosum, die, gr. *xerós* trocken, *to dérma* die Haut, lat. *pigmentósus* farbig. Entsteht hauptsächlich monofaktoriell autosomal-rezessiv, in wenigen Fällen auch autosomal bedingt. Die Haut reagiert wegen einer DNA-Repair-Mechanismusstörung überempfindlich gegenüber UV-Strahlung. Unbedeckte Körperpartien zeigen degenerative Veränderungen mit krebsiger Entartung. Manifestation beim Menschen bis zum 3. Lebensjahr in 80% der Fälle, etwa $^{2}/_{3}$ aller Probanden sterben vor dem 15. Lebensjahr.

Xerodermie, die; gr. (s. o.); Trockenheit der Haut.

xerophil, *xeros* trocken, *phílos* freundlich; Trockenheit liebend.

Xerophthalmie, die, gr. *ho ophthalmós* das Auge; Xerophthalmus od. Augendarre, Austrocknung der Binde- u. Hornhaut der Augen, verursacht durch Vitamin-A-Mangel (Avitaminose). Diese zeigt sich als Hornhaut- u. Linsentrübungen, die zu Sehstörungen führen (Nachtblindheit); ferner kann ungenügender Lidschluss auftreten.

xerótisch, trocken, eingetrocknet.

Xestóbium, *n.*, aus gr. *xestós* geglättet, glatt, da die Flügeldecken ohne Punktstreifen sind u. in Anlehnung an den Genusnamen *Anóbium* gebildet; Gen. der Anobíidae. Spec.: *X. rufovillosum,* Bunter Nagekäfer, Rotscheckiger Klopfkäfer.

Xíphias, *m.,* gr. *ho xiphías* der Schwertfisch; gr. *to xíphos* = lat. *gládius* das Schwert; Gen. der Xiphíidae, Schwertfische; fossile Formen seit dem Oligozän bekannt. Spec.: *X. gladius,* Schwertfisch.

Xiphinéma, *n.,* gr. *to xíphos* das Schwert, der Dolch, *to néma* der Faden; Dolchälchen; Gen. der Longidóridiae, Dorilaimida. Spec.: *X. index* (in Weinbaugebieten verbreiteter Schädling).

xiphoídes, gr. *to xíphos* das Schwert, *to ẽidos* das Aussehen, die Gestalt; schwertähnlich, schwertförmig; Syn.: ensifórmis.

xiphoídeus, -a, -um, zum Schwertfortsatz des Brustbeins gehörig, schwertförmig.

Xiphopagus, der, gr. *pēgnýnai* zusammenfügen; Doppelmissbildung: Verwachsung der beiden Individuen im Bereich des Schwertfortsatzes.

Xiphóphorus, *m.,* gr. *phorẽin* tragen; Gen. der Poeciliidae, Lebendgebärende Zahnkarpfen. Spec.: *X. helleri,* Schwertträger, mit schwertartig verlängerter Schwanzflosse beim Männchen.

Xiphosúra, *n.,* Pl., gr. *he urá* der Schwanz; Schwertschwänze, Ordo mariner Cheliceraten, deren Rumpf durch eine breite Duplikatur schaufelartig gestaltet erscheint; Prosoma- u. Opisthosomarücken ungeteilt; Opisthosoma mit einem langen, pfeilförmigen Telsonanhang u. 6 breiten, median zusammengewachsenen Extremitätenpaaren, von denen 5 paarige Reihen Kiemenblätter tragen; breite, abgeflachte Grundbewohner; fossil seit dem Kambrium; der gleichlautende Gattungsname *Xiphosura* Gronovius wurde eliminiert, wofür (seit 1954) *Limulus* Müller als nomen conservandum allein gilt.

X-Organe, die; morphologisch u. physiologisch definierte Bildungen an den Ganglien des Lobus opticus dekapoder Crustaceae. Man unterscheidet: 1. Hanströmsches X-Organ (Sinnespapillen-X-Organ); 2. Medulla-terminalis-X-Organ, Medulla-externa-X-Organ u. Medulla-interna-X-Organ. Es handelt sich bei den X-Organen vorwiegend um Ansammlung von Somata neurosekretorisch tätiger Zellen.

X-Strahlen, die; Röntgenstrahlen, W. C. Röntgen bezeichnet die von ihm entdeckten Strahlen X-Strahlen (engl. X-rays, frz. rayons X).

XX-Chromosomen, die; z. B. bei Säugern das weibliche (♀) Geschlechtschromosomenpaar.

XX-Männer, die; Probanden mit einem Karyotyp 46/XX, aber phänotypisch männlich. Testes klein, Gynäkomastie u. Minderwuchs. Pathogenese unklar, selten auftretend.

XY-Chromosomen, die; z. B. bei Säugern das männliche (♂) Geschlechtschromosomenpaar (= Heterochromosomen).

Xyéla, *f.,* gr. *he xyḗlē* das Schabeisen, die Raspel; Gen. der Xyelidae, Hymenoptera.

Xylodrepa, *f.,* gr. *to xýlon* das Holz, *to drépanon* die Sichel; Gen. der Silphidae, Aaskäfer. Spec.: *X. quadripunctáta,* Vierpunkt-Aaskäfer; vgl. auch Forensische Entomologie (Toxikologie).

Xyloplax, *f.,* gr. *to xýlon* das Holz, *he plax* die Platte; Gen. der Concentricykloidea, Echinodermata. Das erst 1986 entdeckte Genus des eigens dafür aufgestellten Taxons Concentricycloidea. 3–12 mm große, flache, scheibenförmige, ev. den Asteroiden nahestehende Stachelhäuter mit Kalkplattenskelett, Randstacheln u. saugscheibenlosen Füßchen, an gehobenem Holz aus Meerestiefen von 1200–2000 m. Spec.: *X. medusiformis* (vor Neuseeland), *X. turnerae* (Karibik).

xylotroph, gr., sich im oder vom Holz ernährend, im Holz lebend; s. Sesíidae, Aegeríidae.

Xýsticus, *m.,* gr. *ho xystikós* der Faustkämpfer; Gen. der Thomisidae, Thomisiformia, Krabbenspinnen, Araneae. Spec.: *X. cristátus; X. viáticus.*

Y

Yak, das; einheimischer Name für *Bos grunniens,* Grunzochse (lat. *grunniens* grunzend); gehört zu den Bovinae, Bovidae; in den zentralasiat./tibetan. Gebirgen beheimatet, lebte in Höhen bis 6000 m; domestiziert zum Haus-Yak, das im allgemeinen hornlos ist u. die Wildform verdrängt hat. Das Y. wird im Hochland als Trag-Last-Tier sowie für die Erzeugung von Nahrungsmitteln (Fleisch, Milch) genutzt. Kreuzungen zw. Hausrind u. Y. wurden im Altai-Gebiet gezüchtet; s. Wildrind.

yarréllii, nach dem Zoologen Will. Yarell, London, 1780–1856; s. *Motacílla.*

Y-Chromosom, das, gr. *to chróma* die Farbe, *to sóma* der Körper; Y-Farbkörper, ein Gonosom (Geschlechtschromosom) od. Heterochromosom, das z. B. beim Menschen u. a. durch Fluoreszenzmarkierung direkt im Zellkern nachgewiesen werden kann.

Yohimbin, das; ein Alkaloid aus *Corynanthe yohimbe* u. *Pausinystalia yohimbe.* Es wirkt als Sympathikolytikum (gefäßerweiternd, blutdrucksenkend) u. als Aphrodisiakum (erweitert Blutgefäße des Penis u. steigert die Erregbarkeit der spinalen Zentren der Genitalorgane).

Yóldia *(= Portlandia), f.,* benannt nach dem dän. Grafen Yold, Conchyliensammler, gest. 1852; Gen. der Nucúlidae, Nussmuscheln, Lamellibranchiata; fossil seit der Kreide bekannt. Spec.: *Y. (P.) hyperborea.*

Y-Organ, das; Carapax- od. Häutungsdrüse vieler Crustaceae. Das Y-Organ liegt entweder im 1. Maxillar- od. im Antennensegment u. bildet ein Häutungshormon.

Yoshida-Aszites-Tumor, der; nach Yoshida bezeichnet, als Transplantationstumor bei Ratten für wissenschaftliche Zwecke häufig untersucht; auch unter der Bezeichnung Yoshida-Sarkom (Aszites-Sarkom) bekannt.

Yoshida-Sarkom, das, gr. *sarkóma* die Fleischgeschwulst; Tumor, der 1953 von Yoshida beschrieben wurde. Transplantationstumor; ein transplantables Aszitessarkom der Ratte, Virustumor.

Young, Thomas, Arzt u. Physiker, geb. 13. 6. 1773 Milverton (Sommerset), gest. 10. 5. 1829 London; Prof. d. Physik in London; Y. verteidigte die Wellentheorie des Lichtes von Huygens und erkannte die Identität der Wärme- und Lichtstrahlen. Er stellte eine Dreifarbentheorie des Sehens auf, die der Ausgangspunkt der Helmholtzschen Theorie wurde; untersuchte den Akkomodationsmechanismus des Auges und beschrieb den Astigmatismus; Abhandlungen über hieroglyphische Inschriften.

Yponomeuta, *f.,* gr. *ho (h)ypónomos* Mine, unterirdischer Gang, *hyponoménein* minieren, bohren, graben; Gespinstmotten, Gen. der Yponomeutidae, Ordo Lepidoptera; Raupen anfangs minierend, später gesellig in dichten Gespinsten lebend, die oft ganze Sträucher oder Bäume umfassen. Spec.: *Y. evonymella,* Spindelbaum-Gespinstmotte; *Y. malinélla,* Apfelbaum-Gespinstmotte.

Yuhina; Gen. der Timalíidae, Timalien. Spec.: *Y. nigrimentum,* Schwarzkinn-Bräunling, – Meisentimalie (wegen der wie bei der Haubenmeise aufrichtbaren Scheitelrolle).

Z

Zabrótes, *m.*; Gen. der Brúchidae. Spec.: *Z. subfasciatus,* Brasilianischer Bohnenkäfer.

Zábrus, *m.,* gr. *zabrós* gefräßig; Gen. der Carábidae. Spec.: *Z. tenebrioides (= gibbus),* Getreidelaufkäfer; die Käfer fressen vornehmlich die noch weichen Getreidekörner nachts auf dem Feld, die im Herbst schlüpfenden Larven zerkauen die Blätter der Saat u. saugen den Saft aus, charakteristische Fraßbilder hervorrufend; der Befall der Getreidefelder erfolgt von benachbarten Wiesen u. Weiden aus, die hauptsächlicher Biotop von *Z. t.* sind.

Zacharias, E. Otto, geb. 27. 1. 1846 Leipzig, gest. 2. 10. 1916 Plön/Holst.; Begründer u. Leiter der Biologischen Station Plön; bekannt geworden durch seine Arbeiten auf zoologisch-morphologischem, systematischem u. hydrobiolog. Gebiet.

Zacher, Friedrich, geb. 18. 6. 1884 Breslau, gest. 16. 9. 1961 Berlin; 1910 Promotion, 1911 an die Biologische Reichsanstalt für Land- u. Forstwirtschaft in Berlin-Dahlem berufen, 1945– 1947 Abteilungsleiter am Institut für Ernährungs- und Verpflegungswissenschaft, Honorarprof. an der Techn. Univ. Charlottenburg, 1952 in den Ruhestand getreten. Themen wiss. Arbeiten: Coleopteren, Orthopteren, „Beiträge zur Revision der Dermapteren" (Dissertationsthema), Vorrats- u. Speicherschädlinge, Onychophoren, Systematik d. Spinnmilben, „Die Geradflügler Deutschlands und ihre Verbreitung" (1917), „Die Vorrats-, Speicher- und Materialschädlinge und ihre Bekämpfung" (1927).

Zaglossus, *m.,* gr. *za-* Verstärkung bedeutender Partikel in Zusammensetzungen (analog im Latein. *per-*): durch u. durch, sehr, ganz, *he glóssa* die Zunge; also: „ganz Zunge", da bei Z.

eine lange, wurmförmige Zunge existiert; Gen. der Tachyglossidae (Echidnidae); Ameisenigel, Monotremata, Prototheria (s. d.). Spec.: *Z. (= Proechidna) bruigni,* Langschnabel-Ameisenigel. Subspec.: *Z. b. nigroaculeatus,* Schwarzstacheliger Langschnabel-Ameisenigel (SW-Neuguinea). – *Zaglossus,* 1877 von Gill so benannt, ist heute der gültige Name.

zahm; Verhaltensweise der Tiere infolge nicht mehr vorhandener Flucht- u. Abwehrreflexe, die ein Zusammenleben mit dem Menschen ermöglicht; bes. bei den Haustieren anzutreffen.

Zahnalter, das; das dem Entwicklungsstand adäquate Durchschnittsalter, feststellbar nach der Zahnzahl, -form usw.; vgl. Zahnformel.

Zahnbrasse, s. *Dentex vulgaris.*

Zahnbett, das; s. Paradontium.

Zahnformel, die; die in Form eines Bruches geschriebene Zahnzahl einer Tierart od. des Menschen, wobei über dem Bruchstrich die Zähne einer Oberkiefer-, unter dem Bruchstrich die einer Unterkieferhälfte angegeben werden. Von links nach rechts gelegen folgen die Zahlen für die Incisivi, Canini, Praemolares, Molares. Allgemeine Zahnformel: Gesamtzahl

$$\text{(Summe mal 2)} = \frac{\text{I C P M}}{\text{I C P M}}$$

Die Zahnformel adulter Wiederkäuer (Rind, Schaf, Ziege) lautet

$$\text{z. B.: } 32 = \frac{0\,0\,3\,3}{3\,1\,3\,3}$$

Zahnhals, der; s, Collum dentis.

Zahnkarpfen, s. Cyprinodontes.

Zahnschmelz, der; s. Enamelum.

Zahnwechsel, der; 1. Polyphyondontie: bei Fischartigen, Amphibien u. Reptilien erfolgt der Zahnwechsel mehrmals. 2. Diphyodontie: die meisten Säuger haben zwei Zahngenerationen: Dentes decidui (Milchgebiss) u. Dentes permanentes („Dauergebiss"). 3. Monophyodontie: einige Säuger haben nur eine Zahngeneration.

Zalophus, *m.,* wahrscheinlich von gr. *he zálē* das Meereswogen, -gebrause u. *ho lóphos* der Büschel; Bezug der mähnenartigen Behaarung von Nacken u. Rücken bei ausgereiften ♂; Gen. der Otaríidae, Ohrenrobben, Pinnipédia. Spec.: *Z. californiánus,* Kalifornischer Seelöwe.

Zander, der; s. *Lucioperca.*

Zander, Enoch, geb. 19. 6. 1873 Zirzow b. Neubrandenburg, gest. 15. 6. 1957 Erlangen; Zoologe, Apidologe, Leiter der am 1. 11. 1907 gegründeten Königlichen Anstalt für Bienenzucht in Erlangen, seit 1927 Bayrische Landesanstalt. Entdecker des Erregers der Nosematose, *Nosema apis,* schuf aus der Gerstung-Lagerbeute das Zander-Magazin mit 9 Waben/Zarge im Längsbau (Zander-Rähmchenmaß: 420 mm × 220 mm); Befürworter der Zucht der einheimischen (Nigra-)Biene. Hauptwerke: „Handbuch der Bienenkunde in Einzeldarstellungen" (7 Bände), „Beiträge zur Herkunftsbestimmung bei Honig" (5 Bände) für die Pollenanalyse.

Zarge, die; unten und oben offener Kasten zur Aufnahme von Waben (8 bis 10 Waben) im sogen. Magazin als Brut- od. Honigraum von *Apis m.*

Zauneidechse, die; s. *Lacerta.*

Zawarzin, Aleksej Alekseevič, geb. 13. (25.). 3. 1886 Petersburg, gest. 25. 7. 1945 Leningrad/Petersburg; Prof. d. Hist. u. Embryol. an der Med. Akademie Leningrad. Arbeitsthemen: Vergl. Histol. d. Nervensystems wirbelloser Tiere; Blut u. Bindegewebe; Biol. Wirkung d. Strahlenenergie.

Zebra, afrikanischer Name; s. *Equus* u. *Hippotigris.*

Zebrafisch, der; s. *Brachydanio.*

Zebraschnecke, die; s. *Zebrina.*

Zebrina, *f.,* latin. *zebrina* zebraähnlich, wegen der Zeichnung: Zebra, Vernakularname; Gen. der Enidae, Stylommatophora, Landlungenschnecken. Spec.: *Z. detrita,* Zebraschnecke, ist Zwischenwirt von *Dicrocoelium lanceolatum* (wie auch z. B. *Helicella*-Arten).

zebrínus, -a, -um, zebraartig.

Zebu, s. *Bos.*

Zecken, die; Spinnenartige, Acari mit ledriger Chitinmenbran; blutsaugende Parasiten u. wichtige Krankheitsüberträger. Genera, z. B. *Ixodes, Argas.*

Zecken-Encephalitis, die, gr. *en-* innen, *to enképhalon* das Gehirn; Encephalitis (Gehirnentzündung), deren ätiologische Agenzien Viren sind. In Europa ist die bekannteste Form der Z.-E. die Frühsommer-Meningoencephalitis (FSME). Das FSME-Virus wird von *Ixodes ricinus* übertragen.

Zeckenfieber, das; Infektionskrankheit, die von *Rikkettsia sibirica* verursacht u. von Zecken *(Dermatocentor, Haemophysalis)* übertragen wird. Vorkommen: Nordasien, Sibirien.

Zeckenrückfallfieber, das; s. Borreliosen.

Zeisig, der; s. *Carduelis.*

Zeiss, Carl, geb. 11. 9. 1816 in Weimar, gest. 3. 12. 1888 in Jena; Mechaniker, gründete 1846 eine Werkstatt für feinmechanische und optische Geräte in Jena. M. Schleiden regte den Bau von Mikroskopen an, die ab 1847 hergestellt wurden. Schaffung der wissenschaftlichen Grundlagen seit 1866 durch den Mathematiker und Physiker E. Abbe. Entwicklung neuer optischer Gläser durch den Glasfachmann O. Schott.

Zelle, die, lat. *célla, -ae, -f.,* die Kammer; morphologische (sowie funktionelle) Einheit tierischer u. pflanzlicher Organismen bzw. aller Lebewesen.

Zellentstehung auf der Erde, die; Ein Zusammenschluss von Molekülen entstand vermutlich vor 3,5 Milliarden Jahren. Es bildete sich wahrscheinlich polymere RNA, u. es entwickelten sich Mechanismen, mit denen ein RNA-Molekül eine Proteinsynthese steuern konnte; erst später entstand die DNS.

Zellfusion, die, lat. *fusio* Ausbreitung; Zellverschmelzung. Das daraus entstehende Hybrid enthält Kerne u. Zytoplasma beider ursprünglichen Zellen.

Zellhämin, das; s. Cytochrome.

Zellhybridisierung, die, gr. *he hýbris* von zweierlei Abkunft; Verschmelzung zweier Zellen verschiedener Gewebe. Eine Hybridisierung ist auch zwischen Zellen verschiedener Tierarten u. selbst zwischen pflanzlichen u. tierischen Zellen möglich.

Zelllinie, die; Zellreihe, die aus einer bestimmten Zelle durch unmittelbare Teilung hervorgeht.

Zellmigration, die, lat. *migráre* wandern; die Zellwanderung, z. B. die Wanderung der Urgeschlechtszellen in die Gonadenanlage od. allgem. die Körperzellverlagerungen (wie bei der Endoblastbildung der Invaginationsgastrulation).

Zellobiose, die, gr. *ho bíos* das Leben; ein Disaccharid aus β-1,4-glykosidisch verknüpfter D-Glukose, das den Grundkörper der Zellulose bildet.

Zellorganelle, die, gr. *to órganon* das Werkzeug, Organ, *-ella* Dim.; Zellstrukturen, die durch Membranen vom übrigen Zellinhalt abgegrenzt sind (z. B. Zellkern, Mitochondrien, Golgi-Apparat, Lysosomen, Ribosomen); bei Protozoen i. e. S. als differenzierte Zellbestandteile spezieller Funktion bezeichnet (z. B. Pseudopodien, pulsierende Vacuole, aber auch Nucleus etc.).

Zelltherapie, die, gr. *therapeúein* heilen; Behandlung von Zellerkrankungen; klinisch angewendet als Injektions-Implantation fetaler od. juveniler Zell- od. Gewebesuspensionen in physiologischer Lösung, vor allem von N. Niehans, schweiz. Arzt, 1882–1971, proklamiert; jedoch auf mögl. Schädigungen u. Nebenwirkungen machte P. G. Waser, Dtsch. med. Wschr. **12** (1981), S. 355, aufmerksam.

zellulär, lat. *céllula, -ae, f.,* die kleine Kammer; zellenförmig; Zellen betreffend, aus Zellen zusammengesetzt.

Zellulasen, die; Enzyme, die Zellulose zu Zellobiose hydrolisieren. Die im Darmlumen der Schnecke *Helix* extrazellulär vorkommende Zellulase stammt von Bakterien. Ähnliches wurde bei Termiten u. Käferlarven beschrieben. In den speziellen Abschnitten des Verdauungsapparates von pflanzenfressenden Mammaliern (Wiederkäuern) kommen Zellulase produzierende Mikroorganismen vor. Ferner wurde eine eigene Zellulase-Produktion im Darm der Bohrmuschel *Teredo,* des Silberfischchens *Ctenolepisa* u. der holzbohrenden Assel *Limnoria lignorum* nachgewiesen.

zellulifugal, lat. *fúgere* fliegen, fliehen; vom Zellkörper wegstrebend, z. B. Nervenimpulsleitung im Axon vom Zellkörper weg.

zellulipetal, lat. *pétere* hinstreben, erstreben; zum Zellkörper hinstrebend, z. B. Nervenimpulsleitung im Axon zum Zellkörper hin.

Zellulose, die; ein Polysaccharid der höheren Pflanzen, das aber auch bei niederen Pflanzen u. bei einigen Tieren (Tunicaten z. B.) vorkommt.

Zellzyklus, der, lat. *célla, -ae* die Kammer, gr. *ho kýklos* der Kreis, Ring. Ein Zellzyklus (auch Generationszyklus genannt) besteht aus 4 Phasen u. liegt zwischen 2 Zellteilungen: 1. G_1-Phase (engl. *gap,* Abk. G, die Spalte; Lücke, der Zwischenraum): postmitotische Phase, die unterschiedlich lang sein kann u. in der eine Erhöhung der RNA- u. Proteinsynthese stattfindet. Eine unendlich lange G_1-Phase wird auch als G_0-Phase bezeichnet. Diese Zelle befindet sich dann gewissermaßen außerhalb des Zyklus. 2. S-Phase: Synthesephase der DNA, der DNA-Gehalt wird verdoppelt, u. die Zelle liegt schließlich tetraploid vor. 3. G_2-Phase: prämitotische Phase (vor der nächsten Mitose gelegen). 4. M-Phase: Mitose-Phase, in der 2 diploide Tochterzellen entstehen.

zentral, lat. *centrális* in der Mitte; im Mittelpunkt liegend, den Mittelpunkt bildend.

Zentralkanal, der; zentral im Rückenmark der Vertebraten gelegener (rohrförmiger) Hohlraum („Neuralrohr").

Zentralkörper, der; bei Arthropoden im Protozerebrum unpaare Fasermasse glomerulusartiger Struktur, die ein übergeordnetes assoziatives Zentrum darstellt.

zentrifugal, gr. *to kéntron* = latin. *centrum* der Mittelpunkt, lat. *fúgere* fliegen; vom Zentrum wegfliegend, vom Mittelpunkt fortgehend.

Zentriol, das, Syn.: Zentrosom (Centrosom, s. d.), Zentralkörperchen; in Ein- od. Mehrzahl

vorhandenes Zellorganell im Zytoplasma der meisten tierischen Zellen, es spielt bei der Mitose eine wesentliche Rolle.
zentripetal, lat. *pétere* erstreben, hinstreben; zum Mittelpunkt hinführend.
zentrolezithal, gr. *he lékithos* der Dotter; zentrolezithale Eier; Eizellen mit zentral liegender Dottermasse.
Zentromer, das, lat. *centrum* Mitte, *méros* Teil; Ansatzstelle der Spindelfaser am Chromosom.
zerebral, lat. *cerebrum* Gehirn; das Gehirn betreffend.
Zerkárien, die; s. Cercaria.
Zernike, Frits, geb. 16. 7. 1888 Amsterdam, gest. 19. 3. 1966 Amersfoort; niederländischer Physiker in Groningen, arbeitete in der theoretischen Physik, Optik u. Mechanik, er erfand das Phasenkontrastverfahren, das er 1932 den Zeiss-Werken in Jena anbot (genaue Beschreibung 1935), erhielt 1953 den Nobelpreis.
zervikal, halswärts, zum Hals od. zum Gebärmutterhals gehörig.
Zervix, die; s. *cérvix.*
Zeus, *m.,* der oberste Gott der Griechen; Gen. der Zéidae, Ordo Zeiformes, Petersfische; fossil seit dem Oligozän bekannt. Spec.: *Z. faber,* Petersfisch, Heringskönig (lat. *faber* der Schmied, Kupferschmied, wegen seiner Kupferfarbe von den Römern so genannt).
zibétha, von arab. *zebad,* dem Namen der Zibethkatze; s. *Vivérra.*
zibéthicus, -a, -um, latin.; zum Zibeth in Beziehung stehend, nach Zibeth riechend; s. *Fiber.*
Zibethkatze, die; s. *Viverra.*
Ziege, (Haus-), die, mhd. *mecke,* Ziegenbock; s. *Capra.* – **Ziegen,** die; (lat. *caprae, f.,* Pl.); sind über die ganze Welt verbreitete Wiederkäuer, ursprünglich nur in Asien (Mittel-/Südasien), Europa. Drei hauptsächliche Wildziegenarten: Bezoarziege (griech. Inseln bis Beludschistan), Schraubenziege (Lebensraum östlich von dem der Bezoarziege) und Priscaziege (Inseln im Ägäischen Meer). Als Haus- und Nutztiere bedeutsam. Deutsche Ziegenschläge: 1. Weiße Deutsche Edelziege, 2. Bunte Deutsche Edelziege (dunkle und helle Zuchtrichtung sowie Thüringer Waldziege); durchschnittl. Milchleistung aller Schläge 600–700 kg/Jahr bei 3,4% Fett.
Ziegenmelker, der; s. *Caprimulgus.*
Ziegler, Heinrich Ernst, geb. 15. 7. 1858 Freiburg/Br., gest. 1. 6. 1925 im Zuge Stuttgart–Jena; Studium der Naturwissenschaften an den Univ. Freiburg u. Lausanne, 1882 Promotion (Dr. phil.) bei A. Weismann, 1884 Habilitation am Zoologischen Institut Straßburg, 1890 ao. Prof. an der Univ. Freiburg/Br., 1898 ao. (Ritter-) Prof. an der Univ. Jena, 1909 o. Prof. für Zoologie u. Hygiene an der TH Stuttgart sowie an der Landwirtschaftl. Hochschule Hohenheim. Arbeitsgebiete u. a.: Vergleichende Entwicklungsgeschichte der niederen Wirbeltiere, Jena 1902; Stand der Deszendenzlehre in der Zoologie, Jena 1902; Instinktbegriff, Jena 1904; Vererbungslehre, Jena 1918 (2. Aufl.); „Zoologisches Wörterbuch“, hrsg. von H. E. Ziegler in der 1. Aufl. (1909) u. zus. mit E. Breslau in der 2. Aufl. (1927), beide Edit. bei Gustav Fischer Jena. Das vergleichbare „Zoologische Wörterbuch“ wurde von E. J. Hentschel/Jena u. G. H. Wagner/Berlin bei Ergänzungen u. Abänderungen erneut bearbeitet u. vom gleichen Gustav Fischer Verlag in Jena u. außerdem in Stuttgart bisher in 6 Aufl. herausgegeben, bis schließlich nach verlagsinternen Vereinbarungen die Herausgeberrechte an den Akademischen Verlag Spektrum/Heidelberg übergingen. Die 7. Aufl. (2004) erscheint b. ELSEVIER, Spektrum Akademischer Verlag, Heidelberg · Berlin.
Ziergeflügel; Gruppe des Geflügels, die von Liebhabern aufgrund bestimmter Merkmale u. Eigenschaften vornehmlich zu Ausstellungszwecken u. a. in Volieren gehalten wird. Dazu zählen neben Rassen des Haushuhns, der Hausente, Hauspute, Hausgans, Haustaube u. Wachtel die Exoten, Fasanen, Pfauen, aber auch zahlreiche in Gefangenschaft des Menschen gehaltene Wildvögel (z. B. Finken, Kraniche, Schwäne, Rabenvögel; Wildenten).
Ziesel, s. *Citellus.*
Zimmerbock, der; s. *Acanthocinus.*
Zink, das; Zincum (chem. Symbol: Zn); Spurenelement, 2wertiges Metall mit einer relativen Atommasse um 65,38; Bestandteil des Insulins u. der Carboanhydrase.
Zirbeldrüse, die; s. Pinealorgan.
zirkulär, lat. *círculus* der Kreis; kreisförmig.
Zirkulation, die; Umwälzung der Wassermasse eines stehenden Gewässers im Zustand der Homothermie, Antriebsenergie liefert der Wind.
Zirkumzision, die, lat. *circumcidere* beschneiden; Beschneidung, zirkuläres Umschneiden beider Vorhautblätter des männlichen Gliedes der Menschen einiger Volksgruppen.
Zirren, die; s. *cirrus.*
Zistron, das; s. Cistron.
Zitronenfalter, der; s. *Gonépteryx rhamni.*
Zitronengirlitz, der; s. *Serinus citrinellus,* dessen richtige Genus-Zuordnung durch J. Nicolai erfolgte (früher als Zitronenzeisig *Carduelis citrinella* bezeichnet).
Zitronensäure, die; Monohydroxytricabonsäure, ein Intermediärprodukt des Kohlenhydratstoffwechsels.

Zitronensäurezyklus, der; Syn.: Trikarbonäurezyklus, Krebs-Zyklus (Krebs, Sir Hans, Biochemiker, 1900–1981); wichtigster Weg des oxidativen Endabbaus der „aktiv. Essigsäure", indem aus Acetyl-CoA der Acetyl-Rest mit Oxalessigsäure zu Zitronensäure kondensiert wird.

Zitronenzeisig, der; s. *Carduelis.*

Zitteraal, der; s. *Electrophorus electricus.*

Zitterrochen, der; s. *Torpedo marmorata.*

Zitze, die; Strich; Papilla mammae; warzenartiges od. kelchartiges Gebilde an der Milchdrüse mit der apikalen Strichkanalöffnung.

ZKZ, Abk. für die Zwischenkalbezeit; der Zwischenraum zw. zwei aufeinanderfolgenden Abkalbungen, z. B. einer Kuh.

ZNS, Abk. für: Zentralnervensystem; besteht aus Gehirn u. Rückenmark.

Zoanthária, *n.,* Pl., gr. *to ánthos* die Blume; Krustenanemonen; Gruppe (Ordo) der Anthozoa.

Zoárces, *m.,* gr. *zoarkḗs* das Leben erhaltend, lat. *vivíparus* lebend gebärend; Gen. der Zoarcidae (Gebärfische), Blennioidea, Perciformes. Spec.: *Z. vivíparus,* Aalmutter.

Zoëa-Larve, die, gr. *to zóon* das Tier, *he zoé* das Leben; eine bei der Mehrzahl der Dekapoden (Crustacea) auftretende u. direkt aus dem Ei schlüpfende „Larve".

Zökum, das, coecum = caecum lat. *caecus, -a, -um* blind; der Blinddarm (od. Intestinum caecum).

Zönosark, das, gr. *koinos* gemeinsam, *he sarx, sarkós* das Fleisch; Sarkosom, bei den stockbildenden Nesseltieren (Cnidarien) die Teile des Stockes, die die einzelnen Individuen verbinden.

zóna, -ae, *f.,* gr. *he zóne* der Gürtel, der Streifen, die Zone.

Zona pellucida, die, lat. *pellucidus, -a, -um* durchscheinend; eine helle glykoproteidhaltige, extrazelluläre Schicht der Oocyten, die wahrscheinlich von den Follikelzellen gebildet wird.

zonális, -is, -e, zum Gürtel gehörig.

Zondek, Bernhard, geb. 29. 7. 1891 Wronki (bei Poznan), gest. 8. 11. 1966 New York; Gynäkologe; Prof. in Berlin u. Jerusalem; 1927 entdeckte Z. mit Samuel Aschheim (1878–1965) die nach ihnen benannte Schwangerschaftsreaktion.

zónula, -ae, *f.,* der kleine Gürtel, die kleine Zone.

Zonula adhaerens, die, lat. *adhaerere* festhängen; gürtelförmige Haftzone zwischen zwei Zellmembranen, mit einer Kittsubstanz im Interzellularraum.

Zonula ciliaris, die, lat. *ciliáris* zur Wimper (zum Lid) gehörig; bei Vertebraten eine Aufhängeeinrichtung der Augenlinse.

Zonula occludens, die, lat. *occludere* verschließen; s. tight junction.

zonuláris, -is, -e, zur kleinen Zone gehörig.

Zoo, der, gr. *to zóon* das Tier, lebendes Wesen; Kurzwort für: Zoologischer Garten od. Tierpark.

Zooanthroponose, die, gr. *ho, he ánthropos* der Mensch, Einwohner; parasitäre Krankheiten, die in einer (ununterbrochenen) Infektkette zw. Tieren u. Menschen u. umgekehrt ausgebildet sind. Tierische Reservoire für Infektionskrankheiten des Menschen sind u. a. Nager (Mäuse, Ratten), Hunde, Katzen, Rinder, Schafe, Schweine u. Vögel.

Zoocecidien, die; die durch Tiere (z. B. Milben) erzeugten Gallen (Cecidien, s. d.).

Zoochloréllen, die, gr. *chlorós* grün; einzellige kleine, grüne Algen, die symbiontisch in niederen Tieren (Radiolarien, Ciliaten, Spongien, Hydroidpolypen, Turbellarien) leben u. diese grün gefärbt erscheinen lassen. Die Tiere liefern den Zoochlorellen vor allem Kohlendioxid u. beziehen von den Algen primär Sauerstoff.

zoochor, gr. *chorízēīn,* s. u.; durch Tiere verbreitet.

Zoochorie, die, gr. *chorízēīn* absondern, verbreiten; Verbreitung von Pflanzensamen u. -früchten durch Tiere.

Zooerastie, die; gr. *hoe erastḗs* Liebhaber, Freund, Anhänger; „Tierliebe" od. Zoophilia erotica; Koitus an Tieren, s. Sodomie.

Zooflagellata, *n.,* Pl., Syn.: Zoomastigina (s. d.); Bezeichnung für alle Gruppen von Flagellata (s. d.), die sich heterotroph ernähren. Ggs.: Phytoflagellata mit autotropher Ernährung. Gruppen (Ord.): Proto-, Diplomonadina, Polymastigina, Opalinina.

Zoogeographie, die, gr. *he gé* die Erde, *gráphēīn* einritzen, schreiben, zeichnen; Tiergeographie, die Wissenschaft von der Verbreitung der Tiere auf der Erde bzw. die Lehre von der räumlichen Verbreitung od. Verteilung der Tierwelt (Fauna) auf der Erdoberfläche in ihrer Abhängigkeit von den verschiedenen Umwelt- u. Lebensbedingungen. Als Begründer dieses eigenständigen Wissenschaftszweiges gelten Darwin u. Wallace. Die Tiergeographie liefert wesentliche Beweise für die Gültigkeit der Abstammungslehre.

Zoologie, die, gr. *ho lógos* die Lehre; die Wissenschaft von den Tieren *(ta zoa).*

Zoomastigina, *n.,* Pl., von gr. *to zóon* u. *he mástix, -igos* die Geißel, die Peitsche; „Geißeltierchen", Flagellata mit heterotropher Ernährung u. dem wenigstens zeitweiligen Besitz einer od. mehrerer Geißeln; Syn.: Zooflagellata, s. d.; vgl. auch: Flagellata.

zoomorph, gr. *he morphé* die Gestalt, Form, Erscheinung; tiergestaltig.

Zoonose, die, *f.,* gr. *he nósos* die Krankheit, die Seuche; Krankheiten und Infektionen, die natürlicherweise zwischen Tieren und Menschen übertragen werden; s. Anthroponosen, s. Zooanthroponosen.

Zooparasiten, die; s. Parasiten; tierische Schmarotzer an od. in Tieren.

zoophag, gr. *phagēin* fressen; tier-, fleischfressend.

Zooplankton, das; s. Plankton.

Zoosaprophaga, *n.,* Pl., gr.; Aasfresser, s. Saprophaga.

Zoosarcophaga, *n.,* Pl., gr., Tiere, die sich von frischen (nicht verwesten, nicht angefaulten) Tierleichen (gr. *sarx, sarkós* = Fleisch) ernähren.

Zoothámnium, *n.,* gr. *ho thámnos* das Gebüsch, der Strauch; Gen. der Vorticéllidae, Glockentierchen; Peritricha, Ciliata. Die Zoothamnien sind festsitzend auf Organismen (Wasserpflanzen, Wurzeln u. auf Krebstieren) u. koloniebildend. Spec.: *Z. arbúscula,* besonders auf *Ceratophyllum*; *Z. affine,* an den Beinen von *Gammarus*; *Z. parasita,* an den Kiemen von *Asellus aquaticus.*

Zootoxine, die, gr. *to tóxon,* der Bogen zum Schießen, *to tóxikon* das Pfeilgift; tierische Gifte, z. B. Schlangengift, Gift der Hohltiere, Bienengift.

Zooxanthélla, *n.,* Pl., gr. *xanthós* gelb; einzellige, gelblich gefärbte kleine Algen, die symbiontisch in zahlreichen Radiolarien, Thalamophoren, Actinien, Spongien usw. leben u. früher oft irrtümlich als Bestandteile, sog. „gelbe Zellen" des Körpers ihrer Träger beschrieben wurden; z. B. *Chrysidella* als Zooxanthellen bei Foraminiferen lebend; vgl. Zoochlorellen.

Zope, s. *Abramis ballerus.*

Zoraptera, die, Pl., gr. *to zoon* Tier, lebendes Wesen, Gestalt, *a-* α-priv., *he ptéryx* der Flügel, flügellos; Bodenläuse; Räuber mit noch ursprünglichen Mundwerkzeugen, die vor allem Milben zu verfolgen scheinen. Es sind etwa 30 Arten, die in den Tropen u. Subtropen bekannt wurden. Sie leben in kleinen Kolonien.

Zornnatter, die; s. *Coluber.*

Zostérops, *m.,* gr. *ho zoster* der Gürtel, *ho/he ops* das Auge; namentlicher Bezug auf den Federgürtel um das Auge; Gen. der Zosterópidae, Passeriformes. Spec.: *Z. eyrythropleurus,* Rotflanken-Brillenvogel; *Z. japanicus,* Japan-Brillenvogel.

Zotten, die; Ausstülpungen, z. B. die Villi intestinales, Ausstülpungen der Dünndarmschleimhaut.

Zottenkrebs, der; Karzinom mit zotten- bzw-. fingerartigen Ausstülpungen, Papillenbildung, blumenkohlförmigen Wucherungen.

Zuchtbuch, das; s. Herdbuch.

Zuchtfähigkeit, die; das Vermögen, sich fortzupflanzen; dauert vom Eintritt der Zuchtreife bis zum Verlust der Fruchtbarkeit.

Zuchtfehler, die; sind (mit Ausnahme einiger in Hobby- oder Spezialzuchten selektiv begünstigter Defekte) alle genetisch determinierten Missbildungen und Krankheiten (bzw. Veranlagungen hierzu) sowie die Übertragung bestimmter unerwünschter Abweichungen vom Normalen bzw. Standard (Zuchtziel, Rassestandard u. a.).

Zuchthygiene, die; Wissenschaftsdisziplin und Teil der organisierten Prophylaxe, der den gesamten vorbeugenden Gesundheitsschutz auf dem Gebiet der Reproduktion landwirtschaftl. Nutztiere umfasst.

Zuchtlinie, die; s. Linie.

Zuchtmethoden, die; die Elternkombination(en) der phänotypischen und genetischen Ähnlichkeit oder Unabhängigkeit der Individuen. Nach dem vorherrschenden Zuchtprinzip sind folgende Zuchtmethoden (M.) unterscheidbar (Klassifizierung nach J. W. Weniger, Berlin): (1) M. zur Ausnutzung additiver Geneffekte (Eltern-Nachkommenähnlichkeiten): Inzucht, Linienzucht, Reinzucht, Veredelungskreuzung, Kombinationskreuzung, Verdrängungskreuzung; (2) M. zur Ausnutzung nichtlinearer Geneffekte (Heterosiszüchtung): Inzuchtlinien-Kreuzung, Zuchtlinienkreuzung; wiederholte Selektion auf spezielle Kombinationseignung durch rekurrente bzw. reziproke rekurrente Selektion; (3) Gebrauchskreuzungen ohne Weiterzucht, Wechselkreuzungen zwischen zwei oder mehreren Rassen, Artenkreuzung.

Zuckergast, der, s. *Lepisma.*

Zuckmücke, die; s. *Chironomus.*

Zugvögel, die, Syn.: Wandervögel; die Vogelarten, die im Gegensatz zu den Standvögeln regelmäßig über Sommer in ihren nördlichen Brutgebieten erscheinen u. im Herbst wieder in wärmere, südliche Gegenden ziehen; vgl. Strichvögel.

Zunge, *f.,* (Glossa, Lingua); muskulöses Organ des Verdauungsapparates, das der chem. und taktilen Kontrolle der Mundhöhle dient sowie am Vorgang des Saugens, Kauens, Schluckens und der Lautgebung mitwirkt. Besteht aus Zungenspitze (Apex lingua), Zungenkörper (Corpus linguae) und Zungenwurzel (Radix linguae).

Zungenbein, das; Os hyoideum, ein zwischen Unterkiefer u. Kehlkopf gelegener kleiner hufeisenförmiger Knochen.

Zungenwürmer, die; diese (Trivial-)Bezeichnung verdanken die Pentastomida den dorsoventral abgeflachten (= zungenartigen) Nasennebenhöhlenbewohnern; s. *Linguatula.*

Zuntz, Nathan, geb. 7. 10. 1847 Bonn, gest. 23. 3. 1920 Berlin; absolvierte Medizin- u. Chemiestudium; Promotion (1868) über die Physiologie des Blutes, 1870 Privatdozent in Bonn, 1874 Prof. an der Medizinischen Fakultät zu Bonn, von 1880 bis 1920 Prof. der Tierphysiologie an der Landw. Hochschule Berlin. Z. erkannte (u. a.), dass Wiederkäuer Zellulose verdauen können; entwickelte Theorie der Wärmeregulation im Tierkörper u. ist ferner bekannt durch die Ermittlung des Energiebedarfs bei Muskelarbeit (Versuche bei Mensch, Pferden u. Hunden). Zuntz publizierte (u. a.) „Physiologie des Menschen" gemeinsam mit Loewy (Leipzig 1913).

Zweifarbfruchttaube, die; s. *Ducula bicolor.*

Zwergadler, der; s. *Hieraaëtus.*

Zwergbandwurm, der; s. *Hymenolepis.*

Zwergboa (Kuba-), die; s. *Tropidophis melanurus.*

Zwergdarmegel, der; s. *Heterophýes.*

Zwergfadenwurm, der; s. *Strongyloides.*

Zwergflamingo, der; s. *Phoeniconaias minor.*

Zwergfledermaus, die; s. *Pipistréllus pipistréllus.*

Zwergflugbeutler, der; s. *Petaurus*, s. *Acrobates.*

Zwergflusspferd, das; s. *Choeropsis.*

Zwerghamster, der; s. *Cricetulus.*

Zwergmaus, die; s. *Micromys.*

Zwergmeerkatze, die; s. *Miopithecus talapoinus.*

Zwergprachtkäfer, der; s. *Trachys.*

Zwergrohrdommel, die; s. *Ixobrychus.*

Zwergschnecke, die; s. *Carychium.*

Zwergschneegans, die; s. *Anser rossii.*

Zwergschwein, das; *Sus (Porcula) salvanius;* Heimat der Wildform sind Gebiete südlich des Himalaja, Grasdschungel, maximale Körperlänge 65 cm. Das Domestikationsprodukt gilt als Stammform des vietnames. Hängebauchschweines.

Zwergspitzmaus, die; s. *Sórex minútus.*

Zwergstichling, der; s. *Pungitius pungitius.*

Zwergtrappe, die; s. *Otis.*

Zwergwal, der; s. *Balaenoptera.*

Zwergwels, der; s. *Amiurus*, s. *Ictalúrus.*

Zwillinge, die, lat.: Gemelli u. Germeni; bei normalerweise uniparen Säugetieren zwei während der gleichen Gravidität getragene u. kurz nacheinander geborene Geschwister. Z. können aus einer Eizelle od. aus zwei Eizellen hervorgehen, so dass eineiige u. zweieiige Z. unterschieden werden. Die Zwillingsgeburt-Anlage ist polygen determiniert. Die Häufigkeit der Zwillingsgeburten differiert nach Tierart u. zwischen den Nachkommen, ist minimal bei Tierarten mit uniparen Stammformen (z. B. bei Pferden u. Schwarzbuntem Rind), hingegen zahlreicher bei solchen mit multiparen Vorfahren (z. B. bei den meisten Schafrassen; Ausnahme: Heidschnucken, Bergrassen); vgl. Freemartinismus.

Zwischenhirn, das; s. Diencephalon.

Zwischenneurone, die, gr. *to nē̃uron* der Nerv, die Faser, die Sehne; Schaltneurone, die den Kontakt zwischen den zentralen Neuronen herstellen, sie übernehmen vorwiegend Schaltfunktionen innerhalb des zentralen Nervensystems.

Zwischenwirbelscheibe, die; s. Discus intervertebralis.

Zwischenwirt, der; ein (höherer) Organismus, in od. auf dem bestimmte Entwicklungsstadien eines Parasiten leben, z. B. Anophelesmücke im Malariazyklus.

Zwischenzellen, die; s. Leydigsche Zwischenzellen.

Zwitscherschrecke, die; s. *Tettigonia cantans.*

Zwitter, der; s. Hermaphroditismus.

Zyentoma, gr. *zygón* Joch, *éntoma* die Kerbtiere; Fischchen; Sammelgruppe der „Apterygota". Die Zygentomen haben die Fähigkeit, mit einem Abschnitt des Enddarms der Luft elektroosmotisch Wasser entziehen zu können. Häutungen finden auch noch nach dem Einsetzen der Geschechtsreife statt. Spec.: *Lepisma saccharina* Silberfischchen, *Thermobia domestica* Ofenfischchen, *Atelura formicaria* (alle drei Arten gehören zu den Lepismatidae).

Zygaē̃na, *f.*, gr. *he zýgaina,* Name des Hammerfisches bei Aristoteles, u. gr. *he sphýra* = lat. *málleus* der Hammer; Gen. der Sphyrnidae, Hammerhaie, Selachoidei, Echte Haie, Pleurotremata (= Squaloidei); fossil seit der Oberkreide. Spec.: *Z. málleus = Sphýrna zygaena*, Hammerhai; gültiger Genus-Name heute *Sphyrna,* um die Verwechslung mit den Zygaenidae zu bereinigen.

Zygaē̃nidae, *f.*, Pl., gr. *he zýgaina* die Wassernymphe, auch Hammerfisch; sprachlich verwandt mit *zygón* das Joch, Gespann, Paar; die Z. sind u. a. neben langen schmalen V-Flügeln u. verhältnismäßig kleinen H-Flügeln ausgezeichnet durch relativ lange Fühler, die am

Ende ± keulenförmig verdickt sind u. „Widderhörnchen“ (Name!) ähneln; Widderchen, Blutströpfchen, Fam. der Lepidóptera, Schmetterlinge; Genus-Name: *Zygaena.* Spec.: *Z. filipendulae,* Steinbrechschwärmer; *Z. scabiosae,* Skabiose-Widderchen. – Die Artnamen kennzeichnen das Vorkommen der Raupen auf *Filipendula* (Spierstaude), *Scabiosa* (Grindkraut); als Futter der Raupen dienen jedoch auch vorzugsweise Schmetterlingsblütengewächse (Hornklee, Kronwicke, Esparsette).

Zygapophysen, die, gr. *to zygón* das Joch der Zugtiere, *he apóphysis* das Herauswachsen, Auswachsen, lat. *prä-* vor, *post-* nach, hinter; Gelenkfortsätze von Wirbeln; man unterscheidet Prä- u. Postzygapophysen, wobei bei den ersteren die Gelenkflächen dorsad und bei den letzteren ventrad weisen.

Zygiélla, *f.,* gr. *zýgios* ausgespannt; Gen. der Aranéidae, Kreuzspinnen.

zygomáticus, -a, -um, gr. *to zygón* das Joch; zum Jochbein gehörig.

Zygoptera, *n.,* Pl., gr. *to pterón* der Flügel; Gruppe der Odonata, Libellen.

Zygotän, das, gr. *he tainía* das Band; meiotisches Prophasestadium, charakterisiert durch die beginnende Chromosomenpaarung.

Zygote, die, gr. *zygon* Joch, *zygotos* unter einem Joch; Verschmelzungsprodukt zweier geschlechtsverschiedener (männlicher u. weiblicher) Gameten. Befruchtete (diploide) Eizelle.

zyklisch, gr. *ho kýklos* der Kreis; auf einen Zyklus bezogen, kreisförmig, im Kreislauf aufeinanderfolgend, kreis-, ringförmig.

Zyklisches AMP; s. cAMP.

Zyklomorphose, die, gr. *he morphé* die Gestalt, Form; die zyklisch erfolgende Temporalveränderung (Gestaltwandel); die jahreszeitliche Formveränderung in der Folge der Generationen, z. B. bei Wasserflöhen (Cladocera), kurz- u. langhelmige Individuen von *Daphnia galeata.*

Zyklopie, die, gr. *ho kýklops* der Rundäugige; Zyklozephalie, Gesichtsmissbildung, die durch eine gemeinsame Orbita mit zwei dicht beieinander liegenden verwachsenen Augäpfeln, verbunden mit Missbildung des Siebbeins u. Fehlen des Riechhirns, gekennzeichnet ist.

Zyklose, die, gr. *he kýklosis* die Einkreisung; Wegstrecke der Nahrungsvakuole bei Protozoen von der Nahrungsaufnahme bis zur Ausscheidung der Exkremente.

Zylinderrosen, die; s. *Ceriantharia.*

Zymasen, die, gr. *he zýme* der Sauerteig; Gärungsfermente, Enzyme der alkoholischen Gärung.

Zymogene, die, gr. *he génesis* die Erzeugung; inaktive Endopeptidasen-Vorstufen des Magen-Darm-Traktes. Z. sind z. B. Pepsinogen, Trypsinogen; Zymogengranula: Sekretvorstufen, Körnchen in exkretor. Drüsenzellen d. Bauchspeicheldrüse.

Zypressenprachtkäfer, der; s. *Lampra.*

Zyste, die, s. *cystis*; 1. bei niederen Tieren ein kapselartiges Gebilde, in das sich der tierische Körper umformt und das in vielen Fällen Keime zur Fortpflanzung birgt. Die kapselartige Hülle dient der Überwindung ungünstiger Lebensbedingungen und wird bei Eintreten günstiger Verhältnisse für die Fortentwicklung verlassen. Solche Zysten bilden z. B. die Nematoden, wobei die Zysten die Verbreitung bewirken (z. B. Kartoffelnematoden), 2. ein mit Flüssigkeit gefülltes Bläschen im tierischen Körper, z. B. die Zysten der Ovarien (Eierstockszysten); sie entstehen dadurch, dass ein Follikel im Eierstock nicht platzt, bestehenbleibt und sich vergrößert. Dies führt z. B. bei Hausrind u. Pferd zu Störungen im Brunstzyklus (zur Brunstkrankheit u. Dauerrosse) bzw. zur Unfruchtbarkeit, die die veterinärmed. Entfernung der Zysten erfordert (Sterilitätsbekämpfung).

Zystizerkus, der; Finne, Larvenform einiger Bandwürmer, die aus einer großen Blase besteht, in die ein Scolex (Kopf mit Saugnäpfen oder Hakenkranz) eingestülpt ist. Der Z. lebt im Zwischenwirt; im Endwirt, mit der Nahrung aufgenommen, wächst er zum geschlechtsreifen Bandwurm heran.

Zytoblastom, das, gr. *ho blastós* der Keim; eine bösartige Geschwulstform, die lediglich aus unreifen, undifferenzierten Zellen besteht. Syn.: Meristom.

Zytochemie, die, gr.; Methode zum Studium der Zelle mit dem Ziel, Lokalisation u. Funktion verschiedener chemischer Substanzen in den Zellbestandteilen (Kern, Mitochondrien usw.) genauer zu bestimmen; erfordert u. a. starke Vergrößerung (evtl. mit Hilfe eines Elektronenmikroskops).

Zytodiagnostik, die; gr.; (Zytoskopie); Untersuchung von Nativ- u. Kulturzellen aus Körperflüssigkeiten u. Geweben sowie aus Sekreten u. Exkreten.

zytogen, gr. *gígnesthai,* entstehen; zellenbildend, von der Zelle gebildet.

Zytogenetik, die, gr. *to kýtos* die Zelle, *gígnesthai* erzeugen, entstehen; Teildisziplin der Zytologie, Lehre von den Genen einer Zelle. Für die zytogenetischen Untersuchungen werden insbesondere die Metaphasechromosomen herangezogen und auf unterschiedliche Weise angefärbt. Die Analyse der Chromosomen erfolgt nach ihrer Größe, Anfärbbarkeit (Bandenmuster) u. nach der Lage des Zentromers bei Benutzung der Nomenklatur von Denver (1960) u. Paris (1971).

Zytogenetische Geschlechtsbestimmung, die; s. Geschlechtsdeterminierung.

Zytogramm, das; gr.; das Festhalten des Zellbildes in Form von Zahlenverhältnissen od. graph. Darstellungen im Rahmen der Zytodiagnostik (s. d.).

Zytokinese, die, *f.,* gr.; in der Anaphase einsetzende, mit der Telophase zum Abschluss kommende Zytoplasmadurchschnürung bei der regulären Zellteilung; vgl. *Cytogenese*.

Zytologie, die; s. Cytologie.

Zytometrie, die; gr., Messung der Zellgröße, -schicht, Gewebsdicke, Drüsenlänge usw. mittels Messokular.

Zytopempsis, die; s. Cytopempsis.

Zytophagen, die, gr. *phagēin* verzehren, fressen; s. Phagozyten.

Zytoplasma, das; s. Cytoplasma.

Zytorrhyse, die, gr. *rhysós* zusammengeschrumpft; die Zellschrumpfung (Zellkontraktion), Verkleinerung des Zellvolumens unter dem Einfluss stark konzentrierter Lösungen (z. B. bei Pilzen).

Zytosol, das; s. Cytosol.

Zytosomen, die, gr. *to soma* der Körper; historisch zu wertender Terminus für integrierende Bestandteile aller Zellen. Die Lysosomen u. Microbodies gehören z. B. dazu.

Zytostatika, die, Pl., gr. *to kýtos* die Zelle, das Gefäß, *statikós* zum Stehen bringend; zellwachstumshemmende Medikamente bzw. Substanzen, die hauptsächlich zur Behandlung generalisierter maligner Erkrankungen verwendet werden. Die Z. besitzen keine spezifische Wirkung auf bestimmte Zellen, sie schädigen alle Körperzellen und insbesondere die schnell wachsenden Wechselgewebe (z. B. Gonaden, Knochenmark, Haarwurzeln). Man kann folgende Gruppen unterscheiden: 1. Spindelgifte, 2. Antibiotica, 3. Antimetabolite des Nukleinsäurestoffwechsels, 4. Folsäureantagonisten u. 5. Alkylanzien. – Sing.: Zytostatikum.

Zytotaxonomie, die; Klassifizierung der Organismen auf der Grundlage von Merkmalen somatischer Chromosomen.

zytotoxisch, gr. *to tóxon* das (Pfeil-) Gift; zellschädigend, „für die Zelle giftig“.

zytotrop, gr. *trépein* wenden, hinwenden, sich ändern; „zellabhängig“, auf lebende Zellen angewiesen, z. B. vermehren sich zytotrope Viren nur in Zellkulturen; Subst.: Zytotropismus.

Zytotúbuli, *m.,* Pl.; Sing.: Zytotubulus, lat. *tubulus* die kleine Röhre, *tubus* die Röhre; Syn.: Mikrotubuli; nur im Elektronenmikroskop (mit Hilfe von Glutaraldehyd als Vorfixierungsmittel) sichtbare röhrenförmige Zellbestandteile, deren funktionelle Bedeutung z. Z. noch nicht bewiesen bzw. geklärt ist.

Zytozym, das, gr. *he zýme* der Sauerteig, auch: die wundersame Kraft, Wirksamkeit; Prothrombin-Aktivator, Syn.: Thrombokinase (Faktor der Blutgerinnung).

3 Autorennamen (Verzeichnis)

Zur Beachtung: Der hinter dem Tiernamen in der Fachliteratur stehende Name des Autors (oder der Autoren) ist der (Personen-)Name des Erstbenenners (bzw. der Erstbenenner) des jeweiligen Taxons (z. B. Gattung, Art). Neben den Namen der Autoren, z. B. für die Genera und die Species, haben auch die Autorennamen für die Subspecies nomenklatorische Bedeutung. Hinsichtlich der Stellung folgt der jeweilige Autorname dem Binomen (bei der Art) bzw. dem Trinomen (bei der Unterart), wofür im Abschnitt 1.4.4 Beispiele angegeben sind.
Näheres über Wesen, Bedeutung und verbindliche Festlegungen der Autorennamen vermittelt Abschnitt 1.4.5, dessen Studium neben den anderen Einführungskapiteln von 1.4 empfohlen wird.

Die Charakterisierung der Tätigkeit der aufgeführten Autoren bezieht sich in erster Linie auf das für die zoologische Taxonomie bedeutsame Interessengebiet.
Da in Veröffentlichungen der Taxonomie neuerdings häufig nicht von Abkürzungen Gebrauch gemacht wird, werden in dem Register die vollständigen Namen vorangestellt. Zusätzlich werden jedoch mögliche bzw. früher oft vorkommende Abkürzungen in Klammern angegeben.
Die folgende Aufstellung beinhaltet eine Auswahl von etwa 1400 Autorennamen, deren anerkannte Schreibweise (nur z. T. mit erkennbaren Merkmalen der Landessprache) durch den Zunamen und zugehörige Vornamen, durch das (taxonomische) Arbeitsgebiet und kurze biographische Angaben ersichtlich ist.
Für die Übermittlung fehlender Jahreszahlen (insbesondere auch beim Ableben zeitgenössischer Autoren) wären die Verfasser dieses Buches dankbar, um die biographischen Daten zu vervollständigen. Auch Vorschläge für die Neuaufnahme von Autoren mit ihren spezielleren Arbeitsgebieten sind für eine ausgewogene Ergänzung der getroffenen Auswahl erwünscht.
Im lexikalischen Hauptteil sind Kurzbiographien von einer Reihe namhafter Autoren zu finden.

A

Abeille de Perrin (Ab.), Elzéar, Hymenopterologe, 1843–1910
Abel, Othenio, Paläobiologe, 1875–1946
Abildgaard (Abildg.), Peter Christian, 1740–1801
Adams (Ad.), Charles B., Malakologe, 1814–1853
Agassiz (A. Ag.), Alexander, Sohn von L. Ag. (s. u.), Zoologe, 1835–1910
Agassiz (Ag., Agass., L. Ag.), Louis Jean Rudolphe, Zoologe und Geologe, 1807–1873
Ahrens (Ahr.), August, Entomologe, 1779–1867
Alder (Ald.), Joshua, Zoologe (bes. Malakologe), 1792–1867
Allioni, Carlo, Entomologe, 1725–1804
Allman (Allm.), Georges James, Zoologe, ehem. Präsident der Linnean Society in London, 1812–1898
Amsel, Hans-Georg, Entomologe, 1905–1998
An der Lan, Johannes, Zoologe, 1909–1982
Andres (Andr.), Angelo, Zoologe u. Vergl. Anatom, 1851–1934
Arrigoni (Arrig.) degli Oddi, Ettore, Ornithologe, 1869–1942
Ascanius (Asc.), Peter, Zoologe, 1723–1803
Aubé (Aub.), Charles Nicolas, Coleopterologe, 1802–1869
Audebert (Audeb.), Jean Baptiste, Zoologe u. Maler, 1759–1800
Audouin (Aud.), Jean Victor, Entomologe, 1797–1841
Audubon (Audub.), John James L., Ornithologe, 1785–1851
Aurivillius (Auriv.), Per Olof Christopher (Christof), Entomologe, 1853–1928
Ausserer (Auss.), Karl Anton, Arachnologe, 1844–1920

B

Baer, Karl Ernst von, Zoologe, Mediziner, 1792–1876
Baird, Spencer F., Entomologe u. a., 1823–1887
Baldamus, August Karl Eduard, Ornithologe, 1812–1893
Bangs, Outram, Ornithologe, 1863–1932
Barrande, Joachim, Paläozoologe, Geologe, 1799–1883
Barton, Benjamin Smith, Naturforscher, 1766–1815
Bastian (Bast.), Henry Charlton, Helminthologe, Prof. für Patholog. Anatomie, 1837–1915
Bechstein (Bechst.), Johann Matthaeus, Ornithologe u. Forstmann, 1757–1822
Beck, H. Henriksen, Malakologe, 1799–1863
Beier, Max, Zoologe; Wien, Naturhistor. Museum; 1903–1979
Bell, Thomas, Zoologe, 1792–1880
Bellier de la Charignerie, Jean Baptiste Eugène, Entomologe, 1819–1888
Beneden (van Ben.), Pierre Joseph van, Zoologe, 1809–1894
Benick, Ludwig, Lehrer u. Coleopterologe, Staphylinidologe, 1874–1951
Bergsträsser (Bergstr.), Joh. Andr. Benignus, Entomologe, Physiologe, 1732–1812
Berkeley (Berk.), Miles Joseph, Zoologe, Botaniker, 1803–1889
Berlese, Antonio, Entomologe, 1863–1927
Bernhauer, Max, Notar u. Coleopterologe, Staphylinidologe, 1866–1946
Berthold, Arnold Adolf, Anatom, Zoologe, 1803–1861
Bertkau, Philipp, Entomologe, Arachnologe, 1849–1895
Beyrich, Heinrich Ernst, Geologe, Paläontologe, 1815–1896
Bilharz, Theodor, Mediziner, 1825–1862
Billberg (Billb.), Gustaf Johan, Zoologe, 1772–1844
Bjerkander (Bjerk.), Claudius, Entomologe, 1735–1795
Blackwall (Bl.), John A., Arachnologe, 1790–1881
Blainville (Blainv., Bl.), Marie Henry Ducrotay de, Zoologe, Vergl. Anatom, 1778–1850
Blanchard (Blanch.), Charles Émile, Entomologe, 1819–1900
Blasius (Blas.), Johann Heinrich, Zoologe, Botaniker, 1809–1870
Bleeker (Bleek.), Pieter, Ichthyologe, 1819–1878
Bloch (Bl.), Marcus Eliser, Mediziner, Ichthyologe, 1723–1799
Blumenbach (Blumenb.), Johann Friedrich, Naturforscher, Zoologe (Ornithologe), 1752–1840
Blumenstengel, Horst, Mikropaläontologe, geb. 1935
Blyth, Edward, Zoologe, 1810–1873
Boddaert (Bodd.), Pieter, Naturforscher, 1730–1796
Böhm, Richard, Zoologe (Ornithologe), 1854–1884
Börner (CB), Carl, Entomologe, 1880–1953
Boheman (Boh.), Carl Heinrich, Entomologe, 1796–1868
Boie, Friedrich, Ornithologe u. Entomologe, 1789–1870
Boisduval (Boisd., Bsd., B.), Jean Baptiste Alphonse, Entomologe (Lepidopterologe), 1801–1879
Bojanus (Bojan.), Ludwig Heinrich, 1776–1827
Bolten (Bolt.), Johann Friedrich, Arzt, 1718–1796
Bonaparte (Bonap.), Charles Lucien Jules Laurent, Ornithologe, 1803–1857
Bonelli (Bon.), Franc. Andr., Zoologe (Entomologe), 1784–1830
Bonnaterre, Pierre Joseph, Zoologe, 1747–1804
Bor(c)khausen (Borkh., Bkh., Bh.), Moritz Balth., Entomologe, Ornithologe, 1760– 1806
Born, Ignaz Edler von, Malakologe u. Mineraloge, 1742–1791
Bosc, Louis Augustin Guillaume, Zoologe u. Botaniker, 1759–1828
Bouché, Peter Friedrich, Entomologe u. Gärtner, 1784–1856
Bourgeois, Jules, Entomologe, 1846–1911
Bowerbank (Bowerb.), James Scott, Zoologe, 1797–1877
Branca, Wilhelm, Paläozoologe, 1844–1928
Brandt (Brdt., Br.), Johann Friedrich, Zoologe, Mediziner, 1802–1879
Brauer (Brau.), Friedrich, Entomologe, 1832–1904
Bree, Charles Robert, Naturforscher, 1811–1886
Brehm, Alfred Edmund, Sohn von Ch. L. Brehm, Ornithologe, Zoologe, naturw. Reisender, 1829–1884

Brehm, Christian Ludwig, Ornithologe, Pfarrer in Renthendorf bei Neustadt a. d. Orla, 1787–1864
Bremi-Wolf (Br., Bremi), Johann Jacob, Entomologe, 1791–1857
Bremser (Brems.), Johann Gottfried, Helminthologe, 1767–1827
Bretscher, Konrad, Zoologe (Ornithologe), 1858–1943
Breyne (Breyn.), Joh. Phil., Zoologe, Mediziner, 1680–1764
Brisson (Briss.), Mathurin Jacques, Ornithologe u. Physiker, 1723–1806
Brocchi, Giovanni Battista, Mineraloge u. Malakologe, 1772–1826
Broderip (Brod.), William John, Zoologe, 1789–1859
Brohmer, Paul, Zoologe, 1885–1965
Broili, Ferdinand, Paläozoologe, 1874–1946
Brongniart (Brongn., Brong.), Alexandre, Geologe u. Zoologe, 1770–1847
Bronn, Heinrich Georg, Zoologe u. Paläontologe, 1800–1862
Brooks, W. E., Ornithologe, 1828–1899
Brown, Captain Thomas, Malakologe, 1785–1862
Bruch, Carl Friedrich, Ornithologe, 1789–1857
Brünnich (Brünn.), Morten Thrane, 1737–1827
Bruguière (Brug.), Jean Guillaume, Zoologe u. Mediziner, 1750–1798
Bruzelius (Bruz.), Ragnar Magnus, Mediziner, 1832–1902
Buch, Leopold von, Geologe, Biologe, Paläozoologe, 1774–1853
Buchholz (Buchh.), Reinh. W., Zoologe, 1837–1876
Buckton, George B., Entomologe, 1817–1905
Bütschli, Otto, Zoologe, 1848–1920
Buquet, Jean Baptiste Lucien, Coleopterologe, 1807–1889
Burmeister (Burm.), Karl Hermann Konrad, Zoologe, Mediziner, 1807–1892
Burtin (Burt.), Franz Xaver, Mediziner, 1743–1818
Busk, George, Zoologe, Anthropologe, 1807–1886
Buturlin (But.), S. A., Ornithologe, 1872–1938

C

Cabanis (Cab.), Jean Louis, Ornithologe, 1816–1906
Cambridge (Camb.), Octavius Pickard, Arachnologe, 1828–1917
Camerano, Lorenzo, Amphibienforscher, 1856–1911
Carpenter, William Benjamin, Physiologe, 1813–1885
Carter (Cart.), Henry John, Zoologe, 1813–1895
Carus, Julius Victor, Anatom, Zoologe, 1823–1903
Castelnau (Casteln.), Fracis de, Naturforscher, 1812–1880
Chamisso (Cham.), Adelbert von, Naturforscher u. Dichter, 1781–1838
Chapuis (Chap.), Félicien, Mediziner u. Coleopterologe, 1824–1879
Charpentier (Charp.), Touissaint de, Entomologe, 1780–1847
Chemnitz, (Chemn.), Johann Hieronymus, Malakologe, 1730–1800
Chevrolat (Chevr.; Chev.), August, Entomologe, 1799–1884
Chrétien (Chret.), Pierre, Entomologe, 1846–1934
Christ (Chr.), Johann Ludwig, Entomologe, 1739–1813
Christoph (Christ.), Hugo Theodor, Entomologe, 1831–1894
Clairville (Clairv.), Joseph de, Entomologe, 1742–1830
Clancey, Philipp A., Ornithologe, geb. 1917
Claparède (Clap.), Jean Louis Réné Ant. Ed., Anatom, 1832–1871
Clark, Bracy, Veterinärmediziner u. Entomologe, 1770–1860
Claus (Cls.; Cl.), Karl Friedrich Wilhelm, Zoologe, Anatom, 1835–1899
Clemens (Clem.; Cl.), J., Entomologe, 1825–1867
Clerck, Karl M., Maler u. Entomologe, 1710–1765
Clessin (Cless.), Stephan, Malakologe, 1833–1911
Comstock (Comst.), John Henry, Entomologe, 1849–1931
Conrad, Thomas, Ornithologe, 1784–1878
Conybeare (Conyb.), Wilhelm Daniel, Geologe u. Zoologe, 1787–1857

Cope, Edward Drinker, Zoologe, Paläontologe, 1840–1897
Coquillet, Daniel William, Entomologe, 1849–1931
Cornalia (Corn.), Emilio, Zoologe, 1825–1882
Cory, Charles B., Ornithologe, 1857–1921
Costa, Achille, Zoologe, Sohn von O. Costa, 1828–1898
Costa, Emanuel Mendes da, 1717–1791
Costa, Oronzio Gabriel, Entomologe, 1787–1867
Coues, Elliott, Ornithologe, 1852–1899
Creplin (Crepl.), Friedrich Christian Heinrich, 1788–1863
Cretzschmar (Cretzschm.), P. J., Ornithologe, 1786–1845
Crome, Wolfgang, Zoologe (Arachnologe), 1927–1967
Crotch, George Robert, Coleopterologe, 1842–1874
Curtis (Curt.), John H., Maler u. Entomologe, 1791–1862
Cuvier (Cuv.), Georges (Léopold Chrétien Fréderic Dagobert), Naturforscher, 1769–1832

D

Dacqué, Edgar, Paläzoologe, 1878–1945
Dahl, Friedrich, Zoologe, 1856–1929
Dahlbom (Dahlb.), Anders Gustav, Entomologe, 1806–1859
Dale, James Charles, Entomologe, 1792–1872
Dalla Torre (D. T.), Karl Wilhelm von, Zoologe, Entomologe, 1850–1928
Dalman (Dalm.), Joh. Wilh., Entomologe, 1787–1828
Dalyell, Sir John Graham, 1775–1851
Dana, James Dwight, Geologe u. Zoologe, 1813–1895
Danielssen (Dan.), Dan. Cornelius, Zoologe, 1815–1894
Darwin (Darw.), Charles Robert, Naturforscher, 1809–1882
Daudin (Daud.), Francois Marie, Zoologe, 1774–1804
De Geer (Deg.), Karl, Entomologe, 1720–1778
De Grey, Thomas, Baron Walsingham (Wlsm.), Entomologe, 1843–1919
Dejean (Dej.), Pierre Francois Aime Auguste Comte, Entomologe, 1780–1845
Dekay (Dek.), James Ellsworth, Zoologe, 1792–1851
Delaroche (Delar.), Francois, Ichthyologe, 1743–1812
Dementjew (Dementev) (Dement.), Georgij P., Ornithologe, 1900–1969
Denis, Michael, Entomologe, 1729–1800
Desfontaines (Desf.), René L., Naturforscher, 1752–1833
Deshayes (Desh.), Gérard Paul, Malakologe u. Paläontologe, 1795–1875
Desmarest (Desm.), Anselme Gaétan, Zoologe, 1784–1838
Desmarest, Eugène, Sohn v. A. G. Desmarest, Entomologe, 1816–1889
Diebel, Kurt, Mikropaläontologe, geb. 1915
Diesing (Dies.), Karl Moritz, Helminthologe, 1800–1867
Dollo, Louis, Paläozoologe, 1857–1911
Dohrn, Anton, Sohn von K. A. Dohrn, Begründer der Zoologischen Station in Neapel, 1840–1909
Dohrn, Karl August, Entomologe, 1806–1892
Donckier de Donceel (Donc.), Charles, Entomologe, 1802–1888
Doubleday, Edward, Entomologe, 1810–1849
Doubleday, Henry, Entomologe, 1809–1875
Douglas, John William, Entomology, 1814–1905
Doyère (Doy.), Louis, Zoologe, 1811–1863
Draparnaud (Drap.), Jacqes Philippe, Malakologe, 1772–1805
Dresser (Dress.), Henry Eeles, Ornithologe, 1838–1915
Drury, Drew., Lepidopterologe, 1725–1803
Düben (Dub.), Magnus Vilhelm von, Zoologe, 1814–1845
Dürigen, Bruno, Zoologe, 1853–1930
Dufour (Duf.), Léon, Mediziner u. Entomologe, 1782–1865
Duftschmid (Duftschm.; Duft.), Caspar, Mediziner u. Entomologe, 1767–1821

Dugès (Dug.), Antoine, Zoologe, 1798–1838
Dujardin (Duj.), Felix, Zoologe, 1801–1860
Duméril (Dum.), André Marie Constant, Prof. der Anatomie u. Physiologie an der Ecole de medicine, Administrator am Musée d'histoire naturelle, 1774–1860
Dumont, André Hubert, Geologe, Mineraloge, 1809–1857
Dumortier (Dumort.), Barth. Charles, Zoologe u. Botaniker, 1797–1878
Dunker (Dunk.), Wilhelm, Malakologe u. Paläontologe, 1809–1884
Duponchel (Dup.), Philippe Aug. Jos., Entomologe, 1774–1846
Dwight, J., Ornithologe, 1858–1929
Dybowski (Dyb.), Benedikt, Zoologe, Mediziner, 1833–1930

E

Eberth, Karl Joseph, Prof. der Patholog. u. Vergl. Anatomie in Halle, Sematologe, 1835–1926
Eckstein (Eckst.), Karl, Zoologe (Entomologe, Ornithologe), 1859–1939
Edwards, George, Maler u. Zoologe, 1693–1773
Egger (Egg.), Johann Georg, Entomologe, 1804–1866
Ehlers (Ehl.), Ernst Heinrich, Prof. der Zoologie u. Vergl. Anatomie in Göttingen, 1835–1925
Ehrenberg (Ehrenb.; Ehrb.), Christian Gottfried, Zoologe, Mediziner, 1795–1876
Eichhoff (Eichh.), Wilhelm Joseph, Forstmann u. Coleopterologe, 1823–1893
Eichwald (Eichw.), Karl Eduard von, Mediziner u. Naturforscher, 1795–1876
Ellis (Ell.), John, Zoologe, 1710–1776
Emmrich (Emmr.), Hermann Friedr., Ornithologe, Geologe, 1815–1879
Erichson (Er.), Wilhelm Ferdinand, Entomologe, 1809–1848
Ernst, Werner, Paläozoologe, geb. 1940
Erxleben (Erxl.), Joh. Christ. Polyc., 1744–1777
Eschscholtz (Esch.; Eschz.; Eschsch.), Johann Friedrich, Mediziner, Zoologe, 1793–1831
Esper (Esp.), Eugen Joh. Christoph, 1742–1810
Eversmann (Ev.), Eduard von, Entomologe, Ornithologe, Mediziner, 1794–1860
Eydoux (Eyd.), Joseph Fortuné Theódore, Zoologe, 1802–1841
Eyton (Eyt.), Thomas Campbell, Ornithologe, 1809–1880

F

Faber, Friedrich (Frederik), Naturforscher (Ornithologe), 1796–1828
Fabre, Jean Henri, Entomologe, 1823–1915
Fabricius (Fabr.; F.), Joh. Christian, Entomologe, 1745–1808
Fåhraeus (Fahrs.), Olof Immanuel, Coleopterologe, 1796–1884
Fairmaire (Fairm.), Léon, Coleopterologe, 1820–1906
Falconer (Falc.), Hugh, Paläontologe, 1808–1865
Faldermann (Fald.), Franz, Entomologe, 1799–1838
Fallén (Fall.), Karl Fredr., Entomologe, Prof. der Mineralogie, 1764–1830
Farre, Arthur, Zoologe, 1811–1887
Faujas, Barthel de St. Fond, Zoologe u. Geologe, 1741–1819
Férussac (Fér.), Jean-Bapt. Louis, Malakologe, 1786–1836
Fieber (Fieb.), Franz Xaver, Entomologe, 1807–1872
Filippi (de Fil.), Filippo de, Zoologe, 1814–1867
Finsch, (Friedrich Hermann) Otto, Ornithologe, 1839–1917
Fischer Edler von Röslerstamm (F. R.), Josef, Entomologe, 1787–1866
Fischer, Henri Paul, Malakologe, Paläontologe, 1835–1893
Fischer, Johann Baptist, Zoologe u. Botaniker, 1803–1832
Fischer, Leop. Heinr., Mediziner, Entomologe, Ornithologe, 1861–1901
Fischer von Waldheim (Fisch.), Johann Gotthelf, Mediziner, Anatom, Zoologe, Paläontologe, 1771–1853
Fitzinger (Fitz.), Leopold Joseph Franz Johann, Zoologe, 1802–1884

Fleischer, Ernst, Ornithologe, 1799–1832
Fleming (Flem.), John, Zoologe, 1785–1857
Flerow, Konstantin Konstantinowitsch, Quartärpaläontologe, 1904–1980
Flößner, Dietrich, Limnologe, Ornithologe, geb. 1932
Focke, Gustav Waldemar, Mediziner u. Naturforscher, 1810–1877
Foerster (Foerst.), Arnold, Hymenopterologe, 1810–1884
Fol, Hermann, Zoologe, 1845–1892
Forbes (Forb.), Edward, Naturforscher, 1815–1854
Forel, Auguste, Henri, Entomologe, 1848–1931
Forel (For.), Francois Alphonse Christian, 1841–1931
Forsskål (Forsk.), Peter, Botaniker u. Zoologe, 1736–1768
Forster (Forst.), Johann Reinhold, vor allem Ornithologe, 1729–1798
Forster, Thomas, Ornithologe, 1789–1860
Fourcroy (Fourcr.; Fourc.), Antoine Francois de, Entomologe, 1755–1809
Franz, Victor, Zoologe, 1883–1950
Frauenfeld (v. Frauenf.), Georg Ritter von, Zoologe, 1807–1873
Freyer (Frr.), Christian Friedrich, Entomologe, 1794–1885
Fries (Fr.), Bengt Fredrick, Zoologe, 1799–1839
Frisch, Johann Leonhard, Naturforscher (Ornithologe) u. Linguist, 1666–1743
Frivaldsky, Imre F. von, Zoologe, 1799–1870
Frivaldsky (Friv.), Janos, Entomologe, 1822–1895
Froelich (Froel.), Joh. Aloys von, Mediziner u. Entomologe, 1766–1841
Fuessly (Fuessl.), Joh. Casp., Entomologe, 1743–1786

G

Gaede, Max, Entomologe, 1871–1946
Gaertner (Gaertn.), Joseph, Zoologe, Botaniker, Mediziner, 1732–1791
Ganglbauer (Ganglb.), Ludwig, Entomologe, 1856–1912
Gassies, Jean Baptiste, Malakologe, 1816–1883
Gebler (Gebl.), Friedrich August, Coleopterologe, 1782–1850
Gegenbaur (Gegenb.), Carl, Anatom u. Zoologe, 1826–1903
Géhin (Géh.), Joseph Jean Baptiste, Entomologe, 1816–1889
Gené, Giuseppe, Zoologe, 1800–1847
Geoffroy, Etienne Louis, Entomologe u. Mediziner, 1725–1810
Geoffroy Saint-Hilaire (Geoffr.), Etienne, Zoologe, 1772–1844
Geoffroy Saint-Hilaire (Is. Geoffr.), Isidore, Sohn von E. Geoffroy Saint-Hilaire, Zoologe, 1805–1861
Germar (Germ.), Ernst Friedrich, Mineraloge u. Entomologe, Paläobotaniker, 1786–1853
Gerstäcker (Gerst.), Karl Eduard Adolf, Zoologe (Entomologe), 1828–1895
Gervais (Gerv.), Paul, Zoologe, 1816–1879
Giard, Alfred, Zoologe, 1846–1908
Giebel, Christoph Gottfried Andreas, Zoologe, 1820–1881
Girard (Gir.), Charles Frédéric, Zoologe, 1822–1895
Gloger (Glog.); Const. W. L., Ornithologe, 1803–1863
Gmelin (Gmel.; Gm.), Johann Friedrich, Naturforscher, Herausgeber der 13. Aufl. von Linné's Systema naturae, 1744–1804
Gmelin, Samuel Gottlieb, Ornithologe, 1744–1774
Goeze, Joh. Aug. Ephraim, Zoologe, 1731–1793
Goldfuß (Goldf.), Georg August, Zoologe u. Paläontologe, 1782–1848
Gosse, Philip Henry, Zoologe, 1810–1888
Gottsche, Karl Moritz, 1808–1892
Gouan, Antoine, Ichthyologe, 1733–1821
Gould, John, Ornithologe, 1804–1881
Graff, Ludwig von, Zoologe, 1851–1924
Grant, Robert Edmund, Zoologe, 1793–1874

Gravenhorst (Gravenh.; Grav.), Joh. Ludwig Christian, Zoologe, 1777–1857
Gray, George Robert, Ornithologe, 1808–1872
Gray, John Edward, Bruder von G. R. Gray, Entomologe, 1800–1875
Gray, Robert, Ornithologe, 1825–1887
Gredler (Gredl.), Ignaz (Vinzenz Maria), Malakologe u. Entomologe, Ornithologe, 1823–1912
Greef, Richard, Prof. der Zoologie u. Vergl. Anatomie, 1829–1892
Gronovius (Gron.), Laur. Th., Ichthyologe, 1730–1777
Gross, Walter, Wirbeltierpaläontologe, 1902–1974
Grube (Gr.), Adolphe Edouard, Zoologe, 1812–1880
Gruber (Grub.), August, Zoologe, 1853–1938
Gründel, Joachim, Makropaläontologe, geb. 1937
Gruithuisen (Gruith.), Franz von Paula, 1774–1852
Grzimek, Bernhard, Zoologe, 1909–1987
Gualtieri, Nicolaus, Malakologe (Mediziner), 1688–1744
Guénée (Gn.), Achille, Lepidopterologe, 1809–1880
Günther (Günth.), Albert Karl Ludwig Gotthelf, Zoologe (Ichthyologe), Mediziner, 1830–1914
Guenther, Ekke W., Quartärpaläontologe, 1908–1995
Guérin-Méneville (Guér.), Felix Edouard, Zoologe, 1799–1874
Guilding (Guild.), Landsdown, Zoologe, 1797–1831
Gunnerus (Gunn.), Johann Ernst, Zoologe, 1718–1773
Gyllenhall (Gyll.), Leonhard, Entomologe, 1754–1842

H

Haan, Willem de, Zoologe, 1801–1855
Hablizl (Habl.), C. L., Ornithologe u. a., 1752–1821
Haeckel (Haeck.), Ernst Heinr. Phil. Aug., Zoologe, 1834–1919
Häntzschel, Walter, Paläontologe, 1904–1972
Hagen (Hag.), Hermann August, Entomologe, 1817–1893
Hahn (Hhn.), C. W., Naturforscher (Zoologe), 1786–1835
Haliday (Halid.; Hal.), Alexander Henry, Entomologe, 1806–1870
Hall, James, Paläozoologe, 1811–1898
Hallowell, Edward, Herpetologe, 1808–1860
Hampson, George Francois, Entomologe, 1860–1936
Hancock (Hand.), Albany, Zoologe (Malakologe), 1806–1873
Hanley, Sylvanus Charles Thorp, Malakologe, 1819–1899
Harcourt, Edward William V., Ornithologe, 1825–1891
Harlan (Harl.), Richard, Zoologe u. Geologe, 1796–1843
Harris (Harr.), Moses, Entomologe, 1731–1788
Harris (Harr.), Thaddeus William, Entomologe, 1795–1856
Hartert (Hart.), Ernst J. O., Ornithologe, 1859–1933
Hartig (Hart.; Htg.), Theodor, Forstmann, Botaniker, Entomologe, 1805–1880
Hartlaub (Hartl.), Gustav, Mediziner, Ornithologe, 1814–1900
Hartmann, August, Lepidopterologe, 1807–1880
Hartmann (Hartm.), Georg Leonhard, Naturforscher (Zoologe), 1764–1828
Hartmann, Johann Daniel Wilhelm, Naturforscher (Malakologe), Maler u. Kupferstecher, 1793–1862
Haubold, Hartmut, Paläontologe, Geologe, geb. 1941
Hausmann (Hausm.), Johann Friedrich Ludwig, Entomologe, 1783–1859
Haworth (Haw.; Hw.), Adrian Hardy, Entomologe u. Botaniker, 1772–1834
Heck, Ludwig, Zoologe, 1860–1951
Heckel (Heck.), Joh. Jacob, Ornithologe, Ichthyologe, 1790–1857
Hediger, Heini, Zoologe, 1908–1993
Heer, Oswald, Entomologe, Botaniker, Paläontologe, 1809–1883
Heider (Heid.), Arthur von, Zoologe, 1846–1924
Heincke, Friedrich, Zoologe, 1852–1929

Heine, Ferdinand (sen.), Ornithologe, 1809–1894
Heinemann (Hein.), Hermann von, Lepidopterologe, 1812–1871
Heinrich, Wolf-Dietrich, Quartärpaläontologe, geb. 1941
Heinroth, Oskar, Zoologe (Ornithologe), 1871–1945
Heller (Hell.), Camill, Zoologe, 1823–1917
Heller, Karl Maria Josef, Entomologe, 1864–1945
Helms, Jochen, Paläozoologe, geb. 1932
Hemprich (Hempr.), Friedrich Wilhelm, Ornithologe, 1796–1825
Henle, Friedrich Gustav Jacob, Anatom, 1809–1885
Hentschel (Hent.), Erwin J., Zoologe, Neuroendokrinologe, Apidologe, 1934
Hentz, Nicholas Marcellus, Arachnologe, 1797–1856
Heptner, Vladimir Georgijewitsch, Zoologe, 1901–1975
Herbst (Hbst.), Johann Friedrich Wilhelm, Entomologe, 1743–1807
Herbulot, Claude, Entomologe, geb. 1907
Hering, Erich Martin, Entomologe, 1893–1967
Herklots (Herkl.), Janus Adrian, Zoologe, 1820–1872
Hermann (Herm.), Johann, Ornithologe u. a., 1738–1800
Herre, Wolf, Zoologe, 1909–1997
Herrich-Schäffer (Herr. Schäff.; H.-S.; HS.), Gottlieb August W., Entomologe, Mediziner, 1799–1874
Herrig, Ekkehard, Mikropaläontologe, geb. 1936
Hertwig (R. Hertw.), Richard, Zoologe, 1850–1937
Hewitson, William Chapman, Lepidopterologe, 1806–1878
Heyden, Carl Heinrich Georg von, Entomologe, 1793–1866
Heynemann, David Friedrich, Malakologe, Ornithologe, 1829–1904
Hill, John, Geologe, Zoologe, Botaniker, Mediziner, Apotheker, 1716–1775
Hincks, Thomas, Zoologe, 1818–1899
Hodgson (Hodgs.), Bryan Houghton, Zoologe, 1800–1894
Hoeven (v. d. Hoev.), Jan van der, Zoologe, 1801–1868
Hoffmann, Carl, Mediziner, Ornithologe, 1823–1859
Hoffmanssegg (Hoffmgg.; Hffsg.), Johann Centurius Graf, Botaniker, Entomologe, Ornithologe, 1766–1849
Hoffmeister (Hoffm.), Werner Friedrich, Ludwig Albert, 1819–1845
Holandre (Hol.), Jean Joseph Jacques, Ornithologe, 1773–1856
Holbøll, Carl Peter, Ornithologe, 1795–1856
Holbrook, John Edward, Zoologe, 1795–1871
Holmgren (Hlmgr.), August Emil, Entomologe, 1829–1888
Homeyer, Alexander von, Ornithologe u. Lepidopterologe, 1834–1903
Homeyer (Hom.), Eugen Ferdinand von, Ornithologe, 1809–1889
Hoppe, David Heinrich, Entomologe, Botaniker, Mediziner, 1760–1846
Horn, George Henry, Entomologe (Coleopterologe), 1840–1897
Horn, Walther, Entomologe (Coleopterologe), 1871–1939
Hornstedt, Claus Friedrich, Zoologe, geb. 1758–1809
Horsfield (Horsf.), Thomas, Zoologe, Mediziner, 1773–1859
Hubrecht (Hubr.), Ambrosius Arnold Willem, Zoologe, 1853–1915
Hübner (Hübn.; Hbn.; Hb.), Johann Jakob, Maler u- Lepidopterologe, 1761–1826
Huene, Friedrich Freiherr von, Paläozoologe, 1875–1969
Humboldt (Humb.), Alexander von, Naturforscher, 1769–1859
Huxley (Huxl.), Thomas Henry, Prof. der Naturgeschichte, Vergl. Anatomie u. Physiologie, 1825–1895

I

Illiger (Illig.; Ill.), Johann Carl Wilhelm, Zoologe (Entomologe, Ornithologe), 1775–1813
Iredale (Ired.), T., Ornithologe, 1880–1972

J

Jacquin, Joseph Franz Freiherr v., Ornithologe, 1766–1839
Jacquinot (Jacquin.), C. Honoré, Ornithologe, 1796–1879
Jaeger, Hermann, Paläozoologe, geb. 1929
Jaeckel, Otto, Paläozoologe, 1863–1829
Janensch, Otto, Paläozoologe, 1878–1969
Janson, Edward Wesley, Coleopterologe, 1822–1891
Jarocki, Felix Paul R., Prof. d. Zoologie, 1790–1865
Jeffreys (Jeffr.), John Gwynn, Malakologe, 1809–1885
Jensen (Jens.), Olaf Scheveland, Zoologe, 1847–1887
Jerdon (Jerd.), Thomas Caverhill, Zoologe, 1811–1872
Johnston (Johnst.), George, Zoologe, 1797–1855
Jordans (Jord.), Adolf von, Ornithologe, 1892–1974
Jourdan (Jourd.), Antoine Jacques Louis, Zoologe, Paläontologe, 1788–1848
Jurine (Jr.), Louis, Entomologe, Mediziner, 1751–1819

K

Kaestner, Alfred, Arachnologe, Zoologe, 1901–1971
Kahlke, Hans-Dietrich, Quartärpaläontologe, geb. 1929
Kaltenbach (Kltb.; Kalt.; Klt.), Johann Heinrich, Entomologe, 1807–1876
Karsch, Ferdinand Anton Franz, Entomologe, Arachnologe, 1853–1936
Kaup, Johann Jacob, Zoologe, 1803–1873
Keferstein (Keferst.; Kef.), Zoologe, Anatom, 1833–1870
Kessler (Keßler) (Kessl.), K., Zoologe, 1815–1881
Keyserling (Keys.), Alexander F. M. L. A. Graf, Naturforscher, 1815–1891
Kieffer (Kieff.), Jean Jacques Abbé, Entomologe, 1857–1925
Kiener (Kien.), Luois J. Charles, Malakologe, 1799–1881
Kiesel, Yvonne, Paläozoologin, geb. 1931
Kiesenwetter (Kies.), Ernst Aug. Hellmuth von, Entomologe, 1820–1880
Kinberg (Kinb.; Kbg.), Johann Gustav Hjalmar, Zoologe, Veterinärmediziner, 1820–1908
Kirby (K.), William, Entomologe, 1759–1850
Kirschbaum, C. Ludwig, Entomologe, 1812–1880
Klapálek (Klap.), František, Entomologe, 1863–1919
Kleinschmidt (O. Kleinschm.; Kl.), Otto, Ornithologe, 1870–1954
Klug (Klg.; Kl.), Joh. Chr. Friedr., Entomologe, 1774–1856
Klunzinger (Klunz.), Karl Benjamin, Mediziner, Naturforscher (Zoologe), 1834–1914
Knoch, Aug. Wilh., Entomologe, Physiker, 1742–1818
Kobelt (Kob.), Wilhelm, Mediziner, Malakologe, 1840–1916
Koch (C. Koch), C. L., Forstmann, Zoologe, 1778–1857
Koelliker (Köll.), Rudolf Albert von, Anatom, 1817–1905
König (Kön.), Karl (auch: Charles König), Zoologe, 1774–1851
Koken, Ernst, Paläozoologe, 1860–1912
Kolenati (Kol.; Klti.), Friedrich A., Entomologe, 1813–1864
Kollar (Koll.), Vincenz, Entomologe, 1797–1860
Koninck (de Kon.), Laurent Guill. de, Paläontologe, 1809–1887
Konow (Kon.), Friedrich Wilhelm, Entomologe, 1842–1908
Koren (Kor.), Johan(n), Zoologe, 1809–1885
Kossmann (Kossm.), Robby August, Zoologe, 1849–1907
Kowalewski (Kow.), Alexander Onufriewitsch, Zoologe, 1840–1901
Kowarz, Ferdinand, Entomologe, 1838–1914
Kozłowski, Roman, Paläzoologe, 1889–1977
Kraatz, Gustav, Entomologe (Coleopterologe), 1831–1909
Krauß, Ferdinand von, Naturforscher (Zoologe), 1812–1890
Kretzoi, Miklos, Quartärpaläontologe, geb. 1907
Kriechbaumer (Kriechb.), Josef, Entomologe, 1819–1902

Kröyer (Kröy.; Kr.), Henrik Nicolaj, Entomologe, 1799–1870
Krynicki (Kryn.), Joh., Zoologe, 1797–1838
Küchenmeister (Küchenm.), Gottl. Friedrich Heinr., Mediziner, 1821–1890
Kühn, Heinrich, Entomologe, Ornithologe, 1860–1906
Künckel d'Herculais, Jules Philippe Alexandre, Entomologe, 1843–1918
Küster (Küstr.), Heinrich Carl, Entomologe u. Malakologe, 1807–1876
Kugelann (Kugel.; Kugl.; Kug.), Johann Gottlieb, Entomologe, 1753–1815
Kuhl, Heinrich, Ornithologe, 1797–1821
Kupffer (Kupff.), Karl von, Anatom, 1829–1902
Kuroda (Kur.), Nagamichi, Ornithologe, 1889–1978
Kurtén, Björn Olaf, Quartärpaläontologe, Zoologe, geb. 1924

L

Laboulbène, Alexandre, Arzt, Entomologe, 1825–1898
Lacaze-Duthiers (Lac.-Duth.), Henri de, Zoologe, 1821–1901
Lacépède (Lacép.; Lac.), Bern. Germ. Etienne de la Villesur-Illon, Zoologe, 1756–1825
Lachmann (Lachm.), Friedr. Joh., 1832–1861
Lacordaire (Lacord.), Jean Theod., Zoologe (Entomologe), 1810–1870
Lafresnaye (Lafr.), Noel Fréd. Armand A. Baron de, Ornithologe, 1783–1861
Laicharting (Laich.), Joh. Nep. von, Entomologe, 1754–1797
Lamarck (Lam.), Jean-Baptiste Pierre Antoine de Monnet, Botaniker, Zoologe, 1744–1829
Lambert (Lamb.), Aylmer Bouske, Forstbiologe, 1761–1842
Lamouroux (Lamour.), Jean Vict. Fel., Prof. der Naturgeschichte, 1779–1825
Landois (Land.), Hermann, Zoologe, 1835–1905
Lang, Arnold, Zoologe, 1855–1914
Langerhans (Langerh.), Paul, Pathol. Anatom, 1847–1888
Laporte (Lap.), Francois Louis de, Entomologe, 1810–1880
Laspeyres (Lasp.), Jacob Heinrich, Lepidopterologe, 1769–1809
Latham (Lath.), John, Ornithologe, Mediziner, 1740–1837
Latreille (Latr.), Pierre André, Entomologe, 1762–1833
Laurenti (Laur.), Joseph Nicolaus, Herpetologe, 1735–1805
Laveran, Charles-Louis-Alphonse, Arzt u. Hygieniker (Malaria-Erreger), 1845–1922
Leach, William Elford, Mediziner, Kustos am Brit. Museum, 1790–1836
Le Conte, John Lawrence, Entomologe, 1825–1883
Lederer (Led.; Ld.), Julius, Lepidopterologe, 1821–1870
Lefèvre, Edouard, Entomologe, 1839–1895
Lehmann (Lehm.; Lhm.), Johann Georg Christian, Dipterologe, 1792–1860
Lehmann, Ulrich, Paläontologe, geb. 1916
Leidy, Joseph, Zoologe, 1823–1891
Leisler (Leisl.), Joh. Phil. Achilles, Ornithologe, 1772–1813
Lendl, Adolf, Zoologe, 1862–1942
Lenz, Harald Othmar, Zoologe, vor allem Herpetologe, Ornithologe, 1798–1870
Lepechin, Iwan Iwanowitsch, vor allem Ornithologe, 1740–1802
Lepelletier (Lepeletier?) de Saint Fargeau (Lep.; St. Farb.), A. L. M., Entomologe, 1770–1845
Lereboullet (Lereb.), August, Zoologe, 1804–1865
Leske, Nathanael Gottfried, vor allem Ornithologe, 1751–1786
Lesson (Less.), René Primevère, Mediziner u. Naturforscher, 1794–1849
Lesueur (Les.), Charles Alexandre, 1778–1846
Letzner (Letzn.), Karl, Entomologe, 1812–1889
Leuckart (F. S. Leuck.), Friedrich Sigismund, Zoologe, 1794–1843
Leuckart (Leuck.), Rudolf, Neffe von F. S. Leuckart, Zoologe, 1822–1898
Leunis, Johannes, Zoologe, 1802–1873
Lewis, George, Entomologe, 1839–1916
Leydig (Leyd.), Franz von, Zoologe, Anatom, 1821–1908
Lichtenstein, Jules, Entomologe, 1818–1886

Lichtenstein (Lichtenstr.; Lichtst.; Licht.), Martin Hinrich Carl, Mediziner, Zoologe, 1780–1857
Lichtwardt (Lichtw.), Bernhard, Entomologe, 1857–1943
Liebe, Karl Theodor, Geologe, Ornithologe, 1828–1894
Lieberkühn (Lieberk.; Lieb.), Nathanael, Anatom, 1822–1887
Lilljeborg (Lillj.), Wilhelm, Zoologe, 1816–1908
Lindermayer (Linderm.), A., Ornithologe, 1806–1868
Linné (L.), Carl von, Naturforscher (Botaniker), Mediziner, 1707–1778
Linstow (v. Linst.), Otto Friedrich Bernhard von, Mediziner u. Helminthologe, 1842–1916
Lintner, Joseph Albert, Entomologe, 1822–1898
Lister (Lst.), Martin, Zoologe, Botaniker, Mediziner, 1638–1712
Loew (Lw.), Hermann, Dipterologe, 1807–1879
Lohse, Gustav Adolf, Zahnmediziner u. Coleopterologe, 1910–1994
Lonsdale (Lonsd.), William, Paläontologe, 1794–1871
Loudon (Loud.), Harald von, Baron, Ornithologe, 1876–1959
Lovén (Lov.), Sven Ludwig, Zoologe, 1809–1895
Lowe, Percy, Ornithologe, 1870–1948
Lowe, Willoughby Prescott, Ornithologe, 1872–1949
Lubbock (Lubb.), Sir John Baron Avebury, Zoologe u. Prähistoriker, 1834–1913
Lucas (Luc.), Pierre Hippolyte, Entomologe, 1814–1899
Ludwig (Ludw.), Hubert, Zoologe u. Anatom, 1852–1913
Ludwig, Karl, Physiologe, 1816–1895
Lühe, Max, Helminthologe, Ornithologe, 1870–1916
Lütken (Lütk.), Christ. Friedrich (Frederik), Zoologe, 1827–1901

M

Mabille, Paul, Entomologe, 1835–1923
M(a)cClelland (M'Clell.), John, Ichthyologe, gest. 1883
MacCoy (M'Coy), Frederic, Paläontologe, 1823–1899
MacGillivray, Alexander, Entomologe 1868–1924
MacGillivray (Macg.), John, Zoologe, 1822–1867
MacGillivray (Macgill.), William, Zoologe, 1796–1852
MacIntosh (MacInt.), William Carmichael, Prof. der Naturgeschichte, Ichthyologe, 1838–1931
MacLachlan (M'L.), Robert, Entomologe, 1837–1904
MacLeay (Mac L.), William Sharp, Entomologe, 1792–1865
Macquart (Macq.), Jean, Entomologe, 1778–1855
Malm, August Wilhelm, Zoologe, 1821–1882
Malmgren (Malmgr.), Anders Johan, Inspektor der Fischereien in Finnland, 1834–1897
Mania, Dietrich, Quartärpaläontologe, Archäologe, geb. 1938
Mann (Mn.), Joseph, Entomologe, 1804–1889
Mannerheim (Mannerh.), Carl Gustav, Graf von; Entomologe, 1797–1854
Mantell (v. Mant.), Gideon Algernon, Paläontologe, 1790–1852
Marenzeller (Marenz.), Emil Edler von, Kustos am Hofkabinett in Wien, 1845–1918
Marion (Mar.), Antoine Fortuné, Zoologe, 1846–1900
Marlatt, Charles Lester, Entomologe, 1863–1954
Marseul, Sylvain Augustin de Abbé, Entomologe, 1812–1890
Marsh, Othniel Charles, Paläozoologe, 1831–1899
Marshall, Thomas Ansell Reverend, Entomologe, 1827–1903
Marshall (Marsh.), William, Mediziner, Zoologe, 1845–1907
Martens (v. Mart.), Eduard Karl von, Zoologe (Malakologe), 1831–1904
Martini (Mart.), Friedr. Wilh. Heinr., Mediziner, Malakologe, 1729–1778
Martins, Charles Fred, Naturforscher, 1806–1889
Mathews (Math.), G. M., Ornithologe, 1876–1949
Matthes, Horst-Werner, Paläozoologe, geb. 1912
Maton (Mat.), William George, Malakologe, Mediziner, 1774–1835
Mayr, Ernst, Zoologe, geb. 1904

Mayr, Gustav L., Entomologe, 1830–1908
Meckel (Meck.), Joh. Friedrich, Anatom, 1781–1833
Megerle (Meg.; Mgl.; Mühlf.) von Mühlfeld, Johann Karl, Entomologe u. Malakologe, 1765–1840
Mégnin (Mégn.), Jean Pierre, Zoologe, Veterinärmediziner, 1828–1905
Mehlis (Mehl.), Karl Friedrich Eduard, Mediziner, Ornithologe, 1796–1832
Meidinger (Meid.), Karl, Ichthyologe, Mineraloge, 1750–1820
Meigen (Meig.; Mg.), Johann Wilhelm, Entomologe (Dipterologe), 1764–1845
Meinert (Mein.), Frederik Wilhelm August, Entomologe, 1833–1912
Meise, Wilhelm, Ornithologe, geb. 1901
Meisner (Meisn.), Carl Friedrich August, Ornithologe, 1765–1825
Ménard de la Groye (Mén.), F. J. B., Malakologe, 1775–1827
Menighini (Menigh.), Giuseppe Giovanni Antonio, Paläontologe, 1811–1889
Ménétriès (Ménétr.), Eduard, Zoologe, 1802–1861
Menge, Franz Anton, Arachnologe, 1808–1880
Menke, Karl Theodor, Malakologe, 1791–1861
Menzbier (Menzb.), Michail Aleksandrovic, Ornithologe, 1855–1935
Merrem (Merr.), Blasius, Zoologe, 1761–1824
Mertens, R., Zoologe, Herpetologe, 1894–1975
Metschnikow (Metschn.), Elias, Zoologe, 1845–1916
Meunier, Fernand Anatole, Entomologe, 1868–1926
Meyer, Adolf Bernhard, Mediziner, Ornithologe, 1840–1911
Meyer, Bernhard, Ornithologe, 1767–1836
Meyer (v. Mey.; v. M.), Christian Erich Hermann von, Paläontologe, 1801–1869
Meyrick (Meyr.), Edward, Entomologe (Lepidopterologe), 1854–1938
Michahelles (Michah.), Karl W., Ornithologe, 1807–1834
Michaud (Mich.), and. Louis Gaspard, Malakologe, 1795–1880
Middendorff (Midd.), Alexander Theodor von, Mediziner, Zoologe, 1815–1894
Mik, Joseph, Entomologe (Dipterologe), 1839– 1900
Miller (Mill.), Ludwig, Coleopterologe, 1820–1897
Millière, Pierre, Entomologe, 1811–1887
Milne-Edwards (M.-Eds.; Eds.), Henri, Naturforscher, 1800–1885
Mitchill (Mitch.), Samuel Latham, 1764–1831
Modéer (Mod.), Adolph, Zoologe, 1739–1799
Möbius (Möb.), Karl August, Zoologe, 1825–1908
Mörch, Otto Andreas Lawson, Malakologe, 1828–1878
Montagu (Mont.), George, Malakologe, Ornithologe, 1751–1815
Montfort (Montf.), Pierre Denys de, Malakologe, um 1768–1820
Moore, Frederic, Ornithologe, 1830–1907
Moquin-Tandon (Moq.-Tand.), Alfred, Zoologe u. Botaniker, 1804–1863
Motschulsky (Mots.), Victor Iwanowitsch, Entomologe, 1810–1871
Müller, Arno-Hermann, Paläozoologe, geb. 1916
Müller (J. Müll.; Müll.), Johannes, Zoologe, Anatom u. Physiologe, 1801–1858
Müller, Josef (Giuseppe), Entomologe; Triest, Museo civico di Storia naturale; 1880–1964
Müller (M. Müll.), Max, Sohn von J. Müller, Mediziner, 1829–1896
Müller (O. F. Müll.; Müll.), Otto Friedrich, Zoologe u. Botaniker, 1720–1784
Müller (S. Müll.), Salomon, Naturforscher (Zoologe), 1804–1864
Münster, Georg Graf zu, Paläozoologe 1776–1844
Mulsant (Muls.), Etienne, Entomologe, 1797–1880
Murchison, Sir Roderick Impey, Geologe u. Paläontologe, 1792–1871
Musil, Rudolf, Quartärpaläontologe, geb. 1926

N

Natterer (Natt.), Johann, Ornithologe, 1787–1843
Naumann (Naum.), Joh. Andreas, Ornithologe, 1744–1826
Naumann (Naum.), Joh. Friedr., Sohn v. J. A. Naumann, Ornithologe, 1780–1857

Needham (Needh.), John Turberville, 1713–1781
Nees von Esenbeck (Nees), Christian Gottfried, Botaniker u. Zoologe, 1776–1858
Nestler, Helmut, Paläzoologe, geb. 1932
Neumann, Oscar, Ornithologe, 1867–1946
Neumayr, Melchior, Geo- u. Paläozoologe, 1845–1890
Newman (Newm.), Edward, Entomologe u. Ornithologe, 1801–1876
Newport (Newp.), George, Entomologe, 1803–1854
Newton (Newt.), Alfred, Ornithologe, 1829–1907
Nicolet (Nic.), Hercule, Entomologe, 1801–1872
Nilsson (Nilss.), Sven, Zoologe, 1787–1883
Nitzsch, Christian Ludwig, Zoologe, 1782–1837
Nitsche, Hinrich, Zoologe, 1845–1902
Nodder, Frederick P., Ornithologe, 1773–1801
Nopčsa, Franz Baron, Zoologe, 1877–1933
Nordmann (Nordm.), Alexander von, Zoologe, 1803–1866
Norman (Norm.), Alfred Merle, Zoologe (Malakologe), 1831–1918
Nowicki (Norw.), Maximilian Sila, Zoologe, 1826–1890
Nuttall, Thomas, Naturforscher, 1786–1859
Nylander (Nyl.), William, Hymenopterologe, 1822–1899

O

Obenberger, Jan, Coleopterologe, Buprestidologe, 1892–1964
Oberthür (Oberth.), Charles, Entomologe, 1845–1924
Ochsenheimer (Ochs.), Ferd., Lepidopterologe, 1765–1822
Ockskay (Ocskay?) von Ocskö (Ocks.), Franz Freiherr von, Entomologe, 1775–1851
Oersted (Oerst.), Anders Sandöe, Botaniker, 1816–1873
Oken (ursprünglich Okenfuß) (Ok.), Lorenz, 1779–1851
Olivi, Giuseppe, Naturforscher, 1769–1795
Olivier (Ol.; Oliv.), Joseph Ernest, Entomologe, 1844–1914
Olphe-Galliard, V. A. Leon, Ornithologe, 1825–1893
d'Orbigny (D'Orb.), Alcide Dessalines, Paläontologe, 1802–1857
Ord, George, Naturforscher, 1781–1866
Orlov, Jurij Alesandrovič, Paläozoologe, Histologe, 1893–1966
Osborn, Henri Fairfield, Paläozoologe, 1857–1935
Osten-Sacken (Ost.-Sack.; O.-S.), Charles Robert, Entomologe, 1828–1906
Oudemans, Johannes Theodorus, Entomologe, 1862–1934
Owen, Richard, Paläozoologe, 1804–1892

P

Paasch, Alexander, Malakologe, 1813–1882
Packard (Pack.), Alpheus Spring, Entomologe, 1839–1905
Pagenstecher (Pagenst.), Heinrich Alexander, Zoologe, 1825–1889
Pallas (Pall.), Peter Simon, Mediziner, Zoologe, Naturforscher, 1741–1811
Palmén, Johan Axel, Ornithologe, 1845–1919
Panceri (Panc.), Paolo, Prof. derr Vergl. Anatomie, 1833–1877
Panzer (Panz.; Pz.), Georg Wolfgang Franz, Naturforscher, 1755–1829
Parkinson (Park.), James C., Paläontologe, 1755–1824
Parnell (Parn.), Richard, Ichthyologe, 1810–1882
Passerini (Pass.), Carlo, Entomologe, 1793–1857
Paykull (Pak.), Gustav von, Entomologe, 1757–1826
Penard (Pen.), T. E., Ornithologe, 1878–1936
Pennant (Penn.), Thomas, Zoologe, 1726–1798
Péron (Pér.), Francois, 1775–1810

Perty, Joseph Anton Maximilian, Naturforscher, 1804–1884
Peters (Pet.), Wilhelm Carl Hartwig, Mediziner, Zoologe, 1815–1883
Peyerimhoff (Peyer.), (Marie Antoine Hercule) Henri de, Entomologe, 1838–1877
Pfeiffer (Pfeiff.; Pf.), Ludwig Georg Carl, Sohn von C. Pfeiffer (1779–1836), Malakologe, Botaniker, Mediziner, 1805–1877
Philippi (Phil.), Rudolph Amandus, Mediziner, Botaniker, Zoologe (Malakologe, Ornithologe); 1808–1904
Philipps (Phipps.), John, Geologe u. Paläontologe, 1800–1874
Pictet (Pict.), François Jules de la Rive, Paläontologe u. Entomologe, Prof. der Zoologie u. Vergl. Anatomie, 1809–1872
Pietrzeniuk, Erika, Mikropaläontologin, geb. 1935
Piller, Matthias, Zoologe, 1733–1788
Pleske, Theodor D., Ornithologe, 1858–1934
Poda von Neuhaus, Nicolaus, Entomologe, 1723–1798
Poeppig (Pöppich) (Poepp.), Eduard Friedrich, Mediziner, Zoologe, 1798–1868
Poli, Giuseppe Saverio, Naturforscher, 1756–1825
Pontoppidan (Pontopp.; Pont.), Erik, Zoologe, 1698–1764
Portenko (Port.), Leonid Aleksandrovič, Ornithologe, 1896–1972
Prout, Louis Beethoven, Entomologe, 1864–1943
Puthz, Volker, Lehrer u. Coleopterologe, Staphylinidologe, geb. 1941

Q

Quatrefages de Bréau (Quatref.), Jean Louis Armand de, Naturforscher, 1810–1892
Quensel, Konrad, Zoologe, 1767–1806
Quenstedt, Friedrich August, Zoologe, Paläontologe, 1809–1889

R

Radde, Gustav Ferdinand Richard, Ornithologe, 1831–1903
Raffles (Raffl.), Sir Thomas Stamford, Naturforscher, 1781–1826
Rafinesque-Schmaltz (Rafin.; Raf.), Constantine Samuel, Zoologe u. Botaniker, 1783– 1840
Ragonot (Rag.), Émile Louis, Entomologe, 1843–1895
Rambur (Ramb.; Rbr.), J. Pierre, Entomologe, 1801–1870
Rathke, (Martin) Heinrich, Zoologe, 1793–1860
Ratzeburg (Rtzbg.; Rtzb.; Ratz.), Jul. Theodor, Entomologe, 1801–1871
Ratzel (Ratz.), Friedrich, Prof. der Geographie, 1844–1904
Rebel (Rbl.), Hans, Entomologe, 1861–1940
Redtenbacher (Redtb.; Redt.), Ludwig, Entomologe, 1814–1876
Reeve, Lovell, Malakologe, 1814–1865
Reichenbach (Reichenb.; Rchb.), Heinrich Gottlieb Ludwig, Zoologe u. Botaniker, 1793–1879
Reichenow (Rchw.), Anton, Zoologe, Ornithologe, 1847–1941
Reinhardt (Reinh.), Johannes Theodor, Professor u. Inspektor des Naturhistorischen Museums in Kopenhagen, 1816–1882
Reisinger, Erich, Zoologe, 1900–1978
Reitter (Reitt.), Edmund, Entomologe (Coleopterologe), 1845–1920
Remane, Adolf, Zoologe, 1898–1976
Renier (Ren.), Stefano, Andreas, Zoologe, 1759–1830
Rensch, Bernhard, Zoologe, 1900–1990
Retzius (Retz.), Anders Johann, Prof. der Naturgeschichte, 1742–1821
Rey, Jean Guillaume Charles Eugène, Chemiker, Ornithologe (Oologe) 1838–1909
Richardson (Richards.; Rich.), Sir John, 1787–1865
Richmond (Richm.), Charles Wallace, Ornithologe, 1868–1932
Richter, Rudolf, Paläozoologe, 1881–1957
Riley (Ril.), Charles Valentine, Entomologe (Coleopterologe), 1843–1895

Risso, J. Antoine, Zoologe u. Botaniker, Chemiker, 1777–1845
Robin (Rob.), Charles, Zoologe u. Anatom, 1821–1885
Robineau-Desvoidy (Rob.; R.-D.), André Jean Baptiste, Dipterologe, 1799–1857
Rohwer, Sievert Allen, Entomologe, 1888–1951
Rolando (Rol.), Luigi, Zoologe, 1773–1831
Rondani (Rond.), Camillo, Entomologe, 1807–1879
Rondelet (Rond.), Guillaume de, Naturforscher u. Mediziner, 1507–1556
Roser, Carl Ludwig Friedrich von, Entomologe, 1787–1861
Rossi, Pietro, Zoologe u. Mediziner, 1738–1804
Roßmäßler (Rossm.), Emil Adolf, Naturforscher, 1806–1867
Rothschild (Rothsch.), Lionel Walter, Entomologe u. Ornithologe, 1868–1937
Rothschild, Nathanel Charles, Entomologe, 1877–1923
Rudow, Ferdinand, Naturwissenschaftler (Zoologe), 1840–1920
Rudolphi (Rud.), Carl Asmund, Anatom, 1771–1832
Rübsaamen (Rübs.), Ewald Heinrich, Entomologe, 1857–1918
Rühle von Lilienstern, Hugo, Arzt u. Zoologe, 1882–1946
Rüppell (Rüpp.), Eduard, Zoologe, 1794–1884
Rütimeyer, Ludwig, Geologe, Paläozoologe, 1825–1895

S

Sabine, Sir Edward, Naturforscher, 1788–1883
Sabine, Joseph, Ornithologe, 1770–1837
Sahlberg (Sahlb.), Carl Reginald, Entomologe, 1779–1860
Sahlberg, Johan (John), Reinhold, Entomologe, 1845–1920
Salomonsen, Finn, Ornithologe, 1909–1982
Salvadori, Graf Tommaso A., Ornithologe, 1835–1923
Sandberger, Carl Ludwig Fridolin Ritter von, Malakologe, Mineraloge u. Geologe, 1826–1898
Sars, Georg Ossian, Zoologe, Sohn v. M. Sars, 1837–1927
Sars, Michael, Zoologe, Paläontologe, 1805–1869
Saunders, Edward, Entomologe, 1848–1910
Saunders, Sir Sidney Smith, Entomologe, 1809–1884
Saunders, William Wilson, Entomologe, 1809–1879
Saussure (Sauss.), Henri Louis Frédéric de, Entomologe, 1829–1905
Savi, Gaetano, Botaniker, 1769–1844
Savi (Sav.), Paolo, Zoologe, 1798–1871
Savigny (Sav.), Marie Jules César Lelorgne de, Naturforscher, 1777–1851
Say, Thomas, Zoologe, 1787–1834
Schäfer, Ernst, Säugetierbiologe, Ornithologe (Tibet-Erforschg.), 1910–1992
Schäfer, Wilhelm, Paläontologe, Meeresbiologe, Ökologe, 1912–1981
Schaeffer (Schäff.), Jacob Christian, Zoologe u. Botaniker, 1718–1790
Schaller (Schall.; Schll.), Johann Gottlob, Entomologe, 1734–1813
Schedl, Karl Eduard, Forstzoologe; München, Ottawa, Hann.-Münden, Eberswalde, Linz; 1898–1979
Scheerpeltz, Otto, Coleopterologe, Staphylinidologe, 1888–1975
Schenck, Adolf Carl Friedrich, Hymenopterologe, 1803–1878
Schenkling, Sigmund, Entomologe, 1865–1948
Schiebel, Guido, Ornithologe, 1881–1956
Schiffermüller (Schiff.), Entomologe, 1727–1809
Schimper (Schimp.), Wilhelm, Naturforscher, 1804–1878
Schindewolf, Otto Heinrich, Paläontologe, 1896–1971
Schiner (Schin.), Ignaz Rudolf, Dipterologe, 1813–1873
Schinz, Heinrich Rudolph, Zoologe, 1777–1861
Schiödte (Schdt.), Jörgen Matthias Christian, Entomologe, 1815–1884
Schiöler, Eiler Theodor Lehn, Ornithologe, 1874–1929
Schlegel (Schleg.), Hermann, Ornithologe, 1804–1884

Schlotheim (Schloth.), Ernst Friedrich Baron von, Paläontologe, 1765–1832
Schlüter, Wilhelm, Naturforscher, Naturalienhändler, 1829–1919
Schmidberger (Schmidb.), Joseph, Entomologe, 1773–1844
Schmidt (Schm.), Adolf, Malakologe, Diatomeenforscher, 1812–1899
Schmidt, Hermann, Paläozoologe, 1892–1978
Schmidt, (O. Schm.), Oscar Ed., Zoologe, 1823–1886
Schmidt, Wilhelm Ludwig Ewald, Coleopterologe, 1804–1843
Schmidt-Göbel, Hermann Max, Coleopterologe, 1809–1882
Schmiedeknecht (Schmiedk.), H. L. Otto, Hymenopterologe, 1847–1936
Schneider, Aimé, Zoologe, 1844–1932
Schneider (Schn.), Anton, Zoologe, 1831–1890
Schneider (Schneid.; Schn.), Joh. Gottlob, Philologe u. Zoologe, 1750–1822
Schneider (Schn.), Wilhelm Th., Entomologe, 1814–1889
Schönherr (Schönh.), Carl Johann, Entomologe, 1772–1848
Scholtz, Heinrich, Entomologe, 1812–1859
Schrank (Schr.), Franz von Paula, Zoologe u. Botaniker, 1747–1835
Schreber (Schreb.), Johann Christian Daniel von, Zoologe, Botaniker u. Mediziner, 1739–1820
Schreibers (Schreib.), Carl, Mediziner, Zoologe, 1775–1852
Schröter (Schröt.), Johann Samuel, 1735–1808
Schultze, Carl August Sigismund, Prof. der Anatomie in Greifswald, 1795–1877
Schulze, Franz Eilhard, Zoologe, 1840–1921
Schumacher (Schum.), Christian Friedrich, Naturforscher, Botaniker, 1757–1830
Schwägrichen (Schwäg.), Joh. Christian Friedrich, Dipterologe, 1774–1853
Schwarz, Eugen Amandus, Entomologe, 1844–1928
Schweigger (Schweigg.), Aug. Ferd., 1783–1821
Sclater (Scl.), Philip Lutley, Ornithologe, 1829–1913
Scopoli (Scop.; Sc.), John. Ant., Mediziner, Bergrat, u. a. Prof. der Chemie u. Botanik; Entomologe, Ornithologe, 1723–1788
Scott, Peter Markham, Ornithologe, 1909–1989
Scriba (Scrib.), Ludwig Gottlieb, Entomologe, 1736–1804
Scudder (Sc.), Samuel Hubbard, Lepidopterologe, 1837–1911
Sedgwick, Adam, Geologe, Paläozoologe, 1785–1873
Seebach (v. Seeb.), Carl von, 1839–1880
Seebohm (Seeb.), Henry, Ornithologe, 1832–1895
Seitz, Adalbert, Arzt u. Entomologe, 1860–1938
Selby, Prideaux John, Ornithologe, 1788–1867
Selenka (Sel.), Emil, u. a. Paläontologe, 1842–1902
Selys-Longchamps (Selys; de S. Longch.), Michel Edmond de, Zoologe, 1813–1900
Semenov-Tjan-Schanskij, Andrej Petrowitsch, Entomologe, 1866–1942
Semper (Semp.), Carl, Zoologe, Anatom, 1832–1893
Serebrowsky, Pawel Wladimirowitsch, Ornithologe, 1893–1942
Serville (Serv.), Audinet Jean Guillaume de, Entomologe, 1775–1858
Sewertzow (Sewertz.), Nikolaj Aleksejewitsch, Zoologe, 1827–1885
Sharp, David, Entomologe, 1840–1922
Sharpe, Richard Bowdler, Ornithologe, 1847–1909
Shaw, George,. Ornithologe, 1751–1813
Shuckard (Sh.), William Edwards, Hymenopterologe, 1803–1868
Siebold (v. Sieb.), Carl Theodor Ernst von, Zoologe, Anatom, 1804–1885
Signoret (Sign.), Victor Antoine, Entomologe, 1816–1889
Simon (Sim.), Eugène, Arachnologe, 1848–1924
Slabber (Slabb.), Martinus, Zoologe, 1740–1835
Smetana, Aleš, Mediziner u. Coleopterologe, Staphylinidologe, geb. 1931
Smith, Sir Alfred Charles, Ornithologe, 1797–1872
Smith, Frederic, Hymenopterologe, 1805–1879
Smith (H. Smith), Hamilton, Zoologe, 1819–1903
Smith, John Bernhard, Entomologe, 1858–1912
Smith, Sidney Irvine, Entomologe u. Malakologe, 1843–1926

Snellen (Sn.), Pieter Cornelius Tobias, Lepidopterologe, 1832–1911
Snellen van Vollenhoven, Samuel Constant, Entomologe, 1816–1880
Soergel, Wolfgang, Geologe, Paläozoologe, 1887–1946
Solander (Sol.), Daniel, Zoologe, 1736–1782
Souleyet (Soul.), Francois Louis August, Malakologe, 1811–1852
South, Richard, Entomologe, 1846–1932
Sowerby (Sow.), George Brettingham, Malakologe, 1788–1854
Sowerby (G. B. Sow.), George Brettingham, Malakologe, 1812–1884
Sowerby (J. Sow.), James, Malakologe, 1757–1822
Sparrman (Sparrm.), Anders, 1748–1820
Spengler (Spengl.), Lorenz, Malakologe, 1720–1807
Spinola (Spin.; Sp.), Max von, Entomologe, 1780–1857
Spix, Johann Baptist, Mediziner, Zoologe, 1781–1826
Stainton (Stt.), Henry Tibbets, Entomologe, 1822–1892
Stål, Carl, Entomologe, 1833–1878
Staudinger (Staud.; Stdgr.; Stgr.), Otto, Lepidopterologe, 1830–1900
Stecker (Steck.), Anton, Zoologe, 1855–1888
Steenstrup (Steenstr.), Johann Japetus Smith, Zoologe, 1813–1897
Stegmann, B., Ornithologe, 1898–1975
Stein (St.), Friedrich, Zoologe, 1818–1885
Steinbacher, Joachim, Zoologe, 1911
Stejneger (Stejn.), Leonhard, Zoologe, 1851–1943
Stephens (Steph.), James Francis, Entomologe, Ornithologe, 1792–1852
Stimpson (Stimps.), William, Zoologe, 1832–1872
Stoliczka (Stol.), Ferd., Geologe u. Paläontologe, 1838–1874
Strand, Embrik, Arachnologe, Entomologe, 1867–1947
Strasser, Karl (Carlo), Myriapodologe; Triest, Innsbruck; 1903–1981
Straus-Durkheim (Str.), Hercule Eugène, Anatom u. Zoologe, 1790–1865
Stresemann, Erwin, Ornithologe, 1889–1972
Strickland (Strickl.), Hugh Edwin, Zoologe, 1811–1853
Strobl, Gabriel, Dipterologe, 1846–1925
Ström, Hans, Zoologe, 1726–1797
Stromer von Reichenbach, Ernst, Paläozoologe, 1871–1952
Studer, Bernhard, Geologe, Paläontologe, 1794–1887
Studer, Theophil, Mediziner, Zoologe, Sohn v. B. Studer, 1845–1922
Sturm, Jacob, Maler u. Naturforscher, 1771–1848
Sturm, Johann Wilhelm, Sohn von J. Sturm, Ornithologe, 1808–1865
Suffrian (Suffr.), Christian Wilhelm Ludwig Eduard, Entomologe (Coleopterologe), Ornithologe, 1805–1876
Sulzer (Sulz.), Joh. Heinr., 1735–1814
Sundevall (Sund.), Carl Joh., 1801–1875
Suschkin, Peter Petrowitsch, Ornithologe, 1868–1928
Swainson (Swains.), William, Zoologe (Ornithologe, Malakologe), 1789–1855
Swinhoe, Charles, Entomologe, 1836–1923
Swinhoe (Swinh.), Robert, Ornithologe, 1836–1877
Sykes, William Henry, Ornithologe, 1790–1872

T

Taschenberg (Taschbg.), Ernst Ludwig, Entomologe, 1818–1898
Taschenberg (Tasch. O.), Otto, Sohn von E. L. Taschenberg, Zoologe, 1854–1922
Teilhard de Chardin, Pierre, Paläontologe, 1881–1955
Teixeira, Carlos, Paläontologe, geb. 1911
Temminck (Temm.; Tem.), Coenraad Jacob, Zoologe, 1778–1858
Tengmalm (Tengm.), Petrus Gustavus, Ornithologe, 1754–1803
Tengström (Tgstr.), Johan Martin Jacob, Entomologe, 1821–1890

Thienemann (Thienem.), Friedrich Ludwig August, Ornithologe, 1793–1858
Thompson (Thomps.), John Vaughan, Zoologe (Carcinologe), 1779–1847
Thompson (Thomps.), William, Mediziner u. Zoologe, 1805–1852
Thomson, Allen, Anatom, 1809–1884
Thomson (Wyv. Thoms.), Sir Charles Wyville, Naturwissenschaftler, 1830–1882
Thomson, James, Coleopterologe, 1828–1897
Thorell (Thor.), Tord Tamerlan Teodor, Arachnologe, 1830–1901
Thunberg (Thunb.), Carl Peter, Zoologe, Botaniker, Mediziner, 1743–1828
Tickell (Tick.), S. R., Ornithologe, 1811–1875
Tiedemann (Tiedem.), Friedr., Anatom, Physiologe, Zoologe, 1781–1861
Tischbein (Tischb.), Peter Friedrich Ludwig, Entomologe, 1813–1883
Tobien, Heinz, Quartärpaläontologe, 1911–1993
Townsend (Towns.), Charles Henry Tyler, Entomologe, 1863–1944
Traustedt (Traust.), Margar Peter Andresen, Zoologe, 1853–1905
Treitschke (Tr.), Friedrich, Lepidopterologe, 1776–1842
Tröger, Karl-Armin, Paläozoologe, Geologe, geb. 1931
Troschel (Trosch.; Tr.), Franz Hermann, Zoologe, 1810–1882
Trybom (Tryb.), Filip, Entomologe, 1850–1913
Tschudi (Tsch.), Johann Jacob von, 1818–1889
Tullberg (Tullb.), Tycho Frederik, Entomologe, 1842–1921
Tunstall (Tunst.), Marmaduke, Ornithologe, 1743–1790
Turpin, Pierre Jean François, Maler, Zoologe, Botaniker, 1775–1840
Turton (Turt.), William, Malakologe, Ornithologe, 1762–1835
Tutt, James William, Entomologe, 1858–1911

U

Uchida, Seinosuke, Ornithologe, 1884–1975
Uhlig, Manfred, Coleopterologe, Staphylinidologe, geb. 1949
Uljanin (Ul.), Wassilij Nikolajewitsch, Zoologe, 1840–1889

V

Valenciennes (Valenc.; Val.), Achille, Zoologe, 1794–1965
Vejdovsky (Vejd.), František, Zoologe, 1849–1939
Verany (Ver.), Giovanni Battista (Jean Baptiste), Zoologe, gest. 1865
Verhoeff (Verh.), Karl Wilhelm, Zoologe, 1867–1945
Vest, Wilhelm von, Malakologe, 1834–1914
Vieillot (Vieill.), Louis Pierre, Ornithologe, 1748–1831
Vigors (Vig.), Nicolas Aylward, Ornithologe, 1785–1840
Villa (Vill.), Antonio, Entomologe, 1806–1885
Villa, Giovanni Battista, Entomologe, (geb. ?) gest. 1887
Villers, Charles Joseph de, Entomologe, 1724–1810
Vogt, Carl, Geologe u. Zoologe, 1817–1895

W

Waga, Anton, Naturwissenschaftler (Entomologe, Ornithologe), 1799–1890
Wagener (G. Wag.), Guido Richard, Anatom, 1822–1896
Wagler (Wagl.), Johann Georg, Mediziner, Zoologe, 1800–1832
Wagner (Wagn., A.), Joh. Andreas, Zoologe, Paläontologe, 1797–1861
Wahlenberg, Georg, Botaniker u. Entomologe, 1780–1851
Walckenaer (Walck.), Charles Athanase, Entomologe, 1771–1852
Walker (Wlk.), Francis, Hymenopterologe, 1809–1874

Wallace, Alfred Russell, Naturforscher, 1822–1913
Wallengren (Wallengr.; Wlg.; Wllgr.), Hans Daniel Johan, Lepidopterologe, 1823–1894
Walter, Johannes, Paläontologe, 1860–1937
Warnecke, Georg, Jurist, Entomologe, Ornithologe, 1883–1962
Wasmann, Erich, Entomologe, 1859–1931
Watanabe, Yashuaki, Coleopterologe, Staphylinidologe, geb. 1932
Waterhouse, Charles Owen, Entomologe, 1843–1917
Waterhouse (Waterh.), George Robert, Zoologe, 1810–1888
Weber (Web.), Friedrich, Entomologe u. Botaniker, 1752–1823
Weber, Hermann, Zoologe (Entomologe), 1899–1956
Webster, Francis Marion, Entomologe, 1849–1916
Wehrli, Hans, Paläozoologe, 1902–1978
Weigelt, Johannes, Geologe, Paläozoologe, 1890–1948
Weinkauff (Weink.), Heinrich Conrad, Malakologe, 1817–1886
Weinland (Weinl.), Christoph David Friedrich, Zoologe u. Mediziner, 1829–1915
Weir, John Jenner, Entomologe, 1822–1894
Weise, Julius, Entomologe, 1844–1925
Weismann, August, Zoologe, 1834–1914
Werneburg (Wbg.), Adolf, Lepidopterologe, Forstmann, 1813–1886
Wesmael (Wesm.), Constantin, Entomologe, 1798–1872
Westerlund (Westerl.), Carl, Malakologe, 1831–1908
Westring (Westr.), Niklas, Arachnologe, 1797–1882
Westwood (Westw.), John Obadiah, Entomologe, 1805–1893
Weyer, Dieter, Paläozoologe, geb. 1937
Wheeler, William Morton, Entomologe, 1865–1937
White, Francis Buchanan, Entomologe, 1842–1894
Wiedemann (Wied.; Wd.), Christian Rudolph Wilhelm, Dipterologe, 1770–1840
Wiedersheim (Wiedersh.), Robert, Anatom, 1848–1923
Wied-Neuwied (Wied.), Prinz Maximilian Alexander Philipp von, Zoologe (Ornithologe), 1782–1867
Wiegmann (Wiegm.), Arend Friedr. Aug., Zoologe, 1802–1841
Williston (Will.), Samuel Wendell, Entomologe, 1852–1918
Wilson (Wils.), Alexander, Ornithologe, 1766–1813
Winnertz (Winn.), Johann, Dipterologe, 1800–1890
Witherby (With.), Harry Forbes, Ornithologe, 1873–1943
Wocke (Wck.), Maximilian Ferdinand, Entomologe, 1820–1906
Wolf, Johann, Zoologe (Ornithologe), 1765–1824
Wulp, Frederik Maurits van der, Dipterologe, 1818–1899

Y

Yarrell (Yarr.), Will., Zoologe, 1784–1856

Z

Zaddach, Ernst Gustav, Zoologe, 1817–1881
Zagora, Karl, Mikropaläontologe, geb. 1938
Zeller (Zell.; Z.), Philipp Christoph, 1808–1883
Zetterstedt (Zett.), Johann Wilhelm, Entomologe, 1785–1874
Zittel (Zitt.), Carl Alfred von, Geologe u. Paläontologe, 1839–1904

4 System des Tierreichs

Die nachstehende Darstellung vermittelt einen Überblick über das System der Tiere nach Westheide/Rieger (Hrsg., 2004) bzw. für die einzelligen Eukaryota nach Hausmann/Radek/Hülsmann (2003). Es wurde von W. Westheide durchgesehen und nach neuesten Erkenntnissen teilweise revidiert. Die Bezeichnungen der systematischen Kategorien der Taxa (z. B. Ordnung, Klasse) werden nicht angeführt. Mit modernen Forschungsmethoden werden kontinuierlich neue bzw. verbesserte Erkenntnisse über phylogenetische Beziehungen gewonnen, die sich in der Nomenklatur und Hierarchie widerspiegeln.
Der vorliegende System-Überblick hat nur Einführungs- oder Brückencharakter zur Spezialliteratur (siehe Literaturverzeichnis). Näheres über den Systemaufbau und die Taxonomieproblematik ist im Einführungskapitel (vor allem in 1.4.2) dargelegt.

„**Einzellige Eukaryota**", Einzeller

1 Tetramastigota
- 1.1 Retortamonadea
- 1.2 Diplomonadea
  - 1.2.1 Enteromonadida
  - 1.2.2 Diplomonadida
- 1.3 Oxymonadea
- 1.4 Parabasalea
  - 1.4.1 Trichomonadida
  - 1.4.2 Hypermastigida

2 Discicristata
- 2.1 Euglenozoa
  - 2.1.1 Euglenida
  - 2.1.2 Kinetoplasta
    - 2.1.2.1 Bodonea
    - 2.1.2.2 Trypanosomatidea
  - 2.1.3 Diplonemida
- 2.2 Heterolobosa
  - 2.2.1 Schizopyrenidea
  - 2.1.2 Acrasea

3 Hemimastigophora

4 Pseudociliata

5 Chromista
- 5.1 Prymnesiomonada
- 5.2 Cryptomonada
- 5.3 Heterokonta
  - 5.3.1 Proteromonadea
  - 5.3.2 Opalinea
  - 5.3.3 Chrysomonadea
    - 5.3.3.1 Chrysomonadida
    - 5.3.3.2 Pedinellida
    - 5.3.5.3 Silicoflagellida
  - 5.3.4 Bacillariophycea
  - 5.3.5 Heteromonadea
  - 5.3.6 Eustigmatophyceae
  - 5.3.7 Labyrinthulea

- 5.3.8 Raphidomonadea
- 5.3.9 Bicosoecidea
- 5.3.10 Hypochytriomycetes
- 5.3.11 Oomycetes

6 Alveolata
- 6.1 Dinoflagellata
- 6.2 Perkinsozoa
- 6.3 Apicomplexa
  - 6.3.1 Gregarinea
  - 6.3.2 Coccidea
  - 6.3.3 Haematozoea
- 6.4 Ciliophora
  - 6.4.1 Postciliodesmatophora
    - 6.4.1.1 Karyorelictea
    - 6.4.1.2 Heterotrichea
  - 6.4.2 Intramacronucleata
    - 6.4.2.1 Spirotrichea
    - 6.4.2.2 Litostomatea
    - 6.4.2.3 Phyllopharyngea
    - 6.4.2.4 Nassophorea
    - 6.4.2.5 Colpodea
    - 6.4.2.6 Prostomatea
    - 6.4.2.7 Plagiophylea
    - 6.4.2.8 Oligohymenophorea
- 6.5 Haplospora

7 Cercozoa
- 7.1 Phytomyxa
- 7.2 Reticulofilosa
- 7.3 Monadofilosa

8 Foraminifera

9 Biliphyta
- 9.1 Rhodophyta
- 9.2 Glaucophyta

10 Viridiplantae
- 10.3 Chlorophyta
- 10.4 Streptophyta

11 Amoebozoa
- 11.1 Lobosa
  - 11.1.1 Gymnamoebea
  - 11.1.2 Acarpomyxea
  - 11.1.3 Testacealobosea
- 11.2 Conosa

12 Opisthokonta
- 12.1 Fungi
  - 12.1.1 Chytridiomycota
  - 12.1.2 Zygomycota
  - 12.1.3 Eumycota
    - 12.1.3.1 Microspora, Microsporea
    - 12.1.3.2 Ascomycota
    - 12.1.3.3 Basidiomycota
- 12.2 Choanozoa
  - 12.2.1 Mesomycetozoa
  - 12.2.2 Choanoflagellata
  - **(METAZOA:** Myxozoa)

13 Eukaryota incertae sedis
- 13.1 Acantharea
- 13.2 Polycystinea

13.3 Phaeodarea
13.4 Heliozoea
Paramyxa

Metazoa, Tierische Vielzeller

I Parazoa

1 Porifera, Schwämme
1.1 **Hexactinellida** (Symplasma), Glasschwämme
1.2 **Cellularia**
1.2.1 Calcarea, Kalkschwämme
1.2.2 Demospongiae
1.2.2.1 Astrophorida (Choristida)
1.2.2.2 Hadromerida
1.2.2.3 Agelasida
1.2.2.4 Halichondrida
1.2.2.5 Poecilosclerida
1.2.2.6 Haplosclerida
1.2.2.7 Keratosa

II Placozoa

III „Mesozoa“

1 Rhombozoa
1.1 Dicyemidae
1.2 Heterocyemidae
2 Orthonectida
3 *Salinella salve*

IV Diploblastische Eumetazoa

„Coelenterata“, Hohltiere

1 Cnidaria, Nesseltiere
1.1 **Anthozoa**, Blumentiere
1.1.1 Octocorallia
1.1.1.1 Stolonifera
1.1.1.2 Helioporida, Blaue Korallen
1.1.1.3 Alcyonaria, Lederkorallen
1.1.1.4 Gorgonaria, Hornkorallen
1.1.1.5 Pennatularia, Seefedern
1.1.2 Hexacorallia
1.1.2.1 Ceriantharia, Zylinderrosen
1.1.2.2 Madreporaria, Stein- od. Riffkorallen
1.1.2.3 Actiniaria, Seeanemonen
1.1.2.4 Zoantharia, Krustenanemonen
1.1.2.5 Antipatharia, Dörnchenkorallen, Schwarze Edelkorallen
1.2 **Cubozoa**, Würfelquallen
1.2.1 Charybdeida
1.2.2 Chirodropida
1.3 **Scyphozoa**, Scheibenquallen
† Conulata
1.3.1 Coronata, Kranzquallen

1.3.2 Stauromedusida (Lucernariida), Becher- od. Stielquallen
1.3.3 Semaeostomea, Fahnenquallen
1.3.4 Rhizostomea, Wurzelmundquallen
1.4 **Hydrozoa**
1.4.1 Hydroida
1.4.1.1 Thecata/Leptomedusae
1.4.1.2 Athecata/Anthomedusae
1.4.1.3 Hydrina
1.4.1.4 Halammohydrina
1.4.1.5 Limnohydrina
1.4.1.6 Velellina, Segelquallen
1.4.2 Trachylida
1.4.2.1 Trachymedusae
1.4.2.2 Narcomedusae
1.4.3 Siphonophora, Staatsquallen
1.4.3.1 Cystonectida
1.4.3.2 Physophorida
1.4.3.3 Calycophorida

2 **Ctenophora,** Rippenquallen
2.1 Tentaculifera
2.2 Atentaculata (Beroida)

V Triploblastische Eumetazoa, Bilateria

Nemathelminthes (Aschelminthes)

1 **Gastrotricha,** Bauchhärlinge
1.1 Macrodasyida
1.2 Chaetonotida

2 **Nematoida**
2.1 **Nematoda**, Fadenwürmer
2.1.1 „Adenophorea" („Aphasmidia")
2.1.1.1 „Trefusiida"
2.1.1.2 Enoplida
2.1.1.3 Dorylaimida
2.1.1.4 Trichosyringida
2.1.1.5 „Chromadorida"
2.1.1.6 Monhisterida
2.1.1.7 Desmoscolecida
2.1.2 Secernentea (Phasmidia)
2.1.2.1 Rhabditida
2.1.2.2 Strongylida
2.1.2.3 Ascaridida
2.1.2.4 Camallanida
2.1.2.5 Spirurida
2.1.2.6 Diplogasterida
2.1.2.7 Tylenchida
2.2 Nematomorpha, Saitenwürmer

3 **Scalidophora**
3.1 Kinorhyncha
3.1.1 Cyclorhagida
3.1.2 Homalorhagida
3.2 Priapulida, Priapswürmer
3.3 Loricifera

Spiralia

1 **Plathelminthes,** Plattwürmer
- 1.1 **„Turbellaria“**, Strudelwürmer
  - 1.1.1 „Turbellaria“ – Acoelomorpha
    - 1.1.1.1 Nemertodermatida
    - 1.1.1.2 Acoela
  - 1.1.2 „Turbellaria“ – Catenulida
  - 1.1.3 „Turbellaria“ – Rhabditophora
    - 1.1.3.1 Macrostomorpha
    - 1.1.3.2 Polycladida
    - 1.1.3.3 „Lecithoepitheliata“
    - 1.1.3.4 Prolecithophora
    - 1.1.3.5 Seriata
    - 1.1.3.6 Rhabdocoela
- 1.2 **Neodermata**
  - 1.2.1 Trematoda, Saugwürmer i. e. S.
    - 1.2.1.1 Aspidobothrii
    - 1.2.1.2 Digenea
  - 1.2.2 Cercomeromorpha
    - 1.2.2.1 Monogenea
    - 1.2.2.2 Cestoda, Bandwürmer

2 **Gnathifera**
- 2.1 **Gnathostomulida**, Kiefermäulchen
  - 2.1.1 Filospermoida
  - 2.1.2 Bursovaginoida
    - 2.1.2.1 Scleroperalia
    - 2.1.2.2 Conophoralia
- 2.2 **Micrognathozoa**
- 2.3 **Syndermata**
  - 2.3.1 „Rotatoria“ („Rotifera“), Rädertiere
    - 2.3.1.1 Seisonida
    - 2.3.1.2 Bdeloida
    - 2.3.1.3 Monogononta
      - 2.3.1.3.1 Ploimida
      - 2.3.1.3.2 Gnesiotrocha
  - 2.3.2 Acanthocephala, Kratzer
    - 2.3.2.1 Eocanthocephala
    - 2.3.2.2 Palaeacanthocephala
    - 2.3.2.3 Archiacanthocephala

3 **Nemertini,** Schnurwürmer
- 3.1 **Anopla**
  - 3.1.1 Palaeonemertini (Palaeonemertea)
  - 3.1.2 Heteronemertini (Heteronemertea)
- 3.2 **Enopla**
  - 3.2.1 Hoplonemertini (Hoplonemertea)
  - 3.2.2 Bdellonemertini (Bdellonemertea)

4 **Mollusca,** Weichtiere
- 4.1 **Aculifera**, Stachelweichtiere
  - 4.1.1 Aplacophora, Wurmmollusken
    - 4.1.1.1 Caudofoveata, Schildfüßer
    - 4.1.1.2 Solenogastres, Furchenfüßer
  - 4.1.2 Polyplacophora (Placophora, Loricata), Käferschnecken
- 4.2 **Conchifera**, Schalenweichtiere
  - 4.2.1 Cyrtosoma, Gekrümmtschaler
    - 4.2.1.1 Monoplacophora, Urmützenschnecken, Napfschaler

4.2.1.2 Gastropoda, Schnecken
4.2.1.2.1 Prosobranchia, Vorderkiemerschnecken
Archaeogastropoda, Altschnecken
Mesogastropoda, Mittelschnecken
Neogastropoda, Neuschnecken
Allogastropoda
4.2.1.2.2 Pulmonata, Lungenschnecken
Archaeopulmonata, Altlungenschnecken
Basommatophora, Wasserlungenschnecken
Stylommatophora, Landlungenschnecken
Gymnomorpha
4.2.1.2.3 Opisthobranchia, Hinterkiemenschnecken
Cephalaspidea (Bullomorpha), Kopfschildschnecken
Acochlidiacea
Saccoglossa, Schlundsackschnecken
Thecosomata, Seeschmetterlinge
Gymnosomata, Ruderschnecken
Anaspidea, Seehasen
Umbraculomorpha, Schirmschnecken
Pleurobranchomorpha, Seitenkiemer
Nudibranchia, Nacktkiemer
4.2.1.3 Cephalopoda, Kopffüßer, Tintenschnecken, Tintenfische
4.2.1.3.1 Nautiloidea (Tetrabranchiata), Perlbootartige, Vierkiemige Kopffüßer
4.2.1.3.2 Coleoida (Dibranchiata), Zweikiemige Kopffüßer
Decabrachia, Zehnarmige Kopffüßer
Octobrachia (Octopodiformes, Vampyromorphoida), Achtarmige Kopffüßer
4.2.2 Diasoma, Gestreckschaler
4.2.2.1 Bivalvia (Acephala, Pelecypoda), Muscheln
4.2.2.1.1 Protobranchia, Fiederkiemer
4.2.2.1.2 Pteriomorpha
4.2.2.1.3 Palaeoheterodonta
4.2.2.1.4 Heterodonta
4.2.2.1.5 Anomalodesmata
4.2.2.2 Scaphopoda, Kahn- od. Grabfüßer

5 Sipuncula (Sipunculida), Spritzwürmer
5.1 Sipunculida
5.2 Phascolosomida

6 Kamptozoa (Entoprocta), Kelchwürmer
6.1 Solitaria
6.2 Coloniales

7 Echiura (Echiurida), Igelwürmer

Articulata, Gliedertiere (= Annelida und Arthropoda)

8 Annelida, Ringelwürmer
8.1 „**Polychaeta**", Borstenwürmer
8.1.1 „Polychaeta i. e. S."
8.1.1.1 Amphinomida
8.1.1.2 Spintherida
8.1.1.3 Phyllodocida
8.1.1.4 Eunicida
8.1.1.5 Diurodrilida
8.1.1.6 Nerillida
8.1.1.7 Spionida

8.1.1.8 Protodrilida
8.1.1.9 Cirratulida
8.1.1.10 Cossurida
8.1.1.11 Polygordiida
8.1.1.12 Flabelligerida
8.1.1.13 Poeobiida
8.1.1.14 Orbiniida
8.1.1.15 Questida
8.1.1.16 Opheliida
8.1.1.17 Capitellida
8.1.1.18 Psammodrilida
8.1.1.19 Sternaspida
8.1.1.20 Oweniida
8.1.1.21 Terebellida
8.1.1.22 Sabellida
8.1.1.22.1 Siboglinidae, Bartwürmer (Syn.: Pogonophora)
8.1.2 Aeolosomatida
8.1.3 Potamodrilida
8.1.4 Myzostomatida
8.1.5 Lobatocerebrida
8.2 **Clitella**, Gürtelwürmer
8.2.1 „Oligochaeta", Wenigborster
8.2.1.1 Haplotaxida
8.2.1.2 Enchytraeida
8.2.1.3 Lumbricida
8.2.1.4 Lumbriculida
8.2.1.5 Tubificida
8.2.2 Hirudinea, Egel
8.2.2.1 Acanthobdellida, Borstenegel
8.2.2.2 Branchiobdellida
8.2.2.3 Hirudinida

Arthropoda, Gliederfüßer (=Onychophora, Tardigrada und Euarthropoda)

9 **Onychophora,** Stummelfüßer
10 **Tardigrada,** Bärtierchen
10.1 Heterotardigrada
10.2 Mesotardigrada
10.3 Eutardigrada

Euarthropoda, Gliederfüsser i. e. S. (= Trilobita, Chelicerata, Mandibulata und Antennata)

† **Trilobita,** Dreilapper
11 **Chelicerata,** Spinnentiere
11.1 Xiphosura, Schwertschwänze
† Eurypterida (Gigantostraca), Seeskorpione
11.2 Arachnida, Spinnentiere i. e. S.
11.2.1 Scorpiones, Skorpione
11.2.2 Uropygi, Geißelskorpione
11.2.3 Amblypygi, Geißelspinnen
11.2.4 Araneae, Webspinnen
11.2.4.1 Mesothelae, Gliederspinnen
11.2.4.2 Opisthothelae
11.2.5 Palpigradi, Palpenläufer
11.2.6 Pseudoscorpiones (Chelonethi), Pseudo-, Bücher- od. Afterskorpione

Antennata (Tracheata, Monantennata, Atelocerata)
(= Chilopoda, Progoneata und Insecta)

13 Chilopoda, Hundertfüßer
- 13.1 Notostigmophora (Scutigeromorpha)
- 13.2 Pleurostigmophora
  - 13.2.1 Lithobiomorpha
  - 13.2.2 Craterostigmomorpha
  - 13.2.3 Epimorpha
    - 13.2.3.1 Scolopendromorpha
    - 13.2.3.2 Geophilomorpha

14 Progoneata
- 14.1 Symphyla, Zwergfüßer
- 14.2 Pauropoda, Wenigfüßer
  - 14.2.1 Hexamerocerata
  - 14.2.2 Tetramerocerata
- 14.3 Diplopoda, Doppelfüßer
  - 14.3.1 Penicillata (Pselaphognatha)
  - 14.3.2 Chilognatha

15 Insecta (Hexapoda), Insekten
- † Palaeodictyoptera
- 15.1 Entognatha, Sackkiefler
  - 15.1.1 Diplura, Doppelschwänze
  - 15.1.2 Collembola, Springschwänze
    - 15.1.2.1 Poduromorpha
    - 15.1.2.2 Entomobryomorpha
    - 15.1.2.3 Symphypleona
  - 15.1.3 Protura, Beintastler
- 15.2 Ectognatha, Freikiefler
  - 15.2.1 Archaeognatha, Felsenspringer
  - 15.2.2 Dicondylia
    - 15.2.2.1 Zygentoma, Fischchen
    - 15.2.2.2 Pterygota, Fluginsekten
      - 15.2.2.2.1 Ephemeroptera, Eintagsfliegen
        - Schistonota
        - Pannota
      - 15.2.2.2.2 Odonata, Libellen
        - Zygoptera, Kleinlibellen
        - Anisoptera, Großlibellen
        - Anisozygoptera
      - 15.2.2.2.3 Plecoptera, Steinfliegen
        - Setipalpia
        - Filipalpia
        - Archiperlaria (Antarctoperlaria)
      - 15.2.2.2.4 Embioptera, Tarsenspinner
      - 15.2.2.2.5 Notoptera (Grylloblattodea), Grillenschaben
      - 15.2.2.2.6 Dermaptera, Ohrwürmer
        - Forficulina
        - Arixeniina
        - Hemimerina
      - 15.2.2.2.7 Mantodea, Flugheuschrecken
      - 15.2.2.2.8 Blattoptera, Schaben
      - 15.2.2.2.9 Isoptera, Termiten
      - 15.2.2.2.10 Ensifera, Langfühlerschrecken
        - Tettigonioidea, Langheuschrecken
        - Grylloidea, Grillen
        - Gryllacridoidea

15.2.2.2.11 Califera, Kurzfühlerschrecken
- Tridactyloidea
- Acridoidea

15.2.2.2.12 Phasmatodea, Gespenstheuschrecken
15.2.2.2.13 Mantophasmatodea
15.2.2.2.14 Zoraptera, Bodenläuse
15.2.2.2.15 Psocoptera, Staubläuse
- Trogiomorpha
- Troctomorpha
- Psocomorpha

15.2.2.2.16 Phthiraptera, Tierläuse
- Amblycera
- Ischnocera
- Rhynchophthirina
- Anoplura, Läuse

15.2.2.2.17 Thysanoptera, Fransenflügler, Blasenfüßer
- Terebrantia
- Tubulifera

15.2.2.2.18 „Homoptera“, Gleichflügler
- Auchenorrhyncha, Zikaden
- Stenorrhyncha, Pflanzenläuse
- Aphidina, Blattläuse
- Coccina, Schildläuse
- Psylloidea, Blattflöhe
- Aleyrodoidea, Mottenschildläuse

15.2.2.2.19 Heteroptera, Wanzen
- Enicocephalomorpha
- Dipsocoromorpha
- Gerromorpha (Amphibiocorisa), Wasserläufer
- Leptopodomorpha
- Nepomorpha (Hydrocorisa, Cryptocerata), Wasserwanzen
- Cimicomorpha
- Pentatomorpha

15.2.2.2.20 Coleorrhyncha
15.2.2.2.21 Megaloptera, Schlammfliegen
15.2.2.2.22 Neuroptera (Planipennia), Netzflügler
15.2.2.2.23 Raphidioptera, Kamelhalsfliegen
15.2.2.2.24 Coleoptera, Käfer
- Archostemata
- Adephaga
- Myxophaga
- Polyphaga

15.2.2.2.25 Strepsiptera, Fächerflügler
15.2.2.2.26 Hymenoptera, Hautflügler
- Symphyta, Pflanzenwespen
- Apocrita, Taillenwespen
- „Terebrantes“, Legewespen
- Aculeata, Stechwespen

15.2.2.2.27 Trichoptera, Köcherfliegen
15.2.2.2.28 Lepidoptera, Schmetterlinge
- Zeugloptera
- Aglossata
- Glossata

15.2.2.2.29 Mecoptera, Schnabelfliegen

15.2.2.2.30 Diptera, Zweiflügler
„Nematocera", Mücken
Brachycera, Fliegen
15.2.2.2.31 Siphonaptera, Flöhe

Tentaculata (Lophophorata) (= Phoronida, Bryozoa und Brachiopoda)

16 Phoronida, Hufeisenwürmer
17 Bryozoa (Ectoprocta), Moostierchen
17.1 **Phylactolaemata** (**Lophopoda**), Süßwasserbryozoen
17.2 **Stenolaemata** (**Cyclostomata**)
17.3 **Gymnolaemata**
17.3.1 Ctenostomata
17.3.2 Cheilostomata
18 Brachiopoda, Armfüßer
18.1 **Inarticulata** (**Ecardines**)
18.1.1 Atremata
18.1.2 Neotremata
18.2 **Testicardines** (**Articulata**)
18.2.1 Rhynchonellida
18.2.2 Terebratulida

Deuterostomia (= Chaetognatha bis Chordata)

1 Chaetognatha, Pfeilwürmer
2 Hemichordata (Branchiotremata)
2.1 **Enteropneusta**, Eichelwürmer
2.2 **Pterobranchia**, Flügelkiemer
†Graptolithina
Xenoturbellida
3 Echinodermata, Stachelhäuter
3.1 **Crinoida**, Seelilien u. Haarsterne
3.1.1 Isocrinida
3.1.2 Millericrinida
3.1.3 Cyrtocrinida
3.1.4 Bourgueticrinida
3.1.5 Comatulida, Haarsterne
3.2 **Asteroida**, Seesterne
3.2.1 Paxillosida
3.2.2 Notomyotida
3.2.3 Valvatida
3.2.4 Velatida
3.2.5 Spinulosida
3.2.6 Forcipulatida
3.2.7 Brisingida
3.3 **Concentricycloida**
3.4 **Ophiuroida**, Schlangensterne
3.4.1 Oigophiurida
3.4.2 Phrynophiurida
3.4.3 Ophiurida
3.5 **Echinoida**, Seeigel
3.5.1 Cidaroida
3.5.2 Euechinoida
3.5.2.1 Echinothuroida
3.5.2.2 Diadematoida
3.5.2.3 Echinacea

3.5.2.4 Clypeasteroida
3.5.2.5 Spatangoida
3.6 **Holothuroida**, Seegurken
3.6.1 Dendrochirotida
3.6.2 Dactylochirotida
3.6.3 Aspidochirotida
3.6.4 Elasipodida
3.6.5 Apodida
3.6.6 Molpadiida

Chordata, Chordatiere (= Tunicata bis Craniota)

4 Tunicata (Urochordata), Manteltiere
4.1 Ascidacea, Seescheiden
4.1.1 Phlebobranchiata
4.1.2 Aplousobranchiata
4.1.3 Stolidobranchiata
4.2 Thaliacea, Salpen
4.2.1 Pyrosomida, Feuerwalzen
4.2.2 Doliolida (Cyclomyaria)
4.2.3 Salpida (Desmomyaria)
4.3 Appendicularia (Larvacea)
5 Acrania (Leptocardia, Cephalochordata), Lanzettfischchen

Craniota, Wirbel- oder Schädeltiere (= Conodonta?, Agnatha bis Mammalia)

† Conodonta

„**Agnatha**", Kieferlose (= Myxinoida bis Petromyzontida)

6 Myxinoida, Schleimaale
† Arandaspidida
† Astraspidida
† Heterostraci
Petromyzontida, Neunaugen
† Anaspidida
† Galeaspidida
† Osteostraci
† Thelodonti

Gnathostomata, Kiefermünder (= Placodermi bis Mammalia)

† Placodermi, Plattenhäuter
† Arthrodira
† Antiarchi
8 Chondrichthyes, Knorpelfische
† Cladoselachida
† Symmoriida
† Eugeneodontida
† Squatinactida
† Petalodontida
† Iniopterygia
† Xenacanthoidei
8.1 **Holocephali**, Chimären, Seekatzen
8.2 **Neoselachii**, Haie und Rochen
8.2.1 Galea
8.2.1.1 Heterodontiformes, Stierkopfhaie
8.2.1.2 Orectolobiformes

8.2.1.3 Lamniformes, Makrelenhaie
8.2.1.4 Carcharhiniformes, Grundhaie
8.2.2 Squalea
8.2.2.1 Hexanchiformes, Kammzähnerhaie, Kragenhaie
8.2.2.2 Echinorhiniformes
8.2.2.3 Squaliformes, Hundshaie
8.2.2.4 Squatiniformes, Engelhaie
8.2.2.5 Pristiophoriformes, Sägehaie
8.2.2.6 Rajiformes, Rochen
8.2.2.6.1 Pristoidei, Sägerochen
8.2.2.6.2 Rhinobatoidei (Rhinoidei), Geigenrochen
8.2.2.6.3 Rajoidei, Rochen i. e. S.
†**Acanthodii**, Stachelflosser
9 Osteognathostomata
9.1 **Actinopterygii**, Strahl(en)flosser
9.1.1 **Cladistia** (**Polypteriformes**), Flösselhechte
9.1.2 **Chondrostei**, Knorpelganoiden
9.1.3 **Ginglymodi** (**Lepisosteiformes**), Knochenhechte
9.1.4 **Halecomorphi** (**Amiiformes**), Kahlhechte
9.1.5 **Teleostei**, Knochenfische i. e. S.
9.2 **Sarcopterygii**, Fleischflosser
9.2.1 **Dipnoi**, Lungenfische
9.2.2 **Actinistia** (**Coelacanthimorpha**), Hohlstachler
† **Porolepiformes**
† **Rhizodontida**
† **Osteolepiformes**
† **Elpistostegalia**
9.2.3 Tetrapoda, Vierfüßige Wirbeltiere
† **Frühe Tetrapoden**, Stegocephalen, Dachschädler
† **Temnospondyli**, Schnittwirbler
† **Lepospondyli**, Hülsenwirbler
† **Anthracosauridae**
† **Seymouriamorpha**
9.2.3.1 Lissamphibia, Amphibien
9.2.3.1.1 **Gymnophiona**, Blindwühlen
9.2.3.1.2 **Caudata**, Schwanzlurche
9.2.3.1.3 **Anura**, Froschlurche
9.2.3.2 **Amniota**, Nabeltiere
9.2.3.2.1 Sauropsida
† **Pareiasauridae**
† **Captorhynidae**
† **Protorothyrididae**
9.2.3.2.1.1 **Testudines** (**Chelonia**), Schildkröten
9.2.3.2.1.2 **Diapsida**
† **Ichthyosauria**, Fischechsen
Lepidosauria
Sphenodontida, Brückenechsen
Squamata, Echsen und Schlangen
Iguania, Leguanartige
Acrodonta
Scleroglossa
† **Mosasauria**, Maasechsen
† **Sauropterygia**
† **Prolacertiformes** († **Protorosauria**)
Archosauria (= Phytosauria, Crocodylia bis Aves)
† **Phytosauria**

Crocodylia, Krokodile
† **Pterosauria**, Flugsaurier
Dinosauria (= Saurischia bis Aves)
† **Saurischia** (exkl. **Aves**)
† **Ornithischia**
Aves, Vögel

9.2.3.2.2 **Synapsida**

† **Edaphosauridae**
† **Sphenacodontidae**
† **Anomodontia**
† **Gorgonopsia**
† **Cynodontia** (exkl. **Mammalia**)

9.2.3.2.2.1 Mammalia, Säugetiere

Monotremata (Prototheria), Kloakentiere
Marsupialia (**Metatheria**), Beuteltiere
Placentalia (**Eutheria**), Placentatiere
Xenarthra, Nebengelenktiere, Zahnarme
Pholidota, Schuppentiere
Lipotyphla, Insektenfresser i. e. S
Lagomorpha, Hasentiere
Rodentia, Nagetiere
Macroscelidea, Rüsselspringer, Elefantenspitzmäuse
Scandentia, Spitzhörnchen
Primates, Primaten
Dermoptera, Riesengleiter
Chiroptera, Fledertiere
Carnivora, Raubtiere
Artiodactyla, Paarhufer
Cetacea, Waltiere
Tubulidentata, Erdferkel
Mesaxonia (**Perissodactyla**), Unpaarhufer
Hyracoidea, Schliefer
Proboscidea, Elefanten
Sirenia, Seekühe

5 Literatur

Das Literaturverzeichnis enthält über den Rahmen der Quellen hinaus, die für die Auswahl und Bearbeitung der lexikalischen Einheiten, für den Systemüberblick und die einführende Studie zur Terminologie/Nomenklatur herangezogen worden sind, eine beträchtliche Anzahl von Titeln, die der bibliographischen Information bzw. weiterführenden Studien dienen. Die Aufnahme einzelner Titel zur Medizingeschichte ist darin begründet, dass bis in die zweite Hälfte des 19. Jahrhunderts die Zoologie in Verbindung mit den medizinischen Grundlagenfächern gelehrt worden ist. Das widerspiegelt sich u. a. auch in den Kurzbiographien der für die Zoologie bedeutsamen Mediziner im lexikalischen Hauptteil dieses Buches.

Adam, H., Czihak, G.: Arbeitsmethoden der makroskopischen und mikroskopischen Anatomie. Fischer, Stuttgart 1964

Ahrens, F.: Naturwissenschaftliches und medizinisches Latein. 8. Aufl., Barth, Leipzig 1983

Alberts, B., Bray, D., Lewis, J., Raff, M., Roberts, K., Watson, J. D.: Molekularbiologie der Zelle. Neuaufl., Wiley-VCH-Verl., Weinheim 2003.

Ax, P.: Das System der Metazoa I. Ein Lehrbuch der phylogenetischen Systematik. 1. Aufl., 1955; Das System der Metazoa II, 1. Aufl., 1999; Das System der Metazoa III, 1. Aufl., 2001: Spektrum Akadem. Verl., Heidelberg 1995–2001.

Bach, H.: Kärntner Naturschutzhandbuch. Kärntner Druck- u. Verlagsgesellschaft (in Komm.), Bd. II (3. Teil: Gefährdete, geschonte u. geschützte Tiere. Klagenfurt 1978.

Bährmann, R. (Hrsg.): Bestimmung wirbelloser Tiere. 3. Aufl., Spektrum Akadem. Verl., Heidelberg 1995.

Bancroft, J.: Grundlagen und Probleme menschlicher Sexualität. Enke, Stuttgart 1985.

Barash, D. P.: Soziobiologie und Verhalten. Parey, Berlin u. Hamburg 1980.

Barfuss, M.: Auf der Suche nach dem Paradies. Mein Leben mit Geparden. Goldmann Wilhelm GMBH. München 2003.

Barr, M. L., Carr, S. H.: Sex chromatin, sex chromosomes and sex anomalies. Canad. Med. Ass. J. 83 (1960): 979.

Barth, F. G.: Sinne und Verhalten: aus dem Leben einer Spinne. Springer, Berlin u. a. 2001.

Barth, L. G., Barth, L. J.: The relation between intensity of inductor and type of cellular differentiation of *Rana pipiens* presumptive epidermis. Biol. Bull. **124** (1963): 125–140, .

Beermann, W.: Cytologische Aspekte der Informationsübertragung von den Chromosomen in das Cytoplasma. In: Induktion u. Morphogenese, Springer, Heidelberg 1963.

Bellstedt, R., Buchsbaum U., Hartmann, M.: Zur Geschichte der Entomologie in Thüringen. Mitt. Thür. Entomologenverband **5** (1998): 64–68.

Benecke, M.: Kriminalbiologie. BLT, Bergisch Gladbach 1999.

Benseler, G. E.: Griechisch-deutsches Schulwörterbuch. Bearb. A. Kaegi, 17. Aufl., Verlag Enzyklopädie, Leipzig 1981.

Benton, M. J. (Hrsg.): The fossil record. Chapman & Hall, London, Glasgow, New York, Tokyo, Melbourne, Madras 1993.

Berg, J. M., Tymoczko, J. L., Stryer, L.: Biochemie. 5. Aufl., Spektrum Akademischer Verlag 2003.

Berger, S.: Historische Übersicht über Zuchttheorien und Zuchtmethoden bis zur Jahrhundertwende. In: Handbuch der Tierzüchtung. Parey, Berlin 1959.

Bergmann, A.: Die Großschmetterlinge Mitteldeutschlands. Bde. 1–5, Urania, Jena 1951–1955.

Berland, L.: Atlas des Hymenopteres de France, Belgique, Suisse. Tom II. Paris 1976.

Berndt, R., Winkel, W.: Zur Definition der Begriffe Biotop, Zootop, Ornitop-Ökoschema, Monoplex, Habitat. Vogelwelt **99** (1978): 141–146.

Bertalanffy, L. von: Biophysik des Fließgleichgewichts. Vieweg, Braunschweig 1953.

Bezzel, E., Prinzinger, R.: Ornithologie. 2. Aufl., Ulmer, Stuttgart 1990.

Bick, H.: Grundzüge der Ökologie. 3. Aufl., Spektrum Akadem. Verl., Heidelberg 1998.

Birbaumer, N., Schmidt, R. F.: Biologische Psychologie, 4. Aufl., Springer, Berlin u. a. 1999.
Björklund, A., Hökfelt, T. (Eds.): Gaba and Neuropeptides in the CNS, Part I. In: Handbook of Chemical Neuroanatomy. Elsevier, Amsterdam u. a. 1985.
Blackwelder, R. E., Blackwelder, R. M.: Directory of zoological taxonomists of the world. Carbondale, Ill., USA, Southern Illinois University Press. 1961, 1–404.
Blüm, V.: Vergleichende Reproduktionsbiologie der Wirbeltiere. Springer, Berlin 1985.
Böckeler, W., Wülker, W. (Hrsg.): Parasitologisches Praktikum. Verlag Chemie, Weinheim; Deerfield Beach (Florida) u. Basel 1983.
Boczkowski, G.: Geschlechtsanomalien des Menschen. Akademie-Verlag, Berlin 1985.
Bögel, Th.: Lehrbuch des klassischen Lateins. Niemeyer, Halle/S. 1955.
Boetticher, H. v.: Die Grundsätze der ornithologischen Systematik und Nomenklatur. Falke **9** (1962): 301–306.
Bohl, E.: Mathematik in der Biologie. 2. Aufl., Springer, Berlin u. a. 2001.
Bohlken, H.: Haustiere und zoologische Systematik. Z. Tierzucht u. Züchtungsbiol. (76) (1961): 107–113.
Boyce, A. J.: The value of some methods of numerical taxonomy with reference to hominoid classification. In: Heywood, V. H., McNeill, J.: Phonetic and phylogenetic classification. London 1964, 47–65.
Brachet, J., Alexandre, H.: Introduction to Molecular Embryology. 2. Aufl., Springer, Berlin, Heidelberg, New York, London, Paris, Tokyo 1986.
Brandis, H., Eggers, H. J., Köhler, W., Pulverer, G.: Lehrbuch der Medizinischen Mikrobiologie. 7. Aufl., Fischer, Stuttgart/Jena 1994
Brauns, A.: Taschenbuch der Waldinsekten. 4. Aufl., Fischer, Stuttgart 1991.
Bresch, C., Hausmann, R.: Klassische und molekulare Genetik. 3. Aufl., Springer, Berlin, Heidelberg, New York 1972.
Briggs, R., King, T. J.: Nucleocytoplasmic interactions in eggs and embryos. In: The Cell, Biochemistry, Physiology, Morphology. Eds. J. Brachet and A. F. Mirsky. Vol. 1, Academic Press, New York 1959.
Brohmer, P. (Hrsg.): Fauna von Deutschland. 11. Aufl., Quelle & Meyer, Heidelberg 1971.
– Fauna von Deutschland: Ein Bestimmungsbuch unserer heimischen Tierwelt. Neugest. u. erw. v. Matthias Schaefer. 16. Aufl., Quelle & Meyer, Heidelberg 1984.
Bronn, H. G. (Hrsg.): Klassen und Ordnungen des Tierreichs. Akadem. Verlagsges., Leipzig, ab 1866; Fischer, Jena, ab 1975.
Brown, T. A.: Gentechnologie für Einsteiger. 3. Aufl., Spektrum Akadem. Verl., Heidelberg 2002.
Buchanan, R. E.: Transliteration of Greek to Latin in the formation of names of Zoological taxa. Syst. Zool. 5 (1956): 65–67.
Buchholtz, Chr.: Das Lernen bei Tieren. Verhaltensänderungen durch Erfahrung. Fischer, Stuttgart 1973.
Bünning, E.: Die physiologische Uhr. Springer, Berlin u. a. 1958.
Bullock, T. H., Horridge, G. A.: Structure and Function in the Nervous System of Invertebrates. Freeman, San Francisco 1965.
Burkhardt, D.: Wörterbuch der Neurophysiologie. 2. Aufl., Fischer, Jena 1971.
Buselmaier, W., Tariverdian, G.: Humangenetik. 2. Aufl., Springer, Berlin u. a. 1999.
Campbell, B. G.: The nomenclature of the Hominidae including a definite list of named hominied taxa. R. Anthopol. Institute, London 1965.
Campbell, N. A.: Biologie. Spektrum Akadem. Verl., Heidelberg 2003.
Cariello, L., Consiglo, D.: Activity Report 2000/2001 Stazione Zoologica Anton Dohrn Napoli. Copyright Stazione Zoologica Anton Dohrn, Napoli 2002.
Carpenter, J. R.: An ecological glossary. Hafner, New York 1956.
Comberg, G.: Die deutsche Tierzucht im 19. und 20. Jahrhundert. Ulmer, Stuttgart 1984.
– Tierzüchtungslehre. 3. Aufl., Ulmer, Stuttgart 1980.
Cox, C. B., Moore, P. D.: Einführung in die Tiergeographie. Fischer, Stuttgart 1987.
Crick, F.: Central Dogma of Molecular Biology. Nature **227** (1970): 561–563.
Czihak, G., Langner, H., Ziegler, H. (Hrsg.): Biologie. 4. Aufl., Springer, Berlin, Heidelberg, New York 1990.
Dahl, F. (Hrsg.): Die Tierwelt Deutschlands und der angrenzenden Meeresteile. Fischer, Jena ab 1925.
Dathe, H.: Kaestner – Lehrbuch der Speziellen Zoologie. Bd. 1. Wirbellose Tiere. Teil 5: Insecta. 2. Aufl., Spektrum Akadem. Verl., Heidelberg 2002.

– Wirbeltiere 1 (Pisces, Amphibia, Reptilia). Taschenbuch der Zoologie, Bd. 4. Fischer, Jena 1975.
Darlington jr., P. J.: Zoogeography: The geographical distribution of animals. John Wiley and Sons, Chichester 1957.
Deckert, K.: Acrania, Chondrichthyes, Osteichthyes. In: Urania Tierreich, 4: Fische, Lurche, Kriechtiere. Urania-Verlag, Leipzig, Jena, Berlin 1969.
Dedeck, J., Steineck, Th.: Wildhygiene. Fischer, Jena/Stuttgart 1994.
– Die wichtigsten genetisch-statistischen Fachausdrücke in der Tierzucht. Ulmer, Stuttgart 1976.
Dettner, K., Peters, W. (Hrsg.): Lehrbuch der Entomologie. 2. Aufl., Spektrum Akadem. Verl., Heidelberg 2003.
Dobzhansky, Th.: Genetics and the origin of species. Columbia Univ. Press, New York 1937.
Driesch, H.: Lebenserinnerungen. Aufzeichnungen eines Forschers und Denkers in entscheidender Zeit. E. Reinhardt, München, Basel 1951.
Drößler, K., Gemsa, D.: Wörterbuch der Immunologie. 3. Aufl., Spektrum Akadem. Verl., Heidelberg 2000.
Dudel, J., Menzel, R., Schmidt R. F. (Hrsg.): Neurowissenschaften. Vom Molekül zur Kognition. 2. Aufl., Springer, Berlin u. a. 2001.
Dücker, G.: Bernhard Rensch: Kurzbiographie und Verzeichnis seiner wissenschaftlichen Veröffentlichungen. Schriftenreihe der Westf.-Wilhelm. Univ. Münster, Heft 4. Münster 1985.
Dumbleton, C. W.: Russian-English biological dictionary. Oliver and Boyd, Edinburgh, London 1964.
Dunger, W. (Hrsg.): Methoden der Bodenbiologie. 2. Aufl., Spektrum Akadem. Verl., Heidelberg 1997.
Dupuis, C.: Permanence et actualité de la systématique. La „Systématique phylogénétique" de W. Hennig (Historique, discussion, choix de références). Cahier des Naturalistes **34**, 1–69, Paris 1979.
Eberle, P., Reuer, E.: Kompendium und Wörterbuch der Humangenetik. UTB 1291. Fischer, Stuttgart 1984.
Eccles, J. C.: The Physiologie of Synapses. Springer, New York 1964.
Eckert, R., Randell, D., Augustine, G.: Tierphysiologie. Thieme, Stuttgart 1993.
Edwards, J. G.: A new approach to infraspecific categories. System. Zool. 3 (1954): 1–20.
Eibl-Eibesfeldt, I.: Das verbindende Erbe. Kiepenheuer u. Witsch, Köln 1991.
– Grundriß der vergleichenden Verhaltensforschung – Ethologie. 6. Aufl., Piper, München 1980.
Eichhorn, M. (Hrsg.): Fachwörterbuch Biologie. 1. Aufl. Deutsch-Englisch, 2000; 2. Aufl. Englisch-Deutsch, 1999, Langenscheidt. München, Berlin.
– Müller, Fritz. Thüringer Biographisches Lexikon. Selbstverl. d. Kommission f. Thüringen e. V., pp. 132–137, Weimar 2002.
Eigen, M.: Stufen zum Leben. Piper, München u. Zürich 1992.
– Winkler, R.: Das Spiel. 3. Aufl., R. Piper & Co. Verl., München/Zürich 1979.
Eisenberg, J.: Englisch-Deutsche Fachausdrücke. In: A Comparative Study in Rodent Ethology with Emphasis on the Evolution of Social Behaviour. Proc. Nat. Mus. **122** (1967): 1–51.
Engels, W. (Ed.): Social Insects. Springer, Berlin u. a. 1990.
Englund, P. T., Sher, A. (Eds.): The Biology of Parasitism. A Molecular and Immunological Approach. A. Liss, New York 1988.
Ernst, E., Kalm, E.: Grundlagen der Tierhaltung und Tierzucht. – Pareys Studientexte 79, Parey, Berlin 1994.
Feurich, R.: Wörterbuch der Zoologie Russisch-Deutsch. Verlag Enzyklopädie, Leipzig 1969.
Feustel, W.: Abstammungsgeschichte des Menschen. 6. Aufl., UTB 1722. Fischer, Jena 1990.
Fioroni, Pio: Allgemeine und vergleichende Embryologie der Tiere. Springer, Berlin, Heidelberg, New York, London, Paris, Tokyo 1987.
Fitter, R., Heinzel, H., Parslow, J.: The Birds of Britain and Europe with North Africa and the Middle East. Collins Publishers, London 1972.
Flindt, R.: Biologie in Zahlen. 6. Aufl., Spektrum Akadem. Verl., Heidelberg 2003.
Flößner, D.: Branchiopoda, Branchiura. In: Die Tierwelt Deutschlands. 60. Teil. Fischer-Verl., Jena, 1972.
Florey, E.: The Zoological Station at Naples and the neuron: personalities and encounters in a unique institution. Biol. Bull. **168** (Suppl.) (1985): 137–152.
Ford, C. S., Beach, F. A.: Das Sexualverhalten von Mensch und Tier. 2. Aufl., Colloquium Verlag, Berlin-Dahlem 1960.

Franz, H.: Ökologie der Hochgebirge. Ulmer, Stuttgart 1979.
Franz, J. M., Krieg, A.: Biologische Schädlingsbekämpfung. 3. Aufl., Parey, Hamburg 1982.
Fraser, A. F.: Verhalten landwirtschaftlicher Nutztiere. UTB 728. Ulmer, Stuttgart 1978.
Freude, H., Harde, K. W., Lohse, G. A.: Die Käfer Mitteleuropas. 11 Bände (1965–1983), Spektrum Akadem. Verl., Heidelberg.
Freye, H.-A., et al.: Zoologie. 9. Aufl., UTB 1657. Fischer, Jena 1991.
– Humanökologie, 2. Aufl., Fischer, Jena 1985.
– Spur der Gene: Humangenetik, Edition, Leipzig 1980.
Freytag, K. (Hrsg.): Fremdwörterbuch naturwissenschaftlicher und mathematischer Begriffe. 4. Aufl., 2 Bde. Köln: Aulis/Deubner 1982.
Friemel, H.: Immunologische Arbeitsmethoden. Fischer, Jena 1991.
Friese, G.: Insekten. Meyers Taschenlexikon. 3. Aufl., Bibliographisches Institut, Leipzig 1979.
Frisk, H.: Kleine Schriften zur Indogermanistik und zur griechischen Wortkunde. Almquist & Wiksell, Stockholm 1966.
– Griechisch-etymologisches Wörterbuch. Bd. 1–3. Winter, Heidelberg 1954–1972.
Fries, I.: *Nosema ceranae* – ein neuer Microsporidien-Parasit von *Apis cerana.* Apidologie **27** (1996): 279–280.
Fritzsche, R., Geiler, H., Sedlag, U. (Hrsg.): Angewandte Entomologie. Fischer, Jena 1968.
Füller, H.: Das Bild der modernen Biologie. 3. Aufl., Urania-Verlag, Leipzig 1985.
Futuyma, D. J.: Evolutionsbiologie. Birkhäuser, Basel 1989.
Gassen, H. G., Martin, A., Bertram, S.: Gentechnik. Fischer, Stuttgart 1991.
Gebhardt, L.: Die Ornithologen Mitteleuropas. Brühlscher Verlag, Gießen 1964. (Bd. 2–4 erschienen als Sonderhefte des Journals für Ornithologie **111**, 1970; **115**, 1974, **121**, 1980).
Gehring, W. J.: The genetic control of eye development and its implications for the evolution of the various eye-types. Zoology **104** (2001): 171–183.
Geiler, H.: Allgemeine Zoologie. Taschenbuch der Zoologie, Bd. 1, 5. Aufl., Fischer, Jena 1979.
Gerisch, G.: Chemotaxis in Dictyostelium. Ann. Rev. Physiol. **44** (1982): 535–552.
Gersch, M.: Vergleichende Endokrinologie der wirbellosen Tiere. Geest & Portig, Leipzig 1964.
Gewecke, M. (Hrsg.): Physiologie der Insekten. Spektrum Akadem. Verl., Heidelberg 1995.
Giljarov, M. S.: Biologiceskij enciklopediceskij slovar. Glav. red.: Sovet. Encikl. Enzyklopädisches Biologie-Wörterbuch. Moskva 1986.
Gilles, R., Balthazart, J. (Eds.): Neurobiology. Current comparative Approaches. Springer, Berlin, Heidelberg, New York, Tokyo 1985.
Gozmány, L.: Vocabularium nominum animalium europae septem linguis redactum. Bd. 1 u. 2. Akadémiai Kiadó, Budapest 1979.
Grassé, P.-P. (edit.): Traité de Zoologie. Masson, Paris ab 1948.
Gray, P.: The dictionary of the biological sciences. Reinhold Publ. Corpor., New York, Amsterdam, London 1967.
Greengard, P.: Cyclic nucleotides, phosphorylated proteins, and the nervous system. Fed. Proc. **38** (1979): 2208–2217.
Greenwood, P. H., Rosen, D. E., Weitzmann, S. H., Meyers, G. S.: Phyletic studies of teleostean fishes with a provisional classification of living formes. Bull. Am. Mus. Nat. Hist. **131** (4), (1966): 340–455.
Grell, K. G.: Protozoologie. 2. Aufl., Springer, Berlin, Heidelberg, New York 1968.
Grimm, J. u. W.: Deutsches Wörterbuch. Neubearbeitung. Hrsg. von der Akademie der Wissenschaften der DDR in Zsarb. mit der Akademie der Wissenschaften zu Göttingen. S. Hirzel, Leipzig 1987.
Groeben, Ch. (Edit.): Charles Darwin 1809–1882, Anton Dohrn 1840–1909. Correspondence. Macchiaroli, Napoli 1982.
– Der Freskensaal der Stazione Zoologica Anton Dohrn. Biographie eines Kunstwerkes. Macchiaroli Editore, Napoli 1995.
Grzimek, B. (Hrsg.): Grzimeks Tierleben. Enzyklopädie des Tierreiches. 13 Bde. Kindler, Zürich 1967–1971.
Günther, E.: Lehrbuch der Genetik. 6. Aufl., Fischer, Jena 1991.
Günther, R. (Hrsg.): Die Amphibien und Reptilien Deutschlands. Spektrum Akadem. Verl., Heidelberg 1996.
Gurdon, J. B.: Transplanted nuclei and cell differentiation. Sci. Am **219** (1968): 24–35.
Gustafson, T., Wolpert, L.: Cellular movement and contact in sea urchin morphogenesis. Biol. Rev. **42** (1967): 442–498.

Haas, O., Simpson, G. G.: Analysis of some phylogenetic terms, with attempts of redefinition. Proc. Amer. phil. Soc. **90** (1946), 319–349.
Hadorn, E.: Experimental studies of amphibian development. Springer, Berlin, Heidelberg, New York 1974.
Hämmerling, J.: Nucleo-cytoplasmic interactions in *Acetabularia* and other cells. Ann. Rev. Plant Physiolog. **14** (1963): 65–92.
Hafferl, A.: Lehrbuch der topographischen Anatomie. 3. Aufl., Springer, Berlin, Heidelberg, New York 1969.
Hagemann, R.: Allgemeine Genetik. 3. Aufl., UTB 1292. Fischer, Jena 1991.
Haltenorth, Th.: Säugetiere. In: Das Tierreich. Sammlung Göschen 283a, 283b. de Gruyter, Berlin 1969.
Halvorson, H. O., Monroy, A. (Eds.): The Origin and Evolution of Sex. A. Liss, New York 1985.
Hamilton, T. H.: Control by estrogen of genetic transcription and translation. Science **161** (1968): 649–661.
Hanke, W.: Biologie der Hormone. Biol. Arb.-Bücher 33, Quelle L. Meyer, Heidelberg 1982.
Haq, B. U., Eysinga, F. W. B. van: Geological time table. Elsevier, Amsterdam 1987.
Hargis, W. J.: A suggestion for the standardization of the higher systematic categories. Syst. Zool. **5** (1956): 42–46.
Harms, J. W., Lieber, A.: Zoobiologie für Mediziner und Landwirte. Fischer, Jena 1970.
Harz, K.: Die Geradflügler Mitteleuropas. Fischer, Jena 1957.
Haseder, I., Stanglwagner, G.: Knaurs Großes Jagdlexikon. Droemer, Knaur, München 1984.
Hassenstein, B.: Verhaltensbiologie des Kindes. 5. Aufl., Spektrum Akadem. Verl., Heidelberg 2001.
Haszprunar, G.: Die klado-evolutionäre Klassifikation – Versuch einer Synthese. Z. f. zool. System u. Evolutionsf. **24** (1986): 89–109.
Hausmann, Kl., Hülsmann, N.: Protozoology. 2. Auflage, Thieme, Stuttgart 1995.
– – Radek, R.: Protistology. E. Schweizerbart'sche Verlagsbuchhandlung, Berlin/Stuttgart, 2003, S. I–VII, S. 1–43.
Hediger, H.: Beobachtungen zur Tierpsychologie im Zoo und im Zirkus. Henschel-Verlag, Berlin 1979.
Heinzel, H., Fitter, R., Parslow, J.: Pareys Vogelbuch (Alle Vögel Europas, Nordafrikas und des Mittleren Ostens). Übers. und bearbeitet von G. Niethammer, H. E. Wolters. Parey, Hamburg/Berlin 1972.
Hemleben, K.: Darwin. Rowohlt 1968.
Hennig, W.: Systematik und Phylogenese. Ber. Hundertjahrfeier Dtsch. ent. Ges. 1956, S. 50–51, Berlin 1957.
– Phylogenetic systematics. Univ. Illinois Press, Urbana 1966.
– Aufgaben und Probleme stammesgeschichtlicher Forschung. Parey, Hamburg 1984.
– Wirbellose I., Taschenbuch der Zoologie, Bd. 2. 6. Aufl., Fischer, Jena 1994.
– Mickoleit, G.: Wirbellose II (Gliedertiere). Taschenbuch der Zoologie. Bd. 3, 5. Aufl., Fischer, Jena 1994.
Hentschel, E.: Neurosekretion und Neurohämalorgan bei *Chirocephalus grubei* Dybowsci und *Artemia salina* Leach (Anostraca, Crustacea). Z. wiss. Zool. **171** (1965): 44–79.
– Investigations on catecholamine integrated influences on reproduction in *Periplaneta americana* (L.). Adv. Physiol. Sci. Vol. 22; 205–234, Pergamon Press/Akadémiai Kiadó, Budapest 1980/81.
– Sallen, B., Penzlin, H.: Acetylcholinesterase and ovulation cycles – the effect of ovicides. Akad. d. Landwirtschaft. (Tag.-Ber.) **274** (1989): 37–44.
– Otto Pflugfelder, * 15. 02. 1904, † 02. 01. 1994. Verh. Dtsch. Zool. Ges. **87** (2) (1994): 217–219.
– Proceedings: 1. Jenaer Bienenkundliches Symposium 27.–29. März 1992. Friedrich-Schiller-Universität Jena; 2. Jenaer Bienenkundliches Symposium 26.–28. März 1993. Friedrich-Schiller-Universität Jena.
– Zur Geschichte der Apidologie an der Universität Jena und im Freistaat Thüringen/Deutschland. Deutsches Bienen Journal **12** (1997): 26–27.
Heptner, V. G., Naumov, N. P. (Hrsg.): Die Säugetiere der Sowjetunion. Bd. 1–3 ff. Fischer, Jena 1966–1980 ff.
Herre, W., Röhrs, M.: Haustiere – zoologisch gesehen. 2. Aufl., Fischer, Stuttgart/Jena 1990.
Heß, D.: Die Blüte. 2. Aufl., Ulmer, Stuttgart 1991.
Heuss, Th.: Anton Dohrn. Rainer Wunderlich. 3. Aufl., Tübingen 1962.

Heymer, A.: Ethologisches Wörterbuch. Parey, Hamburg, Berlin 1977.
Hiepe, Th. (Hrsg.): Lehrbuch der Parasitologie. Bd. 1 Allgemeine Parasitologie (Th. Hiepe, R. Buchwalder, R. Ribbeck), 1961. Bd. 2 Veterinärmedizinische Protozoologie (Th. Hiepe, R. Jungmann), 1983. Bd. 3 Veterinärmedizinische Helminthologie (Th. Hiepe, R. Buchwalder, S. Nickel), 1985. Bd. 4 Veterinärmedizinische Arachno-Entomologie (Th. Hiepe, R. Ribbeck), 1982. Fischer, Jena.
Hille Ris Lambers, D.: Polymorphism in Aphididae. Ann. Rev. Entomol. – Palo Alto, Calif. **11** (1966): 47–48.
Hirch, E., Richter, U.: Spezialsprachlicher Grundkurs für Mediziner. Martin-Luther-Universität Halle-Wittenberg, Halle (S.) 1976.
Hodgkin, A. L., Huxley, A. F., Katz, B.: Measurement of current-voltage relations in the membrane of the giant axon of *Loligo*. J. Physiol. (1952): 424–448.
Hölldobler, B., Wilson, E. O.: The Ants. Springer, Berlin u. a. 1990.
Hofer, H., East,. M. L.: Conflict management in female-dominated spotted hyenas. In: F. Aureli and F. B. M. de Waal (eds.), Natural Conflict Resulation, pp. 232–234, Univ. of California Press, Berkeley 2000.
Hoffmann, G. H., Nienhaus, F., Schönbeck, F., Weltzien, H. C., Wilbert, H.: Lehrbuch der Phytomedizin. 2. Aufl., Parey, Berlin/Hamburg 1985.
Hofrichter, R. (Hrsg.): Das Mittelmeer. Fauna, Flora, Ökologie. I: Allgemeiner Teil; II/1: Mikroflora, Mikrofauna, marine Flora, ursprünglichere Taxa der marinen Fauna, II/2: Bestimmungsführer (marine Fauna). Spektrum Akadem. Verl., Heidelberg 2001–2003.
Honomichl, K.: Jacobs/Renner: Biologie und Ökologie der Insekten. 3. Aufl., Spektrum Akadem. Verl., Heidelberg 1998.
Horn, W., Kahle, I., Friese, G., Gaedike, R.: Collectiones entomologicae. Teil I u. II. AdL, Berlin 1990, 573 S.
Hubel, D. H., Wiesel, T. N.: Brain mechanisms of vision. Sci. Am. **241** (1979): 150–162.
Hüsing, J. O., Nitschmann, J.: Lexikon der Bienenkunde. Edition, Leipzig 1987.
Huxley, J., Hardy, A. C., Ford, E. B.: Evolution as a process. G. Allen and Unwin Ltd., London 1954.
Hyman, L. H.: The Invertebrates. Vols. 1–6. McGraw-Hill, New York etc. 1940–1967.
Ihle, J. E. W., van Kampen, P. N., Nierstrasz, H. F., Versluys, J.: Vergleichende Anatomie der Wirbeltiere. Springer, Berlin 1927. Reprint 1971.
Immelmann, K.: Einführung in die Verhaltensforschung. 2. Aufl., Parey, Berlin u. Hamburg 1979.
– Wörterbuch der Verhaltensforschung. Parey, Berlin, Hamburg 1982.
International Code of Zoological Nomenclature. Adopted by the XX General Assembly of the International Union of Biological Sciences. Ed. by Ride, Sabrosky, Bernardi, Melville. Int. Trust Zool. Nomenclat., Brit. Mus. London 1985.
Jacob, F., Monod, J.: Genetic regulatory mechanisms in the synthesis of proteins. J. Mol. Biol. **3** (1961): 318–356.
Jacobs, P. A., Strong, J. A.: A case of human intersexuality having a possible XXY sex-determining mechanism. Nature (Lond.) **183** (1959): 302.
Jacobs, W., Renner, M.: Biologie und Ökologie der Insekten. Fischer, Stuttgart 1988.
– Seidel, F.: Wörterbücher der Biologie: Systematische Zoologie: Insekten. Fischer, Jena 1975.
Jaeger, E. C.: A Source – Book of Biological Names and Terms. 3. Aufl., (Reprint). C. C. Thomas, Springfield (Ill.) 1978.
Jaeger, E. J., Werner, K. (Hrsg.): Rothmaler – Exkursionsflora von Deutschland. Bd. 2: Gefäßpflanzen – Grundband. 18. Aufl., Spektrum Akadem. Verl., Heidelberg 2000.
Jahn, I. (Hrsg.): Geschichte der Biologie. 3. Aufl., Spektrum Akadem. Verl., Heidelberg 2000.
– Grundzüge der Biologiegeschichte. UTB 1534. Fischer, Jena/Stuttgart 1990.
James, M. T.: Numerical versus phylogenetic taxonomy. Syst. Zool. **12** (1963): 91–93.
Janeway, Ch. A. Travers, P., Walport, M., Shlomchik, M.: Immunologie. 5. Aufl., Spektrum Akadem. Verl., Heidelberg 2002.
Jeffrey, C.: Biological Nomenclature. E. Arnold, London 1973.
Jost, A.: Recherche sur la differenciation sexuelle del'embryon de lapin. III. Role des gonades foetales dans la differencation sexuelle somatique. Arch. Anat. Micr. Morph. Exp. **36** (1947): 271.
Kabisch, K.: Wörterbuch der Herpetologie. Fischer, Jena/Stuttgart 1990.
Kämpfe, L. (Hrsg.): Evolution und Stammesgeschichte der Organismen. 3. Aufl., UTB 1791. Fischer, Jena 1992.

– Kittel, R., Klapperstück, J.: Leitfaden der Anatomie der Wirbeltiere. 6. Aufl., Fischer, Jena 1993.
Kaegi, A. (Bearb.): Benselers Griechisch-Deutsches Wörterbuch. 17. Aufl., Enzyklopädie, Leipzig 1981.
Kaestner, A. (Begr.): Lehrbuch der Speziellen Zoologie. Gruner, H.-E. (Hrsg. Bd. I, Wirbellose)
1. Teil: Einführung, Protozoa, Placozoa, Porifera (bearb. von Grell, K. G., Gruner, H.-E., Kilian, E. F.), 5. Aufl., Fischer, Jena/Stuttgart 1993.
2. Teil: Cnidaria, Ctenophora, Mesozoa, Plathelminthes, Nemertini, Entoprocta, Nemathelminthes, Priapulida (bearb. von Hartwich, G., Kilian, E. F., Odening, K., Werner, B.), 5. Aufl., Fischer, Jena/Stuttgart 1993.
3. Teil: Mollusca, Sipunculida, Echiurida, Annelida, Onychophora, Tardigrada, Pentastomida (bearb. von Gruner, H.-E., Hartmann-Schröder, G., Kilias, R., Moritz, M.), 5. Auflage, Fischer, Jena/Stuttgart 1993.
4. Teil: Arthropoda (ohne Insecta) (bearb. von Moritz, M., Gruner, H.-E., Dunger, W.), 4. Aufl., Fischer, Jena/Stuttgart 1993.
Kaestner, A. (Begr.): Lehrbuch der Speziellen Zoologie. Starck, D. (Hrsg. Bd. II, Wirbeltiere)
2. Teil: Fische (bearb. von Fiedler, K.), Fischer, Jena/Stuttgart 1991.
5. Teil: Säugetiere (bearb. von Starck, D.), Fischer, Jena/Stuttgart 1995.
Kandel, E. R., Schwartz, J. H., Jessell, T. M. (Hrsg.): Neurowissenschaften. Spektrum Akad. Verl., Heidelberg 1995.
Kaplan, R. W.: Der Ursprung des Lebens. 2. Aufl., Thieme, Stuttgart 1978.
Karlson, P.: Biochemie. 14. Aufl., Georg Thieme 1994.
– Adolf Butenenadt. Biochemiker, Hormonforscher, Wissenschaftspolitiker. Wissenschaftl. Verlagsgesellschaft MBH, Stuttgart 1990.
Katz, B.: Nerv, Muskel und Synapse. Einführung in die Elektrophysiologie. 3. Aufl., Thieme, Stuttgart 1979.
Kaubitzsch, S., Hentschel, E., Penzlin, H.: Molecular forms of acetylcholinesterase in the cerebralganglion during ovulation of *Periplaneta americana* (L.) (Insecta, Blattaria). Zool. Jb. Physiol. **94** (1990): 73–81.
Kéler, St. von: Entomologisches Wörterbuch. 3. Aufl., Akadem. Verl., Berlin 1963.
Keidel, W. D. (Hrsg.): Kurzgefaßtes Lehrbuch der Physiologie. Thieme, Stuttgart 1979.
Kimura, M.: Die Neutralitätstheorie der molekularen Evolution. Parey, Hamburg 1992.
Kirchgeßner, M.: Tierernährung. 8. Aufl., DLG-Verlag, Frankfurt/M. 1992.
Klafs, G., Stübs, J. (Hrsg.): Die Vogelwelt Mecklenburgs. 3. Aufl., (Avifauna der DDR, Bd. 1.). Fischer, Jena 1987.
Kleinig, H., Sitte, P. (Bgrd.): Zellbiologie. 4. Aufl., Spektrum Akadem. Verl., Heidelberg 1999.
Klinefelter, H. F., jr., Reifenstein, E. C., jr., Albright, F.: Syndrome characterized by gynecomastia, aspermatogenesis without a Leydigism and increased excretion of follicle-stimulating hormone. J. Clin. Endocrin. **2** (1942): 615.
Klös, H.-G.: Tierbestand des Zoologischen Gartens – einschließlich seines Aquariums. 4. Aufl., Eigenverlag, Berlin 1991.
– Frädrich, H., Klös, U.: Die Arche Noah an der Spree. 150 Jahre Zoologischer Garten Berlin. Eine tiergärtnerische Kulturgeschichte von 1844–1994. SAB-Verlag 1994.
Kloft, W. J., Gruschwitz, M.: Ökologie der Tiere. Ulmer, Stuttgart 1988.
Kluge, F., Goetze, A.: Etymologisches Wörterbuch der deutschen Sprache. 16. Aufl., Berlin 1953.
Knauer, N., Zielonkowski, W. (Hrsg.): Begriffe aus Ökologie, Umweltschutz und Landnutzung. Dachverband Agrarforschung u. Akademie für Naturschutz u. Landschaftspflege. 2. Aufl., Frankfurt a. M. 1991.
Knorre, D. v., Grün, G., Günther, R., Schmidt, K. (Hrsg.): Die Vogelwelt Thüringens. Fischer, Jena 1986.
Knußmann, R.: Anthropologie. 1. Teil. Fischer, Stuttgart, New York 1988.
– Vergleichende Biologie des Menschen. 2. Aufl., Spektrum Akadem. Verl., Heidelberg 1996.
Koch, A.: Paul Buchner, Leben und Werk. Selbstverlag, München 1951.
Koehler, O.: Verzeichnis der ethologischen Fachausdrücke: Englisch-Deutsch und Deutsch-Englisch. In: Tinbergen, N.: Instinktlehre. Parey, Hamburg, Berlin 1964.
Königsmann, E.: Termini des phylogenetischen Systems. Biol. Rdsch. **13** (1975): 99–115.
Koolman, J. Röhm, K.-H.: Taschenatlas der Biochemie. 3. Aufl., Thieme Verl., Stuttgart u. New York 1994.

Kraus, O.: Internationale Regeln für die Zoologische Nomenklatur, beschlossen vom 15. Internat. Kongreß für Zoologie, Deutscher Text, ausgearbeitet von O. Kraus, Frankfurt/M.: Senck. Natur. Ges. 1962. 2. Aufl., Kramer, Frankfurt/M. 1970. Bericht über Änderungen, gültig ab 1. Jan. 1973, erstattet von O. Kraus. In: Senckenbergiana biologica **54** (1973): 219–225.
– Internationale Regeln für die zoologische Nomenklatur. Goeckes & Evers, Kelternweiler, 4. Aufl.; Offizieller deutscher Text, ausgearbeitet von Otto Kraus, Hamburg 2000.
– (Ed.): Zoologische Systematik in Mitteleuropa. Parey, Berlin/Hamburg 1976.
Krebs, J. R., Davies, N. B.: Einführung in die Verhaltensökologie. Deutsche Übersetzung von H. Engeln. Thieme, Stuttgart 1984.
Kühn, A.: Anton Dohrn und die Zoologie seiner Zeit. Pubbl. Staz. Zool. Napoli Suppl. 1950.
Kükenthal, W., Krumbach, T. (Hrsg.): Handbuch der Zoologie. De Gruyter, Berlin, ab 1923.
Kuffler, St. W., Nichols, J. G., Martin, A. R.: From Neuron to Brain. 2. Ed., Sinauer Ass., Incl. Sunderland 1984.
Kuhn, D.: „Welt- und Naturgeschichte rast jetzt recht bei uns“ – Goethes Engagement für die Morphologie. Acta historica Leopoldina Nr. **13** (1980): 9–25.
Kunsch, K., Kunsch, St.: Der Mensch in Zahlen. 2. Aufl., Spektrum Akadem. Verl., Heidelberg 2000.
Lattin, G. de: Grundriß der Zoogeographie. Fischer, Jena 1967.
Laubenfels, M. W. de: Trivial names. Syst. Zool. **2** (1953): 42–44.
Launert, E.: Biologisches Wörterbuch. Deutsch-Englisch, Englisch-Deutsch. Ulmer, Stuttgart 1998.
Leftwich, A. W.: A Dictionary of Zoology. Constable & Co., London 1968.
Lehmann, U.: Paläontologisches Wörterbuch. 4. Aufl., Spektrum Akadem. Verl., Heidelberg 2003.
Lehninger, A. L.: Bioenergetik. 3. Aufl., Thieme, Stuttgart 1982.
Leibenguth, F.: Züchtungsgenetik. Thieme, Stuttgart 1982.
Levi-Montalcini, R. Calissano, P.: The nerve-growth factor. Sci. Am. **240** (1979): 68–77.
Levine, N. D.: Uniform endings for the names of higher taxa. Syst. Zool. **7** (1958): 134–135.
Libbert, E. (Hrsg.): Allgemeine Biologie. 7. Aufl., UTB 1197. Fischer, Jena 1991.
Lillie, F. R.: The theory of the freemartin. Science **43** (1916): 611.
Lindl, T.: Zell- und Gewebekultur. 5. Aufl., Spektrum Akadem. Verl., Heidelberg 2002.
Loeffler, K.: Anatomie und Physiologie der Haustiere. 6. Aufl., UTB 13. Ulmer, Stuttgart 1983.
Lorenz, K.: Stammes- und kulturgeschichtliche Ritenbildung. Mitt. Max-PLanck-Ges. **1** (1966); 3–30.
– Das sogenannte Böse. 34.–36. Aufl., Borotha-Schoeler, Wien 1974.
– Vergleichende Verhaltensforschung. Grundlagen der Ethologie. Springer, Wien, New York 1978.
Lorenz, R.: Grundbegriffe der Biometrie. 4. Aufl., Spektrum Akadem. Verl., Heidelberg 1996.
Lullies, H., Trincker, D.: Taschenbuch der Physiologie. Bd. 1–3, 2. 1.–3. Aufl., Fischer, Stuttgart 1973–1977.
Lundberg, U.: Kurzgefaßter Wortschatz der Allgemeinen Zoologie. Fischer, Jena 1995.
Luppa, H.: Grundlagen der Histochemie. Teil 1–2. Akademie-Verlag, Berlin 1977.
Luther, D.: Die ausgestorbenen Vögel der Welt. In: Die neue Brehm-Bücherei. 3. Aufl., Ziemsen, Wittenberg/Lutherstadt 1986.
Luther, W., Fiedler, K.: Die Unterwasserfauna der Mittelmeerküsten. Parey, Hamburg 1961.
Lyon, M. F.: Sex chromatin and gene action in the mammalian X-chromosome. Am. J. Hum. Genet. **14** (1962): 135.
Mägdefrau, K.: Geschichte der Botanik. 2. Aufl., Fischer, Stuttgart/Jena 1992.
Mahner, M., Bunge, M.: Philosophische Grundlagen der Biologie. Springer, Berlin u. a. 2000.
Malicky, H.: Betrachtungen über die Lage der Zootaxonomie. Naturw. Rdsch. **33** (1980): 179–182.
Margulis, L., Sagan, D.: Origins of Sex. Yale University Press, New Haven 1986.
Matsuura, M., Yamane, S.: Biology of the Vespine Wasps. Springer, Berlin u. a. 1984.
Mayr, E.: Notes on nomenclature and classification. Syste. Zool. **3** (1954): 86–89.
– Artbegriff und Evolution. Parey, Hamburg, Berlin 1967.
– Grundlagen der zoologischen Systematik. Parey, Hamburg, Berlin 1975.
– Die Entwicklung der biologischen Gedankenwelt. Springer, Berlin Heidelberg, New York 1984.
– Ashlock, P. D.: Principles of Systematic Zoology. Mc Graw Hill, New York etc. 1991.
Mehlhorn, H. (Hrsg.): Grundriß der Zoologie. UTB 1521. Fischer, Stuttgart 1989.
– Pikarski, G.: Grundriß der Parasitologie. 6. Aufl., Spektrum Akadem. Verl., Heidelberg 2002.
– Ruthmann, A.: Allgemeine Protozoologie. Fischer, Jena/Stuttgart 1992.

Melville, R. V.: Towards Stability in the Names of Animals. A History of the International Comission on Zoological Nomenclature. XII. Intern. Trust for Zool. Nomencl., London, 1995.
Mey, E., Oehlke, J.: Die Hymenopteren-Kollektion Otto Schmiedeknechts im Naturhistorischen Museum Rudelstadt/Thür. Rudelstädt nat. hist. Schr. **1** (1988): 56–71.
Minelli, A.: Biological Systematics. The State of the Art. Chapmann and Hall, London etc. 1993.
Möller, R.: Professor Dr. Otto Schmiedeknecht. Rudolstädter Heimathefte 1956, 80–89.
Mohr, H., Sitte, P.: Molekulare Grundlagen der Entwicklung. Akademie-Verlag, Berlin 1971.
Mollgard, M.: Grundzüge der Ernährungsphysiologie der Haustiere. Prey, Berlin 1951.
Money, J.: Sex errors of the body. Johns Hopkins Press, Baltimore 1969.
Mühle, E., Wetzel, Th.: Praktikum der Phytomedizin. S. Hirzel, Leipzig 1990.
Mühlhardt, C.: Der Experimentator: Molekularbiologie/Genomics. 4. Aufl., Spektrum Akadem. Verl., Heidelberg 2003.
Müller, A. H.: Lehrbuch der Paläozoologie, Bd. I–III. Fischer, Jena 1957–1970. 2. Aufl., ab 1963, 3. Aufl., ab 1976, 4. Aufl., ab 1983–1994.
Müller, H. J.: Bedeutung und Aufgaben der Systematik in der modernen Biologie. Sitzungsberichte der Deutschen Akademie der Wissenschaften 2, 1–20, Berlin 1968.
Müller, H. (Hrsg.): Ökologie. 2. Aufl., UTB 1318. Fischer, Jena 1991.
Müller, I.: Die Geschichte der Zoologischen Station in Neapel von der Gründung durch Anton Dohrn (1872) bis zum ersten Weltkrieg und ihre Bedeutung für die Entwicklung der modernen biologischen Wissenschaften. Habilitationsschrift, Düsseldorf 1976.
– The impact of the Zoological Station in Naples on developmental physiology. Int. J. Dev. Biol. **40** (1996): 103–111.
Müller, P.: Arealsysteme und Biogeographie. Ulmer, Stuttgart 1981.
Müller, W. A., Hassel, M.: Entwicklungsbiologie und Reproduktionsbiologie von Mensch und Tieren. Springer, Berlin u. a. 2003.
Myers, A. A., Giller, P. S. (eds.): Analytical Biogeography. Chapmann and Hall, London/New York 1988.
Nachtigall, W.: Bionik. 2. Aufl., Springer, Berlin u . a. 2002.
Nicholls, J. G., Martin, R., Wallace, B. G.: Vom Neuron zum Gehirn. Spektrum Akadem. Verl., Heidelberg 2002.
Nicolai, J.: Der Brutparasitismus der Viduinae als ethologisches Problem: Prägungsphänomene als Faktoren der Rassen- und Artbildung. Z. Tierpsychol. **21** (1964): 129–204.
Niemitz, C. (Hrsg.): Das Regenwaldbuch. Parey, Berlin u. Hamburg 1991.
Nieuwenhuys, R., Donkelaar, H. J. ten, Nicholson, C.: The Central Nervous System of Vertebrates. Springer, Berlin u. a. 1998.
Nitschmann, J.: Entwicklung bei Mensch und Tier (Embryologie), 3. Aufl., WT 111. Akademie-Verlag, Berlin 1986.
Nüsslein-Volhard, C., Krätzschmar, J.: Of Fish, Fly, Worm and Man. Springer, Berlin u. a. 2000.
– Wieschaus, E.: Mutations affecting segment number and polarity in *Drosophila*: Nature **287** (1980): 295–801.
Oho, S.: Sex chromosomes and sex-linked genes. Springer, Berlin, Heidelberg, New York 1967.
Osten, T. (Hrsg.): Beiträge der Hymenopterologen-Tagung in Stuttgart (4.–6. 10. 2002). Staatl. Museum f. Naturkunde, Stuttgart 2002.
Oud, O., Rickards, G.: Understanding Mitosis and Meiosis. Springer, Berlin u. a. 1999.
Overzier, C.: Intersexuality. Academic Press, London, New York 1963.
Patterson, C.: Moleculares and Morphology in Evolution. Cambridge University Press, Cambridge 1987.
Paul, A., Schirmer, A.: Deutsches Wörterbuch. 5. Aufl., Niemeyer, Halle/S. 1956.
Penzlin, H.: Lehrbuch der Tierphysiologie. 6. Aufl., Spektrum Akadem. Verl., Heidelberg 1996.
– (Hrsg.): Geschichte der Zoologie in Jena nach Haeckel (1909–1974): Fischer, Jena/Stuttgart 1994.
Perutz, M. F.: The hemoglobin molecule. Sci. Am. **211** (1964): 64–76.
Peters, H. M.: Die Maulbrutpflege der Cichliden: Untersuchungen zur Evolution des Verhaltensmusters. Zeitschr. f. Zool. Systematik und Evolutionsforschung **20** (1): 18–52.
Peterson, R. T., Mountfort, G., Hollom, Ph. A.: Die Vögel Europas. 13. Aufl., Parey, Hamburg 1984.
Pfannenstiel, H.-D.: Sex determination and intersexuality in polychaetes. Fortschr. Zool. **29** (1984): 81–98.
Pfeifer, C. A.: Sexual differentiation of hypophyses and their determination by the gonads. Amer. J. Anal. **58** (1936): 195.

Pflugfelder, O.: Lehrbuch der Entwicklungsgeschichte und Entwicklungsphysiologie der Tiere. 2. Aufl., Fischer, Jena 1970.
Piechocki, R., Altner, H. J.: Makroskopische Präparationstechnik. Teil 1: Wirbeltiere. 5. Aufl., Spektrum Akadem. Verl., Heidelberg 1998.
– Händel, J.: Makroskopische Präparationstechnik. Teil 2: Wirbellose. 4. Aufl., Spektrum Akadem. Verl., Heidelberg 1996.
Pies-Schulz-Hofen, R.: Die Tierpfleger-Ausbildung. Basiswissen für die Zoo-, Wild- und Heimtierhaltung. 2. Aufl., Blackwell-Wissenschaft, Berlin 1995.
Pschyrembel, W. (Begr.): Klinisches Wörterbuch. 259. Aufl., de Gruyter, Berlin, New York 2001.
Puthz, V.: Bibliographie der Pubikationen MAX BERNHAUERS (1866–1946). Phillippa IV/3, 248–261, 1980).
Rahmann, H.: Neurobiologie. UTB 557. Ulmer, Stuttgart 1976.
Remane, A.: Die Grundlagen des natürlichen Systems, der vergleichenden Anatomie und der Phylogenetik. Akadem. Verlagsges., Leipzig 1952.
– Sozialleben der Tiere. Fischer, Stuttgart 1976.
– Storch, V., Welsch, U.: Kurzes Lehrbuch der Zoologie. 6. Aufl., Fischer, Stuttgart 1989.
Remmert, H.: Ökologie, Ein Lehrbuch, 4. Aufl., Springer, Berlin, Heidelberg, New York, Tokyo 1989.
Renner, M., Storch, V., Welsch, U.: Kükenthals Leitfaden für das Zoologische Praktikum. 20. Aufl., Fischer, Stuttgart 1991.
Rensch, B.: Malversuche mit Affen. Z. Tierpsychol. **18** (1961): 347–364.
– Probleme genereller Determiniertheit allen Geschehens. Parey, Berlin u. Hamburg 1988.
Richter, F., Wagner, G.: Lebensbild und Verdienste des Physiologen William Thierry Preyer (1841–1897) in Forschung und Lehre. In: Medizinische Ausbildung, München, **20** (2003): 128–132.
Richter, R.: Einführung in die zoologische Nomenklatur durch Erläuterung der internationalen Regeln. 2. Aufl., Winter, Frankfurt a. M. 1948.
Riedl, R.: Fauna und Flora der Adria. Parey, Hamburg 1963.
– Die Ordnung des Lebendigen. Systembedingungen der Evolution. Parey, Hamburg, Berlin 1975.
– Strukturen der Komplexität. Springer, Berlin u. a. 2000.
– Wuketits, F. M. (Hrsg.): Die evolutionäre Erkenntnistheorie. Parey, Hamburg, Berlin 1987.
Rieger, R., Michaelis, A.: Genetisches und Cytogenetisches Wörterbuch, 2. Aufl., Springer, Berlin, Göttingen, Heidelberg 1958. 5. Aufl., (engl.), (Bearb. Rieger, R., A. Michaelis u. M. M. Green). Springer, Heidelberg 1991.
Riemer, W. J.: Formulation of locality data. Syst. Zool. **3** (1954); 138–140.
Robiller, F.: Prachtfinken – Vögel von drei Kontinenten. Deutscher Landwirtschaftsverlag. 2. Aufl., Berlin 1979.
– Papageien. Bd. I–III. Ulmer, Stuttgart 1990–1997.
– (Hrsg.): Das große Lexikon der Vogelpflege. Ulmer, Stuttgart 2003.
Robinson, D.; Neurobiology. Springer, Berlin u. a. 1998.
Romer, A. S.: Notes and comments on vertebrate paleontology. Chicago Press, 1968.
Rosenthal, A., Vakalopoulou, L.: The Human Genome. Springer, Berlin u. a. 2002.
Sallen, B., Hentschel, E., Penzlin, H., Keil, E.: Determination of acetylcholinesterase activities in the brain and retrocerebral complex of juvenile and reproduction females of *Periplaneta americana* (L.) (Hexapoda, Invertebrate). Zool. Jb. Physiol. **93** (19889): 61–65.
Sambraus, H. H.: Atlas der Nutztierrassen. Verlag Eugen Ulmer, Stuttgart 1994.
– Nutztierethologie. Verl. Paul Parey, Berlin u. Hamburg 1978.
– Prägung von Nutztieren auf Menschen. Z. Tierpsychol. **38** (1975): 1–17.
Sanner, B.: Carl Vogt als Naturwissenschaftler. Mitt. Oberhessischer Geschichtsverein Gießen, N. F., **79** (1994): 231–292.
Sauer, H. W.: Entwicklungsphysiologie. Springer, Berlin, Heidelberg, New York 1980.
Schäfer, M.: Wörterbücher der Ökologie. 4. Aufl., Spektrum Akadem. Verl., Heidelberg 2003.
Schäperclaus, W.: Fischkrankheiten. Teil 1 u. 2, 4. Aufl., Akademie-Verlag, Berlin 1979.
Scharf, J.-H.: „Eindeutschende“ oder etymologische Schreibung wissenschaftlicher Fachwörter? Gegenbaurs morph. Jahrb. Leipzig **132** (1986): 445–460.
Schilcher, F. v.: Vererbung des Verhaltens. Thieme, Stuttgart 1988.
Schlee, D.: Ökologische Biochemie. Fischer, Jena, Stuttgart, New York 1992.

Schmidt, G. H.: Sozialpolymorphismus bei Insekten. 2. Aufl., WVG, Stuttgart 1987.
Schmidt, R. F., Schaible, H.-G.: Neuro- und Sinnesphysiologie, 4. Aufl., Springer, Berlin u. a. 2001.
Schönherr, W.: Historischer Rückblick. Die geschichtliche Entwicklung der Veterinärmedizin in Jena. Jahresbericht 1991. Druckhaus Mayer Verlag, Erlangen 1991.
Schrimpf, G. (Hrsg.): Gentechnische Methoden. 3. Aufl., Spektrum Akadem. Verl., Heidelberg 2002.
Schrödinger, W.: Was ist Leben? 2. Aufl., Leo Lehnen, München 1951.
Schubert, R. (Hrsg.): Lehrbuch der Ökologie, 3. überarb. Aufl., Fischer, Jena 1991.
– Wagner, G.: Botanisches Wörterbuch – Pflanzennamen und botanische Fachwörter. 12. Aufl., Ulmer, Stuttgart 2000.
Schwartz, V.: Die Sicherung der atypischen Zellform bei Ciliaten. Die Naturwissenschaften **50** (1963): 631–640.
Schwerdtfeger, F.: Ökologie der Tiere. Bd. 1–3. Parey, Hamburg, Berlin 1968–1975. 2. Aufl., ab 1977.
Schwoerbel, J.: Methoden der Hydrobiologie. 4. Aufl., Spektrum Akadem. Verl., Heidelberg 1994.
– Einführung in die Limnologie. 8. Aufl., Spektrum Akadem. Verl., Heidelberg 1999.
Sedlag, U.: Die Tierwelt der Erde. 7. Aufl., Urania-Verlag, Leipzig, Jena, Berlin 1981.
– Weinert, E.: Biogeographie, Artbildung, Evolution. UTB 1430. Fischer, Jena 1987.
Seidel, F.: Morphogenese der Tiere. Lfg. 1: Einleitung zum Gesamtwerk. Morphogenetische Arbeitsmethoden und Begriffssysteme. Fischer, Jena 1978.
Seifert, G.: Entomologisches Praktikum. 2. Aufl., Thieme, Stuttgart 1975.
Sengbusch, P. v.: Einführung in die Allgemeine Biologie. Springer, Berlin, Hamburg, New York 1977.
Shepherd, G. M.: Neurobiology. Oxford University Press, Oxford 1988.
Siewing, R.: Lehrbuch der vergleichenden Entwicklungsgeschichte der Tiere. Parey, Hamburg, Berlin 1969.
– (Hrsg.): Evolution. UTB 748. 3. Aufl., Fischer, Stuttgart 1987.
– (Hrsg.): Lehrbuch der Zoologie. Begr. von H. Wurmbach. 3. Aufl., Fischer, Stuttgart, New York 1980 u. 1985 (1. u. 2. Bd.).
Simpson, G. G.: Principle of animal taxonomy. Columbia Univ. Press. New York 1961.
Smith, H. M.: The hierarchy of nomenclatural status of generic and specific names in zoological taxonomy. System. Zool. **11** (1962): 139–142.
Sitte, P., Weiler, E. W., Kadereit, J. W., Bresinsky, A., Körner, Ch.: Strasburger – Lehrbuch der Botanik für Hochschulen. 35. Aufl., Spektrum Akadem. Verl., Heidelberg 2002.
Sokaol, R. R., Sneath, P. H. A.: Principles of numerical taxonomy. Freeman & Co., San Francisco, London 1963.
Sokolov, W. E.: A dictionary of animal names in live languages. Mammals. „Russky Yazyk", Moscow 1984.
Spemann, H.: Über die Determination der ersten Organanlagen der Amphibien. Embryos I–VI. Arch. Entw. Mech. Org. **43** (1918): 448–555.
Sperlich, D.: Populationsgenetik. Fischer, Stuttgart 1988.
Sperry, R. W.: Chemoaffinity in orderly growth of nerve fiber patterns and connections. Proc. Natl. Acad. Sci. USA **50** (1963): 703–710.
Springer, S. P., Deutsch, G.: Linkes/Rechtes Gehirn. 4. Aufl., Spektrum Akadem. Verl., Heidelberg 1998.
Staeck, W.: Handbuch der Cichlidenkunde. Frankh., Stuttgart 1982.
– Cichliden. Tanganjika-See. Engelberg Pfriem Verlag, Wuppertal 1985.
Staines, N., Brostoff, J., James, K.: Immunologisches Grundwissen. 3. Aufl., Spektrum Akadem. Verl., Heidelberg 1997.
Starck, D.: Vergleichende Anatomie der Wirbeltiere. Bd. 1: Theoretische Grundlagen (1978); Bd. 2: Das Skelettsystem (1979); Bd. 3: Organe des aktiven Bewegungsapparates, der Koordination, der Umweltbeziehung, des Stoffwechsels und der Fortpflanzung (1982). Springer, Berlin, Heidelberg, New York.
Steiner, G.: Wort-Elemente der wichtigsten geologischen Fachausdrücke. 7. Aufl., Fischer, Stuttgart 1988.
Stokes, A. W., Immelmann, K.: Praktikum der Verhaltens-Forschung. 2. Aufl., Fischer, Stuttgart 1978.
Storch, V., Welsch, U.: Kurzes Lehrbuch der Zoologie. 7. Aufl., Spektrum Akadem. Verl., Heidelberg 1994.

– – Kükenthals Leitfaden für das Zoologische Praktikum. 24. Aufl., Spektrum Akadem. Verl., Heidelberg 2002.
– – Systematische Zoologie. 6. Aufl., Spektrum Akadem. Verl., Heidelberg 2003.
Stresemann, E. (Begr.): Exkursionsfauna von Deutschland. Bd. 1: Wirbellose (ohne Insekten). 8. Aufl., 1994, Bd. 2: Wirbellose: Insekten, 9. Aufl., 2000; Bd. 3: Wirbeltiere, 12. Aufl., 1995. Spektrum Akadem. Verl., Heidelberg.
Studitsky, An. N., Kopaev, Y. N. (Hrsg.): Nomina Histologica. Medizina, Moskau 1970.
Stümke, H.: Bau und Leben der Rhinogradentia. 54.–55. Tausend. Spektrum Akadem. Verl., Heidelberg 2001.
Sudhaus, W., Rehfeld, K.: Einführung in die Phylogenetik und Systematik. Fischer, Stuttgart 1992.
Sutherland, E. W.: Studies on the mechanism of hormone action. Science **177** (1972): 40–408.
Symons, D.: The Evolution of Human Sexuality. Oxford University Press, New York et Oxford 1979.
Tardent, P.: Meeresbiologie. Thieme, Stuttgart 1979.
Tembrock, G.: Spezielle Verhaltensbiologie der Tiere. 2 Bde. Fischer, Jena 1982/83.
Thenius, E.: Grundzüge der Faunen- und Verbreitungsgeschichte der Säugetiere. 2. Aufl., Fischer, Jena 1980.
Tiedemann, H.: Molekulare Grundlagen der Differenzierung bei höheren Organismen. Umschau **67** (1967): 269–274.
Timofeeff-Ressovsky, N. V., Voroncov, N. N., Jablokov, A. V.: Grundriß der Evolutionstheorie. Fischer, Jena 1975.
Tinbergen, N.: Instinktlehre. 6. Aufl., (übers. von O. Koehler). Parey, Hamburg, Berlin 1979.
Tischler, W.: Grundriß der Humanparasitologie. 3. Aufl., Fischer, Jena 1982.
– Einführung in die Ökologie der Lebensräume. 4. Aufl., Spektrum Akadem. Verl., Heidelberg 1993.
Träger, L.: Steroidhormone, Biosynthese, Stoffwechsel, Wirkung. Springer, Berlin, Heidelberg, New York 1977.
Trewavas, E.: Tilapiine Fishes of the Genera Sarotherodon, Oreochromis and Dana Kilia. London 1983.
Triepel, H. (Begr.): Die Fachwörter der Anatomie, Histologie und Embryologie. Ableitung und Aussprache. 29. Aufl., bearb. von A. Faller. Bergmann, München 1978.
Turner, H. H.: A syndrome of infantilism, congenital webbed neck and cubitus valgus. Endocrinology **23** (1938): 566.
Ude, K., Koch, M.: Die Zelle. 3. Aufl., Spektrum Akadem. Verl., Heidelberg 2002.
Uhlig, M., Zerche, L.: Dr. med. dent. Dr. rer. nat. h. c. Gustav Adolf Lohse (27. 12. 1910–30. 04. 1994) zum Gedenken. Entomol. Blätter (Krefeld) **90** (1994): 129–152.
– Jaeger, B.: Zur Erforschung der Käferfauna der afrotropischen Region mit einem Überblick über die coleopterologischen Ergebnisse des Museums für Naturkunde Berlin und des State Museum in Namibia. Mitt. Zool. Mus. Berlin **71** (1995): 213–245.
Ulrich, W.: Festgabe für Konrad Herder. Lebenslauf, S. 165–168; Schriftenverzeichnis, S. 169–175. Zoolog. Beiträge/Neue Folge 2/2–3, Berlin 1956.
Unseld, D. W. Medizinisches Wörterbuch der deutschen und englischen Sprache. 4. Aufl., Wiss. Verlagsges., Stuttgart 1964.
Urich, K.; Vergleichende Biochemie der Tiere. Fischer, Stuttgart, New York 1990.
Urlichs, M., Ziegler, B.: Farbatlas Fossilien. Spektrum Akadem. Verl., Heidelberg 2003.
Uschmann, G.: Geschichte der Zoologie und der zoologischen Anstalten in Jena 1779–1919. Fischer, Jena, 1959.
Vogt, C.: Aus meinem Leben. Erinnerungen und Rückblicke. Verl. der Ferber'schen Universitätsbuchhandlung, Gießen 1997.
Vogel, G., Angermann, H.: Taschenbuch der Biologie. 2 Bde. 2. Aufl., Fischer, Stuttgart 1979.
Voland, E.: Grundriss der Soziobiologie. 2. Aufl., Spektrum Akadem. Verl., Heidelberg 2000.
Waddington, C. H.: Principles of Development and Differentiation. MacMillan, New York 1966.
Wägele, J.-W.: Grundlagen der Phylogenetischen Systematik. 2. Aufl., Verl. Dr. Friedrich Pfeil, München 2001.
Wagner, G.: Medizinische Wissenschaft und ärztliche Praxis von 1558 bis zur Mitte des 19. Jahrhunderts in Jena. In: Medizinprofessoren und ärztliche Ausbildung. Universitätsverlag Jena/pmi Frankfurt a. M. 1992, 16–80.

– Carl Gegenbaur (1826–1903). – Anatom, Zoologe, Begründer einer Schule der vergl. Anatomie. – In Medizinische Ausbildung. – Thieme, Stuttgart **14** (1997): 65–81.
– Carl Gegenbaur (1826–1903): Pionier der Vergleichenden Anatomie und Förderer von Ernst Haeckel (1834–1919). In: „Wegbereiter der Medizin. Jenaer Mediziner aus drei Jahrhunderten. Von Loder und Hufeland zu Rössl und Brednow“, Sammelband zur Medizingeschichte Jenas, 158–168. Verlag Dr. Bussert & Stadeler, Jena/Quedlinburg 2003.
– Ein neuer Fundort von Alytes obstetricans. Aquarien und Terrarien (Ausg. B) **10** (1965): 338–339.
– Oscar Hertwig (1849–1922) – Promotor der mikroskopischen und vergleichenden Anatomie: Forscher und Entdecker in der Histologie/Embryologie. In: Medizinische Ausbildung, München **18** (2001); 209–215.
– Börner, Th.: Zur Etymologie von „Prokaryota“ und „Eukaryota“. Biol. Rundschau **15** (1977): 121–123.
– Reiche, K.-H.: Der Anatom Oskar Hertwig (1849–1922). – In: Wegbereiter der modernen Medizin. – Jena 2003. S. 163–178.
– Wessel, G. (Hrsg.): Medizinprofessoren und ärztliche Ausbildung. Beiträge zur Geschichte der Medizin. Verlagsgruppe pmi, Frankfurt/M. (Den Haag, Oxford, Wien u. a.) 1992.
Waker, P. M. B.: Chambers Biology Dictionary. W. & Chambers Ltd. 1989.
Walde, A.: Lateinisches etymologisches Wörterbuch. 3., neubearb. Aufl., v. J. B. Hofmann. Winter, Heidelberg 1938–1956.
Walter, H.: Bekenntnisse eines Ökologen. 6. Aufl., Fischer, Stuttgart, New York 1989.
Watson, J. D., Crick, F. H. C.: Genetical implication of the structure of desoxyribonucleic acid. Nature **171** (1953): 964–967.
Wehner, R., Gehring, W.: Zoologie. Begründet von A. Kühn, 23. Aufl., Thieme, Stuttgart, New York 1995.
Weidner, H.: Bestimmungstabellen der Vorratsschädlinge und des Hausungeziefers Mitteleuropas. 6. Aufl., Spektrum Akadem. Verl., Heidelberg 2003.
Weisz, P.: The Science of Biology. McGraw-Hill, New York 1967.
Weizsäcker, E. U. von: Erdökologie. 2. Aufl., Wissenschaftl. Buchgesellschaft, Darmstadt 1990.
Wells, S. M., Pyle, R. M., Collins, N. M.: The IUCN Invertebrate Red Data Book. Grasham Press, Old Woking, Surrey U. K. 1983.
Welsch, U., Storch, V.: Einführung in die Cytologie und Histologie der Tiere. Fischer, Stuttgart 1973. (Erweiterte englische Ausgabe: Sidgwick and Jackson, London 1976.)
Westheide, W., Rieger, R. (Hrsg.): Spezielle Zoologie. Teil 1: Einzeller und wirbellose Tiere. Spektrum Akadem. Verl., Heidelberg 2003.
– – Spezielle Zoologie. Teil 2: Wirbeltiere. Spektrum Akadem. Verl., Heidelberg (im Druck).
Werner, F. Cl.: Wortelemente lateinisch-griechischer Fachausdrücke in den biologischen Wissenschaften. 4. Aufl., Suhrkamp-Taschenbuch-Verlag, Frankfurt a. M. 1972.
Wiese, K.: The Crustacean Nervous System. Springer, Berlin u . a. 2002.
Wieser, W.: Bioenergetik. Thieme, Stuttgart 1986.
Wiesner, E., Ribbek, R. (Hrsg.): Wörterbuch der Veterinärmedizin. Bd. 1 u. 2, 3. Aufl., Fischer, Jena 1991.
Willmann, R.: Die Art in Raum und Zeit. Parey, Berlin/Hamburg 1985.
Wilson, E. O., Brown jr., W. U.: The subspecies concept and its taxonomic application. Syst. Zool. **2** (1953): 97–111.
Windhorst, U., Johanson, H. (Eds.): Modern Techniques in Neuroscience Research. Springer, Berlin, u. a. 1999.
Winnacker, E. L.: Gene und Klone. Eine Einführung in die Gentechnologie. VCH Verlagsgesellschaft, Weinheim 1985.
Winston, M. L.: The Biology of the Honey Bee. Harvard Univ. Press, Cambridge u. a. 1987.
Witschi, E.: Experimentelle Untersuchungen über die Entwicklungsgeschichte der Keimzellen von *Rana temporaria.* Arch. Mikr. Anat. **85** (1914): 9.
Wittstock, O., Kauczor, J.: Latein und Griechisch im deutschen Wortschatz. 2. Aufl., Volk u. Wissen, Berlin 1980.
Young, C. M. (Ed.): Atlas of Marine Invertebrate Larvae. Academic Press, San Diego et al. 2002.
Ziswiler, V.: Wirbeltiere. Spezielle Zoologie. Bd. 1 (Anamnia), Bd. 2 (Amniota). Thieme, Stuttgart 1976.

Erklärung der im Lexikon verwendeten Abkürzungen und Zeichen

Abkürzung	Erklärung	Abkürzung	Erklärung
Abk.	Abkürzung	nomenkl.	nomenklatorisch
Adj.	Adjektiv	Nom.	Nominativ
afrikan.	afrikanisch	od.	oder
ägypt.	ägyptisch	Ordin.	Ordines, Ordnungen
ahd.	althochdeutsch	Ordo	Ordnung, Ordo (= Reihe)
arab.	arabisch	pr. a.	pro anno
bes.	besonders	Phal.	Phalanx
bzw.	beziehungsweise	Pl.	Plural (Mehrzahl)
Cl.	Classis (Klasse)	Prf., Prof.	Professor
d. h.	das heißt	R.	Reihe (Ordo, m.)
Dem.	Deminutivum	russ.	russisch
	(= Dim.)	s.; s. d.	siehe; siehe dort
Dim.	Diminutivum	Sing.	Singular (Einzahl)
dt.	deutsch	sp.; Spec.	species (Spezies)
ebd.; ebf.	ebenda; ebenfalls	s. o.	siehe oben
eigtl.	eigentlich	Ssp.	Subspecies
ende.	endemisch,	s. u.	siehe unten
einheim.	einheimisch	Subcl.	Subclassis (Unterklasse)
engl.	englisch	Subfam.	Subfamilia (Unterfamilie)
et	und	Subord.	Subordo (Unterordnung)
Fam.	Familia, Familie	Subspec.	Subspecies (Unterart)
f.	femininum	Subst.	Substantiv
franz.	französisch	Superfam.,	Superfamilia
Gatt.; Gen.	Gattung; Genus	Sup.-Fam.	(Überfamilie)
Genit.	Genitiv (= Genetiv)	Superl.	Superlativ
Ggs.	Gegensatz	Syn.	Synonym
gr.	griechisch	U-	Unter-
ital.	italienisch	u.	und
japan.	japanisch	u. a.	unter anderem
kelt.	keltisch	urspr.	ursprünglich
Kl.	Klasse (Classis)	u. Z.	(nach) unserer Zeitrech-
Komp.	Komparativ		nung
lat.	lateinisch	v. u. Z.	vor unserer Zeitrech-
latin.	latinisiert		nung (= v. Chr.)
lokal.	lokalisiert	v. a.	vor allem
m.	masculinum	v. Chr.	vor Christi (= v. u. Z.)
mhd.	mittelhochdeutsch	vgl.	vergleiche
mlat.	mittellateinisch	z. B.	zum Beispiel
namentl.	namentlich	z. T.	zum Teil
nhd.	neuhochdeutsch	zw.	zwischen
n.	neutrum	z. Z.	zur Zeit
n. Chr.	nach Christi	±	mehr oder weniger

Anmerkung: Eine Aufstellung der römischen Zahlen und weiterer Abkürzungen ist im Abschnitt 1.5 enthalten. Viele Abkürzungen gelten heute als bekannt bzw. sind in ihrem Zusammenhang (ihrer Stellung) ohne weiteres deutbar (z. B. auch bei bibliographischen Angaben, s. Literaturverzeichnis und Kurzbiographien in diesem Lexikon).

Erstauftreten von Tiergruppen in der Erdgeschichte

(nach M. J. Benton 1993; stratigraphische Gliederung und Jahreszahlen nach Deutsche Stratigraphische Kommission: Stratigraphische Tabelle von Deutschland 2002; als Tabelle erarbeitet von E. Gröning, C. & B. Brauckmann, D. H. Storch)

Zeitalter (= Ära)	Periode	Epoche	Vor Mio. Jahren	Erstes Auftreten wichtiger Tiergruppen höherer systematischer Kategorien (in KAPITÄLCHEN) sowie ausgewählter Arthropoden-, „Reptil"- u. Mammalier-Ordnungen (ausgestorbene Gruppen sind durch „†" gekennzeichnet)
Känozoikum	Quartär	Holozän		
		Pleistozän	1,8	
	Tertiär	Pliozän	5	
		Miozän	24	?TURBELLARIA
		Oligozän	34	MAMMALIA: Tubulidentata, INSECTA: Zoraptera
		Eozän	55	MAMMALIA: Artiodactyla, Cetacea, Proboscidea, Perissodactyla, Hyracoidea, Sirenia
		Paläozän	65	MAMMALIA: Xenarthra, Rodentia, Lagomorpha, Carnivora, Chiroptera, Notoungulata
Mesozoikum	Kreide	Ober-Kreide	100	MAMMALIA: Proteutheria, Condylarthra, Primates, „REPTILIA": Serpentes
		Unter-Kreide	142	MAMMALIA: Monotremata, Marsupialia, INSECTA: Isoptera, Mantodea
	Jura	Ober-Jura		PALPIGRADI, AVES, „REPTILIA": Lacertilia = Sauria
		Mittel-Jura		
		Unter-Jura	200	ENTEROPNEUSTA, INSECTA: Dermaptera, Lepidoptera, Raphidioptera
	Trias	Ober-Trias		OSTEICHTHYES: Teleostei, „REPTILIA": Pterosauria †, Crocodylomorpha, Dinosauria †, Testudines, Sphenodontia, MAMMALIA: Triconodonta, Multituberculata, INSECTA: Hymenoptera
		Mittel-Trias		„REPTILIA": Sauropterygia †
		Unter-Trias	251	„REPTILIA": Ichthyosauria †, INSECTA: Phasmatodea
Paläozoikum	Perm	Ober-Perm		INSECTA: Psocoptera, Diptera, Neuroptera, Megaloptera
		Unter-Perm	296	„REPTILIA": Therapsida †, INSECTA: Protelytroptera †, Hemiptera, Thysanoptera, Coleoptera, Mecoptera, Trichoptera, Plecoptera
	Karbon	Ober-Karbon		CHELICERATA: Solifugae, Phalangiotarbida †, Ricinulei, Haptopodida †, Anthracomartida †, EUTHYCARCINOIDEA †, INSECTA: Ephemeroptera, Odonata, Blattodea, Orthoptera, „Protorthoptera" †

		Unter-Karbon		CHELICERATA: Opiliones, CRUSTACEA: Remipedia, Malacostraca, INSECTA: Pterygota: Palaeodictyoptera, „REPTILIA“
	Devon	Ober-Devon	358	CRUSTACEA: Decapoda, „AMPHIBIA“
		Mittel-Devon		CHELICERATA: Pseudoscorpiones, Araneae, CHONDRICHTHYES
		Unter-Devon		CEPHALOPODA: Ammonoidea † u. ?Coleoidea, CHELICERATA: Pycnogonida, Acari, ARTHROPLEURIDA †, INSECTA: Collembola, ?Machilidae PLACODERMI †, OSTEICHTHYES: Sarcopterygii: Dipnoiformes, „Crossopterygii“
	Silurium	Ober-Silurium	418	CHELICERATA: Trigonotarbida †, MYRIAPODA, OSTEICHTHYES
		Mittel-Silurium		AGNATHA: Cephalaspidomorphi
		Unter-Silurium		CHELICERATA: Scorpionida, POGONOPHORA, ACANTHODII †
	Ordovizium	Ober-Ordovizium	443	BRYOZOA, ECHINODERMATA: Blastoidea †, Echinoidea
		Mittel-Ordovizium		SCAPHOPODA, ECHINODERMATA: Cyclocystoidea †
		Unter-Ordovizium		TENTACULITOIDEA †, CHELICERATA: Eurypterida †, ECHINODERMATA: Asteroidea, Ophiocistioidea †, Ophiuroidea
	Kambrium	Ober-Kambrium	495	AMPHINEURA, GASTROPODA, CEPHALOPODA: Nautiloidea (i.w.S.), CRUSTACEA: Skaracarida, Maxillopoda, ECHINODERMATA: „Cystoidea“: Rhombifera†, CONODONTA †, AGNATHA: Pteraspidomorphi
		Mittel-Kambrium		TERGOMYA (Monoplacophora pt.), CHELICERATA: Aglaspida, CRUSTACEA: Thecostraca, ECHINODERMATA: „Cystoidea“: Diploporita †, ?Holothuroidea, CHAETOGNATHA, PTEROBRANCHIA, ACRANIA, GRAPTOLITHINA †
		Unter-Kambrium		PROTOZOA, ARCHAEOCYATHA †, PORIFERA, HELCIONELLOIDA † (Monoplacophora pt.), ROSTROCONCHIA †, BIVALVIA, ANNELIDA, TRILOBITA †, CHELICERATA: Xiphosura, CRUSTACEA: Ostracoda, Phyllopoda, Thylacocephala, BRACHIOPODA, ECHINODERMATA: Homalozoa †, Crinoidea, Helicoplacoidea †, Edrioasteroidea †, PRIAPULIDA, ONYCHOPHORA
Präkambrium	Proterozoikum		545	CNIDARIA, HYOLITHA †, ?PHORONIDA, „TRILOBOZOA“ †, „COELOSCLERITOPHORA“ †, „TOMMOTIIDA“ †, ?CTENOPHORA, ?ECHIURIDA, PARACONODONTIDA †
	Archaikum		2500 4500	